relative Atommasse
( ) Massenzahl des stabilsten Isotops

Symbol

Elementname

								2 4,0026 He Helium
			5 10,811 2,0 B Bor	6 12,011 2,5 C Kohlenstoff	7 14,007 3,0 N Stickstoff	8 15,999 3,5 O Sauerstoff	9 18,998 4,0 F Fluor	10 20,180 Ne Neon
			13 26,982 1,5 Al Aluminium	14 28,086 1,8 Si Silicium	15 30,974 2,1 P Phosphor	16 32,065 2,5 S Schwefel	17 35,453 3,0 Cl Chlor	18 39,948 Ar Argon
28 58,693 1,8 Ni Nickel	29 63,546 1,9 Cu Kupfer	30 65,409 1,6 Zn Zink	31 69,723 1,6 Ga Gallium	32 72,64 1,8 Ge Germanium	33 74,922 2,0 As Arsen	34 78,96 2,4 Se Selen	35 79,904 2,8 Br Brom	36 83,80 Kr Krypton
46 106,42 2,2 Pd Palladium	47 107,87 1,9 Ag Silber	48 112,41 1,7 Cd Cadmium	49 114,82 1,7 In Indium	50 118,71 1,8 Sn Zinn	51 121,76 1,9 Sb Antimon	52 127,60 2,1 Te Tellur	53 126,90 2,5 I Iod	54 131,3 Xe Xenon
64 157,25 1,1 Gd Gadolinium	65 158,93 1,2 Tb Terbium	66 162,50 Dy Dysprosium	67 164,93 1,2 Ho Holmium	68 167,26 1,2 Er Erbium	69 168,93 1,2 Tm Thulium	70 173,04 1,1 Yb Ytterbium	71 174,97 1,2 Lu Lutetium	
78 195,08 2,2 Pt Platin	79 196,97 2,4 Au Gold	80 200,59 1,9 Hg Quecksilber	81 204,38 1,8 Tl Thallium	82 207,2 1,8 Pb Blei	83 208,98 1,9 Bi Bismut	84 (208) 2,0 Po Polonium	85 (210) 2,2 At Astat	86 (222) Rn Radon
96 (247) 1,3 Cm Curium	97 (247) 1,3 Bk Berkelium	98 (251) 1,3 Cf Californium	99 (252) 1,3 Es Einsteinium	100 (257) 1,3 Fm Fermium	101 (258) Md Mendelevium	102 (259) No Nobelium	103 (262) Lr Lawrencium	
110 (281) Ds Darmstadtium	111 (272) Rg Roentgenium	112 (285) Uub Ununbiium		114 (289) Uuq Ununquadium		116 (289) Uuh Ununhexium		

Taschenbuch Chemische Substanzen

Elemente – Anorganika – Organika
Naturstoffe – Polymere

Dr. Arnold Willmes

3., vollständig überarbeitete
und erweiterte Auflage

Verlag
Harri
Deutsch

Dr. Arnold Willmes ist Diplom-Chemiker und übt seit vielen Jahren in der pharmazeutisch-chemischen Industrie sowohl beratende als auch geschäftsführende Funktionen vor allem in der Herstellung und Veredelung von APIs (Active Pharmaceutical Ingredients) aus.

Bibliografische Information der Deutschen Nationalbibliothek

Die Deutsche Nationalbibliothek verzeichnet diese Publikation in der Deutschen Nationalbibliografie; detaillierte bibliografische Daten sind im Internet über http://dnb.d-nb.de abrufbar.

ISBN 978-3-8171-1787-1

3., vollständig überarbeitete und erweiterte Auflage 2007

Satz: Satzherstellung Dr. Naake, Brand-Erbisdorf
Druck: Clausen & Bosse, Leck
Printed in Germany

Meiner Frau Margret und meinem Sohn Philipp gewidmet.

Vorwort

Das *Taschenbuch Chemische Substanzen* beschreibt in alphabetischer Ordnung ausführlich über 1 200 Elemente, Anorganika, Organika, Naturstoffe und Polymere in Erscheinungsformen, Vorkommen, Synthesen, Eigenschaften, Anwendungen, Analytik und Toxikologie. Auch neuere Entwicklungen und Erkenntnisse sind soweit möglich berücksichtigt, beispielsweise Eicosanoide, Prionen und BSE, Fullerene, Viagra, Toxine, neue Katalysator-Systeme, neue Polymerstoffe, neue Verfahren.

Die Chemie kennt heute mehrere Millionen definierte Verbindungen, und es erhebt sich die Frage, ob ein einbändiges Lexikon überhaupt einen Sinn ergibt, zumal die notwendige Auswahl zwangsläufig mit einer gewissen Willkür behaftet ist. Beim näheren Durchsehen wird der Leser aber feststellen, dass auf den knapp 1300 Seiten zumindest großteils genau die Substanzen beschrieben werden, mit denen man umgeht, denen man begegnet, die man „so kennt". Eine Analogie zum Grundwortschatz einer Sprache bietet sich an: So wie eine relativ kleine Auswahl an Vokabeln für die alltägliche Verständigung schon ausreicht, bilden die hier beschriebenen chemischen Substanzen den *molekularen Grundwortschatz* für den chemischen Alltag.

Das *Taschenbuch Chemische Substanzen* ist zunächst ein reichhaltiges Kompendium der Stoffchemie, in dem ausführliches physikalisches Zahlenmaterial, darunter thermodynamische Daten, und über 2 700 Struktur- und Reaktions-Schemata die Textinformation ergänzen. (Details zu den Einträgen und ihrer Anordnung stehen in den *Hinweisen zur Benutzung*.)

Darüber hinaus ist das Buch aber weit mehr als eine Sammlung von punktuellem Faktenwissen. Um die Bedeutung der Chemie in allen Lebensbereichen zu vermitteln, stellt der Text ausführlich fachübergreifende Zusammenhänge wie Arzneimittelwirkungen, kosmische Elementsynthese, optische Aktivität, Atmungskette oder technologische Prozesse dar. Die mit einer Substanz verbundenen Sachverhalte werden wo möglich zueinander in Beziehung gesetzt. So werden etwa bei Angabe der Synthese von Substanzen nicht nur die Ausgangsprodukte genannt, sondern vielfach die zugrundeliegenden Mechanismen in allgemeiner Form dargelegt; es wird beispielsweise unter *Chlorophyll* auf den Chemismus der Fotosynthese, unter *Acetylcholin* auf die Neurotransmission und unter *Wasserstoff* auf Brennstoffzellen näher eingegangen usw. Tabellarische Übersichten und Zusammenstellungen ermöglichen den schnellen Zugriff auf diese sonst verborgenen Inhalte, die nützliche Extrakte zum schnellen Nachschlagen oder Repetieren darstellen. In der Summe ist damit nicht nur ein Nachschlagewerk, sondern auch ein etwas anderes Repetitorium entstanden.

Beim Wechsel von der ersten zur zweiten Auflage waren etwa 300 Substanzen hinzugekommen. Die nun vorliegende dritte Auflage wurde zwar nur um 30 Einträge ergänzt, trotzdem ist der Umfang noch einmal um über 100 Seiten angewachsen. Diese Zunahme ist überwiegend der großen Zahl an Ergänzungen, Erweiterungen und Verbesserungen quer durch den gesamten Inhalt geschuldet. Insbesondere die Auswahl ausführlich dargestellter Zusammenhänge wurde deutlich erweitert, die tabellarischen Übersichten und Zusammenstellungen zu ihrer Erschließung neu aufgenommen. Auch das Stichwortregister hat erheblich an Umfang gewonnen und weist jetzt viele Begriffe der Stoffchemie auf, die bisher fehlten.

Besonders den vielen Leserinnen und Lesern möchte ich herzlich danken, die sich mit freundlichen Zuschriften, Kritik, Hinweisen auf Fehler und Vorschlägen für Verbesserungen zu Wort gemeldet haben. Autor und Verlag wünschen sich auch weiterhin eine aktive Leserschaft, von der ein Buch wie das vorliegende stets nur profitieren kann.

Wiederum schulde ich meiner lieben Frau Margret großen Dank, die nicht nur viel Schreibarbeit übernommen, sondern auch durch ihr wohltuendes Interesse an der Sache äußerst wertvolle Unterstützung geleistet hat.

Es bleibt noch denen zu danken, die dafür gesorgt haben, daß das Buch gedruckt werden konnte, also dem Verlag und insbesondere Herrn Dipl.-Phys. K. Horn für die wieder sehr angenehme Zusammenarbeit, Herrn Dr.-Ing. S. Naake und last but not least Frau cand. chem. Daniela Summa für die sorgfältige Erstellung der neu hinzugekommenen Struktur- und Reaktions-Schemata.

Der Autor hofft, daß das vorliegende Buch von seinen Leserinnen und Lesern als nützlicher Begleiter durch Ausbildung und Beruf gesehen und genutzt wird.

Saarbrücken, im August 2007 Dr. Arnold Willmes

Autor und Verlag freuen sich über Anregungen und konstruktive Anmerkungen.

Autor und Verlag Harri Deutsch
Gräfstr. 47
D-60486 Frankfurt am Main
E-mail: verlag@harri-deutsch.de
http://www.harri-deutsch.de

Hinweise zur Benutzung

Die Einträge zu den Substanzen sind alphabetisch geordnet; jeder Eintrag besteht aus den Teilen

- Bezeichnungen
- Beschreibung
- Daten (physikalische, thermodynamische und technische), soweit verfügbar [1].

Die Register am Ende des Buches erlauben den schnellen Zugriff auf Substanzen und Sachverhalte. Im Text sind die Begriffe, die im Sachwortverzeichnis auftreten, *kursiv* gesetzt.

Einträge für Verbindungen sind wie folgt aufgebaut:

Substanzname

Englische Bezeichnung   Alternative Namen

Die Beschreibung der Substanz folgt in der Regel dem Schema:

- Erscheinungsform, Löslichkeitsverhalten und Hinweise zur Beständigkeit
- natürliches Vorkommen, Gewinnung bzw. technische und / oder Laborsynthese
- physikalische und chemische Besonderheiten, Strukturmerkmale, chemische Reaktivität
- biochemische und pharmakologische Fakten
- Anwendungen
- historische Anmerkungen

► Besondere Hinweise zur Toxikologie und zum Umgang mit der Substanz.

Summenformel M_R = *Molekülmasse* *Elementprozente*					
t_{Smp}	t_{Sdp}	d	η		
C_p	$\Delta_S H$	$\Delta_V H$	$\Delta_B H$	S^o	Q_C
t_{krit}	P_{krit}	d_{krit}	t_{trip}		
MAK	R-Satz	S-Satz			

Einträge für Elemente unterscheiden sich von denen für Verbindungen im Datenteil:

Symbol Z = *Ordnungszahl* A_R = *Atommasse* Isotope: *natürliche* ; *künstliche* (künstlich)					
t_{Smp}	t_{Sdp}	d	*MV*	α	λ
C_p	$\Delta_S H$	$\Delta_V H$	S^o	ϱ	
t_{krit}	P_{krit}	d_{krit}	t_{trip}		
MAK	R-Satz	S-Satz			

[1] Weiterführendes physikalisch-chemisches Zahlenmaterial findet man u. a. in:
– D'Ans-Lax, Taschenbuch für Chemiker und Physiker. 3 Bände, Springer-Verlag
– Internet-Datenbank NIST Chemistry WebBook (http://webbook.nist.gov/)

Symbolverzeichnis

A_R	(relative) Atommasse Hier sind die von der IUPAC 1999 festgelegten Standard-Atommassen aufgeführt.
C_p	Molare Wärmekapazität (Molwärme) bei konstantem Druck in $J/(K \cdot mol)$
d	Dichte in g/cm^3
d_{krit}	Dichte des kritischen Punktes in g/cm^3
$E^{\ominus}$, $E_{\ominus}$	elektrochemisches Standardpotential
$\Delta_B H$	Molare Standard-Bildungsenthalpie in kJ/mol Die Reaktionsenthalpie für die Bildung von 1 Mol des reinen Stoffes aus den Elementen unter Normalbedingungen.
$\Delta_S H$	Molare Schmelzenthalpie in kJ/mol Die Änderung der Enthalpie bei Überführung von 1 Mol des Stoffes vom festen in den flüssigen Zustand bei der Schmelztemperatur.
$\Delta_V H$	Molare Verdampfungsenthalpie in kJ/mol Die Änderung der Enthalpie bei Überführung von 1 Mol des Stoffes vom flüssigen in den gasförmigen Zustand bei der Siedetemperatur.
$\Delta_{Sub} H$	Sublimationsenthalpie in kJ/mol Dabei gilt: $\Delta_{Sub} H = \Delta_S H + \Delta_V H$.
MAK	Maximale Arbeitsplatz-Konzentration gemäß TRGS 900 in mg/m^3
MV	Molvolumen in cm^3/mol Das von 1 Mol des Elementes unter Normalbedingungen eingenommene Volumen.
M_R	(relative) Molekülmasse Hier liegen die von der IUPAC 1999 festgelegten Standard-Atommassen zugrunde.
P_{krit}	Druck des kritischen Punktes in MPa
Q_C	Molare Verbrennungswärme in kJ/mol Die bei Verbrennung von 1 Mol des Stoffes unter konstantem Druck abgegebene Wärmemenge.
R-Satz	Hinweis auf besondere Gefahr (Risiko-Satz)
S-Satz	Sicherheitsratschlag (Sicherheits-Satz)
S^o	Molare Standardentropie in $J/(K \cdot mol)$
t_D	Dauergebrauchs-Temperatur in °C
t_{Sdp}	Siedepunkt in °C
t_{Smp}	Schmelzpunkt in °C
$t_{Sublimation}$	Sublimationstemperatur in °C
$t_{Zersetzung}$	Zersetzungstemperatur in °C
t_{krit}	Temperatur des kritischen Punktes in °C
t_{trip}	Temperatur des Tripelpunktes in °C
WA	Wasseraufnahme in %
Z, OZ	Ordnungszahl
α	Linearer Ausdehnungskoeffizient bei 25°C in $10^{-6}/K$
ϵ_r	Relative Elektrizitätszahl
η	Dynamische Viskosität bei $t = 20$ °C in $mPa \cdot s$ Die Einheit $mPa \cdot s$ ist gleich der älteren Einheit Centipoise (cp): 1 $mPa \cdot s$ = 1 cp.
λ	Wärmeleitzahl in W/mK
ρ	Spezifischer Widerstand in $n\Omega \cdot m$
ρ_D	Durchgangswiderstand in $10^{10}\Omega \cdot cm$

Inhaltsverzeichnis

Abietinsäure

Abietic acid, Sylvic acid Sylvinsäure

Die A. kommt in Form gelblicher teilkristalliner Massen in den Handel. Sie ist unlöslich in Wasser, löst sich jedoch gut in verdünnter Natronlauge sowie in Ethanol, Aceton und Diethylether.

A. wird technisch aus dem *Kolophonium* hergestellt. Schneidet man die Rinde von Nadelbäumen an, sondern diese aus der damit erzeugten Wunde ein Harz ab. Vor allem die verschiedenen Kieferarten sind dabei besonders ergiebig an Harz, während Fichten schlechte Ausbeuten liefern und durch die Verletzungen stark geschädigt werden. Aus derart gewonnenem *Kiefernharz* kann durch Wasserdampfdestillation eine flüchtige Fraktion abgetrennt werden, die das bekannte *Terpentinöl* darstellt. Der Rückstand der Wasserdampfdestillation ist das Kolophonium. Das Verhältnis Terpentinöl zu Kolophonium im Kiefernharz beträgt etwa 1 : 4. Ein Baum liefert 2-5 kg Harz pro Jahr.

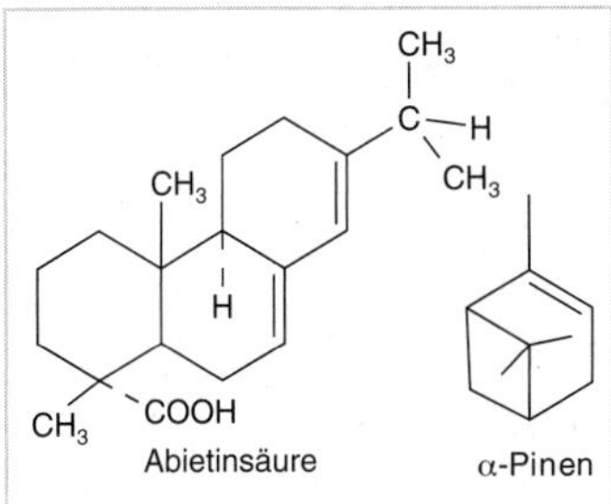

α-Pinen und Abietinsäure – Komponenten der Kiefernharze

Die je nach Kiefernart verschiedenen Terpentinöle enthalten als Hauptbestandteil durchweg das α*-Pinen* (s. Abbildung) (das österreichische Terpentinöl aus der Schwarzkiefer, pinus nigra, sogar über 90 %), daneben weitere mono- und bicyclische Mono- und Sesquiterpene (s. unter ↑ Isopren). Sie besaßen früher große Bedeutung als Lösungs- und Verdünnungsmittel, worin sie heute von petrochemischen Produkten abgelöst sind. Nach wie vor sind die Terpentinöle aber wichtige Quellen für *Terpene*.

Kolophonium bildet blaßgelbe bis braune Brocken, unlöslich in Wasser, löslich in Alkalilaugen, Ethanol, Diethylether und Ölen. Die verschiedenen Kolophoniumsorten bestehen stets zum Großteil aus einem Gemisch verschiedener *Harzsäuren*, und zwar vor allem der Diterpencarbonsäuren *Lävopimarsäure*, *Neoabietinsäure* und *Palustrinsäure*, ferner der A. (s. Abbildung). Die A. besitzt zwar primär nur einen kleinen Anteil, sie ist jedoch die wichtigste Komponente, da sie das stabilste Isomere der vorgenannten Säuren ist, in das sich diese unter saurer Katalyse alle leicht umwandeln (die genannten Säuren unterscheiden sich von der A. lediglich durch die Lage der beiden Doppelbindungen). Kocht man Kolophonium mit ↑ Essigsäure oder ethanolischer ↑ Salzsäure, läßt sich deshalb anschließend die A. in hoher Ausbeute isolieren.

Kolophonium ist das wichtigste Naturharz. Es wird in Anstrichmitteln (z. B. Schiffsanstriche), zur Modifizierung synthetischer Harze (z. B. ↑ Phenoplaste), zur Papierleimung, in Klebstoffen und in der Seifenfabrikation verwendet.

Von der A. werden Derivate hergestellt (Salze, Ester, als *Abietate* bezeichnet), die als Seifen (z. B. das Salz mit ↑ Triethanolamin), Weichmacher und Siccative (s. unter ↑ Linolensäure) Verwendung finden. Die Salze der A. entfalten in wässeriger Lösung Tensid-Charakter (zeigen entsprechend kräftiges Schäumen beim Schütteln) und werden auch als *Harzseifen* bezeichnet. Harzseifen werden zur *Papierleimung* verwendet. Eine Leimung von Papier ist notwendig, um das Papier bedruckbar oder mit Tinte beschreibbar zu machen, da anderenfalls die Tinte im Papier weggesaugt wird, wie man es z. B. von Filterpapier kennt (*Filterpapier* ist ungeleimt). Durch Imprägnierung mit *Natriumabietat* wird das Papier gerade so hydrophobiert, daß die

Tinte zwar eindringt, aber nicht verläuft. Die Haftung der A. auf der Papierfaser wird über Aluminium-Ionen vermittelt (s. hierzu unter ↑ Aluminiumsulfat).

Durch Dehydrierung der A. mit ↑ Schwefel bei ca. 230 °C entsteht der aromatische Kohlenwasserstoff Reten (7-Isopropyl-1-methyl-phenanthren) (s. Schema).

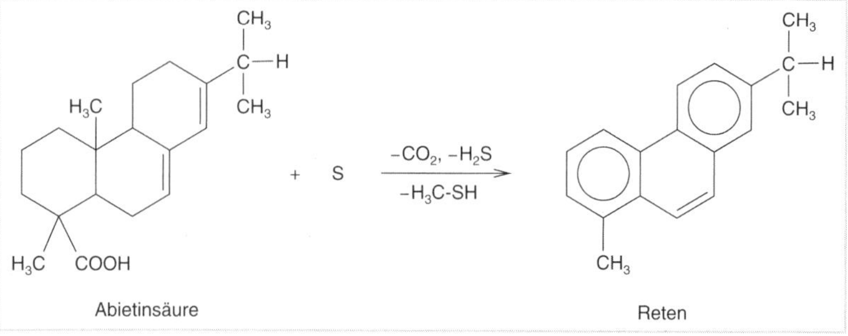

Aromatisierung von Abietinsäure zu Reten

Derartige Aromatisierungen dienen dem Zwecke der Strukturaufklärung. So liefert die analoge Aromatisierung der ↑ Glycerithinsäure mit ↑ Selen bei 350 °C den aromatischen Kohlenwasserstoff 1,8-Dimethylpicen. Diese Reaktion nutzte Ruzicka u. a. zur Strukturaufklärung des Hauptinhaltsstoffes der Süßholzwurzel.

Präparativ dient die A. ferner als Ausgangsstoff zur Synthese verschiedener Naturprodukte, z. B. Diterpene und Steroide (s. unter ↑ Cholesterol). Die A. begünstigt das Wachstum der Bakterien in der Milchsäure- und Buttersäuregärung (s. unter ↑ Buttersäure).

$C_{20}H_{30}O_2$ $M_R = 302{,}44$ C 79,42 %, H 9,99 %, O 10,58 %

t_{Smp}	t_{Sdp}	d	η
170 °C	256 °C (17 hPa)		

Abscisinsäure

Abscisic acid Dormin

Bildet farblose, luft- und lichtempfindliche Kristalle, die sich in Wasser nur wenig lösen, dagegen gut löslich sind in Aceton oder Essigsäureethylester.

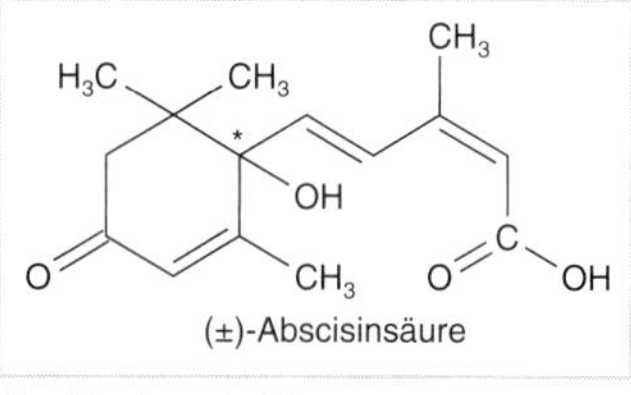

Abscisinsäure, ein Pflanzenhormon

Die A. ist ein aus Bäumen und vielen Pflanzen isolierbares Sesquiterpen (C-15-System, s. unter ↑ Isopren) mit einem Ionon-Grundgerüst (s. unter ↑ α,β-Ionon, s. Abbildung).

Die A. übt die Funktion eines Pflanzenhormons aus, das an der Wachstums-Regulierung beteiligt ist und zwar als Wuchsstoff-Antagonist, indem sie *Blühhemmung*, Blatt- und Fruchtabfall bewirkt (Name!). Auch die ursprüngliche Bezeichnung „Dormin" rührt daher, daß die A. in den Pflanzen winterschlafähnliche Zustände hervorruft.

Die Verbindung ist optisch aktiv (1 asymm. C-Atom). Natürlich vorkommend ist das (+)-cis-trans-Isomere, das bei 160 °C schmilzt, während der Schmp. des Racemates 188 °C beträgt.

$C_{15}H_{20}O_4$ $M_R = 264{,}31$ C 68,16 % H 7,63 % O 24,21 %

Acenaphthen

Acenaphthene 1,8-Ethylen-naphthalin

Kristallisiert aus Ethanol in Form langer weißer Nadeln, die in Wasser unlöslich, in niederen Alkoholen wenig (z. B. in Ethanol 3 g/100 ml), in Chloroform gut löslich sind.

A. ist Bestandteil des Steinkohlenteers (s. unter ↑ Anthracen) und kann aus der um 280 °C siedenden Fraktion auf einfache Weise in guter Reinheit mit ca. 1 %iger Ausbeute isoliert werden. Da A. auf diesem Wege in praktisch beliebiger Menge zugänglich ist, erübrigt sich eine Synthese, die z. B. aus ↑ Naphthalin und ↑ Ethylen bei hohen Temperaturen gelingt.

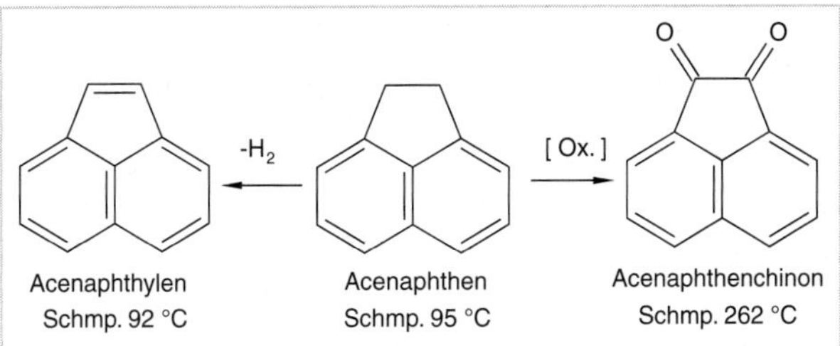

Oxidation und Dehydrierung von Acenaphthen

A. liefert bei der Oxidation mit starken Oxidationsmitteln (z. B. ↑ Chrom(VI)oxid) das *Acenaphthenchinon* (s. Schema) und weiter die ↑ Naphthalsäure. Acenaphthenchinon, ein in gelben Nadeln kristallisierender Feststoff, reagiert nicht als Chinon sondern verhält sich wie ein Diketon. Es dient als Edukt für indigoide Küpenfarbstoffe (s. unter Indigo*) und für Pflanzenschutzmittel. Die katalytische Dehydrierung von A. ergibt *Acenaphthylen* (s. Schema), ein farbloser Feststoff, der sich radikalisch (z. B. mit ↑ Dibenzoylperoxid bei 80 °C) zu hochmolekularen, hochschmelzenden Harzen homo- und copolymerisieren läßt.

Die katalytische Hydrierung liefert *Perhydroacenaphthen.*

A. wird zu einer Reihe weiterer Produkte umgesetzt, jedoch fehlt bislang eine größere technische Anwendung.

$C_{12}H_{10}$ $M_R = 154{,}21$ C 93,46 % H 6,54 %

t_{Smp}	t_{Sdp}	d	η		
96 °C	279 °C	1,19 g/cm³			
C_p	$\Delta_S H$	$\Delta_V H$	$\Delta_B H$	S^o	Q_C
190 J/(K · mol)	21 kJ/mol		70 kJ/mol	189 J/(K · mol)	−6221 kJ/mol
MAK	R-Satz	S-Satz			
		22-24/25			

Acetaldehyd

Acetaldehyde, Ethanal Ethanal

Eine farblose, leichtbewegliche, sehr flüchtige und leichtentzündliche Flüssigkeit von stechendem Geruch, die sich mit Wasser und den meisten org. Solventien mischen läßt.

A. ist ein Zwischenprodukt in Stoffwechselvorgängen von Tier und Pflanze. Bei der alkoholischen Gärung (s. unter ↑ Ethanol) entsteht A. durch Decarboxylierung der ↑ Brenztraubensäure, um dann mittels NADH (s. unter ↑ Nicotinsäureamid-adenin-dinucleotid) zum Endprodukt, dem Ethanol, hydriert zu werden.

Aufgrund seiner Reaktivität und Oxidationsempfindlichkeit kann A. sich immer nur in Spuren in freier Form, z. B. im Obst, vorfinden. A. läßt sich auch im Blut nachweisen.

Die technische Synthese von A. erfolgte früher durch Wasseranlagerung an ↑ Acetylen oder durch katalytische Dehydrierung von Ethanol, Verfahren, die heute keine Rolle mehr spielen. A. wird heute ausschließlich durch katalytische Oxidation von ↑ Ethylen hergestellt. Dabei kommt ein Zweikomponenten-Katalysator zur Anwendung (Pd(II)-/Cu(II)-Chlorid), dessen Wirkungsweise im nachfolgenden Schema zum Ausdruck kommt.

Dieses Verfahren ist unter dem Namen *Wacker-Höchst-Prozeß* bekannt. Durch Anlagerung an $PdCl_2$ wird das Ethen für die Addition von Wasser aktiviert und spaltet sich als Enol des A. ab, wobei Pd entsteht. Der Sauerstoff im A. stammt also aus Wasser. Das O_2 dient nur zur Reoxidation von Cu^+.

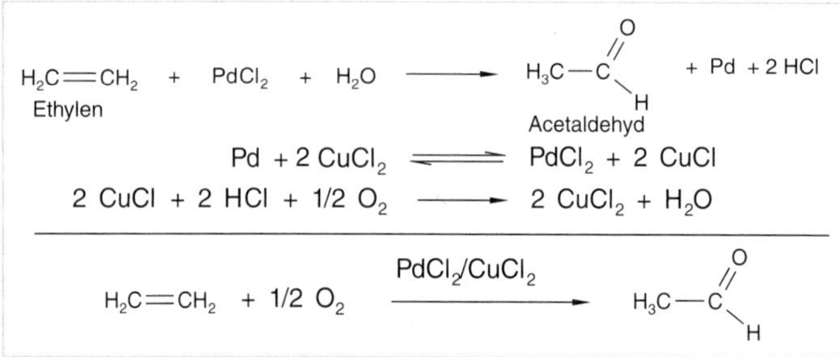

Katalytische Oxidation von Ethylen zu Acetaldehyd

A. bildet u. a. folgendes Azeotrop:

Azeotrop-Komponenten	Zusammensetzung (Gew.-%)	Siedepunkt (°C)
A./Diethylether	76,0/24,0	20,5

A. oligomerisiert beim Ansäuern in exothermer Reaktion zu dem cyclischen Trimeren *Paraldehyd* (s. Gleichung). Paraldehyd ist eine wasserklare Flüssigkeit mit aromatischem Geruch, die sich bei 20 °C zu ca. 12 g/100 ml in Wasser löst und mit den meisten org. Solventien mischbar ist. Es ist ein cyclisches Acetal, ist also gegen Alkalien beständig, während beim Erwärmen mit Säure wieder A. freigesetzt wird. Paraldehyd ist deshalb eine bequeme Anwendungsform von A., die therapeutisch als Sedativum Verwendung findet (bei Krampfzuständen und Delirium tremens) und technisch als Lösungsmittel dient (Fette, Öle).

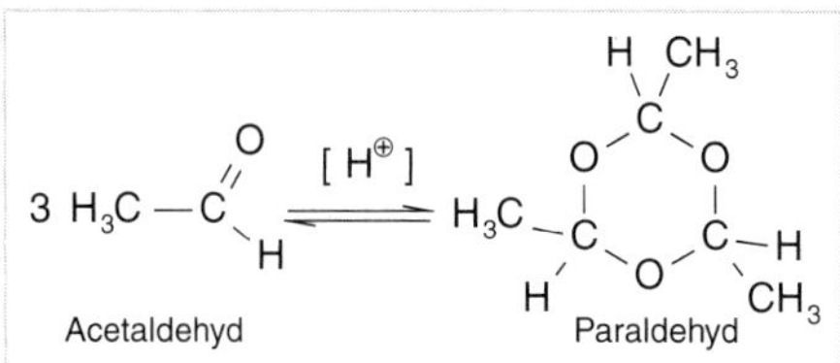

Trimerisierung von Acetaldehyd

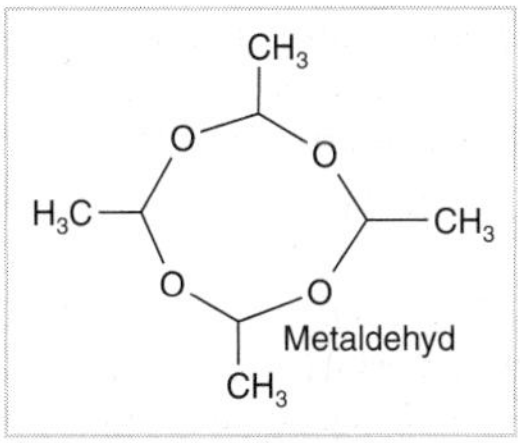

Struktur von Metaldehyd

Aus A. bildet sich in der Kälte mit ↑Bromwasserstoff und ↑Calciumbromid ein cyclisches Tetrameres (s. Abbildung), das als *Metaldehyd* bezeichnet wird und einen weißen kristallinen Feststoff darstellt. Es ist sehr giftig und wird als *Schneckengift* verwendet. Ferner ist es als Trockenbrennstoff im Handel („*Trockenspiritus*").

A. geht alle für Aldehyde typischen Reaktionen ein (s. hierzu auch unter ↑Proylamin). Er besitzt keine direkte technische Anwendung, ist jedoch ein wichtiges Basisprodukt für die Herstellung bedeutender Grundstoffe, wobei vor allem zu nennen sind die ↑Essigsäure, der ↑Essigsäureethylester, das ↑Essigsäureanhydrid, der ↑Pentaerythrit und das *Acetaldol.*

Acetaldol (*β-Hydroxybutyraldehyd*) ist eine wasserklare, etwas ölige Flüssigkeit von schwachem Geruch, Sdp. (20 Torr) 83 °C, löslich in Wasser und den meisten org. Solventien. Es entsteht bei der alkalisch katalysierten Homoaldolisierung des A. (s. Gleichung) und wird praktisch ausschließlich zur Herstellung von ↑Crotonaldehyd verwendet.

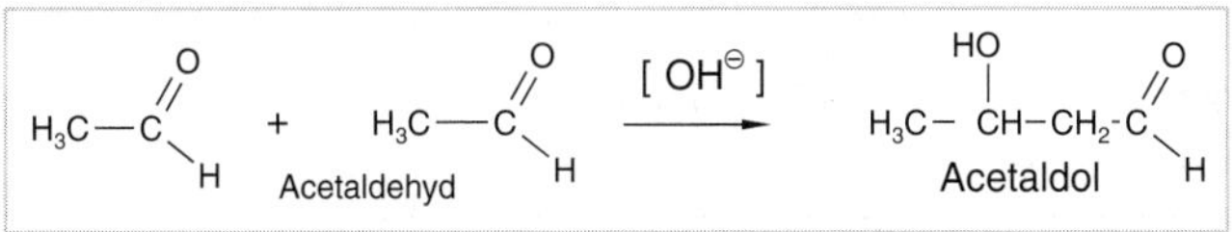

Homoaldolisierung von Acetaldehyd

► A. ist giftig. Er wirkt sehr stark reizend auf Augen und Schleimhäute und ist narkotisierend. Steht seit neuestem im Verdacht, cancerogen zu sein. A. ist leichtentzündlich. Lagerung bei 4 °C.

C_2H_4O $M_R = 44{,}05$ C 54,53 % H 9,15 % O 36,32 %

t_{Smp}	t_{Sdp}	d	η		
−121 °C	21 °C	0,79 g/cm³	0,22 mPa · s		
C_p	$\Delta_S H$	$\Delta_V H$	$\Delta_B H$	S^o	Q_C
89 J/(K · mol)	2,3 kJ/mol	26 kJ/mol	−196 kJ/mol	117 J/(K · mol)	−1172 kJ/mol
t_{krit}	P_{krit}	d_{krit}	t_{trip}		
181,5 °C	6,40 MPa				
MAK	R-Satz	S-Satz			
90 mg/m³	12-36/37-40	2-16-33-36/37			

Acetaldehyddiethylacetal

Acetaldehyde diethyl acetal Acetal

Eine wasserklare, angenehm riechende Flüssigkeit, die in Wasser wenig (bei 20 °C 5 g/100 ml), in org. Solventien gut löslich ist. A. ist wie alle Acetale gegen Säuren empfindlich, gegen Alkalien stabil (zum Acetalbegriff s. auch unter ↑D(+)-Glucose).

A. wird auf einfache Weise aus ↑ Acetaldehyd und ↑ Ethanol erhalten, indem man Acetaldehyd unter Kühlung in eine Lösung von wasserfreiem ↑ Calciumchlorid in Ethanol einträgt. Man läßt einen Tag bei Raumtemperatur stehen. Die entstandene Oberphase aus A. wird abgetrennt und gereinigt (s. Gleichung).

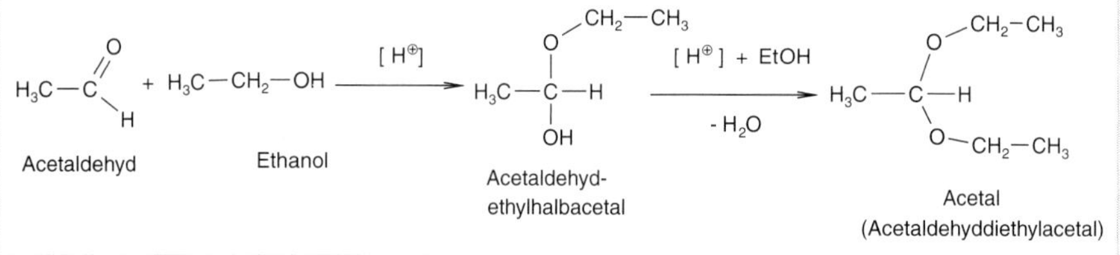

Synthese von Acetal aus Acetaldehyd und Ethanol

A. bildet u. a. folgende Azeotrope:

Azeotrop-Komponenten	Zusammensetzung (Gew.-%)	Siedepunkt (°C)
A./Chloroform	84,5/15,5	78,2
A./Wasser	85,7/14,3	82,6

A. wird als Lösungsmittel verwendet (z. B. in der Parfümerie). Präparativ wird es als „Acetaldehyd" mit geschützter Aldehyd-Funktion eingesetzt. Technisch dient A. als Treibstoffzusatz zur Einstellung der Octanzahl (s. unter ↑ n-Heptan)

► A. wirkt narkotisch. Es ist leichtentzündlich

$C_6H_{14}O_2$ $M_R = 118{,}17$ C 60,98 % H 11,94 % O 27,08 %

t_{Smp}	t_{Sdp}	d	η		
	103 °C	0,83 g/cm³			
C_p	$\Delta_S H$	$\Delta_V H$	$\Delta_B H$	S^o	Q_C
238 J/(K · mol)		38 kJ/mol			−3870 kJ/mol
MAK	R-Satz	S-Satz			
	11-36/38	9-16-33			

Acetamid

Acetamide Essigsäureamid

Bildet in reinem Zustand farb- und geruchlose, hygroskopische, nadelförmige Kristalle, die sich in Wasser sehr gut lösen (bei 20 °C 200 g/100 ml) und auch in vielen org. Solventien gut löslich sind.

Die Synthese von A. gelingt durch Umsetzung von ↑ Acetylchlorid oder ↑ Essigsäureanhydrid mit ↑ Ammoniak (s. Gleichung) oder einfach durch Erhitzen von ↑ Ammoniumacetat (s. Gleichung).

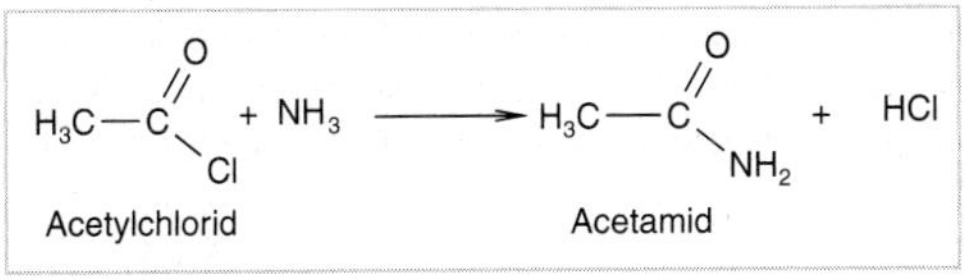
Acetamid-Herstellung aus Acetylchlorid

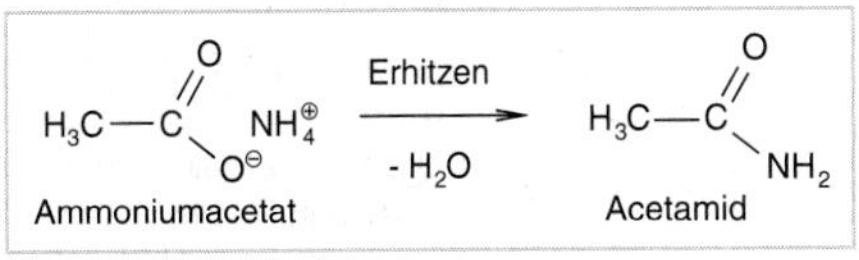
Thermische Zersetzung von Ammoniumacetat

A. bildet u. a. folgende Azeotrope:

Azeotrop-Komponenten	Zusammensetzung (Gew.-%)	Siedepunkt (°C)
A./Benzaldehyd	6,5/93,5	178,6
A./Nitrobenzol	24,0/76,0	202,0

A. dient hauptsächlich als Lösungsmittel, weil es in geschmolzenem Zustand ein ausgezeichnetes Lösungsvermögen für anorganische und organische Substanzen aufweist. Es wird auch zur *Solubilisierung* verwendet, da A. in geringer Menge zugesetzt, die Löslichkeit in Wasser unlöslicher Verbindungen deutlich erhöht. Präparativ eignet sich A. zur Darstellung von ↑ Methylamin durch Hofmannschen Säureamidabbau.

► Steht im Verdacht der cancerogenen Wirksamkeit. A. kann hautreizende Wirkung ausüben.

C_2H_5NO $M_R = 59{,}07$ C 40,67 % H 8,53 % N 23,71 % O 27,09 %

t_{Smp}	t_{Sdp}	d	η		
82 °C	222 °C	1,16 g/cm³			
C_p	$\Delta_S H$	$\Delta_V H$	$\Delta_B H$	S^o	Q_C
91 J/(K · mol)	15,5 kJ/mol		−316 kJ/mol	115 J/(K · mol)	−1186 kJ/mol
MAK	R-Satz	S-Satz			
	40	36/37			

Acetanilid

Acetanilide N-Phenylacetamid

Bildet farblose, blättchenförmige Kristalle, die sich in Wasser nur wenig (bei 20 °C ca. 5 g/100 ml) lösen, jedoch gut löslich sind in den meisten org. Solventien.

Die Herstellung von A. kann durch Umsetzung von ↑ Acetylchlorid (oder ↑ Essigsäureanhydrid) mit ↑ Anilin erfolgen (s. Gleichung).

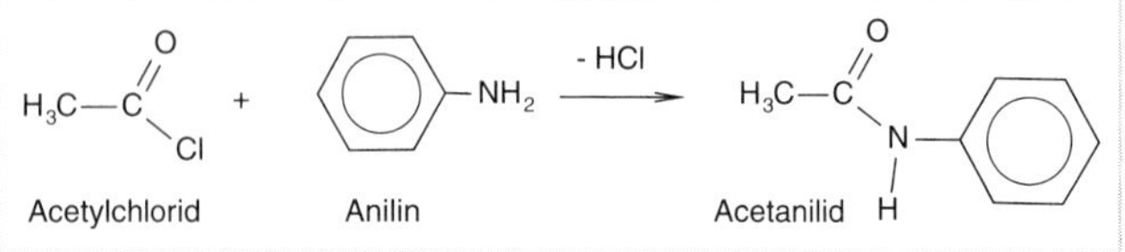

Synthese von Acetanilid

A. wurde früher zur Schmerz- und Fieberbekämpfung („*Antifebrin*") verwendet, spielt hierzu jedoch wegen seiner starken Nebenwirkungen keine Rolle mehr. A. dient heute hauptsächlich als Synthesebaustein in Pharmazeutika- und Farbstoffsynthesen. Es findet auch Verwendung als Stabilisator wässeriger Wasserstoffperoxid-Lösungen. In der Analytik ist A. Standardsubstanz für Elementaranalyse und Schmelzpunktbestimmung. Technisch wird A. ferner verwendet als Weichmacher für Kunststoffe und Harze.

Das 4-Hydroxy-Derivat von A. ist das als Analgetikum und Antipyretikum verwendete *Paracetamol* (das entsprechend aus ↑Essigsäureanhydrid durch Umsetzung mit *4-Aminophenol* erhältlich ist). Paracetamol soll nicht zusammen mit Stimulantien (z. B. ↑Coffein) genommen werden. Es wirkt durch eine Hemmung der Synthese der ↑Prostaglandine. Paracetamol wird in der Leber zu N-Acetyl-p-benzochinonimin metabolisiert und dann an ↑Glutathion gebunden und renal ausgeschieden. Eine excessive Paracetamol-Gabe wird therapeutisch durch Verabreichung von ↑N-Acetylcystein entgiftet.

Ein wichtiges A.-Derivat ist auch das *Lidocain*, systematisch *2-Diethylamino-2′,6′-dimethylacetanilid*, das als Lokalanaesthetikum heute das ↑Procain fast verdrängt hat (s. Abbildung). Aus Lidocain erhielt 1958 der schottische Chemiker F. R. Smith durch Umsetzung mit Benzylbromid und anschließende Fällung mit ↑Benzoesäure das *Denatoniumbonzoat*, das die am bittersten schmeckende Substanz (*Bitterstoff*) darstellt, die man heute kennt (s. Abbildung). Es ist unter der Handelsbezeichnung „*Bitrex*" im Markt und dient zum *Vergällen* (zum Schützen vor irrtümlichem Verzehr) von zahlreichen kosmetischen und technischen Produkten und auch von Brennspiritus.

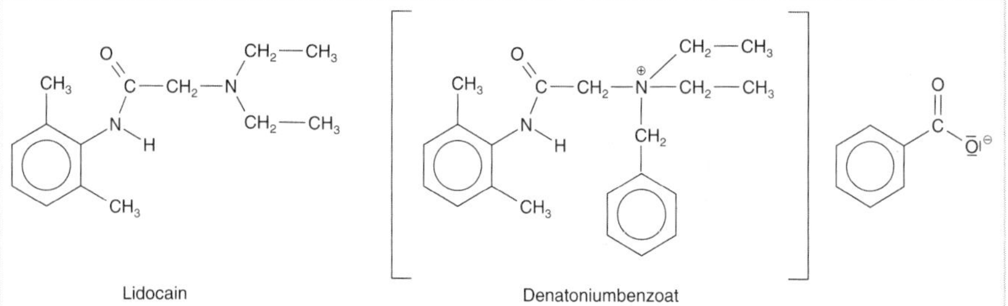

Lidocain, ein wichtiges Lokalanaestheikum und Denatoniumbenzoat, die bitterste bis heute bekannte Substanz

C_8H_9NO $M_R = 135{,}16$ C 71,09 % H 6,71 % N 10,36 % O 11,84 %

t_{Smp}	t_{Sdp}	d	η		
113 °C	304 °C	1,22 g/cm³			
C_p	$\Delta_S H$	$\Delta_V H$	$\Delta_B H$	S^o	Q_C
179 J/(K · mol)			−209 kJ/mol		−4224 kJ/mol
MAK	R-Satz	S-Satz			
	20/21/22	28			

Acetessigsäure

Acetoacetic acid 3-Oxobuttersäure

Bildet farblose Kristalle, die sich in Wasser und Ethanol gut lösen.

A. wird erhalten durch Verseifung von ↑ Acetessigsäureethylester. Es ist eine starke Säure, die allerdings ziemlich instabil ist. Ab ca. 100 °C ersetzt sie sich zu ↑ Aceton und ↑ Kohlenstoffdioxid (s. Gleichung).

Diese thermische Labilität ist typisch für alle *β-Ketocarbonsäuren*. Für die leicht erfolgende *Decarboxylierung* läßt sich der gezeigte cyclische Mechanismus formulieren.

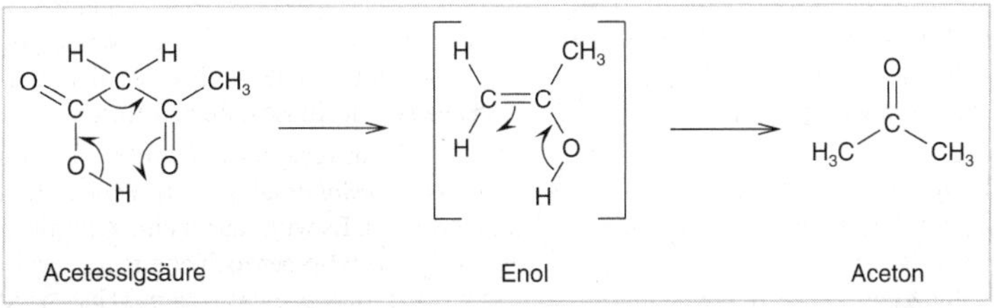

Decarboxylierung der Acetessigsäure

Nach dem analogen cyclischen Mechanismus zerfallen auch die Malonsäuren (s. Malonester-Synthesen unter ↑ Malonsäurediethylester) sowie die alkylierten Acetessigester (s. Ketonspaltung unter ↑ Acetessigsäureethylester).

Die A. wird praktisch nur zu organischen Synthesen verwendet.

$C_4H_6O_3$ $M_R = 102{,}09$ C 47,06 % H 5,92 % O 47,02 %

Acetessigsäureanilid

Acetoacetanilide

Bildet ein farb- und geruchloses kristallines Pulver, das sich in Wasser nur sehr wenig löst, dagegen gut löslich ist in vielen org. Solventien sowie in Alkalilaugen.

Wässerig-ethanolische Lösungen färben sich mit ↑ Eisen(III)chlorid violett. Zur Synthese von A. eignet sich die Umsetzung von Diketen (s. unter ↑ Keten) mit ↑ Anilin (s. Gleichung).

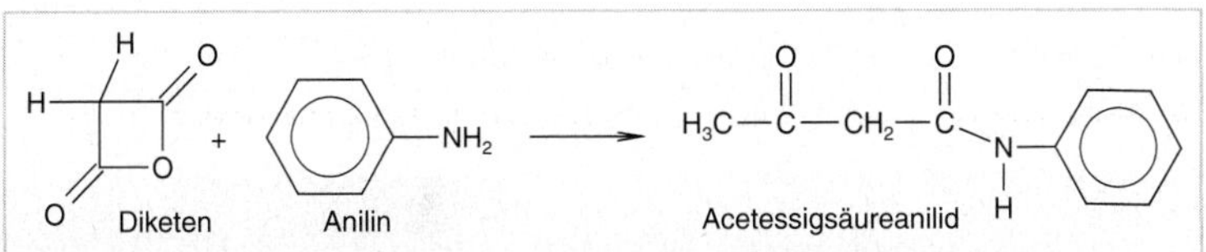

Herstellung von Acetessigsäureanilid

A. ist ein Synthese-Baustein, z. B. zur Herstellung von Farbstoffen.

$C_{10}H_{11}NO_2$ $M_R = 177{,}20$ C 67,78 % H 6,26 % N 7,90 % O 18,06 %

t_{Smp}	t_{Sdp}	d	η
84 °C			

Acetessigsäureethylester

Ethyl acetoacetate Acetessigester

Eine wasserklare, leicht ölige Flüssigkeit von angenehm-aromatischem Geruch, die sich in Wasser nur wenig löst (bei 20 °C ca. 3 g/100 ml), mit den meisten org. Solventien aber mischbar ist. Ergibt mit Eisen(III)chlorid eine Violettfärbung.

A. wird hergestellt durch Claisen-Kondensation von ↑ Essigsäureethylester (s. Gleichung).

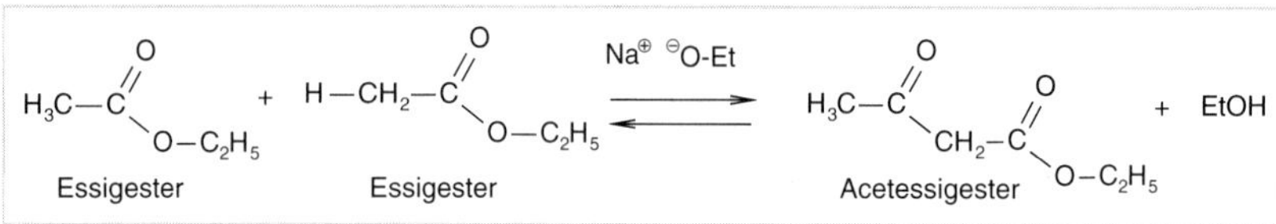

Herstellung von Acetessigsäureethylester durch Claisen-Kondensation

Der A. ist eine der Verbindungen, an denen sich die *Keto-Enol-Tautomerie* (präziser als „*Prototropie*" bezeichnet) gut beobachten läßt, da er unter Normalbedingungen aus einem Gleichgewichtsgemisch von Keto- und Enolform besteht und demzufolge die für Ketone sowie für Enolgruppierungen typischen Reaktionen eingeht. Es lassen sich sogar unter bestimmten Bedingungen beide Formen isolieren (s. Schema).

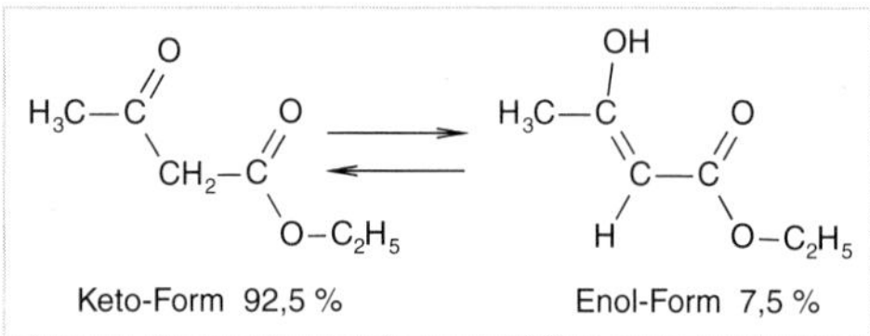

Keto-Enol-Tautomerie im Acetessigsäureethylester

In Lösungen ist die Gleichgewichtslage sehr stark vom Lösungsmittel abhängig (unpolare Lösungsmittel begünstigen die Enolform). Mit starken Basen wie z. B. ↑ Natriumethanolat wird A. durch Ablösung eines der beiden aciden Methylenprotonen in ein ambidentes Anion überführt (s. Schema).

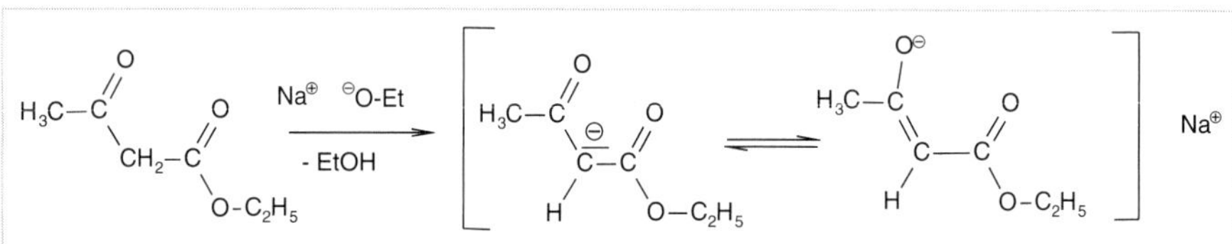

Bildung des ambidenten Anions von Acetessigsäureethylester

Aus beiden Grenzformen heraus kann dieses Anion in Substitutionsreaktionen reagieren. Mit Alkylhalogeniden sind so mono- und dialkylierte A. zugänglich (s. Schema).

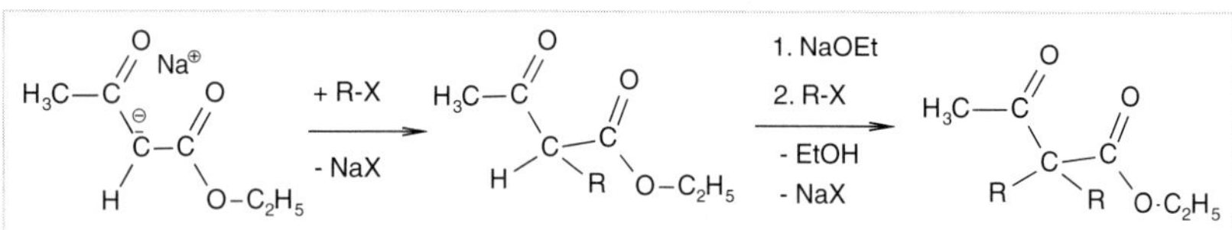

Bildung mono- und dialkylierter Derivate von Acetessigsäureethylester

Mit Säurechloriden entstehen *Tricarbonylverbindungen*, wobei unter bestimmten Bedingungen (z. B. in ↑ Pyridin) auch O-Acylierungen möglich sind. Präparativ besonders wichtig sind die als *Ketonspaltung* und *Säurespaltung* bekannten Umsetzungen des A. und seiner alkylierten und acylierten Derivate.

Die Ketonspaltung beinhaltet zunächst eine Verseifung des Esters. Das entstehende Acetessigsäure-Derivat (s. unter ↑ Acetessigsäure) ist instabil und zerfällt unter Decarboxylierung zu dem entsprechenden Keton, das so in guter Ausbeute zugänglich ist (s. Schema).

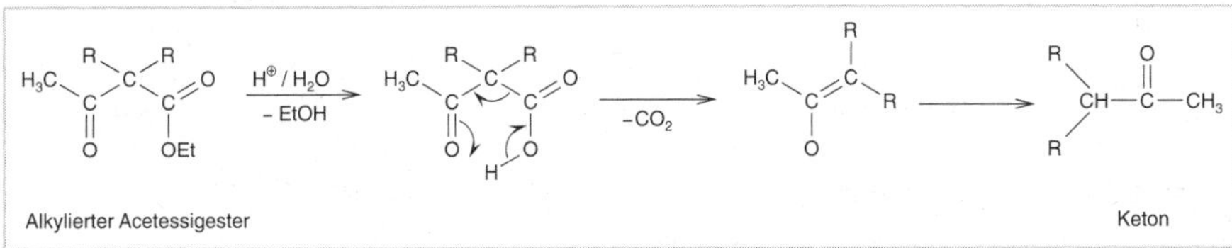

Ketonspaltung führt zu Ketonen

Die Säurespaltung tritt ein, wenn das A.-Derivat mit starker Alkalilauge erhitzt wird. Dabei wird die C-C-Bindung zwischen Keto- und Methylengruppe gespalten und die entsprechende mono- oder disubstituierte ↑ Essigsäure gebildet (s. Schema).

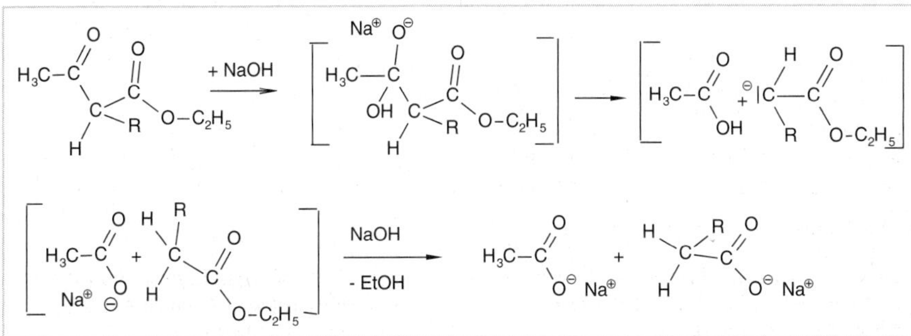

Säurespaltung führt zu Essigsäure-Derivaten

Die hier in Stufen formulierte Spaltungsreaktion verläuft in Wirklichkeit nach einem cyclischen Synchronmechanismus. Der zunächst gebildete substituierte Essigsäureester wird unter den Reaktionsbedingungen zum Na-Salz verseift. Die präparativen Routen der Keton- und Säurespaltung werden zusammenfassend auch als *Acetessigester-Synthesen* bezeichnet.

Der A. ist so ein vielseitiger, präparativ wertvoller Synthese-Baustein. Außer für die vorgenannten Reaktionen besitzt A. auch Bedeutung in verschiedenen Heterocyclen-Synthesen.

► A. wirkt haut- und schleimhautreizend

$C_6H_{10}O_3$ $M_R = 130{,}14$ C 55,37 %   H 7,74 %   O 36,88 %

t_{Smp}	t_{Sdp}	d	η
−45 °C	180 °C	1,02 g/cm³	

C_p	$\Delta_S H$	$\Delta_V H$	$\Delta_B H$	S^o	Q_C
250 J/(K · mol)		54 kJ/mol	−640 kJ/mol		−3150 kJ/mol

Acetoin

Acetoin 3-Hydroxy-2-butanon

Eine farblose, angenehm riechende Flüssigkeit, die sich mit Wasser und Ethanol mischen läßt, hingegen unlöslich ist in unpolaren Solventien.

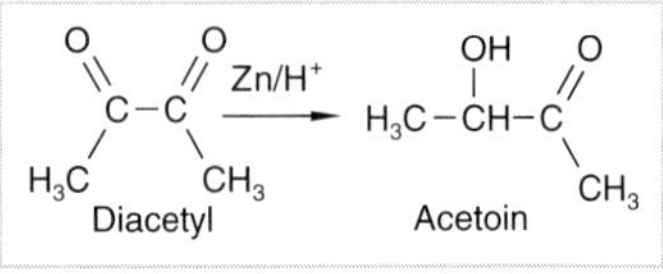

Reduktion von Diacetyl zu Acetoin

Synthetisch wird A. erhalten durch partielle Reduktion von ↑ Diacetyl mit Zink/Salzsäure (s. Gleichung).

A. entsteht als Nebenprodukt von Gärungsprozessen und findet sich in untergärigen Bieren sowie in Butter (Butteraroma, s. unter ↑ Diacetyl).

A. ist zusammen mit ↑ Benzoin der wichtigste Vertreter der *Acyloine*, also Verbindungen, die α-ständig Hydroxyl- und Ketogruppe aufweisen und reduziert als solches Fehling-Lösung unter Bildung von ↑ Essigsäure. A. dimerisiert beim Stehenlassen allmählich zu einem festen Dimeren, das sich allerdings beim Lösen oder Schmelzen wieder in das Monomere zurückbildet.

Acyloine entstehen allgemein auch bei der Bouveault-Blanc-Reduktion (s. unter ↑ Decansäure) unter der Voraussetzung, daß man im inerten, alkoholfreien System arbeitet. Das zunächst entstehende Dianion dimerisiert dann in erster Stufe zum Diketon, welches weiter reduziert wird zum Endiolat, das beim Ansäuern das Acyloin liefert. Diese Reaktion bezeichnet man generell als *Acyloin-Kondensation* (s. Schema).

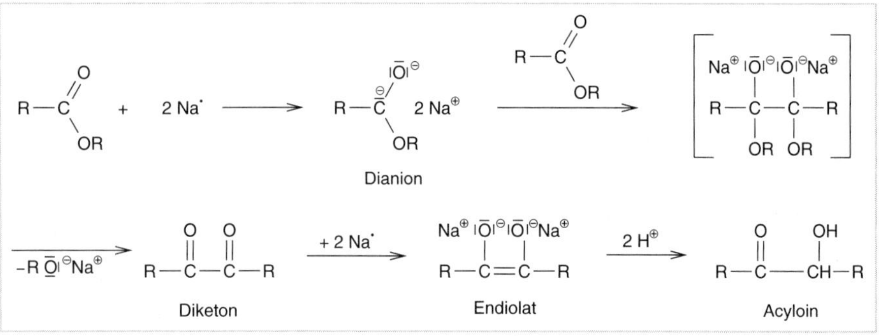

Acyloin-Kondensation

Geht man von höheren Dicarbonsäurediestern aus, entstehen auf dem gleichen Wege *cyclische Acyloine* (s. Schema), wobei die besten Ausbeuten ab n = 8 erzielt werden und nach oben praktisch keine Grenze gesetzt ist (man muß in siedendem Xylol mit flüssigem Natrium unter Stickstoff arbeiten).

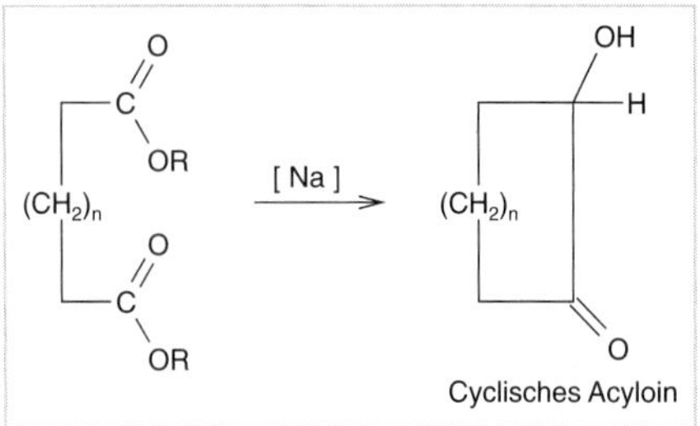

Acyloin-Ringschluß

Bei diesem *Acyloin-Ringschluß* handelt es sich um eine wichtige Methode zum *Aufbau großer Kohlenstoffringe.*

$C_4H_8O_2$	$M_R = 88{,}11$	C 54,53 %	H 9,15 %	O 36,32 %

t_{Smp}	t_{Sdp}	d	η
15 °C	148 °C	1,0 g/cm³	

Aceton

Acetone Dimethylketon

Eine wasserklare, leichtbewegliche, flüchtige Flüssigkeit mit angenehm aromatischem Geruch, die sich mit Wasser und nahezu allen org. Solventien beliebig mischen läßt. Aus wässerigen Lösungen läßt A. sich aussalzen.

Die technische Synthese von A. erfolgt durch Oxidation von ↑Propen (s. Gleichung). Große Bedeutung besitzt auch die Hock-Synthese, die unter ↑Cumol beschrieben ist.

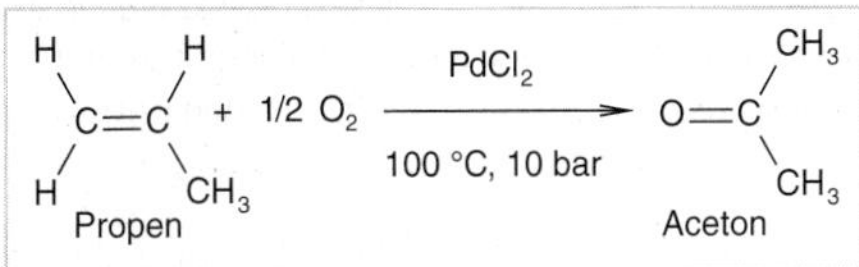

Aceton-Herstellung durch Oxidation von Propen

A. bildet u. a. folgende Azeotrope:

Azeotrop-Komponenten	Zusammensetzung (Gew.-%)	Siedepunkt (°C)
A./Tetrachlormethan	88,5/11,5	56,1
A./Chloroform	20,0/80,0	64,7
A./Cyclohexan	67,0/33,0	53,0
A./Cyclopentan	36,0/64,0	41,0
A./Hexan	59,0/41,0	49,8
A./Methanol	88,0/12,0	55,7
A./Pentan	21,0/79,0	32,0

A. ist das einfachste und zugleich mengenmäßig bedeutendste Keton und zeigt die typischen Ketonreaktionen. In alkalischem Medium und mit konz. ↑Schwefelsäure treten Kondensationen ein (s. unter ↑Diacetonalkohol und ↑Mesitylen). Gegen Oxidationen ist A. sehr widerstandsfähig und nur sehr starke Oxidationsmittel überführen es in ↑Essigsäure und ↑Ameisensäure. Mit alkalischer Iodlösung liefert A. ↑Iodoform. Eine der technisch wichtigsten Umsetzungen des A. ist die Cyanhydrin-Bildung (s. Gleichung).

Cyanhydrine (*α-Hydroxycarbonitrile*) bilden sich generell bei Anlagerung von ↑Cyanwasserstoff an Carbonylgruppen. Die saure Hydrolyse der Cyanhydrine liefert *α-Hydroxycarbonsäuren.*

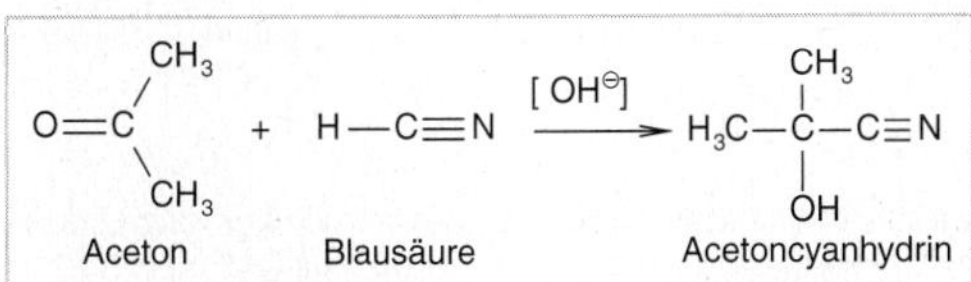

Bildung von Acetoncyanhydrin

Das *Acetoncyanhydrin* wird weiter zu ↑ Methacrylsäure und ↑ Methylmethacrylat umgesetzt.

A. ist ebenfalls Ausgangsprodukt für folgende wichtige Verbindungen: ↑ Diacetonalkohol, ↑ Mesityloxid, Methylisobutylketon (s. unter ↑ Mesityloxid), Bisphenol A (s. unter ↑ Epoxidharze), ↑ Keten und *Isophoron*.

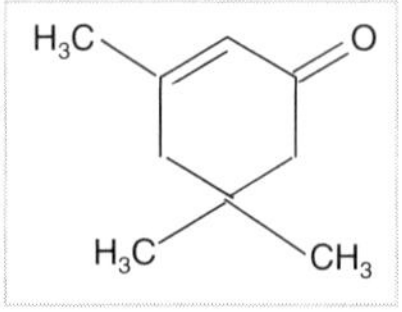

Isophoron, ein technisches Lösungsmittel

Isophoron (s. Abbildung) bildet sich aus A. unter verschiedenen Bedingungen unter saurer oder alkalischer Katalyse. Es ist eine farblose, angenehm riechende Flüssigkeit (Schmp. −8 °C, Sdp. 215 °C), in Wasser zu 1,2g/100 ml löslich, mit org. Solventien mischbar, die technisch vielfach als Lösungsmittel verwendet wird (Polymerstoffe, Kleber, Lacke).

Die elektrolytische Reduktion ebenso wie die Reduktion durch unedle Metalle wie z. B. ↑ Magnesium führt zum ↑ Pinakol.

A. ist so ein bedeutendes großtechnisches Basisprodukt (Welt-Jahreserzeugung weit über eine Million Tonnen), das zu ca. 80 % der erzeugten Menge zu o. g. Produkten weiter umgesetzt wird.

Wegen seiner überragenden Lösungseigenschaften wird A. darüber hinaus in großem Maßstab als Lösungs-, Extraktions- und Kristallisationsmittel in nahezu allen Bereichen chemischer Produktion eingesetzt. Große Anteile fallen auf die Verarbeitung von Cellulose-Derivaten und auf die Lack- und Klebstoff-Industrie. Ferner wird es auf dem Kosmetiksektor (Nagellackentferner) verwendet sowie in vielen Technik-Bereichen als Entfettungs- und Reinigungsmittel gebraucht. In der Mikroskopie dient es als Ethanol-Ersatz zum Entwässern von Präparaten.

Außerdem dient A. als Lösungsmittel für ↑ Acetylen.

► A. kann wohl als das nach dem Ethanol am wenigsten toxische der technisch wichtigen Lösungsmittel bezeichnet werden. Auf der Haut verursacht es Trockenheit. Inhalation größerer Dosen erzeugt Bronchialreizung, Müdigkeit und Kopfschmerz. Sehr hohe Dosen wirken narkotisch. Ernsthafte Vergiftungen sind selten. Gleichwohl ist natürlich jeder unnötige Kontakt zu vermeiden. A. ist sehr leichtentzündlich.

C_3H_6O $M_R = 58{,}08$ C 62,04 % H 10,41 % O 27,55 %

t_{Smp} −94 °C	t_{Sdp} 56,5 °C	d 0,79 g/cm³	η 0,33 mPa · s		
C_p 125 J/(K · mol)	$\Delta_S H$ 5,7 kJ/mol	$\Delta_V H$ 31 kJ/mol	$\Delta_B H$ −249 kJ/mol	S^o 200 J/(K · mol)	Q_C −1788 kJ/mol
t_{krit} 263,3 °C	P_{krit} 4,78 MPa	d_{krit} 0,278 g/cm³	t_{trip}		
MAK 1200 mg/m³	R-Satz 11-36-66-67	S-Satz 9-16-26			

Acetondicarbonsäure

Acetonedicarboxylic acid 3-Oxo-glutarsäure

Kristallisiert in farblosen Nadeln, die in Wasser und Ethanol sehr gut löslich, in Diethylether oder Chloroform praktisch unlöslich sind. Mit dem pKs-Wert 3,1 ist die A. eine starke organische Säure.

A. entsteht bei der Einwirkung von konz. ↑ Schwefelsäure auf ↑ Citronensäure (s. Gleichung).

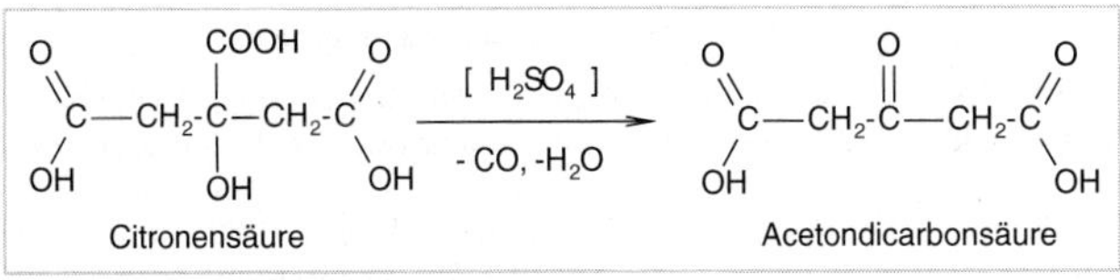

Bildung der Acetondicarbonsäure aus Citronensäure

Die A. ist sehr unbeständig und zerfällt beim Erwärmen leicht in ↑ Aceton und zwei Moleküle ↑ Kohlenstoffdioxid.

Die A. dient, auch in Form ihrer Ester (s. z. B. unter ↑ Atropin), ausschließlich präparativen Zwecken.

$C_5H_6O_5$ $M_R = 146{,}10$ C 41,11 % H 4,14 % O 54,76 %

$t_{Zersetzung}$	t_{Sdp}	d	η
138 °C (Z)			

Acetonitril

Acetonitrile

Eine wasserklare, etherartig riechende Flüssigkeit, die mit Wasser und den meisten org. Solventien beliebig mischbar ist. Lediglich mit gesättigten Kohlenwasserstoffen ist A. nicht mischbar.

Technisch wird A. als Nebenprodukt der Herstellung von ↑ Acrylniril nach dem Ammonoxidationsverfahren aus ↑ Propen erhalten. Eine mögliche Laborsynthese ist die Dehydratisierung von ↑ Acetamid mit wasserabspaltenden Reagenzien (s. Gleichung).

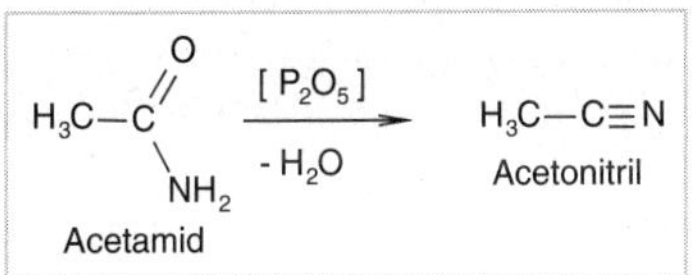

Dehydratisierung von Acetamid zu Acetonitril

A. bildet u. a. folgende Azeotrope:

Azeotrop-Komponenten	Zusammensetzung (Gew.-%)	Siedepunkt (°C)
A./Benzol	34,0/66,0	73,0
A./Ethanol	43,0/47,0	72,9
A./Ethylacetat	23,0/77,0	74,8
A./Methanol	81,0/19,0	63,5
A./Wasser	83,7/16,3	76,5

Generell sind *Nitrile* auch nach der Kolbe-Nitril-Synthese zugänglich (s. unter ↑ Benzylchlorid). Die saure Verseifung der Nitrile liefert die entsprechenden Carbonsäuren. Setzt man Nitrile in wasserfreien Alkoholen mit ↑ Chlorwasserstoff um, bilden sich die *Imidoester* als Hydrochloride, die durch Wasser leicht zu den entsprechenden Estern hydrolysiert werden. Die Imidoester ergeben mit Aminen die *Amidine*, wie es für die Bildung von *Acetamidin-Hydrochlorid* formuliert ist (s. Schema).

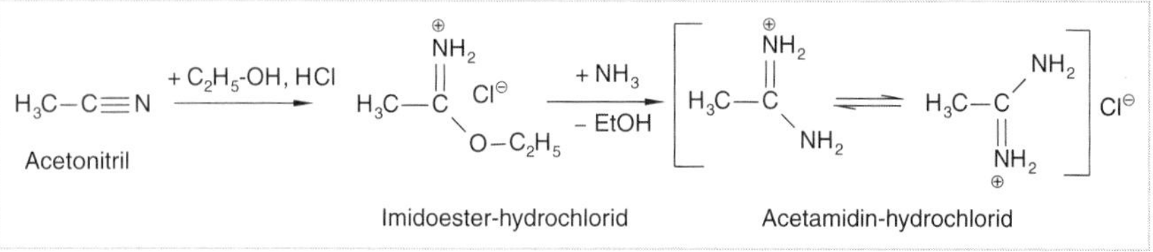

Bildung von Acetamidin-Hydrochlorid

Es bildet gelbliche, hygroskopische Kristalle vom Schmp. 165 °C, die in Wasser und Ethanol gut löslich sind und wird vor allem zur Heterocyclen-Synthese präparativ genutzt.

A. ist ein hochpolares, nicht protisches Lösungsmittel, das auch viele anorganische Salze zu lösen vermag. Es ist ein ausgesprochenes Speziallösungsmittel, was dann verwendet wird, wenn es auf hohe Polarität, hohe Dielektrizitätskonstante, ionisierende Wirkung usw. ankommt, z. B. in der Elektrochemie, bei nicht wässerigen Titrationen etc. Daneben dient es zur gezielten Extraktion von Verunreinigungen (z. B. Phenole) aus Benzinfraktionen, da A. mit letzteren nicht mischbar ist (s. o.). A. ist auch ein viel verwendeter Eluent in der HPLC-Analytik.

► A. ist giftig. Eine Inhalation ist unbedingt zu vermeiden. A. bewirkt ferner Hautreizungen.

C_2H_3N $M_R = 41{,}05$ C 58,52 % H 7,37 % N 34,12 %

t_{Smp} −45 °C	t_{Sdp} 82 °C	d 0,78 g/cm³	η 0,44 mPa · s		
C_p 91 J/(K · mol)	$\Delta_S H$ 9 kJ/mol	$\Delta_V H$ 30 kJ/mol	$\Delta_B H$ 40 kJ/mol	S^o 149 J/(K · mol)	Q_C −1256 kJ/mol
t_{krit} 274 °C	P_{krit} 4,8 MPa	d_{krit} 0,23 g/cm³	t_{trip}		
MAK 70 mg/m³	R-Satz 11-23/24/25	S-Satz 16-27-45			

Acetonoxim

Acetoxime

Bildet farblose Kristalle von chloralähnlichem Geruch, die sich in Wasser, Ethanol, Diethylether und Petrolether gut lösen.

A. wird auf einfache Weise erhalten, indem man äquimolare Mengen Hydroxylamin-Hydrochlorid (s. unter ↑Hydroxylamin) und ↑Aceton zusammen in wässeriger Lösung stehen läßt (s. Gleichung). A. läßt sich anschließend mit ↑Diethylether extrahieren.

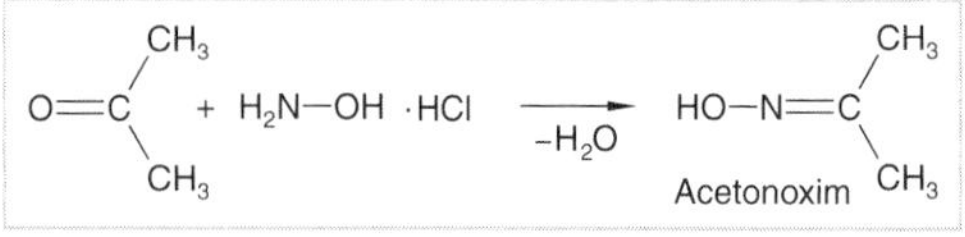

Bildung von Acetonoxim

A. ist ein Synthese-Baustein.

C_3H_7NO $M_R = 73{,}09$ C 49,30 % H 9,65 % N 19,16 % O 21,89 %

t_{Smp} 60 °C	t_{Sdp} 135 °C	d	η		
C_p	$\Delta_S H$	$\Delta_V H$	$\Delta_B H$ −140 kJ/mol	S^o	Q_C −2052 kJ/mol
MAK	R-Satz	S-Satz 22-24/25			

Acetonylaceton

Acetonylacetone 2,5-Hexandion

Eine wasserklare, angenehm riechende Flüssigkeit, die sich in Wasser, Ethanol und Diethylether gut löst.

A. wird durch Ketonspaltung (s. hierzu unter ↑ Acetessigsäureethylester) von *Diacetylbernsteinsäureester* erhalten, der seinerseits aus dem Na-Salz von ↑ Acetessigsäurethylester mittels ↑ Iod darstellbar ist (s. Schema).

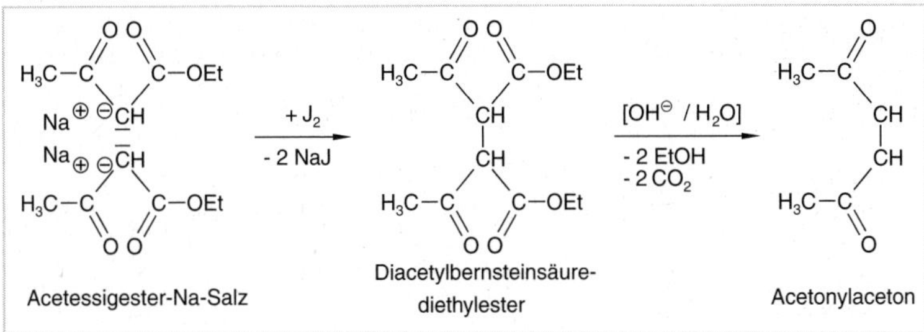

Synthese von Acetonylaceton

A. ist das einfachste *1,4-Diketon* und besitzt präparative Bedeutung zur Synthese von Heterocyclen aus der Pyrrol-, Furan- und Thiophen-Reihe.

► A. wirkt etwas hautreizend und bei Inhalation höherer Dosen narkotisch.

$C_6H_{10}O_2$ $M_R = 114{,}14$ C 63,14 % H 8,83 % O 28,03 %

t_{Smp} −5 °C	t_{Sdp} 194 °C	d 0,97 g/cm³	η
MAK	R-Satz	S-Satz 23-24/25	

Acetophenon

Acetophenone Methyl-phenylketon

Eine farblose cumarinartig riechende Flüssigkeit, die in Wasser unlöslich ist, sich aber mit den meisten org. Solventien mischen läßt.

A. ist das einfachste aromatisch-aliphatische Keton. Es wird synthetisch z. B. erhalten durch Friedel-Crafts-Acylierung von ↑ Benzol mit ↑ Acetylchlorid (oder ↑ Essigsäureanhydrid) in Gegenwart von ↑ Aluminiumchlorid (s. Gleichung, zum Mechanismus der F.-C.-Acylierungen s. unter ↑ Benzophenon).

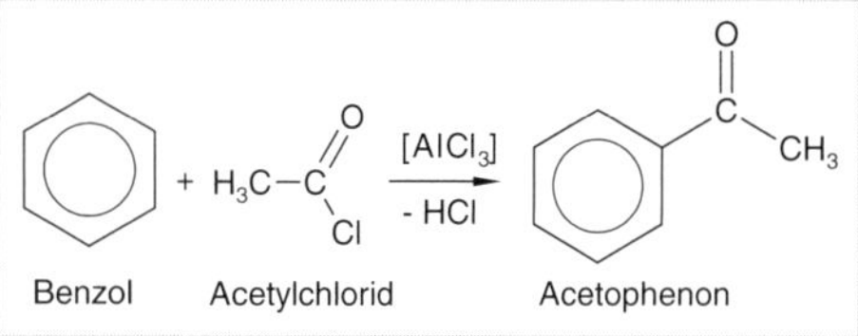

Synthese von Acetophenon

A. bildet u. a. folgendes Azeotrop:

Azeotrop-Komponenten	Zusammensetzung (Gew.-%)	Siedepunkt (°C)
A./Octanol	12,5/87,5	195,0

A. kommt auch natürlich vor in zahlreichen etherischen Ölen, z. B. im Pappelknospenöl.

A. dient in Einzelfällen als Lösungsmittel, überwiegend jedoch als Synthesebaustein. Die Methylgruppe ist aktiv und zu Kondensationen fähig. So liefert die Kondensation mit aromatischen Aldehyden die als „*Chalkone*" bezeichneten α,β-ungesättigten aromatischen Ketone, z. B. mit ↑ Benzaldehyd (s. Gleichung).

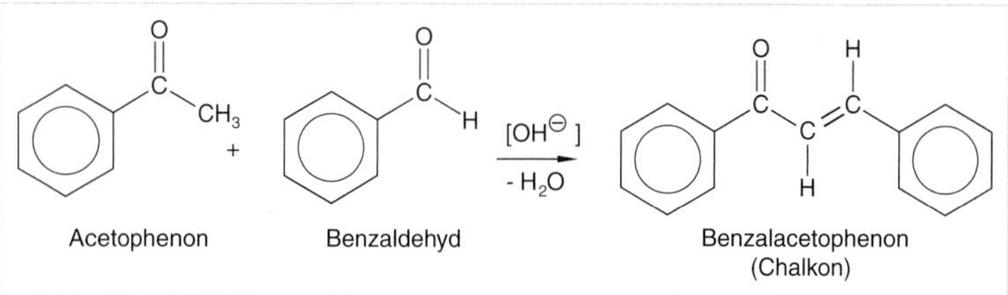

Kondensation von Acetophenon zu Chalkonen

A. wird auch als Riechstoff verwendet zur Überdeckung störender Gerüche, z. B. in Farben.

C_8H_8O $M_R = 120{,}15$ C 79,97 % H 6,71 % O 13,32 %

t_{Smp}	t_{Sdp}	d	η		
20 °C	202 °C	1,03 g/cm³	1,6 mPa · s		
C_p	$\Delta_S H$	$\Delta_V H$	$\Delta_B H$	S^o	Q_C
227 J/(K · mol)			−142 kJ/mol		−4140 kJ/mol
MAK	R-Satz	S-Satz			
	22-36	26			

Acetylaceton

Acetylacetone 2,4-Pentandion

Eine wasserklare, angenehm esterartig riechende, leichtentzündliche Flüssigkeit, die sich in Wasser löst (bei 20 °C ca. 12 g/100 ml) und mit den meisten org. Solventien mischbar ist. Mit ethanolischer Eisen(III)chlorid-Lösung färbt sich A. intensiv rot. Durch Erhitzen mit Alkali wird A. in ↑ Essigsäure und ↑ Aceton gespalten.

Die Darstellung von A. gelingt durch Claisen-Kondensation zwischen ↑ Essigsäureethylester und ↑ Aceton (s. Gleichung).

Bei der *Claisen-Kondensation* handelt es sich um eine Aldol-Reaktion (s. unter ↑ Diacetonalkohol), bei der als Carbonylkomponente stets ein Ester fungiert (deshalb auch als *Esterkondensation* bezeichnet), während als Methylenkomponente der gleiche Ester oder ein Keton oder ein Nitril zum Einsatz kommt. Als Hilfsbase dient ein Alkalialkoholat (s. Schema).

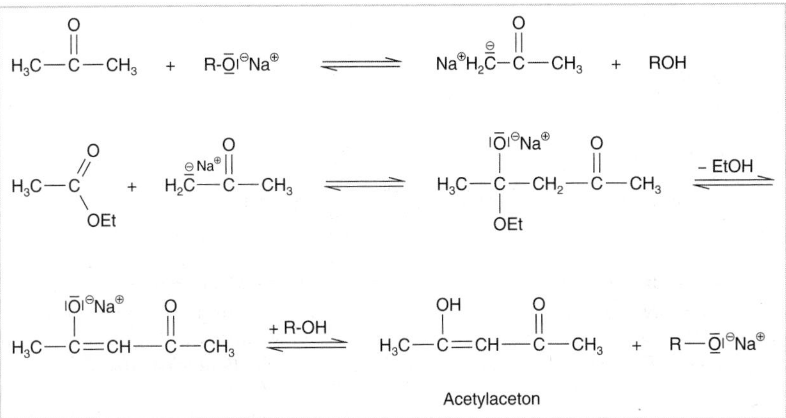

Claisen-Kondensation zur Herstellung von Acetylaceton

Die Claisen-Kondensation erlaubt also folgende Umsetzungen:

Ester + Ester → *β-Ketoester*

Ester + Keton → *β-Diketone*

Ester + Nitril → *β-Ketonitrile*

Die Reaktionsprodukte sind trifunktionelle Verbindungen (die aciden Methylenprotonen mitgerechnet), die zu zahlreichen weiteren Umsetzungen fähig sind. Da alle Schritte der Claisen-Kondensation Gleichgewichtsreaktionen sind, können die Produkte durch Alkalialkoholat wieder gespalten werden, was als *Esterspaltung* bezeichnet wird. Zur Säurespaltung und Ketonspaltung s. unter ↑ Acetessigsäureethylester.

Beim A. liegt das Keto-Enol-Gleichgewicht anders als beim ↑ Acetessigsäureethylester weit auf der Seite des Enols, weil im Enol ein konjugiertes Doppelbindungssystem vorliegt (s. Schema), das zudem durch eine intramolekulare Wasserstoffbrücke begünstigt ist.

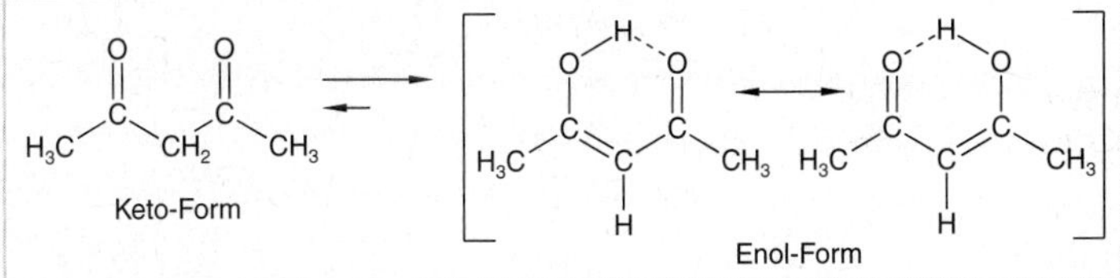

Keto-Enol-Tautomerie im Acetylaceton

A. besitzt folgende Besonderheit: es bildet mit verschiedenen Metallkationen, besonders von Cu, Fe, Cr, Al und Be Innerkomplexe, die so stark sind, daß sie sich als solche z. B. in ↑ Diethylether und ↑ Chloroform lösen, unzersetzt verdampfen und destillieren lassen und in wässeriger Lösung nicht hydrolysiert werden. Diese Komplexe, als *Acetylacetonate* bezeichnet, werden z. B. als Siccative verwendet.

A. hat ferner Bedeutung als Lösungsmittel und als Ausgangsprodukt zur Heterocyclen-Synthese.

► A. wirkt reizend auf Haut und Schleimhäute.

$C_5H_8O_2$ $M_R = 100{,}11$ C 59,98 % H 8,05 % O 31,96 %

t_{Smp} −23 °C	t_{Sdp} 140 °C	d 0,97 g/cm³	η		
C_p	$\Delta_S H$	$\Delta_V H$ 34 kJ/mol	$\Delta_B H$ −427 kJ/mol	S^o	Q_C −2685 kJ/mol
MAK	R-Satz 10-22	S-Satz 23-24/25			

Acetylchlorid

Acetyl chloride Essigsäurechlorid

Eine wasserklare, leichtbewegliche, an feuchter Luft rauchende, stechend riechende Flüssigkeit, die sich in inerten org. Solventien wie Diethylether oder Chloroform löst, von Wasser oder Alkoholen mit heftiger Reaktion zu ↑ Essigsäure bzw. zu den entsprechenden Essigsäureestern umgesetzt wird.

Die Herstellung von A. kann durch Reaktion von ↑ Essigsäure mit ↑ Phosphortrichlorid oder ↑ Thionylchlorid erfolgen (s. Gleichung).

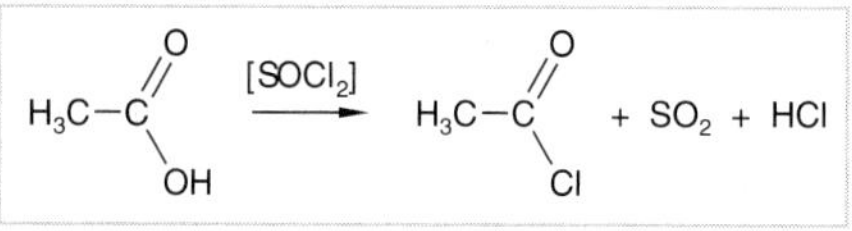

Herstellung von Acetylchlorid

A. dient präparativ als Acylierungsmittel (z. B. F.-C.-Acylierung, s. unter ↑ Benzophenon) und zur Herstellung von Metallchloriden.

► A. übt sehr starke Reizwirkung auf Haut und Schleimhäute, vor allem auf die Augen aus. Inhalation und Kontakt mit Haut und Augen streng vermeiden.

C_2H_3ClO $M_R = 78{,}50$ C 30,60 % H 3,85 % Cl 45,16 % O 20,38 %

t_{Smp} −112 °C	t_{Sdp} 52 °C	d 1,10 g/cm³	η		
C_p 117 J/(K · mol)	$\Delta_S H$	$\Delta_V H$ 30 kJ/mol	$\Delta_B H$ −272 kJ/mol	S^o	Q_C
t_{krit} 189 °C	P_{krit} 5,57 MPa	d_{krit} 0,33 g/cm³	t_{trip}		
MAK	R-Satz 11-14-34	S-Satz 9-16-26-45			

Acetylcholin

Acetylcholine

A. besitzt ein quartäres N-Atom und kommt deshalb stets als Salz mit anionischem Gegenion vor. In den Handels- und Anwendungsformen ist das Anion durchweg ein Chlorid-Ion, weshalb in diesem Falle vom *Acetylcholinchlorid* zu sprechen ist. Als solches bildet A. farblose, leicht zerfließliche Kristalle, die sich in Wasser und Ethanol sehr gut lösen, in Diethylether dagegen unlöslich sind. In heißem Wasser und in alkalischem Medium erfolgt Zersetzung.

Eine Synthese von Acetylcholinchlorid gelingt durch Umsetzung von 2-Chlorethylacetat mit Trimethylamin (s. Gleichung).

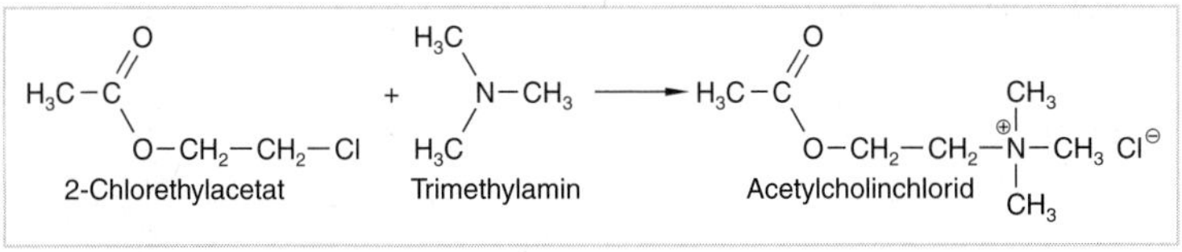

Synthese von Acetylcholinchlorid

Im tierischen Organismus erfolgt die Bildung von A. durch Acetylierung von ↑Cholin mittels Acetyl-Coenzym A (s. unter ↑Coenzym A):

$$\text{Acetyl-CoA} + \text{Cholin} \rightarrow \text{ACh} + \text{CoA-SH}$$

A. wird in der Literatur meist als ACh bezeichnet, wie es hier im folgenden auch geschieht.

Die Biosynthese des ACh erfolgt in den präsynaptischen Enden (s. unten) der Nervenfasern (Axone), wo es dann in Vesikeln gespeichert wird. Die zur Synthese erforderlichen Enzyme werden im Nervenzellkörper gebildet und gelangen durch axonalen Transport an das Axonende. Die Zellkörper von *Nervenzellen* (*Neurone*) besitzen zwei Arten von Fortsätzen: die *Dendriten* und ein *Axon*. Die zahlreichen Dendriten eines Neurons sind kurze Fortsätze, die sich baumartig verzweigen. An diesen dendritischen Fortsätzen enden zahlreiche Axone anderer Neurone in Synapsen (axodendritische Synapsen, s. unten), deren Signale zum Zellkörper geleitet werden. Auch am Zellkörper enden Axone anderer Neurone in axosomatischen Synapsen. Das Axon ist ein langer Fortsatz (teilweise über 1 m lang), durch den das Neuron seine eigenen Signale an andere Zellen weiterleitet. Das Axon weist ebenfalls terminale Verästelungen auf, die an die Dendriten und Zellkörper anderer Neurone bzw. an andere Erfolgszellen wie Drüsenzellen oder Muskelzellen (z. B. über neuromuskuläre Synapsen, s. unten) anbinden. Zusammenfassend kann man sagen, daß der Nervenzellkörper die ihm vor allem über die Dendriten zugehenden Signale aufsummiert. Wird ein bestimmter Schwellenwert erreicht, leitet das Neuron ein Signal als Aktionspotential über sein Axon an andere Zellen weiter.

ACh ist einer der bedeutendsten *Neurotransmitter*. Die Funktion von Neurotransmittern ist für die Signalübertragung im Körper und für das Verständnis der physiologischen Wirkung zahlloser Substanzen (z. B. körpereigene Stoffe, Pharmaka, Toxine, Drogen) von so grundlegender Bedeutung, daß dies hier etwas ausführlicher und im Zusammenhang dargestellt werden soll. An sehr vielen Stellen dieses Buches kann dann hierauf verwiesen werden.

Die Gliederung des Nervensystems

Die Aufgabe des Nervensystems ist die Signalübertragung im Körper. Von außen und von innen einwirkende Reize werden als Signale zur Schaltzentrale weitergeleitet, die Zentrale ihrerseits verarbeitet die Signale und sendet Impulse zu den einzelnen Organen und Muskeln. Die Schaltzentrale ist das *Zentralnervensystem* (*ZNS*), also Gehirn und Rückenmark, sämtliche Zu- und Ableitungen, also Nerven, vom und zum ZNS faßt man als das periphere Nervensystem zusammen. Die zum ZNS führenden Nervenbahnen werden als *Afferenzen*, die vom ZNS kommenden als *Efferenzen* bezeichnet.

Das gesamte periphere Nervensystem läßt sich nun funktionell und strukturell aufteilen in das somatische und das vegetative System.

Das *somatische System*: leitet die Reize von den Sinnesorganen (sensibles System) zum ZNS und es umfaßt zudem die der Willkürmotorik unterworfenen Nervenbahnen (motorisches System).

Das *vegetative System*: steuert und koordiniert die der Willkür nicht unterliegenden Funktionen der inneren Organe (Kreislauf, Atmung, Verdauung, Drüsen usw.).

Das vegetative System wiederum besteht aus den beiden Teilsystemen des *Sympathikus* und *Parasympathikus*. Dabei handelt es sich um zwei morphologisch und funktionell unterscheidbare Gruppen von Efferenzen, also vom ZNS zu den Organen führende Nervenbahnen. Jedes Organ wird jeweils von beiden enerviert und beide üben überwiegend jeweils gegensätzliche (antagonistische) Wirkung im Organ aus. Grob charakterisierend sei nur gesagt, daß die *Sympathikuserregung* den Körper auf Leistung und Anstrengung, kurz auf Reaktion auf die Umwelt einstellt (ergotrope Reaktion = Aktivierung von Herz, Kreislauf, Atmung, Deaktivierung der Verdauung), eine *Parasympathikuserregung* umgekehrt eine tropotrophe Reaktion hervorruft, also der Restitution des Körpers dient (Abnahme von Herz-, Kreislauf- und Atmungstätigkeit, Zunahme der Verdauungstätigkeit).

Die Übertragung des Nervensignals

a) Bau der chemischen Synapsen

Die Nerven transportieren elektrische Signale (die sie z. B. von den Sinnesorganen erhalten, oder die das ZNS an sie abgibt), die schließlich übertragen werden müssen, sei es auf eine andere Nervenzelle zwecks Weiterleitung (z. B. im Gehirn) oder auf das Erfolgsorgan zwecks Auslösung einer Reaktion (z. B. Muskelerregung). Diese Übertragung der durch das Axon einer Nervenzelle geleiteten Erregung auf eine andere Zelle (Nervenzelle, Drüsenzelle, Muskelzelle) erfolgt stets in einer sogenannten *Synapse*, die man also als Umschaltstelle bezeichnen kann. Es gibt chemische und elektrische Synapsen, wobei aber die chemischen die weitaus häufigsten und auch wichtigsten sind, die hier besprochen werden. Obwohl es Unterschiede in der Morphologie der chemischen Synapsen je nach Ort und physiologischer Aufgabe gibt (s. unten), ist ihr Bau-Prinzip weitgehend identisch, welches nun näher dargestellt sei.

Das ein Signal leitende Axon endet an der Synapse in der präsynaptischen Membran, angrenzend an die postsynaptische Membran, die zu der Zielzelle gehört, die das Signal empfangen soll. Der Raum zwischen beiden Membranen bildet den synaptischen Spalt. Das Axonende vor der präsynaptischen Membran ist etwas aufgeweitet und enthält zahlreiche *Vesikel* (kleine Bläschen), die eine niedermolekulare Substanz als Neurotransmitter, also z. B. das ACh, bevorraten. In der postsynaptischen Membran befinden sich die molekularen Rezeptoren, an die der Neurotransmitter anbindet (s. unten). Eine Synapse besteht also grob gesagt aus den beiden sich gegenüberliegenden Membranen und dem synaptischen Spalt.

b) Funktion der chemischen Synapsen

Kommt entlang des Axons ein elektrischer Impuls (Aktionspotential) an der präsynaptischen Membran an, öffnen sich in dieser Ionenkanäle, durch die Calciumionen von außen in die Axonendigung hineinströmen. Die Calciumionen aktivieren die Verschmelzung der o.g. Vesikel mit der präsynaptischen Membran und in der Folge die explosionsartige Ausschüttung des Transmitters in den synaptischen Spalt. Der Transmitter gelangt durch Diffusion durch den synaptischen Spalt an die Rezeptoren der postsynaptischen Membran und bindet an diese an. Diese Anbindung erzeugt die jeweilige Zellantwort. Der Mechanismus, nach dem die Zellanwort ausgelöst wird, hängt vom Rezeptortyp ab.

c) Die Rezeptoren

Rezeptoren für Neurotransmitter sind Proteinmoleküle, die in die Zellwände eingelagert sind, sie durchragen die Zellmembran, besitzen also ein extra- und intrazelluläres Ende (zum Aufbau der Zellmembranen s. unter ↑ Phospholipide). Das extrazelluläre Ende eines bestimmten Rezeptormoleküls besitzt eine spezifische Andockstelle für einen bestimmten Transmitter. Man unterscheidet nun zwei Rezeptortypen: kanalbildende Rezeptoren und G-Protein-gekoppelte Rezeptoren.

Kanalbildende Rezeptoren öffnen bei Andockung des Transmitters einen Ionenkanal, durch den dann Ionen aus der Zelle heraus oder in die Zelle hineindiffundieren können (ein wichtiges Beispiel ist der ACh-Rezeptor an der Skelettmuskelzelle, s. unten). Hierdurch wird das Zellpotential geändert (Depolarisation oder Potentialverstärkung), also ein elektrisches Signal erzeugt (näheres s. unten).

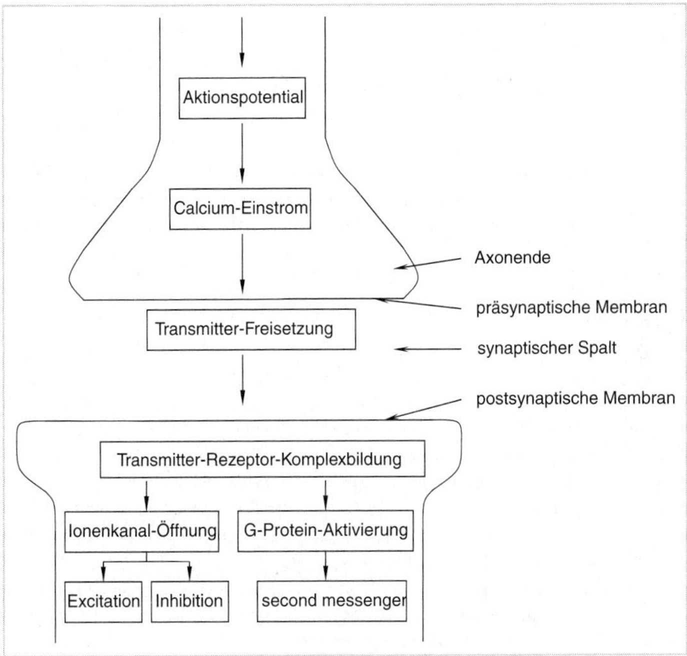

Schematische Darstellung der chemisch-synaptischen Signalübertragung (Neurotransmission)

G-Protein-gekoppelte Rezeptoren setzen bei der Transmitter-Anbindung eine komplizierte Reaktions-Kaskade in der Zelle in Gang: zunächst verändert das Rezeptorprotein unter der Transmitterwirkung seine Konformation auf eine Weise, daß es am intrazellulären Ende mit einem *G-Protein* (*Guanylnucleotid-bindendes Protein* = G-Protein), das sich an der Zellmembran-Innenseite befindet, Kontakt aufnimmt. Diese Kontaktaufnahme bewirkt Abspaltung von *Guanosindiphosphat* vom G-Protein und Anknüpfung von *Guanosintriphosphat* an eine Untereinheit des G-Proteins. Diese Untereinheit trennt sich nun ab und diffundiert an ein membranständiges Effektorprotein. Je nach Effektorprotein werden nun verschiedene Kaskaden ausgelöst. Wichtige *Effektorproteine* sind die Adenylatcyclase (katalysiert die Bildung von ↑3,5-Adenosinmonophosphat), die Phospholipase C (bewirkt Abspaltung des Botenstoffes *Inositoltriphosphat* aus *Phosphatidylinsositol*, einem Typ der ↑Phospholipide), die *Guanylatcyclase* (bildet *cGMP*, analog cAMP, und aktiviert eine Proteinkinase), die Phospholipase A_2 (bewirkt Freisetzung von ↑Arachidonsäure, s. auch unter ↑Prostaglandine) sowie kanalbildende Proteine. Die beschriebene Signalübertragung ist vorstehend im Schema nochmals zusammengefaßt.

ACh ist ein wichtiges Beispiel für einen Transmitter, der mit beiden Rezeptortypen reagiert. Um jedoch die Wirksamkeit von ACh genauer darzustellen, muß das vegetative Nervensystem näher betrachtet werden.

Die vegetativen Efferenzen

Die vom ZNS wegführenden Efferenzen des Sympathikus und Parasympathikus haben eine Besonderheit, nämlich ihren Aufbau aus jeweils zwei Neuronen, die durch ein sogenanntes *Ganglion* getrennt sind, so daß jede sympathische und parasympathische Bahn unterteilt werden kann in ein prä- und ein postganglionäres Neuron. Das Ganglion ist eine Synapse, in der vom prä- auf das postganglionäre Neuron umgeschaltet wird und man kann mithin unterscheiden zwischen ganglionären und postganglionären Synapsen (mit letzteren binden Sympathikus und Parasympathikus am Erfolgsorgan an). Sympathikus und Parasympathikus unterscheiden sich nun (außer durch ihre Ursprungsorte im ZNS und der anatomischen Lokalisierung ihrer Ganglien) durch die in ihren postganglionären Synapsen wirksamen Neurotransmitter: während in allen ganglionären Synapsen ACh als Transmitter wirkt, ist ACh nur in den postganglionären Synapsen des Parasympathikus als Transmitter aktiv, nicht dagegen in denen des Sympathikus. Hier ist ↑ Noradrenalin der Transmitter. ACh dient ferner in den neuromuskulären Synapsen (man bezeichnet sie auch als motorische Endplatten) als Transmitter, also an den Stellen, wo die vom ZNS zur quergestreiften Skelettmuskulatur führenden willkürlich beeinflußbaren (nicht vegetativen) Neuronen, die auch nicht durch ein Ganglion getrennt sind, ihre Signale auf den Muskel übertragen.

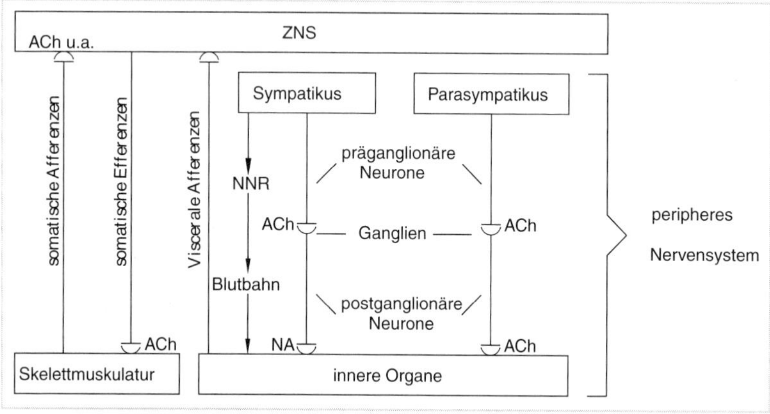

Gliederung des Nervensystems mit den synaptischen Schaltstellen und wirksamen Neurotransmittern

Die von den inneren Organen zum ZNS führenden Bahnen sind zwar vegetativ, lassen sich aber nicht sympathisch oder parasympathisch zuordnen und werden als viscerale Afferenzen bezeichnet. Die *Nebennierenrinde* (NNR) kann als ein sympathisches Ganglion aufgefaßt werden, das seine Transmitter ↑ Adrenalin und ↑ Noradrenalin allerdings in die Blutbahn abgibt, von wo sie in die Erfolgsorgane gelangen. Im vorstehenden Schema sind die Verhältnisse skizziert.

Die neuromuskuläre Synapse

Besonders gut untersucht ist die Signalübertragung in der neuromuskulären Synapse. Da es sich hierbei um eine für den gesamten Organsimus sehr wichtige Nahtstelle handelt, seien die Vorgänge genauer dargestellt. Bei Ankunft eines Aktionspotentials am Axonende werden aus mehreren hundert Vesikeln pro Axon ca. 4000 ACh-Moleküle pro Vesikel in den synaptischen Spalt der neuromuskulären Synapse ausgeschüttet, die durch Diffusion an die Rezeptoren der postsynaptischen Membran gelangen. Diese Rezeptoren stellen kanalbildende Proteine dar (s. oben): jeder Rezeptor besteht aus 5 Protein-Untereinheiten, die zusammen eine zylinderförmige Struktur in der Membran aufbauen. Bei Anbindung von ACh öffnet sich dieser Zylinder zu einem Kanal, durch den Natriumionen in die Zelle einströmen. Dieser Natrium-Einstrom bewirkt *Depolarisation* der Membran, was etwas näher begründet sei. Allgemein weisen Zellen im Innern (relativ zum Außenraum) hohe Kalium- und niedrige Natrium-Konzentrationen, der Außenraum hingegen höhere Natrium- und niedrige Kalium-Konzentrationen auf (s. auch unter ↑ Natrium). Anionen sind im Zellinnern vor allem proteinischer Natur, im Außenraum vor allem Chlorid-Ionen. Durch die Zellmembran können dem Konzentrationsgefälle folgend durch stets geöffnete Kaliumkanäle einige Kaliumionen nach außen wandern ohne daß die proteinischen Gegenionen zu folgen vermögen. Ein Einstrom von Natriumionen ist wegen geschlossener Na-Kanäle nicht möglich. Dies führt zu einer negativen Aufladung des Zellinnenraumes von ca. −70 mV, eine Potentialdifferenz, die also im wesentlichen ein *Kalium-Diffusionspotential* darstellt. Diese Negativ-Aufladung wird nun durch den Natrium-Einstrom infolge der ACh-Anbindung an den Rezeptor verringert, was einer Depolarisation entspricht. Erreicht diese Depolarisation einen Schwellenwert, werden in der Nachbarschaft dieses Natriumkanals in der Membran weitere Natriumkanäle geöffnet und der Potentialsprung pflanzt sich als *Aktionspotential* durch die Zelle und das Axon fort und kann auf andere Zellen übertragen werden.

Dieser Vorgang vollzieht sich außerordentlich schnell (im Millisekunden-Bereich). Der Transmitter ACh wird sehr schnell vom Rezeptor abgelöst und durch das im synaptischen Spalt vorhandene Enzym *Acetylcholinesterase* zu ↑ Cholin und ↑ Essigsäure gespalten und unwirksam gemacht. Die Depolarisation wird durch erhöhten Kaliumausstrom unmittelbar aufgehoben. Die Na-Ionen werden durch die stets wirksame Na/K-Pumpe wieder ausgeschleust. In der Zeichnung sind die Abläufe nochmals grob skizziert.

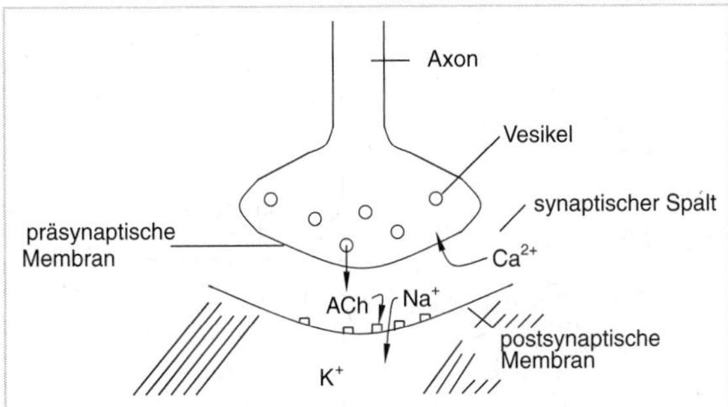

Schematische Darstellung der neuromuskulären Synapse

Die ACh-Rezeptoren der neuromuskulären Synapsen bewirken durch Reaktion mit dem Transmitter also eine Muskelerregung, erzeugen ein excitatorisches Aktionspotential. Es gibt im Nervensystem darüber hinaus Rezeptoren, die bei Anbindung der für sie spezifischen Transmitter andere Ionenkanäle öffnen. So existieren im Gehirn Synapsen mit *GABA-Rezeptoren*, die bei Anbindung des hier wirksamen Neurotransmitters ↑ 4-Aminobuttersäure Kanäle für Chloridionen öffnen. Der Einstrom von Chloridionen in die Zelle verstärkt die Polarisation (erhöht die negative Ladung) d. h. die Zelle wird blockiert, die Synapse wirkt inhibitorisch.

Ach wirkt also an den ganglionären Rezeptoren, an den postganglionären parasympathischen Rezeptoren sowie an den Rezeptoren der motorischen Endplatte als Neurotransmitter. ACh ist ferner im ZNS zu einem geringen Anteil als Transmitter aktiv. Durch ACh erregbare Rezeptoren bezeichnet man als *cholinerg*. Durch ↑ Noradrenalin erregbare Rezeptoren, sie befinden sich vor allem an den postganglionären sympathischen Synapsen, bezeichnet man als *adrenerg*. Man hat im ZNS zahlreiche weitere Neurotransmitter nachgewiesen, so vor allem die oben erwähnte ↑ 4-Aminobuttersäure (GABA), ↑ Glycin, ↑ Glutaminsäure, ↑ Serotonin und ↑ Dopamin, die teils excitatorisch, teils inhibitorisch wirken. In neuerer Zeit hat man auch peptidische Transmitter aufgefunden, wie die *Enkephaline*, die an opioide Rezeptoren u. a. im Gehirn anbinden.

Oben wurde bereits für ACh angedeutet, daß Rezeptoren, an die ein und derselbe Transmitter anbindet, sehr unterschiedlicher Natur sein und sehr verschiedene Reaktionen auslösen können. So öffnen die cholinergen Rezeptoren der Ganglien und der motorischen Endplatten Ionenkanäle, während die der parasympathischen postganglionären Synapsen G-Protein-gekoppelt sind. Die adrenergen Rezeptoren sind zwar G-Protein-gekoppelt, lösen aber je nach Typus verschiedene Kaskaden aus.

Pharmakologisch lassen sich die Rezeptoren dann dadurch unterscheiden, daß sie mit bestimmten Substanzen reagieren oder nicht reagieren. So bezeichnet man die cholinergen Rezeptoren der motorischen Endplatte und der Ganglien auch als nicotinische Rezeptoren (auf sie wirkt ↑ Nicotin wie ACh, nicht aber ↑ Muscarin), während man die cholinergen Rezeptoren der parasympathischen Synapsen als muscarinische Rezeptoren benennt (auf sie wirkt Muscarin wie ACh, nicht aber Nicotin). Man kennt bisher 5 Subtypen der muscarinischen Rezeptoren (M_1 bis M_5). Unter den adrenergen Rezeptoren unterscheidet man pharmakologisch α- und β-Rezeptoren, die man in die α_1- und α_2- sowie β_1- und β_2-Subtypen weiter differenziert.

Die chemisch-synaptische Signalübertragung läßt sich also wie folgt zusammenfassen: durch ein am Axonende ankommendes elektrisches Signal wird ein chemischer Vorgang ausgelöst, nämlich die Komplexbildung eines Transmitters mit seinem Rezeptor. Dieser chemische Vorgang löst nun seinerseits wiederum ein elektrisches Signal oder weitere metabolische Reaktionen in der Erfolgszelle aus.

Die hier in groben Zügen dargestellte Neurotransmission besitzt große Bedeutung, weil auf den synaptischen Übertragungsvorgang in vielfältiger Weise eingegriffen werden kann:
z. B. die Transmitter-Freisetzung kann verhindert werden (z. B. durch Calcium-Blockade) oder der Transmitter-Abbau im synaptischen Spalt kann beschleunigt oder behindert werden oder die Rezeptoren können kompetitiv gehemmt werden usw.

Die sog. *Ultragifte* wie *Soman* (*Methylphosphonsäurefluoridpinacolylester*) und *Sarin* (*Methylphosphonsäurefluoridisopropylester*) und andere wirken als *Cholinesterase-Hemmer*, d. h. sie verhindern den Abbau von A.

Substanzen, die mit einem Rezeptor reagieren und ihn aktivieren, also Affinität und intrinsic activity zeigen, bezeichnet man als *Agonisten*, Substanzen, die zwar Affinität aber keine intrinsic activity besitzen, also Rezeptor-Blockade ausüben, sind entsprechend *Antagonisten*. Substanzen, die eine Rezeptor-Aktivität fördern nennt man allgemein auch *Mimetika*, Substanzen, die sie hemmen sind *Lytika*. Hinsichtlich der Wirkung auf das vegetative Nervensystem unterscheidet man demgemäß:

Sympathomimetika: direkte Sympathomimetika binden an Rezeptoren und imitieren Wirkung von ↑ Adrenalin und ↑ Noradrenalin (z. B. ↑ Dopamin). Indirekte Sympathomimetika binden nicht an Rezeptoren sondern verlängern die Wirkung von Noradrenalin (z. B. ↑ Amphetamin, ↑ Cocain).

Sympatholytika: Wirken durch direkte Rezeptorblockade (z. B. α-Blocker gegen Bluthochdruck, β-Blocker gegen Koronarinsuffizienz).

Parasympathomimetika: direkte Parasympathomimetika binden an muscarinische Rezeptoren und imitieren Wirkung von Ach. Indirekte Parasympathomimetika hemmen die Wirkung der Acetylcholinesterase.

Parasympatholytika: blockieren die muscarinischen ACh-Rezeptoren (z. B. ↑ Atropin)

Ganglienblocker: blockieren nicotinische ACh-Rezeptoren der Ganglien (blockieren gleichermaßen die sympathische und parasympathische Übertragung, wirken blutdrucksenkend).

Am motorischen System angreifende Substanzen bezeichnet man als *Muskelrelaxantien*: depolarisierende Relaxantien wirken wie ACh und ergeben Dauerdepolarisation (z. B. ↑ Succinylcholinchlorid), nicht-depolarisierende Relaxantien blockieren nicotinische ACh-Rezeptoren und verhindern eine Depolarisation (z. B. ↑ Tubocurarin).

Das Prinzip der chemischen Erregungsübertragung wurde 1921 durch Loewi experimentell nachgewiesen. Bis dahin glaubte man an eine direkte elektrische Weiterleitung von der Nerven- auf die Erfolgszelle, sodaß Loewis Entdeckung einen großen wissenschaftlichen Durchbruch bedeutete. In den 1950er Jahren fand man im ZNS allerdings auch rein *elektrische Synapsen*.

ACh kommt auch in vielen Pflanzen vor, so in Kartoffeln und Brennesseln. Auch in tierischen Giftsekreten ist es enthalten, z. B. im Hornissengift, ist aber nicht für die Giftwirkung verantwortlich. Peroral ist ACh wirkungslos, bei intravenöser Verabreichung stehen Symptome im Vordergrund, die auf der Erregung der postganglionären parasympathischen Rezeptoren beruhen (Blutdrucksenkung, Vasodilatation, Anregung von Magen-, Darm- und Blasentätigkeit). Die Ganglien und motorischen Endplatten sind weniger empfindlich. ACh wird nicht direkt therapeutisch verwendet.

$C_7H_{16}ClNO_2$ $M_R = 181{,}68$ C 46,28 % H 8,88 % Cl 19,52 % N 7,71 % O 17,61 %

Acetylcystein

Acetylcysteine

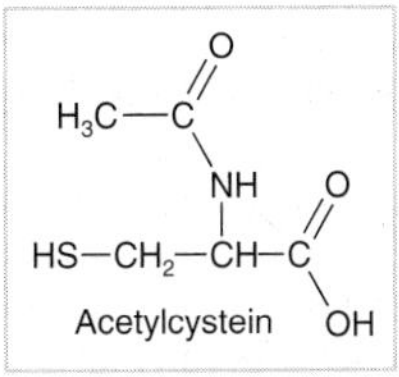

Struktur von N-Acetylcystein

Bildet weiße Kristalle oder ein kristallines Pulver mit schwachem charakteristischem Geruch und stark saurem Geschmack. Es ist leicht löslich in Wasser und Ethanol, unlöslich in Diethylether.

A. wird medizinisch als *Mukolytikum* verwendet. Bei bestimmten Erkrankungen (Bronchitis, Bronchialasthma, Mukoviszidose) produzieren die Schleimhäute der Atemwege übermäßig viel Schleim, der meist zäh und schwer abzuhusten ist. A. verflüssigt durch Spaltung von Disulfidbrücken in den Schleimmolekülen den Schleim und bewirkt damit ein leichteres Abhusten.

Neuere Untersuchungen haben gezeigt, daß Gaben von A. den Redox-Zustand des Blutes günstig beeinflussen. Dem Absinken des Albumin-Spiegels und damit dem Abbau von Muskelmasse wird entgegengewirkt (könnte Bedeutung erlangen für die Verminderung des Muskelschwundes bei Tumorpatienten und im Alter).

A. dient therapeutisch auch zur Entgiftung einer excessiven Gabe des Analgetikums Paracetamol (s. unter ↑ Acetanilid), da es eine SH-Gruppe aufweist. Paracetamol wird normal durch Bindung an die SH-Verbindung ↑ Gluthathion ausgeschieden. Bei einer Überdosis an Paracetamol reicht der übliche Gluthation-Spiegel zur Entgiftung jedoch nicht aus.

$C_5H_9NO_3S$ $M_R = 163{,}20$ C 36,80 % H 5,56 % N 8,58 % O 29,41 % S 19,65 %

t_{Smp}	t_{Sdp}	d	η
110 °C			

Acetylen

Acetylene Ethin

In sehr reinem Zustand ein farb- und geruchloses Gas, das sehr leicht entzündlich ist und mit rußender Flamme verbrennt. A. ist in Wasser nur sehr wenig löslich (ca. 1 l/l), löst sich dagegen sehr gut in ↑ Aceton (ca. 28 l/kg). In den Handel kommt A. in gelben Stahlflaschen, die mit acetongetränkten Porösstoffen gefüllt sind.

Die klassische Herstellung von A. beruht auf der exothermen Reaktion von ↑ Calciumcarbid mit Wasser, wobei A. und ↑ Calciumhydroxid entsteht (s. Gleichung), was auch eine geeignete Labormethode zur A.-Gewinnung ist (s. unter ↑ Calciumcarbid). 1 kg Calciumcarbid liefert so ca. 270 l A.

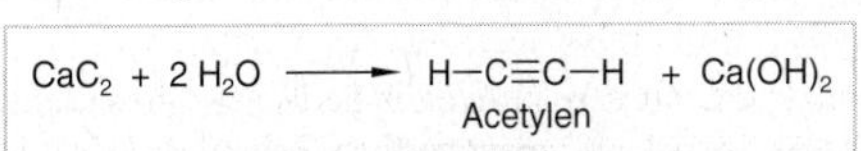

Acetylen-Freisetzung aus Calciumcarbid

Heute wird A. technisch fast ausschließlich durch Pyrolyse von Kohlenwasserstoffen des Erdöls hergestellt. Die Pyrolysen verlaufen ohne Katalysator bei hohen Temperaturen (ca. 1400 °C), wobei es auf schnelles Aufheizen und kurze Verweilzeiten der Kohlenwasserstoffe in der Pyrolysezone sowie schnelles Abkühlen des A. ankommt.

A. bildet u. a. folgendes Azeotrop:

Azeotrop-Komponenten	Zusammensetzung (Gew.-%)	Siedepunkt (°C)
A./Ethan	40,7/59,3	–94,5

A. zählte bis in die 60er Jahre zu den wichtigsten chemischen Grundstoffen. Die Acetylen-Stammbäume wiesen nahezu alle Grundchemikalien der organisch-chemischen Industrie auf. Dies beruhte auf der Reaktionsfähigkeit der Dreifachbindung, die zu den substituierten Ethanen und den Vinylverbindungen sowie deren Folgeprodukten führte. Diese Bedeutung des A. als Synthesechemikalie ist sehr stark zurückgegangen zugunsten der niederen Olefine ↑ Ethen und ↑ Propen, die aus dem Erdöl billiger erhältlich und sicherer zu handhaben sind. Großtechnische Bedeutung besitzt A. heute praktisch nur noch zur Herstellung von ↑ 1,4-Butandiol wie sie dort beschrieben ist.

A. ist der Prototyp der Kohlenwasserstoffe mit einer *C-C-Dreifachbindung*, der *Alkine*. Die C-Atome der *Dreifachbindung* werden im VB-Modell als sp-hybridisiert angesehen, was die lineare Bindungsanordnung erklärt. Die Dreifachbindung ist also eine σ-Bindung, der sich zwei jeweils senkrecht zueinander angeordnete p-p-π-Bindungen überlagern.

Dreifachbindungen werden leichter (als Doppelbindungen) nucleophil angegriffen. Die stark basischen Alkoholat-Ionen lagern sich so z. B. an Alkine, wobei die präparativ wichtigen *Vinylether* entstehen (s. Schema).

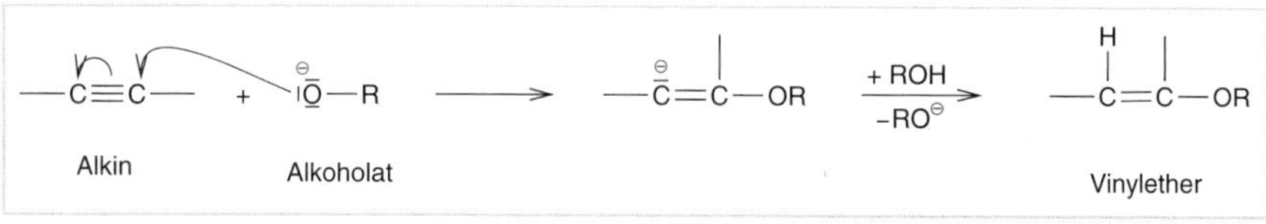

Bildung von Vinylethern

Es genügen also katalytische Mengen Alkoholat. Derartige nucleophile Anlagerungen bezeichnet man als *Vinylierung*.

A. wird ferner noch zur Herstellung von Ruß durch Verbrennung verwendet. Bedeutung besitzt auch noch der Einsatz des A. als Brenngas zum Schweißen und Schneiden.

Shirakawa gelang 1967 die Polymerisation von A. erstmals so, daß ein fester dünner Film von *Polyacetylen* entstand. Er leitete Acetylengas auf die Oberfläche einer hochkonzentrierten Lösung eines Ziegler-Katalysators aus Ti- und Al-Organylen (frühere Versuche von Natta lieferten nur Pulver). Die Hoffnung, damit einen organischen Leiter zu haben, bestätigte sich jedoch nicht, die elektrische Leitfähigkeit entsprach nur in etwa der eines Halbleiters. Einen sensationellen Durchbruch bedeutete 1976 die Entdeckung, daß die Dotierung mit einem Oxidations- oder Reduktionsmittel (z. B. ↑ Iod) eine mit den Metallen vergleichbare Leitfähigkeit ergab. Man konnte dieses Phänomen mit dem Bändermodell der Leitfähigkeit (Solitonen- und Polaronen-Leitung) verständlich machen. Diese Arbeiten wurden 2000 mit dem Nobelpreis für Chemie ausgezeichnet (Shirakawa, Heeger, MacDiarmid).

Man hat seither für viele *organische Leiterpolymere* brauchbare Synthesen entwickelt (u. a. *Poly(para-phenylen)*, *Polypyrrol*, *Polythiophen*, *Polyanilin* oder *Poly(para-phenylen-vinylen)*). Es zeichnen sich zahlreiche Anwendungsfelder, vor allem in der Optoelektronik, ab, z. B. die Herstellung von organischen Leuchtdioden (LED = light emitting diodes).

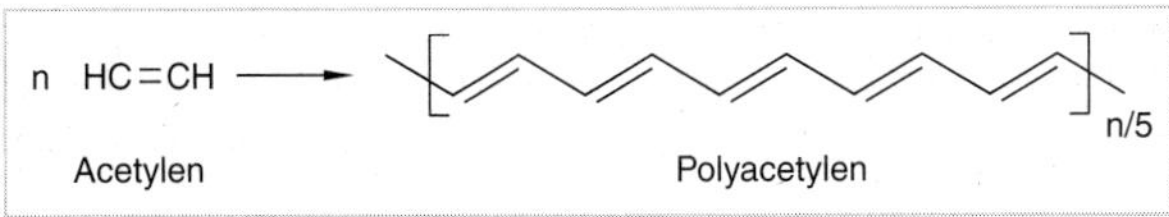

Polymerisation von Acetylen

► Aus ↑ Calciumcarbid gewonnenes A. ist infolge Beimengungen von Phosphor- und ↑ Schwefelwasserstoff übelriechend und giftig. Explosionsgefahr.

C_2H_2 $M_R = 26{,}02$ C 92,26 % H 7,74 %

t_{Smp}	t_{Sdp}	d	η		
−81 °C	−84 °C	0,00117 g/cm³			
C_p	$\Delta_S H$	$\Delta_V H$	$\Delta_B H$	S^o	Q_C
43,9 J/(K · mol)	2,5 kJ/mol	21,5 kJ/mol	227 kJ/mol	201 J/(K · mol)	−1320 kJ/mol
t_{krit}	P_{krit}	d_{krit}	t_{trip}		
35 °C	6,14 MPa				
MAK	R-Satz	S-Satz			
	5-6-12	9-16-33			

N-Acetylglycin

N-Acetylglycine Acetursäure, Acetylglykokoll

Kristallisiert aus wässeriger Lösung in Form farbloser Nadeln, die sich in Wasser zu ca. 3 g pro 100 ml lösen, in Ethanol mäßig, in Diethylether praktisch unlöslich sind.

A. kann synthetisch gewonnen werden durch Umsetzung von ↑ Glycin mit äquimolarer Menge ↑ Essigsäureanhydrid in ↑ Essigsäure unter gelindem Erwärmen (s. Schema).

Herstellung von N-Acetylglycin

A. ist ein einfaches Beispiel für eine Aminosäure mit geschützter Aminofunktion. Die Aminogruppe des Glycins hat hier keine basischen Eigenschaften mehr und es bildet sich kein Betain mehr aus. Entsprechend besitzt A. auch nur noch einen einzigen pK_S-Wert ($pK_S = 3{,}64$). A. bildet mit organischen Basen stabile Salze.

$C_4H_7NO_3$ $M_R = 117{,}10$ C 41,03 % H 6,03 % N 11,96 % O 40,99 %

t_{Smp}	t_{Sdp}	d	η
208 °C			

MAK	R-Satz	S-Satz
	22-24/25	

Acetylsalicylsäure

Acetylsalicylic acid

Bildet farb- und geruchlose blättchen- oder nadelförmige Kristalle, die sich in Wasser nur sehr wenig lösen (bei 20 °C ca. 0,3 g/100 ml), deren Löslichkeit in Ethanol, Diethylether und Chloroform aber wesentlich höher liegt (in Ethanol ca. 20 g/100 ml).

Mit dem pKs-Wert 3,43 ist die A. weniger acide als die ↑ Salicylsäure.

A. wird aus der Salicylsäure durch Umsetzung mit ↑ Essigsäureanhydrid in Gegenwart von konz. ↑ Schwefelsäure hergestellt (s. Gleichung).

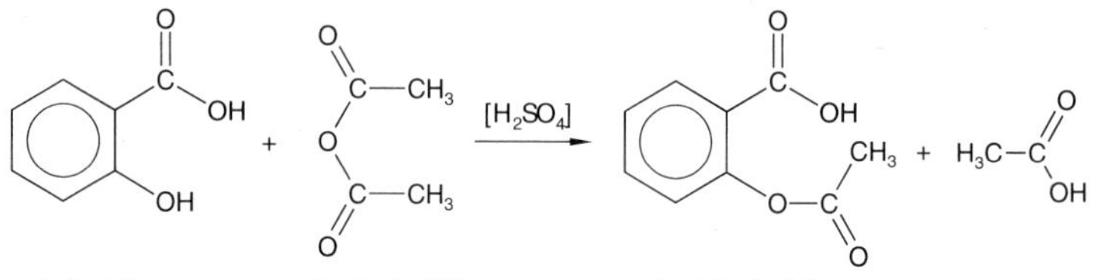

Herstellung der Acetylsalicylsäure

Die A. wird an feuchter Luft allmählich hydrolysiert, wobei Geruch nach ↑ Essigsäure auftritt. Rasch erfolgt die Hydrolyse beim Erwärmen wässeriger Lösungen oder bei der Auflösung von A. in alkalischem Medium.

Die A. besitzt große Bedeutung als Analgetikum und Antipyretikum und ist vor allem unter dem Namen „*Aspirin*" (Bayer AG) bekannt. Bei schmerzhaften und fiebrigen Zuständen beträgt die Dosierung 1,5–3 g pro Tag, rheumatische Erkrankungen erfordern höhere Dosen (bis 6 g/Tag). Man führt heute die Wirkung der A. auf eine Hemmung der Bildung der ↑ Prostaglandine zurück.

$C_9H_8O_4$ $M_R = 180{,}15$ C 60,00 % H 4,48 % O 35,52 %

t_{Smp}	t_{Sdp}	d	η
135 °C		1,40 g/cm³	

Aconitin

Aconitin

A. bildet farblose blättchenförmige Kristalle, die sich in Wasser wenig lösen (30 mg/100ml), in Ethanol (3,6 g/100 ml) und Diethylether (2 g/100 ml) gut, in Chloroform mit 50 g/100 ml sehr gut löslich sind. Die wässerige Lösung reagiert alkalisch.

A. kommt in den Knollen (bis zu 3 %) und in den Blättern (bis ca. 1,2 %) des Blauen Eisenhuts vor und läßt sich daraus mit Ethanol extrahieren. Der Blaue *Eisenhut* (Familie der Hahnenfußgewächse) kommt in

Deutschland wildwachsend vor (in Gebirgswäldern), ist aber vor allem als Gartenzierpflanze beliebt wegen der tiefblauen helmförmigen Blüten.

Vom chemischen Grundgerüst her stellt A. ein *Diterpen-Alkaloid* dar (enthält einen Piperidinring), das mit 4 Methoxy- und 5 Hydroxygruppen substituiert ist, wobei je eine Hydroxygruppe mit ↑ Essigsäure bzw. ↑ Benzoesäure verestert ist (s. Abbildung).

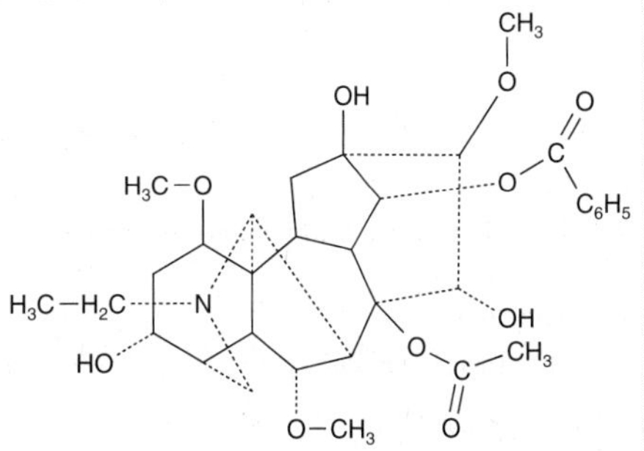

Struktur von Aconitin: die gestrichelten Bindungen liegen hinter der Zeichenebene

A. ist von enormer Toxizität. Als tödliche Dosis für den Menschen gelten nur 5-10 mg (aber auch schon eine 1 mg-Dosis wurde als tödlich festgestellt). Der Verzehr von 1 g Wurzel ist als tödlich beobachtet worden. Die Vergiftung verläuft als typische Nervenlähmung, die schon nach einer Stunde tödlich sein kann, wobei das Bewußtsein bis zum Tode erhalten bleiben kann. Historisch sind Giftmorde mit A. beschrieben, sowie Todesfälle durch Verwechslung (der Knollen) mit Meerrettich (brennender Geschmack) sowie das Vorkommen in Teemischungen.

Therapeutisch wird das Nitrat gegen Neuralgien verwendet.

Beim Erhitzen in Wasser entsteht als Verseifungsprodukt *Aconin* (Abspaltung von Acetyl- und Benzoylgruppe), das ebenfalls im Eisenhut vorkommt und als Antipyretikum Verwendung findet.

$C_{34}H_{47}NO_{11}$	M_R = 645,72	C 63,24 %	H 7,34 %	N 2,17 %	O 27,26 %

t_{Smp}	t_{Sdp}	d	η
204 °C			

Aconitsäure

Aconitic acid Propen-1,2,3-tricarbonsäure

Bildet farb- und geruchlose Kristalle, die sich in Wasser und Ethanol sehr gut lösen, in Diethylether unlöslich sind. Die Säurekonstanten pKs1 = 2,80 und pKs2 = 4,45 zeigen, daß die A. etwas acider als die ↑ Citronensäure ist. Die wässerigen Lösungen reagieren demzufolge stark sauer.

Die A. ist im Pflanzenreich recht verbreitet und findet sich z. B. im Eisenhut (Name!), im Schachtelhalm, im Zuckerrohr und in den Zuckerrüben.

Es ist eine ungesättigte Tricarbonsäure, die synthetisch durch thermische Dehydratisierung von ↑ Citronensäure zugänglich ist (s. Gleichung).

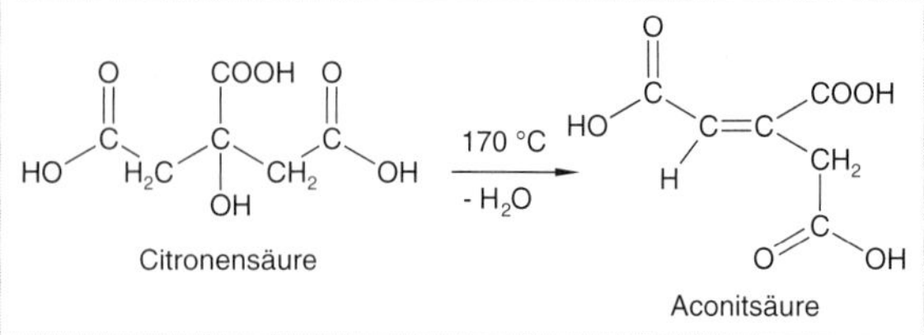

Thermische Dehydratisierung der Citronensäure zur Aconitsäure

Die A. tritt durchweg in ihrer trans-Form auf und schmilzt oberhalb 198 °C unter Zersetzung.

Die A. findet Verwendung als Oxidationsschutzmittel in Fetten und Ölen. Ihre Ester dienen als Weichmacher in Plasten, vor allem der Triethyl- und der Tributylester.

$C_6H_6O_6$ $M_R = 174{,}11$ C 41,39 % H 3,47 % O 55,14 %

Acridin

Acridine Benzo[b]chinolin

Kristallisiert aus wässerigem Ethanol in Form von schwachgelben Nadeln, die in Wasser kaum, aber in Ethanol und den üblichen org. Solventien gut löslich sind. Die ethanolische Lösung zeigt bläuliche Fluoreszenz. Von A. gibt es fünf Kristall-Modifikationen, die sich in den Schmelzpunkten unterscheiden. Oberhalb 100 °C sublimiert A. Der Name (nach lat. acer = scharf) rührt her von der brennenden Wirkung, die A. auf der Haut ausübt.

A. läßt sich aus dem Steinkohlenteer isolieren. Eine Synthese geht aus von *N-Phenylanthranilsäure*, die mit Schwefelsäure zum *Acridon* cyclisiert wird. Acridon läßt sich reduzieren zu *9,10-Dihydroacridin*, das seinerseits zum A. oxidiert wird.

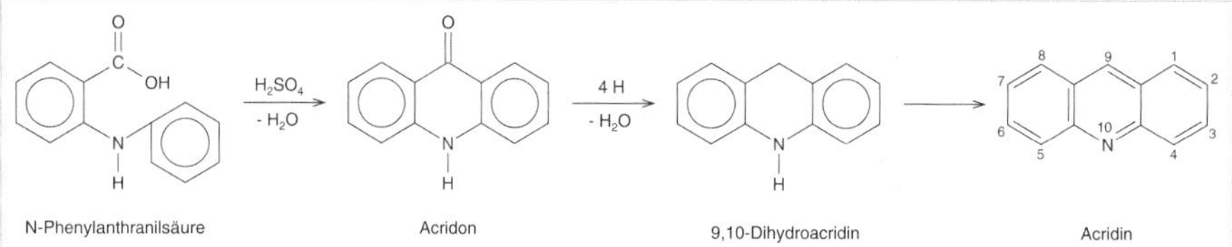

Synthese von Acridin

Mit Alkylhalogeniden bildet A. die meist farbigen *Acridinium-Salze*. A. ist Ausgangsprodukt für die *Acridin-Farbstoffe*, die in der Mehrzahl in den Positionen 3 und 6 Aminogruppen aufweisen, z. B. *Acridinorange* (*3,6-Bis(dimethylamino)-acridin*) und *Acridingelb* (*3,6-Diamino-2,7-dimethylacridin*). Zu dieser Reihe zählen auch wichtige Desinfektionsmittel und Antiseptika, z. B. das *Acriflavin* (*3,6-Diamino-10-methylacridiniumchlorid*) und das *Ethacridin* (*3,9-Diamino-7-ethoxy-acridin*). Sie werden vornehmlich zur Behandlung infizierter Wunden verwendet, da sie vor allem gegen eitererregende Kokken wirksam sind. Man vermutet, daß sie in die Atmungskette der Mikroorganismen eingreifen. A. komplexiert mit DNA und dient so zur mikroskopischen *Zellkernmarkierung*.

► A. übt starke Reizwirkung aus auf Haut und Schleimhäute.

$C_{13}H_9N$ $M_R = 179{,}22$ C 87,12 % H 5,06 % N 7,82 %

t_{Smp} 110 °C	t_{Sdp} 345 °C	d 1,1 g/cm³	η		
C_p 205 J/(K · mol)	$\Delta_S H$ 20,6 kJ/mol	$\Delta_V H$	$\Delta_B H$ 179 kJ/mol	S^o 208 J/(K · mol)	Q_C −6602 kJ/mol
MAK	R-Satz 22	S-Satz 22-36			

Acrolein

Acrolein Propenal

Eine wasserklare, leichtbewegliche Flüssigkeit von unerträglich stechendem Geruch, die in Wasser kaum löslich, mit den meisten org. Solventien beliebig mischbar ist. A. ist eine sehr polymerisierfähige Verbindung, die sogar in reinem Zustand beim Stehen schon nach wenigen Stunden polymere Feststoffe abscheidet. Diese Polymerisationen werden durch Licht, Temperatur sowie saure oder alkalische Agentien gefördert, durch ↑ Hydrochinon unterbunden.

Die frühere technische Synthese bestand in der Kondensation von ↑ Acetaldehyd mit ↑ Formaldehyd (s. Gleichung).

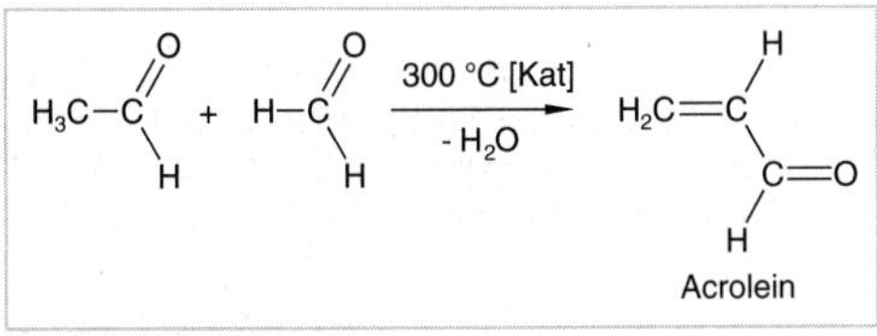

Frühere Darstellung von Acrolein

Heute stellt man A. technisch ausschließlich durch katalytische Oxidation von ↑ Propen her (s. Gleichung).

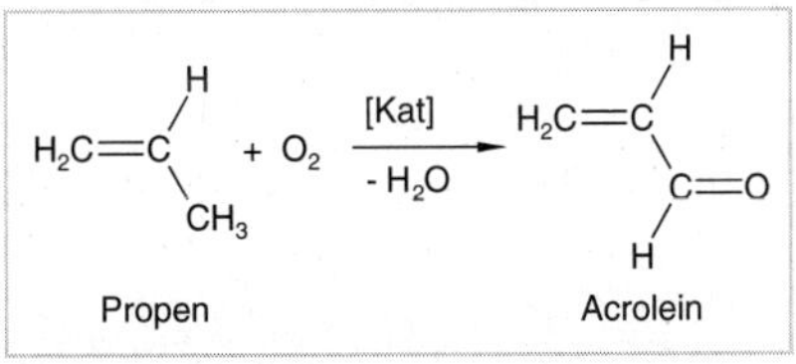

Heutige Gewinnung von Acrolein

A. bildet sich auch bei der thermischen Dehydratisierung von ↑ Glycerin, besonders in Gegenwart wasserabspaltender Mittel, die vermutlich über die Zwischenstufe *3-Hydroxypropionaldehyd* verläuft (s. Schema).

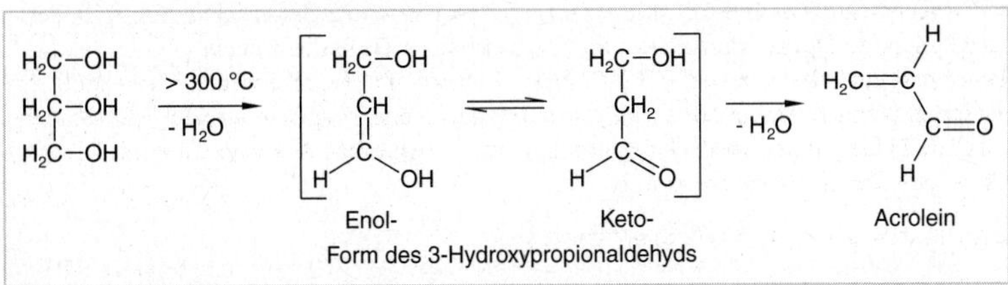

Thermische Bildung von Acrolein aus Glycerin

A. entsteht demzufolge auch bei der Überhitzung von Fetten und Ölen, womit sich der dabei auftretende beißende Geruch erklärt.

A. bildet u. a. folgendes Azeotrop:

Azeotrop-Komponenten	Zusammensetzung (Gew.-%)	Siedepunkt (°C)
A./Wasser	97,4/2,6	52,4

Trotz seiner Reaktivität und vielfältigen Reaktionsmöglichkeiten wird A. technisch-präparativ wenig genutzt, in neuer Zeit vorwiegend zur Herstellung von ↑Methionin, das als Tiernahrungszusatz Bedeutung hat. Diese Synthese ist unter „Methionin" beschrieben.

► A. ist sehr giftig und stark schleimhautreizend.

C_3H_4O $M_R = 56{,}06$ C 64,27 % H 7,19 % O 28,54 %

t_{Smp}	t_{Sdp}	d	η		
−88 °C	141 °C	1,06 g/cm³			
C_p	$\Delta_S H$	$\Delta_V H$	$\Delta_B H$	S^o	Q_C
		29 kJ/mol			−1632 kJ/mol
MAK	R-Satz	S-Satz			
0,25 mg/m³	11-25-26-34	3/9/14-26-36/37/39-38-45			

Acrylsäure

Acrylic acid Propensäure

Eine wasserklare Flüssigkeit mit der ↑Essigsäure ähnelndem Geruch, die sich mit Wasser und den meisten org. Solventien mischen läßt. Der pKs-Wert der A. beträgt 4,25. Sie ist also acider als die ↑Essigsäure.

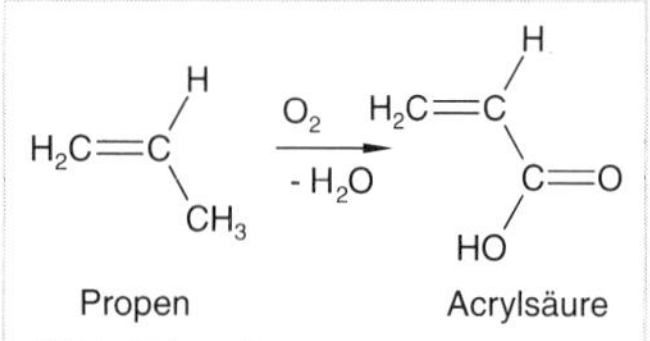

Gewinnung der Acrylsäure

Während früher die Herstellung der A. aus ↑Acetylen und ↑Kohlenstoffmonoxid erfolgte, gewinnt man sie heute ausschließlich durch Oxidation von ↑Propen (s. Gleichung).

Die A. zeigt die typischen Reaktionen sowohl von Vinylverbindungen als auch von Carbonsäuren (Addition, Polymerisation, Cycloaddition, Halogenierung, Veresterung). Am wichtigsten ist die durch Licht, Wärme oder Peroxide katalysierte Polymerisation zur ↑Polyacrylsäure.

► Die A. wirkt stark ätzend (Blasenbildung).

$C_3H_4O_2$ $M_R = 72{,}06$ C 50,00 % H 5,59 % O 44,40 %

t_{Smp}	t_{Sdp}	d	η		
14 °C	139 °C	1,06 g/cm³			
C_p	$\Delta_S H$	$\Delta_V H$	$\Delta_B H$	S^o	Q_C
144 J/(K · mol)	9,5 kJ/mol	57 kJ/mol	−384 kJ/mol		−1370 kJ/mol

MAK	R-Satz	S-Satz
	10-21/22-35-50	26-36/37/39-45-61

Acrylsäureamid

Acrylamide Acrylamid

Bildet farblose blättchenförmige Kristalle, die sich in Wasser, Ethanol und Aceton sehr gut lösen, in gesättigten Kohlenwasserstoffen aber unlöslich sind.

A. wird technisch hergestellt durch partielle saure Hydrolyse von ↑ Acrylsäurenitril (s. Gleichung).

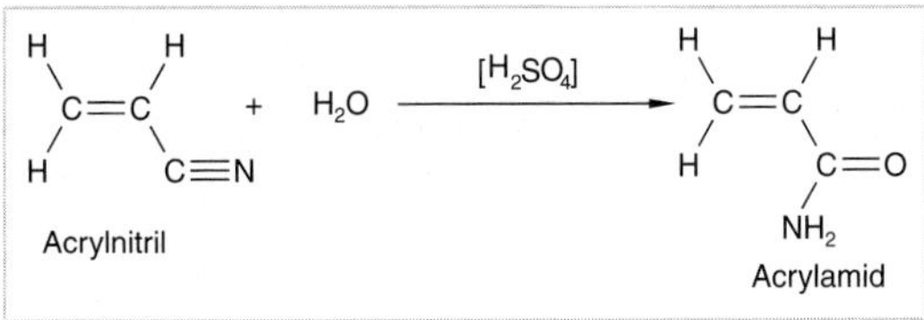

Herstellung von Acrylamid

A. ist das erste chemische Basisprodukt, das auch biotechnologisch hergestellt wird, nämlich seit 1985 (Mitsubishi Rayon) und heute in einem Maßstab von über 30 000 Jahrestonnen (Weltmarktanteil 25 %). Der immobilisierte Mikroorganismus produziert A. über eine Nitrilhydratase aus ↑ Acrylnitril.

A. polymerisiert sehr leicht in der Wärme, unter UV-Licht oder mit peroxidischen Katalysatoren. Als Stabilisator wässeriger Lösungen dient ↑ Hydrochinon.

A. wird fast ausschließlich als Monomeres für die Herstellung von ↑ Polyacrylamid verwendet sowie in geringem Ausmaß als Synthesebaustein. So läßt sich A. in einer *Heck-Reaktion* mit ↑ Iodbenzol in *Zimtsäureamid* überführen. Die Heck-Reaktion bietet eine elegante Methode zur Arylierung von terminalen Doppelbindungen und beinhaltet die Umsetzung eines Halogenaromaten mit einem Alken in Gegenwart einer Base (z. B. ↑ Triethylamin oder ↑ Kaliumcarbonat), wobei als Katalysator eine Pd(II)-Verbindung + Phosphan oder ein Pd(0)-Komplex mit einem tertiären Phosphan zum Einsatz kommt (s. Schema). Das Ergebnis der Reaktion kann auch als *Aromatenvinylierung* aufgefasst werden.

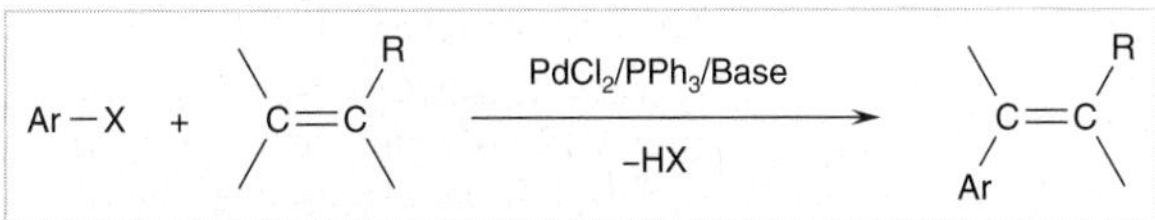

Summarisches Schema der Heck-Reaktion

Die Heck-Reaktion hat auch in der neueren Polymer-Synthese Anwendung gefunden, indem sie zur Herstellung von *Poly(para-phenylen-vinylen), PPV*, herangezogen wird, und zwar wird *1,4-Dibrombenzol* mit *1,4-Divinylbenzol* am Pd-Katalysator unter Dehydrohalogenierung polymerisiert (s. Schema).

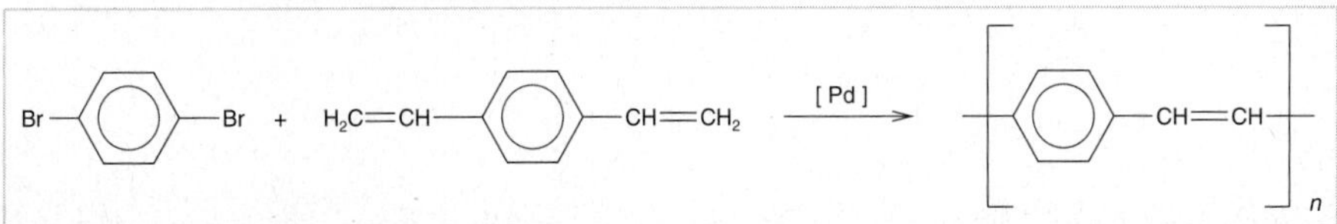

Herstellung von PPV durch Heck-Reaktion

PPV ist ein wichtiger Vertreter elektrisch leitfähiger Polymerer (s. unter ↑ Acetylen).

► A. ist eine hochgiftige Verbindung, die schwere Schädigungen des Zentralnervensystems verursacht. Es wird auch durch die intakte Haut aufgenommen. Jede Kontaktierung ist streng zu vermeiden.

A. wurde vor einigen Jahren auch (dank der Fortschritte in der Analytik) in Backwaren und frittierten Kartoffelprodukten nachgewiesen, in denen es zwangsläufig (und zweifellos schon immer) entsteht. Aus Fett entsteht thermolytisch ↑ Glycerin, das zu ↑ Acrolein und ↑ Acrylsäure oxidiert und mit N-Verbindungen (Aminosäuren, Peptide) A. ergibt.

C_3H_5NO $M_R = 71{,}08$ C 50,69 % H 7,09 % N 19,71 % O 22,51 %

t_{Smp}	t_{Sdp}	d	η		
84 °C		1,12 g/cm³			
C_p	$\Delta_S H$	$\Delta_V H$	$\Delta_B H$	S^o	Q_C
110 J/(K · mol)	15 kJ/mol		−212 kJ/mol		−1683 kJ/mol
MAK	R-Satz	S-Satz			
0,06 mg/m³	45-46-24/25-48/23/24/25	53-45			

Acrylsäurenitril

Acrylonitrile Acrylnitril

Eine wasserklare Flüssigkeit mit stechendem Geruch, die sich bei 20 °C zu etwa 8 g/100 ml in Wasser löst und mit den meisten org. Solventien beliebig mischbar ist. A. neigt äußerst leicht zur Polymerisation, die in unstabilisiertem Zustand schon nach kurzem Stehen explosionsartig eintreten kann und besonders durch UV-Licht katalysiert wird. Zur Stabilisierung eignet sich ↑ Hydrochinon oder ↑ Methylenblau.

Früher erfolgte die technische Herstellung durch Blausäureanlagerung an ↑ Acetylen, ↑ Ethylenoxid oder ↑ Acetaldehyd. Heute wird es praktisch ausschließlich durch *Ammonoxidation* von ↑ Propen gewonnen, die katalysierte Oxidation von ↑ Propen in Gegenwart von ↑ Ammoniak (s. Gleichung). Als Nebenprodukt entstehen 3–4 % ↑ Acetonitril.

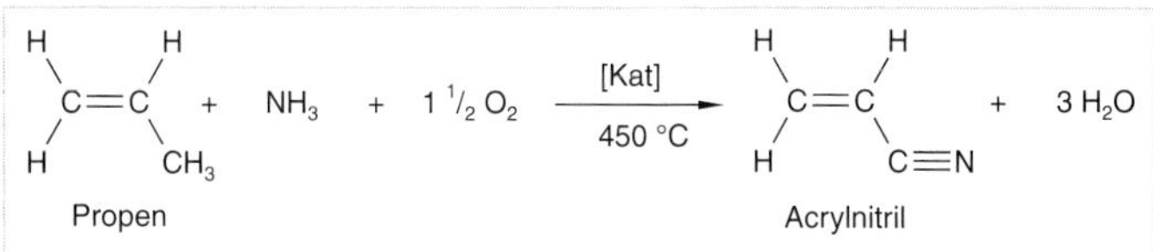

Herstellung von Acrylnitril durch Ammonoxidation von Propen

A. bildet u. a. folgende Azeotrope:

Azeotrop-Komponenten	Zusammensetzung (Gew.-%)	Siedepunkt (°C)
A./Benzol	47,0/53,0	73,3
A./Isopropanol	56,0/44,0	71,7
A./Wasser	85,7/14,3	70,6

A. ist zu vielfältigen Umsetzungen befähigt. Die partielle Hydrolyse liefert Acrylsäureamid, die Elektrodimerisierung ergibt Adipinsäuredinitril, die katalytische Hydrierung liefert Propionitril (s. unter

↑ Propylamin), um nur drei technisch realisierte Reaktionen zu nennen. Die *Elektrodimerisierung* ist ein wichtiges Beispiel für eine *elektroorganische Synthese* und als *Monsanto-Verfahren* bekannt. Es erfolgt zunächst kathodische Reduktion zum Radikalanion, welches ein zweites A.-Molekül anlagert. Dieses dimere Radikalanion nimmt kathodisch ein weiteres Elektron unter Bildung des dimeren Dianions auf, das dann mit zwei Protonen zum Adipinsäuredinitril abreagiert (zur Verwendung von Adipinsäuredinitril s. unter ↑ Adipinsäure).

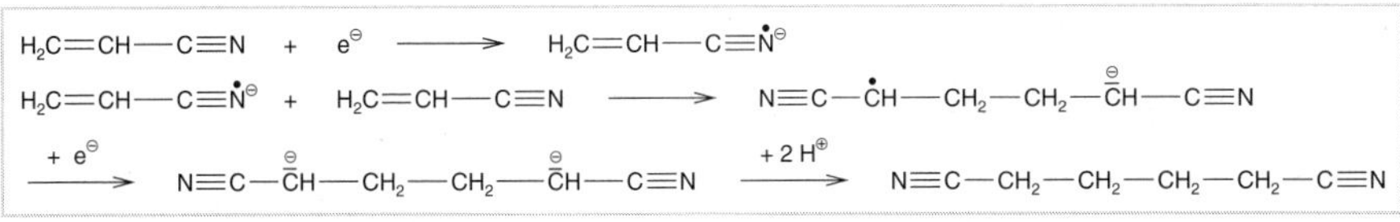

Elektrodimerisierung von Acrylsäurenitril

Des Weiteren ist eine große Zahl von Anlagerungsreaktionen von Alkoholen, Aminen, C-H-aciden Verbindungen usw. bekannt (*Cyanethylierungen*). Die bei weitem wichtigste Umsetzung ist allerdings die Polymerisation zum ↑ Polyacrylnitril. Hierfür werden weltweit jährlich über 4 Millionen Tonnen A. hergestellt.

Im Labor besitzt A. praktisch keine Bedeutung.

► A. ist eine äußerst giftige Substanz, vergleichbar mit dem ↑ Cyanwasserstoff. Sie gilt außerdem als krebserregend.

C_3H_3N $M_R = 53{,}06$ C 67,91 % H 5,70 % N 26,40 %

t_{Smp}	t_{Sdp}	d	η
−83 °C	77,3 °C	0,80 g/cm³	

C_p	$\Delta_S H$	$\Delta_V H$	$\Delta_B H$	S^o	Q_C
99 J/(K · mol)		33 kJ/mol	140 kJ/mol	179 J/(K · mol)	

MAK	R-Satz	S-Satz
7 mg/m³	45-11-23/24/25-37/38-41-43-51/53	9-16-53-45-61

Actinium

Actinium Ac

Ein silberglänzendes, radioaktives metallisches chemisches Element.

Ac kommt in äußerst geringen Mengen in Uranerzen vor, in denen es durch radioaktiven Zerfall von ↑ Uran entsteht. Es wurde darin 1899 von A. Debierne entdeckt. Heute kann es durch Neutronenbeschuß aus ↑ Radium hergestellt werden, ist allerdings nur in mg-Mengen verfügbar.

Ac ist das letzte Element der III. Nebengruppe des PSE (Sc Y La Ac) und besitzt die Elektronenkonfiguration $1s^2\ 2s^2\ 2p^6\ 3s^2\ 3p^6\ 3d^{10}\ 4s^2\ 4p^6\ 4d^{10}\ 4f^{14}\ 5s^2\ 5p^6\ 5d^{10}\ 6s^2\ 6p^6\ 6d^1\ 7s^2$ oder $(Rn)6d^17s^2$, mit dem Grundterm $^2D_{3/2}$.

Es bildet ausschließlich die Oxidationsstufe +3 aus, in die es gemäß seinem mit den Alkalimetallen vergleichbaren Normalpotential bereits durch Wasser überführt wird:

Standard-Potentiale $Ac \rightarrow Ac(OH)_3$ $E^{\ominus} = -2{,}13$ V(basisch)

$Ac \rightarrow Ac^{3+}$ $E^{\ominus} = -2{,}6$ V (sauer)

Ac verbrennt leicht zu *Actinium(III)oxid* und bildet mit Halogenen die entsprechenden Ac(III)halogenide. Das stabilste Isotop Ac 227 ist ein β-Strahler mit der Halbwertzeit 21,6 Jahre.

Insgesamt ähnelt Ac mehr den Erdalkali-Metallen als dem ↑ Lanthan.

Ac Z = 89 A_R = 227,0278 Isotope: 227, 228; 209-226, 229, 229-233 (künstlich)					
t_{Smp}	t_{Sdp}	d	MV	α	λ
1047 °C	3197 °C	10,06 g/cm³	22,8 cm³/mol	14,9 10^{-6}/K	12 W/mK
C_p	$\Delta_S H$	$\Delta_V H$	S^o	ϱ	
20,84 J/(K · mol)	14,2 kJ/mol	293 kJ/mol	188,1 J/(K · mol)		

Actinoide

Actinoides

Zusammenfassende Bezeichnung für die im PSE auf das ↑ Actinium folgenden 14 Elemente. Es sind dies: Th Pa U Np Pu Am Cm Bk Cf Es Fm Md No Lw mit den OZ 90-103. Bei ihnen werden die sieben 5f-Orbitale mit insgesamt 14 Elektronen besetzt (s. auch unter ↑ Transactiniden). Die A. sind alle radioaktiv. Nur Th, Pa, U, Np und Pu kommen natürlich vor, die beiden letzteren als Zerfallsprodukte von ↑ Uran.

Nach ihrem chemischen Charakter sind alle 14 A. unedle, sehr reaktive Metalle, die bereits mit heißem Wasser ↑ Wasserstoff entwickeln. Die chemische Ähnlichkeit der A. untereinander beruht darauf, daß sie alle in den beiden äußeren „Elektronenschalen“ (7s und 6d) fast identisch sind (abgesehen von einigen Unregelmäßigkeiten in der 6d-Bahn) und die drittäußere 5f-Bahn auf das chemische Verhalten nur wenig Einfluß ausübt. Weiteres zu den A. s. unter den einzelnen Elementen.

Actinomycin D

Actinomycine D

Unter „*Actinomycine*“ versteht man eine Gruppe von ca. 30 Verbindungen, die als Stoffwechselprodukte von Streptomyces-Stämmen isoliert werden können (entdeckt 1940). Therapeutisch wird nur das A. D verwendet, das hier beschrieben wird. Es bildet orange-rote Kristalle. Die Farbe beruht (wie bei allen Actinomycinen) darauf, daß im Molekül ein *Phenoxazon-System* als Chromophor vorliegt. Das Phenoxazon-Gerüst trägt zwei Pentapeptid-Cyclen. Die verschiedenen Actinomycine differieren in dieser Peptidzusammensetzung (s. Abbildung).

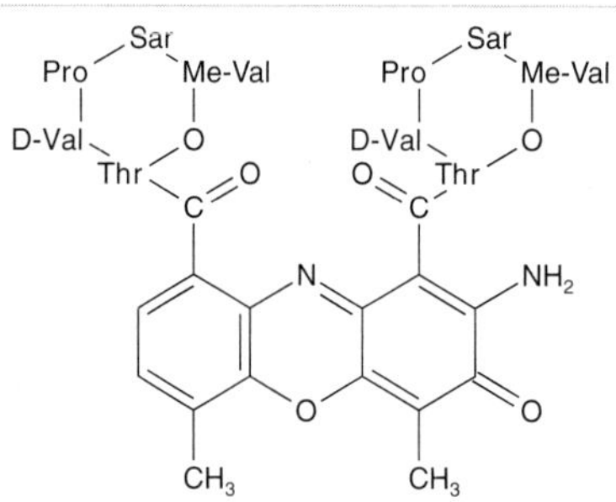

Sar = Sarkosin (N-Methylglycin)

Me-Val = N-Methyl-L-Valin

Struktur von Actinomycin D

A. ist ein Antibiotikum, das aber auch hochtoxisch ist. Man weiß heute, daß es sich an die DNS anbindet und die Transscription verhindert (Blockierung der DNA-abhängigen RNS-Synthese, s. unter ↑ Nucleinsäuren) und zwar lagert es sich spezifisch zwischen zwei GC-Paare ein (s. unter ↑ Cytosin).

A. wirkt deshalb als *Cytostatikum* und wird in der Chemotherapie maligner Tumoren und bei Leukämie angewandt, steht aber auch selbst im Verdacht der carcinogenen Wirkung.

$C_{62}H_{86}N_{12}O_{16}$ $M_R = 1255{,}45$ C 59,32 % H 6,90 % N 13,39 % O 20,39

Adamantan

Adamantane

Bildet farblose Kristalle von campherähnlichem Geruch, die in Wasser unlöslich, in den üblichen org. Solventien löslich sind.

A. kommt im Steinkohlenteer und in verschiedenen Erdölen vor. Synthetisch ist es zugänglich z. B. durch Lewis-Säuren-katalysierte Isomerisierung von perhydriertem Dicyclopentadien (s. Gleichung) (s. auch unter ↑ Cyclopentadien).

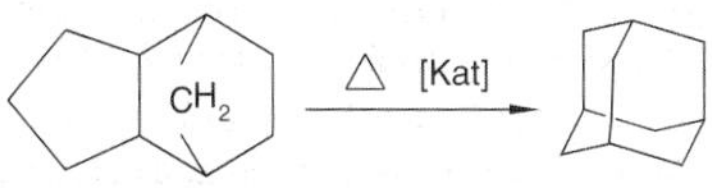

perhydriertes Dicyclopentadien Adamantan

Bildung von Adamantan

Dieser tetracyclische Kohlenwasserstoff ist interessant wegen seiner Struktur. Das Kohlenstoffgerüst stellt einen Ausschnitt aus dem Diamantgitter mit 10 C-Atomen dar (exakt tetraedrische Bindungswinkel jedes C-Atoms) und besteht aus vier Sechsringen, die alle in der Sesselform fixiert sind. Dies bedingt eine hochsymmetrische Anordnung, die sich der Kugelform sehr annähert.

A. ist erwartungsgemäß stabil und reaktionsträge. Eine Ausbildung von Doppelbindungen ist gemäß der Bredt-Regel nicht möglich.

Das Hydrochlorid von *Aminoadamantan* zeigt antivirale Wirksamkeit und wird zur Grippe-Prophylaxe therapeutisch verwendet. Außerdem wird es in der Therapie der Parkinson-Krankheit eingesetzt, da es die Wirkung von ↑ L-Dopa potenziert und deshalb dessen erforderliche Dosis herabsetzt.

$C_{10}H_{16}$ $M_R = 136{,}23$ C 88,16 % H 11,84 %

t_{Smp}	t_{Sdp}	d	η
270 °C			

C_p	$\Delta_S H$	$\Delta_V H$	$\Delta_B H$	S^o	Q_C
189,7 J/(K · mol)			−192 kJ/mol	195,8 J/(K · mol)	−6030 kJ/mol

Adenin

Adenine 6-Amino-purin

Bildet als Trihydrat farblose nadelförmige Kristalle, die sich in kaltem Wasser, Ethanol, Diethylether und Chloroform nur sehr wenig lösen. Bei 100 °C lösen sich in 100 ml Wasser ca. 2,5 g A. A. ist ferner etwas löslich in Säuren und Laugen. Beim Erhitzen sublimiert A. ab 220 °C.

A. ist in der Natur sehr verbreitet. Es kommt frei vor in vielen Pflanzen (Tee, Zuckerrüben, Pilze) und in tierischen Organismen (in Muskeln und Leber). Daneben ist A. ein Baustein in vielen biochemisch bedeutsamen Verbindungen, z. B. in den ↑ Nucleinsäuren und in Coenzymen (s. z. B. unter „ADP", „ATP", „NAD"). Synthetisch ist A. zugänglich z. B. durch Erhitzen von *2-Amino-2-cyano-acetamid* mit ↑ Formamid (s. Schema).

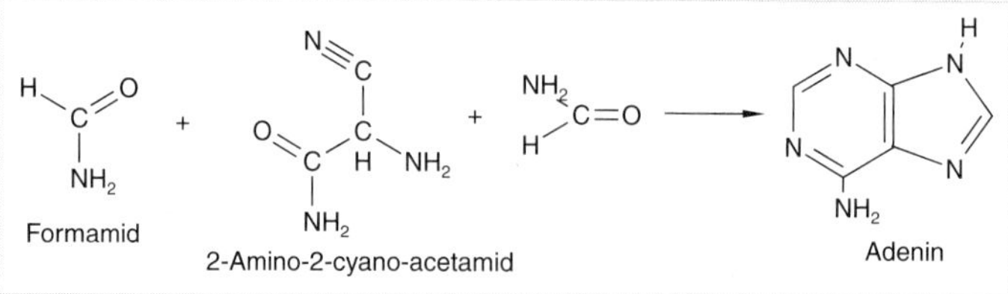

Synthese von Adenin

A. wird im Stoffwechsel zu ↑ Harnsäure abgebaut.

A. findet vor allem in der biochemischen Forschung Verwendung.

$C_5H_5N_5$ $M_R = 135{,}14$ C 44,44 % H 3,73 % N 51,83 %

$t_{Zersetzung}$	t_{Sdp}	d	η
> 360 °C (Z)			

C_p	$\Delta_S H$	$\Delta_{Sub} H$	$\Delta_B H$	S^o	Q_C
147 J/(K · mol)		110 kJ/mol (S)	97 kJ/mol	151 J/(K · mol)	−2780 kJ/mol

Adenosin

Adenosine 9-(D-Ribofuranosyl)-adenin

Bildet farblose Kristallnadeln, die sich in Wasser lösen, jedoch praktisch unlöslich sind in Ethanol. Mit verdünnten Mineralsäuren erfolgt rasche Hydrolyse zu ↑ Adenin und ↑ D-Ribose.

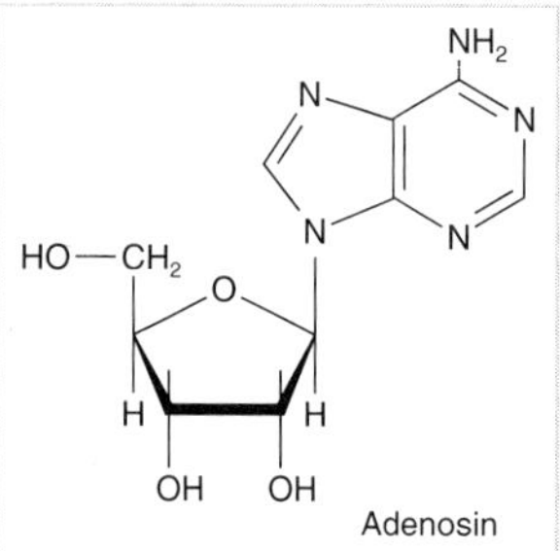

Struktur von Adenosin

A. ist ein Nucleosid (zum Begriff des „Nucleosids" s. unter ↑ Nucleinsäuren) aus D-Ribose und Adenin, das in der Natur sehr verbreitet ist und 1931 aus Hefe-Nucleinsäuren isoliert wurde (s. Abb.).

A. besitzt große biochemische Bedeutung. Seine phosphorylierten Formen (ADP, ATP) sind als Coenzyme entscheidend an der Energieübertragung in den intrazellulären Stoffwechselreaktionen beteiligt (s. unter ↑ Adenosin-5′-triphosphat). A. ist Baustein in den Ribonucleinsäuren (s. unter ↑ Nucleinsäuren) und in wichtigen anderen Coenzymen (s. ↑ Coenzym A, ↑ Nicotinsäureamid-adenin-dinucleotid und ↑ S-Adenosylmethionin) sowie in dem second-messenger ↑ Adenosin-3′,5′-monophosphat. A. übt auch regulierende Funktionen durch Bindung an spezifische Rezeptoren aus. Enzymatisch wird A. zu ↑ Inosin desaminiert.

A. wird therapeutisch intravenös verabreicht zur Erhöhung der Kalium-Permeabilität der Herzmuskelzellen (Erhöhung des Membranpotentials). Gleichzeitig wird dadurch der Calcium-Einstrom in die Herzmuskelzellen erniedrigt. A. greift dabei an einem spezifischen Rezeptor (*Adenosin-A_1-Rezeptor*) an und wird zur Beendigung bestimmter Tachykardien verwendet.

$C_{10}H_{13}N_5O_4$	$M_R = 267,24$	C 44,94 %	H 4,90 %	N 26,21 %	O 23,95 %

t_{Smp}	t_{Sdp}	d	η
229 °C			

Adenosin-5′-Diphosphat

Adenosine diphosphate ADP

Bildet als freie Säure ebenso wie in Form ihrer Salze farblose Kristalle, die in Wasser gut löslich, aber sehr luft-, temperatur- und hydrolyseempfindlich sind. Das ADP ist dank der Hydroxylgruppen seiner Phosphatreste eine starke Säure und liegt bei pH 7 als dreifach geladenes Anion vor, und zwar in den Zellen als Mg-Salz (s. Abb.).

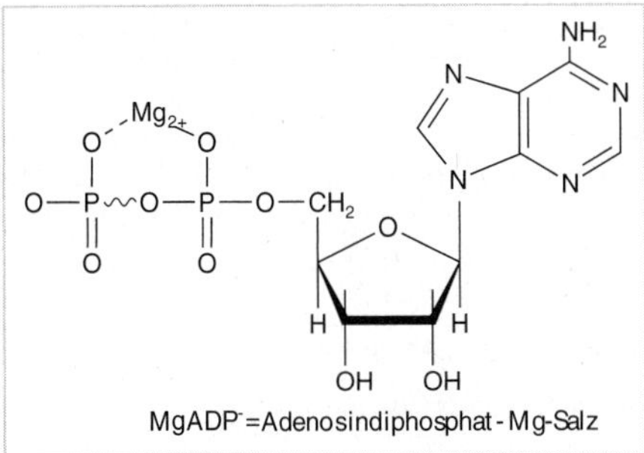

Struktur von Adenosindiphosphat-Mg-Salz

ADP findet sich in allen lebenden Zellen, teils im Cytoplasma, hauptsächlich aber in den Mitochondrien. Es entsteht im anabolischen Stoffwechsel ständig exergonisch aus ATP und wird vor allem im Zuge der an den inneren Mitochondrienmembranen ablaufenden Atmungskette (s. unter ↑ Ubichinone) wieder endergonisch in ATP umgewandelt (*oxidative Phosphorylierung*). Damit ist das ADP grundlegend an den Energieflüssen in allen lebenden Systemen beteiligt. Dies wird in Grundzügen unter „ATP" näher erläutert.

$C_{10}H_{15}N_5O_{10}P_2$	$M_R = 427,22$	C 28,12 %	H 3,54 %	N 16,39 %	O 37,45 %	P 14,50 %

t_{Smp}	t_{Sdp}	d	η
234 °C			

Adenosin-3′,5′-Monophosphat

Cyclic AMP cyclo-AMP, cAMP

Bildet als Hydrat weiße glänzende Blättchen, die in Wasser nur wenig löslich sind. A. ist thermisch recht stabil und wird auch weder durch Säuren noch durch Laugen zersetzt.

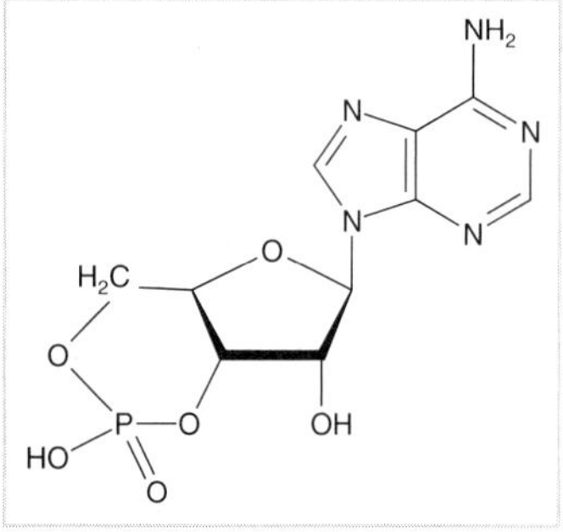

Struktur von Adenosin-3′,5′-monophosphat

A. findet sich in nahezu allen tierischen Zellen, ebenso in Bakterien sowie in höheren Pflanzen. A. wird durch die Wirkung des Enzyms *Adenylatcyclase* aus ↑ Adenosin-5′-triphosphat gebildet, wobei ein Diphosphat-Molekül abgespalten wird (innermolekularer Transfer). Es ist ein cyclischer Diester der ↑ Phosphorsäure, in dem sie mit den Hydroxylgruppen in 3′- und 5′-Stellung von ↑ Adenosin kondensiert ist (s. Abbildung).

A. übt in den Zellen die Funktion eines sekundären Botenstoffes (second messenger) aus, d. h. es überträgt im Zellinnern die Signale von Hormonen oder Neurotransmittern als primären Botenstoffen (s. unter ↑ Acetylcholin). Die primären Botenstoffe (z. B. ein Neurotransmitter) binden an ihrer Zielzelle an spezifische Rezeptoren an, das sind Proteine, die durch die Zellwand hindurchragen. Diese Anbindung ist ein Signal, das je nach Rezeptortyp die Zellanwort auslöst, z. B. können Ionenkanäle in der Zellwand geöffnet werden oder es werden Enzyme aktiviert (s. unter ↑ Acetylcholin). Die Anbindung einiger Hormone aktiviert (vermittelt über G-Proteine) das Enzym Adenylatcyclase, das die Bildung von A. bewirkt. A. aktiviert dann wiederum andere Enzymsysteme (z. B. Proteinkinasen), durch deren Tätigkeit dann die eigentliche Zellantwort ausgelöst wird. Durch ein auch über G-Proteine gesteuertes Enzym (eine Phosphodiesterase) wird A. rasch zu *Adenosin-5′-monophosphat* (*AMP*) abgebaut. Die Hormonwirkung verläuft also über eine sog. *Aktivierungskaskade*, z. B. Hormon – Rezeptor – G-Protein – Adenylatcyclase – A. – Proteinkinase, mit der zudem auch eine beträchtliche Signalverstärkung verbunden ist (das Hormon kann die Kaskade mehrmals auslösen). So vermittelt A. die Wirkung von ↑ Adrenalin, indem es die Proteinkinase A aktiviert, die in der Leber den Abbau von ↑ Glykogen veranlasst (Adrenalin mobilisiert ↑ D(+)-Glucose). ↑ Coffein verlängert die Wirkung von Adrenalin, indem es die Phosphodiesterase, die A. abbaut, hemmt.

A. ist so an einer großen Zahl von Stoffwechselvorgängen in den Zellen beteiligt.

A. ist als erster second messenger 1967 entdeckt worden (Sutherland, Nobelpreis 1971).

$C_{10}H_{12}N_5O_6P$	$M_R = 329{,}21$	C 36,48 %	H 3,67 %	N 21,27 %	O 29,16 %	P 9,41 %

$t_{Zersetzung}$	t_{Sdp}	d	η
220 °C (Z)			

Adenosin-5′-Triphosphat

Adenosine triphosphate ATP

Bildet farblose Kristalle, die sich in Wasser gut lösen. ATP ist eine vierbasige Säure, die bereits bei pH 7 mindestens drei Protonen abspaltet, so daß eine 1 %ige wässerige Lösung den pH 2,0 aufweist. ATP ist sowohl in wässeriger Lösung als auch in kristalliner Form an der Luft unbeständig.

ATP kommt in allen lebenden Zellen des Tier- und Pflanzenreiches vor (und zwar ebenso wie ADP als Mg-Salz). Diese Verbindung ist für die Speicherung und die Übertragung biochemischer Energie von so grundlegender und universeller Bedeutung, daß dies hier zumindest in groben Zügen näher erörtert sei.

Zunächst sei das ATP-Molekül besonders bezüglich seiner Phosphat-Gruppen genauer betrachtet.

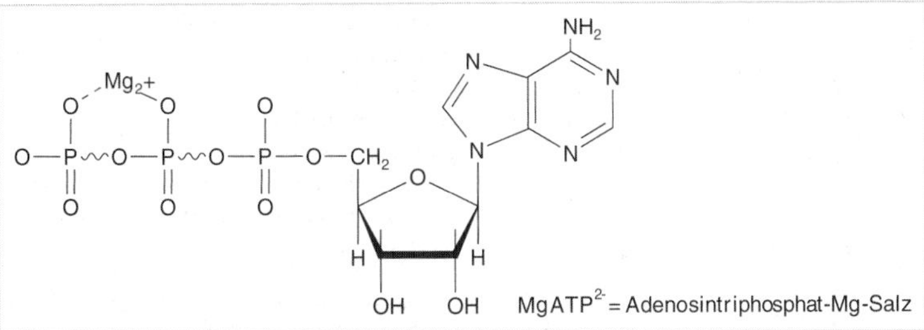

Struktur von Adenosintriphosphat-Mg-Salz

Die beiden geschlängelt gezeichneten P-O-Bindungen (s. Abbildung) zeichnen sich dadurch aus, daß ihre hydrolytische Spaltung besonders exergonisch, d. h. unter Abgabe von Energie verläuft. Diese beiden Bindungen stellen, da sie zu P-O-P-Gruppierungen gehören, Anhydrid-Bindungen dar, die energiereicher sind als P-O-Bindungen, welche in P-O-C-Gruppierungen vorliegen (Esterbindung). Die Spaltung von ATP in ADP und Phosphat ist so mit der Freisetzung von ca. 30 kJ/Mol verknüpft (s. Gleichung).

$$\text{ATP} + H_2O \rightleftharpoons \text{ADP} + \text{Phosphat} \qquad \Delta G = -30\ \text{kJ/mol}$$

Anhydrid-Spaltung von ATP zu ADP und Phosphat

Die Spaltung von ADP in AMP und Phosphat liefert etwa den gleichen Energiebetrag (s. Gleichung), während die Abspaltung der dritten Phosphatgruppe deutlich weniger exergonisch verläuft, da es sich bei der zu hydrolysierenden Bindung um eine Esterbindung handelt (s. Gleichung).

$$\text{ADP} + H_2O \rightleftharpoons \text{AMP} + \text{Phosphat} \qquad \Delta G = -30\ \text{kJ/mol}$$

Anhydrid-Spaltung von ADP zu AMP und Phosphat

$$\text{AMP} + H_2O \rightleftharpoons \text{Adenosin} + \text{Phosphat} \qquad \Delta G = -14\ \text{kJ/mol}$$

Ester-Hydrolyse von AMP zu Adenin und Phosphat

Der stark exergonische Charakter der hydrolytischen ATP/ADP-Umwandlung ist natürlich nicht allein mit der anhydridischen P-O-Bindung zu erklären. Es spielen vor allem elektrostatische Abstoßungskräfte innerhalb des mehrfach negativ geladenen Triphosphat-Restes, Hydratisierungs- und Entropie-Effekte während der Hydrolyse sowie Mesomerie-Effekte eine Rolle. Wenn in der Biochemie von den „energiereichen" P-O-Bindungen des ATP die Rede ist, bezieht sich dies nicht auf den physikalischen Energieinhalt dieser Bindungen, sondern auf die Summe der energetischen Effekte bei der Hydrolyse dieser Bindungen in biologischen Systemen.

Es soll nun in groben Zügen die biochemische Bedeutung des ATP dargelegt werden. Das ATP-Molekül verkörpert die Drehscheibe des Energieflusses in den lebenden Organismen. In ihm mündet die bei der *Nährstoffverbrennung* gewonnene Energie, die ihm zum Aufbau der körpereigenen Stoffe wieder entzogen wird.

Wie wird also der Energiefluß zum ATP auf molekularer Ebene geleitet und wie gibt es seine Energie dann weiter? Die erste Phase des Energietransfers ist mit dem Citronensäure-Cyclus unter ↑Citronensäure beschrieben. Die in diesem Cyclus den Nährstoffen bei ihrer vollständigen Oxidation entzogenen Elektronen werden zusammen mit H-Atomen auf NAD und FAD unter Bildung von NADH und $FADH_2$ übertragen (s. unter ↑Citronensäure). Diese beiden Verbindungen speisen die Elektronen dann in die *Atmungskette* ein. Die Atmungskette ist eine Kaskade von Elektronenübertragungen, an deren Ende die Reduktion von molekularem Sauerstoff zu Wasser steht. Die Atmungskette verläuft in der inneren Mitochondrienmembran

(s. unter ↑ Citronensäure). In dieser sitzen die vier großen Proteinkomplexe, die hier als Enzyme wirken, die *NADH-Dehydrogenase* (Komplex I), die *Succinat-Q-Reduktase* (Komplex II), die *Cytochrom-Reduktase* (Komplex III) sowie die *Cytochrom-C-Oxidase* (Komplex IV). NADH gibt seine Elektronen an Komplex I ab, genauer gesagt an FMN (s. unter ↑ Riboflavin), eine prosthetische Gruppe dieses Komplexes. Sie werden dann innerhalb dieses Komplexes weitergeleitet zu Fe-S-Gruppierungen (Cluster), die weitere prosthetische Gruppen darstellen. Von den Fe-S-Clustern werden die Elektronen schließlich vom in der Membran mobilen Coenzym Q aufgenommen (s. unter ↑ Ubichinone). Der Komplex II übernimmt die Elektronen des im Citronensäure-Cyclus ebenfalls gebildeten $FADH_2$ und überträgt diese ebenso auf Coenzym Q. Die Coenzym-Q-Moleküle (Ubichinone) transportieren die Elektronen weiter zur Cytochrom-Reduktase (Komplex III), ein Enzym, das Elektronen auf das ebenfalls in der Membran mobile Protein *Cytochrom C* überträgt (*Cytochrome* sind elektronenübertragende Proteine mit einem Häm-Molekül als prosthetische Gruppe, s. unter ↑ Hämoglobin). Cytochrom C tritt dann mit Komplex IV (Cytochrom-C-Oxidase) in Wechselwirkung und gibt seine Elektronen an dessen prosthetische Gruppen ab, die sie schließlich auf molekularen Sauerstoff unter Bildung von Wasser übertragen. Das Gesamtschema der Atmungskette zeigt die Stationen des Elektronenflusses im Überblick.

$FADH_2$-Succinat-Q-Reduktase (Komplex II) ↓

NADH ⟶ NADH-Dehydrogenase (Komplex I) ⟶ Coenzym Q ⟶ Cytochrom-Reduktase (Komplex III) ⟶ Cytochrom C ⟶ Cytochrom-C-Oxidase (Komplex IV) ⟶ O_2

Gesamtschema der Atmungskette

Mit dieser Atmungskette sind nun nicht nur Elektronentransporte verknüpft, sondern, und dies ist besonders wichtig, auch Protonentransfers, und zwar aus der Matrix (Innenraum der Mitochondrien, s. unter ↑ Citronensäure) heraus auf die Cytosol-Seite der Membran, sodaß ein *Protonengradient* geschaffen wird mit $c_{H^+ \text{außen}} > c_{H^+ \text{innen}}$ (pH-Differenz 1,4). Die Mechanismen, nach denen die geschilderten Elektronen-Übertragungsreaktionen mit dem Umpumpen von Protonen durch die Membranproteine hindurch gekoppelt sind, sind teilweise bekannt bzw. werden derzeit erforscht. Genau dieser Protonengradient, er erzeugt ein Membranpotential von 0,14 V, treibt die ATP-Synthese an. Wie geschieht dies?

Die Bildung von ATP erfolgt aus ADP und einem Phosphat-Ion.

$$ADP^{3-} + HPO_4^{2-} + H^{\oplus} \longrightarrow ATP^{4-} + H_2O$$

Gleichung der ATP-Bildung

Diese Reaktion wird durch das Enzym *ATP-Synthase* katalysiert. Dieses Enzym ist ein großer Proteinkomplex, der ebenfalls in der inneren Mitochondrienmembran lokalisiert ist (auch als Komplex V bezeichnet). Die Verknüpfung von angelagertem ADP und Phosphat zum ATP durch das Enzym ist selbst nicht abhängig vom Protonengradienten, aber, und das ist der entscheidende Punkt, die Ablösung des gebildeten ATP vom aktiven Zentrum. Der Protonenfluß durch die ATP-Synthase hindurch vom Cytosol in die Matrix nach einem von P. Boyer vorgeschlagenen *Rotations-Mechanismus* (*Bindungswechsel-Mechanismus*) bewirkt die abwechselnde Anbindung von ADP und P_i, deren Verknüpfung zu ATP und Ablösung von ATP vom aktiven Zentrum. Ohne Protonengradient und Protonenfluß löst sich ATP nicht vom Enzym ab, die ATP-Synthese kommt zum Stillstand, d. h. die ATP-Synthese ist an die Atmungskette gekoppelt und man bezeichnet diesen Weg der ATP-Synthese auch als *oxidative Phosphorylierung*.

Bezieht man den Citronensäurecyclus mit in die Bilanzierung ein, errechnet sich die Bildung von etwa 30 ATP-Molekülen mit der vollständigen Oxidation eines Glucose-Moleküls zu CO_2. Davon stammen 26 aus der oxidativen Phosphorylierung.

Der Austritt von ATP ins Cytosol und der Eintritt von ADP in die Matrix wird von dem reichlich in der Membran vorhandenen Transport-Protein *ATP-ADP-Translokase* bewirkt, wobei beide Vorgänge miteinander gekoppelt sind. Ferner steigt die Geschwindigkeit der oxidativen Phosphorylierung mit dem ADP-Spiegel, der wiederum an den ATP-Verbrauch gekoppelt ist, d. h. ATP wird nach Bedarf gebildet.

Bekannte toxische Stoffe greifen in die Atmungskette ein. So blockieren Cyanid-Ionen (s. unter ↑Cyanwasserstoff), Azid-Ionen (s. unter ↑Natriumazid) und ↑Kohlenstoffmonoxid eisenhaltige Hämgruppen der Cytochrom-C-Oxidase.

Man vergleiche die Analogie zwischen der Atmungskette und der Lichtreaktion der Fotosynthese (s. unter ↑Chlorophyll); auch hier wird der Aufbau eines Protonengradienten mit einem Elektronenfluß gekoppelt, allerdings mit umgekehrter Polarität.

$$A + B \longrightarrow C + D$$
$$D + E \longrightarrow F + G$$

Gekoppelte Reaktionen

Die in den ATP-Molekülen fixierte Energie wird nun im anabolischen Stoffwechsel wieder freigesetzt, um die durchweg endergonischen Aufbaureaktionen zu ermöglichen. Das ATP gibt dabei natürlich seine Energie nicht in Form von Wärme ab, sondern sie wird intermolekular auf Enzyme oder Substrate übertragen, die dadurch für ihre zu bewältigende Reaktion aktiviert werden. Die anabolischen Synthesen laufen über Zwischenstufen ab, deren jede einzelne mit einem Energiepaket auskommt, wie es vom ATP bereitgestellt werden kann und wobei jede Zwischenstufe gemäß der allgemeinen Reaktionsfolge für gekoppelte Reaktionen erreicht wird (s. Schema).

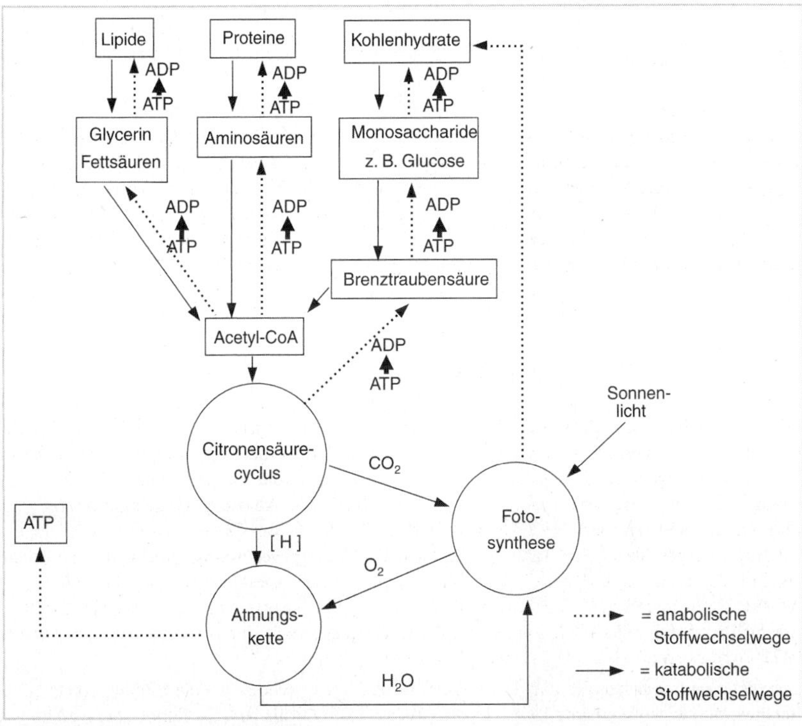

Biochemische Stoffwechselwege im Überblick

Die Komponente D wird dann durch ATP repräsentiert: in der vorgelagerten Reaktion wird Energie auf ADP unter Bildung von ATP übertragen. In der nachfolgenden Reaktion gibt ATP seine Energie mit der terminalen Phosphat-Gruppe an ein Substrat-Molekül ab, das dadurch den für seine Umsetzung erforderlichen Energieinhalt bekommt. Durch das ATP wird also Energie transportiert. Diese Aufgaben nimmt ATP natürlich auch nicht in der Form freier Moleküle wahr sondern wirkt als Coenzym in Enzymen, die für die betreffenden Reaktionen spezifisch sind (zum Begriff „Coenzym" s. ↑ Nicotinsäureamid-adenin-dinucleotid). Da ATP hierbei durch Phosphatgruppenübertragung molar als Reaktionspartner mitverändert wird, ist es treffender als *Cosubstrat* zu bezeichnen. In einer anderen enzymatischen Reaktion muß es wieder zurückgebildet werden, so daß es als Katalysator nur dann bezeichnet werden kann, wenn man beide enzymatischen Reaktionen zusammen betrachtet.

Die *Stoffwechsel-Wege* lassen sich in vorstehendem Grundschema darstellen, in welches zur Verdeutlichung des Stoffkreislaufes zwischen Tier und Pflanze auch die Fotosynthese aufgenommen ist.

Das Schema zeigt nur die elementaren Abläufe unter Weglassung wichtiger Details, für die der interessierte Leser auf Lehrbücher der Biochemie verwiesen sei.

ATP besitzt so in der gesamten belebten Natur mit derselben Struktur dieselbe Funktion: es ist als Träger potentieller Energie die universelle Speicherverbindung für schnell abrufbare biochemische Energie und ist elementar mit den anabolen und katabolen Reaktionen der Zellen verknüpft. Beim Zelltod nimmt die ATP-Konzentration rapide ab. Die Bestimmung der ATP-Menge in einer Kultur oder einem Gewebe ist also ein zuverlässiges Maß für die Zahl lebender Zellen. Die heute wichtigste Meßtechnik zur Bestimmung von ATP nutzt die Biolumineszenz, wie es unter ↑ D-Luciferin beschrieben ist.

$C_{10}H_{16}N_5O_{13}P_3$ $M_R = 507,19$ C 23,68 % H 3,18 % N 13,81 % O 41,01 % P 18,32 %

Adenosylmethionin

S-Adenosylmethionine SAM

Bildet als Chlorid farblose wasserlösliche Kristalle, die sehr luft- und temperaturempfindlich sind und unter Trockeneis-Kühlung (−78 °C) gelagert und transportiert werden müssen.

SAM ist in allen lebenden Organismen präsent. Es wird im Organismus aus ↑ Methionin gebildet (s. Gleichung). Eine Laborsynthese ist über die Umsetzung von *Chloradenosin* mit *Homocystein* und anschließende Methylierung mit ↑ Methyliodid möglich.

L-Methionin + ATP ⟶ SAM + Pyrophosphat + Monophosphat

Biosynthese von S-Adenosylmethionin

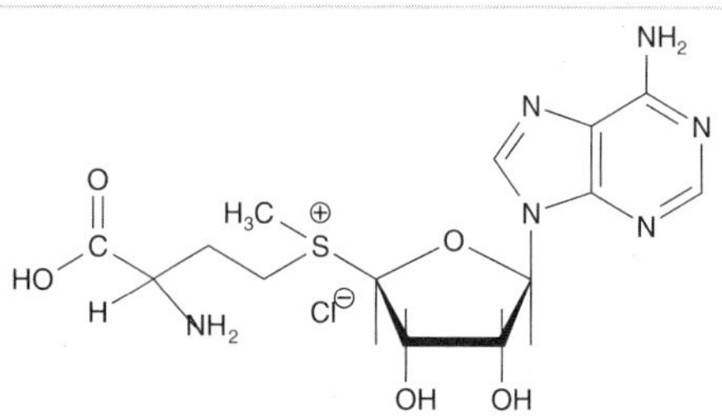

S-Adenosylmethionin-chlorid

S-Adenosylmethionin-Chlorid. Ein physiologischer Methylgruppen-Überträger

SAM hat große physiologische Bedeutung: es wirkt als Coenzym in Enzymen, die Methylgruppen-Übertragungen ausführen. Man kennt ca. 40 biochemische Methylierungen, an denen SAM beteiligt ist, so z. B. bei der Synthese von ↑ Adrenalin, ↑ Cholin, ↑ Ergosterol, ↑ Kreatin, ↑ Sarkosin und ↑ Vitamin B_{12}.

Bei den Methylierungen geht es selbst in *Adenosylhomocystein* über, es ist also treffender als Cosubstrat zu bezeichnen (s. unter ↑ Adensoin-5′-triphosphat). SAM wird in der Therapie chronischer Leberleiden verwendet.

$C_{15}H_{22}N_6O_5S$ $M_R = 398{,}44$ C 45,22 % H 5,57 % N 21,09 % O 20,28 % S 8,05 %

Adipinsäure

Adipic acid Hexandisäure

Bildet farb- und geruchlose Kristalle, deren Löslichkeit in Wasser mit der Temperatur stark ansteigt: bei 20 °C 1,4 g/100 ml, bei 100° C 160 g/100 ml.

A. ist gut löslich in Ethanol, Methanol und Aceton, nur sehr wenig löslich in Cyclohexan, Diethylether und Petrolether. Die pKs-Werte der A. betragen: pKs1 = 4,40, pKs2 = 5,3. Eine 0,1 %ige wässerige Lösung besitzt den pH-Wert 3,2.

A. kommt im Rübensaft vor. Die technische Darstellung geht vom ↑ Cyclohexan aus, welches durch katalysierte Luftoxidation zu einem Cyclohexanol/Cyclohexanon-Gemisch umgesetzt wird. Dieses wird dann mit ↑ Salpetersäure zu A. weiter oxidiert (s. Schema).

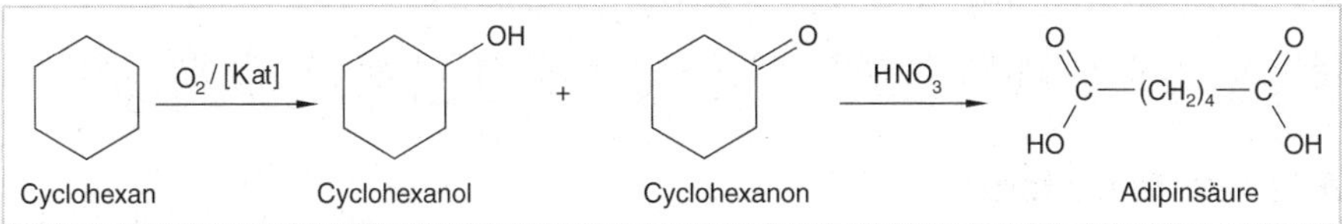

Herstellung von Adipinsäure aus Cyclohexan

In kohlenhydratreichen Ländern nutzt man eine vom ↑ Furfural ausgehende Synthese über die Zwischenstufen ↑ Furan, ↑ Tetrahydrofuran, *1,4-Dichlorbutan*, *Adipinsäuredinitril* (s. Schema).

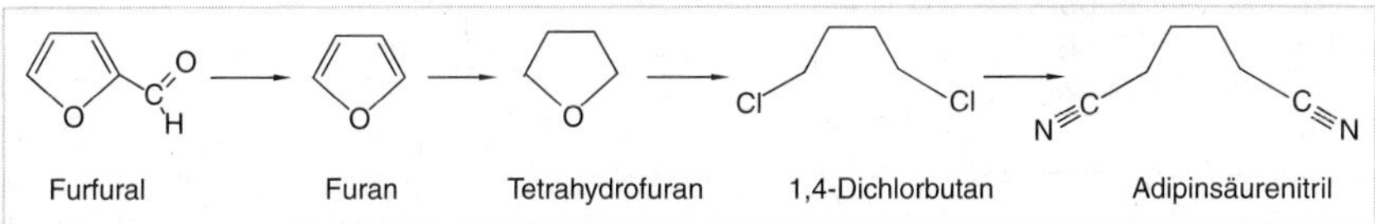

Die Überführung von Furfural in Adipinsäuredinitril

Letzteres wird entweder zu A. hydrolysiert oder zu ↑ Hexamethylendiamin hydriert; es werden also beide zur Nylon-6,6-Synthese erforderlichen Ausgangsprodukte erhalten (s. unter ↑ Hexamethylendiamin).

A. bildet beim Erhitzen mit ↑ Essigsäureanhydrid ↑ Cyclopentanon. Die Hydrierung führt zu *1,6-Hexandiol*, das in Polyurethanen (s. unter ↑ Polyurethane) verwendet wird (s. Schema).

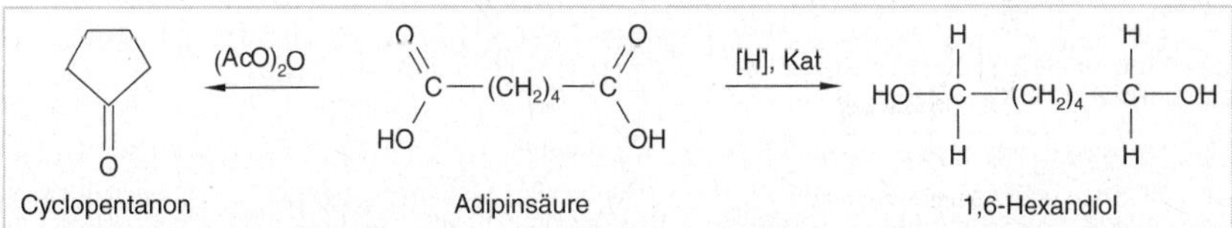

Cyclisierung und Hydrierung von Adipinsäure

A. dient hauptsächlich zur Herstellung von Nylon-6,6 (s. unter ↑ Hexamethylendiamin).

Ester der A. mit Polyalkoholen werden in Alkydharzen (s. unter ↑ Alkydharze) verwendet. Ester höherer Alkohole eignen sich als Schmiermittel und Weichmacher.

$C_6H_{10}O_4$ $M_R = 146{,}14$ C 49,31 % H 6,90 % O 43,79 %

t_{Smp}	t_{Sdp}	d	η		
152 °C	337 °C	1,36 g/cm³			
C_p	$\Delta_S H$	$\Delta_{Sub} H$	$\Delta_B H$	S^o	Q_C
	34,8 kJ/mol	129 kJ/mol (S)	−1021 kJ/mol		−2768 kJ/mol
MAK	R-Satz	S-Satz			
	36				

L-Adrenalin

Epinephrine L-Epinephrin

Bildet kleine, farblose Kriställchen, die sich bei Licht- und Luftzutritt dunkel färben. A. ist unlöslich in Wasser und Ethanol, löslich in Säuren und Laugen.

A. wurde 1901 erstmals isoliert und bereits 1904 synthetisch gewonnen. Dies stellte die erste *Hormon-Synthese* überhaupt dar und gelang auf nachstehendem Wege (F. Stolz).

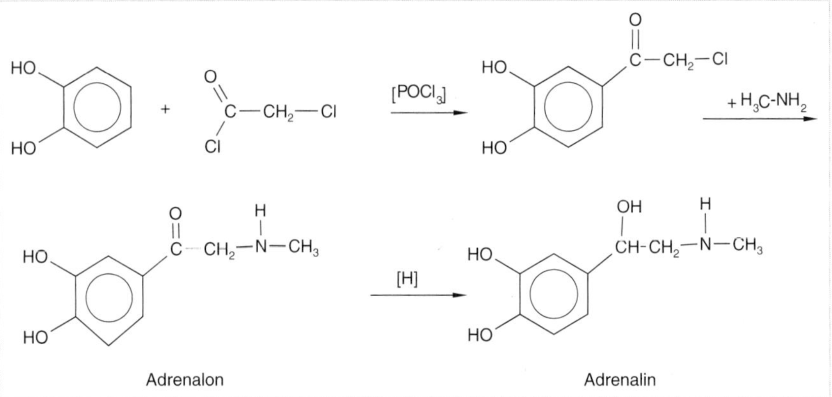

Synthese von Adrenalin: die erste Hormon-Synthese

Die Biosynthese des A. erfolgt im Nebennierenmark aus dem ↑ Tyrosin über ↑ L-Dopa, ↑ Dopamin und ↑ Noradrenalin, es wird gespeichert in den Nebennierenmark-Zellen und von dort durch Einwirkung von ↑ Acetylcholin in die Blutbahn freigesetzt.

A. ist ein Hormon, das an alle adrenergen Rezeptoren anbindet (α_1, α_2, β_1, β_2). Die Anbindung wird im Zellinnern durch G-Proteine weitervermittelt, was entweder die Aktivierung oder Passivierung von Enzymen im Zellinnern oder die Öffnung oder Schließung von Ionenkanälen in den Zellmembranen bewirkt, was dann schließlich zur Zellanwort führt. Zum Beispiel hat die Anbindung an β-Rezeptoren Aktivierung des Enzyms Adenylatcyclase und damit die Bildung von ↑ Adenosin-3′,5′-monophosphat (cAMP) zur Folge (weiteres s. dort), wodurch u. a. Glucolyse und Lipolyse in Gang gesetzt werden. Da der Sympathikus auf die vegetativen Organe über adrenerge Rezeptoren wirkt, entspricht das Gesamtbild der A.-Wirkung einer Sympathikus-Erregung, d. h. der Organismus wird auf Leistungsfähigkeit eingestellt: der Stoffwechsel schaltet auf Energieerzeugung (Glucose-Bereitstellung im Blut), der Blutdruck steigt, die Bronchien werden erweitert, momentan unwichtige Funktionen wie Darmtätigkeit werden gedrosselt usw.

A. unterliegt vor allem in der Leber einem raschen enzymatischen Abbau. Therapeutisch wird A. einerseits äußerlich in verdünnter Lösung aufgetragen zur Blutstillung (Vasokonstriktion) und zur Schleimhautabschwellung, andererseits intravenös verabreicht bei Kreislaufschock oder allergischem Schock.

► A. gehört zu den physiologisch wirksamsten Substanzen. Bereits weniger als 0,5 mg, intravenös verabreicht, können einen Menschen töten. Dagegen bleibt die orale Einnahme selbst größerer Mengen ohne Folgen, da im Verdauungstrakt rascher Abbau eintritt.

$C_9H_{13}NO_3$	$M_R = 183{,}21$	C 59,00 %	H 7,15 %	N 7,65 %	O 26,20 %

$t_{Zersetzung}$	t_{Sdp}	d	η
216 °C (Z)			

Aepfelsäure

Malic acid Hydroxybernsteinsäure

Die D,L-Form der A. kristallisiert in farblosen Nadeln, die sich bei 20 °C in Wasser zu 56 g/100 ml, in Ethanol zu 45 g/100 ml lösen. In Diethylether löst sich A. nur sehr wenig. Die pKs-Werte der A. betragen pKs1 = 3,4 und pKs2 = 5,10.

Die D(-)-A. kommt in der Natur recht verbreitet, vielfach zusammen mit der ↑ Citronensäure vor in Äpfeln, Stachelbeeren, Vogelbeeren u. a. Technisch wird sie jedoch ausschließlich synthetisch gewonnen, und zwar durch Wasseranlagerung an Malein- oder ↑ Fumarsäure, wobei das Racemat entsteht (s. Gleichung).

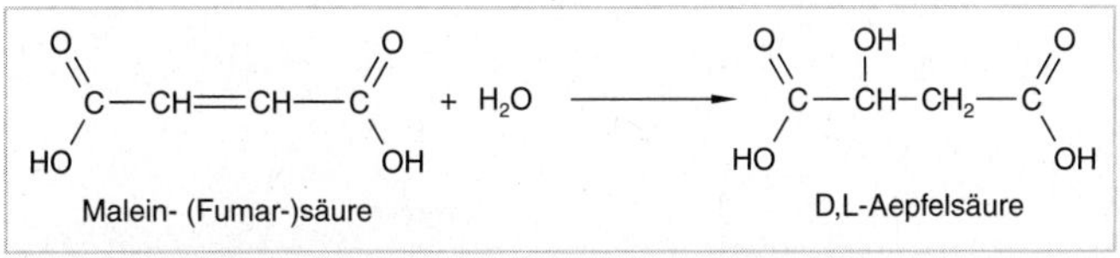

Gewinnung der Aepfelsäure durch Wasseranlagerung an Maleinsäure

Beim Erhitzen spaltet A. wieder Wasser ab unter Bildung von ↑ Maleinsäure. Die A. bildet als Dicarbonsäure saure und neutrale Salze (*Malate*). Die Alkalisalze sind leicht löslich, die Schwermetallsalze sind schwerlöslich.

Bei der vorsichtigen Oxidation geht die A. in *Oxalessigsäure* über (s. Gleichung). Diese Reaktion ist auch Teil des Citronensäurecyclus (s. unter ↑ Citronensäure), und zwar wird in dessen letztem Schritt die sekundäre Hydroxygruppe von Malat mittels des Enzyms *Malatdehydrogenase* dehydriert, wobei der Wasserstoff auf NAD übertragen wird.

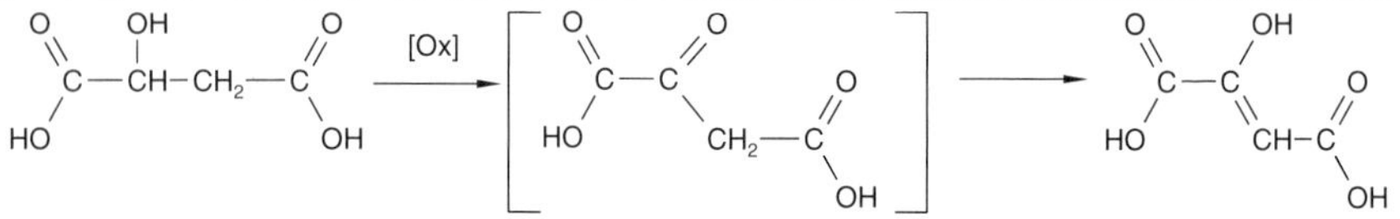

Oxalessigsäure

Hydroxymaleinsäure bzw. Hydroxafumarsäure

Oxidation der Aepfelsäure

Die A. ist physiologisch unbedenklich. Ihre Anwendung in der Lebensmittel- und Getränkeindustrie entspricht derjenigen der ↑ Weinsäure oder ↑ Citronensäure. Sie besitzt einen etwas schärferen Geschmack als die ↑ Citronensäure. Die A. ist mit der Nummer *E 296* (als *Säuerungsmittel*) und ihre Salze, die Malate, sind mit den Nummern E 350-352 als Zusatzstoffe in Lebensmitteln zugelassen (als *Säureregulatoren*).

$C_4H_6O_5$ $M_R = 134{,}09$ C 35,83 % H 4,51 % O 59,66 %

t_{Smp}	t_{Sdp}	d	η
130 °C			

Aflatoxine

Aflatoxines

Eine Gruppe von außerordentlich toxischen Cumarin-Derivaten, die als Stoffwechselprodukte des Schimmelpilzes *Aspergillus flavus* auftreten. Dieser Pilz gedeiht in feucht-warmer Atmosphäre auf kohlenhydratreichem Nährboden, und findet sich vor allem auf verschimmelnden Nüssen und Getreiden.

Man wurde 1960 auf die A. aufmerksam, als in England eine sehr große Zahl (über 100.000) an Geflügeltieren nach Verfüttern mit Erdnüssen an Leberschäden verendete. Die daraufhin isolierten A. sind chemisch nahe miteinander verwandt. Sie werden mit den Buchstaben B und G klassifiziert nach der Farbe ihrer Fluoreszenz im UV-Licht (B = Blau, G = Grün), oder nach ihrem Vorkommen, wie z. B. mit M für Milch (s. Abbildung).

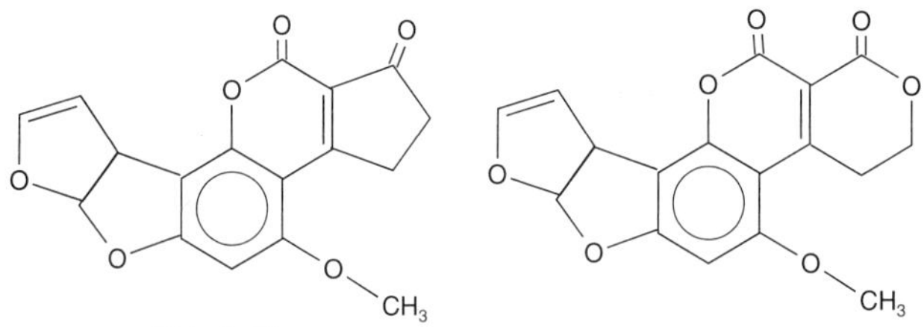

Aflatoxin B1

Aflatoxin G1

Aflatoxin-Strukturen

Die A. wirken vor allem lebertoxisch. Sie greifen nach enzymatischer Metabolisierung die ↑ Nucleinsäuren an. Das A. B1 gehört zu den stärksten krebsauslösenden Stoffen, die wir kennen. Man führt das endemische Vorkommen von Leberkrebs in Zentralafrika und Südostasien auf die A. zurück.

Aufgrund der Gefahr der Einbringung von A. in Nahrungsmittel (z. B. über das Tierfutter in Milch und Fleisch) wird der A.-Gehalt lebensmittelrechtlich streng überwacht (*Aflatoxin-Verordnung*). Der Gehalt an A. B1 darf z. B. 5 ppb nicht überschreiten.

Wegen der möglichen Bildung von A. und zahlreicher anderer gefährlicher *Mykotoxine* dürfen niemals auch nur angeschimmelte Lebensmittel verzehrt werden.

$C_{17}H_{12}O_6$ $M_R = 312,26$ C 65,39 % H 3,87 % O 30,74 %

t_{Smp}	t_{Sdp}	d	η
268 °C			

Agar-Agar

Agar

Kommt als grau-weißes Pulver in den Handel. Es ist unlöslich in org. Solventien und löslich in kochendem Wasser. In kaltem Wasser quillt A. nur. Wässerige Lösungen reagieren sauer, eine 1 %ige Lösung zeigt etwa den pH 2,5.

A. wird in aufwendigen Extraktionsprozessen aus den Zellwänden von *Meeres-Rotalgen* extrahiert. A. läßt sich auftrennen in eine gelierende Fraktion, die *Agarose*, und eine nicht gelierende Fraktion, das *Agaropektin*. Die Agarose, der Hauptanteil, besteht aus Kettenmolekülen, in denen *D-Galactopyranose* und *3,6-Dehydro-L-galactopyranose* alternierend -1,4- und -1,3-glycosidisch miteinander verbunden sind. Das Agaropektin enthält Sulfonsäure-Reste, die den sauren Charakter des A. bedingen.

Eine 1 %ige wässerige Lösung von A. erstarrt beim Abkühlen auf etwa 40 °C zu einem festen Gel. Auf dieser Eigenschaft, die vom Agarose-Gehalt errührt, beruht die Verwendung von A. in der Lebensmittelindustrie (Gelees, Puddings), in Medizin und Kosmetik (Salben, Cremes) und vor allem in der Mikrobiologie (Herstellung von Nährböden). Da A., wie auch die anderen Pflanzengummis, für den Menschen unverdaulich ist, wird es gerne in Kalorien-reduzierten Lebensmitteln verwendet. A. ist mit der Nummer *E 406* als Lebensmittelzusatzstoff zugelassen.

Aktivkohle

Activated carbon

Die beiden hauptsächlichen Anwendungsformen von A. sind A.-Pulver und gekörnte A. Das Pulver ist staubfeines Material, während die Kornkohle in verschiedenen Sorten mit Korngrößen von 0,1 mm bis 4 mm erhältlich ist.

Zur Gewinnung von A. geht man entweder von kohlenhydratreichen Produkten aus (wie Sägemehl, Torf, Braunkohle usw.), sog. rezenten Rohstoffen, oder von bereits inkohltem Material (Steinkohle, Koks).

Die rezenten Rohstoffe werden dabei mit wasserentziehenden Chemikalien vermengt (↑ Phosphorsäure oder ↑ Zinkchlorid) und bei 400–700 °C dehydratisiert. Anschließend müssen die Chemikalien gründlich ausgewaschen werden.

Die inkohlten Materialien werden in der sog. *Gasphasenaktivierung* bei hoher Temperatur mit ↑ Sauerstoff, Wasserdampf oder ↑ Kohlenstoffdioxid behandelt. Hierbei wird von diesen Gasen ↑ Kohlenstoff von der Oberfläche„wegoxidiert" unter Ausbildung der porösen Struktur. Man teilt die Poren in drei Größenklassen ein: Mikroporen (0,4-2 μm), Mesoporen (2-50 μm) und Makroporen (über 50 μm).

Die A.-Herstellung ist also stets aufwendig und rohstoffintensiv. Allen A. ist gemeinsam, daß sie hochporöse Stoffe sind mit sehr großen inneren Oberflächen (von ca. 400 bis über 2000 Quadratmeter/g), worauf auch ihre Anwendungen beruhen. Die Anwendungen lassen sich in zwei Bereiche auftrennen:

Anwendung in der Flüssigphase:
- Trinkwasserreinigung
- Abwasserreinung
- Entfärbungsprozesse in der Lebensmittelproduktion (Zuker, Öle usw.)
- Reinigung chemischer Produkte.

Anwendung in der Gasphase:
- Lösungsmittel-Rückgewinnung
- Raumluftreinigung
- Atemfilter
- Kfz-Abgasreinigung.

Die Wirkung der A. beruht darauf, daß die abzutrennenden Stoffe teils durch Adsorption an der riesigen inneren Oberfläche, teils rein mechanisch in den zahlreichen Poren festgehalten werden. Durch spezielle Behandlung lassen sich A. an besondere Verwendungszwecke anpassen, z. B. kann die Oberfläche durch Oxidation mit Sauerstoff-Funktionen belegt werden, was eine mehr oder weniger polare A. liefert bis hin zur hydrophilen A. So ist eine Vielzahl von A.-Typen verfügbar, die sich für die jeweiligen Zwecke mehr oder weniger eignen.

Die Regeneration von erschöpfter A. ist nicht einfach und kann teils durch Erhitzen (bei Belegung mit Gasen), teils durch Behandlung mit Wasserdampf (bei ca. 120 °C) oder nach anderen Verfahren erfolgen.

Die Adsorptionswirkung von Aktivkohle läßt sich experimentell leicht demonstrieren:

Gasphase: in einen mit Bromdämpfen gefüllten Erlenmeyerkolben werden 1-2 g gekörnte Aktivkohle gegeben. Beim Umschütteln verschwindet die braune Farbe des Bromdampfes.

Flüssigphase: durch ein mit gekörnter Aktivkohle bestücktes senkrecht stehendes Glasrohr mit Ablaufhahn läßt man eine Farbstofflösung (↑ Methylenblau, ↑ Methylrot usw.) laufen. Die austretende Lösung ist farblos.

Chemisch ist A. fast reiner ↑ Kohlenstoff und für physikalische Daten s. dort.

Alanin

Alanine α-Aminopropionsäure

Bildet als Racemat (D,L-Form) farblose, nadelförmige Kristalle, die sich in Wasser gut lösen (bei 20 °C 14 g/100 ml), in org. Solventien jedoch nur wenig löslich sind. Die pKs-Werte betragen 2,35 und 9,87. Der isoelektrische Punkt liegt bei 6,0.

A. ist eine in nahezu allen Proteinen vertretene Aminosäure, deren Anteil in der Naturseide z. B. sich auf ca. 25 % beläuft. Es ist eine nichtessentielle Aminosäure, da sie im menschlichen Organismus aus der ↑ Brenztraubensäure (Pyruvat) durch Aminierung gebildet wird. Das so entstehende A. wird im Blut zur Leber transportiert, wo die Aminogruppe in ↑ Harnstoff eingebaut und so entgiftet wird (s. Harnstoff-Cyclus unter ↑ Ornithin und unter ↑ Ammoniak), während A. wieder zu Pyruvat zurückgebildet wird (dieser Vorgang ist Teil des *Alanin-Cyclus*). A. fungiert also u. a. als Transportform für ↑ Ammoniak.

Die Laborsynthese kann aus 2-Chlorpropionsäure mit ↑ Ammoniak erfolgen. Technisch wird die Strecker-Synthese angewandt (s. Schema).

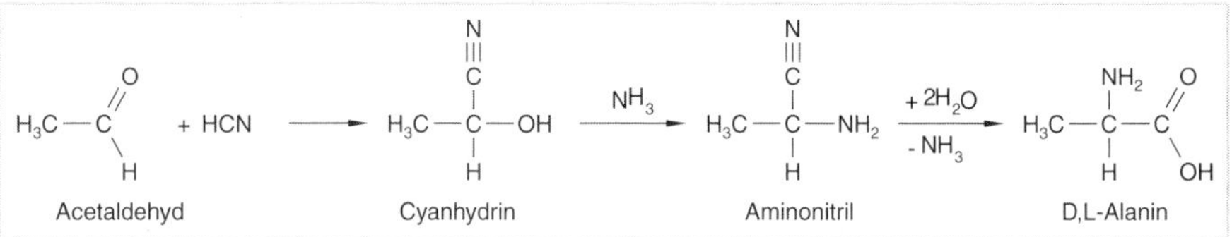

Strecker-Synthese von Alanin aus Acetaldehyd

A. wird hauptsächlich in der biochemischen Forschung verwendet. Eine wässerige Lösung des Na-Salzes von A., als *Alkazidlauge* bezeichnet, wird zur Absorption von ↑ Schwefelwasserstoff aus technischen Gasen (Kokereigas, Wassergas, Synthesegas) benutzt. Der Schwefelwasserstoff wird in der Kälte absorbiert und kann durch Erwärmen wieder ausgetrieben und der Schwefelgewinnung zugeführt werden (*Alkazid-Verfahren*).

$C_3H_7NO_2$ $M_R = 89{,}09$ C 40,44 % H 7,92 % N 15,72 % O 35,92 %

$t_{Zersetzung}$	t_{Sdp}	d	η
> 260 °C (Z)		1,42 g/cm³	

C_p	$\Delta_S H$	$\Delta_{Sub} H$	$\Delta_B H$	S^o	Q_C
115 J/(K · mol)		133 kJ/mol (S)	−560 kJ/mol	119 J/(K · mol)	−1621 kJ/mol

β-Alanin

β-Alanine 3-Aminopropionsäure

Bildet farblose Kristalle, die sich in Wasser gut lösen, aber in org. Solventien nur sehr wenig löslich sind. Wässerige Lösungen reagieren ganz schwach sauer. Der isoelektrische Punkt liegt bei 6,0. Die pKs-Werte betragen 3,60 und 10,19. A. ist nicht optisch aktiv.

A. kommt zwar nicht als Bestandteil von Proteinen vor, findet sich jedoch als Komponente in biologisch wichtigen Verbindungen, z. B. in der ↑ Pantothensäure, womit A. eine der wenigen in der Natur vorkommenden *β-Aminosäuren* ist. Eine Synthese von A. ist z. B. möglich durch Anlagerung von ↑ Ammoniak an ↑ Acrylsäure (s. Gleichung).

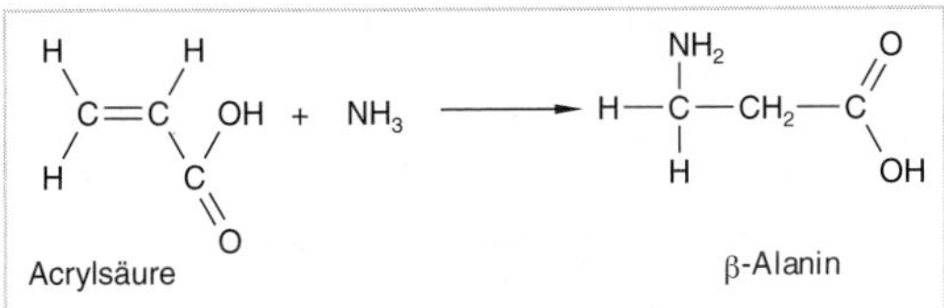

Herstellung von β-Alanin aus Acrylsäure

A. wird als Synthese-Chemikalie verwendet, z. B. zur Herstellung der ↑ Pantothensäure.

$C_3H_7NO_2$ $M_R = 89{,}09$ C 40,44 % H 7,92 % N 15,72 % O 35,92 %,

t_{Smp}	t_{Sdp}	d	η
> 200 °C (Z)			

Albumine

Albumins

Eine Möglichkeit, die außerordentliche Vielzahl der Proteine grob einzuteilen liegt in deren äußerer Molekülgestalt und ihrer Löslichkeit in Wasser oder Salzlösungen. Dies führt zunächst zu zwei Gruppen: den Sphäroproteinen (globuläre Proteine) und Sklero- oder Faserproteinen (Fibrilläre Proteine).

Sphäroproteine: kugelähnliche Gestalt, löslich in Wasser oder verdünnten Salzlösungen, größte Gruppe der Proteine.

Faserproteine : langgestreckte Fasern, unlöslich in Wasser und Salzlösungen.

Zu den Sphäroproteinen zählen die A. Bei diesen handelt es sich um gut kristallisierbare Proteine, die in reinem Wasser löslich sind und sich aus Wasser durch hohe Salzkonzentrationen (mind. 70 % ↑ Ammoniumsulfat) ausfällen lassen.

Man unterteilt die A. nochmals nach ihrem Vorkommen in *Serumalbumin* (im Blutplasma enthalten). *Ovalbumin* (im Eiklar enthalten) und *Lactalbumin* (in der Milch).

Über 50 % der im Blutplasma enthaltenen Proteine stellen Serumalbumin dar.

A. treten fast ausschließlich in tierischen Proteinen auf (abgesehen von geringen Mengen, die in Pflanzensamen vorkommen, z. B. *Leucosin* und *Ricin*).

Die A. bestehen in der Überzahl aus sauren Aminosäuren (↑ Glutaminsäure, ↑ Asparaginsäure ↑ Leucin, ↑ Isoleucin). Sie besitzen die Fähigkeit, besonders Anionen reversibel zu binden.

Im Organismus üben die A. verschiedene Funktionen aus: sie sind an der Regelung des osmotischen Druckes beteiligt, sie werden als Transportmoleküle verwendet und stellen darüber hinaus auch eine Proteinreserve dar.

Die M_R der A. liegen zwischen 20.000 und 70.000.

Aldosteron

Aldosterone

A. ist ein Hormon, das in den äußeren Zonen der Nebennieren-Rinden in täglichen Dosen von nur etwa 0,4 mg erzeugt wird. Es wird im Organismus an ↑ Albumin gebunden transportiert.

A. zählt zu den Steroiden (s. unter ↑ Cholesterol) und steht in naher Verwandschaft zum Corticosteron (s. unter ↑ Cortison), von dem es sich nur durch eine Aldehydgruppe (Name!) am C-Atom 18 unterscheidet (Corticosteron trägt hier eine Methylgruppe). A. liegt in Lösung in einem Gleichgewicht zwischen Keto- und Halbacetal-Form vor, da sich letztere über die Hydroxylgruppe am C-11 leicht ausbildet (s. Schema). A. ist das wichtigste Mineralocorticoid (s. unter ↑ Cortison). Seine Biosynthese geht wie die aller Steroidhormone vom ↑ Cholesterol aus.

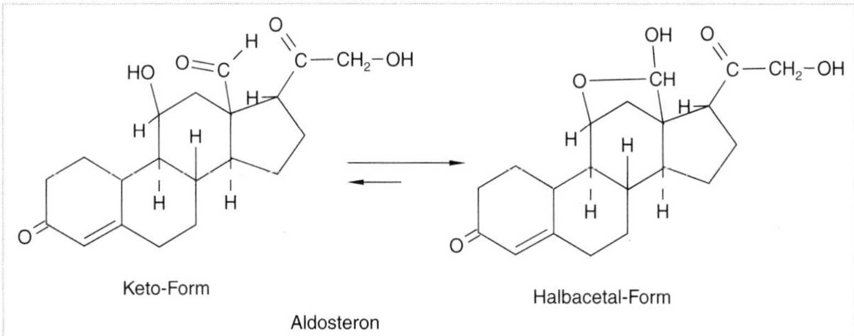

Keto-Halbacetal-Gleichgewicht von Aldosteron

A. ist entscheidend an der Regulation des physiologischen Elektrolyt- und Wasserhaushaltes beteiligt. Es bewirkt über Enzyme eine Anreicherung von Phosphaten, die zum Natriumtransport benötigt werden und die die Rückresorption von Natriumionen in Nieren, Darm und Schweißdrüsen vollziehen, was per Osmose auch zur Wasserretention führt (s. unter ↑ Wasser). Die Kalium- und Wasserstoff-Ionen-Ausscheidung wird dagegen gefördert. Bei Natriummangel und Blutverlust wird also vermehrt A. ausgeschüttet.

A. wurde 1953 erstmals durch Extraktion aus Rindernebennieren gewonnen und 1955 in einer 30-Stufen-Synthese hergestellt.

$C_{21}H_{28}O_5$	$M_R = 360{,}44$	C 69,98 %	H 7,83 %	O 22,19 %

t_{Smp}	t_{Sdp}	d	η
155 – 158 °C			

Aldrin

Aldrin

Bildet farblose Kristalle, die in Wasser unlöslich, aber sehr gut löslich in den meisten org. Solventien sind. A. ist eine sehr stabile Verbindung, insbesondere auch gegen basische Agentien.

Es stellt ein zweifach methanoüberbrücktes Naphthalin-Derivat dar, das hergestellt wird, indem man *Hexachlorcyclopentadien* in einer Diels-Alder-Diensynthese (die Bezeichnung A. ist übrigens von dem Namen „Alder" abgeleitet) mit *Bicyclo-[2,2,1]-hepta-2,5-dien* umsetzt (s. Gleichung).

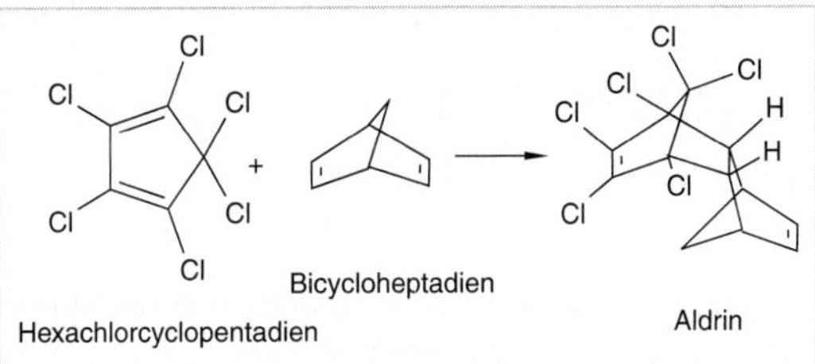

Herstellung von Aldrin durch Diels-Alder-Reaktion

A. ist 1948 von Shell als *Kontakt-Insektizid* auf den Markt gebracht worden, speziell zur Bekämpfung von Bodeninsekten, gelangt also durch direkte Berührung über die Extremitäten (Tastorgane) zur Wirkung. Strukturell und wirkmechanistisch eng mit A. verwandt sind die Insektizide *Dieldrin* (Epoxidierungsprodukt von A.), *Endrin* (Isomeres von Dieldrin), *Heptachlor* und *Chlordan*. Es handelt sich also bei allen Produkten um hochchlorierte Kohlenwasserstoffe. Sie haben wie alle CKW die Tendenz, sich speziell in den Fettgeweben der Säugetiere einzulagern, dort eine lange Halbwertszeit zu zeigen, um allmählich verstoffwechselt zu werden. Man vermutet, daß die wesentlichen Giftwirkungen auf diesen Stoffwechselprodukten beruhen (beim Menschen vor allem Nervenschäden). Man hat in den Fünfziger und Sechziger Jahren gewaltige Mengen dieser Produkte ausgebracht, bis man erkannt hat, daß sie sich aufgrund ihrer chemischen Inertheit ubiquitär verteilen (bis in die arktischen Gewässer hinein) und über die Nahrungskette (Fische, Pflanzen, Schlachtvieh, Milch usw.) auch vom Menschen aufgenommen werden. Zudem sind sie durch ihre Schadwirkungen an der Tierartenbedrohung beteiligt. Seit den siebziger Jahren wird deshalb in vielen Ländern die Verwendung dieser Insektizide verboten oder eingeschränkt (s. auch ↑ Lindan und ↑ DDT).

$C_{12}H_8Cl_6$	$M_R = 364{,}93$	C 39,50 %	H 2,21 %	Cl 58,30 %,

t_{Smp}	t_{Sdp}	d	η
104 °C			

Alginsäure

Alginic acid

Ein farb-, geruch- und geschmackloses Pulver, das in Wasser und org. Solventien nur sehr wenig löslich ist. Löslich ist A. in alkalischem Medium unter Salzbildung, z. B. in Natronlauge als *Natriumalginat*.

Die A. kommt vor allem in Form ihrer Calcium- und Magnesiumsalze in den Zellwänden von *Meeresbraunalgen* vor und kann über 30 % der Trockensubstanz der Algen ausmachen. Auf der Löslichkeit der A. in alkalischem Medium beruht die Gewinnung der A., nämlich die Extraktion der A. aus den Algen mittels Natriumcarbonat-Lösung. Aus den Extrakten läßt sich die A. durch Ansäuern oder Salzzugabe ausfällen.

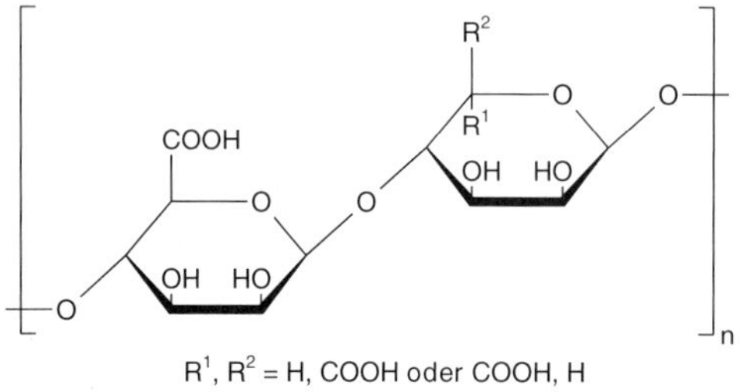

Aufbau der Alginsäure

Bei der A. handelt es sich um ein gemischtes Polysaccharid aus *Mannuronsäure* und ↑ Glucuronsäure, dessen Monomere in alternierenden homopolymeren Sequenzen β-1,4-glycosidisch zu langen Fadenmolekülen verknüpft sind (s. Abbildung). Der Aufbau differiert je nach der botanischen Herkunft.

Die *Alginate* haben folgende strukturelle Besonderheit: ihre Kettenmoleküle können sich so zusammenlagern, daß zwischen ihnen Hohlräume entstehen (Eierkarton-Modell). In diese Hohlräume ragen Carboxyl- und Hydroxylgruppen hinein und sie sind gerade so groß, daß besonders Calciumionen, aber auch Alkaliionen sowie Wassermoleküle hineinpassen. Darauf beruht ihre Eigenschaft als Ionenaustauscher sowie das hervorragende Gelbildungsvermögen, das Wasserbindungsvermögen sowie die strukturstabilisierende Wirkung. Da die Alginate auch physiologisch unbedenklich sind werden sie in vielen Bereichen eingesetzt: in der Lebensmittelindustrie (Suppen, Soßen, Cremes, Puddings, Marmelade, Mayonnaise, Margarine, Schokolade usw.), in Medizin und Kosmetik, als Leime, Farben, Tinten etc.

A. und Alginate sind mit den Nummern *E 400-E 405* als Lebensmittelzusatzstoffe zugelassen.

Die M_R der A. liegen zwischen 40.000 und 200.000.

Alizarin

Alizarin 1,2-Dihydroxyanthrachinon

A. kristallisiert in orangen bis roten Nadeln. Es ist in Wasser unlöslich, in Ethanol mäßig, in Diethylether gut löslich. In alkalischem Medium löst A. sich mit tiefer blauvioletter Farbe.

Synthetisch wird A. erhalten durch Alkalischmelze von *2-Anthrachinonsulfonsäure*, wobei nicht nur die Sulfonylgruppe in 2-Stellung substituiert, sondern auch die 1-Stellung durch Luftsauerstoff oxidiert wird (s. Gleichung).

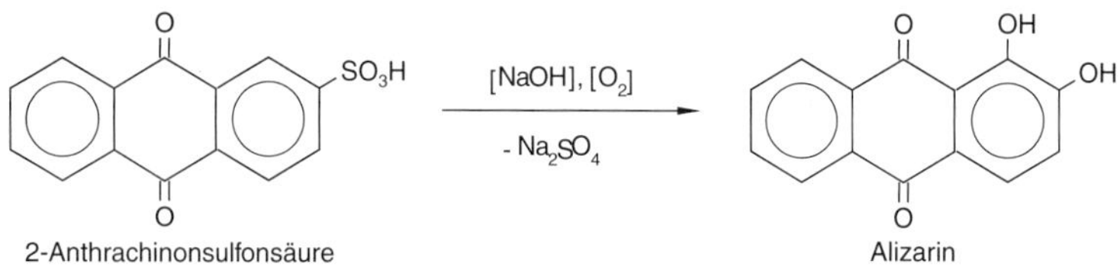

Herstellung von Alizarin

Nachdem das in den Krappwurzeln zu 1-2 % vorkommende A. schon seit Jahrtausenden zum Tuchfärben benutzt worden war, wurde es 1868 als 1,2-Dihydroxyanthrachinon erkannt und bereits 1869 synthetisch hergestellt. Danach begann eine stürmische Entwicklung der Chemie der *Anthrachinon-Farbstoffe*, die zur Synthese von Tausenden, zum großen Teil hervorragender Farbstoffe mit Anthrachinon-Grundgerüst führte. Heute spielt A., wie überhaupt alle Beizenfarbstoffe auf Anthrachinonbasis, als Färbestoff keine Rolle mehr.

A. dient heute nur noch als Synthese-Ausgangsstoff, als pH-Indikator mit zwei Umschlagbereichen (pH 5,8-7,2 gelb/rot, pH 11,0-13,0 rot/blau) sowie in der Analytik zum qualitativen Nachweis von Al, Cr, Ti usw. durch Farblackbildung und ferner als Mikroskopier-Farbstoff.

$C_{14}H_8O_4$ $M_R = 240,22$ C 70,00 %   H 3,36 %   O 26,64 %

t_{Smp}	t_{Sdp}	d	η
289 °C			

Alizarin-S

Alizarin S   Alizarin-2-sulfonsäure-Na-Salz

Bildet ein gelbes kristallines Pulver, das in Wasser und Ethanol gut löslich ist.

A. ist darstellbar durch Sulfonierung von ↑ Alizarin mit 20%igem Oleum (s. Gleichung).

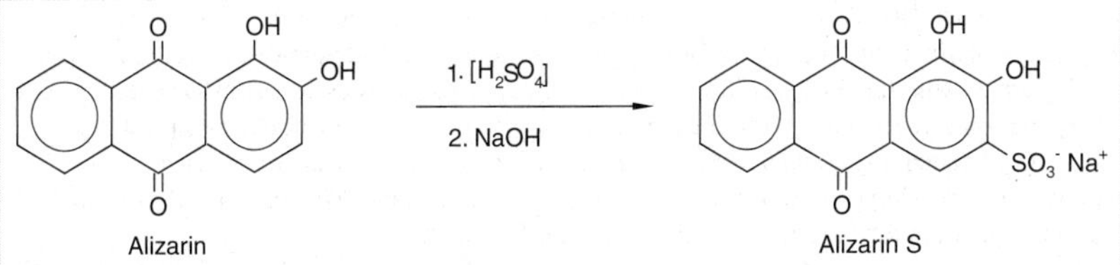

Bildung von Alizarin S aus Alizarin

A. besitzt Bedeutung als analytisches Nachweis-Reagenz, besonders für Al und Zr, indem es, wie Alizarin, mit den betreffenden Metallsalzen typische Farblacke bildet (s. z. B. unter ↑ Aluminium). A. wird ferner als Mikroskopierfarbstoff verwendet (0,01%ig in 2%iger Kalilauge). A. eignet sich auch als pH-Indikator (pH 4,3-6,3 gelb/violett).

$C_{14}H_7NaO_7S$ $M_R = 342,26$ C 49,13 %   H 2,06 %   Na 6,72 %   O 32,72 %   S 9,37 %

Alkaloide

Alkaloids

Sammelbegriff für Naturstoffe vorwiegend pflanzlicher Herkunft, die bei Zugehörigkeit zu sehr verschiedenen Verbindungsklassen folgendes gemeinsam haben: sie stellen durchweg basisch (alkalisch, daher der Name) reagierende organische Verbindungen dar, die meist ein stickstoff-heterocyclisches Grundsystem aufweisen, und vielfach ausgezeichnete physiologische Wirksamkeit mit teils auch hochtoxischem Charakter besitzen. Ihre Biosynthese ist mit dem Aminosäurestoffwechsel verknüpft. Die Isolierung aus den Pflanzen ist durchweg recht aufwendig, da die A. hier salzartig an Pflanzensäuren gebunden sind (↑ Citronensäure, ↑ Weinsäure, ↑ Aepfelsäure, ↑ Milchsäure usw.). Unter den A. finden sich die stärksten Suchtgifte sowie die stärksten Toxine, die wir kennen, s. z. B. ↑ Aconitin, ↑ Atropin, ↑ Bathrachotoxin, ↑ Cocain, ↑ Mescalin, ↑ Morphin, ↑ Nicotin, ↑ Strychnin, ↑ Tetrodotoxin.

Alkydharze

Alkyd resins

Als A. bezeichnet man eine spezielle Klasse von Polyestern. Die übliche Herstellungsmethode für Polyester ist die Umsetzung von Dicarbonsäuren mit zweiwertigen Alkoholen, die zu linearen, unverzweigten Makromolekülen führt (s. Schema).

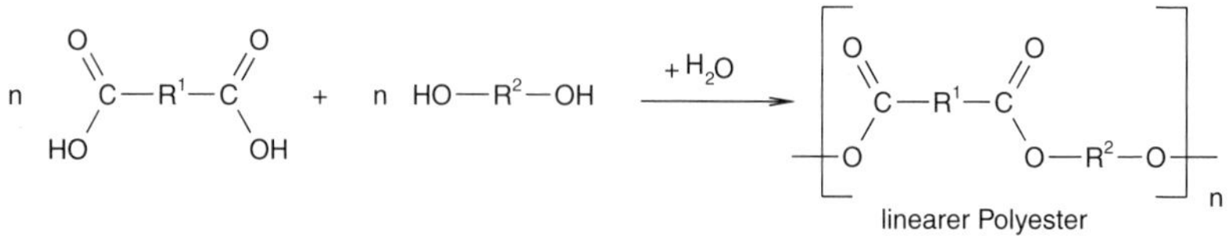

Bildung linearer Polyester aus Dicarbonsäure und Diol

Verwendet man als Alkoholkomponente jedoch einen drei- oder höherwertigen Alkohol, so besitzt das entstehende Polyestermolekül pro Alkoholmonomer mindestens eine OH-Gruppe, die für eine weitere Kondensation mit der Säure zur Verfügung steht. Dies führt zunächst zu einem verzweigten Polyester, der bei weiterem Erhitzen (in der Regel über 200 °C) in einen unlöslichen, räumlich vernetzten Polyester, ein A. übergeht. Die Vernetzung beruht dabei auf Veresterung zwischen verschiedenen verzweigten Polyester-Molekülen.

Die verschiedenen Kondensationsstufen bis zur schließlichen Vernetzung lassen sich an einer einfachen A.-Herstellung leicht verfolgen: ↑ Phthalsäureanhydrid und wasserfreies ↑ Glycerin werden (möglichst unter Luftausschluß) im Molverhältnis von ca. 5 : 3 auf 200 °C (Schmelze) erhitzt für 2-3 Stunden (s. Schema). Je nach Reaktionsdauer erhält man Kondensationsprodukte, die in ↑ Essigsäurebutylester oder ↑ Toluol löslich bis völlig unlöslich sind.

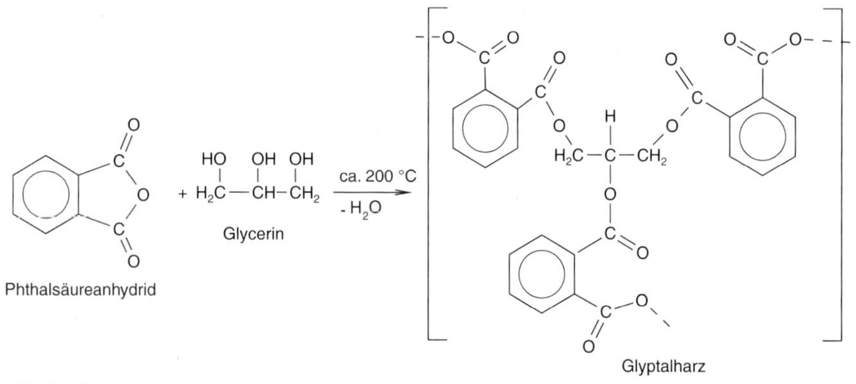

Bildung räumlich vernetzter Polyester

Die vernetzten Harze lassen sich aus der Schmelze ausgießen und erstarren dann zu harten klaren Filmen.

Durch die Möglichkeit der nachträglichen Härtung (Vernetzung) in der Hitze haben die A. beträchtliche Bedeutung in der Lacktechnik (Einbrennlacke) erhalten. Da die Vernetzung auf Esterbildung beruht, erfordert sie hohe Temperaturen.

Eine Vernetzung bei wesentlich niedrigeren Temperaturen oder gar bei Raumtemperatur wird erreicht in den sogenannten ölmodifizierten A. Sie werden erhalten, wenn man bei der A.-Herstellung zusätzlich eine ungesättigte Monocarbonsäure mitverwendet, wozu man meist ungesättigte Fettsäuren (z. B. aus Leinöl) benutzt. Die ungesättigte Säure bildet die Seitenketten. Die Vernetzung erfolgt dann durch Polymerisation über die Doppelbindungen, verläuft also nach ganz anderem Mechanismus. Diese „ölmodifizierten" A. haben aufgrund ihrer Trocknungs- und Filmbildungseigenschaften eine überragende Bedeutung auf dem Lacksektor erlangt (Ölfarben). Da eine Vielzahl an Dicarbonsäuren und Polyolen sowie Fettsäuren verwendbar ist und auch Mischkondensationen möglich sind, sowie Modifikationen mit anderen Harzen, z. B. Melaminharzen (s. unter ↑ Aminoplaste), vorgenommen werden, ist die Palette der existierenden A. und *Alkydharzlacke* außerordentlich groß. Kombinationen von A.- und Melaminharzen werden als Autolacke verwendet. Die A. zeichnen sich generell durch Härte, Haftfestigkeit, thermische und chemische Resistenz und Wetterbeständigkeit aus. A. aus ↑ Phthalsäureanhydrid und ↑ Glycerin bezeichnet man auch als *Glyptalharze*.

Allantoin

Allantoin 5-Ureido-hydantoin

Bildet farblose Kristalle, die in Wasser und Ethanol nur wenig löslich sind (bei 20 °C ca. 0,5 g/100 ml Wasser). Wesentlich besser löslich ist A. in heißem Wasser und in Alkalilaugen. Eine gesättigte wässerige Lösung besitzt den pH-Wert 5,5.

A. ist ein Endprodukt des Stickstoff-Stoffwechsels und kommt demzufolge z. B. im Harn von Säugetieren sowie in verschiedenen Pflanzen vor, besonders in der Schwarzwurzel, im Ahorn, im Rote-Rüben-Saft und in Roßkastanien-Rinden.

A. ist synthetisch einfach zugänglich durch Oxidation von ↑ Harnsäure mit alkalischer Kaliumpermanganat-Lösung (s. Gleichung, s. auch unter ↑ Harnsäure).

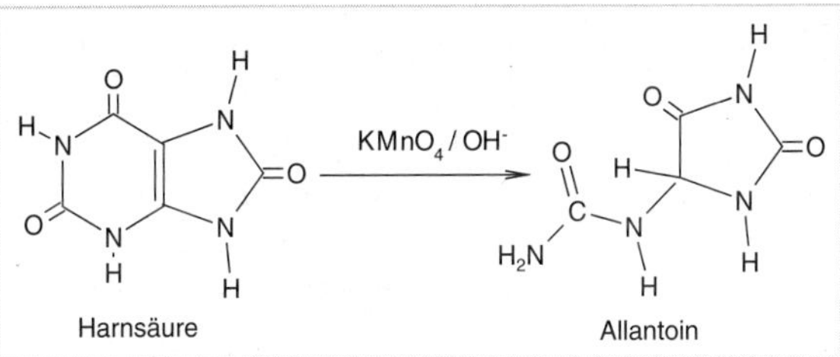

Herstellung von Allantoin aus Harnsäure

A. wird medizinisch zur Wundbehandlung verwendet, da es sich auf die Zellregeneration und damit die Vernarbung günstig auswirkt. Kosmetisch wird A. in der Hautpflege eingesetzt, wobei es vor allem dazu dient, rauhe und aufgesprungene Haut wieder glatt und geschmeidig zu machen. *Handpflegemittel* enthalten bis zu 0,5 % A.

$C_4H_6N_4O_3$ $M_R = 158{,}12$ C 30,30 % H 3,82 % N 35,43 % O 30,36 %

t_{Smp}	t_{Sdp}	d	η
238 °C			

C_p	$\Delta_S H$	$\Delta_V H$	$\Delta_B H$	S^o	Q_C
180 J/(K · mol)			−717 kJ/mol	195 J/(K · mol)	−1714 kJ/mol

Allen

Allene, Propadiene Propadien

Ein farbloses, leichtentzündliches Gas, das für synthetische und technische Zwecke in Druckflaschen im Handel ist.

A. ist synthetisch zugänglich aus *2,3-Dichlorpropen* durch Dechlorierung mit ↑ Zink in wässerigem Ethanol (s. Gleichung).

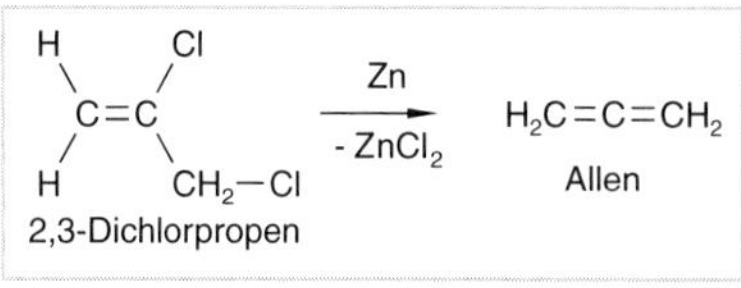

Synthese von Allen

A. besitzt das einfachste Molekül mit kumulierten C-C-Doppelbindungen. Es ist thermisch stabil bis ca. 400 °C und isomerisiert dann (katalysiert durch ↑ Aktivkohle) zu *Methylacetylen.*

Präparativ interessant ist die Fähigkeit des A. (und seiner substituierten Derivate) zu Cycloadditionen, die zu Systemen mit exocyclischen Doppelbindungen führen.

Interessanterweise findet sich die A.-Gruppierung auch in der belebten Natur (in Pilzen und Abwehrstoffen von Insekten). Direkte technische Verwendung findet A. als Gas zum Schweißen und Schneiden.

► A. reizt die Schleimhäute und wirkt betäubend.

C_3H_4 $M_R = 40{,}06$ C 89,94 % H 10,06 %

t_{Smp} −136 °C	t_{Sdp} −32 °C	d	η		
C_p 59 J/(K · mol)	$\Delta_S H$	$\Delta_V H$ 21 kJ/mol	$\Delta_B H$ 192 kJ/mol	S^o 23,5 J/(K · mol)	Q_C
t_{krit} 121 °C	P_{krit} 5,25 MPa	d_{krit}	t_{trip}		

Allicin

Allicin 2-Propen-1-thiosulfinsäure-S-allylester

Eine gelbe, intensiv nach Knoblauch riechende Flüssigkeit, die mit Ethanol oder Diethylether mischbar ist, sich in Wasser aber nur zu ca. 2,5 g/100 ml löst.

Es ist die geruchsbildende Komponente des Knoblauchs, und bildet sich in diesem nach dem Anschneiden mittels des Enzyms *Alliinase* aus dem im *Knoblauch* vorkommenden *S-Allylcysteinsulfoxid* (*Alliin*) nach dem gezeigten Schema.

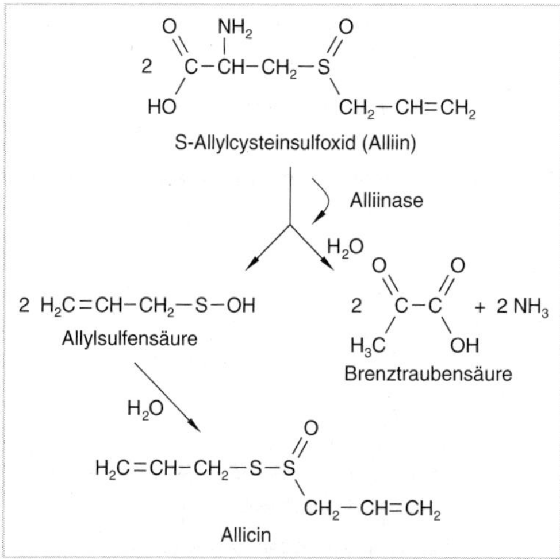

Enzymatische Bildung von Allicin im Knoblauch

A. weist antibakterielle und entzündungshemmende Eigenschaften auf. Zudem bildet sich aus A. beim Kochen in Wasser das *Ajoen*, ein Antagonist eines Blutgerinnungsfaktors (s. Abbildung).

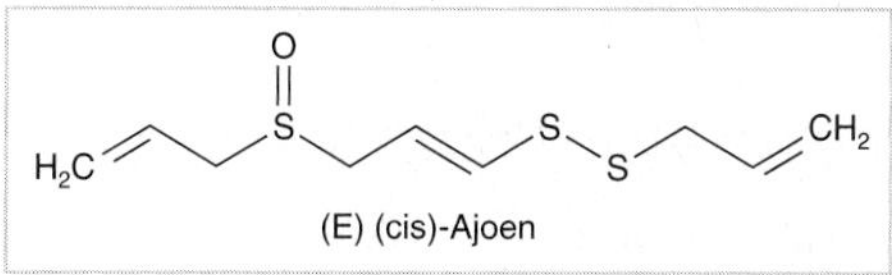

Struktur von (E)(cis)-Ajoen

Ajoen, systematisch zu bezeichnen als *4,5,9-Trithiadodeca-1,6,11-trien-9-oxid*, besitzt antithrombotische Wirksamkeit:

$C_6H_{10}OS_2$ $M_R = 162,28$ C 44,41 % H 6,21 % O 9,86 % S 39,52 %

Alloxan

Alloxan

Bildet als Tetrahydrat farblose Kristalle, die sich in Wasser, Ethanol, Methanol und Aceton gut lösen, in Diethylether jedoch unlöslich sind. Von den vier Wassermolekülen sind drei als Kristallwasser eingelagert, während das vierte kovalent an das Carbonyl-C-Atom 5 gebunden ist. Demzufolge werden drei Mole Wasser beim Erwärmen leicht abgegeben, das kovalent gebundene jedoch erst beim Erhitzen über 150 °C im Vakuum. Das wasserfreie A. ist ein gelbes Pulver.

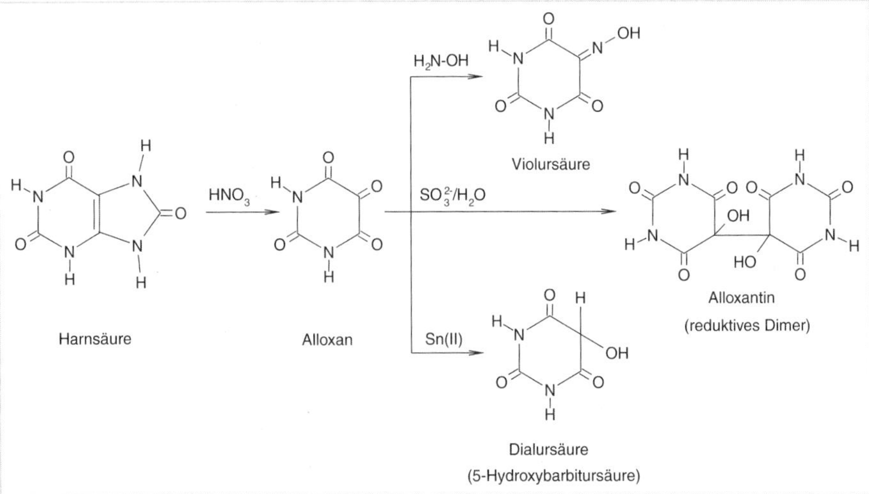

Bildung und Umwandlungen von Alloxan

A. wird beim oxidativen Abbau von ↑ Harnsäure erhalten (s. unter ↑ Harnsäure). Mit ↑ Hydroxylamin bildet es *Violursäure*. Durch Reduktion mit Hydrogensulfit wird A. in *Alloxantin*, mit Zinn(II)chlorid in *Dialursäure* überführt (s. Schema).

A. ruft im Tierexperiment Diabetes hervor infolge Schädigung der Pankreaszellen (s. unter ↑ Insulin).

$C_4H_2N_2O_4$ $M_R = 142{,}07$ C 33,82 % H 1,42 % N 19,72 % O 45,05 %

$t_{Zersetzung}$	t_{Sdp}	d	η
255 °C (Z)			

C_p	$\Delta_S H$	$\Delta_V H$	$\Delta_B H$	S^o	Q_C
			−1004 kJ/mol	153 J/(K · mol)	−1144 kJ/mol

Allylalkohol

Allyl alcohol 2-Propen-1-ol

Eine farblose, leicht bewegliche Flüssigkeit mit sehr unangenehmem, heftig reizendem Geruch, unbegrenzt mischbar mit Wasser und fast allen org. Solventien. A. kommt im Knoblauchöl vor, wovon sich auch sein Name ableitet (Alium sativum = Knoblauchöl).

A. kann im Labor dargestellt werden durch Erhitzen von ↑ Gylcerin mit ↑ Ameisensäure, wobei intermediäre Bildung von *Ameisensäureglycerinester* und nachfolgende Decarboxylierung und Wasser-Eliminierung erfolgt (s. Schema).

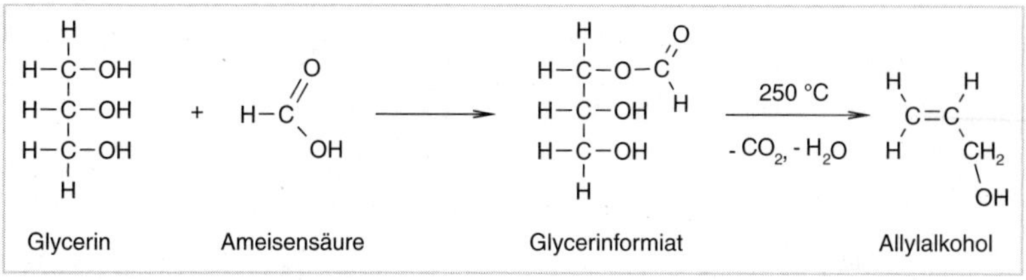

Synthese von Allylalkohol aus Glycerin

Die technische Synthese erfolgt hauptsächlich durch alkalische Hydrolyse von ↑ Allylchlorid.

A. bildet u. a. folgende Azeotrope:

Azeotrop-Komponenten	Zusammensetzung (Gew.-%)	Siedepunkt (°C)
A./Wasser	72,9/27,1	88,2
A./Benzol	17,4/82,6	76,8
A./Tetrachlormethan	11,5/88,5	72,3
A./Hexan	4,5/95,5	65,5
A./Toluol	50,0/50,0	91,5

A. ist eine recht beständige Verbindung, die sich erst ab 100 °C zu harzartigen Produkten polymerisieren läßt. Die *Polyallylalkohole* sind wasserlöslich. Größere Bedeutung auf dem Polymersektor haben jedoch die Allylester.

A. dient als Synthesebaustein, wobei sowohl die primäre Hydroxylgruppe als auch die olefinische Doppelbindung umgesetzt werden können. Erwähnt sei vor allem die Glycerinsynthese aus A. Hierbei wird A. durch katalysierte Oxidation mit ↑ Wasserstoffperoxid zu *Glycid* umgesetzt, welches zum Glycerin hydrolysiert wird (s. unter ↑ Glycerin).

► A. ist giftig und übt heftige Reizwirkung auf Schleimhäute aus. Bei Hautkontakt verursacht A. starkes Brennen. A. dringt schnell in die Haut ein.

C_3H_6O $M_R = 58{,}08$ C 62,04 % H 10,41 % O 27,55 %

t_{Smp}	t_{Sdp}	d	η		
−50 °C	97 °C	0,85 g/cm³	1,36 mPa · s		
C_p	$\Delta_S H$	$\Delta_V H$	$\Delta_B H$	S^o	Q_C
139 J/(K · mol)		47 kJ/mol			
t_{krit}	P_{krit}	d_{krit}	t_{trip}		
272 °C					
MAK	R-Satz	S-Satz			
4,8 mg/m³	10-23/24/25-36/37/38-50	36/37/39-38-45-61			

Allylamin

Allylamine 3-Aminopropen

Eine farblose Flüssigkeit mit durchdringendem Ammoniakgeruch. Es ist unbegrenzt mit Wasser und den meisten org. Solventien mischbar.

A. läßt sich herstellen aus ↑ Allylchlorid mit einem Überschuß an konzentriertem wässerigem ↑ Ammoniak oder durch Hydrolyse von ↑ Allylisothiocyanat (s. Gleichung).

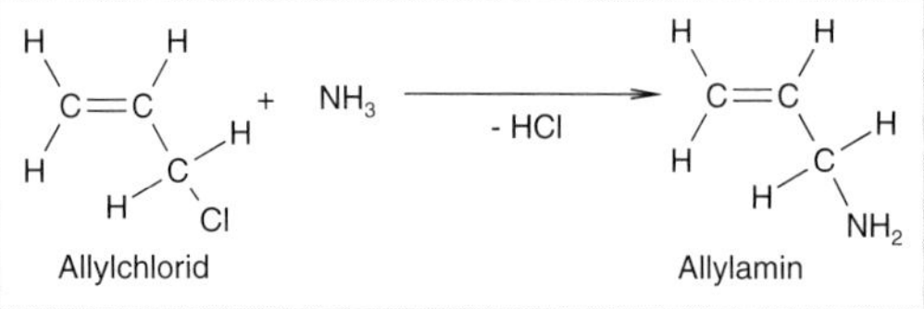

Herstellung von Allylamin

A. läßt sich nicht polymerisieren. *Polyallylamine* werden erhalten durch katalytische Hydrierung von ↑ Polyacrylnitril. A. kann katalytisch zu ↑ Acrylnitril dehydriert werden. Es dient zu org. Synthesen, z. B. Herstellung der *N-Allylamide* und *N-Allylimide* durch Umsetzung mit Säurehalogeniden u. -Anhydriden.

► A. ist giftig. Die Dämpfe brennen auf der Zunge und reizen zu Tränen.

C_3H_7N $M_R = 57{,}09$ C 63,11 % H 12,36 % N 24,53 %

t_{Smp}	t_{Sdp}	d	η
−88 °C	53 °C	0,76 g/cm³	

C_p	$\Delta_S H$	$\Delta_V H$	$\Delta_B H$	S^o	Q_C
			10 kJ/mol		−2204 kJ/mol

MAK	R-Satz	S-Satz
5 mg/m³	11-23/24/25-51/53	9-16-24/25-45-61

Allylchlorid

Allylchloride 3-Chlorpropen

Eine wasserklare, leicht bewegliche Flüssigkeit mit stechendem Geruch, unlöslich in Wasser, löslich in den meisten org. Solventien. Bei normalen Temperaturen ist A. beständig und polymerisiert lediglich im Sonnenlicht allmählich zu öligen Harzen.

A. wird technisch hauptsächlich durch Heißchlorierung von ↑ Propen mit ↑ Chlor bei 500 °C hergestellt. Bei dieser hohen Temp. wird die Chloraddition an die Doppelbindung gegenüber der Substitution in Allyl-Stellung völlig zurückgedrängt (s. Schema).

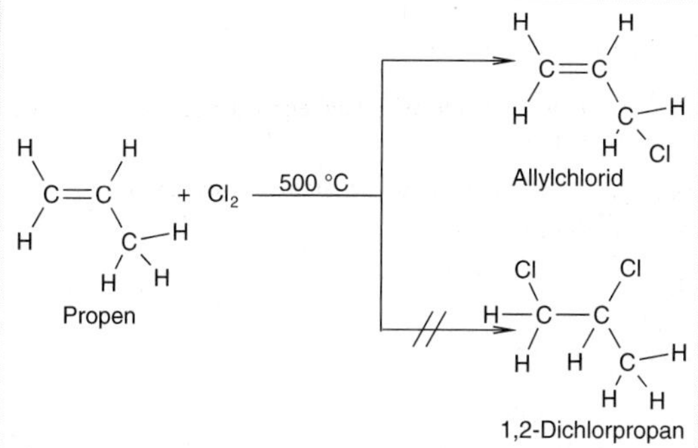

Herstellung von Allylchlorid aus Propen

A. bildet u. a. folgendes Azeotrop:

Azeotrop-Komponenten	Zusammensetzung (Gew.-%)	Siedepunkt (°C)
A./Wasser	97,8/2,2	43,0

A. ist die mengenmäßig bedeutendste Allyl-Verbindung, da die anderen Allylderivate (bes. ↑ Allylalkohol u. ↑ Allylamin) überwiegend daraus gewonnen werden. Wichtig ist auch die Synthese von *Epichlorhydrin* durch Addition von hypochloriger Säure HOCl an A. und anschließende Abspaltung von ↑ Chlorwasserstoff aus den entstandenen isomeren Dichlorhydroxypropanen mittels ↑ Calciumhydroxid. Epichlorhydrin hat Bedeutung als Ausgangsprodukt zur Herstellung von Epoxidharzen (s. unter ↑ Epoxidharze).

A. ist wegen der reaktiven Doppelbildung und dem leicht substituierbaren Chlor-Atom zu vielen Derivaten umsetzbar.

Setzt man A. nach Art einer Wurtz-Synthese (s. unter ↑ n-Hexan) mit ↑ Magnesium um, erhält man *1,5-Hexadien* (s. Schema). Diese Verbindung stellt den Grundtyp für Systeme dar, die zur *Cope-Umlagerung* befähigt sind, eine synchron verlaufende *[3,3]-Umlagerung* (s. Schema).

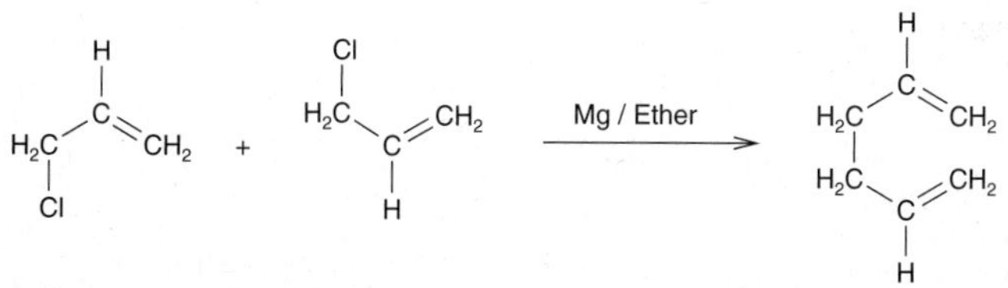

1,5-Hexadien aus Allylchlorid

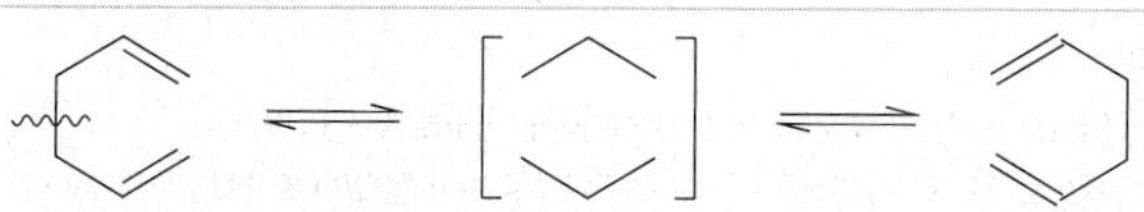

Mechanismus der Cope-Umlagerung

Molekular erkennbar ist die Cope-Umlagerung nur bei den unsymmetrischen Dienen, also z. B. beim *3-Methyl-1,5-hexadien.* Die Cope-Umlagerung verläuft auch mit der Einbindung von Heteroatomen (*Hetero-*

Cope-Umlagerung). So ist die *Oxa-Cope-Umlagerung* als Claisen-Umlagerung (s. unter ↑ Phenol) bekannt, eine *Aza-Cope-Umlagerung* findet bei der Fischer-Indol-Synthese statt (s. unter ↑ Indol).

► A. ist giftig und stark schleimhautreizend. Akute Exposition erzeugt Bewußtlosigkeit. Chronische Vergiftungen führen zu schweren Leber- und Nierenschäden.

C_3H_5Cl $M_R = 76{,}53$ C 47,09 % H 6,59 % Cl 46,33 %

t_{Smp}	t_{Sdp}	d	η
−136 °C	45 °C	0,94 g/cm³	0,35 mPa · s

C_p	$\Delta_S H$	$\Delta_V H$	$\Delta_B H$	S^o	Q_C
125 J/(K · mol)					

MAK	R-Satz	S-Satz
3 mg/m³	11-26-50	16-29-33-45-61

Allylisothiocyanat

Allyl isothiocyanate Allylsenföl

Eine farblose Flüssigkeit von stechendem Geruch. A. ist unlöslich in Wasser, leicht löslich in org. Solventien.

A. kommt in den Samenkörnern des schwarzen Senfs, im schwarzen Pfeffer und Meerrettich thioglucosidisch gebunden im *Sinigrin* vor und wird daraus mit Säuren hydrolytisch freigesetzt (s. Abbildung).

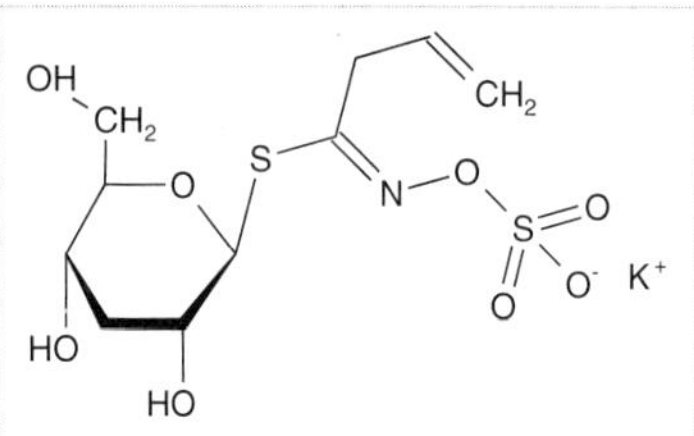

Struktur von Sinigrin – ein Thioglycosid

Auch im Körper wird es enzymatisch aus den genannten Pflanzen nach Verzehr freigesetzt, was erhebliche toxikologische Bedeutung hat (s. unten).

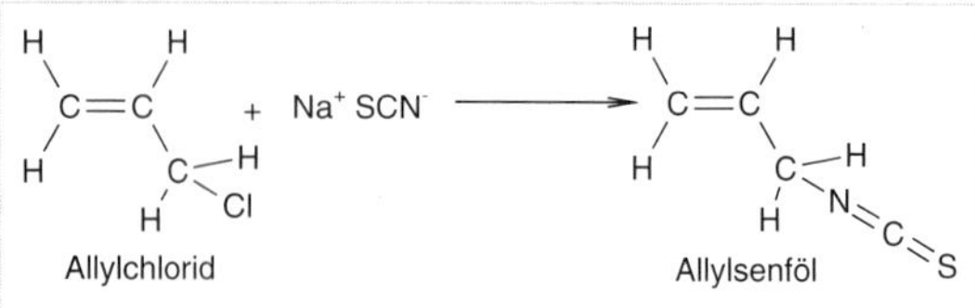

Synthese von Allylisothiocyanat

Es kann im Labor aus ↑ Allylchlorid und ↑ Natriumthiocyanat durch Erhitzen in Wasser hergestellt werden (s. Gleichung). Die Umsetzung von A. mit ↑ Ammoniak oder Aminen liefert die entsprechenden *Allylthioharnstoffe*.

► A. ist giftig. Es ist äußerst stark reizend. Hautkontakt führt sofort zu starker Rötung bis zur Blasenbildung mit brennenden Schmerzen. Die Einatmung kann bis zum Lungenödem führen. Die perorale Einnahme hat blutige Entzündungen des Verdauungstrakts zur Folge.

C_4H_5NS $M_R = 99{,}16$ C 48,45 % H 5,08 % N 14,13 % S 32,34 %

t_{Smp}	t_{Sdp}	d	η		
−80 °C	150 °C	1,01 g/cm³			
C_p	$\Delta_S H$	$\Delta_V H$	$\Delta_B H$	S^o	Q_C
157 J/(K · mol)					
MAK	R-Satz	S-Satz			
	10-23/25-33	1-13			

Aluminium

Aluminum Al

Al ist ein silberglänzendes, weiches, typisch leichtmetallisches chemisches Element. Seine leichte Verarbeitung (weich und dehnbar), die geringe Dichte, die gute thermische und elektrische Leitfähigkeit (etwa zwei Drittel der von ↑ Kupfer) sowie die gewaltigen Vorkommen (häufigstes Metall der Erdrinde, nach ↑ Sauerstoff und ↑ Silicium dritthäufigstes Element der Erdrinde) machen A. zum bedeutendsten Nichteisenmetall. Es kommt in den Handel in Form von Pulver, Gries, Spänen, Folien, Blech oder Draht.

Al kommt wegen seines unedlen Charakters jedoch in der Natur nicht elementar, sondern nur an Sauerstoff gebunden vor. Diese Al-Oxide treten wiederum vielfach im Gemisch mit anderen Oxiden (Metalloxide und vor allem ↑ Siliciumdioxid) auf, so vor allem in Feldspäten und Glimmern, sowie in deren Verwitterungsprodukten, den Tonen. Reines ↑ Aluminiumoxid findet sich als Korund in der Natur. Mit Spuren anderer Oxide dotierte Al-Oxid-Kristalle sind bekannte Edelsteine (*Rubin*, *Saphir*).

Für die Al-Gewinnung am wichtigsten sind die *Bauxite*, die in vielen Ländern in riesigen Mengen vorkommen (vor allem in Australien), und die Gemische verschiedener Al-Oxidhydrate bzw. -Hydroxide darstellen. Zur Al-Gewinnung aus Bauxit wird aus diesem zunächst ↑ Aluminiumhydroxid nach dem *Bayer-Verfahren* hergestellt (das Bauxit wird mit Natronlauge in der Hitze behandelt, aus der entstehenden Na-Aluminat-Lösung wird, nach Abtrennung von als *Rotschlamm* anfallendem Eisenhydroxid, reines Al-Hydroxid ausgefällt). Das Al-Hydroxid wird bei 1200 °C zum ↑ Aluminiumoxid gebrannt. Das Al-Oxid schließlich wird elektrolytisch zu Al reduziert (s. Schema).

$$\text{Bauxit} \xrightarrow{[\text{NaOH}]} \underset{\text{Al-Hydroxid}}{Al(OH)_3} \xrightarrow{1200°C} \underset{\text{Al- Oxid}}{Al_2O_3} \xrightarrow{\text{Elektrolyse}} Al$$

Gewinnung des Aluminiums aus Bauxit

Die Gleichstrom-Elektrolyse des Al-Oxids (bei ca. 5 V) zum Al wird in einer Schmelze mit *Kryolith* (*Natriumhexafluoroaluminat*, s. unter ↑ Aluminiumfluorid) an Kohleelektroden bei ca. 950 °C durchgeführt (*Hall-Herault-Prozess*). An der als Kathode ausgeführten Bodenauskleidung wird das Al flüssig abgezogen, während an der Anode Sauerstoff entsteht, welcher den Anodenkohlenstoff zu ↑ Kohlenstoffdioxid verbrennt. Pro Kg Al werden dabei 18 KWh und 0,5 Kg Anodenkohlenstoff verbraucht. Es ist dies die technisch wichtigste Elektrolyse (s. Schema).

Kathode	$Al^{3+} + 3\,e^- \longrightarrow Al$
Anode	$O^{2-} \longrightarrow O \quad 2\,e^-$
	$2\,O + C \longrightarrow CO_2$

$$Al_2O_3 \xrightarrow[\text{Elektrolyse}]{[Na_3AlF_6],\ 950\ °C} 2\,Al + {}^3/_2\,O_2$$

Hall-Herault-Prozess, die technisch wichtigste Elektrolyse

Die Reduktion des Al-Oxids kann nicht (wie im Falle von ↑ Eisen) mit Kohle vorgenommen werden, weil dabei nur ↑ Aluminiumcarbid gebildet würde. Eine Elektrolyse in wässeriger Lösung ist nicht möglich wegen der erforderlichen hohen Spannung, die zur Wasserstoffentwicklung an der Kathode führen würde. Eine Elektrolyse in reiner Al-Oxid-Schmelze scheidet wegen des hohen Schmelzpunktes des Al-Oxids (2050 °C) aus (das eutektische Gemisch von 81,5 % Kryolith und 18,5 % Al-Oxid schmilzt dagegen bei 935 °C). Die Elektrolyse in einer Al-Halogenid-Schmelze scheitert an der fehlenden elektrischen Leitfähigkeit.

Gemäß seiner Stellung in der 3. Hauptgruppe und in der 2. Achterperiode des PSE mit der Elektronenkonfiguration $1s^2\ 2s^2\ 2p^6\ 3s^2\ 3p^1$ oder (Ne) $3s^2 3p^1$, Grundterm $^2P_{1/2}$, tritt Al durchweg in der Oxidationsstufe +3 auf (unter bestimmten Bedingungen bei hoher Temperatur ist auch die Oxidationsstufe +1 existent), d. h., die drei Valenzelektronen der dritten „Elektronenschale" werden unter Ausbildung von dreifach positiv geladenen Al-Kationen leicht abgegeben (Erreichen der Neon-Elektronenkonfiguration).

Standardpotentiale: $Al \rightarrow [Al(OH)_4]^- \quad E^\ominus = -2{,}35$ V (basisch)
$Al \rightarrow Al^{3+} \quad E^\ominus = -1{,}66$ V(sauer)

Die kleinen hochgeladenen Al-Kationen liegen in wässeriger Lösung jedoch nie „nackt" vor, sondern stets als Hexaquo-Komplexe, welche stärkere Säuren darstellen als Wasser. Deshalb reagieren die Al-Salze starker Säuren infolge Hydrolyse in wässeriger Lösung stets sauer (s. Gleichung).

$$[Al(H_2O)_6]^{3+} \rightleftharpoons [Al(H_2O)_5OH]^{2+} + H^+ \qquad K_S\ \text{ca.}\ 1{,}1 \cdot 10^{-5}$$

Säurewirkung in Wasser gelöster Al-Salze

Al ist ein sehr unedles Metall und sollte entsprechend seinem niedrigen Normalpotential (s. oben) mit Wasser (wie die Alkali- und Erdalkalimetalle) bereits ↑ Wasserstoff entwickeln. Daß es dies nicht tut und im Gegenteil ein sehr beständiges Metall darstellt, ist ausschließlich einer dünnen, durchsichtigen Al-Oxidschicht zu verdanken, die sich auf dem Metall an der Luft sofort bildet und die es vor weiterer Reaktion schützt. Die Bildung dieser Schutzschicht bestimmt auch das Verhalten des Metalls gegen Säuren. In verdünnter ↑ Salzsäure oder ↑ Schwefelsäure geht Al-Metall unter Wasserstoffentwicklung als entsprechendes Salz in Lösung (am Anfang langsam, bis sich die stets vorhandene Oxidschicht aufgelöst hat). Durch konzentrierte ↑ Salpetersäure hingegen erfolgt kein Angriff, weil diese infolge ihrer Oxidationswirkung die Oxidschicht noch verstärkt, es tritt weitergehende „*Passivierung*" ein. Derartig passiviertes Al wird auch nicht mehr in o. g. verdünnten Säuren angegriffen (lediglich in der Siedehitze tritt allmählich Wasserstoffentwicklung ein, weil dann die Al-Oxid-Schicht verändert wird). Zur Struktur dieser Oxidschicht s. unter ↑ Aluminiumoxid.

Wie man an der schnellen Oxidschichtbildung auf Al erkennt, besitzt Al eine große Affinität zum Sauerstoff. Diese zeigt sich auch besonders deutlich in den „aluminothermischen" Reaktionen, in deren Verlauf Al in sehr stark exothermer Reaktion anderen Verbindungen den Sauerstoff unter Bildung von Al-Oxid entreißt. Auf diesem Wege können Metalle aus ihren Oxiden, oder Phosphide aus Phosphaten hergestellt werden (*Thermit-Verfahren*). Ferner benutzt man solche Umsetzungen zur Erzeugung hoher Temperaturen (*Thermit-Reaktion*).

Al ist ein amphoteres Metall, d. h., es „löst" sich sowohl in Säuren als auch in Laugen. So tritt beim Versetzen von Al-Metall mit Natronlauge bald stürmische Wasserstoffentwicklung auf unter Bildung von *Natriumhydroxoaluminat* (s. Gleichung).

$$2\,Al + 2\,NaOH + 6\,H_2O \longrightarrow 2\,[Al(OH)_4]^- Na^+ + 3\,H_2$$

„Auflösung" von Aluminium in Laugen

Versetzt man eine Al-Salzlösung mit Natronlauge, fällt zunächst schwerlösliches Al-Hydroxid aus, welches sich dann bei weiterer Laugezugabe wieder auflöst (s. Gleichung).

$$Al^{3+} + 3\,OH^- \rightleftharpoons Al(OH)_3 \xrightarrow{+OH^-} Al(OH)_4^-$$

Fällung und „Auflösung" von Aluminiumhydroxid

Selbst in schwach sauren Lösungen (bis hinunter zu pH 3,8) ist das Angebot an Hydroxidionen noch groß genug für eine Ausfällung des sehr schwerlöslichen Al-Hydroxids.

Die auf dem Al stets befindliche natürliche Oxidschicht kann noch künstlich verstärkt werden durch anodische Oxidation (*Eloxal-Verfahren*). Sie kann im Labor einfach durchgeführt werden: zwei Al-Blechstreifen werden in ein mit 20%iger Schwefelsäure gefülltes Becherglas gehängt und mit einer 6V-Gleichstromquelle verbunden. An der Anode entsteht Sauerstoff, an der Kathode Wasserstoff (s. Schema).

$$2\,Al + 9\,H_2O \longrightarrow Al_2O_3 + 6\,H_3O^{\oplus} + 6\,e^{\ominus} \quad \text{Anode}$$

$$6\,H_3O^{\oplus} + 6\,e^{\ominus} \longrightarrow 3\,H_2 + 6\,H_2O \quad \text{Kathode}$$

$$2\,Al + 3\,H_2O \longrightarrow Al_2O_3 + 3\,H_2$$

Elektrodenvorgänge beim Eloxal-Verfahren

Nach einiger Zeit hört die Sauerstoff-Entwicklung auf, weil sich eine verstärkte Oxidschicht auf der Anode gebildet hat. Eine solche Oxidschicht läßt sich leicht färben, z. B. wird durch mehrmaliges abwechselndes Eintauchen in Eisen(III)chlorid- und Kaliumhexacyanoferrat(II)-Lösung eine Blaufärbung durch abgeschiedenes Berliner Blau erzielt. Andere Farbtöne lassen sich durch geeignete Tauchlösungspaare erzeugen (z. B. Weiß: Natriumsulfat/Bleiacetat, Rot: Kaliumchromat/Silbernitrat usw.), mit denen auf der Oxidschicht schwerlösliche Niederschläge entsprechender Farbe gebildet werden. Die Färbungen sollten möglichst direkt nach dem Eloxieren durchgeführt werden, da die Oxidschicht dann noch die erforderliche Saugfähigkeit für die Einlagerung der Niederschläge besitzt. Die Qualität der Färbungen hängt von der Dicke der Oxidschicht und der Dauer des Färbevorganges ab. Färbungen können auch mit organischen Farbstoffen (z. B. aus der Alizarinreihe) vorgenommen werden. Wird die schützende Oxidschicht beseitigt, erfolgt schnelle Reaktion des Al schon mit dem Luftsauerstoff. Dies läßt sich gut demonstrieren durch Amalgambildung. Streicht man die Lösung eines Quecksilbersalzes auf Al-Blech, wachsen bald stäbchenförmige Ausblühungen von Al-Oxid schimmelpilzartig aus dem Blech heraus.

Erklärung: Die Kationen des edleren Quecksilbers werden durch das unedle Al zu Hg reduziert. Dieses legiert sich mit dem Al zum Amalgam. Das amalgamierte Al reagiert mit dem Luftsauerstoff zu Al-Oxid. Dieser Vorgang setzt sich ständig fort.

Al ist infolge der eingangs erwähnten Eigenschaften in Verbindung mit physiologischer Unbedenklichkeit ein in Technik und Alltag vielfach verwendetes Metall. Die Anwendungen reichen vom Flugzeug- und Fahrzeugbau bis zum Eßgeschirr. Weltweit werden jährlich fast 20 Mio Tonnen Al verarbeitet. Mehr als das reine Al werden Legierungen von Al verwendet, in denen dem Al geringe Prozentgehalte von Metallen wie Cu, Mg, Zn, Mn beigegeben sind.

Eine einfache Unterscheidung von reinem Al-Metall von Al-Legierungen ist folgendermaßen möglich: Auf reinem Al entsteht mit ca. 20 %iger Natronlauge beim Erwärmen ein silberweißer Fleck, während auf Legierungen, die Kupfer enthalten (und dies ist in sehr vielen Legierungen der Fall) ein schwarzer Fleck aus Kupferoxid gebildet wird, welcher mit verdünnter Salpetersäure verschwindet. Enthält die Legierung kein Kupfer sondern Silicium, erzeugt die Natronlauge einen von Silicium grau gefärbten Fleck, der von Salpetersäure nicht verändert wird.

Analytik: Zum qualitativen Nachweis von Al können herangezogen werden:

- Die Bildung eines amphoteren Hydroxid-Niederschlags, der sich in überschüssigem Ammoniak nicht auflöst
- Die Bildung von „*Thenards Blau*“ (blaues Cobaltaluminat) mit sehr verdünnter Cobaltnitrat-Lösung auf der Magnesiarinne
- Die Bildung eines roten Farblackes mit ↑ Alizarin S in ammoniakalischer Lösung, beständig gegen ↑ Essigsäure
- Die Bildung von violettem Farblack mit ↑ Chinalizarin bei pH 5-6
- Die Bildung von grün fluoreszierendem Farblack mit methanolischer Morin- Lösung. Die Fluoreszens verschwindet mit Fluoridionen oder konz. Salzsäure
- Die Bildung von rotem Farblack mit ↑ Aluminon bei pH 6

Die Al-Nachweise mittels der genannten Farblacke können besonders durch Zn, Zr, Mn, Fe und Sn gestört werden.

► Ein Al-Wert von 0,01 mg/l im Blut gilt als normal. Toxische Erscheinungen treten ab Werten von 0,1 mg/l auf bis hin zu Alzheimer-ähnlichen Symptomen. Es besteht aber kein Zusammenhang zwischen der Alzheimer-Krankheit und einer Al-Belastung.

Al Z = 13 A_R = 26,981539 Isotope: 27; 22-26, 28-32 (künstlich)

t_{Smp}	t_{Sdp}	d	MV	α	λ
660,3 °C	2327 °C	2,698 g/cm³	10,00 cm³/mol	23,03 10^{-6}/K	237 W/mK
C_p	$\Delta_S H$	$\Delta_V H$	S^o	ϱ	
24,30 J/(K · mol)	10,71 kJ/mol	294,0 kJ/mol	28,28 J/(K · mol)	25,0 nΩ · m	
MAK	R-Satz	S-Satz			
6 mg/m³	15-17	7/8-43			

Aluminiumacetat

Aluminum acetate

A. stellt ein weißes, in Wasser gut lösliches und sich an der Luft zersetzendes Pulver dar.

Es wird in Substanz erhalten bei der Auflösung von metallischem ↑ Aluminium in ↑ Essigsäure mit ca. 1 % ↑ Essigsäureanhydrid (s. Gleichung).

$$Al + 3\,CH_3COOH \longrightarrow Al(CH_3COO)_3 + 1\,{}^1/_2\,H_2$$

Bildung von Aluminiumacetat

Das ausfallende A. kann dabei abfiltriert werden. In wässeriger Lösung kann es dargestellt werden durch Auflösung von frisch gefälltem ↑ Aluminiumhydroxid in äquivalenter Menge Essigsäure. In der wässerigen

Lösung bilden sich bald Ausfällungen basischer Aluminiumacetate, die infolge Hydrolyse entstehen. Diese basischen Acetate werden auch beim Eindampfen der Lösungen erhalten.

A.-Lösungen werden als Textilbeizen sowie zur adstringierenden Wundbehandlung (als Hausmittel) benutzt (die adstringierende, also „zusammenziehende" Eigenschaft beruht hierbei auf noch nicht ganz geklärten Bindungsbildungen des Al mit Proteinfasern, die zu Proteindenaturierungen und -Ausfällungen führen. Die Folge hiervon sind entquellende, austrocknende und verschließende Effekte, was sich wiederum in blutstillenden, entzündungshemmenden, schmerzlindernden, also insgesamt heilungsfördernden Wirkungen äußert), eine Verwendung die allerdings stark zurückgegangen ist.

Die im Handel befindlichen A.-Lösungen (als „*Essigsaure-Tonerde*" bezeichnet) enthalten meist mit ↑ Weinsäure stabilisiertes basisches A. Im Handel in Substanz erhältlich ist nur basisches A., welches meist hinsichtlich des Hydroxidgehaltes (Mono- u. Dihydroxyaluminiumacetat) nicht genau definiert ist und auch verschiedene Löslichkeiten in Wasser aufweist. Physikalische Daten eines definierten A. sind nicht verfügbar.

$C_6H_9AlO_6$ $M_R = 204{,}12$ C 35,31 % H 4,44 % Al 13,22 % O 47,03 %

Aluminiumammoniumsulfat

Aluminum ammonium sulfate Ammoniumalaun

Bildet farblose Kristalle, die sich in Wasser von 20 °C zu etwa 14 g/100 ml lösen und auch in verdünnten Säuren löslich sind. A. ist unlöslich in Alkohol, aber gut löslich in ↑ Glycerin. Die wässerige Lösung reagiert sauer (1 %ige Lösung ca. pH 3,5). Beim Erwärmen gibt A. oberhalb 100 °C ein Kristallwasser ab. Ab 190 °C wird alles Kristallwasser und ↑ Ammoniak abgespalten.

A. fällt aus beim Zusammengeben konzentrierter Lösungen von ↑ Aluminiumsulfat und ↑ Ammoniumsulfat (s. Gleichung).

$$Al_2(SO_4)_3 + (NH_4)_2SO_4 \longrightarrow 2\ NH_4Al(SO_4)_2\ 12\ H_2O$$

Herstellung von Ammoniumalaun

A. hat nur wenige, spezielle technische Anwendungen (Wasserbehandlung, Fotografie). Im Labor dient es als analytisches Reagenz.

$AlH_4NO_8S_2$ $M_R = 237{,}15$ (wasserfrei) Al 11,38 % H 1,70 % N 5,91 % O 53,97 % S 27,04 %

t_{Smp}	t_{Sdp}	d	η		
93 °C		1,64 g/cm³			
C_p	$\Delta_S H$	$\Delta_V H$	$\Delta_B H$	S^o	Q_C
683 J/(K · mol)			−5939 kJ/mol	697 J/(K · mol)	

Aluminiumcarbid

Aluminum carbide

$$4\ Al + 3\ C \xrightarrow{2000\ °C} Al_4C_3$$

Aluminiumcarbid-Bildung

Bildet in sehr reinem Zustand goldgelbe Blättchen, das technische Produkt stellt ein grauschwarzes Pulver dar.

A. wird erhalten beim Erhitzen stöchiometrischer Mengen von Aluminium- und Kohlepulver im Graphittiegel bei 2000 °C in Wasserstoffatmosphäre (s. Gleichung).

A. gehört zu den salzartig aufgebauten Carbiden und bildet ein Schichtengitter aus Al-Atomebenen mit dazwischenliegenden C-Atom-Ebenen.

$$Al_4C_3 + 12\,H_2O \longrightarrow 4\,Al(OH)_3 + 3\,CH_4$$

Hydrolyse von Aluminiumcarbid zu Methan

Die C-Atome liegen als C^{4-} -Ionen vor, weshalb bei der Hydrolyse von A. ausschließlich ↑ Methan (neben ↑ Aluminiumhydroxid) gebildet wird (s. Gleichung). Gleiches Verhalten zeigt nur noch das *Berylliumcarbid* Be_2C.

A. wird zur Methanerzeugung, zur Reduktion von Metalloxiden sowie zur Herstellung von ↑ Aluminiumnitrid verwendet.

C_3Al_4	$M_R = 143{,}96$	C 25,03 %	Al 74,97 %		
t_{Smp} 2230 °C	t_{Sdp}	d 2,95 g/cm³	η		
C_p 116,1 J/(K · mol)	$\Delta_S H$	$\Delta_V H$	$\Delta_B H$ 208,8 kJ/mol	S^o 89 J/(K · mol)	Q_C
MAK	R-Satz 15	S-Satz 7/8			

Aluminiumchlorid

Aluminum chloride

A. stellt in reinstem Zustand farblose, meist durch Spuren von Eisenchlorid jedoch gelbliche Kristalle dar, die äußerst hygroskopisch sind und an feuchter Luft stark rauchen. A. reagiert sehr heftig mit Wasser, wobei eine Lösung von ↑ Aluminiumchlorid-Hexahydrat entsteht; aus der bald infolge Hydrolyse gebildetes ↑ Aluminiumhydroxid ausfällt. Durch Eindampfen der wässerigen Lösung kann wasserfreies A. nicht zurückerhalten werden, da hierbei die Hydrolyse begünstigt wird und ↑ Chlorwasserstoff entweicht unter Hinterlassung von Aluminiumhydroxid. In den wässerigen Lösungen können Hydroxid-Ausflockungen vermieden werden durch Zugabe überschüssiger ↑ Salzsäure. A. ist auch löslich in Ethanol und Diethylether.

$$2\,Al + 3Cl_2 \longrightarrow 2\,AlCl_3$$
$$AlCl_3 \xrightarrow{[H_2O]} [Al(H_2O)_6]Cl_3$$

Aluminiumchlorid- und Hexahydrat-Bildung

Die Darstellung von wasserfreiem A. kann durch Erhitzen von ↑ Aluminium im trockenen Chlor- oder Chlorwasserstoffstrom erfolgen (s. Gleichung).

Im kristallinen Zustand bildet A. ein ionisches Schichtgitter, liegt also als Salz vor, welches elektrisch leitfähig ist. In der Schmelze bilden sich jedoch spontan dimere A-Moleküle, die den elektrischen Strom nicht mehr leiten (s. Herstellung von Aluminium durch Elektrolyse unter ↑ Aluminium).

A. ist eine starke Lewis-Säure und bildet mit vielen organischen und anorganischen Basen (Elektronendonatoren) Addukte, worauf seine katalytische Wirkung in wichtigen organisch-präparativen Umsetzungen (Friedel-Crafts-Synthesen, s. unter ↑ Benzophenon) und technischen Prozessen (Polymerisationen, Mineralöl-Crackung) beruht. A. ist auch Ausgangsprodukt zur Herstellung anderer Aluminiumverbindungen und in neueren Verfahren sogar für ↑ Aluminium (*Alcoa-Verfahren*). A. wird technisch vielfach als Ätzmittel benutzt. Wässerige Lösungen dienen als Flockungsmittel. Kosmetisch wird es in Desodorantien verwendet.

► A. ist ätzend und äußerst schleimhautreizend.

$AlCl_3$ $M_R = 133{,}34$ Al 20,24 % Cl 79,76 %					
t_{Smp} 192 °C	t_{Sdp}	d 2,44 g/cm³	η		
C_p 91,1 J/(K · mol)	$\Delta_S H$ 35,5 kJ/mol	$\Delta_V H$	$\Delta_B H$ −706 kJ/mol	S^o 109,3 J/(K · mol)	Q_C
MAK	R-Satz 34	S-Satz 7/8-28-45			

Aluminiumchlorid-Hexahydrat

Aluminum chloride hexahydrate

A. bildet farblose, sehr leicht zerfließliche Kristalle. Es löst sich sehr gut mit saurer Reaktion in Wasser. Die wässerige Lösung trübt sich bald durch Ausfällungen von ↑ Aluminiumhydroxid (Hydrolyse), was jedoch durch Zugabe von überschüssiger ↑ Salzsäure vermieden werden kann. A. löst sich auch gut in Ethanol.

$$Al + 3\,HCl \xrightarrow{H_2O} [Al(H_2O)_6]Cl_3 + {}^3/_2\,H_2$$

Aluminiumchlorid-Hexahydrat-Bildung

A. wird erhalten aus ↑ Aluminium und ↑ Salzsäure (s. Gleichung), wobei die beim Einengen aus der sauren Lösung ausfallenden Kristalle abgesaugt werden können (quantitativ fällt A. beim Einleiten von ↑ Chlorwasserstoff in die Lösung aus).

A. findet Verwendung in der Wasseraufbereitung (Flockungsmittel) sowie in geringem Ausmaß in Medizin und Kosmetik als Adstringens.

► A. ist hygroskopisch und hautreizend.

$AlCl_3 \cdot 6\,H_2O$ $M_R = 241{,}43$ Al 11,17 % Cl 44,05 % H_2O 44,76 %					
$t_{Zersetzung}$ 100 °C (Z)	t_{Sdp}	d 1,66 g/cm³	η		
C_p 296 J/(K · mol)	$\Delta_S H$	$\Delta_V H$	$\Delta_B H$ −2691 kJ/mol	S^o 318 J/(K · mol)	Q_C
MAK	R-Satz 38	S-Satz 28			

Aluminiumfluorid

Aluminum fluoride

Bildet ein farbloses kristallines Pulver, das in Wasser nur zu 0,56 g/100 ml löslich ist. Es ist auch kaum löslich in Säuren und Laugen.

A. wird in reiner Form erhalten, wenn *Ammoniumhexafluoroaluminat* (*Ammoniumkryolith*) im Stickstoffstrom auf Rotglut erhitzt wird. Das Ammoniumkryolith erhält man seinerseits durch Eintragen von ↑ Aluminiumhydroxid in eine heiße, konzentrierte Lösung von ↑ Ammoniumfluorid und Abfiltrieren des entstehenden Niederschlags (s. Schema).

$$6\,NH_4F + Al(OH)_3 \longrightarrow (NH_4)_3[AlF_6] + 3\,NH_3 + 3\,H_2O$$

$$(NH_4)_3[AlF_6] \xrightarrow{\Delta} AlF_3 + 3\,NH_4F$$

Darstellung von wasserfreiem Aluminiumfluorid

Löst man ↑ Aluminium in ↑ Fluorwasserstoffsäure auf, erhält man das Trihydrat von A., das sich durch Entwässern allerdings nicht völlig oxidfrei machen läßt (s. Gleichung).

$$Al + 3\,HF + 3\,H_2O \longrightarrow AlF_3 \cdot 3\,H_2O + {}^3/_2\,H_2$$

Herstellung von Aluminiumfluorid-Trihydrat

A. ist ionisch aufgebaut, d. h. in seinem Kristallgitter existieren Al^{3+}-Kationen, die sich mit den Fluoridionen so zum Kristallgitter arrangieren, daß jedes Al-Kation oktaedrisch von 6 F-Anionen koordiniert ist und jedes F-Anion gleichzeitig zu zwei Al-Atomen gehört (gemeinsame Oktaeder-Ecken).

Mit Metallfluoriden, z. B. mit ↑ Natriumfluorid, bildet A. Komplexsalze der Formeln $Me[AlF_4]$, $Me_2[AlF_5]$ und $Me_3[AlF_6]$, die alle ebenso wie A. aus AlF_6-Oktaedern aufgebaut sind, die sich jedoch im Fall von $Me_2[AlF_5]$ zu Ketten, im Falle von $Me[AlF_4]$ zu Schichten zusammenlagern, während in den Komplexsalzen $Me_3[AlF_6]$ diskrete AlF_6^{3-}-Anionen vorliegen. In dem technisch wichtigen $Na_3[AlF_6]$, als *Kryolith* oder *Eisstein* bezeichnet (s. unter ↑ Aluminium) bilden diese *Hexafluoroaluminat-Ionen* eine kubisch dichteste Kugelpackung aus, deren Tetraeder- und Oktaederlücken durch Natriumionen besetzt sind.

A. wird wie Kryolith technisch als Flußmittel verwendet.

AlF_3 $M_R = 83{,}98$ Al 32,13 % F 67,87 %

t_{Smp}	$t_{Sublimation}$	d	η
	1275 °C (S)	3,20 g/cm³	

C_p	$\Delta_S H$	$\Delta_V H$	$\Delta_B H$	S^0	Q_C
75,1 J/(K · mol)		273,6 kJ/mol	1510 kJ/mol	66,5 J/(K · mol)	

Aluminiumhydroxid

Aluminum hydroxide Aluminiumorthohydroxid, Hydrargillit

Bildet ein weißes kristallines Pulver, das unlöslich in Wasser, jedoch löslich in Säuren und Laugen ist.

A. kann erhalten werden durch Zugabe von Laugen zu Al-Salzlösungen oder durch Zugabe von Säuren zu Aluminat-Lösungen (s. Schema).

$$Al^{3+} + 3\,OH^- \longrightarrow Al(OH)_3$$

$$[Al(OH)_4]^- + H^+ \longrightarrow Al(OH)_3 + H_2O$$

Fällungen von Aluminiumhydroxid

Dabei bilden sich je nach Fällungsmittel und Fällungsbedingungen mehr oder weniger gallertige Niederschläge aus Ortho- oder Methahydroxiden verschiedener Kristallstrukturen und Wassergehalte, die sich mit der Zeit („Altern") oder durch Erwärmen in die stabile Form des γ-A. (*Hydrargillit*) umwandeln.

Die in der Natur anzutreffenden Vorkommen an Hydroxiden des Aluminiums werden als *Bauxite* bezeichnet. Es handet sich dabei um unterschiedliche Gemische aus Hydrargillit, *Böhmit*, *Bayerit* und *Diaspor*. Die Bauxite dienen als Ausgangsmaterial zur technischen A.-Herstellung und damit auch für die Aluminium-Gewinnung (s. ↑ Aluminium).

A. hat vor allem Bedeutung als Ausgangsprodukt zur Herstellung der anderen Aluminiumsalze sowie als Flammschutzmittel und Füllstoff in Kunst- und Schaumstoffen.

AlH_3O_3 $M_R = 78{,}00$ Al 34,59 % H 3,88 % O 61,53 %

t_{Smp}	t_{Sdp}	d	η		
		3,98 g/cm³			
C_p	$\Delta_S H$	$\Delta_V H$	$\Delta_B H$	S^o	Q_C
93 J/(K · mol)			−1276 kJ/mol	71,1 J/(K · mol)	
MAK	R-Satz	S-Satz			
6 mg/m³					

Aluminiumisopropylat

Aluminum isopropoxide

Bildet ein weißes Pulver, das durch Wasser zersetzt wird und sich in vielen org. Solventien löst.

Es wird hergestellt durch Umsetzung von Aluminiumgrieß mit absolutem ↑ Isopropanol in Gegenwart geringer Mengen ↑ Quecksilber(II)chlorid und ↑ Tetrachlorkohlenstoff (s. Gleichung).

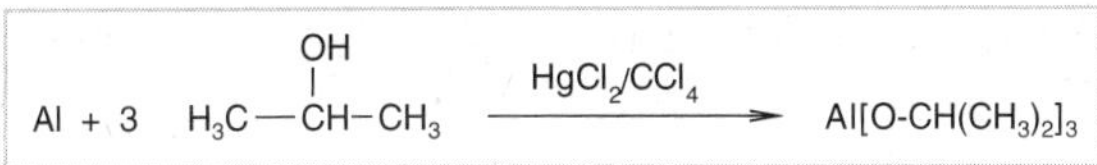

Herstellung von Aluminiumisopropylat

A. wird in der organisch-präparativen Chemie vor allem zur gezielten Überführung von Carbonylverbindungen in die betreffenden Alkohole verwendet, wobei Doppelbindungen unverändert bleiben, eine Umsetzung, die als *Meerwein-Ponndorf-Verley-Reduktion* bezeichnet wird. Die Al-O-Bindung im A. hat beträchtlichen kovalenten Charakter, weshalb keine Alkoholat-Ionen gebildet werden und eine Aldol-Reaktion unterdrückt wird. Deshalb findet der im Schema gezeigte cyclische Hydrid-Ionen-Übergang statt.

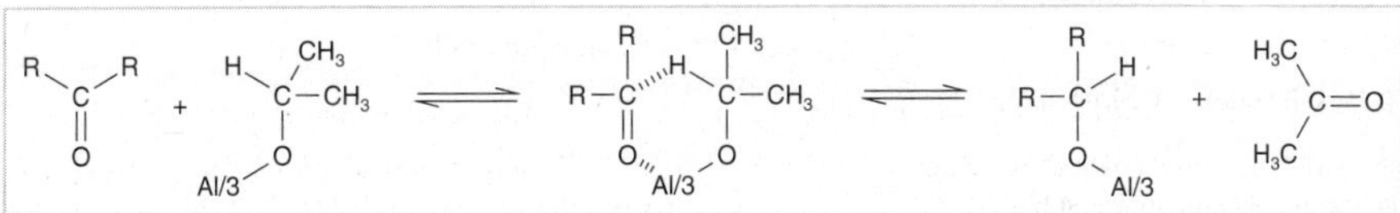

Mechanismus der Meerwein-Ponndorf-Verley-Reduktion

Der Vorteil des A. liegt darin, dass das entstehende ↑ Aceton leicht abdestilliert und damit aus dem Gleichgewicht entfernt werden kann. Die Umkehrung der Reaktion, die Oxidation eines Alkohols zur Carbonylverbindung durch einen Aldehyd oder ein Keton mittels A. wird als *Oppenauer-Oxidation* bezeichnet. Als oxidierendes Keton verwendet man dabei meist ↑ Cyclohexanon.

► A. ist ein feuchtigkeitsempfindlicher, entzündbarer Feststoff.

$C_9H_{21}AlO_3$ $M_R = 204,25$ C 52,93 % H 10,36 % Al 13,21 % O 23,50 %

t_{Smp}	t_{Sdp}	d	η		
118 °C	147 °C (5 Torr)	1,035 g/cm³			
C_p	$\Delta_S H$	$\Delta_V H$	$\Delta_B H$	S^o	Q_C
			−1149 kJ/mol		−6231 kJ/mol
MAK	R-Satz	S-Satz			
	11	8-16			

Aluminiumkaliumsulfat

Aluminum potassium sulfate Kaliumalaun, Alaun

Bildet farblose, durchsichtige und harte oktaederförmige Kristalle. Die Löslichkeit in Wasser steigt stark mit der Temperatur (bei 20 °C 120 g, bei 80 °C ca. 2 Kg pro Liter); ist unlöslich in Ethanol. Aus in der Hitze gesättigten wässerigen A.-Lösungen lassen sich prächtige zentimetergroße Oktaeder züchten. Die wässerige Lösung reagiert infolge Hydrolyse sauer. A. schmilzt bei ca. 100 °C im eigenen Kristallwasser.

Die technische Darstellung erfolgt durch Auflösung von aus Bauxit erhaltenem ↑ Aluminiumhydroxid in ↑ Schwefelsäure und Zugeben äquivalenter Menge ↑ Kaliumsulfat, wobei nach Erkalten A. ausfällt (s. Gleichung).

$$Al_2(SO_4)_3 + K_2SO_4 \longrightarrow 2\,KAl(SO_4)_2$$

Kaliumalaunbildung

A. hatte früher Bedeutung in der Gerberei und der Färberei, ist heute jedoch vom ↑ Aluminiumsulfat fast verdrängt worden. A.-Kristalle verwendet man als „*Rasierstein*“ zur Blutstillung.

$AlKO_8S_2$ $M_R = 256,21$ (wasserfrei) Al 10,45 % K 15,14 % O 49,57 % S 24,84 %

t_{Smp}	t_{Sdp}	d	η		
92 °C		1,76 g/cm³			
C_p	$\Delta_S H$	$\Delta_V H$	$\Delta_B H$	S^o	Q_C
652 J/(K · mol)	28 kJ/mol		−6061 kJ/mol	687,4 J/(K · mol)	

Aluminiumnitrat

Aluminum nitrate

Bildet als Nonahydrat farblose, zerfließliche Kristalle, die in Wasser sehr gut löslich sind (bei 20 °C 42 %), und sich ferner in Ethanol gut, in Aceton dagegen wenig lösen. Die wässerige Lösung reagiert deutlich sauer (5%ige Lösung ca. pH 3). A. zersetzt sich bei 135 °C.

$$Al(OH)_3 + 3\,HNO_3 \longrightarrow Al(NO_3)_3 + 3\,H_2O$$

Bildung von Aluminiumnitrat

A. wird dargestellt durch Auflösen von ↑ Aluminiumhydroxid in ↑ Salpetersäure und Eindampfen der erhaltenen Lösung (s. Gleichung). A. findet technische Verwendung in der Ledergerberei sowie als Korrosionsinhibitor.

► A. ist sehr hygroskopisch.

AlN_3O_9 $M_R = 213{,}00$ (wasserfrei) Al 12,67 % N 19,73 % O 67,60 %

Die nachfolgenden Daten gelten für das Nonahydrat.

t_{Smp}	t_{Sdp}	d	η		
73 °C		1,72 g/cm³			
C_p	$\Delta_S H$	$\Delta_V H$	$\Delta_B H$	S^o	Q_C
569 J/(K · mol)			−3756 kJ/mol		

Aluminiumnitrid

Aluminum nitride

A. bildet in reinem Zustand bläulich-weiße Kristalle, die an feuchter Luft nach ↑ Ammoniak riechen, da mit Wasser Zersetzung erfolgt (s. unten).

$$2\,Al + N_2 \longrightarrow 2\,AlN$$

Herstellung von Aluminiumnitrid

Es entsteht beim Überleiten von trockenem ↑ Stickstoff über ↑ Aluminium bei ca. 800 °C (s. Gleichung).

A. ist wie ↑ Siliciumcarbid (Carborundum) eine sehr harte und stabile Verbindung (Härte 9 nach Mohs).

$$AlN + 3\,H_2O \longrightarrow Al(OH)_3 + NH_3$$

Hydrolyse von Aluminiumnitrid zu Ammoniak

Es zersetzt sich mit Wasser unter Bildung von ↑ Ammoniak und ↑ Aluminiumoxid (s. Gleichung), als „*Serpek-Verfahren*" bezeichnete frühere Darstellungsmethode für Ammoniak.

A. kristallisiert in Übereinstimmung mit der „Zinkblende-Regel" im Wurtzit-Gitter. Die Bindungen in A. sind nicht rein salzartig, sondern haben wegen des kleinen, hochgeladenen Al-Kations bereits einen beträchtlichen kovalenten Anteil.

Als A.-Keramik wird A. aufgrund seiner günstigen physikalischen Eigenschaften (kleiner Wärmeausdehnungskoeffizient, hohe Wärmeleitfähigkeit, elektr. Isolator, kleine DK, s. Tabelle) in der Elektrotechnik verwendet. A. wird technisch ferner als Schleifmittel benutzt.

AlN $M_R = 40{,}99$ Al 65,83 % N 34,17 %

t_{Smp}	t_{Sdp}	d	η		
> 2400 °C		3,09 g/cm³			
C_p	$\Delta_S H$	$\Delta_V H$	$\Delta_B H$	S^o	Q_C
30,1 J/(K · mol)			−318 kJ/mol	20,1 J/(K · mol)	

Aluminiumoxid

Aluminum oxide Tonerde

Von A. existieren zwei Modifikationen, die sich im Kristallgitter-Aufbau, und damit in den chemischen und physikalischen Eigenschaften sowie in der Verwendung stark voneinander unterscheiden. α-A. bildet außerordentlich harte weiße Kristalle, die sich weder in Säuren noch in Laugen lösen und keinerlei Hygroskopizität aufweisen. α-A. kommt in der Natur als *Korund* und in mit Eisenoxid und Quarz verunreinigter Form als *Schmirgel* vor und wird technisch in großen Mengen aus Bauxit gewonnen (s. ↑ Aluminium). Es entsteht beim Erhitzen von ↑ Aluminiumhydroxid auf über 1100 °C (s. Gleichung).

$$2\,Al(OH)_3 \xrightarrow{1100\,°C} Al_2O_3 + 3\,H_2O$$

Herstellung von Aluminiumoxid

Sein Kristallbau ist zu verstehen als hexagonal dichteste Kugelpackung von 0^{2-} -Ionen. Auf insgesamt 2/3 der darin vorhandenen Oktaederlücken verteilen sich die Al-Kationen derart, daß alle Sauerstoffionen von vier Al-Ionen und alle Al-Ionen von sechs Sauerstoffionen umgeben sind. Der großen Härte (Härte 9 nach Mohs) verdankt es seine Verwendung als Schleif- und Poliermittel. Es wird ferner zu hochtemperaturbeständigen Geräten (Tiegel, Schalen, Rohre) verarbeitet.

γ-A. bildet sich beim Erwärmen von Aluminiumydroxid auf über 400 °C und stellt ein weißes, hygroskopisches weiches Pulver dar, welches sich in Säuren und Laugen löst. Sein Kristallbau ist zu sehen als kubisch dichteste Kugelpackung von O^{2-}-Ionen, in deren Tetraederlücken die Al^{3+}-Ionen statistisch verteilt sind. Es besitzt ein sehr hohes Adsorptionsvermögen und wird deswegen zum Trocknen, zum Entfärben von Lösungen sowie vor allem als „stationäre Phase“ in der Chromatographie benutzt. Das A., das als Schutzschicht auf metallischem Al entsteht besitzt eine besondere Kristallstruktur. Es bildet ein Natriumchlorid-Gitter aus, in welchem jedes dritte Al-Kation fehlt (Defekt-Struktur). γ-A. wandelt sich bei 950 °C in α-A. um. Die nachstehende Tabelle enthält die Daten für α-A.

Al_2O_3	$M_R = 101{,}96$	Al 52,93 %	O 47,07 %		
t_{Smp} 2050 °C	t_{Sdp}	d 4,05 g/cm³	η		
C_p 79 J/(K · mol)	$\Delta_S H$ 111 kJ/mol	$\Delta_V H$	$\Delta_B H$ −1676 kJ/mol	S^o 50,9 J/(K · mol)	Q_C
MAK 6 mg/m³	R-Satz	S-Satz			

Aluminiumphosphat

Aluminum phosphate Aluminiumorthophosphat

Bildet ein weißes kristallines Pulver, das sich in Säuren und Laugen löst, aber unlöslich ist in Wasser.

A. fällt als Niederschlag aus beim Versetzen einer Al-Sulfatlösung mit Trinatriumphosphat (s. Gleichung).

$$Al_2(SO_4)_3 + 2\,Na_3PO_4 \longrightarrow 2\,AlPO_4 \downarrow + 3\,Na_2SO_4$$

Bildung von Aluminiumphosphat

A. besitzt Quarzstruktur, indem die Si-O-Si- durch Al-O-P-Einheiten ersetzt sind. Beim Erhitzen bilden sich ab ca. 180 °C Poly- und Pyrophosphate.

A. stellt die Basis für optische Spezialgläser dar, da es hohe UV-Durchlässigkeit erlaubt und ferner erhöhte Resistenz gegen ↑ Fluorwasserstoffsäure bewirkt. Im Gemisch mit ↑ Calciumsulfat und Natriumsilicaten bildet A. Zement. A.-Gel wird medizinisch als Antazidum verwendet.

Basisches A. kommt in der Natur mit etwas Kupferoxid und Eisenphosphat verunreinigt (blaugrüne Farbe) als *Türkis* vor.

AlO_4P $M_R = 121{,}95$ Al 22,12 % O 52,48 % P 25,40 %

t_{Smp}	t_{Sdp}	d	η		
2000 °C		2,56 g/cm³			
C_p	$\Delta_S H$	$\Delta_V H$	$\Delta_B H$	S^o	Q_C
93 J/(K · mol)			−1733 kJ/mol	90,8 J/(K · mol)	

Aluminiumphosphid

Aluminum phosphide

Bildet ein grauschwarzes kristallines Pulver, das thermisch sehr beständig ist und beim Erhitzen an der Luft erst oberhalb 1000 °C in ↑ Aluminiumoxid und Aluminiumphosphat* zerfällt. Mit Wasser, Säuren und Laugen reagiert A. zu *Phosphorwasserstoff* (*Phosphin*) und ↑ Aluminiumhydroxid (s. Gleichung).

$$AlP + 3\,H_2O \longrightarrow PH_3 + Al(OH)_3$$

Hydrolyse von Aluminiumphosphid

$$Al + P \xrightarrow{400\ °C} AlP$$

Aluminiumphosphid-Bildung

A. entsteht beim Erhitzen von Al-Pulver und rotem Phosphor auf ca. 400 °C (s. Gleichung).

Es kristallisiert im Zinkblende-Gitter (s. unter ↑ Zinksulfid). A. dient zur Labor-Herstellung von Phosphorwasserstoff, einem hochentzündlichen, giftigen Gas.

► A. bildet mit Feuchtigkeit hochgiftigen Phosphorwasserstoff.

AlP $M_R = 57{,}96$ Al 46,56 % P 53,44 %

t_{Smp}	t_{Sdp}	d	η		
2550 °C		2,42 g/cm³			
C_p	$\Delta_S H$	$\Delta_V H$	$\Delta_B H$	S^o	Q_C
42 J/(K · mol)	202 kJ/mol		−164 kJ/mol	47,3 J/(K · mol)	
MAK	R-Satz	S-Satz			
	15/29-28-32	3/9/14-30-36/37-45			

Aluminiumstearat

Aluminum stearate

Bildet ein feines weißes Pulver, das in Wasser unlöslich, in vielen org. Solventien wie Ethanol, Tetrachlorkohlenstoff und Benzinen löslich ist. A. ist das Al-Salz der ↑ Stearinsäure und wird erhalten durch Erwärmen von ↑ Aluminiumhydroxid mit Stearinsäure (s. Gleichung).

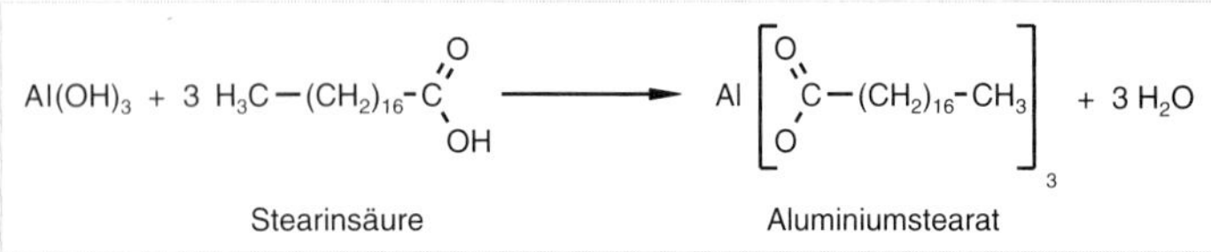

Herstellung von Aluminiumstearat

A. wird technisch zur Viskositätserhöhung in vielen Formulierungen (Lacke, Farben, Schmier-, Polier- und Reinigungsmittel) sowie zur Hydrophobierung von saugfähigen Materialien (Papier, Textilien, Leder, Beton) verwendet. Auch in der pharmazeutischen Technologie dient es zur Viskositätserhöhung insbesondere öliger Präparate.

$C_{54}H_{105}AlO_6$ $M_R = 877{,}42$ C 73,92 % H 12,06 % Al 3,08 % O 10,94 %

Aluminiumsulfat

Aluminum sulfate

$$Al_2(SO_4)_3 \xrightarrow{\Delta} Al_2O_3 + 3\,SO_3$$

Zerfall beim Glühen von Aluminiumsulfat

Bildet als Oktadecahydrat farblose nadelförmige Kristalle, die sich in Wasser, besonders in der Wärme, extrem gut lösen, jedoch unlöslich sind in Ethanol. Wässerige Lösungen reagieren infolge Hydrolyse deutlich sauer (1%ige Lösung pH 3,5). A.-Octadecahydrat spaltet beim Erhitzen (ab 86 °C) leicht Kristallwasser ab und liegt oberhalb 340 °C wasserfrei als weißes Pulver vor. Beim Glühen zerfällt dieses in ↑ Schwefeltrioxid und ↑ Aluminiumoxid (s. Gleichung).

A. wird am besten erhalten durch Auflösen von reinem ↑ Aluminiumhydroxid in konzentrierter ↑ Schwefelsäure (s. Gleichung).

$$2\,Al(OH)_3 + 3\,H_2SO_4 \longrightarrow Al_2(SO_4)_3 + 6\,H_2O$$

Herstellung von Aluminiumsulfat

A. findet ausgedehnte Verwendung bei der Papierherstellung (Papierleimung, s. hierzu unter ↑ Abietinsäure). Hierbei dienen die Aluminium-Ionen zur Haftungsvermittlung zwischen Harzseifen und Papierfaser, wie es chematisch in der Abbildung dargestellt ist (entspricht dem Beizen bei Färbevorgängen).

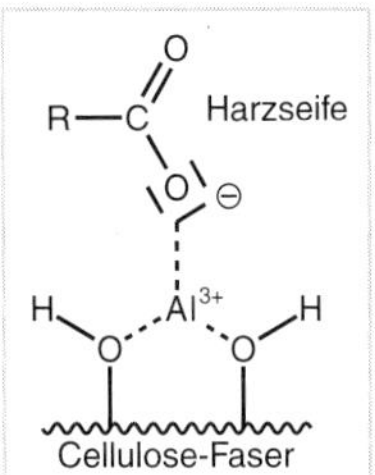

Funktion von Aluminium-Kationen bei der Papierleimung

Diese Technik des Papierleimens ist eine der Ursachen für das Büchersterben: das A. wird im Laufe der Jahre durch Luftfeuchtigkeit zu ↑ Schwefelsäure und ↑ Aluminiumhydroxid hydrolysiert (Umkehrung obiger Bildungsgleichung). Die Schwefelsäure zerstört das Papier (Stockflecken, säuerlicher Geruch alter Bücher).

Ein wichtiges Einsatzfeld ist auch die Wasseraufbereitung, in der es als *Flockungsmittel* dient. Eine *Flockung* ist dann erforderlich, wenn das Rohwasser von Trübungen durch kolloidal gelöste, nicht filtrierbare organische oder anorganische Verunreinigungen zu befreien ist. Durch den Zusatz von A. (ca. 20 g/1000 Liter) bilden sich in Verbindung mit einer pH-Anhebung, z. B. durch Kalkmilch, feinteilige

Aluminiumhydroxid-Niederschläge, an die sich die Kolloidteilchen durch elektrostatische Anziehung anlagern. Die so ausflockenden Materialien lassen sich leicht abtrennen. Die Daten in nachfolgender Tabelle beziehen sich auf die wasserfreie Verbindung.

$Al_2O_{12}S_3$	M_R = 342,14 (wasserfrei)	Al 15.77 %	O 56,11 %	S 28,12 %	
$t_{Zersetzung}$ 450 °C (Z)	t_{Sdp}	d 2,83 g/cm³	η		
C_p 259 J/(K · mol)	$\Delta_S H$	$\Delta_V H$	$\Delta_B H$ −3441 kJ/mol	S^o 239 J/(K · mol)	Q_C

Aluminiumtriethyl

Aluminumtriethyl

Eine farblose Flüssigkeit, die sich in org. Solventien wie ↑Toluol oder ↑Hexan löst, aber extrem hydrolyseempfindlich ist und sich an der Luft entzündet.

Die technische Synthese erfolgt durch Einwirkung von A., ↑Wasserstoff und ↑Ethylen auf aktiviertes ↑Aluminium (Ziegler-Prozeß). Diese Synthese verläuft über zwei Stufen. Zunächst läßt man A. und Wasserstoff unter Druck bei erhöhter Temperatur auf sehr feinverteiltes Aluminium einwirken, wobei das Aluminium sich unter Bildung von *Diethylaluminiumhydrid* auflöst (s. Gleichung). Dieses addiert dann in zweiter Stufe Ethylen zum A. (s. Gleichung).

$$Al + 2\,Al(C_2H_5)_3 + {}^3/_2\,H_2 \xrightarrow{140\,°C,\ 200\,bar} 3\,Al\,H(C_2H_5)_2$$

Aluminiumtriethyl — Diethylaluminiumhydrid

Erste Stufe der Aluminiumtriethyl-Bildung

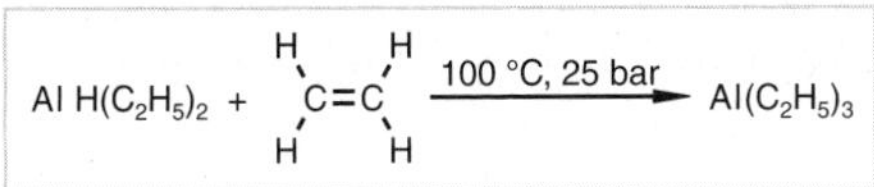

Zweite Stufe der Aluminiumtriethyl-Bildung

Daraus ergibt sich die dargestellte Gesamtgleichung. Der theoretische Zugewinn an A. beträgt also 50 %.

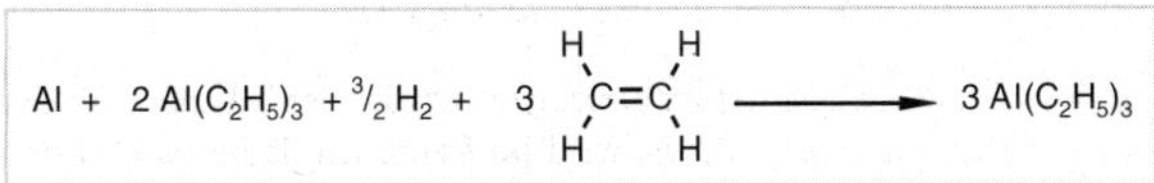

Gesamtgleichung der Aluminiumtriethyl-Bildung

Eine mögliche Laborsynthese liegt in der Umsetzung von ↑Aluminiumchlorid mit Ethylmagnesiumchlorid (s. Gleichung).

$$AlCl_3 + 3\,C_2H_5\text{-}MgCl \longrightarrow Al(C_2H_5)_3 + 3\,MgCl_2$$

Laborsynthese von Aluminiumtriethyl

A. liegt als dimeres Molekül vor (s. Schema). In der dargestellten Formel für das dimere A. sind die C-Atome der beiden internen Methylengruppen formal fünfbindig. Diese formale Fünfbindigkeit beruht darauf, daß jedes der beiden C-Atome an einer „*Dreizentrenbindung*“ beteiligt ist. Deren Zustandekommen sei etwas näher erläutert, weil die Dreizentrenbindung ein häufig vorkommender Bindungstyp ist, der insbesondere in der Chemie des Aluminiums und des Bors (s. unter ↑ Bor) Bedeutung besitzt. Für die Erläuterung sei auch hier das Hybridisierungskonzept der VB-Theorie herangezogen, da es eine anschauliche Interpretation erlaubt.

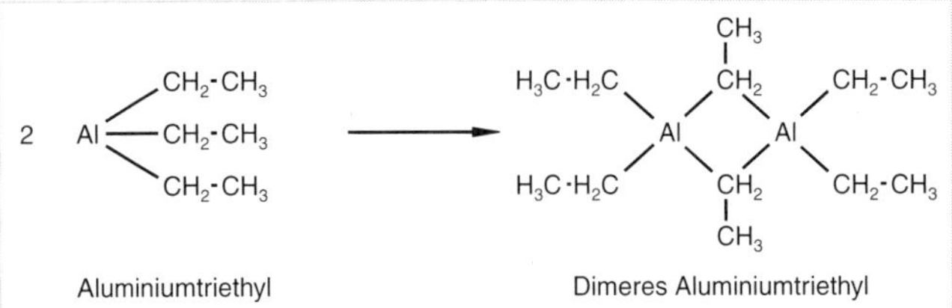

Dimeren-Bildung und -Struktur von Aluminiumtriethyl

Das Al-Atom mit seiner s^2 p^1-Valenzschale kann zum sp^3-Zustand hybridisieren, in welchem 3 der 4 sp^3-Hybridorbitale mit je einem Elektron besetzt sind, während das vierte unbesetzt bleiben muß, da ja nur 3 Valenzelektronen vorhanden sind. Diese drei einfach besetzten sp^3-Orbitale könnten mit je einem anderen einfach besetzten Orbital, z. B. eines C-Atoms, zu einer normalen σ-Bindung überlappen. Das würde, wie hier im Falle der Ethylgruppe, zu einem monomeren A.-Molekül führen. In diesem hätte das Al-Atom, unter Einbeziehung aller Bindungselektronen, eine mit nur 6 Elektronen besetzte Valenzschale, was hinsichtlich einer angestrebten Achterschale einem erheblichen Elektronenmangel gleichkäme. Diesen Mangel umgehen die Al-Atome hier größtenteils durch Betätigung von Dreizentrenbindungen: je ein einfach besetztes sp^3-Orbital der beiden internen Methylen-C-Atome überlappt sowohl mit einem einfach besetzten als auch mit einem unbesetzten sp^3-Orbital je eines Al-Atoms, so daß es zur Ausbildung von zwei Zweielektronen-Dreizentren-Bindungen kommt, in welchen also 3 sp^3-Orbitale überlappen und mit insgesamt nur zwei Elektronen besetzt sind. Geometrisch bildet das A.-Molekül zwei Tetraeder, in deren Mitten die beiden Al-Atome sitzen und die über eine gemeinsame Kante miteinander verbunden sind (s. Abbildung).

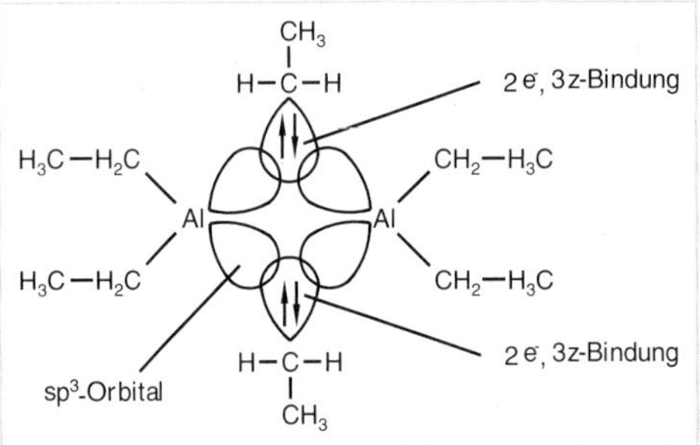

Darstellung der Bindungsverhältnisse in Aluminiumtriethyl mit Hilfe des Hybridisierungskonzepts der VB-Theorie

A. besitzt sehr große technische Bedeutung, weil sich seine Ethylgruppen bei der Umsetzung mit ↑ Ethylen zu Ketten mit praktisch beliebigen C-Atomzahlen verlängern lassen, indem zwischen die Al-C-Bindungen fortlaufend weitere Ethylenmoleküle eingeschoben werden, wie es sich in folgendem vereinfachten Schema darstellen läßt.

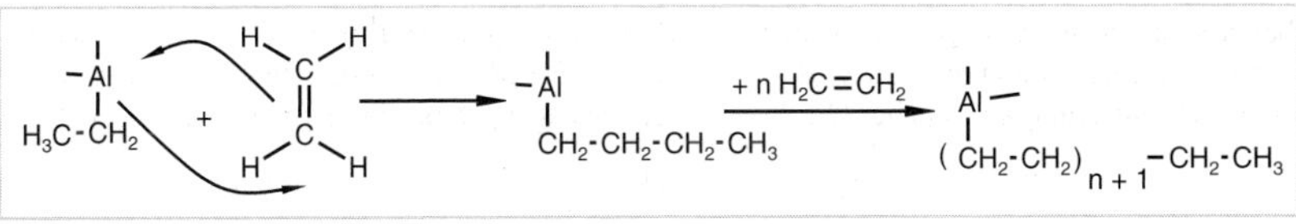

Umsetzung von Aluminiumtriethyl mit Ethylen: Kettenverlängerung durch Insertion

Diese Umsetzungen verlaufen bei erhöhter Temperatur und unter Druck. Die langkettigen Alkylreste lassen sich auf verschiedene Weise von den Al-Atomen abspalten (*Alfol-Prozeß*, *Alfen-Prozeß*), was zu hochwertigen Produkten führt (s. Schema).

Oxidative Abspaltung	⟶	Fettalkohole	(Alfol-Prozeß)
Substituierende Abspaltung	⟶	höhere Olefine	(Alfen-Prozeß)
Hydrolytische Abspaltung	⟶	Polyethylen	

Verschiedene Abspaltungs-Methoden für die langkettigen Alkylreste führen zu technisch wertvollen Produkten

Führt man die Kettenverlängerung in Gegenwart von sogenannten „*Ziegler-Natta-Katalysatoren*" durch (z. B. ↑ Titantetrachlorid), verläuft sie schon bei Normaldruck und liefert das hochwertige Niederdruckpolyethylen (LDPE) (s. unter ↑ Polyethylen) (Ziegler-Natta-Verfahren).

► A. verursacht auf der Haut schwere Verätzungen.

$C_6H_{15}Al$ $M_R = 114{,}17$ (monomer) C 63,12 % H 13,24 % Al 23,63 %

t_{Smp}	t_{Sdp}	d	η		
	194 °C	0,96 g/cm³			
C_p	$\Delta_S H$	$\Delta_V H$	$\Delta_B H$	S^o	Q_C
239 J/(K · mol)	10,6 kJ/mol			308 J/(K · mol)	−5105 kJ/mol
MAK	R-Satz	S-Satz			
	14-17-34	16-34-45			

Aluminon

Aluminon Aurintricarbonsäure-Ammoniumsalz

Bildet gelbbraune Kristalle, die sich in Wasser gut, in org. Solventien jedoch kaum lösen.

Als Ammoniumsalz der *Aurintricarbonsäure* wird A. hergestellt, indem man ↑ Salicylsäure mit ↑ Formaldehyd in Gegenwart von ↑ Natriumnitrit umsetzt und das Reaktionsprodukt mit ↑ Ammoniak behandelt (s. Schema). Das zentrale C-Atom stammt aus dem Formaldehyd.

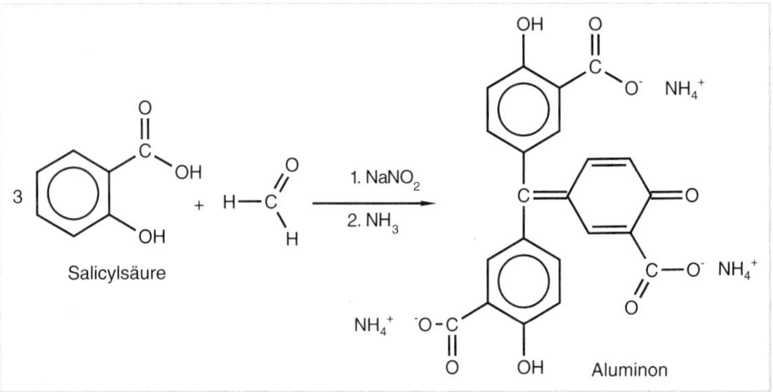

Synthese von Aluminon, einem analytisch genutzten Farblackbildner

A. wird in der Analytik zur fotometrischen Bestimmung von Be, Al und Ga sowie zum qualitativen Nachweis vor allem von Al benutzt. Zu letzterem dient eine 0,1 %ige wässerige Lösung. Die auf Al zu prüfende Lösung wird mit Ammoniumacetat/Essigsäure auf pH 6 gebracht. Bei Zugabe der A.-Lösung bildet sich mit Al ein roter Farblack. Der Nachweis wird durch Ionen von Zr, Fe, Cr, Sb, Sn und Cu gestört, die teils ebenfalls Farblacke, teils weiße Niederschläge bilden und die Lackbildung verhindern. Der Nachweis versagt auch bei Anwesenheit von Fluorid-Ionen.

Farblacke werden vor allem für Al- und Mg-Nachweise herangezogen, da gerade für diese keine anderen qualitativ-analytisch verwertbaren Fällungs- oder Komplexierungsreaktionen existieren.

Die Farblackbildung beruht darauf, daß sich an die zunächst entstehenden kolloidalen Hydroxid-Niederschläge die Farbstoffmoleküle anlagern. Diese Adsorption ist mit einer Polarisierung des Farbstoffmoleküls und dadurch mit einer Farbveränderung oder -vertiefung verbunden. Die kolloidal gelösten Hydroxide (Sole) können nach einigem Stehen koagulieren, so daß Farblack-Niederschläge entstehen.

Farblacke sind also keine stöchiometrischen Verbindungen, sondern als mehr oder weniger lockere Adsorbate zu sehen, womit ihre Empfindlichkeit hinsichtlich genau einzuhaltender Bildungsbedingungen (pH-Wert, Fremdionen usw.) verständlich wird.

$C_{22}H_{23}N_3O_9$ $M_R = 473,44$ C 55,81 % H 4,90 % N 8,88 % O 30,41 %

Amalgame

Amalgams

Als A. bezeichnet man Lösungen von Metallen in ↑ Quecksilber, also Quecksilberlegierungen. Quecksilber als das einzige unter Normalbedingungen flüssige Metall vermag eine große Reihe anderer Metalle zu lösen, so vor allem Na, K, Zn, Cd, Sn, Pb, Ag, Au. Diese A.-Bildungen verlaufen teils endotherm (z. B. mit Sn), meist jedoch exotherm, z. B. lösen sich in Quecksilber eingebrachte Natriumstückchen unter Flammenbildung auf. Die A. sind je nach Metallgehalt flüssig bis fest, wobei die festen A. in frisch bereitetem Zustand noch plastisch sind und anschließend von selbst durchhärten. Dem letztgenannten Umstand verdankt vor allem *Silber-Amalgam* seine Verwendung als *Zahnplomben-Material*. Die Alkali-A. reagieren mit Wasser langsam unter Wasserstoff-Entwicklung und dienen so als Reduktionsmittel (s. ↑ Natriumamalgam).

Es ist interessant, daß sich bei tiefer Temperatur (−80 °C) sogar ein *Ammoniumamalgam* isolieren läßt (Zersetzung ab −30 °C). Es enthält die Ammoniumgruppe als metallähnlichen Legierungsbestandteil.

Das Quecksilber läßt sich durch Verdampfen aus den A. entfernen. So wurde die A.-Bildung früher zur Gold- und Silbergewinnung genutzt (Gesteinsextraktion mit Quecksilber), ist heute jedoch durch die Cyanidlaugerei verdrängt worden. Bei der früher angewandten „*Feuervergoldung*“ wurde ein zu vergoldender Gegenstand mit Gold-A. bestrichen und anschließend das Quecksilber durch Erhitzen verdampft, wobei das Gold als dünne festhaftende Schicht zurückblieb (analog gelingt auch die „*Feuerversilberung*“).

↑ Eisen (ebenso wie ↑ Nickel) bildet kein A., weshalb Quecksilber in Eisengefäßen aufbewahrt werden kann.

Amanitine

Amanitins Amatoxine

Unter A. faßt man eine Gruppe von 8 definierten Substanzen zusammen, die sich lediglich in ihren Methyl-, Hydroxy- und Aminosubstituenten unterscheiden. Als repräsentativer Vertreter sei hier das α-A. beschrieben. Es kristallisiert aus Methanol in farblosen Nadeln, die auch in Wasser gut löslich sind.

Die A. bilden zusammen mit den Phallotoxinen (sehr ähnlich wie A. aufgebaut, bis jetzt 7 Verbindungen bekannt) die Giftkomponenten der *Knollenblätterpilze*, vor allem des am meisten verbreiteten Grünen Knollenblätterpilzes (Amanita phalloides). Die A.-Moleküle enthalten ein Indol-System, das über eine Methylen- und eine Sulfoxid-Brücke mit einem cyclischen Oktapeptid so verbunden ist, daß das Indol senkrecht auf der Peptid-Ringebene steht (s. Abbildung).

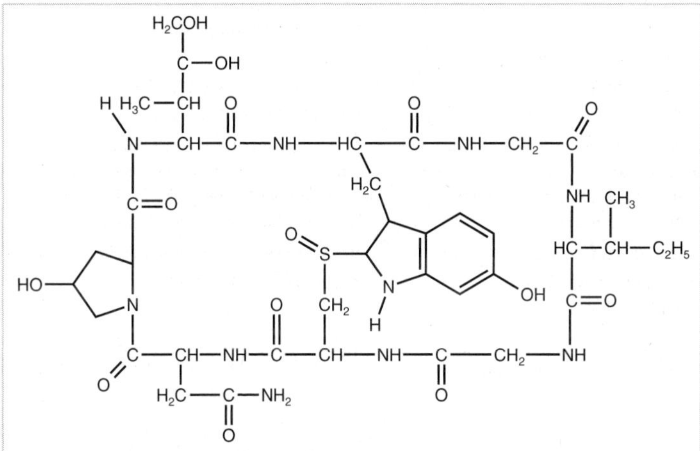

Struktur von α-Amanitin, einem Gift der Knollenblätterpilze

Die A. sind hochtoxisch: 2,5 µg α-A. töten eine Maus. Ein kleiner Pilz kann für einen Menschen tödlich sein. 100 g frische Pilze enthalten 8 mg α-A. Die Giftwirkung der A. wird durch Kochen, Trocknen und im Verdauungstrakt nicht zerstört, tritt erst ca. 5 Stunden nach Verzehr auf und führt frühestens nach 15 Stunden (spätestens nach 5 Tagen) bei entsprechender Dosis zum Tode. Die A. wirken dabei als Hemmer der RNS-Polymerase, stören also die Proteinsynthese (Enzyme) und führen zu schweren Schädigungen an Leber, Herz und Nieren. Es zeigen sich insgesamt choleraartige Erscheinungen mit den qualvollen Symptomen der Bluteindickung. Die Knollenblätterpilze und damit die A. sowie die *Phallotoxine* (α-A. ist etwa 10 mal giftiger als *Phalloidin*) sind die häufigste Ursache tödlicher Pilzvergiftungen.

$C_{39}H_{54}N_{10}O_{14}S$ $M_R = 919{,}0$ C 50,97 % H 5,92 % N 15,24 % O 24,37 % S 3,49 %

Amaranth

Amaranth Naphtholrot S

Bildet ein rotbraunes kristallines Pulver, das sich bei 20 °C zu ca. 7 g/100 ml in Wasser mit roter Farbe löst. Die Farbe ist in saurem und alkalischem Medium sowie im Licht beständig.

A. wird synthetisch erhalten durch Kupplung von diazotierter 1-Naphthylamin-4-sulfonsäure mit 2-Naphthol-3,6-disulfonsäure (s. Schema).

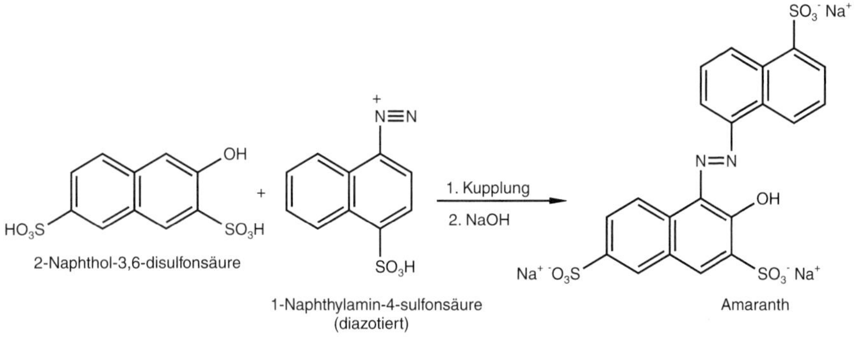

Synthese des Lebensmittel-Farbstoffs Amaranth

A. ist mit der Nummer *E 123* als Farbstoff für Lebensmittel, Pharmazeutika und Kosmetika zugelassen und ist derzeit umstritten. A. wurde 1976 in den USA von der Liste der zugelassenen Farbstoffe gestrichen wegen angeblich karzinogener Wirkung. Da sich die amerikanischen Befunde nicht verifizieren ließen, ist die EU dieser Entscheidung nicht gefolgt.

$C_{20}H_{11}N_2Na_3O_{10}S_3$ $M_R = 604{,}49$ C 39,74 % H 1,83 % N 4,65 % Na 11,41 % O 26,47 % S 15,91 %

Ambrettolid

Ambrettolide 7-Hexadecen-16-olid

Eine farblose, ölige Flüssigkeit von intensivem moschusartigem Geruch.

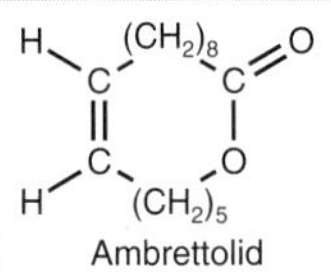

Ambrettolid, die Duftkomponente im Moschuskörneröl

A. ist die duftgebende Komponente im *Moschuskörneröl*, das aus den reifen Körnern des in Afrika und Indien beheimateten Moschuseibisch durch Wasserdampfdestillation gewonnen wird.

Synthetisch wird A. erhalten aus 9,10,16-Trihydroxypalmitinsäure (s. unter ↑ Schellack) und ebenso wie seine synthetischen Abwandlungen in der Parfümerie als *Moschus-Ersatz* (s. unter ↑ Muscon) sowie als Fixateur verwendet.

Die hochgliedrigen Lactone wie A. sind in der Regel intensiv und angenehm riechende Verbindungen, wie z. B. auch der Duftstoff im *Angelicawurzelöl*, das *Exaltolid*, bei dem es sich um das gesättigte C-15-Lacton handelt.

$C_{16}H_{28}O_2$ $M_R = 252{,}38$ C 76,14 % H 11,18 % O 12,68 %

t_{Smp}	t_{Sdp}	d	η
	185 – 190 °C (16 Torr)		

Ameisensäure

Formic acid

A. ist eine leichtbewegliche, farblose Flüssigkeit mit sehr stechendem Geruch, löslich in Wasser und vielen org. Solventien wie Ethanol, Chloroform, Essigester, Toluol usw.

A. kommt in freier Form teils in beträchtlichen Mengen in der belebten Natur vor und zwar sowohl in den Giftsekreten von Insekten (Waldameise) als auch in vielen Pflanzen (Brennessel, Tannennadeln). Der Name rührt daher, daß sie 1749 erstmals rein gewonnen wurde durch Destillation eines aus Ameisen erhaltenen Extraktes.

A. bildet u. a. folgende Azeotrope:

Azeotrop-Komponenten	Zusammensetzung (Gew.-%)	Siedepunkt (°C)
A./Toluol	50,0/50,0	85,8
A./Wasser	77,5/22,5	107,1

Zur industriellen Darstellung nutzt man die basenkatalysierte Addition von Wasser an ↑ Kohlenstoffmonoxid unter Druck und erhöhter Temperatur (s. Gleichung).

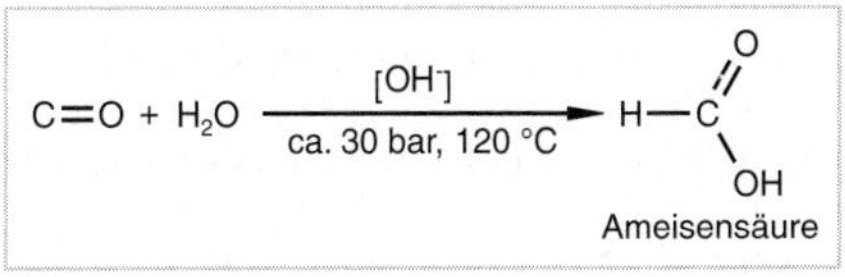

Technische Herstellung der Ameisensäure

A. fällt ferner an als Nebenprodukt der Gewinnung von ↑ Essigsäure durch Oxidation niedrigsiedender Erdölfraktionen sowie bei der Pentaerythrit-Herstellung durch Cannizaro-Reaktion mit ↑ Formaldehyd (s. unter ↑ Pentaerythrit).

Als Laborsynthese kann die Hydrolyse von ↑ Chloroform mit alkoholischer Kalilauge dienen, eine Reaktion, der Chloroform seinen Namen verdankt (s. Gleichung, oder die Oxidation von ↑ Methanol bzw. ↑ Formaldehyd (s. Schema).

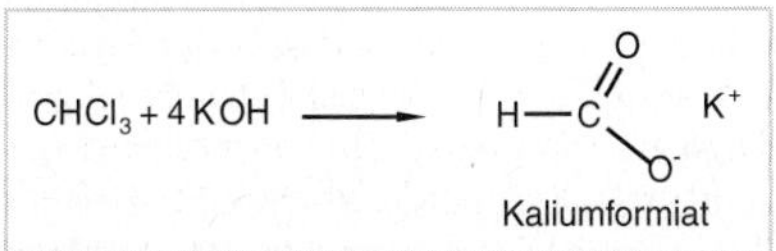

Formiat-Bildung aus Chloroform und Kalilauge

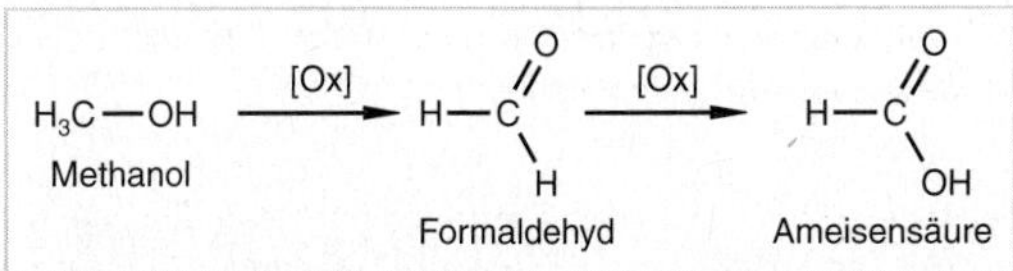

Oxidation von Methanol zu Ameisensäure

Die A. ist mit einem C-Atom die einfachste Carbonsäure. Ihr chemisches Verhalten beruht einmal auf ihrem stark sauren Charakter und zum anderen auf ihrer reduzierenden Wirkung. Die A. ist mit einem pKs-Wert von 3,77 eine deutlich stärkere Säure als die ↑Essigsäure (pKs = 4,76) und damit die stärkste Monocarbonsäure überhaupt (pH-Wert einer 1-molaren, also ca. 5%igen A.-Lösung in Wasser = 1,9; dagegen eine 6%ige Essigsäure = 2,4).

In A. „lösen" sich also unedle Metalle wie ↑Eisen und ↑Zink unter Wasserstoffentwicklung und Bildung entsprechender A.-Salze (*Formiate*) auf (s. z. B. ↑Natriumformiat).

Die reduzierende Wirkung der A. läßt sich mit ihrem formalen Aldehydcharakter erklären (unvollständig oxidiertes C-Atom). Die A. wird dabei selbst zu ↑Kohlenstoffdioxid oxidiert. So scheidet A. aus ammoniakalischer Silbernitratlösung elementares ↑Silber aus. Permanganate werden zu Mn(II) reduziert, weshalb man die Titration mit 0,1n Kaliumpermanganat-Lösung zur Gehaltsbestimmung von A. benutzen kann.

Mit konz. ↑Schwefelsäure wird aus A. ↑Kohlenstoffmonoxid freigesetzt.

A. findet sehr breite Anwendung in der Futtermittel-, Textil-, Leder- und Kunststoffindustrie zur pH-Einstellung, zum Beizen, Konservieren, Imprägnieren, als Lösungsmittel usw. Aufgrund ihrer bakteriziden Wirkung findet sie auch Verwendung in der Lebensmittel-Herstellung und in der Medizin zum Konservieren und Desinfizieren. Im Haushalt wird A. als Entkalker eingesetzt (hierbei bildet sich aus den Kalkablagerungen wasserlösliches *Calciumformiat*).

► A. übt auf Haut und Schleimhäute eine sehr starke Ätzwirkung aus, die zu schmerzhafter Blasenbildung führt. Beim Arbeiten mit A. sind unbedingt Gummihandschuhe und Schutzbrille zu tragen. Der toxische Charakter der A. beruht nur auf dem Säurecharakter in Verbindung mit der Lipidlöslichkeit. Salze der A. sind nicht nennenswert gesundheitsschädlich (↑Natriumformiat als Kochsalzersatz).

CH_2O_2 $M_R = 46{,}03$ C 26,10 % H 4,38 % O 69,52 %

t_{Smp}	t_{Sdp}	d	η		
8 °C	101 °C	1,22 g/cm³	1,80 mPa · s		
C_p	$\Delta_S H$	$\Delta_V H$	$\Delta_B H$	S^o	Q_C
99 J/(K · mol)	12,7 kJ/mol	23 kJ/mol	−425 kJ/mol	132 J/(K · mol)	−254 kJ/mol
t_{krit}	P_{krit}	d_{krit}	t_{trip}		
307 °C					
MAK	R-Satz	S-Satz			
9 mg/m³	35	23-26-45			

Ameisensäureamid

Formamide Formamid

Eine farb- und geruchlose, leicht ölige Flüssigkeit, die mit Wasser und polaren org. Solventien (Alkohole, Aceton usw.) beliebig mischbar, in Diethylether aber praktisch unlöslich ist.

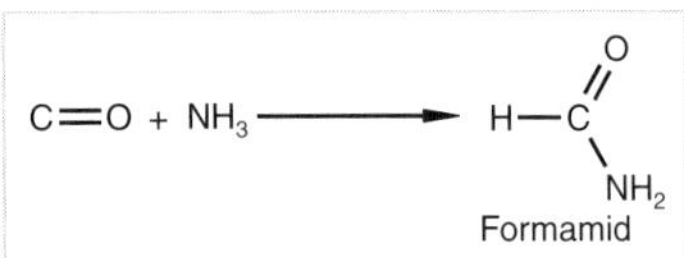

Technische Herstellung von Formamid

A. wird technisch hergestellt durch Umsetzung von ↑ Kohlenstoffmonoxid mit ↑ Ammoniak bei erhöhter Temperatur und unter Druck (s. Gleichung).

A. dient als hochpolares, nicht protisches, ionisierendes Lösungs- und Extraktionsmittel. Es besitzt Lösungsvermögen z. B. für ↑ Casein, ↑ Stärke, ↑ Lignin, ↑ Polyvinylalkohol und viele anorganische Salze. A. ist ferner Synthesebaustein, z. B. zur Herstellung von Heterocyclen und zur Gewinnung von ↑ Cyanwasserstoff (Blausäure).

► A. besitzt leicht hautreizende Wirkung. Bei Verwendung von A. bei höheren Temperaturen ist die Möglichkeit der Abspaltung von Blausäure zu beachten.

CH_3NO $M_R = 45{,}04$ C 26,67 % H 6,71 % N 31,10 % O 35,52 %

t_{Smp}	t_{Sdp}	d	η
2,5 °C	210 °C	1,13 g/cm³	3,30 mPa · s

C_p	$\Delta_S H$	$\Delta_V H$	$\Delta_B H$	S^o	Q_C
108 J/(K · mol)	8,7 kJ/mol	60 kJ/mol	−251 kJ/mol		

MAK	R-Satz	S-Satz
18 mg/m³	36/38-47	23-26-36-53

Ameisensäureethylester

Ethylformate Ethylformiat

Eine farblose Flüssigkeit, etwas löslich in Wasser (ca. 10 %), mischbar mit vielen org. Solventien wie Ethanol, Benzine, Diethylether usw.

Kann im Labor dargestellt werden durch Erhitzen von ↑ Ameisensäure mit überschüssigem Ethanol und konz. ↑ Schwefelsäure als Katalysator (s. Gleichung).

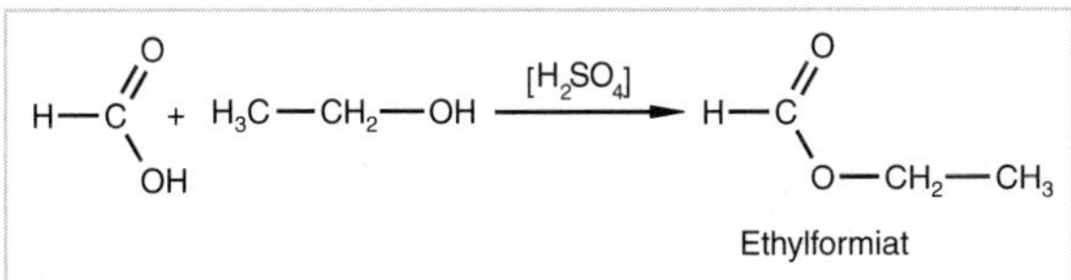

Synthese von Ethylformiat

A. bildet u. a. folgende Azeotrope:

Azeotrop-Komponenten	Zusammensetzung (Gew.-%)	Siedepunkt (°C)
A./Methanol	84,0/16,0	51,0
A./Wasser	95,0/5,0	52,6

Besitzt gutes Lösungsvermögen für Fette und Öle und vor allem für Cellulosederivate. Wird in org. Synthesen verwendet.

► A. ist leichtentzündlich. Wirkt beim Einatmen stark narkotisch.

$C_3H_6O_2$ $M_R = 74{,}08$ C 48,64 % H 8,16 % O 43,20 %

t_{Smp}	t_{Sdp}	d	η		
−80 °C	54 °C	0,92 g/cm³	0,40 mPa · s		
C_p	$\Delta_S H$	$\Delta_V H$	$\Delta_B H$	S^o	Q_C
144 J/(K · mol)	9,2 kJ/mol	30 kJ/mol	−394 kJ/mol		
t_{krit}	P_{krit}	d_{krit}	t_{trip}		
235 °C	4,74 MPa	0,323 g/cm³			
MAK	R-Satz	S-Satz			
300 mg/m³	11-20/22-36/37	9-16-24-26-33			

Ameisensäuremethylester

Methylformate Methylformiat

Eine wasserklare, angenehm riechende Flüssigkeit, die zu etwa 20 % in Wasser löslich und mit den meisten org. Solventien mischbar ist.

Die Darstellung erfolgt durch Erwärmen von ↑ Ameisensäure mit ↑ Methanol in Gegenwart von konz. ↑ Schwefelsäure (s. Gleichung).

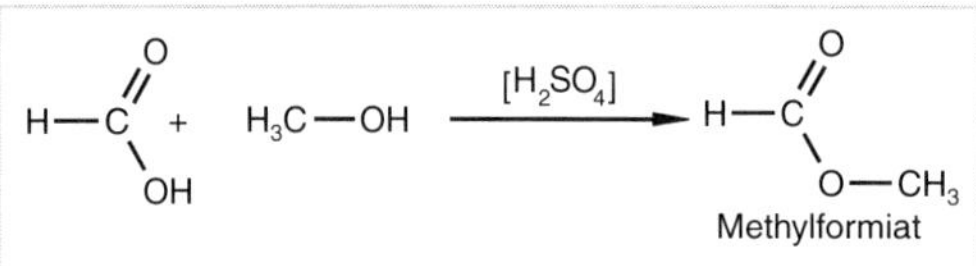

Synthese von Methylformiat

A. zeigt hervorragendes Lösungsvermögen, u. a. für Cellulosederivate. Der niedrige Siedepunkt schränkt die Verwendung als Lösungsmittel jedoch ein.

A. wird präparativ genutzt zur Gewinnung von N-Methyl- und ↑ N,N-Dimethylformamid durch Umsetzung mit einem Überschuß des betreffenden Amins.

► A. ist sehr leicht entzündlich und wirkt beim Einatmen stark narkotisch.

$C_2H_4O_2$ $M_R = 60{,}05$ C 40,00 % H 6,71 % O 53,28 %

t_{Smp}	t_{Sdp}	d	η		
−99,8 °C	31,8 °C	0,97 g/cm³			
C_p	$\Delta_S H$	$\Delta_V H$	$\Delta_B H$	S^o	Q_C
120 J/(K · mol)		28 kJ/mol	−366 kJ/mol		−973 kJ/mol
MAK	R-Satz	S-Satz			
120 mg/m³	12-20/22-36/37	9-16-24-26-33			

Americium

Americium Am

Ein silberweiß glänzendes, radioaktives, künstlich erzeugtes metallisches chemisches Element.

A. wurde erstmals 1944 als Isotop 241 beim Beschuß von Plutonium 234 mit α-Strahlen erhalten. Dieses Isotop besitzt eine Halbwertszeit von 458 Jahren und ist ein α-Strahler. Das langlebigste Isotop Am 243 hat eine Halbwertzeit von 7951 Jahren. Am steht heute in 100 g-Mengen zur Verfügung. Am ist das sechste Element in der Gruppe der ↑ Actiniden und besitzt die Elektronenkonfiguration $1s^2\ 2s^2\ 2p^6\ 3s^2\ 3p^6\ 3d^{10}\ 4s^2\ 4p^6\ 4d^{10}\ 4f^{14}\ 5s^2\ 5p^6\ 5d^{10}\ 5f^7\ 6s^2\ 6p^6\ 7s^2$ oder $(Rn)5f^7 7s^2$, Grundterm $^8S_{7/2}$.

Die in wässeriger Lösung beständigste Oxidationsstufe ist +3, deren Kationen die Lösung rosarot, in höherer Konzentration gelb färben. Vom Am sind ferner die Oxidationsstufen +2, +4, +5, +6 und +7 bekannt.

Es lassen sich folgende Normalpotentiale angeben:

$Am \rightarrow Am^{2+} + 2\,e^-$ $E^\ominus = -1{,}95$ V

$Am \rightarrow Am^{3+} + 3\,e^-$ $E^\ominus = -2{,}07$ V (sauer) bzw. $E^\ominus = -2{,}53$ V (alkalisch)

Die Handhabung von Am 241, dem am besten zugänglichen Isotop, erfordert größte Vorsicht, da seine α-Strahlungsaktivität noch dreimal höher als die von ↑ Radium ist.

Am Z=95 A_R=243,0614 Isotope: 234, 237-246					
t_{Smp} 1176 °C	t_{Sdp} 2607 °C	d 13,67 g/cm³	MV 17,78 cm³/mol	α	λ 10 W/mK
C_p 25,85 J/(K · mol)	$\Delta_S H$ 9,93 kJ/mol	$\Delta_V H$ 238,5 kJ/mol	S^o 54,49 J/(K · mol)	ϱ 680 nΩ · m	

2-Aminobenzoesäure ⟶ Anthranilsäure

4-Aminobenzoesäure

p-Aminobenzoic acid PABA

Bildet gelbliche Kristalle, die sich in Wasser nur wenig lösen (bei 20 °C ca. 0,6 g/100ml), in Ethanol und Essigester gut löslich, in Petrolether unlöslich sind. Der pKs-Wert beträgt 4,65, die A. ist also eine schwächere Säure als die ↑ Benzoesäure. Der pH-Wert einer gesättigten wässerigen Lösung liegt bei 3,5. A. färbt sich bei längerer Exposition im Licht dunkel.

A. kommt frei in Hefen vor und ist Bestandteil des Folsäure-Moleküls (s. unter ↑ Folsäure). Die Synthese kann durch Reduktion von *4-Nitrobenzoesäure* erfolgen (s. Gleichung).

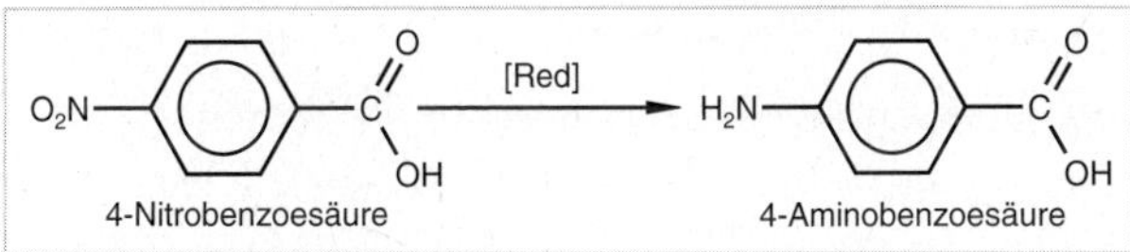

Synthese für 4-Aminobenzoesäure

Ein weiterer Syntheseweg besteht in der Umsetzung von p-Toluidin mit ↑ Essigsäureanhydrid zu N-Acetyl-p-toluidin, dessen Oxidation mit Permanganat zu p-Acetylamino-benzoesäure (die N-Acetylgruppe schützt die Aminogruppe bei der Oxidation) und anschließende hydrolytische Abspaltung der Acetylgruppe (s. Schema).

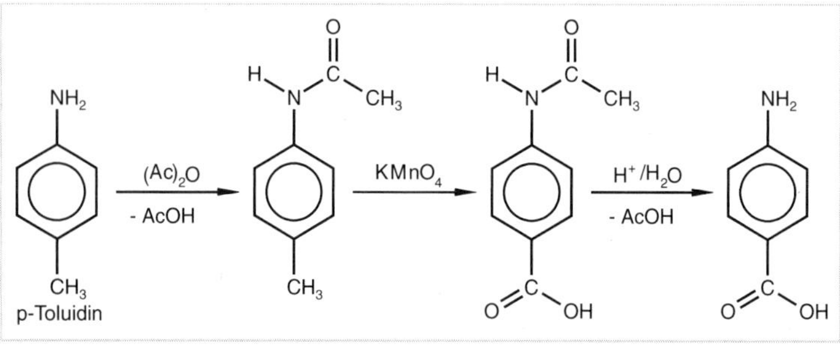

Synthese ausgehend von p-Toluidin

A. ist essentiell für das Wachstum von Mikroorganismen, die A. zum Aufbau der ↑ Folsäure benötigen. Die bakteriostatische Wirkung der Sulfonamide (s. unter ↑ Sulfanilsäureamid) beruht auf der kompetitiven Verdrängung der A. durch die Sulfonamide, so daß das Bakterium die Folsäure nicht aufbauen kann.

A. wird präparativ zur Herstellung von Azofarbstoffen benutzt und dient ferner als Edukt für ihre Ester, die teilweise medizinische Bedeutung haben. Hier ist vor allem der *4-Aminobenzoesäureethylester* zu nennen. Er stellt ein farb- und geruchloses kristallines Pulver dar, das in Wasser nur sehr wenig, sehr gut jedoch in Ethanol oder Diethylether löslich ist und durch Erhitzen von A. mit ethanolischer Salzsäure erhalten wird (s. Gleichung).

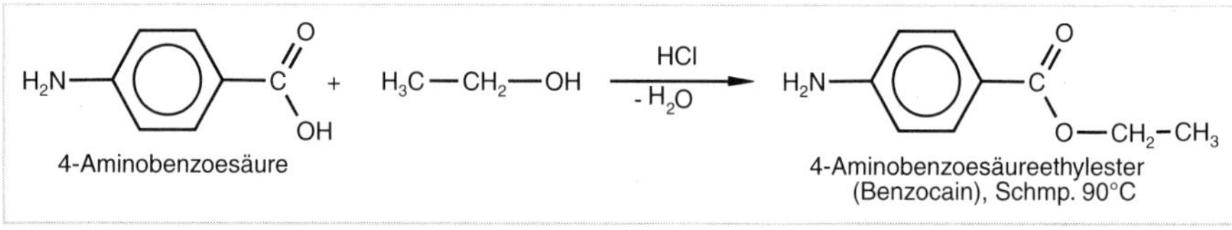

Synthese von Benzocain, ein bekanntes Lokalanaesthetikum

Dieser Ester, unter dem Namen „*Benzocain*“ bekannt, wird als Lokalanaesthetikum vor allem zur Behandlung offener Wunden oder Entzündungen verwendet (s. auch ↑ Procain)

$C_7H_7NO_2$	M_R = 137,14	C 61,31 %	H 5,14 %	N 10,21 %	O 23,33 %
t_{Smp} 188 °C	t_{Sdp}	d	η		
C_p 178 J/(K · mol)	$\Delta_S H$ 21 kJ/mol	$\Delta_{Sub} H$ 116 kJ/mol (S)	$\Delta_B H$ −410 kJ/mol	S^o	Q_C −3345 kJ/mol

4-Aminobuttersäure

γ-Aminobutyric acid, 4-Aminobutanoic acid γ-Aminobuttersäure, GABA

Bildet farblose blättchen- oder nadelförmige Kristalle, die sich in Wasser sehr gut lösen. In anderen Solventien ist A. gar nicht oder nur wenig löslich. A. bildet ein Hydrochlorid vom Schmp. 135 °C.

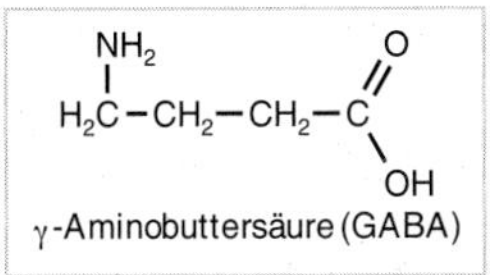

Die γ-Aminobuttersäure, ein inhibitorischer Neurotransmitter im Gehirn

Die A. kommt sowohl in Mikroorganismen als auch in höheren Pflanzen und in tierischen Geweben vor. Sie bildet sich im Gehirn durch Decarboxylierung von ↑ Glutaminsäure. Synthetisch ist sie zugänglich z. B. durch Gabriel-Synthese mit *γ-Chlorbutyronitril* und anschließende Verseifung der Nitrilgruppe zur Carboxylfunktion (z. Gabriel-Synthese s. unter ↑ Phthalsäureimid).

Beim Erhitzen von A. bis zum Schmelzen dehydratisiert A. zum Lactam *2-Pyrrolidon* (s. Gleichung).

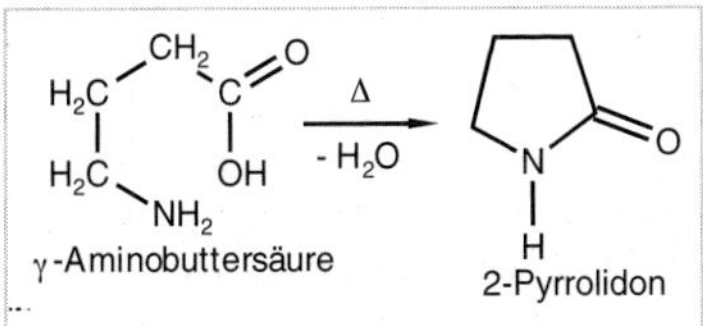

Dehydratisierung zum Lactam 2-Pyrrolidon

A. spielt physiologisch eine wichtige Rolle als Neurotransmitter, und zwar als inhibitorischer Neurotransmitter im Zentralnervensystem (s. unter ↑ Acetylcholin). A. kann durch Anbindung an spezielle Rezeptoren (GABA-Rezeptoren) Chlorid-Kanäle in den Zellmembranen öffnen. Der Chloridionen-Einstrom bewirkt eine Hyperpolarisation. Andere GABA-Rezeptoren öffnen Kalium-Kanäle, was ebenfalls Hyperpolarisation hervorruft. In beiden Fällen, also Chlorid- oder Kaliumkanalöffnung, werden inhibitorische postsynaptische Potentiale erzeugt (IPSP), im Gegensatz zu den excitatorischen (EPSP), wie sie z. B. durch ↑ Acetylcholin in den motorischen Endplatten erzeugt werden. Die ↑ Benzodiazepine z. B. greifen an den GABA-Rezeptoren an.

$C_4H_9NO_2$ $M_R = 103{,}12$ C 46,59 % H 8,80 % N 13,58 % O 31,03 %

t_{Smp}	t_{Sdp}	d	η		
203 °C					
C_p	$\Delta_S H$	$\Delta_{Sub} H$	$\Delta_B H$	S^o	Q_C
134 J/(K · mol)		140 kJ/mol (S)	−561 kJ/mol		−2280 kJ/mol

6-Aminocapronsäure

6-Aminohexanoic acid, ϵ-Aminocaproic acid 6-Aminohexansäure

Kristallisiert in farblosen Blättchen, die sich in Wasser sehr gut, in Methanol wenig, in Ethanol überhaupt nicht lösen. Die pKs-Werte betragen 4,4 und 10,7.

Die A. wird technisch und im Labor durch hydrolytische Ringöffnung von ↑ ϵ-Caprolactam hergestellt (s. Gleichung).

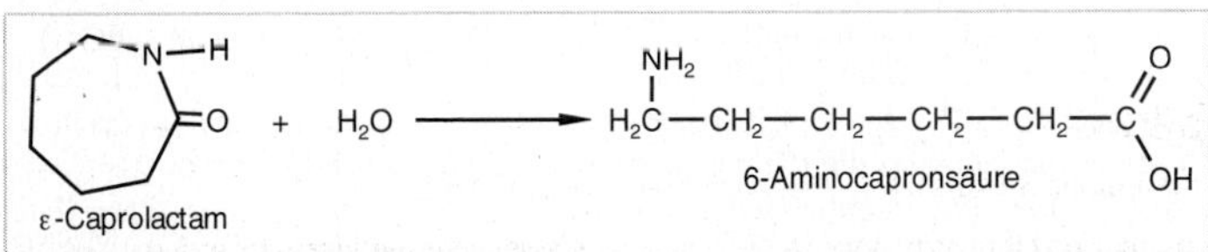

Herstellung von 6-Aminocapronsäure

A. polykondensiert in der Schmelze (Erhitzen auf 230-260 °C für ca. 1 Stunde, am besten unter Stickstoff, um Verfärbungen zu vermeiden) zu hochmolekularem, unlöslichem *Polyamid-6* vom Schmp. ca. 215 °C. Mitgebildetes ϵ-Caprolactam und Oligomere lassen sich aus dem zerkleinerten Polyamid durch ↑ Methanol extrahieren. Aus der Schmelze des Polyamids können Fäden gezogen werden. Die technische Herstellung von Polyamid-6 geht jedoch direkt vom ϵ-Caprolactam aus, das basenkatalysiert zum Polyamid-6 ringöffnend polymerisiert wird, wie es unter ↑ ϵ-Caprolactam beschrieben ist.

A. wird medizinisch zur Blutungsstillung (bei operativen Eingriffen) und zur Verringerung der Freisetzung von ↑ Histamin verwendet.

$C_6H_{13}NO_2$	$M_R = 131{,}17$	C 54,94 %	H 9,99 %	N 10,68 %	O 24,39 %

t_{Smp}	t_{Sdp}	d	η
205 °C			

C_p	$\Delta_S H$	$\Delta_{Sub} H$	$\Delta_B H$	S^o	Q_C
176 J/(K · mol)		153 kJ/mol (S)	−637 kJ/mol		−3581 kJ/mol

4-Amino-N,N-dimethylanilin

Dimethyl-p-phenylene diamine

Bildet dunkelrot-violette Kristalle, die sich in Wasser, Ethanol und Diethylether gut lösen.

A. wird hergestellt durch Reduktion von *p-Nitroso-dimethylanilin* mit Zink/Salzsäure. Das p-Nitrosodimethylanilin erhält man durch Nitrosierung von *Dimethylanilin* mit Salpetriger Säure. Diese Nitrosierung (wie sie allgemein mit tertiären aromatischen Aminen sowie mit Phenolen gelingt) ist als eine zur Nitrierung mit ↑ Salpetersäure ganz analog verlaufende elektrophile Substitution am Aromaten durch das Nitrosyl-Kation zu formulieren (s. Schema).

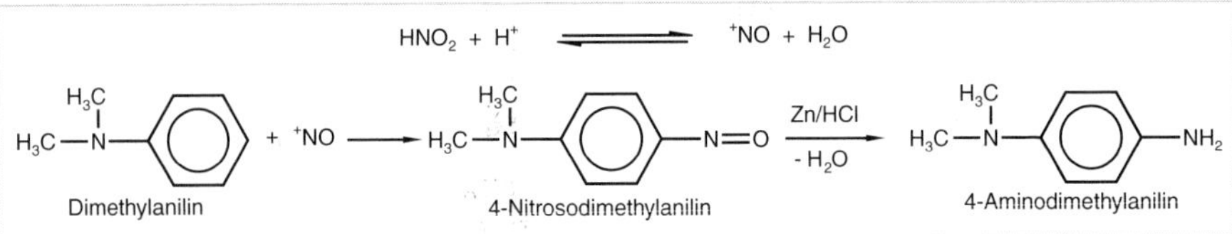

Synthese von 4-Amino-dimethylanilin

A. wird in Farbstoff-Synthesen verwendet, z. B. zur Herstellung von ↑ Methylenblau. Mit Säuren erfolgt leicht Salzbildung, z. B. erhält man mit ↑ Salzsäure das Dihydrochlorid. In Form solcher Salze wird A. als Entwickler in der *Farbfotografie* verwendet. Dies sei in groben Zügen erläutert. Die lichtempfindliche Schicht der heutigen *Farbfilme* besteht aus drei übereinanderliegenden, durch Lichtfilter voneinander getrennten Teilschichten. Jede Schicht ist für Licht einer der drei Grundfarben sensibilisiert, und zwar die oberste für blaues, die mittlere für grünes und die unterste für rotes Licht. Jede Schicht enthält zudem eine Kupplungskomponente, die bei der Entwicklung des belichteten Films mit dem Entwickler (nach dessen Oxidation durch die Silberionen nach Maßgabe der Belichtungsintensität) zu einem Farbstoff kuppelt, der die Komplementärfarbe des Lichtes aufweist, für das die betreffende Schicht sensibilisiert war. Also in der obersten Schicht entsteht ein gelber, in der mittleren ein purpurner, in der untersten ein blaugrüner Farbstoff (chromogene = farbgebende Entwicklung). Es wird also ein Farbnegativ erhalten, aus dem dann das Farbpositiv hergestellt wird.

Die Farben des Fotos entstehen so letztlich durch subtraktive Farbmischung aus den drei Grundfarben.

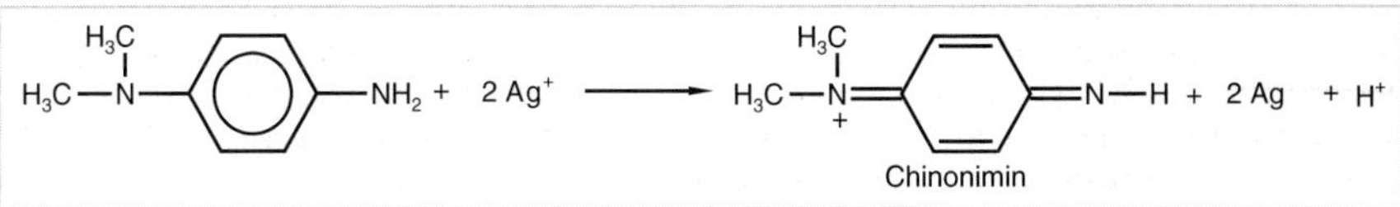

Oxidation von 4-Amino-dimethylanilin zum Chinondiimin durch Silberionen

A. wird bei der Entwicklung durch die Silberionen zunächst zu einem *Chinondiimin* oxidiert (s. Gleichung), welches dann mit den Kupplungskomponenten in den jeweiligen Schichten (z. B. methylenaktive Verbindungen) zu den entsprechenden Farbstoffen reagiert.

► A. ist giftig.

$C_8H_{12}N_2$ $M_R = 136{,}19$ C 70,55 % H 8,88 % N 20,57 %

t_{Smp}	t_{Sdp}	d	η
53 °C	262 °C		

2-Aminophenol

o-Aminophenol

Bildet farblose Kristallnadeln, die in Wasser und Ethanol wenig, in Diethylether gut löslich sind. A. löst sich ferner in Säuren und Laugen (amphoter).

A. wird technisch hergestellt aus *2-Nitrochlorbenzol*, indem dieses durch Kochen mit konz. Natronlauge in *2-Nitrophenol* überführt wird, welches sich mit Eisen/Essigsäure zu A. reduzieren läßt (s. Schema).

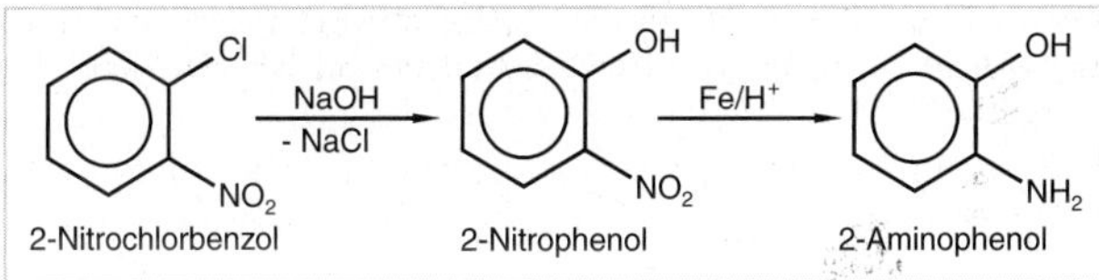

Herstellung von 2-Aminophenol

Im feuchten Zustand und durch Licht tritt Dunkelfärbung durch Oxidation ein, wobei alkalische Lösungen weit empfindlicher sind als saure. Mit Eisen(III)chlorid-Lösung erfolgt tief-braunrote Färbung.

Infolge der leichten Oxidierbarkeit (starkes Reduktionsmittel) dient A. als Oxidations- und Polymerisationsinhibitor für ungesättigte Verbindungen. Präparativ wird es zur Synthese von Fotoentwicklern und Farbstoffen genutzt. Es läßt sich leicht diazotieren. Nach Skraup gewinnt man aus A. *8-Hydroxichinolin* (*Oxin*), das in der Analytik Verwendung findet, da es mit Metallionen quantitativ fällbare Innerkomplexe, die sog. *Oxinate*, bildet; außerdem besitzt es starke fungizide Wirkung.

C_6H_7NO $M_R = 109{,}13$ C 66,04 % H 6,47 % N 12,84 % O 14,66 %

t_{Smp}	t_{Sdp}	d	η
174 °C			

C_p	$\Delta_S H$	$\Delta_{Sub} H$	$\Delta_B H$	S^o	Q_C
		97 kJ/mol (S)	−201 kJ/mol		−3160 kJ/mol

MAK	R-Satz	S-Satz
	20/21/22	28

Aminoplaste

Amino resins UF, MF

Unter der Bezeichnung A. faßt man die Produkte zusammen, die durch Umsetzung von Carbonylverbindungen, besonders Aldehyden, mit NH-funktionellen Verbindungen gebildet werden können. Am bekanntesten und wichtigsten sind die Reaktionen von ↑ Formaldehyd mit ↑ Harnstoff (zu den Harnstoff-Formaldehyd-Harzen, UF) und ↑ Melamin (zu den Melamin-Formaldehyd-Harzen, MF).

Der Gesamtvorgang der A.-Bildung läßt sich in zwei Teilreaktionen aufspalten, nämlich eine Addition und eine anschließende Kondensation. Damit die primären Additionsprodukte genügende Stabilität aufweisen, muß in der N-H-Komponente die NH-Funktion an ein C-Atom gebunden sein, von dem eine Doppelbindung ausgeht. Für den Kondensationschritt ist eine Vielzahl von H-aciden Nucleophilen geeignet. Es läßt sich die angegebene allgemeine Bildungsgleichung formulieren.

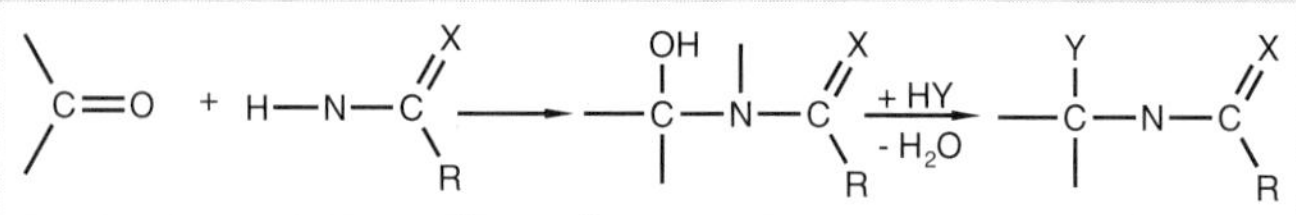

Ganz allgemeine Bildungsgleichung für Aminoplaste

Dabei kann gelten:

X = O, S, N-R, C

R = Alkyl, Aryl, OR, NH2, NHR, NR2

Y = Hal, OR, SR, NR2, NHR

Nach obigem Schema können also ganze Paletten von Substanzklassen miteinander unter *Aminoharzbildung* reagieren. Es ist jedoch so, daß in der technischen Anwendung die schon genannten Formaldehyd-Harnstoff- bzw. Formaldehyd-Melaminharze die bei weitem größte Bedeutung haben.

Die ersten Untersuchungen über die Formaldehyd-Harnstoff-Umsetzungen gehen auf das Jahr 1877 zurück. Um 1920 erschienen die ersten Patente über die erhaltenen Plaste. Heute bestehen sehr viele in Alltag und Technik wichtige Erzeugnisse aus reinen oder modifizierten Aminoplasten. Der Chemismus sei beispielhaft an den Umsetzungen von Formaldehyd mit Harnstoff aufgezeigt:

Zunächst erfolgt in normaler Carbonylreaktion die Addition des Harnstoffs an den Formaldehyd, die sauer oder basisch katalysiert sein kann (s. Schemata).

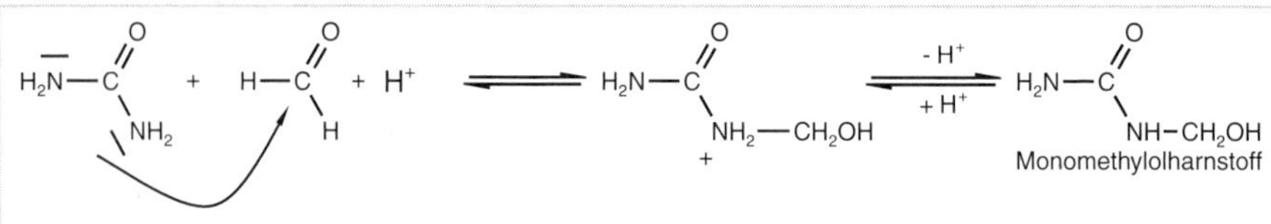

Sauer katalysierte Addition von Formaldehyd an Harnstoff

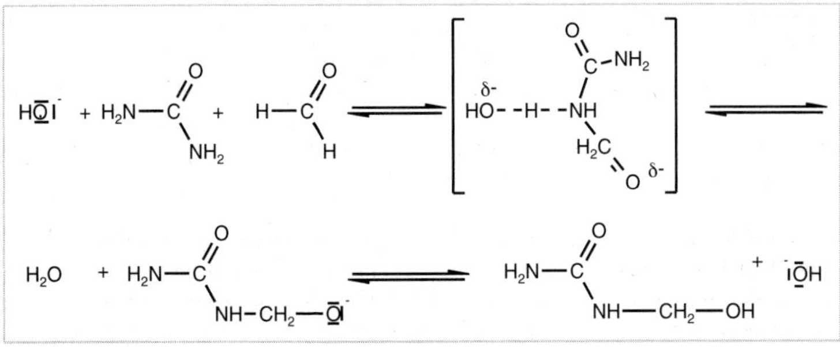

Basisch katalysierte Addition von Formaldehyd an Harnstoff

Über diese einmalige Anlagerung von Formaldehyd zum *Monomethylolharnstoff* hinaus kann so auch die Bildung von Di-, Tri- und *Tetramethylolharnstoff* eintreten (s. Schema).

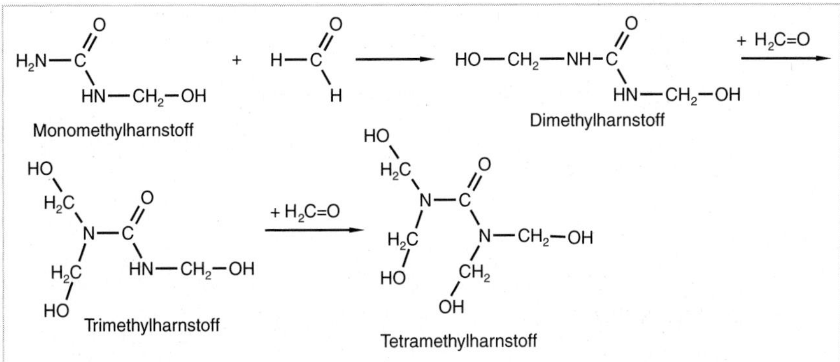

Bildung höher methylolierter Harnstoffe

Der Monomethylolharnstoff fällt bereits bei Raumtemperatur aus der neutralen wässerigen Lösung aus, wenn man Formaldehyd und Harnstoff im Verhältnis 1 : 1 zusammengibt. Auf die gleiche Weise wird der *Dimethylolharnstoff* beim Formaldehyd-Harnstoff-Verhältnis 2 : 1 erhalten. Bei größerem Formaldehyd-Überschuß werden Gemische aus Mono-bis- Tetramethylolharnstoff gebildet.

Diese *Methylolharnstoffe* sind im alkalischen Medium recht beständig. Unter sauren Bedingungen erfolgt jedoch rasche Kondensation zu höhermolekularen Produkten. Der erste Schritt dieser Kondensationsreaktion ist stets die Ausbildung eines Carboniumions durch Wasserabspaltung aus den Methylolharnstoffen (s. Schema).

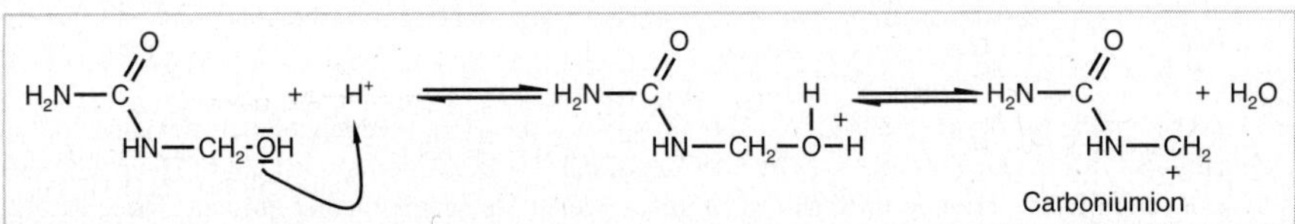

Bildung eines Carboniumions aus einem Methylolharnstoff

Diese Carboniumionen sind durch Ladungsverteilung wie in der Abbildung dargestellt stabilisiert.

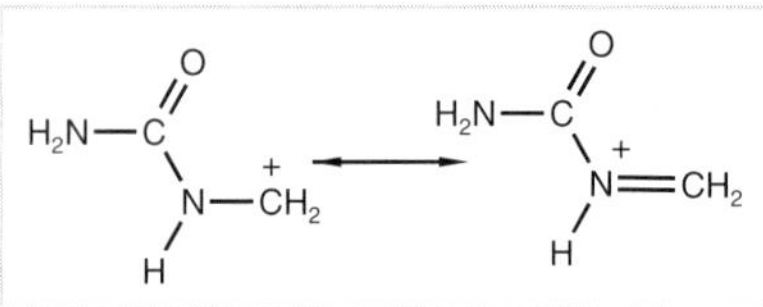

Mesomere Stabilisierung im Carboniumion

In der rechten Formel liegt außerdem ein konjugiertes Doppelbindungssystem vor. Diese ionischen Spezies spielen eine zentrale Rolle in der Aminoplastchemie, sie sind sozusagen Dreh- und Angelpunkt der ganzen Reaktionsvielfalt. An das kationische C-Atom können sich nämlich alle beliebigen Substrate, die über freie Elektronenpaare mit basischem Charakter verfügen, anlagern (Komponente HY in der eingangs angeführten Gleichung). Solche Spezies sind z. B. auch die im Additionsschritt zuvor gebildeten Methylolharnstoffe, die in der Lösung vorhanden sind und die ja u. a. über NH-Funktionen verfügen. Das aus Monomethylolharnstoff gebildete Kation kann also z. B. ein weiteres Molekül Monomethylolharnstoff wie im Schema dargestellt addieren.

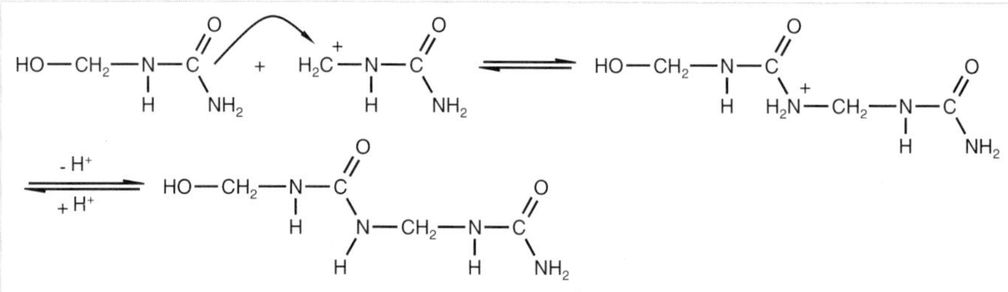

Additionen an die Carboniumionen = Wachstumsreaktionen der Aminoplastbildung

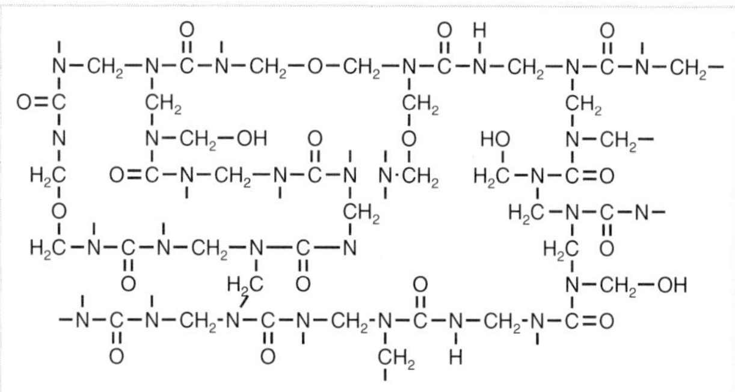

Ein möglicher Ausschnitt aus einem Aminoplast-Netzwerk

Der Monomethylolharnstoff kann anstatt mit dem primären Amid-N-Atom auch mit dem sekundären, hydroxymethylierten N-Atom angreifen. Außer über die beiden N-Atome hat er auch die Möglichkeit, über das O-Atom der Methylolgruppe in Reaktion zu treten, wobei ein Methylolether entsteht. Diese Reaktionsmöglichkeiten besitzen natürlich die Di-, Tri- und Tetramethylolharnstoffe ebenfalls, so daß sich eine außerordentliche Vielzahl der möglichen Reaktionen abzeichnet. Die entstehenden Oligomeren können die gleichen Reaktionen eingehen, so daß die Situation bald unkontrollierbar komplex wird. Es ist jedenfalls so, daß durch fortlaufende Kondensationsreaktionen langkettige und vernetzte Strukturen gebildet werden. Die Kondensate stellen also teils über Methylenbrücken verknüpfte Polyharnstoffe mit Methylolseitengruppen, teils über O-Atome verknüpfte Methylenharnstoffe, also Polyether dar. Ein Ausschnitt aus einem Aminoplast-Molekül ist in der oben gezeigten Abbildung dargestellt.

In gleicher Weise wie der Harnstoff reagiert auch der andere wichtige Ausgangsstoff zur Aminoplast-Gewinnung, das ↑ Melamin, mit Formaldehyd. Es liefert mit Formaldehyd Mono-bis *Hexamethylolmelamin* (s. Schema).

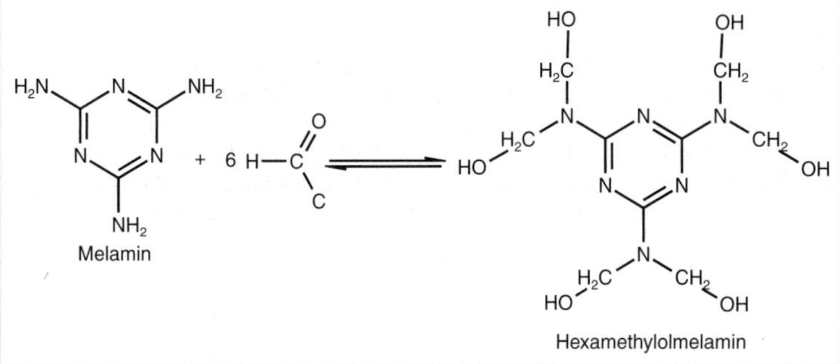

Bildung von Hexamethylolmelamin

Durch den Zusatz von Alkoholen (vorwiegend ↑ 1-Butanol) werden die Methylolgruppen verethert. Damit werden Vernetzungen zurückgedrängt und in organischen Lösungsmitteln lösliche Kondensate erhalten. Diese Kondensate können mit anderen OH- oder NH-funktionellen Harzen vermischt werden, so daß, besonders in der Hitze und unter saurer Katalyse, Umetherungen unter Vernetzung stattfinden können. Vor allem die Kombination mit Alkydharzen (s. ↑ Alkydharze) liefert dabei interessante Anwendungsmöglichkeiten auf dem Lack- und Beschichtungssektor (säurehärtende und *Einbrennlacke*).

Die technische Anwendung der Umsetzungsprodukte von Formaldehyd mit Harnstoff und/oder Melamin geht meist von den primären Addukten bzw. niedermolekularen Vorkondensaten aus. Die Anwendungsmöglichkeiten sind so vielfältig, daß sie hier nur in Stichworten angedeutet werden sollen. Das mengenmäßig bedeutendste Einsatzfeld bildet die Holzverarbeitung (*Holzleime*, Pressmassen). Wichtig ist auch die Papierverarbeitung (Imprägnierung, Schichtpressformteile). Ferner erfolgt Einsatz als Textilhilfsmittel (Knitter- und Quellfestigkeit) und in der Ledergerbung.

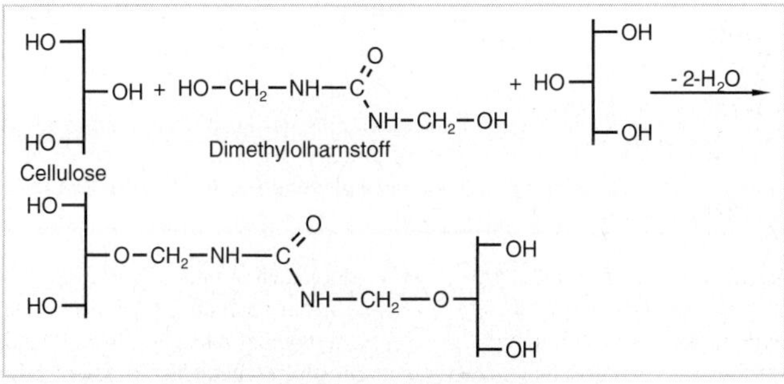

Faservernetzung durch Vorkondensate aus Methylolharnstoffen

Diese Anwendungen beruhen letztlich alle darauf, daß die Methylolgruppen der Vorkondensate mit den Hydroxyl- bzw. Aminogruppen der Naturfaserstoffe (Cellulose bzw. Proteine) unter Veretherung, Umetherung oder Aminierung reagieren und so zur Faservernetzung führen (s. oben gezeigte Abbildung)

Die technischen Eigenschaften von Aminoplast-Werkstoffen hängen sehr von den verwendeten Füllstoffen (z. B. ↑Cellulose, Textilfasern, Holzmehl, Gesteinsmehl, Glasfasern) ab, so daß sie kaum allgemein charakterisiert werden können. Diese Werkstoffe werden vor allem in der Elektrotechnik verwendet.

Als wichtige Verarbeitungsform seien noch *Aminoplast-Schaumstoffe* genannt. Werden Vorkondensate, vor allem des Melamins, mit Schaumbildnern intensiv verrührt, so lassen sich die dabei gebildeten Schäume katalytisch, durch Hitze oder einfach an der Luft zu sehr leichten Schaumstoffen verhärten, die als Isolierstoffe in der Kältetechnik und im Bausektor Bedeutung haben. Ferner gewinnen diese Schaumstoffe als Düngemittel in der Landwirtschaft an Bedeutung (Stickstoff-Depot).

Die Bedeutung der A. auf dem Lack- und Beschichtungssektor wird wesentlich erweitert durch die Kombinationsmöglichkeit mit Alkyd-, Polyester- und Epoxidharzen (Autolacke).

A. blähen sich beim Erhitzen auf und zersetzen sich unter Dunkelfärbung. Sie lassen sich schwer entzünden und brennen dann mit kleiner Flamme, die außerhalb der Brennerflamme erlischt, dabei tritt Geruch nach Aminen (fischähnlich) auf.

Ein qualitativer Nachweis von Harnstoffharzen kann wie folgt geführt werden: Eine kleine Probe wird mit glykolischer Kalilauge gekocht. Dabei entsteht Ammoniak, der sich durch Geruch und mit feuchtem rotem Lackmuspapier nachweisen läßt. Melaminharze und Polyamide stören den Nachweis nicht.

2-Aminopyridin

2-Aminopyridine

Bildet farblose blättchenförmige Kristalle, die sich in Wasser, Ethanol und den meisten anderen org. Solventien gut lösen.

A. wird am einfachsten hergestellt nach der 1915 gefundenen *Tschitschibabin-Synthese*, die die Einwirkung von ↑Natriumamid auf ↑Pyridin in flüssigem ↑Ammoniak oder Dimethylanilin in der Hitze beinhaltet. Der Charakter von Pyridin als elektronenarmer Aromat ermöglicht hier den nucleophilen Austausch eines Hydrid-Ions gegen das Amid-Ion nach einem *Additions-Eliminierungs-Mechanismus*. Das abgespaltene Hydrid-Ion entreißt der eingeführten Amino-Funktion ein Proton unter Bildung von Wasserstoff, sodaß das Reaktionsende am Aufhören der H_2-Entwicklung erkannt wird. Das entstehende Na-Salz des A. wird anschließend hydrolytisch zersetzt.

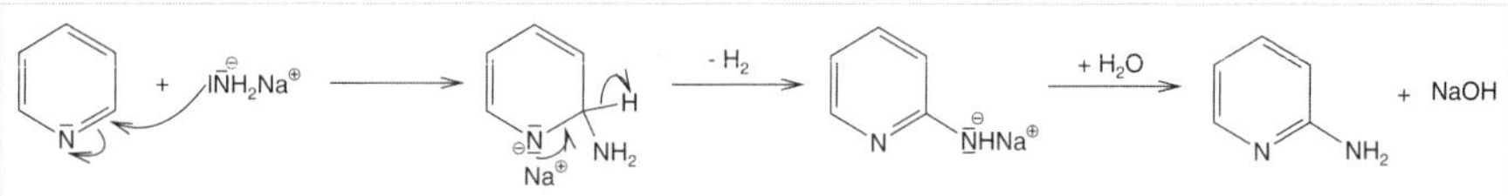

Tschitschibabin-Reaktion

Auf dieselbe Weise entsteht ferner *2,6-Diaminopyridin* und bei Blockierung der Positionen 2 und 6 das *4-Aminopyridin*. Nach dem gleichen Mechanismus kann mit ↑n-Butyllithium *2-Butylpyridin* und mit Phenyllithium *2-Phenylpyridin* gewonnen werden. Die *Aminopyridine* dienen als Synthesebausteine in Farbstoff- und Pharmazeutika-Synthesen.

$C_5H_6N_2$ $M_R = 94{,}12$ C 63,81 % H 6,43 % N 29,76 %

t_{Smp}	t_{Sdp}	d	η
58 °C	207 °C		

C_p	$\Delta_S H$	$\Delta_V H$	$\Delta_B H$	S^o	Q_C
			39 kJ/mol		−2864 kJ/mol

MAK	R-Satz	S-Satz
	21-25-36/37/38	26-36/37/39-45

Ammoniak

Ammonia

A. ist unter Normalbedingungen ein farbloses, stechend riechendes Gas, wesentlich leichter als Luft, welches sich zu einer klaren, leichtbeweglichen Flüssigkeit verdichten läßt, die schließlich zu farblosen Kristallen erstarrt (Daten s. Tabelle). Bei einem Druck von 9 bar läßt sich A. bereits bei Normaltemperatur verflüssigen und kommt so in Stahlflaschen in den Handel. Außerdem gelangt er in meist 25%iger wässeriger Lösung (ca. 14-molar) in den Handel. A. zeigt hohe Lösungstendenz in Wasser, die jedoch mit steigender Temperatur stark nachläßt (bei 0 °C 880 g/Liter, bei 100 °C nur noch 75 g/Liter). Die Dichten der Lösungen nehmen mit steigendem A.-Gehalt ab (s. Tabelle). A. löst sich auch gut in organischen Solventien, z. B. in Ethanol, Aceton oder Chloroform.

Gehalt (Gew.-%)	1	5	10	15	20	26	30
c (mol/l)	0,58	2,87	5,62	8,28	10,84	13,80	15,71
d (g/cm³)	0,996	0,979	0,958	0,941	0,925	0,906	0,894
Δ*t* (°C)	1,13	6,08	13,55	23,32	36,42	60,77	84,06

Gehalt, Molarität, Dichte und Gefrierpunkts-Erniedrigung von NH_3-Lösungen

$$3\,H_2 + N_2 \rightleftharpoons 2\,NH_3$$

Reaktionsgleichung des Haber-Bosch-Verfahrens

Der A. ist die wichtigste Wasserstoff-Verbindung des Stickstoffs (weitere N-H-Verbindungen s. unter ↑Hydrazin und ↑Stickstoffwasserstoffsäure) und wird im großtechnischen Maßstab weltweit fast ausschließlich nach der 1903-1913 entwickelten Elementsynthese (*Haber-Bosch-Verfahren*) hergestellt (s. Gleichung).

Hierzu wird das stöchiometrische Gasgemisch bei ca. 500 °C und etwa 200 bar an einem Katalysator (hauptsächlich α-Eisen und ↑Aluminiumoxid) in exothermer Reaktion umgesetzt. Zur Entwicklung dieses Verfahrens waren immense wissenschaftliche und technische Probleme zu lösen. Der Katalysator wurde von A. Mittasch aufgefunden. Andere technische Verfahren, wie z. B. das Serpek-Verfahren (s. unter ↑Aluminiumnitrid) spielen seitdem keine Rolle mehr.

Jährlich werden heute nach dem Haber-Bosch-Verfahren etwas über 100 Millionen Tonnen A. hergestellt. Die von Bakterien (s. unter ↑Stickstoff) im Boden erzeugte Menge liegt in gleicher Größenordnung.

Das Haber-Bosch-Verfahren ist wohl das bekannteste Beispiel für einen durch *Katalyse* ermöglichten Prozeß. Etwa 90 % aller technisch durchgeführten chemischen Verfahren nutzen die Wirkung von *Katalysatoren*, sodaß an zahlreichen Stellen dieses Buches Katalysatoren genannt werden. Es seien deshalb hier einige allgemeine Anmerkungen zur Katalysator-Funktion eingefügt.

Die Wirkung einer Katalyse kann zum einen darin bestehen, daß eine bestimmte Reaktion schneller unter milderen Bedingungen abläuft, zum anderen aber auch darin, daß nur ein bestimmter Vorgang unter mehreren möglichen bevorzugt vonstatten geht. Die Haupteinteilung der Katalyse-Reaktionen erfolgt nach der Art des Katalysators in *heterogene Katalyse*, *homogene Katalyse* und *Biokatalyse*. Auf das Reaktionsergebnis bezieht sich der Begriff *asymmetrische Katalyse*, durch die man eine *asymmetrische Synthese* erreicht, d. h. eine *enantiomerenreine Synthese*.

In der heterogenen Katalyse ist der Katalysator ein Feststoff, an dem die gelösten oder gasförmigen Reaktionskomponenten vorbeigeführt werden.

Von homogener Katalyse spricht man, wenn auch der Katalysator gelöst ist, sich also mit den Reaktanden in homogener Phase befindet. Der Katalysator ist hierbei in aller Regel ein gelöster Metallkomplex, an dessen Zentralatom sich die katalytische Wirkung vollzieht.

Als Biokatalyse bezeichnet man die sehr vielfältige spezifische Wirkung der Enzyme, also proteinischer, teils hochkomplexer Moleküle oder Aggregate, die die biochemischen Reaktionen ermöglichen. Die Katalyse findet dabei an einer bestimmten Stelle des Enzyms, als aktives Zentrum bezeichnet, statt, wobei dieses aktive Zentrum den *Übergangszustand* und damit die energiereichste Konstellation des Reaktionsweges stabilisiert.

Die Mehrzahl der katalysierten technischen Prozesse beruht heute noch auf der heterogenen Katalyse. Grundsätzlich vollzieht sich eine katalytische Wirkung an einer Oberfläche oder Peripherie.

Wie kann es nun zu einer Katalyse kommen? Generell ist eine Oberfläche ja auch eine Grenzfläche, wo nämlich ein Gittergefüge, hier das des Katalysators, endet. Die Atome und Moleküle der Grenzschicht sind nach einer Seite hinsichtlich ihrer polaren Kräfte nicht abgesättigt. Die Oberfläche fängt in die Nähe kommende Partikel ein, eine zunächst erfolgende Adsorption kann in eine *Chemisorption* übergehen. Diese kann so intensiv sein, daß sogar Elektronenübergänge stattfinden können und damit sind auch dramatische Umstrukturierungen in den sorbierten Molekülen möglich. So können z. B. zweiatomige Moleküle in Atome gespalten werden, ein Vorgang, der ansonsten hohe Temperaturen erfordern würde. Um solche speziellen Umwandlungen vollziehen zu können, bedarf es ganz spezifischer Oberflächenstrukturen, in denen meist auch nur bestimmte *aktive Zentren* wirksam sind. Hierbei kommt oft bestimmten Konturen, wie Kanten, Spitzen, Poren oder Defektstrukturen, besondere Bedeutung zu. In vielen Fällen kennt man die genauen Mechanismen einer bestimmten Katalysator-Wirkung, in den meisten Fällen aber eben noch nicht, sodaß die *Katalyse-Forschung* ein wichtiges Entwicklungsfeld ist, das große wirtschaftlichen Bedeutung besitzt (s. z. B. unter ↑ Styrol). Es lassen sich folgende allgemeinen Aussagen zur Wirkung eines Katalysators treffen:

- der Katalysator nimmt an der Reaktion nicht stöchiometrisch teil, er wird durch seine eigentliche katalytische Funktion nicht verändert, unterliegt aber stets einem gewissen Verschleiß
- der Katalysator beschleunigt die Hinreaktion in demselben Maße wie die Rückreaktion, d. h. das Gleichgewicht der Reaktion wird nicht verschoben
- die beschleunigende Wirkung des Katalysators erweckt summarisch den Eindruck, als würde die *Aktivierungsenergie* für die betreffende Reaktion einfach herabgesetzt. Man muß aber bedenken, daß zu der katalysierten Reaktion eine ganz andere Reaktions-Koordinate gehört. Man sagt daher besser, daß der Katalysator der Reaktion einen Pfad erlaubt, durch den dieser Eindruck erweckt wird.

Die labormäßige Gewinnung von A. kann z. B. durch Einwirkung von ↑ Natriumhydroxid auf ↑ Ammoniumchlorid erfolgen (s. Gleichung).

$$NH_4Cl + NaOH \longrightarrow NH_3\uparrow + H_2O + NaCl$$

Labormäßige Gewinnung von Ammoniak

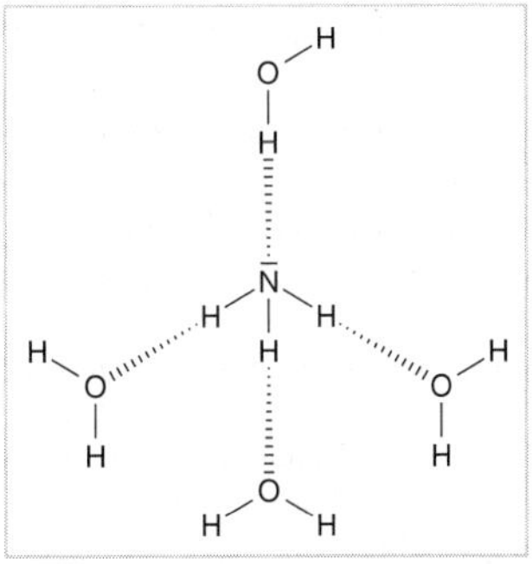

H-Brücken in wässeriger Ammoniak-Lösung

A. entsteht in tierischen Organismen im Zuge des Stoffwechsels beim Abbau N-haltiger körpereigener Stoffe (Aminosäuren und Pyrimidinbasen). Weiteres hierzu s. unten.

In den wässerigen Lösungen des A. sind starke Wasserstoff-Brückenbindungen (H-Brücken) wirksam, die mit ursächlich für die gute Wasserlöslichkeit sind (s. Abbildung).

Zu den H-Brücken-Bindungen s. unter ↑ Wasser. Durch Erwärmen läßt sich der A. gut aus den wässerigen Lösungen austreiben.

Die dominierende Eigenschaft des A. in Wasser ist seine alkalische Reaktion, die auf Protonen-Übertragung beruht (s. Gleichung).

$$NH_3 + H_2O \rightleftharpoons NH_4^+ + OH^- \quad K = 1{,}78 \cdot 10^{-5}$$

Basenwirkung des in Wasser gelösten Ammoniak

$$NH_3 + HCl \longrightarrow NH_4Cl$$

Nebelbildung – ein einfacher Labornachweis für Ammoniak

Wie auch aus der Gleichgewichtskonstante K hervorgeht, findet dieser Protonen-Übergang nur in geringem Ausmaß statt (Gleichgewicht weit links). Demzufolge besitzt eine 1-molare A.-Lösung (1,7 Gew.-%) nur einen pH-Wert von ca. 12. Die Basizität des A. bewirkt glatte Salzbildung mit Säuren die stärker als Wasser sind. So bildet sich beim Zusammentreffen von A. mit ↑ Chlorwasserstoff spontan ↑ Ammoniumchlorid unter Nebelbildung, ein Nachweis für A. (s. Gleichung).

Mit ↑ Schwefelsäure entsteht analog ↑ Ammoniumsulfat, mit ↑ Salpetersäure ↑ Ammoniumnitrat usw. Diese *Ammoniumsalze* sind gut wasserlöslich, ihre wässerigen Lösungen reagieren sauer (s. Gleichung).

$$NH_4^+ + H_2O \rightleftharpoons NH_3 + H_3O^+ \quad K=10^{-9}$$

Hydrolyse-Gleichgewicht in Ammoniumsalz-Lösungen

Das A.-Molekül ist pyramidal gebaut (das N-Atom an der Spitze, die drei H-Atome an den Ecken der Basisfläche). Bezieht man das freie Elektronenpaar mit in die Struktur ein, so bildet A. einen Tetraeder. Aus diesem Grunde, und auch wegen der starken Basizität, verursacht durch das freie Elektronenpaar (stark gerichtetes Orbital), kann man eine sp^3-Hybridisierung des N-Atoms annehmen. Interessant ist die Inversion des A.-Moleküls, bei der die N-H-Bindungen umklappen wie ein Regenschirm. Diese Inversion, die einem Hin- und Herschwingen des N-Atoms durch die Pyramidenbasis gleichkommt, vollzieht sich mit einer im Mikrowellenbereich liegenden Frequenz (*Ammoniak-Uhr*).

$$2\,NH_3 \rightleftharpoons NH_4^+ + NH_2^-$$

$$2\,H_2O \rightleftharpoons H_3O^+ + OH^-$$

Analoge Autoprotolysen in flüssigem Ammoniak und flüssigem Wasser

Flüssiges A. hat viele Ähnlichkeiten im physikalischen Verhalten mit Wasser (Wasserstoffbrücken, hohe Assoziation, hohe Dielektrizitätskonstante). Es finden analoge Autoprotolysen statt (s. Gleichungen).

A. besitzt dementsprechend gutes Lösungsvermögen für viele Salze aber auch für organische Verbindungen. Elektropositive Metalle (z. B. Alkalimetalle) werden ohne Wasserstoffentwicklung aufgelöst (blaue Lösungen, die Metallionen und solvatisierte Elektronen enthalten):

$$(x + y) \cdot NH_3 + Na \rightarrow Na^+(NH_3)_x + e^-(NH_3)_y$$

Mit diesen Lösungen wird die *Birch-Reduktion* durchgeführt, die die Reduktion von Aromaten zu den entsprechenden *1,4-Dihydroaromaten* beinhaltet (s. unter ↑ Tetrahydronaphtalin).

Stark ausgeprägt ist das Komplexbildungsvermögen des A. gegenüber vielen Übergangsmetallen (auch hier Ähnlichkeit zum Wasser), welches auf das freie Elektronenpaar des N-Atoms zurückzuführen ist.

$$2\,NH_3 + {}^{3}/_{2}\,O_2 \longrightarrow N_2 + 3\,H_2O$$

Verbrennung von Ammoniak ohne Katalysator

A. läßt sich verbrennen, und zwar in Gegenwart von Katalysatoren bei niedriger Temperatur zu Stickoxiden (s. Ostwald-Verfahren zur Herstellung von ↑ Salpetersäure) oder ohne Katalysator bei höherer Temperatur zu ↑ Stickstoff und Wasser (s. Gleichung).

Starke Oxidationsmittel (↑ Wasserstoffperoxid, Permanganate, ↑ Chlor usw.) liefern mit A. ebenfalls Stickstoff.

A. ist ein wichtiges Basisprodukt der chemischen Industrie. Es ist Ausgangsprodukt zur Herstellung von ↑ Harnstoff (durch Umsetzung mit ↑ Kohlenstoffdioxid), ↑ Natriumcarbonat (nach dem Solvay-Verfahren), ↑ Salpetersäure (nach dem Ostwald-Verfahren), die ja selbst chemische Grundstoffe darstellen. Mit A. werden ferner hergestellt die Ammoniumsalze (für Düngezwecke = 90 % der A.-Produktion), Amine, Amide, Nitrile, Cyanide. A. selbst wird technisch verwendet in Kältemaschinen (sehr hohe Verdampfungsenthalpie), als nichtwässeriges Lösungsmittel, als Schutzgas und beim Lichtpausen. Wässerige A.-Lösungen dienen zu Reinigungs- und Beizzwecken, zur Neutralisation und pH-Einstellung sowie zur Rauchgasreinigung.

A. besitzt erhebliche physiologische Bedeutung, da es im Körper der Tiere aus dem Abbau der N-haltigen Körpersubstanzen, also Aminosäuren und Stickstoffbasen, anfällt. Es stellt selbst ein starkes Zellgift dar und muß sofort entgiftet werden. Im Wirbeltierkörper wird es in den Geweben, wo es anfällt, an ↑ Glutaminsäure unter Bildung von ↑ Glutamin sowie an Pyruvat (↑ Brenztraubensäure) unter Bildung von ↑ Alanin gebunden, als Glutamin und Alanin im Blut zur Leber transportiert und in der Leber nach enzymatischer Abspaltung in den Harnstoff-Cyclus eingespeist, aus dem es in Form von ↑ Harnstoff in die Niere ausgeschleust und dann mit dem Harn ausgeschieden wird (s. unter ↑ Ornithin). Fische können den A. direkt über die Kiemen ausatmen, während Vögel A. in Form der ↑ Harnsäure entgiften.

Zur Analytik können die bereits genannten Reaktionen herangezogen werden (A.-Entwicklung mit ↑ Natriumhydroxid, Nebelbildung mit ↑ Salzsäure).

Wichtig ist der Nachweis mit „Nesslers Reagenz". *Nesslers Reagenz* erhält man durch Umsetzung von ↑ Quecksilber(II)chlorid mit ↑ Kaliumiodid, wobei sich zunächst rotes Quecksilber(II)iodid bildet, welches mit überschüssigen Iodid-Ionen farbloses komplexes Tetraiodomercurat ergibt (s. Schema). Letzteres ergibt in alkalischer Lösung bereits mit Spuren A. eine gelbe Färbung, weil sich das Iodid der Millonschen Base (gelb-braun) bildet (s. Gleichung).

$$2\,K_2[HgJ_4] + 3\,KOH + NH_3 \longrightarrow \underset{\text{Jodid der Millon-Base}}{[Hg_2N]J \cdot H_2O} + 7\,KJ + 2\,H_2O$$

Chemismus des Ammoniak-Nachweises mit Nesslers Reagenz

$$Hg^{2+} + 2\,J^- \longrightarrow HgJ_2\downarrow \xrightarrow{+2\,J^-} [HgJ_4]^{2-}$$

Herstellung von Nesslers Reagenz

Dieser Nachweis ist sehr empfindlich und dient auch zur quantitativen fotometrischen A.-Bestimmung. Der Nachweis von A. im Trinkwasser ist sehr wichtig, da sein Vorkommen auf dem Abbau von Stoffen tierischen Ursprungs (Exkremente, Verwesung) beruhen kann und somit gefährliche Verunreinigungen indiziert.

In Gewässern gelöste Ammonium-Salze (die unerwünschte Schadstoffe sind) können durch stets vorhandene autotrophe Bakterien zu Nitraten oxidiert werden (*Nitrifikation*). Dieser Nitrifikations-Prozess läßt sich aufspalten in eine *Nitritation* (durch *Nitrosomas*) und eine nachfolgende *Nitratation* (durch *Nitrobacter*). Die Nitrate wiederum können von Bakterien anaerob über mehrere Einzelreaktionen zu molekularem Stickstoff reduziert (*Denitrifikation*) werden (s. Schema).

$NH_4^+ + {}^3/_2\,O_2$	[Nitrosomas] →	$NO_2^- + H_2O + 2\,H^+$	Nitritation
$NO_2^- + {}^1/_2\,O_2$	[Nitrobacter] →	NO_3^-	Nitratation
$NH_4^+ + 2\,O_2$	→	$NO_3^- + H_2O + 2\,H^+$	Nitrifikation
$NO_3^- + 5\,H^+ + 5\,e^-$	→	$N_2 + 2\,H_2O + OH^-$	Denitrifikation

Bakterielle Umwandlung von Ammonium-Ionen in elementaren Stickstoff

► A. übt heftige Reizwirkung auf Haut und Schleimhäute aus. A. dringt sowohl gasförmig als auch in Lösung schnell in die Gewebe ein, so daß Verätzungen beträchtliche Tiefen erreichen können. Besonders die Augen sind sehr gefährdet.

H_3N $M_R = 17{,}03$ H 17,76 % N 82,24 %

t_{Smp}	t_{Sdp}	d	η		
−77,7 °C	−33,41 °C	0,000771 g/cm³			
C_p	$\Delta_S H$	$\Delta_V H$	$\Delta_B H$	S^o	Q_C
35,7 J/(K · mol)	5,65 kJ/mol	23,4 kJ/mol	−45,9 kJ/mol	192,8 J/(K · mol)	
t_{krit}	P_{krit}	d_{krit}	t_{trip}		
−132,35 °C	11,3 MPa				
MAK	R-Satz	S-Satz			
35 mg/m³	10-23-34-50	9-16-26-36/37/39-45-61			

Ammoniumacetat

Ammonium acetate

Bildet farblose, zerfließende Kristallnadeln, die sich in Wasser sehr gut mit neutraler Reaktion lösen und auch gut löslich sind in Ethanol.

A. kann hergestellt werden durch Neutralisation von ↑Essigsäure mit ↑Ammoniak oder mit ↑Ammoniumcarbonat (s. Gleichung).

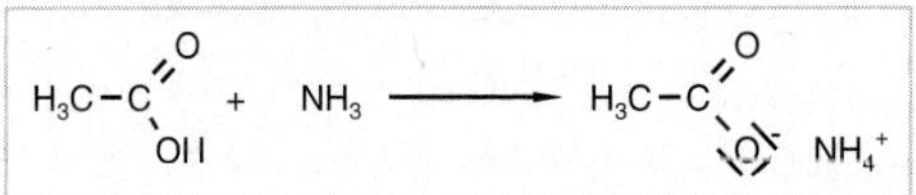

Ammoniumacetat-Herstellung: Neutralisation von Essigsäure mit Ammoniak

Bereits bim Eindampfen der wässerigen Lösung zerfällt es in Ammoniak und Essigsäure.

Eine A.-Lösung zeigt also beim Kochen zunehmende Acidität, was z. B. bei Färbeprozessen ausgenutzt wird. Erhitzt man A. längere Zeit auf über 100 °C, wandelt es sich in ↑Acetamid um.

A. wird medizinisch als Antiseptikum benutzt.

$C_2H_7NO_2$ $M_R = 77{,}08$ C 31,16 % H 9,15 % N 18,17 % O 41,51 %

t_{Smp}	t_{Sdp}	d	η
114 °C		1,07 g/cm³	

C_p	$\Delta_S H$	$\Delta_V H$	$\Delta_B H$	S^o	Q_C
			−616 kJ/mol		

Ammoniumbromid

Ammoniumbromide

A. bildet farb- und geruchlose Kristalle, die in Wasser gut löslich sind (in 100 g Wasser ca. 74 g A. bei 20 °C). In Methanol beträgt die Löslichkeit ca. 12 %.

$$NH_3 + HBr \longrightarrow NH_4^+\ Br^-$$

Bildung von Ammoniumbromid

A. kann gewonnen werden durch Umsetzung von Ammoniaklösung mit ↑ Bromwasserstoff oder durch Einwirkung von ↑ Brom auf überschüssige Ammoniaklösung. A. scheidet sich beim Einengen der so erhaltenen Lösungen ab (s. Gleichung).

A. sublimiert unter Normaldruck bereits bei 395 °C, wobei in der Dampfphase das A. vollständig in ↑ Ammoniak und Bromwasserstoff dissoziiert ist.

A. wird hauptsächlich bei der Herstellung lichtempfindlicher Schichten verwendet. Hierzu wird eine gelatinehaltige wässerige A.-Lösung mit einer gelatinehaltigen Silbernitratlösung vermischt, wobei das ↑ Silberbromid (der lichtempfindliche Bestandteil der Fotoschichten) mikrokristallin feinstverteilt und von der ↑ Gelatine als Schutzkolloid umgeben ausfällt. Das so erstarrende Gel läßt sich gut als Schicht auf Trägermaterialien (Papiere, Folien, Platten) aufbringen. A. wird desweiteren medizinisch in Kombinationspräparaten als Sedativum eingesetzt.

BrH_4N $M_R = 97{,}95$ Br 81,58 % H 4,12 % N 14,30 %

t_{Smp}	$t_{Sublimation}$	d	η
	395 °C (S)	2,4 g/cm³	

C_p	$\Delta_S H$	$\Delta_V H$	$\Delta_B H$	S^o	Q_C
96 J/(K · mol)			−270 kJ/mol	110 J/(K · mol)	

Ammoniumcarbonat

Ammonium carbonate

Bildet weiße glänzende Kristalle, die sich in Wasser von 20 °C zu etwa 20 % lösen, und unlöslich sind in Ethanol und Aceton. A. riecht intensiv nach ↑ Ammoniak.

A. ist das Diammonium-Salz der Kohlensäure und stellt nur eines der vielen möglichen Produkte aus der Umsetzung von Kohlenstoffdioxid mit Ammoniak in Gegenwart von Wasser dar. Die Reingewinnung ist deshalb auch nicht einfach und geschieht technisch durch Kondensation berechneter Volumina an Kohlenstoffdioxid, Ammoniak und Wasserdampf. Auf diese Weise läßt sich die Mitbildung von Hydrogencarbonat, Carbaminat oder von Gemischen beider mit A. vermeiden (s. Gleichung).

$$2\,NH_3 + CO_2 + H_2O \longrightarrow (NH_4)_2CO_3$$

Technische Herstellung von Ammoniumcarbonat

A. zerfällt schon bei Raumtemperatur an der Luft allmählich in *Ammoniumhydrogencarbonat* und Ammoniak (Ammoniakgeruch!). Das Hydrogencarbonat zerfällt beim Erwärmen (ab ca. 60 °C) weiter in ↑ Ammoniak, ↑ Kohlenstoffdioxid und Wasser.

$$(NH_4)_2CO_3 \xrightarrow{-NH_3} NH_4HCO_3 \xrightarrow{60\,°C} NH_3 + CO_2 + H_2O$$

Thermischer Zerfall von Ammoniumcarbonat

Aus diesem Grunde benutzt man A. als Treibmittel beim Backen, allerdings nur für Flachgebäck, damit der entstehende Ammoniak restlos ausgetrieben wird (das sog. *Hirschhornsalz* besteht größtenteils aus ↑ Ammoniumhydrogencarbonat und Ammoniumcarbamat). A. wird ferner auch als Treibmittel bei der Herstellung technischer Produkte (z. B. Schaumgummi) eingesetzt.

$CH_8N_2O_8$ $M_R = 114{,}10$ C 10,53 % H 7,07 % N 24,55 % O 42,07 %

$t_{Zersetzung}$	t_{Sdp}	d	η
58 °C (Z)			

C_p	$\Delta_S H$	$\Delta_V H$	$\Delta_B H$	S^o	Q_C
			−849 kJ/mol	121 J/(K · mol)	

Ammoniumchlorid

Ammonium chloride Salmiak

Bildet ein weißes kristallines Pulver, von dem sich bei 20 °C unter starker Abkühlung ca. 37 g in 100 ml Wasser lösen. In org. Solventien ist es kaum löslich. A. ist gut lagerfähig (kein Verbacken oder Zerfließen). Wässerige Lösungen von A. reagieren sauer (1 %ige Lösung pH 5,3).

Beim Erhitzen auf 338 °C verdampft (sublimiert) A., wobei der Dampf vollständig in ↑ Ammoniak und ↑ Chlorwasserstoff dissoziiert. A. kristallisiert im Cäsiumiodid-Gitter, welches sich bei 184 °C in das Kochsalz-Gitter umwandelt.

$$NH_3 + HCl \underset{338\,°C}{\rightleftharpoons} NH_4^+\,Cl^-$$

Bildung von Ammoniumchlorid

A. ist das wichtigste Ammoniumsalz. Es wird technisch als Nebenprodukt beim Solvay-Prozeß (s. unter ↑ Natriumcarbonat) erhalten. Im Labor kann es durch Vereinigung der Komponenten Ammoniak und Chlorwasserstoff dargestellt werden, wobei man von den Gasen oder wässerigen Lösungen (Neutralisation) ausgehen kann (s. Gleichung). Die Reinigung erfolgt am besten durch Sublimation. Unter bestimmten Bedingungen lassen sich große Kristalle (*Salmiakstein*) züchten.

Die Hauptmenge des A. wird als Elektrolyt in Trockenbatterien gebraucht. Bekannt ist auch die Verwendung von A. im *Lötsalz* oder *Lötstein*. Am heißen Lötkolben verdampft A., wobei es Chlorwasserstoff freisetzt, welcher besonders in Gegenwart des mitgebildeten Ammoniaks sehr wirksam Oxidschichten und andere Beläge auf der Metalloberfläche ablöst. Als Folge hiervon haftet das Lötzinn wesentlich besser am Lötkolben.

A. wird ferner in einer Vielzahl chemisch-technischer Prozesse eingesetzt. Medizinisch wird es z. B. in den *Salmiakpastillen* als schleimlösendes Präparat verwendet.

ClH_4N $M_R = 53{,}50$ Cl 66,28 % H 7,54 % N 26,19 %

t_{Smp}	$t_{Sublimation}$ 338 °C (S)	d 1,53 g/cm³	η		
C_p 86,7 J/(K · mol)	$\Delta_S H$	$\Delta_V H$	$\Delta_B H$ −315 kJ/mol	S^o 95 J/(K · mol)	Q_C
MAK	R-Satz 22-36	S-Satz 22			

Ammoniumdichromat

Ammonium dichromate

Bildet gelbrote geruchlose Kristalle, zu ca. 27 % löslich in Wasser von 20 °C. Löst sich auch in Methanol und wenig in Ethanol.

Man gewinnt A. durch doppelte Umsetzung von ↑ Natriumdichromat mit ↑ Ammoniumchlorid. Hierzu gibt man konzentrierte Lösungen beider Salze zusammen und erhitzt zum Sieden. Man filtriert vom ausgefallenen ↑ Natriumchlorid heiß ab. Beim Abkühlen fällt A. aus (s. Gleichung).

$$Na_2Cr_2O_7 + 2\,NH_4Cl \longrightarrow (NH_4)_2Cr_2O_7 + 2\,NaCl$$

Gewinnung von Ammoniumdichromat

Beim Erwärmen auf 180 °C zersetzt A. sich unter Feuererscheinung und starker Rauchbildung. Hierbei erfolgt zunächst eine thermische Abspaltung von ↑ Ammoniak, der vom ↑ Chrom(VI)oxid unter Feuererscheinung zum Stickstoff oxidiert wird (s. Gleichungen).

$$(NH_4)_2Cr_2O_7 \longrightarrow 2\,NH_3 + 2\,CrO_3 + H_2O$$

Thermischer Zerfall von Ammoniumdichromat

$$2\,CrO_3 + 2\,NH_3 \longrightarrow N_2 + 3\,H_2O + Cr_2O_3$$

Oxidation des entstehenden Ammoniak zum Stickstoff

Es handelt sich also um eine intramolekulare Redox-Reaktion. Diese Umsetzung läßt sich als Demonstration recht eindrucksvoll gestalten (Vulkan). A. wird in pyrotechnischen Erzeugnissen verwendet.

► A. ist gesundheitsschädlich. Es ist auch schlagempfindlich und gehört zu den Explosivstoffen. Mit org. Solventien kann heftige Reaktion erfolgen.

$Cr_2H_8N_2O_7$ $M_R = 252{,}07$, Cr 41,26 % H 3,20 % N 11,11 % O 44,43 %

t_{Smp}	t_{Sdp}	d 2,15 g/cm³	η		
C_p	$\Delta_S H$ 170 kJ/mol (Z)	$\Delta_V H$	$\Delta_B H$ −1790 kJ/mol	S^o	Q_C
MAK 0,05 mg/m³	R-Satz 8-36/37/38-40	S-Satz 53-45-60-61			

Ammoniumdihydrogenphosphat

Ammonium dihydrogen phosphate

Bildet farblose glänzende Kristalle, ist sehr beständig und zerfließt nicht. Die gesättigte wässerige Lösung enthält bei 20 °C ca. 27 Gew.-% A. und zeigt einen pH-Wert von 3,1.

Man gewinnt A. durch Neutralisation von ↑ Phosphorsäure mit der berechneten Menge ↑ Ammoniak und Einengen der Lösung (s. Gleichung).

$$H_3PO_4 + NH_3 \longrightarrow NH_4H_2PO_4$$

Ammoniumdihydrogenphosphat-Bildung

Technisch wird A. als Düngemittel sowie zur Flammfestausrüstung von Papier, Textilien und Anstrichen verwendet. Im Labor dient es als analytisches Reagenz.

H_6NO_4P $M_R = 115{,}02$ H 5,26 % N 12,18 % O 55,64 % P 26,93 %

t_{Smp}	t_{Sdp}	d	η
190 °C		1,80 g/cm³	

C_p	$\Delta_S H$	$\Delta_V H$	$\Delta_B H$	S^o	Q_C
142 J/(K · mol)			−1451 kJ/mol	152 J/(K · mol)	

Ammoniumeisen(III)citrat

Ammonium ferric citrate

Bildet ein grünes kristallines Pulver und ist in Wasser gut, in Ethanol kaum löslich.

Kann dargestellt werden durch Neutralisation von ↑ Citronensäure mit Eisen(III)hydroxid (s. unter ↑ Eisen) und ↑ Ammoniak. A. wird vornehmlich in der Fotographie zur *Fotosensibilisierung* verwendet. Tränkt man Materialien wie Textilien oder Holz in einer Lösung, die A., ↑ Weinsäure und ↑ Silbernitrat enthält, so sind die derartig imprägnierten Oberflächen lichtempfindlich. Belichtet man sie unter einem Negativ im Sonnenlicht, so wird darauf eine Kopie in bräunlichen Farbtönen erzeugt.

Die stöchiometrische Zusammensetzung ist nicht genau definiert. Die Gehalte können in etwa wie folgt angegeben werden: Citronensäure 75 %, Eisen 16 %, Ammoniak 8 %.

Ammoniumeisen(II)sulfat

Ammonium ferrous sulfate Mohrsches Salz

Bildet hellgrüne Kristalle, von denen sich in 100 ml Wasser bei 20 °C 27 g lösen (bei 0 °C 18 g, bei 80 °C 73 g).

A. kann hergestellt werden durch Zusammengeben heißgesättigter Lösungen von ↑ Eisen(II)sulfat und ↑ Ammoniumsulfat. Beim Abkühlen scheidet sich A. als Hexahydrat ab (s. Gleichung).

$$(NH_4)_2SO_4 + FeSO_4 \longrightarrow (NH_4)_2Fe(SO_4)_2$$

Bildung von Ammoniumeisen(II)sulfat

A. hat Bedeutung in der klassischen Analytik zur Einstellung von Maßlösungen (Permanganatometrie). Im Doppelsalz A. ist nämlich das Eisen(II)-Ion wesentlich stabiler als in den einfachen Eisen(II)salzen, in deren wässerigen Lösungen rasche Oxidation zu Eisen(III)salzen (braun) erfolgt.

$FeH_8N_2O_8S_2$ $M_R = 284{,}05$ Fe 19,66 % H 2,84 % N 9,86 % O 45,06 % S 22,58 %

Ammoniumeisen(III)sulfat

Ammonium ferric sulfate

Eisenalaun

$NH_4Fe(SO_4)_2 \cdot 12\ H_2O$

Ammoniumeisen(III)sulfat

Bildet blaßviolette, gut wasserlösliche Kristalle (27 g A. in 100 ml Wasser bei 20 °C). Eine 0,1 m Lösung zeigt den pH-Wert 2,5.

A. kann auf folgendem Wege hergestellt werden: man löst die stöchiometrischen Mengen ↑ Eisen(II)sulfat und ↑ Ammoniumsulfat in der gerade ausreichenden Menge verdünnter ↑ Schwefelsäure und oxidiert mit konzentrierter ↑ Salpetersäure das Fe(II) zu Fe(III). Beim Stehenlassen scheiden sich allmählich große oktaedrische Kristalle von A. als Dodecahydrat ab (s. Abbildung). Die Kristalle verwittern an der Luft. A. schmilzt bereits bei 37 °C und gibt ab 230 °C Kristallwasser ab. Man führt die violette Farbe auf spurenweise Verunreinigungen mit Mangan(II)salzen zurück. A. schmilzt bereits bei 37 °C und gibt ab 230 °C Kristallwasser ab.

$FeH_4NO_8S_2$ $M_R = 266{,}01$ (wasserfrei) Fe 20,99 % H 1,52 % N 5,27 % O 48,12 %

Ammoniumfluorid

Ammoniumfluoride

Bildet weiße, gut wasserlösliche Kristalle (bei 20 °C lösen sich 100 g/100 ml Wasser).

$$NH_3 + HF \longrightarrow NH_4^+\ F^-$$

Bildung von Ammoniumfluorid

Man erhält A. durch Einleiten von ↑ Ammoniak in eine warme wässerige Lösung von ↑ Fluorwasserstoff bis zur Sättigung an A. Beim Abkühlen kristallisiert A. aus (s. Gleichung).

Dampft man eine A.-Lösung ein, entweicht Ammoniak und es bildet sich ↑ Ammoniumhydrogendifluorid.

A. kristallisiert im Wurtzit-Gitter (eisähnliche Struktur, indem jedes Ammonium-Ion von 4 Fluorid-Ionen und jedes Fluorid-Ion von 4 Ammonium-Ionen umgeben ist, wobei zwischen jedem N,F-Paar eine H-Brücke liegt) und vermag mit Eis Mischkristalle zu bilden. Wird technisch als Elektrolytzusatz in der Metall-Oberflächenbehandlung eingesetzt.

► A. ist gesundheitsschädlich.

FH_4N $M_R = 37{,}04$ F 51,30 % H 10,89 % N 37,82 %

t_{Smp}	t_{Sdp}	d	η		
		1,01 g/cm³			
C_p	$\Delta_S H$	$\Delta_V H$	$\Delta_B H$	S^o	Q_C
65,3 J/(K · mol)			−464 kJ/mol	72 J/(K · mol)	
MAK	R-Satz	S-Satz			
2,5 mg/m³	23/24/25	26-45			

Ammoniumhydrogencarbonat

Ammonium bicarbonate

Weißes geruchloses kristallines Pulver, das in Wasser bei 20 °C zu 18 % löslich ist und unlöslich ist in Ethanol. Eine 0,1 m wässerige Lösung zeigt den pH-Wert 7,8.

A. wird erhalten durch Einleiten von ↑ Kohlenstoffdioxid in konz. Ammoniaklösung, wobei A. in gut filtrierbaren Kristallen anfällt (s. Gleichung).

$$NH_3 + CO_2 + H_2O \rightleftharpoons NH_4HCO_3$$

Bildung von Ammoniumhydrogencarbonat

A. zersetzt sich beim Erwärmen auf 60 °C in ↑ Ammoniak, Kohlenstoffdioxid und Wasser unter Umkehrung vorstehender Bildungsgleichung. Deshalb wird es technisch vielfach als rückstandsfreies *Treibmittel* verwendet. A. ist der Hauptbestandteil im „*Hirschhornsalz*".

CH_5NO_3 $M_R = 79{,}06$ C 15,19 % H 6,37 % N 17,72 % O 60,71 %

$t_{Zersetzung}$	t_{Sdp}	d	η		
> 36 °C (Z)		1,58 g/cm³			
C_p	$\Delta_S H$	$\Delta_V H$	$\Delta_B H$	S^o	Q_C
			−849 kJ/mol	−121 J/(K · mol)	

Ammoniumhydrogendifluorid

Ammonium hydrogen difluoride

Bildet weiße Kristalle, die bei 20 °C in Wasser zu 38 % löslich sind.

A. wird hergestellt durch Einleiten von ↑ Ammoniak in ↑ Fluorwasserstoffsäure (s. Gleichung). A. stellt eine Anlagerungsverbindung von ↑ Fluorwasserstoff an ↑ Ammoniumfluorid dar und ist die beständigste Verbindung des Ammonium-Ions mit Fluorid. Die wässerige Lösung reagiert sauer.

$$NH_3 + 2\,HF \longrightarrow NH_4HF_2 \mathrel{\hat{=}} NH_4F \cdot HF$$

Bildung von Ammoniumhydrogendifluorid

A. wird in verdünnter wässeriger Lösung zum matten Ätzen von Glas benutzt. Ferner dient es zur Rostentfernung auf Eisen (Umwandlung des Eisenoxids in farblose Eisenfluorokomplexe). A. ist auch Bestandteil von Steinreinigern und von Mitteln zur Metallpolierung (chemisch oder elektrolytisch).

► A. ist giftig.

F_2H_5N $M_R = 57{,}04$ F 66,61 % H 8,83 % N 24,56 %

t_{Smp}	t_{Sdp}	d	η
126 °C	239 °C	1,39 g/cm³	
MAK	R-Satz	S-Satz	
2,5 mg/m³	25-34	22-26-37-45	

Di-Ammoniumhydrogenphosphat

Diammonium hydrogen phosphate

Bildet farblose Kristalle, ist fast geruchslos und gut wasserlöslich (die bei 20 °C gesättigte Lösung enthält ca. 41 % A.). Die wässerige Lösung reagiert schwach alkalisch.

A. wird erhalten durch Neutralisation von ↑ Phosphorsäure mit der stöchiometrischen Menge Ammoniaklösung (s. Gleichung).

$$H_3PO_4 + 2\,NH_3 \longrightarrow (NH_4)_2HPO_4$$

Bildung von di-Ammoniumhydrogenphosphat

A. wird zum größten Teil zu Düngemitteln verarbeitet (N- und P-Träger). Desweiteren dient es als Flammschutzmittel. Streichhölzer werden mit A. imprägniert um das Nachglühen zu verhindern.

$H_9N_2O_4P$ $M_R = 132{,}06$ H 6,87 % N 21,21 % O 48,46 % P 23,45 %

$t_{Zersetzung}$	t_{Sdp}	d	η
185 °C (Z)		1,62 g/cm³	

C_p	$\Delta_S H$	$\Delta_V H$	$\Delta_B H$	S^o	Q_C
182 J/(K · mol)			−1574 kJ/mol		

Ammoniumhydrogensulfat

Ammonium hydrogen sulfate

Bildet farblose, leicht zerfließliche Kristalle, die sich in Wasser sehr gut (bei 20 °C ca. 100 g in 100 ml Wasser) mit stark saurer Reaktion (1m-Lösung ca. pH 1) lösen.

$$H_2SO_4 + NH_3 \longrightarrow NH_4HSO_4$$

Bildung von Ammoniumhydrogensulfat

A. wird gewonnen durch Neutralisation von ↑ Schwefelsäure mit der entsprechenden Menge ↑ Ammoniak (s. Gleichung). A. zersetzt sich beim Erhitzen ab 120° C

H_5NO_4S $M_R = 115{,}11$ H 4,38 % N 12,16 % O 55,60 % S 27,85 %

t_{Smp}	t_{Sdp}	d	η
		1,78 g/cm³	

Ammonium(hepta)molybdat

Ammonium molybdate

Bildet farblose, durchscheinende Kristalle, die in Wasser gut löslich sind (40 g/100 ml Wasser). An der Luft erfolgt allmähliche Verwitterung unter Ammoniakabgabe.

A. wird hergestellt durch Einwirkung von konzentrierter, heißer Ammoniaklösung auf ↑ Molybdän(VI)oxid. Aus der Lösung kristallisiert A. aus.

Zusammensetzung und Struktur von A. seien etwas näher erläutert. Läßt man auf Mo(VI)oxid starkes Alkali einwirken, so geht es in Lösung unter Bildung von *Molybdat* (s. Gleichung).

$$MoO_3 + 2\,OH^- \longrightarrow MoO_4^{2-} + H_2O$$

Molybdatbildung in stark alkalischer Lösung

Dieses in stark alkalischer Lösung vorliegende *Monomolybdat* ist tetraedrisch koordiniert und völlig analog zum Chromat. Durch Zugabe von Säure zu dieser Molybdatlösung erfolgt Kondensation der Molybdat-Moleküle. Im Falle des Chroms hört die Kondensation beim Dichromat auf (s. Gleichung).

$$2\,CrO_4^{2-} + 2\,H^+ \longrightarrow Cr_2O_7^{2-} + H_2O$$

Kondensation von Chromat zum Dichromat

Es ist jedoch eine charakteristische Besonderheit von ↑Molybdän (und auch von ↑Wolfram), daß nach Maßgabe des pH-Wertes diese Kondensation zu höheren Polyanionen fortschreitet, und zwar ist die einfachste, bisher festgestellte Kondensationsstufe das hier zu besprechende *Heptamolybdat*. Das heißt, es existiert zwischen dem einfachen Molybdat und dem Heptamolybdat keine isolierbare Zwischenstufe. Die *Heptamolybdatbildung* läßt sich durch die angegebene summarische Bildungsgleichung darstellen.

$$7\ MoO_4^{2-} + 8\ H^+ \rightleftharpoons Mo_7O_{24}^{6-} + 4\ H_2O$$

Summarische Bildungsgleichung für das Heptamolybdat

Das Heptamolybdat-Anion enthält also 7 Molybdän-Atome. Wie hat man sich den Bau dieses Moleküls vorzustellen? Alle Mo-Atome sind oktaedrisch koordiniert, d. h. jedes Mo-Atom ist mit 6 O-Atomen verbunden, die die Ecken eines Oktaeders bilden. Das Molekül besteht mithin aus 7 Oktaedern, in deren Mitten die Mo-Atome sitzen. Die Anordnung der Oktaeder versteht sich wie folgt: 6 Oktaeder sind miteinander zu einem Ring verbunden, wobei jeder Oktaeder mit seinen beiden Nachbarn je eine gemeinsame Kante ausbildet. In der Mitte dieses „Oktaederringes" sitzt das siebte Mo-Atom, welches mit den sechs Oktaedern je ein O-Atom (eine Ecke) gemeinsam hat und auf diese Weise ebenfalls einen Oktaeder bildet. Wie kann man sich diese Heptamolybdat-Bildung verständlich machen? Wie entsteht aus dem tetraedrischen Monomolybdat eine durchweg oktaedrische Spezies? Bei Erniedrigung des pH-Wertes einer Molybdatlösung erfolgt Protonierung und Wasseranlagerung (s. Schema).

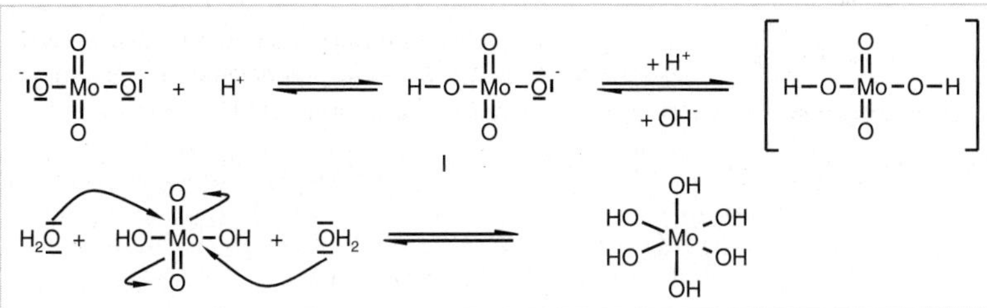

Bildung von nicht isolierbarem oktaedrischem Molybdän(VI)hydroxid

Das so entstehende *Molybdän(VI)hydroxid* ist oktaedrisch gebaut. Es ist jedoch nicht isolierbar, da es unter Kondensation weiterreagiert, und zwar mit der in gößerer Konzentration vorliegenden Spezies I (s. Gleichung).

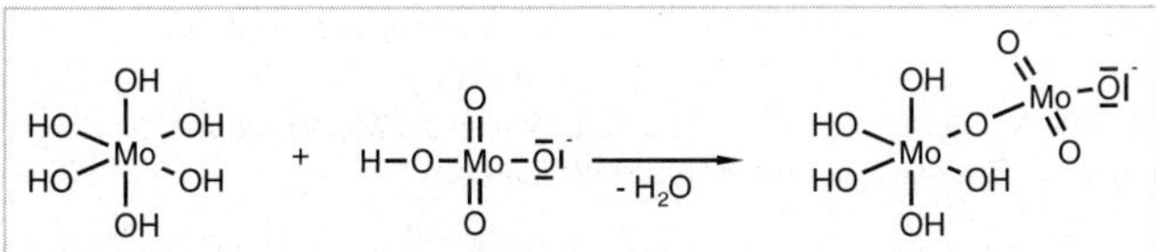

Kondensation von Molybdän(VI)hydroxid mit Molybdat

Dieser Kondensationsschritt kann sich auch mit den 5 übrigen OH-Gruppen vollziehen (s. Gleichung).

$$(OH)_5Mo{-}O{-}MoO_3^- + 5\ HMoO_4^- \xrightarrow[-5\ H_2O]{} \left[Mo({-}O{-}MoO_3)_6\right]^{6-}$$

Bildung einer (hypothetischen) Heptamolybdat-Zwischenstufe

Man erhält also ein Heptamolybdat, welches ein zentrales Mo-Atom enthält, das oktaedrisch über O-Atome mit 6 Monomolybdat-Tetraedern verknüpft ist. Damit erklärt sich, wieso gerade ein Heptamolybdat entsteht.

Es folgt nun die Ausbildung gemeinsamer Kanten in Verbindung mit der Umordnung von der Tetraeder- zur Oktaederstruktur. Diesen Vorgang kann man formelmäßig beispielhaft für die Ausbildung einer gemeinsamen Kante wie im Schema gezeigt darstellen.

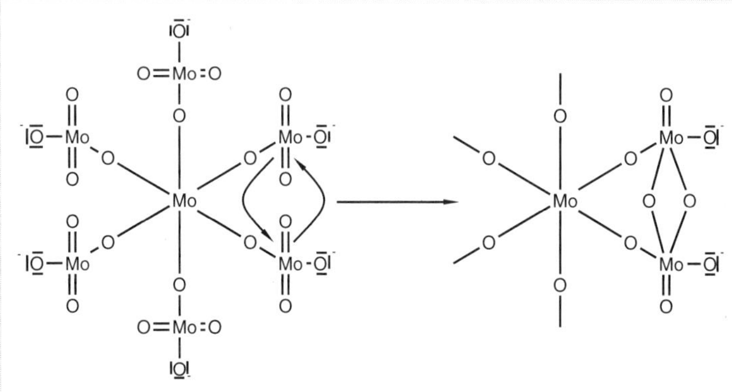

Ausbildung gemeinsamer Oktaederkanten

Läßt man die so skizzierte Umgruppierung „rundherum" geschehen, ergibt sich die Tetraeder-Oktaeder-Umlagerung und jeder „Ringoktaeder" bildet zwei gemeinsame Kanten aus. Diese Heptamolybdat-Bildung erfolgt also beim Ansäuern einer alkalischen Monomolybdat-Lösung bei pH ca. 6. Säuert man etwas stärker an, entsteht auch ein *Octamolybdat*. In noch stärker sauren Medien bilden sich auch höhere Molybdate. Alle Molybdate bilden in Lösung auch protonierte Formen und verschiedene Hydrate. In sehr saurer Lösung erfolgt wieder Spaltung der Kondensate und es entsteht schließlich das Kation MoO_2^{2+}. (Die hier wiedergegebenen Bildungsgleichungen für das Heptamolybdat sind idealisiert. Die wirklichen Vorgänge laufen komplexer ab und sind noch nicht in jeder Hinsicht eindeutig gesichert).

A. dient in der Technik als wichtiges Ausgangsmaterial für die Herstellung von Katalysatoren. In der Analytik hat A. Bedeutung als Reagenz für den *Phosphat-Nachweis*. Versetzt man eine Phosphat enthaltende Lösung, die mit ↑ Salpetersäure stark angesäuert ist, mit einigen Tropfen A.-Lösung, so bildet sich nach einiger Zeit ein leuchtend gelber Niederschlag, der das Ammoniumsalz der 12-Molybdatophosphorsäure (eine Heteropolysäure) darstellt (s.unter ↑ Molybdatophosphorsäure). A. spaltet ab 90 °C Wasser ab und zersetzt sich oberhalb 190 °C.

$H_{24}Mo_7N_6O_{24}$	$M_R = 1163{,}80$	H 2,08 %	Mo 57,71 %	N 7,22 %	O 32,99 %

t_{Smp}	t_{Sdp}	d	η
		2,50 g/cm³	

Ammoniumnitrat

Ammonium nitrate

Bildet farblose, an der Luft leicht zerfließliche Kristalle. Löst sich sehr gut in Wasser (bei 20 °C 65 %), wobei sich die Lösung stark abkühlt. Die Löslichkeit in Methanol beträgt ca. 20 %, in Ethanol ca. 4 %.

$$HNO_3 + NH_3 \longrightarrow NH_4NO_3$$

Bildung von Ammoniumnitrat

A. wird am einfachsten hergestellt durch Einleiten von ↑ Ammoniak in ca. 40%ige ↑ Salpetersäure (s. Gleichung), wobei starke Exothermie auftritt.

A. wird aufgrund seines hohen Stickstoffgehalts in sehr großen Mengen als Düngemittel verwendet. Hierbei wird es wegen seiner Neigung zum Zusammenbacken (in reiner Form) stets im Gemisch, meist mit ↑ Ammoniumsulfat oder Calciumsalzen eingesetzt. A. zersetzt sich bei Initialzündung explosionsartig, weshalb es auch in Sprengstoffen gebraucht wird. Der billigste und derzeit einen Marktanteil von 80 % einnehmende Sprengstoff ist eine Mischung von A. mit Dieselöl, als *ANFO-Sprengstoff* bezeichnet.

$$NH_4NO_3 \xrightarrow{\Delta} 2\,H_2O + N_2O$$

$$NH_4NO_3 \xrightarrow{\Delta} N_2 + {}^1/_2\,O_2 + 2\,H_2O$$

Zwei Arten des thermischen Zerfalls von Ammoniumnitrat

Bei Lagerung und Transport sehr großer Mengen von reinem A. sind in der Vergangenheit Explosionskatastrophen vorgekommen (z. B. 1947 im Hafen von Texas).

Erwärmt man A. langsam über den Schmelzpunkt hinaus, zerfällt es in Wasser und Distickstoffmonoxid (s. unter ↑ Stickstoffoxide), bei starkem Erhitzen zersetzt es sich zu ↑ Sauerstoff, ↑ Stickstoff und Wasser (s. Gleichungen).

Beide Zersetzungsreaktionen verlaufen exotherm.

► A. ist brandfördernd. Untersuchungen haben gezeigt, daß A. nur dann explosionsartig zerfällt, wenn organisches Material vorhanden ist oder wenn initial gezündet wird.

$H_4N_2O_3$ $M_R = 80{,}04$ H 5,04 % N 35,00 % O 59,97 %

t_{Smp}	t_{Sdp}	d	η		
170 °C		1,73 g/cm³			
C_p	$\Delta_S H$	$\Delta_V H$	$\Delta_B H$	S^o	Q_C
139 J/(K · mol)	6,40 kJ/mol		−365 kJ/mol	151 J/(K · mol)	
MAK	R-Satz	S-Satz			
	8	15-17			

Ammoniumperoxodisulfat

Ammonium peroxidisulfate Ammoniumpersulfat

Bildet ein weißes Kristallpulver. Löst sich sehr gut in Wasser (56 g/100 ml bei 20 °C) mit stark saurer Reaktion (1m-Lösung ca. pH 1,5).

Wird technisch hergestellt durch Elektrolyse von Ammoniumhydrogensulfat-Lösungen (s. Gleichung).

$$2\,NH_4HSO_4 \longrightarrow NH_4^+\ {}^-|\overline{\underline{O}}-SO_2-O-O-SO_2-\overline{\underline{O}}|^-\ NH_4^+ + H_2$$

Elektrolyse von Ammoniumhydrogensulfat zum Ammoniumperoxodisulfat

A. ist wie alle *Peroxodisulfate* ein starkes Oxidationsmittel. Die oxidierende Wirkung erfolgt durch Übergang von Persulfat in Hydrogensulfat (s. Gleichung).

$$S_2O_8^{2-} + 2\,H^+ + 2\,e^- \longrightarrow 2\,HSO_4^- \qquad E_0 = +\,2{,}01\ V$$

Oxidierende Wirkung von Peroxodisulfaten

Es wird zu Bleichzwecken und in der Elektronik zum Ätzen von Platinen verwendet. A. ist in fester Form sehr beständig. In wässeriger Lösung, besonders in der Wärme, erfolgt allmählich Zerfall in ↑ Schwefelsäure, ↑ Ammoniumsulfat und ↑ Wasserstoffperoxid, wobei die Peroxoschwefelsäure (Carosche ↑ Säure) als Zwischenstufe auftritt.

$H_8N_2O_8N_2$ $M_R = 228{,}20$ H 3,53 % N 12,28 % O 56,09 % S 28,10 %

$t_{Zersetzung}$	t_{Sdp}	d	η
120 °C (Z)		1,98 g/cm³	

C_p	$\Delta_S H$	$\Delta_V H$	$\Delta_B H$	S^o	Q_C
			−1643 kJ/mol		

MAK	R-Satz	S-Satz
	9	24/25-27

Ammoniumsulfat

Ammonium sulfate

Bildet farblose Kristalle, die nicht hygroskopisch sind und nicht zusammenbacken. Es löst sich gut in Wasser (73 g/100 ml bei 20 °C). Die wässerige Lösung reagiert schwach sauer. A. ist unlöslich in org. Solventien.

A. wird gewonnen durch Einleiten von ↑ Ammoniak in ↑ Schwefelsäure (stark exotherme Reaktion) und vorsichtiges Eindampfen der so erhaltenen Lösung (s. Gleichung).

$$H_2SO_4 + 2\,NH_3 \longrightarrow (NH_4)_2SO_4$$

Bildung von Ammoniumsulfat

A. läßt sich nicht unzersetzt schmelzen. Es entwickelt sich Ammoniak unter Hinterlassung einer Schmelze von ↑ Ammoniumhydrogensulfat.

A. wird in riesigen Mengen als Düngesalz verwendet. Es findet ferner Einsatz als Flammschutzmittel und dient als Stickstoffquelle in Nährlösungen zur Hefezüchtung.

$H_8N_2O_4S$ $M_R = 132{,}14$ H 6,10 % N 21,20 % O 48,43 % S 24,27 %

t_{Smp}	t_{Sdp}	d	η
513 °C		1,77 g/cm³	

C_p	$\Delta_S H$	$\Delta_V H$	$\Delta_B H$	S^o	Q_C
187,5 J/(K · mol)			−1181 kJ/mol	220 J/(K · mol)	

Ammoniumthiocyanat

Ammonium thiocyanate Ammoniumrhodanid

Bildet wasserklare Kristalle, die an der Luft zerfließen. Es ist sehr gut löslich in Wasser (über 160 g in 100 ml bei 20 °C) und in Ethanol.

A. wird erhalten durch Einwirkung von ↑ Ammoniak auf ↑ Schwefelkohlenstoff. Dabei entsteht auch das Ammoniumsalz der *Trithiokohlensäure* (s. Schema).

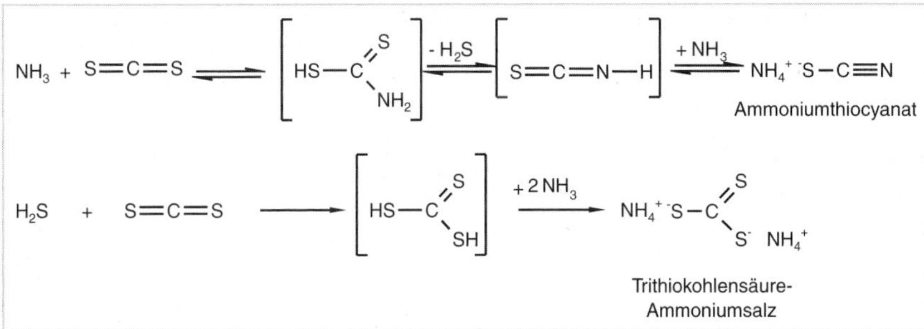

Umsetzung von Ammoniak mit Schwefelkohlenstoff, u. a. zu Ammoniumthiocyanat

A. lagert sich beim Erwärmen ab ca. 120 °C teilweise in ↑Thioharnstoff um. A. wird vor allem in Form seiner wässerigen Lösung als analytisches Reagenz, z. B. zum Eisen(III)-Nachweis, verwendet.

► Thiocyanate sind nicht nennenswert giftig.

CH_4N_2S $M_R = 76{,}12$ C 15,78 % H 5,30 % N 36,80 % S 42,12 %

t_{Smp}	$t_{Zersetzung}$	d	η
149 °C	> 170 °C (Z)	1,31 g/cm³	

C_p	$\Delta_S H$	$\Delta_V H$	$\Delta_B H$	S^o	Q_C
			−83,7 kJ/mol		

Ammoniumthiosulfat

Ammonium thiosulfate

Bildet farblose, glänzende Kristalle, die an der Luft zerfließen. Es löst sich in Wasser bei 20 °C zu 64 Gew.-% und ist in org. Solventien kaum löslich.

A. wird am besten hergestellt durch Umsetzung von ↑Schwefel mit *Ammoniumsulfit* (gewonnen durch Einleiten von ↑Schwefeldioxid in Ammoniaklösung) in ammoniakalischer Lösung in der Wärme (s. Schema).

$$NH_3 + H_2O + SO_2 \longrightarrow (NH_4)_2SO_3 \xrightarrow{S} (NH_4)_2S_2O_3$$

Herstellung von Ammoniumthiosulfat

A. zersetzt sich beim Erwärmen ab 150 °C in ↑Ammoniak, ↑Schwefelwasserstoff, ↑Ammoniumsulfat und Schwefel. In konzentrierter wässeriger Lösung zerfällt A. schon beim Erwärmen auf ca. 50 °C (Schwefelabscheidung).

A. dient in der Fotografie als *Schnellfixiersalz*, da es bedeutend schneller wirkt als ↑Natriumthiosulfat.

$H_8N_2O_3S_2$ $M_R = 148{,}20$ H 5,44 % N 18,90 % O 32,39 % S 43,27 %

t_{Smp}	t_{Sdp}	d	η
		1,68 g/cm³	

Ammonium(meta)vanadat

Ammonium vanadate

In reinem Zustand ein weißes kristallines Pulver. Handelsprodukte sind durch geringe Verunreinigungen mit Vanadiumpentoxid meist gelblich gefärbt. Löst sich sehr wenig in Wasser (in 100 ml bei 15 °C 0,52 g, bei 32 °C 1,0 g), ist jedoch gut löslich in Laugen.

A. wird am einfachsten erhalten, indem man eine Alkalivanadat-Lösung mit einem Überschuß an ↑ Ammoniumchlorid versetzt. Durch seine Schwerlöslichkeit fällt dabei A. aus und kann abfiltriert werden. A. dient jedoch meist selbst als Ausgangsprodukt zur Herstellung anderer Vanadiumverbindungen. A. setzt beim Erwärmen bereits ab ca. 50 °C ↑ Ammoniak frei. Beim trockenen starken Erhitzen geht A. in Vanadiumpentoxid (s. unter ↑ Vanadium) über (s. Gleichung).

$$2\,NH_4VO_3 \longrightarrow V_2O_5 + 2\,NH_3 + H_2O$$

Thermische Zersetzung von Ammoniumvanadat

Im festen Zustand bildet A. Ketten aus VO_4-Tetraedern, die über Ecken miteinander verknüpft sind (s. Abbildung).

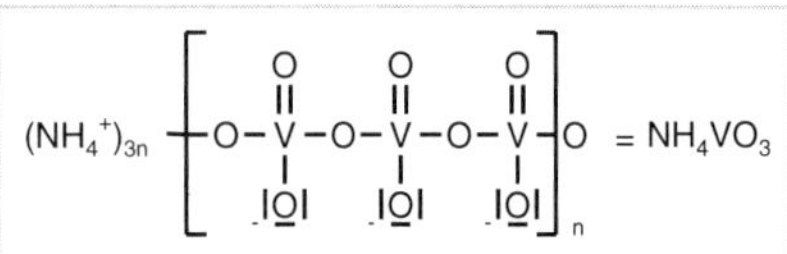

Struktur von Ammoniumvanadat im festen Zustand

Die Struktur der Vanadate in Lösung ist stark pH-abhängig. In stark alkalischer Lösung (oberhalb pH 13) liegen Ortho-Vanadat-Ionen VO_4^{3-} vor. Bei pH-Erniedrigungen erfolgt Kondensation zu Di-, Tri und Tetrameren (bis pH ca. 6).

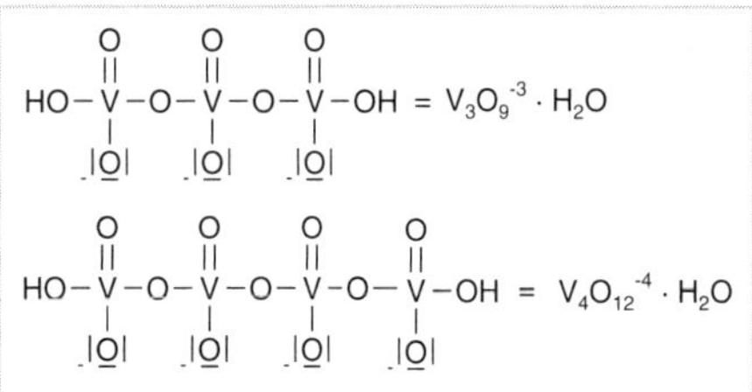

In schwach saurer Lösung bilden sich oligomere Vanadate

Zwischen pH 2 und 6 bilden sich verschieden protonierte Dekavanadate. In starker Säure schließlich findet man das VO_2^+-Kation.

Zur weiteren Chemie des Vanadiums s. unter ↑ Vanadium und seinen Verbindungen.

A. wird technisch in Färbeprozessen verwendet. Im Labor dient es als analytisches Reagenz.

H_4NO_3V $M_R = 116{,}98$ H 3,45 % N 11,97 % O 41,03 % V 43,55 %

$t_{Zersetzung}$	t_{Sdp}	d	η
200 °C (Z)		2,33 g/cm³	

C_p	$\Delta_S H$	$\Delta_V H$	$\Delta_B H$	S^o	Q_C
129,3 J/(K · mol)			−1051 kJ/mol	140,5 J/(K · mol)	

MAK	R-Satz	S-Satz
	25	

Amphetamin

Amphetamine, Benzedrine 1-Phenyl-2-aminopropan, β-Aminopropylbenzol

A. kann in einer *Leuckart-Wallach-Reaktion* hergestellt werden, die allgemein die *reduktive Alkylierung* von ↑ Ammoniak oder Aminen mit Aldehyden oder Ketonen beinhaltet, wobei als Reduktionsmittel die ↑ Ameisensäure dient. Die A.-Synthese erfolgt so durch Umsetzung von Phenylaceton mit Ammoniak in Gegenwart von Ameisensäure (s. Schema).

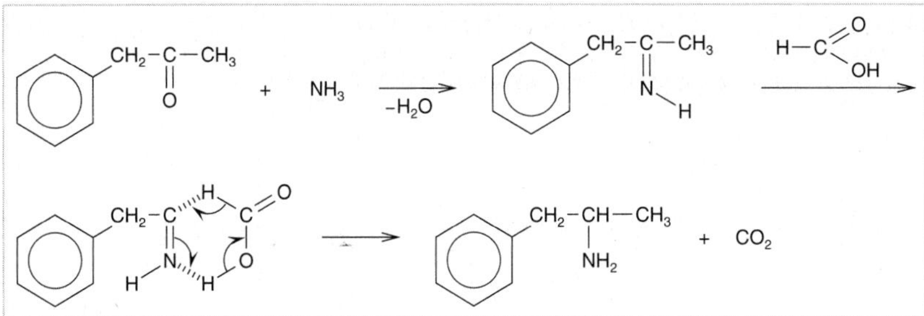

Leuckart-Wallach-Reaktion zur Herstellung von Amphetamin

Aus Ammoniak und Keton bildet sich zunächst das Aldimin, das in einem cyclischen Übergangszustand mit der Ameisensäure zum Amin reduziert wird. Die Leuckart-Wallach-Reaktion kann also auch als *reduktive Carbonylaminierung* gesehen werden. A. ist der ursprüngliche Vertreter der als *Amphetamine* (früher „*Weckamine*") bezeichneten Derivate von β-*Phenylethylamin.* Das N-Methyl-Derivat von A. ist das *Methamphetamin*, auch als *Pervitin* bezeichnet, dessen 3,4-Methylendioxy-Derivat die Droge *Ecstasy* darstellt (s. Abbildung).

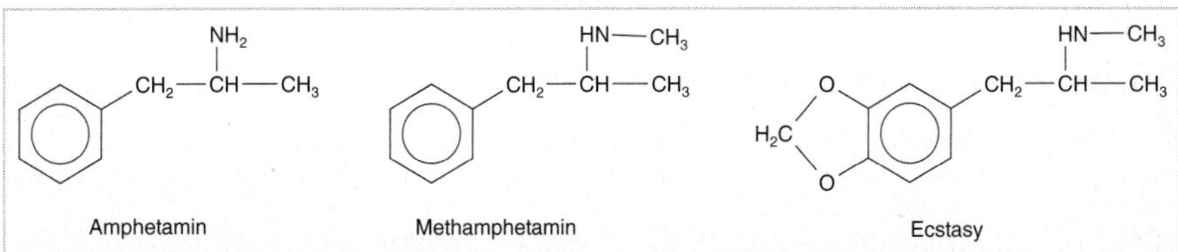

Strukturen von Amphetamin und Derivaten

Sie leiten sich von den Catecholaminen ↑ Adrenalin bzw. ↑ Noradrenalin und vom ↑ Ephedrin durch Wegfall der Hydroxylgruppen ab. Dieses Fehlen der Hydroxylgruppen bewirkt erhöhte Lipophilie und leichtere Überwindung der Blut-Hirn-Schranke.

Die A. agieren als (indirekte) Sympathomimetika (s. unter ↑ Acetylcholin), indem sie *Catecholamine* freisetzen. Sie erzeugen Euphorie, gesteigertes Selbstvertrauen, erhöhen geistige und körperliche Leistungsfähigkeit, allerdings nur vorübergehend, um danach zu Lethargie und Trübsinn zu führen. Auf diesem Wege (die Dosis muß wegen Wirkungsminderung gesteigert werden) führen die A. zur Abhängigkeit und sie unterliegen daher dem Betäubungsmittelgesetz.

Die A. sind des öfteren als Doping-Mittel mißbraucht worden. Teilweise unterdrücken die A. das Hungergefühl, weshalb sie auch in „Appetitzüglern" (Anorektika) Verwendung finden.

$C_9H_{13}N$ $M_R = 135{,}20$ C 79,95 % H 9,69 % N 10,36 %

t_{Smp}	t_{Sdp}	d	η
	203 °C	0,91 g/cm³	

Anethol

Anethole, 1-Methoxy-4-(1-propenyl)-benzol

Die beiden Isomeren cis- und trans-A. kommen in der Natur vor, das trans-Isomere jedoch stets als Hauptanteil. Es bildet farblose, intensiv nach Anis riechende und süßlich schmeckende Kristalle oder eine kristalline Masse, löst sich nicht in Wasser, aber gut in den üblichen org. Solventien.

A. bildet den Hauptbestandteil der aus den betreffenden Pflanzen durch Wasserdampf-Destillation gewonnenen etherischen Öle *Anisöl*, *Sternanisöl* und *Fenchelöl* (Anteile 80 – 95 %). Aus den Ölen kann es durch Ausfrieren gewonnen werden. Da der Bedarf aus den natürlichen Vorkommen nicht gedeckt wird, wird es synthetisch hergestellt, z. B. ausgehend von *Anisol* (*Methoxybenzol*, farblose, angenehm riechende Flüssigkeit vom Sdp. 154 °C, erhältlich durch Methylierung von ↑Phenol mit ↑Dimethylsulfat), das in einer Friedel-Crafts-Acylierung mit Propionsäurechlorid zum *4-Methoxypropiophenon* umgesetzt wird, welches anschließend zum Alkohol hydriert und der dann zum A. dehydratisiert wird (s. Schema).

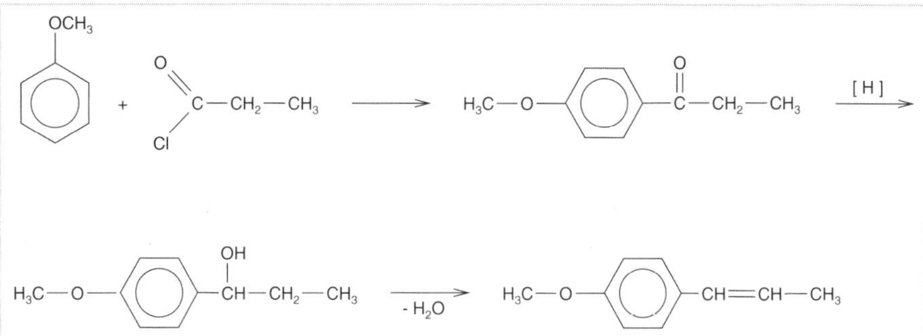

Synthese von Anethol

A. wird in großen Mengen zur Herstellung von Likören und Kosmetika verwendet. Präparativ dient es zur Herstellung von *Anisaldehyd* (*4-Methoxybenzaldehyd*, farbloses, nach Weißdorn riechendes Öl vom Sdp. 248 °C, das ebenfalls als Riechstoff verwendet wird).

$C_{10}H_{12}O$ $M_R = 148{,}20$ C 81,04 % H 8,16 % O 10,80 %

t_{Smp}	t_{Sdp}	d	η
21,4 °C	235 °C	0,99 g/cm³	

C_p	$\Delta_S H$	$\Delta_V H$	$\Delta_B H$	S^o	Q_C
					−5544 kJ/mol

MAK	R-Satz	S-Satz
	43	36/37

Anilin

Aniline, Benzenamine Aminobenzol

Eine in reinem Zustand farblose ölige Flüssigkeit mit charakteristisch-aromatischem Geruch. A. ist wasserdampfflüchtig und in Wasser nur wenig löslich (bei 20 °C ca. 3 g/100 ml), löst sich als schwache Base jedoch sehr gut in verdünnten Mineralsäuren. In den meisten org. Solventien ist A. gut löslich bzw. beliebig mischbar (z. B. mit Ethanol und Diethylether). A. färbt sich an Licht und Luft rasch dunkel, weil sich farbige Oxidationsprodukte bilden. Infolge des Elektronenzuges des aromatischen Ringes (s. unten) ist A. eine deutlich schwächere Base als die primären aliphatischen Amine. Eine 0,2 m wässerige Lösung zeigt den pH-Wert 8,1 (s. Gleichung).

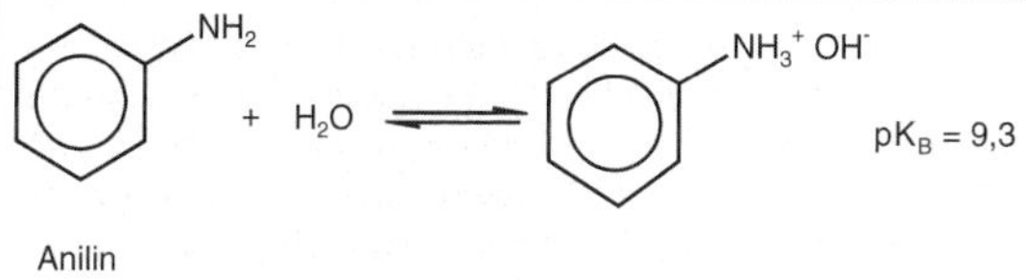

Basenwirkung von Anilin

A. bildet u. a. folgende Azeotrope:

Azeotrop-Komponenten	Zusammensetzung (Gew.-%)	Siedepunkt (°C)
A./o-Cresol	8,0/92,0	191,3
A./Glykol	76,0/24,0	180,6

A. wurde zu Anfang des 19. Jahrhunderts bei Abbaureaktionen am ↑ Indigo (Unverdorben, Fritzsche) sowie aus dem Steinkohlenteer (Runge) isoliert. Schließlich wurde es auch bei der Reduktion von ↑ Nitrobenzol erhalten. Als Perkin 1856 den Wert des A. als Ausgangsprodukt für Farbstoffsynthesen erkannte, begann eine rasche Entwicklung der A.-Chemie.

Auch heute noch ist die wichtigste Route der A.-Gewinnung die Reduktion des Nitrobenzols, die in der Vergangenheit fast ausschließlich durch Umsetzung mit ↑ Eisen in salzsaurer Lösung durchgeführt wurde, wobei das als Rotpigment wertvolle Eisenoxid anfiel (s. Gleichung), eine Reaktion, die als *Bechamp-Reduktion* bekannt ist.

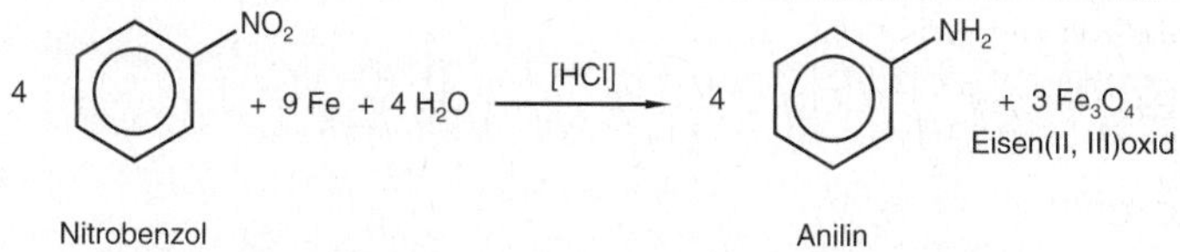

Frühere Anilin-Herstellung: Reduktion von Nitrobenzol mit Eisen (Bechamp-Reduktion)

Heute gewinnt die katalytische Hydrierung des Nitrobenzols an Kupfer-Kontakten zunehmende Bedeutung (s. Gleichung).

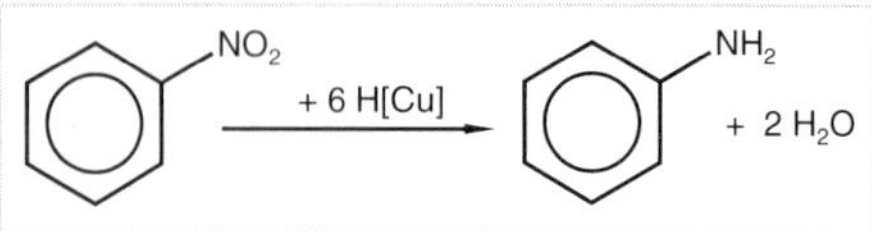

Heutiges Verfahren: Die katalytische Hydrierung von Nitrobenzol

Das chemische Verhalten des A. wird geprägt von der Aminogruppe sowie dem elektrophilen Substitutionen leicht zugänglichen aromatischen Kern. Reaktivitätsbestimmend ist dabei die Wechselwirkung zwischen Aminogruppe und Phenylrest, die sich in den gezeigten Mesomerie-Formulierungen ausdrücken läßt (s. Schema).

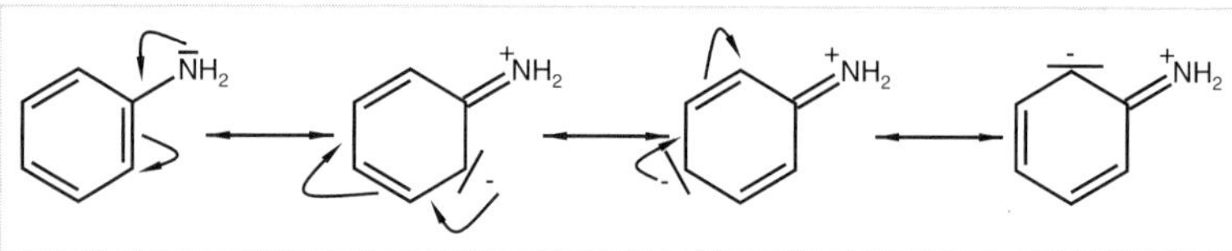

Mesomere Grenzstrukturen im Anilin-Molekül

Aus diesen geht hervor, daß der Phenylring infolge des +M-Effektes der Aminogruppe für elektrophile Substitutionen aktiviert ist (im Vergleich zum ↑ Benzol) und daß diese bevorzugt in den o- und p-Positionen erfolgen. Desweiteren ersieht man aus den Mesomerie-Grenzformeln, daß das freie Elektronenpaar des Amino-N-Atoms nur begrenzt zur Protonenaufnahme (Basenwirkung) zur Verfügung steht, womit sich die geringe Basizität erklärt.

A. ist ein bedeutendes Basisprodukt in organisch-chemischen Synthesen sowohl im Labor als auch in der Industrie. Wichtige Bereiche sind die Farbstoff- und Arzneimittel-Herstellung. Große Anteile des produzierten A. entfallen auf die Synthese von Stabilisatoren für Kautschukprodukte. Dabei werden sowohl Derivatisierungen an der Aminogruppe als auch Aromatensubstitutionen vorgenommen.

Eine besondere Bedeutung kommt hier der Diazotierung zu, wie sie unter ↑ Methylorange beschrieben ist. Dort ist auch die Azokupplung erörtert, eine wichtige Folgereaktion der Diazotierung, bei der die Diazogruppe im Molekül verbleibt. Die Reduktion führt zum ↑ Phenylhydrazin. Spaltet man aber die Diazogruppe gezielt als Stickstoff ab, eröffnet dies weitere Routen zu wertvollen Derivaten. Hier ist zunächst die *Verkochung* zu nennen, die thermische oder fotochemische N_2-Abspaltung in Gegenwart von Wasser oder Alkoholen, wobei die entsprechenden Phenole oder *Alkylarylether* entstehen. Der Stickstoff spaltet dabei ab unter Hinterlassung eines Phenylkations, an das sich das Wasser bzw. der Alkohol addiert. Führt man die N_2-Abspaltung in Anwesenheit von α,β-ungesättigten Carbonylverbindungen oder einfachen oder konjugierten Olefinen und Kupfer(II)chlorid durch, bilden sich Phenylradikale, die meist ein β-ständiges Proton substituieren, eine Reaktion, die als *Meerwein-Arylierung* bekannt ist (s. Schema).

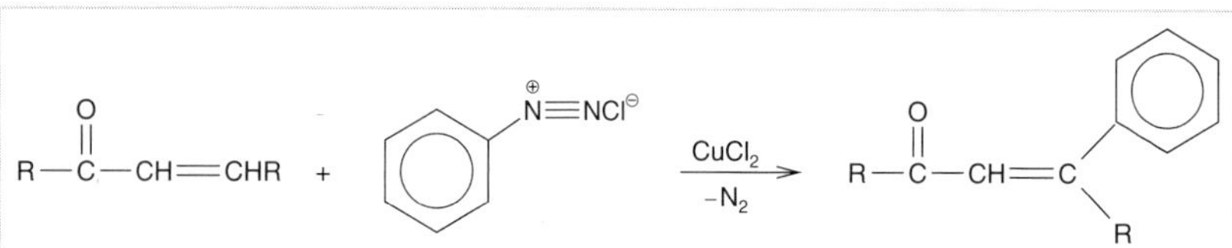

Meerwein-Arylierung

Ein radikalischer Ablauf wird auch in der wichtigen *Sandmeyer-Reaktion* erzwungen. Hierbei spaltet man Stickstoff ab in Gegenwart von Kupfer(I)-Salzen oder anderen Redox-Spezies. In radikalischen Kettenreaktionen werden die entsprechenden Substituenten gezielt in die Position der abgespaltenen Diazogruppe eingeführt (s Schema).

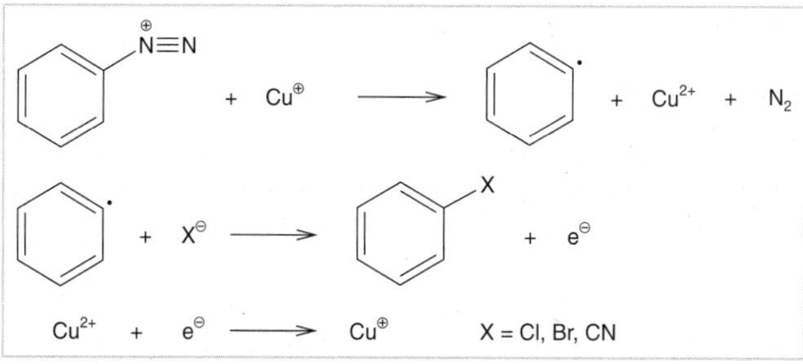

Sandmeyer-Reaktion

Das Iodid-Ion stellt sein eigenes Redox-System, sodaß die *Kern-Iodierung* ohne Cu(I)-Salz gelingt (s. Schema).

$$Ar{-}\overset{\oplus}{N}{\equiv}N \; + \; I^{\ominus} \longrightarrow Ar^{\bullet} \; + \; I \; + \; N_2$$

$$Ar^{\bullet} \; + \; I^{\ominus} \longrightarrow Ar{-}I \; + \; e^{\ominus}$$

$$I \; + \; e^{\ominus} \longrightarrow I^{\ominus}$$

Kern-Iodierung nach Sandmeyer

Über die Nitrogruppe lassen sich so (nach Reduktion und Diazotierung) die genannten Substituenten gezielt in den Kern einführen. Als Nebenprodukte können die entsprechenden Diaryle (durch Rekombination) entstehen. Die *Diaryl-Bildung* wird zur Hauptreaktion, wenn man im alkalischen Medium abspaltet in Gegenwart eines Aromaten. Das zunächst gebildete *Diazohydroxid* zerfällt zum Phenylradikal, das den Aromaten substituiert. Diese Umsetzung wird als *Gomberg-Bachmann-Arylierung* bezeichnet (s. Schema der Bildung von ↑ Biphenyl)

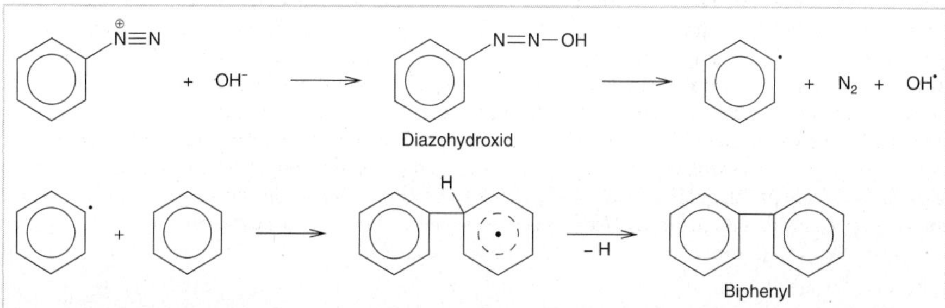

Gomberg-Bachmann-Arylierung

► A. ist ein starkes Blut- und Nervengift. Einatmung und Hautkontakt sind unbedingt zu vermeiden.

C_6H_7N $M_R = 93{,}12$ C 77,38 % H 7,58 % N 15.04 %

t_{Smp}	t_{Sdp}	d	η
−6 °C	184 °C	1,02 g/cm³	4,40 mPa · s

C_p	$\Delta_S H$	$\Delta_V H$	$\Delta_B H$	S^o	Q_C
191 J/(K · mol)	10,5 kJ/mol	42,4 kJ/mol	31 kJ/mol	191 J/(K · mol)	−3393 kJ/mol

t_{krit}	P_{krit}	d_{krit}	t_{trip}
426 °C			

MAK	R-Satz	S-Satz
8 mg/m³	20/21/22-40-48/23/24/25-50	28-36/37-45-61

Anthracen

Anthracene

Reines A. kristallisiert in farblosen Blättchen und zeigt im UV-Licht sowohl in fester Form als auch in Lösung eine intensiv blauviolette Fluoreszenz. A. ist in Wasser und den meisten org. Solventien kaum löslich, lediglich in siedendem Chloroform oder Benzol geht es teilweise in Lösung.

Die Quelle für A. stellt der Steinkohlenteer dar, in dem es auch 1832 erstmals gefunden wurde. Wird *Steinkohle* unter Luftausschluß auf über 1000 °C erhitzt, so erhält man drei Fraktionen: eine gasförmige (als *Leuchtgas* bezeichnet), eine flüssige (der sog. *Steinkohlenteer*) und einen festen Rückstand, der den *Koks* darstellt, welcher hauptsächlich aus ↑ Kohlenstoff besteht. Der gesamte Vorgang wird deshalb auch als „*Verkokung*" bezeichnet. Die Ausbeute an Steinkohlenteer beträgt ca. 3 % des Gewichts der Kohle. Der Steinkohlenteer wird nochmals in Fraktionen mit verschiedenen Siedebereichen aufgetrennt. Aus der höchstsiedenden Fraktion (280–340 °C), dem *Anthracenöl*, kristallisiert das Anthracen aus, das etwa 40 % des Anthracenöls ausmacht.

A. ist ein linear annellierter aromatischer Kohlenwasserstoff, in welchem sich nur einer der drei Sechsringe als echter Benzolring formulieren läßt. Gemäß der dargestellten Formeln besteht Elektronen-Delokalisierung (Mesomerie) über das ganze Molekül, die sich nach Clar am besten entsprechend (d) symbolisiert (s. Schema).

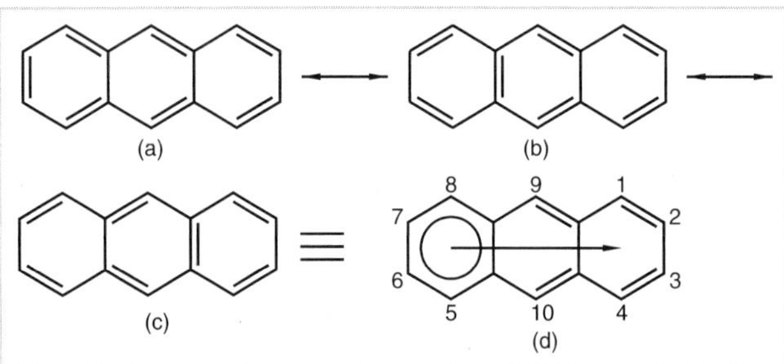

Mesomere Grenzstrukturen im Anthracen und die Darstellung nach Clar

Die Positionen im A. werden nach der in (d) angegebenen Bezifferung benannt. Beim A. sind drei verschiedene Mono- und 15 Disubstitutionsprodukte (mit identischen Substituenten) möglich.

A. reagiert bevorzugt in den Positionen 9 und 10, wobei die beiden äußeren Ringe zu benzoiden Systemen werden. Erwähnenswert ist die Diels-Alder-Addition, die über die C-Atome 9, 10 verläuft, und mit intermediär erzeugtem Dehydrobenzol z. B. zum *Triptycen* führt.

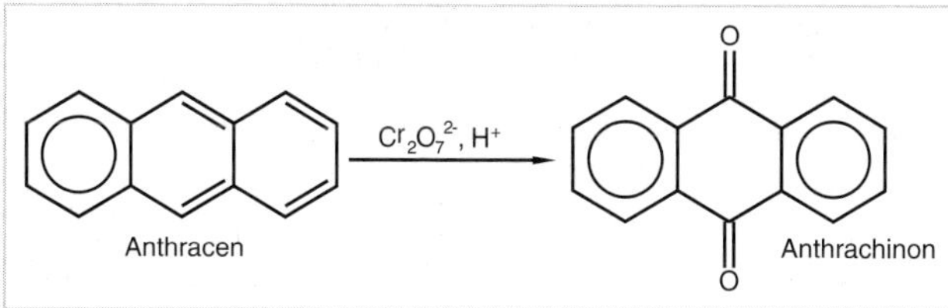

Oxidation von Anthracen zu Anthrachinon

Präparativ am bedeutsamsten ist die leichte Oxidierbarkeit des A. zu ↑ Anthrachinon. Diese Oxidation wird im Labor am einfachsten mit Dichromat in verdünnter Schwefelsäure durchgeführt (s. Schema). Diese Reaktion stellt auch die Hauptanwendung des A. dar.

► A. ist gesundheitsschädlich

$C_{14}H_{10}$	$M_R = 178{,}24$	C 94,34 %	H 5,66 %		
t_{Smp} 216 °C	t_{Sdp} 340 °C	d	η		
C_p 211 J/(K · mol)	$\Delta_S H$ 29 kJ/mol	$\Delta_{Sub} H$ 100 kJ/mol (S)	$\Delta_B H$ 126 kJ/mol	S^o 207 J/(K · mol)	Q_C −7063 kJ/mol
MAK	R-Satz 20/21/22-42/43	S-Satz 22-24			

Anthrachinon

Anthraquinone

Bildet hellgelbe Kristalle, die sich in Wasser oder org. Solventien nicht lösen. Löslich ist A. lediglich in Schwefelsäure und siedendem Benzol. A. sublimiert leicht und ist auf diese Weise gut zu reinigen.

A. wird am einfachsten gewonnen durch Oxidation von ↑ Anthracen. Bedeutung, besonders zur Herstellung substituierter Anthrachinone, hat eine Synthese ausgehend von ↑ Phthalsäureanhydrid und ↑ Benzol. In Gegenwart von ↑ Aluminiumchlorid werden beide in einer Friedel-Crafts-Reaktion zur *o-Benzoylbenzoesäure* umgesetzt. Diese wird dann mit konz. ↑ Schwefelsäure zu A. cyclokondensiert (s. Schema).

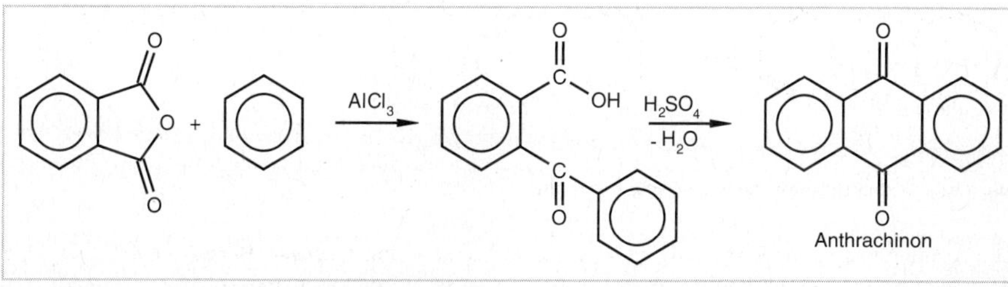

Eine Syntheseroute auch für substituierte Anthrachinone

A. ist thermisch und chemisch bemerkenswert stabil. Es hat kaum Chinon- und auch keinen Ketoncharakter. Oxidativ ist A. kaum zu verändern. Substitutionen verlaufen nur unter extremen Bedingungen (die Sulfonierung mit rauchender Schwefelsäure in der Hitze erfolgt in 2-Stellung, in Gegenwart von Quecksilber(II) jedoch ausschließlich in 1-Stellung).

Lediglich Reduktionen verlaufen leichter. Durch ↑Natriumdithionit wird in Natronlauge suspendiertes A. in die tiefrote Lösung des Na-Salzes von *Anthrahydrochinon* überführt (s. Schema).

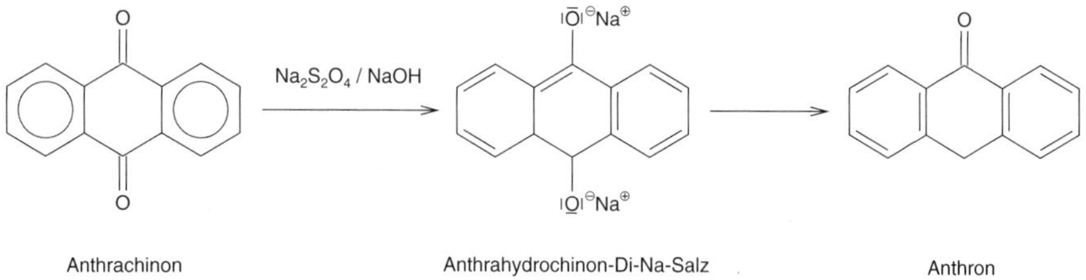

Reduktion zu Anthrahydrochinon

Beim Einschütteln von Luft (Sauerstoff) erfolgt wieder Entfärbung durch Oxidation zu A. Die rote Lösung stellt eine Küpe dar (s. unter ↑Indigo). Die beschriebene Reduktion liegt allen Verküpungen der Anthrachinon-Küpenfarbstoffe zugrunde. Erhitzt man die genannte rote Lösung mit überschüssigem Dithionit, erfolgt weitere Reduktion zum *Anthron*. Anthron wird zur *Bestimmung von Kohlenhydraten* verwendet.

A. hat große Bedeutung als Ausgangsstoff für die Synthese der breiten Palette wichtiger Anthrachinon-Farbstoffe. Einige natürliche Farbstoffe stammen ebenfalls aus der Anthrachinon-Reihe, so z. B. ↑Emodin, ↑Hypericin oder ↑Carminsäure.

► A. wirkt hautreizend.

$C_{14}H_8O_2$ $M_R = 208{,}22$ C 80,76 % H 3,87 % O 15,37 %

t_{Smp}	t_{Sdp}	d	η		
286 °C	380 °C				
C_p	$\Delta_S H$	$\Delta_{Sub} H$	$\Delta_B H$	S^o	Q_C
240 J/(K · mol)	32,6 kJ/mol	98 kJ/mol (S)	−188 kJ/mol		−6464 kJ/mol

Anthranilsäure

o-Aminobenzoic acid, Anthranilic acid 2-Amino-benzoesäure

Bildet farblose Kristalle, ist in Wasser wenig, in Ethanol zu ca. 10 % löslich. Ist gut löslich in Säuren und Laugen.

A. wird technisch hergestellt durch Umsetzung von ↑Phthalsäureimid mit alkalischer Natriumhypochlorit-Lösung. Diese Umsetzung ist ein technisch wichtiges Beispiel für den *Hofmann-Säureamid-Abbau*, der den Abbau eines Säureamids zu dem um ein C-Atom leichteren Amin beinhaltet. Auf das Amid läßt man Hypohalogenit einwirken. Dann erfolgt auf dem im Schema gezeigten Wege die Bildung eines Isocyanats, das nach Wasseranlagerung über die Stufe der Carbamidsäure zerfällt in Kohlenstoffdioxid und Amin (s. Schema).

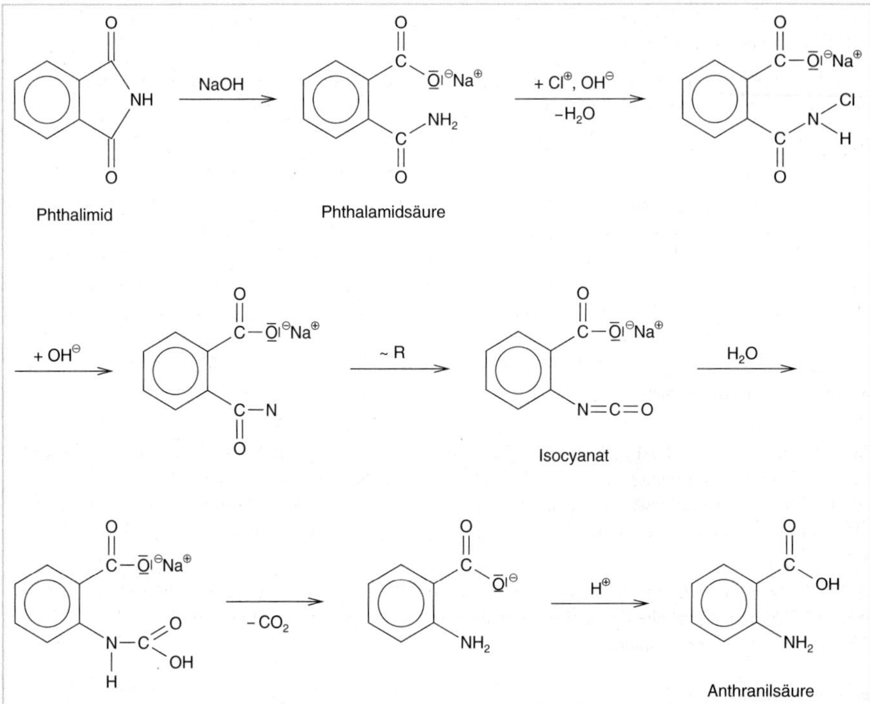

Herstellung von Anthranilsäure durch Hofmann-Säureamid-Abbau

A. besitzt erhebliche präparative Bedeutung, z. B. als Ausgangsprodukt für die Indigo-Synthese (2. Heumannsche Synthese, s. unter ↑ Indigo).

Der *Anthranilsäuremethylester* kommt in einigen Pflanzen, z. B. in den Orangen- und Jasminblättern vor und riecht intensiv nach Orangenblüten. Er kann leicht aus A. durch Veresterung mit ↑ Methanol unter saurer Katalyse hergestellt werden und wird in der Parfümerie zur Herstellung von künstlichem Neroliöl verwendet.

Zu erwähnen ist ferner die Anwendung von A. in der Analytik. A. bildet schwerlösliche Chelatkomplexe mit vielen Schwermetallionen (besonders Cd, Zn, Ni, Cu, Pb, Hg) und kann deshalb zu deren Abtrennung eingesetzt werden.

► A. passiert den Tierkörper unverändert und hat deshalb keinen toxischen Charakter.

$C_7H_7NO_2$ $M_R = 137{,}14$ C 61,31 % H 5,14 % N 10,21 % O 23,33 %

t_{Smp}	t_{Sdp}	d	η
146 °C		1,37 g/cm³	

C_p	$\Delta_S H$	$\Delta_{Sub} H$	$\Delta_B H$	S^o	Q_C
165 J/(K · mol)	20,4 kJ/mol	100 kJ/mol (S)	−401 kJ/mol		−3353 kJ/mol

Antimon

Antimony, Stibium Sb

Sb ist ein metallisches chemisches Element von dem zwar mehrere Modifikationen bekannt sind, die einzige stabile ist jedoch die kristalline metallische Form. In dieser stellt A. ein silberglänzendes, sprödes Metall dar, welches entweder in glänzenden Blättchen oder in körnigen Kristallen in den Handel kommt, und das sich wegen seiner geringen Härte im Mörser gut pulverisieren läßt. Sb verändert sich an der Luft oder in Wasser nicht (kein Anlaufen) und wird von nichtoxidierenden Säuren nicht angegriffen (gemäß seiner Stellung in der Spannungsreihe). In Salpetersäure erfolgt je nach deren Konzentration Oxidation zu Sb(III) bzw. Sb(V), wobei die entsprechenden Oxidhydrate ausfallen. Erhitzt man Sb an der Luft über seinen Schmelzpunkt hinaus, verbrennt es mit weißer Flamme zu ↑ Antimon(III)oxid.

Sb beteiligt sich am Aufbau der Erdrinde zu 0,00003 %. Dabei kommt es zwar auch elementar vor, zum größten Teil jedoch in Erzen in sulfidischer oder oxidischer Bindung. Die größte Bedeutung kommt hier dem ↑ Antimon(III)sulfid, als Grauspießglanz bezeichnet, zu. Daraus wird das Metall entweder durch Umsetzung mit ↑ Eisen (Bildung von ↑ Eisen(II)sulfid) oder durch Rösten zum Tetroxid und dessen Reduktion mit Kohle gewonnen.

Im A.-Kristall sind gewellte Schichten übereinandergelagert, die ihrerseits aus Sechsringen von Sb-Atomen bestehen (Sesselkonformation der Sechsringe).

Sb gehört zur 5. Hauptgruppe des PSE und besitzt gemäß seiner Stellung in der 5. Periode die Elektronenkonfiguration $1s^2\ 2s^2\ 2p^6\ 3s^2\ 3p^6\ 3d^{10}\ 4s^2\ 4p^6\ 4d^{10}\ 5s^2\ 5p^3$ oder (Kr) $4d^{10}\ 5s^2\ 5p^3$, Grundterm $^4S_{3/2}$.

Mit seinen 5 Valenzelektronen, die sich aus zwei gepaarten s-Elektronen und 3 p-Elektronen zusammensetzen, zeigt Sb fast ausschließlich die Wertigkeitsstufen +3 und +5 sowie −3. In der Oxidationsstufe +5 wirkt Sb in saurer Lösung als Oxidationsmittel (z. B. Iodfreisetzung aus Iodidlösungen), während in alkalischer Lösung die Oxidationsstufe +5 bevorzugt ist, d. h. es existiert z. B. mit Iod ein stark pH-abhängiges Redox-Gleichgewicht (s. Gleichung).

$$Sb^{3+} + I_2 + 6\,H_2O \rightleftharpoons [Sb(OH)_6]^- + 2\,I^- + 6\,H^+$$

pH-abhängiges Redox-Gleichgewicht mit Iod

Es sind folgende Redox-Potentiale wirksam:

SbH_3/Sb $E^\ominus = -0{,}51$ V (sauer), $E^\ominus = -1{,}338$ V (basisch)

Sb/Sb_2O_3 $E^\ominus = 0{,}150$ V (sauer), $E^\ominus = -0{,}639$ V (basisch)

Sb/Sb_2O_5 $E^\ominus = 0{,}37$ V (sauer), $E^\ominus = -0{,}569$ V (basisch)

Die Oxidationsstufe 3 weist Sb in dem Metallantimoniden, z. B. dem *Natriumantimonid* Na_3Sb auf, in dem isolierte Sb^{3-} -Ionen vorliegen.

Zum analytischen Sb-Nachweis lassen sich folgende Reaktionen heranziehen:

1. ↑ Schwefelwasserstoff fällt aus sauren Lösungen von Sb(III) bzw. S(V) orangerote Sulfide. Die Sulfide lösen sich in Ammoniumsulfidlösung oder in Natronlauge, nicht jedoch in ↑ Ammoniak wieder auf.

$$2\,Sb(III) + 3\,S^{2-} \longrightarrow Sb_2S_3 \text{ bzw } 2\,Sb(V) + 5\,S^{2-} \longrightarrow Sb_2S_5$$

Sulfidfällungen mit Sb(III) und Sb(V)

2. Unedle Metalle (Fe, Zn) scheiden aus sauren Lösungen von Sb(III) oder Sb(V) schwarzes metallisches Sb ab.

3. ↑ Molybdatophosphorsäure wird in saurer Lösung durch Sb(III) zu Molybdänblau reduziert, welches mit ↑ 1-Pentanol extrahierbar ist (blaue organ. Phase).

4. Der rote Fluoreszenz-Farbstoff ↑ Rhodamin B ergibt mit Sb(V) in saurer Lösung eine Violettfäbung.

Sb wird vorwiegend als Legierungsmetall verwendet, da es als solches weichen Metallen, z. B. ↑Zinn oder ↑Blei, eine größere Härte verleiht (Lagermetalle, Hartblei, Letternmetall).

► Sb ist gesundheitsschädlich. Die Toxizität liegt jedoch bei weitem nicht so hoch wie beim ↑Arsen, da die Permeabilität des Sb gering ist. Vergiftungen kommen auch deshalb kaum vor, weil Sb-Verbindungen durchweg beim Verschlucken heftigen Brechreiz hervorrufen. Früher übliche medizinische Indikationen (z. B. Brechweinstein) sind heute fast ganz verdrängt.

Sb Z = 51 A_R = 121,760 Isotope: 121, 123; 112-120, 122, 124-135 (künstlich)

t_{Smp}	t_{Sdp}	d	MV	α	λ
631 °C	1587 °C	6,69 g/cm³	18,2 cm³/mol	8,5 10^{-6}/K	25,9 W/mK

C_p	$\Delta_S H$	$\Delta_V H$	S^o	ϱ
25,23 J/(K · mol)	21,98 kJ/mol	165,8 kJ/mol	45,52 J/(K · mol)	370 nΩ · m

MAK	R-Satz	S-Satz
0,5 mg/m³	20/22	

Antimon(III)chlorid

Antimony trichloride

Bildet eine kristalline, farblose, sehr weiche Masse, die sehr hygroskopisch ist. Es ist in vielen organ. Solventien wie Alkoholen oder Aceton klar löslich. Eine wässerige Lösung bleibt nur klar, wenn sie sehr konzentriert ist. Beim Verdünnen fällt zunächst *Antimonoxichlorid* SbOCl aus, welches schließlich in ↑Antimon(III)oxid übergeht.

$$Sb + {}^{3}/_{2}\,Cl_2 \xrightarrow{[HCl]} SbCl_3$$

Herstellung von Antimon(III)chlorid

A. wird z. B. erhalten durch Umsetzung von ↑Antimon mit ↑Chlor in konz. ↑Salzsäure und anschließende Destillation (s. Gleichung).

A. wird vor allem zur Herstellung anderer Sb-Verbindungen benutzt.

► A. ist gesundheitsschädlich.

Cl_3Sb M_R = 228,1 Cl 46,62 % Sb 53,38 %

t_{Smp}	t_{Sdp}	d	η
73 °C	219 °C	3,1 g/cm³	

C_p	$\Delta_S H$	$\Delta_V H$	$\Delta_B H$	S^o	Q_C
110,5 J/(K · mol)	12,5 kJ/mol	45,2 kJ/mol	−381 kJ/mol	183,3 J/(K · mol)	

MAK	R-Satz	S-Satz
0,5 mg/m³	34-51/53	26-45-61

Antimon(III)oxid

Antimony trioxide

Weißes kristallines Pulver, unlöslich in Wasser, löslich in konz. Säuren und in Laugen.

A. wird technisch durch Erhitzen von ↑ Antimon(III)sulfid (Grauspießglanz) an der Luft (Rösten) gewonnen (s. Gleichung), oder durch Verbrennen von ↑ Antimon.

$$Sb_2S_3 \xrightarrow{\Delta[O_2]} Sb_2O_3 + 3\,SO_2 \qquad \text{Rösten}$$

Antimon(III)oxid-Gewinnung durch Sulfid-Röstung

Wie die Löslichkeit in konz. Säuren (wobei je nach Säurekonzentration neutrale Salze oder Oxidsalze entstehen) und in Laugen (wobei sich *Antimonite* bilden) zeigt, handelt es sich bei A. um ein amphoteres Oxid.

A. entspricht in seiner Struktur dem ↑ Phosphor(III)oxid. A. färbt sich beim Erhitzen gelb und wird beim Abkühlen wieder weiß. Erhitzt man es auf über 800 °C, nimmt es weiteren Sauerstoff auf unter Bildung von *Antimontetroxid*. Dieses stellt ein Mischoxid aus Antimon(III)- und *Antimon(V)oxid* dar.

A. wird teils als Pigment und in der Emaille-Produktion verwendet. In der Galvanik dient es zum Antimonieren anderer Metalle.

O_3Sb_2 $M_R = 291{,}52$ O 16,46 % Sb 83,54 %

t_{Smp}	t_{Sdp}	d	η		
656 °C	1425 °C	5,76 g/cm³			
C_p	$\Delta_S H$	$\Delta_V H$	$\Delta_B H$	S^o	Q_C
101,4 J/(K · mol)		17,6 kJ/mol	−709 kJ/mol	123 J/(K · mol)	
MAK	R-Satz	S-Satz			
0,1 mg/m³	40	22-36/37			

Antimonpentafluorid

Antimony pentafluoride Antimon(V)fluorid

Bildet eine farblose, ölig viskose ätzende Flüssigkeit, die mit Wasser heftig unter Zischen reagiert, wobei Hydrolyse erfolgt. Bildet mit reiner ↑ Essigsäure eine klare Lösung.

A. wird hergestellt, indem man zu siedendem Antimontrifluorid ↑ Fluor zuleitet, wobei sich in der Gasphase A. bildet, das abdestilliert. *Antimontrifluorid* seinerseits erhält man bei der Umsetzung von ↑ Antimon(III)oxid mit ↑ Fluorwasserstoffsäure als farblose, zerfließliche, gut wasserlösliche Kristalle (s. Gleichungen).

$$Sb_2O_3 + 6\,HF \longrightarrow 2\,SbF_3 + 3\,H_2O$$

$$SbF_3 + F_2 \longrightarrow SbF_5$$

Herstellung von Antimonpentafluorid

A. ist eine der stärksten Lewis-Säuren die man kennt und formt dementsprechend stabile Addukte mit zahlreichen Donatoren. So bildet das Addukt mit ↑ Schwefeldioxid $SbF_5{\cdot}SO_2$ farblose Kristalle vom Schmp. 57 °C. Es ist ferner ein sehr starker Fluorid-Ionenacceptor, wobei sich das stabile *Antimonhexafluorid-Anion* SbF_6^- ausbildet.

Besonderes Interesse besitzt A., weil es als extreme Lewis-Säure die Acidität der Supersäure ↑Fluoroschwefelsäure noch enorm steigert, so daß das System SbF_5/HSO_3F als *Magische Säure* bezeichnet wird und die stärkste bekannte Säure darstellt. Die Fluoroschwefelsäure geht Eigenionisierung ein (s. Gleichung).

$$2\,HSO_3F \rightleftharpoons SO_3F^{\ominus} + H_2SO_3F^{\oplus}$$

Eigenionisierung der Fluoroschwefelsäure

Das daraus resultierende Anion SO_3F^- addiert als extrem schwache Lewis-Base an die extrem starke Lewis-Säure SbF_5, so daß die Konzentration des den Säurecharakter bedingenden Kations $H_2SO_3F^+$ vergrößert wird.

A. wird außer zur Herstellung von Supersäuren auch für Fluorierungsreaktionen in der Organik verwendet.

► A. wirkt stark ätzend auf Haut und Schleimhäute.

F_5Sb $M_R = 216{,}75$ F 43,83 % Sb 56,17 %

t_{Smp}	t_{Sdp}	d	η		
8,3 °C	142,7 °C	2,99 g/cm³			
C_p	$\Delta_S H$	$\Delta_V H$	$\Delta_B H$	S^o	Q_C
		9,74 kJ/mol			
MAK	R-Satz	S-Satz			
0,5 mg/m³	23/24/25-51/53	26-45-61			

Antimon(III)sulfid

Antimony trisulfide

Von A. bestehen zwei Modifikationen: eine unbeständige, organgerote, die beim Versetzen einer sauren Sb(III)-Lösung mit ↑Schwefelwasserstoff ausfällt und eine stabile schwarze, die aus der ersten beim Erhitzen unter Sauerstoffausschluß entsteht (s. unter ↑Antimon). Beide Modifikationen verhalten sich chemisch gleich. A. löst sich in Alkalilaugen und Alkali- bzw. Ammoniumsulfid-Lösungen. Beim Ansäuern fällt A. wieder unverändert aus. In alkalischer Lösung bilden sich *Thiooxoantimonate* je nach pH-Wert (s. Gleichung). In Sulfidlösungen entstehen *Thioantimonate(III)* (s. Schema)

$$2\,Sb_2S_3 + 8\,OH^- \longrightarrow SbOS^- + SbS_2^- + SbO_2S^{3-} + SbOS_2^{3-} + 4\,H_2O$$

Antimon(III)sulfid – in alkalischer Lösung Bildung von Thiooxoantimonaten

$$Sb_2S_3 + S^{2-} \longrightarrow 2\,SbS_2^- \xrightarrow{+2\,S^{2-}} 2\,SbS_3^{3-}$$

Thioantimonat-Bildung in Sulfid-Lösung

A. ist in der Zündmasse der Streichholzköpfe vorhanden. Es wird ferner in der Pyrotechnik, für Schiffsanstriche und in der Glasfabrikation benutzt.

► A. ist gesundheitsschädlich.

S_3Sb_2 $M_R = 339{,}69$ S 28,32 % Sb 71,68 %

t_{Smp}	t_{Sdp}	d	η		
546 °C	1150 °C	4,63 g/cm³			
C_p	$\Delta_S H$	$\Delta_V H$	$\Delta_B H$	S^o	Q_C
119,8 J/(K · mol)	40,6 kJ/mol		−142 kJ/mol	182 J/(K · mol)	
MAK	R-Satz	S-Satz			
0,5 mg/m³	20/22	22			

Apomorphin

Apomorphyne

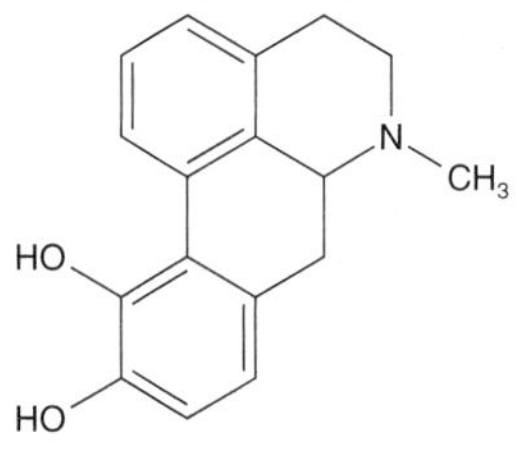

Struktur von Apomorphin, dem stärksten bekannten Emetikum

Bildet farblose, blättchenförmige Kristalle, die in Wasser wenig, in Ethanol oder Chloroform gut löslich sind. Die Kristalle sowie die Lösungen verfärben sich an der Luft infolge Oxidation rasch grünlich.

A. bildet sich bei der Umsetzung von ↑Morphin mit konz. ↑Salzsäure unter Wasserabspaltung. Es enthält ein N-Methyltetrahydrochinolin-System (s. Abbildung).

A. ist das stärkste bisher bekannte *Brechmittel* (*Emetikum*) und wird als solches z. B. bei bestimmten Vergiftungen therapeutisch verwendet. Es besitzt auch erhebliche Toxizität.

$C_{17}H_{17}NO_2$ $M_R = 267{,}31$ C 76,38 % H 6,41 % N 5,24 % O 11,97 %

$t_{Zersetzung}$	t_{Sdp}	d	η
195 °C (Z)			

Arabinose

Arabinose β-L-Arabinose

Bildet farblose, in Wasser sehr gut (100 g/100 ml), in org. Solventien kaum lösliche Kristalle.

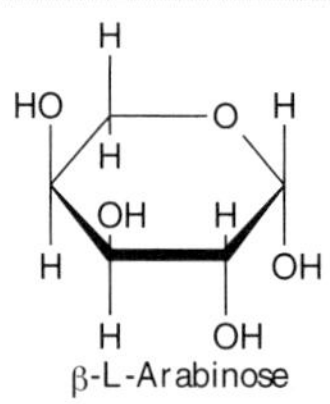

Arabinose, ein Baustein vieler Pflanzengummis

A. ist eine Aldopentose, deren D- und L-Formen in der pflanzlichen Natur verbreitet vorkommen, vor allem als Bausteine in Polysacchariden wie Pektinen und Pflanzengummis.

Präparativ ist die A. z. B. erhältlich aus dem *Ruff-Abbau* der ↑D(+)-Glucose (Oxidation zu ↑D-Gluconsäure, deren Überführung in das Calcium-Salz und erneute Oxidation mit ↑Wasserstoffperoxid, wobei die *2-Ketogluconsäure* entsteht. Diese decarboxyliert zur A.). Der Ruff-Abbau dient auf diese Weise generell zum stufenweisen Abbau von Aldosen.).

Die Lösung der A. zeigt Mutarotation und reduziert Fehling-Lösung (s. unter ↑D(+)-Glucose). A. wird von Hefen nicht vergoren. Bei Reduktion geht A. in den Zuckeralkohol *Arabit* über, dessen D-Form in Flechten und Pilzen auftritt.

$C_5H_{10}O_5$	$M_R = 150{,}13$	C 40,00 %	H 6,71 %	O 53,29 %

t_{Smp}	t_{Sdp}	d	η
158 °C			

Arachidonsäure

Arachidonic acid 5,8,11,14-Eicosatetraensäure

Eine farblose bis gelbliche ölige Flüssigkeit, unlöslich in Wasser, löslich in den meisten org. Solventien, die bei Luftzutritt rascher Oxidation und Verharzung unterliegt.

Die A. kommt in vielen tierischen Geweben, vor allem in Leber, Hirn, Drüsen und Depotfetten vor, während sie in Pflanzen nicht zu finden ist.

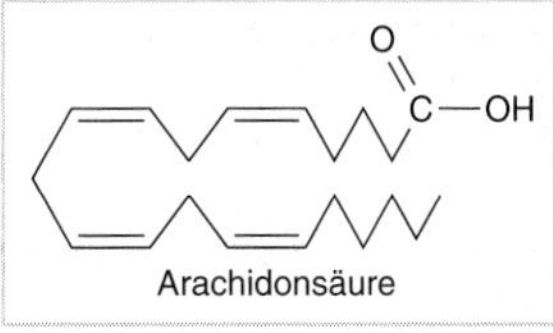

Arachidonsäure, eine hochungesättigte essentielle Fettsäure

Die A. wird im Organismus aus der ↑ Linolsäure aufgebaut. Es ist eine vierfach ungesättigte all-cis-Fettsäure vom ω-6-Typ (vom Molekülende her gesehen beginnt die erste Doppelbindung am 6. C-Atom, s. Abbildung).

Sie hat physiologische Bedeutung als Biosynthese-Ausgangsprodukt. Und zwar wird sie aus den Phospholipiden, die ja die Zellmembranen aufbauen, (s. unter ↑ Phospholipide) freigesetzt, wenn die Membranen irgendwie geschädigt werden und wird dann, je nach dem betreffenden Gewebe und der dort vorliegenden Enzymsituation in die Kaskaden zum Aufbau der ↑ Prostaglandine, ↑ Leucotriene und ↑ Thromboxane eingeschleust.

Die A. zählt mit der ↑ Linolsäure und der ↑ Linolensäure zu den essentiellen Fettsäuren (früher als Vitamin F bezeichnet). Bezüglich der physiologisch ebenfalls wichtigen ω-3-Fettsäuren s. unter ↑ Eicosapentaensäure.

$C_{20}H_{32}O_2$	$M_R = 304{,}46$	C 78,89 %	H 10,60 %	O 10,51 %

t_{Smp}	t_{Sdp}	d	η
	163 °C (1 hPa)		

Arecolin

Arecoline

Stellt eine farb- und geruchlose ölige Flüssigkeit dar, die sich mit Wasser, Ethanol oder Diethylether beliebig mischen läßt. Als tertiäres Amin wirkt A. als kräftige Base und bildet ein wasserlösliches Hydrochlorid vom Schmp. 158 °C.

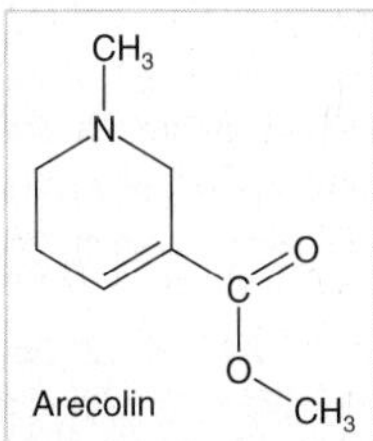

Struktur von Arecolin

A. ist ein in der Betelnuß vorkommendes Alkaloid (s. unter ↑ Alkaloide) und für deren Rauschmittelwirkung verantwortlich (s. Abbildung).

Die *Betelnuß* ist die Frucht von *Areca catechu*, einer an den Küsten Ostasiens wachsenden Palme und ein in Ostasien sehr verbreitetes Genußmittel. Zum Genuß werden die Früchte von der Umhüllung befreit und zusammen mit Kalk (fördert die Resorption) gekaut.

A. wirkt als direktes Parasympathomimetikum (s. unter ↑ Acetylcholin) indem es sowohl die nicotinischen als auch die muscarinischen Acetylcholin-Rezeptoren aktiviert. Als tertiäre Base dringt A. gut in das Zentralnervensystem ein und die zentralerregende Wirkung bestimmt auch das Wirkungsbild, das weitgehend dem des Nicotin-Genusses ähnelt.

Das Betelnuß-Kauen führt zu starker bleibender Schädigung der Zähne. Außerdem wird der Speichel durch die Gerbstoffe der Nuß rot gefärbt.

$C_8H_{18}NO_2$ $M_R = 155{,}19$ C 61,91 % H 8,44 % N 9,03 % O 20,62 %,

t_{Smp}	t_{Sdp}	d	η
	209 °C		

L-Arginin

Arginine

Kristallisiert in farblosen Blättchen, die sich in Wasser bei 20 °C zu 17 g/100 ml lösen. Es ist wenig löslich in Ethanol und unlöslich in Diethylether.

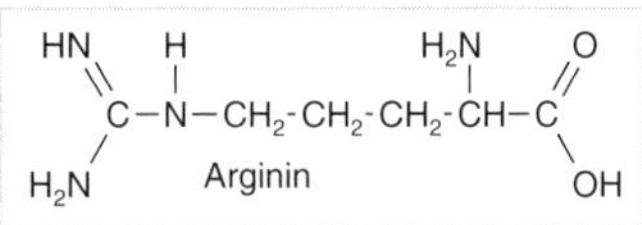

Struktur von Arginin

A. ist wegen seiner Guanidylgruppe, (s. Abbildung), die am stärksten basisch reagierende natürliche Aminosäure (Isoelektrischer Punkt pH 10,76). pKs1 = 2,18, pKs2 = 9,09, pKs3 = 13,2

A. ist eine essentielle Aminosäure, die mit systematischem Namen als 2-Amino-5-guanidyl-Valeriansäure zu bezeichnen ist. Sie unterscheidet sich vom ↑Ornithin durch die 5-Guanidyl- anstelle der 5-Aminogruppe. A. macht den Hauptanteil der Zellkerneiweiße aus. In der Wolle ist es zu 10 % enthalten. A. wird nicht synthetisiert sondern ausschließlich aus Proteinhydrolysaten (z. B. ↑Gelatine, in der es zu über 7 % vorkommt) gewonnen. A. wurde bisher in allen Proteinen gefunden.

A. hat besondere physiologische Bedeutung als Glied des Harnstoff-Cyclus (s. unter ↑Ornithin). Aus A. entsteht in Endothel- und Nervenzellen enzymatisch der wichtige Botenstoff Stickstoffmonoxid (s. unter ↑Stickstoffoxide).

$C_6H_{14}N_4O_2$ $M_R = 174{,}20$ C 41,37 % H 8,10 % N 32,16 % O 18,37 %

$t_{Zersetzung}$	t_{Sdp}	d	η
238 °C (Z)			

Argon

Argon Ar

Ein farb- und geruchloses, sehr inertes einatomiges Gas, das zu einer farblosen Flüssigkeit kondensiert und schließlich zu farblosen Kristallen erstarrt (Daten s. Tabelle). Die Löslichkeit in Wasser beträgt bei 20 °C 0,0336 l/l.

Ar kommt mit einem Anteil von 0,93 Vol.-% in der atmosphärischen Luft vor und ist damit das mit Abstand häufigste Edelgas. Es wird aus der verflüssigten Luft durch fraktionierte Destillation isoliert. Ar findet sich auch eingeschlossen in Mineralien und ist so am Aufbau der Erdrinde (einschließlich Luft) mit 0,0004 Gew.-% beteiligt.

Ar gehört zur Gruppe der Edelgase und besitzt die Elektronenkonfiguration $1s^2\ 2s^2\ 2p^6\ 3s^2\ 3p^6$, Grundterm $^1S_0$, verfügt also wie alle Edelgase über eine abgeschlossene äußere Elektronenschale. Von Ar sind zwei- und dreiatomige Verbindungen bekannt, die teils als reine Van-der-Waals-Addukte, teils als ionisch-kovalente Strukturen diskutiert werden. Im Jahre 2000 wurde die Synthese von *Hydrogenargonfluorid* durch Fotolyse von ↑Fluorwasserstoff in einer Argon-Matrix bei 7,5 K beschrieben. Das lineare HArF-Molekül entsteht dabei formal durch Insertion von Ar in die HF-Bindung. Die Verbindung ist unterhalb 27 K im festen Argon beständig.

Die Häufigkeit des Ar im Vergleich zu den anderen Edelgasen erklärt sich dadurch, daß Ar ständig aus dem Kaliumisotop K 40 durch K-Einfang entsteht, wie es unter ↑ Kalium beschrieben ist. Die Bestimmung des Verhältnisses von (eingeschlossenem) Ar 40 zu K 40 in Mineralien kann also zur geologischen Altersbestimmung dieser Mineralien herangezogen werden.

Ar wird in Chemie und Technik hauptsächlich als Inertgas dort verwendet, wo der billigere ↑ Stickstoff nicht eingesetzt werden kann.

Ar Z = 18 A_R = 39,948 Isotope: 36, 38, 40; 32-35, 37, 39, 41-46 (künstlich)

t_{Smp}	t_{Sdp}	d	MV	α	λ
−189,37 °C	−185,86 °C	0,001664 g/cm³	24007 cm³/mol		0,018 W/mK
C_p	$\Delta_S H$	$\Delta_V H$	S^o	ϱ	
20,79 J/(K · mol)	1,21 kJ/mol	6,53 kJ/mol	154,85 J/(K · mol)		
t_{krit}	P_{krit}	d_{krit}	t_{trip}		
−122,4 °C	4,86 MPa	0,53 g/cm³	−190,5 °C		

Arsen

Arsenic As

Das chemische Element As bildet in seiner stabilsten Modifikation („graues", „metallisches" As) stahlgraue, metallisch glänzende Kristalle, die sehr spröde sind und sich zu feinem Pulver zermörsern lassen. Daneben ist noch eine gelbe und eine schwarze Modifikation bekannt. Graues As wird von Wasser und nichtoxidierenden Säuren nicht angegriffen. Konzentrierte ↑ Salpetersäure und heiße konzentrierte ↑ Schwefelsäure oxidieren zu Arsensäure, verdünnte Salpetersäure oxidiert zu Arseniger Säure. Beim Erhitzen unter Normaldruck sublimiert As ohne zu schmelzen. As läßt sich entzünden, wobei es mit bläulicher Flamme verbrennt unter Aussendung von weißem Rauch aus ↑ Arsen(III)oxid und einem knoblauchartigen Geruch.

$$FeAs_2 \xrightarrow{\Delta} FeAs + As\uparrow$$

Arsen-Gewinnung aus Arsenkies

As findet sich in der Natur zwar in geringen Mengen auch in gediegenem Zustand, hauptsächlich jedoch in Form seiner Salze. Dabei kommt es sowohl in anionischer Form in den Arseniden (z. B. im *Arsenkies*, einem gemischten Eisen-Arsenid und -Sulfid) als auch in kationischer Form in den Sulfiden (z. B. *Realgar*) und im Oxid (*Arsenolith*) vor. As besitzt so am Aufbau der Erdrinde einen Anteil von 0,0005 Gew.-%. Zur Gewinnung des As geht man meist vom Arsenkies aus, der unter Luftabschluß erhitzt wird, so daß das As absublimiert und in gekühlten Vorlagen aufgefangen werden kann (s. Gleichung).

Das Kristallgitter des grauen As ist analog zu dem des schwarzen Phosphors (s. unter ↑ Phosphor) aufgebaut (gewellte Sechsring-Ebenen).

As ist das in der V. Hauptgruppe des PSE zwischen dem Phosphor und dem ↑ Antimon stehende Element und besitzt die Elektronenkonfiguration $1s^2\ 2s^2\ 2p^6\ 3s^2\ 3p^6\ 3d^{10}\ 4s^2\ 4p^3$, Grundterm $^4S_{3/2}$,

derzufolge das As-Atom in den Oxidationsstufen +3 („Abgabe" der drei 4p-Elektronen), +5 („Abgabe" aller Valenzelektronen) sowie −3 (Aufnahme von 3 Elektronen unter Bildung einer Krypton-Schale) auftreten kann. Für alle drei Oxidationsstufen seien repräsentative Verbindungen aufgeführt. Die Oxidationsstufe +3 liegt in der Arsenigen Säure und ihren Salzen, den Arseniten, vor und entsteht bei der Oxidation von As mit verdünnter ↑ Salpetersäure (s. Gleichung).

$$As + 3\,H_2O \rightleftharpoons H_3AsO_3 + 3\,H^+ \qquad E_0 = 0{,}247\ V$$

Oxidation von Arsen in wässeriger Lösung zur Arsenigen Säure

Die *Arsenige Säure* ist eine sehr schwache Säure (pKs = 9,23) und ist sowohl Oxidations- als auch Reduktionsmittel, da sie zum As reduzierbar und zur *Arsensäure* oxidierbar ist (s. Gleichungen).

$$H_3AsO_3 + H_2O \rightleftharpoons H_3AsO_4 + 2\,H^+ + 2\,e^- \qquad E_0 = 0{,}56\ V$$

Weiteroxidation zur Arsensäure

In der Arsensäure liegt das As-Atom also in der Oxidationsstufe +5 vor. Die Arsensäure ist in Substanz als Halbhydrat in Form farbloser, zerfließlicher Kristalle beim Einengen ihrer wässerigen Lösung isolierbar. Sie ist eine dreibasige Säure (s. Abbildung), deren Stärke mit der Phosphorsäure vergleichbar ist und bildet dementsprechend drei Reihen von Salzen (*Arsenate*).

$$H_3AsO_4 \xrightleftharpoons{pK_S = 2{,}3} H_2AsO_4^- \xrightleftharpoons{pH_S = 6{,}9} HAsO_4^{2-} \xrightleftharpoons{PK_S = 11{,}8} AsO_4^{3-}$$

Arsensäure, eine dreibasige Säure von der Stärke der Phosphorsäure

Die Oxidationsstufe −3 weist das As-Atom z. B. im *Arsenwasserstoff* auf, der bei der Reduktion von As-Verbindungen mit ↑ Wasserstoff entsteht (s. Gleichung).

$$H_3AsO_3 + 6\,H \longrightarrow AsH_3 + 3\,H_2O$$

Arsenwasserstoff durch Reduktion

$$AsH_3 \rightleftharpoons As + {}^3/_2\,H_2$$

Thermische Spaltung von Arsenwasserstoff

As-Wasserstoff ist ein farbloses, knoblauchartig riechendes, hochgiftges Gas, das sich thermisch zu den Elementen spalten läßt (s. Gleichung), wie es die *Marsh'sche Probe* auf As ausnutzt (Abscheidung eines schwarzen As-Spiegels auf einer kühlen Porzellanschale, die in die Flamme von brennendem As-Wasserstoff gehalten wird).

Metallisches As in reiner Form besitzt praktisch keine technische Bedeutung. Als Legierungsbestandteil findet es sich in einigen Legierungen des Cu und Pb. As ist ein Halbleiter mit dem Bandabstand $\Delta E = 1{,}14$ EV (bei 25 °C).

Früher übliche Verwendungen von As-Verbindungen in Medizin und Pflanzenschutz besitzen heute wegen deren hoher Toxizität (s. unten) keine Bedeutung mehr.

Zum qualitativ-analytischen As-Nachweis kann die o. g. Marsh-Probe herangezogen werden.

$$AsO_3^{3-} + 3\,Ag^+ \longrightarrow \underset{\text{gelb}}{Ag_3AsO_3}$$

Silberarsenit-Fällung

$$AsO_4^{3-} + 3\,Ag^+ \longrightarrow \underset{\text{braun}}{Ag_3AsO_4}$$

Silberarsenat-Fällung

Desweiteren sind analytisch verwertbar die Fällung der Sulfide in Form gelber kristalliner, in Salzsäure schwer löslicher Niederschläge durch Einleiten von ↑ Schwefelwasserstoff in salzsaure Lösungen von As(III) und As(V). (s. Gleichungen), die Fällung von gelbem *Silberarsenit* aus neutraler As(III)-Lösung und von schokoladenbraunem *Silberarsenat* aus neutraler As(V)-Lösung (s. Gleichungen).

$$2\,As^{3+} + 3\,S^{2-} \longrightarrow \underset{\text{gelb}}{As_2S_3}$$

$$2\,As^{5+} + 5\,S^{2-} \longrightarrow \underset{\text{gelb}}{As_2S_5}$$

Analytisch verwertbare Sulfidfällungen

► Während sehr reines metallisches As als ungiftig gilt, sind besonders As(III)-Verbindungen hochtoxisch. As(V)-Verbindungen sind zwar primär weniger giftig, können im Körper jedoch leicht zu As(III) reduziert werden. Die einmalige Aufnahme von 100 mg As(III)-oxid (Arsenik) kann tödlich sein. Akute Vergiftungen verlaufen unter heftigen Kopf- und Leibschmerzen, choleraähnlichen Symptomen, unstillbarem Brechreiz, wobei das Bewußtsein bis zum Tode erhalten bleibt. Die Giftwirkung wird auf die Affinität des As(III) zu lebenswichtigen Enzymen zurückgeführt. Neben der akuten Giftigkeit wird den As-Verbindungen ein hohes krebserregendes Potential zugeschrieben. Auf die ausgedehnte Verwendung von As-Verbindungen in der Obstbehandlung waren in der Vergangenheit zahlreiche Vergiftungsfälle zurückzuführen, z. B. hat man *Bleiarsenit* in Weinbergen versprüht.

As Z = 33 A_R = 74,92159 Isotope: 75; 66-74, 76-87 (künstlich)

t_{Smp} 817 °C (3,6 MPa)	$t_{Sublimation}$ 1134 °C (S)	d 5,78 g/cm³	MV 12,95 cm³/mol	α 4,7 10^{-6}/K	λ 50,0 W/mK
C_p 24,65 J/(K · mol)	$\Delta_S H$ 27,7 kJ/mol	$\Delta_V H$ 34,8 kJ/mol	S^o 35,71 J/(K · mol)	ϱ 260 nΩ · m	
t_{krit} 816 °C	P_{krit} 36 MPa	d_{krit}	t_{trip}		
MAK	R-Satz 23/25	S-Satz 20/21-28-45			

Arsen(III)oxid

Arsenic trioxide Arsenik

Ein weißes geruchloses kristallines Pulver, das in Wasser und org. Solventien praktisch unlöslich ist und sich mit Säuren und Laugen unter Auflösung umsetzt (s. Gleichungen). Von A. existieren zwei Modifikationen, eine bei Normaltemperatur stabile kubische und eine monokline (oberhalb 221 °C stabile) Modifikation.

$$As_2O_3 + 6\,NaOH \longrightarrow 2\,Na_3AsO_3 + 3\,H_2O$$

$$As_2O_3 + 6\,HCl \longrightarrow 2\,AsCl_3 + 3\,H_2O$$

Amphoterie von Arsen(III)oxid

Das mit ↑ Salzsäure entstehende *Arsen(III)chlorid* ist jedoch nur in stark salzsaurer Lösung vor der Hydrolyse zur Arsenigen Säure geschützt.

$$2\,As + {}^3/_2\,O_2 \longrightarrow As_2O_3$$

Arsenoxid-Bildung durch Arsen-Verbrennung

A. kommt in der Natur vor. Es wird synthetisch erhalten bei der Verbrennung von As an der Luft (s. Gleichung) und technisch vor allem durch Abrösten der As-Sulfide (s. Gleichung), wobei A. absublimiert.

$$2\,FeAsS + 5\,O_2 \longrightarrow Fe_2O_3 + As_2O_3 + 2\,SO_2$$

Arsenoxid-Bildung bei Abröstung von Arsensulfiden

A. ist das Ausgangsprodukt zur Herstellung aller anderen As-Verbindungen.

► Zur Giftigkeit s. unter ↑ Arsen.

As_2O_3 $M_R = 197{,}82$ As 75,74 % O 24,26 %

t_{Smp}	t_{Sdp}	d	η		
275 °C	465 °C	3,70 g/cm³			
C_p	$\Delta_S H$	$\Delta_V H$	$\Delta_B H$	S^o	Q_C
116,5 J/(K · mol)			−925 kJ/mol	105,4 J/(K · mol)	
MAK	R-Satz	S-Satz			
0,1 mg/m³	45-28-34-50/53	53-45-60-61			

Asbeste

Asbestos

A. sind ein natürlich vorkommendes anorganisches Fasermaterial, das sich in Lagerstätten vor allem in Rußland, Kanada und Südafrika findet. Die asbesthaltigen Mineralien enthalten dabei den Asbest in Anteilen von 4-10 %. Die Absbestfasern werden aus dem Rohmineral nach dem Vermahlen durch Sieben und Windsichten abgetrennt.

Es lassen sich zwei Arten von Asbesten unterscheiden:

Serpentin-Asbeste: Haupttyp *Chrysotil*, bildet über 90 % der Weltvorkommen, hauptsächlich in Kanada und Rußland

Amphibol-Asbeste: Haupttypen sind *Anthophyllit* und *Tremolit*, hauptsächlich in Südafrika

Die Faserstruktur ergibt sich aus dem molekularen Aufbau, der bei beiden Asbestarten erheblich verschieden ist.

Serpentin-Asbeste

Die makroskopisch sichtbaren Fasern des Chrysotils erweisen sich mikroskopisch als Bündel von Mikrofibrillen. Die einzelne Mikrofibrille (Durchm. ca. 20 nm) stellt eine Hohlfaser dar, die durch Wicklung zustande kommt, ähnlich wie eine Teppichrolle. Der „Teppich“ besteht hierbei aus einer Doppelschicht, nämlich einer Schicht eckverknüpfter Silicat-Tetraeder, die (formal) mit einer oktaedrischen Brucit-Schicht (s. ↑ Magnesiumhydroxid) kondensiert ist. Daraus ergibt sich die Substanzformel $Mg_3(OH)_4Si_2O_5$. Da die Oktaederschicht eine etwas größere Ausdehnung hat, entsteht ein Paßfehler, der die Rollung bewirkt. Chrysotil ist also eigentlich ein Blattsilicat (s. ↑ Siliciumdioxid), dessen Sekundärstruktur, also die Rollung, zur Faserbildung führt.

Amphibol-Asbeste

Bei den Amphibol-Asbesten hat die Faserbildung eine völlig andere Ursache. Sie liegt schon in der Primärstruktur begründet, nämlich dem Aufbau als Bandsilicat (s. ↑ Siliciumdioxid). Die Bänder bestehen dabei aus Doppelketten von Silicat-Tetraedern. Je zwei solcher Doppelketten, die mit den Tetraederspitzen aufeinander zuweisen, sind mit Metallhydroxiden zu Doppelbändern kondensiert, die zusätzlich von Kationen zusammengehalten werden. Für den Anthophyllit ergibt sich so die Summenformel $Mg_7[OHSi_4O_{11}]_2$.

Da die Mg-Positionen ganz oder teilweise durch andere Kationen, vor allem von Ca, Fe und Na, besetzt sein können, ergibt sich eine große Anzahl von Amphibol-Asbesten.

Das einmalige Eigenschaftsspektrum der Asbestfasern (stahlähnliche Elastizitätsmodule, enorme Zugfestigkeit, Unbrennbarkeit, thermische Stabilität bis ca. 600 °C, Elektro- und Wärmeisolation, hohe chemische Stabilität, Verspinnbarkeit) verschafften den Asbesten eine außerordentlich breite Anwendung in nahezu allen Industriebereichen. Besonders bekannt ist der *Asbestzement*, eine Mischung von 10-20 % Chrysotil mit Portlandzement (Handelsbezeichnung „*Eternit*").

Seit ca. 1900 weiß man von Gesundheitsgefahren durch Asbest, die dann auftreten, wenn die Fasern in die Lunge geraten. Seit 1936 ist die *Asbestose* (Lungenverhärtung) als Berufskrankheit anerkannt. Sie tritt nach längerem berufsbedingtem Einatmen von hohen Asbest-Staubmengen mit einer Latenzzeit von ca. 20 Jahren auf.

Heute wesentlich bedeutsamer ist die Cancerogenität lungengängiger Asbestfasern, die vermutlich schon bei geringer Exposition vorliegt, wobei Latenzzeiten von bis zu 40 Jahren angenommen werden. Der Wirkmechanismus ist noch nicht bekannt. Man vermutet, daß die eingelagerten Fremdkörper für bestimmte Zellen ständige Irritationen darstellen, die sie fortdauernd zur Mediatoren-Freisetzung veranlassen, bis es schließlich zur Entartung kommt. Lungenkrebs ist (bei gleichzeitiger Asbestose) seit 1942, das Mesotheliom (bösartiges Rippen- und Bauchfellgeschwulst) seit 1977 als Berufskrankheit anerkannt.

Seit 1979 wurde der Gebrauch von Asbest wegen dieser nachgewiesenen Gefährdungen gesetzlich schrittweise eingeschränkt und ist im Jahre 2000 gänzlich verboten worden. Die Asbeste sind heute als krebserregende Stoffe eingestuft. Nach Ersatzmaterialien wird auf allen Gebieten geforscht. Die Entsorgung von Asbest-Altlasten ist gesetzlich geregelt (TRGS 519).

Ascaridol

Ascaridole

Bildet eine gelbliche ölige Flüssigkeit, die in Wasser unlöslich ist, sich aber gut löst in org. Solventien wie Ethanol, Toluol oder Hexan sowie in pflanzlichen Ölen, z. B. Ricinusöl.

Es ist eine instabile Verbindung, die beim Erwärmen oder bei Kontakt mit organischen Säuren zur Explosion neigt.

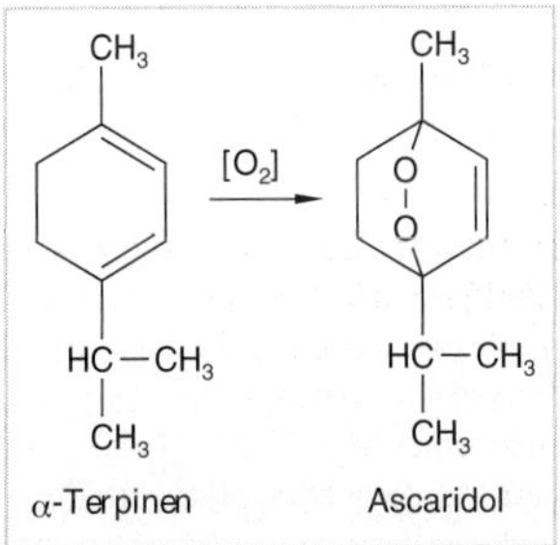

Gewinnung von Ascaridol durch Fotooxygenierung von α-Terpinen

A. ist ein Naturstoff und bildet zu 60–80 % das *Chenopodiumöl* (ein übelriechendes etherisches Öl aus den Samen des Wurmkrauts, deshalb auch als *Wurmsamenöl* bezeichnet). Synthetisch ist A. zugänglich durch Fotooxygenierung von α-Terpinen (s. Gleichung).

A. ist ein starkes *Anthelmintikum* (*Wurmmittel*) und als solches der wirksame Bestandteil des Chenopodiumöls, das früher gegen Spulwürmer benutzt wurde. A. wird wegen seiner Nebenwirkungen nur noch in der Veterinärmedizin als Anthelmintikum verwendet.

$C_{10}H_{16}O_2$ $M_R = 168{,}23$ C 71,39 % H 9,59 % O 19,02 %

t_{Smp}	t_{Sdp}	d	η
3 °C	115 °C (20 hPa)		

L-Ascorbinsäure

Ascorbic acid Vitamin C

Die A. stellt ein weißes, kristallines Pulver dar, ist geruchlos und von säuerlichem Geschmack. Sie löst sich sehr gut in Wasser (33 g/100 ml), weniger gut in Ethanol (2 g/100 ml) und ist nahezu unlöslich in Aceton und anderen org. Solventien.

A. findet sich in freier Form in vielen Früchten und Gemüsen. Besonders hoch ist der Gehalt in Hagebutten (bis 1 %!) und in schwarzen Johannisbeeren (bis 0,2 %). Apfelsinen, Citronen und Kohlgewächse enthalten ca. 0,02 % A.

Die A. wird seit der Entwicklung einer wirtschaftlichen Synthese im Jahre 1934 ausschließlich synthetisch gewonnen. Die Synthese geht von der ↑ D(+)-Glucose aus und führt über 6 Stufen zur A. Die A. ist das γ-Lacton der *3-Oxo-gulonsäure*, einer Ketohexonsäure, deren Ketogruppe ausschließlich in der Enolform vorliegt. Dadurch besitzt die A. als Strukturelement eine *Endiolgruppierung* in Nachbarschaft zu einer Carbonylgruppe, stellt also ein *Aci-Redukton* dar. Dies bedingt die beiden markanten chemischen Eigenschaften der A., nämlich das Reduktionsvermögen und den Säurecharakter. Das Reduktionsvermögen beruht auf der leichten Oxidierbarkeit der Endiolgruppe zur α-Dicarbonylgruppe (s. Gleichung).

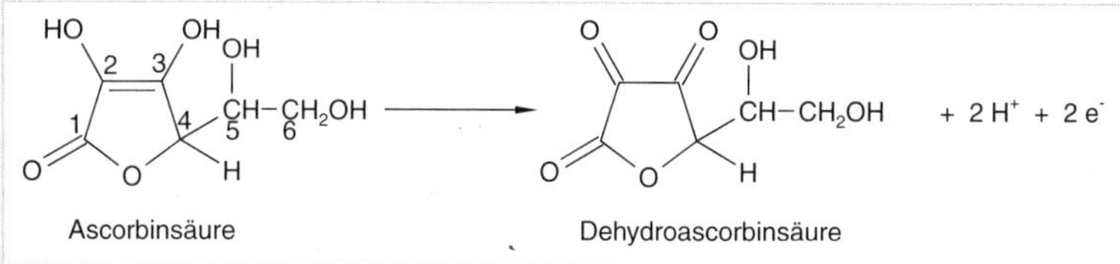

Reduktionswirkung der Ascorbinsäure

Das diesem reversiblen Redoxprozeß zugrundeliegende Potential $E^{\ominus}$ beträgt +0,127 V bei pH 5. Damit ist die A. in der Lage, z. B. Eisen(III) zu Eisen(II), Iod zu Iodid sowie Fehling-Lösung und ammoniakalische Silbernitrat-Lösung zu reduzieren.

Die OH-Funktionen der Endiol-Gruppe spalten leicht ihre Protonen ab und bedingen den Säurecharakter der A (der also nicht auf einer Carboxylgruppe beruht!).

Dabei ist die OH-Gruppe am C-Atom 3 wesentlich acider, weil hier die bei der H-Abspaltung am O-Atom verbleibende negative Ladung in Mesomerie mit zwei konjugierten Doppelbindungen steht. Über dieses O-Atom erfolgt auch mithin die Salzbildung (z. B. im *Natriumascorbat*). Die beiden pK_S-Werte der A. betragen 4,17 und 11,57. Eine 5 %ige wässerige A-Lösung zeigt den pH-Wert 2.

Im trockenen Zustand ist die A. gut haltbar. In Lösung unter Sauerstoffzutritt erfolgt jedoch (bes. in alkalischem Medium) leicht Oxidation zur *Dehydroascorbinsäure*, die in der Folge irreversible Ringöffnung zur unwirksamen *Dioxogulonsäure* eingeht. Dieser Vorgang wird durch Temperatur und Schwermetallionen beschleunigt. In den C-Atomen 4 und 5 besitzt die A. zwei Asymmetrie-Zentren.

Bestimmungsmethoden für A. beruhen auf ihrem Reduktionsvermögen, z. B. die Bestimmung mit ↑ 2,6-Dichlorphenolindophenol-Na-Salz („*Tillmanns Reagenz*")

Die Reduktion von Fe(III) zu Fe(II) kann man zu einem sehr empfindlichen qualitativen Nachweis nutzen: Auf Chromatographie-Papier bringt man einige Tropfen verdünnte Eisen(III)chlorid-Lösung. Auf diesen Fleck gibt man ein Tröpfchen A-haltige Probelösung (z. B. Obstsaft). Betupft man nun den Fleck mit einer Rhodanid-Lösung, bildet sich der tiefrote Fe(III)-Rhodanid-Komplex. Nur dort, wo die A. zu Fe(II) reduziert hat, entsteht keine Rotfärbung, da Fe(II) keinen Rhodanid-Komplex bildet.

Die A. stellt das so wichtige Vitamin C dar. In ihrer Eigenschaft als kräftiges reversibles Redox-System erfüllt sie äußerst wichtige Schaltfunktionen quer durch das gesamte Stoffwechselgeschehen und viele elementare enzymatische Prozeße sind direkt an sie gekoppelt. Sie hat z. B. deutlichen Einfluß auf die Vorgänge des Wachstums, der Infektabwehr und der Blutbildung.

Die A. wirkt dabei aber nicht als Coenzym. Unterbleibt die Versorgung des Organismus mit A., zeigt sich das Krankheitsbild des *Scorbut* (s. unter ↑ 4-Hydroxyprolin). Mangelnde A.-Zufuhr äußert sich in Abgeschlagenheit, Infekt-Anfälligkeit, Appetitlosigkeit („Frühjahrsmüdigkeit") sowie in Verdauungsstörungen, rheumatischen Erscheinungen usw.

Da der menschliche Körper keine A. zu bilden vermag, muß sie mit der Nahrung zugeführt werden (Vitamin-Charakter). Als täglich zuzuführende Dosis werden für einen Erwachsenen ca. 30–50 mg angenommen. Bei normaler Ernährung ist dies stets gewährleistet. Viele Situationen bedingen einen höheren A.-Bedarf, z. B. Schwangerschaft, Leistungssport, Streß, Infektionskrankheiten usw. Überschüssige A. wird rasch über die Nieren teils als ↑ Oxalsäure ausgeschieden, was zur Nierenschädigung (Oxalat-Kristalle) führen kann. In einer prophylaktischen Zufuhr von Vitamin C in g-Dosen sieht man keinen therapeutischen Wert.

Außer in den medizinischen Indikationen wird die A. auch auf breiter Basis in der Lebensmittelfabrikation verwendet, teils zum Ausgleich von Vitaminverlusten bei Lagerung oder Zubereitung, teils zur Erhöhung der Haltbarkeit (Antioxidationsmittel) und zur Geschmacksverbesserung. Die A. und ihre Salze, die *Ascorbate*, sind mit den Nummern *E 300*, *E 301* und *E 302* als Lebensmittelzusatzstoffe zugelassen.

$C_6H_8O_6$ $M_R = 176{,}12$ C 40,92 % H 4,58 % O 54,50 %

$t_{Zersetzung}$	t_{Sdp}	d	η		
189 °C (Z)					
C_p	$\Delta_S H$	$\Delta_V H$	$\Delta_B H$	S^o	Q_C
			−1160 kJ/mol		−2344 kJ/mol

L-Asparagin

Asparagine

Bildet weiße Kristalle von leicht süßlichem Geschmack, von denen sich ca. 2 g in 100 ml Wasser lösen. Es ist unlöslich in Ethanol und Diethylether.

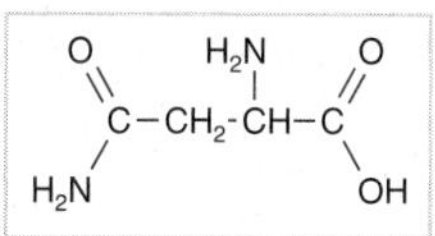

Struktur von Asparagin

A. wurde 1806 als erste der natürlich vorkommenden Aminosäuren isoliert, und zwar wurde sie in Spargelpflanzen gefunden wonach sie auch ihren Namen trägt (lat.: asparagus = Spargel). Eine besonders ergiebige Quelle für A. sind Lupinenkeimlinge (bis zu 30 % der Trockensubstanz können aus A. bestehen).

A. ist das Monoamid der ↑ Asparaginsäure (s. Abb.). Es ist eine nichtessentielle Aminosäure (wird im Körper aus ↑ L-Asparaginsäure aufgebaut). Der Amid-Stickstoff von A. wird in vielen biochemischen Reaktionen auf andere Substrate übertragen, weshalb man A. wie dem ↑ Glutamin die Funktion eines N-Depots zuschreiben kann. Der isoelektrische Punkt des A. liegt bei 5,41. pKs1 = 2,02, pKs2 = 8,80

A. wird Nährmedien für Bakterien und Pilze zugesetzt, weil es von diesen sehr leicht assimiliert wird.

$C_4H_8N_2O_3$ $M_R = 132{,}12$ C 36,36 % H 6,10 % N 21,20 % O 36,33 %

t_{Smp}	t_{Sdp}	d	η		
226 °C		1,54 g/cm³			
C_p	$\Delta_S H$	$\Delta_V H$	$\Delta_B H$	S^o	Q_C
160 J/(K · mol)			−789 kJ/mol	174,5 J/(K · mol)	−1928 kJ/mol

L-Asparaginsäure

Aspartic acid

Bildet farblose Kristalle, die sich in Wasser nur zu etwa 0,8 g/100 ml lösen. Ist in Ethanol und anderen org. Solventien unlöslich. Sie ist geruchlos und von leicht saurem Geschmack.

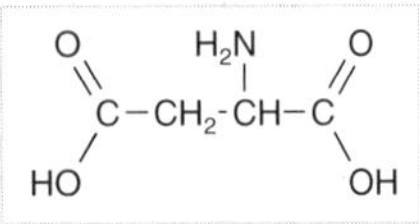

Struktur der Asparaginsäure

A. stellt die *α-Aminobernsteinsäure* dar (s. Abbildung) und wird am einfachsten durch Hydrolyse von ↑ Asparagin hergestellt. A. kommt in vielen Proteinen vor, z. B. in den Getreideproteinen zu ca. 3-5 %, im ↑ Hämoglobin macht es ca. 10 % des Gewichts aus.

Es ist eine nicht essentielle Aminosäure (muß nicht mit der Nahrung aufgenommen werden), da der Organismus die A. im Zuge des Citronensäure-Cyclus (s. unter ↑ Citronensäure) durch Transaminierung aus *Oxalessigsäure* zu bilden vermag. Von der A. nimmt die Biosynthese der Pyrimidinbasen der ↑ Nucleinsäuren ihren Ausgang (s. unter ↑ Orotsäure)

Der isoelektrische Punkt liegt bei 2,77. pKs1 = 1,88, pKs2 = 3,65, pKs3 = 9,60.

$C_4H_7NO_4$ $M_R = 133{,}1$ C 36,10 % H 5,30 % N 10,52 % O 48,08 %

t_{Smp}	t_{Sdp}	d	η
270 °C		1,66 g/cm³	

C_p	$\Delta_S H$	$\Delta_V H$	$\Delta_B H$	S^o	Q_C
155 J/(K · mol)			−973 kJ/mol	170 J/(K · mol)	−1601 kJ/mol

Astatium

Astatium At

Ein radioaktives chemisches Element, das erstmals 1940 beim Beschuß von ↑ Bismut mit α-Strahlen entdeckt wurde. Alle seine Isotope haben nur sehr kurze Halbwertszeiten (das stabilste Isotop At 210 9,3 Stunden), so daß es nicht in größeren Mengen verfügbar ist und über seine chemischen und physikalischen Eigenschaften nicht sehr viel bekannt ist.

At findet sich in verschwindenden Mengen in Uranerzen als radioaktives Zerfallsprodukt (es wurde hierin 1943 aufgefunden). Das längstlebige, natürlich vorkommende Isotop At 219 hat eine Halbwertzeit von nur 0,9 min.

At ist das auf das ↑ Iod folgende Element in der Gruppe der Halogene mit der Elektronenkonfiguration $1s^2\ 2s^2\ 2p^6\ 3s^2\ 3p^6\ 3d^{10}\ 4s^2\ 4p^6\ 4d^{10}\ 4f^{14}\ 5s^2\ 5p^6\ 5d^{10}\ 6s^2\ 6p^5$ oder (Xe) $4f^{14}\ 5d^{10}\ 6s^2\ 6p^5$, Grundterm $^3P_{3/2}$

$$At + e^- \longrightarrow At^- \qquad E_0 = +0{,}3\ V$$

Normalpotential von Astatium

Was man vom chemischen Verhalten des At weiß, steht in Einklang mit dem, was von einem Homologen des Iods zu erwarten ist, wie z. B. ein stärker ausgeprägter metallischer, elektropositiver Charakter, der sich in dem angegebenem Normalpotential zeigt (s. Gleichung).

At Z = 85 $A_R = 209{,}9871$ Isotope: 215, 217, 218, 219; 200-214, 216 (künstlich)

t_{Smp}	t_{Sdp}	d	MV	α	λ
ca. 300 °C	ca. 335 °C				1,7 W/mK

C_p	$\Delta_S H$	$\Delta_V H$	S^o	ϱ
	23,8 kJ/mol			

Atropin

Atropine (+,−)-Hyoscyamin

Bildet bei der Kristallisation aus Aceton länglich-prismatische, farblose Kristalle, die in Ethanol und Chloroform sehr gut, in Wasser jedoch nur sehr wenig (0,22 g/100 ml) löslich sind. Die Verwendungsform des A. ist meist das Sulfat-Monohydrat, ein farbloses Pulver, das in Wasser und Ethanol sehr leicht löslich, in Chloroform dagegen fast unlöslich ist.

A. ist ein Alkaloid (s. ↑ Alkaloide), das durch alkalische Behandlung aus der Tollkirche (atropa belladonna), dem Stechapfel und aus Bilsenkraut isolierbar ist. Das A. ist das Racemat (s. unter ↑ Glycerinaldehyd) des (-)-Hyoscyamins, aus dem es sich bei der Isolierungsprozedur bildet.

A. ist heute leicht synthetisch zugänglich durch Veresterung der *Tropasäure* mit *Tropin*. Letzteres wird durch Reduktion aus *Tropinon* erhalten, für welches eine elegante Synthese (Robinson, 1917) aus ↑ Succinaldehyd, ↑ Acetondicarbonsäure und ↑ Methylamin existiert (s. Schema).

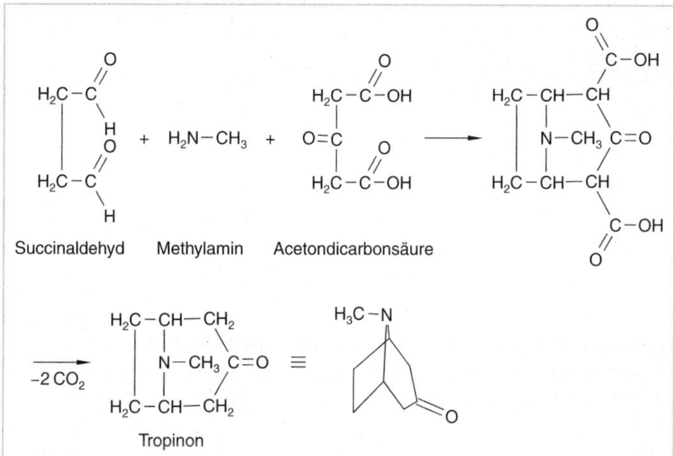

Tropinonsynthese nach Robinson

Die *Robinson-Synthese* stellt im ersten Schritt eine doppelte Mannich-Reaktion dar (s. unter ↑ Formaldehyd). Sie verläuft im gepufferten System bei Raumtemperatur (*biomimetische Reaktion*). Als Robinson-Synthese bezeichnet man auch allgemein die Umsetzung einer Mannich-Base mit einer C-H-aciden Verbindung.

(Die Tropasäure muß für die Veresterung ins Chlorid überführt und an der alkoholischen OH-Gruppe durch Acetylierung geschützt werden). Aus dieser Zusammensetzung erklärt sich auch der Name *Tropyltropat* für A. Entsprechend liefert die saure Hydrolyse des A. Tropin und Tropasäure (s. Gleichung).

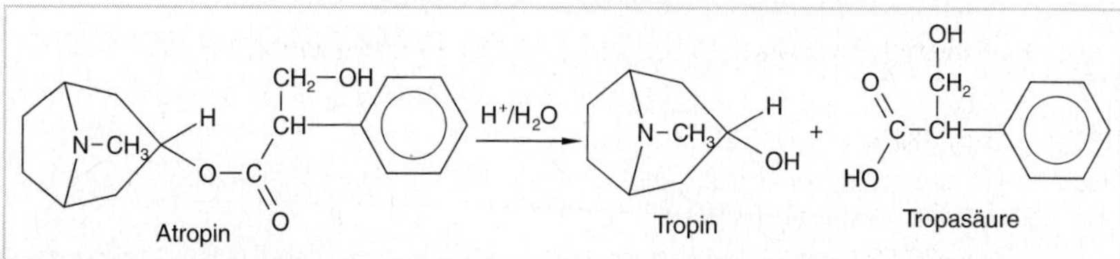

Saure Hydrolyse des Atropins

A. besitzt hohe physiologische Wirksamkeit. Es wirkt als Parasympatholytikum, indem es das ↑ Acetylcholin von den muscarinischen Rezeptoren der postganglionären parasympathischen Synapsen verdrängt (kompetitive Hemmung, s. hierzu ↑ Acetylcholin) und wird pharmakologisch als solches verwendet. Dabei besitzt es teils zentralerregende, teils zentralhemmende sowie periphere Wirksamkeit:

- Herzfrequenz wird erhöht
- Hautgefäße werden erweitert (Rötung)
- Glatte Muskulatur erschlafft (z. B. des Magen-Darm-Trakts)
- Schleim- und Speichelsekretion wird reduziert (Trockenheit, Schluckbeschwerden)
- Pupillen werden erweitert.

Deshalb wird A. als *Spasmolytikum* (krampflösendes Mittel), als *Mydriatikum* (pupillenerweiterndes Mittel) sowie zur *Narkosevorbereitung* (Schleimreduzierung in Luftwegen) eingesetzt.

Vergiftungen (vor allem durch *Tollkirchen*) führen bei entsprechender Dosis und ohne rechtzeitige Behandlung zum Tode durch zentrale Atemlähmung.

Ein sehr ähnliches Wirkungsspektrum (nur quantitative Unterschiede) besitzt das *Scopolamin*, das sich vom A. nur durch einen zusätzlichen Epoxidring am Tropingerüst unterscheidet.

$C_{17}H_{23}NO_3$ $M_R = 289{,}37$ C 70,56 % H 8,01 % N 4,84 % O 16,59 %

t_{Smp}	t_{Sdp}	d	η
115 °C			

Azelainsäure

Azelaic acid Nonandisäure

Bildet farblose blättchen- oder nadelförmige Kristalle. A. löst sich bei 20 °C nur zu 0,24 g/100 ml in Wasser, in siedendem Wasser hingegen sehr gut, so daß eine Umkristallisation sehr leicht aus Wasser erfolgen kann. In Ethanol löst sich A. ebenfalls gut. Die pK_s-Werte der A. betragen 4,53 und 5,33 bei 25 °C.

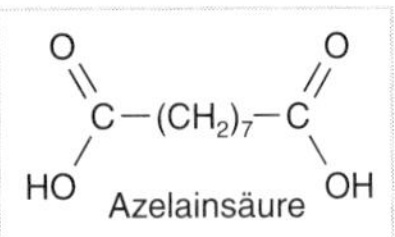

Struktur der Azelainsäure

Die A. wird technisch hergestellt durch Ozonolyse der ↑ Ölsäure und ist auch zugänglich durch Oxidation der ↑ Ricinolsäure.

Beim Erhitzen bis zum Siedepunkt bildet die A. das Anhydrid. Die A. wird technisch verwendet zur Herstellung von Alkydharzen (s. unter ↑ Alkydharze) und Polyestern (s. unter ↑ Polyester). Die Ester der A. werden als *Azelate* bezeichnet und werden als Weichmacher verwendet. Das Di-Lithium-Salz der A. verbessert die Schmierwirkung der Lithiumfette (s. unter ↑ Lithiumhydroxid). Die A. findet auch pharmazeutischen Einsatz zur lokalen Akne-Behandlung.

$C_9H_{16}O_4$ $M_R = 188{,}22$ C 57,43 % H 8,57 % O 34,00 %

t_{Smp}	t_{Sdp}	d	η
107 °C			

Aziridin

Ethylenimine Ethylenimin

Eine farblose, ölige, stark nach ↑ Ammoniak riechende Flüssigkeit, die stark alkalisch wirkend mit Wasser mischbar ist und sich auch in Ethanol gut löst.

Im Labor ist A. zugänglich durch Umsetzung von *Chlorethylaminhydrochlorid* (aus ↑ Ethylamin und ↑ Thionylchlorid) mit Natronlauge (s. Gleichung), während die technische Synthese den Ringschluß mit der *Aminoethylschwefelsäure* (aus ↑Ethanolamin und ↑Schwefelsäure) nutzt, also als Abgangsgruppe die Schwefelsäure anstelle des Chloridions verwendet.

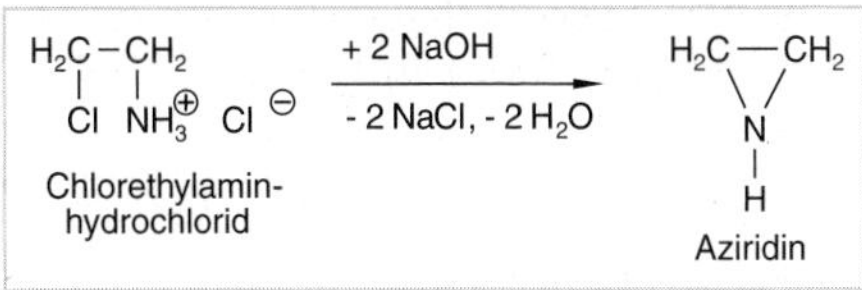

Bildung von Aziridin

A. ist infolge seiner Ringspannung hochreaktiv und polymerisiert beim Stehenlassen, unter der Katalyse von Säurespuren auch spontan. Die Ringöffnung erfolgt leicht mit den verschiedensten Nucleophilen, was präparativ zur Einführung der *2-Aminoethylgruppe* genutzt wird, z. B. zur Herstellung von ↑Taurin.

Technisch wird A. hauptsächlich zur Herstellung von Polyethyleniminen verwendet, wobei man die oben genannte säurekatalysierte Polymerisation gezielt durchführt (s. Schema).

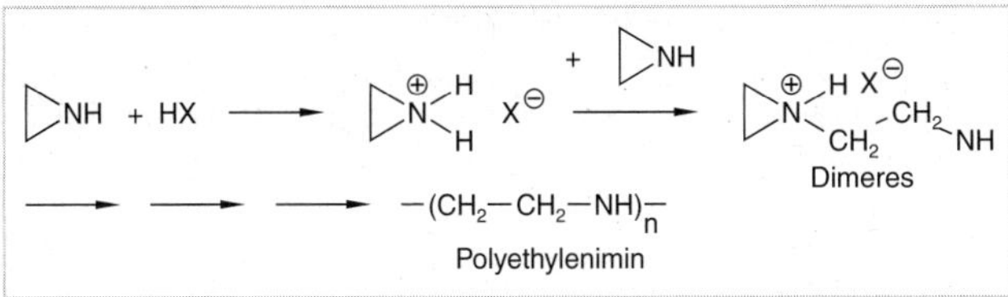

Säurekatalysierte Polymerisation von Aziridin zu Polyethylenimin

Polyethylenimine werden als Hilfsmittel in der Papierverarbeitung, in der Kautschukverarbeitung sowie als Flockungshilfsmittel verwendet. Verzweigte Polyethylenimine sind in kaltem, unverzweigte nur in heißem Wasser löslich.

► A. wirkt stark ätzend auf Haut und Schleimhäute und ist in die Liste der carcinogen wirkenden Stoffe aufgenommen.

C_2H_5N $M_R = 43{,}08$ C 55,78 % H 11,70 % N 32,52 %

t_{Smp}	t_{Sdp}	d	η		
−71 °C	55 °C				
C_p	$\Delta_S H$	$\Delta_V H$	$\Delta_B H$	S^o	Q_C
		33,1 kJ/mol	92 kJ/mol		−1591 kJ/mol
MAK	R-Satz	S-Satz			
0,9 mg/m³	45-46-11-26/27/28-34-51/53	53-45-61			

Azobenzol

Azobenzene

Bildet orangerote blättchenförmige Kristalle, die sich in Ethanol, Diethylether, Petrolether oder Essigsäure gut lösen, aber praktisch unlöslich sind in Wasser.

A. ist darstellbar durch Reduktion von ↑Nitrobenzol z. B. mit ↑Lithiumaluminiumhydrid (s. Gleichung) oder durch Kondensation von Nitrosobenzol mit ↑Anilin, wodurch auch unsymmetrisch substituierte

A.-Derivate zugänglich sind. A.existiert in zwei isolierbaren stereoisomeren Formen, der etwas stabileren trans- oder (E)-Form und der labileren cis- oder (Z)-Form (s. Abbildung).

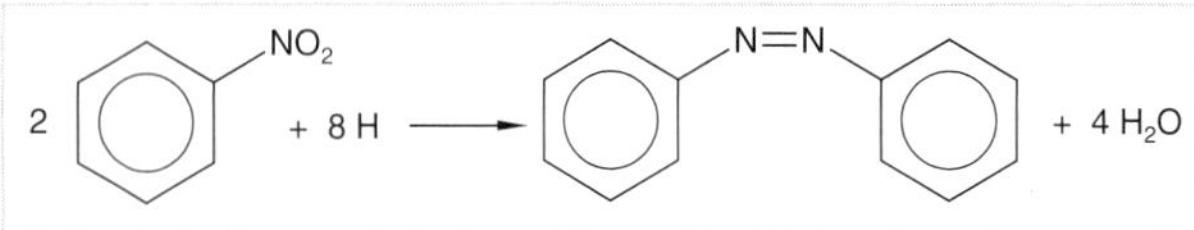

Synthese von Azobenzol durch Reduktion von Nitrobenzol

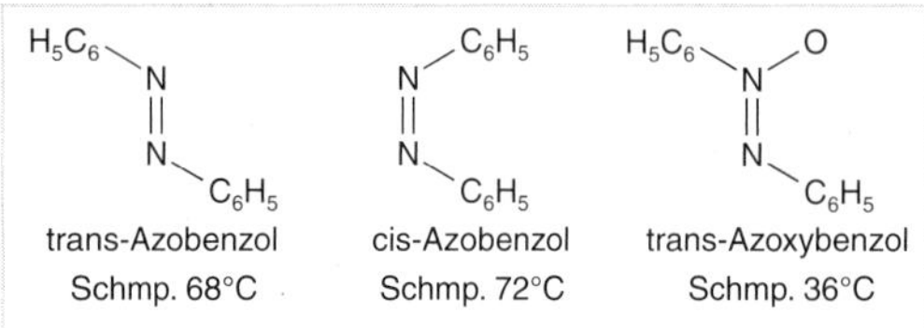

Die stereoisomeren Formen von Azobenzol und das Oxidationsprodukt Azoxybenzol

Bei der Oxidation von A. mit ↑ Wasserstoffperoxid entsteht *Azoxybenzol* (s. Abbildung), bei der Reduktion mit ↑ Zink in alkalischer Lösung Hydrazobenzol (s. unter ↑ Benzidin).

A. und Azoxybenzol werden in organischen Synthesen eingesetzt. Ferner ist A. ein Grundkörper vieler ↑ Sudan-Farbstoffe, die u. a. zur *Mineralöl-Einfärbung* (Diesel, Heizöl) verwendet werden (z. B. *4-Amino-azobenzol*). A. dient außerdem als *Akarizid* (Milbenbekämpfungsmittel).

$C_{12}H_{10}N_2$ $M_R = 182{,}22$ C 79,10 % H 5,53 % N 15,37 %

t_{Smp}	t_{Sdp} 293 °C	d 1,20 g/cm³	η		
C_p	$\Delta_S H$	$\Delta_V H$	$\Delta_B H$ 375 kJ/mol	S^o	Q_C −6461 kJ/mol
MAK	R-Satz 45-20/22-48/22-50/53	S-Satz 53-45-60-61			

Azo-(bis)isobutyronitril

2,2′-Azobisisobutyronitrile

Bildet farblose, leicht verfilzende Kristalle, ist unlöslich in Wasser, gut löslich in org. Solventien.

A. wird synthetisiert durch Umsetzung von Acetoncyanhydrin (aus Aceton und ↑ Cyanwasserstoff, s. unter ↑ Aceton) mit ↑ Hydrazin zum *Hydrazo-(bis)isobutyronitril* und dessen Oxidation. Beim Erwärmen auf über 110 °C zerfällt A. in Stickstoff und zwei Isobutyronitril-Radikale (s. Gleichung), weil die Standard-Bindungsdissoziationsenthalpie der C-N-Bindungen nur 131 kJ/Mol beträgt.

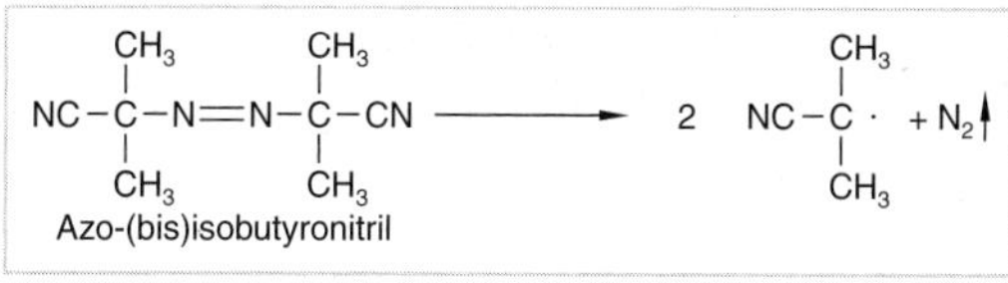

Thermischer Zerfall von Azo-(bis)isobutyronitril

Auf dieser thermischen Zersetzung gründen die Verwendungen von A. zum einen als Treibmittel (z. B. bei der Schaumgummi-Herstellung) und zum anderen als *Radikal-Starter* in radikalisch verlaufenden Reaktionen (z. B. in radikalischen Polymerisationen von Ethylen-, Vinyl- oder Acrylmonomeren oder bei Bromierungen mit ↑ N-Bromsuccinimid).

$C_8H_{12}N_4$	$M_R = 164{,}21$	C 58,52 %	H 7,37 %	N 34,12 %	
t_{Smp} 107 °C	t_{Sdp}	d 1,11 g/cm³	η		
C_p 238 J/(K · mol)	$\Delta_S H$	$\Delta_V H$	$\Delta_B H$ 246 kJ/mol	S^o	Q_C

Azulen

Azulene

A. kristallisiert aus Ethanol in Form tiefblauer Blättchen, die einen naphthalinartigen (A. ist isomer mit ↑ Naphthalin) Geruch besitzen. Während A. in Wasser unlöslich ist, löst es sich in allen üblichen organischen Solventien.

Für A. existiert eine Eintopfsynthese, indem ↑ Cyclopentadien mit 5-N-Methylanilino-2,4-pantadienal (dem sog. *Zincke-Aldehyd*) kondensiert wird unter Abspaltung von N-Methylanilin.

Im A. ist ein Cyclopentadien- mit einem Cycloheptatrien-Ring kondensiert zu einem nichtbenzoiden Aromaten, in welchem also die Doppelbindungen über beide Ringe in Mesomerie stehen, wobei der 5-Ring eine etwas größere negative Ladungsdichte aufweist (s. Schema).

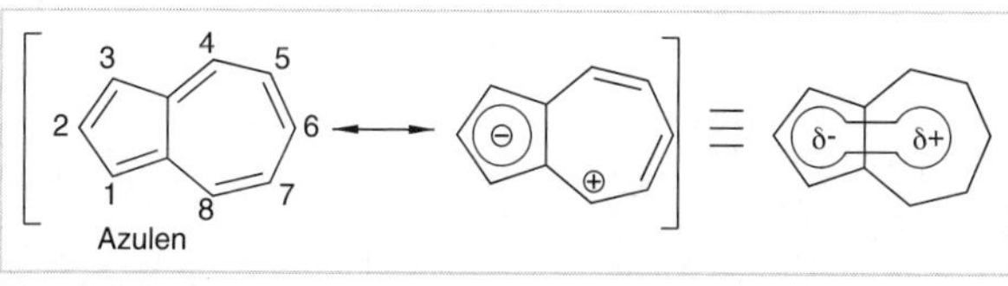

Mesomerie im Azulen

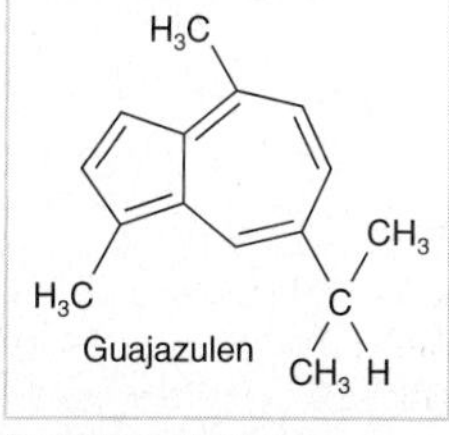

Struktur von Guajazulen

Demzufolge läßt sich A. am 5-Ring wie üblich elektrophil substituieren. Mit starken Säuren erfolgt Bildung farbloser Salze.

Das Grundgerüst des A. liegt in den durchweg tiefblauen Azulenen vor, die sich in „etherischen Ölen" vorfinden oder in ihnen aus Proazulenen bilden. Ein Vertreter ist das im Kamillenöl vorkommene *Guajazulen* (1,4-Dimethyl-7-isopropylazulen, s. Abbildung), ein bicyclisches Sesquiterpen (s. unter ↑ Isopren), das sich biochemisch aus ↑ Farnesol bildet.

$C_{10}H_8$ $M_R = 128{,}17$ C 93,71 % H 6,29 %

t_{Smp}	t_{Sdp}	d	η
99 °C	242 °C		

C_p	$\Delta_S H$	$\Delta_V H$	$\Delta_B H$	S^o	Q_C
128 J/(K · mol)		64 kJ/mol	212 kJ/mol		

Barbitursäure

Barbituric acid 2,4,6-Trioxopyrimidin

Kristallisiert in farblosen Prismen, die an der Luft leicht verwittern. B. löst sich in heißem Wasser, ist in Ethanol wenig und in Diethylether nicht löslich. Die wässerige Lösung von B. färbt Holz orange.

Die einfachste Synthese beinhaltet die Umsetzung von ↑ Malonsäurediethylester mit ↑ Harnstoff in Gegenwart von ↑ Natriumethanolat (s. Schema).

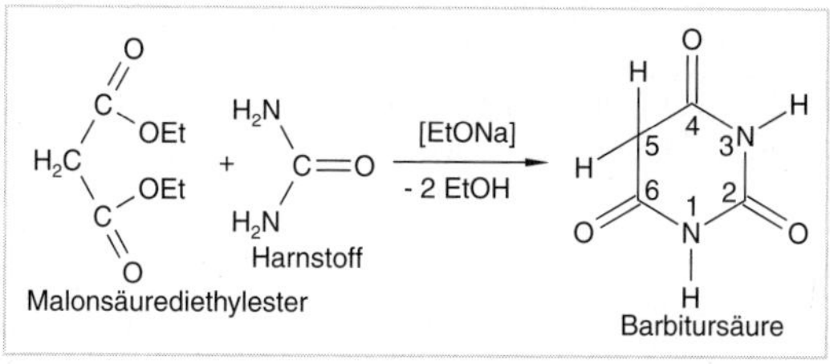

Synthese der Barbitursäure

Im Kristall liegt die B. in der angegebenen Trioxo-Form vor. In Lösung erfolgt Enolisierung, durch die sich die beträchtliche Acidität ($pK_S = 4{,}0$) der B. erklärt (s. Schema).

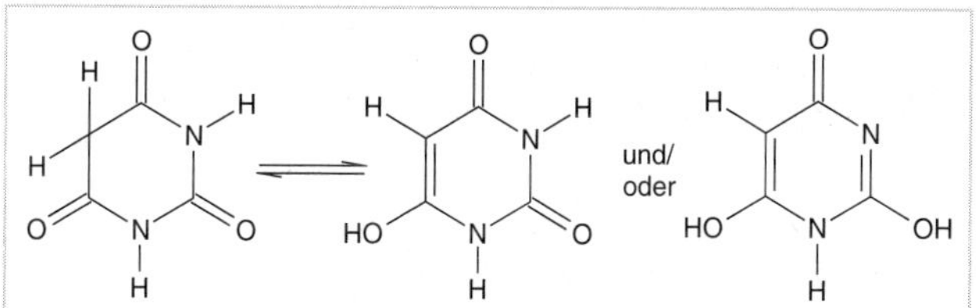

Enolisierung der Barbitursäure, Ursache der Acidität

Wird die Pos. 5 substituiert, sinkt entsprechend die Acidität deutlich ab. Bei der Nitrosierung mit Kaliumnitrit entsteht *Violursäure* (*5-Isonitrosobarbitursäure*), die violette Salze bildet.

Während die freie B. physiologisch völlig inert ist (sie liegt im Körper salzartig vor und kann in dieser Form die Blut-Hirn-Schranke nicht überwinden), besitzen ihre Derivate, in denen am C-5-Atom beide H-Atome durch Alkyl-, Cycloalkyl- oder Arylreste substituiert und die demzufolge wesentlich lipophiler sind (*Barbiturate*) erhebliche medizinische Bedeutung als Sedativa, Hypnotika und Narkotika. Sie wirken nicht analgetisch und führen nur bei besonderer Disposition zur Sucht (es wurden Tausende von Barbituraten hergestellt, ca. 25 sind pharmakologisch im Gebrauch, wichtige Beispiele sind *Hexobarbital*, das Methyl-, Cyclohexyl-Derivat, und *Phenobarbital*, das Ethyl-, Phenyl-Derivat, beide auch unter den Handelsnamen *Evipan* und *Luminal* bekannt). B. wird ferner bei der Herstellung von Farbstoffen verwendet.

Die B. wurde durch v. Baeyer 1863 bei seinen Untersuchungen über die ↑ Harnsäure erstmals isoliert.

$C_4H_4N_2O_3$ $M_R = 128{,}09$ C 37,51 % H 3,15 % N 21,87 % O 37,47 %

$t_{Zersetzung}$	t_{Sdp}	d	η		
248 °C (Z)					
C_p	$\Delta_S H$	$\Delta_V H$	$\Delta_B H$	S^o	Q_C
141 J/(K · mol)			−634 kJ/mol	157 J/(K · mol)	−1511 kJ/mol

Barium

Barium Ba

Ba ist ein silberweiß glänzendes metallisches chemisches Element, das an der Luft rasch grau bis schwarz anläuft. Es läßt sich sehr leicht entzünden und reagiert mit Wasser heftig unter Wasserstoff-Entwicklung. Seine Härte ist mit der von ↑ Blei vergleichbar.

Ba ist am Aufbau der Erdrinde zu ca. 0,05 Gew.-% beteiligt und kommt in der Natur überwiegend als ↑ Bariumsulfat (Schwerspat, Baryt) oder als ↑ Bariumcarbonat (Witherit) vor. Für die Gewinnung von reinem Ba und seinen Verbindungen hat nur der Schwerspat Bedeutung, der weltweit, auch in der Bundesrepublik, aus großen Fundstätten abgebaut wird. Der Schwerspat wird mit Kohle auf ca. 1000 °C erhitzt, wobei das Bariumsulfat zu *Bariumsulfid* reduziert wird, welches sich mit Wasser auslaugen läßt (s. Gleichung).

$$BaSO_4 + 2\,C \xrightarrow{1000\ °C} BaS + 2\,CO_2$$

Reduktion von Schwerspat zu Bariumsulfid

Aus der so erhaltenen Bariumsulfid-Lösung lassen sich die verschiedenen Bariumverbindungen gewinnen (s. bei den einzelnen Verbindungen).

Ba gehört zu den Erdalkalimetallen, steht mithin in der 2. Hauptgruppe des PSE. Mit seiner Stellung in der 6. Periode besitzt es folgende Elektronenkonfiguration: $1s^2\ 2s^2\ 2p^6\ 3s^2\ 3p^6\ 3d^{10}\ 4s^2\ 4p^6\ 4d^{10}\ 5s^2\ 5p^6\ 6s^2$ oder (Xe) $6s^2$, Grundterm $^1S_0$.

Die Oxidationsstufe ist ausschließlich +2.

Folgende Standardpotentiale sind wirksam:
Ba → $Ba(OH)_2$ $E^{\ominus} = -2{,}99$ V (basisch), Ba → Ba^{2+} $E^{\ominus} = -2{,}91$ V (sauer)

Ba ist das einzige Erdalkalimetall, das ein kubisch-raumzentriertes Gitter bildet.

Reines Ba wird kaum verwendet. Es ist lediglich die Verwendung als Gettermetall in der Röhrenherstellung und der Einsatz als Legierungskomponente in Bleilegierungen zu nennen.

Analytik: Ba-Ionen weist man durch Sulfat-Fällung und die grüne Flammenfärbung nach.

► Ba ist giftig, leicht entzündlich, ätzend.

Ba Z = 56 A_R = 137,327 Isotope: 130, 132, 134-138; 117-143 (künstlich)

t_{Smp}	t_{Sdp}	d	MV	α	λ
729 °C	1894 °C	3,594 g/cm³	38,21 cm³/mol	20,7 10^{-6}/K	18,4 W/mK
C_p	$\Delta_S H$	$\Delta_V H$	S^o	ϱ	
28,09 J/(K · mol)	7,75 kJ/mol	141,5 kJ/mol	62,42 J/(K · mol)	500 nΩ · m	
MAK	R-Satz	S-Satz			
	15	8-24/25			

Bariumcarbonat

Barium carbonate

B. stellt ein feines weißes Pulver dar, das sich bei 20 °C zu 2 mg/100 ml in Wasser löst.

B. kommt in der Natur als Witherit vor und kann hergestellt werden durch Versetzen einer Bariumsulfid-Lösung mit ↑ Kohlenstoffdioxid (Einleiten) oder mit ↑ Natriumcarbonat, wobei B. als filtrierbarer Niederschlag ausfällt (s. Gleichungen).

$$BaS + Na_2CO_3 \longrightarrow BaCO_3 + Na_2S \quad \text{bzw.}$$
$$BaS + CO_2 + H_2O \longrightarrow BaCO_3 + H_2S$$

Synthesemöglichkeiten für Bariumcarbonat

B. dient vielfach zur Herstellung anderer Ba-Salze. Es hat jedoch auch selbst vielfältige technische Verwendungszwecke. Vor allem ist hier die Keramik- und Ziegelindustrie zu nennen. Hier wird das B. eingesetzt, weil es die Härtebildner Calcium- und Magnesiumsulfat unschädlich macht, indem es deren Ionen durch doppelte Umsetzung bindet (s. Gleichung).

$$MgSO_4 + CaSO_4 + 2\,BaCO_3 \longrightarrow CaCO_3 + 2\,BaSO_4 + MgCO_3$$

Wirkung von Bariumcarbonat als Sulfat-Bindemittel

Dadurch werden die gefürchteten Ausblühungen an den Oberflächen der Glasuren verhindert.

B. wird bei den Erdöl-Bohrungen dem Bohrwasser zugesetzt: beim Durchbohren gipshaltiger Schichten verbacken die erhitzten Bohrkerne mit dem Anhydrit. Durch B. wird dies verhindert. B. wird auch in der Glasindustrie verwendet zur Erzielung bestimmter optischer und chemischer Eigenschaften.

► B. ist giftig wie alle löslichen Ba-Verbindungen.

$CBaO_3$ $M_R = 197{,}35$ C 6,09 % Ba 69,59 % O 24,32 %

$t_{Zersetzung}$	t_{Sdp}	d	η		
> 1400 °C (Z)		4,43 g/cm³			
C_p	$\Delta_S H$	$\Delta_V H$	$\Delta_B H$	S^o	Q_C
85,3 J/(K · mol)			−1216 kJ/mol	112 J/(K · mol)	
MAK	R-Satz	S-Satz			
0,5 mg/m³	22	24/25			

Bariumchlorid

Barium chloride

Handelsüblich ist das Dihydrat, das in farblosen, an der Luft beständigen flachen rhombischen Kristallen anfällt. In 100 ml Wasser lösen sich bei 20 °C über 30 g. Beim Erwärmen auf ca. 65 °C wird ein Kristallwasser abgegeben unter Bildung des Monohydrats, welches sich oberhalb 100 °C zum wasserfreien Produkt dehydratisiert.

$BaS + 2 HCl \longrightarrow BaCl_2 + H_2S$

Herstellung von Bariumchlorid

Man erhält B. technisch am einfachsten aus Bariumsulfid-Lösungen durch Versetzen mit ↑ Salzsäure (s. Gleichung). Die Hauptmenge des B. wird zur Herstellung von ↑ Bariumsulfat gebraucht.

$Ba^{2+} + SO_4^{2-} \longrightarrow BaSO_4 \downarrow$

Bariumsulfat-Fällung

In der Analytik wird B. zum Sulfat-Nachweis verwendet: Man bereitet eine 0,5m Lösung (12,2 g B. in 100 ml Wasser lösen), von der man wenige Tropfen zur angesäuerten Probelösung gibt. Bei Anwesenheit von Sulfationen fällt das sehr schwerlösliche Bariumsulfat aus (s. Gleichung).

► B. ist giftig.

$BaCl_2$ $M_R = 208{,}23$ (wasserfrei) Ba 65,95 % Cl 34,05 %

t_{Smp}	t_{Sdp}	d	η
960 °C	2026 °C	3,89 g/cm³	

C_p	$\Delta_S H$	$\Delta_V H$	$\Delta_B H$	S^o	Q_C
75,1 J/(K · mol)	16 kJ/mol	246 kJ/mol	−858 kJ/mol	123,7 J/(K · mol)	

MAK	R-Satz	S-Satz
0,5 mg/m³	20-25	45

Bariumhydroxid

Barium hydroxide

Die beständige übliche Handelsform des B. ist das Octahydrat, welches ein weißes Kristallpulver darstellt. Seine Wasserlöslichkeit ist stark temperaturabhängig (bei 20 °C. lösen sich 3,4 g, bei 70 °C 32 g pro 100 ml) und ist beträchtlich höher als die von ↑ Calciumhydroxid. Die wässerige Lösung wird als *Barytwasser* bezeichnet und stellt wegen völliger Dissoziation eine starke Lauge dar. Das Octahydrat schmilzt bei 78 °C im eigenen Kristallwasser.

$BaO + H_2O \longrightarrow Ba(OH)_2$

Bariumhydroxid aus Bariumoxid

B. wird am einfachsten gewonnen aus ↑ Bariumoxid (s. Gleichung). Die Umsetzung des Bariumoxids mit Wasser ist stark exotherm. Beim Abkühlen der heißen Lauge kristallisiert B. aus.

B. verwendet man z. T. als Ersatz für ↑ Bariumcarbonat in der Keramikindustrie sowie in der Wasseraufbereitung. In der Analytik verwendet man Barytwasser (wie Calciumhydroxid-Lösung auch) zum Nachweis von ↑ Kohlenstoffdioxid, indem es mit letzterem einen Niederschlag von ↑ Bariumcarbonat liefert (s. Gleichung).

$Ba(OH)_2 + CO_2 \longrightarrow BaCO_3 \downarrow + H_2O$

Bariumcarbonat-Ausfällung

► B. ist ätzend und giftig.

BaH_2O_2 $M_R = 171{,}34$ (wasserfrei) Ba 80,15 % H 1,18 % O 18,68 %

t_{Smp}	t_{Sdp}	d	η		
508 °C		4,50 g/cm³			
C_p	$\Delta_S H$	$\Delta_V H$	$\Delta_B H$	S^o	Q_C
101,6 J/(K · mol)	16,7 kJ/mol		−946 kJ/mol	107 J/(K · mol)	
MAK	R-Satz	S-Satz			
0,5 mg/m³	20/22	28			

Bariumnitrat

Barium nitrate

Bildet farblose, meist oktaedrische Kristalle. Die Löslichkeit in Wasser ist temperaturabhängig: bei 20 °C 8 Gew.-%, bei 100 °C 25 Gew.-%.

Die Darstellung von B. kann erfolgen durch Versetzen einer Bariumcarbonat- oder Bariumsulfid-Lösung mit ↑ Salpetersäure (s. Gleichung).

$$BaS + 2\,HNO_3 \longrightarrow Ba(NO_3)_2 + H_2S\uparrow$$

Darstellung von Bariumnitrat

Wird B. geglüht, zerfällt es unter Aussendung grünen Lichts in ↑ Bariumperoxid, ↑ Sauerstoff und ↑ Stickstoff (s. Gleichung). Es wird deshalb in der Feuerwerkerei verwendet. Ferner wird es in der Glas- und Keramikindustrie eingesetzt.

$$Ba(NO_3)_2 \longrightarrow BaO_2 + N_2 + 2\,O_2$$

Thermische Zersetzung von Bariumnitrat

► B. ist giftig.

BaN_2O_6 $M_R = 261{,}38$ Ba 52,55 % N 10,72 % O 36,73 %

t_{Smp}	t_{Sdp}	d	η		
592 °C		3,24 g/cm³			
C_p	$\Delta_S H$	$\Delta_V H$	$\Delta_B H$	S^o	Q_C
151 J/(K · mol)	25 kJ/mol		−992 kJ/mol	214 J/(K · mol)	
MAK	R-Satz	S-Satz			
0,5 mg/m³	20/22	28			

Bariumoxid

Barium oxide

B. bildet ein poröses, lockeres und doch schweres weißes Pulver. Es reagiert mit Wasser heftig unter Bildung von ↑ Bariumhydroxid. B. löst sich exotherm in Methanol und Ethanol. Technische B.-Sorten enthalten aus der Herstellung oft noch Spuren Ruß, die eine Graufärbung bewirken.

$$BaCO_3 \longrightarrow BaO + CO_2$$
$$CO_2 + C \longrightarrow 2\,CO$$

Technische Darstellung von Bariumoxid

Man gewinnt B. durch thermische Zersetzung von ↑ Bariumcarbonat. Diese Zersetzung erfordert an sich sehr hohe Temperaturen (1450 °C). Vermengt man das Bariumcarbonat jedoch mit Ruß, so wird die Dissoziation des Carbonats wegen der Umsetzung vom entstehenden ↑ Kohlenstoffdioxid mit ↑ Kohlenstoff erleichtert, so daß Temperaturen um 1100 °C ausreichen (s. Gleichungen).

B. wurde früher hauptsächlich benötigt zur Herstellung von ↑ Bariumperoxid, aus dem man ↑ Wasserstoffperoxid gewonnen hat. Letzteres wird heute nach anderen Verfahren erhalten, so daß B. in nennenswerten Mengen nur noch zur Herstellung von ↑ Bariumhydroxid verwendet wird. B. stellt ein sehr effizientes basisches Trockenmittel dar.

► B. ist ätzend und giftig.

BaO $M_R = 153{,}33$ Ba 89,57 % O 10,43 %

t_{Smp}	t_{Sdp}	d	η		
2015 °C		5,69 g/cm³			
C_p	$\Delta_S H$	$\Delta_V H$	$\Delta_B H$	S^o	Q_C
47,3 J/(K · mol)	58,6 kJ/mol		−553 kJ/mol	70,4 J/(K · mol)	
MAK	R-Satz	S-Satz			
0,5 mg/m³	20/22	28			

Bariumperoxid

Barium peroxide

B. stellt ein weißes Pulver dar, das sich in Wasser nur zu 0,05 g/100 ml bei 20 °C löst.

$$BaO + {}^1/_2\,O_2 \underset{700\,°C}{\overset{500\,°C}{\rightleftharpoons}} BaO_2$$

Bariumoxid-Bariumperoxid-Gleichgewicht

Man stellt B. her durch Überleiten von Luft über ↑ Bariumoxid bei ca. 500 °C. Bei höherer Temperatur (über 700 °C) zerfällt es wieder in Bariumoxid und Sauerstoff (s. Gleichung).

Dieses reversible Gleichgewicht wurde früher zur Herstellung von reinem ↑ Sauerstoff aus Luft (Abtrennung vom ↑ Stickstoff) genutzt, was als *Brinsches Verfahren* bekannt war. B. wurde früher zur Gewinnung von ↑ Wasserstoffperoxid verwendet, indem man es mit ↑ Schwefelsäure umgesetzt hat (s. Gleichung).

$$BaO_2 + H_2SO_4 \longrightarrow BaSO_4\downarrow + H_2O_2$$

Frühere Darstellung von Wasserstoffperoxid

Diese Darstellungsweise ist heute durch andere Verfahren, vor allem das Anthrachinon-Verfahren völlig verdrängt (s. unter ↑ Wasserstoffperoxid).

B. wird zusammen mit ↑ Magnesium in den Zündkirchen für die Thermitreaktion verwendet.

► B. ist giftig und brandfördernd.

BaO_2 $M_R = 169{,}34$ Ba 81,10 % O 18,90 %

t_{Smp}	t_{Sdp}	d	η
450 °C		5,43 g/cm³	

C_p	$\Delta_S H$	$\Delta_V H$	$\Delta_B H$	S^o	Q_C
67,3 J/(K · mol)			−634 kJ/mol	93 J/(K · mol)	

MAK	R-Satz	S-Satz
0,5 mg/m³	8-20/22	13-27

Bariumsulfat

Barium sulfate

B. stellt ein schweres weißes Pulver dar. Es ist in Wasser extrem schwerlöslich, wie sich aus dem Löslichkeitsprodukt ergibt (s. Gleichung), demzufolge eine gesättigte Lösung an B. bei 20 °C nur 1,3 mg Ba-Ionen pro Liter enthält.

$$BaSO_4 \rightleftharpoons Ba^{2+} + SO_4^{2-} \qquad pK_L = 10$$

Dissoziation von Bariumsulfat

B. findet sich als Schwerspat in der Natur sehr verbreitet und in großen Lagerstätten und stellt als solches die Hauptquelle für ↑ Barium und seine Verbindungen dar.

Die weiße Farbe, die Schwerlöslichkeit und die chemische Beständigkeit haben B. zu einem wichtigen Weißpigment werden lassen. Hierzu verwendet man jedoch nicht den natürlichen Schwerspat, sondern fällt das B. aus Lösungen von ↑ Bariumchlorid mit ↑ Natriumsulfat aus (s. Gleichung), weil es nur so in der erforderlichen Feinstkörnung erhalten wird.

$$BaCl_2 + Na_2SO_4 \longrightarrow BaSO_4 + 2\ NaCl$$

Fällung von Bariumsulfat als Weißpigment

Häufiger als das reine B. verwendet man die *Lithopone*, die Gemische von B. und ↑ Zinksulfid darstellen. Diese erhält man durch Vermischen einer Bariumsulfid- mit einer Zinksulfat-Lösung (s. Gleichung).

$$BaS + ZnSO_4 \longrightarrow BaSO_4 \downarrow + ZnS \downarrow$$

Herstellung der Lithopone

Der Niederschlag wird filtriert und geglüht. Diese Lithopone verwendet man als Weißpigmente in Lacken, Druckfarben, Thermoplasten und Elastomeren.

B. findet in der Medizin Verwendung als Röntgenkontrastmittel. Zum Aufschluß von B. in der Salzschmelze eignet sich ein Gemisch von wasserfreiem ↑ Natriumcarbonat und ↑ Kaliumcarbonat.

Zum Ba-Nachweis als B. s. unter ↑ Barium und unter ↑ Bariumchlorid.

► B. ist wegen seiner Unlöslichkeit nicht giftig.

BaO_4S $M_R = 233{,}40$ Ba 58,84 % O 27,42 % S 13,74 %

t_{Smp}	t_{Sdp}	d	η
1580 °C		4,48 g/cm³	

C_p	$\Delta_S H$	$\Delta_V H$	$\Delta_B H$	S^o	Q_C
102 J/(K · mol)	40,6 kJ/mol		−1473 kJ/mol	132 J/(K · mol)	

Bariumtitanat

Barium titanate

Bildet in reinstem Zustand farblos durchscheinende, stark lichtbrechende, meist plättchenförmige Kristalle. Es ist unlöslich in Wasser und wird von Säuren und Laugen nicht angegriffen.

B. wird hergestellt, indem ↑ Bariumcarbonat und ↑ Titandioxid nach inniger Vermischung bei ca. 1000 °C einer Festkörperreaktion unterzogen werden (s. Gleichung). Für die technische Verwendung wird das Produkt dann vermahlen, gepreßt und bei ca. 1300 °C gesintert.

$$BaCO_3 + TiO_2 \longrightarrow BaTiO_3 + CO_2\uparrow$$

Bariumtitanat-Herstellung durch Festkörper-Reaktion

B. wird in großem Ausmaß in der Elektroindustrie verwendet, da es starke ferroelektrische Eigenschaften aufweist: B. kann als Dielektrikum in Kondensatoren DK-Werte von über 10000 erreichen, weil es im elektrischen Feld stark polarisierbar ist. Diese Polarisierung zeigt nach Abschaltung des Feldes eine ausgeprägte Hysterese, eine Erscheinung, die man in Analogie zum Ferromagnetismus als *Ferroelektrizität* bezeichnet. Sehr dauerhaft wird diese Polarisierung aber erst, wenn man dem B. ca. 5 % Calciumzirkonat beifügt und gleichzeitig mit ↑ Niob dotiert.

Die Ferroelektrizität des B. verschwindet oberhalb von 120 °C, weshalb man diese Temperatur (ebenfalls in Analogie zum Ferromagnetismus) auch als Curie-Temperatur bezeichnet. Bei geeigneter Dotierung mit Fremdionen zeigt B. auch wichtige Halbleitereigenschaften. Man gewinnt so aus B. sogenannte *Kaltleiter*, deren spez. Widerstand um bis zu 6 Zehnerpotenzen ansteigt bei Temperaturerhöhung von ca. 100 °C. Diese Kaltleiter werden für zahlreiche Steuer- und Regelaufgaben eingesetzt.

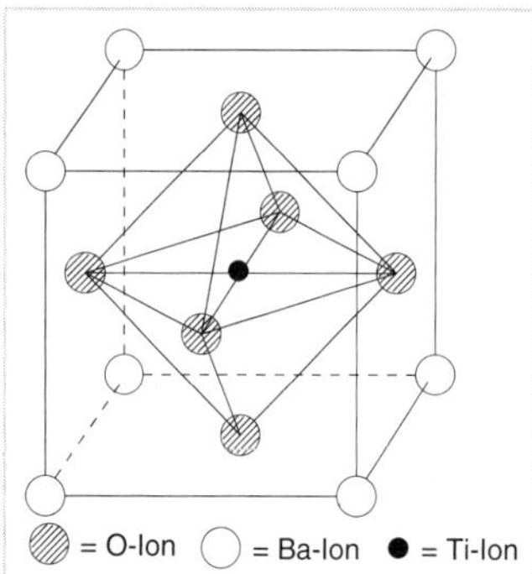

Perowskit-Gitter des Bariumtitanat – ein wichtiges Ferroelektrikum

B. kristallisiert im Perowskit-Gitter: die Ba-Ionen bilden einfache kubische Elementarzellen (Ba-Ionen an den Ecken eines Würfels) in deren Mitte die Ti-Ionen sitzen. In den Flächenmitten dieses Würfels befinden sich die Sauerstoff-Ionen, die also die Ti-Ionen oktaedrisch umgeben (s. Abbildung). Die Ti-Ionen sind in den Sauerstoff-Oktaedern beweglich, so daß die einzelnen Kristalldomänen ständig spontan polarisiert sind (verzerrte tetragonale Perowskit-Struktur, da Ti- und O-Ionen gegenseitig verschoben sind) und man spricht deshalb auch von *Verschiebungspolarisation*. Nach außen ist aber ohne elektrisches Feld keine Polarisierung feststellbar, da sich die Domänen wegen statistischer Ausrichtung kompensieren. Erst im elektrischen Feld wird eine einzige große Domäne ausgebildet.

BaO_3Ti $M_R = 233{,}19$ Ba 58,89 % O 20,58 % Ti 20,53 %

Batrachotoxin

Batrachotoxin

B. kommt in der Haut des südamerikanischen Giftfrosches *Phyllobates aurotonia* vor und wurde erstmals 1963 isoliert. Es ist die wirksame Komponente des Pfeilgiftes, das von Indianern aus der Froschhaut gewonnen wird.

Es ist ein Steroid-Alkaloid (s. unter ↑ Alkaloide) und außerordentlich toxisch. Das Molekül-Grundgerüst ist ein hydroxyliertes Pregnan (s. unter ↑ Progesteron), das über eine Hydroxylgruppe an C-20 mit der 2,4-Dimethyl-3-pyrrolcarbonsäure verestert ist und zudem einen ankondensierten Oxazepinring trägt (s. Abbildung).

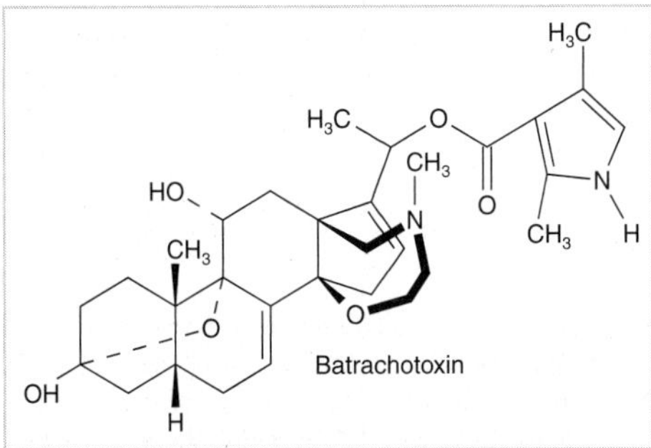

Struktur von Batrachotoxin, das Toxin des südamerkanischen Giftfrosches

B. ruft auf der unverletzten Haut keine Symptome hervor und wirkt auch bei oraler Aufnahme bei völlig intaktem Intestinaltrakt nicht giftig. Bei der kleinsten Verletzung jedoch tritt lang anhaltender heftiger Schmerz und die Giftwirkung auf. Die Giftwirkung beruht darauf, daß in den Nervenzellmembranen des ZNS die Natriumkanäle irreversibel geöffnet werden (s. unter ↑ Acetylcholin). Es erfolgt zunächst Muskel- und dann Atemlähmung. Als Antagonist wirkt interessanterweise das ↑ Tetrodotoxin.

Die Struktur von B. wurde 1969 geklärt. Der Name geht auf das griechische Wort batrachos für Frosch zurück. B. dient in der neurophysiologischen Forschung zum Studium von Natriumkanälen.

$C_{31}H_{42}N_2O_6$ $M_R = 538{,}68$ C 69,12 % H 7,86 % N 5,20 % O 17,82 %

Behensäure

Behenic acid, Docosanoic acid Docosansäure

Eine farblose, wachsartige Substanz, die sich zu ca. 0,1 g in 100 ml 90%igem Ethanol, zu ca. 0,2 g in 100 ml Diethylether löst.

Große Anteile der B. finden sich in der Natur im Jambaöl (ca. 50 %), im Rapsöl und im Senfsamenöl, während sie in geringen Mengen Bestandteil fast aller natürlichen Fette und Öle ist.

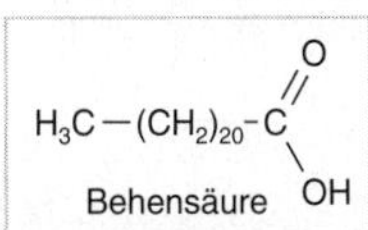

Struktur der Behensäure

Präparativ wird die B. gewonnen durch Hydrierung der ↑ Erucasäure.

Die B. wird in der Technik als Komponente in Schmiermitteln verwendet. Ferner dient sie als Retarder in Entlackungsmitteln. Das Amid der B. wird als Entschäumer in der Tensidproduktion eingesetzt. Ethyl- und Methylester der B. sind Feststoffe vom Schmp. 50 bzw. 54 °C.

$C_{22}H_{44}O_2$ $M_R = 340{,}59$ C 77,58 % H 13,02 % O 9,40 %,

t_{Smp}	t_{Sdp}	d	η
79 °C			

Benzalchlorid

Benzal chloride, Benzyliden chloride Benzylidenchlorid, Benzyldichlorid

Eine farblose, stark lichtbrechende und an der Luft rauchende Flüssigkeit von stechendem Geruch, deren Dämpfe tränenreizend wirken. B. ist unlöslich in Wasser, mischt sich hingegen gut mit organischen Solventien.

B. wird einfach hergestellt durch Einleiten von ↑Chlor in siedendes ↑Toluol unter Einwirkung von UV-Licht, also durch radikalische Seitenkettenchlorierung, wie sie mechanistisch unter ↑Benzylchlorid beschrieben ist, wobei die Steuerung der Reaktion durch Kontrolle der Gewichtszunahme während der Reaktion erfolgt (s. Gleichung).

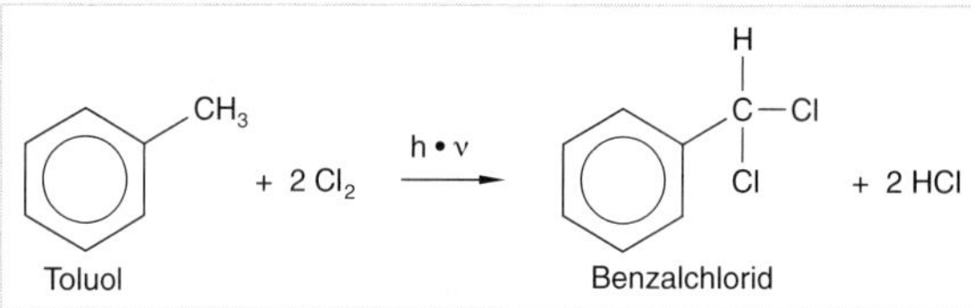

Chlorierung von Toluol zu Benzalchlorid

B. dient präparativ praktisch ausschließlich zur Herstellung von ↑Benzaldehyd und daraus folgend von ↑Zimtaldehyd und ↑Zimtsäure.

► B. ruft starke Hautverätzungen hervor. Es steht im Verdacht der cancerogenen Wirkung.

$C_7H_6Cl_2$ $M_R = 161{,}03$ C 52,21 % H 3,76 % Cl 44,03 %

t_{Smp}	t_{Sdp}	d	η
−16 °C	205 °C	1,25 g/cm³	

MAK	R-Satz	S-Satz
0,1 mg/m³	22-23-37/38-40-41	36/37-38-45

Benzaldehyd

Benzaldehyde

Ist eine farblose, stark lichtbrechende Flüssigkeit mit dem typisch an Marzipan erinnernden Bittermandel-Geruch. B. löst sich gut in org. Solventien, in Wasser jedoch nur zu 0,3 % bei 20 °C.

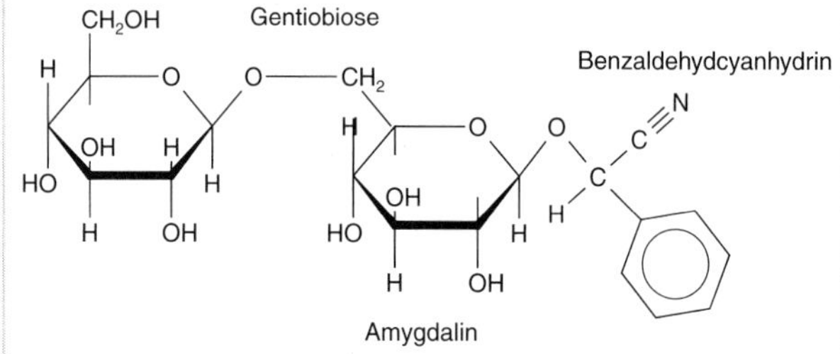

Struktur von Amygdalin

B. wurde 1819 erstmals (durch Liebig und Wöhler) aus Bittermandeln isoliert und in seiner Struktur erkannt. 1868 wurde er aus ↑ Toluol synthetisch gewonnen.

B. ist der einfachste aromatische Aldehyd. Er kommt im Pflanzenreich teils in freier Form vor, weil er hydrolytisch oder enzymatisch aus *Amygdalin* freigesetzt wird. Im Amygdalin ist das Cyanhydrin des B. glykosidisch an die *Gentiobiose* gebunden. Die Gentiobiose ist ein Disaccharid, welches systematisch als 6-O-(β-D-Glucopyranosyl)-D-glucopyranose zu bezeichnen ist (s. Abbildung).

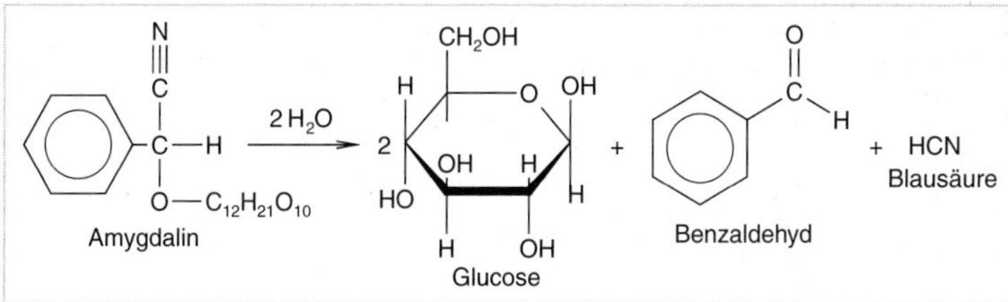

Saure Hydrolyse von Amygdalin

Gemäß dem Acetalcharakter der Glykoside sind sie gegen Alkali beständig, wogegen mit Säuren leicht Hydrolyse erfolgt. So hydrolysiert Amygdalin mit Säuren leicht unter Freisetzung von zwei Mol ↑ D(+)-Glucose, 1 Mol B. und ↑ Cyanwasserstoff (s. Schema).

Amygdalin kommt in beträchtlicher Menge in den *Bittermandeln* vor, ferner in den Kernen von Pfirsichen, Aprikosen, Pflaumen, Äpfeln und Kirschen und ist wegen der Blausäure-Freisetzung sehr giftig. In den Bittermandeln kommt neben dem Amygdalin sogar das Enzym *Emulsin* vor, welches eine Spaltung des Amygdalins in Glucose und *Benzaldehydcyanhydrin* bewirkt. Letzteres wird auch als *Bittermandelöl* bezeichnet.

Die Laborsynthese von B. kann z. B. durch basische Hydrolyse von ↑ Benzalchlorid unter Sauerstoffausschluß erfolgen (s. Gleichung). Technisch erhält man B. durch katalytische Luftoxidation von ↑ Toluol.

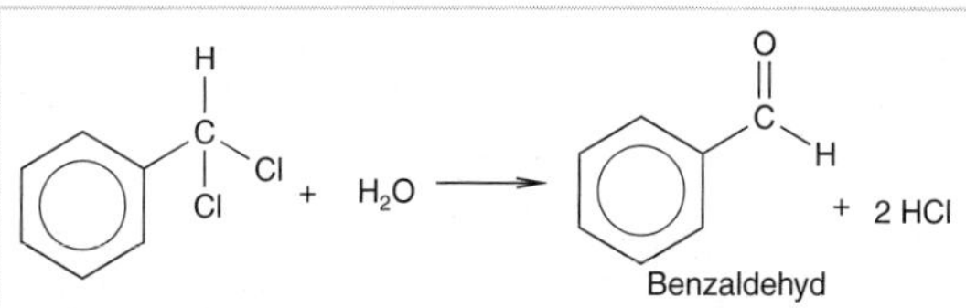

Laborsynthese von Benzaldehyd aus Benzalchlorid

B. bildet u. a. folgendes Azeotrop:

Azeotrop-Komponenten	Zusammensetzung (Gew.-%)	Siedepunkt (°C)
B./Phenol	49,0/51,0	185,6

B. zeigt die typischen Aldehyd-Reaktionen. Mit Blausäure und Natriumhydrogensulfit werden die entsprechenden Addukte erhalten. Ammoniakalische Silbernitratlösung wird reduziert, Fehling-Lösung jedoch nicht.

An der Luft erfolgt leicht, durch Schwermetallionen und Radikalbildner beschleunigt, durch Antioxidantien (wie ↑ Hydrochinon) verhindert, Oxidation zu ↑ Benzoesäure. Gießt man beispielsweise etwas B. auf eine Glasplatte und läßt sie über Nacht an der Luft liegen, findet man am nächsten Morgen Kristalle der Benzoesäure vor.

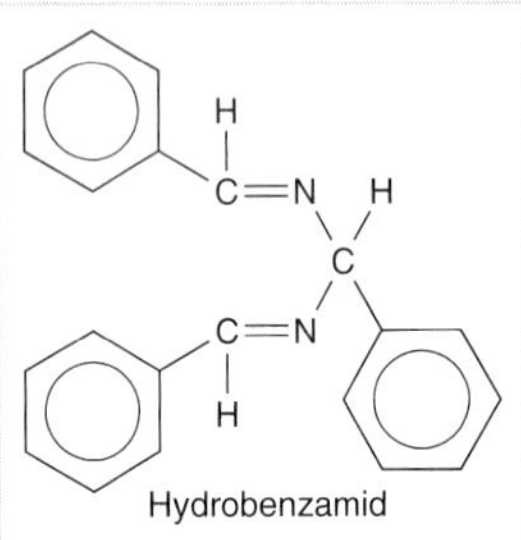

Benzaldehyd bildet mit Ammoniak Hydrobenzamid

Mit ↑Hydroxylamin bildet B. das Oxim, mit primären Aminen die entsprechenden Azomethine (Schiff'sche Basen), während mit ↑Ammoniak eine zu den aliphatischen Aldehyden abweichende Reaktion beobachtet wird. Es entsteht dabei nämlich das *Hydrobenzamid*: zunächst wird in normaler Reaktion *Banzaldimin* gebildet; zwei Mol Benzaldimin reagieren mit einem Mol B. unter Kondensation zum Hydrobenzamid (s. Abbildung).

Die basische Kondensation des B. mit aliphatischen Aldehyden oder Ketonen führt über intermediäre Aldole zu α,β-ungesättigten Aldehyden (z. B. zum ↑Zimtaldehyd mit ↑Aceton). Als weitere typische Reaktionen seien noch die Cannizaro-Reaktion (s. unter ↑Formaldehyd) sowie die Benzoin-Kondensation (letztere s. unter ↑Benzoin) genannt.

Reiner B. wird als Geruchs- und Geschmacksstoff in der Kosmetik und der Lebensmittel-Technologie verwendet. Er dient auch als Ausgangsstoff für die Synthese höherer Aldehyde und von Pharmazeutika. Bedeutung besitzt B. ferner zur Herstellung von Triphenylmethanfarbstoffen (z. B. ↑Malachitgrün mit Dimethylanilin).

C_7H_6O $M_R = 106{,}12$ C 79,23 % H 5,70 % O 15,08 %					
t_{Smp} −26 °C	t_{Sdp} 178 °C	d 1,05 g/cm³	η 1,39 mPa · s		
C_p 172 J/(K · mol)	$\Delta_S H$ 9,32 kJ/mol	$\Delta_V H$ 50 kJ/mol	$\Delta_B H$ −87 kJ/mol	S^o 221 J/(K · mol)	Q_C −3525 kJ/mol
MAK	R-Satz 22	S-Satz 24			

Benzalkoniumchloride

Benzalkoniumchlorides

Je nach dem Rest R (s. Formeldarstellung) stellen die B. bei Normalbedingungen Flüssigkeiten oder Feststoffe dar. Auch ein Gemisch mit verschiedenen Resten R (C_8H_{17} bis $C_{18}H_{37}$) ist handelsüblich unter der Bezeichnung Benzalkoniumchlorid, ein gelblich-weißes amorphes, aromatisch riechendes und bitter schmeckendes Pulver, das sich gut in Wasser und Ethanol löst.

Die B. sind prinzipiell zugänglich durch Umsetzung von ↑Benzylchlorid mit den entsprechenden tertiären Aminen.

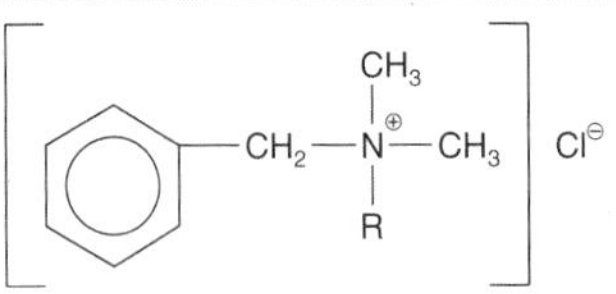

Struktur der Benzalkoniumchloride, R = C_8H_{17} bis $C_{18}H_{37}$

Die B. stellen eigentlich Kationtenside (Invertseifen) dar (s. unter ↑Glycerin), werden aber hierfür nicht verwendet. Sie besitzen bakterizide Eigenschaften und wirken auch gegen Pilze, Hefen und Algen. Das oben genannte Gemisch ist deshalb Bestandteil bekannter *Desinfektionsmittel*. Darüber hinaus wird es verwendet in Halstabletten, der *Fußpilz-Prophylaxe* und zur Konservierung von Flüssigarzneien.

Die Wirkung der B. wurde 1932 durch Domagk (Bayer AG) am *Dimethylbenzyl-dodecylammoniumchlorid* entdeckt, das damals unter dem Handelsnamen *Zephirol* als 10 %ige Lösung auf den Markt kam und auch unter diesem Namen heute noch zur Hände- und Geräte-Desinfektion verwendet wird.

Benzidin

Benzidine 4,4′-Diamino-biphenyl

Bildet ein weißes oder leicht rötliches kristallines Pulver, das sich bei der Exposition an Licht und Luft dunkel färbt. Es ist praktisch unlöslich in Wasser, löslich in siedendem Ethanol.

B. wird hergestellt durch Reduktion von ↑ Nitrobenzol mit Zinkstaub und Natronlauge, die zunächst zum *Hydrazobenzol* führt (Hydrazobenzol, auch als *1,2-Diphenylhydrazin* zu bezeichnen, bildet farblose Kristalle vom Schmp. 131 °C, die sich in Wasser nicht, in Ethanol gut lösen und an der Luft einer rötlichen Verfärbung unterliegen). Die Behandlung von Hydrazobenzol mit starker Mineralsäure liefert in der sog. *Benzidin-Umlagerung* das B. (s. Schema).

Die Benzidin-Umlagerung verläuft mit dem diprotonierten Hydrazobenzol so, daß die Verknüpfung der beiden para-Positionen und die Lösung der N-N-Bindung synchron erfolgen. Die dabei gebildete semichinoide Struktur aromatisiert sich durch Abspaltung von zwei Protonen.

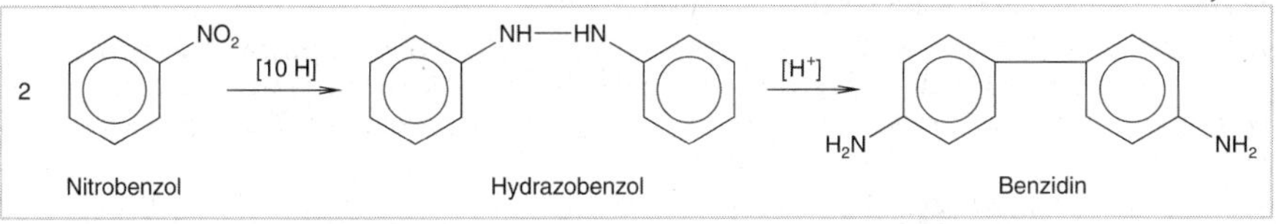

Reduktion von Nitrobenzol zum Benzidin

B. wird als Diazokomponente zur Herstellung substantiver Baumwollfarbstoffe verwendet (s. unter ↑ Fuchsin). Es dient ferner als analytisches Reagenz (*Blutnachweis*: eine essigsaure, mit ↑ Wasserstoffperoxid versetzte B.-Lösung ergibt mit Blutspuren eine Blaufärbung = B.-Test) und in Form des wasserlöslichen Dihydrochlorids zur Schwermetall-Kationen-Bestimmung (u. a. Pb, Cr, Au, Cu, Mn).

► B. wird schnell durch die Haut resorbiert und verursacht schwere Leber- und Nierenschäden. Es ist eindeutig als starkes Carzinogen ausgewiesen.

$C_{12}H_{12}N_2$ $M_R = 184{,}23$ C 78,23 % H 6,56 % N 15,20 %

t_{Smp}	t_{Sdp}	d	η		
128 °C	400 °C				
C_p	$\Delta_S H$	$\Delta_V H$	$\Delta_B H$	S^o	Q_C
			107 kJ/mol		−6507 kJ/mol
MAK	R-Satz	S-Satz			
	45-22-50/53	53-45-60-61			

Benzil

Benzil Dibenzoyl, Diphenylglyoxal

Bildet farblose oder gelbliche Kristalle, unlöslich in Wasser, löslich in Ethanol oder Diethylether.

B. erhält man in guter Ausbeute durch Oxidation von ↑ Benzoin mit ↑ Salpetersäure (s. Gleichung).

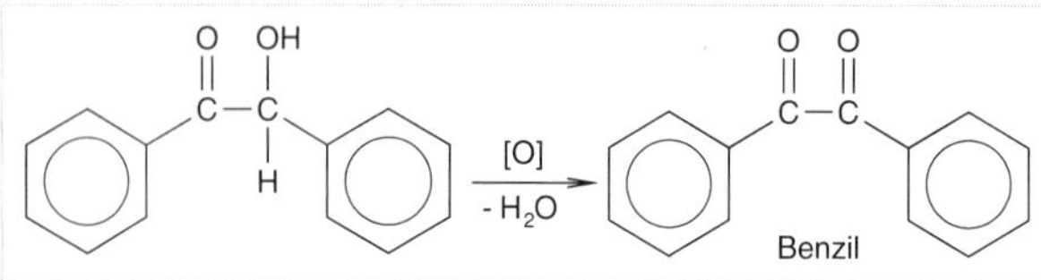

Oxidation von Benzoin zum Benzil

Derivate des B. haben Bedeutung als Pharmazeutika, z. B. das *5,5'-Dibrom-2,2'-dihydroxibenzil* als hochwirksames lokales Antibiotikum. B. selbst dient als Edukt in verschiedenen Synthesen, so für ↑ Benzilsäure, Diphenylketon und für Heterocyclen z. B. aus der Imidazol-Reihe (Umsetzung mit ↑ Formamid und ↑ Formaldehyd).

$C_{14}H_{10}O_2$	$M_R = 210{,}24$	C 79,98 %	H 4,79 %	O 15,22 %	
t_{Smp} 95 °C	t_{Sdp} 347 °C	d 1,23 g/cm³	η		
C_p 245 J/(K · mol)	$\Delta_S H$ 22,7 kJ/mol	$\Delta_{Sub} H$ 98,4 kJ/mol (S)	$\Delta_B H$ −154 kJ/mol	S^o 292 J/(K · mol)	Q_C −6784 kJ/mol

Benzilsäure

Benzilic acid Diphenylglykolsäure, α-Hydroxidiphenylessigsäure

Die B. kristallisiert in farblosen Nadeln, die löslich sind in heißem Wasser, in Ethanol und Diethylether. In konz. Schwefelsäure löst sie sich mit roter Farbe.

Die B. entsteht beim Erhitzen von ↑ Benzil in wässerig-alkoholischer Kalilauge in einer als „*Benzil-Umlagerung*“ bekannten Reaktion (s. Schema).

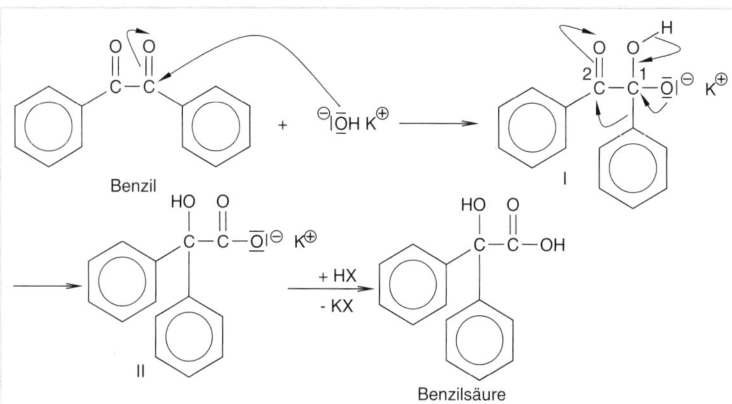

Benzil-Umlagerung

Zum Mechanismus: Ein Hydroxid-Ion addiert sich an eine Carbonylgruppe des Benzils zum Anion I. Unter dem Elektronendruck des negativ geladenen O-Atoms löst sich der Phenylring am C1 als Anion ab und wandert zum C2, womit die skizzierte Elektronenumgruppierung verbunden ist, so daß Anion II entsteht. Beim Ansäuern erhält man die freie B. Die Benzilsäure-Umlagerung vollzieht sich auch mit anderen 1,2-Diketonen. Sie zeigt Verwandtschaft mit der Cannizaro-Reaktion (s. unter ↑ Formaldehyd). Bei dieser wandert ein Hydrid-Ion, während es hier ein *Phenyl-Anion* ist.

B. kann man mit ↑ Phosphor(V)chlorid in *Diphenylchloressigsäurechlorid* überführen, welches sich nach Staudinger mit ↑ Zink zum *Diphenylketen* dehalogenieren läßt (s. Schema).

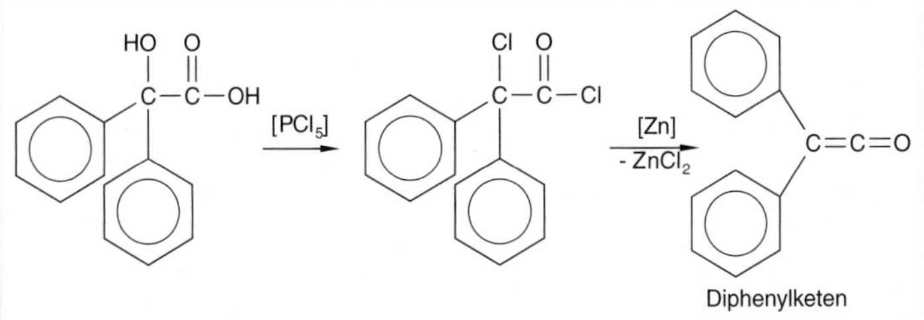

Bildung von Diphenylketen aus Benzilsäure

Diphenylketen (s. auch unter ↑ Keten), ein orangegelbes Öl, ist ein präparativ wichtiges stabiles Heterokumulen. B. wird z. B. durch Dichromat/Schwefelsäure leicht oxidiert unter Bildung von ↑ Benzophenon und ↑ Kohlenstoffdioxid.

$C_{14}H_{12}O_3$ $M_R = 228{,}35$ C 73,67 % H 5,30 % O 21,03 %

t_{Smp}	t_{Sdp}	d	η
150 °C			

Benzimidazol

Benzimidazole

Bildet farblose Kristalle, die in Wasser kaum, in Ethanol gut und in Diethylether nicht löslich sind. Löslich ist B. auch in starken Säuren und Laugen. Der pK_S-Wert beträgt 5,48. B. ist chemisch sehr stabil.

Es ist darstellbar durch Kondensation von ↑ o-Phenylendiamin mit ↑ Ameisensäure (s. Gleichung).

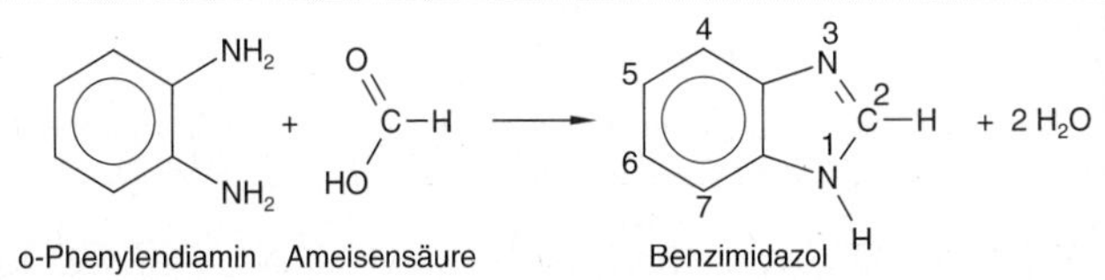

Synthese von Benzimidazol

Das B.-System tritt in der Natur z. B. als Bestandteil des ↑ Vitamin B_{12} auf, wo es (als 5,6-Dimethyl-Derivat) über ein N-Atom direkt mit dem zentralen Cobaltatom koordiniert ist. Es ist ferner die Basis verschiedener Pharmaka, so das 2-Phenyl-5-sulfonsäure-Derivat als bewährtes Hautschutzmittel (mit Absorptionsmaximum bei 305 nm).

Technische Bedeutung hat das B.-System als Basiseinheit der hochtemperaturbeständigen Polybenzimidazole (s. unter ↑ Polybenzimidazol).

$C_7H_6N_2$ $M_R = 118{,}14$ C 71,17 % H 5,12 % N 23,71 %

t_{Smp}	t_{Sdp}	d	η		
171 °C	> 360 °C				
C_p	$\Delta_S H$	$\Delta_{Sub} H$	$\Delta_B H$	S^o	Q_C
128,8 J/(K · mol)		102 kJ/mol (S)	79,5 kJ/mol		−3691 kJ/mol

Benzin

Petroleum benzin, Ligroin

Unter B. versteht man nicht eine definierte chemische Verbindung sondern stets ein Gemisch von Kohlenwasserstoffen. Die Siedepunkte der in Benzinen enthaltenen Kohlenwasserstoffe reichen von 40 °C bis ca. 240 °C und man unterscheidet deshalb einzelne Benzintypen nach definierten Siedebereichen, z. B. 40–65, 65–100, 100–140, 140–185 °C.

Die hier zu besprechenden Benzine sind nicht identisch mit den Treibstoff-Benzinen. Letztere basieren zwar auch auf aliphatischen Kohlenwasserstoff-Gemischen mit Siedebereich von ca. 90-180 °C, jedoch enthalten sie stets eine ganze Palette von Zuschlagstoffen (Additiven) wie Aromaten, Antiklopfmittel, Antioxidantien, Schmiermittel, Farbstoffe usw.

Chemisch stellen die hier gemeinten *Spezialbenzine* reine aliphatische und cycloaliphatische Fraktionen dar und bilden wasserhelle, leichte, leichtbewegliche, leichtentzündliche Flüssigkeiten von typischem Geruch. Sie enthalten insbesondere keine olefinischen und aromatischen Komponenten.

Die Benzine stammen aus der Erdöldestillation (*Destillat-Benzine*). Das aus den Bohrlöchern austretende *Erdöl* wird auf den Ölfeldern vom mitgerissenen Gas, Sand und Schlamm gereinigt und als *Roherdöl* in Tankern oder durch Pipelines zu den *Raffinerien* befördert. Hier erfolgt eine aufwendige und vielstufige destillative Auftrennung in die einzelnen Fraktionen. Es lassen sich grob drei Hauptfraktionen unterscheiden:

- die *Benzinfraktion* aus der atmosphärischen Destillation bis ca. 300 °C
- die Heiz- und *Schmierölfraktion* aus der Vakuumdestillation
- der Destillationsrückstand als *Bitumen*

Die Benzinfraktion wird weiteren destillativen Auftrennungen unterzogen, so daß man schließlich die Spezialbenzine erhält, die durch Säurebehandlung, Extraktion, Entschwefelung usw. noch besonders gereinigt werden. In der niedrigsiedenden Erdölfraktion (bis ca. 140 °C.) kommen etwa 40 aliphatische und cycloaliphatische Komponenten mit C1 bis C8-Gerüsten vor.

Die am meisten verwendeten Spezialbenzine seien nun etwas näher beschrieben:

Siedebereich: 40–65 °C, C5, C6 auch als *Petrolether* bezeichnet, Pentanfraktion, besteht aus ↑ n-Pentan, ↑ Cyclopentan und Isomeren von ↑ n-Hexan. Wird als Lösungs- und Extraktionsmittel verwendet. Ist (in Apotheken) als *Wundbenzin* erhältlich.

Siedebereich: 65–100 °C, d = 0,69-0,71 g/cm³, C7 auch als *Ligroin* oder *Extraktionsbenzin* bezeichnet. Heptanfraktion, setzt sich aus Isomeren von ↑ n-Heptan und Methylcyclopentanen zusammen. Wird in Labor und Industrie häufig als Lösungs-, Extraktions-, Kristallisations- und Reinigungsmittel verwendet.

Siedebereich: 100–140 °C, d = 0,74-0,75 g/cm³, C8 Octanfraktion, wird meist als *Reinigungsbenzin* oder *Waschbenzin* bezeichnet und wird ebenfalls in Labor und Technik vielfach als Lösungs- und Reinigungsmittel (Textil-Reinigung) verwendet. Besteht vorwiegend aus Isomeren von ↑ n-Octan und aus Dimethylcyclohexanen.

Siedebereich: 135–185 °C, d = 0,76 g/cm³, C9 Nonanfraktion, auch als *Testbenzin* bezeichnet. Besteht aus Isomeren des Nonans und aus Alkylcyclohexanen. Wird vielfach als Lösungsmittel in der Lack-, Farben- und Wachsindustrie gebraucht. Das als „*Terpentinersatz*“ gehandelte Produkt sollte in diesem Siedebereich liegen.

Die oben als *Treibstoff-Benzine* bereits angesprochenen Kohlenwasserstoff-Gemische sind also wesentlich heterogener zusammengesetzt, vor allem was den Gehalt an ungesättigten Komponenten (Olefine, Aromaten) betrifft, aber auch hinsichtlich der Schnittgrenzen und der damit umfassten Siedebereiche. Es lassen sich hier drei Gruppen unterscheiden: die Otto-Kraftstoffe, das Kerosin und die Dieselkraftstoffe.

Otto-Kraftstoffe: bis etwa C12, Siedebereich bis ca. 180 °C

Kerosin: etwa C10–C16, Siedebereich ca. 170–320 °C

Diesel-Kraftstoffe: nicht definiert, Siedebereich ca. 170–360 °C

Die Hauptquelle auch für diese Treibstoffe ist das Erdöl, wobei zur Herstellung neben der Destillation noch Crackprozesse herangezogen werden und eine Vielzahl an Additiven zugeschlagen wird (Antioxidationsmittel, Schmiermittel, Reiniger, Rostschützer, Antirußzusätze, Abgasentgifter, Anti-Icing-Mittel, Farbstoffe, Antiklopfmittel).

Zur *Klopffestigkeit* s. unter ↑ n-Heptan und ↑ Methanol.

Zur Benzin-Gewinnung nach Fischer-Tropsch s. unter ↑ Kohlenstoffmonoxid.

p-Benzochinon

Quinone p-Chinon, Chinon

Bildet goldgelbe Kristalle (Prismen) von stechendem Geruch, die sich bei 20 °C in Wasser nur zu etwa 1 g, in Ethanol zu ca. 3 g pro 100 ml lösen, jedoch gut löslich sind in heißem Wasser und in Diethylether. B. ist wasserdampfflüchtig.

B. wurde 1838 erstmals hergestellt durch Oxidation der ↑ Chinasäure, womit sich auch die Herkunft seines Namens erklärt (s. Schema).

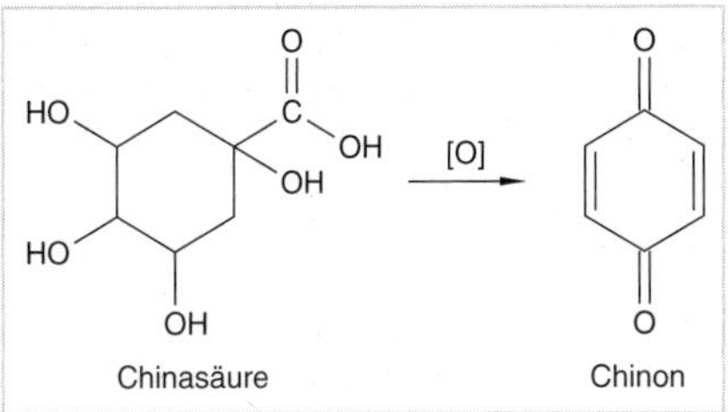

Historisch erste Chinon-Synthese

B. wird technisch gewonnen durch Oxidation von ↑ Anilin mit ↑ Mangan(IV)oxid (Braunstein) oder Dichromat in saurer Lösung. Die Reaktion ist kompliziert und verläuft über Zwischenstufen, in denen acht Benzolringe über N-Atome p-ständig miteinander verknüpft sind.

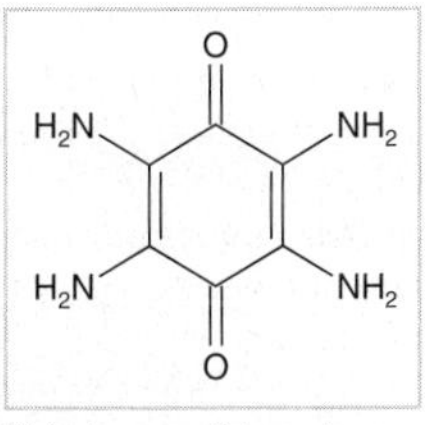

Tiefschwarzes Tetraamino-p-benzochinon

Im B. liegt das einfachste und bekannteste Beispiel eines chinoiden Bindungssystems vor mit dem Strukturmerkmal des 2,3-ungesättigten 1,4-Diketons; es enthält 8 in Konjugation stehende p-Elektronen. Darin liegt der Grund für die Farbigkeit aller *Chinone* (Fähigkeit zur Absorption von sichtbarem Licht).

Die Farbe der Chinone vertieft sich erwartungsgemäß, je mehr elektronenspendende Substituenten sie tragen, z. B. ist das *Tetraamino-p-benzochinon* eine tiefschwarze Verbindung (s. Abbildung).

Das Reaktionsverhalten des B. entspricht im Grunde dem eines konjugiert ungesättigten 1,4-Diketons. Seine markante Eigenschaft ist jedoch, wie die aller Chinone, seine Reduzierbarkeit, d. h. sein Charakter als

Oxidationsmittel. Dabei wird ein benzoides System, also ein aromatisches π-Elektronensextett aufgebaut, d. h. im Falle des B. wird ↑ Hydrochinon gebildet. Hydrochinon läßt sich aber wiederum leicht zu Chinon oxidieren, womit ein reversibles Redoxpaar vorliegt (s. Schema).

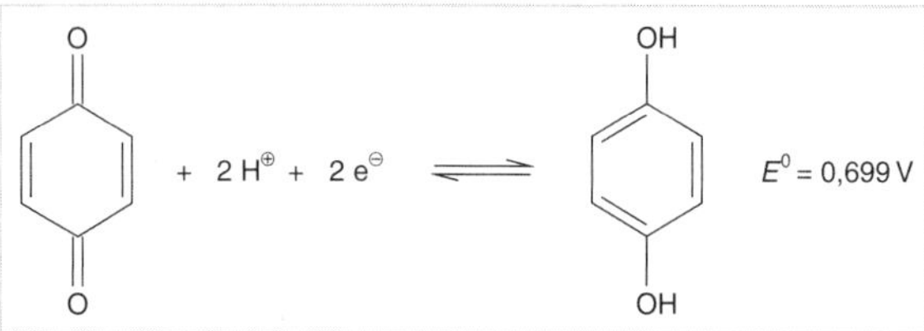

Chinon-Hydrochinon-Redoxpaar

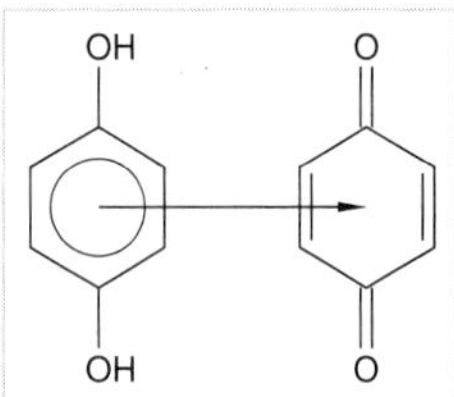

Chinhydron – ein Donator-Acceptor-Komplex

Das Molekül kann sich quasi nicht richtig „entscheiden", was günstiger ist: das chinoide oder das aromatische System. Sowohl bei der Oxidation als auch bei der Reduktion erhält man als isolierbare Zwischenstufe ein dunkles, tiefgrün schimmerndes 1:1-Addukt von Chinon/Hydrochinon, das *Chinhydron.* Es ist dies ein schönes Beispiel für eine Verbindung zwischen einem Elektronenüberschuß- (Hydrochinon) mit einem Elektronenmangel-System. Die Bindung kommt durch eine teilweise Ladungsübertragung vom Donator zum Acceptor zustande (s. Abbildung).

Hydrochinon ist infolge des +M-Effekts der OH- Gruppen ein Elektronen-Überschuß-System. (*Donator*). Chinon besitzt wegen des -I-Effekts der Carbonylgruppen Elektronenmangel. (*Acceptor*). Solche Addukte bezeichnet man auch als Donator-Acceptor-, als charge-transfer- oder eben als *Ladungsübertragungs-Komplexe*. Chinhydron bildet sich auch, wenn man äquimolare Lösungen Chinon/Hydrochinon zusammengießt.

Chinhydron bildet in wässeriger Lösung an Platin-Elektroden bis hinauf zu pH 8 ein sehr gut reproduzierbares Potential aus, weshalb die „*Chinhydron-Elektrode*" eine vielfach verwendete Bezugselektrode darstellt.

Die Umsetzung von B. mit ↑ Chlorwasserstoff führt in mehreren Stufen (wiederholte 1,4-Addition und Oxidation) zum ↑ Chloranil (s. Schema).

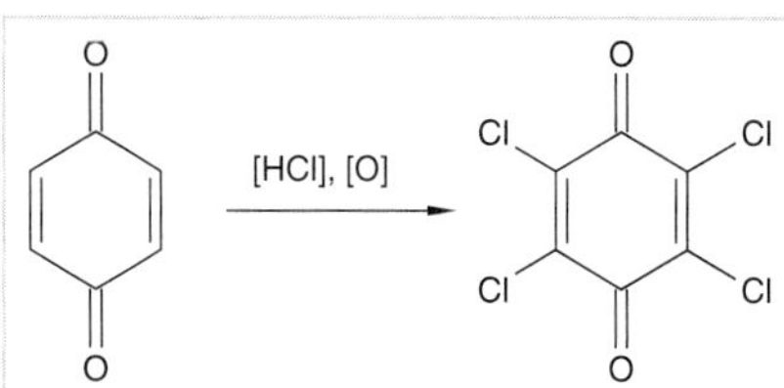

Bildung von Chloranil aus Benzochinon

B. dient hauptsächlich als Ausgangsstoff für ↑ Hydrochinon. Chinoide Farbstoffe spielen die Schlüsselrolle in der Farbenfotografie (s. unter ↑ 4-Amino-N,N-dimethylanilin).

Das chinoide Bindungssystem besitzt große biochemische Bedeutung. Die Natur macht sich nämlich die *Redox-Reversibilität* der *Chinone* zunutze, indem Chinone an entscheidenden Elektronentransfer-Prozessen in Lebendsystemen beteiligt sind. Das sind vor allem die *Plastochinone* (s. Abbildung) in der Fotosynthese

(s. unter ↑ Chlorophyll) und die ↑ Ubichionone in der Atmungskette (s. unter Adenosin-5′-triphosphat*). Im Vitamin K findet sich das Naphthochinon-System (s. unter ↑ 1,4-Naphthochinon).

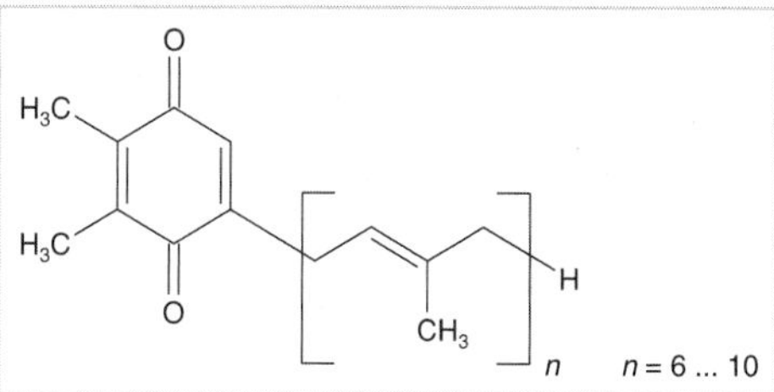

Struktur der Plastochinone

► B. übt starke Reizwirkung auf Haut und Schleimhäute aus. Hautkontakt und Inhalation vermeiden.

$C_6H_4O_2$ $M_R = 108{,}10$ C 66,67 % H 3,73 % O 29,60 %

t_{Smp}	t_{Sdp}	d	η
116 °C		1,31 g/cm³	

C_p	$\Delta_S H$	$\Delta_{Sub} H$	$\Delta_B H$	S^o	Q_C
126 J/(K · mol)	18,5 kJ/mol	68 kJ/mol (S)	−186 kJ/mol		−2725 kJ/mol

MAK	R-Satz	S-Satz
0,4 mg/m³	23/25-36/37/38-50	26-28-45-61

Benzodiazepine

Benzodiazepines

Das *1,4-Benzodiazepin* (s. Abbildung) ist das heterocyclische Grundsystem einer Reihe von Verbindungen, die besondere pharmakologische Bedeutung als *Tranquilizer* (andere Bezeichnungen: *Tranquillantien*, *Anxiolytika*) gewonnen haben.

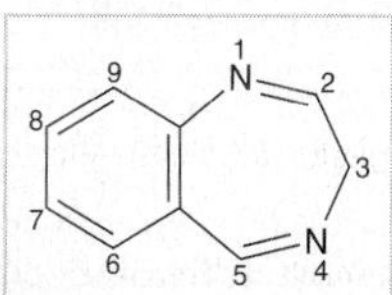

Struktur von 1,4-Benzodiazepin

Besonders das *7-Chlor-2-methylamino-5-phenyl-3H-1,4-benzodiazepin-4-oxid*, bekannt unter dem internationalen Freinamen INN: *Chlordiazepoxid* (Handelsname: *Librium*), ist eines der meistverwendeten *Beruhigungsmittel* und wurde auf dem im Schema gezeigten Wege hergestellt (s. Schema), der im letzten Schritt eine interessante Ringerweiterung aufweist.

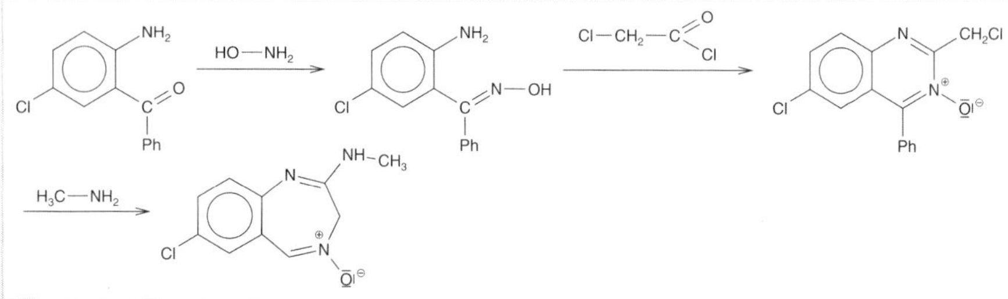

Synthese von Chlordiazepoxid

Die Verbindung bildet hellgelbe plättchenförmige Kristalle vom Schmp. 236 °C. Ein weiteres Beispiel ist das unter INN: *Diazepam* bekannte Präparat (Handelsname: *Valium*).

Der molekulare Wirkmechanismus der B. beruht auf der Anbindung der B. (teilweise erst nach Metabolisierung) an den GABA-Rezeptoren (s. unter ↑ 4-Aminobuttersäure) im Gehirn, d. h. die Wirkung des inhibitorischen Neurotransmitters γ-Aminobuttersäure wird allosterisch verstärkt. Die Folge ist die Reduzierung des Einflusses innerer und äußerer Reize auf höhere Hirnzentren. Die B. weisen Suchtpotential aus, insbesondere wenn sie als „*Glückspillen*" gegen Alltagssorgen verwendet werden.

Benzoesäure

Benzoic acid

B. bildet weiße, glänzende, blättchen- oder nadelförmige Kristalle. Die Löslichkeit in Wasser ist erheblich temperaturabhängig: bei 20 °C ca. 0,3 g, bei 95 °C ca. 7 g pro 100 ml. B. ist ferner gut löslich in Ethanol, Diethylether und in Aceton. B. ist wasserdampfflüchtig und sublimiert leicht bereits ab 100 °C. Sie ist nicht hygroskopisch und gut lagerfähig.

B. ist die einfachste aromatische Carbonsäure. Sie kommt teils in freier Form, teils derivatisiert, in Pflanzen, besonders in pflanzlichen Harzen vor, z. B. im *Benzoeharz* zu 20 %. Im Harn vegetarischer Säugetiere findet sie sich als Benzoylglycin (↑ Hippursäure).

Die technische Synthese der B. erfolgt z. B. durch Oxidation von ↑ Toluol mit ↑ Mangan(IV)oxid/↑ Schwefelsäure (s. Schema) oder durch hydrolytische Umsetzung von ↑ Benzotrichlorid.

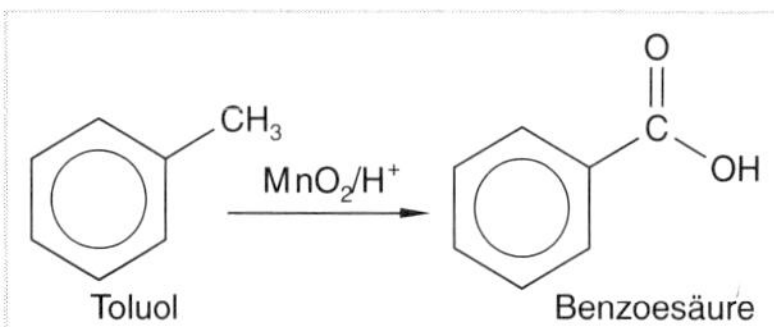

Technische Synthese der Benzoesäure

B. ist eine etwas stärkere Säure als die ↑ Essigsäure und besitzt einen pK_S-Wert von 4,21. Der pH-Wert einer bei 25 °C gesättigten Lösung beträgt 2,8. Die B. ist sehr stabil. Sie zersetzt sich beim Erhitzen erst ab 370 °C in ↑ Kohlenstoffdioxid und ↑ Benzol. Die B. bildet Salze und läßt sich verestern. Die Carboxylgruppe dirigiert elektrophile Substitutionen am Benzolkern in m-Stellung.

Die Hauptanwendung findet die B. als Konservierungsmittel in der Lebensmittelindustrie (Konserven, Marmeladen, Fruchtsäfte, Margarine usw.) und ist hierfür nebst ihren Salzen, die als *Benzoate* bezeichnet werden, zugelassen unter den Nummern *E 210 – E 213* (*Natriumbenzoat* als *E 211*). B. besitzt nämlich eine ausgeprägte bakterizide und fungizide Wirkung. Diese Wirkung zeigt sich vor allem im sauren Medium, während sie in neutraler oder gar alkalischer Lösung wesentlich schwächer ist. Trotzdem wird häufiger als die freie B. ihr Natriumsalz, das Natriumbenzoat, eingesetzt, da dieses sehr gut löslich ist. In den zu konservierenden Medien, z. B. Obstsäften, bildet sich dann die freie B.

Die konservierende Wirkung der B. wird auch in der Klebstoff-Herstellung genutzt. In Lacken und Farben dient B. als Verlaufshilfsmittel. Schließlich ist B. Ausgangsprodukt zur Darstellung ihrer Ester, der verschiedensten Benzoyl-Verbindungen (z. B. von ↑ Benzoylchlorid mit ↑ Thionylchlorid) und von Farbstoffen (z. B. aus der Anthrachinonreihe).

► Die B. ist physiologisch unbedenklich. Sie wird im Organismus an ↑ Glycin gebunden und als ↑ Hippursäure ausgeschieden.

$C_7H_6O_2$ $M_R = 122{,}12$ C 68,85 % H 4,95 % O 26,20 %

t_{Smp}	t_{Sdp}	d	η
122 °C	249 °C	1,27 g/cm³	

C_p	$\Delta_S H$	$\Delta_V H$	$\Delta_B H$	S^o	Q_C
146,6 J/(K · mol)	89,3 kJ/mol (S)		−385 kJ/mol	166 J/(K · mol)	

Benzoesäurebenzylester

Benzylbenzoate Benzylbenzoat

Eine farblose ölige Flüssigkeit von schwachem angenehm-aromatischem Geruch, die in Wasser unlöslich ist, aber mischbar ist mit Ethanol, Diethylether und vielen Ölen.

B. kommt in der Natur in verschiedenen Balsamen vor, so im Tolubalsam und im Perubalsam. Synthetisch ist B. leicht zugänglich durch Umsetzung von ↑ Benzoesäure (meist als Na-Salz) mit ↑ Benzylchlorid (s. Gleichung).

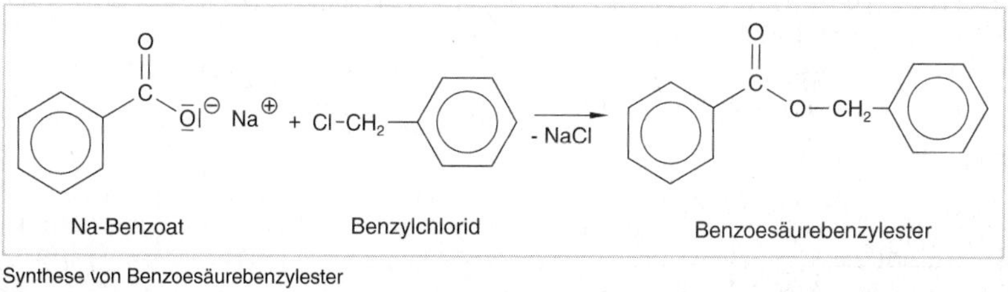

Synthese von Benzoesäurebenzylester

B. wird pharmazeutisch, kosmetisch und technisch genutzt. Da B. krampflösende und gefäßerweiternde Wirkung ausübt, ist er Bestandteil von Asthma- und Keuchhustenpräparaten. Ferner dient er zur Behandlung der Krätze. Kosmetisch wird er als Parfüm-Fixateur verwendet. In technischen Anwendungen ist B. Solvens für Polymere (↑ Celluloseacetat, ↑ Cellulosenitrat) und dient als Weichmacher, wobei er teilweise den ↑ Campher ersetzt.

$C_{14}H_{12}O_2$ $M_R = 212{,}25$ C 79,23 % H 5,70 % O 15,08 %

t_{Smp}	t_{Sdp}	d	η
21 °C	323 °C	1,12 g/cm³	

o-Benzoesäuresulfimid

Saccharin Saccharin

Bildet farblose blättchenförmige Kristalle, die sich bei 20 °C. zu ca. 0,3 g in 100 ml Wasser lösen (bei 100 °C ca. 4 g). Es läßt sich im Vakuum ohne Zersetzung sublimieren. B. ist eine recht starke Säure; der pH-Wert einer 0,35%igen Lösung beträgt 2,0.

Eine wichtige Synthese des B. geht von ↑ Toluol aus, welches mit ↑ Chlorsulfonsäure umgesetzt wird zu o- und ↑ p-Toluolsulfonsäurechlorid Das p-Isomere überwiegt, es wird abgetrennt und zu anderen Produkten, z. B. ↑ Chloranil, weiterverarbeitet. Das o-Isomere reagiert mit Ammoniaklösung zu *o-Toluolsulfonamid*, welches dann, am besten mit ↑ Chrom(VI)oxid, zu B. oxidiert wird (s. Schema).

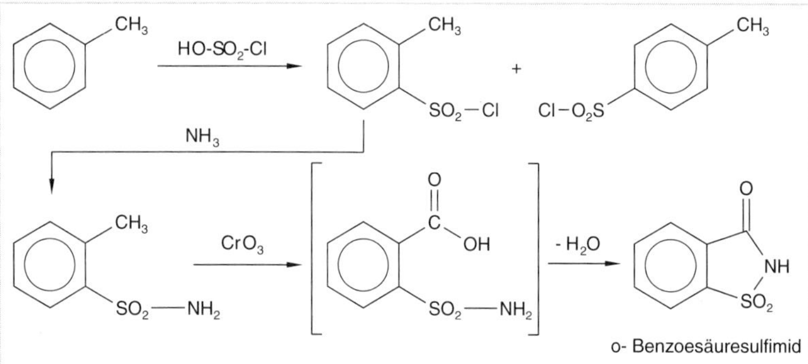

Saccharin-Synthese ausgehend von Toluol

B. ist der am längsten bekannte synthetische *Süßstoff*, der auch heute noch große Bedeutung hat und dem keine schädlichen Wirkungen nachgewiesen werden konnten. Es hat etwa die 550fache Süßkraft der ↑ Saccharose (Rohrzucker). Der süße Geschmack ist noch in einer Verdünnung von 1 : 100 000 feststellbar. B. wurde im Jahre 1879 durch Zufall entdeckt: Während der Untersuchungen zur Oxidation aromatischer Sulfonsäuren war Fahlberg ein Reaktionsgefäß übergekocht. Im Verlauf der Reinigungsoperationen stellte er einen intensiv süßen Geschmack an seinen Händen fest. Die Isolierung der „Süßkomponente" ergab das B., welches Fahlberg sich als „Saccharin" schützen ließ. Bereits 1884 begann die technische Produktion.

Süßstoffe sind in der Lebensmittelherstellung von Bedeutung, da sie ein kalorienneutrales Süßen von Speisen ermöglichen welches zudem den diabetischen Organismus nicht mit ↑ D(+)-Glucose belastet. Es sind sehr viele Süßstoffe entwickelt worden (darunter z. B. das „*Ultrasüß*" mit etwa 4000facher Süßraft des Rohrzuckers), die jedoch nahezu alle wieder wegen Nebenwirkungen vom Markt genommen wurden. B. ist mit der Nummer *E 954* für Lebensmittel als Süßstoff zugelassen.

Häufiger als das freie B. wird das leicht wasserlösliche Natriumsalz des B., *Natriumsaccharat*, verwendet. Dieses erhält man, indem man bei 80 °C aus B. und Natronlauge eine neutrale konzentrierte Lösung herstellt, aus welcher beim Erkalten reines B.-Na-Salz ausfällt. Die Süßkraft des Na-Salzes ist um etwa 20 % niedriger. Für Haushaltsanwendungen kommen kleine Tabletten in den Handel, die aus 80 % ↑ Natriumhydrogencarbonat und 20 % B. bestehen und die sich in Wasser sprudelnd auflösen. B. findet auch technische Anwendungen, z. B. als Badzusatz für die galvanische Glanzvernickelung.

B. läßt sich qualitativ nachweisen anhand der schönen Rosarot-Färbung mit *o-Phenolsulfonsäure* (erhältlich durch Sulfonierung von ↑ Phenol mit konz. ↑ Schwefelsäure bei Raumtemperatur), die auf der Bildung von ↑ Phenolrot beruht.

$C_7H_5NO_3S$ $M_R = 183{,}18$ C 45,90 % H 2,75 % N 7,65 % O 26,20 % S 17,50 %

t_{Smp}	t_{Sdp}	d	η
228 °C			

Benzoin

Benzoin

Kristallisiert in schwachgelben, geruchlosen Nadeln, ist unlöslich in Wasser, löslich in Aceton und heißem Ethanol.

B. entsteht aus ↑ Benzaldehyd in der als *Benzoinkondensation* bekannten, für aromatische Aldehyde typischen Reaktion, die durch Cyanidionen katalysiert wird und reversibel ist (s. Schema).

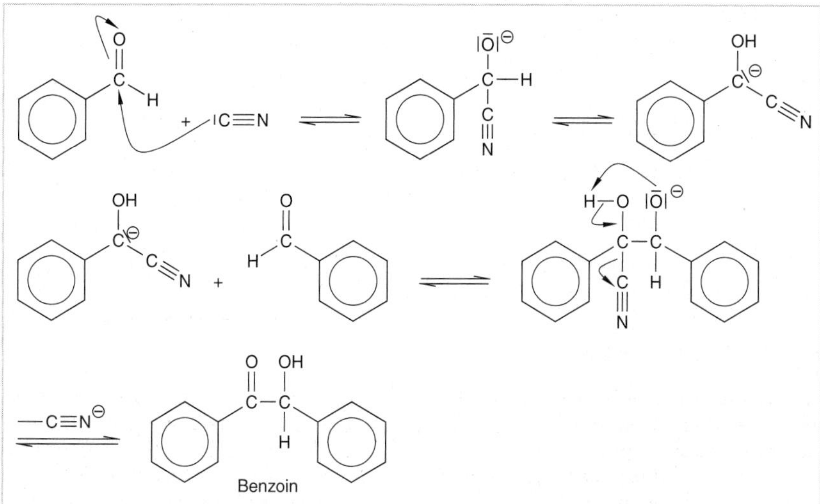

Benzoin-Synthese aus Benzaldehyd durch Benzoin-Addition

Hierzu erhitzt man eine ethanolische Benzaldehydlösung mit wässeriger Kaliumcyanidlösung ca. 1 Stunde unter Rückfluß. Beim Abkühlen scheidet sich B. ab.

Zum Mechanismus: das Cyanidion addiert sich nucleophil an das Aldehyd-C-Atom. In dem Addukt ist durch den Elektronenzug der CN-Gruppe das Aldehyd-H-Atom gelockert; es wandert als Proton an den anionischen Sauerstoff. Das so entstehende Carbanion addiert sich wiederum nucleophil an ein weiteres Benzaldehyd-Molekül. Aus diesem Addukt bildet sich durch intramolekulare Protonenwanderung und CN-Abspaltung das B. Es handelt sich also um eine Dimerisierung des Benzaldehyds.

Es ist interessant, daß durch die Cyanid-Addition an der Carbonylfunktion des Benzaldehyd eine *Umpolung* stattfindet: das eigentlich elektrophile Carbonyl-C-Atom wird vorübergehend zu einem nucleophilen Zentrum.

Als *α-Hydroxyketon* (Acyloin) reduziert B. Fehling-Lösung und bildet mit ↑ Phenylhydrazin ein Osazon (s. unter ↑ Glykolaldehyd). Die Oxidation des B. führt zum ↑ Benzil, die Reduktion je nach Methode zu *Hydrobenzoin*, *Desoxybenzoin* oder ↑ Stilben. Wichtig ist auch die Umsetzung zum Cupron (s. unter ↑ α-Benzoinoxim).

$C_{14}H_{12}O_3$ $M_R = 212{,}22$ C 79,23 % H 5,70 % O 15,08 %

t_{Smp} 137 °C	t_{Sdp} 344 °C	d	η		
C_p	$\Delta_S H$	$\Delta_V H$	$\Delta_B H$ −248 kJ/mol	S^o	Q_C −6976 kJ/mol

α-Benzoinoxim

Benzoin oxime Cupron

Bildet ein weißes, kristallines Pulver, unlöslich in Wasser, löslich in Ethanol und in Ammoniak-Lösung.

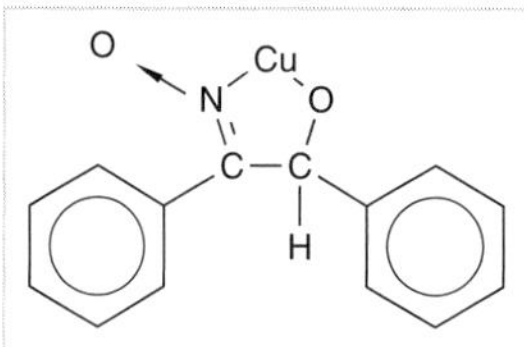

Cu-Benzoinoxim-Komplex

B. wird erhalten aus ↑Benzoin und ↑Hydroxylamin (als Hydrochlorid). Bei dieser Umsetzung wird, wie bei allen Oximsynthesen, sowohl die α- als auch die β-Form (auch als anti- und syn-Form bezeichnet) erhalten (s. Schema). Das α-Isomere (Cupron) schmilzt bei 151 °C, das β-Isomere bei 99 °C.

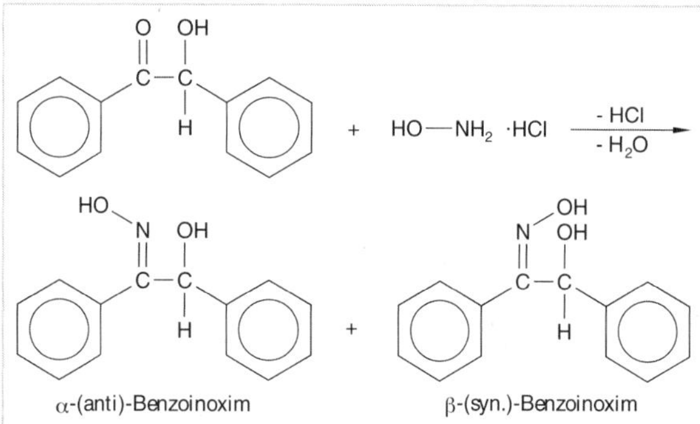

Benzoinoxim-Bildung aus Benzoin

Cupron dient in der Analytik als spezifisches Fällungs- und Nachweis-Reagenz für Kupfer-Ionen. Aus ammoniakalischer Lösung fällt der schwerlösliche sehr stabile grüne *Kupfer-Benzoinoxim-Komplex* aus (s. Abbildung).

B. verfärbt sich unter Lichteinfluß allmählich und soll deshalb dunkel aufbewahrt werden.

$C_{14}H_{13}NO_2$ $M_R = 227{,}25$ C 73,99 % H 5,77 % N 6,16 % O 14,08 %

t_{Smp} 151 °C	t_{Sdp}	d	η

Benzol

Benzene

B. ist eine wasserklare, leichtbewegliche, stark lichtbrechende Flüssigkeit von typischem Aromatengeruch. Es ist unlöslich in Wasser, mischbar mit bzw. gut löslich in nahezu allen org. Solventien. B. ist leichtentzündlich und verbrennt mit stark rußender Flamme.

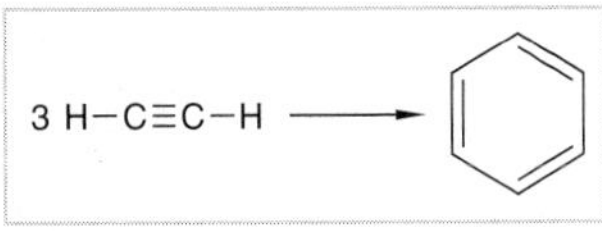

Reppe-Synthese von Benzol

B. kommt in der Kohle und im Erdöl vor. Allerdings sind die Anteile so gering, daß eine direkte Isolierung des B. unwirtschaftlich ist. Es sind auch Synthesen ausgearbeitet worden, z. B. die *Reppe-Synthese* aus ↑ Acetylen (s. Gleichung), die jedoch angesichts des großen Bedarfs an B. keinerlei technische Bedeutung besitzen.

Früher war die Steinkohle die Hauptquelle für B., und zwar besteht das „*Kokereigas*" („Rohgas") zu ca. 65 Vol.-% aus B. (bei der „Verkokung" s. unter ↑ Anthracen, wird neben dem „Steinkohlenteer" eine gasförmige Fraktion erhalten, die fast ausschließlich die niedrigen Aromaten ↑ Benzol, ↑ Toluol, ↑ Xylole = *BTX-Fraktion*, aufweist). Heute stammt die Hauptmenge des hergestellten B. aus dem Erdöl. Hierbei kann man zwei Routen der B.-Gewinnung unterscheiden: das Reformier-Verfahren und das Pyrolyse-Verfahren.

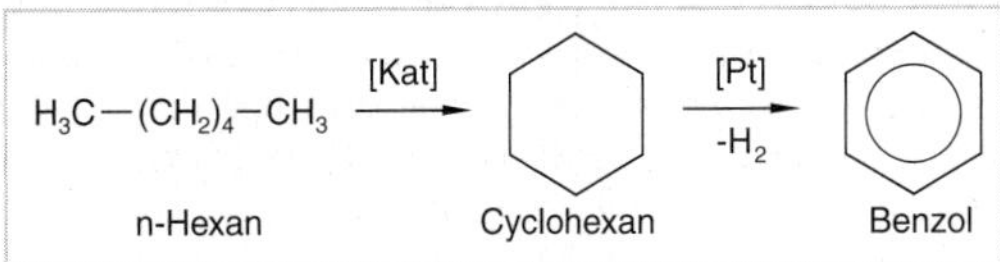

Benzol-Gewinnung nach dem Reformier-Verfahren

Reformier-Verfahren: Destillat-Fraktionen aus Rohölen, die hauptsächlich aus gerad- und verzweigtkettigen und cyclischen Alkanen bestehen, werden bei ca. 500 °C und unter Druck an polyfunktionellen Katalysatoren aromatisiert. Diese Aromatisierungen verlaufen unter Cyclisierungen und Dehydrierungen, wie es beispielhaft für ↑ n-Hexan gezeigt ist (s. Schema).

Pyrolyse-Verfahren: Dieses dient hauptsächlich der Gewinnung von ↑ Ethylen und ↑ Propen, liefert aber auch hohe Anteile an B., so daß die Pyrolyse heute den wichtigsten Zugang zum B. darstellt.

B. bildet u. a. folgende Azeotrope:

Azeotrop-Komponenten	Zusammensetzung (Gew.-%)	Siedepunkt (°C)
B./2-Butanol	84,0/16,0	78,8
B./Cyclohexan	55,0/45,0	77,8
B./Ethanol	67,6/32,4	67,8
B./Ameisensäure	69,0/31,0	71,1
B./Heptan	99,3/0,7	80,1
B./Isopropanol	66,7/33,3	71,5
B./Methanol	60,5/39,5	58,3
B./MEK	62,5/37,5	78,4
B./Propanol	83,1/16,9	77,1
B./Wasser	91,9/8,9	69,4

B. ist der Prototyp der aromatischen Verbindungen. *Aromatizität* zeigen nach der *Hückel-Regel* diejenigen ungesättigten cyclischen Verbindungen, die $4n + 2$ π-Elektronen in durchgehend konjugierten Doppelbindungen in einem planar gebauten Molekül aufweisen. Für die hier wichtigen Begriffe wie „Resonanz-Energie", „Ringstrom" usw. sei auf Lehrbücher der Organischen Chemie verwiesen.

Im B.-Molekül sind alle C-Atome sp^2-hybridisiert (nach dem VB-Modell), das Molekül ist also planar (alle C- und H-Atome in einer Ebene). Alle C-C-Abstände sind gleich, alle C-H-Bindungen sind gleichwertig (s. Resonanz-Formulierungen).

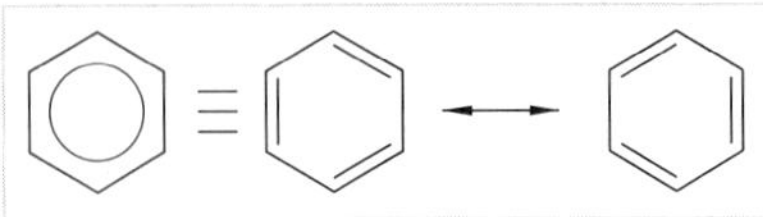

Resonanz-Formulierungen des Benzols

Typisch für B. wie für alle Aromaten ist, daß es sich nicht durch nur eine Strukturformel darstellen läßt, weshalb für B. meist die links stehende Schreibweise benutzt wird, in der durch den Kreis die Delokalisierung der π-Bindungselektronen und damit der „*Ringstrom*" angedeutet wird. Die H-Atome läßt man in den Formeldarstellungen weg.

Das aromaten-spezifische Reaktionsverhalten kann hier ebenfalls nicht detaillierter erörtert werden. Der wichtigste Reaktionstyp ist die „*elektrophile Substitution*", in deren Verlauf die H-Atome des B.-Ringes durch funktionelle Gruppen ersetzt werden, die also den Einstieg in die wichtige und außerordentlich vielgestaltige *Aromaten-Chemie* ermöglicht (Beispiele: Friedel-Crafts-Acylierung und Nitrierung, s. unter ↑ Benzophenon und ↑ Nitrobenzol).

B. ist damit ein wichtiges Basisprodukt der organischen Synthese. Es ist Edukt für die Alkylbenzole, Phenole, Aminobenzole, Nitrobenzole, Acylbenzole usw. und deren Folgeprodukte.

B. wird ferner Motorkraftstoffen zur Erhöhung der Klopffestigkeit zugesetzt (s. unter ↑ n-Heptan). Die Verwendung von B. als Lösungs-, Extraktions- und Reinigungsmittel besitzt wegen seiner Giftigkeit keine Bedeutung mehr (s. unten).

► B. ist ein starkes Blutgift. Die Giftigkeit beruht in Verbindung mit seiner guten Lipidlöslichkeit darauf, daß es im Organismus zu Phenolen und Chinonen oxidiert wird. Es wird sowohl durch den Respirationstrakt als auch durch die Haut rasch aufgenommen. Die krebserregende Wirkung (Leukämie) des B. gilt als gesichert.

C_6H_6 $M_R = 78{,}11$ C 92,26 % H 7,74 %

t_{Smp} 5,5 °C	t_{Sdp} 80,1 °C	d 0,88 g/cm³	η		
C_p 135,7 J/(K · mol)	$\Delta_S H$ 9,9 kJ/mol	$\Delta_V H$ 30,7 kJ/mol	$\Delta_B H$ 49 kJ/mol	S^o 173 J/(K · mol)	Q_C −3267 kJ/mol
t_{krit} 289 °C	P_{krit} 4,89 MPa	d_{krit}	t_{trip}		
MAK 3,2 mg/m³	R-Satz 45-11-48/23/24/25	S-Satz 53-45			

Benzophenon

Benzophenone Diphenylketon

Kristallisiert in gut ausgebildeten farblosen Prismen von geranienartigem Geruch. Es sind zwei Modifikationen bekannt: die beständige schmilzt bei 48 °C, eine unbeständige bei 26 °C. B. ist unlöslich in Wasser, gut löslich in Chloroform, in Ethanol lösen sich ca. 13 g/100 ml, in Diethylether ca. 16 g/100 ml.

B. wird am besten synthetisiert nach Friedel-Crafts aus ↑Benzol und ↑Benzoylchlorid in Gegenwart von wasserfreiem ↑Aluminiumchlorid (s. Schema).

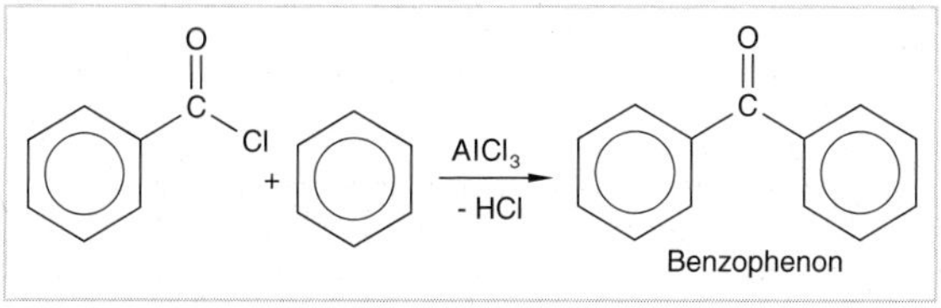

Benzophenon-Synthese nach Friedel-Crafts

Diese Umsetzung sei zum Anlaß genommen, die präparativ wichtige *Friedel-Crafts-Acylierung* (F.C.-Acylierung) mechanistisch genauer darzustellen. Es handelt sich dabei um eine typische elektrophile Substitution am Aromaten. Das am Aromaten angreifende elektrophile Substrat entsteht unter dem Einfluß des Katalysators. Der Katalysator in F.C.-Reaktionen ist eine Elektronenmangel-Verbindung (*Lewis-Säure*) wie z. B. ↑Aluminiumchlorid, ↑Eisen(III)chlorid, Antimonpentachlorid, ↑Zinkchlorid usw. Die Wechselwirkung zwischen Katalysator und Säurechlorid, hier Benzoylchlorid (auch Säureanhydride sind verwendbar) ist im Schema gezeigt.

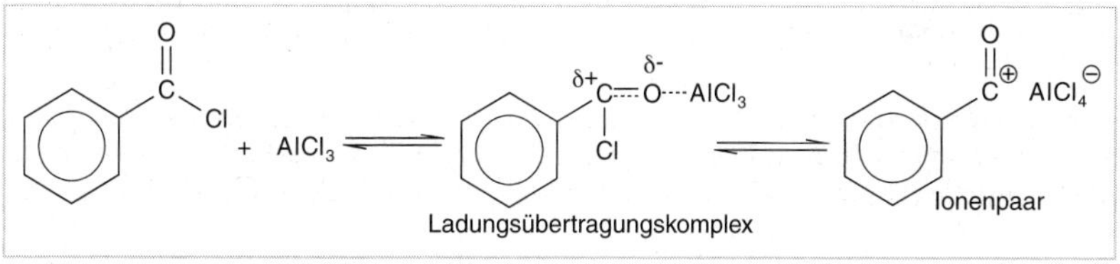

Wirkung des Friedel-Crafts-Katalysators

Man kann als angreifendes Teilchen sowohl einen Komplex aus Säurechlorid und Katalysator als auch ein echtes Benzoyl-Kation annehmen und der Einfachheit halber ist letzterem hier der Vorzug gegeben (s. Schema). Da das entstehende B. als Carbonylverbindung mit Aluminiumchlorid zu einem Komplex verbunden bleibt, der hydrolytisch zerstört werden muß, braucht man mindestens molare Mengen Katalysator.

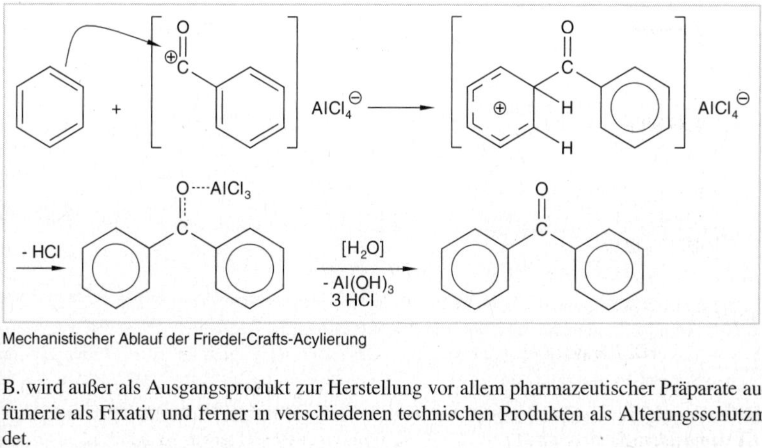

Mechanistischer Ablauf der Friedel-Crafts-Acylierung

B. wird außer als Ausgangsprodukt zur Herstellung vor allem pharmazeutischer Präparate auch in der Parfümerie als Fixativ und ferner in verschiedenen technischen Produkten als Alterungsschutzmittel verwendet.

$C_{13}H_{10}O$ $M_R = 182{,}21$ C 85,69 % H 5,53 % O 8,78 %					
t_{Smp} 49 °C	t_{Sdp} 306 °C	d 1,11 g/cm³	η		
C_p 224,8 J/(K · mol)	$\Delta_S H$ 18 kJ/mol	$\Delta_V H$ 95 kJ/mol	$\Delta_B H$ −34 kJ/mol	S^o	Q_C −6510 kJ/mol

Benzotrichlorid

Benzotrichloride, Trichlortoluene Trichlortoluol

Eine farblose, ölige, an der Luft rauchende und stechend riechende Flüssigkeit, die sehr hydrolyseempfindlich ist. Sie ist nicht mischbar mit Wasser, aber gut löslich in den meisten org. Solventien.

B. wird wie ↑Benzalchlorid und ↑Benzylchlorid aus ↑Toluol und ↑Chlor gewonnen (s. Gleichung). Zum mechanistischen Ablauf der Reaktion s. unter ↑Benzylchlorid.

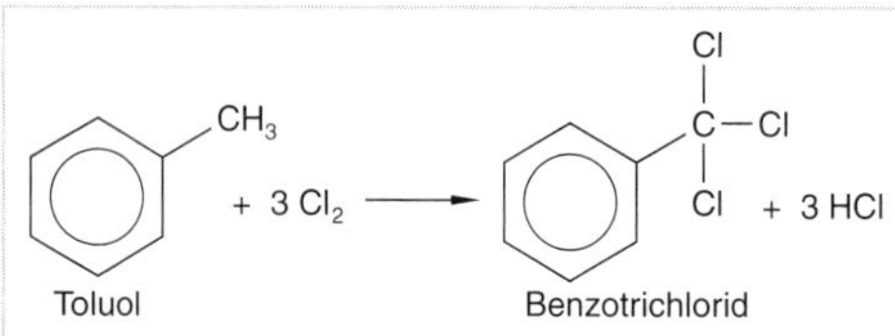

Synthese von Benzotrichlorid

B. dient präparativ als Zugang zur Benzoylgruppe und insbesondere zur Darstellung der ↑Benzoesäure, ferner zur Herstellung von Triphenylmethanfarbstoffen.

► B zählt als krebserzeugender Arbeitsstoff

$C_7H_5Cl_3$ $M_R = 195{,}47$ C 43,01 % H 2,58 % Cl 54,41 %			
t_{Smp} −8 °C	t_{Sdp} 220 °C	d 1,38 g/cm³	η
MAK 0,1 mg/m³	R-Satz 45-22-23-37/38-41	S-Satz 53-45	

Benzoylchlorid

Benzoyl chloride

Eine farblose, penetrant riechende und die Schleimhäute stark irritierende Flüssigkeit, die als Säurechlorid rasch mit allen H-aktiven Verbindungen, also vor allem Wasser (zur ↑Benzoesäure), aber auch mit Alkoholen, Aminen usw. (zu den entsprechenden Derivaten der Benzoesäure) reagiert. B. ist mischbar mit den meisten aprotischen Solventien und mit Ölen.

B. wird hergestellt entweder durch gezielte Hydrolyse von ↑Benzotrichlorid (s. Gleichung) oder aus ↑Benzoesäure mit ↑Thionylchlorid.

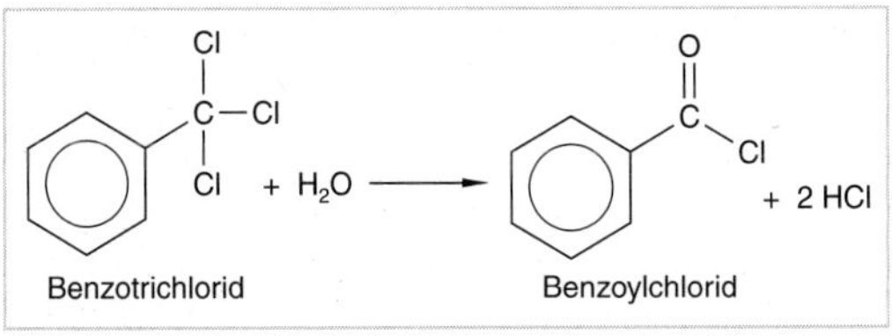

Synthese von Benzoylchlorid

B. wird präparativ für Benzoylierungen verwendet, so auch die Herstellung von ↑ Dibenzoylperoxid. Analytisch wurde B. auch benutzt zur Herstellung von Benzoylderivaten für Identifizierungszwecke.

C_7H_5ClO $M_R = 140{,}57$ C 59,81 % H 3,59 % Cl 25,22 % O 11,38 %

t_{Smp}	t_{Sdp}	d	η		
−1 °C	197 °C	1,21 g/cm³			
C_p	$\Delta_S H$	$\Delta_V H$	$\Delta_B H$	S^o	Q_C
187 J/(K · mol)		55 kJ/mol	−157 kJ/mol		−3332 kJ/mol
MAK	R-Satz	S-Satz			
2,8 mg/m³	34	26-45			

Benzpyren

Benzo[a]pyrene Benzo[a]pyren

Kristallisiert in gelblichen Blättchen oder Nadeln, die sich in aromatischen Solventien gut lösen, in Alkoholen kaum und in Wasser nicht löslich sind. Verdünnte benzolische Lösungen zeigen violette Fluoreszenz.

Dieser 5-kernige Kohlenwasserstoff (s. Strukturformel) kommt vor allem im Steinkohlenteer vor. Er ist aber auch ubiquitär verteilt, da er bei sehr vielen Verbrennungsvorgängen ständig entsteht, so z. B. in den Verbrennungsmotoren, im Zigarettenrauch, bei der Holzverbrennung, beim Rösten und Braten. B. hat deshalb Bedeutung, weil es ein eindeutig krebserregender Stoff ist.

Bereits um 1900 hatte man die Vermutung eines Zusammenhanges zwischen dem Steinkohlenteer und dem bei Teer-Arbeitern gehäuft auftretenden Hautkrebs. Dies wurde 1915 zur Gewißheit, als man experimentell bei Mäusen Hautkrebs erzeugen konnte durch Bepinseln der Ohrhaut mit einer Teerlösung. Die intensive Suche nach der verantwortlichen Komponente führte 1933 zum Auffinden des bis dahin unbekannten B., das man in kleiner Menge aus 2 Tonnen Steinkohlenteer isolierte (Cook). B. erwies sich im Experiment als hochcarcinogen. Eine Synthese gelang ausgehend von *Pyren* (s. Strukturformel) und ↑ Bernsteinsäureanhydrid über 6 Stufen.

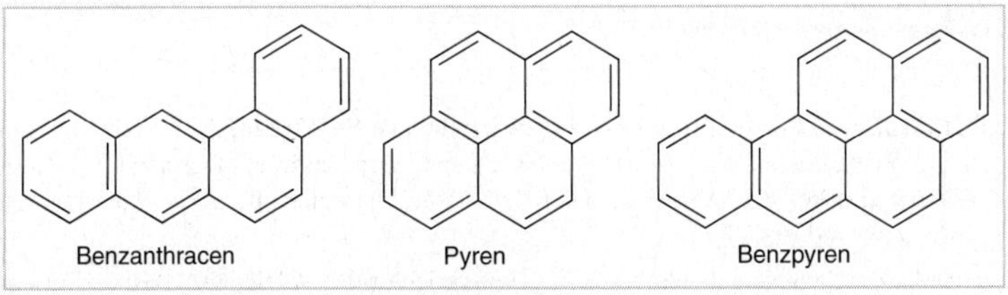

Strukturen von Benzpyren, Pyren und Benzanthracen

B. gehört heute zu den am gründlichsten untersuchten Carcinogenen. Es gilt als gesichert, daß B. im Organismus oxidativ metabolisiert wird (u. a. Epoxidierung) und daß ein Metabolit an die DNA (s. unter ↑ Nucleinsäuren) bindet und so stark mutagene Wirkung entfaltet. Der Lungenkrebs bei Rauchern wird auf B. zurückgeführt. Die Ellagsäure (s. unter ↑ Gallussäure) hat in neuester Zeit Interesse gefunden, da sie den verantwortlichen B.-Metaboliten unschädlich machen soll.

Es sei hier nur darauf hingewiesen, daß aus der Reihe der polycyclischen Aromaten weitere cancerogene Verbindungen bekannt sind, so vor allem einige Methylderivate von *Benzanthracen* (s. Strukturformel).

$C_{20}H_{12}$ $M_R = 252{,}32$ C 95,21 % H 4,79 %

t_{Smp}	t_{Sdp}	d	η
177 °C	310 °C (10 Torr)		

Benzylalkohol

Benzyl alcohol

Eine farblose, angenehm aromatisch riechende Flüssigkeit, die in Wasser wenig löslich (ca. 4 g pro 100 ml), mischbar mit den meisten org. Solventien ist.

B. kommt teils in freier Form, teils als Ester gebunden in vielen Pflanzen und Pflanzenölen vor, z. B. im Jasmin, in Hyazinthen oder im Nelkenöl.

B. bildet u. a. folgende Azeotrope:

Azeotrop-Komponenten	Zusammensetzung (Gew.-%)	Siedepunkt (°C)
B./Nitrobenzol	62,0/38,0	204,2
B./Wasser	9,0/91,0	99,9

Der B. wurde bereits 1853 durch Cannizzaro-Reaktion (s. unter ↑ Formaldehyd) aus ↑ Benzaldehyd erhalten und wird heute durch alkalische Hydrolyse von ↑ Benzylchlorid hergestellt, welches man seinerseits durch Foto-Chlorierung von ↑ Toluol gewinnt (s. Schema).

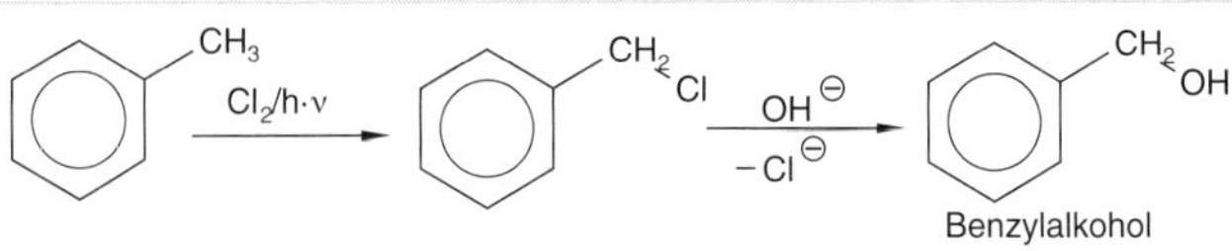

Synthese von Benzylalkohol ausgehend von Toluol

B. läßt sich leicht oxidieren zu ↑ Benzaldehyd und weiter zu ↑ Benzoesäure (s. Schema). Die Oxidation zum Benzaldehyd vollzieht sich langsam bereits an der Luft.

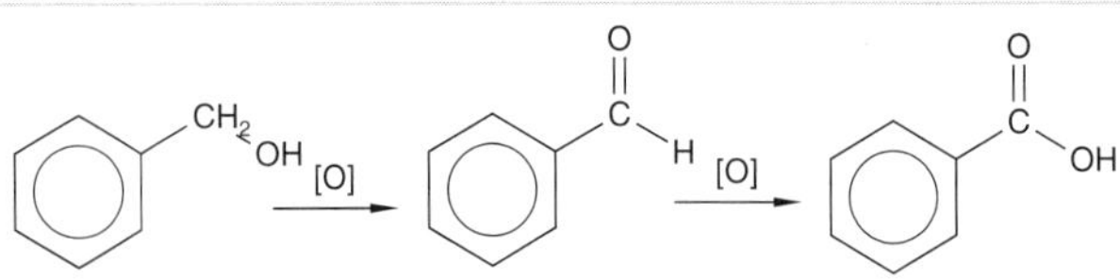

Oxidation von Benzylalkohol zu Benzaldehyd und Benzoesäure

B. dient zur Herstellung der Benzylester, die in der Parfümerie verwendet werden (z. B. ↑ Essigsäurebenzylester). Er wird ferner in speziellen Fällen als Lösungsmittel eingesetzt (z. B. für ↑ Celluloseacetat, ↑ Casein, ↑ Gelatine und ↑ Schellack).

C_7H_8O $M_R = 108{,}13$ C 77,75 % H 7,46 % O 14,80 %					
t_{Smp} −15 °C	t_{Sdp} 204 °C	d 1,05 g/cm³	η 5,8 mPa · s		
C_p 223 J/(K · mol)	$\Delta_S H$ 8,97 kJ/mol	$\Delta_V H$ 60 kJ/mol	$\Delta_B H$ −155 kJ/mol	S^o 217 J/(K · mol)	Q_C −3743 kJ/mol
MAK	R-Satz 20/22	S-Satz 26			

Benzylamin

Benzylamine

Eine farblose, an der Luft rauchende, ammoniakähnlich riechende Flüssigkeit, die sich mit stark alkalischer Reaktion in Wasser löst und auch mit den meisten org. Solventien mischbar ist.

B. wird am einfachsten erhalten durch Umsetzung von ↑ Benzylchlorid mit ↑ Ammoniak (s. Gleichung).

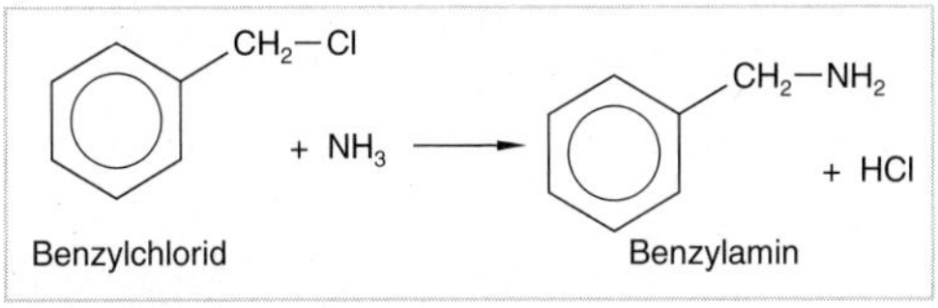

Herstellung von Benzylamin

Das Hydrochlorid bildet farblose Kristalle vom Schmp. 253 °C. B. wird in org. Synthesen verwendet, so zur Herstellung quartärer Ammoniumverbindungen, von Farbstoffen und Pharmaka. Technisch wird es in Öl gelöst als *Rostinhibitor* eingesetzt.

C_7H_9N $M_R = 107{,}16$ C 78,46 % H 8,47 % N 13,07 %					
t_{Smp}	t_{Sdp} 185 °C	d 0,98 g/cm³	η 1,59 mPa · s		
C_p 207 J/(K · mol)	$\Delta_S H$	$\Delta_V H$ 60 kJ/mol	$\Delta_B H$ 34 kJ/mol	S^o	Q_C −4075 kJ/mol
MAK	R-Satz 21/22-34	S-Satz 26-36/37/39-45			

Benzylchlorid

Benzylchloride Chlortoluol

Eine farblose, stark tränenreizende Flüssigkeit, die in Wasser unlöslich ist und sich mit den üblichen org. Solventien mischen läßt.

B. wird präparativ am einfachsten gewonnen durch fotoinduzierte radikalische Chlorierung von ↑Toluol, indem man ↑Chlor unter UV-Bestrahlung in siedendes Toluol einleitet. Der mechanistische Ablauf dieser Reaktion sei näher dargestellt, da er typisch ist für alle *Radikalketten-Reaktionen*. Zunächst werden durch das Licht Chlormoleküle radikalisch gespalten (*Radikalkettenstart*). Ein Chlorradikal spaltet dann eine benzylische C-H-Bindung ebenfalls radikalisch, wobei ein Benzylradikal entsteht. Dieses Benzylradikal wechselwirkt nun mit einem Chlormolekül wiederum unter radikalischer Bindungsspaltung, wobei B. entsteht sowie ein neues Chlorradikal (*Kettenfortpflanzung*) (s. Schema). Der Reaktionsablauf wird auch als *radikalische Substitution* bezeichnet, weil ein Ersatz des H-Atoms durch Chlor auf dem Weg über Radikale erfolgt.

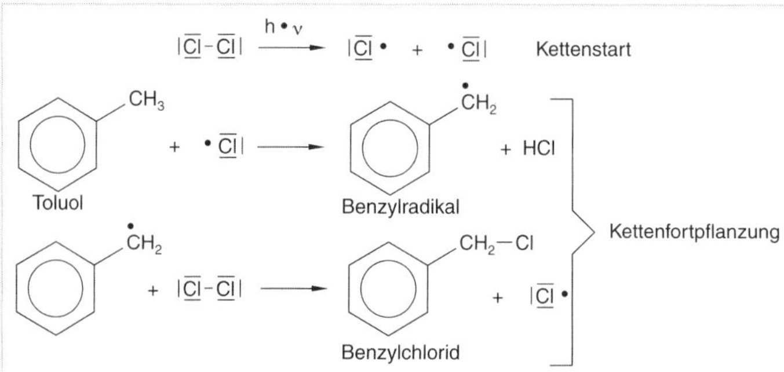

Mechanistischer Ablauf der Radikalketten-Chlorierung von Toluol zu Benzylchlorid

Der *Kettenabbruch* erfolgt durch Rekombination zweier Radikale, also bei der Reaktion zweier Benzylradikale oder eines Benzyl- und eines Chlorradikals miteinander (s. Schema).

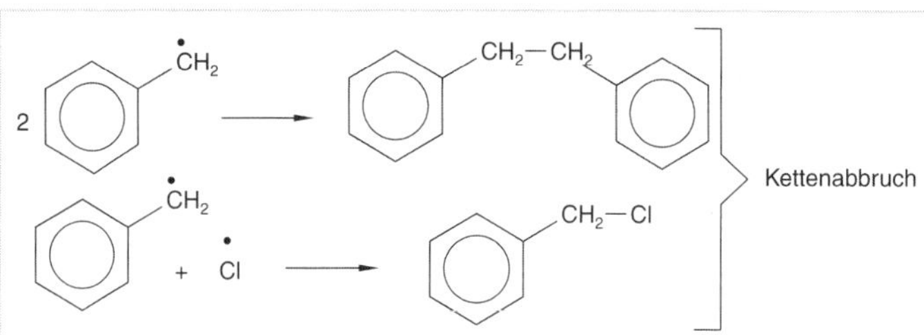

Die möglichen Kettenabbruch-Reaktionen

B. wird präparativ vielfach genutzt, indem es zur Einführung der Benzylgruppe (*Benzylierung*) in den verschiedensten Synthesen dient, sei es als bleibender Molekülbestandteil oder als Schutzgruppe für Amino- oder Hydroxylfunktionen. Die nucleophile Substitution des Halogens gegen die Cyanogruppe führt zum *Benzylnitril* (ein wichtiges Beispiel für die *Kolbe-Nitril-Synthese*), dessen Hydrolyse die ↑Phenylessigsäure liefert.

► B. gilt als krebserzeugender Arbeitsstoff

C_7H_7Cl $M_R = 126{,}59$ C 66,42 % H 5,57 % Cl 28,01 %

t_{Smp}	t_{Sdp}	d	η
−43 °C	179 °C	1,10 g/cm³	

C_p	$\Delta_S H$	$\Delta_V H$	$\Delta_B H$	S^o	Q_C
182 J/(K · mol)		51,5 kJ/mol	−33 kJ/mol		

MAK	R-Satz	S-Satz
0,2 mg/m³	22-23-37/38-40-41	36/37-38-45

Berkelium

Berkelium Bk

Ein silberglänzendes künstliches radioaktives metallisches chemisches Element.

$$^{241}_{95}\text{Am} \xrightarrow[-\,2n]{+\,2\alpha} {}^{243}_{97}\text{Bk}$$

Berkelium-Bildung

Das Isotop Bk 243 wurde 1950 beim Beschuß von ↑ Americium mit Heliumkernen nachgewiesen (s. Gleichung).

Das längstlebige Isotop Bk 247 besitzt eine Halbwertzeit von 1380 Jahren und ist ein α-Strahler.

Bk ist das achte Element in der Gruppe der ↑ Actiniden. Es besitzt die Elektronenkonfiguration (Rn)$5f^9\ 7s^2$, Grundterm $^6H_{15/2}$

Die beständigste Oxidationsstufe ist +3, in der das Bk recht stabile grünfarbene wässerige Lösungen bildet. Durch starke Oxidationsmittel ist Bk(III) zu Bk(IV) oxidierbar (s. Gleichung).

$$Bk^{3+} \longrightarrow Bk^{4+} + 1\,e^- \qquad E_0 = 1{,}62\ \text{V}$$

Oxidation von Bk(III) zu Bk(IV)

Das Isotop Bk 249 ist ein β-Strahler, das durch Neutroneneinfang aus Pu 239 gewinnbar ist, besitzt eine Halbwertzeit von 314 Tagen und ist in mg-Mengen verfügbar.

Bk Z = 97 A_R = 247,0703 Isotope: 240, 242-251

t_{Smp}	t_{Sdp}	d	MV	α	λ
1050 °C		14,79 g/cm³	16,7 cm³/mol		ca. 10 W/mK

Bernsteinsäure

Succinic acid

Bildet farb- und geruchlose Kristalle. In 100 ml Wasser lösen sich bei 20 °C ca. 7 g, bei 100 °C ca. 121 g. Die Löslichkeit in Ethanol, Methanol und Aceton ähnelt der in Wasser. B. ist kaum löslich in Diethylether und unlöslich z. B. in Chloroform und in Petrolether. B. sublimiert beim Erhitzen im Vakuum.

B. ist in der belebten und unbelebten Natur verbreitet. Sie ist in beträchtlicher Menge im Bernstein enthalten (der Name rührt daher, daß sie bereits 546 von Agricola bei der Destillation des Bernsteins erhalten wurde) und kommt auch in Braunkohle und Fossilien vor. Im Pflanzenreich findet sie sich in unreifen Früchten, im Rhabarber und in Tomaten. Im Tierkörper erscheint sie als Zwischenprodukt des Citronensäurecyclus (s. unter ↑ Citronensäure). Als aktivierte B. = Succinyl-Coenzym A ist die B. Ausgangsprodukt zur Biosynthese der Porphyrine (s. unter ↑ Porphin)

Die Laborsynthese geht z. B. von *Dibromethan* aus. Mit ↑ Kaliumcyanid wird durch nucleophile Substitution *Bernsteinsäuredinitril* gebildet, welches zu B. verseift wird (s. Schema).

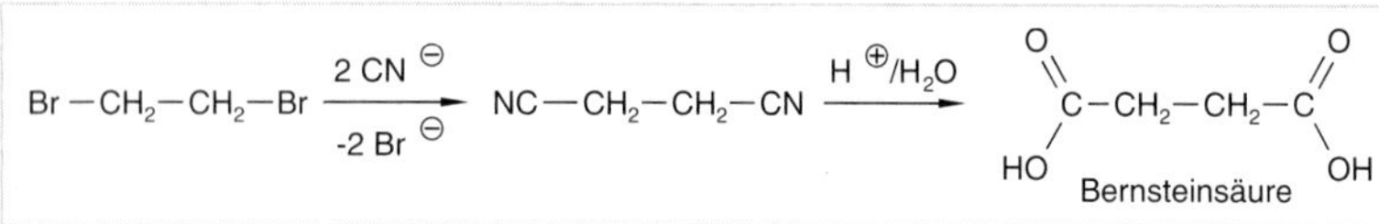

Laborsynthese der Bernsteinsäure

Die technische Syntheseroute nutzt die Oxidation von ↑ 1,4-Butandiol mit konz. ↑ Salpetersäure (s. Schema).

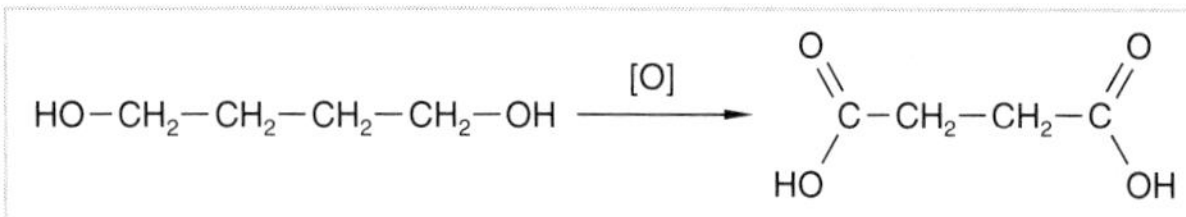

Technische Herstellung der Bernsteinsäure

Als Dicarbonsäure dissoziiert B. in zwei Stufen, der pKs-Wert der ersten beträgt 4,17, die B. ist also etwas stärker sauer als die ↑ Essigsäure. Der pH-Wert einer 0,1m-Lösung liegt bei 2,7. Beim Erhitzen über den Siedepunkt spaltet B. intramolekular Wasser ab unter Anhydrid-Bildung (s. Gleichung).

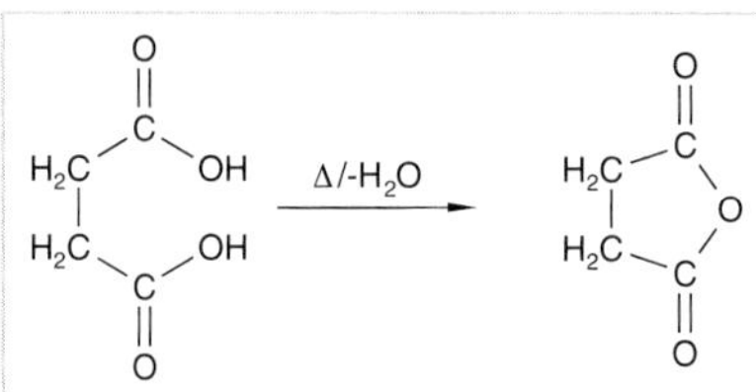

Thermische Anhydrid-Bildung

Führt man diese Wasserabspaltung mit dem Ammoniumsalz durch, erhält man *Succinimid*. Die Salze und Ester der B. werden als *Succinate* bezeichnet.

B. wird in der Hauptmenge zur Herstellung von Polyestern verwendet, die bei der Umsetzung mit Polyolen (z. B. mit ↑ 1,4-Butandiol) entstehen. Diese Polyester finden auf dem Kunststoff- und Lacksektor und in chem.-techn. Produkten Verwendung. B. wird vielfach anstelle von ↑ Phthalsäure zur Alkydharzherstellung (s. unter ↑ Alkydharze) eingesetzt. B. dient ferner als Ausgangsprodukt in Heterocyclensynthesen.

$C_4H_6O_4$ $M_R = 118{,}09$ C 40,68 % H 5,12 % O 54,19 %

t_{Smp}	t_{Sdp}	d	η
185 °C	235 °C	1,56 g/cm³	

C_p	$\Delta_S H$	$\Delta_{Sub} H$	$\Delta_B H$	S^o	Q_C
153 J/(K · mol)	33 kJ/mol	120,5 kJ/mol (S)	−939 kJ/mol	167 J/(K · mol)	−1492 kJ/mol

Bernsteinsäureanhydrid

Succinic anhydride

Bildet farblose Kristalle, die sich in Wasser und Diethylether kaum lösen, jedoch löslich sind in Ethanol oder Chloroform. B. sublimiert beim Erhitzen im Vakuum.

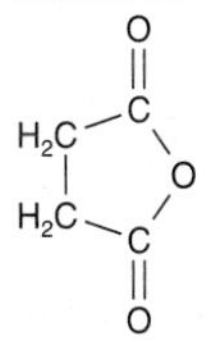

Bernsteinsäureanhydrid

Bernsteinsäureanhydrid

B. bildet sich teilweise beim Erhitzen von ↑ Bernsteinsäure bis zum Sieden. In präparativer Ausbeute wird es erhalten, wenn man ↑ Essigsäureanhydrid in die Schmelze von ↑ Bernsteinsäure gibt. B. wird in organischen Synthesen verwendet.

$C_4H_4O_3$ $M_R = 100{,}07$ C 48,01 % H 4,03 % O 47,96 %

t_{Smp}	t_{Sdp}	d	η		
120 °C	261 °C	1,50 g/cm³			
C_p	$\Delta_S H$	$\Delta_{Sub} H$	$\Delta_B H$	S^o	Q_C
		80,7 kJ/mol (S)	−608 kJ/mol		−1537 kJ/mol
MAK	R-Satz	S-Satz			
	36/37	25			

Beryllium

Beryllium Be

Be ist ein stahlgrau glänzendes, hartes, sprödes metallisches chemisches Element. Es behält an der Luft unbegrenzt seinen Glanz bei, weil sich eine sehr dünne, unsichtbare, aber dichte und festhaftende Oxidschicht bildet, die vor weiterer Luftoxidation schützt. Auch von Wasser wird Be nicht verändert. Oxidierende Säuren (↑ Salpetersäure) vermögen Be wegen der sich bildenden Oxidschicht nicht anzugreifen. Nichtoxidierende Säuren greifen Be rasch an, wobei es unter Wasserstoff-Entwicklung in die entsprechenden Be(II)-Salze übergeht.

Be kommt in zahlreichen Mineralien vor. Für die Be-Gewinnung Bedeutung besitzt jedoch nur der *Beryll*, ein Be-Al-Silicat, das sich in der Natur in meterdicken, tonnenschweren Kristallen findet und je nach Fundstätte die verschiedensten Färbungen und Trachten aufweist. Bekannte Abarten sind die wertvollen Edelsteine *Smaragd* (chromhaltig) und *Aquamarin* (eisenhaltig). Der Gesamtanteil des Be am Aufbau der Erdrinde wird zwischen 0,002 und 0,001 Gew.-% geschätzt.

Für die Be-Gewinnung aus dem Beryll wird u. a. der *Fluor-Aufschluß* angewandt. Man behandelt den Beryll bei etwa 600 °C mit ↑ Fluorwasserstoff, wobei sich ↑ Siliciumtetrafluorid verflüchtigt und ↑ Aluminiumfluorid ungelöst zurückbleibt, während das *Berylliumfluorid* mit Wasser ausgelaugt wird (s. Gleichung).

$$\underset{\text{Beryll}}{3\,BeO\cdot Al_2O_3\cdot 6\,SiO_2} + 36\,HF \longrightarrow 3\,BeF_2 + 2\,AlF_3 + 6\,SiF_4 + 18\,H_2O$$

Gewinnung von Berylliumfluorid aus dem Mineral Beryll

$$BeF_2 + Mg \longrightarrow Be + MgF_2$$

Beryllium-Herstellung aus Berylliumfluorid

Aus dem Berylliumfluorid wird das Be durch Reduktion mit ↑ Magnesium erhalten (s. Gleichung).

Be ist das erste Element in der Gruppe der Erdalkalimetalle und besitzt die Elektronenkonfiguration

$$Be + 2\,H_2O \xrightarrow{[OH^{\ominus}]} Be(OH)_2$$

Reaktion von Beryllium mit Laugen

$1s^2\ 2s^2$, Grundterm $^1S_0$. Be besitzt abgesehen von der ausschließlichen Oxidationsstufe +2 praktisch keine Ähnlichkeit mit den übrigen Erdalkalimetallen. Es ähnelt vielmehr sehr stark dem ↑ Aluminium. So geht Be auch in Alkalilaugen unter Bildung von *Berylliumhydroxid* in Lösung (s. Gleichung). Dieses in Wasser schwer lösliche Hydroxid ist amphoter (s. Gleichungen).

$$Be(OH)_2 + 2\,OH^{\ominus} \longrightarrow [Be(OH)_4]^{2-} \quad \text{Beryllat-Bildung}$$

$$Be(OH)_2 + 2\,H^{“} \longrightarrow Be^{2+} + 2\,H_2O$$

Amphoterie von Berylliumhydroxid

Die Be(II)-Kationen treten nie in freier Form auf sondern stets in tetraedrischer Koordination. So löst sich das wasserfreie *Berylliumchlorid* in Wasser unter Bildung eines Tetrahydrokomplexes auf (s. Gleichung).

$$BeCl_2 + 4\,H_2O \longrightarrow [Be(H_2O)_4]^{2+} + 2\,Cl^{\ominus}$$

Berylliumionen sind in wässeriger Lösung stets hydratisiert

$$BeF_2 + 2F^{\ominus} \longrightarrow [BeF_4]^{2-}$$

$$BeCl_2 + 2\,Et_2O \longrightarrow BeCl_2(OEt_2)_2$$

Komplexbildung mit Lewis-Basen

Auch mit anderen Lewis-Basen bildet das Be-Atom bereitwillig tetrakoordinierte Komplexe, in denen das Be-Atom sich mit den Elektronenpaaren der Liganden ein Elektronenoktett in der Valenzschale verschafft, z. B. mit Fluorid-Ionen oder Diethylether (s. Gleichungen).

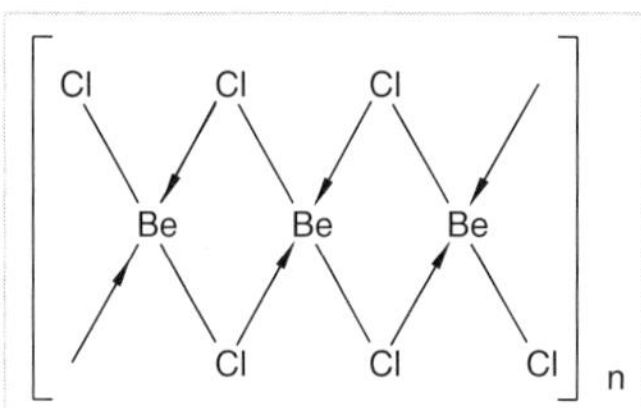

Dreizentrenbindungen im Berylliumchlorid

Die nichtionischen Verbindungen des Be, ebenso wie das Be-Metall, sind weitgehend kovalent aufgebaut. Diese kovalenten Verbindungen besitzen zwangsläufig starken Elektronenmangel, den die Be-Atome wie die Bor- und Aluminium-Atome durch Betätigung von Dreizentrenbindungen ausgleichen. Um ein Elektronenoktett zu erreichen, muß dabei jedes Be-Atom zwei Dreizentrenbindungen eingehen, wie in dem festen polymeren Berylliumchlorid (s. Abbildung). Zur „Dreizentrenbindung" s. unter ↑ Bor und ↑ Aluminiumtriethyl.

Metallisches Be wird in der Kerntechnik verwendet (es findet wegen seines niedrigen Neutroneneinfangquerschnitts Verwendung in der Konstruktion von Kernreaktoren). Be absorbiert Röntgenstrahlen wesentlich schwächer als ↑ Aluminium und wird deshalb heute anstelle von Al in Austrittsfenstern für Röntgenstrahlen eingesetzt. Ansonsten besitzt es praktisch nur als Legierungskomponente Bedeutung. Vor allem dem ↑ Kupfer verleiht es in den *Berylliumbronzen* mit Anteilen von 2-7 % außerordentliche Härte und verbessert auch andere mechanische Eigenschaften, ohne die Leitfähigkeit zu beeinträchtigen. Hochwertige funkenfreie Werkzeuge für explosionsgeschützte Anlagen werden aus Berylliumbronzen gefertigt.

$${}^{9}_{4}Be + {}^{4}_{2}He \longrightarrow {}^{12}_{6}C + {}^{1}_{0}n$$

Beryllium als Neutronenquelle

Be-Metall ergibt eine Neutronenquelle, wenn es mit α-Strahlen beschossen wird (s. Gleichung).

Be-Verbindungen besitzen außer in der Legierungsmetallurgie keine technische Bedeutung.

► Be und seine Verbindungen sind außerordentlich giftig. Die Einatmung des Staubes von Be oder seinen Verbindungen führt zu schweren irreparablen Lungenschäden (*Berylliosis*). In den USA sind bei vielen ehemaligen Mitarbeitern an Nuclearprojekten schwere Rachitisfälle bekannt (durch eingeatmeten Be-Staub hat sich das Calciumphosphat der Knochen in lösliches *Berylliumphosphat* umgewandelt). Außerdem sind Be und seine Verbindungen carzinogen.

Be Z=4 A_R=9,01218 Isotope: 9 (100 %); 6-8, 10-12 (künstlich)					
t_{Smp} 1283 °C	t_{Sdp} ca. 2500 °C	d 1,85 g/cm³	MV 4,88 cm³/mol	α 11,5 10^{-6}/K	λ 200 W/mK
C_p 16,45 J/(K · mol)	$\Delta_S H$ 7,9 kJ/mol	$\Delta_V H$ 291 kJ/mol	S^o 9,44 J/(K · mol)	ϱ 28 nΩ · m	
MAK 0,002 mg/m³	R-Satz 49-25-26-36/37/38-43-48/23	S-Satz 53-45			

Betain

Betaine Trimethylglycin

Bildet leicht zerfließliche, farblose Kristalle von süßlichem Geschmack, die sich in Wasser zu 160 g/100 ml, in Ethanol zu 8,7 g/100 ml und in Diethylether praktisch nicht lösen.

B. kommt weitverbreitet in Pflanzen vor, so vor allem in der Zuckerrübe (beta vulgaris, Name!) und damit auch in der Melasse, ferner in Meerestieren, z. B. in Muscheln und Krabben. Synthetisch erhält man B. aus ↑ Chloressigsäure und Trimethylamin (s. Gleichung).

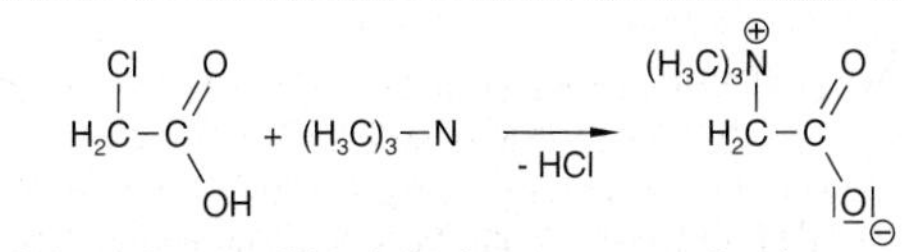

Synthese von Betain

B. kann nur als zwitterionische Substanz (diese werden allgemein als „*Betaine*" bezeichnet) vorliegen, wie es sich auch in den o. g. Löslichkeiten widerspiegelt.

B. ist ein Oxidationsprodukt von ↑ Cholin. Es ist auch ein Stoffwechselprodukt und fungiert als Methylgruppenüberträger. Es wirkt regulierend auf den Fettstoffwechsel und den Blutcholesterinspiegel und wird deshalb in Leber- und Gallentherapeutika verwendet.

Das *Säurehydrazid-Chlorid* von B. reagiert mit Carbonylverbindungen leicht zu normalen Hydrazonen, die infolge des ionischen Charakters (Ammonium-Ion) wasserlöslich sind, sodaß auf diese Weise Carbonylverbindungen mit Wasser extrahierbar und abtrennbar sind. Das *Betainhydrazid-chlorid* ist zu diesem Zweck als *Girards Reagenz* bekannt.

$C_5H_{11}NO_2$ M_R=117,15 C 51,26 % H 9,46 % N 11,96 % O 27,31 %			
$t_{Zersetzung}$ 293 °C (Z)	t_{Sdp}	d	η

Bilirubin

Bilirubin

Bildet rotgelbe Kristalle, unlöslich in Wasser, löslich in Säuren, Laugen, Chloroform, Benzol und nur wenig löslich in Ethanol oder Diethylether.

B. ist der wichtigste *Gallenfarbstoff* und kommt mithin vor allem in der Galle, der Leber und im Blut vor (Name von lat. bilis = Galle und ruber = rot). Es ist auch (als Ca-Salz) Bestandteil der *Gallensteine*, so daß es präparativ aus Gallensteinen gewonnen werden kann.

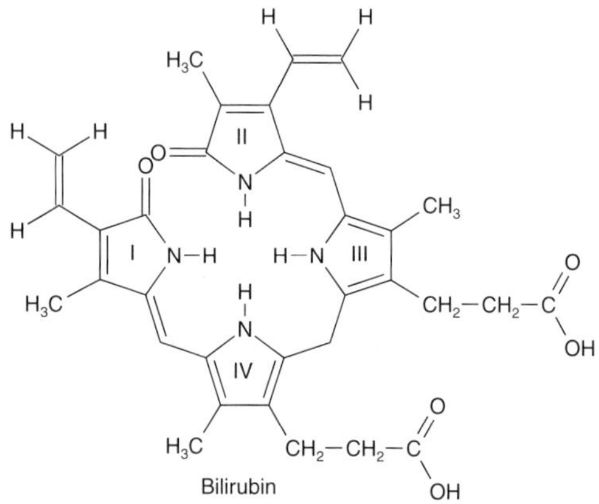

Struktur von Bilirubin. Zwischen den Pyrrolringen I und II sowie III und IV ist die Konjugation unterbrochen, deshalb Farbaufhellung zum gelbrot gegenüber Hämin (rot)

B. entsteht physiologisch beim Abbau von ↑Hämoglobin, und zwar aus dem Hämin, nachdem dieses vom Globin und dem Eisen befreit ist. Das Hämin wird zunächst oxidativ angegriffen, und zwar wird das Methinbrücken-C-Atom zwischen den beiden Pyrrolringen, die keine Propionsäuregruppen tragen, als ↑Kohlenstoffmonoxid abgespalten, d. h. der Ring aus den 4 Pyrrolmolekülen wird geöffnet. An den beiden Pyrrolringen tritt statt dessen je ein O-Atom auf. Damit ist das in reiner Form grüne Kristalle bildende *Biliverdin* entstanden, das nun noch eine Hydrierung zum 2 H-Atome reicheren B. erfährt. Aus 1 g Hämoglobin entstehen so 35 mg B. Das B. wird im Blut an ↑Albumin gebunden (2 Mol B./1 Mol Albumin) und ohne das Albumin in die Leber abgegeben. Aus der Leber wird es dann mit ↑Glucuronsäure konjugiert in die Galle sezerniert. Die Galle scheidet so 200–250 mg B./Tag in den Dünndarm aus. Im Darm erfolgt weitere Umwandlung über *Urobilinogen* bis zu *Urobilin* und *Sterkobilin*, die mit dem Stuhl ausgeschieden werden und die Färbung der Fäzes bestimmen. Ein kleiner Anteil gelangt als *Sterkobilinogen* (gelb) in die Niere und wird zu ca. 2 mg/Tag mit dem Urin ausgeschieden.

Der B.-Gehalt des Blutes liegt zwischen 3-10 mg/Liter. Steigt er z. B. infolge Leberzellschädigung auf Werte über 18 mg/Liter, färben sich Augen und Haut gelb und es kommt zur *Gelbsucht* (*Ikterus*).

Nicht an Albumin gebundenes B. gelangt ins Gehirn und wirkt dort schädlich. Dies ist wichtig angesichts des geringen Albuminspiegels von Neugeborenen und der bevorzugten Albuminanbindung von verschiedenen Stoffen, z. B. Sulfonamide (s. unter ↑Sulfanilsäureamid). Säuglingen dürfen deshalb keine Sulfonamide verabreicht werden.

$C_{33}H_{36}N_4O_6$ $M_R = 584{,}67$ C 67,79 %   H 6,21 %   N 9,58 %   O 16,42 %

Biotin

Biotin   Vitamin H, Coenzym R

Bildet farblose Kristallnadeln, die sich eigentlich nur in heißem Wasser und verdünnten Laugen etwas lösen, hingegen in kaltem Wasser, Säuren und den gängigen org. Solventien unlöslich sind.

B. ist eine Substanz, die in allen lebenden Zellen, wenn auch in sehr geringer Menge, vorkommt, sich angereichert aber vor allem vorfindet in Leber, Nieren, Pankreas, Eiern und Milch. Die Biosynthese geht aus von der ↑ Pimelinsäure, während eine Laborsynthese mit ↑ L-Cystein startet.

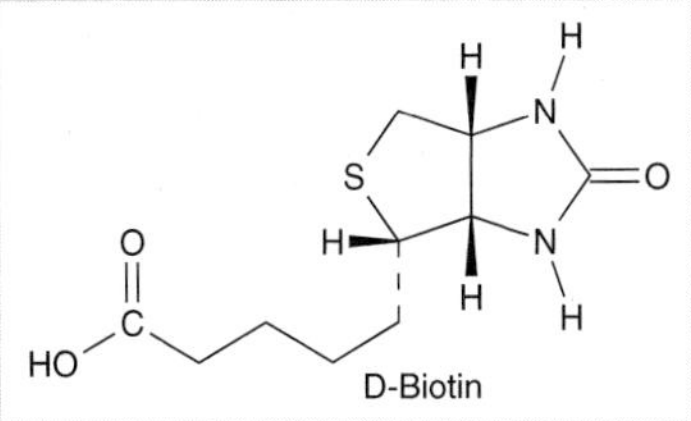

Struktur von Biotin

Im B. ist ein Imidazol- mit einem Thiophenring kondensiert. Es besitzt drei asymmetrische C-Atome, also 8 Stereoisomere, von denen nur das abgebildete D-B. physiologisch aktiv ist (s. Abbildung).

B. wird als Vitamin bezeichnet und fungiert als prosthetische Gruppe (*Coenzym R*), indem es an Enzyme gebunden wird, denen dadurch die Übertragung von Carboxylgruppen ermöglicht wird. B. ist so entscheidend an zahlreichen Carboxylierungsreaktionen im Stoffwechselgeschehen beteiligt, z. B. in der Überführung von Pyruvat in Oxalacetat, einem wichtigen Schritt im Aufbau von ↑ D(+)-Glucose in der Leber (Gluconeogenese).

B.-Mangel tritt beim Menschen normal nicht auf, da es im Darmtrakt erzeugt wird. Therapeutisch wird B. in der Dermatologie (gegen Dermatitis), in Leber- und Vitaminpräparaten verwendet.

$C_{10}H_{16}N_2O_3S$ $M_R = 244{,}31$ C 49,16 % H 6,60 % N 11,47 % O 19,65 % S 13,12 %

Biphenyl

Biphenyl

Kristallisiert in Form farbloser, angenehm aromatisch riechender Blättchen, die in Wasser unlöslich sind, sich aber leicht lösen in Ethanol oder Diethylether.

B. kommt in der Schwerölfraktion des Steinkohlenteers vor. Die technische Gewinnung von B. nutzt die Dehydrierung von ↑ Benzol beim Durchleiten durch Eisenröhren bei ca. 800 °C (s. Gleichung), während eine Labormethode mit der *Ullmann-Reaktion* gegeben ist, die durch ↑ Kupfer vermittelte Kupplung von *Iodbenzol* (s. Gleichung) (s. auch Gomberg-Bachmann-Arylierung unter ↑ Anilin).

Eine wesentlich vielseitigere und schonendere Methode der *Arylverknüpfung* bietet die *Suzuki-Kupplung*, die meist durch *Palladium(0)-Phosphan-Komplexe* katalysierte Umsetzung von *Organoborsäuren* mit Arylhalogeniden in Anwesenheit einer Base, z. B. NaOH. Mit ihr sind z. B. unsymmetrisch substituierte *Biaryle* regioselektiv darstellbar, aber auch eine Vielzahl von *Arylalkenyl-Verbindungen* sowie *Arylalkyl-Verbindungen*.

$$\text{Ar—X} + \text{R—B(OH)}_2 \xrightarrow{\text{Pd(PPh}_3)_4\text{/Base}} \text{Ar—R} + \text{B(OH)}_3$$

Suzuki-Kupplung

Es handelt sich um eine *Kreuzkupplung*, die cyclisch mit Regenerierung des Pd(0)-Komplexes verläuft. Die Suzuki-Kupplung ist insbesondere bei komplizierten *Naturstoffsynthesen* von großem Wert (s. z. B. ↑ Palytoxin).

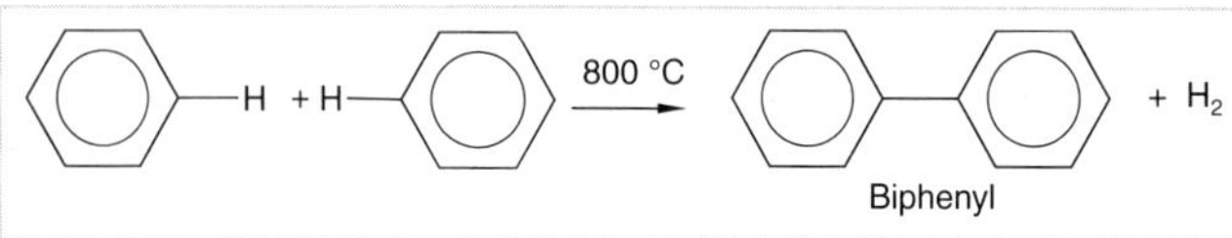

Biphenylsynthese durch pyrogene Dehydrierung von Benzol

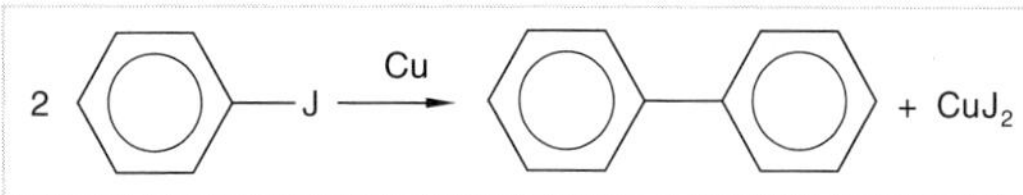

Biphenylsynthese durch die Ullmann-Reaktion

B. ist mit der Nummer *E 230* als *Citusfrüchte-Konservierungsmittel* zugelassen, und zwar zur Verhinderung des beim Transport leicht auftretenden Grün- und Blauschimmels. Die Früchte werden hierzu in eine Lösung von B. getaucht, es ist also nur eine äußere Oberflächenbehandlung (s. auch ↑ Orthophenylphenol).

Zu den halogenierten Derivaten von B. s. unter Polychlorierte ↑ Biphenyle.

$C_{12}H_{10}$ M_R = 154,21 C 93,46 % H 6,54 %

t_{Smp} 71 °C	t_{Sdp} 256 °C	d 1,04 g/cm³	η		
C_p 198 J/(K · mol)	$\Delta_S H$ 18,57 kJ/mol	$\Delta_V H$ 81,8 kJ/mol	$\Delta_B H$ 96,7 kJ/mol	S^o 209 J/(K · mol)	Q_C −6248 kJ/mol
t_{krit} 500 °C	P_{krit} 3,38 MPa	d_{krit}	t_{trip}		
MAK 1 mg/m³	R-Satz 36/37/38-50/53	S-Satz 23-60-61			

2,2′-Bipyridyl

2,2′-Dipyridyl

Bildet weiße Kristalle, die sich in Wasser nur zu 0,5 % lösen, jedoch gut löslich sind in Ethanol oder Diethylether.

B. kann synthetisiert werden durch Dehalogenierung von *2-Brompyridin* mit Kupferpulver (Ullmann-Reaktion, s. Gleichung). Ein weiterer Syntheseweg liegt in der oxidativen Dimerisierung von ↑ Pyridin mit Persulfaten in alkalischer Lösung.

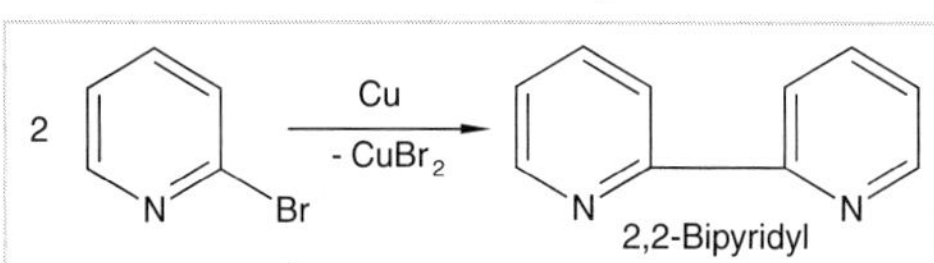

2,2′-Bipyridyl durch Ullmann-Reaktion

B. dient in der Analytik zum hochempfindlichen Nachweis von Fe(II)-Ionen, mit denen sich ein tiefroter Chelat-Komplex ausbildet (s. Abbildung).

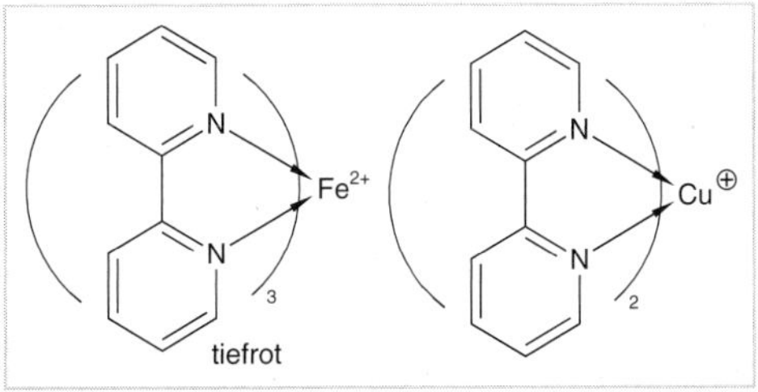

Chelatbildung mit Schwermetall-Kationen

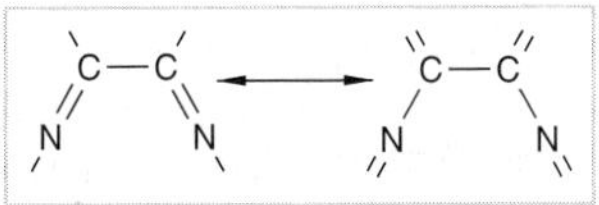

Ferroin-Gruppe

Als *Chelat-Komplexe* bezeichnet man Komplexe, in denen zweizähnige Liganden (Ligand mit zwei Koordinationszentren = Donoratomen) an nur ein Atom gebunden sind. Da Fe(II) die Koordinationszahl 6 aufweist, bildet Fe(II) mit B. einen Trisligand-Komplex.

Im B. ist die als *Ferroin-Gruppe* bezeichnete Atomgruppierung wirksam (s. Abbildung).

$C_{10}H_8N_2$ $M_R = 156{,}18$ C 76,90 % H 5.16 % N 17,94 %

t_{Smp}	t_{Sdp}	d	η
70 °C	272 °C		

4,4′-Bipyridyl

4,4′-Bipyridine

Kristallisiert aus Wasser als Dihydrat in Form farbloser Nadeln, die sich in Wasser nur wenig lösen, gut löslich sind hingegen in org. Solventien wie Ethanol, Diethylether oder Chloroform. B. bildet gut wasserlösliche Salze, z. B. das *4,4′-Bipyridyl-dihydrochlorid.*

B. ist erhältlich durch Umsetzung von ↑Pyridin mit ↑Natrium in ↑Tetrahydrofuran. Es erfolgt zunächst radikalische Dimerisierung und dann NaH-Abspaltung.

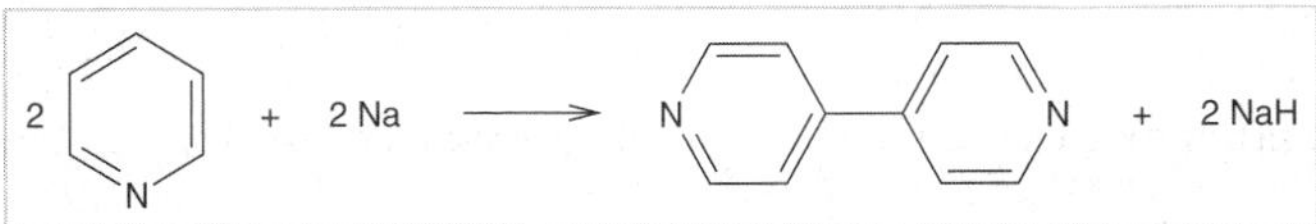

Synthese von 4,4′-Bipyridyl

Wichtiger als B. sind die quaternierten Derivate. Das *1,1′-Dimethyl-[4,4]-bipyridiniumchlorid*, auch als *Paraquat* oder *Methylviologen* bekannt (s. Abbildung), ist hochwirksam als Herbizid.

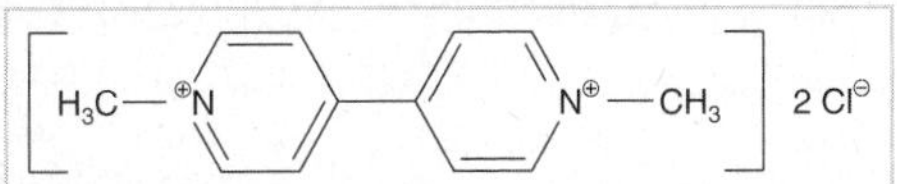

Paraquat, Methylviologen

Technisch wichtig ist die Erscheinung der *Elektrochromie*, die die *Viologene* zeigen. Sie ändern die Farbe bei Aufnahme oder Abgabe von Elektronen (s. Schema).

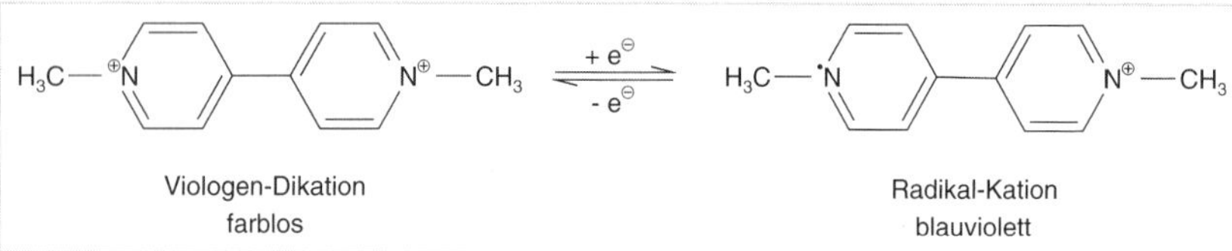

Ein wichtiges Beispiel für Elektrochromie

Diesen Effekt nutzen z. B. bei Lichtauffall *selbstdunkelnde Rückspiegel* in Autos.

$C_{10}H_8N_2$	$M_R = 156{,}19$	C 76,90 %	H 5,16 %	N 17,94 %

t_{Smp}	t_{Sdp}	d	η
304 °C	111 °C		

MAK	R-Satz	S-Satz
	25-36/37/38	26-36/37/39-45

Bis(2-chlorethyl)sulfid

Bis(2-chloroethyl)sulfide, Mustard gas Senfgas

Eine farblose, ölige Flüssigkeit, die in reinem Zustand fast geruchlos ist, als technisches Produkt infolge Verunreinigung jedoch senf- oder knoblauchartig riecht. B. ist in Wasser unlöslich, gut löslich in den üblichen org. Solventien sowie in Ölen und Fetten.

B. ist darstellbar aus ↑ Ethylen und ↑ Dischwefeldichlorid (s. Gleichung).

$$2\ H_2C{=}CH_2 + S_2Cl_2 \xrightarrow[-S]{} Cl{-}CH_2{-}CH_2{-}S{-}CH_2{-}CH_2{-}Cl$$

Herstellung von Senfgas

1886 erstmals synthetisiert, wurde B. im ersten Weltkrieg als Geländekampfstoff (*Lost*, *Gelbkreuzkampfstoff*) in großem Ausmaß eingesetzt. Es wirkt als starkes Zellgift. Mit einer Latenzzeit von vielen Stunden setzen nach einer auch unbemerkten Aufnahme schwere Hautveränderungen (Entzündungen, Blasen, Nekrosen) ein als lokale Auswirkungen, hinzu kommen dic Folgen der Resorption, die in einer allgemeinen Abwehrschwäche des Körpers münden (Sekundärinfektionen).

In jüngerer Zeit gewann B. erneutes Interesse, als eine cytostatische Wirksamkeit festgestellt wurde. Übertroffen wird B. hierin noch von seinen N-Analoga (S durch N ersetzt), die als *Stickstofflost* bezeichnet werden.

► B. steht auch im Verdacht der cancerogenen Wirkung.

$C_4H_8Cl_2S$	$M_R = 159{,}08$	C 30,20 %	H 5,07 %	Cl 44,57 %	S 20,16 %

t_{Smp}	$t_{Zersetzung}$	d	η
14 °C	217 °C (Z)	1,27 g/cm³	

C_p	$\Delta_S H$	$\Delta_V H$	$\Delta_B H$	S^o	Q_C
		60 kJ/mol	−200,5 kJ/mol		−3163 kJ/mol

Bismut

Bismuth Bi

Ein silberweiß glänzendes schweres niedrigschmelzendes metallisches chemisches Element, das bei Normaltemperatur an der Luft völlig beständig ist und nicht anläuft. Von nichtoxidierenden Säuren wird Bi entsprechend seinem Normalpotential (s. Gleichung) nicht angegriffen, während ↑ Salpetersäure und konzentrierte ↑ Schwefelsäure zu den entsprechenden Bi(III)-Salzen oxidieren.

$$Bi \longrightarrow Bi^{3+} + 3e^- \qquad E_0 = +0{,}32V$$

Bismut-Normalpotential

Bi kommt zwar in der Natur sehr verbreitet vor, findet sich jedoch kaum in größern Lagern. Es tritt vereinzelt gediegen auf, liegt jedoch überwiegend in oxidischer oder sulfidischer Form vor. Wichtige Mineralien sind der *Bismutglanz* (*Bismutin*) und der *Bismutocker* (*Bismit*). Die bedeutendsten Vorkommen finden sich in Südamerika (Peru, Bolivien). Der Anteil des Bi am Aufbau der Erdkruste wird auf 0,2 ppm geschätzt.

Die Gewinnung des Bi aus den metallischen Erzen erfolgt vor allem als Nebenprodukt der Gewinnung anderer Metalle, vor allem von Cu und Pb. Aus den oxidischen und sulfidischen Vorkommen wird es nach den üblichen Verfahren durch Reduktion mit Kohle bzw.durch Rösten freigesetzt und das so erhaltene Rohbismut wird dann in weiteren aufwendigen Reinigungsstufen raffiniert.

Bi ist das letzte Element der V. Hauptgruppe des PSE und besitzt die Elektronenkonfiguration (Xe) $4f^{14}\ 5d^{10}\ 6s^2\ 6p^3$, Grundterm $^4S_{3/2}$. Bi bildet bevorzugt die Oxidationsstufe +3 aus, ist durch starke Oxidationsmittel jedoch auch in die Stufe +5 überführbar (s. unter ↑ Natriumbismutat). Ferner existiert die Oxidationsstufe −3, z. B. im *Natriumbismutid* Na_3Bi mit isolierten Bi^{3-} -Ionen. Weiteres zur Chemie des Bi s. unter den nachfolgenden Verbindungen.

Metallisches Bi wird vor allem zur Herstellung sehr niedrigschmelzender Legierungen hauptsächlich mit Pb, Sn und Cd verwendet (z. B. *Abguss-Masse*, *Rosesches Metall*, *Woodsches Metall*, *Lipowitz-Legierung*, s. Tabelle). Diese Legierungen schmelzen teilweise bereits in heißem Wasser. Sie werden z. B. in elektrischen Sicherungen, Sicherheitsverschlüssen usw. verwendet.

Name der Legierung	enthält				t_{Smp}
	Teile Bi	Teile Pb	Teile Sn	Teile Cd	in °C
Abguß-Masse	1	1	1	—	130
Rosesches Metall	2	1	1	—	94
Woodsches Metall	4	2	1	1	70
Lipowitz-Legierung	15	8	4	3	60

Niedrigschmelzende Bismut-Legierungen

Bi zeigt von allen Metallen den stärksten Hall-Effekt. Alle auf das Bi folgenden Elemente sind radioaktiv.

► Bi ist in seiner toxikologischen Wirkung dem ↑ Blei und dem ↑ Quecksilber nahestehend.

Bi Z = 83 A_R = 208,98037 Isotope: 209; 199-208, 210-215 (künstlich)

t_{Smp}	t_{Sdp}	d	MV	α	λ
271,3 °C	1580 °C	9,75 g/cm³	21,44 cm³/mol	13,4 10^{-6}/K	7,87 W/mK
C_p	$\Delta_S H$	$\Delta_V H$	S^o	ϱ	
25,5 J/(K · mol)	11,3 kJ/mol	174 kJ/mol	56,7 J/(K · mol)	1068 nΩ · m	

Bismut(III)chlorid

Bismuth chloride

Bildet weiße zerfließliche Kristalle von HCl-artigem Geruch, die von Wasser zu *Bismutoxidchlorid* hydrolysiert werden. B. löst sich in wasserfreiem Ethanol und in Aceton.

$$2\,Bi + 3\,Cl_2 \longrightarrow 2\,BiCl_3$$

Herstellung von Bismut(III)chlorid

$$BiCl_3 + H_2O \longrightarrow BiOCl + 2\,HCl$$

Bismutoxidchlorid-Bildung

Die Herstellung von B. erfolgt direkt aus den Elementen (s. Gleichung).

Bei der Umsetzung mit Wasser bildet sich Bismutoxidchlorid (s. Gleichung), ein weißes, schwerschmelzbares Pulver ($d = 7{,}7\ g/cm^3$), das in Wasser und Ethanol unlöslich ist, mit ↑ Salzsäure oder ↑ Salpetersäure aber in Lösung geht. B. dient zur Herstellung anderer Bi-Verbindungen.

$BiCl_3$ $M_R = 315{,}377$ Bi 66,27 % Cl 33,73 %

t_{Smp}	t_{Sdp}	d	η		
233 °C	447 °C	4,75 g/cm³			
C_p	$\Delta_S H$	$\Delta_V H$	$\Delta_B H$	S^o	Q_C
100,4 J/(K · mol)	23,68 kJ/mol	124 kJ/mol	−379 kJ/mol	177 J/(K · mol)	

Bismut(III)nitrat

Bismuth nitrate

Bildet als Pentahydrat farblose, glänzende hygroskopische Kristalle mit schwachem Salpetersäure-Geruch. Durch Wasser wird es zu basischen Nitraten verschiedener Zusammensetzungen hydrolysiert. In ↑ Glycerin und in Mineralsäuren ist B. löslich.

B. wird hergestellt durch Umsetzung von Bi mit ↑ Salpetersäure (s. Gleichung). Wird die zunächst entstehende Lösung von B. schwach erwärmt, scheiden sich die Kristalle des Pentahydrats aus. Zur Reinigung kann B. aus verdünnter Salpetersäure umkristallisiert werden.

$$Bi + 4\,HNO_3 \longrightarrow Bi(NO_3)_3 + NO + 2\,H_2O$$

Herstellung von Bismut(III)nitrat

B. dient zur Herstellung anderer Bismutpräparate.

BiN_3O_9 $M_R = 395{,}0$ (wasserfrei) Bi 52,91 % N 10,64 % O 36,45 %

Die nachfolgenden Daten beziehen sich auf das Pentahydrat ($M_R = 485{,}08$).

$t_{Zersetzung}$	t_{Sdp}	d	η
75 °C (Z)		2,8 g/cm³	

Bismut(III)oxid

Bismuth oxide

Bildet ein gelbes schweres geruchloses, kristallines Pulver, das an der Luft sehr beständig ist und sich in Wasser und org. Solventien nicht löst. B. ist auch in Laugen unlöslich, löst sich hingegen in Mineralsäuren. Beim Erhitzen verfärbt es sich braunrot.

$$2\,Bi + \tfrac{3}{2}\,O_2 \longrightarrow Bi_2O_3$$

Verbrennung von Bismut zu Bismutoxid

Das B. kann auf mehreren Wegen erhalten werden. Es bildet sich beim Verbrennen von ↑ Bismut an der Luft (s. Gleichung) oder beim Erhitzen von ↑ Bismut(III)nitrat auf über 500 °C. B. entsteht auch aus *Bismut(III)-hydroxid*, das als weißer, flockiger Niederschlag ausfällt, wenn Bi-Salz-Lösungen mit Alkalilauge versetzt werden (s. Gleichungen).

$$Bi^{3+} + 3\,OH^{\ominus} \longrightarrow Bi(OH)_3$$
$$Bi(OH)_3 \xrightarrow[-\,H_2O]{100\,°C} BiO(OH) \xrightarrow[-\,H_2O]{\Delta} Bi_2O_3$$

Bismutoxid-Bildung aus Bismutsalzen

Eine alkalische Bismut(III)hydroxid-Lösung mit ↑ Weinsäure als Komplexbildner ist als *Nylanders Reagenz* bekannt zum Nachweis von Aldehyden und reduzierenden Zuckern. Beim Erwärmen fällt schwarzes metallisches Bismut aus.

B. findet Verwendung zur Herstellung optischer Gläser und farbiger Glasuren.

Bi_2O_3 $M_R = 466{,}00$ Bi 89,70 % O 10,30 %

t_{Smp}	t_{Sdp}	d	η
825 °C	860 °C	8,64 g/cm³	

C_p	$\Delta_S H$	$\Delta_V H$	$\Delta_B H$	S^o	Q_C
113,5 J/(K · mol)	16,74 kJ/mol		−574 kJ/mol	151,5 J/(K · mol)	

Biuret

Biuret

B. bildet farblose hygroskopische Kristalle, die sich in Wasser bei 25 °C zu 2 g, bei 75 °C zu 20 g pro 100 ml lösen, in Ethanol löst es sich gut, in Diethylether sehr wenig.

B. erhält man am einfachsten durch ca. zweistündiges Erhitzen von ↑ Harnstoff auf etwa 150 °C. Die Schmelze wird in heißes Wasser gegossen, die Kristalle abgesaugt und aus Wasser umkristallisiert. Bei dieser Umsetzung zerfällt Harnstoff zunächst in Isocyansäure (s. unter ↑ Natriumcyanat) und ↑ Ammoniak. Die Isocyansäure addiert dann ein weiteres Molekül Harnstoff unter Bildung von B. (s. Schema).

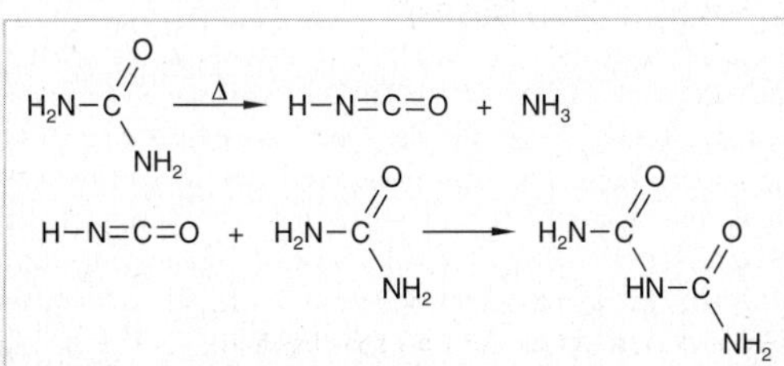

Biuret-Bildung durch Erhitzen von Harnstoff

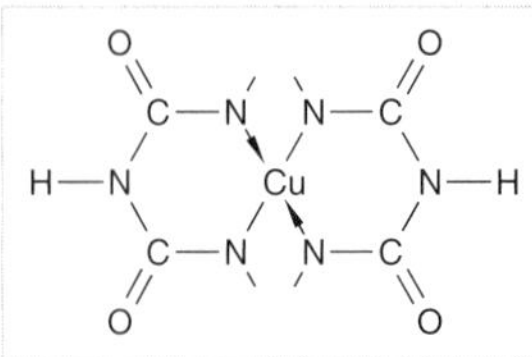

Komplex-Bildung in der Biuret-Reaktion

Als Nebenprodukt entsteht auch ↑Cyanursäure. Bei höherem Erhitzen bildet sich ↑Melamin. Macht man eine Lösung von B. alkalisch und versetzt mit einer verdünnten Lösung von Kupfersalz, entsteht eine charakteristische Violettrot-Färbung (*Biuret-Reaktion*), die auf Komplexbildung zwischen zwei Molekülen B. und einem Cu(II)-Ion beruht (s. Abbildung).

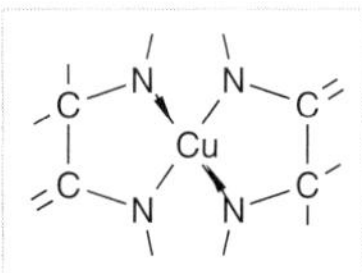

Kupfer-Protein-Komplex-Bildung

Eine Rot- bis Violett-Färbung tritt ebenfalls auf, wenn man alkalische Proteinlösungen (z. B. mit ↑Albumin) mit sehr verdünnter Cu(II)-Lösung versetzt. Hier beruht die Farbe auf Protein-Cu-Komplexen der oben gezeigten Art. Obwohl Proteine keine Biuret-Gruppierung aufweisen, wird die Farbreaktion der Proteine mit Cu(II) ebenfalls als Biuret-Reaktion bezeichnet und dient zum *Protein-Nachweis* (s. Abbildung).

B. ist das Amid der *Allophansäure*, die in freiem Zustand nicht beständig ist, deren Ester aber, als *Allophanate* bezeichnet, sehr stabil und hochschmelzend sind und die organisch-analytisch zur Charakterisierung org. Hydroxyverbindungen herangezogen wurden.

B. wird auch anstelle des Harnstoffs zur Herstellung von Aminoplasten (s. unter ↑Aminoplaste) benutzt.

$C_2H_5N_3O_2$ M_R = 103,09 C 23,30 % H 4,89 % N 40,76 % O 31,04 %

t_{Smp}	t_{Sdp}	d	η		
ca. 193 °C		1,47 g/cm³			
C_p	$\Delta_S H$	$\Delta_{Sub} H$	$\Delta_B H$	S^o	Q_C
131,3 J/(K · mol)		127 kJ/mol (S)	−563,6 kJ/mol	146 J/(K · mol)	−938 kJ/mol

Blausäure → Cyanwasserstoff

Blei

Lead Pb

Pb ist ein an frischen Schnittflächen stark silberglänzendes metallisches chemisches Element, das jedoch an der Luft rasch oxidiert, so daß es in der Regel eine blau-graue Oberfläche zeigt. Diese Oxidschicht schützt das Metall vor weiterer Oxidation. Pb hat eine hohe Dichte (s. Tabelle), ist weich, dehnbar und niedrigschmelzend.

Der Anteil des Pb am Aufbau der zugänglichen Erdrinde beträgt ca. 0,002 %, wobei sich das Pb in einer Vielzahl verschiedener *Bleierze* und in geringem Maße auch gediegen vorfindet. Das mengenmäßig weitaus bedeutendste und für die Pb-Gewinnung auch einzig wichtige Bleierz ist der *Bleiglanz*, Beisulfid, PbS. Er kommt weltweit verbreitet in mehr oder weniger großen Lagern vor, in Deutschland z. B. in der Eifel und im Ruhrgebiet. Die größten Vorkommen weist der amerikanische Kontinent auf. Sehr bedeutsam ist, daß der Bleiglanz fast stets ↑Silber, teils als ↑Silbersulfid teils metallisch, enthält (bis zu 1 %) und somit auch ein wichtiges Silbererz darstellt. Darüberhinaus ist der Bleiglanz durchweg vergesellschaftet mit anderen Metallerzen, vielfach von ↑Zink, ↑Kupfer, ↑Eisen und ↑Antimon.

Aus dem Bleiglanz wird das Pb fast ausschließlich im sog. *Röst-Reduktionsverfahren* gewonnen. Dieses beinhaltet zunächst eine Umwandlung des Bleisulfids in das Oxid durch *Rösten*, also Glühen unter Luftzuführung, und eine anschließende Reduktion des Oxids zum Metall mit Koks bzw. daraus gebildetem ↑ Kohlenstoffmonoxid (s. Gleichungen).

$PbS + {}^3/_2\, O_2 \longrightarrow PbO + SO_2$	Rösten
$PbO + CO \longrightarrow Pb + CO_2$	Reduktion

Röst-Reduktions-Verfahren zur Bleigewinnung

Das so erhaltene Rohblei („*Werkblei*") enthält noch zahlreiche metallische Beimengungen (Ag, Cu, Sb), und wird durch Schmelzen oder elektrolytisch gereinigt.

Gemäß seiner Stellung in der 4. Hauptgruppe und in der 6. Periode des PSE weist das Pb-Atom die folgende Elektronenkonfiguration auf: (Xe)$4f^{14}\, 5d^{10}\, 6s^2\, 6p^2$, Grundterm $^3P_0$.

Damit erklären sich die beiden Oxidationsstufen von +2 (Abgabe der beiden p-Elektronen) und +4 (Abgabe auch der beiden s-Elektronen), wobei festzustellen ist, daß die Oxidationsstufe +2 beim Pb bevorzugt ist und daß Pb(IV)-Verbindungen starke Oxidationsmittel sind (Bestreben, unter Aufnahme von 2 Elektronen Pb(II) zu bilden).

Pb ist seinem Normalpotential $E^{\ominus}$ (Pb/Pb2+) = –0,13 V zufolge ein unedles Metall, welches von allen Protonsäuren unter Wasserstoff-Entwicklung oxidiert werden müßte. Daß letzteres nicht geschieht und Pb edler erscheint als es ist, hat zwei Gründe. Es ist dies einmal die Überspannung von ↑ Wasserstoff am Pb, die etwa 0,4 V beträgt, und zum anderen sind es die schwerlöslichen Beläge, die sich unter der Einwirkung vieler Säuren auf Pb bilden und das Metall vor weiterer Zersetzung schützen. Von den üblichen Pb-Salzen sind nämlich nur das Nitrat und das Acetat gut wasserlöslich.

Pb ist also resistent gegen ↑ Schwefelsäure (außer gegen heiße, konzentrierte), ↑ Salzsäure und ↑ Fluorwasserstoffsäure. Unter Oxidation wird Pb von heißer verdünnter ↑ Salpetersäure und von ↑ Essigsäure (bei Sauerstoffzutritt) aufgelöst.

Pb ist ein amphoteres Metall und geht in heißen Alkalilaugen leicht unter Bildung der *Plumbite* in Lösung (s. Gleichung).

$$Pb + 2\,H_2O + OH^{\ominus} \longrightarrow Pb(OH)_3^{\ominus} + H_2$$

Plumbit-Bildung in heißen Alkalilaugen

Die Verwendung von Pb als metallischer Werkstoff zum alltäglichen Gebrauch ist geschichtlich schon sehr früh belegt (z. B. für Wasserleitungen bei den Römern). Seine Hauptverwendung stellt heute der Bleiakkumulator dar (s. unter ↑ Bleis(II)ulfat). Pb legiert sich sehr leicht mit vielen Metallen und zahlreiche Pb-Legierungen haben technische Bedeutung. Erwähnt seien das *Lettermetall* sowie die *Lagermetalle*, in denen Pb vor allem mit ↑ Antimon als härtendem Bestandteil legiert ist („*Hartblei*"). Wichtig ist auch die Verwendung des Pb in den niedrigschmelzenden Legierungen, wie sie unter ↑ Bismut beschrieben sind.

Zum naßchemisch-analytischen Nachweis von Pb kann eine Reihe von Fällungs- und Farbreaktionen herangezogen werden, die mit einer Pb(II)-Salzlösung durchführbar sind.

$$Pb^{2+} + S^{2-} \longrightarrow PbS$$

Bleisulfid-Fällung

1. Bleisulfid-Fällung. Aus schwach saurer Lösung fällt mit ↑ Schwefelwasserstoff schwarzes ↑ Blei(II)sulfid aus (s. Gleichung).

$$Pb^{2+} + 2\,I^{\ominus} \longrightarrow PbI_2$$
$$PbI_2 + 2\,I^{\ominus} \longrightarrow [PbI_4]^{2-}$$

Bleiiodid-Fällung und -Auflösung

2. Als Bleiiodid. Mit Kaliumiodid-Lösung fällt gelbes ↑ Blei(II)iodid aus, welches im Überschuß des Fällungsmittels als Tetraiodo-Komplex in Lösung geht (s. Gleichungen).

$$Pb^{2+} + CrO_4^{2-} \longrightarrow PbCrO_4$$

Bleichromat-Fällung

3. Als ↑Bleichromat. Mit Chromat-Ionen bilden Blei(II)-Ionen gelbes Bleichromat (s. Gleichung), welches schwerlöslich ist in ↑Ammoniak und ↑Essigsäure, löslich in Natronlauge.
4. Mit ↑Dithizon. Pb(II) bildet mit Dithizon ein rotes Komplexsalz. Die meisten anderen Schwermetall-Ionen, die diesen Nachweis stören können, können mit ↑Kaliumnatriumtartrat maskiert werden. Zum Nachweis stellt man sich eine Lösung von Dithizon in ↑Tetrachlorkohlenstoff her, von der man wenige Tropfen zur Pb(II)-Lösung gibt. Die Farbe der org. Phase schlägt von grün nach rot um, da der Dithizon-Pb-Komplex in Tetrachlorkohlenstoff löslich ist.
5. Hydroxid-Niederschlag.Aus Pb(II)-Lösungn fällt mit Alkalilaugen weißes *Blei(II)hydroxid* aus, welches sich im Überschuß löst (s. Gleichungen). Mit Ammoniak entsteht ebenfalls der Blei(II)hydroxid-Niederschlag, der sich im Überschuß jedoch nur schwer löst.

$$Pb^{2+} + 2\,OH^{\ominus} \longrightarrow Pb(OH)_2$$
$$Pb(OH)_2 + OH^{\ominus} \longrightarrow Pb(OH)_3^{\ominus} \xrightarrow{OH^{\ominus}} Pb(OH)_4^{2-}$$

Fällung und Wiederauflösung von Bleihydroxid mit Alkalilaugen

► Zur Beurteilung der toxischen Wirkung des Pb muß man differenzieren. Bei einmaliger oraler Aufnahme werden relativ große Pb-Dosen, bis zu Gramm- Mengen, ohne deutliche Vergiftungserscheinungen vertragen, so daß man sagen kann, daß Pb eigentlich kaum eine akute Giftigkeit besitzt. Dies erklärt sich aus der geringen Resorptionsfähigkeit der Schleimhäute des Verdauungstraktes für Pb-Ionen. Auch durch die intakte Haut wird Pb kaum aufgenommen. Gänzlich anders einzuschätzen ist jedoch eine über längere Zeiträume, Wochen, Monate, oder gar Jahre andauernde tägliche Aufnahme auch sehr kleiner Pb-Dosen. Hier führen schon Dosen ab einem Milligramm pro Tag zu den chronischen Vergiftungserscheinungen, die eine vielfältige Symptomatik von Kopfschmerzen, Mattigkeit, Abmagerung bis zu Defekten der Blutbildung, der Muskulatur und des Nervensystems aufweisen. Das Pb blockiert dabei Enzyme, die an der Porphyrinsynthese beteiligt sind. Pb wird auch anstelle von ↑Calcium in die Knochen eingebaut, wo es zwar zunächst unschädlich ist, jedoch unter gewissen Bedingungen wieder abgegeben wird, was einer Art Gift-Depot-Wirkung gleichkommt. Vor diesem Hintergrund ist die Verwendung von *Bleitetraethyl* als Antiklopfmittel (s. unter ↑n-Heptan) in Motorbenzinen zu bewerten, die ja einen nahezu flächendeckenden permanenten Bleiausstoß bedeutete. Die Verwendung von Pb zur Herstellung von Eßgeschirren und anderen Gebrauchsgegenständen ist heute verboten.

Pb Z = 82 A_R = 207,2 Isotope: 204, 206-208; 195-203, 205, 209-214 (künstlich)

t_{Smp} 327,5 °C	t_{Sdp} 1746 °C	d 11,35 g/cm³	MV 18,26 cm³/mol	α 29,1 10^{-6}/K	λ 35,2 W/mK
C_p 26,84 J/(K · mol)	$\Delta_S H$ 4,77 kJ/mol	$\Delta_V H$ 177,58 kJ/mol	S^o 64,79 J/(K · mol)	ϱ 192 nΩ · m	
MAK 0,1 mg/m³	R-Satz	S-Satz			

Blei(II)acetat

Lead acetate

Handelsüblich ist das Trihydrat, welches große farblose tafelförmige Prismen oder ein weißes kristallines Pulver bildet. Es löst sich in reiner Form sehr gut in Wasser (ca. 60 g in 100 ml bei 20 °C). An der Luft verwittert es leicht unter oberflächlicher Bildung von ↑ Blei(II)carbonat und löst sich dann nicht mehr klar in Wasser. B. löst sich gut in ↑ Glycerin, jedoch nur wenig in Ethanol. Die wässerige Lösung reagiert schwach sauer (5%ige Lösung ca. pH 6). Wegen seines süßen Geschmacks wurde B. früher als *Bleizucker* bezeichnet. B. spaltet beim Erwärmen ab 100 °C ↑ Essigsäure ab und zersetzt sich ab 200 °C vollständig.

Man gewinnt B. durch Auflösen von ↑ Blei(II)oxid in Essigsäure (s. Gleichung).

$$PbO + 2\,CH_3COOH \longrightarrow Pb(CH_3COO)_2 + H_2O$$

Gewinnung von Blei(II)acetat

Wässerige Lösungen von B. lösen ↑ Blei(II)oxid auf unter Bildung basischer Acetate (Blei(II)acetat/Blei(II)-hydroxid), deren wässerige Lösungen früher als „*Bleiessig*" vielfach medizinisch verwendet wurden. Da B. neben ↑ Blei(II)nitrat das einzige gut wasserlösliche Bleisalz ist, wird es vielfach zur Herstellung anderer Bleisalze benutzt. In der Analytik verwendet man Lösungen von B. bzw. mit B. getränktes Filterpapier (*Bleiacetatpapier*) zum Nachweis von Sulfid-Ionen (Bildung von schwerlöslichem schwarzem ↑ Blei(II)sulfid).

► B. ist giftig. Beim Arbeiten mit B. Inhalation von B.-Staub unbedingt vermeiden

$C_4H_6O_4Pb$ $M_R = 325{,}29$ (wasserfrei) C 14,77 % H 1,86 % O 19,67 % Pb 63,70 %

Die Daten in nachfolgender Tabelle beziehen sich auf das Trihydrat.

t_{Smp}	$t_{Zersetzung}$	d	η		
75 °C	200 °C (Z)	2,55 g/cm³			
C_p	$\Delta_S H$	$\Delta_V H$	$\Delta_B H$	S^o	Q_C
			−1853 kJ/mol		
MAK	R-Satz	S-Satz			
0,1 mg/m³	61-33-40-48/22-50/53-62	53-45-60-61			

Blei(II)carbonat

Lead carbonate

Ein weißes kristallines Pulver, das in reinem Wasser nur sehr wenig löslich (ca. 2 mg/l) ist. Enthält das Wasser gelöstes ↑ Kohlenstoffdioxid, steigt auch die Löslichkeit von B., wohl infolge Hydrogencarbonatbildung. B. spaltet beim Erhitzen leicht Kohlenstoffdioxid ab.

B. kommt in der Natur als *Carussit*, auch als *Weißbleierz* bezeichnet, vor. Wegen seiner Unlöslichkeit in Wasser läßt es sich leicht herstellen durch Einleiten von Kohlenstoffdioxid in eine Bleiacetatlösung, oder durch Zugabe einer Bleisalzlösung zu einer Ammoniumcarbonat-Lösung in der Kälte (s. Gleichungen).

$$Pb^{2+} + CO_2 + H_2O \longrightarrow PbCO_3 + 2\,H^{\oplus}$$
$$Pb^{2+} + CO_3^{2-} \longrightarrow PbCO_3$$

Bleicarbonat-Fällungen

$Pb(OH)_2 \cdot 2\, PbCO_3$

Das Pigment Bleiweiß ist basisches Bleicarbonat

Das reine B. hat keine technische Bedeutung. Führt man die Carbonatfällung mit Alkalicarbonat in der Hitze durch, so fällt basisches B. aus (s. Formelabb.). Das basische B. besitzt ein glänzendes Weiß und weist als Pigment eine hohe Deckkraft sowie gute Haftfähigkeit auf. Deshalb hat es trotz seiner Giftigkeit immer noch Bedeutung als „*Bleiweiß*" in Anstrichfarben, darf jedoch nur noch zu Grundierungs- und Restaurierungszwecken eingesetzt werden.

CO_3Pb $M_R = 267{,}22$ C 4,49 % O 17,96 % Pb 77,54 %

$t_{Zersetzung}$	t_{Sdp}	d	η		
315 °C (Z)		6,6 g/cm³			
C_p	$\Delta_S H$	$\Delta_V H$	$\Delta_B H$	S^o	Q_C
87,4 J/(K · mol)			−699 kJ/mol	131 J/(K · mol)	
MAK	R-Satz	S-Satz			
0,1 mg/m³	61-20/22-33-50/53-62	53-45-60-61			

Blei(II)chlorid

Lead chloride

Bildet ein weißes kristallines Pulver, ist in Wasser nur wenig löslich (in 100 ml ca. 1g bei 0 °C). In konz. Salzsäure und in konz. Alkalichlorid-Lösungen löst es sich unter Bildung von Chlorokomplexen.

B. kommt in der Natur als Mineral *Cotunnit* vor. Es wird synthetisch gewonnen durch Auflösung von ↑ Blei(II)oxid in ↑ Salzsäure (s. Gleichung).

$$PbO + 2\,HCl \longrightarrow PbCl_2 + H_2O$$

Blei(II)chlorid-Bildung aus Blei(II)oxid

B. besitzt in der Schmelze ein gutes elektrisches Leitvermögen. Die erstarrte Schmelze bildet eine hornartige Masse, die sich schneiden läßt (*Hornblei*).

B. hat kaum technische Bedeutung. Vereinzelt dient es als Zwischenprodukt zur Bleipigment-Herstellung (z. B. Chromgelb s. unter ↑ Bleichromat).

Cl_2Pb $M_R = 278{,}12$ Cl 25,50 % Pb 74,50 %

t_{Smp}	t_{Sdp}	d	η		
498 °C	950 °C	5,9 g/cm³			
C_p	$\Delta_S H$	$\Delta_V H$	$\Delta_B H$	S^o	Q_C
77,1 J/(K · mol)	21,9 kJ/mol	127 kJ/mol	−360 kJ/mol	136 J/(K · mol)	
MAK	R-Satz	S-Satz			
0,1 mg/m³	61-20/22-33-50/53-62	53-45-60-61			

Bleichromat

Lead chromate

Ein leuchtend gelbes oder orange-gelbes kristallines Pulver, das sich in Wasser sehr wenig löst (0,02 mg/100 ml!) und auch unlöslich ist in ↑Essigsäure. Löslich ist es in Alkalihydroxiden und in verdünnter ↑Salpetersäure.

B. findet sich in der Natur in gelbroten Kristallen als *Rotbleierz*. Synthetisch gewinnt man es durch Versetzen einer Bleiacetatlösung mit ↑Kaliumdichromat (s. Gleichung).

$$2\,Pb^{2+} + Cr_2O_7^{2-} + H_2O \longrightarrow 2\,PbCrO_4 + 2\,H^{\oplus}$$

Bleichromat-Fällung

B. hat Bedeutung als gelbes Farbpigment (*Chromgelb*) in Anstrich- und Druckfarben und Lacken. Als „*Chromrot*" bezeichnet man basisches B., welches man durch Ausfällen von B. im basischen Medium in der Siedehitze erhält. „*Chromgrün*" ist ein Mischpigment aus Chromgelb und Berlinerblau (s. unter ↑Kaliumhexacyanoferrat(II)).

Die Fällung von B. dient in der Analytik sowohl zum Blei- als auch zum Chromnachweis.

► B. ist giftig.

CrO_4Pb $M_R = 323{,}22$ Cr 16,09 % O 19,80 % Pb 64,11 %

t_{Smp}	t_{Sdp}	d	η
844 °C		6,3 g/cm³	

MAK	R-Satz	S-Satz
0,1 mg/m³	61-33-40-50/53-62	53-45-60-61

Blei(II)iodid

Lead iodide

Bildet ein hellgelbes Pulver oder goldgelb glänzende Blättchen und löst sich in Wasser bei 20 °C nur zu ca. 0,1 g/100 ml, bei 100 °C zu etwa 0,5 g/100 ml. Löslich ist es hingegen in alkalischem Medium sowie in Kaliumiodid-Lösung.

B. läßt sich herstellen durch Zusammengießen gleichmolarer wässeriger Lösungen von ↑Blei(II)nitrat und ↑Kaliumiodid, wobei B. ausfällt (s. Gleichung).

$$Pb(NO_3)_2 + 2\,KJ \longrightarrow \underset{\text{gelb}}{PbJ_2}\downarrow + 2\,KNO_3$$

Herstellung von Blei(II)iodid

$$PbJ_2 + KJ \longrightarrow \underset{\text{farblos}}{K[PbJ_3]}$$

Iodo-Komplexbildung mit überschüssigem Iodid

Mit weiterem Kaliumiodid erfolgt wieder Auflösung und Entfärbung, weil sich ein Iodokomplex bildet (s. Gleichung). Mit dieser Iodokomplex-Lösung getränktes Filterpapier kann zum *Wasser-Spurennachweis* dienen, indem es mit Wasser Gelbfärbung erfährt (Rückreaktion zu B.)

B. geht beim Erwärmen eine reversible Farbänderung über hellrot nach dunkelrot ein. Die B.-Fällung kann zum naßchemischen Pb-Nachweis verwendet werden (s. unter ↑Blei).

I_2Pb	$M_R = 461{,}01$	I 55,06 %	Pb 44,94 %		
t_{Smp} 410 °C	t_{Sdp} 830 °C	d 6,16 g/cm³	η		
C_p 77,6 J/(K · mol)	$\Delta_S H$ 23,43 kJ/mol	$\Delta_V H$ 118,6 kJ/mol	$\Delta_B H$ −175,4 kJ/mol	S^o 174,8 J/(K · mol)	Q_C
MAK 0,1 mg/m³	R-Satz 61-20/22-33-50/53-62	S-Satz 53-45-60-61			

Blei(II)nitrat

Lead nitrate

Bildet große farblose durchscheinende Kristalle, löst sich sehr gut in Wasser (in 100 ml bei 20 °C 50 g, bei 100 °C 139 g). Die wässerige Lösung reagiert schwach sauer (eine 20%ige Lösung besitzt den pH-Wert 3–4).

Man erhält B. durch Umsetzung von ↑ Blei(II)oxid mit verdünnter ↑ Salpetersäure in der Hitze. Beim Abkühlen scheiden sich Kristalle von B. ab (s. Gleichung).

$$PbO + 2\,HNO_3 \longrightarrow Pb(NO_3)_2 + H_2O$$

Blei(II)nitrat-Bildung

B. zersetzt sich beim Erhitzen unter Freisetzung von Stickstoffdioxid (s. unter ↑ Stickstoffoxide) und ↑ Sauerstoff (s. Gleichung).

$$Pb(NO_3)_2 \longrightarrow PbO + 2\,NO_2 + {}^1/_2\,O_2$$

Thermische Zersetzung von Bleinitrat

B. wird deshalb in der Zündstoff-Herstellung verwendet. Es dient ferner präparativ zur Gewinnung anderer Bleisalze.

N_2O_6Pb	$M_R = 331{,}23$	N 8,46 %	O 28,98 %	Pb 62,56 %	
$t_{Zersetzung}$	t_{Sdp}	d 4,54 g/cm³	η		
C_p 151 J/(K · mol)	$\Delta_S H$	$\Delta_V H$	$\Delta_B H$ −449 kJ/mol	S^o 213 J/(K · mol)	Q_C
MAK 0,1 mg/m³	R-Satz 61-20/22-33-50/53-62	S-Satz 53-45-60-61			

Blei(II)oxid

Lead monoxide

$$PbO_{rot} \underset{}{\overset{488\ °C}{\rightleftharpoons}} PbO_{gelb}$$

Modifikations-Umwandlung

Kommt in einer roten und einer gelben Modifikation vor. Die rote ist die bei Normaltemperatur thermodynamisch beständige und wandelt sich bei 488 °C in die gelbe um (s. Gleichung). Die gelbe Modifikation ist jedoch im metastabilen Zustand auch bei Normaltemperatur beständig; sie ist auch die handelsübliche Form, was herstellungsbedingt ist. Sie stellt ein gelbes kristallines Pulver dar, unlöslich in Wasser, löslich in ↑ Essigsäure und verdünnter ↑ Salpetersäure.

$$2\,Pb + O_2 \longrightarrow 2\,PbO$$

Bildung von gelbem Blei(II)oxid

Gelbes B., auch als *Bleiglätte* bezeichnet, wird technisch hergestellt durch Luftoxidation von geschmolzenem ↑ Blei (s. Gleichung). Im Labor kann es erhalten werden durch Erhitzen von ↑ Blei(II)nitrat oder durch Kochen von Bleihydroxid mit Natronlauge.

Während B. früher Bedeutung als Pigment besaß, wird es heute nicht mehr selbst als solches benutzt und dient nur als Ausgangsprodukt für andere Bleipigmente und Bleiverbindungen.

$$3\,PbO + {}^1/_2\,O_2 \longrightarrow Pb_3O_4$$

Mennige-Bildung

Insbesondere ist es Edukt für die Mennige-Herstellung; hierzu wird B. auf ca. 500 °C unter Luftzutritt erhitzt (s. Gleichung). Dabei muß die Temperatur unter 550 °C gehalten werden, weil sonst wieder Zerfall der Mennige in Blei(II)oxid und ↑ Sauerstoff erfolgt.

► B. ist gesundheitsschädich.

OPb $M_R = 223{,}21$ O 7,17 % Pb 92,83 %

t_{Smp}	t_{Sdp}	d	η		
890 °C	1472 °C	8,0 g/cm³			
C_p	$\Delta_S H$	$\Delta_V H$	$\Delta_B H$	S^o	Q_C
45,8 J/(K · mol)	25,5 kJ/mol	213 kJ/mol	−218 kJ/mol	68,7 J/(K · mol)	
MAK	R-Satz	S-Satz			
0,1 mg/m³	61-20/22-33-50/53-62	53-45-60-61			

Blei(II,IV)oxid

Lead tetroxide Mennige

Stellt ein leuchtendrotes, schweres kristallines Pulver dar, ist unlöslich in Wasser und Ethanol.

$$2\,PbO{\cdot}PbO_2 \text{ bzw. } Pb_2[PbO_4]$$

Mennige-Zusammensetzung

B. wird gewonnen durch Luftoxidation von ↑ Blei(II)oxid. Es handelt sich um ein Doppeloxid der gezeigten formalen Zusammensetzung (s. Formelabbildung).

Nach der rechtsstehenden Schreibweise ließe sich B. formal als Blei(II)salz der *Orthobleisäure* (nicht existent) auffassen, was jedoch nicht mit der wirklichen Struktur korreliert. Diese stellt sich wie folgt dar: die Pb(IV)-Ionen sind oktaedrisch mit 6 Sauerstoff-Atomen verbunden. Diese Oktaeder sind über gegenüberliegende Ecken miteinander zu Ketten verknüpft. Die Oktaeder-Ketten wiederum sind über Pb(II)-Ionen miteinander verbrückt dergestalt, daß jedes Pb(II)-Ion von drei O-Atomen koordiniert ist.

Bei der Einwirkung von ↑Salzsäure auf B. entwickelt sich ↑Chlor. ↑Salpetersäure zersetzt B. zu ↑Blei(II)nitrat und ↑Blei(IV)oxid.

B. hatte früher erhebliche Bedeutung, weil es, mit Leinöl angerührt, in großem Maßstab als Rostschutzanstrich für Eisen und Stahl verwendet wurde, ein Einsatz, der aus Umweltschutz-Gründen stark eingeschränkt ist. Die rostschützende Wirkung des B. beruht auf oxidativen Passivierungen, z. B. Eisenoxid-Bildung mit Blei(IV)oxid, wobei auch komplizierte Mischoxid-Bildungen beteiligt sein dürften.

► B. ist gesundheitsschädlich.

O_4Pb_3	$M_R = 685{,}63$	O 9,33 %	Pb 90,67 %		
$t_{Zersetzung}$ 500 °C (Z)	t_{Sdp}	d 9,05 g/cm³	η		
C_p 154,9 J/(K · mol)	$\Delta_S H$	$\Delta_V H$	$\Delta_B H$ −718,7 kJ/mol	S^o 212 J/(K · mol)	Q_C
MAK 0,1 mg/m³	R-Satz 61-20/22-33-50/53-62	S-Satz 53-45-60-61			

Blei(IV)oxid

Lead dioxide Bleidioxid

B. ist ein schwarz-braunes Pulver, unlöslich in Wasser, löslich in ↑Salzsäure (Chlorentwicklung) und heißen Alkalilaugen.

Es wird hergestellt durch elektrolytische oder chemische Oxidation von Pb(II)-Verbindungen. Die chemische Oxidation erfolgt durch starke Oxidationsmittel wie ↑Chlor oder ↑Natriumhypochlorit (s. Gleichung).

$$Pb^{2+} + Cl_2 + 2\,H_2O \longrightarrow PbO_2 + 2\,Cl^{\ominus} + 4\,H^{\oplus}$$

Bleidioxid-Herstellung durch Oxidation mit Chlor

Eine weitere Darstellungsmöglichkeit liegt in der Umsetzung von Mennige (s. ↑Blei(II,IV)oxid) mit ↑Salpetersäure (s. Gleichung).

$$Pb_2[PbO_4] + 4\,HNO_3 \longrightarrow 2\,Pb(NO_3) + PbO + 2\,H_2O$$

Bleidioxid-Herstellung aus Mennige und Salpetersäure

B. ist ein recht starkes Oxidationsmittel, wie aus dem angegebenen Normalpotential hervorgeht (s. Gleichung). Aus konz. Salzsäure setzt es in der Hitze Chlor frei.

$$PbO_2 + 4\,H^{\oplus} + 2e^- \longrightarrow Pb^{2+} + 2\,H_2O \qquad E_0 = +1{,}455\ V$$

Oxidationswirkung von Bleidioxid

Die elektrolytische Bildung von B. und sein hohes Oxidationspotential ist grundlegend für die Funktion des Bleiakkumulators, das bestbekannte Beispiel für eine *elektrische Speicherzelle*. Andere Bezeichnungen für elektrische Speicherzelle sind *Akkumulator*, *Sekundärelement* oder *Sammler*. Der betriebsbereite *Blei-Akku* besteht im Prinzip, ohne auf technische Details einzugehen, aus einem mit 20–30%iger ↑Schwefelsäure

(„*Akku-Säure*", d = 1,15… 1,22 g/cm^3) gefüllten Elektrolysetrog, in den eine Blei-Elektrode und eine Bleidioxid-Elektrode eintauchen (s. Abbildung). Werden diese beiden Elektroden über einen äußeren Stromkreis miteinander verbunden, fließen durch diesen Elektronen von der Blei- zur Bleidioxid-Elektrode.

Es laufen die als Anoden- und Kathodenreaktion bezeichneten chemischen Vorgänge ab (s. Schemata). An der Anode (Bleielektrode, (−)-Pol), gehen Pb(II)-Kationen in Lösung, die sich mit Sulfationen aus der Schwefelsäure an der Anode als ↑ Bleis(II)ulfat niederschlagen. An der Kathode (Bleidioxid-Elektrode, (+)-Pol), wird das Pb(IV)oxid unter Aufnahme der von der Anode abgegebenen Elektronen reduziert.

$$Pb \longrightarrow Pb^{2+} + 2e^-$$
$$Pb^{2+} + SO_4^{2-} \longrightarrow PbSO_4$$
$$\overline{Pb + SO_4^{2-} \longrightarrow PbSO_4 + 2e^-}$$

Anodenreaktion im Bleiakku

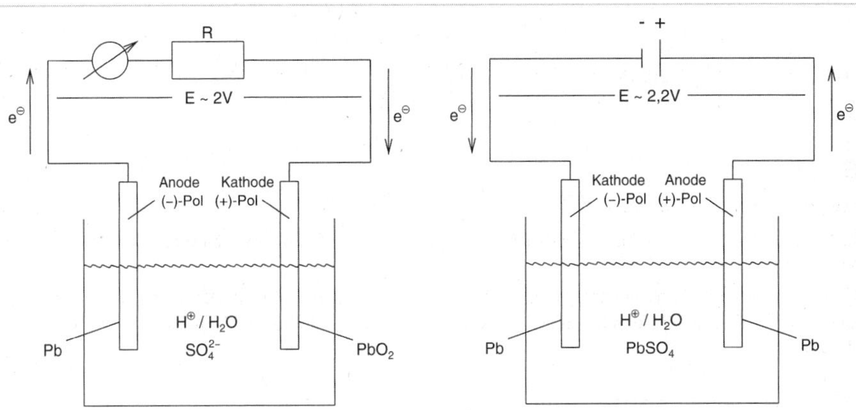

Aufbauschema des Blei-Akkus für den Entladevorgang

Aufbauschema des Blei-Akkus für den Ladevorgang

Aufbauschema des Bleiakkus

$$PbO_2 + 4\,H^{\oplus} + 2e^- \longrightarrow Pb^{2+} + 2\,H_2O$$
$$Pb^{2+} + SO_4^{2-} \longrightarrow PbSO_4$$
$$\overline{PbO_2 + 4\,H^{\oplus} + SO_4^{2-} + 2e^- \longrightarrow PbSO_4 + 2\,H_2O}$$

Kathodenreaktion im Bleiakku

$Pb + SO_4^{2-} \longrightarrow PbSO_4 + 2e^-$	Anodenreaktion
$PbO_2 + 4\,H^{\oplus} + SO_4^{2-} + 2e^- \longrightarrow PbSO_4 + 2\,H_2O$	Kathodenreaktion
$PbO_2 + Pb + 4\,H^{\oplus} + 2\,SO_4^{2-} \longrightarrow 2\,PbSO_4 + 2\,H_2O$	Gesamtreaktion

Teilreaktionen und die Gesamtreaktion im Bleiakku

Dieser Redox-Reaktion liegt eine Potential-Differenz (EMK) von etwa 2 V zugrunde. Da bei der Entladung „Säure" verbraucht wird, kann die Funktionsbereitschaft des Akkus durch Dichtebestimmung („Spindeln") überprüft werden. Bei der Ladung des Akkus laufen die umgekehrten Prozesse ab, d. h. die Reaktionspfeile in den angegebenen Reaktionsschemata müssen umgekehrt werden. Hierzu wird der Akku an eine Gleichspannungsquelle (Ladegerät) angeschlossen, und zwar mit einer Klemmenspannung, die etwas über der EMK des Akkus liegt.

Am (−)-Pol wird Blei(II)sulfat wieder zu Blei reduziert, am (+)-Pol dagegen Blei(II)sulfat wieder in Bleidioxid und Schwefelsäure umgewandelt.

Ein *galvanischer Prozeß* wandelt chemische in elektrische Energie um, bei der *Elektrolyse* wird elektrische in chemische Energie verwandelt. Der Akku arbeitet also bei der Entladung (*Stromabgabe*) als *galvanisches Element*, bei der Ladung (*Stromaufnahme*) als *Elektrolyse-Zelle*.

Zum Sprachgebrauch ist zu beachten: es findet stets statt: an der *Kathode* die Reduktion, an der *Anode* die Oxidation.

Beim Übergang vom Entlade- zum Ladevorgang (vom galvanischen zum elektrolytischen Betrieb) kehren sich also die Ladungen von Kathode und Anode um. Beim *Entladevorgang* gibt die Kathode Elektronen an die Pb(IV)-Kationen ab und lädt sich dabei positiv auf. Beim *Ladevorgang* muß sie „Elektronendruck" ausüben, um die Pb(II)-Kationen entladen zu können, ist also negativ geladen.

$$PbO_2 \longrightarrow PbO + {}^1/_2\,O_2$$

Thermische Zersetzung von Bleidioxid

Schon bei schwachem Erhitzen zersetzt sich B. in ↑ Blei(II)-oxid und ↑ Sauerstoff (s. Gleichung).

O_2Pb $M_R = 239{,}21$ O 13,38 % Pb 86,62 %

$t_{Zersetzung}$	t_{Sdp}	d	η		
290 °C (Z)		9,64 g/cm³			
C_p	$\Delta_S H$	$\Delta_V H$	$\Delta_B H$	S^o	Q_C
61 J/(K · mol)			−274,4 kJ/mol	71,8 J/(K · mol)	
MAK	R-Satz	S-Satz			
0,1 mg/m³	61-20/22-33-50/53-62	53-45-60-61			

Blei(II)sulfat

Lead sulfate

Ein schweres, weißes Kristallpulver, das sehr wenig wasserlöslich (bei 20 °C ca. 30 mg/l), ist, aber löslich ist in starken Säuren, in konz. Laugen, sowie in ammoniakalischer Weinsäurelösung.

$$Pb^{2+} + SO_4^{2-} \longrightarrow PbSO_4$$

Fällung von Bleisulfat

Es kommt in der Natur in Form gut ausgebildeter Kristalle als *Anglesit* vor und wird im Labor erhalten durch Versetzen von Blei(II)salz-Lösungen mit verdünnter ↑ Schwefelsäure (s. Gleichung).

B. fällt bei verschiedenen industriellen Synthesen als Nebenprodukt an. Von Bedeutung ist die B.-Bildung im Bleiakkumulator (s. unter ↑ Blei(IV)oxid), sowie in der Analytik zum Bleinachweis.

O_4PbS $M_R = 303{,}28$ O 21,10 % Pb 68,32 % S 10,57 %

t_{Smp}	t_{Sdp}	d	η
1170 °C		6,29 g/cm³	

C_p	$\Delta_S H$	$\Delta_V H$	$\Delta_B H$	S^o	Q_C
86,4 J/(K · mol)	40,1 kJ/mol		−923 kJ/mol	148,5 J/(K · mol)	

MAK	R-Satz	S-Satz
0,1 mg/m³	61-20/22-33-50/53-62	53-45-60-61

Blei(II)sulfid

Lead sulfide

Bildet ein braunschwarzes Pulver oder metallisch glänzende grauschwarze Kristalle, äußerst wenig löslich in Wasser (ca. 0,08 mg /100 ml), auch unlöslich in verdünnter ↑ Salzsäure und ↑ Schwefelsäure, löslich in ↑ Salpetersäure.

B. kommt sehr verbreitet als Bleiglanz vor (s. unter ↑ Blei) und dient als solches als Hauptquelle für Pb und seine Verbindungen.

$$Pb^{2+} + S^{2-} \longrightarrow PbS$$

Fällung von Bleisulfid

B. wird im Labor am einfachsten durch Einleiten von ↑ Schwefelwasserstoff in Pb(II)salz-Lösungen als schwarzer Niederschlag erhalten (s. Gleichung).

Diese Reaktion ist für den Bleinachweis analytisch wichtig. Die B.-Kristalle sind vom Natriumchlorid-Typ und bilden Würfel oder Oktaeder von leichter Spaltbarkeit. Die Kristalle besitzen gute elektrische Leitfähigkeit. Ein Gemisch von ↑ Blei(II)nitrat mit B. entzündet sich bei ca. 50 °C.

PbS $M_R = 239{,}28$ Pb 86,60 % S 13,40 %

t_{Smp}	t_{Sdp}	d	η
1114 °C		7,5 g/cm³	

C_p	$\Delta_S H$	$\Delta_V H$	$\Delta_B H$	S^o	Q_C
49,43 J/(K · mol)	18,83 kJ/mol		−98,6 kJ/mol	91,3 J/(K · mol)	

MAK	R-Satz	S-Satz
0,1 mg/m³	61-20/22-33-50/53-62	53-45-60-61

Bleitetraacetat

Lead Tetraacetate, Blei(IV)acetat

Bildet farblose Kristalle, die von Wasser spontan hydrolytisch zersetzt werden zu braunem Blei(IV)oxid und Essigsäure. Zersetzung erfolgt auch mit Ethanol sowie beim Erhitzen. Unzersetzt löslich ist B. in heißer Essigsäure und in Chloroform, teilweise löst es sich auch in Benzol und in Tetrachlorkohlenstoff. Lagerfähig ist B. nur in gut getrocknetem Zustand in dicht verschlossenen Gefäßen.

Das Darstellung von B. erfolgt durch Umsetzung von Blei(II,IV)oxid mit Essigsäure in Gegenwart von Essigsäureanhydrid (zur Wasserbindung) (s. Schema).

$$Pb_3O_4 + 8\ CH_3CO_2H \longrightarrow Pb(CH_3CO_2)_4 + 2\ Pb(CH_3CO_2)_2 + 4\ H_2O$$

Herstellung von Bleitetraacetat

B. löst sich in konzentrierter Salzsäure unter Bildung der *Hexachlorobleisäure* (s. Schema).

$$Pb(CH_3CO_2)_4 + 6\,HCl \longrightarrow H_2PbCl_6 + 4\,CH_3COOH$$

Bildung von Hexachlorobleisäure

B. wird organisch-präparativ genutzt u. a. in der *Criegee-Oxidation*, der oxidativen Spaltung von 1,2-Diolen zu Ketonen (s. unter ↑ Ethylenglykol).

$C_8H_{12}O_8Pb$ $M_R = 443{,}38$ C 21,67 % H 2,73 % O 28,87 % Pb 46,73 %

t_{Smp}	t_{Sdp}	d	η
180 °C		2,23 g/cm³	

MAK	R-Satz	S-Satz
	8-20/22-33-35-50/53-62	17-26-36/37/39-45-60-61

Bohrium ⟶ Element 107

Bor

Boron B

B ist ein nichtmetallisches chemisches Element. Es kommt in zwei verschiedenen Formen vor: als amorphes B und als kristallines B. Von der kristallinen Form sind wiederum verschiedene Modifikationen bekannt.

Das amorphe B ist ein braunes bis braunschwarzes Pulver. Es ist leicht darzustellen durch Reduktion von ↑ Bortrioxid mit ↑ Magnesium (s. Gleichung).

$$B_2O_3 + 3\,Mg \longrightarrow 2\,B + 3\,MgO$$

Herstellung von elementarem Bor

Das so erhältliche B weist stets noch oxidische Verunreinigungen auf und muß durch Auskochen mit ↑ Salzsäure weiter gereinigt werden, bis es schließlich bestenfalls ca. 98%ig ist.

Die Herstellung von kristallinem B ist ein aufwendiger Prozeß. Man erhält es z. B. durch Thermolyse von Bortrihalogeniden an Tantaldraht bei über 1000 °C im Vakuum als grauschwarze, metallisch glänzende Kristalle, die sich auf dem Tantaldraht niederschlagen (Van-Arkel-de-Boer-Verfahren, s. unter ↑ Titan).

B ist ein relativ seltenes Element und ist am Aufbau der Erdrinde zu ca. 0,0003 % beteiligt. Es kommt jedoch nicht elementar vor sondern ausschließlich in sauerstoffgebundener Form im ↑ Borax, *Kernit* oder anderen Bormineralien.

Die bedeutendsten Vorkommen finden sich als Kernit in Kalifornien.

B ist das erste Element der 3. Hauptgruppe des PSE und besitzt als solches die

Elektronenkonfiguration: $1s^2\,2s^2\,2p^1$, Grundterm $^2P_{1/2}$.

Die Ionisierungsenergie des B liegt sehr hoch, so daß B auch an die elektronegativsten Atome keine Elektronen abgibt. Von B existieren also keine Kationen. B bildet mit seinen Valenzelektronen ausschließlich kovalente Bindungen aus, und zwar immer mit allen drei Valenzelektronen, so daß B stets mindestens dreibindig ist.

Das Bindungsverhalten des B-Atoms soll etwas näher betrachtet werden, da es einige für das Verständnis der B-Chemie wichtige Besonderheiten aufweist, wobei wiederum bewußt die Vorstellungen aus der

VB-Theorie herangezogen werden, da sie eine anschauliche Darstellung ermöglichen. Es sei an dieser Stelle auch ausdrücklich vermerkt, daß die *MO-Theorie* in ihrer Erklärung von Molekül-Bildungen ohne Postulierung von angeregten Atomzuständen (*Valenzzustände*) und ohne Konstruktion von Hybridorbitalen auskommt (s. auch unten bei der Beschreibung der *Dreizentrenbindung* im ↑ Diboran).

Durch Entkoppelung des 2s-Elektronenpaares und Promovierung eines Elektrons in ein vakantes p-Orbital bildet das B-Atom einen sp^2-Valenzzustand aus, aus dem heraus die Formierung von 3 Elektronenpaar-Bindungen erklärbar ist, wie sie beispielsweise in den Bortrihalogeniden vorliegen. Man kann eine sp^2-Hybridisierung annehmen, da die Bindungen trigonal-planar angeordnet sind. Bei dieser Hybridisierung bleibt das unbesetzte dritte p-Orbital unverändert, es steht senkrecht zur Ebene der drei gleichwertigen Hybrid-Orbitale (s. Abbildung).

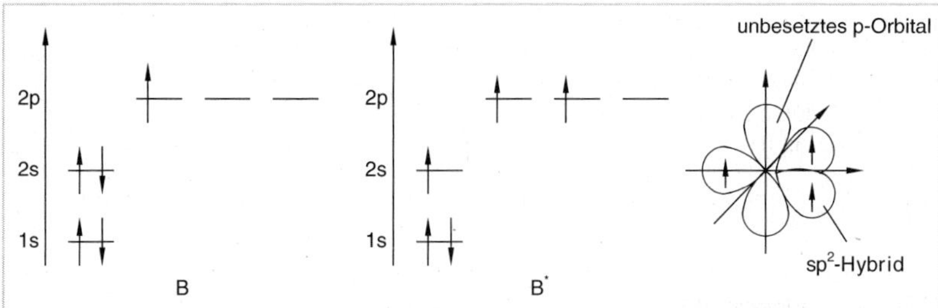

Grund- und Valenzzustand und Hybridisierung des Bor-Atoms (im Sinne der VB-Theorie)

Betätigt das B-Atom drei kovalente Bindungen beispielsweise zu drei Chloratomen durch Überlappung seiner drei einfach besetzten sp^2-Hybridorbitale mit je einem einfach besetzten p-Orbital eines Cl-Atoms (s-Bindungen), erhält es eine mit 6 Elektronen besetzte Valenzschale. Ihm fehlen also zwei Elektronen zur Ausbildung einer vollen Achterschale, das bedeutet Elektronenmangel, auch als *Oktettlücke* bezeichnet. Mit diesem Elektronenmangel „kämpft" das B-Atom in all seinen Verbindungen und es steht praktisch immer vor der Frage: „wie es Elektronen in sein leeres p-Orbital bekommt". Das B-Atom erreicht sein Ziel je nach Bindungspartner auf drei verschiedenen Wegen:

1. (p → p)-Wechselwirkungen
2. Donor-Komplexe mit Lewis-Basen
3. Dreizentrenbindungen

1. (p → p)-Wechselwirkungen

Besitzen die mit dem B verbundenen Atome freie Elektronenpaare, wie die Halogenatome oder das Sauerstoffatom, so können sich, zumindest partiell, zusätzliche p-Donorbindungen (Doppelbindungen) ausbilden. D. h. mit anderen Worten, daß die beiden Elektronen eines freien Elektronenpaares des Liganden teilweise in das leere p-Orbital am B-Atom übergehen, also eine Überlappung von vollbesetztem und unbesetztem p-Orbital stattfindet. Auf diese Weise erfährt das B-Atom eine partielle Valenzabsättigung. Da die Doppelbindungs-Bildung mit allen drei Substituenten erfolgen kann, ist im Grunde die gezeigte mesomere Schreibweise angebracht (s. Schema).

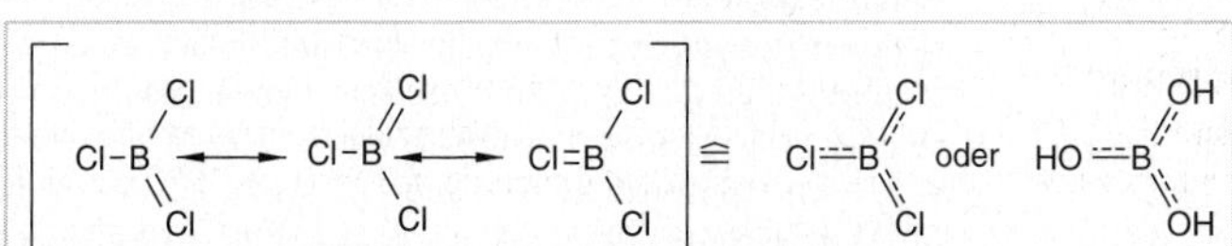

Ausbildung von Donorbindungen in Borverbindungen und Mesomerie

Wegen dieser Möglichkeit zur intramolekularen Valenzabsättigung können solche Moleküle auch monomer existieren. Besonders leicht ist diese Überlappung in den Bor-Sauerstoff-Bindungen möglich (günstige Radienverhältnisse). Deshalb zeigt B eine große Affinität zu Sauerstoff und kommt fast ausschließlich in sauerstoffgebundender Form in der Natur vor und deswegen sind die Bortrihalogenide äußerst feuchtigkeitsempfindlich.

2. Donor-Komplexe mit Lewis-Basen

Ein Elektronenpaar kann nicht nur intramolekular sondern auch von einem anderen Molekül oder Atom beigesteuert werden. Hierfür kommen praktisch alle Spezies mit freiem Elektronenpaar und basischen Eigenschaften in Frage, d. h. alle Substrate, denen gegenüber die Borverbindung als Lewis-Säure agiert, z. B. Halogenid-Ionen, Amine, Ether, Alkohole usw.

Eine Lewis-Base kann sowohl ein nach 1. teilstabilisiertes Molekül weiter stabilisieren, z. B. im *Bortrifluoridethyletherat* (s. unter ↑ Bortrifluorid), im *Tetrafluoroborat* (s. unter ↑ Natriumtetrafluoroborat) oder auch ein Molekül, dem eine interne Stabilisierung nach 1. nicht möglich, und welches deshalb monomer nicht beständig ist, überhaupt existenzfähig machen (z. B. in Boranaten, s. unter ↑ Natriumboranat), wie es in den Gleichungen auch hier formuliert ist.

$$Et_2O + BF_3 \longrightarrow Et_2O \rightarrow BF_3$$
Bortrifluorid-Ethyletherat

$$F^{\ominus} + BF_3 \longrightarrow BF_4^{\ominus}$$
Tetrafluoroborat

$$H^{\ominus} + [BH_3] \longrightarrow BH_4^{\ominus}$$
Boranat

Komplex-Bildung mit Lewis-Basen

In allen Fällen „rastet" ein freies Elektronenpaar in die „Elektronenlücke" am B-Atom ein, sprich überlappt ein doppelt besetztes Orbital mit dem unbesetzten p-Orbital eines B-Atoms. ↑ Bortrifluorid ist so ein Musterbeispiel für eine *Lewis-Säure*. Mit dem Übergang vom drei- in den vierbindigen Zustand ist eine Umhybridisierung von sp2 nach sp3 (Tetraeder) verbunden.

3. Dreizentrenbindungen

$$2\,[BH_3] \longrightarrow B_2H_6$$

Diboran-Bildung

Fehlen den B-Atomen Bindungspartner mit freien Elektronenpaaren, also vor allem in den Bindungen untereinander (z. B. elementarer Zustand) und in den B-Wasserstoff-Verbindungen, so behelfen sie sich auf gänzlich andere Weise: durch Betätigung von *Dreizentren-Bindungen*. Dies soll am Beispiel von *Borwasserstoff* erläutert werden. Der einfachste Borwasserstoff, das *Monoboran*, existiert unter Normalbedingungen nicht, sondern liegt stets dimer als ↑ Diboran vor (s. Gleichung).

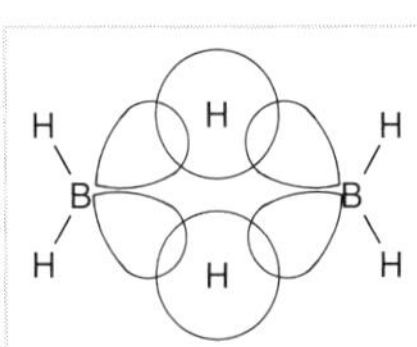

Dreizentren-Bindung im Diboran

Für das Diboran-Molekül läßt sich keine Strukturformel mit den klassichen Atombindungen aufstellen. Das Monoboran hätte man sich als planares Molekül vorzustellen, dessen B-H-Bindungen durch Überlappung der drei einfach besetzten sp^2-Hybrid-Orbitale des B mit je einem einfach besetzten 1s-Orbital eines H-Atoms zustandekommen. Der Winkel zwischen den B-H-Bindungen würde 120° betragen, senkrecht zur Molekülebene würde sich das leere (dritte) p-Orbital des B erstrecken. In der Valenzsphäre des B-Atoms würden sich 6 Elektronen (3 vom B, 3 von 3 H-Atomen) bewegen, d. h. es fehlten 2 Elektronen an der Achterschale.

„Finden“ nun die Monoboran-Moleküle kein anderes Molekül, welches Elektronen spenden kann, „helfen“ sie sich gegenseitig, sie dimerisieren. Für diese Dimerisierung muß man zunächst eine Umhybridisierung von sp^2 nach sp^3 postulieren (das leere p-Orbital wird mit einbezogen), also einen Übergang in die tetraedrische Bindungsanordnung am B. Zwei solche Tetraeder kombinieren nun miteinander: die beiden B-Atome liegen mit den 4 externen H-Atomen in einer Ebene, die 4 B-H-Bindungen sind normale s-Bindungen. Diese beiden BH_2-Gruppen werden über 2 H-Brücken miteinander verbunden, die jeweils folgendermaßen zustandekommen: das mit 1 Elektron besetzte s-Orbital des H-Atoms überlappt sowohl mit einem einfach besetzten sp^3-Hybridorbital des einen B-Atoms als auch mit dem unbesetzten sp^3-Orbital des anderen B-Atoms. (Die eine H-Brücke liegt oberhalb, die andere unterhalb der Molekülebene. Das ganze Molekül stellt zwei über eine gemeinsame Kante verbundene Tetraeder dar, s. Abbildung).

Das besondere ist also, daß hier drei Orbitale überlappen, die mit insgesamt nur zwei Elektronen besetzt sind und die drei Atome aneinander binden (B-H-B-Bindung). Es handelt sich um Dreizentren-Zweielektronen-Bindungen (3z, 2e). Die B-Atome erreichen auf diese Weise zumindest partiell ihre Achterschale. Es sei nochmals betont, daß diese Molekül- und Bindungsbeschreibung der VB-Methode entlehnt ist. In der MO-Theorie wird die Dreizentren-Bindung nicht als Überlappung dreier Atomorbitale gesehen, sondern folgt aus der Zweielektronen-Besetzung eines Molekülorbitals, das an den drei Zentren das gleiche Vorzeichen hat (s. hierzu z. B.: W. Kutzelnigg, „Einführung in die Theoretische Chemie“, Bd. 2, S. 338, 1994).

Im elementaren B liegen u. a. solche Dreizentrenbindungen zwischen B-Atomen vor. In den verschiedenen kristallinen B-Modifikationen bilden die B-Atome diskrete Ikosaeder, die verschiedenartig miteinander verknüpft sind.

Das kristalline B kommt in seiner Härte dem Diamant (s. unter ↑ Kohlenstoff) nahe. Es ist chemisch äußerst resistent und widersteht kochenden, konzentrierten Säuren.

Das amorphe B ist reaktionsfähiger. Es verbrennt bei 700 °C zu ↑ Bortrioxid. Es reagiert mit Halogenen zu Trihalogeniden, mit konz. ↑ Salpetersäure oder ↑ Schwefelsäure erfolgt in der Hitze Oxidation.

Elementares B findet kaum technische Verwendung, lediglich z. B. als härtender Bestandteil in Stählen und Legierungen. Zum analytischen Nachweis von B-Verbindungen s. unter ↑ Borax. Bor-Verbindungen, insbesondere die ↑ Borsäure zeigen antiseptische Wirkung.

► B-Verbindungen besitzen zwar keine ausgesprochen akute Toxizität, jedoch zeigen sich bei längerer Exposition auch mit kleinen Dosen Vergiftungserscheinungen.

B Z = 5 A_R = 10,811 Isotope: 10, 11; 8, 12, 13 (künstlich)

t_{Smp}	t_{Sdp}	d	MV	α	λ
ca. 2000 °C	3870 °C	2,34 g/cm³	4,62 cm³/mol	5 10^{-6}/K	27 W/mK
C_p	$\Delta_S H$	$\Delta_V H$	S^o	ϱ	
30,14 J/(K · mol)	50,4 kJ/mol	480,5 kJ/mol	50,70 J/(K · mol)		

Borax

Sodium borate, Sodium tetraborate   di-Natriumtetraborat-Dodekahydrat

Liegt entweder in Form großer, farblos-durchscheinender Kristalle oder als weißes Kristallpulver vor, ist geruchlos und verwittert an der Luft oberflächlich. B. löst sich in Wasser von 20 °C zu etwa 6 g/100 ml, bei 100 °C zu ca. 160 g/100 ml. B. ist unlöslich in Ethanol, gut löslich in ↑ Glycerin. Beim Erhitzen spaltet B. Kristallwasser ab und liegt bei 320 °C wasserfrei vor. Bei zu schnellem Erhitzen erfolgt Auflösung im eigenen Kristallwasser. Wässerige Lösungen von B. reagieren alkalisch (5%ige Lösung: pH ca. 9,3).

B. wird heute technisch fast ausschließlich aus *Kernit* (eine kristallwasserärmere Form des Tetraborats) durch Umkristallisation hergestellt.

Im *Tetraborat-Anion* des B. liegen zwei dreibindige und zwei vierbindige B-Atome vor, die über Sauerstoffbrücken verknüpft sind. An jedem B-Atom hängt eine Hydroxylgruppe. Die beiden vierbindigen B-Atome tragen je eine negative Ladung (s. Abbildung).

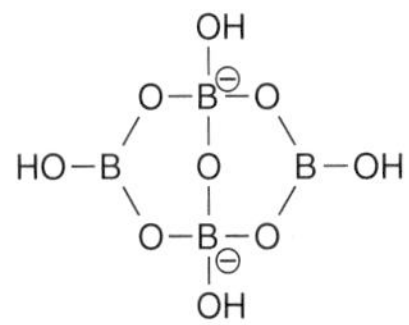

Anion des B.: $[B_4O_5(OH)_4]^{2-}$

$\{[Na(H_2O)_4]_2[B_4O_5(OH)_4]\} = Na_2B_4O_7 \cdot 10\ H_2O$

Struktur- und Summenformeln von Borax

Diese B-Anionen sind über H-Brückenbindungen zu Ketten verbunden. Die Na-Kationen sind über ihre oktaedrischen Hydrathüllen ebenfalls miteinander zu Ketten verknüpft. (Die in der Abbildung rechtsstehende meist zu findende Summenformel für B. sagt also nichts über die Struktur aus).

Von Säuren wird B. zu ↑Borsäure zersetzt. Bei 878 °C schmilzt B. zu einem wasserklaren, spröden Glas zusammen. In diesem Glas lösen sich viele Metalloxide leicht auf und verleihen der Schmelze charakteristische Färbungen. Dies wird in der Analytik für qualitative Nachweise ausgenutzt („*Boraxperle*"): Cr grün, Co blau.

Auf der oxidablösenden Wirkung beruht auch die Verwendung des B. beim Löten (Erzeugung blanker, von Oxidbelägen befreiter Metalloberflächen).

B. findet ausgedehnte Verwendung in der Porzellan-, Steingut-, Emaille- und Glasherstellung. Er dient als Ausgangsprodukt zur Gewinnung von Borsäure und Perboraten. Mit B. können die für den Bor-Nachweis allgemein verwertbaren Reaktionen durchgeführt werden.

Flammenfärbung durch ↑Borsäuretrimethylester: Eine kleine Menge B. wird mit wenig Methanol u. konz. Schwefelsäure versetzt u. zum Sieden erhitzt. An der Reagenzglasmündung läßt sich Borsäuretrimethylester entzünden, der mit grüner Flamme verbrennt.

Flammenfärbung mit ↑Bortrifluorid: Eine kleine Menge B. wird mit ↑Calciumfluorid vermischt und die Mischung mit konz. Schwefelsäure versetzt. Ein Tropfen dieser Mischung am Magnesiastäbchen färbt die Bunsenflamme grün.

Zum Nachweis des Bors mit Curcuma-Papier s. unter ↑Curcumin.

B. dient zur Herstellung von Pufferlösungen. Eine 0,01 m wässerige Lösung (3,81g/l) von B. zeigt bei 20 °C den pH-Wert 9,22. Die Daten in nachfolgender Tabelle beziehen sich auf das wasserfreie Dinatriumtetraborat.

$B_4Na_2O_7$ $M_R = 201{,}22$ (wasserfrei) B 21,49 % Na 22.85 % O 55,66 %

t_{Smp}	$t_{Zersetzung}$	d	η		
741 °C	1575 °C (Z)	2,37 g/cm³			
C_p	$\Delta_S H$	$\Delta_V H$	$\Delta_B H$	S^o	Q_C
186,8 J/(K · mol)	81,2 kJ/mol		−3277 kJ/mol	189,5 J/(K · mol)	

Borcarbid

Boron carbide

B. wird je nach Herstellungsprozess in Form eines feinen schwarzen Pulvers oder als grobe schwarzglänzende Kristalle erhalten. Es ist ein chemisch und thermisch sehr inertes Material. ↑ Chlor oder ↑ Sauerstoff greifen erst oberhalb 1000 °C merklich an, gegen ↑ Fluorwasserstoffsäure und heiße ↑ Salpetersäure ist es beständig. (zum thermischen Verhalten s. Tabelle). B. besitzt außerdem nahezu die Härte (Härte nach Mohs = 9,3) von Diamant (s. u. ↑ Kohlenstoff).

$$2\,B_2O_3 + 7\,C \xrightarrow{[2400\,°C]} B_4C + 6\,CO$$

Herstellung von grobkristallinem Borcarbid

Das grobkristalline Produkt wird erhalten bei der Herstellung aus ↑ Bortrioxid und ↑ Kohlenstoff im elektrischen Widerstandsofen bei 2400 °C (s. Gleichung), während das feine Pulver bei der Reduktion von ↑ Bortrioxid mit ↑ Magnesium in Gegenwart von ↑ Kohlenstoff entsteht (s. Gleichung).

$$2\,B_2O_3 + 6\,Mg + C \longrightarrow B_4C + 6\,MgO$$

Herstellung von pulverförmigem Borcarbid

Die Zusammensetzung von B. wird zwar durchweg als B_4C formuliert, entspricht real jedoch der Summenformel $B_{13}C_2$, die sich folgendermaßen erklärt: die Elementarzelle von B. besteht aus einem Rhomboeder, an dessen 8 Ecken je ein B_{12}-Ikosaeder sitzt (man beachte, daß elementares ↑ Bor stets aus B_{12}-Ikosaedern aufgebaut ist). Entlang der langen Diagonale dieses Rhomboeders ist eine C-B-C-Kette angeordnet, d. h. in dem Rhomboeder sitzen zwei einzelne C-Atome und ein Boratom. Da jede Rhomboeder-Ecke zu acht weiteren Rhomboedern gehört, ergibt sich die Summenformel $B_{12+1}\,C_2$.

Die grobkristalline Form des B. wird vor allem auf dem Schleifsektor verwendet. Das feinpulverige Material läßt sich bei Temperaturen oberhalb 2000 °C durch Pressen oder Sintern zu wertvollen keramischen Erzeugnissen verarbeiten, die z. B. in Panzerplatten (für Fahrzeuge), für Reibschalen oder in der Reaktor-Technik verwendet werden.

CB_4 $M_R = 55{,}26$ C 21,74 % B 78,26 %

t_{Smp}	t_{Sdp}	d	η
2350 °C		2,52 g/cm³	

C_p	$\Delta_S H$	$\Delta_V H$	$\Delta_B H$	S^o	Q_C
53,09 J/(K · mol)	104,6 kJ/mol		−71 kJ/mol	27,1 J/(K · mol)	

Bornitrid

Boron nitride

B. existiert in zwei voneinander sehr verschiedenen Kristallmodifikationen, einer hexagonalen und einer kubischen. Die Verhältnisse sind hier ganz analog zum ↑ Kohlenstoff: die hexagonale Form entspricht in Aufbau und Eigenschaften dem Graphit, die kubische dem Diamant (s. unter ↑ Kohlenstoff).

$$B_2O_3 + 2\,NH_3 \longrightarrow 2\,BN + 3\,H_2O$$

Herstellung von hexagonalem Bornitrid

Das hexagonale B. ist ein weißes, sich graphitartig anfühlendes Pulver, das chemisch und thermisch außerordentlich inert ist. Technisch wird es hergestellt durch Umsetzung von ↑ Bortrioxid mit ↑ Ammoniak in einer Calciumphosphat-Matrix bei ca. 1000 °C (s. Gleichung).

$$B_2O_3 + 3\,C + N_2 \longrightarrow 2\,BN + 3\,CO$$

Synthese von hochreinem hexagonalem Bornitrid

Man erhält so ca. 90%iges B. Sehr reines B wird aus Bortrioxid durch dessen Umsetzung mit Kohlenstoff und Stickstoff bei nahezu 2000 °C hergestellt (s. Gleichung).

Eine geeignete Labormethode ist die Reaktion von Bortribromid mit ↑ Ammoniak, indem das Bortribromid in flüssiges Ammoniak eingetropft wird und das so entstehende feuchteempfindliche weiße Primärprodukt nach Abdampfen des Ammoniaks im trockenen Ammoniakstrom auf über 700 °C erhitzt wird. Dabei entsteht das B. über die Zwischenstufen *Boramid* und *Borimid* (s. Schema).

$$2\,BBr_3 \xrightarrow[-6\,HBr]{6\,NH_3} \underset{\text{Boramid}}{2\,B(NH_2)_3} \xrightarrow{-3\,NH_3} \underset{\text{Borimid}}{B_2(NH_3)_3} \xrightarrow{-NH_3} 2\,BN$$

Eine Labormethode zur Bornitrid-Herstellung

$$BN_{hex} \xrightarrow[\text{[Alkalimetall]}]{70\text{ kbar, }2000\text{ °C}} BN_{kub}$$

Gewinnung vom kubischem Bornitrid

Das kubische B entsteht aus dem hexagonalen durch Hochdruck-Synthese bei ca. 2000 °C unter Alkalimetall-Katalyse (s. Gleichung).

Es ist ein farbloser Stoff und chemisch und thermisch äußerst inert (verbrennt erst ab 1900 °C). Es ist das härteste bekannte Material (härter als Diamant).

Die Kristalle des hexagonalen B. bauen sich (wie der Graphit) aus Schichten auf, in denen B- und N-Atome miteinander verknüpfte Sechsringe ausbilden (s. Abbildung). In diesen Ebenen liegt (wegen der größeren Elektronegativität des N) keine Elektronendelokalisation vor (im Gegensatz zum Graphit), so daß es eine farblose, den elektrischen Strom nicht leitende Verbindung ist.

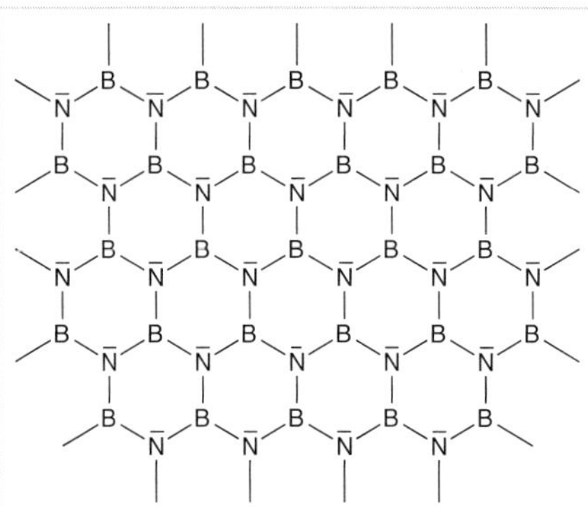

Struktur von hexagonalem Bornitrid

B. ist also eine hochmolekulare kovalent aufgebaute Substanz. Die Sechsringe benachbarter Ebenen stehen (anders als beim Graphit) genau senkrecht übereinander, und zwar so, daß über einem N-Atom der ersten Schicht ein B-Atom der zweiten Schicht, über einem B-Atom der ersten Schicht ein N-Atom der zweiten Schicht steht. Dadurch ist die elektrostatische Wechselwirkung zwischen den Schichten maximal und stärker als im Graphit.

Die Kristalle des kubischen B. sind analog zum Diamant aus B,N-Tetraedern aufgebaut, indem jedes B- mit vier N- und jedes N- mit vier B-Atomen verknüpft ist. Jedes N trägt eine positive, jedes B eine negative Ladung.

Das hexagonale B. findet wichtige Anwendungen als Hochtemperatur-Schmiermittel, Formentrennmittel (beim Metallguß), für feuerfeste Beschichtungen und in der Herstellung von Schmelztiegeln. Das kubische B., auch als *Borazon* bezeichnet, dient dort als *Diamantersatz*, wo es auf größere chemische Beständigkeit bei hoher Temperatur ankommt, z. B. für Schleifmittel.

BN $M_R = (24{,}83)n$ B 43.56 % N 56,44 %

t_{Smp}	$t_{Sublimation}$	d	η
	2230 °C (S)	2,18 g/cm³	

C_p	$\Delta_S H$	$\Delta_V H$	$\Delta_B H$	S^o	Q_C
19,7 J/(K · mol)		902 kJ/mol	−254 kJ/mol	14,8 J/(K · mol)	

Borsäure

Boric acid

B. bildet geruchlose weißglänzende, schuppige Kristalle, die sich etwas fettartig anfühlen. In Wasser lösen sich bei 20 °C ca. 5 g/100 ml, bei 100 °C ca. 25 g/100 ml. Eine 0,1m Lösung zeigt einen pH-Wert von 5,1. B. löst sich auch in Ethanol und Glycerin.

B. kommt in der Natur als Mineral (*Sassolin*) vor. Sie wird technisch jedoch durch Säurehydrolyse von ↑ Borax gewonnen (s. Gleichung).

$$Na_2B_4O_7 + 2\,H^{\oplus} + 5\,H_2O \longrightarrow 4\,H_3BO_3 + 2\,Na^{\oplus}$$

Technische Gewinnung von Borsäure

Die B.-Moleküle (zur elektronischen Struktur s. unter ↑ Bor) bilden Schichten aus, innerhalb derer sie durch Wasserstoffbrücken zusammengehalten werden. Der Schichtgitteraufbau ist die Ursache für den etwas fettig-schuppigen Angriff.

Die Säurewirkung der B. in wässeriger Lösung beruht nicht auf einer Protonenabspaltung (Brönstedt-Säure), sondern auf ihrem Charakter als Lewis-Säure (s. Gleichung, zum Verständnis dieser Reaktion s. Ausführungen unter ↑ Bor).

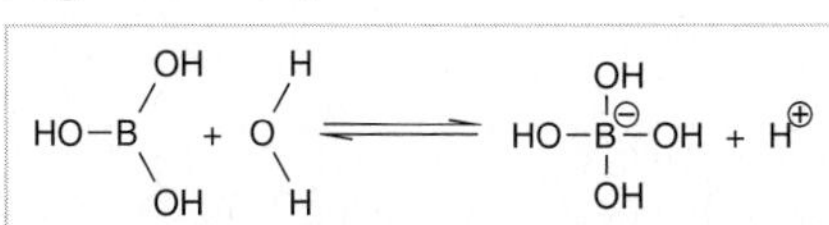

Säurewirkung der Borsäure

Damit kann die B. nur als einbasige Säure fungieren. Die B. läßt sich mit Alkoholen in Gegenwart von konz. Schwefelsäure leicht verestern (z. B. mit Methanol oder Ethanol; s. Bor-Nachweise unter ↑ Borax und ↑ Borsäuretrimethylester, s. Gleichung).

$$B(OH)_3 + 3\ R{-}OH \xrightarrow{[H_2SO_4]} B(OR)_3 + 3\,H_2O$$

Veresterung der Borsäure

Bemerkenswert ist die Bereitschaft der B., mit Polyalkoholen cyclische Ester, oder, wie man sie auch bezeichnen kann, Chelat-Komplexe zu bilden, z. B. mit ↑ Glycerin (s. Schema).

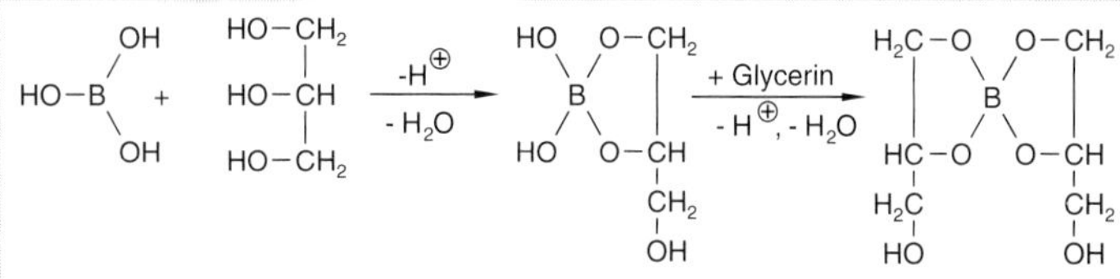

Bildung cyclischer Ester mit Polyalkoholen

In diesen Reaktionen liegt das Gleichgewicht oft weit rechts und es werden beachtliche Säurestärken erreicht, die titrimetrisch bestimmt werden können. Derartige Chelatisierungen geht die B. auch mit polymeren Polyhydroxyverbindungen wie ↑ Polyvinylalkohol und Kohlenhydraten ein, wobei deren Kettenmoleküle vernetzen, so daß die wässerigen Lösungen gelieren. Die Umsetzung der B. mit ↑ Natriumperoxid liefert *Peroxoborat*, die Schmelze mit ↑ Ammoniumhydrogendifluorid ergibt *Ammoniumtetrafluoroborat*.

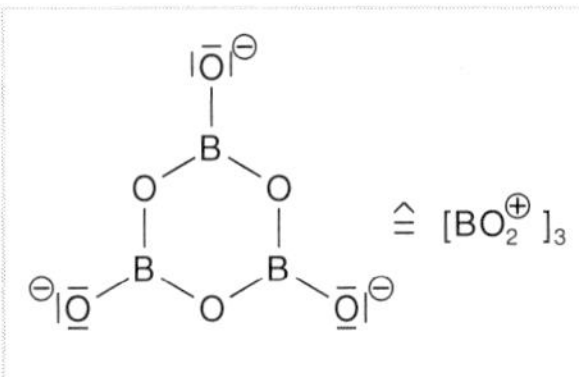

Anion des Na-Metaborats $NaBO_2$

Struktur des cyclischen Trimeren Natriummetaborat

Beim Erhitzen kondensiert die B. unter Wasserabgabe zu höhermolekularen Produkten. Diese stellen entweder *Metaborsäuren* oder *Polyborsäuren* dar. Metaborsäuren sind sowohl in freier Form als auch in Form ihrer Salze, der *Metaborate*, bekannt, während Polyborsäuren nicht frei sondern nur als Salze vorkommen. Metaborsäure existiert als cyclisches Trimeres, von dem sich das *Natriummetaborat* ableitet (s. Abbildung) und als Kettenpolymeres mit langen gewinkelten Ketten z. B. dem *Calciummetaborat* zugrundeliegend (s. Abbildung).

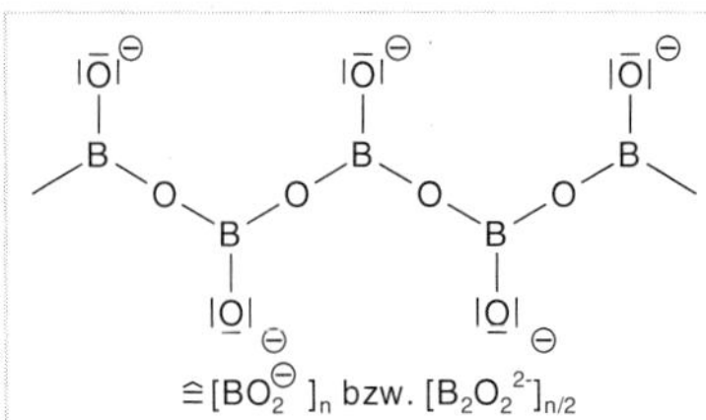

Anion des Ca-Metaborats CaB_2O_4

Struktur der gewinkelten Ketten im Calciummetaborat

Die *Polyborate* weisen teils komplizierte cyclische Strukturen auf, in denen meist drei- und vierbindige Boratome nebeneinander vorkommen. In den Anionen ist die Zahl der negativen Ladungen gleich der Zahl der vierbindigen Boratome. Ein wichtiges Beispiel für ein Polyborat ist der ↑ Borax. Nur Polyborate mit vierbindigen Boratomen sind hydrolysebeständig. Die Endstufe der Wasserabspaltung aus B. ist Borsäureanhydrid, ↑ Bortrioxid.

B. wird in sehr vielen industriellen Bereichen verwendet, die nur stichwortartig genannt seien: Emaille- u. Glasindustrie (Flußmittel, Erhöhung der chem. Resistenz), Leder-, Holz-, Leim- und Klebstoffindustrie (Konservierung), Galvanik, Metallurgie (Flußmittel, Ätzmittel), Textilindustrie (Imprägnierung, Brandschutz).

Die früher recht ausgedehnte Verwendung der B. als Konservierungs- und Desinfektionsmittel in Kosmetik und Medizin (Borwasser) ist erheblich zurückgegangen.

► B. ist gesundheitsschädlich.

BH_3O_3	$M_R = 61{,}84$	B 17,48 %	H 4.89 %	O 77,63 %	
t_{Smp} 176 °C	t_{Sdp}	d 1,44 g/cm³	η		
C_p 81,38 J/(K · mol)	$\Delta_S H$	$\Delta_V H$	$\Delta_B H$ −1094 kJ/mol	S^o 88,74 J/(K · mol)	Q_C

Borsäuretrimethylester

Trimethyl borate

Eine farblose Flüssigkeit, die sich mit org. Solventien wie ↑Ethanol, ↑Methanol, ↑Diethylether, ↑Hexan oder ↑Tetrahydrofuran mischen läßt. B. ist stabil, jedoch mit Wasser erfolgt sofort Hydrolyse zu ↑Borsäure und Methanol (Umkehrung der Bildungsreaktion). B. ist leicht entzündlich und verbrennt mit grüner Flamme, was man sich in der qualitativen Analytik zur Vorprobe auf ↑Bor zunutze macht.

B. bildet sich leicht bei der Umsetzung von ↑Borsäure, ↑Bortrioxid oder ↑Borax mit ↑Methanol in Gegenwart von konz. ↑Schwefelsäure, wobei B. einfach destillativ abgetrennt werden kann.

$$B(OH)_3 + 3\,H_3C{-}OH \xrightarrow{[H_2SO_4]} B(O{-}CH_3)_3 + 3\,H_2O$$

Bildung von Borsäuretrimethylester

B. bildet mit ↑Natriumhydrid eine in ↑Tetrahydrofuran lösliche Additionsverbindung, die präparativ als kräftiges Reduktionsmittel genutzt wird (s. Gleichung).

$$B(O{-}CH_3)_3 + NaH \longrightarrow Na[HB(OCH_3)_3]$$

Bildung eines Adduktes mit Natriumhydrid

Vereinzelt wird B. als technisches Lösungsmittel für Wachse und Öle verwendet.

$C_3H_9BO_3$	$M_R = 103{,}91$	C 34,68 %	H 8,73 %	B 10,40 %	O 46,19 %
t_{Smp}	t_{Sdp} 68,5 °C	d 0,92 g/cm³	η		
C_p 189,9 J/(K · mol)	$\Delta_S H$	$\Delta_V H$	$\Delta_B H$	S^o	Q_C

Bortrichlorid

Boron trichloride

Bildet unter Kühlung (Sdp. 12,5 °C) eine farblose, an der Luft stark rauchende Flüssigkeit. Mit Wasser oder Alkoholen tritt sofortige Zersetzung ein (s. unten).

$$BF_3 + AlCl_3 \longrightarrow BCl_3 + AlF_3$$

Labormethode zur Herstellung von Bortrichlorid

B. wird technisch hergestellt durch Umsetzung von ↑ Chlor mit einem Gemisch von Kohlepulver mit ↑ Bortrioxid bei 530 °C (s. Gleichung). Eine Labormethode bietet die Einwirkung von ↑ Aluminiumchlorid auf ↑ Bortrifluorid bei ca. 200 °C (s. Gleichung).

$$B_2O_3 + 3\,C + 3\,Cl_2 \longrightarrow 2\,BCl_3 + 3\,CO$$

Technische Herstellung von Bortrichlorid

Mit Wasser erfolgt spontane Substitution der Chloratome gegen die Hydroxylgruppe unter Bildung von ↑ Borsäure und ↑ Chlorwasserstoff (s. Gleichung).

$$BCl_3 + 3\,H_2O \longrightarrow B(OH)_3 + 3\,HCl$$

Spontane Hydrolyse von Bortrichlorid zur Borsäure

Entsprechend entsteht z. B. mit ↑ Methanol der ↑ Borsäuretrimethylester. B. bildet gemäß seinem Charakter als Elektronenmangelverbindung mit Elektronenpaardonatoren leicht Addukte, die wesentlich stabiler sind als B., z. B. läßt sich das Addukt mit Trimethylamin aus Wasser umkristallisieren.

Das B.-Molekül ist trigonal-planar gebaut (alle Atome in einer Ebene).

B. wird präparativ verwendet zur Herstellung von ↑ Bor und Borverbindungen. Technisch wird es in der Herstellung von Halbleitern eingesetzt zur Dotierung mit Bor. In organischen Synthesen dient B. als Friedel-Crafts-Katalysator.

► B. ist giftig. Es über starke Reizwirkung auf Haut, Augen und Atemwege aus.

BCl_3 $M_R = 117{,}17$ B 9,23 % Cl 90,77 %

t_{Smp} −107 °C	t_{Sdp} 12,4 °C	d 1,43 g/cm³ (0 °C)	η		
C_p 62,4 J/(K · mol)	$\Delta_S H$	$\Delta_V H$ 23,8 kJ/mol	$\Delta_B H$ −403 kJ/mol	S^o 290,2 J/(K · mol)	Q_C
t_{krit} 198,2 °C	P_{krit} 3,95 MPa	d_{krit}	t_{trip}		
MAK	R-Satz 14-26/28-34	S-Satz 9-26-28-36/37/39-45			

Bortrifluorid

Boron trifluoride

Stellt ein farbloses, an feuchter Luft dichte weiße Nebel erzeugendes Gas dar von stechendem, erstickendem Geruch. Es löst sich außerordentlich gut in Wasser (bei 0 °C 332 g/100 ml), wobei teilweise Hydrolyse erfolgt unter Bildung von ↑ Borsäure und Tetrafluoroborsäure (s. unten).

B. wird technisch hergestellt durch Einwirkung von konz. Schwefelsäure auf eine Mischung von ↑ Bortrioxid (oder ↑ Borax) und ↑ Calciumfluorid, wobei zunächst ↑ Fluorwasserstoff freigesetzt wird, der das Bortrioxid fluoriert (die konz. Schwefelsäure setzt nicht nur HF frei, sondern bindet auch das Reaktionswasser, s Gleichungen).

$$CaF_2 + H_2SO_4 \longrightarrow CaSO_4 + 2\,HF$$
$$B_2O_3 + 6\,HF \longrightarrow 2\,BF_3 + 3\,H_2O$$

Technische Gewinnung von Bortrifluorid

$$BF_3 + H_2O \longrightarrow H_2O\rightarrow BF_3$$

Bildung der Hydroxytrifluoroborsäure

B. entsteht auch bei der Schiemann-Reaktion (s. unter ↑ Fluorbenzol). B. ist wesentlich weniger hydrolyseempfindlich als z. B. ↑ Bortrichlorid, da die B-F-Bindung ähnliche Stabilität aufweist wie die B-O-Bindung. Dennoch ist B. eine kräftige Lewis-Säure, die mit den verschiedensten Donoren, vor allem O- und N-haltigen, teils isolierbare Addukte bildet (zum Verständnis des Lewis-Säuren-Charakters des 3-bindigen Bors allgemein s. unter ↑ Bor). So entsteht mit Wasser das 1:1-Addukt *Hydroxytrifluoroborsäure*, die als farblose, ölige Flüssigkeit isolierbar ist und die eine starke Säure darstellt (s. Gleichung).

Ebenso entsteht bei der Gasphasenreaktion von B. mit ↑ Diethylether das als rauchende Flüssigkeit isolierbare *Bortrifluoridethyletherat*, das ein wichtiger Katalysator für viele Reaktionen (Acylierungen, Alkylierungen, Polymerisationen, Kondensationen) ist.

Mit überschüssigem Wasser erfolgt teilweise Hydrolyse (s. Schema). Die im Schema erstgenannte Reaktion ist die Umkehrung der oben angeführten Herstellung von B. Die zweite Reaktion beschreibt die Bildung von *Tetrafluoroborsäure*, die nur in wässeriger Lösung erhältlich ist und die eine starke Säure mit stark ätzender Wirkung darstellt. Ihre Metallsalze sind die *Tetrafluoroborate*, zu deren Herstellung und Anwendung s. unter ↑ Natriumtetrafluoroborat.

$$BF_3 + 3\,HOH \longrightarrow B(OH)_3 + 3\,HF$$
$$HF + BF_3 \longrightarrow HBF_4 \quad / \times 3$$
$$4\,BF_3 + 3\,HOH \longrightarrow B(OH)_3 + 3\,HBF_4$$

Mit überschüssigem Wasser bildet sich Tetrafluoroborsäure

B. dient vor allem als Friedel-Crafts-Katalysator sowie auch zur Gewinnung anderer Borverbindungen.

► B. verursacht Verätzungen von Haut und Augen.

BF_3 $M_R = 67{,}81$ B 15,94 % F 84,06 %

t_{Smp} −128,7 °C	t_{Sdp} −100 °C	d	η		
C_p 50 J/(K · mol)	$\Delta_S H$ 4,24 kJ/mol	$\Delta_V H$ 18,9 kJ/mol	$\Delta_B H$ −1137 kJ/mol	S^o 254 J/(K · mol)	Q_C
t_{krit} −12 °C	P_{krit} 51,3 MPa	d_{krit}	t_{trip}		

MAK	R-Satz	S-Satz
3 mg/m³	14-26-35	9-26-28-36/37/39-45

Bortrioxid

Boric anhydride Borsäureanhydrid

B. existiert in einer amorphen und einer kristallinen Form. Die kristalline Form ist schwierig herzustellen und ist nicht handelsüblich. Das amorphe B. stellt ein weißes hartes hygroskopisches Pulver dar. Es wird von Wasser in stark exothermer Reaktion zur ↑ Borsäure zersetzt (eine Mischung von 5 g B. mit 6 ml Wasser erhitzt sich zum Sieden), in Umkehrung der unten angegebenen Bildungsgleichung.

B. entsteht als Endprodukt der thermischen Dehydratisierung der ↑ Borsäure als farblose, glasige Masse, die sich bei Rotglut zu einer zähen Schmelze verflüssigt (s. Gleichung).

$$2\,n\,B(OH)_3 \rightleftharpoons (B_2O_3)_n + 3\,n\,H_2O$$

Dehydratisierung der Borsäure zu Bortrioxid

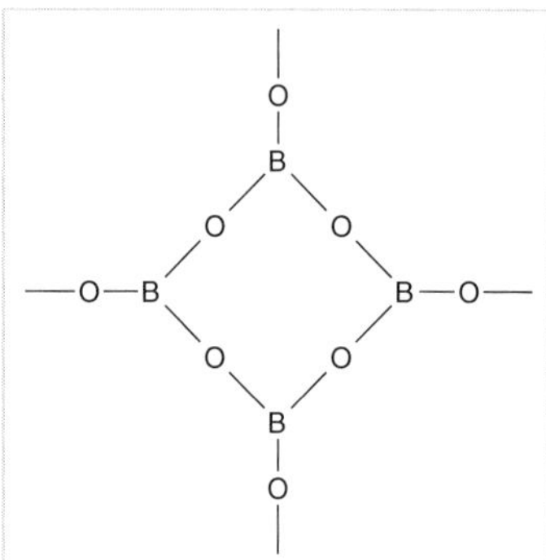

Die Trioxoborgruppen im Raumnetz des Bortrioxid

Aus dieser Schmelze erstarrt es zu dem amorphen B., in welchem ein unregelmäßiges Raumnetz aus *Trioxobor-Gruppen* vorliegt, deren O-Atome alle mit einem zweiten Boratom kovalent verknüpft sind (s. Abbildung).

B. ist eine thermisch sehr beständige Verbindung. Wegen seiner sehr geringen Kristallisationsneigung (und damit seiner geringen Entglasungstendenz) die es in Mischung mit üblichen Silicatgläsern beibehält, ist B. ein wichtiger Zuschlagstoff in der Glasfabrikation. (*Borosilicat-Gläser*). Mit B. lassen sich mit vielen Metalloxiden farbige Gläser herstellen. Mit B. können einige Silicate aufgeschlossen werden.

B_2O_3 $M_R = 69{,}64$ B 31,06 % O 68,94 %

t_{Smp}	t_{Sdp}	d	η
460 °C	2066 °C	1,84 g/cm³	

C_p	$\Delta_S H$	$\Delta_V H$	$\Delta_B H$	S^o	Q_C
62,6 J/(K · mol)	24,1 kJ/mol	361 kJ/mol	−1272 kJ/mol	54 J/(K · mol)	

Brenzcatechin

Pyrocatechol o-Dihydroxybenzol

Bildet in reinem Zustand farblose, fast geruchlose Kristalle. Löst sich sehr gut in Wasser (bei 20 °C über 40 g pro 100 ml), ist auch gut löslich in den meisten org. Solventien. B. läßt sich sublimieren und ist wasserdampfflüchtig.

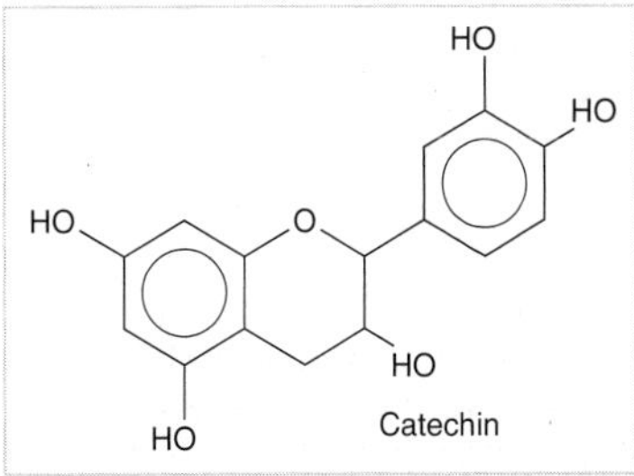

Struktur von Catechin

B. kann durch trockene Destillation von Gerbstoffen (Name von *Catechin*, s. Abbildung, das verbreitet in Pflanzen vorkommt) erhalten werden, ferner aus den Teeren und Teerölen der Destillation des Holzes, der Braun- und Steinkohle.

B. als das ortho-Isomere der drei möglichen Dihydroxybenzole (s. auch ↑ Resorcin und ↑ Hydrochinon) wird technisch durch katalysierte Umsetzung von o-Chlorphenol oder o-Dichlorbenzol mit ↑ Natriumhydroxid in der Hitze erhalten. Im Labor kann es durch Umsetzung von ↑ Salicylaldehyd mit ↑ Wasserstoffperoxid hergestellt werden.

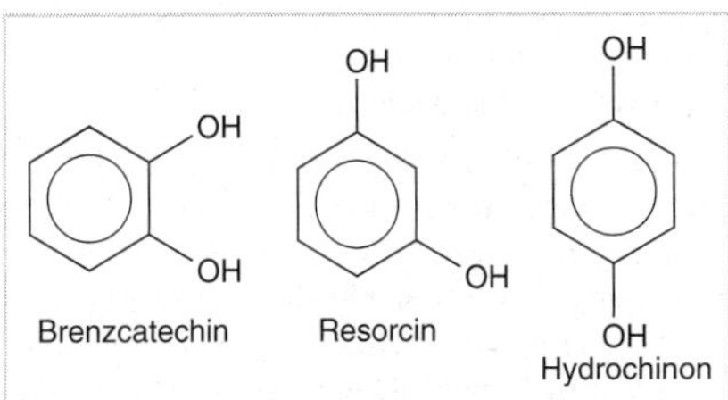

Die drei isomeren Dihydroxybenzole

B. reduziert ↑ Kaliumpermanganat, ↑ Silbernitrat und in der Hitze Fehling-Lösung (s. unter ↑ Kaliumnatriumtartrat). Mit ↑ Eisen(III)chlorid entsteht eine tiefgrüne Farbe, die bei Zusatz von Natronlauge in Rotviolett umschlägt (Nachweis für B.). B. bildet ein schwerlösliches Bleisalz. Mit ↑ Borsäure entsteht ein Dichelat-Komplex.

Aufgrund seiner Eigenschaft als Reduktionsmittel wird B. als fotografischer Entwickler verwendet. Es dient als Syntheseausgangsstoff, z. B. für ↑ Guajacol und *Veratrol* (Mono- bzw. Dimethylether).

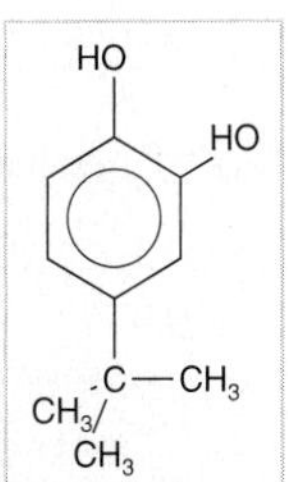

4-tert.-Butylbrenz-
catechin
(Schmp. 56 °C)

B. besitzt stark bakterizide Wirkung.

Das *4-tert.-Butylbrenzcatechin* (s. Formelabbildung) ist ein wichtiger Polymerisationsinhibitor für monomere Olefine (z. B. für ↑ Styrol oder ↑ Butadien) sowie Antioxidans für Fette und Öle.

► B. verfärbt sich leicht, deshalb licht- u. luftgeschützt aufbewahren. Es kann Hautreizungen hervorrufen.

$C_6H_6O_2$ $M_R = 110,11$ C 65,45 % H 5,49 % O 29,06 %

t_{Smp}	t_{Sdp}	d	η
105 °C	245 °C	1,34 g/cm³	

C_p	$\Delta_S H$	$\Delta_{Sub} H$	$\Delta_B H$	S^o	Q_C
140,2 J/(K · mol)	22 kJ/mol	81 kJ/mol (S)	−362 kJ/mol		−2856 kJ/mol

Brenztraubensäure

Pyruvic acid — Acetylameisensäure, Pyruvinsäure

Farblose Flüssigkeit mit essigsäureähnlichem Geruch. Ist löslich in Wasser, Ethanol und Diethylether.

B. wird am besten gewonnen durch Erhitzen von ↑ Weinsäure mit ↑ Kaliumhydrogensulfat. So wurde sie auch zum erstenmal hergestellt und entdeckt von Berzelius (1835) und dieser Reaktion verdankt sie auch den Namen („Brenzen" von *Traubensäure* = Racemat der ↑ Weinsäure). Die Mischung von Kaliumhydrogensulfat mit Weinsäure (Mol-Verh. 5 : 3) wird auf ca. 220 °C erhitzt. Das Reaktionsgemisch wird im Vakuum destilliert. Das Kaliumhydrogensulfat dient dabei als saures Dehydratisierungsmittel und der Reaktionsverlauf ist wie im Schema gezeigt anzunehmen.

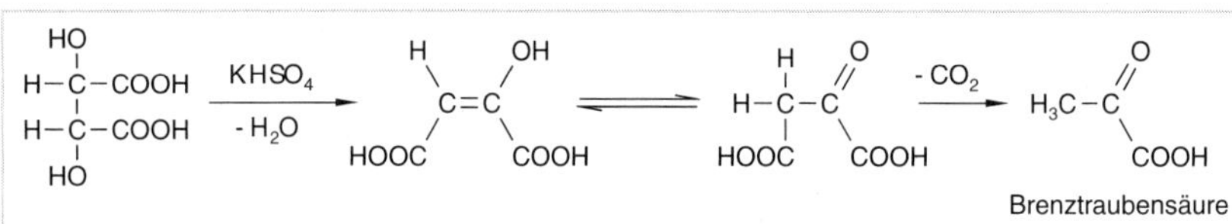

Synthese der Brenztraubensäure

B. ist die einfachste *Ketocarbonsäure* und reagiert sowohl als Keton (Oxim- und Hydrazonbildung) als auch als Carbonsäure. Der pKs-Wert beträgt 2,49, die Salze heißen *Pyruvate*.

B. ist ein wichtiges Zwischenprodukt im Kohlenhydrat-, Protein- und Fettstoffwechsel (Citronensäurecyclus, s. unter ↑ Citronensäure).

B. zerfällt beim Erwärmen mit Säuren in ↑ Kohlenstoffdioxid und ↑ Acetaldehyd. Konz. ↑ Schwefelsäure zersetzt zu ↑ Kohlenstoffmonoxid und ↑ Essigsäure.

B. besitzt auch Bedeutung als Synthese-Ausgangsprodukt.

► luftdicht verschlossen aufbewahren (Zersetzung, Polymerisation).

$C_3H_4O_3$ $M_R = 88,06$ C 40,92 % H 4,58 % O 54,50 %

t_{Smp}	$t_{Zersetzung}$	d	η
13 °C	165 °C (Z)	1,27 g/cm³	

C_p	$\Delta_S H$	$\Delta_V H$	$\Delta_B H$	S^o	Q_C
					−1166 kJ/mol

MAK	R-Satz	S-Satz
	34	28

Brom

Bromine Br

Br ist neben dem ↑ Quecksilber das einzige bei Normaltemperatur flüssige chemische Element. Es ist eine tief-rotbraune, schwere Flüssigkeit, die bereits bei Normaltemperatur lebhaft rotbraune Dämpfe aussendet, welche eine sehr stark Augen und Schleimhäute reizende und erstickende Wirkung haben. Br löst sich bei 20 °C zu 3,5 g (=1,1 ml) in 100 ml Wasser (entspricht ca. 0,21 Mol/l). Die so gesättigte Lösung wird als *Bromwasser* bezeichnet. Br löst sich ferner gut in ↑ Benzol, ↑ Tetrachlorkohlenstoff, ↑ Chloroform, ↑ Ethanol oder ↑ Diethylether.

Das Vorkommen von Br in der Erdrinde (Gesteine) beläuft sich auf 0,00016 %, im Meerwasser beträgt sein Anteil 0,0065 %. Das Tote Meer hat einen Bromid-Gehalt von ca. 4 g/l, was einer Gesamtmenge von 1 Milliarde Tonnen entspricht. Auch die natürlichen Salzsolen haben sehr hohe Bromgehalte (3-4 g/l). Die Bromvorräte sind damit praktisch unbegrenzt.

Die wichtigste Gewinnungsmethode für Br geht auch vom Meerwasser aus. Das Meerwasser wird mit ↑ Schwefelsäure auf einen pH-Wert von 3,5 gebracht (in dem alkalischen Meerwasser würde Br zu Hypobromit reagieren, welches in Bromid und Bromat disproportionieren würde) und gleichzeitig wird ↑ Chlor zudosiert, wobei Br freigesetzt wird (s. Gleichung).

$$2\,Br^{\ominus} + Cl_2 \longrightarrow 2\,Cl^{\ominus} + Br_2$$

Freisetzung von Brom aus Meerwasser

Das Br wird dann mit Luft ausgetrieben und in Sodalösung absorbiert. Dabei findet Disproportionierung in Bromid und Bromat statt. Durch Ansäuern mit Schwefelsäure wird wieder zu Br komproportioniert (s. Gleichung).

$$5\,NaBr + NaBrO_3 + 3\,H_2SO_4 \longrightarrow 3\,Br_2 + 3\,Na_2SO_4 + 3\,H_2O$$

Komproportionierung von Bromid und Bromat zu Brom

Im Labor kann Br durch Einwirkung von ↑ Mangan(IV)oxid auf ↑ Kaliumbromid in schwefelsaurer Lösung hergestellt werden:

$$4\,HBr + MnO_2 \longrightarrow MnBr_2 + Br_2 + 2\,H_2O$$

Bromgewinnung aus Braunstein

Br steht in der Gruppe der Halogene zwischen dem ↑ Chlor und dem ↑ Iod und besitzt die Elektronenkonfiguration $1s^2\ 2s^2\ 2p^6\ 3s^2\ 3p^6\ 3d^{10}\ 4s^2\ 4p^5$, Grundterm $^2P_{3/2}$.

Es liegt wie alle Halogene stets als zweiatomiges Molekül vor. Die Br-Br-Bindung ist sehr stabil und selbst bei 1000 °C findet kaum Dişsoziation statt. Die wichtigsten Oxidationsstufen sind −1 (Aufnahme eines Elektrons unter Ausbildung der Krypton-Schale in den Bromiden) und +5 (in den Bromaten). Das Oxidationspotential E^O Br/Br- = 1,06 V ist als mittelstark anzusehen.

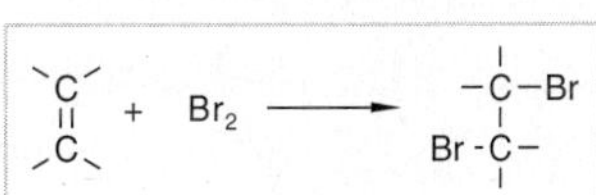

Brom-Addition an C-C-Doppelbindungen

Br reagiert mit den meisten Metallen spontan, teils in heftig exothermer Reaktion, insbesondere bei Anwesenheit von Feuchtigkeit, wobei die entsprechenden Bromide entstehen, z. B. mit Mg, Al, Zn, Sb, Fe, und Cu. Br addiert sich an olefinische Doppelbindungen unter Bildung vicinaler Dibromide (s. Gleichung, zum Mechanismus s. unter ↑ Cyclohexen).

Diese Addition geht mit einer Entfärbung der Br-Lösung einher und dient damit zum qualitativen Doppelbindungs-Nachweis, ist aber auch eine präparativ wichtige Reaktion (s. z. B. unter ↑ Cycloheptatrien).

$$Ag^{\oplus} + Br^{\ominus} \longrightarrow AgBr$$

Fällung von Silberbromid

Br dient als Ausgangsstufe zur Herstellung aller anderen Br-Verbindungen. Das o. g. Bromwasser ist ein im Labor oft genutztes Oxidationsmittel.

Der analytische Nachweis von Br als Bromid erfolgt durch Fällung von gelblichem ↑ Silberbromid mit Silbernitratlösung (s. Gleichung), welches sich in Natriumthiosulfatlösung, nicht jedoch im ↑ Ammoniak auflösen läßt. Die Viskosität von Br bei 20 °C beträgt 0,99 cp.

► Bromdämpfe sind stark reizend, ätzend und erstickend, sehr giftig. Flüssiges Brom verursacht auf der Haut schwere Verätzungen und Blasen, die schlecht heilen. Bromdämpfe werden am besten mit Ammoniak abgefangen. Tip: beim Arbeiten mit Brom immer eine Ammoniak-Lösung bereit halten.

Br Z = 35 A_R = 79,904 Isotope: 79, 81; 74-90 (künstlich)

t_{Smp} −7,3 °C	t_{Sdp} 59 °C	d 3,12 g/cm³	MV 51,22 cm³/mol	α	λ 0,122 W/mK
C_p 75,69 J/(K · mol)	$\Delta_S H$ 10,8 kJ/mol	$\Delta_V H$ 29,56 kJ/mol	S^o 152,21 J/(K · mol)	ϱ	
t_{krit} 315 °C	P_{krit} 10,34 MPa	d_{krit} 1,180 g/cm³	t_{trip}		
MAK 0,7 mg/m³	R-Satz 26-35-50	S-Satz 7/9-26-45-61			

Bromkresolgrün

Bromocresol green 3,3′,5,5′-Tetrabromo-m-kresolsulfonphthalein

Bildet kleine, schwachgelbe Kristalle, die sich kaum in Wasser lösen, jedoch gut löslich sind in Ethanol und Diethylether.

B. wird synthetisiert durch Umsetzung von *m-Kresolsulfonphthalein* (erhältlich durch Kondensation von o-Sulfobenzoesäureanhydrid mit m-Kresol) in Suspension in ↑ Essigsäure mit ↑ Brom (s. Schema).

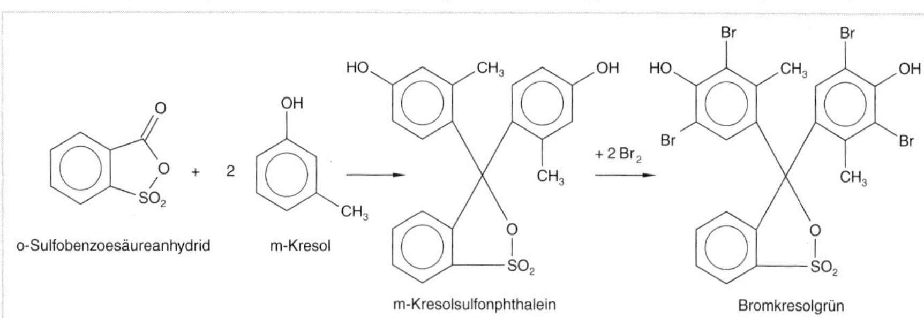

Synthese von Bromkresolgrün

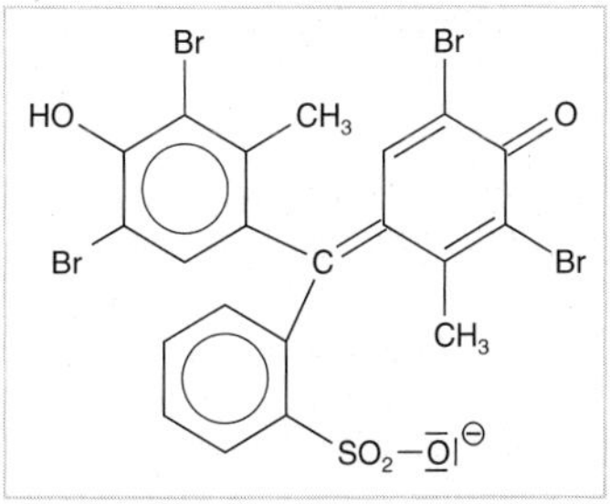

Das semichinoide Anion von Bromkresolgrün

B. ist ein pH-Indikator, der zwischen pH 3,8 und 5,4 umschlägt, wobei seine Farbe unterhalb pH 3,8 gelb und oberhalb 5,4 blaugrün ist. Die tiefe Färbung beim höheren pH-Wert beruht auf der Bildung eines semichinoiden Anions (s. Abbildung).

Eine gebrauchsfertige Lösung setzt man sich an als 0,1%ige ethanolische Lösung, oder man löst 0,05 g in 100 ml Wasser, dem man einige Tropfen 0,1n Natronlauge zusetzt.

$C_{21}H_{14}Br_4O_5S$ $M_R = 698{,}02$ C 36,13 % H 2,02 % Br 45,79 % O 11,46 % S 4,59 %

Bromkresolrot

Bromocresol purple Bromkresolpurpur, 5,5′-Dibrom-o-Kresolsulfonphthalein

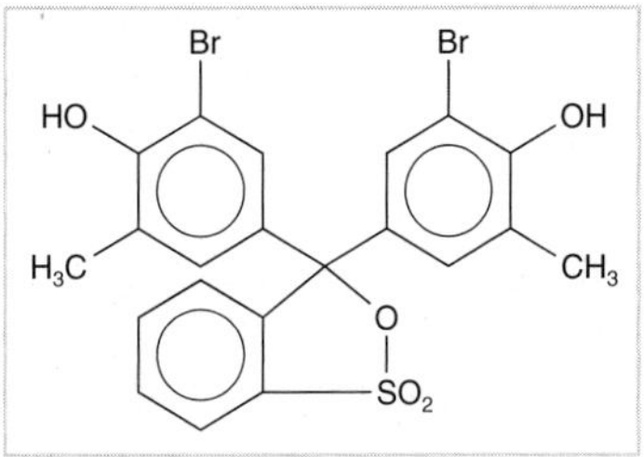

Bromkresolrot

Bildet kleine hellgelbe Kriställchen, unlöslich in Wasser, löslich in Ethanol. Die Herstellung erfolgt analog zum Bromkresolgrün mit o- statt m-Kresol (s. Abbildung).

B. dient ebenfalls als pH-Indikator mit Umschlagbereich pH 5,2-6,8 von gelb nach rot. B. wird ferner als Adsorptionsindikator verwendet (bei Halogenidbestimmung Farbänderung von violett nach blaugrün). Die Bereitung gebrauchsfertiger Lösungen erfolgt wie mit ↑ Bromkresolgrün.

$C_{21}H_{16}Br_2O_5S$ $M_R = 540{,}23$ C 46,69 % H 2,98 % Br 29,58 % O 14,81 % S 5,92 %

Bromphenolblau

Bromphenol blue 3,3′,5,5′-Tetrabrom-phenolsulfonphthalein

Kristallisiert in länglichen schwachgelben Prismen, die sich zu ca. 0,4 g in 100 ml Wasser lösen, ist gut löslich in Ethanol.

Wird gewonnen durch Bromierung von ↑ Phenolrot in ↑ Essigsäure. B. ist ein pH-Indikator, der im pH-Bereich 3,0-4,6 von gelb nach blau umschlägt und wird auch als Adsorptionsindikator verwendet.

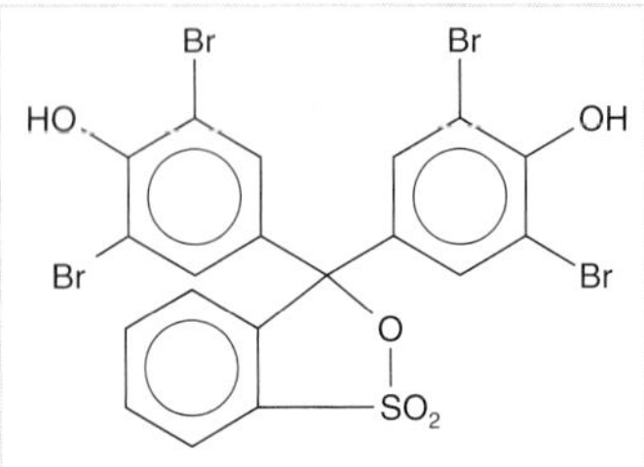

Bromphenolblau

Trockenes B.-Pulver erzeugt an den Händen unter der Einwirkung von Schweiß intensive Färbungen, die sich mit Wasser noch verstärken. B. wird deshalb in der Kriminalistik zur Täterüberführung in Diebstahlsdelikten eingesetzt (staubfeines „Imprägnieren" fraglicher Gegenstände). B. dient ferner als Adsorptions-Farbstoff zur mikroskopischen Spermauntersuchung. Zur Herstellung gebrauchsfertiger Lösungen s. unter ↑ Bromkresolgrün.

$C_{19}H_{10}Br_4O_5S$ $M_R = 669{,}97$ C 34.06 % H 1,50 % Br 47,70 % O 11,94 % S 4,78 %

N-Bromsuccinimid

N-Bromosuccinimide NBS

Bildet farblose Kristalle mit schwachem bromähnlichem Geruch; bei 20 °C lösen sich in 100 ml Wasser ca. 1,4 g, in 100 ml Aceton etwa 14 g.

B. wird erhalten durch Umsetzung von *Succinimid = Bernsteinsäureimid* (erhältlich durch Erhitzen von ↑ Bernsteinsäure im trockenen Ammoniakstrom), gelöst in alkalischem Eiswasser, mit ↑ Brom unter Kühlung (s. Gleichung).

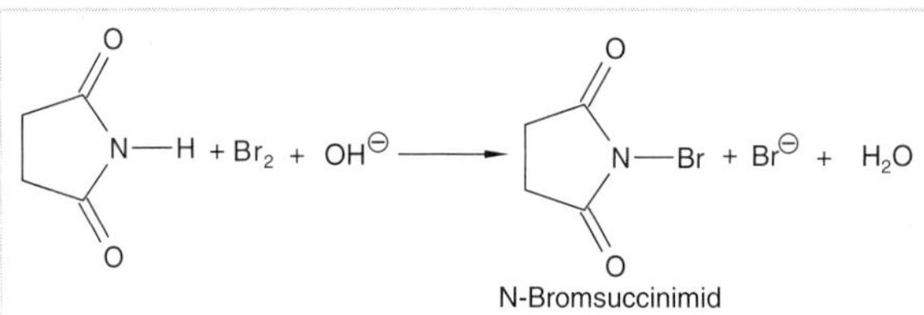

Herstellung von N-Bromsuccinimid

Es hat Bedeutung zur selektiven *Bromierung* von Alkenen in *Allylstellung* unter Erhaltung der Doppelbindung (s. Schema).

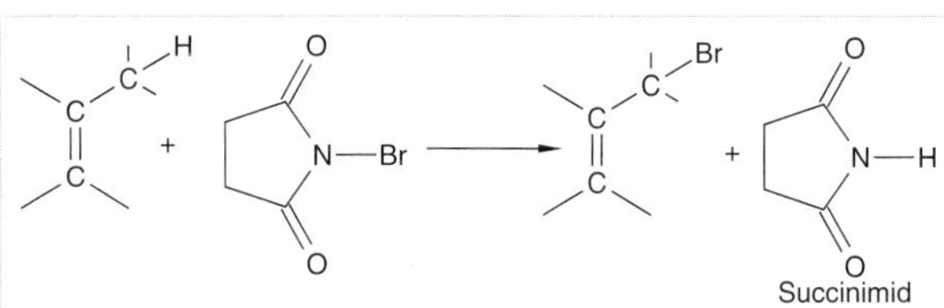

Allylbromierung mit N-Bromsuccinimid

Diese Bromierungen führt man in ↑ Tetrachlorkohlenstoff durch, in dem sowohl B. als auch Succinimid unlöslich sind. Die Reaktion verläuft als Radikalkettenreaktion und wird durch Radikalstarter initiiert (↑ Azobisisobutyronitril oder ↑ Dibenzoylperoxid). Der Mechanismus wird teils über Succinimid-Radikale als Kettenträger, teils über in sehr geringen Konzentrationen intermediär gebildetes atomares Brom formuliert.

► B. reizt Haut und Augen.

$C_4H_4BrNO_2$ $M_R = 178{,}00$ C 26,99 % H 2,27 % Br 44,89 % N 7.87 % O 17,98 %

t_{Smp}	t_{Sdp}	d	η
173 °C		2,1 g/cm³	

C_p	$\Delta_S H$	$\Delta_V H$	$\Delta_B H$	S^o	Q_C
			−335,9 kJ/mol		

MAK	R-Satz	S-Satz
	37/38	24/25

Bromthymolblau

Bromthymol blue 3,3′-Dibrom-thymolsulfonphthalein

Rosa-cremefarbene Kristalle, wenig löslich in Wasser, löslich in Ethanol und Diethylether, unlöslich in Petrolether.

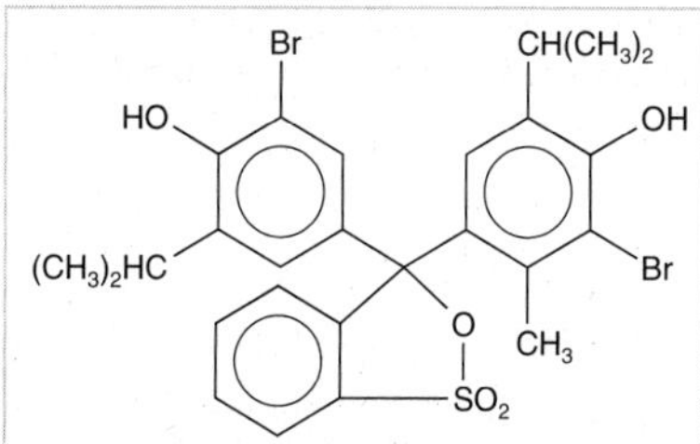

Bromthymolblau

Die Herstellung gelingt analog zum ↑Bromkresolgrün (↑Thymol statt ↑Kresol). B. ist ein wichtiger pH-Indikator mit einem gut sichtbaren Farbumschlag in der Nähe des Neutralpunktes (pH 6,0 gelb, pH 7,6 blau). Die Bereitung gebrauchsfertiger Lösungen s. unter ↑Bromkresolgrün.

$C_{27}H_{28}Br_2O_5S$ $M_R = 624{,}39$ C 51,94 % H 4,52 % Br 25,59 % O 12,81 % S 5,14 %

Bromwasserstoff

Hydrogen bromide

B. ist ein farbloses, an feuchter Luft stark rauchendes und die Atemwege heftig reizendes Gas. Bei 25 °C lösen sich 193 g B. in 100 ml Wasser. Die wässerige Lösung von B. wird als *Bromwasserstoffsäure* bezeichnet.

$$H_2 + Br_2 \longrightarrow 2\,HBr$$

Elementsynthese von Bromwasserstoff

Technisch erfolgt die Herstellung durch Umsetzung von ↑Brom mit ↑Wasserstoff (s. Gleichung) am Platinkontakt (Brom reagiert mit Wasserstoff nicht wie ↑Chlor bereits im UV-Licht, sondern erst bei höherer Temperatur, die durch den Katalysator auf 200–300 °C erniedrigt wird).

Im Labor erhält man B. durch Hydrolyse von *Phosphortribromid*, welches direkt aus ↑Phosphor und ↑Brom entsteht (s. Gleichungen).

Gehalt (Gew.-%)	4	10	20	30	40	50
c (mol/l)	0,508	1,325	2,863	4,665	6,808	9,375
d (g/cm³)	1,027	1,072	1,158	1,258	1,377	1,517

Gehalt, Molarität und Dichte von HBr-Lösungen

$$2\,P + 2\,Br_2 \longrightarrow 2\,PBr_3$$
$$PBr_3 + 3\,H_2O \longrightarrow 3\,HBr + H_3PO_3$$

Laborsynthese von Bromwasserstoff

B. bildet mit Wasser folgendes Azeotrop:

Azeotrop-Komponenten	Zusammensetzung (Gew.-%)	Siedepunkt (°C)
B./Wasser	47,5/52,5	126,0

Als solche azeotrope Lösung (47-48%ig) kommt B. vorwiegend in den Handel, sie weist eine Dichte von 1,49 auf. Eine bei Normaltemperatur gesättigte Lösung ist 66%ig.

Bromwasserstoffsäure ist eine der stärksten bekannten Säuren wegen nahezu vollständiger Dissoziation des B. in wässeriger Lösung (s. Gleichung).

$$HBr + H_2O \longrightarrow H_3O^{\oplus} + Br^{\ominus}$$

Dissoziation von Bromwasserstoff in wässeriger Lösung

$$Cl_2 + 2\,Br^{\ominus} \longrightarrow 2\,Cl^{\ominus} + Br_2$$

Bromfreisetzung mit Chlor

Bei der Lagerung der Bromwasserstoffsäure unter Licht- oder Luftzutritt tritt allmählich Braunfärbung infolge Bromabscheidung auf. Entsprechend dem höheren Oxidationspotential des Chlors ($E^{\ominus}$ Cl/Cl⁻ = 1,36) setzt ↑ Chlor aus B. in wässeriger Lösung Brom frei (Braunfärbung, s. Gleichung).

B. dient in seiner wässerigen Lösung vorwiegend der Gewinnung der *Bromide*, der Salze der Bromwasserstoffsäure, z. B. ↑ Kaliumbromid.

► B. ist stark ätzend.

BrH $M_R = 80,92$ Br 98,75 % H 1,25 %

t_{Smp}	t_{Sdp}	d	η
−86,9 °C	−66,8 °C		

C_p	$\Delta_S H$	$\Delta_V H$	$\Delta_B H$	S^o	Q_C
29,1 J/(K · mol)	2,4 kJ/mol	17,6 kJ/mol	−36,2 kJ/mol	198,4 J/(K · mol)	

MAK	R-Satz	S-Satz
6,7 mg/m³	35-37	7/9-26-45

1,3-Butadien

1,3-Butadiene

B. ist unter Normalbedingungen ein farbloses, eigentümlich und intensiv riechendes Gas, welches sich unter Normaldruck bei –4,5 °C, unter 2 bar bei 15,3 °C zu einer wasserklaren Flüssigkeit verdichten läßt. Es löst sich kaum in Wasser, gut jedoch in den meisten org. Solventien.

B. kommt wegen seiner Reaktivität nicht in der Natur frei vor. Es wurde früher von Acetylenfolgeprodukten (↑ Acetaldehyd, ↑ Formaldehyd) ausgehend synthetisiert und wird heute ausschließlich auf petrochemischer Basis gewonnen. In USA betreibt man vorwiegend die Dehydrierung von ↑ Butan bzw. der verschiedenen Butene (aus Erdgas und Raffinerieabgasen). In Europa gewinnt man B. heute aus dem C4-Schnitt der Rohbenzin-Crackung. Das B. kann aus diesem C4-Schnitt (der daneben noch die Buten-Isomeren und Vinylacetylen enthält) wegen dichtliegender Siedepunkte nicht durch Fraktionierung abgetrennt werden. Man wendet zur Isolierung die *Extraktiv-Destillation* an, deren Prinzip kurz geschildert sei: man löst das Gemisch, dessen Komponenten wegen nah beieinander liegender Siedepunkte durch normale fraktionierte Destillation nicht zu trennen sind, in einem Lösungsmittel, das für die gewünschte Komponente ein möglichst selektives Lösevermögen aufweist. In der anschließenden Destillation reichert sich diese Komponente im Destillationsrückstand an. Dabei kann man vorher noch die gewünschte Komponente durch Zudosierung anreichern, um die anderen Begleiter aus der Lösung zu verdrängen. Die Extraktiv-Destillation wird technisch vielfach angewandt, z. B. auch zur *Aromatentrennung*. Selektive Lösungsmittel für B. sind beispielsweise ↑ Dimethylformamid und ↑ N-Methylpyrrolidon.

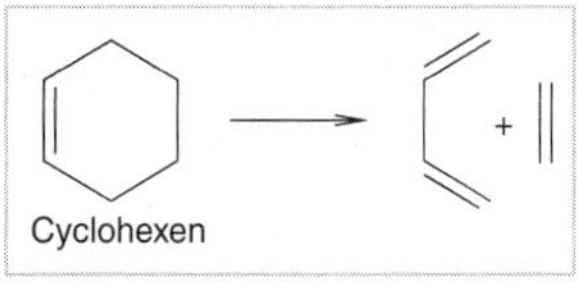

Pyrolyse von Cyclohexen zu Butadien

B. ist das einfachste System mit konjugierten Doppelbindungen. Man erhält es im Labor am einfachsten durch Pyrolyse von ↑ Cyclohexen, die mechanistisch eine *Retro-Diels-Alder-Reaktion* darstellt (s. unter ↑ Maleinsäureanhydrid) (s. Schema).

Der mengenmäßig bedeutendste Einsatz des B. beruht auf seiner Fähigkeit zur Polymerisation zu Kautschuk-Produkten. Die Struktur, und damit die Eigenschaften dieser Polymerisate hängen u. a. stark von der Polymerisationsart, also vom Katalysator ab. Die Katalyse durch ↑ Natrium, also die anionische Polymerisation liefert überwiegend 1,2-Verknüpfungen (*Butadien-Natrium = Buna-Typen*). Diese Polymeren sind daher eigentlich als *Polyvinylethylene* zu bezeichnen (s. Schema). Die radikalische Polymerisation liefert hingegen überwiegend 1,4-Verknüpfung (s. Schema).

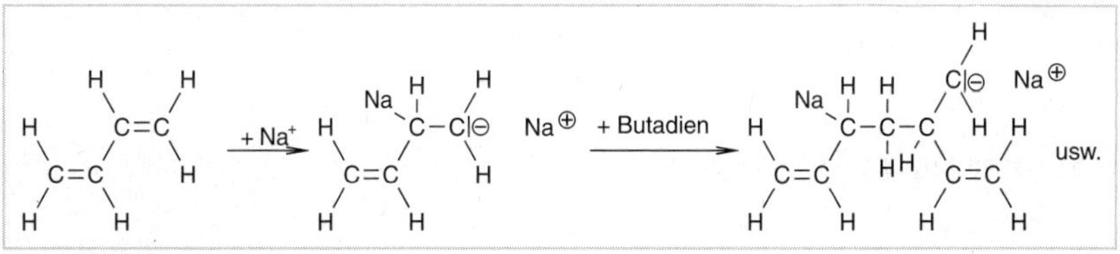

Anionische Polymerisation von Butadien

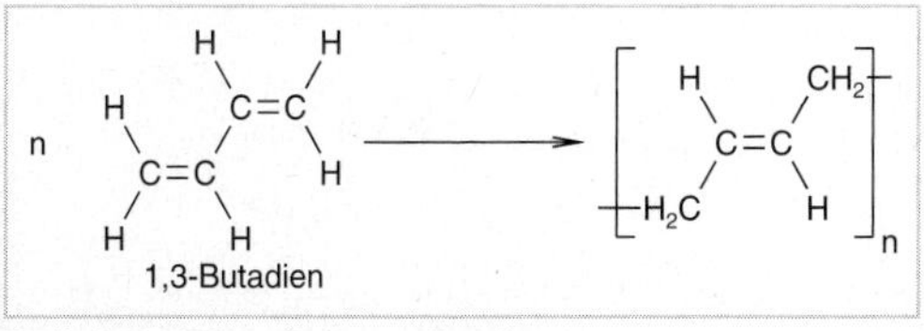

Radikalische Polymerisation von Butadien

Besonders wichtig ist die Bereitschaft des B. zur Copolymerisation mit anderen ungesättigten Monomeren:

B. + Styrol → Styrol-Butadien-Kautschuk (*SBR*, früher *Buna-S*)

B. + Acrylnitril → Acrylnitril-Butadien-Kautschuk (*NBR*, früher *Buna-N*).

Von Bedeutung sind auch Terpolymere, wie der hochschlagzähe Thermoplast Acrylnitril-Butadien-Styrol-Copolymer (ABS). B. ist ferner wichtiger Ausgangsstoff für wertvolle Synthese-Chemikalien wie ↑Chloropren, Adipinsäuredinitril (s. unter ↑Adipinsäure), ↑1,4-Butandiol, Cyclopolyene, ↑Sulfolen und Sulfolan (s. unter ↑Sulfolen).

C_4H_6 $M_R = 54{,}09$ C 88,82 % H 11,18 %

t_{Smp}	t_{Sdp}	d	η		
−109 °C	−4,5 °C				
C_p	$\Delta_S H$	$\Delta_V H$	$\Delta_B H$	S^o	Q_C
123,6 J/(K · mol)	7,98 kJ/mol	22,47 kJ/mol	90,5 kJ/mol	199 J/(K · mol)	−2540 kJ/mol
t_{krit}	P_{krit}	d_{krit}	t_{trip}		
152 °C	4,32 MPa				
MAK	R-Satz	S-Satz			
11 mg/m³	45-12	53-45			

n-Butan

Butane

B. ist unter Normalbedingungen ein farbloses, geruchloses und leichtentzündliches Gas. Es löst sich unter Normaldruck bei 17 °C zu 150 ml in 1 Liter Wasser und zu 18 Liter in 1 Liter Ethanol.

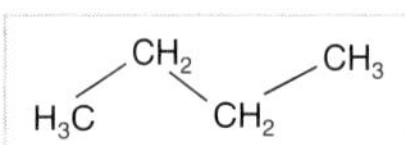

n-Butan

B. kommt zusammen mit ↑Methan im Erdgas vor und fällt in großen Mengen bei der Erdölverarbeitung an.

Es dient als Syntheserohstoff (z. B. Dehydrierung zum ↑Butadien) und in Druckflaschen als Flüssiggas zur Energieerzeugung (Treibstoff, Brennstoff).

C_4H_{10} $M_R = 58{,}12$ C 82,66 % H 17,34 %

t_{Smp}	t_{Sdp}	d	η		
−135 °C	−0,5 °C				
C_p	$\Delta_S H$	$\Delta_V H$	$\Delta_B H$	S^o	Q_C
132,4 J/(K · mol)		22,4 kJ/mol	−125,6 kJ/mol	231 J/(K · mol)	−2877 kJ/mol
MAK	R-Satz	S-Satz			
2350 mg/m³	12	9-16			

1,4-Butandiol

1,4-Butanediol Butylenglykol

B. ist eine wasserklare, fast geruchlose, viskose und hygroskopische Flüssigkeit, die mit Wasser und den niederen Alkoholen beliebig mischbar ist, jedoch unlöslich ist in aliphatischen und aromatischen Kohlenwasserstoffen.

Die Synthese des B. geht aus von ↑ Acetylen und ↑ Formaldehyd, die mittels Druck, Temperatur und Katalysator zu *2-Butin-1,4-diol* umgesetzt werden (s. Gleichung).

$$H{-}C{\equiv}C{-}H \;+\; 2\; H_2C{=}O \longrightarrow \underset{\text{2-Butin-1,4-diol}}{HO{-}CH_2{-}C{\equiv}C{-}CH_2{-}OH}$$

Synthese von 2-Butin-1,4-diol

Als Nebenprodukt entsteht dabei *Propargylalkohol* (s. Gleichung), der wieder in die Reaktion zurückgeführt werden kann. Er ist eine geranienartig riechende Flüssigkeit und wird in Diels-Alder-Reaktionen synthetisch verwendet.

$$H{-}C{\equiv}C{-}H \;+\; H{-}CHO \longrightarrow \underset{\text{Propargylalkohol}}{H{-}C{\equiv}C{-}CH_2{-}OH}$$

Bildung von Propargylalkohol als Nebenprodukt

Das 2-Butin-1,4-diol (es bildet farblose Kristalle und wird in Synthesen z. B. von Arzneimitteln präparativ genutzt) wird in zweiter Stufe katalytisch unter Druck zu B. hydriert (s. Gleichung).

$$2\,H_2 \;+\; HO{-}CH_2{-}C{\equiv}C{-}CH_2{-}OH \longrightarrow \underset{\text{1,4-Butandiol}}{HO{-}CH_2{-}CH_2{-}CH_2{-}CH_2{-}OH}$$

Hydrierung von 2-Butin-1,4-diol zu 1,4-Butandiol

Als Dihydroxyverbindung findet B. Verwendung als Komponente zur Polyesterherstellung, z. B. mit ↑ Terephthalsäure zum *Polybutylenterephthalat* (*PBTP*), einem technisch wichtigen Kunststoff (s. unter ↑ Polyethylenterephthalat). Ferner dient es als Härterkomponente in Polyurethansystemen (s. unter ↑ Polyurethane).

B. ist Ausgangsprodukt für wichtige Synthesebausteine der chemischen Industrie. Es läßt sich leicht zu dem technisch wichtigen Lösungsmittel ↑ Tetrahydrofuran (THF) unter Wasserabspaltung cyclisieren, z. B. durch Erhitzen mit ↑ Phosphorsäure (s. Schema).

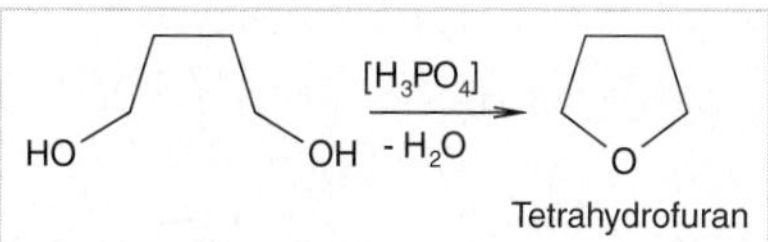

Dehydratisierung zu Tetrahydrofuran

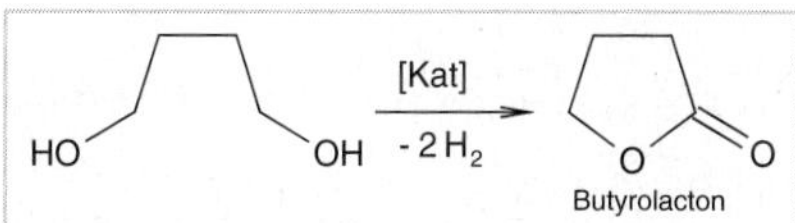

Dehydrierung von Butandiol zu γ-Butyrolacton

B. läßt sich katalytisch dehydrieren unter Cyclisierung zum ↑ γ-Butyrolacton, das wie B. ein wichtiges Lösungsmittel darstellt, desweiteren aber auch Edukt zur Gewinnung von ↑ N-Methylpyrrolidon (NMP) ist, das ebenfalls technische Verwendung als Lösungsmittel findet. γ-Butyrolacton liefert mit ↑ Ammoniak *γ-Butyrolactam* (*2-Pyrrolidon*). Aus diesem erhält man durch Vinylierung mit ↑ Acetylen das ↑ N-

Vinylpyrrolidin-2-on (*N-Vinylpyrrolidon*), das Monomere zur Herstellung des als wasserlösliches Polymer in der Technik wichtigen Polyvinylpyrrolidons (s. Schema).

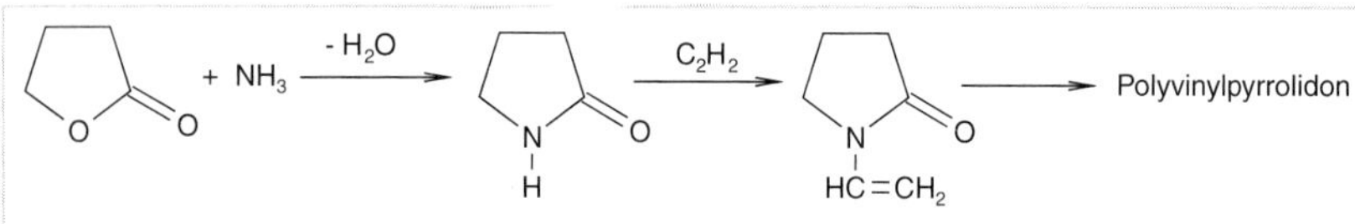

Synthese von Polyvinylpyrrolidon aus Butyrolacton

► B. ist sehr giftig. Eine orale Aufnahme oder Hautkontakt sind unbedingt zu vermeiden.

$C_4H_{10}O_2$ $M_R = 90{,}12$ C 53,31 % H 11,18 % O 35,51 %

t_{Smp}	t_{Sdp}	d	η
20 °C	229 °C	1,07 g/cm³	

C_p	$\Delta_S H$	$\Delta_V H$	$\Delta_B H$	S^o	Q_C
200 J/(K · mol)	18,7 kJ/mol	76,6 kJ/mol	−505 kJ/mol	223 J/(K · mol)	−2495 kJ/mol

MAK	R-Satz	S-Satz
200 mg/m³		

1-Butanol

1-Butanol n-Butanol

Eine farblose, stark lichtbrechende Flüssigkeit mit Fuselöl ähnelndem Geruch, löst sich bei 20 °C zu 9 ml in 100 ml Wasser, ist mischbar mit den meisten org. Solventien und verbrennt mit stark leuchtender Flamme.

B. wird technisch vorwiegend durch *Hydroformylierung* von ↑Propen hergestellt. Die Hydroformylierung ist eine technisch sehr wichtige Reaktion: Ein Olefin wird unter Druck, erhöhter Temperatur und in Gegenwart eines Katalysators (meist Cobaltcarbonyle) mit ↑Kohlenstoffmonoxid und ↑Wasserstoff umgesetzt. Beide lagern sich an die Doppelbindung, wobei der um ein C-Atom reichere gesättigte Aldehyd entsteht, wie es für die Umsetzung des Propens zum ↑Butyraldehyd im Schema gezeigt ist. Von den beiden möglichen Isomeren überwiegt stets das n-Isomere (s. auch unter ↑Rhodium).

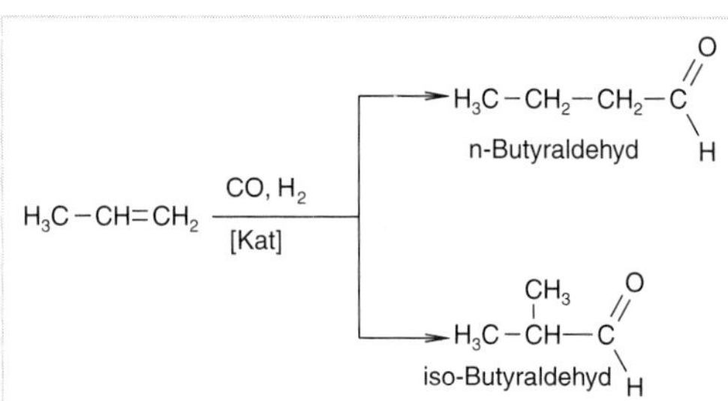

Hydroformylierung von Propen zum Butyraldehyd

Die Aldehyde werden dann durch Reduktion oder Oxidation in die gewünschten Endprodukte überführt (Alkohole bzw. Säuren). Aus dem ↑n-Butyraldehyd wird so das B. erhalten (aus dem iso-Butyraldehyd das iso-B., s. Gleichung).

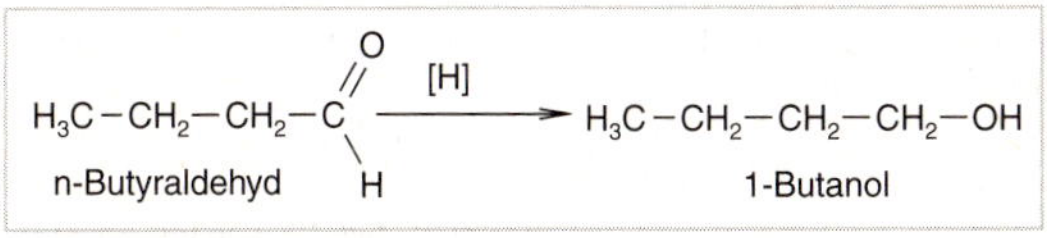

1-Butanol-Herstellung durch Hydrierung von Butyraldehyd

B. bildet u. a. folgende Azeotrope:

Azeotrop-Komponenten	Zusammensetzung (Gew.-%)	Siedepunkt (°C)
B./Butylacetat	67,2/32,8	117,6
B./Cyclohexan	10,0/90,0	79,8
B./Heptan	18,0/82,0	93,3
B./Hexan	3,0/97,0	67,0
B/Toluol	27,0/73,0	105,6
B/Wasser	55,5/44,5	93,0

B. dient überwiegend als Lösungsmittel in vielen technischen Bereichen, so z. B. in der Lackindustrie. Ein Gemisch aus 15 % B. und 85 % ↑ Essigsäurebutylester (Butylacetat) ist ein vorteilhaftes Lacklösungsmittel, z. B. für Nitrocellulose-Lacke (Zapon-Lacke).

B. wird auch in großen Mengen verestert, z. B. zum eben genannten Butylacetat.

► B. (wie alle Butanole) kann Augen und Atemwege reizen. Es ist nicht akut toxisch. Wird im Körper schneller verbrannt als Ethanol.

$C_4H_{10}O$ $M_R = 74{,}12$ C 64,82 % H 13,60 % O 21,58 %

t_{Smp}	t_{Sdp}	d	η		
−90 °C	117 °C	0,81 g/cm³	2,95 mPa · s		
C_p	$\Delta_S H$	$\Delta_V H$	$\Delta_B H$	S^o	Q_C
176,8 J/(K · mol)	9,37 kJ/mol	43,3 kJ/mol	−327 kJ/mol	225,7 J/(K · mol)	−2676 kJ/mol
t_{krit}	P_{krit}	d_{krit}	t_{trip}		
290 °C	4,41 MPa				
MAK	R-Satz	S-Satz			
300 mg/m³	10-22-37/38-41-67	7/9-13-26-37/39-46			

(D,L)-2-Butanol

2-Butanol sek.-Butanol

Farblose Flüssigkeit von fuseligem Geruch, die sich bei 20 °C mit 12 ml in 100 ml Wasser löst und mit Ethanol und Diethylether mischbar ist.

B. wird technisch aus *1-Buten* oder *2-Buten* gewonnen, beides Gase vom Sdp. −6 °C bzw. +4 °C, die beim Cracking des Erdöls erhalten werden. Die Butene werden mit konz. Schwefelsäure zu den entsprechenden Alkylsulfaten umgesetzt (entsprechend der Markownikow-Regel!), welche dann zu B. hydrolysiert werden (s. Schema).

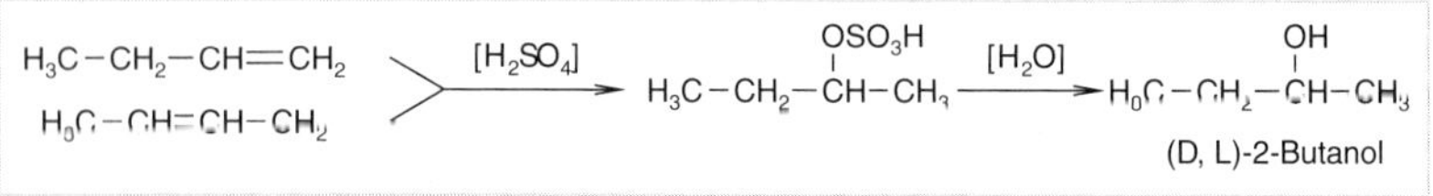

2-Butanol-Synthese aus Buten

B. bildet u. a. folgende Azeotrope:

Azeotrop-Komponenten	Zusammensetzung (Gew.-%)	Siedepunkt (°C)
B./Cyclohexan	18,0/82,0	76,0
B./Toluol	55,0/45,0	95,3
B./Wasser	68,0/32,0	88,5

B. weist ein asymmetrisches C-Atom auf und existiert in einer D- und L-Form. B. wird als Lösungsmittel und Veresterungskomponente verwendet. Es wird auch zu Ethylmethylketon (s. unter ↑ 2-Butanon) dehydriert, dem ebenfalls erhebliche Bedeutung als techn. Lösungsmittel zukommt.

► Zur Toxikologie s. unter ↑ 1-Butanol.

$C_4H_{10}O$ $M_R = 74{,}12$ C 64,82 % H 13,60 % O 21,58 %

t_{Smp}	t_{Sdp}	d	η
−115 °C	100 °C	0,80 g/cm³	4,21 mPa · s (15 °C)

C_p	$\Delta_S H$	$\Delta_V H$	$\Delta_B H$	S^o	Q_C
198 J/(K · mol)	6,0 kJ/mol	40,7 kJ/mol	−342,7 kJ/mol	213 J/(K · mol)	−2660 kJ/mol

t_{krit}	P_{krit}	d_{krit}	t_{trip}
263 °C	4,20 MPa		

MAK	R-Satz	S-Satz
300 mg/m³	10-36/37-67	7/9-13-24/25-26-46

iso-Butanol

Isobutanol 2-Methyl-1-propanol

Farblose, stark lichtbrechende, leicht entzündliche Flüssigkeit mit fuselöl-ähnlichem Geruch. In 100 ml Wasser lösen sich bei 20 °C ca. 10 ml. Es ist mischbar mit Ethanol und Diethylether.

B. wird technisch dargestellt durch Hydrierung von *Isobutyraldehyd*, der durch Hydroformylierung (s. unter ↑ 1-Butanol) von ↑ Propen entsteht (s. Gleichung).

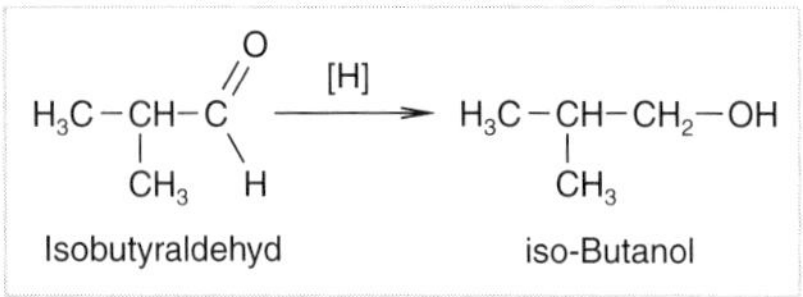

iso-Butanol-Synthese aus Isobutyraldehyd

B. bildet u. a. folgende Azeotrope:

Azeotrop-Komponenten	Zusammensetzung (Gew.-%)	Siedepunkt (°C)
B./Toluol	44,5/55,5	101,2
B./Wasser	70,0/30,0	89,7

B. dient als Lack-Lösungsmittel sowie zur Herstellung von Estern, die teilweise in der Parfümerie Verwendung finden. Ferner wird B. zu *Isobuten* (*Isobutylen*) dehydratisiert, welches sich zu dem technisch vielverwendeten Kunststoff ↑ Polyisobutylen polymerisieren läßt.

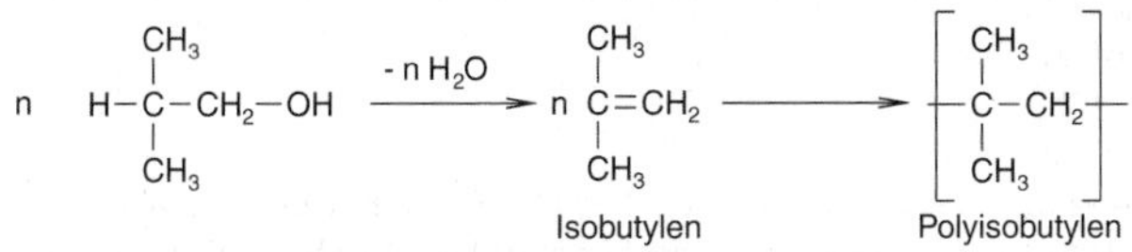

Polyisobutylen aus iso-Butanol über Isobuten

► Zur Toxikologie s. unter ↑ 1-Butanol.

$C_4H_{10}O$ $M_R = 74{,}12$ C 64,82 % H 13,60 % O 21,58 %

t_{Smp}	t_{Sdp}	d	η		
−108 °C	108 °C	0,80 g/cm³			
C_p	$\Delta_S H$	$\Delta_V H$	$\Delta_B H$	S^o	Q_C
181 J/(K · mol)	6,32 kJ/mol	41,8 kJ/mol	−334 kJ/mol	214 J/(K · mol)	−2669 kJ/mol
t_{krit}	P_{krit}	d_{krit}	t_{trip}		
274 °C	4,295 MPa				
MAK	R-Satz	S-Satz			
300 mg/m³	10-37/38-41-67	7/9-13-26-37/39-46			

2-Butanon

2-Butanone Methylethylketon, MEK

Eine farblose, acetonartig riechende Flüssigkeit, die sich zu 27,5 % in Wasser löst und mit den meisten org. Solventien mischbar ist. In B. lösen sich bei 25 °C 12,5 % Wasser.

B. wird technisch gewonnen durch Gasphasendehydrierung von ↑ 2-Butanol am Zinkoxid-Kontakt bei ca. 500 °C (s. Gleichung).

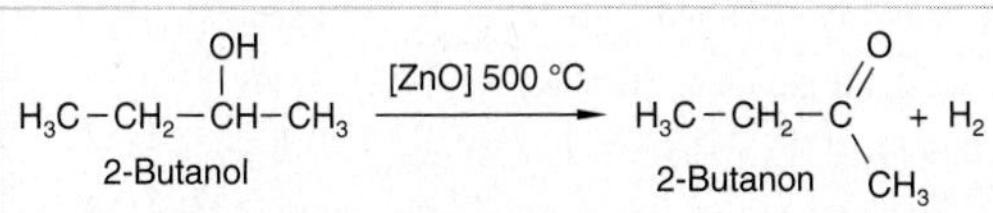

Synthese von 2-Butanon aus 2-Butanol

B. bildet u. a. folgende Azeotrope:

Azeotrop-Komponenten	Zusammensetzung (Gew.-%)	Siedepunkt (°C)
B./Cyclohexan	40,0/60,0	71,8
B./Ethylacetat	18,0/82,0	77,0
B./Wasser	88,0/12,0	73,4

B. ist nach dem ↑ Aceton das technisch wichtigste Keton. Es wird in großem Maßstab als Solvens für Lacke und Harze verwendet und dient auch zur Entfernung von Paraffinen aus Schmierölen. Es wird ferner zur Vergällung von Ethanol benutzt. Die Umsetzung von B. mit ↑ Wasserstoffperoxid liefert ein Gemisch von B.-Peroxiden, das als Härtungskatalysator in Polyesterharzen eingesetzt wird.

► B. wirkt leicht haut- und augenreizend.

C_4H_8O $M_R = 72{,}11$ C 66,63 % H 11,18 % O 22,19 %

t_{Smp}	t_{Sdp}	d	η		
−86 °C	80 °C	0,805 g/cm³			
C_p	$\Delta_S H$	$\Delta_V H$	$\Delta_B H$	S^o	Q_C
159 J/(K · mol)	8,4 kJ/mol	31,3 kJ/mol	−273 kJ/mol	239 J/(K · mol)	−2444 kJ/mol
t_{krit}	P_{krit}	d_{krit}	t_{trip}		
263 °C					
MAK	R-Satz	S-Satz			
600 mg/m³	11-36-66-67	9-16			

n-Buttersäure

Butyric acid Butansäure

Eine farblose, etwas ölige, dennoch leichtbewegliche Flüssigkeit mit widerlich säuerlich-ranzigem Geruch, der äußerst penetrant und anhaltend ist. B. läßt sich mit Wasser und den meisten org. Solventien unbegrenzt mischen und ist wasserdampfflüchtig.

B. kommt in freier Form in tierischen Flüssigkeiten und Exkrementen (Schweiß, Darminhalt), im Verteidigungssekret des Laufkäfers sowie in etherischen Pflanzenölen vor.

Die Ester der B. zeichnen sich durch ihre Aromadüfte aus und sind teilweise

Bestandteile etherischer Öle. Spezifisch für das Fett der *Säugetier-Milch* ist, daß es Glyceride enthält, in denen B. verestert ist (zum Aufbau der Fette s. unter „Glycerin").

Die B. hat z. B. im Fett der Kuhmilch einen Anteil von 3,5 %. Der typische Geruch ranziger Butter beruht auf der hydrolytischen Freisetzung von B. aus dem *Butterfett* durch Bakterien.

In der Butter wurde die B. auch erstmals (um 1820) aufgefunden (Name!).

B. wird in technischem Maßstab durch Oxidation von ↑ Butyraldehyd synthetisiert (s. Gleichung).

Eine weitere Darstellungsmöglichkeit ist die Buttersäuregärung, die Vergärung von Kohlehydraten zu Buttersäure durch anaerobe Bakterien (s. Gleichung).

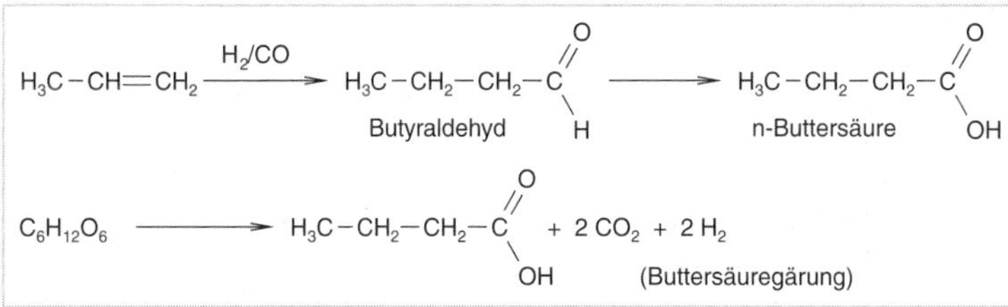

Buttersäure-Herstellung aus Propen bzw. durch Buttersäure-Gärung

B. bildet u. a. folgende Azeotrope:

Azeotrop-Komponenten	Zusammensetzung (Gew.-%)	Siedepunkt (°C)
B./Wasser	18,4/81,6	99,4
B./o-Xylol	10,0/90,0	143,0

Die B. ist mit einem pKs-Wert von 4,82 etwas schwächer sauer als die Essigsäure mit $pK_S = 4{,}76$. Sie geht alle typischen Reaktionen der Carbonsäuren ein. Die Alkali- und Erdalkalisalze der B. sind gut wasserlöslich, hygroskopisch und riechen bei Feuchtigkeit nach B.

Die Ester der B. finden wegen ihres Fruchtaromas Verwendung in Riechstoffen. Größere Mengen B. werden zur Herstellung von *Celluloseacetobutyrat* (*CAB*) verwendet, welches man durch Veresterung von ↑ Cellulose mit einem Gemisch aus ↑ Essigsäureanhydrid und Buttersäureanhydrid in Gegenwart von konz. ↑ Schwefelsäure als Katalysator erhält. CAB hat Bedeutung als glasklarer, witterungsbeständiger und schlagzäher halbsynthetischer Kunststoff zur Herstellung technischer Artikel (Telefonapparate, Brillengestelle, zum Beschichten von Metallen, zum Beschichten bewitterter Gegenstände, z. B. Gartenmöbel usw.). Die Verarbeitung des CAB kann durch Spritzgießen, Extrudieren oder Wirbelsintern erfolgen.

$C_4H_8O_2$ $M_R = 88{,}10$ C 54,53 % H 9,15 % O 36,32 %

t_{Smp}	t_{Sdp}	d	η		
−8 °C	164 °C	0,96 g/cm³	1,54 mPa · s		
C_p	$\Delta_S H$	$\Delta_V H$	$\Delta_B H$	S^o	Q_C
177,7 J/(K · mol)	11 kJ/mol	58 kJ/mol	−534 kJ/mol	225 J/(K · mol)	−2183 kJ/mol
MAK	R-Satz	S-Satz			
	34	26-36-45			

Buttersäureethylester

Ethyl butyrate Ethylbutyrat

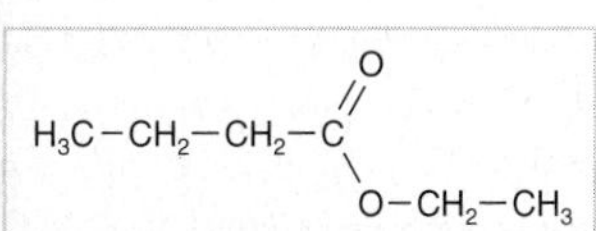

Buttersäureethylester

Eine wasserklare Flüssigkeit mit intensivem Ananasgeruch, ist kaum löslich in Wasser (ca. 6 ml B. in 1 Liter Wasser) und unbegrenzt mischbar mit Ethanol oder Diethylether.

Wird hergestellt durch direkte Veresterung von ↑ Buttersäure mit ↑ Ethanol.

B. findet Verwendung in der Parfümerie und in der Likörherstellung (künstl. Rum).

$C_6H_{12}O_2$ $M_R = 116{,}16$ C 62,04 % H 10,41 % O 27,55 %

t_{Smp}	t_{Sdp}	d	η
	120 °C	0,88 g/cm³	

C_p	$\Delta_S H$	$\Delta_V H$	$\Delta_B H$	S^o	Q_C
228 J/(K · mol)		35,5 kJ/mol	−528,4 kJ/mol		−3545 kJ/mol

tert.-Butylalkohol

tert.-Butanol 2-Methyl-2-propanol, Trimethylcarbinol

Bildet bei Raumtemperatur farblose Kristalle oder eine farblose erstarrte Masse mit campherähnlichem Geruch, die mit Wasser beliebig mischbar ist. Ist ebenfalls löslich in Ethanol und Diethylether.

B. wird technisch hergestellt aus Isobuten (s. Schema). Dabei erfolgt zunächst Addition der Schwefelsäure an die Doppelbindung zum *Schwefelsäure-tert.-butylester* und dann dessen hydrolytische Spaltung (S_N-Reaktion).

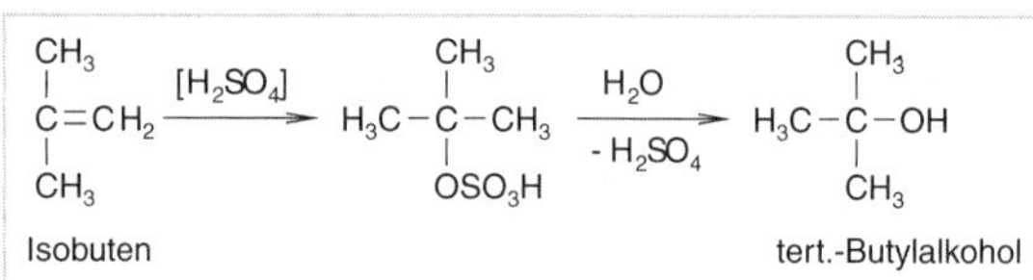

tert.-Butylalkohol-Synthese aus Isobuten

Schüttelt man B. mit konzentrierter Salzsäure, läßt sich anschließend *tert.-Butylchlorid* als farblose, wasserunlösliche Flüssigkeit vom Sdp. 51 °C isolieren. Der dabei erfolgte Austausch der OH-Gruppe gegen das Chlor-Atom stellt eine nucleophile Substitution dar, die hier als S_N1- *Reaktion* verläuft, wie es im Schema dargestellt ist (s. Schema).

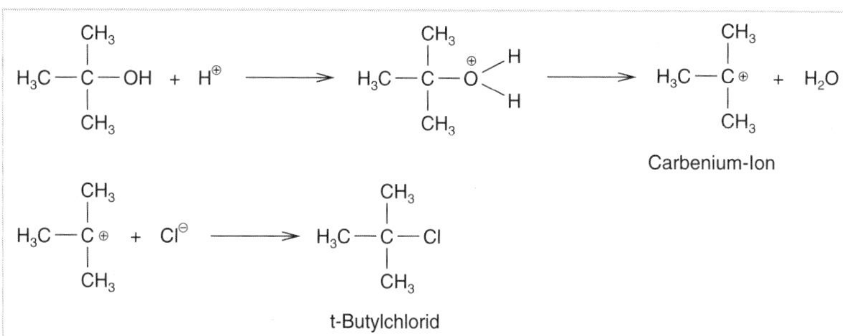

Bildung von tert.-Butylchlorid in einer S_N1-Reaktion

Bei der S_N1-Reaktion entsteht also (im Gegensatz zur S_N2-Reaktion, s. unter ↑ Ethylbromid) ein Carbenium-Ion als Zwischenstufe, dessen Bildung geschwindigkeitsbestimmend für die Gesamtreaktion ist, die also *monomolekular* verläuft. Die *Kation-Zwischenstufe* bildet sich hier, weil *tertiäre Carbenium-Ionen* wesentlich energieärmer sind als primäre. Das Carbenium-Ion ist planar, sodaß das Chlorid-Ion von beiden Seiten angreifen kann, es tritt *Racemisierung* ein. Bei S_N1-Reaktionen tritt, begünstigt durch hohe Temperatur, als Nebenreaktion leicht Eliminierung unter Bildung einer Doppelbindung auf (s. unter ↑ Cyclohexen).

B. bildet u. a. folgende Azeotrope:

Azeotrop-Komponenten	Zusammensetzung (Gew.-%)	Siedepunkt (°C)
B./Benzol	36,6/63,4	74,0
B./Cyclohexan	37,0/63,0	71,3
B./Hexan	22,0/78,0	63,7
B./Wasser	88,2/11,8	79,9

B. dient als Lösungsmittel und als Esterkomponente. Es findet auch Verwendung als Treibstoffzusatz (Verhinderung von Vergaser-Vereisung, Antiklopfmittel). Teilweise wird B. auch zur Vergällung von Ethanol benutzt.

► Zur Toxikologie s. unter ↑ 1-Butanol.

$C_4H_{10}O$ $M_R = 74{,}12$ C 64,82 % H 13,60 % O 21,58 %

t_{Smp}	t_{Sdp}	d	η		
25,6 °C	82 °C	0,78 g/cm³			
C_p	$\Delta_S H$	$\Delta_V H$	$\Delta_B H$	S^o	Q_C
146 J/(K · mol)	6,78 kJ/mol	39 kJ/mol	−359 kJ/mol	189 J/(K · mol)	−2644 kJ/mol
t_{krit}	P_{krit}	d_{krit}	t_{trip}		
233 °C	3,97 MPa				
MAK	R-Satz	S-Satz			
300 mg/m³	11-20	9-16			

1-Butylchlorid

n-Butyl chloride 1-Chlorbutan

Eine farblose, leichtentzündliche Flüssigkeit, unlöslich in Wasser, mischbar mit den üblichen org. Solventien.

B. wird hergestellt aus ↑ 1-Butanol durch Erhitzen mit eingeleitetem ↑ Chlorwasserstoff in Gegenwart von wasserfreiem ↑ Zinkchlorid (s. Schema).

$$H_3C-CH_2-CH_2-CH_2-OH + HCl \xrightarrow[-H_2O]{[ZnCl_2]} H_3C-CH_2-CH_2-CH_2-Cl$$

Herstellung von 1-Butylchlorid

B. bildet u. a. folgendes Azeotrop:

Azeotrop-Komponenten	Zusammensetzung (Gew.-%)	Siedepunkt (°C)
B./Wasser	93,0/7,0	68,0

B. ist vor allem Synthesechemikalie zur Einführung der Butylgruppe, z. B. zur Herstellung von *Butylcellulose* oder zur Gewinnung anderer Butylderivate, z. B. Butylamin (s. unter ↑ Butyraldehyd). Vereinzelt dient es auch als Lösungsmittel.

C_4H_9Cl $M_R = 92{,}57$ C 51,90 % H 9,80 % Cl 38,30 %					
t_{Smp}	t_{Sdp} 79 °C	d	η		
C_p 159 J/(K · mol)	$\Delta_S H$	$\Delta_V H$ 30,4 kJ/mol	$\Delta_B H$ −188 kJ/mol	S^o	Q_C −2695 kJ/mol
t_{krit} 269 °C	P_{krit}	d_{krit}	t_{trip}		
MAK 95,5 mg/m³	R-Satz 11	S-Satz 9-16-29			

Butylhydroxytoluol

Butylated hydroxytoluene, BHT, 2,6-Di-tert.-butyl-4-hydroxytoluol

Stellt einen farblosen, geruch- und geschmacklosen Feststoff dar, der in Wasser praktisch unlöslich ist, sich hingegen gut löst in Ethanol sowie in Fetten und Ölen.

B. wird technisch hergestellt durch Umsetzung von p-Kresol (s. unter ↑ Kresole) mit tert.-Butylchlorid in Gegenwart eines Friedel-Crafts-Katalysators, also durch eine *Friedel-Crafts-Alkylierung*. Der Katalysator polarisiert die C-Cl-Bindung so weit, daß das C-Atom elektrophil am Aromaten angreift. Da der Aromat durch die tert.-Butylgruppe aktiviert wird, erfolgt gleich zweifache Substitution (s. Schema).

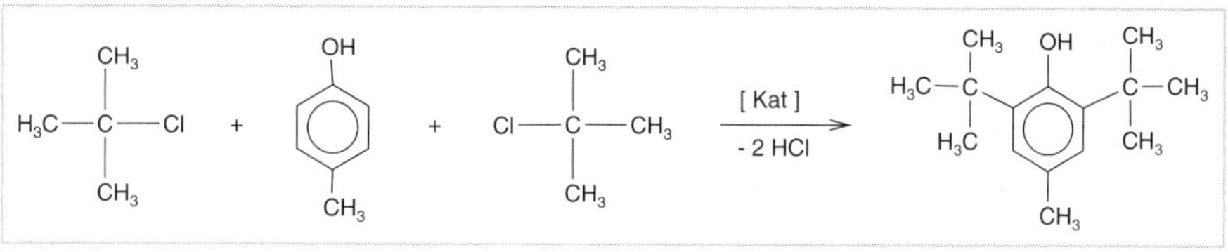

Herstellung von BHT durch F.-C.-Alkylierung

B. ist ein vielfach verwendeter *Oxidationsinhibitor*, weil es als *Radikalfänger* wirkt und damit Sauerstoffmoleküle unschädlich macht (s. unter ↑ Sauerstoff). B. verhindert damit in Konzentrationen von 0,01 % das Ranzigwerden von Ölen und Fetten und oxidative Abbaureaktionen in Polymeren und Kautschuken.

B. ist mit der Nummer *E 321* als Lebensmittelzusatzstoff zugelassen. Dem gleichen Zweck dient auch das *Butylhydroxyanisol* (*BHA*, *E 320*).

$C_{15}H_{24}O$ $M_R = 220{,}34$ C 81,76 % H 10,98 % O 7,26 %			
t_{Smp} 70 °C	t_{Sdp} 265 °C	d 1,05 g/cm³	η
MAK	R-Satz 22-36/37/38	S-Satz 26-36	

n-Butyllithium

n-Butyllithium

Bildet eine farblose ätzende Flüssigkeit, die an der Luft selbstentzündlich ist und mit Wasser sehr heftig reagiert. Wegen dieser Reaktivität kommt B. nur als 15-20%ige Lösung in ↑ n-Hexan oder ↑ n-Pentan oder in Cycloalkanen in den Handel.

B. bildet sich bei der Umsetzung von ↑ Butylchlorid mit ↑ Lithium in einem inerten Lösungsmittel wie Diethylether (s. Gleichung).

$$H_3C{-}CH_2{-}CH_2{-}CH_2{-}Cl + 2\,Li \longrightarrow H_3C{-}CH_2{-}CH_2{-}CH_2{-}Li + LiCl$$

Synthese von Butyllithium

B. reagiert mit allen Verbindungen, die acide H-Atome aufweisen und wird in der organischen Synthese vor allem zur Erzeugung von Carbanionen genutzt, indem es mit C-H-aciden Verbindungen umgesetzt wird. So dient es z. B. oft als Base in Wittig-Reaktionen (s. unter ↑ Triphenylphosphan) oder in der *Shapiro-Reaktion* (Alken-Darstellung aus Tosylhydrazonen). Bei diesen Reaktionen entsteht ↑ Butan als Nebenprodukt. B. eignet sich ferner zur *Butylierung*, wobei also der Butylrest durch Substitutionsreaktionen auf einen Reaktionspartner übertragen wird. So reagiert B. auch mit Diethylether unter Bildung von ↑ n-Hexan (s. Gleichung).

$$C_4H_7{-}Li + C_2H_5{-}O{-}C_2H_5 \longrightarrow C_6H_{12} + C_2H_5{-}OLi$$

Bildung von n-Hexan aus Butyllithium und Diethylether

Diese Reaktion kann bei der Herstellung von B. in Diethylether (s. oben) durch kleine Mengen ↑ Natrium unterbunden werden.

Mengenmäßig am bedeutendsten ist die Verwendung von B. zum Starten von anionischen Polymerisationen vor allem von ↑ Styrol, ↑ Butadien und ↑ Isopren.

► B. bewirkt starke Verätzungen der Haut.

C_4H_9Li $M_R = 64{,}06$ C 75,00 % H 14,16 % Li 10,84 %

Butyraldehyd

Butyraldehyde Butanal

Eine farblose, etwas aldehydartig stechend riechende, Haut und Augen reizende Flüssigkeit, von der sich knapp 4 g in 100 ml Wasser lösen und die mit Ethanol oder Diethylether mischbar ist.

B. wird technisch durch Hydroformylierung aus ↑ Propen gewonnen, wie es unter ↑ 1-Butanol beschrieben ist, wobei neuerdings ein Rhodium-Katalysator zur Anwendung kommt.

B. bildet u. a. folgende Azeotrope:

Azeotrop-Komponenten	Zusammensetzung (Gew.-%)	Siedepunkt (°C)
B./Ethanol	39,4/60,6	70,7
B./Wasser	96,8/3,2	68,0

B. hat als Endprodukt selbst keine Bedeutung, sondern dient ausschließlich als wichtiger Synthese-Baustein für Folgeprodukte. Hier sind zu nennen die Reduktion zum ↑ 1-Butanol, die Oxidation zur ↑ Buttersäure, die Aldolkondensation mit anschließender Hydrierung zum *2-Ethylhexanol*. Schließlich wird auch die aminierende Hydrierung zum *1-Butylamin* durchgeführt (s. Gleichung).

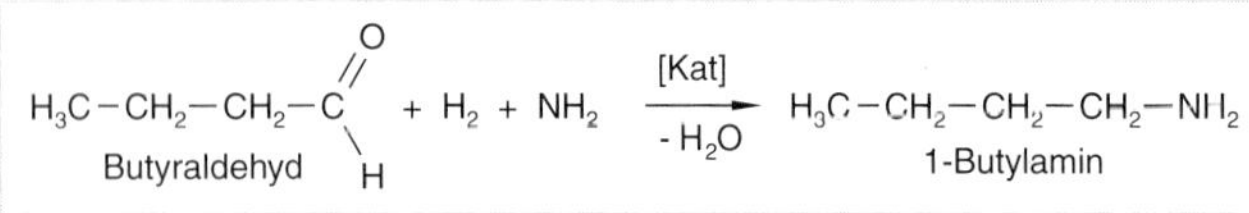

Herstellung von Butylamin aus Butyraldehyd

1-Butylamin, eine klare, ammoniakalisch riechende wasser-, ethanol- und ethermischbare, stark alkalisch reagierende Flüssigkeit vom Sdp. 78 °C, wird in organischen Synthesen verwendet.

C_4H_8O $M_R = 72{,}11$ C 66,63 % H 11,18 % O 22,19 %

t_{Smp}	t_{Sdp}	d	η		
−99 °C	76 °C	0,80 g/cm³			
C_p	$\Delta_S H$	$\Delta_V H$	$\Delta_B H$	S^o	Q_C
164,7 J/(K · mol)	10,7 kJ/mol	33,7 kJ/mol	−245 kJ/mol	242,7 J/(K · mol)	−2477 kJ/mol
MAK	R-Satz	S-Satz			
64 mg/m³	11	9-29-33			

γ-Butyrolacton

Butyrolactone

Eine wasserklare, ölige Flüssigkeit mit schwachem Buttersäuregeruch. B. ist gut löslich in Wasser und den meisten org. Solventien außer in aliphatischen Kohlenwasserstoffen.

Zur Synthese von B. s. unter ↑ 1,4-Butandiol.

In wässeriger Lösung besteht ein Gleichgewicht zwischen B. und der *γ-Hydroxybuttersäure* welches bei Raumtemperatur zwar noch weit links liegt, jedoch eine acide Wirkung des B. zur Folge hat (s. Schema). Durch Alkalilaugen wird das Gleichgewicht völlig nach rechts verschoben.

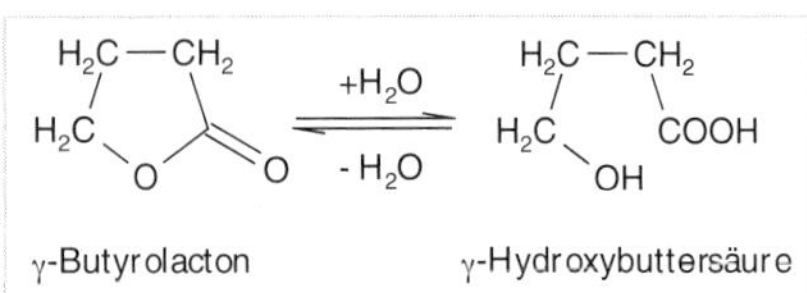

Gleichgewicht zwischen cyclischer und offenkettiger Form

B. ist ein Lösungsmittel für ↑ Polyacrylnitril, ↑ Celluloseacetat, Polymethacrylate und ↑ Polystyrol. Es ist ferner ein wichtiges Synthese-Ausgangsprodukt. S. hierzu auch unter ↑ 1,4-Butandiol.

► B. nimmt allmählich eine gelbliche Färbung an ohne Beeinträchtigung seiner übrigen Eigenschaften.

$C_4H_6O_2$ $M_R = 86{,}09$ C 55,81 % H 7,02 % O 37,17 %

t_{Smp}	t_{Sdp}	d	η		
−44 °C	205 °C	1,13 g/cm³			
C_p	$\Delta_S H$	$\Delta_V H$	$\Delta_B H$	S^o	Q_C
140,5 J/(K · mol)	9,57 kJ/mol	45,2 kJ/mol	−419 kJ/mol	197,4 J/(K · mol)	−2010 kJ/mol

Cadmium

Cadmium Cd

Cd ist ein metallisches chemisches Element, silberglänzend und relativ weich. Es ist an der Luft sehr beständig und verliert nur langsam bei langer Lagerung etwas Glanz. Cd kommt in Form von Stangen oder als Granulat bzw. gekörnt in den Handel. Es ist niedrigschmelzend und niedrigsiedend (s. Tabelle). Beim Erhitzen zeigt es zunächst gelbe bis braune Anlauffarben (Oxidschichten) und es entzündet sich beim Verdampfen unter Bildung von braunem ↑ Cadmiumoxid. Cd wird von nichtoxidierenden Säuren (↑ Salzsäure, ↑ Schwefelsäure) nicht angegriffen, von ↑ Salpetersäure jedoch leicht unter Bildung von *Cadmium(II)-nitrat* oxidiert. Es ist resistent gegen Alkalilaugen.

$$Cd^{2+} + Zn \longrightarrow Cd + Zn^{2+}$$

Cadmium-Abscheidung mit Zink

Cadmium hat am Aufbau der Erdrinde einen Anteil von 0,00001 Gew.-% und kommt durchweg als Sulfid oder Carbonat vor, wobei diese Vorkommen fast stets mit ↑ Zinksulfid bzw. ↑ Zinkcarbonat vergesellschaftet sind. In den Zinkerzen weist das Cd auf diese Weise einen Anteil von etwa 0,2 % auf. Die technische Gewinnung des Cd ist also immer verknüpft mit der Zink-Gewinnung aus Zinkerzen. Dabei kommt hauptsächlich das sog. „Naßverfahren" zur Anwendung, bei dem Cd aus den Zinksulfat-Laugen zunächst mit metallischem ↑ Zink abgeschieden und der erhaltene Cd-Schwamm dann weiter aufbereitet wird (s. Gleichung).

Cd steht in der II. Nebengruppe (Zinkgruppe Zn, Cd, Hg) des PSE. Die Elemente dieser Gruppe weisen ja die Besonderheit auf, daß sie über mit 10 Elektronen voll besetzte d-Niveaus verfügen, ihre Valenzelektronen-Schale also nur aus einem s-Elektronenpaar besteht und somit identisch mit derjenigen des betreffenden Erdalkali-Metalles ist. Wegen der höheren Kernladung werden diese beiden s-Elektronen jedoch wesentlich fester gebunden, was sich im Vergleich mit den Erdalkali-Metallen in elektronegativerem, also edlerem Charakter bemerkbar macht.

Elektronenkonfuguration des Cd: $1s^2\ 2s^2\ 2p^6\ 3s^2\ 3p^6\ 3d^{10}\ 4s^2\ 4p^6\ 4d^{10}\ 5s^2$, Grundterm $^1S_0$.

Cd tritt in seinen Verbindungen ausschließlich in der Oxidationsstufe +2 auf. Die entsprechenden Normalpotentiale lauten

$$Cd \rightarrow Cd^{2+} \quad E^{\ominus} = -0{,}40\ V\ (\text{sauer})$$

$$Cd \rightarrow Cd(OH)_2 \quad E^{\ominus} = -0{,}82\ V\ (\text{basisch})$$

Die meisten Cd-Salze sind farblos und gut wasserlöslich. Mit Cyanidionen und Ammoniak bilden Cd-Ionen leicht tetrakoordinierte Komplexe. In seinem Metallgitter bildet Cd eine verzerrte hexagonal dichteste Kugelpackung.

Metallisches Cd findet Verwendung als schon in sehr dünner Schicht sehr wirksamer und resistenter Rostschutzüberzug auf Eisen. Von Bedeutung ist auch seine Verwendung im *Ni/Cd-Akku* (s. unter ↑ Nickel(II)hydroxid).

Cd-Verbindungen wurden früher viel als Lackpigmente eingesetzt, finden hierzu jedoch kaum noch Verwendung. In Kunststoffen werden *Cadmium-Sulfid-Pigmente* noch vielfach benutzt, vor allem in ↑ Polyethylen, ↑ Polypropylen, ↑ Polycarbonat (hohe Verarbeitungstemperatur). Aus den Kunststoffen werden sie beim Gebrauch zwar nicht freigesetzt, bei der Verbrennung derselben stellen sie sich jedoch als problematisch dar.

Schließlich ist noch die Verwendung des Cd als Legierungsmetall in niedrigschmelzenden Legierungen (s. hierzu unter ↑ Bismut) sowie als Neutronenabsorber in Kernreaktoren zu nennen.

Zur Analytik des Cd können folgende Reaktionen herangezogen werden:

$$Cd^{2+} + 2\,OH^{\ominus} \longrightarrow Cd(OH)_2$$

Cadmiumhydroxid-Ausfällung

Mit Hydroxid-Ionen: weißer Niederschlag (s. Gleichung), nicht löslich im Überschuß (Unterschied zu Zn!)

$$Cd^{2+} + 4\,NH_3 \longrightarrow [Cd(NH_3)_4]^{2+}$$

Mit Ammoniak bildet sich ein Tetrammin-Komplex

Mit ↑ Ammoniak: ein zunächst entstehender Niederschlag von Cd-Hydroxid löst sich im Überschuß wieder auf (s. Gleichung).

$$Cd^{2+} + S^{2-} \longrightarrow CdS$$

Fällung von gelbem Cadmiumsulfid

Mit Sulfid-Ionen: gelber Niederschlag von ↑ Cadmiumsulfid aus schwach mineralsaurer Lösung, unlöslich im Sulfidüberschuß (s. Gleichung).

► Cd-Verbindungen sind äußerst giftig (schon 50 mg können tödlich sein!). Die Giftwirkung beruht auf der Blockierung lebenswichtiger Enzyme (Phosphatasen).

Cd Z = 48 A_R = 112,411 Isotope: 106, 108, 110-114, 116; 97–105, 107, 109, 115, 117–122, 124, 126 (künstlich)

t_{Smp}	t_{Sdp}	d	MV	α	λ
321 °C	766 °C	8,65 g/cm³	13,00 cm³/mol	29,8 10^{-6}/K	96,8 W/mK

C_p	$\Delta_S H$	$\Delta_V H$	S^o	ϱ
25,93 J/(K · mol)	6,19 kJ/mol	97,40 kJ/mol	51,80 J/(K · mol)	68 nΩ · m

MAK	R-Satz	S-Satz
0,015 mg/m³		

Cadmiumacetat

Cadmium acetate

$$(CH_3COO^{\ominus})_2Cd^{2+} \bullet 2\,H_2O$$

Cadmiumacetat-Dihydrat

Farblose Kristalle, gut löslich in Wasser und Ethanol, fällt bei der Herstellung aus wässeriger Lösung als Dihydrat mit schwachem Essigsäure-Geruch an (s. Abbildung).

Geht beim Erwärmen auf 130 °C in die wasserfreie Form über. Eine 0,2 m wässerige Lösung zeigt den pH-Wert 7,1.

Wird in der Analytik und der Porzellan-Herstellung verwendet.

► C. ist hochgiftig

$C_4H_6CdO_4$ M_R = 230,50 (wasserfrei) C 20,84 % H 2,62 % Cd 48,77 % O 27,76 %

t_{Smp}	t_{Sdp}	d	η
256 °C		2,86 g/cm³	

MAK	R-Satz	S-Satz
0,015 mg/m³	20/21/22-50/53	60-61

Cadmiumiodid

Cadmium iodide

Bildet farblos glänzende sechseckige blättchenförmige luftstabile Kristalle, die sich in Wasser sehr gut lösen (bei 24 °C zu 82,5 g/100 ml, bei 95 °C zu 121 g/100 ml) und ebenfalls sehr gut löslich sind in Methanol, Ethanol, Aceton und sogar in Diethylether.

$$Cd + J_2 \longrightarrow CdJ_2$$

Bildung von Cadmiumiodid aus den Elementen

C. wird hergestellt aus den Elementen, indem man äquivalente Mengen ↑ Iod und ↑ Cadmium in Wasser erhitzt bis zur Wasserentfärbung (s. Gleichung).

Das Kristallgitter des C. besteht aus einer hexagonal dichtesten Packung von Iodidionen, wobei die Oktaederlücken in den jeweils übernächsten Anionenschichten vollständig durch die Cd-Kationen besetzt sind.

C. findet vereinzelte technische Anwendungen in Leuchtstoffen und Schmiermitteln sowie für präparative Zwecke (z. B. elektrolytische Cadmiumabscheidung).

CdI_2 $M_R = 366{,}22$ Cd 30,69 % I 69,31 %

t_{Smp}	t_{Sdp}	d	η		
388 °C	739 °C	5,67 g/cm³			
C_p	$\Delta_S H$	$\Delta_V H$	$\Delta_B H$	S^o	Q_C
79,95 J/(K · mol)	20,7 kJ/mol		−203 kJ/mol	161 J/(K · mol)	
MAK	R-Satz	S-Satz			
0,015 mg/m³	23/25-33-40-50/53	22-45-60-61			

Cadmiumoxid

Cadmium oxide

Bildet ein braunes Kristallpulver, ist unlöslich in Wasser und Alkalilauge. Mit Säuren und Ammoniumsalz-Lösungen erfolgt Auflösung. Beim Erhitzen verdampft C. ab 700 °C völlig ohne zu schmelzen (Sublimation). Die kondensierenden Kristalle sind blauschwarz.

$$Cd + {}^1/_2\,O_2 \longrightarrow CdO$$

Bildung von Cadmiumoxid

C. bildet sich bei der Reaktion von verdampfendem Cadmium-Metall mit Luft (s. Gleichung).

C. besitzt eine beachtliche elektrische Leitfähigkeit. Der Kristallaufbau entspricht dem Natriumchlorid-Gitter. C. findet Verwendung in der Galvanotechnik, in der Leuchtstoff-Herstellung sowie als Katalysator in technischen Organo-Synthesen.

► C. ist hochgiftig.

CdO $M_R = 128{,}41$ Cd 87,54 % O 12,46 %

$t_{Sublimation}$	t_{Sdp}	d	η
700 °C (S)		6,95 g/cm³	

C_p	$\Delta_S H$	$\Delta_V H$	$\Delta_B H$	S^o	Q_C
43,6 J/(K · mol)			−259 kJ/mol	54,8 J/(K · mol)	

MAK	R-Satz	S-Satz
0,015 mg/m³	49-22-48/23/25	53-45

Cadmiumsulfid

Cadmium sulfide

Bildet je nach Fällungsbedingungen ein citronengelbes bis leicht orangefarbenes kristallines Pulver, das in Wasser nur sehr wenig löslich ist (bei 18 °C 0,13 mg/100 ml). Mit konzentrierten oder heißen halbkonzentrierten Mineralsäuren erfolgt Zersetzung unter Auflösung und Schwefelwasserstoff-Entwicklung.

Man erhält C. durch Einleitung von ↑ Schwefelwasserstoff in eine angesäuerte Cadmiumsalz-Lösung als leuchtendgelben Niederschlag (s. Gleichung).

$$CdSO_4 + H_2S \longrightarrow CdS \downarrow + H_2SO_4$$

Fällung von Cadmiumsulfid

C. kristallisiert wie ↑ Zinksulfid in einer kubischen und hexagonalen Form und besitzt darin jeweils den gleichen Gitteraufbau wie dieses und kommt auch in beiden Formen in der Natur vor.

C. besitzt beträchtliche technische Bedeutung zum einen als Buntpigment, zum anderen als Halbleiter. Als Pigment wird es auch als *Cadmiumgelb* bezeichnet und ergibt auch im Gemisch mit anderen Sulfiden (z. B. von ↑ Zink und ↑ Quecksilber) wertvolle Malerfarben in Farbtönen von gelb bis bordeaux. Ferner dient es zur Einfärbung von Kunststoffen, Gläsern und Lacken. Die Halbleitereigenschaften des C. werden für *Fotowiderstände* z. B. für *Belichtungsmesser* ausgenutzt. Bei Belichtung werden durch den inneren lichtelektrischen Effekt Elektronen freigesetzt, so daß der elektrische Widerstand um bis zu 9 Zehnerpotenzen abfällt.

CdS $M_R = 144{,}48$ Cd 77,81 % S 22,19 %

$t_{Sublimation}$	t_{Sdp}	d	η
980 °C (S)		4,82 g/cm³	

C_p	$\Delta_S H$	$\Delta_{Sub} H$	$\Delta_B H$	S^o	Q_C
48,7 J/(K · mol)		209,6 kJ/mol (S)	−149,4 kJ/mol	64,9 J/(K · mol)	

MAK	R-Satz	S-Satz
0,015 mg/m³	22-40-48/23/25	22-36/37-45

Caesium

Cesium Cs

Ein silberglänzendes metallisches chemisches Element, das sehr weich, dehnbar, niedrig schmelzend und wegen seiner extremen Reaktivität nur unter Petroleum oder Paraffinöl aufzubewahren ist. Cs löst sich gut in flüssigem ↑ Ammoniak.

Es findet sich in sehr geringen Mengen als Begleiter der übrigen Alkalimetalle, besonders von ↑ Kalium, in deren natürlichen Vorkommen. Hohe Anteile an Cs (teils über 30 %) enthält das seltene Mineral *Pollux*, ein Alumosilikat, das sich in größeren Mengen z. B. in Manitoba, USA, findet. Der Anteil des Cs am Aufbau der Erdrinde beträgt nur etwa ein ppm.

Das reine Metall wird aus seinen Salzen am besten durch chemische (nicht elektrolytische) Reduktion erhalten, besonders vorteilhaft ist die Umsetzung des Dichromats mit ↑ Zirkonium im Hochvakuum bei ca. 500 °C (s. Gleichung).

$$Cs_2Cr_2O_7 + 2\,Zr \longrightarrow 2\,Cs + 2\,ZrO_2 + Cr_2O_3$$

Herstellung von elementarem Caesium

Cs ist das schwerste Element in der Gruppe der Alkalimetalle (abgesehen vom radioaktiven Francium) und zugleich das elektropositivste Element überhaupt. Die Elektronenkonfiguration lautet: $1s^2\ 2s^2\ 2p^6\ 3s^2\ 3p^6\ 3d^{10}\ 4s^2\ 4p^6\ 4d^{10}\ 5s^2\ 5p^6\ 6s^1$, Grundterm $^2S_{1/2}$.

Als Alkali-Metall kann Cs nur die Oxidationsstufe + 1 ausbilden, für die folgendes Normal-Potential wirksam ist: $Cs \rightarrow Cs^+ \quad E^\ominus = -2{,}923\ V$

Es reagiert mit dem Luftsauerstoff auch bei Ausschluß jeder Feuchtigkeit. Mit Feuchtigkeit reagiert Cs heftig unter Aufglühen und Bildung von ↑ Wasserstoff, der sich spontan entzündet. Im chemischen Verhalten ähnelt Cs sehr dem ↑ Kalium und gibt aus seinen Salzlösungen die analogen schwerlöslichen Niederschläge mit nahezu identischen Löslichkeitsprodukten, so daß eine Unterscheidung sehr schwierig ist. Die Cs-Atome bilden im Metall ein kubisch-raumzentriertes Gitter aus.

Die qualitativ-analytische Identifizierung erfolgt am besten anhand der Violettrosa-Färbung, die Cs-Salze der Bunsenflamme verleihen und besonders mittels der intensiv blauen Linie bei 458 nm im Spektroskop.

Das radioaktive Isotop Cs 137, ein wesentlicher Bestandteil des radioaktiven fallouts, ist ein β-Strahler mit einer Halbwertszeit von 30 Jahren. Es wird im Magen-Darm-Trakt vollständig resorbiert.

Metallisches Cs wird in fotoelektrischen Zellen verwendet, ferner wegen seiner Affinität zum Sauerstoff als Getter-Material in Vakuumröhren. Cs findet auch Verwendung in *Atom-Uhren* (unter Ausnutzung der elektromagnetischen Schwingungs-Frequenz 9 x 10^9 Hz des ^{133}Cs-Atoms), die eine Genauigkeit von 5 sec in 300 Jahren aufweisen. Neueste Anwendungen findet Cs in thermoionischen Batterien zur Umwandlung thermischer in elektrische Energie.

Cs wurde 1860 von Kirchhoff und Bunsen durch Spektralanalyse entdeckt.

Cs Z = 55 A_R = 132,90543 Isotope: 133; 123, 125-132, 134-144 (künstlich)

t_{Smp} 28,4 °C	t_{Sdp} 675 °C	*d* 1,87 g/cm³	*MV* 70,96 cm³/mol	α 97 10^{-6}/K	λ 35,9 W/mK
C_p 32,20 J/(K · mol)	$\Delta_S H$ 2,09 kJ/mol	$\Delta_V H$ 67,7 kJ/mol	S^o 85,15 J/(K · mol)	ϱ 188 nΩ · m	
MAK	R-Satz 15-17	S-Satz			

Caesiumchlorid

Cesium chloride

Bildet farblose kleine würfelförmige Kristalle, die sich sehr gut in Wasser lösen (160 g/100 ml Wasser bei 0 °C), und auch löslich sind in Ethanol. C. ist sehr hygroskopisch.

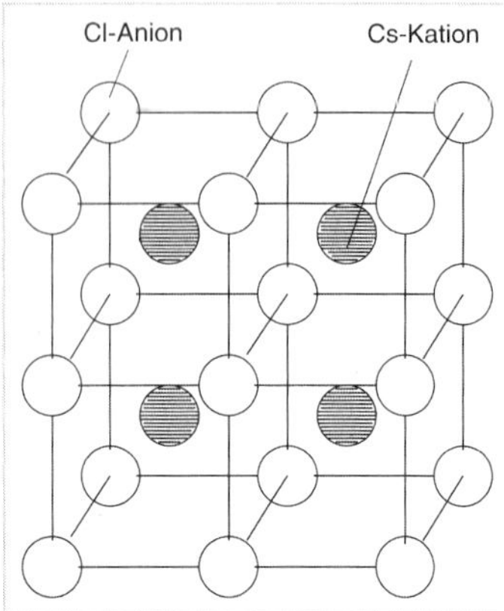

Caesiumchlorid-Gitter

$\{CsCl\}_{8/8}$

Niggli-Formel für CsCl

C. wird durch salzsauren Aufschluß des Pollux (s. unter ↑Caesium) und anschließende verschiedene Fällungsreaktionen hergestellt und gereinigt.

Das *Caesiumchlorid-Gitter* repräsentiert einen der drei *Haupt-Gittertypen* von AX-Verbindungen (die beiden anderen sind das Natriumchlorid- und das Zinkblende-Gitter), und sei deshalb hier näher erläutert (s. Abbildung): Das CsCl-Gitter kann man gedanklich so konstruieren, daß man ein nur aus Cs-Ionen bestehendes Würfelgitter (einfaches kubisches Gitter) und ein solches nur aus Cl-Ionen bestehendes Würfelgitter so ineinander stellt, daß je ein Cl-Ion in der Mitte eines Cs-Würfels und je ein Cs-Ion in der Mitte eine Cl-Würfels steht. Dadurch ist also jedes Cl-Ion würfelförmig von 8 Cs-Ionen und jedes Cs-Ion ebenso von 8 Cl-Ionen umgeben. Jeder Ionentyp besitzt also (8)-Koordination (s. Niggli-Formel). Es handelt sich praktisch um eine kubisch-raumzentrierte Struktur, wobei die Zentrierung jedoch durch ein Gegen-Ion erfolgt.

C. findet einige spezielle technische Anwendungen (z. B. in Röntgen-Fluoreszenz-Schirmen).

ClCs $M_R = 168{,}37$ Cl 21,06 % Cs 78,94 %

t_{Smp}	t_{Sdp}	d	η		
645 °C	1290 °C	3,99 g/cm³			
C_p	$\Delta_S H$	$\Delta_V H$	$\Delta_B H$	S^o	Q_C
52,4 J/(K · mol)	15,9 kJ/mol		−442,8 kJ/mol	101,2 J/(K · mol)	
MAK	R-Satz	S-Satz			
		23-24/25			

Caesiumiodid

Caesium iodide

Bildet ein farbloses, an der Luft zerfließliches Kristallpulver, das sich in Wasser gut löst (ca. 40 g/100 ml bei 20 °C) und auch in Ethanol löslich ist.

$$CsOH + HJ \longrightarrow CsJ + H_2O$$

Herstellung von Caesiumiodid

C. ist darstellbar durch Umsetzung von ↑Iodwasserstoff mit Caesiumhydroxid in Wasser (s. Gleichung).

C. kristallisiert im Caesiumchlorid-Gitter (s. unter ↑Caesiumchlorid). Aus C.-Einkristallen werden Prismen für die IR-Spektroskopie hergestellt, ferner finden sie Einsatz als Scintillatoren für Gammastrahlen und thermische Neutronen.

CsI $M_R = 259{,}81$ Cs 51,15 % I 48,85 %

t_{Smp}	t_{Sdp}	d	η
627 °C	1280 °C	4,51 g/cm³	

C_p	$\Delta_S H$	$\Delta_V H$	$\Delta_B H$	S^o	Q_C
52,6 J/(K · mol)		150,3 kJ/mol	−346,6 kJ/mol	123,1 J/(K · mol)	

Calcium

Calcium Ca

Ein leichtes metallisches chemisches Element, das an frischen Schnittflächen silbrigen Glanz zeigt, an der Luft jedoch rasch infolge Oxidbildung mattblaugrau anläuft. Es ist sehr dehnbar und weich (etwa wie Blei), läßt sich mit dem Messer schneiden und kann zu Drähten ausgepresst werden. In fein verteilter Form entzündet sich Ca an der Luft. Kleine Stücke können durch einen leichten Hammerschlag entzündet werden. Wasser wird durch Ca anfangs unter rascher Wasserstoff-Entwicklung zersetzt, die sich jedoch verlangsamt wegen der auf dem Ca entstehenden Hydroxidschicht. Ca ist löslich in flüssigem ↑ Ammoniak (blaue Lösung).

Ca gehört zu den fünf häufigsten Elementen und ist nach Al und Fe das dritthäufigste Metall der Erdkruste, in welcher es einen Anteil von ca. 3,6 % besitzt. Dabei kommt es aufgrund seiner Affinität zum Sauerstoff natürlich nie gediegen vor, sondern stets in Form seiner Salze und zwar:

- als Carbonat in *Kalkstein*, *Marmor*, *Kreide*, *Dolomit*
- als Sulfat in Gips bzw. Anhydrit
- als Silicat in den Silicatgesteinen
- als Phosphat in *Apatit* und *Phosphorit*
- als Fluorid in *Flußspat*.

Die technische Gewinnung des Ca erfolgte früher durch Elektrolyse von geschmolzenem ↑ Calciumchlorid (Flußmittel ↑ Calciumfluorid und ↑ Kaliumchlorid) bei ca. 700 °C. Heute stellt man es alumothermisch bei 1200 °C im Vakuum dar (s. Gleichung). Im Labor kann es durch Reduktion von Calciumhalogeniden mit ↑ Natrium erhalten werden.

$$2\,Al + 3\,CaO \longrightarrow Al_2O_3 + 3\,Ca$$

Alumothermische Herstellung von Calcium

Ca gehört zur Gruppe der Erdalkali-Metalle (2. Hauptgruppe) und steht in der 3. Achterperiode, womit die Elektronenkonfiguration wie folgt anzugeben ist: $1s^2\ 2s^2\ 2p^6\ 3s^2\ 3p^6\ 4s^2$, Grundterm $^1S_0$.

Erwartungsgemäß bildet Ca (wie alle Erdalkali-Elemente) in seinen Verbindungen ausschließlich die Oxidationsstufe +2 aus, für die folgende Normalpotentiale wirksam sind

$$Ca \rightarrow Ca^{2+} \quad E^{\ominus} = -2{,}84\ V\ \text{(sauer)}$$

$$Ca \rightarrow Ca(OH)_2 \quad E^{\ominus} = -2{,}19\ V\ \text{(basisch)}$$

Das Metallgitter des Ca stellt unterhalb 300 °C eine kubisch-dichteste Kugelpackung dar.

Elementares Ca wird infolge seiner Affinität zum Sauerstoff in der Metallurgie als Reduktionsmittel zur Gewinnung anderer Metalle verwendet (s. Gleichung).

$$Cr_2O_3 + 3\,Ca \longrightarrow 3\,CaO + 2\,Cr$$

Verwendung von Calcium als Reduktionsmittel

Mit ↑ Cer legiert (mit etwa 12 % Ca) findet es als Zündmetall (z. B. für Feuerzeuge) Verwendung. Mengenmäßig am bedeutsamsten ist der Einsatz des Ca als Legierungskomponente in Bleilegierungen (*Lagermetalle*), da Ca die Härte von ↑ Blei deutlich erhöht.

Zum analytischen Nachweis von Ca sind folgende Tests geeignet, die man mit einer ca. 0,1m Calciumchlorid-Lösung probeweise durchführen kann.

Calciumsulfat-Fällung: Man versetzt die Probelösung mit verdünnter ↑Schwefelsäure. Es fällt weißes ↑Calciumsulfat als Dihydrat (Gips) aus (s. Gleichung). Bei Betrachtung des Niederschlags unter einem Mikroskop sind charakteristische Nadeln zu erkennen.

$$Ca^{2+} + SO_4^{2-} + 2\,H_2O \longrightarrow CaSO_4 \cdot 2\,H_2O$$

Calciumsulfat-Fällung

Calciumoxalat-Fällung (s. unter ↑Oxalsäure): Die Probelösung wird mit ↑Essigsäure und dann mit Ammoniumoxalat-Lösung versetzt. Es bildet sich ein Niederschlag von weißem Calciumoxalat (s. Gleichung). Ba- und Sr-Oxalat fallen in essigsaurer Lösung nicht aus!

$$Ca^{2+} + C_2O_4^{2-} + 3\,H_2O \longrightarrow CaC_2O_4 \cdot 3\,H_2O$$

Calciumoxalat-Fällung

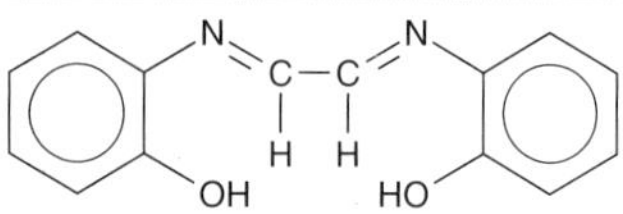

Glyoxal-bis(2-hydroxyanil)

Ein Chelatbildner für Calciumionen

Chelatkomplex mit *Glyoxal-bis(2-hydroxyanil*, GBHA, s. Abbildung, (s. unter ↑Glyoxal): Einige Tropfen einer 1 %igen ethanolischen GBHA-Lösung werden zu einer sehr verdünnten Probelösung gegeben, die dann mit Natronlauge versetzt wird. Es entsteht ein roter Chelat-Komplex in Lösung oder als Niederschlag. Dieser Komplex läßt sich bei Anwesenheit von Ethanol mit Chloroform extrahieren (rote bis violette Chloroform-Phase).

Flammenfärbung: Die Probelösung färbt die nichtleuchtende Bunsenflamme ziegelrot. Im Spektroskop zeigt sich eine rote und eine grüne Linie bei 622 bzw. 553 nm.

Ca-Ionen sind physiologisch wichtig und die erforderliche tägliche Zufuhrdosis beträgt etwa 1 g. Sie sind wesentlich am *Knochenaufbau* beteiligt (das Skelett eines Erwachsenen enthält ca. 1,2 kg Ca). Der Ca-Spiegel im Blut sollte zwischen 2,0 und 2,6 mmol/l liegen und wird von den in der Schilddrüse produzierten Hormonen *Calcitonin* (ein aus 32 Aminosäuren bestehendes Polypeptid, senkt den Ca-Spiegel hauptsächlich dadurch, daß es die Abgabe von Ca-Ionen aus den Knochen in das Blut hemmt, indem es die Osteoklasten blockiert) und *Parathormon* (ein Polypeptid der molaren Masse 8600, erhöht den Ca-Spiegel u. a. indem es die Auflösung von Hydroxylapatit-Kristallen aus den Knochen fördert durch Aktivierung der Osteoklasten) reguliert, wobei das Vitamin ↑Cholecalciferol beteiligt ist. Zur besonderen Rolle von Ca-Ionen bei der Nervenreiz-Übertragung s. unter ↑Acetylcholin.

Ca Z = 20 A_R = 40,078 Isotope: 40, 42, 43, 44, 46, 48

t_{Smp} 839 °C	t_{Sdp} 1482 °C	d 1,55 g/cm³	MV 25,86 cm³/mol	α 22 10^{-6}/K	λ 200 W/mK
C_p 25,31 J/(K · mol)	$\Delta_S H$ 8,54 kJ/mol	$\Delta_V H$ 153,6 kJ/mol	S^o 41,42 J/(K · mol)	ϱ 31,6 nΩ · m	
MAK	R-Satz 15	S-Satz 8-24/25-43			

Calciumacetat

Calcium acetate

Weißes, hygroskopisches, kristallines Pulver, gut löslich in Wasser, etwas löslich in Methanol und praktisch unlöslich in Ethanol oder Aceton. Eine 3 %ige wässerige Lösung zeigt einen pH von etwa 7,5.

C. kann erhalten werden durch Umsetzung von ↑ Calcium oder ↑ Calciumhydroxid mit ↑ Essigsäure (s. Gleichung).

$$Ca + 2\,CH_3COOH \longrightarrow Ca^{2+}(CH_3COO^{\ominus})_2 + H_2$$
$$Ca(OH)_2 + 2\,CH_3COOH \longrightarrow Ca^{2+}(CH_3COO^{\ominus})_2 + 2H_2O$$

Synthesen für Calciumacetat

C. zersetzt sich beim Erhitzen über 160 °C zu ↑ Aceton und ↑ Calciumcarbonat.

C. findet Verwendung in der Textilfärbung, als Lebensmittel-Stabilisator (zugelassen mit der Nummer *E 263*) und als Korrosionsinhibitor.

$C_4H_6CaO_4$ $M_R = 158{,}17$ C 30,38 % H 3,82 % Ca 25,34 % O 40,46 %

$t_{Zersetzung}$	t_{Sdp}	d	η		
		1,50 g/cm³			
C_p	$\Delta_S H$	$\Delta_V H$	$\Delta_B H$	S^o	Q_C
			−1486 kJ/mol		

Calciumbromid

Calcium bromide

Bildet geruchlose, kleine farblose Kristalle, die sich bei längerer Exposition an der Luft gelblich verfärben. Es ist sehr gut löslich in Wasser, ferner löslich in Methanol, Ethanol und Aceton. Zersetzt sich bei starkem Erhitzen unter Brom-Abspaltung.

C. wird hergestellt durch Neutralisation von ↑ Calciumhydroxid mit ↑ Bromwasserstoff (s. Gleichung).

$$Ca(OH)_2 + 2\,HBr \longrightarrow CaBr_2 + 2\,H_2O$$

Darstellung von Calciumbromid

C. wird verwendet zur Herstellung von Fotoplatten und lichtempfindlichen Papieren. Den mengenmäßig bedeutendsten Einsatz findet es als sog. „*packer-fluid*“ in der Erdölförderung. Die packer-fluids umspülen die Förderrohre außen und ermöglichen den Druckausgleich. Die verwendeten C.-Lösungen sind 53 %ig (d = 1,7 g/ml)

Br_2Ca $M_R = 199{,}91$ Br 79,95 % Ca 20,05 %

t_{Smp}	t_{Sdp}	d	η		
742 °C	1783 °C	3,35 g/cm³			
C_p	$\Delta_S H$	$\Delta_V H$	$\Delta_B H$	S^o	Q_C
75 J/(K · mol)	29,08 kJ/mol	201 kJ/mol	−683 kJ/mol	129,7 J/(K · mol)	

Calciumcarbid

Calcium carbide

Hochreines C. bildet fablose, durchsichtige Kristalle. Als technisches Produkt fällt es jedoch stets in grauschwarzen, unregelmäßigen harten Brocken an, in denen der Anteil an C. etwa 80 % beträgt und der Rest sich aus ↑ Calciumoxid (ca. 18 %) und ↑ Kohlenstoff (ca. 2 %) zusammensetzt.

C. wird technisch hergestellt durch Umsetzung von Calciumoxid mit Koks im elektrischen Ofen bei ca. 2200 °C (s. Gleichung). Diese endotherme Reaktion erfordert also einen hohen Energieaufwand.

$$CaO + 3\,C \longrightarrow CaC_2 + CO \qquad \Delta H = 464\ kJ/mol$$

Technische Herstellung von Calciumcarbid

Das Kristallgitter des C. entspricht dem NaCl-Typ, indem Na^+ durch Ca^{2+} und Cl^- durch C^{2-} ersetzt ist. Es handelt sich also um ein *Calciumacetylid*, demzufolge es sich mit Wasser auch vollständig zu ↑ Acetylen und ↑ Calciumhydroxid umsetzt (s. Gleichung).

$$CaC_2 + 2\,H_2O \longrightarrow C_2H_2 + Ca(OH)_2$$

Acetylen-Bildung aus Calciumcarbid und Wasser

1 kg C. liefert so ca. 300 l Acetylen. Darauf beruhte früher die Verwendung von C. in sehr großen Mengen. Wegen der Substitution des Acetylens als Synthese-Ausgangsprodukt vorwiegend durch ↑ Ethylen, und der Gewinnung des Acetylens auf petrochemischer Basis ist die Verwendung von C. stark zurückgegangen.

$$CaC_2 + N_2 \longrightarrow CaCN_2 + C$$

Kalkstickstoff-Bildung aus Calciumcarbid mit Stickstoff

Das zweite große Einsatzfeld des C. ist die Gewinnung von *Kalkstickstoff* durch Umsetzung von C. mit ↑ Stickstoff (s. Gleichung).

Kalkstickstoff (s. Schema) ist also ein Gemisch aus ↑ Calciumcyanamid und ↑ Kohlenstoff und hat Bedeutung wegen seiner Düngewirkung, die auf der Freisetzung von ↑ Ammoniak im Boden unter Einwirkung von Bakterien und Wasser beruht.

C. wird auch in der Metallurgie als Reduktions- und Entschwefelungsmittel eingesetzt (z. B. in der Stahlerzeugung).

C_2Ca $M_R = 64{,}10$ C 37,48 % Ca 62,52 %

$t_{Zersetzung}$	t_{Sdp}	d	η		
2300 °C (Z)		2,11 g/cm³			
C_p	$\Delta_S H$	$\Delta_V H$	$\Delta_B H$	S^o	Q_C
62,7 J/(K · mol)			−59,8 kJ/mol	70,0 J/(K · mol)	
MAK	R-Satz	S-Satz			
	15	8-43			

Calciumcarbonat

Calcium carbonate

C. kommt je nach Herkunft oder Herstellung sowohl als sehr feines, leichtes weißes Pulver als auch in Form mehr oder weniger grober weißer Kristalle vor, und existiert in verschiedenen Kristallmodifikationen:

hexagonal als *Calcit* (*Kalkspat*), rhombisch als *Aragonit* sowie rhombisch als *Vaterit*. C. ist praktisch unlöslich in Wasser (ca. 1,4mg/100 ml). Enthält das Wasser gelöstes ↑ Kohlenstoffdioxid, steigt die Löslichkeit des C. infolge Hydrogencarbonat-Bildung beträchtlich an. Von Säuren wird C. unter Kohlenstoffdioxid-Entwicklung rasch zersetzt.

C. kommt in der Natur in riesigen Mengen und sehr verbreitet als *Kalkstein* (durch Ton verunreinigtes, feinkristallines C., bei größeren Tongehalten als *Kalkmergel* oder *Tonmergel* bezeichnet), *Kreide* oder *Marmor* vor, sowie in sehr reiner Form als *Kalkspat* und tritt in diesen Vorkommen meist in der Kristallstruktur des Calcits auf.

Aus diesen natürlichen Vorkommen wird das C. im Tagebau, teils auch bergmännisch, abgebaut und direkt verwendet.

Synthetisches, sog. „gefälltes“ C. wird in meist sehr feinpulvriger Form (die Kristallgröße ist abhängig von Temperatur- und Konzentrationsverhältnissen bei der Herstellung) nach dem *Kalkmilch-Verfahren* oder dem *Calciumchlorid-Verfahren* gewonnen (s. Gleichungen).

$$Ca(OH)_2 + CO_2 \longrightarrow CaCO_3 + H_2O \quad \text{Kalkmilch-Verfahren}$$

$$CaCl_2 + CO_2 + H_2O \longrightarrow CaCO_3 + 2\,HCl \quad \text{Calciumchlorid-Verfahren}$$

Syntheseverfahren für Calciumcarbonat

Das *Calcitgitter* läßt sich gedanklich aus dem NaCl-Gitter folgendermaßen entwickeln: man ersetzt die Na-Ionen durch Ca-Ionen, die Chlorid-Ionen durch Carbonat-Ionen; einen Elementar-Würfel dieses „NaCl-Gitters“ stellt man auf die Raumdiagonale und staucht solange in Richtung der Raumdiagonalen, bis der Polkantenwinkel etwa 103 °C. beträgt.

Technisch bedeutsam sind vor allem zwei Reaktionen des C.: die reversible Hydrogencarbonat-Bildung mit ↑ Kohlenstoffdioxid und die thermische Kohlenstoffdioxid-Abspaltung zum ↑ Calciumoxid. Leitet man in eine Aufschlämmung von C. in Wasser gasförmiges Kohlenstoffdioxid ein, so geht das C. unter Umwandlung in Hydrogencarbonat (s. Gleichung) in Lösung (*Calciumhydrogencarbonat* ist wasserlöslich).

$$CaCO_3 + CO_2 + H_2O \rightleftharpoons Ca(HCO_3)_2$$

Bildung von löslichem Calciumhydrogencarbonat

Kocht man diese Hydrogencarbonat-Lösung, so fällt wieder schwerlösliches C. aus, da Kohlenstoffdioxid entweicht und das Gleichgewicht nach links verschoben wird. In pH-Bereichen in der Umgebung des Neutralpunktes (etwa pH 5-pH 8) liegt das Carbonat-Hydrogencarbonat-Gleichgewicht praktisch ganz rechts (s. Gleichung).

$$CO_3^{2-} + H_2O \rightleftharpoons HCO_3^{\oplus} + OH^{\oplus}$$

Carbonat-Hydrogen-Carbonat-Gleichgewicht

Das in den Boden einsickernde Niederschlagswasser reichert sich mit dem in der Bodenporenluft gelösten Kohlenstoffdioxid (über 5 % gegenüber 0,03 % in der Atmosphäre!) an, und reagiert z. T. unter Hydrogencarbonat-Bildung (s. Gleichung).

$$H_2O + CO_2 \longrightarrow HCO_3^{\ominus} + H^{\oplus}$$

Hydrogencarbonat-Bildung im Erdreich

In natürlichen Wässern liegen somit praktisch keine Carbonat, sondern lediglich Hydrogencarbonat-Ionen vor, die also eine Auflösung von Kalkstein bewirken, so daß diese Wässer (Fluß-, See-, Grundwasser) wegen der Allgegenwart von Calciumsalzen im Erdreich je nach Herkunft mehr oder weniger große Mengen gelöster Calciumsalze enthalten. Diese Ca-Salze bilden zusammen mit den Mg-Salzen die sog. „*Wasserhärte*".

Wird das Wasser erhitzt, so fällt nach dem oben Gesagten C. aus. Der so ausfällbare Anteil an Ca-Salz wird als „temporäre Härte" bezeichnet. Die Resthärte (nicht ausfällbare Ca-Salze + Mg-Salze) wird als „bleibende Härte" bezeichnet: temporäre Härte + bleibende Härte = *Gesamthärte.*

Der Hydrogencarbonat-Gehalt liefert auch den Hauptbeitrag zur sog. „Gesamthärte", die praktisch identisch ist mit dem „*Säurebindungsvermögen*" (SBV) eines Wassers: SBV = ml 0,1n HCL, die man bei der Titration von 100ml eines Wassers bis zum pH 4,3 verbraucht. Die Gesamthärte wird meist in „Deutschen Härtegraden" dH angegeben (der gesamte Ca- und Mg-Salzgehalt wird auf CaO umgerechnet): 1 Gr. dH = 10 mg CaO in 1000 ml Wasser = 1 mg CaO in 100 ml Wasser.

Der Begriff „Härte", und damit die Bezeichnung „hartes" und „weiches" Wasser gehen zurück auf das Gefühl, welches die herkömmlichen Seifen beim Waschen mit diesen Wässern auf der Haut erzeugen: hartes Wasser bewirkt Ausfällung von „*Kalkseifen*", also schwerlöslichen Fettsäure-Ca-Salzen, die das Waschwasser sich rauh und hart anfühlen lassen, während sich mit weichem Wasser die freien Fettäuren bilden, und die damit freigesetzten Hydroxid-Ionen einen gleitenden, weichen Eindruck vermitteln. Bei bis zu 5 Gr. dH spricht man von sehr weichem Wasser, bei über 30 Gr. dH von sehr hartem Wasser.

Wird das C. in Form seines natürlichen Vorkommens als Kalkstein auf 90–1200 °C erhitzt (gebrannt, calciniert), so zerfällt es in ↑ Calciumoxid und ↑ Kohlenstoffdioxid. Das Calciumoxid (gebrannter Kalk) reagiert mit Wasser zum ↑ Calciumhydroxid (gelöschter Kalk), welches im Gemisch mit Sand die Grundlage des Kalkmörtels darstellt (s. unter ↑ Calciumhydroxid) und hierzu in riesigen Mengen in der Bauwirtschaft verwendet wird. Dieser *Kalkmörtel* ist jedoch nicht wasserbeständig. Um zu einem wasserbeständigen Mörtel zu gelangen, muß der Kalkstein nicht allein, sondern im Gemisch mit Ton (Tone sind eisenhaltige Aluminiumsilicate mit Blattstruktur, s. unter ↑ Siliciumdioxid) gebrannt werden. Das dabei erhaltene Produkt wird als *Zement* bezeichnet.

Der am meisten verwendete Zement ist der *Portlandzement.* Die Rohstoffe zu seiner Herstellung sind entweder gezielt hergestellte Mischungen von Kalkstein und Ton oder aber die natürlich vorkommenden Kalksteinmergel, die Kalk und Ton bereits im richtigen Verhältnis besitzen. Die Rohstoffe werden fein gemahlen und dann in Drehrohröfen bei 1450 °C gebrannt. Bei diesem Brennen wird zunächst das Wasser aus den Tonen ausgetrieben (bis 600 °C). Bis 900 °C erfolgt die Abspaltung von Kohlenstoffdioxid aus dem Kalk. Das gebildete Calciumoxid reagiert dann mit dem Siliciumdioxid, dem Aluminiumoxid sowie dem Eisenoxid (des Tons) zu Silicaten, Aluminaten und Aluminatferriten. Oberhalb 1280 °C entsteht eine Schmelze. Nach dem Abkühlen wird der nun erhaltene *Zementklinker* fein vermahlen und noch mit bestimmten Anteilen ↑ Calciumsulfat vermischt (das Calciumsulfat verhindert ein zu schnelles Abbinden des Zements mit Wasser). Wird ein so erhaltener Zement mit Wasser verrührt („Anmachen"), laufen zahlreiche Reaktionen unter den Zementbestandteilen ab, die zu komplizierten Kristallisationsvorgängen führen, in deren Folge die Mischung die bekannte Aushärtung erfährt. Da die Aushärtung des Zements auch unter Wasser erfolgt und der ausgehärtete Zement gegen Wasser vollkommen beständig ist, bezeichnet man Zement auch als *Wassermörtel.*

Gefälltes C. wird in vielen Bereichen als Füllstoff eingesetzt (Kosmetik, Pharmazie, Papierherstellung, Kunststoffe, Gummi, Farben).

$CCaO_3$ $M_R = 100{,}09$ C 12,00 % Ca 40,04 % O 47,96 %

$t_{Zersetzung}$	t_{Sdp}	d	η
899 °C (Z)		2,71 g/cm³	

C_p	$\Delta_S H$	$\Delta_V H$	$\Delta_B H$	S^o	Q_C
83,5 J/(K · mol)			−1207 kJ/mol	92,9 J/(K · mol)	

Calciumchlorid

Calcium chloride, anhydrous

Das wasserfreie C. bildet weiße, sehr hygroskopische Kristalle, und kommt meist in grobgekörnter Form in den Handel. Löst sich gut in Wasser (ca. 70 g/100 ml bei 20 °C) unter starker Wärmeentwicklung, deren Ursache die exotherme Bildung des Hexahydrats ist (s. Gleichung). C. ist auch löslich in Ethanol (ca. 20 g/100 ml bei 20 °C).

$$CaCl_2 + 6\,H_2O \longrightarrow CaCl_2 \cdot 6\,H_2O$$

Bildung von Calciumchlorid-Hexahydrat

Das wasserfreie C. wird aus dem Hexahydrat durch vorsichtiges Erwärmen auf ca. 260 °C erhalten (zur Herstellung des Hexahydrats s. unter ↑ Caliumchlorid-6-hydrat).

Die Hauptverwendung findet C. wegen seines hygroskopischen Charakters als Trockenmittel. So dient es zur Befüllung von Trockentürmen, Exsiccatoren und Calciumchlorid-Trockenröhren, um Feuchtigkeit aus der Luft oder anderen technischen Gasen zu binden. Zur Trocknung von ↑ Ammoniak ist es nicht verwendbar.

C. verwendet man ferner zur Entfernung von Wasser aus organischen Flüssigkeiten, wie gesättigten, ungesättigten oder halogenierten Kohlenwasserstoffen, Estern, Ketonen, Ethern usw.

Nicht geeignet ist es hierbei für Amine, Alkohole und Phenole, da diese wie Ammoniak gebunden werden. Zur Regeneration s. o.

$CaCl_2$ $M_R = 110{,}99$ Ca 36,11 % Cl 63,89 %

t_{Smp}	t_{Sdp}	d	η
782 °C	2206 °C	2,15 g/cm³	

C_p	$\Delta_S H$	$\Delta_V H$	$\Delta_B H$	S^o	Q_C
72,9 J/(K · mol)	28,5 kJ/mol	235 kJ/mol	−796 kJ/mol	104,5 J/(K · mol)	

MAK	R-Satz	S-Satz
	36	22-24

Calciumchlorid-6-Hydrat

Calcium chloride, hexahydrate

Bildet farblose hygroskopische Kristalle, die sich sehr leicht in Wasser (unter Abkühlung, s. unten) und Ethanol lösen. Es schmilzt bei 30 °C im eigenen Kristallwasser und gibt beim vorsichtigen Erwärmen stufenweise Kristallwasser ab, um ab ca. 260 °C völlig zu dehydratisieren.

C. fällt technisch in großen Mengen als Nebenprodukt der Soda-Herstellung nach dem „Solvay-Verfahren" an (s. Bruttogleichung, näheres s. unter ↑ Natriumcarbonat).

$$CaCO_3 + 2\,NaCl \longrightarrow CaCl_2 + Na_2CO_3$$

Gewinnung von Calciumchlorid beim Solvay-Verfahren

Im Labor kann es gezielt gewonnen werden durch Umsetzung von ↑Calciumcarbonat mit ↑Salzsäure (s. Gleichung) oder aus ↑Calciumhydroxid und ↑Ammoniumchlorid (s. Gleichung) und kristallisiert beim Einengen der wässerigen Lösungen aus.

$$CaCO_3 + 2\,HCl \longrightarrow CaCl_2 + CO_2 + H_2O$$

Labordarstellung von Calciumchlorid-Hexahydrat

$$Ca(OH)_2 + 2\,NH_4Cl \longrightarrow CaCl_2 + 2\,NH_3 + 2\,H_2O$$

Calciumchlorid-Bildung aus Calciumhydroxid

Die Auflösung von C. in Wasser erfolgt unter starker Abkühlung, weshalb C. für *Kältemischungen* verwendet wird. Eine Mischung von 100 g C. mit 70 g Eis liefert eine Temperatur von-55 °C.

C. wird ferner vielfach technisch genutzt, was hier nur stichwortartig angedeutet sei: als sehr wirksames Tausalz, als Frostschutzmittel, als Staubbindemittel (z. B. im Bergbau), als Betonzusatz (Abbindebeschleunigung), in metallurgischen Prozessen, bei der Kautschuk-Gewinnung (Koagulans).

$CaCl_2 \cdot 6\,H_2O$ $M_R = 219{,}08$ Ca 18,29 % Cl 32,36 % H_2O 49,32 %

t_{Smp}	t_{Sdp}	d	η
30,2 °C		1,71 g/cm³	

C_p	$\Delta_S H$	$\Delta_V H$	$\Delta_B H$	S^o	Q_C
			−2608 kJ/mol	285 J/(K · mol)	

Calciumcyanamid

Calcium cyanamide

Stellt in reinem Zustand ein weißes kristallines hygroskopisches Pulver dar. Das technisch aus ↑Calciumcarbid und ↑Stickstoff erhaltene Produkt besitzt wegen beigemengtem ↑Kohlenstoff eine grauschwarze Farbe (Kalkstickstoff, s. auch unter ↑Calciumcarbid). C. wird durch Wasser je nach Bedingungen (Temperatur, pH-Wert) über verschiedene Zwischenstufen zersetzt. C. läßt sich in keinem bekannten Lösungsmittel unzersetzt lösen.

$$CaC_2 + N_2 \longrightarrow CaN{-}C{\equiv}N$$

Technische Gewinnung von Calciumcyanamid

Technisch wird C, wie erwähnt, aus Calciumcarbid durch Umsetzung mit Stickstoff erhalten, wenn die Komponenten auf über 1000 °C erwärmt werden (*Carbid-Azotierung*, s. Gleichung).

Gibt man aber die gesamte Carbidmenge von Anfang an zu, so wird der Ansatz durch die stark exotherme Reaktion so erhitzt, daß die Rückreaktion abläuft. Im *Frank-Caro-Verfahren* dosiert man deshalb einen Teil der Carbidmasse nach, sodaß dieser Teil durch die Exothermie erst auf Reaktionstemperatur gebracht wird, womit die Temperatur im Sollbereich bleibt. Im *Polzenius-Krauss-Verfahren* kann die Reaktion durch Zumischung von ↑Calciumchlorid oder ↑Calciumfluorid als Flußmittel bereits bei 700 °C geführt und dann durch Luftkühlung im gewünschten Maße gezügelt werden. Reines C. erhält man technisch durch Umsetzung von Kalk mit Ammoniak bei ca. 700 °C (s. Gleichung).

$$CaCO_3 \longrightarrow [CaO + CO_2] \xrightarrow{+2\,NH_3} CaNCN + 3\,H_2O$$

Gewinnung von reinem Calciumcyanamid

C. ist das Ca-Salz des Cyanamids. Letzteres erhält man deshalb auch durch Einleiten von ↑ Kohlenstoffdioxid in eine wässerige Suspension von C. (s. Gleichung, s. auch unter ↑ Cyanamid).

$$CaN{-}C{\equiv}N + CO_2 + H_2O \longrightarrow CaCO_3 + H_2N{-}C{\equiv}N$$

Cyanamid-Bildung aus Calciumcyanamid

C. dient in Form des Kalkstickstoffs hauptsächlich als Düngemittel, da es im Boden über die Zwischenstufen ↑ Cyanamid und ↑ Harnstoff zu ↑ Ammoniak und ↑ Kohlenstoffdioxid zersetzt wird (s. Gleichung).

$$CaN{-}C{\equiv}N + 4\,H_2O \longrightarrow Ca(OH)_2 + 2\,NH_3 + CO_2$$

Zerfall von Calciumcyanamid im Boden (als Düngemittel)

C. hat ferner als Ausgangsprodukt zur Gewinnung von Cyanamid und dessen Folgeprodukten Bedeutung (s. Schema unter ↑ Cyanamid).

$CCaN_2$ $M_R = 80{,}11$ C 14,99 % Ca 50,03 % N 34,97 %

t_{Smp}	t_{Sdp}	d	η		
1340 °C		2,29 g/cm³			
C_p	$\Delta_S H$	$\Delta_V H$	$\Delta_B H$	S^o	Q_C
83,2 J/(K · mol)			−350,6 kJ/mol	81,6 J/(K · mol)	
MAK	R-Satz	S-Satz			
1 mg/m³	22-37-41	22-36/37/39			

Calciumfluorid

Calcium fluoride

Fällt als weißes kristallines Pulver oder in Form farbloser kubischer Kristalle an. Es ist sehr wenig löslich in Wasser (bei 20 °C nur zu 1,5 mg/100 ml) und verdünnten Mineralsäuren.

C. kommt in der Natur in großen Mengen als Flußspat (*Fluorit*) vor, wobei dieser infolge der spurenweisen Beimengung von Fremdatomen oft in den Tönen gelb, grün, blau oder violett gefärbt ist. Die wichtigsten Vorkommen finden sich in Mexiko, Südafrika und Rußland. Die Roherze, denen meist Schwerspat, Sulfide und Quarz beigemengt sind enthalten bis zu 60 % C.

Die Labordarstellung von C. gelingt durch Umsetzung von ↑ Calciumcarbonat mit ↑ Fluorwasserstoffsäure (s. Gleichung).

$$CaCO_3 + 2\,HF \longrightarrow CaF_2\downarrow + H_2O + CO_2$$

Labordarstellung von Calciumfluorid

Das Kristallgitter des C. (das sog. „*Fluorit-Gitter*“) repräsentiert einen weitverbreiteten Gitter-Typus. Die Elementarzelle dieses Gitters läßt sich wie folgt konstruieren: die Ca-Ionen bilden ein kubisch-flächenzentriertes Gitter. Teilt man diesen Elementarwürfel gedanklich in Achtelwürfel auf, so besetzen die Fluorid-Ionen die Zentren derselben. In äquivalenter Beschreibung kann man auch sagen: die Ca-Ionen bilden eine kubisch-dichteste Kugelpackung, deren sämtliche Tetraederlücken durch Fluorid-Ionen besetzt sind. Auf diese Weise sind alle Ca- von 8 Fluorid- und alle Fluorid- von 4 Calcium-Ionen umgeben.

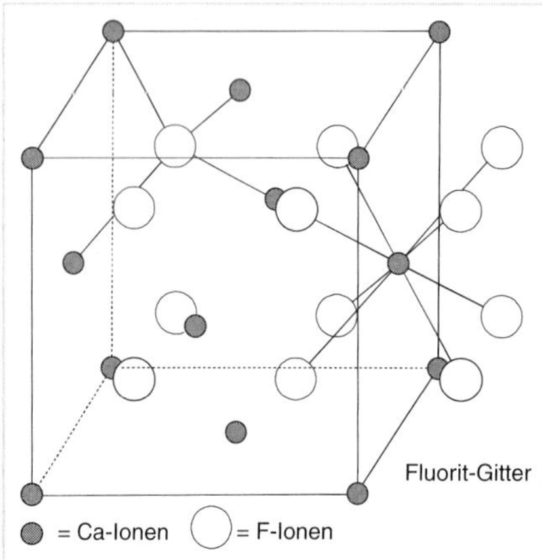

Fluorit-Gitter des Calciumfluorids

C. stellt das wichtigste Ausgangsprodukt zur Gewinnung von Fluor-Verbindungen dar, da es mit konz. ↑ Schwefelsäure ↑ Fluorwasserstoff freisetzt (s. Gleichung), der beim Erhitzen abdestilliert. Diese Reaktion wird technisch in großen Rohröfen durchgeführt; im Labor in Gefäßen aus ↑ Blei oder ↑ Platin.

$$CaF_2 + H_2SO_4 \longrightarrow CaSO_4 + 2\,HF$$

Freisetzung von Fluorwasserstoff aus Calciumfluorid

C. dient vielfach in der Metallurgie als *Flußmittel*, woher auch der Name „*Flußspat*" stammt. Man hat nämlich recht früh erkannt, daß C. als Zuschlagstoff die Schmelzpunkte der Erze herabsetzt, und so ein leichteres „Fließen" derselben ermöglicht.

Ein wichtiges Einsatzfeld für C. stellt auch die Glas- und Emaille-Industrie dar (Trübungsmittel).

Eine spezielle Anwendung findet synthetisches C. in der optischen Industrie, da C.-Kristalle gut durchlässig für UV-Strahlen sind.

$$Ca^{2+} + 2\,F^{\ominus} \longrightarrow CaF_2$$

Calciumfluorid-Fällung

Wegen der Schwerlöslichkeit des C. dient seine Fällung in der Analytik sowohl zum Ca- als auch zum F-Nachweis (s. Gleichung). Bei dieser Fällung bildet sich meist ein schwerfiltrierbares Gel.

C. ist auch „Standard-Mineral" der Mohs'schen Härteskala und besitzt nach dieser die Härte 4 (s. auch unter ↑ Kohlenstoff).

CaF_2 $M_R = 78{,}08$ Ca 51,33 % F 48,67 %

t_{Smp}	t_{Sdp}	d	η
1418 °C	2505 °C	3,18 g/cm³	

C_p	$\Delta_S H$	$\Delta_V H$	$\Delta_B H$	S^o	Q_C
68,6 J/(K · mol)	29,7 kJ/mol	308,7 kJ/mol	−1225 kJ/mol	68,6 J/(K · mol)	

Calciumhydrid

Calcium hydride

Das sehr reine Produkt bildet farblos glänzende Kristalle, in kommerziellen Qualitäten ist es meist eine graue kristalline Masse.

$$Ca + H_2 \longrightarrow CaH_2$$
Calciumhydrid

Elementsynthese von Calciumhydrid

C. wird hergestellt durch Überleiten von absolut trockenem ↑Wasserstoff über sorgfältig von Oxidschichten befreites ↑Calcium bei ca. 400 °C, wobei eine starke Exothermie zu beobachten ist (s. Gleichung).

C. reagiert mit Wasser und niederen Alkoholen mit hoher Exothermie unter Wasserstoff-Entwicklung zum Hydroxid bzw. zu den Alkoholaten. Diese Reaktivität des C. wird technisch und präparativ genutzt zur Wasserstoff-Erzeugung an entlegenen Orten (z. B. für meteorologische Ballons, 1 g C. erzeugt 1 Liter Wasserstoff unter Normalbedingungen), zum Trocknen von Gasen und organischen Solventien. Besondere Bedeutung hat die Herstellung von Metallen (z. B. Ti, Zr, V, Cr, W, Mn, Fe, Cu, Al) aus ihren Oxiden durch Reduktion mit C. (s. Gleichung), die als *Hydrimet-Verfahren* bezeichnet wird. Der Vorteil der Verwendung des C. liegt dabei in den günstigen Prozeßparametern (Temperatur, Beiprodukte, Isolierbarkeit) und der geringen Legierungstendenz von ↑Calcium.

$$MO_n + n\,CaH_2 \longrightarrow M + n\,CaO + n\,H_2$$
Das Hydrimet-Verfahren

Hydrimet-Verfahren zur Metallherstellung

CaH_2 $M_R = 42{,}09$ Ca 95,21 % H 4,79 %

t_{Smp}	t_{Sdp}	d	η		
1000 °C		1,90 g/cm³			
C_p	$\Delta_S H$	$\Delta_V H$	$\Delta_B H$	S^o	Q_C
41,0 J/(K · mol)	22,0 kJ/mol		−177 kJ/mol	41,4 J/(K · mol)	
MAK	R-Satz	S-Satz			
	15	7/8-24/25-43			

Calciumhydroxid

Calcium hydroxide

Stellt ein sehr feines weißes Pulver dar, welches in Wasser nur wenig löslich ist (bei 20 °C 165 mg /100 ml). Die wässerige Lösung reagiert stark alkalisch und wird als *Kalkwasser* bezeichnet (pH-Wert einer gesättigten Lösung = 12,4). Die Löslichkeit nimmt mit steigender Temperatur ab (O °C 186 mg /100 ml, 100 °C 77 mg /100 ml).

$$CaO + H_2O \rightleftharpoons Ca(OH)_2$$

Gewinnung von Calciumhydroxid

C. wird technisch und im Labor durch Umsetzung von ↑Calciumoxid („gebrannter Kalk") mit Wasser gewonnen (s. Gleichung).

Diese Umsetzung verläuft unter starker Erwärmung und unter Zischen, da die in den Mikroporen des Calciumoxids befindliche Luft zunächst entweicht, weshalb C. auch als *„gelöschter Kalk"* bezeichnet wird.

C. dehydratisiert ab 547 °C gemäß der Bildungs-Gleichung (Pfeil nach links) wieder vollständig.

Riesige Mengen an C. werden im Bauwesen zur Bereitung von *Kalkmörtel* gebraucht. Dieser besteht aus einem Gemisch von einem Teil C. mit 2–3 Teilen Bausand, welches mit Wasser zu einem kellengerechten Brei angeteigt wird. Das Abbinden setzt mit dem sog. „Anziehen" ein, dem die Wasserabgabe des Mörtels an das umgebende Mauerwerk zugrunde liegt (physikalisches Trocknen). In der Folge reagiert das C. mit dem ↑ Kohlenstoffdioxid der Luft unter Bildung von ↑ Calciumcarbonat (s. Gleichung).

$$Ca(OH)_2 + CO_2 \longrightarrow CaCO_3 + H_2O$$

Abbinde-Reaktion des Kalkmörtels

Die Calciumcarbonat-Kristalle verfilzen mit dem Sand zu einem festen Gefüge. Dieser Kalkmörtel ist ebenso wie der Gipsmörtel (s. unter ↑ Calciumsulfat) an der Luft trocknend und nicht beständig gegen Wasser, weshalb beide auch als Luftmörtel bezeichnet werden, im Gegensatz um Wassermörtel (s. unter ↑ Calciumcarbonat). Die Carbonat-Bildung vollzieht sich von Außen nach Innen allmählich und kann Jahrhunderte dauern.

Eine Suspension von C. in Kalkwasser wird als „*Kalkmilch*" bezeichnet, und dient zum „Kalken" von Wänden.

C. wird als die billigste „Base" in der chemischen Industrie vielfach anstelle des teureren Natriumhydroxids für Neutralisationen, Umfällungen und dgl. verwendet.

Beim Einleiten von Kohlenstoffdioxid in Kalkwasser fällt Calciumcarbonat aus (Trübung), was in der Analytik zum Kohlenstoffdioxid-Nachweis dient (s. obige Gleichung).

► C. ist ätzend. Stets gut verschlossen halten, weil rasche Kohlenstoffdioxid-Absorption aus der Luft erfolgt.

CaH_2O_2 $M_R = 74{,}10$ Ca 54,09 % H 2,72 % O 43,19 %

$t_{Zersetzung}$	t_{Sdp}	d	η		
450 °C (Z)		2,23 g/cm³			
C_p	$\Delta_S H$	$\Delta_V H$	$\Delta_B H$	S^o	Q_C
87,5 J/(K · mol)			−986 kJ/mol	83,4 J/(K · mol)	
MAK	R-Satz	S-Satz			
5 mg/m³					

Calciumnitrat

Calcium nitrate

Bildet farblose Kristalle, die sich in Wasser außerordentlich gut lösen (bei 20 °C ca. 130 g/100 ml) und deshalb sehr hygroskopisch sind. Die Auflösung erfolgt unter Erwärmung. C. löst sich auch gut in Ethanol, Methanol und Aceton. Eine 5 %ige wässerige Lösung zeigt den pH-Wert 6,0.

Die technische Herstellung von C. erfolgt durch Umsetzung von Kalkstein mit ↑ Salpetersäure (s. Gleichung).

$$CaCO_3 + 2\,HNO_3 \longrightarrow Ca(NO_3)_2 + CO_2 + H_2O$$

Technische Herstellung von Calciumnitrat

Beim Auskristallisieren aus wässeriger Lösung fällt C. als Tetrahydrat in Form farbloser Prismen an, die bei 45 °C im eigenen Kristallwasser schmelzen und oberhalb 100 °C in die wasserfreie Verbindung übergehen.

C. bildet mit ↑ Ammoniumnitrat ein Doppelsalz und kommt als solches unter dem Namen „*Kalksalpeter*" oder „*Norgesalpeter*" zu Düngezwecken in den Handel.

C. wird in derAbwasserbehandlung, als Korrosionsinhibitor (in Dieselkraftstoffen) und für verschiedene präparative Zwecke (doppelte Umsetzungen, Pyrotechnik, Stickoxide) eingesetzt.

Erwähnt sei das Auftreten von C. als sog. „*Mauersalpeter*" in Form von Ausblühungen an Stallwandungen, wo sich C. aus Kalk und ↑ Ammoniak mittels Bakterien bildet.

CaN_2O_6 $M_R = 164{,}10$ Ca 24,42 % N 17,07 % O 58,50 %

t_{Smp}	t_{Sdp}	d	η		
561 °C		2,50 g/cm³			
C_p	$\Delta_S H$	$\Delta_V H$	$\Delta_B H$	S^o	Q_C
149,4 J/(K · mol)	21,3 kJ/mol		−938 kJ/mol	193,3 J/(K · mol)	
MAK	R-Satz	S-Satz			
	8-34	17-24			

Calciumoxid

Calcium oxide

$$CaO + H_2O \longrightarrow Ca(OH)_2$$

Bildung von Calciumhydroxid mit Wasser

Kommt als amorphes weißes Pulver oder als weißgraue Brocken in den Handel. Aus der Schmelze kristallisiert es in würfelförmigen Kristallen des Natriumchlorid-Typs. Setzt sich mit Wasser unter starker Wärmeentwicklung zu ↑ Calciumhydroxid um (s. Gleichung).

Das Kristallgitter des C. ist aus Ca^{2+}-Kationen und O^{2-}-Anionen aufgebaut, so daß der Calciumhydroxid-Bildung mit Wasser die dargestellte Reaktion zugrunde liegt. C. wird technisch aus ↑ Calciumcarbonat durch Erhitzen auf 900–1000 °C hergestellt (s. Gleichung).

$$O^{2-} + H_2O \longrightarrow 2\,OH^{\ominus}$$

Der Hydroxid-Bildung zugrunde liegende Reaktion

$$CaCO_3 \xrightarrow{1000\,°C} CaO + CO_2$$

Bildung von Calciumoxid aus Calciumcarbonat

$$Ca + 1/2\,O_2 \longrightarrow CaO$$

Verbrennung von Calcium

Im Labor kann es auch einfach durch Verbrennen von ↑ Calcium erhalten werden (s. Gleichung).

C. wird technisch in größtem Maßstab als „gebrannter Kalk" oder „*Ätzkalk*" zu Mörtel verarbeitet (s. auch unter ↑ Calciumhydroxid). C. wird außerdem als basischer Zuschlag in der Metallurgie sowie in der Glasherstellung verwendet. Wegen seines sehr hohen Schmelzpunktes dient es auch zu Ofenauskleidungen.

► C. ist ätzend. Gut verschlossen aufbewahren.

CaO $M_R = 56{,}08$ Ca 71,47 % O 28,53 %

t_{Smp}	t_{Sdp}	d	η		
2927 °C	3570 °C	3,40 g/cm³			
C_p	$\Delta_S H$	$\Delta_V H$	$\Delta_B H$	S^o	Q_C
42,1 J/(K · mol)	79,5 kJ/mol		−635 kJ/mol	38,1 J/(K · mol)	

MAK	R-Satz	S-Satz
5 mg/m³		

Calciumphosphat

Tricalcium phosphate   tert.-Calciumphosphat

$$3\ Ca_3(PO_4)_2 \cdot CaF_2$$

Das Mineral Apatit

Bildet ein amorphes, geruch- und geschmackloses weißes Pulver. Es ist in Wasser bei 20 °C nur zu 2,5 g/100 ml löslich, löst sich jedoch leicht in verdünnten Mineralsäuren.

C. kommt in der Natur z. B. in dem Mineral *Apatit* vor (s. Bruttoformel) sowie im *Phosphorit*, der ebenfalls ein Mischsalz des Calciums aus Phophat, Hydroxid, Fluorid und Chlorid darstellt. Beide Minerale stellen überhaupt die wichtigsten Phosphor-Reserven dar.

Das natürliche C. wird mit Schwefelsäure* aufgeschlossen, wobei ein Gemisch von C. mit ↑ Calciumsulfat (Gips) erhalten wird, welches in großen Mengen als „*Superphosphat*" zur Düngung verwendet wird (industrieller Hauptverbrauch an ↑ Schwefelsäure!)

Im Labor erhält man C. durch Neutralisation von ↑ Phosphorsäure mit ↑ Calciumcarbonat (s. Gleichung).

$$2\ H_3PO_4 + 3\ CaCO_3 \longrightarrow Ca_3(PO_4)_2 + 3\ CO_2 + 3\ H_2O$$

Herstellung von Calciumphosphat

C. wird technisch in der Keramik- und Glasindustrie verwendet (Trübungsmittel), ferner in der Kosmetik (Zahnpasta), in der Lebensmitteltechnologie (Erhaltung der Rieselfähigkeit) sowie in Poliermitteln.

$Ca_3O_8P_2$ $M_R = 310{,}18$ Ca 38,76 %   O 41,27 %   P 19,97 %

t_{Smp}	t_{Sdp}	d	η
1810 °C		3,14 g/cm³	

C_p	$\Delta_S H$	$\Delta_V H$	$\Delta_B H$	S^o	Q_C
228 J/(K · mol)	167,4 kJ/mol		−4120 kJ/mol		

Calciumphosphid

Calcium phosphide

$$3\ Ca + 2\ P \longrightarrow Ca_3P_2$$

Elementsynthese von Calciumphosphid

In reinem Zustand ein rotbraunes kristallines Pulver (in technischem Zustand eine graubraune Masse), das hergestellt werden kann aus den Elementen durch Überleiten von Phosphordampf über rotglühendes ↑ Calcium (s. Gleichung) oder alumothermisch aus ↑ Calciumphosphat und ↑ Aluminium (s. Gleichung). Der Nachteil des letzteren Verfahrens ist, daß das ↑ Aluminiumoxid nicht abtrennbar ist.

$$3\ Ca_3(PO_4)_2 + 16\ Al \longrightarrow 3\ Ca_3P_2 + 8\ Al_2O_3$$

Darstellung mit Calciumphosphat und Aluminium

C. reagiert mit Wasser heftig unter Entwicklung von giftigem *Phosphorwasserstoff* (s. Gleichung). Auf dieser Reaktion beruht die hauptsächliche Verwendung des C., indem der so erzeugte Phosphorwasserstoff zur Vertreibung von Wühlmäusen und zur Schädlingsbekämpfung eingesetzt wird.

$$Ca_3P_2 + 6\,H_2O \longrightarrow 3\,Ca(OH)_2 + 2\,PH_3$$

Phosphorwasserstoff-Entwicklung aus Calciumphosphid

Ca_3P_2 $M_R = 182{,}18$ Ca 66,00 % P 34,00 %

t_{Smp}	t_{Sdp}	d	η		
ca. 1600 °C		2,51 g/cm³			
C_p	$\Delta_S H$	$\Delta_V H$	$\Delta_B H$	S^o	Q_C
116 J/(K · mol)			−506 kJ/mol	124 J/(K · mol)	
MAK	R-Satz	S-Satz			
	15/29-28	22-43-45			

Calciumsulfat

Calcium sulfate

Die Chemie und damit die Anwendungen des C. beruhen auf der Existenz verschiedener definierter Hydrate, die hier zusammmengefaßt beschrieben werden sollen (s. Tabelle).

Chemische Bezeichnung	Formel	Andere Bezeichnungen
Calciumsulfat-Dihydrat	$CaSO_4 \cdot 2\,H_2O$	Gipsstein, Dihydrat
Calciumsulfat-Halbhydrat	$CaSO_4 \cdot {}^1/_2\,H_2O$	Halbhydrat, (natürl. als "Bassanit")
Calciumsulfat wasserfrei	$CaSO_4$	Anhydrit

Hydratations-Stufen des Calciumsulfats

Das Dihydrat kommt in der Natur als *Gips* in großen Mengen vor und wird sowohl im Tagebau als auch unter Tage gewonnen. Abarten finden sich als *Marienglas* und *Alabaster*. Das Dihydrat fällt auch beim Ausfällen aus wässeriger Lösung an (s. Gleichung). Die Löslichkeit in Wasser beträgt bei 20 °C 0,242 g/100 ml.

$$Ca^{2+} + SO_4^{2-} + 2\,H_2O \longrightarrow CaSO_4 \cdot 2\,H_2O$$

Fällung von Calciumsulfat-Dihydrat

Das Halbhydrat bildet sich aus dem Dihydrat bei dessen Erwärmung ab 128 °C (s. Gleichung).

$$CaSO_4 \cdot 2\,H_2O \xrightarrow{128\,°C} CaSO_4 \cdot {}^1/_2\,H_2O + 1{}^1/_2\,H_2O$$

Bildung von Halbhydrat aus dem Dihydrat

Vom Halbhydrat existieren zwei verschiedene Formen, das α- und das β-Halbhydrat, die sich zwar nicht in der Kristallstruktur, aber in ihrer Kristalltracht und spezifischen Oberfläche so voneinander unterscheiden, daß ihr chemisches und physikalisches Verhalten deutlich differiert.

α-Halbhydrat: entsteht aus dem Dihydrat durch „nasse“ Verfahren, also Erhitzen mit Wasser im Autoklaven auf 120–150 °C, und fällt in gut ausgebildeten Kristallen an.

β-Halbhydrat: wird auf „trockenem“ Wege durch Erwärmen auf 120–180 °C meist in Drehrohröfen hergestellt und bildet extrem kleine Kristallite (krypto-kristallines feines Pulver).

Anhydrit entsteht durch höheres Erwärmen unter vollständiger Dehydratisierung aus Dihydrat oder Halbhydrat. Es kommt auch meist vergesellschaftet mit Dihydrat in der Natur vor. Vom Anhydrit existieren drei verschiedene Modifikationen, Anhydrit III, II, und I.

Anhydrit III: der sog. „lösl. Anhydrit" bildet sich bei vorsichtigem Erwärmen von Halbhydrat an der Luft bis 200 °C oder im Vakuum bis 100 °C. Bildet hexagonale Kristalle.

Anhydrit II : ensteht aus Dihydrat, Halbhydrat oder Anhydrit III durch Erhitzen auf 500 °C oder darüber, wird auch als „unlöslicher Anhydrit" bezeichnet und entspricht dem natürlichen Anhydrit. Bildet rhombische Kristalle. Je nachdem, ob die Herstellung bei Temperaturen bis 500 °C, zwischen 500 und 700 °C oder oberhalb 700 °C erfolgt, erhält man verschiedene Anhydrite II, die sich im Löse- und Abbindeverhalten unterscheiden (s. unten).

Anhydrit I : existiert nur oberhalb 1180 °C und ist technisch ohne Bedeutung.

Die im Schema gezeigte Umwandlungskette faßt die Verhältnisse zusammen.

$$\text{Dihydrat} \xrightarrow{120\text{-}180\ °C} \text{Halbhydrat} \xrightarrow{200\ °C} \text{Anhydrit III} \xrightarrow{500\ °C} \text{Anhydrit II} \xrightarrow{1180\ °C} \text{Anhydrit I}$$

Hydrat-Umwandlungskette von Calciumsulfat

Von großer Bedeutung ist nun, daß die Dehydratisierung von C. leicht umkehrbar ist, daß sich aus Halbhydrat oder Anhydrit mit Wasser wieder Dihydrat bildet. Diese Rückbildung verläuft so, daß ein aus Halbhydrat oder Anhydrit mit der geeigneten Menge Wasser angerührter Brei mehr oder weniger schnell zu einer mehr oder weniger festen steinartigen Masse durchhärtet.

Darauf beruht die Verwendung von C. (Gips) als Bau- und Formmaterial seit Jahrtausenden.

Lavoisier erkannte als erster (um 1770), daß Gips 75 % seines Wassers leichter abgibt als das letzte Viertel, daß die Abhärtung von Gips aus der Wiederaufnahme des beim „Brennen" des Gipses abgegebenen Wassers beruht und daß man Gips „totbrennen" kann.

Das Abbindeverhalten ist je nach Halbhydrat- oder Anhydrittyp recht unterschiedlich und führt zu verschiedenen technischen Gipsprodukten (im deutschen Sprachgebrauch bezeichnet man sowohl das Dihydrat als auch die abbindefähigen Produkte als „Gips").

α-Halbhydrat: Besitzt kurze Abbindezeiten, die mit Verzögerern eingestellt werden können und findet deshalb Verwendung als Formengips, orthopädische und Dentalgipse, Industriegips. Es ergibt hohe Festigkeiten. β-Halbhydrat: Bindet mittelschnell ab, wird als Stuck- und Mörtelgips verwendet. Ist zu 20–30 % in Putzgips enthalten. Ergibt mittlere Festigkeit.

Anhydrit III: Bindet sehr schnell ab und bildet zu etwa 60 % den Anteil in den Putzgipsen zusammen mit Verzögerern, sowie Anhydrit II und β-Halbhydrat. Wird auch als Trockenmittel verwendet

$$CaSO_4 \longrightarrow CaO + SO_3$$

Thermischer Zerfall von Calciumsulfat

Anhydrit II: Bindet sehr langsam ab, die Abbindung muß durch Anreger beschleunigt werden. Wird es bei über 700 °C hergestellt, enthält es wegen thermischer Zersetzung (s. Gleichung) bereits ↑ Calciumoxid und wird dann als Estrichgips verwendet (ca. 10 % CaO).

Das Schema faßt die technisch wichtigen Hydratumwandlungen von C. zusammen.

$$CaSO_4 \cdot 2\,H_2O \xrightarrow[-\,H_2O]{\Delta} \begin{matrix} CaSO_4 \cdot {}^1/_2\,H_2O \\ CaSO_4 \end{matrix} \xrightarrow{[H_2O]} CaSO_4 \cdot 2\,H_2O$$

Technisch wichtige Calciumsulfat-Hydrat-Umwandlungen

Beim „Anmachen" des Gipses rührt man das Anhydrit bzw. Halbhydrat in das vorgelegte Wasser gut ein (nicht umgekehrt), so daß eine gleichmäßige Suspension unter guter Benetzung der Kristallkörner erfolgt. An der Oberfläche dieser Kristallite erfolgt Auflösung, wobei dort übersättigte Lösungen entstehen. In diesen bilden sich die Kristallkeime des Dihydrats, die zu den bekannten feinen Gipsnadeln auswachsen und die sich ihrerseits unter Ausbildung eines festen Gefüges miteinander verfilzen, falls die Wassermenge richtig dosiert war. Zugesetztes Dihydrat beschleunigt den Abbindevorgang erheblich (Kristallisations-Keime!).

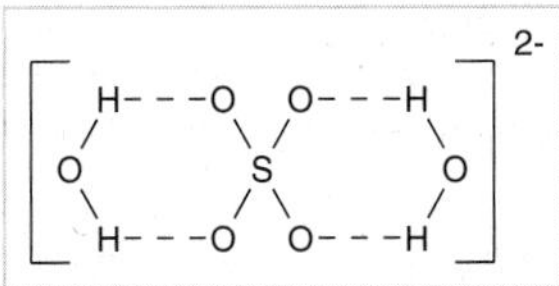

Wasserbindung an das Sulfat-Ion im Dihydrat

Das Wasser in Dihydrat ist über Wasserstoffbrücken an das Sulfation gebunden (s. Abbildung).

C. fällt auch bei chemisch-technischen Prozessen in großen Mengen an, so bei der Flußsäure-Herstellung aus Flußspat, bei der Phosphorsäure-Gewinnung aus Apatit und bei der Rauchgasentschwefelung. Die Daten in untenstehender Tabelle beziehen sich auf wasserfreies C.

CaO_4S $M_R = 136{,}14$ (wasserfrei) Ca 29,44 % O 47,01 % S 23.55 %

t_{Smp}	t_{Sdp}	d	η		
1570 °C		2,96 g/cm³			
C_p	$\Delta_S H$	$\Delta_V H$	$\Delta_B H$	S^o	Q_C
99,6 J/(K · mol)	27,6 kJ/mol		−1434 kJ/mol	106,7 J/(K · mol)	
MAK	R-Satz	S-Satz			
6 mg/m³					

Californium

Californium Cf

Ein künstliches radioaktives metallisches chemisches Element. Cf wurde 1950 beim Beschuß von Curium mit α-Strahlen erstmals in Spuren gewonnen und steht heute in mg-Mengen zur Verfügung (aus dem Neutronen-Beschuß von Uran).

Cf ist das in der Gruppe der Actiniden (s. unter ↑ Actiniden) auf ↑ Berkelium folgende Element und besitzt die Elektronenkonfiguration (Rn) $5f^{10}\,7s^2$, Grundterm $^5I_8$.

Seine bevorzugte Oxidationsstufe ist +3, es kann aber auch in den Stufen +2 und +4 auftreten.

Die Normalpotentiale betragen

$$Cf \rightarrow Cf^{3+} \quad E^{\ominus} = -1{,}91\ V$$
$$Cf \rightarrow Cf^{2+} \quad E^{\ominus} = -1{,}97\ V$$

Das Nuklid Cf 252 ist ein äußerst starker Neutronenstrahler, von dem 1 g in der Sekunde über zwei Billionen Neutronen abgibt. Damit lassen sich höchst intensive kleine Neutronenquellen bauen, die medizinisch und industriell verwendet werden.

Das längstlebige Isotop Cf 251 hat eine Halbwertzeit von 898 Jahren und ist ein α-Strahler.

Cf Z = 98 $A_R = 251{,}0796$ Isotope: 239-256

t_{Smp}	t_{Sdp}	d	MV	α	λ
900 °C		9,31 g/cm³	26,96 cm³/mol		ca. 10 W/mK

Campher

Camphor

Bildet farblose Kristalle oder eine weiße, körnig-kristalline, teils durchscheinende Masse, mit typischem intensivem Geruch. C. ist in Wasser kaum löslich (bei 20 °C ca. 0,15 g/100 ml) jedoch sehr gut löslich in den meisten org. Solventien (z. B. in Ethanol 100 g/100 ml). C. sublimiert sehr leicht.

C. ist ein Keto-Derivat des bicyclischen Terpens *Bornan* mit zwei asymmetrischen C-Atomen, von dem jedoch nur zwei optische Isomere, die D- und L-Form existieren (von den theoretisch möglichen vier Isomeren sind zwei wegen zu großer Ringspannung nicht existent).

C. findet sich in der Natur in den Campherbäumen (Japan, China), meist in der D-, teils auch in der L-Form. Dabei enthalten sämtliche Teile der Pflanze den C., allerdings in verschiedenen Anteilen, im sogenannten C.-Öl, welches im Schnitt zu ca. 4 % in den Pflanzen vorkommt. Der C-Anteil im Öl liegt zwischen 40–50 %.

Der C. wird aus den zerkleinerten Pflanzenteilen durch Wasserdampfdestillation gewonnen. Die wichtigsten technischen Synthesen gehen vom *α-Pinen* (s. unter ↑ Abietinsäure) aus und führen über verschiedene Zwischenstufen zum optisch inaktiven D,L-Campher (s. Schema).

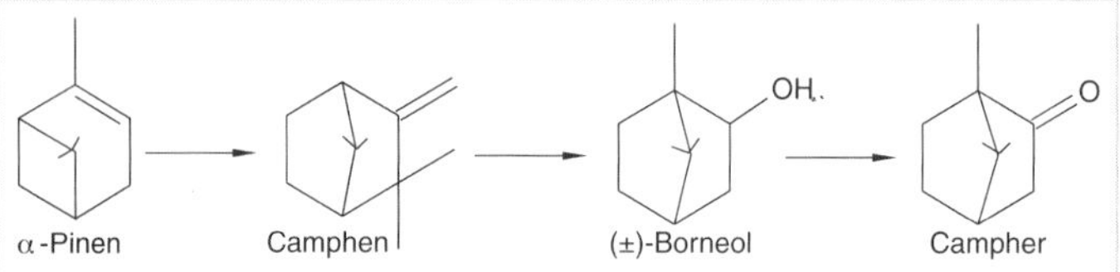

Campher-Synthese ausgehend von Pinen

C. geht die typischen Keton-Reaktionen ein, z. B. Oxim- und Hydrazonbildung. Die Reduktion führt zum Isomerengemisch von (±)-Borneol (aus der Carbonylgruppe entsteht ein weiteres asymmetrisches C-Atom). Beide Isomere kommen in etherischen Ölen vor, so das *(+)-Borneol* im Lavendelöl, *(−)-Borneol* im Baldrianöl. Ansonsten ist C. chemisch recht beständig, insbesondere gegen Oxidation. Präparativ hat C. keine Bedeutung; er wird als Komponente oder Zuschlagstoff in verschiedenen Produkten verwendet. Im Vordergrund steht hier die hervorragende Eignung als Weichmacher für Nitrocellulose. Hierauf beruht der Großteil des hohen C.-Bedarfs, der mit der teilweisen Substituierbarkeit von ↑ Cellulosenitrat durch weniger entzündliche Kunststoffe jedoch deutlich zurückgegangen ist. C. ist zwar auch als Weichmacher für ↑ Polyvinylacetat und andere Polymere geeignet, steht hier jedoch in Konkurrenz mit Phthalaten, Phosphorsäureestern usw.

C. dient ferner als Duftstoff z. B. in Kosmetika, sowie als Insekten-Repellent. C. übt auf die Haut einen hyperämieerzeugenden Reiz aus und wurde für Einreibungen, z. B. bei Rheuma, verwendet (*Campherspiritus* = ethanolische Lösung von C.).

► Wegen merklicher Flüchtigkeit schon bei Raumtemperatur stets gut verschlossen halten. Bei überdosierter Einatmung erzeugt C. Schwindel und Kopfschmerzen.

$C_{10}H_{16}O$ $M_R = 152{,}23$ C 78,90 % H 10,59 % O 10,51 %

t_{Smp}	t_{Sdp}	d	η		
180 °C	204 °C	0,96 g/cm³			
C_p	$\Delta_S H$	$\Delta_{Sub} H$	$\Delta_B H$	S^o	Q_C
271 J/(K · mol)	15,1 kJ/mol	51,9 kJ/mol (S)	−319 kJ/mol		−5902 kJ/mol

MAK	R-Satz	S-Satz
13 mg/m³		

Cannabinol ⟶ Tetrahydrocannabinol

ϵ-Caprolactam

Caprolactam ϵ-Aminocapronsäurelactam

Bildet weiße, blättchenförmige, hygroskopische Kristalle. Es löst sich gut in Wasser, Ethanol, Methanol, Petrolether und chlorierten Kohlenwasserstoffen.

C. wird ausgehend von ↑ Cyclohexanon synthetisiert, indem dieses mit ↑ Hydroxylamin in das Oxim überführt wird, welches sauer katalysiert zum Lactam umlagert. Diese Umlagerung stellt ein wichtiges Beispiel für die „*Beckmann-Umlagerung*" dar (s. Schema), die allgemein die Gewinnung von Carbonsäureamiden aus Carbonylverbindungen über ihre Oxime beinhaltet (Umlagerung am N-Atom, s. auch Schmidt-Reaktion unter Stickstoffwasserstoffsäure).

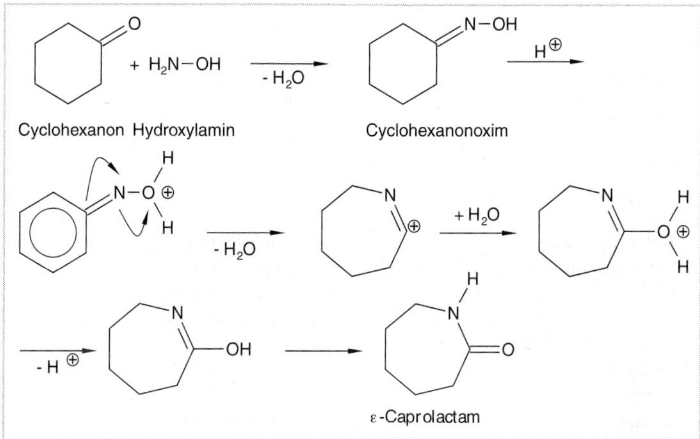

Synthese von ϵ-Caprolactam aus Cyclohexanon

C. ist das Ausgangsprodukt zur Herstellung von *6-Polyamid* (*Perlon*, s. Abbildung): katalytische Ringöffnung liefert ↑ 6-Aminocapronsäure, die mit weiterem Lactam unter Polykondensation zum Polyamid reagiert, welches aus der Schmelze zu Fasern verarbeitet wird (Schmelzspinnen) oder als Kunststoff dient (s. unter ↑ 6-Aminocapronsäure).

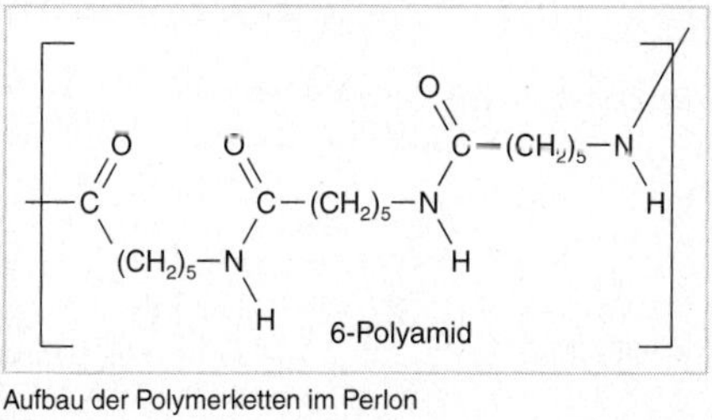

Aufbau der Polymerketten im Perlon

Die Polykondensation kann bereits durch Wasser hervorgerufen werden, allerdings nur bei hohen Temperaturen und nur recht langsam. Sehr rasch verläuft die anionische, durch starke Basen katalysierte Kondensation, z. B. mit ↑ Natriumhydroxid, für die eine kurze Arbeitsvorschrift angegeben sei: 30 g C. werden in einem Kolben geschmolzen und auf ca. 270 °C erwärmt. In diese Schmelze trägt man vorsichtig in mehreren Portionen insgesamt 0,1 g Natriumhydroxid ein. Bei jeder Zugabe setzt lebhaftes Sieden ein. Nach wenigen Minuten ist eine hochviskose Schmelze entstanden, aus der man Fäden ziehen kann.

Farblose Produkte erhält man dabei nur, wenn unter Sauerstoffausschluß (Inertgas) gearbeitet wird.

$C_6H_{11}NO$ $M_R = 113,16$ C 63,69 % H 9,80 % N 12,38 % O 14,14 %

t_{Smp}	t_{Sdp}	d	η
70 °C	268 °C	1,01 g/cm³	

C_p	$\Delta_S H$	$\Delta_V H$	$\Delta_B H$	S^o	Q_C
156,8 J/(K · mol)	16,1 kJ/mol	87,3 kJ/mol	−329 kJ/mol	173,2 J/(K · mol)	−3603 kJ/mol

MAK	R-Satz	S-Satz
5 mg/m³	20/22-36/37/38	

Capronsäure

Caproic acid Hexansäure

Eine farblose bis leicht gelbliche ölige Flüssigkeit von unangenehm schweißartig ranzigem Geruch, die in Wasser wenig löslich ist (ca. 1 g/100 ml), aber mischbar ist mit den üblichen org. Solventien.

C. ist Bestandteil der Glyceride (s. unter ↑ Glycerin) des Milchfettes (ca. 2 %), des Kokosnussöls (ca. 1 %), des Palmkernöls und anderer Fette und Öle.

Die C. wird technisch erhalten bei der Ozonolyse (s. unter ↑ Ozon) der Fettsäuren des Tall-Öls oder synthetisch durch Oxidation von ↑ 1-Hexanol (s. Gleichung).

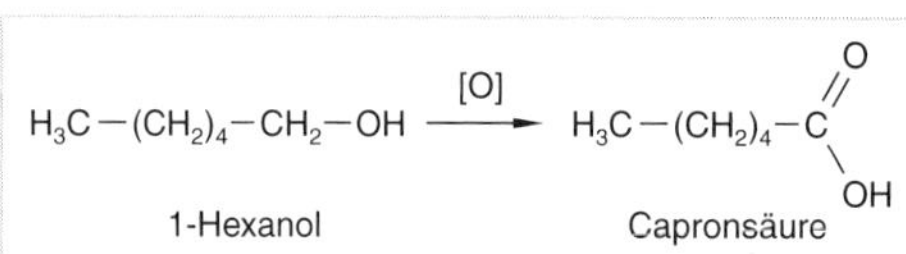

Synthese der Capronsäure

C. dient hauptsächlich zur Herstellung ihrer Ester (*Capronate*) zur Erzeugung künstlicher Duftnoten. So besitzt der C.-Ethylester einen angenehm fruchtigen Duft.

Sie dient ferner als Zwischenprodukt in chemischen Synthesen.

$C_6H_{12}O_2$ $M_R = 116,16$ C 62,04 % H 10,41 % O 27,55 %

t_{Smp}	t_{Sdp}	d	η
3 °C	203 °C	0,93 g/cm³	

C_p	$\Delta_S H$	$\Delta_V H$	$\Delta_B H$	S^o	Q_C
225 J/(K · mol)		73,2 kJ/mol	−582 kJ/mol		−3494 kJ/mol

Capsaicin

Capsaicin

Kristallisiert in Form farbloser recheckiger Plättchen, die sich in Wasser nur sehr wenig lösen, gut löslich sind hingegen in Ethanol oder Diethylether.

C. kommt in den Früchten der verschiedenen *Paprika-Pflanzen* vor und ist die Komponente, die deren scharf-würzigen Geschmack verursacht. Es ist der wohl stärkste Scharfstoff, den wir kennen.

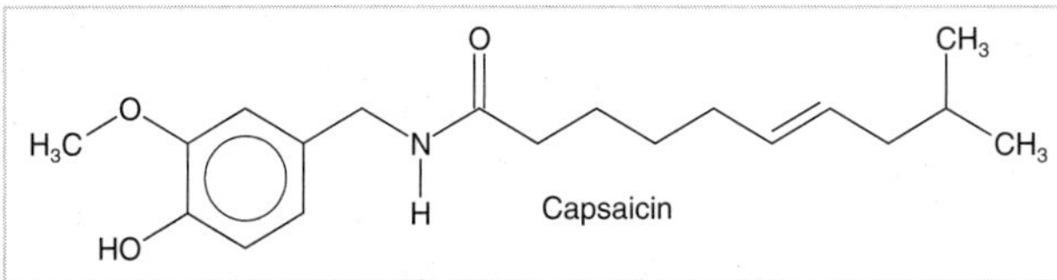

Struktur von Capsaicin, dem Scharfstoff im Paprika und Chilli

Die zu den Nachtschattengewächsen zählenden Paprika-Pflanzen stammen ursprünglich aus Süd- und Mittelamerika und werden heute vor allem in den Mittelmeerländern angebaut. Die 5-15 cm langen, roten, gelben oder grünen Früchte enthalten in ihren Scheidewänden und in den Samenkörnern das C., das im Gemüsepaprika nur sehr wenig, im Gewürzpaprika zu Anteilen von 0,3 bis 0,5 % vorkommt. Aus letzterem werden die *Paprikapulver* hergestellt, die je nach vornehmlich verwendeten Fruchtteilen in den Geschmacksrichtungen süß bis scharf angeboten werden. Ein extrem scharfes Pulver wird aus den kleinen *Chillies* (*Peperoni*) gewonnen, das, auch als *Cayenne-Pfeffer* bezeichnet, 0,5 bis 1,5 % C. enthält. Die Chillies werden in tropischen Breiten angebaut und gehören zu den Paprika-Pflanzen (Capsicum-Arten).

Scharfstoffe wie C. weisen häufig Allylgruppierungen auf, wie auch ein Vergleich mit ↑ Allicin (im Knoblauch), ↑ Allylisothiocyanat (im Meerrettich) oder Piperin (im Pfeffer, s. unter ↑ Piperidin) zeigt.

Die Scharfstoffe reagieren mit Wärme- und Schmerzrezeptoren der Häute und Schleimhäute, was u. a. stark hyperämisierende Wirkung ausübt und sich als Brennen und Schmerz bemerkbar macht. C. wird deshalb auch medizinisch z. B. in ethanolischer Lösung für hyperämisierende Einreibungen verwendet.

C. wurde bereits 1876 aus Paprika isoliert. Eine erste Synthese gelang 1930.

► Längerdauernde Überdosierung hat Gewebszerstörungen, Geschwüre und chronische Leberschäden zur Folge.

$C_{18}H_{27}NO_3$	$M_R = 304{,}42$	C 70,79 %	H 8,91 %	N 4,59 %	O 15,72 %

t_{Smp}	t_{Sdp}	d	η
65 °C			

Carbazol

Carbazole Dibenzopyrrol

Fällt beim Umkristallisieren z. B. aus Ethanol in blättchenformigen, farblosen Kristallen an. Ist unlöslich in Wasser, löslich in Aceton (ca. 8 g/100 ml bei 20 °C) oder Diethylether.

C. kommt in beträchtlicher Menge in der Anthracenfraktion des Steinkohlenteers vor und läßt sich auf einfache Weise in reiner Form abtrennen. Es ist auch gut synthetisch zugänglich (nach Graebe u. Ullmann, 1896). *o-Aminodiphenylamin* wird diazotiert, anschließend intramolekular gekuppelt und das entstehende *Benzotriazol* unter thermischer Stickstoffabspaltung in C. überführt (s. Schema).

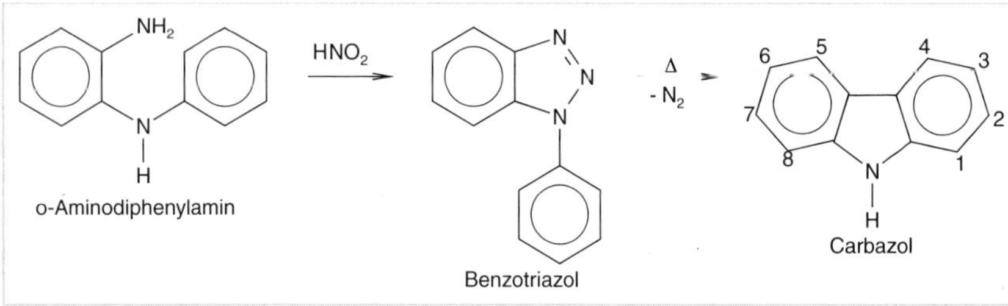

Synthese von Carbazol

C. ist eine schwache Base und bildet in der KOH-Schmelze das Kaliumsalz. Elektrophile Substitutionen (Nitrierung, Sulfonierung, Halogenierung) verlaufen in 3- und 6-Stellung. Im UV-Licht zeigt C. eine intensiv blaue Fluoreszenz.

Die katalytische Addition von ↑ Acetylen an C. führt zum *N-Vinylcarbazol* (s. Gleichung), das sich zum thermopastischen *Polyvinylcarbazol* polymerisieren läßt.

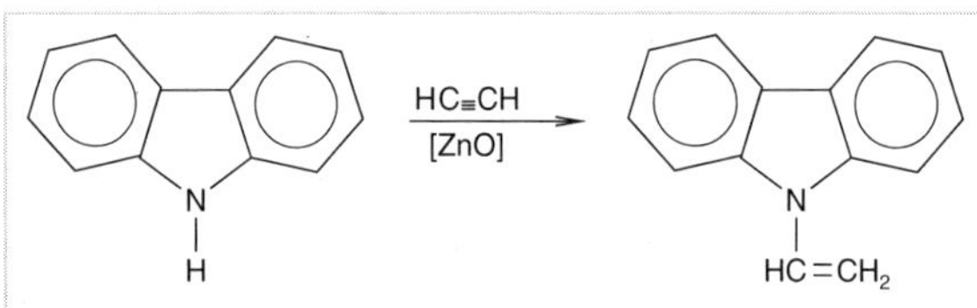

Herstellung von N-Vinylcarbazol

C. hat technische Bedeutung als Ausgangsprodukt zur Farbstoffsynthese, z. B. Hydronblau R.

$C_{12}H_9N$ $M_R = 167{,}20$ C 86,20 % H 5,43 % N 8,38 %

t_{Smp} 245 °C	t_{Sdp} 354 °C	d 1,10 g/cm³	η		
C_p 194 J/(K · mol)	$\Delta_S H$ 27 kJ/mol	$\Delta_{Sub} H$ 103 kJ/mol (S)	$\Delta_B H$ 102 kJ/mol	S^o	Q_C −6110 kJ/mol
MAK	R-Satz 22	S-Satz 22-24/25			

Carboxymethylcellulose-Na-Salz

Carboxymethylcellulose sodium CMC

Kommt als staubfeines oder körniges weißes Pulver in den Handel. Es löst sich leicht und klar bereits in kaltem Wasser, wobei eine starke Viskositätserhöhung eintritt. Der pH-Wert 1 %iger wässeriger Lösungen liegt zwischen 6,5-8,5.

C. wird hergestellt durch Umsetzung von *Alkalicellulose* (wird erhalten beim Behandeln von ↑ Cellulose mit ca. 20%iger Natronlauge) mit dem Na-Salz der ↑ Chloressigsäure (s. Schema). Je nach Veretherungsgrad können auch die sekundären Hydroxylgruppen ganz oder teilweise verethert sein.

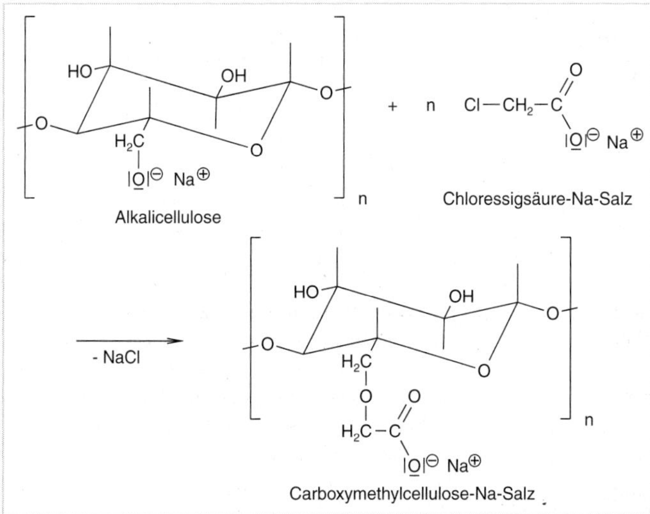

Herstellung von Carboxymethylcellulose-Na-Salz

Die freie Säure kann aus wässeriger Lösung durch Ansäuern auf pH 2,5 ausgefällt werden.

Die technisch wichtigste Eigenschaft der C. ist die Fähigkeit, schon in niedrigen Konzentrationen hochviskose beständige wässerige Lösungen zu ergeben. Sie macht die C. zu einem wertvollen Verdickungsmittel in vielen Produktbereichen, z. B. in der Kosmetik (Duschlotionen, Zahnpasta) oder in der Medizin (Salben, Gels). Hervorzuheben ist ferner die Eignung der C. als Schutzkolloid für Seifen und Reinigungsmittel, das Emulgier- und Dispergiervermögen, die gute Filmbildung, die Adhäsionskraft (Wasserlösliche Klebstoffe). Die C. ist physiologisch unbedenklich.

Die Viskositäten einprozentiger wässeriger Lösungen handelsüblicher C.-Sorten können zwischen 5 und 2000 mPa s liegen.

Carosche Säure

Caro's acid Peroxomonoschwefelsäure

Bildet in reinem Zustand sehr hygroskopische durchsichtige Kristalle; sie ist unbeständig und zersetzt sich je nach Feuchtigkeitszutritt in wenigen Tagen.

Wird kristallin erhalten bei der Zugabe stöchiometrischer Mengen an hochprozentigem ↑ Wasserstoffperoxid zu eisgekühlter ↑ Chlorsulfonsäure (s. Gleichung).

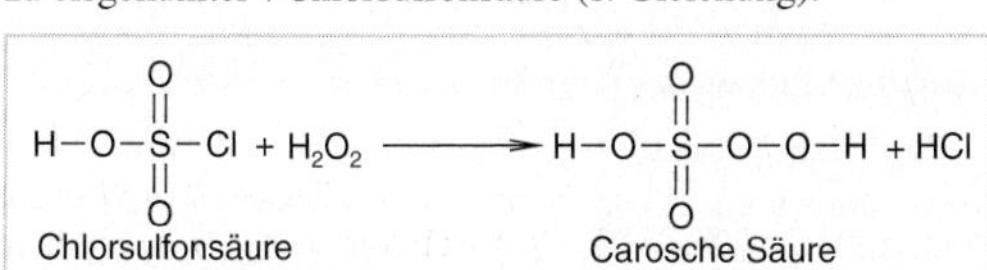

Herstellung der Caroschen Säure

Technisch wird sie jedoch durch Umsetzung von hochkonzentrierter ↑ Schwefelsäure (Oleum) mit möglichst hochprozentigem Wasserstoffperoxid gewonnen (s. Gleichung), wobei die C. im Gemisch mit Schwefelsäure anfällt. Wird anschließend mit Wasser rasch verdünnt, so läßt sich das Gleichgewicht „einfrieren" und die verdünnten Lösungen sind recht haltbar. Diese Lösungen werden zum Schrumpffestmachen von Wolle verwendet.

$$H_2SO_4 + H_2O_2 \rightleftharpoons H_2SO_5 + H_2O$$

Technische Darstellung von Caroscher Säure

$$2\,KHSO_5 \cdot KHSO_4 \cdot K_2SO_4$$

Ein technisch verwendetes Tripelsalz

Neutralisiert man diese Lösungen mit Kalilauge in einem bestimmten Ausmaß, so läßt sich ein stabiles, nicht hygroskopisches Tripelsalz (s. Formelabb.) kristallisieren.

Es findet als Oxidations-, Bleich- und Reinigungsmittel Verwendung und zeigt vor allem bei Anwesenheit von Chlorid hervorragende bakterizide Wirkung. Das Handelsprodukt enthält 45 % $KHSO_5$, löst sich zu 250 g/l in Wasser bei 20 °C und besitzt heute vor allem Bedeutung zur oxidativen Zerstörung von Cyanid-Ionen in industriellen Abwässern (s. Gleichung) oberhalb pH 9.

$$CN^{\ominus} + HSO_5^{\ominus} + OH^{\ominus} \longrightarrow CNO^{\ominus} + SO_4^{2-} + H_2O$$

Cyanidionen-Entgiftung durch Carosche Säure

Die C. wirkt wesentlich stärker oxidierend als ↑ Wasserstoffperoxid.

► Wirkt stark ätzend. Kann wie die meisten Peroxide beim Erwärmen detonieren.

H_2O_5S $M_R = 114{,}09$ H 1,77 % O 70,12 % S 28,11 %

Carotine

Carotenes

Das aus Karotten gewonnene Carotin setzt sich aus den drei Isomeren α-, β- und γ-Carotin zusammen und zwar etwa im Verhältnis 15 : 85 : 0,1.

α -Carotin : tiefviolette Kristalle, unlöslich in Wasser, Säuren und Laugen, kaum löslich in Ethanol und Petrolether, gut löslich in ↑ Schwefelkohlenstoff und ↑ Chloroform. Reagiert mit Luftsauerstoff unter Bildung farbloser Oxidationsprodukte.

β-Carotin : tiefviolette Kristalle, unlöslich in Wasser, Säuren und Laugen, sehr wenig löslich in Ethanol, löslich in Schwefelkohlenstoff und Chloroform, insgesamt weniger löslich als α-Carotin. Oxidiert an der Luft ebenso wie α-Carotin.

γ-Carotin : tiefrote Kristalle, weniger löslich als β-Carotin, zersetzt sich an der Luft ebenso wie die beiden vorgenannten.

Die Lösungen der C. sind gelb bis orangefarben und bleichen an der Luft aus.

Die C. kommen im Tier- und Pflanzenreich sehr verbreitet vor, wobei das β-C. den weitaus größten Anteil hat und α-C stets dessen Begleiter ist. γ-C. findet sich nur in sehr geringen Mengen, insbesondere in Früchten, die β-C. enthalten.

Besonders hoch ist der Anteil an C. in Karotten, in Süßkartoffeln, im Palmöl und in Kürbissen. C. finden sich durchweg als Begleiter von ↑ Chlorophyll, also in allen grünen Pflanzen, bes. z. B. in Brennesseln. Der durchschnittliche Gehalt an C. bezogen auf das Trockengewicht der Pflanzen liegt zwischen 0,01-0,1 %. Die Gewinnung der C. aus den schonend getrockneten und vermahlenen Pflanzen erfolgt durch Extraktion (vielfach Petrolether), Verseifung und meist adsorptions-chromatographische Trennung. In tierischen Organismen finden sich C. in der Milch, im Blut sowie in Fetten.

Die C. stellen Tetraterpene (s. unter ↑ Isopren), also C40-Bausteine dar (s. Strukturformeln).

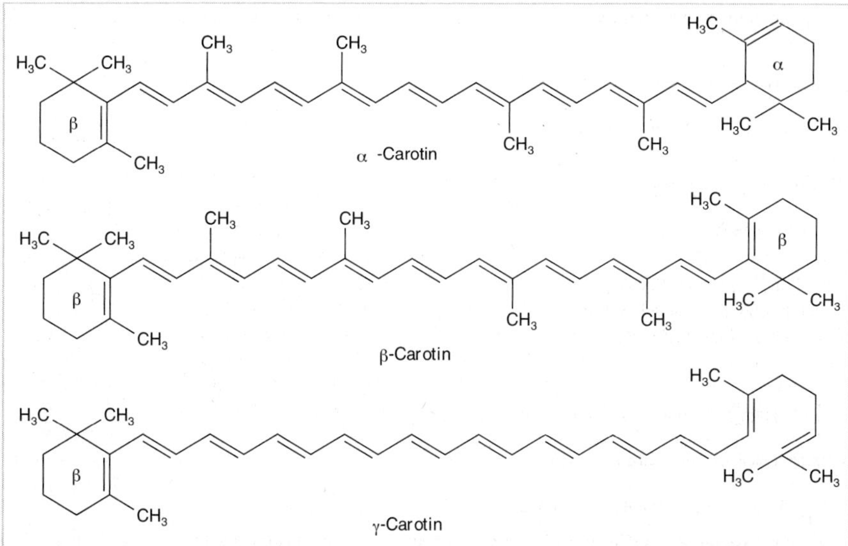

Strukturen von α, β, und γ-Carotin

Die Moleküle sind also charakterisiert durch eine Kette mit 9 konjugierten Doppelbindungen (und insgesamt 4 Methylseitengruppen), die an den Enden α- bzw. β-Iononringe tragen, wobei im γ-C. ein β-Ionon-„Ring" (des β-C.) geöffnet ist.

α- und β-C. unterscheiden sich genau nur in der Lage einer Doppelbindung, indem α-C. einen α- und β-Iononring, und β-C. zwei β-Iononringe aufweist. α-C. trägt ein asymmetrisches C-Atom und ist deshalb optisch aktiv.

Die intensive Farbe der C. beruht auf der großen Anzahl konjugierter Doppelbindungen (α-C. 10 DB., β- u. γ-C. 11 DB), die ein wirksames chromophores System darstellen.

Vor allem β-C. hat physiologische Bedeutung, da es im Organismus nach enzymatischer Spaltung 2 Moleküle Vitamin A liefert (α- u. γ-C. entsprechend nur 1), weshalb β-C. auch als *Provitamin A* bezeichnet wird (s. unter ↑ Retinol).

Technisch gewonnen wird fast ausschließlich β-C. und es wird hauptsächlich als gelber Farbstoff zum Färben von Lebensmitteln verwendet (Margarine, Butter, Käse) und ist hierfür mit der Nummer *E 160a* zugelassen

Mit den C. eng verwandt ist eine Reihe weiterer Farbstoffe, die in Tier und Pflanze vorkommen und teilweise auch zur Lebensmittelfärbung verwendet werden. Sie unterscheiden sich nur sehr wenig vom β-Carotin, z. B. durch Hydroxylgruppen an den endständigen Jonon-Ringen. Sie werden zusammenfassend als *Corotinoide* bezeichnet. Genannt seien: ↑ Lycopin (in Tomaten), ↑ Lutein oder Xanthophyll (im Eidotter), *Zeaxanthin* (im Mais), *Astraxanthin* (in Krebstieren), *Canthaxanthin* (in Flamingo-Federn), *Capsanthin* (im Paprika), *Bixin* (im Annatto), *Crocetin* (im Safran). Die Moleküle der beiden letzteren weisen endständige Carboxyl- bzw. Ester-Gruppen anstelle der Jonon-Ringe auf.

Grundsätzlich sind nur Pflanzen zum Aufbau der Carotinoide befähigt, tierische Körper können sie lediglich in artspezifische umwandeln. Im tierischen Körper üben die Carotinoide im wesentlichen Schutzfunktionen vor Fotooxidationen aus. In den Pflanzen haben sie außer der Signalwirkung (Anlockung bestäubender Insekten) auch die Funktion von Antennenmolekülen, indem sie als Bestandteil des Fotosynthese-Apparates in den Thylakoid-Membranen Lichtenergie einfangen und an das ↑ Chlorophyll weiterleiten (s. hierzu unter ↑ Chlorophyll).

► C. gut verschlossen, kühl und dunkel aufbewahren.

$C_{40}H_{56}$ $M_R = 536{,}88$ (α,β,γ-Carotin) C 89,49 % H 10,51 %

Casein

Casein

Kommt als weißes, amorphes, mehr oder weniger geruch- und geschmackloses Pulver in den Handel. Es ist unlöslich in Wasser und unpolaren org. Solventien, löslich ist es in alkalischem Medium.

C. bildet den Hauptanteil der in der Milch enthaltenen Proteine. Frische *Vollmilch* besteht aus Wasser, Fett, Proteinen, Zucker, Salzen, Vitaminen, Enzymen, Bakterien und Zellbestandteilen. Diese Inhaltsstoffe liegen im Wasser teils in echter Lösung (Zucker, Salze, wasserlösliche Serumproteine), teils micellar gelöst (Casein-Proteine), teils als emulgierte Fettkügelchen (einschließlich fettlösliche Vitamine, Enzyme und Lipoproteine an den Fettkugeloberflächen) und teils in sedimentierbarer Suspension vor. Durch Zentrifugation wird der Fettanteil als *Rahm* abgetrennt. Die so erhaltene entfettete Milch wird als *Magermilch* bezeichnet, aus welcher das C. durch Elektrolytfällung (am isoelektrischen Punkt bei pH 4,6) oder durch Lab-Fällung (Lab ist ein Ferment des Kälbermagens) abgeschieden wird. Nach der Casein-Abtrennung verbleibt das *Milchserum*, als *Molke* bezeichnet, welches hauptsächlich die Serumproteine enthält (*Lactalbumin*, *Lactoglobulin*). Der Gesamtproteingehalt der Milch teilt sich also auf in Casein, ca. 80 %, und Serumalbumin, ca. 20 %. 30 l Magermilch liefern etwa 1 kg getrocknetes C.

C. ist ein konjugiertes Protein, und zwar ein *Phosphoprotein*, und ist den Sphäroproteinen zuzuordnen (s. hierzu unter ↑ Albumine). C. ist keineswegs ein einheitliches Produkt, sondern läßt sich elektrophoretisch in zahlreiche Fraktionen auftrennen, deren Grobeinteilung α, β u. γ -C. unterscheidet, die sich weiter zerlegen lassen. Die Molekülmassen können sich zwischen 75.000-370.000 bewegen. Im C. ist ↑ Phosphorsäure über seitenständige Hydroxylgruppen, wohl vornehmlich von ↑ Serin, mit den Proteinketten verestert. Dabei liegen die Phosphatgruppen als Calciumsalze vor (s. Abbildung).

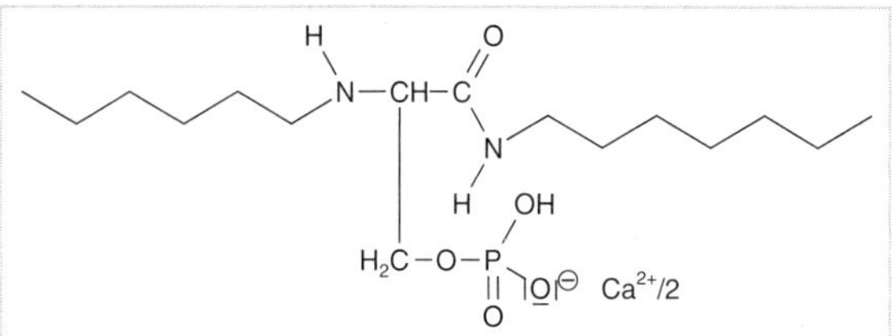

Calciumphosphat-Gruppen im Casein

Aufgrund dieses Salzcharakters bilden die C.-Moleküle in der Milch wasseremulgierbare Micellen aus. C. enthält nahezu alle wesentlichen Aminosäuren, vor allem die meisten essentiellen, und stellt so eines der nahrhaftesten Proteine dar. Mit über 20 % ist der Gehalt an ↑ Glutaminsäure besonders hoch.

C. läßt sich nach Plastifizieren und längerem Lagern in ↑ Formaldehyd vernetzen und zu *Kunsthorn* verarbeiten (Bijouteriewaren, wie Knöpfe, Spangen, Schnallen usw.). Eine weitere wichtige technische Anwendung liegt in der Verarbeitung zu *Caseinleim* (Papierkleber, Etikettenleime).

C. wird ferner als Bindemittel verwendet. Medizinische Qualitäten von C. benutzt man zur Feststellung des Wirkungsrades von Enzympräparaten aus Pepsin oder Trypsin.

C. läßt sich in der Flamme verbrennen, erlischt jedoch außerhalb; verkohlt. Die Flamme ist gelb leuchtend. Dämpfe reagieren alkalisch. Es tritt Geruch nach verbranntem Horn auf.

Cellobiose

Cellobiose 4-O-(ß-D-Glucopyranosyl-)-D-glucopyranose

Bildet farb- und geschmacklose, in Wasser gut lösliche Kristalle (12 g/100 ml), ist optisch rechtsdrehend und zeigt Mutarotation.

C. kommt in der Natur nicht vor. Man erhält C. bei der sauren Hydrolyse der ↑ Cellulose unter bestimmten Bedingungen, z. B. bei der Umsetzung mit ↑ Essigsäureanhydrid in Gegenwart von konz. ↑ Schwefelsäure, wobei zunächst das *Cellobioseoctaacetat* gebildet wird, welches alkalisch zur C. hydrolysiert werden kann.

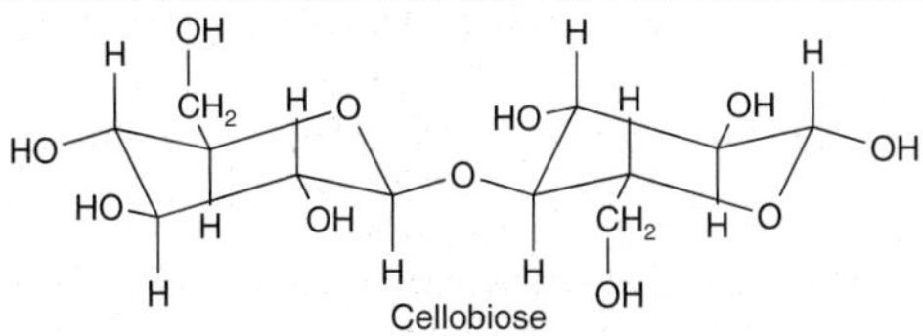

Struktur der Cellobiose

C. ist ein Disaccharid, in welchem zwei D-Glucose-Moleküle β-glycosidisch 1,4′-verknüpft sind (s. Abbildung), ist also ein reduzierender Zucker und zeigt deren typische Eigenschaften (Carbonylcharakter, also Osazon- und Hydrazonbildung). Die saure oder enzymatische Hydrolyse liefert zwei Moleküle ↑ D(+)-Glucose. C. wird in der Bakteriologie verwendet.

$C_{12}H_{22}O_{11}$ $M_R = 342{,}30$ C 42,11 % H 6,48 % O 51,41 %

$t_{Zersetzung}$	t_{Sdp}	d	η
225 °C (Z)			

Cellulose

Cellulose

C. ist eine weiße bzw. farblose, geruch- und geschmacklose Substanz. Sie ist unlöslich in Wasser und den üblichen org. Solventien. Lösungsmittel für C. sind: konzentrierte Lösungen von ↑ Zinkchlorid (wobei teilweiser hydrolytischer Abbau durch freigesetzte ↑ Salzsäure erfolgt),

konzentrierte Mineralsäuren (wobei rascher hydrolytischer Abbau erfolgt) sowie

Lösungen quartärer Alkylammonium-Hydroxide. Schließlich löst sich C. in Lösungen von *Tetrammin-kupfer(II)-hydroxid* (als bekanntestes Lösungsmittel für C., auch als „*Schweizers Reagenz*“ bezeichnet, weiteres s. unten). In Alkalilaugen löst C. sich teilweise auf. Längeres Erwärmen trockener C. auf 100 °C bewirkt bereits Depolymerisationen und Eliminierungs-Reaktionen unter Braunfärbung, während ab ca. 270 °C Verkohlung eintritt.

C. ist die mengenmäßig bedeutendste organische Verbinung. Sie bildet den Hauptbestandteil verholzter Pflanzenteile, also von Holz schlechthin. Während sie im Holz neben ↑ Lignin und Hemicellulosen einen Anteil von 40–50 % hat, liegt in den Baumwollsamenhaaren nahezu reine C., mindestens 90 %ig, vor.

Die C. stellt die Stütz- und Gerüstsubstanz in den Zellwänden aller pflanzlichen Zellen dar. Die Gerüstfunktion wird dadurch wahrgenommen, daß die langen C.-Ketten (s. unten) sich parallel zusammenlagern, was aufgrund des speziellen Baus der C. gut möglich ist (s. unten), und etwa 100 solcher C.-Ketten einen sog. Kristallitstrang formen (Dicke ca. 6-millionstel mm). Bis zu 100 Kristallitstränge vereinigen sich zu einer *Mikrofibrille* (Dicke etwa 80-millionstel mm). Schließlich bilden etwa 100 Mikrofibrillen eine Fibrille. Diese Fibrillen kann man als kleinste Teilchen mit dem Lichtmikroskop in feingemahlenen Holzfasern gerade noch erkennen. Die Fibrillen bauen weitere Strukturelemente in den Zellwänden auf (Tagesringfibrillen, Tagesringe, usw.), wobei sich Kanälchen und Hohlräume bilden. Bei der *Verholzung* von Pflanzenteilen lagert sich in diese Kanäle und Zwischenräume ↑ Lignin ein, welches als Kittsubstanz die Fibrillen fest miteinander verklebt. Holz stellt also ein Musterbeispiel eines natürlichen Verbundwerkstoffes dar. Zieht man eine Parallele zum Stahlbeton, so haben die C.-Fibrillen die Funktion der Stahlarmierung, während das Lignin dem Beton entspricht.

Der wichtigste Rohstoff für die technische C.-Gewinnung ist Holz. Hierzu wird zerkleinertes Holz (von Fichten, Buchen usw.) unter Druck mit Calciumhydrogensulfit-Lösung gekocht. Dabei gehen die Begleitstoffe der C. (Hemicellulosen, Lignin, Harze) unter Bildung der „*Sulfit-Ablauge*" in Lösung. Die zurückbleibende C. wird gewaschen, gebleicht und kommt zu Platten gepreßt als „*Zellstoff*" in den Handel.

Die C. ist ein Polysaccharid, und zwar eine *Poly-D-glucose*. Die Glucoseeinheiten sind β-(1,4)-glycosidisch miteinander vernüpft (s. Abbildung, zu den verschiedenen Verknüpfungsmöglichkeiten der Glucose-Einheiten s. unter ↑ D(+)-Glucose).

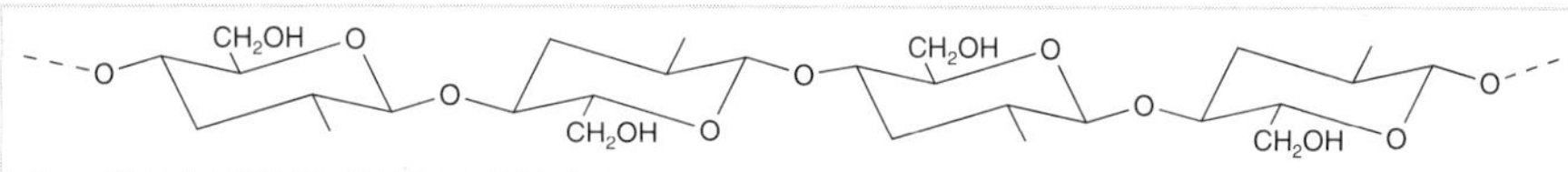

Struktur der Cellulose

Wegen dieser β-glycosidischen Bindung bildet die C. gerade Ketten, die sich gut aneinanderlagern können, so daß sich stabile übermolekulare Strukturen (*Fibrillen*) ausbilden können. Darin liegt auch ein Grund für die Unlöslichkeit der C. Die Molekülmasse der C. kann je nach Herkunft zwischen 200.000 bis nahezu 3 Millionen betragen (entspricht 1000–14.000 Glucoseeinheiten).

Verarbeitung und Anwendung von C. sind sehr vielfältig. Es lassen sich drei Grundformen der Verarbeitung unterscheiden:

1. rein mechanische Weiterverarbeitung
2. Verarbeitung über Lösung und Quellung
3. chemische Derivatisierung.

1. Rein mechanische Weiterverarbeitung

Hier ist die Herstellung von Textilien zu nennen, die auf einem Verspinnen der aus C. bestehenden Fasern aus bestimmten Pflanzen (z. B. Baumwolle) beruht. Ferner gehört hierher die *Papierherstellung*, die vom Zellstoff (s. o.) ausgeht. Der Zellstoff wird mit Wasser zu Brei verrührt und dann geformt und getrocknet. Wird sehr reiner Zellstoff verwendet, kann das so erhaltene (ungeleimte) Papier zu *Filtrierpapier* verarbeitet werden. *Schreibpapier* erhält man, wenn vor dem Trocknen dem Faserbrei organische (z. B. Kolophonium, s. unter ↑ Abietinsäure) und anorganische (Kaolin, Calcium- oder Bariumsulfat) Zuschläge als Binde- und Weißmittel beigemengt werden. *Zeitungspapiere* enthalten zur Verbilligung beträchtliche Mengen (bis zu 90 %) feinstgemahlenes Holz (*Holzschliff*). Der damit eingebrachte Ligningehalt verursacht das Gelbwerden dieser Papiere mit der Zeit, vor allem im Sonnenlicht. *Pergamentpapier* erhält man, wenn man Filterpapier kurz in ca. 75 %ige Schwefelsäure eintaucht und sofort gut mit Wasser auswäscht.

2. Verarbeitung über Lösung und Quellung

Eine Auflösung der C. erreicht man, wenn es gelingt, den starken Zusammenhalt der C.-Moleküle im Kristallitbereich aufzuheben. Dies bewirkt man durch Salz- oder Komplexbildung über die Hydroxylgruppen. Die bekanntesten Verfahren hierfür sind:

Herstellung von *Alkalicellulose*: Behandelt man Zellstoff mit 17–20 %iger Natronlauge, so erfolgt teils Auflösung, teils Quellung, wobei z. T. Alkoholat-Bildung eintritt (s. Gleichung).

$$\text{Cell—OH} + \text{NaOH} \longrightarrow \text{Cell—}\underline{\overline{O}}|^{\ominus}\ \text{Na}^{\oplus} + \text{H}_2\text{O}$$

Herstellung von Alkali-Cellulose

Behandeln mit Zinkchlorid-Lösung: Hierbei bilden sich Hydroxykomplexe mit dem Zink. Ferner erfolgt teilweiser hydrolytischer Abbau der C. durch hydrolytische Salzsäure-Entstehung.

Behandeln mit Schweizers Reagenz:

$$[Cu(NH_3)_4](OH)_2$$

Schweizers Reagenz

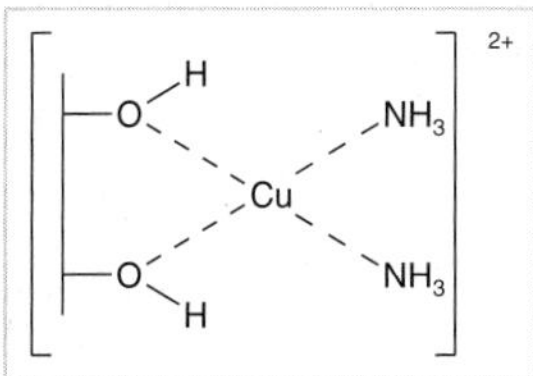

Die „Wirkung“ von Schweizers Reagenz

Schweizers Reagenz stellt man her, indem man Kupfer(II)-hydroxid in konz. Ammoniaklösung auflöst, wobei sich die tiefblaue Lösung eines Kupfertetrammin-Komplexes bildet (s. Formel)

In dem so erhaltenen Reagenz löst sich C. auf; vermutlich erfolgt teilweise Substitution des komplex gebundenen Ammoniaks durch Hydroxylgruppen der C. (s. Abbildung). Diese Lösung ist sehr oxidationsempfindlich. Zerstört man diese Komplexe wieder durch Ansäuern, so fällt wieder C. aus, die man dann als *Hydratcellulose* bezeichnet. Hydratcellulosen stellen also kein Derivat der C. dar, sondern sind lediglich in ihrer Kristallitstruktur durch den Auflöse-Fäll-Vorgang veränderte C., die sich von nativer C. vor allem durch ihre bessere Löslichkeit, z. B. bereits in verdünnter Natronlauge, unterscheiden.

Mit Zinkchlorid-Lösung behandelte Papierbahnen lassen sich nach längerer Lagerung (Reifung) zu Platten verpressen, die zäh, splitterfest und lösungsmittelbeständig sind und unter dem Namen „*Vulkanfiber*“ auf dem Markt sind. Sie werden z. B. zur Herstellung von Koffern, Behältern und Dichtungen verwendet.

Versetzt man Alkalicellulose (s. o.) mit ↑ Schwefelkohlenstoff, so wird die C. in das *Cellulosexanthogenat* überführt, die entstehende Lösung wird als *Viskose* bezeichnet (s. Schema).

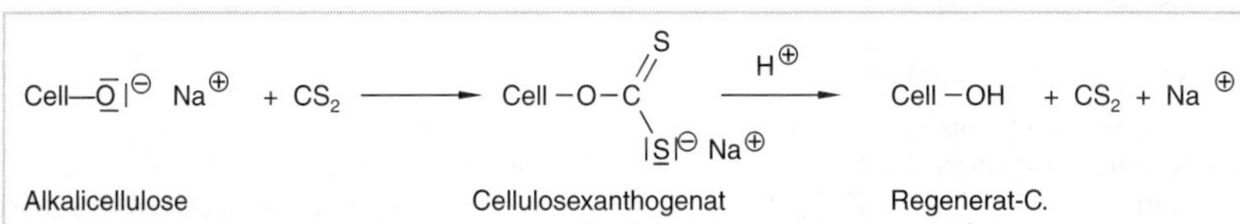

Herstellung von Regenerat-Cellulose

Beim Ausdüsen dieser Lösung in saure Bäder erfolgt sofortige Ausfällung von „Hydrat- oder *Regenerat-Cellulose*“, die sich je nach Form der Düsen (Löcher oder Schlitze) zu Fäden oder Folien ausziehen und aufrollen läßt. Die Fäden lassen sich zu Textilfasern verarbeiten, die früher als „*Kunstseide*“ bekannt waren, heute allgemein als „*Reyon*“ bezeichnet werden, hier also als „*Viskose-Reyon*“. Wird die Fällung aus „Schweizers Reagenz“ vorgenommen, erhält man „*Kupfer-Reyon*“. Die aus der Viskose hergestellten Folien sind glasklar und praktisch nur für Wasserdampf durchlässig. Sie sind mit ↑ Glycerin plastifiziert z. B. unter dem Namen „*Cellophan*“ bekannt.

3. Chemische Derivatisierung

Die Hydroxylgruppen der C. lassen sich wie normale alkoholische OH-Gruppen verestern oder verethern. Dies führt zu den halbsynthetischen Kunststoffen auf C.-Basis. Weiteres s. unter ↑ Carboxymethylcellulose, ↑ Celluloseacetat, ↑ Celluloseacetobutyrat, ↑ Cellulosemethylether, ↑ Cellulosenitrat, ↑ Hydroxyethylcellulose.

C. wird ferner für spezielle Zwecke verwendet, z. B. als Sorptionsmittel in der Chromatographie.

C. ist physiologisch inert. Sie kann vom Menschen und fleischfressenden Säugetieren nicht verdaut werden, da ihnen C. abbauende Enzyme fehlen. Im Verdauungsapparat der Wiederkäuer leben Mikroorganismen, die *Cellulase* produzieren und die deshalb C. bis zur ↑ Cellobiose spalten können.

Zum qualitativen Nachweis von C. eignet sich die *Anilinacetat-Reaktion*: eine Spatelspitze der Probe wird in einem Tiegel mit wenigen Tropfen konz. ↑ Phosphorsäure schwach erwärmt (40–50 °C). Legt man dann auf den Tiegel ein mit Anilinacetat-Lösung getränktes Filtrierpapier, so färbt sich dieses rosa bis rot (Anilinacetat-Lösung: zu 10 ml 10 %iger ↑ Essigsäure gibt man 1,5 ml ↑ Anilin, färbt sich mit der Zeit dunkel). Die Farbreaktion beruht auf der Furfurol-Freisetzung aus C. Deshalb geben alle anderen Kohlenhydrate und ↑ Lignin die gleiche Reaktion und stören mithin den Nachweis.

$(C_6H_{10}O_5)_n$, $n = 1000–14000$

Celluloseacetat

Cellulose acetates Acetylcellulose

C. ist als weißes, leichtes, geruch- u. geschmackloses Pulver in verschiedenen Acetylierungsgraden im Handel. Die Löslichkeit der verschiedenen C.-Typen in org. Solventien ist entscheidend vom Veresterungsgrad abhängig (s. unten).

In der ↑ Cellulose besitzt jede Glucose-Einheit drei Hydroxylgruppen (eine primäre, zwei sekundäre), die alle verestert werden können. Die Veresterung mit ↑ Essigsäure verläuft am besten, wenn die Cellulose in reiner Essigsäure mit ↑ Essigsäureanhydrid in Gegenwart von wenig konz. ↑ Schwefelsäure umgesetzt wird (s. Schema).

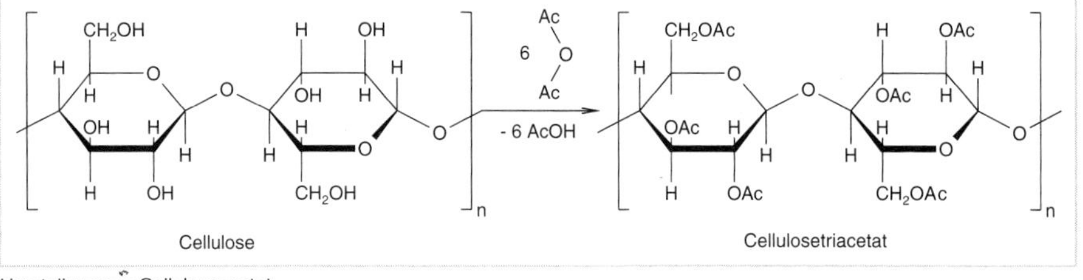

Herstellung von Celluloseacetat

Hierbei wird das Triacetat gebildet (Veresterungsgrad $n = 3{,}0$, alle OH-Gruppen verestert, Essigsäuregehalt ca. 62 %), welches sich nur sehr schlecht löst, praktisch nur in Chloroform, schlecht thermoplastisch zu verarbeiten und wenig weichmacherverträglich ist. Es wird deshalb wieder eine Teilhydrolyse mit ↑ Salzsäure unter Rückbildung eines Teils der OH-Gruppen durchgeführt. Technisch verwendet werden Produkte mit einem Veresterungsgrad zwischen $n = 2$ und 3, wobei $n = 2$ dem Diacetat mit einem Essigsäuregehalt von 51,5 % entspricht. Das Diacetat löst sich gut in ↑ Aceton oder ↑ Essigsäureethylester.

Je nach Veresterungsgrad eignen sich die C. für die verschiedensten Anwendungsbereiche. C. hat wegen seiner viel geringeren Entflammbarkeit die ↑ Nitrocellulose als Filmmaterial verdrängt, da sie sich ebenfalls zu glasklaren Folien verarbeiten läßt. C. läßt sich ferner zu Fäden verspinnen (*Acetat-Kunstseide*). Aus Lösungen lassen sich klare, festhaftende, resistente Filme ausgießen (Lacke). Durch Extrudieren oder Spritzguß werden zahlreiche Gebrauchs-Artikel aus C. hergestellt (Kämme, Brillengestelle, Griffe, Toiletteartikel, Gehäuse usw.). Formmassen aus C. enthalten bis zu 30 % Weichmacher (z. B. Phthalate).

C. verbrennt mit gelber, sprühender Flamme, erlöscht außerhalb, tropft ab, es tritt Geruch nach Essigsäure und verbranntem Papier auf. Dämpfe reagieren sauer.

Celluloseacetobutyrat

Cellulose acetate butyrate

Ist als farblose granulierte Masse oder als Halbzeug (glasklare Platten, Blöcke, Rohre, Folien) auf dem Markt. C. ist unlöslich in Wasser, löslich in ↑ Aceton oder ↑ Dichlormethan.

C. wird hergestellt durch Umsetzung von ↑ Cellulose mit dem gemischten Anhydrid aus ↑ Essigsäure und ↑ Buttersäure (s. Schema).

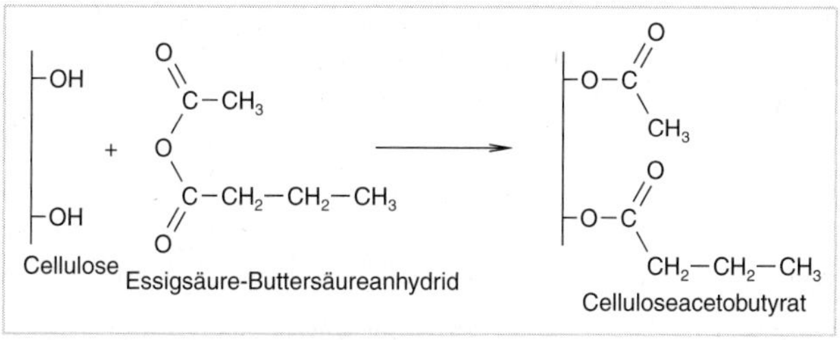

Herstellung von Celluloseacetobutyrat

Dieser gemischte Ester besitzt gegenüber dem ↑ Celluloseacetat einige verbesserte Eigenschaften, wie geringere Wasseraufnahme (60 % weniger als Acetat), und deshalb bessere Wetterbeständigkeit; es zeigt höhere Kratzfestigkeit, Zähigkeit, besseren Oberflächenglanz und nicht zuletzt höhere Wärmeformbeständigkeit (Dauergebrauchstemperatur je nach Weichmachergehalt bis 115 °C).

C. kann durch Spritzguß, Extrusion oder Warmformen verarbeitet werden zu den verschiedensten technischen Artikeln, wie Gehäuse für elektronische Geräte (Telefonapparate), Brillen und vor allem Teile, die der Bewitterung ausgesetzt sind (Gartenmöbel, Reklame- und Beleuchtungstechnik). C. eignet sich auch gut zum Einbetten größerer Metallteile, z. B. Autolenkräder.

Brandverhalten: ist leicht entzündbar, brennt außerhalb der Brennerflamme weiter, Flamme ist dunkelgelb mit bläulichem Rand, rußt und sprüht Funken. Die Dämpfe reagieren sauer und riechen nach Buttersäure und verbranntem Papier.

Cellulosemethylether

Methylcellulose Methylcellulose

Kommt als weißes feingepulvertes oder körniges Produkt in den Handel. Die Löslichkeit ist vor allem vom Veretherungsgrad n abhängig:

$n = 0{,}1–0{,}6$: nur löslich in verdünnten Laugen, unlöslich in Wasser und org. Solventien

$n = 1–2{,}5$: löslich in Wasser, unlöslich in org. Solventien

$n = 2{,}5–3$: löslich in Alkoholen, unlöslich in Wasser

Im C. sind die Hydroxylgruppen der ↑ Cellulose, die ja als Polyalkohol aufzufassen ist, in mehr oder weniger großem Ausmaß mit der Methylgruppe verethert. Der Veretherungsgrad $n = 1$ besagt, daß durchschnittlich eine Hydroxylgruppe (von den drei möglichen) pro Glucoseeinheit verethert ist, während $n = 3$ eine vollständige Methylierung bedeutet. Diese Umsetzung ist ein technisch wichtiges Beispiel für die *Williamson-Ethersynthese*, die allgemein die *Ether-Herstellung* aus Alkoholaten (oder Phenolaten) und Alkylhalogeniden beinhaltet. Sie stellt mechanistisch eine S_N-Reaktion dar.

Zur Herstellung von C. geht man von Alkalicellulose (s. unter ↑ Cellulose) aus und setzt diese mit ↑ Methylchlorid um (s. Gleichung).

$$\text{Cell}-\overline{\underline{O}}|^{\ominus}\ Na^{\oplus} + CH_3-Cl \longrightarrow \text{Cell}-O-CH_3 + Na^{\oplus}\ Cl^{\ominus}$$

Herstellung von Cellulosemethylether

Die größte Bedeutung besitzt kaltwasserlöslicher C. (in heißem Wasser erfolgt reversible Koagulation), also mit n = 1–2,5. Dessen interessanteste Eigenschaft ist die Bildung von wässerigen Lösungen, die bereits in niedrigen Konzentrationen sehr hohe Viskositäten annehmen. Diese Lösungen trocknen zu klaren, guthaftenden, flexiblen und doch zähen Filmen auf. Damit eignet sich C. als Verdickungsmittel in medizinischen und kosmetischen Präparaten, als Bindemittel für Pigmente und Füllstoffe in Lacken und Farben, als Haft- und Stellmittel in Gips- und Kalkmörteln, Spachtelmassen und Fliesenklebern, zur Textilimprägnierung. In diesen und vielen anderen Anwendungen wird auch die Wirkung als Emulgator und Schutzkolloid genutzt. Am bekanntesten dürfte die Verwendung von C. als *Tapetenkleister* sein.

Infolge seiner physiologischen Unbedenklichkeit (metabolisch inaktiv) und Geruchs- und Geschmacksneutralität dient C. als Verdicker in Puddings, Gelees, Cremespeisen, als Stabilisator in Eiscremes und als Emulgator in Majonaisen (Cellulose und ihre verschiedenen Ether-Derivate sind unter den Nummern *E 460*, *E 461* und *E 463–E 466* als Lebensmittel-Zusatzstoffe zugelassen).

Brandverhalten: ist leicht entzündlich und brennt auch außerhalb der Brennerflamme mit gelblich-grüner Flamme weiter wobei Verkohlung erfolgt, die Dämpfe reagieren neutral und riechen leicht süßlich und nach verbranntem Papier.

Cellulosenitrat

Cellulose nitrate Nitrocellulose

C. ist in reinem trockenem Zustand eine pulverige bis faserige weiße Substanz. Da sie in trockenem Zustand jedoch sehr leicht entflammbar ist (durch Schlag, Reibung, Erwärmung), kommt sie in den Handel angefeuchtet mit bis zu 35 Gew.-% Lösungsmittel, wofür meist ↑ Isopropanol, ↑ Butanol oder ↑ Ethanol verwendet wird. In dieser Form bildet C. eine etwas klebrige watteähnliche Masse und ist wesentlich stabiler. Das Löslichkeitsverhalten des C. hängt teils vom Polymerisationsgrad der verwendeten ↑ Cellulose (der durch die Vorbehandlung der Cellulose dirigierbar ist) und in entscheidendem Ausmaß vom Veresterungsgrad ab.

C. entsteht durch Veresterung der Hydroxylgruppen der Cellulose mit der ↑ Salpetersäure (s. Schema).

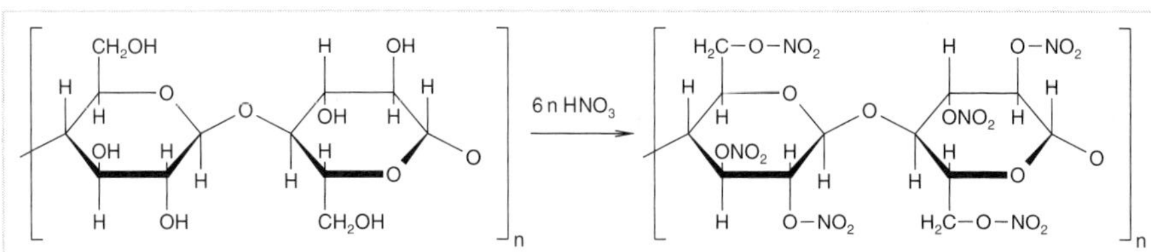

Herstellung von Cellulosenitrat

Hierzu wird die Cellulose mit der sog. „*Nitriersäure*“, einem Gemisch aus 25 % Salpetersäure, 55-66 % ↑ Schwefelsäure und 10-20 % Wasser ca. 40 Min. lang behandelt. Die anschließende Reinigung des C. ist ein langer und aufwendiger Prozeß.

Im Reaktionsschema ist die vollständig nitrierte Cellulose dargestellt, in der also sämtliche Hydroxylgruppen verestert sind (3 Nitrat-Gruppen pro Glucose-Einheit).

Technisch verwendet werden jedoch nur teilnitrierte Cellulosen. Das Ausmaß der Veresterung kann durch die Anzahl Nitratgruppen pro Glucoseeinheit, durch den prozentualen Veresterungsgrad oder durch den Stickstoffgehalt angegeben werden (s. Tabelle).

Anzahl Nitratgruppen pro Glucose-Einheit	Veresterungsgrad in %	Stickstoff-Gehalt in %
3,0	100	14,14
2,70	90	13,40
2,35	79	12,30
2,05	69	11,30
1,90	63	10,75

Bei den handelsüblichen C. wird zur Charakterisierung meist der N-Gehalt herangezogen.

Gute Lösungsmittel für C. sind Ester und Ketone, vor allem ↑ Essigsäurebutylester. Die Löslichkeit in Ethanol oder Ethanol/Ether ist bei mittleren N-Gehalten am besten. Nichtlöser sind Kohlenwasserstoffe, chlorierte Kohlenwasserstoffe, Ether.

Die Einsatzgebiete für C. sind abhängig vom N-Gehalt: C. mit N = 13,4 % wird ausschließlich zur Herstellung von Schießpulvern und Sprengstoffen benutzt. C. mit N-Gehalten von 10,5-12,3 % wird in den verschiedensten Lackprodukten als Bindemittel verwendet. Lösungen von C. trocknen nämlich zu klaren, zähen und guthaftenden Filmen auf, die mit Weichmachern beliebig flexibel eingestellt werden können. C. findet so Verwendung in Zaponlacken, Nagellacken, Abziehlacken usw. C. mit N-Gehalten von 10,6-10,9 % liefern nach Verkneten mit dem als Weichmacher hervorragend geeigneten ↑ Campher hochflexible klarsichtige Folien, die unter dem Namen „*Celluloid*" bekannt sind und früher große Bedeutung als Material der fotografischen Filme hatten. Wegen ihrer Entflammbarkeit sind sie hier durch andere Materialen ersetzt.

Nachteile der C. sind allmähliche Gelbfärbung (Vergilbung) im Sonnenlicht, die Zersetzlichkeit durch Säuren und Laugen mittlerer Stärke und die Verpuffung beim Erwärmen auf ca. 180 °C.

C. mit N-Anteilen über 12,6 % bezeichnet man auch als „*Kollodiumwolle*".

Brandverhalten: ist sehr leicht entzündlich, verbrennt heftig (oft zischend) und vollständig mit heller Flamme unter Entwicklung brauner, stark sauer reagierender Dämpfe.

Cer

Cerium Ce

Eisengraues dehnbares metallisches chemisches Element von der Härte etwa des Zinns. Es läuft an der Luft je nach Feuchtigkeit mehr oder weniger rasch gelb, braun und schließlich grau an. Mit kaltem Wasser entwickelt es langsam, mit warmen Wasser schnell und mit Säuren stürmisch ↑ Wasserstoff. Beim Erwärmen an der Luft auf 180 °C entzündet sich Ce unter heftigem Erglühen. In sehr fein verteiltem Zustand kann es sich spontan entzünden.

Ce ist das erste Element in der Gruppe der *Lanthaniden*, oder, wie sie auch benannt werden, der „Seltenen Erdmetalle". Bei diesen 14 Elementen erfolgt ja Schritt für Schritt die Auffüllung der sieben 4f-Orbitale. Nachdem also beim Cs und Ba die 6.„Elektronenschale" zunächst mit den beiden 6s-Elektronen besetzt und dann beim Lanthan die 5d-Bahn mit einem Elektron begonnen worden ist, erfolgt ab dem nächsten Element, dem Ce, die Besetzung des 4f-Niveaus. Da bei den Lanthaniden die Besetzung der drittäußeren „Elektronenschale" erfolgt, diese aber auf das chemische Verhalten kaum Einfluß hat, ähneln sie sich chemisch untereinander sehr.

Dem Ce kommt als erstem Lanthaniden-Element also folgende Elektronenkonfiguration zu: $1s^2$ $2s^2$ $2p^6$ $3s^2$ $3p^6$ $3d^{10}$ $4s^2$ $4p^6$ $4d^{10}$ $4f^1$ $5s^2$ $5p^6$ $5d^1$ $6s^2$ oder (Xe) $4f^1$ $5d^1$ $6s^2$, Grundterm $^3H_4$.

Der Energieunterschied zwischen dem 4f- und dem 5d-Niveau ist nicht groß, weshalb ein leichter Elektronenübergang 5d → 4f bzw. 4f → 5d erfolgen kann, so daß man für Ce auch formulieren kann: (Xe) $4f^2$ $6s^2$

Die bevorzugte Oxidationsstufe der Lanthaniden ist +3, während einige auch mit +2 oder +4 darzustellen sind, wobei +2 stark reduzierendes, und +4 stark oxidierendes Verhalten bedingt (weiteres s. unter den einzelnen Elementen). Trotz der Bezeichnung „seltene Erdmetalle" sind diese keineswegs als selten anzusehen. Ihr Gesamtanteil an der Lithosphäre wird zwischen 0,01-0,02 % geschätzt. Das häufigste Lanthanidenelement, das Ce, hat einen Anteil von etwa 0,007 % (häufiger als ↑ Blei!), und selbst die seltensten, wie ↑ Lutetium oder ↑ Thulium sind noch häufiger als ↑ Bismut. Wegen ihres unedlen Charakters kommen die Lanthaniden nicht elementar, sondern stets als Salze in der Natur vor, und zwar meist als Phosphate oder Silicate. Bei diesen Vorkommen ist auffallend, daß in einem Mineral jeweils viele Lanthaniden enthalten sind, diese Mineralien weit verbreitet in vielen Gesteinen aber nur in geringen Konzentrationen auftreten (wichtigste Mineralien: Monazit, Bastnäsit, Thorit, Orthit). Dies erklärt sich erdgeschichtlich so, daß Lanthanidensalze wegen des großen Radius ihrer Kationen erst sehr spät aus dem Magma abgeschieden wurden (die Kationen waren nicht in der Lage, die Kationen der wichtigsten gesteinsbildenden Elemente (Al, Fe, Ca) isomorph zu vertreten. Sie sammelten sich in den „Restschmelzen" und kristallisierten nach genügender Anreicherung in Form von Gemischtsalzen aus.

Für die Gewinnung der Lanthaniden-Elemente sind jedoch nicht diese primären Ablagerungen in den Gesteinen von Bedeutung (die Konzentrationen sind zu gering), sondern vielmehr sekundäre Ablagerungen, die durch natürliche Ausschwemmungs- und Sedimentationsprozesse daraus entstanden sind. Hier hat der in Brasilien vorzufindende *Monazitsand* die weitaus größte Bedeutung, er ist die wichtigste Quelle für die „seltenen Erdmetalle". Er hat die sehr hohe Dichte von etwa 5, und wurde deshalb früher als Ballast für die aus Brasilien nach Europa heimkehrenden Segelschiffe verwendet. Der Monazitsand wird mit heißer konz. ↑ Schwefelsäure aufgeschlossen und in aufwendigen Verfahren werden die Komponenten dann isoliert.

$$Ce^{3+} \longrightarrow Ce^{4+} + e^{\ominus}$$

Oxidation von Ce(III) zu Ce(IV)

Metallisches Ce wird durch Schmelzflußelektrolyse aus ↑ Cer(III)chlorid dargestellt. Ce ist das einzige Lanthanidenelement, das in wässeriger Lösung in den Oxidationsstufen +3 und +4 vorkommen kann. Ce(III)-Lösungen sind schwach gelblich, Ce(IV)-Lösungen orangegelb. Ce(IV) ist ein kräftiges Oxidationsmittel. Das Potential für die Oxidation von Ce(III) zu Ce(IV) hängt stark vom Anion ab (starke Polarisation durch Ce(IV)) und beträgt z. B. in ↑ Salpetersäure +1,61V, in Schwefelsäure +1,71V.

$$Ce^{4+} + Fe^{2+} \longrightarrow Ce^{3+} + Fe^{3+}$$

Redox-Gleichung der Cerimetrie

Die Normalpotentiale für die Ce(III)-Bildung betragen: Ce $\rightarrow Ce^{3+}$ $E^{\ominus} = -2{,}34$ V (sauer), $E^{\ominus} = -2{,}78$ V (basisch). Ce(IV)-Maßlösungen können also für Redox-Titrationen verwendet werden (*Cerimetrie*) und eine elegante Fe(II)-Bestimmung beruht auf der Titration mit Ce(IV)-Maßlösung und Ferroin als Indikator (s. Gleichung).

In den Handel kommt Ce hauptsächlich als Cer-Mischmetall, welches ca. 50 % Ce und praktisch alle anderen Lanthaniden, vor allem ↑ Lanthan, enthält, welches aber praktisch in den chemischen und physikalischen Eigenschaften dem Ce sehr ähnlich ist. Dieses läßt sich gut mit ↑ Eisen legieren zum sog. *Cereisen*, welches das bekannte Zündmetall („*Feuerstein*") der Feuerzeuge und Gasanzünder darstellt, da es beim Vorbeireiben an harten Gegenständen Funken erzeugt. Zum analytischen Nachweis können folgende Reaktionen dienen:

1. Aus schwach saurer Lösung fällt mit ↑ Oxalsäure weißes Cer(III)oxalat

2. Eine stark salpetersaure Lösung von Ce(III) wird mit ↑ Ammoniumpersulfat versetzt und einige Minuten gekocht. Es entsteht eine gelbe Lösung von Cer(IV)-nitrat.

3. Versetzt man eine stark salpetersaure Lösung von Ce(III) mit ↑ Ammoniumnitrat und kocht einige Minuten, so fallen beim Erkalten rote Kristalle von *Ammonium-Cer(IV)nitrat* aus.

Ce $Z = 58$ $A_R = 140{,}115$ Isotope: 136, 138, 140, 142; 124-135, 137, 139, 141, 143-152 (künstlich)

t_{Smp}	t_{Sdp}	d	MV	α	λ
798 °C	3422 °C	6,77 g/cm³	17,00 cm³/mol	6,3 10^{-6}/K	11,4 W/mK

C_p	$\Delta_S H$	$\Delta_V H$	S^o	ϱ
26,9 J/(K · mol)	5,46 kJ/mol	414,2 kJ/mol	69,45 J/(K · mol)	730 nΩ · m

Cer(III)chlorid

Cerous chloride

Das wasserfreie Produkt bildet ein feines weißes Pulver, welches sich exotherm in Wasser und Ethanol löst. Das Heptahydrat fällt in Form farbloser Kristalle an, die sich in Wasser und Ethanol sehr gut lösen und beim Erwärmen ab 90 °C Wasser abgeben. Bei 230 °C liegt das wasserfreie Produkt vor.

C. wird im Labor erhalten durch Auflösen von metallischem ↑ Cer in ↑ Salzsäure (s. Gleichung).

$$Ce + 3\,HCl \longrightarrow CeCl_3 + {}^3/_2\,H_2$$

Darstellung von Cer(III)chlorid

Technisch wird C. aus den Aufschlußlaugen der Monazitsand-Verarbeitung gewonnen.

C. dient präparativ zur Herstellung von Cer und anderen Cerverbindungen. Es findet ferner Anwendung als Polymerisations-Katalysator für Olefine.

$CeCl_3$ M_R = 246,50 (wasserfrei) Ce 56,85 % Cl 43,15 %

t_{Smp}	t_{Sdp}	d	η
807 °C	1925 °C	3,92 g/cm³	

C_p	$\Delta_S H$	$\Delta_V H$	$\Delta_B H$	S^o	Q_C
87,9 J/(K · mol)	53,1 kJ/mol	201 kJ/mol	−1053 kJ/mol	151 J/(K · mol)	

Cer(IV)sulfat

Ceric sulfate

Fällt als Tetrahydrat in Form eines gelb-orange-farbenen kristallinen Pulvers an. Es löst sich gut in Wasser. C. verliert das Kristallwasser beim Erwärmen ab ca. 180 °C und beginnt sich ab ca. 350 °C zu zersetzen.

C. wird hergestellt durch Erhitzen von Cerdioxid mit konz. ↑ Schwefelsäure (s. Gleichung).

$$CeO_2 + 2\,H_2SO_4 \longrightarrow Ce(SO_4)_2 + 2\,H_2O$$

Herstellung von Cer(IV)sulfat

C. ist wie alle Cer(IV)-Salze besonders in saurer Lösung ein sehr starkes Oxidationsmittel (s. unter ↑ Cer). C.-Lösungen können deshalb für redoxtitrimetrische Bestimmungen verwendet werden und sind als Maßlösungen (0,1n) im Handel.

C. ist auch hervorragend geeignet für präparative Oxidationen in der organischen Synthese bereits unter milden Bedingungen, z. B. zur Oxidation von 1,2-Glykolen oder zur Chinonsynthese. Ein besonderer Vorteil dabei ist die Eindeutigkeit des Reaktionsverlaufs wegen der Monovalenz (Aufnahme eines Elektrons) des Ce(IV).

CeO_8S_2 $M_R = 332{,}24$ (wasserfrei) Ce 42,17 % O 38,52 % S 19,30 %

$t_{Zersetzung}$	t_{Sdp}	d	η
350 °C (Z)		3,80 g/cm³	

C_p	$\Delta_S H$	$\Delta_V H$	$\Delta_B H$	S^o	Q_C
			−2344 kJ/mol		

Ceresin

Ceresin

Sehr reines C. ist eine weiße geruch- und geschmacklose Masse von wachsartiger Konsistenz, die den typisch wachsartigen nicht klebrigen Angriff aufweist und knetbar ist. Es ist völlig unlöslich in Wasser, löslich in Petrolether oder Chloroform.

C. wird durch aufwendige Reinigungsverfahren aus dem bergmännisch abgebauten *Erdwachs* erhalten, das sich in großen Lagerstätten am Baikal-See, im Nahen Osten und in USA (Utah, Texas) findet. Aus dem rohen Erdwachs wird zunächst das Roh-Ozokerit gewonnen, eine gelbe bis braunschwarze wachsartige Masse, die durch Behandlung mit konz. Schwefelsäure und andere Reinigungsoperationen auf C. weiterverarbeitet wird.

C. ist stets ein komplexes Gemisch fester Kohlenwasserstoffe der C34-C60- Fraktionen, die sowohl polycyclisch als auch verzweigt-aliphatisch sind.

Die technischen Anwendungszwecke für C. sind außerordentlich weit gefächert und seien nur beispielhaft in Stichworten angedeutet:

Herstellung von : Bohnerwachsen, Modelliermassen, Kerzen, Wachsfiguren, Farbstiften

Als Komponente in: Gleitmitteln, Farbbändern, Druckfarben, Polituren, kosmetischen und pharmazeutischen Präparaten (Lippenstifte, Salben, Zäpfchen, Kapseln und Pomaden)

Zum Imprägnieren u. Beschichten von: Textilien, Papier, Kartonagen, Käse, Früchten, Glas, Metallen, Behältern.

Der Schmelzbereich von C. liegt zwischen 60–80 °C, $d = 0{,}90–0{,}92$ g/cm³.

Cetylalkohol

Cetyl alcohol 1-Hexadecanol

$$H_3C-(CH_2)_{14}-CH_2-OH$$

Cetylalkohol

Bildet geruchlose weiße weiche Plättchen, die sich etwas wachsartig anfühlen. Ist unlöslich in Wasser, löslich in Ethanol, Chloroform und Diethylether.

C. ist der gesättigte C16-Fettalkohol (s. Abbildung) und kommt im Spermöl (dem Inhalt der Kopfhöhlen des Pottwals) mit ↑ Palmitinsäure verestert vor. Dieses *Cetylpalmitat* ist der Hauptbestandteil von *Walrat*, welches sich als weiße wachsartige Masse aus dem Spermöl isolieren läßt. C. wird daraus durch basische Hydrolyse gewonnen. Er wird ferner nach verschiedenen synthetischen Verfahren hergestellt, z. B. aus *Palmitinsäurechlorid* und ↑ Natriumboranat.

Da Walrat mit seiner Hauptzusammensetzung aus *Cetylpalmitat* ein typisches tierisches Wachs ist, sollen an dieser Stelle die *Wachse* unterteilt und einige weitere wichtige Wachse kurz beschrieben werden.

Der Begriff Wachs bezieht sich nicht auf einen bestimmten chemischen Aufbau, sondern ist eine phänomenologische Bezeichnung für Stoffe, die eine knetbare Konsistenz aufweisen und oberhalb 40 °C bereits zu einer relativ niedrigviskosen Flüssigkeit schmelzen. Die tierischen und pflanzlichen Wachse sind durchweg

Vielkomponenten-Gemische, wobei ein hoher Anteil aber stets aus Estern von Fettsäuren mit Fettalkoholen oder Wachsalkoholen besteht. Man unterscheidet tierische, pflanzliche, mineralische und synthetische Wachse.

Tierische Wachse: dazu zählen u. a. Walrat, das ↑ Lanolin sowie das *Bienenwachs*. Letzteres ist die in der Schmelze von festen Verunreinigungen befreite und dann erstarrte Masse der *Bienenwaben* (das gelbe Rohwachs wird als *Cera flava* bezeichnet, das nach der Oxidationsbleiche erhaltene reinweiße Produkt ist *Cera alba*). Bienenwachs besteht einerseits aus dem als *Cerin* bezeichneten Gemisch von *Cerotinsäure* (*Hexacosansäure* = C_{26}*-Säure*) mit *Melissinsäure* (*Triacontansäure* = C_{30}*-Säure*) und andererseits aus einem als *Myricin* bezeichneten Gemisch der Ester der C_{16}–C_{36}-Säuren mit den C_{24}–C_{36}-Wachsalkoholen (über 70 Ester).

Pflanzliche Wachse: Dazu zählen vor allem das *Carnaubawachs* und das *Jojobawachs* bzw. *Jojobaöl*. Carnaubawachs wird von den Blättern der brasilianischen Fächerpalme gewonnen und kommt nach Reinigung in Form gelbbrauner Brocken in den Handel. Es besteht zu über 85 % aus Estern von Wachssäuren mit Wachsalkoholen. Das gebleichte Produkt wird auch in der Kosmetik (*Lippenstifte*) und in der Galenik verwendet. Das Jojobawachs- bzw. -öl (es besitzt einen Schmelzpunkt von 12 °C) wird aus den Samen des in der Sonara-Wüste (USA) heimischen Strauches Simmondsia chinensis gewonnen, in denen es zu ca. 50 % enthalten ist. Es besteht hauptsächlich aus Estern von ungesättigten Säuren (u. a. die C20-Säure *Eicosensäure*, die C22-Säure *Docosensäure*) mit C_{11}- und C_{12}-Alkoholen. Es wird kosmetisch in der Haut- und Haarpflege verwendet.

Mineralische Wachse: Ein typisches Mineralwachs ist das ↑ Ceresin. Es ist ein reines Kohlenwasserstoff-Gemisch (s. unter ↑ Ceresin).

Synthetische Wachse: Wachs-Charakter haben auch die hier zu nennenden höhermolekularen Polyethylenglykole (s. unter ↑ Polyethylenglykol).

C. wird in der Kosmetik als hautfreundlicher Emulgator sowie zur Einstellung stabiler cremiger Konsistenzen verwendet.

$C_{16}H_{34}O$ $M_R = 242{,}43$ C 79,27 % H 14,14 % O 6,60 %

t_{Smp}	t_{Sdp}	d	η
49 °C	344 °C	0,81 g/cm³	

Chinalizarin

Quinalizarin Alizarinbordeaux

Wird beim Umkristallisieren in Form roter, grün-metallisch glänzender Nadeln erhalten. Ist unlöslich in Wasser und kaum löslich in org. Solventien. Löst sich in starken Säuren mit blau-violetter, in Essigsäure mit gelber und in Alkalien mit rotvioletter Farbe.

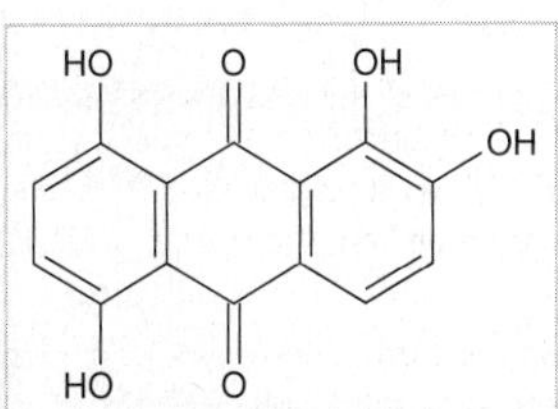

Struktur von Chinalizarin

C. ist ein Farbstoff aus der ↑ Anthrachinon-Reihe. Er wird synthetisch erhalten durch Behandeln von ↑ Alizarin mit Oleum und anschließende basische Hydrolyse.

C. dient in der qualitativen Analyse zum Nachweis insbesondere von Be und Mg. Deren Ionen bilden mit C. Farblacke, die in Farbe und Verhalten unter bestimmten Bedingungen charakteristisch sind. Hierzu benutzt man eine 0,1 %ige schwach alkalische Lösung von C.

In Alkalilauge: Be und Mg ergeben blauen Niederschlag. Der Be-Komplex wird durch Bromwasser zerstört. In ammoniakalischer Lösung: Ebenfalls blaue Niederschläge. Hier wird von Bromwasser jedoch der Mg-Komplex zerstört.

Andere Metallionen können stören, insbesondere Fe, Cr, Co, Ni und müssen abgetrennt werden.

$C_{14}H_8O_6$	$M_R = 272{,}20$	C 61,77 %	H 2,96 %	O 35,27 %

t_{Smp}	t_{Sdp}	d	η
275 °C			

Chinasäure

Quinic acid 1,3,4,5-Tetrahydroxycyclohexancarbonsäure

Bildet farblose, stark sauer schmeckende Kristalle, die sich in Wasser und Ethanol gut lösen.

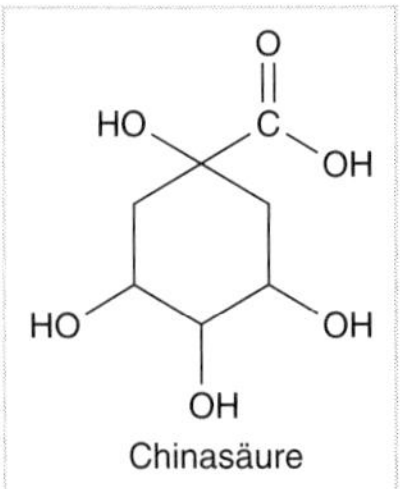

Struktur der Chinasäure

Die C. ist eine weit verbreitete Pflanzensäure und findet sich z. B. im Kaffee, im Tabak, in vielen Früchten (Pfirsische, Äpfel, Birnen, Pflaumen), in Zuckerrüben und in Beeren (Stachelbeeren, Brombeeren). Dabei liegt sie auch in gebundener Form vor, z. B. in der ↑ Chlorogensäure (mit ↑ Kaffeesäure verestert).

Den Namen hat sie von ihrem Vorkommen in der *Chinarinde* (die Rinde der in Südamerika und in den Tropen angepflanzten Cinchona-Arten, deren Name auf das peruanische Wort „Kina“ für Rinde zurückgeht). Die Chinarinde enthält ca. 30 ↑ Alkaloide, die bis zu 12 % des Gesamtgewichtes ausmachen können, wobei ↑ Chinin und Cinchonin (s. u. ↑ Chinin) hieran den größten Anteil haben. Die C. liegt in der Chinarinde salzartig an die Alkaloide gebunden vor.

Die Dehydrierung der C. führt zur ↑ Shikimisäure

$C_7H_{12}O_6$	$M_R = 192{,}17$	C 43,75 %	H 6,29 %	O 49,95 %

t_{Smp}	t_{Sdp}	d	η
170 °C			

Chinin

Quinine

Eine farblose kristalline Substanz, die im wasserfreien Zustand bei 177 °C, mit Kristallwasser-Gehalt bei 57 °C schmilzt. Sie ist kaum löslich in Wasser (ca. 0,05 g/100 ml bei 20 °C), jedoch sehr gut löslich in Ethanol, Chloroform oder Diethylether. C. und C.-Salze besitzen einen stark bitteren Geschmack.

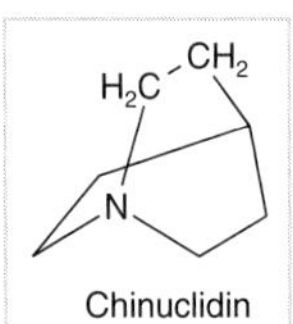

Chinuclidin-System

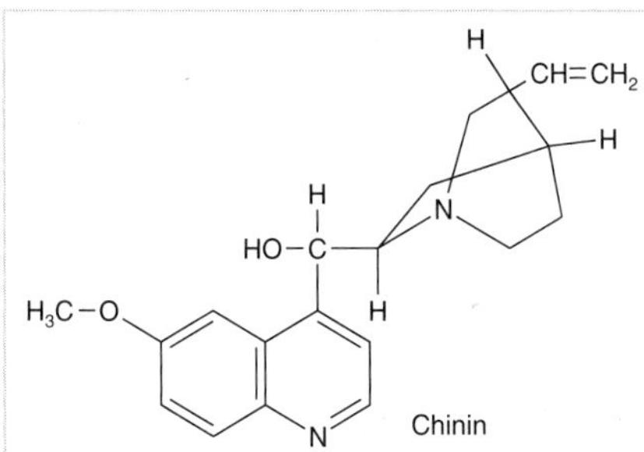

Struktur von Chinin

C. ist das wichtigste Alkaloid, das zusammen mit ca. 30 anderen in der Rinde der in den Subtropen beheimateten Bäume der Gattung Cinchona vorkommt. Die Stammrinde mancher Bäume enthält über 10 % C. Im Molekül des C. sind zwei heterocyclische Ringsysteme vorhanden: ein Chinolin- und ein Chinuclidin-System (s. Abbildungen).

C. ist deshalb eine zweiwertige Base mit pKs 1 = 5,07 und pKs 2 = 9,7, die gut kristallisierende, gut wasserlösliche Salze mit Mineralsäuren und Carbonsäuren bildet, wie z. B. ein Sulfat, Chlorid oder Citrat. C. besitzt vier asymmetrische C-Atome.

C. ist eigentlich ein starkes Zellgift und besitzt medizinische Bedeutung als wirksames Chemotherapeutikum gegen *Malaria*, da es deren Erreger, die Plasmodien, bereits in Konzentrationen abtötet, die für den Menschen noch unschädlich sind. In der Geburtshilfe wird es als wehenförderndes Mittel eingesetzt, da es stimulierend auf die glatte, besonders die Uterus-Muskulatur wirkt. C. wirkt ferner deutlich fiebersenkend, weshalb es Bestandteil zahlreicher Grippemittel ist. Das sog. „*Tonic water*" enthält 40-80 mg C. im Liter. Als *Amarum* ist es auch in Magenbittern enthalten. Das C. kommt dabei meist als Sulfat zur Anwendung (Löslichkeit in Wasser bei 20 °C: ca. 1,6 g/l).

Die Totalsynthese erfolgte erstmals 1945 durch R. B. Woodward.

► C. gehört zwar zu den wenig giftigen Alkaloiden, jedoch sind Vergiftungsfälle bekannt (ca. 10 g innerlich eingenommen können für einen Erwachsenen tödlich sein).

$C_{20}H_{24}N_2O_2$	$M_R = 324{,}41$	C 74,05 %	H 7,46 %	N 8,63 %	O 9,86 %

t_{Smp}	t_{Sdp}	d	η
177 °C			

Chinolin

Quinoline

C. ist eine farblose Flüssigkeit mit charakteristischem scharfem Geruch, die in Wasser unlöslich ist, sich in org. Solventien. jedoch gut löst. Es verfärbt sich beim Lagern leicht dunkel (gut verschlossen und dunkel aufbewahren) und ist hygroskopisch.

C. kommt in beträchtlichen Mengen im Steinkohlenteer vor, und wurde dort 1834 von Runge entdeckt. Es wird auch heute technisch aus Steinkohlenteer gewonnen. Daneben wird es auch synthetisch hergestellt, wobei die 1881 von Skraup entwickelte Methode die größte Bedeutung besitzt: ↑ Anilin wird mit ↑ Glycerin in Gegenwart von konz. ↑ Schwefelsäure und einem Oxidationsmittel erhitzt. Die Schwefelsäure dehydratisiert das Glycerin zunächst zu ↑ Acrolein, an welches sich der Anilinstickstoff in β-Stellung addiert. Dieses Addukt cyclisiert intramolekular zum *Dihydrochinolin*, welches durch das anwesende Oxidationsmittel (meist ↑ Nitrobenzol) zu C. dehydriert wird (s. Schema der Skraup-Synthese).

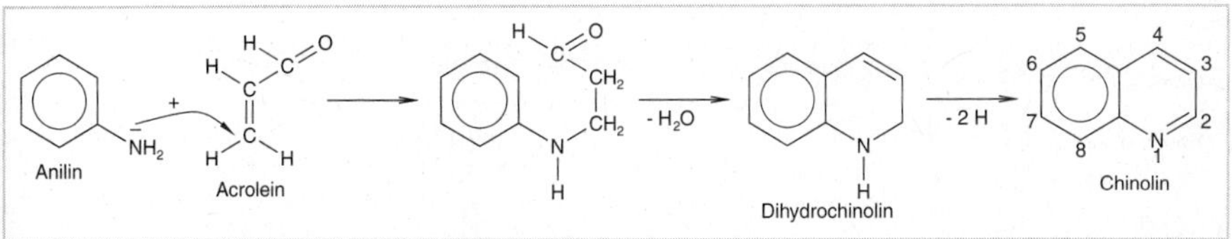

Skraupsche Chinolin-Synthese

Es wurde noch eine Reihe weiterer Synthesen ausgearbeitet, z. B. die Doebner- v. Miller- Synthese, die zum *Chinaldin* (*2-Methyl-Chinolin*) führt, oder die *Friedländer-Synthese* zu 2,3-disubstituierten C.

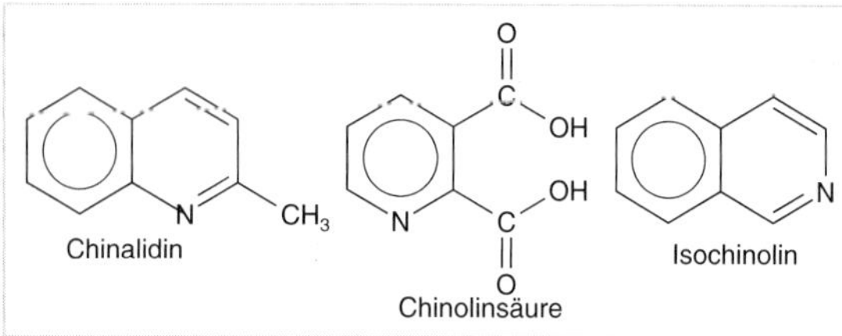

Strukturen von Chinolin-Abkömmlingen bzw. von Isochinolin

Die Oxidation von C. mit ↑ Kaliumpermanganat führt zur *Chinolinsäure*. Elektrophile Substitutionen (Nitrierung, Sulfonierung) erfolgen bevorzugt in 5- und 8-Stellung, die Chlorierung jedoch in 3-Stellung. Nucleophile Substitutionen verlaufen in den Positionen 2 und 4 (z. B. mit Kaliumamid zum 2- und 4-Aminochinolin).

C. ist eine schwache Base (etwa wie ↑ Pyridin) mit pK_S 4,90 und bildet leicht wasserlösliche Salze mit Mineralsäuren.

Das *Isochinolin* (s. o.), welches ebenfalls im Steinkohlenteer auftritt, ähnelt dem C. im Verhalten sehr und ist synthetisch z. B. durch die Bischler-Napieralski-Reaktion zugänglich.

C. und seine Derivate haben hauptsächlich Bedeutung als Ausgangsstoffe für Farbstoff- und Arzneimittel-Synthesen. Das C.-Gerüst ist Bestandteil vieler Alkaloide (z. B. ↑ Chinin).

C. und Isochinolin können als *Azanaphthaline* bezeichnet werden. Die *Diazanaphthaline*, die also in einem Ring zwei N-Atome aufweisen, seien nur angeführt: *Cinnolin*, *Chinazolin*, *Phthalazin*, *Chinoxalin* (s. Abbildungen).

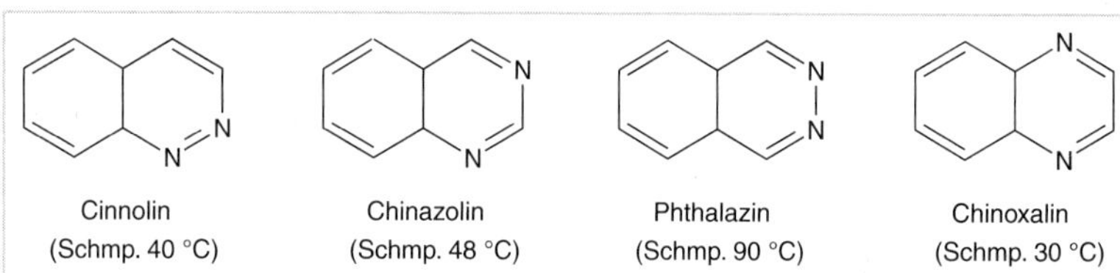

Strukturen und Namen von Diazanaphthalinen

► C. ist giftig.

C_9H_7N $M_R = 129{,}15$ C 83,69 % H 5,46 % O 10,84 %

t_{Smp}	t_{Sdp}	d	η
−15 °C	238 °C	1,09 g/cm³	

C_p	$\Delta_S H$	$\Delta_V H$	$\Delta_B H$	S^o	Q_C
194,9 J/(K · mol)	10,7 kJ/mol	59,3 kJ/mol	141,2 kJ/mol	219,7 J/(K · mol)	−4683 kJ/mol

Chinolingelb

Quinoline yellow Chinophthalonsulfonsäure-Na-Salz

Bildet hellgrünlich gelbe Kristalle, die sich in Wasser gut lösen, in Ethanol aber kaum löslich sind. In pflanzlichen Ölen ist C. völlig unlöslich.

C. ist ein Gemisch der Na-Salze des mono- und disulfonierten Produktes, so daß keine definierte Zusammensetzung angegeben werden kann.

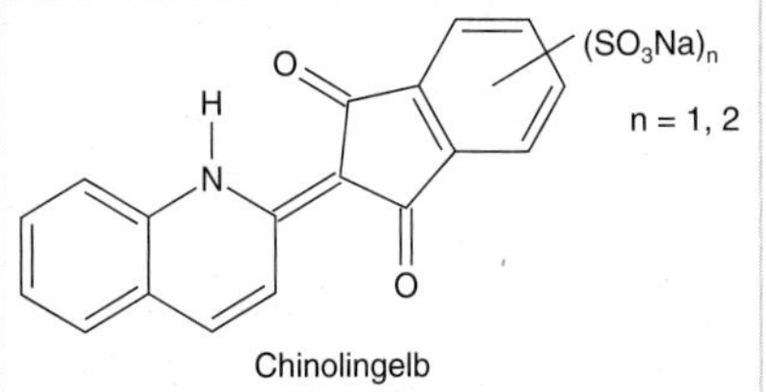

Struktur von Chinolingelb

C. ist unter der Nummer *E 104* als Farbstoff für Lebensmittel, Kosmetika und Arzneimittel zugelassen. Es wird ebenfalls zum Färben von Wolle, Nylon und Seide verwendet.

Chitin

Chitin

Ein amorpher Feststoff, der in Wasser und org. Solventien unlöslich ist.

Bildet als Baustoff den Hauptbestandteil der Schalen, Hüllen und Panzer der Gliederfüßer (z. B. Käfer, Spinnen, Krebstiere) und kommt auch in Pilzen vor. Hummerschalen stellen ziemlich reines C. dar. Das C. hat hier die gleiche Funktion wie die ↑ Cellulose in den höheren Pflanzen, nämlich als Stütz- und Skelettmaterial Festigkeit und Schutz zu gewähren. Das C. steht auch in naher Verwandschaft zur Cellulose, es kann als Derivat der Cellulose aufgefaßt werden. Es besteht wie die Cellulose aus geraden sehr langen Ketten aus 1,4-β-glycosidisch verknüpften D-Glucoseeinheiten, in denen jedoch die Hydroxylgruppen in 2-Stellung (jeder Glucoseeinheit) durch die Acetylamino-Gruppe ersetzt sind (s. Abbildung).

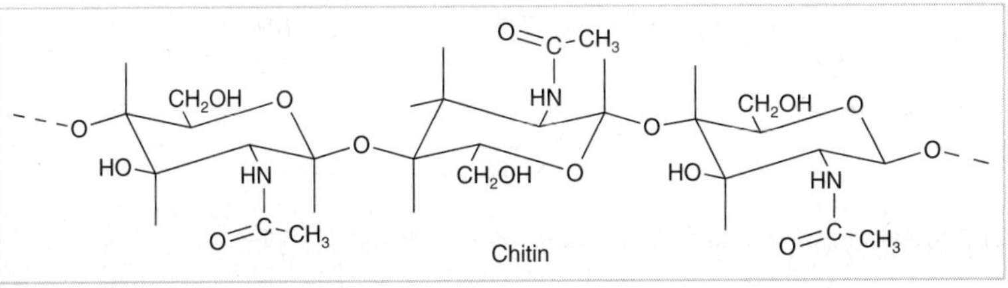

Struktur von Chitin

C. ist also ein N-acetyliertes *Poly(aminosaccharid)*. Diesem Aufbau entsprechend liefert es bei der sauren Hydrolyse mit verdünnter ↑ Salzsäure äquimolare Mengen ↑ D-Glucosamin und ↑ Essigsäure, während bei der enzymatischen Spaltung *N-Acetylglucosamin* entsteht.

Das deacetylierte Produkt wird als *Chitosan* bezeichnet (*2-Aminocellulose*). Es besitzt film- und gelbildende Eigenschaften und wird technisch als Klebstoff, Papierhilfsmittel, in der Abwasserbehandlung (Flockungsmittel) und für Dialysemembranen verwendet.

$(C_8H_{13}NO_5)_n$ $M_R = (203{,}20)_n$ C 47,29 %   H 6,45 %   N 6,89 %   O 39,37 %

Chlor

Chlorine Cl

Ist unter Normalbedingungen ein grün-gelbes, erstickend riechendes, Schleimhäute stark angreifendes Gas. Es läßt sich kondensieren zu einer leichtbeweglichen grünlichen Flüssigkeit, die schließlich zu blaßgelben Kristallen erstarrt (Daten s. Tabelle). Das Gas ist 2,5 mal schwerer als Luft. Es löst sich beträchtlich in Wasser, und zwar bei 20 °C in 1 Liter etwa zu 2,3 Liter, was einer etwa 0,09 molaren Lösung (ca. 6,5 g/l) entspricht und die man als *Chlorwasser* bezeichnet. Cl kommt in grauen Stahlbomben verflüssigt in den Handel.

Cl ist das zweite Element in der Familie der Halogene, die die 7. Hauptgruppe des PSE darstellen, steht also in der 2. Achterperiode und besitzt demnach die Elektronenkonfiguration $1s^2\ 2s^2\ 2p^6\ 3s^2\ 3p^5$, Grundterm $^2P_{3/2}$.

Cl bildet wie alle gasförmigen Elemente (außer den Edelgasen) zweiatomige Moleküle. Es ist eines der reaktivsten chemischen Elemente und kommt deshalb nicht elementar vor. Am Aufbau der Erdrinde ist es in Form von gesteinsbildenden oder im Meer gelösten Salzen (Chloriden) insgesamt zu 0,19 Gew-% beteiligt. Der Gewichtsanteil im Meerwasser beträgt 1,9 %.

Cl wird technisch hergestellt durch Elektrolyse wässeriger Natriumchlorid-Lösungen. Das Cl wird bei diesem, als *Chloralkali-Elektrolyse* bezeichneten Prozeß, der industriell zur Gewinnung von ↑ Natriumhydroxid durchgeführt wird, ebenso wie der ↑ Wasserstoff, als wertvolles, zur Wirtschaftlichkeit des Verfahrens (hoher Strombedarf!) beitragendes Nebenprodukt erhalten (s. Schema).

Kathodenvorgang:

$$2\,H_2O \rightleftharpoons 2\,H^{\oplus} + 2\,OH^{\ominus}$$
$$2\,H^{\oplus} + 2\,e^- \longrightarrow H_2$$
$$2\,e^- + 2\,H_2O \longrightarrow 2\,OH^{\ominus} + H_2$$

Anodenvorgang:

$$2\,NaCl \rightleftharpoons 2\,Na^{\oplus} + 2\,Cl^{\ominus}$$
$$2\,Cl^{\ominus} \longrightarrow Cl_2 + 2\,e^-$$
$$2\,NaCl \longrightarrow 2\,Na^{\oplus} + Cl_2 + 2e^-$$

Gesamtvorgang:

$$2\,H_2O + 2\,NaCl \longrightarrow 2\,Na^{\oplus} + 2\,OH^{\ominus} + Cl_2 + H_2$$

Chloralkali-Elektrolyse

Elektroden-Vorgänge bei der Chlor-Alkali-Elektrolyse

Es werden technisch zwei Verfahren durchgeführt, einerseits das Diaphragma- und das Membran-Verfahren, andererseits das Amalgam-Verfahren. Die chemischen Vorgänge (Gesamtgleichung) sind bei allen gleich, sie unterscheiden sich dadurch, wie die Trennung zwischen Kathoden- und Anodenraum erreicht wird (die hauptsächlich zur Verhinderung der Durchmischung von Wasserstoff und Chlor erforderlich ist).

Beim *Diaphragma-Verfahren* ist die Trennwand ein Natrium-Ionen-durchlässiges Asbest-Diaphragma, beim *Membran-Verfahren* eine dünne ionendurchlässige Membran. Die Kathode ist aus Stahl, die Anode aus Graphit. Die NaCl-Lösung wird kontinuierlich zugeführt, die Natronlauge kontinuierlich abgeführt.

Beim *Amalgam-Verfahren* sind Anoden- und Kathodenraum komplett getrennt. Die Kathode besteht aus Quecksilber. Infolge der hohen Überspannung von Wasserstoff am Quecksilber (zur Überspannung s. unter ↑ Wasser) werden hier die Na-Kationen und nicht die Protonen entladen, es entsteht Natriumamalgam (s. unter ↑ Amalgame). Das flüssige Amalgam wird abgeleitet, in einem *Amalgam-Zersetzer* mit Wasser zu Wasserstoff und Quecksilber zersetzt und das Quecksilber der Kathode wieder zugeführt. An einer Graphit-Anode wird aus der NaCl-Lösung Chlor freigesetzt, so daß auch beim Amalgam-Verfahren der Gesamtvorgang der gleiche ist wie oben dargestellt.

Im Labor kann Cl aus ↑ Mangandioxid, aus ↑ Kaliumpermanganat oder aus ↑ Chlorkalk hergestellt werden (s. Gleichungen).

$$4\,HCl + MnO_2 \longrightarrow MnCl_2 + Cl_2 + 2\,H_2O$$

Chlorherstellung aus Braunstein

$$2\,KMnO_4 + 16\,HCl \longrightarrow 2\,MnCl_2 + 5\,Cl_2 + 8\,H_2O + 2\,KCl$$

Chlorherstellung aus Permanganat

$$CaCl(OCl) + 2\,HCl \longrightarrow CaCl_2 + Cl_2 + H_2O$$

Chlorherstellung aus Chlorkalk

Die Gewinnung von Cl aus Salzsäure und Braunstein wurde früher technisch praktiziert als *Weldon-Verfahren* (s. unter ↑ Mangan(IV)oxid).

Dem Cl-Atom fehlt (wie allen Halogenen) nur ein Elektron zur Erreichung einer Edelgas-Elektronenhülle. Dieses Elektron verschafft das Cl-Atom sich in Gegenwart elektropositiver Elemente (Metalle), indem es diesen ein Elektron entreißt unter Ausbildung eines Chloridions, ein Vorgang, der teils äußerst heftig verläuft, z. B. mit den Alkali- und Erdalkalimetallen (s. Gleichung).

$$2\,Na + Cl_2 \longrightarrow 2\,Na^{\oplus} + 2\,Cl^{\ominus}$$

Heftige Reaktion von Chlor mit Natrium

$$H_2 + Cl_2 \longrightarrow 2\,H{-}Cl$$

Kovalente Bindungsbildung mit Wasserstoff

Mit weniger elektropositiven Elementen (Nichtmetallen) werden kovalente Bindungen eingegangen, wie z. B. mit ↑ Wasserstoff (s. Gleichung).

Cl bildet auf diese Weise überwiegend die formale Oxidationsstufe −1 aus. Lediglich in den Verbindungen mit ↑ Sauerstoff und ↑ Fluor können dem Cl positive Oxidationszahlen zugeordnet werden, nämlich +1 (z. B. im Hypochlorit), +3 (im Chlorit), +5 (im Chlorat) und +7 (im Perchlorat).

Cl ist also ein kräftiges Oxidationsmittel, was sich auch im Normalpotential ausdrückt (s. Gleichung).

$$Cl^{\ominus} \longrightarrow {}^{1}\!/_{2}\,Cl_2 + e^- \qquad E_0 = +1{,}36\ V$$

Oxidationswirkung von Chlor

Im Wasser löst Cl sich zunächst rein physikalisch. Dann erfolgt allmählich eine durch Sonnenlicht beschleunigte Reaktion, die über die Zwischenstufe Hypochlorige Säure (HOCl) atomaren ↑ Sauerstoff liefert (s. Gleichungen), der ein besonders kräftiges Oxidationsmittel darstellt und darüber hinaus für Mikroorganismen ein starkes Gift ist. Cl wird deshalb für Bleichzwecke (oxidative Farbstoffzerstörung) und zur Desinfektion (Bade- und Trinkwasser) verwendet. Die zur Wasserdesinfektion zugesetzten Cl-Mengen liegen zwischen 0,2-0,3 mg/l.

$$Cl_2 + H_2O \longrightarrow H^{\oplus} + Cl^{\ominus} + HOCl$$
$$HOCl \longrightarrow H^{\oplus} + Cl^{\ominus} + {}^{1}\!/_{2}\,O_2$$

Reaktion von Chlor mit Wasser

Aus mit Cl gebleichten Materialien muß restliches Cl mit ↑ Natriumthiosulfat, deshalb auch als „*Antichlor*" bezeichnet, entfernt werden (s. Gleichung).

$$Na_2S_2O_3 + 4\,Cl_2 + 5\,H_2O \longrightarrow NaHSO_4 + 8\,HCl$$

Chlor-Resteentfernung mit Natriumthiosulfat

Zur Bewertung des Cl-Gehaltes von Wasser werden folgende Größen unterschieden:

1. *Freies Chlor*:
Als solches bezeichnet man den Gehalt an physikalisch gelöstem Chlor, an Hypochloriger Säure und an Hyprochlorit (s. Abbildung).

$$Cl_F = Cl_{2\,ap.} + HOCl + ClO^{\ominus}$$

Freies Chlor – ein Summenparameter

Die Bestimmung des Freien Chlors erfolgt durch Colorimetrie mit *DPD-Reagenz* (N,N-Diethyl-p-phenylendiamin), mit dem sich ein rotes, durch Mesomerie stabilisiertes semichinoides Salz bildet (s. Schema).

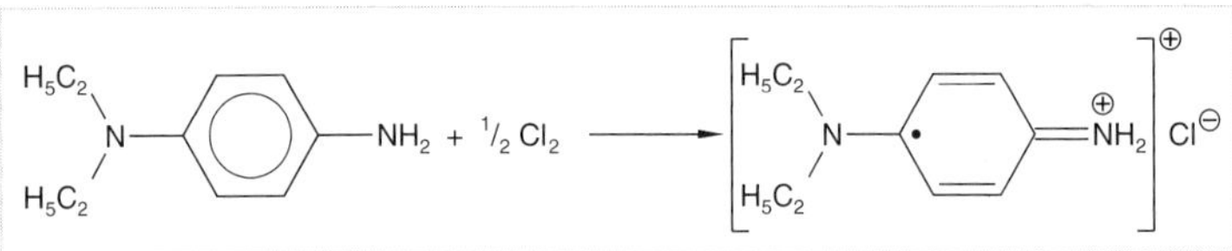

Bestimmung von Freiem Chlor mit DPD-Reagenz

2. *Gebundenes Chlor*:
sind in gechlortem Wasser Ammoniumsalze oder Amine vorhanden, reagieren diese mit Chlor z. T. zu Chloraminen (s. Gleichung). Diese wirken auch oxidierend, reagieren aber nicht mit DPD.

$$4\,Cl_2 + 3\,NH_3 \longrightarrow 2\,NH_2{-}Cl + NHCl_2 + 4\,HCl$$

Reaktion von Chlor mit Ammoniak bzw. Ammonium-Ionen

Fügt man im Anschluß an die Bestimmung des Freien Chlors ↑ Kaliumiodid zur Lösung, so wird das Gebundene Chlor freigesetzt, welches dann auch mit DPD unter weiterer Farbvertiefung reagiert, die colorimetrisch bestimmt wird. Man erhält so den Wert für *Gesamtchlor* (s. Gleichung).

Gesamtchlor = Freies Chlor + Gebundenes Chlor

Zusammensetzung von Gesamtchlor

Die weitaus größte Menge des industriell produzierten Cl wird zur Herstellung organischer Chlorverbindungen (↑ Polyvinylchlorid, chlorierte Lösungsmittel, z. B. ↑ Chloroform usw.) verbraucht, daneben aber auch für die Synthese einer großen Zahl anorganischer und organischer Grundchemikalien sowie für Bleich- und Desinfektionszwecke.

Cl besitzt in Form des Chlorid-Ions physiologische Bedeutung im Elektrolythaushalt der Lebewesen, im tierischen Organismus z. B. auch für die Nervenfunktionen (s. z. B. unter ↑ Acetylcholin). S. hierzu auch unter ↑ Natriumchlorid.

Zur qualitativen Erkennung von freiem Cl im Wasser kann neben Farbe und Geruch die Blaufärbung von Kaliumiodid-Stärke-Papier dienen (Iodfreisetzung und Blaufärbung mit Stärke), wobei jedoch andere Oxidationsmittel (Ozon, Peroxide usw.) stören. Zur quantitativen Bestimmung versetzt man mit Kaliumiodid und titriert das abgeschiedene Iod mit Natriumthiosulfat-Lösung.

$$Ag^{\oplus} + Cl^{\ominus} \longrightarrow AgCl$$

Silberchlorid-Fällung

Der qualitative Nachweis als Chlorid wird durch Fällung mit Silbernitratlösung (aus mit Salpetersäure angesäuerter Lösung) geführt (s. Gleichung), wobei sich der weiße käsige Silberchlorid-Niederschlag im Unterschied zu den Fällungen der anderen Halogenide in Ammoniakwasser auflösen läßt, weil sich der lösliche Silberdiammin-Komplex bildet (s. Gleichung).

$$AgCl + 2\,NH_3 \longrightarrow [Ag(NH_3)_2]Cl$$

Auflösung von Silberchlorid in Ammoniak-Lösung

► Cl wirkt stark schleimhautreizend (Husten, Tränen, Schnupfen erzeugend). Längeres Einatmen von Luft mit 60 mg/m³ ist lebensgefährlich. Bereits Konzentrationen von etwa 3 mg/m³ werden als lästig empfunden durch Reizung von Augen und Rachen. Akute starke Vergiftung führt zu blutigen Atemwegsinfektionen mit Gefahr der Lungenentzündung und des Lungenödems.

Cl Z = 17 A_R = 35,4527 Isotope: 35, 37

t_{Smp} −101 °C	t_{Sdp} −34 °C	d 0,003214 g/cm³ (0 °C)	MV 22061 cm³/mol (0 °C)	α	λ
C_p 33,94 J/(K · mol)	$\Delta_S H$ 6,41 kJ/mol	$\Delta_V H$ 20,40 kJ/mol	S^o 223,1 J/(K · mol)	ϱ	
t_{krit} 143,9 °C	P_{krit} 7,71 MPa	d_{krit} 0,567 g/cm³	t_{trip} −111 °C		
MAK 1,5 mg/m³	R-Satz 23-36/37/38-50	S-Satz 9-45-61			

Chloralhydrat

Chloral hydrate   Trichloracetaldehyd-Monohydrat

Bildet farblose tafelförmige Kristalle von penetrantem scharfem Geruch, löst sich sehr leicht in Wasser und vielen org. Solventien.

C. läßt sich herstellen durch längere Einwirkung von ↑ Chlor auf wässeriges Ethanol (s. Gleichung). Hierbei erfolgt zunächst Oxidation von Ethanol zum ↑ Acetaldehyd, welcher dann zu C. chloriert wird.

$$CH_3{-}CH_2{-}OH + 4\,Cl_2 + H_2O \longrightarrow Cl_3C{-}CH(OH)_2 + 5\,HCl$$

Bildung von Chloralhydrat aus Ethanol

C. bildet sich auch in exothermer Reaktion bei der Zugabe der stöchiometrischen Menge Wasser zu *Chloral*, einer farblosen, stechend riechenden Flüssigkeit vom Sdp. 98 °C. Im Chloral ist die Aldehydfunktion durch den -I-Effekt der drei Chloratome so aktiviert, daß das stabile C. gebildet wird, das damit eine Ausnahme von der *Erlenmeyer-Regel* darstellt, die besagt, daß zwei Hydroxylgruppen an einem C-Atom (geminales Diol) unbeständig sind (s. Gleichung).

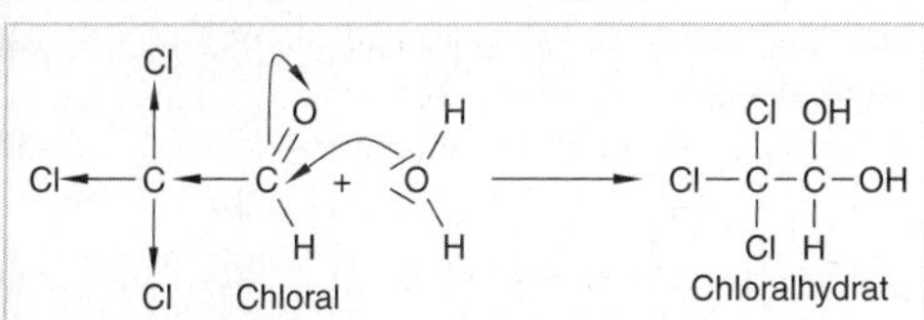

Addition von Wasser an Chloral

Erhitzt man C. mit Natronlauge, entsteht ↑ Chloroform. Führt man diese alkalische Spaltung in Schwerem Wasser D_2O aus, bildet sich das in der NMR-Spektroskopie vielfach als Lösungsmittel verwendete *Deuteriochloroform* $CDCl_3$ (s. Schema).

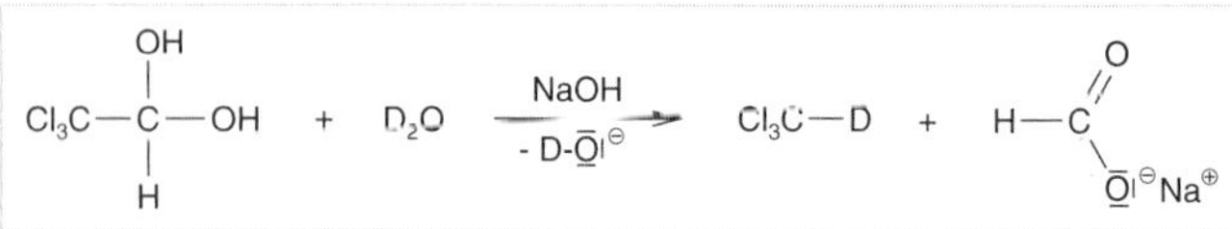

Herstellung von Deuteriochloroform

Chloral bildet u. a. folgende Azeotrope:

Azeotrop-Komponenten	Zusammensetzung (Gew.-%)	Siedepunkt (°C)
Chl./Heptan	53,0/47,0	93,0
Chl./Wasser	93,0/7,0	95,0

C. wurde früher in großen Mengen für die Herstellung des heute verbotenen, bzw. in der Verwendung sehr eingeschränkten Insektizids ↑ DDT produziert.

C. ist das älteste, früher viel benutzte, synthetische Schlafmittel, und ist heute wegen seiner schädlichen Wirkungen nicht mehr im Gebrauch.

$C_2H_3Cl_3O_2$ $M_R = 165{,}42$ C 14,52 % H 1,83 % Cl 64,30 % O 19,35 %

t_{Smp}	t_{Sdp}	d	η
52 °C	96 °C	1,62 g/cm³	

Chlorameisensäurebenzylester

Carbobenzoxy chloride Carbobenzoxichlorid

Eine farblose ölige Flüssigkeit mit stechendem Geruch, gut löslich in org. Solventien. Zersetzt sich beim Erhitzen über 100 °C in ↑ Kohlenstoffdioxid und ↑ Benzylchlorid.

Wird am günstigsten hergestellt durch Umsetzung von ↑ Phosgen mit ↑ Benzylalkohol (s. Gleichung).

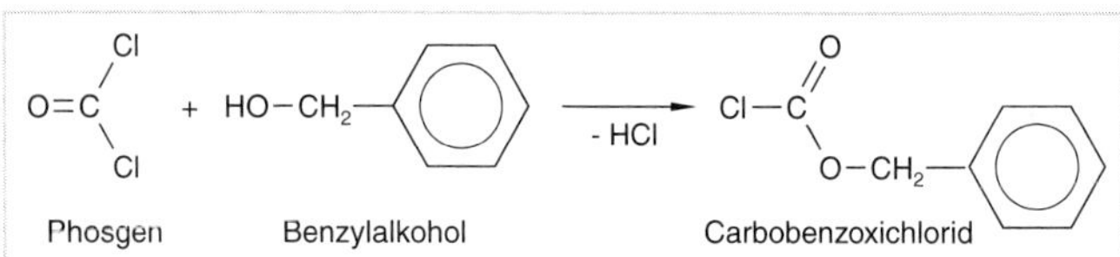

Herstellung von Chlorameisensäurebenzylester

C. besitzt große präparative Bedeutung zur Schutzgruppen-Einführung bei *Peptidsynthesen.* Peptide und Proteine bestehen aus Aminosäuren, die über Peptidbindungen (also Carbonamidfunktionen) zu Ketten miteinander verknüpft sind (s. Schema der Dipeptid-Bildung).

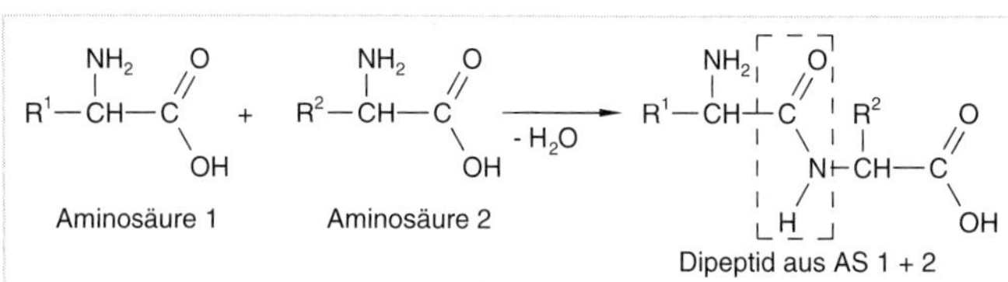

Kondensation von zwei Aminosäuren zum Dipeptid

Sollen zwei Aminosäuren AS 1 und AS 2 so miteinander verbunden werden, daß z. B. die Aminogruppe der AS 2 mit der Carboxylgruppe der AS 1 eine Peptidbindung eingeht (und nicht die Aminogruppe der AS 1 mit der Carboxylgruppe der AS 2), so muß die Aminogruppe der AS 1 „blockiert", d. h. mit einem Substituenten versehen werden, der dieser Aminogruppe das Eingehen einer *Peptidbindung* verwehrt. Ein solcher Substituent wird dann als „*Schutzgruppe*" bezeichnet. C. erweist sich hierzu als besonders geeignet, denn als Säurechlorid reagiert er zum einen sehr leicht mit Aminogruppen (wobei auf diese der Benzyloxicarbonyl-Rest übertragen wird, s. Gleichung). Zum anderen läßt er sich leicht durch katalytische Hydrierung wieder abspalten.

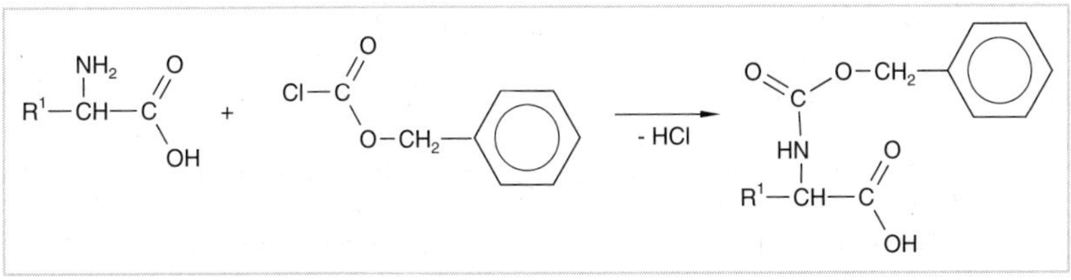

Benzyloxicarbonylierung einer Aminogruppe

Nachdem also die Aminogruppe der AS 1 blockiert ist, muß die Carboxylgruppe der AS1 durch Überführung z. B. in das Säurechlorid oder das Säureazid aktiviert werden. Dann wird mit der AS 2 zum Peptid umgesetzt (s. Schema).

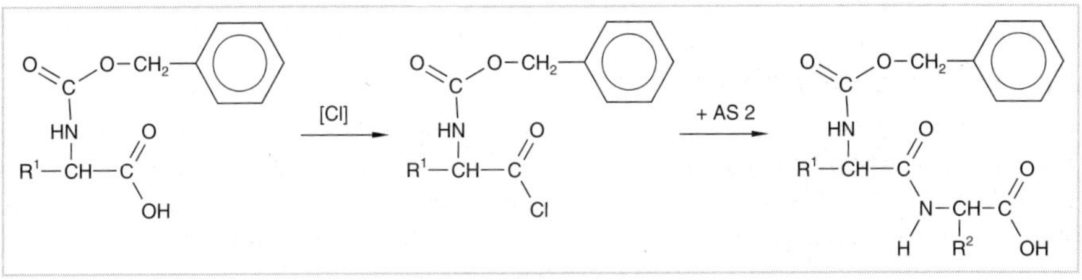

Reaktion der maskierten und aktivierten AS1 mit AS2 zum Peptid

Schließlich wird die Schutzgruppe abgespalten, was hier durch katalytische Hydrierung (↑Wasserstoff / ↑Platin) unter milden Bedingungen gelingt. Dabei entsteht ↑Toluol, ↑Kohlenstoffdioxid und das freie Dipeptid (s. Schema).

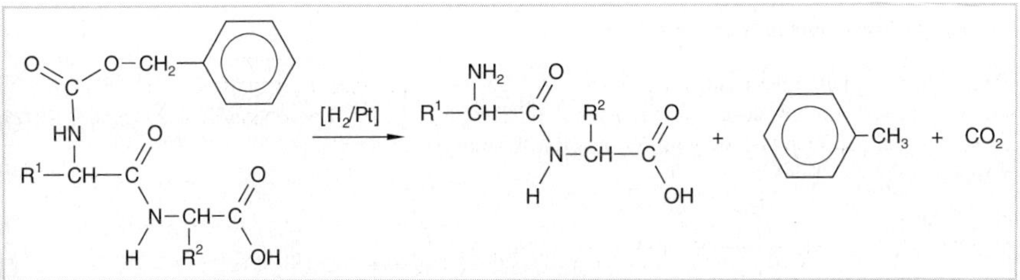

Abspaltung der Carbobenzoxi-Schutzgruppe durch katalytische Hydrierung

Der *Benzyloxicarbonyl-Rest* wurde früher als *Carbobenzoxi-Rest* oder als *Cbo-Rest* bezeichnet und wird heute einfach mit Z abgekürzt. Es sind heute sehr viele geeignete Schutzgruppen und Varianten der Peptidsynthese bekannt. Eine heute viel verwendete N-Schutzgruppe ist auch die *tert.-Butyloxicarbonyl-Gruppe*, kurz als *Boc* bezeichnet. Sie wird durch Umsetzung der Aminosäure mit *tert.-Butyloxicarbonylazid* eingeführt und läßt sich unter milden Bedingungen sauer-hydrolytisch wieder abspalten (s. Schema).

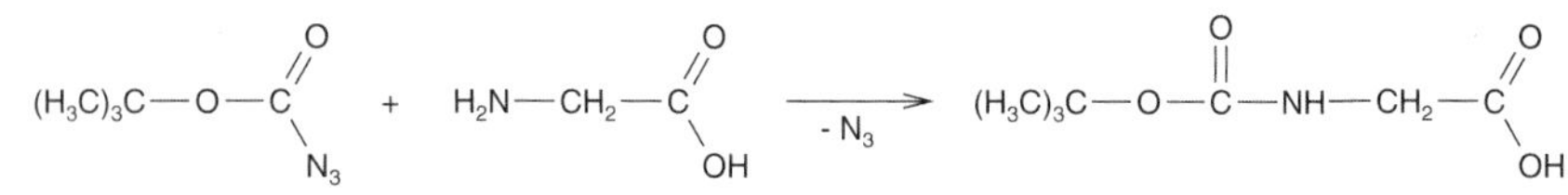

t-Butyloxycarbonylazid   Glycin   tert-Butyloxycarbonylglycin

Beispiel für die Einführung der Boc-Gruppe

$C_8H_7ClO_2$ $M_R = 170{,}60$ C 56,33 % H 4,14 % Cl 20,78 % O 18,76 %

t_{Smp}	t_{Sdp}	d	η
	103 °C		

Chloramin T

Chloramine-T

Das Trihydrat bildet ein weißes kristallines Pulver mit schwachem chlorähnlichem Geruch, löst sich gut in Wasser (über 14 g/100 ml bei 20 °C), und ist unlöslich in unpolaren org. Solventien. Es läßt sich unzersetzt aus heißem Wasser umkristallisieren, gibt beim Erhitzen Kristallwasser ab und zerfällt dann bei ca. 180 °C explosionsartig. C. zersetzt sich an der Luft allmählich.

C. wird am besten hergestellt durch Umsetzung von p-Toluolsulfonamid (s. ↑p-Toluolsulfonsäure) mit ↑Natriumhypochlorit (s. Gleichung).

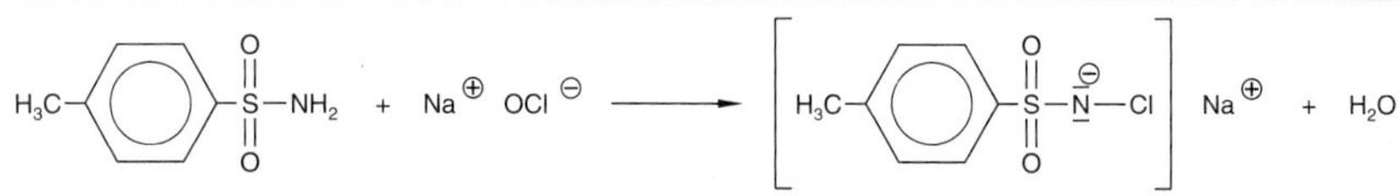

Chloramin T

Herstellung von Chloramin T aus p-Toluolsulfonamid

C. wirkt in wässeriger Lösung wie *Hypochlorit*, besitzt demgegenüber jedoch den Vorteil der längeren Haltbarkeit und ist weniger aggressiv, z. B. gegen die Haut und andere organische Materialien. Es besitzt hohe bakterizide Wirksamkeit und ist ein kräftiges Oxidationsmittel. C. wird deshalb als Desinfektionsmittel, Antiseptikum und Desodorans in Medizin und Technik verwendet.

► Gut verschlossen und dunkel aufbewahren.

$C_7H_7ClNNaO_2S$ $M_R = 227{,}65$ (wasserfrei) C 36,93 % H 3,10 % Cl 15,57 % N 6,15 % Na 10,10 % O 14,06 % S 14,09 %

Chloramphenicol

Chloramphenicol

Bildet farblose nadel- oder länglich-plättchenförmige Kristalle, die sich in Wasser bei 25 °C zu 0,25 g/100 ml mit neutraler Reaktion lösen. In Methanol oder Ethanol ist C. sehr gut löslich, während es in Petrolether und pflanzlichen Ölen unlöslich ist.

C. wurde erstmals 1948 aus Kulturen des Bakteriums Streptomyces venezuelae isoliert und wird heute vollsynthetisch hergestellt. Es ist optisch aktiv (2 asymmetrische C-Atome) und enthält eine in Naturstoffen sehr seltene Dichlormethylen-Gruppe (s. Abbildung).

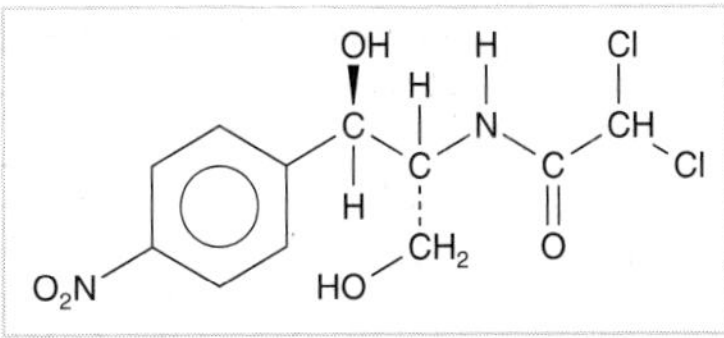

Struktur von Chloramphenicol = D-(-)-threo-2-(Dichloracetamido)-1-(4-nitrophenyl)-1,3-propandiol

C. ist ein *Breitbandantibiotikum* mit ähnlichem Wirkungsspektrum wie die ↑Tetracycline. Es ist wirksam gegen grampositive und -negative Bakterien (s. unter ↑Penicillin) und große Viren und wird vor allem angewendet bei Typhus, Paratyphus und Meningitis. C. wirkt durch Hemmung der Proteinbiosynthese in den Erregern.

Es sind zwar seltene, aber schwerwiegende Nebenwirkungen des C. bekannt geworden (Knochmarkschädigung). Es soll nicht länger als 14 Tage verabreicht werden (max 3 g/Tag peroral) ohne Wiederholung. Die Indikationen für C. werden streng gestellt.

$C_{11}H_{12}Cl_2N_2O_5$ $M_R = 323{,}13$ C 40,89 % H 3,74 % Cl 21,94 % N 8,67 % O 24,76 %

Chloranil

Chloranil

Bildet goldgelbe Blättchen, die sich bei 0 °C sublimieren lassen. Ist unlöslich in Wasser und vielen org. Solventien, ist etwas löslich in Diethylether.

C. kann erhalten werden bei der Umsetzung von ↑p-Benzochinon mit ↑Chlorwasserstoff. Dabei erfolgt zunächst 1,4-Addition des HCl mit gleichzeitiger Tautomerisieung zum *Chlorhydrochinon*, welches zum Chinon oxidierbar ist (s. Schema).

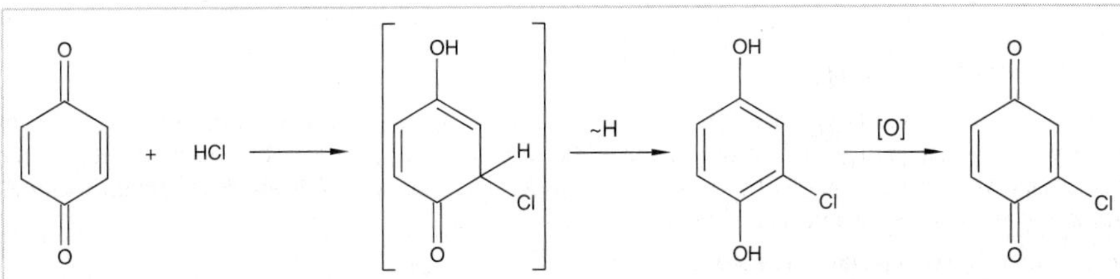

Erste Stufe der Chloranilsynthese ausgehend von p-Benzochinon

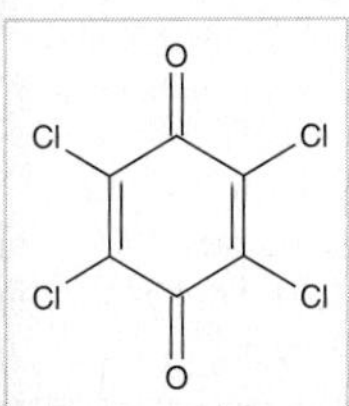

Struktur von Chloranil

Das erhaltene *Chlorchinon* kann auf dieselbe Weise reagieren, was schließlich zum C. führt (s. Abbildung).

C. wirkt als Fungizid. Das Oxidationspotential des Benzochinons wird durch die vier Chloratome beträchtlich erhöht, so daß C. ein kräftiges Oxidationsmittel darstellt, mit dem z. B. Dehydrierungen in der Organik bereits unter schonenden Bedingungen möglich sind (s. Gleichung). Dabei geht C. in *Tetrachlorhydrochinon* über. Es genügen meist Temperaturen um 100 °C. Besonders leicht lassen sich so z. B. *Dihydroaromaten* zu Aromaten dehydrieren.

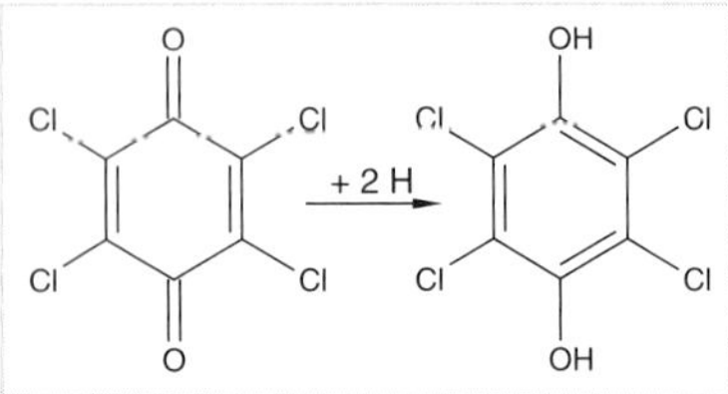

Chloranil ist ein kräftiges Dehydrierungsmittel

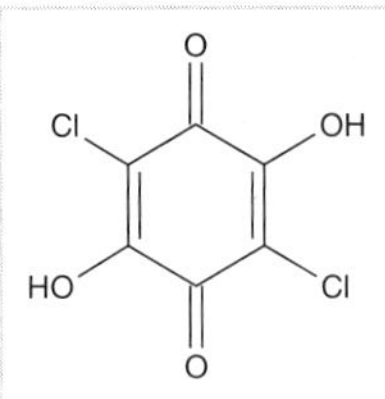

Chloranilsäure, Produkt der basischen Hydrolyse von Chloranil

Da zwei p-ständige Chlor-Atome im C. leicht substituierbar sind, wird C. auch in Farbstoff-Synthesen verwendet. Basische Hydrolyse führt zur *Chloranilsäure*, die rote Kristalle vom Schmp. 283 °C bildet und eine recht starke zweibasige Säure darstellt (s. Abbildung). Sie formt stabile Salze mit Metallkationen.

► C. ist haut- und schleimhautreizend.

$C_6Cl_4O_2$ $M_R = 245{,}89$ C 29,31 % Cl 57,68 % O 13,01 %

$t_{\text{Sublimation}}$ 296 °C (S)	t_{Sdp}	d	η		
C_p 193,8 J/(K · mol)	$\Delta_S H$ 98,7 kJ/mol (S)	$\Delta_V H$	$\Delta_B H$ −298 kJ/mol	S^o 258 J/(K · mol)	Q_C −2171 kJ/mol
MAK	R-Satz 36/38-50/53	S-Satz 37-60-61			

Chlorbenzol

Chlorobenzene

Farblose, benzolartig riechende brennbare Flüssigkeit, die in Wasser unlöslich, mit den meisten org. Solventien unbegrenzt mischbar ist.

Wird technisch hergestellt u. a. durch direkte Chlorierung von ↑ Benzol mit ↑ Eisen(III)chlorid als Katalysator (s. Schema). Diese Reaktion verläuft als typische Friedel-Crafts-Katalysator-unterstützte elektrophile Substitution am Aromaten (s. z. B. Friedel-Crafts-Acylierung unter ↑ Benzophenon).

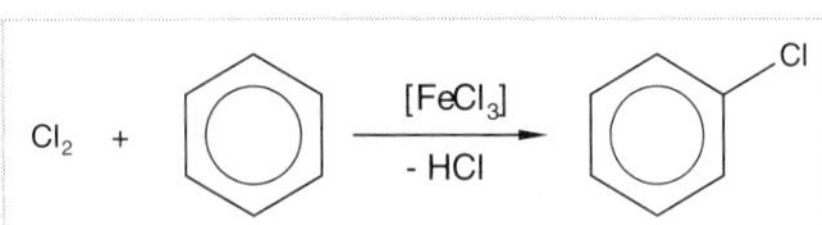

Synthese von Chlorbenzol

C. bildet u. a. folgende Azeotrope:

Azeotrop-Komponenten	Zusammensetzung (Gew.-%)	Siedepunkt (°C)
C./Propanol	20,0/80,0	96,5
C./Wasser	71,6/28,4	90,2

Aus C. wird technisch ↑ Phenol (durch Hydrolyse mit ↑ Natronlauge), und ↑ Anilin (durch Ammonolyse mit wässerigem ↑ Ammoniak) hergestellt. C. wird durch Nitrierung in o-, m- und p-Nitrochlorbenzol überführt, die zu Farbstoff-Synthesen verwendet werden. C. dient ferner als Lösungsmittel, wobei es z. B. das carcinogene ↑ Benzol oder ↑ Tetrachlorkohlenstoff (etwa in radikalischen Bromierungen) ersetzen kann. Zu erwähnen ist ferner die Verwendung als Wärmeübertragungsflüssigkeit.

► C. ist gesundheitsschädlich.

C_6H_5Cl $M_R = 112{,}56$ C 64,03 % H 4,48 % Cl 31,50 %

t_{Smp}	t_{Sdp}	d	η
−46 °C	132 °C	1,11 g/cm³	0,799 mPa · s

C_p	$\Delta_S H$	$\Delta_V H$	$\Delta_B H$	S^o	Q_C
152 J/(K · mol)	9,56 kJ/mol	35,2 kJ/mol			−3112 kJ/mol

MAK	R-Satz	S-Satz
46 mg/m³	10-20-51/53	24/25-61

Chlordioxid

Chlorine dioxide

Bildet bei Raumtemperatur ein gelbes bis rotes, chlorähnlich riechendes Gas, das zu einer braunroten Flüssigkeit kondensiert. Als Feststoff bildet es eine gelblich-rote kristalline Masse (phys. Daten s. unten). C. löst sich in kaltem Wasser bis zu einer Konzentration von knapp 6 Gew.-%, was etwa 20 Litern Gas pro Liter entspricht. C. explodiert als Gas oder Flüssigkeit ohne erkennbaren Anlaß, wobei es in ↑ Chlor und ↑ Sauerstoff zerfällt (s. Gleichung). Noch bis herab zu Konzentrationen von 10 % in der Luft kann durch Wärme- oder Lichteinwirkung Explosion erfolgen. Die dunkelgrünen wässrigen Lösungen sind im Dunkeln stabil, unter Lichteinfluß erfolgt Zersetzung (s. unten). Chlorid-Ionen katalysieren die Zersetzung.

$$ClO_2 \longrightarrow \tfrac{1}{2}\,Cl_2 + O_2$$

Explosionsartiger Zerfall von Chlordioxid

Eine Darstellungsmethode für C. ist unter ↑ Natriumchlorit beschrieben, wobei Natriumchlorit mit Chlor zu C. oxidiert wird. Für die Praxis besser geeignet ist die Reduktion von Chlorat mit ↑ Oxalsäure in Gegenwart von ↑ Schwefelsäure (s. Schema).

$$HClO_3 + H_2C_2O_4 \longrightarrow HClO_2 + 2\,CO_2 + H_2O$$

$$HClO_2 + HClO_3 \longrightarrow 2\,ClO_2 + H_2O$$

$$2\,HClO_3 + H_2C_2O_4 \longrightarrow 2\,ClO_2 + 2\,CO_2 + 2\,H_2O$$

Darstellung von Chlordioxid

Hierbei wird das C. durch das mitgebildete ↑Kohlenstoffdioxid verdünnt, was eine gefahrlosere Handhabung ermöglicht. Zur Struktur von C. s. unter ↑Natriumchlorit.

C. ist ein starkes Oxidationsmittel, das durch die meisten Metalle zu den entsprechenden Chloriten reduziert wird.

$$ClO_2 + e^{\ominus} \longrightarrow ClO_2^{\ominus} \qquad E^0 = +1{,}19\ V$$

Chlordioxid als Oxidationsmittel

Mittels ↑Ozon ist C. oxidierbar zu *Dichlorhexaoxid*, eine schwarzrote ölige Flüssigkeit, die rasch zerfällt. Wässerige Lösungen von C. zerfallen allmählich zunächst zu Chlorsäure (s. unter ↑Kaliumchlorat) und Chloriger Säure (s. unter ↑Natriumchlorit), wobei letztere weiter zersetzt wird zur ↑Salzsäure (s. Gleichung).

$$6\ ClO_2 + 3\ H_2O \longrightarrow HCl + 5\ HClO_3$$

Disproportionierung von Chlordioxid in wässeriger Lösung

In alkalischer Lösung erfolgt die Zersetzung sehr schnell, bleibt aber auf der Stufe der Chlorigen Säure stehen.

C. hat sich zu einem wichtigen *Desinfektionsmittel* entwickelt, das nicht die Nachteile des elementaren ↑Chlor aufweist. So verursacht es bei der *Trinkwasserdesinfektion* z. B. keine Bildung von Chlorkohlenwasserstoffen. Es besitzt ausgezeichnete bakterizide, antiseptische und desodorierende Eigenschaften. Es wird technisch auch verbreitet als *Bleichmittel* verwendet, was man als *ECF-Bleiche* (*Elementar-Chlorfreie Bleiche*) bezeichnet.

ClO_2 $M_R = 67{,}45$ Cl 52,56 % O 47,44 %

t_{Smp}	t_{Sdp}	d	η
−59 °C	11 °C	1,64 g/cm³	

MAK	R-Satz	S-Satz
0,28 mg/m³		

Chloressigsäure

Chloroacetic acid

Bildet farblose oder weiße hygroskopische Kristalle, die sich in Wasser und in polaren org. Solventien gut lösen.

C. wird hergestellt durch Chlorierung von ↑Essigsäure bei ca. 80 °C in Gegenwart von Beschleunigern wie ↑Essigsäureanhydrid oder ↑Iod (s. Gleichung). Bei entsprechendem Chlor-Überschuß und höherer Temperatur entstehen so auch *Dichloressigsäure* (existiert in zwei Kristallformen vom Schmp. 10 °C und −4 °C) und *Trichloressigsäure* (Schmp. 58 °C).

C. ist als Prototyp der *α-Halogencarbonsäuren* anzusehen.

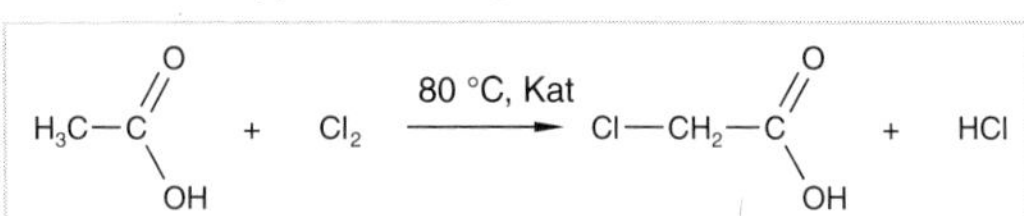

Synthese der Chloressigsäure

C. bildet u. a. folgende Azeotrope:

Azeotrop-Komponenten	Zusammensetzung (Gew.-%)	Siedepunkt (°C)
C./Naphthalin	78,0/22,0	187,1
C./o-Xylolc	12,0/88,0	143,5

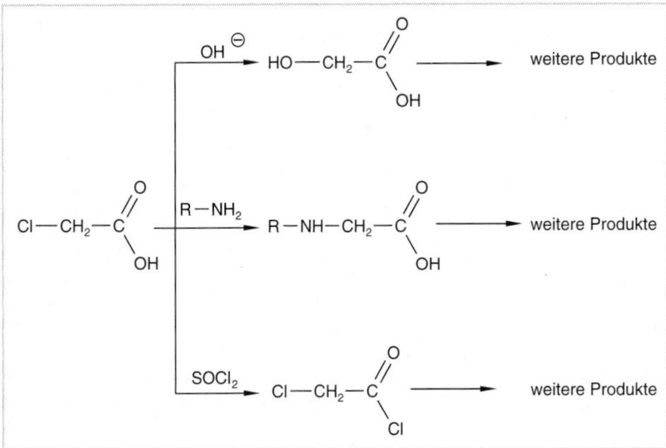

Präparative Verwendungen der Chloressigsäure: Herstellung von Glykolsäure, N-substituierte Glycine, Chloracetylchlorid

C. ist mit einem pK_S von ca. 3 wesentlich stärker sauer als die ↑Essigsäure (-I-Effekt des Chloratoms). Sie ist sehr reaktionsfreudig und deshalb leicht in viele wichtige Zwischenprodukte für weitere Synthesen überführbar, wobei sowohl die Substitution des Chloratoms als auch der Ersatz der Säurehydroxylgruppe Bedeutung hat, wofür im Schema einige Beispiele genannt sind.

C. hat insbesondere Bedeutung in Heterocyclen-Synthesen. Wichtig ist auch die Herstellung von ↑Carboxymethylcellulose.

Das Bromanaloge von C., die *Bromessigsäure*, ein hygroskopischer Feststoff vom Schmp. 50 °C, wird aus Essigsäure durch die *Hell-Vollhard-Zelinsky-Reaktion* erhalten, ein genereller Zugang zu *α-Bromcarbonsäuren*. Sie beinhaltet die Umsetzung der betreffenden Carbonsäure mit rotem ↑Phosphor und ↑Brom (s. Schema).

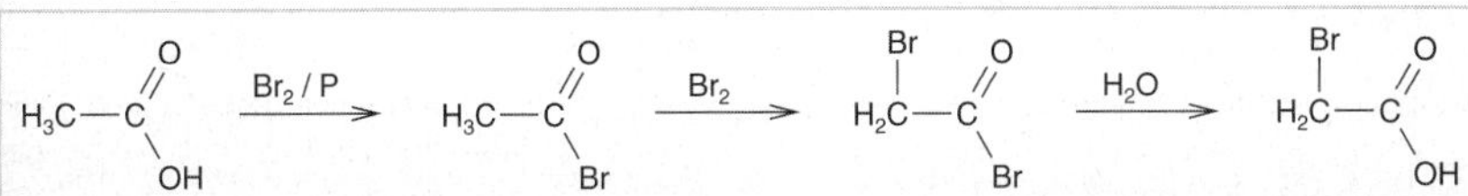

Synthese von Bromessigsäure nach Hell-Vollhard-Zelinsky

Dabei entsteht intermediär Phosphor(III)bromid, das dann das Säurebromid bildet, welches leicht weiterreagiert. Die *Iodessigsäure* erhält man aus C. durch Erwärmen mit ↑Kaliumiodid in methanolischer Lösung.

► C. ist stark hautreizend. C. greift die meisten Materialien, bes. Metalle stark an.

$C_2H_3ClO_2$ $M_R = 94{,}50$ C 25,42 % H 3,20 % Cl 37,52 % O 33,86 %

t_{Smp}	t_{Sdp}	d	η		
63 °C	189 °C	1,58 g/cm³			
C_p	$\Delta_S H$	$\Delta_{Sub} H$	$\Delta_B H$	S^o	Q_C
144 J/(K · mol)	16 kJ/mol	51 kJ/mol (S)			−728 kJ/mol
MAK	R-Satz	S-Satz			
4 mg/m³	25-34-50	23-37-45-61			

Chlorkalk

Chloride of lime, Bleaching powder

C. kommt als lockeres weißes Pulver in den Handel und weist einen mehr oder weniger starken Geruch nach ↑ Chlor auf. Es löst sich nur wenig in Wasser und erzeugt eine alkalische Reaktion.

C. wird technisch hergestellt durch Einwirkung von Chlor auf ↑ Calciumhydroxid(gelöschter Kalk). Dabei erhält man je nach Prozeßführung und Reinheit der Ausgangsstoffe ein kompliziertes Produktgemisch, dem die gezeigte vereinfachte Reaktionsgleichung nur näherungsweise gerecht wird.

$$Ca(OH)_2 + Cl_2 \longrightarrow Ca^{2+} + Cl^{\ominus} + OCl^{\ominus} + H_2O$$

Herstellung von Chlorkalk

Derzufolge wird für C. meist die Formel CaCl (OCl) (Calciumchlorid-hypochlorit) angegeben.

Aufgrund seines Gehaltes an *Hypochlorit* besitzen die Lösungen oder Aufschlämmungen von C. desinfizierende, bleichende und desodorierende Wirkung. Der Gehalt an wirksamem Chlor beträgt im Durchschnitt 36 % (zum Begriff „wirksames Chlor" s. unter ↑ Natriumhypochlorit).

Die technische Bedeutung des C. ist stark zurückgegangen, seit flüssiges ↑ Chlor in Druckflaschen (insbesondere zur Wasserbehandlung) verfügbar ist. Früher wurde C. als Transportform für Chlor benutzt, da ↑ Salzsäure aus C. Chlor freisetzt (s. Gleichung).

$$CaCl(OCl) + HCl \longrightarrow CaCl_2 + H_2O + Cl_2$$

Chlorfreisetzung aus Chlorkalk mit Salzsäure

► C. ist ätzend und schleimhautreizend.

Chlormethan ⟶ Methylchlorid

Chloroform

Chloroform Trichlormethan

Eine wasserklare, schwere, nicht entzündliche Flüssigkeit von typisch süßlichem Geruch, ist praktisch unlöslich in Wasser (0,5ml/100 ml), mit den meisten org. Solventien beliebig mischbar.

C. wird technisch zusammen mit den anderen Chlormethanen durch Gasphasen-Chlorierung von ↑ Methan erhalten (s. Schema).

$$[CH_4 + Cl_2] \xrightarrow[\text{- HCl}]{\text{ca. 400 °C}} CH_3Cl + CH_2Cl_2 + CHCl_3 + CCl_4$$

Gewinnung von Chloroform

Im Labor ist C. z. B. herstellbar aus ↑ Chlorkalk und ↑ Aceton, indem das zunächst entstehende *Trichloraceton* alkalisch gespalten wird (s. Schema).

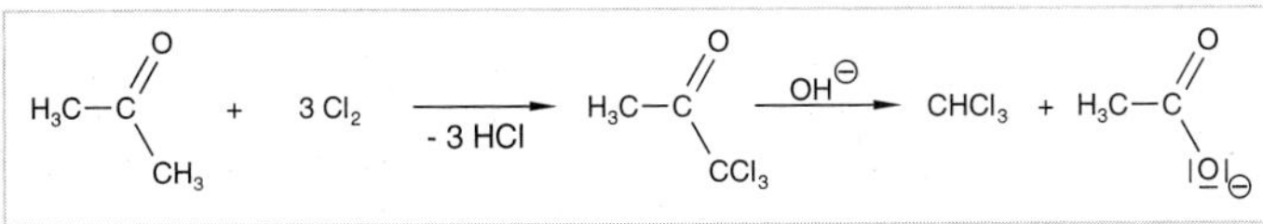

Labordarstellung von Chloroform aus Aceton

C. bildet u. a. folgende Azeotrope:

Azeotrop-Komponenten	Zusammensetzung (Gew.-%)	Siedepunkt (°C)
C./Ethanol	93,0/7,0	59,4
C./Hexan	72,0/28,0	60,0
C./Methanol	87,0/13,0	53,5
C./MEK	17,0/83,0	79,9
C./Wasser	97,0/3,0	56,3

C. besitzt hervorragendes Lösungsvermögen für Fette, Öle und die meisten organischen Stoffe, so daß es als Lösungsmittel Bedeutung hat. Es dient ferner als Ausgangsprodukt u. a. zur Herstellung von fluorierten Chlorkohlenwasserstoffen (FCKW). C. bildet bei Lagerung unter Licht- und Luftzutritt das hochgiftige ↑ Phosgen. Deshalb sind Handelsprodukte mit ca. 0,75 % Ethanol versetzt, welches mit Phosgen sofort zu unschädlichem ↑ Diethylcarbonat reagiert.

In schwach alkalischer Lösung ist C. beständig, es erfolgt insbesondere kein S_N-Austausch von Halogen. Setzt man C. aber mit starker Alkalilauge oder Alkoholat um, entsteht *Dichlorcarben.* Zunächst erfolgt Abspaltung des H-Atoms als Proton unter Hinterlassung des Trichlormethyl-Anions, welches dann ein Chlorid-Ion abspaltet. Das Dichlorcarben ist sehr reaktiv und reagiert mit Wasser schließlich zu Formiat und ↑ Kohlenstoffmonoxid (s. Schema).

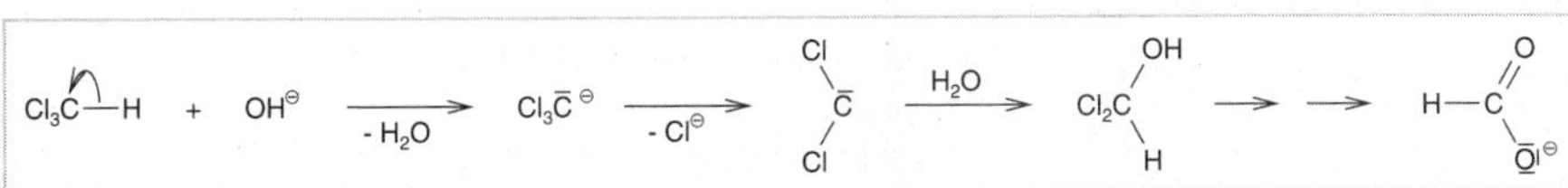

Bildung von Dichlorcarben aus Chloroform

Die Bildung von Dichlorcarben ist ein Beispiel für eine *α-Eliminierung*, bei der also beide abgespaltenen Substituenten vom gleichen C-Atom stammen. Zur elektronischen Struktur der Carbene s. unter ↑ Diazomethan.

C. führt bei stärkerem Einatmen zur Narkose und wurde deshalb zeitweise in der Anästhesie eingesetzt, findet hier jedoch wegen der schädlichen Nebenwirkungen keine Anwendung mehr.

► C. wird wie alle chlorierten Kohlenwasserstoffe bei Resorption durch die Lunge, die Haut oder den Verdauungstrakt in den Fettgeweben abgelagert und angereichert und verursacht u. a. schwere Leberschäden. C. wird als carzinogen eingestuft.

$CHCl_3$ $M_R = 119{,}39$ C 10,06 % H 0,84 % Cl 89,09 %

t_{Smp}	t_{Sdp}	d	η
−63 °C	61 °C	1,48 g/cm³	0,58 mPa · s

C_p	$\Delta_S H$	$\Delta_V H$	$\Delta_B H$	S^o	Q_C
114 J/(K · mol)		29,2 kJ/mol	−134,3 kJ/mol		−473 kJ/mol

t_{krit}	P_{krit}	d_{krit}	t_{trip}
263 °C			

MAK	R-Satz	S-Satz
50 mg/m³	22-38-40-48/20/22	36/37

Chlorogensäure

Chlorogenic acid 3-Kaffeeoylchinasäure

Das bei der Fällung aus Wasser erhaltene Hemihydrat bildet farblose Kristallnadeln, die sich in kaltem Wasser nur zu ca. 4 g/100 ml lösen, in heißem Wasser, Ethanol oder Aceton hingegen sehr gut löslich sind. Erwärmung in salzsaurer Lösung setzt hydrolytisch die ↑ Kaffeesäure frei. Der pK_S-Wert der C. beträgt 2,66.

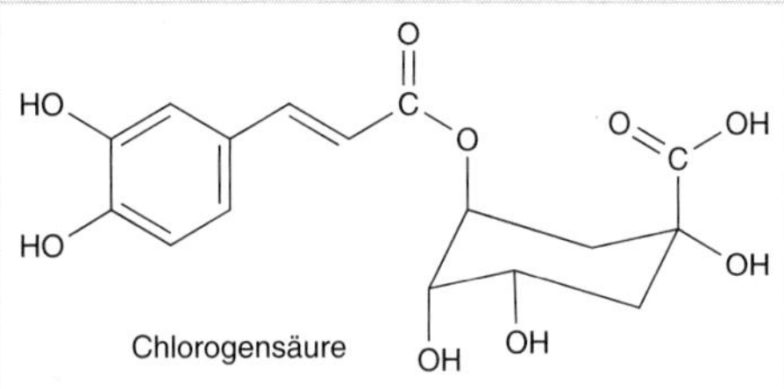

Struktur der Chlorogensäure

Die C. kommt sehr verbreitet in vielen Pflanzen vor, so in Kaffee (s. unter ↑ Coffein), Tabak, Obstbaumblättern, Kartoffeln oder Artischocken.

Sie ist ein Ester der ↑ Kaffeesäure mit der ↑ Chinasäure (s. Abbildung). Da auch Isomere der C. (z. B. Esterbildung an der 4- oder 5-ständigen OH-Gruppe der Chinasäure) vorkommen, spricht man allgemein von Chlorogensäuren. Die C. bildet mit Metallkationen farbige Komplexe, weshalb z. B. Kartoffeln mit Eisen(III)ionen eine Schwarzfärbung ergeben.

$C_{16}H_{18}O_9$ $M_R = 354{,}31$ C 54,24 % H 5,12 % O 40,64 %

t_{Smp}	t_{Sdp}	d	η
208 °C			

Chlorophyll

Chlorophyll

Man kennt heute verschiedene C., die durch die Buchstaben a, b, c usw. gekennzeichnet werden. Die weitaus wichtigsten sind C. a und b. Im reinsten Zustand bildet C. a dunkelblau-grüne blättchenförmige Kristalle, C. b grün-gelbe Kristallnadeln. Beide zeigen wachsartige Beschaffenheit, lösen sich sehr gut in Diethylether und Chloroform, etwas weniger in Ethanol oder Aceton und kaum in Petrolether. Die Lösungen sind grün und zeigen tiefrote Fluoreszenz.

C. a und b bewirken die grüne Farbe unserer Pflanzenwelt (s. unten). Sie kommen in proteingebundener Form (*Chromoprotein*) in den *Chloroplasten* der Pflanzenzellen vor. Das Verhältnis von C. a zu C. b beträgt etwa 3:1. Die Proteinbindung verleiht den C. Beständigkeit gegen Licht, Sauerstoff und Kohlenstoffdioxid. In isolierter Form sind die C. nämlich äußerst licht-, luft- und insbesondere säureempfindliche Substanzen. Bereits beim Trocknen von zerriebenem pflanzlichem Material erfolgt die Ablösung der C. vom Protein. Durch Diethylether lassen sich die C. u. a. zusammen mit den ebenfalls vorkommenden Carotinen (s. unter ↑ Carotin) aus dem getrockneten Pulver extrahieren und z. B. chromatographisch isolieren. Die erste Reindarstellung von C. aus Pflanzen erfolgte 1911 durch Willstätter, die endgültigen Strukturen von C. a und C. b wurden nach langen Forschungen 1939 von H. Fischer aufgestellt und 1960 gelang Woodward die erste Totalsynthese von C. a.

Das Grundgerüst der C.-Moleküle ist ein nur leicht abgewandeltes Derivat von ↑ Porphin, welches ja u. a. das Grundgerüst für die farbgebende Komponente des Blutfarbstoffs ↑ Hämoglobin, das Häm, darstellt. Es besteht also aus vier Pyrrolringen, die über Methinbrücken zu einem mesomeriestabilisierten Ringsystem verbunden sind. Die Positionen 17 und 18 sind hydriert und am Ring C ist ein Cyclopentenonring ankondensiert. Als Zentralatom in diesem Grundgerüst ist ein Magnesium-Kation komplex gebunden (vgl. dazu Hämin, mit zentral gebundenem Eisen-Atom). Die H-Atome der Pyrrolringe sind durch Alkylgruppen substituiert und ferner kommen zwei Estergruppen vor, ein Methylester und ein Phytolester (*Phytol* ist ein ungesättigter Diterpenalkohol $C_{20}H_{39}OH$). C. a und C. b unterscheiden sich also nur durch Ersatz einer Methyl- durch eine Formylgruppe. Der *Phytylrest* bewirkt die wachsartige Konsistenz der C (s. Abbildung).

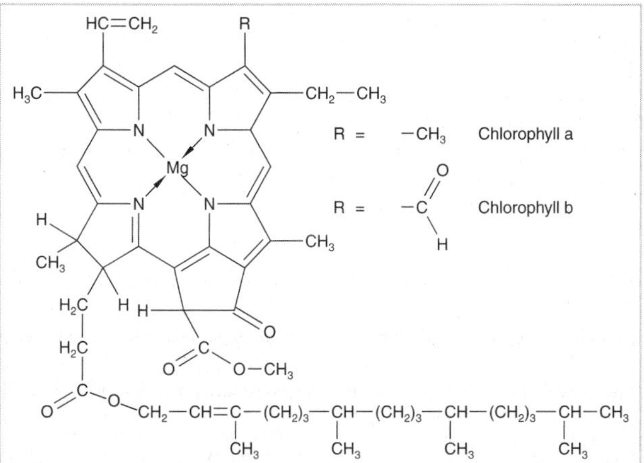

Strukturen von Chlorophyll a und b

Beim Behandeln von C. mit Säuren erfolgt schneller Ersatz des Mg-Ions gegen Protonen, womit man die *Phäophytine* erhält. Diese Protonen wiederum lassen sich sehr leicht gegen Schwermetall-Ionen, insbesondere Kupfer-Ionen austauschen. Die alkalische Hydrolyse liefert Phytol, Methanol und wasserlösliches *Chlorophyllin*.

Die Polyen-Systeme der C.-Moleküle bewirken starke Absorption von Sonnenlicht im sichtbaren Bereich (400–700 nm). Sie stehen deshalb in den grünen Pflanzen mechanistisch am Anfang der Reaktionskette, die man zusammenfassend als *Fotosynthese* bezeichnet. Die Fotosynthese erlaubt es den grünen Pflanzen, letztlich aus ↑ Wasser und ↑ Kohlenstoffdioxid durch Einfangen von Lichtenergie und deren Umwandlung in chemische Energie Kohlenhydrate aufzubauen, wobei ↑ Sauerstoff freigesetzt wird (s. summarische Gleichung).

$$6\,CO_2 + 6\,H_2O \xrightarrow{[h \cdot \nu]} C_6H_{12}O_6 + 6\,O_2$$

Summarische Gleichung der Fotosynthese

Für diese Syntheseleistung steht den Pflanzen ein erstaunlicher molekularer Apparat zur Verfügung, der heute sehr gut erforscht ist, ebenso wie die mechanistischen Wege weitgehend verstanden werden. Es handelt sich um die mengenmäßig bedeutendste irdische Synthese: durch sie entstehen jährlich über 10 Milliarden Tonnen Kohlenstoff-Verbindungen. Rechnet man hinzu, daß sie die einzige Sauerstoff-Quelle für die Biosphäre ist, stellt sich die Fotosynthese als der wichtigste chemische Prozeß überhaupt dar. Es ist daher angemessen, diesen bedeutenden Vorgang hier genauer wiederzugeben.

Oben wurden die Chloroplasten als Träger der C.-Moleküle genannt. Diese Chloroplasten stellen in den Pflanzenzellen befindliche etwa 5 μm lange Organellen dar. Die Choroplasten besitzen zwei umhüllende Membranen (äußere und innere), durch die ihr Innenraum, das *Stroma*, gegen das Cytoplasma abgetrennt ist. In diesem Stroma befinden sich die *Thylakoide*. Das sind Stapel von scheibchenförmigen Gebilden, die untereinander durch Lamellen verbunden sind. Die Thylakoide sind von der *Thylakoid-Membran* umgeben, d. h. die Thylakoid-Membran trennt den Innenraum der Thylakoide, das *Lumen*, vom Stroma ab (s. schematische Darstellung). In dieser Thylakoid-Membran nun befinden sich die an der Fotosynthese beteiligten Kompartimente, also auch die C.-Moleküle. Eine Pflanzenzelle kann bis zu 100 solcher Chloroplasten enthalten.

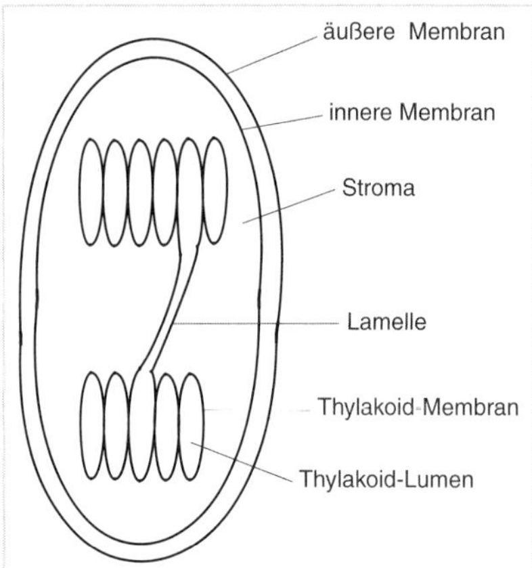

Schematische Darstellung eines Chloroplasten mit Thylakoiden

Der Gesamtprozeß der Fotosynthese muß in zwei komplexe Vorgänge aufgetrennt werden. Der erste wird als *Lichtreaktion* bezeichnet, womit die durch Lichtabsorption in Gang gesetzte, eben in der Thylakoid-Membran ablaufende Reaktionskette gemeint ist, in deren Verlauf Wasser unter Freisetzung von Sauerstoff oxidiert wird und schließlich NADPH (s. unter ↑ Nicotinsäureamid-Adenin-Dinucleotid) und ATP (s. unter ↑ Adenosin-5′-triphosphat) erzeugt werden. Der zweite ist der als *Calvin-Cyclus* benannte Aufbau der Kohlenhydrate aus Kohlenstoffdioxid, in dem die in der Lichtreaktion erzeugten energiereichen Verbindungen genutzt werden. Der Calvin-Cyclus wird auch als *Dunkelreaktion* bezeichnet, womit gemeint ist, daß er nicht direkt vom Licht abhängig ist. Er findet im Stroma der Chloroplasten statt.

Die Lichtreaktion

Der in der Thylakoid-Membran untergebrachte molekulare Apparat, von dem die Lichtreaktion geleistet wird, setzt sich aus dem Fotosystem I und dem Fotosystem II (FS I und FS II) sowie der *Cytochrom-Einheit* zusammen, die jeweils große Komplexe aus mehreren Protein-Untereinheiten darstellen. Zwischen ihre hochmolekularen Protein-Helices, die die Membran durchragen, sind prosthetische Gruppen sowie im Falle von FS I und II zahlreiche Chlorophyll- und Carotinoid-Moleküle eingelagert. In diesem Apparat läuft eine Elektronenübertragungskette ab, die dem gezeigten Grobschema folgt.

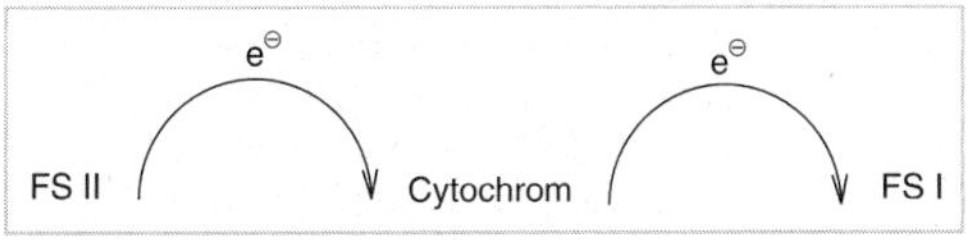

Grobschema der Elektronenübertragung in der Lichtreaktion

Die Lichtreaktion startet im FS II. Ein in dessen Zentrum befindliches spezielles Chlorophyll-a-Paar (absorbiert Licht < 680 nm, deshalb als P680 bezeichnet) wird durch Licht elektronisch angeregt und überträgt ein Elektron (es wird dadurch zum $P680^{+}$) auf ein Phäophytin (s. oben), welches es sofort weiterleitet an ein Plastochinon PQ (s. unter ↑ p-Benzochinon). Das PQ nimmt ein zweites auf diesem Wege ankommendes Elektron sowie aus dem Stroma zwei Protonen auf (die Chinone sitzen stromaseitig in der Membran) und wird zum *Plastohydrochinon* PQH_2. Nun kommt eine ganz entscheidende Reaktion zum Zuge, die Rückreduktion von $P680^{+}$ zum P680: das $P680^{+}$ ist ein starkes Oxidationsmittel, es nimmt sich sein Elektron zurück von einem speziellen Zentrum des FS II, dem *Mangan-Zentrum.* Das ist ein Cluster von u. a. vier Mangan-Ionen auf der Lumenseite der Thylakoid-Membran. Die vier Mangan-Ionen geben nacheinander jedes ein Elektron an das $P680^{+}$ ab (d. h. jeweils nach einer fotochemischen Elektronenabgabe des P680). Diese vier Elektronen nehmen sich die Mangan-Ionen wiederum zurück von zwei Wasser-Molekülen, die in ihrem Komplex gebunden sind, wobei ein Sauerstoff-Molekül entsteht. Das Mangan-Zentrum wird also vom $P680^{+}$ oxidiert und wieder reduziert vom Wasser. Es ist bemerkenswert, daß die Natur sich hier die Redoxfreudigkeit der Manganatome zunutze macht (s. unter ↑ Mangan). Vier fotochemische Ladungstrennungen am P680 erzeugen mithin ein Molekül Sauerstoff, zwei Moleküle PQH_2 stromaseitig und vier Protonen im Lumen (s. Schema). Wichtig zu beachten: Es wird zudem ein transmembranaler Protonengradient aufgebaut: im Stroma werden vier Protonen verbraucht, im Lumen vier freigesetzt (s. unten).

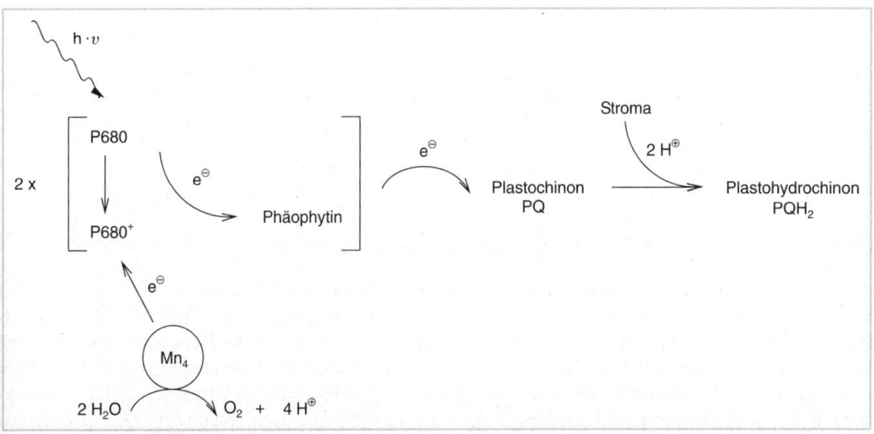

Die erste Phase der Lichtreaktion: im FS II der Thylakoidmembran setzen Chlorophyll-Moleküle Elektronen frei zur Bildung von PQH_2. Die Chlorophylle nehmen sich die Elektronen zurück aus der Oxidation von Wasser durch das Manganzentrum Mn_4

Der Chinon-Pool mit dem System PQ/PQH_2 steht in Verbindung mit dem Cytochrom-bf-*Komplex*. Dieser Enzymkomplex katalysiert die Elektronenabgabe vom PQH_2 über eine Fe-S-Proteineinheit hinweg zu einem *Plastocyanin*. Das Plastocyanin, ein kleines Protein mit einem einzelnen an Cystein gebundenen Kupfer-Ion, wird dabei reduziert ($Cu^{2+} \rightarrow Cu^{+}$). Bei der Oxidation von PQH_2 werden wiederum 2 Protonen in das Lumen abgegeben (Verstärkung des Protonengradienten).

Das reduzierte Plastocyanin transferiert schließlich sein Elektron an das Fotosystem I. Im FS I findet nämlich eine zweite fotochemische Ladungstrennung statt, indem auch hier ein spezielles Paar von Chlorophyll-a-Molekülen Photonen absorbiert (mit Wellenlängen < 700 nm, deshalb als P700 bezeichnet) und Elektronen abgibt. Ein so entstehendes $P700^{+}$ wird von dem vorgenannten reduzierten Plastocyanin wieder reduziert. Das vom P700 abgegebene Elektron wird durch das FS I hindurchgeleitet, um schließlich auf *Ferredoxin* (ein Protein mit einem 2Fe-2S-Cluster) übertragen zu werden. Im FS I erfolgt also im Endeffekt eine endergonische Elektronenübertragung vom reduzierten Plastocyanin auf oxidiertes Ferredoxin, die durch die Photonenabsorption ermöglicht wird, wobei das Elektron aus dem Wasser (vom FS II) stammt (s. Schema).

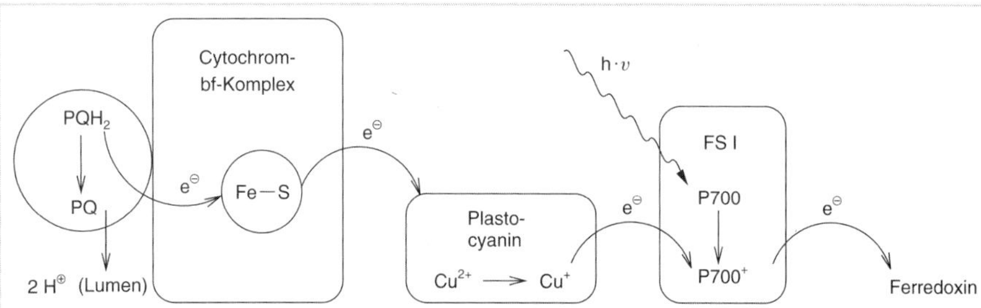

Vorgänge im Cytochrom-Komplex und im FS I: Elektronenübertragung und Lichtabsorption zur Reduktion von Ferredoxin

Ihren Abschluß findet die Elektronenübertragungskette und damit die Lichtreaktion mit der Reduktion von NADP+ zu NADPH durch das reduzierte Ferredoxin. Diese Reduktion (sie läuft auf der Stromaseite der Membran ab) wird durch das Enzym *Ferredoxin-NADP⁺-Reduktase* katalysiert, ein Flavo-Protein, dessen FAD-Einheit durch Aufnahme von zwei Elektronen (von zwei Ferredoxin-Molekülen) und zwei Protonen in $FADH_2$ übergeht (s. unter Riboflavin *). Diese beiden Elektronen werden dann über das Enzym mit einem Hydrid-Ion auf $NADP^{+}$ übertragen, wobei NADPH entsteht. Der Protonenverbrauch trägt zum Protonengradienten bei (s. Schema).

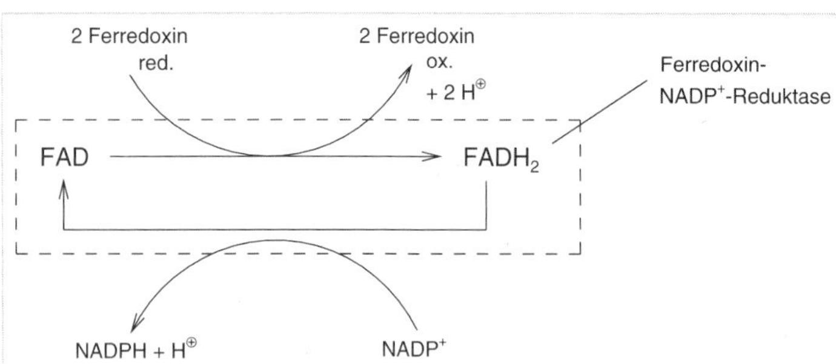

Stromaseitige NADPH-Bildung am Enzym Ferredoxin-$NADP^{+}$-Reduktase. Es wird ein Proton verbraucht

Aufschluß über den Potentialverlauf entlang der Lichtreaktion gibt das in vereinfachter Form wiedergegebene Z-Schema (Form eines liegenden Z).

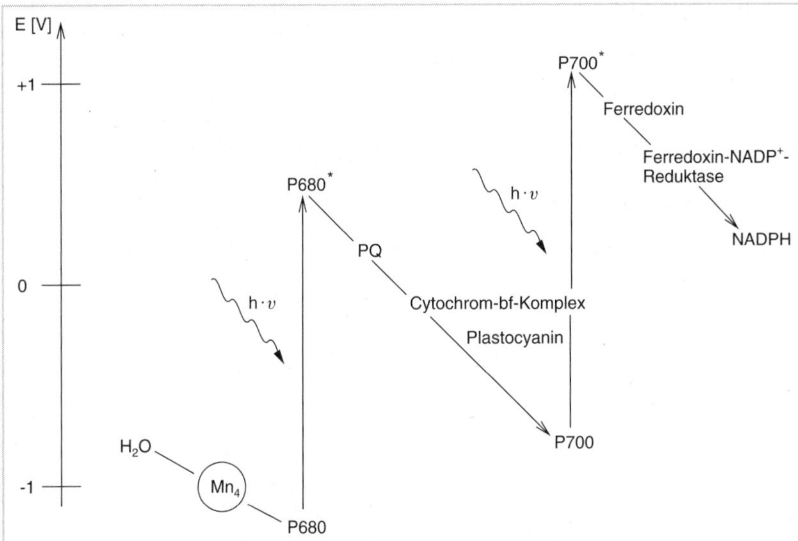

Vereinfachtes Z-Schema der Potential-Entwicklung in der Lichtreaktion

Im Verlaufe der Lichtreaktion werden im Lumen Protonen freigesetzt, im Stroma hingegen verbraucht. Da die Thylakoidmembran für Protonen undurchlässig ist, wird ein Protonen- Gradient aufgebaut (im Lumen pH 4, im Stroma pH 7,5). Dieser Gradient entspricht einer protonenmotorischen Kraft von etwa 0,2 V. Die damit verfügbare Energie wird von dem ebenfalls in der Thylakoid-Membran befindlichen Enzymkomplex ATP-Synthase (auch als CF0-CF1-Komplex bezeichnet) genutzt, um ATP aus ADP und Phosphat (Pi) zu synthetisieren (s. unter ↑ Adenosin-5′-triphosphat). Der CF0-Teil leitet Protonen aus dem Lumen heraus, der CF1-Teil synthetisiert ATP. Da CF1 auf der Stromaseite sitzt, wird das ATP ins Stroma entlassen. Damit hat man das Ergebnis der Lichtreaktion: im Stroma der Chloroplasten werden die mittels Lichtenergie aufgebauten energiereichen Verbindungen NADPH und ATP bereitgestellt.

Zum Vorgang der Lichtabsorption ist noch folgende Ergänzung wichtig. Die Lichtsammelkomplexe FS I und FS II umfassen, wie oben angedeutet, ja sehr viele Chlorophyll-Moleküle sowie Carotinoide (s. unter Carotin), die alle als Antennenmoleküle am Lichteinfang beteiligt sind. Sie geben die aufgenommene Lichtenergie nicht in Form von Elektronen weiter, sondern als elektromagnetische Resonanzwechselwirkung. Erst dadurch werden den eigentlichen Reaktionszentren die erforderlichen Energiemengen zugeleitet.

Der Calvin-Cyclus

In der vorstehend beschriebenen Lichtreaktion wird mit der Bildung von NADP und ATP die Energie bereitgestellt für die eigentliche synthetische Aufgabe der Fotosynthese, nämlich den Aufbau von Hexosen unter Verwendung von Kohlenstoffdioxid. ATP und NADPH werden ja in das Stroma der Chloroplasten freigesetzt. Dort befinden sich auch die Enzyme, die für diesen Hexosenaufbau erforderlich sind und den man als Calvin-Cyclus bezeichnet, benannt nach dem Biochemiker M. Calvin, der mit seiner Arbeitsgruppe die Reaktionsfolge aufgeklärt hat.

Zahlreiche Enzyme sind an diesem Cyclus beteiligt, die aber hier nicht gesondert genannt werden, mit Ausnahme des wichtigen Enzyms, welches die CO_2-Fixierung bewirkt. Ansonsten wird nur der rein chemische

Weg kurz dargelegt. Der Cyclus startet mit der von dem Enzym Ribulose-1,5-bisphosphat-Carboxylase/-Oxygenase (ein hochmolekulares Protein mit einem Mg-Ion im aktiven Zentrum) katalysierten und von ATP unterstützten Addition von CO_2 an die Endiolat-Form von *Ribulose-1,5-bisphosphat*. Dieses Enzym, auch kurz als Rubisco bezeichnet, sitzt in hoher Konzentration stromaseitig an der Thylakoid-Membran und ist wohl das häufigste Protein der Biosphäre.

Mit der Anlagerung von CO_2 entsteht ein instabiles *β-Ketocarboxylat*, das sofort mit Wasser hydrolysiert zu zwei Molekülen *3-Phosphoglycerat*. Letzteres wird zunächst mittels ATP in 1,3-Bisphosphoglycerat überführt, welches dann unter Mitwirkung von NADPH (aus der Lichtreaktion) zu *Glycerinaldehyd-3-phosphat* (GAP) reduziert wird. Zwei Moleküle GAP bilden *Fructose-1,6-bisphosphat*, welches zu verschiedenen Hexosephosphaten umlagert, aus denen schließlich u. a. ↑ D(+)-Glucose entsteht (s. Schema).

Ribulose-1,5-bisphosphat wird in mehreren Stufen zurückgebildet zur erneuten CO_2-Anlagerung, sodaß sich ein Cyclus ergibt (s. Schema).

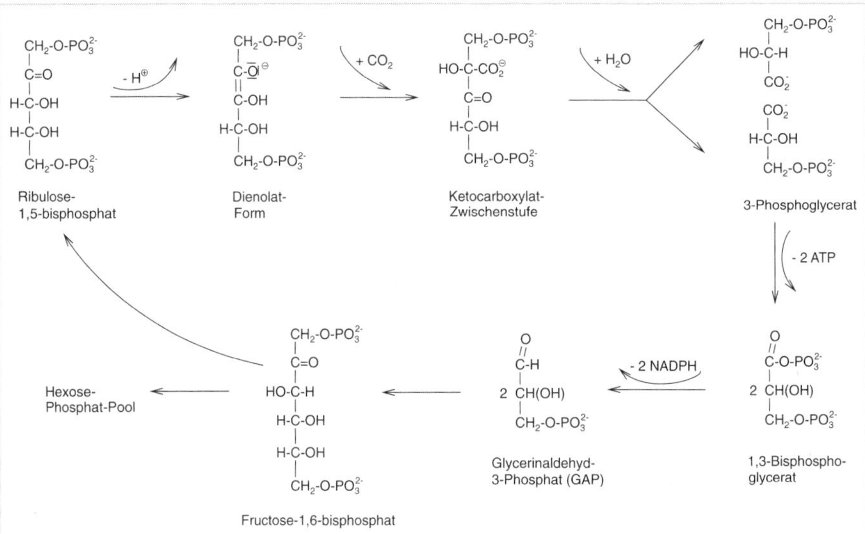

Vereinfachtes Schema des Calvin-Cyclus

Aus der Glucose wird im Stroma u. a. die ↑ Stärke aufgebaut, während die ↑ Saccharose im Cytosol synthetisiert wird u. a. aus dem im Stroma gebildeten und ausgeschleusten GAP.

Zur technischen Gewinnung von C. geht man vielfach von *Brennesseln* aus, in denen C. ca. 2 % des Frischgewichtes und ca. 7 % des Trockengewichtes ausmacht. Aus 500 kg trockenem Brennesselmehl erhält man 3 kg Rein-C. Behandelt man C. mit Natronlauge, wird der Phytylrest durch Verseifung abgespalten und der Cyclopentanon-Ring wird geöffnet. Das so erhaltene wasserlösliche Produkt bezeichnet man als *Chlorophyllin*. Ersetzt man darin das Mg-Atom durch Cu, ergibt sich das deutlich farbintensivere und lichtbeständigere Cu-Chlorophyllin. C. und die Chlorophylline sind mit der Nummer *E 140* als Farbstoffe für Lebensmittel zugelassen. Die Nummer *E 141* bezeichnet Kupferkomplexe des C.

Die herbstliche Gelb- und Braunfärbung des Laubes beruht auf dem Abbau des C., weil dann die vorher durch das C. verdeckten Farben der Carotinoide erscheinen.

Historisch interessant ist, daß die Auftrennung der Blattfarbstoffe in Chlorophylle und Carotine mittels Adsorption an verschiedenen Materialen durch Tswett (1906) als Geburtsstunde der Chromatographie anzusehen ist.

Vor allem für seine Arbeiten über C. erhielt R. Willstätter den Chemie-Nobelpreis des Jahres 1915.

$C_{55}H_{72}MgN_4O_5$ $M_R = 893{,}48$ (C. a) C 73,94 % H 8,12 % Mg 2,72 % N 6,26 % % O 8,95 %

Chloropren

Chloroprene 2-Chlor-1,3-butadien

Eine farblose, stechend riechende Flüssigkeit, unlöslich in Wasser, löslich in den meisten org. Solventien.

Es kann technisch hergestellt werden durch HCl-Anlagerung an *Vinylacetylen*, welches durch Dimerisierung von Acetylen erhalten wird (s. Schema).

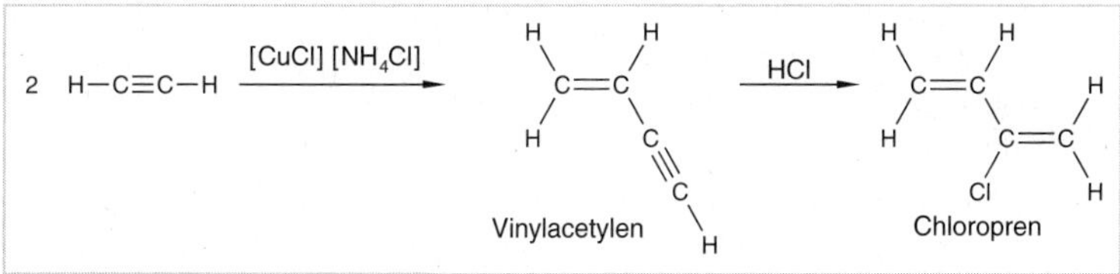

Herstellung von Chloropren ausgehend von Acetylen

Heute ist die Herstellung aus 1,3-Butadien und ↑ Chlor vorherrschend. Aus dem primären *1,2-Dichlorbuten* wird HCl abgespalten (s. Schema).

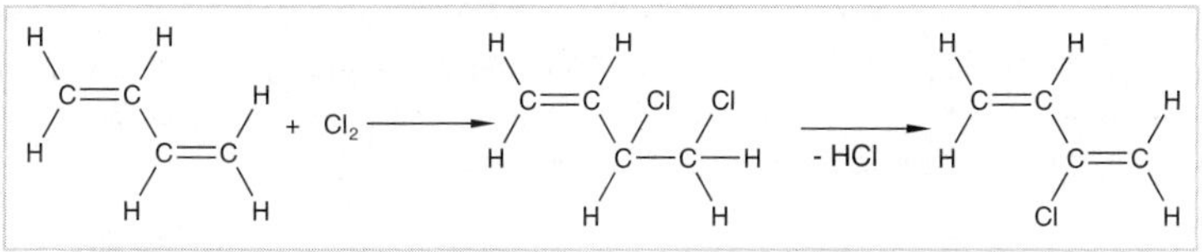

Chloropren-Herstellung aus Butadien

Die Bedeutung von C. liegt in seiner Polymerisierbarkeit zu *Polychloropren* (s. Schema).

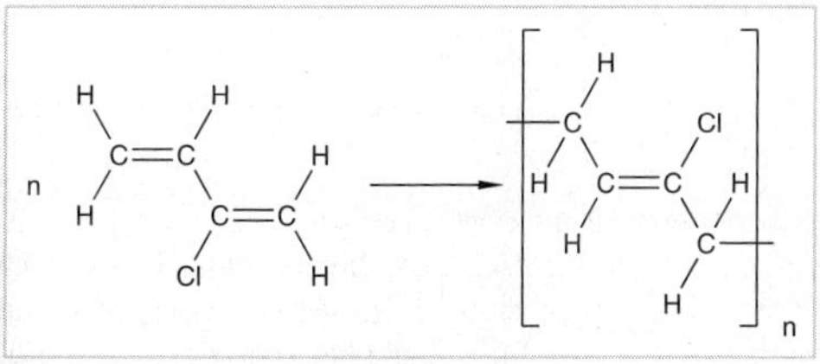

Polymerisation zu Polychloropren

Die Eigenschaften dieser Polymerisate sind durch die Polymerisationsbedingungen variabel einstellbar. Eine besondere Eigenschaft der Polychloroprene ist ihre Kristallisationsneigung, die bei kaltpolymerisierten Produkten (größere Einheitlichkeit der Moleküle) größer ist als bei den heißpolymerisierten (weniger einheitlicher Molekülbau) Typen.

Kalt hergestellte Polymerisate finden breite Verwendung als Klebstoffe, da sie hohe Klebrigkeit aufweisen und in der Klebschicht durch ihre Nachkristallisation eine erhebliche Verfestigung erfahren. Bekannte *Haftkleber* bestehen aus Polychloropren.

Heißpolymerisierte Polychloroprene werden durch Vulkanisation zu technisch wichtigen Gummiprodukten verarbeitet, aus denen schwer entflammbare, ölbeständige, alterungs- und abriebfeste technische Artikel hergestellt werden (z. B. Kabel, Schutzkleidung, Förderbänder usw.).

C_4H_5Cl $M_R = 88{,}64$ C 54,20 % H 5,69 % Cl 39,99 %

t_{Smp}	t_{Sdp}	d	η
	59 °C	1,46 g/cm³	

Chlorsulfonsäure

Chlorosulfonic acid

Eine wasserklare, schwere Flüssigkeit mit äußerst erstickendem Geruch und starker Rauchentwicklung an der Luft. Sie reagiert mit Spuren Feuchtigkeit äußerst heftig, beim Zutropfen zu Wasser sogar explosionsartig unter Chlorwasserstoff-Freisetzung.

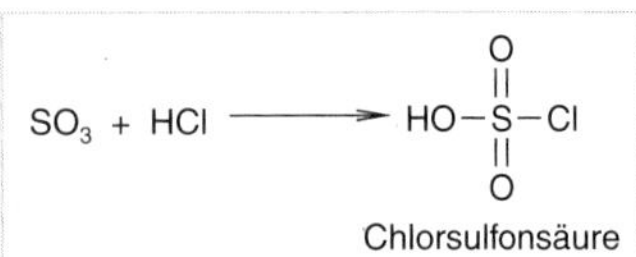

Technische Gewinnung der Chlorsulfonsäure

C. wird technisch hergestellt durch Umsetzung von flüssigem oder gasförmigem ↑ Schwefeltrioxid mit ↑ Chlorwasserstoff (s. Gleichung).

C. dient in der organischen Synthese zur Herstellung von Sulfochloriden (s. z. B. unter ↑ Benzoesäuresulfimid = Saccharin), als wasserabspaltendes Kondensationsmittel und zur Herstellung von Fettalkoholsulfonaten.

► C. ist äußerst stark ätzend. Verursacht schwere Hautverbrennungen. Reagiert explosionsartig mit Wasser.

$ClHO_3S$ $M_R = 116{,}53$ Cl 30,43 % H 0,87 % O 41,19 % S 27,52 %

t_{Smp}	t_{Sdp}	d	η
−80 °C	152 °C	1,78 g/cm³	

C_p	$\Delta_S H$	$\Delta_V H$	$\Delta_B H$	S^o	Q_C
			−597 kJ/mol		

MAK	R-Satz	S-Satz
	14-35-37	26-45

Chlortrimethylsilan

Chlortrimethylsilane, Trimethylsilylchlorid

Eine wasserklare, leichtbewegliche, stechend riechende und an der Luft rauchende Flüssigkeit, die von Wasser spontan hydrolysiert wird, während sie in org. Solventien gut löslich ist.

C. wird technisch nach der Müller-Rochow-Synthese gewonnen, wie sie unter ↑ Dichlordimethylsilan beschrieben ist (s. Schema).

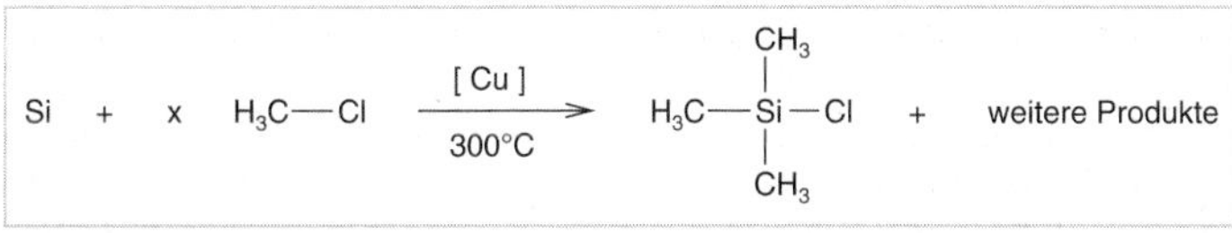

Bildung von Chlortrimethylsilan

Bei dieser Umsetzung entstehen neben den anderen Chlorsilanen nur ca. 4 % an C. Die Auftrennung erfolgt durch fraktionierte Destillation.

Zur Reaktion von C. mit Wasser s. unter ↑ Silicone. Das Chloratom im C. ist durch die verschiedensten Nucleophile in S_N-Reaktionen substituierbar (analog den Alkylhalogeniden), sodaß C. präparative Bedeutung zur Einführung der *Trimethylsilylgruppe* in organische Verbindungen besitzt. Diese *Trimethylsilylierung* wiederum hat die verschiedensten Zwecke. So ist der Trimethylsilylrest eine leicht hydrolysierbare Schutzgruppe für die Carbonylfunktion, ferner dient er zur Maskierung von Anionen (z. B. Cyanid- oder Azid-Ionen). Durch Trimethylsilylierung werden schwerflüchtige Polyhydroxyverbindungen (z. B. Zucker) verdampfbar und damit abtrennbar.

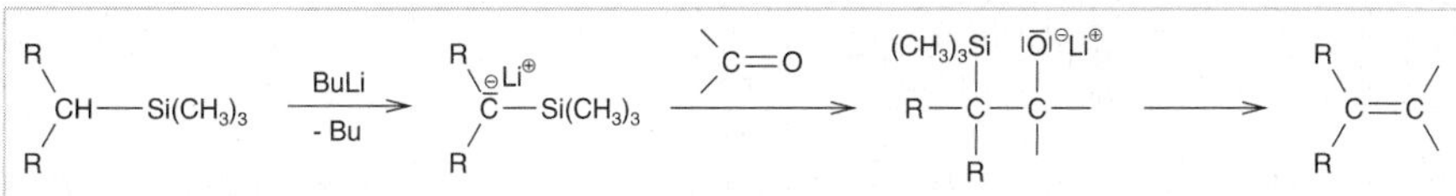

Peterson-Olefinierung

Die acidifizierende Wirkung der Trimethylsilylgruppe auf α-ständige Protonen wird in der *Peterson-Reaktion* genutzt, die eine Carbonyl-Olefinierung ganz in Analogie zur Wittig-Reakton (s. unter ↑ Triphenylphosphan) erlaubt (s. Schema).

C_3H_9SiCl	$M_R = 108{,}64$	C 33,16 %	H 8,35 %	Si 25,85 %	Cl 32,63 %

t_{Smp}	t_{Sdp}	d	η
−40 °C	57 °C	0,86 g/cm³	

MAK	R-Satz	S-Satz
	11-14-20/21-35-37	16-26-36/37/39-45

Chlorwasserstoff

Hydrogen chloride

Ein farbloses, stechend riechendes Gas, das sich zu einer farblosen Flüssigkeit kondensieren läßt, die schließlich zu weißen Kristallen erstarrt (Daten s. Tabelle). C. löst sich begierig in Wasser. Bei 20 °C löst ein Liter Wasser 442 l C., die entstehende Lösung wird als ↑ Salzsäure bezeichnet (weiteres s. unter ↑ Salzsäure). C. ist in absolut trockenem Zustand eine sehr stabile Verbindung, die bis 1500 °C kaum dissoziert und selbst in flüssigem Zustand viele Metalle nicht angreift. In feuchtem Zustand ist C. allerdings wegen der sich bildenden Salzsäure sehr aggressiv.

C. wird im Labor am einfachsten durch Einwirkung von konz. ↑ Schwefelsäure auf ↑ Natriumchlorid oder ↑ Ammoniumchlorid gewonnen (s. Gleichung). Diese Route wurde früher auch technisch ausgeführt im *Leblanc-Verfahren*. C. bildet sich auch, wenn anstelle der Schwefelsäure ein Gemisch von Schwefeldioxid, Wasserdampf und Sauerstoff bei erhöhter Temperatur und Natriumchlorid einwirkt (*Hargreaves-Verfahren*).

$$2\,NaCl + H_2SO_4 \longrightarrow 2\,HCl + Na_2SO_4$$

Labordarstellung von Chlorwasserstoff

$$H_2 + Cl_2 \longrightarrow 2\,HCl$$

Gasphasen-Elementsynthese von Chlorwasserstoff

Technisch kann C. durch Gasphasenreaktion von ↑ Chlor mit ↑ Wasserstoff dargestellt werden (s. Gleichung).

Der Zwangsanfall von C. aus anderen chemisch-technischen Prozessen, insbesondere der Chlorierung von Kohlenwasserstoffen (s. Gleichung) ist jedoch so hoch, daß umgekehrt die Chlorgewinnung aus C. durch Elektrolyse betrieben wird. Die Chlor-Gewinnung aus C. wurde früher im großen Maßstab als *Deacon-Verfahren* (erfunden 1868) ausgeübt. C. und Luft wurden bei 430 °C über Kupferchlorid geleitet.

$$4\,HCl + O_2 \xrightarrow[\text{[CuCl}_2\text{]}]{430\ °C} 2\,Cl_2 + 2\,H_2O$$

Deacon-Verfahren zur Chlor-Gewinnung

$$R{-}H + Cl_2 \longrightarrow R{-}Cl + HCl$$

Technischer Zwangsanfall von Chlorwasserstoff

Die zurückgehende Verwendung von Chlorkohlenwasserstoffen und insbesondere von Fluorchlorkohlenwasserstoffen (FCKW), die in der Vergangenheit den Hauptanfall an C. geliefert haben, könnte hier eine Änderung bewirken.

C. bildet u. a. folgendes Azeotrop:

Azeotrop-Komponenten	Zusammensetzung (Gew.-%)	Siedepunkt (°C)
C./Wasser	20,2/79,8	108,6

Die Hauptverwendung findet C. in Form der ↑ Salzsäure.

► Schleimhäute stark angreifendes Gas, bei starker Einatmung besteht Gefahr des Lungenödems.

ClH $M_R = 36{,}465$ Cl 97,24 % H 2,76 %

t_{Smp} −114,8 °C	t_{Sdp} −84,9 °C	d	η		
C_p 19,1 J/(K · mol)	$\Delta_S H$ 1,99 kJ/mol	$\Delta_V H$ 16,15 kJ/mol	$\Delta_B H$ −92,3 kJ/mol	S^o 187 J/(K · mol)	Q_C
t_{krit} 54,5 °C	P_{krit} 8,6 MPa	d_{krit}	t_{trip}		
MAK 8 mg/m³	R-Satz 23-35	S-Satz 9-26-36/37/39-45			

Chlorwasserstoffsäure ⟶ Salzsäure

Cholecalciferol

Cholecalciferol Vitamin D_3

Kristallisiert in farblosen Nadeln, die in Wasser unlöslich, aber gut löslich in den üblichen org. Solventien sind und sich in pflanzlichen Ölen ebenfalls lösen.

C. ist das wichtigste aus der Gruppe der als *Calciferole* bezeichneten Steroide und wird als Vitamin D_3 bezeichnet (*Vitamin D_2 = Ergocalciferol*, in Pflanzen, Wirkung entspricht Vitamin D_3). Es kommt besonders reichlich im Lebertran vor und in geringen Mengen im Eigelb und in der Milch.

Synthetisch gewinnt man C. durch UV-Bestrahlung aus 7-Dehydrocholesterin (s. u. ↑ Cholesterin), so wie es sich auch in der Haut unter Sonnenlichteinwirkung aus 7-Dehydrocholesterin bildet, weshalb letzteres auch als Provitamin D_3 bezeichnet wird. C. gelangt nach seiner Bildung in der Haut oder der Aufnahme mit der Nahrung übers Blut in die Leber, wo es hydroxyliert wird und wieder ins Blut abgegeben wird. In der Niere erfolgt eine zweite Hydroxylierung zum 1,25-Dihydroxy-C. (*Calcitriol*), was die eigentliche Wirkform des Vitamins darstellt (s. Abbildungen).

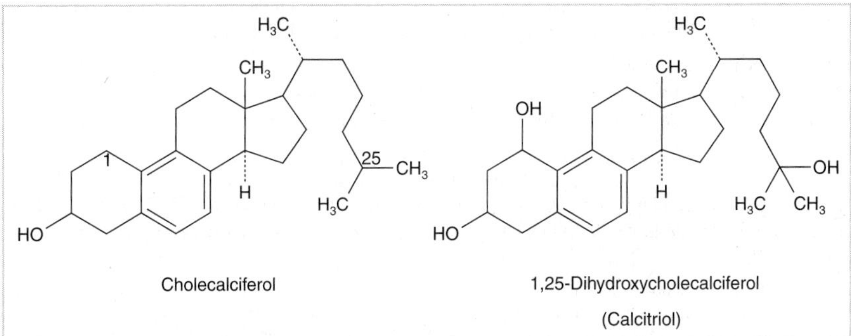

Strukturen von Cholecalciferol und Calcitriol

Die physiologische Wirkung des C. ist vor allem eine Erhöhung des Ca-Ionen- und des Phosphat-Spiegels im Blut, was die Voraussetzung für den Aufbau der Knochensubstanz schafft. Sein Fehlen führt vor allem im Kindesalter zum Krankheitsbild der *Rachitis* (*Englische Krankheit*). Da in unseren Breiten die Eigenproduktion an C. bei Säuglingen und Kleinkindern kaum ausreicht, ist die Rachitis-Prophylaxe durch Vitamin D_3-Gaben wichtig (Tagesbedarf ca. 0,02 mg). Man vermutet, daß besonders das Calcitriol (auch als Vitamin-D-Hormon bezeichnet) über die Funktion im Mineralhaushalt hinaus Genmechanismen beeinflußt und so eine Rolle im Immunsystem und der Zellbildung spielt.

► C. ist hochtoxisch. Überdosierungen können schwerste Vergiftungen hervorrufen bis zum tödlichen Nierenversagen.

$C_{27}H_{44}O$ $M_R = 384{,}62$ C 84,32 % H 11,53 % O 4,15 %

t_{Smp}	t_{Sdp}	d	η
85 °C			

Cholesterol

Cholesterol Cholesterin

Wird beim Umkristallisieren aus wässerigem Ethanol in Form farbloser Blättchen oder Nadeln als Monohydrat erhalten (gibt das Kristallwasser beim Erwärmen auf ca. 80 °C ab) und ist unlöslich in Wasser, wenig löslich in kaltem, löslich in heißem Ethanol und sehr gut löslich in Diethylether, Chloroform, Petrolether, in Ölen und Fetten.

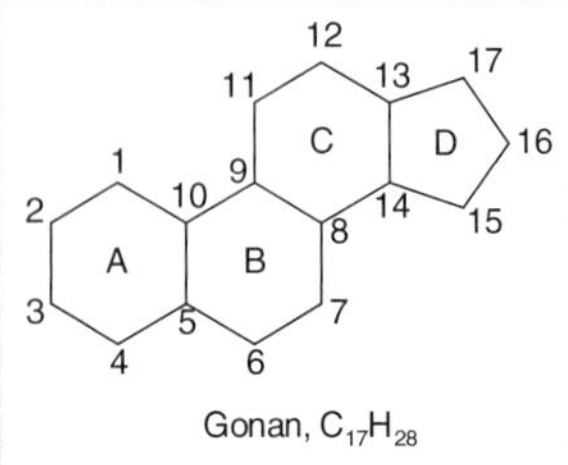

Struktur von Gonan

C. tritt praktisch in allen tierischen Zellen und Körperflüssigkeiten entweder in freier oder veresterter Form auf, besonders im Gehirn und im Rückenmark, hoch ist auch der Gehalt z. B. im Lebertran und im Wollfett (↑ Lanolin). *Gallensteine* bestehen fast zu100 % aus C, aus denen es auch 1815 von Chevreul erstmals isoliert wurde (der Name C. bedeutet „feste Galle“). Industriell wird C. aus Rinderrückenmark, aus Wollfett und aus Gallensteinen gewonnen.

C. gehört zur Verbindungsgruppe der *Steroide*, deren Molekülen als Skelett das *Gonan*, systematisch als Perhydrocyclopenta(a)-phenanthren zu bezeichnen, zugrunde liegt: Dieser tetracyclische gesättigte Kohlenwasserstoff ist die Basis vieler biochemisch wichtiger Substanzen (Hormone und Wirkstoffe). Zur einfacheren Beschreibung werden die Ringe und die C-Atome wie in der Abbildung bezeichnet und beziffert.

Die einzelnen Steroide unterscheiden sich in den Substituenten an diesen vier Ringen und im Sättigungsgrad, sowie in der Stereochemie (die 6-Ringe können z. B. in ihren Sesselkonformationen cis- oder transverknüpft sein). Im Schema sind zwei Formeldarstellungen für C. gezeigt.

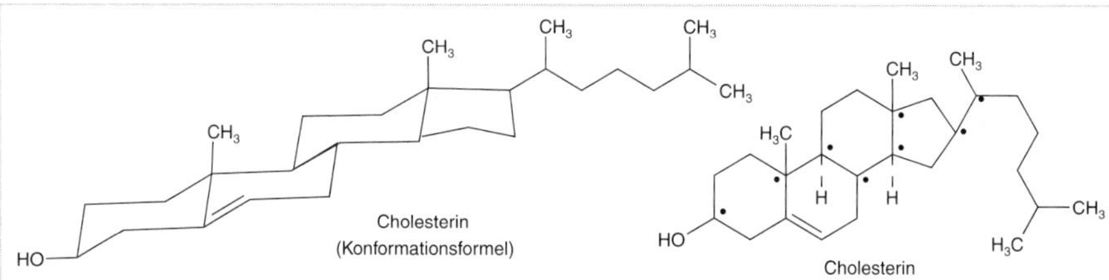

Struktur von Cholesterol

Die in der rechten Formel mit Punkt (·) markierten C-Atome sind asymmetrisch (insgesamt 8 C-Atome, C. ist optisch aktiv!). Deren Konfiguration muß also genau festgelegt werden. Hierzu wird das Molekül als Ebene betrachtet und alle vor der Ebene liegenden Substitucnten als β-ständig (mit ausgezogenem Bindungsstrich) und alle dahinter liegenden Substituenten als α-ständig (mit punktierter Bindung) bezeichnet (zur Vereinfachung sind in der Formel nur die α-H-Atome eingezeichnet).

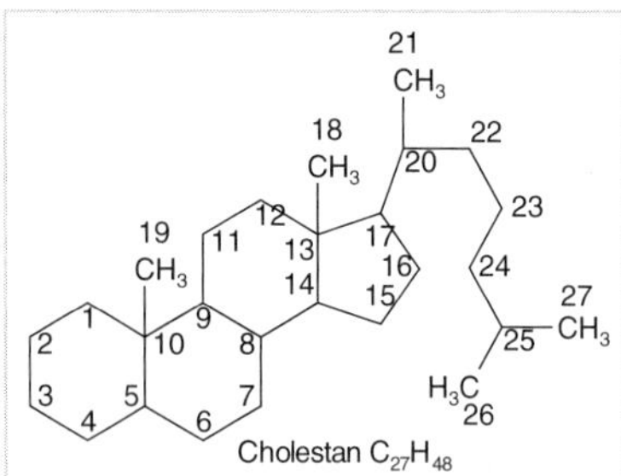

Cholestan, der Stammkohlenwasserstoff von Cholesterol

Der Stammkohlenwasserstoff des C. ist das *Cholestan*. Dieses leitet sich vom Gonan durch Einführung zweier Methylgruppen an C 10 und C 13 sowie einer 1,5-Dimethylhexyl-Kette an C 17 ab. Cholestan-Derivate mit einer Hydroxylgruppe an C 3 werden als *Sterole* (früher *Sterine*) bezeichnet. C. ist also ein Sterol, das zudem im B-Ring eine Doppelbindung aufweist. Die Ringe im C. sind trans-verknüpft (wobei der B-Ring wegen der Doppelbindung nur eine Halbsessel-Konformation einnehmen kann).

C. wird sowohl mit der Nahrung aufgenommen (ca. 0,5 g pro Tag) als auch vom Körper (vorwiegend in der Leber) synthetisiert (bis zu 1,2 g pro Tag) und zwar ausgehend von den Acetat-Einheiten des Acetyl-CoA über die ↑Mevalonsäure und Squalen (s. auch unter ↑Isopren). C. wird über die Galle in den Körper eingespeist. Die Biosynthese von C. wird von den beiden Pankreas-Hormonen ↑Insulin (stimulierend) und *Glucagon* (hemmend) gesteuert.

Produkt	Cholesterolgehalt in mg pro 100 g
Vollmilch (3,5 % Fett)	12
Milch (fettarm, 1,5 % Fett)	5
Sahne (30 % Fett)	90 – 110
Käse (ca. 50 % Fett)	70 – 115
Hühnerei (gesamt)	395
Hühnereigelb	1260
Hühnereiweiß	0
Butter	240
Pflanzenmargarine	7
Kalb- und Rindfleisch	60 – 70
Schweinefleisch	70
Hühnerfleisch	60 – 75
Fisch	50 – 120

Cholesterolgehalte in Lebensmitteln

Die Synthese von ↑Cortison, der Gallensäuren (s. unter ↑Cholsäure), der Sexualhormone (s. unter ↑Oestradiol und ↑Testosteron) sowie von ↑Cholecalciferol geht im Organismus von C. aus. C. wird im Körper mit Fettsäuren verestert und in dieser Form (zusammen mit Triglyceriden) in den Lipoproteinen im Blut transportiert. C. selbst ist auch am Aufbau der *Lipoproteine* beteiligt. Physiologische Bedeutung besitzt C. auch im Aufbau der biologischen Membranen (s. unter ↑Phospholipide), da es in die Lipiddoppelschichten eingelagert diese verfestigt und die Wasserdurchlässigkeit der Membranen verringert.

Eine zu starke C.-Zufuhr mit der Nahrung (s. Tabelle) bewirkt erhöhte C.-Werte im Blut, was nachweisliche Ursache für arteriosklerotische Ablagerungen ist (die arterienverengenden Ablagerungen bestehen aus lipidgebundenem C.). Man hat einen günstigen Einfluß hochungesättigter Fettsäuren, die mit der Nahrung aufgenommen werden, auf den C.-Spiegel im Blut festgestellt.

$C_{27}H_{46}O$ $M_R = 386{,}66$ C 83,87 % H 11,99 % O 4,14 %

t_{Smp}	t_{Sdp}	d	η
148 °C			

Cholin

Choline (2-Hydroxyethyl)-trimethylammoniumhydroxid

Eine farblose, ölige Flüssigkeit oder eine farblose Kristallmasse, die sich in Wasser und Ethanol mit basischer Reaktion sehr gut löst und die infolge ihrer Basizität aus der Luft rasch ↑ Kohlenstoffdioxid bindet.

C. kommt in der belebten Natur verbreitet vor. In Pflanzen findet es sich in oxidierter Form als ↑ Betain und es ist wesentlicher Bestandteil der ↑ Lecithine und des Sphingomyelins. Es wird im Organismus aus ↑ Ethanolamin (das aus ↑ Serin entsteht) gebildet, indem dieses unter Beteiligung der ↑ Folsäure methyliert wird.

Die industrielle Synthese erfolgt aus wässeriger Lösung mit ↑ Ethylenoxid und ↑ Trimethylamin (s. Gleichung).

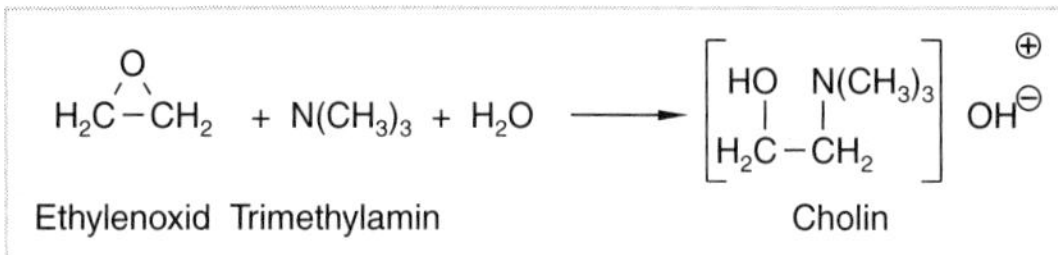

Industrielle Cholin-Synthese

C. ist im Organismus die Vorstufe zum wichtigen Neurotransmitter ↑ Acetylcholin. C. läßt sich mit ↑ Salzsäure leicht in das Chlorid überführen. Sowohl C. als auch sein Chlorid werden in Präparaten zur Leber- und Blutgefäßtherapie verwendet. Beide sind auch Bestandteile von Futtermischungen.

$C_2H_{15}NO_2$ $M_R = 121{,}18$ C 49,56 % H 12,48 % N 11,56 % O 26,41 %

Cholsäure

Cholic acid

Kristallisiert aus der Lösung in verdünnter ↑ Essigsäure als Monohydrat in Form farbloser Blättchen. Löst sich nur sehr wenig in Wasser (ca. 30 mg/100 ml) und Diethylether. In Ethanol und Aceton beträgt die Löslichkeit jeweils ca. 3 g/100 ml. Gut löslich ist C. in alkalischem Medium (Salzbildung) sowie in reiner Essigsäure.

Die C. kommt in der Galle der Wirbeltiere vor, allerdings stets gebunden an ↑ Glycin oder ↑ Taurin (*Glykocholsäure*, *Taurocholsäure*). Sie gehört zur Gruppe der als *Gallensäuren* bezeichneten Oxidationsprodukte von ↑ Cholesterol (die wichtigsten anderen Gallensäuren sind die *Desoxycholsäure* sowie *Chenodesoxycholsäure*).

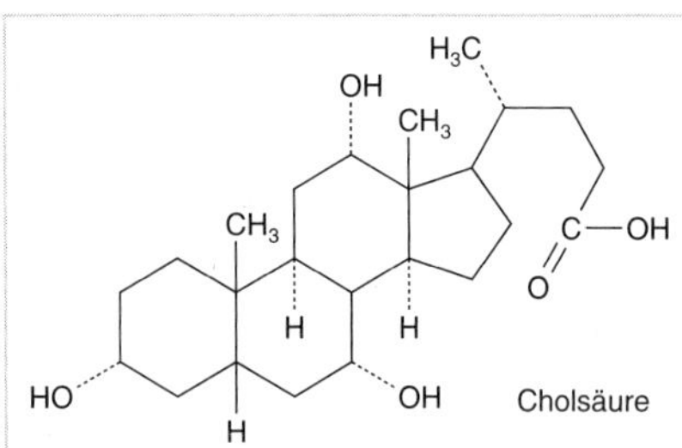

Struktur der Cholsäure

Die abgebildete Strukturformel zeigt, daß es sich um hydroxylierte Cholesterol-Derivate handelt, die zudem an der Seitenkette an C17 verändert sind (um 3 C-Atome verringert und mit endständiger Carboxylfunktion). Die Ringe A/B sind cis-verknüpft, die Hydroxylgruppen stehen in α-Position (s. unter ↑Cholesterol).

Die C. (wie die anderen Gallensäuren) wird in der Leber aus dem ↑Cholesterol gebildet und als Konjugat mit ↑Glycin oder ↑Taurin (s. o.) in die Galle abgegeben (auch als *Gallensalze* bezeichnet). Aus der Galle werden die Konjugate in den Darm ausgeschüttet, wo sie eine wichtige Aufgabe bei der Resorption und Verdauung der Fette ausüben: die Gallensäuren sind oberflächenaktiv, sie vermögen die Fette zu emulgieren und ermöglichen den fettabbauenden Enzymen (Lipasen) ihre Funktion. Es werden so im menschlichen Organismus täglich 20–30 g Gallensäuren ausgeschüttet, die im Darm fast vollständig wieder rückresorbiert und im enterohepatischen Kreislauf wieder der Leber zugeführt werden. Nur ein kleiner Teil wird ausgeschieden, der dann durch Neusynthese ersetzt wird.

Die Desoxycholsäure vermag mit Fettsäuren (z. B. ↑Ölsäure oder ↑Stearinsäure) im Verhältnis 8 : 1 gut kristallisierende, wasserlösliche Einschlußverbindungen, als *Choleinsäuren* bezeichnet, zu bilden.

$C_{24}H_{40}O_5$ $M_R = 408{,}58$ C 70,55 % H 9,87 % O 19,58 %

t_{Smp}	t_{Sdp}	d	η
198 °C			

Chrom

Chromium Cr

Metallisches chemisches Element mit stahlgrauem bis silbernem Glanz, dessen Härte von der Reinheit abhängt (das eigentlich weiche, dehn- und schmiedbare Metall ist durch eingelagerten ↑Wasserstoff meist hart und spröd). Auch das Verhalten des Metalles gegen Säuren ist entscheidend von der Vorbehandlung abhängig. Eine von Oxidschichten befreite Oberfläche des Cr wird bereits von verdünnter ↑Salzsäure oder ↑Schwefelsäure unter Wasserstoff-Entwicklung angegriffen gemäß dem niedrigen Normalpotential von –0,71 V (s. Gleichung).

$$Cr \longrightarrow Cr^{3+} + 3\,e^- \quad E^\circ = -0{,}71\ V$$

Normalpotential von Chrom

In konzentrierter ↑Salpetersäure und sogar in kaltem Königswasser erfolgt jedoch kein Angriff auf das Metall. Nach Behandlung mit diesen oder anderen Oxidationsmitteln ist die Oberfläche auch gegen den Angriff der vorgenannten nichtoxidierenden Säuren geschützt. Der Grund liegt ähnlich wie beim Aluminium darin, daß sich auf dem Cr sehr rasch eine zwar äußerst dünne aber extrem dichte Cr(III)oxid-Schicht ausbildet und das Oberflächenverhalten nun dem hohen Potential für die Oxidation von Cr(III) zu Cr(VI) entspricht (s. Gleichung). Cr-Oberflächen zeigen deshalb auch in aggressiver Raumluft keine Korrosions- oder Anlauferscheinungen.

$$Cr(III) \longrightarrow Cr(VI) + 3\,e^- \quad E_0 = +1{,}33\ V$$

Oxidation von Cr(III) zu Cr(VI)

$$[FeO \cdot Cr_2O_3]$$

Chromeisenstein

Cr ist am Aufbau der Erdrinde zu etwa 0,006 Gew.% beteiligt. Wirtschaftliche Bedeutung zur Gewinnung von Cr hat dabei praktisch nur der „*Chromeisenstein*“ (*Chromit*), ein schwarzes Mineral (s. Abbildung) mit Spinell-Struktur (Sauerstoff-Ionen bilden eine kubisch-dichteste Kugelpackung, in deren oktaedrischen Lücken die Fe(II)-Ionen sitzen), welches sich in vielen Lagerstätten, insbesondere in der Türkei, in Rußland und in Südafrika findet. Cr wird daraus nach dem Thermitverfahren gewonnen (s. Gleichung).

$$Cr_2O_3 + 2\,Al \longrightarrow Al_2O_3 + 2\,Cr$$

Chrom-Gewinnung nach dem Thermit-Verfahren

Cr bildet mit ↑ Molybdän und ↑ Wolfram die VI. Nebengruppe (Cr, Mo, W) des PSE, seine Elektronenkonfiguration ist $1s^2\ 2s^2\ 2p^6\ 3s^2\ 3p^6\ 3d^5\ 4s^1$ oder abgekürzt (Ar) 3d5 4s1 (Ar = Argon-Rumpf), Grundterm $^7S_3$. Die formal richtige Verteilung wäre Ar $3d^4\ 4s^2$, die jedoch wegen der günstigen d^5-Besetzung nicht bevorzugt ist.

Cr kann die Oxidationsstufen −2 bis +6 ausbilden, eindeutig bevorzugt sind jedoch +3 und +6. Cr(III)-Ionen sind recht redoxstabil (energetisch günstige d^3-Besetzung), während Cr(VI)-Ionen kräftige Oxidationsmittel darstellen.

Cr dient in großem Ausmaß zur Herstellung von Schutzüberzügen (*Verchromen*) auf anderen Metallen. Dies geschieht ausschließlich galvanisch aus sauren Cr(VI)-Lösungen. Man unterscheidet *Hochglanzverchromung* (dient der optischen Verschönerung der Oberflächen, gewährt keinen Korrosionsschutz wegen zu dünner Schicht, so daß zum Korrosionsschutz vorher meist vernickelt wird) und *Hartverchromung* (schützt durch dicke Schicht direkt vor Korrosion und verleiht äußerste Verschleißfestigkeit). Die Verchromung ist das am häufigsten angewandte Verfahren der Galvanotechnik. Cr besitzt außerdem große Bedeutung als Legierungsmetall, allem voran in *Chromstahl.* Hier wird jedoch nicht reines Cr zulegiert, sondern das *Ferrochrom*, eine Cr-Fe-Legierung mit ca. 60 % Cr, die direkt aus Chromeisenstein durch elektrothermische Umsetzung mit Kohle erhalten wird (s. Gleichung).

$$FeO \cdot Cr_2O_3 + 4\,C \longrightarrow Fe + 2\,Cr + 4\,CO$$

Herstellung von Ferrochrom aus Chromeisenstein

Weiteres zur Chemie des Cr s. unter den einzelnen Cr-Verbindungen. Zum qualitativen Nachweis von Cr können herangezogen werden die Fällung von grau-grünem amphoterem Cr(III)-hydroxid (s. Gleichung), die Bildung von violettem Hexamminchrom(III)-komplex (s. Gleichung), die Oxidation von grünem Cr(III) zu gelbem Cr(VI) bzw. die umgekehrte Reduktion (s. Gleichung), das Chromat-Dichromat-Gleichgewicht (s. Gleichung), sowie die Farbreaktion mit Diphenylcarbazid (Cr(VI) ergibt in schwach saurer Lösung mit dem Reagenz eine Violett-Färbung). Die Phosphorsalz- und Boraxperle färben sich grün mit Cr.

$$Cr^{3+} + 6\,NH_3 \longrightarrow [Cr(NH_3)_6]^{3+}$$

Bildung des Hexamminchrom(III)-Komplexes

$$\underset{\text{grün}}{Cr^{3+}} \longrightarrow \underset{\text{gelb}}{Cr(VI)} + 3\,e^-$$

Cr(III)/Cr(VI)-Redox-Gleichgewicht

$$Cr^{3+} + 3\,OH^{\ominus} \longrightarrow \underset{\text{graugrün}}{Cr(OH)_3} \xrightarrow{+\,3\,OH^{\ominus}} \underset{\text{grün}}{[Cr(OH)_6]^{3-}}$$

Fällung von Chrom(III)hydroxid

$$\underset{\text{gelb}}{2\,CrO_4^{2-}} + 2\,H^{\oplus} \longrightarrow \underset{\text{orange}}{Cr_2O_7^{2-}} + H_2O$$

Chromat-Dichromat-Gleichgewicht

► Während Cr(III)-Verbindungen wegen schlechter Resorbierbarkeit wenig toxisch sind, wirken Cr(VI)-Verbindungen sehr giftig und gelten als carcinogen. Insbesondere die Einatmung von Chromatstaub ist strengstens zu vermeiden.

Cr Z=24 A_R=51,9961 Isotope: 50, 52, 53, 54; 45-49, 51, 55, 57 (künstlich)

t_{Smp}	t_{Sdp}	d	MV	α	λ
1857 °C	2669 °C	7,19 g/cm³	7,23 cm³/mol	6,2 10^{-6}/K	93,7 W/mK

C_p	$\Delta_S H$	$\Delta_V H$	S^o	ϱ
23,35 J/(K · mol)	16,93 kJ/mol	344 kJ/mol	23,64 J/(K · mol)	127 nΩ · m

Chrom(III)chlorid

Chromic chloride

Wasserfreies C. kristallisiert in Form glänzender violettroter Blättchen, die in Wasser unlöslich sind. Bei Anwesenheit von Spuren an Cr(II) erfolgt jedoch rasche exotherme Auflösung unter Bildung von dunkelgrünem Hexahydrat.

Das wasserfreie C. entsteht beim Erhitzen von ↑Chrom im Chlorstrom bei 1200 °C. Seine Struktur ist als kubisch-dichteste Kugelpackung von Chloridionen zu verstehen, in welcher die oktaedrischen Lücken zwischen jeder zweiten Doppelschicht zu Zweidrittel mit Cr(III)ionen besetzt sind (die Blättchenform, also die gute Spaltbarkeit der Kristalle erklärt sich durch den geringen Zusammenhalt zwischen den nicht durch Chrom verbundenen Doppelschichten).

Eine gänzlich andere Struktur weist das C.-Hexahydrat auf. Die unbesetzten Valenzorbitale (2 3d-Orbitale, 1 4s-Orbital, 3 4p-Orbitale) des Cr(III)-Atoms überlappen mit doppelt besetzten Orbitalen (freien Elektronenpaaren) der O-Atome der Wassermoleküle, wodurch echte Zentralatom-Ligand-Bindungen zustandekommen. Es sei hier nur festgestellt, daß das Chrom(III)-Ion äußerst leicht mit den verschiedensten Liganden meist hexakoordinierte Komplexe in oktaedrischer Anordnung ausbildet, z. B. mit ↑Ammoniak, Aminen, Halogeniden, Wasser usw.(es kommen auch andere Koordinationen mit anderen Geometrien vor). Man kennt tausende solcher Komplexe. Bildung und Eigenschaften dieser (wie aller anderen) Übergangsmetallkomplexe werden weitgehend durch die *Ligandenfeldtheorie* verstanden.

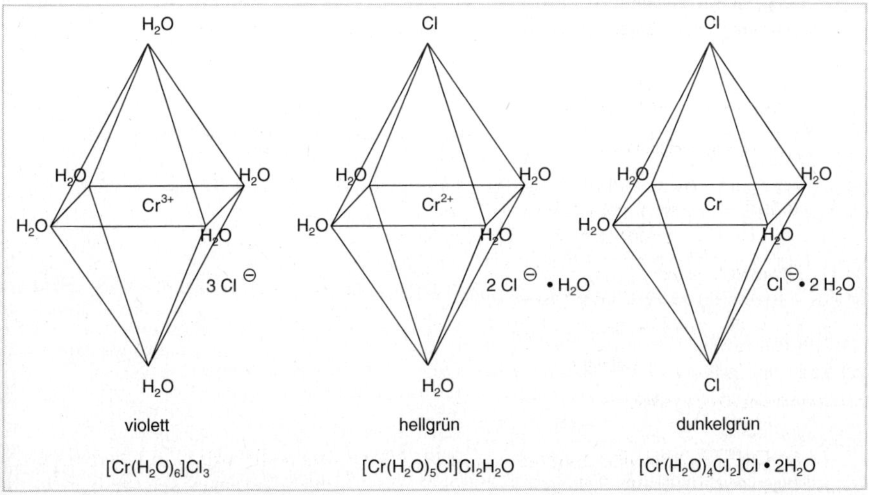

Hydrat-Isomere von Chrom(III)chlorid-Hexahydrat

Im Falle des C.-Hexahydrats hat man ein typisches Beispiel für *Hydrat-Isomerie*. Man kennt nämlich drei isolierbare definierte Verbindungen, die der Summenformel des C.-Hexahydrats entsprechen, die sich jedoch darin unterscheiden, wie die Chloratome bzw. Wassermoleküle gebunden sind (s. Abbildung). Nur die ionisch gebundenen Cl-Atome, in der linken Formel also alle drei, lassen sich z. B. mit ↑ Silbernitrat fällen. Das dunkelgrüne trans-Isomere ist das C.-Hexahydrat des Handels.

Beim Erhitzen und anschließenden Abkühlen von C.-Lösungen vollzieht sich ein Ligandenaustausch, so daß heiße Lösungen dunkelgrün sind, deren Farbe beim Abkühlen allmählich wieder nach violett umschlägt (s. Gleichung). Die Aquakomplexe sind schwache Säuren (eine 0,2m Lösung zeigt pH 2,4), s. hierzu unter ↑ Chrom(III)hydroxid.

$$\underset{\text{violett}}{[Cr(H_2O)_6]Cl_3} \overset{\Delta}{\rightleftharpoons} \underset{\text{dunkelgrün}}{[CrCl_3(H_2O)_3] \cdot 3\,H_2O}$$

Ligandenaustausch in Lösung bei Erwärmen und Abkühlen

C. findet Verwendung als Katalysator in organisch-chemischen Synthesen, als Korrosions-Inhibitor und zur Textil-Imprägnierung.

Cl_3Cr M_R = 158,35 (wasserfrei) Cl 67,16 % Cr 32,84 %

$t_{Sublimation}$	t_{Sdp}	d	η
945 °C (S)		2,76 g/cm³	

C_p	$\Delta_S H$	$\Delta_V H$	$\Delta_B H$	S^o	Q_C
91,8 J/(K · mol)			−556 kJ/mol	122,9 J/(K · mol)	

MAK	R-Satz	S-Satz
	22-37/38	26-28

Chrom(III)hydroxid

Chromic hydroxide

Bildet als Trihydrat ein blaugrünes Pulver, das in Wasser praktisch unlöslich ist.

C. entsteht beim Versetzen einer Chrom(III)chlorid-Lösung mit verdünnter Ammoniak-Lösung als wasserreicher gelartiger Niederschlag. Man hat das C. zu sehen als zum Raumgitter vernetzter polymerer, vielkerniger Hydroxokomplex des Chroms (jedes Cr-Atom oktaedrisch von O-Atomen umgeben, eine O-Brücke zwischen je zwei Cr-Atomen). Die summarische Bildungsgleichung übergeht die dabei ablaufenden komplizierten Kondensationsschritte (s. Gleichung).

$$[Cr(H_2O)_6]Cl_3 + 3\,NH_3 \longrightarrow Cr(OH)_3 \cdot 3\,H_2O + 3\,NH_4Cl$$

Summarische Bildungsgleichung für Chrom(III)hydroxid

C. ist „löslich" sowohl in Säuren als auch in Basen (amphoteres Hydroxid), d. h. es reagiert mit Säuren zum entsprechenden gelösten Cr(III)-Salz, mit Basen entsteht ein Hexahydroxo-Komplex (s. Schema).

$$[Cr(OH)_6]^{3-} \overset{+\,3\,OH^{\ominus}}{\rightleftarrows} Cr(OH)_3 \xrightarrow{+\,3\,H^{\oplus}/+\,3\,H_2O} [Cr(H_2O)_6]^{3+}$$

Amphoterie von Chrom(III)hydroxid

$$2\,Cr(OH)_3 \longrightarrow Cr_2O_3 + 3\,H_2O$$

Dehydratisierung von Chrom(III)hydroxid zum Oxid

Erhitzt man C., so geht es unter weiterer Wasserabspaltung schließlich in ↑Chrom(III)oxid über (s. summarische Gleichung).

C. dient zur Herstellung anderer Chromsalze.

CrH_3O_3 $M_R = 103{,}02$ (wasserfrei) Cr 50,47 % H 2,94 % O 46,59 %

Chrom(III)nitrat

Chromic nitrate

Kristallisiert aus wässeriger Lösung als Nonahydrat in Form tiefvioletter Kristalle, die sich gut in Wasser und Ethanol lösen. Die wässerige Lösung färbt sich bim Erhitzen allmählich grün und nimmt beim Abkühlen schnell die rot-violette Farbe wieder an.

$$Cr(OH)_3 + 3\,HNO_3 + 6\,H_2O \longrightarrow Cr(NO_3)_3 \cdot 9\,H_2O$$

Herstellung von Chrom(III)nitrat

Die Herstellung erfolgt am besten aus ↑Chrom(III)hydroxid mit ↑Salpetersäure (s. Gleichung).

Anwendungen wie ↑Chrom(III)chlorid.

CrN_3O_9 $M_R = 238{,}01$ (wasserfrei) Cr 21,85 % N 17,65 % O 60,50 %

Chromotrop 2B

Chromotrop 2B

Bildet ein rot-braunes Pulver. Es löst sich in Wasser mit gelb-roter Farbe und ist unlöslich in Ethanol.

C. wird synthetisiert aus diazotiertem p-Nitroanilin und ↑Chromotropsäure (s. Schema).

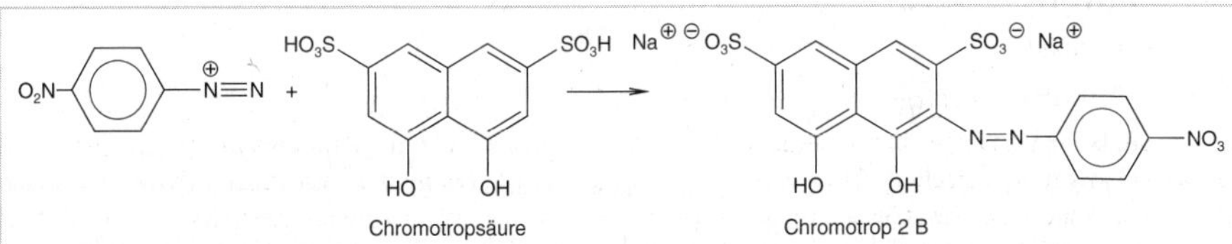

Synthese von Chromotrop 2B

C. findet Verwendung als Farbstoff und als analytisches Reagenz auf ↑Borsäure und Borate.

$C_{16}H_9N_3Na_2O_{10}S_2$ $M_R = 513{,}37$ C 37,43 % H 1,77 % N 8,19 % Na 8,96 % O 31,17 % S 12,49 %

Chromotropsäure

Chromotropic acid 4,5-Dihydroxy-2,7-naphthalindisulfonsäure

Bildet als Dihydrat weiße Kristallnadeln, die in Wasser gut löslich sind. Läßt sich leicht in das sehr gut wasserlöslich Di-Na-Salz überführen, das als Dihydrat weiße blättchenförmige Kristalle bildet.

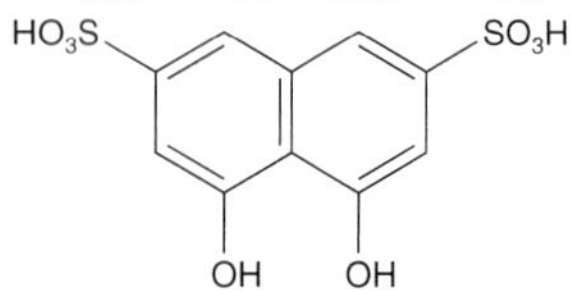
Chromotropsäure

Struktur der Chromotropsäure

Die C. kann synthetisch erhalten werden aus ↑ 2-Naphthalinsulfonsäure durch Sulfonierung mit Oleum, Nitrierung, Reduktion und anschließende Hydrolyse.

Die C. dient, vor allem in Form ihres Di-Na-Salzes als analytisches Reagenz zum Nachweis und zur Bestimmung von Schwermetallen (Ag, Cr, Hg, Ti), da mit diesen farbige Komplexe gebildet werden (der Name C. wurde wegen dieses Farbumschlags vergeben nach griech. chroma = Farbe und tropein = ändern).

C. dient auch als Ausgangsprodukt zur Azofarbstoff-Herstellung (z. B. ↑ Chromotrop 2B).

$C_{10}H_8O_8S_2$ $M_R = 320{,}30$ C 37,50 % H 2,52 % O 39,96 % S 20,02 %

Chrom(III)oxid

Chromic oxide

C. fällt je nach Herstellung in Form stark glänzender harter grüner Kristalle oder als amorphes grünes Pulver an. In erstgenannter Form erhält man es z. B. beim Verglühen von ↑ Kaliumdichromat mit ↑ Natriumchlorid. Amorph entsteht C. z. B. bei der Reduktion von Alkalidichromaten (z. B. mit Holzkohle, s. Gleichung) oder bei der thermischen Zersetzung von ↑ Ammoniumdichromat.

$$2\ Na_2Cr_2O_7 + 3\ C \longrightarrow 2\ Cr_2O_3 + 2\ Na_2CO_3 + CO_2$$

Herstellung von Chrom(III)oxid durch Reduktion von Dichromaten

Das kristallisierte C. bildet ein Korund-Gitter (s. unter ↑ Aluminiumoxid). C. ist ein amphoteres Oxid und „löst" sich in Säuren als komplexes Hexaquo-Chrom(III)-Salz und in Laugen als Chromit mit dem Hexahydroxi-Ion (s. unter ↑ Chrom(III)hydroxid).

Diese Auflösung gelingt jedoch nur, wenn das C. nicht geglüht oder zu stark gealtert ist. C. bildet mit Oxiden zweiwertiger Metalle Spinelle (s. unter ↑ Chrom).

Wegen des ähnlichen Ionenradius von Cr(III) und Al(III) bildet C. Mischkristalle mit Aluminiumoxid (Korund), die als *Rubine* (rot) in der Natur vorkommen und die auch synthetisch hergestellt werden. Sie sind einerseits als Edelsteine geschätzt und haben ferner in der *Lasertechnik* Bedeutung (Rubin-Einkristalle sind in der Lage, bei Bestrahlung mit Licht geeigneter Frequenz unter bestimmten Bedingungen extrem intensive und monochromatische Strahlung zu emittieren).

C. verleiht Glasschmelzen eine intensiv grüne Farbe und findet deshalb in der Glasverarbeitung Verwendung. Es dient ferner als sehr thermostabiles *Grünpigment* in Farben. Kristallines C. wird auch zum Polieren benutzt. Die Hauptanwendung von C. liegt in der aluminothermischen Umwandlung in metallisches ↑ Chrom.

Cr_2O_3 $M_R = 151{,}99$ Cr 68,42 % O 31,58 %

t_{Smp}	t_{Sdp}	d	η
2275 °C	4000 °C	5,21 g/cm³	

C_p	$\Delta_S H$	$\Delta_V H$	$\Delta_B H$	S^o	Q_C
120 J/(K · mol)			−1140 kJ/mol	81 J/(K · mol)	

Chrom(VI)oxid

Chromium trioxide Chromsäureanhydrid

Kommt in Form dunkelrot-violetter Blättchen in den Handel. Löst sich sehr gut in Wasser.

Wird einfach erhalten, indem man z. B. eine Lösung von ↑ Natriumdichromat mit einem Überschuß konzentrierter ↑ Schwefelsäure versetzt, wobei C. in Form roter Kristalle anfällt (s. Gleichung).

$$Na_2Cr_2O_7 + 2\ H_2SO_4 \longrightarrow 2\ CrO_3 + 2\ NaHSO_4 + H_2O$$

Herstellung von Chrom(VI)oxid

Die Blättchenform des Handels kommt daher, daß C. bei 200 °C hergestellt wird, also in geschmolzenem Zustand anfällt. Die Schmelze wird auf Blechen erkalten lassen oder auf Kühlwalzen aufgetropft, wobei man letztlich Schuppen erhält.

Das Kristallgitter des C. entspricht dem ↑ Wolfram(VI)oxid.

C. ist ein sehr starkes Oxidationsmittel, welches teils explosionsartig mit organischen Materialien reagiert. ↑ Methanol z. B. entzündet sich bei Auftropfen auf C.

$$2\ CrO_3 \longrightarrow Cr_2O_3 + 1^1/_2\ O_2$$

Thermische Zersetzung von Chrom(VI)oxid

Beim Erwärmen auf über 250 °C zersetzt C. sich zum Chrom(III)oxid und Sauerstoff (s. Gleichung).

Die Hauptanwendung findet C. zum *Verchromen*. Hierzu wird das Chrom aus schwach schwefelsauren Lösungen von C. kathodisch auf den zu verchromenden Metallen abgeschieden (s. auch unter ↑ Chrom). Ferner verwendet man C. zum Bleichen von Naturprodukten, zum Passivieren (s. unter ↑ Aluminium) von Metalloberflächen und als Oxidationsmittel in der organischen Chemie. Zur gezielten Oxidation primärer Alkohole zu den entsprechenden Aldehyden ist C. Bestandteil von *Collins Reagenz*, eine Lösung von C. in ↑ Pyridin. Mit C. in schwefelsaurer Lösung (*Jones Reagenz*) überführt man sekundäre Alkohole in Ketone.

► C. ist hochgiftig. Es ist sehr stark hautreizend und schleimhautätzend. Inhalation und Hautkontakt unbedingt vermeiden. Gilt als krebserregend.

CrO_3 $M_R = 99{,}99$ Cr 52,00 % O 48,00 %

t_{Smp}	t_{Sdp}	d	η		
198 °C		2,70 g/cm³			
C_p	$\Delta_S H$	$\Delta_V H$	$\Delta_B H$	S^o	Q_C
69 J/(K · mol)			−589 kJ/mol	73 J/(K · mol)	
MAK	R-Satz	S-Satz			
0,05 mg/m³	49-8-25-35-43-50/53	53-45-60-61			

Cisplatin

Cisplatin cis-Diamminochloroplatinat(II)

Bildet ein tiefgelbes kristallines Pulver, das sich in Wasser nur zu 250 mg/100 ml löst. Von den übrigen gängigen Solventien ist nur ↑ Dimethylformamid ein Lösungsmittel für C.

C. bildet sich bei der gezielten Umsetzung von *Dinatriumtetrachloroplatinat* mit ↑ Ammoniak (s. Gleichung).

$$Na_2[PtCl_4] + 2\ NH_3 \longrightarrow Pt(NH_3)_2Cl_2 + 2\ NaCl$$

Herstellung von Cisplatin

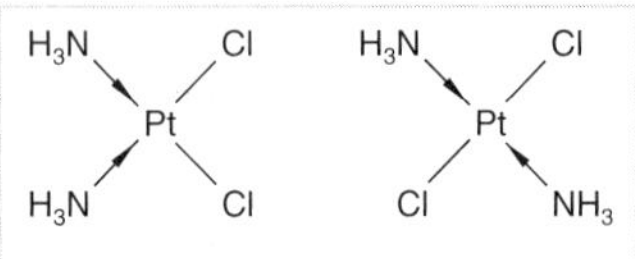

Cis- und trans-Isomeres von Cisplatin

C. gehört damit zur großen Zahl der quadratisch-planaren Komplexe des Pt(II), in denen zwei anionische Liganden und zwei neutrale Donorliganden mit dem zentralen Pt-Atom verbunden sind. Da das Molekül quadratisch-planar (nicht tetraedrisch) gebaut ist, gibt es zwei Stereoisomere, nämlich ein cis- und ein trans-Isomeres, wie es bei planaren Molekülen der allgemeinen Formel MeX_2Y_2 generell der Fall ist (s. Abbildung).

C. wurde erstmals hergestellt 1845 von M. Peyrone (*Peyrone-Salz*). C. wurde wie viele andere Platinkomplexe schon früh (ca. ab 1890) für koordinations-chemische Untersuchungen (u. a. von A. Werner) herangezogen. 1965 hat man die starke Antitumor-Wirkung von C. entdeckt.

C. ist heute ein Cytostatikum, das bei Hoden-, Ovarial- und Hautcarzinomen angewandt wird. Es wird intravenös verabreicht. Es wirkt, indem es Vernetzungen zwischen Nucleinsäure-Strängen verursacht und so die Zellteilung verhindert. Nur das cis-Isomere ist in dieser Hinsicht wirksam. Allerdings ist C. gleichzeitig auch hochtoxisch.

$Cl_2H_6N_2Pt$ $M_R = 300{,}05$ Cl 23,63 % H 2,02 % N 9,34 % Pt 65,02 %

Citronensäure

Citric acid

Die kristallisierte C. ist sowohl in wasserfreier Form als auch als Monohydrat im Handel. Beide Formen bilden farb- und geruchlose durchscheinende Kristalle oder ein weißes kristallines Pulver mit angenehm saurem Geschmack.

Die Produkte sind nicht hygroskopisch und zeigen in normaler Atmosphäre keine Verwitterung. Das Monohydrat gibt bei vorsichtigem Erwärmen ab ca. 70 °C Kristallwasser ab und schmilzt zwischen 135 und 153 °C. Wird schnell erhitzt, schmilzt das Monohydrat bei 100 °C, wird bei weiterem Erwärmen nach vollständiger Entwässerung wieder fest um schließlich bei 153 °C scharf zu schmelzen, wie es die wasserfreie C. auch tut. Die wasserfreie C. erhält man beim Auskristallisieren aus heißer Lösung, während aus kalter Lösung das Monohydrat anfällt. Die C. ist sehr gut löslich in Wasser (bei 20 °C 60 Gew.-%), ferner in Methanol und Ethanol. In Diethylether und anderen org. Solventien ist sie kaum löslich.

Die C. ist in der gesamten belebten Natur sehr verbreitet. Sie findet sich frei, gebunden oder als Salz in Hefen, Bakterien, in Pflanzen und Tieren, wobei der Gehalt in Citrusfrüchten (Name!) besonders hoch ist (Citronensaft enthält ca. 8 % C.) Im menschlichen Blutserum kommt die C. mit bis zu 4 mg/l vor. Mit dem Harn scheidet der Mensch täglich etwa 0,5 g C. aus.

Die C. wurde 1784 erstmals durch Scheele aus *Citronensaft* isoliert. Hundert Jahre später wurde ihre Struktur durch Synthese geklärt.

Die C. wurde bis ca. 1920 ausschließlich aus Citronen, und zwar vorwiegend aus Italien stammend, isoliert. Danach begann die Herstellung durch Gärung, bei der Schimmelpilze (bes. der Gattung Aspergillus niger) aus zuckerhaltigen Produkten unter geeigneten Bedingungen C. produzieren.

Eine Synthese von C. ist vom *Dichloraceton* ausgehend möglich (s. Schema).

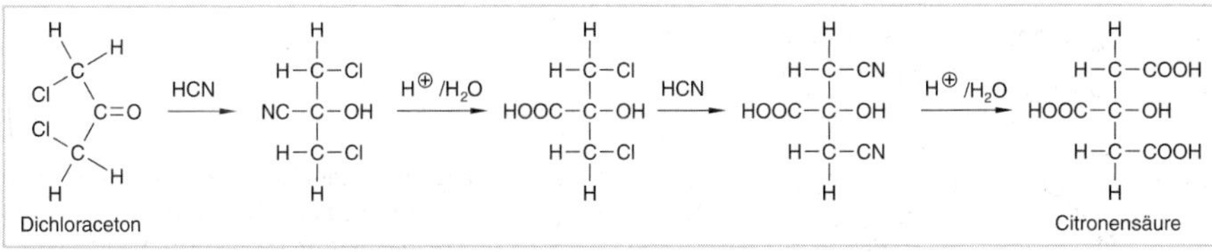

Synthese der Citronensäure ausgehend von Dichloraceton

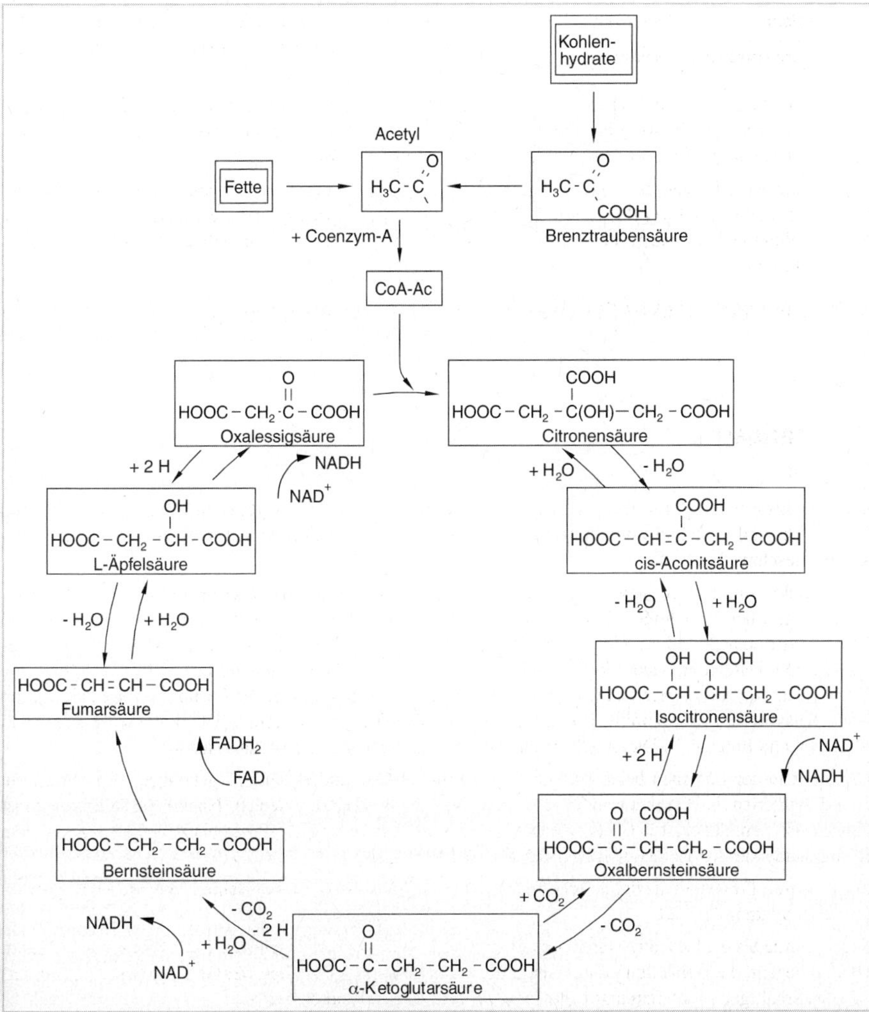

Citronensäure-Cyclus

Die C. ist eine dreibasige Säure mit folgenden pK_S-Werten:

$pK_S1 = 3{,}2$, $pK_S2 = 4{,}76$, $pK_S3 = 6{,}4$. Der pH-Wert einer 0,1n Lösung (ca. 2 %ig) liegt bei 2,2.

Beim Erhitzen auf 175 °C dehydratisiert die C. intramolekular zu ↑ Aconitsäure. Bei der Einwirkung von konz. ↑ Schwefelsäure spaltet die C. als α-Hydroxycarbonsäure Wasser und ↑ Kohlenstoffmonoxid ab unter Bildung von ↑ Acetondicarbonsäure.

Die C. ist wegen ihres angenehm sauren Geschmacks und ihrer physiologischen Unbedenklichkeit in der Getränke- und Lebensmitteltechnologie das meistverwendete Säuerungsmittel. Die freie C. oder ihre Salze (bes. Na- u. Ca-Citrat) finden auch in der Kosmetik- und Pharmaindustrie Verwendung, z. B. zur pH-Einstellung von Präparaten. Die C. ist mit der Nummer *E 330* als Säuerungsmittel und Säureregulator für Lebensmittel zugelassen. ↑ Natriumcitrat verhindert die Blutgerinnung.

Die C. und ihre Salze besitzen hervorragendes Komplexierungsvermögen für viele Metallionen. Auf technischem Gebiet findet die C. deshalb zunehmende Bedeutung als ökologisch unbedenklicher und in Verbindung mit dem Säurecharakter wirksamer Bestandteil von Reinigungs- und Putzmitteln, Entkalkern, Entrostern, Mitteln zur Wasseraufbereitung, zur Metallreinigung und zum Polieren.

Die C. ist Ausgangspunkt einer Reaktionsfolge, die im Zentrum des tierischen Stoffwechsels steht und der sie ihren Namen gegeben hat, nämlich des *Citronensäure-Cyclus* (auch als *Citrat-Cyclus* oder *Krebs-Cyclus* bezeichnet). Dieser Cyclus ist grundlegend für die Versorgung der Organismen mit biochemisch verwertbarer Energie und soll deshalb hier in den Grundzügen dargestellt werden. Für die Einordnung des Cyclus in den *Metabolismus* betrachte man das Grundschema unter ↑ Adenosin-5′-triphosphat.

Zunächst sei der physiologische Ort dieser Reaktionskette betrachtet. Sie findet statt in den als *Mitochondrien* bezeichneten ca. 0,5×2 µm großen ovalen Zellorganellen, die sich je nach Zelltyp von wenigen einzelnen bis zu vielen tausend in eukariontischen Zellen befinden.

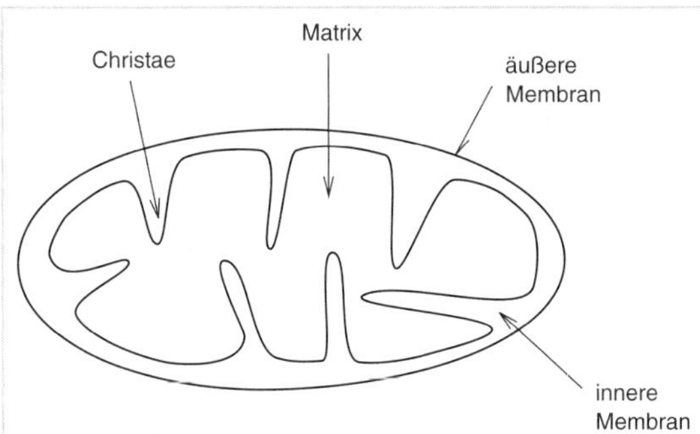

Schematische Darstellung eines Mitochondriums

Ihr Aufbau ist ganz schematisch in der Abbildung dargestellt, aus der hervorgeht, daß sie von zwei Membranen umhüllt sind. Die innere Membran weist zahlreiche, als *Christae* bezeichnete Einstülpungen in den Innenraum, die *Matrix*, auf. In dieser Matrix nun vollzieht sich der Citronensäure-Cyclus, d. h. sie enthält auch die gesamte Enzym-Ausstattung, die für das komplexe Geschehen erforderlich ist. In der inneren *Mitochondrien-Membran* sitzt der enzymatische Apparat, der die mit dem Citronensäure-Cyclus gekoppelte Atmungskette ermöglicht, eine Kaskade von Elektronenübertragungen, in deren letztem Schritt molekularer Sauerstoff zu Wasser reduziert wird. Gekoppelt mit diesem Vorgang ist der Aufbau eines Protonengradienten zwischen Matrix und Cytosol, der die treibende Kraft für die dort ablaufende ATP-Synthese liefert (s. unter ↑ Adenosin-5′-triphosphat). Dieser Weg der ATP-Synthese wird als oxidative Phosphorylierung bezeichnet. In den Mitochondrien laufen also die elementaren Energiekonversionen ab und man bezeichnet sie deshalb auch gerne als die *Kraftwerke der Zellen*. Wie verläuft nun der Cyclus?

Der Einstieg in den Citronensäure-Cyclus erfolgt mit der Übertragung der Acetylgruppe von Acetyl-Coenzym A (s. unter Coenzym A) auf das Salz der *Oxalessigsäure* (*Oxalacetat*), wobei eben die C. entsteht, also ein C4-Gerüst in ein C6-Gerüst übergeht. Chemisch gesehen handelt es sich dabei um eine Aldolkondensation zwischen Oxalacetat und Acetyl-Coenzym A mit anschließender hydrolytischer Abspaltung von Coenzym A, wobei die Reaktion natürlich an einem Enzym, der *Citrat-Synthase*, abläuft (s. Gleichung).

$$\text{Oxalacetat} + \text{CoA-Ac} \longrightarrow \text{Citrat} + \text{CoA}$$

Der Einstieg in den Citronensäure-Cyclus

Die ersten beiden Schritte des eigentlichen Cyclus bewirken dann eine Isomerisierung von Citrat zu *Isocitrat*, katalysiert durch das Enzym *Aconitase*. In den nächsten beiden Stufen erfolgt im Ergebnis eine erste *oxidative Decarboxylierung* zum *α-Ketoglutarat*, wobei zunächst eine Dehydrierung zur *Oxalbernsteinsäure* (*Oxalsuccinat*) eintritt, der eine Decarboxylierung folgt. Bei dieser Dehydrierung wird ein Hydrid-Ion auf NAD^+ unter Bildung von NADH übertragen (s. unter ↑Nicotinsäureamid-Adenin-Dinucleotid).

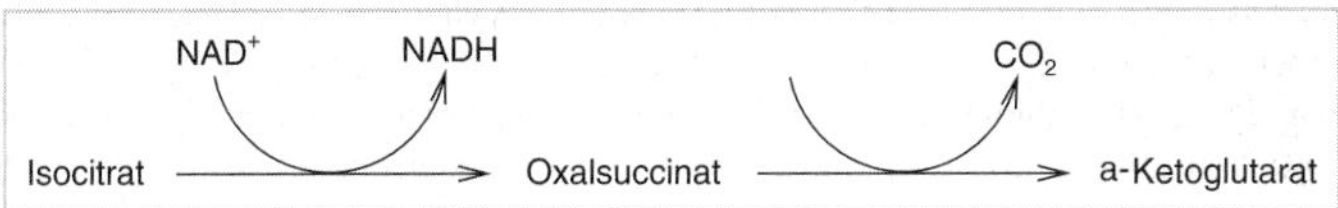

Die erste oxidative Decarboxylierung

Bei diesem Schritt ist das Enzym *Isocitrat-Dehydrogenase* aktiv. Die sich nun anschließende Reaktion bewirkt wiederum eine oxidative Decarboxylierung, wobei auch hier wieder NADH gebildet wird und letztlich ↑Bernsteinsäure (*Succinat*) entsteht (die Umsetzung verläuft über die *„aktivierte Bernsteinsäure"*, *Succinyl-Coenzym A*, was hier im gezeigten Schema weggelassen wurde).

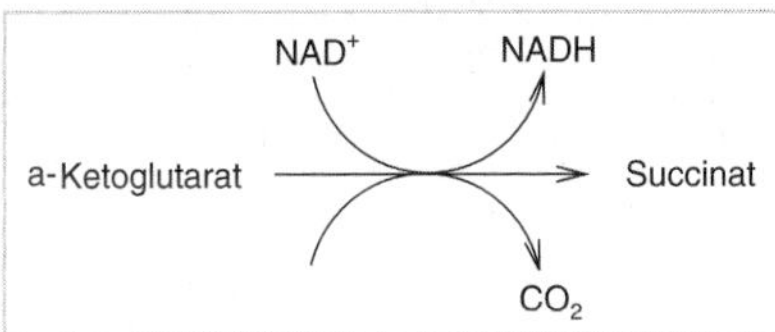

Die zweite oxidative Decarboxylierung

In den abschließenden drei Schritten findet in der Summe die Oxidation einer Methylengruppe zur Carbonylgruppe statt, wobei aus dem Succinat das Oxalacetat zurückgebildet wird. Diese Oxidation geht einher mit der Bildung von $FADH_2$ aus FAD (s. unter ↑Riboflavin) und wiederum NADH aus NAD^+.

Die Brutto-Reaktion für den Citrat-Cyclus gibt die im Schema dargestellte Gleichung wieder.

$$\text{Acetyl-CoA} + 3\,NAD^+ + FAD + 2\,H_2O \longrightarrow 2\,CO_2 + 3\,NADH + FADH_2 + \text{CoA} + 2\,H^+$$

Brutto-Reaktion des Citrat-Cyclus

Damit wird das Ergebnis des Citrat-Cyclus klar: die vollständige Oxidation einer Acetyl-Einheit wird zum Aufbau von Reduktionsäquivalenten in Form von 3 Molekülen NADH und einem Molekül $FADH_2$ genutzt. Wie deren Energie in der Atmungskette umgewandelt und zur oxidativen Phosphorylierung (ATP-Synthese) verwendet wird, ist unter Adenosin-5′-triphosphat beschrieben.

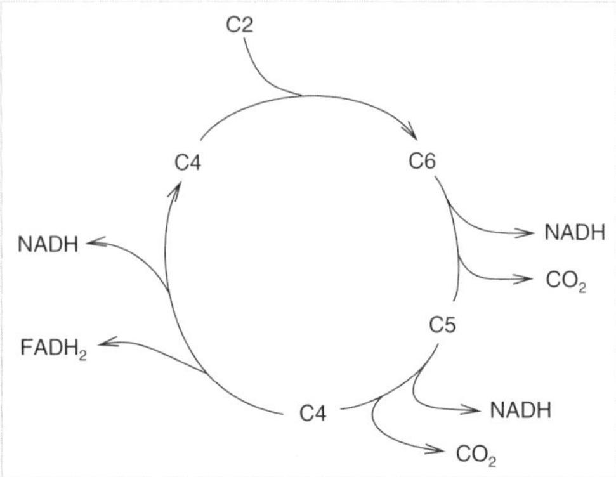

Kohlenstoff- und Reduktionsäquivalente-Bilanz des Citrat-Cyclus

Der Citronensäure-Cyclus wurde 1937 von H. A. Krebs publiziert. Später wies F. A. Lipman die Bedeutung der Acetylgruppe in diesem Cyclus nach. Beide erhielten hierfür 1953 den Nobelpreis.

$C_6H_8O_7$ $M_R = 192{,}12$ C 37,51 % H 4,20 % O 58,29 %

t_{Smp}	t_{Sdp}	d	η
153 °C		1,66 g/cm³	

C_p	$\Delta_S H$	$\Delta_V H$	$\Delta_B H$	S^o	Q_C
226 J/(K · mol)			−1543 kJ/mol	252 J/(K · mol)	−1960 kJ/mol

Cobalt

Cobalt Co

Metallisches chemisches Element. Es zeigt eine silber-weiße bis stahlgraue, bläulich schimmernde Oberfläche, ist hart und besitzt fast die gleiche Dichte wie ↑ Kupfer. Das Metall schmilzt scharf ohne vorher weich zu werden (Daten s. Tabelle). Es wird von Wasser und feuchter Luft nicht angegriffen. In nichtoxidierenden Säuren löst es sich nur sehr langsam, während in oxidierenden Säuren rasche Zersetzung erfolgt.

Co hat am Aufbau der Erdkruste einen Anteil von etwa 0,001 %, kommt recht verbreitet vor und findet sich als Sulfid, Oxid oder Arsenid fast stets als Beimengung in Kupfer- und Nickelerzen. Die Gewinnung von Co ist deshalb mit der Herstellung von ↑ Kupfer und bes. ↑ Nickel verknüpft. Das Co wird dabei in recht aufwendigen Operationen als Oxid abgetrennt und letztlich durch Reduktion (aluminothermisch oder mittels Kohle) als Metall erhalten.

Co ist ein 3d-Element und steht in der 8. Nebengruppe des PSE (als 8. Nebengruppe werden jeweils drei nebeneinanderstehende Elemente jeder Übergangsreihe zusammengefaßt. In der ersten Übergangsreihe erhält man so die „Eisengruppe" Fe, Co, Ni). Die Elektronenkonfiguration lautet: $1s^2\ 2s^2\ 2p^6\ 3s^2\ 3p^6\ 3d^7\ 4s^2$ oder (Ar) $3d^7\ 4s^2$, Grundterm $^4F_{9/2}$.

Co bildet die Oxidationsstufen +2 und +3 aus, deren Beständigkeit sehr von den Bindungspartnern bzw. in Lösung auch vom pH-Wert abhängt (s. Potentiale).

$$Co \longrightarrow Co^{2+} + 2\,e^- \qquad E_0 = -0{,}277\ V$$
$$Co^{2+} \longrightarrow Co^{3+} + 3\,e^- \qquad E_0 = +1{,}82\ V$$

Normalpotentiale der Co(II)- und Co(III)-bildung

Wie aus den angegebenen Normalpotentialen hervorgeht, ist in wässeriger Lösung das zweiwertige Co existent, während das dreiwertige ein starkes Oxidationsmittel darstellt und Wasser zu ↑ Sauerstoff oxidiert, weshalb es in neutraler oder saurer wässeriger Lösung nicht vorliegen kann. In alkalischer Lösung ist das Oxidationspotential jedoch erheblich herabgesetzt (s. Gleichung), so daß eine Oxidation bereits durch gelösten Luftsauerstoff erfolgt.

$$OH^{\ominus} + \overset{+II}{Co}(OH)_2 \longrightarrow \overset{+III}{Co}O(OH) + H_2O + e^- \qquad E_0 = +0{,}14\ V$$

Potential der Co(III)-Bildung in alkalischer Lösung

Deshalb wird (aus heißer Lösung) frischgefälltes rosafarbenes ↑ Cobalt(II)hydroxid beim Stehen an der Luft allmählich braun infolge Oxidation zum Cobalt(III)hydroxid (s. Schema, vergl. analoge Reaktion von ↑ Eisen).

$$Co^{2+} + 2\,OH^{\ominus} \longrightarrow \underset{\text{rosa}}{Co(OH)_2} \xrightarrow{[O]/OH^{\ominus}} \underset{\text{braun}}{CoO(OH)}$$

Luftoxidation von frisch gefälltem Co(II)hydroxid

Noch drastischer erfolgt die Potentialveränderung durch Komplexbildung, weshalb viele Co(III)-Komplexe in wässeriger Lösung stabil, ja sogar bevorzugt sind (s. Gleichungen).

$$[Co(NH_3)_6]^{2+} \longrightarrow [Co(NH_3)_6]^{3+} + e^- \qquad E_0 = +0{,}1\ V$$
$$[Co(CN)_6]^{4-} \longrightarrow [Co(CN)_6]^{3-} + e^- \qquad E_0 = -0{,}83\ V$$

Starke Potential-Beeinflussung durch Komplex-Bildung

Co ist ein äußerst komplexierfreudiges Metall. In wässeriger Lösung liegen stets Aquokomplexe des Co(II) oder Co (III) vor, bzw. die Aquoliganden sind ganz oder teilweise durch andere Liganden (z. B. Ammoniak, Amine, Cyanid-, Hydroxid-, Halogenid-, Nitro-, Carbonat-Ionen usw.) substituiert. Man kennt tausende von Komplexen allein von Co(III) mit Stickstoff-Liganden.

Die Co(II)-Komplexe können tetraedrische, oktaedrische oder quadratische Koordination aufweisen, während die Co(III)-Komplexe ausschließlich oktaedrische Struktur besitzen (vergl. ↑ Chrom(III)chlorid). Die Verhältnisse lassen sich gut durch die Ligandenfeldtheorie erklären. Die Farben der Komplexe umfassen das gesamte Spektrum vom Blaßrosa bis zum tiefen Blauviolett (s. Abbildung).

$[Co(H_2O)_6]^{2+}$	$[CoCl_4]^{2-}$	$[Co(NO_2)(NH_3)_5]^{2+}$
rosa	tiefblau	purpurrot

Farbenspektrum der Co-Komplexe

Metallisches Co dient als wichtiger Legierungsbestandteil überall dort, wo es auf große Härte in Verbindung mit hoher Temperatur-Standfestigkeit ankommt, also in Hochleistungsschnellstählen, Schneidmetallen (*Stellite*), Sinterhartmetallen und hochwarmfesten Legierungen zur Verarbeitung in Schneidwerkzeugen, Bohrern, Meißeln, Strahltriebwerken usw. Sinterwerkstoffe aus ↑ Wolframcarbid mit Co stellen die wichtigsten Hartmetalle dar (s. unter ↑ Wolframcarbid). Co hat ferner Bedeutung als Bestandteil magnetischer Legierungen. In oxidischer Form wird Co in der Glasindustrie verarbeitet. Co ist ein wichtiges Spurenelement und findet sich als Zentralatom im ↑ Vitamin B 12.

Das aus dem natürlichen Isotop Co 59 durch Neutroneneinfang herstellbare radioaktive Isotop Co 60 (Halbwertszeit 5,24 Jahre) wird als harter γ-Strahler in der Medizin zur Strahlentherapie eingesetzt.

Das Metall bildet eine hexagonal dichteste Kugelpackung und ist wie Fe und Ni ferromagnetisch.

Zur qualitativen Analytik können folgende Reaktionen herangezogen werden: (ausgehend von einer wässerigen Lösung von Co(II):

1. Mit Natronlauge in der Kälte blauer Niederschlag, der sich bald grau, und bei längerem Stehen an der Luft braun färbt (bei Fällung in der Hitze ist der Niederschlag rosa). Der Niederschlag färbt sich bei Zugabe von ↑ Wasserstoffperoxid durch Bildung vom Cobalt(IV)oxidhydrat schwarz (s. Schema).

$$\underset{}{Co^{2+} + OH^{\ominus}} \longrightarrow \underset{\text{blau}}{Co(OH)_2} \longrightarrow \underset{\text{grau}}{Co(OH)_2} \xrightarrow{[O_2]} \underset{\text{braun}}{CoO(OH)}$$

Co-Nachweis durch Hydroxid-Fällung mit typischem Farbwechsel

2. Bei Zugabe von konz. ↑ Ammoniak erhält man zunächst einen blauen Niederschlag, der sich beim kräftigen Umschütteln über verschiedene Zwischenfarben zu roten Cobalt(III)-Ammin-Komplexen löst.
3. Die Probelösung wird mit Thiocyanat versetzt. Bei Zugabe von ↑ Aceton färbt sich die vorher rosafarbene Lösung tiefblau

$$(KNH_4)[Co(NO_2)_6]$$

Kalium-Ammonium-hexanitro-Cobaltat(III)

4. In schwach saurer Lösung bildet sich bei Zugabe von Kaliumnitrit und Ammoniumacetat ein gelber Niederschlag eines Kalium-Ammonium-hexanitro-cobaltats(III) (s. Abbildung).
5. Mit Sulfid-Ionen fällt aus neutraler oder schwach alkalischer Lösung säurelösliches schwarzes Co(II)-sulfid, welches nach Luftoxidation (Schütteln) mit weiteren Sulfidionen zu ebenfalls schwarzem säureunlöslichem Co(III)sulfid reagiert (s. Schema).

$$Co^{2+} + S^{2-} \longrightarrow \underset{\text{scwarz}}{CoS} \xrightarrow{S^{2-}/O_2} \underset{\text{schwarz}}{Co_2S_3}$$

Cobaltsulfid-Fällung

► Co und Co-Verbindungen sind giftig.

Co Z = 27 A_R = 58,93320 Isotope: 59; 54-58, 60-64 (künstlich)

t_{Smp}	t_{Sdp}	d	MV	α	λ
1495 °C	2925 °C	8,9 g/cm³	6,62 cm³/mol	13,36 10^{-6}/K	100 W/mK

C_p	$\Delta_S H$	$\Delta_V H$	S^o	ϱ
24,81 J/(K · mol)	16,19 kJ/mol	376,6 kJ/mol	30,04 J/(K · mol)	56 nΩ · m

MAK	R-Satz	S-Satz
0,1 mg/m³	42/43	22-24-37

Cobalt(II)acetat

Cobaltous acetate

Bildet als Tetrahydrat intensiv rote Kristalle, die sich gut in Wasser lösen mit neutraler Reaktion und auch löslich sind in Ethanol. Beim Erwärmen auf 140 °C erfolgt Wasserabgabe unter Bildung des hellrosafarbenen wasserfreien C.

Das Tetrahydrat des C. wird hergestellt durch Umsetzung von ↑Cobalt(II)hydroxid mit verdünnter ↑Essigsäure (s. Gleichung).

$$Co(OH)_2 + 2\,CH_3COOH \longrightarrow Co(CH_3COO)_2 + 2\,H_2O$$

Herstellung von Cobalt(II)acetat

C. wird technisch verwendet als Trockenmittel in Lacken und Ölfarben (s. unter Cobalt(II)oxid) sowie organisch-präparativ als Katalysator für Oxidationen (s. u. ↑Adipinsäure).

$C_4H_6CoO_4$ M_R = 177,02 (wasserfrei) C 27 % H 3,42 % Co 33,29 % O 36,15 %

Cobalt(II)carbonat

Cobaltous carbonate

Bildet ein rotes Pulver, das in Wasser unlöslich ist und in der Kälte von Mineralsäuren nicht zersetzt wird (erst in der Hitze erfolgt Entwicklung von ↑Kohlenstoffdioxid).

$$CoCl_2 + Na_2CO_3 \longrightarrow CoCO_3 + 2\,NaCl$$

Herstellung von Cobalt(II)carbonat

C. entsteht beim Erhitzen einer Cobaltsalzlösung mit ↑Natriumcarbonat (s. Gleichung) und kommt in der Natur als Mineral *Sphärocobaltit* vor. C. bildet ein luftbeständiges Hexahydrat, das in roten Nadeln kristallisiert.

C. dient als Ausgangssubstanz zur Herstellung von Cobaltpigmenten.

$CCoO_3$ M_R = 118,94 (wasserfrei) C 10,10 % Co 49,55 % O 40,35 %

$t_{Zersetzung}$	t_{Sdp}	d	η		
280 °C (Z)		4,13 g/cm³			
C_p	$\Delta_S H$	$\Delta_V H$	$\Delta_B H$	S^o	Q_C
			−723 kJ/mol		
MAK	R-Satz	S-Satz			
0,1 mg/m³					

Cobalt(II)chlorid

Cobaltous chloride

Das wasserfreie C. bildet blaue, hygroskopische Blättchen, die sich in Wasser und Ethanol lösen. Das Hexahydrat stellt rosafarbene bis rote zerfließliche prismenförmige Kristalle dar, die ab ca. 50 °C stufenweise Wasser abspalten um bei ca. 140 °C wasserfrei vorzuliegen, und ist ebenfalls in Wasser und Ethanol gut löslich.

$$Co + Cl_2 \longrightarrow CoCL_2$$

Elementsynthese von wasserfreiem Cobalt(II)chlorid

Das wasserfreie C. wird hergestellt durch Überleiten von ↑Chlor über Cobaltpulver (s. Gleichung).

Die wässerige Lösung des Hexahydrats (wasserfreies C. bildet beim Lösen in Wasser sofort das Hexahydrat) färbt sich beim Erhitzen blau, was auf Koordinationsänderungen beruht. Mit Chloridionen bildet sich der blaue tetraedrische Tetrachlorokomplex (s. Gleichung).

$$\underset{\text{rosa}}{[Co(H_2O)_6]^{2+}} + 4\,Cl^{\ominus} \longrightarrow \underset{\text{blau}}{[CoCl_4]^{2-}} + 6\,H_2O$$

Bildung eines blauen Tetrachloro-Komplexes

Auf der Farbänderung von rosa bzw. rot nach blau und umgekehrt bei Wasserabgabe bzw. Wasseraufnahme beruht die Verwendung von C. als unsichtbare Tinte, als Feuchtigkeitsindikator in Trockenmitteln („*Blaugel*“ = mit wasserfreiem C. imprägniertes Kieselgel) in Hygrometern usw.

► C. ist giftig

Cl_2Co $M_R = 129{,}85$ (wasserfrei) Cl 54,61 % Co 45,39 %

t_{Smp}	t_{Sdp}	d	η
740 °C	1069 °C	3,37 g/cm³	

C_p	$\Delta_S H$	$\Delta_V H$	$\Delta_B H$	S^o	Q_C
78,6 J/(K · mol)	31 kJ/mol	145 kJ/mol	−312 kJ/mol	109 J/(K · mol)	

MAK	R-Satz	S-Satz
0,1 mg/m³	49-22-42/43-50/53	22-53-45-60-61

Cobalt(II)hydroxid

Cobaltous hydroxide

Bildet hellrosarote Kristalle, die in Wasser sehr wenig löslich sind, sich aber leicht lösen in saurem oder ammoniakalischem Medium.

$$Co^{2+} + 2\,OH^{\ominus} \longrightarrow Co(OH)_2$$

Fällung von Cobalt(II)hydroxid

C. fällt als zunächst blauer, dann sich rosa verfärbender Niederschlag aus, wenn Co(II)-Salz-Lösungen mit Natron- oder Kalilauge versetzt werden (s. Gleichung).

C. verfärbt sich an der Luft allmählich bräunlich infolge Oxidation von Co(II) zu Co(III), die mit Oxidationsmitteln, z. B. ↑Wasserstoffperoxid, sehr leicht erfolgt. Beim Erhitzen im Vakuum erfolgt bei 168 °C Bildung von ↑Cobalt(II)oxid.

C. kristallisiert im Brucit-Gitter (s. u. ↑Magnesiumhydroxid). Es wird zur Herstellung anderer Co-Verbindungen verwendet sowie in der Lackindustrie als Trockenmittel eingesetzt.

CoH_2O_2 $M_R = 92{,}95$ Co 63,40 % H 2,17 % O 34,43 %

t_{Smp}	t_{Sdp}	d	η
		3,81 g/cm³	

C_p	$\Delta_S H$	$\Delta_V H$	$\Delta_B H$	S^o	Q_C
97 J/(K · mol)			−540 kJ/mol	79 J/(K · mol)	

MAK	R-Satz	S-Satz
0,1 mg/m³		

Cobalt(II)nitrat

Cobaltous nitrate

Bildet als wasserfreies Produkt ein blaßrotes Pulver, während das Hexahydrat rote, an der Luft zerfließliche monokline Kristalle formt. Beide Produkte lösen sich gut in Wasser sowie auch in Ethanol.

C. wird erhalten durch Umsetzung von ↑ Cobalt(II)oxid oder ↑ Cobalt(II)carbonat mit verdünnter ↑ Salpetersäure (s. Gleichung).

$$CoCO_3 + 2\,HNO_3 \longrightarrow Co(NO_3)_2 + H_2O + CO_2$$

Herstellung von Cobalt(II)nitrat

C. wird technisch zu Herstellung von Pigmenten sowie von hochreinem ↑ Cobalt verwendet.

CoN_2O_6 $M_R = 182{,}94$ (wasserfrei)   Co 32,21 %   N 15,31 %   O 52,47 %

Die Daten in der nachfolgenden Tabelle beziehen sich auf das Hexahydrat.

t_{Smp}	t_{Sdp}	d	η
57 °C		1,87 g/cm³	

C_p	$\Delta_S H$	$\Delta_V H$	$\Delta_B H$	S^o	Q_C
452 J/(K · mol)			−2211 kJ/mol		

MAK	R-Satz	S-Satz
0,1 mg/m³		

Cobalt(II)oxid

Cobaltous oxide

In reinem Zustand olivgrünes kristallines Pulver, das in weniger reinem Zustand meist dunkelgraue Farbe aufweist und sich an feuchter Luft leicht zu braunem Cobalt(III)hydroxid oxidiert. Es ist praktisch unlöslich in Wasser, löslich in Säuren und Laugen.

$$Co(OH)_2 \xrightarrow{\Delta} CoO + H_2O$$

$$Co + {}^1\!/_2\,O_2 \xrightarrow{\Delta} CoO$$

Synthesen von Cobalt(II)oxid

C. bildet sich beim Erhitzen von ↑ Cobalt(II)hydroxid oder aus den Elementen bei hoher Temperatur (s. Gleichungen). C. kristallisiert im Natriumchlorid-Gitter.

Die Hauptverwendung findet C. in der Keramik-, Emaille- und Glasherstellung als Pigment- und Glasurfarbe sowie als haftvermittelndes Oxid. Es hat die Eigenschaft, die Schmelzen von Silicaten, Aluminaten, Boraten und Phosphaten intensiv blau zu färben (z. B. Phosphorsalz- und Boraxperle). Blaues Glas enthält stets C., so auch das in der Analytik verwendete „*Cobaltglas*“, welches gelbes Licht sehr stark absorbiert und so den Nachweis von ↑ Kalium neben ↑ Natrium durch Flammenfärbung ermöglicht. C. wird auch zur Herstellung von Siccativen für lufttrocknende Ölfarben und Lacke verwendet (katalytische Beschleunigung der Luftoxidation und damit der Vernetzung und „Trocknung“).

CoO $M_R = 74{,}94$ Co 78,65 % O 21,35 %

t_{Smp}	t_{Sdp}	d	η		
ca. 1800 °C		6,45 g/cm³			
C_p	$\Delta_S H$	$\Delta_V H$	$\Delta_B H$	S^o	Q_C
55 J/(K · mol)	40 kJ/mol		−238 kJ/mol	53 J/(K · mol)	
MAK	R-Satz	S-Satz			
0,1 mg/m³	22-43	24-37			

Cocain

Cocain

Die freie Base bildet farblose säulenförmige Kristalle, die sich in Wasser nur wenig (1 g in 600 ml) und mit alkalischer Reaktion lösen (pK_S-Wert = 8,61), während sie sich in org. Solventien wie Ethanol, Diethylether oder Chloroform sowie in pflanzlichen Ölen sehr gut lösen. Mit Mineralsäuren bildet C. gut kristallisierende Salze, die sehr gut wasserlöslich sind. Besonders in Lösung ist C. empfindlich gegen Wärme, Licht und Luft.

C. ist das dominierende Alkaloid (s. unter ↑ Alkaloide) des Coca-Strauches (erythroxylon coca), der in Südamerika und Malaysia heimisch ist. Die getrockneten Blätter (als „*Coca*“ bezeichnet) des ca. 2 m hohen Strauches enthalten das C. zu ca. 1 % im Gemisch mit zahlreichen weiteren Alkaloiden. 1898 wurde die Struktur des C. durch Willstätter aufgeklärt und 1902 gelang ihm die erste Synthese. C. ist ein Derivat von Ecgonin (das seinerseits das in 2-Stellung carboxylierte Tropin darstellt, s. unter ↑ Atropin) und zwar der Methylester des benzoylierten Ecgonins, weshalb die Hydrolyse des C. *Ecgonin*, ↑ Benzoesäure und ↑ Methanol liefert (s. Schema).

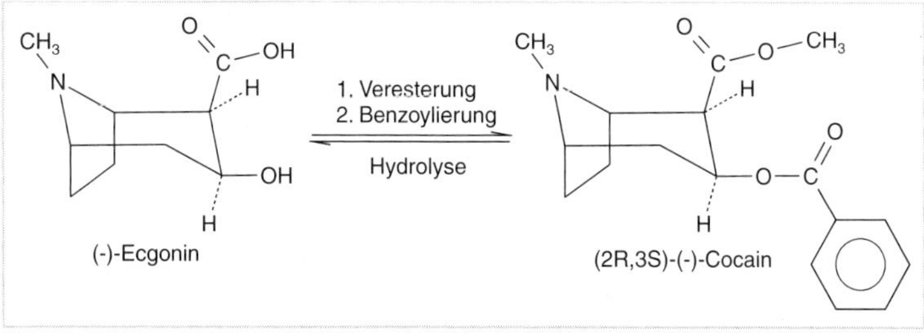

Herstellung von Cocain aus Ecgonin

Die technische Herstellung von C. erfolgt entsprechend aus dem aus Cocablättern isolierten Ecgonin durch Veresterung und Benzoylierung.

C. hat starke Wirkung auf das periphere Nervensystem, indem es in den Synapsen den Natriumionen-Transport blockiert (s. unter ↑ Acetylcholin), wodurch die Reizleitung ausgeschaltet wird. Die damit einhergehende stark lokalanaesthesierende Wirkung (ohne Bewußtseinsausschaltung) wurde medizinisch genutzt, eine Anwendung, in der C. heute weitestgehend durch weit weniger gefährliche synthetische Produkte (z. B.

↑ Procain) ersetzt ist. C. wirkt etwa 6 mal stärker auf das periphere Nervensystem als auf das Gehirn (beim Alkohol ist es umgekehrt).

Gefährlich ist C. durch die rasche Erzeugung einer psychischen (keine physische) Abhängigkeit und starken Sucht. Die Einnahme von C. führt zu einem Rauschzustand, der von Euphorie, überhöhtem Selbstwertgefühl, stark gesteigerter körperlicher Leistungsfähigkeit aber auch von Halluzinationen begleitet ist. Der wiederholte Genuß führt rasch zu geistigem und körperlichem Verfall. Da auch die Magenschleimhäute gelähmt werden, unterbleibt das Hungergefühl, was die typische extreme Abmagerung („Auszehrung") von Cocainisten zur Folge hat. C. ist oft zu Dopingzwecken mißbraucht worden.

Insgesamt ist C. (neben ↑ Morphium und ↑ Heroin) die gefährlichste und verbreitetste illegale Droge, die als Hydrochlorid unter den Decknamen „Koks" oder „Schnee", als freie Base als „*Crack*" gehandelt wird.

$C_{17}H_{21}NO_4$	$M_R = 303{,}36$	C 67,31 %	H 6,98 %	N 4,62 %	O 21,10 %

t_{Smp}	t_{Sdp}	d	η
98 °C			

Codein

Codeine

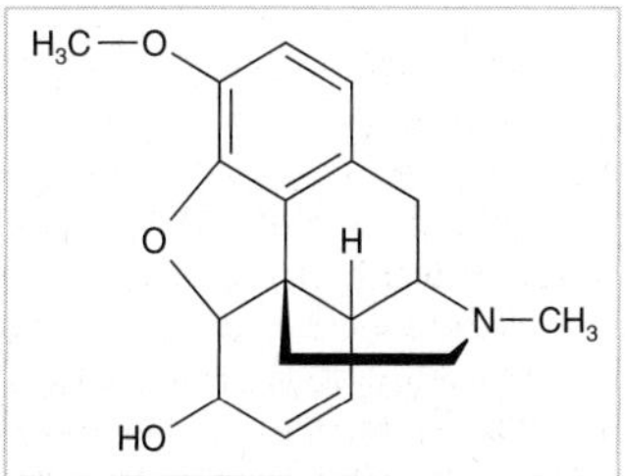

Struktur von Codein

Das Monohydrat kristallisiert in farblosen keilförmigen Blättchen, die sich nur zu etwa 1 % in Wasser, jedoch sehr gut in Ethanol oder Chloroform lösn. Der pH-Wert einer gesättigten wässerigen Lösung beträgt 9,8.

C. ist der 3-Monomethylether des Morphins (s. Abbildung) und kommt je nach dessen Herkunft bis zu 2,5 % im Opium vor, wird jedoch meist durch Methylierung von ↑ Morphin hergestellt. C. besitzt weit weniger giftige und narkotisierende Wirkung als Morphin. Es wird medizinisch als schmerzlinderndes und hustenstillendes Mittel verwandt.

$C_{18}H_{21}NO_3$	$M_R = 299{,}36$	C 72,22 %	H 7,07 %	N 4,68 %	O 16,03 %

t_{Smp}	t_{Sdp}	d	η
154 °C			

Coenzym A

Coenzyme A CoA, CoA-SH

Bildet ein weißes Pulver von typischem Thiolgeruch, das in Wasser leicht löslich ist, sich dagegen in Ethanol, Diethylether oder Aceton nicht löst. CoA ist eine luftempfindliche Verbindung, da es unter Sauerstoffeinwirkung rasch zum Disulfid oxidiert wird (s. Abbildung). CoA muß deshalb in evakuierten Ampullen oder unter Inertgas aufbewahrt werden. In schwach saurer Lösung in CoA stabil.

$$2\ \text{CoA—SH} \xrightarrow{[O]} \text{CoA—S—S—CoA}$$

Luftoxidation von CoA zum Disulfid

CoA kommt in allen Säugetierzellen vor und ist auch Bestandteil vieler Mikroorganismen.

Im CoA ist Pantethein (s. unter ↑ Pantothensäure) über eine Diphosphatgruppe mit ↑ Adenosin verknüpft, wobei das Adenosin zusätzlich in der 3′-Position mit ↑ Phosphorsäure verestert ist (s. Abbildung).

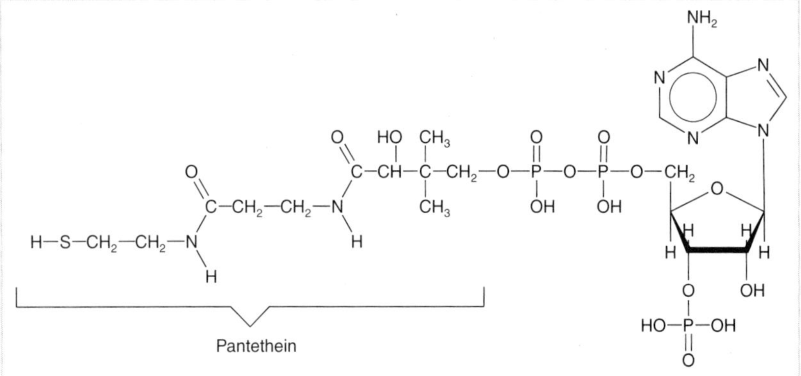

Struktur von Coenzym A

Die Biosynthese von CoA erfolgt aus der ↑Pantothensäure mittels ↑Adenosin-5′-triphosphat und ↑Cystein.

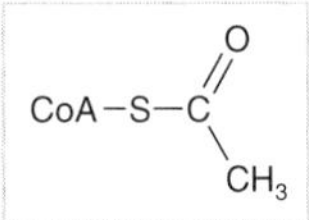

Acetyl-Coenzym A = aktivierte Essigsäure

CoA besitzt zentrale Bedeutung im Stoffwechsel als Coenzym derjenigen Enzyme, die Acylgruppen übertragen (zum Begriff Coenzym s. unter ↑Nicotinsäureamid-adenin-dinucleotid). Diese Funktion nimmt CoA wahr, indem es die Acylgruppen über seine SH-Funktion in einer energiereichen Thiolester-Bindung aufnimmt (*Thiolester* sind reaktive Acyl-Derivate ähnlich wie Säurechloride oder Anhydride. Die Energie für die Thiolester-Bildung muß dem Acylrest natürlich vorher „mitgegeben“ werden, z. B. durch Reaktion mit ATP oder aus der oxidativen Decarboxylierung). Die weitaus größte Bedeutung als Acylgruppe hat dabei der Acetyl-Rest, wie er folglich im *Acetyl-Coenzym A* vorliegt (s. Abbildung).

Die Acetylgruppe im Acetyl-Coenzym A kann auf zweierlei Weise reagieren. Sie kann einerseits Nucleophile an der Carbonylgruppe addieren. Andererseits kann sie als methylenaktive Komponente fungieren (Abspaltung eines Protons aus der Methylgruppe). Nach der ersten Reaktion wirkt Acetyl-Coenzym A als *Acetylgruppen-Donor* in vielen Biosynthesen, z. B. zur Bildung von ↑Acetylcholin, *Acetylphosphat* oder acetylierten Aminozuckern. Nach der zweiten Reaktion bildet sich in den Mitochondrien aus der Acetylgruppe von Acetyl-Coenzym A mit Oxalacetat die Citronensäure, womit die Acetylgruppe in den Citronensäurecyclus eingeschleust wird (s. unter ↑Citronensäure). Die Bildung von Acetyl-Coenzym A ist mithin eine wichtige Umwandlung, die im Zentrum des Stoffwechsels steht und deshalb näher umrissen sei. Sie gehorcht der gezeigten Gesamtgleichung.

$$\text{Pyruvat} + \text{CoA} + \text{NAD}^+ \xrightarrow{[\text{Pyruvat-Dehydrogenase}]} \text{Acetyl-CoA} + CO_2 + \text{NADH}$$

Gesamtgleichung der Bildung von Acetyl-Coenzym A

Es handelt sich also um eine oxidative Decarboxylierung, die neben Acetyl-CoA das energiereiche NADH (s. unter ↑Nicotinsäureamid-Adenin-Dinucleotid) liefert und von dem Enzymkomplex *Pyruvat-Decarboxylase* (ein *Enzymkomplex* umfaßt mehrere Einzelenzyme) katalysiert wird. Dieser enorm große Enzymkomplex bedient sich einer Reihe von Coenzymen, u. a. Thiaminpyrophosphat (s. unter ↑Thiamin), ↑Liponsäure und FAD (s. unter ↑Riboflavin). *Pyruvat* gelangt ja im Zuge der Glycolyse (s. unter ↑D(+)-Glucose) in die Mitochondrien (s. unter ↑Citronensäure). Am Thiaminpyrophosphat erfolgt die Decarboxylierung des Pyruvats zur Hydroxyethyl-Gruppe, die dann unter Oxidation zur Acetylgruppe von der Liponsäure aufgenommen wird (s. unter ↑ Liponsäure). Das Acetylliponsäure-Derivat überträgt die Acetylgruppe im folgenden auf Coenzym A und die reduzierte Liponsäure wird von FAD wieder oxidiert. FAD überträgt die Elektronen schließlich auf NAD^+.

Auch bei der Carboxylierung von Acetyl-CoA zum *Malonyl-CoA* durch die *Acetyl-CoA-Carboxylase* (eine Reaktion, die im Cytosol abläuft) wirkt die Acetylgruppe am CoA als Methylenkomponente. Das Malonyl-CoA liefert die Bausteine für den biochemischen *Fettsäureaufbau*. Der *Fettsäureabbau* durch *β-Oxidation* geht vom Thiolester der betreffenden Fettsäure mit CoA aus (*Acyl-CoA*) und liefert als Endprodukt Acetyl-CoA (die Fettsäure wird in C_2-Einheiten abgebaut). Von den Acetyl-Einheiten von Acetyl-CoA geht auch die Biosynthese der Steroide aus (s. unter ↑ Cholesterol).

CoA wurde erstmals 1948 isoliert, die Struktur wurde 1953 geklärt (Lipmann, Kaplan). Die erste Synthese gelang 1959 (Khorana).

$C_{21}H_{36}N_7O_{16}P_3S$ $M_R = 767{,}54$ C 32,86 % H 4,73 % N 12,77 % O 33,35 % P 12,11 % S 4,18 %

Coffein

Caffeine 1,3,7-Trimethylxanthin

Bildet farblose hexagonale Prismen, die sich in kaltem Wasser wenig (ca. 2 g/100 ml), jedoch sehr gut in siedendem Wasser (ca. 70 g/100 ml) lösen. Löst sich auch wenig in Ethanol, gut in Chloroform und ist in Diethylether praktisch unlöslich.

C. kommt in den *Kaffeebohnen* zu ca. 1 %, in Tee bis zu 5 % vor, und wird teils aus Tee isoliert, teils fällt es als Nebenprodukt der Herstellung coffeinfreien Kaffees an. Es existieren auch synthetische Verfahren, z. B. ausgehend von der ↑ Harnsäure.

C. ist eine recht einfache Verbindung. Es ist ein Trimethyl-Derivat von *Xanthin*, also von *2,6-Dioxopurin* (s. Abbildung).

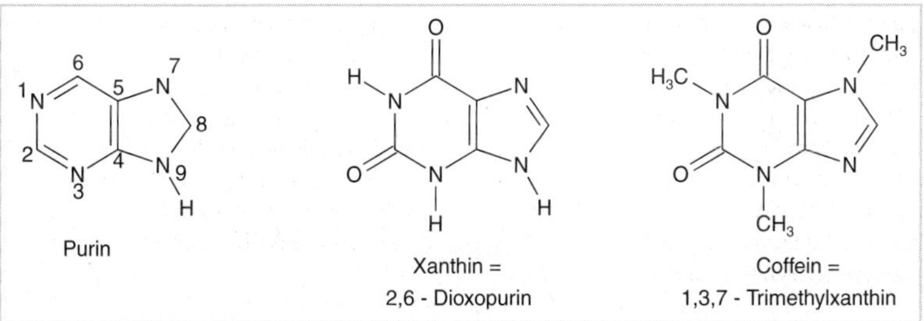

Coffein, das trimethylierte Purinderivat Xanthin

Kaffee wird von den wenige Meter hohen Kaffeebäumen geerntet, die vor allem in Brasilien, Mittelamerika, Indien, Indonesien und Afrika (Elfenbeinküste, Äthiopien, Kenia) angebaut werden. Die roten Kaffeekirschen werden gepflückt und getrocknet und daraus die Samen („Bohnen") herausgebrochen. Dieser Samen ist der sogenannte Grüne oder *Rohkaffee*, in dem das C. an die ↑ Chlorogensäure gebunden vorkommt. Der Rohkaffee wird der Röstung unterworfen (Erwärmung auf 280–300 °C für 3 bis 4 Minuten), wobei Pyrolyse- und Bräunungsreaktionen (u. a. die *Maillard-Reaktion*) ablaufen und die zahlreichen Aromastoffe (man kennt heute über 600) gebildet werden. Das C. wird dabei auch aus der Chlorogensäure-Bindung befreit, weshalb es nach dem Genuß der kaffeehaltigen Getränke schnell im Körper resorbiert werden kann und seine Wirkung bereits nach ca. 30 Minuten eintritt, um nach 2 bis 3 Stunden wieder abzuklingen. Diese

Wirkung des C. besteht in einer allgemeinen Anregung des Zentralnervensystems, was sich in der Aufhebung von Ermüdungserscheinungen und einer Steigerung der geistigen Leistungsfähigkeit bemerkbar macht (diese Wirkungen werden vom ausgeruhten und hellwachen Menschen kaum beobachtet). Ursache dieser Wirkung ist u. a. die Unterstützung, die das C. dem ↑ Adrenalin gewährt, indem das C. das Enzym Phosphodiesterase hemmt. Die *Phosphodiesterase* nämlich blockiert den Einfluß des Adrenalins (C. wirkt also als indirektes Sympathikomimetikum, s. u. ↑ Acetylcholin). In C.-haltigen Erfrischungsgetränken muß der C.-Gehalt zwischen 65 und 250 mg/Liter liegen, in Cola-Getränken beträgt er ca. 160 mg/Liter. *Bohnenkaffee* enthält ca. 500 mg C. pro Liter. C. wirkt auch schwach diuretisch (harntreibend). C. ist in zahlreichen analgetischen Kombinationspräparaten enthalten, da es bei Kopfschmerzen günstige Effekte aufweist (Senkung des Liquordruckes).

$C_8H_{10}N_4O_2$	$M_R = 194{,}19$	C 49,48 %	H 5,19 %	N 28,85 %	O 16,48 %

t_{Smp}	t_{Sdp}	d	η
238 °C			

Colchicin

Colchicine

Bildet ein blaßgelbes kristallines Pulver, das sich bei Lagerung unter Lichtzutritt dunkel verfärbt und sich in Wasser, Ethanol oder Chloroform gut löst, während es in Petrolether praktisch unlöslich ist.

C. ist das Hauptalkaloid der *Herbstzeitlose* (Colchicum autumnale), das schon 1819 entdeckt, dessen Struktur aber erst 1945 geklärt wurde. Die erste Synthese gelang 1959. C. besitzt im Grundgerüst ein Tropolonsystem und weist ein asymmetrisches C-Atom auf (s. Abbildung).

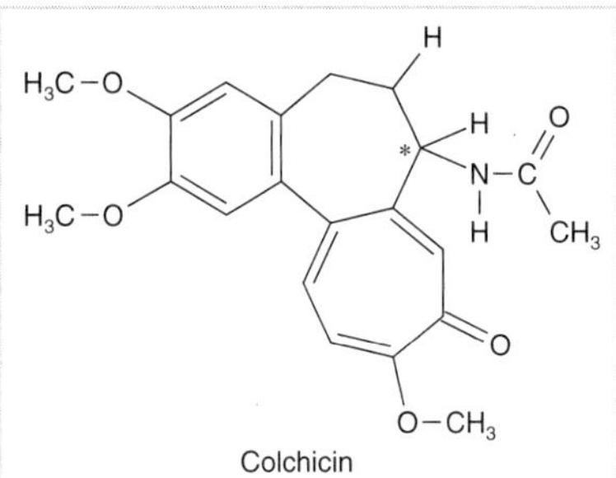

Struktur von Colchicin, Hauptalkaloid der Herbstzeitlose

C. ist enorm toxisch, bereits ein Samenkorn kann für ein Kind tödlich sein. C. wirkt hemmend auf die Zellteilung (*Mitosegift*) indem es die DNA-Synthese blockiert (s. unter ↑ Nucleinsäuren). Eine C.-Vergiftung führt nach Stunden zu Übelkeit, Erbrechen und Lähmung des Atemzentrums im ZNS.

Die Mitosehemmung durch C. kann in der Pflanzenzüchtung z. B. zur Erzeugung von Riesenwuchs genutzt werden.

$C_{22}H_{25}NO_6$	$M_R = 399{,}44$	C 66,15 %	H 6,31 %	N 3,51 %	O 24,03 %

t_{Smp}	t_{Sdp}	d	η
155 °C			

Coniin

Coniine 2-Propylpiperidin

Eine farblose, ölige Flüssigkeit von mausartigem Geruch, die sich in den üblichen org. Solventien gut löst. In Wasser löst sich ca. 1 % mit stark alkalischer Reaktion, hingegen kann C. selbst ca. 25 % Wasser aufnehmen. Die Flüssigkeit verfärbt sich dunkelrot und verharzt bei Lagerung unter Licht- und Luftzutritt. C. bildet ein farbloses kristallines und gut wasserlösliches Hydrochlorid vom Schmp. 221 °C.

C. kommt als S(+)-Isomeres (es besitzt ein Chiralitätszentrum) im Gefleckten *Schierling* vor und stellt ein hochgiftiges ↑ Alkaloid dar, das 1826 entdeckt und 1886 von Ladenburg (als erstes Alkaloid überhaupt) synthetisiert wurde, indem er ↑ 2-Picolin mit ↑ Acetaldehyd kondensiert und das entstehende *2-(1-Propenyl)-pyridin* zum Racemat von C. hydriert hat (s. Schema). In dieser *Ladenburg-Synthese* reagiert das Picolin über seine Methylgruppe als Methylenkomponente in einer Aldolkondensation (s. unter ↑ Diacetonalkohol) mit dem Acetaldehyd.

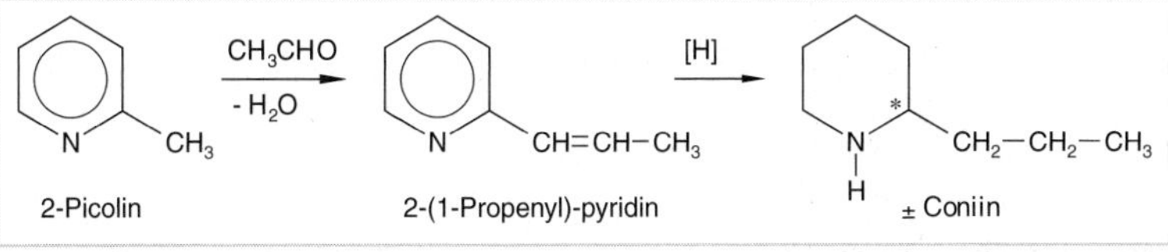

Coniin-Synthese nach Ladenburg

Weniger als 1 g kann für einen Menschen tödlich sein, indem die peripheren Nerven und besonders die Atemmuskulatur gelähmt werden, wobei das Bewußtsein erhalten bleibt (Vergiftung des Sokrates).

Es ist interessant, daß C. auch das lähmende Gift der in Amerika beheimateten fleischfressenden Pflanze *Sarracenia plava* ist.

$C_8H_{17}N$ $M_R = 127{,}23$ C 75,52 % H 13,47 % N 11,01 %

Cortison

Cortisone

Bildet farblose rhomboedrische Blättchen beim Kristallisieren aus Ethanol. Ist nur sehr wenig löslich in Wasser (28 mg/100 ml bei 20 °C). Löst sich gut in kaltem Ethanol oder Aceton.

C. gehört zu den zahlreichen in der *Nebennierenrinde* erzeugten und als *Corticoide* bezeichneten Steroid-Wirkstoffen. Die Corticoide lassen sich einteilen in *Glucocorticoide* und *Mineralocorticoide*.

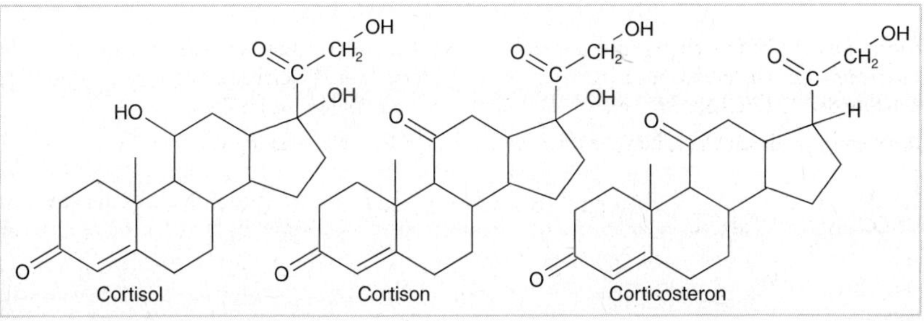

Strukturen der wichtigsten Glucocorticoide

Glucocorticoide: werden in der mittleren Schicht der Nebennierenrinde erzeugt und fördern entscheidend den Abbau der Proteine sowie den Aufbau von ↑Glucose und ↑Glykogen und hemmen den oxidativen Abbau der Glucose (Erhöhung des Blutzuckerspiegels). Wichtigste Vertreter: *Cortisol* (wirksamstes Glucocorticoid), Cortison, *Corticosteron*

Mineralocorticoide: werden in der äußeren Schicht der Nebennierenrinde erzeugt und haben entscheidenden Einfluß auf den Mineralstoffwechsel. Wichtigster Vertreter: ↑Aldosteron

Die Biosynthese der Glucocorticoide geht vom ↑Cholesterol aus. Aus medizinischer Sicht besonders bedeutungsvoll ist die über die Stoffwechselfunktion hinausgehende Wirkung der Glucocorticoide, die auf einer Hemmung der körpereigenen Abwehrmechanismen beruht. Dies äußert sich z. B. in entzündungshemmenden und juckreizstillenden Eigenschaften und ganz allgemein in der Milderung von Allergie-Erscheinungen. Eine Heilung wird nicht erzielt, die Wirkung hört nach Absetzen der Dosis auf. C-Einnahmen in hohen Dosen bedeuten immer einen massiven Eingriff in das körpereigene Infektabwehr-System.

Die Produktion der Glucocorticoide wird vom Hypothalamus aus in einem Regelkreis gesteuert. Bei Abnahme von C. und seinen Derivaten im Blutplasma gibt der Hypothalamus *Corticoliberin* ab (CRF = Corticotropin-Releasing-Hormon), welches in der Hypophyse den Ausstoß von *Corticotropin* (ACTH = Adrenocorticotropes Hormon) veranlaßt.

Das ACTH regt dann in der Nebennierenrinde die Freisetzung der Glucocorticoide an.

$C_{21}H_{28}O_5$ $M_R = 360{,}45$ C 69,98 % H 7,83 % O 22,19 %

t_{Smp}	t_{Sdp}	d	η
230 °C			

Crotonaldehyd

Crotonaldehyde 2-Butenal

C. ist eine farblose, stechend und erstickend riechende Flüssigkeit, die sich bei 20 °C zu 18 g in 100 ml Wasser löst, während sich in 120 ml C. 9,5 ml Wasser lösen.

C. wird technisch hergestellt durch alkalisch katalysierte Selbstaldolisierung (Dimerisierung) von ↑Acetaldehyd zum *β-Hydroxybutyraldehyd* (*Acetaldol*) und dessen saure Dehydratisierung zum C. (s. Schema).

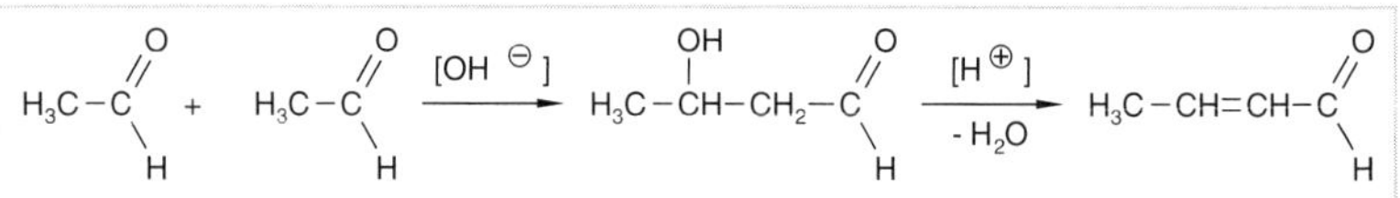

Technische Herstellung von Crotonaldehyd aus Acetaldehyd

C. bildet u. a. folgendes Azeotrop:

Azeotrop-Komponenten	Zusammensetzung (Gew.-%)	Siedepunkt (°C)
C./Wasser	75,2/24,8	84,0

Handelsüblich ist der trans-C. Als α,β-ungesättigter Aldehyd ist C. zu vielfältigen Reaktionen fähig, z. B. Aldolkondensationen, Additionen, Polymerisationen, Wittig-Reaktionen (s. unter ↑Triphenylphosphan), als Dienophil in Diels-Alder-Reakionen, Oxidation usw.

Wichtig ist in neuerer Zeit die Herstellung von ↑Sorbinsäure durch Umsetzung von C. mit ↑Keten (s. unter ↑Sorbinsäure).

► C. ist sehr stark haut- und schleimhautreizend. Hautkontakt und Einatmung unbedingt vermeiden.

C_4H_6O $M_R = 70{,}09$ X 68,55 % H 8,63 % O 22,83 %

t_{Smp}	t_{Sdp}	d	η
−76,5 °C	104 °C	0,85 g/cm³	

C_p	$\Delta_S H$	$\Delta_V H$	$\Delta_B H$	S^o	Q_C
148,6 J/(K · mol)		37,2 kJ/mol	−146,9 kJ/mol		−2284 kJ/mol

MAK	R-Satz	S-Satz
1 mg/m³	11-23-36/37/38-50/53	29-33-45-60-61

Crotonsäure

Crotonic acid 2-Butensäure

Bildet farblose, nadel- oder prismenförmige Kristalle, die sich bei 0 °C zu 0,4 g/100 ml und bei 40 °C bereits zu 65,6 g/100 ml in Wasser lösen. C. läßt sich also gut aus Wasser umkristallisieren. C. löst sich gut in vielen org. Solventien.

Die technische Darstellung von C. geschieht ausschließlich durch Luftoxidation von ↑ Crotonaldehyd (s. Gleichung). Man erhält dabei überwiegend die stabilere trans-C. Die cis-C. bildet sich beim Erhitzen von trans-C. auf 125 °C im Gleichgewicht mit dieser und wird als *Isocrotonsäure* bezeichnet (s. Schema).

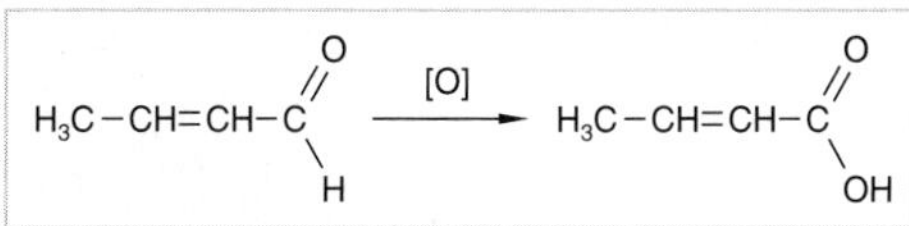

Technische Crotonsäure-Herstellung

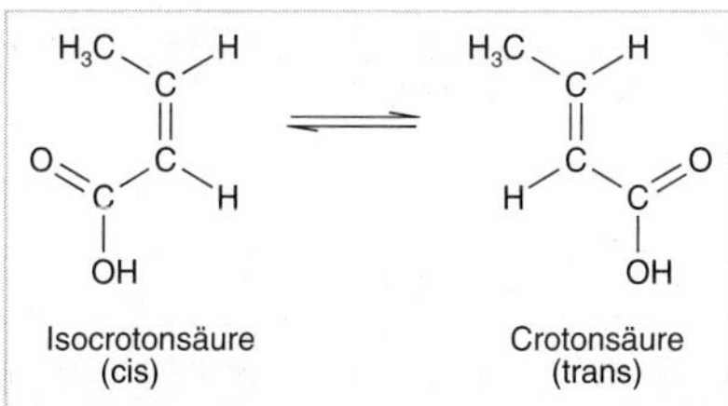

Thermische cis-trans-Isomerisierung der Crotonsäure

Die Isocrotonsäure ist bei Raumtemperatur flüssig und mit Wasser unbegrenzt mischbar. Die C. dient hauptsächlich als Komponente in Copolymerisaten. Sie ergibt keine technisch brauchbaren Homopolymerisate.

$C_4H_6O_2$ $M_R = 86{,}09$ C 55,81 % H 7,02 % O 37,17 %

t_{Smp}	t_{Sdp}	d	η
71,6 °C	185 °C		

C_p	$\Delta_S H$	$\Delta_V H$	$\Delta_B H$	S^o	Q_C
	72,2 kJ/mol (S)		−440 kJ/mol		−2085 kJ/mol

Cumarin

Coumarin 1,2-Benzopyron

Bildet weiße Kristalle von angenehmem, intensivem Waldmeistergeruch, löst sich kaum in kaltem Wasser (ca. 0,25 g/100 ml), besser in siedendem Wasser (2,0 g/100 ml), ist gut löslich in den meisten org. Solventien wie Ethanol, Diethylether usw., sowie in Ölen und alkalischen Lösungen.

C. kommt vielfach glycosidisch gebunden im Pflanzenreich weit verbreitet vor, so z. B. im *Waldmeister*, in Gräsern und Kleearten und im Lavendelöl. Bei Verletzung der Pflanzen oder beim Verwelken erfolgt teilweise Freisetzung des C. aus dem Glycosid, was die typischen Gerüche erzeugt (Grasschnitt, *Heuduft*). Synthetisch wird es durch *Perkin-Reaktion* von ↑ Salicylaldehyd mit ↑ Essigsäureanhydrid erhalten (s. Schema).

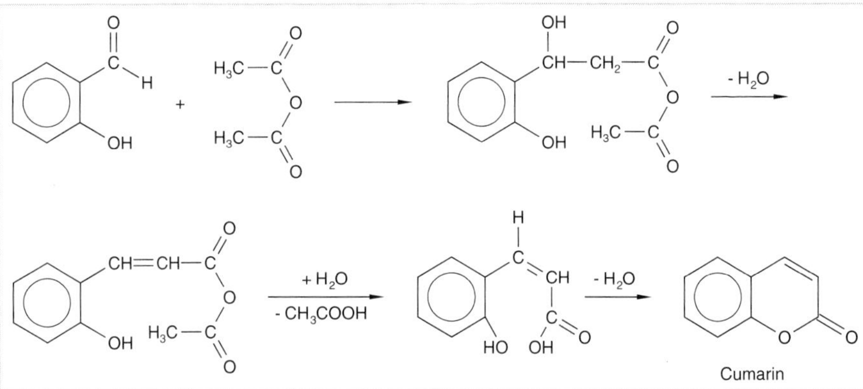

Synthese von Cumarin durch Perkin-Reaktion

C. wird in der Parfümerie in großem Ausmaß als Duftkomponente für die Geruchsrichtungen Lavendel, Waldmeister, Heu u. a. verwendet.

Unter den Cumarinderivaten finden sich z. T. sehr giftige Naturstoffe, wie die äußerst toxischen ↑ Aflatoxine, oder das in der Petersilie, im Sellerie und in Feigen auftretende carcinogene *Psoralen*, furan-kondensierte Cumarine, die sich natürlich auch als Cumaron-Derivate, s. unter ↑ Cumaron, auffassen lassen (s. Abbildung).

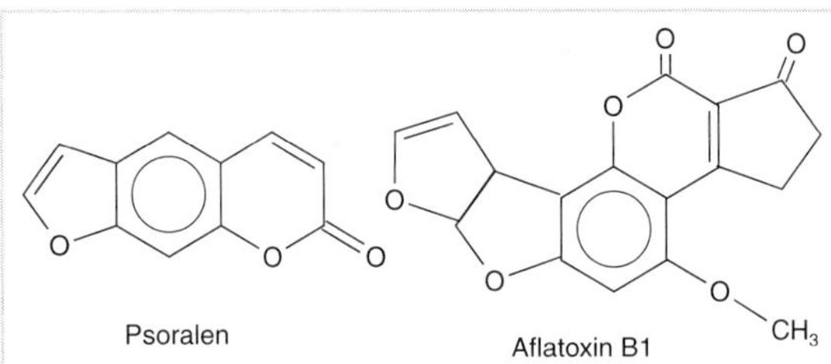

Giftige natürliche Cumarin-Derivate

C. wird im Körper zu *2-Hydroxyphenylessigsäure* abgebaut, der lebertoxische Wirkung zugeschrieben wird.

Das C.-Gerüst liegt auch dem ↑ Umbelliferon zugrunde. Einige pharmazeutische Wirkstoffe u. a. zur Gerinnungshemmung sind C.-Derivate. Hier ist z. B. das *Dicumarol* (s. Abbildung) zu nennen, das im Süßklee vorkommt und synthetisch gewonnen wird aus *4-Hydroxycumarin* und ↑ Formaldehyd. Es ist ein typisches *Antivitamin*. Es verdrängt Vitamin K (s. unter ↑ 1,4-Naphthochinon) aufgrund struktureller Ähnlichkeiten aus seiner physiologischen Wirkung, ohne selbst die entsprechende Wirkung zu entfalten. Es wird als *Anticoagulans* (Gerinnungshemmer) verwendet.

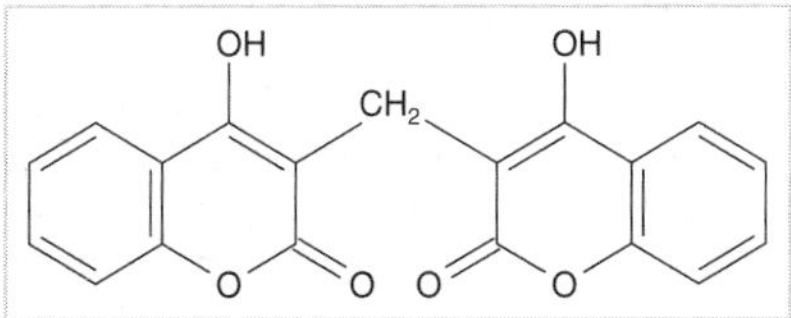

Dicumarol, ein Antivitamin

► In höheren Dosen verursacht C. Kopfschmerzen, Schwindel und Erbrechen bis hin zur zentralen Lähmung mit Koma.

$C_9H_6O_2$ $M_R = 146{,}14$ C 73,97 % H 4,14 % O 21,90 %

t_{Smp}	t_{Sdp}	d	η		
70 °C	298 °C				
C_p	$\Delta_S H$	$\Delta_{Sub} H$	$\Delta_B H$	S^o	Q_C
	19,1 kJ/mol	83 kJ/mol (S)	−256 kJ/mol		−4139 kJ/mol
MAK	R-Satz	S-Satz			
	22				

Cumaron

Coumarone, Benzofuran Benzofuran

Eine wasserklare ölige Flüssigkeit von aromatischem Geruch, ist unlöslich in Wasser und Laugen, gut löslich in aromatischen Kohlenwasserstoffen. Mit Säuren erfolgt augenblickliche Verharzung. Beim Lagern bei Raumtemperatur tritt allmähliche Polymerisation ein.

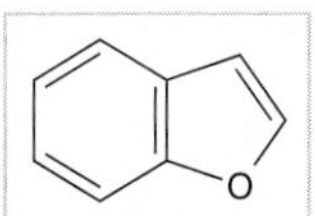

Struktur von Cumaron

C. kommt bis zu 0,02 % im Steinkohlenteer vor und wird daraus in der von 165–175 °C siedenden Fraktion angereichert und dann isoliert. Synthetisch wird es aus ↑ Cumarin durch Ringverengung mit ↑ Brom erhalten (Name!).

C. hat praktisch nur Bedeutung zur Gewinnung der *Cumaron-Inden-Harze*. Für deren Herstellung fängt man die zwischen 165 und 185 °C siedende Steinkohlenteerfraktion auf, die hauptsächlich C. und ↑ Inden enthält, reinigt sorgfältig von Phenolen und Stickstoffbasen, und polymerisiert mit ↑ Schwefelsäure.

Man erhält gelbe bis braune Harze, die chemisch modifiziert und/oder mit anderen synthetischen oder Naturharzen gemischt werden können. Es ist so eine große Palette von Systemen zugänglich, die sich durch Härte, Glanz, Klebkraft und gute elektrische Eigenschaften auszeichnen und technisch sehr vielfältige Anwendung finden (Lacke, Farben, Imprägniermittel, Beschichtungen, Kitte, Leime, Klebstoffe, Wachse usw.).

► Polymerisiert beim Lagern, besonders rasch in der Hitze.

C_8H_6O $M_R = 118{,}13$ C 81,34 % H 5,12 % O 13,54 %

t_{Smp}	t_{Sdp}	d	η		
−28 °C	171 °C	1,09 g/cm³			
C_p	$\Delta_S H$	$\Delta_V H$	$\Delta_B H$	S^o	Q_C
178,7 J/(K · mol)		48,4 kJ/mol	−34,8 kJ/mol	215,6 J/(K · mol)	−3970 kJ/mol

Cumol

Cumene Isopropylbenzol

Eine farblose Flüssigkeit, ist unlöslich in Wasser, löslich in den meisten org. Solventien.

C. wird technisch hergestellt durch Umsetzung von ↑ Benzol mit ↑ Propen und ↑ Phosphorsäure als Katalysator (s. Schema). Diese Reaktion ist ein wichtiges Beispiel für eine Friedel-Crafts-Alkylierung, bei der ein *Alken als Alkylierungsmittel* dient.

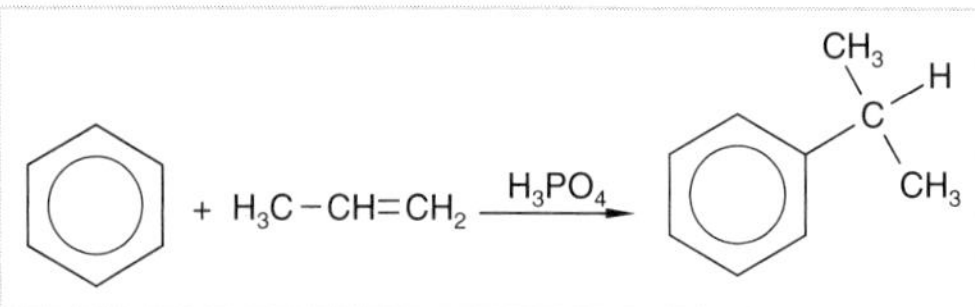

Technische Cumol-Synthese

C. hat technische Bedeutung als Ausgangsprodukt zur Gewinnung von ↑ Phenol und ↑ Aceton. Hierzu wird C. durch Luftoxidation in *Cumolhydroperoxid* überführt, welches dann durch Säurebehandlung in Phenol und Aceton gespalten wird. Da hier ein wichtiges Beispiel für eine Umlagerung am Sauerstoffatom vorliegt, sei die Umsetzung mechanistisch genauer dargestellt (s. Schema).

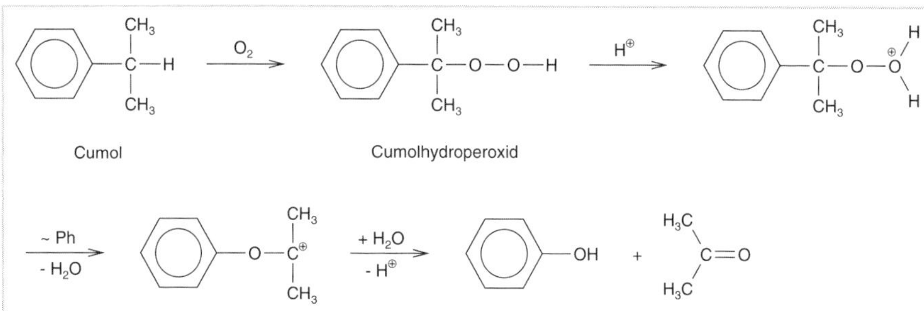

Phenolsynthese nach Hock

Die Wasserabspaltung und die Umlagerung erfolgen simultan. Diese Reaktion ist als *Hock-Phenolsynthese* bekannt. Sie ist sehr wirtschaftlich. Als einziges Nebenprodukt wird das wertvolle Aceton erhalten.

C_9H_{12} $M_R = 120{,}19$ C 89,94 % H 10,06 %

t_{Smp}	t_{Sdp}	d	η
	152 °C	0,86 g/cm³	

C_p	$\Delta_S H$	$\Delta_V H$	$\Delta_B H$	S^o	Q_C
214 J/(K · mol)	7,3 kJ/mol	45 kJ/mol	−41,2 kJ/mol	277,6 J/(K · mol)	−5215 kJ/mol

t_{krit}	P_{krit}	d_{krit}	t_{trip}
358 °C	3,209 MPa		

MAK	R-Satz	S-Satz
250 mg/m³	10-37-51/53-65	24-37-61-62

Curare ⟶ Tubocurarin

Curcumin

Curcumin

Bildet ein orange-gelbes kristallines Pulver, ist unlöslich in Wasser, etwas löslich in Ethanol oder Diethylether. In Laugen löst es sich rotbraun, in Säuren orangerot.

C. kommt als Farbstoff in den Wurzeln von Curcuma-Arten vor (China, Indien).

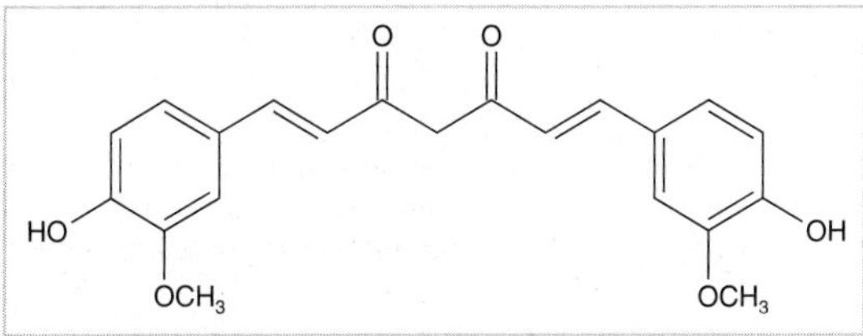

Struktur von Curcumin

C. wird zum Färben (Papier, Holz, Lacke) verwendet. Auch die Farbe von *Curry* beruht auf C., da es zu dessen Anfärben benutzt wird. Es ist mit der Nummer *E 100* als Lebensmittel-Farbstoff zugelassen.

Ferner dient es in der Analytik zum Borsäurenachweis (*Curcuma-Papier*), indem es mit ↑ Borsäure beim Eintrocknen eine charakteristische rote Farbe erzeugt, die mit ↑ Ammoniak nach blau umschlägt.

$C_{21}H_{20}O_6$ $M_R = 368,37$ C 68,47 % H 5,47 % O 26,06 %

Curium

Curium Cm

Silberweißes, hartes, sprödes, künstlich erzeugtes radioaktives metallisches chemisches Element, das sich mit Spuren Sauerstoff sofort oxidiert.

Cm ist ein Actiniden-Element mit der Elektronenkonfiguration (Rn) $5f^7\ 6d^1\ 7s^2$ (Rn = Elektronenrumpf von ↑ Radon), Grundterm $^9D_2$. Die bevorzugte Oxidationsstufe ist +3 (halbbesetzte 5f-Schale).

$$^{239}_{94}\text{Pu} \xrightarrow[-n]{[\alpha]} {}^{242}_{96}\text{Cm}$$

Bildungsgleichung für Curium

Cm wurde 1944 beim Beschuß von ↑ Plutonium mit Heliumkernen entdeckt (s. Gleichung).

Das längstlebige Isotop 247 hat eine Halbwertzeit von 16 Mio Jahren. Alle Cm-Isotope sind stark radioaktiv (α-Strahler).

Das Oxid des Nuklids 242 wird wegen der großen Wärmeentwicklung beim Zerfall in *Radionuklid-Batterien* verwendet. Cm steht heute in 100 g-Mengen zur Verfügung.

Cm Z = 96 A_R = 247,0703 Isotope: 238-251

t_{Smp}	t_{Sdp}	d	MV	α	λ
1337 °C	3540 °C	13,51 g/cm³	18,3 cm³/mol		ca. 10 W/mK
C_p	$\Delta_S H$	$\Delta_V H$	S^o	ϱ	
	14,6 kJ/mol	395,7 kJ/mol		860 nΩ · m	

Cyanamid

Cyanamide

Bildet farblose hygroskopische Kristalle, die sich in Wasser und polaren org. Solventien sehr gut lösen. C. ist amphoter, bildet also mit Säuren und Laugen Salze. In wässerigen Lösungen vom pH ca. 4 ist C. stabil. In alkalischen Lösungen (pH ca. 9) dimerisiert C. zum *Dicyandiamid*,

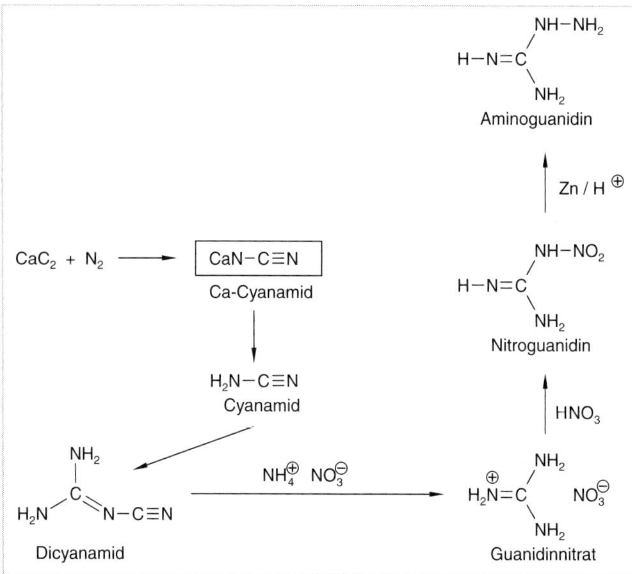

Bildung und Folgereaktionen von Cyanamid

(Schmp. 209 °C) das sich in eine Reihe weiterer wichtiger Verbindungen überführen läßt, z. B. liefert es bei der Umsetzung mit ↑Ammoniumnitrat das *Guanidinnitrat*, das zu *Aminoguanidin* verarbeitbar ist (s. unter ↑Guanidin). Beim Erhitzen (ab 120 °C) zersetzt es sich, was früher zur Gewinnung von ↑Melamin (Trimeres des C.) genutzt wurde. C. wird technisch hergestellt aus ↑Calciumcyanamid (s. Schema).

► Übt Reiz- und Ätzwirkung auf Haut und Schleimhäute aus. Hautkontakt u. Inhalation vermeiden.

CH_2N_2 M_R = 42,04 C 28,57 % H 4,80 % N 66,63 %

t_{Smp}	t_{Sdp}	d	η		
45 °C		1,28 g/cm³			
C_p	$\Delta_S H$	$\Delta_{Sub} H$	$\Delta_B H$	S^o	Q_C
78,2 J/(K · mol)	7,27 kJ/mol	75,2 kJ/mol (S)	58,8 kJ/mol		−738 kJ/mol
MAK	R-Satz	S-Satz			
2 mg/m³	21-25-36/38-43	3-22-36/37-45			

Cyansäure

Cyanic acid

Eine farblose Flüssigkeit von stechendem Geruch. Sie löst sich in Wasser, wobei rasche Zersetzung in ↑Kohlenstoffdioxid und ↑Ammoniak erfolgt. Verdünnte wässerige Lösungen sind bei Eiskühlung einige Stunden haltbar.

Die C. existiert in zwei tautomeren Formen. Das Gleichgewicht liegt auf Seiten der *Isocyansäure* (s. Schema).

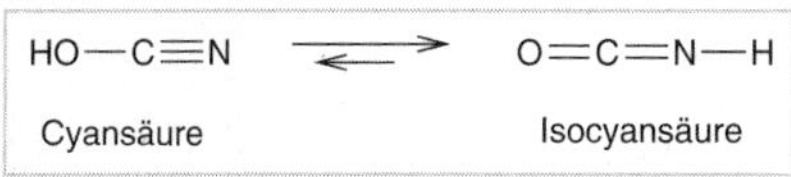

Ein prototropes Gleichgewicht

Formal gelangt man zu C. durch Ersatz des H-Atoms der Blausäure (↑Cyanwasserstoff) durch die OH-Gruppe bzw. durch Ersatz des H-Atoms in der Isoblausäure zur isomeren *Isoknallsäure*, die wiederum mit der *Knallsäure* im Tautomerie-Gleichgewicht liegt (s. Schema).

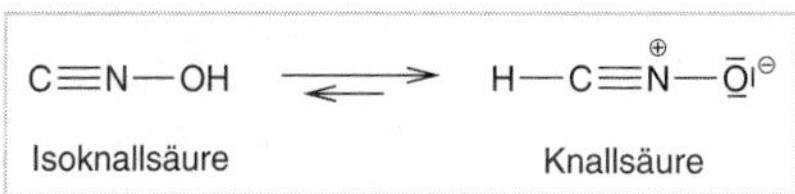

Ein weiteres prototropes Gleichgewicht

Die Salze der Knallsäure sind die *Fulminate*, die früher als Initialsprengstoffe verwendet wurden, so das *Silberfulminat* (*Knallsilber*), während die Organo-Derivate die *Nitriloxide* darstellen.

Die Reaktion mit Wasser verläuft über die unbeständige *Carbamidsäure* (s. Schema).

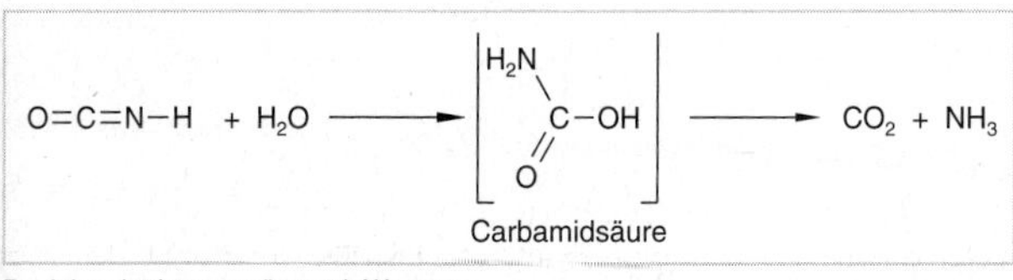

Reaktion der Isocyansäure mit Wasser

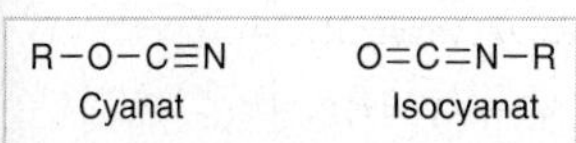

Struktur der Cyanate und Isocyanate

C. polymerisiert oberhalb 0 °C rasch, wobei hauptsächlich ↑Cyanursäure entsteht. Diese zerfällt beim Erhitzen wieder zu C., was zur Herstellung von C. dient.

Beständiger als die freie C. und Iso-C. sind deren Ester, die *Cyanate* bzw. *Isocyanate*, die präparativ sehr wichtige organische Synthesebausteine darstellen (s. unter ↑ Phenylisocyanat) und ihre Salze, die ebenfalls als Cyanate bezeichnet werden (s. unter ↑ Natriumcyanat).

► Die C. ist stark Augen, Haut u. Schleimhaut reizend.

CHNO $M_R = 43{,}03$ C 27,92 % H 2,34 % N 32,55 % O 37,19 %

t_{Smp}	t_{Sdp}	d	η
−86 °C	23,5 °C	1,14 g/cm³	

Cyanurchlorid

Cyanuric chloride

Bildet farblose, stechend riechende Kristalle, die sich sehr gut in Aceton und Chloroform lösen. In kaltem Wasser ist es unlöslich, während in der Wärme, besonders in alkalischer Lösung, sukzessive Substitution der Cl-Atome gegen Hydroxylgruppen erfolgt, was letztlich zur ↑ Cyanursäure führt.

C. wird technisch hergestellt durch Trimerisierung von *Chlorcyan*, ein hochgiftiges, stechend riechendes, bei 13 °C kondensierendes Gas, das bei der Umsetzung von ↑ Kaliumcyanid mit ↑ Chlor erhalten wird (s. Schema).

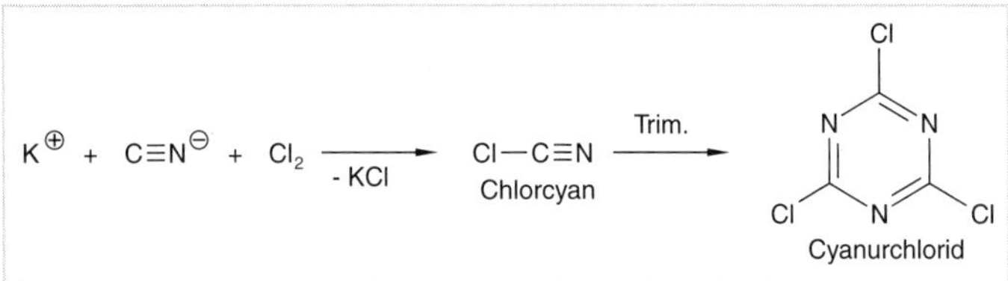

Technische Cyanurchlorid-Synthese aus Kaliumcyanid und Chlor

C. kann als Trichlorid der ↑ Cyanursäure aufgefaßt werden und verhält sich wie ein Säurechlorid, indem die Cl-Atome durch andere nucleophile Gruppen leicht substituierbar sind, z. B. mit Alkoholen, Ammoniak, Aminen, Meraptanen usw. Die drei Cl-Atome reagieren unterschiedlich schnell, so daß gezielte Substitutionen möglich sind.

C. hat wegen dieser mannigfachen Reaktionsmöglichkeiten große präparative Bedeutung, z. B. in Farbstoffsynthesen.

► Übt starke Reizwirkung auf Haut und Schleimhaut aus.

$C_3Cl_3N_3$ $M_R = 184{,}40$ C 19,54 % Cl 57,67 % N 22,79 %

t_{Smp}	t_{Sdp}	d	η
146 °C	190 °C	1,32 g/cm³	

C_p	$\Delta_S H$	$\Delta_V H$	$\Delta_B H$	S^o	Q_C
			94,3 kJ/mol		−1345 kJ/mol

MAK	R-Satz	S-Satz
	36/37/38	28

Cyanursäure

Cyanuric acid

Fällt aus wässeriger Lösung als Dihydrat in Form farbloser, leicht verwitternder Kristalle an, die an der Luft bereits ihr Kristallwasser allmählich abgeben. Löst sich in kaltem Wasser nur wenig (0,5 g/100 ml), ist in heißem Wasser jedoch gut löslich. Ist ohne Zersetzung löslich in konz. Salz- oder Schwefelsäure, sowie Alkalilaugen.

C. bildet sich durch die leicht erfolgende Trimerisation von ↑ Cyansäure bzw. Isocyansäure, die ihrerseits neben ↑ Ammoniak beim Erhitzen von ↑ Harnstoff über seinen Schmelzpunkt hinaus entsteht (s. Schema).

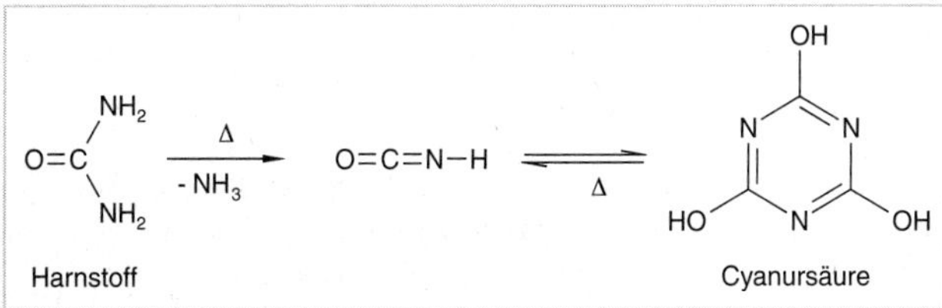

Bildung der Cyanursäure beim Erhitzen von Harnstoff

Beim Erhitzen von C. zerfällt sie ohne zu schmelzen wieder zu ↑ Cyansäure, worin eine bequeme Labormethode zur Herstellung von Cyansäure liegt. Die C. liegt im Tautomeriegleichgewicht zwischen Trihydroxy- und Triketoform vor, wobei nach physikalischen Messungen die Ketoform bevorzugt ist (s. Schema).

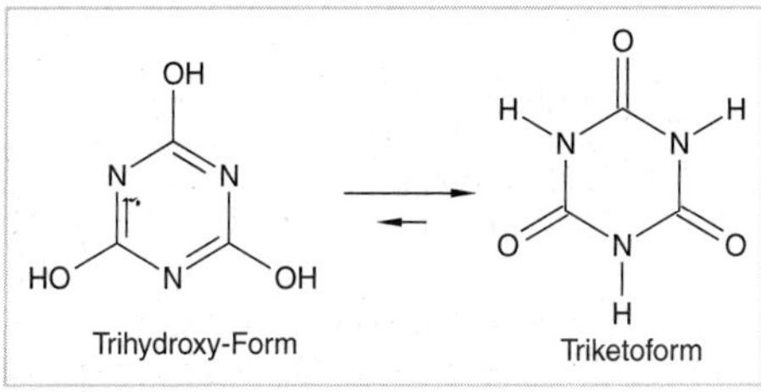

Tautomerie im Cyanursäure-Molekül

Die C. dient als Synthesebaustein.

$C_3H_3N_3O_3$ $M_R = 129{,}08$ C 27,92 % H 2,34 % N 32,55 % O 37,19 %

$t_{Zersetzung}$	t_{Sdp}	d	η
		2,5 g/cm³	

C_p	$\Delta_S H$	$\Delta_{Sub} H$	$\Delta_B H$	S^o	Q_C
130 J/(K · mol)		139 kJ/mol (S)	−703 kJ/mol	142 J/(K · mol)	−905 kJ/mol

Cyanwasserstoff

Hydrogen cyanide Blausäure

Ist bei Raumtemperatur eine leichte, farblose, leichtbewegliche Flüssigkeit, die nach Bittermandeln riecht. Sie ist mit Wasser, Ethanol und Diethylether beliebig mischbar.

C. wird technisch haupsächlich nach zwei Routen hergestellt:

1. nach dem *Andrussow-Verfahren*, das auf der Umsetzung von ↑ Methan mit ↑ Ammoniak in Gegenwart von ↑ Sauerstoff bei 1000 °C am Pt-Kontakt beruht (s. Gleichung). Auf ähnlichem Wege dürfte sich C. in Uratmosphären gebildet haben, um dann am Aufbau von Biomolekülen beteiligt gewesen zu sein.

$$CH_4 + NH_3 + 1^1/_2\, O_2 \xrightarrow{[Pt]} H-C\equiv N + 3\,H_2O$$

Andrussow-Verfahren zur Cyanwasserstoff-Herstellung

2. die Dehydratisierung von ↑ Formamid bei 300 °C am Aluminiumoxidkontakt (s. Gleichung).

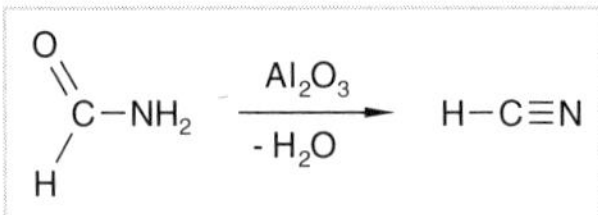

Cyanwasserstoff-Bildung durch Dehydratisierung von Formamid

$$H-C\equiv N \rightleftharpoons H^{\oplus} + {}^{\ominus}\overline{C}\equiv N$$

Cyanwasserstoff als Säure

Die Cyanwasserstoffsäure ist eine sehr schwache Säure (pK_S ca. 9,0), ihre Salze heißen *Cyanide* (s. Gleichung), während die Organo-Derivate allgemein als *Nitrile* bezeichnet werden.

C. und die Cyanide besitzen erhebliche präparative Bedeutung, in der Organik einmal zur Herstellung von ↑ Acrylnitril und dessen Polymerisation zu ↑ Polyacrylnitril, sowie allgemein zur Synthese von organischen Cyano-Verbindungen, eben den Nitrilen, die zu Carbonamiden bzw. Carbonsäuren verseifbar sind (s. Schema).

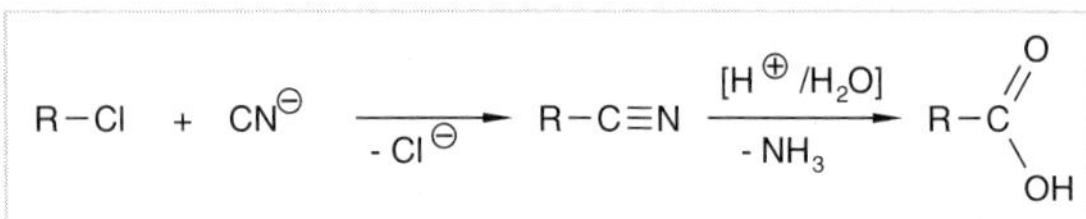

Carbonsäure-Gewinnung aus Cyaniden und Alkylchloriden

Zudem wird C. in speziellen organischen Synthesen verwendet, so auch in der *Gattermann-Synthese* zur Herstellung aromatischer Aldehyde, die in der gleichzeitigen Einwirkung von C. und ↑ Chlorwasserstoff auf den Aromaten in Gegenwart von $AlCl_3$ besteht. Aus C. und HCl bildet sich das *Formamidchlorid*, das dann nach dem Mechanismus der üblichen elektrophilen Aromatensubstitution angreift (s. Schema).

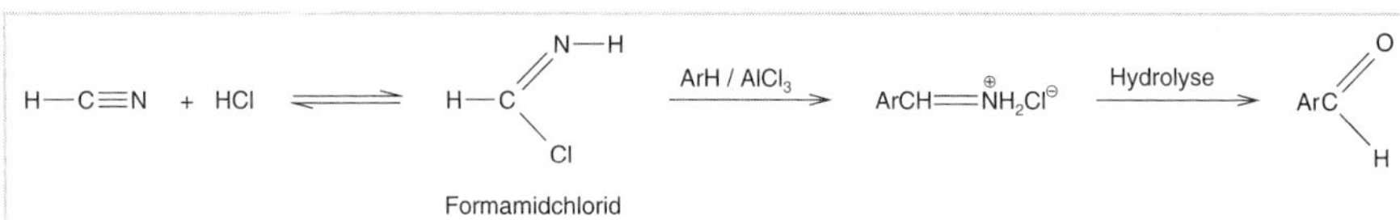

Gattermann-Synthese

Die *Gattermann-Koch-Synthese* benutzt ↑ Kohlenstoffmonoxid/Cu(I)-chlorid statt C., während die als *Gattermann-Adams-Synthese* bekannte Variante den C. aus *Zinkcyanid* mit HCl erst freisetzt.

Die Oxidation von C. mit ↑ Wasserstoffperoxid liefert *Dicyan* (*Oxalsäuredinitril*), auch als *Cyanogen* bezeichnet, ein stechend riechendes, farbloses, sehr giftiges Gas, das präparativ vor allem zur Herstellung von *Oxamid* (*Oxalsäurediamid*) und von ↑ Rubeanwasserstoffsäure verwendet wird.

Auch in anorganisch-technischen (z. B. Galvanik) und -analytischen Bereichen haben Cyanide Bedeutung, z. B. als Komplexierungs-Reagenz (s. auch unter ↑ Kaliumcyanid).

Der C. steht im weit auf Seiten des C. liegenden tautomeren Gleichgewicht mit dem *Isocyanwasserstoff* (*Isoblausäure*), von dem die als *Isonitrile* bekannten Organo-Derivate existieren (s. Schema).

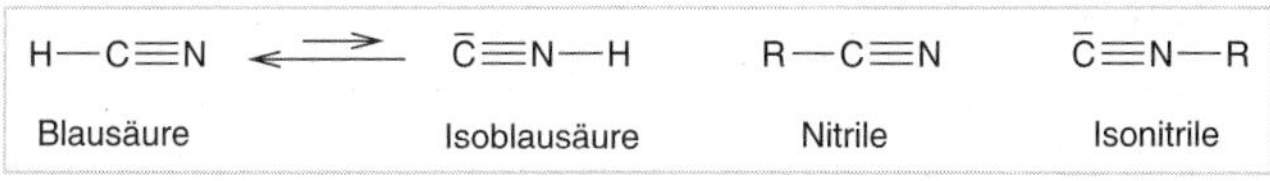

Gleichgewicht zwischen Blausäure und Isoblausäure und Organo-Derivaten

► Cyanid-Ionen wirken außerordentlich schnell und in kleinsten Mengen hochtoxisch. Die Aufnahme in den Körper kann durch die Lunge, den Verdauungstrakt oder durch die Haut (bes. Schleimhäute) erfolgen. Ein Tropfen C., der ca. 50 mg C. enthält, auf die Zunge gebracht, führt augenblicklich zum Tod. Diese Giftwirkung beruht auf der Blockierung des Fe(III) im Enzym *Eisen(III)-cytochrom-oxidase* der Atmungskette (s. unter ↑ Adenosin-5′-triphosphat). Der Sauerstoff kann vom Hämoglobin nicht mehr auf die Gewebe übertragen werden und es erfolgt sofortige Erstickung. Gegenmaßnahmen im akuten Vergiftungsfall sind intravenöse Injektionen von ↑ Natriumnitrit (bildet Methämoglobin) und nachfolgend von ↑ Natriumthiosulfat (überführt Cyanid in Thiocyanat).

CHN $M_R = 27{,}03$ C 44,44 % H 3,73 % N 51,83 %

t_{Smp}	t_{Sdp}	d	η		
−13 °C	25,7 °C	0,70 g/cm³			
C_p	$\Delta_S H$	$\Delta_V H$	$\Delta_B H$	S^o	Q_C
71 J/(K · mol)	8,4 kJ/mol	25,2 kJ/mol	135,1 kJ/mol	201,8 J/(K · mol)	86,6 kJ/mol
MAK	R-Satz	S-Satz			
11 mg/m³	12-26-50/53	7/9-16-36/37-38-45-60-61			

Cyclobutan

Cyclobutane

Unter Normalbedingungen ein farbloses, leichtentzündliches und dann mit leuchtender Farbe brennendes Gas, das in Wasser unlöslich, aber gut löslich ist in Ethanol oder Aceton.

Der C.-Ring ist Bestandteil verschiedener Naturstoffe, vor allem des Pinens, der Hauptkomponente des Terpentinöls (s. unter ↑ Abietinsäure). Die C.-Synthese gelang erstmals 1907 und erfolgt heute am günstigsten ausgehend vom *Cyclobutanon*, welches seinerseits gut erhältlich ist durch Addition von ↑ Diazomethan an ↑ Keten (s. Schema). Das Cyclobutanon wird dann in einer Wolff-Kishner-Reduktion in das C. überführt. Die *Wolff-Kishner-Reduktion* dient generell zur Umwandlung von Aldehyden und Ketonen in die Kohlenwasserstoffe und beinhaltet die Bildung des Hydrazons, das dann katalysiert durch Natriumalkoholat im Autoklaven bei 200 °C unter Stickstoff-Abspaltung zum Kohlenwasserstoff reduziert wird (s. Schema).

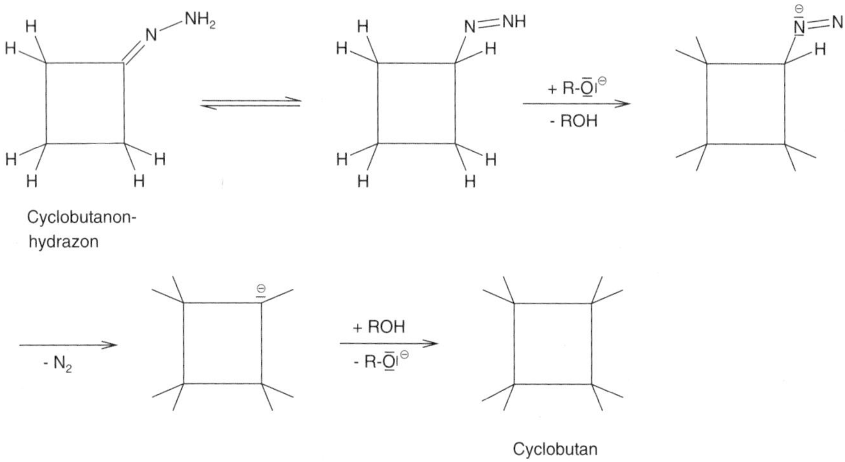

Bildung von Cyclobutan durch Wolff-Kishner-Reduktion

Die *Huang-Minlon-Variante* der Wolff-Kishner-Reduktion arbeitet drucklos als Eintopfsynthese, indem Carbonylverbindung und ↑ Hydrazin in einem hochsiedenden Lösungsmittel mit Alkalihydroxid zunächst zum Hydrazon umgesetzt werden, das dann ohne Isolierung weiter auf etwa 200 °C erhitzt wird. Aus Oxocarbonsäuren lassen sich so auch die Carbonsäuren gewinnen.

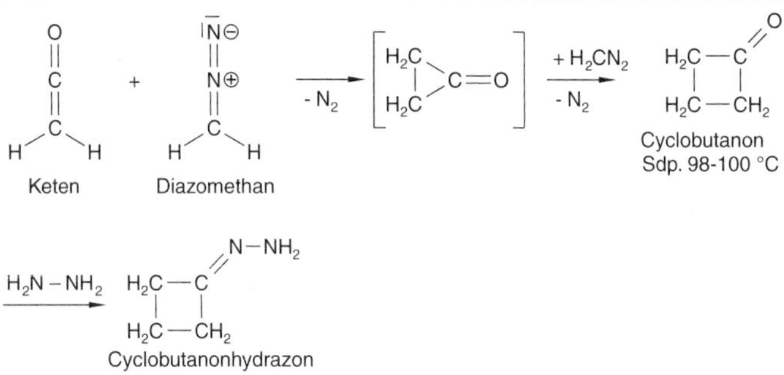

Synthese von Cyclobutanonhydrazon

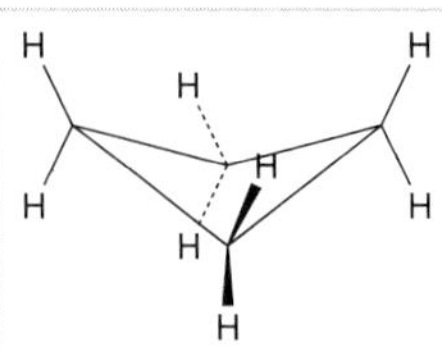

Konformation von Cyclobutan

C. ist thermisch und chemisch recht stabil. Es besitzt keine planare sondern die in der Abbildung gezeigte gefaltete Konformation.

Ein interessantes Derivat des C. ist die *Quadratsäure*, die erstmals 1959 aus *Perfluorcyclobuten* synthetisiert wurde (s. Abbildung).

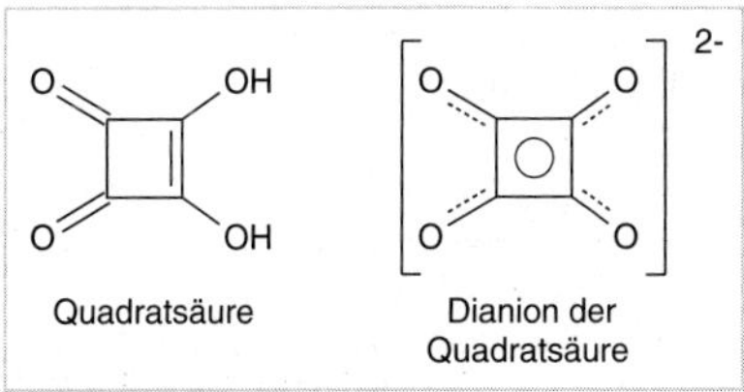

Quadratsäure und ihr Dianion

Sie ist sehr stabil (Zers. bei 293 °C) und stellt eine sehr starke zweibasige Säure dar, weil die Bildung ihres Dianions, das als aromatisches System anzusehen ist, energetisch begünstigt ist ($pK_S1 = -0{,}6$, $pK_S2 = 3{,}5$).

C_4H_8 $M_R = 56{,}11$ C 85,63 % H 14,37 %					
t_{Smp} −90 °C	t_{Sdp} 13 °C	d 0,70 g/cm³ (0 °C)	η		
C_p 106,3 J/(K · mol)	$\Delta_S H$	$\Delta_V H$ 24,2 kJ/mol	$\Delta_B H$	S^o 175,1 J/(K · mol)	Q_C −2720 kJ/mol

Cyclodextrine

Cyclodextrins

Die C. sind farblose kristalline Substanzen, die sich gut in Wasser, Methanol, Ethanol oder palaren aprotischen Solventien wie ↑ Dimethylformamid und ↑ Dimethylsulfoxid lösen. Die C. enthalten im festen Zustand 6-13 % Kristallwasser.

Die C. sind cyclische Oligomere der ↑ Glukose, die beim Abbau der ↑ Stärke mittels Enzymen (Cyclodextringlucosyltransferasen) entstehen, die bakteriellen Ursprungs sind (z. B. aus Bacillus macerans). In den Cyclen sind die Glucopyranose-Einheiten α-1,4-glucosidisch verknüpft und umfassen 6, 7 bzw 8 Glucosemoleküle, demzufolge man zwischen α-,β- und γ -C. unterscheidet (s. Abbildung).

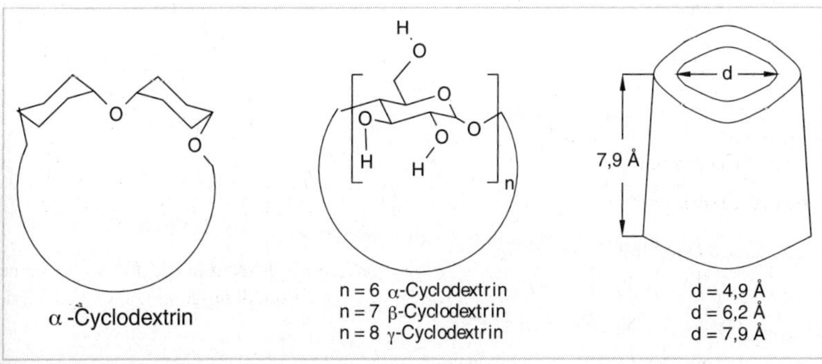

Strukturen der Cyclodextrine

Die C. werden gezielt aus den Reaktionsmedien ausgefällt (z. B. durch aromatische Kohlenwasserstoffe) und lassen sich so in hoher Homologenreinheit gewinnen. Ein synthetischer Zugang zu den C. ist bisher nicht wirtschaftlich realisierbar.

Ein C.-Molekül bildet in seiner Gesamtgeometrie einen ausgehöhlten Kegelstumpf (s. Abbildung), an dessen schmalem Ende die primären, an dessen breitem Ende die sekundären Hydroxylgruppen herausragen. Der Innenraum des Hohlkegels ist hydrophob.

Die C. haben ein ständig wachsendes Interesse sowohl für die Forschung als auch für zahlreiche Anwendungen in der Pharmatechnologie, Kosmetik, Lebensmitteltechnologie sowie der chemischen Analytik gefunden. Die C. sind über ihre Hydroxylgruppen vielfältig derivatisierbar (z. B. Veretherung) und damit z. B. im Löseverhalten variierbar. Sie können kovalent oder nicht kovalent an andere Moleküle, z. B. Polymere, gebunden werden zu interessanten supramolekularen Strukturen. So lassen sich C., wie Perlen auf eine Schnur, auf lineare Polymerketten aufziehen (*Polyrotaxane*). Besonders interessant ist die Fähigkeit der C. zur Einlagerung von Einzelmolekülen (*Käfigverbindungen*, Gast-Wirt-Beziehung). Durch die Einlagerung werden z. B. hydrophobe Pharmaka in eine wasserlösliche Form überführt, was die Verabreichung (Formulierung) vereinfacht und die Wirkstoffaufnahme im Körper verbessert (z. B. Insulin). Empfindliche Verbindungen können auf diese Weise geschützt werden (vor Autoxidation, Fotolyse, Hydrolyse), der Geruch von Stoffen kann maskiert werden usw. Außerdem können solche Einschlußverbindungen gezielt schwerlöslich gemacht werden, was zur Abtrennung von Schadstoffen genutzt wird, z. B. Abtrennung von ↑ Cholesterol aus Flüssigei.

Die C. sind relativ preiswert, chemisch und thermisch beständig und ungiftig. Für verschiedene Anwendungen im Pharma- und Lebensmittelbereich müssen allerdings noch Zulassungen erteilt werden.

$C_{36}H_{60}O_{30}$ (α-C.)	$M_R = 972{,}87$	C 44,45 %	H 6,22 %	O 49,34 %
$C_{42}H_{70}O_{35}$ (β-C.)	$M_R = 1135{,}01$	C 44,45 %	H 6,22 %	O 49,34 %
$C_{48}H_{80}O_{40}$ (γ-C.)	$M_R = 1297{,}16$	C 44,45 %	H 6,22 %	O 49,34 %

Cycloheptan

Cycloheptane Suberan

Eine farblose, ölige, leicht entzündliche Flüssigkeit, die in Wasser unlöslich ist, aber mischbar ist mit Ethanol oder Diethylether.

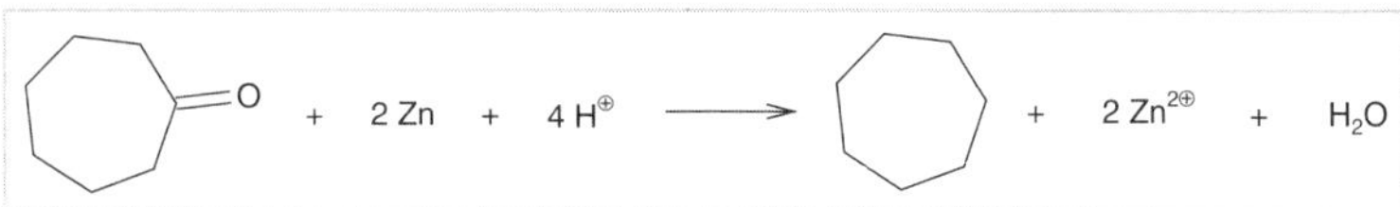

Synthese von Cycloheptan durch Clemmensen-Reduktion

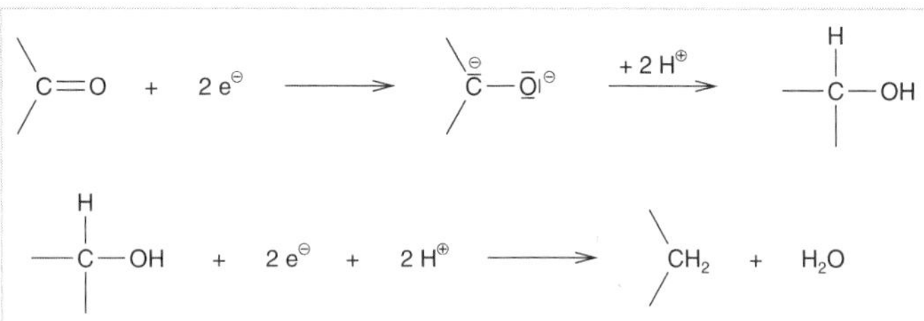

Mechanischer Ablauf der Clemmensen-Reduktion

C. findet sich im Erdöl und ist präparativ erhältlich durch Reduktion von ↑ Cycloheptanon mit amalgamiertem Zink in Gegenwart von Salzsäure (*Clemmensen-Reduktion*, s. Schema).

C. wirkt in höheren Konzentrationen nervenlähmend.

C_7H_{14} $M_R = 98{,}19$ C 85,63 % H 14,37 %

t_{Smp}	t_{Sdp}	d	η		
−13 °C	118 °C	0,81 g/cm³	1,6 mPa · s		
C_p	$\Delta_S H$	$\Delta_V H$	$\Delta_B H$	S^o	Q_C
180,6 J/(K · mol)		39 kJ/mol	−156 kJ/mol	242,5 J/(K · mol)	−4597 kJ/mol
t_{krit}	P_{krit}	d_{krit}	t_{trip}		
331 °C	3,82 MPa				

Cycloheptanon

Cycloheptanone Suberon

Eine farblose, in Wasser unlösliche Flüssigkeit, die sich mit Ethanol oder Diethylether mischen läßt.

C. bildet sich in allerdings geringer Ausbeute bei der Dieckmann-Kondensation von *Suberinsäurediethylester* (s. Schema, zur Dieckmann-Kondensation s. unter ↑ Cyclopentanon).

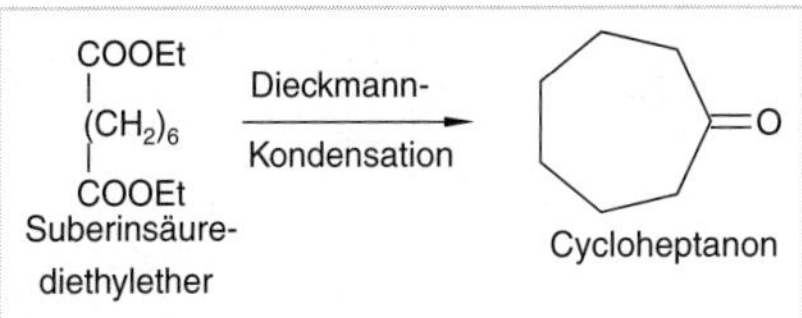

Herstellung von Cycloheptanon

Eine wesentlich höhere Ausbeute (95 %) liefert nach Ziegler die Reduktion von *Suberinsäuredinitril* mit Lithiumethylanilin mit anschließender Hydrolyse und Kohlenstoffdioxid-Abspaltung. Ferner ist C. zugänglich durch Addition von ↑ Diazomethan an ↑ Cyclohexanon mit anschließender Wolff-Umlagerung.

C. dient präparativ als Synthesebaustein.

$C_7H_{12}O$ $M_R = 112{,}17$ C 74,95 % H 10,78 % O 14,26 %

t_{Smp}	t_{Sdp}	d	η		
	180 °C	0,95 g/cm³			
C_p	$\Delta_S H$	$\Delta_V H$	$\Delta_B H$	S^o	Q_C
		49,5 kJ/mol	−298 kJ/mol		−4172 kJ/mol

Cycloheptatrien

Cycloheptatriene Tropiliden

Eine gelbliche Flüssigkeit von charakteristischem Geruch, die unlöslich in Wasser, aber mischbar mit den üblichen org. Solventien ist. Beim Stehenlassen an der Luft oxidiert und polymerisiert C. leicht.

C. wurde bereits 1891 von Merlin aus Tropin (s. unter ↑ Atropin) hergestellt (durch Wasserabspaltung und doppelten Hofmann-Abbau, s. unter ↑ Silber(I)oxid) aber in der richtigen Struktur erst 1898 von Willstätter erkannt. C. ist heute einfach zugänglich aus der Umsetzung von ↑ Benzol mit ↑ Diazomethan (s. Schema).

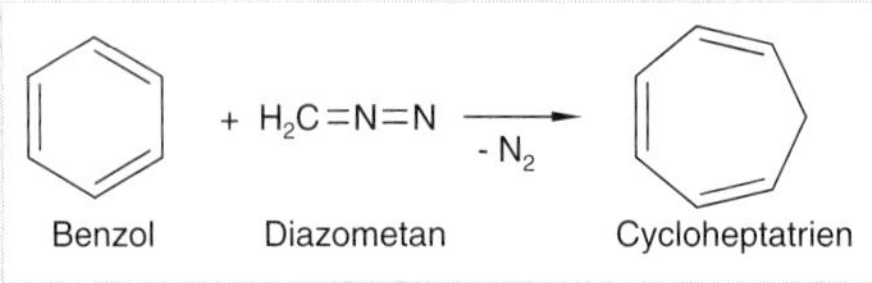

Synthese von Cycloheptatrien

C. ist interessant als Zugang zu den Tropylium-Salzen, die das *Tropylium-Ion* als Kation aufweisen, deren am längsten bekannter Vertreter das *Tropyliumbromid* ist (schon 1891 von Merlin synthetisiert, aber in der Struktur geklärt erst 1954 von Doering und Knox) und das auf dem gezeigten Wege erhältlich ist (s. Schema). Diese Reaktion ist in erster Stufe eine typische 1,4-Addition an konjugierte Doppelbindungen.

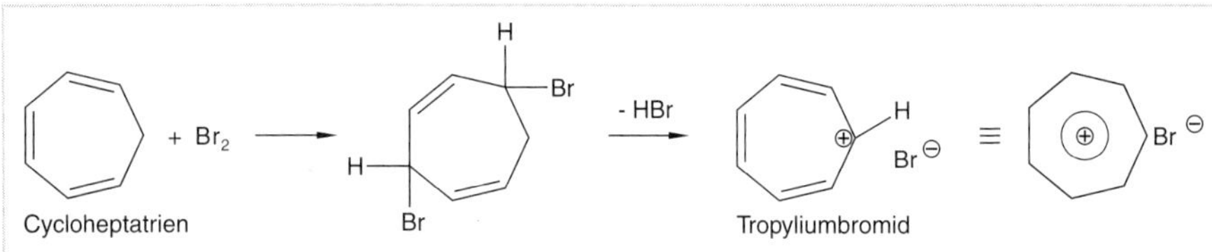

Darstellung von Tropyliumbromid

Es bildet gelbe, gut wasserlösliche Kristalle vom Schmp. 203 °C, unlöslich in Diethylether. Das Tropylium-Kation weist den nach der Hückel-Regel (s. unter ↑ Cyclopentadien) zu erwartenden aromatischen Charakter auf (die positive Ladung läßt sich mesomer über den Ring verteilen, so daß 7 mesomere Grenzstrukturen formulierbar sind). Das Kation reagiert mit den verschiedensten Nucleophilen (z. B. Wasser, Ammoniak, Cyanid-Ionen) in der für ein Carbokation zu erwartenden Weise.

Führt man die zum Tropyliumbromid führende Reaktionssequenz mit Brombenzol statt Benzol aus, erhält man *Bromtropyliumbromid*, dessen Hydrolyse das *Tropon* (*Cycloheptatrienon*) liefert, eine farblose, wasserlösliche, bei 113 °C/20 hPa siedende Flüssigkeit, die nur geringe Carbonylaktivität aufweist (s. Schema).

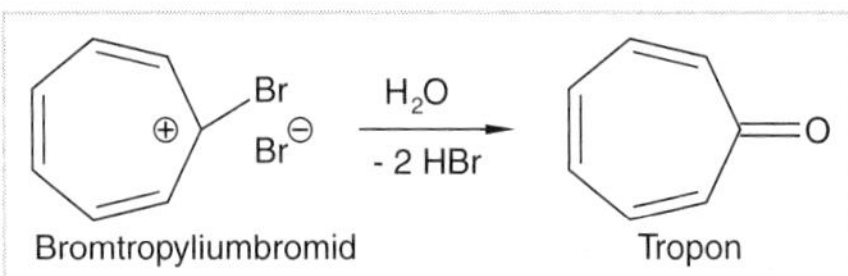

Synthese von Tropon

Die Oxidation des Tropons mit Kaliumpermanganat liefert das α-Tropolon, eine farblose kristalline Verbindung vom Schmp. 50 °C, die in Wasser und org. Solventien gut löslich ist (s. Schema).

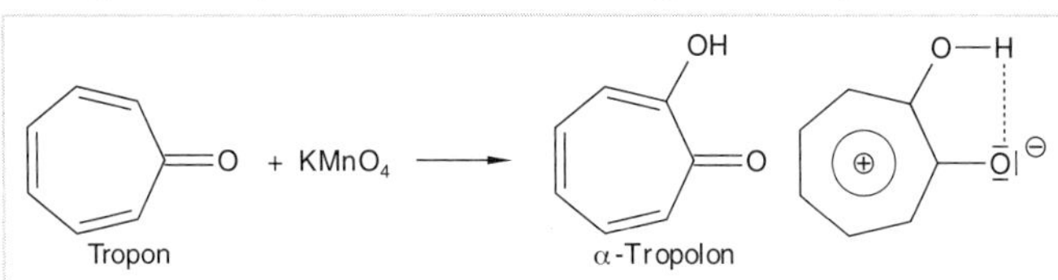

Oxidation von Tropon zu Tropolon

α-Tropolon zeigt keine Carbonylaktivität, was durch die rechtsstehende Formulierung als *Hydroxytropyliumoxid* einsichtig wird, insgesamt weist es Phenolcharakter auf (Acidität, Eisen(III)chlorid-Reaktion). Das α-Tropolon-System findet sich in Naturstoffen (s. ↑ Colchicin). Das C.-System ist Bestandteil von ↑ Azulen.

C_7H_8 $M_R = 92,14$ C 91,25 % H 8,75 %

t_{Smp}	t_{Sdp}	d	η
−79 °C	117 °C	0,89 g/cm³	

C_p	$\Delta_S H$	$\Delta_V H$	$\Delta_B H$	S^o	Q_C
162,8 J/(K · mol)		38,7 kJ/mol		214,6 J/(K · mol)	−4040 kJ/mol

Cyclohexan

Cyclohexane

Eine farblose leichte Flüssigkeit mit benzinähnlichem Geruch, ist unlöslich in Wasser und löslich in den meisten org. Solventien.

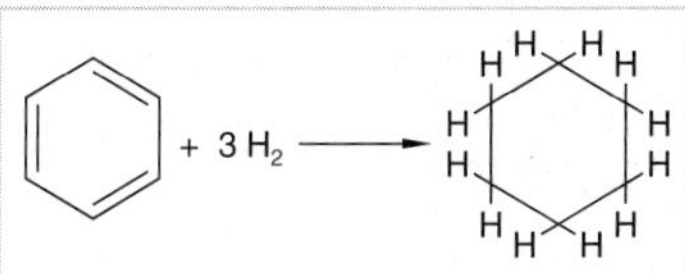

Cyclohexan durch Hydrierung von Benzol

C. kommt im Erdöl vor, und zwar findet es sich in der zwischen 40 und 120 °C siedenden Fraktion mit Gehalten vo 7–15 %. Große Bedeutung hat auch die Gewinnung von C. durch Hydrierung von ↑ Benzol (bei 170–230 °C, 20–40 bar, am Pt-Kontakt, s. Gleichung).

C. bildet u. a. folgende Azeotrope:

Azeotrop-Komponenten	Zusammensetzung (Gew.-%)	Siedepunkt (°C)
C./Ethanol	69,5/30,5	64,9
C./Ethylacetat	46,0/54,0	72,8
C./Methanol	63,0/37,0	45,2
C./1-Propanol	80,0/20,0	74,2
C./2-Propanol	67,0/33,0	68,6
C./Wasser	91,5/8,5	69,8

C. ist Modellsubstanz für die Betrachtung der sterischen Verhältnisse am gesättigten Sechsring. Unter Beibehaltung der tetraedrischen Koordination jedes C-Atoms im Ring sind grundsätzlich zwei Ringstrukturen möglich: die *Sesselform* und die *Wannenform* (s. Abbildung).

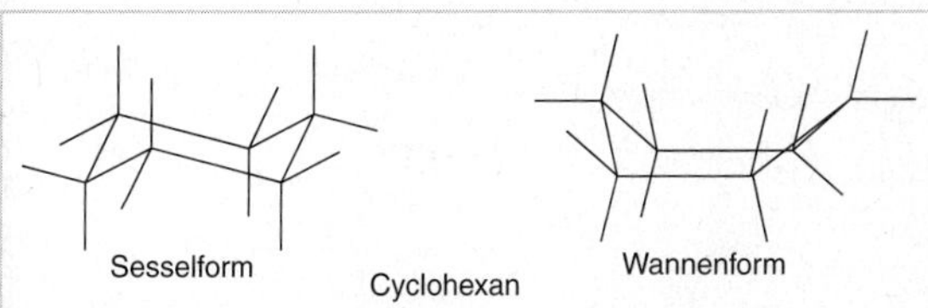

Sessel- und Wannenform des Cyclohexans

Die Sesselform ist energetisch etwas begünstigt. In der Sesselform kann man hinsichtlich ihrer Anordnung relativ zur Ringebene zwei Typen von C-H-Bindungen unterscheiden, die äquatorialen, die angenähert in der

Ringebene liegen und mit e (nach engl. equatorial) bezeichnet werden, sowie die axialen, die alterniernd nach oben und nach unten aus der Ebene herausragen und mit a gekennzeichnet werden (s. Abbildung). Beim Zeichnen von Sesselkonformationen ist zu beachten, daß die e-C-H-Bindungen jeweils parallel zu den betreffenden übernächsten C-C-Bindungen verlaufen.

Ein in den C.-Ring unter Ersatz eines H-Atoms eingeführter Substituent X kann also a- oder e-Lage einnehmen. Beim „Umklappen" des Sessels arrangieren sich die C-H-Bindungen um, und zwar wandeln sich a- in e-Bindungen um und umgekehrt (s. Abbildung).

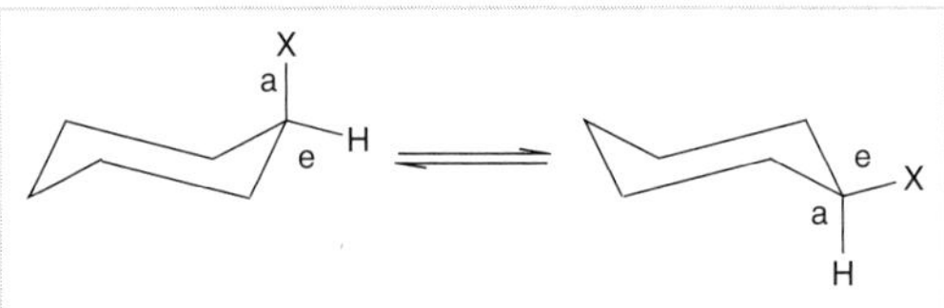

Umklappen der Konformationen

Es handelt sich hier also um einen speziellen Fall von Isomerie (*Umklappungsisomere*). Werden zwei Substituenten X oder gar X und Y eingeführt, komplizieren sich die Verhältnisse entsprechend.

C. wird wegen seines guten Lösungsvermögens als Komponente in Lösungsmitteln verwendet. Präparativ dient C. vor allem zur Herstellung von ↑ Cyclohexanol und ↑ Cyclohexanon.

► C. ist leichtentzündlich.

C_6H_{12} $M_R = 84{,}16$ C 85,63 % H 14.37 %

t_{Smp}	t_{Sdp}	d	η		
6,4 °C	80,7 °C	0,788 g/cm³	1 mPa · s		
C_p	$\Delta_S H$	$\Delta_V H$	$\Delta_B H$	S^o	Q_C
156 J/(K · mol)		30,0 kJ/mol	−157,7 kJ/mol	203,9 J/(K · mol)	−3918 kJ/mol
t_{krit}	P_{krit}	d_{krit}	t_{trip}		
280 °C	4,08 MPa				
MAK	R-Satz	S-Satz			
1050 mg/m³	11	9-16-33			

Cyclohexanol

Cyclohexanol

Eine farblose, ölige, hygroskopische und nach ↑ Campher und ↑ 1-Pentanol riechende Flüssigkeit. Löst sich bei 20 °C nur zu 3,6 % in Wasser, ist mischbar mit den meisen org. Solventien.

Wird technisch hergestellt durch Oxidation von ↑ Cyclohexan mit Luft bei 150 °C in Gegenwart von Co- oder Mn-Katalysatoren, oder durch Hydrierung von ↑ Phenol am Pd-Kontakt (s. Schema).

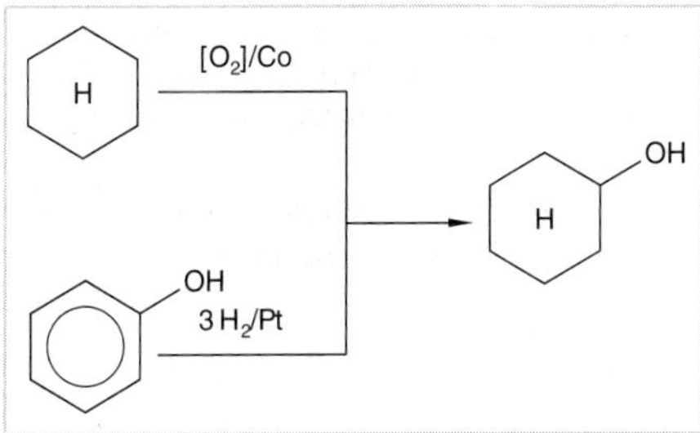

Technische Synthesen von Cyclohexanol

C. bildet u. a. folgende Azeotrope:

Azeotrop-Komponenten	Zusammensetzung (Gew.-%)	Siedepunkt (°C)
C./Wasser	20,0/80,0	97,8
C./o-Xylol	14,0/86,0	143,0

C. wird zum großen Teil technisch zu ↑ Cyclohexanon weiteroxidiert. Es zeigt die typischen Reaktionen eines sekundären Alkohols. Die Carbonsäureester des C. haben Bedeutung als Weichmacher in den verschiedensten Polymeren. Die Dehydratisierung mit Schwefelsäure liefert ↑ Cyclohexen.

$C_6H_{12}O$ $M_R = 100{,}16$ C 71,95 % H 12,08 % O 15,97 %

t_{Smp}	t_{Sdp}	d	η		
25 °C	161 °C	0,96 g/cm³	68 mPa · s		
C_p	$\Delta_S H$	$\Delta_V H$	$\Delta_B H$	S^o	Q_C
214 J/(K · mol)		45,4 kJ/mol	−352 kJ/mol	203,8 J/(K · mol)	−3726 kJ/mol
MAK	R-Satz	S-Satz			
200 mg/m³	20/22-37/38	24/25			

Cyclohexanon

Cyclohexanone

Eine farblose, ölige und doch leichtbewegliche Flüssigkeit mit etwas penetrantem Geruch. C. löst sich bei 20 °C zu ca. 10 % in Wasser, es ist in den meisten org. Solventien löslich.

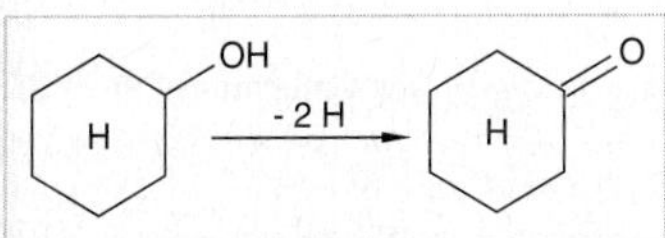

Dehydrierung von Cyclohexanol zu Cyclohexanon

C. wird fast ausschließlich durch Oxidation (Dehydrierung) aus ↑ Cyclohexanol hergestellt (s. Gleichung).

C. bildet u. a. folgendes Azeotrop:

Azeotrop-Komponenten	Zusammensetzung (Gew.-%)	Siedepunkt (°C)
C./Wasser	38,4/61,6	159,0

C. entsteht ferner bei der Dieckmann-Kondensation von Pimelinsäurediethylester (s. unter ↑ Pimelinsäure).

C. hat erhebliche präparative Bedeutung. Es läßt sich durch ↑ Salpetersäure oder ↑ Kaliumpermanganat zu ↑ Adipinsäure oxidieren. Da es sich wie ein aliphatisches Keton verhält, bildet es auch leicht das Oxim, das sich zum ↑ ϵ-Caprolactam umlagern läßt. Beim Behandeln von C. mit Säuren oder Laugen kondensiert C. zu Kunstharzen, die z. T. als Filmbildner Verwendung finden. Außerdem dient C. als Lösungsmittel z. B. für ↑ Polyvinylchlorid.

$C_6H_{10}O$ $M_R = 98{,}14$ C 73,43 % H 10,27 % O 16,30 %

t_{Smp}	t_{Sdp}	d	η
−31 °C	155 °C	0,95 g/cm³	

C_p	$\Delta_S H$	$\Delta_V H$	$\Delta_B H$	S^o	Q_C
177 J/(K · mol)		45,1 kJ/mol	−276 kJ/mol	229 J/(K · mol)	−3517 kJ/mol

MAK	R-Satz	S-Satz
80 mg/m³	10-20	25

Cyclohexen

Cyclohexene

Farblose Flüssigkeit mit penetrant benzinartigem Geruch, ist unlöslich in Wasser, mischbar mit den meisten org. Solventien.

C. kommt im Steinkohlenteer vor und wird präparativ durch Dehydratisierung von ↑ Cyclohexanol erhalten, z. B. mit konz. ↑ Schwefelsäure (s. Gleichung).

Die der Bildung von C. aus Cyclohexanol zugrundeliegende Reaktion verläuft als typische *Eliminierung*, bei der von zwei nachbarständigen C-Atomen zwei Substituenten abgespalten werden unter Ausbildung einer Doppelbindung. Die Reaktion beginnt mit der Protonierung der OH-Gruppe, was die Abspaltung des energiearmen Wassermoleküls ermöglicht. Das entstehende *Carbenium-Ion* stabilisiert sich durch Abspaltung eines Protons vom Nachbar-C-Atom, wobei die Doppelbindung entsteht (s. Schema).

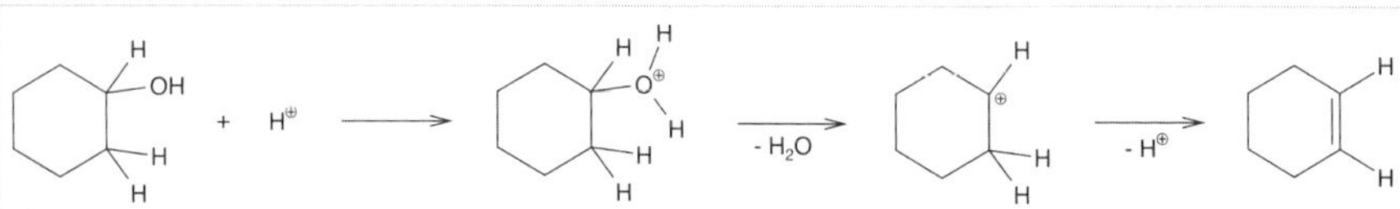

Mechanismus der Eliminierungs-Reaktion zur Bildung von Cyclohexen

Solche Eliminierungen sind der gängigste Weg zur *Doppelbindungs-Bildung*. Das Carbenium-Ion ist die gleiche Zwischenstufe wie bei der S_N1-Reaktion (s. unter ↑ tert.-Butylalkohol), man spricht hier auch von monomolekularer Eliminierung oder *E1-Reaktion*. Wie bei den S_N-Reaktionen gibt es auch hier eine bimolekulare mechanistische Variante, die *E2-Reaktion*. Sie ist beschrieben unter Silber(I)oxid (Hofmann-Abbau).

Wie bei S_N1-Reaktionen als Nebenreaktion die Eliminierung möglich ist, kann bei Eliminierungen die Substitution unerwünscht auftreten, sodaß man stets vor allem mittels Temperatur und Wahl des Lösungsmittels steuern muß.

An dieser Stelle soll auch die präparativ sehr wichtige *Addition an Doppelbindungen* beschrieben werden. Fügt man Brom zu C., verschwindet die braune Farbe des Broms sofort, weil Brom sich an die Doppelbindung addiert unter Bildung von *1,2-Dibromcyclohexan*. Doppelbindungen werden generell leicht von elektrophilen Spezies angegriffen, allen voran von den Protonen der Protonsäuren, z. B. der Halogenwasserstoffsäuren. So liefert die Umsetzung mit Chlorwasserstoff *Chlorcyclohexan* (s. Schema).

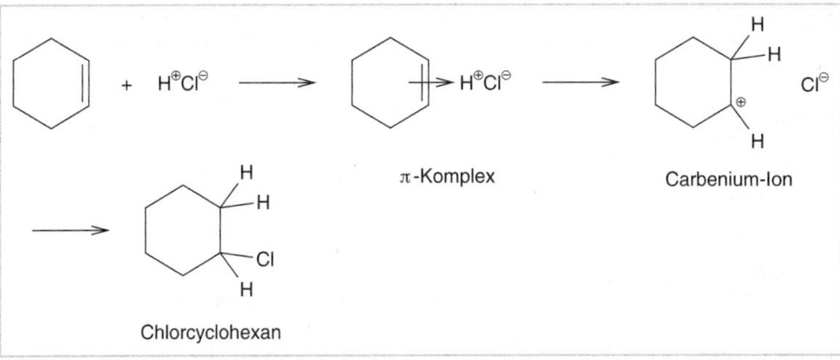

Addition von Chlorwasserstoff an Cyclohexen

Das Proton tritt zunächst in Form eines π-Komplexes mit der p-Bindung des C. in Wechselwirkung, aus dem sich eine echte σ-Bindung zum Proton entwickelt unter Bildung eines Carbenium-Ions, an welches sich sodann das Chlorid-Ion addiert. Im vorgenannten Beispiel der Bromaddition wird das Brommolekül durch die π-Bindung so weit polarisiert, daß die Addition nach gleichem Schema erfolgt. Friedel-Crafts-Katalysatoren begünstigen derartige Additionen erwartungsgemäß stark. Konjugierte Doppelbindungen gehen auf diese Weise *1,4-Additionen* ein (s. unter ↑ Cycloheptatrien).

C. zeigt alle Eigenschaften eines reaktionsfähigen Alkens und wird in Synthesen präparativ verwendet.

C_6H_{10} $M_R = 82{,}14$ C 87,73 %   H 12,27 %

t_{Smp} −80 °C	t_{Sdp} 83 °C	d 0,81 g/cm³	η 0,66 mPa · s		
C_p 149 J/(K · mol)	$\Delta_S H$	$\Delta_V H$ 30,5 kJ/mol	$\Delta_B H$ −37,8 kJ/mol	S^o 214,6 J/(K · mol)	Q_C −3752 kJ/mol
t_{krit} 287 °C	P_{krit}	d_{krit}	t_{trip}		
MAK 1015 mg/m³	R-Satz	S-Satz			

Cyclopentadien

Cyclopentadiene

In reinem Zustand stellt C. eine farblose, styrolartig riechende Flüssigkeit dar, die in Wasser unlöslich, aber mischbar mit den üblichen org. Solventien ist.

C. findet sich im Leichtöl der Kohle-Verkokung sowie im Steinkohlenteer und in den Crack-Gasen der Erdölverarbeitung. Synthetisch ist C. zugänglich durch katalytische Dehydrierung von ↑ Cyclopentan. Das

Reaktionsverhalten des C. wird von zwei Faktoren bestimmt: a) zwei konjugierte Doppelbindungen im Ring, b) eine acide Methylengruppe.

Zu a): Die beiden Doppelbindungen befähigen C. zur Diels-Alder-Reaktion mit den verschiedensten Dienophilen (s. unter ↑ Maleinsäureanhydrid), was in zahlreichen wichtigen Synthesen genutzt wird (s. z. B. ↑ Aldrin). Ein Spezialfall hierzu ist die Dimerisierung von C., wobei C. sowohl als Dien als auch als Dienophil reagiert (s. Schema).

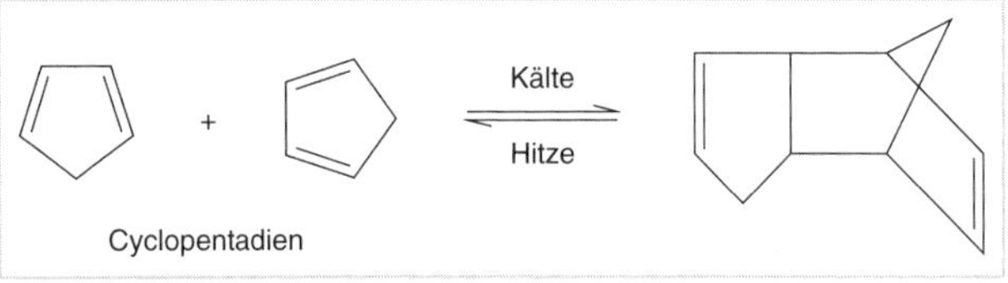

Dimerisierung von Cyclopentadien

Die Dimerisierung erfolgt beim Stehenlassen von C. bei Raumtemperatur unter Erstarrung zu einem campherähnlich riechenden Feststoff, der bei 33 °C schmilzt. Das Dimere ist deshalb die Handelsform von C. Erhitzt man dieses in einer Destillationsapparatur, so ist das Monomere bequem als Destillat erhältlich und kann als solches tiefgekühlt längere Zeit aufbewahrt werden.

Zu b): Ein H-Atom der Methylengruppe des C. ist acide genug, daß sich mit ↑ Kalium ein *Kaliumcyclopentadienid* und mit Ethylmagnesiumbromid (unter Ethan-Entwicklung) das Grignard-Reagenz (s. unter ↑ Magnesium) bildet. Die Methylenaktivität zeigt sich besonders darin, daß mit Aldehyden und Ketonen in alkalischer Lösung Kondensation erfolgt, die im aliphatischen Falle die gelb-öligen, im aromatischen Falle die rot-kristallinen, *Fulvene* liefert (s. Schema).

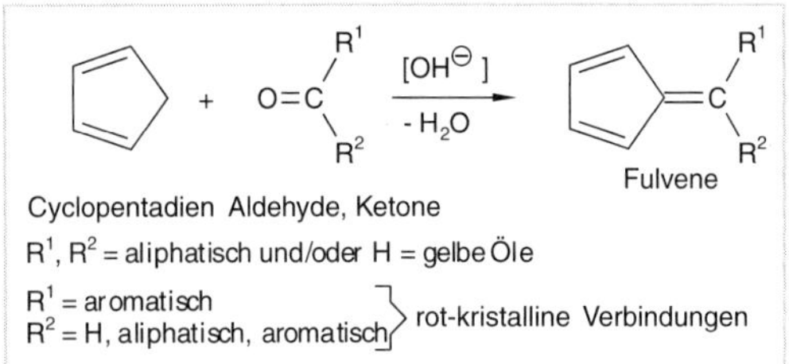

Fulven-Bildung mit Carbonylverbindungen

Die Ursache der Acidität des C. ist in der Aromatisierungstendenz begründet, da das Cyclopentadienid-Anion im Sinne der *Hückel-Theorie* als aromatisches System zu sehen ist ($4n + 2$ π-Elektronen mit $n = 1$, ebenes Molekül, cyclisch-konjugiert), wie es sich auch in den Grenzformeln zum Ausdruck bringt (s. Schema).

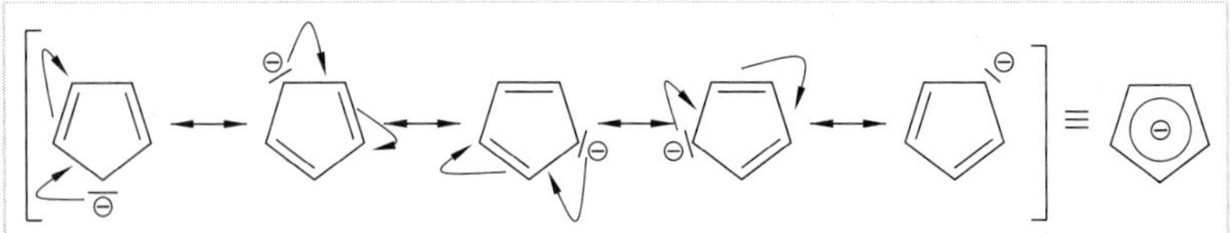

Mesomere Grenzstrukturen im Cyclopentadienid-Anion

In stabilisierter Form liegt das C. in den Yliden vor, von denen einige wichtige hier nur in ihrer Struktur dargestellt sind.

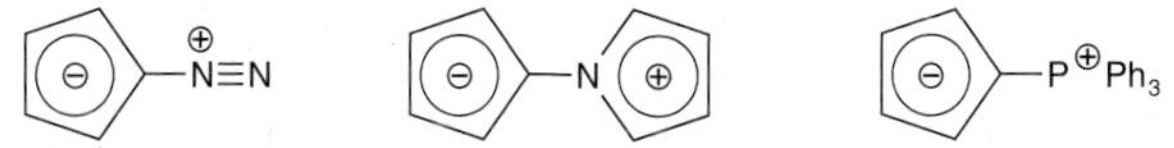

Diazocyclopentadien	Pyridiniumcyclo-pentadienylid	Triphenylphosphonium-cyclopentadienylid
tiefrot Sdp.: 53 °C, (50mm)		schwachgelb Schmp.: 230 °C

Cyclopentadien-Ylide

Ylide sind wichtige Synthese-Spezies, wozu hier nur auf die Wittig-Reaktion (s. unter ↑ Triphenylphosphan) hingewiesen sei. In den gezeigten Yliden ist der anionische Teil den für Aromaten typischen Reaktionen zugänglich (z. B. Friedel-Crafts-Acylierung).

Eine besondere Art der Stabilisierung erfahren die C.-Anionen in den Metallocenen (s. hierzu unter ↑ Ferrocen).

C. und sein Dimeres werden, wie oben angedeutet, in zahlreichen Synthesen vor allem von Terpenen und Alkaloiden eingesetzt. Technisch wird C. auch als Modifikator in der Kunstharzproduktion verwendet.

C_5H_6 $M_R = 66{,}10$ C 90,85 %   H 9,15 %

t_{Smp}	t_{Sdp}	d	η		
−97 °C	40 °C	0,80 g/cm³			
C_p	$\Delta_S H$	$\Delta_V H$	$\Delta_B H$	S^o	Q_C
115,3 J/(K · mol)	8,0 kJ/mol	29 kJ/mol		182,7 J/(K · mol)	−2960 kJ/mol
MAK	R-Satz	S-Satz			
200 mg/m³					

Cyclopentan

Cyclopentane

Farblose Flüssigkeit mit benzinartigem Geruch, ist unlöslich in Wasser und mischbar mit fast allen org. Solventien. C. kommt zu ca. 0,1 in Erdölen vor und wird aus den niedrigsiedenden Fraktionen isoliert. Der C.-Ring ist Bestandteil des in der Natur so wichtigen Steroid-Gerüstes (s. z. B. unter ↑ Cholesterol). Synthetisch ist C. zugänglich durch Clemmensen-Reduktion (s. unter ↑ Cycloheptan) von ↑ Cyclopentanon.

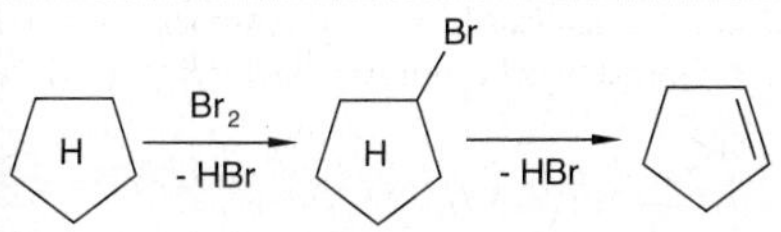

Herstellung von Cyclopenten aus Cyclopentan

C. ist zwar chemisch beständiger als Cyclohexan, es läßt sich trotzdem gezielt in Derivate überführen (z. B durch Bromierung) und dient so als präparative Ausgangsstufe in verschiedenen Synthesen, z. B. die Herstellung von *Cyclopenten.* C. besitzt Bedeutung als Lösungs- und Extraktionsmittel.

► C. ist leichtentzündlich.

C_5H_{10} $M_R = 70{,}13$ C 85,63 %   H 14,37 %

t_{Smp} −94 °C	t_{Sdp} 49 °C	d 0,746 g/cm³	η 0,49 mPa · s		
C_p 126,7 J/(K · mol)	$\Delta_S H$	$\Delta_V H$ 27,3 kJ/mol	$\Delta_B H$ −105,6 kJ/mol	S^o 204 J/(K · mol)	Q_C −3291 kJ/mol
t_{krit} 238 °C	P_{krit} 4,51 MPa	d_{krit}	t_{trip}		
MAK 1000 mg/m³	R-Satz 11-52/53	S-Satz 9-16-29-33-61			

Cyclopentanon

Cyclopentanone

Eine farblose, leicht pfefferminzartig riechende Flüssigkeit, die in Wasser kaum, in org. Solventien gut löslich ist.

C. ist synthetisch zugänglich durch Erhitzen von ↑ Adipinsäure oder durch *Dieckmann-Kondensation* mit Adipinsäurediethylester, eine intramolekulare Claisen-Kondensation (zur Claisen-Kondensation s. unter ↑ Acetylaceton) (s. Schema).

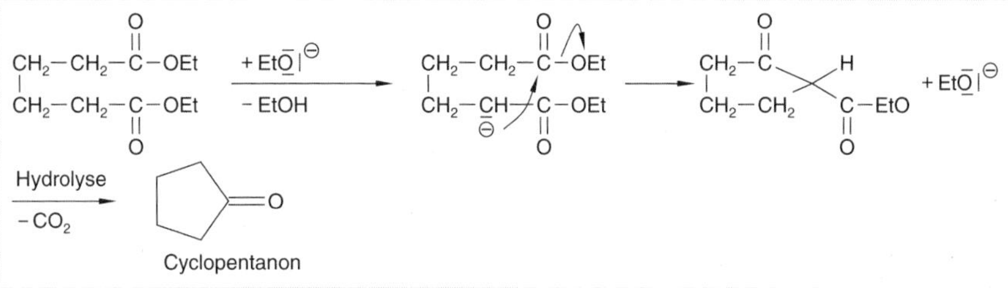

Synthese von Cyclopentanon durch Dieckmann-Kondensation

C. polymerisiert leicht, besonders in Gegenwart von Säurespuren. Es dient präparativ als Synthesebaustein.

C_5H_8O M_R = 84,12 C 71,39 % H 9,59 % O 19,02 %

t_{Smp} −51 °C	t_{Sdp} 131 °C	d 0,95 g/cm³	η		
C_p	$\Delta_S H$	$\Delta_V H$ 36,3 kJ/mol	$\Delta_B H$ −240 kJ/mol	S^o	Q_C −2873 kJ/mol
MAK 690 mg/m³	R-Satz 10-36/38	S-Satz 23			

Cyclophosphamid

Cyclophosphamide

Bildet als Monohydrat farblose, niedrigschmelzende Kristalle, die sich in Wasser zu 4 g/100 ml lösen, in Ethanol oder Ethylenglykol nur wenig, in Diethylether oder Aceton kaum löslich sind.

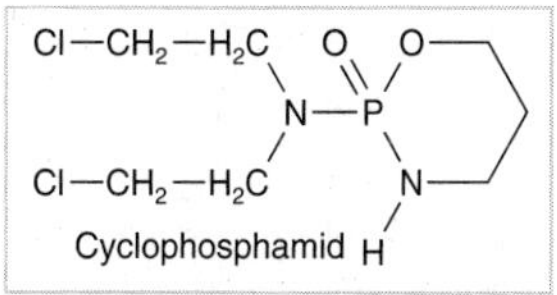

Struktur von Cyclophosphamid

C. wird synthetisch gewonnen und wurde 1957 erstmals hergestellt. Seine Struktur ist charakterisiert durch einen 1,3,2-Oxazaphosphorin-Ring, der über sein P-Atom an das N-Atom von Stickstofflost (s. unter ↑ Bis-(2,2′-dichlorethyl)-sulfid) gebunden ist (s. Abbildung).

C. ist ein viel verwendetes *Cytostatikum*, das diese Funktion über eine stark alkylierende Wirkung ausübt (alkylierende Agentien wirken cytostatisch, weil nach Alkylierung von DNS deren Reduplikation und damit die Zellteilung beeinträchtigt wird). C. selbst wirkt in vitro jedoch nicht, da die alkylierende Spezies erst im Körper aus C. entsteht.

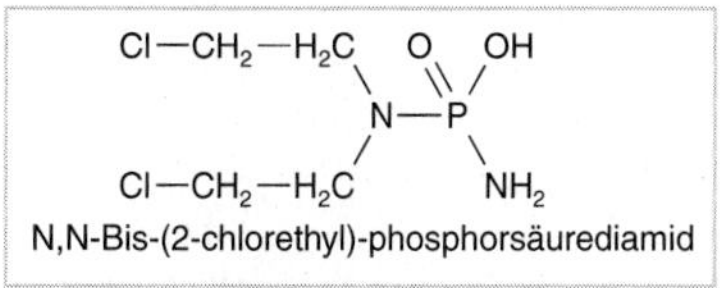

Stark alkylierendes Stoffwechselprodukt

In der Leber wird C. zunächst hydroxyliert und im Gewebe dann zu ↑ Acrolein und dem offenkettigen *N,N-Bis-(2-chlorethyl)-phosphorsäurediamid* (s. Strukturformel) gespalten. Letzteres wirkt kräftig alkylierend. C. wirkt allerdings (wie alle alkylierenden Verbindungen) nicht nur tumorhemmend sondern auch cancerogen. C. wird intravenös oder peroral verabreicht, vor allem bei Bronchial-, Mamma- und Ovarialkarzinomen.

$C_7H_{15}Cl_2N_2O_2P \cdot H_2O$ $M_R = 279{,}10$ C 30,12 % H 6,14 % Cl 25,40 % N 10,04 % O 17,20 % P 11,10

Cyclopropan

Cyclopropane

Ein farbloses Gas von charakteristischem, petroletherartigem Geruch, das sich sowohl in Wasser als auch in Ethanol oder Diethylether gut löst und das leicht brennbar ist. Mit Luft bildet es explosible Gemische in den Grenzen zwischen 2,41 und 10,3 Vol.-%. Das Gas wird von konz. ↑ Schwefelsäure gut absorbiert.

C. ist präparativ auf verschiedenen Wegen gut zugänglich, so durch Dehalogenierung von *1-Brom-3-chlorpropan* (erhältlich aus ↑ Allylchlorid mit ↑ Bromwasserstoff) mittels ↑ Zink (s. Schema).

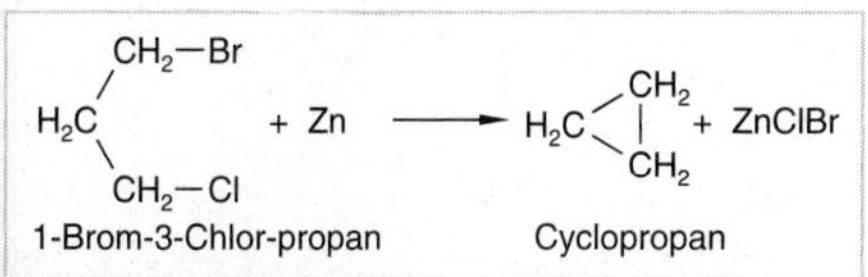

Cyclopropan-Synthese durch Dehalogenierung mit Zink

Einen bequemen Weg bietet auch die *Simmons-Smith-Reaktion*, die Einwirkung von *Diiodmethan* und ↑ Ethylen auf aktiviertes Zink in wasserfreiem ↑ Diethylether (s. Schema).

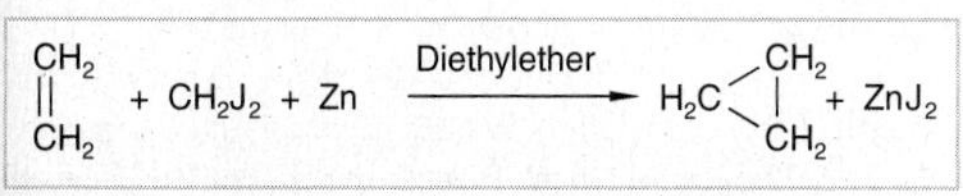

Cyclopropan-Synthese durch Simmons-Smith-Reaktion

Zu einer Vielzahl von Derivaten des C. führt allgemein die Addition von Diazoalkanen an Alkene.

In seinem chemischen Verhalten besitzt C. Ähnlichkeit zum ↑ Ethylen (Additionsvermögen), was mit einem partiellen π-Charakter der C-C-Bindungen im C. erklärt wird.

Einen Kohlenstoff-Dreiring mit Doppelbindung weist das *Cyclopropen* auf, eine präparativ zugängliche Verbindung, die gasförmig und sehr unbeständig ist (Polymerisationsneigung). Das daraus erhältliche *Cyclopropenylium-Kation* beansprucht theoretisches Interesse, da es ein aromatisches 2π-Elektronensystem (Hückel-Regel, s. unter ↑ Benzol und ↑ Cyclopentadien) aufweist mit cyclischer Delokalisierung, wie die Resonanz-Formulierungen zeigen (s. Schema).

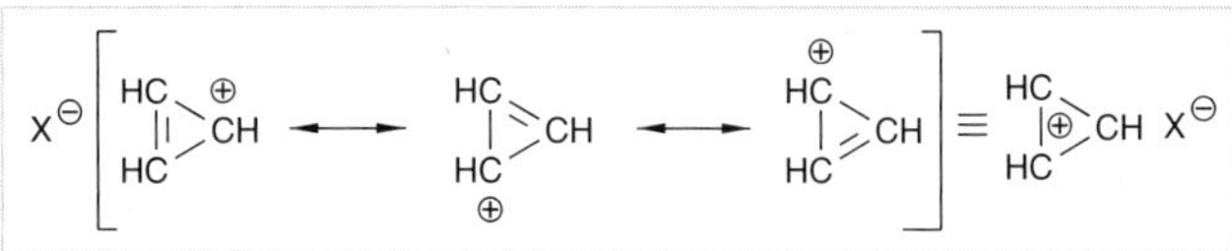

Resonanz-stabilisiertes Cyclopropenylium-Kation

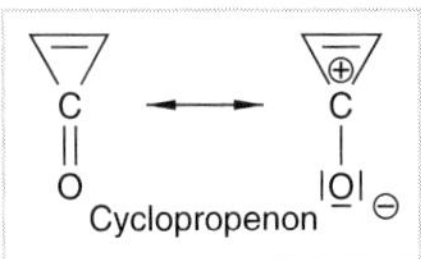

Stabiles Cyclopropenon

Die aromatische Stabilisierung ist auch der Grund für die Stabilität von *Cyclopropenon* (im Gegensatz zum sehr instabilen *Cyclopropanon*), das sogar in wässeriger Lösung existiert (s. Abbildung).

Das C. ist das wirksamste gasförmige Narkosemittel, das schon in sehr geringer Konzentration schmerzunempfindlich macht ohne zur Bewußtlosigkeit zu führen. Seiner verbreiteten klinischen Verwendung steht eigentlich nur die hohe Explosionstendenz im Gemisch mit Luft entgegen, die eine Spezialausrüstung erfordert.

C_3H_6 $M_R = 42{,}08$ C 85,63 % H 14,37 %

t_{Smp} −128 °C	t_{Sdp} −33 °C	d	η		
C_p 81,3 J/(K · mol)	$\Delta_S H$ 5,4 kJ/mol	$\Delta_V H$ 20,0 kJ/mol	$\Delta_B H$	S^o 142,6 J/(K · mol)	Q_C −2091 kJ/mol
t_{krit} 125 °C	P_{krit} 5,54 MPa	d_{krit}	t_{trip}		
MAK	R-Satz 12	S-Satz 9-16-33			

Cystein

Cysteine 2-Amino-3-mercapto-propansäure

Farbloses kristallines Pulver mit schwachem Thiolgeruch, ist gut löslich in Wasser, Ethanol und Essigsäure, während es unlöslich ist in Aceton, Essigester oder Tetrachlorkohlenstoff. In wässerigen, bes. alkalischen Lösungen erfolgt unter Luftzutritt rasche Oxidation zu ↑ Cystin (s. Schema).

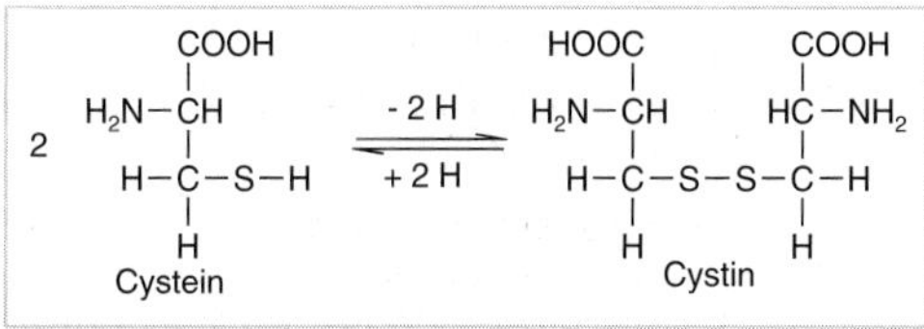

Reversibles Redox-System Cystein/Cystin

Cystein/Cystin bilden so ein reversibles Redox-System mit $E^{\ominus} = 0{,}32$ V.

C. ist eine in vielen Proteinen vorkommende nicht-essentielle Aminosäure ($pK_S1 = 1{,}86$, $pK_S2 = 10{,}34$). Sie ergibt zusammen mit ↑Cystin und ↑Methionin den Schwefelgehalt der Proteine. Besonders hoch ist der C.-Gehalt im *Keratin* (Haare, Wolle). Aus Proteinhydrolysaten fällt wegen der o. g. Oxidation das C. stets als Cystin an. Auf der reversiblen Spaltung von Disulfidbrücken zwischen den Keratinketten beruht auch der Chemismus der *Dauerwelle*, was unter ↑Thioglykolsäure näher erläutert ist. C. besitzt ein ausgeprägtes Komplexierungsvermögen für Schwermetallionen und wird deshalb zu deren Entgiftung z. B. aus Abwässern verwendet.

Ein pharmazeutisch wichtiges Derivat ist das ↑Acetylcystein

► gut verschlossen aufbewahren.

$C_3H_7NO_2S$ $M_R = 121{,}16$ C 29,74 % H 5,82 % N 11,56 % O 26,41 % S 26,47 %

$t_{Zersetzung}$	t_{Sdp}	d	η
> 220 °C (Z)			

C_p	$\Delta_S H$	$\Delta_V H$	$\Delta_B H$	S^o	Q_C
162 J/(K · mol)			−534 kJ/mol	170 J/(K · mol)	−2248 kJ/mol

Cystin

Cystine

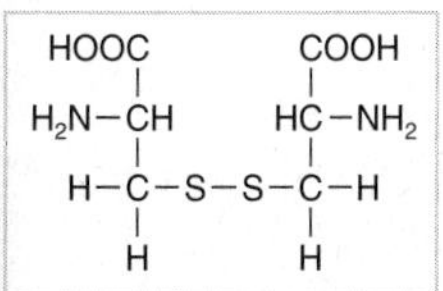

Struktur von Cystin

Weißes kristallines Pulver, ist nur sehr wenig löslich in Wasser (11 mg/100 ml bei 20 °C) und Ethanol. Löst sich in Säuren und Laugen.

Zur Bildung von C. aus ↑Cystein s. dort. C. wird technisch meist aus Pferdehaaren gewonnen, in denen es zu ca. 8 % vorkommt. C. ist oft der Hauptbestandteil von Nieren- und Blasensteinen.

Es ist eine nicht-essentielle Aminosäure.

$C_6H_{12}N_2O_4S_2$ $M_R = 240{,}30$ C 29,99 % H 5,03 % N 11,66 % O 26,63 % S 26.69 %

t_{Smp}	t_{Sdp}	d	η
260 °C		1,68 g/cm³	

C_p	$\Delta_S H$	$\Delta_V H$	$\Delta_B H$	S^o	Q_C
262 J/(K · mol)			−1105 kJ/mol	280 J/(K · mol)	−4248 kJ/mol

Cytosin

Cytosine 4-Amino-2-pyrimidinon

Kristallisiert aus wässeriger Lösung als Monohydrat in Form farbloser Blättchen. In Wasser löst es sich zu ca. 0,8 g/100 ml, in Ethanol löst es sich kaum und in Diethylether ist C. völlig unlöslich.

C. ist in der Natur sehr verbreitet und es besitzt große biochemische Bedeutung als eine der vier heterocyclischen Basen, die die Nucleotide als Bausteine der ↑Nucleinsäuren aufbauen. Das C. ist dabei die Komplementärbase zum ↑Guanin.

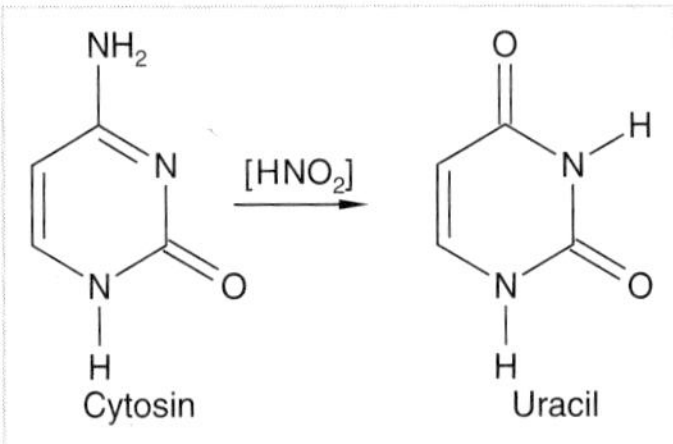

Umwandlung von Cytosin in Uracil

C. und Guanin bilden in den DNS-Doppelsträngen drei Wasserstoffbrücken-Bindungen zueinander aus. Zwischen zwei solche aufeinanderfolgende G-C-Paare intercaliert z. B. das ↑Actinomycin und entfaltet so seine mutagene Wirkung.

C. läßt sich durch Umsetzung mit Salpetriger Säure in ↑Uracil überführen (s. Schema). Diese Umwandlung ist biochemisch bedeutsam, da sie, wenn sie sich an der DNS vollzieht, zu einem Replikationsfehler führt.

$C_4H_5N_3O$ $M_R = 111{,}10$ C 43,24 % H 4,54 % N 37,82 % O 14,40 %

t_{Smp}	t_{Sdp}	d	η
> 320 °C			

Dansylchlorid

Dansyl chloride 5-Dimethylaminonaphthalin-1-sulfonsäurechlorid

Bildet orange-gelbe Kristalle, die in Aceton oder Dioxan gut löslich sind.

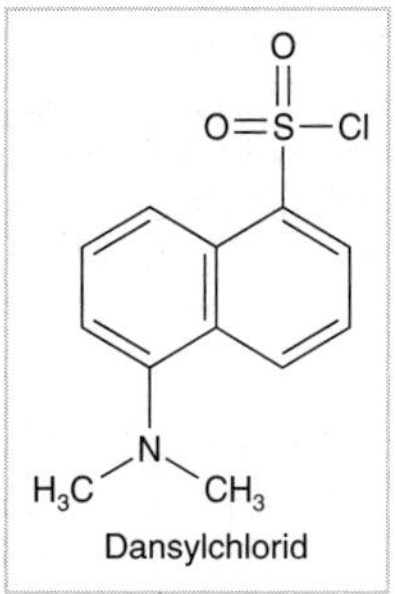

Struktur von Dansylchlorid

D. reagiert leicht mit Hydroxyl- oder Aminogruppen zu den entsprechenden hydrolysestabilen Sulfonsäure-Derivaten.

Es wurde deshalb 1956 von Hartley in die Peptid-Chemie eingeführt mit einer Methode zur Identifizierung der das N-terminale Ende eines Peptids bildenden Aminosäure (*Dansyl-Methode*). Nach Umsetzung des Peptids mit D. und anschließender Hydrolyse liegt die N-terminale Aminosäure als *Dansylaminosäure* vor, die starke UV-Fluoreszenz zeigt und chromatographisch identifiziert werden kann.

Diese Methode ist etwa 100 mal empfindlicher als die 1954 von Sanger eingeführte, mit *2,4-Dinitrofluorbenzol* (*Sanger-Reagenz*) arbeitende Methode (*DNP-Methode*). Man vergleiche auch das heute wichtigste Verfahren zur Endgruppenbestimmung, den *Edman-Abbau* mit ↑ Phenylisothiocyanat.

$C_{12}H_{12}ClNO_2S$	$M_R = 269{,}75$	C 53,43 %	H 4,48 %	Cl 13,14 %	N 5,19 %	O 11,86 %	S 11,89 %

t_{Smp}	t_{Sdp}	d	η
72 °C			

DDT

DDT, Dichloro-diphenyl-trichloroethane 1,1-Bis(4-chlorphenyl)-2,2,2-trichlorethan

Bildet in reiner Form farblose, blättchenförmige Kristalle, die in Wasser oder verdünnten Säuren und Laugen praktisch unlöslich sind. In Ethanol und Isopropanol ist D. nur wenig, in Aceton oder Diethylether sehr gut löslich.

Die Herstellung von D. gelingt durch Kondensation von 2 Mol ↑ Chlorbenzol mit 1 Mol ↑ Chloralhydrat in Gegenwart von ↑ Schwefelsäure (s. Schema).

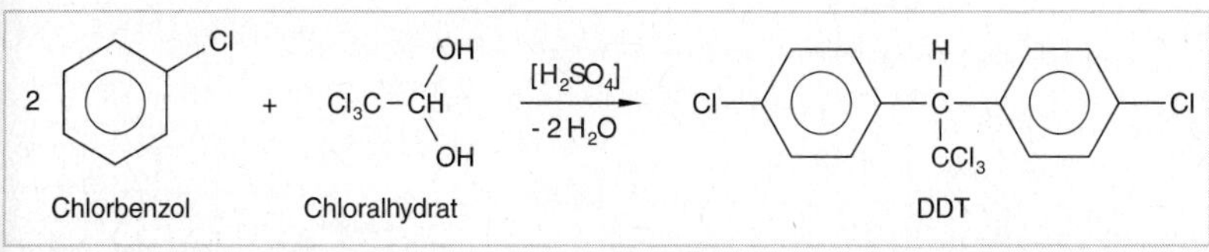

Herstellung von DDT

Erstmals 1874 synthetisiert, wurde die stark insektizide Wirkung von D. erst 1939 entdeckt (für diese Entdeckung erhielt P. Müller 1948 den Nobelpreis für Medizin). D. wurde in den folgenden Jahren weltweit das wichtigste *Insektizid* und wurde vor allem zur Bekämpfung von *Malaria*, *Fleckfieber*, *Typhus* und *Cholera* (die Erreger dieser Krankheiten werden durch Insekten übertragen) in tropischen Ländern verwendet. Die Erkrankungsziffern gingen drastisch zurück, die Krankheiten wurden teilweise ausgerottet. Meldungen über ubiquitäre Anreicherungen von D. in der Umwelt, Ablagerung und Akkumulation von D. in menschlichen und tierischen Fettgeweben, über Schadwirkungen von D. (z. B. Ausdünnung von Eierschalen) sowie über auftretende Krebserkrankungen usw. führten ab den sechziger Jahren zu drastischen Einschränkungen oder Verboten von Produktion und Verwendung von D. Viele dieser Meldungen mußten mittlerweile relativiert oder revidiert werden. In Entwicklungsländern wird D. weiter oder wieder produziert und verwendet, da es dort keine Alternative für die Bekämpfung von Malaria gibt.

Beim Menschen sind bislang keine auf D. zurückzuführenden Erkrankungen bekannt geworden, auch nicht bei starkem Kontakt ausgesetzten Personen (z. B. Produktions-Arbeitern). In Deutschland ist Herstellung und Inverkehrbringen von D. seit 1972 bis auf gesetzlich geregelte Ausnahmen verboten.

$C_{14}H_9Cl_5$	$M_R = 354{,}49$	C 47,44 %	H 2,56 %	Cl 50,01 %

t_{Smp}	t_{Sdp}	d	η
109 °C			

Decansäure

Decanoic acid Caprinsäure

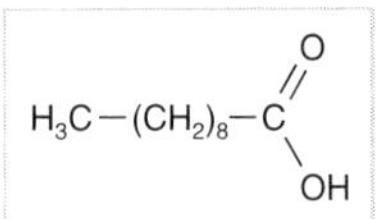

Struktur der Decansäure

Weißer kristalliner Feststoff mit unangenehm ranzigem Geruch. Sie ist kaum löslich in Wasser (0,015 g/100 ml bei 20 °C) und gut löslich in den meisten org. Solventien. Sie ist auch löslich in verdünnter ↑ Salpetersäure, aus der sie beim Verdünnen mit Wasser unverändert wieder ausfällt.

D. ist in veresterter Form Bestandteil von etherischen Ölen und als Glycerid von Fetten und Ölen. Besonders hoch ist der Gehalt in *Ziegenmilch* (capra = Ziege) und im *Kokosnussöl* (bis zu 10 %). D. wird deshalb technisch auch hauptsächlich aus der Fettspaltung von Kokosöl als Nebenprodukt erhalten. Man verwendet D. zur Herstellung von Duftestern für die Parfümerie, so z. B. zur Herstellung von *Decansäureethylester*. Aus diesem läßt sich durch eine Bouveault-Blanc-Reduktion das 1-Decanol herstellen. Die *Bouveault-Blanc-Reduktion* beinhaltet die Reduktion von Estern oder Säurechloriden zu Alkoholen mittels Natrium in Gegenwart von Alkohol (meist Isopropanol) und folgt dem im Schema gezeigten Mechanismus (s. Schema).

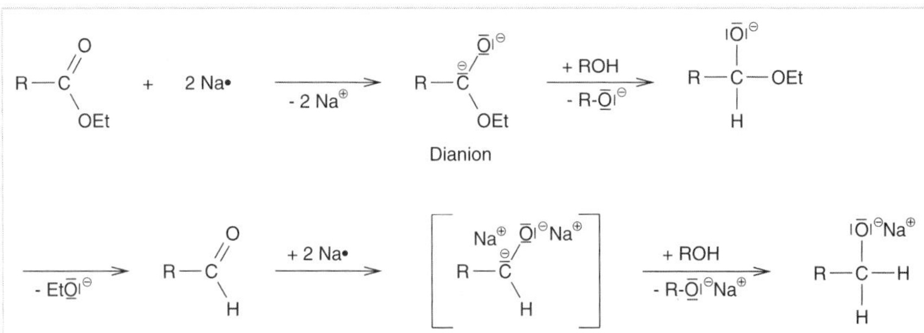

Die Bouveault-Blanc-Reduktion eines Esters zum Alkoholat

Die Bouveault-Blanc-Reduktion verläuft auch mit Nitrilen und liefert dann primäre Amine. Zur Acyloin-Bildung bei der Bouveault-Blanc-Reduktion s. unter ↑ Acetoin.

1-Decanol ist eine mittelviskose, in Wasser unlösliche, in Ethanol oder Diethylether lösliche, stark lichtbrechende Flüssigkeit vom Schmp. 7 °C. Es wird in der Parfümerie verwendet (Rosen- und Neroli-Noten) sowie zur Herstellung von Weichmachern, Gleitmitteln, Detergentien und sonstigen Additiven genutzt.

$C_{10}H_{20}O_2$	$M_R = 172{,}26$	C 69,72 %	H 11,70 %	O 18,58 %

t_{Smp}	t_{Sdp}	d	η
32 °C			

Dehydracetsäure

Dehydracetic acid

Bildet ein farbloses kristallines Pulver, das in Wasser sehr wenig, in niederen Alkoholen und Kohlenwasserstoffen mäßig und in ↑ Aceton gut löslich ist (20 g/100 ml).

D. ist ein Tetrameres von ↑ Keten und wird präparativ gewonnen durch basenkatalysierte Selbstkondensation von ↑ Acetessigsäureethylester (s. Schema).

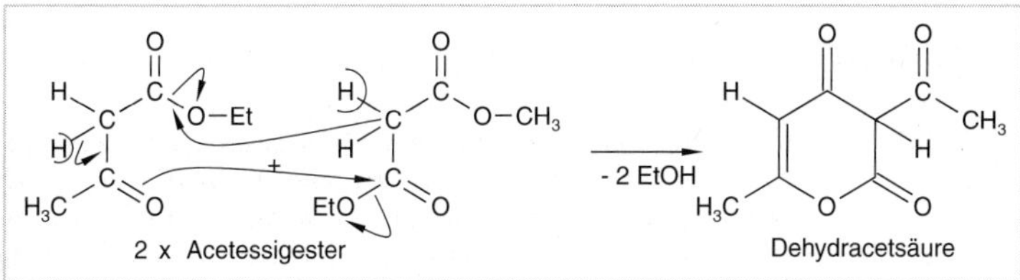

Bildung der Dehydracetsäure durch Selbstkondensation von Acetessigester

D. dient als Synthesebaustein. Die Erwärmung mit ↑ Schwefelsäure führt zum *2,6-Dimethyl-γ-pyron* (farblose, wasserlösliche Kristalle vom Schmp. 132 °C), dem am leichtesten zugänglichen γ-Pyron-Derivat (s. unter ↑ Pyran), dessen Ketogruppe infolge der aromatischen Mesomeriestabilisierung im Ring keine Carbonylaktivität zeigt (s. Schema).

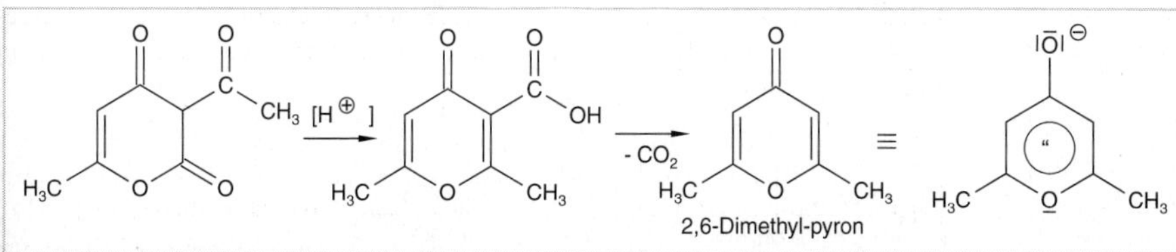

Bildung von 2,6-Dimethyl-γ-pyron aus Dehydracetsäure

D. wird als Konservierungsmittel für kosmetische Produkte, in einigen Ländern auch für Lebensmittel, verwendet.

$C_8H_8O_4$	$M_R = 168{,}15$	C 57,14 %	H 4,80 %	O 38,06 %

t_{Smp}	t_{Sdp}	d	η
	270 °C		

Desoxiribonucleinsäure (DNS) ⟶ Nucleinsäuren

Deuterium

Deuterium

Ein farb- und geruchloses brennbares Gas.

Von dem leichtesten chemischen Element, dem ↑ Wasserstoff mit der Kernladung 1, dessen Atome also nur ein Proton enthalten, sind insgesamt drei Isotope bekannt (s. Abbildung).

$^{1}_{1}H$	$^{2}_{1}H$	$^{3}_{1}H$
Protium	Deuterium	Tritium
(leichter Wasserstoff)	(schwerer Wasserstoff)	(superschwerer Wasserstoff)

Die drei Isotope des Wasserstoffs

$$^{6}_{3}Li + ^{1}_{0}Nn \longrightarrow ^{4}_{2}He + ^{3}_{1}H$$

Herstellung von Tritium

Der natürliche Wasserstoff besteht zu 99,9855 % aus *Protium*, und nur zu 0,0145 % aus Deuterium. Da sich beide in ihrer Atommasse um 100 % unterscheiden, ihre chemischen und physikalischen Eigenschaften also zwangsläufig merklich differieren, werden die beiden Isotope (anders als bei den übrigen Elementen) mit eigenen Namen versehen. Das *Tritium* kommt nur in verschwindenden Spuren natürlich vor und wird künstlich hergestellt durch Neutronenbeschuß von ↑ Lithium (s. Gleichung).

Tritium (Sdp. −248,12 °C) ist radioaktiv (Halbwertzeit 12,3 Jahre), da sein Atom sich unter Aussendung eines Elektrons in ein Heliumisotop umwandelt.

Die technische Gewinnung von D. und seinen Verbindungen geht vom Wasser aus, in dem natürlich das o. g. Isotopenverhältnis auch vorliegt. Bei der Elektrolyse entweicht bevorzugt der leichte Wasserstoff. Durch sehr lange Elektrolyse kann reines *Schweres Wasser* erhalten werden, aus dem alle anderen deuterierten Verbindungen hergestellt werden.

	H_2O	D_2O
Schmp. °C	0,00	3,82
Sdp. °C	100,00	101,43
Dichte 20 °C	0,9982	1,1059

Gegenüberstellung Leichtes und Schweres Wasser

Schmelz- und Siedepunkt des Deuteriums liegen etwa 4 °C höher als beim leichten Wasserstoff. Diese Unterschiede fallen beim Leichten und Schweren Wasser geringer aus (s. Gegenüberstellung).

Schweres Wasser ist etwas reaktionsträger als Leichtes Wasser und ist auch weniger dissoziiert (pK = 14,869). Die *Deuterierung* von Wasserstoffverbindungen, bes. in der Organik, ist ein wichtiges Hilfsmittel zur Aufklärung von Reaktionsmechanismen und Strukturen.

$$^{6}_{3}Li + ^{1}_{0}n \longrightarrow ^{3}_{1}H + ^{4}_{2}He$$
$$^{2}_{1}H + ^{3}_{1}H \longrightarrow ^{1}_{0}n + ^{4}_{2}He$$
$$^{6}_{3}Li + ^{2}_{1}H \longrightarrow 2\ ^{4}_{2}He$$

Kernreaktionen in der Wasserstoffbombe

Die *Wasserstoffbombe* enthält als Explosivstoff *Lithiumdeuterid* und ↑ Plutonium als Initialzünder. Durch den radioaktiven Zerfall einer geeigneten Menge des Plutoniumisotops ^{239}Pu (*Plutoniumbombe*) wird die Temperatur von etwa 10 Millionen °C erreicht, die zur Kernverschmelzung unter Heliumbildung (s. Gleichungen) führt, wobei pro Mol Li 6 22,4 Millionen Elektronenvolt an Energie freigesetzt werden.

Das Neutron in der ersten Gleichung stammt aus dem Plutoniumzerfall. Der Wasserstoffbombe (*thermonukleare Bombe*) liegt also der in der Sonne ablaufende energieliefernde Vorgang zugrunde, wie übrigens auch den im Weltall zu beobachtenden *Novae* und *Supernovae*. Die erste Wasserstoffbombe wurde 1952 von den USA gezündet.

^{2}H $M_R = 4{,}028$

t_{Smp}	t_{Sdp}	d	η
−254,4 °C	−249,5 °C	0,162 g/cm³ (fl.)	

C_p	$\Delta_S H$	$\Delta_V H$	$\Delta_B H$	S^o	Q_C
	0,197 kJ/mol	1,226 kJ/mol		130,7 J/(K · mol)	

Dextran

Dextran

Bildet in reiner Form ein farb- und geruchloses kristallines Pulver. D. geht in Wasser kolloidal in Lösung, so daß die wässerigen Lösungen hohe Viskositäten und gelartige Konsistenz aufweisen. In org. Solventien ist D. unlöslich, weshalb es aus den wässerigen Lösungen z. B. mit Methanol, Ethanol oder 2-Propanol ausgefällt werden kann.

D. ist ein Polysaccharid, das von verschiedenen Bakterienstämmen gebildet wird. Technisch am wichtigsten für die Gewinnung ist die Gattung *Leuconostoc* (L. mesenteroides und L. dextranicum). Die Mikroorganismen erzeugen das D. extrazellulär, d. h. sie sondern ein Enzym, die *Dextransucrase*, ab, das den D.-Aufbau aus dem umgebenden, ↑ Saccharose enthaltenden Medium bewirkt. Das entstehende D. sorgt für eine schleimartige Konsistenz des Kulturmediums.

Man wurde auf die *Dextrane* aufmerksam, als zu Anfang des 19. Jahrhunderts in einem französischen Hafen eine Schiffsladung mit Zuckerrohrsaft ankam, die sich als gallertige, verschleimte Masse erwies. Dieses Phänomen war in der Zuckerrohrverarbeitung schon länger bekannt, trat auch an Zuckerrübensäften auf und kann auch heute noch in der Zuckerherstellung infolge Infektionen auftreten (sog. Froschlaichbildung). Etwa um 1930 wurde als Ursache des Phänomens das D. erkannt und auch die Dextran-Struktur aufgeklärt.

Bei dem natürlichen D. handelt es sich um ein sehr hochmolekulares Polysaccharid, das ausschließlich aus ↑ D(+)-Glucose aufgebaut ist (Molekularmassen bis zu 100 Millionen), wobei die Verknüpfung der Glucose-Einheiten in der Hauptkette α-(1,6)-glycosidisch erfolgt (s. hierzu unter ↑ D(+)-Glucose). Die Hauptketten können je nach erzeugendem Bakterienstamm in unterschiedlichem Ausmaß Verzweigungen aufweisen, deren Anknüpfung α-(1,2)-, α-(1,3)- und α-(1,4)-glycosidisch erfolgen kann (s. Abbildung).

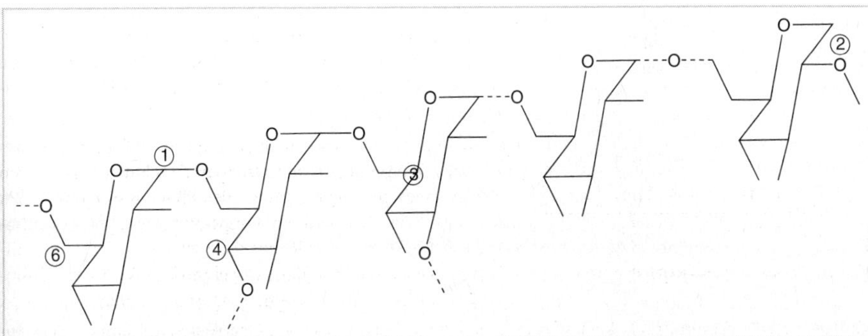

Molekularer Aufbau eines Dextrans

Die Bakterien bauen, wie oben angedeutet, das D. aus der Saccharose auf, verwerten also nur die Hälfte des Rohstoffes, da die ↑ Fructose abgespalten wird. Das zunächst hochmolekulare D. wird für die technische Verwendung durch saure Hydrolyse gespalten und durch gezielte Fällung aufgetrennt. Es ist auch die gezielte enzymatische Synthese dieser Fraktionen mit isolierter Dextransucrase aus niedermolekularen D. und Saccharose möglich.

Die D. erwiesen sich bald nach ihrer Entdeckung als in vielfältiger Weise technisch verwertbar. Da die Molekülketten wegen der 1,6-Verknüpfung verwunden und verknäult sind, bauen sich weniger geordnete Sekundär- bzw. keine Tertiärstrukturen (Fibrillen) auf, weshalb D. hohe Wassermengen unter Gelbildung aufnehmen können (1 g D. bindet etwa 20 g Wasser). In die Molekülhohlräume können Fremdmoleküle eingelagert werden. Deshalb werden D. als Konservierungsmedien, Feuchthaltemedien, Dispergierstabilisatoren für Kosmetika und Farben, Haftvermittler, Schutzschichten, Textilschlichten usw. eingesetzt.

Eine besonders wichtige Verwendung finden D. mit M_R zwischen 40 000 und 70 000 als *Blutplasmaexpander* in der Medizin. Nach starkem Blutverlust oder durch Schock (absoluter oder relativer Volumenmangel) ist eine rasche Auffüllung des zirkulierenden Blutvolumens oft lebenserhaltend. Eine 6 %ige Lösung von D. mit M_R 70 000 besitzt etwa den gleichen kolloidosmotischen Druck wie das Blut. Sie ist sehr gut geeignet, den Volumenmangel für mehrere Stunden auszugleichen, bis eine Bluttransfusion erfolgen muß (falls kein zu großer Erythrozytenmangel besteht). Die 1,6-glycosidische Verknüpfung verhindert einen schnellen Abbau von D. im menschlichen Körper. 10 %ige Lösungen von D. mit M_R 40 000 werden darüberhinaus benutzt, um Thrombosen zu verhindern. Man vermutet, daß sich die D.-Moleküle auf die Oberflächen der Erythrozyten und Thrombozyten auflagern und dadurch deren Aggregation verhindern. Es ist an dieser Stelle bemerkenswert, daß D. für die meisten Rattenstämme hochtoxisch sind.

Die technischen Anwendungsmöglichkeiten der D. werden um ein Vielfaches erweitert durch chemische Derivatisierungen. Es werden Veretherungen, Veresterungen, Acetalisierungen, Oxidationen und Vernetzungen durchgeführt, die zu zahlreichen technisch verwendeten Produkten führen. So ist ein mit Epichlorhydrin (s. unter ↑ Epoxidharze) etherartig vernetztes D. unter dem Namen *Dextranomer* bekannt. Es wird aufgrund seiner hohen Kapillarsaugkraft zur Reinigung nässender, infizierter Wunden medizinisch verwendet. Dreidimensional vernetzte D., in die zusätzlich funktionelle Gruppen eingeführt wurden, besitzen unter der Handelsbezeichnung *Sephadex* Bedeutung als Ionenaustauscher in der Ionenaustauschchromatographie und Gelchromatographie.

Durch Umsetzung von D. mit ↑ Chlorsulfonsäure erhält man die *Dextransulfate* als Schwefelsäurehalbester von D., die in Form ihrer wasserlöslichen Natriumsalze Bedeutung besitzen in Zweiphasen-Trennsystemen zur Trennung und Reinigung sowohl von ↑ Nucleinsäuren und Proteinen als auch von Viren und Bakterien.

Diacetonalkohol

Diacetone alcohol 4-Hydroxy-4-methyl-2-pentanon

Eine farblose, angenehm riechende, leicht entzündliche Flüssigkeit, die sich mit Wasser, Ethanol, Diethylether und vielen anderen org. Solventien mischen läßt. D. bildet sich aus ↑ Aceton in Gegenwart basischer Reagenzien wie Barium- oder Calciumhydroxid. Diese Reaktion ist ein typisches Beispiel für eine *Aldol-Reaktion*. Die Aldol-Reaktion ist eine außerordentlich vielseitige Methode zur *C-C-Verknüpfung* und damit eine der wichtigsten Reaktionen der organischen Chemie. Es werden in ihr zwei Carbonyl-Verbindungen miteinander verknüpft (deshalb auch als *Aldol-Addition* bezeichnet). Das Schema zeigt den Mechanismus für die *Selbstaldolisierung* von ↑ Aceton (beide Carbonylkomponenten sind also identisch).

Unter dem Einfluß der Hilfsbase B^- bildet sich aus der ersten Komponente ein Carbanion (zur Carbonylgruppe α-ständige H-Atome sind acidifiziert), das sich an das Carbonyl-C-Atom der zweiten Komponente addiert. Es entsteht ein Alkoholat-Ion, das der Hilfsbase wieder ein Proton entzieht. Das Ergebnis der Reaktion ist ein *β-Keto-Alkohol* (*Aldol*). Bei Aldol-Reaktionen fungiert also ein Partner immer als *C-H-acide Komponente* oder *Methylen-Komponente*, der andere als *Carbonyl-Komponente*. Das primäre Aldol kann nun weiterreagieren, indem sich ein Kondensations-Schritt anschließt und Wasser abgespalten wird unter Ausbildung einer zur Carbonylgruppe konjugierten Doppelbindung. Man spricht dann von einer *Aldolkondensation*. So bildet sich aus D. beim Erwärmen mit wenig Säure das ↑ Mesityloxid (s. Schema).

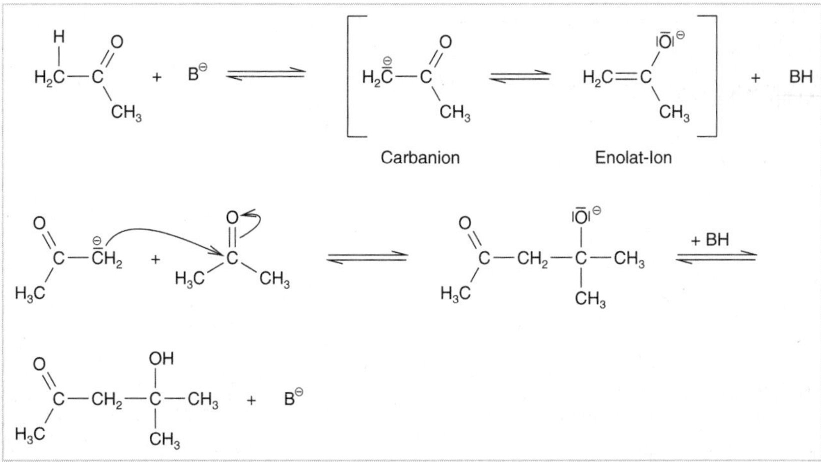

Aldol-Reaktion von Aceton

Ist die Carbonylkomponente ein Säure-Derivat, erfolgt stets eine Kondensation, wobei *β-Dicarbonylverbindungen* entstehen.

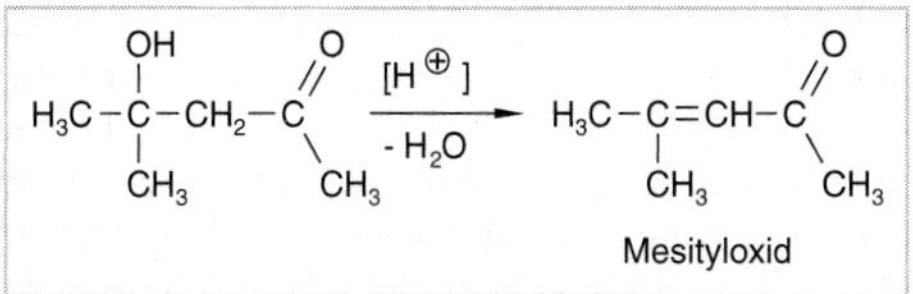

Dehydratisierung von Diacetonalkohol zu Mesityloxid

D. bildet u. a. folgendes Azeotrop:

Azeotrop-Komponenten	Zusammensetzung (Gew.-%)	Siedepunkt (°C)
D./Wasser	13,0/87,0	99,6

D. dient als technisches Lösungsmittel für Polymerprodukte (z. B. Cellulose-Derivate) und wird in Frostschutz-Lösungen und Hydraulik-Flüssigkeiten verwendet. Es ist ferner Synthese-Baustein.

► D. ist schleimhautreizend. Gesundheitsschädlich beim Einatmen.

$C_6H_{12}O_2$ $M_R = 116{,}16$ C 62,04 % H 10,41 % O 27,55 %

t_{Smp}	t_{Sdp}	d	η		
−44 °C	166 °C	0,93 g/cm³			
C_p	$\Delta_S H$	$\Delta_V H$	$\Delta_B H$	S^o	Q_C
		52,1 kJ/mol	−592 kJ/mol		−3483 kJ/mol
MAK	R-Satz	S-Satz			
240 mg/m³	36	24/25			

Diacetyl

Diacetyl, 2,3-Butanedione Dimethylglyoxal, 2,3-Butandion

Eine gelblich-grüne Flüssigkeit mit chinonartigem Geruch, die sich zu ca. 25 ml in 100 ml Wasser löst und mit Ethanol oder Diethylether mischbar ist.

D. wird am günstigsten hergestellt durch Oxidation von ↑ 2-Butanon am besten mit *Selendioxid* (s. unter ↑ Selen, s. Schema). Durch ↑ Wasserstoffperoxid wird D. zu ↑ Essigsäure oxidiert (s. Schema).

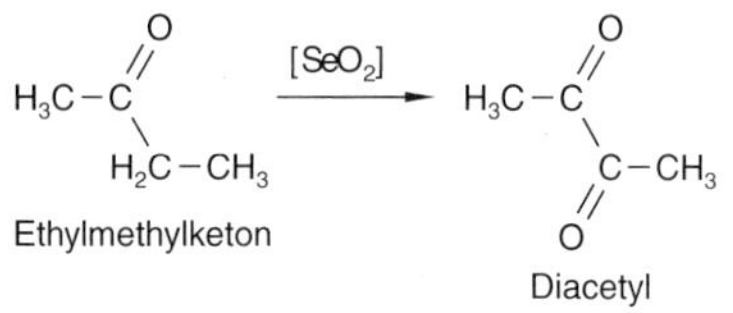

Synthese von Diacetyl durch Oxidation von 2-Butanon

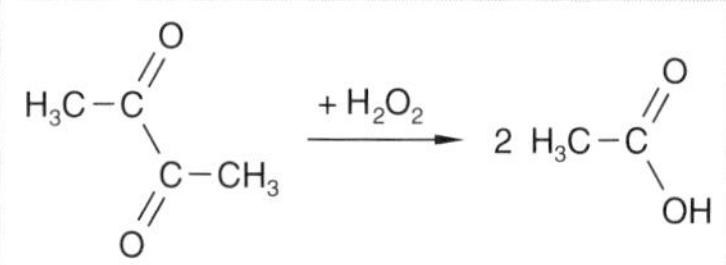

Oxidation von Diacetyl zu Essigsäure

D. bildet u. a. folgendes Azeotrop:

Azeotrop-Komponenten	Zusammensetzung (Gew.-%)	Siedepunkt (°C)
D./Ethanol	53,0/47,0	73,9

D. kommt zu etwa 0,5 mg/kg in Butter vor und prägt zum großen Teil zusammen mit ↑ Acetoin das *Butteraroma*. D. ist als das einfachste *1,2-Diketon* eine reaktive Verbindung und ein wichtiger Synthesebaustein. Mit ↑ Hydroxylamin erhält man das ↑ Diacetyldioxim, welches ein vielgebrauchtes analytisches Reagenz darstellt.

$C_4H_6O_2$ $M_R = 86{,}09$ C 55,81 % H 7,02 % O 37,17 %

t_{Smp}	t_{Sdp}	d	η		
−3 °C	88 °C	0,99 g/cm³			
C_p	$\Delta_S H$	$\Delta_V H$	$\Delta_B H$	S^o	Q_C
		38,7 kJ/mol	−365,5 kJ/mol		−2066 kJ/mol
MAK	R-Satz	S-Satz			
	11-22-38	16-23			

Diacetyldioxim

Dimethylglyoxime Dimethylglyoxim

Bildet ein weißes kristallines Pulver, das sich in Wasser nur sehr wenig löst (0,06 g/100 ml bei 20 °C) und gut löslich ist in Ethanol und Diethylether.

D. wird synthetisiert durch Umsetzung von ↑ Diacetyl mit ↑ Hydroxylamin (s. Gleichung).

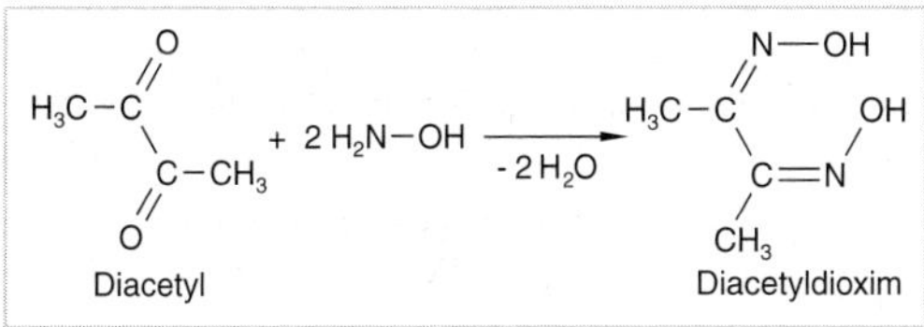

Synthese von Diacetyldioxim aus Diacetyl

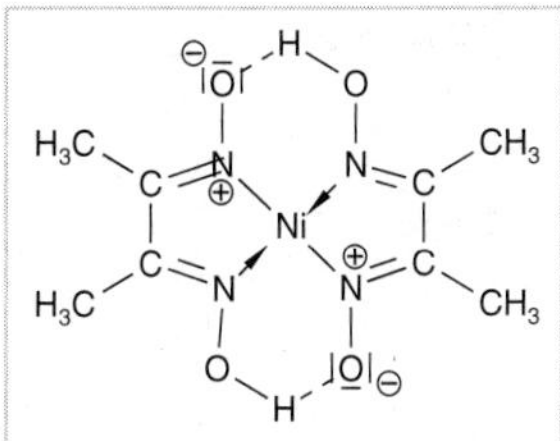

Struktur des roten Ni-Diacetyldioxim-Komplexes

D. hat Bedeutung als spezifisches Fällungsreagenz für Nickel(II)-Ionen. In schwach saurer, neutraler oder ammoniakalischer Lösung ergibt D. mit Ni(II)-Ionen einen voluminösen, prächtig roten Niederschlag eines sehr schwerlöslichen Innerkomplexes aus zwei Molekülen D. und einem Ni-Ion (s. Abbildung).

Es können so Spuren von Ni nachgewiesen werden. Der Komplex ist so schwerlöslich, daß der Niederschlag auch zur gravimetrischen quantitativen Ni-Bestimmung dienen kann.

Viele andere Schwermetallionen (Fe(II), Co(II), Cu(II), Au(III), Pd(II)) ergeben mit D. farbige Lösungen. Als Reagenzlösung verwendet man eine gesättigte Lösung von D. in Ethanol. Nachweis oder Bestimmung führt man am besten in ammoniakalischer Lösung aus (starke Oxidationsmittel verhindern die Fällung des Ni-Komplexes).

$C_4H_8N_2O_2$ $M_R = 116{,}12$ C 41,37 % H 6,94 % N 24,12 % O 27,56 %

t_{Smp}	t_{Sdp}	d	η
240 °C			

C_p	$\Delta_S H$	$\Delta_{Sub} H$	$\Delta_B H$	S^o	Q_C
		97,1 kJ/mol (S)			−2555 kJ/mol

MAK	R-Satz	S-Satz
	20/21/22	

Diazabicyclo[2,2,2]octan

Triethylenediamine DABCO, Triethylendiamin

Bildet farblose, stark hygroskopische Kristalle, die zu 45 g/100 ml in Wasser, zu 13 g/100 ml in Aceton und zu 77 g/100 ml in Ethanol löslich sind. D. unterliegt bereits bei Raumtemperatur der Sublimation.

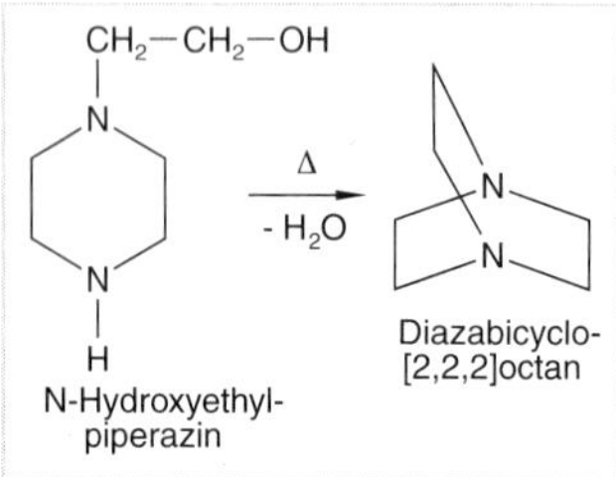

Herstellung von DABCO

D. wird synthetisch gewonnen durch Erhitzen von *N-Hydroxyethylpiperazin* (s. Schema).

D. ist ein Bicyclus mit zwei tertiären N-Atomen und eine starke organische Base mit den pK_S-Werten 8,7 und 3,0. Es wird technisch als Katalysator bei der Herstellung von Schäumen aus ↑ Polyurethan verwendet. Präparativ dient es als Katalysatorbase in verschiedenen Additionsreaktionen sowie Veresterungen.

$C_6H_{12}N_2$ $M_R = 112,17$ C 64,24 % H 10,78 % N 24,97 %

t_{Smp}	t_{Sdp}	d	η
158 °C	174 °C		

Diazoessigester

Diazoacetic ester

Bildet ein gelbes Öl von stechendem Geruch, das in Wasser unlöslich, aber gut löslich ist in Ethanol oder Diethylether. Wegen der Explosivität des D. erfordert seine Destillation eine entsprechende Schutzausrüstung.

D. entsteht bei der Umsetzung von *Glycinethylester* (s. unter ↑ Glycin) mit Salpetriger Säure (aus ↑ Natriumnitrit und ↑ Salzsäure) bei 0 °C (s. Schema). Wegen des ausgedehnten konjugierten Systems ist diese Verbindung relativ beständig.

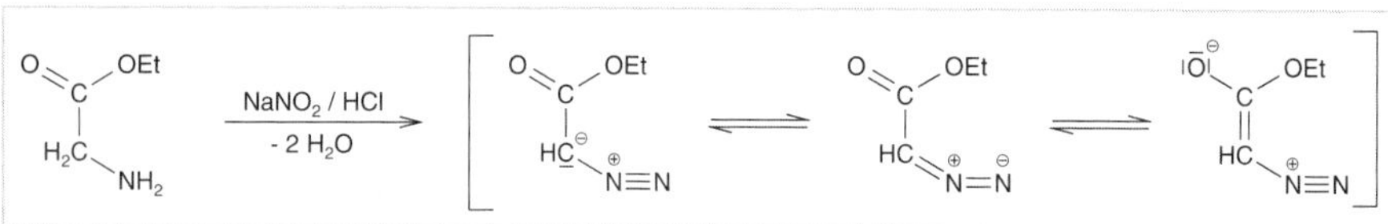

Herstellung von Diazoessigester

D. dient als Synthesebaustein. Bei Einwirkung von Säuren bildet sich das entsprechende Diazoniumsalz, das ↑ Stickstoff abspaltet unter Ausbildung eines Carbenium-Ions, an das sich das im Reaktionsmedium befindliche Anion addieren kann. Man gelangt zu den entsprechend α-substituierten Essigestern (s. Schema).

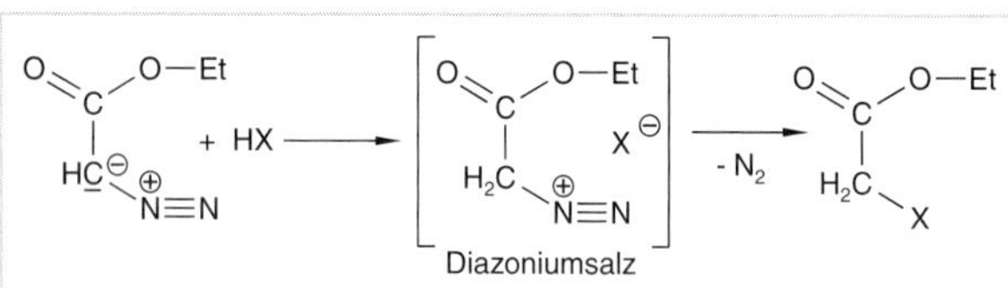

Synthese α-substituierter Essigester-Derivate

Die 1,3-dipolare Cycloaddition mit D. hat ebenfalls Bedeutung, z. B. führt sie mit Acetylen-Derivaten zum Pyrazol-System (s. unter ↑ Pyrazol).

► D. steht im Verdacht der cancerogenen Wirksamkeit.

$C_4H_6N_2O_2$ $M_R = 114{,}10$ C 42,11 % H 5,30 % N 24,55 % O 28,04 %

Diazomethan

Diazomethane

Unter Normalbedingungen ein gelbes Gas, das sich gut in Diethylether löst. In wässeriger oder ethanolischer Lösung erfolgt schnelle Zersetzung. D. ist sowohl als Gas als auch als Flüssigkeit (es kondensiert bei −23 °C zu einer dunkelgelben Flüssigkeit) äußerst explosiv. Weit weniger gefährlich und einige Tage haltbar sind etherische Lösungen, was deshalb meist die Anwendungsform für D. ist.

D. wird im Labor am günstigsten aus N-Methyl-N-nitroso-p-toluolsulfonamid hergestellt (Name *Diazald* von Aldrich), indem man dessen etherische Lösung mit ethanolischer Kaliumhydroxid-Lösung umsetzt, wobei D. mit dem ↑ Diethylether abdestilliert wird (s. Schema).

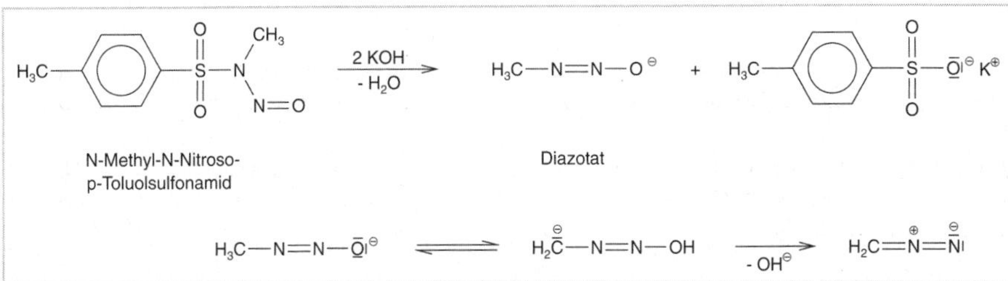

Herstellung von Diazomethan

Mesomerie im Diazomethan-Molekül

Die formulierte Mesomerie zeigt, daß D. als ein *Stickstoff-Ylid* aufgefaßt werden kann (s. Abbildung).

D. wird präparativ vor allem als kräftiges Methylierungsmittel für ausreichend acide Verbindungen wie Carbonsäuren, Phenole, Enole genutzt, wobei die entsprechenden Methylester bzw. -ether entstehen (s. Schema).

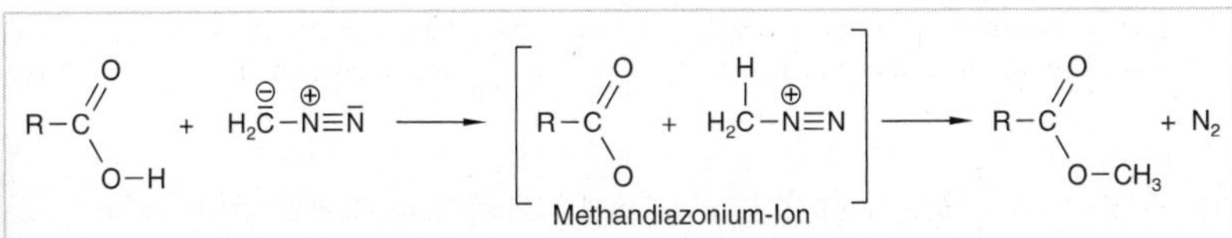

Diazomethan als Methylierungsreagenz

Zur Reaktion von D. mit Doppelbindungen s. z. B. unter ↑ Cyclopropan oder ↑ Cycloheptatrien. Bedeutung hat D. auch in der *Arndt-Eistert-Reaktion*, der Umsetzung eines Säurechlorids mit D. zum entsprechenden *Diazoketon*, dessen Zersetzung zum ↑ Keten und schließlich dessen Abreaktion zum entsprechenden (je nach Reaktionsmedium) Derivat der um ein C-Atom homologisierten Carbonsäure (s. Schema).

Die Umlagerung in dem bei der N_2-Abspaltung entstehenden *Acylcarben* zum Keten wird als *Wolff-Umlagerung* bezeichnet (s. Schema).

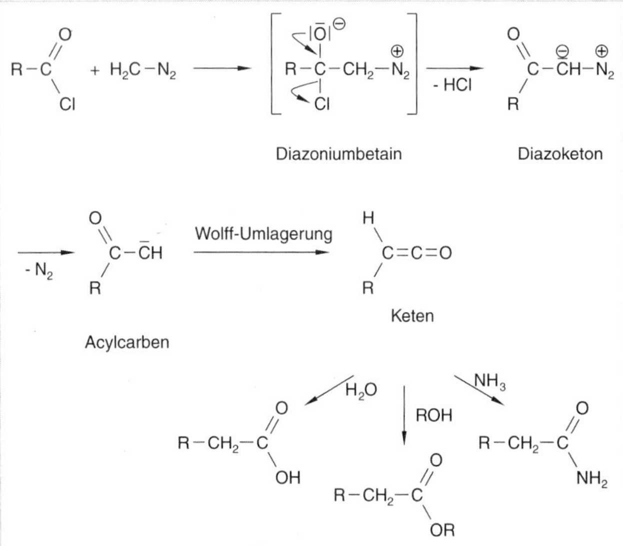

Mechanismus der Arndt-Eistert-Reaktion

Die Zersetzung der *Diazoalkane* ist ein genereller Weg zur Darstellung der *Carbene*. Carbene sind reaktive Zwischenstufen in vielen organischen Reaktionen. Deshalb sei an dieser Stelle ein kurzer Überblick über die wichtigsten *Reaktions-Zwischenstufen* der organischen Chemie eingefügt, um an vielen Stellen des Buches hierauf verweisen zu können.

Chemische Reaktionen sind generell Verlagerungen von Elektronen zwischen den reagierenden Spezies. In organischen Reaktionen erfolgen in aller Regel Lösungen und/oder Neuknüpfungen von Bindungen, d. h. die Elektronen werden zusammen mit Atomen oder Atomverbänden verschoben.

Das vierbindige C-Atom teilt vier bindende Elektronenpaare mit seinen Partnern und verfügt damit über ein *Elektronenoktett*. Löst sich ein Bindungspartner ab unter Hinterlassung eines dreibindigen C-Atoms, gibt es dafür grundsätzlich drei Möglichkeiten.

1. Bildung eines Carbokations

Der Partner nimmt beide Bindungselektronen mit.

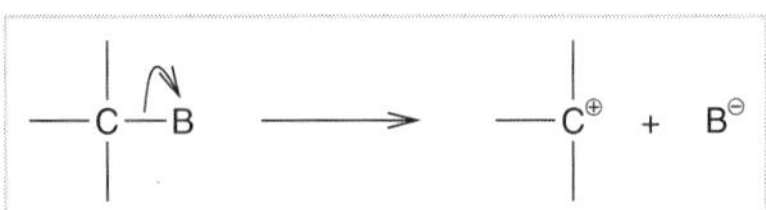

Carbokation-Bildung

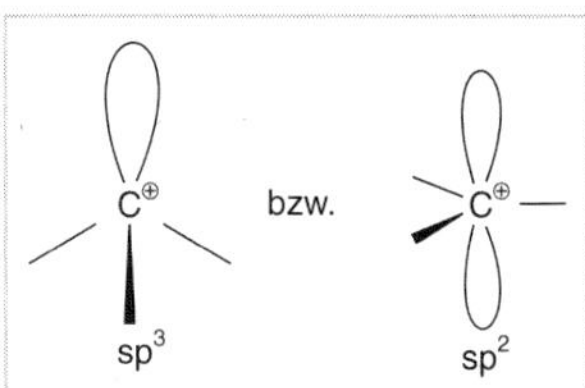

Elektronische Struktur der Carbokationen

Es entsteht ein unbesetztes sp^3- oder p-Orbital.

2. Bildung eines Carbanions
Der Partner läßt beide Bindungselektronen zurück.

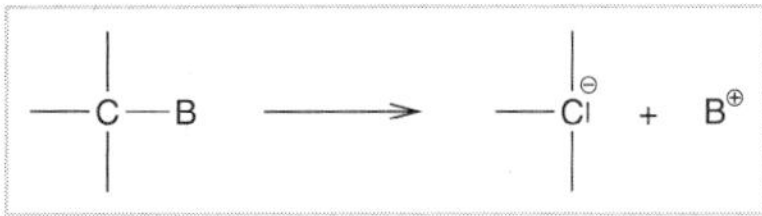
Carbanion-Bildung

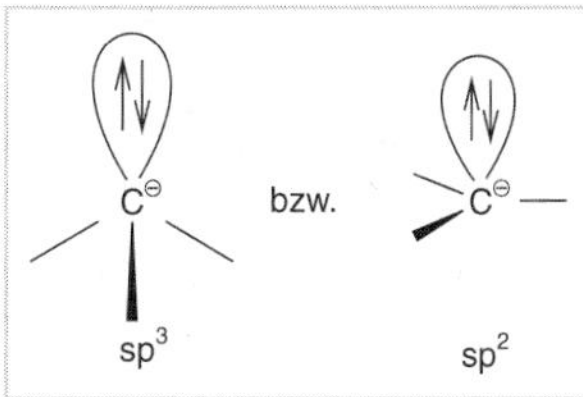

Elektronische Struktur der Carbanionen

Es entsteht ein doppelt besetztes sp^3- oder p-Orbital.

3. Bildung eines Radikals
Die Bindung wird homolytisch gespalten.

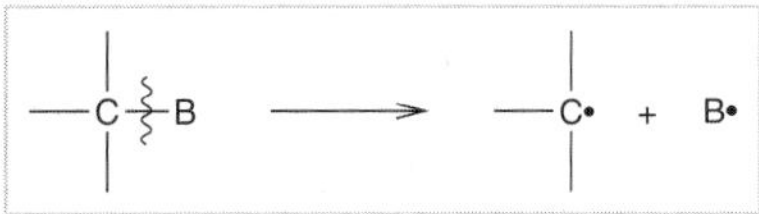
Radikal-Bildung

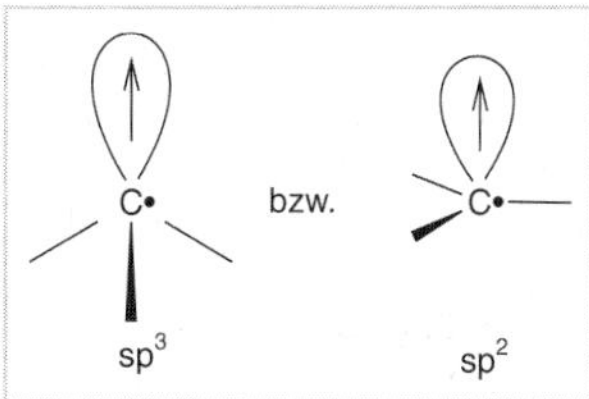

Elektronische Struktur der Radikale

Es entsteht ein einfach besetztes sp^3- oder p-Orbital.

Wie dargestellt können diese Spezies prinzipiell als sp^3- oder sp^2-strukturiert beschrieben werden.

Treten zwei Bindungspartner aus, d. h. bildet sich ein *zweibindiges C-Atom*, so gäbe es die im Schema dargestellten Möglichkeiten a bis e.

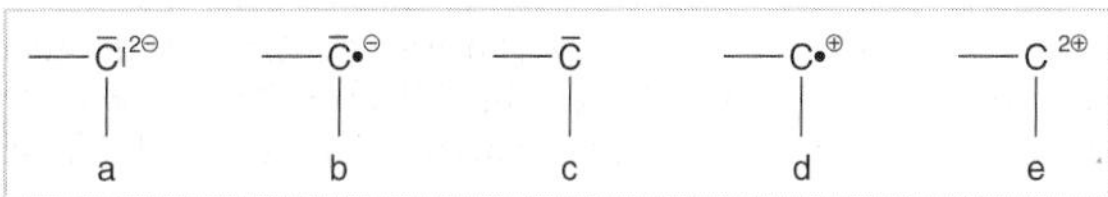

Denkbare 2-bindige C-Spezies

Es wird davon aber bisher nur die Spezies c gefunden, die man als Carbene bezeichnet. Bezüglich deren elektronischer Struktur werden zwei Formen verwirklicht. Die beiden ungebundenen Elektronen können sich als Elektronenpaar in einem gemeinsamen Orbital befinden (*Singulett-Carben*) oder als zwei ungepaarte Elektronen in zwei verschiedenen Orbitalen aufhalten (*Triplett-Carben*). Das Singulett-Carben kann sp^2-hybridisiert sein mit einem Elektronenpaar in einem sp^2-Hybridorbital, das Triplett-Carben sp-hybridisiert mit je einem Elektron in den beiden p-Orbitalen.

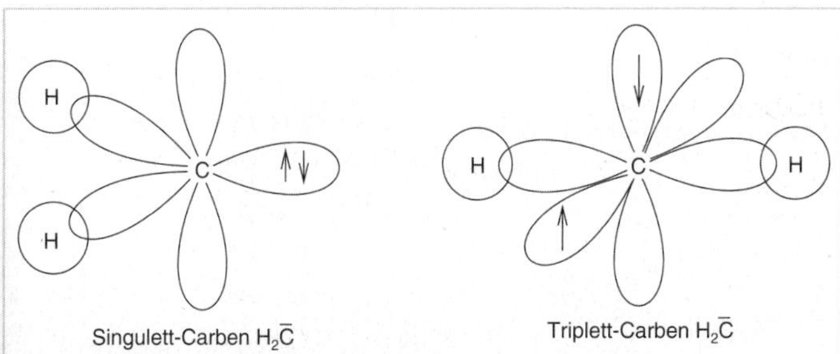

Elektronische Strukturen von Singulett- und Triplett-Carben

Damit ergeben sich als wichtigste reaktive Zwischenstufen in organischen Reaktionen die *Carbokationen*, *Carbanionen*, *Radikale* sowie die Carbene.

Carbokationen treten auf z. B. bei nucleophilen Substitutionen, Additionen und Eliminierungen, Carbanionen z. B. bei den Reaktionen der C-H-aciden Verbindungen, also z. B. den Aldol-Reaktionen, Radikale bei den fotolytisch induzierten Reaktionen, also z. B. den Halogenierungen, und Carbene schließlich beim Zerfall reaktiver Verbindungen wie der Diazoalkane. Zu Bildung und Reaktionen der einzelnen Spezies s. unter den betreffenden Verbindungen.

► D. ist äußerst giftig und ist als cancerogen eingestuft.

CH_2N_2 $M_R = 42{,}02$ C 28,57 % H 4,80 % N 66,63 %

t_{Smp}	t_{Sdp}	d	η
−145 °C	−23 °C		

C_p	$\Delta_S H$	$\Delta_V H$	$\Delta_B H$	S^o	Q_C
			215 kJ/mol		

MAK	R-Satz	S-Satz
0,01 mg/m³	45	53-45

Dibenzoylperoxid

Benzoyl peroxide, Dibenzoyl peroxide

Bildet ein weißes kristallines Pulver, das etwas nach ↑ Benzaldehyd riecht, in Wasser völlig unlöslich ist und sich in den meisten org. Solventien auch nur schlecht löst.

D. wird auf einfache Weise hergestellt durch Umsetzung von 2 Mol ↑ Benzoylchlorid mit 1 Mol ↑ Wasserstoffperoxid in alkalischer Lösung (z. B. Sodalösung). Das Wasserstoffperoxid wird in verdünnter Lösung (6-10 %ig) zugesetzt. Beim Rühren der Reaktionsmischung bei 5 °C fällt D. in reiner Form aus und kann abfiltriert werden (s. Schema). D. ist in reiner Form bei normaler Lagerung praktisch unbegrenzt haltbar.

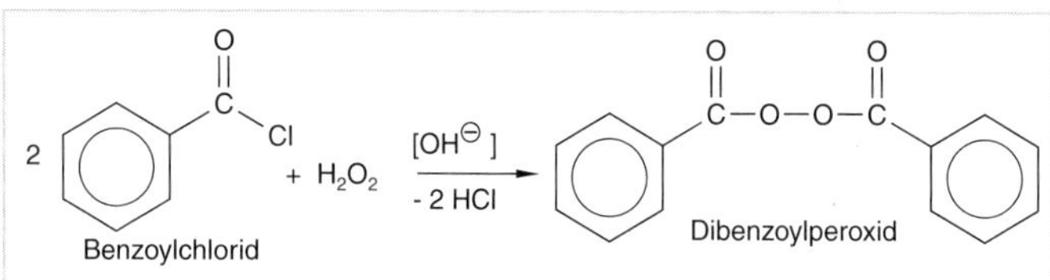

Herstellung von Dibenzoylperoxid

D. wird technisch als Bleichmittel verwendet. Präparative Anwendung findet es als *Radikalstarter* für radikalisch ablaufende chemische Reaktionen (z. B. Polymerisationen), da es beim Erhitzen in ↑ Sauerstoff und *Benzoylradikale* zerfällt (s. Schema). Die Standard-Bindungsdissoziationsenthalpie für die O-O-Bindung beträgt nur 126 kJ/mol, sodaß der Zerfall bereits ab etwa 70 °C eintritt.

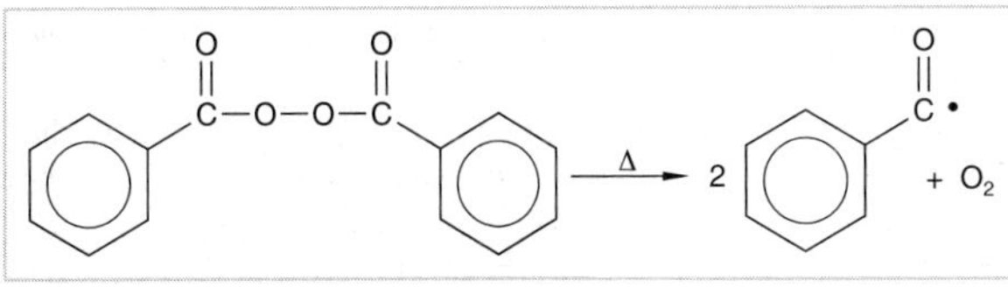

Thermischer Zerfall in Benzoyl-Radikale und Sauerstoff

Es dient ferner als Ausgangsprodukt zur Herstellung von ↑ Peroxybenzoesäure.

► Kann bei zu starkem schnellem Erhitzen explosiv zerfallen.

$C_{14}H_{10}O_4$ $M_R = 242{,}22$ C 69,42 % H 4,16 % O 26,42 %

t_{Smp}	t_{Sdp}	d	η		
105 °C					
C_p	$\Delta_S H$	$\Delta_{Sub} H$	$\Delta_B H$	S^o	Q_C
		89,7 kJ/mol (S)	−369 kJ/mol		−6568 kJ/mol
MAK	R-Satz	S-Satz			
5 mg/m³	2-36-43	3/7-14-36/37/39			

Diboran

Diborane

Ein farbloses, widerlich riechendes Gas, das bei tiefen Temperaturen (s. Datentabelle) zur farblosen Flüssigkeit bzw. zu farblosen Kristallen kondensiert. D. ist sehr hydrolyseempfindlich und an der Luft selbstentzündlich.

Die Herstellung von D. kann erfolgen durch Umsetzung von ↑ Bortrichlorid mit ↑ Lithiumalanat in etherischer Lösung (s. Gleichung).

$$4\,BCl_3 + 3\,LiAlH_4 \longrightarrow 2\,(BH_3)_2 + 3\,LiAlCl_4$$

Herstellung von Diboran aus Bortrichlorid

Eine günstige Labormethode ist die Reaktion von ↑ Natriumboranat mit ↑ Salzsäure (s. Gleichung).

$$2\,NaBH_4 + 2\,HCl \longrightarrow (BH_3)_2 + 2\,H_2 + 2\,NaCl$$

Labordarstellung von Diboran aus Natriumboranat

Technisch nutzt man die Hydridolyse von ↑ Bortrifluorid mit ↑ Natriumhydrid (s. Gleichung).

$$2\,BF_3 + 6\,NaH \longrightarrow (BH_3)_2 + 6\,NaF$$

Technische Diboran-Synthese aus Bortrifluorid

Zur spontanen Bildung von D. aus Monoboran BH_3, zur Bindungssituation im D.-Molekül und zu seiner Struktur s. unter ↑ Bor. Mit Wasser reagiert D. spontan zu ↑ Borsäure und ↑ Wasserstoff (s. Gleichung).

$$(BH_3)_2 + 6\,H_2O \longrightarrow 2\,B(OH)_3 + 6\,H_2$$

Reaktion von Diboran mit Wasser zur Borsäure

Eine interessante organisch-präparative Anwendung hat D. in der als *Hydroborierung* bekannten Reaktion gefunden. Setzt man D. mit einem Olefin um, so entsteht ein *Bortrialkyl* auf die Weise, daß sich das Olefin in alle B-H-Bindungen (des Monoborans) einschiebt wie es im Schema dargestellt ist. An die Doppelbindungen wird also im Endeffekt je zur Hälfte Bor und Wasserstoff addiert (deshalb Hydroborierung).

Diese Bortrialkyle lassen sich hydrolytisch zu den entsprechenden gesättigten Kohlenwasserstoffen, bzw. mit ↑ Wasserstoffperoxid zu den Alkoholen zersetzen (s. Gleichungen).

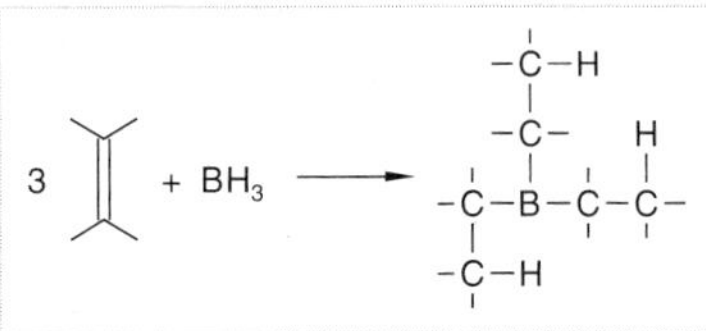

Hydroborierung

$$BR_3 + 3\,H_2O \longrightarrow 3\,R{-}H + B(OH)_3$$
$$BR_3 + 3\,H_2O_2 \longrightarrow 3\,R{-}OH + B(OH)_3$$

Umsetzung der durch Hydroborierung erhaltenen Bortrialkyle zu KW bzw. Alkoholen

Die letztendlich erfolgte Addition an die Doppelbindung wird dabei nach „*Anti-Markownikow*" dirigiert.

► D. ist giftig.

B_2H_6 $M_R = 27{,}67$ B 78,14 % H 21,86 %

t_{Smp}	t_{Sdp}	d	η		
−164,8 °C	−92,5 °C				
C_p	$\Delta_S H$	$\Delta_V H$	$\Delta_B H$	S^o	Q_C
56,2 J/(K · mol)	4,5 kJ/mol	14,3 kJ/mol	35,7 kJ/mol	232 J/(K · mol)	
MAK	R-Satz	S-Satz			
0,1 mg/m³					

Dichlordimethylsilan

Dichlorodimethylsilane

Eine wasserklare, leichtbewegliche, an der Luft stark rauchende Flüssigkeit, die von Wasser sofort exotherm hydrolytisch zersetzt wird (s. unten) und in org. Solventien gut löslich ist.

D. wird technisch in großem Maßstab hergestellt durch Umsetzung von ↑ Methylchlorid mit ↑ Silicium in Gegenwart von ↑ Kupfer als Katalysator bei ca. 300 °C (s. Gleichung). Diese Reaktion ist als *Müller-Rochow-Synthese* bekannt, wird aber auch als *Direkt-Verfahren* bezeichnet und ist wichtig für die Herstellung der ↑ Silicone. Bei der Reaktion entstehen zwar auch die anderen *Methylchlorsilane*, jedoch kann sie so gesteuert werden, daß D. als das meistverwendete Hauptprodukt anfällt.

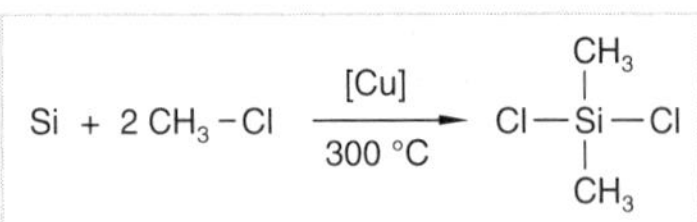

Müller-Rochow-Synthese von Dichlordimethylsilan

Während die Si-C-Bindungen in D. recht stabil sind, besitzen die Si-Cl-Bindungen (wie in allen Alkylchlorsilanen) die Reaktivität von Säurechlorid-Funktionen, d. h. z. B. mit Aminen, Alkoholen und insbesondere mit Wasser erfolgt rasche Spaltung der Si-Cl-Bindung (s. Gleichung).

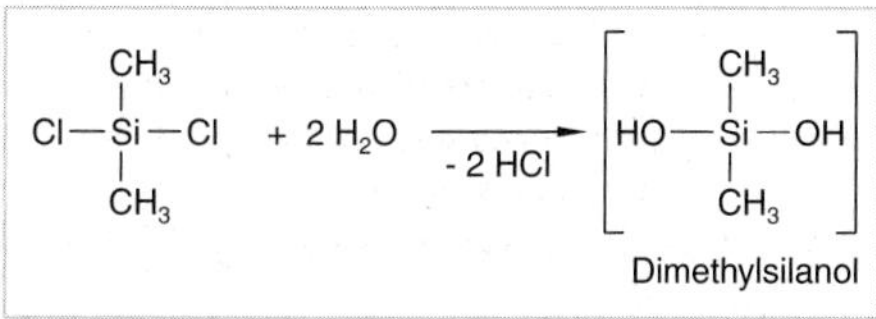

Mit Wasser erfolgt Bildung von Dimethylsilandiol

Die Hydrolyse hat dabei besondere Bedeutung, da sie die Grundlage der Silicon-Synthese ist. Das bei der Hydrolyse entstehende *Dimethylsilandiol* kondensiert nämlich spontan zu höhermolekularen Polydimethylsiloxanen, eben den als Silicone bekannten technisch sehr bedeutsamen Produkten (s. Schema).

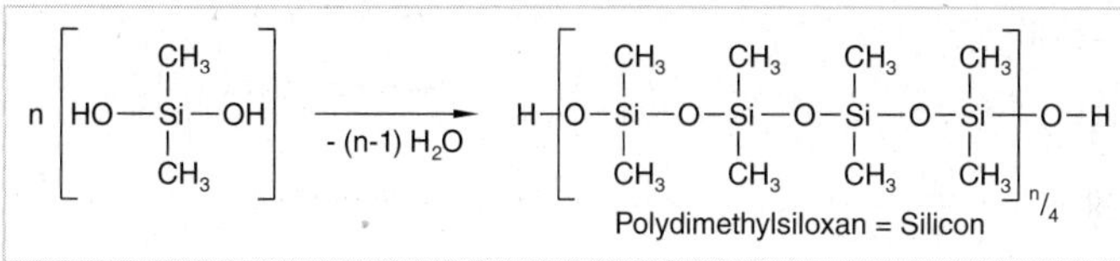

Bildung von Polydimethylsiloxan

Die technisch wichtigsten Silicone beruhen auf der Basis *Polydimethylsiloxan*. Dabei ist je nach Reaktionsführung und Co-Komponenten eine breite Produktpalette vom dünnflüssigen *Siliconöl* bis hin zum vernetzten zähen *Silicongummi* erhältlich. Weiteres s. unter ↑ Silicone.

► D. ist ätzend und schleimhautreizend.

$C_2H_6Cl_2Si$	$M_R = 129{,}06$	C 18,61 %	H 4,69 %	Cl 54,94 %	Si 21,76 %
t_{Smp}	t_{Sdp}	d	η		
−76 °C	70,2 °C	1,07 g/cm³			

Dichlormethan

Methylene chloride, Dichloromethane Methylenchlorid

Eine wasserklare Flüssigkeit mit süßlichem, chloroformähnlichem Geruch, ist unlöslich in Wasser, mischbar mit praktisch allen org. Solventien.

D. wird großtechnisch hergestellt durch direkte Umsetzung von ↑ Methan mit ↑ Chlor, wobei sämtliche *Chlormethane* erhalten werden (s. Schema).

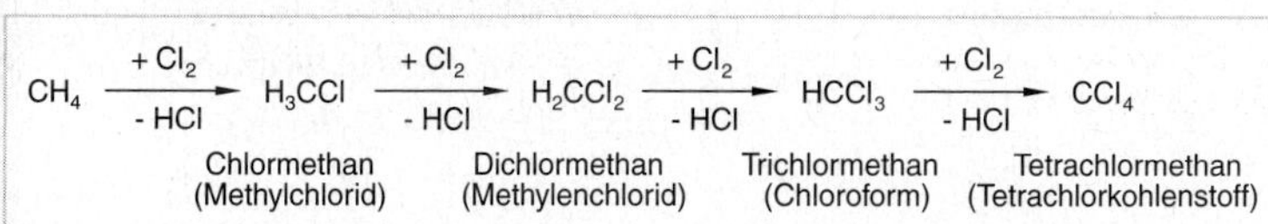

Bildung der Chlormethane aus Methan und Chlor

Die Umsetzung kann fotochemisch, thermisch oder katalytisch geführt und in Richtung auf ein Hauptprodukt gesteuert werden.

D. bildet u. a. folgende Azeotrope:

Azeotrop-Komponenten	Zusammensetzung (Gew.-%)	Siedepunkt (°C)
D./Ethanol	95,0/5,0	39,9
D./Glykol	86,0/14,0	168,7
D./Wasser	99,0/1,0	38,8

D. ist das einzige nichtbrennbare niedrigsiedende Lösungsmittel. Da es hervorragendes Lösevermögen für Fette, Öle, Harze und viele Polymerprodukte aufweist, ist es ein sowohl technisch als auch im Labor vielgebrauchtes Lösungs- und Extraktionsmittel. Es wird auch vielfach in Kombination mit anderen Lösungsmitteln, z. B. niedrigsiedenden Alkoholen, verwendet, teils zur Verbesserung des Lösevermögens, teils zur Anhebung des Flammpunktes. Wegen des niedrigen Schmelzpunktes dient es auch als Kälteübertragungsmedium.

► D. besitzt wie alle chlorierten Kohlenwasserstoffe ein erhebliches toxisches Potential, worauf bei der hohen Flüchtigkeit des D. besonders zu achten ist.

CH_2Cl_2 $M_R = 84{,}94$ C 14,14 % H 2,37 % Cl 83,48 %

t_{Smp}	t_{Sdp}	d	η		
−96,7 °C	40,01 °C	1,325 g/cm³	0,44 mPa · s		
C_p	$\Delta_S H$	$\Delta_V H$	$\Delta_B H$	S^o	Q_C
102,3 J/(K · mol)	6,16 kJ/mol	28 kJ/mol	−124 kJ/mol	174,5 J/(K · mol)	−602 kJ/mol
t_{krit}	P_{krit}	d_{krit}	t_{trip}		
237 °C					
MAK	R-Satz	S-Satz			
360 mg/m³	40	23-24/25-36/37			

Dichloroxid

Chlorine monoxide

D. ist ein gelbbraunes, unangenehm und penetrant riechendes Gas, das unterhalb des Siedepunktes zu einer tiefbraunen Flüssigkeit kondensiert. Die Löslichkeit in Wasser beträgt über 140 g in 100 ml, was etwa 100 Litern D. in 1 Liter Wasser entspricht. In der wässerigen Lösung erfolgt allerdings Umwandlung in Hypochlorige Säure, d. h. es bildet sich das in der Gleichung gezeigte Gleichgewicht aus (s. Gleichung).

$$2\,HOCl \longrightarrow Cl_2O + H_2O$$

Gleichgewicht in wässeriger Lösung

D. explodiert beim Kontakt mit organischen Materialien. Die Herstellung von D. erfolgt im Labor durch Überleiten von ↑ Chlor über ↑ Quecksilberoxid (s. Gleichung).

$$2\,Cl_2 + HgO \longrightarrow HgCl_2 + Cl_2O$$

Labor-Darstellung von Dichloroxid

Eine Lösung von D. in ↑ Tetrachlorkohlenstoff kann man gewinnen, indem man eine wässerige Lösung von Hypochloriger Säure mit Tetrachlorkohlenstoff ausschüttelt (s. obiges Gleichgewicht).

Das D.-Molekül ist wie das Wasser-Molekül gewinkelt mit einem Cl-O-Cl-Winkel von 110,8°. Die Chloratome besitzen im D.-Molekül die positiven Teilladungen.

D. wird in geringerem Ausmaß als Bleichmittel verwendet. Es wird präparativ genutzt, z. B. in der Organik zur Herstellung von Chlorisocyanaten.

Cl_2O	$M_R = 86{,}90$	Cl 81,59 %	O 18,41 %
t_{Smp} −120 °C	t_{Sdp} 2,2 °C	d	η

2,6-Dichlorphenolindophenol-Na-Salz

2,6-Dichloroindophenol sodium

Ein dunkelgrünes Pulver, das sich leicht in Wasser und Ethanol löst. Die wässerige Lösung ist tiefblau und schlägt beim Ansäuern nach rot um.

D. kann hergestellt werden durch Oxidation von *p-Amino-2,6-dichlorphenol* mit Persulfat in Gegenwart von ↑ Phenol in alkalischer Lösung (s. Schema).

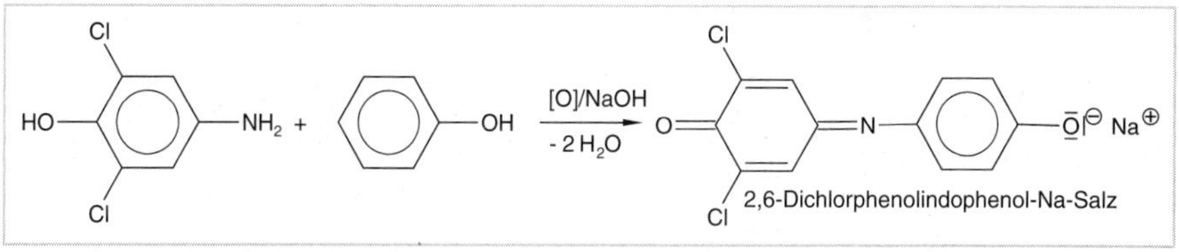

Synthese von 2,6-Dichlorphenolindophenol-Na-Salz

D. ist ein *Redox-Indikator* mit einem Oxidationspotential von + 0,23 bei pH 7. Durch Reduktionsmittel wird es zur farblosen Hydroxy-Verbindung reduziert (z. B. setzt es in saurer Lösung aus Iodiden ↑ Iod frei) und dient so vor allem zur quantitativen Bestimmung von ↑ Ascorbinsäure (Vitamin C) (*Tillmanns Reagenz*).

$C_{12}H_6Cl_2NNaO_2$	$M_R = 290{,}09$	C 49,69 %	H 2,08 %	Cl 24,44 %	N 4,83 %	Na 7,93 %	O 11,03 %

Diethanolamin

Diethanolamine 2,2′-Iminodiethanol

Bildet bei Raumtemperatur farblose, zerfließliche Kristalle mit schwachem aminartigem Geruch, die sich in Wasser, Ethanol oder Aceton gut lösen, jedoch wenig löslich sind in aromatischen, aliphatischen und chlorierten Kohlenwasserstoffen. Der pH-Wert einer 0,1n wässerigen Lösung liegt bei 11,0.

D. wird hergestellt durch Umsetzung eines Überschusses an ↑ Ethylenoxid mit ↑ Ammoniak (s. Schema).

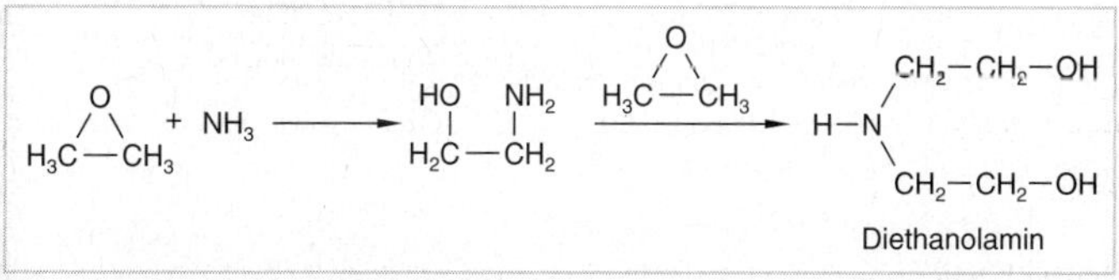

Technische Herstellung von Diethanolamin

D. vereinigt in sich die Eigenschaften eines sekundären Amins und eines Alkohols. Wichtig ist sein basischer Charakter, der zur Salzbildung mit Säuren führt, wobei die Salze mit Fettsäuren hier die weitaus größte Bedeutung haben. Diese stellen nämlich die sog. *Neutralseifen* dar, die in wässeriger Lösung nur pH-Werte von 8-9 erzeugen. Sie sind außer in Wasser auch in vielen org. Solventien sowie in Fetten und Ölen löslich. Da sie ausgezeichnetes Emulgiervermögen besitzen, werden die Neutralseifen in vielen kosmetischen Produkten (Seifen, Schampons, Cremes), in pharmazeutischen Erzeugnissen (Salben) sowie in technischen Formulierungen (Polituren, Lacke, Farben, Appreturen) eingesetzt. Das Salz mit der ↑ Salzsäure, das *Diethanolaminhydrochlorid*, ist bei Raumtemperatur flüssig. Es setzt sich als Unterphase ab, wenn man eine Lösung von D. in ↑ Aceton mit konz. ↑ Salzsäure neutralisiert. Es ist also ein besonders einfaches Beispiel für eine ionische Flüssigkeit (s. unter ↑ Natriumtetrafluoroborat). Es besitzt eine Dichte von 1,23 g/ml und kann in Formulierungen für Lötpasten verwendet werden. Die Amide und Ester von D. finden ebenfalls teils als Emulgatoren Verwendung.

D. dient auch als Ausgangsprodukt in Heterocyclensynthesen (Morpholine, Piperazine).

Technisch wird D. zur *Gasreinigung* genutzt, indem es bei der Durchleitung saure Gaskomponenten (z. B. ↑ Schwefelwasserstoff) bindet.

► D. ist gut hautverträglich und nicht toxisch.

$C_4H_{11}NO_2$ $M_R = 105{,}14$ C 45,70 % H 10,55 % N 13,32 % O 30,44 %

t_{Smp}	t_{Sdp}	d	η		
28 °C	269 °C	1,08 g/cm³			
C_p	$\Delta_S H$	$\Delta_{Sub} H$	$\Delta_B H$	S^o	Q_C
137 J/(K · mol)		105 kJ/mol (S)	−494 kJ/mol		−2652 kJ/mol
MAK	R-Satz	S-Satz			
15 mg/m³	22-38-41-48/22	26-36/37/39-46			

Diethylcarbonat

Ethyl carbonate Kohlensäurediethylester

Eine farblose, angenehm etherisch riechende Flüssigkeit, die in Wasser unlöslich, mit Ethanol oder Diethylether mischbar ist.

D. wird technisch hergestellt durch Umsetzung von ↑ Phosgen mit Ethanol (s. Gleichung).

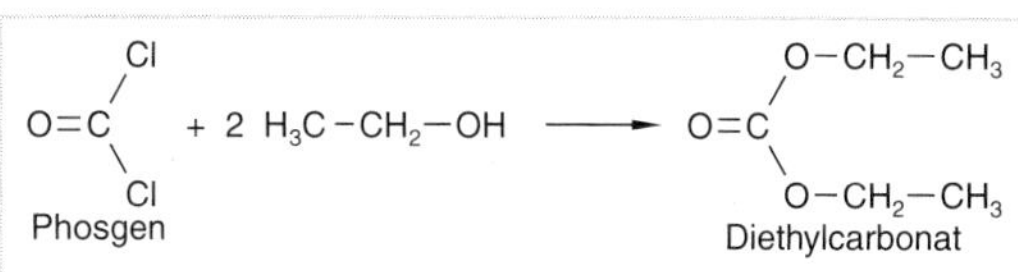

Technische Herstellung von Diethylcarbonat

D. ist ein wichtiges technisches Lösungsmittel für Polymerprodukte wie Cellulosederivate, ↑ Polyacrylnitril und Naturharze. Zudem dient es als aprotisches Solvens für Leitelektrolyten in Li-Ionen-Batterien (s. unter ↑ Lithium). D. wird ferner präparativ als Zwischenprodukt zur Herstellung von Harnstoff-Derivaten, Urethanen und ↑ Polycarbonat sowie für Veresterungen eingesetzt.

► D. kann als ein nahezu untoxisches Produkt angesehen werden.

$C_5H_{10}O_3$ $M_R = 118{,}13$ C 50,84 % H 8,53 % O 40,63 %

t_{Smp}	t_{Sdp}	d	η		
−43 °C	126 °C	0,975 g/cm³			
C_p	$\Delta_S H$	$\Delta_V H$	$\Delta_B H$	S^o	Q_C
210,7 J/(K · mol)		43,6 kJ/mol	−681 kJ/mol		−2715 kJ/mol

Diethylenglykol

Diethylene glykol

Eine ölige, hygroskopische farb- und geruchlose Flüssigkeit, die sich mit Wasser, Ethanol, Aceton und Diethylether beliebig mischt, während sie in unpolaren Solventien wie Tetrachlorkohlenstoff, unlöslich ist.

D. wird hergestellt durch Umsetzung von ↑Ethylenoxid mit ↑Ethylenglykol (s. Gleichung). Es ist also ein Dialkohol und Ether zugleich.

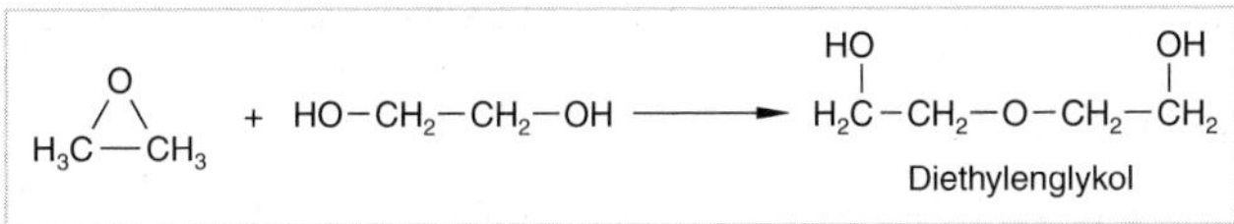

Technische Herstellung von Diethylenglykol

D. bildet u. a. folgendes Azeotrop:

Azeotrop-Komponenten	Zusammensetzung (Gew.-%)	Siedepunkt (°C)
D./Nitrobenzol	10,0/90,0	210,0

D. wird vielfach als *Frostschutzmittel* (z. B. in Kfz.) verwendet (eine 40 %ige wässerige Lösung friert bei −18 °C, eine 50 %ige bei -28 °C). Es findet weitere technische Anwendung als Weichmacher (teils auch in veresterter Form) sowie als *Feuchthaltemittel.* In manchen chemischen Umsetzungen erweist es sich als sehr geeignetes Lösungsmittel (Polarität, hoher Siedepunkt). Technische Bedeutung als Lösungsmittel haben auch die Mono- und Dialkylether des D., z. B. der *Diethylenglykoldimethylether*, auch als *Diglyme* bezeichnet.

► D. ist giftig bei oraler Einnahme.

$C_4H_{10}O_3$ $M_R = 106{,}12$ C 45,27 % H 9,50 % O 45,23 %

t_{Smp}	t_{Sdp}	d	η		
−8 °C	245 °C	1,12 g/cm³			
C_p	$\Delta_S H$	$\Delta_V H$	$\Delta_B H$	S^o	Q_C
244 J/(K · mol)		66 kJ/mol	−628 kJ/mol		−2374 kJ/mol
MAK	R-Satz	S-Satz			
44 mg/m³	22				

Diethylether

Ethyl ether

Eine wasserklare, leichte, leichtbewegliche und sehr flüchtige Flüssigkeit mit typischem Geruch. In 100 ml Wasser lösen sich bei 20 °C ca. 7 g D., während sich in 100 g D. nur 1,2 g Wasser lösen. Mit den meisten org. Solventien ist D. mischbar.

Die älteste bekannte Darstellung für D. ist die Dehydratisierung von ↑ Ethanol mit konz. ↑ Schwefelsäure, die technisch durchgeführt wird (s. Schema).

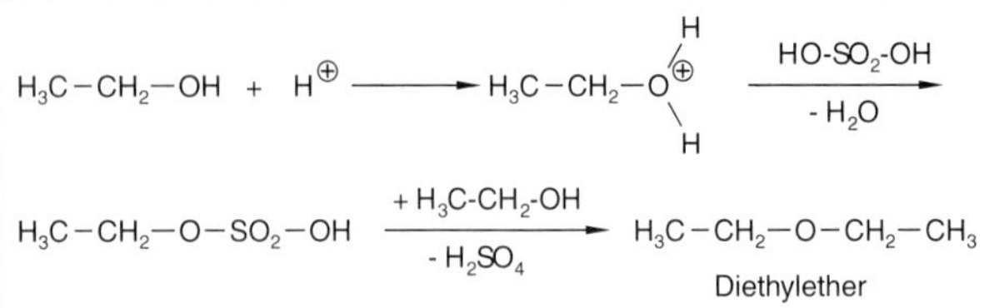

Technische Synthese von Diethylether aus Ethanol

Ein weiteres technisches Verfahren beinhaltet die Anlagerung von ↑ Schwefelsäure an ↑ Ethylen (s. Gleichung).

$$H_2C{=}CH_2 \quad + \quad H_2SO_4 \longrightarrow H_3C{-}CH_2{-}O{-}SO_2{-}OH$$

Schwefelsäure-Anlagerung an Ethylen

Dabei tritt ebenfalls die *Ethylschwefelsäure* als Zwischenprodukt auf, deren Hydrolyse Ethanol ergibt, welches dann wie oben mit weiterer Ethylschwefelsäure unter Substitution den Ether liefert.

D. bildet u. a. folgendes Azeotrop:

Azeotrop-Komponenten	Zusammensetzung (Gew.-%)	Siedepunkt (°C)
D./Wasser	98,8/1,2	34,2

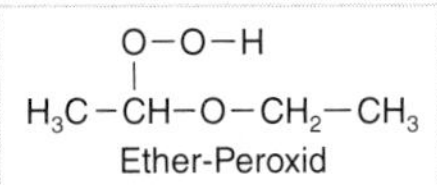

Struktur der gefährlichen Etherperoxide

D. dient teils als Lösungs- und Extraktionsmittel, und vor allem im Labor als Reaktionsmedium. Dabei besteht wie bei allen Ethern bei Luftzutritt die Gefahr der Bildung der *Etherperoxide* (s. Abbildung) die explosiv sind und in Labors schon oft zu Unfällen geführt haben, wenn z. B. D. erwärmt oder destilliert wurde.

Man kann auf Peroxide in D. testen z. B. durch Versetzen mit essigsaurer Kaliumiodid-Lösung (gelbe Farbe durch Iodfreisetzung). Man beseitigt Peroxide aus D. durch Schütteln mit Fe(II)-Salzlösung. Eine Peroxid-Ansammlung im D. kann verhindert werden, indem er über ↑ Kaliumhydroxid aufbewahrt wird, weil sich dann die in D. schwerlöslichen Peroxid-Kaliumsalze abscheiden. D. dient auch heute noch als Narkosemittel bei leichteren chirurgischen Eingriffen. Einatmen von Luft mit 3-5 % D. führt zu tiefer Narkose und völliger Muskulatur-Erschlaffung. 7-10 %ige Konzentrationen in der Atemluft wirken durch Atemlähmung tödlich. In den *Hoffmannstropfen* liegt ein D.-Ethanol-Gemisch 1:3 vor, das eine belebende Wirkung aufweist.

► D. ist sehr leicht entzündlich

$C_4H_{10}O$ $M_R = 74{,}12$ C 64,82 % H 13,60 % O 21,58 %

t_{Smp}	t_{Sdp}	d	η
−116 °C	34,6 °C	0,71 g/cm³	0,233 mPa · s

C_p	$\Delta_S H$	$\Delta_V H$	$\Delta_B H$	S^o	Q_C
172 J/(K · mol)	7,3 kJ/mol	26,5 kJ/mol	−271 kJ/mol	253 J/(K · mol)	−2726 kJ/mol

t_{krit}	P_{krit}	d_{krit}	t_{trip}
193 °C			

MAK	R-Satz	S-Satz
1200 mg/m³	12-19-22-66-67	9-16-29-33

3,5-Diiod-L-Tyrosin

3,5-Diiodo-L-tyrosine Iodgorgosäure

Bildet farblose bis cremefarbene Kristalle, die sich in Wasser bei 25 °C nur zu ca. 60 mg/100 ml, in siedendem Wasser jedoch zu 1,7 g/100 ml lösen. Kocht man D. in wässerigem Ethanol, erfolgt zunächst eine Quellung und dann eine völlige Gelierung der Suspension.

D. läßt sich aus Meeresorganismen wie Korallen und Schwämmen isolieren. Die Synthese kann aus ↑L-Tyrosin durch Iodierung mittels Kaliumtriiodid-Lösung in alkylamin-alkalischer Lösung erfolgen (s. Schema).

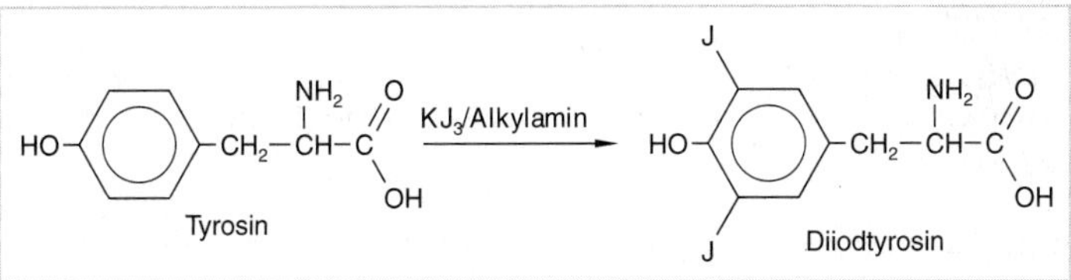

Synthese von Diiodtyrosin

D. wird im tierischen Organismus aus *Iodtyrosin* gebildet und ist eine Vorstufe im biochemischen Aufbau der Schilddrüsenhormone ↑L-Thyroxin und ↑Liothyronin. Pharmakologisch wirkt D. als *Thyroidinhibitor* und wird daher bei Schilddrüsen-Überfunktion angewendet.

$C_9H_9I_2NO_3$	$M_R = 432{,}98$	C 24,97 %	H 2,10 %	I 58,62 %	N 3,23 %	O 11,09 %

$t_{Zersetzung}$	t_{Sdp}	d	η
ca. 200 °C (Z)			

Dimedon

Dimedone 5,5-Dimethyl-1,3-cyclohexandion

Bildet farb- und geruchlose Kristalle, die sich in Wasser nur wenig lösen (0,4 g/100 ml bei 20 °C) und gut löslich sind in Ethanol oder Aceton. D. reagiert in wässeriger Lösung sauer (pKs ca. 5).

D. ist ein Derivat von *Dihydroresorcin* (s. unter ↑Resorcin). Die Synthese von D. erfolgt am besten durch Umsetzung von ↑Mesityloxid mit ↑Malonsäurediethylester unter basischer Katalyse, ein typisches Beispiel für eine *Michael-Addition.* Diese besteht in der Addition einer C-H-aciden Komponente (hier der Malonester) an eine *vinyloge Carbonylkomponente* (hier Mesityloxid). Das primäre Addukt I cyclisiert hier unter den Reaktionsbedingungen zu II, welches sich durch Ketonspaltung (s. unter ↑Acetessigsäureethylester) in D. überführen läßt (s. Schema).

Die Michael-Addition führt meist zu multifunktionellen Verbindungen, sodaß sich oft Folgereaktionen anschließen lassen. Sie ist präparativ sehr vielseitig, auch weil sich C-Ketten in einem Schritt um mehrere C-Atome verlängern lassen.

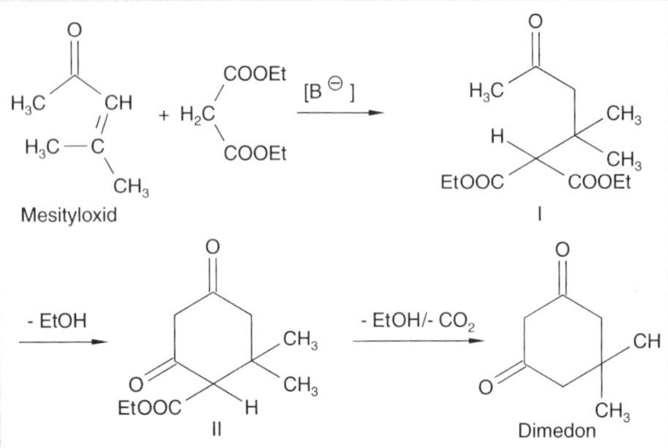

Dimedon-Synthese durch Michael-Addition

D. dient in der organischen Analytik zur Abtrennung, Identifizierung und Bestimmung von Aldehyden, indem es mit diesen zu unlöslichen Kondensationsprodukten reagiert, z. B. mit ↑ Formaldehyd (s. Schema).

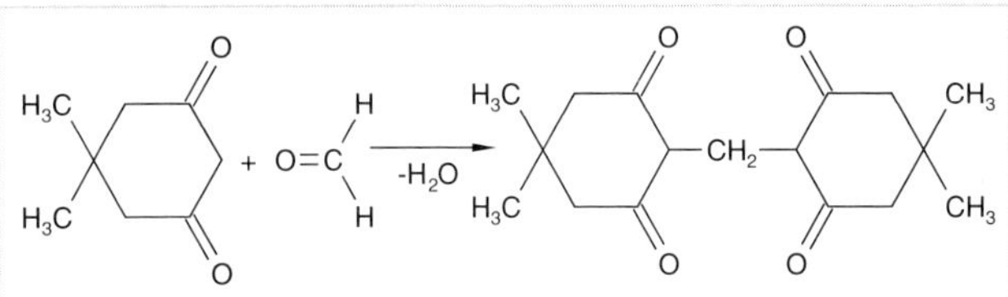

Kondensation von Dimedon mit Formaldehyd

D. ist in trockenem Zustand gut verschlossen praktisch unbegrenzt haltbar. In Lösung oxidiert es sich bei Luftzutritt allmählich.

$C_8H_{12}O_2$	$M_R = 140{,}18$	C 68,55 %	H 8,63 %	O 22,83 %	
t_{Smp} 148 °C	t_{Sdp}	d	η		
C_p	$\Delta_S H$	$\Delta_{Sub}H$ 99,8 kJ/mol (S)	$\Delta_B H$ −483 kJ/mol	S^o	Q_C −4380 kJ/mol
MAK	R-Satz	S-Satz 22-24/25			

Dimethylamin

Dimethylamine

Unter Normalbedingungen ein farbloses, typisch stechend riechendes Gas, das sich sowohl in Wasser als auch in org. Solventien wie Ethanol oder Diethylether sehr gut löst. Die wässerige Lösung reagiert stark alkalisch. Mit ↑ Salzsäure bildet D. ein farbloses hygroskopisches, gut wasserlösliches Hydrochlorid vom Schmp. 171 °C. D. kommt in Stahlflaschen, in wässeriger Lösung (40%ig: 7,9 molar, Dichte = 0,89 g/ml, oder 33%ig: 5,6 molar, Dichte = 0,76 g/ml) oder als Hydrochlorid in den Handel.

D. wird technisch hergestellt durch Umsetzung von ↑ Methanol mit ↑ Ammoniak in Gegenwart von Dehydratisierungskatalysatoren wie ↑ Aluminiumoxid (s. Schema). Es werden Mono-, Di- und *Trimethylamin* erhalten, die z. B. destillativ getrennt werden.

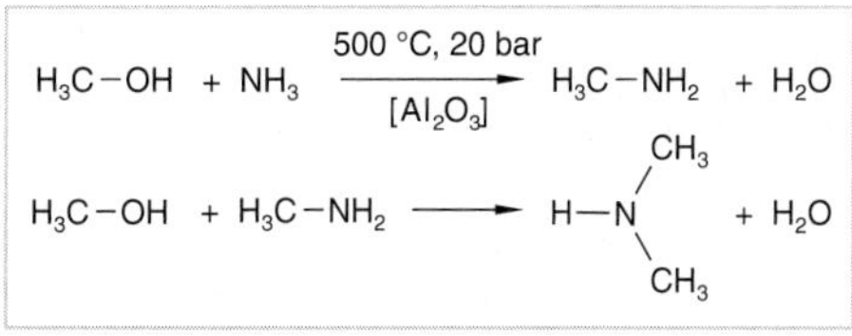

Technische Synthese von Dimethylamin

D. ist das wichtigste Methylamin. Es dient präparativ generell zur Einführung der *Dimethylamino-Gruppe* (z. B. zur Herstellung von ↑ N,N-Dimethylformamid). Durch Umsetzung von D. mit Epichlorhydrin (s. unter ↑ Epoxidharze) lassen sich *polykationische Polymere* gewinnen, die als sog. *Anion-trash-catcher* (*ATC*) z. B. in der *Altpapier-Aufarbeitung* eingesetzt werden, um *anionische Störstoffe* durch Ausfällung abzutrennen (s. Schema).

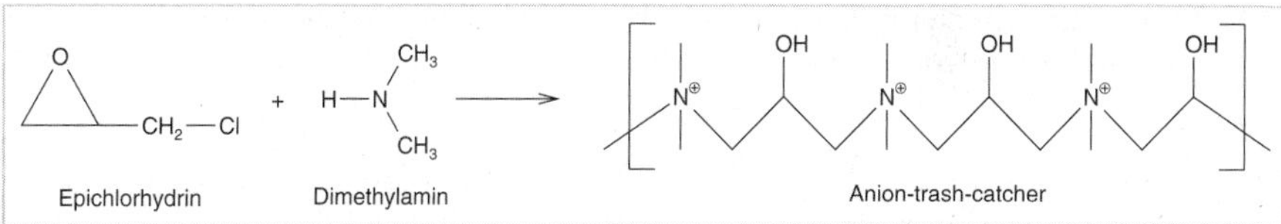

Synthese von kationischen Polymeren

Technisch wird D. als Enthaarungsmittel in der Lederherstellung verwendet sowie zur Gasabsorption eingesetzt.

► D. wirkt stark ätzend auf Haut und Schleimhäute.

C_2H_7N $M_R = 45{,}08$ C 53,28 % H 15,65 % N 31,07 %

t_{Smp}	t_{Sdp}	d	η
−93 °C	7 °C	0,69 g/cm³ (fl.)	

C_p	$\Delta_S H$	$\Delta_V H$	$\Delta_B H$	S^o	Q_C
136,8 J/(K · mol)	6 kJ/mol	26,5 kJ/mol	−45 kJ/mol	174 J/(K · mol)	−1792 kJ/mol

MAK	R-Satz	S-Satz
4 mg/m³	12-20-37/38-41	16-26-39

4-Dimethylaminobenzaldehyd

p-Dimethylaminobenzaldehyde, Ehrlich's reagent

Bildet blättchenförmige Kristalle, die nur im reinsten Zustand farblos sind, meist aber einen leichten Beige- oder Rosafarbton aufweisen. Unter Lichteinfluß färbt sich D. allmählich gelbbraun. D. ist praktisch unlöslich in Wasser, löst sich jedoch gut in den meisten org. Solventien wie Ethanol, Diethylether, Chloroform usw.

D. wird am besten synthetisiert durch „*Vilsmeier-Reaktion*" von *Dimethylanilin* mit ↑ N,N-Dimethylformamid und ↑ Phosphoroxichlorid als Friedel-Crafts-Katalysator. Das Phosphoroxichlorid bildet dabei einen aktivierenden Komplex mit dem Dimethylformamid, so daß dessen elektrophiler Angriff am Aromaten erfolgen kann. Das Additionsprodukt I wird anschließend hydrolytisch zersetzt, wobei über eine Halbaminal-Zwischenstufe D. entsteht (s. Schema).

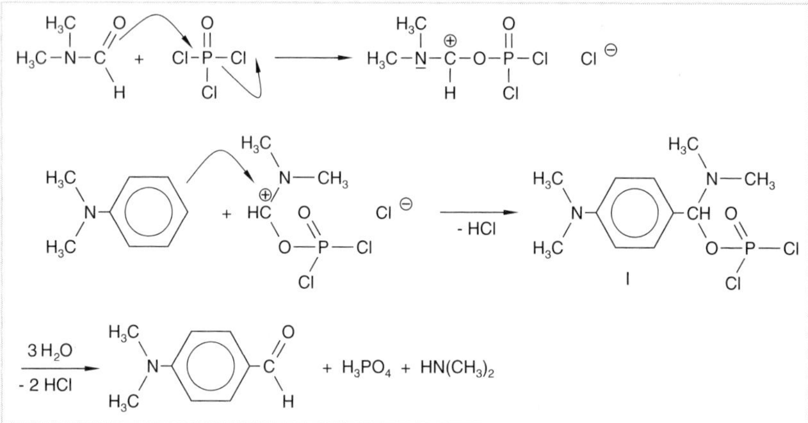

Synthese von 4-Dimethylaminobenzaldehyd durch Vilsmeier-Reaktion

D. wird sowohl als Synthese-Ausgangsprodukt (z. B. für Farbstoffe) als auch als analytisches Reagenz verwendet. Es ist eine Entdeckung von Ehrlich, daß Indole bei Behandlung mit D. in Gegenwart von konz. Salzsäure rote bis violette Farben ergeben, ein Nachweis, der in Pharmazie, Medizin und Lebensmittelanalytik angewandt wird, weshalb D. auch als „*Ehrlich-Reagenz*" bezeichnet wird. Zum Beispiel entsteht mit *2-Methylindol* das Indolenin I (s. Schema).

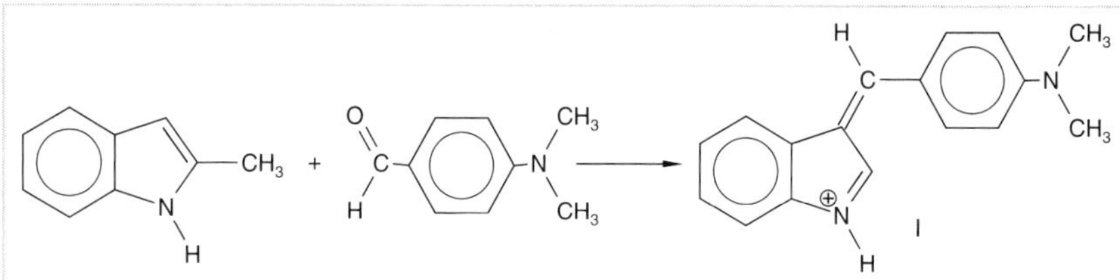

Indol-Nachweis mit Ehrlichs Reagenz

Die positive Ladung ist bis zum anderen N-Atom delokalisiert, worauf die tiefe Farbe beruht. Das Ehrlich-Reagenz wird vor allem zum Nachweis von *Urobilin* und *Sterkobilin* im Urin verwendet (s. unter ↑ Bilirubin).

► D. ist gesundheitsschädlich.

$C_9H_{11}NO$	$M_R = 149{,}19$	C 72,46 %	H 7,43 %	N 9,39 %	O 10,72 %
t_{Smp} 74 °C	t_{Sdp} 176 °C (23 mbar)	d	η		
C_p	$\Delta_S H$	$\Delta_V H$	$\Delta_B H$ −137 kJ/mol	S^o	Q_C −4977 kJ/mol

MAK	R-Satz	S-Satz
	22	

4-Dimethylaminobenzylidenrhodanin

p-Dimethylaminobenzalrhodanine

Tiefrotes kristallines Pulver, das in Wasser unlöslich ist, kaum löslich ist in Chloroform oder Ether und sich etwas löst in Aceton oder Amylalkohol.

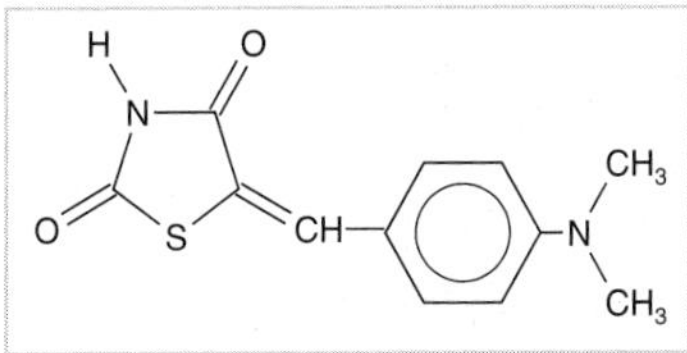

Struktur von 4-Dimethylaminobenzylidenrhodanin

D. dient in der qualitativen Analytik vor allem zum Nachweis von Silberionen. Versetzt man eine schwach essigsaure Silbersalz-Lösung mit einigen Tropfen einer 0,03 %igen Lösung von D. in Aceton, so entsteht ein roter Niederschlag. In saurer Lösung stören vor allem ↑ Kupfer, ↑ Quecksilber und ↑ Arsen.

$C_{12}H_{12}N_2OS_2$ $M_R = 264{,}36$ C 54,52 % H 4,58 % N 10,60 % O 6,05 % S 24,26 %

N,N-Dimethylformamid

N,N-Dimethylformamide DMF

D. ist eine wasserklare, leicht bewegliche Flüssigkeit mit leicht aminartigem Geruch. Es ist beliebig mischbar mit Wasser und vielen org. Solventien außer aliphatischen Kohlenwasserstoffen. D. ist sehr stabil und nicht hydrolyseempfindlich, erst heiße konz. Alkalilaugen führen zur Hydrolyse.

D. wird technisch z. B. hergestellt durch Umsetzung von ↑ Ameisensäuremethylester mit ↑ Dimethylamin unter Druck (s. Gleichung).

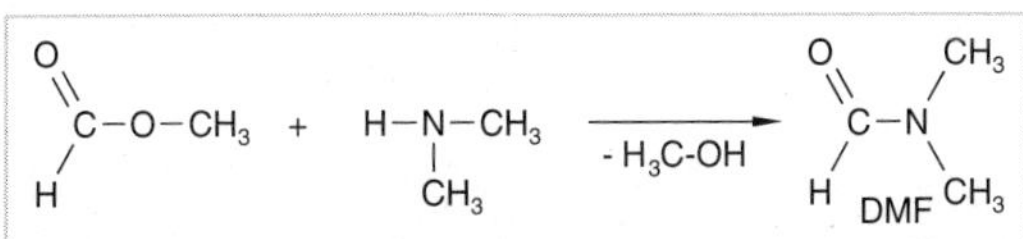

Technische Herstellung von Dimethylformamid

D. besitzt ein außerordentlich breites Lösevermögen für viele organische und auch anorganische Stoffe sowie für viele Polymerprodukte, so z. B. auch für das Lignin des Holzes, so daß es sowohl im Labor als auch in Technik und Industrie als Lösungsmittel viel verwendet wird. Es ist als hochpolares aprotisches Solvens zu klassifizieren.

Es dient auch als Synthese-Baustein, z. B. als Formylierungsreagenz zur Herstellung aromatischer Aldehyde (*Vilsmeier-Reaktion*, s. unter ↑ 4-Dimethylaminobenzaldehyd).

► Das Einatmen von D. ist gesundheitsschädlich und führt bei höheren Dosen bes. zu Leberschäden. Es reizt die Haut und die Augen.

C_3H_7NO $M_R = 73{,}09$ C 49,30 % H 6,95 % N 19,16 % O 21,89 %

t_{Smp}	t_{Sdp}	d	η		
−61 °C	153 °C	0,94 g/cm³			
C_p	$\Delta_S H$	$\Delta_V H$	$\Delta_B H$	S^o	Q_C
146 J/(K · mol)	8,9 kJ/mol	47,6 kJ/mol	−239 kJ/mol		−1941 kJ/mol
MAK	R-Satz	S-Satz			
30 mg/m³	61-20/21-36	53-45			

Dimethylsulfat

Dimethyl sulfate Schwefelsäuredimethylester

Eine farblose ölige Flüssigkeit, die sich in der Kälte nur wenig in Wasser löst und bereits bei Raumtemperatur von Wasser schnell hydrolysiert wird. D. ist gut löslich in polaren org. Solventien.

D. wird technisch z. B. hergestellt durch Destillation von konz. ↑ Schwefelsäure mit ↑ Methanol (s. Gleichung).

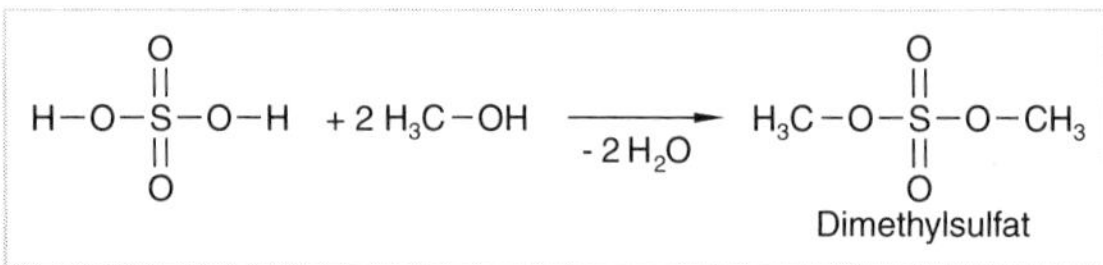

Herstellung von Dimethylsulfat

D. dient präparativ als sehr wirksames *Methylierungsmittel*, indem es acide H-Atome von OH-, SH- und NH-Gruppen gegen die Methylgruppe austauscht.

► D. ist eine außerordentlich giftige Substanz, für die noch nicht einmal Warnhinweise bezüglich Geruch oder Reizwirkung auf die Haut gegeben werden können, da deren Feststellung bereits zu schweren Intoxikationen führen kann. Dem D. wird ein stark krebserregendes Potential zugesprochen.

$C_2H_6O_4S$	$M_R = 126{,}13$	C 19,04 %	H 4,79 %	O 50,74 %	S 25,42 %
t_{Smp}	t_{Sdp}	d	η		
−27 °C	188 °C	1,33 g/cm³			
C_p	$\Delta_S H$	$\Delta_V H$	$\Delta_B H$	S^o	Q_C
		48,5 kJ/mol	−735 kJ/mol		
MAK	R-Satz	S-Satz			
0,1 mg/m³	45-25-26-34-43	53-45			

Dimethylsulfoxid

Dimethyl sulfoxide DMSO

Eine farb- und geruchlose sehr hygroskopische Flüssigkeit, die sich mit Wasser und vielen org. Solventien mischt.

D. wird technisch hergestellt durch Luftoxidation von *Dimethylsulfid*. Die Oxidation gelingt ebenfalls mit ↑ Wasserstoffperoxid oder ↑ Salpetersäure, wobei mit einem Überschuss an Oxidationsmittel jedoch Weiterreaktion zum Sulfon erfolgt (s. Schema). D. entsteht auch als Nebenprodukt bei der Papierfabrikation.

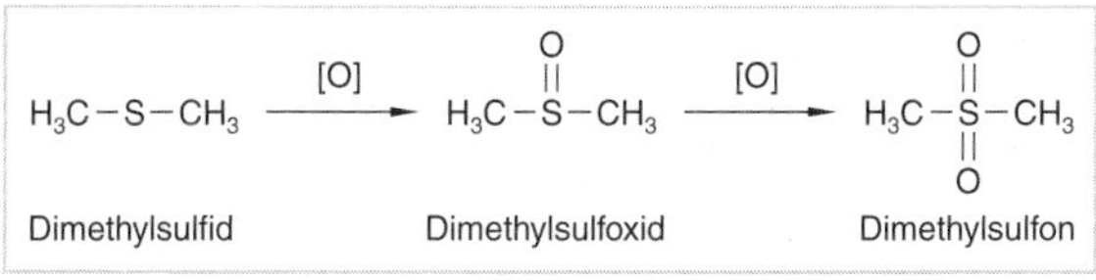

Herstellung von Dimethylsulfoxid durch Oxidation von Dimethylsulfid

Dimethylsulfid, eine farblose, übelriechende, brennbare, in Wasser unlösliche Flüssigkeit (Sdp. 37 °C), wird hergestellt durch Umsetzung von ↑ Methylbromid mit ↑ Kaliumsulfid. Das bei der Weiterreaktion entstehende *Dimethylsulfon* bildet farb- und geruchlose, wasserlösliche Kristalle vom Schmp. 110 °C.

D. dient im Labor und in der Technik als hervorragendes Lösungsmittel, auch für viele polymere Produkte. Es ist wie ↑ Dimethylformamid als sehr polares aprotisches Solvens einzustufen, wobei es besonders nucleophilen Charakter zeigt, was sich in der im Schema gezeigten Polarisierung auch andeutet.

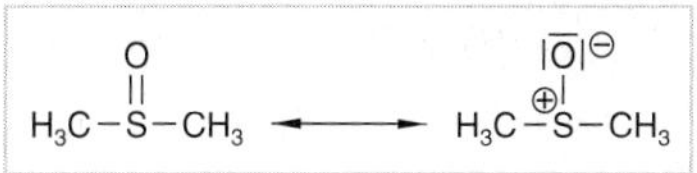

Polarisierung im Dimethylsulfoxid

D. stabilisiert (solvatisiert) also besonders Kationen, während Anionen frei, also besonders reaktionsbereit vorliegen. (sog. „*nackte Anionen*“).

D. wird medizinisch als Antiphlogistikum vor allem gegen rheumatische Beschwerden verwendet und meist in Form von Emulsionsgelen auf die Haut aufgetragen. Man führt die Wirkung von D. auf die Radikalfänger-Eigenschaften zurück. D. diffundiert rasch durch die Haut.

► D. wirkt hautreizend.

C_2H_6OS $M_R = 78{,}13$ C 30,74 % H 7,74 % O 20,48 % S 41,04 %

t_{Smp}	t_{Sdp}	d	η		
18,5 °C	189 °C	1,10 g/cm³			
C_p	$\Delta_S H$	$\Delta_V H$	$\Delta_B H$	S^o	Q_C
149 J/(K · mol)	14,4 kJ/mol	53 kJ/mol	−203 kJ/mol	189 J/(K · mol)	−2037 kJ/mol
MAK	R-Satz	S-Satz			
160 mg/m³					

Dioxan

Dioxane

Farblose, brennbare Flüssigkeit mit schwachem, nicht unangenehmem Geruch, die sich mit Wasser und den meisten org. Solventien mischt.

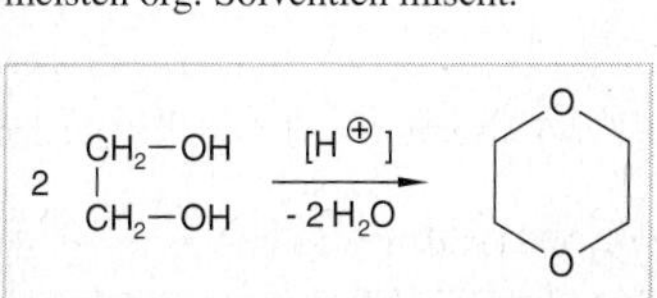

Herstellung von Dioxan

D. wird hergestellt durch Destillation von ↑ Ethylenglykol mit konzentrierter ↑ Schwefelsäure (s. Schema).

D. bildet u. a. folgende Azeotrope:

Azeotrop-Komponenten	Zusammensetzung (Gew.-%)	Siedepunkt (°C)
D./Ethanol	9,3/90,7	78,1
D./Wasser	81,6/18,4	87,8

D. besitzt sehr gutes Lösevermögen, auch für polymere Produkte, insbesondere Cellulose-Derivate, sowie für anorganische Stoffe und wird deshalb vielfach als Lösungsmittel verwendet.

► D. ist giftig beim Einatmen. Es greift Leber, Nieren und Nerven an. Es wirkt reizend auf Haut und Schleimhäute und steht im Verdacht der krebserregenden Wirkung. Es ist leicht entzündlich und bildet als cyclischer Ether leicht Peroxide.

$C_4H_8O_2$ $M_R = 88{,}10$ C 54,53 % H 9,15 % O 36,32 %

t_{Smp}	t_{Sdp}	d	η
11,8 °C	101 °C	1,03 g/cm³	

C_p	$\Delta_S H$	$\Delta_V H$	$\Delta_B H$	S^o	Q_C
150 J/(K · mol)	11,9 kJ/mol	34,2 kJ/mol	−355 kJ/mol	196,6 J/(K · mol)	−2362 kJ/mol

MAK	R-Satz	S-Satz
73 mg/m³	11-19-36/37-40	16-36/37

Diphenylmethan

Diphenylmethane Ditan

Bildet farblose, nadelförmige Kristalle von geranienartigem Geruch, die in Wasser unlöslich, aber gut löslich sind in Ethanol, Diethylether oder Chloroform.

Zur Herstellung von D. ist eine Eintopfsynthese möglich, indem ↑Benzol im stark HCl-sauren Medium mit ↑Formaldehyd umgesetzt wird. Zunächst erfolgt Hydroxymethylierung zum ↑Benzylalkohol (s. unter ↑Phenoplaste), der dann unter dem Einfluß der Säure nucleophile Substitution der OH-Gruppe gegen ein Cl-Atom eingeht zum ↑Benzylchlorid (Blank-Reaktion). Letzteres reagiert dann in einer Friedel-Crafts-Alkylierung zum D. (s. Schema).

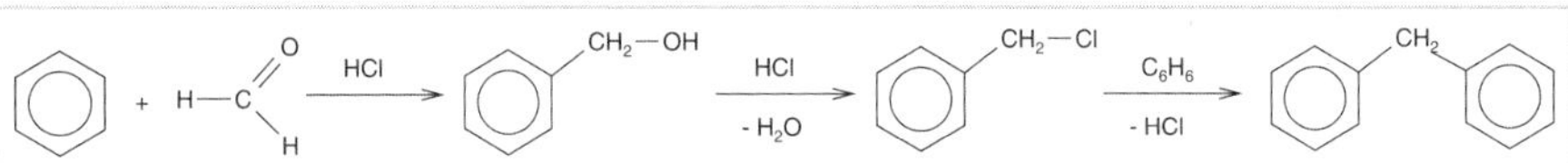

Diphenylmethan aus Benzol und Formaldehyd

Die beiden Methylenprotonen sind aktiv, mit geeigneten Oxidationsmitteln erfolgt Oxidation zu ↑Benzophenon.

D. wird in der Parfümerie sowohl als Hilfsstoff (Fixateur) als auch als Geruchsstoff z. B. zur Seifenherstellung verwendet. Technische Anwendung findet D. als Hilfsstoff bei der Polymer-Einfärbung sowie als Zusatz zu Treibstoffen zur Verbesserung der Schmierfähigkeit.

Polychlorierte Derivate des D. sind bekannte Bakterizide oder Insektizide (s. ↑Hexachlorophen, ↑DDT).

$C_{13}H_{12}$ $M_R = 168{,}24$ C 92,81 % H 7,19 %

t_{Smp}	t_{Sdp}	d	η
26 °C	264 °C	1,00 g/cm³	

C_p	$\Delta_S H$	$\Delta_V H$	$\Delta_B H$	S^o	Q_C
233 J/(K · mol)	18,6 kJ/mol	50 kJ/mol	114 kJ/mol	239 J/(K · mol)	−6927 kJ/mol

t_{krit}	P_{krit}	d_{krit}	t_{trip}
487 °C	2,71 MPa		

Dithiooxamid ⟶ Rubeanwasserstoffsäure

Dithizon

Dithizone

Ein blauschwarzes kristallines Pulver, das in Wasser unlöslich, in Ethanol wenig löslich und in Tetrachlorkohlenstoff und in Chloroform gut löslich ist. Die Lösungen sind grün.

Die Synthese von D. gelingt durch Umsetzung von ↑Phenylhydrazin mit ↑Schwefelkohlenstoff, die zunächst zum *Diphenylthiocarbazid* führt, das sich durch Kochen mit methanolicher Kalilauge unter Rückfluß zu D. dehydrieren läßt (s. Schema).

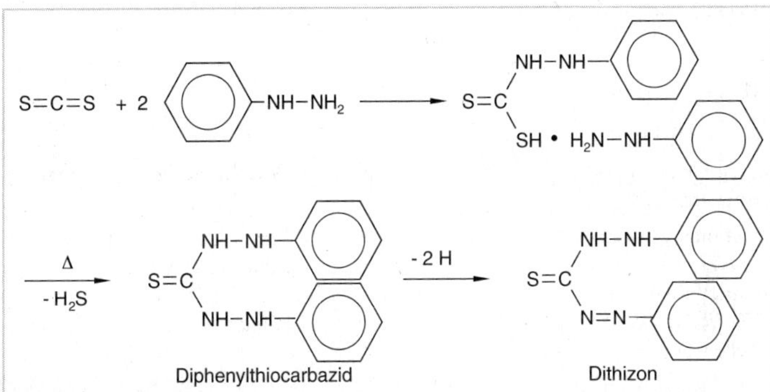

Synthese von Dithizon

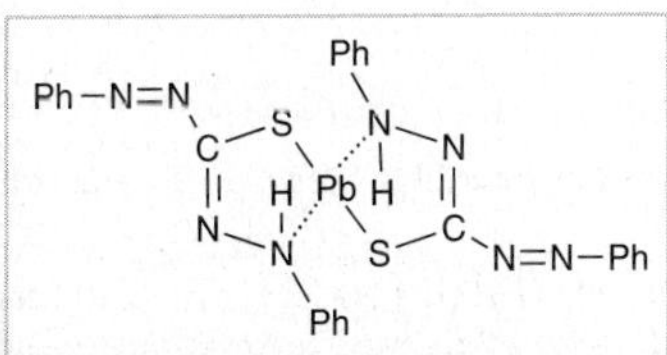

Struktur des Blei-Dithizon-Komplexes

D. hat die Eigenschaft, mit vielen Schwermetallionen stabile, in Wasser unlösliche Komplexe (*Dithizonate*) zu bilden (z. B. mit Cu, Pb, Cd, Hg, Ag, Zn usw.), die sich mit charakteristischen Farben in ↑Tetrachlorkohlenstoff lösen. Auf diese Weise sind die Metalle colorimetrisch oder fotometrisch zu bestimmen. Die Farbreaktionen sind äußerst empfindlich und noch zum Nachweis von Spuren geeignet. D. ist somit ein wichtiges analytisches Reagenz. Die Struktur des Bleikomplexes ist als Beispiel dargestellt (s. Abbildung). Die Dithizonate von Fe, Mn, Cu, Co, Ni sind violett, während die von Bi, Sn, Cd, Zn, Pb rote und die von Ag, Hg, An gelbe Färbungen aufweisen.

► In Lösung ist D. nicht unbegrenzt haltbar.

$C_{13}H_{12}N_4S$ $M_R = 256{,}32$ C 60,91 % H 4,72 % N 21,86 % S 12,51 %

L-Dopa

Levodopa 3-Hydroxy-L-tyrosin

Bildet ein farb-, geruch- und geschmackloses kristallines Pulver, das sich in Wasser zu ca. 0,15 g/100 ml löst, leicht löslich ist in verdünnten Säuren und Laugen, dagegen unlöslich ist in Ethanol, Diethylether oder Chloroform. An feuchter Luft oxidiert sich D. rasch unter Dunkelfärbung (s. unten).

D. läßt sich in technischem Maßstab aus Dicken Bohnen isolieren und im Labor z. B. durch Hydoxylierung von ↑L-Tyrosin gewinnen. Auf diesem Wege wird es auch im Organismus enzymatisch gebildet durch L-Tyrosin-3-hydroxylase (s. Schema).

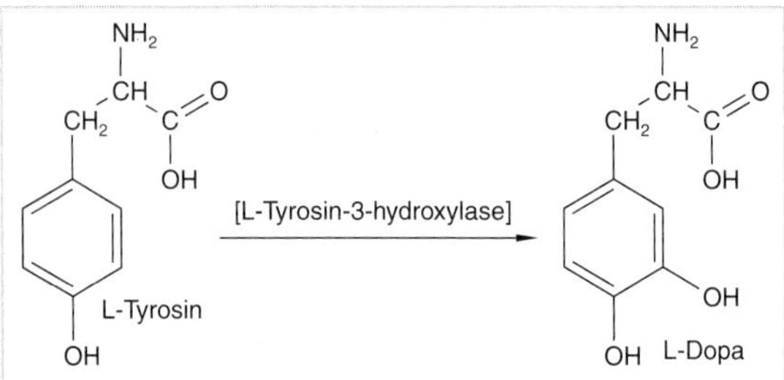

Bildung von L-Dopa im Organismus

Aus D. bilden sich in tierischen Organismen die als *Melanine* bezeichneten Pigmente, die für die Färbung von Haut, Haaren Federn usw. verantwortlich sind. Dabei wird D. zunächst zu einem Orthochinon oxidiert, das zu einem chinoiden ↑Indol cyclisiert, durch dessen Polymerisation schließlich die Melanine entstehen. Fehlt in dieser Sequenz das Enzym *Tyrosinase*, kommt es zum *Albinismus*. Physiologisch ist D. außerdem die Vorstufe von ↑Dopamin.

D. wird in der Behandlung der Parkinson-Krankheit eingesetzt (s. unter ↑Dopamin).

$C_9H_{11}NO_4$ $M_R = 197{,}19$ C 54,82 % H 5,82 % N 7,10 % O 32,45 %

$t_{Zersetzung}$	t_{Sdp}	d	η
ca. 280 °C (Z)			

Dopamin

Dopamine

Bildet farblose Kristalle, die sehr sauerstoffempfindlich sind und sich an der Luft rasch verfärben. Die Handelsform ist meist das Hydrochlorid, farblose, in Wasser und Methanol gut lösliche, in Diethylether und Chloroform unlösliche Kristalle, die sich bei 241 °C zersetzen.

D. ist ein biogenes Amin, das im tierischen Organismus durch Decarboxylierung von ↑L-Dopa entsteht unter Wirkung des Enzyms *Dopadecarboxylase* (s. Schema).

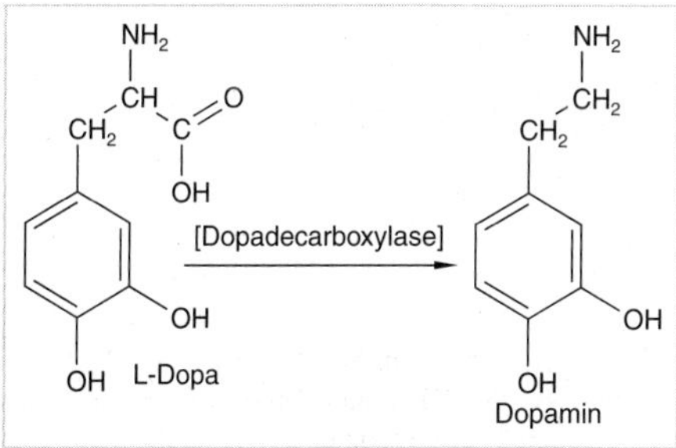

Biosynthese von Dopamin aus L-Dopa

D. ist ein Zwischenprodukt in der Biosynthese von ↑ Noradrenalin und ↑ Adrenalin und zählt wie diese zu den Catecholaminen (*β-Phenylethylamin* und seine biogenen Derivate).

D. wirkt physiologisch als Neurotransmitter (s. unter ↑ Acetylcholin und ↑ Adrenalin). Es wirkt als Sympathomimetikum (s. unter ↑ Acetylcholin) und wird zur Blutdrucksteigerung eingesetzt. D.-Mangel im Gehirn gilt als ursächlich für den *Parkinsonismus*. Da D. die Blut-Hirn-Schranke nicht überwinden kann, wird zur Parkinson-Therapie seine Vorstufe, das ↑ L-Dopa eingesetzt. Bei der *Suchtentstehung* durch Rauschgifte (z. B. ↑ Cocain) und Alkohol wird eine vermehrte D.-Ausschüttung im Gehirn beobachtet.

$C_8H_{11}NO_2$ $M_R = 153{,}18$ C 62,73 % H 7,24 % N 9,14 % O 20,89 %

Dubnium ⟶ Element 105

Dysprosium

Dysprosium Dy

In reinem Zustand ein silberweißes Metall, das an der Luft rasch matt anläuft.

D. gehört zu den Lanthaniden (Seltenerd-Metall) und besitzt die Elektronenkonfiguration:

Xe $4f^8$ $5d^1$ $6s^2$ bzw. Xe $4f^{10}$ $5d^0$ $6s^2$, Grundterm $^5I_8$.

Dy wurde 1886 entdeckt und kommt in sehr geringen Mengen in Seltenerd-Mineralien vor (der Anteil an der Erdkruste dürfte bei etwa 5 ppm liegen). Das Metall bildet eine hexagonal dichteste Kugelpackung. Die bevorzugte Oxidationsstufe des Dy ist wie die aller Lanthaniden +3 und die Lösungen der Dy(III)-Salze sind gelb-grün.

Es gelten folgende Normalpotentiale: $Dy \rightarrow Dy^{3+} + 3\,e^-$ $E^\ominus$ (sauer) = −2,29 V, $E^\ominus$ (basisch) = −2,80 V

Dy hat bisher keine direkten Anwendungen gefunden.

Dy Z = 66 $A_R = 162{,}50$ Isotope: 156, 158, 160-164; 145-155, 157, 159, 165-167 (künstlich)

t_{Smp}	t_{Sdp}	d	MV	α	λ
1409 °C	2558 °C	8,55 g/cm³	19,00 cm³/mol	10,0 10^{-6}/K	10,7 W/mK

C_p	$\Delta_S H$	$\Delta_V H$	S^o	ϱ
28,12 J/(K · mol)	11,06 kJ/mol	230 kJ/mol	74,9 J/(K · mol)	890 nΩ · m

Eicosapentaensäure

Eicosapentaenoic acid EPA

Eine farblose, ölige Flüssigkeit, unlöslich in Wasser, löslich in Ethanol, die an der Luft rasch der Oxidation und Verharzung unterliegt.

E. ist wesentliche Fettsäurekomponente der Glyceride mariner *Fischöle* und läßt sich daraus gewinnen. E. ist ferner Bestandteil säugetierischer ↑ Phospholipide. Es ist eine fünffach ungesättigte Fettsäure vom ω-3-Typ, d. h. die erste Doppelbindung vom CH_3-Molekül-Ende her gesehen beginnt am 3. C-Atom (man vergleiche die ↑ Arachidonsäure als ω-6-Fettsäure). Man ist auf die ω-3-Fettsäuren (wie überhaupt auf die hochungesättigten Fettsäuren) aufmerksam geworden, als man einen ursächlichen Zusammenhang festgestellt hat zwischen dem äußerst geringen Vorkommen coronarer Erkrankungen unter Eskimos und deren naturgemäß hohem Fischverzehr und diesen Zusammenhang weiter zurückführen konnte auf den hohen Anteil der hochungesättigten ω-3-Fettsäuren in den Fischölen. In den Fischölen kommt auch die ω-3-Fettsäure *Docosahexaensäure* (*DHA*) vor (s. Strukturabbildungen).

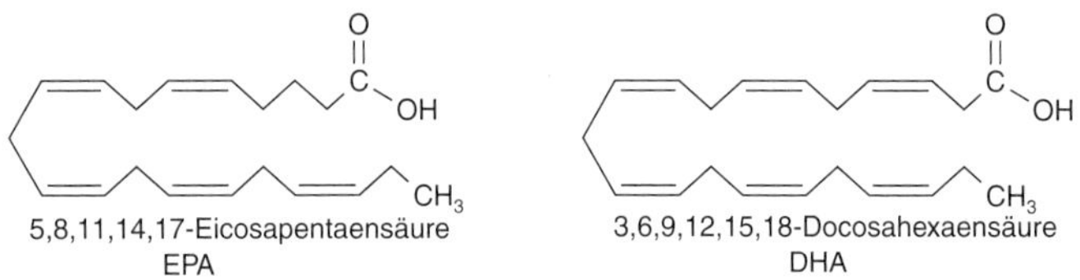

Strukturen von EPA und DHA

Wie die dargestellten Strukturformeln zeigen liegen die Säuren in der all-cis-Form vor.

Man weiß heute, daß die hochungesättigten ω-3- und ω-6-Fettsäuren (sprich *Omega-3* bzw. *Omega-6*) wichtige Mediatorstoffe sind im biochemischen Aufbau der als *Eicosanoide* zusammengefaßten ↑ Prostaglandine, ↑ Thromboxane und ↑ Leukotriene, wobei die ω-6-Fettsäuren z. B. zur Prostaglandin-2-, die ω-3-Fettsäuren zur Prostaglandin-3-Familie führen, die beide unterschiedliche Funktionen erfüllen. Die in den westlichen Ländern vorwiegende Ernährung mit tierischen Fetten versorgt den Körper aber vor allem mit ω-6-Fettsäuren (s. unter ↑ Arachidonsäure), so daß man ernährungsbedingte Defizite in der ω-3-Fettsäureversorgung vermutet. Man beobachtet dementsprechende positive pharmakologische Wirkungen der E. gegen Herz-Kreislauf-Beschwerden, Hauterkrankungen, arthritische Erscheinungen, Diabetes usw.

$C_{20}H_{30}O_2$ $M_R = 300{,}46$ C 79,42 % H 10,00 % O 10,58 %

Einsteinium

Einsteinium Es

Künstliches metallisches chemisches Element, zur Gruppe der Actiniden gehörend und wie diese alle radioaktiv. Es wurde 1952 in den Spaltprodukten der Explosion einer von den USA gezündeten Wasserstoffbombe entdeckt.

Es kann gezielt gewonnen werden durch Neutronenbeschuß von ↑ Plutonium. Das längstlebige Isotop mit der Massenzahl 254 besitzt eine Halbwertzeit von 276 Tagen und ist ein α-Strahler.

Es besitzt die Elektronenkonfiguration Rn $5f^{11}$ $6d^0$ $7s^2$, Grundterm $^5I_{15/2}$

Die bevorzugte Oxidationszahl ist +3, für deren Erreichen das Normalpotential $E^{\ominus}$ ($Es \rightarrow Es^{3+}$) = −1,98 V wirksam ist.

Die Es(III)-Salze sind in Lösung blaßrosa. Es steht in Nanogramm-Mengen zur Verfügung.

Es $Z = 99$ $A_R = 252{,}083$ Isotope: 243-256					
t_{Smp}	t_{Sdp}	d	MV	α	λ
860 °C		8,84 g/cm³	28,5 cm³/mol		ca. 10 W/mK

Eisen

Iron Fe

$$Fe + 2H^{\oplus} \longrightarrow Fe^{2+} + H_2$$

Wasserstoff-Entwicklung aus Säuren mit Eisen

Chemisch reines Fe ist ein silberglänzendes, recht weiches und dehnbares Metall. An sehr trockener Luft sowie in völlig Kohlenstoffdioxid- und Sauerstoff-freiem Wasser verändert sich Fe nicht. In feuchter Luft und in Sauerstoff- und Kohlenstoffdioxid-haltigem Wasser vollzieht sich jedoch rasch der als „*Rosten*" bekannte Vorgang (s. unten). Fe reagiert mit nichtoxidierenden Säuren gemäß seinem niedrigen Normalpotential (s. Gleichung), das es als „unedles" Metall ausweist, rasch unter Wasserstoff-Entwicklung (s. Gleichung).

$$Fe \longrightarrow Fe^{2+} + 2e^- \quad E^{\circ} = -0{,}409\ V$$

Normal-Potential für die Fe(II)-Bildung

In oxidierenden Säuren erfolgt Passivierung durch Oxidschicht-Bildung wie z. B. auch bei ↑Aluminium oder ↑Chrom, so daß konz. ↑Schwefelsäure in Fe-Gefäßen transportiert werden kann.

Fe ist nach Aluminium das zweithäufigste Metall und das vierthäufigste Element überhaupt in der Erdrinde mit einem Anteil von 3.38 %. In der Erdrinde kommt Fe nicht elementar vor (abgesehen von meteoritischen Gesteinen), sondern überwiegend in oxidischer Form. Vom *Erdkern* wird angenommen, daß er zu 90 % aus Fe (neben 10 % ↑Nickel) besteht (die Atomkerne beider Elemente besitzen die höchsten *Kernbindungsenergien* aller Elemente). Fe ist auf der Erde vor allem in Form seiner Oxide so allgegenwärtig, daß diese die farbliche Erscheinung der Erdoberfläche prägen, indem die Braun-, Rot- und Gelbtöne von Boden und Gesteinen von Fe(II)- und Fe(III)-oxiden und deren Hydraten erzeugt werden.

$FeCO_3$	(Siderit) Spateisenstein
FeS_2	(Pyrit) Eisenkies

Weitere wichtige Eisenerze

Die Eisengewinnung geht von besonders eisenhaltigen Eisenerzen aus, die sich in riesigen Lagern vor allem in Skandinavien (Schweden, Norwegen), im Ural, in USA, Nordafrika, Spanien, Lothringen usw. vorfinden. Die wichtigsten *Eisenerze* sind *Magnetit*, *Hämatit*, *Minette*, *Limonit*. Bedeutung besitzen auch der *Siderit* und *Pyrit*.

Fe_3O_4	(Magnetit) Magneteisenstein
Fe_2O_3	(Hämatit) Roteisenstein
$Fe_2O_3 \cdot H_2O$	(Minette, Limonit)

Die wichtigsten natürlichen Eisen-Vorkommen

Die Herstellung des Fe aus den oxidischen Mineralien erfolgt durch Reduktion mit Kohle, wobei zunächst aus Koks und heißer Luft ↑Kohlenstoffmonoxid gebildet wird, welches die Fe-Oxide reduziert (s. Gleichungen).

$$Fe_3O_4 + 4\,CO \longrightarrow 3\,Fe + 4\,CO_2$$

$$Fe_2O_3 + 3\,CO \longrightarrow 2\,Fe + 3\,CO_2$$

Reduktion der Eisenoxide durch Kohlenstoffmonoxid

Da Fe (in Form von Stahl) das wichtigste Gebrauchsmetall ist und weltweit in mehreren Hundertmillionen Jahrestonnen erzeugt wird, stellt die *Eisenerz-Verhüttung* den wichtigsten metallurgischen Prozeß überhaupt dar. Mit ihm ist eine breite und hochentwickelte Technologie verknüpft, so daß er hier nur grob umrissen werden kann. Die Reduktion wird in einem als *Hochofen* bezeichneten Reaktionsturm vollzogen, der der äußeren Form nach aus zwei mit den breiten Enden aneinanderstoßenden Kegelstümpfen besteht, von denen der obere, als *Schacht* bezeichnet, etwa drei Fünftel der Gesamthöhe von ca. 30 m ausmacht. Die Doppelkegelform wird den Expansionsverhältnissen im Ofen während des Betriebes gerecht und ermöglicht ein „Durchrutschen" der Füllmassen.

Durch die obere Öffnung des Hochofens (die „*Gicht*") erfolgt die Beschickung zunächst mit einer Schicht Koks, dann mit einer Schicht Eisenerz, darauf wieder Koks usw. (Koksgicht, Erzgicht).

Im unteren Kegel, der „*Rast*", wird der Koks entzündet, wobei aus Winderhitzern kommende auf 800 °C vorgeheizte Luft eingeblasen wird. Es entsteht ↑ Kohlenstoffmonoxid (s. Gleichungen).

$$C + O_2 \rightleftharpoons CO_2$$

$$CO_2 + C \rightleftharpoons 2\,CO \qquad \text{(Boudouard Gleichgewicht)}$$

Kohlenstoffmonoxid-Bildung im Hochofen

Dieses reduziert das über der Koksschicht befindliche Eisenoxid (s. oben), oxidiert sich dabei zu ↑ Kohlenstoffdioxid, welches wiederum in der folgenden Koksschicht zu Kohlenstoffmonoxid komproportioniert (*Boudouard-Gleichgewicht*) usw. Mit dem Eisenerz aufgegebene Zuschläge (meist Kalkstein) bewirken, daß die als „*Gangart*" bezeichneten Beimengungen des Eisenerzes als leichtschmelzende Ca-Al-Silicate anfallen, die die „*Schlacke*" bilden. Das im Hochofen erzeugte Eisen fällt unter den Reaktionstemperaturen flüssig an und sammelt sich im Gestell unter der Rast, darüber sammelt sich die leichtere flüssige Schlacke und schützt das flüssige Eisen vor der Oxidation durch die eingeblasene Heißluft. Die Schlacke fließt kontinuierlich ab während das Fe von Zeit zu Zeit „abgestochen" wird. Das den Hochofen verlassende „*Gichtgas*" wird z. T. wieder den Winderhitzern zugeführt.

Für 1 t Fe (eine Tageskapazität liegt bei ca. 1000 t/Tag) werden benötigt: 2 t Eisenerz, 1 t Kohle, 0,5 t Zuschläge, ca. 5 t Luft, wobei neben dem Fe 1 t Schlacke und 7 t Gichtgas anfallen.

Das aus dem Hochofen kommende *Roheisen* enthält ca. 10 % Beimengungen, davon bis zu 4 % ↑ Kohlenstoff. Beim langsamen Abkühlen scheidet sich der Kohlenstoff als Graphit aus und bewirkt eine grau erscheinende Bruchfläche. Dieses graue Roheisen ist spröde und schmilzt beim Erhitzen plötzlich ohne vorher zu erweichen. Es ist also nicht schmiedbar. Die Schmelze ist jedoch sehr dünnflüssig und gut zum Ausgießen von Formen geeignet, weshalb es auch als „*Gußeisen*" bezeichnet wird.

Um ein schmiedbares Fe zu erhalten, muß der Kohlenstoff aus dem Roheisen bis unter 1,7 % entfernt werden. Liegt der Kohlenstoffgehalt zwischen 0,5-1,7 %, bezeichnet man das Fe als *Stahl*. Es läßt sich schmieden, weil es beim Erhitzen allmählich weich und formbar wird, besonders in der Rotglut. Dieser Stahl läßt sich auch härten, d. h. beim Erhitzen auf 800 °C und anschließenden schnellen Abschrecken erhält man daraus einen besonders harten Stahl, eine metastabile Lösung von *Cementit* (Eisencarbid) in α-Eisen. Liegt der C-Gehalt des Stahls unter 0,5 %, so läßt er sich nicht mehr härten und er wird als „*Schmiedeeisen*" bezeichnet (s. Tabelle).

Die Entfernung des Kohlenstoffs aus dem Roheisen bis zum C-Gehalt des Stahls, also die eigentliche *Stahlherstellung*, wird als „*Frischen*" bezeichnet.

Bezeichnung	C-Gehalt	Charakteristik des physik.-techn. Verhaltens
Gußeisen	bis 4 %	spröde, nicht schmiedbar, Schmelze dünnflüssig
Stahl	0,5–1,7 %	allmählich erweichend, schmiedbar, härtbar
Schmiedeeisen	< 0,5 %	nicht härtbar

Grobeinteilung technischer Eisen-Kohlenstoff-Legierungen

Es gibt zwei Verfahren, die kurz charakterisiert seien:

Windfrischverfahren: die Beimengungen im Roheisen, also C, P, S, werden durch Einblasen von Luft in das geschmolzene Roheisen völlig verbrannt. Anschließend wird durch Zugabe von Roheisen, das viel C enthält, wieder ein definierter C-Gehalt eingestellt. Die Verbrennung erfolgt in birnenförmigen Gefäßen (*Konverter*, Höhe ca. 8 m, Durchm. ca. 4 m), die feuerfest ausgekleidet sind. Je nach Auskleidung bezeichnet man sie als *Thomas-Birne* (basische Auskleidung aus Ca- und Mg-Oxid für phosphorhaltige Fe-Sorten) oder als *Bessemer-Birne* (Auskleidung aus Quarz und Ton für phosphorfreie Fe-Sorten). Bei diesem „Windfrischen" fallen die verbrannten Beimengungen des Fe als Schlacke an, die bei der Thomas-Birne phosphathaltig ist und in feingemahlener Form unter dem Namen „*Thomas-Mehl*" als Düngemittel in den Handel kommt.

Siemens-Martin-Verfahren (*Herdfrisch-Verfahren*) : Hierbei wird der Kohlenstoff des Roheisens nur bis zum gewünschten Restgehalt verbrannt. Die Oxidation erfolgt einerseits durch hocherhitzte, über das flüssige Fe streichende Luft, andererseits durch zugesetztes stark oxidhaltiges Fe (Schrott).

Sowohl Stahl als auch Gußeisen vermögen viele andere Metalle in ihrem Gefüge aufzunehmen, zu lösen, wodurch sich die großen Familien der *Stahllegierungen* und der *Eisen-Gußlegierungen* ergeben. Wichtige Legierungsmetalle sind Cr, Ni, W, Ti, Mo, Mn. Durch die Art und Menge der zulegierten Komponenten lassen sich die Eigenschaften des Stahls in einem weiten Rahmen steuern, so daß eine riesige Palette ausgesprochener Spezialstähle verfügbar ist. Diese Palette wird noch wesentlich erweitert, weil durch gezielte thermische Behandlung (Glühen, Härten, Anlassen) oder durch chemisch-thermische Verfahren (z. B. Nitrierung) zusätzliche Eigenschaften einstellbar und steuerbar sind. Weiteres s. unter den betreffenden Metallen. Über 80 % des weltweit hergestellten Eisens werden zu Stahl verarbeitet.

Chemisch reines Fe wird labormäßig durch Reduktion von reinem Eisenoxid mit Wasserstoff oder durch elektrolytische Abscheidung aus wässerigen Fe-Salzlösungen hergestellt.

Fe steht in der 8. Nebengruppe des PSE und führt die Triade Fe, Co, Ni der 1. Übergangsreihe an, besitzt also die Elektronenkonfiguration $1s^2\ 2s^2\ 2p^6\ 3s^2\ 3p^6\ 3d^6\ 4s^2$, Grundterm $^5D_4$.

Die praktisch wichtigsten Oxidationsstufen sind +2 und +3, entsprechend einer Abgabe der beiden 4s-Elektronen (+2) bzw. der beiden 4s-Elektronen +1 3d-Elektron (bis zur stabilen d5-Besetzung). Die Stufen +4 und +6 sind zwar auch bekannt aber ohne praktische Bedeutung.

Die Chemie des Fe in wässeriger Lösung ist geprägt von dem leicht erfolgenden Redox-Übergang, nach dem Fe(III)-Ionen als Oxidations- und Fe(II)-Ionen als Reduktionsmittel auftreten können (s. Gleichung), sowie von dem ausgeprägten Komplexbildungs-Vermögen beider Ionen.

$$Fe^{2+} \longrightarrow Fe^{3+} + e^- \qquad E_0 = +0{,}771\ V$$

Fe(II)/Fe(III)-Redox-Übergang

$$[Fe(H_2O)_6]^{2+}$$

Fe(II)-Hexaquo-Komplex

In wässeriger Lösung liegt Fe(II) meist als schwach blaugrünes Hexaquo-Ion vor (s. Abbildung), welches bereits durch gelösten Sauerstoff oxidiert wird (s. Gleichung), weshalb aus Fe(II)-Salzlösungen allmählich bei Luftzutritt die entsprechenden basischen Fe(III)-Salze ausfallen. In basischer Lösung vollzieht sich die Oxidation noch leichter (s. Gleichung), so daß sich frisch gefälltes weißes Eisen(II)hydroxid rasch rotbraun färbt und zudem ein starkes Reduktionsmittel darstellt.

$$2\,Fe^{2+} + {}^{1}/_{2}\,O_2 + 2\,H^{\oplus} \longrightarrow 2\,Fe^{3+} + H_2O \qquad E_0 = +0{,}46\ V$$

Fe(II)-Oxidation in Lösung durch Sauerstoff

$$Fe(OH)_2 + OH^{\ominus} \longrightarrow {}^{1}/_{2}\,Fe_2O_3 \bullet {}^{3}/_{2}\,H_2O \qquad E_0 = -\,0{,}56\ V$$

Oxidation in basischem Medium

In sehr stark sauren Lösungen (pH mind. 0) liegt Fe(III) ebenfalls als Hexaquo-Ion mit gelber Farbe vor, das jedoch selbst eine recht starke Säure darstellt und bei pH-Anhebung (merklich bereits bei pH 2) Protonen abgespaltet unter Bildung von braunen Aquo-Hydroxo-Komplexen, bis schließlich braunes gallertiges Eisen(III)oxid-Hydroxid ausfällt (s. Gleichungen).

$$[Fe(H_2O)_6]^{3+} \longrightarrow [Fe(H_2O)_5OH]^{2+} + H^{\oplus}$$
$$[Fe(H_2O)_5OH]^{2+} \longrightarrow [Fe(H_2O)_4(OH)_2]^{\oplus} + H^{\oplus} \quad \text{usw.}$$

Bildung brauner Aquo-Hydroxo-Komplexe von Fe(III) bei pH-Anhebung

Reines *Eisen(II)hydroxid* läßt sich beim Versetzen einer Eisen(II)chlorid-Lösung mit Ammoniak ausfällen und bei sorgfältigem Ausschluß von Luftsauerstoff als fast weißes kristallines Pulver gewinnen. Ein reines *Eisen(III)hydroxid* ist nicht bekannt. Aus Eisen(III)salz-Lösungen läßt sich lediglich *Eisen(III)oxidhydroxid* isolieren, von dem zwei Modifikationen, das hellgelbe α-FeO(OH) und das orangerote γ-FeO(OH) bekannt sind. Die insgesamt komplizierte Fe-Hydroxid-Chemie läßt sich mit dem gezeigten Schema grob umreißen.

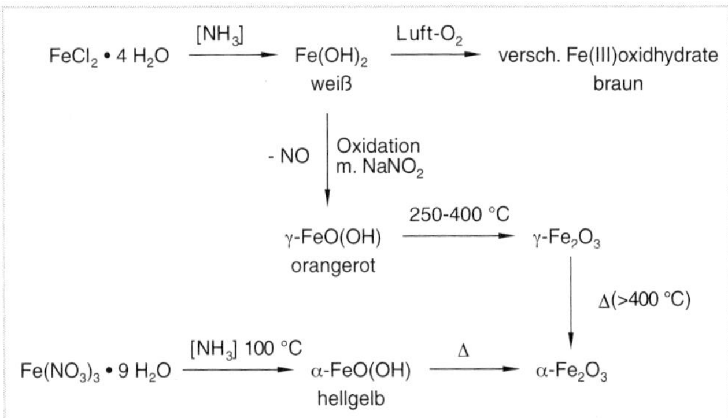

Grobschema der Fe-Oxid/Hydroxid-Chemie

Natürliches α-FeO(OH) ist der *Goethit*, natürliches γ-FeO(OH) der *Lepidokrokit*.

Die Komplexe des Fe(II) und Fe(III), die leicht und in großer Zahl mit praktisch allen bekannten Liganden gebildet werden, sind überwiegend oktaedrisch koordiniert und stark paramagnetisch. Der starke Paramagnetismus beweist die Existenz mehrerer ungepaarter Elektronen. In der Sprache der VB-Theorie ausgedrückt werden zur Komplex-Bildung also nicht die inneren 3d-Orbitale, sondern die äußeren 4d-Orbitale herangezogen. Lediglich mit sehr starken Liganden (Cyanid-Ionen) erfolgt genügende Ligandenfeld-Aufspaltung, so daß Spinpaarung und Überlappung von doppelt besetzten Ligand-Orbitalen (freie Elektronenpaare) mit freien 3d-Orbitalen erfolgen kann und z. B. das Hexacyanoferrat(II)-Ion Diamagnetismus zeigt (s. Abbildung).

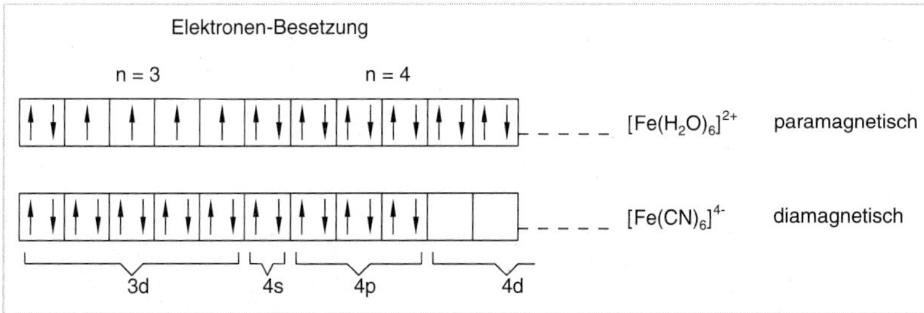

Anschauliche Darstellungen von Fe(II)-Komplex-Bildung (VB-Theorie)

Zur besseren Erklärung der Komplex-Eigenschaften greift man auf die Ligandenfeld-Theorie, bzw. heute zunehmend auf die MO-Theorie der Komplexe zurück. Weiteres zur Fe-Chemie s. unter den einzelnen Fe-Verbindungen.

Die praktische Verwendung von Fe erfolgt natürlich überwiegend in Form von Stahl. Eine spezielle Verwendung von reinem Fe ist der Einsatz als Elektromagnet, der auf dem Ferromagnetismus des Fe beruht (Curie-Punkt 769 °C). (Als *Ferromagnetismus* bezeichnet man einen besonders starken *Paramagnetismus*, bei dem also die magnetische Suszeptibilität besonders hohe Werte annimmt, und zwar in Abhängigkeit von der Feldstärke. Am *Curie-Punkt* wandelt sich der Ferro- in normalen Paramagnetismus um. Ferromagnetisch sind außer Fe noch Ni, Co, Gd und Dy sowie die Heuslerschen Legierungen, s. unter ↑ Kupfer.)

Von großer biochemischer Bedeutung ist die Funktion des Fe(II) als Zentralion im ↑ Hämoglobin, als welches es entscheidend an der Sauerstoff-Übertragung im Blut beteiligt ist. Ferner ist Fe Bestandteil von Myoglobin, von Cytochrom und anderen an Atmung und Sauerstofftransport beteiligten Enzymen. Ein Erwachsener enthält 4-5 g Fe im Körper (ca. 80 % davon im Hämoglobin), der Tagesbedarf beträgt ca. 10 mg. Hauptquelle in der Nahrung ist Fleisch und Gemüse.

Technisch und wirtschaftlich von großer Tragweite sind die chemischen Vorgänge, die zum „Rosten" des Fe führen. Es handelt sich um eine Kette von Redox-Reaktionen, zu deren Ablauf mindestens drei Komponenten erforderlich sind: Sauerstoff, Wasser und ein Protonenbildner, also eine sauer reagierende Spezies. Als Endprodukt entstehen Gemische von Oxiden und Oxidhydraten, als deren Hauptbestandteil das rote FeO(OH) anzusehen ist. Je nach Konzentrationsverhältnissen und äußeren Bedingungen verlaufen die Rostvorgänge unterschiedlich schnell. Zum Beispiel entsteht bei Sauerstoffmangel bevorzugt das schwarze *Magnetit* (s. Gleichungen). Dieses Magnetit wirkt aber wiederum autokatalytisch auf die Korrosion, weil es ein Halbleiter ist. Es erklärt sich so die Beobachtung, daß an vorhandenen Rostflecken die Korrosion besonders rapide vor sich geht.

$$6\,Fe(OH)_2 + O_2 \longrightarrow \underset{\text{schwarz}}{2\,Fe_3O_4} + 6\,H_2O$$

anstatt

$$4\,Fe(OH)_2 + O_2 \longrightarrow 4\,FeO(OH) + 2\,H_2O$$

Rosten von Eisen

Rostschutz auf Fe-Oberflächen wird betrieben durch Anstrich, elektrolytische Überzüge oder durch Lokalelement-Bildung, worauf aber hier nicht weiter eingegangen wird.

Zum qualitativen Nachweis des Fe können folgende klassische Fällungs-, Redox- und Komplexbildungs-Reaktionen herangezogen werden:

1. Fällung von schwarzem Eisen(II)sulfid aus ammoniakalischer Lösung
2. Bildung von tiefrotem Eisen(III)-thiocyanat (s. Gleichung).

$$Fe^{3+} + 3\,SCN^{-} \longrightarrow \underset{\text{tiefrot}}{Fe(SCN)_3}$$

Eisen-Nachweis mit Thiocyanat

3. Fällung als Berliner Blau (s. unter ↑ Kaliumhexacyanoferrat)
4. Bildung von tiefrotem Fe(II)-diacetyldioxim (s. unter ↑ Diacetyldioxim)

Fe Z = 26 A_R = 55,845 Isotope: 54, 56, 57, 58; 52, 53, 55, 59-61 (künstlich)					
t_{Smp}	t_{Sdp}	d	MV	α	λ
1536 °C	2859 °C	7,87 g/cm³	7,09 cm³/mol	12,3 10^{-6}/K	80,2 W/mK
C_p	$\Delta_S H$	$\Delta_V H$	S^o	ϱ	
24,98 J/(K · mol)	13,81 kJ/mol	349,6 kJ/mol	27,28 J/(K · mol)	89 nΩ · m	

Eisen(II)carbonat

Ferrous carbonate

Ein weißes kristallines Pulver, das praktisch unlöslich ist in Wasser. Es färbt sich an der Luft sowie in wässeriger Lösung rasch braun infolge Oxidation und Hydrolyse.

E. kommt in der Natur als *Siderit* (*Eisenspat*) vor. Es wird im Labor als weißer Niederschlag erhalten, wenn man Fe(II)-Salzlösungen mit ↑ Natriumcarbonat versetzt (doppelte Umsetzung, s. Gleichung).

$$Na_2CO_3 + FeSO_4 \longrightarrow FeCO_3 + Na_2SO_4$$

Gewinnung von Fe(II)carbonat durch doppelte Umsetzung

In kohlensäurehaltigem Wasser bildet sich das lösliche *Eisenhydrogencarbonat* (s. Gleichung).

$$FeCO_3 + CO_2 + H_2O \longrightarrow Fe(HCO_3)_2$$

Bildung von löslichem Eisenhydrogencarbonat

Als solches kommt Fe in natürlichen Wässern (z. B. Mineralquellen) vor und führt zu allmählicher Ausflockung von braunen Fe(III)-oxidhydroxiden (zunächst erfolgt Luftoxidation zu Fe(III)-Salzen und anschließend vollzieht sich deren Hydrolyse, s. unter ↑ Eisen). Diese natürlichen Wässer müssen also vorher „enteisent“ werden, was man durch Sättigung mit Luft und Abtrennung der Hydroxid-Niederschläge erreicht.

Ein *Eisen(III)carbonat* existiert nicht.

$CFeO_3$ M_R = 115,86 C 10,36 % Fe 48,20 % O 41,42 %					
t_{Smp}	t_{Sdp}	d	η		
		3,85 g/cm³			
C_p	$\Delta_S H$	$\Delta_V H$	$\Delta_B H$	S^o	Q_C
82,1 J/(K · mol)			−740,6 kJ/mol	92,9 J/(K · mol)	

Eisen(II)chlorid

Ferrous chloride

Bildet als Tetrahydrat blaß-blaugrüne Kristalle, die sich in Wasser und in Ethanol gut lösen, und sowohl als Feststoff als auch in Lösung leicht zu Fe(III)-chlorid oxidiert werden (Braunfärbung).

Es wird erhalten durch Auflösen von Fe in ↑ Salzsäure und anschließendes Einengen der Lösung (s. Gleichung).

$$Fe + 2\,HCl + 4\,H_2O \longrightarrow \underset{\text{trans-Dichlorokomplex}}{[Fe(Cl_2)(H_2O)_4]}$$

Bildung von Eisen(II)chlorid-Tetrahydrat

Das Tetrahydrat gibt beim Erwärmen auf ca. 100 °C zwei Mole Wasser ab zum Dihydrat, welches bei ca. 120 °C ein weiteres Wasser verliert. Das wasserfreie E. bildet weiße Kristalle und ist darstellbar durch Überleiten von ↑ Chlorwasserstoff über rotglühendes ↑ Eisen.

E. dient als Färbe-Beize, als Reduktionsmittel sowie zur Herstellung von Eisen(III)chlorid. Die u. a. Tabellendaten gelten für das wasserfreie E.

Cl_2Fe $M_R = 126{,}75$ (wasserfrei) Cl 55,94 % Fe 44,06 %

t_{Smp}	t_{Sdp}	d	η		
677 °C	1012 °C	3,16 g/cm³			
C_p	$\Delta_S H$	$\Delta_V H$	$\Delta_B H$	S^o	Q_C
76,7 J/(K · mol)	43,0 kJ/mol	125,5 kJ/mol	−341,8 kJ/mol	117,9 J/(K · mol)	
MAK	R-Satz	S-Satz			
	22-36/38	26			

Eisen(III)chlorid

Ferric chloride

Kommt als Hexahydrat meist in den Handel in Form flacher gelber Brocken, ist sehr hygroskopisch, löst sich gut in Wasser mit saurer Reaktion (pH einer 0,1m Lösung = 2,0). Es löst sich auch in Ethanol, Aceton und Diethylether. E. riecht meist etwas nach ↑ Chlorwasserstoff.

E. kristallisiert aus, wenn man ↑ Chlor in eine wässerige Lösung von ↑ Eisen(II)chlorid einleitet (s. Gleichung).

$$2\,[FeCl_2(H_2O)_4] \cdot 2\,H_2O + Cl_2 \longrightarrow 2\,[Fe(H_2O)_6]Cl_3$$

Bildung von Eisen(III)chlorid-Hexahydrat

$$[Fe(Cl_2)(H_2O)_4]Cl \cdot 2\,H_2O$$

Genauere Ligandenanordnung im Komplex

Im Feststoff sind zwei Chlorid-Ionen als Liganden in trans-Stellung im Oktaeder-Komplex gebunden (s. Formeldarstellung).

Das wasserfreie *Eisen(III)chlorid* erhält man durch Überleiten von ↑ Chlor über ↑ Eisen als grün-metallisch glänzende Kristalle, die ein dem ↑ Chrom(III)chlorid ähnliches Schichtgitter bilden und die bereits ab 120 °C sublimieren. Die Dampfphase enthält dimere Eisen(III)chlorid-Moleküle Fe_2Cl_6 .

$[FeCl_4]^{\ominus}$	$[FeCl_4(H_2O)_2]^{\ominus}$
tetraedrisch	oktaedrisch

Chlorokomplexe des Fe(III)

Wässerige Lösungen von E. sind oft infolge Hydrolyse trübbraun. Durch Zugabe von ↑ Salzsäure werden die Lösungen klar und intensiv gelb, weil die Hydrolyse zurückgedrängt wird und sich Chlorokomplexe ausbilden, so z. B. auch der tetraedrische Tetrachloro- und der oktaedrische Tetrachlorodiaquo-Komplex (s. Formeldarstellungen).

E. wird technisch viel verwendet, z. B. als Beizmittel in der Färberei und Druckerei und vor allem als Ätzmittel aufgrund seiner oxidierenden Eigenschaften. So dient es in der Elektronik vielfach zum *Platinen-Ätzen* (s. Gleichung).

$$Cu + 2\,FeCl_3 \longrightarrow CuCl_2 + 2\,FeCl_2$$

Ätzen von Platinen mit Fe(III)chlorid

Das wasserfreie Eisen(III)chlorid ist eine kräftige Lewis-Säure und damit ein wichtiger Katalysator in chemischen Reaktionen, z. B. in Friedel-Crafts-Acylierungen und -Alkylierungen.

► E. ist ätzend.

Cl_3Fe $M_R = 162{,}20$ (wasserfrei) Cl 65,57 % Fe 34,43 %

t_{Smp}	t_{Sdp}	d	η		
304 °C	319 °C	2,90 g/cm³			
C_p	$\Delta_S H$	$\Delta_V H$	$\Delta_B H$	S^o	Q_C
96,6 J/(K · mol)	43 kJ/mol	25,2 kJ/mol	−399 kJ/mol	142 J/(K · mol)	
MAK	R-Satz	S-Satz			
	34	7/8-28			

Eisen(II)iodid

Ferrous iodide

Bildet rotviolette bis schwarze blättchenförmige Kristalle, die sich in Wasser, Ethanol und Diethylether gut lösen. Die wässerige Lösung ist farblos. Die Kristalle sind hygroskopisch und verfärben sich an der Luft weißlich. In Lösung und an feuchter Luft erfolgt rasche Oxidation.

$$Fe + J_2 \longrightarrow FeJ_2$$

Elementsynthese von Eisen(II)-iodid

E. ist darstellbar aus den Elementen unter Sauerstoffausschluß bei höherer Temperatur (s. Gleichung).

$$2\,FeJ_3 \longrightarrow 2\,FeJ_2 + J_2$$

Zersetzung von Eisen(III)iodid

Seine Kristallstruktur entspricht der von ↑ Cadmiumiodid. *Eisen(III)iodid* ist so nicht darstellbar, da es sich zersetzt (s. Gleichung). Es wird in Form schwarzer, zersetzlicher Kristalle erhalten bei der Bestrahlung von ↑ Eisenpentacarbonyl mit ↑ Iod bei ca. −20 °C.

$$Fe^{3+} + J^{\ominus} \longrightarrow Fe^{2+} + {}^{1}/_{2}\,J_2$$

Reduktion von Fe(III) zu Fe(II) mit Iodid

Ein Eisen(III)iodid kann in wässeriger Lösung nicht existieren, da hierin Fe(III)-Ionen von Iodid-Ionen quantitativ zu Fe(II) reduziert werden (s. Gleichung), was man zur Fe(III)-Bestimmung nutzen kann (s. auch unter ↑ Iod).

FeI_2 $M_R = 309{,}65$ Fe 18,03 % I 81,97 %

t_{Smp}	t_{Sdp}	d	η
477 °C	1093 °C	5,32 g/cm³	

C_p	$\Delta_S H$	$\Delta_V H$	$\Delta_B H$	S^o	Q_C
83,7 J/(K · mol)	44,8 kJ/mol	112 kJ/mol	−104,6 kJ/mol	167,4 J/(K · mol)	

Eisen(III)nitrat

Ferric nitrate

Bildet als Nonahydrat blaßviolette bis grauweiße, etwas zerfließliche Kristalle, die sich in Wasser, Ethanol und Aceton gut lösen.

E. ist darstellbar durch Auflösung von ↑ Eisen in halbkonzentrierter ↑ Salpetersäure (s. Gleichung).

$$2\,Fe + 6\,HNO_3 \longrightarrow 2\,Fe(NO_3)_3 + 3\,H_2$$

Herstellung von Eisen(III)nitrat

E. findet verschiedene technische Anwendungen, so als Korrosionsinhibitor, in der Gerberei, als Beize in Färbeprozessen und in der Seidenfabrikation.

Eisen(II)nitrat ist erhältlich durch Umsetzung von ↑ Eisen(II)sulfat mit ↑ Blei(II)nitrat (s. Gleichung).

$$FeSO_4 + Pb(NO_3)_2 \longrightarrow Fe(NO_3)_2 + PbSO_4$$

Herstellung von Eisen(II)nitrat

Es fällt aus wässeriger Lösung als Hexahydrat in Form hellgrüner Kristalle an. In wässeriger Lösung oxidiert es sich beim Kochen zu Eisen(III)nitrat.

FeN_3O_9 $M_R = 241{,}86$ (wasserfrei) Fe 23,09 % N 17,37 % O 59,54 %

Die nachfolgenden Daten beziehen sich auf das Nonahydrat ($M_R = 404{,}0$).

t_{Smp}	t_{Sdp}	d	η
50 °C		1,68 g/cm³	

C_p	$\Delta_S H$	$\Delta_V H$	$\Delta_B H$	S^o	Q_C
			−3279 kJ/mol		

Eisen(II)oxid

Ferrous oxide

Tiefschwarzes Pulver, leicht löslich in verdünnten Säuren, das sich an der Luft sehr schnell oxidiert.

E. wird hergestellt durch thermische Zersetzung von völlig trockenem *Eisen(II)oxalat* (das in Form wasserunlöslicher, gelber Kristalle ausfällt beim Zusammengeben von Eisen(II)sulfat- und Kaliumoxalat-Lösungen) bei 850 °C (s. Gleichung).

$$FeC_2O_4 \longrightarrow FeO + CO + CO_2$$

Thermische Zersetzung von Eisen(II)oxalat

$$4\,FeO \longrightarrow Fe_3O_4 + Fe$$

Disproportionierung von Eisen(II)oxid

Es muß nach der Reaktion rasch abgeschreckt werden, weil E. unterhalb 560 °C eine schnelle Disproportionierung eingeht (s. Gleichung), die erst unterhalb 300 °C gestoppt wird.

E. kommt nicht in der Natur vor. In reinster Form bildet es ein Natriumchlorid-Gitter, indem die Sauerstoffionen eine kubisch dichteste Kugelpackung darstellen, in deren sämtlichen Oktaeder-Lücken Fe(II)-Ionen sitzen. Wegen der genannten Instabilität ist E. kaum in völlig reiner Form darstell- und lagerbar.

FeO $M_R = 71{,}84$ Fe 77,73 % O 22,27 %

t_{Smp}	$t_{Zersetzung}$	d	η		
1369 °C	3400 °C (Z)	5,75 g/cm³			
C_p	$\Delta_S H$	$\Delta_V H$	$\Delta_B H$	S^o	Q_C
50 J/(K · mol)	24 kJ/mol		−272 kJ/mol	60,7 J/(K · mol)	
MAK	R-Satz	S-Satz			
6 mg/m³					

Eisen(III)oxid

Ferric oxide

Bildet je nach Korngröße ein hellrotes bis purpurviolettes kristallines Pulver, dessen Eigenschaften und Lösungsverhalten (ähnlich wie beim Aluminiumoxid) sehr von der thermischen Vorbehandlung abhängen. Nur schwach erwärmtes E. ist weich und löst sich in verdünnten Säuren, während stark geglühtes E. selbst in heißen konz. Säuren unlöslich ist und ein sehr hartes, zum Polieren geeignetes Pulver darstellt.

E. kommt in zwei Modifikationen vor: α-E und γ-E. α-E. findet sich in der Natur als *Hämatit*. Es ist paramagnetisch und besitzt Korund-Struktur, indem die Sauerstoffionen eine kubisch-dichteste Kugelpackung ausbilden, deren oktaedrische Lücken zu zwei Drittel mit Fe(III)-ionen besetzt sind. γ-E. ist ferromagnetisch, die Fe(III)-ionen besetzen willkürlich die oktaedrischen und tetraedrischen Lücken der kubisch dichtesten Packung von Sauerstoff-Ionen.

γ-E. wird durch vorsichtige Oxidation von ↑Eisen(II,III)-oxid erhalten und geht oberhalb 300 °C in α-E. über (s. Schema).

$$2\,Fe_3O_4 + {}^1\!/_2\,O_2 \longrightarrow 3\,\gamma\text{-}Fe_2O_3 \xrightarrow{300\,°C} 3\,\alpha\text{-}Fe_2O_3$$

Bildung der Eisen(III)oxid-Modifikationen

α-E. wird auch durch Verbrennen von Fe im Sauerstoffstrom erhalten, sowie durch thermisch-oxidative Zersetzung von Fe(II)sulfat oder Fe(II)chlorid (s. Gleichungen).

$$6\,FeSO_4 + {}^3\!/_2\,O_2 \longrightarrow Fe_2O_3 + 2\,Fe_2(SO_4)_3$$
$$2\,Fe_2(SO_4)_3 \longrightarrow 2\,Fe_2O_3 + 6\,SO_3$$

Gezielte Darstellungen der α-Modifikation

Natürliches und mehr noch synthetisches α-E. haben überragende Bedeutung als *Rotpigmente*, wobei je nach Korngröße und je nach Abmischung mit Fe-oxid-hydroxiden und ↑ Fe(II,III)oxid die ganze Bandbreite der Rot- und Brauntöne abgedeckt wird. Als äußerst beständige Pigmente finden sie vor allem zur Baustoffherstellung sowie in Farben und Anstrichstoffen ihren Einsatz (natürliches E. ist z. B. *Persischrot*).

Aufgrund seines Ferromagnetismus wird γ-E. zum wertvollen „Magnetpigment" verarbeitet. *Magnetpigmente* sind das Speichermedium für die Informationen auf Magnetbändern, Platten usw. Feinste Kristallnädelchen des ferromagnetischen Pigments sind homogen in eine organische Matrix eingebunden. (Die magnetische Informationsspeicherung erfordert nadelförmige Kristalle mit Länge-Breite-Verhältnis mindestens 5:1). Die Herstellung gut ausgebildeter nadelförmiger Kristalle von γ-E. (mit seinem kubischen System!) ist aufwendig und kompliziert und eine besondere Leistung chemischer Forschung. Magnetpigmente finden auch medizinische Verwendung: ultrafein verteilte, mikroverkapselte Magnetpigmente werden gezielt z. B. in Tumorzellen verbracht, wo sie eine *Hyperthermie-Behandlung* ermöglichen, indem ein angelegtes elektromagnetisches Wechselfeld Wärme erzeugt durch Schwingungen der Magnetpartikel.

Fe_2O_3 $M_R = 159{,}70$ Fe 69,94 % O 30,06 %

$t_{Zersetzung}$	t_{Sdp}	d	η
1457 °C (Z)		5,25 g/cm³	

C_p	$\Delta_S H$	$\Delta_V H$	$\Delta_B H$	S^o	Q_C
103,8 J/(K · mol)			−824 kJ/mol	87,4 J/(K · mol)	

MAK	R-Satz	S-Satz
6 mg/m³		

Eisen(II,III)oxid

Ferrosoferric oxide

Bildet ein schwarzes krstallines Pulver, das gegen Wasser, Säuren und Laugen sowie Oxidationsmittel sehr resistent ist. Es zeigt starken Ferromagnetismus (wie der Name „*Magnetit*" für das natürliche Vorkommen bereits ausdrückt).

$$3\,Fe + 2\,O_2 \longrightarrow Fe_3O_4$$

Bildung von Eisen(II,III)oxid aus Eisen

E. bildet sich beim Glühen (Schmieden) von Eisen („*Eisenhammerschlag* ", s. Gleichung).

E. entsteht ferner beim Erhitzen von ↑ Eisen(III)oxid auf über 1200 °C (s. Gleichung) sowie bei der gezielten Reduktion von Eisen(III)oxid mit ↑ Wasserstoff (s. Gleichung).

$$3\,Fe_2O_3 \longrightarrow 2\,Fe_3O_4 + {}^1\!/_2\,O_2$$

Bildung von Eisen(II,III)oxid aus Eisen(III)oxid

$$3\,Fe_2O_3 + H_2 \longrightarrow 2\,Fe_3O_4 + H_2O$$

Gezielte Reduktion von Eisen(III)oxid mit Wasserstoff

E. bildet eine inverse *Spinellstruktur* aus: die Sauerstoffionen bilden eine kubisch-dichteste Kugelpackung, deren sämtliche Tetraederlücken die Hälfte der Fe(III)-Ionen ausfüllt, während die andere Hälfte der Fe(III)-Ionen zusammen mit den Fe(II)-Ionen die Oktaeder-Plätze belegt. In der normalen Spinellstruktur (benannt nach dem Prototypen *Spinell* = *Magnesiumaluminat* = $MgAl_2O_4$ = $MgO.Al_2O_3$), die von vielen Verbindungen der allgemeinen Zusammensetzung AM_2X_4 (A = zweiwertiges Metall, z. B. Mg, Fe(II), Zn, Mn, Co, Ni, Cu, Cd, M = dreiwertiges Metall, z. B. Fe(III), Al, Cr, X = Anionbildner O, S, Se) gebildet wird, bilden die Anionen eine kubisch dichteste Kugelpackung, in deren tetraedrischen Lücken die zweiwertigen, in deren oktaedrischen Lücken die dreiwertigen Kationen sitzen.

Aufgrund seiner Resistenz dient E. als Elektrodenmaterial (*Magnetitelektroden*). Wichtig ist seine Verwendung als Magnetpigment (s. unter ↑ Eisen(III)oxid) dank seines Ferromagnetismus.

Fe_3O_4 $M_R = 231{,}54$ Fe 72,36 % O 27,64 %

t_{Smp}	t_{Sdp}	d	η
1594 °C		5,18 g/cm³	

C_p	$\Delta_S H$	$\Delta_V H$	$\Delta_B H$	S^o	Q_C
150,7 J/(K · mol)	138 kJ/mol		−1118 kJ/mol	146 J/(K · mol)	

Eisenpentacarbonyl

Iron pentacarbonyl

$$2\,Fe(CO)_5 \xrightarrow{h \cdot \upsilon} Fe_2(CO)_9 + CO$$

Fotochemische Dimerisierung von Eisenpentacarbonyl

Bildet unter Normalbedingungen im Reinstzustand eine farblose, meist aber gelbe bis rote ölige Flüssigkeit von süßlich-muffigem Geruch, die in Wasser praktisch unlöslich ist, sich aber gut löst in den meisten org. Solventien, so in Diethylether, Aceton, Petrolether, Tetrachlorkohlenstoff oder Benzol, während es sich in Ethanol nur wenig löst. E. ist auch praktisch unlöslich in flüssigem ↑ Ammoniak. E. ist sehr leicht entzündlich, wobei es zu ↑ Eisen(III)oxid verbrennt. Bei sehr feiner Verteilung, z. B. auf Textilien, ist es an der Luft selbstentzündlich. Unter Lichteinwirkung reagiert E. zu dem goldgelbe Kristalle vom Schmp. 100 °C bildenden *Dieisenneacarbonyl* und ↑ Kohlenstoffmonoxid (s. Gleichung).

$$Fe + 5\,CO \xrightarrow[150\text{-}200\,°C]{100\,bar} Fe(CO)_5$$

Synthese von Eisenpentacarbonyl aus Eisen

E. kann hergestellt werden durch Einwirkung von ↑ Kohlenstoffmonoxid auf feinverteiltes Eisenpulver bei erhöhtem Druck und erhöhter Temperatur (s. Gleichung, oxidschichtfreies Eisen reagiert bereits unter Normalbedingungen) oder durch Umsetzung von ↑ Eisen(II)chlorid mit ↑ Kohlenstoffmonoxid (s. Gleichung).

$$FeCl_2 + 6\,CO \longrightarrow Fe(CO)_5 + O{=}CCl_2$$

Synthese von Eisenpentacarbonyl aus Eisen(II)chlorid

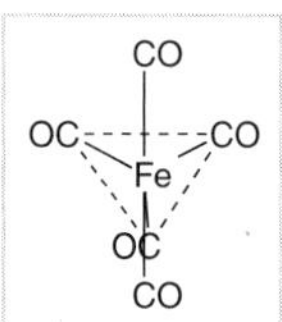

Trigonal-bipyramidale Struktur von Eisenpentacarbonyl

Das E.-Molekül besitzt die Struktur einer trigonalen Bipyramide (s. Abbildung), die sich mit dem Konzept der Hybridisierung leicht erklären läßt: vier 3d-Orbitale des Fe-Atoms werden (unter Hinzunahme des 4s-Elektronenpaares) paarig besetzt, so daß ein 3d-Orbital mit dem 4s- und den drei 4p-Orbitalen fünf unbesetzte trigonal-bipyramidal angeordnete dsp^3-Hybrid-Orbitale ausbilden kann, in die sich die fünf CO-Moleküle jeweils mit dem freien Elektronenpaar am C-Atom „einklinken". Das Eisenatom erhält dadurch formal eine dem Edelgas ↑ Krypton entsprechende Elektronenbesetzung.

Überhaupt lassen sich die Zusammensetzungen der *Carbonylkomplexe* auch der übrigen Übergangsmetalle fast ausnahmslos mit dieser Edelgasregel erklären. So bilden Cr, Mo und W *Hexacarbonyle*, Fe, Ru und Os *Pentacarbonyle*, während Ni, Pd und Pt *Tetracarbonyle* bilden. Die genannten Übergangsmetalle besitzen gerade Ordnungszahlen und können als einkernige CO-Komplexe „Edelgasschalen" erreichen, während diejenigen mit ungeraden Ordnungszahlen (Mn, Tc, Re, Co, Rh, Ir) mindestens zweikernige Komplexe bilden müssen mit einer Metall-Metall-Bindung. Die relative Stabilität der Carbonylkomplexe wird einerseits auf die ausgeprägte Ausrichtung des freien Elektronenpaares am C-Atom (gute σ-Überlappung) und andererseits auf den Lewissäuren-Charakter des CO-Moleküls (π-Acceptor) zurückgeführt.

Die *Carbonylkomplexe* zerfallen thermisch wieder in Metall und Kohlenstoffmonoxid, was zur Reinstdarstellung der Metalle dienen kann. So erhält man aus E. bei 150 °C das als *Carbonyleisen* bezeichnete hochreine Metall. In alkalischem Medium wird ein CO-Molekül aus E. in einer Redox-Reaktion abgespalten, wobei eine gelbe Lösung entsteht, die ein *Carbonylmetallat* enthält (s. Gleichung).

$$Fe(CO)_5 + 2\,OH^{\ominus} \longrightarrow [Fe(CO)_4]^{2-} + H_2CO_3$$

Carbonylferrat-Bildung im alkalischen Medium

Es lassen sich viele Salze herstellen, denen dieses *Carbonylferrat-Anion* zugrunde liegt.

Die CO-Liganden in den Carbonylkomplexen lassen sich leicht substituieren gegen andere Liganden, so daß die Zahl der bekannten Übergangsmetallkomplexe mit CO-Liganden riesig ist.

Viele Carbonylkomplexe haben große Bedeutung als Katalysatoren in organisch-chemischen Synthesen erlangt. E. wurde erstmals 1891 von Mond hergestellt. Die Chemie der Metallcarbonyle wurde in der ersten Hälfte des 20. Jahrhunderts vor allem von W. Hieber systematisch erforscht.

► E. ist wie alle Metallcarbonyle hochgiftig.

C_5FeO_5 $M_R = 195{,}90$ C 30,66 % Fe 28,51 % O 40,84 %

t_{Smp}	t_{Sdp}	d	η		
−20 °C	102,8 °C	1,45 g/cm³			
C_p	$\Delta_S H$	$\Delta_V H$	$\Delta_B H$	S^o	Q_C
240,6 J/(K · mol)	35 kJ/mol		−764 kJ/mol	337,5 J/(K · mol)	
MAK	R-Satz	S-Satz			
0,8 mg/m³					

Eisen(III)phosphat

Ferric phosphate

Fällt als Dihydrat in Form weißer, grau-weißer oder leicht rosafarbener Kristalle an, die oberhalb 140 °C Kristallwasser abgeben. E. ist praktisch unlöslich in Wasser, dagegen gut löslich in ↑ Salzsäure.

$$Fe^{3+} + PO_4^{3-} \longrightarrow FePO_4$$

Ausfällung von Eisen(III)phosphat

E. fällt aus beim Zusammengeben von Lösungen eines Fe(III)salzes und eines Alkaliphosphates (s. Gleichung).

Ein sehr reines Produkt erhält man bei der Umsetzungvon ↑ Eisenpentacarbonyl mit ↑ Phosphorsäure. E. wird in der Nahrungsmittel-Industrie sowie in der Keramik-Herstellung verwendet.

FeO_4P $M_R = 150{,}82$ Fe 37,03 % O 42,43 % P 20,54 %

Eisen(II)sulfat

Ferrous sulfate

Fe(II)sulfat kommt als Heptahydrat (*Eisenvitriol*) in den Handel und bildet in sehr reinem Zustand hellblaue Kristalle (mit geringen Mengen von Fe(III) verunreinigtes Produkt ist grün) die sich gut in Wasser lösen (bei 20 °C 21 g/100 ml). Es löst sich auch in Glykol, ist jedoch unlöslich in Ethanol und Aceton. Wässerige Lösungen reagieren infolge Hydrolyse sauer. In der gesättigten wässerigen Lösung bildet sich bei 56,6 °C das Tetrahydrat, bei 65 °C das Monohydrat. Das letzte Wasser bleibt auch beim Erhitzen des Feststoffes fest gebunden, so daß das Monohydrat, ein weißes Pulver, sich vor der völligen Dehydratisierung unter Schwefeldioxid-Abspaltung zersetzt (oberhalb 400 °C). E.-Kristalle verwittern an der Luft rasch unter Wasserabgabe und Oxidation (Braunfärbung). Auch wässerige Lösungen oxidieren bei Luftzutritt.

E. wird technisch hergestellt durch Auflösen von ↑ Eisen und Eisenabfällen in ↑ Schwefelsäure, wozu auch vielfach die Beiz-Schwefelsäure aus der Eisen- und Stahlverarbeitung verwendet wird (s. Gleichung).

$$Fe + H_2SO_4 \longrightarrow FeSO_4 + H_2$$

Gewinnung von Eisen(II)sulfat

E. ist die wichtigste Eisen-Verbindung, von der ausgehend die meisten anderen Fe-Verbindungen hergestellt werden. Es dient ferner als Reduktionsmittel und als analytisches Reagenz (z. B. „Ringprobe" als Nitratnachweis). Technische Anwendungen sind die Holzkonservierung, die Tinten-Herstellung und die Wasserbehandlung.

FeO_4S $M_R = 151{,}91$ (wasserfrei) Fe 36,76 % O 42,13 % S 21,11 %

t_{Smp}	t_{Sdp}	d	η
64 °C		1,89 g/cm³	

C_p	$\Delta_S H$	$\Delta_V H$	$\Delta_B H$	S^o	Q_C
394 J/(K · mol)			−3015 kJ/mol	409 J/(K · mol)	

Eisen(III)sulfat

Ferric sulfate

Bildet graue bis gelbliche Kristalle oder ein graues Pulver, das sehr hygroskopisch ist und an der Luft allmählich zu einer braunen Flüssigkeit zerfließt. E. löst sich nur langsam in Wasser (rasch bei Anwesenheit einer Spur Eisen(II)sulfat) und ist praktisch unlöslich in Ethanol oder Aceton.

E. kann hergestellt werden, indem man eine schwefelsaure Lösung von ↑ Eisen(II)sulfat mit ↑ Salpetersäure versetzt und die Lösung eindampft (s. Gleichung).

$$2\,FeSO_4 + H_2SO_4 + HNO_3 \xrightarrow{\Delta} Fe_2(SO_4)_3 + [HNO_2 + H_2O]\uparrow$$

Herstellung von Eisen(III)sulfat

E. bildet ein in grauen Kristallen anfallendes Nonahydrat. E. wird präparativ zur Herstellung anderer Eisen(III)salze verwendet. Technisch dient es als Flockungsmittel (s. unter ↑ Aluminiumsulfat) in der Wasser- und Abwasserreinigung, zum Ätzen von ↑ Aluminium und als Korrosionsinhibitor für Stahl und ↑ Kupfer

$Fe_2O_{12}S_3$ $M_R = 399{,}88$ Fe 27,93 % O 48,01 % S 24,06 %

$t_{Zersetzung}$	t_{Sdp}	d	η
1178 °C (Z)		3,1 g/cm³	

C_p	$\Delta_S H$	$\Delta_V H$	$\Delta_B H$	S^o	Q_C
265 J/(K · mol)			−2583 kJ/mol	307,5 J/(K · mol)	

Eisen(II)sulfid

Ferrous sulfide

Kommt in den Handel meist in Form grau-schwarzer, metallartiger harter Brocken. Reinstes E. bildet dunkelgelbe Kristalle. E. ist unlöslich in Wasser, löst sich in Säuren leicht unter Entwicklung von ↑ Schwefelwasserstoff (s. unter).

$$Fe + S \longrightarrow FeS$$

Elementsynthese von Eisen(II)-sulfid

E. kommt in der Natur als *Magnetkies* vor. Im Labor wird es erhalten beim Versetzen einer Fe(II)-Salzlösung mit Ammoniumsulfid als braun-schwarzer Niederschlag (s. Gleichung) oder, wie es auch technisch hergestellt wird, durch direkte Umsetzung aus den Elementen, indem man in einem Graphit-Tiegel ↑ Eisen zur Rotglut erhitzt und nach und nach die stöchiometrische Menge ↑ Schwefel zugibt (s. Gleichung).

$$FeSO_4 + (NH_4)_2S \longrightarrow FeS + (NH_4)_2SO_4$$

Fällung von Eisen(II)sulfid

Ein verunreinigtes Produkt wird erhalten, wenn man ein stöchiometrisches Gemenge Fe und S mit einem glühenden Draht an einer Stelle entzündet. Unter heftigem Aufglühen reagiert das Gemisch.

$$2\,Fe^{3+} + S^{2-} \longrightarrow 2\,Fe^{2+} + S$$

Reduktion von Fe(III) durch Sulfid

Auch bei Zugabe von Sulfid-Ionen zu Fe(III)-Lösungen wird E. neben Schwefel erhalten und kein *Eisen(III)sulfid*, da Fe(III)-Ionen durch Sulfid-Ionen reduziert werden (s. Gleichung).

Fe^{2+}	S_2^{2-}
Fe(II)-Kation	Disulfid-Anion

Die ionischen Bestandteile des Pyrit

In dem in der Natur als *Pyrit* vorkommenden *Eisendisulfid* liegen echte Disulfid-Ionen vor, die mit den Fe(II)-Ionen ein Natriumchlorid-Gitter bilden (s. Formelabb.).

E. dient im Labor zur bequemen Herstellung von ↑ Schwefelwasserstoff, indem es z. B im Kippschen Apparat oder einfach in einem Reagenzglas mit aufgesetztem Gasableitungsröhrchen mit ↑ Salzsäure versetzt wird (s. Gleichung).

$$FeS + 2\,HCl \longrightarrow FeCl_2 + H_2S$$

Schwefelwasserstoff-Entwicklung aus Eisen(II)sulfid

E. dient auch teils in der Emaille- und Keramik-Industrie zur Erzeugung von Schwarz- und Brauntönen.

FeS $M_R = 87{,}92$ Fe 63,52 % S 36,48 %

t_{Smp}	t_{Sdp}	d	η
1190 °C		4,74 g/cm³	

C_p	$\Delta_S H$	$\Delta_V H$	$\Delta_B H$	S^o	Q_C
50,5 J/(K · mol)			101,7 kJ/mol	60,3 J/(K · mol)	

Element 104

Element 104, Rutherfordium   Rf   Rutherfordium, Eka-Hafnium

Isotope dieses Transactiniden-Elementes (Rf 260, Halbwertszeit 80 Millisekunden) wurden erstmals 1964 durch russische Forscher (G. N. Flerov et. al.) hergestellt. Das stabilste Isotop ist Rf 261 mit einer Halbwertszeit von 75 Sekunden und wird gebildet durch Beschuß von Curium 248 mit O18-Kernen (s. Gleichung).

$$^{248}_{96}\mathrm{Cm} + {}^{18}_{8}\mathrm{O} \longrightarrow {}^{261}_{104}\mathrm{Rf} + 5\,\mathrm{n}$$
$$^{261}_{104}\mathrm{Rf} \longrightarrow {}^{257}_{102}\mathrm{No} + {}^{4}_{2}\mathrm{He}$$

Bildung und Zerfall von Rf 261

Es ist ein α-Strahler und zerfällt dabei zu ↑ Nobelium (s. Gleichung). Was man bisher über das nur in atomaren Mengen erhaltene Element weiß, steht in Einklang mit seiner Stellung als Eka-Hafnium. Zur Einordnung von E. in das Periodensystem s. unter ↑ Transactiniden.

Element 105

Element 105, Dubnium   Db   Dubnium, Eka-Tantal

$$^{249}_{97}\mathrm{Bk} + {}^{18}_{8}\mathrm{O} \longrightarrow {}^{262}_{105}\mathrm{Db} + 5\,\mathrm{n}$$
$$^{262}_{105}\mathrm{Db} \longrightarrow {}^{258}_{103}\mathrm{Lr} + {}^{4}_{2}\mathrm{He}$$

Bildung und Zerfall von Db 262

Isotope des Transactiniden-Elements 105 wurden gesichert erstmals 1970/71 von amerikanischen Forschern (A. Ghiorso et. al.) gewonnen. Das bislang stabilste Isotop ist Db 262 mit einer Halbwertszeit von 35 Sekunden und wird erhalten durch Beschuß von Berkelium 249 mit O18-Kernen (s. Gleichung).

Es ist ein α-Strahler und zerfällt dabei zu ↑ Lawrencium (s. Gleichung). Was man bisher über das nur in atomaren Mengen erhaltene Element weiß, steht in Einklang mit seiner Stellung als Eka-Tantal. Zur Einordnung von E. in das Periodensystem s. unter ↑ Transactiniden.

Element 106

Element 106, Seaborgium   Sg   Seaborgium, Eka-Wolfram

Über die Herstellung von Isotopen des Transactiniden-Elements 106 wurde erstmals 1974 sowohl von russischen als auch von amerikanischen Arbeitsgruppen berichtet (Flerov, Ghiorso).

Die stabilsten Isotope sind Sg 266 und Sg 265 mit Halbwertszeiten von 21 bzw. 7 Sekunden, die durch Beschuß von Curium 248 mit Ne22-Kernen gebildet werden (s. Gleichungen).

$$^{248}_{96}\mathrm{Cm} + {}^{22}_{10}\mathrm{Ne} \longrightarrow {}^{266}_{106}\mathrm{Sg} + 4\,\mathrm{n}$$
$$^{248}_{96}\mathrm{Cm} + {}^{22}_{10}\mathrm{Ne} \longrightarrow {}^{265}_{106}\mathrm{Sg} + 5\,\mathrm{n}$$

Bildung von Sg 266 und Sg 265

Was man bisher über das nur in atomaren Mengen erhaltene Element weiß, steht in Einklang mit seiner Stellung als Eka-Wolfram. Zur Einordnung von E. in das Periodensystem s. unter ↑ Transactiniden.

Element 107

Element 107, Bohrium   Bh   Bohrium, Eka-Rhenium

Über die Herstellung von Isotopen des Transactiniden-Elements 107 wurde erstmals von einer deutschen Arbeitsgruppe 1981 berichtet (Armbruster, Münzenberg).

Das bislang stabilste Isotop mit einer Halbwertszeit von 17 Sekunden ist Bh 267 und es entsteht beim Beschuß von Berkelium 249 mit Ne22-Kernen (s. Gleichung).

$$^{249}_{97}\mathrm{Bk} + {}^{22}_{10}\mathrm{Ne} \longrightarrow {}^{267}_{107}\mathrm{Bh} + 4\,\mathrm{n}$$

Bildung von Bh267

Was man bisher über das nur in atomaren Mengen erhaltene Element weiß, steht in Einklang mit seiner Stellung als Eka-Rhenium. Zur Einordnung von E. in das Periodensystem s. unter ↑ Transactiniden.

Element 108

Element 108, Hassium Hs Hassium, Eka-Osmium

Isotope des Transactiniden-Elements 108 wurden erstmals 1984 von einer deutschen Arbeitsgruppe (Armbruster, Münzenberg) durch Beschuß von Bleifolie mit hochbeschleunigten Eisenkernen erhalten.

Das längstlebige bekannte Isotop mit einer Halbwertszeit von 10 Sekunden ist Hs 269 und es entsteht beim Beschuß von Curium 248 mit Mg26-Kernen (s. Gleichung).

$$^{248}_{96}\mathrm{Cm} + ^{26}_{12}\mathrm{Mg} \longrightarrow ^{269}_{108}\mathrm{Hs} + 5\,\mathrm{n}$$

Bildung von Hs269

Der Name des Elements wurde von den Endeckern zu Ehren des Landes Hessen (die Entdeckung erfolgte in Darmstadt) gewählt.

Was man bisher über das nur in atomaren Mengen erhaltene Element weiß, steht in Einklang mit seiner Stellung als Eka-Osmium. Zur Einordnung von E. in das Periodensystem s. unter ↑ Transactiniden.

Emodin

Emodin 1,3,8-Trihydroxi-6-methylanthrachinon

Kristallisiert in orangefarbenen Nadeln, die in Wasser praktisch nicht, in org. Solventien wie Ethanol, Diethylether oder Chloroform nur wenig löslich sind. Im wässerigen alkalischen Medium löst sich E. mit kirschroter Farbe.

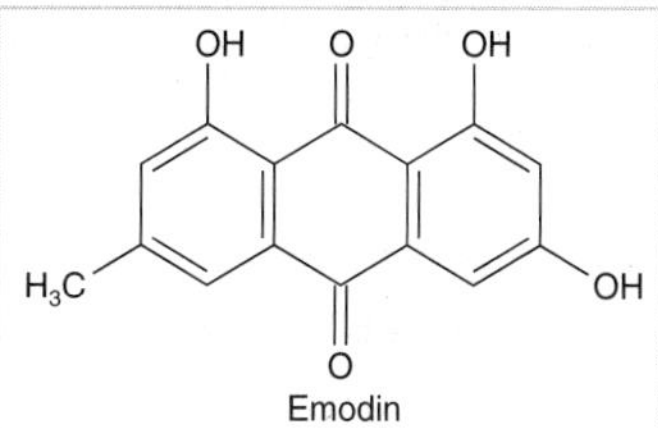

Struktur von Emodin

E. ist ein in Pflanzen und Pilzen sehr verbreiteter Farbstoff. Glycosidisch an ↑ Rhamnose gebunden findet sich E. im *Rhabarber*, im *Sauerampfer*, im Kreuzdorn und in Aloe. Diese Glykoside zeigen abführende Wirkungen. E. wurde 1911 erstmals aus Rhabarber isoliert.

Synthetisch ist E. z. B. durch Oxidation von *2-Methylanthrachinon* zugänglich. Ein natürliches Dimeres von E. ist ↑ Hypericin.

$C_{15}H_{10}O_5$ $M_R = 270{,}24$ C 66,67 % H 3,73 % O 29,60 %

t_{Smp}	t_{Sdp}	d	η
256 °C			

Eosin

Eosin Tetrabromfluorescein-di-Na-Salz

Das auch als „*Eosin gelblich*" bezeichnete Produkt bildet rote, leicht blaustichige Kristalle oder ein rotbraunes Pulver. Während es sich in Wasser gut löst, ist es in Ethanol nur wenig und in Diethylether nicht löslich. Die konzentrierte wässerige Lösung ist tief braun-rot, eine verdünnte Lösung ist gelb mit grünlicher Fluoreszenz.

Die ethanolische Lösung zeigt eine starke grüne Fluoreszenz. E. wird hergestellt durch Bromierung von ↑ Fluorescein. E. ist die Farbkomponente von roten Tinten. Es dient auch zum Färben kosmetischer Produkte, z. B. Lippenstifte und Nagellack, ist aber Dosierungsbegrenzungen unterworfen (s. auch ↑ Fluorescein).

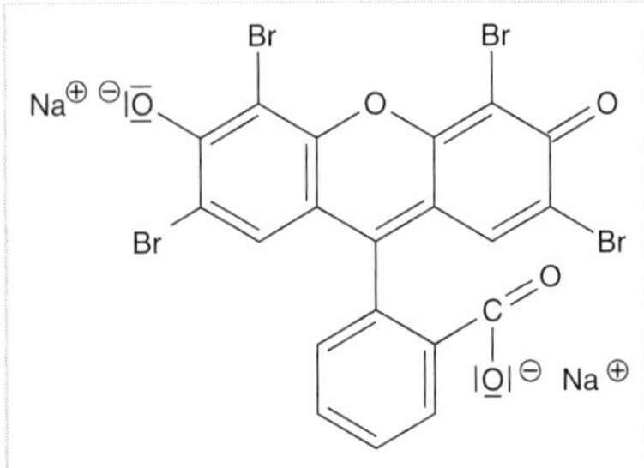

Struktur von Eosin gelblich

$C_{20}H_6Br_4Na_2O_5$ $M_R = 691,86$ C 34,72 % H 0,87 % Br 46,20 % Na 6,65 % O 11,56 %

Eosinscharlach

Eosine bluish 4,5-Dibromo-2,7-dinitrofluorescein-di-Na-Salz

Das auch als „*Eosin bläulich*" bekannte Produkt bildet ein rotes kristallines Pulver. Löst sich gut in Wasser mit grüner Fluoreszenz und ist auch löslich in Ethanol.

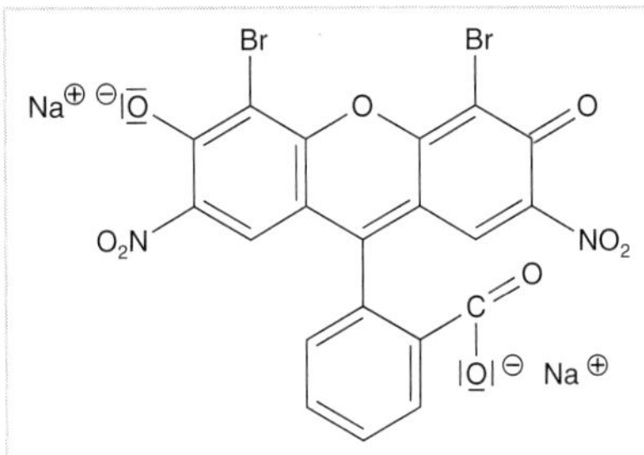

Struktur von Eosin bläulich

E. wird erhalten durch Nitrierung von 4,5-Dibromfluorescein.

E. dient zum Färben von Wolle, Baumwolle und Papier. Als Mikroskopier-Farbstoff ist es geeignet zum Anfärben von Muskelfasern, Zellkernen usw.

$C_{20}H_6Br_2N_2Na_2O_9$ $M_R = 624,09$ C 38,49 % H 0,97 % Br 25,61 % N 4,49 % Na 7,37 % O 23,07 %

Ephedrin

Ephedrine 2-Methylamino-1-phenyl-1-propanol

Das natürlich vorkommende, linksdrehende (1R,2S)-E. (s. Abbildung) ist ein farbloses Öl oder ein wachsartiger Feststoff und löst sich sehr gut in Wasser, Ethanol, Diethylether oder in Ölen. Aus dem wasserfreien Zustand heraus nimmt E. Wasser auf wobei der Schmelzpunkt ansteigt (von 34 auf 40 °C). Eine 0,5%ige Lösung in Wasser zeigt den pH-Wert 10,8.

E. ist das Hauptalkaloid der chinesischen Volksmedizindroge Ma-Huang (aus Ephedra-Arten) und findet sich im Eisenhut, der Beereneibe und anderen Pflanzen. Die Synthese von D,L-E. (Racemat) gelingt ausgehend von ↑ Propiophenon durch Bromierung, Umsetzung mit ↑ Methylamin und anschließende Hydrierung (s. Schema).

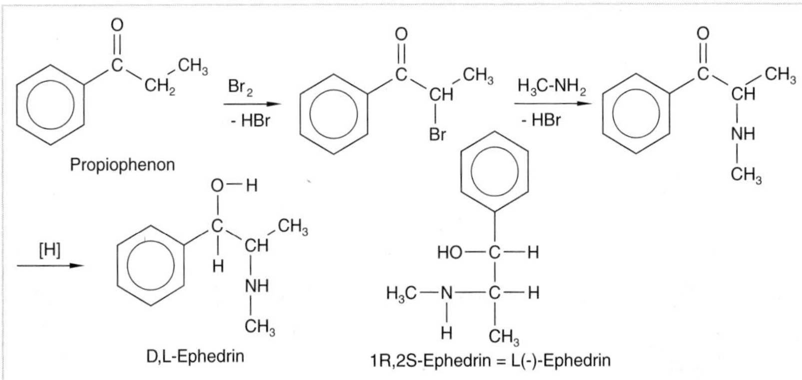

Synthese von D,L-Ephedrin

Einen eleganten Zugang bietet auch die *Akabori-Reaktion*, die Umsetzung einer Aminosäure mit einem aromatischen Aldehyd. Hierbei findet zunächst Aldol-Addition statt mit anschließender Decarboxylierung zum Aminoalkohol. E. entsteht so aus ↑ Benzaldehyd und N-Methylanilin (s. Schema).

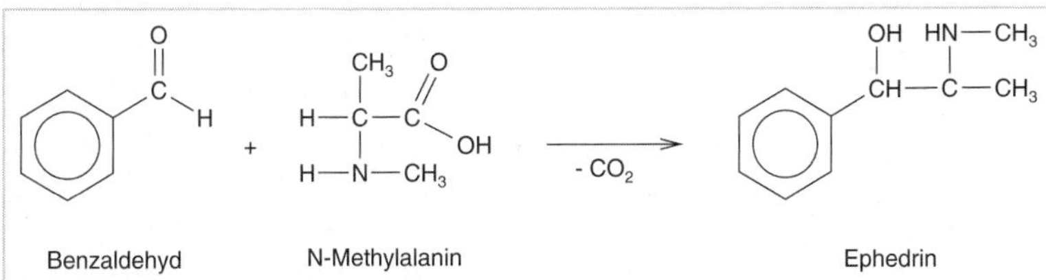

Ephedrin-Bildung durch Akabori-Reaktion

Mit Aminosäuren mit primärer Aminogruppe verläuft die Reaktion weniger einheitlich. Hierbei entstehen auch Aldehyde.

E. hat pharmakologische Bedeutung als indirektes Sympathomimetikum (s. unter ↑ Acetylcholin), indirekt, weil es ↑ Noradrenalin in die sympathischen Synapsen freisetzt. Dabei wirkt es insgesamt schwächer als Noradrenalin (aber länger anhaltend) und erhöht den Blutdruck, regt das Herz an, erweitert die Bronchien und dämmt das Hungergefühl. E. wird deshalb zur Blutdrucksteigerung, bei chronischer Bronchitis und Asthmaanfällen sowie gegen Allergien in Dosen von 25-50 mg angewendet. E. findet sich ferner in Appetitzüglern. Da E. die Blut-Hirnschranke gut überwinden kann, besitzt es auch zentralerregende Wirkung.

Weil E. zwei Asymmetriezentren aufweist, gibt es zwei Diastereomere, die als *Pseudo-Ephedrin* bezeichnet werden.

E. ist ein Derivat des β-Phenylethylamins und steht damit in struktureller Beziehung zu den Amphetaminen (s. unter ↑ Amphetamin).

$C_{10}H_{15}NO$ $M_R = 165{,}24$ C 72,69 % H 9,15 % N 8,48 % O 9,68 %

t_{Smp}	t_{Sdp}	d	η
	225 °C		

Epibatidin

Epibatidine

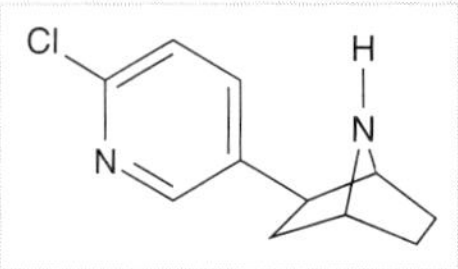

Struktur von Epibatidin

Stellt ein farbloses Öl dar. Die Verbindung wurde 1992 aus der Haut des in Equador heimischen Giftfrosches Epipedobates tricolor isoliert. Das Alkaloid (s. unter ↑ Alkaloide) ist der erste Naturstoff, in dem das System *7-Azabicyclo-[2,2,1]-heptan* gefunden wurde (s. Abbildung).

Es zeigt bei Mäusen eine wesentlich stärkere betäubende Wirkung als ↑ Morphin, wobei es die nicotinischen Rezeptoren blockiert (s. unter ↑ Acetylcholin). Interessant ist, daß die Tiere außerhalb ihrer natürlichen Umgebung das Alkaloid nicht bilden.

$C_{11}H_{13}ClN_2$ $M_R = 208,69$ C 63,31 % H 6,28 % Cl 16,99 % N 13,42 %

Epoxidharze

Epoxy resins

Der Name E. ist etwas irreführend, weil es sich nicht um Harze im Sinne von mehr oder weniger hochmolekularen Systemen handelt, die in ihrer endgültigen Molekülgestalt anwendungsbereit vorliegen und weil der Begriff für zweierlei verwendet wird: einerseits für die flüssigen Ausgangsprodukte und andererseits für die daraus hergestellten vernetzten festen Endprodukte.

Der Begriff *Harze* kommt hier daher, daß es sich bei den flüssigen Ausgangsprodukten um in ihrer Konsistenz harzartige, mehr oder weniger hochviskose zähe klebrige Substrate handelt. Das eigentliche E. ist dabei meist nur die eine Komponente, die durch Reaktion mit einer zweiten Komponente, einer ebenfalls meist zähen Flüssigkeit, zu einem festen, vernetzten unlöslichen Werkstoff umgesetzt wird.

Das flüssige Ausgangs-Epoxidharz sei hier als *Epoxy-Komponente*, abgekürzt EP-Komp., die damit umzusetzende zweite Komponente als Epoxy-Härter-Komponente, abgekürzt EH-Komp., bezeichet.

Es sei vorweg bemerkt, daß die E.-Chemie und die E.-Technik ein riesiges Arbeitsgebiet darstellen. Es gibt eine sehr große Anzahl für viele Anwendungszwecke maßgeschneiderter Systeme, aber auch viele sehr breit anwendbare Kombinationen. Es kann hier nur versucht werden, das Grundprinzip sowie einige Eigenschaften und Anwendungen darzustellen.

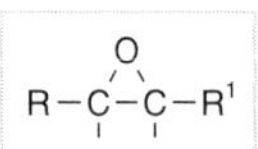

Epoxid-Funktion

Die EP-Komp. ist stets eine niedermolekulare Verbindung, in deren Molekül mindestens zwei *Epoxid-Gruppen* (Oxiran-Funktionen) vorkommen. Die Umsetzbarkeit dieser EP-Komp. zu vernetzten Produkten, also der Chemismus der E. generell, beruht auf der Reaktivität der Epoxid-Gruppe, die aus einem Dreiring mit einem Sauerstoff-Atom besteht, also mit systematischem Namen als *Oxiran-System* zu bezeichnen ist (s. Abbildung).

Dieser Dreiring ist natürlich stark gespannt und wird beim nucleophilen Angriff von H-aktiven Verbindungen leicht geöffnet, wobei diese H-aktive Komponente addiert wird (s. Schema).

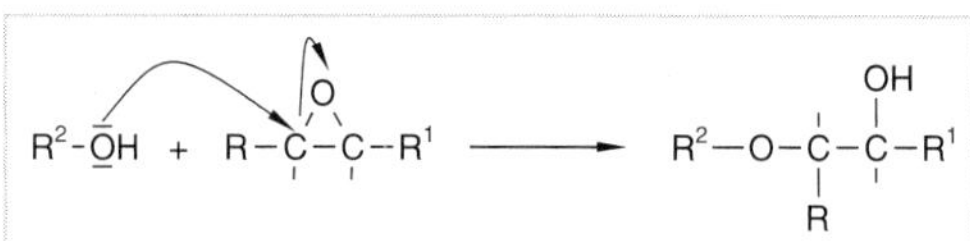

Addition an die Epoxid-Funkton

Die bekanntesten und praktisch wichtigsten EP-Komp. werden durch Umsetzung von *Epichlorhydrin* mit *Bisphenol A* erhalten. Epichlorhydrin (*3-Chlorpropylenoxid* oder *Chlormethyloxiran*), eine farblose, chloroformartig riechende, in Wasser unlösliche, in org. Solventien lösliche Flüssigkeit vom Sdp. 117 °C, wird technisch aus ↑ Allylchlorid hergestellt durch Umsetzung mit Hypochloriger Säure und anschließende basisch katalysierte Chlorwasserstoff-Abspaltung (s. Schema).

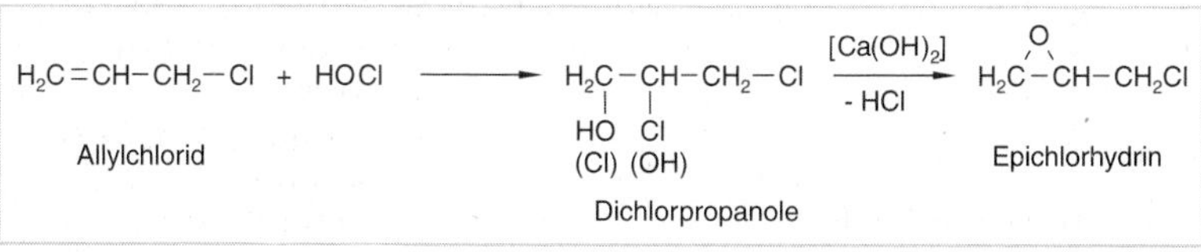

Herstellung von Epichlorhydrin

Bisphenol A (*Dian*) wird technisch hergestellt aus ↑ Phenol und ↑ Aceton (s. Schema), bildet farblose, phenolartig riechende Kristalle vom Schmp. 155 °C, ist unlöslich in Wasser, löslich in Alkalien, Ethanol und Aceton.

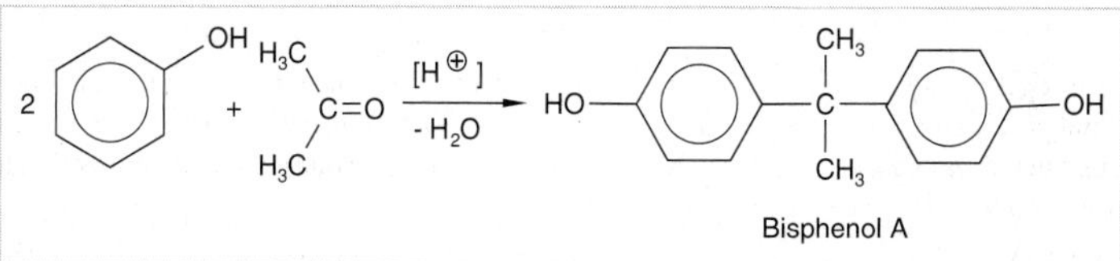

Technische Synthese von Bisphenol A

Epichlorhydrin reagiert mit Bisphenol A nach dem dargestellten Schema:

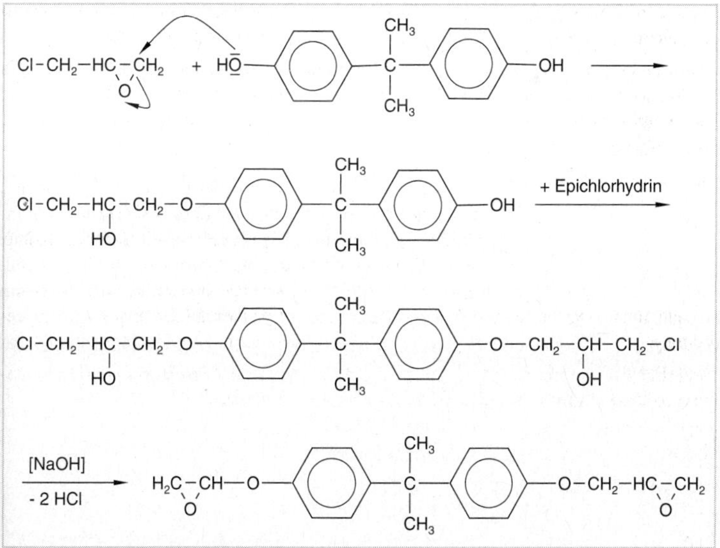

Reaktion von Epichlorhydrin mit Bisphenol A

Diese Umsetzungen laufen ab, wenn man die Komponenten in alkalischem Medium bei ca. 120 °C unter Rückfluß erhitzt. Beträgt das Verhältnis Epichlorhydrin : Bisphenol A mehr als 2 : 1, bleibt die Raktion auf der Stufe des Bisphenol A-Diglycid-ethers stehen. Bei kleinerem Verhältnis (weniger Epichlorhydrin) reagiert dieser wieder mit zwei Molekülen Bisphenol A, das dabei erhaltene Addukt mit weiterem Epichlorhydrin mit nachfolgender HCl-Abspaltung und Ausbildung neuer Epoxid-Gruppen usw., so daß schließlich Ketten mit dem in der Abbildung dargestellten Aufbau erhalten werden, deren Molekülmasse durchschnittlich ca. 2000 beträgt.

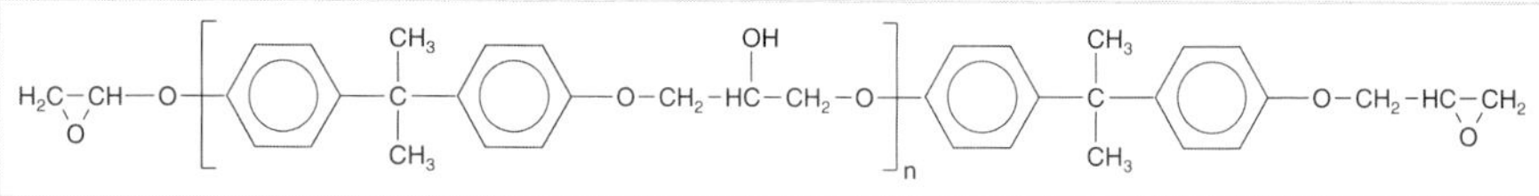

Kettenmolekül einer EP-Komponente

In dieser Form als mehr oder weniger lange Kettenmoleküle mit zwei endständigen Epoxidgruppen kommen die EP-Komp. zur Anwendung.

Die EH-Komp. besteht aus Molekülen, die mindestens zwei H-acide Gruppen enthalten, die mit den Epoxiden unter Addition reagieren können. Besonders reaktiv sind aliphatische und aromatische Diamine (*Kalthärter*), während hydroxyfunktionelle Komp. höhere Temperaturen erfordern (*Warmhärter*).

EP- und EH-Komp. reagieren also nach Vermischen (im erforderlichen Verhältnis) miteinander meist unter Vernetzung (s. Schema).

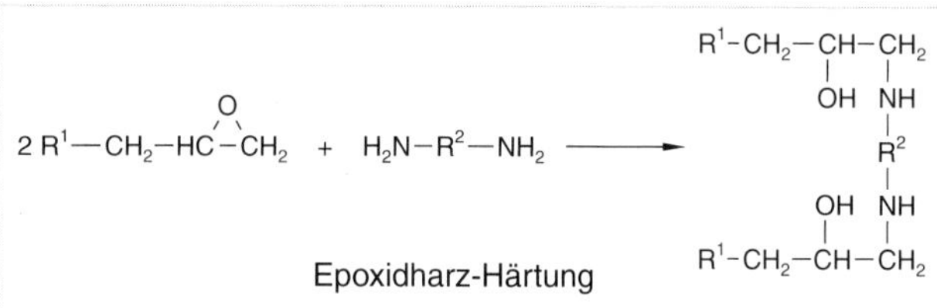

Eine Vernetzungsreaktion von EP- und EH-Komponente

Je nach EH-Komp. kommt man nun zu Systemen mit ganz verschiedenem und gezielt einstellbarem Abbindemodus. Nimmt man noch dic Variation in den EP-Komp. hinzu, sowie die Möglichkeit der Zugabe von Beschleunigern, Verzögerern, Flexibilisatoren, Füllstoffen usw., so wird die Breite der möglichen Produktpalette deutlich.

Die Möglichkeiten der Verwendung von E. sind so vielfältig, daß sie nur schwerpunktmäßig genannt werden können. Es sind wertvolle *Gießharze* für den Formenbau, zum Einbetten, Füllen, Abbdichten, hervorragende Klebstoffe für besonders feste *Konstruktionsklebungen*, die besonders auf allen Metallen fast unlösbar haften (*Zweikomponenten-Kleber*!), sowie sehr gut haftende resistente Beschichtungen (Anstriche, Lacke, Korrosionsschutz).

d	α	t_D	λ
1,17 g/cm³	58 10^{-6}/K	120 °C	0,116 W/mK

ϱ_D	ϵ_r	WA
10^6 10^{10} Ω · cm	3,3	0 %

Erbium

Erbium Er

Silberweißes, weiches, leicht verformbares Metall, das an der Luft zwar bald grau anläuft, aber ansonsten recht beständig ist. Aufgrund seines unedlen Charakters wird es von Wasser und besonders von verdünnten Säuren rasch zersetzt unter Wasserstoff-Entwicklung.

Als Lanthaniden-Elemen (s. unter ↑Cer) kommt Er in sehr geringen Mengen als Oxid in den Seltenerd-Mineralien vor, wo es 1843 entdeckt wurde. Das reine Metall wurde erst 1934 erstmals hergestellt durch Reduktion von Erbiumchlorid mit Kaliumdampf. Der Anteil von Er an der Erdkruste wird auf 2-6 ppm geschätzt. Die Elektronenkonfiguration lautet: $1s^2\,2s^2\,2p^6\,3s^2\,3p^6\,3d^{10}\,4s^2\,4p^6\,4d^{10}\,4f^{12}\,5s^2\,5p^6\,6s^2$, Grundterm $^3H_6$.

Das Metall bildet eine hexagonal dichteste Kugelpackung. In seinen Verbindungen kommt es ausschließlich in der Oxidationsstufe +3 vor, für deren Ausbildung folgende Normalpotentiale gelten:

$$Er \rightarrow Er(OH)_3 \quad E^{\ominus}\,(\text{alkal.}) = -2{,}84\ V$$
$$Er \rightarrow Er^{3+} \quad E^{\ominus}\,(\text{sauer}) = -2{,}32\ V$$

Die Er-Ionen zeigen in wässeriger Lösung eine auf f – f- Übergängen beruhende tiefrosa Färbung. Die Halogenide stellen violettfarbene Salze dar. Er-Ionen finden eine wichtige Verwendung in medizinisch genutzten Festkörper-Lasern (Erbium-Laser).

Er Z = 68 A_R = 167,26 Isotope: 162, 164, 166, 167, 168, 170;
147, 148, 150–161, 163, 165, 169, 171–173 (künstlich)

t_{Smp}	t_{Sdp}	d	MV	α	λ
1522 °C	2859 °C	9,07 g/cm³	18,44 cm³/mol	9,2 10^{-6}/K	14,3 W/mK

C_p	$\Delta_S H$	$\Delta_V H$	S^o	ϱ
28,09 J/(K · mol)	19,9 kJ/mol	261,4 kJ/mol	73,38 J/(K · mol)	810 nΩ · m

Ergotamin

Ergotamine

Bildet farblose prismatische hygroskopische Kristalle, die sich in Wasser praktisch nicht lösen, wenig löslich sind in Methanol, Ethanol, Aceton, sich aber gut lösen in Chloroform oder Essigsäure. E. ist eine sehr empfindliche Verbindung, die sich an der Luft, im Licht oder durch Wärme rasch dunkel färbt und zersetzt.

E. ist ein Hauptalkaloid unter zahlreichen Alkaloiden im *Mutterkorn*, das durch den Fadenpilz Claviceps purpurea erzeugt wird. Das Mutterkorn wuchert auf Getreiden, vor allem auf Roggen, und stellt einen wesentlichen Schädling dar. E. wird wie die anderen pharmazeutisch wichtigen ↑Alkaloide des Mutterkorns (*Ergot-Alkaloide*) daraus durch Extraktion gewonnen. Es kann zwar synthetisch hergestellt werden, doch ist die Isolierung aus eigens gezüchteten Roggen-Mutterkornkulturen wesentlich einfacher.

E. besteht aus der ↑Lysergsäure, die über eine Peptidbindung mit einem tricyclischen Tripeptid aus *α-Hydroxyalanin*, ↑Phenylalanin und ↑Prolin verknüpft ist (s. Strukturabb.).

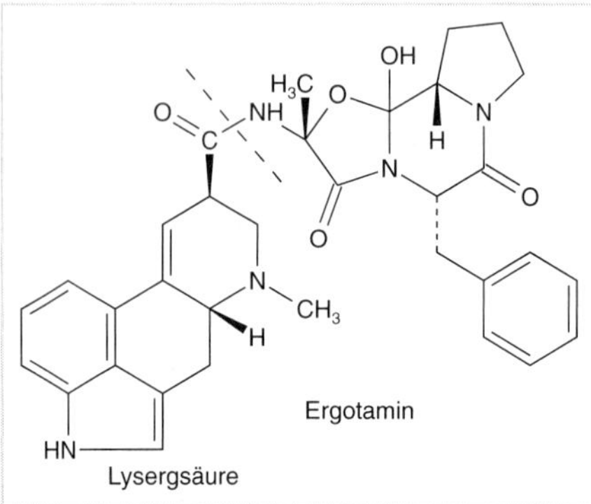

Struktur von Ergotamin

E. ist hochtoxisch und es hat in der Geschichte massenhafte Todesfälle durch Verzehr von aus Mutterkorn-belastetem Getreide hergestelltem Brot gegeben. E. hat ein kompliziertes Wirkungsspektrum, indem es teilweise als Sympatholytikum (α-Blocker), teils als Sympathomimetikum wirkt (s. unter ↑Acetylcholin). Es hat ausgeprägte vasokonstriktorische = gefäßverengende Wirkung und wird gegen Mikräne verwendet. Die uteruskontrahierende Wirkung wurde schon früh festgestellt, weshalb es als weheneinleitendes Mittel bei Geburten eingesetzt wurde (daher der Name „Mutterkorn"), eine Anwendung, in der E. durch synthetische Präparate ersetzt ist. Das Mittel der Wahl ist E. aber immer noch bei nachgeburtlichen Blutungen.

Der Roggen-Mutterkornanbau wird behördlich kontrolliert (Betäubungsmittelgesetz), wegen des Lysergsäureanteiles der Alkaloide, aus denen sich die ↑Lysergsäure gewinnen läßt (s. ↑Lysergsäurediethylamid = LSD).

$C_{33}H_{35}N_5O_5$ $M_R = 581{,}67$ C 68,14 % H 6,06 % N 12,04 % O 13,75 %

$t_{Zersetzung}$	t_{Sdp}	d	η
212 °C (Z)			

Eriochromschwarz T

Eriochrome Black T Erio T

Ein braun-schwarzes, metallisch glänzendes Pulver, das sich in Wasser, Säuren und Laugen löst. Die Lösungen sind nicht unbegrenzt haltbar, besonders in saurer Lösung erfolgt rasche Verharzung.

E. ist ein Azofarbstoff, der als dreibasige Säure in drei Stufen Protonen abspaltet, und zwar bei den im Schema angegebenen pH-Werten mit den dort genannten Farbumschlägen (das Molekül von E. wird dabei als H3 Ind abgekürzt, s. Schema).

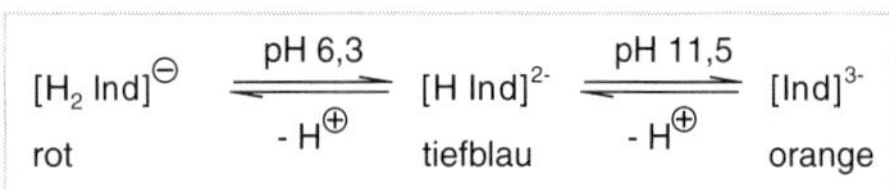

Dissoziationsstufen von Erio T

Im neutralen und schwach alkalischen Medium ergibt E. also tiefblaue Lösungen.

Die Bedeutung von E. liegt in seiner Fähigkeit, mit vielen Metall-Kationen in schwach alkalischem Medium lösliche Komplexe zu bilden, deren Farben deutlich verschieden sind von der tiefblauen Farbe des reinen E.. Auf dieser Fähigkeit beruht nämlich die Verwendung von E. als Indikator für komplexometrische Titrationen, wie sie zur *Härtebestimmung* von Wässern besonders häufig durchgeführt werden, also zur Bestimmung von ↑Calcium und ↑Magnesium. Das Verfahrensprinzip hierzu sei kurz erläutert: Gibt man zu einer Magnesium-Ionen enthaltenden Lösung vom pH ca. 9 eine winzige Spatelspitze E., so erhält man nicht die tiefblaue Farbe, die E. in Mg-freier Lösung erzeugen würde, sondern eine rote Farbe, die von dem sofort entstehenden Erio T-Mg-Komplex herrührt (s. Schema).

$$\underset{}{Mg^{2+}} + \underset{\text{blau}}{[H\,Ind]^{2-}} \rightleftharpoons \underset{\text{rot}}{[Mg\,Ind]^{\ominus}} + H^{\oplus}$$

Komplexbildung von Erio T mit Mg-Ionen

Dieser Komplex ist mit einem pK-Wert von −7 ausreichend stabil. Versetzt man diese Lösung nun mit einem ausgesprochenen Komplexbildner wie etwa dem Di-Na-Salz der ↑Ethylendiaminotetraessigsäure (*EDTA-di-Na-Salz*), welches mit Mg-Ionen einen farblosen, aber noch stabileren Komplex mit höherer Komplexbildungs-Konstante (pK-Wert −8,69) formt, so vollziehen sich folgende Vorgänge: das EDTA-Salz bildet zunächst mit den nicht im MgInd-Komplex gebundenen Mg-Ionen den Mg-EDTA-Komplex nach der gezeigten vereinfachten Gleichung (EDTA als H4Y abgekürzt).

$$Mg^{2+} + [H_2Y]^{2-} \rightleftharpoons \underset{\text{farblos}}{[MgY]^{2-}} + 2\,H^{\oplus}$$

Komplexbildung von EDTA mit Mg-Ionen

Erst wenn alles freie Mg mit EDTA komplexiert ist, entreißt weitere EDTA dem MgInd-Komplex das Mg (s. Gleichung), weil ja der Mg-EDTA-Komplex die größere Komplexbildungs-Konstante aufweist, so daß schlagartig die tiefblaue Farbe des freien Indikators Erio T auftaucht.

$$\underset{\text{rot}}{[Mg\,Ind]^{\ominus}} + [H_2Y]^{2-} \longrightarrow \underset{\text{tiefblau}}{[H\,Ind]^{2-}} + [MgY]^{2-} + H^{\oplus}$$

Reaktion von EDTA mit dem Erio T-Mg-Komplex

Verwendet man also eine EDTA-Maßlösung, so kann aus deren Verbrauch auf den Gehalt an Mg zurückgerechnet werden. Die Bestimmung des Calciums gelingt nicht so einfach, weil der Ca-ErioT-Komplex schwächer (pK-Wert −5,4), der Ca-EDTA-Komplex jedoch stärker (pK −10,7) ist, so daß man keinen scharfen sondern einen schleppenden Farbumschlag bekommt. Man behilft sich so, daß man eine kleine Menge Mg-EDTA-Komplex zufügt. Das Mg wird dann durch Ca aus diesem Komplex verdrängt und man erhält bei der Titration den scharfen Umschlag des Mg.

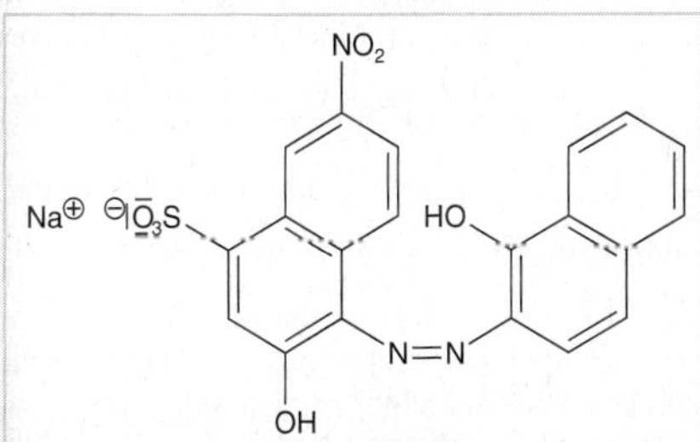

Struktur von Erio T

Wegen der roten Eigenfarbe des Indikators unterhalb pH 6,3 und seiner Instabilität in saurem Medium kann E. nur im alkalischen Bereich angewandt werden. Da bei der Komplexierung Protonen freigesetzt werden, sollte zudem in gepufferter Lösung gearbeitet werden.

Die nitrogruppenfreie Verbindung ist der unter dem Handelsnamen *Calcon* bekannte Indikator.

$C_{20}H_{12}N_3NaO_7S$ $M_R = 461{,}38$ C 52,06 % H 2,62 % N 9,11 % Na 4,98 % O 24,27 % S 6,95 %

Erucasäure

Erucid acid cis-13-Docosensäure

Kristallisiert in farblosen Nadeln, die in Wasser unlöslich sind, sich aber sehr gut lösen in Ethanol, Methanol oder Diethylether.

Die E. ist wesentlicher Bestandteil der Glyceride des Raps- und Senföles (40-50 %).

Die E. ähnelt im chemischen Verhalten der ↑ Ölsäure. Sie geht bei Behandlung mit ↑ Salpetersäure in die als *Brassidinsäure* bezeichnete trans-Form über und liefert bei der Ozonolyse die Nonansäure (↑ Pelargonsäure) und die *Brassylsäure* (s. Schema).

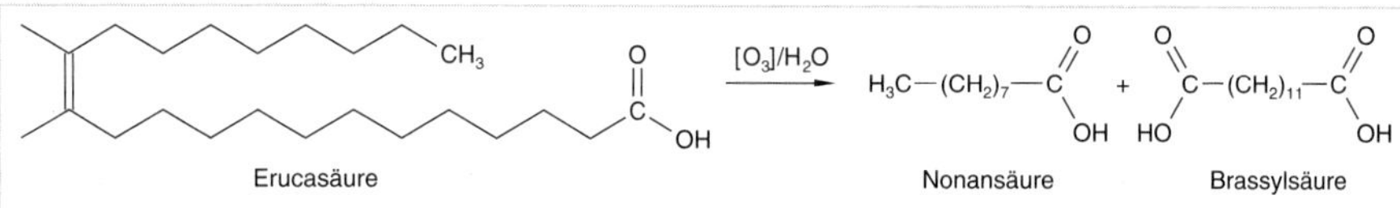

Ozonolyse der Erucasäure

Die E. hat sich in der Nahrung als schädlich erwiesen (in der Tierernährung führt E. u. a. zur Herzverfettung), weshalb man ihren Gehalt in Speiseölen und -fetten auf 5 % begrenzt hat (*Erucasäure-Verordnung*). Es sind deshalb auch Rapssorten gezüchtet worden mit nur noch ca. 3 % E.-Gehalt, in denen die E. dabei durch Ölsäure ersetzt ist. *Erucamid*, das Amid der E., dient als Fließadditiv in Polyolefinen wie PE und PP.

$C_{22}H_{42}O_2$ $M_R = 338{,}57$ C 78,05 % H 12,50 % O 9,45 %

t_{Smp}	t_{Sdp}	d	η
33,8 °C			

Erythromycin

Erythromycin

Bildet farblose Kristalle, die sich gut lösen in Ethanol, Chloroform oder Aceton, aber wenig löslich sind in Wasser (200 mg/100 ml) und Diethylether.

Das Bakterium *Streptomyces* erythrens bildet ein Gemisch von Antibiotika, von denen das hier beschriebene E. A das wichtigste ist. Das wesentliche Strukturelement ist ein 14-gliedriger Lactonring, der glycosidisch mit zwei Zuckermolekülen, einem Neutralzucker (*Cladinose*) und einem basischen Aminozucker (*Desosamin*) verknüpt ist (s. Abbildung).

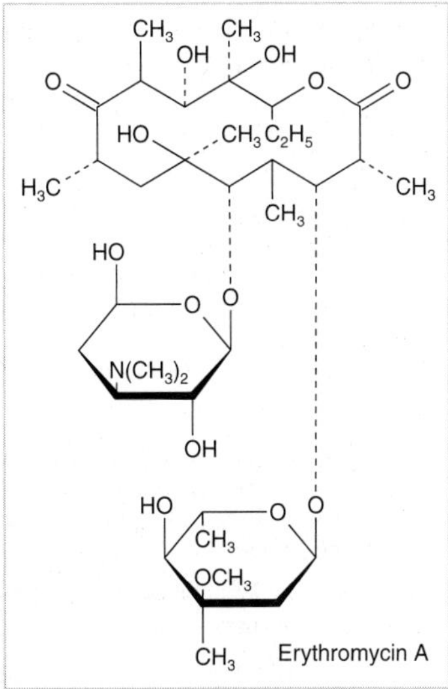

Struktur von Erythromycin

E. wird seit 1952 als Antibiotikum verwendet. Es wirkt vor allem gegen grampositive Bakterien (s. unter ↑ Penicillin), indem es die bakterielle Proteinsynthese hemmt. E. wird gegen Penicillin- und Tetracyclin-resistente Erreger eingesetzt oder bei Vorliegen einer Penicillin-Allergie. Das Mittel der Wahl ist E. gegen *Mycoplasmen*, die schwere Atemwegsinfektionen verursachen. Die mittlere Tagesdosis liegt zwischen 15-25 mg. E. hat nur geringe Nebenwirkungen (u. a. gastrointestinale Störungen).

$C_{37}H_{67}NO_{13}$ $M_R = 733{,}94$ C 60,55 % H 9,20 % N 1,91 % O 28,34 %

Erythrose

Erythrose

Ist nur als farbloser Sirup erhältlich, löst sich gut in Wasser und Ethanol.

E. ist eine *Tetrose*, die in der Natur nicht vorkommt und synthetisch u. a. aus D-Glucose zugänglich ist. Sie zeigt in wässeriger Lösung Mutarotation und reduziert langsam Fehling-Lösung. Die Reduktion mit Natriumamalgam überführt E. in den in Algen und Pilzen vorkommenden *Erythrit* (*1,2,3,4-Butantetrol*), die Oxidation der (−)-Erythrose mit Salpetersäure liefert Mesoweinsäure.

Die E. besitzt als *Aldotetrose* zwei asymmetrische C-Atome (s. unter ↑ D,L-Glycerinaldehyd), weshalb die damit verbundenen stereochemischen Besonderheiten an dieser Stelle erläutert seien. Allgemein gilt: sind in einem Molekül n nicht äquivalente asymmetrische C-Atome vorhanden, resultieren daraus 2^n Stereoisomere. Von der E. existieren also vier optisch aktive Spezies: *D(−)-Erythrose*, *L(+)-Erythrose*, *D(−)-Threose* und *L(+)-Threose* (s. Abbildung).

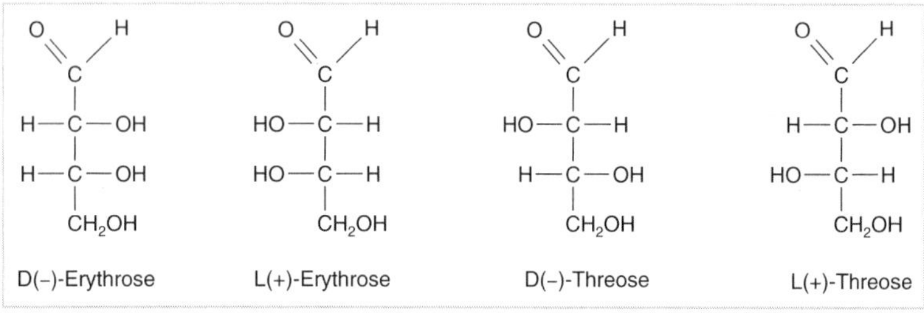

Zwei asymmetrische C-Atome liefern 4 Stereoisomere

D(−)- und L(+)-Erythrose bilden ein Enantiomerenpaar (Spiegelbildisomere), ebenso wie D(−)- und L(+)-Threose. D(−)-Erythrose und D(−)-Threose hingegen (sie gehen durch Konfigurationsänderung an nur einem C-Atom ineinander über) bezeichnet man als *Diastereomerenpaar*. *Diastereomere* besitzen im Gegensatz zu Enantiomeren unterschiedliche chemische und physikalische Eigenschaften (z. B. Schmelz- und Siedepunkte, Löslichkeiten, spektroskopische Eigenschaften). Diastereomere kann es nur bei Verbindungen mit mehr als einem asymmetrischen C-Atom geben.

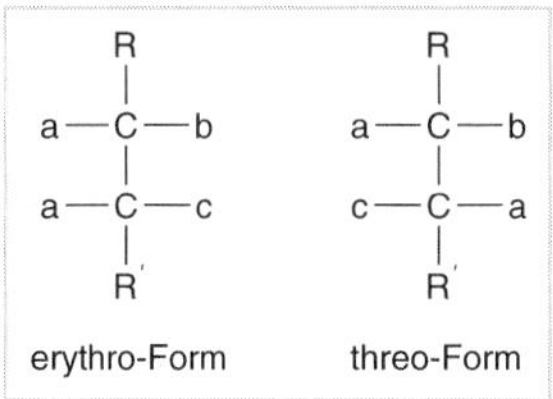

Zum Begriff von erythro- und threo-Form

Von der Erythrose und der Threose leiten sich die beiden Begriffe *erythro* und *threo* ab: stehen in der Fischer-Projektion zwei gleiche Liganden übereinander, spricht man von der erythro-Form, liegen sie auf entgegengesetzten Seiten, von der threo-Form (s. Abbildung).

$C_4H_8O_4$ $M_R = 120{,}11$ C 40,00 % H 6,71 % O 53,28 %

Essigsäure

Acetic acid Ethansäure

Eine wasserklare, durchdringend säuerlich-stechend riechende Flüssigkeit, die sich beliebig mit Wasser, Ethanol, Diethylether und vielen anderen org. Solventien mischen läßt. E. ist eine schwache Säure mit dem pK_S-Wert 4,75. Eine 1m wässerige Lösung zeigt den pH 2,4, eine 0,1m Lösung den pH 2,9 und eine 0,01m Lösung den pH 3,4. Sowohl die Salze als auch die Ester der E. werden als *Acetate* bezeichnet. Die wasserfreie E. ist auch unter dem Namen *Eisessig* bekannt, da sie in der Kälte zu eisähnlichen Kristallen erstarrt.

E. kommt in der Natur in pflanzlichen Produkten teils in freier Form, teils als Ester und teils als Salz vor. In der belebten Natur ist sie End- oder Zwischenprodukt von Gärungs- , Oxidations- oder Fäulnisprozessen. Hier ist vor allem die *Essigsäure-Gärung* zu nennen, bei der *Essigbakterien* (*Acetobacter* und *Gluconobacter*) Ethanol zur E. bzw. weiter zu ↑ Kohlenstoffdioxid und Wasser oxidieren. Als „Aktivierte Essigsäure“ spielt die E. im Acetyl-Coenzym A eine wichtige Rolle im normalen Stoffwechselgeschehen (s. unter ↑ Coenzym-A und ↑ Citronensäure).

E. bildet u. a. folgende Azeotrope:

Azeotrop-Komponenten	Zusammensetzung (Gew.-%)	Siedepunkt (°C)
E./Benzol	2,0/98,0	80,1
E./Cyclohexan	2,0/98,0	79,7
E./DMF	26,0/74,0	159,0
E./1,4-Dioxan	77,0/23,0	119,5
E./Pyridin	35,0/65,0	139,7
E./Toluol	28,0/72,0	105,4

Zur Herstellung von E. existieren mehrere großtechnische Verfahren z. B. die Oxidation von ↑ Acetaldehyd mit Luft oder ↑ Sauerstoff, die über ↑ Peroxyessigsäure als Zwischenstufe verläuft (s. Schema), oder die Oxidation von ↑ Butan, Buten und Leichtbenzin, wobei auch teils wichtige Nebenprodukte entstehen.

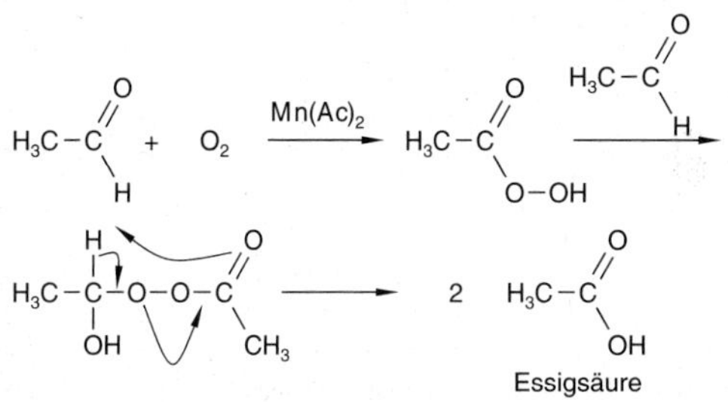

Technische Herstellung von Essigsäure aus Acetaldehyd

Ferner ist die *Carbonylierung* von ↑ Methanol am Rhodium-Kontakt zu erwähnen (s. Gleichung).

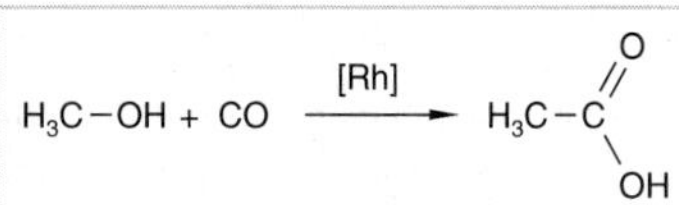

Essigsäure-Synthese durch Carbonylierung von Methanol

Früher war die Essigsäure-Gärung ein wichtiges Herstellungsverfahren, das schon im Altertum bekannt war und auch heute noch betrieben wird (*Gärungsessig*).

E. ist die wichtigste und bekannteste in der Reihe der *Carbonsäuren*. Sie wird teils direkt verwendet in wasserverdünnter Form (*Essig*) als Säuerungsmittel und Säureregulator in Lebensmitteln (in Gehalten von 15,5 bis 25 g/100 ml als *Essigessenz* bezeichnet) und zur Konservierung, wobei sie unter der Nummer *E 260* zugelassen ist. Chemisch-technisch dient die E. als vielseitiges Lösungsmittel, das außer vielen organischen Stoffen auch ↑ Schwefel und ↑ Phosphor zu lösen vermag.

Mengenmäßig bedeutender ist jedoch die Verwendung als Zwischenstufe zur Herstellung anderer technischer Basisprodukte. Hier nehmen die *Carbonsäureester* oder einfach *Ester* die führende Stelle ein (s. unter ↑ Essigsäurebenzylester, ↑ Essigsäurebutylester, ↑ Essigsäureethylester, ↑ Essigsäuremethylester, ↑ Essigsäurephenylester, ↑ Vinylacetat, ↑ Isoamylacetat). Wichtig sind auch viele Acetate, also Metallsalze (s. unter den betreffenden Metallen), die ↑ Chloressigsäure (für ↑ Carboxymethylcellulose), ↑ Keten und ↑ Essigsäureanhydrid, um nur einige wichtige Folgeprodukte zu nennen.

Carbonsäuren sind definiert durch das Vorhandensein der *Carboxylgruppe* –COOH. Welche vielfältige Chemie sich auf dieser funktionellen Einheit aufbaut, spiegelt sich in der Zusammenstellung der *Carbonsäure-Derivate*, die zum Zwecke der Übersicht hier wiedergegeben ist (s. Schema).

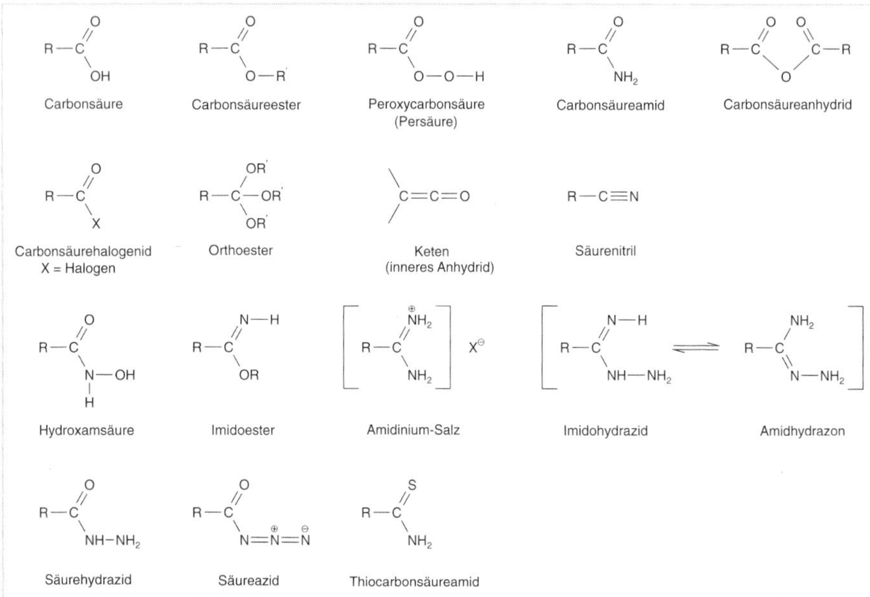

Zusammenstellung wichtiger Säurederivate und N- und S-Analoga

Typische Vertreter dieser Substanzklassen finden sich in diesem Buch unter den entsprechenden Substanznamen.

Der Nachweis der Essigsäure gelingt im einfachsten Fall durch ihren charakteristischen Geruch. Aus Acetaten kann sie durch Verreiben mit ↑ Kaliumhydrogensulfat in Freiheit gesetzt und anhand des Geruchs identifiziert werden.

Mit Eisen(III)-Salzen ergeben Acetat-Ionen in neutraler Lösung eine rote Färbung infolge Fe(III)-Acetatbildung. Beim Kochen dieser Lösung fällt hydrolytisch gebildetes rotbraunes Eisen(III)oxidhydroxid aus (s. unter ↑ Eisen)

► E. ist ätzend.

$C_2H_4O_2$ $M_R = 60{,}05$ C 40,00 % H 6,71 % O 53,28 %

t_{Smp}	t_{Sdp}	d	η		
16,5 °C	118 °C	1,05 g/cm³	1,30 mPa · s		
C_p	$\Delta_S H$	$\Delta_V H$	$\Delta_B H$	S^o	Q_C
123 J/(K · mol)	11,7 kJ/mol	23,7 kJ/mol	−483 kJ/mol	158 J/(K · mol)	−875 kJ/mol
t_{krit}	P_{krit}	d_{krit}	t_{trip}		
319 °C					
MAK	R-Satz	S-Satz			
25 mg/m³	10-35	23-26-45			

Essigsäureanhydrid

Acetic anhydride Acetanhydrid

Eine wasserklare Flüssigkeit mit stechendem, tränenreizendem Geruch. E. löst sich zunächst recht gut in Wasser (13,6 g/100 ml) setzt sich aber dann langsam zu ↑Essigsäure um. Mit Ethanol bildet E. ↑Essigsäureethylester. Mit Säuren und Laugen verlaufen diese Umsetzungen bedeutend schneller, teils sehr heftig. E. löst sich in Chloroform und Diethylether.

Die technische Herstellung von E. erfolgt durch Oxidation von ↑Actaldehyd in Gegenwart von Cu(II)-Acetat (*Hoechst-Knapsack-Verfahren*) oder durch Dehydratisierung von Essigsäure zu ↑Keten und anschließende Addition von Essigsäure an Keten (*Wacker-Verfahren*) (s. Schema).

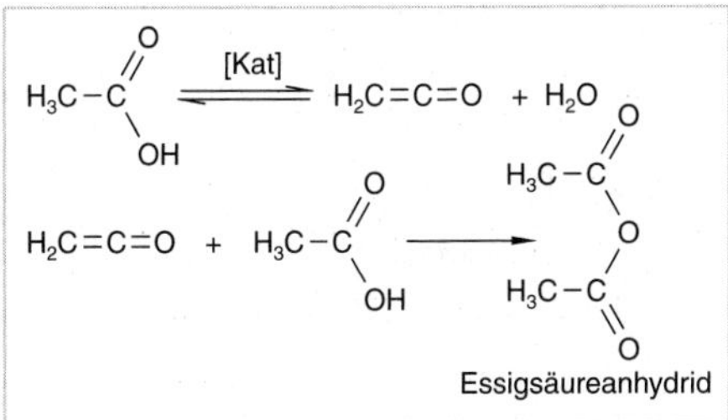

Technische Darstellung von Essigsäureanhydrid im Wacker-Verfahren

E. dient vor allem als technisch bedeutendstes *Acetylierungsmittel*, z. B. zur Herstellung von ↑Celluloseaceat oder in Friedel-Crafts-Reaktionen und zur Herstellung von ↑Acetylsalicylsäure.

► E. übt sehr starke Reizwirkung auf alle Schleimhäute aus.

$C_4H_6O_3$ $M_R = 102{,}09$ C 47,06 % H 5,92 % O 47,02 %

t_{Smp}	t_{Sdp}	d	η		
−73 °C	139 °C	1,08 g/cm³	0,90 mPa · s		
C_p	$\Delta_S H$	$\Delta_V H$	$\Delta_B H$	S^o	Q_C
168 J/(K · mol)			−625 kJ/mol		
MAK	R-Satz	S-Satz			
20 mg/m³	10-20/22-34	26-36/37/39-45			

Essigsäurebenzylester

Benzyl acetate Benzylacetat

Bildet eine farblose Flüssigkeit, die in Wasser unlöslich, aber mischbar ist mit Ethanol oder Diethylether. E. riecht angenehm fruchtig nach Jasmin und nach Birnen.

E. bildet den Hauptbestandteil im *Jasminöl* (65 %), findet sich aber auch in kleineren Anteilen in einer großen Zahl anderer etherischer Öle und Extrakte.

Synthetisch ist E. erhältlich durch Umsetzung von ↑Essigsäureanhydrid mit ↑Benzylalkohol (s. Gleichung).

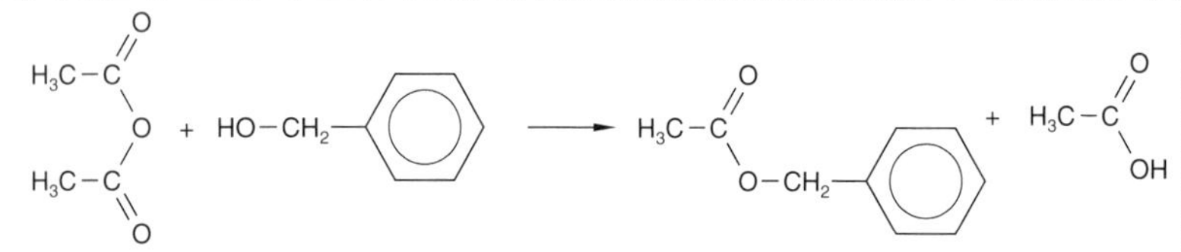

Acetanhydrid Benzylalkohol Essigsäurebenzylester Essigsäure

Darstellung von Benzylacetat

E. gehört zu den in Parfümerie und Kosmetik am häufigsten eingesetzten Riech- und Aromastoffen, wobei blumige Parfümöle im Vordergrund stehen.

► E. übt eine leichte Reizwirkung auf Haut und Schleimhäute aus.

$C_9H_{10}O_2$ $M_R = 150{,}18$ C 71,98 % H 6,71 % O 21,31 %

t_{Smp}	t_{Sdp}	d	η
−51 °C	206 °C	1,06 g/cm³	

C_p	$\Delta_S H$	$\Delta_V H$	$\Delta_B H$	S^o	Q_C
148,5 J/(K · mol)					

Essigsäurebutylester

Butylacetate Butylacetat

Wasserklare, angenehm aber penetrant riechende Flüssigkeit, die in Wasser praktisch unlöslich, mit den meisten org. Solventien jedoch beliebig mischbar ist.

E. wird hergestellt durch sauer katalysierte Veresterung der ↑ Essigsäure mit ↑ 1-Butanol (s. Gleichung).

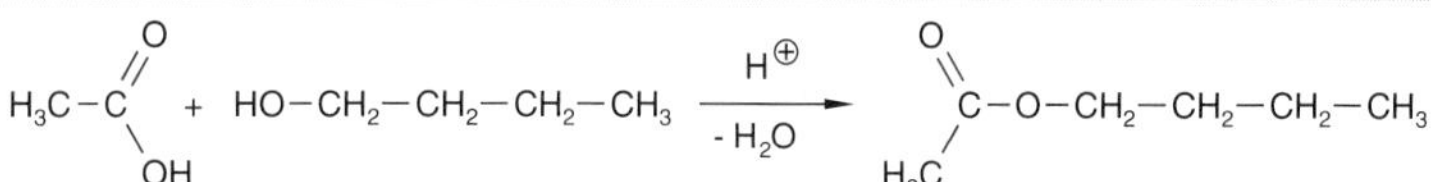

Essigsäurebutylester

Synthese von Essigsäurebutylester

E. bildet u. a. folgendes Azeotrop:

Azeotrop-Komponenten	Zusammensetzung (Gew.-%)	Siedepunkt (°C)
B./Wasser	72,9/27,1	90,7

E. ist ein technisch viel verwendetes Lösungsmittel, vor allem für Lacke und andere Formulierungen auf Basis von Derivaten der ↑ Cellulose, der ↑ Alkydharze, von ↑ Polyvinylacetat und ↑ Polystyrol usw. Es wird dabei auch vielfach im Gemisch mit anderen Solventien, z. B. ↑ 1-Butanol, eingesetzt.

► E. ist leicht entzündlich.

$C_6H_{12}O_2$ $M_R = 116{,}16$ C 62,04 % H 10,41 % O 27,55 %

t_{Smp}	t_{Sdp}	d	η		
−76 °C	125 °C	0,82 g/cm³	0,732 mPa · s		

C_p	$\Delta_S H$	$\Delta_V H$	$\Delta_B H$	S^o	Q_C
228 J/(K · mol)		36,3 kJ/mol	−609 kJ/mol		−3543 kJ/mol

t_{krit}	P_{krit}	d_{krit}	t_{trip}
306 °C			

MAK	R-Satz	S-Satz
950 mg/m³	10-66-67	25

Essigsäureethylester

Ethyl acetate

Ethylacetat, Essigester

Wasserklare, angenehm erfrischend fruchtartig riechende Flüssigkeit, die z. T. in Wasser löslich ist (in 100 ml Wasser ca. 8 ml E. bei 20 °C) und sich mit den meisten org. Solventien vermischen läßt.

E. wird in Ländern, wo preisgünstiges ↑Ethanol zur Verfügung steht (USA) technisch durch Veresterung von ↑Essigsäure mit Ethanol hergestellt (s. Gleichung).

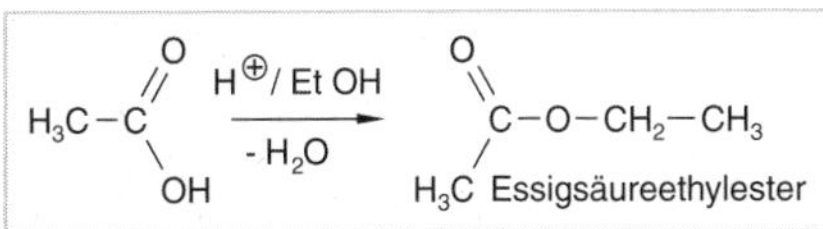

Essigester-Bildung aus Essigsäure

In anderen Ländern, so in Deutschland, hat die *Claisen-Tischtschenko-Reaktion* von Acetaldehyd in Gegenwart von *Aluminium-Ethylat* größere Bedeutung. Diese Reaktion ist eigentlich eine Cannizzaro-Reaktion (s. unter ↑Formaldehyd), die hier abläuft, weil das Aluminium-Ethylat zu schwach basisch ist, um eine Aldolreaktion zu bewirken (s. Schema).

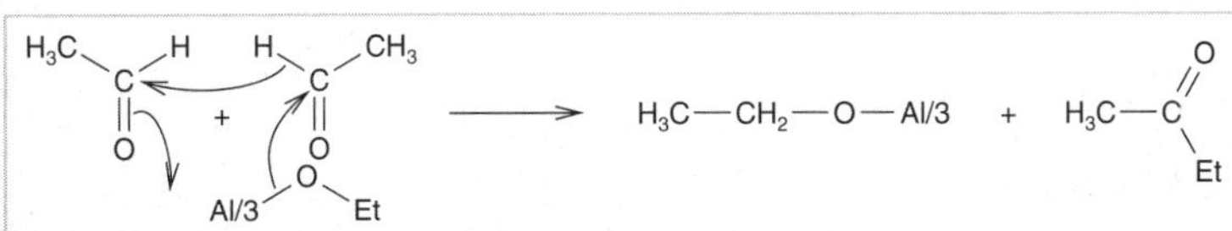

Essigester-Synthese durch Claisen-Tischtschenko-Reaktion

Von wohl zunehmender Bedeutung ist auch die katalysierte Addition von ↑Essigsäure an ↑Ethylen (s. Gleichung).

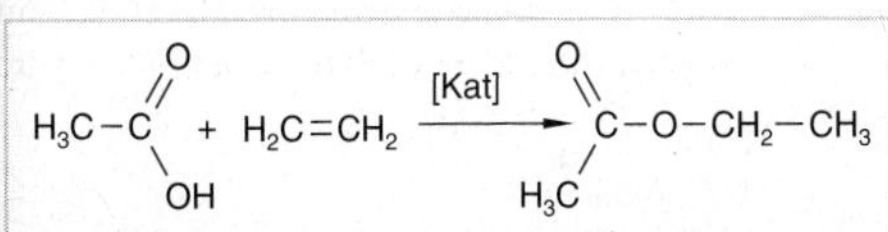

Essigester-Synthese durch Addition von Essigsäure an Ethylen

E. bildet u. a. folgende Azeotrope:

Azeotrop-Komponenten	Zusammensetzung (Gew.-%)	Siedepunkt (°C)
E./Isopropano	177,0/23,0	74,8
E./Methanol	51,4/48,6	62,1
E./Wasser	91,9/8,1	70,4

E. ist ein sehr wichtiges Lösungsmittel mit einem Einsatzgebiet ähnlich dem von ↑ Essigsäurebutylester. Wegen der leichteren Flüchtigkeit kommt jedoch noch die Verwendung im Klebstoffsektor hinzu (z. B. in den sog. Alleskleben auf Basis ↑ Polyvinylacetat). E. wird auch vielfach in Mischung, vor allem mit Alkoholen angewandt. So löst sich z. B. ↑ Celluloseacetat in E. mit mindestens 5 % Ethanol. E. dient auch als Synthese-Ausgangsprodukt, z. B. für ↑ Acetessigsäureethylester. Auch im Labor wird E. viel als Reaktionsmedium, als Laufmittel in der Chromatographie und als Extraktionsmittel angewandt.

► E. ist leichtentzündlich.

$C_4H_8O_2$ $M_R = 88{,}11$ C 54,53 % H 9,15 % O 36,32 %

t_{Smp}	t_{Sdp}	d	η		
−82 °C	77 °C	0,90 g/cm³	0,455 mPa · s		
C_p	$\Delta_S H$	$\Delta_V H$	$\Delta_B H$	S^o	Q_C
169 J/(K · mol)	10,5 kJ/mol	32 kJ/mol	−480 kJ/mol	259 J/(K · mol)	−2238 kJ/mol
t_{krit}	P_{krit}	d_{krit}	t_{trip}		
250 °C					
MAK	R-Satz	S-Satz			
1400 mg/m³	11-36-66-67	16-26-33			

Essigsäureisopentylester → Isoamylacetat

Essigsäuremethylester

Methyl acetate Methylacetat

Wasserklare, leicht flüchtige, angenehm riechende Flüssigkeit, von der sich bei 20 °C 30 ml in 100 ml Wasser lösen (100 ml E. lösen 20 ml Wasser).

E. wird durch Veresterung von ↑ Essigsäure mit ↑ Methanol hergestellt (s. Gleichung)

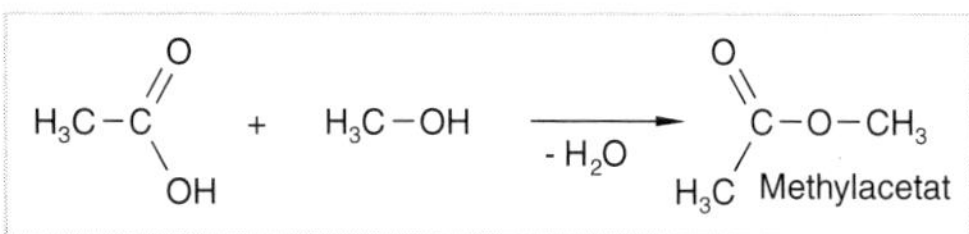

Versterung der Essigsäure mit Methanol

E. bildet u. a. folgendes Azeotrop:

Azeotrop-Komponenten	Zusammensetzung (Gew.-%)	Siedepunkt (°C)
E./Wasser	95,0/5,0	56,1

E. ist ein vielverwendetes Lösungsmittel und wird vor allem im Gemisch mit anderen Lösungsmitteln eingesetzt. Als leichtflüchtige Lösungsmittelkomponente verkürzt es die Trockenzeit z. B. von Klebstoffen.

► E. ist leichtentzündlich.

$C_3H_6O_2$	$M_R = 74{,}08$	C 48,64 %	H 8,16 %	O 43,20 %	
t_{Smp} −99 °C	t_{Sdp} 57 °C	d 0,92 g/cm³	η 0,381 mPa · s		
C_p 140 J/(K · mol)	$\Delta_S H$ 7,5 kJ/mol	$\Delta_V H$ 30,3 kJ/mol	$\Delta_B H$	S^o	Q_C −1583 kJ/mol
t_{krit} 233 °C	P_{krit}	d_{krit}	t_{trip}		
MAK 610 mg/m³	R-Satz 11-36-66-67	S-Satz 16-26-29-33			

Essigsäurephenylester

Phenyl acetate, Phenylacetat

Eine farblose, leichtbewegliche, stark lichtbrechende Flüssigkeit von phenolartigem Geruch, die in Wasser praktisch unlöslich, mit den meisten org. Solventien mischbar ist. Der Brechungsindex von E. ist nahezu identisch mit dem von Glas ($n_D^{20} = 1{,}5030$).

E. lässt sich leicht darstellen, indem man ↑ Essigsäureanhydrid mit ↑ Phenol zusammengibt und einen basischen Katalysator wie ↑ Triethylamin hinzufügt (s. Schema).

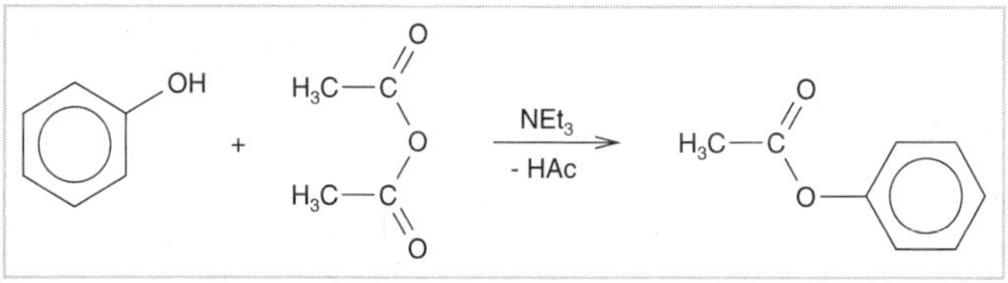

Herstellung von Essigsäurephenylester

Phenylester gehen die als *Fries-Reaktion* oder *Friessche Verschiebung* bekannte Reaktion ein, indem sie sich beim Erhitzen in Gegenwart von Katalysatoren wie ↑ Aluminiumchlorid umlagern in *Acylphenole* (s. Schema).

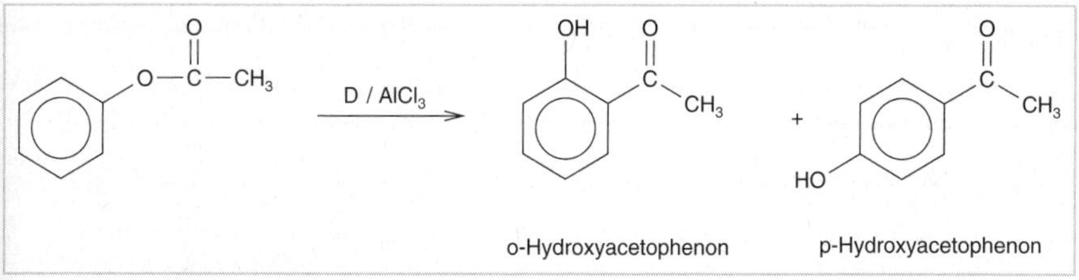

Fries-Reaktion von Essigsäurephenylester

Das Verhältnis von o- zu p-Produkt lässt sich durch die Temperatur in gewissen Grenzen steuern (oberhalb 100 °C vorwiegend o-Produkt).

$C_8H_8O_2$	$M_R = 136{,}15$	C 70,57 %	H 5,92 %	O 23,50 %	
t_{Smp} −5 °C	t_{Sdp} 196 °C	d 1,07 g/cm³	η		
C_p	$\Delta_S H$	$\Delta_V H$ 55 kJ/mol	$\Delta_B H$ −326 kJ/mol	S^o	Q_C −3966 kJ/mol
MAK	R-Satz 22	S-Satz 36			

Essigsäurevinylester → Vinylacetat

Ethan

Ethane

Ein farb- und geruchloses, leichtentzündliches Gas.

Ist zu etwa 9 % im Erdgas enthalten und wird auch aus den Gasen der Erdöl-Destillation auskondensiert.

Im Labor kann es durch Elektrolyse einer konzentrierten Lösung von ↑ Natriumacetat dargestellt werden, wobei an der Anode neben ↑ Kohlenstoffdioxid E., an der Kathode ↑ Wasserstoff entwickelt wird (s. Gleichung).

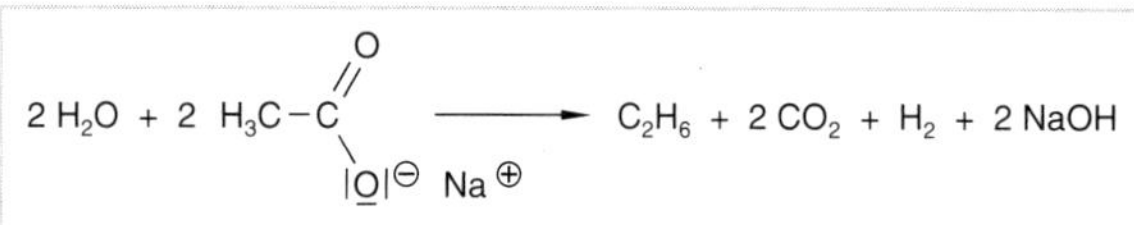

Ethan-Darstellung durch der Kolbe-Synthese

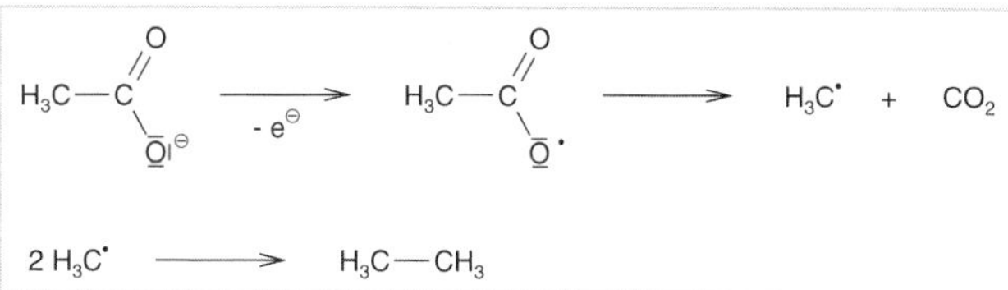

Mechanismus der Kolbe-Synthese

Bei dieser *Kolbe-Synthese* treten als Zwischenstufen Methylradikale auf, die zu E. rekombinieren (s. Gleichung).

E. wird als Heizgas gebraucht und ist zu ca. 5 % auch Bestandteil von handelsüblichem „Propangas". Synthetische Verwendung findet E. in der technisch durchgeführten Chlorierung des E. zu ↑ Ethylchlorid.

C_2H_6	$M_R = 30{,}07$	C 79,89 %	H 20,11 %
t_{Smp} −172 °C	t_{Sdp} −88 °C	d	η

C_p 52,5 J/(K · mol)	$\Delta_S H$ 0,58 kJ/mol	$\Delta_V H$ 14,7 kJ/mol	$\Delta_B H$ −83,8 kJ/mol	S^o 127 J/(K · mol) (fl.)	Q_C −1561 kJ/mol
t_{krit} 35 °C	P_{krit} 4,87 MPa	d_{krit}	t_{trip}		
MAK	R-Satz 12	S-Satz 9-16-33			

Ethanol

Ethyl alcohol, Ethanol   Ethylalkohol, Alkohol

Reines E. ist eine farblose, hygroskopische Flüssigkeit von charakteristischem angenehmem Geruch und brennendem Geschmack, die sich mit Wasser und nahezu allen org. Solventien beliebig mischen läßt. Die Auflösung im Wasser erfolgt unter Volumenkontraktion und leichter Erwärmung. E. ist leicht brennbar und wasserverdünntes E. kann bis hinunter zu einem E.-Gehalt von 50 % entzündet werden. Die Verbrennung erfolgt mit schwach leuchtender Flamme zu ↑ Kohlenstoffdioxid und Wasser (s. Gleichung).

$$C_2H_5OH + 3\,O_2 \longrightarrow 2\,CO_2 + 3\,H_2O$$

Verbrennung von Ethanol

E. kommt in der Natur stets dort vor, wo stärke- und zuckerhaltige Materialien (Getreide, Früchte) feuchten, anaeroben Bedingungen unterliegen, weil es unter diesen Voraussetzungen von den allgegenwärtigen Hefezellen gebildet wird (s. unten). Das menschliche Blut enthält 0,002-Gew.-% E.

E. bildet u. a. folgende Azeotrope:

Azeotrop-Komponenten	Zusammensetzung (Gew.-%)	Siedepunkt (°C)
E./Ethylacetat	31,0/69,0	71,8
E./Heptan	48,0/52,0	72,0
E./Hexan	21,0/79,0	58,7
E./Ethylmethylketon	34,0/66,0	74,8
E./Toluol	68,0/32,0	76,7
E./Wasser	95,6/4,4	78,2

Die Herstellung von E. kann auf zwei grundsätzlich verschiedenen Wegen erfolgen: zum einen durch *alkoholische Gärung* und zum anderen durch rein synthetische Verfahren.

Als *Gärung* bezeichnet man allgemein einen biochemischen Abbauvorgang unter anaeroben (Sauerstofffreien) Bedingungen (im Gegensatz zu den aeroben Atmungs-Vorgängen). Die verschiedenen Gärungsprozesse führen zu bestimmten Endprodukten, die den Gärungen ihre Namen verleihen, so daß man von alkoholischer Gärung (Ethanol-Gärung), Milchsäure-Gärung (s. ↑ Milchsäure), Buttersäure-Gärung (s. ↑ Buttersäure), Propionsäure-Gärung usw. spricht. Zur Ethanol-Gärung sind viele Mikroorganismen befähigt. Eine herausragende Stellung nehmen hier jedoch die *Hefen* ein. Als Hefen bezeichnet man eine große Gruppe von Pilzen (man kennt über 500 Arten), die meist rundlich-ovale, zu kleinen Verbänden zusammengeschlossene eukariotische Einzelzellen bilden und sich durch Sprossung vermehren. Sie besitzen ein Enzymsystem, das sich umstellen kann: unter aeroben Bedingungen bauen sie ↑ Glucose (ferner ↑ Fructose, ↑ Mannose, ↑ Saccharose und ↑ Maltose) zu Kohlenstoffdioxid und Wasser ab, während sie unter anaeroben Verhältnissen E. und Kohlenstoffdioxid als Endprodukte bilden. Dieses Enzymsystem wurde von Buchner als *Zymase* bezeichnet. Die größte technische Bedeutung unter den Hefen besitzt der Stamm *Saccharomyces* cereviciae, der sich unter aeroben Bedingungen (ohne Alkohol zu produzieren) gut züchten läßt

Die alkoholische Gärung verläuft identisch mit der Glycolyse (dem aeroben Abbau der Zucker im tierischen Organismus) bis zur ↑ Brenztraubensäure, die dann durch das Enzym Pyruvat-Decarboxylase zum ↑ Acetaldehyd decarboxyliert (↑ Kohlenstoffdioxid ist ja auch Endprodukt der Gärung), welcher schließlich mittels der Alkohol-Dehydrogenase unter Mitwirkung von NADH zu E. reduziert wird (s. summarische Gleichung).

$$C_6H_{12}O_6 \xrightarrow{\text{Zymase}} 2\,C_2H_5\text{–}OH + 2\,CO_2$$

Summarische Gleichung der alkoholischen Gärung

Wie unproblematisch die alkoholische Gärung verläuft, kann mit einem einfachen Versuch gezeigt werden: Man gibt in ein Reagenzglas eine wässerige Lösung von Traubenzucker (D(+) – ↑ Glucose) und fügt eine Aufschlämmung von Backhefe in wenigen ml Wasser hinzu. Das Reagenzglas wird mit einem durchbohrten Stopfen mit eingesetztem abgewinkeltem Gasableitungsröhrchen verschlossen. Das Gasableitungsröhrchen läßt man in Kalkwasser (s. unter ↑ Calciumhydroxid) eintauchen. Läßt man so bei 3-40 °C stehen, beginnt bald eine Gasentwicklung und das Kalkwasser wird trübe (s. Abbildung).

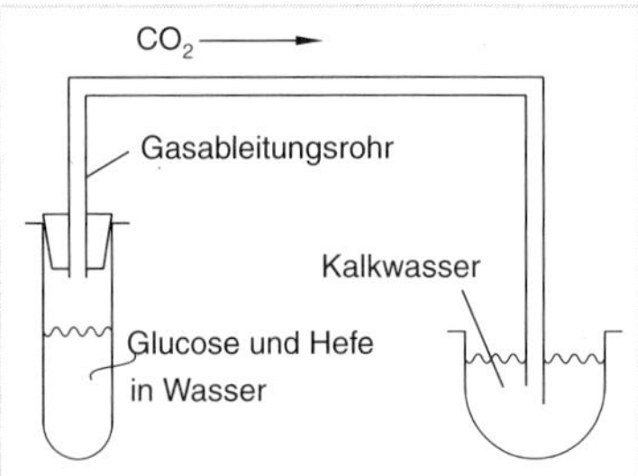

Versuchsanordnung zur alkoholischen Gärung

Nach Beendigung der Gasentwicklung (je nach Umgebungstemperatur Stunden bis Tage) filtriert man den Inhalt des Reagenzglases. Das Filtrat riecht deutlich nach Alkohol. Die gesamte Glucose, höchstens jedoch bis zu einem E.-Gehalt von ca. 15 %, ist in E. umgewandelt.

Die technisch zum Zwecke der Gewinnung von reinem E. durchgeführten Gärungen (*Branntwein-Herstellung*) gehen nicht von Glucose aus, sondern von *Melasse* (ca. 50 % Zucker enthaltender Abfall der Zuckerherstellung) oder von hoch stärkehaltigen pflanzlichen Produkten (Kartoffeln, Getreide usw.) Die Stärke wird vorher enzymatisch zur Glucose abgebaut, wobei die Diastase zunächst in ↑ Maltose überführt, die dann durch Maltase in zwei Moleküle Glucose gespalten wird (s. Schema).

$$\underset{\text{Stärke}}{(C_6H_{10}O_5)_n} + {}^{n}/_{2}\,H_2O \xrightarrow{\text{Diastase}} \underset{\text{Maltose}}{{}^{n}/_{2}\,C_{12}H_{22}O_{11}}$$

$$\underset{\text{Maltose}}{C_{12}H_{22}O_{11}} + H_2O \xrightarrow{\text{Maltase}} \underset{\text{Glucose}}{2\,C_6H_{12}O_6}$$

Enzymatischer Stärke-Abbau zur Glucose

Da bei der normalen Gärung nur verdünnte E.-Lösungen erhalten werden (die Hefezellen stellen ab ca. 15 % E. ihre Tätigkeit ein) muß der Alkohol nach verschiedenen Verfahren aufkonzentriert werden. Hier hat die als „*Brennen*“ bezeichnete Destillation und Rektifikation eine besondere Bedeutung. Da die Hefen nicht nur die Kohlenhydrate der gärfähigen Maischen abbauen, sondern z. T. auch deren Proteine bzw. Aminosäuren, entstehen bei der Gärung sowohl leichter flüchtige als auch schwerer flüchtige Nebenprodukte, die während des Brennens als sogenannter *Vorlauf* (enthält vor allem ↑Methanol, ↑Acetaldehyd und niedrigsiedende Ester) bzw. als *Nachlauf* (enthält die *Fuselöle*, also vor allem die Amylalkohole, ↑iso-Butanol und ↑1-Propanol) abgetrennt werden. Der *Mittellauf* ist bei entsprechend guter Rektifizierung reines 96 %iges E. und wird als *Primasprit* bezeichnet, während Vor- und Nachlauf zum *Sekundasprit* vereinigt werden. Das Gesamtdestillat, ohne Abtrennung von Vor- und Nachlauf liefert einen etwa 94%igen Alkohol, der als *Rohspiritus* bezeichnet wird. Zur Herstellung ethanolhaltiger Getränke s. unten.

Für den synthetischen Zugang zu E. hat vor allem ↑Ethylen Bedeutung erlangt. Es kann nach zwei Routen in E. überführt werden. Erstens die Anlagerung von ↑Schwefelsäure zum *Ethylsulfat* und Diethylsulfat und anschließende Hydrolyse (s. Schema). Dabei entsteht als Nebenprodukt ↑Diethylether (s. Gleichung).

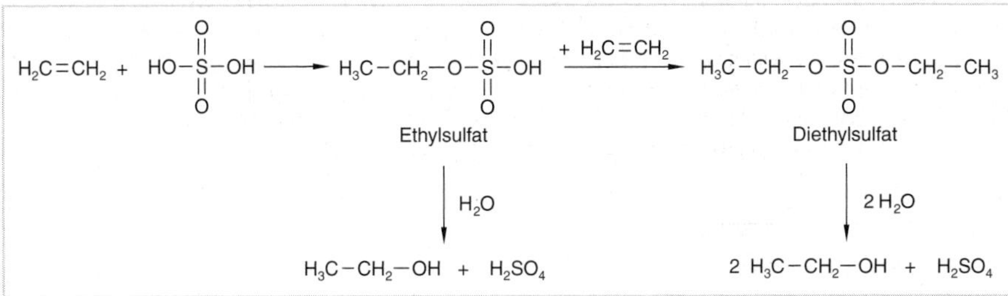

Ethanol-Gewinnung aus Ethylen und Schwefelsäure

$$(CH_3{-}CH_2{-}O)_2SO_2 + H_3C{-}CH_2{-}OH \longrightarrow H_3C{-}CH_2{-}O{-}CH_2{-}CH_3 + H_3C{-}CH_2{-}O{-}SO_2{-}OH$$

Bildung von Diethylether als Nebenprodukt

Zweitens die direkte Anlagerung von Wasser unter Druck und Phosphorsäure-Katalyse (s. Gleichung).

$$H_2C{=}CH_2 + H_2O \xrightarrow{[H_3PO_4]} H_3C{-}CH_2{-}OH$$

Wasseranlagerung an Ethylen

In größerem Umfang wird auch die katalytische Hydrierung von ↑Acetaldehyd am Ni-Kontakt durchgeführt (s. Gleichung).

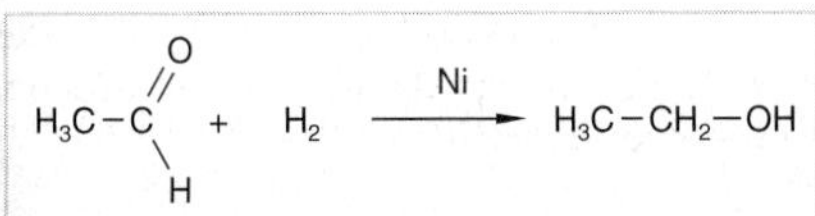

Katalytische Hydrierung von Acetaldehyd

E. hat präparativ und technisch große Bedeutung als Synthese-Ausgangsprodukt und als Lösungs- und Extraktionsmittel. Wichtig ist es vor allem zur Herstellung von Estern (z. B. ↑Essigsäureethylester), Ethern (z. B. ↑Diethylether) und Alkoholaten (z. B. ↑Natriumethanolat). E. besitzt hervorragendes Lösevermögen, auch für Fette und Öle, und ist Bestandteil vieler Lösungsmittelgemische. E. ist das zur Pflanzenextraktion am häufigsten verwendete Solvens. E. ist auch Bestandteil vieler Arzneimittel und Kosmetika. Aufgrund seiner bakteriziden Wirkung (70%iges E. denaturiert die Bakterien-Proteine) dient es als Komponente in Desinfektionsmitteln und zur Konservierung.

Ein Großteil des produzierten E. entfällt allerdings auf die Verwendung als Genußmittel, d. h. die Herstellung alkoholhaltiger Getränke. Diese lassen sich unterteilen in die nichtgebrannten und die gebrannten Produkte. Zu den nichtgebrannten *Alkoholika* gehören die *Weine* und *Biere*. Der E.-Gehalt der Weine stammt aus der Vergärung des Zuckers in frischgepresstem Traubensaft, während der des Bieres (Ausnahme: Weizen- oder Weißbiere) auf der Vergärung der in Gerstenkörnern enthaltenen Stärke beruht (nachdem die Stärke vorher bei Herstellung der *Stammwürze* enzymatisch zu Maltose und niedermolekularen Dextrinen abgebaut wurde = *Maischung*). Für Einzelheiten der umfangreichen Wein- und Biertechnologie sei auf Lehrbücher der Lebensmittelchemie verwiesen. Weine haben E.-Gehalte zwischen 50 und 100 g/l, wobei gilt: 7,95 g E./l = 1 Vol.-%. Die E.-Gehalte der Biere liegen etwa zwischen 3,5 und 5 Vol.-%. Die gebrannten Alkoholika werden auch als *Spirituosen* bezeichnet. Sie sind als zum menschlichen Genuß bestimmte Getränke definiert, die als wertbestimmenden Anteil E. enthalten, der aus vergorenen Stoffen oder in Zucker verwandelten und vergorenen Stoffen durch Brennverfahren gewonnen wurde. Besonders hervorzuheben sind hier die sogen. *Edelbranntweine*. Bei ihnen stammen die spezifischen Aromastoffe (Fruchtester, etherische Öle) aus dem Gärgut, da die sich an die Gärung anschließende Destillation so geführt wird, daß diese mit übergehen. Auch die anschließende Lagerung ist wichtig, bei der sich weitere Aromastoffe bilden. Die bekanntesten Branntweine sind hier tabellarisch näher charakterisiert (s. Tabelle).

Bezeichnung	Rohstoffe	Ethanol-Gehalt in Vol.-%
Weinbrand	Wein (Weindestillat)	mind. 38 %
Cognac	Weinbrand aus der Charente	mind. 38 %
Obstbrände	Kirschen, Pflaumen usw.	mind. 40 %
Obstgeiste	Fruchtsäfte, z. B. Himbeergeist	mind. 38 %
Enzian	Enzianwurzeln	mind. 38 %
Steinhäger	Wachholderbeeren	mind. 38 %
Rum	Zuckerrohr	76–80 % (Original-Rum)
Arrak	Reis, Kokospalmen-Blütensaft	mind. 38 %
Kornbrand, Korn	Roggen, Weizen, Hafer, Gerste	mind. 32 % (Doppelkorn 38 %)
Whisky	Gerste (Schottland), Mais (USA)	mind. 43 %
Wodka	Getreide	mind. 40 %

Rohstoffe und Mindest-Ethanol-Gehalt einiger bekannter Branntweine

E. wird im Magen (ca. 20 %) und im oberen Dünndarm (80 %) resorbiert, über das Blut im ganzen Körper verteilt und fast ausschließlich in der Leber abgebaut. Der Abbau erfolgt unabhängig von der Konzentration zeitlich linear zu etwa 0,15 Promille pro Stunde. Dabei finden Oxidationen von E. zunächst zu ↑ Acetaldehyd und dann zur ↑ Essigsäure statt, bei denen ↑ Nicotinsäureamid-adenindinucleotid (NAD) mitwirkt. Aufgrund dieser NAD-Beanspruchung werden andere NAD-abhängige, insbesondere Fett abbauende Vorgänge beeinträchtigt, worauf die leberschädigende Alkoholwirkung beruht (*Fettleber*). Die Dehydrierung von Acetaldehyd zur Essigsäure geschieht mittels des Enzyms *Aldehyddehydrogenase*. Dieses Enzym wird von dem Alkohol-Entwöhnungspräparat *Disulfiram* blockiert, weshalb es eine Aldehyd-Anreicherung im Körper und damit sehr unangenehme Folgeerscheinungen nach Alkohol-Genuß hervorruft (Brechreiz, Kopfschmerzen, Schwindel usw.).

Eine Gehaltsbestimmung wässeriger Lösungen von E. ist möglich durch Dichtemessung mit speziellen Aräometern (*Alkoholometer*). Zum analytischen Nachweis ist die Iodoform-Reaktion geeignet (s. unter ↑ Iodoform).

Die bei Verkehrskontrollen zum *Alkoholtest* verwendeten *Alcotest-Prüfröhrchen* enthalten Dichromat (s. hierzu unter ↑ Kaliumdichromat).

Herstellung, Vertrieb und Verwendung von E. unterliegen dem Branntweinmonopol-Gesetz.

Nichtversteuerter E. kommt als ca. 94 %iger „vergällter Alkohol", „Brennspiritus" usw. in den Handel, und ist mit Vergällungsmitteln wie ↑ Pyridin, ↑ Methanol, ↑ 2-Butanon, ↑ Essigsäure usw. ungenießbar gemacht, „denaturiert".

► Reines E. ist leichtentzündlich und sehr hygroskopisch.

C_2H_6O $M_R = 46{,}07$ C 52,14 % H 13,13 % O 34,73 %

t_{Smp} −114 °C	t_{Sdp} 78,5 °C	d 0,79 g/cm³	η 1,200 mPa · s		
C_p 112 J/(K · mol)	$\Delta_S H$ 5,0 kJ/mol	$\Delta_V H$ 38,56 kJ/mol	$\Delta_B H$ −277 kJ/mol	S^o 160 J/(K · mol)	Q_C −1367 kJ/mol
t_{krit} 241 °C	P_{krit} 6,137 MPa	d_{krit}	t_{trip}		
MAK 1900 mg/m³	R-Satz 11	S-Satz 7-16			

Ethanolamin

Ethanolamine 2-Aminoethanol, Colamin

Eine farblose, viskose hygroskopische Flüssigkeit mit ammoniakähnlichem Geruch. E. mischt sich beliebig mit Wasser, Methanol oder Aceton und ist kaum löslich in Diethylether und Tetrachlorkohlenstoff. E. ist eine recht starke Base. Eine 0,1n wässerige Lösung zeigt den pH-Wert 12,0.

E. entsteht im tierischen Organismus durch Decarboxylierung der Aminosäure ↑ Serin und bei der Spaltung der ↑ Kephaline. Es kommt frei in höheren Pflanzen vor.

E. wird technisch hergestellt durch Umsetzung von ↑ Ethylenoxid mit einem Überschuß an ↑ Ammoniak (s. Gleichung).

Technische Synthese von Ethanolamin

E. bildet u. a. folgendes Azeotrop:

Azeotrop-Komponenten	Zusammensetzung (Gew.-%)	Siedepunkt (°C)
E./Chlorbenzol	13,5/86,5	128,6

E. wird wie ↑ Diethanolamin zu Estern umgesetzt, die die gleichen Anwendungen finden. E. absorbiert sehr gut die Gase ↑ Kohlenstoffdioxid und ↑ Schwefelwasserstoff und wird deshalb zu deren Entfernung aus natürlichen oder synthetischen Gasmischungen benutzt, indem diese durch wässerige Lösungen von E. geleitet werden.

E. dient technisch-präparativ als Ausgangsprodukt zu Ethylenimin-Synthese (s. ↑ Aziridin, s. Schema).

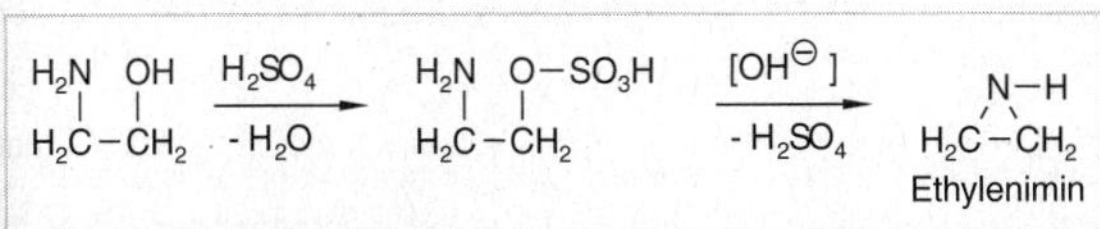

Technische Synthese von Aziridin

Weiterer Ersatz der N-ständigen H-Atome durch den Ethanolrest liefert ↑ Diethanolamin und ↑ Triethanolamin.

C_2H_7NO $M_R = 61{,}08$ C 39,33 % H 11,55 % N 22,93 % O 26,19 %

t_{Smp}	t_{Sdp}	d	η		
10,3 °C	171 °C	0,98 g/cm³			
C_p	$\Delta_S H$	$\Delta_V H$	$\Delta_B H$	S^o	Q_C
			−507 kJ/mol		
MAK	R-Satz	S-Satz			
5,1 mg/m³	20-36/37/38				

Ethylamin

Ethylamine Aminoethan

Eine farblose, stark basich reagierende Flüssigkeit von stechendem, ammoniakartigem Geruch, die mit Wasser, Ethanol oder Diethylether mischbar ist. E. ist außer in Druckflaschen auch als wässerige Lösung (z. B. 70 %ig mit der Dichte 0,8 g/ml) im Handel.

Die technische Herstellung von E. erfolgt aus ↑ Ethylchlorid und ↑ Ammoniak (s. Gleichung), wobei die mitentstehenden höher alkylierten Amine durch Hinsberg-Trennung abgetrennt werden können (s. unter ↑ p-Toluolsulfonsäurechlorid).

$$H_3C-CH_2-Cl \;+\; NH_3 \longrightarrow H_3C-CH_2-NH_2 \;+\; HCl$$

Technische Herstellung von Ethylamin

Eine Laborherstellung ist nach der Gabriel-Synthese möglich (s. unter ↑ Phthalsäureimid). E. wird technisch in der Fabrikation von Kautschuk und Leder verwendet. Präparativ dient es als Hilfsmittel und Baustein in Pharmaka- und Farbstoff-Synthesen.

► E. verursacht starke Reizung von Haut und Schleimhäuten. Es besteht die Gefahr des Lungenödems.

C_2H_7N $M_R = 45{,}08$ C 53,28 % H 15,65 % N 31,07 %

t_{Smp}	t_{Sdp}	d	η		
−81 °C	17 °C	0,689 g/cm³ (fl.)			
C_p	$\Delta_S H$	$\Delta_V H$	$\Delta_B H$	S^o	Q_C
			−84,5 kJ/mol (fl.)		−1715 kJ/mol
MAK	R-Satz	S-Satz			
9,4 mg/m³	12-36/37	16-26-29			

Ethylbromid

Ethylbromide Bromethan

Eine farblose, stark lichtbrechende flüchtige Flüssigkeit von etherartigem Geruch, die in Wasser zu ca. 1 g/100 ml löslich ist und mischbar ist mit den meisten org. Solventien. E. ist leicht brennbar und bildet in Gehalten von 6,7-11 Vol-% mit Luft explosible Gemische. Es verfärbt sich an Licht und Luft gelblich.

Die Herstellung von E. gelingt durch Destillation eines Gemisches aus ↑Ethanol, ↑Kaliumbromid und ↑Schwefelsäure (s. Gleichung).

Diese Reaktion, also der Austausch der Hydroxylgruppe gegen ein Bromatom, stellt eine typische *Substitutions-Reaktion* dar, und zwar hier eine *nucleophile Substitution* am gesättigten C-Atom. Der Mechanismus ist im Schema dargestellt.

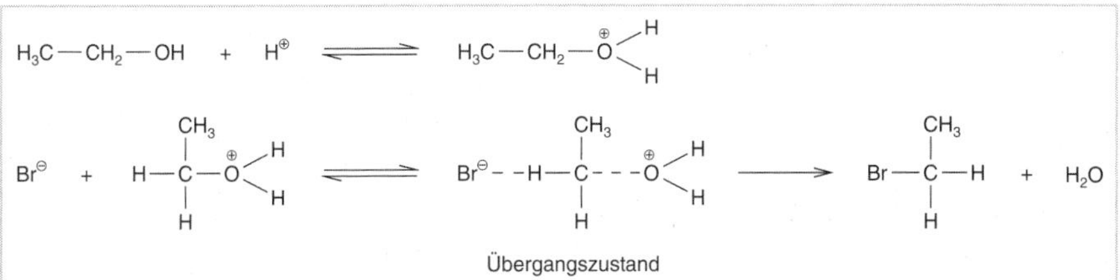

Mechanismus der S_N2-Reaktion zur Bildung von Ethylbromid

Im sauren Medium erfolgt Protonierung der OH-Gruppe, die dann im geschwindigkeitsbestimmenden Schritt durch das Bromid-Ion verdrängt wird. Ablösung des Wassermoleküls und Bildung der C-Br-Bindung erfolgen synchron. Die Geschwindigkeit der Umsetzung hängt sowohl von der Konzentration der Ethanol-Moleküle als auch von der der Bromid-Ionen ab. Deshalb spricht man von einer *S_N2-Reaktion* (*bimolekulare nucleophile Substitution*). An dem die OH-Gruppe tragenden tetraedrischen C-Atom erfolgt bei der Bindungsneuknüpfung *Konfigurationsumkehr* (*Umklappung*), die man als *Walden-Umkehr* bezeichnet.

Der Austausch der OH-Gruppe sekundärer und mehr noch tertiärer Alkohole in nucleophilen Substitutionen verläuft meist nach einem anderen Grenzmechanismus, den man als S_N1-Reaktion bezeichnet und der unter ↑t-Butylalkohol beschrieben ist.

S_N-Reaktionen sind ein in der Organik vielgenutzter Reaktionstyp (in diesem Buch viele Beispiele), die nach dem gezeigten allgemeinen Schema ablaufen.

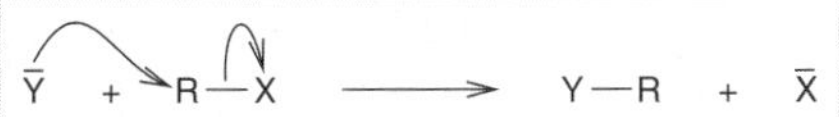

Allgemeines Schema der S_n-Reaktionen

Sowohl das Nucleophil Y als auch die Gruppe X repräsentieren hierin eine breite Palette von Spezies.

E. bildet u. a. folgendes Azeotrop:

Azeotrop-Komponenten	Zusammensetzung (Gew.-%)	Siedepunkt (°C)
E./Ethanol	97,0/3,0	37,0

E. wird wie ↑Ethylchlorid als *Ethylierungsmittel* verwendet. Zur Narkose und Anästhesie wird es wegen seiner Giftigkeit nicht mehr eingesetzt.

► E. wirkt auf Haut und Schleimhäute verätzend. Es wird durch die Haut resorbiert und erzeugt Leber- und Nierenschäden. Es besteht die Gefahr des Lungenödems.

C_2H_5Br $M_R = 108{,}97$ C 22,05 % H 4,63 % Br 73,33 %

t_{Smp}	t_{Sdp}	d	η
−117,8 °C	38 °C	1,45 g/cm³	0,402 mPa · s

C_p	$\Delta_S H$	$\Delta_V H$	$\Delta_B H$	S^o	Q_C
105,8 J/(K · mol)		27,0 kJ/mol	−95,5 kJ/mol		

MAK	R-Satz	S-Satz
	11-20/22-40	36/37

Ethylchlorid

Ethylchloride Chlorethan

E. ist unter Normalbedingungen ein farbloses Gas von etherartigem Geruch, das sich nur zu ca. 600 mg/100 ml in Wasser löst, jedoch gut löslich ist in Ethanol (48 g/100 ml) oder Diethylether. E. verbrennt mit grünlicher Flamme und bildet mit Luft explosible Gemische.

Die technische Herstellung von E. erfolgt hauptsächlich durch *Hydrochlorierung* von ↑Ethylen, die unter Druck in der Flüssigphase mit Friedel-Crafts-Katalysatoren oder in der Gasphase an Trägerkatalysatoren erfolgen kann (s. Gleichung). Auch die rein thermische Ethanchlorierung verläuft selektiv zu E. (s. Gleichung).

$$H_2C{=}CH_2 \ + \ HCl \xrightarrow[\text{oder Gasphase, } 250\,°C]{4\,\text{bar}/FeCl_3} H_3C{-}CH_2{-}Cl$$

Hydrochlorierung von Ethylen zu Ethylchlorid

$$H_3C{-}CH_3 \ + \ Cl_2 \xrightarrow{400\,°C} H_3C{-}CH_2{-}Cl \ + \ HCl$$

Chlorierung von Ethan zu Ethylchlorid

Die technische Produktion von E. ist stark zurückgegangen, da früher seine Hauptverwendung die Herstellung von Bleitetraethyl (s. unter ↑Blei) als Antiklopfmittel war. E. wird heute noch verwendet zur *Ethylierung* z. B. von ↑Cellulose zum *Celluloseethylether* (Verwendung und Herstellung analog zum ↑Cellulosemethyleter) sowie vereinzelt als Lösungs- und Extraktionsmittel. Medizinsiche Verwendung findet E. noch als *Kälteanästhetikum*: wird E. aus einer Druckflasche in dünnem Strahl auf eine Hautpartie aufgebracht, bewirkt die entstehende Verdunstungskälte momentane Vereisung und damit Empfindungslosigkeit (Anwendung bei Sportverletzungen). Zu Narkosezwecken darf E. nicht mehr eingesetzt werden.

► E. bewirkt schon bei 4 % in der Atemluft tiefe Bewußtlosigkeit. Damit verbunden ist eine akute Herzgefährdung.

C_2H_5Cl $M_R = 64{,}51$ C 37,24 % H 7,81 % Cl 54,95 %

t_{Smp}	t_{Sdp}	d	η
−138 °C	12 °C	0,918 g/cm³ (fl.)	

C_p	$\Delta_S H$	$\Delta_V H$	$\Delta_B H$	S^o	Q_C
110 J/(K · mol) (fl.)	4,45 kJ/mol	24,6 kJ/mol	−112 kJ/mol	186 J/(K · mol) (fl.)	−1413 kJ/mol

MAK	R-Satz	S-Satz
25 mg/m³	12-40-52/53	9-16-33-36/37-61

Ethylen

Ethylene Ethen

Ein farbloses, süßlich riechendes Gas, das sich in Wasser nur sehr wenig löst (bei 0 °C löst sich 1 l E. = 1,26 g in 4 l Wasser), in Diethylether oder Aceton gut löslich ist. E. ist leichtentzündlich und verbrennt mit leuchtender Flamme.

E. wird heute in riesigen Mengen hergestellt (allein in Deutschland ca. 3 Mio. Tonnen), und zwar fast ausschließlich durch den thermisch-katalytischen *Crack-Prozeß* mit den Leichtbenzin-Fraktionen aus der Erdöl-Destillation. Das ↑ Benzin wird zusammen mit Wasserdampf (zur Verhinderung der Verkohlung) bei ca. 1000 °C durch die senkrecht angeordneten Cr, Ni-Rohre (bis zu 200 m lang, Durchm. ca. 10 cm) des Spaltofens geleitet. Die bei dieser Crackung entstehenden Produkte E. (ist mit einem Anteil von 35 % Hauptprodukt der Crackung), ↑ Propen sowie C4- und C5-Schnitte stellen heute die Basisprodukte der Großchemie dar.

E. ist die einfachste Verbindung mit einer C-C-Doppelbindung und ist damit den für Doppelbindungen typischen Additionsreaktionen sowie der Polymerisation zugänglich. Die Polymerisation (verbraucht etwa die Hälfte der gesamten E.-Produktion) und deren Produkte sind unter ↑ Polyethylen beschrieben. Die Additionen führen zu weiteren Basisprodukten der Großchemie, so daß E. heute der grundlegende C2-Baustein der Grundstoff-Industrie ist. Wichtige Additionsprodukte des E. sind ↑ Vinylchlorid und ↑ Ethylenoxid.

↑ Vinylchlorid wird durch Anlagerung von ↑ Chlor zum *1,2-Dichlorethan* und dessen anschließende Dehydrohalogenierung erhalten. Das Dichlorethan entsteht auch bei der heute vornehmlich praktizierten Oxichlorierung des E. (s. Schema).

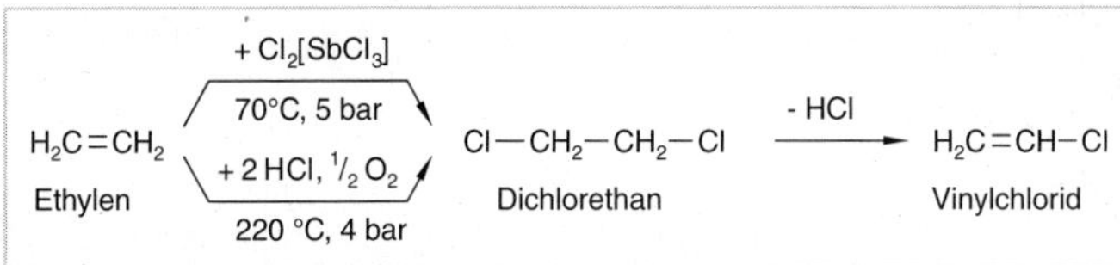

Bildung von Vinylchlorid aus Ethylen

↑ Ethylenoxid ist ein besonders vielseitiges Basisprodukt und wird durch Oxidation („Sauerstoff-Anlagerung") von E. hergestellt. Dabei ist die spezifisch katalytische Wirkung der Oberfläche von metallischem Silber erforderlich (molekulare Sauerstoff-Adsorption, s. Gleichung).

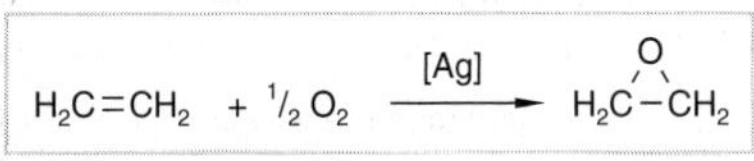

Gewinnung von Ethylenoxid aus Ethylen

Fotochemisch läßt sich E. als einfachstes Alken der *2 + 2-Cycloaddition* mit Carbonylfunktionen unterwerfen (*Paterno-Büchi-Reaktion*), die *Oxetane* liefert (s. Schema).

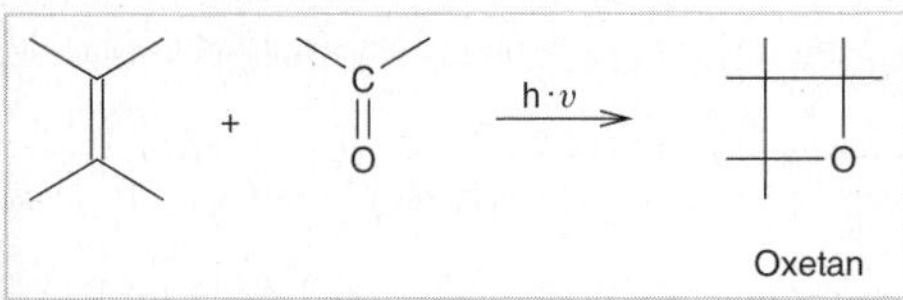

Paterno-Büchi-Reaktion zu Oxetanen

Durch Oxosynthese (s. unter ↑ Rhodium) wird aus E. ↑ Propionaldehyd erhalten. Da E. die Stammverbindung der Alkene ist, soll hier eine heute wichtige Methode zum Aufbau höherer Alkene beschrieben werden, nämlich die *McMurry-Reaktion*, mit der ein Aldehyd oder ein Keton reduktiv dimerisiert wird. Man setzt die Carbonylverbindung mit *Titan(III)chlorid* (s. unter ↑ Titantetrachlorid) und ↑ Lithiumaluminiumhydrid meist in THF um. Man nimmt an, daß sich zunächst fein verteiltes Ti(0) bildet, an dessen Oberfläche die Kupplung geschieht, und dann begünstigt durch die Sauerstoff-Affinität des Ti die Reduktion erfolgt, wie es im Schema gezeigt ist.

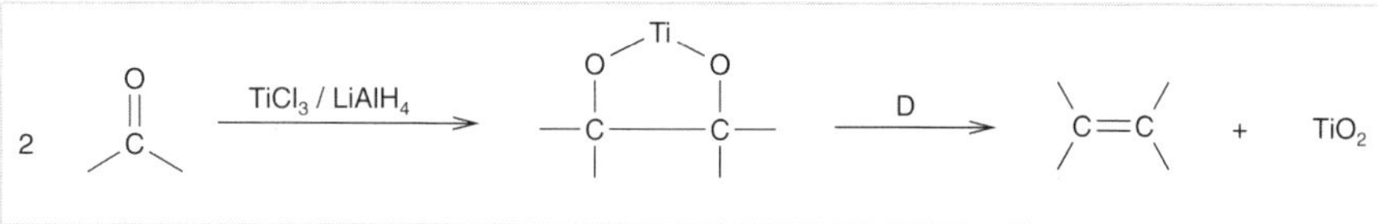

McMurry-Reaktion

Aus *Dicarbonyl-Verbindungen* sind so auch *Cycloalkene* zugänglich. Auch sperrig substituierte Alkene werden so erhalten. Die Umsetzung von *Diisopropylketon* liefert z. B. *Tetraisopropylethen.*

E. ist ein *Pflanzenhormon* (*Phytohormon*) mit vielfältiger Wirkung auf den Pflanzenstoffwechsel. Grüngeerntete Früchte (z. B. Bananen oder Zitronen) reifen unter der Behandlung mit E. künstlich aus. Das E. entsteht in den Pflanzen aus der *1-Amino-cyclopropan-1-carbonsäure*, die ihrerseit aus ↑ L-Methionin gebildet wird.

► E. ist zwar nur wenig giftig, wirkt in höheren Dosen aber narcotisierend.

C_2H_4 $M_R = 28{,}05$ C 85,63 % H 14,37 %

t_{Smp} −169 °C	t_{Sdp} −102 °C	d	η		
C_p 42,9 J/(K · mol)	$\Delta_S H$ 3,35 kJ/mol	$\Delta_V H$ 13,5 kJ/mol	$\Delta_B H$ 52,4 kJ/mol	S^o 219 J/(K · mol)	Q_C −1411 kJ/mol
t_{krit} 9 °C	P_{krit} 5,041 MPa	d_{krit}	t_{trip}		
MAK	R-Satz 12	S-Satz 9-16-33			

Ethylendiamin

Ethylenediamine 1,2-Diaminoethan

Eine wasserklare, viskose Flüssigkeit mit aminartigem Geruch, ist leicht löslich in Wasser und in Ethanol, wenig löslich in Diethylether. E. reagiert als starke Base und absorbiert rasch Kohlenstoffdioxid aus der Luft.

E. wird hergestellt durch Umsetzung von *1,2-Dibromethan* mit ↑ Ammoniak bei 180 °C unter Druck (s. Gleichung).

$$2\,NH_3 + Br{-}CH_2{-}CH_2{-}Br \xrightarrow[-\,2\,HBr]{180\,^\circ C} H_2N{-}CH_2{-}CH_2{-}NH_2$$

Ethylendiamin

Herstellung von Ethylendiamin

E. bildet u. a. folgende Azeotrope:

Azeotrop-Komponenten	Zusammensetzung (Gew.-%)	Siedepunkt (°C)
E./Isobutanol	50,0/50,0	120,5
E./Toluol	30,0/70,0	103,0
E./Wasser	81,6/18,4	119,0

E. ist ein zweizähniger Komplexbildner, bildet mit vielen Metall-Kationen starke Chelate und wird in der Komplexchemie meist mit „en" abgekürzt. E. hat präparative Bedeutung zur Herstellung von ↑Ethylendiaminotetraessigsäure und von Heterocyclen.

Es dient teilweise auch als Lösungsmittel. Es bildet es ein Dihydrochlorid in Form farbloser Kristalle, das sich mit neutraler Reaktion in Wasser löst.

► E. wirkt ätzend und stark reizend auf Schleimhäute.

$C_2H_8N_2$ $M_R = 60{,}10$ C 39,97 % H 13,42 % N 46,61 %

t_{Smp}	t_{Sdp}	d	η		
8,5 °C	116 °C	0,90 g/cm³			
C_p	$\Delta_S H$	$\Delta_V H$	$\Delta_B H$	S^o	Q_C
172 J/(K · mol)		38 kJ/mol	−63 kJ/mol	202,4 J/(K · mol)	−1867 kJ/mol
MAK	R-Satz	S-Satz			
25 mg/m³	10-21/22-34-42/43	23-26-36/37/39-45			

Ethylendiaminotetraessigsäure

Ethylenediaminetetraacetic acid, Edetic acid EDTA

Bildet ein weißes kristallines Pulver, löst sich nur sehr wenig in Wasser (bei 20 °C nur 0,5 g/l). E. decarboxyliert beim Erhitzen über 150 °C. Wesentlich besser wasserlöslich, stabiler und deshalb auch in der Praxis meist verwendet sind die Salze der E., vornehmlich die Na-Salze.

E. ist synthetisch zugänglich durch Strecker-Synthese aus ↑Formaldehyd, ↑Cyanwasserstoff und ↑Ethylendiamin, die zunächst zum *Tetranitril* führt, dessen saure Verseifung E. ergibt (s. Schema).

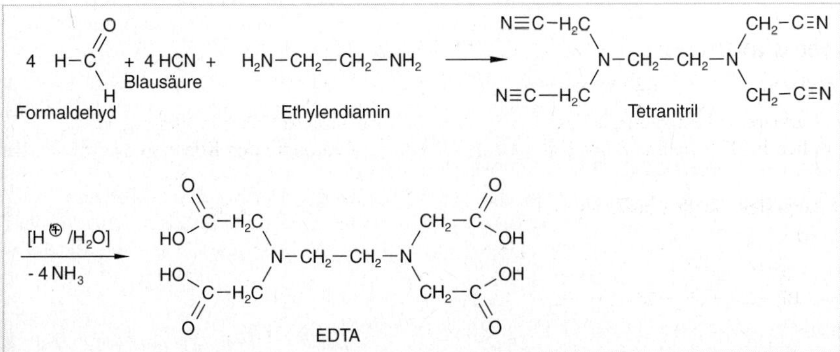

Synthese von EDTA

E. ist aufgrund seiner vier Carboxylgruppen eine vierwertige Säure, abgekürzt H4Y, die in vier Stufen dissoziieren kann (s. Schema).

$$H_4Y \xrightarrow[pK = 2{,}0]{-H^{\oplus}} H_3Y^{\ominus} \xrightarrow[pK = 3{,}67]{-H^{\oplus}} H_2Y^{2-} \xrightarrow[pK = 6{,}16]{-H^{\oplus}} HY^{3-} \xrightarrow[pK = 10{,}26]{-H^{\oplus}} Y^{4-}$$

Dissoziationsstufen der EDTA

Welche Spezies in einer beliebigen Lösung vorliegt, hängt also von deren pH-Wert ab. Zwischen pH 4–5 ist dies $H2Y^{2-}$, zwischen pH 7–9 HY^{3-} .

Die E. besitzt ein ausgeprägtes *Komplexbildungsvermögen* und verdankt diesem ihre große Bedeutung in Labor und Technik. Sie bildet mit nahezu allen mehrfach geladenen Kationen sehr stabile Chelat-Komplexe, wobei von besonderer Wichtigkeit ist, daß die Erdalkali-Ionen hiervon nicht ausgeschlossen sind. EDTA ist (vor allem in Form des Di-Na-Salzes) das wichtigste *Komplexierungs-Reagenz.*

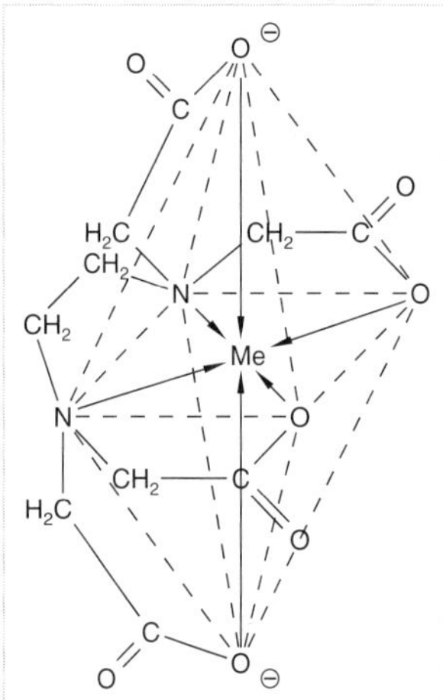

Räumlicher Bau der EDTA-Komplexe

Die EDTA besitzt sechs Koordinations-Stellen, nämlich die beiden N-Atome und die vier Carboxylat-Sauerstoffatome. Sie kann also als sechszähniger Ligand auftreten (worauf die Komplexstabilitäten beruhen) und bildet auf jeden Fall stets 1:1-Komplexe. Den räumlichen (oktaedrischen) Bau dieser Komplexe gibt die Abbildung wieder.

Die Komplexbildungskonstanten sind pH-abhängig (wie man sich anhand des MWG leicht klarmachen kann). Sie nehmen mit zunehmender H^+-Konzentration (fallender pH-Wert) ab: zur wirksamen Komplexierung müssen die Carboxylgruppen als Anionen vorliegen. Die Protonen konkurrieren praktisch mit den Metall-Kationen um die Koordinationsplätze.

Außerordentlich stabil ist der *Fe(III)-EDTA-Komplex*, der im alkalischen (pH 10) einen pK-Wert von ca. 25 aufweist (zum Vergleich: Ca etwa 10,0) und bei pH 2,0 immerhin noch ca. 12 beträgt, so daß Fe(III) auch wirksam noch in saurem Medium komplexiert wird.

Praktisch wichtig ist, daß die EDTA-Komplexe aufgrund des polaren Charakters des EDTA-Moleküls (vier nach außen gerichtete Carboxyl-Sauerstoffatome) alle wasserlöslich sind.

Die EDTA wird in der Analytik für komplexometrische Titrationen verwendet (s. hier Ausführungen zu dem dabei als Indikator meist verwendeten ↑Eriochromschwarz T) und ist zu diesem Zweck, meist als Di-Na-Salz, als Maßlösung im Handel erhältlich. Bei analytischen Arbeiten wird die EDTA auch in vielen Fällen zur Maskierung störender Kationen herangezogen.

Die EDTA wird ferner vielfach chemischen und chemisch-technischen Produkten und Formulierungen zur Stabilisierung und Konservierung zugesetzt, um die Zersetzungsreaktionen und Oxidationen katalysierenden Schwermetall-Kationen zu maskieren und wirkungslos zu machen. Sie dient ferner zur Wasserenthärtung, sowie zur Komplexierung in fotografischen Bädern, in Reinigungsmitteln und Mitteln zur Oberflächen-Behandlung.

$C_{10}H_{16}N_2O_8$ $M_R = 292{,}25$ C 41,10 % H 5,52 % N 9,59 % O 43,80 %

Ethylenglykol

Ethylene glycol, 1,2-Ethanediol Glykol, 1,2-Ethandiol

Eine wasserklare, viskose hygroskopische Flüssigkeit, die sich mit Wasser, niederen Alkoholen, Estern und Ketonen beliebig mischen läßt, in Diethylether und chlorierten Kohlenwasserstoffen jedoch unlöslich ist.

E. wird technisch fast ausschließlich durch Addition von Wasser an ↑ Ethylenoxid hergestellt, wobei in wässeriger Phase drucklos unter saurer Katalyse bei 70 °C oder unter Druck und höherer Temperatur katalysatorfrei verfahren wird (s. Gleichung).

Herstellung von Ethylenglykol

E. bildet u. a. folgende Azeotrope:

Azeotrop-Komponenten	Zusammensetzung (Gew.-%)	Siedepunkt (°C)
E./Nitrobenzol	59,0/41,0	185,9
E./Toluol	6,5/93,5	110,2

E. ist der Prototyp der *1,2-Diole* und ist ein sehr wichtiges Basisprodukt, das zu vielen wertvollen Grundstoffen weiter umgesetzt werden kann. Hierzu seien zunächst die Produkte der stufenweisen Oxidation von E. aufgeführt, von denen die ↑ Glykolsäure und die ↑ Oxalsäure auf diesem Wege am einfachsten erhalten werden (s. Schema).

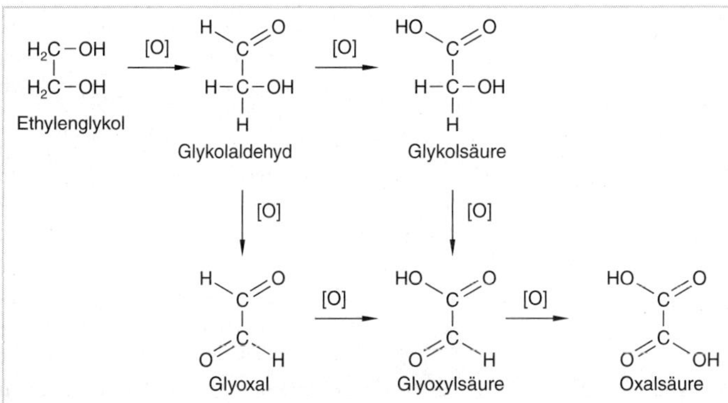

Produkte der stufenweisen Ethylenglykol-Oxidation

Bei der säurekatalysierten Umsetzung von E. mit wässeriger Formaldehydlösung wird als cyclisches Acetal (Formal) das *Dioxolan* erhalten (s. Gleichung), das als Lösungsmittel und als Colpolymeres bei der Herstellung von Polyoximethylen Anwendung findet. Aus E. wird ferner ↑ Dioxan hergestellt.

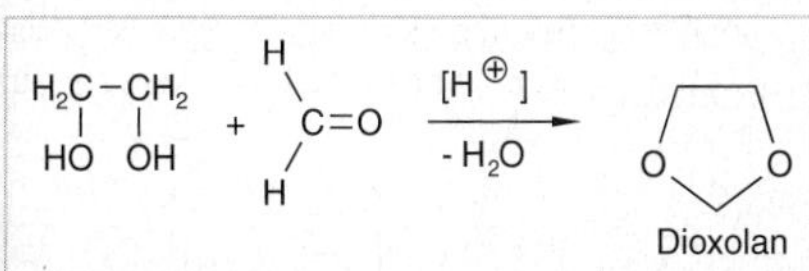

Synthese von Dioxolan

An dieser Stelle sei auf die mit 1,2-Diolen durchführbare *Criegee-Oxidation* hingewiesen, die auch als *Criegee-Spaltung* bezeichnet wird und die in allgemeiner Form im gezeigten Schema umschrieben ist (s. Schema).

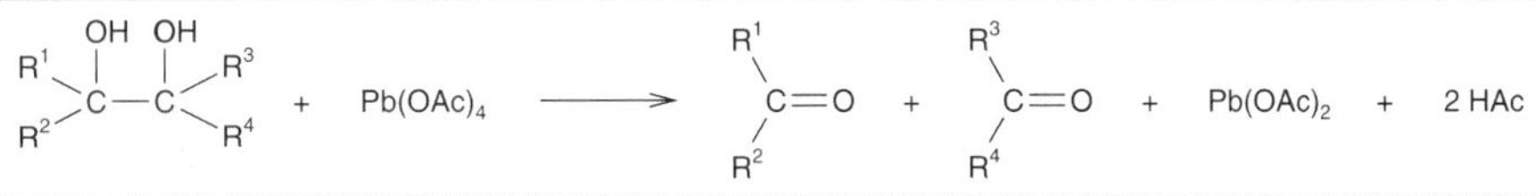

Criegee-Oxidation

Das *Diol* wird mit ↑ Bleitetraacetat unter C-C-Spaltung zu zwei Keton-Molekülen oxidiert. Die Reaktion verläuft nicht radikalisch. Man nimmt cyclische Übergangszustände an. Sie verläuft unter milden Bedingungen meist in essigsaurer Lösung. Die Reaktion ist auch mit ↑ Periodsäure statt Bleitetraacetat durchführbar und wird dann als *Malaprade-Reaktion* bezeichnet.

Als Lösungsmittel, z. B. für Lacke, haben die Mono- und Dialkylether und Etherester des E. große Bedeutung (*Cellosolve-Marken*).

Große Mengen an E. werden zur Herstellung des wichtigen Polyesters ↑ Polyethylenterephthalat (PET) verbraucht (s. Schema).

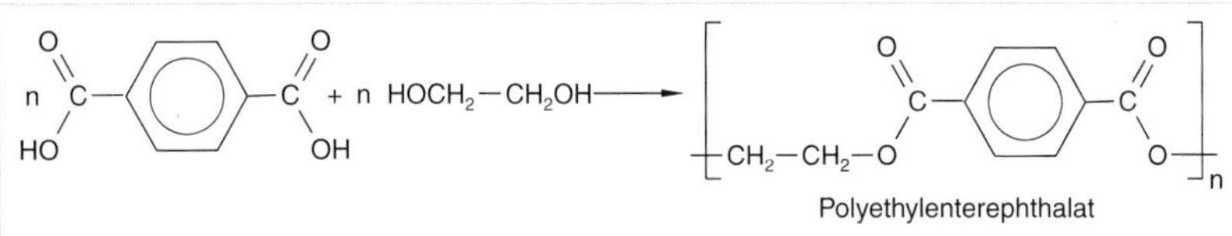

Herstellung von Polyethylenterephthalat

Die Herstellung des E. aus ↑ Ethylenoxid ist bereits vielfach mit der Herstellung der technisch sehr wichtigen ↑ Polyethylenglykole verknüpft (s. auch ↑ Diethylenglykol, ↑ Triethylenglykol, ↑ Tetraethylenglykol).

Unter den direkten Anwendungen des E. hat der Einsatz als Kühler-Frostschutzmittel in Kfz. den größten Anteil (s. Tabelle der Gefrierpunktserniedrigung versch. E.-Konzentrationen in wässeriger Lösung). Daneben ist E. Lösungsmittel und Additiv in verschiedensten technischen Produkten (Schmiermittel, Bremsflüssigkeiten, Antischaummittel, Druckfarben, Schlichteflotten).

Gehalt (Gew.-%)	5	10	16	20	28	36	44	52	60
d (g/cm^3)	1,006	1,013	1,021	1,026	1,037	1,048	1,059	1,069	1,079
Δt (°C)	1,58	3,37	5,91	7,93	13,03	19,82	28,32	38,81	51,23

Dichte und Gefrierpunkts-Erniedrigung von konz. wässerigen Glykol-Lösungen

► E. ist gesundheitsschädlich.

$C_2H_6O_2$ $M_R = 62{,}07$ C 38,70 % H 9,74 % O 51,55 %

t_{Smp}	t_{Sdp}	d	η
−13 °C	198 °C	1,11 g/cm^3	19,9 mPa · s

C_p	$\Delta_S H$	$\Delta_V H$	$\Delta_B H$	S^o	Q_C
149,8 J/(K · mol)	9,96 kJ/mol	67,8 kJ/mol	−460 kJ/mol	167 J/(K · mol)	−1184 kJ/mol

MAK	R-Satz	S-Satz
26 $^{mg}/_{m^3}$	22	

Ethylenoxid

Ethylene oxide, Oxirane Oxiran

E. ist unter Normalbedingungen ein farbloses, charakteristisch süßlich riechendes Gas, das sich gut in Wasser, Ethanol und Diethyleher löst.

E. wird technisch in großem Maßstab durch Direktoxidation von ↑Ethylen am Silberkontakt hergestellt (Gleichung s. ↑Ethylen).

E. ist aufgrund seines gespannten Dreiringes äußerst reaktiv und reagiert bereitwillig mit praktisch allen H-aktiven Verbindungen unter Addition und ist damit ein sehr wichtiges Basisprodukt zur Gewinnung vieler organischer Verbindungen, die selbst wieder wichtige Ausgangsprodukte sind oder direkte Verwendung finden. Die Umsetzungen werden meist sauer katalysiert und verlaufen dann über das Oxonium-Kation nach einem S_N1-Mechanismus (s. Schema).

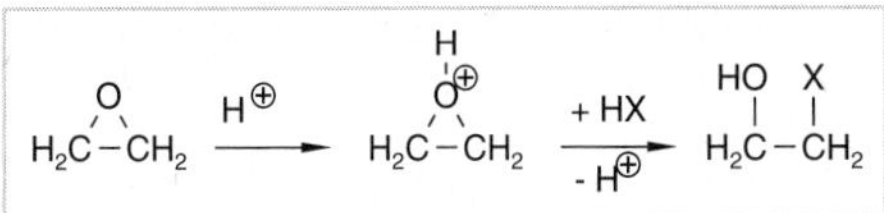

Mechanismus der sauer katalysierten Additionen an Ethylenoxid

Technisch werden so erhalten die Ethylenglykole, die Ethanolamine und die Glykolether- und -ester. E. besitzt insbesondere Bedeutung zur Herstellung der ↑Polyethylenglykole.

Direkte Verwendung findet E. aufgrund seiner stark bakteriziden Wirkung zur Desinfektion von medizinischen Materialien und Geräten durch Begasung, ebenso wie Nahrungsmittel (Gewürze) und pharmazeutische Produkte.

E. kommt druckverflüssigt in Gasflaschen in den Handel.

► E. ist giftig und leichtentzündlich.

C_2H_4O $M_R = 44{,}05$ C 54,53 % H 9,15 % O 36,32 %

MAK	R-Satz	S-Satz
2 $^{mg}/_{m^3}$	45-46-12-23-36/37/38	53-45

t_{Smp}	t_{Sdp}	d	η
−112 °C	11 °C		

Ethyliodid

Ethyliodide Iodethan

Eine farblose, stark lichtbrechende schwere Flüssigkeit von etherartigem Geruch, praktisch unlöslich in Wasser, mischbar mit den üblichen org. Solventien. E. färbt sich an der Luft und im Licht bald rot infolge Iodausscheidung. E. wird meist durch Zusatz von 2 % Ethanol stabilisiert.

Die Herstellung von E. gelingt durch Umsetzung von Ethanol mit ↑Iod in Gegenwart von rotem ↑Phosphor (s. Gleichung) oder durch Addition von ↑Iodwasserstoff an ↑Ethylen (s. Gleichung).

$$H_3C{-}CH_2{-}OH + {}^1/_2\,J_2 \xrightarrow{P_{rot}} H_3C{-}CH_2{-}J$$

Darstellung von Ethyliodid aus Ethanol

$$H_2C{=}CH_2 + HJ \longrightarrow H_3C{-}CH_2{-}J$$

Ethyliodid-Synthese aus Ethylen

Eine Möglichkeit bietet ferner die *Finkelstein-Reaktion*, der Austausch eines Halogens in einem Alkylhalogenid durch ein anderes Halogen (s. Schema).

$$H_3C{-}CH_2{-}Cl + NaI \longrightarrow H_3C{-}CH_2{-}I + NaCl$$

Ethyliodid durch Finkelstein-Reaktion

E. bildet u. a. folgendes Azeotrop:

Azeotrop-Komponenten	Zusammensetzung (Gew.-%)	Siedepunkt (°C)
E./n-Propanol	93,0/7,0	70,0

E. wird in organischen Synthesen zur Ethylierung verwendet. Als *Schwereflüssigkeit* dient E. zur Trennung von Mineralien über ihre Dichte.

C_2H_5I $M_R = 155{,}97$ C 15,40 % H 3,23 % I 81,37 %

t_{Smp}	t_{Sdp}	d	η
−108,5 °C	72 °C	1,93 g/cm³	0,592 mPa · s

C_p	$\Delta_S H$	$\Delta_V H$	$\Delta_B H$	S^o	Q_C
109,7 J/(K · mol)		29,4 kJ/mol	−39,1 kJ/mol		−1462 kJ/mol

Eugenol

Eugenol 4-Allyl-2-methoxyphenol

Eine farblose bis leicht gelbliche, intensiv nach Nelken duftende ölige Flüssigkeit, die in Wasser unlöslich ist, sich aber löst in Ethanol, Diethylether, Chloroform und Ölen. E. verfärbt sich an der Luft bräunlich unter Verharzung.

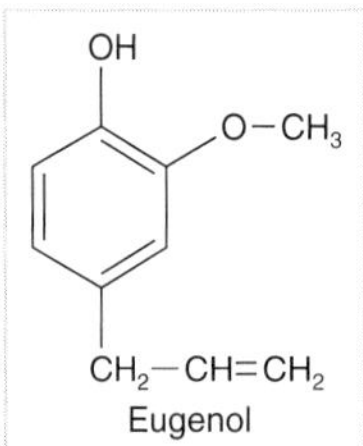

Struktur von Eugenol

E. kommt zu hohen Anteilen (ca. 80 %) im Nelkenöl vor und wird auch technisch gewonnen durch Ausschütteln von Nelkenöl mit einer verdünnten Kaliumhydroxid-Lösung. Das Nelkenöl stammt aus Blüten, Blättern und Rinde des auf den Philippinen beheimateten, in Malaysia und Ostafrika kultivierten, bis 20 m hohen Nelkenbaumes. Es wird aus den Pflanzenteilen durch Wasserdampfdestillation erhalten.

Bei der Oxidation mit ↑Kaliumpermanganat geht E. in ↑Vanillin über, was auch technischer Verwendungszweck von E. ist. E. wird ferner in der Kosmetik zum Parfümieren z. B. von Seifen verwendet und in der Zahnheilkunde als lokales Anästhetikum.

► E. wirkt hautreizend und steht im Verdacht der cancerogenen Wirkung.

$C_{10}H_{12}O_2$ $M_R = 164{,}20$ C 73,15 % H 7,37 % O 19,49 %			
t_{Smp}	t_{Sdp}	d	η
−9 °C	255 °C		

Europium

Europium Eu

Silberweißes Metall, das an der Luft rasch anläuft und mit Wasser unter Wasserstoff-Entwicklung reagiert.

Es ist ein Lanthaniden-Element mit der Elektronenkonfiguration:

$1s^2\ 2s^2\ 2p^6\ 3s^2\ 3p^6\ 3d^{10}\ 3s^2\ 4p^6\ 4d^{10}\ 4f^7\ 5s^2\ 5p^6\ 6s^2$, Grundterm $^8S_{7/2}$.

Eu wurde 1896 von Demarcay entdeckt und findet sich in den Seltenerd-Mineralien, vor allem im Monazitsand und im Gadolinit. Sein Anteil an der Erdkruste wird auf ca. 1 ppm geschätzt, womit Eu das seltenste der Lanthaniden-Elemente ist, aber immer noch häufiger vorkommt als z. B. ↑ Silber.

Eu bildet wie alle Lanthaniden die Oxidationsstufe +3, darüber hinaus aber auch +2 aus, und kann damit in wässeriger Lösung existieren, eine Eigenschaft, die es unter den Lanthaniden nur mit ↑ Ytterbium gemeinsam hat. Für die Ionenbildung sind folgende Potentiale wirksam:

$$Eu \rightarrow Eu^{3+} + 3\,e^-:\quad E^\ominus\,(\text{sauer}) = -1{,}99\ V,\ E^\ominus(\text{alkal.}) = -2{,}51\ V$$
$$Eu^{2+} \rightarrow Eu^{3+} + e^-:\quad E^\ominus = -0{,}35\ V$$

Die Eu(III)-Verbindungen sind meist gelb, die Eu(II)-Verbindungen meist farblos. Das Kristallgitter des Eu ist eine kubisch dichteste Kugelpackung.

Eu ist in Form seines Oxides Bestandteil von Leuchtphosphoren in Farbfernseh-Bildröhren zur Erzeugung von Rottönen. Eu-organische Verbindungen dienen als Shift-Reagenzien in der NMR-Spektroskopie.

Eu Z = 63 $A_R = 151{,}96$ Isotope: 151, 153 ,; 138-150, 152, 154-160 (künstlich)					
t_{Smp}	t_{Sdp}	d	MV	α	λ
817 °C	1525 °C	5,24 g/cm³	28,29 cm³/mol	32 10^{-6}/K	13,9 W/mK
C_p	$\Delta_S H$	$\Delta_V H$	S^o	ϱ	
27,66 J/(K · mol)	9,21 kJ/mol	144,7 kJ/mol	77,82 J/(K · mol)	890 nΩ · m	

Farnesol

Farnesol

Eine farblose, ölige Flüssigkeit, unlöslich in Wasser, löslich in den üblichen org. Solventien sowie in Ölen. F. duftet nach Lindenblüten.

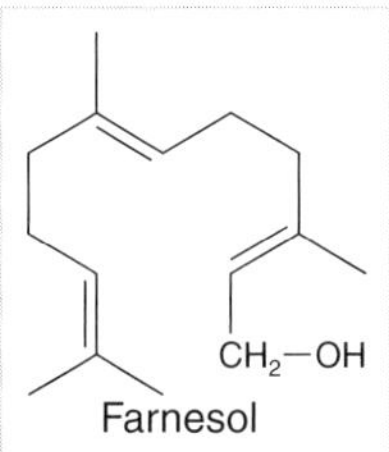

Struktur von Farnesol

F. findet sich in der Natur in vielen etherischen Ölen, so im Öl der Lindenblüten, Moschuskörner, Ambrettesamen oder im Rosenöl, wobei es sich meist um das trans,trans-Isomere handelt, aber auch das cis,trans-Isomere kommt vor. F. ist ein Sesquiterpenalkohol (s. Abbildung) und in der Form seines Pyrophosphates Zwischenstufe in der Biogenese der Isoprenoide (s. ↑ Isopren). Über das *Farnesoldiphosphat* verläuft auch die Biosynthese der ↑ Ubichinone.

F. ist licht- und luftempfindlich und oxidiert sich über den Aldehyd *Farnesal* zur *Farnesansäure*. Durch Wasserabspaltung aus F. entsteht der um eine Doppelbindung reichere Kohlenwasserstoff *Farnesen*. Sowohl F. als auch Farnesen haben Pheromon-Wirkung.

F. dient vor allem in der Kosmetikindustrie als Duftkomponente in Parfüms und Seifen zur Erzeugung blumiger Noten sowie als Fixateur. Eine 0,3 %ige F.-Lösung besitzt milde Deodorant-Wirkung.

$C_{15}H_{26}O$ $M_R = 222{,}37$ C 81,02 % H 11,79 % O 7,19 %,

t_{Smp}	t_{Sdp}	d	η
	110 °C (26 Pa)	0,89 g/cm³	

Fermium

Fermium Fm

Künstlich erzeugtes, zu den ↑ Actiniden zählendes, radioaktives metallisches chemisches Elemen mit der Elektronenkonfiguration $1s^2\ 2s^2\ 2p^6\ 3s^2\ 3p^6\ 3d^{10}\ 4s^2\ 4p^6\ 4d^{10}\ 4f^{14}\ 5s^2\ 5p^6\ 5d^{10}\ 5f^{11}\ 6s^2\ 6p^6\ 6d^1\ 7s^2$, Grundterm $^3H_6$.

Das Isotop 255, ein α-Strahler mit einer Halbwertzeit von 20,1 Stunden, wurde 1952 bei einer Kernexplosion entdeckt.

Das stabilste Isotop mit der Massenzahl 257 hat eine Halbwertzeit von 80 Tagen, ist ebenfalls ein α-Strahler und wird erhalten beim Neutronenbeschuß von ↑ Plutonium. Wegen seiner kurzen Halbwertzeit kann Fm nicht angereichert werden und hat keine praktische Bedeutung.

Von Fm sind physikalische Daten nicht verfügbar.

Fm Z = 100 $A_R = 257{,}0951$ Isotope: 242-259

Ferrocen

Ferrocene   Dicyclopentadienyleisen

Bildet orangefarbene, nadelförmige, campherartig riechende Kristalle, die in Wasser unlöslich, aber in vielen org. Solventien löslich sind, so in Ethanol, Diethylether, THF oder Benzol. F. sublimiert oberhalb 100 °C und ist unter Sauerstoffausschluß bis über 500 °C stabil, es wird weder durch Kochen in Natronlauge noch durch Salzsäure zersetzt. Lediglich die Oxidation erfolgt leicht, z. B. durch Silberionen oder verdünnte Salpetersäure, wobei das blaue *Ferricenium-Ion* entsteht, das wasserlöslich ist und leicht wieder zum F. zu reduzieren ist.

Für F. gibt es zahlreiche Herstellungsmethoden, so die Umsetzung von Cyclopentadien-Natrium (s. ↑ Cyclopentadien) mit ↑ Eisen(II)chlorid in ↑ Tetrahydrofuran (s. Schema).

$$2\,C_5H_6 + 2\,Na \xrightarrow[-\,H_2]{} 2\,C_5H_5^{\ominus}\,Na^{\oplus} \xrightarrow[-\,2\,NaCl]{FeCl_2} (C_5H_5)_2Fe$$

Synthese von Ferrocen

Dieses Verfahren ist generell anwendbar für die F.-Analoga der übrigen Übergangsmetalle, die mittlerweile bekannt sind und die man allgemein als *Metallocene* bezeichnet.

Im F. sind alle 10 C-Atome (der beiden Cp-Ringe) mit dem Fe-Atom über ihre mit je einem Elektron besetzten (die π-Bindungen bildenden) p-Orbitale verbunden, so daß dem Fe-Atom eine Krypton-Elektronenschale zukommt (8 Elektronen von Fe + 2 x 5 Elektronen von Cp = 18 Valenzelektronen). F. ist infolgedessen diamagnetisch (kein ungepaartes Elektron im Komplex).

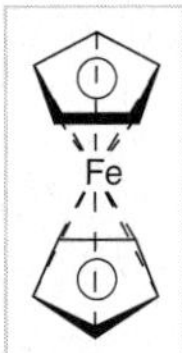

Sandwich-Struktur von Ferrocen

F. wurde erstmals 1951 synthetisiert (als erstes Beispiel eines Übergangsmetall-Aromaten-Komplexes) und 1952 in seiner *Sandwich-Struktur* (s. Abbildung) erkannt (E. O. Fischer, G. Wilkinson, Nobelpreise 1973).

F. läßt sich typisch aromatisch elektrophil substituieren, z. B. Acylierung, Alkylierung, Halogenierung, Sulfonierung, wobei in der Regel die 1,1′-disubstituierten Derivate entstehen. Die Chemie der Metallocene ist sehr umfangreich. F. findet technische Verwendung als Katalysator in Polymerisations- und Verbrennungsprozessen.

$C_{10}H_{10}Fe$ $M_R = 186{,}03$ C 64,56 %   H 5,42 %   Fe 30,02 %

t_{Smp}	t_{Sdp}	d	η		
174 °C					
C_p	$\Delta_S H$	$\Delta_{Sub} H$	$\Delta_B H$	S^o	Q_C
190 J/(K · mol)		72 kJ/mol (S)	158 kJ/mol	212 J/(K · mol)	−5891 kJ/mol
MAK	R-Satz	S-Satz			
5 mg/m³					

Ferulasäure

Ferulic acid   4-Hydroxy-3-methoxyzimtsäure

Bildet in der trans-Form farblose Kristalle, die in heißem Wasser, Ethanol oder Essigester gut löslich, in Petrolether hingegen praktisch unlöslich sind.

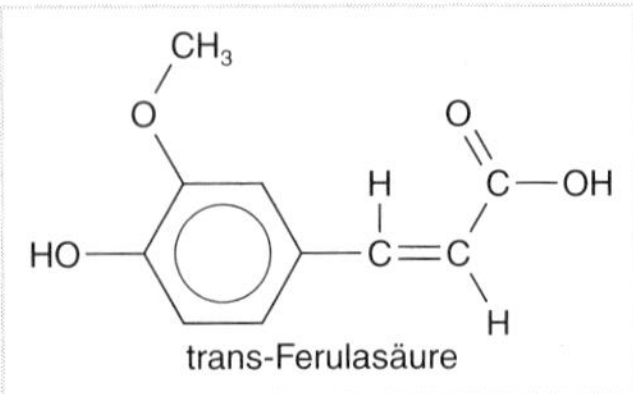

Struktur der trans-Ferulasäure

F. findet sich, wenn auch in kleinen Mengen, in vielen Pflanzen und gehört zu den Pflanzenphenolen (s. Strukturabb.), die vor allem in den Gemüsen Bestandteile unserer Nahrung sind (s. auch ↑ Gallussäure, ↑ Kaffeesäure).

Die F. ist im pflanzlichen Stoffwechsel eine Zwischenstufe in der Biosynthese von *Coniferylalkohol* und damit von ↑ Lignin.

$C_{10}H_{10}O_4$	$M_R = 194{,}19$	C 61,85 %	H 5,19 %	O 32,96 %

t_{Smp}	t_{Sdp}	d	η
174 °C			

Flavon

Flavone 2-Phenyl-chromon

Bildet farblose Kristallnadeln, die in Wasser unlöslich sind, sich jedoch in den meisten org. Solventien gut lösen.

Das F.-System wird synthetisch aufgebaut durch Umsetzung von ↑ Phenol mit *Benzoylessigester* unter wasserabspaltenden Bedingungen (Erhitzen mit ↑ Phosphorpentoxid) (s. Schema).

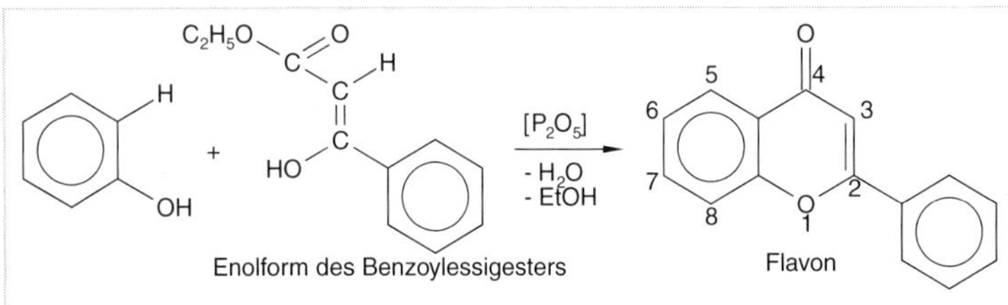

Synthese von Flavon

Das *3-Hydroxyflavon* (Flavonol) bildet bereits gelbe Kristalle, und durch Einführung weiterer Hydroxylgruppen kommt man zu einer Reihe sehr verbreiteter gelber Pflanzenfarbstoffe, die in den Pflanzen teils frei, teils mit Zuckern (glycosidisch) verknüpft vorkommen. Hier ist vor allem das ↑ Quercetin zu nennen (3,5,7,3′,4′-Pentahydroxy-flavon). Man vergleiche hier auch ↑ Morin. Verwandt mit den Flavonen sind die sich vom *Flaven* (*2-Phenylchromen*, s. Abbildung)ableitenden *Flavyliumfarbstoffe* (*Anthocyane*). Sie liegen meist ebenfalls als Glycoside vor. Bei der sauren Hydrolyse erhält man die freien Farbstoffkomponenten (die *Anthocyanidine*) in Form der *Flavylium-Salze* (s. Abbildung).

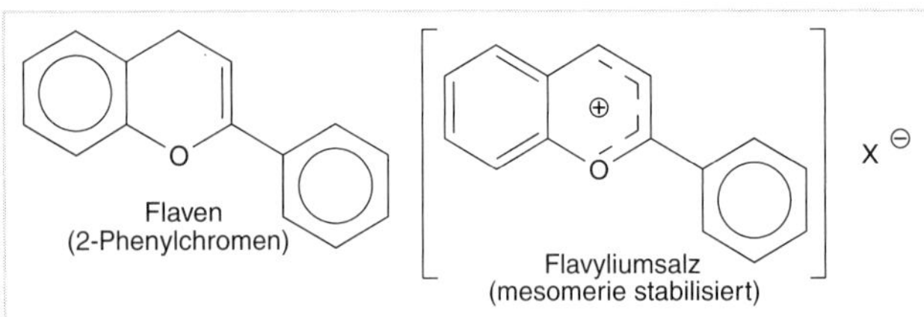

Strukturen des Flavens und der Flavylium-Salze

Die Hydroxyderivate von F. sowie ihre Glycone bezeichnet man auch als *Flavonoide*. Als Nahrungsmittelbestandteile habe diese polyphenolischen Verbindungen antioxidative Eigenschaften und machen vor allem im Zuge der Atmungskette (s. unter ↑ Adenosin-5′-triphosphat) entstehende giftige *reaktive Sauerstoffspezies* (*ROS*) unschädlich (z. B. das *Peroxidanion-Radikal* sowie das *Hydroxyl-Radikal*). Vor allem *Äpfel* sind reich an solchen Flavonoiden (s. auch unter ↑ Gluthathion). ROS werden u. a. auch für DNS-Mutationen verantwortlich gemacht (Krebs-Entstehung).

Flavylium-Salze bilden einen Großteil der prächtigen roten bis blauen *Pflanzenfarben*.

$C_{15}H_{10}O_2$ $M_R = 222{,}23$ C 81,07 % H 4,54 % O 14,40 %			
t_{Smp}	t_{Sdp}	d	η
100 °C			

Fluor

Fluorine F

Ein schwach grüngelbes Gas von äußerst durchdringendem ätzendem Geruch. Die gelbe Farbe behält F auch im flüssigen und festen Zustand bei (Daten s. untenstehende Tabelle). F kann in keinem der üblichen Lösungsmittel gelöst werden, da es diese wegen seiner außerordentlichen Reaktivität zersetzt und selbst aus dem Wasser sofort den Sauerstoff freisetzt. Es wird entweder direkt anschließend an die Herstellung weiterverarbeitet oder verflüssigt in Gefäßen aus Kupfer oder *Monelmetall* (Cu-Ni-Legierung) transportiert.

CaF_2	Flußspat
$3\,Ca_3(PO_4)_2 \cdot CaF_2$	Fluorapatit

Die wichtigsten natürlichen Fluor-Vorkommen

F ist ein sehr verbreitetes chemisches Element, dessen Anteil am Aufbau der Erdkruste auf 0,06–0,09 Gew.-% geschätzt wird, wobei es natürlich wegen seiner Reaktivität nie elementar, sondern nur in Salzen vorkommt. Die für die F-Chemie wichtigsten Vorkommen sind der Flußspat und der *Fluorapatit* (s. Formelabbildung).

Zum Vorkommen von Flußspat und seiner Aufarbeitung s. unter ↑ Calciumfluorid. Apatit wird technisch zur Gewinnung von ↑ Phosphorsäure mit ↑ Schwefelsäure aufgeschlossen, wobei der Fluorid-Anteil bei Gegenwart von Silicat meist als *Hexafluorosilicat* anfällt, so daß die Gewinnung von F auf diesem Wege ein „Nebeneffekt" der Phosphorsäure-Herstellung ist.

F kann nicht, wie es noch beim ↑ Chlor möglich ist, durch Elektrolyse seiner wässerigen Salz-Lösungen hergestellt werden, weil eher der ↑ Sauerstoff des Wassers entladen wird als die Fluorid-Ionen. Auch auf chemischem Wege ist eine F-Herstellung nicht zu erzwingen, da F selbst das stärkste bekannte Oxidationsmittel darstellt.

Die Freisetzung des F gelingt mittels Elektrolyse der Schmelze von Fluorwasserstoff-Kaliumfluorid-Addukten. Die Elektrolyse von reinem flüssigem ↑ Fluorwasserstoff ist nicht durchführbar, weil reiner HF (wie Wasser) den elektrischen Strom nicht leitet. Durch ↑ Kaliumfluorid wird die Schmelze leitfähig (s. Schema). Als Anode dienen dabei graphitfreie Kohleelektroden, Elektrolysezelle und Kathode sind aus Monel-Metall.

$$KF \cdot 2\,HF \xrightarrow[100\,°C]{\text{Elektrolyse}} H_2 + F_2 + KF$$

Elektrolytische Herstellung von Fluor

F ist das leichteste Element in der Gruppe der Halogene, besitzt also die Elektronen-Konfiguration $1s^2\,2s^2\,2p^5$, Grundterm $^2P_{3/2}$, und bildet wie alle Halogene und wie alle Element-Gase (außer den Edelgasen) zweiatomige Moleküle.

Es ist das reaktivste nichtmetallische chemische Element und reagiert mit allen chemischen Elementen, außer ↑ Sauerstoff und den leichten Edelgasen, meist schon bei tiefen Temperaturen und teils äußerst heftig, wobei es die betreffenden Atome zur Betätigung auch ihrer höchsten Oxidationsstufen zwingt. Insbesondere entreißt es allen Verbindungen den Wasserstoff (z. B. aus ↑ Wasser und ↑ Ammoniak). Organische Verbindungen werden meist äußerst heftig völlig abgebaut. ↑ Gold und ↑ Platin werden erst bei Rotglut von F stark angegriffen.

Dieses Maximum der Reaktivität beim F hat im wesentlichen zwei Ursachen. Es ist dies zum einen die relativ schwache F-F-Bindung in den F-Molekülen, die wesentlich schwächer als die Cl-Cl-Bindung im molekularen ↑ Chlor ist, so daß also der Energieverbrauch zur Spaltung dieser Bindung niedrig ist. (Der Grund für die Bindungsschwächung wird vor allem in dem kleinen Atomradius gesehen, der eine schwächere Überlappung der bindenden und eine stärkere gegenseitige Abstoßung der nichtbindenden, doppelt besetzten Orbitale zur Folge hat. Nach einer anderen Theorie wird die schwächere Bindung damit erkärt, daß das F-Atom als Element der ersten Achterperiode keine d-Orbitale zur Verfügung hat und mithin, im Gegensatz zum Chlor, keine pd-π-Wechselwirkung stattfinden kann).

Zum anderen beruht die Reaktivität des F auf seiner Elektronegativität: F ist das elektronegativste Element überhaupt. An dieser Stelle sei deshalb der so wichtige Begriff der *Elektronegativität* (EN) näher erläutert. Qualitativ versteht man unter der EN eines Elementes das mehr oder weniger stark ausgeprägte Bestreben seiner Atome, Elektronen anzuziehen. Dieses Bestreben ist eine summarische Eigenschaft, die von vielen Faktoren beeinflußt wird. Da chemische Reaktionen und chemische Bindungen ja elektronischer Natur sind, d. h. chemische Reaktionen auf Elektronenübergängen und -umordnungen in den beteiligten Atomen beruhen und die zustandekommenden Bindungen vom Verbleib dieser Elektronen abhängen (kovalente, ionische oder metallische Bindung), muß ein Begriff wie die EN von zentraler chemischer Bedeutung sein. Die komplexe Tendenz eines Atoms, Elektronen anzuziehen, ist jedoch die Summe vieler Einflüsse, die deshalb keine absolute Größe sein kann und die insbesondere nicht den Charakter einer „Naturkonstante" hat. Sie ist noch nicht einmal genau definierbar.

Pauling, der den Begriff der EN schuf, stellte eine *Elektronegativitäts-Skala* der Elemente auf, der eine Kombination von experimentellen und berechneten Bindungsenergien zugrunde liegt. Diese Skala ordnet dem F den willkürlich gewählten höchsten Wert 4,0 zu. Die EN-Werte der anderen Elemente geben als dimensionslose Zahlen deren relative EN in Bezug auf F (unter vergleichbaren Bedingungen) wieder. Wegen ihrer Wichtigkeit ist sie hier angeführt (s. Abbildung). Es wurden später weitere EN-Skalen entwickelt (Mulliken, Allred-Rochow, Boyd und Markus, Philips), die aber auch alle auf den willkürlichen Wert 4,0 für Fluor bezogen sind.

F	O	Cl	N	Br	S	C	I	Se	Te	P	H	As	B	Si	Sb	Ge
4,0	3,5	3,0	3,0	2,8	2,5	2,5	2,4	2,4	2,1	2,1	2,1	2,0	2,0	1,8	1,8	1,7

Sn	Ti	Zr	Al	Be	Sc	Y	Mg	Ca	Li	Sr	Na	Ba	K	Rb	Cs
1,7	1,6	1,6	1,5	1,5	1,3	1,3	1,2	1,0	1,0	1,0	0,9	0,9	0,8	0,8	0,7

EN-Skala nach Pauling

Das berechnete Normalpotential des F zeigt seine enorme Oxidationskraft (s. Gleichungen).

$$Cl + e^- \longrightarrow Cl^{\ominus} \quad E^\circ \; +1{,}36\ V$$
$$F + e^- \longrightarrow F^{\ominus} \quad E^\circ = +2{,}85\ V$$

Zum Vergleich: die Normalpotentiale von Fluor und Chlor

Elementares F dient präparativ hauptsächlich zur Herstellung von Uranhexafluorid (s. ↑Uran) und ↑Schwefelhexafluorid. Eine neuere technische Anwendung ist die *Fluorierung* von Kunststoff-Oberflächen mit gasförmigem F (z. B. von ↑Polyethylen), die dadurch inert werden gegen Lösungsmittel und chemischen Angriff.

Zum naßchemischen Nachweis des Fluorid-Ions kann die Fällung als ↑Calciumfluorid dienen. Ein guter qualitativer Nachweis (der auch quantitativ gestaltet werden kann) ist die als *Ätzprobe* bezeichnete Umsetzung mit konz. ↑Schwefelsäure, bei der aus der F-haltigen Probe ↑Fluorwasserstoff freigesetzt wird. Dieser Fluorwasserstoff greift unter „Ätzung" das verwendete Glasgefäß an. Das F-Atom besitzt den Kernspin 1/2. Deshalb können F-Verbindungen durch kernmagnetische Resonanz (NMR) untersucht werden.

Der menschliche Organismus enthält ca. 0,8 g F vor allem im Zahnschmelz, in den Knochen sowie im Blut. Trotzdem sind Fluoride starke Gifte (Enzymblockade). Andererseits findet man günstige Auswirkung von geringen Fluoridgaben (z. B. über das Trinkwasser) auf die Zahnschmelz-Stabilisierung (*Kariesprophylaxe*). Der *Zahnschmelz* besteht zu fast 100 % aus *Hydroxylapatit*, ein basisches ↑Calciumphosphat, dessen Kriställchen durch Kollagenfasern miteinander verklebt sind. Das Calciumphosphat ist nicht beständig gegen ständigen Säureangriff. Vor allem der ↑Milchsäure, die beim Kohlenhydratabbau durch Mundbakterien entsteht, rechnet man hier Schadwirkung zu. Werden in die Hydroxylapatit-Kristalle Fluorid-Ionen eingebaut, erhöht sich deren Säureresistenz, was also der Schmelz-Karies entgegenwirkt.

► Gasförmiges F ist infolge seiner Reaktivität stark ätzend und hochgiftig.

F Z=9 A_R=18,9984032 Isotope: 19; 17-22 (künstlich)

t_{Smp} −219 °C	t_{Sdp} −188 °C	d 0,001696 g/cm³ (0 °C)	MV 22353 cm³/mol (0 °C)	α	λ
C_p 31,3 J/(K · mol)	$\Delta_S H$ 1,02 kJ/mol	$\Delta_V H$ 3,26 kJ/mol	S^o 202,8 J/(K · mol)	ϱ	
t_{krit} −129 °C	p_{krit} 5,22 MPa	d_{krit}	t_{trip} −218 °C		
MAK 0,2 mg/m³	R-Satz 7-26-35	S-Satz 9-26-36/37/39-45			

Fluorbenzol

Fluorobenzene

Eine farblose, benzolartig riechende Flüssigkeit, die sich in Wasser nur zu ca. 0,15 g/100 ml löst, die aber mit Ethanol oder Diethylether mischbar ist.

F. wird synthetisch erhalten z. B. durch Erwärmen von *Benzoldiazoniumchlorid* mit konz. ↑Fluorwasserstoffsäure (s. Schema).

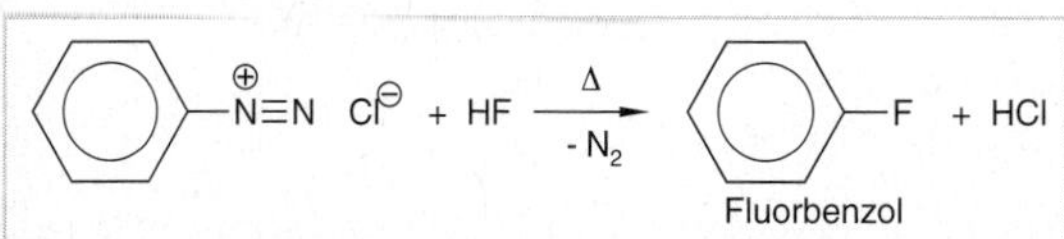

Synthese von Fluorbenzol mit Fluorwasserstoffsäure

Eine elegante Synthese bietet auch die *Schiemann-Reaktion*, die Diazotierung von ↑ Anilin in Gegenwart von Natriumtetrafluoroborat, wobei das entstehende *Benzoldiazoniumtetrafluoroborat* anschließend thermisch zersetzt wird (s. Schema). Auf diesem Wege sind generell *Fluoroaromaten* darstellbar.

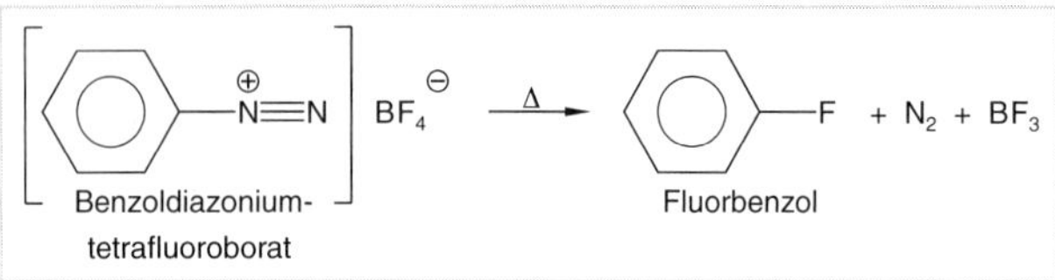

Fluorbenzol-Synthese durch Schiemann-Reaktion

F. wird als Synthesebaustein präparativ verwendet, u. a. zum Aufbau von Flüssigkristalle bildenden Verbindungen.

► F. wirkt haut- und schleimhautreizend. Es wird auch über die Haut resorbiert und erzeugt Leber- und Nierenschäden.

C_6H_5F $M_R = 96{,}10$ C 74,99 % H 5,24 % F 19,77 %

t_{Smp}	t_{Sdp}	d	η		
−41 °C	85 °C	1,02 g/cm³	0,498 mPa · s		
C_p	$\Delta_S H$	$\Delta_V H$	$\Delta_B H$	S^o	Q_C
146 J/(K · mol)	11,3 kJ/mol	34,7 kJ/mol	−151 kJ/mol	206 J/(K · mol)	−3104 kJ/mol
t_{krit}	P_{krit}	d_{krit}	t_{trip}		
287 °C					

Fluoren

Fluorene

Kristallisiert in glänzenden, farblosen Blättchen, die im Vakuum leicht sublimieren, unlöslich sind in Wasser und sich lösen in Diethylether und heißem Ethanol.

F kommt zu ca. 1,6 % im Steinkohlenteer vor und wird daraus isoliert. Synthetisch ist es durch Dehydrierung (im glühenden Rohr) aus ↑ Diphenylmethan erhältlich (s. Schema).

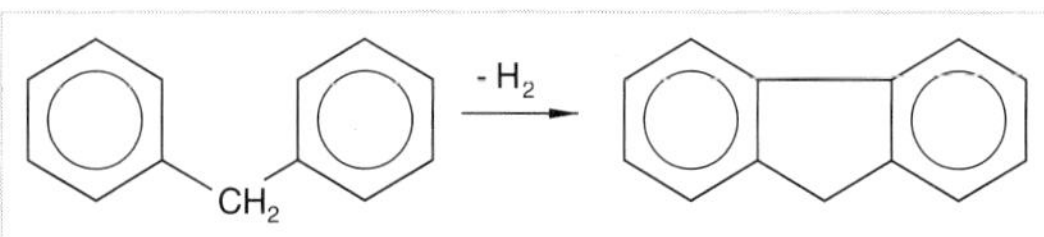

Synthese von Fluoren aus Diphenylmethan

Bei der Oxidation mit ↑ Chrom(VI)oxid geht F. in das tiefgelbe *Fluorenon* über, dessen Farbe auf dem gekreuzt-konjugierten Doppelbindungs-System beruht (s. Schema).

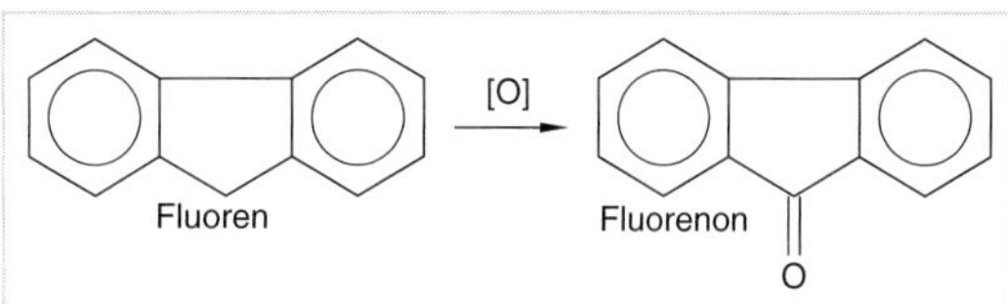

Oxidation von Fluoren zu Fluorenon

Die Methylengruppe des F. ist aktiviert und zur Kondensation mit Carbonyl-Komponenten (basisch katalysiert) befähigt, z. B. erhält man mit ↑ Benzaldehyd das ebenfalls gelbe *Benzalfuoren.*

Sowohl F. als auch Fluorenon (Schmp. 80 °C) dienen in organischen Synthesen als Zwischenprodukte (Arzneimittel, Insektizide, Farbstoffe). Der *9-Fluorenylmethoxycarbonyl-Rest* dient in der Peptidsynthese als Schutzgruppe (*Fmoc-Rest*), wobei seine starke UV-Absorption die Umsetzungen gut kontrollierbar macht.

$C_{13}H_{10}$	$M_R = 166{,}21$	C 93,94 %	H 6,06 %		
t_{Smp} 115 °C	t_{Sdp} 298 °C	d 1,20 g/cm³	η		
C_p 203 J/(K · mol)	$\Delta_S H$ 19,9 kJ/mol	$\Delta_{Sub} H$ 85 kJ/mol (S)	$\Delta_B H$ 89,9 kJ/mol	S^o 207,3 J/(K · mol)	Q_C −6634 kJ/mol
MAK	R-Satz	S-Satz 22-24/25			

Fluorescein

Fluorescein

Bildet ein rotbraunes kristallines Pulver, das in Wasser, Chloroform oder Diethylether unlöslich ist, sich aber in heißem Ethanol löst. In Alkalihydroxid-Lösungen löst es sich leicht (unter Salzbildung), wobei eine leuchtende grüne Fluoreszenz, die im durchscheinenden Licht rötlich erscheint, auftritt. Beim Neutralisieren verschwindet die Fluoreszenz wieder.

F. wird erhalten, wenn man ↑ Phthalsäureanhydrid mit der doppelt molaren Menge ↑ Resorcin auf 200 °C erhitzt. Dabei erfolgt zunächst eine Kondensation zum *Phthalein-System* und darüber hinaus Wasserabspaltung aus den orthoständigen OH-Gruppen unter Ringschluß zum *Dibenzopyran-System* (s. Schema).

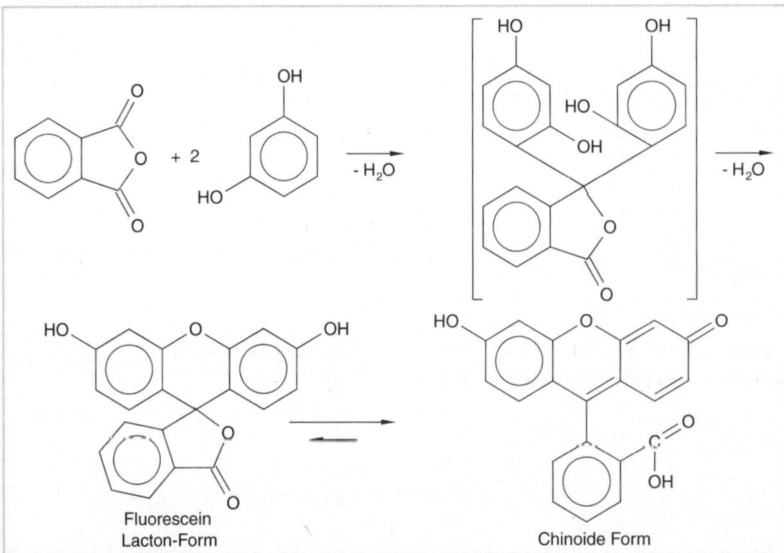

Synthese von Fluorescein

Wesentlich größere praktische Bedeutung als das freie F. besitzt wegen seiner guten Wasserlöslichkeit das Dinatriumsalz des F., ein orange-rotes kristallines hygroskopisches Pulver, das sich in Wasser sehr leicht und mit intensiv gelbgrüner Fluoreszenz löst, die im UV-Licht noch in einer Verdünnung von 0,02 mg/l (0,02 ppm) erkennbar ist. Die Fluoreszenz verschwindet beim Ansäuern.

F. steht in sehr enger struktureller Beziehung zum ↑ Phenolphthalein. Die intensive Farbe des F. in alkalischer Lösung bzw. im Salz beruht auf der Mesomerie des Dianions (s. Schema).

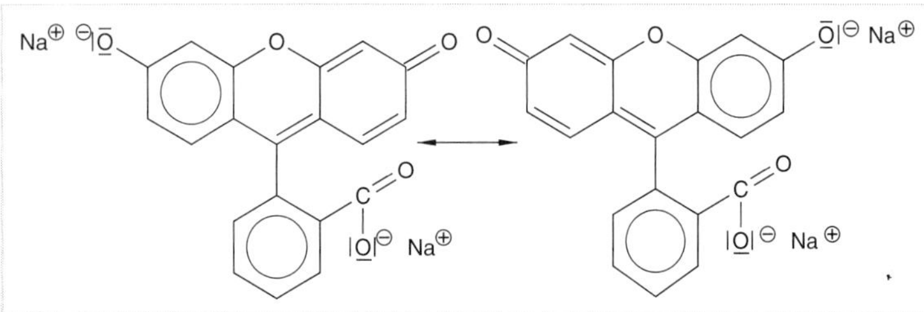

Mesomerie im Fluorescein-Dianion

Das Di-Na-Salz des F. ist auch unter dem Namen *Uranin* bekannt. Zu Bromderivaten von F. s. ↑ Eosin. Das *Tetraiodofluorescein* (die Brom-Atome von ↑ Eosin, gelblich, durch Iod-Atome ersetzt) ist der unter der Nummer *E 127* zugelassene Lebensmittelfarbstoff *Erythrosin.*

F. wird in der medizinischen Diagnostik verwendet. Es dient ferner zur Färbung von Kosmetika (Seifen, Badesalze). Mit F. können unterirdische Wasserläufe verfolgt werden.

$C_{20}H_{12}O_5$ $M_R = 332{,}30$ C 72,29 % H 3,64 % O 24,07 %

$t_{Zersetzung}$	t_{Sdp}	d	η
300 °C (Z)			

Fluoressigsäure

Fluoroacetic acid

Bildet farblose nadelförmige Kristalle, die in Ethanol und heißem Wasser löslich sind.

Die hochgiftige F. kommt natürlich vor in Blättern und Früchten einiger süd- und zentralafrikanischer Giftpflanzen (z. B. *Dichapetalum cymosum*), die zu den giftigsten bekannten Pflanzen zählen.

Synthetisch erhält man F. durch Erhitzen von *Chloressigsäuremethylester* mit ↑ Kaliumfluorid und anschließende Verseifung des Esters (s. Schema).

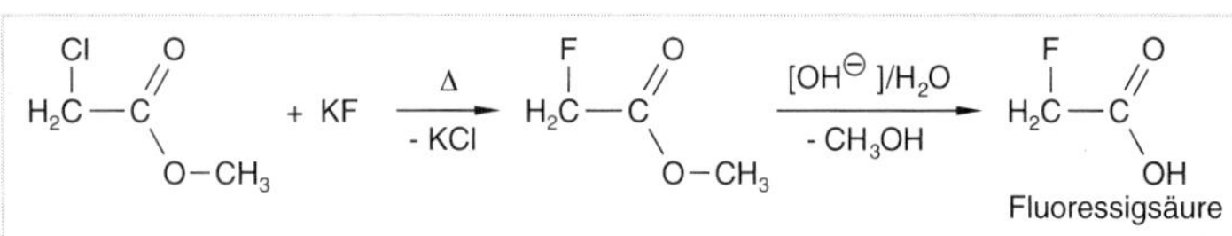

Synthese von Fluoressigsäure

Das Na-Salz der F. wurde früher als Pflanzenschutzmittel genutzt, was in Deutschland heute verboten ist. Es wird als *Rattengift* verwendet.

F. schädigt bei äußerem Kontakt sehr stark Augen und Haut sowie die Atemwege und stört nach innerer Aufnahme den Citronensäurecyclus (s. unter ↑ Citronensäure). Die Inkorporierung kann auch über die

Haut erfolgen. Dabei entfaltet die F. die 50-fache Giftigkeit von Cyanid-Ionen! Man weiß heute, daß F. an CoenzymA bindet und nach dem Eintritt in den Citrat-Cyclus (s. unter ↑ Citronensäure) die Aconitase, das Enzym, das die Umwandlung von Citrat zu Isocitrat katalysiert, blockiert wird und der Cyclus damit zum Stillstand kommt.

$C_2H_3FO_2$ $M_R = 78{,}04$ C 30,78 % H 3,87 % F 24,34 % O 41,00 %

t_{Smp}	t_{Sdp}	d	η		
35 °C	165 °C	1,37 g/cm³			
C_p	$\Delta_S H$	$\Delta_V H$	$\Delta_B H$	S^o	Q_C
			573 kJ/mol		−715 kJ/mol
MAK	R-Satz	S-Satz			
	28-50	20-22-26-45-61			

Fluoroschwefelsäure

Fluorosulfonic acid Fluorsulfonsäure

Eine farblose Flüssigkeit, die an feuchter Luft raucht und mit Wasser heftig exotherm unter Protonierung des Wassers reagiert (s. Gleichung), während die anschließende Hydrolyse nur langsam erfolgt (im Gegensatz zur ↑ Chlorsulfonsäure). Die F. ist bis 900 °C thermisch stabil.

$$HO{-}SO_2{-}F + H_2O \longrightarrow {}^{\ominus}|\underline{\overline{O}}{-}SO_2{-}F + H_3O^{\oplus}$$

Reaktion der Fluoroschwefelsäure mit Wasser

$$SO_3 + HF \longrightarrow HO{-}SO_2{-}F$$

Herstellung von Fluoroschwefelsäure

F. kann hergestellt werden durch Umsetzung von ↑ Schwefeltrioxid mit ↑ Fluorwasserstoff (die in der Technik in F. durchgeführt wird, s. Gleichung).

Ist die F. sehr rein, vor allem HF-frei, kann sie in Glasflaschen, ansonsten in Aluminiumgefäßen aufbewahrt werden.

Die F. ist eine extrem starke Säure, noch wesentlich stärker als 100%ige ↑ Schwefelsäure und gehört damit zu den *Supersäuren* (weitere Supersäuren sind reine *Dischwefelsäure* sowie ↑ Perchlorsäure), d. h. die F. vermag die reine Schwefelsäure noch zu protonieren (s. Gleichung).

$$H_2SO_4 + HOSO_2F \longrightarrow H_3SO_4^{\oplus} + {}^{\ominus}OSO_2F$$

Protonierung der Schwefelsäure durch Fluoroschwefelsäure

Die Acidität der F. kann noch enorm gesteigert werden durch Zugabe der sehr starken Lewis-Säure ↑ Antimonpentafluorid, so daß das System SbF_5/HSO_3F die stärkste bisher bekannte Säure ist und als „*magische Säure*" (*magic acid*) bezeichnet wird. Die Protonierungskraft dieses Systems reicht aus zur Protonierung selbst von ↑ Methan.

Die F. findet präparative Verwendung für Fluoridierungen und Sulfonierungen sowie zur Katalyse von Polymerisationen. Technisch kann sie zum Polieren von Bleikristallgläsern genutzt werden. Die Salze der F., die *Fluorosulfate*, sind stabile, teils gut wasserlösliche Verbindungen.

FHO_3S $M_R = 100{,}07$ F 18,99 % H 1,01 % O 47,96 % S 32,04 %

t_{Smp}	t_{Sdp}	d	η
−87 °C	163 °C	1,74 g/cm³	

C_p	$\Delta_S H$	$\Delta_V H$	$\Delta_B H$	S^o	Q_C
			−799 kJ/mol		

MAK	R-Satz	S-Satz
	20-35	26-45

Fluorwasserstoff

Hydrogen fluoride

Ein farbloses, an der Luft Nebel bildendes Gas, das sich beim Abkühlen zu einer farblosen Flüssigkeit verdichtet, die schließlich zu farblosen Kristallen erstarrt (Daten s. Tabelle). Das Gas riecht äußerst stechend und erstickend. Es löst sich unbegrenzt in Wasser. Wässerige Lösungen heißen ↑ Fluorwasserstoffsäure oder „Flußsäure".

F. bildet u. a. folgende Azeotrope:

Azeotrop-Komponenten	Zusammensetzung (Gew.-%)	Siedepunkt (°C)
F./Wasser	35,6/64,4	111,4

F. wird sowohl technisch als auch im Labor durch Erhitzen von ↑ Calciumfluorid mit konz. ↑ Schwefelsäure in Gefäßen aus ↑ Blei oder ↑ Platin (techn. in Drehrohröfen) hergestellt, wobei der F. abdestilliert (s. Gleichung).

$$CaF_2 + H_2SO_4 \xrightarrow{\text{ca. 300 °C}} 2\,HF + CaSO_4$$

Technische Gewinnung von Fluorwasserstoff

F. liegt im festen, flüssigen und im gasförmigen Zustand polymer vor, weil er starke *Wasserstoffbrücken-Bindungen* ausbildet (s. Abbildung).

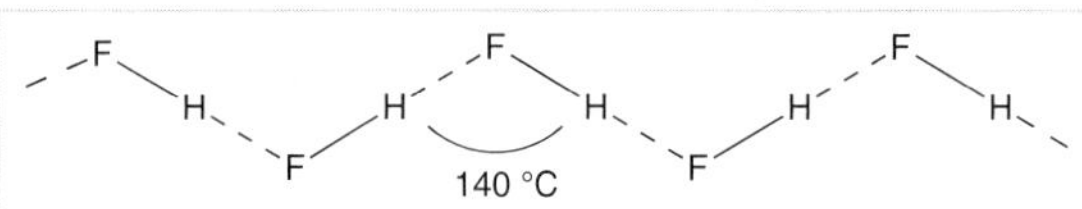

Wasserstoffbrücken-Bindungen im Fluorwasserstoff

Die ausgeprägte Tendenz des F. zur Betätigung von solchen Wasserstoffbrücken ist auch der Grund dafür, daß sein Siedepunkt so überraschend hoch liegt. Der Tendenz in der Reihe der anderen *Halogenwasserstoffe* folgend (HCl z. B. −85 °C) sollte der Siedepunkt des F. bei ca. −100 °C liegen (weiteres zur H-Brücken-Bindung s. unter ↑ Wasser).

Wasserfreier flüssiger F. hat ähnlich wie Wasser ausgezeichnetes Lösevermögen für anorganische und organische Stoffe. Er zeigt *Eigen-Ionisierung* analog dem Wasser (s. Gleichungen).

$$2\,HF \rightleftharpoons H_2F^{\oplus} + F^{\ominus} \qquad pK = 10$$
$$2\,H_2O \rightleftharpoons H_3O^{\oplus} + OH^{\ominus} \qquad pK = 14$$

Eigenionisierung im Fluorwasserstoff

$$CCl_4 \xrightarrow[-\,HCl]{[HF],\ Kat} CCl_3F + CCl_2F_2$$

Beispiel für eine Fluorierung am Festbettkatalysator

Die technische Hauptverwendung des reinen flüssigen F. ist die Herstellung von organischen Fluorverbindungen (z. B. die *Halone*, s. unten). Hierzu werden technisch vor allem zwei Wege eingeschlagen: 1. Umsetzung von Chloralkanen mit F. an Festbettkatalysatoren (s. Schema), 2. die *Elektrofluorierung*. Bei letzterer werden durch Elektrolyse alle H-Atome der betreffenden Verbindung unter Erhalt der funktionellen Gruppen gegen Fluor ausgetauscht (s. Gleichung).

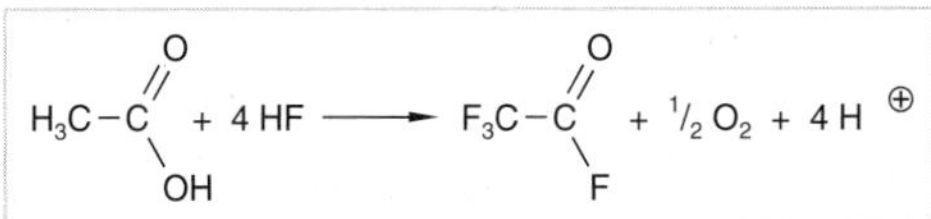

Beispiel für eine Elektrofluorierung

Perfluorierte längerkettige Alkane sind wertvolle technische Produkte, die wegen ihrer extrem wasser- und schmutzabweisenden Eigenschaften z. B. als *Imprägniermittel* und *Textilhilfsstoffe* eingesetzt werden.

Einen großen Marktanteil hatten bisher die niederen *Fluorchlorkohlenwasserstoffe* (*FCKW*) als Kühlmittel, Schaumbildner und vor allem als Treibgase. Die FCKW galten wegen ihrer Flüchtigkeit und chemischen Stabilität als unproblematisch, bis man ihre Gefahr für die lebenswichtige *Ozonschutzschicht* in der Stratosphäre erkannte. Die FCKW werden in den höheren Atmosphärenschichten durch die UV-Strahlung unter Freisetzung von ↑ Chlor gespalten. Dieses Chlor reagiert sofort mit anderen vorhandenen Gasen (↑ Wasser, ↑ Stickstoffoxide) u. a. zu ↑ Salzsäure und *Chlornitrat* (ist im Labor z. B. durch Umsetzung von ↑ Chlor mit ↑ Silbernitrat als farblose Flüssigkeit darstellbar).

$$2\,O_3 \longrightarrow 3\,O_2$$

Summarische Gleichung für den Ozon-Zerfall

In sehr kalten Luftschichten (ab ca. −80 °C, wie sie über der Antarktis vorkommen) frieren Aerosole aus Salpetersäure-Wasser-Gemischen aus. An diesen Aerosolen werden aus Salzsäure und Chlornitrat u. a. *Chlornitrit* und Chlor gebildet, die unter Freisetzung von Chloratomen zerfallen. Auf diese Weise können kurzfristig sehr große Mengen an Chloratomen entstehen, die einen katalytischen Zerfall des Ozons bewirken (s. Schema).

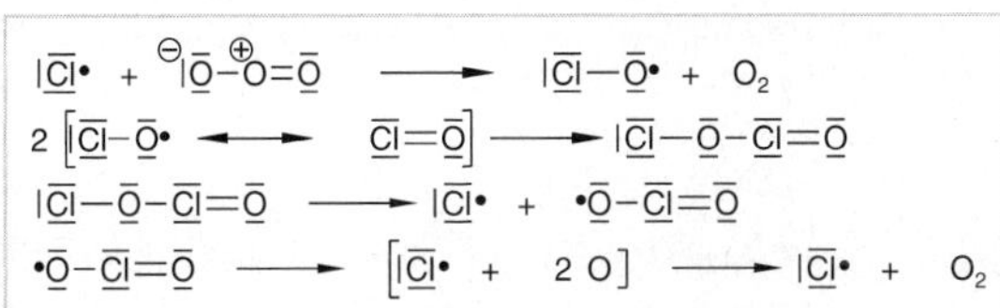

Durch Chlor-Atome katalysierter Ozon-Zerfall

Diese Vorgänge vermutet man als Ursache für das als „Ozonloch über der Antarktis" bezeichnete Phänomen (s. auch ↑ Ozon).

Mittels F. werden technisch die als Halone (Abkürzung für halogenated hydrocarbon) bezeichneten *Feuerlöschmittel* hergestellt. Es handelt sich um unter Druck verflüssigte Gase, die in Handfeuerlöschern eingesetzt werden und die mit Zahlencodes zu identifizieren sind: die 1., 2., 3., 4. und 5. Ziffer geben die Zahl der C-, F-, Cl-, Br- bzw. I-Atome in dieser Reihenfolge wieder, so daß z. B. *Bromdifluorchlormethan* mit 1211 bezeichnet wird und unter 1301 *Bromtrifluormethan* zu verstehen ist.

Eine wichtige technische Anwendungsform des F. sind seine wässerigen Lösungen, die als ↑ Fluorwasserstoffsäure oder Flußsäure bezeichnet werden.

► F. ist äußerst ätzend. Verursacht schwere, schlecht heilende Ätzwunden.

FH $M_R = 20{,}01$ F 94,96 % H 5,04 %

t_{Smp} −83,4 °C	t_{Sdp} 19,5 °C	d 1,00 g/cm³ (0°C)	η		
C_p 29,1 J/(K · mol)	$\Delta_S H$ 3,9 kJ/mol	$\Delta_V H$ 7,5 kJ/mol	$\Delta_B H$ −268,5 kJ/mol	S^o 174 J/(K · mol)	Q_C
t_{krit} 188 °C	P_{krit} 6,71 MPa	d_{krit} 0,29 g/cm³	t_{trip}		
MAK 2,5 mg/m³	R-Satz 26/27/28-35	S-Satz 7/9-26-36/37/39-45			

Fluorwasserstoffsäure

Hydrofluoric acid Flußsäure

↑ Fluorwasserstoff mischt sich in jedem Verhältnis mit Wasser, die dabei erhaltenen Lösungen werden als F. oder als „Flußsäure" bezeichnet. Ab einem Gehalt von 70 % raucht F. an der Luft. Die Aufbewahrung von F. erfolgt in Gefäßen aus ↑ Polyethylen oder ↑ Polypropylen. Sie wird meist gehandelt als 40 %ige Lösung mit der Dichte 1,13 g/ml. Die F. ist als eine schwache Säure anzusehen (s. Gleichung).

$$H_2O + HF \longrightarrow H_3O^{\oplus} + F^{\ominus} \qquad K = 3{,}53 \cdot 10^{-4}$$

Säurewirkung von Fluorwasserstoff in Wasser

Aus der Säurekonstante errechnet sich eine nur ca. 2 %ige Dissoziation in 1 molarer Lösung (pH-Wert 1,73). Wässerige Lösungen von Alkalifluoriden reagieren infolge Hydrolyse also alkalisch.

Die herausragende Eigenschaft der F. ist ihre Fähigkeit, Glas aufzulösen, wobei gasförmiges *Siliciumtetrafluorid* aus dem silicatischen Grundmaterial gebildet wird (s. Schema).

$$Na_2CaSi_6O_{14} + 28\,HF \longrightarrow 2\,NaF + CaF_2 + 6\,SiF_4\uparrow + 14\,H_2O$$

Vereinfacht:

$$SiO_2 + 4\,HF \longrightarrow SiF_4 + 2\,H_2O$$

Die Ätzung von Glas mit Flußsäure

Darauf beruht die Verwendung von F. zur *Glasätzung* und zur *Steinreinigung*. F. wird auch zur Edelstahlbeizung verwendet.

Die Hauptmenge der F. wird zur Gewinnung von anderen anorganischen Fluorverbindungen verbraucht, wobei vor allem zu nennen sind ↑ Aluminiumfluorid, ↑ Bortrifluorid, ↑ Ammoniumhydrogendifluorid und ↑ Kaliumfluorid.

Die Fluoride des Pb und Cu sind schwerlöslich, die der Erdalkalimetalle praktisch unlöslich in Wasser, während die Fluoride der anderen Metalle durchweg wasserlöslich sind. (weiteres s. unter den einzelnen Fluoriden).

► F. verursacht auf der Haut, oft erst nach Stunden, schmerzhafte schwer heilende Verätzungen. Hautkontakt unbedingt vermeiden.

Gehalt (Gew.-%)	4	10	20	30	40	50
c (mol/l)	2,024	5,180	10,70	17,71	22,41	28,87
d (g/cm^3)	1,012	1,036	1,07	1,107	1,128	1,155

Gehalt, Molarität und Dichte von HF-Lösungen

Folsäure

Folic acid

Bildet orangegelbe blättchen- oder nadelförmige Kristalle, die sich in Wasser sehr wenig lösen (bei 20 °C 1,6 mg/l) und auch in nahezu allen org. Solventien kaum löslich sind. Die Löslichkeit in siedendem Wasser beträgt ca. 1 %. Mit Säuren erfolgt Zersetzung, mit Alkalien Bildung stabiler, wasserlöslicher Salze. F. zersetzt sich beim Erhitzen ab ca. 250 °C ohne zu schmelzen. Wässerige Lösungen bzw. Suspensionen reagieren schwach sauer.

Die F. kommt in der Natur sehr verbreitet vor und findet sich in der Leber, den Nieren, in vielen Pflanzen (Spinat) und in Mikroorganismen. Sie wurde 1938 erstmals in Leberextrakten gefunden und später in größeren Mengen aus Spinatblättern isoliert.

Die F. setzt sich aus drei Bausteinen zusammen: *6-Methylpterin* (s. ↑ Pteridin), ↑ 4-Aminobenzoesäure und ↑ L-Glutaminsäure. Die beiden ersten bilden die *Pteroinsäure*, die in der F. mit der Glutaminsäure über eine Peptidbindung verknüpft ist (s. Strukturabb.).

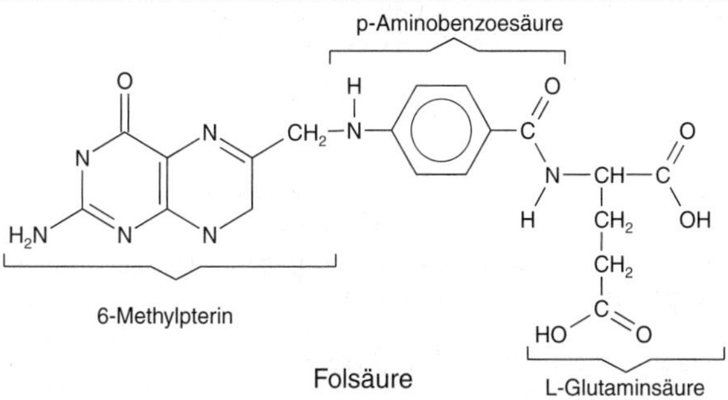

Zusammensetzung der Folsäure

Die F. ist über die Regulierung des Leukozyten-Wachstums an der *Blutbildung* beteiligt und wird in Kombination mit Vitamin B 12 als Therapeutikum gegen perniciöse Anämie verwendet. F. fungiert auch als Bakterien-Wuchsstoff. Die antibiotische Wirkung der Sulfonamide beruht darauf, daß sie die Synthese der F. in den Bakterien verhindern (s. unter ↑ Sulfanilsäureamid). Leicht abgewandelte Derivate der F. wirken als F.-Antagonisten, s. z. B. ↑ Methotrexat.

$C_{19}H_{19}N_7O_6$ $M_R = 441{,}40$ C 51,70 % H 4,34 % N 22,21 % O 21,75 %

Formaldehyd

Formaldehyde Methanal

Reiner F. ist unter Normalbedingungen ein farbloses, brennbares, äußerst stechend und erstickend riechendes und tränenreizendes Gas, das sich sehr gut in Wasser (bis zu 55 %) und in polaren org. Solventien löst. Wässerige Lösungen werden auch als *Formalin* bezeichnet.

F. entsteht stets bei der Zersetzung und unvollständigen Verbrennung organischen Materials, vor allem von Kohle und Holz, beim *Räuchern* von Schinken und Fisch, beim Tabakrauchen usw. und findet sich in der Atmosphäre vornehmlich über Großstädten. F. kommt meist als ca. 35 %iges Formalin in den Handel.

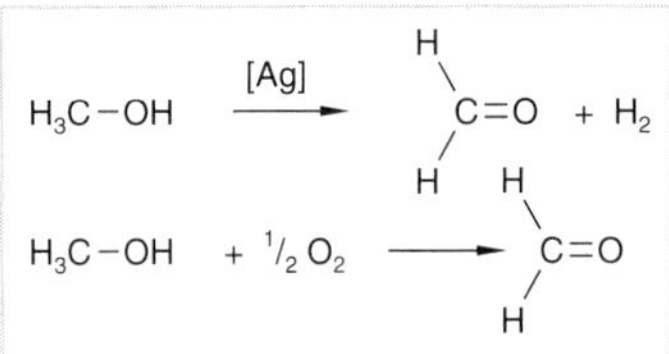

Technische Gewinnungsrouten von Formaldehyd

Die technische Herstellung von F. erfolgt fast ausschließlich durch Dehydrierung von ↑Methanol am Silberkontakt oder durch Luftoxidation an Fe-Molybdänoxid-Kontakten (s. Gleichungen).

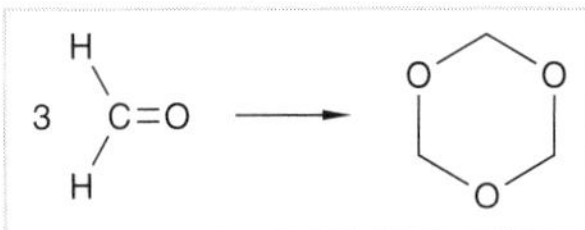

Trimerisierung von Formaldehyd zum Trioxan

F. ist der einfachste Aldehyd, eine außerordentlich reaktionsfähige Verbindung und deshalb ein wichtiger und vielseitiger C 1-Baustein der Großchemie. Fehlen dem F. andere Reaktionspartner, reagiert er mit sich selbst unter Bildung von Oligomeren oder Polymeren, was durch Spuren von Säuren oder Alkalien stark katalysiert wird. Durch saure Katalyse läßt sich gezielt das cyclische Trimere *Trioxan* (*Trioximethylen*) herstellen, das in farblosen Nadeln vom Schmp. 63 °C kristallisiert und in Wasser und org. Solventien gut löslich ist (s. Gleichung).

Beim Eindampfen wässeriger F.-Lösungen erhält man in Form eines weißen Pulvers den polymeren *Paraformaldehyd* als Kettenmolekül, der intensiv nach F. riecht und sich in kaltem Wasser und Ethanol sehr schlecht löst (s. Schema). Beim Erhitzen und allmählich auch in wässeriger Lösung zerfällt er wieder unter Freisetzung von F. und wird deshalb als Handelsform für F. verwendet.

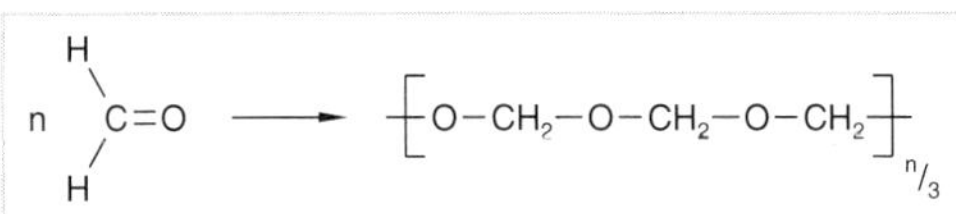

Bildung des Polymeren Paraformaldehyd

Führt man die Polymerisation des F. in wasserfreier Form in inerten Lösungsmitteln bei ca. −80 °C unter basischer Katalyse durch, so erhält man als durchsichtige harte Masse bzw. als Pulver ↑Polyoximethylen. Dieser polymere F. wird dabei nach einem anionischen Mechanismus gebildet (der Kettenabbruch erfolgt durch anwesende Kationen), besitzt thermoplastischen Charakter und wird zu vielfältigen technischen Produkten verarbeitet (s. Schema).

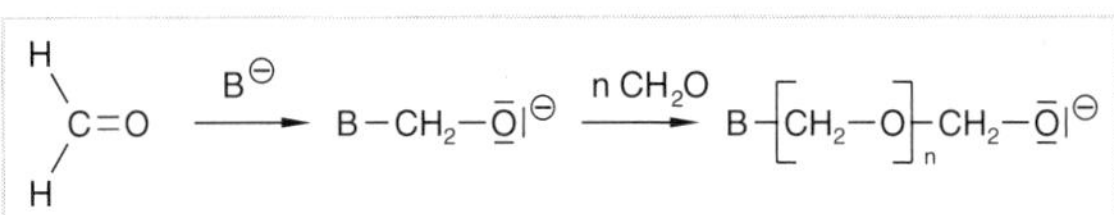

Bildung von Polyoximethylen

Nach einem anderen Mechanismus, z. B. in Gegenwart von ↑ Calciumhydroxid, oligomerisiert F., besonders in verdünnter F.-Lösung, wohl über die Zwischenstufen ↑ Glykolaldehyd und ↑ Glycerinaldehyd bzw. Dihydroxyaceton (s. unter ↑ Glycerinaldehyd) zu Monosacchariden (Hexosen).

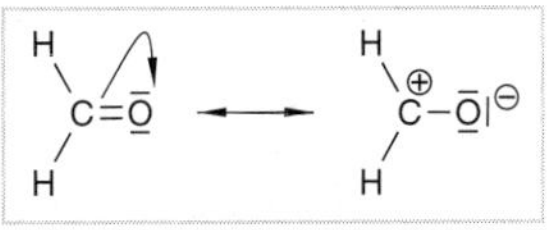

Carbonylaktivität des Formaldehyd

Die Reaktivität des F. beruht bei diesen Polymerisationen wie auch bei den zahlreichen anderen Umsetzungsmöglichkeiten auf der großen *Carbonylaktivität* (s. Formeldarstellung).

F. reagiert also mit allen nucleophilen Partnern mit NH-, OH-, SH- und aktiven CH-Funktionen nach dem allgemeinen Schema zum Primäraddukt (s. Schema) und dieses u. U. weiter zu den jeweiligen Folgeprodukten. In wässeriger Lösung liegt F. deshalb zu über 99 % (in ca. 35 %iger Lösung) als Hydrat oder Oligomeres vor (s. Gleichung).

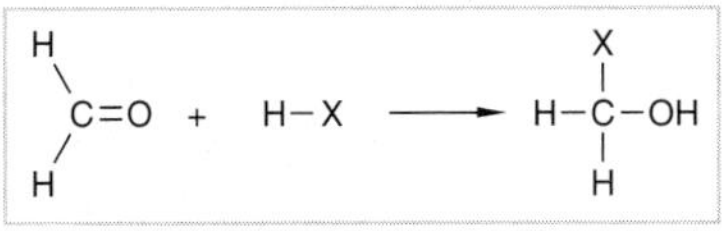

Primäraddukt basischer Komponenten an Formaldehyd

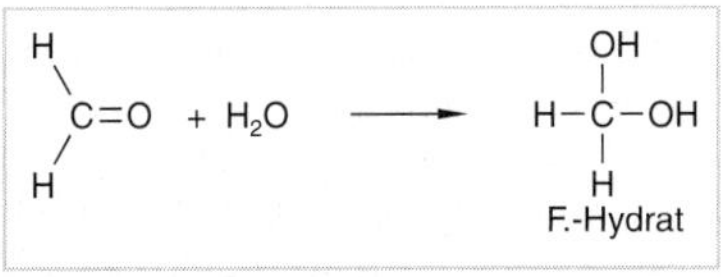

Bildung von Formaldehyd-Hydrat

F. reagiert mit ↑ Ammoniak über das Primäraddukt hinaus weiter bis zum ↑ Urotropin. Mit Kalilauge geht F. die als *Cannizaro-Reaktion* bekannte Oxidoreduktion zu ↑ Methanol und ↑ Ameisensäure ein (s. Schema).

Diese Disproportionierung ist generell mit aromatischen und nicht zur Enolisierung fähigen aliphatischen Aldehyden möglich (*enolisierbare Aldehyde* gehen die Aldol-Reaktion ein). Setzt man F. mit einem anderen Aldehyd nach Art einer Cannizzaro-Reaktion um, reagiert der F. stets als *Hydridionen-Donator* und wird zur Ameisensäure oxidiert, was man als gekreuzte Cannizzaro-Reaktion bezeichnet. Siehe hierzu als Beispiel die Synthese von ↑ Pentaerythrit.

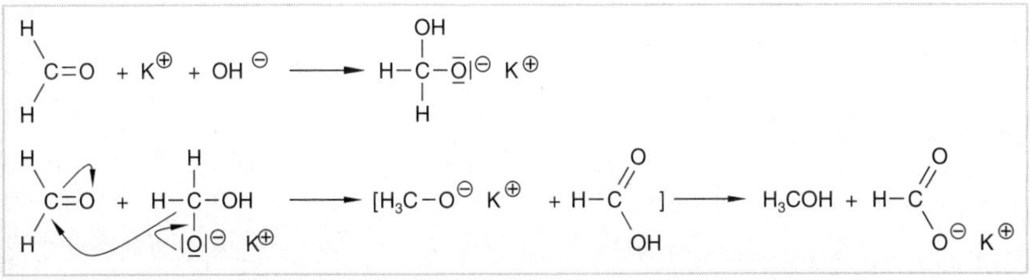

Cannizaro-Reaktion des Formaldehyd

Organisch-präparativ findet F. eine wichtige Anwendung in der *Mannich-Reaktion*. Hierbei wird meist der F. (prinzipiell sind auch andere Aldehyde einsetzbar) in Gegenwart eines primären oder sekundären Amins mit einer C-H-aciden Verbindung im sauren Medium umgesetzt. Unter den Reaktionsbedingungen bildet sich aus F. und dem Amin zunächst das protonierte Azomethin (s. unter ↑ Propylamin). Dieses reagiert mit dem Enol der C-H-aciden Verbindung (saures Medium fördert die *Enolisierung*) zum Salz der *Mannich-Base* (s. Schema).

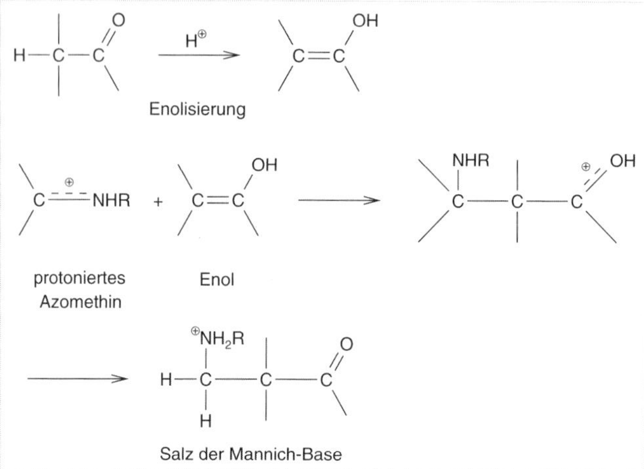

Mannich-Reaktion

Die C-H-acide Verbindung erfährt also eine *Aminomethylierung*. Die Mannich-Reaktion wird eingesetzt z. B. in der Synthese von ↑ Tryptophan (Gramin-Synthese) oder von ↑ Atropin (Tropinon-Synthese).

Zur präparativen Verwendung von F. s. auch die Prins-Reaktion (s. unter ↑ Isopren).

Der Großverbrauch an F. geht vor allem auf die Herstellung der ↑ Aminoplaste, ↑ Phenoplaste und von ↑ Polyoximethylen zurück. Darüber hinaus ist er Synthesebaustein (↑ Pentaerythrit, Aminomethylierung) und Hilfsmittel in der Papier-, Textil-, Leder- und Pelzindustrie. In der Fotografie dient er zur Härtung von Gelatineschichten.

F. wurde sehr verbreitet in Desinfektionsmitteln verwendet (z. B. im Haushalt), bis sich die von ihm ausgehenden Gesundheitsgefährdungen herausstellten (s. unten).

► F. ist giftig und äußerst stark schleimhautreizend. Er steht im Verdacht der krebserregenden Wirkung.

CH_2O $M_R = 30{,}03$ C 40,00 % H 6,71 % O 53,28 %

t_{Smp}	t_{Sdp}	d	η		
−92 °C	−19 °C				
C_p	$\Delta_S H$	$\Delta_V H$	$\Delta_B H$	S^o	Q_C
35,4 J/(K · mol)			−115 kJ/mol	219 J/(K · mol)	−570,8 kJ/mol
MAK	R-Satz	S-Satz			
0,6 mg/m³	23/24/25-34-40-43	26-36/37/39-45-51			

Francium

Francium Fr

In der Gruppe der Alkalimetalle auf das ↑ Caesium folgendes chemisches Element, dessen sämtliche Isotope radioaktiv sind und von denen das Isotop 223 mit einer Halbwertzeit von 22 Min. das langlebigste ist.

Es ist ein β-Strahler und tritt in Uran-Mineralien als α- Zerfallsprodukt von ↑ Actinium auf. Seine Elektronenkonfiguration lautet: $1s^2\ 2s^2\ 2p^6\ 3s^2\ 3p^6\ 3d^{10}\ 4s^2\ 4p^6\ 4d^{10}\ 4f^{14}\ 5s^2\ 5p^6\ 5d^{10}\ 6s^2\ 6p^6\ 7s^1$, Grundterm $^2S_{1/2}$.

Fr wurde 1939 in einer Actiniumprobe entdeckt. Was von seinen chemischen Eigenschaften bekannt ist, steht in Einklang mit seinem Charakter als schwerstes Alkalimetall und weist es als das am stärksten elektropositive Element aus (EN 0,70 n. Pauling).

Fr Z = 87 A_R = 223,0197 Isotope: 204-213, 21-222, 224

t_{Smp}	t_{Sdp}	d	MV	α	λ
27 °C	677 °C	2,41 g/cm³	92,5 cm³/mol		

Fructose

Fructose Laevulose, Fruchtzucker

Bildet geruchlose weiße, sehr süß schmeckende Kristalle, die sich in Wasser bei 20 °C zu 79 % lösen. Hochkonzentrierte wässerige Lösungen sind farblose sirupartige Flüssigkeiten. In 100 ml Ethanol lösen sich ca. 10 g F. bei 20 °C.

F. kommt in freier Form neben der ↑ D(+)-Glucose in vielen süßen Früchten vor, besonders hoch ist ihr Anteil im Honig. Ferner ist die F. Bestandteil des Disaccharids ↑ Saccharose (Rohrzucker). Das ↑ Inulin, ein im Saft vieler Pflanzen (Löwenzahn, Kletten, Dahlien) vorkommendes Polysaccharid, ist nur aus F. aufgebaut, also ein Polyfructosid, und wird zur Gewinnung von F. verwendet. F. wird ferner aus Rohrzucker durch säurekatalysierte Spaltung (Invertzucker) freigesetzt und durch Fällung mit Calcium-Ionen von der mitgebildeten Glucose abgetrennt. F. ist aus wässeriger Lösung nur sehr schwierig zur Kristallisation zu bringen. Am besten gelingt dies aus ↑ Ethanol oder ↑ Methanol.

F. ist eines der wichtigsten und häufigsten Monosaccharide. Es ist der wichtigste Ketozucker, und zwar eine Ketohexose. Im kristallinen Zustand liegt sie in der Pyranoseform vor, in wässeriger Lösung stellt sich ein Gleichgewicht zwischen Pyranose- und Furanoseform ein(s. Schema).

Eine wässerige Lösung von F. enthält bei 20 °C ca. 20 % Furanose-Form (s. auch unter ↑ D(+)-Glucose).

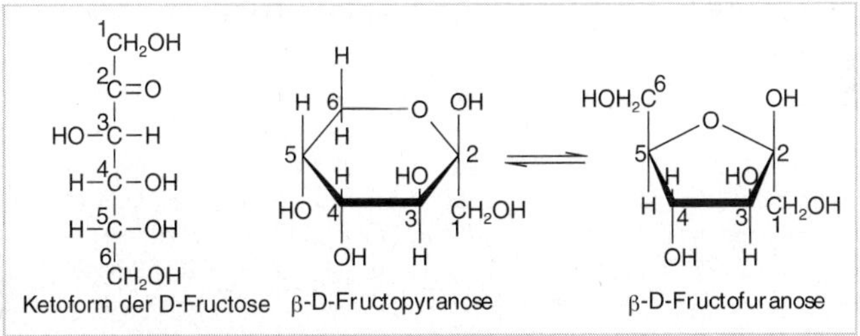

Strukturen der Fructose

Bei der Bildung der Pyranose erfolgt Ringschluß (Halbacetal-Bildung) zwischen der Carbonylgruppe an C2 und der OH-Gruppe an C6, bei der Bildung der Furanose mit der OH-Gruppe an C5. In Substanz wurde bisher nur die β-D-Fructopyranose enthalten. Die Fructofuranosen sind in Substanz nicht isolierbar. Die F. zeigt Mutarotation, die jedoch nicht wie im Falle z. B. der Glucose auf Gleichgewichtseinstellung zwischen α- und β-Anomerem beruht sondern auf derjenigen zwischen Pyranose- und Furanoseform und die im alkalischen Medium augenblicklich erfolgt. Die Fructofuranosen werden erst stabil und isolierbar als Glycoside, d. h. hier als Fructofuranoside, nachdem also die halbacetalischen Furanosen durch Veretherung der OH-Gruppe am anomeren C-Atom 2 in die Vollacetale überführt wurden. So liegt die F. auch in dem bekannten Rohrzucker, also dem üblichen Haushaltszucker, als Furanosid vor, das mit der D-Glucose glycosidisch zum Disaccharid verknüpft ist.

Die F. ist stark reduzierend und reduziert Fehling-Lösung sowie ammoniakalische Silbernitratlösung. F. schmeckt wesentlich süßer als Glucose und auch als Rohrzucker, sie ist der süßeste Zucker überhaupt. Die Süßkraft ist jedoch abhängig von der Temperatur und der Konzentration (höhere Temperatur – weniger Süßkraft).

$C_6H_{12}O_6$ $M_R = 180{,}16$ C 40,00 % H 6,71 % O 53,28 %

$t_{Zersetzung}$	t_{Sdp}	d	η
106 °C (Z)		1,60 g/cm³	

C_p	$\Delta_S H$	$\Delta_V H$	$\Delta_B H$	S^o	Q_C
201 J/(K · mol)			−1265 kJ/mol		−2810 kJ/mol

Fuchsin

Magenta Magenta

Bildet grüne Kristalle von metallischem Glanz, die sich in Wasser und Ethanol mit intensiv roter Farbe lösen. In Diethyleter ist F. unlöslich.

F. wird erhalten wenn man äquimolare Mengen ↑ Anilin, o-Toluidin und p-Toluidin in Gegenwart von ↑ Nitrobenzol und ↑ Salzsäure umsetzt (s. Schema). Nitrobenzol wirkt dabei als Oxidationsmittel.

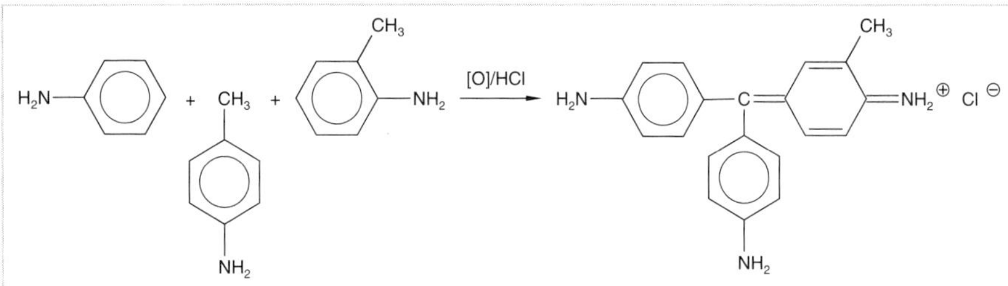

Bildung von Fuchsin

F. ist also ein Triphenylmethanfarbstoff, in dem alle drei Benzolringe das chinoide System ausbilden können, worauf die intensive Farbe beruht. Fügt man zur roten wässerigen Lösung ↑ Natriumsulfit und ↑ Salzsäure hinzu, so tritt Entfärbung ein, weil das freigesetzte ↑ Schwefeldioxid zu einer farblosen Verbindung reduziert. Diese „*Fuchsinschwefelige Säure*“ erzeugt mit Aldehyden eine rotviolette Färbung (Konstitution dieses Farbstoffes ist nicht gesichert) und dient deshalb als „*Schiffs Reagenz*“ zum Nachweis von Aldehyden (z. B. ↑ Formaldehyd).

$C_{20}H_{20}ClN_3$ $M_R = 337{,}85$ C 71,10 % H 5,97 % Cl 10,49 % N 12,44 %

Fulleren

Fullerene Buckminsterfulleren, C 60

Bildet bräunlich-gelbe, graphitartig-weiche Kristalle, die in Wasser unlöslich sind, aber in org. Solventien wie ↑ Benzol, ↑ Toluol, ↑ Tetrachlorkohlenstoff oder ↑ Schwefelkohlenstoff eine gewisse Löslichkeit besitzen (in Benzol z. B. 0,5 g/100 ml).

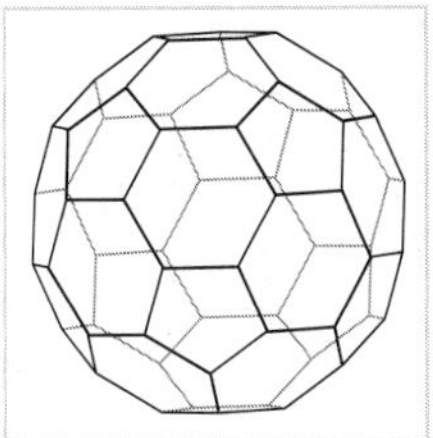

Struktur von Fulleren

Beim F. handelt es sich um den wichtigsten Vertreter einer Klasse von Substanzen, die zusammen eine erst 1985 entdeckte neue Modifikation von ↑Kohlenstoff darstellen (neben Diamant und Graphit). Seit 1990 kennt man ein Verfahren zu ihrer Gewinnung in makroskopischen Mengen: Graphitelektroden werden durch Widerstandsheizung in Edelgas-Atmosphäre verdampft. Der an den Wandungen sich niederschlagende Ruß enthält zu ca. 14 % Fullerene (vor allem C 60), die vom Ruß extraktiv getrennt werden. Die Trennung der verschiedenen Fullerene kann dann chromatographisch erfolgen.

F. bildet diskrete Moleküle, die aus 60 C-Atomen bestehen und die angenäherte Hohlkugelgestalt haben (*Cluster-Verbindung*). Dabei schließen sich die C-Atome zu insgesamt 12 Fünfecken und 20 Sechsecken zusammen, die ihrerseits so zur „Kugelgestalt“ verknüpft sind, daß jedes Fünfeck von fünf Sechsecken umgeben ist (isolierte Fünfecke). Insgesamt ist es ein *Pentagondodekaeder* mit abgeflachten Ecken, so daß die Struktur einem Fußball ähnelt (s. Abbildung). Alle C-Atome sind gleichwertig und alle „sp^2-hybridisiert“. Im Grunde ähnelt die elektronische Bindungssituation der des Graphits, mit dem wesentlichen Unterschied, daß die „Aromatizität“ sich dreidimensional entfalten muß, was z. B. Abstriche in der Delokalisation der π-Elektronen bedeutet. Eine mesomere Grenzstruktur des F. erhält man, wenn man alle Fünfecke miteinander über alle ihre Ecken durch Doppelbindungen verbindet.

Im Kristall bilden die einzelnen C60- „Kugeln“ eine kubisch-dichteste Kugelpackung. Dabei führen sie bei Raumtemperatur schnelle Rotationen um die eigene Achse aus (ca. 30000/sec.). Der Durchmesser einer C60-Kugel beträgt 7,02 Angström, der Abstand zweier Kugelzentren in der Kugelpackung beläuft sich auf 10,02 Angström.

Setzt man C60 zwei Wochen einer Atmosphäre von reinem ↑Fluor aus, so erhält man schließlich unter Absättigung aller Doppelbindungen die farblose kristalline Verbindung $C_{60}F_{60}$, in der jedes C-Atom mit einem F-Atom verbunden ist. Die Clusterstruktur bleibt erhalten. Die F-Atome ragen aus der Kugeloberfläche heraus.

Interessant sind auch die Alkalimetall-Verbindungen des F.. Die Metallkationen M = Li, Na, K, Rb, Cs besetzen in ihnen die Oktaeder- und Tetraederlücken der C60-Kugelpackung bis zur Zusammensetzung M_3C_{60}. Diese Verbindungen haben metallischen Charakter (elektrische Leitfähigkeit), d. h. der metallische Charakter manifestiert sich innerhalb eines diskreten Moleküls. Ihre Besonderheit ist der supraleitende Zustand, den sie schon bei relativ hohen Temperaturen (K_3C_{60} z. B. bei 19,3 K) annehmen.

Es sind mittlerweile zahlreiche weitere Fullerene bekannt, z. B. C70, C76, C78, C84, die aber weniger stabil sind.

Der Name F. wurde von seinen Entdeckern dem Ingenieur Buckminster Fuller zu Ehren verliehen, der Domkuppeln mit der C60-Struktur erbaut hat. Die Entdeckung von F. wurde 1996 mit dem Nobelpreis ausgezeichnet.

Es läßt sich noch nicht sicher sagen, welche Anwendungen F. in den verschiedensten Bereichen von Forschung und Technik haben wird.

C_{60} $M_R = 720{,}66$ C 100 %

Fumarsäure

Fumaric acid trans-Butendisäure

Kristallisiert aus Wasser in Form weißer Nadeln oder Blättchen, löst sich in Wasser bei 20 °C nur zu ca. 0,6 g/100 ml, bei 100 °C zu 9,8 g/100 ml. Ist auch in den meisten org. Solventien wie Ethanol, Aceton, Chloroform, Diethylether nur wenig löslich. F. sublimiert bei 200 °C. Ab 230 °C tritt teilweise Zersetzung und Bildung von ↑Maleinsäureanhydrid ein.

F. kommt in der Natur in freier Form sehr verbreitet in vielen Früchten und Pflanzen vor. Sie wird synthetisch hergestellt aus ↑ Maleinsäure, indem diese längere Zeit in ca. 30 %iger Lösung mit ↑ Salzsäure gekocht wird oder nur kurz in Gegenwart von 1-2 % Thioharnstoff erhitzt wird. Wegen ihrer Schwerlöslichkeit fällt dabei die F. quantitativ aus (s. Schema).

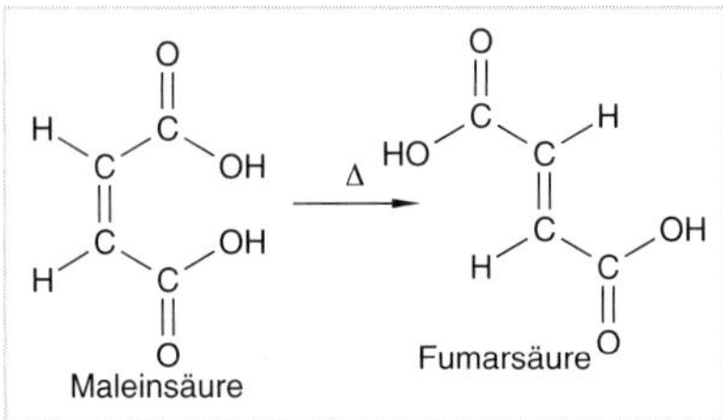

Isomerisierung der Maleinsäure zur Fumarsäure

Die F. ist also das trans-Isomere der ↑ Maleinsäure und ist eine schwächere Säure als diese. (pK1 ca. 3, pK2 ca. 5). Sie bildet mit Alkalien leicht lösliche Salze (*Fumarate*) und fällt beim Ansäuern wieder aus (Reinigungsmethode). Durch säurekatalysierte Wasseranlagerung geht sie in ↑ Äpfelsäure über, worin eine wichtige Verwendung der F. liegt. Der Hauptanteil der F. wird in der Herstellung von Polyestern verbraucht.

Wegen ihrer Ungiftigkeit (F. wird im Organismus rasch vollständig abgebaut. Sie ist selbst Zwischenprodukt im Stoffwechsel, s. Citronensäurecyclus unter ↑ Citronensäure) wird sie auch in der Lebensmittelherstellung verwendet, wo sie mit der Nummer *E 297* als Säuerungsmittel zugelassen ist.

$C_4H_4O_4$ $M_R = 116{,}07$ C 41,39 % H 3,47 % O 55,14 %

$t_{Sublimation}$ > 200 °C (S)	t_{Sdp}	d 1,63 g/cm³	η		
C_p 141,8 J/(K · mol)	$\Delta_S H$	$\Delta_{Sub}H$ 124 kJ/mol (S)	$\Delta_B H$ −811 kJ/mol	S^o 166 J/(K · mol)	Q_C −1334 kJ/mol
MAK	R-Satz 36	S-Satz 26			

Furan

Furan

F. ist eine farblose, leichtflüchtige Flüssigkeit mit chloroformähnlichem Geruch, die in Wasser unlöslich ist, sich jedoch gut löst z. B. in Ethanol, Diethylether und den meisten anderen org. Solventien. Mit Mineralsäuren erfolgt rasche Zersetzung und Harzbildung.

F. findet sich im Vorlauf des Holzteers (Fichten, Buchen). Technisch wird F. durch Decarbonylierung von ↑ Furfural erhalten (s. Gleichung).

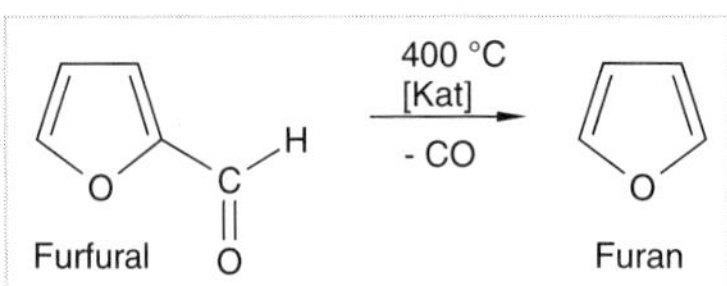

Technische Gewinnung von Furan

Furanderivate erhält man allgemein durch Wasserabspaltung aus 1.4-Diketonen (*Paal-Knorr-Synthese*), z. B. das *2,5-Dimethylfuran* aus ↑ Acetonylaceton (s. Schema).

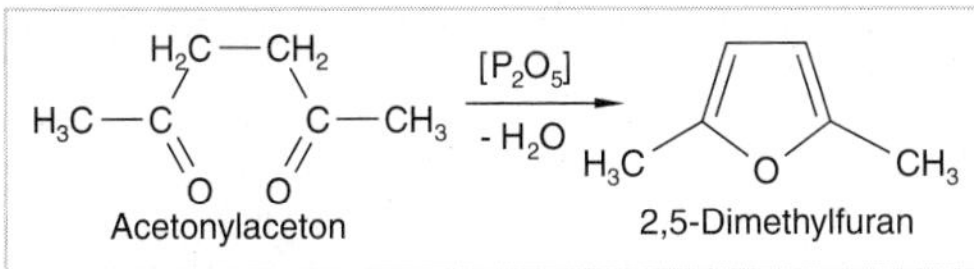

Paal-Knorr-Synthese von 2,5-Dimethylfuran

Man zählt F. zu den „*Heteroaromaten*", weil die beiden konjugierten Doppelbindungen zusammen mit einem freien Elektronenpaar am O-Atom ein cyclisch-konjugiertes π-Elektronensextett, eben ein aromatisches System aufbauen, was sich mit den gezeigten mesomeren Grenzformeln symbolisieren läßt (s. Schema).

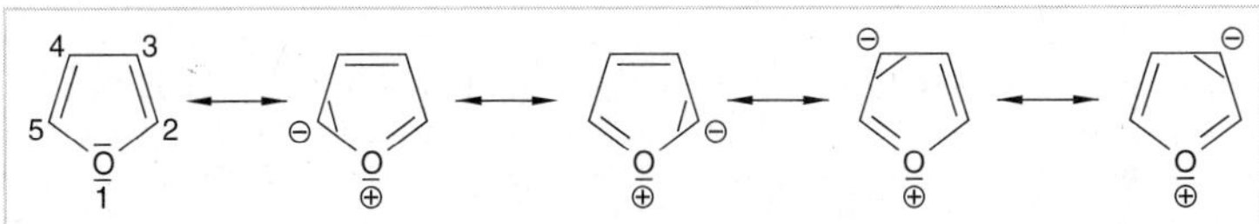

Mesomerie im Furan-Molekül

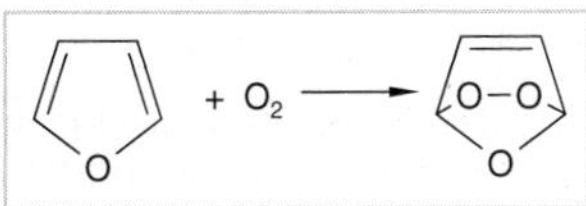

Bildung der Furanperoxide

Daß Elektronen des O-Atoms derartig in das Ringsystem mit einbezogen werden, wird auch durch das Dipolmonoment des F. nahegelegt, das mit 0,71 D wesentlich kleiner ist als das von ↑ Tetrahydrofuran mit 1,68 D. Trotzdem bildet das O-Atom das negative Ende des Dipols. Da das O-Atom elektronegativer als das N-Atom ist (Elektronen also weniger leicht in den Ring einspeist), ist F. weniger „aromatisch" als ↑ Pyrrol. F. wird besser als mesomeriestabilisierter Dienether betrachtet. Elektrophile Substitutionen treten fast ausschließlich in den Positionen 2 und 5 ein. F. reagiert bereitwillig als Dien in Diels-Alder-Reaktionen, z. B. mit ↑ Maleinsäureanhydrid. F. bildet an der Luft leicht Peroxide (s. Gleichung), die zerfallen und zur allmählichen Verharzung führen.

F. wird praktisch nicht direkt verwendet und dient lediglich als Edukt in speziellen Synthesen. Vgl. auch ↑ Tetrahydrofuran. Zahlreiche F.-Derivate stellen Aroma- und Riechstoffe dar. So ist das 4-Hydroxy-2,5-dimethyl-3(2H)furanon (Handelsbezeichnung *Furaneol*) der Hauptbestandteil des Erdbeer- und Ananas-Aromas (Gehalt bis ca. 30 ppm) und wird in der Lebensmittelindustrie als Geschmacksverstärker verwendet.

C_4H_4O $M_R = 68{,}07$ C 70,57 %   H 5,92 %   O 23,50 %

t_{Smp}	t_{Sdp}	d	η		
−86 °C	31 °C	0,94 g/cm³			
C_p	$\Delta_S H$	$\Delta_V H$	$\Delta_B H$	S^o	Q_C
114,6 J/(K · mol)		27,1 kJ/mol	−62 kJ/mol	177 J/(K · mol)	−2083 kJ/mol
t_{krit}	P_{krit}	d_{krit}	t_{trip}		
217 °C					

MAK	R-Satz	S-Satz
	11	9-16-33

Furan-2-carbonsäure

2-Furoic acid Brenzschleimsäure

Bildet farblose Kristalle, die sich in 100 ml Wasser bei 20 °C zu ca. 4 g, bei 100 °C zu 25 g lösen und in Ethanol und Diethylether leicht löslich sind.

F. wird am einfachsten hergestellt durch Cannizaro-Reaktion von ↑ Furfural (s. Schema). Die F. entsteht auch bei der trockenen Destillation von ↑ Schleimsäure (Name!).

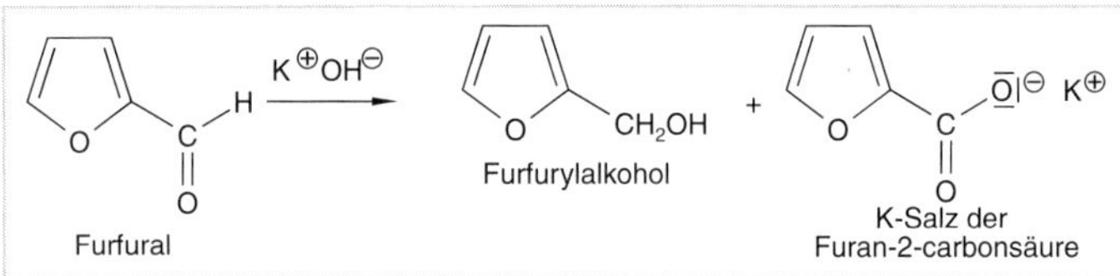

Herstellung von Furan-2-carbonsäure

Die Carboxylgruppe stabilisiert den Furanring außerordentlich, so daß F. am Ring nitriert und sulfoniert werden kann und die Carboxylgruppe sich verestern und sogar ins Säurechlorid überführen läßt.

Die F. besitzt bakterizide Eigenschaften und wird wie die ↑ Benzoesäure zur Konservierung verwendet. Sie dient auch in der Lackherstellung als Glanzmittel. Die Ester der F. besitzen angenehm fruchtartigen Geruch und finden deshalb in der Parfümerie Verwendung.

$C_5H_4O_3$ $M_R = 112{,}08$ C 53,58 % H 3,60 % O 42,82 %

t_{Smp}	t_{Sdp}	d	η
133 °C	232 °C		

C_p	$\Delta_S H$	$\Delta_{Sub} H$	$\Delta_B H$	S^o	Q_C
		108,4 kJ/mol (S)			

MAK	R-Satz	S-Satz
	34	28

Furfural

Furfural

Eine farblose, ölige Flüssigkeit mit aldehydischem Geruch, die sich zu ca. 10 % in Wasser von 20 °C löst, und die sich mit den meisten org. Solventien, außer aliphatischen Kohlenwasserstoffen, mischen läßt. Bei der Lagerung unter Luftzutritt tritt Dunkelfärbung und Verharzung ein.

F. ist das wichtigste Furanderivat und wird technisch billig aus den in landwirtschaftlichen Abfallprodukten enthaltenen Pentosen durch Behandlung mit verdünnten Mineralsäuren erhalten (s. Schema).

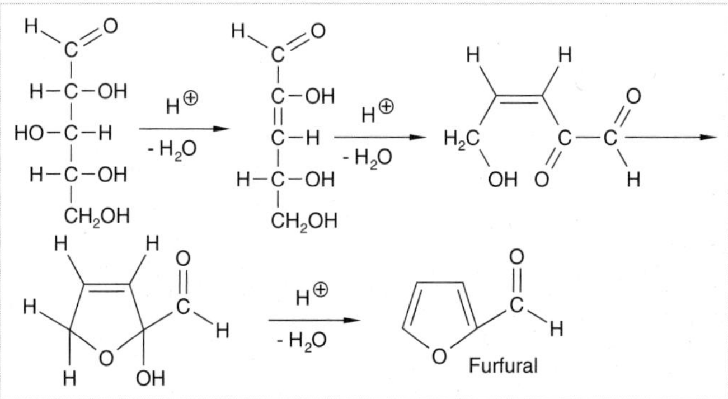

Technische Gewinnung von Furfural

F. geht die üblichen Reaktionen der Aldehyde ein und gleicht insbesondere im Reaktionsverhalten dem ↑Benzaldehyd. Die Cannizaro-Reaktion (s. unter ↑Formaldeyd) führt zum ↑Furfurylalkohol und zur ↑Furan-2-carbonsäure. F. wird technisch zu Phenol-Aldehyd-Harzen verarbeitet. Es dient als Ausgangsprodukt in verschiedenen Synthesen, insbesondere für andere Furan-Derviate und wird als selektives Lösungsmittel bei der Erdölaufbereitung verwendet.

► F. ist schleimhautreizend.

$C_5H_4O_2$ $M_R = 96{,}08$ C 62,50 % H 4,20 % O 33,30 %

t_{Smp}	t_{Sdp}	d	η		
−36 °C	162 °C	1,16 g/cm³	1,50 mPa · s		
C_p	$\Delta_S H$	$\Delta_V H$	$\Delta_B H$	S^o	Q_C
160 J/(K · mol)	14,4 kJ/mol	50,6 kJ/mol	−200 kJ/mol	218 J/(K · mol)	−2339 kJ/mol
MAK	R-Satz	S-Satz			
20 mg/m³	21-23/25-36/37-40	26-36/37/39-45			

Furfurylalkohol

Furfuryl alcohol

Bildet in reinem Zustand eine farblose, fast geruchlose Flüssigkeit, die sich beliebig mit Wasser und vielen anderen org. Solventien mischen läßt.

Bei Luftzutritt erfolgt rasch Braunfärbung unter Bildung wasserunlöslicher Kondensationsprodukte (1 % Harnstoff wirkt stabilisierend). Mit Säuren tritt heftig verlaufende totale Verharzung ein.

F. wird aus ↑Furfural entweder durch Cannizaro-Reaktion oder durch katalytische Hydrierung hergestellt (s. Gleichung).

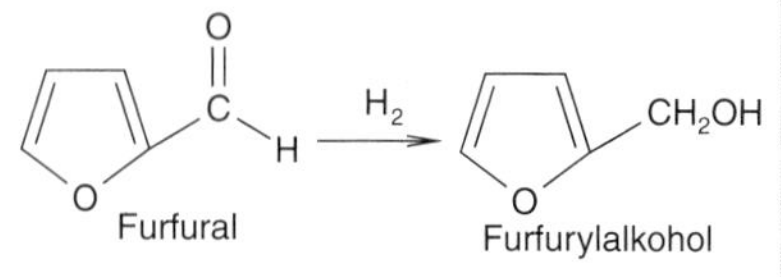

Technische Gewinnung von Furfurylalkohol

F. wird allein oder in Kombination mit anderen Harzbildnern zu technisch verwendeten, sich durch Härte und Zähigkeit auszeichnenden Polymerprodukten verarbeitet und dient ferner als technisches Lösungsmittel. F. läßt sich katalytisch zu dem ebenfalls als Lösungsmittel verwendeten *Tetrahydrofurfurylalkohol* hydrieren, der eine farblose, wasserlösliche, stabile, angenehm riechende Flüssigkeit vom Sdp. 178 °C darstellt.

$C_5H_6O_2$ $M_R = 98{,}10$ C 61,22 % H 6,16 % O 32,62 %

t_{Smp}	t_{Sdp}	d	η
−31 °C	170 °C	1,13 g/cm³	

C_p	$\Delta_S H$	$\Delta_V H$	$\Delta_B H$	S^o	Q_C
204 J/(K · mol)	13,1 kJ/mol	64,4 kJ/mol	−276 kJ/mol	216 J/(K · mol)	−2548 kJ/mol

MAK	R-Satz	S-Satz
40 mg/m³	20/21/22	2

Fusidinsäure

Fusidic acid

Bildet farblose Kristalle, die sich gut in Ethanol, Aceton und Chloroform lösen, aber praktisch unlöslich sind in Wasser oder Diethylether.

F. wurde 1962 erstmals aus dem Kulturmedium des Bakteriums Fusidium coccineum isoliert. Sie besitzt als Grundgerüst ein tetracyclisches Triterpensystem (s. Abbildung, s. unter ↑ Isopren).

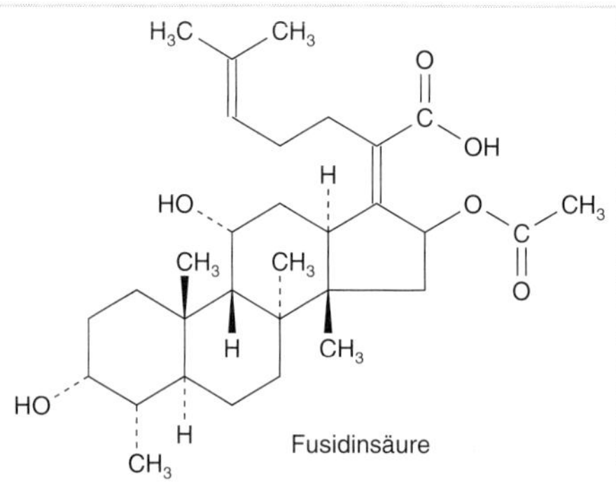

Struktur der Fusidinsäure

Die Totalsynthese der F. gelang 1982. Die F. wirkt bakteriostatisch auf grampositive Erreger (s. unter ↑Penicillin) und wird therapeutisch in antibiotischen Kombinationspräparaten vor allem gegen Staphylococcen eingesetzt (z. B. bei Blutvergiftungen und Hautinfektionen). Dabei hemmt die F. die bakterielle Proteinsynthese. Das Na-Salz der F., *Natriumfusidat*, zeigt gute Wasserlöslichkeit.

$C_{31}H_{48}O_6$ $M_R = 516{,}72$ C 72,06 % H 9,36 % O 18,58 %

t_{Smp}	t_{Sdp}	d	η
192 °C			

Gadolinium

Gadolinium Gd

Das metallische Element Gd zeigt in reiner Form eine silberglänzende Oberfläche, die an der Luft jedoch rasch matt anläuft.

Als Lanthanoiden-Element findet sich Gd in oxidischer Form in den Seltenerd-Mineralien, aus denen es durch aufwendige Verfahren abgetrennt wird. Die Herstellung des Metalls erfolgt durch Reduktion von wasserfreiem *Gadoliniumfluorid* mit ↑Calcium. Der Anteil von G. am Aufbau der Erdkruste wird auf ca. 5 ppm geschätzt, womit es noch häufiger als z. B. ↑Iod oder ↑Silber ist. Es bildet bei normaler Temperatur eine hexagonal dichteste Kugelpackung.

Die Elektronenkonfiguration lautet $1s^2\ 2s^2\ 2p^6\ 3s^2\ 3p^6\ 3d^{10}\ 4s^2\ 4p^6\ 4d^{10}\ 4f^7\ 5s^2\ 5p^6\ 5d^1\ 6s^2$, Grundterm $^9D_2$. Gd ist wie alle Lanthanoidenelemente ein stark elektropositives Metall (Wasserstoff-Entwicklung mit Wasser, Ähnlichkeit mit Alkali- und Erdalkalielementen), wie das (berechnete) Normalpotential ausweist (s. Gleichung).

$$\mathrm{Gd} \longrightarrow \mathrm{Gd}^{3+} + 3\,e^- \qquad E_0 = -2{,}4\ \mathrm{V}$$

Normalpotential für die Gd-Oxidation

Von Gd ist nur die Oxidationsstufe +3 bekannt und seine Salze bilden darin farblose wässerige Lösungen.

Gd besitzt einige interessante Eigenschaften. So zeigt es von allen Elementen den größten Einfangquerschnitt für thermische Neutronen und es ist ferromagnetisch. Ferner zeigt es Supraleitfähigkeit. Gd wird in der Kerntechnik als Bestandteil von Kontrollstäben verwendet und dient als Legierungskomponente (in Anteilen unter 1 %) von Hochtemperaturstählen.

Gd wurde 1880 von Marignac entdeckt und von ihm nach Gadolin, dem Pionier der Lanthanoid-Forschung, benannt.

Gd $Z = 64$ $A_R = 157{,}25$ Isotope: 152, 154-158, 160;
137, 139, 142-151, 153, 159, 161, 162 (künstlich)

t_{Smp}	t_{Sdp}	d	MV	α	λ
1312 °C	3262 °C	7,90 g/cm³	19,90 cm³/mol	9,4 10^{-6}/K	10,6 W/mK

C_p	$\Delta_S H$	$\Delta_V H$	S^o	ϱ
37,20 J/(K · mol)	10,05 kJ/mol	359,4 kJ/mol	67,9 J/(K · mol)	1260 nΩ · m

Galactose

Galactose

Bildet weiße Kristalle, die sich sehr gut in Wasser, jedoch nur wenig in Ethanol lösen.

G. ist ein Monosaccharid, und zwar eine Aldohexose und damit ein Stereoisomeres der ↑D(+)-Glucose. Sie bildet nur die Pyranoseform aus und kann sowohl als α- als auch als β-Isomeres isoliert werden (s. Abbildung).

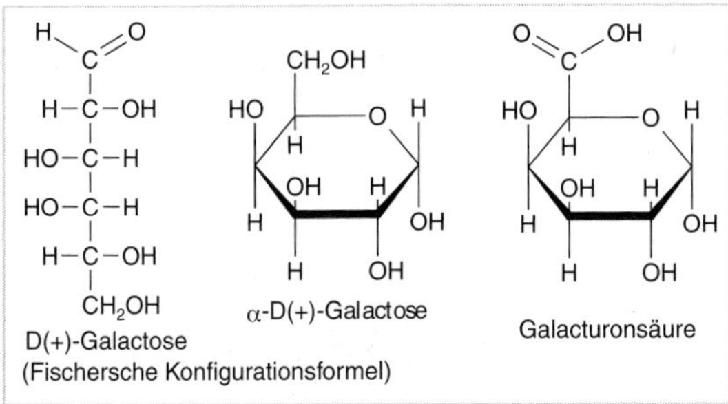

Formelabbildungen von D(+)-Galactose und Galacturonsäure

Die G. ist Bestandteil des Disaccharids ↑ Lactose (Milchzucker), und ist darin β-glycosidisch mit der Glucose verknüpft. (weiteres s. unter ↑ Lactose). Die G. wird aus der Lactose durch deren saure Hydrolyse erhalten.

Die G. ist in Form der *Galacturonsäure* auch am Aufbau der *Pektine* beteiligt. Die Galacturonsäure bildet farblose, gut wasserlösliche Kristalle vom Schmp. 159 °C (α-Form), und wird erhalten durch Hydrolyse von Pektinstoffen. *Pektinstoffe* kommen im Pflanzenreich sehr verbreitet in Stielen und Früchten vor, in denen sie am Aufbau der Zellwände beteiligt sind und verschiedene Aufgaben erfüllen, wie Membranstabilisierung und Regulierung der Ionen-Permeabilität. Der Hauptbestandteil dieser Pektinstoffe ist die *Polygalacturonsäure*, in der allerdings die Carboxylgruppen überwiegend entweder in neutralisierter Form als Salz oder als Methylester vorliegen. Die Glucuronsäureeinheiten sind darin α-(1 4)-glycosidisch verknüpft und es werden M_R zwischen 20 000 und 400 000 erreicht.

Eine besonders ergiebige Quelle für Pektin sind z. B. *Orangenschalen*, aus denen es in Form eines gelblich-weißen geruchlosen Pulvers isolierbar ist. Es ist zu etwa 5 g in 100 ml Wasser löslich, ist jedoch unlöslich in org. Solventien. Die wässerigen Lösungen sind schwach sauer und sehr viskos. Pektin wird in der Lebensmittelindustrie als Verdickungs- und Geliermittel verwendet und ist hierfür mit der Nummer *E 440* zugelassen.

Zur Oxidation der G. s. unter ↑ Schleimsäure. Die G. wird bei der alkoholischen Gärung ebenfalls abgebaut, jedoch langsamer als ↑ D(+)-Glucose und ↑ Fructose.

$C_6H_{12}O_6$ $M_R = 180{,}16$ C 40,00 % H 6,71 % O 53,28 %

t_{Smp}	t_{Sdp}	d	η		
167 °C					
C_p	$\Delta_S H$	$\Delta_V H$	$\Delta_B H$	S^o	Q_C
216 J/(K · mol)					−2804 kJ/mol

Galanthamin

Galanthamine

Bildet farblose Kristalle von guter Löslichkeit in Ethanol, Aceton oder Chloroform, mäßiger Löslichkeit in heißem Wasser und sehr geringer Lösbarkeit in kaltem Wasser oder Diethylether.

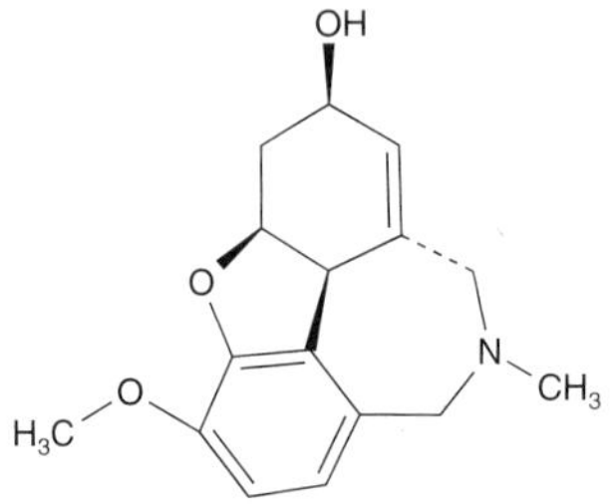
Galanthamin

Struktur von Galanthamin

G. ist ein tetracyclisches Alkaloid mit einem Benzazepin-Grundgerüst (s. Abbildung), das erstmals 1952 aus Schneeglöckchen und später auch aus verwandten Pflanzen isoliert werden konnte und für das in den sechziger und siebziger Jahren Synthesen ausgearbeitet wurden.

G. besitzt eine dem ↑ Morphin vergleichbare analgetische Wirkung. Es wirkt als *Cholinesterase-Hemmer* (s. ↑ Acetylcholin) und man hat es zur Bekämpfung verschiedener Nervenerkrankungen (u. a. Kinderlähmung) verwendet. G. und seine Derivate werden auf ihre Wirksamkeit zur Bekämpfung der Alzheimer-Krankheit geprüft.

$C_{17}H_{21}NO_3$	$M_R = 287{,}36$	C 71,06 %	H 7,37 %	N 4,87 %	O 16,70 %
t_{Smp} 126 °C	t_{Sdp}	d	η		

Gallium

Gallium Ga

Ein silberglänzendes, weiches, dehn- und streckbares metallisches chemisches Element, das an trockener Luft unverändert bleibt und an feuchter Luft bald grau anläuft. Von Wasser wird es wegen Bildung einer Oxidschutzschicht nicht weiter angegriffen. In Säuren und Laugen wird Ga unter Wasserstoff-Entwicklung aufgelöst, während in oxidierenden Säuren Passivierung erfolgt.

Ga ist ein seltenes Element. Es besitzt am Aufbau der Erdkruste nur einen Anteil von 0,0005 %. Ga findet sich in oxidischer Form als Begleiter in Al-, Zn- und Cu-Erzen und wird technisch meist als Nebenprodukt der Aluminium-Herstellung gewonnen. Die Abscheidung erfolgt elektrolytisch aus der Hydroxid-Lösung.

Ga folgt in der III. Hauptgruppe des PSE auf das ↑ Aluminium, seine Elektronenkonfiguration lautet also $1s^2$ $2s^2$ $2p^6$ $3s^2$ $3p^6$ $3d^{10}$ $4s^2$ $4p^1$, Grundterm $^2P_{1/2}$.

Vom Ga sind die Oxidationsstufen +1, +2 und +3 bekannt, wobei +3 die weitaus größte Bedeutung hat. Das Normalpotential für die Bildung des Ga(III)-Ions weist es als ein dem ↑ Zink ähnliches Metall aus (s. Gleichung), was den unedlen Charakter betrifft, wobei es aber auch sonst dem Zink und insbesondere dem Aluminium in seinem chemischen Verhalten (z. B. Säure-Base-Amphoterie) und dem Aufbau seiner Verbindungen sehr ähnelt. ↑ Zink ist der Perioden-Nachbar, ↑ Aluminium der Gruppennachbar.

$$Ga \longrightarrow Ga^{3+} + 3\,e^- \qquad E_0 = -\,0{,}56\ V$$

Normalpotential für die Ga(III)-Ionen-Bildung

Die hervorragende physikalische Eigenschaft des Ga, die auch seine technische Anwendung bedingt, ist sein Schmelzverhalten. Es besitzt einen ungewöhnlich großen Flüssigbereich (s. Datentabelle), weshalb sich Ga als Füllung von Quarz-Hochtemperaturthermometern (bis 1000 °C) eignet. Hinzu kommt, daß es leicht unterkühlte Schmelzen bildet und deshalb häufig auch bei Raumtemperatur flüssig bleibt.

Ga-Legierungen mit wenig Aluminium sind bei Raumtemperatur flüssig und reagieren mit Wasser ähnlich wie ↑ Natrium. Elementar wird Ga weiterhin als Sperrflüssigkeit, als Wärmetauscher sowie als *Hochtemperaturschmiermittel* verwendet. Ga dient ferner als Scintillationsflüssigkeit für Neutrinos. Ga bildet mit Elementen der 5. Hauptgruppe binäre Verbindungen, die als Halbleiter von großem technischem Interesse sind (s. ↑ Galliumarsenid), während andere Ga-Verbindungen kaum technische Bedeutung besitzen.

Das Element Ga wurde um 1870 von Mendelejew aufgrund seines Periodensystems vorausgesagt (Ekaaluminium) und 1875 erstmals von Boisbaudran elektrolytisch rein hergestellt.

► Ga gilt als nicht toxisches Element. Es ist für den Menschen nicht essentiell.

Ga Z = 31 A_R = 69,72 Isotope: 69, 71; 63-68, 70, 7-76 (künstlich)

t_{Smp}	t_{Sdp}	d	MV	α	λ
29,6 °C	2202 °C	5,91 g/cm³	11,81 cm³/mol	18,3 10^{-6}/K	33,5 W/mK

C_p	$\Delta_S H$	$\Delta_V H$	S^o	ϱ
26,2 J/(K · mol)	5,58 kJ/mol	258,7 kJ/mol	40,8 J/(K · mol)	136 nΩ · m

Galliumarsenid

Gallium arsenide

Bildet graue diamagnetische Kristalle der Härte 4,2, die gegen die Einwirkung von Luft und Wasser beständig sind. Durch Mineralsäuren erfolgt allmählich Auflösung, während oxidierende Säuren zur Passivierung führen.

G. läßt sich herstellen durch Erhitzen von *Galliumoxid* in einem mit Arsendampf beladenen Wasserstoffstrom (s. Gleichung). Eine weitere Möglichkeit liegt in der Reduktion von Arsen(III)chlorid durch metallisches ↑ Gallium. Die Kristallstruktur ist vom Zinkblende-Typ (s. ↑ Zinksulfid).

$$Ga_2O_3 + 2\,As + 3\,H_2 \longrightarrow 2\,GaAs + 3\,H_2O$$

Herstellung von Galliumarsenid

G. hat große Bedeutung als *Halbleitermaterial* für Solarzellen gewonnen ($A^{III}B^{V}$-Halbleiter, isoelektronisch mit ↑ Germanium). Nach theoretischen Überlegungen sollte ein Halbleiter mit einer Energielücke von 1,5 eV zwischen Valenz- und Leitungsband Solarzellen mit maximalem Wirkungsgrad ermöglichen. G. besitzt diese Energielücke. Es konnten damit *Solarzellen* hergestellt werden (die G.-Schicht ist nur wenige Mikrometer stark) von denen Wirkungsgrade von ca. 20 % angegeben werden. Wichtig ist auch die Verwendung von G. in *Laserdioden*, da G. Elektrizität in kohärentes Licht umzuwandeln vermag, sowie in lichtemittierenden Dioden (*LED*) für digitale Anzeigen in Taschenrechnern und anderen elektronischen Geräten.

► G. ist aufgrund des Arsen-Gehaltes giftig.

AsGa M_R = 144,64 As 51,80 %, Ga 48,20 %

t_{Smp}	t_{Sdp}	d	η
1240 °C		5,32 g/cm³	

C_p	$\Delta_S H$	$\Delta_V H$	$\Delta_B H$	S^o	Q_C
46,9 J/(K · mol)	87,6 kJ/mol		−74 kJ/mol	64,2 J/(K · mol)	

Gallussäure

Gallic acid 3,4,5-Trihydroxybenzoesäure

G. ist eine farb- und geruchlose Substanz, die aus Wasser in Form seidenartiger Nädelchen als Monohydrat auskristallisiert und bei ca. 100 °C zur wasserfreien Verbindung dehydratisiert. G. löst sich bei 20 °C zu ca. 1,2 g, bei 100 °C zu über 30 g in 100 ml Wasser und läßt sich mithin gut aus Wasser umkristallisieren. G. löst sich auch in Ethanol und Aceton, wenig in Diethylether und ist praktisch unlöslich in Chloroform und Petrolether.

Die G. kommt in freier oder gebundender From in teils beträchtlichen Mengen in vielen Pflanzen vor. Frei findet sie sich z. B. im Tee, in Eichenrinden oder in Granatwurzeln. In gebundener Form ist sie der dominierende Bestandteil der meisten *Gerbstoffe* (*Tannine*). Die technische Gewinnung erfolgt auch nahezu ausschließlich aus Tannin, wie es den Hauptbestandteil der *Galläpfel* ausmacht. Als Galläpfel bezeichnet man etwa kirschgroße Ausbuchtungen oder Wucherungen, die sich auf Blättern und Rinden von Bäumen, besonders Eichen, durch die Einwirkung von Stichen bestimmter Insekten (*Gallwespe*) ausbilden. Die Insekten legen in diese Galläpfel ihre Eier ab, die sich bildenden Larven leben in den Galläpfeln und ernähren sich von deren Substanz. Extrahiert man die Galläpfel mit Wasser, so erhält man mit einem Anteil von bis zu 50 Gew.-% eine amorphe, stark adstringierend wirkende Substanz, von der man schon früh ihre Fähigkeit zum Gerben von Häuten erkannt hat und die deshalb als *Gerbsäure*, bzw. nach dem frz. tanner = gerben als *Tannin* oder auch als *Tanninsäure* bezeichnet wird. Unter *Gerben* versteht man die Umwandlung der Tierhaut in *Leder*. Die zum Gerben gelangende Haut (die vorgetrocknete, von Haaren, von Ober- und Unterhaut befreite eigentliche „Lederhaut") besteht aus dem *Kollagen*, ein langfaseriges hochmolekulares Protein (s. unter ↑ Gelatine), das in Wasser einer starken Quellung und unbehandelt einer raschen Fäulnis unterliegt. Beim Gerben werden nun durch die Gerbstoffe (man verwendet heute viele rein synthetische Gerbstoffe) Vernetzungen zwischen Proteinketten und andere Derivatisierungen und Denaturierungsprozesse (die im einzelnen noch nicht genau geklärt sind) vollzogen, die im Endeffekt zur Folge haben, daß die Haut nicht mehr fault, nicht quillt und eine zähe, flexible Beschaffenheit annimmt, eben zu „Leder", einem wertvollen beständigen und vielseitigen Werkstoff wird.

In den Tanninen liegt die G. als Ester vor, wobei sie teils sowohl Säure- als auch Alkohol-Komponente darstellt, z. B. in dem „Dimeren" *Digallussäure* (s. Schema).

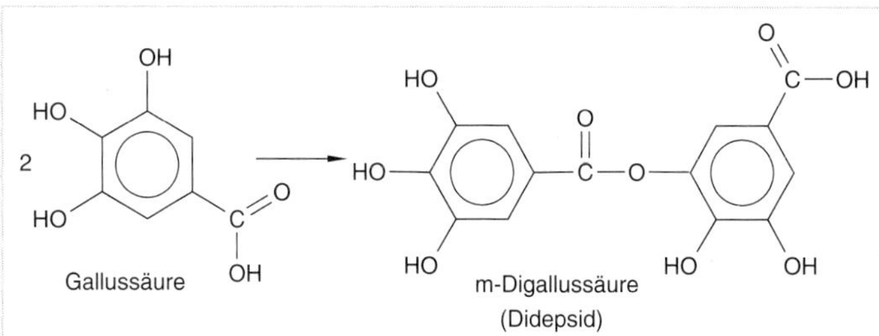

Bildung von Digallussäure

Diese Ester werden auch als „*Depside*" bezeichnet. Auf diese Weise können mehrere G.-Moleküle zu Tri-, Tetra- usw. -Depsiden verknüpft werden. Die G. oder die Depside sind auch mit den Hydroxylgruppen von Zuckern (z. B. der ↑ D(+)-Glucose) verestert, so ist z. B. die *Penta-di-galloxylglucose* bekannt.

Bei der hydrolytischen Spaltung der Tannine wird deshalb also G. und teils auch Glucose erhalten.

Die G. ist eine interessante Verbindung und zu zahlreichen Umsetzungen fähig. Im alkalischen Medium wird sie leicht oxidiert und reduziert z. B. Silbersalze zu metallischem Ag, worauf ihre Verwendung in fotografischen Entwicklern beruht. Durch verschiedene Oxidationsverfahren ist sie in eine Reihe interessanter Farbstoffe überführbar, von denen hier nur die *Rufigallussäure* und die *Ellagsäure* aufgeführt sind (s. Abbildung).

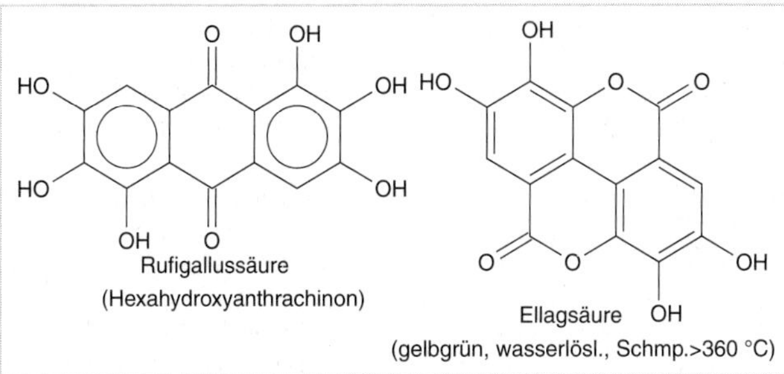

Von der Gallussäure abgeleitete Farbstoffe

Beim Erhitzen auf ca. 240 °C decarboxyliert G., wobei ↑ Pyrogallol und als Nebenprodukt Rufigallussäure entsteht. Die Ellagsäure beansprucht pharmakologisches Interesse, da sie die carcinogenen Metaboliten von ↑ Benzpyren und ähnlichen Substanzen bindet und damit unschädlich macht.

Mit Eisen(III)-Ionen ergibt G. einen schwarzen Niederschlag von *Eisengallat*. Diese Umsetzung macht man sich in den sog. *Eisengallustinten* zunutze. Eine wässerige Lösung von G. (oder auch von Tannin) und Eisen(II)salz ist praktisch farblos, und kann z. B. mit Indigo schwach blau angefärbt werden. Wird diese „Tinte" nun ausgeschrieben, so verwandelt sie sich an der Luft infolge Oxidation des Fe(II) zu Fe(III) und Bildung von Eisengallat bald in ein tiefes Blauschwarz, das völlig lichtecht ist.

Ester der G. werden als Antioxidantien und Konservierungsmittel verwendet.

► G. ist eine ungiftige Substanz, die auf der Haut lediglich eine milde lokale Reizwirkung zeigen kann.

$C_7H_6O_5$ $M_R = 170{,}12$ C 49,42 % H 3,55 % O 47,02 %

$t_{Zersetzung}$ 253 °C (Z)	t_{Sdp}	d	η		
C_p	$\Delta_S H$	$\Delta_{Sub} H$ 75,1 kJ/mol (S)	$\Delta_B H$ −1013 kJ/mol	S^o	Q_C −2600 kJ/mol
MAK	R-Satz	S-Satz 22-24/25			

Gelatine

Gelatin

G. ist ein farbloses oder schwach gelbliches geruch- und geschmackloses Material, daß in Form von Blättern, Flocken oder Pulver in den Handel kommt. Die G. nimmt unter starker Quellung das 5-10-fache des Eigengewichtes an Wasser auf, geht beim Erwärmen in Lösung und erstarrt beim Abkühlen zu einem festen Gel.

Die G. kommt als solche nicht in der Natur vor. Sie wird aber aus einem Naturprodukt gewonnen, und zwar aus dem *Kollagen*. Kollagen ist ein hochmolekulares Protein, das zu den Skleroproteinen zählt, d. h. es ist im Gegensatz zu den Sphäroproteinen (s. unter ↑ Albumin) aus faserbildenden langgestreckten Kettenmolekülen aufgebaut. Die Kettenmoleküle sind schraubenförmig in sich zu einer Helix verdreht, wobei drei derartige Helices wiederum zusammengelagert und seilförmig miteinander verdreht sind. In dieser Dreierhelix erfolgt der Zusammenhalt durch Wasserstoffbrücken-Bindungen. Dieses Kollagen ist der Hauptbestandteil tierischer *Stützgewebe* und kommt mithin in den Sehnen, in Knorpeln, in der Lederhaut vor und bildet den organischen Bestandteil der Knochen.

Aus Knochen läßt sich das Kollagen am einfachsten isolieren und auf G. verarbeiten, worauf auch die technische G.-Gewinnung beruht. Das gereinigte Knochenmaterial wird durch längere Behandlung mit Mineralsäure von den anorganischen Komponenten befreit, und das Kollagen nach mehreren Reinigungsschritten durch Kochen mit Wasser partiell hydrolysiert. Man erhält schließlich eine Lösung von „*Knochenleim*", aus dem nach weiterer Reinigung die G. erhalten wird. Knochenleim und G. unterscheiden sich nur im Reinheitsgrad.

Bei der G.-Herstellung wird also das wasserunlösliche Kollagen in eine wasserlösliche Form überführt, was auf Spaltungen von Peptidbindungen und einer Reihe weiterer Veränderungen beruht. Je nach Rohmaterial und Herstellprozeß werden recht unterschiedliche G.-Qualitäten, angepaßt an die jeweiligen Verwendungszwecke erhalten. Besonders hohe Anforderungen werden an *Speisegelatine* gestellt.

G. ist eines der wenigen Proteine, die nicht hitzeempfindlich sind und beim Erwärmen nicht wasserunlöslich werden.

G. zeigt besonders hohe Anteile an ↑ Glycin (25 %), ↑ Prolin (18 %), ↑ Hydroxyprolin (14 %). ↑ Glutaminsäure (11 %) und ↑ Arginin (8 %).

Die Anwendungen der G. sind sehr vielfältig und es können nur einige stichwortartig aufgeführt werden: in der Lebensmittelzubereitung als Binde-, Emulgier- und Verdickungsmittel (Gelees, Sülze, Soßen, Puddings, Eis, Bonbons, Götterspeise usw.), in Medizin und Pharmazie (G.-Kapseln), *Glyceringelatine*, in der Kosmetik (Salben, Pasten, Cremes), in der Fotografie (Bindemittel der Fotoschichten), in der Mikrobiologie als Nährbodenmedium, in Batterieelektrolyten usw.

Gentamycin

Gentamicin

Bildet ein weißes amorphes Pulver, das sich sehr gut in Wasser, wenig in Ethanol und Aceton und praktisch nicht in Chloroform löst. In saurem Medium geht es unter Salzbildung in Lösung.

G. ist ein Komplex dreier strukturell sehr ähnlicher antibiotisch wirksamer Substanzen, der aus Kulturen des Bakteriums Micromonaspora purpurea erstmals 1963 isoliert worden ist. Die drei Komponenten werden als G. C_1, G. C_2 und G. C_{1A} bezeichnet und bestehen jeweils aus einem Molekül *Desoxystreptamin*, das glycosidisch mit zwei Aminozuckern verknüpft ist (s. Abbildung).

G. wirkt bakterizid (vor allem gegen Staphylokokken und gramnegative Erreger) und wird therapeutisch meist als Sulfat angewendet vornehmlich bei Harnwegsinfektionen sowie bei Verbrennungen. Eine Resistenzbildung wird klinisch nur selten beobachtet. G. kann mit ↑ Penicillin kombiniert werden. Während einer G.-Therapie muß die Nierenfunktion überprüft werden wegen möglicher Nebenwirkungen.

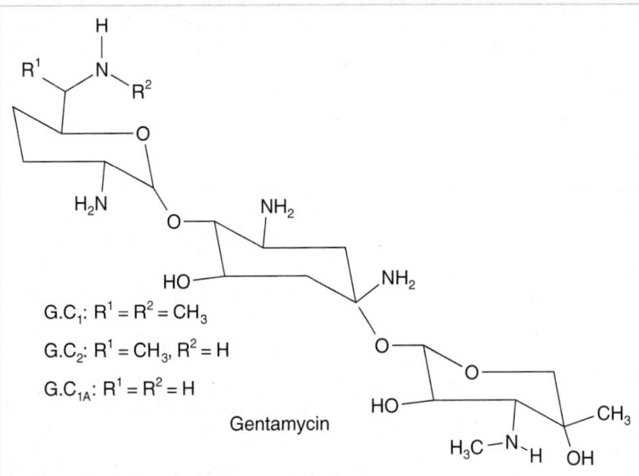

Struktur von Gentamycin

$C_{21}H_{43}N_5O_7$	M_R = 477,60 (G. C_1)	C 52.81 %	H 9,07 %	N 14,66 %	O 23,45 %

t_{Smp}	t_{Sdp}	d	η
100 °C			

Gentisinsäure

Gentisic acid 5-Hydroxysalicylsäure

Bildet farblose nadelförmige Kristalle, die sich in kaltem Wasser wenig (ca. 500 mg/100 ml), aber sehr gut in heißem Wasser sowie in Ethanol und Diethylether lösen, während sie in Chloroform praktisch unlöslich sind. G. sublimiert oberhalb 200 °C.

G. kommt natürlich vor im Enzian (Name!) und entsteht physiologisch beim Abbau aromatischer Verbindungen, so z. B. auch der ↑ Acetylsalicylsäure.

Für die Synthese der G. gibt es mehrere patentierte Verfahren, z. B. die Oxidation der ↑ Salicylsäure mit ↑ Kaliumperoxodisulfat (s. Schema) oder die Kolbe-Schmitt-Synthese (s. unter ↑ Salicylsäure).

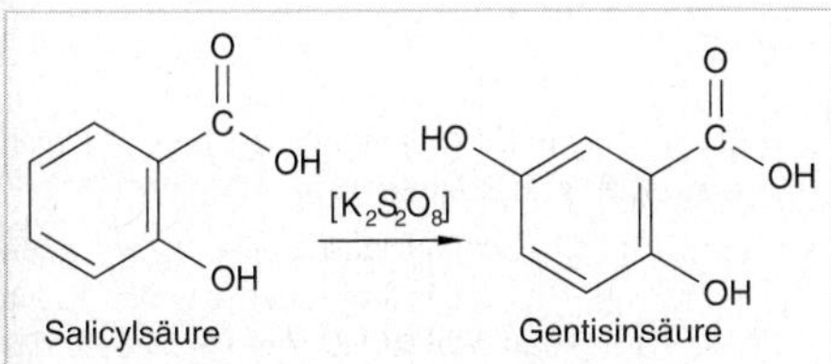

Synthese der Gentisinsäure aus Salicylsäure

Die G. besitzt (etwas schwächer als die Salicylsäure) antipyretische, analgetische und antiphlogistische Wirkung. Therapeutisch wird meist das gut wasserlösliche Natriumsalz angewendet, u. a. auch als Antirheumatikum.

$C_7H_6O_4$ $M_R = 154{,}12$ C 54,55 % H 3,92 % O 41,52 %

t_{Smp}	t_{Sdp}	d	η
200 °C			

Geraniol

Geraniol

Stellt eine farblose, ölige Flüssigkeit dar mit einem angenehmen rosenähnlichen Duft, die in Wasser unlöslich, aber mischbar mit vielen organischen Solventien wie Ethanol oder Diethylether ist. G. unterliegt in der Wärme, in Gegenwart von Kupferionen und in saurem Medium leicht der Oxidation. In alkalischem Medium ist G. beständig.

G. findet sich in sehr vielen Pflanzen und ist vor allem wichtiger Bestandteil zahlreicher etherischer Öle. Im *Palmarosaöl* (etherisches Öl, das aus in Nordafrika kultivierten Pelargonien gewonnen wird) kann sein Anteil bis zu 95 % betragen, im Geraniumöl bis zu 50 %.

G. ist ein Monoterpen, dessen Biosynthese unter ↑ Isopren beschrieben ist. Es wird technisch gewonnen durch Isolation aus o. g. etherischen Ölen. G. ist das trans-Isomere, das cis-Isomere wird als *Nerol* bezeichnet (s. Abbildung).

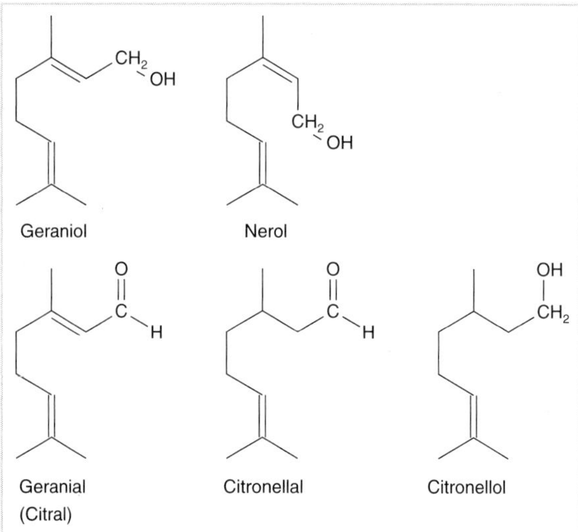

Geraniol und einige natürliche und synthetische Abkömmlinge

Die Oxidation von G. liefert den Aldehyd *Geranial* (*Citral*), die katalysierte Verlagerung der Doppelbindung ergibt *Citronellal*, während man durch Oxidation *Citronellol* erhält. Alle drei genannten Verbindungen kommen in etherischen Ölen vor und sind in der Parfümerie verwendete Duftstoffe. Das gleiche gilt für das durch Veresterung des G. mit ↑ Essigsäure erhältliche *Geranylacetat*.

G. ist der wichtigste und in Kosmetik und Parfümerie am häufigsten verwendete Duftstoff aus der Terpenreihe. Es kann in allen rosenblütenähnlichen Kompositionen verwertet werden.

$C_{10}H_{18}O$	$M_R = 154{,}25$	C 77,87 %	H 11,76 %	O 10,37 %

t_{Smp}	t_{Sdp}	d	η
	230 °C		

Germanium

Germanium Ge

Ein silberweiß glänzendes, metallisch aussehendes sprödes chemisches Element, das sich unter normalen Bedingungen an der Luft nicht verändert. Es ist in nichtoxidierenden Säuren und in Laugen unlöslich. Erst mit oxidierenden Säuren (konz. ↑ Salpetersäure, konz. ↑ Schwefelsäure) erfolgt Bildung von *Germaniumdioxid.*

Ge kommt in einigen seltenen Mineralien (z. B. im *Germanit*) meist in sulfidischer Form vor und hat am Aufbau der Erdrinde nur einen Anteil von ca. 0,0007 %, ist also ein sehr seltenes Element. Die Mineralien werden mit konz. Säuren aufgeschlossen, das ausfallende Ge-Dioxid mit konz. ↑ Salzsäure in das *Germaniumtetrachlorid* überführt und dieses durch Destillation abgetrennt. Das Tetrachlorid wird wieder zum Dioxid hydrolysiert, welches dann der Elektrolyse zum Element unterworfen wird. Die endgültige Reinigung des Ge erfolgt dann durch Zonenschmelzen.

Beim *Zonenschmelzen* wird ein Stab des betreffenden Materials in einer geeigneten Heizvorrichtung von einem Ende her in einer schmelzenden Zone über den ganzen Querschnitt zum Schmelzen gebracht. Diese Schmelzzone läßt man langsam durch den ganzen Stab zum anderen Ende hin wandern. Da sich Verunreinigungen in dem geschmolzenen Bereich stets besser lösen als im festen Material, sammeln sich diese in der Schmelzzone an und gelangen auf diese Weise an das Stabende, welches abgetrennt und verworfen werden kan. Bei mehrfacher Wiederholung des Vorganges erhält man extrem reine Produkte.

Ge folgt in der IV. Hauptgruppe des PSE auf das ↑ Silicium und weist folgende Elektronenkonfiguration auf: $1s^2\ 2s^2\ 2p^6\ 3s^2\ 3p^6\ 3d^{10}\ 4s^2\ 4p^2$, Grundterm $^3P_0$.

Ge kommt nur in einer beständigen Modifikation vor und bildet darin ein Diamantgitter. Ge betätigt die Oxidationsstufen +4 und +2, wobei +4 die beständigere ist. Die wichtigsten Verbindungen sind das schon genannte Ge-Dioxid und Ge-Tetrachlorid, die ineinander überführbar sind (s. Gleichung).

$$GeO + 4\,HCl \rightleftharpoons GeCl_4 + 2\,H_2O$$

Bildung von Germaniumtetrachlorid aus Germaniumdioxid

Germaniumdioxid ist ein weißes, bei 1115 °C schmelzendes Pulver, das in einer Quarz- und einer Rutil-Struktur vorkommt, in Säuren unlöslich ist und sich in Laugen leicht unter Bildung der *Germanate* löst. Das *Germaniumtetrachlorid* ist eine farblose, an der Luft rauchende Flüssigkeit, die bei 83 °C siedet und durch Wasser allmählich hydrolysiert wird.

Technisch wichtiger als die Ge-Verbindungen ist das Ge selbst, und zwar auf Grund seines Verhaltens bei der Leitung des elektrischen Stromes, welches das Ge als sogenannten „*Halbleiter*" erweist. Hinsichtlich des elektrischen Leitvermögens lassen sich alle Stoffe in drei Kategorien einordnen: in *Nichtleiter*, *Leiter* und Halbleiter. Da Stromleitung ja gleichbedeutend ist mit der Wanderung von Elektronen in dem betreffenden Material unter dem Einfluß einer angelegten Spannung, müssen hierfür frei bewegliche Elektronen im Material vorhanden sein. Die unterschiedliche *Leitfähigkeit* der verschiedenen Stoffe läßt sich nun gut erklären mit dem *Energiebänder-Modell*. Bei der Zusammenlagerung von Atomen (Bildung von Atom-, Ionen- oder Metallgittern) interferrieren die Valenzorbitale der beteiligten Atome in der Weise, daß sich im Gesamtverband zwei Energiebänder ausbilden: ein energetisch tiefergelegenes *Valenzband* und ein höhergelegenes *Leitungsband*. Das Valenzband wird mit den Valenzelektronen besetzt. Nur, wenn aus dem Valenzband Elektronen in das Leitungsband gelangen können (wenn sich also unvollständig besetzte Bänder ergeben), ist eine *Stromleitung* möglich. Die verschiedenen Leitertypen unterscheiden sich nun durch die relative Lage der Bänder zueinander: in elektrischen Leitern (Metalle) durchdringen sich Valenz- und Leitungsband, bzw. liegen sehr dicht beisammen. In Nichtleitern (*Isolatoren*) ist die Lücke (*Verbotene Zone*, *Gap*) zwischen beiden Bändern so groß, daß normalerweise keine Elektronen aus dem Valenz- in das Leitungsband gelangen können. In Halbleitern hingegen können Elektronen mit ausreichender Energie, die z. B. thermisch oder optisch aufgenommeln werden kann, in das Leitungsband aufsteigen, so daß sich eine mit der Temperatur zunehmende elektrische Leitfähigkeit ergibt (s. Tabelle der Leitungstypen). Auf der engen Nachbarschaft von besetzten und unbesetzten Elektronenzuständen beruht auch die hohe *Wärmeleitfähigkeit* sowie der Glanz der Metalle. Ge ist mit einem Gap von 0,60 eV ein typischer Fotohalbleiter.

Leitertyp	Bandlücke in eV
Nichtleiter	> 4
Halbleiter	1,5–4
Fotohalbleiter	0,1–1,5
Halbmetalle	$< 0{,}1$ bzw. schwache Überlappung
Metalle	starke Bänderüberlappung

Bandlücken verschiedener Leitungstypen

Ge bildet leicht Mischkristalle mit seinen Nachbarn im PSE, d. h. es kann z. B. Arsenatome oder Galliumatome anstelle von Ge in seinen Atomverband einbauen.

Dotiert man einen Ge-Kristall z. B. mit Arsenatomen, so wird mit jedem As-Atom ein überschüssiges Elektron (As hat 5 Valenzelektronen) eingebracht, das nun der Leitfähigkeit zur Verfügung steht. Die *Dotierung* mit ↑ Gallium hingegen bedeutet an jedem Ga-Atom ein „Elektronenloch" (Ga hat 3 Valenzelektronen). Man kommt also je nach Dotierungselement zu Negativ- oder Positivleitern (*n-Leiter* oder *p-Leiter*), die auch als *Fremdhalbleiter* bezeichnet werden. Die durch die Dotierung bewirkte Leitfähigkeit ist viel stärker als die Halbleiter-Leitfähigkeit und nivelliert die Temperaturabhängigkeit. Auf diese Weise ist Ge ebenso wie ↑ Silicium ein sehr wichtiges Element für die Herstellung von Gleichrichtern und Transistoren. Darüber hinaus findet Ge in optischen Geräten als Material für Fenster, Linsen und Prismen Verwendung, da Ge für infrarotes Licht durchlässig ist.

Ge Z = 32 $A_R = 72{,}64$ Isotope: 70, 72, 73, 74, 76; 65-69, 71, 75, 77, 78 (künstlich)

t_{Smp}	t_{Sdp}	d	MV	α	λ
937 °C	2831 °C	5,32 g/cm³	13,65 cm³/mol	5,57 10⁻⁶/K	58,6 W/mK

C_p	$\Delta_S H$	$\Delta_V H$	S^o	ϱ
23,36 J/(K · mol)	36,95 kJ/mol	331 kJ/mol	31,1 J/(K · mol)	0,45 nΩ · m

D-Gluconsäure

D-Gluconic acid

Bildet in reinem Zustand farblose Kristalle von mildsaurem Geschmack, die sich sehr gut in Wasser lösen, aber nur wenig in Ethanol und praktisch nicht in Diethylether und den meisten anderen org. Solventien. Da die G. schwierig in die kristalline Form zu überführen ist, ist ihre Handelsform meist eine 50 %ige wässerige Lösung der Dichte 1,24 g/ml.

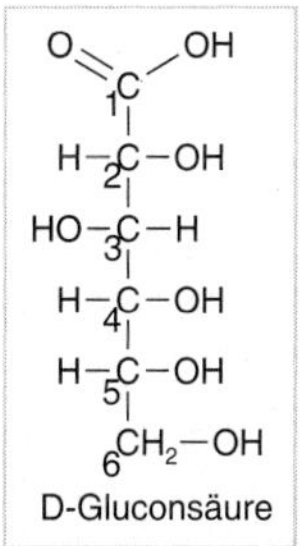

Struktur der D-Gluconsäure

Die G. ist synthetisch zugänglich durch Oxidation von ↑ D(+)-Glucose z. B. mittels Hypobromit. Technisch wird die G. heute aber praktisch ausschließlich und in guter Ausbeute aus der Glucose durch mikrobielle Oxidation (z. B. mit Aspergillus niger) gewonnen.

In wässeriger Lösung stellt sich ein Gleichgewicht zwischen dem 4- und 5-Lacton ein (s. unter ↑ D-Gluconsäure-5-lacton). Die G. wird technisch vielfach verwendet. So findet sie sich in Metallbeizen und in Textilhilfsmitteln. Im Lebensmittelbereich ist sie mit der Nummer *E 574* als Zusatzstoff zugelassen und wird vor allem zur milden Säuerung von Getränken eingesetzt. Die Salze der G. werden als *Gluconate* bezeichnet und sind in Lebensmitteln mit den Nummern *E 576*, *E 577*, *E 578* und *E 579* als Stabilisatoren und Säureregulatoren zugelassen. Sie sind gute Komplexbildner. Als Calciumsalz wird die G. therapeutisch in Calciumpräparaten verwendet. Auch die Ester der G. werden als Gluconate bezeichnet.

$C_6H_{12}O_7$	$M_R = 196{,}16$	C 36,74 %	H 6,17 %	O 57,09 %	
t_{Smp} 131 °C	t_{Sdp}	d	η		
C_p	$\Delta_S H$	$\Delta_V H$	$\Delta_B H$	S^o	Q_C −2489 kJ/mol

Gluconsäure-5-Lacton

Gluconic acid 5-lactone

Bildet farblose Kristalle von süßem Geschmack, die in Wasser sehr gut, in Ethanol hingegen sehr wenig löslich sind.

In der wässerigen Lösung erfolgt Hydrolyse zur ↑ Gluconsäure und teilweise Recyclisierung zum Gluconsäure-4-lacton, so daß sich in der Lösung die gezeigten Gleichgewichte einstellen (s. Schema).

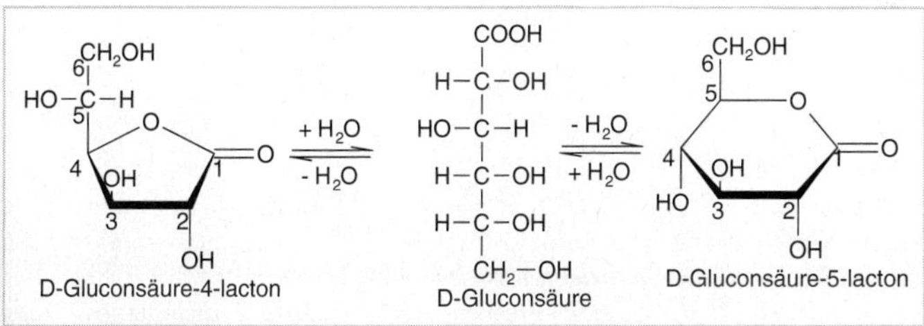

Cyclisierungs-Gleichgewichte von Gluconsäure-5-lacton in wässeriger Lösung

G. läßt sich aus einer wässerigen Lösung von ↑ Gluconsäure auskristallisieren, worin auch der präparative Zugang zu G. liegt.

In den technischen Anwendungen von G. wird einerseits die chelatisierende Wirkung (z. B. die Verhinderung der „Stein"-bildung in Getränken) andererseits die Säurewirkung (z. B. in Backpulvern) ausgenutzt. G. ist mit der Nummer *E 575* als Lebensmittelzusatzstoff zugelassen.

$C_6H_{10}O_6$	$M_R = 178{,}14$	C 40,45 %	H 5,66 %	O 53,89 %
$t_{Zersetzung}$ 153 °C (Z)	t_{Sdp}	d	η	

D-Glucosamin

Glucosamine Chitosamin

Bildet farblose Kristalle, die sich sehr gut in Wasser, aber nur wenig in Methanol oder Ethanol und praktisch gar nicht in Diethylether oder Chloroform lösen. G. kommt als α- und β-Anomeres vor und die wässerige Lösung zeigt Mutarotation (s. unter ↑ D(+)-Glucose). G. reduziert Fehling-Lösung und bildet mit ↑ Salzsäure ein gut kristallisierendes Hydrochlorid.

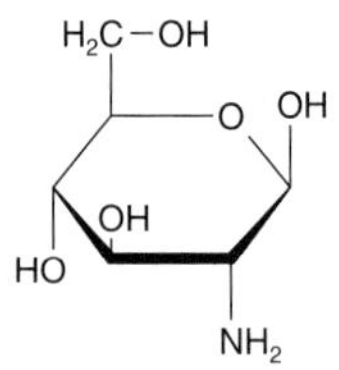

D-Glucosamin

Struktur von D-Glucosamin

G. kommt in freier Form in der Natur nicht vor, ist aber (vielfach in N-acetylierter Form) wesentlicher Bestandteil vieler wichtiger Naturstoffe, so z. B. im ↑ Chitin. Entsprechend wurde G. auch 1878 erstmals erhalten bei der sauren Hydrolyse von *Hummerschalen* (enthalten viel Chitin). Einen leichten Zugang zu G. bietet die Synthese nach R. Kuhn (1956): zunächst wird nach Strecker (s. unter ↑ Glycin) aus ↑ Arabinose mit ↑ Cyanwasserstoff und ↑ Ammoniak das Aminonitril hergestellt, dessen katalytische Hydrierung zum Aldehyd im sauren Medium direkt den Aminozucker liefert.

Im G. ist die 2-ständige Hydroxylgruppe der ↑ D(+)-Glucose durch die Aminogruppe ersetzt, es ist also ein *Aminozucker*, und zwar einer der wichtigsten (Aminozucker bezeichnet man allgemein auch als *Glycosamine*). Außer in dem erwähnten Chitin findet sich G. z. B. in der ↑ Hyaluronsäure sowie in dem die bakteriellen Zellwände konstituierenden Murein (s. unter ↑ Penicillin), generell in den meisten Glycosaminoglykanen (s. unter ↑ Hyaluronsäure).

$C_6H_{13}NO_5$	$M_R = 179{,}17$	C 40,22 %	H 7,31 %	N 7,82 %	O 44,65 %
t_{Smp} 88 °C (α-Form)	t_{Sdp}	d	η		
t_{Smp} 110 °C (β-Form)	t_{Sdp}	d	η		

D(+)-Glucose

Glucose Dextrose, Traubenzucker

G. ist eine weiße kristalline Substanz, die unterhalb 50 °C aus wässeriger Lösung als Monohydrat anfällt. Dieses Monohydrat, die am meisten handelsübliche Form, löst sich bei 20 °C zu ca. 50 % in Wasser und besitzt einen Schmelzpunkt von 83 °C. Wird die Kristallisation oberhalb 50 °C vorgenommen, erhält man die wasserfreie Verbindung mit Schmp. 146 °C, die sich in heißem Wasser außerordentlich gut löst. Unter 100 °C wird auf jeden Fall die α-G. erhalten, während oberhalb 115 °C die β-G. als feste Form anfällt. In Lösung stellt sich wiederum ein Gleichgewicht zwischen α- und β- Form ein (s. untenstehende Ausführungen zur *Mutarotation*). Die G. schmeckt süß, jedoch bei weitem nicht so stark wie ↑ Saccharose oder gar ↑ Fructose.

Die G. ist das wichtigste *Monosaccharid*. Sie ist ein *Aldehydzucker* mit sechs C-Atomen, also eine *Aldohexose*. Sie kommt in freier Form in vielen süßen Früchten (z. B. Trauben) vor, vielfach zusammen mit der Fructose, so auch z. B. im Honig.

Sie findet sich im Blut zu 0,6 bis 1,0 g pro Liter und bei Zuckerkrankheit im Harn bis zu 10 %. In vielfältiger Weise an andere Moleküle gebunden (z. B. glykosidisch oder nicht glykosidisch, verethert oder verestert) ist sie Bestandteil biochemisch wichtiger Substanzen. Sie bildet zusammen mit der Fructose den so wichtigen und verbreiteten Rohrzucker (s. unter ↑ Saccharose). Sie ist der alleinige Baustein der bedeutenden Polysaccharide ↑ Stärke, ↑ Glykogen und ↑ Cellulose. Deshalb ist die G. nicht nur der häufigste Zucker, sondern die häufigste organische Verbindung überhaupt. Nimmt man noch ihre biologische Schlüsselstellung hinzu, so kann die G. als eine der wichtigsten chemischen Substanzen angesehen werden. Bildung und Abbau der G. im Organismus werden unten kurz erörtert. Vorangestellt seien einige allgemeine Ausführungen zur *Zuckerchemie*.

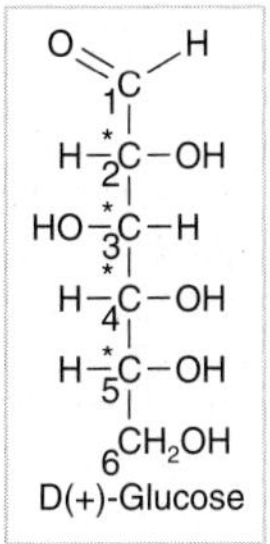

Fischer'sche Konfigurationsformel der D(+)-Glucose

Aldohexosen besitzen vier asymmetrische C-Atome, woraus sich 16 stereoisomere Verbindungen ergeben, die Aldohexosen darstellen. Von diesen sechzehn kommen jedoch nur vier in der Natur vor, von denen eine die D(+)-Glucose ist (s. *Fischer'sche Konfigurationsformel*), die drei anderen sind *D(+)-Mannose*, ↑ D(+)-Galactose, und *D(+)-Talose*.

Die Zugehörigkeit zur D- oder L-Reihe wird durch die Konfiguration am C-Atom 5 bestimmt (das am weitesten von der Carbonylgruppe entfernte asymmetrische C-Atom). Man vergleiche hierzu die Ausführungen unter ↑ Glycerinaldehyd, der Bezugssubstanz für diese Nomenklatur.

Die G.-Moleküle liegen jedoch weder im kristallinen Zustand noch in Lösung in der offenkettigen Form vor, sondern sie bilden eine Sechsringstruktur aus, die dadurch zustande kommt, daß die OH-Gruppe am C-Atom 5 mit der Aldehydfunktion des C-Atoms 1 reagiert. Dabei erhält man eine cyclische Halbacetalform. Der Acetalbegriff sei kurz erläutet. Aldehyde addieren an ihre Carbonylgruppe leicht Verbindungen, die über OH-, NH- oder SH-Gruppen verfügen. Die Heteroatome dieser Gruppen verfügen nämlich über freie Elektronenpaare, die ihnen basischen (nucleophilen) Charakter verleihen und mit denen sie sich an das positivierte (elektrophile) Aldehyd-C-Atom addieren können. Daß diese Addition in vielen Fällen zu einem stabilen Produkt führt, beruht auf dem beweglichen Proton an diesen Heteroatomen, das durch seine Ablösung zur Stabilisierung des Primäradduktes beitragen kann. Dies ist für die Addition eines Alkohols, die zunächst zur *Halbacetal-Bildung* führt, formuliert (s. Schema).

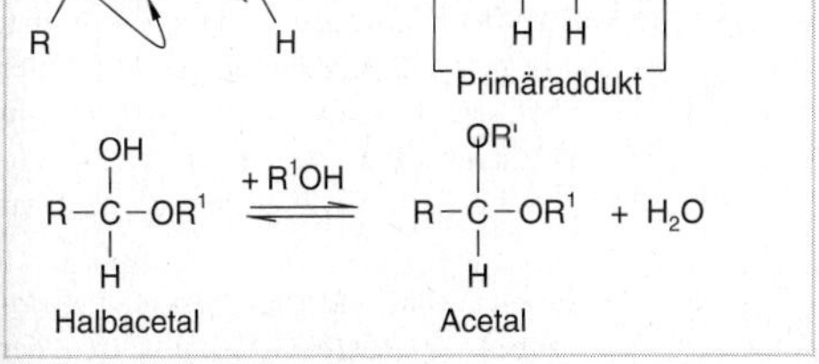

Halbacetal- und Acetal-Bildung

Reagiert das Halbacetal mit einem weiteren Alkohol-Molekül, erhält man schließlich ein Acetal. (*Acetale* sind gegen Alkalien beständig, gegen Säuren unbeständig). Die Reaktion einer Aldehydgruppe mit einer OH-Gruppe des eigenen Moleküls muß also zu einem cyclischen Halbacetal führen.

Bei den Aldohexosen führt der Ringschluß über die OH-Gruppe am C4 zum Fünfring, man erhält einen Furanring, der Ringschluß über die OH-Gruppe des C5 ergibt den Sechsring, also ein Pyran-Derivat. Man hat deshalb bei den Monosacchariden zwischen *Furanosen* und *Pyranosen* zu unterscheiden. Die G. bildet ausschließlich die Pyranoseform.

Der Ringschluß zum Halbacetal hat die wichtige Konsequenz, daß das ursprünglich sp^2-hybridisierte Carbonyl-C-Atom zu einem neuen asymmetrischen C-Atom wird, und damit zwei neue Isomere möglich sind, die sich nur durch die Konfiguration am C-Atom 1 (dem ehemaligen Carbonyl-C-Atom) unterscheiden. Diese beiden Isomeren bezeichnet man auch als *Anomere*, das C-Atom 1 als anomeres C-Atom, und die beiden Anomeren unterscheidet man voneinander als α- und β-Form.

Der Ringschluß ist hier formelmäßig dargestellt, wobei zu bemerken ist, daß für das cyclische Molekül mehrere Schreibweisen üblich sind. Zunächst ist der Übergang von der offenkettigen in die cyclische Form anhand der *Tollens-Formeln* dargestellt (s. Schema).

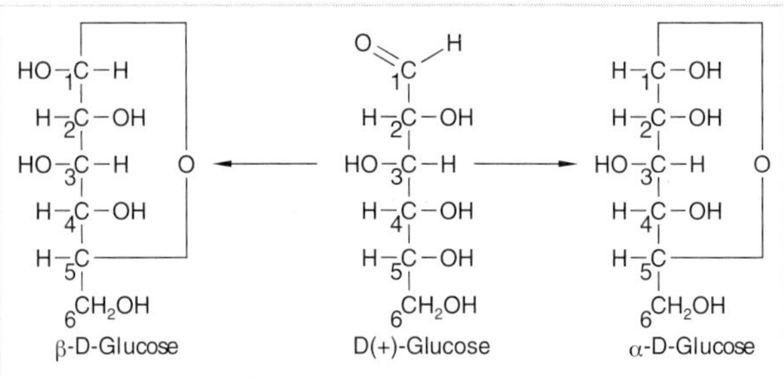

Cyclische Halbacetal-Bildung in Tollens-Formeln

α- und β-Form können entstehen, weil die OH-Gruppe an der (planaren) Carbonylgruppe entweder von der einen oder der anderen Seite angreifen kann, da das C1-Atom um die C1-C2-Bindung frei drehbar ist. α- und β-Form unterscheiden sich dadurch, daß die neu gebildete OH-Gruppe unter bzw. über der Ringebene liegt. Dies kommt deutlich zum Ausdruck in den Ringformeln nach Haworth. Zu den *Haworth-Formeln* gelangt man, wenn man die C6-Kette zu einem ebenen Sechseck „knickt" und diese Molekülebene senkrecht zur Papierebene so anordnet, daß das C1 die rechte Spitze des Sechsecks bildet und die in den Fischer-Formeln rechts des C-Skeletts stehenden Substituenten unter der Molekülebene stehen (s. Schema).

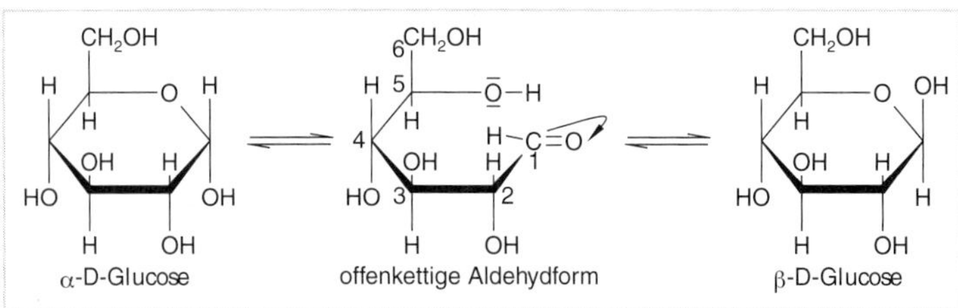

Cyclische Halbacetal-Bildung in Haworth-Formeln

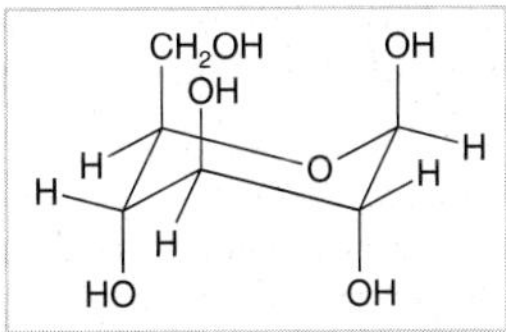

Konformationsformel für die Sesselkonfiguration

Noch besser als in den Haworth-Formeln werden die wahren Verhältnisse in den *Konformations-Formeln* deutlich, die die Sesselkonfiguration der Pyranosen zum Ausdruck bringen (s. Abbildung).

Löst man α-D-Glucose in Wasser, so beträgt der Drehwinkel dieser Lösung zunächst +118,2°,. der von β-D-Glucose +18,7. Nach einer gewissen Zeit (die von Temperatur und pH-Wert abhängt) zeigen beide Lösungen den Endwert + 52,7°. Diese Erscheinung der Änderung der optischen Drehung in Lösung zu einem Endwert hin wird als „*Mutarotation*" bezeichnet. Sie beruht darauf, daß sich in Lösung, über die offenkettigen Strukturen als Zwischenstufe, ein Gleichgewicht zwischen α- und β-Anomeren einstellt. Die hier auf die G. bezogenen Ausführungen können sinngemäß auf andere Pyranosen und die Furanosen übertragen werden, was die Halbacetal-Struktur, die Anomeren-Bildung und die Mutarotation betrifft.

In der G. (wie auch in den anderen Monosacchariden) existieren drei Typen von OH-Gruppen: die ringständigen sekundären, die primäre an der exocyclischen Methylgruppe und die halbacetalische OH-Gruppe am C1. Die halbacetalische Hydroxylgruppe an dem anomeren C-Atom ist besonders reaktionsfreudig und läßt sich unter milder Säurekatalyse mit Alkoholen verethern, also in das *Vollacetal* überführen. Die so entstehenden Acetale bezeichnet man allgemein als *Glycoside.*

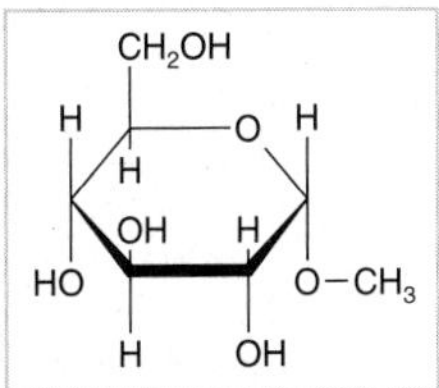

Struktur von Methyl-α-D-glucopyranosid

Zur Kennzeichnung der Ringgröße kann auch genauer bezeichnet werden als *Pyranosid* oder *Furanosid*. Die eindeutige Benennung eines solchen Glycosids erfordert auch die Angabe des betreffenden Zuckers, der Alkoholkomponente und des Anomeren, so daß der Methylether der α-D-Glucose über die C1-OH-Gruppe als *Methyl-α-D-glucopyranosid* zu bezeichnen ist (s. Abbildung).

Fungiert als Alkoholkomponente ein weiteres Zuckermolekül, so erhält man ein *Disaccharid*, bei dessen weiterer Veretherung Oligo- und schließlich Polysaccharide. Für die *Disaccharid-Bildung* gibt es grundsätzlich zwei Möglichkeiten: die zweite Zuckerkomponente kann mit ihrer halbacetalischen OH-Gruppe oder aber mit einer ihrer anderen OH-Gruppen an der Veretherung teilnehmen. Im ersten Fall erhält man ein nichtreduzierendes Disaccharid, weil dann in beiden Zuckerkomponenten die den reduzierenden Charakter bedingenden Carbonylgruppen blockiert sind, während im anderen Falle ein reduzierendes Disaccharid entsteht. Ein Beispiel für den ersten Fall ist die ↑ Saccharose, für den zweiten Fall die ↑ Lactose. Für die *Polysaccharid-Bildung* der G. in ihrer pyranoiden Halbacetalform gibt es entsprechend mehrere Verknüpfungsmöglichkeiten. Die halbacetalische OH-Gruppe eines G.-Ringes kann mit der OH-Gruppe an C2, C3, C4 oder C6 des anderen Ringes verethert sein. Dies ist für beide Anomere möglich, so daß es insgesamt 8 *Glycosid-Verknüpfungsarten* gibt: α-(1,2)-, α-(1,3)-, α-(1,4)-, α-(1,6)- sowie β-(1,2)-, β-(1,3)-, β-(1,4)- und β-(1,6)-Glycoside (zur Realisierung dieser Formen in natürlichen Polysacchariden der G., die allgemein auch als *Glucane* bezeichnet werden, s. unter ↑ Cellulose, ↑ Dextran, ↑ Glycogen und ↑ Stärke). Zum Sprachgebrauch: die Bindungen werden generell als „*glycosidisch*" bezeichnet, die Produkte selbst sind im Falle der G. „*Glucoside*"

Man beachte, daß die glycosidischen Bindungen und auch die halbacetalischen Bindungen im Ring, auch wenn hier von Etherbindungen gesprochen wird, nicht mit den normalen, sehr stabilen, Etherfunktionen gleichzusetzen sind. Die Acetal-C-O-Bindungen stellen eine latente Carbonylgruppe dar und sind als die „Schwachpunkte" in den Oligo- und Polysacchariden anzusehen, die deren Hydrolyseempfindlichkeit bedingen. Die anderen OH-Gruppen der Zuckermoleküle sind natürlich auch zu den üblichen Umsetzungen fähig (Veretherung, Veresterung, Aminierung usw.) und derartige Zuckerderivate besitzen biochemisch große Bedeutung. Die Reduktion der G. führt zum ↑ D-Sorbit, die Oxidation zur ↑ Gluconsäure, die leicht das ↑ D-Gluconsäure-5-lacton bildet (s. Schema).

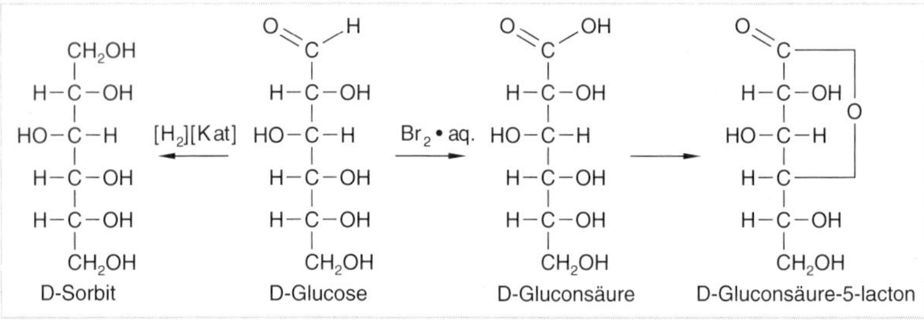

Oxidation und Reduktion der Glucose

Wird in der G. nur am C-Atom 6 oxidiert, entsteht die ↑D-Glucuronsäure. Wird die Oxidation mit ↑Salpetersäure durchgeführt, wird sowohl C-Atom 1 als auch C-Atom 6 zur Carboxylgruppe oxidiert und man erhält die *Glucarsäure*, die auch zuweilen einfach als *Zuckersäure* bezeichnet wird (s. auch unter ↑Schleimsäure).

Die G. wird technisch durch hydrolytischen Abbau von Kartoffel- oder Maisstärke hergestellt. G. dient wegen ihrer milden Süßkraft z. B. zur Backwaren-Herstellung. G. ist aufgrund ihrer guten Resorbierbarkeit zur kurzfristigen Mobilisierung körperlicher Energie geeignet und wird als schnell wirkendes Stärkungsmittel verwendet. Dies beruht auf ihrer physiologischen Funktion als „Körper-Brennstoff". Der G.-Stoffwechsel spielt nämlich eine zentrale Rolle im körperlichen Energiehaushalt, was hier nur im Überblick dargestellt werden kann. Die G. wird als solche (z. B. als Traubenzucker) oder in gebundener Form (z. B. ↑Saccharose, ↑Stärke usw.) mit der Nahrung aufgenommen. Aus der gebundenen Form wird sie im Verdauungstrakt hydrolytisch durch Enzyme (z. B. α-Amylase) freigesetzt und im Blut zu den Zellen transportiert. Dort erfolgt der Abbau der G. zur ↑Brenztraubensäure, der als *Glykolyse* bezeichnet wird. Die Brenztraubensäure wird, in ihrer Salzform als Pyruvat, in den Mitochondrien in die „aktivierte Essigsäure", das Acetyl-CoA überführt und in den Citronensäurecyclus (s. unter ↑Citronensäure) eingeschleust, in dessen Verlauf sie zu ↑Kohlenstoffdioxid verbrannt wird. Sowohl in der Glykolyse als auch im Citronensäurecyclus wird Energie gewonnen und in Form von ↑Adenosintriphosphat gespeichert. In der Leber kann von *Pyruvat* ausgehend auch ein Aufbau von G. erfolgen, wobei im wesentlichen die Glykolyse umgekehrt durchlaufen wird (*Gluconeogenese*). Ebenfalls in der Leber vollzieht sich aus der G. auch der Aufbau von ↑Glykogen, dem stärkeanalogen Reservekohlenhydrat des Körpers. Der anaerobe G.-Abbau, wie er in Mikroorganismen und Pilzen abläuft, und der als Gärung bezeichnet wird (s. unter ↑Ethanol), ist bis zur Stufe des Pyruvats mit der Glykolyse identisch.

Der Blutzuckerspiegel wird hormonell geregelt. Eine Erniedrigung wird durch das ↑Insulin bewirkt, für eine Erhöhung sorgt das ebenfalls von der Bauchspeicheldrüse erzeugte proteinische Hormon *Glucagon*. Glucagon wirkt als Antagonist des Insulins, indem es die Gluconeogenese und den Glykogenabbau verstärkt. Ebenfalls erhöhend auf den Blutzuckerspiegel wirken die Hormone ↑Cortisol und ↑Adrenalin.

Der Blutzuckerspiegel wird meist in mg/100 ml angegeben. Analytischer Nachweis und die Bestimmung der G. im Harn ist als Test auf die Zuckerkrankheit (s. unter ↑Insulin) von Bedeutung. Qualitative Nachweise können auf der reduzierenden Wirkung beruhen und mit ammoniakalischer Silbernitratlösung, mit Fehling-Lösung oder Nylanders Reagenz (alkalische Bismutsalz-Lösung) durchgeführt werden, sind jedoch unspezifisch, da andere reduzierend wirkende Stoffe (Fructose, Lactose, Ascorbinsäure, Harnsäure, Eiweiß usw.) miterfaßt werden. Spezifische Nachweise und halbquantitative Bestimmungen beruhen auf enzymatischen Reaktionen und die exakte Messung erfolgt fotometrisch.

$C_6H_{12}O_6$ $M_R = 180{,}16$ C 40,00 % H 6,71 % O 53,28 %

$t_{Zersetzung}$ 146 °C (Z)	t_{Sdp}	d	η		
C_p 219 J/(K · mol)	$\Delta_S H$	$\Delta_V H$	$\Delta_B H$ −1273 kJ/mol	S^o	Q_C

D-Glucuronsäure

D-Glucuronic acid

Die β-Form bildet farblose nadelförmige Kristalle, die sich in Wasser und Ethanol gut lösen. Die wässerige Lösung zeigt Mutarotation und reduziert Fehling-Lösung.

Die G. kommt im Tier- und Pflanzenreich sehr verbreitet vor, wobei sie sich meist glycosidisch gebunden vorfindet. Im menschlichen Organismus entsteht sie in der Leber durch Oxidation aus ↑ D(+)-Glucose. Synthetisch erhält man G. durch Bestrahlung einer D-Glucose-Lösung (s. Schema).

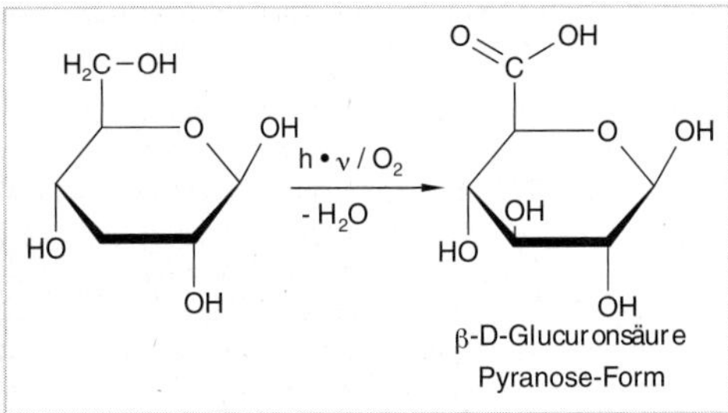

Bildung der D-Glucuronsäure durch Bestrahlung von D-Glucose

Als *Uronsäure* bezeichnet man allgemein eine Carbonsäure, die formal dadurch entsteht, daß man in einem Aldehydzucker das C-Atom mit der primären OH-Gruppe zur Carboxylgruppe oxidiert (die Benennung erfolgt dann durch Ersatz der Endung „-ose" durch „uronsäure", so wird z. B. auch die Mannose (s. unter ↑ Glucose) zur *Mannuronsäure*, die ↑ Galactose zur *Galacturonsäure* usw.).

Die G. übt im Organismus eine *Entgiftungsfunktion* aus indem sie sich glycosidisch (über das C-1-Atom) mit Giftstoffen wie ↑ Phenol, ↑ Kresole, Indoxyl (s. unter ↑ Indigo) usw. unter Bildung der entsprechenden *Glucuronide* verbindet, die gut wasserlöslich, damit gut ausscheidbar und im normalen Urin nachzuweisen sind. Die entsprechenden Glucuronide finden sich auch im Harn, wenn Gifte wie ↑ Chloralhydrat, ↑ Campher oder ↑ Morphin verschluckt wurden. Auch andere körpereigene Stoffe wie ↑ Bilirubin und Steroidhormone werden als Glucuronide ausgeschieden. Die Spaltung der Glucuronide wiederum erfolgt durch das in der Leber erzeugte Enzym *β-Glucuronidase*.

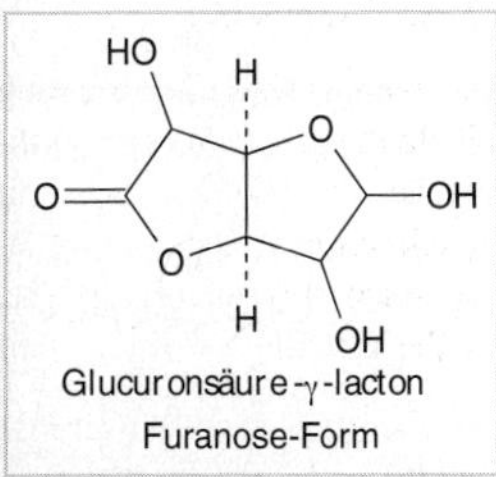

Struktur von Glucuronsäure-γ-lacton (Furanose-Form)

Die G. ist Ausgangsprodukt der Biosynthese der ↑ L-Ascorbinsäure. Ferner ist sie Monomerbestandteil der ↑ Hyaluronsäure, von ↑ Heparin (in sulfatierter Form) und der ↑ Alginsäure.

Ein wichtiges Derivat der G. ist das *Glucuronsäure-γ-lacton* (s. Abbildung), das farblose wasserlösliche Kristalle bildet, in Pflanzenschleimen und tierischen Bindegeweben vorkommt und therapeutisch zur Entgiftung (z. B. bei Hepatitis oder Arthrose) verwendet wird.

$C_6H_{10}O_7$ $M_R = 194{,}14$ C 37,12 % H 5,19 % O 57,69 %			
t_{Smp}	t_{Sdp}	d	η
167 °C			

Glutamin

Glutamine

Kristallisiert aus Wasser in Form farbloser, feiner Nädelchen aus, die sich bei 20 °C zu ca. 2,5 g in 100 ml Wasser lösen. G. ist unlöslich in Methanol, Ethanol oder Aceton.

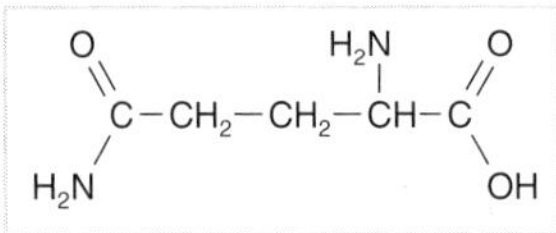

Struktur von Glutamin

Es kommt in der Natur stets in der L-Form vor und findet sich teils frei, teils gebunden in den meisten Pflanzen und Tieren. Frei kommt G. im menschlichen Blut vor und vor allem im Rübensaft, gebunden z. B. im ↑ Insulin. Die technische Gewinnung erfolgt durch Fällung aus dem Rübensaft bei pH 7 mit ↑ Quecksilbernitrat.

G. ist das Monoamid der ↑ Glutaminsäure, also ein homologes von ↑ Asparagin, mit pKs1 = 2,17 und pKs2 = 9,13. Es spielt im Organismus die Rolle einer Transportform für ↑ Ammoniak sowie eines Aminogruppen-Donators. G. bildet sich aus ↑ Glutaminsäure und Ammonium und spaltet enzymatisch die Aminogruppe leicht wieder ab (s. unter ↑ Ornithin).

$C_5H_{10}N_2O_3$ $M_R = 146{,}15$ C 41,09 % H 6,90 % N 19,17 % O 32,84 %					
$t_{Zersetzung}$	t_{Sdp}	d	η		
247 °C (Z)					
C_p	$\Delta_S H$	$\Delta_V H$	$\Delta_B H$	S^o	Q_C
175 J/(K · mol)			−1003 kJ/mol	188 J/(K · mol)	−2250 kJ/mol

Glutaminsäure

Glutamic acid α-Aminoglutarsäure

Bildet farblose, rhombische Kristalle, die sich bei 20 °C zu 0,8 g, bei 100 °C zu 14 g in 100 ml Wasser lösen und praktisch unlöslich sind in den üblichen org. Solventien.

G. kommt in der Natur in der rechtsdrehenden L-Form vor und ist Bestandteil wichtiger Proteine, so z. B. im Keratin (14 %), Kollagen (11 %), ↑ Casein (22 %), ↑ Insulin (18 %).

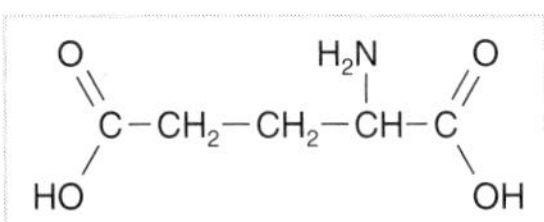

Struktur der Glutaminsäure

Sie ist ein Homologes der ↑ Asparaginsäure mit den Dissoziationskonstanten pKs1 = 2.13, pKs2 = 4,32 und pKs3 = 9,95. Sie ist eine nichtessentielle Aminosäure. Mit ihrer zweiten Carboxylgruppe kann die G. sog. Isopeptide bilden (s. unter ↑ Glutathion).

Die technische Herstellung geschieht auf fermentativem Wege, wobei geeignete Mikroorganismen G. als Stoffwechselprodukt erzeugen.

Die G. und ihre Salze (*Glutamate*) dienen in der Lebensmittel-Technologie zur Geschmacksaufbesserung, wofür die G. mit der Nummer *E 620* zugelassen sind. Vor allem das *Natriumglutamat* wird zum Aromatisieren von Fleischerzeugnissen eingesetzt (*E 621*). Kaliumglutamat ist mit der Nummer *E 622* zugelassen.

Die G. ist stark am Gehirnstoffwechsel beteiligt und wird pharmazeutisch gegen Neurosen, Erschöpfungszustände und Konzentrationsschwäche eingesetzt.

$C_5H_9NO_4$ $M_R = 147{,}13$ C 40,82 % H 6,17 % N 9,52 % O 43,50 %

Glutardialdehyd

Glutaraldehyde 1,5-Pentandial

Bildet eine farblose, ölige Flüssigkeit von stechendem unangenehmem Geruch, die sich in Wasser und den üblichen org. Solventien löst. In wässeriger Lösung bildet G. leich Polymere unter glasiger Erstarrung.

G. ist präparativ erhältlich durch saure Hydrolyse von *2-Ethoxy-2,3-dihydropyran* (s. Schema), das seinerseits darstellbar ist durch Diels-Alder-Reaktion aus ↑ Acrolein und Ethylvinylether.

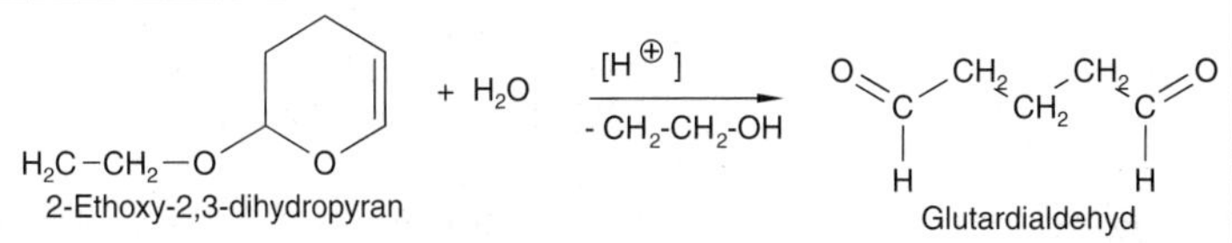

Synthese von Glutardialdehyd

G. ist mit seinen beiden reaktiven Aldehydfunktionen ein wichtiger Synthesebaustein zum Aufbau cyclischer und heterocyclischer Verbindungen. Polymere mit Amino- oder Hydroxyl-Gruppen werden durch G. vernetzt, also verfestigt und unlöslich gemacht. So wird durch G. ↑ Gelatine verhärtet, biologisches Gewebe wird fixiert, ↑ Cellulose und ihre Derivate sowie ↑ Polyvinylalkohol werden acetalisiert. Daher findet G. auch technische Verwendung z. B. zur Hydrophobierung von Textilien und Papieren.

Desweiteren wirkt G. bakterizid und wird zur Konservierung sowie zur Gerätedesinfektion verwendet.

► G. übt erhebliche Reizwirkung auf Haut und Schleimhäute, Atemwege und Augen aus. Es erfolgt Resorption durch die Haut. Eine cancerogene Wirkung von G. wird geprüft.

$C_5H_8O_2$ $M_R = 100{,}12$ C 59,98 % H 8,05 % O 31,96 %

$t_{Zersetzung}$	t_{Sdp}	d	η
187 °C (Z)			

Glutarsäure

Glutaric acid 1,3-Propandicarbonsäure

Bildet ein weißes kristallines Pulver, das sich bei 20 °C zu 639 g, bei 65 °C bereits zu über 1100 g im Liter Wasser löst. G. ist auch sehr leicht löslich in Ethanol und Diethylether.

Die G. kommt in unreifen Zuckerrüben vor und findet sich im Waschwasser der rohen Schafwolle. Sie wird technisch hergestellt durch katalysierte Oxidation von ↑ Cyclopentanon mit ↑ Salpetersäure (s. Schema).

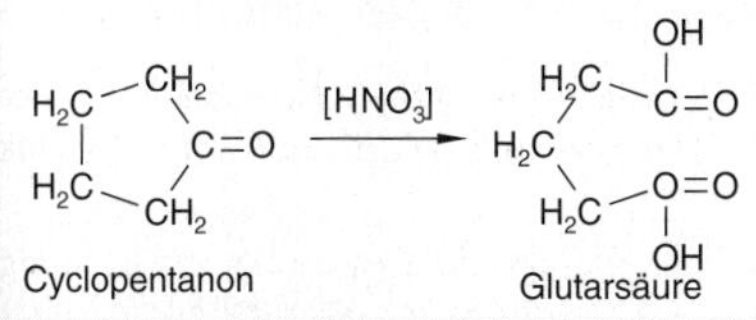

Synthese von Glutarsäure

Die beiden pK_S-Werte der G. betragen 4,34 und 5,22. Durch längeres Erhitzen von G. in Gegenwart von ↑ Essigsäureanhydrid entsteht *Glutarsäureanhydrid*, eine farblose kristalline Substanz vom Schmp. 56 °C, die präparative Verwendung findet (s. Schema).

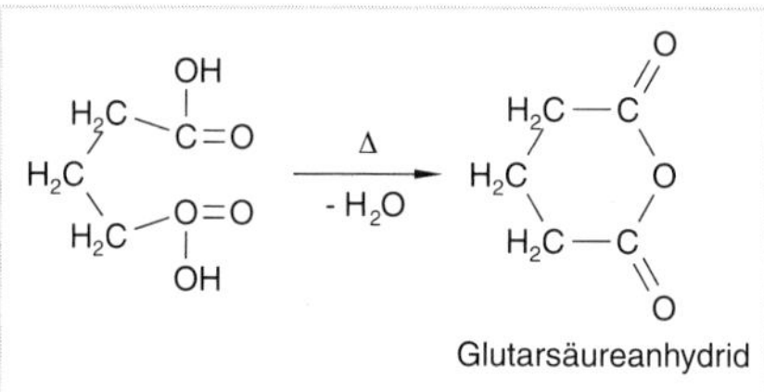

Gewinnung von Glutarsäureanhydrid

$C_5H_8O_4$	M_R = 132,11	C 45,46 %	H 6,10 %	O 48,44 %	
t_{Smp} 97 °C	t_{Sdp} 303 °C	d 1,43 g/cm³	η		
C_p	$\Delta_S H$	$\Delta_V H$	$\Delta_B H$ −960 kJ/mol	S^o	Q_C −2150 kJ/mol

Glutathion

Glutathione Glutathion-SH, GSH

Bildet farblose Kristalle, die sich in Wasser, wässerigem Ethanol und ↑ Dimethylformamid lösen.

G. kommt in fast allen lebenden pflanzlichen und tierischen Zellen vor. Im tierischen Organismus wird G. in der Leber durch Verknüpfung der beiden Aminosäuren ↑ L-Glutaminsäure und ↑ L-Cystein und danach erfolgende Anknüpfung von ↑ Glycin synthetisiert. G. ist also ein Tripeptid. Seine Besonderheit ist, daß nicht die α- sondern die γ-Carboxylgruppe der Glutaminsäure an der Peptidbindung beteiligt ist und das Molekül deshalb im Stoffwechsel nicht als „normales“ Peptid von den Enzymen erkannt und verwertet wird (s. Abbildung).

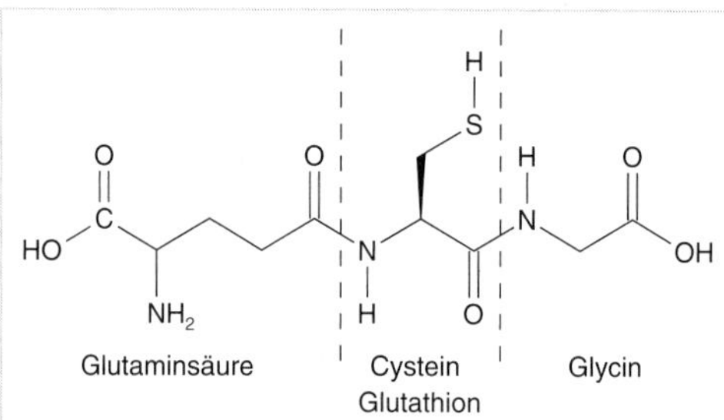

Struktur von Glutathion

$$2\,GSH \underset{+2\,H}{\overset{-2\,H}{\rightleftharpoons}} GSSG$$

Glutathion-Redoxgleichgewicht

Die biologische Hauptaufgabe des G. ist das Abfangen peroxidischer oder radikalischer Spezies in den Zellen, ehe sie mit anderen Substanzen reagieren können. Aus dem mit dem Blut in die Zellen gelangenden ↑ Sauerstoff (s. unter ↑ Hämoglobin) bilden sich durch Elektronen-Aufnahme Radikale, Peroxide und Radikalionen, die man mit der Abkürzung *ROS* (*Reactive Oxygen Species*) zusammenfaßt (u. a. das *Superoxid-Radikal* O_2^- sowie das *Hydroxyl-Radikal* OH). Die ROS stellen starke Zellgifte dar. Sie bilden z. B. mit den ungesättigten Fettsäuren wiederum giftige Peroxyd-Radikale. G. stellt nun (analog zum System ↑ Cystein / ↑ Cystin) ein reversibles Redoxsystem dar und fängt die ROS ab indem es sie reduziert und selbst zum GSSG oxidiert wird (s. Gleichung) (s. hierzu auch unter ↑ Flavon).

GSH wird durch das Enzym *Glutathionreduktase* im reduzierten Zustand gehalten. G. ist praktisch der Redoxpuffer der Zellen. Darüber hinaus schützt G. auch in anderen Peptiden und Proteinen die essentiellen Thiolgruppen. G. ist auch Coenzym der Reduktion von Methämoglobin zu ↑ Hämoglobin.

Ähnliche Redoxfunktionen wie G. erfüllen auch die ↑ Ascorbinsäure, die ↑ Carotine und Carotinoide, z. B. ↑ Lycopin, das ↑ Bilirubin sowie das ↑ α-Tocopherol.

$C_{10}H_{17}N_3O_6S$	$M_R = 307{,}33$	C 39,08 %	H 5,58 %	N 13,67 %	O 31,24 %	S 10,43 %

t_{Smp}	t_{Sdp}	d	η
195 °C			

Glycerin

Glycerol 1,2,3-Propantriol

Eine wasserklare, ölig-viskose, süßschmeckende Flüssigkeit, die sich beliebig mit Wasser oder Ethanol mischen läßt und in Diethylether oder Chloroform praktisch unlöslich ist.

Während früher die G.-Gewinnung mit der Herstellung der Fettsäuren und *Seifen* durch Verseifung tierischer Fette, die ja *Glycerinfettsäureester* darstellen (s. unten), verknüpft war, wobei G. als Nebenprodukt anfiel, reichten die so erhältlichen Mengen bei steigendem G.-Bedarf und zurückgehender Fettseifenproduktion bald nicht mehr aus. Deshalb wurde eine Reihe großtechnischer Synthesen entwickelt, die letztlich auf der petrochemischen Basis ↑ Propen beruhen. Hier ist zunächst die vom Epichlorhydrin (Herstellung und Eigenschafen s. unter ↑ Epoxidharze) ausgehende Route zu nennen, die dessen basische Hydrolyse unter Druck oberhalb 100 °C beinhaltet. Dabei entsteht *Glycid* als Zwischenprodukt. Dieses kann auch durch Epoxidierung von ↑ Allylalkohol mit ↑ Wasserstoffperoxid am Wolframtrioxid-Kontakt oder mit ↑ Peressigsäure erhalten werden (s. Schema).

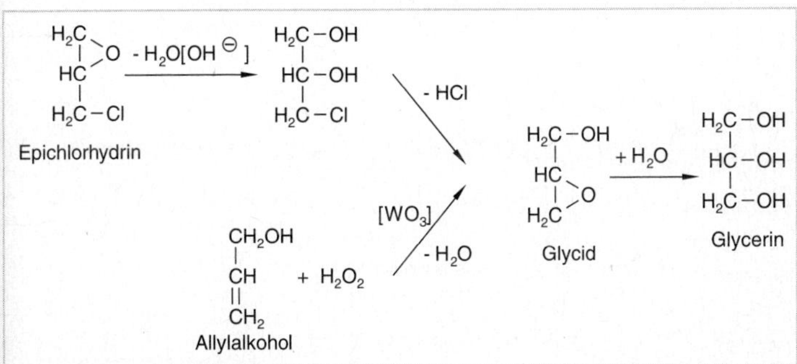

Darstellungsrouten für Glycerin

G. ist in veresterter Form außerordentlich verbreitet sowohl im Tier- als auch im Pflanzenreich. Die meisten tierischen und pflanzlichen Fette und Öle sind Mischester des G. mit den verschiedenen Fettsäuren (*Triglyceride*). In den tierischen Fetten sind fast ausschließlich die drei (geradzahligen) Säuren ↑ Palmitinsäure (C16), ↑ Stearinsäure (C18) und ↑ Ölsäure (C18 mit einer Doppelbindung) enthalten, so daß das in der Formel dargestellte Molekül als Beispiel für ein tierisches Fett gelten kann (s. Abbildung).

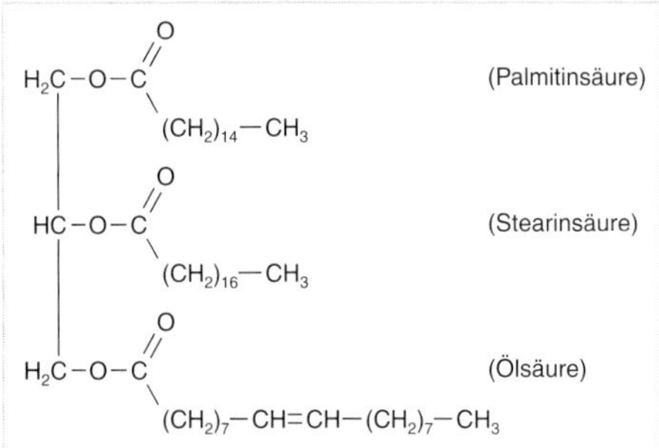

Beispiel für ein Molekül eines tierischen Fettes

Je höher der Anteil der (ungesättigten) Ölsäure in einem Fett ist, um so niedriger schmelzend ist dieses (z. B. *Schmalz*), und umgekehrt ist ein Fett umso höher schmelzend, je höher der Gehalt an gesättigten Fettsäuren ist (z. B. *Talg*). Das *Milchfett* macht in der Zusammensetzung eine Ausnahme, weil in diesem auch niedriggliedrige (geradzahlige) Fettsäuren vorkommen wie die ↑ Buttersäure, ↑ Capronsäure und ↑ Octansäure. Die pflanzlichen Öle unterscheiden sich von den tierischen Fetten vor allem dadurch, daß sie in höherem Ausmaß ungesättigte, zum großen Teil auch mehrfach ungesättigte Fettsäuren (↑ Linolsäure, ↑ Linolensäure) enthalten.

Wird in den stark ungesättigten pflanzlichen Ölen ein Großteil der Doppelbindungen durch katalytische Hydrierung beseitigt, so erhält man schließlich feste Fette, ein Vorgang der, als „*Fetthärtung*" bezeichnet, besondere Bedeutung bei der Margarine-Herstellung hat. Behandelt man Triglyceride in der Wärme mit Alkalilaugen, so werden diese in G. und die Alkalisalze der betreffenden Fettsäuren gespalten. Da letztere die altherkömmlichen Seifen darstellen, hat diese Reaktion den Namen „*Fettverseifung*" erhalten, und der Begriff „*Verseifung*" ist auch heute noch der Fachterminus für hydrolytische Spaltungen von Estern in Alkohol und Säure (s. Schema).

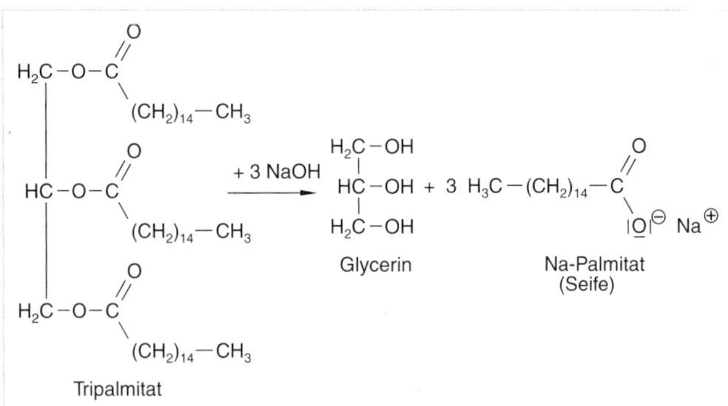

Fett-Verseifung

Als *Fettsäuren* bezeichnet man also die langkettigen Carbonsäuren, z. B. die ↑Palmitinsäure oder ↑Stearinsäure. Hydriert man deren Carboxylfunktion zur alkoholischen Hydroxylgruppe (z. B. am Kupferchromit-Kontakt bei hohem Druck und hoher Temperatur), erhält man die *Fettalkohole*. Diese entstehen auch im Alfol-Prozess (s. unter ↑Aluminiumtriethyl).

Die oben angesprochenen *Seifen* sind die Prototypen der *Tenside* (alternative Bezeichnungen: *waschaktive Substanzen*, *oberflächenaktive Substanzen*, *grenzflächenaktive Substanzen*, *Detergentien*, *Netzmittel*), weshalb diese technisch bedeutsame Produktklasse an dieser Stelle näher charakterisiert sei.

Strukturmerkmale der Tenside: Um *tensidische Eigenschaften* (s. unten) zu besitzen, muß ein Molekül folgendes Strukturmerkmal aufweisen: ein stark polarer und ein unpolarer Molekülteil müssen deutlich voneinander getrennt sein. Man spricht auch von *Kopf-Schwanz-Struktur*, d. h. ein polarer „Kopf" ist mit einem unpolaren „Schwanz" verknüpft. Während der unpolare Teil durchweg ein ausgedehntes Kohlenwasserstoff-Segment darstellt, ergeben sich aus der polaren Funktion die Unterschiede zwischen den einzelnen *Tensid-Typen* und damit ihre Einteilung gemäß folgender Aufstellung.

Tensid-Typ	Der polare Teil bildet (besteht aus)
AnionischeTenside	Anionen (vor allem Carboxyl-, Sulfat- oder Sulfonylgruppen)
KationischeTenside	Kationen (vor allem quartäre Ammonium-Ionen)
NichtionischeTenside	stark polarisierte O- oder N-Funktionen (vor allem Glykolether- oder Glucosidgruppen
AmpholytischeTenside	Kationen oder Anionen je nach pH-Wert (z. B. Amino- und Carboxylgruppen im gleichen Molekül)

Anionische Tenside (bilden zusammen mit den nichtionischen die mengenmäßig bedeutendste Gruppe) sind heute vor allem die Seifen (s. oben) sowie die Alkylbenzolsulfonate (s. unter ↑Schwefeltrioxid), die Fettalkoholsulfate und Fettalkoholethersulfate (s. unter ↑1-Octadecanol).

Kationische Tenside (auch als Invertseifen bezeichnet), meist *Alkylammonium-Verbindungen*, werden vor allem für *Weichspüler* verwendet, da sie sich an anionische Faserstrukturen binden und einen weichen „Griff" erzeugen. Sie haben nur etwa 7 % Anteil am Gesamttensid-Verbrauch (als Beispiel s. ↑Benzalkoniumchlorid).

Nichtionische Tenside sind vor allem Fettalkoholpolyethylenglykole (s. unter ↑Polyethylenglykol).

Ampholyttenside werden in Spezialwaschmitteln und vor allem für die Körperreinigung eingesetzt. Ein Spezialfall sind die sogenannten Neutralseifen (s. unter ↑Diethanolamin und ↑Triethanolamin).

Funktion der Tenside: Der eigentümliche Aufbau der Tenside bedingt auch ihr einzigartiges Verhalten z. B. im Wasser. Die Moleküle richten sich an der Oberfläche aus dergestalt, daß die hydrophilen Köpfe ins Wasser tauchen, die hydrophoben Reste dagegen aus dem Wasser herausragen (s. Abbildung).

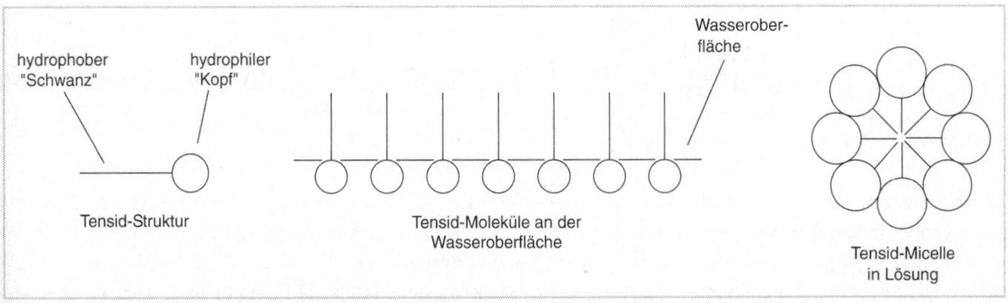

Tensid-Struktur und Aggregat-Bildung in Wasser

Dadurch wird die Oberflächenspannung des Wassers (s. unter ↑ Wasser) aufgehoben. Bei höheren Tensid-Konzentrationen lagern sich mehrere Tensidmoleküle so zusammen, daß ihre Köpfe eine Kugelschale bilden, also die in der Abbildung dargestellten *Micellen* gebildet werden, in deren Gestalt das Tensid dann in Lösung geht. Diese *Aggregat-Bildung* unterscheidet die Tenside von allen anderen Stoffen.

Bringt man in eine wässerige Tensid-Lösung Fette, Öle oder sonstige unlösliche Verunreinigungen ein, so „lösen" sich die unpolaren „Schwänze" im hydrophoben Schmutz, die Schmutzpartikel werden in Micellen eingeschlossen und so wasserlöslich gemacht. Das gleiche geschieht mit Schmutzteilchen, die sich auf verschiedensten Oberflächen (z. B. Textilien) festgesetzt haben. Behandelt man die Oberfläche mit tensidhaltigem Wasser, wird der Schmutz durch Micellen-Bildung abgelöst und mit der *Waschflotte* weggeschwemmt. Das macht die Tenside zu den wertvollen waschaktiven Substanzen (s. Abbildung).

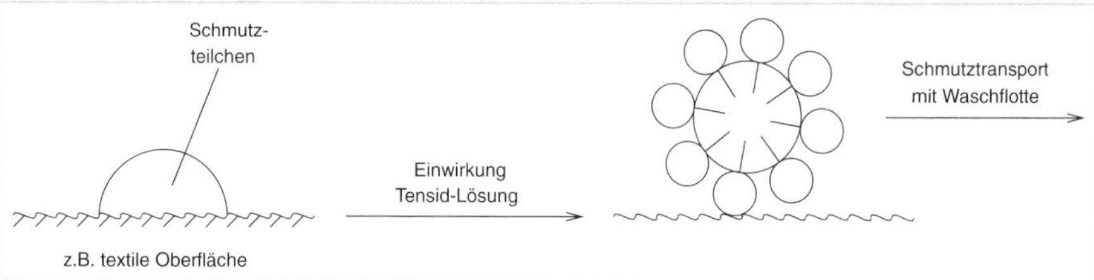

Waschwirkung der Tenside

Tenside werden vor allem in der Textilreinigung, Kosmetik, Nahrungsmittel-Industrie, Metallbehandlung, Erzaufbereitung, Farbenherstellung und als Hilfsmittel in zahllosen anderen technischen Bereichen eingesetzt.

G. ist auch Bestandteil der biologisch bedeutsamen ↑ Phospholipide.

Die Verwendung des G. zeigt eine große Vielfalt der Möglichkeiten. Es läßt sich einteilen in die Verwendungen, die auf dem Charakter des G. als hochsiedende, wasserlösliche Flüssigkeit, also auf den physikalischen Eigenschaften beruhen und in solche, die sich die präparativen Möglichkeiten des dreifachen Alkohols zunutze machen.

Zur ersten Gruppe gehört die Verwendung als *Frostschutzmittel* (Kühler), als *Bremsflüssigkeit* (Kfz), als *Feuchthaltemittel* (Tabak), als *Weichmacher* oder als Lösungsmittel.

Zur zweiten Gruppe zählt die Oxidation zu ↑ Glycerinaldehyd, *Glycerinsäure*, *Dihydroxyaceton* und vor allem die Verwendung zur Herstellung der ↑ Alkydharze. Mit ↑ Formaldehyd bildet G. das *Glycerinformal* als Gemisch der α,α'- und α,β-Form, das eine wasserlösliche hochsiedende Flüssigkeit (Sdp. 191-195 °C) darstellt.

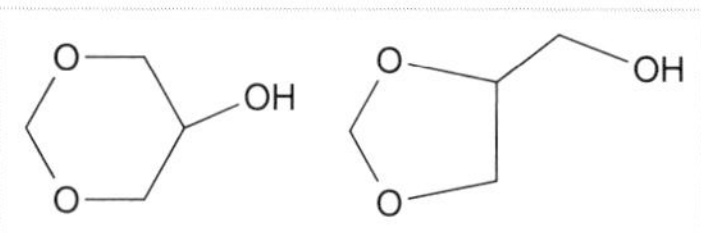

Glycerinformal, links die α,α'-, rechts die α,β-Form

Beim Erhitzen mit ↑ Essigsäure bildet G. die *Glycerinacetate*, die als *Acetin* (*Glycerinmonoacetat*), *Diacetin* (*Glycerindiacetat*) und *Triacetin* (*Glycerintriacetat*) bezeichnet werden. Es sind farblose, ölige Flüssigkeiten, die außer Triacetin mit Wasser mischbar sind. Sie kommen in der Natur nicht vor. Verwendung finden sie als Lösungsmittel und Weichmacher. Triacetin dient darüber hinaus als Fixateur in der Aromenherstellung und ist mit der Nr. E 1518 als Lebensmittelzusatzstoff zugelassen (Trennmittel).

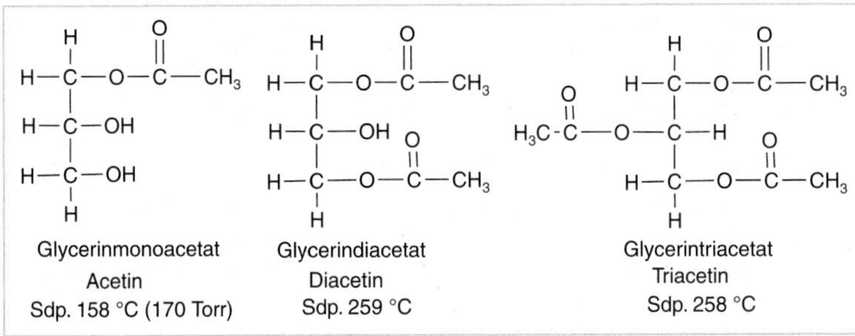

Strukturen der Glycerinacetate

Diacetin ist meist eine Mischung der 1,2- und 1,3-Verbindung. Technisches Triacetin ist eine Mischung aller Glycerinacetate.

$C_3H_8O_3$ $M_R = 92{,}09$ C 39,13 % H 8,76 % O 52,12 %

t_{Smp}	$t_{Zersetzung}$	d	η
18,2 °C	290 °C (Z)	1,26 g/cm³	1490 mPa · s

C_p	$\Delta_S H$	$\Delta_V H$	$\Delta_B H$	S^o	Q_C
219 J/(K · mol)	18,3 kJ/mol	91,7 kJ/mol	−669 kJ/mol	37,9 J/(K · mol)	−1654 kJ/mol

D,L-Glycerinaldehyd

Glyceraldehyde 2,3-Dihydroxypropionaldehyd

Bildet farblose Kristalle, die sich bei 20 °C zu ca. 3 g in 100 ml Wasser lösen, in Ethanol oder Diethylether hingegen kaum löslich sind

D,L-G. wird erhalten bei der Oxidation von ↑ Glycerin mit ↑ Wasserstoffperoxid in Gegenwart von Fe(II)-Ionen (s. Schema).

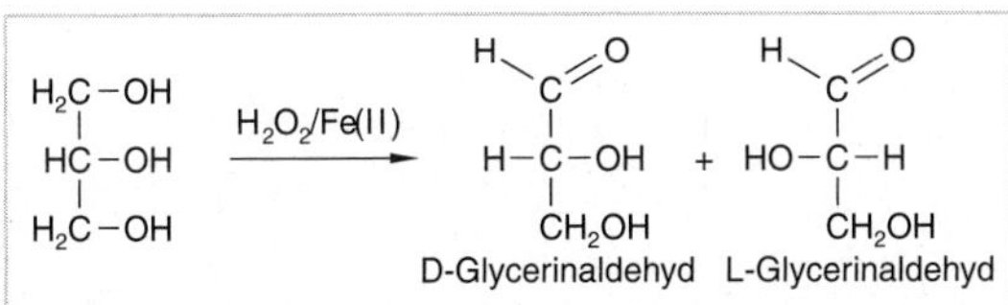

Herstellung von D,L-Glycerinaldehyd

Der G. dient als einfachste optisch aktive Aldose als Bezugssubstanz für die Festlegung der absoluten Konfiguration am asymmetrischen C-Atom. Deshalb seien hier Grundtatsachen über *optische Aktivität* beschrieben, die an zahlreichen anderen Stellen dieses Buches auch von Bedeutung sind. Enthält ein Molekül ein Kohlenstoff-Atom, das mit vier verschiedenen Atomen oder Atomgruppen verbunden ist, so stellt dieses C-Atom ein *Asymmetrie-Zentrum*, besser gesagt ein *Chiralitäts-Zentrum* dar. Eine Substanz, deren Moleküle ein solches Zentrum aufweisen, zeigt eine besondere physikalische Eigenschaft: sendet man linear polarisiertes Licht durch eine Lösung dieser Verbindung, so wird die Ebene, in der sich das Licht ausbreitet (*Polarisationsebene*), um einen bestimmten Winkel gedreht, was man als optische Aktivität bezeichnet. Die tetraedrische Struktur mit vier verschiedenen Substituenten hat eine wichtige Konsequenz: es gibt zwei

Anordnungsmöglichkeiten der Substituenten (*Konfigurationen*), die sich zueinander verhalten wie Bild und Spiegelbild (s. Tetraeder-Modell).

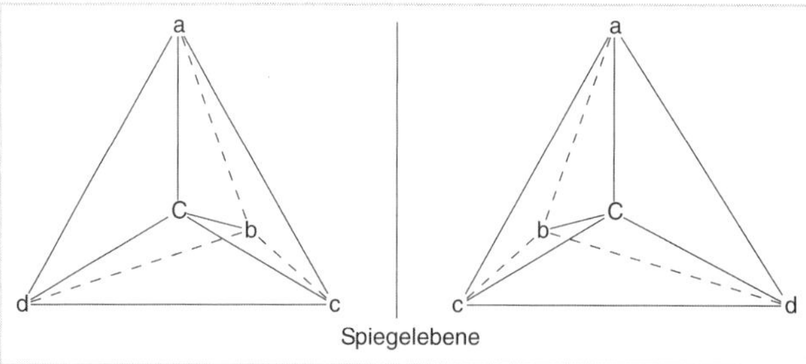

Bild und Spiegelbild des Tetraedermodells

Bild und Spiegelbild lassen sich nicht zur Deckung bringen, so wie es sich verhält mit rechter und linker Hand. Daher rührt auch der Begriff der *Chiralität* (von griech.: cheir, die Hand), der mit *Händigkeit* zu übersetzen wäre. Diese beiden Verbindungen („Bild" und „Spiegelbild") stellen also Isomere dar, und zwar *optische Isomere* oder *Spiegelbildisomere* oder, die treffendere Bezeichnung, *Enantiomere*. Die beiden Enantiomeren unterscheiden sich physikalisch nun genau dadurch, daß das eine die Polarisationsebene nach rechts dreht, das andere aber um genau denselben Betrag nach links. Die rechtdrehende Wirkung bringt man im Substanz-Namen durch ein (+)−, die linksdrehende durch ein (−)-Zeichen zum Ausdruck. Liegt ein 1 : 1-Gemisch der beiden Enantiomeren vor, heben sich die beiden Drehungen genau auf, es ist optisch inaktiv und man bezeichnet es als *Racemat*.

Für die formelmäßige zweidimensionale Darstellung von optisch aktiven Verbindungen schuf E. Fischer (1891) die nach ihm benannten Projektionsformeln (*Fischer-Projektionen*). Man orientiert das Tetraeder-Modell so, daß das Chiralitätszentrum in der Papierebene liegt, sodann läßt man zwei sich nicht schneidende Tetraederkanten parallel zur Papierebene verlaufen und legt gleichzeitig die vor der Papierebene liegende Kante waagerecht, die dahinterliegende senkrecht. Das Molekül ist dann in Form eines Kreuzes projiziert (s. Projektion des Glycerinaldehyds).

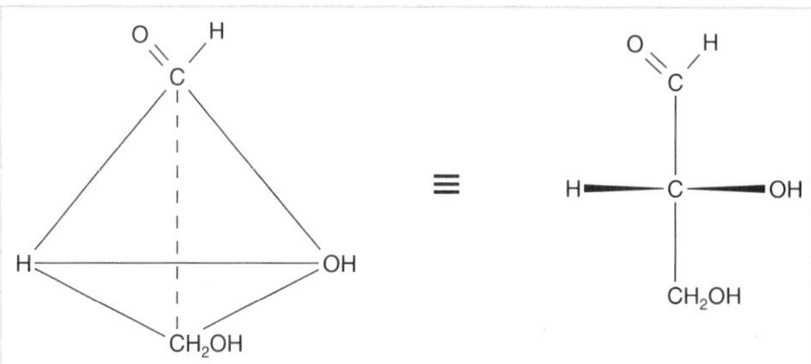

Fischer-Projektion des Glycerinaldehyds

Zur Festlegung der Substituenten-Anordnung am asymmetrischen C-Atom führte Rosanoff 1906 das *D,L-System* ein, wobei D für dextrum = rechts und L für laevum = links steht. Es benutzt die Fischer-Projektion und ist anwendbar auf Moleküle des Typs R-CHX-R′, wobei R-C-R′ die Hauptkette des Moleküls ist. Das C-Atom 1 der Hauptkette (also das am stärksten oxidierte) soll Kopf der Fischer-Projektion sein. Liegt dann der Substituent X rechts, handelt es sich um die D-Form, liegt es links, um die L-Form. Die für den Drehsinn benutzten Symbole (+) und (−) haben damit nichts zu tun. Die Enantiomeren des G. sind in der D,L-Nomenklatur also wie abgebildet darzustellen (s. Abbildung).

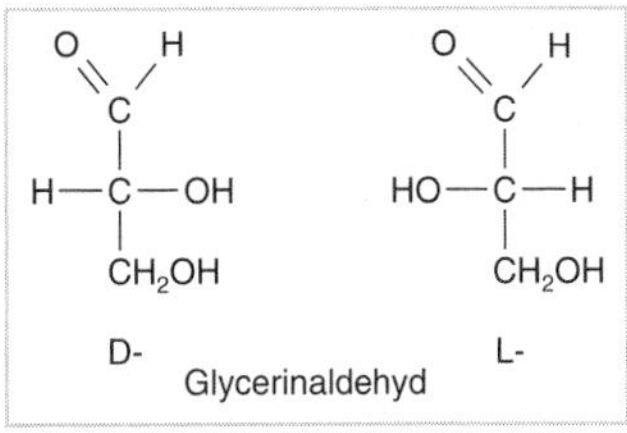

D- und L-Glycerinaldehyd

Das Vertauschen zweier Substituenten oder das Umwenden auf den Rücken schafft ein Enantiomeres. Eine Drehung in der Ebene um 180° ist erlaubt. Dreht man das Molekül in der Papierebene um 90° oder um die Hauptachse um 180°, muß man zwei gegenüberliegende Substituenten vertauschen, um das gleiche Isomere zu behalten.

Das D,L-System ist nicht auf alle Verbindungstypen anwendbar. Von Cahn, Ingold und Prelog wurde deshalb 1956 das *CIP-System* oder *R,S-System* eingeführt. Hier steht R für rectus = rechts und S für sinister = links. In diesem System werden die Substituenten in einer Prioritäts-Reihenfolge angeordnet. Man betrachtet in den vier Substituenten jeweils das mit dem asymmetrischen C-Atom verbundene Atom. Je höher dessen Ordnungszahl, umso höher die Priorität, also I > Br > Cl> S > F > O > N > C > H. Sind zwei Atome gleich, so entscheidet deren Substitutionsgrad, also z. B. CCl_3 > COCl > COOR > COOH > $CONH_2$ > COR > CHO > CH_2OH > CH_2NH_2 > $CH_2–CH_3$ > CH_3.

Ist ein Substituent ein doppelt gebundenes Heteroatom, so wird es doppelt gezählt (s. Abbildung).

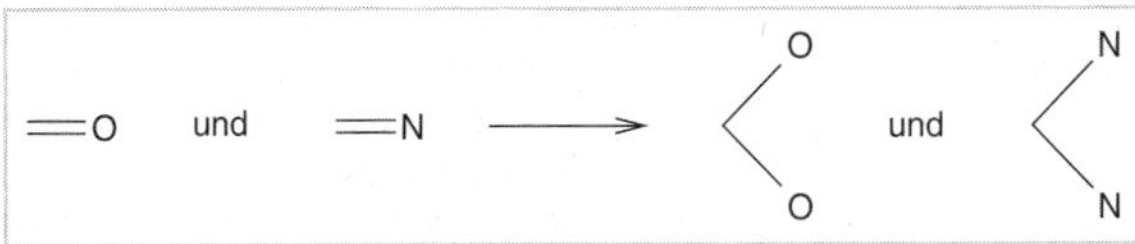

Doppelt gebundene Heteroatome nach CIP

Dieses Prioritätssystem wird nun folgendermaßen angesetzt: das Tetraedermodell wird so angeordnet, daß der Substituent mit der geringsten Priorität nach hinten zeigt. Die drei dem Betrachter zugewandten Substituenten bilden die R-Anordnung, wenn die Reihenfolge abnehmender Priorität nach rechts (im Uhrzeigersinn), die S-Anordnung, wenn sie nach lins verläuft (s. schematische Darstellung).

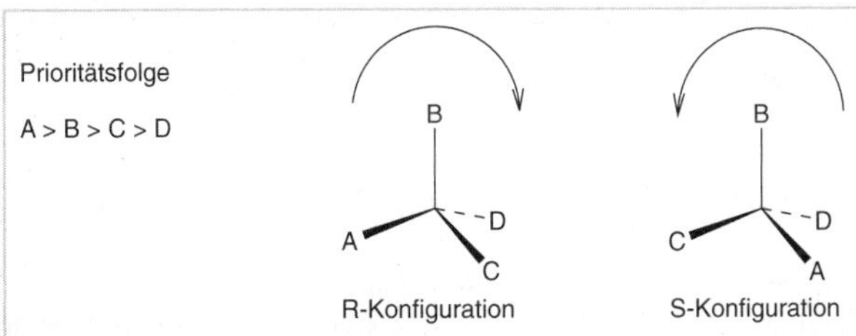

Cahn-Ingold-Prelog-System (CIP-System)

Will man aus der Fischer-Projektion die R,S-Konfiguration gewinnen, kann man im Falle des D-Glycerinaldehyds wie folgt vorgehen (s. Schema).

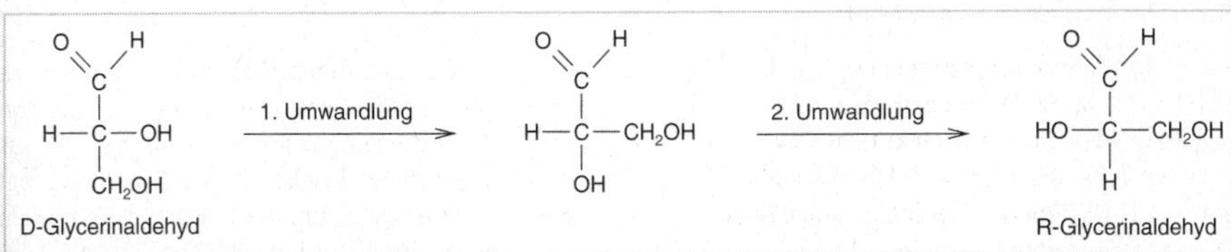

Zuordnung von D,L- und R,S-Konfiguration

Da zwei Substituenten-Vertauschungen das gleiche Isomere ergeben, sind also D- und R-Form des Glycerinaldehyds identisch.

Zu Verbindungen mit mehreren asymmetrischen C-Atomen sowie dem Begriff der Diastereomeren s. unter ↑ Erythrose, zum Begriff der Meso-Form s. unter ↑ Weinsäure, zur optischen Aktivität der Zucker s. unter ↑ D(+)-Glucose.

Bei der o. g. Oxidation des Glycerins zum G. wird auch das zu letzterem isomere *Dihydroxyaceton* erhalten. Zwischen G. und Dihydroxyaceton besteht ein über die *Lobry-de Bruyn-van-Ekenstein-Umlagerung* verlaufendes Gleichgewicht, das in der Zuckersynthese Bedeutung hat (s. Schema). G. kommt in diesem Gleichgewicht auch als Zwischenstufe im Calvin-Cyclus vor (s. unter ↑ Chlorophyll).

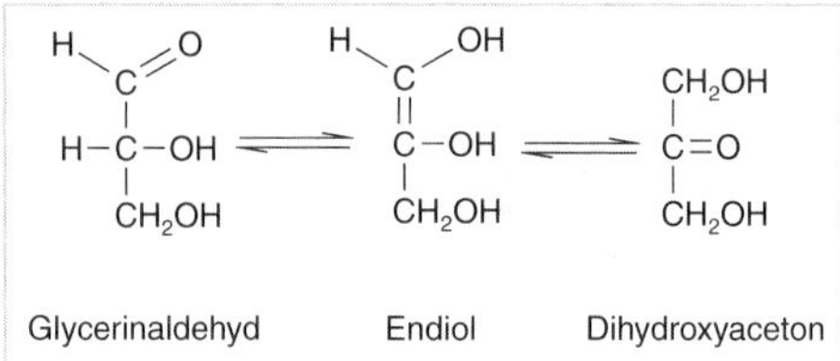

Gleichgewicht zwischen Glycerinaldehyd und Dihydroxyaceton

Das Gleichgewichtsgemisch wird auch als *Glycerose* bezeichnet. Weitere technische Bedeutung besitzt G. nicht.

$C_3H_6O_3$	$M_R = 90{,}08$	C 40,00 %	H 6,71 %	O 53,23 %

t_{Smp}	t_{Sdp}	d	η
145 °C		1,46 g/cm³	

C_p	$\Delta_S H$	$\Delta_V H$	$\Delta_B H$	S^o	Q_C
					−1460 kJ/mol

Glycin

Glycine α-Aminoessigsäure, Glykokoll

Bildet farblose, süßlich schmeckende Kristalle, die sich bei 20 °C zu ca. 25 g, bei 100 °C zu 67 g pro 100 ml Wasser lösen. G. ist praktisch unlöslich in den meisten org. Solventien.

G. tritt als Baustein fast aller Proteine auf und wurde 1820 als erste Aminosäure überhaupt aus einem Gelatine-Hydrolysat isoliert. Die Synthese des G. gelingt aus ↑ Chloressigsäure durch Umsetzung mit ↑ Ammoniak (s. Gleichung).

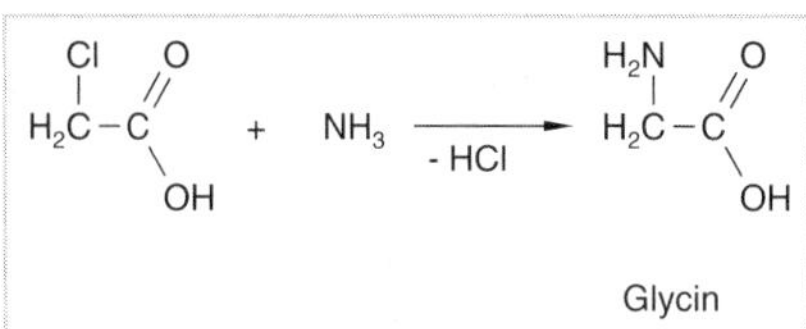

Synthese von Glycin aus Chloressigsäure

Eine weitere Route ist die „*Strecker-Synthese*" aus ↑ Formaldehyd, ↑ Cyanwasserstoff und ↑ Ammoniak. Die *Strecker-Synthese* ist ein sehr genereller Weg zu Aminosäuren, wie er mechanistisch hier für die G.-Synthese formuliert ist (s. Schema).

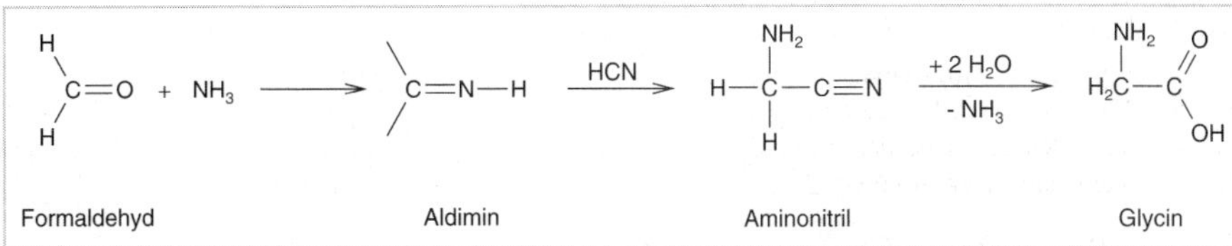

Strecker-Synthese von Glycin

Es bildet sich zunächst das Aldimin (zum Mechanismus s. die Azomethin-Bildung unter ↑ Propylamin), dann das *Aminonitril*, dessen Verseifung die Aminosäure liefert. Das Verfahren ist auch auf primäre und sekundäre Amine (statt Ammoniak) anwendbar.

G. ist die einfachste und am leichtesten zugängliche Aminosäure. Sie ist nicht optisch aktiv. Die pKs-Werte betragen 2,34 und 9,60, der isoelektrische Punkt liegt bei pH 5,97. Der pH-Wert einer 0,2m wässerigen Lösung beträgt 4,0. G. besitzt (wie alle *Aminosäuren*) saure und basische Eigenschaften und bildet deshalb mit Basen und Säuren Salze (s. Schema).

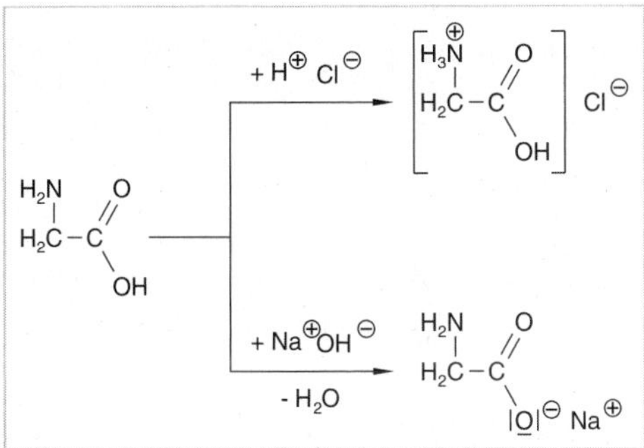

Glycin als einfachstes Beispiel für einen Ampholyten

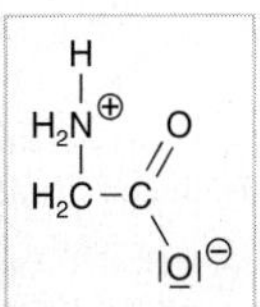

Glycin als Zwitter-Ion

Das G. ist damit das einfachste Beispiel für einen *Ampholyten*. In einer Art innerer Neutralisation können die Aminosäuren ein *Zwitterion* ausbilden, indem das Proton der Carboxylgruppe an die Aminogruppe wandert (s. Abbildung).

Diese Zwitterionen-Bildung ist natürlich stark pH-abhängig und es gibt für jede Aminosäure einen bestimmten pH-Wert, bei dem sie vollständig als Zwitterion vorliegt und der als „*Isoelektrischer Punkt*" bezeichnet wird, so benannt, weil die betreffende Aminosäure bei diesem pH-Wert in einem angelegten elektrischen Feld bei der Elektrophorese nicht wandert.

Ein interessantes Derivat des G. ist ↑ Betain. Das Monomethyl-Derivat des G., das ↑ Sarkosin, kommt in den Muskeln vor und ist Baustein von ↑ Kreatin, welches sich z. B. in Fleischbrühe findet. Die ↑ Hippursäure ist N-Benzoyl-glycin (s. Formelabbildungen).

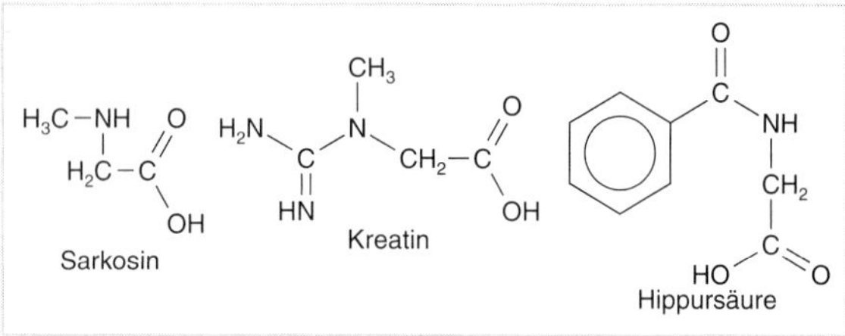

Wichtige Derivate von Glycin

Beim Erhitzen von G. entsteht *2,5-Dioxopiperazin* (s. Schema).

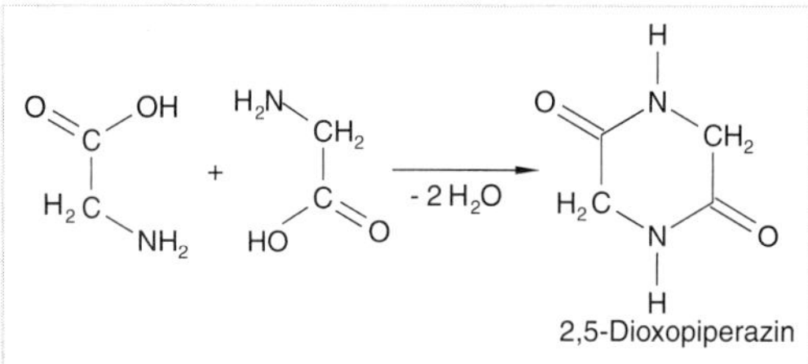

Dioxopiperazin-Bildung durch Erhitzen von Glycin

G. ist ein wichtiger Bestandteil von *Pufferlösungen*, und zwar können durch Vermischen von 0,1m G.-Lösungen mit 0,1n Salzsäure + Natriumchlorid gezielt Puffer zwischen pH 1,1 und 2,2, durch Vermischen von 0,1m G.-Lösungen mit 0,1m Natronlauge + Natriumchlorid gezielt Puffer zwischen pH 8,6 und 12,9 hergestellt werden. G. wird als Geschmacksverstärker in süßsauren Lebensmitteln verwendet und ist hierfür mit der Nummer *E 640* zugelassen.

$C_2H_5NO_2$ $M_R = 75{,}07$ C 32,00 % H 6,71 % N 18,66 % O 42,63 %

$t_{Zersetzung}$	t_{Sdp}	d	η		
233 °C (Z)		1,16 g/cm³			
C_p	$\Delta_S H$	$\Delta_{Sub} H$	$\Delta_B H$	S^o	Q_C
95 J/(K · mol)		138 kJ/mol (S)	−527 kJ/mol	103 J/(K · mol)	−974 kJ/mol

Glycyrrhetinsäure

Glycyrrhetinic acid Enoxolon

Bildet farblose, nadelförmige Kristalle, die in Wasser unlöslich, aber gut löslich sind in Ethanol oder Chloroform.

Die G. ist Bestandteil des wässerigen Extraktes der *Süßholzwurzel*. Der schwarze glasige Eindampfrückstand dieses Extraktes wird als *Blocklakritze* bezeichnet. Die eigentliche *Lakritze* wird aus der Blocklakritze hergestellt, indem sie mit Wasser und Zuschlägen von Mehl, Zucker und Pflanzenölen gekocht wird. Die so erhaltene Masse wird wiederum getrocknet bis zum Restwassergehalt von ca. 15 % und stellt dann die bekannte Lakritze dar.

Die den Geschmack und die Wirkung der Lakritze bestimmende Komponente ist die *Glycyrrhizinsäure*, die zu ca. 15 % in der Blocklakritze vorkommt. Die Glycyrrhizinsäure bildet farblose, in heißem Wasser lösliche und 50-fach süßer als Rohrzucker und nach Lakritze schmeckende Kristalle. Sie ist ein Glykosid der G. mit dem Disaccharid *2-O-(β-D-Glucuropyranosyl)-D-glucuronsäure* und wird demzufolge beim Kochen mit verdünnter Schwefelsäure zu einem Mol G. und zwei Mol ↑ Glucuronsäure gespalten.

Die G. ist ein Triterpen (s. unter ↑ Isopren) mit der in der Abbildung gezeigten Struktur (s. Abbildung).

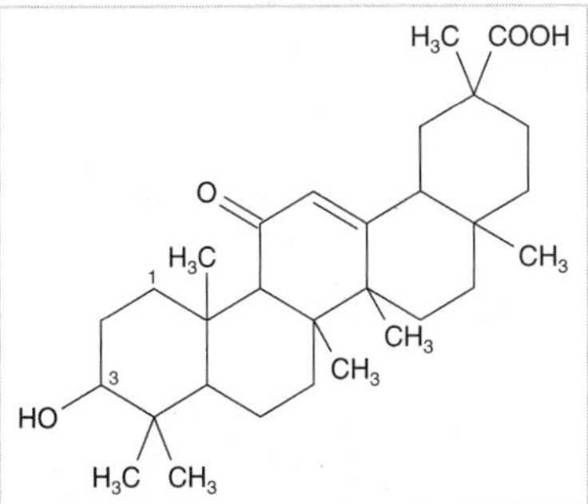

Struktur der Glycyrrhetinsäure

Die seit dem Altertum bekannten positiven medizinischen Effekte von Lakritze (z. B. entzündungshemmende Wirkung) konnten klinisch auf die G. zurückgeführt werden. Sowohl die Glycyrrhizinsäure als auch die G. werden deshalb therapeutisch vielfach verwendet, z. B. gegen bakterielle Infektionen des Verdauungsapparates. Der Halbester der G. mit der ↑ Bernsteinsäure über die Hydroxylgruppe am C3 ist das bekannte Ulcustherapeutikum *Carbenoxolon.*

$C_{30}H_{46}O_4$ $M_R = 470{,}67$ C 76,55 % H 9,85 % O 13,60 %

t_{Smp}	t_{Sdp}	d	η
295 °C			

MAK	R-Satz	S-Satz
	22-36	22-24/25

Glykogen

Glycogen Tierische Stärke, Leberstärke

Bildet ein weißes Pulver, das sich in Wasser löst, jedoch unlöslich ist in Ethanol.

G. kann als die tierische Stärke bezeichnet werden, da sie strukturell sehr verwandt ist mit der pflanzlichen Stärke und wie diese aus α-(1,4)-glykosidisch verknüpften D-Glucose-Einheiten aufgebaut ist, jedoch stärkere Kettenverzweigungen aufweist und hauptsächlich im tierischen Organismus vorkommt. Sie findet sich in den Muskeln und vor allem in der Leber (bis zu 18 % des Lebergewichts) und bildet das Reserve-Kohlenydrat des tierischen Körpers.

Der Aufbau des G. vollzieht sich in der Leber ausgehend von der ↑ L(+)-Milchsäure in Verbindung mit der Atmung. Der als *Glykogenolyse* bezeichnete Abbau des G. beinhaltet die Bildung von *Glucose-1-phosphat* (*Cori-Ester*), die durch Angriff von Phosphat-Ionen (katalysiert durch das Enzym *Glykogenphosphorylase*) am endständigen Glukose-Rest und Abspaltung desselben erfolgt (s. Gleichung).

$$\text{Glykogen} + H_3PO_4 \longrightarrow \text{Glucose-1-phosphat}$$

Startreaktion der Glykogenolyse

Der weitere Abbau verläuft genau analog zur alkoholischen Gärung bis zur ↑ Brenztraubensäure und wird als *Glykolyse* bezeichnet. Weiteres s. unter ↑ Ethanol.

Die mittlere Molekülmasse des G. kann zwischen ca. 300.000 und 3.000.000 schwanken.

Das G. reduziert Fehling-Lösung nicht und ergibt mit Iod braune bis violette Färbungen.

Glykol ⟶ Ethylenglykol

Glykolaldehyd

Glycol aldehyde Hydroxyacetaldehyd

Der reine monomere G. ist eine farblose sirupöse süßlich schmeckende Flüssigkeit, der leicht ein farbloses kristallines Dimeres, das *2,5-Dihydroxydioxan*, bildet, das sich gut in Wasser löst. Dieses Dimere ist auch die Handelsform des G. Das Dimere geht in wässeriger Lösung allmählich in das Monomere über. G. reduziert Fehling-Lösung.

G. entsteht bei der Oxidation von ↑ Ethylenglykol mit ↑ Wasserstoffperoxid in Gegenwart von Fe(II)-Salz (als *Fentons Reagenz* bezeichnet, s. auch unter ↑ Wasserstoffperoxid) (s. Schema).

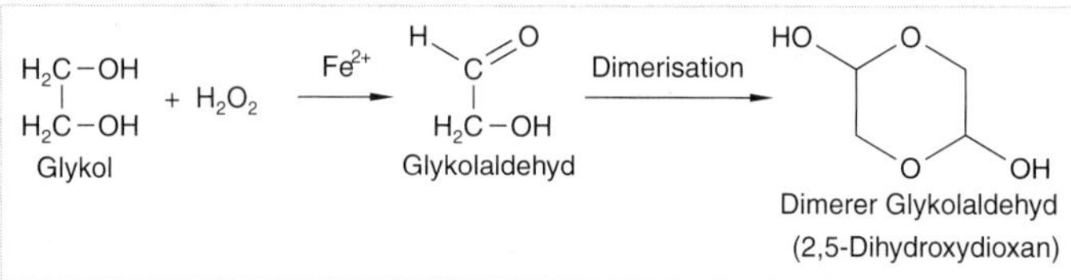

Darstellung von Glykolaldehyd und dessen Dimerisation

G. ist der einfachste Aldehydzucker und vollzieht als solcher die in der Zuckerchemie historisch bedeutungsvolle *Osazonbildung* mit ↑ Phenylhydrazin, deren Mechanismus bis heute nicht geklärt ist: die Aldehydfunktion bildet zunächst das Hydrazon, ein zweites Hydrazinmolekül oxidiert die sekundäre Hydroxylgruppe zur Aldehydfunktion (unter Bildung von ↑ Anilin und ↑ Ammoniak) und ein drittes Phenylhydrazin-Molekül formt mit der neuen Aldehydfunktion ebenfalls das Hydrazon; es entsteht also ein α,β-Di-phenylhydrazon, allgemein als *Osazon* bezeichnet (s. Schema).

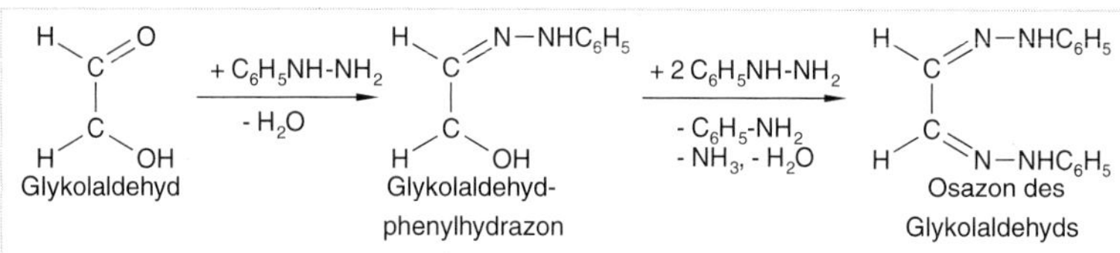

Osazonbildung mit Glykolaldehyd

Es ist bisher nicht zu erklären, wieso das eigentlich reduzierend wirkende Phenylhydrazin hier oxidierend wirkt. Die Osazone sind gut kristallisierende Verbindungen, die sich leicht abtrennen lassen.

$C_2H_4O_2$ $M_R = 60{,}05$ C 40,00 % H 6,71 % O 53,29 %

t_{Smp}	t_{Sdp}	d	η
85 °C (Dimeres)			

Glykolsäure

Glycolic acid		Hydroxyessigsäure

Bildet farb- und geruchlose, leicht hygroskopische Kristalle, die sich in Wasser und den üblichen org. Solventien gut lösen. Mit einem pK_S-Wert von 3,83 ist die G. eine stärkere Säure als die ↑Essigsäure und eine 0,5 %ige (0,065 molare) Lösung zeigt bereits einen pH von 2,5 (10 %ige Lösung: pH 1,73).

Die G. findet sich in Pflanzen, so in Zuckerrüben, im Zuckerrohr und in (unreifen) Weintrauben. Die technische Herstellung erfolgt durch Umsetzung von ↑Chloressigsäure mit Natronlauge (s. unter ↑Natriumhydroxid) oder durch elektrolytische Reduktion von ↑Oxalsäure, die andererseits aus G. mit ↑Salpetersäure entsteht (s. Schema).

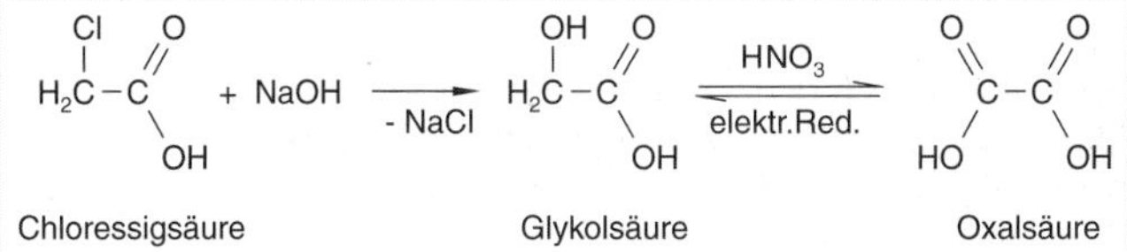

Bildung von Glykolsäure

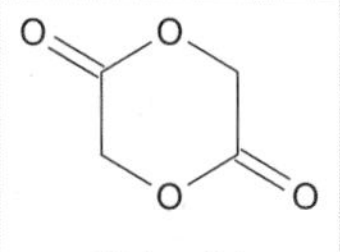

Struktur von Diglykolid

Die G. wird technisch vor allem in der Textil- und Lederindustrie als Hilfsstoff verwendet (Hilfsmittel der Textilausrüstung, Gerbung, Entkalkung). Da sie gute Chelatisierungs-Tendenz aufweist, wird sie zum Entrosten und Entkalken von Rohrleitungen eingesetzt (z. B. als 20 %ige Lösung). Sie eignet sich ferner zum Polieren von Metalloberflächen (z. B. von ↑Kupfer). Die G. wird allgemein als milde organische Säure eingesetzt. Die Ester der G., die *Glykolate*, dienen als Lösungsmittel in der Lackherstellung.

G. läßt sich zum cyclischen Diester *Diglykolid* dimerisieren (s. Abbildung), der sich anionisch zum *Polyglykolid* polymerisieren läßt, das ähnliche Anwendungen wie Polylactid finden kann (s. unter ↑Milchsäure).

$C_2H_4O_3$ $M_R = 76{,}05$ C 31,59 %   H 5,3 %   O 63,11 %

t_{Smp}	t_{Sdp}	d	η
80 °C			

Glyoxal

Glyoxal		Oxalaldehyd, Ethandial

Das reine monomere G. bildet bei Normalbedingungen eine farblose bis gelbliche Flüssigkeit. Es mischt sich beliebig mit Wasser, Ethanol und Diethylether. In monomerer Form ist es nur kurze Zeit beständig und polymerisiert bald zu einer weißen Masse. Es kommt deshalb in meist 40 %iger stabilisierter Lösung in den Handel.

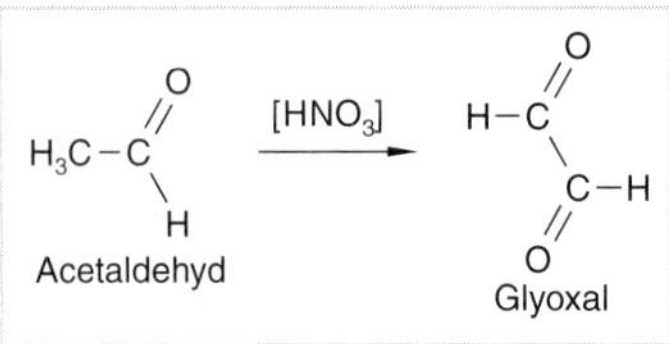

Darstellung von Glyoxal

Die technische Darstellung erfolgt durch Oxidation von ↑ Acetaldehyd mit 40 %iger ↑ Salpetersäure (s. Gleichung).

Als einfachster *Dialdehyd* ist G. eine sehr reaktionsfähige Verbindung. In wässeriger Lösung bildet sich das Hydrat, welches ebenfalls z. T. oligomerisiert. Die üblichen Aldehydreaktionen verlaufen mit G. an beiden Aldehydfunktionen. Mit ↑ Cyanwasserstoff entsteht z. B. das *Bis-cyanhydrin*, das zur Mesoweinsäure (s. unter ↑ Weinsäure) verseifbar ist. Mit ↑ Hydroxylamin bildet sich *Glyoxim* (s. Gleichung).

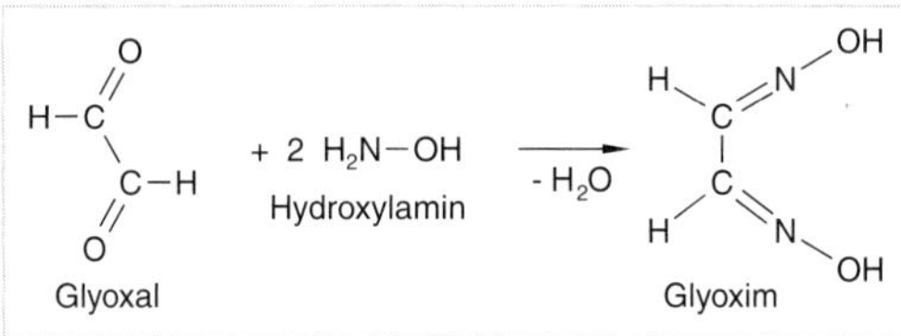

Bildung von Glyoxim

Mit ↑ Ammoniak und ↑ Formaldehyd entsteht ↑ Imidazol, mit ↑ Harnstoff erhält man in neutraler Lösung bei Raumtemperatur *Glyoxalmonourein*, in saurer Lösung bei höherer Temperatur dessen Dimeres, das *Glyoxaldiurein* (s. Schema).

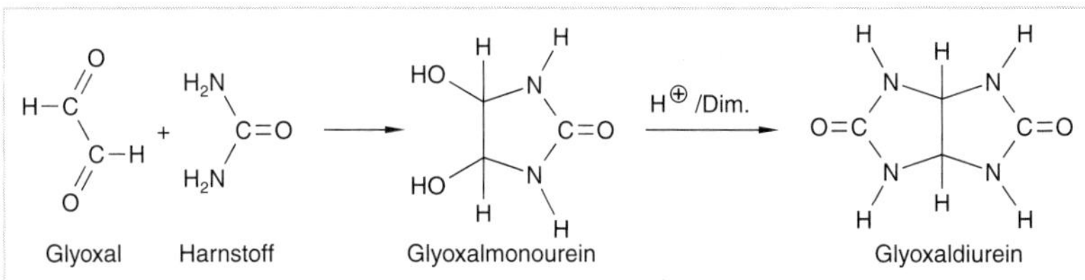

Umsetzung von Glyoxal mit Harnstoff

In alkalischer Lösung vollzieht sich die innermolekulare Cannizaro-Reaktion zum Na-Salz der ↑ Glykolsäure (zur Cannizaro-Reaktion s. unter ↑ Formaldehyd). Mit 2-Hydroxyanilin bildet sich das zweifache Azomethin *Glyoxal-bis-(2-hydroxyanil)*, das aufgrund seiner Chelatisierungstendenz als Fällungsmittel für Ca-Ionen dient (s. unter ↑ Calcium).

G. wird auch technisch verwendet als Vernetzungs- und Härtungsmittel (Caseinhärtung, Textilhilfsmittel, Aminoplast-Herstellung, Gelatine-Härtung, Gerbung).

► G. wirkt haut- und schleimhautreizend.

$C_2H_2O_2$ $M_R = 58{,}04$ C 41,39 % H 3,47 % O 55,14 %

t_{Smp}	t_{Sdp}	d	η
15 °C	50 °C	1,14 g/cm³	

C_p	$\Delta_S H$	$\Delta_V H$	$\Delta_B H$	S^o	Q_C
60,2 J/(K · mol)			−212 kJ/mol		−861 kJ/mol

Glyoxylsäure

Glyoxylic acid Oxoessigsäure

Aus wässeriger Lösung fällt die G. in Form farbloser Kristalle als Hydrat an, die sich in Wasser gut, in Ethanol oder Diethylether kaum lösen. Die Kristalle sind sehr hygroskopisch. Die wasserfreie G. erhält man durch Destillation im Vakuum über ↑ Phosphorpentoxid als sirupöse Flüssigkeit. Das Hydrat stellt eine weitere Ausnahme von der Erlenmeyer-Regel das (s. unter ↑ Chloralhydrat).

Die G. kommt in unreifen Früchten vor, z. B. in Johannisbeeren, Stachelbeeren und auch im Rhabarber. Synthetisch erhält man G. (als Hydrat) durch Erhitzen von *Dibromessigsäure* mit Wasser (s. Schema).

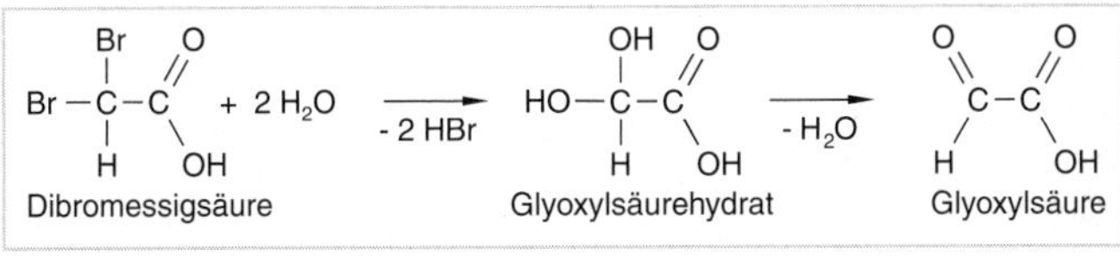

Darstellung von Glyoxylsäure

G. ist die einfachste *Aldehydcarbonsäure* und mit dem pK_S-Wert von 3,34 eine wesentlich stärkere Säure als ↑ Essigsäure. Die G. dient praktisch ausschließlich als Synthesebaustein.

$C_2H_2O_3$ $M_R = 74{,}04$ C 32,45 % H 2,72 % O 64,83 %

t_{Smp}	t_{Sdp}	d	η
75 °C (Hydrat)			

Gold

Gold Au

Ein in kräftigem Gelb glänzendes, sehr schweres und sehr weiches metallisches chemisches Element. Es wird von Luft, Wasser, konz. Säuren und Laugen nicht verändert. Lediglich wird Au von dem sog. „*Königswasser*", einer Mischung von drei Teilen konz. ↑ Salzsäure mit einem Teil konz. ↑ Salpetersäure, unter Oxidation zu Au(III) gelöst, sowie durch Cyanid-Lösungen in Gegenwart von ↑ Sauerstoff komplex in Lösung gebracht.

Au kommt eben wegen seines edlen Charakters in der Natur hauptsächlich gediegen, d. h. elementar vor, und zwar findet es sich als „*Berggold*" in Quarzlager eingebettet oder als „*Waschgold*" in Form von Staub und kleinen Körnern in Flußsanden und anderen Ablagerungen. Das Au ist dabei meist mit ↑ Silber, ↑ Kupfer und ↑ Platin verunreinigt.

Für Isolierung und Reinigung des Au existieren zwei verschiedene Verfahren: das *Amalgam-Verfahren* und die *Cyanidlaugerei*.

Beim Amalgam-Verfahren wird das Rohmaterial mit ↑ Quecksilber behandelt, wobei das Au im Quecksilber unter Amalgam-Bildung gelöst wird. Anschließend wird das Quecksilber aus dem Amalgam abdestilliert, und das zurückbleibende Au elektrolytisch weiter gereinigt. Bei der Cyanidlaugerei wird das Au-haltige Gestein mit verdünnter (höchstens 0,25 %iger) Natriumcyanid-Lösung unter Luftsauerstoff-Durchmischung ausgelaugt. Dabei geht das Au komplex in Lösung (s. Gleichung). Aus diesem Komplex wird das Au durch Zugabe von Zinkpulver als Au-Schlamm freigesetzt, der filtriert und eingeschmolzen wird (s. Gleichung).

$$2\,Au + {}^{1}/_{2}\,O_2 + H_2O + 4\,NaCN \longrightarrow 2\,Na[Au(CN)_2] + 2\,NaOH$$

Gold-Auflösung durch Cyanidlaugerei

$$2\,Au^{\oplus} + Zn \longrightarrow 2\,Au + Zn^{2+}$$

Goldabscheidung durch Zinkpulver

Das nach der elektrolytischen Reinigung erhaltene *Elektrolytgold* ist ca. 99,98 %ig.

Au hat am Aufbau der Erdrinde einen Anteil von etwa 0,005 ppm. Die wichtigsten Vorkommen finden sich in Südafrika (Witwatersand), Australien und Kalifornien.

Au schließt die I. Nebenguppe des PSE, deren Elemente als *Münzmetalle* (Cu, Ag, Au) bezeichnet werden, ab mit der Elektronenkonfiguration $1s^2\ 2s^2\ 2p^6\ 3s^2\ 3p^6\ 3d^{10}\ 4s^2\ 4p^6\ 4d^{10}\ 4f^{14}\ 5s^2\ 5p^6\ 5d^{10}\ 6s^1$ oder abgekürzt: Xe $4f^{14}\ 5d^{10}\ 6s^1$, Grundterm $^2S_{1/2}$.

$$3\,Au^{\oplus} \rightleftharpoons 2\,Au + Au^{3+}$$

Disproportionierung von Au(I) in wässeriger Lösung

Es kommt in den Oxidationsstufen +1 und +3 vor (die Stufe +2 ist zwar bekannt, ist jedoch ohne praktische Bedeutung). Au(I) ist in wässeriger Lösung sehr unbeständig und disproportioniert leicht (s. Gleichung).

Im Wasser oder gegen Wasser beständig sind nur Komplexe oder sehr schwer lösliche Au(I)-Verbindungen. Ein wichtiges Beispiel hierfür ist der oben bereits genannte Dicyanokomplex. In Gegenwart von Cyanid-Ionen wird Au bereits durch den nur mäßig oxidierend wirkenden molekularen Sauerstoff oxidiert. Dies ist deshalb möglich, weil der Dicyanokomplex des Au extrem stabil ist (s. Gleichung).

$$[Au(CN)_2]^{\ominus} \rightleftharpoons Au^{\oplus} + 2\,CN^{\ominus} \qquad pK = 21$$

Stabilität des Gold-Cyano-Komplexes

Die gemäß dem pK-Wert von 21 erlaubte Au(I)-Ionen-Konzentration ist nämlich so verschwindend, daß sich, wie man durch Einsetzen in die Nernst'sche Gleichung zeigen kann, das sehr hohe Normalpotential des Au (s. Gleichung), (das ja Ausdruck des edlen Charakters des Au ist) auf −0,6 V erniedrigt.

$$Au \longrightarrow Au^{\oplus} + e^- \qquad E_0 = +1{,}68\ V$$

Normalpotential der Au(I)-Bildung

Weitere stabile Au(I)-Verbindungen sind das violette *Gold(I)hydroxid*, das gelbe *Gold(I)chlorid* und das braunschwarze *Gold(I)sulfid*.

Stabiler als die Au(I)-Verbindungen sind Au(III)-Verbindungen in wässeriger Lösung, in denen allerdings das Au(III)-Ion durchweg als vierfach koordinierter planarer Komplex vorliegt. Die Au(III)-Verbindungen stellen alle kräftige Oxidationsmittel dar. Die wichtigste Au(III)-Verbindung ist das ↑ Gold(III)chlorid.

Bei Versetzen einer Au(III)-Salzlösung mit Alkalilauge fällt rotbraunes *Au(III)hydroxid* aus (das nicht isolierbar ist, sondern beim Trocknen in das braune *Gold(III)oxid* übergeht), das sich im Überschuß unter *Aurat-Bildung* löst, also amphoter ist (s. Schema).

$$Au^{3+} + 3\,OH^{\ominus} \longrightarrow \underset{\text{rotbraun}}{Au(OH)_3} \xrightarrow{NaOH} Na[Au(OH)_4]$$

Reaktion von Au(III) mit Hydroxid-Ionen

Mit ↑ Schwefelwasserstoff fällt zunächst schwarzes *Gold(III)sulfid* aus, das sich rasch in *Gold(I)sulfid* und ↑ Schwefel zerlegt. Reduktionsmittel fällen aus saurer bis neutraler Lösung elementares Au, das vielfach in Form tieffarbiger Kolloide gelöst bleibt. Ein besonders bekanntes Beispiel ist „*Cassiusscher Goldpurpur*", den man erhält, wenn sehr verdünnte, schwach saure Au(III)-Lösungen mit ↑ Zinn(II)chlorid reduziert werden. Dabei entsteht eine purpurrote Lösung, weil die feinen Goldteilchen an der sich bildenden kolloidalen Zinnsäure (Zinndioxid-Hydrat) adsorbiert werden. Dieses Kolloidadsorbat fällt beim Einengen in Form roter Flocken aus (s. Gleichung).

$$2\,Au^{3+} + 3\,Sn^{2+} + 6\,H_2O \longrightarrow 2\,Au + 3\,SnO_2 + 12\,H^{\oplus}$$

Bildung von Cassiusschem Goldpurpur

Die herausragende physikalische Eigenschaft des Au ist seine extreme Dehnbarkeit, die die Herstellung von grünlich durchscheinenden Blättchen oder Folien von nur einem zehntausendstel Millimeter Dicke erlaubt. Die elektrische Leitfähigkeit des Au beträgt nur etwa Zweidrittel der von ↑ Silber.

Die Seltenheit, die leuchtende Farbe, die Beständigkeit, die hohe Dichte bei guter Verarbeitbarkeit haben Au schon in früher Zeit (dokumentiert schon 4000 v. Chr.) zu einem begehrten Edelmetall werden lassen, dessen Besitz in allen Kulturen zur Demonstration von Reichtum und Macht diente. Au wird auch heute fast ausschließlich zur Herstellung von Schmuck- und Luxusgegenständen sowie als Münzmetall verwendet. Vielfach wird Au, weil es sehr weich ist, in legierter Form verarbeitet (z. B. mit Cu, Ag, Pt, Ni, Pd usw.). Der Au-Gehalt wird dabei entweder in Tausendsteln oder in *Karat* angegeben, wobei 24 Karat dem reinen Au entsprechen, 18 Karat also z. B. 750 Teile oder 75 % reines Au bedeuten. Das *Dukatengold* enthält 986 Teile Au. *Feingold* weist mindestens 995 Teile Au auf.

Zum analytischen Nachweis von Au dient vor allem der „Cassiussche Goldpurpur" (s. o.).

Au Z = 79 A_R = 196,966554 Isotope: 197; 177-179, 181, 183, 185-196, 198-203 (künstlich)

t_{Smp}	t_{Sdp}	d	MV	α	λ
1064 °C	2854 °C	19,32 g/cm³	10,19 cm³/mol	14,16 10^{-6}/K	317 W/mK

C_p	$\Delta_S H$	$\Delta_V H$	S^o	ϱ
25,32 J/(K · mol)	12,55 kJ/mol	334,4 kJ/mol	47,5 J/(K · mol)	20,5 nΩ · m

Gold(III)chlorid

Gold trichloride

$$AuCl_3 + H_2O \rightleftharpoons H[AuCl_3OH]$$

Reaktion von Gold(III)chlorid mit Wasser

$$Au + {}^3/_2\,Cl_2 \longrightarrow AuCl_3$$

Gewinnung von Gold(III)chlorid

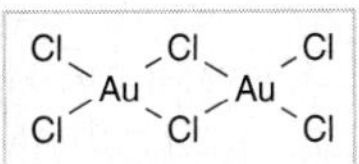

Dimerenstruktur von Gold(III)chlorid

$$AuCl_3 + HCl \longrightarrow H[AuCl_4]$$

Bildung der Tetrachlorogoldsäure

Bildet dunkelrote, hygroskopische Kristalle, die sich in Wasser mit braunroter Farbe lösen, wobei sich die *Trichlorhydroxygoldsäure* bildet (s. Gleichung).

G. wird erhalten bei der Umsetzung von ↑ Gold mit ↑ Chlor bei ca. 250 °C (s. Gleichung). Es liegt im festen Zustand als Dimeres vor (s. Abbildung), das sich bereits ab 100 °C zu Au(I)-chlorid und Chlor zersetzt (s. Gleichung).

$$Au_2Cl_6 \xrightarrow{\Delta} 2\,AuCl + 2\,Cl_2$$

Thermische Zersetzung von festem Gold(III)chlorid

Versetzt man G. mit ↑ Salzsäure oder löst man Au in Königswasser, so bildet sich die in gelben Kristallen isolierbare *Tetrachlorogoldsäure* (s. Gleichung).

Das einfach als „*Goldsalz*" bezeichnete *Natriumtetrachloroaurat*, das in Form gelber Kristalle beim Eindampfen von Tetrachlorogoldsäure nach Zugabe von ↑ Natriumchlorid erhalten wird, findet in Galvanik und Fotografie Verwendung.

$AuCl_3$ M_R = 303,32 Au 64,94 % Cl 35,06 %

$t_{Zersetzung}$	t_{Sdp}	d	η		
> 250 °C (Z)		4,67 g/cm³			
C_p	$\Delta_S H$	$\Delta_V H$	$\Delta_B H$	S^o	Q_C
94,8 J/(K · mol)			−117,6 kJ/mol	148,1 J/(K · mol)	
MAK	R-Satz	S-Satz			
	38	28			

Graphit ⟶ Kohlenstoff

Guaiakol

Guaiacol 2-Methoxyphenol, Brenzcatechinmonomethylether

Bildet farblose prismen- oder nadelförmige Kristalle, die sich in Wasser zu ca. 1,5 g/100 ml lösen, sich sehr gut lösen in Ethanol, Chloroform, Diethylether sowie in Ölen, aber nur sehr wenig löslich sind in Petrolether. G. zeigt die Eigenart, bis weit unter den Schmelzpunkt lange Zeit flüssig zu bleiben und bildet dabei eine gelbliche, ölige, stark lichtbrechende Flüssigkeit. G. besitzt einen charakteristisch würzigen Geruch und verfärbt sich beim Stehen an Luft und Licht dunkel. Es ergibt mit ↑ Eisen(III)chlorid eine Grünfärbung.

G. kommt im Buchenholzteer vor und ist Bestandteil der Destillate des Guaiac-Harzes. Das *Guaiac-Harz* wird vom Holz des Baumes Guaiacum officinale abgesondert, bildet bräunliche, gut ethanollösliche Klumpen, enthält u. a. auch ca. 15 % ↑ Vanillin und wurde früher in der Lebensmittelherstellung als Antioxidans verwendet.

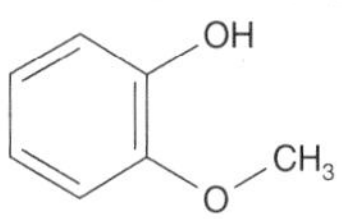

Guaiacol

Struktur von Guaiacol

G. ist der Monomethylether von ↑ Brenzcatechin (s. Abbildung) und kann synthetisch durch dessen Methylierung mit ↑ Dimethylsulfat erhalten werden.

G. wird präparativ verwendet zur Herstellung von ↑ Eugenol, ↑ Vanillin und anderen G.-Derivaten, z. B. *Guaiacolcarbonat*, dem G.-Diester der ↑ Kohlensäure (aus ↑ Phosgen und G. erhältlich) oder dem *Guaiacolglycerinether*. Die letztgenannten Derivate werden wie G. pharmakologisch als Expectorantien verwendet. G. ist außerdem ein wirksames Desinfektionsmittel.

$C_7H_8O_2$ $M_R = 124{,}14$ C 67,73 % H 6,50 % O 25,78 %

Guanidin

Guanidine Iminoharnstoff

Das freie G. bildet eine farblose, kristalline, hygroskopische Masse, die sich in Wasser und Ethanol sehr leicht löst. Die wässerige Lösung reagiert stark basisch wie Alkalihydroxid-Lösungen. G. ist nur schwierig in freier Form zu isolieren, ist als Feststoff und in Lösung thermisch unbeständig und reagiert rasch mit dem ↑ Kohlenstoffdioxid in Luft und Wasser unter Hydrogencarbonat-Bildung. G. wird deshalb in Form seiner Salze mit Mineralsäuren hergestellt und gehandelt. Die G.-Salze reagieren in wässeriger Lösung neutral.

Als Hydrochlorid fällt es z. B. beim Erhitzen von ↑ Cyanamid mit ↑ Ammoniumchlorid an (s. Schema).

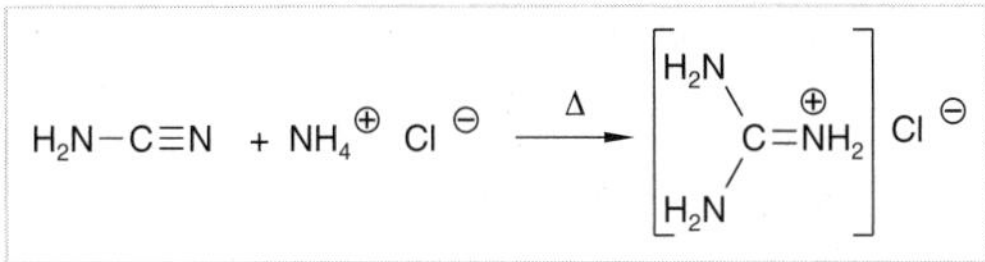

Herstellung von Guanidin-Hydrochlorid

Alle drei C-N-Bindungen in den G.-Salzen sind gleichwertig. Die technische Synthese führt zum *Guanidinnitrat*, welches in Wasser wenig löslich und deshalb gut isolierbar ist, indem Dicyandiamid (s. unter ↑ Cyanamid) mit ↑ Ammoniumnitrat umgesetzt wird.

G. findet sich in der Natur in manchen Pflanzen, z. B. in der Zuckerrübe, und ist Bestandteil wichtiger Verbindungen wie ↑ Arginin, ↑ Kreatin, ↑ Streptomycin oder ↑ Folsäure.

Die Hauptbedeutung hat G. als Synthese-Ausgangspunkt. So ist es zur Heterocyclen-Synthese wichtig, indem es mit 1,3-Diketoverbindungen zu Pyrimidin-Derivaten reagiert. G.-Nitrat ergibt mit konz. ↑ Schwefelsäure das als Sprengstoff verwendete *Nitroguanidin*, das sich durch Reduktion in *Aminoguanidin* überführen läßt (s. Schema).

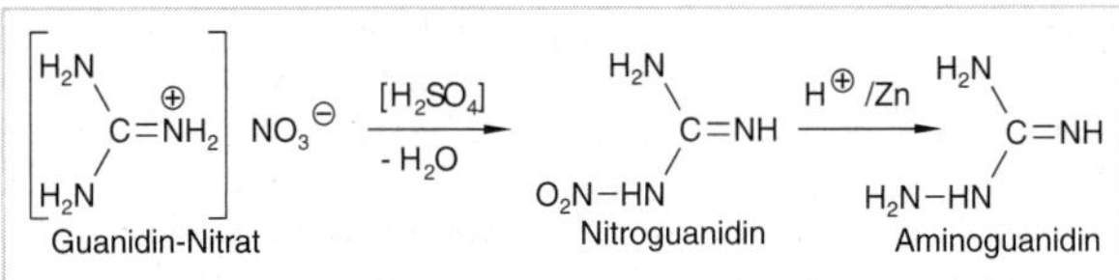

Bildung von Aminoguanidin

Letzteres dient organisch-analytisch zur Carbonylidentifizierung sowie als wichtiger Synthesebaustein in der chemischen Industrie (Pharmaka, Farben, Pflanzenschutz-Präparate, Sprengstoffe), z. B. als Ausgangsstoff zur Herstellung von ↑ Tetrazen. Es wird in Form seiner Salze (Sulfat oder Carbonat) gehandelt.

CH_5N_3	$M_R = 59{,}07$ (freie Base)	C 20,33 %	H 8,53 %	N 71,14 %	
t_{Smp} 50 °C	t_{Sdp}	d	η		
C_p	$\Delta_S H$	$\Delta_V H$	$\Delta_B H$ −56,1 kJ/mol	S^o	Q_C −1052 kJ/mol

Guanin

Guanine 2-Aminohypoxanthin

Bildet farblose, glitzernde Kristalle, die in Wasser unlöslich, in Ethanol oder Dithylether nur wenig löslich sind. Gut löslich ist G. in saurem und alkalischem Medium.

G. kommt weit verbreitet in der Natur sowohl in freier als auch in gebundener Form vor. Frei findet es sich in Milch und vor allem in Haut und Schuppen von Fischen und Reptilien (Glanz!). In tierischen Exkrementen, besonders von Vögeln (*Guano*) kommt es teils in beträchtlichen Mengen vor. Als eine der vier die ↑ Nucleinsäuren konstituierenden heterocyclischen Stickstoffbasen, und zwar als Komplementär von ↑ Cytosin, hat es in gebundener Form überragende biochemische Bedeutung. Es ist dabei an ↑ D(-)-Ribose (in den Ribonucleinsäuren) bzw. an Desoxyribose (in den Desoxyribonucleinsäuren) gebunden als *Guanosin* bzw. *Dexoxyguanosin*.

Die Synthese des G. kann z. B. von der ↑ Harnsäure ausgehen. Einfacher jedoch wird es erhalten durch Umsetzung von *2,4,5-Triamino-6-oxopyrimidin* mit ↑ Formamid zum 5-Acylamino-Derivat und dessen thermische Cyclisierung zum Purin-System (s. Schema).

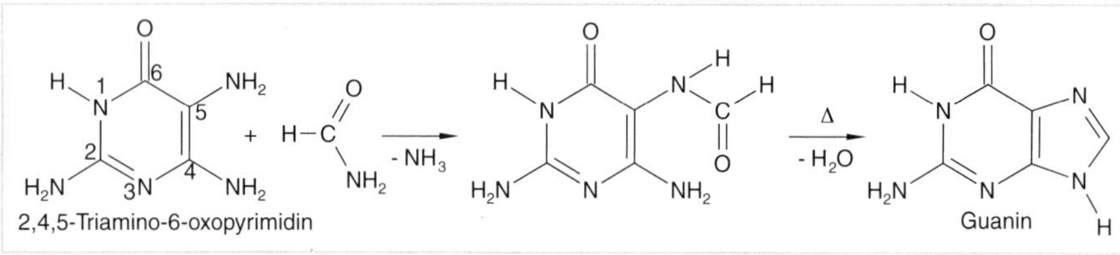

Synthese von Guanin

Ein pharmakologisch wichtiges G.-Derivat ist *Aciclovir*. In ihm ist der Zuckerrest von Guanosin (s. unter ↑ Nucleinsäuren) durch einen hydroxylierten Methylethylether-Rest ersetzt (s. Abbildung). Aciclovir ist ein spezifisch wirkendes *Virustatikum* gegen Infektionen durch *Herpes-Viren* (*Herpes simplex* und *Herpes zoster*). Aus Aciclovir bildet sich in der infizierten Zelle ein Antimetabolit, der gezielt die DNS-Polymerase des Virus blockiert.

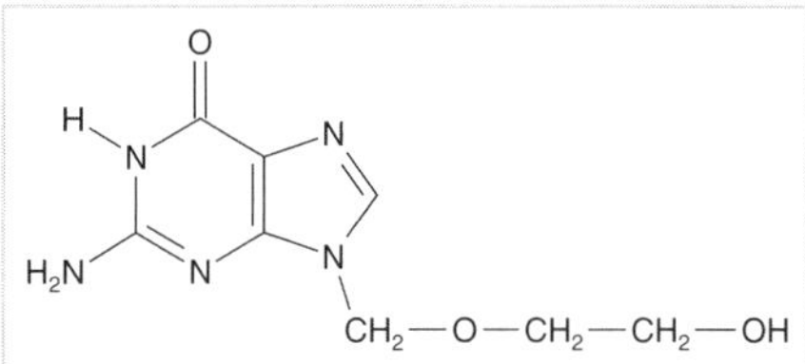

Aciclovir, ein wichtiges Virustatikum

$C_5H_5N_5O$ $M_R = 151{,}13$ C 39,74 % H 3,33 % N 46,34 % O 10,59 %

$t_{Zersetzung}$	t_{Sdp}	d	η
> 365 °C (Z)			

C_p	$\Delta_S H$	$\Delta_{Sub} H$	$\Delta_B H$	S^o	Q_C
160 J/(K · mol)		186 kJ/mol (S)	−184 kJ/mol	160 J/(K · mol)	−2498 kJ/mol

Gummi Arabicum

Gum arabic

Kommt in form farbloser bis bräunlicher, geruchloser spröder Stücke in den Handel. In warmem Wasser löst sich G. unter Bildung einer klaren, viskosen, leicht sauer reagierenden Flüssigkeit. In Ethanol und anderen org. Solventien löst sich G. praktisch nicht.

G. findet sich in den Rinden bestimmter Akazienarten und wird vor allem aus dem Sudan geliefert, wo es aus Acacia arabica gewonnen wird. Es fließt aus den Rinden der Bäume, nachdem diese angeschnitten wurden.

G. besteht hauptsächlich aus der *Arabinsäure*, die ein hochverzweigtes Polysaccharid darstellt, das aus ↑ L-Arabinose, ↑ D-Galactose, ↑ L-Rhamnose und ↑ D-Glucuronsäure konstituiert ist im Verhältnis 3 : 3 : 1 : 1. Im G. liegt die Arabinsäure in Form ihrer Alkali- und Erdalkali-Salze vor.

G. wird vielfach als Verdickungsmittel und Bindemittel in verschiedenen Bereichen eingesetzt, so vor allem im Lebensmittel- und Kosmetiksektor, aber auch für Farben, Tinten und Streichholz-Zündmassen. Mit der Nummer *E 414* ist es als Lebensmittelzusatzstoff zugelassen. In der früheren Verwendung als Klebstoff ist es durch synthetische Produkte verdrängt worden.

Der Name rührt daher, daß G. früher über Arabien eingeführt wurde.

Hämoglobin

Hemoglobin

Ist als rotbraunes Pulver isolierbar, das zu ca. 10 % in Wasser löslich ist, dessen genaue Eigenschaften aber von seiner Herkunft abhängen.

H. ist der Farbstoff der roten Blutkörperchen (*Erythrocyten*). Blut besteht aus der eigentlichen *Blutflüssigkeit*, dem *Blutplasma*, und den darin mitgeführten festen zellulären Bestandteilen. Beide Phasen lassen sich voneinander trennen, wenn man das Blut durch Zusatz von ↑ Natriumcitrat oder ↑ Heparin ungerinnbar macht und einfach stehen läßt (*Blutsenkung*) oder besser noch zentrifugiert. Die sich dabei absetzende Phase wird fast ausschließlich von den roten Blutkörperchen gebildet, deren Volumenanteil am Blut, als *Hämatokrit* bezeichnet, etwa 40 % beträgt. Digeriert man die vom Plasma befreiten Erythrocyten mit Diethylether, so platzen die Zellen auf. Die Zellmembranen lassen sich wieder abzentrifugieren und man erhält als überstehende Flüssigkeit eine rote etherische Lösung des H., das ca. 30 % des Zellinhaltes der Erythrocyten ausmacht.

H. stellt ein Protein dar, das mit einem roten Farbstoff verknüpft ist, ist also ein konjugiertes Protein (*Proteid*) und zwar ein *Chromoprotein*. Die Molekülmasse des H. beträgt ca. 64 000. Davon entfallen 96 % auf das Protein, während die Farbstoffkomponente die restlichen 4 % ausmacht.

Der Proteinanteil wird als *Globin*, der Farbstoff als *Häm* bezeichnet. Das Globin setzt sich aus vier annähernd gleichen Polypeptidketten zusammen, von denen jede mit einem Häm verbunden ist. Das Häm besitzt als Grundskelett das Porphin-System (s. unter. ↑ Porphin), dessen Protonen an den Pyrrolring-C-Atomen durch Methyl-, Vinyl- bzw. Propionsäure-Reste substituiert sind, während die 4 N-Atome der Pyrrolringe an ein Fe(II)-Ion koordinieren. Über eine weitere Koordinationsstelle des derart komplex gebundenen Fe(II)-Ions erfolgt die komplexartige Bindung des Häm an das Globin. Die sechste Koordinationsstelle dieses Fe(II)-Ions schließlich steht für die Hauptfunktion des H., nämlich die Bindung molekularen Sauerstoffs, zur Verfügung. Die Bindung des Globins an das Fe(II)-Ion erfolgt über ein N-Atom des Imidazolringes von ↑ Histidin.

Diese verbale Beschreibung der H.-Struktur wird natürlich viel schneller klar anhand der formelmäßigen Darstellung (s. Abbildung).

Globin wird insgesamt durch 574 Aminosäuren zusammengesetzt und ist zu einer angenäherten Kugelform zusammengefaltet (Sphäroprotein), in deren oberflächliche Mulden die vier Häm-Gruppen eingelagert sind.

Durch vorsichtige Hydrolyse (z. B. mit ↑ Salzsäure) lassen sich Globin und Häm trennen. Dabei erfolgt gleichzeitig Oxidation des Fe(II) im Häm zum Fe(III) und man erhält das *Hämin*, das sich vom Häm also nur durch die höhere Oxidationsstufe des Fe und ein Chloridion als Gegenion unterscheidet. Behandelt man Hämin mit Natronlauge, erhält man das *Hämatin,* in welchem das Chloridion des Hämins gegen das Hydroxidion ausgetauscht ist. Durch Oxidation geht H. in das braunrote *Methämoglobin* über, das man auch erhält, wenn man Hämatin und Globin in neutraler Lösung zusammengibt. Durch Reduktion erhält man wieder H.

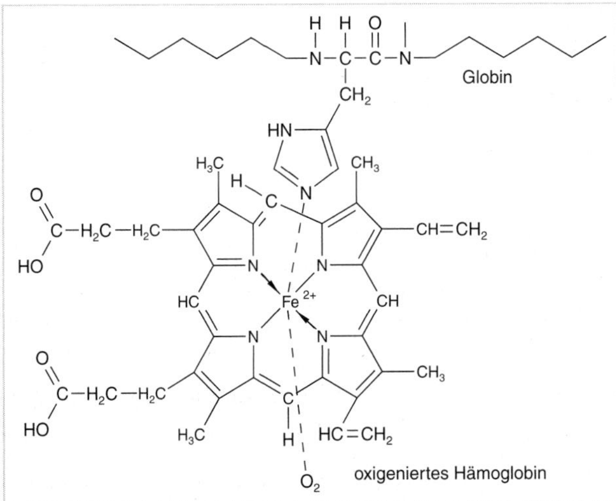

Zusammensetzung von Hämoglobin aus Globin und Häm

Wie oben bereits angedeutet, liegt die große Bedeutung des H. in seiner Funktion als Sauerstoffüberträger im Blut der Wirbeltiere. Das H. bindet den größten Teil des vom Blut in den Lungen aufgenommenen und zunächst physikalisch gelösten Sauerstoffs rasch über die Fe(II)-Ionen der Häm-Gruppen unter Bildung von *Oxihämoglobin* (s. Gleichung).

$$\text{Hämoglobin} + 4\,O_2 \longrightarrow \text{Oxihämoglobin}$$

Bildung von Oxihämoglobin

Mit dieser Sauerstoff-Anlagerung ist keine Oxidation des Fe(II)-Ions verbunden, weshalb man hier auch von Oxigenierung spricht. Fe(III)-Ionen sind nicht zum Sauerstofftransport befähigt. Dies ist toxikologisch von Bedeutung, da z. B. durch Nitrit oder Nitrat und andere Vergiftungen eine Oxidation der Häm-Fe(II)-Ionen zu Fe(III) erfolgt. Ca. 60 %ige Oxidation von Fe(II) zu Fe(III) führt durch Erstickung zum Tod. Toxikologisch sehr wichtig ist ferner, daß ↑ Kohlenstoffmonoxid ebenfalls eine hohe Anlagerungstendenz an die Fe(II)-Ionen des Häm aufweist, die sogar zu einer festeren Bindung als mit Sauerstoff führt. Durch die Allgegenwart von Kohlenstoffmonoxid, das bei allen unvollständig verlaufenden Verbrennungsprozeßen org. Materials auftritt (Heizungen, Autoabgase etc.), ist durchschnittlich etwa 1 % des H. durch CO blockiert (bei Rauchern sind es ca. 5 %). Ab 40 % Hb-CO (Kohlenstoffmonoxid-H.) tritt Bewußtlosigkeit und ab ca. 65 % der Tod ein.

H. ist nicht nur entscheidend für den Sauerstofftransport aus den Lungen zu den Geweben sondern auch beteiligt am Rücktransport von in den Geweben an das Blut abgegebenem ↑ Kohlenstoffdioxid zu den Lungen.

Es sei noch verwiesen auf die interessante chemische Verwandtschaft des Pflanzenfarbstoffs ↑ Chlorophyll (mit zentralem Mg-Atom) mit dem Blutfarbstoff (mit zentralem Fe-Atom).

Hafnium

Hafnium Hf

Hf ist ein stark silberglänzendes, gut dehnbares, schweres, metallisches chemisches Element, das sich an der Luft mit einer dünnen Oxidhaut überzieht. Hf wird von Mineralsäuren, selbst von konzentrierten in der Hitze kaum angegriffen, in Königswasser (s. unter ↑Gold) und ↑Fluorwasserstoffsäure erfolgt rasche Auflösung zu Hf(IV)-Salzen.

Bei den Hf-Vorkommen ist bemerkenswert, daß es kein eigentliches Hf-Mineral gibt, in welchem Hf also als Hauptanteil vorkommt, sondern daß Hf stets als Begleiter von ↑Zirkonium auftritt, und zwar wie dieses als Silicat oder Dioxid. Dabei ist Hf keineswegs ein seltenes Metall, und mit einem geschätzten Anteil an der Erdrinde von ca. 5 ppm z. B. 1000 mal häufiger als ↑Gold und immer noch häufiger als ↑Silber oder ↑Quecksilber.

Hf ist das 5d-Element der IV. Nebengruppe (Ti, Zr, Hf) und besitzt die Elektronenkonfiguration:

$1s^2\ 2s^2\ 2p^6\ 3s^2\ 3p^6\ 3d^{10}\ 4s^2\ 4p^6\ 4d^{10}\ 4f^{14}\ 5s^2\ 5p^6$ 5d22 $6s^2$ oder Xe $4f^{14}\ 5d^2\ 6s^2$, Grundterm $^3F_2$.

Hf wurde erst relativ spät 1923 anhand der Röntgenspektren entdeckt und aus Zirkonmineralien isoliert (v. Hevesy, Kopenhagen). Daß Hf so lange unentdeckt blieb, ist darauf zurückzuführen, daß es stets nur mit ↑Zirkonium vorkommt und diesem chemisch so ähnlich ist, daß es durch die üblichen chemischen Trennmethoden nicht von diesem zu unterscheiden und abzutrennen ist. Eine derartige Ähnlichkeit zwischen zwei Elementen mit so unterschiedlicher OZ (Zr 40, Hf 72) ist einmalig und ist eine Folge der bis auf 0,01 Angström fast identischen Atom- und Ionenradien von Hf und Zr. Diese Gleichheit der Ionenradien wiederum erklärt sich durch die „*Lanthaniden-Kontraktion*". Darunter versteht man die Tatsache, daß die Ionenradien der Lanthaniden-Elemente mit zunehmender OZ abnehmen, weil mit der zunehmenden Kernladung die gesamte Elektronenhülle fester gebunden wird. Da Hf das auf das letzte Lanthan-Element ↑Luthetium folgende Element ist, vergrößert sich bei ihm der Ionenradius wieder sprunghaft und wird „zufällig" identisch mit dem des Gruppennachbarn Zirkonium.

Man kann die Salze von Hf und Zr durch spezielle Extraktionsverfahren heute gut voneinander trennen. Die Gewinnung des Metalls aus dem Dioxid oder dem Tetrachlorid erfolgt durch Reduktion mit Calcium/Natrium.

In seinen Verbindungen ist Hf praktisch ausschließlich vierwertig. Das Normalpotential für die Hf(IV)-Bildung wird für das saure Medium mit −1,7 V, für das alkalische mit −2,5 V angegeben.

Die Chemie in wässeriger Lösung ist eine genaue Parallele zur Zr-Chemie.

Hf wird in der Reaktor-Technik wegen seines hohen Neutroneneinfang-Querschnitts verwendet.

Hf Z = 72 A_R = 178,49 Isotope: 174, 176-180; 157, 158, 168-173, 175, 181-183 (künstlich)

t_{Smp}	t_{Sdp}	d	MV	α	λ
2227 °C	4598 °C	13,31 g/cm³	13,41 cm³/mol	5,9 10^{-6}/K	23 W/mK
C_p	$\Delta_S H$	$\Delta_V H$	S^o	ϱ	
25,74 J/(K · mol)	24,06 kJ/mol	575,5 kJ/mol	43,6 J/(K · mol)	296 nΩ · m	
MAK	R-Satz	S-Satz			
0,5 mg/m³					

Halothan

Halothane 2-Brom-2-chlor-1,1,1-trifluorethan

Eine farblose, nicht brennbare, leicht flüchtige Flüssigkeit von charakteristisch-süßlichem angenehmem Geruch, die in Wasser sehr wenig löslich, aber mischbar z. B. mit Petrolether (s. unter ↑Benzin) ist.

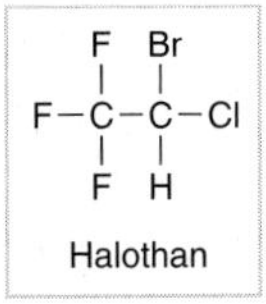

Struktur von Halothan

H. ist seit 1956 als *Inhalationsnarkotikum* im Gebrauch und wird heute weltweit sehr viel als solches verwendet. H. wirkt bei Narkosen sehr schnell und angenehm und ergibt keine Komplikationen beim Aufwachen. Es ist hochwirksam, so daß eine Atemluftkonzentration von 0,5-1,5 Vol.-% ausreichend ist (bei ↑ Diethylether wird z. B. die etwa vierfache Menge benötigt).

Als Nachteile einer H.-Verwendung werden Leberschädigungen bei wiederholter Aufnahme sowie eine Sensibilisierung des Herzes gegenüber ↑ Adrenalin angesehen (Kammerflimmern).

H. wird heute fast ausschließlich im Gemisch mit Lachgas (Distickstoffmonoxid, s. unter ↑ Stickstoffoxide) verwendet. H. wird im Körper zur ↑ Trifluoressigsäure metabolisiert und als solche über die Nieren ausgeschieden.

$C_2HBrClF_3$	$M_R = 197{,}38$	C 12,17 %	H 0,51 %	Br 40,48 %	Cl 17,96 %	F 28,88 %

t_{Smp}	t_{Sdp}	d	η
	50,2 °C	1,87 g/cm³	

Harnsäure

Uric acid

Bildet farb-, geruch- und geschmacklose Kristalle, die sich in Wasser nur sehr wenig lösen (ca. 75 mg/Liter bei 20 °C, 500 mg/Liter bei 100 °C). H. ist ferner unlöslich in Ethanol und Diethylether. Löslich ist H. in alkalischem Medium. Sie zersetzt sich oberhalb 400 °C ohne zu schmelzen.

H. kommt zu hohen Anteilen in den Exkrementen von Vögeln und Reptilien (vor allem Schlangen) vor, weil sie das N-haltige Endprodukt von deren Eiweißstoffwechsel darstellt (Ammoniak-Entgiftung, s. unter ↑ Ammoniak). So bestehen z. B. bis zu 90 % der Schlangenexkremente aus H. Bei Vögeln sind es ca. 25 %. Im menschlichen Harn ist der H.-Gehalt nur sehr gering (ca. 0,6 g pro Tag) außer bei Gicht-Kranken (s. unten). Im menschlichen Stoffwechsel ist H. das Endprodukt des Purin-Stoffwechsels, entsteht also vor allem beim Abbau der ↑ Nucleinsäuren (s. unter ↑ Hypoxanthin).

Die Darstellung der H. erfolgt am besten nach der Traube-Synthese, die von ↑ Harnstoff und Cyanessigester ausgehend zum *5,6-Diaminouracil* führt und dessen Ringschluß mit Harnstoff zur H. beinhaltet (s. Schema).

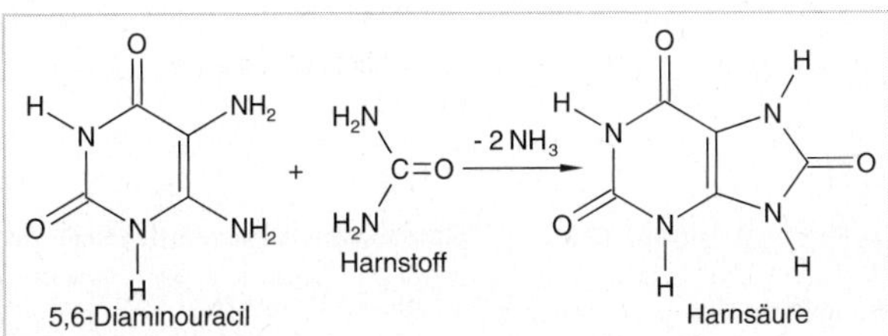

Synthese von Harnsäure

Das Grundgerüst der H. ist also das Purin-System. Die H. kann im Sechsring (Pyrimidin-Ring) zur Dihydroxiform tautomerisieren und aus dieser heraus zwei Reihen harnsaurer Salze (*Urate*) bilden. Der oxidative Abbau führt mit ↑ Salpetersäure zum ↑ Alloxan und Harnstoff, mit ↑ Bleidioxid zum ↑ Allantoin und ↑ Kohlenstoffdioxid (s. Schema).

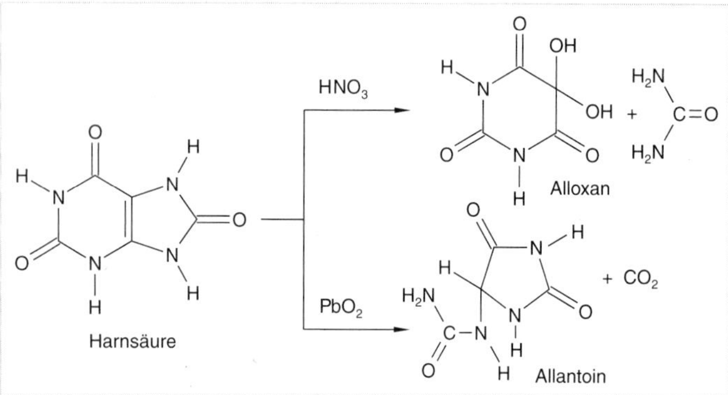

Oxidative Abbaureaktionen an der Harnsäure

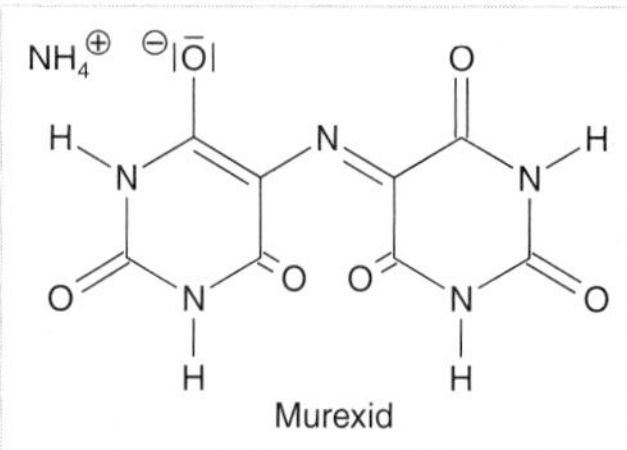

Struktur von Murexid

Es gibt eine chronisch verlaufende erbliche Störung des Purin-Stoffwechsels, die u. a. eine Erhöhung des Blutharnsäure-Spiegels zur Folge hat und zum Krankheitsbild der Gicht führt. Dieses Krankheitsbild ist sehr komplex und geht u. a. einher mit Ablagerungen der H. und ihrer Salze vor allem in den Gelenken. *Blasensteine* bestehen vielfach ganz aus H. und H.-Salzen (*Urate*).

Zum Nachweis der H. dient die *Murexid-Reaktion*: die H. enthaltende Probe wird mit ↑ Salpetersäure eingedampft und der Rückstand mit ↑ Ammoniak versetzt, wobei eine purpurrote Färbung wegen der Bildung von ↑ Murexid entsteht, dem Ammoniumsalz der *Purpursäure* (s. Abbildung).

$C_5H_4N_4O_3$ $M_R = 168{,}11$ C 35,72 % H 2,40 % N 33,33 % O 28,55 %

$t_{Zersetzung}$	t_{Sdp}	d	η		
> 400 °C (Z)		1,89 g/cm³			
C_p	$\Delta_S H$	$\Delta_V H$	$\Delta_B H$	S^o	Q_C
166 J/(K · mol)			−618,8 kJ/mol	173,2 J/(K · mol)	−1920 kJ/mol

Harnstoff

Urea Kohlensäurediamid

H. ist eine farb- und geruchlose, aus Wasser in langen, dünnen prismatischen Kristallen ausfallende Verbindung, die sich bei 20 °C zu ca. 100 g, bei 100 °C zu über 700 g in 100 ml Wasser löst. Die Löslichkeit in Methanol oder gar Ethanol ist deutlich geringer (21 g bzw. 5 g pro 100 ml bei 20 °C). H. ist praktisch unlöslich in Chloroform und Diethylether. Die wässerige Lösung reagiert neutral.

H. ist ein wichtiges Stoffwechselendprodukt aller Säugetiere. Es ist nämlich die Entgiftungsform des aus dem Aminosäureabbau anfallenden ↑ Ammoniak und wird im Zuge des Harnstoffcyclus (s. unter ↑ Ornithin) gebildet. Der gesunde Mensch scheidet so täglich bis zu 30 g H. mit dem Urin aus.

Die technische Herstellung des H. erfolgt ausschließlich durch Umsetzung von ↑ Kohlenstoffdioxid mit ↑ Ammoniak (s. Schema).

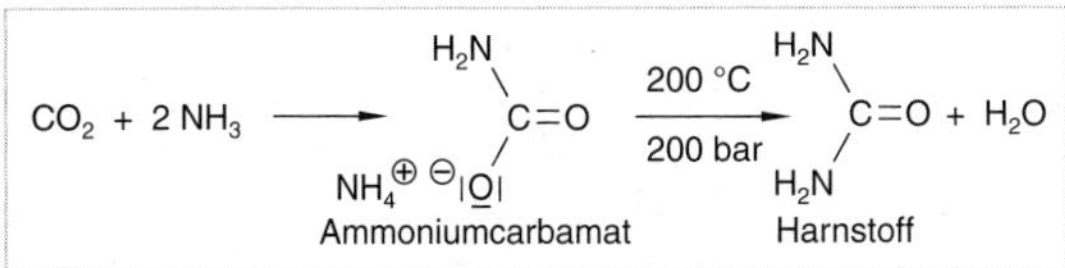

Technische Harnstoff-Synthese

H. ist also das *Diamid der* ↑ *Kohlensäure*. Das Monoamid, die *Carbamidsäure*, ist nur in Form ihrer Salze und Ester, der *Carbamate* beständig. *Ammoniumcarbamat* ist Zwischenstufe der technischen H.-Synthese. Es ist ein farbloser Feststoff, der in wässeriger Lösung bei 60 °C wieder in Ammoniak und Kohlenstoffdioxid zerfällt.

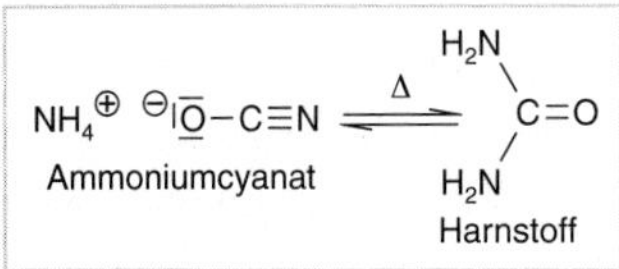

Wöhlersche Harnstoff-Synthese

Historisches Interesse besitzt die Wöhler'sche H.-Synthese (1828) durch Eindampfen einer Ammoniumcyanat-Lösung (s. Gleichung).

Mit Mineralsäuren bildet H. isolierbare Salze, z. B. *Harnstoffnitrat* mit ↑ Salpetersäure. Längeres Erhitzen einer Lösung von H. in Wasser liefert ↑ Ammoniumcarbonat. Durch Kochen einer sauren oder alkalischen H.-Lösung erfolgt Zersetzung zu Kohlenstoffdioxid und Ammoniak (s.Gleichung). Erhitzen von H. über den Schmelzpunkt (132 °C) hinaus auf ca. 150 °C führt teils zum Zerfall in Ammoniak und Kohlenstoffdioxid, teils zur Bildung der ↑ Cyanursäure sowie zum ↑ Biuret.

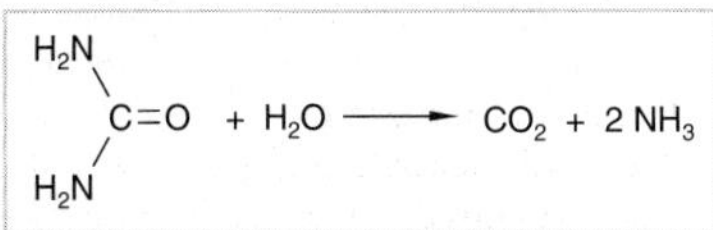

Hydrolytische Zersetzung von Harnstoff

H. ist ein großtechnisches Produkt mit vielen Einsatzbereichen. Zunächst ist die Verwendung als Düngemittel wegen des hohen Stickstoffgehaltes zu nennen. Die Verarbeitung zu H.-Formaldehyd-Harzen ist unter der Titelverbindung ↑ Aminoplaste beschrieben. Zur Aminoplast-Herstellung wichtig ist auch das Melamin, welches ebenfalls aus H. gewonnen wird, indem H. in einem Fließbettreaktor auf ca. 400 °C erhitzt wird (s. Schema).

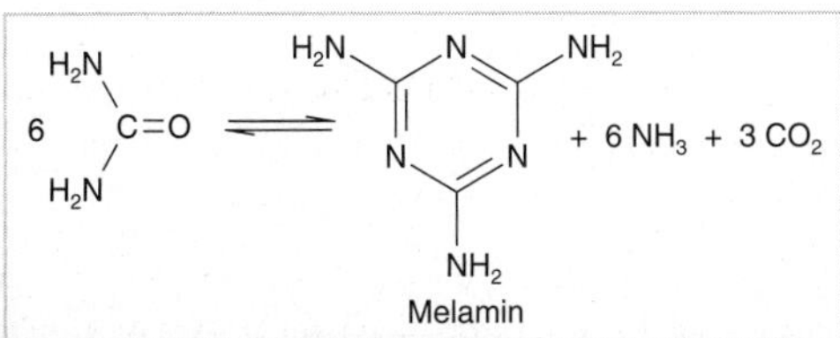

Melaminbildung aus Harnstoff

Eine interessante Anwendung findet H. zur Abtrennung geradkettiger Kohlenwasserstoffe der C15-C30-Fraktion aus Gemischen mit verzweigten und cyclischen Paraffinen durch *Extraktiv-Kristallisation*. H. bildet spezifisch mit den genannten Paraffinen kristalline Einschußverbindungen (*Clathrate*), die beim Versetzen der Gemische mit festem H. oder mit wässerigen H-Lösungen ausfallen und abgetrennt werden können. Aus diesen Clathraten können die Paraffine durch Erhitzen wieder befreit werden (*Edeleanu-Verfahren*).

H. ist desweiteren ein häufig gebrauchter Baustein in den verschiedensten Synthesen, vor allem in der Heterocyclen-Reihe.

Für H. deutet sich eine neue technische Anwendung in der *Abgastechnik* für Diesel-Kraftfahrzeuge an. Um den Euronormen 4 und 5 zu genügen, muß die mit den Dieselabgasen verbundene *Stickoxid-Emission* deutlich reduziert werden. Hierzu ist die *SCR-Technik* (*Selective Catalytic Reduction*) für Kfz-Motoren entwickelt worden (Daimler-Chrysler). In den Abgasstrom wird eine H.-Lösung eingedüst. H. zerfällt thermisch in Ammoniak und Kohlstoffdioxid. Die Stickoxide komproportionieren mit Ammoniak zu Stickstoff (s. Schema).

$$(NH_2)_2CO + H_2O \longrightarrow CO_2 + 2\,NH_3$$
$$6\,NO_2 + 8\,NH_3 \longrightarrow 7\,N_2 + 12\,H_2O$$
$$2\,NO + O_2 \longrightarrow 2\,NO_2$$
$$NO + NO_2 + 2\,NH_3 \longrightarrow 2\,N_2 + 3\,H_2O$$

Die chemischen Reaktionen der SCR-Technik

Der Dreiwege-Katalysator (s. unter ↑ Platin) kann für Dieselmotoren nicht verwendet werden, da diese mit einem Luftüberschuß betrieben werden. Die SCR-Technik ist im Kraftwerksbereich schon seit vielen Jahren im Einsatz (s. hierzu unter ↑ Stickstoffoxide).

Auch Derivate des H. finden Verwendung, so z. B. ↑ Tetramethylharnstoff und ↑ Guanidin. Ein wichtiges Derivat des H. ist auch das *Semicarbazid*, das aus ↑ Kaliumcyanat und Hydrazinsulfat (s. unter ↑ Hydrazin) hergestellt wird (s. Schema).

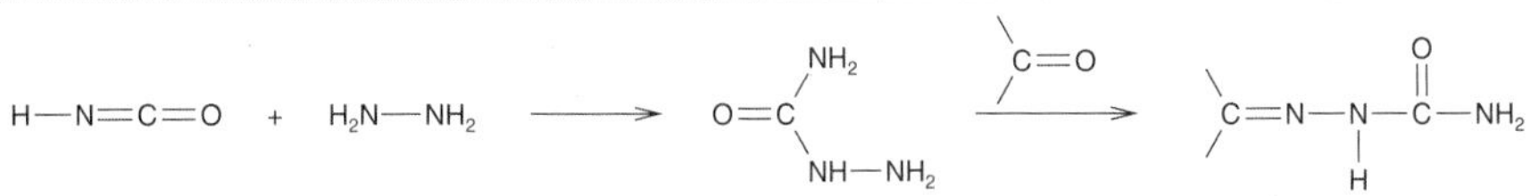

Isocyansäure Hydrazin Semicarbazid Semicarbazon

Synthese von Semicarbazid und Semicarbazon-Bildung

Semicarbazid ist als Hydrazid der *Carbamidsäure* anzusehen (eine übliche Bezeichnung ist auch *Aminoharnstoff*). Es ist eine farblose kristalline Substanz vom Schmp. 96 °C. Das *Semicarbazid-Hydrochlorid* bildet mit Carbonylverbindungen die schwerlöslichen *Semicarbazone* mit charakteristischen Schmelzpunkten und dient so zu deren Identifizierung.

Zum Nachweis des H. durch die Biuret-Reaktion s. unter ↑ Biuret. Die quantitative Bestimmung des H. kann nach der *van Slyke-Methode* erfolgen, indem H. mit Salpetriger Säure zu ↑ Stickstoff zersetzt wird, der volumetrisch erfaßt wird (s. Gleichung).

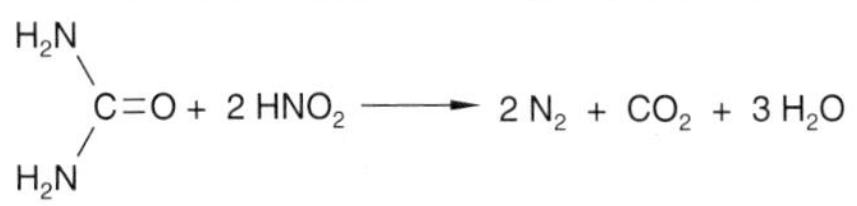

Volumetrische Harnstoff-Bestimmung nach van Slyke

CH_4N_2O $M_R = 60{,}06$ C 20,00 % H 6,71 % N 46,65 % O 26,64 %

t_{Smp}	t_{Sdp}	d	η		
133 °C		1,33 g/cm³			
C_p	$\Delta_S H$	$\Delta_{Sub} H$	$\Delta_B H$	S^o	Q_C
92,8 J/(K · mol)	14,8 kJ/mol	98 kJ/mol (S)	−333 kJ/mol	104 J/(K · mol)	−632 kJ/mol

Hassium

→ Element 108

Helium

Helium He

He ist ein farb- und geruchloses Gas. Es ist nicht brennbar und überhaupt chemisch völlig inert. Bei 0 °C löst sich nur 1 ml He in 100 ml Wasser.

He ist Bestandteil der atmosphärischen Luft mit einem Anteil von 0,00046 Vol.-%. Es kommt ferner im Erdgas vor, jedoch nur in amerikanischen Erdgasquellen in einer ergiebigen, eine Isolierung lohnenden Konzentration (bis zu 7 %). Darüber hinaus enthalten radioaktive Mineralien eingeschlossenes He, in denen es durch Zerfallsprozesse entsteht (darauf beruht die als *Helium-Methode* bezeichnete Altersbestimmung von Gesteinen, indem das Mengenverhältnis von z. B. Uran und eingeschlossenem He bestimmt und aus diesem auf das Alter zurückgerechnet wird).

Die wichtigste Gewinnung des He beruht auf der Fraktionierung verflüssigter Luft.

He ist das erste Element der 0. oder 8. Hauptgruppe des PSE und damit das leichteste Edelgas und besitzt die Elektronenkonfiguration $1s^2$, Grundterm $^1S_0$.

Beim He ist also die erste „Elektronenschale“, die ja nur zwei Elektronen aufnehmen kann, voll besetzt. Diese beiden Elektronen werden vom Atomkern außerordentlich fest gebunden, da sie nicht, wie die äußeren Elektronen aller anderen schwereren Elemente durch innere Elektronenschalen vom Kern abgeschirmt werden. Dies hat ein sehr hohes Ionisierungspotential und eine äußerst geringe Deformierbarkeit der Elektronenhülle zur Folge, was sich in extremen physikalischen und chemischen Eigenschaften äußert. He kommt natürlich wie alle Edelgase nur im einatomigen Zustand vor. Es hat von allen Substanzen den niedrigsten Siedepunkt (s. Tabelle), der nur 4,215 K vom absoluten Nullpunkt entfernt ist. Es ist die einzige Substanz, die unter Normaldruck nicht zu verfestigen ist. Erst unter einem Druck von 25 bar erhält man bei 1 K festes He. Dieses Verhalten ist Ausdruck der äußerst schwachen Wechselwirkung zwischen den He-Atomen. Bei einem Ionisierungspotential von über 24 eV ist mit einer chemischen Reaktion unter keinen Umständen zu rechnen. Bisher konnten lediglich die Edelgase Kr, Xe und Rn zur Reaktion gebracht werden.

Flüssiges He zeigt ein weiteres interessantes Phänomen. Während es oberhalb 2,2 K in der normalen, als He I bezeichneten Modifikation vorkommt, geht es unterhalb 2,2 K in eine als He II bezeichnete Modifikation über. Diese Flüssigkeit ist dadurch gekennzeichnet, daß sie nur noch eine unmeßbar kleine Viskosität besitzt. Die Wechselwirkung zwischen den Atomen ist praktisch aufgehoben und die Flüssigkeit bewegt sich ohne erkennbare Reibungsverluste sogar an Gefäßwänden nach oben oder durch dünnste Kapillaren tausendfach schneller und leichter als jedes Gas. Die Wärmeleitfähigkeit ist ca. 1000mal größer als die von ↑ Kupfer. Dieser Zustand wird als *Suprafluidität* bezeichnet und kann quantenstatistisch erklärt werden.

He findet vielfältige Verwendung in Labor und Technik. Im Labor dient es als Medium für Arbeiten bei tiefsten Temperaturen, als Inertgas und als Trägergas in der Gaschromatographie.

Technisch benutzt man He als Füllgas für Luftschiffe und Luftballons sowie mit 20 % ↑ Sauerstoff vermischt als „*Taucherluft*“.

He stellt, auch wenn es auf der Erde ein recht seltenes Element ist, im Kosmos nach dem ↑ Wasserstoff das zweithäufigste Element dar. Die Energie-Ausstrahlung unserer *Sonne* beruht auf der Verschmelzung von Protonen zu Heliumkernen, für die man einen Dreistufen-Prozeß annimmt. Der erste und geschwindigkeitsbestimmende Schritt ist die Verschmelzung zweier Protonen zu einem Deuteron (wobei sich ein Proton durch *Betazerfall* in ein Neutron umwandelt), der zweite Schritt besteht in der Verschmelzung von Proton und Deuteron zu einem ^{3}He-Kern und im dritten Schritt verschmelzen zwei ^{3}He-Kerne zu He, wobei wieder zwei Protonen freiwerden (s. Schema).

$$ {}^{1}_{1}\mathrm{H} + {}^{1}_{1}\mathrm{H} \longrightarrow {}^{2}_{1}\mathrm{H} + e^{\oplus} + \text{Neutrino} \quad | \cdot 2 $$

$$ {}^{2}_{1}\mathrm{H} + {}^{1}_{1}\mathrm{H} \longrightarrow {}^{3}_{2}\mathrm{He} + \text{Gammastrahlung} \quad | \cdot 2 $$

$$ {}^{3}_{2}\mathrm{He} + {}^{3}_{2}\mathrm{He} \longrightarrow {}^{4}_{2}\mathrm{He} + 2\,{}^{1}_{1}\mathrm{H} $$

$$ 4\,{}^{1}_{1}\mathrm{H} \longrightarrow {}^{4}_{2}\mathrm{He} + 2\,e^{\oplus} + 2\ \text{Neutrinos} $$

Wasserstoff-Brennen

Dabei werden pro Grammatom He, also 4 g, ca. 2 Milliarden KJ *Kernbindungsenergie* freigesetzt. Die Sonne verschmilzt so in der Sekunde etwa 600 Millionen Tonnen Wasserstoff zu He, wobei sie auf ihre Innen-Temperatur von ca. 10 Millionen K kommt (die Oberflächen-Temperatur der Sonne beträgt ca. 6000 K). Nach diesem als *Proton-Proton-Cyclus* oder *Wasserstoff-Brennen* bezeichneten Wege erzeugt die Sonne ca. 90 % ihrer Energie. Weitere 10 % ihrer Energie erzeugt unsere Sonne zwar letzten Endes auch durch Verschmelzung von Wasserstoff zu Helium, jedoch auf dem als *Bethe-Weizsäcker-Cyclus* oder auch *C,N,O-Cyclus* bezeichneten Wege, bei dem Kerne von Kohlenstoff und Sauerstoff als Katalysatoren wirksam sind. Je massereicher ein Stern ist, umso mehr überwiegt der C,N,O-Cyclus (s. Schema).

$$ {}^{12}_{6}\mathrm{C} + {}^{1}_{1}\mathrm{H} \longrightarrow {}^{13}_{7}\mathrm{N} $$

$$ {}^{13}_{7}\mathrm{N} \longrightarrow {}^{13}_{6}\mathrm{C} + e^{\oplus} + \text{Neutrino} $$

$$ {}^{13}_{6}\mathrm{C} + {}^{1}_{1}\mathrm{H} \longrightarrow {}^{14}_{7}\mathrm{N} $$

$$ {}^{14}_{7}\mathrm{N} + {}^{1}_{1}\mathrm{H} \longrightarrow {}^{15}_{8}\mathrm{O} $$

$$ {}^{15}_{8}\mathrm{O} \longrightarrow {}^{15}_{7}\mathrm{N} + e^{\oplus} + \text{Neutrino} $$

$$ {}^{15}_{7}\mathrm{N} + {}^{1}_{1}\mathrm{H} \longrightarrow {}^{4}_{2}\mathrm{He} + {}^{12}_{6}\mathrm{C} $$

$$ 4\,{}^{1}_{1}\mathrm{H} \longrightarrow {}^{4}_{2}\mathrm{He} + 2\,e^{\oplus} + 2\ \text{Neutrinos} $$

Bethe-Weizsäcker-Cyclus (C,N,O-Cyclus)

An dieser Stelle soll auch eine ganz kurze Skizze dazu gegeben werden, wie man sich heute die *Entstehung der chemischen Elemente* im *Kosmos* vorstellt. Nach der unvorstellbar kurzen Zeit von einer millionstel Sekunde nach einem *Urknall* (die Temperatur beträgt „nur“ noch zehn Billionen Kelvin) fügen sich die bis dahin gebildeten *Quarks* zu Protonen und Neutronen zusammen (zwei up-Quarks und ein down-Quark bilden ein Proton, ein up-Quark und zwei down-Quarks bilden ein Neutron). Bereits nach 1 Sekunde, die Temperatur ist auf eine Milliarde Kelvin gefallen, beginnt die Fusion von Protonen und Neutronen zu Deuterium-Kernen. Diese wiederum fangen weitere Neutronen bzw. Protonen ein und es bilden sich Tritium- bzw. Helium-3-Kerne. Schließlich verschmelzen diese Fusionsprodukte auf verschiedenen Wegen zu Helium-4-Kernen. Nach 3–4 Minuten besteht das *Universum* fast nur aus den Kernen der Elemente Wasserstoff und Helium. Das Fusionsgeschehen bis hierher bezeichnet man als *primordiale Nucleosynthese* (s. Gleichungen).

${}^{1}_{1}\mathrm{H} + {}^{1}_{0}\mathrm{n} \longrightarrow {}^{2}_{1}\mathrm{H}$	${}^{2}_{1}\mathrm{H} + {}^{3}_{1}\mathrm{T} \longrightarrow {}^{4}_{2}\mathrm{He} + {}^{1}_{0}\mathrm{n}$
${}^{2}_{1}\mathrm{H} + {}^{1}_{0}\mathrm{n} \longrightarrow {}^{3}_{1}\mathrm{T}$	${}^{2}_{1}\mathrm{H} + {}^{2}_{1}\mathrm{H} \longrightarrow {}^{4}_{2}\mathrm{He}$
${}^{2}_{1}\mathrm{H} + {}^{1}_{1}\mathrm{H} \longrightarrow {}^{3}_{2}\mathrm{He}$	${}^{1}_{1}\mathrm{H} + {}^{3}_{1}\mathrm{T} \longrightarrow {}^{4}_{2}\mathrm{He}$
${}^{2}_{1}\mathrm{H} + {}^{3}_{2}\mathrm{He} \longrightarrow {}^{4}_{2}\mathrm{He} + {}^{1}_{1}\mathrm{H}$	${}^{3}_{2}\mathrm{He} + {}^{1}_{0}\mathrm{n} \longrightarrow {}^{4}_{2}\mathrm{He}$

Reaktionen der primordialen Nucleosynthese

Erst etwa 400 000 Jahre später beträgt die Temperatur nur noch 3000 Kelvin und die Kerne können Elektronen dauerhaft einfangen. Das kosmische Plasma verwandelt sich in ein homogenes Gemisch der Gase Wasserstoff und Helium, die ersten richtigen Atome und damit chemischen Elemente sind entstanden.

Das *Weltall* expandiert in den folgenden 200 Millionen Jahren weiter, kühlt ab, die Gravitation beginnt, ausgehend von kleinen Dichteunterschieden (deren Ursachen man noch nicht sicher kennt), die Gasmassen zu einzelnen riesigen, immer dichter und heißer werdenden Bällen zusammenzuziehen. Unter den entstehenden extremen Drucken und Temperaturen im Zentrum dieser Bälle können (ab ca. 15 Millionen Kelvin) wiederum Wasserstoff-Kerne zu Helium-Kernen fusionieren, es entstehen die ersten leuchtenden *Ur-Sterne*. Diese Ur-Sterne sind von gigantischer Größe (bis zur tausendfachen Masse unserer Sonne) und bestehen nur aus Wasserstoff und Helium. Wegen ihrer Massen und den folglich entstehenden extremen Temperaturen verheizen sie ihre Brennstoffvorräte schnell. Sie enden in gewaltigen Super-Nova-Explosionen, durch die ihre Asche Lichtjahre weit in den interstellaren Raum katapultiert wird. Wenn sich aus den interstellaren Wolken die nächste Sterngeneration zusammenballt, verleibt sie sich diese Asche, d. h. die bereits erbrüteten Elemente, mit ein. Wie vollzieht sich nun generell die Entwicklung eines Sterns bis zu seinem Untergang?

Wenn der Wasserstoff-Vorrat im Sternzentrum verbraucht und in Helium verwandelt ist, in ihm also das *Wasserstoff-Brennen* zu Ende geht (dies geschieht umso schneller, je massereicher ein Stern ist; bei Sternen wie unserer Sonne dauert es etwa 10 Milliarden Jahre, bei Sternen mit etwa 25-facher Sonnenmasse nur noch einige Millionen Jahre), kühlt das Zentrum ab und es kommt zu einer starken gravitativen Kontraktion. Der nur noch in einer Schale um den Kern herum verbrennende Wasserstoff fusioniert infolge des mit der Kontraktion einhergehenden Temperaturanstieges umso schneller, die Sternhülle bläht sich gigantisch auf, ein *Roter Riese* entsteht. Im Helium-Zentrum allerdings steigt die Temperatur auf über 100 Millionen Kelvin an. Bei dieser Temperatur zünden nun neue Fusionsreaktionen, das *Helium-Brennen* setzt ein. Im 3α-Prozeß entstehen Kohlenstoff-Kerne und durch Einfang eines weiteren He-Kerns auch Sauerstoff-Kerne (s. Gleichungen).

$$^{4}_{2}He + ^{4}_{2}He \longrightarrow ^{8}_{4}Be$$
$$^{8}_{4}Be + ^{4}_{2}He \longrightarrow ^{12}_{6}C$$
$$^{12}_{6}C + ^{4}_{2}He \longrightarrow ^{16}_{8}O$$

Helium-Brennen

Dieses Helium-Brennen dauert bei einem sonnenähnlichen Stern etwa 50 Millionen Jahre. Am Ende des Helium-Brennens ähneln die Vorgänge dem Ende des Wasserstoff-Brennens: das Zentrum kontrahiert, die Hülle bläht sich zu einem noch größeren Roten Riesen auf. Die weiteren Abläufe hängen nun von der Masse des Sterns ab. Bei Sternen mit bis zur 8-fachen Sonnenmasse kann die Gravitation die Hülle nicht mehr binden, es setzen starke Winde ein, die aus der Hülle über die Hälfte der Sonnenmasse in den Weltraum hinausreißen (*planetarische Nebel*). Der Restkern schrumpft und erhitzt sich weiter, kann aber wegen seiner reduzierten Masse keine Fusion mehr zünden. Er endet als *Weißer Zwerg* von einigen tausend Kilometern Durchmesser. In Sternen mit mehr als der achtfachen Sonnenmasse setzt nach dem Helium-Brennen das *Kohlenstoff-Brennen* ein, wobei Kohlenstoff-Kerne zu Neon-, Natrium- und Magnesium-Kernen verschmelzen (s. Gleichungen).

$$^{12}_{6}C + ^{12}_{6}C \longrightarrow ^{24}_{12}Mg$$
$$^{12}_{6}C + ^{12}_{6}C \longrightarrow ^{23}_{11}Na + ^{1}_{1}H$$
$$^{12}_{6}C + ^{12}_{6}C \longrightarrow ^{20}_{10}Ne + ^{4}_{2}He$$

Kohlenstoff-Brennen

Danach verdichtet sich das Zentrum weiter und bei einer Milliarde Kelvin beginnt das *Neon-Brennen*, danach bei zwei Milliarden Kelvin das *Sauerstoff-Brennen*, das bis zum Schwefel führt, und schließlich bei drei Milliarden Kelvin das *Silicium-Brennen*, dessen Endprodukt Eisen-Kerne sind. Ein Stern in diesem Stadium zeigt einen schalenartigen Aufbau aus Zonen, in denen die verschiedenen Elementfusionen ablaufen.

Beim Eisen finden die thermonuklearen Reaktionen ein Ende. Die Bildung von Kernen der Elemente schwerer als Eisen ist endotherm und sie vollzieht sich in den sogenannten s-Prozessen und in den r-Prozessen. Die *s-Prozesse* (s steht für slow) laufen parallel zu den thermonuklearen Fusionen in den Sternen ab. Sie beruhen auf Neutronen-Einfangreaktionen gefolgt von β-Zerfällen (*n,β-Reaktionen*) und führen bis zum ^{209}Bi. Die *r-Prozesse* (r steht für rapid) dagegen gehen in den Schockwellen der Supa-Nova-Explosionen vonstatten, beruhen ebenfalls auf n-β-Reaktionen und führen vor allem zu den neutronenreichen Kernen wie denen von Thorium und Uran. Nach dem Silicium-Brennen jedenfalls versiegt die Energieproduktion und der Stern kollabiert in Sekundenbruchteilen. Er schleudert in einer gigantischen Explosion, als *Super Nova Typ II* bezeichnet, seine Hülle samt den erbrüteten Elementen als Schockwelle weit in den interstellaren Raum hinaus. Der Kern aber kollabiert zu einem *Neutronenstern* von extremer Dichte (die Protonen wandeln sich durch Elektroneneinfang in Neutronen um) und bildet möglicherweise schließlich ein *Schwarzes Loch.*

Man vermutet, daß unser *Sonnensystem* sich vor ca. 6 Milliarden Jahren gebildet hat. Bis dahin hatten sich aus zahllosen Sternexplosionen, beginnend mit den Super-Novae der Ur-Sterne, bereits reichlich Fusionsprodukte in den interstellaren Wolken angesammelt. Eine solche *interstellare Wolke* begann sich zusammenzuziehen. Ihre immer schnellere Rotation schleuderte schließlich die oxidischen und metallischen Hüllen sowie Eis und schwerere Gase wie Sauerstoff weg, die sich zu *Planeten* zusammenballten, während das Zentrum aus Wasserstoff unter fortlaufender Kontraktion und Erhitzung mit der Wasserstoff-Fusion begann und zur *Sonne* wurde. Auf diese Weise entstehen ständig neue Sonnen und Sonnensysteme, bis sich der Wasserstoff-Vorrat des Kosmos erschöpft hat. Unsere Sonne rechnet man zur 3. Sterngeneration. Die *Entstehung der Erde* datiert man etwa 4 Milliarden Jahre zurück. Die Sonne wird noch 4–5 Milliarden Jahre das Wasserstoff-Brennen ausüben und schließlich als Weißer Zwerg enden.

Die Ausstattung der Erde mit chemischen Elementen stammt also letztlich aus den in den Weltraum hinausgeschleuderten Fusionsprodukten verloschener Sterne. Weil es hierher paßt, sei auch einmal ein poetischer Satz, wie er von M. Chown stammt, einfach angefügt: „Damit wir leben können, sind Sterne milliardenfach … gestorben. Das Eisen in unserem Blut, das Calcium in unseren Knochen, der Sauerstoff, der bei jedem Atemzug unsere Lungen füllt – all das wurde in den Glutöfen der Sterne erschaffen, die lange vor der Geburt der Erde untergingen".

Wasserstoff und Helium bilden zusammen ca. 99,9 % der Masse des Universums, Sauerstoff etwa 0,06 %, Kohlenstoff 0,01 %.

He Z = 2 A_R = 4,002602 Isotope: 3, 4; 5, 6, 7, 8 (künstlich)

t_{Smp} −272,2 °C	t_{Sdp} −268,9 °C	d 0,0001785 g/cm³	MV 22423 cm³/mol	α	λ 0,152 W/mK
C_p 20,79 J/(K · mol)	$\Delta_S H$ 0,021 kJ/mol	$\Delta_V H$ 0,082 kJ/mol	S^o 126,2 J/(K · mol)	ϱ	
t_{krit} −267,95 °C	P_{krit} 2,27 MPa	d_{krit} 0,0696 g/cm³	t_{trip} −259,2 °C		

Heparin

Heparin

H. bildet in Form des Natriumsalzes ein weißes bis graubraunes amorphes, geruchloses Pulver, das in Wasser gut (ca. 5 g/100 ml), in Ethanol, Diethylether oder Aceton praktisch nicht löslich ist und dessen wässerige Lösungen pH-Werte zwischen 6,0 und 7,5 aufweisen.

H. wird in den Mastzellen verschiedener menschlicher und tierischer Gewebe (vor allem von Leber, Lunge und Darm) aufgebaut und in den Granula der Mastzellen gelagert, wobei es an Proteine gebunden vorliegt. Das kommerziell erhältliche H. wird u. a. aus Rinderlunge oder Schweindarm gewonnen.

H. ist ein hochgradig mit ↑ Schwefelsäure verestertes bzw. amidiertes Polysaccharid, dessen „Monomeres" ein Disaccharid aus ↑ D-Glucosamin und ↑ D-Glucuronsäure bzw. L-Iduronsäure ist (s. Abbildung). Alle Bausteine sind durchweg β-1,4-glycosidisch (s. unter ↑ D(+)-Glucose) verknüpft. Die Verteilung der O- bzw. N-gebundenen Sulfatreste entlang der Kette ist variabel, auf 4 Monosaccharid-Einheiten entfallen 4–5 Sulfatreste. Die Molekularmassen liegen zwischen 6000–30000.

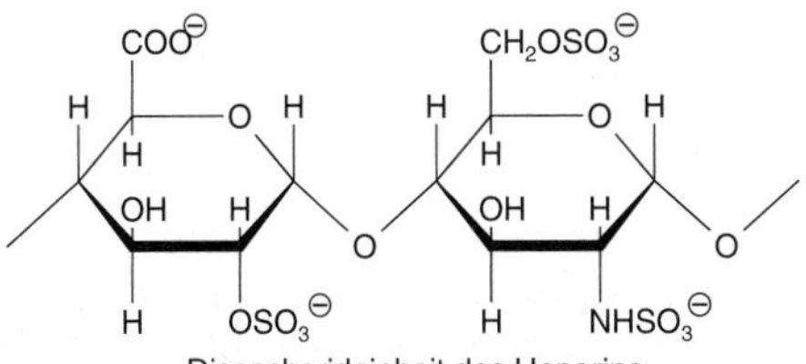

Struktur von Heparin

H. ist also ein sulfatiertes *Glykosaminoglykan* oder *Mucoglykan* (die Bezeichnung *Glykan* ist gleichbedeutend mit Polysaccharid).

Die physiologische Wirkung des H. ist die eines *Antikoagulans*, d. h. es unterbindet die Gerinnung des Blutes. Die *Blutgerinnung* beruht auf der Umwandlung von *Fibrinogen* in *Fibrin*, die durch *Thrombin* katalysiert wird. Die Thrombin-Wirkung wird durch *Antithrombin* III blockiert. H. verstärkt zum einen die Wirkung von Antithrombin III und verhindert zum anderen die Umwandlung von *Prothrombin* in Thrombin. Auch in polymergebundener Form und in vitro verhindert H. die Gerinnung. Deshalb belegt man die Oberflächen von Implantaten, Glas, chirurgischen Bestecken usw. durch chemische Anbindung von H. zwecks Gerinnungshemmung, was man als *Heparinisierung* bezeichnet.

H. wird therapeutisch zur Behandlung und Prophylaxe von Thrombosen, bei Bluttransfusionen und nach Operationen verwendet. Dabei wird es intravenös, als Salbe oder Zäpfchen verabreicht. Eine orale Aufnahme ist unwirksam.

Die Wirkung des H. im Blut setzt sehr schnell ein, hält aber nicht sehr lange an. H. hat noch weitere physiologische Wirkungen, die aber noch nicht alle erforscht sind.

n-Heptan

Heptane

Eine wasserklare, leichte, leichtentzündliche Flüssigkeit mit petroleumartigem Geruch. H. ist in Wasser unlöslich, löslich in Ethanol, Dithylether und Chloroform.

H. kommt stets in der Leichtbenzinfraktion des Erdöls vor (s. unter ↑ Benzin).

Reines H. dient als Standard-Substanz zur Bewertung der *Klopffestigkeit* von Motortreibstoffen und besitzt dabei die *Octanzahl* O, weil es sehr starkes „Klopfen" der Motoren hervorruft. Eine sehr geringe Klopfneigung weist das *Isooctan* auf (s. Abbildung), dem die Octanzahl 100 zugeordnet wird.

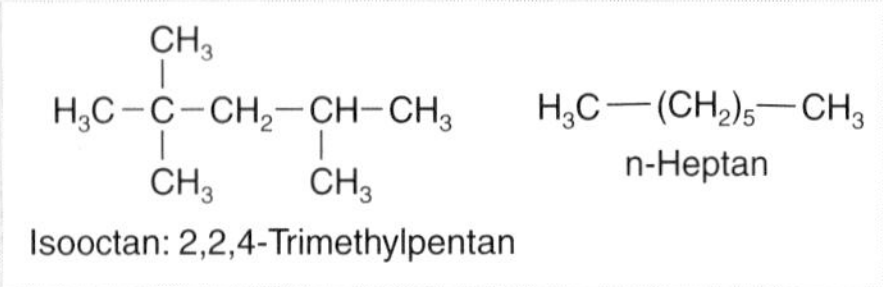

Strukturen von Heptan und Isooctan

H. bildet u. a. folgende Azeotrope:

Azeotrop-Komponenten	Zusammensetzung (Gew.-%)	Siedepunkt (°C)
H./Methanol	48,5/51,5	59,1
H./Vinylacetat	16,5/83,5	72,0
H./Wasser	87,1/12,9	79,2

Unter Octanzahl eines Benzins versteht man dann den Prozentgehalt an Isooctan eines H.-Isooctan-Gemisches, welches die gleiche Klopffestigkeit aufweist wie das betreffende Benzin. Das „Klopfen" des Motors beruht darauf, daß das Benzin-Luft-Gemisch bei der Kompression im Zylinder zu früh zündet, und hat vor allem einen erhöhten Treibstoffverbrauch zur Folge. Zur Erhöhung der Klopffestigkeit war in der Vergangenheit der Zusatz von Tetraethylblei zum Benzin als Antiklopfmittel allgemein üblich, wobei auch noch halogenierte Kohlenwasserstoffe (Dichlorethan) als Bleiausträger zugefügt wurden. (Vergl. hierzu auch ↑ Blei). Das wichtigste Antiklopfmittel ist heute Methyl-tert.-butylether (s. unter ↑ Methanol).

Im Labor dient H. als Lösungsmittel. Technisch wird es als leichtflüchtiges Lösungsmittel für Anstrichsysteme und Klebstoffe verwendet.

C_7H_{16} $M_R = 100{,}20$ C 83,91 % H 16,09 %

t_{Smp}	t_{Sdp}	d	η		
−91 °C	98,4 °C	0,68 g/cm³	0,409 mPa · s		
C_p	$\Delta_S H$	$\Delta_V H$	$\Delta_B H$	S^o	Q_C
224,6 J/(K · mol)	14,0 kJ/mol	31,8 kJ/mol	−224,4 kJ/mol	328,6 J/(K · mol)	−4825 kJ/mol
t_{krit}	P_{krit}	d_{krit}	$t_{tr/p}$		
267 °C	2,74 MPa				
MAK	R-Satz	S-Satz			
2000 mg/m³	11-38-50/53-65-67	9-16-29-33-60-61-62			

Heroin

Heroin, Diacetylmorphine Diacetylmorphin

Bildet farblose, blättchenförmige Kristalle, die in Wasser nur wenig (ca. 60 mg/100 ml), in Ethanol besser (ca. 3 g/100 ml) und in Chloroform sehr gut löslich sind. H. verfärbt sich an der Luft rosa und wird in siedendem Wasser zersetzt. Das farblose, kristalline Hydrochlorid löst sich in Wasser und Ethanol sehr gut.

H. wird aus ↑ Morphin durch dessen Umsetzung mit ↑ Essigsäureanhydrid hergestellt (s. Strukturabb.).

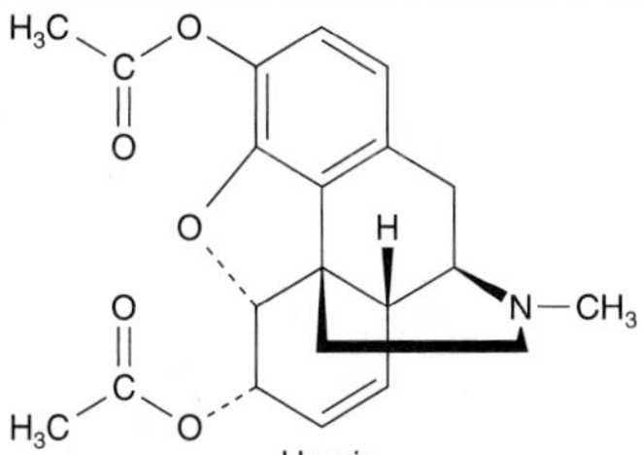

Strukur von Heroin

H. ist ursprünglich hergestellt worden in dem Glauben, daß es weniger schädlich sei als Morphin und deshalb als Morphin-Ersatz in der Schmerzbekämpfung dienen könne. Auf den „heroischen" schmerzlindernden Eigenschaften, die man in H. sah, beruhte auch die Namensgebung. Man erkannte jedoch sehr schnell die Gefährlichkeit des H. und nahm es sofort wieder vom Markt.

H. wird heute weltweit in illegalen Labors (vor allem im Nahen und Fernen Osten) aus dem Rohopium (s. unter ↑ Morphin) hergestellt und in die Rauschgiftszenen eingeschleust (*Schwarzmarkt*).

H. wird, nachdem es in die Blutbahn gelangt ist (durch Injektion oder über Schleimhäute), im Körper rasch zu Morphin abgebaut. Es führt bereits nach 2-5 Gaben zur Sucht. Der Konsum hat in relativ kurzer Zeit den körperlichen, geistig-psychischen und sozialen Ruin zur Folge. Die Entzugssymptome sind extrem schmerzhaft, praktisch unerträglich, und werden in einigen Ländern nicht unumstritten mit ↑ Methadon zu lindern versucht (Methadon-Programm).

H. unterliegt den Bestimmungen des Betäubungsmittel-Gesetzes.

$C_{21}H_{23}NO_5$	$M_R = 369{,}42$	C 68,28 %	H 6,28 %	N 3,79 %	O 21,65 %

t_{Smp}	t_{Sdp}	d	η
173 °C			

Hexachlorcyclohexan

Hexachlorcyclohexane, Lindane γ-HCH, Lindan

Bildet farblose, etwas moderig riechende Kristalle, die in Wasser praktisch unlöslich sind, die Löslichkeit in Ethanol beträgt ca. 6 g/100 ml, in Aceton 43 g/100 ml, in Diethylether 20 g/100 ml.

γ-HCH ist eines der acht möglichen Isomeren von 1,2,3,4,5,6-Hexachlorcyclohexan, Isomere bezüglich der axialen (a) bzw. equatorialen (e) Stellung der Chloratome in der Sesselkonformation des Cyclohexan-Gerüstes (s. unter ↑ Cyclohexan). Alle acht Isomere entstehen zu verschiedenen Anteilen bei der Fotochlorierung von ↑ Benzol. Zu einem geringen Prozentsatz bilden sich dabei auch höher chlorierte Produkte. Das gesamte Isomeren-Gemisch dieser Chlorierung bezeichnet man als technisches HCH.

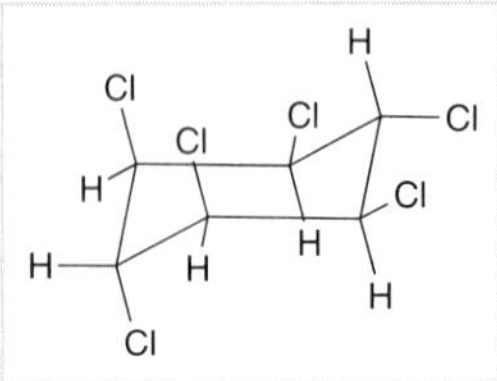

Struktur von γ-Hexachlorcyclohexan (Lindan) = a,a,a,e,e,e-Hexachlorcyclohexan

Die Bildung von HCH wurde erstmals 1825 beobachtet (Faraday), 1933 entdeckte man eine insektizide Wirkung, die 1942 ausschließlich dem γ-HCH zugewiesen werden konnte (s. Abbildung). Das technische HCH hat man dann nach und nach durch γ-HCH als Insektizid ersetzt, das man durch Extraktion mit ↑ Methanol aus dem Gemisch isoliert.

Die Anwendung des technischen HCH ist seit den siebziger Jahren in Deutschland verboten. γ-HCH wird als Insektizid vor allem zur Saatgutbehandlung und gegen Holzschädlinge (im Forst sowie in Holzschutzmitteln) eingesetzt. Die Halbwertszeit von γ-HCH in der Umwelt (Abbau durch Mikroorganismen und UV-Licht) soll ca. ein halbes Jahr betragen, was verglichen mit anderen polychlorierten Verbindungen relativ kurz ist.

► Zu den akuten toxischen Phänomenen nach Aufnahme von H. (durch Verschlucken, Inhalation oder percutan) gehören Schwindel, Kopfschmerzen, Übelkeit, Erbrechen, Zittern und Krämpfe.

$C_6H_6Cl_6$ $M_R = 290{,}83$ C 24,78 % H 2,08 % Cl 73,14 %

t_{Smp}	t_{Sdp} 176 °C (13 mbar)	d	η		
C_p	$\Delta_S H$ 25,9 kJ/mol	$\Delta_{Sub} H$ 90 kJ/mol (S)	$\Delta_B H$ −386,6 kJ/mol	S^o	Q_C −2741 kJ/mol
MAK 0,5 mg/m³	R-Satz 21-25-40-50/53	S-Satz 25-39-45-53-60-61			

Hexachlorethan

Hexachlorethane Perchlorethan

Bildet farblose, campherartig riechende Kristalle, die sich gut lösen in Ethanol, Chloroform, Diethylether sowie in Ölen und unlöslich sind in Wasser. H. sublimiert leicht ohne zu schmelzen.

H. wird hergestellt durch Addition von ↑ Chlor an ↑ Tetrachlorethen (s. Gleichung).

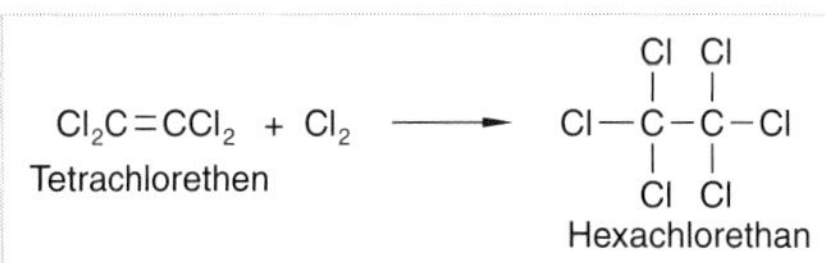

Technische Herstellung von Hexachlorethan

H. fand in der Vergangenheit technische Verwendungen in der Metallurgie (Entgasungsmittel), als Vulkanisationsbeschleuniger, als Weichmacher (Campher-Ersatz), die aber stark rückläufig sind. H. ist Bestandteil von *Rauchbomben* (die *Berger-Mischung* besteht z. B. aus einem innigen Gemenge von H. mit ↑ Aluminium oder ↑ Magnesium und liefert bei der Entzündung eine starke Rauchentwicklung).

In der Tiermedizin wird H. als Wurmmittel verabreicht.

► H. steht unter dem Verdacht der cancerogenen Wirkung.

C_2Cl_6 $M_R = 236{,}74$ C 10,15 % Cl 89,85 %

$t_{Sublimation}$	t_{Sdp}	d	η		
186 °C (S)		2,09 g/cm³			
C_p	$\Delta_S H$	$\Delta_{Sub} H$	$\Delta_B H$	S^o	Q_C
198 J/(K · mol)		59 kJ/mol (S)	−134 kJ/mol	237 J/(K · mol)	−727,4 kJ/mol
MAK	R-Satz	S-Satz			
10 mg/m³					

Hexachlorophen

Hexachlorophene

Bildet farblose Kristalle, die sich in den meisten org. Solventien und in Ölen, in Wasser aber nur im alkalischen Medium lösen.

H. wird hergestellt durch Kondensation von 2 Mol 2,4,5-Trichlorphenol mit ↑ Formaldehyd in Gegenwart von konz. ↑ Schwefelsäure (s. Schema).

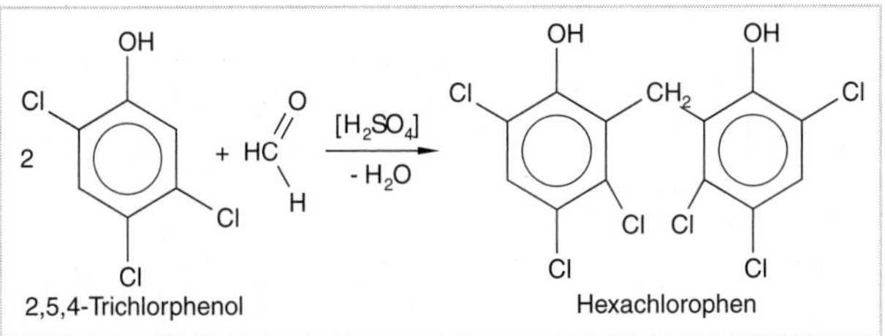

Herstellung von Hexachlorophen

H. ist also ein polychloriertes Derivat von ↑ Diphenylmethan, ebenso wie ↑ DDT.

H. zeigt eine starke bakterizide Wirkung und wird hauptsächlich zur Desinfektion verwendet, dient aber auch als Antimykotikum. In der Tiermedizin wird es als Anthelmintikum (Wurmmittel) eingesetzt. Die frühere Verwendung in kosmetischen Produkten (z. B. in Seifen) ist heute verboten.

► H. wird durch die Haut resorbiert, wirkt in höheren Dosierungen stark haut- und schleimhautreizend und ruft u. a. neurologische Symptome hervor.

$C_{13}H_6Cl_6O_2$ $M_R = 406{,}91$ C 38,37 % H 1,49 % Cl 52,28 % O 7,86 %

t_{Smp}	t_{Sdp}	d	η
164 °C			

Hexamethylendiamin

1,6-Hexanediamine 1,6-Diaminohexan

Farblose, durchscheinende, eigentümlich riechende Kristalle, die sich gut in Wasser, jedoch nur wenig in Ethanol lösen. H. ist hygroskopisch und absorbiert auch rasch Kohlenstoffdioxid aus der Luft.

H. wird hergestellt durch Reduktion von *Adipinsäuredinitril* mit Natrium/Ethanol. Adipinsäuredinitril erhält man durch Umsetzung von 1,4-Dichorbutan mit Natriumcyanid (s. Schema).

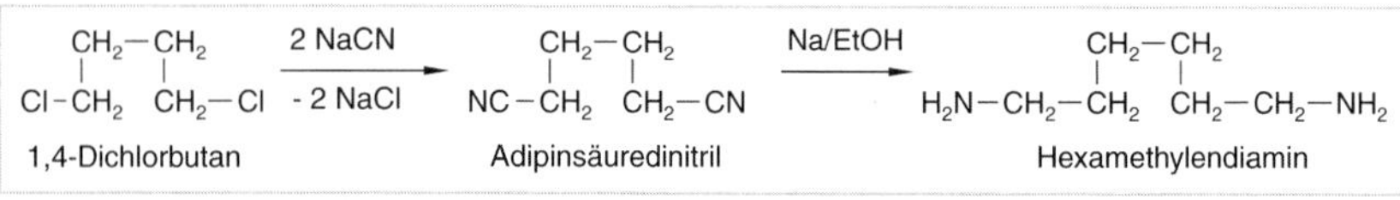

Technische Gewinnung von Hexamethylendiamin

H. dient als Diamin vor allem zur Herstellung von Polyamiden (s. unter ↑ Polyamide) durch Polykondensation mit ↑ Adipinsäure. Hierzu werden äquimolare Mengen an H. und Adipinsäure miteinander verschmolzen (s. Schema).

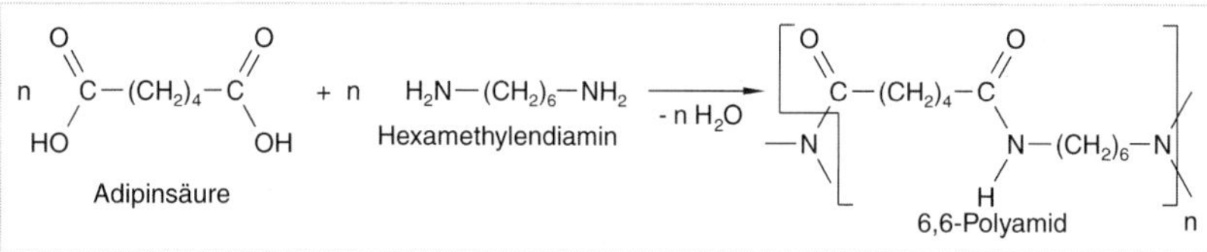

Herstellung von 6,6-Polyamid

Aus der Schmelze lassen sich die sehr reißfesten und elastischen Fäden (Fasern) von *6,6-Polyamid* (*Nylon-6,6*) ziehen. Die beiden Ziffern bedeuten, daß sowohl das Diamin als auch die Dicarbonsäure 6 C-Atome aufweisen.

$C_6H_{16}N_2$ $M_R = 116{,}20$ C 62,02 % H 13,88 % N 24,11 %

t_{Smp}	t_{Sdp}	d	η		
44 °C	205 °C				
C_p	$\Delta_S H$	$\Delta_V H$	$\Delta_B H$	S^o	Q_C
			−205 kJ/mol		

MAK	R-Satz	S-Satz
2,3 mg/m³	21/22-34-37	22-26-36/37/39-45

Hexamethylentetramin ⟶ Urotropin

n-Hexan

n-Hexane

Eine farblose, leicht flüchtige, leicht entzündliche Flüssigkeit mit angenehm mildem Geruch. H. ist unlöslich in Wasser, mischbar mit Ethanol, Diethylether und Chloroform.

Eine Darstellungsmöglichkeit für H. bietet die *Wurtz-Synthese*, die in der Umsetzung eines Alkylhalogenids mit ↑ Natrium besteht, wobei nach dem gezeigten Schema der entsprechende Kohlenwasserstoff entsteht (s. Schema).

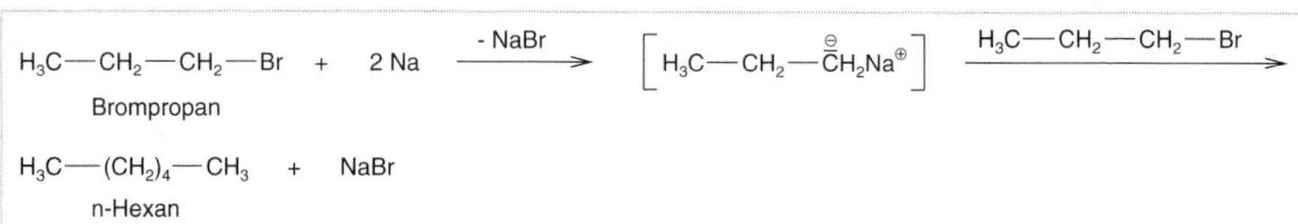

Wurtz-Synthese zur Herstellung von n-Hexan

In einer Variante der Wurtz-Reaktion, der *Wurtz-Fittig-Synthese*, wird ein Gemisch von Arylhalogenid und Alkylhalogenid mit einem Alkalimetall umgesetzt, wobei der entsprechende *Alkylaromat* entsteht (Beispiel s. unter ↑ Xylole).

H. ist der Hauptbestandteil der sog. Hexanfraktion des Leichtbenzins (s. unter ↑ Benzin).

H. bildet u. a. folgende Azeotrope:

Azeotrop-Komponenten	Zusammensetzung (Gew.-%)	Siedepunkt (°C)
H./2-Butanon	71,7/28,3	64,3
H./Methanol	73,1/26,9	50,0
H./1-Propanol	96,0/4,0	65,7
H./2-Propanol	78,0/22,0	61,0
H./Wasser	94,4/5,6	61,6

H. dient vielfach im Labor als Lösungs- und Extraktionsmittel. Technisch wird H. als Lösungsmittel-Komponente in schnelltrocknenden Lacken, Farben und Klebstoffen eingesetzt.

Blau oder rot eingefärbt wird es auch als *Thermometerfüllung* anstelle von ↑ Quecksilber verwendet.

C_6H_{14} $M_R = 86{,}17$ C 83,63 % H 16,37 %

t_{Smp} −95 °C	t_{Sdp} 69 °C	d 0,66 g/cm³	η 0,326 mPa · s		
C_p 265 J/(K · mol)	$\Delta_S H$ 13,0 kJ/mol	$\Delta_V H$ 28,8 kJ/mol	$\Delta_B H$ −198,7 kJ/mol	S^o 296 J/(K · mol)	Q_C −4163 kJ/mol
t_{krit} 234 °C	P_{krit} 3,02 MPa	d_{krit}	t_{trip}		
MAK 180 mg/m³	R-Satz 11-38-48/20-51/53-62-65-67	S-Satz 9-16-29-33-36/37-61-62			

Hexogen

Hexogen, Cyclonite Cyclonit, 1,3,5-Trinitro-1,3,5-triazinan

Bildet in reiner Form nach Kristallisation aus Aceton farblose, orthorhombische Kristalle, die in Wasser praktisch unlöslich, in Alkoholen, Essigester oder Essigsäure kaum löslich sind. Die Löslichkeit in Aceton beträgt ca. 4 g/100 ml. Im Handel ist H. in phlegmatisierter Form, z. B. mit einem mindestens 15 %-igen Wassergehalt, und ist so relativ sicher transportier- und hantierfähig.

H. ist darstellbar durch Umsetzung von ↑ Urotropin mit rauchender ↑ Salpetersäure. Dabei wird das Brückensystem oxidativ abgebaut, während die verbleibenden Ring-N-Atome nitriert werden (s. Schema).

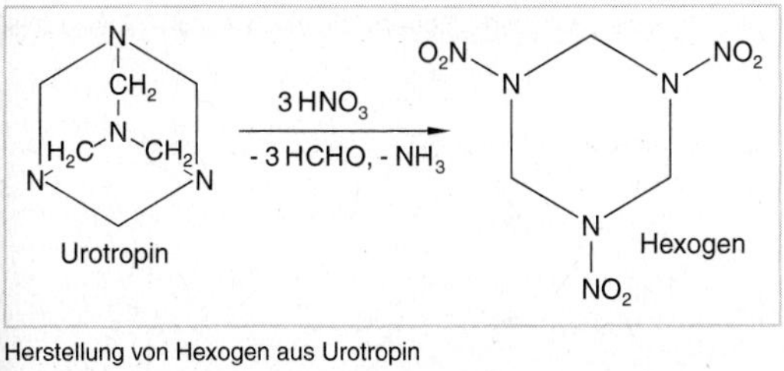

Herstellung von Hexogen aus Urotropin

Wird bei dieser Reaktion ↑ Ammoniumnitrat und ↑ Essigsäureanhydrid zugesetzt, können pro Mol Urotropin 2 Mol H. erhalten werden.

H. ist ein hochbrisanter Sprengstoff mit der 1,5fachen Brisanz von ↑ Trinitrotoluol H. spielt deshalb in militärischen Anwendungen (bereits im 2. Weltkrieg) eine große Rolle. Brisanz und Anwendungseigenschaften werden vielfach durch Mischungen variiert, so mit ↑ Aluminium (z. B. *Hexal*), mit ↑ Trinitrotoluol (z. B. *Trixogen*) oder mit PETN (z. B. *Semtex*, s. unter ↑ Pentaerythrit). Semtex wurde bei dem Lockerbie-Attentat (1988) verwendet.

$C_3H_6N_6O_6$ $M_R = 222{,}12$ C 16,22 % H 2,72 % N 37,84 % O 43,22 %

Hippursäure

Hippuric acid N-Benzoylglycin

Bildet farb- und geruchlose Kristalle, die sich in kaltem Wasser nur wenig lösen (ca. 0,4 g/100 ml), ebenso in kaltem Ethanol, während beim Erwärmen die Löslichkeit stark ansteigt.

H. findet sich in größeren Konzentrationen in Nieren und Harn von Pflanzenfressern. H. kann hergestellt werden durch Umsetzung von ↑ Glycin mit ↑ Benzoylchlorid (s. Schema).

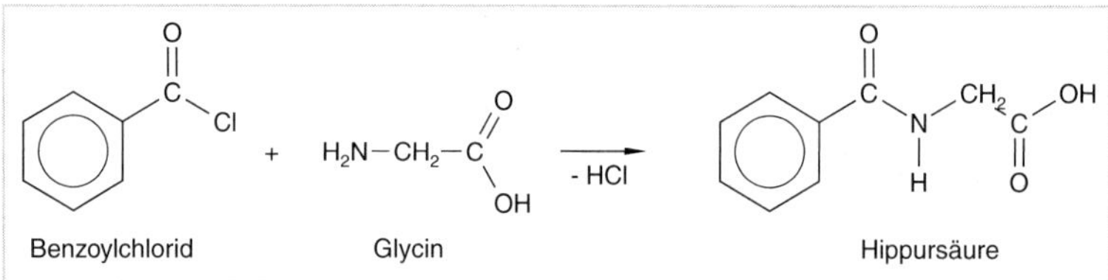

Synthese von Hippursäure

Die H. kann als Ausgangspunkt der *Erlenmeyer-Synthese* von Aminosäuren dienen. Die H. wird unter den Reaktionsbedingungen zum *Azlacton* dehydratisiert. Dessen sehr aktive Methylengruppe kann mit Aldehyden zur Alkylidenverbindung kondensieren (Aldol-Kondensation), die nach Hydrierung hydrolytisch zur Aminosäure gespalten wird (s. Schema).

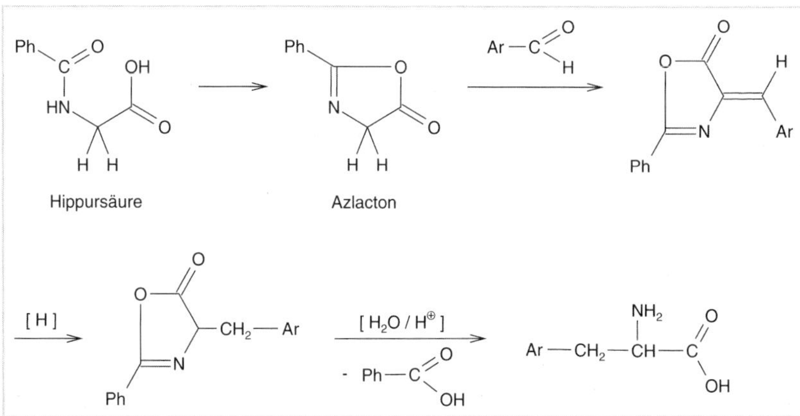

Aminosäure-Synthese nach Erlenmeyer

Die Synthese eignet sich vor allem für aromatische Aldehyde, die vielfältig substituiert sein können. Statt H. kann vorteilhaft auch Hydantoin (s. unter ↑ Kaliumcyanat) verwendet werden. Auf der Erlenmeyer-Synthese beruht z. B. eine Herstellroute für die Aminosäure ↑ Thyroxin.

In Form der H. wird die ↑ Benzoesäure aus dem Organismus ausgeschieden. Der Mensch scheidet ca. 1-2 g H. pro Tag aus. Die H. wurde 1829 von Liebig im Pferdeharn entdeckt (Name!)

$C_9H_9NO_3$ $M_R = 179{,}17$ C 60,33 % H 5,06 % N 7,82 % O 26,79 %

t_{Smp}	t_{Sdp}	d	η
191 °C		1,37 g/cm³	

C_p	$\Delta_S H$	$\Delta_V H$	$\Delta_B H$	S^o	Q_C
217 J/(K · mol)			−607,5 kJ/mol	239 J/(K · mol)	−4218 kJ/mol

Histamin

Histamine 2-(4-Imidazolyl)-ethylamin

Eine farblose kristalline Substanz, die sich in Wasser und Ethanol gut löst, während sie in Diethylether kaum löslich ist.

H. ist in der Pflanzen- und Tierwelt weit verbreitet. Es ist im *Bienengift* sowie im *Nesselgift* der Brennesseln vorhanden und kommt vor allem in Spinatblättern zu hohen Anteilen vor (ca. 1,4 g pro Kg). Im menschlichen Organismus findet es sich in allen Geweben, besonders angereichert in der Haut, in den Lungen und im Magen-Darm-Kanal.

H. ist ein biogenes Amin und wird im Körper durch enzymatische Decarboxylierung von ↑ Histidin erzeugt (s. Schema).

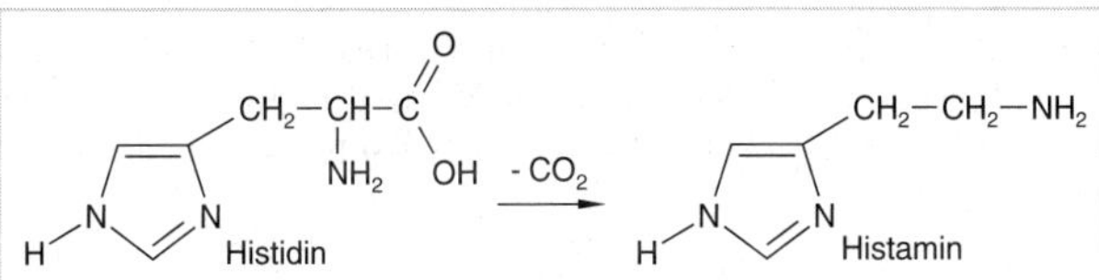

Bildung von Histamin aus Histidin

H. wird in den sog. Mastzellen an ↑ Heparin und Protein gebunden und ist so inaktiviert. Durch bestimmte Einflüsse, wie Verletzungen, gewisse chemische Substanzen oder Allergien wird das H. freigesetzt und ruft eine Reihe deutlicher körperlicher Reaktionen hervor. Dazu gehört die Erweiterung kapillarer Blutgefäße (Folge: schmerzhafte Rötung betreffender Hautpartien) oder die Erhöhung der Kapillarpermeabilität (Folge: Blutplasma-Austritt in die Gewebe, was zu den juckenden „Quaddeln" führt). H. regt außerdem die Magenschleimhaut zur Salzsäureproduktion an. Dabei bindet das H. an spezifische Rezeptoren (man kennt heute 2 Typen: H_1- und H_2-Rezeptoren) der betreffenden Zellen, was in den Zellen über sog. second messenger die jeweilige Zellreaktion auslöst. Man bezeichnet Stoffe wie H. als *Mediatoren*. Ihre Signalwirkung weist Parallelen zu den Hormonen sowie zu den Neurotransmittern auf.

Manche allergische Erscheinungen, wie Heuschnupfen, werden mit H. ursächlich in Verbindung gebracht. Es werden therapeutisch Präparate verwendet, die als sog. „*Antihistaminika*" die Aufgabe haben, das H. von den Rezeptoren zu trennen und so unwirksam zu machen.

$C_5H_9N_3$ $M_R = 111{,}15$ C 54,03 % H 8,16 % N 37,81 %

t_{Smp}	t_{Sdp}	d	η
83 °C			

Histidin

Histidine

Ein farbloses, kristallines süßschmeckendes Pulver, das sich in Wasser bei 20 °C zu 4,2 g/100 ml löst und praktisch unlöslich ist in Ethanol und Diethylether.

H. ist eine wichtige, in den meisten Proteinen vorkommende und für den erwachsenen Menschen nicht essentielle Aminosäure. Der Anteil an H. ist in den Erythrocyten besonders hoch, da es eine wesentliche Komponente im ↑Hämoglobin ist. Im Pferdehämoglobin beträgt der Gehalt an H. z. B. 8,7 %. Die Gewinnung des H. erfolgt deshalb auch aus dem Hydrolysat von Erythrocyten, und zwar durch Fällung als Quecksilbersalz.

H. ist eine basische Aminosäure (Ip = 7,59), da den beiden basischen Zentren primäre Aminogruppe und Imidazolring nur eine Carboxylgruppe gegenübersteht. H. bildet besonders stabile Komplexe mit Schwermetallionen (z. B. mit Kupfer). Über den Imidazol-Stickstoff des H. erfolgt auch die Komplexbildung zwischen Häm-Fe-Atom und Globin im ↑Hämoglobin. Medizinisch bedeutsam ist die Decarboxylierung des H. zum ↑Histamin. Biochemisch entsteht aus H. durch Abspaltung von ↑Ammoniak die trans-Urocansäure, die in der Haut und im Schweiß vorkommt (s. Schema).

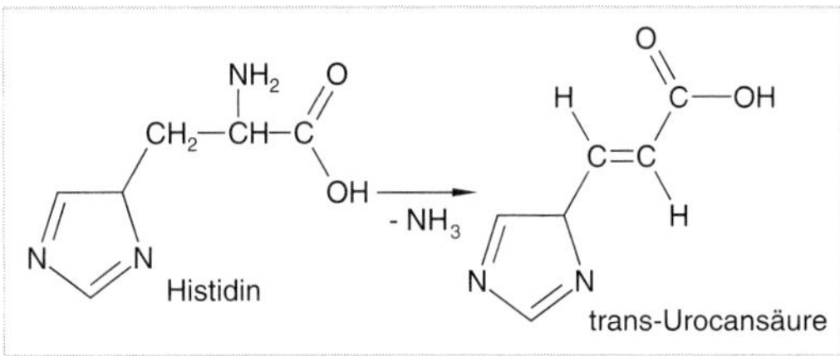

Bildung der trans-Urocansäure

Die *Urocansäure* hat biologische Schutzfunktion gegen UV-Strahlung. Deshalb wird sie auch als *UV-Absorber* in Sonnenschutzpräparaten verwendet. H. und Urocansäure werden biochemisch zur ↑L-Glutaminsäure abgebaut.

$C_6H_9N_3O_2$ $M_R = 155{,}09$ C 46,45 % H 5,85 % N 27,08 % O 20,62 %

$t_{Zersetzung}$	t_{Sdp}	d	η
> 270 °C (Z)			

C_p	$\Delta_S H$	$\Delta_{Sub} H$	$\Delta_B H$	S^o	Q_C
		142 kJ/mol (S)	−441 kJ/mol		−3205 kJ/mol

Holmium

Holmium Ho

Silberglänzendes, an der Luft rasch anlaufendes, metallisches chemisches Element.

Das zu den Lanthaniden gehörende Metall findet sich in Seltenerd-Mineralien mit einem geschätzten Anteil am Aufbau der Erdkruste von nur ca. 1 ppm.

Seine Elektronenkonfiguration lautet $1s^2\ 2s^2\ 2p^6\ 3s^2\ 3p^6\ 3d^{10}\ 4s^2\ 4p^6\ 4d^{10}\ 4f^{11}\ 5s^2\ 5p^6\ 6s^2$ oder abgekürzt Xe $4f^{11}\ 6s^2$, Grundterm $^4I_{15/2}$.

Das Element ist durchweg dreiwertig. Die Ho(III)-Ionen bilden gelbe wässerige Lösungen. Das Normalpotential für den Vorgang Ho → Ho^{3+} + 3 e^- beträgt −2,33 V.

Ho hat außer im Holmium-Laser keine technischen Anwendungen.

Das Element ist nach Stockholm benannt, dem Geburtsort von Cleve, der Ho in den Yttererden aufgefunden hat. Die Reindarstellung des schwierig zu isolierenden Elementes erfolgte erst 1940.

Ho Z = 67 A_R = 164,93032 Isotope: 165; 146-164, 166-170 (künstlich)

t_{Smp}	t_{Sdp}	d	MV	α	λ
1470 °C	2691 °C	8,79 g/cm³	18,75 cm³/mol	11,2 10^{-6}/K	16,2 W/mK

C_p	$\Delta_S H$	$\Delta_V H$	S^o	ϱ
27,16 J/(K · mol)	12,18 kJ/mol	242,5 kJ/mol	75 J/(K · mol)	814 nΩ · m

Hyaluronsäure

Hyaluronic acid

Die H. bildet in Form des (kommerziell verfügbaren) Natrium- oder Kaliumsalzes ein farbloses Pulver, das in Wasser unter Ausbildung hochviskoser Gele löslich ist.

Die H. kommt in nahezu allen tierischen Bindegeweben vor und ist dort Grundbaustein der *Proteoglykane*. Die Proteoglykane sind flaschenbürstenartig aufgebaut: die Achse wird durch H. gebildet, an die seitlich wegstehend (wie Bürstenhaare) Proteine gebunden sind, die ihrerseits zusätzlich Glycosaminoglykane tragen (s. Abbildung).

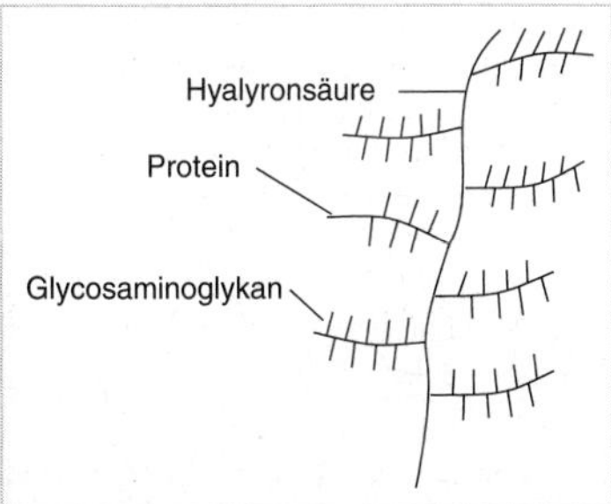

Aufbau der Proteoglykane

Als *Glycosaminoglykane* treten dabei auf das *Dermatansulfat*, *Keratansulfat*, *Chondroitinsulfat* (s. unten) sowie ↑ Heparin, die alle einen ähnlichen Aufbau aus sauren Disacchariden aufweisen. Die Proteoglykane bilden die raumfüllende Komponente der *Interzellularsubstanz* und sind über Ankerproteine (z. B. *Fibronectin*) an die Zellen gebunden.

Die H. ist ebenfalls ein Disaccharid-Polymer (*Heteroglykan*), dessen Disaccharide aus D-N-Acetylglucosamin und ↑ D-Glucuronsäure bestehen, die beide β-1,3-glycosidisch verknüpt sind. Diese Disaccharid-Einheiten sind wiederum β-1,4-glycosidisch zum Polymer verbunden. H. ist also auch ein Glykosaminoglykan (s. Abbildung).

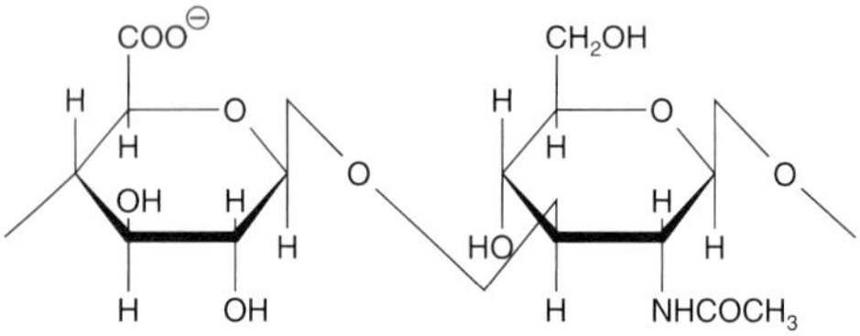

Disaccharideinheit der Hyaluronsäure

Aufbau der Hyaluronsäure

Die 1,3-Verknüpfung bewirkt eine Schraubung des Moleküls, die Carboxylgruppen ragen nach außen und binden Calcium-Ionen. Die Molekularmassen können von 50000 bis zu mehreren Millionen betragen.

Das Wasserbindungsvermögen der H. ist enorm (bis zum 10000-fachen des Eigenvolumens). Diese Funktion hat die H. auch im *Glaskörper* des Auges, aus dem die H. 1934 erstmals isoliert worden ist: er enthält ca. 1 % H. und 98 % Wasser (von daher rührt der Name: hyalos, gr. = Auge).

Einen ähnlichen Aufbau wie H. (Glucosamin durch Galactosamin ersetzt) weist das *Chondroitin* auf, dessen sulfatiertes Derivat (Chondroitinsulfat) wesentlich am Aufbau von Knorpeln und Knochen beteiligt ist.

Hydrazin

Hydrazine Diazan

Reines H. ist eine farblose, ölige Flüssigkeit, mit penetrantem, ammoniakartigem Geruch, die an der Luft stark raucht. Es mischt sich beliebig mit Wasser und den niederen Alkoholen.

$$3\ H_2N{-}NH_2 \longrightarrow 4\ NH_3 + N_2$$

Zerfall von Hydrazin unter Disproportionierung

Reines H. ist zwar bei normaler Temperatur stabil und kann luftdicht verschlossen und dunkel jahrelang aufbewahrt werden, jedoch kann beim Erhitzen, insbesondere beim Destillieren, explosionsartiger Zerfall unter Disproportionierung zu ↑ Stickstoff und ↑ Ammoniak erfolgen. Zersetzung tritt auch durch ↑ Sauerstoff, UV-Licht und Schwermetallspuren ein (s. Gleichung).

$$2\ NH_3 \xrightarrow{-2\,H} H_2N{-}NH_2$$

Herstellung von Hydrazin aus Ammoniak

H. ist deshalb nicht in reiner Form im Handel sondern entweder als *Hydrazinhydrat* oder als Salz, und zwar meist als Sulfat. Die Herstellung beruht fast ausschließlich auf der Oxidation von Ammoniak (s. Gleichung).

Als Oxidationsmittel wird meist ↑ Natriumhypochlorit verwendet, das in situ erzeugt wird. Als Zwischenprodukt entsteht *Chloramin*. Bei dieser als „*Raschig-Verfahren*" bekannten Synthese (s. Schema) kann die Isolierung des H. durch Abdestillieren als H.-Wasser-Azeotrop (s. unten) oder durch Ausfällen als schwerlösliches H.-Sulfat erfolgen (s. Gleichung).

$$Cl_2 + 2\ NaOH \longrightarrow NaOCl + NaCl + H_2O$$
$$NaOCl + NH_3 \longrightarrow H_2N{-}Cl + NaOH$$
$$H_2N{-}Cl + NH_3 + NaOH \longrightarrow H_2N{-}NH_2 + NaCl + H_2O$$
$$\overline{Cl_2 + 2\ NH_3 + 2\ NaOH \longrightarrow H_2N{-}NH_2 + 2\ NaCl + 2\ H_2O}$$

Raschig-Verfahren zur Hydrazin-Herstellung

$$H_2N{-}NH_2 + H_2SO_4 \longrightarrow \underset{\text{Hydrazinsulfat}}{(H_2N{-}NH_3)^{\oplus}\ HSO_4^{\ominus}}$$

Bildung von Hydrazin-Sulfat

Weil bei der Raschig-Synthese bereits gebildetes H. durch das als Zwischenstufe auftretende Chloramin bei Anwesenheit von Spuren an Schwermetallen, insbesondere Kupfer zersetzt wird (s. Gleichung), setzt man ↑Gelatine oder EDTA als Komplexbildner zu, die die Schwermetalle binden und unwirksam machen (s. unter ↑Ethylendiaminotetraessigsäure).

$$2\ H_2N{-}Cl + H_2N{-}NH_2 \longrightarrow N_2 + 2\ NH_4Cl$$

Zersetzung von Hydrazin durch Chloramin

Das *Hydrazinsulfat* ist eine gut kristallisierende Verbindung, die sich in Wasser bei 20 °C nur zu etwa 3 g/100 ml löst, jedoch leicht löslich ist in heißem Wasser und deshalb gut umzukristallisieren ist. Seine wässerige Lösung reagiert sauer (pH 0,2m Lösung = 1,3). Beim Erhitzen von H.-Sulfat mit konz. Kalilauge destilliert das H.-Hydrat über, eine viskose, fischartig riechende, an der Luft rauchende und stark alkalisch reagierende Flüssigkeit (s. Gleichung). Erhitzt man das H.-Hydrat mit festem ↑Natriumhydroxid, destilliert das wasserfreie H. über.

$$\underset{\text{Hydrazinsulfat}}{N_2H_5^{\oplus}\ HSO_4^{\ominus}} + KOH \longrightarrow \underset{\text{Hydrazinhydrat}}{N_2H_4 \bullet H_2O} + KHSO_4$$

Überführung von Hydrazinsulfat in Hydrazinhydrat

Da H. zwei basische N-Atome besitzt, kann es theoretisch zwei Reihen *Hydraziniumsalze* bilden (s. Gleichungen), wobei jedoch die letzteren wegen des kleinen K_2 in wässeriger Lösung nicht existieren können und sofort hydrolytisch zersetzt werden (s. Gleichung).

$$H_2N{-}NH_2 + HX \longrightarrow H_2N{-}NH_3^{\oplus}\ X^{\ominus} \qquad K_1 = 8 \bullet 10^{-7}$$
$$H_2N{-}NH_3^{\oplus}\ X^{\ominus} + HX \longrightarrow (H_3\overset{\oplus}{N}{-}\overset{\oplus}{N}H_3)\ 2\,X^{\ominus} \qquad K_2 = 8 \bullet 10^{-16}$$

Salzbildungs-Reaktionen von Hydrazin

$$N_2H_6^{2+} + H_2O \longrightarrow N_2H_5^{\oplus} + H_3O^{\oplus}$$

Hydrolytische Zersetzung

H. und seine wässerigen Lösungen sind starke Reduktionsmittel, da H. sich leicht zu Stickstoff oxidieren läßt, wie das Potential in alkalischer Lösung zeigt (s. Gleichung). Die Oxidation mit Salpetriger Säure führt zur *Stickstoffwasserstoffsäure* (s. Gleichung). H. wird von den Halogenen in heftiger Reaktion ebenfalls zu Stickstoff oxidiert z. B. durch ↑Chlor (s. Gleichung).

$$H_2N{-}NH_2 + 4\ OH^{\ominus} \rightleftharpoons N_2 + 4\ H_2O + 4\ e^- \qquad E_0 = -\ 1{,}16\ V$$

Potential für die Oxidation zu Stickstoff

$$H_2N{-}NH_2 + O{=}N{-}OH \longrightarrow N_3H + 2\ H_2O$$

Bildung von Stickstoffwasserstoffsäure

$$H_2N{-}NH_2 + 2\ Cl_2 \longrightarrow N_2 + 4\ HCl$$

Reaktion von Hydrazin mit Chlor zu Stickstoff

$H_2N{-}NH_2 + (CH_3)N{-}NH_2 + N_2O_4$

selbstentzündlich

Selbstentzündliches Treibstoff-Gemisch

Die Oxidation von reinem H. mit reinem ↑Sauerstoff oder ↑Wasserstoffperoxid ist sehr exotherm, so daß derartige Gemische als Raketentreibstoffe in der Raumfahrt Verwendung finden. Ein Gemisch von H., *Dimethylhydrazin* (unsymmetrisch) und Distickstoffdioxid (s. unter ↑Stickstoffoxide) ist selbstentzündlich (s. Abbildung) und wurde in verschiedenen Raumfahrt-Programmen (z. B. in der Mondlandefähre) eingesetzt.

Auf der Oxidation des H. durch Sauerstoff beruht auch die Funktion der *Hydrazin-Brennstoffzelle* (s. Schema).

$$O_2 + 2\,H_2O + 4\,e^- \longrightarrow 4\,OH^{\ominus} \qquad E_0 = +0{,}40\ V$$
$$N_2H_4 + 4\,OH^{\ominus} \longrightarrow N_2 + 4\,H_2O + 4\,e^- \qquad E_0 = -1{,}16\ V$$
$$N_2H_4 + O_2 \longrightarrow N_2 + 2\,H_2O \qquad \Delta E_0 = -1{,}56\ V$$

Chemismus der Hydrazin-Brennstoffzelle

Die Energieabgabe bei diesen Oxidationsvorgängen beruht zum Großteil darauf, daß das sehr energiearme Stickstoff-Molekül gebildet wird.

H. bildet u. a. folgendes Azeotrop:

Azeotrop-Komponenten	Zusammensetzung (Gew.-%)	Siedepunkt (°C)
H./Wasser	58,5/41,5	120,5

H. wird technisch weiterhin als *Korrosionsinhibitor* verwendet, und verhindert z. B. bereits in ppm-Mengen als Zusatz zum Speisewasser von Dampferzeugern die Korrosion. Organo-Derivate von H. dienen als Radikalstarter und als Treibmittel, da sie thermisch in Radikale und Stickstoff zerfallen (s. unter. ↑Azo(bis)-isobutyronitril). H. und seine organischen Derivate (s. unter ↑Phenylhydrazin) besitzen große präparative Bedeutung in Heterocyclen-Synthesen. Präparative Verwendung findet H. auch in der Wolff-Kishner-Reduktion (s. unter ↑Cyclobutan).

► H. und seine Salze sind giftig und führen vor allem zu Lungen- und Leberschäden. Verschiedene H.-Derivate gelten als karzinogen.

H_4N_2 $M_R = 32{,}05$ H 12,58 % N 87,42 %

t_{Smp}	t_{Sdp}	d	η		
1,5 °C	113,5 °C	1,008 g/cm³	0,97 mPa · s		
C_p	$\Delta_S H$	$\Delta_V H$	$\Delta_B H$	S^o	Q_C
50 J/(K · mol) (gas)	12,66 kJ/mol	41,8 kJ/mol	50,6 kJ/mol	121 J/(K · mol)	−622 kJ/mol
MAK	R-Satz	S-Satz			
0,13 mg/m³	45-10-23/24/25-34-43-50/53	53-45-60-61			

Hydrochinon

Hydroquinone 1,4-Dihydroxybenzol

Kristallisiert in Form farbloser Nädelchen, die sich bei 20 °C zu ca. 7 g in 100 ml Wasser lösen. H. ist gut löslich in Ethanol und Diethylether. H. färbt sich an der Luft infolge Oxidation bald braun.

H. kommt in der Natur in verschiedenen Pflanzen vor, so in Birnbaumblättern, im Anissamen, in Brombeerblättern. Es ist auch eine Komponente im Wehrsekret des Bombardierkäfers.

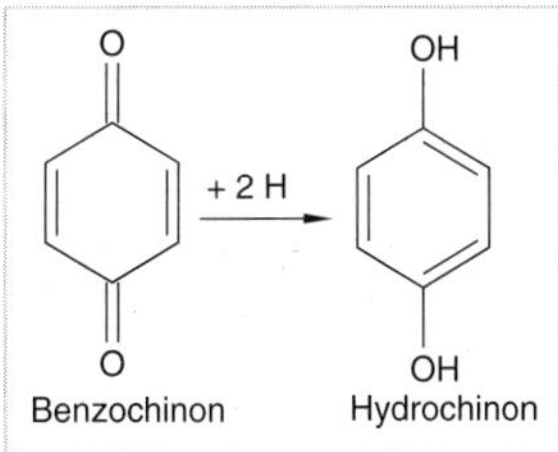

Bildung von Hydrochinon

H. wird hergestellt durch Reduktion von ↑Benzochinon mit Sulfit oder ↑Wasserstoff (s. Gleichung).

Die wichtigste Eigenschaft des H. ist seine Oxidierbarkeit, also sein Reduktionsvermögen (s. hierzu unter ↑Benzochinon). Damit dient H. vor allem als „*Entwickler*" in der *Fotografie*: beim Fotografieren entsteht auf dem Film, also in der lichtempfindlichen Schicht, zunächst das „latente" Bild, indem das Licht nach Maßgabe seiner Intensität aus dem ↑Silberbromid Silberatome freisetzt, allerdings in so geringer Konzentration, daß diese für das Auge noch nicht sichtbar sind. Durch Behandlung des latenten Bildes mit einer Lösung von H. wird dieses zum sichtbaren Bild „entwickelt", weil das H. bevorzugt an den Silberatome enthaltenden Stellen weiteres Silberbromid zu Silber reduziert, bis die belichteten Stellen durch das abgeschiedene Silber dunkel erscheinen. Man erhält das sog. „Negativ". Weiteres s. unter ↑Natriumthiosulfat.

H. wird ferner vielfach als Stabilisator und *Oxidationsinhibitor* eingesetzt, weil es Polymerisationen und Oxidationen auslösende Sauerstoff-Moleküle abzufangen vermag.

► H. ist gesundheitsschädlich. Im Tee aus Heidelbeer-Blättern kommt ein Glycosid vor, aus dem im Organismus H. freigesetzt wird, was zu Vergiftungen führen kann.

$C_6H_6O_2$ $M_R = 110{,}11$ C 65,45 % H 5,49 % O 29,06 %

t_{Smp}	t_{Sdp}	d	η		
172 °C	285 °C	1,33 g/cm³			
C_p	$\Delta_S H$	$\Delta_{Sub} H$	$\Delta_B H$	S^o	Q_C
131,9 J/(K · mol)	26,5 kJ/mol	94 kJ/mol (S)			−2847 kJ/mol
MAK	R-Satz	S-Satz			
2 mg/m³	22-40-41-43-50	26-36/37/39-61			

4-Hydroxybenzoesäure

p-Hydroxybenzoic acid PHB, Paraben

Bildet farblose Kristalle, die sich nur zu ca. 0,8 g/100 ml in Wasser lösen, aber gut löslich sind in Ethanol, Diethylether oder Aceton. Ergibt mit ↑Eisen(III)chlorid in wässeriger Lösung keine Färbung (vgl. ↑Salicylsäure).

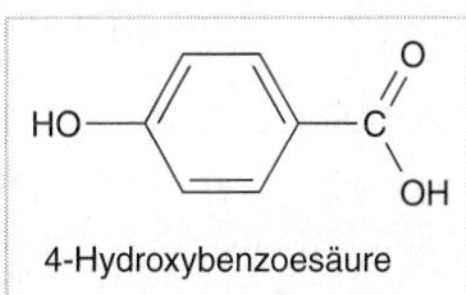

Struktur der 4-Hydroxybenzoesäure

H. wird analog zur ↑Salicylsäure durch Kolbe-Schmitt-Synthese hergestellt, indem Kaliumphenolat statt Natriumphenolat eingesetzt wird.

H. dient als Baustein in organischen Synthesen zur Pharmaka- und Farbstoff-Herstellung. Die H. läßt sich zu einem hochthermobeständigen hochkristallinen ↑Polyester, der *Poly(4-hydroxybenzoesäure)*, polykondensieren. Dieses *Polyarylat* kann bei 440 °C mit Metallpulvern (z. B. ↑Aluminium oder ↑Kupfer) „legiert" werden.

Wichtige Derivate der H. sind die ↑4-Hydroxybenzoesäureester, die als Konservierungsstoffe in Lebensmitteln zugelassen sind.

$C_7H_6O_3$ $M_R = 138{,}12$ C 60,87 % H 4,38 % O 34,75 %

t_{Smp}	t_{Sdp}	d	η		
215 °C		1,46 g/cm³			
C_p	$\Delta_S H$	$\Delta_{Sub} H$	$\Delta_B H$	S^o	Q_C
155 J/(K · mol)		116 kJ/mol (S)	−606,6 kJ/mol	175,7 J/(K · mol)	−3005 kJ/mol

4-Hydroxybenzoesäureester

4-Hydroxybenzoates PHB-Ester, Parabenester

Es werden hier der Methylester (*Methylparaben*), der Ethylester (*Ethylparaben*) und der Propylester (*Propylparaben*) zusammengefaßt, die alle farblos-kristalline, in Wasser kaum, in Ethanol oder Aceton gut lösliche Produkte darstellen. In wässerig-alkalischem Medium gehen sie unter Salzbildung in Lösung.

Sie sind aus ↑4-Hydroxybenzoesäure durch Veresterung mit dem entsprechenden Alkohol darstellbar (s. Strukturabbildungen).

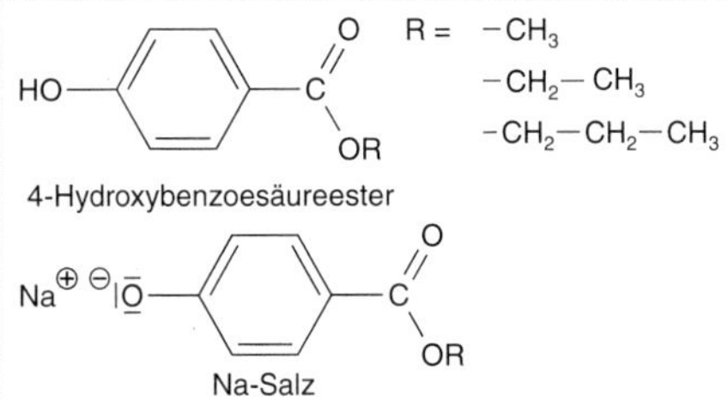

Strukturen der PHB-Ester und ihrer Na-Salze

Sowohl diese drei Ester als auch ihre Natriumsalze sind als *Konservierungsstoffe* für Lebensmittel, Kosmetika und Arzneimittel zugelassen. Die zur Kennzeichnung dienenden E-Nummern sind in der Tabelle aufgeführt.

Produkt	E-Nummer
Methylester	E 218
Methylester-Na-Salz	E 219
Ethylester	E 214
Ethylester-Na-Salz	E 215
Propylester	E 216
Propylester-Na-Salz	E 217

E-Nummern der PHB-Ester und ihrer Salze

Die Verbindungen wirken in schwach saurem bis neutralem Medium gegen Mikroorganismen (Bakterien, Hefen, Pilze), indem sie deren Zellwände schädigen. Sie dürfen in Lebensmitteln dabei in Konzentrationen bis 0,2 % angewendet werden.

Die Verbindungen werden im Körper nicht kumuliert, da sie in Leber und Niere schnell hydrolytisch abgebaut und ausgeschieden werden. Als Nachteile der H.-Verwendung sind ein gewisses allergisierendes Potential sowie geschmackliche Beeinträchtigungen zu nennen.

$C_8H_8O_3$ $M_R = 152{,}15$ (Methylester) C 63,15 % H 5,30 % O 31,55 %

t_{Smp}	t_{Sdp}	d	η
131 °C			

$C_9H_{10}O_3$ $M_R = 166{,}18$ (Ethylester) C 65,05 % H 6,07 % O 28,88 %			
t_{Smp}	t_{Sdp}	d	η
117 °C			

$C_{10}H_{12}O_3$ $M_R = 180{,}20$ (Propylester) C 66,65 % H 6,71 % O 26,64 %			
t_{Smp}	t_{Sdp}	d	η
96 °C			

β-Hydroxybuttersäure

3-Hydroxybutyric acid

Bildet als D,L-Form einen farblosen hygroskopischen Sirup, der in Wasser, Ethanol oder Diethylether löslich ist. Beim Versuch der Destillation dehydratisiert sie zur ↑Crotonsäure.

Die L-Form findet sich im *Harn von Diabetikern* und wird in Mengen bis zu 30 g täglich ausgeschieden. Eine Synthese kann z. B. erfolgen durch Behandlung von ↑Crotonsäure mit verdünnter Salzsäure.

H. ist das Monomere der bislang biotechnologisch gewonnenen ↑Polyhydroxybuttersäure. Der *β-Hydroxybuttersäureethylester* ist z. B. einfach zugänglich durch eine *Reformatsky-Synthese*. Diese beinhaltet allgemein die Umsetzung eines α-Halogenesters mit einer Carbonyl-Verbindung in Gegenwart von ↑Zink, zur Herstellung von H. also die Reaktion von *Bromessigsäureethylester* mit ↑Acetaldehyd (s. Schema).

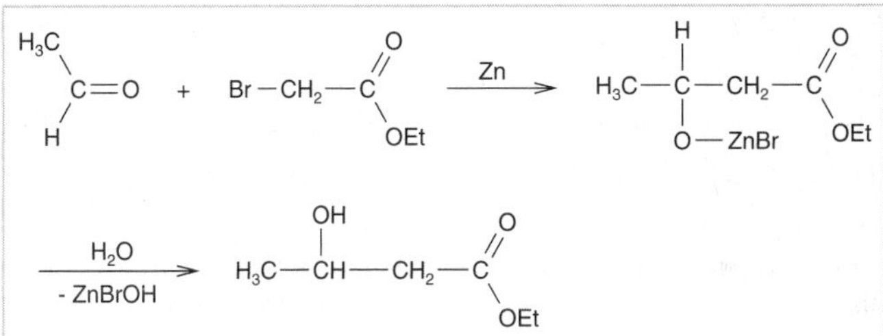

Herstellung von β-Hydroxybuttersäureethylester durch Reformatsky-Reaktion

Die Reformatsky-Synthese ist also eine Zn-unterstützte Aldolreaktion und besitzt Analogie zur Grignard-Reaktion (s. unter ↑Magnesium). Sie besitzt generelle Bedeutung zur Herstellung der *β-Hydroxycarbonsäureester*, die durch Dehydrierung leicht in *α,β-ungesättigte Carbonsäureester* überführbar sind.

$C_4H_8O_3$ $M_R = 104{,}11$ C 46,15 % H 7,75 % O 46,11 %					
t_{Smp}	t_{Sdp}	d	η		
48 °C					
C_p	$\Delta_S H$	$\Delta_V H$	$\Delta_B H$	S^o	Q_C
			−929 kJ/mol		−1787 kJ/mol
MAK	R-Satz	S-Satz			
	37/38-41	26-39			

Hydroxyethylcellulose

Hydroxyethyl cellulose HEC

H. kommt als weißes bis gelblich-weißes geruch- und geschmackloses kristallines Pulver in den Handel, wobei die Palette der verfügbaren Produkte, die sich hinsichtlich der Substitutionsgrade (s. unten) und damit der Lösungs- und Verarbeitungseigenschaften unterscheiden, recht groß ist. Die H. sind in kaltem und heißem Wasser löslich, in wasserfreien org. Solventien dagegen unlöslich.

H. wird hergestellt durch Umsetzung von Alkalicellulose (s. unter ↑ Cellulose) mit ↑ Ethylenoxid, wobei die Hydroxylgruppen der ↑ Cellulose im Endeffekt durch Hydroxyethylgruppen verethert werden, deren primäre Hydroxylgruppen wiederum mit Ethylenoxid reagieren können, so daß die Cellulose mit Polyglykolseitenketten ausgestattet wird. Handelsübliche H. ist erhältlich mit molaren Substitutionsgraden MS (Zahl der durchschnittlich pro Glucose-Einheit gebundenen Ethylenoxid-Moleküle) von 1,5-3 (s. Abbildung).

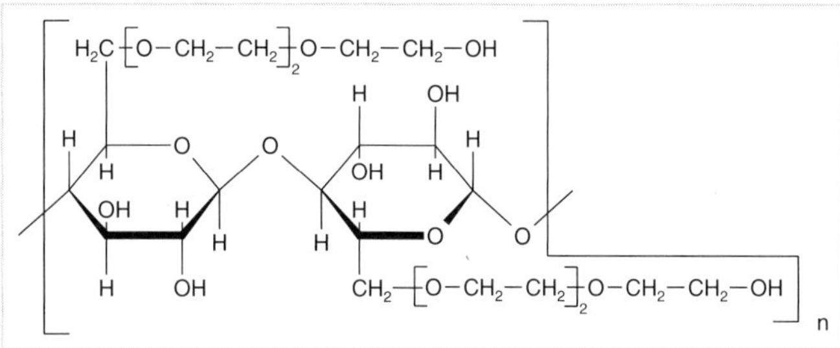

Struktur der Hydroxyethylcellulose. Eine mögliche Struktur mit MS = 3

H. wird in vielen technischen Bereichen als Verdickungs- und Bindemittel eingesetzt, so in der Kosmetik und Pharmazie sowie im Farben-, Lack- und Beschichtungssektor. Verwendet man bei der Herstellung ↑ Propylenoxid statt Ethylenoxid, erhält man die technisch interessanten *Hydroxypropylcellulosen*. Für sie gelten die Ausführungen zur H. analog. Sie haben die Besonderheit, daß sie nur bis ca. 40 °C wasserlöslich sind und oberhalb wieder ausfallen (negativer Temperaturkoeffizient) und daß sie auch in org. Solventien löslich sind. Ferner sind sie thermoplastisch verarbeitbar und es können aus ihnen so wasserlösliche Folien und Filme hergestellt werden.

Hydroxylamin

Hydroxylamine

Bildet in reinem Zustand farblos-durchsichtige geruchlose Kristalle, die sich in Wasser sehr gut lösen. Ist auch gut löslich in Methanol und Ethanol, jedoch kaum löslich in Diethylether. H. ist schon bei Raumtemperatur sehr empfindlich gegen Luft und Verunreinigungen und nicht lange haltbar. Beim Erhitzen kann explosionsartiger Zerfall erfolgen. Auch in Lösung disproportioniert es leicht, und zwar in alkalischer Lösung zu ↑ Ammoniak und ↑ Stickstoff, in saurer Lösung zu Ammoniak und Distickstoffmonoxid (s. Gleichungen). H. wird deshalb nicht in reiner Form gehandelt sondern nur in Form seiner stabileren Salze.

$$3\,H_2N{-}OH \longrightarrow NH_3 + N_2 + 3\,H_2O \quad \text{(alkalische Lösung)}$$

$$4\,H_2N{-}OH \longrightarrow 2\,NH_3 + N_2O + 3\,H_2O \quad \text{(saure Lösung)}$$

Disproportionierungen von Hydroxylamin in Lösung

Die Herstellung von H.-Salzen erfolgt durch Reduktion von Stickstoffoxiden, wie es in der Gleichung für Hydroxylammoniumsulfat formuliert ist. Kommt dabei Platin auf Aktivkohle als Katalysator zum Einsatz, spricht man vom *BASF-Verfahren*, mit Palladium vom *Iventa-Verfahren*. Das Stickstoffmonoxid (s. unter

↑ Stickstoffoxide) wird durch katalytische Oxidation von Ammoniak in reinem ↑ Sauerstoff erhalten (s. Gleichung).

Die Reduktion von Salpetriger Säure mit ↑ Schwefeldioxid in schwefelsaurer Lösung zum H. wird als *Raschig-Verfahren* bezeichnet (s. Gleichung).

$$HNO_2 + H_2SO_3 + H_2O \longrightarrow H_2N{-}OH + H_2SO_4$$

Raschig-Verfahren

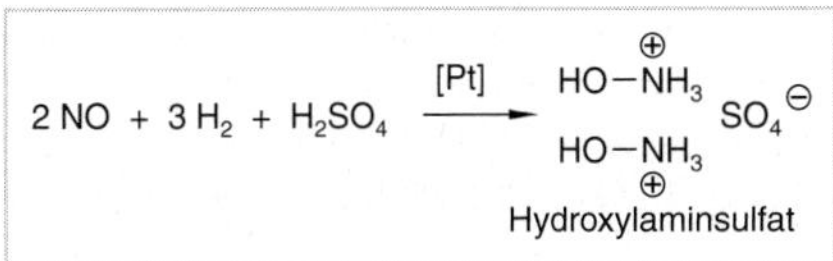

Herstellung von *Hydroxylammoniumsulfat*

Das Stickstoffmonoxid (s. unter ↑ Stickstoffoxide) wird durch katalytische Oxidation von ↑ Ammoniak in reinem ↑ Sauerstoff erhalten (s. Gleichung).

$$2\,NH_3 + 2\,{}^1/_2\,O_2 \longrightarrow 2\,NO + 3\,H_2O$$

Herstellung von Stickstoffmonoxid

H. wirkt in wässeriger Lösung als Base, jedoch schwächer als Ammoniak (s. Gleichung). Deshalb reagieren die H.-Salze in wässeriger Lösung stärker sauer als die entsprechenden Salze des Ammoniak (s. Gleichung) und eine 0,2m Lösung von *Hydroxylammoniumchlorid* zeigt einen pH-Wert von 3,2.

$$H_2N{-}OH + H_2O \rightleftharpoons H_3\overset{\oplus}{N}{-}OH + OH^{\ominus} \qquad K = 66 \cdot 10^{-9}$$

Basen-Wirkung von Hydroxylamin

$$Cl^{\ominus}\ H_3\overset{\oplus}{N}{-}OH + H_2O \rightleftharpoons H_2N{-}OH + H_3O^{\oplus} + Cl^{\ominus}$$

Hydrolyse der *Hydroxylammonium-Salze*

H. ist daneben in wässeriger Lösung durch seine Reduktionswirkung charakterisiert (s. Gleichung), so daß z. B. Cu(II)-Salze zu Cu(I)-Salzen reduziert werden.

$$2\,H_2N{-}OH + 4\,OH^{\ominus} \longrightarrow N_2O + 5\,H_2O + 4\,e^- \qquad E_0 = -1{,}05\ V$$

Reduktions-Wirkung von Hydroxylamin

Weit über 90 % des industriell erzeugten H. dienen zur Herstellung von ↑ ε-Caprolactam über die Zwischenstufe Cyclohexanonoxim. Auf der *Oximbildung* beruht auch die organisch-präparative Bedeutung des H. in vielen anderen Synthesen, sei es, daß die betreffenden Oxime selbst die gewünschten Endprodukte sind (z. B. ↑ Diacetyldioxim), oder daß sie Zwischenprodukte z. B. zur Heterocyclensynthese darstellen (s. Gleichung).

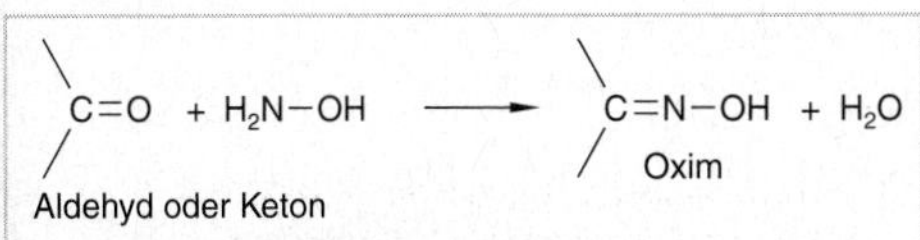

Oximbildung mit Carbonyl-Verbindungen

Bei der Umsetzung von Carbonsäurehalogeniden oder Estern mit H. entstehen die *Hydroxamsäuren* (s. Gleichung).

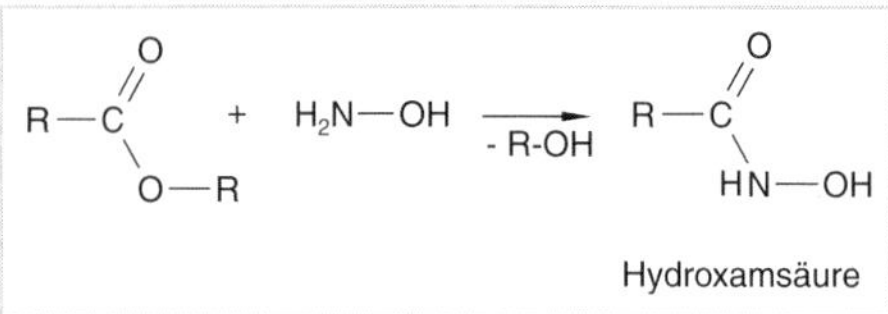

Bildung der Hydroxamsäuren

Die Hydroxamsäuren sind schwache Säuren. Sie erzeugen mit Eisen(III)chlorid eine intensiv rote Farbe. Präparativ finden sie Verwendung als Ausgangsstufe für den *Lossen-Abbau*, bei dem aus der Hydroxamsäure das um ein C-Atom ärmere primäre Amin gebildet wird.

Die Oxime von Carbonsäureamiden werden als *Amidoxime* bezeichnet. Sie entstehen leicht bei der Reaktion von H. mit Nitrilen (s. Gleichung) und dienen als Synthesebausteine.

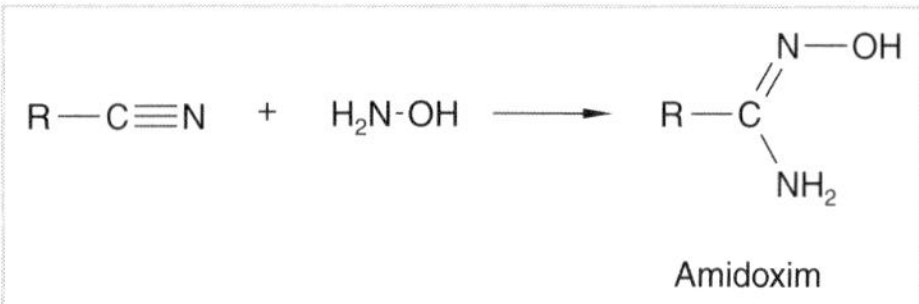

Bildung der Amidoxime

► H. ist gesundheitsschädlich.

H_3NO $M_R = 33{,}03$ H 9,15 % N 42,41 % O 48,44 %

t_{Smp}	t_{Sdp}	d	η		
33 °C	58 °C (29,3 mbar)	1,20 g/cm³			
C_p	$\Delta_S H$	$\Delta_V H$	$\Delta_B H$	S^o	Q_C
			−114 kJ/mol		
MAK	R-Satz	S-Satz			
	20/22-36/38	2-13			

4-Hydroxyprolin

Hydroxyproline Hyp

Bildet weiße Kristalle oder ein kristallines Pulver, geruchlos mit leicht süßem Geschmack. H. löst sich sehr gut in Wasser (bei 20 °C über 30 g/100 ml) und ist nur sehr wenig löslich in Ethanol und Diethylether.

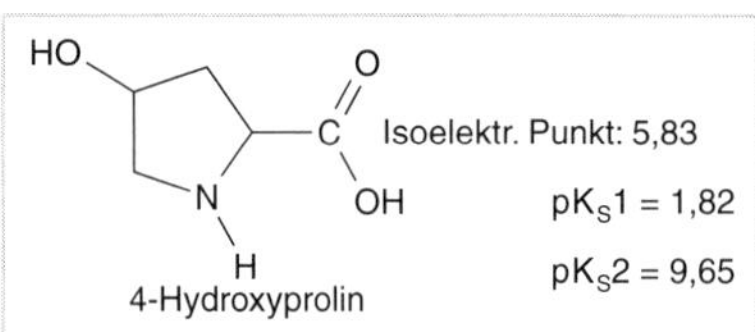

Struktur von 4-Hydroxyprolin

Es ist eine seltenere nicht essentielle Aminosäure, die sich besonders im Kollagen (s. unter ↑ Gelatine) findet und deshalb vor allem aus Hydrolysaten von ↑ Gelatine isoliert wird.

H. ist deshalb nicht essentiell, weil es im tierischen Körper durch das Enzym *Prolinhydroxylase* aus ↑ Prolin synthetisiert wird. Dieses Enzym (es besitzt als aktives Zentrum ein Fe(II)-Ion und verwendet für die Hydroxylierung molekularen Sauerstoff) muß für diese Syntheseleistung durch Vitamin C ständig reaktiviert, d. h. reduziert, werden. Fehlt Vitamin C, kann in das Kollagen nicht ausreichend H. eingebaut werden. Durch die fehlenden Hydroxylgruppen und damit H-Brückenbindungen werden die Kollagenfasern instabil und brüchig, es entsteht das Krankheitsbild des *Scorbut*.

H. besitzt keine direkte technische oder medizinische Anwendung.

$C_5H_9NO_3$ $M_R = 131{,}13$ C 45,80 % H 6,92 % N 10,68 % O 36,60 %

t_{Smp}	t_{Sdp}	d	η
274 °C			

Hypericin

Hypericin

Kristallisiert in violetten bis blauschwarzen Nadeln, die sich in organischen basischen Solventien wie ↑ Pyridin gut lösen und dabei rot fluoreszieren. In den üblichen org. Solventien und in Wasser ist H. praktisch unlöslich. Im basisch-wässerigen Medium geht H. etwas in Lösung, wobei diese unterhalb pH 11,5 rot, oberhalb grün ist und eine rötliche Fluoreszenz zeigt. H. schmilzt nicht, sondern zersetzt sich oberhalb 320 °C.

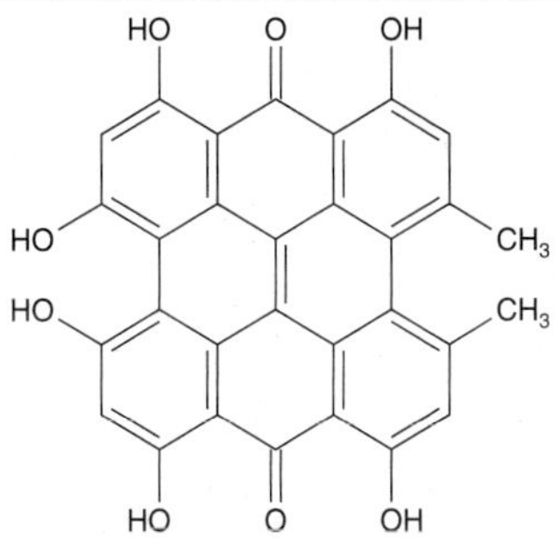

Hypericin

Struktur von Hypericin

H. kommt im *Johanniskraut* (Hypericum perforatum) vor, worauf die Namensgebung beruht. H. ist ein Dimeres von ↑ Emodin, von dem auch die Synthese ausgeht (s. Abbildung).

Grasfressende Haustiere mit geringer Pigmentierung (Ziegen, Schafe, Pferde) werden durch Verfütterung von Johanniskraut fotosensibilisiert und zeigen bei Lichteinwirkung schwere Hautreizungen und andere Symptome (bis zu tödlichen Krämpfen), welche durch H. verursacht werden. H. wird medizinisch verwendet bei nervösen Störungen, Depressionen oder Schlaflosigkeit.

In neuesten Studien ergaben sich deutlich positive Effekte von Johanniskraut-Extrakten in der *Krebsprävention*, die man vor allem auf den Inhaltsstoff H. zurückführen konnte. In-vitro-Tests zeigten, daß H. einer der stärksten natürlichen Inhibitoren (Hemmstoffe) des Enzyms *Cytochrom P4501A1* (*CYP1A1*) ist, welches eine zentrale Rolle bei der *Krebsentstehung* spielt, indem es Präcancerogene aktiviert.

$C_{30}H_{16}O_8$ $M_R = 504{,}45$ C 71,43 % H 3,20 % O 25,37 %

Hypoxanthin

Hypoxanthine Purin-6-on, Sarkin

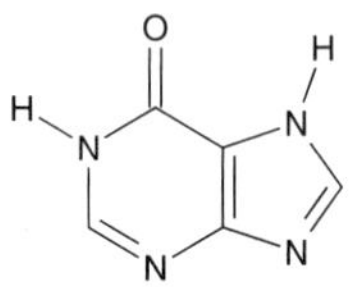

Hypoxanthin

Struktur von Hypoxanthin

Bildet bei der Kristallisation aus Wasser kleine farblose Nadeln, die sich in kaltem Wasser sehr wenig, in siedendem Wasser zu ca. 1,4 g/100 ml lösen. In saurem oder alkalischem Medium löst sich H. gut. H. schmilzt nicht, sondern zersetzt sich ab 150 °C.

H. findet sich in den Muskeln, in der Leber, im Blut sowie im Harn. H. ist dabei ein Zwischenprodukt im Abbau von ↑Nucleinsäuren. ↑Adenosin wird enzymatisch zum ↑Inosin desaminiert, ↑D-Ribose wird abgespalten und das freigesetzte H. über Xanthin zur ↑Harnsäure oxidiert. Fehlt das die H.-Oxidation bewirkende Enzym (*Xanthinoxidase*), kommt es zur verstärkten H.-Ausscheidung im Urin.

H. kommt auch verbreitet im Pflanzenreich vor. Ein präparative Darstellung gelingt z. B. durch Oxidation von ↑Adenin.

$C_2H_4N_4O$ $M_R = 136{,}11$ C 44,12 % H 2,96 % N 41,16 % O 11,75 %

Hypochlorige Säure ⟶ Natriumhypochlorit

Hypophosphorige Säure ⟶ Phosphinsäure

Ibotensäure

Ibotenic acid

Bildet farblose Kristalle, die in Wasser kaum löslich sind.

Die I. kommt im *Fliegenpilz* vor und ist zusammen mit dem *Muscimol*, das aus I. durch Decarboxylierung entsteht (s. Schema), sowie dem *Muscazon* (s. Abbildung), das sich aus I. vermutlich durch fotochemische Umlagerung bildet, für die halluzinogene Wirkung des Pilzes verantwortlich (die eigentliche Giftwirkung des Fliegenpilzes rührt dagegen vom Gehalt an ↑ Muscarin her).

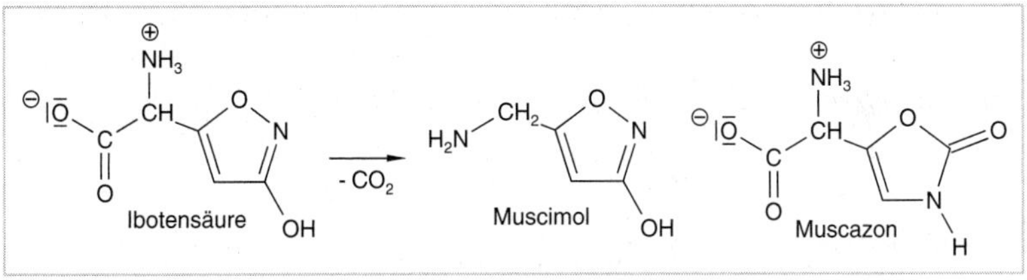

Bildung von Muscimol aus Ibotensäure. Struktur von Muscazon

I. ist also eine Aminosäure mit einem *Isoxazol-System*. Auf die I. sowie das Muscimol geht auch die insektizide Wirkung des Fliegenpilzes zurück, die dem Pilz den Namen gab.

Die Symptome, die I. und Muscimol nach der Aufnahme hervorrufen, ähneln insgesamt einem Alkoholrausch. Man vermutet, daß die Substanzen an den GABA-Rezeptoren im Gehirn angreifen (s. unter ↑ γ-Aminobuttersäure).

$C_5H_6N_2O_4$	$M_R = 158{,}11$	C 37,98 %	H 3,82 %	N 17,72 %	O 40,48 %

t_{Smp}	t_{Sdp}	d	η
151 °C			

Imidazol

Imidazole 1,3-Diazol

Bildet farblose Kristalle, die sich in Wasser, Ethanol, Diethylether oder Chloroform gut lösen, jedoch unlöslich sind in Petrolether.

I. kann erhalten werden durch Umsetzung von ↑ Glyoxal mit ↑ Ammoniak und ↑ Formaldehyd (s. Gleichung).

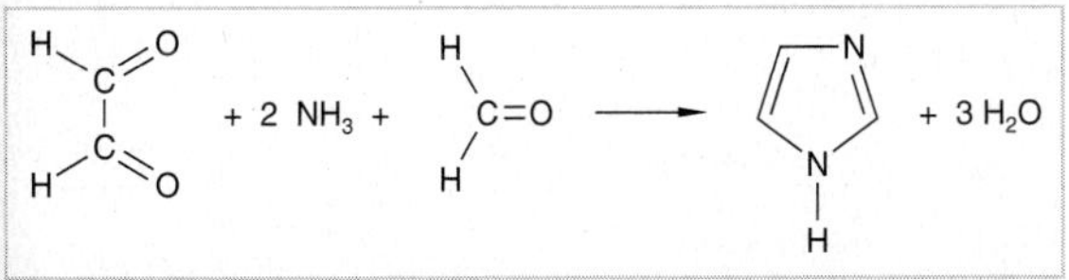

Synthese von Imidazol

Bei Verwendung von 1,2-Diketonen anstelle des Glyoxals werden die entsprechenden 4,5-disubstituierten I. (mit ↑ Benzil z. B. *4,5-Diphenyl-Imidazol*) erhalten.

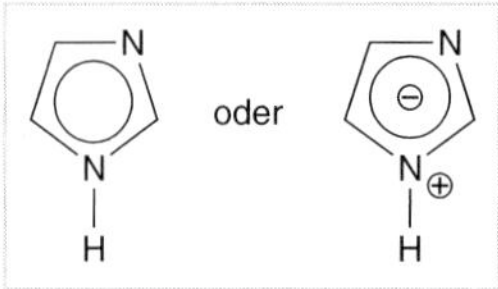

Symbolisierung von Imidazol als Heteroaromat

I. zählt zu den elektronenreichen Heteroaromaten, da sich ein freies Elektronenpaar eines N-Atoms an der Ausbildung eines aromatischen π-Elektronensextetts im Ring beteiligen kann (s. Schema und Abbildung).

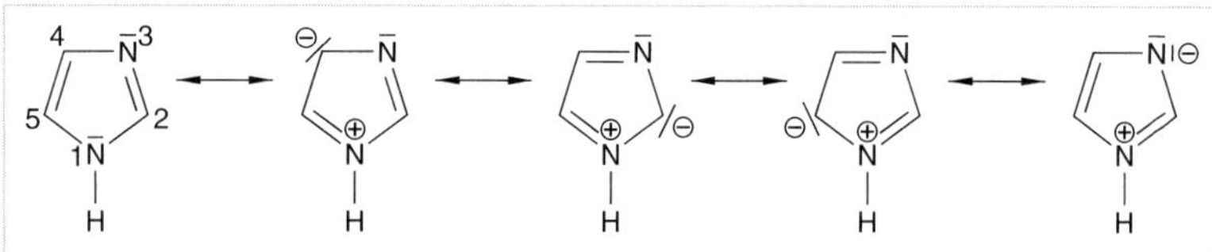

Mesomere Grenzstrukturen von Imidazol

Das N-ständige H-Atom kann zwischen beiden N-Atomen beliebig wechseln, so daß beide N-Atome völlig gleichwertig sind und kein Unterschied zwischen 4- und 5-substituiertem Derivat besteht. I. besitzt basischen Charakter, der stärker ausgeprägt ist als beim ↑ Pyrrol, da ja nur ein freies Elektronenpaar eines N-Atoms in die Mesomerie im Ring einbezogen ist, während das andere N-Atom über sein freies Elektronenpaar seine volle Basizität entfalten kann (s. Schema). Auch im Kation besteht völlige Gleichwertigkeit zwischen beiden N-Atomen. Elektrophile Substitutionen erfolgen in 4- oder 5-Stellung.

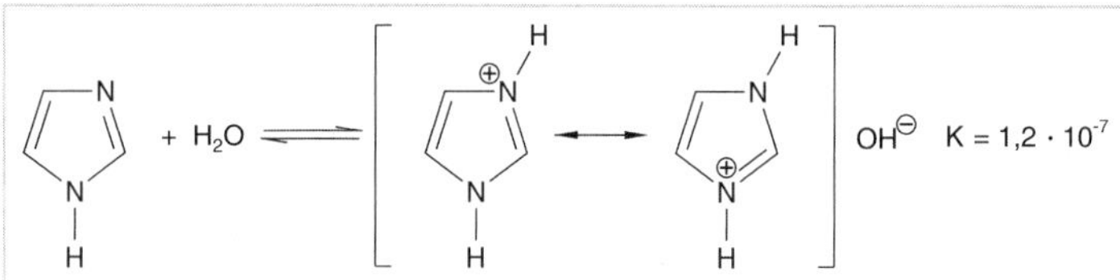

Basen-Wirkung von Imidazol

Das I.-System ist Bestandteil wertvoller Pharmazeutika z. B. gegen Trichomonaden- und Pilz-Infektionen. Hier ist z. B. das *Clotrimazol* zu nennen (s. Abbildung). Es gehört zu dieser Gruppe der *Azol-Antimykotika*, die in den Pilzen die Synthese von *Ergosterin* verhindern, dem Cholesterin-Äquivalent im Plasmalemm der Pilze. Als Bakterizidum ist z. B. *Metronidazol* (s. Abbildung), ein *Nitroimidazol*, erwähnenswert (es schädigt die bakterielle DNS).

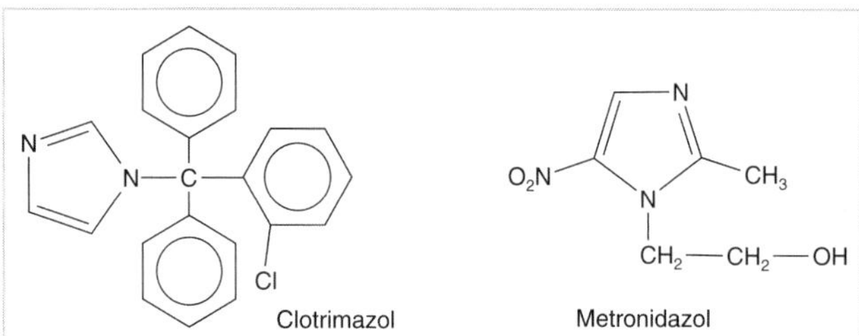

Wichtige Imidazol-Derivate

Weiterhin ist I. Baustein biochemisch wichtiger Verbindungen (z. B. der Aminosäure ↑ Histidin und von ↑ Histamin sowie der Purinbasen). Ein präparativ wichtiges I.-Derivat ist *Carbonyldiimidazol*, ein farbloser Feststoff vom Schmp. 115 °C (herstellbar aus ↑ Phosgen und I. in trockenem ↑ Tetrahydrofuran), das generell zur Insertion der Carbonyl-Gruppe verwendet werden kann, da die beiden I.-Ringe ähnlich wie die Halogenatome eines Säurehalogenids leicht substituierbar sind. So werden mit Alkoholen die entsprechenden Kohlensäurediester, mit Aminen die entsprechenden substituierten Harnstoffe erhalten (*Imidazol-Methode*). Ebenso leicht verlaufen auch cyclisierende *Carbonylinsertionen* z. B. zur Heterocyclen-Synthese. Es ist auch sehr gut geeignet zur Knüpfung von Peptidbindungen (mit der Aminosäure entsteht zunächst das *Acylimidazol*, das mit Aminogruppen zum entsprechenden Amid reagiert).

$C_3H_4N_2$	$M_R = 68{,}08$	C 52,93 %	H 5,92 %	N 41,15 %	
t_{Smp} 90 °C	t_{Sdp} 257 °C	d 1,03 g/cm³	η		
C_p 82,4 J/(K · mol)	$\Delta_S H$ 12,5 kJ/mol	$\Delta_{Sub} H$ 83 kJ/mol (S)	$\Delta_B H$ 49,8 kJ/mol	S^o	Q_C −1802 kJ/mol

Imidazolidin-2-on

2-Imidazolidinone, Ethylenharnstoff

Bildet farblose, nadelförmige Kristalle, die sich in Wasser und heißem Ethanol gut lösen, in unpolaren Solventien dagegen praktisch unlöslich sind.

Es läßt sich herstellen durch Umsetzung von ↑ Harnstoff mit ↑ Ethylendiamin (s. Schema).

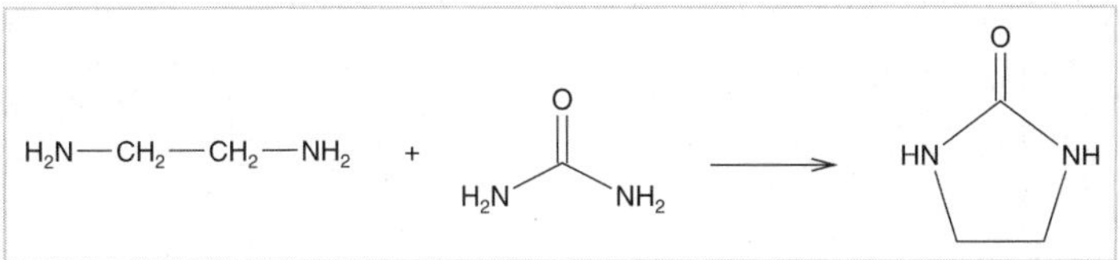

Synthese von Ethylenharnstoff

Das I. ist ein viel verwendetes Syntheseausgangsprodukt. Wichtig ist z. B. das N,N-Bismethylol-Derivat (*Dimethylolethylenharnstoff*) zur Textilveredelung. Die Textilien (vor allem Baumwoll-Produkte) werden mit I. imprägniert und dann einer Hitzebehandlung unterzogen. Dabei vernetzen die Cellulosefasern über die Methylolgruppen (s. hierzu auch unter ↑ Aminoplaste) und das Textil verknittert nicht mehr oder deutlich weniger (*Knitterfestausrüstung*, *Bügelfreiausrüstung*) beim Waschen (unbehandelt quellen die Fasern beim Waschen auf und gehen anschließend nicht mehr in ihre Form zurück).

I. ist auch Ausgangsprodukt für den Sprengstoff *Ethylendinitramin*, der durch Nitrierung von I. erhalten wird (er ist stärker als TNT) (s. Abbildung).

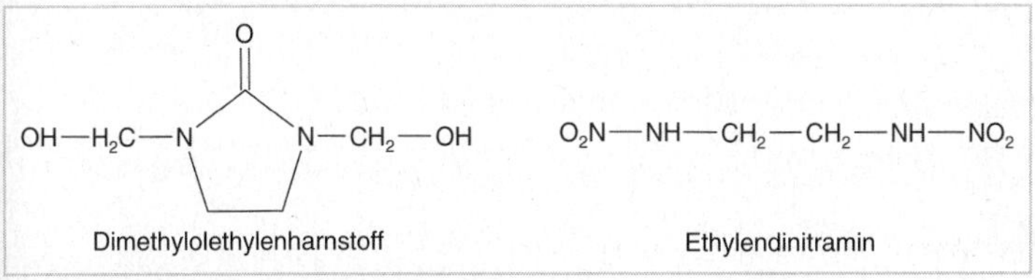

Technisch wichtige Derivate von Ethylenharnstoff

Aus I. werden zahlreiche weitere technische Produkte (Weichmacher, Hilfsstoffe für Leder, Textilien, Lacke, Polymere) hergestellt.

$C_3H_6N_2O$	$M_R = 86{,}10$	C 41,85 %	H 7,02 %	N 32,54 %	O 18,58 %

t_{Smp}	t_{Sdp}	d	η
132 °C			

MAK	R-Satz	S-Satz
	36/37/38	26

Inden

Indene

Eine farblose Flüssigkeit, die in Wasser unlöslich, in den meisten org. Solventien jedoch gut löslich ist. I. polymerisiert beim Stehen unter Luftzutritt bereits rasch bei Raumtemperatur und im Dunkeln. Die Polymerisation wird durch höhere Temperatur, durch Säuren und durch Peroxide erheblich beschleunigt. Es entstehen Gemische meist niedermolekularer Produkte.

I. findet sich im Steinkohlenteer, der auch die wichtigste Quelle zur technischen Gewinnung ist. Wegen der genannten Polymerisationsneigung wird I. allerdings zum überwiegenden Teil aus den betreffenden Steinkohlenteerfraktionen heraus direkt mit dem ebenfalls darin vorkommenden ↑ Cumaron zu den Cumaron-Indenharzen verarbeitet (s. unter Cumaron).

Eine elegante Synthesemöglichkeit bietet die im Schema gezeigte Reaktion.

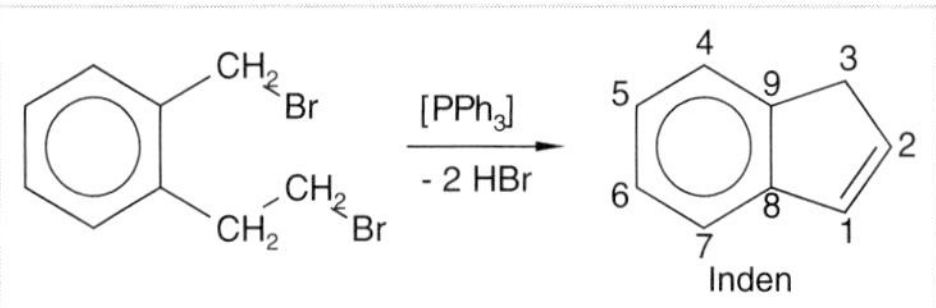

Einfache Inden-Synthese

I. hat bisher keine weitere technische Bedeutung erlangt. Es dient lediglich als Ausgangsprodukt in einigen Synthesen, so z. B. für ↑ Azulen. Einige Derivate des I. sind im Schema zusammengestellt.

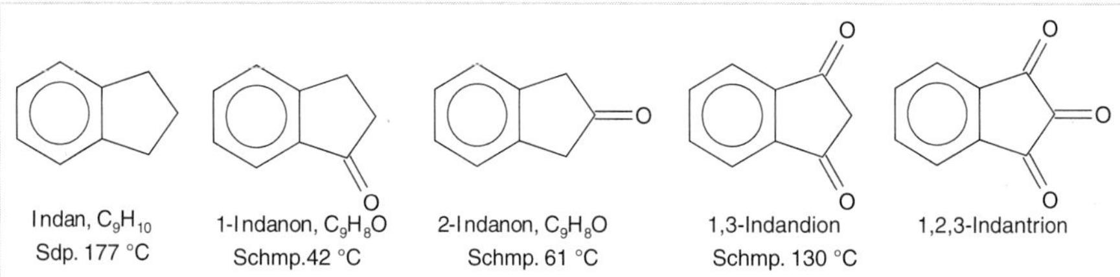

Einige Derivate von Inden

Das *1,2,3-Indantrion* ist als Hydrat unter dem Namen ↑ Ninhydrin bekannt.

C_9H_8	$M_R = 116{,}15$	C 93,06 %	H 6,94 %

t_{Smp}	t_{Sdp}	d	η
−1,8 °C	181 °C	1,0 g/cm³	

C_p	$\Delta_S H$	$\Delta_V H$	$\Delta_B H$	S^o	Q_C
187 J/(K · mol)	10,2 kJ/mol		110,4 kJ/mol	214,2 J/(K · mol)	−4795 kJ/mol

MAK	R-Satz	S-Satz
45 mg/m³	10	16

Indigo

Indigo Indigotin, Indigblau

I. ist ein intensiv dunkelblaues kristallines Pulver mit kupfrigem Glanz. Es ist unlöslich in Wasser, Ethanol, Diethylether sowie in verdünnten Säuren und Laugen. Gut löslich ist I. in siedendem Aceton oder Essigester. In konz. Schwefelsäure löst sich I. unter Salzbildung und wird durch Wasser wieder in sehr fein verteilter Form ausgefällt. I. sublimiert ab 390 °C.

I. ist einer der ältesten vom Menschen verwendeten organischen Farbstoffe, der wegen seiner hervorragenden Wasch- und Lichtechtheit große Bedeutung besaß. Dabei wurde der I. bis zu seiner preiswerten synthetischen Zugänglichkeit (1897) vorwiegend aus *Indigoferen*, einer in Ostasien beheimateten Pflanzengattung, gewonnen. Die Indigofera tinctoria z. B. ist eine ca. meterhohe strauchartige Dauerpflanze mit roten Blütentrauben. Auch aus hiesigen Pflanzen, z. B. dem vereinzelt wild wachsenden *Färberwaid*, kann I. gewonnen werden. Allerdings kommt der I. nicht als solcher in den Pflanzen vor, sondern wird erst aus dem *Indican* hergestellt (s. Gleichung). Indican ist das *Indoxyl-β-D-glucosid* und findet sich in den Blättern dieser Pflanzen.

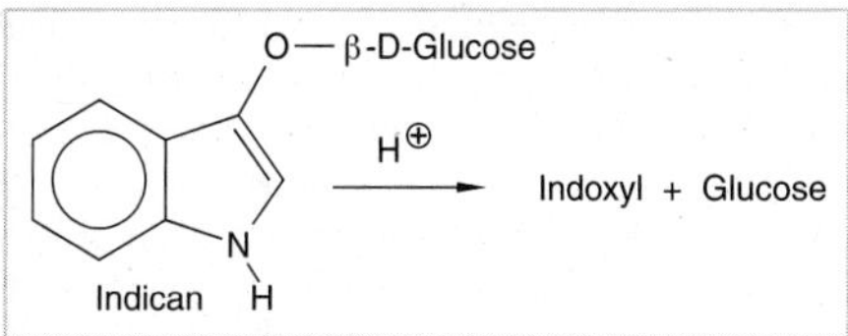

Saure Hydrolyse von Indican zum Indoxyl

Durch saure oder enzymatische Indican-Hydrolyse läßt sich Indican in *Indoxyl* und ↑ D(+)-Glucose spalten. Das Indoxyl oxidiert sich an der Luft zum blauen Farbstoff I (s. Schema).

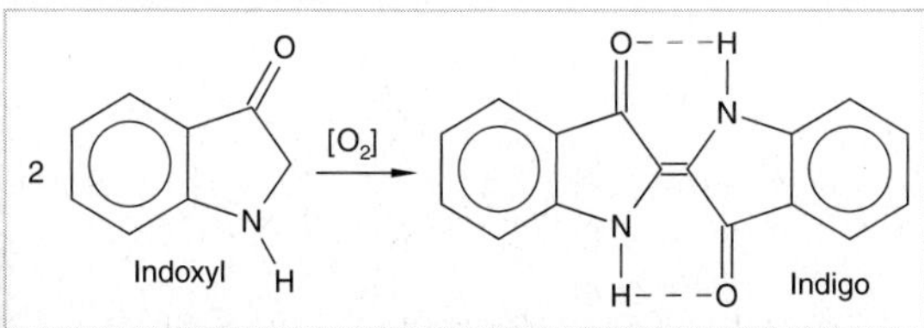

Oxidation von Indoxyl zum Indigo

Hierzu wurden die zerkleinerten Blätter mit Wasser übergossen und stehengelassen. In den Pflanzen vorkommende Enzyme bewirkten die Spaltung des Indicans und der Luftsauerstoff die Oxidation. Aus 100 kg Pflanzen wurden so ca. 2 kg I. erhalten.

Seine guten färberischen Eigenschaften und der hohe Bedarf waren der Anlaß dafür, daß seit der Strukturaufklärung durch A. v. Baeyer 1883 intensiv nach wirtschaftlichen Synthesen des I. gesucht wurde, was schließlich zu den als *Heumannsche Synthesen* bekannten Verfahren führte. Diese beinhalten den Ringschluß von *Phenylglycin* (1. Heumannsche Synthese) bzw. von *Phenylglycin-o-carbonsäure* (2. Heumannsche Synthese) zum Indoxyl und dessen Oxidation zum I. (s. Schema).

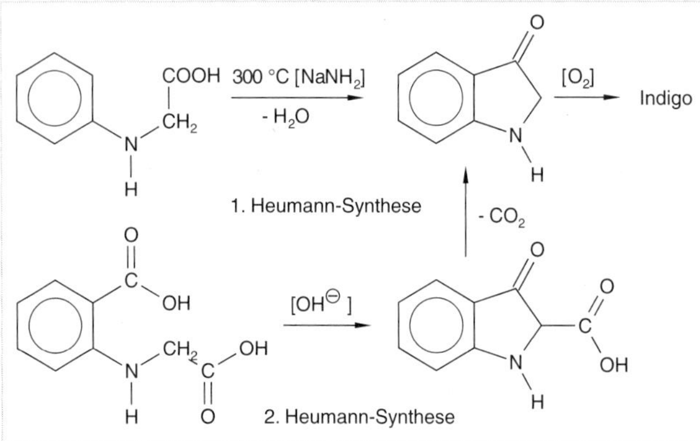

Die Heumannschen Indigo-Synthesen

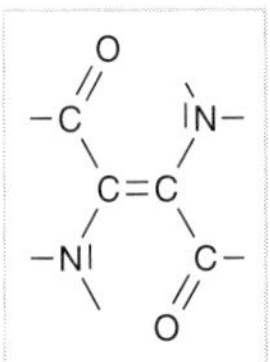

Chromophor im Indigo-Molekül

Die 1. Heumannsche Synthese ist auch heute noch das wichtigste Herstellungsverfahren für I. Der Synthese-I. verdrängte den Natur-I. schnell völlig vom Markt. Die intensive Farbe des I. beruht auf dem in der Abbildung gezeigten Chromophor, in welchem die mittlere C-C-Doppelbindung in Konjugation zu zwei elektronenziehenden Carbonylgrppen(-I.-Effekt) steht und zudem mit zwei elektronenspendenden Amingruppen (+ M-Effekt) substituiert ist („*captodatives-System*", n. Klessinger).

Der I. ist das Musterbeispiel für einen *Küpenfarbstoff*. Wegen seiner Wasserunlöslichkeit kann er nicht direkt auf die Faser gebracht werden. Er wird deshalb durch Reduktion in basischem Medium in eine wasserlösliche Form überführt. Da hierbei das Chromophor aufgehoben wird, ist die reduzierte Verbindung farblos (*Leukoverbindung*, *Indigoweiß*). Die Reduktion wird mit ↑ Natriumdithionit ausgeführt (s. Schema).

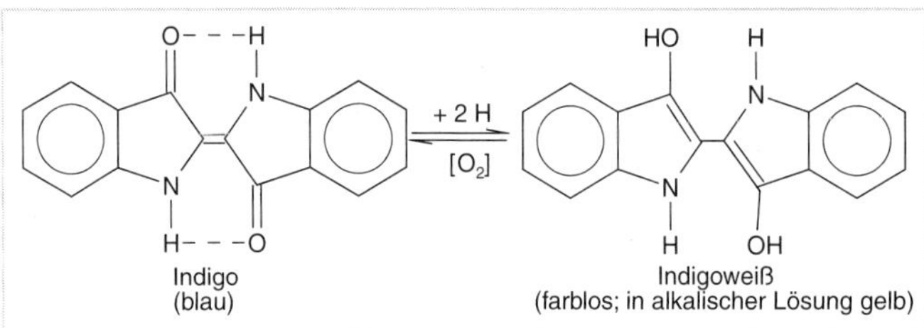

Verküpung von Indigo

Indigoweiß ist eine Säure und löst sich deshalb in Lauge unter Salzbildung mit gelber Farbe. Die Reduktion wurde früher in großen, offenen Standgefäßen, die man als „*Küpen*" bezeichnet hat, durchgeführt, weshalb die alkalische Lösung der Leukoverbindung auch „Küpe" genannt und die Reduktion selbst auch als „*Verküpung* " bezeichnet wird. Die zu färbenden Stoffe werden in die Küpe eingetaucht, wobei sich die Leukoverbindung adsorptiv auf der Faser festsetzt. Durch Verhängen an der Luft tritt Rückoxidation zum Farbstoff ein, der nun feinstverteilt und fest auf der Faser haftet. Die *Küpenfärberei* dient vor allem zum Färben von Baumwolle, Leinen und Reyon.

I. wird in der KOH-Schmelze je nach Temperatur entweder zu ↑ Anilin oder ↑ Anthranilsäure abgebaut, während die Salpetersäure- oder Chromsäure-Oxidation zu ↑ Isatin führt.

I. kommt ausschließlich in der trans-Konfiguration vor, in welcher sich zwei intramolekulare Wasserstoffbrücken ausbilden können.

I. ist auch heute noch ein bedeutender Farbstoff und wird weltweit zu mehreren tausend Tonnen produziert. Das typische *Jeans-Blau* stammt vom I.

$C_{16}H_{10}N_2O_2$ $M_R = 262{,}26$ C 73,27 % H 3,84 % N 10,68 % O 12,20 %

Indigocarmin

Indigo carmine

Bildet ein dunkelblaues, kristallines Pulver, das sich in Wasser zu ca. 1 g/100 ml mit tiefblauvioletter Farbe löst, in Ethanol nur wenig, in den anderen üblichen org. Solventien praktisch nicht löslich ist. I. und insbesondere die wässerigen Lösungen sind sehr oxidationsempfindlich. Durch Oxidationsmittel, z. B. ↑ Salpetersäure, erfolgt rasche Entfärbung, die auch beim Stehenlassen an der Luft allmählich eintritt.

I. ist das Dinatriumsalz der *5,5'-Indigodisulfonsäure* (s. Abbildung).

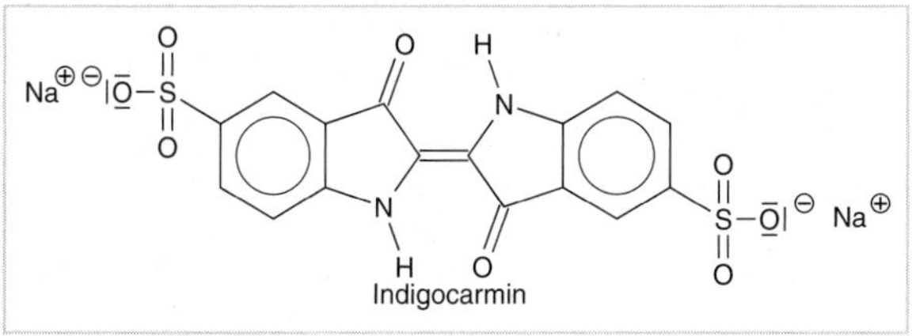

Struktur von Indigocarmin

I. ist unter der Nummer *E 132* als Farbstoff zur Einfärbung von Lebensmitteln sowie von Kosmetika und Arzneimitteln zugelassen. I. wird auch zur Wollfärbung benutzt, wobei es einen schönen Blauton erzeugt, der allerdings eine relativ geringe Lichtechtheit besitzt.

$C_{36}H_8N_2Na_2O_8S_2$ $M_R = 466{,}36$ C 41,21 % H 1,73 % N 6,01 % Na 9,86 % O 27,45 % S 13,75 %

Indium

Indium In

Ein silberglänzendes, bläulich schimmerndes, sehr weiches, metallisches chemisches Element, das an der Luft sehr beständig ist und nicht anläuft. I. wird von Mineralsäuren unter Wasserstoff-Entwicklung aufgelöst, während es gegen Laugen sehr resistent ist. Die markantesten physikalischen Eigenschaften des In sind die leichte Schmelzbarkeit und die Weichheit (weicher als ↑ Blei).

In ist ein seltenes Element, dessen Anteil am Aufbau der Erdkruste nur auf 0,00001 % geschätzt wird. Es gibt kein eigentliches In-Mineral, in welchem sich In als Haupanteil findet, sondern es kommt nur als Beimengung vor allem in der Zinkblende vor, in welcher es allerdings auch höchstens 0,01 % Gewichtsanteil hat. In wird deshalb bei der Aufarbeitung von Zinkerzen mitgewonnen, indem es in aufwendigen Verfahren angereichert und schließlich aus seinen Salzlösungen elektrolytisch abgeschieden wird.

In ist ein Element der III. Hauptgruppe des PSE mit der Elektronenkonfiguration $1s^2\ 2s^2\ 2p^6\ 3s^2\ 3p^6\ 3d^{10}\ 4s^2\ 4p^6\ 4d^{10}\ 5s^2\ 5p^1$, Grundterm $^2P_{1/2}$. Dementsprechend ist die Hauptoxidationsstufe +3. Die Stufen +1 und +2 sind zwar bekannt, doch in wässeriger Lösung sehr unbeständig. In ist etwas edler als ↑ Gallium, wie es das Normalpotential ausweist (s. Gleichung).

$$In \longrightarrow In^{3+} + 3\,e^- \qquad E_0 = -0{,}34\ V$$

Normalpotential von Indium

Im Aufbau und Verhalten seiner Verbindungen ähnelt In vor allem dem ↑ Aluminium. In(III)-Ionen bilden in wässeriger Lösung (wie die anderen Elemente der III. Hauptgruppe auch) oktaedrische Hexaquo-Ionen, die sauer reagieren (s. Schema). Deshalb können Salze schwacher Säuren, z. B. ein Sulfid oder Acetat, in wässeriger Lösung nicht existieren.

$$[In(H_2O)_6]^{3+} \longrightarrow [In(H_2O)_5OH]^{2+} + H^{\oplus} \qquad K_S = ca.\ 2 \cdot 10^{-4}$$

Säurewirkung der hydratisierten Indium-Ionen

Wegen seiner Weichheit, seines niedrigen Schmelzpunktes und seiner Seltenheit (hoher Preis) hat das reine Metall bisher keine größere technische Anwendung gefunden. Verwendet wird es zur Beschichtung anderer Metalle, als Legierungsbestandteil und in der Halbleitertechnologie (*Indiumphosphid* ist ein wichtiger Halbleiter für die Solartechnologie. Verbotszone ca. 1,3 eV)

► In ist nicht direkt als giftig zu bezeichnen, im Gegensatz zu seinem Gruppennachbarn Thallium. Lediglich bei subcutaner oder intravenöser Verabreichung zeigen sich starke Intoxikationen.

In Z = 49 A_R = 114,818 Isotope: 113, 115; 106-132 (künstlich)

t_{Smp}	t_{Sdp}	d	MV	α	λ
156,6 °C	2070 °C	7,31 g/cm³	15,71 cm³/mol	33 10⁻⁶/K	81,6 W/mK
C_p	$\Delta_S H$	$\Delta_V H$	S^o	ϱ	
26,73 J/(K · mol)	3,26 kJ/mol	231,5 kJ/mol	57,8 J/(K · mol)	80,0 nΩ · m	
MAK	R-Satz	S-Satz			
0,1 mg/m³					

Indol

Indole 2,3-Benzopyrrol

Bildet farblose, glänzende blättchenförmige Kristalle, die sich in heißem Wasser und heißem Ethanol sowie in Diethylether lösen. I. ist wasserdampfflüchtig. In sehr reiner Form und hochverdünnter Lösung besitzt I. einen blumigen, jasminartigen Geruch, während es ansonsten fäkalartig riecht.

I. kommt im Steinkohlenteer vor, und zwar in der zwischen 220 bis 260 °C siedenden Fraktion zu 3–5 %, aus der es auch technisch gewonnen wird. I. findet sich auch in geringen Mengen im Jasmin- und Orangenblütenöl. Da I. das biologische Abbauprodukt der in den meisten Proteinen vorkommenden Aminosäure ↑ Tryptophan ist, bildet I. auch einen Bestandteil der Fäkalien und bestimmt zusammen mit dem *Skatol* (*3-Methylindol*) deren Geruch.

I. selbst kann durch Reduktion von Indoxyl (s. unter ↑ Indigo) mit Zink und Alkali dargestellt werden (s. Gleichung).

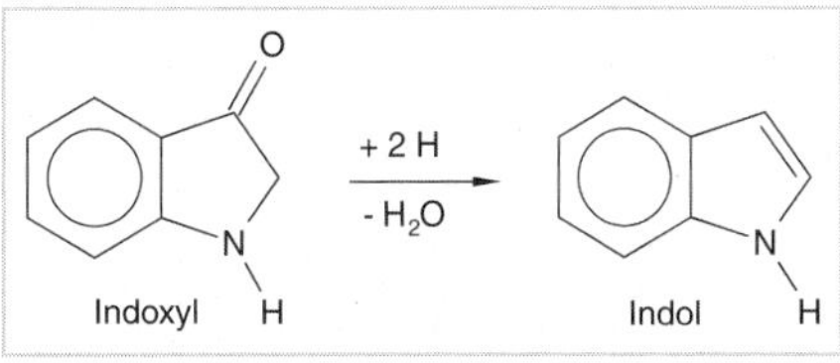

Indol-Bildung aus Indoxyl durch Reduktion

Die bekannteste Synthese von I.-Derivaten ist die „*Fischersche Indolsynthese*“, die das Erhitzen entsprechender Phenylhydrazone in Gegenwart von ↑ Zinkchlorid auf ca. 180 °C beinhaltet, wobei eine Aza-Cope-Umlagerung (s. unter ↑ Allylchlorid) mit anschließender Cyclisierung zum I. und Abspaltung des ursprünglichen Hydrazon-β-N-Atoms als ↑ Ammoniak eintritt. Dies ist für die Skatol-Synthese formuliert (s. Schema).

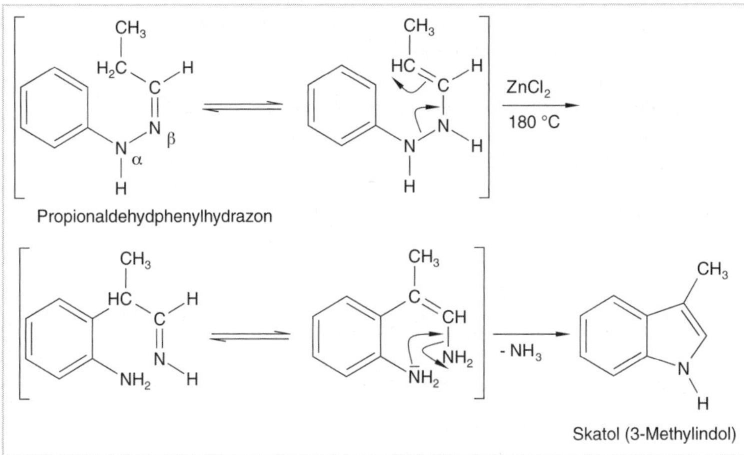

Synthese von Indol-Derivaten nach Fischer

Der aufgezeichnete Reaktionsweg wurde durch Isotopenmarkierung bewiesen (im Hydrazon β-ständiges ^{15}N-Isotop fand sich quantitativ im abgespaltenen Ammoniak).

I. besitzt nur sehr schwach basischen Charakter und bildet deshalb mit Säuren keine Salze. Mit Säuren erfolgt Polymerisation unter Verharzung. Mit Alkalimetallen erhält man die Alkalisalze.

I. bildet über das N-Atom Grignard-Verbindungen (s. unter ↑ Magnesium), die sich zu 3-substituierten I. umsetzen lassen (s. unter ↑ 3-Indolylessigsäure).

I. wird in der Parfümerie zur Herstellung von künstlichem Jasmin- und Neroli-Öl verwendet.

Das I.-System ist Bestandteil zahlreicher biologisch und technisch wichtiger Verbindungen, z. B. ↑ Tryptophan, ↑ Serotonin, ↑ Melatonin, ↑ Isatin, ↑ Indigo.

C_8H_7N $M_R = 117{,}14$ C 82,02 % H 6,02 % N 11,96 %

t_{Smp}	t_{Sdp}	d	η
52 °C	253 °C	1,22 g/cm³	

C_p	$\Delta_S H$	$\Delta_{Sub} H$	$\Delta_B H$	S^o	Q_C
		75 kJ/mol (S)	86,6 kJ/mol		−4235 kJ/mol

3-Indolylessigsäure

3-Indoleacetic acid Heteroauxin

Bildet farblose Blättchen oder ein kristallines Pulver, das sich in Wasser wenig löst, jedoch gut löslich ist in Ethanol, Aceton und Diethylether. Der pK_S-Wert liegt bei 4,75.

I. findet sich in Pflanzenzellen und zwar vor allem an den Stellen aktiven Wachstums. Man kennt bisher keine Pflanze, in der I. nicht wirksam ist. Im Pflanzenstoffwechsel wird I. aus ↑ Tryptophan durch Desaminierung und Decarboxylierung synthetisiert. Synthetisch ist sie zugänglich durch Umsetzung von *Indolylmagnesiumiodid* mit *Chloracetonitril* zum *3-Indolylacetonitril* und dessen anschließende Hydrolyse (s. Schema).

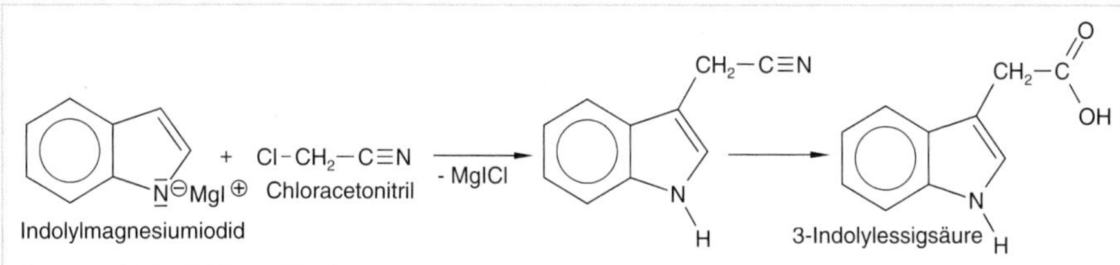

Synthese von 3-Indolylessigsäure

I. ist der wohl am meisten verbreitete natürliche *Pflanzen-Wuchsstoff*. Er hat, zusammen mit anderen Wuchsstoffen, z. B. dem ↑ Kinetin (die man auch als *Auxine* bezeichnet) entscheidenden Einfluß auf das Streckungswachstum, Frucht- und Blütenbildung und andere wichtige Entwicklungsprozesse der höheren Pflanzen. Synthetische I. wird in der Pflanzenzucht vielfach verwendet.

Erst kürzlich hat man einen Rezeptor gefunden, an den dieses schon lange bekannte Wachstumshormon andockt. Durch diese Andockung wird der Abbau eines Repressor-Proteins eingeleitet, welches entscheidende Genexpressionen verhindern würde. I. dient also der „Freischaltung“ von Genen.

$C_{10}H_9NO_2$ $M_R = 175{,}18$ C 68,56 % H 5,18 % N 8,00 % O 18,27 %

t_{Smp}	t_{Sdp}	d	η
168 °C			

Inosin

Inosine

Das bei der Kristallisation aus Wasser anfallende Dihydrat bildet farblose längliche Plättchen, die sich in Wasser zu 1,6 g/100 ml lösen. In Ethanol ist I. gut löslich.

I. läßt sich aus Fleisch oder Fleichextrakten sowie aus Zückerrüben isolieren. Es wird biochemisch aus ↑ Adenosin mittels des Enzyms *Adenosindesaminase* gebildet, ist also ein Zwischenprodukt des Nucleotid-Stoffwechsels. Präparativ ist I. aus Adenosin mit ↑ Natriumnitrit und ↑ Essigsäure darstellbar.

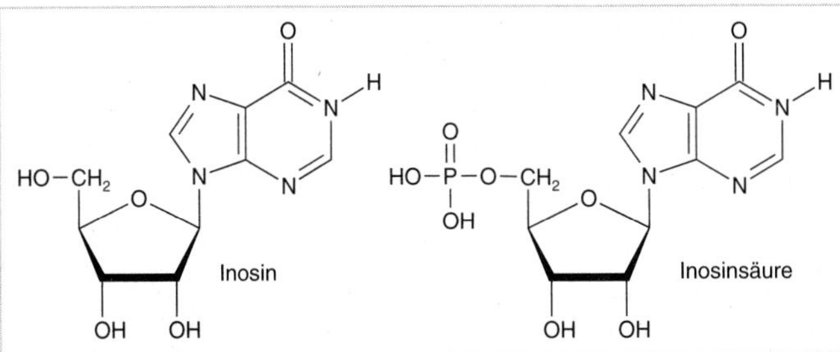

Strukturen von Inosin und Inosinsäure

I. wird durch Erhitzen mit verdünnter ↑ Schwefelsäure in ↑ D-Ribose und ↑ Hypoxanthin gespalten. Es ist ein Nucleosid (s. unter ↑ Nucleinsäuren). Das entsprechende Nucleotid, das *Inosin-5′-phosphat*, auch als *Inosinsäure* oder *IMP* bezeichnet (s. Abbildung), entsteht im Muskel aus Adenosinmonophosphat (*Muskel-Adenylsäure*, *AMP*, s. unter ↑ Adenosin-5′-triphosphat).

I. versträrkt die Geschmackswirkung von Natriumglutamat (s. unter ↑ Glutaminsäure). Die Inosinsäure und ihre Salze sind unter den Nummern *E 630*, *E 631*, *E 632* und *E 633* als Geschmacksverstärker in Lebensmitteln zugelassen.

I. wurde als erstes Nucleotid bereits 1847 von Liebig im Fleischextrakt aufgefunden.

$C_{10}H_{12}N_4O_5$	$M_R = 268{,}23$	C 44,78 %	H 4,51 %	N 20,89 %	O 29,82 %

t_{Smp}	t_{Sdp}	d	η
90 °C			

Inosit

Inositol Hexahydroxycyclohexan

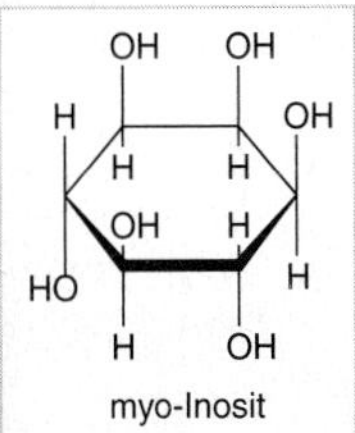

Struktur von myo-Inosit

Unter I. versteht man meist den *myo-Inosit*, eine der acht möglichen cis-trans-isomeren Formen des Hexahydroxycyclohexans (s. Abbildung). Er stellt eine weiße kristalline, süß schmeckende Substanz dar, die sich in Wasser bei 20 °C zu ca. 14 g/100 ml löst, die in Ethanol, Diethylether und den meisten anderen org. Solventien jedoch praktisch unlöslich ist. Die wässerige Lösung reagiert neutral.

I. kommt sowohl frei als auch gebunden in tierischen Organen vor. In Pflanzen findet er sich vor allem in Samen vielfach in Form der *Phytinsäure*, dem Hexaphosphorsäureester des I.

Die technische Gewinnung erfolgt aus dem Quellwasser der Maisstärke-Herstellung, in welchem sich das *Phytin*, das Ca-Mg-Salz der Phytinsäure, findet und aus dem der I. hydrolytisch freigesetzt wird.

Man hat I. den Vitaminen der B-Gruppe zugeordnet und es ist ein unentbehrlicher Wuchsstoff für Tiere und Mikroorganismen. Er wird auch zu therapeutischen Zwecken eingesetzt. I. findet ferner präparative Verwendung z. B. zur Herstellung der *Rhodizonsäure* (*5,6-Dihydroxy-5-cyclohexen-1,2,3,4-tetraon*), die in Form ihres violetten Na-Salzes (*Natriumrhodizonat*) analytische Verwendung als Titrationsindikator (Ba- und Sulfat-Ionen) sowie zum Nachweis von Pb- und Sn-Ionen findet.

Die Phytinsäure findet technische Anwendung als Komplexierungsreagenz für Schwermetalle und Ca-Ionen (Wasserenthärtung). Ihr Na-Salz dient therapeutisch als Hypocalcaemikum.

Im tierischen Organismus wirkt das *Inosit-1,4,5-trisphosphat* als second-messenger für Neurotransmitter und Hormone, der u. a. eine Calcium-Ionen-Aussschüttung bewirkt (s. unter ↑ Acetylcholin). Ein Derivat von I. findet sich im ↑ Streptomycin.

$C_6H_{12}O_6$ $M_R = 180{,}16$ C 40,00 % H 6,71 % O 53,28 %

t_{Smp}	t_{Sdp}	d	η
225 °C		1,75 g/cm³	

Insulin

Insulin

I. ist gewinnbar in Form farbloser, flacher rhomboedrischer Kristalle, die sich in verdünnten Säuren und Laugen gut lösen, während sie zwischen den pH-Werten 4,5 und 7 unlöslich in Wasser sind. In schwach saurer Lösung ist I. zum Dimeren aggregiert, während es in 30 %iger Essigsäure monomer vorliegt. Der isoelektrische Punkt liegt etwa bei 5,30.

I. wird im *Pankreas* (*Bauchspeicheldrüse*) aller Vertebraten (Wirbeltiere) erzeugt. Das Pankreas ist ein längliches Organ, das beim Menschen im oberen Bauchraum hinter dem Magen gelagert ist. Es ist eigentlich aus zwei Organen zusammengesetzt, zumindest besteht es aus zwei funktionell getrennten Systemen. Das eine ist ein Drüsen-Epithel, in welchem der Pankreassaft, auch als Bauchspeichel bezeichnet, produziert und über einen quer durch das Pankreas verlaufenden Ausführungsgang direkt in den Darm eingespeist wird (*exokrine Sekretion*). Der *Bauchspeichel* enthält wichtige Verdauungsenzyme bzw. deren inaktive Vorstufen (*Trypsin*, *Chymotrypsin*, *Lipase*, *α-Amylase*). Die zweite funktionelle Einheit des Pankreas sind die Langerhans'schen Inseln, benannt nach ihrem Entdecker Langerhans. Es handelt sich dabei um diskrete Zellverbände, die verstreut („inselartig") in das Pankreasgewebe eingelagert sind. Wegen ihrer funktionellen Eigenständigkeit wird ihre Gesamtheit auch als „*Inselorgan*" bezeichnet. In diesen „Inseln" werden zwei wichtige Hormone produziert, das I. und das *Glucagon* (das I. in den etwa 80 % ausmachenden, hellen B-Zellen, das Glucagon in den restlichen stärker granulierten A-Zellen). I. und Glucagon werden direkt in die Blutbahn abgegeben (*endokrine Sekretion*).

I. ist ein relativ niedermolekulares Protein, ein Polypeptid mit insgesamt 51 Aminosäuren. Die Sequenz der Aminosäuren im I. wurde 1951 von Sanger ermittelt und ebenfalls von Sanger wurde 1955 die genaue Molekülstruktur erstmals angegeben. Das I.-Molekül bildet demnach zwei Ketten, eine A-Kette mit 21 Aminosäuren und eine B-Kette mit 30 Aminosäuren. Beide Ketten sind durch zwei Disulfid-Brücken miteinander verknüpft. Innerhalb der A-Kette befindet sich eine dritte Disulfid-Brücke. Das N-terminale Ende der A-Kette beginnt mit ↑ Glycin, das der B-Kette mit ↑ Phenylalanin (s. Abbildung)

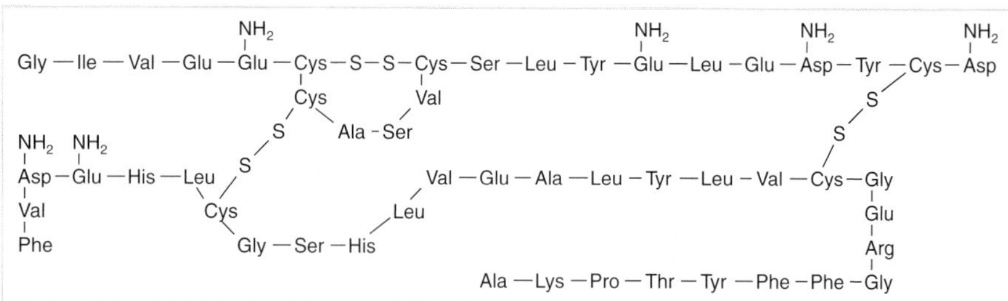

Aminosäure-Sequenz im Rinder-Insulin (nach Sanger)

Die vollständige Synthese eines Insulins wurde erstmals 1963 bekanntgegeben. I. ist das erste Protein, bei dem eine Sequenzbestimmung durchgeführt wurde und auch das erste, bei dem eine Totalsynthese gelungen ist.

Die I. der verschiedenen Gattungen unterscheiden sich nur sehr wenig voneinander, und zwar meist nur in den Positionen 8-10 der A-Kette, ohne daß die biochemische Funktion beeinträchtigt wird. Im Rinder-I. z. B. sind die Positionen 8-10 mit Ala-Ser-Val besetzt. Schweineinsulin unterscheidet sich vom Humaninsulin nur in einer Aminosäure, und zwar enthält es in der B-Kette endständig ↑ Alanin statt ↑ Threonin.

Natürliches I. enthält stets ca. 0,5 % ↑ Zink, aber auch andere Schwermetalle wie ↑ Nickel, ↑ Cobalt und ↑ Cadmium.

I. für biochemische Zwecke wird aus Pankreas von Schlachttieren isoliert. Für die Herstellung von I. für medizinische Anwendungen (*Diabetes-Behandlung*) gibt es heute zwei großtechnische Routen. Die erste ist die Umwandlung von Schweineinsulin in Humaninsulin (Austausch von Alanin gegen Threonin, s. o.). Die zweite ist die gentechnische Methode. Hierbei synthetisieren Bakterien A-Kette und B-Kette des Humaninsulins, die dann beide nur noch auf präparativem Wege verknüpft werden.

I. hat großen Einfluß auf die Stoffwechselvorgänge im Körper, sowohl was die Kohlenhydrate als auch was Fette und Proteine betrifft. Die augenfälligste Aufgabe des I. ist die Verwertung der im Blut transportierten ↑ D(+)-Glucose. Diese erfüllt das I. auf dreifache Weise indem es den oxidativen Abbau der Glucose (zu ↑ Kohlenstoffdioxid und Wasser), den Glucosetransport durch die Zellmembranen und die Glykogenbildung (aus Glucose) in Leber und Muskel steigert. I. fördert auch die auf Kohlenhydraten basierende Synthese von Fetten und Eiweiß. Auf den Fettstoffwechsel wirkt I. besonders dadurch ein, daß es die Aufnahme freier Fettsäuren in der Leber fördert und diese so einer Umwandlung zu Triglyceriden zuführt, die als Depotfett gespeichert werden. Dadurch wird einem direkten Fettabbau entgegengewirkt. Insgesamt baut I. also Energievorräte auf. Die blutzucker-regulierende Wirkung vollzieht I. im Zusammenspiel mit seinem Antagonisten Glucagon, das eine anhebende Wirkung ausübt.

Mechanistisch nimmt das I. diese vielfältigen Wirkungen auf den Stoffwechsel dadurch wahr, daß es an die Erfolgszellen (Leberzellen, Muskelzellen, Fettzellen) über spezielle Rezeptoren anbindet (s. hierzu unter ↑ Acetylcholin). Diese Anbindung ruft in den Zellen Reaktionskaskaden hervor. So wird der Glucosetransporter GLUT 4 aktiviert, der die Glucose-Aufnahme in die Zellen bewirkt. Ferner werden je nach Zelltyp die Permeabilitäten der Membranen für Fettsäuren, Aminosäuren oder anorganische Kationen (Ca, Mg) erhöht.

Ist die I.-Produktion im Pankreas gestört oder gar ganz unterbunden (was vielfältige Ursachen haben kann), so führt dies primär zu einem Anstieg des Blutzuckerspiegels und insgesamt zum Krankheitsbild des *Diabetes mellitus* (*Zuckerkrankheit*).

Inulin

Inulin Dahlin

Bildet ein farbloses Pulver, das in heißem Wasser kolloidal in Lösung geht, in Ethanol oder Diethylether aber völlig unlöslich ist. I. ist in alkalischem Medium beständig, reduziert nicht die Fehlingsche Lösung und ergibt mit ↑ Iod keine Blaufärung.

I. kommt vor allem in *Topinamburknollen*, in Dahlienknollen, in Artischocken sowie in den Wurzeln von Löwenzahn und Artischocken vor. Es wird z. B. aus den Knollen durch Extraktion mit Wasser und anschließende Ausfällung aus der wässerigen Lösung mit Ethanol gewonnen.

I. stellt in den Pflanzen wie die ↑ Stärke ein Reservekohlenhydrat dar, das aber ausschließlich aus ↑ Fructose aufgebaut ist. Die Fructose-Einheiten liegen dabei als Furanosen vor, die in den Ketten β-(1,2)-glycosidisch verknüpft sind. Durchschnittlich bestehen die Ketten aus ca. 30 Fructose-Einheiten, was einer durchschnittlichen M_R von ca. 5000 entspricht.

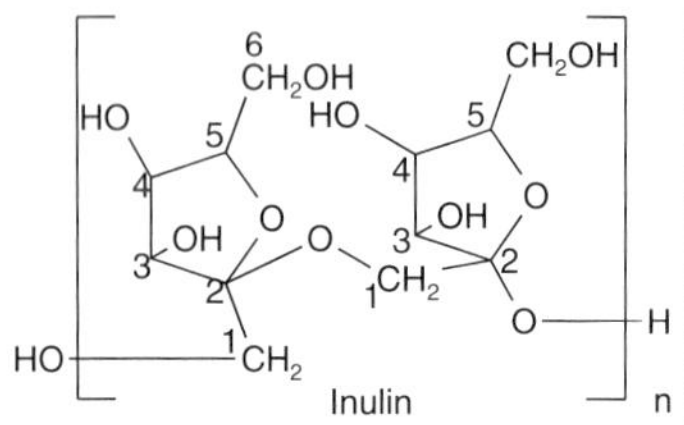

Fructose-Ketten im Inulin

Beim sauren oder enzymatischen Abbau wird I. vollständig in Fructose zerlegt (da auch 2-3 % ↑ Glucose gefunden werden, vermutet man, daß die Ketten von Einheiten der ↑ Saccharose abgeschlossen werden).

I. dient so vor allem zur Gewinnung von Fructose. Es wird ferner zur Herstellung von *Diabetiker-Brot* verwendet.

Iod

Iodine I

$$KJ + J_2 \longrightarrow KJ \bullet J_2 = KJ_3$$

Iod-Kaliumiodid

Bildung von *Iod-Kaliumiodid*

Bildet schwarze, bläulich schimmernde, metallisch glänzende schuppende Kristalle mit charakteristischem scharfem Geruch. I löst sich nur sehr wenig in Wasser (Iodwasser, eine gesättigte Lösung enthält nur 0,0013 mol/l bei 20 °C was 0,33 g/l entspricht) mit bräunlicher Farbe. Sehr gut löst sich I in wässerigen Lösungen von Iodiden mit tiefbrauner Farbe, wobei sich Addukte bilden, wie es für Kaliumiodid formuliert ist (s. Gleichung).

Gut löslich ist I ferner in org. Solventien mit vom Solvens abhängigen Färbungen. Mit brauner Farbe löst es sich in ↑ Ethanol, ↑ Aceton, ↑ Diethylether und ↑ Essigsäureethylester. Rot sind die Lösungen in aromatischen Kohlenwasserstoffen wie ↑ Benzol, ↑ Toluol, ↑ Xylol während ↑ Tetrachlorkohlenstoff, ↑ Chloroform und ↑ Schwefelkohlenstoff mit rotvioletter Farbe lösen.

Schon bei Raumtemperatur sendet festes I violette Dämpfe aus. Bei vorsichtigem Erwärmen läßt I sich gut sublimieren, was zur Reinigung von I genutzt wird.

I zählt zu den seltenen Elementen, weil sein Anteil am Aufbau der Erdrinde nur ca. 0,00006 % beträgt. Trotzdem ist I sehr weit verbreitet, man kann sagen allgegenwärtig. Es ist in sämtlichen Pflanzen und allen tierischen Lebewesen als lebensnotwendiger Bestandteil enthalten. I findet sich in allen Böden, Gesteinen, Mineralien, Quellwässern und sogar die Luft enthält stets gewisse Mengen I. Meerwasser hat einen I-Gehalt von bis zu 0,05 mg/l. Viele Meerespflanzen wie Algen und Tange reichern das I an, (teils über 4 g I pro Kg Trockensubstanz!), so daß sie zur I-Gewinnung herangezogen werden. Die Hauptquelle für I stellt jedoch der *Chilesalpeter* dar. Bei diesem handelt es sich um in riesigen Lagern im Norden Chiles und in Peru vorkommendes ↑ Natriumnitrat (*Caliche*). Aus den Ausgrabungen wird das Natriumnitrat von Verunreinigungen (Tonsand, Salze) durch Auslaugen mit heißem Wasser abgetrennt. Beim Erkalten kristallisiert das Natriumnitrat aus und in der Lauge verbleibt das I in Form von *Calciumiodat*. Diese Lauge wird wiederum zum Auslaugen benutzt, bis der I-Gehalt auf ca. 9 g/l gestiegen ist. Das Iodat wird dann durch Natriumhydrogensulfit-Lösung vollständig zum Iodid reduziert (s. Gleichung). Anschließend wird durch frische Mutterlauge das Iodid zu I oxidiert (s. Gleichung), so daß sich die gezeigte Gesamtgleichung ergibt.

$$JO_3^{\ominus} + 3\,SO_3^{2-} \longrightarrow J^{\ominus} + 3\,SO_4^{2-}$$

Reduktion von Iodat zu Iodid

$$6\,H^{\oplus} + JO_3^{\ominus} + 5\,J^{\ominus} \longrightarrow J_2 + 3\,H_2O$$

Komproportionierung von Iodat und Iodid zu Iod

$$2\,H^{\oplus} + 2\,JO_3^{\ominus} + 5\,SO_3^{2-} \longrightarrow 5\,SO_4^{2+} + H_2O + J_2$$

Gesamtgleichung für die Iod-Gewinnung

Im Natriumnitrat verbleibt dabei immer noch ein Restgehalt an I von ca. 0,2 g/kg, auf dessen Ausbeute aber verzichtet wird. Früher wurde der Chilesalpeter in riesigen Mengen für Düngezwecke importiert. Seit der großtechnischen Ausübung des Haber-Bosch-Verfahrens zur Ammoniak-Synthese (s. unter ↑ Ammoniak) bildet dieses die Basis der Stickstoffdünger-Erzeugung.

I besitzt als das schwerste Element in der Familie der Halogene (abgesehen vom sehr kurzlebigen radioaktiven ↑ Astatium) die Elektronenkonfiguration $1s^2\ 2s^2\ 2p^6\ 3s^2\ 3p^6\ 3d^{10}\ 4s^2\ 4p^6\ 4d^{10}\ 5s^2\ 5p^5$, Grundterm $^2P_{3/2}$. I enthält im Dampf, im Kristall und in Lösung I_2-Moleküle.

Wie seine leichteren Homologen kann I bevorzugt die Oxidationsstufen −1, +1, +3, +5 und +7 ausbilden. Dabei ist es deutlich weniger reaktionsfähig als diese, was auf den weniger elektronegativen Charakter zurückzuführen ist und was sich darin zeigt, daß viele Umsetzungen, wenn überhaupt, weniger heftig verlaufen. So reagiert es mit den Metallen ↑ Eisen oder ↑ Aluminium nur bei erhöhter Temperatur, verläuft die Umsetzung mit ↑ Wasserstoff nur bis zum Gleichgewicht mit beträchtlichem Anteil an Ausgangsprodukten (s. Gleichung) und findet die Bildung von *Hypoiodit* mit Wasser nur in sehr geringem Ausmaß statt (s. Gleichung).

$$J_2 + H_2 \rightleftharpoons 2\,HJ$$

Gleichgewicht der Iod-Wasserstoff-Reaktion

$$J_2 + H_2O \rightleftharpoons JOH + HJ$$

Hypoiodid-Bildung mit Wasser: kaum feststellbar

Der elektropositive Charakter zeigt sich vor allem in den Redox-Potentialen (s. Gleichungen).

$$J^{\ominus} \rightleftharpoons {}^{1}/_{2}\,J_2 + e^- \qquad E_0 = 0{,}535\ V$$
$$J^{\ominus} + H_2O \rightleftharpoons JOH + H^{\oplus} + 2\,e^- \qquad E_0 = 0{,}99\ V$$
$$J^{\ominus} + 2\,OH^{\ominus} \rightleftharpoons JO^{\ominus} + H_2O + 2\,e^- \qquad E_0 = 0{,}48\ V$$
$$J^{\ominus} + 3\,H_2O \rightleftharpoons JO_3^{\ominus} + 6\,H^{\oplus} + 6\,e^- \qquad E_0 = 1{,}085\ V$$
$$J^{\ominus} + 6\,OH^{\ominus} \rightleftharpoons JO_3^{\ominus} + 3\,H_2O \qquad E_0 = 0{,}26\ V$$

Einige Iod-Redox-Potentiale in wässeriger Lösung

$$J^{\ominus} + {}^{3}/_{2}\,O_2 \longrightarrow JO_3^{\ominus}$$

Iodat-Bildung durch Luftoxidation

Die leichtere Oxidierbarkeit offenbart sich ja auch im natürlichen Vorkommen als Iodat (im Chilesalpeter) im Gegensatz zu den anderen Halogenen, die ausschließlich als Halogenide (Oxidations-Stufe −1) natürlich vorliegen. Das Iodat ist wohl aus ursprünglich als Iodid ausgefallenen Meeresablagerungen durch Luftoxidation entstanden (s. Gleichung).

In der analytischen Praxis hat das Gleichgewicht zwischen Iod und Iodid (s. Gleichung) eine besondere Bedeutung, weil es mit seinem günstig liegenden Potential ein wichtiges Redoxpaar liefert.

$$J^{\ominus} \rightleftharpoons {}^{1}/_{2}\,J_2 + e^- \qquad E_0 = 0{,}535\ V$$

Wichtiges Redox-Paar Iod-Iodid

Iodid-Ionen werden durch alle Spezies mit höherem Potential oxidiert (Iodid-Ionen reduzieren dieselben also) während freies I alle Spezies mit niedrigerem Potential oxidiert (unter Reduktion des I zum Iodid). So oxidiert freies I ↑ Schwefelwasserstoff zu ↑ Schwefel, Thiosulfat zu Dithionit und Zinn(II) zu Zinn(IV) usw. (s. Gleichungen).

$$S^{2-} + J_2 \rightleftharpoons 2\,J^{\ominus} + S$$
$$2\,S_2O_3^{2-} + J_2 \rightleftharpoons S_4O_6^{2-} + 2\,J^{\ominus}$$
$$Sn^{2+} + J_2 \rightleftharpoons Sn^{4+} + 2\,J^{\ominus}$$

Einige Oxidationen mit Iod

Umgekehrt reduzieren Iodid-Ionen Fe(III) zu (Fe(II), ↑ Wasserstoffperoxid zu Wasser, ↑ Chlor zu Chlorid, ↑ Brom zu Bromid usw. (s. Gleichungen).

$$Fe^{3+} + J^{\ominus} \rightleftharpoons Fe^{2+} + {}^{1}/_{2}\,J_2$$
$$2\,H^{\oplus} + H_2O_2 + 2\,J^{\ominus} \rightleftharpoons J_2 + 2\,H_2O$$
$$Cl_2 + 2\,J^{\ominus} \rightleftharpoons 2\,Cl^{\ominus} + J_2$$
$$Br_2 + 2\,J^{\ominus} \rightleftharpoons 2\,Br^{\ominus} + J_2$$

Einige Reduktionen mit Iodid

Dabei ist die Oxidations- bzw. Reduktionskraft des Systems Iod-Iodid pH-unabhängig. Iodausscheidung bzw. Iodverbrauch gemäß obiger und anderer Gleichungen dienen vielfach zur titrimetrischen Bestimmung der betreffenden Verbindungen. Die Gesamtheit dieser Verfahren bezeichnet man als *Iodometrie*. Sie beruhen darauf, daß entweder

a) der Verbrauch einer Iod-Maßlösung (eine Lösung mit bekanntem, exakt eingestelltem Iod-Gehalt, meist 0,1n) bei deren Zugabe aus einer Bürette zur zu bestimmenden Lösung festgestellt wird (Iod als Oxidationsmittel) oder
b) die zu bestimmende Lösung mit einem Überschuß an Iodid-Ionen versetzt wird, aus denen Iod freigesetzt wird (Iodid als Reduktionsmittel), welches dann mit einer Thiosulfat-Maßlösung zurücktitriert wird (gemäß obiger Gleichung).

Bei diesen iodometrischen Verfahren kommt als glücklicher Umstand hinzu, daß sich kleinste Iodmengen durch gelöste ↑ Stärke in Gegenwart von Iodid-Ionen durch intensive Blaufärbung sichtbar machen lassen. Diese Blaufärbung beruht auf der Bildung einer Einschlußverbindung (Clathrat) zwischen dem Iod und der Amylose der Stärke. Das Kettenmolekül der Amylose bildet durch schraubenförmige Windung einen schlauchartigen Hohlraum aus, in den sich I_2-Moleküle und Iodid-Ionen zu kettenförmigen Aggregaten einlagern, die aus I_5-Einheiten bestehen (s. Abbildung).

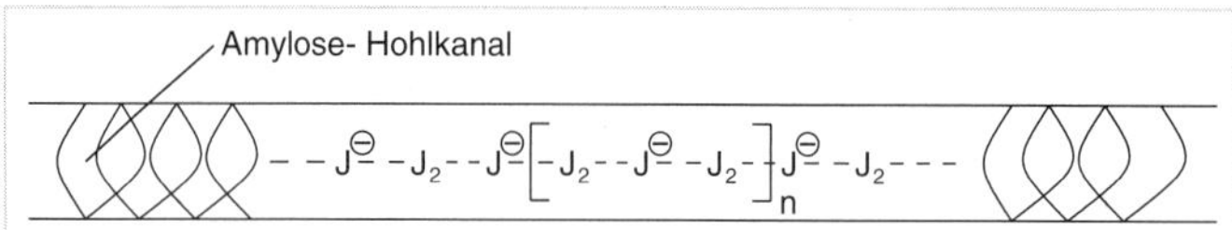

Blaue Iod-Stärke-Einschlußverbindung

Bei den Verfahren nach a) wird also bis zur bleibenden Blaufärbung, bei den Verfahren nach b) bis zu deren Verschwinden titriert.

I ist auch Bestandteil der *Karl-Fischer-Lösung* (K-F-Lösung) zur Wasserbestimmung, die aus einer Lösung von ↑ Schwefeldioxid in ↑ Pyridin und von I in ↑ Methanol zusammengesetzt ist und deren Wirkungsweise darauf beruht, daß Schwefeldioxid von I nur in Gegenwart von Wasser oxidiert wird (s. Gleichung). Ferner ist I Bestandteil von „Nesslers Reagenz" (s. unter ↑ Ammoniak).

$$SO_2 + J_2 + 2\,H_2O \longrightarrow H_2SO_4 + 2\,HJ$$

Gleichung für die Karl-Fischer-Titration

Iod-Moleküle bilden leicht Radikale (Standard-Bindungsdissoziationsenthalpie 149 KJ/mol), die aber die Radikaleigenschaften meist nicht weitergeben können, sondern bevorzugt mit anderen Radikalen rekombinieren. Sie wirken deshalb als *Inhibitoren* in Radikal-Reaktionen.

I hat sehr starke bakterizide und viruzide Wirkung und wird deshalb zusammen mit ↑ Kaliumiodid in alkoholischer Lösung (*Iodtinktur*) als Desinfizienz verwendet. Medizinische Verwendung findet I in der Behandlung von Iodmangelkrankheiten und zu deren Vorbeugung (z. B. Kropfbildung). Der menschliche Organismus enthält ca. 30 mg I, das zu 99 % in der Schilddrüse gelagert wird und das die Schilddrüse zum Aufbau der Schilddrüsenhormone ↑ Thyroxin und ↑ Liothyronin benötigt. Es wird eine tägliche Zufuhr von ca. 0,2 mg I empfohlen. Zu diesem Zweck ist auch iodiertes Speisesalz (enthält Iodid oder Iodat im Verhältnis ca. 1:100000) im Handel. Verhinderung von I-Mangel ist auch in der Tierhaltung und Pflanzenzüchtung wichtig.

Von Bedeutung ist die Verwendung organischer I-Verbindungen als Kontrastmittel in der Röntgendiagnostik, wobei das starke Streuvermögen von Iodatomen für Röntgenstrahlen genutzt wird.

► I übt starke Reizwirkung auf Augen, Haut und Schleimhäute aus.

I Z = 53 A_R = 126,90447 Isotope: 127; 110-140 (künstlich)

t_{Smp} 113,6 °C	t_{Sdp} 184,5 °C	d 4,93 g/cm³	MV 25,74 cm³/mol	α	λ 0,4 W/mK
C_p 54,44 J/(K · mol)	$\Delta_S H$ 15,5 kJ/mol	$\Delta_V H$ 41,9 kJ/mol	S^o 116,1 J/(K · mol)	ϱ	
MAK 1 mg/m³	R-Satz 20/21-50	S-Satz 23-25-61			

Iodoform

Iodoform Triiodmethan

Bildet ein gelbes kristallines Pulver von charakteristischem unangenehmem Geruch. I. ist praktisch unlöslich in Wasser, wenig löslich in Ethanol und Petrolether, gut löslich in Aceton, Diethylether und Chloroform.

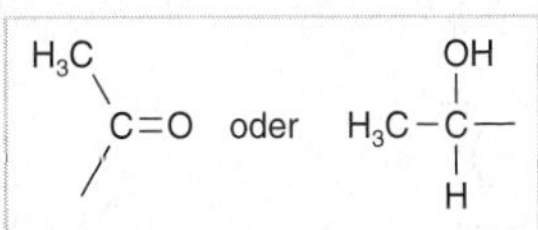

Der Iodoform-Reaktion zugängliche Gruppierungen

I. fällt als gelber Niederschlag aus, wenn man Iod in alkalischer Lösung mit Verbindungen umsetzt, die die in der Abbildung gezeigten Gruppierungen aufweisen.

Das I. läßt sich leicht isolieren und durch Schmelzpunkt und Geruch einfach identifizieren. Deshalb liefert diese Reaktion einen einfachen Nachweis für org. Verbindungen, die aufgezeigten Atomgruppierungen enthalten. Die Reaktion verläuft mit den Halogenen ↑ Chlor und ↑ Brom anstelle von Iod genau analog, so daß diese Umsetzung den Namen *Haloform-Reaktion* trägt. Sie verläuft unter sehr milden Bedingungen rasch und quantitativ. Das Keton bzw. der Alkohol werden in die um ein C-Atom ärmere Carbonsäure überführt, womit es sich im Endeffekt um eine oxidative Spaltung des Ketons bzw. Alkohols handelt, die auch präparatives Interesse hat. Der mechanistische Ablauf sei formuliert für die Umsetzung von ↑ Ethanol mit ↑ Iod (s. Schema).

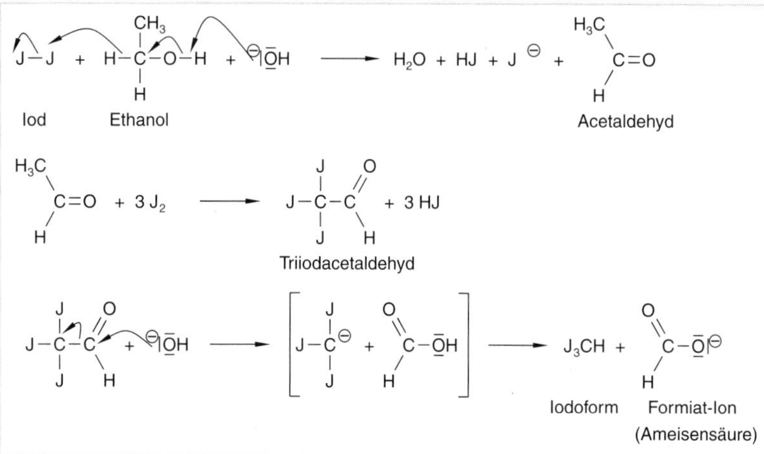

Mechanismus der Haloform-Reaktion

So erhält man z. B. mit ↑ Brom aus *Pinakolon* (s. unter ↑ Pinakol) *Trimethylessigsäure* (s. Gleichung, diese Reaktion gelingt aus sterischen Gründen mit Iod nicht). Durch die Iodoform-Reaktion läßt sich z. B. ↑ Ethanol von ↑ Methanol und ↑ Propanol unterscheiden.

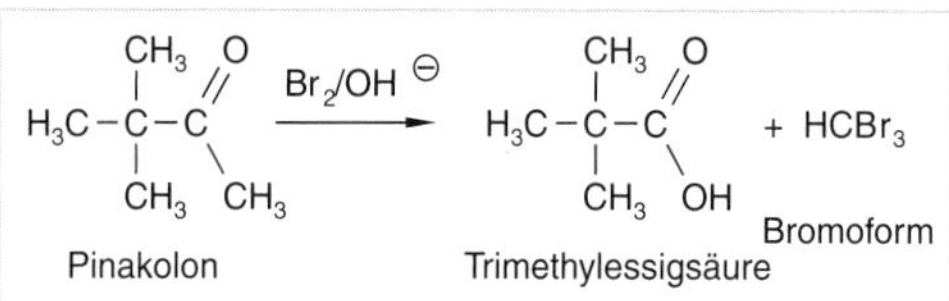

Beispiel: präparative Verwendung der Haloform-Reaktion

I. wurde früher viel zur Wunddesinfektion verwendet, da es unter Feuchtigkeitseinwirkung kleine Iodmengen freisetzt. Wegen schädlicher Nebenwirkungen ist es jedoch durch andere Präparate ersetzt.

CHI_3 $M_R = 393{,}78$ C 3,05 % H 0,26 % I 96,69 %

t_{Smp}	t_{Sdp}	d	η		
120 °C	218 °C	4,01 g/cm³			
C_p	$\Delta_S H$	$\Delta_{Sub} H$	$\Delta_B H$	S^o	Q_C
157,5 J/(K · mol)		69,9 kJ/mol (S)	181,1 kJ/mol		−717,5 kJ/mol
MAK	R-Satz	S-Satz			
	20/22				

Iodsäure

Iodic acid

Bildet farblose rhomboedrische Kristalle, die sich sehr gut in Wasser lösen, und zwar bei 20 °C zu 269 g/100 ml. Ist löslich in verdünntem Ethanol, jedoch unlöslich in Ethanol, Chloroform und Diethylether. I ist nicht hygroskopisch.

I. wird hergestellt durch Oxidation von ↑ Iod mit einem Überschuß an konz. ↑ Salpetersäure, ↑ Perchlorsäure oder ↑ Wasserstoffperoxid (s. Gleichung).

$$3\,J_2 + 10\,HNO_3 \longrightarrow 6\,HJO_3 + 10\,NO + 2\,H_2O$$

Herstellung von Iodsäure durch Oxidation von Iod

Die I. und ihre Salze, die *Iodate*, sind wesentlich beständiger als die Chlorsäure (s. unter ↑ Kaliumchlorat) und Bromsäure (s. unter ↑ Kaliumbromat) und deren Salze. Dennoch ist die I. ein sehr starkes Oxidationsmittel, das in der Organik z. B. zur Olefin-Oxidation und zur Chinon-Synthese verwendet wird.

► J. ist stark ätzend. Verfärbt sich im Licht dunkel.

HIO_3 $M_R = 175{,}93$ H 0,57 % I 72,14 % O 27,29 %

$t_{Zersetzung}$	t_{Sdp}	d	η
110 °C (Z)		4,63 g/cm³	

Iodwasserstoff

Hydrogen iodide

Bildet ein farbloses, stechend riechendes, an der Luft rauchendes Gas, das sich in Wasser außerordentlich gut löst, und zwar nimmt bei 10 °C 1 l Wasser 425 l I. auf, was 2340 g/l entspricht. I. kommt in graugestrichenen Stahlflaschen in den Handel.

Die technische Synthese von I. beruht auf der Pt-katalysierten Vereinigung der Elemente, zu der man die gasförmigen Ausgangsprodukte in der Hitze über Pt-Schwamm leitet (s. Gleichung).

$$H_2 + J_2 \xrightarrow[500\,°C]{[Pt]} 2\,HJ$$

Technische Iodwasserstoff-Synthese

Die Laborsynthese kann auf mehreren Wegen erfolgen, z. B. durch Umsetzung von rotem ↑ Phosphor mit ↑ Iod in wässeriger Aufschlämmung (s. Gleichungen) oder durch Einleiten von ↑ Schwefelwasserstoff in eine wässerige Iod-Suspension (s. Gleichung).

$$2\,P + 3\,J_2 \longrightarrow 2\,PJ_3$$
$$PJ_3 + 3\,H_2O \longrightarrow P(OH)_3 + 3\,HJ$$

Laborsynthese aus Phosphor und Iod

$$J_2 + H_2S \longrightarrow 2\,HJ + S$$

Synthese mittels Schwefelwasserstoff

I. ist unter Sauerstoffausschluß stabil. Unter Sauerstoffzutritt, katalysiert durch Licht, erfolgt jedoch rasche Oxidation (s. Gleichung).

$$4\,HJ + O_2 \longrightarrow 2\,J_2 + 2\,H_2O$$

Iod-Freisetzung durch Luftoxidation

I. bildet u. a. folgendes Azeotrop:

Azeotrop-Komponenten	Zusammensetzung (Gew.-%)	Siedepunkt (°C)
HI/Wasser	57,0/43,0	127,0

Die wässerige Lösung von I. wird als ↑ Iodwasserstoffsäure bezeichnet. Die Bildung von I. aus den Elementen führt zu einem gut beobachtbaren Gleichgewicht (I. zerfällt besonders beim Erwärmen leicht wieder), welches intensiv als Modell für kinetische Studien untersucht worden ist (Bodenstein). Verflüssigter I. dient als wasserfreies Lösungsmittel für spezielle Reaktionen.

HI $M_R = 127{,}93$ H 0,79 % I 99,21 %

t_{Smp}	t_{Sdp}	d	η
−51 °C	−35,5 °C	0,00579 g/cm³	

C_p	$\Delta_S H$	$\Delta_V H$	$\Delta_B H$	S^o	Q_C
29,2 J/(K · mol)	2,87 kJ/mol	19,8 kJ/mol	−26,4 kJ/mol	206,6 J/(K · mol)	

MAK	R-Satz	S-Satz
	35	9-26-36/37/39-45

Iodwasserstoffsäure

Hydriodic acid

Ist eine im reinsten Zustand farblose Lösung von ↑ Iodwassersstoff in Wasser, die meist mit ca. 57 Gew-% Iodwasserstoff (Azeotropes Gemisch) in den Handel kommt. Die gesättigte I. ist ca. 70 %ig und wird als rauchende I. bezeichnet. Unter Sauerstoffzutritt erfolgt leicht Oxidation unter Ausscheidung von ↑ Iod, so daß die Handelspräparate mehr oder weniger braun gefärbt sind (Reaktionsgleichung für diese Oxidation s. unter ↑ Iodwasserstoff). Die I. wird deshalb meist durch Zusatz von ca. 1 % ↑ Phosphinsäure stabilisiert.

Gehalt (Gew.-%)	4	10	20	30	40	50	60
c (mol/l)	0,322	0,840	1,822	2,990	4,380	6,10	8,30
d (g/cm³)	1,028	1,075	1,165	1,274	1,401	1,560	1,770

Gehalt, Molarität und Dichte von HI-Lösungen

Die I. ist eine starke Säure (pH-Wert der 0,1 n Lösung = 1) und löst dementsprechend Metalle unter Bildung der betreffenden Iodide und Wasserstoff-Entwicklung auf (s. Gleichungen).

$$2\,HJ \rightleftharpoons 2\,H^{\oplus} + 2\,J^{\ominus}$$
$$Zn + 2\,H^{\oplus} \longrightarrow Zn^{2+} + H_2$$
$$\overline{Zn + 2\,HJ \longrightarrow ZnJ_2 + H_2}$$

Bildung von Zinkiodid aus Zink und HI

Auf diese Weise oder durch Ausfällung dient die I. zur Herstellung der Metalliodide. Die I. ist auch Ausgangsprodukt zur Synthese vieler Iodorganika. Analytische Verwendung findet die I. in der Organik zur Alkoxylgruppen-Bestimmung nach Zeisel (*Zeisel-Methode*): die betreffende Methoxy- oder Ethoxy-Verbindung wird mit I. gekocht, wobei Methyl- bzw. Ethyliodid überdestilliert, das in einer ethanolischen Silbernitrat-Lösung aufgefangen und gravimetrisch als Silberiodid bestimmt wird.

► I. ist stark ätzend.

Ionone

Ionones

Die beiden Isomeren α- und β-Ionon sind farblose Flüssigkeiten, die in Wasser praktisch unlöslich, in Ethanol und Diethylether gut löslich sind. Unverdünnt riechen sie nach Zedernholz, während sie in verdünnter ethanolischer Lösung intensiven Veilchenduft entfalten.

Die I. können aus etherischen Ölen gewonnen werden. Die Synthese kann vom Citral ausgehen, dem Aldehyd-Derivat von ↑Geraniol. *Citral* ist ein gelbliches Öl mit intensivem Citronen-Geruch, das man aus dem Citronenöl isolieren kann. Setzt man Citral nach Art einer Aldolkondensation mit ↑Aceton um, so erhält man das *Pseudoionon.* Dieses kann unter Säurekatalyse den Ring schließen zu einem Gemisch der beiden Isomeren α- und β-I. (s. Schema).

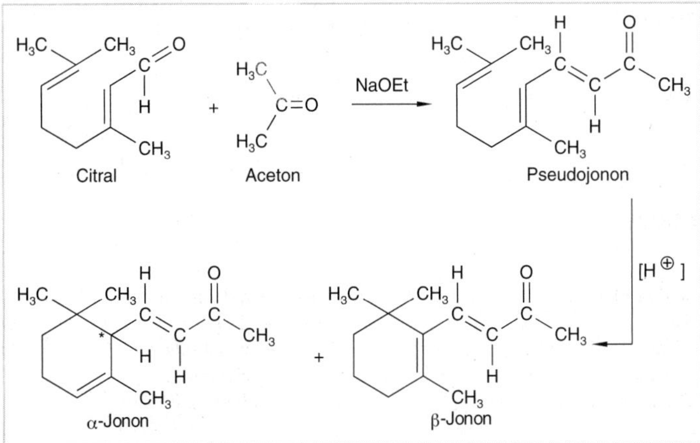

Synthese der Ionone aus Citral

α- und β-I. unterscheiden sich nur in der Lage der Doppelbindung im Ring und dadurch, daß α-I. ein asymmetrisches C-Atom aufweist. Der Ringschluß des Pseudojonons verläuft unter bestimmten Bedingungen (Bortrifluorid/Essigsäure) ausschließlich zum β-Ionon, welches Bedeutung hat als Zwischenstufe der Vitamin-A-Synthese (s. unter ↑Retinol).

Die I. werden aufgrund ihres Duftes in der Riechstoff-Fabrikation verwendet. Wegen des Vorkommens der I.-Systeme in den Carotinen s. unter ↑Carotine.

► Die I. können allergische Reaktionen hervorrufen.

$C_{13}H_{20}O$	$M_R = 192{,}29$	C 81,20 %	H 10,48 %	O 8,32 %

t_{Smp}	t_{Sdp}	d	η
	126 °C (16 hPa)	0,93 g/cm³	

Iridium

Iridium Ir

Silberglänzendes, sehr hartes metallisches chemisches Element, das chemisch außerordentlich inert ist und selbst von Königswasser nicht angegriffen wird. Ir hat von allen chemischen Elementen die höchste Dichte (geringfügig höher als die von ↑Osmium, das lange als schwerstes Element angesehen wurde) und die höchste chemische Beständigkeit.

Ir ist wie alle Elemente der Platingruppe sehr selten und hat am Aufbau der Erdrinde nur einen geschätzten Anteil von etwa 0,001 ppm. Es kommt in gediegener Form, oft auch legiert, stets zusammen mit den anderen Platinmetallen in Sekundär-Lagerstätten vor, die sich vor allem im Ural und in Südafrika finden. Aus den Mineralien muß das Ir in schwierigen und aufwendigen Verfahren von den anderen Platinmetallen abgetrennt werden.

Als Platinmetall gehört Ir zur VIII. Nebengruppe des PSE und zwar ist es mit seiner Stellung in der letzten Triade vor dem ↑ Platin das zweitletzte Element der Gruppe mit der Elektronenkonfiguration

$1s^2\ 2s^2\ 2p^6\ 3s^2\ 3p^6\ 3d^{10}\ 4s^2\ 4p^6\ 4d^{10}\ 4f^{14}\ 5s^2\ 5p^6\ 5d^7\ 6s^2$, Grundterm $^4F_{9/2}$.

Ir bildet hauptsächlich die Oxidationsstufen +3, +4 und +6 aus. So bildet sich beim Erhitzen von feinverteiltem Ir im Chlorstrom *Iridium(III)chlorid* bzw. *Iridium(IV)chlorid* (je nach Temperatur), während das Erhitzen in Fluoratmosphäre Iridium(VI)fluorid liefert (s. Gleichungen).

$$Ir + Cl_2 \xrightarrow{\Delta} \underset{\text{braun}}{IrCl_3} \text{ bzw. } \underset{\text{dunkelgrün}}{IrCl_4}$$

$$Ir + 3\,F_2 \longrightarrow IrF_6$$

Reaktionen von Ir mit Chlor und Fluor

Es wird folgendes Normalpotential angegeben: Ir; $\rightarrow Ir^{3+} + 3\,e^-$ $\quad E^\ominus = 1{,}156$ V.

Iridium(VI)fluorid bildet goldgelbe, sehr hygroskopische Kristalle, zersetzt sich in wässeriger Lösung und ist sehr flüchtig (Schmp. 44 °C, Sdp. 53 °C)

Ir-Verbindungen haben praktisch keine technische Verwendung. Technische Anwendungen von Ir-Metall beruhen auf seiner Härte und der chemischen Unangreifbarkeit, die es auch seinen Legierungen, vor allem mit Platin verleiht. Wegen seiner Härte wird Ir z. B. in die Spitze von Goldfedern für Füllhalter eingesetzt. Hochresistente Tiegel und Schalen für Laborzwecke bestehen aus Pt-Ir-Legierungen mit 10-20 % Ir. Das in Paris aufbewahrte „*Urmeter*" als Einheit des Längenmaßes ist ein Stab aus einer Pt-Ir-Legierung mit 10 % Ir.

Ir Z = 77 A_R = 192,217 Isotope: 191, 193; 182-198 (künstlich)

t_{Smp}	t_{Sdp}	d	MV	α	λ
2443 °C	4424 °C	22,65 g/cm³	8,57 cm³/mol	6,8 10^{-6}/K	147 W/mK

C_p	$\Delta_S H$	$\Delta_V H$	S^o	ϱ
24,96 J/(K · mol)	26,41 kJ/mol	604 kJ/mol	35,5 J/(K · mol)	47 nΩ · m

Isatin

Isatin, Indole-2,3-dione Indol-2,3-dion

Kristallisiert in orangeroten Nadeln, die sich in kaltem Wasser kaum, in heißem Wasser und vielen org. Solventien jedoch gut lösen. In basischem Medium löst sich I. mit violetter Farbe und wird durch Säuren wieder unverändert ausgefällt.

Die im Labor am meisten praktizierte Synthese beinhaltet die Umsetzung von ↑ Anilin mit ↑ Chloralhydrat und ↑ Hydroxylamin in stark saurer Lösung (s. Schema).

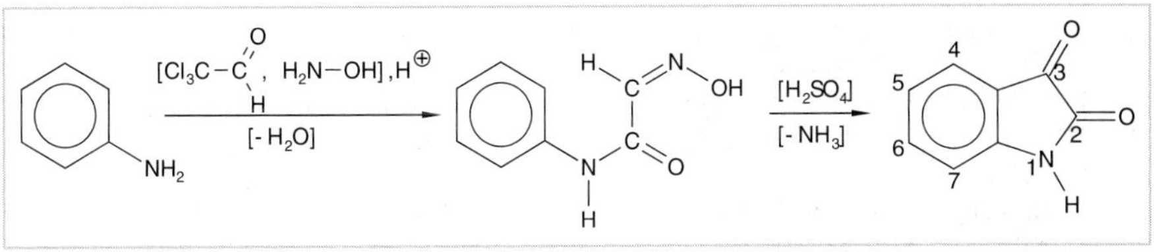

Laborsynthese von Isatin aus Anilin

Die technische Synthese nutzt die Oxidierbarkeit von ↑Indigo mit ↑Chrom(VI)oxid zu I. (s. Schema).

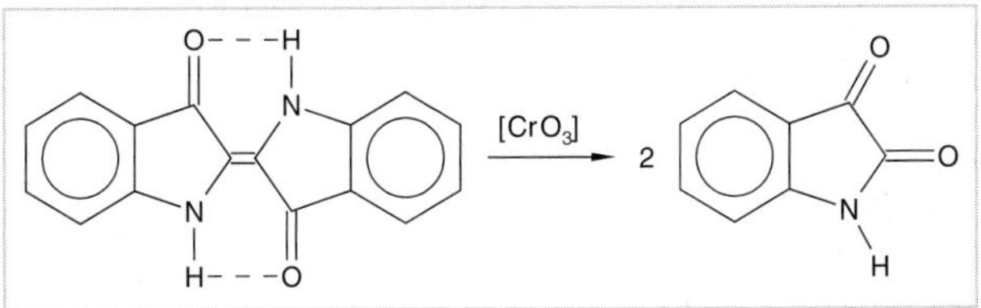

Technische Isatinsynthese aus Indigo

Die beiden Carbonylgruppen des I. unterscheiden sich erheblich voneinander. Die 3-ständige CO-Gruppe reagiert wie ein Keton (z. B. Oximbildung), während die 2-ständige Carbonamid-Charakter aufweist und sich z. B. durch Alkali vom N-Atom trennen läßt unter Carboxylat-Bildung. Bei letzterem erhält man das Na-Salz der *Isatinsäure*, welches sich mit Ketonen zu den betreffenden *Chinolin-4-carbonsäuren* cyclisieren läßt (s. Schema).

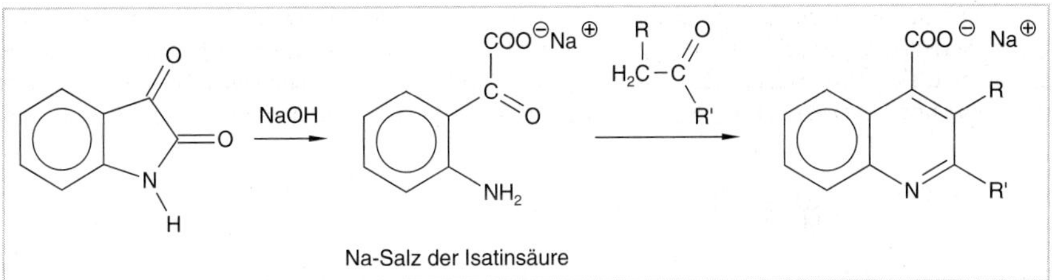

Bildung von Chinolin-Derivaten aus Isatin

Die Chinolin-4-carbonsäuren lassen sich leicht zum ↑Chinolin decarboxylieren. Diese Reaktionsfolge ist als „*Chinolinsynthese nach Pfitzinger*" bekannt und besitzt breite Anwendbarkeit. I. wird durch ↑Wasserstoffperoxid in alkalischer Lösung zur ↑Anthranilsäure oxidiert.

I. und I.-Derivate dienen als Ausgangsprodukte zur Herstellung von Farbstoffen und Pharmazeutika. I. selbst dient ebenfalls als Farbstoff sowie als analytisches Reagenz.

$C_8H_5NO_2$ $M_R = 147{,}14$ C 65,31 % H 3,43 % N 9,52 % O 21,75 %

t_{Smp}	t_{Sdp}	d	η		
201 °C					
C_p	$\Delta_S H$	$\Delta_V H$	$\Delta_B H$	S^o	Q_C
			−268 kJ/mol		−3594 kJ/mol

Isoamylacetat

Isoamyl acetate Essigsäureisopentylester

Eine farblose Flüssigkeit mit intensiv birnenartigem Geruch und Geschmack, woher der frühere Name *Birnenether* stammt. I. ist nur wenig löslich in Wasser (ca. 0,25 g/100 ml), aber mischbar mit den meisten org. Solventien.

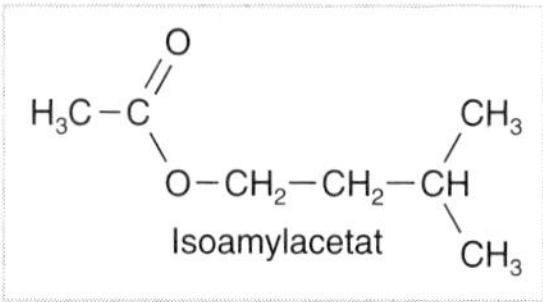

Struktur von Isoamylacetat

I. ist der Ester der ↑Essigsäure mit *3-Methyl-1-butanol* (*Isoamylalkohol*), einem der acht möglichen Isomeren von ↑1-Pentanol (s. Abbildung).

Er besitzt erhebliche Bedeutung als Lösungsmittel bzw. als Bestandteil von Lösungsmittel-Gemischen. Eine wesentliche Aufgabe des I. ist dabei die Überdeckung unangenehmer Gerüche in technischen Produkten wie Ölfarben, Schuhcremes, Lacken, Harzen usw. I. wird auch als Duftkomponente in der Parfüm- und Aromenherstellung verwendet.

$C_7H_{14}O_2$ $M_R = 130,19$ C 64,58 % H 10,84 % O 24,58 %

t_{Smp}	t_{Sdp}	d	η
	142 °C	0,88 g/cm³	

L-Isoleucin

L-Isoleucine 2-Amino-3-methylpentansäure

Bildet glänzende, wachsartige, farblose blättchenförmige Kristalle, die sich recht wenig in Wasser lösen (ca. 4 g/100 ml bei 20 °C, 8,2 g/100 ml bei 100 °C), und praktisch unlöslich sind in Ethanol und Diethylether.

I. ist eine Aminosäure, die in der L(+)-Form in sehr vielen Proteinen vorkommt, z. B. in Eiern zu 7,6 %, in Milch zu 7,5 % oder im Weizen zu 4,1 %, und die aus Hydrolysaten isoliert werden kann. Die Synthese des Racemates gelingt nach Strecker aus *2-Methylbutyraldehyd* mit ↑Cyanwasserstoff und ↑Ammoniak (s. Schema).

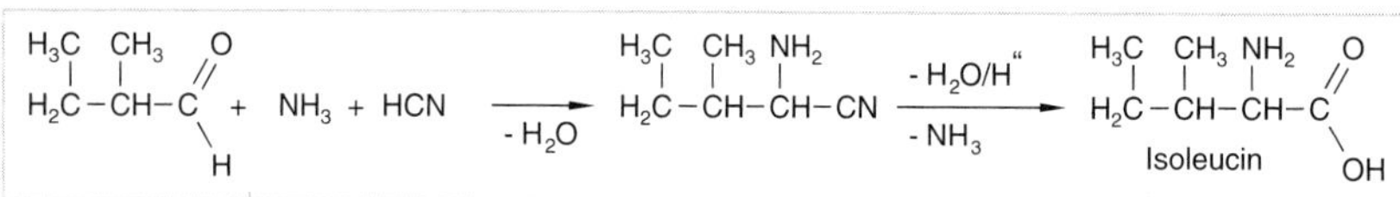

Herstellung von Isoleucin durch Strecker-Synthese

I. besitzt zwei asymmetrische C-Atome und weist in den natürlichen Vorkommen (3S)-Konfiguration auf. Die (3R)-L-Form wird als *Allo-L-Isoleucin* bezeichnet. I. gehört zu den essentiellen Aminosäuren, kann also vom menschlichen Organismus nicht synthetisiert werden, jedoch kommt sie, wie oben angegeben, in den Proteinen der üblichen Nahrungsmittel in ausreichender Menge vor.

Aus I. entsteht bei der alkoholischen Gärung (s. unter ↑Ethanol) das im *Fuselöl* vorkommende 3-Methyl-1-butanol.

I. wird therapeutisch in Aminosäure-Infusionslösungen sowie in speziellen Diäten verwendet.

$C_6H_{13}NO_2$ $M_R = 131,17$ C 54,94 % H 9,99 % N 10,68 % O 24,39 %

$t_{Sublimation}$	t_{Sdp}	d	η
> 170 °C (S)			

C_p	$\Delta_S H$	$\Delta_{Sub} H$	$\Delta_B H$	S^o	Q_C
188,3 J/(K · mol)		120 kJ/mol (S)	−640,6 kJ/mol		−3578 kJ/mol

Isonicotinsäurehydrazid

Isoniazid   Isoniazid, 4-Pyridincarbonsäurehydrazid

Bildet farblose Kristalle, die in Wasser zu ca. 14 g/100 ml, in Ethanol zu ca. 2 g/100 ml, dagegen in Diethylether oder Chloroform kaum löslich sind.

I. wird ausgehend von 4-Methylpyridin (s. unter ↑ Picoline) hergestelt: durch Oxidation mit ↑ Kaliumpermanganat erhält man die *Isonicotinsäure* (bildet farblose, in Wasser kaum lösliche Kristalle vom Schmp. 319 °C), die in den Ethylester überführt wird, den man dann mit ↑ Hydrazin umsetzt (s. Schema)

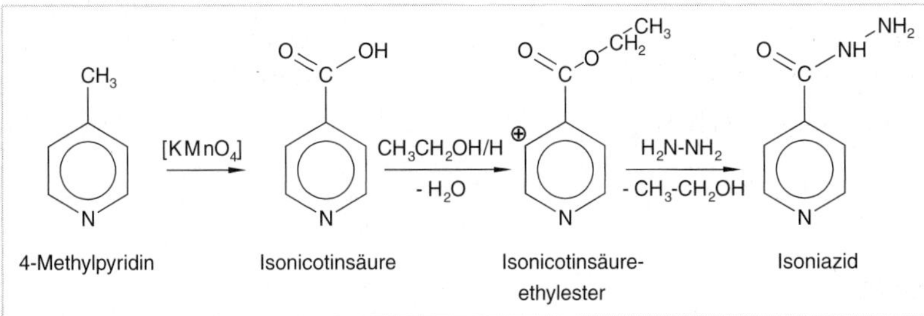

Synthese von Isoniazid

1950 entdeckte Domagk (Bayer AG) die tuberkulostatische Wirkung des I. Die *Tuberkelbazillen* (*Mycobacterium tuberculosis*) besitzen eine spezifische säureresistente Hülle, die die *Mycolsäuren* (extrem lange Hydroxyfettsäuren mit bis zu 60 C-Atomen und langen Alkanseitenketten) enthält. Diese Hülle machte die Bakterien gegen alle Antiseptika und die körpereigene Abwehr unangreifbar, wie man aus der Geschichte dieser Krankheit weiß. Erst in neuester Zeit konnte man den Wirkmechanismus von I. aufklären. Aus I. entsteht im Bakterium ein Carbonylradikal. Dieses blockiert den Cofaktor eines Enzyms, das für den Langkettenaufbau erforderlich ist. Das Bakterium kann seine Hülle nicht aufbauen und wird zum Opfer der Abwehrzellen des Körpers.

Da eine reine I.-Therapie bald zur Resistenz führt, werden heute Kombinationspräparate verwendet.

$C_6H_7N_3O$ $M_R = 137,14$ C 52,55 %   H 5,14 %   N 30,64 %   O 11,57 %

t_{Smp}	t_{Sdp}	d	η
171 °C			

Isopren

Isoprene   2-Methyl-1,3-butadien

I. ist eine farblose, ölige Flüssigkeit, die in Wasser unlöslich, aber mit den meisten org. Solventien mischbar ist. I. ist oxidationsempfindlich und polymerisiert beim Lagern allmählich.

I. kommt in der Natur nicht frei vor. Es gibt jedoch zahlreiche Naturprodukte, in denen sich das Grundgerüst des I. vorfindet. Allerdings tritt bei deren Biogenese das I. selbst auch nicht auf. Die Naturprodukte sind lediglich nach Summenformel und Struktur so beschaffen, daß sie sich theoretisch und z. T. auch tatsächlich durch Polymerisation oder andersartige Zusammenlagerung aus I.-Einheiten herstellen lassen. Zu diesen Verbindungen zählt die große Stoffklasse der *Terpene* und *Steroide*, die deshalb unter dem Namen *Isoprenoide* zusammengefaßt werden. Zu den Terpenen zwar gehörend, wegen ihres hochmolekularen Charakters sich aber von den niedermolekularen Terpenen unterscheidend, sind die *Polyisoprene* ↑ Naturkautschuk und *Guttapercha*, kurz als *Polyprene* bezeichnet, besonders zu erwähnen. Auf Biogenese, Einteilung und Bedeutung der Isoprenoide wird weiter unten näher eingegangen. Zunächst sei die technische Gewinnung des I. beschrieben.

Die Hauptquelle für I. ist die C5-Fraktion aus der Erdölcrackung. Aus der C5-Fraktion, in der es zu 10-15 % vorkommt, wird I. nach ähnlichen Verfahren wie unter ↑ Butadien beschrieben gewonnen. I. kann auch nach verschiedenen Verfahren aus niedrigeren C-Bausteinen zusammengesetzt werden, z. B. durch Addition von ↑ Aceton an ↑ Acetylen und anschließende Hydrierung und Dehydratisierung (s. Schema).

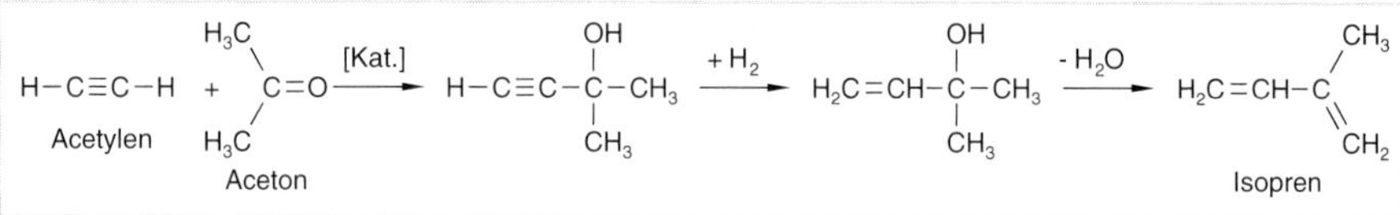

Isopren-Synthese aus Acetylen

Auch die *Prins-Reaktion*, die säure-katalysierte Addition von ↑ Formaldehyd an ein Alken, wird technisch genutzt, und zwar hier die Addition an *Isobuten*. Die zweifache Formaldehyd-Addition ergibt zunächst *4,4-Dimethyl-1,3-dioxan*, welches sich thermisch spalten läßt in I., Formaldehyd und Wasser (s. Schema).

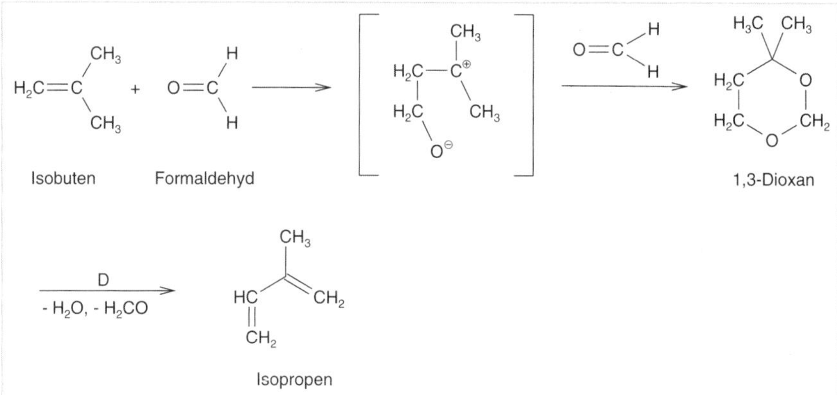

Prins-Reaktion mit Isobuten zur Gewinnung von Isopren

Die wirtschaftliche Bedeutung des I. ist stark gestiegen, seitdem es gelingt, I. mittels Ziegler-Natta-Katalysatoren zu isotaktischem *cis-1,4-Polyisopren* zu polymerisieren, das die gleichen Eigenschaften wie der ↑ Naturkautschuk aufweist (s. Schema). Vordem wurde I. lediglich in Zusätzen von 1-3 % anderen Polymerisaten zur Copolymerisation zugesetzt.

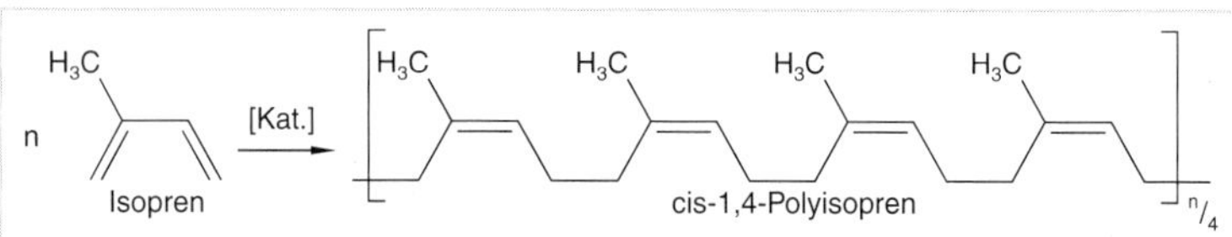

Isotaktisches cis-1,4-Polyisopren aus Isopren

Die Biosynthese der Isoprenoide geht vom *Acetyl-Coenzym A* aus, das auch als „aktivierte“ Essigsäure bezeichnet wird und in zahlreichen Stoffwechselprozessen zentrale Bedeutung als *Acetylgruppenüberträger* (s. unter ↑Coenzym A) besitzt. Aus Acetyl-Coenzym-A werden unter Mitwirkung von NADPH (s. unter ↑Nicotinsäureamid-Adenin-Dinucleotid) drei Acylreste zur *Mevalonsäure* zusammengelagert (s. Gleichung). Die Mevalonsäure wird mittels ↑Adenosintriphosphat zum Pyrophosphat verestert (s. Gleichung) und nach Decarboxylierung und Dehydratisierung liegt sog. „*aktives Isopren*“ vor, unter dem man ein Tautomeren-Gemisch aus *Isopentenylpyrophosphat* und *Dimethylallylpyrophosphat* versteht (s. Schema).

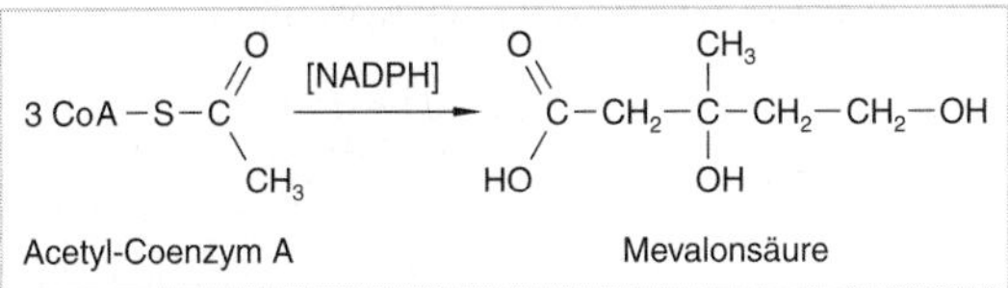

Bildung der Mevalonsäure aus Acetyl-Coenzym-A

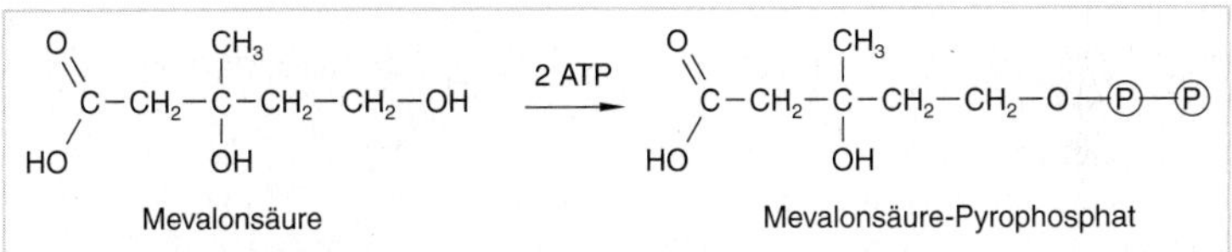

Veresterung der Mevalonsäure zum Pyrophosphat mit ATP

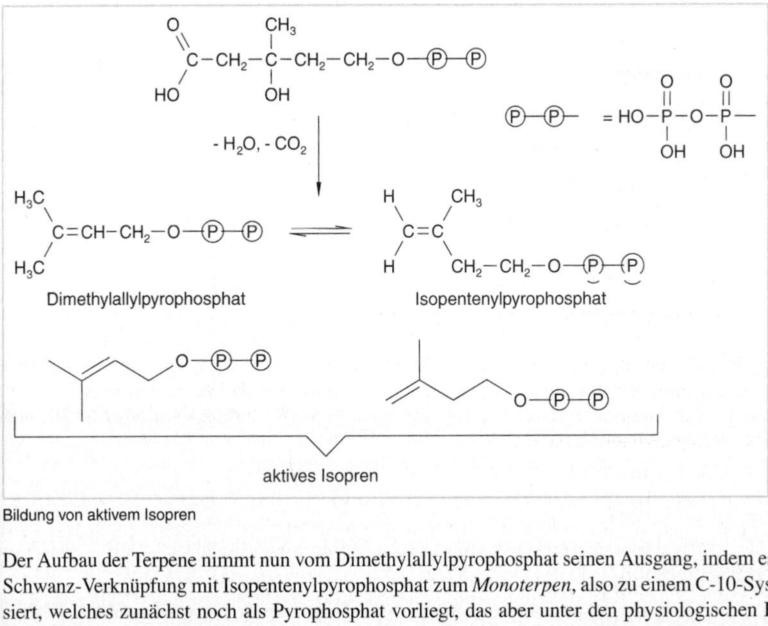

Bildung von aktivem Isopren

Der Aufbau der Terpene nimmt nun vom Dimethylallylpyrophosphat seinen Ausgang, indem es unter Kopf-Schwanz-Verknüpfung mit Isopentenylpyrophosphat zum *Monoterpen*, also zu einem C-10-System kondensiert, welches zunächst noch als Pyrophosphat vorliegt, das aber unter den physiologischen Bedingungen zum Hydroxylderivat hydrolysiert. Auf diese Weise wird dann das ↑Geraniol erhalten (s. Schema).

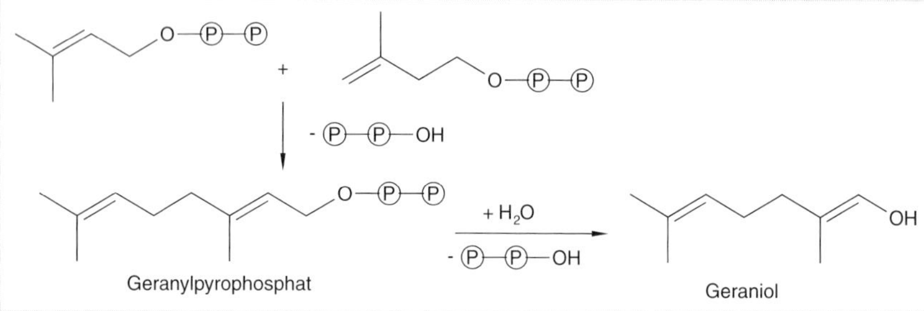

Bildung eines Monoterpens

Kondensiert das Geranylpyrophosphat mit einem weiteren Isopentenylpyrophosphat, einsteht ein *Sesquiterpen*, also ein C15-System (Farnesyldiphosphat, s. unter ↑ Farnesol) und daraus weiter ein *Diterpen* (C20-System). Die Kondensation zweier Sesquiterpene führt zum *Triterpen* (C30-System). Die Fortführung dieser Zusammenlagerungen mit mehreren Tausend Einheiten liefert die Polyisoprene (s. o.).

Sehr bedeutsam ist nun, daß die primären Kondensationsprodukte unter den physiologischen Bedingungen mannigfache Modifikationen erfahren, deren einfachste die schon genannte hydrolytische Spaltung zum Hydroxyderivat ist, die aber auch in Oxidationen, Reduktionen, Methylierungen sowie komplizierten Cyclisierungen bestehen können. Daraus erklärt sich die große strukturelle Vielfalt der *Terpenabkömmlinge*. Vor allem Cyclisierungen führen zu Strukturen, denen die Terpen-Herkunft nicht mehr „anzusehen" ist, allen voran das Steroid-Gerüst. Die genetische Verwandtschaft läßt sich jedoch augenfällig machen durch entsprechendes Aufzeichnen offenkettiger und cyclischer Strukturen, z. B. für Monoterpene (s. Abbildung) oder Triterpene (s. Abbildung).

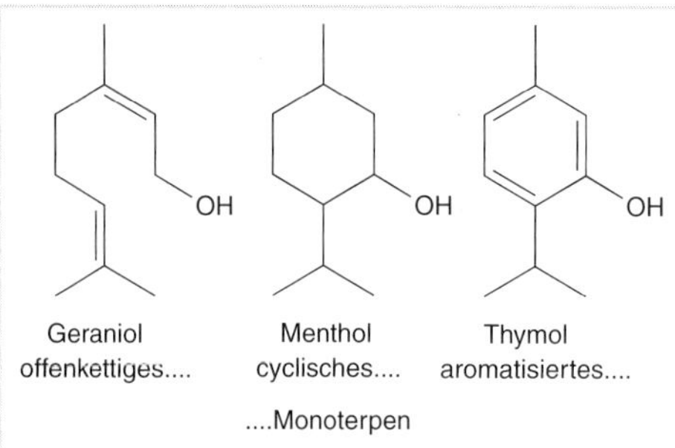

Verschiedene Monoterpene

Die Isoprenoide werden nach ihrem Grundskelett eingeteilt in offenkettige Mono-, Sesqui-, Di-, Tri- usw. -Terpene, sowie in cyclische Mono-, Sesqui- usw. -Terpene. Besondere biochemische Bedeutung besitzen die zu den cyclischen Triterpenen gehörenden Steroide (s. unter ↑ Cholesterol).

Erwähnenswert sind auch die als *Sapogenine* bezeichneten pentacyclischen Triterpene, die in zahlreichen Pflanzen vorkommen. Sie finden sich darin jedoch meist an Zuckerreste gebunden, also als Glykoside, und werden dann als *Saponine* bezeichnet. Sie schäumen stark in Wasser, wirken als Schutzkolloide und werden teilweise als *Emulgatoren* verwendet.

Die chemischen Eigenschaften des I. sind sehr ähnlich denen von ↑ Butadien, z. B. geht es auch bereitwillig Diels-Alder-Reaktionen ein.

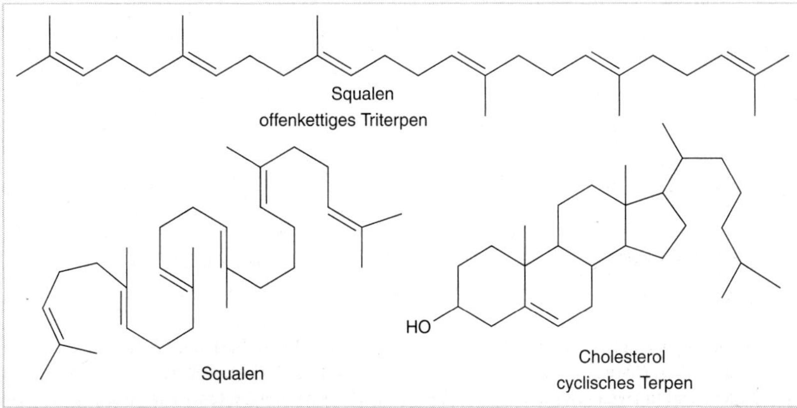

Offenkettiges und cyclisches Triterpen

C_5H_8 $M_R = 68{,}11$ C 88,16 % H 11,84 %

t_{Smp}	t_{Sdp}	d	η
−146 °C	34 °C	0,68 g/cm³	

C_p	$\Delta_S H$	$\Delta_V H$	$\Delta_B H$	S^o	Q_C
151 J/(K · mol)	4,9 kJ/mol	25,8 kJ/mol		228,3 J/(K · mol)	−3186 kJ/mol

MAK	R-Satz	S-Satz
	12-52/53	9-16-29-33-61

Isopropanol

→ 2-Propanol

Kaffeesäure

Caffeic acid 3,4-Dihydroxyzimtsäure

Bildet gelbe Kristalle, die in kaltem Wasser wenig, in heißem Wasser sowie in Ethanol gut löslich sind.

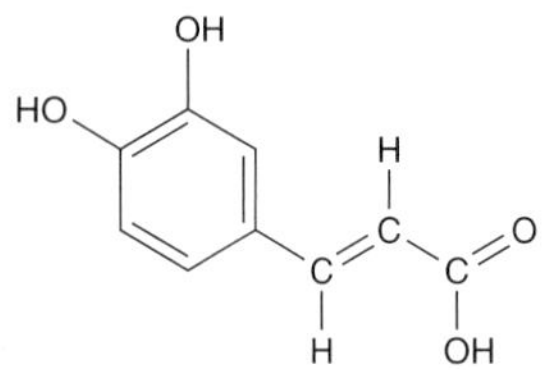

Kaffeesäure

Struktur der Kaffeesäure

Die K. ist eine weit verbreitete Pflanzensäure und findet sich u. a. im Kaffee, Tabak, Mohn, im Harz der Coniferen, im Löwenzahn, in Kartoffeln, in Kamille und im Weißdorn. Dabei liegt die K. teils frei, überwiegend jedoch in gebundener Form vor, entweder als Depsid (s. unter ↑Gallussäure) oder in der ↑Chlorogensäure verestert mit der ↑Chinasäure.

Die K. wird biochemisch auf den vom ↑Phenylalanin ausgehenden Reaktionswegen gebildet, die letztlich zu den Phenylpropankörpern führen, die das ↑Lignin aufbauen, und zwar in letzter Stufe durch Demethylierung der ↑Ferulasäure.

Als Polyphenol ist die K. an autoxidativ und enzymatisch bedingten Verfärbungsprozessen pflanzlicher Produkte, z. B. Kartoffeln oder Tabak, beteiligt.

$C_9H_8O_4$ $M_R = 180{,}16$ C 60,00 % H 4,48 % O 35,52 %

$t_{Zersetzung}$	t_{Sdp}	d	η
223 °C (Z)			

Kalium

Potassium K

$$2\,K + 2\,H_2O \longrightarrow 2\,KOH + H_2$$

Reaktion von Kalium mit Wasser

Ein an frischen Schnittflächen silberweiß glänzendes, sehr weiches metallisches chemisches Element. Es ist außerordentlich reaktionsfähig und läuft an der Luft rasch unter Oxidbildung an, verbrennt beim Erhitzen an der Luft mit intensiv violetter Flamme und zersetzt Wasser so exotherm, daß der sich entwickelnde ↑Wasserstoff sich spontan entzündet (s. Gleichung). Deshalb muß man K stets unter Paraffin oder Petroleum aufbewahren. In flüssigem ↑Ammoniak löst sich K mit tiefblauer Farbe.

K kommt aufgrund seiner Reaktivität natürlich nicht gediegen vor. Es findet sich in Form von einfachen Salzen und Doppelsalzen (mit ↑Calcium und ↑Magnesium) als Chlorid und Sulfat in riesigen Kalisalz-Lagerstätten sowie sehr verbreitet in K-haltigen Mineralien auf Alumosilicat-Basis (*Kalifeldspat*, *Kaliglimmer*).

Bedeutende *Kalisalz-Lagerstätten* kommen in Norddeutschland, im Elsaß, im Ural sowie in den USA vor. Sie sind größtenteils durch Eintrocknen von Nebenmeeren über Jahrtausende hinweg entstanden, wobei die leichtlöslichen K-Salze sich als letzte abgelagert haben. Im Meerwasser beträgt der Anteil des K nur etwa 2,5 % von dem des Natriums, weil K fester silicatisch gebunden wird und deshalb viel weniger der Ausschwemmung unterliegt. Der Gehalt der Erdkruste an K beträgt auf diese Weise 2,59 Gew-%. Das metallische K wurde früher durch Schmelzflußelektroyse von ↑Kaliumhydroxid hergestellt. Heute gewinnt man es durch Reduktion von geschmolzenem ↑ Kaliumchlorid mit ↑ Natrium. Es spielt wegen seiner schwierigen Handhabung technisch kaum eine Rolle und wird lediglich zu präparativen Zwecken, z. B. Synthese K-organischer Verbindungen verwendet. Zur physiologischen Bedeutung s. unten.

K ist ein Element der I. Hauptgruppe des PSE, gehört also zur Familie der Alkalimetalle und besitzt die Elektronenkonfiguration $1s^2\ 2s^2\ 2p^6\ 3s^2\ 3p^6\ 4s^1$ oder $[Ar]4s^1$, Grundterm $^2S_{1/2}$. Seine Reaktivität beruht wie bei allen Alkalimetallen auf der Tendenz zur Abgabe des einzigen Valenzelektrons, die beim K so ausgeprägt ist, daß es zu den am stärksten elektropositiven Elementen zählt, wie das Normalpotential es ausweist (s. Gleichung).

$$K \longrightarrow K^{\oplus} + e^- \qquad E_0 = 2{,}92\ V$$

Normalpotential von Kalium

Sogar die Energie von UV-Licht reicht zur Elektronenabspaltung aus. Darauf beruht die Verwendung von K (wie auch von ↑ Caesium) in *Alkalifotozellen* (eine der beiden in einer evakuierten Glasröhre befindlichen Elektroden besitzt eine Oberfläche aus K bzw. Cs).

Von K existieren drei natürliche Isotope: K 39 (93,22 %), K 40 (0,012 %), K 41 (6,77 %). K 40 ist radioaktiv und zerfällt mit einer Halbwertzeit von $1{,}26 \times 10^9$ Jahren zu 88 % unter Elektronen-Emission (β-Strahlung) zu Ca 40 und zu 12 % unter K-Einfang zu Ar 40 (s. Gleichungen).

$$^{40}_{19}K \longrightarrow {}^{40}_{20}Ca + e^- \qquad (\beta\text{-Strahlung, 88 \%})$$

$$^{40}_{19}K \longrightarrow {}^{40}_{18}Ar \qquad (\text{K-Einfang, 12 \%})$$

Zerfall des Isotops K 40

$$p^+ + e^- \longrightarrow n$$

Umwandlung beim K-Einfang

Unter *K-Einfang* versteht man den Übergang eines Elektrons aus der innersten Elektronenschale (K-Schale) in den Atomkern, was mit der Umwandlung eines Protons in ein Neutron verbunden ist (s. Gleichung), also einer Atomumwandlung gleichkommt, und zwar entsteht das im PSE vornedran stehende Element, in diesem Falle also das ↑ Argon.

In K-Mineralien entsteht also ständig Argon, worauf der im Vergleich mit den anderen Edelgasen überdurchschnittlich hohe Argon-Gehalt der Atmosphäre zurückzuführen ist. Weiteres zur K-Chemie s. unter den einzelnen Verbindungen.

Zum analytischen Nachweis von K können verwendet werden:

1. Die Flammenfärbung: K-Salze färben die nichtleuchtende Bunsenflamme violett. Anwesendes Natrium überdeckt durch Gelbfärbung meist die K-Färbung. Bei Betrachtung durch ein *Cobaltglas* wird das Gelb herausgefiltert und die K-Farbe sichtbar. Eindeutiger ist die Betrachtung im Spektroskop, in welchem eine intensiv rote Linie bei 770 nm erkennbar ist.

$$K^{\oplus} + ClO_4^{\ominus} \longrightarrow KClO_4$$

Fällung von schwerlöslichem Kaliumperchlorat

2. Die Fällung als ↑ Kaliumperchlorat: In der Kälte wird die Probelösung mit 60 %iger ↑ Perchlorsäure versetzt. Es bildet sich ein weißer kristalliner Niederschlag von K-Perchlorat (s. Gleichung).

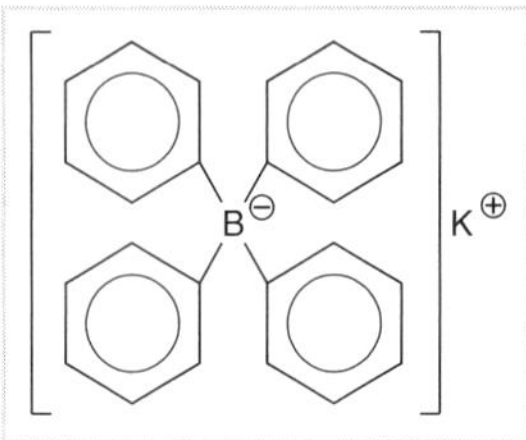

Kaliumtetraphenylborat

3. Die Fällung als Kaliumtetraphenylborat: Die neutrale Probelösung wird mit einer Lösung von *Natriumtetraphenylborat* versetzt, wobei ein weißer Niederschlag von *Kaliumtetraphenylborat* ausfällt (s. Abbildung).

K-Ionen sind physiologisch von großer Bedeutung. Pflanzen benötigen Kaliumsalze zum Aufbau ihrer Kolloide, zur Aktivierung wichtiger Enzyme und für die Zellosmose. Die mit den Ernten abgetragenen *Kalisalze* müssen den Böden als *Kalidünger* (↑ Kaliumchlorid, ↑ Kaliumsulfat) wieder zugeführt werden. In der tierischen Physiologie ist grundlegend wichtig, daß der K-Gehalt im Zellinnern sehr viel höher ist als im Extrazellular-Raum (Prozentverhältnis ca. 98 : 2). Mit dem Na-Gehalt verhält es sich umgekehrt. Diese Konzentrationsgefälle werden von der *K-Na-Pumpe* aufrechterhalten und sind notwendig für die Zellosmose sowie für die Funktionen von Muskeln und Nerven (s. unter ↑ Acetylcholin). Die Steuerung der K-Aufnahme in die Zellen und die Regulierung der Ausscheidung (die fast ausschließlich über die Nieren erfolgt) geschieht hormonell durch ↑ Insulin und vor allem ↑ Aldosteron.

Die tägliche Aufnahme von mindestens ca. 1 g K-Ionen sind so für die normale Funktion des menschlichen Organismus notwendig. Der menschliche Körper enthält ca. 175 g (4,5 mol) K, das sich zu etwa zwei Dritteln allein in den Muskelzellen befindet.

► K. reagiert äußerst heftig und unter Selbstentzündung mit Feuchtigkeit und vielen org. Substanzen.

K Z = 19 A_R = 39,0983 Isotope: 39, 40, 41; 37-45 (künstlich)

t_{Smp}	t_{Sdp}	d	MV	α	λ
63,2 °C	764 °C	0,86 g/cm³	45,35 cm³/mol	83 10^{-6}/K	102,4 W/mK

C_p	$\Delta_S H$	$\Delta_V H$	S^o	ϱ
29,28 J/(K · mol)	2,34 kJ/mol	79,1 kJ/mol	64,7 J/(K · mol)	61 nΩ · m

MAK	R-Satz	S-Satz
	14/15-34	8-43-45

Kaliumacetat

Potassium acetate

Bildet farb- und geruchlose, glänzende, leicht zerfließliche Kristalle, die sich in Wasser sehr gut lösen (bei 20 °C 200 g/100 ml) und auch gut löslich sind in Ethanol. Die wässerige Lösung reagiert alkalisch (pH 0,1n Lösung 9,7).

K. wird erhalten durch Neutralsation von ↑ Essigsäure mit ↑ Kaliumcarbonat und Eindampfen der Lösung (s. Gleichung).

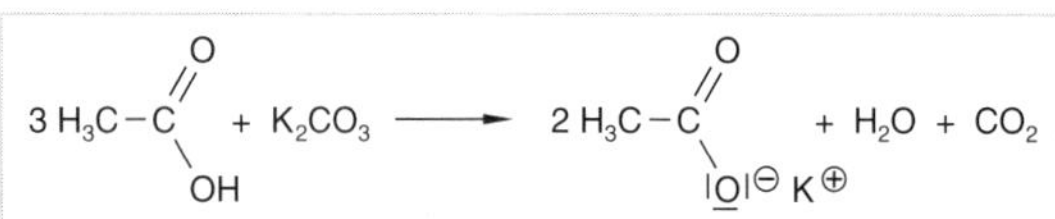

Bildung von Kaliumacetat aus Essigsäure und Kaliumcarbonat

K. ist mit der Nummer *E 261* als Säuerungsmittel und Säureregulator als Lebensmittel-Zusatzstoff zugelassen. Medizinisch wird K. gegen Kaliummangel verabreicht.

$C_2H_3KO_2$ $M_R = 98{,}14$ C 24,48 % H 3,08 % K 39,84 % O 32,60 %

$t_{Zersetzung}$	t_{Sdp}	d	η
292 °C (Z)		1,57 g/cm³	

C_p	$\Delta_S H$	$\Delta_V H$	$\Delta_B H$	S^o	Q_C
			−963 kJ/mol		

Kaliumbromat

Potassium bromate

Bildet ein weißes kristallines Pulver, löst sich bei 20 °C zu ca. 7 g/100 ml in Wasser, bei 100 °C zu 50 g/100 ml. K. ist unlöslich in Ethanol. K. zerfällt beim Erhitzen auf 390 °C unter Abspaltung von Sauerstoff.

K. kann hergestellt werden durch elektrolytische Oxidation von ↑ Kaliumbromid in Lösung. Ferner wird K. gewonnen durch Einleiten von ↑ Brom in heiße Kalilauge, wobei das zunächst entstehende *Kaliumhypobromit* disproportioniert zu Kaliumbromid und K. (s. Gleichungen).

$$3\,Br_2 + 6\,KOH \longrightarrow 3\,KBr + 3\,KOBr + 3\,H_2O$$
$$3\,KOBr \xrightarrow{\Delta} 2\,KBr + KBrO_3$$
$$3\,Br_2 + 6\,KOH \longrightarrow 5\,KBr + KBrO_3 + 3\,H_2O$$

Bildung von Kaliumbromat aus Brom in Kalilauge

Auf 1 Mol K. entstehen also 5 Mol Kaliumbromid. Da sich K. in Wasser viel weniger löst als Kaliumbromid, lassen sich die beiden Salze durch Kristallisation gut voneinander trennen (die Löslichkeit von K. wird durch anwesendes Kaliumbromid zusätzlich herabgesetzt). Die Disproportionierung des Hypobromits verläuft beim Erwärmen rasch und quantitativ, da *Hypobromite* thermisch sehr unbeständig sind (wesentlich unbeständiger als Hypochlorite).

K. ist das Kaliumsalz der *Bromsäure*, die in reiner Form nicht isolierbar, in verdünnter wässeriger Lösung aber recht haltbar ist.Sie läßt sich aufkonzentrieren bis ca. 50 %. Darüber hinaus tritt Zersetzung in Brom und Sauerstoff ein (s. Gleichung).

$$4\,HBrO_3 \longrightarrow 2\,Br_2 + 5\,O_2 + 2\,H_2O$$

Thermischer Zerfall der Bromsäure

Sie wird durch Behandeln von *Bariumbromat* mit ca. 10 %iger Schwefelsäure erhalten. Bariumbromat fällt wegen seiner Schwerlöslichkeit bei Zugabe von Bariumchlorid zu einer Lösung von K. aus (s. Gleichungen).

$$2\,KBrO_3 + BaCl_2 \longrightarrow Ba(BrO_3)_2 + 2\,KCl$$
$$Ba(BrO_3)_2 + H_2SO_4 \longrightarrow 2\,HBrO_3 + BaSO_4$$

Herstellung von Bromsäure

K. wird zur Behandlung von Weizen und Mehl verwendet (Verbesserung der Backeigenschaften). Es dient ferner zur Herstellung von Dauerwellen (Bleich- und Oxidationsmittel). Im Labor wird K. als Oxidationsmittel und vor allem oxidimetrisch für maßanalytische Zwecke eingesetzt. Die Anwendung des K. in der *Oxidimetrie* beruht auf der Oxidationswirkung (s. Gleichung), wobei Bromat zu Bromid reduziert wird (in saurer Lösung).

$$BrO_3^{\ominus} + 6\,H^{\oplus} + 6\,e^- \longrightarrow Br^{\ominus} + 3\,H_2O$$

Grundgleichung der Bromatometrie

Es lassen sich also Reduktionsmittel bestimmen (z. B. Cu(I), Sn(II) Hydrazin usw.). Diese Bestimmungsverfahren faßt man unter dem Terminus *Bromatometrie* zusammen. Der Endpunkt der Titration wird erkannt an der Braunfärbung durch freigesetztes Brom, weil das erste überschüssige Bromat mit Bromidionen zu Brom komproportioniert in Umkehrung obiger Bildungsgleichung (s. Gleichung).

$$BrO_3^{\ominus} + 5\,Br^{\ominus} + 6\,H^{\oplus} \longrightarrow 3\,H_2O + 3\,Br_2$$

Komproportionierung zwischen Bromat und Bromid

Der Endpunkt läßt sich dabei noch besser erkennen, wenn man vorher einen Farbstoff (z. B. Methylrot) zusetzt, der durch freies Brom sofort unter Entfärbung zerstört wird.

► K. kann mit org. und anderen oxidierbaren Stoffen heftig reagieren. K. ist gesundheitsschädlich.

$BrKO_3$ $M_R = 167{,}01$ Br 47,85 % K 23,41 % O 28,74 %

t_{Smp}	t_{Sdp}	d	η		
434 °C		3,27 g/cm³			
C_p	$\Delta_S H$	$\Delta_V H$	$\Delta_B H$	S^o	Q_C
105 J/(K · mol)			−332 kJ/mol	149 J/(K · mol)	
MAK	R-Satz	S-Satz			
	45-9-25	53-45			

Kaliumbromid

Potassium bromide

Kommt meist in Form farbloser, gut ausgebildeter Kristalle in den Handel. Löst sich sehr gut in Wasser (bei 20 °C 66 g/100 ml), ist nur sehr wenig löslich in Methanol und Ethanol. Die wässerige Lösung reagiert neutral.

$$KOH + HBr \longrightarrow KBr + H_2O$$

Herstellung von Kaliumbromid

K. wird technisch meist durch Neutralisation von Kalilauge mit ↑ Bromwasserstoff hergestellt (s. Gleichung). Ein technisch ausgeübtes Verfahren ist ferner die Umsetzung einer Lösung von *Eisen(III)bromid* (aus ↑ Eisen + ↑ Brom in Gegenwart von Wasser) mit Kalilauge (s. Gleichungen).

$$2\,Fe + 3\,Br_2 \longrightarrow 2\,FeBr_3$$
$$FeBr_3 + 3\,KOH \longrightarrow 3\,KBr + Fe(OH)_3\downarrow$$

Technisches Verfahren mit Eisen(III)bromid als Zwischenstufe

Eine elegante, zu sehr reinem Produkt führende Synthese beinhaltet die Umsetzung von ↑ Kaliumcarbonat mit Brom in Gegenwart von ↑ Ammoniak, wobei das zunächst entstehende Hypobromit sofort durch Ammoniak zu Bromid reduziert wird (s. Gleichung).

$$3\,K_2CO_3 + 3\,Br_2 + 2\,NH_3 \longrightarrow 6\,KBr + N_2 + 3\,CO_2 + 3\,H_2O$$

Herstellung von reinstem Kaliumbromid

Die Einleitung von Brom in Kalilauge (s. unter ↑Kaliumbromat) hat keine technische Bedeutung zur Herstellung von K.

K. wird vor allem in der Foto-Industrie u. a. zur Herstellung der lichtempfindlichen Schichten verwendet. Es dient im Labor als chemisches Reagenz. Die medizinische Verwendung als Sedativum hat keine Bedeutung mehr. K. ist für Infrarot-Strahlung durchlässig und läßt sich unter Druck leicht verflüssigen. Daher findet es in der IR-Spektroskopie zur Herstellung von Presslingen und als Fenstermaterial Verwendung.

BrK $M_R = 119{,}01$ Br 67,14 % K 32,86 %

t_{Smp}	t_{Sdp}	d	η		
734 °C	1383 °C	2,75 g/cm³			
C_p	$\Delta_S H$	$\Delta_V H$	$\Delta_B H$	S^o	Q_C
52,3 J/(K · mol)	25,5 kJ/mol	155 kJ/mol	−393,8 kJ/mol	95,9 J/(K · mol)	

Kaliumcarbonat

Potassium carbonate

K. ist ein weißes kristallines Pulver, das in wasserfreier Form (calciniertes K.) sehr hygroskopisch, als bei der Herstellung meist anfallendes Sesquihydrat jedoch nicht hygroskopisch ist. Sowohl wasserfreies K. als auch das K.-Sesquihydrat lösen sich sehr gut in Wasser (bei 20 °C ca. 100 g/ 100 ml) und sind unlöslich in Ethanol. Die wässerige Lösung reagiert stark alkalisch (s. Gleichung).

$$H_2O + K_2CO_3 \rightleftharpoons 2\,K^{\oplus} + HCO_3^{\ominus} + OH^{\ominus}$$

Hydrolytische Reaktion von Kaliumcarbonat in Wasser

K. wurde seit frühesten Zeiten (bereits von Aristoteles erwähnt) aus der bei der Holzverbrennung anfallenden Asche gewonnen, und zwar wurde die Asche mit Wasser ausgelaugt und der so erhaltene Extrakt in eisernen Töpfen eingedampft. Bis zu 2 Gew.-% des verbrannten Holzes fielen als Asche an und bis zu 80 Gew.-% des extrahierten Salzgemisches bestanden aus K., während der Rest sich aus ↑Kaliumsulfat, ↑Natriumcarbonat usw. zusammensetzte. Dieses Gemisch kam als *Pottasche* in den Handel, worauf die noch heute übliche Bezeichnung „Pottasche“ für K. zurückzuführen ist.

Heute gewinnt man K. technisch durch Einleiten von ↑Kohlenstoffdioxid in 50 %ige Kalilauge bis zur Sättigung und anschließendes Eindampfen, wobei K.-Sesquihydrat ausfällt (s. Gleichung). Durch Erhitzen auf 300 °C erhält man wasserfreies K.

$$4\,KOH + 2\,CO_2 + H_2O \longrightarrow 2\,K_2CO_3 \cdot 1^1/_2\,H_2O$$

Technische Herstellung von Kaliumcarbonat

Leitet man in eine konzentrierte wässerige K.-Lösung ↑Kohlenstoffdioxid ein, fällt das schwerer lösliche *Kaliumhydrogencarbonat* aus, das auf diese Weise als weißes kristallines Pulver erhalten werden kann und seinerseits beim Erhitzen auf ca. 200 °C wieder in Umkehrung der Bildungsgleichung zu K., Kohlenstoffdioxid und Wasser zerfällt (s. Gleichung).

$$K_2CO_3 + CO_2 + H_2O \rightleftharpoons 2\ KHCO_3$$

Bildung von Kaliumhydrogencarbonat

K. findet vielfach technische Anwendung, wobei als mengenmäßig am bedeutendsten die Glasherstellung (Kristallglas und andere Spezialgläser) und die Seifen- und Waschmittelfabrikation zu nennen sind. K. wird vielfach als Synthesehilfsmittel bei org.-chemischen Präparationen eingesetzt, es dient als Trockenmittel und als Ausgangsprodukt für andere Kaliumverbindungen. Beim Backen wird K. als Triebmittel in schweren Teigen, z. B. für Lebkuchen und Honigkuchen verwendet. Im analytischen Labor dient es als basisches *Aufschlußmittel* (*Soda-Pottasche-Aufschluß*). Ein Aufschluß ist immer dann erforderlich, wenn eine zu analysierende Substanz durch die üblichen Säuren (bis hin zum Königswasser), Basen und Komplexbildner nicht in Lösung zu bringen ist. Das *Aufschlußverfahren* besteht darin, daß die Analysensubstanz mit dem Aufschlußmittel in einem Tiegel (aus Porzellan, Nickel, Platin) zusammengeschmolzen wird, wobei das Aufschlußmittel je nach Analysensubstanz zu wählen ist. Man unterscheidet drei allgemeine Aufschlußmethoden: den basischen (s. unten), den sauren (s. unter ↑ Kaliumhydrogensulfat) und den oxidativen (s. unter ↑ Natriumnitrat) Aufschluß.

Beim basischen Aufschluß wird ein eutektisches Gemisch von K. und Natriumcarbonat (3 Gew.-Teile K., 2 Gew.-Teile Na-Carbonat, Schmp. 712 °C) mit der Analysensubstanz geschmolzen. (Man könnte auch eines der beiden Carbonate allein verwenden; das Gemisch dient lediglich der Schmelzpunkterniedrigung). Auf diese Weise lassen sich die Erdalkalisulfate, ↑ Aluminiumoxid, ↑ Siliciumdioxid und Silicate in Lösung bringen (der erkaltete und pulverisierte Schmelzkuchen wird in Wasser aufgenommen). Die lösende Wirkung der Schmelze beruht teils auf der Verschiebung von Gleichgewichten (kleines Volumen, hohe Konzentration) wie im Falle der Erdalkalisulfate (s. Gleichung) oder auf der Übertragung von O^{2-}-Ionen (z. B. Silicat-Bildung oder Aluminat-Bildung, s. Gleichungen). Für den Aufschluß von Aluminiumoxid und Silicaten kommt natürlich kein Prozellantiegel in Frage.

$$BaSO_4 + K_2CO_3 \rightleftharpoons BaCO_3 + K_2SO_4$$

Gleichgewichtseinstellung in der Aufschlußschmelze

$$\begin{array}{rcl} 2\ CO_3^{2-} & \longrightarrow & 2\ CO_2 + 2\ O^{2-} \\ SiO_2 + 2\ O^{2-} & \longrightarrow & SiO_4^{2-} \\ \hline 2\ CO_3^{2-} + SiO_2 & \longrightarrow & SiO_4^{2-} + 2\ CO_2 \end{array}$$

Bildung von löslichem Silicat

Aufschluß von Siliciumdioxid durch Silicat-Bildung

$$Al_2O_3 + CO_3^{2-} \longrightarrow 2\ AlO_2^{\ominus} + CO_2\uparrow$$

Bildung von löslichem Aluminat

Aufschluß von Aluminiumoxid durch Aluminat-Bildung

CK_2O_3 $M_R = 138{,}20$ C 8,69 % K 56,58 % O 34,73 %

t_{Smp}	t_{Sdp}	d	η
891 °C		2,29 g/cm³	

C_p	$\Delta_S H$	$\Delta_V H$	$\Delta_B H$	S^o	Q_C
114,2 J/(K · mol)	27,6 kJ/mol		−1150 kJ/mol	155,5 J/(K · mol)	

MAK	R-Satz	S-Satz
	22-37/38	22-28

Kaliumchlorat

Potassium chlorate

Bildet weiße glänzende Kristalle oder ein weißes kristallines Pulver. Löst sich in Wasser bei 20 °C zu 7 g/100 ml, bei 100 °C zu 56 g/100 ml und ist unlöslich in Ethanol.

K. wurde früher technisch nach Liebig durch Umsetzung von *Calciumchlorat* mit ↑Kaliumchlorid hergestellt. Das Calciumchlorat wurde durch Einleiten von ↑Chlor in eine heiße Aufschlämmung von ↑Calciumhydroxid in Wasser (Kalkmilch) erhalten, wobei das zunächst gebildete *Calciumhypochlorit* in der Wärme disproportionierte (s. Gleichungen).

$$6\,Ca(OH)_2 + 6\,Cl_2 \longrightarrow Ca(ClO_3)_2 + 5\,CaCl_2 + 6\,H_2O$$

$$Ca(ClO_3)_2 + 2\,KCl \longrightarrow 2\,KClO_3 + CaCl_2$$

Darstellung von Kaliumchlorat nach Liebig

Heute wird K. technisch durch doppelte Umsetzung von elektrolytisch erzeugtem ↑Natriumchlorat mit Kaliumchlorid hergestellt (s. Gleichung).

$$NaClO_3 + KCl \longrightarrow KClO_3 + NaCl$$

Heutige technische Herstellung von Kaliumchlorat

K. ist das Kaliumsalz der *Chlorsäure*, die aus *Bariumchlorat* und ↑Schwefelsäure erhältlich ist (s. Gleichung) und sich in wässeriger Lösung bis zu einem Gehalt von 40 % konzentrieren läßt. Sie stellt eine starke Säure und ein äußerst starkes Oxidationsmittel dar (ein in die Lösung getauchter Holzspan entzündet sich), ist jedoch nur in sehr verdünnter Lösung längere Zeit beständig.

$$Ba(ClO_3)_2 + H_2SO_4 \longrightarrow 2\,HClO_3 + BaSO_4$$

Gewinnung von Chlorsäure

Lösungen von Salzen der Chlorsäure sind erheblich weniger oxidierend. Sehr brisant sind dagegen Mischungen von K. mit oxidierbaren Stoffen, also organischen Materialien und besonders ↑Schwefel, ↑Phosphor, Holzkohle usw.

K. wird technisch zur Herstellung von Sprengmitteln und Feuerwerkskörpern verwendet. Ein großer Anteil der Produktion wird bei der *Streichholzherstellung* verbraucht. Der Kopf der Streichhölzer besteht aus K. und ↑Antimon(III)sulfid oder ↑Schwefel, die mittels Leim miteinander verbacken sind (allein in den USA werden hierfür pro Jahr ca. 10000 t K. verbraucht). Die Streichhölzer selbst sind mit Paraffin (zum besseren Brennen) und mit Dinatriumhydrogenphosphat (s. unter ↑Natriumphosphate) zum Verhindern des Nachglühens imprägniert. Die Reibfläche enthält ein Gemisch von rotem Phosphor mit Glaspulver, die beide ebenfalls mit Leim verbacken sind. Beim Anreiben des Streichholzes wird etwas Phosphor frei, der sich unter der Reibungswärme (wegen des Glaspulvers) in Gegenwart des K. entzündet, wodurch schließlich auch das Antimonsulfid bzw. der Schwefel verbrennt. K. wird auch bei einzelnen chemischen Synthesen präparativ verwendet.

Die früher übliche medizinische Verwendung als Antiseptikum zum Gurgeln hat keine Bedeutung mehr (Giftigkeit).

► K. ist wie alle Chlorate ein starkes Blut- und Nierengift.
Besonders der Kontakt von K. (wie der aller Chlorate) mit Ammoniumverbindungen ist gefährlich, da das sich bildende *Ammoniumchlorat* selbstentzündlich ist und damit zur spontanen Explosion führt.

$ClKO_3$ $M_R = 122{,}55$ Cl 28,93 % K 31,90 % O 39,17 %

t_{Smp}	$t_{Zersetzung}$	d	η		
368 °C	> 400 °C (Z)	2,32 g/cm³			
C_p	$\Delta_S H$	$\Delta_V H$	$\Delta_B H$	S^o	Q_C
100 J/(K · mol)			−391 kJ/mol	143 J/(K · mol)	
MAK	R-Satz	S-Satz			
	9-20/22	13-16-27			

Kaliumchlorid

Potassium chloride

Bildet weiße Kristalle oder ein weißes kristallines Pulver. Die Löslichkeit in Wasser beträgt bei 20 °C 34 g/100 ml. K. ist praktisch unlöslich in den meisten org. Solventien. Die wässerige Lösung reagiert neutral.

$KCl \cdot MgCl_2 \cdot 6\,H_2O$

Zusammensetzung von Carnallit

K. kommt in der Natur als *Sylvinit* vor. Am wichtigsten für die Gewinnung des K. ist der *Carnallit*, ein Doppelsalz aus Magnesium- und Kaliumchlorid (s. Formel). Das Mineral wird mit Wasser ausgelaugt und nach komplizierter Abtrennung von den Begleitsalzen wird schließlich K. erhalten.

K. ist so das wichtigste Kaliumsalz, das aus den Kaliumrohsalzen der Kalisalz-Lagerstätten gewonnen wird. Es dient als Ausgangsprodukt für die meisten anderen Kaliumsalze. K. bildet ein Kochsalz-Gitter aus (s. unter ↑ Natriumchlorid).

K. selbst wird in großen Mengen meist zusammen mit anderen Salzen als Düngesalz verwendet. K. ist gut durchlässig für Infrarot-Strahlung, weshalb aus Einkristallen von K. Prismen und Küvetten für die IR-Spektroskopie hergestellt werden. Daneben findet K. einige spezielle Anwendungen in der Fotografie, in Pufferlösungen sowie als Elektrolyt zur Füllung und Aufbewahrung elektrochemischer Meßzellen.

ClK $M_R = 74{,}55$ Cl 47,55 % K 52,45 %

t_{Smp}	t_{Sdp}	d	η		
772 °C	1437 °C	1,98 g/cm³			
C_p	$\Delta_S H$	$\Delta_V H$	$\Delta_B H$	S^o	Q_C
51,7 J/(K · mol)	26,3 kJ/mol	161,5 kJ/mol	−436,7 kJ/mol	82,6 J/(K · mol)	

Kaliumchrom(III)sulfat

Chrome alum Chromalaun

Kristallisiert als 12-Hydrat in Form großer dunkelrot-violetter Oktaeder. In 100 ml Wasser lösen sich bei 20 °C ca. 25 g K., bei 100 °C ca. 50 g K. Die wässerigen Lösungen sind in der Kälte violett und werden beim Erhitzen auf ca. 70 °C grün. Die violette Farbe kehrt beim Stehenlassen im Verlauf einiger Wochen zurück. Beim Erhitzen auf 400 °C gibt K. das Kristallwasser vollständig ab.

K. wird erhalten, wenn man Chrom(III)sulfat-Lösung mit der stöchiometrischen Menge ↑ Kaliumsulfat versetzt, nachdem man mit ↑ Schwefelsäure angesäuert hat (s. Gleichung).

$$Cr_2(SO_4)_3 + K_2SO_4 + 24\,H_2O \longrightarrow 2\,KCr(SO_4)_2 \cdot 12\,H_2O$$

Ausfällung von Chromalaun

Unter entsprechenden Kristallisationsbedingungen lassen sich Kristalle mit Kantenlängen von mehreren Zentimetern züchten. Zur Kristallstruktur der Alaune s. unter ↑ Aluminiumkaliumsulfat.

K. wird in der Gerberei (Chromgerbung) verwendet.

$CrKO_8S_2$ $M_R = 283{,}22$ (wasserfrei) Cr 18,36 % K 13,80 % O 45,19 % S 22,64 %

Nachfolgende Daten gelten für das 12-Hydrat: M_R 499,2

t_{Smp}	t_{Sdp}	d	η
89 °C		1,81 g/cm³	

C_p	$\Delta_S H$	$\Delta_V H$	$\Delta_B H$	S^o	Q_C
			−5788 kJ/mol		

MAK	R-Satz	S-Satz
		22-24/25

Kaliumchromat

Potassium chromate

Bildet gelbe, nicht hygroskopische Kristalle, die sich sehr gut in Wasser lösen (bei 20 °C ca. 60 g/100 ml) und in Ethanol unlöslich sind. Die wässerige Lösung des K. reagiert alkalisch.

K. wird aus ↑ Kaliumdichromat mittels ↑ Kaliumcarbonat hergestellt, indem durch die pH-Anhebung das Gleichgewicht nach rechts verschoben wird (s. Gleichung). Weiteres zu diesem Gleichgewicht s. unter ↑ Kaliumdichromat.

$$H_2O + K_2Cr_2O_7 \xrightleftharpoons{+\,2\,KOH} 2\,K_2CrO_4 + 2\,H_2O$$

Bildung von Kaliumchromat

K. findet einige spezielle technische und analytische Anwendungen, ist jedoch meist durch das billigere ↑ Natriumchromat ersetzt.

► K. ist wie alle Chromverbindungen gesundheitsschädlich.

CrK_2O_4 $M_R = 194{,}20$ Cr 26,78 % K 40,27 % O 32,96 %

t_{Smp}	t_{Sdp}	d	η
975 °C		2,73 g/cm³	

C_p	$\Delta_S H$	$\Delta_V H$	$\Delta_B H$	S^o	Q_C
146 J/(K · mol)	28,9 kJ/mol		−1404 kJ/mol	200 J/(K · mol)	

MAK	R-Satz	S-Satz
0,05 mg/m³	49-46-36/37/38-43-50/53	53-45-60-61

Kaliumcyanat

Potassium cyanate

Bildet ein weißes kristallines Pulver, das in Wasser gut löslich, in Ethanol praktisch unlöslich ist.

K. wird aus ↑Kaliumcyanid durch Oxidation an der Luft oder mit ↑Blei(IV)oxid bzw. ↑Kaliumdichromat erhalten (s. Gleichung).

$$K^{\oplus}\ {}^{\ominus}|C{\equiv}N + {}^{1}/_{2}\,O_2 \longrightarrow K^{\oplus}\ {}^{\ominus}|\overline{\underline{O}}{-}C{\equiv}N$$

Bildung von Kaliumcyanat

K. ist das Kaliumsalz der ↑Cyansäure und wird als Baustein in org. Synthesen verwendet, so in der Synthese von *Hydantoin* mit ↑Glycin über die Zwischenstufe *Hydantoinsäure* (s. Schema). Wichtige Hydantoin-Derivate sind z. B. ↑Allantoin und ↑Kreatinin. Hydantoin eignet sich aufgrund seiner aktiven Methylengruppe für die Aminosäuresynthese nach Erlenmeyer (s. unter ↑Hippursäure). Aus K. wird auch das Semicarbazid hergestellt (s. unter ↑Harnstoff).

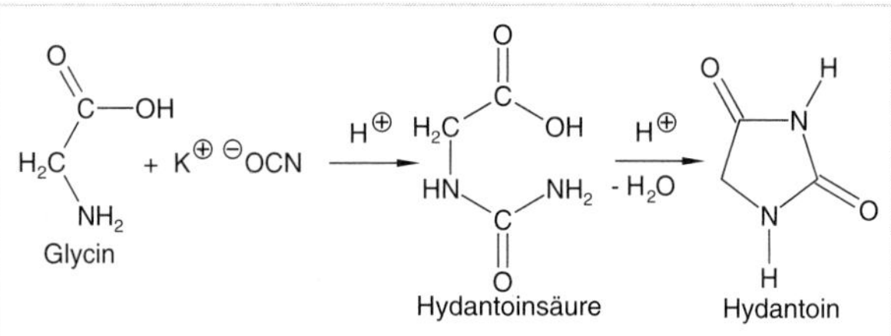

Bildung von Hydantoin aus Kaliumcyanat und Glycin

Beim Erhitzen auf ca. 700 °C zerfällt K. wieder in Kaliumcyanid und Sauerstoff. In wässeriger Lösung hydrolysiert es allmählich zu ↑Ammoniumcarbonat.

► K. ist giftig.

CKNO	$M_R = 81{,}11$	C 14,81 %	K 48,20 %	N 17,27 %	O 19,72 %

$t_{Zersetzung}$	t_{Sdp}	d	η
> 700 °C (Z)		2,05 g/cm³	

MAK	R-Satz	S-Satz
	22	24/25

Kaliumcyanid

Potassium cyanide Cyankali

K. bildet weiße Kristalle, die aus wässeriger Lösung ohne Kristallwasser oktaederförmig, aus der Schmelze würfelförmig anfallen. Löst sich sehr gut in Wasser (bei 20 °C ca. 70 g/100 ml), ist nur wenig löslich in Methanol oder Ethanol. Die wässerige Lösung von K. reagiert stark alkalisch infolge Hydrolyse (pH 0,1n Lösung = 11,0). Beim Erhitzen an der Luft tritt Oxidation zum ↑Kaliumcyanat ein.

$$KOH + HCN \rightleftharpoons KCN + H_2O$$

Herstellung von Kaliumcyanid

$$KCN + HCl \longrightarrow KCl + HCN \uparrow$$

Freisetzung von Blausäure aus Kaliumcyanid durch Säuren

K. ist das Kaliumsalz der Blausäure und wird heute techn. hergestellt durch Einleiten von ↑ Cyanwasserstoff in Kalilauge (s. Gleichung). Aus K. wird durch Säuren wieder gasförmige Blausäure freigesetzt (s. Gleichung).

In wässeriger Lösung erfolgt allmähliche Verseifung zu ↑ Ammoniak und *Kaliumformiat* (s. Gleichung).

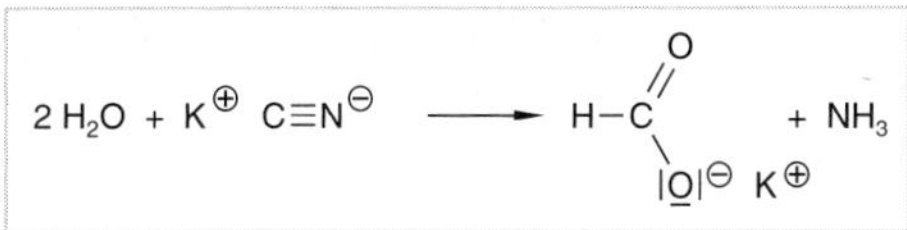

Verseifung von Kaliumcyanid in wässeriger Lösung

K. findet wegen der Komplexbildung mit ↑ Silber, ↑ Gold, ↑ Kupfer, ↑ Nickel usw. ausgedehnte Verwendung in der Galvanotechnik sowie in der Cyanidlaugerei (s. unter ↑ Gold). In vielen präparativen und technischen Anwendungen (außer in der Galvanik) ist K. durch *Natriumcyanid* ersetzt.

► Wegen der Giftigkeit von K. (und der Cyanide allgemein) s. unter ↑ Cyanwasserstoff

CKN $M_R = 65{,}11$ C 18,45 % K 60,04 % N 17,27 %

t_{Smp}	t_{Sdp}	d	η
622 °C	1625 °C	1,52 g/cm³	

C_p	$\Delta_S H$	$\Delta_V H$	$\Delta_B H$	S^o	Q_C
66,4 J/(K · mol)	14,6 kJ/mol		−113,5 kJ/mol	127,8 J/(K · mol)	

MAK	R-Satz	S-Satz
5 mg/m³	26/27/28-32-50/53	7-28-29-45-60-61

Kaliumdichromat

Potassium dichromate

K. bildet glänzende, orangerote Kristalle, die im Unterschied zum ↑ Natriumdichromat nicht hygroskopisch und nicht zerfließlich sind. K. löst sich bei 0 °C zu 4,9 g/100 ml, bei 100 °C zu 102 g/100 ml in Wasser und ist unlöslich in Ethanol.

K. wird technisch aus Natriumdichromat durch doppelte Umsetzung mit ↑ Kaliumchlorid hergestellt. Hierzu wird in eine heißgesättigte Natriumdichromat-Lösung eine Kaliumchlorid-Lösung eingetragen. Beim Abkühlen fällt reines K. aus (s. Gleichung).

$$Na_2Cr_2O_7 + 2\,KCl \longrightarrow K_2Cr_2O_7 + 2\,NaCl$$

Herstellung von Kaliumdichromat

In technischen Anwendungen ist K. vielfach durch das billigere Natriumdichromat ersetzt. Lediglich wo es auf gute Luftbeständigkeit ankommt, wird K. wegen seines nicht-hygroskopischen Charakters verwendet.

Hier ist vor allem die Zündmittel-Herstellung und die Fototechnik zu nennen. Auch im analytischen und präparativen Labor ist K. bevorzugt.

Das *Dichromat-Ion* leitet sich vom tetraedrischen Monochromat durch Kondensation ab. Diese Kondensation ist protonen-katalysiert (s. Gleichung). Säuert man also die gelbe Lösung von ↑ Kaliumchromat an, so beobachtet man einen Farbumschlag der Lösung nach orangerot. Bei pH-Anhebung (Laugezugabe) erscheint wieder die gelbe Farbe, das obige Gleichgewicht ist also völlig reversibel. Wegen der gut zu beobachtenden Farbumschläge dient dieses Gleichgewicht vielfach zur Demonstration des Massenwirkungsgesetzes.

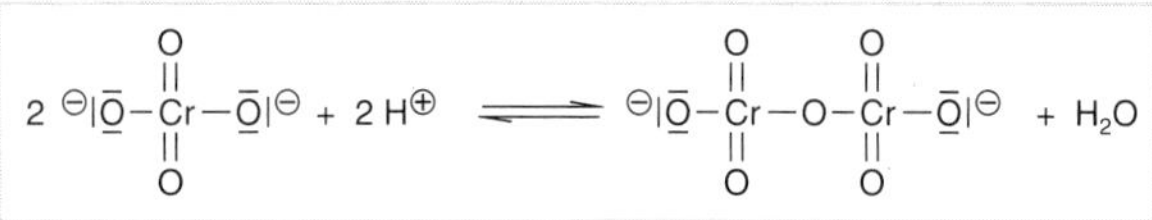

Protonen-katalysierte Chromat-Kondensation

Säuert man die Dichromatlösung stark an, wechselt die Farbe nach tiefrot, weil sich nun auch Tri-, Tetra- usw. Chromate bilden. Strukturell bildet das Dichromat-Ion zwei über eine gemeinsame Ecke (gemeinsames O-Atom) miteinander verbundene Tetraeder.

Die wichtigste Eigenschaft der Dichromate ist ihr hohes Oxidationspotential, worauf ihre technische und präparative sowie analytische Verwendung beruht (s. Gleichung).

$$Cr_2O_7^{2-} + 14\,H^{\oplus} + 6\,e^- \longrightarrow 2\,Cr^{3+} + 7\,H_2O \qquad E_0 = +1{,}33\ V$$

Oxidationswirkung des Dichromats in saurer Lösung

Bei diesen Oxidationen gehen die in den Dichromaten vorliegenden Cr(VI)-Ionen in Cr(III)-Ionen über, was mit einem Farbumschlag nach grün verbunden ist. So oxidieren saure Dichromat-Lösungen Sulfid zu ↑ Schwefel, Sulfit zu Sulfat, Iodid zu ↑ Iod, ↑ Ethanol zum ↑ Acetaldehyd und Fe(II) zu Fe(III). Dichromate kann man also für Redoxtitrationen heranziehen (*Dichromatometrie*), jedoch ist die Endpunkterkennung schwierig. Für die Fe(II)-Bestimmung kann Diphenylamin als Redoxindikator verwendet werden (Farbumschlag nach blauviolett). Auch die *Alcotest-Prüfröhrchen*, die die Polizei bei *Verkehrskontrollen* im *Alkoholtest* verwendet, nutzen die Oxidation von Ethanol in der Atemluft durch Dichromat, wobei die Prüfröhrchen im Positiv-Falle den Farbumschlag von Gelb nach Grün (Cr(III)-Farbe) zeigen.

Eine gut pulverisierte Mischung von K. mit ↑ Kaliumnitrat und Zucker im Gewichts-Verhältnis 2 : 1 : 3 bläht sich beim Anzünden stark auf, was man zur Erzeugung der „*Pharao-Schlangen*" nutzt.

► K. ist wie alle Dichromate giftig (Verdacht der cancerogenen Wirkung).

$Cr_2K_2O_7$ $M_R = 294{,}21$ Cr 35,35 % K 26,58 % O 38,07 %

t_{Smp}	t_{Sdp}	d	η		
398 °C		2,69 g/cm³			
C_p	$\Delta_S H$	$\Delta_V H$	$\Delta_B H$	S^o	Q_C
220 J/(K · mol)	36,7 kJ/mol		−2033 kJ/mol	291 J/(K · mol)	
MAK	R-Satz	S-Satz			
0,05 mg/m³	49-46-21-25-26-37/38-41-43-50/53	53-45-60-61			

Kaliumdihydrogenphosphat

Potassium dihydrogen phosphate

Bildet farblose Kristalle oder ein weißes kristallines Pulver und ist an der Luft beständig. K. ist gut löslich in Wasser (bei 20 °C ca. 32 g/100 ml) und unlöslich in Ethanol. Beim Erhitzen auf 400 °C spaltet K. Wasser ab unter Bildung von Metaphosphat.

K. wird hergestellt durch Umsetzung von ↑Phosphorsäure mit der stöchiometrischen Menge ↑Kaliumchlorid (s. Gleichung).

$$H_3PO_4 + KCl \longrightarrow KH_2PO_4 + HCl$$

Herstellung von Kaliumdihydrogenphosphat

K. dient im Labor zur Herstellung von Pufferlösungen, und zwar im Gemisch mit Dinatriumhydrogenphosphat für die pH-Werte 6,865 und 7,413 sowie Pufferlösungen für den Bereich pH 5,0-8,2. Kristalle von K. werden in der Elektrooptik verwendet.

H_2KO_4P $M_R = 136{,}09$ H 1m48 % K 27,73 % O 47,03 % P 22,76 %

t_{Smp}	t_{Sdp}	d	η
253 °C		2,34 g/cm³	

C_p	$\Delta_S H$	$\Delta_V H$	$\Delta_B H$	S^o	Q_C
116,6 J/(K · mol)			−1568 kJ/mol	134,8 J/(K · mol)	

Kaliumdisulfat

Potassium pyrosulfate Kaliumpyrosulfat

Bildet farblose Kristalle, die sich in Wasser gut lösen. Die wässerige Lösung reagiert stark sauer, wobei allmähliche Hydrolyse zu Hydrogensulfat erfolgt.

K. bildet sich unter Wasserabspaltung aus ↑Kaliumhydrogensulfat, wenn man dieses über seinen Schmelzpunkt hinaus auf ca. 200 °C erhitzt (s. Gleichung). Wird zu stark erhitzt, spaltet sich ↑Schwefeltrioxid ab und man erhält ↑Kaliumsulfat.

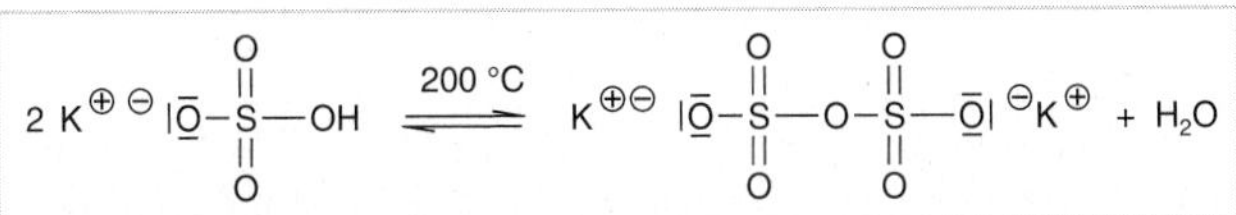

Bildung von Kaliumdisulfat

K. hat keine nennenswerte technische Bedeutung.

$K_2O_7S_2$ $M_R = 254{,}32$ K 30,75 % O 44,04 % S 25,22 %

t_{Smp}	t_{Sdp}	d	η
> 300 °C		2,51 g/cm³	

C_p	$\Delta_S H$	$\Delta_V H$	$\Delta_B H$	S^o	Q_C
			−1984 kJ/mol		

Kaliumdisulfit

Potassium metabisulfite Kaliumpyrosulfit

Bildet ein farbloses, kristallines Pulver, das sich in Wasser gut löst, aber unlöslich ist in Ethanol und einen leichten Geruch nach ↑ Schwefeldioxid aufweist. Die wässerige Lösung reagiert sauer, der pH-Wert einer 0,1 n Lösung liegt zwischen 3,0 und 4,5. Mit Säuren erfolgt Schwefeldioxid-Entwicklung.

K. läßt sich gewinnen durch Eindampfen einer Kaliumhydrogensulfit-Lösung, die ihrerseits erhalten wird durch Einleiten einer stöchiometrischen Menge Schwefeldioxid in Kalilauge (s. Gleichungen).

$$KOH + H_2O + SO_2 \longrightarrow KHSO_3 + H_2O \quad \text{Hydrogensulfit-Bildung}$$

$$2\,KHSO_3 \xrightarrow{\Delta} K_2S_2O_5 + H_2O \quad \text{Disulfitbildung}$$

Herstellung von Kaliumdisulfit

In Umkehrung der gezeigten Bildungsgleichung zerfällt K. in wässeriger Lösung zu einer Lösung von *Kaliumhydrogensulfit*, weshalb es auch als „festes Kaliumhydrogensulfit" bezeichnet wird. In der Lösung erfolgt allmählich Luftoxidation zu Sulfat. Zur Struktur des Disulfit-Ions s. unter ↑ Natriumsulfit.

K. besitzt (ebenso wie Natriumdisulfit, s. unter ↑ Natriumsulfit) Bedeutung als Konservierungsmittel im Weinbau und in der Behandlung von Trockenfrüchten. Die Fruchtsäuren setzen aus K. Schwefeldioxid frei (s. o.), das wirksam das Wachstum von Schimmelpilzen verhindert und auch enzymatische Bräunungsreaktionen unterbindet. Mit K. wird das aufwendige *Ausschwefeln* der Fässer entbehrlich. K. ist unter der Nummer *E 224* als Zusatzstoff zugelassen. Nicht verwendet werden darf K. in Fisch und Fleisch, da Fäulnisgerüche überdeckt werden könnten.

$K_2O_5S_2$ $M_R = 222{,}23$ K 35,17 % O 35,98 % S 28,85 %

$t_{Zersetzung}$	t_{Sdp}	d	η		
> 190 °C (Z)		2,34 g/cm³			
C_p	$\Delta_S H$	$\Delta_V H$	$\Delta_B H$	S^o	Q_C
			−1517 kJ/mol		

Kaliumfluorid

Potassium fluoride

Bildet ein weißes hygroskopisches kristallines Pulver. Löst sich sehr gut in Wasser, und zwar bei 20 °C zu 96 g/100 ml, während es in reinem Ethanol unlöslich ist.

K. kann hergestellt werden durch Neutralisation von ↑ Fluorwasserstoffsäure mit ↑ Kaliumcarbonat oder Kalilauge (s. Gleichung). Beim Einengen der so erhaltenen Lösung kristallisiert zunächst das Dihydrat aus (Schmp. 41 °C), das beim Erhitzen zum wasserfreien Salz dehydratisiert.

$$2\,HF + 2\,KOH \longrightarrow 2\,KF + 2\,H_2O$$

Herstellung von Kaliumfluorid

$$KHF_2 \xrightarrow{400\,°C} KF + HF$$

Freisetzung von Kaliumfluorid aus Kaliumhydrogendifluorid

Bei entsprechenden Mengenverhältnissen wird *Kaliumhydrogendifluorid* erhalten (Schmp. 239 °C, s. Gleichung), das wegen seiner geringeren Löslichkeit in Wasser (39 g / 100 ml bei 20 °C) besser isolierbar ist und aus dem durch Erhitzen ebenfalls reines K. darstellbar ist (s. Gleichung).

$$2\,HF + 2\,KOH \longrightarrow KHF_2 + H_2O$$

Bildung von Kaliumhydrogendifluorid

Aus Kaliumhydrogendifluorid wird durch Schmelzflußelektrolyse ↑Fluor hergestellt. Es dient ferner als Flußmittel beim Silber-Löten, zur Holzimprägnierung und zum Ätzen von Glas.

► K. ist giftig und wirkt hautreizend. Wässerige Lösungen mattieren Glas und Porzellan.

FK $M_R = 58{,}10$ F 32,70 % K 67,30 %

t_{Smp}	t_{Sdp}	d	η		
857 °C	1502 °C	2,49 g/cm³			
C_p	$\Delta_S H$	$\Delta_V H$	$\Delta_B H$	S^o	Q_C
49 J/(K · mol)	27,2 kJ/mol	172,7 kJ/mol	−569 kJ/mol	66,5 J/(K · mol)	
MAK	R-Satz	S-Satz			
2,5 mg/m³	23/24/25	26-45			

Kaliumhexacyanoferrat(II)

Potassium ferrocyanide Gelbes Blutlaugensalz

K. fällt aus wässeriger Lösung als Trihydrat in Form großer citronengelber Kristalle an. Dieses Trihydrat löst sich bei 20 °C zu ca. 35 g/100 ml in Wasser. Es ist löslich in Aceton, unlöslich in Ethanol und Diethylether.

$$K_4[Fe(CN)_6] \cdot 3\,H_2O$$

Kaliumhexacyanoferrat(II)-trihydrat

K. wird erhalten durch Umsetzung einer Fe(II)-Salzlösung mit ↑Kaliumcyanid, wobei zunächst schwerlösliches braunes *Eisen(II)cyanid* ausfällt, welches sich im Cyanid-Überschuß zum Komplex löst (s. Gleichungen). Beim Einengen fällt das Trihydrat aus. Durch Erwärmen wird ab 60 °C Kristallwasser abgegeben und bei 100 °C liegt die wasserfreie Verbindung vor.

$$Fe^{2+} + 2\,CN^{\ominus} \longrightarrow Fe(CN)_2$$
$$Fe(CN)_2 + 4\,KCN \longrightarrow 4\,K^{\oplus} + [Fe(CN)_6]^{4-}$$

Bildung von Kaliumhexacyanoferrrat(II) aus Fe(II)- und Cyanid-Ionen

Im *Hexacyanoferrat(II)-Ion* ist das zentrale Fe(II)-Ion oktaedrisch mit 6 Cyanidionen zu einem typischen Low-Spin-Komplex verbunden. Im starken Ligandenfeld der Cyanidionen wird im d^6-Zustand des Fe(II)-Ions Spinkopplung erzwungen und die oktaedrische d^2sp^3-Hybridisierung ermöglicht, so daß das Ion Diamagnetismus zeigt. Der Hexacyanoferrat(II)-Komplex ist äußerst stabil. Er ist mit einem pK-Wert von ca. 44 für die Komplex-Dissoziation (s. Gleichung) der beständigste Komplex überhaupt und wird in seiner Stärke nur annähernd erreicht vom Tetracyano-Komplex des Hg(II)-Ions (pK ca. 40). Wegen des Fehlens jeglicher Dissoziation besitzt K. keine Giftwirkung und es ist klar, daß alle Reaktionen auf Cyanid- und Fe(II)-Ionen negativ verlaufen müssen.

$$[Fe(CN)_6]^{4-} \longrightarrow Fe^{2+} + 6\,CN^{\ominus} \qquad pK = 44$$

Äußerst geringe Dissoziation der Hexacyanoferrat(II)-Komplexes

Versetzt man eine konz. K.-Lösung mit konz. ↑Salzsäure, fällt als weißer Niederschlag die *Hexacyanoeisen(II)säure* aus (s. Gleichung).

$$K_4[Fe(CN)_6] + 4\,HCl \longrightarrow \underset{\text{weiß}}{H_4[Fe(CN)_6]} + 4\,KC$$

Ausfällung der Hexacyanoeisen(II)säure

Gibt man zu einer K.-Lösung Chlorwasser, erfolgt Oxidation des Fe(II) zum Fe(III) und man erhält eine rote Lösung des ↑ Kaliumhexacyanoferrat(III) (s. Gleichung).

$$[Fe(CN)_6]^{4-} + {}^1/_2\,Cl_2 \longrightarrow [Fe(CN)_6]^{3-} + Cl^{\ominus}$$

Oxidation mit Chlor zu Hexacyanoferrat(III)

Bringt man in Lösung K. mit einer äquimolaren Menge eines Fe(III)-Salzes zusammen, erhält man eine blaue Lösung, die *„Lösliches Berlinerblau“* enthält (s. Gleichung). Verwendet man einen Überschuß an Fe(III), so fällt *„Unlösliches Berlinerblau“* aus (s. Gleichung). Diese Reaktionen dienen auch zum Nachweis von Fe(III) (s. unter ↑ Eisen).

$$4\,K^{\oplus} + [Fe(CN)_6]^{4-} + Fe^{3+} + 3\,Cl^{\ominus} \longrightarrow \underset{\text{Lösl. Berliner Blau}}{K[Fe(III)Fe(II)(CN)_6]} + 3\,KCl$$

Bildung von „Löslichem Berlinerblau“

$$4\,Fe^{3+} + 3\,[Fe(CN)_6]^{4-} \longrightarrow \underset{\text{Unlösl. Beriner Blau}}{Fe(III)[Fe(III)Fe(II)(CN)_6]_3}$$

Fällung von „Unlöslichem Berlinerblau“

„Berlinerblau“ wird als blaue Malerfarbe sowie zur Herstellung von Tinten verwendet.

$C_6FeK_4N_6$ $M_R = 422{,}38$ C 19,56 % Fe 15,16 % K 42,46 % N 22,82 %

t_{Smp}	t_{Sdp}	d	η
		1,85 g/cm³	

Kaliumhexacyanoferrat(III)

Potassium ferricyanide   Rotes Blutlaugensalz

Bildet glänzende rubinrote Kristalle, die sich bei 20 °C zu ca. 40 g/100 ml in Wasser lösen. Ist etwas löslich in Aceton, jedoch kaum löslich in Ethanol. K. wird durch Säuren und in der Hitze zersetzt. Sogar in wässerigen Lösungen zersetzt es sich beim Stehen allmählich.

K. wird aus ↑ Kaliumhexacyanoferrat(II) durch dessen Oxidation mit Chlor- oder Bromwasser erhalten. Das *Hexacyanoferrat(III)-Ion* ist bei weitem nicht so stabil wie das vorstehend besprochene Hexacyanoferrat(II)-Ion, wie ja aus der bereits erwähnten leichten Zersetzlichkeit z. B. durch Säuren hervorgeht. Im Fe(III)-Ion mit seiner d^5-Besetzung verbleibt bei der Komplexbildung ein ungepaartes Elektron (es ist ebenfalls ein Low-Spin-Komplex), worin die leichte Reduzierbarkeit begründet liegt, so daß Fe(II)-Ionen durch K. leicht oxidiert werden (s. Gleichung) und weshalb bei Zugabe von Fe(II)-Ionen im Überschuß zu einer K.-Lösung ebenfalls Unlösliches Berlinerblau ausfällt (s. Gleichung).

$$Fe^{2+} + [Fe(CN)_6]^{3-} \longrightarrow Fe^{3+} + [Fe(CN)_6]^{4-}$$

Oxidation von Fe(II)-Ionen durch Hexacyanoferrat(III)

$$4\,Fe^{2+} + 3\,[Fe(CN)_6]^{3-} \longrightarrow \underset{\text{Unlösl. Berliner Blau}}{Fe(III)[Fe(III)Fe(II)(CN)_6]_3} + e^-$$

Fällung von Unlöslichem Berlinerblau

K. ist wegen leichter Cyanid-Freisetzung auch eine giftige Verbindung. K. wird als mildes Oxidationsmittel bei org. Synthesen verwendet und findet auch technische Anwendungen in der Färberei (*Blaupigment-Herstellung*) und in der Metallurgie. Wichtig ist die Verwendung als *Abschwächer* in der Fotografie, die ebenfalls auf der oxidierenden Wirkung beruht. Ist ein Bild zu stark belichtet, so kann mittels K. zu viel ausgeschiedenes Silber zurückoxidiert werden (s. Gleichung). Wird das K. zusammen mit ↑ Natriumthiosulfat verwendet, so löst letzteres die Silberionen wieder heraus.

$$4\,K_3[Fe(CN)_6] + 4\,Ag \longrightarrow Ag_4[Fe(CN)_6] + 3\,K_4[Fe(CN)_6]$$

Verwendung von Hexacyanoferrat(III) in der Fotografie

► K. ist giftig. Zersetzt sich unter Lichteinwirkung.

$C_6FeK_3N_6$ $M_R = 329{,}25$ C 21,89 % Fe 16,96 % K 35,63 % N 25,53 %

$t_{Zersetzung}$	t_{Sdp}	d	η		
315 °C (Z)		1,85 g/cm³			
C_p	$\Delta_S H$	$\Delta_V H$	$\Delta_B H$	S^o	Q_C
316 J/(K · mol)			−173 kJ/mol	420 J/(K · mol)	

Kaliumhydrogensulfat

Potassium bisulfate

Bildet farblose, zerfließliche Kristalle, die sich sehr gut in Wasser lösen (bei 20 °C ca. 55 g/100 ml).

$$KCl + H_2SO_4 \longrightarrow KHSO_4 + HCl$$

Herstellung von Kaliumhydrogensulfat

K. wird hergestellt aus den stöchiometrischen Mengen ↑ Kaliumchlorid und ↑ Schwefelsäure (s. Gleichung).

$$2\,HSO_4^{\ominus} \longrightarrow S_2O_7^{2-} + H_2O$$

Bildung von Disulfat in der Schmelze

K. wird im analytischen Labor hauptsächlich zum „sauren Aufschluß" verwendet (s. auch unter ↑ Kaliumcarbonat). Ein saurer Aufschluß dient der Überführung schwerlöslicher Oxide in die entsprechenden löslichen Sulfate, wobei als wirksames Agens das in der Schmelze aus dem Hydrogensulfat entstehende Disulfat fungiert (s. Gleichung), indem es als „Säure", besser gesagt als „Antibase", oder, was dasselbe bedeutet, als O^{2-}-Akzeptor, den „oxidischen" Sauerstoff entzieht (s. Gleichung).

$$Al_2O_3 + 3\,S_2O_7^{2-} \longrightarrow 2\,Al^{3+} + 6\,SO_4^{2-}$$

Disulfat als Sauerstoff-Akzeptor im sauren Aufschluß

K. dient so zum Aufschluß von ↑ Aluminiumoxid, ↑ Eisen(III)oxid, ↑ Titandioxid, Berylliumoxid usw.

HKO_4S $M_R = 136{,}17$ H 0,74 % K 28,71 % O 47,00 % S 23,55 %

t_{Smp}	t_{Sdp}	d	η
218,6 °C		2,32 g/cm³	

C_p	$\Delta_S H$	$\Delta_V H$	$\Delta_B H$	S^o	Q_C
			−1158 kJ/mol		

MAK	R-Satz	S-Satz
	34-37	26-36/37/39-45

Kaliumhydroxid

Potassium hydroxide Ätzkali

$$KOH \longrightarrow K^{\oplus} + OH^{\oplus}$$

Vollständige Dissoziation von Kaliumhydroxid

Kommt in Form von weißen Plätzchen oder Schuppen in den Handel. Löst sich sehr gut unter starker Erwärmung in Wasser (bei 20 °C 112 g/100 ml). K. löst sich gut in Ethanol (bei 20 °C ca. 30 g/100 ml) und in ↑ Glycerin. K. zieht aus der Luft rasch ↑ Kohlenstoffdioxid und Feuchtigkeit an, wobei es zerfließt. Da das gelöste K. vollständig in seine Ionen dissoziiert ist (s. Gleichung), reagieren die wässerigen Lösungen stark alkalisch (pH 0,1m Lösung 13,5).

K. wird analog zum ↑ Natriumhydroxid technisch durch Elektrolyse von Kaliumchlorid-Lösungen hergestellt (s. Gleichung), wobei vielfach mit der Quecksilber-Zelle, teils aber auch nach dem Diaphragma-Verfahren gearbeitet wird, wobei letzteres zunehmend als Membran-Verfahren ausgeführt wird (Näheres s. unter ↑ Chlor). Als Nebenprodukt fallen ↑ Chlor und ↑ Wasserstoff an. Das feste K. wird durch Eindampfen der anfallenden ca. 50 %igen Laugen im Vakuum erhalten. Die wässerigen Lösungen des K. werden als „*Kalilauge*" bezeichnet. Die spezifischen Dichten verschiedener Kalilaugen gibt die Tabelle wieder.

$$2\,K^{\oplus} + 2\,Cl^{\ominus} + 2\,H_2O \longrightarrow Cl_2 + H_2 + 2\,K^{\oplus}OH^{\ominus}$$

Herstellung von Kaliumhydroxid durch Elektrolyse von Kaliumchlorid-Lösungen

Gehalt (Gew.-%)	1	5	10	15	20	30	40	50
c (mol/l)	0,179	0,928	1,938	3,032	4,212	6,851	9,896	13,388
d (g/cm³)	1,008	1,044	1,089	1,136	1,184	1,284	1,391	1,505

Gehalt, Molarität und Dichte von KOH-Lösungen

K. dient in der Technik zum großen Teil der Gewinnung der anderen Kalisalze. Es wird zur Seifen-Fabrikation, zur Farbstoff-Synthese und in der Glasherstellung verwendet. Im Labor wird K. neben der Verwendung als starke Base auch als Trocknungs- und Absorptionsmittel benutzt (Lösungsmittel-Trocknung, Gasreinigung). In Sauerstoff-Geräten wird das ausgeatmete ↑ Kohlenstoffdioxid mit K. gebunden.

► K. ist stark ätzend. Stets gut verschlossen aufbewahren.

HKO $M_R = 56{,}10$ H 1,80 % K 69,69 % O 28,52 %

t_{Smp}	t_{Sdp}	d	η
410 °C	1327 °C	2,04 g/cm³	

C_p	$\Delta_S H$	$\Delta_V H$	$\Delta_B H$	S^o	Q_C
64,9 J/(K · mol)	8,62 kJ/mol	142,7 kJ/mol	−424,7 kJ/mol	78,9 J/(K · mol)	

MAK	R-Satz	S-Satz
	22-35	26-36/37/39-45

Kaliumiodat

Potassium iodate

Bildet weiße geruchlose Kristalle oder ein kristallines Pulver. Löst sich bei 20 °C zu ca. 9 g in 100 ml Wasser, bei 100 °C zu 32 g/100 ml. K. ist unlöslich in Ethanol.

Die Herstellung von K. erfolgt durch Oxidation von ↑Iod mit intermediär erzeugter Chlorsäure (s. unter ↑Kaliumchlorat). Hierzu versetzt man eine heiße konzentrierte Kaliumchlorat-Lösung mit konz. ↑Salpetersäure und fügt die erforderliche Menge Iod hinzu. Es wird eingedampft, die Kristalle in Wasser gelöst und dann mit ↑Kaliumhydroxid neutralisiert. Beim Stehenlassen kristallisiert K. aus (s. Gleichungen).

$$2\,KClO_3 + 2\,H^{\oplus} \longrightarrow 2\,HClO_3 + 2\,K^{\oplus}$$
$$2\,HClO_3 + J_2 \longrightarrow 2\,HJO_3 + Cl_2$$
$$2\,HJO_3 + 2\,KOH \longrightarrow 2\,KJO_3 + 2\,H_2O$$

Herstellung von Kaliumiodat

Das K. läßt sich in hoher Reinheit herstellen und ist gut handhabbar, so daß es in der Analytik, z. B. als *Urtitersubstanz* für ↑Natriumthiosulfat, verwendet wird. Dazu wird aus einer genau eingewogenen Menge K. eine definierte Menge Iod freigesetzt (s. Gleichung), die dann mit der betreffenden Thiosulfat-Lösung titriert wird.

$$JO_3^{\ominus} + 5\,J^{\ominus} + 6\,H^{\oplus} \longrightarrow 3\,J_2 + 3\,H_2O$$

Komproportionierung von Iodat und Iodid

K. dient auch vielfach präparativ als Oxidationsmittel.

IKO_3 $M_R = 214{,}02$ I 59,30 % K 18,27 % O 22,43 %

$t_{Zersetzung}$	t_{Sdp}	d	η		
560 °C (Z)		3,89 g/cm³			
C_p	$\Delta_S H$	$\Delta_V H$	$\Delta_B H$	S^o	Q_C
106,4 J/(K · mol)			−508 kJ/mol	151,4 J/(K · mol)	
MAK	R-Satz	S-Satz			
	8-22	17-22-24/25			

Kaliumiodid

Potassium iodide

Bildet farblose, würfelförmige Kristalle oder ein weißes kristallines Pulver. K. löst sich unter starker Abkühlung sehr leicht in Wasser (bei 20 °C 142 g/100 ml). Es löst sich ferner in Ethanol (ca. 1,7 g/100 ml bei 20 °C)., Methanol, Glycerin, Glykol und etwas in Aceton. K. verfärbt sich bei längerem Lagern an der Luft gelblich wegen Iodfreisetzung. Ferner erfolgt in gewissem Ausmaß Oxidation zu Iodat. Auch in wässerigen Lösungen tritt allmählich Gelbfärbung durch Oxidation ein.

Die technische Herstellung von K. beinhaltet die Umsetzung einer Eisen(II)-iodid-Lösung mit ↑Kaliumcarbonat in der Hitze. Das ↑Eisen(II)iodid wird in einer vorgeschalteten Reaktion aus Eisenspänen und

↑ Iod erhalten (s. Gleichungen). Von dem sich absetzenden Eisenhydroxid-Niederschlag wird abdekantiert, die Lösung eingeengt und K. auskristallisiert.

$$Fe + J_2 \longrightarrow FeJ_2$$

$$H_2O + FeJ_2 + K_2CO_3 \longrightarrow Fe(OH)_2 + CO_2 + 2\,KJ$$

Herstellung von Kaliumiodid

K. ist das am meisten verwendete Iodid. Es wird bei der Herstellung von Fotoschichten, als Speisesalzzusatz, in Desinfektionsmitteln und Medikamenten verwendet. Im Labor dient es als analytisches Reagenz und zur Herstellung der Iod-Kaliumiodid-Lösung. Das *Kaliumiodidstärkepapier* ist ein mit K. und ↑ Stärke getränktes Papier, das allgemein zum Test auf Oxidationsmittel (z. B. Peroxide) benutzt wird, mit denen es sich blau färbt (Iodfreisetzung und Bildung der blauen Iod-Stärke-Einlagerungsverbindung, s. unter ↑ Iod).

► Licht- und luftgeschützt aufbewahren.

IK $M_R = 166{,}02$ I 76,45 % K 23,55 %

t_{Smp}	t_{Sdp}	d	η
685 °C	1345 °C	3,13 g/cm³	

C_p	$\Delta_S H$	$\Delta_V H$	$\Delta_B H$	S^o	Q_C
52,8 J/(K · mol)	24,0 kJ/mol	145,1 kJ/mol	−328 kJ/mol	106,3 J/(K · mol)	

Kaliumnatriumtartrat

Potassium sodium tartrate Seignette-Salz

Fällt aus wässeriger Lösung als Tetrahydrat an und bildet als solches durchscheinende farblose Kristalle oder ein weißes kristallines Pulver. Das Tetrahydrat ist sehr gut wasserlöslich (bei 20 °C über 100 g / 100 ml), es gibt bei 100 °C drei Kristallwasser ab, um ab 130 °C in den wasserfreien Zustand überzugehen. K. ist unlöslich in Ethanol.

K. wird hergestellt durch Umsetzung einer wässerigen Aufschlämmung von *Kaliumhydrogentartrat* (*Weinstein*, ein feines weißes Pulver, fällt bei der Weinherstellung als Auskrustung an den Faßwandungen an, ist sehr wenig löslich in Wasser, s. auch unter ↑ Weinsäure) mit der entsprechenden Menge ↑ Natriumcarbonat (s. Gleichung). Unter Kohlenstoffdioxid-Entwicklung entsteht eine Lösung von K., bei deren Einengen K.-Tetrahydrat auskristallisiert.

$$3\,H_2O + 2\,KHC_4H_4O_6 + Na_2CO_3 \longrightarrow 2\,KNaC_4H_4O_6 \bullet 4\,H_2O + CO_2$$

Herstellung von Seignette-Salz aus Weinstein

Beim Ansäuern einer K.-Lösung fällt Weinstein aus. K. ist das gemischte K, Na-Salz der ↑ Weinsäure. Die bekannteste Verwendung im Labor findet K. als Bestandteil der „*Fehling-Lösung*“, die zum Nachweis reduzierender Zucker herangezogen werden kann. Hierzu werden gleiche Volumina einer 7 %igen Kupfersulfat-Lösung („*Fehling I*“) und einer alkalischen K.-Lösung (300 g K. + 100 g NaOH/l = „*Fehling II*“) zusammengegeben (wobei ein tiefblauer Cu(II)-Tartrat-Komplex entsteht) und dann mit der zu prüfenden Lösung gekocht. Bei Anwesenheit eines reduzierenden Zuckers fällt rotes Cu(I)-Oxid aus, weil das Cu(II) zu Cu(I) reduziert wird, welches mit Tartrat keinen Komplex bildet (s. Gleichungen). K. wird auch als Reduktionsmittel zur Herstellung der *Silberspiegel* verwendet.

$$2\,Cu^{2+} + 2\,e^- \longrightarrow 2\,Cu^{\oplus}$$
$$2\,Cu^{\oplus} + 2\,OH^{\ominus} \xrightarrow{\Delta} \underset{\text{rot}}{Cu_2O} + H_2O$$

Nachweis reduzierender Zucker mit Fehling-Lösung

K. ist stark piezoelektrisch und findet deshalb überall dort Verwendung, wo *Piezoelektrizität* genutzt wird. Unter dem piezoelektrischen Effekt versteht man die Tatsache, daß sich Kristalle bestimmter Verbindungen elektrisch aufladen, wenn sie in Richtung bestimmter Achsen einer Druck- oder Zugbelastung ausgesetzt werden. Es müssen solche Kristalle sein, die eine polare Achse, also kein Symmetriezentrum aufweisen. Durch Durckeinwirkung wird dann im Kristall durch Verschiebung der elektrisch geladenen Gitterbausteine eine Polarisation erzeugt, die eine Vorzugsrichtung hat. Bei Zugbelastung kehrt sich die Polarisation um. Die Beziehung zwischen sich aufbauender Feldstärke und Druck bzw. Zug ist linear. Als umgekehrter Piezoeffekt wird die Gitterdeformation durch Anlegung eines elektrischen Feldes verstanden. Wird die Deformation des Kristalles und damit die Polarisation durch Wärmeeinwirkung erzielt, spricht man von *Pyroelektrizität*. Wichtige piezoelektrische Stoffe sind K., Quarz (s. unter ↑ Siliciumdioxid) und ↑ Bariumtitanat. Sowohl der direkte als auch der umgekehrte Piezoeffekt haben wichtige technische Anwendungen. Da beim direkten Piezo-Effekt mechanische Größen in elektrische umgewandelt werden, hat er Bedeutung in der Meßtechnik (Druckmessung, Kraftmessung) sowie in der Tontechnik (Telefon, Mikrofon, Tonabnehmer). Eine sehr bekannte Anwendung des umgekehrten Piezo-Effektes ist der *Schwingquarz* (ein Quarz-Einkristall wird durch eine angelegte Wechselspannung zu Schwingungen in seiner Eigenfrequenz angeregt), der z. B. zur Erzeugung von *Ultraschall* große Bedeutung hat.

Zwischen −18 und +24 °C zeigen K.-Kristalle ferroelektrische Eigenschaften (s. unter ↑ Bariumtitanat).

K. ist mit der Nummer *E 337* als Säuerungsmittel und Säureregulator als Lebensmittel-Zusatzstoff zugelassen. Im Angloamerikanischen Sprachraum wird K. auch als *Rochelle-Salz* bezeichnet.

$C_4H_4KNaO_6$	M_R = 210,16 (wasserfrei)	C 22,86 %	H 1,92 %	K 18,60 %	Na 10,94 %	O 45,68 %

t_{Smp}	t_{Sdp}	d	η
70 – 80 °C		1,79 g/cm³	

Kaliumnitrat

Potassium nitrate Salpeter

Bildet ein farbloses kristallines Pulver, das nicht hygroskopisch ist, sich aber gut unter Abkühlung in Wasser löst (bei 20 °C 35 g/100 ml, bei 100 °C 200 g/100 ml). K. ist unlöslich in Ethanol. Die wässerige Lösung reagiert neutral.

K. findet sich in der Natur als *Kalisalpeter*. Es wird technisch meist hergestellt durch doppelte Umsetzung aus ↑ Natriumnitrat und ↑ Kaliumchlorid (s. Gleichung) oder durch Neutralisation synthetischer ↑ Salpetersäure mit ↑ Kaliumcarbonat (s. Gleichung)

$$NaNO_3 + KCl \longrightarrow KNO_3 + NaCl$$

Herstellung von Kaliumnitrat durch doppelte Umsetzung

$$2\,HNO_3 + K_2CO_3 \longrightarrow 2\,KNO_3 + CO_2 + H_2O$$

Herstellung von Kaliumnitrat aus Salpetersäure

$$KNO_3 \xrightarrow{\Delta} KNO_2 + {}^1/_2\, O_2$$

Thermischer Zerfall von Kaliumnitrat

Die Hauptmenge des K. wird in der Düngemittel-Herstellung verwendet. Da es beim Erhitzen auf ca. 400 °C unter Sauerstoff-Abspaltung zerfällt (s. Gleichung), ist es auch Bestandteil von Sprengstoffen, Schießpulvern („Schwarzpulver") und Feuerwerkskörpern. Das *Schwarzpulver* ist ein Gemisch von etwa 75 % K., 15 % Holzkohle-Pulver und 10 % ↑ Schwefel.

K. ist mit der Nummer *E 252* als Konservierungsstoff und Stabilisator als Zusatzstoff in Fleisch- und Wurstwaren zugelassen (es verhindert die Zersetzung von ↑ Hämoglobin, so daß das Fleisch die frischrote Farbe behält).

KNO_3	M_R = 101,10	K 38,67 %	N 13,85 %	O 47,47 %	
t_{Smp} 337 °C	t_{Sdp}	d 2,11 g/cm³	η		
C_p 96,4 J/(K · mol)	$\Delta_S H$ 9,62 kJ/mol	$\Delta_V H$	$\Delta_B H$ −495 kJ/mol	S^o 133 J/(K · mol)	Q_C
MAK	R-Satz 7	S-Satz 17			

Kaliumperchlorat

Potassium perchlorate

Bildet farblose Kristalle oder ein weißes kristallines Pulver. Löst sich nur wenig in Wasser (bei 20 °C 1,5 g/100 ml). K. ist unlöslich in Ethanol.

$$KClO_4 \xrightarrow{400\,°C} KCl + 2\,O_2$$

Thermischer Zerfall von Kaliumperchlorat

K. ist das Kaliumsalz der ↑ Perchlorsäure und wird erhalten durch deren Neutralisation mit ↑ Kaliumcarbonat (s. Gleichung). Beim Erhitzen auf über 400 °C zerfällt K. in ↑ Kaliumchlorid und ↑ Sauerstoff (s. Gleichung).

$$2\,HClO_4 + K_2CO_3 \longrightarrow 2\,KClO_4 + H_2O + CO_2$$

Herstellung von Kaliumperchlorat

Wegen der relativen Schwerlöslichkeit des K. dient seine Fällung aus Kaliumionen enthaltenden Lösungen mit Perchlorsäure zum *Kaliumnachweis*.

K. wird wie ↑ Kaliumchlorat in der Pyrotechnik verwendet, ist jedoch weniger brisant.

$ClKO_4$	M_R = 138,55	Cl 25,59 %	K 28,22 %	O 46,19 %	
t_{Smp} 526 °C	t_{Sdp}	d 2,52 g/cm³	η		
C_p 112,4 J/(K · mol)	$\Delta_S H$	$\Delta_V H$	$\Delta_B H$ −430 kJ/mol	S^o 151 J/(K · mol)	Q_C
MAK	R-Satz 9-22	S-Satz 13-22-27			

Kaliumperiodat

Potassium periodate

Bildet farblose Kristalle, die sich nur wenig in Wasser lösen (bei 20 °C 0,42 g/100 ml).

K. wird in guter Ausbeute durch Einleiten von ↑ Chlor in eine stark alkalische Lösung von ↑ Kaliumiodat erhalten (s. Gleichung). Wenn durch die entstehende ↑ Salzsäure der Neutralpunkt etwa erreicht ist, fällt K. wegen seiner Schwerlöslichkeit aus. K. ist das Kaliumsalz der ↑ Periodsäure.

$$KJO_3 + Cl_2 + KOH \longrightarrow KJO_4 + HCl + KCl$$

Herstellung von Kaliumperiodat

Periodat reagiert in saurer Lösung wie Iodat mit Iodid unter Komproportionierung zu ↑ Iod (s. Gleichung).

$$JO_4^{\ominus} + 7\,J^{\ominus} + 8\,H^{\oplus} \longrightarrow 4\,J_2 + 4\,H_2O$$

Komproportionierung von Periodat und Iodid

K. ist in saurer Lösung ein kräftiges Oxidationsmittel (oxidiert z. B. Mangan(II)salze zu Permanganat) und wird auch in der Organik für präparative Oxidationen eingesetzt.

► K. wirkt stark reizend auf Augen, Haut u. Schleimhäute.

IKO_4 $M_R = 230{,}01$ I 55,18 % K 17,00 % O 27,82 %

t_{Smp}	t_{Sdp}	d	η		
580 °C		3,62 g/cm³			
C_p	$\Delta_S H$	$\Delta_V H$	$\Delta_B H$	S^o	Q_C
			−467 kJ/mol	176 J/(K · mol)	
MAK	R-Satz	S-Satz			
	8-36/37/38	13-22-27			

Kaliumpermanganat

Potassium permanganate

K. bildet dunkelviolette, teils blau-metallisch glänzende, geruchlose Kristalle, die sich bei 20 °C zu 7 g/100 ml in Wasser lösen (bei 100 °C 29 g/100 ml). Bereits in kleinsten Konzentrationen erzeugt K. intensiv violette Lösungen, die bei Lichtzutritt aber unbeständig sind, da allmählich Zerfall des Permanganats eintritt (s. Gleichung).

$$4\,MnO_4^{\ominus} + 4\,H^{\oplus} \longrightarrow 4\,MnO_2 + 3\,O_3 + 2\,H_2O$$

Allmählicher Zerfall von Permanganat in wässeriger Lösung

Technisch wird K. aus natürlichem Braunstein (s. unter ↑ Mangan) in zwei Stufen hergestellt. In der ersten Stufe wird feingemahlener Braunstein bei ca. 250 °C in hochkonzentrierter Kalilauge (70–90 %ig) mit Luftsauerstoff unter geringem Überdruck zum Manganat(VI) umgesetzt (s. Gleichung).

$$MnO_2 + 2\,KOH + {}^1/_2\,O_2 \xrightarrow{p,\ 250\,°C} K_2MnO_4 + H_2O$$

Umsetzung von Braunstein zu Kaliummanganat(VI)

Das *Kaliummanganat* wird auskristallisiert, in ca. 15 %iger Kalilauge aufgenommen und dann in zweiter Stufe elektrochemisch zu *Permanganat* oxidiert (s. Gleichung).

$$2\,K_2MnO_4 + 2\,H_2O \xrightarrow{-2\,e^-} 2\,KMnO_4 + 2\,KOH + H_2$$

Elektrochemische Oxidation von Manganat zu Permanganat

Mn(II)-Salze lassen sich auch rein chemisch, z. B. durch Periodat oder durch Kochen mit konz. ↑Salpetersäure und ↑Bleidioxid in Permanganat überführen, was wegen der entstehenden violetten Farbe zum analytischen Nachweis von Mangansalzen dient.

K. ist das Kaliumsalz der *Permangansäure*. Diese ist in verdünnter wässeriger Lösung herstellbar durch Umsetzung von *Bariumpermanganat* mit ↑Schwefelsäure, wobei vom ausfallenden ↑Bariumsulfat leicht abzutrennen ist (s. Gleichung).

$$Ba(MnO_4) + H_2SO_4 \longrightarrow BaSO_4 + 2\,HMnO_4$$

Gewinnung von Permangansäure

Die Permangansäure ist eine starke Säure (vollständige Dissoziation), weshalb die wässerige Lösung von K. neutral reagiert. Das Permanganat-Ion ist tetraedrisch gebaut. Seine wichtigste Eigenschaft ist die stark oxidierende Wirkung, die allerdings erheblich pH-abhängig ist. Im sauren Medium ist sie am stärksten und führt zu den praktisch farblosen Mn(II)-Ionen (s. Gleichung).

$$MnO_4^{\ominus} + 8\,H^{\oplus} + 5\,e^- \longrightarrow Mn^{2+} + 4\,H_2O \qquad E_0 = +1{,}51\ V$$

Oxidationswirkung von Permanganat in saurer Lösung

So wird z. B. Fe(II) zu Fe(III), Nitrit zu Nitrat, Sulfit zu Sulfat, ↑Wasserstoffperoxid zu ↑Sauerstoff und ↑Oxalsäure zu ↑Kohlenstoffdioxid oxidiert. Weil bei diesen Oxidationen die violette Permanganat-Lösung entfärbt wird, lassen sie sich zur quantitativen (titrimetrischen) Bestimmung dieser Ionen ausnutzen (*Manganometrie*), indem eine Probelösung mit einer exakt eingestellten K.-Maßlösung titriert wird, bis die Maßlösung nicht mehr entfärbt wird. Es wird also kein Fremdindikator benötigt. Zur Titereinstellung der K.-Maßlösung wird meist Natriumoxalat als Urtitersubstanz benutzt (s. unter ↑Oxalsäure).

Im neutralen oder gar alkalischen Medium ist die Oxidationskraft schwächer und das Permanganat-Ion wird auch nur bis zur Mn(IV)-Stufe (Braunstein) reduziert (s. Gleichung).

$$MnO_4^{\ominus} + 4\,H^{\oplus} + 3\,e^- \longrightarrow MnO_2 + 2\,H_2O \qquad E_0 = +0{,}59\ V$$

Oxidationswirkung von Permanganat in neutraler Lösung

K. ist also im analytischen Labor ein vielgebrauchtes Reagenz. Aber auch in der präparativen Chemie wird K. vielfach als Oxidationsmittel verwendet (z. B. bei der Saccharin-Herstellung, s. unter ↑o-Benzoesäuresulfimid). Technisch wird K. in vielen Bereichen zum *Bleichen* (oxidatives Zerstören färbender Verunreinigungen) eingesetzt (z. B. in Fetten, Ölen, Wachsen, Stroh, Fasern usw.) und zum *Desodorieren* verwendet (oxidatives Zerstören von Geruchsstoffen, z. B. Schwefelverbindungen). Medizinisch dient K. auch als Antiseptikum (in sehr verdünnter wässeriger Lösung).

► K. kann explosionsartig mit org. und anderen oxidierbaren Stoffen reagieren. Insbesondere mit Polyhydroxyverbindungen (↑Glykol, ↑Glycerin, Zucker) bildet es selbstentzündliche Gemische. Es ist giftig beim Verschlucken. Auf der Haut wirkt K. reizend wobei braune Flecken durch Abscheidung von Braunstein entstehen, die sich mit Sulfit leicht entfernen lassen.

$KMnO_4$ $M_R = 158{,}03$ K 24,74 % Mn 34,76 % O 40,50 %

$t_{Zersetzung}$	t_{Sdp}	d	η		
> 240 °C (Z)		2,70 g/cm³			
C_p	$\Delta_S H$	$\Delta_V H$	$\Delta_B H$	S^o	Q_C
119,2 J/(K · mol)			−813 kJ/mol	171,7 J/(K · mol)	
MAK	R-Satz	S-Satz			
0,5 mg/m³	8-22-50/53	60-61			

Kaliumperoxodisulfat

Potassium persulfate

Bildet ein weißes, geruchloses kristallines Pulver, das sich nur zu 5 g/100 ml in Wasser bei 20 °C löst. Im trockenen Zustand ist K. gut haltbar, während in wässeriger Lösung, besonders in der Wärme, Zersetzung unter Abspaltung von ↑ Sauerstoff und ↑ Ozon eintritt.

K. wird durch Umsetzung von *Ammoniumperoxodisulfat* (welches seinerseits gut zugänglich ist durch Elektrolyse von ↑ Ammoniumhydrogensulfat) mit ↑ Kaliumhydrogensulfat hergestellt (s. Gleichungen).

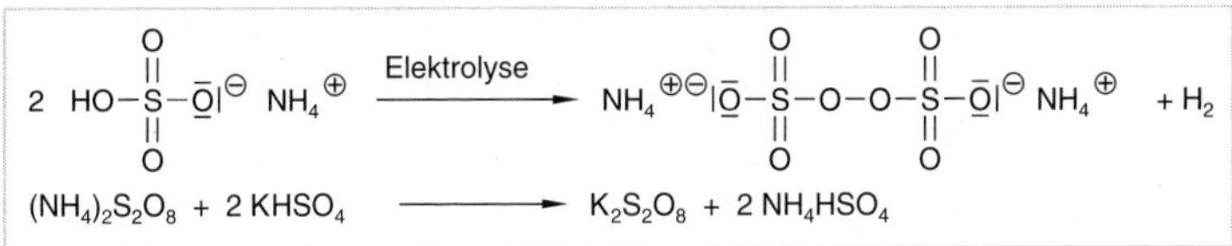

Herstellung von Kaliumperoxodisulfat in zwei Stufen

K. ist wie alle *Peroxodisulfate* ein sehr starkes Oxidationsmittel, wobei die oxidierende Wirkung in saurer Lösung etwas stärker als in alkalischer Lösung ist (s. Gleichungen).

$$S_2O_8^{2-} + 2\,e^- \longrightarrow 2\,SO_4^{2-} \qquad E = +2{,}01\ V$$

$$S_2O_8^{2-} + 2\,H^{\oplus} + 2\,e^- \longrightarrow 2\,HSO_4^{\ominus} \qquad E_0 = +2{,}18\ V$$

Oxidationswirkung in alkalischer und saurer Lösung

K. wird als Polymerisationsstarter in der Kunststoff-Herstellung verwendet, ferner als präparatives Oxidationsmittel, zum Metallätzen, in Bleichprozessen und in der Fotografie.

$K_2O_8S_2$ $M_R = 270{,}32$ K 28,93 % O 47,35 % S 23,72 %

$t_{Zersetzung}$	t_{Sdp}	d	η		
> 100 °C (Z)		2,45 g/cm³			
C_p	$\Delta_S H$	$\Delta_V H$	$\Delta_B H$	S^o	Q_C
			−1918 kJ/mol		
MAK	R-Satz	S-Satz			
	8	16-17			

Kaliumphosphat

Potassium phosphate

Bildet ein weißes, hygroskopisches, zerfließliches Pulver, das sich in Wasser bei 20 °C zu 90 g/100 ml löst und unlöslich ist in Ethanol. Wässerige Lösungen reagieren stark alkalisch.

$$H_3PO_4 + 3\,KOH \longrightarrow K_3PO_4$$

Herstellung von Kaliumphosphat

K. wird durch Neutralisation von ↑ Phosphorsäure mit Kalilauge erhalten (s. Gleichung).

K. besitzt keine nennenswerte chemische oder technische Bedeutung. Es ist mit der Nummer *E 340* als Lebensmittelzusatzstoff zugelassen (Wurstherstellung, Schmelzkäsezubereitung).

K_3O_4P $M_R = 212{,}27$ K 55,26 % O 30,15 % P 14,59 %

t_{Smp}	t_{Sdp}	d	η		
1640 °C		2,61 g/cm³			
C_p	$\Delta_S H$	$\Delta_V H$	$\Delta_B H$	S^o	Q_C
164,8 J/(K · mol)	37,2 kJ/mol		−1988 kJ/mol	211,7 J/(K · mol)	

Kaliumsulfat

Potassium sulfate

K. bildet ein farb- und geruchloses, nicht hygroskopisches kristallines Pulver, das sich bei 20 °C zu ca. 12 g/100 ml in Wasser löst (bei 100 °C 25 g/100 ml) und unlöslich ist in Ethanol. Die wässerige Lösung reagiert neutral.

Die technische Herstellung von K. beruht auf der doppelten Umsetzung von ↑ Magnesiumsulfat (als Kieserit oder als Bittersalz) mit ↑ Kaliumchlorid (s. Gleichung).

$$MgSO_4 + 2\,KCl \longrightarrow K_2SO_4 + MgCl_2$$

Herstellung von Kaliumsulfat durch doppelte Umsetzung

K. dient hauptsächlich als Komponente in Düngemitteln. Daneben wird es in geringerem Umfang zur Herstellung anderer Kaliumverbindungen (z. B. Alaun) gebraucht.

K_2O_4S $M_R = 174{,}26$ K 44,87 % O 36,73 % S 18,40 %

t_{Smp}	t_{Sdp}	d	η		
1069 °C		2,66 g/cm³			
C_p	$\Delta_S H$	$\Delta_V H$	$\Delta_B H$	S^o	Q_C
131,2 J/(K · mol)	34,4 kJ/mol		−1438 kJ/mol	175,6 J/(K · mol)	

Kaliumsulfid

Potassium sulfide

Bildet in reinem Zustand ein farbloses kristallines Pulver, das sehr hygroskopisch und luftempfindlich ist. Es löst sich gut in Wasser mit stark alkalischer Reaktion.

In reinster Form erhält man K. durch Zugabe von ↑ Schwefel zu einer Lösung von ↑ Kalium in flüssigem ↑ Ammoniak (s. Gleichung). Technisch gewinnt man K. durch Reduktion von ↑ Kaliumsulfat mit Kohle (s. Gleichung).

$$2K + S \xrightarrow{\text{fl. } NH_3} K_2S$$

Reinstherstellung von Kaliumsulfid

$$K_2SO_4 + 2C \longrightarrow K_2S + 2CO_2$$

Technische Herstellung von Kaliumsulfid

$$KOH + H_2S \longrightarrow KHS + H_2O$$
$$KHS + KOH \longrightarrow K_2S + H_2O$$

Laborherstellung von Kaliumsulfid

Eine Möglichkeit zur Laborherstellung liegt in der Einleitung von ↑Schwefelwasserstoff in Kalilauge, wobei *Kaliumhydrogensulfid* entsteht, das dann mit der stöchiometrischen Zugabe von ↑Kaliumhydroxid in das Sulfid überführt wird (s. Gleichungen).

Schmilzt man ↑Schwefel und ↑Kaliumcarbonat im Gewichtsverhältnis 1 : 2 bei 250 °C unter Luftabschluß zusammen, erhält man die *Schwefelleber*, ein Gemisch aus Kaliumpolysulfiden (der Formel K_2S_x mit x = 3-7), *Kaliumthiosulfat* und ↑Kaliumsulfat, die in frischem Zustand gelbe bis bräunliche Brocken bildet. Die Schwefelleber löst sich mit gelbgrüner Farbe unter alkalischer Reaktion in Wasser und wird allmählich milchig durch ausfallenden feinverteilten Schwefel (*Schwefelmilch*). So aus Schwefelleber bereitete künstliche *Schwefelbäder* werden gegen Flechten, Haut- und Haarkrankheiten, Rheumatismus und Gicht angewandt. Ferner benutzt man sie zum Dunkelbeizen von Edelmetalloberflächen.

K_2S $M_R = 110{,}26$ K 70,92 % S 29,08 %

t_{Smp}	t_{Sdp}	d	η		
948 °C		1,74 g/cm³			
C_p	$\Delta_S H$	$\Delta_V H$	$\Delta_B H$	S^o	Q_C
74,7 J/(K · mol)	16,2 kJ/mol		−376,6 kJ/mol	115 J/(K · mol)	
MAK	R-Satz	S-Satz			
	31-34-50	26-45-61			

Kaliumthiocyanat

Potassium thiocyanate Kaliumrhodanid

Bildet farblose zerfließliche säulenförmige Kristalle, die sich in Wasser sehr leicht lösen (bei 20 °C 230 g/100 ml), womit eine starke Abkühlung der Lösung verbunden ist. K. löst sich auch gut in Ethanol und Aceton. Die wässerige Lösung reagiert neutral.

Zur technischen Herstellung nutzt man die Umsetzung von *Ammoniumthiocyanat* mit Kalilauge (s. Gleichung).

$$NH_4SCN + KOH \longrightarrow KSCN + NH_3 + H_2O$$

Technische Herstellung von Kaliumthiocyanat

Das Ammoniumthiocyanat ist preiswert zugänglich aus ↑Schwefelkohlenstoff und ↑Ammoniak unter Druck und erhöhter Temperatur (s. Gleichung).

$$CS_2 + 2NH_3 \longrightarrow NH_4SCN + H_2S$$

Technische Gewinnung von Ammoniumthiocyanat

K. ist das Kaliumsalz der unbeständigen, in wässeriger Lösung stark sauer reagierenden *Thiocyansäure* oder *Rhodanwasserstoffsäure*, deren Anion entsprechend *Thiocyanat-Ion* bzw. *Rhodanid-Ion* heißt (s. Gleichung).

$$\mathrm{H{-}S{-}C{\equiv}N \longrightarrow H^{\oplus} + {}^{\ominus}|\overline{\underline{S}}{-}C{\equiv}N}$$

Dissoziation der Thiocyansäure

Das *Thiocyanat-Ion* ist analytisch wichtig, da es mit einigen Schwermetallen schwerlösliche oder farbige Verbindungen bildet, z. B. mit Fe(III) (s. unter ↑Eisen), weshalb K. als analytisches Reagenz Verwendung findet. K. wird auch präparativ verwendet zur Herstellung organischer Thiocyanate und Isothiocyanate.

► K. kann Hautausschläge hervorrufen.

CKNS $M_R = 97{,}18$ C 12,36 % K 40,23 % N 14,41 % S 33,00 %

t_{Smp}	$t_{Zersetzung}$	d	η
175 °C	> 500 °C (Z)	1,89 g/cm³	

C_p	$\Delta_S H$	$\Delta_V H$	$\Delta_B H$	S^o	Q_C
	14,2 kJ/mol		−203 kJ/mol	124 J/(K · mol)	

MAK	R-Satz	S-Satz
	22	22-24/25

Karminsäure

Carminic acid

Bildet leuchtend rote Kristalle, die sich in Wasser und Ethanol gut lösen, in Diethylether wenig, in Petrolether oder Chloroform praktisch unlöslich sind. Die wässerige Lösung ist tiefrot, in saurem Medium findet ein Farbübergang von gelb bei pH 4,8 nach violett bei pH 6,2 statt. Die K. verfärbt sich ab 120 °C dunkel und weist keinen definierten Schmelzpunkt auf.

Die K. ist der farbgebende Bestandteil des Karmins. Das *Karmin* wiederum ist der Farbkomplex, den die Cochenille enthält. Als *Cochenille* bezeichnet man die getrockneten Körper der weiblichen Nopal-Schildläuse (Coccus cacti), die auf einer in Mexiko heimischen Kaktusart leben. Aus 1 kg Cochenille lassen sich durch Extraktion mit Wasser ca. 50 g Karmin isolieren. Karmin ist im wesentlichen ein Gemisch der K. mit deren Farblacken aus Aluminium- und Calcium-Ionen.

Die K. ist eine mit ↑D-Glucose verknüpfte *Polyhydroxyanthrachinon-Carbonsäure*. Das Aglykon der K. ist die *Kermessäure*.

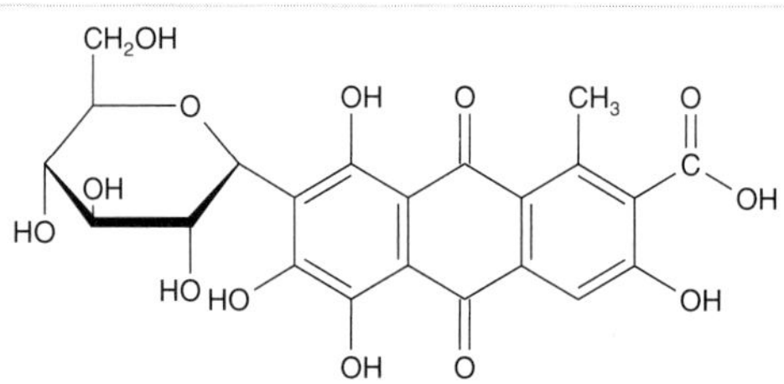

Karminsäure

Struktur der Karminsäure

Vor der Entwicklung der synthetischen Farbstoffe war die Cochenille ein wichtiger Farbstoff für Wolle und Seide. Die K. ist mit der Nummer *E 120* als Lebensmittelfarbstoff zugelassen. K. dient ferner als

Farbstoff in der Biologie (Bakterien, Zellkerne), als Indikator (Oxidimetrie, Komplexometrie) sowie als Nachweisreagenz in der Analytik, vor allem für Al, Pb, Sn und Zr.

$C_{22}H_{20}O_{13}$ $M_R = 492{,}39$ C 53,66 % H 4,09 % O 42,24 %

Kautschuk → Naturkautschuk

Kephaline

Cephalins Phosphatidylethanolamine

Die K. stellen gelbliche, amorphe Substanzen dar mit eigentümlichem Geruch und Geschmack. Sie sind praktisch unlöslich in Wasser und Aceton, kaum löslich in Ethanol, leicht löslich in Dietylether und Chloroform.

Die K. kommen in den Zellen aller pflanzlichen und tierischen Lebewesen vor. Sie finden sich besonders angereichert in Gehirn, Herz, Leber und Nerven. Unter den Pflanzen enthalten besonders die *Sojabohnen* hohe Anteile an K. Die K. werden aus Rinderhirn und aus Sojabohnen isoliert.

Die K. gehören zur Stoffklasse der ↑ Phospholipide (Phosphoglyceride). In ihnen sind zwei Hydroxylgruppen von ↑ Glycerin wie in den Fetten mit langkettigen Fettsäuren verestert. Die dritte Hydroxylgruppe ist mit ↑ Phosphorsäure verestert, wobei die Phophorsäure zusätzlich noch mit ↑ Ethanolamin verestert ist. Die Phosphorsäure-Ethanolamin-Einheit liegt in der Betainform vor (s. Abbildung).

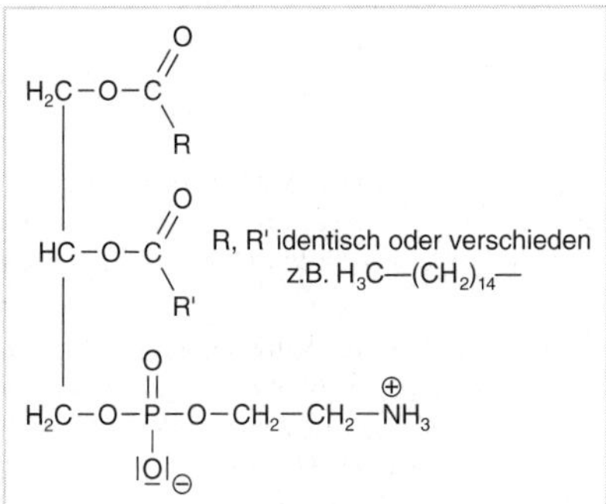

Allgemeiner Aufbau der Kephaline

Die einzelnen K. unterscheiden sich voneinander in den Resten R und R′, die in einem K. identisch oder verschieden sein können. Die K. sind beteiligt an Aufbau und Funktion biologischer Membranen, wie es näher beschrieben ist unter ↑ Phospholipide. Man vergleiche auch die eng verwandten ↑ Lecithine.

Kieselsäure → Siliciumdioxid

Keten

Ketene

K. ist ein farbloses, stechend (ähnlich ↑ Essigsäureanhydrid) riechendes Gas, das mit allen protonaktiven Verbindungen reagiert und deshalb nicht in Wasser und Alkoholen gelöst werden kann. Es ist gut löslich in Aceton. K. lässt sich zu einer farblosen Flüssigkeit verdichten und erstarrt zu schneeförmigen Kristallen (Daten s. Tabelle). K. ist äußerst reaktionsfreudig und dimerisiert bei Abwesenheit anderer Reaktionspartner.

K. wird am einfachsten in einer besonderen Apparatur durch Pyrolyse von ↑ Aceton an einer Chrom-Nickel-Spirale bei 780 °C hergestellt (s. Gleichung) und in tiefgekühltem Aceton aufgefangen.

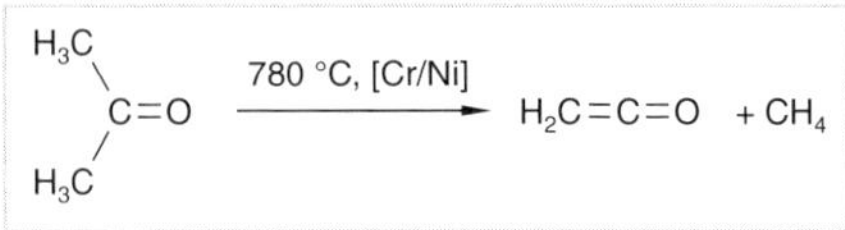

Keten-Herstellung durch Pyrolyse von Aceton

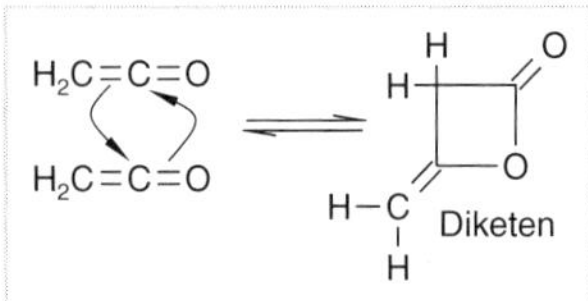

Dimerisierung von Keten

Wegen der oberhalb −80 °C rasch verlaufenden Polymerisation des K. muß es sofort zu den gewünschten Produkten umgesetzt werden oder man überführt es gezielt in sein Dimeres, aus dem es thermisch wieder erhalten werden kann (s. Gleichung). *Diketen* ist eine farblose Flüssigkeit vom Sdp. 127 °C

K. ist der einfachste (und technisch auch wichtigste) Vertreter der *Ketene*, die das präparativ wertvolle Heterokumulen-System aus C=C- und C=O-Doppelbindung aufweisen. Dieses Kumulen-System besitzt am mittleren C-Atom ein stark elektrophiles Zentrum, das die Ketene zur Addition der verschiedensten Nucleophile befähigt. Darin liegt jedoch nur ein Aspekt der vielgestaltigen Keten-Chemie. Im Falle des K. selbst führt diese Addition unmittelbar zu den gewünschten Endprodukten, die ihrerseits wieder wichtige chemische Grundbausteine darstellen. So werden mit ↑Essigsäure ↑Essigsäureanhydrid, mit Alkoholen die entsprechenden Essigester, mit Aminen die Acetamide erhalten (s. Schema).

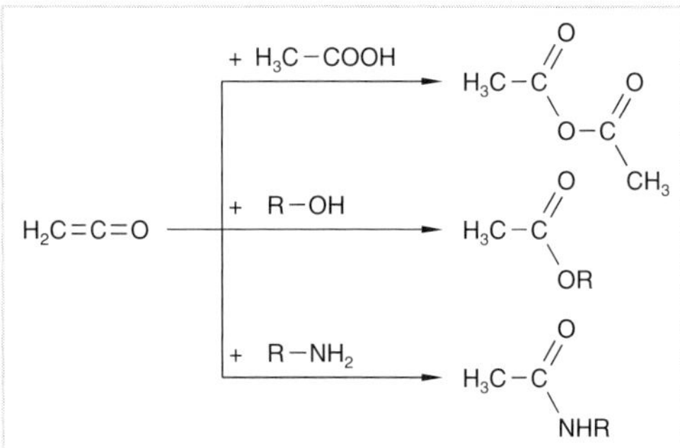

Wichtige Umsetzungen von Keten

K. dient so z. B. auch zur Herstellung von ↑Acetylsalicylsäure und von ↑Celluloseacetat. Aus Diketen werden die entsprechenden Acetessigsäure-Derivate (z. B. ↑Acetessigsäureethylester) hergestellt. Ein Tetrameres des K. ist die ↑Dehydracetsäure.

▶ Wegen seiner Reaktivität besitzt K. eine extreme Giftigkeit, die mit einer letalen Konzentration von 0,2 mg /l noch größer als die von ↑Phosgen ist. Einatmen von K. führt zum Lungenödem.

C_2H_2O $M_R = 42{,}04$ C 57,14 % H 4,80 % O 38,06 %

t_{Smp}	t_{Sdp}	d	η
−150 °C	−56 °C		

C_p	$\Delta_S H$	$\Delta_V H$	$\Delta_B H$	S^o	Q_C
51,7 J/(K · mol)		20,4 kJ/mol	−87,2 kJ/mol		

MAK	R-Satz	S-Satz
0,9 mg/m^3		

Kinetin

Kinetin 6-Furfurylaminopurin

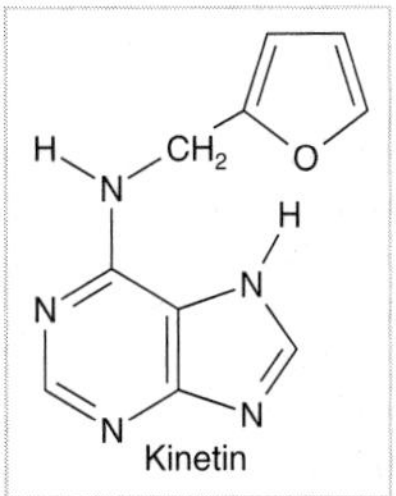

Struktur von Kinetin

Kristallisiert in Form farbloser Blättchen, die sich nur wenig in Wasser, Ethanol und Methanol lösen. Gut löslich ist K. in verdünnten Säuren und Laugen. K. sublimiert bei 220 °C. Die pKs-Werte betragen 2,7 und 9,9.

K. kann aus den verschiedensten Pflanzenteilen isoliert werden (entdeckt 1955) und wirkt in den Pflanzen als hochaktiver Wuchsstoff, der selbst in hoher Verdünnung entscheidenden Einfuß auf die pflanzliche Zellteilung ausübt. Es wird deshalb auch als Pflanzen- oder *Phytohormon* bezeichnet. Diese Wirkung ist allerdings an die Gegenwart der ↑ Indolylessigsäure gebunden.

$C_{10}H_9N_5O$ $M_R = 215{,}21$ C 55,81 % H 4,22 % N 32,54 % O 7,43 %

Kohlensäure

Carbonic acid

Wie unter Kohlenstoffdioxid beschrieben, bildet sich beim Einleiten von Kohlenstoffdioxid in Wasser aus 0,1 % des gelösten Gases durch Wasseraddition die K. (s. Schema). In Substanz läßt sich die freie K. nicht isolieren. Massenspektrometrisch konnten undissoziierte K.-Moleküle nachgewiesen werden.

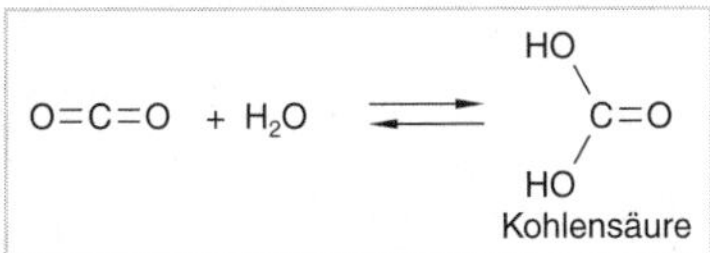

Bildung von Kohlensäure in Wasser

Die Kohlensäure-Bildung ist eine ziemlich langsam verlaufende Zeitreaktion, weil sie mit einer gewissen Atom-Umordnung verbunden ist. Die Kohlensäure ist eine zweibasige Säure, die also in zwei Stufen dissoziiert (s. Gleichungen).

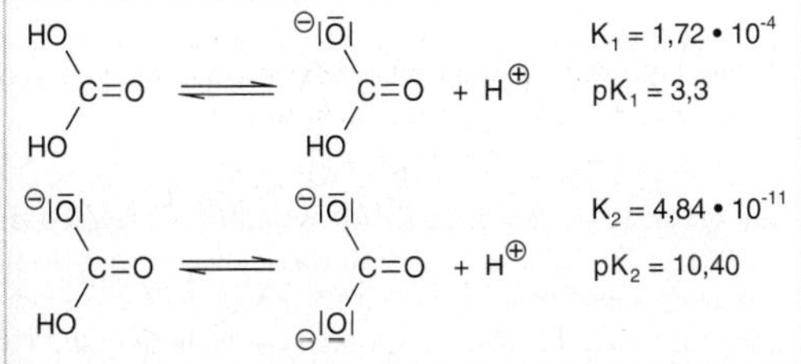

Säure-Reaktion der Kohlensäure

Die Kohlensäure ist also eine mittelstarke Säure (etwas stärker z. B. als ↑ Ameisensäure). Meist wird jedoch zur Berechnung von K_1 die Gesamtmenge an gelöstem K. zugrunde gelegt (s. Säurewirkungs-Gleichung), wonach die Kohlensäure nur den Charakter einer sehr schwachen Säure hat.

$$CO_2 + H_2O \rightleftharpoons HCO_3^{\ominus} + H^{\oplus} \quad K_1 = 4{,}16 \cdot 10^{-7}$$
$$pK_1 = 6{,}52$$

Säurewirkung von gelöstem Kohlenstoffdioxid

Leitet man das K. in eine alkalische Lösung ein, z. B. in Natronlauge (s. unter ↑ Natriumhydroxid), so werden die aus der Kohlensäure-Dissoziation entstehenden Protonen durch die Hydroxyd-Ionen abgefangen, so daß das Gleichgewicht ständig nach rechts verschoben und sämtliches K. in das Hydrogencarbonat bzw. das Carbonat überführt wird (s. Gleichungen).

$$H_2CO_3 + NaOH \longrightarrow NaHCO_3 + H_2O \quad \text{Hydrogencarbonat-Bildung}$$
$$NaHCO_3 + NaOH \longrightarrow Na_2CO_3 + H_2O \quad \text{Carbonat-Bildung}$$

Carbonat- und Hydrogencarbonat-Bildung

Hydrogencarbonate und *Carbonate* sind also die Salze der Kohlensäure. Alle *Schwermetallcarbonate* und *Erdalkalicarbonate* sind schwerlöslich in Wasser, alle *Alkalicarbonate* sind leichtlöslich, während alle Hydrogencarbonate außer ↑ Natriumhydrogencarbonat leichtlöslich sind. Die Lösungen der Alkalicarbonate reagieren alkalisch durch Hydrolyse (s. Gleichung).

$$CO_3^{2-} + H_2O \rightleftharpoons HCO_3^{\ominus} + OH^{\ominus}$$

Basenwirkung gelöster Alkalicarbonate

Durch Säuren wird aus den Carbonaten rasch Kohlenstoffdioxid freigesetzt (Aufsprudeln), weil obige Gleichgewichte wieder nach links verschoben werden (s. Gleichung).

$$CO_3^{2-} + 2\,H^{\oplus} \rightleftharpoons HCO_3^{\ominus} + H^{\oplus} \rightleftharpoons H_2CO_3 \rightleftharpoons H_2O + CO_2$$

Kohlenstoffdioxid-Freisetzung aus Carbonaten durch Säuren

Während also die K. selbst nicht fassbar ist, sind ihre Salze von großer technischer und präparativer Bedeutung (s. z. B. ↑ Natriumcarbonat, ↑ Kaliumcarbonat, ↑ Calciumcarbonat usw.). Darüber hinaus zählen viele Derivate der K. zu wichtigen chemischen Basisprodukten, die meist der organischen Chemie zugerechnet werden. Allen voran ist hier der ↑ Harnstoff zu nennen (Diamid der K.). Wichtig sind auch das ↑ Phosgen (Dichlorid der K.) sowie die Ester (s. z. B. ↑ Diethylcarbonat). Das *Kohlensäuremonochlorid*, die *Chlorameisensäure*, ist nur in Form ihrer Ester beständig (s. z. B. ↑ Chlorameisensäurebenzylester). Das Hydrat der K., die *Orthokohlensäure* $C(OH)_4$, ist nur in Form ihrer Ester, der *Orthokohlensäureester*, beständig (s. ↑ Orthokohlensäureethylester).

Die K.-Bildung ist von großer physiologischer Bedeutung. Kohlenstoffdioxid ist das Endprodukt der biologischen „Verbrennung" der Nährstoffe und muß ausgeatmet werden. Hierzu wird es im Blut als Hydrogencarbonat zu den Lungen transportiert und dort freigesetzt. Die K.-Bildung und ihre Rückreaktion müssen in den Organismen also schnell ablaufen. Hierfür sorgen in allen Organismen tätige Enzyme, die *Carboanhydrasen* (im menschlichen Körper kennt man bisher sieben verschiedene, aber untereinander homologe), die bei den verschiedenen Tierarten und Pflanzen unterschiedlich sind, aber alle im aktiven Zentrum Zink-Ionen enthalten, an denen die Wassermoleküle für die Kohlenstoffdioxid-Aufnahme aktiviert werden (bis zu einer Million mal pro Sekunde).

CH_2O_3 $M_R = 62{,}02$ C 19,37 % H 3,25 % O 77,39 %

Kohlenstoff

Carbon C

Vom chemischen Element C kennt man heute drei Modifikationen, die sich in der Morphologie, im physikalischen Verhalten und in der Anwendung so grundlegend voneinander unterscheiden, daß nur ihre getrennte Besprechung sinnvoll ist. Es handelt sich um Diamant und Graphit (s. unten) sowie die Fullerene (zu letzteren s. unter ↑ Fulleren).

C hat am Aufbau der Erdkruste einen Anteil von ca. 0,09 % und steht damit an 13. Stelle in der Häufigkeitsliste der Elemente. Der Gehalt der Atmosphäre wird auf ca. $7 \cdot 10^{11}$ t, der der Meere auf $4 \cdot 10^{13}$ t geschätzt. Die lebende pflanzliche Biomasse enthält weitere $8 \cdot 10^{11}$ t. Hinzu kommen die fossilen C-Träger Erdöl, Erdgas und Kohle, deren C-Gehalt derzeit auf $5 \cdot 10^{12}$ t geschätzt wird. Der menschliche Körper besteht zu 18 % aus C.

C ist das mittlere Element der ersten Achterperiode mit der Elektronenkonfiguration $1s^2\ 2s^2\ 2p^2$, Grundterm $^3P_0$.

Diamant

Bildet glasklare, äußerst harte, stark lichtbrechende und glänzende Kristalle. Diamant verbrennt beim Erhitzen an der Luft auf über 800 °C zu ↑ Kohlenstoffdioxid. Er wird von nichtoxidierenden Säuren und Basen nicht angegriffen.

$$C_{Graphit} \xrightarrow[\text{[Kat]}]{2000\ °C,\ 100000 bar} C_{Diamant}$$

Umwandlung von Graphit in Diamant

Natürliche Diamanten werden hauptsächlich in Afrika und in Rußland gefunden. Nur völlig farblose und gut ausgebildete Kristalle werden zu *Schmuckdiamanten* (*Brillanten*) verarbeitet (etwa ein Viertel der Produktion natürlicher Diamanten) während die anderen als *Industriediamanten* verwendet werden. Seit 1953 kann man Diamanten künstlich herstellen und heute werden bereits 70–80 % der Industriediamanten synthetisch hergestellt (Schmuckdiamanten sind ausschließlich *Naturdiamanten*). Zur Diamant-Synthese wird Graphit in metallenen Gefäßen katalytisch bei ca. 2000 °C und einem Druck von bis zu 100.000 bar umgewandelt. (Katalysatoren z. B. Fe, Co, Ni oder Cr, Beheizung elektrisch, Druckerzeugung mit hydraulischen Pressen). Die so erzeugten Diamanten sind bis zu 1 mm groß (s. Gleichung).

Im Diamant sind alle C-Atome sp^3-hybridisiert, jedes C-Atom ist in tetraedrischer Koordination mit vier weiteren C-Atomen durch Atombindungen verknüpft. Der Diamantkristall besteht also aus einem dreidimensionalen kovalenten Atomgitter mit völlig unpolaren, sehr stabilen C-C-Einfachbindungen. Dieser Aufbau bedingt die besonderen Eigenschaften des Diamants wie die große Härte, die Durchsichtigkeit und die Nicht-Leitfähigkeit (alle Elektronen in Atombindungen lokalisiert, $\varrho = 10^{11}\ \Omega \cdot m$). Die Atomanordnung entspricht einem kubisch-flächenzentrierten Gitter. Daneben ist auch eine hexagonale Form bekannt, die man z. B. in Meteoriten gefunden hat.

Die technisch wichtigste Eigenschaft des Diamants ist seine Härte, in der er alle anderen bekannten Stoffe (außer ↑ Bornitrid) überragt. Unter der „*Härte*“ (die theoretisch nur schwierig zu erfassen ist) versteht man allgemein den Widerstand, den ein Stoff einem mechanischen Eingriff entgegensetzt. Eine Härteart ist die „*Ritzhärte*“, also der Widerstand, der dem Anritzen entgegengesetzt wird. Qualitativ gesehen vermag also der härtere Stoff den weicheren zu ritzen und nicht umgekehrt. Mohs hat hierzu 10 *Standardmineralien* zusammengestellt und in der Reihenfolge steigender Härte mit den Stufen 1-10 geordnet (*Mohssche Härteskala*). Die Skala ist hier wiedergegeben.

Härtegrad	1	2	3	4	5	6	7	8	9	10
Mineral	Talk	Gips	Kalkspat	Flußspat	Apatit	Feldspat	Quarz	Topas	Korund	Diamant

Mohssche Härteskala

Stoffe bis zum Härtegrad 2 sind mit dem Fingernagel, bis Härte 5 mit dem Messer ritzbar. Fensterglas läßt sich mit Materialien ab Härte 6 ritzen.

Besonders hervorzuheben ist die Wärmeleitfähigkeit des Diamants. Es ist die höchste aller bekannten Materialien (5 mal höher als die von ↑ Kupfer, $\lambda = 2320$ W/m · K).

Natürliche sowie synthetische Diamanten werden technisch als Hartstoff zum Bohren, Schneiden, Schleifen und Polieren verwendet.

Das Gewicht von Diamanten wird angegeben in *Karat*: 1 Karat = 0,2 g.

Graphit

Graphit ist die übliche Form des Kohlenstoffs, wobei die äußere Erscheinungsform sehr auf die Herkunft und die Art der Herstellung ankommt. Es handelt sich um ein schwarzes bis graues kristallines Material, dessen Festigkeit sehr von der Größe der Kristalle und deren Ordnungsgrad abhängt, was wiederum insbesondere von der Herstellungstemperatur beeinflußt wird. Graphit ist stets chemisch und thermisch außerordentlich inert.

Graphit kommt in natürlichen Lagern in vielen Ländern vor (in Deutschland z. B. bei Passau) und wird bergmännisch gewonnen.

Der natürliche Graphit ist eine weiche, schuppig-spaltbare, sich fettig anfühlende graue Masse. Bedeutend größere Mengen an Graphit werden jedoch synthetisch erzeugt. Bei der Graphit-Herstellung werden die graphitierfähigen Materialien (meist Koks) nach Vorbehandlung (Vermischung mit Zuschlagstoffen, Formgebung) in inerter Atmosphäre auf ca. 3000 °C erhitzt. Beim *Acheson-Verfahren* wird der zu graphitierende Formkörper von einer sog. Widerstandsheizung aus feinkörnigem Koks umgeben, durch die Strom geleitet wird und in der so die erforderliche Hitze erzeugt wird. Die *Acheson-Öfen* sind bis zu 20 m lang und nehmen Bestückungen bis 100 Tonnen auf, woraus der immense Strombedarf deutlich wird. Das *Castner-Verfahren* unterscheidet sich vom Acheson-Verfahren dadurch, daß hier der Formkörper selbst an die Elektroden angeschlossen und durch den Stromfluß direkt erhitzt wird. Die *Graphitierung* beruht darauf, daß die im Ausgangsmaterial gegeneinander verdrehten und gekippten Kohlenstoff-Schichten durch die hohe Temperatur parallel gelegt und ausgerichtet werden, so daß dem idealen Graphit-Gitter (s. unten) nahekommende größere Bereiche entstehen.

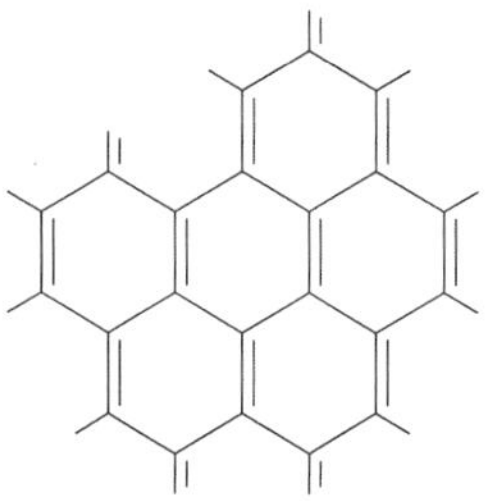

Graphit-Ebene (eine mögliche Mesomerie-Formulierung)

Ausschnitt aus einer Graphit-Ebene

Im Graphit sind alle C-Atome sp^2-hybridisiert. Diese formieren sich zu miteinander verknüpften Sechsringen und bilden so Kohlenstoffebenen aus, die schichtartig zusammengelagert sind. Wichtig ist nun, daß wegen der sp^2-Hybridisierung in den Sechsringen konjugierte Doppelbindungen vorliegen, die eine Elektronen-Delokalisierung in der ganzen Schicht ermöglichen (s. Abbildung).

Darauf beruht die elektrische Leitfähigkeit des Graphit ($\varrho = 1{,}4 \cdot 10^{-5}\ \Omega \cdot \text{m}$), ebenso die tiefschwarze Farbe. Der Schichtaufbau bedingt die Weichheit und Spaltbarkeit.

Die Verwendungen des Graphit sind so vielfältig, daß sie nur stichwortartig aufgeführt werden können. Meist liegt die thermische und chemische Resistenz zugrunde. Graphit wird verwendet für Elektroden für chemische und technische Prozesse (Schmelzflußelektrolyse, Lichtbogenöfen usw.), Ofenauskleidungen, Gießformen, Schmelztigel, Kohlebürsten in Elektromotoren, Schmier- u. Gleitmittel, „Bleistifte" (mit Ton vermischt zur Härteeinstellung) sowie im chemischen Apparatebau.

Werden faserbildende Polymere (z. B. ↑ Polyacrylnitril) der kontrollierten Pyrolyse unterworfen, so wandelt sich das C-Gerüst innerhalb der Faserstrukturen in Graphit um. Der Zusammenhalt in den so entstehenden *Kohlenstoff-Fasern* (*Kohlefasern*) beruht auf den C-C-Bindungen der aromatischen Sechsringstruktur des Graphit, weshalb diese Fasern eine enorme Zugfestigkeit und Elastizität aufweisen (höher als Stahl). Sie werden zu Verbundwerkstoffen verarbeitet, die zunehmende Anwendung in der Technik erfahren (Flugzeugbau, Kraftfahrzeuge, Sportgeräte).

Die Kohlenstoff-Formen *Koks*, *Ruß* und ↑ Aktivkohle stellen ebenfalls Graphit dar, der allerdings so mikrokristallin ist, daß die typisch graphitischen Eigenschaften wegen der Verfilzung der Kristallite nicht hervortreten. Zudem enthalten diese Produkte meist geringfügige Begleitstoffe, die teils oberflächlich chemisch gebunden sind (Wasserstoff, Sauerstoff).

Das Nuklid ^{12}C wurde 1962 mit der Relativen Atommasse von 12,00000 als Standard für die Festlegung der „Atomgewichte" gewählt. Natürlicher C besteht zu 98,90 % aus dem Isotop ^{12}C und zu 1,10 % aus dem Isotop ^{13}C. Letzteres besitzt den Kernspin $^1/_2$ und bildet damit die Grundlage der ^{13}C-NMR-Spektroskopie. Das Isotop ^{14}C ist radioaktiv. Es ist ein β-Strahler mit der Halbwertzeit 5730 Jahre. Es entsteht in sehr geringer Menge durch Neutronenbeschuß (kosmische Strahlung) aus dem Stickstoff: $^{14}_{7}N + ^{1}_{0}H \rightarrow ^{1}_{1}H + ^{14}_{6}C$. Im Laufe der Erdgeschichte hat sich so in der Atmosphäre eine Gleichgewichtskonzentration an $^{14}CO_2$ herausgebildet, die sich auch in den lebenden Organismen findet (Assimilation, s. unter ↑ Kohlenstoffdioxid). Stirbt ein Organismus, hört die ^{14}C-Nachlieferung auf und durch den radioaktiven Zerfall sinkt der ^{14}C-Gehalt, so daß aus der ^{14}C-Messung in fossilen Materialien auf den Zeitpunkt des Ablebens zurückgerechnet werden kann. W. F. Libby (Nobelpreis 1960) hat dies ab 1947 zu einer zuverlässigen Altersbestimmungs-Methode ausgebaut (*^{14}C-Methode*), die für die Geschichtsforschung und Archäologie große Dienste leistet.

Der Kohlenstoff ist mit seiner Fähigkeit, sich praktisch unbegrenzt mit sich selbst zu Ketten und Ringen zu verbinden, mit vielen anderen Elementen stabile Verbindungen einzugehen und so eine unerschöpfliche Vielfalt an Substanzen und Kombinationsmöglichkeiten zuzulassen, zum Basiselement der lebenden Materie geworden. Die Mannigfaltigkeit der Kohlenstoff-Verbindungen und der mit ihnen durchführbaren Reaktionen ist auch der Grund dafür, daß der Chemie des Kohlenstoffs eigene Fachdisziplinen zugeordnet sind, nämlich die Organische Chemie, die Biochemie sowie ein Großteil der Polymerchemie.

C Z = 6 A_R = 12,011 Isotope: 12, 13; 9, 10, 11, 14, 15, 16 (künstlich)

t_{Smp}	t_{Sdp}	d	MV	α	λ
3750 °C	> 3800 °C	2,26 g/cm³ (Gr.), 3,51 g/cm³ (Dia.)	5,3 cm³/mol (Gr.)	1,19 10^{-6}/K (Dia.)	2320 W/mK (Dia.)

C_p	$\Delta_S H$	$\Delta_V H$	S^o	ϱ
8,51 J/(K · mol)		711 kJ/mol	5,74 J/(K · mol)	$1,4 \cdot 10^4$ nΩ · m (Gr.)

Kohlenstoffdioxid

Carbon dioxide

K. ist unter Normalbedingungen ein farb- und geruchloses, nicht brennbares Gas. Die Umwandlungen der Aggregatzustände (fest, flüssig, gasförmig) des K. sind geprägt von der relativ hohen kritischen Temperatur und der Lage des Tripelpunktes. Wegen des hohen t_{krit}-Wertes (die „*kritische Temperatur*" eines Gases bezeichnet den Temperatur-Wert, oberhalb dessen eine Verflüssigung dieses Gases durch noch so starke Druckerhöhung nicht mehr möglich ist) gelingt eine Verflüssigung des K. bereits durch realtiv niedrige Drucke (z. B. bei 0 °C durch 34,7 bar, bei −20 °C durch 19,6 bar), wobei man eine farblose, leichtbewegliche Flüssigkeit erhält. In dieser verflüssigten Form kommt K. in graugestrichenen Stahlflaschen in den Handel

(p = 57,5 bar bei 20 °C). Die Lage des Tripelpunktes (p_{trip} = 5,3 bar, t_{trip} = −56,7 °C; am *Tripelpunkt* einer Substanz stehen fester, flüssiger und gasförmiger Zustand miteinander im Gleichgewicht) hat zur Folge, daß bei normalem Atmosphärendruck nur feste und gasförmige Phase miteinander im Gleichgewicht stehen können, und zwar auf die Weise, daß bei −78,48 °C der Sublimationsdruck des festen K. 1,013 bar erreicht. Das heißt mit anderen Worten, daß K. bei −78,48 °C unter Auslassung des flüssigen Zustandes verdampft, also sublimiert. Umgekehrt erhält man natürlich bei Abkühlung von (gasförmigem) K. unter −78,48 °C direkt festes K. in Form eines schneeförmigen Pulvers. Die Verhältnisse werden durch das abgebildete Zustandsdiagramm dargestellt.

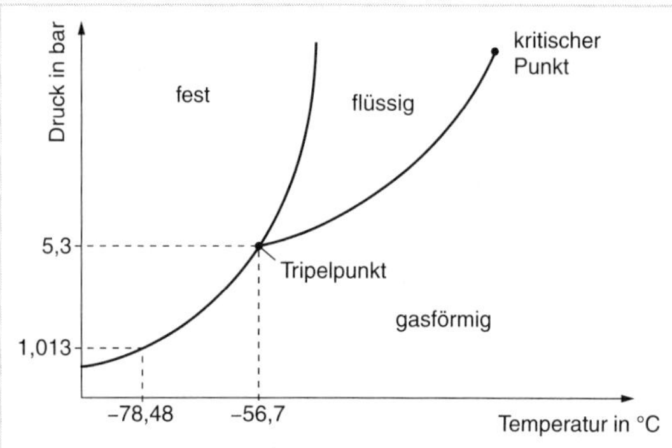

Zustandsdiagramm von Kohlenstoffdioxid (nicht maßstäblich)

Festes K. kommt zu Blöcken verpresst in speziellen Kühlkontainern als „*Trockeneis*" in den Handel. Dreht man z. B. eine Stahlflasche mit unter Druck verflüssigtem K. rasch auf, so kühlt sich der austretende Inhalt infolge der hohen Verdampfungswärme (Energie, die zur Verdampfung verbraucht wird) bis unter den Sublimationspunkt des K. (−78,48 °C:) ab, so daß man zunächst schneeförmiges Trockeneis erhält.

K. löst sich bei 20 °C unter Atmosphärendruck zu 880 ml/l in Wasser (bei 0 °C 1,71 l/l). Die Lösung reagiert schwach sauer (s. unten). Die Löslichkeit des K. in org. Solventien (z. B. ↑ Ethanol, ↑ Aceton) ist wesentlich geringer.

$$C + O_2 \longrightarrow CO_2$$

Kohlenstoffdioxid-Bildung durch Kohlenstoff-Verbrennung

K. kommt auf der Erde sowohl in freier Form als auch in gebundener Form in den Carbonatgesteinen jeweils in riesigen Mengen vor. Als Gas ist K. mit einem Anteil von 0,03 Vol-% Bestandteil der Atmosphäre (entspricht einer Masse von etwa 200 Milliarden Tonnen) und entströmt es in vulkanischen Gegenden der Erde aus Rissen und Spalten. Gelöst ist K. im Meerwasser mit einem Anteil von etwa 0,0005 Gew.-% und in den Wässern unzähliger Mineralquellen (mit erheblich höherem K.-Gehalt), was insgesamt nochmals das tausendfache der Masse des in der Atmosphäre vorkommenden K. ausmacht. Das Millionenfache des atmosphärischen K. ist an K. vor allem in Form von ↑ Calciumcarbonat und ↑ Magnesiumcarbonat in der Lithosphäre gebunden. K. ist das Endprodukt der biologischen und technischen Verbrennung organischer Materialien. Deshalb fällt es bei derartigen Vorgängen vielfach in wirtschaftlich nutzbarer Form und Menge an, so bei der Verbrennung von Koks (s. Gleichung) und bei der alkoholischen Gärung (s. unter ↑ Ethanol). Auch aus den natürlichen Gasquellen wird K. technisch gewonnen. Im Labor stellt man sich K. durch Einwirkung von Säuren auf ↑ Calciumcarbonat her (s. Gleichung).

$$CaCO_3 + 2\,HCl \longrightarrow CaCl_2 + H_2O + CO_2$$

Herstellung von Kohlenstoffdioxid im Labor

$$CO_2 \rightleftharpoons CO + \tfrac{1}{2} O_2$$

$$CO_2 \rightleftharpoons C + O_2$$

Thermischer Zerfall von Kohlenstoffdioxid

Das K.-Molekül ist linear gebaut, weil das C-Atom im sp-hybridisierten Bindungszustand vorliegt. K. besitzt also kein Dipolmonoment. K. ist eine thermisch sehr stabile Verbindung, die erst oberhalb 2000 °C merklich zerfällt in ↑Sauerstoff und ↑Kohlenstoffmonoxid bzw. ↑Kohlenstoff (s. Gleichungen).

Auch chemisch ist K. recht inert, zumindest was die Reduzierbarkeit betrifft. So reagiert K. nur mit den kräftigsten Reduktionsmitteln in der Hitze, wobei die Umsetzung mit ↑Wasserstoff als „*Wassergas-Gleichgewicht*" und die Umsetzung mit Kohle als „*Boudouard-Gleichgewicht*" eine besondere technische Bedeutung besitzt (s. Gleichungen).

$$CO_2 + H_2 \rightleftharpoons CO + H_2O \quad \text{Wassergasgleichgewicht}$$

$$CO_2 + C \rightleftharpoons 2\,CO \quad \text{Boudouard-Gleichgewicht}$$

Technisch wichtige Reduktionen von Kohlenstoffdioxid

Leicht reagiert K. mit basischen Substanzen, an Wichtigkeit allem voran die Reaktion mit Wasser. Wie bereits erwähnt, löst sich K. temperatur- und druckabhängig in Wasser. Das gelöste K. liegt zu 99,9 % in rein physikalischer Lösung vor, während 0,1 % sich mit dem Wasser zur *Kohlensäure* umsetzen (weiteres s. unter ↑Kohlensäure).

K. ist einerseits eine technisch und präparativ vielgebrauchte Basischemikalie, andererseits stellt es das Kohlenstoff-Vehikel im irdischen *Kohlenstoff-Kreislauf* dar. Dieser Kreislauf bedeutet eigentlich eine gigantische Symbiose zwischen *Tierwelt* und *Pflanzenwelt*, die sich in dem gezeigten einfachen Schema darstellen läßt (s. Schema). Die grünen Pflanzen bauen im Calvin-Cyclus aus K. die Hexosen auf, angetrieben durch das in der Lichtreaktion eingefangene Sonnenlicht, und setzen aus Wasser stammenden Sauerstoff frei (s. unter ↑Chlorophyll), die Tiere bauen diese Hexosen im Citronensäure-Cyclus unter Sauerstoff-Verbrauch wieder zu K. und Wasser ab und verwerten die dabei gewonnene Energie in der Atmungskette und dem nachfolgenden Anabolismus (s. unter ↑Adenosin-5′-triphosphat).

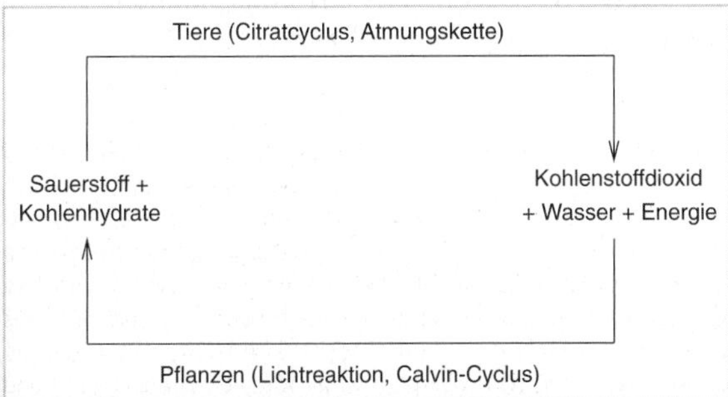

Der biotische Kohlenstoff-Kreislauf

In diesem Cyclus wird jedes Jahr etwa ein vierzigstel des atmosphärischen K. umgesetzt. Die irdische Pflanzenwelt erfüllt mithin eine wichtige Funktion auch in der Stabilisierung des atmosphärischen K.-Gehaltes. Es ist sicher, daß in früher erdgeschichtlicher Zeit die Atmosphäre einen sehr hohen Gehalt an K. aufwies. Dieses K. wurde bis auf den heutigen Restgehalt in der Lithosphäre beim Aufbau der riesigen *Kalkgebirge* eingebunden und man kann annehmen, daß dies im Zusammenspiel mit K.-Verbrauch und -Freisetzung durch die Lebewesen und geologische Vorgänge zu dem bis heute stabilen globalen Gleichgewicht geführt hat.

Während also auf der *Erde* das ursprünglich atmosphärische K. fast vollständig gebunden wurde, hat sich auf den beiden Nachbarplaneten *Venus* und *Mars* eine überwiegend aus K. bestehende Atmosphäre erhalten. Der innerste Planet *Merkur* ist zu leicht, um eine Atmosphäre halten zu können, die äußeren Planeten *Jupiter*, *Saturn*, *Uranus* und *Neptun* sind *Gasplaneten* (im Gegensatz zu den vier inneren, die *terrestrische Planeten* darstellen) und bestehen in ihren äußeren Zonen hauptsächlich aus Wasserstoff und Helium. Der äußerste Planet *Pluto* wiederum ist zu leicht für eine Atmosphäre (die zu geringe Gravitationskraft kann die Gasdiffusion in den Weltraum nicht verhindern).

Auf die Annahmen bezüglich eines auf der Erde durch atmosphärische Spurengase, zu denen ja auch K. gehört, verursachten sogenannten „Treibhauseffektes" wird hier nicht weiter eingegangen.

Die technischen und präparativen Verwendungen des K. seien nur stichwortartig aufgeführt:

Getränkeherstellung (Bier, Sekt, Limonaden usw.), Kältetechnik, Schutzgas, Feuerlöschmittel, Kältemischungen im Labor (Methanol/Trockeneis, Aceton/Trockeneis), Bühnen-Raucherzeugung, Herstellung von Carbonaten, Harnstoff, aromatischen Carbonsäuren

Eine technisch wichtige Anwendung findet K. in dem 1963 entwickelten *Kohlenstoffdioxid-Laser*: ein durch elektrische Entladung angeregter und überbesetzter asymmetrischer Valenz-Schwingungszustand des K.-Moleküls wird zur induzierten Emission von IR-Strahlung (9,6 und 10,6 μm) veranlasst. Der K.-Laser wird vor allem zur Materialbearbeitung eingesetzt.

Bedeutung besitzt heute auch flüssiges K. in überkritischem Zustand (d. h. bei höheren Temperatur/Druck-Werten als dem Kritischen Punkt), in welchem es ausgezeichnetes Extraktions-Vermögen besitzt und vielfach zur Extraktion von Naturstoffen (z. B. ↑ Coffein aus Kaffee) benutzt wird (*SFE* = Supercritical Fluid Extraction). Auch als Laufmittel in chromatographischen Trennverfahren wird es heute vielfach verwendet (*SFC* = Supercritical Fluid Chromatographie). Ein großer Vorteil hierbei ist, daß das K. anschließend beim Entspannen rückstandsfrei verdampft.

K. besitzt als Stoffwechsel-Endprodukt naturgemäß keine direkte toxische Wirkung. Zu hohe Gehalte in der Atemluft sind aber deshalb gefährlich, weil sie einen geringen Sauerstoff-Gehalt bedingen. So führt ein K.-Gehalt ab ca. 6 Vol.-% zu akuter Gefährdung zunächst durch Bewußtlosigkeit und schließlich zum Tod. K. wirkt anregend auf das Atemzentrum und führt in Konzentrationen von 3-5 % zu starker Ventilation (Verwendung von K. bei CO-Vergiftungen!). Flammen erlöschen bei K.-Gehalten von 8–10 Vol.-%.

Die menschliche Atemluft enthält 4 % K. Das Atemzeitvolumen eines Erwachsenen beträgt durchschnittlich ca. 7 Liter/Min., d. h. er atmet pro Minute ca. 0,28 Liter K. aus, das entspricht 16,8 Liter/Stunde. Ein Mensch erzeugt also durch Atmung ca. 800 g K. pro Tag.

► K. ist 1,5 mal schwerer als Luft, sinkt also zu Boden und sammelt sich dort an, was in Brunnen, Sektkellern usw. zu beachten ist. Man wendet hier deshalb die *Kerzenprobe* an: eine auf den Boden gestellte brennende Kerze erlischt, ehe sich eine für den Menschen gefährliche Konzentration in Kopfhöhe ausbildet.

CO_2 $M_R = 44{,}01$ C 27,29 % O 72,71 %

t_{Smp} s. oben	$t_{Sublimation}$ −78,48 °C (S)	d 0,00198 g/cm³ (gas), 0,77 g/cm³ (fl.)	η		
C_p 37,1 J/(K · mol)	$\Delta_S H$ ca. 8 kJ/mol (−56,6 °C)	$\Delta_V H$	$\Delta_B H$ −394 kJ/mol	S^o 213,8 J/(K · mol)	Q_C
t_{krit} 31,06 °C	p_{krit} 73,83 MPa	d_{krit} 0,464 g/cm³	t_{trip} −56,6 °C		

MAK	R-Satz	S-Satz
9000 mg/m³		

Kohlenstoffmonoxid

Carbon monoxide

Ein farb-, geruch- und geschmackloses Gas, das sich leicht entzünden läßt, und dann mit blaßblauer Flamme in stark exothermer Reaktion zu ↑ Kohlenstoffdioxid verbrennt. K. löst sich nur sehr wenig in Wasser (bei 20 °C nur 23 ml/l), besser löslich ist es in vielen org. Solventien. Sehr gut wird K. in einer salzsauren konzentrierten Lösung von ↑ Kupfer(I)chlorid absorbiert.

K. entsteht bei der unvollständigen Verbrennung von ↑ Kohlenstoff und wird technisch in riesigen Mengen hergestellt. Als Kohlenstoffquelle dient teils Kohle, teils Erdöl und Erdgas. Die Gewinnung von K. aus Kohle (*Kohlevergasung*) beruht auf der Oxidation von Kohlenstoff, die Gewinnung aus Erdöl und Erdgas beruht auf der oxidativen Spaltung von Kohlenwasserstoffen. Es kann hier nicht auf technologische Details eingegangen werden, sondern es seien lediglich die zugrundeliegenden chemischen Reaktionen kurz genannt.

Wird Koks mit ↑ Sauerstoff verbrannt, bildet sich bei entsprechender Reaktionsführung K. nach den dargestellten Gleichungen.

$$\begin{array}{lcl} C + O_2 & \rightleftharpoons & CO_2 \\ CO_2 + C & \rightleftharpoons & 2\,CO \quad \text{Boudouard-Gleichgewicht} \\ \hline 2\,C + O_2 & \rightleftharpoons & 2\,CO \end{array}$$

Verbrennung von Koks zu Kohlenstoffmonoxid

Hierzu wird Luft durch glühenden Koks geblasen, das austretende Gas enthält also neben dem K. noch Stickstoff und wird als „*Generatorgas*" bezeichnet (s. Gleichung).

$$\underbrace{2\,C + O_2 + 4\,N_2}_{\text{Luft}} \longrightarrow \underbrace{2\,CO + 4\,N_2}_{\text{Generatorgas}}$$

Bildung von Generatorgas aus Koks und Luft

Das *Boudouard-Gleichgewicht* für die endotherme Bildung von K. aus ↑ Kohlenstoffdioxid und ↑ Kohlenstoff ist technisch sehr wichtig und ist im Diagramm veranschaulicht. Das Boudouard-Gleichgewicht spielt in der Metallurgie (s. z. B. ↑ Eisen) bei der Reduktion von Metalloxiden mit Kohle eine wichtige Rolle.

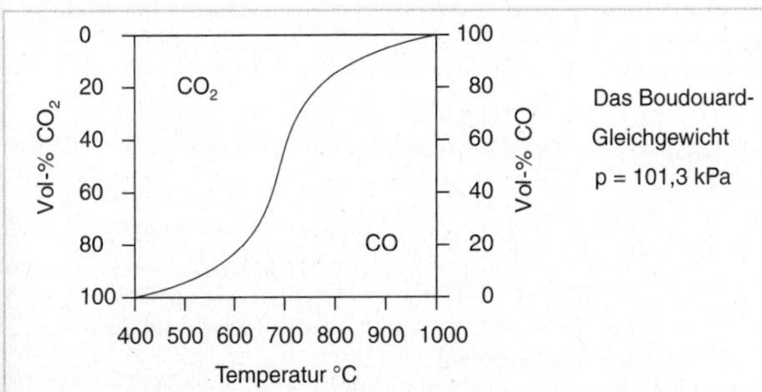

Boudouard-Gleichgewicht

$$C + H_2O \xrightleftharpoons{1000\,°C} CO + H_2$$

Oxidation von Koks mit Wasserdampf

Wird Kohle durch Wasserdampf oxidiert, so erhält man in endothermer Reaktion (bei hohen Temperaturen) K. und ↑ Wasserstoff (s. Gleichung).

Bei niedrigeren Temperaturen reduziert das K. weiteres Wasser in der als *Wassergas-Gleichgewicht* bezeichneten Reaktion (s. Gleichung). Auch im Wassergas-Gleichgewicht wirkt (da C vorhanden ist) das Boudouard-Gleichgewicht mit.

$$CO + H_2O \rightleftharpoons CO_2 + H_2 \quad \text{(Wassergasgleichgewicht)}$$

Wassergas-Gleichgewicht

$$C + 2\,H_2O \rightleftharpoons CO_2 + 2\,H_2$$

Reaktion von Koks mit Wasserdampf bei tieferer Temperatur

Bei Überschuss an Wasserdampf und niedriger Temperatur erhält man also aus der Reaktion von Koks mit Wasserdampf Kohlenstoffdioxid und Wasserstoff (s. Gleichung).

Für die K.-Gewinnung aus Kohlenwasserstoffen (Erdöl, Erdgas) werden die Kohlenwasserstoffe entweder in Gegenwart von Wasser katalytisch (*steam reforming*) oder mittels der durch Teilverbrennung erzeugten Wärme autotherm gespalten (s. Gleichungen).

$$\text{-}(CH_2)\text{-}_n + {}^n/_2\,O_2 \longrightarrow n\,CO + n\,H_2$$
$$\text{-}(CH_2)\text{-}_n + n\,H_2O \longrightarrow n\,CO + 2n\,H_2$$

Kohlenstoffmonoxid-Gewinnung aus KW

$$CO + {}^1/_2\,O_2 \longrightarrow CO_2$$
$$H_2 + {}^1/_2\,O_2 \longrightarrow H_2O$$

Verbrennung von Synthesegas

Die so erhaltenen Gemische von K. mit ↑ Wasserstoff werden allgemein als *Synthesegas* bezeichnet, weil sie neben der direkten Verbrennung zur Energieerzeugung (s. Gleichungen) großtechnisch zur Synthese der verschiedensten Basisprodukte verwendet werden (s. Gleichungen).

$$CO + 2\,H_2 \xrightleftharpoons{250\text{ bar, [Kat]}} CH_3OH \quad \text{(Methanolsynthese)}$$
$$R{-}CH{=}CH_2 + CO + H_2 \longrightarrow \text{Aldehyde} + \text{Alkohole} \quad \text{(Hydroformylierung)}$$

Präparative Verwendung von Synthesegas

Für die Umwandlung der Kohle in Kohlenwasserstoffe ist das „*Fischer-Tropsch-Verfahren*" von Bedeutung, das die drucklose katalysierte Synthese von Aliphaten aus K. und Wasserstoff beinhaltet (s. Gleichungen).

$$n\,CO + (2n+1)\,H_2 \longrightarrow C_nH_{2n+2} + n\,H_2O \quad \text{gesättigte KW}$$
$$n\,CO + 2n\,H_2 \longrightarrow C_nH_{2n} + n\,H_2O \quad \text{ungesättigte KW}$$

Fischer-Tropsch-Verfahren: KW aus Kohlenstoffmonoxid und Wasserstoff

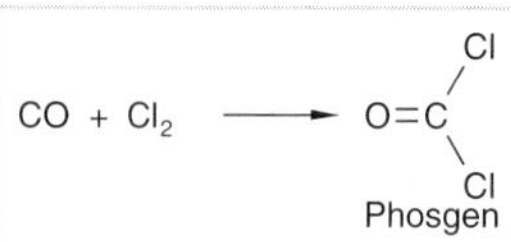

Phosgen-Synthese aus Kohlenstoffmonoxid

Nach Abtrennung von Wasserstoff (aus Synthesegas), z. B. durch Absorbtion in Cu(I)chlorid-Lösung, wird K. zu einigen speziellen Synthesen verwendet, z. B. von ↑ Phosgen (s. Gleichung) oder zur Synthese von Metall-Carbonylen, z. B. ↑ Eisenpentacarbonyl.

|C≡O| |N≡N|

Isosterie von Kohlenstoffmonoxid mit Stickstoff

Die Laborsynthese von K. gelingt durch Umsetzung von ↑ Ameisensäure mit konz. ↑ Schwefelsäure. Die Valenzstrichformeln zeigen, daß K. mit ↑ Stickstoff isoster ist (s. Abbildung). Das freie Elektronenpaar am Kohlenstoff kompensiert die größere Elektronegativität des O-Atoms, so daß K. kaum ein Dipolmoment aufweist. Dieses Elektronenpaar bedingt auch den Lewis-Basen-Charakter des K. und seine Komplexbildungs-Fähigkeit.

► K. ist hochgiftig. Besonders gefährlich ist, daß K. völlig unbemerkt aufgenommen wird (geruch- und reizloses Gas, erzeugt keine Atemnot). Die Reihenfolge der Symptome ist etwa: anfängliche Euphorie, Gleichgültigkeit, Kopfschmerz, Benommenheit, Bewußtlosigkeit, Tod. Konzentrationen von etwa 0,1 % in der Atemluft sind bei längerer Einatmung nach zunächst eintretender Bewußtlosigkeit tödlich, 0,05 % führen zu Bewußtlosigkeit. Chronische Erkrankungen treten beim langfristigen Einatmen auch kleiner Dosen (über 0,01 %) auf. Über dicht besiedelten Gebieten ist die K.-Konzentration stets erhöht, besonders hoch ist sie an städtischen Straßenkreuzungen, da die *Autoabgase* im Leerlauf bis zu 11 % K. enthalten. Zur Giftwirkung s. auch unter ↑ Hämoglobin.

CO $M_R = 28{,}01$ C 42,88 %   O 57,12 %

t_{Smp}	t_{Sdp}	d	η
−205 °C	−191,5 °C	0,00125 g/cm³ (0 °C)	

C_p	$\Delta_S H$	$\Delta_V H$	$\Delta_B H$	S^o	Q_C
29,1 J/(K · mol)	8,08 kJ/mol	6,04 kJ/mol	−110,5 kJ/mol	197,7 J/(K · mol)	

t_{krit}	P_{krit}	d_{krit}	t_{trip}
−140,2 °C	3,5 MPa	0,311 g/cm³	

MAK	R-Satz	S-Satz
33 mg/m³	61-12-23-48/23	53-45

Kolophonium ⟶ Abietinsäure

Kongorot

Congo red

Ein braunrotes Pulver, das sich in Wasser und Ethanol mit gelblich-roter Farbe löst. Ist nur sehr wenig löslich in Aceton und unlöslich in Diethylether.

K. erhält man durch Kupplung von bis-diazotiertem ↑ Benzidin mit 2 Mol 1-Amino-naphthalin-4-sulfonsäure (*Naphthionsäure*) und Überführung des Kupplungsproduktes in das Na-Salz (s. Schema).

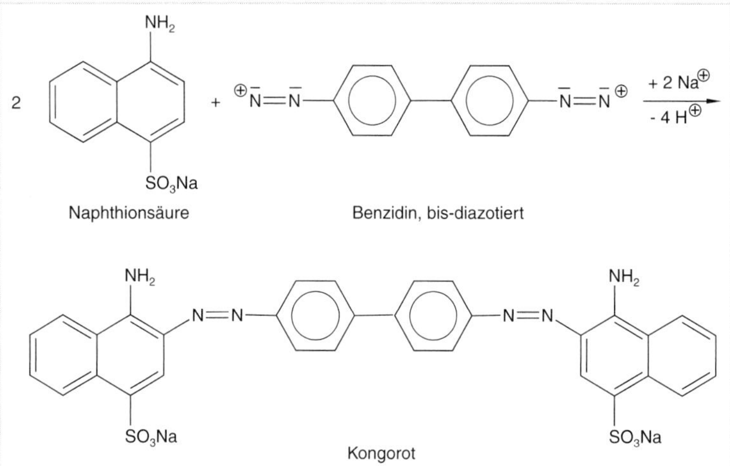

Synthese von Kongorot

Die rote Lösung dieses Di-Na-Salzes färbt sich bei Zugabe von Mineralsäure tief blau-violett, weil sich das entsprechende Di-Kation bildet, in dem die in der Abbildung dargestellte zusätzliche Mesomerie möglich ist. K. dient deshalb als pH-Indikator, der im stark sauren Bereich (unter pH 3) tiefblaue Lösungen ergibt und oberhalb pH 3 nach rot umschlägt.

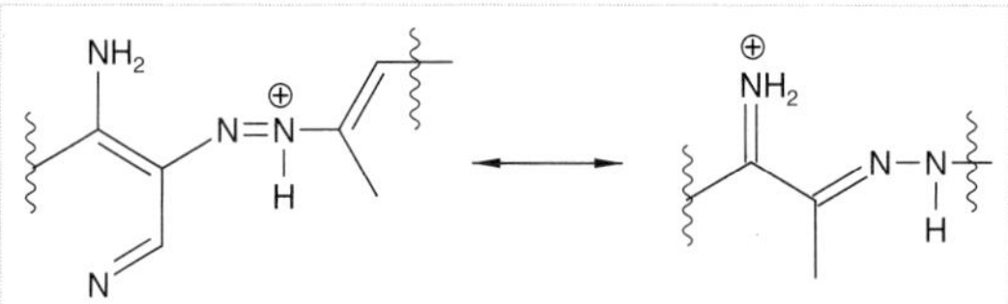

Mesomerie-Möglichkeiten im Dikation von Kongorot

K. wurde 1884 erstmals synthetisiert und erwies sich als der erste direktziehende *Azofarbstoff* zum Färben von Baumwolle. Unter „*direktziehend*" versteht man, daß der Farbstoff ohne vorheriges *Beizen* des zu färbenden Stoffes auf der Faser haftet. ↑Cellulose (Baumwolle, Reyon) besitzt keine sauren oder basischen Gruppen, an denen Farbstoffmoleküle durch Salzbildung haften können (wie an Wolle und Seide, die ja Proteine darstellen). Man bedient sich deshalb des „Beizens", d. h. die Faser wird vor dem Färben mit basischen oder sauren Substanzen (*Beizmittel*) behandelt, die sich auf der Faser fixieren. Diese Beizmittel stellen vielfach kolloidale Metallhydroxide (Al-, Fe-, Cr-Hydroxid) dar, die dann die Haftung des Farbstoffs auf der Faser vermitteln.

Daß K. als direktziehender oder *Substantiv-Farbstoff* keiner Beize bedarf, beruht darauf, daß er selbst kolloidal in stark assoziierter Form vorliegt. Die Substantiv-Farbstoffe stellen heute die wichtigste Gruppe der Azofarbstoffe dar.

Als Indikator wird K. in 0,1 %iger wässeriger Lösung angewandt und dient speziell zum Nachweis von Mineralsäuren besonders in Gegenwart organischer Säuren.

K.-Papier ist mit 0,1 %iger wässeriger K.-Lösung getränktes Papier.

$C_{32}H_{22}N_6Na_2O_6S_2$ $M_R = 696{,}67$ C 55,17 % H 3,18 % N 12,06 % Na 6,60 % O 13,78 % S 9,21 %

Korksäure

Suberic acid Suberinsäure, Octandisäure

Bildet farblose Kristalle, die sich in Wasser nur zu 0,16 g/100 ml, in Diethylether zu etwa 0,6 g/100 ml lösen, in Ethanol gut löslich sind, während sie in Chloroform praktisch nicht in Lösung gehen. Die K. sublimiert bei 300 °C ohne Zersetzung.

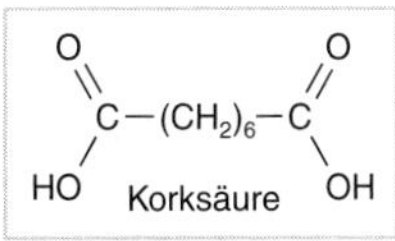

Struktur der Korksäure

Die K. bildet sich beim Erwärmen von Kork (Name!) oder Ricinusöl mit ↑ Salpetersäure, wobei die Gewinnung aus Ricinusöl auch die technische Route darstellt, bei der ferner die ↑ Azelainsäure sowie die ↑ Sebacinsäure mitentstehen.

Die K. und ihre Derivate (Ester, Amide) werden in Kunststoffen als Weichmacher verwendet.

$C_8H_{14}O_4$ $M_R = 174{,}20$ C 55,16 % H 8,10 % O 36,74 %

t_{Smp}	t_{Sdp}	d	η
140 °C	279 °C (13,3 kPa)		

Kreatin

Creatine N-Amidinosarkosin

Kristallisiert als Monohydrat in Form farbloser Prismen aus Wasser, die sich zu 1,3 g/100 ml in Wasser lösen mit neutraler Reaktion, in Ethanol oder Diethylether praktisch unlöslich sind.

K. kommt vor allem im Muskelgewebe der Wirbeltiere vor (geringe Mengen befinden sich auch im Blut) und kann deshalb kommerziell aus Fleischextrakten gewonnen werden (Name von griech.: kreas = Fleisch).

Die Synthese gelingt durch Umsetzung von ↑ Sarkosin (N-Methylglycin) mit ↑ Cyanamid (s. Schema).

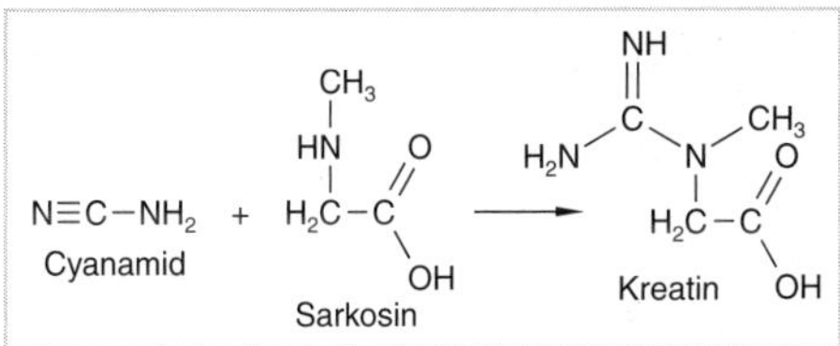

Synthese von Kreatin

Im Organismus entsteht K. durch Übertragung des Guanidylrestes von ↑ Arginin auf ↑ Glycin zur *Guanidinoessigsäure*, die dann durch ↑ S-Adenosylmethionin zu K. N-methyliert wird.

In wässeriger Lösung bildet K. durch cyclisierende Kondensation bis zu einem Gleichgewicht ↑ Kreatinin (s. Schema). Dieses Gleichgewicht wird durch Säuren ganz nach rechts verschoben.

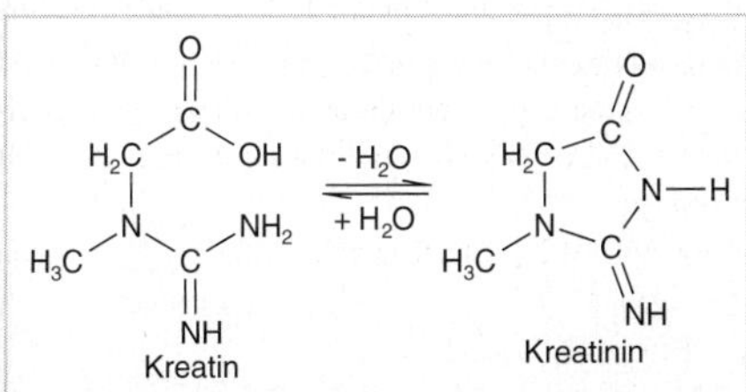

Cyclisierung von Kreatin zu Kreatinin

K. tritt normalerweise nur in geringer Menge im Urin auf, da es aus der Niere rückresorbiert wird. Die Ausscheidungsform ist dagegen das ↑ Kreatinin.

Die physiologische Bedeutung des K. liegt in der leicht erfolgenden reversiblen Aufnahme eines Phosphatrestes zum ↑ Kreatinphosphat.

$C_4H_9N_3O_2$	$M_R = 131,13$	C 36,64 %	H 6,92 %	N 32,04 %	O 24,40 %

$t_{Zersetzung}$	t_{Sdp}	d	η
303 °C (Z)			

Kreatinin

Creatinine

Bildet farblose, blättchenförmige Kristalle, die sich zu ca. 8 g/100 ml in Wasser lösen, in Ethanol wenig, in Diethylether oder Aceton praktisch nicht löslich sind.

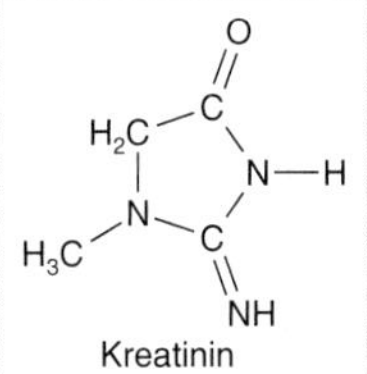

Struktur von Kreatinin

K. findet sich wie ↑ Kreatin vor allem im Muskelgewebe und deshalb auch in der Fleischbrühe (Fleischbrühwürfel müssen natives K. aufweisen).

Im Körper entsteht K. aus dem ↑ Kreatinphosphat und wird über die Niere ausgeschieden. Dabei ist die täglich ausgeschiedene K.-Menge der Muskelmasse proportional (ca. 25 mg/kg Körpergewicht).

Die Herstellung von K. erfolgt aus ↑ Kreatin durch Behandlung mit ↑ Salzsäure.

$C_4H_7N_3O$	$M_R = 113,12$	C 42,47 %	H 6,24 %	N 37,15 %	O 14,14 %

$t_{Zersetzung}$	t_{Sdp}	d	η
ab 300 °C (Z)			

Kreatinphosphat

Phosphocreatine Phosphokreatin

Ist meist nur in Form seiner Salze kommerziell erhältlich und bildet z. B. als Dinatriumsalz farblose, blättchenförmige Kristalle, die in Wasser sehr gut löslich sind.

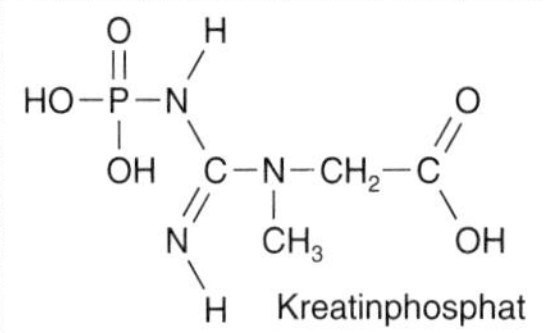

Struktur von Kreatinphosphat

K. findet sich vor allem in den Skelettmuskeln der Wirbeltiere. K. ist eine muskeltypische Speicherverbindung für einen Phosphatrest, der bei Muskelkontraktion sehr schnell auf ↑ Adenosindiphosphat (ADP) übertragen werden kann (wobei das Enzym *Kreatinkinase* mitwirkt) unter Bildung von ↑ Adenosintriphosphat (ATP). ATP wird bei der Muskelkontraktion verbraucht.

K. wird im ruhenden Muskel wieder zurückgebildet durch Phosphorylierung von ↑ Kreatin.

$C_4H_{10}N_3O_5P$	$M_R = 211,11$	C 22,76 %	H 4,77 %	N 19,90 %	O 37,89 %	P 14,67 %

Kresole

Cresols Methylphenole

Die drei K. kommen als Gemisch, (*Rohkresol*), aus dem Steinkohlenteer isoliert, in Form einer gelben Flüssigkeit in den Handel, die stark nach ↑ Phenol riecht, in Wasser nur wenig (2 g/100 ml), in den meisten org. Solventien und in Alkalien gut löslich ist. Die K. verfärben sich unter Lichteinwirkung allmählich dunkel.

Die einzelnen K. (s. Abbildung) werden technisch durch Abtrennung aus dem Rohkresol gewonnen. Die präparative Gewinnung von *o-Kresol*, *m-Kresol* und *p-Kresol* ist möglich durch Diazotierung und Verkochung der betreffenden Toluidine, aus den Chlortoluolen durch Erhitzen mit Alkali oder aus den betreffenden Toluolsulfonsäuren in der Alkalischmelze.

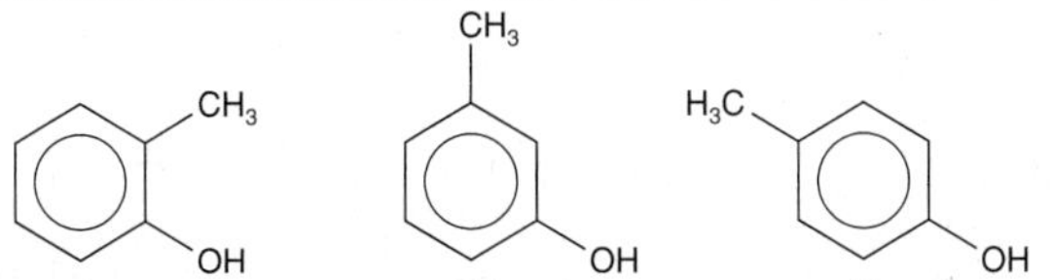

o-Kresol	m-Kresol	p-Kresol
Sdp. 191 °C, Schmp. 31 °C	Sdp. 202 °C, Schmp. 11 °C	Sdp. 202 °C, Schmp. 35 °C
d = 1,05	d = 1,03	d = 1,03

Die drei isomeren Kresole

Die Hauptverwendung finden die K. zur Herstellung der ↑ Phenoplaste mit ↑ Formaldehyd. Die phenolische Hydroxylgruppe der K. läßt sich leicht verestern und verethern. Die Phosphorsäureester von m- und p-K. werden als Weichmacher in Thermoplasten verwendet (das o-Derivat scheidet hier wegen seiner Giftigkeit aus) während die Carbonsäureester und Alkylether infolge ihres angenehmen Geruchs in der Parfümerie eingesetzt werden. Die K. besitzen stark bakterizide Wirkung und werden deshalb zum Imprägnieren von Holz benutzt. In Flüssigseife gelöst sind die K. als Desinfektionsreiniger im Handel (z. B. als „*Lysin*").

Die Daten der nachfolgenden Tabelle beziehen sich auf o-Kresol.

► Die K. sind stark giftige Verbindungen. Sie wirken lähmend auf das Zentralnervensystem. Besonders gefährlich ist, daß ein Hautkontakt zunächst ohne ätzende Wirkung bleibt und deshalb leicht vergessen wird, so daß K. auf der Haut verbleibt und resorbiert wird. So kann, bei genügend großflächigem Kontakt, erst nach Stunden tiefe Bewußtlosigkeit und der Tod eintreten. Die K. können auch noch bei der Wiederausscheidung tödliche Nierenschäden hervorrufen.

C_7H_8O $M_R = 108{,}13$ C 77,75 % H 7,46 % O 14,80 %

t_{Smp}	t_{Sdp}	d	η
31 °C	191 °C	1,05 g/cm³	

C_p	$\Delta_S H$	$\Delta_V H$	$\Delta_B H$	S^o	Q_C
233,6 J/(K · mol)	14,8 kJ/mol	44,9 kJ/mol	−202 kJ/mol	165,4 J/(K · mol)	−3693 kJ/mol

MAK	R-Satz	S-Satz
22 mg/m³	24/25-34	36/37/39-45

Kresolrot

Cresol red

Bildet ein rotbraunes kristallines Pulver, das sich in Wasser, Ethanol, Säuren und Laugen löst. Die saure Lösung ist rötlich-orange, die alkalische violett.

K. wird hergestellt durch Zusammenschmelzen von stöchiometrischen Mengen o-Kresol und o-Sulfobenzoesäureanhydrid (6 Std. bei ca. 140 °C). K. zeigt zwei Umschlagpunkte bei pH-Änderung (s. Schema), von denen der erste allerdings kaum verwertbar ist. Der den Farbänderungen zugrunde liegende Chemismus ist im Schema dargestellt.

pH 0,2	⟶	pH 1,8	und	pH 7,0	⟶	pH 8,8
orangerot		gelb		gelb		violett

Umschlagpunkte von Kresolrot

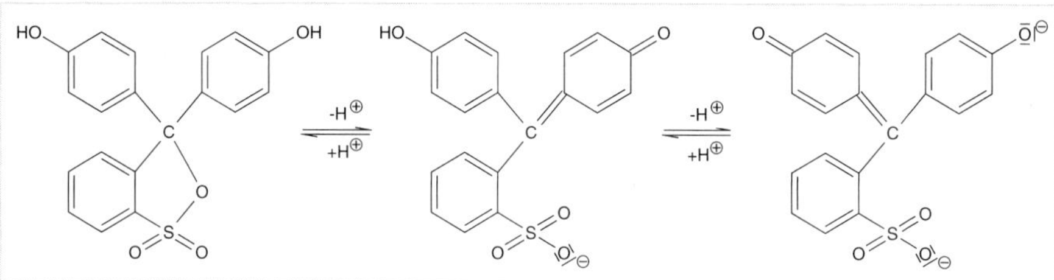

Chemismus der Umschlagpunkte von Kresolrot

K. wird als pH-Indikator verwendet und gehört wie ↑ Phenolphthalein und ↑ Phenolrot zur Klasse der Phthalein-Farbstoffe. Die Anwendung erfolgt in Form einer 0,1 %igen Lösung in 20 %igem Ethanol.

$C_{21}H_{18}O_5S$ $M_R = 382{,}44$ C 65,95 % H 4,74 % O 20,92 % S 8,38 %

Kristallviolett

Crystal violet, Gentian violet

Bildet ein dunkelgrünes kristallines Pulver mit metallischem Glanz, das sich in Wasser, Ethanol und Chloroform mit tiefvioletter Farbe löst, während es in Diethylether unlöslich ist.

K. ist das Hexamethyl-Derivat von *Parafuchsin* und wird durch Umsetzung von 2 Mol Dimethylanilin mit ↑ Phosgen zum „*Michlers Keton*" und dessen Umsetzung mit einem weiteren Mol Dimethylanilin in Gegenwart von ↑ Phosphoroxichlorid hergestellt (s. Schema).

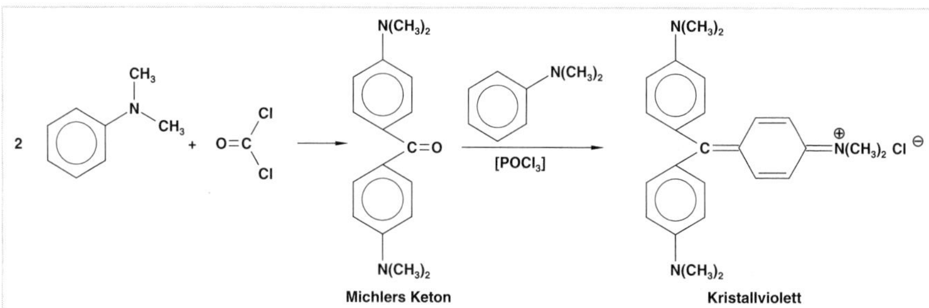

Synthese von Kristallviolett

K. ist ein außerordentlich intensiv färbender Triphenylmethanfarbstoff, der zur Herstellung von Kopierstiften, Stempelfarben und Tinten verwendet wird. K. dient ferner als Mikroskopier-Farbstoff sowie zum Färben von Textilien, Holz und Papier. Michlers Keton bildet zusammen mit Wasser und Iod in essigsaurer Lösung das *Gilman-Reagenz* auf Grignard-Verbindungen (s. unter ↑Magnesium). Bei Vorliegen einer Grignard-Verbindung entsteht eine grünblaue Färbung.

► K. wirkt als ziemlich starkes Zellgift und verursacht Gewebsschäden (Nekrosen), wobei besonders die Augen gefährdet sind.

$C_{25}H_{30}ClN_3$ $M_R = 408{,}00$ C 73,60 % H 7,41 % Cl 8,69 % N 10,30 %

Kronenether

Crown ethers

Als K. bezeichnet man eine Klasse cyclischer Polyether, die ihren Namen der einer Krone ähnelnden äußeren Molekülgestalt verdanken. Die Verbindungen bestehen aus einem Polyether-Ring, an den in den gängigsten Typen zwei Carbocyclen, meist Benzol- oder Cyclohexan-Ringe, ankondensiert sind. Die Eigenschaften der verschiedenen K.-Typen hängen außer von der Ringgröße (Zahl der O-Atome) von den ankondensierten Substituenten ab. Die aromatisch substituierten Vertreter sind farblose, kristalline, scharf schmelzende Verbindungen, die in Wasser, Ethanol und aromatischen Kohlenwasserstoffen nur wenig, in Methylenchlorid oder Chloroform gut löslich sind. Die cycloaliphatisch substituierten Verbindungen sind entweder viskose, farblose Flüssigkeiten oder niedrigschmelzende Feststoffe, die generell wesentlich besser löslich sind, manche sogar in Petrolether. Die Verbindungen sind alle thermisch stabil, bei höheren Temperaturen jedoch sauerstoffempfindlich.

Einer der bekanntesten K. ist die Verbindung *Dibenzo-18-krone-6*, die gleichzeitig der erste synthetisierte Vertreter der Klasse ist, an der Synthese und Benennung der K. dargestellt sei (Pedersen, 1967, Nobelpreis 1987). Die Verbindung entsteht bei der Umsetzung von ↑Brenzcatechin mit *2,2′-Dichlordiethylether*, wobei von beiden Reaktionspartnern jeweils zwei Moleküle in Reaktion treten und den Makrocyclus bilden (s. Schema).

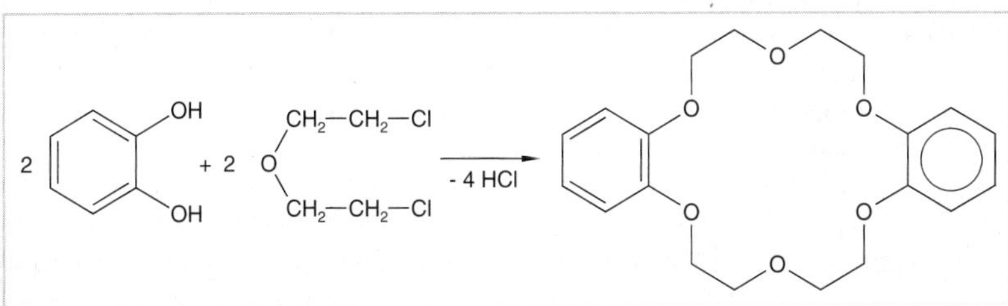

Synthese und Struktur von Dibenzo-18-krone-6

Die Namen der K. enthalten als erstes die Ringsubstituenten, gefolgt von der Zahl der Ringatome im Polyetherring, dann die Bezeichnung Krone und schließlich angefügt die Zahl der O-Atome im Polyetherring.

Die K. haben die wichtige Eigenschaft, daß sie Metallkationen, und zwar vor allem Alkali- und Erdalkali-Ionen, in ihrem makrocyclischen Ring aufzunehmen und fest zu komplexieren vermögen. Die Komplexe (*Coronate*) stellen stabile, kristalline Verbindungen dar, die, und das ist besonders interessant, in org. Solventien löslich sind. Dadurch können mit K. Metallsalze, also ionische Produkte, in organisches Medium transferiert werden, weshalb die K. auch als *Ionophore* bezeichnet werden. Die Komplexe sind umso stabiler, je besser die Kationen in den Polyetherring hineinpassen. So vermag Dibenzo-18-krone-6 mit seinem Ringdurchmesser von 2,6-3,2 Angström am besten Kalium-Ionen (2,66 Angström) aufzunehmen. Die K. lassen sich also Kationen-selektiv darstellen und auswählen.

Die Komplexe werden durch wässeriges Medium wieder zerlegt. Damit eignen sich die K. hervorragend zur *Phasentransferkatalyse* von Reaktionen, zur Maskierung von Kationen, zur Dekontamination von Lösungen und präparativ zur Racemattrennung. Die Komplexe ermöglichen auch eine Chemie mit nicht solvatisierten (sog. „nackten") Anionen in org. Medien.

Verwandt mit den K. sind die *Kryptanden* (J. M. Lehn, Nobelpreis 1987). Bei diesen handelt es sich ebenfalls um Polyether, die hier allerdings mehrere Cyclen ausbilden, die durch Brückenkopf-N-Atome miteinander verbrückt sind (es sind also *Azapolyether*). Diese Kryptanden koordinieren sich stöchiometrisch über ihre Etherbrücken um die Kationen herum, so daß diese in den sich ergebenden Hohlkugeln festgehalten, „versteckt" werden. Die sich so bildenden stabilen Einschlußverbindungen werden als *Kryptate* bezeichnet und finden die gleichen Anwendungen wie die K.

Mit den K. begann die Entwicklung der Supramolekularen Chemie.

$C_{20}H_{24}O_6$ $M_R = 360{,}41$ (Dibenzo-18-krone-6) C 66,65 % H 6,71 % O 26,64 %

t_{Smp}	t_{Sdp}	d	η
164 °C	380 °C (90,3 kPa)		

Krypton

Krypton Kr

Ein farb- und geruchloses Gas, das sich zu einer farblosen Flüssigkeit verdichten läßt, die schließlich zu farblosen Kristallen erstarrt (Daten s. Tabelle). Kr löst sich in Wasser zu 11 ml/100 ml.

Kr gehört zur Elementfamilie der Edelgase, kommt wie alle Edelgase in der atmosphärischen Luft vor, und zwar mit 0,000108 Vol.-%, und stellt wie alle Edelgase ein einatomiges Gas dar. Man gewinnt das Kr durch Fraktionierung der verflüssigten Luft, in der zuvor das Kr durch ein besonderes Auswaschverfahren angereichert wird. Kr wurde 1898 durch Ramsay entdeckt.

Kr besitzt die Elektronenkonfiguration $1s^2\ 2s^2\ 2p^6\ 3s^2\ 3p^6\ 3d^{10}\ 4s^2\ 4p^6$, Grundterm $^1S_0$.

Seit 1962 sind Verbindungen des schwereren Edelgases ↑ Xenon bekannt (bis dahin galten die Edelgase als zur Verbindungsbildung unfähig). Vom Kr ist das Difluorid bekannt, das bei −183 °C in Form farbloser Kristalle bei der Einwirkung elektrischer Entladungen auf ein Gemisch von Kr und ↑ Fluor erhalten wird, und das sich bereits unter 0 °C zersetzt (es ist stabil unterhalb −78 °C). Von Wasser wird das linear gebaute *Kryptondifluorid* sofort zersetzt (s.Gleichung).

$$KrF_2 + H_2O \longrightarrow 2\,HF + {}^1/_2\,O_2 + Kr$$

Hydrolytische Zersetzung von Kryptondifluorid

Die wichtigste technische Verwendung findet Kr als Füllgas in Glühlampen. Es erlaubt hierbei höhere Glühfaden-Temperaturen als z. B. bei Befüllung mit ↑ Argon.

Kr Z = 36 $A_R = 83{,}80$ Isotope: 78, 80, 82, 83, 84, 86; 74-77, 79, 81, 85, 87-95, 97 (künstlich)

t_{Smp}	t_{Sdp}	d	MV	α	λ
−156,5 °C	−152,3 °C	0,00375 g/cm³	22350 cm³/mol		0,0095 W/mK
C_p	$\Delta_S H$	$\Delta_V H$	S^o	ϱ	
20,79 J/(K · mol)	1,64 kJ/mol	9,05 kJ/mol	164,1 J/(K · mol)		
t_{krit}	P_{krit}	d_{krit}	t_{trip}		
−63,8 °C	5,50 MPa	0,908 g/cm³	−157,2 °C		

Kupfer

Copper Cu

Cu ist in reinstem Zustand ein gelbrotes Metall, das oberflächlich an der Luft jedoch rasch zu rotem Kupferoxid oxidiert wird und sich bei langer Exposition an feuchter Luft mit einem festen dichten Belag grünfarbiger basischer Cu-Salze überzieht (*Patina*).

Cu ist ziemlich hart (Mohs-Härte 3,0, s. unter ↑Kohlenstoff)) und sehr zäh, so daß es sich dehnen und ziehen läßt und zu feinsten Drähten und Folien verarbeitet werden kann. Cu ist ein edles Metall und wird von nichtoxidierenden Säuren (z. B. ↑Salzsäure, verd. ↑Schwefelsäure) nicht angegriffen, während ↑Salpetersäure und konz. Schwefelsäure eine rasche Oxidation zu den entsprechenden Cu(II)Salzen bewirken (s. unten). Cu besitzt ausgezeichnete thermische und elektrische Leitfähigkeit (nach ↑Silber das beste Leitvermögen aller Metalle). Cu wird gehandelt in Form von Pulver, Blech, Draht oder Stäben.

Cu ist am Aufbau der Erdrinde mit 0,0003 % beteiligt und kommt in der Natur recht verbreitet vor, wobei es sich aufgrund seines edlen Charakters auch gediegen findet (in Chile und Australien u. a.), meist jedoch sulfidische, oxidische und carbonatische Erze bildet. Wichtige Sulfid-Erze sind *Kupferglanz* und *Kupferkies*, bedeutende Oxid-Erze stellen der *Cuprit* und der *Malachit* dar (s. Formelabbildungen).

Kupferglanz	Cu_2S	Cuprit	Cu_2O
Kupferkies	$Cu_2S \cdot Fe_2S_3$	Malachit	$CuCO_3 \cdot Cu(OH)_2$

Wichtige Kupfererze

Die Kupfererze enthalten stets große Anteile anderer Metallverbindungen, vor allem von Fe, Zn, Pb, und As, und, was sehr wichtig ist, von Ag und Au, so daß der Anteil des Cu in den Erzen im Durchschnitt nur bei 3-5 % Cu liegt. Reiche Cu-Erzlager befinden sich in Kanada, USA, Chile und in Afrika (Kongo, Sambia, Simbabwe).

Die Cu-Gewinnung geht meist vom Kupferkies aus und beinhaltet zunächst eine Anreicherung des Cu bis zum *Kupferstein* (Cu/ Fe-Sulfid). Aus dem Kupferstein wird das Cu durch Rösten gewonnen, indem das Fe-Sulfid in Fe-Oxid umgewandelt und mit zugeschlagenem Quarz verschlackt wird (die Schlacke wird abgetrennt) und das Cu-Sulfid sich durch die im Schema gezeigten Reaktionen zu metallischem Cu umsetzt.

$$\begin{array}{rcl} Cu_2S + 3\,O_2 & \longrightarrow & 2\,Cu_2O + 2\,SO_2 \\ Cu_2S + 2\,Cu_2O & \longrightarrow & 6\,Cu + SO_2 \\ \hline 3\,Cu_2S + 3\,O_2 & \longrightarrow & 6\,Cu + 3\,SO_2 \end{array}$$

Kupfer-Gewinnung durch Rösten von Kupfersulfid

$$Cu^{2+} + Fe \longrightarrow Cu + Fe^{2+}$$

Chemismus des Zementkupfer-Verfahrens

Dieser Weg wird zusammenfassend als „trockenes Verfahren" und das so erhaltene Cu als „*Schwarzkupfer*" bezeichnet. Nach einer anderen Route, die als „nasses Verfahren" bekannt ist, werden die feinvermahlenen Erze mit verdünnter Schwefelsäure behandelt und aus der so erhaltenen Kupfersulfat-Lösung wird das Cu mit Eisen (Schrott) als sog. „*Zementkupfer*" abgeschieden (s. Gleichung).

Das durch nasses oder trockenes Verfahren erhaltene Cu ist das „*Rohkupfer*" und muß weiter elektrolytisch gereinigt werden. Hierzu wird es zu etwa 3 cm dicken Platten verpresst, die als Anode mit Kathoden aus dünnem Reinstkupferblech zusammengeschaltet werden und die in einen Elektrolyten aus verdünnter Schwefelsäure (ca. 8 %ig) und Kupfersulfat-Lösung (ca. 15 %ig) eintauchen. Bei Anlegung einer Gleichspannung geht die Anode in Lösung, während an der Kathode das Cu sich wieder sehr rein abscheidet (s. Gleichungen), wobei die im Anoden-Rohkupfer enthaltenen unedleren Verunreinigungen (Fe, Zn, usw.) in

Lösung bleiben und die edleren Beimengungen (Ag, Au) ungelöst von der Anode abfallen und den wertvollen *Anodenschlamm* bilden.

$$Cu \longrightarrow Cu^{2+} + 2\,e^- \quad \text{Anodenreaktion}$$
$$2\,e^- + Cu^{2+} \longrightarrow Cu \quad \text{Kathodenreaktion}$$

Gewinnung von Reinst-Kupfer

Cu bildet zusammen mit Ag und Au die I. Nebengruppe des PSE, deren Elemente auch als „*Münzmetalle*" bezeichnet werden. Seine Elektronenkonfiguration ist gekennzeichnet durch das mit 10 Elektronen voll besetzte 3d-Niveau und ein 4s-Elektron auf der äußeren Schale: $1s^2\ 2s^2\ 2p^6\ 3s^2\ 3p^6\ 3d^{10}\ 4s^1$, Grundterm $^2S_{1/2}$. Dieses 4s-Elektron wird jedoch viel stärker gebunden als beim ↑Kalium, das ja ebenfalls auf der Valenzschale nur das eine 4s-Elektron aufweist und dieses sehr leicht abgibt. Das Cu-Atom unterscheidet sich vom K-Atom durch das vollbesetzte 3d-Niveau und die entsprechend erhöhte Kernladung. Diese Kernladung wird durch die „inneren" 10 3d-Elektronen weit weniger effektiv abgeschirmt als durch äußere s- und p-Elektronen, so daß das 4s-Elektron recht fest gebunden wird und das Cu zum Edelmetall wird, wie es auch aus dem Normalpotential des Cu hervorgeht (s. Gleichung).

$$Cu \longrightarrow Cu^{2+} + 2\,e^- \qquad E_0 = +0{,}34\ V$$

Kupfer-Normalpotential

Das Cu-Atom tritt in seinen Verbindungen in den Oxidationsstufen +1, +2 und +3 auf, wobei die Stufe +2 in wässeriger Lösung die stabilste und wichtigste ist, die Stufe +1 in einigen Komplexen und schwerlöslichen Verbindungen bevorzugt ist, während die Stufe +3 nur mit den stärksten Oxidationsmitteln in instabilen Komplexen erreicht wird.

Wie oben bereits erwähnt, wird Cu durch oxidierende Säuren angegriffen, wobei die Lösungen der entsprechenden Cu(II)-Salze erhalten werden, wie es für die Umsetzungen mit Salpetersäure und Schwefelsäure formuliert ist (s. Gleichungen).

$$3\,Cu + 8\,HNO_3 \longrightarrow 3\,Cu(NO_3)_2 + 2\,NO + 4\,H_2O$$
$$Cu + 2\,H_2SO_4 \longrightarrow CuSO_4 + SO_2 + 2\,H_2O$$

Reaktionen von Kupfer mit Salpetersäure und Schwefelsäure

$$Cu^{2+} + 4\,H_2O \longrightarrow \underset{\text{hellblau}}{[Cu(H_2O)_4]^{2+}}$$

Bildung des Kupfer-Tetraquo-Komplexes

Das Cu^{2+}-Ion bildet in wässeriger Lösung (bei Abwesenheit stärkerer Liganden) stets das hellblaue Tetraquo-Ion mit quadratisch-planarer Liganden-Anordnung (s. Gleichung).

Wird ↑Ammoniak zugegeben, entsteht eine tiefblaue Farbe, weil sich der *Kupfertetrammin-Komplex* bildet (s. Gleichung).

$$\underset{\text{hellblau}}{[Cu(H_2O)_4]^{2+}} + 4\,NH_4 \longrightarrow \underset{\text{tiefblau}}{[Cu(NH_3)_4]^{2+}} + 4\,H_2O$$

Bildung des Kupfer-Tetrammin-Komplexes

Auch mit Halogenid-Ionen erfolgt leicht ein solcher Liganden-Austausch. Struktur und Farben der Komplexe lassen sich mit der Ligandenfeld-Theorie erklären. Versetzt man Cu(II)-Salze mit Hydroxidionen, fällt hellblaues schleimiges ↑Kupfer(II)hydroxid aus, das sich im Überschuss zum *Cuprat* löst (s. Schema).

$$Cu^{2+} + 2\,OH^{\ominus} \longrightarrow Cu(OH)_2 \xrightarrow{+\,2\,OH^{\ominus}} [Cu(OH)_4]^{2-}$$

Cuprat-Bildung im stark Alkalischen

Die Chemie des Cu in wässeriger Lösung ist durch das Redox-Gleichgewicht zwischen Cu(II) und Cu(I) geprägt, das in Verbindung mit Fällungs- und Komplexbildungs-Reaktionen leicht verschoben wird (s. Gleichungen).

$$\left.\begin{array}{lll} Cu \longrightarrow Cu^{2+} + 2\,e^- & & E_0 = +0{,}34\ V \\ Cu \longrightarrow Cu^{\oplus} + 2\,e^- & & E_0 = +0{,}521\ V \end{array}\right\}\ \text{Potential-Inversion}$$

Ionenbildungs-Potentiale von Kupfer

Cu(I)-Ionen sind in wässeriger Lösung farblos und nur schwach hydratisiert, und in Bezug auf das Cu(II)-Ion wegen dessen sehr hoher Hydratations-Energie unbeständig, so daß in wässeriger Lösung gemäß den im Schema gezeigten Potentialen rasche Disproportionierung erfolgt.

$$\begin{array}{rcll} Cu^{\oplus} & \rightleftharpoons & Cu^{2+} + e^- & E_0 = 0{,}153\ V \\ e^- + Cu^{\oplus} & \rightleftharpoons & Cu & E_0 = 0{,}521\ V \\ \hline Cu^{\oplus} & \rightleftharpoons & Cu + Cu^{2+} & \Delta E = 0{,}368\ V \end{array}$$

Disproportionierung von Cu(I) in wässriger Lösung

Disproportionierung von Cu(I) in wässeriger Lösung

$$Cu^{2+} + Cu \rightleftharpoons 2\,Cu^{\oplus}$$

Thermisch erzwungene Komproportionierung

Die Disproportionierung kann man im Versuch deutlich machen, indem man eine schwach saure, konz. Cu(II)-sulfat-Lösung mit etwas Cu-Pulver erhitzt. Das Cu-Pulver löst sich (zumindest teilweise) und die blaue Farbe der Cu(II)-Lösung verschwindet (s. Komproportionierungs-Gleichung).

Beim Erkalten erscheint die blaue Farbe wegen Verschiebung dieses Gleichgewichts wieder. Wird durch Bildung stabiler Komplexe oder sehr schwerlöslicher Verbindungen die Cu(I)-Konzentration sehr klein, verschieben sich obige Potentiale und die Stufe Cu(I) kann bevorzugt werden.

Generell bevorzugt das Cu^+-Ion trigonale oder tetraedrische Koordination, das Cu^{2+}-Ion hingegen quadratische Liganden-Anordnungen.

$$Cu + 2\,Fe^{3+} \longrightarrow Cu^{2+} + 2\,Fe^{2+}$$

Oxidation von Cu durch Fe(III)

Cu wird durch Eisen(III)chlorid-Lösung oxidativ aufgelöst (s. Gleichung).

Zum naßchemisch-analytischen Nachweis von Kupfer-Ionen können folgende Reaktionen dienen:

1. Die Bildung des tiefblauen (Cu(II)-tetrammin-Komplexes (s. oben)
2. Die intensiv grüne Flammenfärbung durch Cu in Gegenwart von Halogenid-Ionen („*Beilstein-Probe*").

$$Cu^{2+} + Fe \longrightarrow Cu + Fe^{2+}$$

Verkupferung von Eisen

3. Die Reduktion von Cu(II) zu Cu durch unedlere Metalle, z. B. Fe oder Zn (Kupferüberzüge auf den Metallen, s. Gleichung).

4. Die Reaktion mit Iodid-Ionen, die zur Ausfällung von weißem ↑ Kupfer(I)iodid führt (s. Gleichung).

$$2\,Cu^{2+} + 4\,J^{\ominus} \longrightarrow \underset{\text{weiß}}{2\,CuJ} + J_2$$

Fällung von weißem Kupfer(I)iodid

$$Cu^{2+} + S^{2-} \longrightarrow \underset{\text{schwarz}}{CuS}$$

Fällung von schwarzem Kupfer(II)sulfid

5. Die Fällung als schwarzes ↑ Kupfer(II)sulfid (s. Gleichung).

6. Fällung als *Kupfer(II)hexacyanoferrat(II)* mit Gelbem Blutlaugensalz (s. Gleichung).

$$2\,Cu^{2+} + K_4[Fe(CN)_6] \longrightarrow \underset{\text{braunrot}}{Cu_2[Fe(CN)_6]}\downarrow + 4\,K^{\oplus}$$

Fällung mit Gelbem Blutlaugensalz

7. Komplex-Bildung mit *Cuproin* (*2,2′-Dichinolyl*): Cu(I)-Ionen bilden in schwach saurer Lösung einen in Wasser unlöslichen purpurroten Chelatkomplex (Cu(II) muß vorher zu Cu(I) reduziert werden).

Weiteres zur Chemie des Cu s. unter den einzelnen Verbindungen.

Cu ist nach Fe und Al das wichtigste und meist verwendete Gebrauchsmetall. In reiner Form wird es in riesigen Mengen in der Elektro- und Elektronik-Industrie als Leitermaterial gebraucht. Seine hohe Wärmeleitfähigkeit wird ausgenutzt, wenn aus Cu Braukessel, Heizrohre, Kühlschlangen usw. hergestellt werden. Wegen seiner Widerstandsfähigkeit gegen atmosphärische Einflüße findet Cu Verwendung in Dachabdeckungen, Dachrinnen, Beschlägen usw. Von großer technischer Bedeutung sind Legierungen des Cu, die zu den bekanntesten Legierungen überhaupt gehören, vor allem Legierungen mit Zn, Sn, Al und Ni.

Cu-Zn-Legierungen: Allgemein als „*Messing*" bezeichnet. Je nach Zn-Gehalt

unterscheidet man: *Rotmessing*: bis 20 % Zn, rötlich-goldfarben, sehr dehnbar, *Gelbmessing*: 20–40 % Zn, für techn. Teile, *Weißmessing*: bis 80 % Zn, sprödes Gußmetall.

Cu-Sn-Legierungen: 75 % Cu, 25 % Sn. Allgemein als „*Bronzen*" bezeichnet. Spezialbronzen enthalten geringe Anteile an P, Si, Pb oder Zn.

Cu-Al-Legierungen: „*Aluminiumbronzen*", goldfarbene, harte, zähe, schmelzbare, sehr elastische Legierungen (z. B. für Federn). Die *Devarda-Legierung* (ein präparativ verwendetes Reduktionsmittel) enthält neben 50 % Cu noch 45 % Al und 5 % Zn.

Cu-Ni-Legierungen: hierzu gehören einige wichtige hochwertige Speziallegierungen, die unter eigenen Bezeichnungen bekannt sind: *Konstantan*: 60 % Cu, 40 % Ni, sein elektrischer Widerstand ist nahezu unabhängig von der Temperatur (Name!), *Neusilber*: ca. 60 % Cu, ca. 20 % Ni, ca. 20 % Zn, *Monelmetall*: Handels-Bezeichnung für eine Reihe hochkorrosionsresistenter Cu-Ni-Legierungen.

Cu-Mn-Legierungen: *Heuslersche Legierungen*, sie zeigen starken Ferromagnetismus.

Das Kupfer-Ion ist Bestandteil sehr vieler und sehr bedeutender Enzyme, in denen es im aktiven Zentrum an der jeweiligen Katalyse entscheidend mitwirkt durch Koordinations- und/oder Redox-Umwandlungen ($Cu^{+} \rightarrow Cu^{2+} + e^{-}$). Wichtige Beispiele sind das Plastocyanin (s. unter ↑ Chlorophyll) und die Cytochrom-C-oxidase (s. unter ↑ Adenosin-5′-triphosphat).

► Cu-Ionen besitzen stark bakterizide Wirkung. Cu ist ein wichtiges Spurenelement für Warmblütler. Der tägliche Bedarf des Menschen beträgt ca. 2 mg. Cu-Mangel führt zu Wachstumsstörungen. Elementares Cu kann nicht als giftig bezeichnet werden. Zur Toxikologie von Cu-Salzen: 10 g Kupfersulfat gelten als tödliche Dosis.

Cu Z = 29 A_R = 63,546 Isotope: 63, 65; 58-62, 64, 66-68 (künstlich)

t_{Smp}	t_{Sdp}	d	MV	α	λ
1085 °C	2570 °C	8,96 g/cm³	7,09 cm³/mol	16,5 10^{-6}/K	401 W/mK

C_p	$\Delta_S H$	$\Delta_V H$	S^o	ϱ
24,44 J/(K · mol)	13,14 kJ/mol	300,7 kJ/mol	33,16 J/(K · mol)	15,5 nΩ · m

MAK	R-Satz	S-Satz
1 mg/m³		

Kupfer(II)acetat

Cupric acetate

Bildet as Monohydrat dunkelgrüne Kristalle, die sich in Wasser und Ethanol gut lösen und praktisch unlöslich sind in Diethylether. K. verwittert an der Luft, beim Erwärmen auf ca. 100 °C dehydratisiert K. und wird weiß.

K. wird erhalten bei der Einwirkung von ↑Essigsäure auf ↑Kupfer(II)oxid oder ↑Kupfer(II)carbonat (s. Gleichung) oder bei der Umsetzung von Cu-Spänen mit Essigsäure unter Luftzutritt (s. Gleichung).

$$CuO + 2\,CH_3COOH \longrightarrow Cu^{2+}(CH_3COO^{\ominus})_2 + H_2O$$

Herstellung von Kupfer(II)acetat aus Kupfer(II)oxid

$$Cu + 2\,CH_3COOH + {}^1/_2\,O_2 \longrightarrow Cu^{2+}(CH_3COO^{\ominus})_2 + H_2O$$

Kupfer(II)acetat-Bildung durch Luftoxidation

Je nach Herstellungsbedingungen fällt K. im Gemisch mit ↑Kupfer(II)hydroxid als „*basisches Kupfer(II)acetat*" in Form blaugrüner kristalliner Pulver an, die dazu noch hydratisiert sind (s. Abbildung).

$$2\,Cu^{2+}(CH_3COO^{\ominus})_2 \cdot Cu(OH)_2 \cdot 5\,H_2O \quad \text{oder} \quad Cu^{2+}(CH_3COO^{\ominus})_2 \cdot 3\,Cu(OH)_2 \cdot 2\,H_2O$$

Beispiele für basische Kupfer(II)acetat-Hydrate

Sie sind in Wasser, Ethanol und verdünnten Säuren gut löslich. Die basischen K. werden auch als „*Grünspan*" bezeichnet.

K. und basische K. werden als Wasser- und Ölfarben, als Pigmente, als Fungizide und teils als Katalysatoren in organischen Synthesen verwendet.

$C_4H_6CuO_4$	$M_R = 181{,}63$	C 26,45 %	H 3,33 %	Cu 34,99 %	O 35,23 %

$t_{Zersetzung}$	t_{Sdp}	d	η
115 °C (Z)		1,88 g/cm³	

Kupfer(II)carbonat

Cupric carbonate basic — Basisches Kupfercarbonat

Bildet ein blaugrünes Pulver oder dunkelgrüne Kristalle, die in Wasser und Ethanol unlöslich sind.

K. wird erhalten, wenn man eine Kupfer(II)sulfat-Lösung zu einer Natriumcarbonat-Lösung gibt (s. Gleichung).

$$2\,CuSO_4 + Na_2CO_3 + 2\,H_2O \longrightarrow CuCO_3 \cdot Cu(OH)_2 + Na_2SO_4 + H_2SO_4$$

Gewinnung von basischem Kupfer(II)carbonat

$2\,CuCO_3 \cdot Cu(OH)_2$

Zusammensetzung von Azurit

K. findet sich auch in der Natur als *Malachit*, wo aber auch noch ein weiteres K. vorkommt unter der Bezeichnung *Azurit* oder *Kupferlasur* (s. Formel).

Das neutrale K. ist bisher nicht in Substanz erhalten worden. K. wird zur Herstellung von Pigmenten, in der Pyrotechnik und zur Gewinnung anderer Cu-Salze verwendet.

$CH_2Cu_2O_5$ $M_R = 221{,}11$ C 5,43 % H 0,91 % Cu 57,48 % O 36,18 %

$t_{Zersetzung}$	t_{Sdp}	d	η
200 °C (Z)		4,0 g/cm³	

Kupfer(I)chlorid

Cuprous chloride

Bildet ein weißes kristallines Pulver oder kubische Kristalle. Löst sich nur sehr wenig in Wasser unter teilweiser Zersetzung und ist praktisch unlöslich in Ethanol und Aceton. K. löst sich in konzentrierter Salzsäure und in Ammoniak farblos unter Komplexbildung (s. Gleichungen).

$$CuCl + HCl \longrightarrow H[CuCl_2]$$
$$CuCl + 2\,NH_3 \longrightarrow [Cu(NH_3)_2]Cl$$
$$CuCl + 4\,NH_3 \longrightarrow [Cu(NH_3)_4]Cl$$

Auflösung von Kupfer(I)chlorid unter Komplexbildung

Aus dem Chlorokomplex fällt K. beim Verdünnen mit Wasser wieder aus. K. kann hergestellt werden durch Behandlung von ↑ Kupfer(II)chlorid in heißer konz. ↑ Salzsäure mit elementarem ↑ Kupfer (s. Gleichungen). Beim Verdünnen der Reaktionslösung mit Wasser fällt weißes K. aus. Eine andere Darstellung beinhaltet die Einleitung von ↑ Schwefeldioxid in eine mit ↑ Natriumchlorid gesättigte Lösung von ↑ Kupfer(II)sulfat, wobei K. direkt ausfällt (s. Gleichung).

$$CuCl_2 + Cu \longrightarrow 2\,CuCl$$
$$CuCl + HCl \longrightarrow H[CuCl_2]$$
$$H[CuCl_2] + H_2O \longrightarrow CuCl + H_3O^{\oplus} + Cl^{\ominus}$$

Herstellung von Kupfer(I)chlorid

$$2\,CuSO_4 + 2\,NaCl + SO_2 + 2\,H_2O \longrightarrow 2\,CuCl + Na_2SO_4 + 2\,H_2SO_4$$

Herstellung durch Reduktion von Cu(II) mit Schwefeldioxid

In Wasser wird K. zum Teil zersetzt, wobei Disproportionierung eintritt (s. Gleichung).

$$2\,CuCl \longrightarrow Cu + CuCl_2 \quad \text{(Disproportionierung)}$$

Zerfall von Kupfer(I)chlorid durch Disproportionierung

An feuchter Luft erfolgt Grünfärbung (Verwitterung) durch Bildung von basischem ↑ Kupfer(II)chlorid (s. Gleichung), während K. an trockener Luft beständig ist.

$$2\,CuCl + {}^1/_2\,O_2 + H_2O \longrightarrow 2\,Cu(OH)Cl$$

„Verwitterung" von Kupfer(I)chlorid an feuchter Luft

K. kristallisiert im Zinkblende-Gitter (alle Ionen tetraedrisch koordiniert, s. unter ↑ Zinksulfid) und ist als Hochpolymeres mit beträchtlich kovalentem Bindungscharakter (Schwerlöslichkeit!) anzusehen.

Die salzsauren K.-Lösungen besitzen ausgeprägte Fähigkeit zur Absorption von ↑ Kohlenstoffmonoxid unter Komplexbildung, wovon zur Kohlenstoffmonoxid-Reingewinnung (das CO wird bei erhöhter Temperatur und vermindertem Druck wieder abgegeben) und in der Gasanalytik Gebrauch gemacht wird. K. dient auch als Katalysator in organisch-chemischen Synthesen und als Oxidationsmittel (z. B. bei der Sandmeyer-Reaktion).

► K. stets gut verschlossen und lichtgeschützt aufbewahren.

ClCu $M_R = 99{,}00$ Cl 35,81 % Cu 64,19 %

t_{Smp}	t_{Sdp}	d	η		
423 °C	1490 °C	4,14 g/cm³			
C_p	$\Delta_S H$	$\Delta_V H$	$\Delta_B H$	S^o	Q_C
52,5 J/(K · mol)	165,7 kJ/mol		−156 kJ/mol	87,7 J/(K · mol)	
MAK	R-Satz	S-Satz			
1 mg/m³	22-50/53	22-60-61			

Kupfer(II)chlorid

Cupric chloride

Bildet als Dihydrat ein blaugrünes kristallines Pulver, das sich in Wasser, Ethanol und Methanol gut löst (über 40 g/100 ml bei 20 °C), während es in Aceton und Diethylether weniger löslich ist. Die wässerige Lösung reagiert sauer (pH 0,2m Lösung = 3,6). Die konzentrierte wässerige Lösung ist braun und wird mit wachsender Verdünnung zunächst grün und schließlich blau. Spaltet beim Erwärmen ab 70 °C Wasser ab.

$$CuO + 2\,HCl \longrightarrow CuCl_2 + H_2O$$

Herstellung von Kupfer(II)chlorid aus Kupfer(II)-oxid

K. wird am einfachsten hergestellt durch Einwirkung von ↑ Salzsäure auf ↑ Kupfer(II)oxid (s. Gleichung) oder durch doppelte Umsetzung von stöchiometrischen Mengen der Lösungen von ↑ Kupfer(II)sulfat und ↑ Bariumchlorid (s. Gleichung). Aus den wässerigen Lösungen erhält man beim Einengen das Dihydrat.

$$CuSO_4 + BaCl_2 \longrightarrow CuCl_2 + BaSO_4 \downarrow$$

Herstellung durch doppelte Umsetzung

K. dient vielfach als Katalysator für organisch-chemische Raktionen (z. B. im Wacker-Höchst-Prozeß, s. unter ↑ Palladium), als Entschwefelungs-Reagenz in der Erdölaufarbeitung und in der Pyrotechnik zur grünen Flammenfärbung.

Das wasserfreie K. (auf dieses beziehen sich die Daten der nachfolgenden Tabelle) bildet braune Kristalle und ist sehr hygroskopisch.

Cl_2Cu $M_R = 134{,}45$ (wasserfrei) Cl 52,74 % Cu 47,26 %

t_{Smp}	$t_{Zersetzung}$	d	η
628 °C	993 °C (Z)	3,39 g/cm³	

C_p	$\Delta_S H$	$\Delta_V H$	$\Delta_B H$	S^o	Q_C
71,9 J/(K · mol)			−218 kJ/mol	108 J/(K · mol)	

MAK	R-Satz	S-Satz
1 mg/m³	20/22-38	

Kupfer(II)hydroxid

Cupric hydroxide

Bildet ein hellblaues kristallines Pulver, das in Wasser nur äußerst wenig löslich ist. Beim Erwärmen auf ca. 100 °C, ob in Substanz oder in wässeriger Suspension, erfolgt rasch Zersetzung zu schwarzem ↑Kupfer(II)oxid. K. löst sich leicht in Säuren und in ↑Ammoniak. Im frisch hergestellten Zustand löst es sich auch in konz. Laugen zum Cuprat (s. unter ↑Kupfer).

Die Herstellung von K. muß sorgfältig durchgeführt werden um Schwarzfärbung durch Bildung von Cu(II)oxid zu vermeiden und gelingt durch Zugabe von 25 %igem Ammoniak zu siedend heißer Kupfer(II)sulfat-Lösung. Dabei fällt zunächst grünes basisches ↑Kupfer(II)sulfat aus, das abfiltriert werden kann und beim Digerieren mit Natronlauge K. in gut filtrierbarer Form liefert (s. Gleichung).

$$CuSO_4 + 2\,NaOH \longrightarrow Cu(OH)_2 + Na_2SO_4$$

Fällung von Kupfer(II)hydroxid

K. dient vielfach zur Herstellung anderer Cu-Verbindungen. Die Hauptmenge wird zur Darstellung von „*Schweizers Reagenz*" gebraucht, das zum Auflösen von Cellulose verwendet wird (s. unter ↑Cellulose). Es wird erhalten durch Digerieren von K. mit Ammoniak und bildet eine tiefblaue Lösung, die man auch als „*Cuoxam*" bezeichnet (s. Gleichung).

$$Cu(OH)_2 + 4\,NH_3 \longrightarrow \underset{\text{Schweizers Reagenz}}{[Cu(NH_3)_4](OH)_2}$$

Bildung von Schweizers Reagenz

In dieser Lösung kann man z. B. Watte auflösen. Aus der dabei entstehenden viskosen Cellulose-Lösung kann man mittels eines sauren Fällbades Fäden ziehen. K. dient ferner als Pigment und als Beizmittel.

CuH_2O_2 $M_R = 97{,}59$ Cu 65,13 % H 2,07 % O 32,80 %

$t_{Zersetzung}$	t_{Sdp}	d	η
> 100 °C (Z)		3,93 g/cm³	

C_p	$\Delta_S H$	$\Delta_V H$	$\Delta_B H$	S^o	Q_C
95 J/(K · mol)			−450 kJ/mol	108 J/(K · mol)	

MAK	R-Satz	S-Satz
1 mg/m³		

Kupfer(I)iodid

Cuprous iodide

Bildet ein weißes schweres kristallines Pulver, das in Wasser äußerst wenig löslich ist (s. Löslichkeitsprodukt). K. löst sich in Ammoniak- und Thiosulfat-Lösung.

$$CuJ \rightleftharpoons Cu^{\oplus} + J^{\ominus} \qquad K_L = 5 \cdot 10^{-12} \ (20°C)$$

Löslichkeitsprodukt von Kupfer(I)iodid

K. fällt aus einer Kupfer(II)sulfat-Lösung aus, wenn diese mit einer Kaliumiodid-Lösung versetzt wird. Dabei wird Cu(II) zunächst durch Iodid zu Cu(I) reduziert, das dann das schwerlösliche K. bildet (s. Gleichungen). Der Niederschlag erscheint durch das mitgebildete ↑ Iod bräunlich. Wegen dieser Reaktionsfolge ist ein *Kupfer(II)odid* nicht darstellbar.

$$\begin{aligned} Cu^{2+} + J^{\ominus} &\longrightarrow Cu^{\oplus} + {}^1/_2\, J_2 \\ Cu^{\oplus} + J^{\ominus} &\longrightarrow CuJ \\ \hline Cu^{2+} + 2\,J^{\ominus} &\longrightarrow CuJ + {}^1/_2\, J_2 \end{aligned}$$

Ausfällung von Kupfer(I)iodid

Die Fällung als K. nach der angegebenen Gleichung dient zur quantitativen Bestimmung von ↑ Kupfer, indem das ausgeschiedene Iod titrimetrisch mit Thiosulfat bestimmt wird (s. unter ↑ Iod).

K. zeigt die Besonderheit, daß es beim Erhitzen eine Farbänderung über Gelb nach Braun eingeht, die reversibel ist. Dieser Farbwechesel ist im Doppelsalz mit Quecksilberiodid besonders definiert und deutlich, weshalb es als „*Thermocolor*“ zur Temperaturindizierung geeignet ist (s. Schema).

$$2\,CuJ + HgJ_2 \longrightarrow Cu_2HgJ_4 \left[\begin{matrix} \text{weiß} & \longrightarrow & \text{rot} & \longrightarrow & \text{schwarz} \\ 20\ °C & & 40\ °C & & 70\ °C \end{matrix}\right]$$

Farbwechsel von Thermocolor

K. kristallisiert im Zinkblende-Gitter (s. unter ↑ Zinksulfid).

CuI $M_R = 190{,}46$ Cu 33,37 % I 66,63 %

t_{Smp}	t_{Sdp}	d	η		
605 °C	1290 °C	5,62 g/cm³			
C_p	$\Delta_S H$	$\Delta_V H$	$\Delta_B H$	S^o	Q_C
54 J/(K · mol)	7,9 kJ/mol	130 kJ/mol	−68 kJ/mol	96,6 J/(K · mol)	
MAK	R-Satz	S-Satz			
1 mg/m³					

Kupfer(II)nitrat

Cupric nitrate

Kupfer(II)nitrat kommt wasserfrei als weißes Pulver sowie in mehreren Hydraten in Form blauer Kristalle vor. Das stabilste Hydrat ist das Trihydrat. Es bildet ein intensiv blaues kristallines Pulver oder leuchtend tiefblaue Kristalle, die sich in Wasser außerordentlich gut lösen (bei 20 °C über 125 g/100 ml). Die wässerige Lösung reagiert schwach sauer (pH 0,2m Lösung = 4,0). K. ist hygroskopisch und zerfließt an der Luft. Beim

Erwärmen wird Wasser und z. T. auch ↑ Salpetersäure abgegeben unter Bildung basischer Salze. Bei starkem Erhitzen zerfällt K. in ↑ Kupfer(II)oxid, Stickstoffmonoxid (s. unter ↑ Stickstoffoxide) und ↑ Sauerstoff.

K. entsteht durch Auflösen von Kupfer(II)oxid in verdünnter Salpetersäure (s. Gleichung).

$$CuO + 2\,HNO_3 \longrightarrow Cu(NO_3)_2 + H_2O$$

Herstellung von Kupfer(II)nitrat

K. wird vielfach verwendet zur Oberflächenbehandlung und -Färbung von Metallen (Fe, Zn, Al, Cu), als Keramik- und Textilfarbstoff sowie als Katalysator in verschiedenen chemischen Umsetzungen.

CuN_2O_6 $M_R = 187{,}56$ (wasserfrei) Cu 33,88 % N 14,94 % O 51,18 %

Die Daten der nachfolgenden Tabelle beziehen sich auf das Trihydrat.

t_{Smp}	t_{Sdp}	d	η
115 °C		2,32 g/cm³	

C_p	$\Delta_S H$	$\Delta_V H$	$\Delta_B H$	S^o	Q_C
			−1218 kJ/mol		

MAK	R-Satz	S-Satz
1 mg/m³		

Kupfer(I)oxid

Cuprous oxide

Bildet ein feinkristallines Pulver, dessen Farbe je nach Herstellung und Kristallgröße Gelb, Rot oder Braun sein kann, das in Wasser praktisch unlöslich ist, sich in Ammoniak-Lösung löst und mit ↑ Salzsäure ↑ Kupfer(I)chlorid bildet. An feuchter Luft oxidiert sich K. zu ↑ Kupfer(II)hydroxid (s. Gleichung), während es an trockener Luft oxidationsbeständig ist.

$$Cu_2O + {}^1/_2\,O_2 + 2\,H_2O \longrightarrow 2\,Cu(OH)_2$$

Luftoxidation von Kupfer(I)oxid

K. wird naßchemisch durch Einwirkung von Alkali auf Cu(I)-Salzlösungen erhalten, wobei K. ausfällt (s. Gleichung).

$$2\,Cu^{\oplus} + 2\,OH^{\ominus} \longrightarrow [2\,CuOH] \longrightarrow 2\,Cu_2O\downarrow + H_2O$$

Fällung von Kupfer(I)oxid aus alkalischer Lösung

Diese Fällung des roten K. wird in der *Fehling-Probe* zum Zuckernachweis genutzt (der Zucker reduziert Cu(II) zu Cu(I), welches in der alkalischen Lösung gemäß der gezeigten Gleichung reagiert) (s. auch unter ↑ Kaliumnatriumtartrat).

K. bildet sich auch bei der oberflächlichen Oxidation von ↑ Kupfer und erzeugt dessen rote Anlauffarbe. K. löst sich gut in Kupfer. Bei der Umsetzung von K. mit verdünnter ↑ Salpetersäure oder ↑ Schwefelsäure disproportioniert K. zu den entsprechenden Cu(II)salzen und elementarem Cu (s. Gleichung).

$$Cu_2O + 2\,HNO_3 \longrightarrow Cu(NO_3)_2 + Cu + H_2O$$

Disproportionierung von Kupfer(I)oxid

K. wird als Pigment zum Färben von Glas und Emaille verwendet und dient als Bestandteil von Schiffsboden-Anstrichen (*Antifouling-Farbe*).

Cu_2O $M_R = 143{,}08$ Cu 88,82 % O 11,18 %

t_{Smp}	t_{Sdp}	d	η		
1244 °C	1800 °C	6,0 g/cm³			
C_p	$\Delta_S H$	$\Delta_V H$	$\Delta_B H$	S^o	Q_C
62,5 J/(K · mol)	64,8 kJ/mol		−171 kJ/mol	92,3 J/(K · mol)	
MAK	R-Satz	S-Satz			
1 mg/m³	22	22			

Kupfer(II)oxid

Cupric oxide

Bildet ein schwarzes bis braunschwarzes kristallines Pulver, das in Wasser und Ethanol praktisch unlöslich ist. Es löst sich in Säuren unter Bildung der entsprechenden Cu(II)salze.

$$Cu + {}^{1}/_{2}\,O_2 \longrightarrow CuO$$

Luftoxidation von Kupfer zu Kupfer(II)oxid

K. kann entweder aus ↑Kupfer durch Glühen bei ca. 800 °C und Überleiten von Luft (s. Gleichung) oder durch Fällung von ↑Kupfer(II)hydroxid (aus ↑Kupfer(II)sulfat) und dessen Erhitzen in der Lösung zum Sieden hergestellt werden (s. Gleichungen). Reinstes K. wird erhalten durch thermische Zersetzung von ↑Kupfer(II)nitrat.

$$CuSO_4 + 2\,NaOH \longrightarrow Cu(OH)_2 + Na_2SO_4$$
$$Cu(OH)_2 \longrightarrow CuO + H_2O$$

Naßchemische Herstellung von Kupfer(II)oxid

K. gibt seinen Sauerstoff in der Hitze leicht an oxidierbare Stoffe ab, worauf seine Verwendung in der Elementaranalyse beruht. K. dient ferner als Farbpigment für Glas, Porzellan und Emaille, als Katalysator in chemisch-technischen Prozessen und zur Herstellung anderer Cu-Verbindungen.

Cu $M_R = 79{,}55$ Cu 79,89 % O 20,11 %

t_{Smp}	t_{Sdp}	d	η		
1326 °C		6,31 g/cm³			
C_p	$\Delta_S H$	$\Delta_V H$	$\Delta_B H$	S^o	Q_C
42,2 J/(K · mol)			−156 kJ/mol	42,6 J/(K · mol)	

MAK	R-Satz	S-Satz
1 mg/m³		

Kupfer(II)sulfat

Cupric sulfate

Fällt aus wässeriger Lösung als Pentahydrat (*Kupfervitriol*) in Form gut ausgebildeter ultramarinblauer trikliner Kristalle aus. K. löst sich bei 20 °C zu 36,6 g in 100 ml Wasser. Es löst sich kaum in Methanol und ist unlöslich in Ethanol. Die wässerige Lösung reagiert schwach sauer (pH 0,2m Lösung = 4,0). Oberhalb pH 4,2 werden basische Sulfate ausgefällt. K. gibt beim Erwärmen stufenweise Wasser ab (s. Schema).

$$\text{Pentahydrat} \xrightarrow{95\,°C} \text{Trihydrat} \xrightarrow{116\,°C} \text{Monohydrat} \xrightarrow{>200\,°C} \text{wasserfreies Cu(II)sulfat}$$

Stufenweise Wasserabgabe von Kupfervitriol

$$CuSO_4 \xrightarrow{>500\,°C} CuO + SO_3 \uparrow$$

Thermische Zersetzung von wasserfreiem Kupfer(II)sulfat

Die Wassermoleküle des Pentahydrats sind unterschiedlich gebunden. Vier Moleküle bilden mit dem Cu(II)-Ion einen quadratisch-planaren Komplex. Das fünfte Wassermolekül ist über Wasserstoffbrücken an das Sulfat-Ion gebunden. Wird das wasserfreie Cu(II)sulfat zu stark erhitzt (über 500 °C), erfolgt Zersetzung (s. Gleichung).

K. wird hergestellt durch Auflösung von ↑ Kupfer in heißer verdünnter ↑ Schwefelsäure unter Luftzutritt (s. Gleichung). Aus der erhaltenen Lösung kristallisiert K. aus.

$$Cu + H_2SO_4 + {}^1/_2\,O_2 \longrightarrow CuSO_4 + H_2O$$

Herstellung von Kupfer(II)sulfat

K. ist die wichtigste und bekannteste Cu-Verbindung. Es dient zur Herstellung der anderen Cu-Verbindungen. Seine Lösungen werden zur Schädlingsbekämpfung und Desinfektion, in der Galvanotechnik, in der Petrochemie und in der Emailleindustrie verwendet.

Das wasserfreie grauweiße Cu(II)sulfat dient zum *Wasser-Nachweis* in Lösungsmitteln und zu deren Trocknung (s. Gleichung).

$$\underset{\text{weiß}}{CuSO_4 + 5\,H_2O} \longrightarrow \underset{\text{blau}}{CuSO_4 \cdot 5\,H_2O}$$

Wasser-Nachweis mit wasserfreiem Kupfer(II)sulfat

CuO_4S $M_R = 159{,}61$ (wasserfrei) Cu 39,81 % O 40,10 % S 20,09 %

$t_{Zersetzung}$	t_{Sdp}	d	η
> 500 °C (Z)		2,29 g/cm³	

C_p	$\Delta_S H$	$\Delta_V H$	$\Delta_B H$	S^o	Q_C
281 J/(K · mol)			−2280 kJ/mol	300,4 J/(K · mol)	

MAK	R-Satz	S-Satz
1 mg/m³	22-36/38-50/53	22-60-61

Kupfer(I)sulfid

Cuprous sulfide

$$Cu_2S \xrightarrow{\Delta} Cu + CuS$$

Thermische Disproportionierung von Kupfer(I)sulfid

Bildet ein schwarzes bis braunschwarzes kristallines Pulver, das in Wasser, Essigsäure und Salzsäure unlöslich ist. Wird durch Salpetersäure und konz. Schwefelsäure zersetzt. Beim Erhitzen unter Luftabschluß bildet K. unter Disproportionierung ↑Kupfer und ↑Kupfer(II)sulfid (s. Gleichung). Erhitzen an der Luft liefert ↑Kupfer(II)oxid, ↑Kupfer(II)sulfat und ↑Schwefeldioxid.

$$2\ CuS \longrightarrow Cu_2S + S$$

Herstellung von Kupfer(I)sulfid

K. wird durch Erhitzen von Cu(II)sulfid unter Luftabschluß erhalten (s. Gleichung).

Es besitzt Halbleitereigenschaften. Es wird zur Herstellung von Thermoelementen und von Leuchtfarben verwendet.

Cu_2S $M_R = 159{,}15$ Cu 79,85 % S 20,15 %

t_{Smp}	t_{Sdp}	d	η		
1127 °C		5,6 g/cm³			
C_p	$\Delta_S H$	$\Delta_V H$	$\Delta_B H$	S^o	Q_C
76,9 J/(K · mol)	12,8 kJ/mol		−81,2 kJ/mol	116 J/(K · mol)	
MAK	R-Satz	S-Satz			
1 mg/m³					

Kupfer(II)sulfid

Cupric sulfide

Blauschwarzes bis schwarzes kristallines Pulver, das unlöslich ist in Wasser, Ethanol, verdünnten Säuren und Laugen und sich lediglich in Ammoniak, konz. Salpetersäure und in Cyanid-Lösungen löst. An trockener Luft ist K. beständig, während an feuchter Luft Oxidation zu ↑Kupfer(II)sulfat erfolgt. Beim Glühen an der Luft bildet K. ↑Kupfer(II)oxid, unter Luftabschluß ↑Kupfer(I)sulfid und ↑Schwefel.

$$Cu^{2+} + S^{2-} \longrightarrow CuS$$

Ausfällung von Kupfer(II)sulfid

K. fällt beim Versetzen einer Cu(II)-Salzlösung mit Sulfidionen als schwarzer Niederschlag aus (s. Gleichung). K. bildet sich auch in Form einer blauschwarzen Masse, wenn man feinverteiltes Cu mit ↑Schwefel gut vermischt und auf knapp 114 °C erwärmt.

K. wird für fäulnishemmende Anstriche und in Mischkatalysatoren verwendet.

CuS $M_R = 95{,}61$ Cu 66,46 % S 33,54 %

$t_{Zersetzung}$	t_{Sdp}	d	η		
507 °C (Z)		4,67 g/cm³			
C_p	$\Delta_S H$	$\Delta_V H$	$\Delta_B H$	S^o	Q_C
47,8 J/(K · mol)			−53 kJ/mol	66,5 J/(K · mol)	

MAK	R-Satz	S-Satz
1 mg/m³		

L-Kynurenin

Kynurenine

Bildet als Monohydrat farblose blättchenförmige Kristalle, die in Wasser nur sehr wenig löslich sind. Mit Säuren, z. B. ↑ Schwefelsäure, werden gut wasserlösliche Salze gebildet.

K. wird im tierischen Organismus als Abbauprodukt von ↑ Tryptophan gebildet und mit dem Urin ausgeschieden (Name von griech. kyon = Hund und lat. urina = Urin).

Im Körper bildet sich aus K. durch Desaminierung und Oxidation das Chinolin-Derivat *Kynurensäure* (s. Schema).

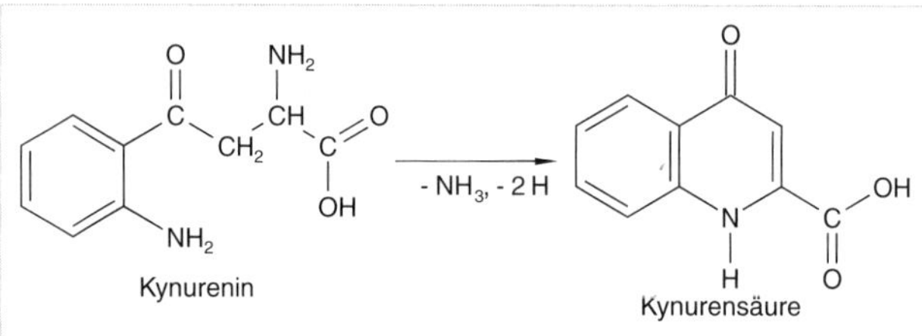

Bildung von Kynurensäure aus L-Kynurenin

Bei Vitamin-B_6-Mangel (s. unter ↑ Pyridoxin) wird die Kynurensäure verstärkt mit dem Urin ausgeschieden.

$C_{10}H_{12}N_2O_3$ $M_R = 208{,}22$ C 57,69 % H 5,81 % N 13,45 % O 23,05 %

$t_{Zersetzung}$	t_{Sdp}	d	η
180 °C (Z)			

Lackmus

Litmus

Stellt ein blaues Pulver dar, das sich mit intensiver Farbe etwas in Wasser und Ethanol löst.

L. wird aus Flechtenpflanzen verschiedener Gattungen, die sich in Skandinavien, an Mittelmeerküsten, in Ostindien und Kalifornien finden, isoliert. Es ist keine einheitliche Substanz, sondern stellt ein Gemisch von Inhaltsstoffen dar, u. a. enthält es Orcein-Derivate (s. unter ↑ Orcinol). Die Herstellung des L. erfolgt vor allem in den Niederlanden.

L. ist bekannt als pH-Indikator, da seine Lösungen unterhalb pH 4,5 rot, oberhalb pH 8,3 blau sind. Lackmus-Papier ist mit L.-Lösung getränktes und getrocknetes Filterpapier. L. wird auch in der Mikroskopie zur Färbung von Kulturmedien für diagnostische Zwecke verwendet. Als pH-Indikator ist L. heute durch synthetische Farbstoffe ersetzt.

Lactose

Lactose Milchzucker, Lactobiose

L. ist ein weißes kristallines Pulver, das sich in Wasser gut löst (α-L.: 20 g/100 ml, β-L.: 50 g/100 ml bei 20 °C), in Ethanol, Chloroform oder Diethylether jedoch unlöslich ist. L. schmeckt angenehm mild süß, wirkt reduzierend und zeigt Mutarotation.

L. ist der wichtigste in Milch vorkommende Zucker und findet sich in der Kuhmilch zu ca. 4,5 %, in Muttermilch zu ca. 6,7 %. Die technische Gewinnung der L. geht von tierischer Milch aus, und zwar wird sie aus der Molke (s. unter ↑ Casein) durch Eindampfen kristallisiert. Sie fällt als Nebenprodukt der Käseherstellung an.

L. gehört neben der ↑ Saccharose und der ↑ Maltose zu den wichtigsten Disacchariden. Sie ist aus einem Molekül ↑ D(+)-Glucose und einem Molekül ↑ D-Galactose aufgebaut, die über eine Sauerstoffbrücke zwischen dem C1 der Galactose und dem C4 der Glucose miteinander verknüpft sind, d. h. das halbacetalische anomere C-Atom 1 der Galactose ist durch die Hydroxylgruppe am C-Atom 4 der Glucose acetalisiert. Das C-Atom 1 der Glucose bleibt also halbacetalisch, es kann Ringöffnung (zum Aldehyd) erfolgen, womit sich der reduzierende Charakter und die Mutarotation ergibt (s. hierzu unter ↑ D(+)-Glucose).

L. kommt in der Milch in der α- und in der β-Form vor, mit etwas höherem Anteil an der β-Form. Die β-Form ist systematisch zu benennen als 4-0-(β-D-Galactopyranosyl)-D-glucopyranose (s. Abbildung).

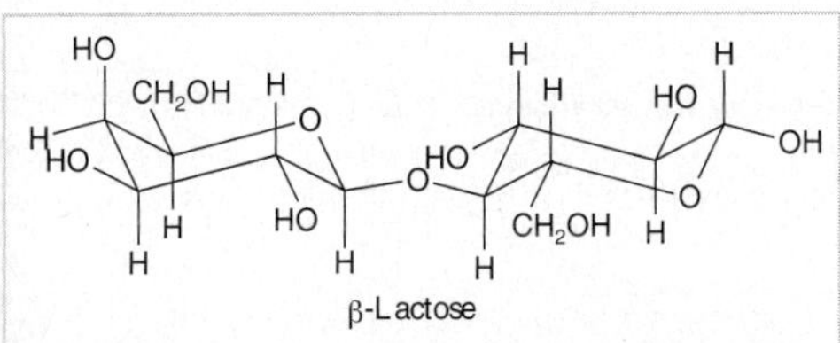

Struktur der β-Lactose

Durch Hydrolyse mit sehr verdünnter ↑ Schwefelsäure wird L. in je 1 Molekül D-Glucose und D-Galactose gespalten. Bei der Herstellung von *Sauermilch* und *Joghurt* erfolgt ein bakterieller Abbau der L. zu

↑ Milchsäure. Die L. wird in großen Mengen verarbeitet bei der Herstellung von Spezialnahrung für Säuglinge, Kleinkinder und für die Rekonvaleszenz. L. wird ferner in Backmischungen, in Kulturmedien und für viele andere technische Zwecke verwendet. In der pharmazeutischen Technologie ist die L. ein vielgebrauchter Wirkstoffträger. Bei diesen Anwendungen wird vorwiegend die α-L. eingesetzt.

$C_{12}H_{22}O_{11}$ $M_R = 342{,}30$ C 42,11 % H 6,48 % O 51,41 %

t_{Smp}	t_{Sdp}	d	η		
223 °C		1,52 g/cm³			
C_p	$\Delta_S H$	$\Delta_V H$	$\Delta_B H$	S^o	Q_C
417,6 J/(K · mol)			−2233 kJ/mol	386 J/(K · mol)	−5652 kJ/mol

Lactulose

Lactulose

Bildet farblose Kristalle, die in Wasser sehr gut löslich sind. L. schmeckt süßer als ↑ Lactose, aber weniger süß als ↑ Saccharose.

L. ist ein synthetisches Disaccharid, das durch alkalische Epimerisierung aus ↑ Lactose hergestellt wird, wobei also der D-Glucose-Ring der Lactose in einen D-Fructofuranose-Ring umgewandelt wird. L. ist also systematisch zu bezeichnen als 4-O-β-D-Galactopyranosyl-D-fructose (s. Abbildung). Die saure Hydrolyse der L. liefert deshalb ↑ Galactose und ↑ Fructose.

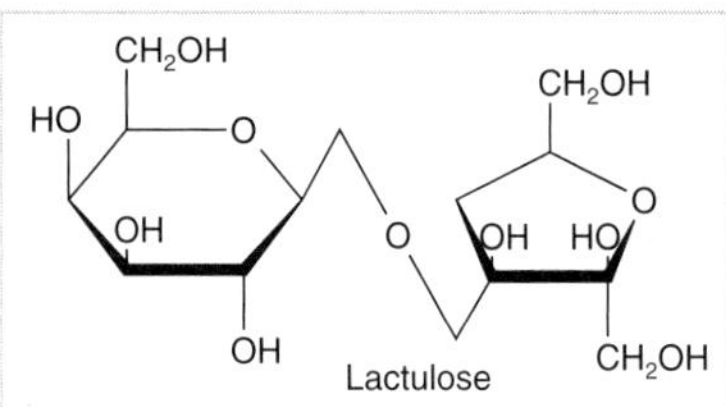

Struktur der Lactulose

Die L. wird aus dem Darm nicht resorbiert, sondern von Darmbakterien zu ↑ Essigsäure und ↑ Milchsäure abgebaut. Die damit verbundene pH-Absenkung im Darm wird therapeutisch in zweierlei Hinsicht ausgenutzt: ist die Leber infolge Insuffizienz nicht mehr in der Lage, den im Darm entstehenden ↑ Ammoniak zu entgiften (zu hoher Ammoniak-Spiegel im Blut führt zur Hirnschädigung), kann der Ammoniak im Darm durch Salzbildung an der Resorption ins Blut gehindert werden; die pH-Absenkung im Darm bewirkt zudem eine verstärkte Peristaltik, die einer Obstipation entgegenwirkt. L. dient deshalb als Lebertherapeutikum und ist ferner ein wichtiges *Laxans* (*Abführmittel*).

$C_{12}H_{12}O_{11}$ $M_R = 342{,}30$ C 42,11 % H 6,48 % O 51,41 %

t_{Smp}	t_{Sdp}	d	η
164 °C			

Laevulinsäure

Levulinic acid 4-Oxovaleriansäure, Pentan-4-on-säure

Bildet farblose blättchenförmige Kristalle, die sich in Wasser, Ethanol und Diethylether gut lösen.

Die L. wird technisch durch Kochen von ↑Fructose (oder anderen Hexosen) mit verdünnten Säuren in einer mechanistisch noch nicht sicher geklärten Reaktion hergestellt (s. Schema). Bei der Umsetzung wird ↑Ameisensäure abgespalten. L. bildet sich auch bei der Ozonolyse von ↑Naturkautschuk

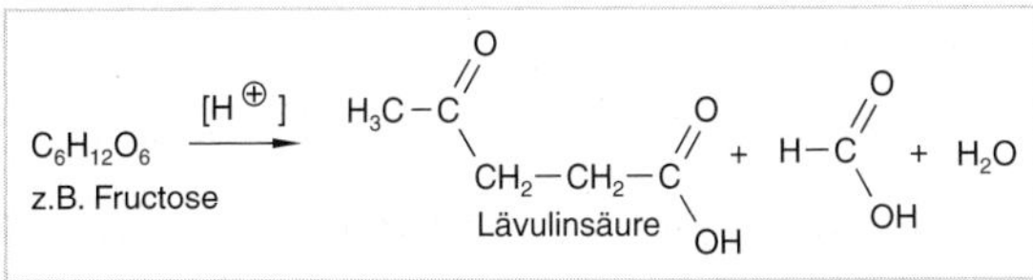

Technische Gewinnung der Laevulinsäure

Als *4-Ketocarbonsäure* kann die L. intramolekularen Ringschluß zum *Hydroxylacton* eingehen (vermutlich liegt ein Gleichgewicht vor), welches beim Erhitzen unter Dehydratisierung *Angelicalacton* bildet (L. decarboxyliert im Gegensatz zu den *3-Ketocarbonsäuren* nicht, s. Schema). Die Angelicalactone finden sich als Bausteine in vielen Naturstoffen.

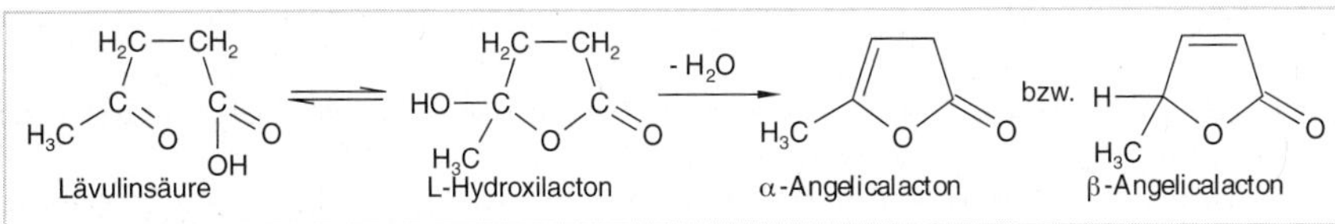

Bildung von Angelicalacton aus Laevulinsäure

Derivate der L. werden als Pharmazeutika verwendet, ihre Ester dienen als selektive Lösungsmittel, L. selbst wirkt als Weichmacher in Thermoplasten.

$C_5H_8O_3$	$M_R = 116{,}11$	C 51,72 %	H 6,94 %	O 41,34 %
t_{Smp} 37 °C	t_{Sdp} 246 °C	d 1,14 g/cm³	η	

Laevulose ⟶ Fructose

Lanolin

Lanolin Wollfett, Wollwachs

L. kommt als Roh-, als Neutral- und als gereinigtes Wollwachs oder -Fett in den Handel und zur Anwendung. Rohwollfett ist eine dunkelbraune, Neutralwollfett eine goldbraune fett- bis wachsartige, eigentümlich riechende Masse, während das gereinigte Produkt von hellgelber Farbe und praktisch geruchfrei ist und auch unter der Bezeichnung „*Adeps lanae anhydricus*" bekannt ist. L. ist unlöslich in Wasser, wenig löslich in Ethanol, gut löslich in Diethylether, Benzin und Chloroform.

Das L. wird von Hautdrüsen der Schafe ausgeschieden und überzieht die einzelnen Wollfasern als feine gleichmäßig deckende Schicht, die die Wolle vor atmosphärischen und mechanischen Einwirkungen schützt. Es geht beim Waschen der Rohwolle in die Waschflotte über, wird daraus durch Zugabe von Säure oder Lauge als Phase abgetrennt und aufgearbeitet. Der L.-Gehalt der Rohwolle liegt zwischen 10–20 %. L. besteht zum Hauptteil (ca. 95 %) aus einem Gemisch von Estern verschiedener Fettsäuren mit höheren Alkoholen, zu ca. 3 % aus Alkoholen (u. a. auch ↑Cholesterin und -Derivate) und aus weiteren Verbindungen

(z. B. Kohlenwasserstoffen), die noch nicht restlos identifiziert sind. Im L. sind keine Glyceride enthalten, es ist also chemisch gesehen hauptsächlich ein Wachs und kein Fett.

L. ist bemerkenswert stabil sowohl gegen Alkalien als auch gegen organische und anorganische Säuren und ist nur unter drastischen Bedingungen verseifbar. Besonders wichtig und herausragend ist seine Hydrophilie, die bewirkt, daß L., ohne in Wasser löslich zu sein, beträchtliche Mengen (bis zu 200 %) Wasser aufzunehmen und in stabiler Emulsion zu binden vermag. Darauf beruht im wesentlichen die Verwendung von reinem L. in Pharmazie und Kosmetik, indem es als Grundlage von Salben, Pasten, Cremes usw. die Einbindung der verschiedensten Wirksubstanzen in beständiger Emulsion ermöglicht. Emulgierbar sind dabei die unterschiedlichsten Stoffe, von Ölen bis hin zu starken Elektrolyten. Zusätzlich bewirkt der Cholesterin-Gehalt eine gute Hautverträglichkeit, wie überhaupt das Emulgiervermögen des L. auf das Cholesterin zurückgeführt wird.

Roh- und Neutral-L. werden technisch als „Fette“ für die verschiedenen Zwecke verwendet (Lederfett, Schmierfett, Rostschutzfett usw.).

Lanthan

Lanthanum La

Ein silberweißes, dehnbares Metall, das an der Luft rasch wegen Oxidbildung anläuft. Mit Wasser reagiert La in der Kälte langsam, in der Wärme schnell unter Wasserstoffentwicklung. Von verdünnten Säuren wird es schnell unter Wasserstoffentwicklung und Salzbildung zersetzt.

Der Anteil des La am Aufbau der Erdrinde wird auf ca. 0,004 Gew.-% geschätzt. La findet sich zusammen mit ↑ Cer und den leichten Lanthaniden in den Seltenerd-Mineralien (z. B. im Monazitsand, s. unter ↑ Cer) und wurde 1839 von Mosander im Cerit entdeckt.

Metallisches La wird aus Lanthanfluorid durch Reduktion mit ↑ Calcium hergestellt.

La ist ein Element der III. Nebengruppe des PSE (Scandiumgruppe) mit der Elektronenkonfiguration $1s^2\ 2s^2\ 2p^6\ 3s^2\ 3p^6\ 3d^{10}\ 4s^2\ 4p^6\ 4d^{10}\ 5s^2\ 5p^6\ 5d^1\ 6s^2$, Grundterm $^3D_{3/2}$.

Anders als bei den leichteren Homologen Sc und Y, bei deren nachfolgenden Elementen die Elektronen in das gleiche d-Niveau eingebaut werden, nehmen die auf das La folgenden 14 Elemente ihre neu hinzukommenden Elektronen in den inneren 4f-Orbitalen auf und bilden die 1. Reihe der Übergangselemente, die auch unter dem Namen „*Lanthaniden*“ (auf das La folgende Elemente) zusammengefaßt werden (La selbst gehört also nicht zu den Lanthaniden).

La ist ausschließlich dreiwertig, verfügt also praktisch über drei Valenzelektronen, die jedoch aus zwei verschiedenen Hauptniveaus („Schalen“), nämlich dem 6s- und dem 5d-Niveau, stammen, während die Valenzelektronen der Elemente der III. Hauptgruppe (B, Al, Ga, In, Tl) sich im gleichen Hauptniveau (zwei s-Elektronen, 1 p-Elektron) befinden.

Gleichwohl zeigt La im chemischen Verhalten Ähnlichkeit z. B. mit ↑ Aluminium und natürlich besonders mit den Lanthaniden-Elementen. Es ist ein stark elektropositives Element, wie das Normalpotential ausweist (s. Gleichung).

$$La \longrightarrow La^{3+} + 3\,e^- \qquad E_0 = -2{,}52\ V$$

Normalpotential von Lanthan

$$2\,La + {}^2/_3\,O_2 \longrightarrow La_2O_3$$
$$La_2O_3 + 3\,H_2O \longrightarrow 2\,La(OH)_3$$

Oxid- und Hydroxid-Bildung von Lanthan

Das aus basischer Fällung frisch hergestellte *Lanthanoxid* reagiert heftig mit Wasser zu der starken Base *Lanthanhydroxid* (s. Gleichungen).

Alle La-Verbindungen sind farblos. Lanthanoxid wird in Spezialgläsern verwendet. Ansonsten besitzen sowohl L. als auch seine Verbindungen bisher keine größeren technischen Anwendungen.

La	$Z = 57$	$A_R = 138{,}9055$	Isotope: 138, 139; 123-137, 140-149 (künstlich)		
t_{Smp}	t_{Sdp}	d	MV	α	λ
920 °C	3453 °C	6,15 g/cm³	22,60 cm³/mol	4,9 10^{-6}/K	13,5 W/mK
C_p	$\Delta_S H$	$\Delta_V H$	S^o	ϱ	
27,14 J/(K · mol)	6,20 kJ/mol	413,7 kJ/mol	56,9 J/(K · mol)	540 nΩ · m	

Laurinsäure

Lauric acid Dodecansäure

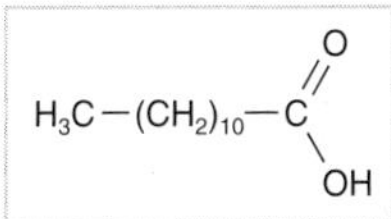

Struktur der Laurinsäure

Bildet ein weißes Pulver oder weiße Kristalle von schwach fettartigem Geruch, löst sich praktisch nicht in Wasser (z. B. bei 60 °C nur 9 mg/100 ml), ist jedoch gut löslich in Ethanol, Methanol, Diethylether und Aceton.

L. kommt mit sehr hohen Anteilen besonders in den Samenfetten von Palmen (*Palmkernfett*), in Kokosnußöl und in Lorbeergewächsen vor, in deren Triglyceriden (s. unter ↑ Glycerin) sie verestert ist. Sie findet sich auch in den Glyceriden des Fettes der Kuhmilch und im Walrat (als Cetylester).

L. wird durch fraktionierte Destillation aus den Hydrolysaten vor allem des Kokosnußöls isoliert.

L. findet vereinzelte technische Anwendung, z. B. zur Herstellung von Seifen, für ↑ Alkydharze und zur Herstellung von ↑ Laurylalkohol. Ester der L., die *Laurate*, die durchweg hochsiedende farblose Öle darstellen, werden in der Kosmetik verwendet.

$C_{12}H_{24}O_2$	$M_R = 200{,}31$	C 71,95 %	H 12,08 %	O 15,97 %	
t_{Smp}	t_{Sdp}	d	η		
43,7 °C	302,3 °C				
C_p	$\Delta_S H$	$\Delta_V H$	$\Delta_B H$	S^o	Q_C
	36,6 kJ/mol	57,5 kJ/mol			−7425 kJ/mol

Laurylalkohol

1-Dodecanol Dodecanol, Dodecylalkohol

Kristallisiert in Form farbloser, angenehm blumig riechender Blättchen, die sich in Wasser nicht, in Ethanol und Diethylether gut lösen.

$H_3C-(CH_2)_{10}-CH_2-OH$

Struktur von Laurylalkohol

L. wird in der Natur nicht aufgefunden. Er wird synthetisch gewonnen durch katalytische Hydrierung von ↑ Laurinsäure.

L. läßt sich noch ohne Zersetzung unter Normaldruck destillieren.

L. wird in geringem Ausmaß in der Riechstoff-Industrie, hauptsächlich aber zur Synthese von *Laurylsulfat* verwendet. Dieses ist ein wichtiger Vertreter der *n-Alkylsulfate*, deren Na-Salze gut wasserlöslich sind und die sehr gute Waschmittel (Seifen) darstellen. Ihr Vorteil ist, daß ihre Calciumsalze ebenfalls wasserlöslich sind und ihre Wirkung somit auch in hartem Wasser erhalten bleibt.

$C_{12}H_{26}O$	$M_R = 186{,}33$	C 77,35 %	H 14,06 %	O 8,59 %

t_{Smp}	t_{Sdp}	d	η
24 °C	259 °C	0,83 g/cm³	

Lawrencium

Lawrencium Lr

$$^{249}_{98}Cf \xrightarrow[-4\,n]{+\,^{11}_{5}B} {}^{256}_{103}Lr$$

Bildung von Lawrencium

Künstlich erzeugtes radioaktives metallisches chemisches Element, daß 1961 beim Beschuß von ↑Californium mit Bor-Kernen entdeckt wurde (s. Gleichung).

Das so gebildete Isotop Lr 265 ist ein α-Strahler mit der Halbwertszeit 28 s. Bis heute sind die Isotope 253-262 bekannt, von denen das Isotop 260 das langlebigste mit einer Halbwertszeit von 3 Min. ist. Lr ist jeweils nur in Form weniger Atome verfügbar.

Lr ist das letzte Element der Actiniden-Reihe, bei dem also das letzte Elektron in das 5f-Niveau eingebaut wird und das folgende Elektronenkonfiguration aufweist: $1s^2\ 2s^2\ 2p^6\ 3s^2\ 3p^6\ 3d^{10}\ 4s^2\ 4p^6\ 4d^{10}\ 4f^{14}\ 5s^2\ 5p^6\ 5d^{10}\ 5f^{14}\ 6s^2\ 6p^6\ 6d^1\ 7s^2$ oder abgekürzt (Rn) $5f^{14}\ 6d^1\ 7s^2$ (Rn = Radon-Rumpf), Grundterm $^2D_{5/2}$

Was man bis jetzt von Lr weiß, steht in Einklang mit seinem Charakter als Actiniden-Element. Es tritt in der Oxidationsstufe +3 auf, für die folgendes Normalpotential angegeben wird:

$Lr \rightarrow Lr^{3+} + e^-\quad E^{\ominus} = -2{,}1\ V$

Von Lr sind keine physikalischen Daten verfügbar.

Lr Z = 103 A_R = 262,11 Isotope: 253-262

Lecithine

Lecithins

Die L. sind je nach Zusammensetzung in frischem Zustand farblose wachsartige Massen oder farblose viskose Flüssigkeiten, die sich an der Luft bald gelb bis braun färben, unlöslich sind in Wasser, Aceton, tierischen und pflanzlichen Ölen, wenig löslich sind in Ethanol und sich gut lösen in Chloroform, Diethylether und in Fettsäuren.

L. kommen in allen lebenden Systemen, also in Pflanzen und Tieren vor und finden sich besonders angereichert in Nervengeweben und im Gehirn (s. unter ↑Phospholipide, ↑Kephaline).

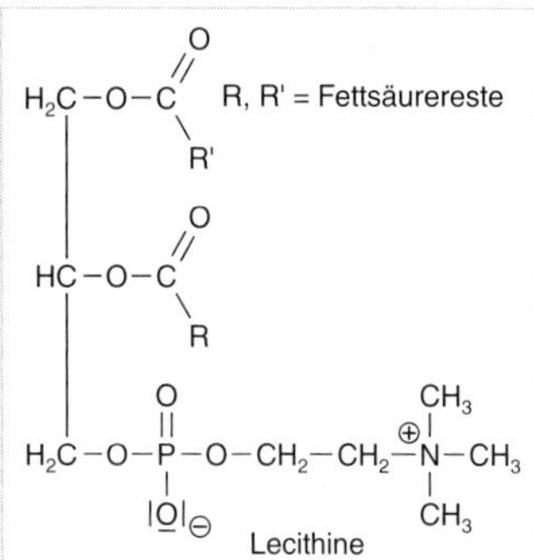

Struktur der Lecithine

Die molekulare Strukur der L. baut sich wie folgt auf: ein Molekül ↑Glycerin ist über zwei seiner Hydroxylgruppen mit Fettsäuren verestert, während die dritte OH-Gruppe mit ↑Phosphorsäure verestert ist, wobei die Phosphorsäure zusätzlich noch als Cholin-Ester vorliegt (s. Abbildung).

Als Fettsäuren treten meist ↑Palmitinsäure, ↑Stearinsäure und ↑Ölsäure auf. Sie können in einem L.-Molekül identisch ($R = R'$) oder verschieden ($R \neq R'$) sein. Die L. liegen als Betaine (s. unter ↑Betain) vor. Handelsübliches L. stammt meist aus *Sojabohnen* und ist vielfach ein Nebenprodukt der Sojaöl-Herstellung, ferner wird es aus Eiern isoliert.

In Wasser quillt L. zunächst auf und bildet schließlich ein durchsichtiges Kolloid. Auf Wasser bildet L. eine monomolekulare Schicht, wobei die hydrophilen Betaingruppierungen in das Wasser, die hydrophoben Fettsäure-Reste aus dem Wasser ragen (Tensid-Charakter der L.).

Wie man schon aus dem Auftreten der L. in allen Lebendsystemen ersieht, haben die L. grundlegende biochemische Funktionen zu erfüllen. Sie sind entscheidend beteiligt an Stoffwechselprozessen und den Nervenfunktionen und wirken allgemein bei Membranfunktionen und Stofftransporten mit. Sie sind eine wichtige Gruppe der als ↑ Phospholipide bezeichneten Verbindungen, die ja generell die konstituierenden Bausteine der biologischen Membranen darstellen

L. finden ausgedehnte Verwendung in Medizin, Pharmazie, Kosmetik, Lebensmittel-Herstellung und Technik, wobei vor allem ihre Wirkung als Emulgatoren ausgenutzt wird.

Leucin

Leucine α-Aminoisocapronsäure

Die natürlich vorkommende L-Form bildet weiße schimmernde schuppenförmige Kristalle, löslich in Wasser bei 25 °C zu 2,4 g/100 ml, praktisch unlöslich in org. Solventien. Die synthetische D,L-Form bildet ebenfalls weiße Blättchen, die sich in Wasser nur zu ca. 1g/100ml (bei 20 °C) lösen. Der Isoelektrische Punkt des L. liegt bei 5,98.

L. zählt zu den essentiellen Aminosäuren, kann also vom menschlichen Organismus nicht selbst aufgebaut werden. Da. L. jedoch in den Proteinen wichtiger Grundnahrungsmittel, z. B. im ↑ Casein der Milch, in großen Mengen vorkommt, ist ein Mangel an L. kaum zu befürchten. So findet sich L. im Casein zu ca. 8 Gew.-%, im Ovalbumin (Hühnerei) zu über 9 Gew.% und vor allem im ↑ Hämoglobin zu über 15 Gew.-%.

Wegen seiner relativen Schwerlöslichkeit in Wasser im Vergleich zu anderen Aminosäuren (großer hydrophober Rest) läßt es sich aus Proteinhydrolysaten gut von anderen Aminosäuren abtrennen. Lediglich die Abtrennung vom ↑ Isoleucin ist wegen ähnlicher Löslichkeit schwierig, gelingt aber über den Kupfer-Komplex, der im Falle des Isoleucins in ↑ Methanol löslich ist.

Die Herstellung von L. kann nach der Strecker-Synthese erfolgen (s. unter ↑ Alanin).

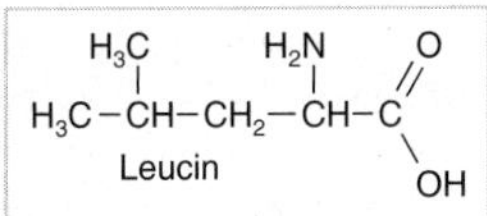

Struktur von Leucin

Beim Erhitzen decarboxyliert L. zum *Isoamylamin*. Im Verlauf der alkoholischen Gärung (s. unter ↑ Ethanol) entsteht aus L. *3-Methyl-1-butanol*, ein Bestandteil des Fuselöls.

L. erfüllt wichtige biochemische Funktionen, die mit der Aktivierung des Hormonsystems in Verbindung stehen. L.-Mangel hat degenerative Erscheinungen an Drüsen, Leber und Nebennieren zur Folge.

$C_6H_{13}NO_2$	$M_R = 131{,}17$	C 54,94 %	H 9,99 %	N 10,68 %	O 24,39 %

$t_{Zersetzung}$	t_{Sdp}	d	η
294 °C (Z)		1,29 g/cm³	

Leukotriene

Leucotrienes LTs

Die Lts sind äußerst empfindliche Verbindungen, die nur kurze Zeit in gefrorener Puffermatrix unter Schutzgas beständig sind.

Bei den LTs handelt es sich um eine erst Ende der siebziger Jahre aufgefundene Gruppe physiologisch hoch wirksamer Substanzen, wobei der Name einerseits auf ihre Herkunft aus den Leukozyten und andererseits auf das ihnen gemeinsame Strukturmerkmal dreier konjugierter Doppelbindungen hinweist (s. Abbildung). Die einzelnen Vertreter der Gruppe werden als LTA_4 – LTE_4 voneinander unterschieden und der Index 4 steht für die Gesamtzahl der C-C-Doppelbindungen in den Molekülen.

Heute sind die biochemischen Bildungswege der LTs bekannt und es sind Syntheserouten entwickelt worden. Der physiologische Aufbau erfolgt ausgehend von der ↑ Arachidonsäure und anderen hochungesättigten Fettsäuren.

LTC_4, LTD_4 und LTE_4 (sie enthalten ein Molekül ↑ Cystein bzw. ein Cystein-Derivat über Schwefel gebunden) üben eine sehr starke verengende Wirkung auf die Luftwege aus und wirken in der Lunge stark sekretionsfördernd. LTB_4 (s. Abbildung) ist entscheidend an der Entstehung von Entzündungsprozessen im Körper beteiligt (u. a. über die Bildung oxidischer Radikale und die Freisetzung oxidierender Enzyme). Auf diesen Erkenntnissen beruhen nun Therapieansätze, die die an der LTs-Bildung beteiligten Enzyme blockieren, um chronische Erkrankungen wie Asthma, Rheuma, Polyarthritis und verschiedene Hautleiden kausal zu bekämpfen.

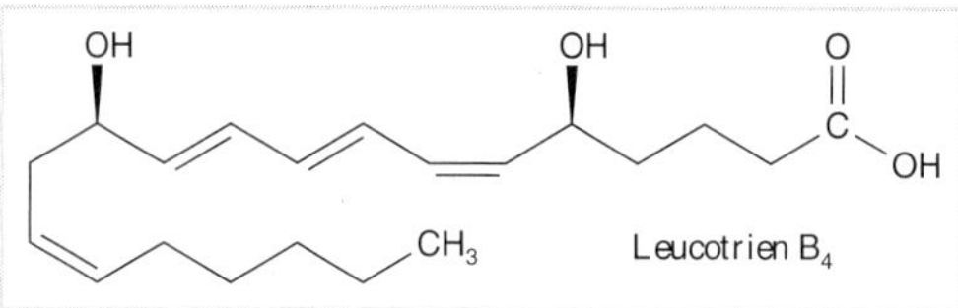

Struktur von Leucotrien B_4

Eine ähnliche Wirkung wie die LTs haben die in den achtziger Jahren ebenfalls in Leukozyten aufgefundenen *Lipoxine*. Es sind auch lineare Eicosanoide, die aber 4 oder 5 konjugierte Doppelbindungen und 3 Hydroxylgruppen aufweisen. Ihre Biosynthese geht ebenfalls von der ↑ Arachidonsäure aus, aber die Physiologie ihrer Wirkung ist noch nicht genau geklärt.

$C_{20}H_{32}O_4$ $M_R = 336{,}47$ (LTB_4) C 71,39 % H 9,58 % O 19,02 %

Lignin

Lignin

Reinstes L. ist ein weißes bis gelbliches amorphes Pulver, das in Wasser lediglich etwas quellbar, ansonsten darin aber wie in anderen Lösungsmitteln unlöslich ist.

L. bildet neben der ↑ Cellulose und den Hemicellulosen den Hauptbestandteil der verholzten Pflanzenteile, (Lignin = Holzsaft, von lat. lignum = Holz) und zwar ist es als Füll- und Kittsubstanz in die Hohlräume zwischen den aus Cellulosemolekülen aufgebauten Strukturelementen (Mizellen, Fibrillen, Lamellen) eingelagert (s. unter ↑ Cellulose). Zum Mengenverhältnis: Trockenes Holz besteht zu ca. 95 % aus organischem Polymermaterial. Davon sind ca. 70 % saccharidischer Natur, also Cellulose und Hemicellulosen, wobei die Cellulose einen Anteil von etwa 50 % hat und die Hemicellulosen die restlichen 20 % ausmachen. Etwa 25 % der Holzmasse entfallen auf das aromatische (also nicht saccharidische) Polymermaterial L.

L. ist kein Polymer definierter Zusammensetzung in der Weise, daß es als Polymeres eines diskreten Monomeren formulierbar wäre. Es läßt sich lediglich eine Reihe von Grundbausteinen angeben, die auf sehr vielfältige Weise zu dem räumlich vernetzten Makromolekül L. verknüpft werden. Diese Grundbausteine sind nach ihrem Grundgerüst *Phenylpropan-Derivate* (s. Abbildung). Beispiele sind *p-Hydroxyzimtalkohol*, *Coniferylalkohol* und *Sinapinalkohol* (s. Abbildung)

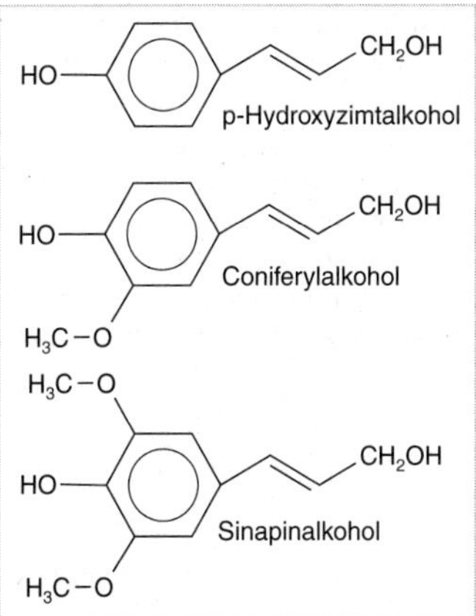

Drei Beispiele für Lignin-Bausteine

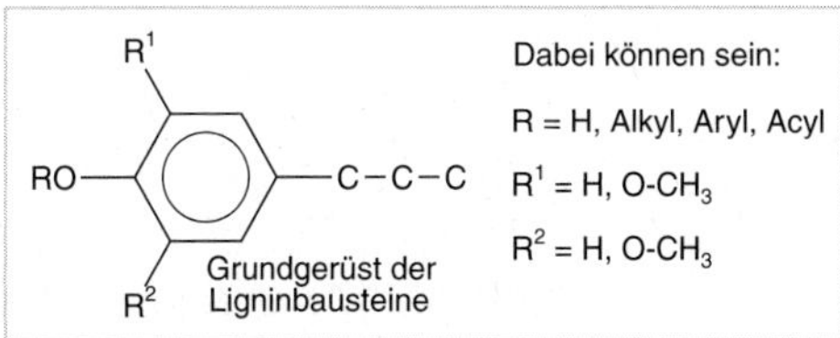

Phenylpropan-Grundgerüst der Lignin-Bausteine

Die Biosynthese dieser Bausteine geht vom *Brenztraubensäurephosphat* und dem *Erythrosephosphat* aus, die sich zusammenlagern und über mehrere Stufen die ↑ Shikimisäure bilden, die unter Aromatisierung schließlich zum ↑ Phenylalanin reagiert (s. Schema).

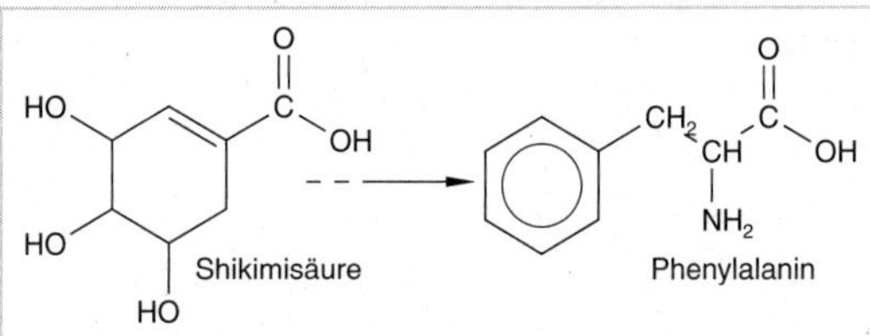

Shikimisäure wird in Phenylalanin überführt

Aus Phenylalanin entsteht durch Desaminierung ↑ Zimtsäure, die am aromatischen Kern hydroxyliert und methoxyliert wird. Die so gebildeten substituierten Zimtsäuren werden durch Reduktion in die obengenannten alkoholischen Grundbausteine umgewandelt. Diese Bausteine reagieren also, wie bereits erwähnt, auf vielfältige Weise zu dem räumlichen Netzwerk L. miteinander, wobei die Knüpfung von Etherbindungen über die alkoholischen und phenolischen Hydroxylgruppen und C-C-Verknüpfungen über radikalische Mechanismen dominieren. Zunächst bilden sich *Dilignine* und *Oligolignine*, die sich zum Netzwerk weiter zusammenlagern, was hier beispielhaft zusammengefaßt ist (s. Schema).

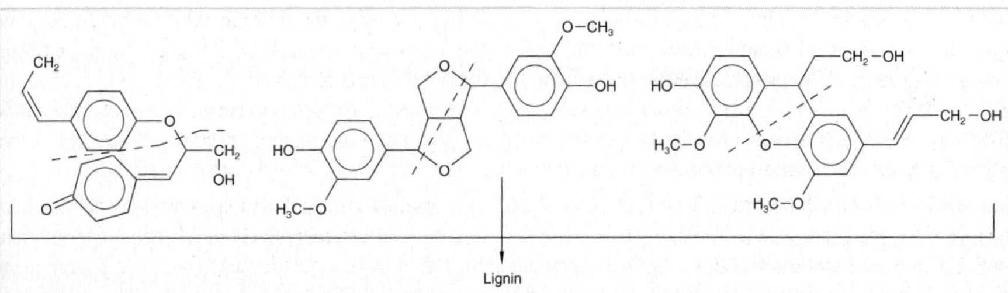

Lignin-Bildung aus Oligomeren der Grundbausteine

Das L. liegt im Holz in sehr komplexer, im einzelnen noch nicht geklärter Weise an die Cellulose gebunden vor (Etherbindungen, Acetal- und Halbacetalverbindungen, glycosidische Bindungen, H-Brückenbindungen, Dipol-Wechselwirkungen etc.), was insgesamt bewirkt, daß der Verband große Festigkeit erreicht, aber auch, daß L. und Cellulose nur „unter Gewalt" und nicht ohne Denaturierung des L. voneinander getrennt werden können.

L. fällt in großen Mengen bei der Zellstoff-Gewinnung in den sog. *Sulfit-Ablaugen* an (das feingemahlene Holz wird einige Stunden bei ca. 150 °C mit Hydrogensulfit-Lösung behandelt, wobei das L. in Form der *Ligninsulfonsäuren* in Lösung geht und die Cellulose als *Zellstoff* zurückbleibt). Aus den Sulfitablaugen wird das Lignin z. T. isoliert und zu vielfältigen technischen Produkten verarbeitet, u. a. auch zur Gewinnung von definierten Substanzen wie ↑ Vanillin und ↑ Gallussäure genutzt. Große Anteile des L. werden allerdings auch verbrannt zur teilweisen Deckung des Wärmebedarfs der Zellstoff-Fabriken.

Linolensäure

Linolenic acid 9,12,15-Octadecatriensäure, α-Linolensäure

Eine farb- und geruchlose Flüssigkeit, die in Wasser unlöslich, in Ethanol, Diethylether und Aceton löslich ist.

Die L. kommt als Fettsäure in den Glyceriden fast aller pflanzlichen Fette vor. In besonders hohen Anteilen findet sie sich in den trocknenden pflanzlichen Ölen, so vor allem im Leinöl zu ca. 40 %, im Hanföl zu knapp 30 %. Tierische Fette enthalten die L. kaum. Aus dem aus *Leinöl* erhaltenen Fettsäuregemisch wird die L. durch Tieftemperatur-Kristallisation isoliert.

Es handelt sich bei der L. um eine dreifach ungesättigte ω3-C18-Fettsäure. Zur Bedeutung des „ω" (sprich Omega) s. unter ↑ Arachidonsäure. Die Doppelbindungen sind nicht konjugiert und alle cis-konfiguriert (s. Abbildung).

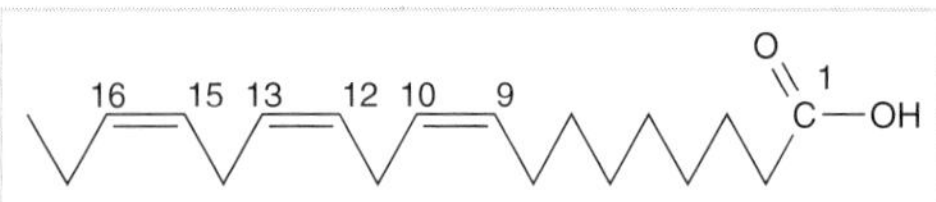

Struktur der α-Linolensäure

Das Doppelbindungs-Isomere, die *6,9,12-Octadecatriensäure*, auch als *γ-Linolensäure* oder *Gamolensäure* bezeichnet, kommt ebenfalls in verschiedenen pflanzlichen Ölen vor. Sie wird im Säugetier-Organismus aus der Linolsäure gebildet. Die L. besitzt in ihrem Vorkommen in den pflanzlichen Fetten große physiologische, in den trocknenden Ölen auch technische Bedeutung.

Zunächst zur physiologischen Bedeutung. Der menschliche Organismus baut aus der L., und auch aus der ↑ Linolsäure, die hochungesättigten Fettsäuren auf, allen voran die ↑ Arachidonsäure und die ↑ Eicosapentaensäure, die ihrerseits u. a. wesentliche Bestandteile der Zellmembranen und wichtige Stoffwechsel-Intermediate sind. Der Mensch vermag jedoch weder die L. noch die Linolsäure selbst in seinem Körper zu bilden (der menschliche Stoffwechsel kann in den höheren Fettsäuren Doppelbindungen nur zwischen den C-Atomen 1 – 9 erzeugen), so daß er diese mit der Nahrung aufnehmen muß, weshalb man sie auch als *essentielle Fettsäuren* bezeichnet (frühere Benennung: *Vitamin F*). Mangel an essentiellen Fettsäuren ruft u. a. Hauterkrankungen (Schorf, Flechten) hervor.

Als *trocknende Öle* bezeichnet man die pflanzlichen Öle (tierische Fette und Öle enthalten nur geringe Mengen ungesättigter Fettsäuren), die größere Anteile an (mehrfach) ungesättigten Fettsäuren enthalten, weil diese die Eigenschaft haben, durch Einwirkung des Luftsauerstoffs radikalisch unter Vernetzung zu polymerisieren. Diese Polymerisation ist mit der Durchhärtung („*Trocknung*") des Öls verbunden. Darauf beruht die Bedeutung dieser Öle, vor allem des Leinöls, in der Ölfarben- und Lackindustrie.

Die Polymerisation kann durch Zusatz von Schwermetallsalzen, die katalytisch als Sauerstoff-Überträger wirken und als „*Siccative*" bezeichnet werden, beschleunigt werden, so daß die Ölfilme bereits im Verlauf von Stunden durchhärten. Das System trocknendes Öl + Siccativ stellt die „*Firnis*" dar.

$C_{18}H_{30}O_2$ $M_R = 278{,}42$ C 77,65 % H 10,86 % O 11,49 %			
t_{Smp}	t_{Sdp}	d	η
−11 °C	230 °C (23 hPa)	0,91 g/cm³	

Linolsäure

Linoleic acid 9,12-Octadecadiensäure

Eine farblose ölige Flüssigkeit, die in Wasser unlöslich, in Diethylether, Ethanol, Petrolether gut löslich ist. Die L. oxidiert sich an der Luft rasch.

Die L. ist eine doppelt ungesättigte ω6-C18-Fettsäure (s. unter ↑Linolensäure), deren Doppelbindungen nicht konjugiert sind und cis-Konfiguration aufweisen (s. Abbildung).

Struktur der Linolsäure

O. ist Hauptbestandteil sehr vieler pflanzlicher Öle: im Mohnöl 62 %, im Sonnenblumenöl 52 %, im Baumwollsaatöl 45 %, im Sojabohnenöl 54 %, im Erdnußöl 31 %, im Maisöl 50 %, im Leinöl (nur) 14 % und wird aus Fettsäuregemischen durch Tieftemperatur-Kristallisation isoliert. Die L. ist wie die ↑Linolensäure eine essentielle Fettsäure (zur physiologischen Bedeutung s. dort).

$C_{18}H_{32}O_2$ $M_R = 280{,}44$ C 77,09 % H 11,50 % O 11,41 %			
t_{Smp}	t_{Sdp}	d	η
−5 °C	230 °C (21 hPa)		

Liothyronin

Liothyronine 3,3′,5-Triiodo-L-thyronin, T3

Bildet ein farb- und geruchloses kristallines Pulver, das in Wasser, Ethanol oder Methanol unlöslich ist. L. geht in alkalischem Medium mit brauner Farbe unter Salzbildung in Lösung.

L. findet sich im Blutplasma und in der Schilddrüse. Es ist wie ↑Thyroxin ein Hormon der Schilddrüse und übertrifft das Thyroxin (unterscheidet sich vom L. nur durch ein zusätzliches Iod-Atom, s. Abbildung) in seiner Wirkung um das Fünffache. Zur biochemischen Regulation von Bildung und Freisetzung sowie zur Wirkung von L. auf den Stoffwechsel s. unter ↑Thyroxin.

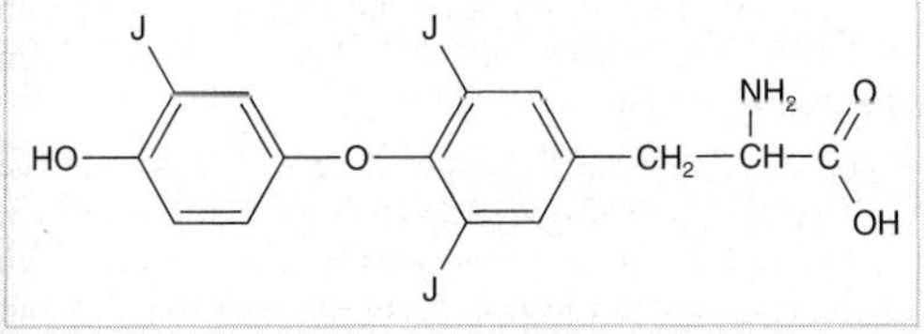

Struktur von Liothyronin

Wie das Thyroxin wird auch das pharmazeutisch verwendete L. vollsynthetisch hergestellt. Die pharmazeutische Verwendung erfolgt überwiegend in Form des Natriumsalzes in Tabletten (pro Tablette ca. 50 Mikrogramm L.). Da L. sehr schnell wirkt, wird es insbesondere bei akuter *Hypothyreose* verabreicht.

$C_{15}H_{12}I_3NO_4$	$M_R = 650{,}98$	C 27,68 %	H 1,86 %	I 58,48 %	N 2,15 %	O 9,83 %

t_{Smp}	t_{Sdp}	d	η
236 °C			

Liponsäure

Lipoic acid, Thioctsäure, 1,2-Dithiolan-3-pentansäure

Kristallisiert in der D,L-Form aus Cyclohexan in gelben Nadeln, die in Wasser unlöslich sind, sich aber in org. Solventien gut lösen. Die L-Form bildet u. a. ein gut lösliches Na-Salz.

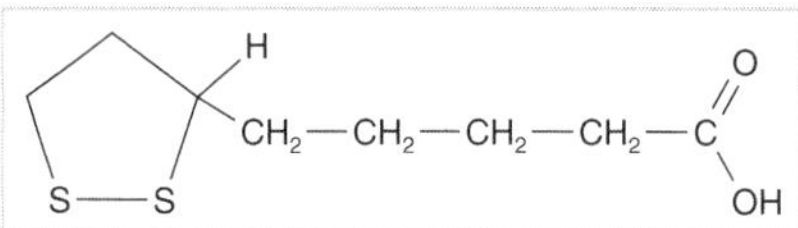

Struktur der Liponsäure

L. wurde ursprünglich als Wachstumsfaktor vieler Bakterien entdeckt und erwies sich dann auch als wichtige prosthetische Gruppe pflanzlicher und tierischer Enzyme. Besondere Bedeutung besitzt die L. als prosthetische Gruppe in dem großen Enzym-Komplex *Pyruvat-Decarboxylase* (s. unter Coenzym A). Hierin ist L. über die terminale Aminogruppe von ↑Lysin als *Liponamid* an das Enzym gebunden und überträgt die aus dem Pyruvat stammende, vom Thiaminpyrophosphat übernommene Acetylgruppe auf Coenzym A unter Bildung von Acetyl-Coenzym A.

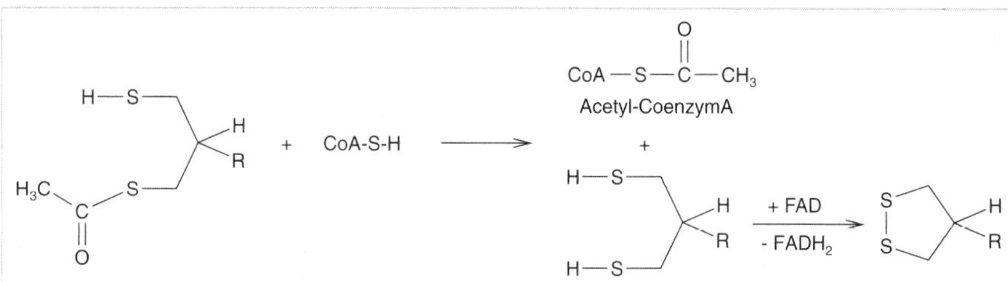

Übertragung der Acetylgruppe auf Coenzym A zum Acetyl-Coenzym A

Dabei wirken die Disulfid-Brücke und ihre offenkettige Disulfhydryl-Form als reversibles Redox-System. Bei der Acetylgruppen-Übertragung auf CoA bleibt also die energiereiche Thioester-Bindung erhalten. Die Acetyl-Coenzym A-Bildung ist eine sehr wichtige Reaktion im Stoffwechsel (s. unter ↑Citronensäure).

Die L. wird gegen Schwermetallvergiftungen und Lebererkrankungen therapeutisch verwendet. Sie wirkt auch als Antidot gegen bestimmte Pilzvergiftungen.

$C_8H_{12}O_2S_2$	$M_R = 206{,}33$	C 46,57 %	H 6,84 %	O 15,51 %	S 31,08 %

t_{Smp}	t_{Sdp}	d	η
62 °C			

MAK	R-Satz	S-Satz
	22	

Lithium

Lithium Li

Li ist ein an frischer Schnittfläche silberglänzendes sehr leichtes (das leichteste aller bei Normaltemperatur festen Elemente, schwimmt auf Petrolether) metallisches chemisches Element, das an feuchter Luft rasch wegen Hydroxid- und Nitridbildung gelblich anläuft. Es ist sehr weich, wenn auch härter als die anderen Alkalimetalle, und läßt sich gut verformen und schneiden.

Li besitzt am Aufbau der Erdrinde einen Anteil von ca. 0,005 Gew.-%, ist also nicht als seltenes Element anzusehen und kommt zusammen mit ↑ Natrium und ↑ Kalium sehr verbreitet in silicatischen Gesteinen vor. In abbauwürdiger Menge findet es sich allerdings nur in wenigen Lithiummineralien, von denen nur die Li-Al-Silicate *Spodumen* und *Lepidolith* sowie das Li-Al-Phosphat *Amblygonit* mit einem Lithiumoxid-Gehalt von etwa 3-7 % genannt seien. Die bedeutendsten Lager befinden sich in Nordamerika, Südamerika, Afrika. Wichtig sind auch die Vorkommen von Li-Salzen in Salzseen, so im Salar de Atacama in Chile, der ca. 1,1 Millionen Tonnen Li enthält.

Die Li-Mineralien werden nach Aufkonzentrierung (teils durch Handklaubung) sauer oder alkalisch aufgeschlossen, wobei schließlich ↑ Lithiumcarbonat bzw. ↑ Lithiumhydroxid anfällt. Zur Herstellung des Metalls wird die Schmelzfluß-Elektrolyse von ↑ Lithiumchlorid (in eutektischer Mischung mit ↑ Kaliumchlorid zwecks Herabsetzung des Schmelzpunktes von 614 °C auf 352 °C, Anode aus Graphit, Kathode aus Eisen) durchgeführt.

Li ist das erste Element in der Gruppe der Alkalimetalle mit der Elektronenkonfiguration: $1s^2\ 2s^1$, Grundterm $^2S_{1/2}$, und bildet wie alle Alkalimetalle ausschließlich die Oxidationsstufe +1 aus, indem das einzige Valenzelektron, das 2s-Elektron, unter Ausbildung des einwertigen Li-Kations sehr leicht abgegeben wird mit dem angegebenen Normalpotential (s. Gleichung).

$$Li \longrightarrow Li^{\oplus} + e^- \qquad E_0 = -3{,}045\ V$$

Lithium-Normalpotential

$$2\,Li + {}^1\!/_2\,O_2 \longrightarrow Li_2O$$

Verbrennung von Lithium

Es ist das am wenigsten reaktive Alkali-Metall und reagiert mit Sauerstoff erst bei erhöhter Temperatur (ab ca. 100 °C) unter Verbrennung zu *Lithiumoxid* (s. Gleichung).

$$Li + H_2O \longrightarrow LiOH + {}^1\!/_2\,H_2$$

Reaktion von Lithium mit Wasser

Mit Wasser reagiert Li ohne Entzündung des entstehenden Wasserstoffs zu ↑ Lithiumhydroxid (s. Gleichung).

Das Li-Kation weist infolge seines kleinen Atomradius eine sehr hohe Ladungsdichte auf, die die Ursache für einige charakteristische Abweichungen der *Lithiumchemie* von der Chemie der anderen Alkalis darstellt. So bildet das Li-Kation eine stabile Hydrathülle in wässeriger Lösung aus. Es übt auf die Elektronenhülle der Anionen in den Li-Salzen eine stark polarisierende Wirkung aus, so daß die Ionenbindungen beträchtliche kovalente Anteile erhalten, was wiederum Ursache für die Löslichkeit einiger Li-Salze in unpolaren org. Solventien ist (z. B. ↑ Lithiumhydrid, *Lithiumiodid*).

$$R{-}X + 2\,Li \longrightarrow R{-}Li + LiX$$

Bildung der Lithiumalkyle

Li reagiert in unpolaren org. Solventien, z. B. in Diethylether, mit Alkylhalogeniden leicht unter Bildung von Lithiumalkylen (s. Gleichung).

Die *Lithiumalkyle* sind hochreaktiv (teils selbstentzündlich) und stellen wichtige Synthese-Hilfsmittel der Organik dar (z. B. ↑ Butyllithium).

Li legiert sich leicht mit anderen Metallen. Solche Legierungen (z. B. mit Pb, Al, Mg oder Cu) werden teils technisch verwendet. Das Li verleiht dabei dem Grundmetall wesentlich größere Härte und Beständigkeit. Die Herstellung vorstehend genannter Lithiumalkyle beansprucht einen Großteil der Produktion an Lithium-Metall, allen voran die Herstellung von ↑Butyllithium. Ein wachsender Anteil von Lithium-Metall geht in die Fertigung von *Lithium-Batterien* Li-Batterien benutzen alle Lithium als Anodenmaterial. Die aktive Masse der Kathode variiert. Zwei wichtige Typen verwenden ↑Schwefeldioxid bzw. ↑Thionylchlorid. Ohne auf konstruktive Details einzugehen, seien hier nur die stromliefernden Gesamtgleichungen angegeben.

$$2\,Li + 2\,SO_2 \longrightarrow Li_2S_2O_4$$

Li-Schwefeldioxid-System

$$4\,Li + 2\,SOCl_2 \longrightarrow 4\,LiCl + SO_2 + S$$

Li-Thionylchlorid-System

Sie bringen es auf Spannungen von ca. 4 V und erlauben sehr hohe Betriebszeiten (bis 10 Jahre). Sie werden in Uhren und Implantaten verwendet.

Li-Ionen-Akkus besitzen eine Anode aus Ruß oder Graphit, in deren Gitter sich (beim Ladevorgang) Lithium-Ionen bei gleichzeitiger Reduktion des C-Gerüstes einlagern. Die Kathode besteht aus einem Übergangsmetalloxid, in dessen Gitter sich (ebenfalls reversibel) Li-Ionen beim Entladevorgang einlagern (Interkalations-Elektroden). Beim Entladevorgang wandern also Li-Ionen aus dem C-Gerüst (der Anode) heraus in das Oxid-Gerüst der Kathode. Die Li-Ionen-Akkus liefern Spannungen von über 4 V. Deshalb müssen aprotische Solventien (↑Propylencarbonat, ↑Diethylcarbonat) für die Leitelektrolyten (z. B. Lithiumtetrafluoroborat) verwendet werden. Sie werden z. B. in Handys eingesetzt.

Organisch-präparativ wird elementares Li z. B. für Kernhydrierungen von ↑Benzol sowie für die Birch-Reduktion in flüssigem ↑Ammoniak gebraucht. Das Deuterid des Isotops Li 6 ist der Energielieferant in der Wasserstoffbombe und auch der aussichtsreichste „Brennstoff" für die kontrollierte *Kernfusion* (s. hierzu unter ↑Deuterium). Li 6 hat im natürlichen Li einen Anteil von 7,6 % und kann daraus durch speziellen Isotopenaustausch aufkonzentriert werden. Weiteres zur Chemie des Li und seinen Anwendungen s. unter den einzelnen Li-Verbindungen.

Kürzlich hat man entdeckt, daß Li bei 9 K und einem Druck von 230 000 atm supraleitend wird.

Zum analytischen Nachweis des Li können herangezogen werden:

1. Die intensiv karminrote Flammenfärbung (wird durch Na verdeckt). Im Spektroskop erscheinen Linien bei 670,8 nm (rot) und 610,3 nm (gelborange)
2. Fällung als Carbonat (s. unter ↑Lithiumcarbonat)
3. Fällung als weißes *Lithiumphosphat* im alkalischen Medium (s. Gleichung).

$$3\,Li^{\oplus} + HPO_4^{2-} + OH^{\ominus} \longrightarrow Li_3PO_4 + H_2O$$

Fällung von Lithiumphosphat

► Li muß in Petrolether aufbewahrt werden. Li-Salze wirken dann toxisch, wenn gleichzeitig Kochsalz-Mangel besteht. Ansonsten sind von Li keine Vergiftungen bekannt geworden. Verätzungen von Haut und Schleimhäuten beruhen auf den Anionen.

Li Z = 3 A_R = 6,941 Isotope: 6, 7; 5, 8, 9 (künstlich)

t_{Smp}	t_{Sdp}	d	MV	α	λ
270,5 °C	1347 °C	0,534 g/cm³	13,0 cm³/mol	56 10^{-6}/K	84,7 W/mK

C_p	$\Delta_S H$	$\Delta_V H$	S^o	ϱ
24,6 J/(K · mol)	3,0 kJ/mol	147,7 kJ/mol	29,08 J/(K · mol)	85,5 nΩ · m

MAK	R-Satz	S-Satz
	14/15-34	8-43-45

Lithiumaluminiumhydrid

Aluminum lithium hydride   Lithiumalanat

In reinem Zustand ein feines weißes kristallines Pulver, das durch Verunreinigungen mit ↑ Aluminium vielfach graue Farbe aufweist. L. zersetzt sich an feuchter Luft langsam, während es an trockener Luft bei Raumtemperatur beständig ist. Es zersetzt sich beim Erwärmen ab ca. 120 °C unter Wasserstoff-Entwicklung.

L. wird hergestellt durch Umsetzung von ↑ Aluminiumchlorid mit ↑ Lithiumhydrid in etherischer Lösung (s. Gleichung).

$$4\,LiH + AlCl_3 \longrightarrow 3\,LiCl + LiAlH_4$$

Herstellung von Lithiumalanat aus Lithiumhydrid

L. läßt sich in Diethylether in Lösung bringen, was jedoch nur langsam erfolgt, weil sich das Etherat bilden muß. Von Wasser wird L. rasch zersetzt, wobei ↑ Wasserstoff entsteht (s. Gleichung). Bei allen Reaktionen ist also Wasser strikt auszuschließen und das Arbeiten unter Stickstoff ist erforderlich.

$$LiAlH_4 + 4\,H_2O \longrightarrow LiAl(OH)_4 + 4\,H_2$$

Zersetzung von Lithiumalanat durch Wasser

Analog reagiert L. mit protonaktiven organischen Verbindungen. L. ist ein wichtiges Reduktionsmittel in der präparativen organischen Chemie. Es dient vor allem zur gezielten Reduktion von Carbonylverbindungen (Aldehyde, Ketone) zu den entsprechenden Alkoholen, wobei C-C-Doppelbindungen nicht angegriffen werden. Carbonsäureamide und Nitrile werden in primäre Amine überführt, Carbonsäuren, Ester, Säurechloride und -anhydride in primäre Alkohole, Nitroverbindungen in primäre Amine. Der mechanistische Ablauf ist hier beispielhaft für die Reduktion der Carbonylgruppe formuliert, die mit der Alkoxylierung des Al beginnt (s. Schema). Auf diese Weise werden schrittweise alle H-Atome am Al-Atom substituiert (s. summarische Gleichung).

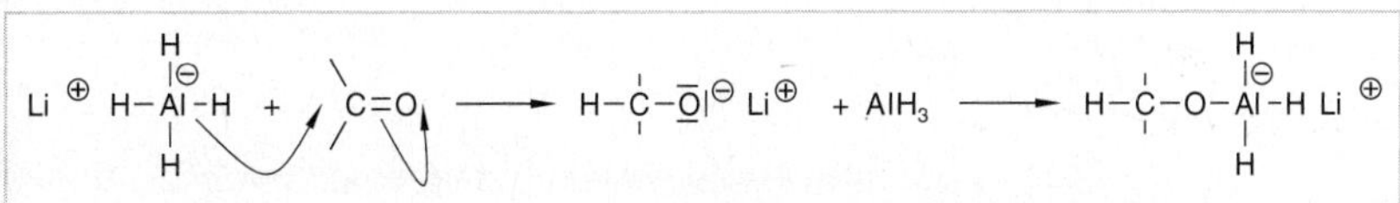

Stufenweise Alkoxylierung von Aluminium

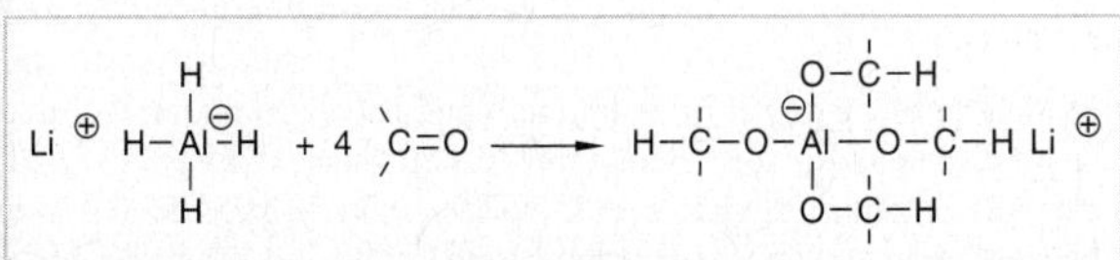

Summarische Gleichung für die Alkoxylierung

Der so entstehende Komplex wird nach Beendigung der Reaktion durch Wasser zersetzt (s. Gleichung) und der Alkohol freigesetzt.

$$Li^{\oplus}\ Al^{\ominus}(O{-}CH)_4 + 2\,H_2O \longrightarrow 4\,H{-}C{-}OH + LiAlO_2$$

Hydrolytische Freisetzung des Alkohols

Die Hydrierungen von Carbonsäure-Derivaten (Ester, Chloride, Amide) können bei milden Temperaturen so geführt werden, daß sie nur bis zur Stufe des Aldehyds verlaufen. Dies hat die *Rosenmund-Reduktion*, bei der Carbonsäurechloride mit speziell vergifteten Pd- oder Pt-Katalysatoren nur bis zum Aldehyd hydriert wurden, weitgehend abgelöst.

Für derartige Reduktionsreaktionen wird L. heute auch im technischen Maßstab eingesetzt.

AlH_4Li $M_R = 37{,}94$ Al 71,09 % H 10,62 % Li 18,29 %

$t_{Zersetzung}$	t_{Sdp}	d	η		
> 125 °C (Z)		0,92 g/cm³			
C_p	$\Delta_S H$	$\Delta_V H$	$\Delta_B H$	S^o	Q_C
			−117,2 kJ/mol	87,9 J/(K · mol)	
MAK	R-Satz	S-Satz			
	15	7/8-24/25-43			

Lithiumcarbonat

Lithium carbonate

Bildet ein weißes kristallines Pulver, das im Gegensatz zu den Carbonaten der anderen Alkalimetalle wenig löslich ist in Wasser (ca. 1,3 g/100 ml bei 20 °C) und das sich in der Kälte besser löst als in der Wärme. In Ethanol ist L. unlöslich.

$$2\,Li^{\oplus} + CO_3^{2-} \longrightarrow Li_2CO_3$$

Fällung von Lithiumcarbonat

L. fällt bei der Lithium-Gewinnung aus den Li-Mineralien an, indem es aus den Aufschluß-Lösungen mit Soda ausgefällt wird (s. Gleichung).

L. dient somit als Ausgangsprodukt für die anderen Li-Verbindungen und ist auch technisch das wichtigste Li-Salz. Mit Säuren erfolgt rasche Zersetzung unter Kohlenstoffdioxid-Entwicklung (s. Gleichung).

$$Li_2CO_3 + 2\,H^{\oplus} \longrightarrow 2\,Li^{\oplus} + CO_2 + H_2O$$

Reaktion von Lithiumcarbonat mit Säuren

$$Li_2CO_3 \xrightarrow{\Delta} Li_2O + CO_2$$

Thermische Zersetzung von Lithiumcarbonat

Beim Erhitzen spaltet L. ↑ Kohlenstoffdioxid ab und *Lithiumoxid* verbleibt als Rückstand (s. Gleichung).

L. wird in großen Mengen bei der Herstellung von ↑ Aluminium gebraucht (etwa 50 % des L.-Verbrauchs), und zwar wird es zu etwa 5 % dem Elektrolysebad zugesetzt zwecks Erniedrigung der Elektrolysetemperatur und Erhöhung der elektrischen Leitfähigkeit. Zudem wird die Aluminium-Abscheidung verbessert. Einen sehr wichtigen Einsatz findet L. in der Glas-, Email- und Keramik-Industrie. Auch hier dient L. zur Schmelzpunkt-Erniedrigung. Außerdem werden durch L. die Schmelzen dünnflüssiger und es können dünnwandigere Gefäße sowie dünnere Emailschichten erzeugt werden, was wiederum erhöhte Beständigkeit (geringere thermische und mechanische Empfindlichkeit) bedeutet. Technisch bedeutsam ist auch die Herstellung der *Lithium-Alumosilicat-Gläser*. In diesen kann durch ein geeignetes Alkali-Verhältnis der thermische Ausdehnungskoeffizient auf Null herabgesetzt werden. Deshalb besitzen diese Gläser eine sehr hohe *Temperaturwechsel-Beständigkeit* und werden für *Küchen-Glasgeräte*, *Herdplatten* und *Weltraumspiegel* verwendet. In fotochromen (selbsttönenden) Gläsern, z. B. für *Sonnenbrillen*, erhöht L. die Löslichkeit des Silberhalogenids. L. und andere Li-Salze wirken stark beschleunigend auf das Abbinden von Zement, indem das kleine Li-Kation die Ausfällung von Li-Al-Hydraten bewirkt, die wiederum als Kristallisationskeime für die *Zementverfestigung* dienen. Zur Zeit sind Brennstoffzellen (s. unter ↑ Wasserstoff) in der Erprobung, die als Elektrolyt ein eutektisches Gemisch von L. und ↑ Kaliumcarbonat enthalten.

Seit etwa 1975 verwendet man reinstes L. medizinisch zur Behandlung manisch-depressiver Psychosen. Diese *Psychosen* beruhen zum Teil auf einem gestörten Na/K-Verhältnis im Blut. Gaben von ca. 1 g L. täglich beseitigen die Symptome in diesen Fällen völlig. Unerwünschte Nebenwirkungen zu hoher L.-Gaben sind u. a. die Hemmung des Enzyms Adenylatcyclase und daraus folgend Leistungseinschränkungen von Niere und Schilddrüse. Worauf die Wirkung der Li-Ionen beruht, ist noch nicht bekannt.

CLi_2O_3 $M_R = 73{,}89$ C 16,25 % Li 18,79 % O 64,96 %

t_{Smp}	t_{Sdp}	d	η		
720 °C		2,11 g/cm³			
C_p	$\Delta_S H$	$\Delta_V H$	$\Delta_B H$	S^o	Q_C
96,2 J/(K · mol)	44,8 kJ/mol		−1216 kJ/mol	90,2 J/(K · mol)	
MAK	R-Satz	S-Satz			
		22-24/25			

Lithiumchlorid

Lithium chloride

Bildet ein weißes, kristallines zerfließliches Pulver, das sich in Wasser sehr gut löst (über 80 g/100 ml bei 20 °C). L. ist auch löslich in Ethanol und Aceton. Diese Löslichkeit in org. Solventien ermöglicht die Abtrennung des L. von den anderen Alkalichloriden.

L. wird durch Umsetzung von ↑ Lithiumcarbonat mit ↑ Salzsäure und Einengen der Lösung erhalten (s. Gleichung).

$$Li_2CO_3 + 2\,HCl \longrightarrow 2\,LiCl + H_2O + CO_2$$

Herstellung von Lithiumchlorid

Die weitaus größte Bedeutung hat L. als Ausgangsprodukt zur Herstellung von Li-Metall durch Schmelzflußelektrolyse (s. unter ↑ Lithium). Da L. sehr hygroskopisch ist, wird es zur Gastrocknung und in Klimaanlagen eingesetzt. Die schmelzpunkt-erniedrigende Wirkung des L. wird ausgenutzt, indem es Schweiß- und Hartlötbädern und Schweißelektroden-Ummantelungen zugesetzt wird. L. setzt die Gefriertemperatur des Wassers sehr stark herab, so daß es in Kältebädern und Gefrierschutz-Lösungen Verwendung findet.

$ClLi$ $M_R = 42{,}40$ Cl 83,63 % Li 16,37 %

t_{Smp}	t_{Sdp}	d	η
610 °C	1383 °C	2,07 g/cm³	

C_p	$\Delta_S H$	$\Delta_V H$	$\Delta_B H$	S^o	Q_C
48 J/(K · mol)	19,8 kJ/mol	150,5 kJ/mol	−408,3 kJ/mol	59,3 J/(K · mol)	

MAK	R-Satz	S-Satz
	20/22-37	28

Lithiumhydrid

Lithium hydride

Reinstes L. bildet farblose kubische Kristalle. Handelsprodukte stellen meist ein graues Pulver dar. L. färbt sich am Licht rasch dunkel infolge Zersetzung. Mit Wasser erfolgt sofortige Zersetzung. Überhaupt gibt es für L. kein Lösungsmittel, in dem es sich nennenswert löst.

$$Li + {}^1/_2\, H_2 \xrightarrow{600\ °C} LiH$$

Herstellung von Lithiumhydrid

L. bildet sich bei der Umsetzung von ↑ Lithium mit ↑ Wasserstoff oberhalb von 600 °C in exothermer Reaktion (s. Gleichung).

$$\begin{aligned} Li &\longrightarrow Li^{\oplus} + e^- \\ H + e^- &\longrightarrow H^{\ominus} \\ \hline H + Li &\longrightarrow Li^{\oplus} + H^{\ominus} \end{aligned}$$

Elektronen-Teilgleichungen der Lithiumhydrid-Bildung

L. ist wie alle *Alkalihydride* ionisch aufgebaut. Die Elektronenübergänge bei dieser Hydrid-Bildung sind wie bei der Alkalihalogenid-Bildung leicht zu verstehen (s. Schema).

L. bildet so ein aus Li-Kationen und Hydrid-Anionen aufgebautes Kristallgitter vom Natriumchlorid-Typ (s. unter ↑ Natriumchlorid). Allerdings besitzen die ionischen Bindungen zwischen den Li-Kationen und Hydridionen einen beträchtlichen kovalenten Anteil, da das Li-Kation mit seiner hohen Ladungsdichte (kleiner Ionenradius) die Elektronenhülle des Hydrid-Ions stark deformiert.

$$H^{\oplus} + H^{\ominus} \longrightarrow H_2$$

Hydrid-Ion und Proton ergeben Wasserstoff

L. ist präparativ besonders wertvoll und wichtig, weil es die ein starkes Reduktionsmittel darstellenden Hydrid-Ionen enthält, die ihr überschüssiges Elektron bereitwillig an elektronegative Atome abgeben. Von besonderer Bedeutung sind dabei Reaktionen mit Verbindungen mit positivierten H-Atomen, die, wie die Reaktion des Hydrid-Ions mit dem Proton (s. Gleichung), Wasserstoff ergeben.

$$LiH + H_2O \longrightarrow LiOH + H_2$$

Reaktion von Lithiumhydrid mit Wasser

So reagiert L. mit Wasser sofort (s. Gleichung) so heftig, daß L. sich an feuchter Luft von selbst entzünden kann. 1 g L. liefert so 2,8 l Wasserstoff.

Präparativ wichtig ist ferner die Umsetzung von L. mit Metallhalogeniden, und hier besonders die Umsetzung von ↑ Aluminiumchlorid und ↑ Bortrifluorid (s. Gleichungen).

$$AlCl_3 + 4\,LiH \longrightarrow 3\,LiCl + LiAlH_4$$
$$BF_3 + 4\,LiH \longrightarrow 3\,LiF + LiBH_4$$

Wichtige Umsetzungen von Lithiumhydrid

L. dient so zur Herstellung komplexer Hydride und als Reduktionsmittel in der Organik. Es wird ferner als Trockenmittel und zur Wasserstoff-Entwicklung benutzt. Wegen der Feuergefährlichkeit des L. wird für Reduktionen in der Laborpraxis das ↑ Lithiumaluminiumhydrid jedoch bevorzugt.

► L. ist feuergefährlich. L.-Brände sind nur schwer zu löschen. L.-Staub greift Haut und Schleimhäute stark an.

HLi $M_R = 7{,}95$ H 12,68 % Li 87,32 %					
t_{Smp} 689 °C	$t_{Zersetzung}$ 950 °C (Z)	d 0,82 g/cm³	η		
C_p 27,9 J/(K · mol)	$\Delta_S H$ 22,6 kJ/mol	$\Delta_V H$	$\Delta_B H$ −90,6 kJ/mol	S^o 20,0 J/(K · mol)	Q_C
MAK 0,025 mg/m³	R-Satz 15	S-Satz 7/8-43			

Lithiumhydroxid

Lithium hydroxide

L. fällt aus wässeriger Lösung als Monohydrat in Form eines weißen kristallinen Pulvers an, das sich in Wasser bei 20 °C zu ca. 7 g/100 ml löst. Es ist also in Wasser wesentlich weniger löslich als die anderen Alkalihydroxide. Die wässerige Lösung reagiert stark alkalisch (pH 1n-Lösung = 14).

L. wird technisch hergestellt durch doppelte Umsetzung, indem Aufschlämmungen von ↑ Lithiumcarbonat und ↑ Calciumhydroxid innig miteinander verrührt werden (s. Gleichung). L. fällt teils auch direkt an beim alkalischen Aufschluß der Li-Mineralien (s. unter ↑ Lithium).

$$Li_2CO_3 + Ca(OH)_2 \longrightarrow 2\,LiOH + CaCO_3$$

Herstellung von Lithiumhydroxid durch doppelte Umsetzung

L. hat technische Bedeutung zur Herstellung der *Lithiumfette*. Diese stellen feste Schäume aus Schmieröl und *Lithiumseife* dar. Die Lithiumseife ist meist das Lithiumsalz der *12-Hydroxystearinsäure*. Die Lithiumseife ist sehr wenig wasserlöslich, weshalb das Lithiumfett nicht wasserempfindlich ist. Die Lithiumseife hat zudem einen wesentlich höheren Schmelzpunkt als z. B. Calciumseife. Deshalb wird Lithiumfett in Schwermaschinen und vor allem Automobilen eingesetzt, wo es darauf ankommt, die Schmierwirkung auch bei hohen Temperaturen zu erhalten, ohne auf völligen Wasserausschluß achten zu müssen (kein Zusammenbrechen des Schmierfilms). Die Schmierwirkung wird noch erhöht durch das di-Li-Salz der ↑ Azelainsäure. Ein beträchtlicher Anteil von L. wird auch in alkalischen Batterien gebraucht, in denen es das mit der Zeit vom Elektrolyten aufgenommene ↑ Kohlenstoffdioxid bindet und als ↑ Lithiumcarbonat ausfällt. Die Batterien erreichen so eine konstante Kapazität. Wasserfreies L. wird wegen seiner sehr hohen Absorptionskapazität für ↑ Kohlenstoffdioxid auch in Atemschutzgeräten sowie in U-Booten und Raumkapseln verwendet. 1,1 kg L. absorbieren 1,0 kg CO_2, die von einer Person etwa pro Tag abgegebene Menge.

HLiO $M_R = 23{,}95$ H 4,21 % Li 28,98 % O 66,81 %					
t_{Smp} 471 °C	t_{Sdp} 1624 °C	d 1,46 g/cm³	η		
C_p 49,6 J/(K · mol)	$\Delta_S H$ 20,9 kJ/mol	$\Delta_V H$ 188 kJ/mol	$\Delta_B H$ −485 kJ/mol	S^o 42,8 J/(K · mol)	Q_C
MAK	R-Satz 34	S-Satz 22-26-28			

Lobelin

Lobeline

Bildet ein weißes kristallines Pulver von sehr schwachem Geruch und bitterem Geschmack. L. ist kaum löslich in Wasser, löslich in heißem Ethanol oder Aceton. Löslich ist L. auch in Säuren unter Salzbildung.

L. ist ein *Piperidin-Alkaloid* (s. unter ↑ Piperidin), das in der in Nordamerika beheimateten *Lobelia inflata*, auch als *Indianer-Tabak* bezeichnet, zu 0,2 bis 0,6 % enthalten ist. Es wurde 1921 von H. Wieland erstmals isoliert und 1929 synthetisiert. Eine elegante Industrie-Synthese beinhaltet eine Mannich-Kondensation und eine biomimetische Reaktion nach Art einer Robinson-Synthese als Eintopf-Reaktion: eine Mischung von ↑ Glutardialdehyd, Benzoylessigsäure und ↑ Methylamin (als Hydrochlorid) wird im gepufferten System bei pH 4 mehrere Stunden bei 25 °C gehalten. Das entstandene *Lobelamin* wird anschließend zu L. reduziert.

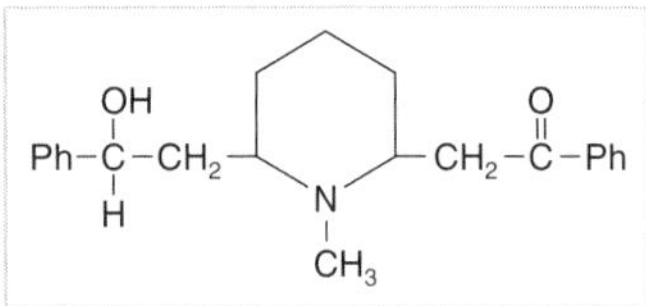

Struktur von Lobelin

L. wird in der Pflanze aus ↑ Lysin und ↑ Phenylalanin aufgebaut. L. wirkt direkt stimulierend auf das Atemzentrum (Beschleunigung und Vertiefung der Atmung). Dem L. wird appetithemmende Wirkung zugeschrieben. Die Hauptanwendung ist der Einsatz als *Raucher-Entwöhnungsmittel*. L. ist nicht frei von Nebenwirkungen.

$C_{22}H_{27}NO_2$ $M_R = 337{,}47$ C 78,30 % H 8,07 % N 4,15 %. O 9,48 %

t_{Smp}	t_{Sdp}	d	η
130 °C			

MAK	R-Satz	S-Satz
	23/25	36/37/39-45

D-Luciferin

Firefly luciferin   Firefly-Luciferin

Bildet bei der Kristallisation aus Methanol blaßgelbe nadelförmige Kristalle, die sich in Wasser kaum lösen, gut löslich sind hingegen in alkalischem Medium sowie in Methanol, Aceton oder Essigsäureethylester.

Als *Luciferine* bezeichnet man allgemein Naturstoffe, die bei Anwesenheit der entsprechenden, als Luciferasen bezeichneten Enzyme Biolumineszenz erzeugen. Luciferine gehören völlig verschiedenen Substanzklassen an und erzeugen das Leuchten von Meerestieren, Bakterien, Würmern, Käfern usw.

Das hier beschriebene D-Luciferin ist an der Lichterzeugung in verschiedenen Leuchtkäfern (z. B. dem Amerikanischen Leuchtkäfer *Phytinus pyralis* sowie dem einheimischen *Glühwürmchen*) beteiligt, die besonders gut untersucht ist und die heute in der Biochemie und in der medizinischen Diagnostik große Bedeutung besitzt (s. unten). Es handelt sich bei D-L. um ein Benzothiazol-Derivat, das in Gegenwart von ↑ Adenosin-5′-triphosphat (ATP), ↑ Sauerstoff und Magnesium-Ionen mittels der Luciferase (bei den *Luciferasen* handelt es sich um zu den Oxidoreduktasen gehörende Enzyme, hier ein Polypeptid von M_R ca. 62 000) oxidiert wird, wobei eine starke gelbgrüne Emission (λ_{max} = 562 nm) auftritt (s. Gleichung).

$$\text{D-Luciferin} + \text{ATP} + O_2 \xrightarrow{Mg^{2+},\ \text{Luciferase}} \text{Oxyluciferin} + \text{AMP} + PP_i + CO_2 + h \cdot \nu$$

Gesamtgleichung der Leuchtreaktion u. a. im Glühwürmchen

Mechanistisch nimmt man folgenden Verlauf an: das Luciferin wird zunächst an der Carboxylgruppe durch ATP adenyliert. Das *Luciferyl-Adenylat* bildet mit dem Sauerstoff eine Dioxetan-Zwischenstufe aus, die unter Decarboxylierung zum primär angeregten Endprodukt zerfällt, das unter Lichtemission in den Grundzustand übergeht (s. Schema).

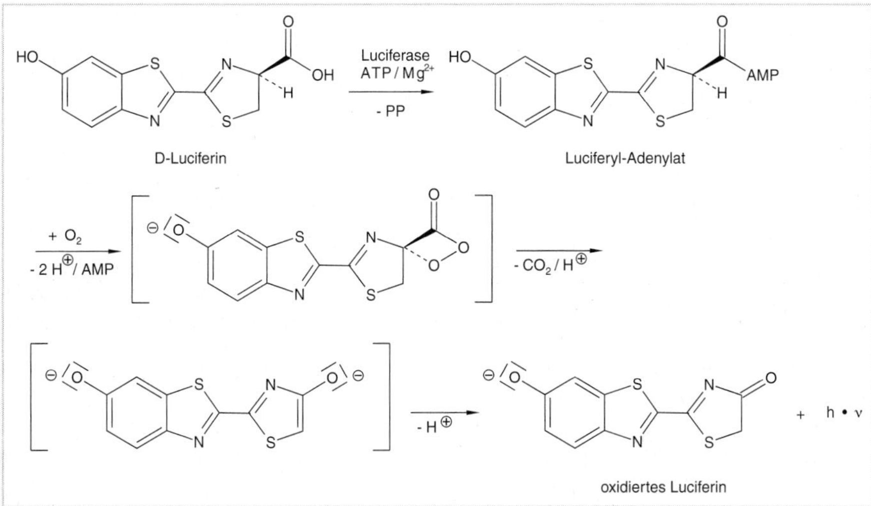

Mechanismus der Leuchtreaktion

Diese Reaktion hat man zu einer äußerst empfindlichen Bestimmungsmethode für ATP in biologischen Materialien ausgebaut, wobei die emittierte Strahlung in Luminometern quantitativ erfaßt wird. Darüber hinaus können heute zahlreiche ATP-abhängige Enzyme und Substrate auf diese Weise bestimmt werden (u. a. ↑Coenzym A). Ferner wird die Methode zum *Bakterien-Screening* in Kulturen benutzt (z. B. zum Wirkungstest von Antibiotika).

D-L. wurde erstmals 1957 in einer Menge von 9 mg aus ca. 15 000 Leuchtkäfern isoliert. Strukturaufklärung und eine erste Totalsynthese gelangen 1961.

Auf Chemilumineszenz-Messungen (als *Biolumineszenz* bezeichnet man die in Organismen ablaufende Chemilumineszenz, s. unter ↑Luminol) beruhen heute wichtige Bestimmungsmethoden sehr vieler Enzyme und biochemischer Substrate.

$C_{11}H_8N_2O_3S_2$ $M_R = 280{,}33$ C 47,13 % H 2,88 % N 9,99 % O 17,12 % S 22,88 %

Luminol

Luminol 3-Aminophthalsäurehydrazid

Bildet ein blaßgelbes kristallines Pulver, das in Wasser und Ethanol unlöslich ist, sich dagegen gut mit gelber Farbe in alkalischem Medium löst.

Eine Synthese des L. kann von der *3-Nitrophthalsäure* ausgehen, indem diese zunächst mit Natronlauge zum di-Natriumsalz neutralisiert wird und dieses dann in der Hitze mit Hydrazinsulfat (s. unter ↑Hydrazin) zum *3-Nitrophthalsäurehydrazid* umgesetzt wird. Letzteres kann dann mit ↑Natriumdithionit zu L. reduziert werden (s. Schema).

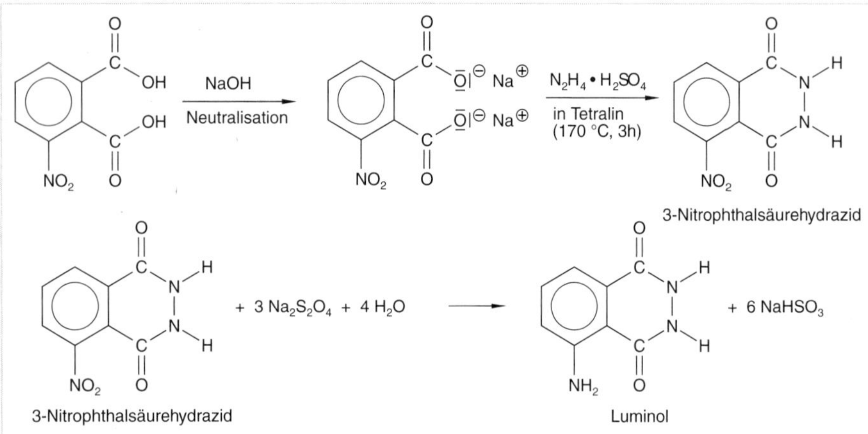

Synthese von Luminol

L. zeigt bei der Oxidation mit ↑ Wasserstoffperoxid in alkalischer Lösung in Gegenwart von Schwermetall-Ionen eine intensive hellblaue *Chemilumineszenz* (durch chemische Reaktion erzeugtes kaltes Licht). Bei dieser Reaktion zerfällt L. zum 3-Aminophthalat-Dianion und ↑ Stickstoff vermutlich über ein cyclisches Peroxid als Zwischenstufe. Das Aminophthalat-Anion entsteht dabei in einem elektronisch angeregten Zustand (s. Schema).

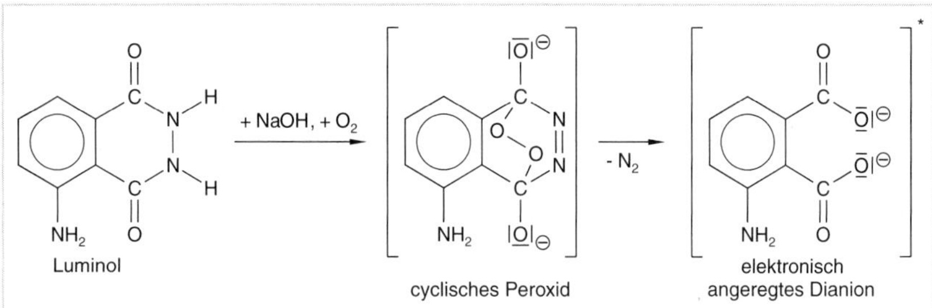

Lichterzeugende Reaktion von Luminol mit Peroxiden

Als katalysierende Schwermetall-Ionen können z. B. Kupfer-, Silber- oder Eisen-Ionen dienen. Mit dieser Luminol-Reaktion können viele katalytisch oder inhibitorisch wirkende Spezies analytisch nachgewiesen werden, z. B. ↑ Kupfer, ↑ Eisen, Peroxide, Peroxidasen. Eine der ältesten Anwendungen ist der Nachweis okkulter Blutspuren in Medizin und Kriminologie.

$C_8H_7N_2O_3$	$M_R = 177{,}16$	C 54,24 %	H 3,98 %	N 23,72 %	O 18,06 %

t_{Smp}	t_{Sdp}	d	η
129 °C			

Lutein

Xanthophyll   Xanthophyll

Bildet gelbe, metallisch glänzende Kristalle, die in Wasser unlöslich sind, sich dagegen gut lösen in Ölen, Fetten und in fettlösenden Solventien.

L. ist ein in der lebenden Natur sehr weit verbreiteter carotinoider Farbstoff. Er kommt zusammen mit ↑ Chlorophyll und den Carotinen (s. unter ↑ Carotine) in den Blättern der Bäume vor und tritt bei der herbstlichen *Laubfärbung* zum Vorschein. L. findet sich in vielen gelben Blüten, in Früchten und auch in Algen. Der gelbe Farbstoff der *Eidotter* ist überwiegend L. Ferner hat man L. in bunten Vogelfedern aufgefunden.

L. unterscheidet sich vom α-Carotin (s. unter ↑ Carotine) nur dadurch, daß es an den beiden endständigen Iononringen je eine Hydroxylgruppe trägt (s. Abbildung).

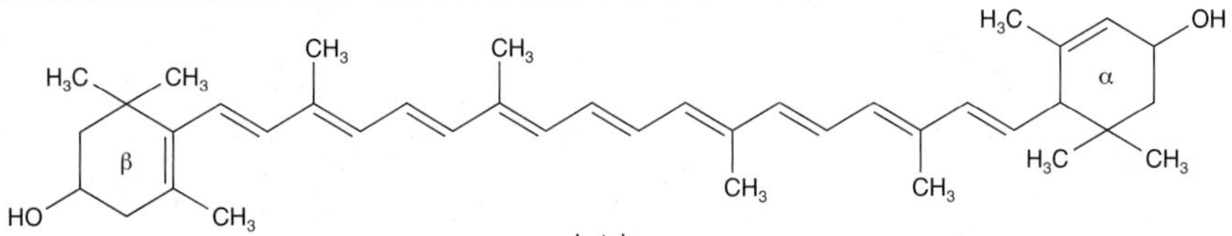

Lutein

Struktur von Lutein

Trotz dieser Ähnlichkeit zu den Carotinen besitzt L. keine Vitamin-A-Wirkung. Das an beiden Hydroxylgruppen mit ↑ Palmitinsäure veresterte Produkt ist das *Helenien*, ein roter Farbstoff, der in der Netzhaut des Auges vorkommt und an der Hell-Dunkel-Adaptation beteiligt ist. *Zeaxanthin* ist das Isomere des L. mit zwei terminalen β-Iononringen und bewirkt vor allem die gelbe Farbe von *Mais*, kommt ansonsten durchweg mit L. vergesellschaftet vor.

L. ist mit der Nummer *E 161b* als Lebensmittelfarbstoff zugelassen.

$C_{40}H_{56}O_2$ $M_R = 568{,}88$ C 84,45 % H 9,92 % O 5,62 %

t_{Smp}	t_{Sdp}	d	η
190 °C			

Lutetium

Lutetium Lu

Ein silberweiß glänzendes metallisches chemisches Element, das an der Luft unter Oxidbildung matt anläuft. Infolge des unedlen Charakters reagiert es (wie alle Lanthaniden) mit Wasser, und besonders rasch mit Säuren, unter Wasserstoff-Entwicklung.

Lu ist das letzte Element in der Gruppe der Lanthaniden, besitzt also eine aufgefüllte 4f-Schale. Die Elektronen-Konfiguration ist $1s^2\ 2s^2\ 2p^6\ 3s^2\ 3p^6\ 3d^{10}\ 4s^2\ 4p^6\ 4d^{10}\ 4f^{14}\ 5s^2\ 5p^6\ 5d^1\ 6s^2$ oder [Xe] $4f^{14}\ 5d^1\ 6s^2$, Grundterm $^2D_{3/2}$.

Lu findet sich zusammen mit den anderen Lanthaniden in den Seltenerd-Mineralien und ist das seltenste Lanthaniden-Element, indem es am Aufbau der Erdkruste nur einen Gesamtanteil von etwa 0,000015 Gew.-% besitzt (damit ist es jedoch immerhin noch häufiger als z. B. ↑ Bismut oder ↑ Silber).

Lu bildet ausschließlich die Oxidationsstufe +3 aus, für die das dargestellte Normalpotential wirksam ist (s. Gleichung). Mit diesem Normalpotential ist Lu das am wenigsten elektropositive Element in der Gruppe der Lanthaniden. Das Lu(III)-Ion ist farblos.

$$Lu \longrightarrow Lu^{3+} + 3\,e^- \qquad E_0 = -2{,}25\ V$$

Normalpotential für die Lu(III)-Bildung

Lu wurde 1907 von Urbain in Paris entdeckt, der dem Element den Namen nach Lutetia, dem alten Namen von Paris, verlieh. Weder Lu noch seine Verbindungen haben bislang technische Anwendung gefunden.

Lu Z = 71 A_R = 174,967 Isotope: 175, 176; 151, 153-174, 177-181 (künstlich)					
t_{Smp} 1663 °C	t_{Sdp} 3391 °C	d 9,84 g/cm³	MV 17,78 cm³/mol	α 8,12 10^{-6}/K	λ 16,4 W/mK
C_p 26,78 J/(K · mol)	$\Delta_S H$ 18,65 kJ/mol	$\Delta_V H$ 355,9 kJ/mol	S^o 50,96 J/(K · mol)	ϱ 540 nΩ · m	

Lycopin

Lycopene

Kristallisiert in tiefroten Nadeln, die unlöslich sind in Wasser, Ethanol, Methanol oder Hexan. Löslich ist L. in Schwefelkohlenstoff oder Chloroform.

L. kommt vor allem in der *Tomate* vor, findet sich aber auch in Hagebutten, im Blutserum sowie in der Leber. In Tomaten beträgt der Gehalt ca. 20 mg/kg.

L. ist ein Isomeres der ↑Carotine mit offenen Kettenenden, also ohne endständige Iononringe. Die Molekülkette weist 11 konjugierte Doppelbindungen auf (s. Abbildung).

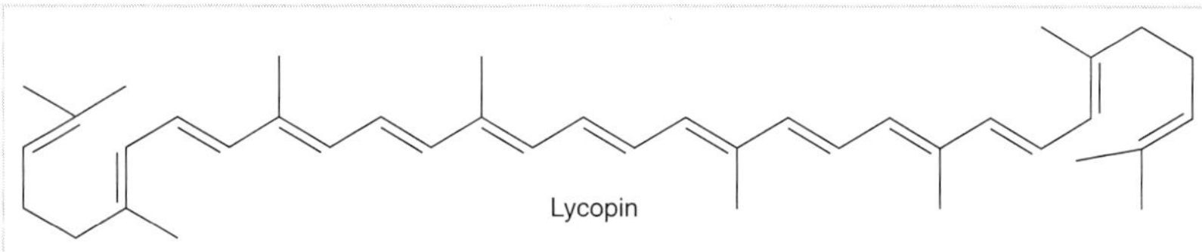

Strukur von Lycopin

L. wurde 1910 erstmals von Willstätter isoliert, die Strukturaufklärung gelang 1929/30 und die erste Synthese erfolgte 1950 (Karrer).

L. ist mit der Nummer *E 160d* als Lebensmittelfarbstoff zugelassen.

$C_{40}H_{56}$ M_R = 536,88 C 89,49 % H 10,51 %			
t_{Smp} 172 °C	t_{Sdp}	d	η

Lysergsäure

Lysergic acid

Bildet farblose, blättchenförmige Kristalle, die sich weder in Wasser noch in den üblichen org. Solventien lösen. Da L. sowohl basische als auch saure Funktionen im Molekül vereinigt, ist es in sauren und alkalischen Medien löslich (z. B. in Pyridin, Natronlauge, Ammoniak-Lösung und Salzsäure).

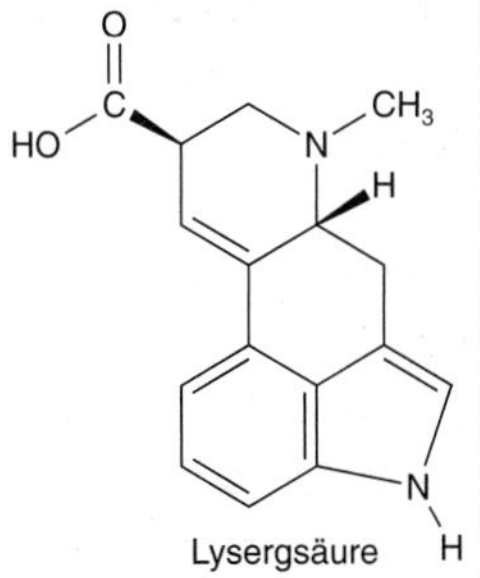

Lysergsäure

Struktur der Lysergsäure

L. ist in amidgebundener Form Bestandteil der ↑ Alkaloide des Mutterkorns (s. hierzu unter ↑ Ergotamin) und kann durch alkalische Hydrolyse daraus gewonnen werden. Das Molekülgerüst der L. besteht aus einem Indolsystem, das mit einem bis auf eine Doppelbindung hydrierten Chinolinring kondensiert ist (s. Abbildung).

L. wurde in den Dreißiger Jahren erstmals isoliert, eine Totalsynthese gelang in den Fünfziger Jahren. Während die L. selbst keine nennenswerte Bedeutung hat, ist ihr Derivat ↑ Lysergsäurediethylamid (LSD) ein bekanntes Rauschgift, das aus L. einfach herzustellen ist. Aus diesem Grunde unterliegt die Gewinnung von L. (z. B. aus Mutterkorn) und der Umgang damit dem Betäubungsmittelgesetz.

$C_{16}H_{16}N_2O_2$	$M_R = 268{,}62$	C 71,62 %	H 6,01 %	N 10,44 %	O 11,93 %

$t_{Zersetzung}$	t_{Sdp}	d	η
240 °C (Z)			

Lysergsäurediethylamid

Lysergide, LSD LSD

L. kristallisiert in farblosen Prismen, die in Wasser und den üblichen org. Solventien kaum löslich sind. Löslich ist L. in saurem Medium. Es bildet mit Säuren kristallisierbare Salze, z. B. ein Tartrat, das gut wasserlöslich ist.

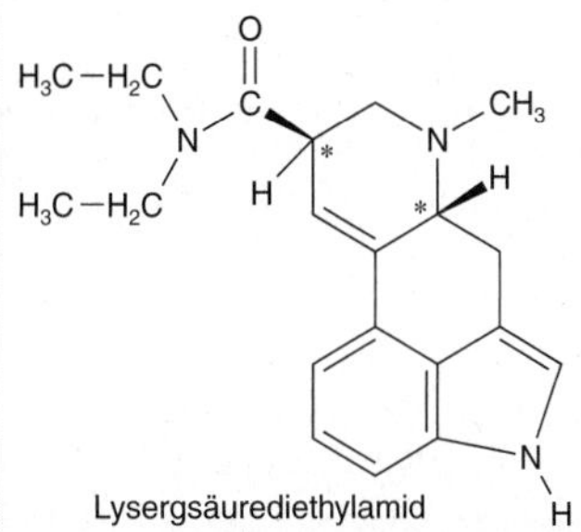

Lysergsäurediethylamid
LSD

Struktur von LSD

L. ist ein synthetisches Derivat der ↑ Lysergsäure (s. Abbildung), das 1943 von A. Hofmann bei systematischen Abwandlungsversuchen mit Lysergsäure hergestellt wurde und dessen außerordentliche halluzinogene Wirkung auch von Hofmann durch Zufall entdeckt wurde.

L. ist das stärkste bekannte *Halluzinogen*, das schon in Mengen ab ca. 30 Mikrogramm einen Rauschzustand erzeugt. Diese Wirkung ist eng an die Stereochemie geknüpft, denn nur das 5R,8R-konfigurierte Isomere ist aktiv (die beiden asymmetrischen C-Atome 5 und 8 sind in der Formel durch Sternchen gekennzeichnet).

Zur physiologischen Wirkung des L. weiß man heute, daß L. im Mittelhirn den inhibitorischen Neurotransmitter ↑ Serotonin und vermutlich auch ↑ Dopamin präsynaptisch kompetitiv hemmt, was postsynaptisch erhöhte Reizübertragung ermöglicht (s. hierzu unter ↑ Acetylcholin). L. wurde zunächst nach Entdeckung seiner starken psychodelischen Wirkung in der psychiatrischen Forschung (zur Erzeugung von Modellpsychosen) verwendet. In den Sechziger Jahren wurde L. (vor allem initiert durch T. Leary) zunehmend in den Mittelpunkt religiöser Strömungen gestellt. L. wurde dann den Regelungen des Betäubungsmittelgesetzes unterworfen.

Es ist kein Suchtgift, es treten keine Abhängigkeiten oder Entziehungssymptome auf. Die Gefahren durch L. sind eher vom „Soforttyp", Handlungen die unter dem Einfluß der extremen Halluzinationen begangen werden (z. B. Selbstmorde, „bad trip"). Ferner gibt es die *Nachhall-Psychosen* („flashback"): Wochen und Monate nach einem Konsum treten plötzlich Rauschzustände mit intensiven Angsterlebnissen auf. Im Jargon wird L. als „*acid*" bezeichnet.

$C_{20}H_{25}N_3O$	$M_R = 323{,}44$	C 74,27 %	H 7,79 %	N 12,99 %	O 4,95 %

t_{Smp}	t_{Sdp}	d	η
85 °C			

Lysin

Lysine 2,6-Diaminohexansäure

Bildet ein weißes Pulver, das sich in Wasser sehr gut, in org. Solventien praktisch nicht löst. L. zählt mit seinen zwei Aminogruppen zu den basischen Aminosäuren mit dem isoelektrischen Punkt bei pH 9,74 und den pK_S-Werten 2,20, 8,90 und 10,28.

L. findet sich nicht in allen Proteinen, in einigen jedoch in größeren Anteilen, so im Serumalbumin zu 12,3 %, im Lactoglobulin zu 11,3 %, im ↑Casein zu ca. 9 %. L. kann aus Proteinhydrolysaten isoliert werden. Da der Bedarf an L. wegen seiner ausgedehnten Verwendung in der Nahrungsmittel-Industrie sehr groß ist, wurde eine Synthese entwickelt, die in letzter Stufe die Hydrolyse von *α-Aminocaprolactam* zum L. beinhaltet (s. Schema).

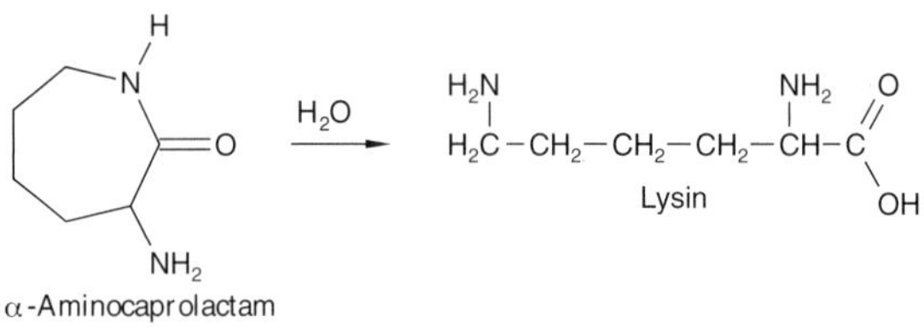

Synthese von Lysin

L. ist eine essentielle Aminosäure, da sie vom menschlichen Organismus nicht synthetisiert werden kann und soll vom Erwachsenen in einer Menge von 1,6 g pro Tag mit der Nahrung aufgenommen werden. Ernährungsphysiologisch wichtig ist, daß Proteine bei der Hitzebehandlung (Backen, Braten) an L. verarmen können, da L. über seine zweite Aminogruppe irreversible Quervernetzungen und Isopeptid-Bildungen eingehen kann. L. hat insbesondere Einfluß auf das Knochenwachstum. Da vor allem Getreideproteine L.-arm sind, wird dem Brot zur Steigerung von dessen Eiweißwert ca. 0,2 % L. zugesetzt.

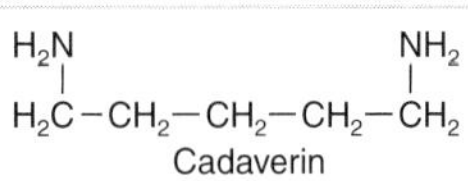

Struktur von Cadaverin

Bei der Fäulnis von Eiweißen wird L. durch Decarboxylierung in *Cadaverin* (*1,5-Diaminopentan*) überführt (s. Abbildung).

Cadaverin ist eine unangenehm riechende, giftige, ölige Flüssigkeit vom Sdp. 178 °C.

$C_6H_{14}N_2O_2$	$M_R = 146{,}19$	C 49,30 %	H 9,65 %	N 19,16 %	O 21,89 %

$t_{Zersetzung}$	t_{Sdp}	d	η
> 220 °C (Z)			

C_p	$\Delta_S H$	$\Delta_V H$	$\Delta_B H$	S^o	Q_C
			−678,7 kJ/mol		−3683 kJ/mol

Magnesium

Magnesium Mg

Ein silberweißes, leichtes, metallisches chemisches Element, das an der Luft allmählich grau anläuft infolge Oxidbildung, die das Metall vor weiterem Angriff schützt. Mg wird wegen dieser Oxidschicht-Bildung von Wasser in der Kälte auch nur sehr langsam zersetzt, etwas schneller verläuft die Reaktion mit Wasser in der Hitze. Mit Säuren reagiert Mg sehr rasch unter Wasserstoff-Entwicklung. Gegen Laugen ist Mg beständig. Bemerkenswert ist eine gewisse Beständigkeit des Mg gegen ↑ Fluorwasserstoff und sogar gegen ↑ Fluor. Mg ist erhältlich in Form von Pulver, Spänen, Draht oder Bändern.

Mg ist auf der Erde in der Litho- und in der Hydrosphäre sehr verbreitet. Es ist mit einem Anteil an der Erdrinde von ca. 2,5 Gew.-% das achthäufigste Element überhaupt. Es bildet z. B. in Form des Carbonats als *Dolomit* (Ca, Mg-Carbonat) ganze Gebirgszüge. Unerschöpflich ist auch der Gehalt des Meerwassers an Mg, wo es als Chlorid in einer Konzentration von etwa 0,13 % vorliegt. Mg kommt als Hauptbestandteil in einer ganzen Reihe von Mineralien vor: außer Dolomit sind zu nennen *Magnesit*, *Carnallit*, *Kieserit*, *Schönit* und *Talk* (s. Tabelle).

Magnesit :	Mg-Carbonat	$MgCO_3$
Dolomit :	Ca, Mg-Carbonat	$MgCO_3 \cdot CaCO_3$
Carnallit :	K, Mg-Chlorid	$KCl \cdot MgCl_2 \cdot 6\,H_2O$
Kieserit :	Mg-Sulfat	$MgSO_4 \cdot H_2O$
Schönit :	K, Mg-Sulfat	$K_2Mg(SO_4)_2 \cdot 3\,H_2O$
Talk :	Mg-Silicat	$Mg_3(Si_4O_{10})(OH)_2$

Wichtige Magnesium-Mineralien

Zur technischen Gewinnung von Mg-Metall bedient man sich zweier Verfahren.

$$MgCl_2 \xrightarrow[> 700\ °C]{\text{Elektrolyse}} Mg + Cl_2$$

Gewinnung von Mg durch Elektrolyse

1. Die Schmelzfluß-Elektrolyse von aus Meerwasser gewonnenem ↑ Magnesiumchlorid: hierzu wird wasserfreies ↑ Magnesiumchlorid mit ↑ Kaliumchlorid oder ↑ Calciumchlorid als Flußmittel oberhalb 700 °C bei Spannungen von 5–7 V elektrolysiert (Kathode aus ↑ Eisen, Anode aus Graphit, s. Gleichung).

2. Die thermische Reduktion von calciniertem Dolomit mit Ferrosilicium bei ca. 1200 °C im Vakuum (s. Gleichung). Das dabei verdampfende Mg wird in einer gesonderten Kammer auskondensiert.

$$2\,CaO \cdot MgO + SiFe \longrightarrow 2\,Mg + Ca_2SiO_4 + Fe$$

Mg-Gewinnung aus Dolomit durch Reduktion

Mg steht in der II. Hauptgruppe des PSE, gehört also zur Gruppe der Erdalkalimetalle und weist folgende Elektronenkonfiguration auf: $1s^2\ 2s^2\ 2p^6\ 3s^2$, Grundterm $^1S_0$.

Aus dieser Stellung ergibt sich die ausschließliche Oxidationsstufe +2, indem die beiden 3s-Valenzelektronen sehr leicht unter Bildung von Mg(II)-Kationen abgegeben werden, wofür das angegebene Normalpotential wirksam ist (s. Gleichung).

$$Mg \longrightarrow Mg^{2+} + 2\,e^- \qquad E_0 = -2{,}37\ V$$

Normalpotential von Magnesium

$$Mg + {}^1/_2\,O_2 \longrightarrow MgO$$

Verbrennung von Magnesium

Beim Erhitzen verbrennt Mg unter Aussendung von blendend weißem Licht zu ↑ Magnesiumoxid (s. Gleichung).

Die Hauptmenge des Mg wird zur Herstellung von Legierungen verwendet, wobei die Legierungen mit ↑ Aluminium die weitaus größte Bedeutung besitzen (über 99 % aller Mg-Legierungen werden mit Al hergestellt). Diese lassen sich einteilen in die eigentlichen *Magnesium-Legierungen*, die ca. 90 % Mg und 10 % Al, Mn, Zn usw. enthalten und wegen ihres sehr niedrigen Gewichts im Flugzeug- und Fahrzeugbau verwendet werden, sowie die Al-Legierungen mit ca. 90 % Al und etwa 10 % Mg, in denen der Mg-Zusatz die Härte des Al bedeutend vergrößert.

Vielfache Verwendung findet Mg auch bei der Herstellung von Metallen, indem es zur Reduktion der betreffenden Metallchloride dient, so vor allem zur Gewinnung von ↑ Titan, ↑ Uran, ↑ Zirkonium, ↑ Hafnium und ↑ Beryllium.

Wegen der leichten Entzündbarkeit und der unter Aussendung außerordentlich hellen Lichtes erfolgenden Verbrennung wird Mg in der Pyrotechnik, zur Erzeugung von Blitzlichtern, zur Auslösung der Thermit-Reaktion usw. verwendet.

$$R{-}X + Mg \longrightarrow R{-}Mg{-}X$$

Bildung der Grignard-Reagenzien

Präparativ bedeutsam ist die Herstellung von *Grignard-Verbindungen* aus Mg-Spänen und Alkylhalogeniden. Gibt man Mg-Späne in eine Lösung eines Alkyl- oder Arylhalogenids in absolut trockenem ↑ Diethylether, so löst sich das Mg darin auf unter Bildung des betreffenden Alkyl- oder Arylmagnesiumhalogenids (*Grignard-Reagenz*) (s. Gleichung).

Wie dieses Grignard-Reagenz in der Lösung vorliegt, ist noch nicht mit Sicherheit bekannt. Wirksam ist u. a. das sogen. „*Schlenk-Gleichgewicht*", das sich vermutlich über dimere Strukturen einstellt und besonders in Diethylether weit links liegt (s. Formelbild), wobei das Lösungsmittel durch Koordination am Mg-Atom stabilisierend wirkt.der Art

$$2\ R{-}Mg{-}X \rightleftharpoons R_2Mg + MgX_2$$

Schlenk-Gleichgewicht

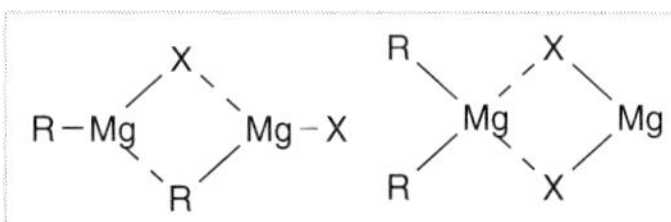

Dimere Strukturen im Schlenk-Gleichgewicht

In den Grignard-Reagenzien trägt das mit dem Mg-Atom verbundene C-Atom eine stark negative Teilladung, die das Reaktionsverhalten bestimmt. So reagieren sie mit Verbindungen, die aktive H-Atome (leicht als Proton abspaltbare H-Atome) enthalten unter Freisetzung des entsprechenden Alkans, wie es für die Reaktion mit Wasser (Hydrolyse) im Schema gezeigt ist.

$$R{-}Mg{-}X + H{-}O{-}H \longrightarrow R{-}H + Mg(OH)X$$

Hydrolytische Zersetzung von Grignard-Reagenzien

Analog verlaufen die Reaktionen mit Alkoholen, Phenolen, Carbonsäuren, Aminen, C-H-aciden Verbindungen usw. Verwendet man speziell *Methylmagnesiumiodid*, so entwickelt sich ↑ Methan, was zur Bestimmung des Gehalts an aktivem ↑ Wasserstoff dienen kann, indem das freigesetzte Methan volumetrisch quantifiziert wird (*Cerevitinov-Reaktion*).

Die präparativ interessantesten Reaktionen ergeben sich bei der Umsetzung der Grignard-Reagenzien mit Verbindungen mit polaren Mehrfachbindungen, vor allem mit Carbonylgruppen. Sie beruhen alle darauf, daß sich das negativierte C-Atom des Grignard-Reagenz (das mit dem Mg-Atom verbundene C-Atom) an das positivierte Atom der betreffenden polaren Mehrfach-Bindung addiert, wobei letztendlich eine Reduktion mit C-Kettenverlängerung erfolgt, was allgemein als *Grignard-Reaktion* bezeichnet wird. Beispielhaft ist die Reaktion von *Ethylmagnesiumbromid* mit ↑ Acetaldehyd formuliert, die schließlich zu ↑ 2-Butanol führt (s. Schema).

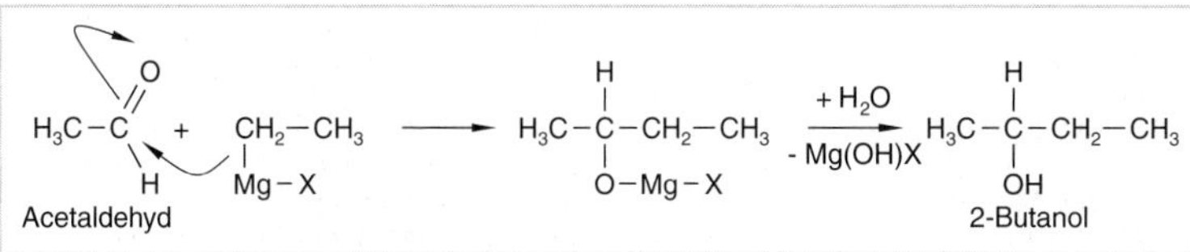

Überführung von Acetaldehyd in 2-Butanol durch Grignard-Reaktion

Allgemein verlaufen diese Reaktionen nach dem gezeigten Prinzip (s. Gleichung). Das primäre Additionsprodukt liefert nach hydrolytischer Spaltung den Alkohol. Es läßt sich das dargestellte allgemeine Schema für Grignard-Reaktionen formulieren.

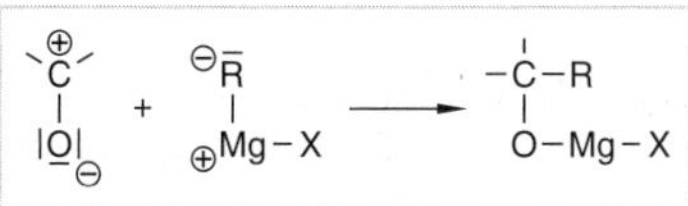

Prinzip der Grignard-Reaktionen

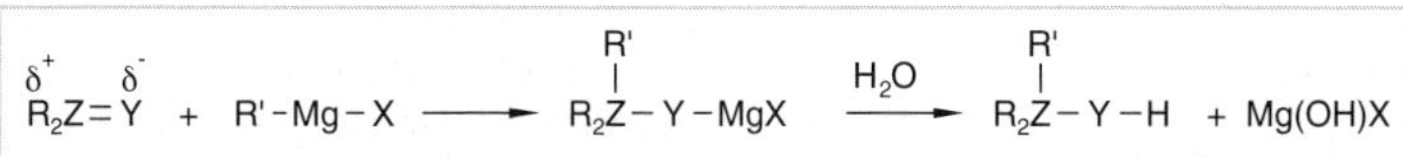

Allgemeines Schema der Grignard-Reaktionen

Zum Nachweis von Grignard-Verbindungen s. unter ↑ Kristallviolett.

Mit Grignard-Reagenzien ergeben sich so folgende Umwandlungen:

Aldehyde → sekundäre Alkohole

Ketone → tertiäre Alkohole

Formaldehyd → primäre Alkohole

Carbonsäureester → tertiäre Alkohole (zweifache Umsetzung)

Kohlenstoffdioxid → Carbonsäuren

Nitrile → Ketone (Hydrolyse des prim. Ketimins)

Nitrosoverbindungen → Hydroxylamine

Thioketone → tertiäre Thiole

V. Grignard erhielt für die Endeckung der Grignard-Reaktion den Chemie-Nobelpreis des Jahres 1912.

Weiteres zu Chemie und Anwendung des Mg und seiner Verbindungen s. unter den einzelnen Mg-Verbindungen.

Mg ist für Pflanzen und Tiere lebensnotwendig und wird mit der Nahrung in genügender Menge aufgenommen (für einen Erwachsenen werden 0,3 g/Tag empfohlen). Der menschliche Körper enthält ca. 30 g Mg, die zur Hälfte in Knochen und Zähnen, zur anderen Hälfte in den Zellen gelöst vorliegen. Mg ist an allen Enzym-Reaktionen beteiligt, die durch ↑ Adenosintriphosphat katalysiert werden. Ferner wirken Mg-Ionen antagonistisch zu Ca-Ionen, d. h. z. B. daß Mg in Überdosis durch kompetitive Hemmung die Freisetzung von ↑ Acetylcholin verhindert.

Bedeutsam ist das Vorkommen des Mg als Zentralatom im ↑ Chlorophyll.

Der eindeutige analytische Nachweis des Mg auf naßchemischem Wege ist schwierig, weil spezifische Reaktionen fehlen. Es müssen mehrere Reaktionen herangezogen werden in Verbindung mit dem Ausschließen möglicher Störelemente. Brauchbare Reaktionen sind:

1. Fällung von weißem, flockigem ↑ Magnesiumhydroxid mit Natronlauge, die bei Anwesenheit von Ammoniumsalzen ausbleibt.
2. Farblacke mit ↑ Chinalizarin (blau), ↑ Eriochromschwarz T(violett), ↑ Titangelb (rot), ↑ Magneson I (blau).

Mg wurde von Davy erstmals 1808 in elementarer Form hergestellt durch Schmelzflußelektrolyse.

► Akuter Mg-Mangel äußert sich in Zittern, Zuckungen oder gar tetanieartigen Krämpfen, Mg-Überdosen setzen Nerven- und Muskelerregbarkeit herab bis hin zur völligen Lähmung des ZNS.

Mg Z = 12 A_R = 24,3050 Isotope: 24, 25, 26

t_{Smp}	t_{Sdp}	d	MV	α	λ
649 °C	1088 °C	1,738 g/cm³	13,98 cm³/mol	26,1 10^{-6}/K	171 W/mK

C_p	$\Delta_S H$	$\Delta_V H$	S^o	ϱ
24,9 J/(K · mol)	8,95 kJ/mol	127,4 kJ/mol	32,68 J/(K · mol)	39,4 nΩ · m

MAK	R-Satz	S-Satz
	15-17	7/8-43

Magnesiumacetat

Magnesium acetate

Fällt aus wässeriger Lösung als Tetrahydrat in Form farbloser, säulenförmiger Kristalle an, die sich in Wasser und Ethanol gut lösen. Die wässerige Lösung reagiert neutral.

M. wird erhalten durch Umsetzung von ↑ Magnesiumcarbonat mit ↑ Essigsäure (s. Gleichung).

$$MgCO_3 + 2\,CH_3COOH \longrightarrow Mg^{2+}(CH_3COO^{\ominus})_2 + CO_2 + H_2O$$

Herstellung von Magnesiumacetat

M. wird medizinisch als mildes Laxans benutzt. Ferner ist M. chemisches Reagenz und es wird technisch zur Herstellung von Glasuren verwendet.

$C_4H_6MgO_4$ M_R = 142,39 (wasserfrei) C 33,74 % H 4,25 % Mg 17,07 % O 44,94 %

t_{Smp}	t_{Sdp}	d	η
357 °C		1,51 g/cm³	

C_p	$\Delta_S H$	$\Delta_V H$	$\Delta_B H$	S^o	Q_C
			−1367 kJ/mol		

Magnesiumcarbonat

Magnesium carbonate

$$4\ MgCO_3 \cdot Mg(OH)_2 \cdot 4\text{-}5\ H_2O$$

Zusammensetzung von handelsüblichem Magnesiumcarbonat

Das M. des Handels ist kristallwasserhaltiges basisches M. der gezeigten Zusammensetzung (s. Formeldarstellung), das auch als „*Magnesia alba*“ bezeichnet wird, ein weißes geruchloses kristallines Pulver darstellt, und sich in Kohlenstoffdioxid-freiem Wasser nur sehr wenig löst (ca. 0,3 g/l bei 20 °C.

Wasserfreies neutrales M. kommt in sehr großen Mengen in gewaltigen Lagern auf der ganzen Erde verbreitet als *Magnesit* vor, das neben dem Dolomit das technisch wichtigste Mg-Mineral darstellt (wichtigste Förderländer China, die ehemalige UDSSR, Brasilien, Australien). Es wird in dieser Form jedoch kaum direkt verwendet, sondern durch Calcination meist in Magnesia-Sorten überführt. Fällt man M. aus Magnesiumsalzen mit Carbonaten aus, so erhält man nur bei gleichzeitigem Überschuß an ↑ Kohlenstoffdioxid neutrales M., und zwar als Trihydrat, wie die Gleichung für die Fällung mit ↑ Ammoniumhydrogencarbonat zeigt.

$$MgCl_2 \cdot 6\ H_2O + 2\ NH_4HCO_3 \longrightarrow MgCO_3 \cdot 3\ H_2O + 2\ NH_4Cl + CO_2 + 4\ H_2O$$

Fällung von neutralem Magnesiumcarbonat

Kristallwasserhaltiges neutrales M. geht in Substanz, schneller noch in Lösung schon bei Raumtemperatur, besonders aber in der Wärme unter Kohlenstoffdioxid-Abspaltung in basisches M. über (s. Gleichung).

$$2\ MgCO_3 \cdot 3\ H_2O \longrightarrow MgCO_3 \cdot Mg(OH)_2 \cdot 2\ H_2O + CO_2$$

Übergang von neutralem in basisches Magnesiumcarbonat

Fehlt ein Überschuß an Kohlenstoffdioxid, so fällt direkt basisches M. aus. So erhält man technisch das oben bereits genannte Magnesia alba direkt aus den Ablaugen der Kaliindustrie durch Eintragen von Carbonaten. Die bevorzugte Bildung basischer Salze, die ein Merkmal der Mg-Chemie in wässeriger Lösung ist, beruht auf der geringen Basizität von ↑ Magnesiumhydroxid.

Basisches M. wird technisch in Wärmeisolier-Materialien, als Füllstoff in Kautschuk, Kunststoffen und Papier, sowie in Lacken und Farben verarbeitet. Medizinische Verwendung findet es als Antacidum bei Magenübersäuerung. In der Kosmetik wird M. Pudern und Pulvern zugesetzt.

$CMgO_3$ $M_R = 84{,}32$ (neutral, wasserfrei) C 14,24 % Mg 28,82 % O 56,93 %

$t_{Zersetzung}$	t_{Sdp}	d	η		
> 900 °C (Z)		3,04 g/cm³			
C_p	$\Delta_S H$	$\Delta_V H$	$\Delta_B H$	S^o	Q_C
75,5 J/(K · mol)			1095,8 kJ/mol	65,7 J/(K · mol)	

Magnesiumchlorid

Magnesium chloride

Die häufigste Handelsform des M. ist das Hexahydrat, farblose, zerfließliche Kristalle, die sich in Wasser außerordentlich gut lösen (ca. 170 g/100 ml bei 20 °C) und auch gut löslich sind in Ethanol (50 g/100 ml bei 20 °C). Die wässerige Lösung reagiert neutral. Oberhalb 100 °C spaltet das Hexahydrat zwei Mol Wasser ab. Bei weiterem Erhitzen (ab ca. 110 °C) tritt bereits Zersetzung unter Abspaltung von ↑ Chlorwasserstoff ein (s. Schema).

$$MgCl_2 \cdot 6\,H_2O \xrightarrow{-2\,H_2O} MgCl_2 \cdot 4\,H_2O \xrightarrow{-HCl,\,-H_2O} Mg(OH)Cl \longrightarrow MgO + HCl$$

Thermische Zersetzung von Magnesiumchlorid-Hexahydrat

Das wasserfreie M., das ebenfalls farblose zerfließliche Kristalle bildet, kann also nicht durch einfaches Erhitzen des Hexahydrats gewonnen werden, sondern die thermische Dehydratisierung muß im Chlorwasserstoff-Strom erfolgen.

M. kommt in großen Mengen in der Natur vor: mineralisch als Doppelsalz mit Kaliumchlorid im Carnallit und „gelöst" in riesigen Mengen im Meerwasser, in Salzsolen und in Salzseen. Die technische Gewinnung erfolgt z. T. aus diesen gelösten Vorkommen, zum großen Teil aber auch aus den Ablaugen der Kaliindustrie (aus der Kaliumchlorid-Herstellung), die über 30 g M. pro Liter enthalten. Aus diesen Quellen fällt das Hexahydrat durch Eindampfen an (aus den Ablaugen direkt, aus dem Meerwasser über die Ausfällung des Mg-Hydroxids als Zwischenstufe).

Die größte Menge des M. wird als wasserfreies M. zur elektrolytischen Gewinnung von ↑ Magnesium verbraucht. Demzufolge dient auch der größte Teil des Hexahydrats zur Herstellung des wasserfreien M.

Das Hexahydrat bildet zusammen mit ↑ Magnesiumoxid die Basis vom *Sorel-Zement*: die konzentrierten Lösungen des M.-Hexahydrats verbacken mit Magnesiumoxid zu steinharten Massen (Bildung von Oxichloriden), die im Gemenge mit Sägemehl den „*Holzzement*" ergeben, der z. B. in Fußboden-Belägen, verarbeitet wird (weiteres s. unter ↑ Magnesiumoxid). Das Hexahydrat benutzt man ferner als Staubbindemittel im Straßen- und Bergbau.

► M.-Hexahydrat wirkt wegen hydrolytischer Freisetzung von ↑ Salzsäure stark korrodierend.

Cl_2Mg $M_R = 95{,}23$ (wasserfrei) Cl 74,47 % Mg 25,53 %

t_{Smp}	t_{Sdp}	d	η
714 °C	1435 °C	2,33 g/cm³	

C_p	$\Delta_S H$	$\Delta_V H$	$\Delta_B H$	S^o	Q_C
71,4 J/(K · mol)	43,1 kJ/mol	156,2 kJ/mol	−641,6 kJ/mol	89,6 J/(K · mol)	

Magnesiumfluorid

Magnesium fluoride

Bildet farblose harte Kristalle (Mohs-Härte 6), die sich in Wasser nur zu ca. 8 mg/100 ml lösen und die eine leichte violette Fluoreszenz zeigen. M. löst sich auch nur schlecht in verdünnten Säuren.

M. wird hergestellt durch Umsetzung von ↑ Magnesiumcarbonat mit ↑ Fluorwasserstoffsäure (s. Gleichung).

$$MgCO_3 + 2\,HF \longrightarrow MgF_2 + H_2O + CO_2$$

Herstellung von Magnesiumfluorid

M. kristallisiert im Rutil-Gitter (s. unter ↑ Titandioxid). Mit Alkalifluoriden vermag M. Fluorokomplexe MgF_3^- und MgF_4^{2-} zu bilden, die allerdings nur im Feststoff beständig sind.

M. dient als Antireflex-Beschichtung auf optischen Linsen. M. wird ferner in der Keramik- und Glasindustrie verwendet und ist Zusatz in Schweißmitteln für Leichtmetalle.

F_2Mg $M_R = 62{,}30$ F 60,99 % Mg 39,01 %

t_{Smp}	t_{Sdp}	d	η		
1265 °C	2260 °C	3,13 g/cm³			
C_p	$\Delta_S H$	$\Delta_V H$	$\Delta_B H$	S^o	Q_C
61,5 J/(K · mol)	58,7 kJ/mol	274 kJ/mol	−1124 kJ/mol	57,3 J/(K · mol)	

Magnesiumhydrid

Magnesium hydride

M. ist eine feste weiße Substanz, die empfindlich gegen Wasser und unlöslich in Diethylether oder anderen org. Solventien ist. Je nach Herstellungsart ist M. an der Luft beständig oder selbstentzündlich.

$$MgJ_2 + 2\,NaH \longrightarrow MgH_2 + 2\,NaJ$$

Herstellung von Magnesiumhydrid aus Magnesiumiodid

M. wird durch Drucksynthese aus den Elementen (s. Gleichung) oder aus Magnesiumiodid mit ↑ Natriumhydrid hergestellt (s. Gleichung).

$$Mg + H_2 \longrightarrow MgH_2$$

Elementsynthese von Magnesiumhydrid

M. bildet ein Rutil-Gitter aus (s. unter ↑ Titandioxid). M. besitzt technisches Interesse, weil das System M./Mg für die reversible chemische Speicherung von Wärme (z. B. aus dem Sonnenlicht) viele günstige Eigenschaften hat. Unter Energieverbrauch wird M. in die Elemente gespalten, bei der Rekombination wird diese Energie wieder frei (s. Schema).

$$MgH_2 \underset{\text{Wärmefreisetzung}}{\overset{\text{Wärmespeicherung}}{\rightleftharpoons}} Mg + H_2$$

Reversible Wärmespeicherung mit Magnesiumhydrid

Die Wärmetönung beträgt dabei 75 kJ/mol H_2. Der Dissoziationsdruck des M. erreicht bei 284 °C 1 bar. Es wird ein aktiviertes (z. B. durch 2 % Ni dotiertes) Mg benötigt. Mg bringt hier entscheidende Vorteile gegenüber anderen Metallen ein. Es ist das leichteste in Frage kommende Metall (Li- und Al-Hydrid haben nicht die erforderlichen Stabilitäten), es ist sehr weit verbreitet und billig, es erzeugt keine ökologischen Probleme, es ermöglicht (wegen niedrigem Gewicht) hohe Energiedichte (über 3000 kJ/kg), es liefert wegen hoher Dissoziationstemperatur exergetisch hochwertige Wärme.

Die Entwicklung reversibler chemischer *Wärmespeicher* zur Substitution der irreversiblen Wärmespeicher (herkömmliche fossile Brennstoffe) hat wirtschaftliche und ökologische Bedeutung.

H_2Mg $M_R = 26{,}32$ H 7,66 % Mg 92,34 %

$t_{Zersetzung}$	t_{Sdp}	d	η		
> 280 °C (Z)		1,45 g/cm³			
C_p	$\Delta_S H$	$\Delta_V H$	$\Delta_B H$	S^o	Q_C
35,3 J/(K · mol)			−76 kJ/mol	31 J/(K · mol)	

Magnesiumhydroxid

Magnesium hydroxide

Bildet ein weißes kristallines Pulver, das in Wasser nur wenig löslich ist, wobei die Löslichkeit etwas abhängig ist von Kristallgröße und Alterungsgrad. Frisch gefälltes M. löst sich gemäß dem Löslichkeitsprodukt (s. Gleichung) zu 0,00011 Mol/l, entsprechend 6,4 mg/l. Diese Löslichkeit reicht aus, um einer Aufschlämmung von M. in Wasser alkalische Reaktion zu verleihen (pH ca. 9,5-10,5).

$$Mg(OH)_2 \rightleftharpoons Mg^{2+} + 2\,OH^{\ominus} \qquad K_L = 1{,}5 \cdot 10^{-12}$$

Löslichkeitsprodukt von Magnesiumhydroxid

M. wird technisch in großen Mengen hergestellt als Zwischenstufe bei der Aufarbeitung von Meerwasser oder von Endlaugen der Kaliindustrie, indem es aus diesen mit Kalkmilch ausgefällt wird. In der Natur kommt es auch als Brucit vor. M. fällt immer aus wässerigen Mg-Salzlösungen aus, wenn sie mit Laugen versetzt werden (s. Gleichung), wobei es einen sehr feinen, langsam absitzenden, schwer filtrierbaren Niederschlag bildet. Mit ↑ Ammoniak ist die Fällung unvollständig und bleibt bei Anwesenheit von Ammonium-Ionen ganz aus, weil diese die Hydroxid-Ionen abpuffern (s. Gleichung).

$$Mg^{2+} + 2\,OH^{\ominus} \longrightarrow Mg(OH)_2$$

Fällung von Magnesiumhydroxid

$$NH_4^{\oplus} + OH^{\ominus} \longrightarrow NH_3 + H_2O$$

Abpufferung von Hydroxid- durch Ammonium-Ionen

$$Mg(OH)_2 \xrightarrow{600\,°C} MgO + H_2O$$

Thermische Bildung von Magnesiumoxid

M. kristallisiert im sog. „*Brucit-Gitter*“, indem die Hydroxid-Ionen eine hexagonal dichteste Kugelpackung ausbilden, in deren Oktaeder-Lücken die Mg-Kationen sitzen, und zwar so, daß nur jede zweite Schicht dieser Lücken mit Mg-Ionen besetzt ist. Daraus ergibt sich ein Schichtenaufbau, in welchem die OH-Ionen einer Schicht die ihnen am nächsten gelegenen Mg-Ionen alle auf einer Seite dieser Schicht aufweisen, was in Salzen mit polarisierbaren Anionen, die in diesem Gittertyp kristallisieren, z. B. im ↑ Blei(II)iodid, eine starke Anionen-Deformation zur Folge hat. Ferner bedingt es eine gute Spaltbarkeit der Kristalle zwischen den gleichsinnig geladenen Anionenschichten. Oberhalb 600 °C geht M. in ↑ Magnesiumoxid über (s. Gleichung).

M. wird als mildes Alkalisierungsmittel verwendet, und dient als solches als Flockungsmittel zur Abwasserbehandlung und Trinkwasseraufbereitung und als Antacidum.

H_2MgO_2 $M_R = 58{,}34$ H 3,46 % Mg 41,68 % O 54,87 %

$t_{Zersetzung}$	t_{Sdp}	d	η		
> 380 °C (Z)		2,38 g/cm³			
C_p	$\Delta_S H$	$\Delta_V H$	$\Delta_B H$	S^o	Q_C
77,2 J/(K · mol)			−924,7 kJ/mol	63,2 J/(K · mol)	

Magnesiumoxid

Magnesium oxide

Bildet ein sehr feines, weißes, geruchloses kristallines Pulver, dessen Löse-, thermisches und chemisches Verhalten sehr von der Herstellungs-Temperatur, aber auch von den Verbindungen, aus denen es durch Erhitzen erhalten wird, abhängt. M. kristallisiert im Natriumchlorid-Gitter. Es kommt in der Natur als Mineral *Periklas* vor.

$$Mg(OH)_2 \xrightarrow{600\ °C} MgO + H_2O$$

Bildung von „leichtem" Magnesiumoxid

Es ist als „M. leicht" und als „M. schwer" verfügbar. Leichtes M. wird als sehr voluminöses weißes Pulver sehr geringer Dichte aus ↑Magnesiumhydroxid oder basischem ↑Magnesiumcarbonat bei ca. 600 °C erhalten (s. Gleichung). Dieses M. wird auch als „chemische *Magnesia*" bezeichnet, weil es reaktionsfähig ist, mit Wasser z. B. wieder Magnesiumhydroxid, mit ↑Magnesiumchlorid *Magnesiumoxidchlorid* bildet usw. (s. unten). Das schwere M. wird bei höherer Temperatur hergestellt, und zwar ist hier wiederum zu unterscheiden zwischen der bei 1700–2000 °C totgebrannten „*Sintermagnesia*" und der oberhalb 2800 °C im elektrischen Lichtbogen erschmolzenen „*Schmelzmagnesia*". Beide Typen reagieren kaum noch mit Wasser und Säuren. Sintermagnesia, das wichtigste Produkt, wird wegen seiner Feuerfestigkeit (Schmp. 2800 °C) zu Ofenauskleidungen und feuerfesten Steinen verarbeitet, sowie zu Laborgeräten wie Rohren, Tiegeln, Schiffchen usw. Schmelzmagnesia dient hauptsächlich zur Elektrowärme-Isolierung. Die *Magnesiastäbchen* und *Magnesiarinnen* bestehen aus Sintermagnesia.

„Chemisches" M. zeigt die wichtige Fähigkeit, mit anderen Mg-Salzen zu steinartigen Massen zu verhärten. So erhält man aus M. mit konzentrierten Lösungen von ↑Magnesiumchlorid den sog. *Sorel-Zement*: es bildet sich ein *Magnesiumoxichlorid* (basisches Mg-Chlorid), das in Form feiner Kristallnädelchen anfällt, die ähnlich wie im Gips (s. unter ↑Calciumsulfat) miteinander zu einer zementharten Masse verfilzen (s. Gleichung).

$$3\,MgO + MgCl_2 \cdot 6\,H_2O \xrightarrow{H_2O} 3\,MgO \cdot MgCl_2 \cdot 11\,H_2O$$

Bildung von Sorel-Zement

Sorel-Zement wird in Fußböden und Estrichen verwendet (ist nicht wasserfest!). Mit Sägemehl vermengt wird er als „*Steinholz*" bezeichnet. Mit dem aus M. und ↑Magnesiumsulfat sich bildenden „Zement" werden die bekannten *Leichtbauplatten* hergestellt.

MgO M_R = 40,30 Mg 60,30 % O 39,70 %

t_{Smp} ca. 2800 °C	t_{Sdp} ca. 3600 °C	d 3,58 g/cm³	η		
C_p 37,1 J/(K · mol)	$\Delta_S H$ 77,8 kJ/mol	$\Delta_V H$	$\Delta_B H$ −601 kJ/mol	S^o 26,9 J/(K · mol)	Q_C
MAK 6 mg/m³	R-Satz	S-Satz			

Magnesiumsulfat

Magnesium sulfate

M. bildet eine Reihe von Hydraten. Die Handelsform ist meist das Heptahydrat, ein weißes kristallines Pulver von widerlich bitterem Geschmack (weshalb es auch als „*Bittersalz*" bezeichnet wird), das sich in Wasser sehr gut löst (71 g / 100 ml bei 20 °C) und beim Eindampfen wässeriger Lösungen von M. anfällt. Es ist kaum löslich in Ethanol. Die wässerige Lösung reagiert neutral.

M. findet sich in der Natur hauptsächlich als Monohydrat (*Kieserit*), das auf M. durch Lösen in Wasser und Wieder-Ausfällen verarbeitet wird. Das Heptahydrat kommt auch als „Bittersalz" natürlich vor. In Ländern ohne natürliche Vorkommen wird M. durch Umsetzung von ↑Magnesiumcarbonat oder ↑Magnesiumhydroxid mit ↑Schwefelsäure hergestellt (s. Gleichung).

$$Mg(OH)_2 + H_2SO_4 \xrightarrow{H_2O} MgSO_4 \cdot 7\,H_2O + 2\,H_2O$$

Herstellung von Magnesiumsulfat-Heptahydrat

M. gibt beim Lagern an der Luft bereits bei Raumtemperatur ein Mol Wasser ab. Beim Erwärmen werden bis 120 °C stufenweise sechs Mol Wasser abgespalten. Das letzte Wasser wird erst oberhalb 250 °C freigesetzt (s. Schema).

$$[Mg(H_2O)_6]SO_4 \cdot H_2O \xrightarrow[-6H_2O]{120\ °C} MgSO_4 \cdot H_2O \xrightarrow[-\,H_2O]{250\ °C} MgSO_4$$

Thermische Dehydratisierung von Magnesiumsulfat-Heptahydrat

M. wird hauptsächlich als Düngemittel eingesetzt. Es findet ferner in der Textilindustrie (Beiz und Imprägniermittel), in der Baustoffherstellung, in der Papierindustrie und in der Medizin (Abführmittel) Verwendung.

MgO_4S $M_R = 120{,}37$ (wasserfrei) Mg 20,19 % O 53,17 % S 26,64 %

t_{Smp}	t_{Sdp}	d	η
1127 °C		2,96 g/cm³	

C_p	$\Delta_S H$	$\Delta_V H$	$\Delta_B H$	S^o	Q_C
96,2 J/(K · mol)	14,6 kJ/mol		−1285 kJ/mol	91,6 J/(K · mol)	

Magneson I

Magneson

Bildet ein braunrotes Pulver, das in Wasser praktisch unlöslich ist. Löslich ist M. in verdünnter Natronlauge. M. ist leicht herzustellen durch Azokupplung zwischen diazotiertem p-Nitroanilin und ↑ Resorcin (s. Abbildung).

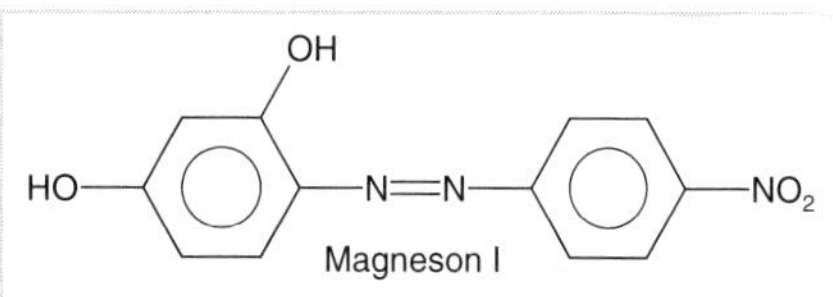

Struktur von Magneson I

M. dient in der analytischen Chemie vor allem zum qualitativen Nachweis von ↑ Magnesium, mit dessen Kationen M. im alkalischen Medium einen intensiv blauen Komplex bildet. Auch ↑ Molybdän läßt sich nachweisen, das eine rot-violette Farbe erzeugt. Das *Magneson II* bildet sich, wenn statt Resorcin ↑ 1-Naphthol zur Kupplung verwendet wird. Magneson II wird wie M. verwendet.

$C_{12}H_9N_3O_4$ $M_R = 259{,}22$ C 55,60 % H 3,50 % N 16,21 % O 24,69 %

Malachitgrün

Malachite green

Bildet ein grünes kristallines Pulver mit metallischem Glanz, das sich gut in Wasser, Ethanol, Methanol und Aceton löst. Die Lösungen sind intensiv blaugrün. Unterhalb pH 2 ist die wässerige Lösung gelb, im Alkalischen erfolgt Entfärbung und Zersetzung. M. ist handelsüblich teils als Chlorid, vielfach aber auch als Oxalat erhältlich.

M. wird durch Kondensation von 2 Mol Dimethylanilin mit ↑ Benzaldehyd mittels ↑ Zinkchlorid hergestellt. Die zunächst entstehende farblose Leukobase wird durch Oxidation mit ↑ Mangan(IV)oxid in saurer Lösung in M. überführt (s. Abbildung).

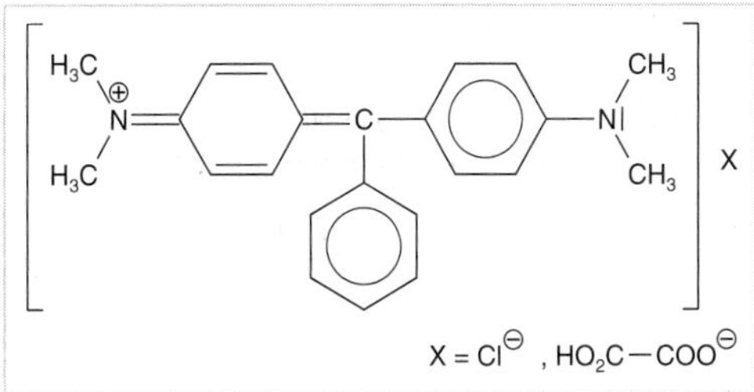

Struktur von Malachitgrün

M. ist also ein Triphenylmethan-Farbstoff und steht in enger Verwandtschaft zum ↑ Fuchsin und mehr noch zum ↑ Kristallviolett (unterscheidet sich von letzterem nur durch das Fehlen einer Dimethylaminogruppe).

M. wird zum Färben von Textilien, als Lackfarbstoff sowie als Mikroskopier-Farbstoff (Bakterienfärbung) und als analytisches Reagenz (Schwefelsäure-Nachweis, pH-Indikator) verwendet.

$C_{23}H_{25}ClN_2$ $M_R = 364{,}90$ (Chlorid) C 75,70 % H 6,91 % Cl 9,72 % N 7,68 %

Maleinsäure

Maleic acid Buten-1,4-disäure

Bildet farblose prismenförmige Kristalle von schwach säuerlichem Geruch. M. löst sich sehr gut in Wasser (bei 20 °C 78 g, bei 100 °C 400 g/100 ml), in Ethanol und Aceton, weniger gut in Diethylether und ist praktisch unlöslich in Petrolether. M. ist in erster Stufe eine starke Säure (wegen ihrer cis-Struktur wesentlich stärker als die Fumarsäure): $pK_S1 = 1{,}92$, $pK_S2 = 6{,}0$.

M. kommt in der Natur im Gegensatz zu ihrem trans-Isomeren, der ↑ Fumarsäure, nicht vor.

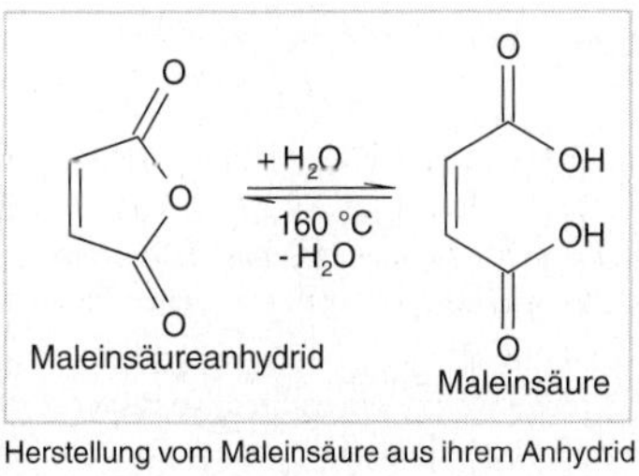

Herstellung vom Maleinsäure aus ihrem Anhydrid

Die M. wird aus dem technisch in großen Mengen hergestellten, wegen seiner höheren Reaktivtät viel häufiger gebrauchten ↑ Maleinsäureanhydrid gewonnen (s. Gleichung).

M. dient als Synthese-Baustein. Infolge der reversiblen Überführbarkeit beider Produkte ineinander können die aus M. gewinnbaren Produkte auch mit dem Anhydrid erhalten werden.

► M. ist stark haut- und schleimhautreizend

$C_4H_4O_4$ $M_R = 116{,}07$ C 41,39 % H 3,47 % O 55,14 %

t_{Smp}	t_{Sdp}	d	η
130 °C		1,59 g/cm³	

C_p	$\Delta_S H$	$\Delta_{Sub} H$	$\Delta_B H$	S^o	Q_C
135,6 J/(K · mol)		105,4 kJ/mol (S)	−790,6 kJ/mol	159,4 J/(K · mol)	−1355 kJ/mol

MAK	R-Satz	S-Satz
	22-36/37/38	26-28-37

Maleinsäureanhydrid

Maleic anhydride 2,5-Furandion

Kristallisiert z. B. aus Chloroform in Form farbloser Nadeln, Handelsprodukte stellen oft Brocken oder Blättchen dar, die sich in Aceton oder Essigsäureethylester sehr leicht lösen (in Aceton über 220 g/100 ml bei 20 °C). M. ist nur sehr wenig löslich in Tetrachlorkohlenstoff. Mit Wasser bildet M. sofort die ↑ Maleinsäure, mit Ethanol je nach Menge den Halb- bzw. Diester.

M. ist ein wichtiges organisches Basisprodukt, dessen Synthese lange hauptsächlich auf der Dampfphasen-Oxidation von ↑ Benzol mit Luft am Vanadiumpentoxid-Kontakt bei ca. 450 °C und leichtem Überdruck beruhte (s. Schema).

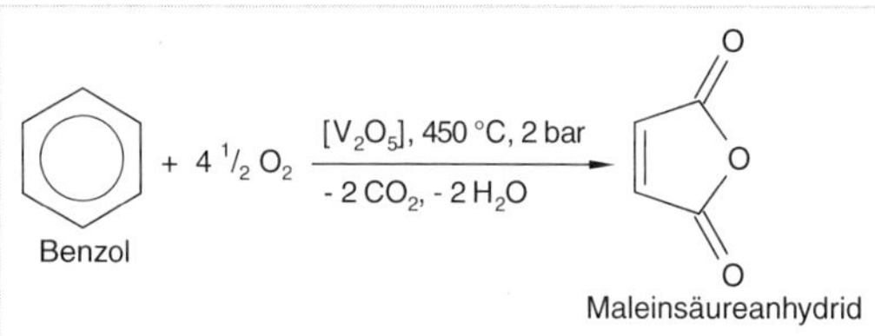

Frühere Darstellung von Maleinsäureanhydrid aus Benzol

Seit der preiswerten Verfügbarkeit von Butenen aus den Crackgasen und wegen gestiegenem Bedarf an M. steht die Buten-Oxidation zur M.-Gewinnung im Vordergrund (s. Schema).

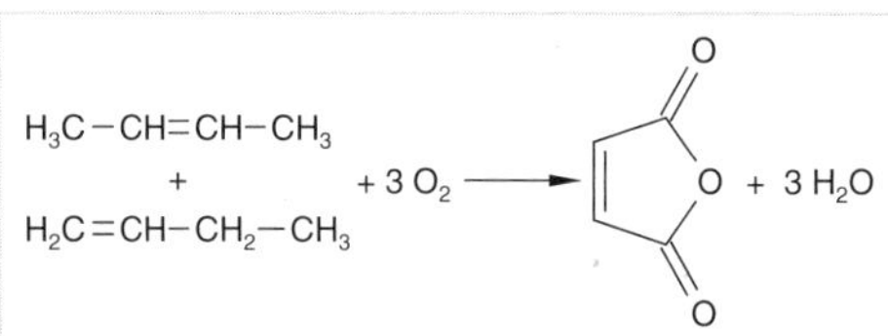

Heutige Syntheseroute für Maleinsäureanhydrid

Dabei ist die Reaktionsführung ganz analog zum Benzol-Verfahren. Nach der Buten-Route fällt zunächst ausschließlich ↑ Maleinsäure in Lösung an (die Reaktionsgase werden mit Wasser ausgewaschen), die aufkonzentriert und dann im Vakuum zu M. entwässert wird.

Der Großteil des erzeugten M. (ca. 50 %) wird in ungesättigten Polyesterharzen verarbeitet. Zu deren Herstellung wird M. mit einem Diol, z. B. ↑ Ethylenglykol, polykondensiert (s. Schema).

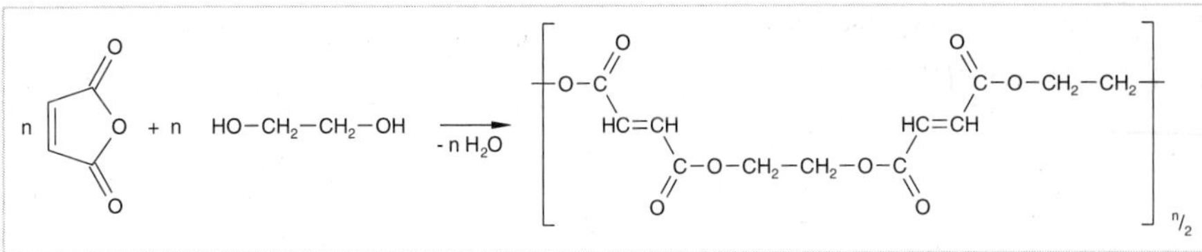

Polyester-Herstellung mit Glykol

Es entstehen ungesättigte Polyesterketten, die sich nun mit einem ungesättigten Monomeren (z. B. ↑ Styrol, ↑ Methacrylsäuremethylester usw.) radikalisch unter Vernetzung, also Duroplast-Bildung, polymerisieren lassen. Die ungesättigten Polyester kommen in Mischung mit Monomeren als sog. „*Polyester-Harz*" in den technischen Gebrauch bzw. in den Handel, und lassen sich durch Zugabe eines Radikal-Starters durchhärten. Diese Harze lassen sich in Verbindung mit Glasfasermatten zu sehr festen Verbundsystemen verarbeiten und sind z. B. als „*Spachtel-Massen*" für Kfz-Reparaturen bekannt.

Durch Variation und Kombination von Diolen, Monomeren und ungesättigten Diestern ist eine große Bandbreite an Polyester-Harzen darstellbar. Ein großer Teil (ca. 20 %) des M. wird zur ↑ Fumarsäure über die Zwischenstufe der ↑ Maleinsäure isomerisiert (s. Schema).

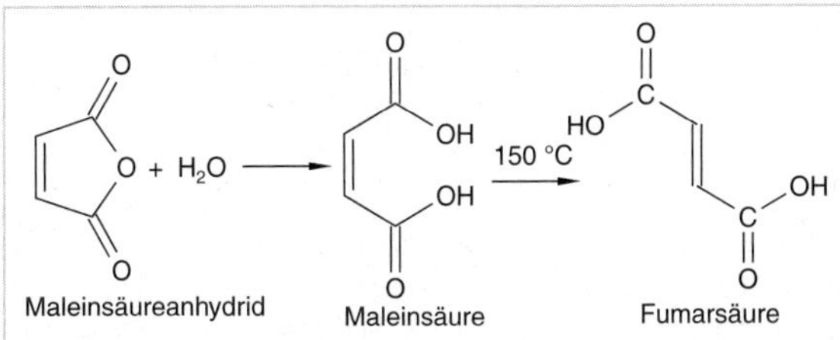

Isomerisierung von Maleinsäureanhydrid zur Fumarsäure

Hierzu wird M. längere Zeit in wässeriger Phase erhitzt. Die Fumarsäure fällt dabei wegen ihrer Schwerlöslichkeit quantitativ aus und wird z. B. zu ↑ Äpfelsäure weiterverarbeitet.

Präparativ bedeutsam ist folgende Reihe von Hydrierungs-Folgeprodukten des M., die in neuerer Zeit zur technischen Reife entwickelt wurde: ↑ Bernsteinsäureanhydrid, ↑ γ-Butyrolacton, ↑ Tetrahydrofuran, ↑ 1,4-Butandiol (s. Schema).

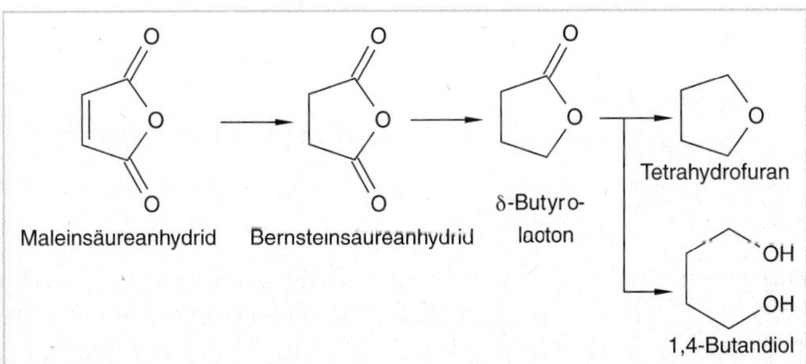

Wichtige Hydrierungs-Folgeprodukte von Maleinsäureanhydrid

Interessant ist auch die Überführung von M. in ↑ D,L-Weinsäure (s. Schema).

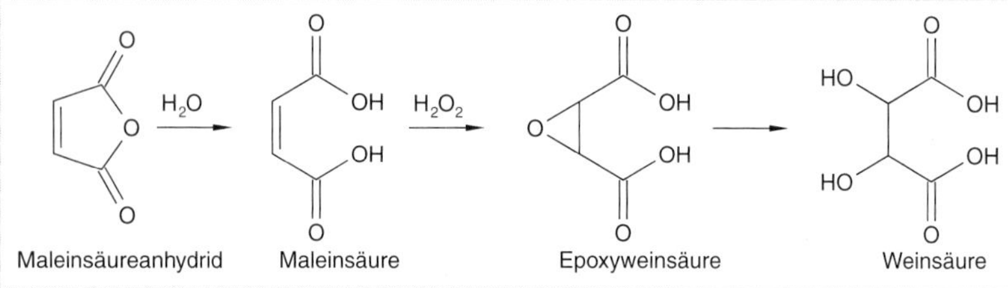

Herstellung von Weinsäure aus Maleinsäureanhydrid

Von besonderer präparativer Bedeutung ist M. in *Diels-Alder-Reaktionen* (*Dien-Synthesen*), die es bereitwillig als *Dienophil* mit sehr vielen Dien-Komponenten eingeht und wie es exemplarisch für die Umsetzung mit ↑ 1,3-Butadien formuliert ist (s. Schema).

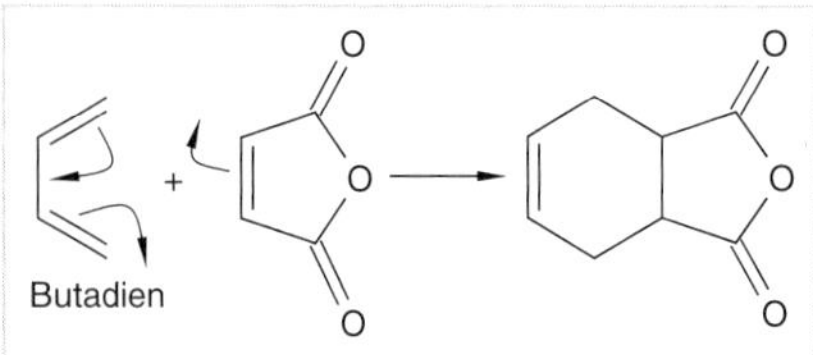

Diels-Alder-Reaktion mit Butadien

Die Diels-Alder-Reaktion ist die wichtigste *4+2-Cycloaddition*. Sie verläuft in einem Schritt als konzertierte Elektronenverschiebung (*pericyclische Reaktion*). Sie wird thermisch initiiert und läuft stereospezifisch und besitzt eine große Bandbreite. So können als Diene auch a,β-ungesättigte Carbonylverbindungen dienen, z. B. ↑ Acrolein, und das Dien kann selbst als Dienophil reagieren. Ein Beispiel ist auch die Dimerisierung von ↑ Cyclopentadien.

Für die Entdeckung der Dien-Synthese erhielten K. Alder und O. Diels den Chemie-Nobelpreis des Jahres 1950.

► M. ist stark haut- und augenreizend. Verursacht Verätzungen.

$C_4H_2O_3$ $M_R = 98{,}06$ C 49,00 % H 2,06 % O 48,95 %

t_{Smp}	t_{Sdp}	d	η		
53 °C	198 °C	1,48 g/cm³			
C_p	$\Delta_S H$	$\Delta_V H$	$\Delta_B H$	S^o	Q_C
119,9 J/(K · mol)	13,5 kJ/mol	54,8 kJ/mol	−470,4 kJ/mol		−1390 kJ/mol
MAK	R-Satz	S-Satz			
0,4 mg/m³	22-34-42/43	22-26-36/37/39-45			

Malonsäure

Malonic acid Propandisäure

Bildet farb- und geruchlose Kristalle, die sich sehr gut in Wasser (über 160 g/100 ml bei 20 °C), Ethanol, Methanol und Diethylether lösen. M. ist in der ersten Dissoziationsstufe mit $pK_S1 = 2{,}8$ eine erheblich stärkere Säure als ↑ Essigsäure (pK_S = 4,76) und bildet saure und neutrale Salze (*Malonate*). Beim Erhitzen auf über 130 °C spaltet M. ↑ Kohlenstoffdioxid ab unter Bildung von ↑ Essigsäure.

M. kommt in der Natur nennenswert nur in der Zuckerrübe vor. Sie wurde 1858 bei der Oxidation der ↑ Aepfelsäure entdeckt (deshalb ihr Name nach lat. malum = Apfel). Die M. wird synthetisch gewonnen durch saure Hydrolyse der aus ↑ Chloressigsäure und ↑ Kaliumcyanid erhältlichen *Cyanessigsäure* (s. Schema).

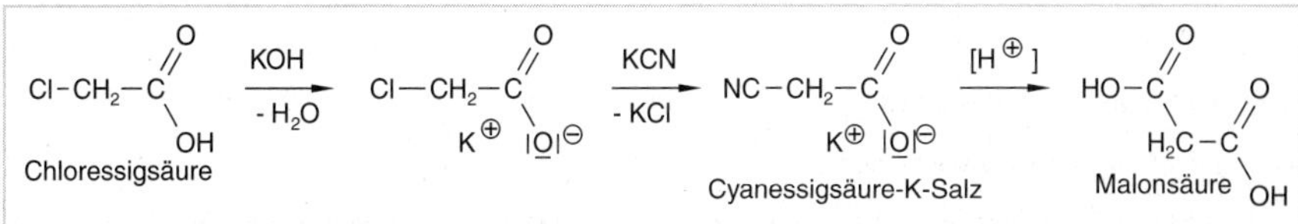

Synthese von Malonsäure

M. dient hauptsächlich zur Herstellung von ↑ Malonsäurediethylester, der die eigentliche präparative Bedeutung besitzt.

► M. ist hautreizend.

$C_3H_4O_4$ M_R = 104,06 C 34,63 % H 3,87 % O 61,50 %

t_{Smp}	t_{Sdp}	d	η		
135 °C		1,62 g/cm³			
C_p	$\Delta_S H$	$\Delta_{Sub} H$	$\Delta_B H$	S^o	Q_C
127,6 J/(K · mol)		72,7 kJ/mol (S)	−891 kJ/mol	149 J/(K · mol)	−861 kJ/mol
MAK	R-Satz	S-Satz			
	22-37/38	22-28			

Malonsäurediethylester

Diethyl malonate Diethylmalonat

Eine farblose, angenehm leicht aromatisch riechende Flüssigkeit, die sich in Wasser kaum löst, mit Ethanol oder Diethylether beliebig mischbar ist.

M. wird am einfachsten hergestellt durch Veresterung von ↑ Malonsäure mit ↑ Ethanol in Gegenwart von konz. ↑ Schwefelsäure (s. Schema).

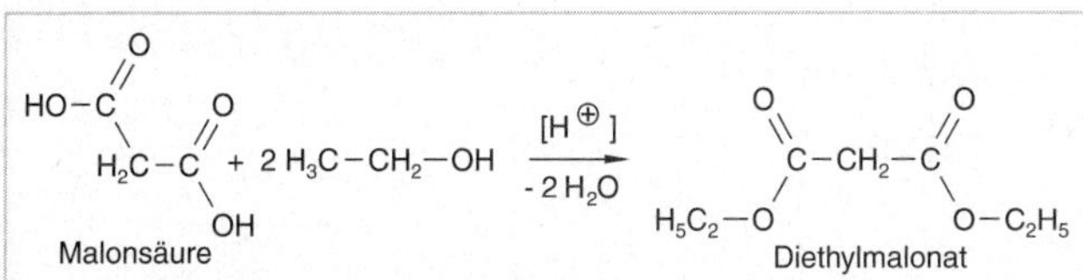

Darstellung von Diethylmalonat

Über seine aktive Methylengruppe erlaubt der M. einige präparativ wertvolle Umsetzungen. Durch starke Basen wie ↑ Natriumethanolat wird M. in das Carbanion überführt (s. Schema).

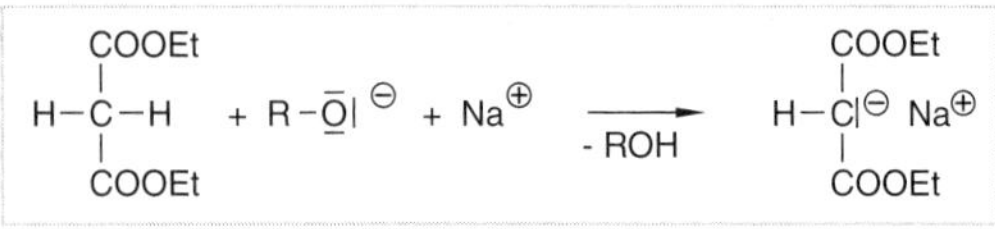

Bildung des Carbanions aus Diethylmalonat

Dieses Carbanion liefert in nucleophilen Substitutionen mit Alkylhalogeniden die *Alkylmalonester*, die auf demselben Wege die Einführung einer zweiten Alkylgruppe zum *Dialkylmalonat* erlauben (s. Schema).

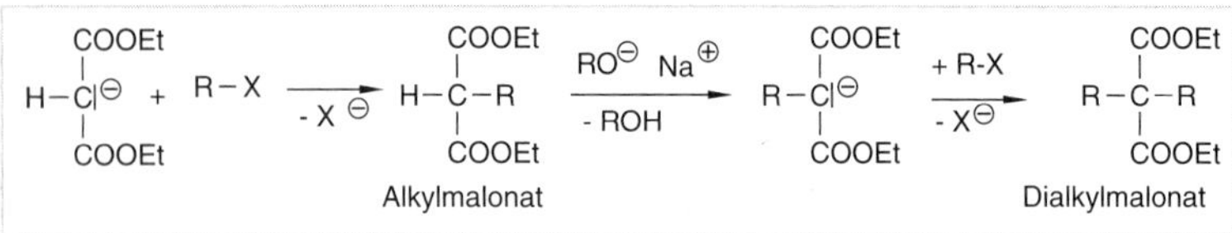

Bildung von Dialkylmalonaten

Diese Dialkylmalonate werden durch Säurespaltung (Verseifung, Decarboxylierung) in die entsprechend substituierten Essigsäure-Derivate überführt (s. Schema). Man bezeichnet diesen Reaktionsweg auch als *Malonester-Synthese*.

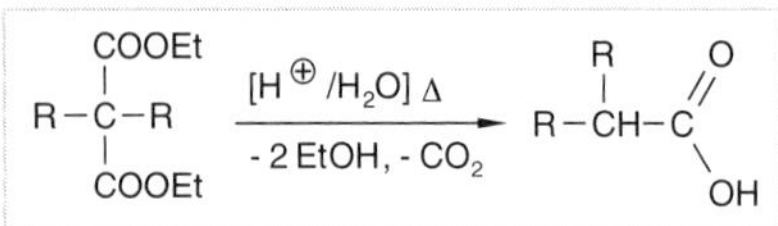

Verseifung und Decarboxylierung zu substituierten Essigsäure-Derivaten

Vielfältige Produkte liefern die Umsetzungen von M. als Methylenkomponente mit Carbonyl-Verbindungen, wozu nur Knoevenagel-Reaktionen und Michael-Additionen genannt seien.

Zur Bedeutung von M. in Barbiturat-Synthesen s. unter ↑ Barbitursäure.

$C_7H_{12}O_4$ $M_R = 160{,}17$ C 52,49 % H 7,55 % O 39,96 %

t_{Smp}	t_{Sdp}	d	η		
−50 °C	198 °C	1,05 g/cm³			
C_p	$\Delta_S H$	$\Delta_V H$	$\Delta_B H$	S^o	Q_C
300,2 J/(K · mol)		64,7 kJ/mol	−986,6 kJ/mol		−3483 kJ/mol
MAK	R-Satz	S-Satz			
		23-24/25			

Maltol

Maltol Larixin, Larixinsäure

Bildet farblose, angenehm karamelartig riechende nadelförmige Kristalle, die sich bei 20 °C zu etwa 1,1g/100 ml in Wasser lösen. In heißem Wasser löst sich M. sehr gut, die wässerigen Lösungen zeigen leicht saure Reaktion. M. löst sich auch etwas in Ethanol. Im alkalischem Medium geht M. mit gelber Farbe in Lösung.

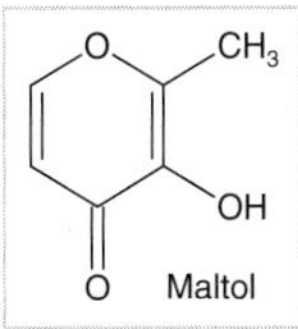

Struktur von Maltol

M. kommt natürlich vor in Lärchenrinden und in Zichorien und findet sich im Holzteer. M. bildet sich allgemein bei der Hitzebehandlung von ↑ Cellulose und ↑ Stärke und demgemäß auch bei vielen Brat- und Backvorgängen und insbesondere beim Rösten von Malz und bei der Zuckerbräunung. M. wird technisch auf fermentativem Wege gewonnen.

M. ist also ein natürliches Derivat von γ-Pyron (s. unter ↑ Pyran). Es verstärkt den Süßgeschmack von Speisen und erlaubt dadurch eine deutliche Zuckereinsparung schon in Zusätzen von nur 0,005 %. Außerdem erzeugt M. in den Speisen einen malzigen Geschmack. M. ist mit der Nummer *E 636* als Zusatzstoff in Lebensmitteln zugelassen.

$C_6H_6O_3$	$M_R = 126{,}11$	C 57,14 %	H 4,80 %	O 38,06 %

t_{Smp}	t_{Sdp}	d	η
161 °C			

Maltose

Maltose Malzzucker, Maltobiose

Kristallisiert aus wässeriger Lösung als Monohydrat in Form weißer, süß schmeckender Kristalle, die sich in Wasser sehr gut lösen, in Ethanol und Diethylether unlöslich sind. Das eine Mol Kristallwasser wird sehr fest gebunden und ist durch Trocknen nicht zu entfernen.

M. findet sich in der Natur hauptsächlich im Malz und entsteht bei der enzymatischen Spaltung von ↑ Stärke durch die Diastase. M. ist also ein Spaltprodukt der Stärke. Es ist ein Disaccharid. Da die Stärke aus α-glucosidisch verknüpften D-Glucose-Einheiten besteht, stellt die M. ein Disaccharid aus zwei α-glucosidisch verbundenen D-Glucose-Molekülen dar, wobei die Sauerstoffbrücke zwischen dem C-Atom 1 des einen und dem C-Atom 4 des anderen Glucose-Bausteins liegt. Durch verdünnte Säuren sowie durch das Enzym Maltase wird M. also in zwei Moleküle ↑ D(+)-Glucose gespalten. M. unterscheidet sich mithin von der ↑ Cellobiose nur durch die andere Stereochemie der glucosidischen Bindung (s. Struktur).

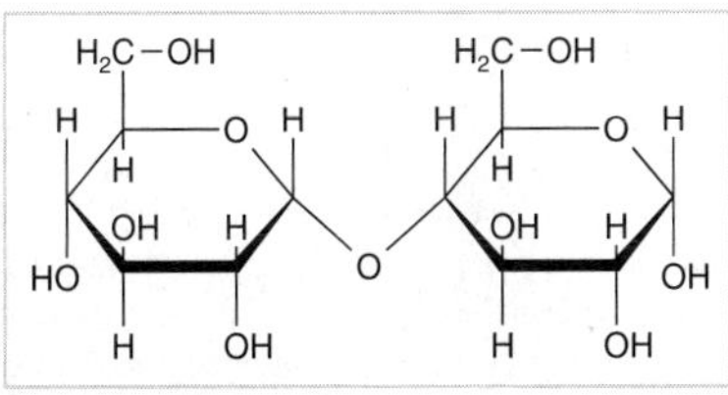

Struktur der Maltose

Da die Halbacetal-Gruppierung des einen Glucose-Moleküls erhalten bleibt, ist die M. ein reduzierender Zucker und zeigt Mutarotation (Einstellung eines Gleichgewichts zwischen α- und β-Form, Endwert der Drehung = +128,5°).

M. besitzt etwa ein Drittel der Süßkraft der ↑ Saccharose. Die M. wird in der Nahrungsmittel-Herstellung und der Zubereitung von Pharmazeutika verwendet. In der Mikrobiologie dient sie als Bestandteil von Kulturmedien. Durch Reduktion erhält man aus M. den Zuckeraustauschstoff Maltit (*E 965*).

M. ist über die *Maillard-Reaktion*, die sie mit Aminosäuren eingeht, wesentlich an der Bildung der *Brotgeschmackstoffe* beim Backen beteiligt. Die Maillard-Reaktion läuft stets ab, wenn reduzierende Zucker und Proteine (beides Grundbestandteile unserer Lebensmittel) miteinander erhitzt werden. Es handelt sich dabei um im einzelnen noch nicht geklärte vielgestaltige und komplizierte Reaktionsfolgen, in deren Verlauf braun gefärbte Produkte entstehen, die Farbe, Geruch und Geschmack vieler durch Backen, Braten und Rösten hergestellter Speisen und Nahrungsmittel, wie z. B. Fleisch, Brot oder Kaffee, erzeugen. Die Reaktionen setzen mit N-Glycosid-Bildungen ein, deren Produkte Amadori-Umlagerungen eingehen, an die sich dann zahlreiche weitere Umwandlungen (u. a. Strecker-Abbau) anschließen. Es werden schließlich die bekannten Farb- und Aromakomponenten der Verkrustungen gebildet, die man zusammenfassend auch als *Melanoidine* bezeichnet. Man konnte nachweisen, daß die Maillard-Reaktion auch in vivo abläuft und hier von medizinischer Relevanz ist.

Die Maillard-Reaktion wurde 1912 von L. C. Maillard aufgefunden, als er Mischungen von ↑ D(+)-Glucose mit ↑ Glycin erhitzt hat und dabei braune Reaktionsprodukte erhielt.

$C_{12}H_{22}O_{11}$ $M_R = 342{,}30$ C 42,11 % H 6,48 % O 51,41 %

t_{Smp}	t_{Sdp}	d	η
102 °C			

Mandelsäure

Mandelic acid α-Hydroxyphenylessigsäure, Phenylglykolsäure

Bildet farblose Kristalle, die sich in Wasser bei 20 °C zu etwa 16 g/100 ml lösen. M. ist sehr gut löslich in Ethanol und Diethylether.

Die M. verdankt ihren Namen ihrer Entdeckung bei der Hydrolyse eines Bittermandel-Extraktes mittels verdünnter ↑ Salzsäure. In den Bittermandeln kommt nämlich das Cyanhydrin von ↑ Benzaldehyd glycosidisch gebunden vor, aus dem die M. hydrolytisch entsteht. Auch die präparative Gewinnung der M. nutzt die Hydrolyse von *Benzaldehydcyanhydrin* (s. Schema).

Synthese der Mandelsäure

Die M. ist mit einem pKs-Wert von 3,36 eine stärkere Säure als die ↑ Essigsäure. Sie wird medizinisch als Antiseptikum eingesetzt, da sie im sauren Medium bakterizide Wirkung zeigt. Die M. findet präparative Anwendung in Pharmaka-Synthesen, u. a. zur Synthese ihrer Ester (*Mandelate*). Die Mandelate, vor allem das *Benzylmandelat*, besitzen schmerzstillende Wirkung und werden in bekannten Analgetica verwendet. Die M. ist optisch aktiv. Die Tabellendaten gelten für das Racemat.

► M zersetzt sich unter Dunkelfärbung bei Lagerung unter Lichtzutritt.

$C_8H_8O_3$ $M_R = 152{,}14$ C 63,15 % H 5,30 % O 31,55 %

t_{Smp}	t_{Sdp}	d	η
119 °C		1,30 g/cm³	

C_p	$\Delta_S H$	$\Delta_V H$	$\Delta_B H$	S^o	Q_C
199,2 J/(K · mol)					

Mangan

Manganese Mn

$$Mn + 2\,HX \longrightarrow MnX_2 + H_2$$

Mn(II)-Salz-Bildung mit Säuren

Mn ist ein stahlgraues metallisches chemisches Element, das an trockener Luft kaum Anlauffärbungen zeigt. Es ist ein sehr hartes (Mohs-Härte 5,0) und sehr sprödes Metall. Da es ein wesentlich niedrigeres Normalpotential als ↑ Wasserstoff aufweist (s. Gleichung), also ein unedles Metall darstellt, wird es bereits in der Kälte langsam, schneller in der Hitze von Wasser unter Wasserstoff-Entwicklung zersetzt. Sehr leicht und schnell erfolgt diese Zersetzung mit Säuren, auch nichtoxidierenden, wobei Mn(II)-Salze entstehen (s. Gleichung). Eine Passivierung durch Oxidschichtbildung wie beim ↑ Chrom z. B. tritt nicht ein.

$$Mn \longrightarrow Mn^{2+} + 2\,e^- \qquad E_0 = -\,1{,}05\ V$$

Normalpotential von Mangan

Braunstein (Pyrolusit)	MnO_2
Hausmannit	Mn_3O_4
Manganit	$Mn_2O_3 \cdot H_2O$
Manganspat	$MnCO_3$

Wichtige Mangan-Mineralien

Mn ist in der Erdkruste sehr verbreitet. Es ist nach dem ↑ Eisen das zweithäufigste Schwermetall und das zwölfthäufigste Element überhaupt. Sein Anteil am Aufbau der Erdrinde wird auf etwa 0,1 Gew.-% geschätzt. Diese Vorkommen treten in einer großen Zahl von Mineralien vorwiegend oxidischer und carbonatischer Natur auf. Elementar kommt Mn wegen seines unedlen Charakters nicht vor. Die wichtigsten Mineralien sind u. a. *Braunstein*, *Hausmannit*, *Manganit*, *Manganspat* (s. Tabelle).

Riesige Mengen an Mn sind in den sog. „*Manganknollen*" enthalten (Gehalt an Mn ca. 24 %), die auf den Ozeanböden abgelagert sind, deren Gewinnung aber mehr noch wegen des allerdings niedrigeren Gehaltes an Cu, Ni und Co interessant wäre. Die mit Abstand wichtigsten Mn-Förderländer sind Südafrika und die ehemalige UdSSR.

Von großer Bedeutung und auch hochinteressant ist die Beteiligung von Mn-Ionen an der entscheidenden Oxidation des Wassers zu Sauerstoff in der Lichtreaktion der Fotosynthese (s. hierzu unter ↑ Chlorophyll).

Reines Mn wird entweder elektrolytisch aus Mn(II)sulfat-Lösungen hergestellt oder aluminothermisch aus Braunstein gewonnen (s. Gleichung).

$$3\,MnO_2 + 4\,Al \longrightarrow 3\,Mn + 2\,Al_2O_3$$

Aluminothermische Gewinnung von Mangan

Reines Mn als metallischer Werkstoff hat jedoch vor allem wegen seiner Sprödigkeit keinerlei technische Bedeutung, so daß die genannten Verfahren technisch kaum ausgeübt werden.

Mn ist das erste Element der VII. Nebengruppe des PSE und besitzt die Elektronenkonfiguration $1s^2\ 2s^2\ 2p^6\ 3s^2\ 3p^6\ 3d^5\ 4s^2$, Grundterm $^6S_{5/2}$.

$$2\,Mn^{3+} \longrightarrow Mn^{4+} + Mn^{2+}$$

Disproportionierung von Mn(III)

Aus dieser Stellung ergibt sich das valenzchemische Verhalten des Mn, das durch die Möglichkeit zur Betätigung aller Wertigkeitsstufen von −3 bis +7 geprägt ist. Die beständigste und wichtigste Oxidationsstufe ist +2, die durch Abgabe der beiden äußeren 4s-Elektronen erreicht wird. Die darunter liegende, mit 5 Elektronen gerade halbbesetzte 3d-Bahn ist energetisch besonders begünstigt. Die Mn(II)-Ionen bilden in wässeriger Lösung schwach rosafarbene, oktaedrische Hexaquokomplexe (die schwache Färbung beruht darauf, daß im oktaedrisch koordinierten d 5-Zustand d-d-Übergänge kaum stattfinden), in denen das Mn-Atom 5 ungepaarte Elektronen aufweist. Mn(III)-Verbindungen mit d4-Besetzung am Mn-Atom sind in wässeriger Lösung sehr unbeständig und reduzieren sich (bei Anwesenheit eines geeigneten Reduktionsmittels) sehr leicht zu Mn(II) (Auffüllung zur halbbesetzten d-Schale) (s. Gleichung), oder disproportionieren (s. Gleichung).

$$Mn^{3+} + e^- \longrightarrow Mn^{2+} \qquad E_0 = +1{,}51\ V$$

Mn(III) als starkes Oxidationsmittel

Die einzige wichtige Mn(IV)-Verbindung ist das ↑ Mangan(IV)oxid (Braunstein). Mn-Atome in den Oxidationsstufen +5 (*Manganat(V)*), +6 (*Manganat(VI)*) und +7 (*Manganat(VII)*) sind nur mit vier Sauerstoffatomen koordiniert existenzfähig, wobei die Stufe +5 praktisch keine, die Stufe +6 nur wenig, die Stufe +7 (*Permanganate*) hingegen erhebliche technische Bedeutung besitzt (s. Übersicht).

	MnO_4^{3-}	MnO_4^{2-}	$MnO_4^{\ominus}$
	Manganat(V)	Manganat (VI)	Manganat (VII) (Permanganat)
hydratisiert:	blau	dunkelgrün	
wasserfrei:	grün		violett

Übersicht: die höheren Oxidationsstufen des Mangans

Die Oxidationsstufen −3 bis +1 werden nur in speziellen Komplexen (z. B. Carbonylkomplexen) betätigt. Weiteres zur Chemie des Mn s. unter den einzelnen Verbindungen (zur Chemie des Mn(VII) s. z. B. unter ↑ Kaliumpermanganat).

Insgesamt ähnelt die Chemie des Mn in gewisser Weise der seines Nachbarn im PSE, dem ↑ Eisen.

Mn als Metall wird praktisch nur als Legierungsbestandteil, und hier vor allem mit Eisen, verwendet. Die Fe/Mn-Legierungen heißen mit 2-5 % Mn „*Stahleisen*", mit 5-30 % Mn „*Spiegeleisen*", mit 30-80 % Mn „*Ferromangan*" und entstehen aus Fe- und Mn-haltigen Erzen im Hochofen. Sie werden bei der Stahlerzeugung gezielt dem Stahl als Desoxidans zugesetzt. Zudem ermöglicht der Mn-Gehalt im Eisen eine erhöhte Kohlenstoffaufnahme. Zur Verwendung von Mn-Verbindungen s. unter den einelnen Verbindungen.

Zum analytischen Nachweis von Mn können u. a. die nachfolgend beschriebenen Reaktionen herangezogen werden.

1. Fällung von *Mangan(II)hydroxid* aus Mn(II)-Salzlösung mit Natronlauge als weißer Niederschlag, der sich durch Luftoxidation bald braun färbt (s. Schema).

$$Mn^{2+} + 2\,OH^{\ominus} \longrightarrow \underset{\text{weiß}}{Mn(OH)_2}$$

$$2\,Mn(OH)_2 + O_2 \longrightarrow \underset{\text{braunes Mn(IV)oxidhydrat}}{2\,MnO(OH)_2}$$

Fällung von Manganhydroxid

2. Fällung von typisch fleischfarbenem *Mangan(II)sulfid* aus Mn(II)-Salzlösungen mit Ammoniumsulfid aus neutraler bis ammoniakalischer Lösung (s. Gleichung).

$$Mn^{2+} + S^{2-} \longrightarrow \underset{\text{fleischfarben}}{MnS}$$

Fällung von Mangansulfid

3. Die Oxidation von Mn(II)-Ionen zum tiefvioletten Permanganat durch Periodat, Blei(IV)oxid oder Peroxodisulfat (letzteres bei Anwesenheit von Silberionen).
4. Die Reaktionen des Permanganat-Ions (s. unter ↑ Kaliumpermanganat).
5. Grünfärbung der Oxidschmelze durch Bildung von Mn(VI).

► Mn ist für Tier und Pflanze ein wichtiges Spurenelement. Es findet sich in Spuren stets in Nahrungsmitteln und im Wasser. Erforderliche tägliche Aufnahme für den Menschen ca. 5 mg. Inhalation des Staubes von Mn oder Mn-Verbindungen über längere Zeiträume führt zu schweren chronischen Krankheitsbildern. Oral aufgenommene Permanganate verursachen starke innere Verätzungen (wegen Oxidationswirkung).

Mn Z = 25 A_R = 54,9380 Isotope: 55; 49-54, 56-58 (künstlich)

t_{Smp}	t_{Sdp}	d	MV	α	λ
1244 °C	2059 °C	7,44 g/cm³	7,38 cm³/mol	22 10^{-6}/K	29,7 W/mK
C_p	$\Delta_S H$	$\Delta_V H$	S^o	ϱ	
26,33 J/(K · mol)	12,06 kJ/mol	226,7 kJ/mol	32,0 J/(K · mol)	1380 nΩ · m	
MAK	R-Satz	S-Satz			
0,5 mg/m³					

Mangan(II)carbonat

Manganese carbonate

Ein weißes bis leicht rosafarbenes kristallines Pulver, das in Wasser und Ethanol praktisch unlöslich ist. Es wird durch Säuren rasch unter Kohlenstoffdioxid-Entwicklung zersetzt. M. oxidiert sich im feuchten Zustand an der Luft leicht unter Braunfärbung.

M. kommt in der Natur als Mineral Rhodochrosit vor. Es wird hergestellt durch Ausfällen aus einer Mn(II)sulfat-Lösung mit löslichen Carbonaten, z. B. ↑ Natriumcarbonat (s. Gleichung).

$$MnSO_4 + Na_2CO_3 \longrightarrow MnCO_3 + Na_2SO_4$$

Fällung von Mangancarbonat

M. wird zur Herstellung anderer Mn(II)-Verbindungen (z. B. ↑ Mangan(II)oxid) verwendet. Es dient ferner als Farb-Pigment („*Manganweiß*") und als Trockenmittel in Firnissen (Siccativ).

$CMnO_3$ M_R = 114,94 C 10,45 % Mn 47,79 % O 41,76 %

$t_{Zersetzung}$	t_{Sdp}	d	η		
> 250 °C (Z)		3,70 g/cm³			
C_p	$\Delta_S H$	$\Delta_V H$	$\Delta_B H$	S^o	Q_C
81,5 J/(K · mol)			894 kJ/mol	85,8 J/(K · mol)	
MAK	R-Satz	S-Satz			
0,5 mg/m³					

Mangan(II)chlorid

Manganese chloride

Fällt aus wässeriger Lösung als Tetrahydrat in Form rosafarbener Kristalle an, die sich sehr gut in Wasser lösen (ca. 140 g / 100 ml bei 20 °C) und auch in Ethanol löslich sind.

$$Mn + Cl_2 \xrightarrow{700\ °C} MnCl_2$$

Chlorierung von Mn zu Mangan(II)-chlorid

M. wird hergestellt durch Umsetzung von ↑Mangan(II)carbonat oder ↑Mangan(II)oxid mit ↑Salzsäure (s. Gleichungen) oder durch direkte Chlorierung von Mn (s. Gleichung).

$$MnCO_3 + 2\,HCl \longrightarrow MnCl_2 + CO_2 + H_2O$$
$$MnO + HCl \longrightarrow MnCl_2 + H_2O$$

Herstellung von Mangan(II)chlorid aus Mangan(II)salzen

Eine 0,2 m Lösung des Tetrahydrats zeigt den pH 5,5. Das Tetrahydrat schmilzt bereits bei 58 °C im eigenen Kristallwasser. Die vollständige Entwässerung zum farblosen Salz gelingt erst oberhalb 220 °C im Chlorwasserstoff-Strom. Mit Chloriden bildet M. Tri-, Tetra- und Hexachloro-Komplexe.

Das Tetrahydrat dient zur Blauschwarzfärbung von Ziegelsteinen (es wird der Ofenfeuerung zugesetzt, wo es verdampft und sich unter Dunkelfärbung auf dem Ziegel niederschlägt). M. findet ferner Einsatz als Batterie-Elektrolyt.

Cl_2Mn M_R = 125,84 (wasserfrei) Cl 56,34 % Mn 43,66 %

t_{Smp}	t_{Sdp}	d	η		
650 °C	1230 °C	3,0 g/cm³			
C_p	$\Delta_S H$	$\Delta_V H$	$\Delta_B H$	S^o	Q_C
73 J/(K · mol)	37,7 kJ/mol	149 kJ/mol	−481,3 kJ/mol	118,2 J/(K · mol)	
MAK	R-Satz	S-Satz			
0,5 mg/m³	22	22-24/25			

Mangan(II)oxid

Manganese oxide

Bildet ein grünes bis graufarbenes kristallines Pulver, das sich in Wasser nicht löst. Mit Säuren tritt Hydrolyse zu den entsprechenden Mn(II)salzen ein.

M. kommt in der Natur als *Manganosit* vor. Synthetisch wird es z. B. durch thermische Zersetzung von ↑Mangan(II)carbonat dargestellt (s. Gleichung) oder durch Reduktion von ↑Mangan(IV)oxid mit ↑Wasserstoff (s. Gleichung). Das Reaktionsprodukt muß unter Sauerstoff-Ausschluß abkühlen, um Reoxidation zu vermeiden.

$$MnCO_3 \xrightarrow{1000\ °C} MnO + CO_2$$

Herstellung von Mangan(II)oxid aus Mangancarbonat

$$MnO_2 + H_2 \xrightarrow{800\ °C} MnO + H_2O$$

Reduktion von Braunstein zu Mangan(II)oxid

Beim Erhitzen von M. an der Luft bilden sich je nach Temperatur höhere Oxide: *Mangan(III)oxid* (schwarzes, wasserunlösliches Pulver) und *Mangan(II,IV)oxid* (dunkelbraunes bis schwarzes, wasserunlösliches Pulver), die u. a. zur Herstellung von Halbleitern verwendet werden.

M. kristallisiert im Natriumchlorid-Gitter. Es wird zur Herstellung oxidkeramischer Werkstoffe verwendet.

MnO M_R = 70,93 Mn 77,45 % O 22,55 %

t_{Smp}	t_{Sdp}	d	η		
1842 °C		5,18 g/cm³			
C_p	$\Delta_S H$	$\Delta_V H$	$\Delta_B H$	S^o	Q_C
44,1 J/(K · mol)	43,9 kJ/mol		−385,2 kJ/mol	59,7 J/(K · mol)	
MAK	R-Satz	S-Satz			
0,5 mg/m³					

Mangan(IV)oxid

Manganese dioxide Braunstein

Bildet ein feines schwarzes metallisch glänzendes kristallines Pulver, das in Wasser, kalter Salpetersäure und Schwefelsäure unlöslich ist.

M. kommt in der Natur in großen Mengen als grauschwarzes Mineral *Pyrolusit* vor. Es wird synthetisch entweder durch chemische oder durch elektrochemische Oxidation aus Mn(II)-Verbindungen gewonnen. Die chemische Oxidation kann z. B. das Erhitzen von *Mangan(II)nitrat* (als Hexahydrat blaßrosa-farbene, gut wasserlösliche, bei 26 °C schmelzende Kristalle) an der Luft auf etwa 500 °C beinhalten (s. Gleichung) oder das Schmelzen von ↑ Mangan(II)oxid mit ↑ Kaliumchlorat.

$$Mn(NO_3)_2 \cdot 6\,H_2O \xrightarrow{500\ °C} MnO_2 + 2\,NO_2 + 6\,H_2O$$

Thermische Zersetzung von Mangan(II)nitrat zu Braunstein

Die elektrochemische Darstellung beruht auf der Elektrolyse von Mangan(II)sulfat-Lösungen, wobei an Graphitanoden Mn(II) zu Mn(III) oxidiert wird (s. Gleichung). Hierbei wird an der Kathode wird ↑ Wasserstoff freigesetzt und das entstandene Mn(III) disproportioniert sofort zu Mn(II) und Mn(IV) (s. Gleichung). Das Mn(IV) wird an der Anode als M. abgeschieden.

$$Mn^{2+} \longrightarrow Mn^{3+} + e^-$$

Anodische Oxidation von Mn(II) zu Mn(III)

$$2\,Mn^{3+} \longrightarrow Mn^{2+} + Mn^{4+}$$

Disproportionierung von Mn(III) zu Mn(II) und Mn(IV)

M. zerfällt beim Erhitzen unter Sauerstoffabgabe zu Mn(III)oxid (s. Gleichung) bzw. bei noch stärkerem Erhitzen zu Mn(II,IV)oxid (s. Gleichung).

$$4\,MnO_2 \xrightarrow{500\ °C} 2\,Mn_2O_3 + O_2$$

Thermische Bildung von Mn(III)oxid

$$3\,MnO_2 \longrightarrow Mn_3O_4 + O_2$$

Thermische Bildung von Mn(II,IV)oxid

Mit ↑ Salzsäure reagiert M. unter Entwicklung von ↑ Chlor, wobei zunächst *Mangan(IV)-chlorid* entsteht, welches sofort zerfällt (s. Gleichungen). Diese Reaktion kann zur Chlor-Gewinnung im Labor dienen (wurde früher auch technisch als „*Weldon-Verfahren*“ durchgeführt).

$$\begin{array}{l} MnO_2 + 4\,HCl \longrightarrow MnCl_4 + 2\,H_2O \\ MnCl_4 \longrightarrow MnCl_2 + Cl_2 \\ \hline MnO_2 + 4\,HCl \longrightarrow MnCl_2 + Cl_2 + 2\,H_2O \end{array}$$

Chlor-Entwicklung aus Braunstein mit Salzsäure

M. ist wegen seiner Fähigkeit zur Sauerstoff-Abgabe (s. oben) ein wirksames Oxidationsmittel und wird hierfür technisch auf vielfältige Weise genutzt. So dient es nicht nur als Oxidationsmittel in organischen

Synthesen sondern auch bei der Glasherstellung zur oxidativen oder komplementären Entfärbung von Glasschmelzen (Kohle und farbige Sulfide werden zu farblosen Produkten oxidiert, Grünfärbungen durch Eisen werden komplementär ausgelöscht, was dem M. die Bezeichnung „*Glasmacherseife*" verliehen hat). In *Taschenlampen-Batterien* ist die Graphit-Kathode in M. eingebettet, um entwickelten ↑ Wasserstoff sofort zu Wasser zu oxidieren (s. unter ↑ Zink). M. katalysiert ferner viele Oxidationsreaktionen, z. B. den Zerfall von ↑ Wasserstoffperoxid.

MnO_2 $M_R = 86{,}94$ Mn 63,19 % O 36,81 %

$t_{Zersetzung}$	t_{Sdp}	d 4,8 g/cm³	η		
C_p 54,4 J/(K · mol)	$\Delta_S H$	$\Delta_V H$	$\Delta_B H$ −520 kJ/mol	S^o 53,1 J/(K · mol)	Q_C
MAK 0,5 mg/m³	R-Satz 20/22	S-Satz 25			

Mangan(II)sulfat

Manganese sulfate

$MnSO_4 \cdot 7\,H_2O$	bis 8,6 °C
$MnSO_4 \cdot 5\,H_2O$	8,6 - 24,1 °C
$MnSO_4 \cdot 4\,H_2O$	25 - 27 °C
$MnSO_4 \cdot H_2O$	>27 °C

Hydrate von Mangan(II)sulfat

Fällt aus wässeriger Lösung je nach Temperatur mit verschiedenem Kristallwassergehalt an (s. Tabelle). Wasserfrei erhält man M. oberhalb 400 °C als fast weißes Pulver. Das M. des Handels ist meist das Tetrahydrat, ein rosafarbenes kristallines Pulver, das sich in Wasser sehr gut löst, in Ethanol unlöslich ist.

M. wird hergestellt durch Umsetzung von ↑ Mangan(II)carbonat mit ↑ Schwefelsäure (s. Gleichung). M. fällt auch als Nebenprodukt der Oxidationen mit ↑ Mangan(IV)oxid in schwefelsaurer Lösung an.

$$MnCO_3 + H_2SO_4 \longrightarrow MnSO_4 + CO_2 + H_2O$$

Herstellung von Mangan(II)sulfat

M. wird technisch verwendet zur elektrolytischen Mn-Gewinnung und Braunsteinherstellung, zur Herstellung anderer Mn(II)salze, in der Glasfabrikation und in Dünge- und Futtermitteln.

MnO_4S $M_R = 151{,}01$ (wasserfrei) Mn 36,38 % O 42,38 % S 21,24 %

$t_{Zersetzung}$ > 700 °C (Z)	t_{Sdp}	d 3,18 g/cm³	η		
C_p 100,2 J/(K · mol)	$\Delta_S H$	$\Delta_V H$	$\Delta_B H$ −1065,3 kJ/mol	S^o 112 J/(K · mol)	Q_C
MAK 0,5 mg/m³	R-Satz	S-Satz			

Meitnerium ⟶ Transactiniden

Melamin

Melamine 2,4,6-Triamino-s-triazin

Bildet ein weißes kristallines Pulver; dessen Löslichkeit in Wasser niedrig ist und bei 20 °C nur 0,32 g, bei 100 °C 5,05 g/100 ml beträgt. Auch in org. Solventien ist M. nur wenig löslich, so in Ethanol 0,05 g/100 ml, in Aceton 0,03 g/100 ml bei 20 °C. Aufgrund seiner Aminogruppen ist M. eine schwache Base und bildet mit Säuren stabile Salze, die allerdings auch nicht besser wasserlöslich sind.

M. ist aus einer ganzen Reihe von Verbindungen synthetisch zugänglich, vor allem aus ↑ Harnstoff und Harnstoff-Derivaten. Technisch am wichtigsten war lange die Herstellung aus Dicyandiamid (s. unter ↑ Cyanamid) durch dessen Erhitzen unter Druck. Das heute wichtigste Verfahren beinhaltet die katalysierte Cyclisierung von Harnstoff, wobei ↑ Ammoniak und ↑ Kohlenstoffdioxid abgespalten werden, die wiederum auf Harnstoff verarbeitet werden (s. Schema).

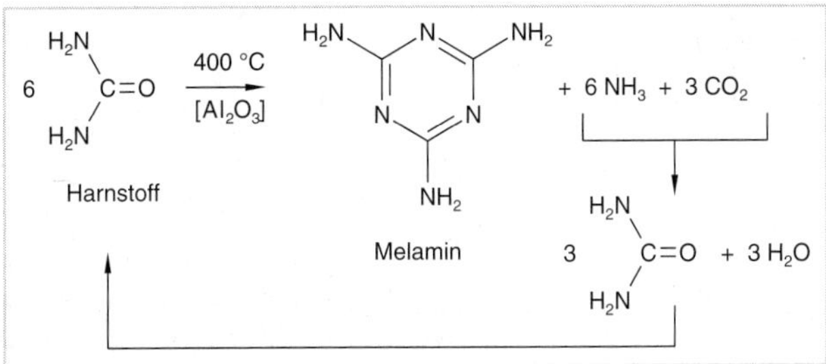

Heutige technische Herstellung von Melamin

M. ist eine chemisch und thermisch sehr beständige Verbindung. Es wird weder durch Wasser noch durch Säuren oder Basen zersetzt und läßt sich am Schmelzpunkt unzersetzt sublimieren.

M. wird praktisch ausschließlich zur Herstellung der ↑ Aminoplaste (Melaminharze) durch Kondensation mit ↑ Formaldehyd verwendet.

$C_3H_6N_6$ M_R = 126,13 C 28,57 % H 4,80 % N 66,63 %

t_{Smp}	t_{Sdp}	d	η
250 °C			

Melatonin

Melatonin 3-(2-Acetylamino-ethyl)-5-methoxyindol

Bildet hellgelbe blättchenförmige Kristalle.

Das synthetisch z. B. aus *5-Methoxyindol* zugängliche M. wird in der Epiphyse (Zirbeldrüse) von Wirbeltieren aus ↑ Serotonin aufgebaut und wirkt als Hormon über Rezeptoren, die u. a. im Gehirn aufgefunden wurden.

M. hemmt die aus der Hypophyse erfolgende Sekretion von *Corticotropin* (*ACTH*, s. unter ↑ Cortison), das seinerseits in der Nebennierenrinde die Sekretion von Cortisol (s. unter ↑ Cortison) stimuliert.

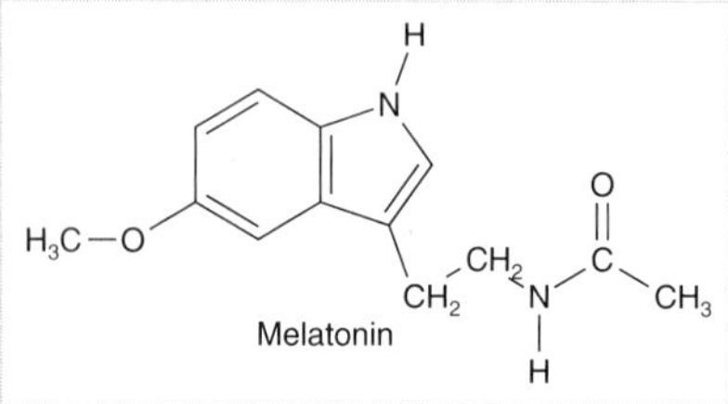

Struktur von Melatonin

Der Aufbau von M. aus ↑ Serotonin erfolgt über Enzyme, die teilweise nur im Dunkeln aktiv sind. Man rechnet daher dem M. eine Mitwirkung an der „inneren biologischen Uhr" zu. Die physiologischen Wirkungen des M. sind noch nicht vollständig erforscht.

M. wurde erstmals 1958 aus der Epiphyse von Rindern isoliert.

$C_{13}H_{16}N_2O_2$	$M_R = 232{,}28$	C 67,22 %	H 6,94 % N 12,06 % O 13,78 %
t_{Smp} 118 °C	t_{Sdp}	d	η

Meldrumsäure

Meldrum's acid

Bildet farblose Kristalle, die in Wasser unlöslich sind, sich aber gut lösen in den üblichen org. Solventien.

M. wird hergestellt durch Umsetzung von ↑ Malonsäure mit ↑ Aceton in Gegenwart von ↑ Essigsäureanhydrid (s. Schema).

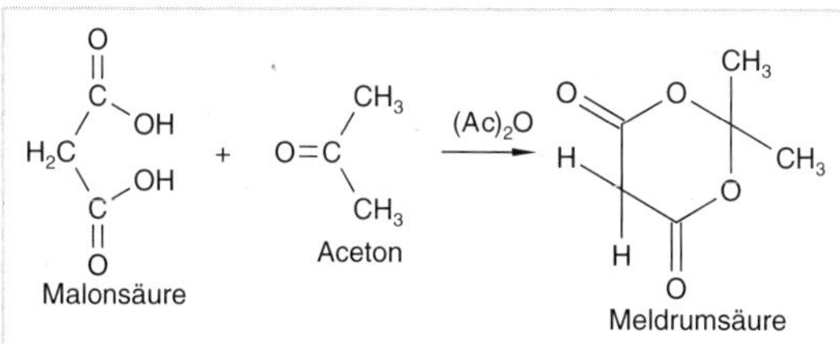

Synthese von Meldrumsäure

M. ist ein vielfältiges Synthon in organischen Reaktionen, so in Michael-Additionen und Knoevenagel-Kondensationen (die beiden Methylenprotonen sind stark aktiviert), für Acylierungen, Alkylierungen und für die Herstellung von β-Ketoestern. Allgemein kann M. als C_3O_2-Baustein fungieren.

$C_6H_8O_4$	$M_R = 144{,}13$	C 50,00 %	H 5,59 %	O 44,40 %
t_{Smp} 95 °C	t_{Sdp}	d	η	

Melittin

Melittin

Bildet ein cremefarbenes wasserlösliches Pulver.

M. ist der Hauptbestandteil des Bienengiftes (40-50 %), ein basisches Polypeptid aus 26 Aminosäuren mit M_R = 2846. Die Isolierung des M. aus dem *Bienengift* gelang durch gelchromatographische Methoden, die Sequenzbestimmung mit Hilfe der „Dansyl-Methode“ (s. unter ↑ Dansylchlorid) und des „Edman-Abbaus“ (s. unter ↑ Phenylisothiocyanat).

M. ist das erste Polypeptid, bei dem seine biochemische Wirkung aus der Primärstruktur heraus erklärt werden konnte. Es zeigt in seiner Aminosäure-Sequenz die Besonderheit, daß die basischen Aminosäuren am C-terminalen Ende konzentriert sind, die neutralen und hydrophoben Aminosäuren aber den Mittelteil und das N-terminale Ende bilden. M. besteht so aus einem hydrophilen „Kopf“ und einem hydrophoben „Schwanz“, was in Verbindung mit dem gestreckten Bau des Moleküls (keine Knäuelstruktur) echten „Invertseifen“-Charakter bedingt. Auf die damit verbundene Oberflächenaktivität (Tensidwirkung) wird die biologische Aktivität des M. zurückgeführt.

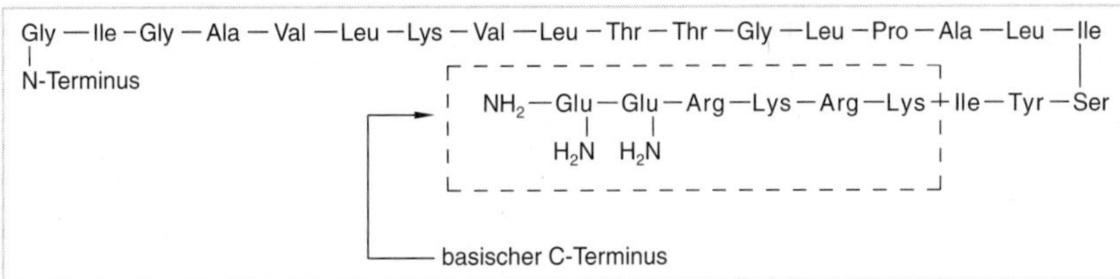

Aminosäure-Primärstruktur von Melittin

Der physiologische Effekt des M. ist zunächst eine Zellauflösung (Cytolyse) durch die spezifische tensidische Wechselwirkung mit Zellmembran-Bestandteilen; so werden vor allem zunächst Erythrocyten lysiert. In der Folge dieser Cytolyse wird in Verbindung mit anderen Bestandteilen des Bienengiftes (dem Enzym Phospholipase A) eine Kettenreaktion ausgelöst. Auch subzelluläre Membranen werden zerstört, die Atmungskette in der Zelle wird auf Milchsäuregärung umgestellt. Diese bewirkt eine lokale Übersäuerung des Gewebes, was in innervierten Bereichen starke Schmerzempfindung auslöst.

M. wird therapeutisch als Anti-Rheumatikum verwendet.

Wespen- und Hornissengift enthalten im Gegensatz zum Bienengift kein M. Ihre nichtenzymatischen peptidischen Toxine sind die *Kinine* (*Wespenkinin*, *Hornissenkinin*). In den anderen Bestandteilen (biogene Amine wie ↑ Histamin und ↑ Noradrenalin, Enzyme wie Phospholipasen, Hyaluronidase) ähneln sich die drei Insektengifte sehr. Wespen- und Hornissengift enhalten als biogenes Amin ↑ Serotonin. Tödlich wirken können die Gifte bei extremer Allergie. Gefährlich kann auch ein Stich direkt in eine Blutbahn sein. Normalerweise wird jedoch erst eine Anzahl von 500 Bienenstichen (!) für tödlich gehalten.

Mendelevium

Mendelevium Md

Künstlich erzeugtes radioaktives metallisches chemisches Element mit den für die Actiniden-Elemente typischen Eigenschaften (s. unter ↑ Actiniden).

Md wurde 1955 von amerikanischen Physikern beim Beschuß von ↑ Einsteinium mit Heliumkernen erstmals erzeugt (nur ca. 20 Atome) und nachgewiesen (s. Gleichung). Das Isotop 256 wandelt sich durch K-Einfang um in ↑ Fermium 256 (T1/2 = 1,54 h) (s. Gleichung). Zum K-Einfang s. unter ↑ Kalium. Das längstlebige Isotop 258 hat die Halbwertszeit T 1/2 = 56 Tage.

$$^{253}_{99}\mathrm{Es} \xrightarrow[-n]{+He^{2+}} {}^{256}_{101}\mathrm{Md}$$

Darstellung von Mendelevium

$$^{256}_{101}\mathrm{Md} \longrightarrow {}^{256}_{100}\mathrm{Fm}$$

Umwandlung von Md 256 in Fermium 256 durch K-Einfang

Md bildet Md(III)-kationen und läßt sich zu Md(II) reduzieren. Chemisch zeigt es die erwartete Ähnlichkeit mit dem homologen ↑ Thulium aus der Lanthaniden-Reihe. Md besitzt die Elektronenkonfiguration $1s^2\ 2s^2\ 2p^6\ 3s^2\ 3p^6\ 3d^{10}\ 4s^2\ 4p^6\ 4d^{10}\ 4f^{14}\ 5s^2\ 5p^6\ 5d^{10}\ 5f^{13}\ 6s^2\ 6p^6\ 7s^2$, Grundterm $^2F_{1/2}$.

Von Md sind keine physikalischen Daten verfügbar.

Md Z = 101 A_R = 258,10 Isotope: 247-252, 254-259

Menthol

Menthol

Bildet weiße Kristalle oder ein weißes Granulat mit intensivem *Pfefferminz-Geruch* und -Geschmack. Es löst sich kaum in Wasser, ist jedoch sehr gut löslich in Ethanol, Diethylether, Chloroform oder Petrolether.

M. besitzt drei asymmetrische C-Atome, infolgedessen acht Stereoisomere existieren, die sich in den physikalischen Eigenschaften und im äußeren Habitus erheblich voneinander unterscheiden. In der Natur kommt als Hauptbestandteil der *Pfefferminzöle* ausschließlich das als (−)-M. bezeichnete Isomere mit der 1R.3R.4S-Konformation in freier Form vor.

M. wird hauptsächlich aus Pfefferminzölen isoliert. Ein großer Anteil des in den Ölen enthaltenen M. wird durch einfaches Abkühlen (bis auf etwa −10 °C) auskristallisiert, der Rest wird abdestilliert. Das Isomeren-Gemisch ist durch Reduktion von ↑ Thymol zugänglich (s. Gleichung).

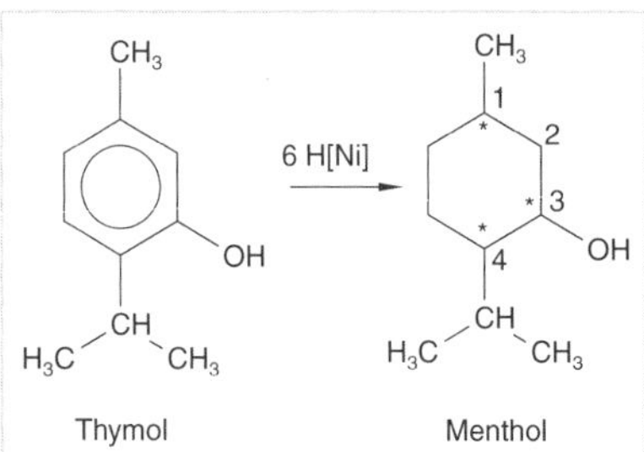

Reduktion von Thymol zum Menthol-Isomerengemisch

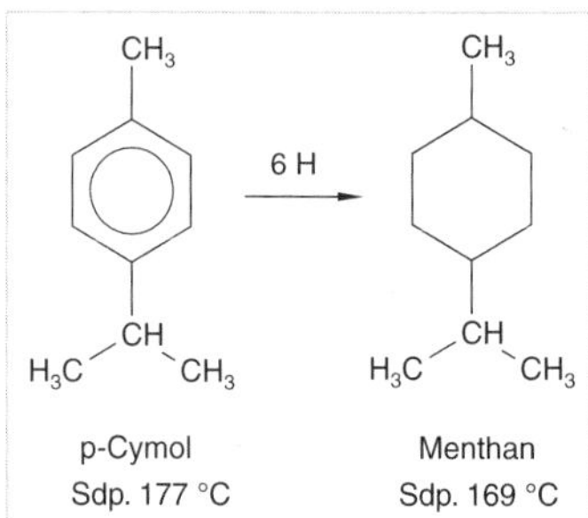

Reduktion von p-Cymol zum Menthan

M. leitet sich als monocyclischer Terpenalkohol vom *Menthan* ab, dem Grundkohlenwasserstoff dieser Substanzklasse, so daß M. auch als *Menthan-3-ol* bezeichnet werden kann. Menthan selbst kommt in der Natur nicht vor und wird durch Hydrierung aus *p-Cymol* (*p-Isopropyl-toluol*) hergestellt (s. Gleichung).

Menthan ist eine farblose, fenchelartig riechende, leicht bewegliche Flüssigkeit. p-Cymol findet sich in Pflanzenölen und ist der Hauptbestandteil (70–90 %) vom Sulfit-Terpentinöl, einem Nebenprodukt der Sulfit-Zellstoffgewinnung (s. unter ↑ Cellulose). Es ist eine farblose, angenehm aromatisch riechende Flüssigkeit, die als Lösungsmittel und Duftstoff verwendet wird.

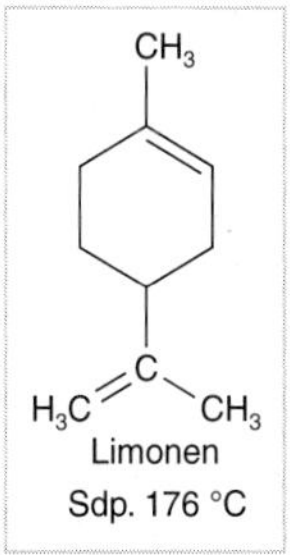

Struktur von Limonen

Durch Dehydrierung des Menthans erhält man theoretisch u. a. die *Menthadiene*, von denen es zahlreiche Isomere gibt. Das wichtigste ist das *Limonen*, das im Fichtennadel- und Kümmelöl vorkommt und eine angenehm citronenartig riechende Flüssigkeit darstellt (s. Abbildung).

M. wird durch Oxidation mit ↑ Chrom(VI)oxid in *Menthon* überführt (s. Gleichung).

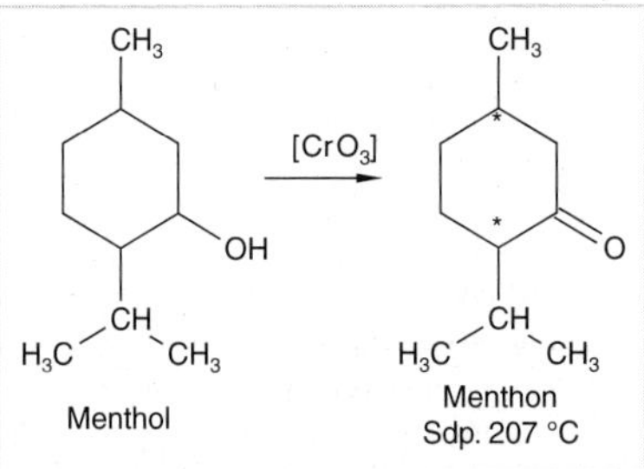

Oxidation von Menthol zu Menthon

(+)-Menthon kommt im Geraniumöl, (−)-Menthon im Pfefferminzöl vor. Sie sind bittere, pfefferminzartig riechende Flüssigkeiten, die in Riechstoffen verwendet werden.

M. wird sehr vielfältig in pharmazeutischen und kosmetischen Produkten verarbeitet. Die pharmazeutischen Verwendungen nutzen M. als Antiseptikum und Lokalanästhetikum bei Atemwegsbeschwerden, Zahn- und Kopfschmerzen, Rheuma, Neuralgien usw., während in kosmetischen Produkten die erfrischende und belebende Wirkung des M. willkommen ist (Zahnpasta, Mundwässer, Kaugummi, Drops, Sprays, Lotionen, Erfrischungstücher usw.).

$C_{10}H_{20}O$ $M_R = 156{,}26$ C 76,87 % H 12,90 % O 10,24 %

t_{Smp}	t_{Sdp}	d	η
41 °C	212 °C	0,89 g/cm³	

2-Mercaptobenzothiazol

2-Mercaptobenzothiazole

Kristallisiert in blaßgelben Nadeln oder Blättchen und kommt in den Handel meist als feines gelbliches Pulver von etwas unangenehmem Geruch. M. löst sich praktisch nicht in Wasser, in Ethanol 2 g, in Diethylether 1 g und in Aceton 10 g in jeweils 100 ml (bei 20 °C). In alkalischen Medien geht M. unter Salzbildung in Lösung und fällt durch Säurezugabe wieder aus, was eine bequeme Reinigungsmethode darstellt.

M. wird technisch hergestellt durch Umsetzung von ↑ Anilin mit einer Lösung von ↑ Schwefel in ↑ Schwefelkohlenstoff unter Druck und erhöhter Temperatur (s. Schema).

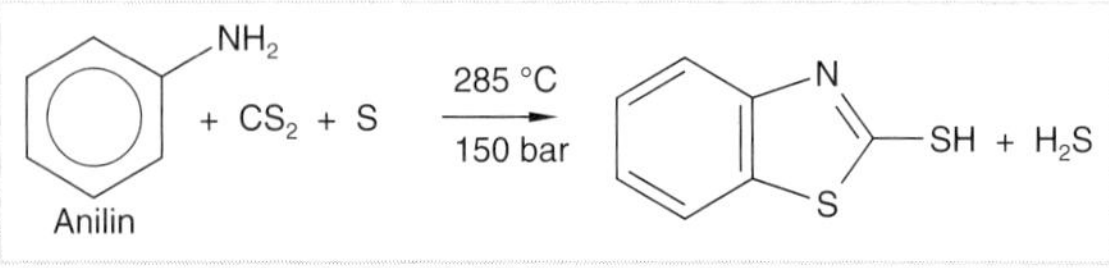

Technische Herstellung von 2-Mercaptobenzothiazol

M. liegt im Gleichgewicht mit der Thionform vor. Durch konzentrierte Alkalilaugen wird bei ca. 200 °C der Thiazolring aufgespalten unter Bildung von o-Aminothiophenolat (s. Schema).

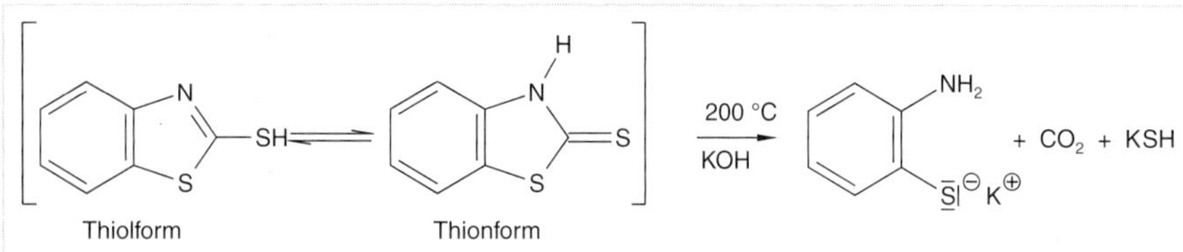

Ringöffnung mit Lauge zum Thiophenolat

M. besitzt technisch erhebliche Bedeutung als *Vulkanisationsbeschleuniger* bei der Gummiherstellung (s. unter ↑ Naturkautschuk). Es ist als solcher homogen verteilter Bestandteil der zur Vulkanisation gelangenden Kautschuk-Mischungen. M. dient ferner in der anorganischen Analytik zur Bestimmung von Schwermetall-Kationen (Ag, Au, Bi, Cd, Hg, Ir, Pt, Tl).

$C_7H_8NS_2$	$M_R = 167{,}25$	C 50,27 %	H 3,01 %	N 8,37 %	S 38,34 %

t_{Smp}	t_{Sdp}	d	η
181 °C		1,42 g/cm³	

6-Mercaptopurin

6-Mercaptopurine 6-Purinthiol

Kristallisiert aus wasserhaltiger Lösung als Monohydrat in Form gelber Prismen, die in Wasser, Diethylether oder Aceton kaum löslich sind, in heißem Ethanol und in alkalischem Medium gut in Lösung gehen.

M. kann hergestellt werden durch Umsetzung von ↑ Hypoxanthin mit ↑ Phosphorpentasulfid.

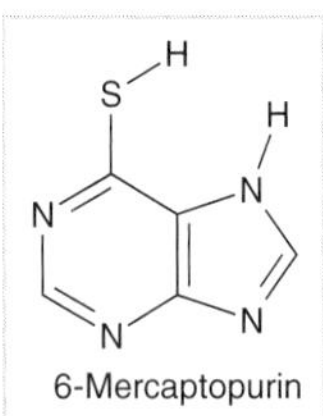

Struktur von 6-Mercaptopurin

M. wird pharmakologisch verwendet als *Antimetabolit* von ↑ Adenin (die Aminogruppe im Adeninmolekül ist durch die Mercaptogruppe ersetzt, s. Abbildung) und dient als solcher als *Cytostatikum* in der Tumorbehandlung.

Die cytostatische Wirkung beruht darauf, daß der wichtige Stoffwechselbaustein (*Metabolit*) Adenin durch M. kompetitiv verdrängt wird und so Enzyme blockiert werden, die am DNA- und RNA-Aufbau (s. unter ↑ Nucleinsäuren) beteiligt sind und der mithin unterdrückt wird. Eine solche Antimetabolit-Behandlung ist naturgemäß wenig spezifisch (Toxizität).

Präparativ dient M. als Ausgangsprodukt zur Synthese von Purinderivaten.

$C_5H_4N_4S$	$M_R = 152{,}18$	C 39,46 %	H 2,65 %	N 36,82 %	S 21,07 %

Mercuridibromfluorescein

Merbromin, Mercurochrome Merbromin, Mercurochrom

Bildet grüne schillernde Kristalle, die sich gut in Wasser mit intensiv karminroter Farbe lösen. Sehr verdünnte Lösungen zeigen gelb-grüne Fluoreszenz. M. löst sich auch in Methanol, ist jedoch unlöslich in Ethanol, Aceton oder Chloroform.

M. wird hergestellt durch Umsetzung von Dibromfluorescein mit Quecksilber(II)acetat in alkalischer Lösung (s. Schema).

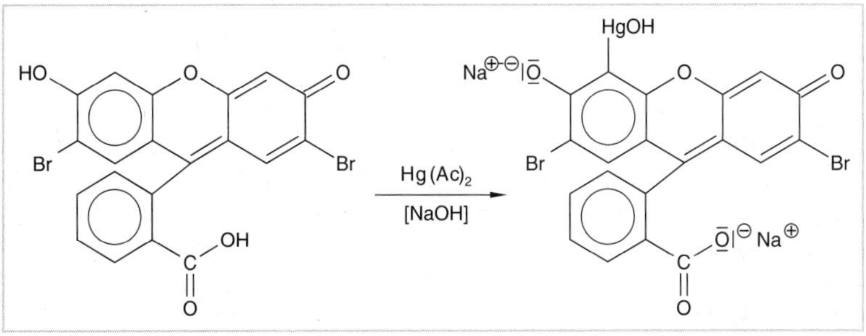

Herstellung von Mercurochrom

M. besitzt bakterizide Wirkung und wird als Lokal-Antiseptikum bei Verletzungen und insbesondere Verbrennungen verwendet.

$C_{20}H_8Br_2HgNa_2O_6$ $M_R = 750{,}66$ C 32,00 % H 1,07 % Br 21,29 % Hg 26,72 % Na 6,13 % O 12,79 %

Mescalin

Mescaline (3,4,5-Trimethoxyphenyl)-ethylamin

Bildet farblose Kristalle, die in Wasser wenig, in Ethanol oder Chloroform gut löslich sind. Unlöslich ist M. in Diethyl- und Petrolether. M. formt mit Mineralsäuren wie ↑ Salzsäure oder ↑ Schwefelsäure leicht Salze, sogar mit dem ↑ Kohlenstoffdioxid der Luft bildet sich allmählich ein isolierbares Carbonat.

M. ist ein Alkaloid, das in den in Mexiko heimischen (und bei uns als Zierpflanze gehaltenen) *Peyotl-Kakteen* (Lophophora williamsii, ein kleiner wollhaariger Igelkaktus) vorkommt. Die Pflanzen enthalten ca. 5 % ↑ Alkaloide, von denen M. das wichtigste ist.

M. wurde 1896 erstmals isoliert und 1919 synthetisiert. Die Synthese erfolgte ausgehend von 3,4,5-Trimethoxybenzaldehyd durch Kondensation mit ↑ Nitromethan zum 3,4,5-Trimethoxy-β-nitrostyrol, dessen Reduktion M. lieferte. M. besitzt also wie die Catecholamine (s. unter ↑ Adrenalin) und das ↑ Amphetamin und seine Derivate ein β-Phenylethylamin-Grundgerüst (s. Abbildung).

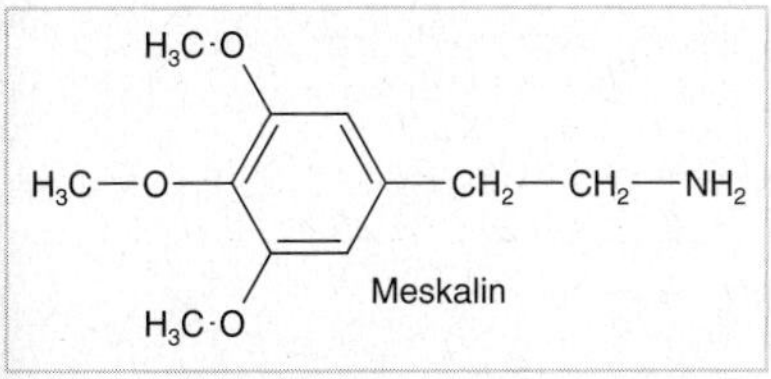

Struktur von Mescalin

M. zeigt in Dosen zwischen 100 und 200 mg eine starke halluzinogene Wirkung ähnlich dem ↑ Lysergsäurediethylamid. In höherer Konzentration wirkt M. lähmend auf das Zentralnervensystem. Die Wirkung des M. wurde in Mittelamerika schon sehr früh zu religiösen und kultischen Zwecken verwendet.

M. unterliegt den Bestimmungen des Betäubungsmittelgesetzes.

$C_{11}H_{17}NO_3$ $M_R = 211{,}26$ C 62,54 % H 8,11 % N 6,63 % O 22,72 %

$t_{Zersetzung}$	t_{Sdp}	d	η
313 °C (Z)			

Mesitylen

Mesitylene 1,3,5-Trimethylbenzol

Eine farblose, eigentümlich riechende Flüssigkeit, die in Wasser unlöslich, mit den meisten org. Solventien jedoch mischbar ist.

M. kommt in der Leichtölfraktion des Steinkohlenteers vor und wird daraus durch fraktionierte Destillation gewonnen. Die Synthese gelingt durch Dehydratisierung von ↑ Aceton mittels konz. ↑ Schwefelsäure (s. Schema).

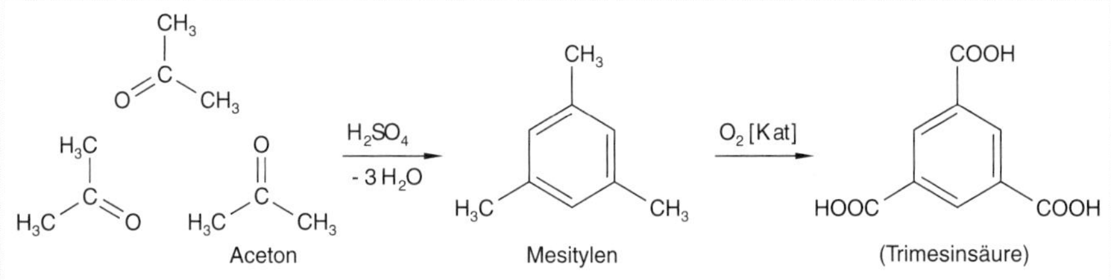

Mesitylen-Synthese durch Dehydratisierung von Aceton

M. wird teils präparativ genutzt (z. B. zur Herstellung von *Trimesinsäure*, s. Schema). Hauptsächlich dient es aber als technisches Lösungsmittel. M. ist das wichtigste der drei isomeren *Trimethylbenzole*. Die Strukturen der beiden anderen, *Pseudocumol* und *Hemellitol* sind hier dargestellt (s. Abbildung).

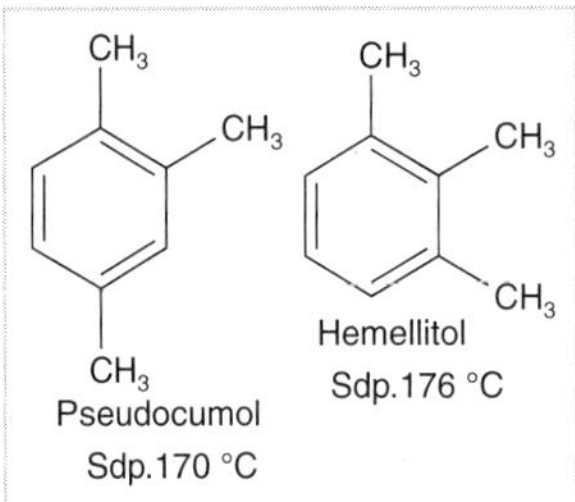

Strukturen von Pseudocumol und Hemellitol

C_9H_{12} $M_R = 120{,}19$ C 89.94 % H 10,06 %

t_{Smp}	t_{Sdp}	d	η
−45 °C	165 °C	0,86 g/cm³	

C_p	$\Delta_S H$	$\Delta_V H$	$\Delta_B H$	S^o	Q_C
207,8 J/(K · mol)		47,5 kJ/mol		273,5 J/(K · mol)	−5193 kJ/mol

t_{krit}	P_{krit}	d_{krit}	t_{trip}
364 °C	3,127 MPa		

MAK	R-Satz	S-Satz
	10-37-51/53	61

Mesityloxid

Mesityl oxide 4-Methyl-3-penten-2-on

Farblose, ölige Flüssigkeit mit pfefferminzartigem strengem Geruch. Löst sich zu etwa 3 g in 100 ml Wasser bei 20 °C und ist mischbar mit den meisten org. Solventien. Neigt bei längerem Luftzutritt zu Autoxidation und Polymerisation.

M. wird aus ↑ Diacetonalkohol durch Erhitzen mit einer Spur Säure oder ↑ Iod hergestellt (s. Gleichung).

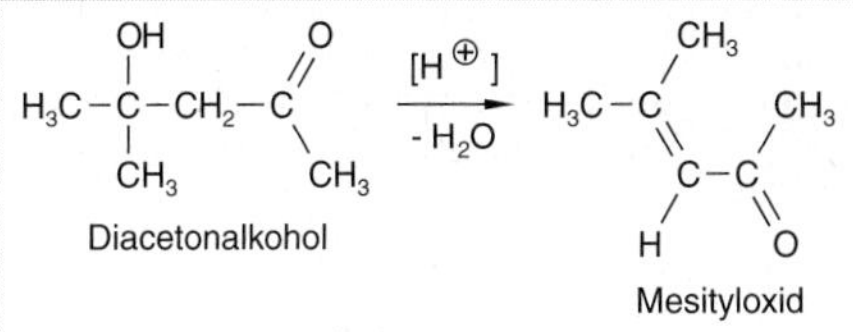

Herstellung von Mesityloxid

M. geht sowohl die typischen Ketonreaktionen als auch die Additionsreaktionen der Olefine ein. Durch Hydrierung wird es in *Methylisobutylketon* (*MIBK*) überführt (s. Gleichung).

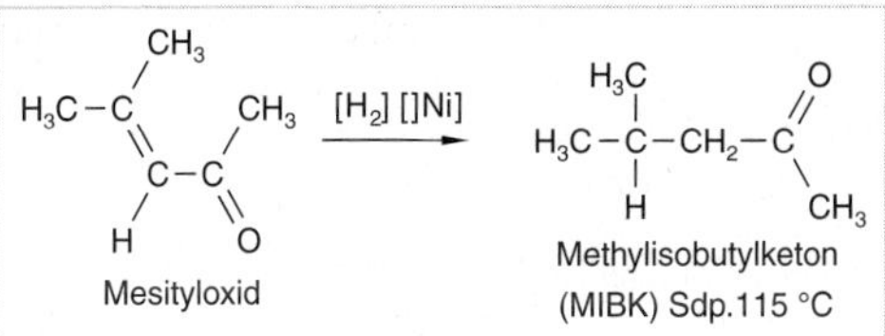

Herstellung von Methylisobutylketon

M. bildet u. a. folgendes Azeotrop:

Azeotrop-Komponenten	Zusammensetzung (Gew.-%)	Siedepunkt (°C)
M./Wasser	65,3/34,7	91,8

M. dient ebenso wie Methylisobutylketon vorwiegend als mittelsiedendes Lösungsmittel für Lacke auf Basis von ↑ Cellulosenitrat oder anderen Cellulose-Derivaten und von Naturharzen. Aufgrund seiner sehr guten Lösefähigkeit erlaubt es hohe Feststoffgehalte und wird es auch als Lackentferner und Reiniger benutzt. Der intensive Geruch und die stark hautreizende Wirkung stellen jedoch ein Hindernis für eine breite Verwendung dar.

► M. ist stark haut- und schleimhautreizend. Zeigt bei stärkerem Einatmen narkotisierende Wirkung.

$C_6H_{10}O$ $M_R = 98{,}14$ C 73,43 % H 10,27 % O 16,30 %

t_{Smp}	t_{Sdp}	d	η
−59 °C	130 °C	0,85 g/cm³	

C_p	$\Delta_S H$	$\Delta_V H$	$\Delta_B H$	S^o	Q_C
		42,7 kJ/mol	−221 kJ/mol		−3569 kJ/mol

MAK	R-Satz	S-Satz
100 mg/m³	10-20/21/22	25

Methacrylsäure

Methacrylic acid 2-Methylpropensäure

Ist bei Raumtemperatur eine wasserklare, leicht stechend riechende Flüssigkeit, die beim Abkühlen auf 15 °C zu langen farblosen prismatischen Kristallen erstarrt. Sie löst sich bei 20 °C zu ca. 10 g in 100 ml Wasser, während 100 ml M. 40 g Wasser aufnehmen können. Die M. läßt sich aus wässeriger Lösung aussalzen. Sie ist mit den meisten org. Solventien mischbar.

M. findet sich im Kamillenöl. Technisch wird sie aus *Acetoncyanhydrin* (aus wasserfreiem ↑ Aceton mit flüssigem ↑ Cyanwasserstoff in Gegenwart von Alkali) durch Umsetzung mit wasserfreier ↑ Schwefelsäure zum Methacrylamidsulfat und dessen Hydrolyse hergestellt (s. Schema).

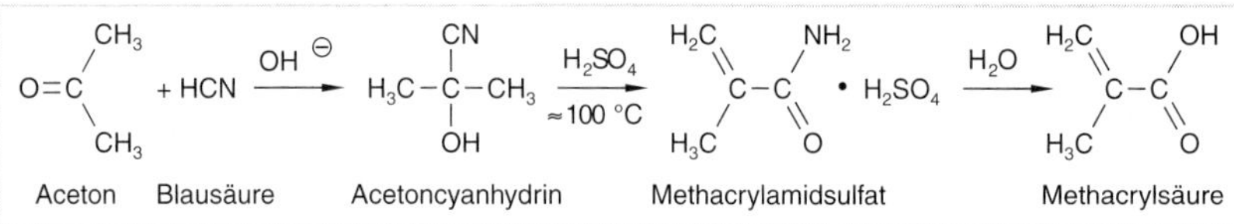

Technische Synthese von Methacrylsäure

Die M. geht sowohl typische olefinische Reaktionen als auch die Derivatisierungen der Carboxylgruppen ein (Ester-, Amid-, Säurehalogenid-Bildung). Die Additionen von Wasser, Alkoholen, Aminen usw. an die Doppelbindung führen entgegen der Regel von Markownikoff zu β-substituierten *Isobuttersäuren*.

Die wichtigste Eigenschaft der M. ist ihre große Neigung zur Polymerisation. Die fotochemisch, thermisch oder radikalisch katalysierten Polymerisationen führen zu wasser- oder alkalilöslichen Makromolekülen der *Polymethacrylsäure*, die vor allem als Verdickungsmittel Verwendung finden, weil sie schon in niedrigen Konzentrationen gelartige Lösungen erzeugen. Wesentlich größere Bedeutung haben die Polymerisate der Ester der M. (s. unter ↑ Methacrylsäuremethylester).

► M. ist eine hautreizende und korrosive Flüssigkeit.

$C_4H_6O_2$ $M_R = 86{,}09$ C 55,81 % H 7,02 % O 37,17 %

t_{Smp}	t_{Sdp}	d	η
15 °C	161 °C	1,02 g/cm³	

C_p	$\Delta_S H$	$\Delta_V H$	$\Delta_B H$	S^o	Q_C
159,7 J/(K · mol)	8,1 kJ/mol	47,5 kJ/mol	−415 kJ/mol		−2016 kJ/mol

MAK	R-Satz	S-Satz
	34	15-26-45

Methacrylsäuremethylester

Methyl methacrylate Methylmethacrylat

Eine wasserklare, leichtbewegliche Flüssigkeit mit eigenartigem olefinischem Geruch, die in Wasser unlöslich, mit den meisten org. Solventien mischbar ist.

M. wird technisch durch Umsetzung von Methacrylamidsulfat (s. unter ↑ Methacrylsäure) mit ↑ Methanol hergestellt (s. Schema).

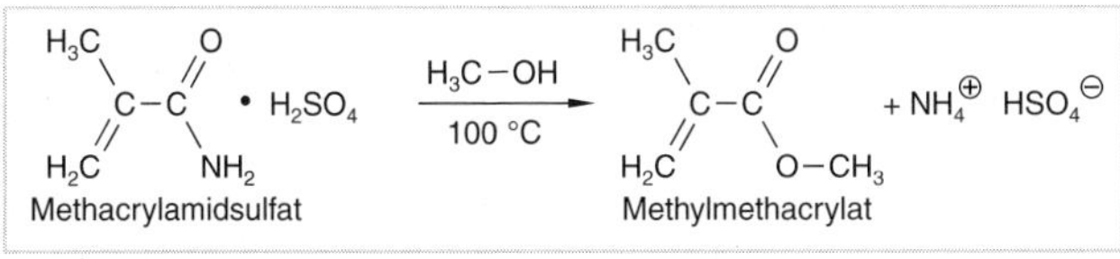

Technische Herstellung von Methylmethacrylat

Die Bedeutung des M. beruht praktisch ausschließlich auf der ausgeprägten Neigung zur Polymerisation, die durch Licht, Wärme oder durch Radikale katalysiert wird. Die Polymerisationsprodukte, die *Polymethylmethacrylate*, stellen glasklare, harte Feststoffe dar, die als organisches „Glas" große technische Bedeutung besitzen. M. läßt sich auch mit anderen ungesättigten Monomeren gut zu technisch interessanten Copolymerisaten umsetzen. Durch Umesterung des M. mit höherkettigen Alkoholen (z. B. mit Butanol) werden Methacrylate erhalten, die Polymere mit geringerer Endhärte ergeben, so daß eine große Bandbreite von Methacrylat- Homo- und -Copolymerisaten darstellbar ist. (Weiteres s. unter ↑ Polymethacrylsäuremethylester.)

► M. ist haut- und schleimhautreizend.

$C_5H_8O_2$ $M_R = 100{,}11$ C 59,99 % H 8,05 % O 31,96 %

t_{Smp}	t_{Sdp}	d	η		
−48 °C	100 °C	0,94 g/cm³			
C_p	$\Delta_S H$	$\Delta_V H$	$\Delta_B H$	S^o	Q_C
191 J/(K · mol)	13,4 kJ/mol	40,1 kJ/mol	−382 kJ/mol	266,2 J/(K · mol)	−2724 kJ/mol
MAK	R-Satz	S-Satz			
210 mg/m³	11-36/37/38-43	9-16-29-33			

Methadon

Methadone

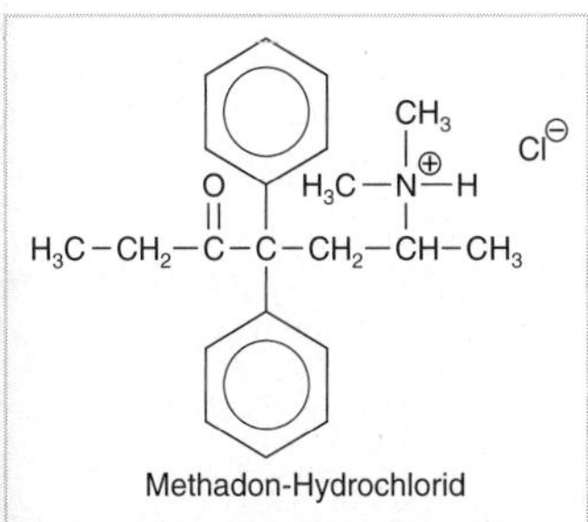

Struktur von Methadon-hydrochlorid

Bildet als Hydrochlorid farblose Kristalle, die in Wasser zu 12 g/100 ml, in Ethanol zu 8 g/100 ml löslich sind und die sich in Diethylether oder Glycerin praktisch nicht lösen. Eine 1%ige wässerige Lösung zeigt einen pH-Wert zwischen 4,5 und 5,6. Bei Anheben des pH-Wertes über 6 scheidet sich die freie Base ab. Von dem optisch aktiven M. darf in Deutschland nur die linksdrehende Form, auch als *Levomethadon* bezeichnet, verwendet werden.

Das rein synthetische M., es wurde 1945 erstmals hergestellt, besitzt eine enorme schmerzlindernde Wirkung, die die von ↑ Morphin übertrifft. Es besitzt allerdings auch ein suchterzeugendes Potential. M. lindert einige der unerträglichen Symptome des Heroin-Entzuges (s. unter ↑ Heroin), weshalb es teilweise, nicht unumstritten, in der Heilung Heroin-Süchtiger eingesetzt wird (*Methadon-Programm*). M. unterliegt den Bestimmungen des Betäubungsmittelgesetzes.

$C_{21}H_{28}ClNO$	$M_R = 345{,}91$ (als Hydrochlorid)	C 72,92 %	H 8,16 %	Cl 10,25 %	N 4,05 %	O 4,63 %

t_{Smp}	t_{Sdp}	d	η
78 °C			

Methan

Methane

Ein farb- und geruchloses, ungiftiges, leichtentzündliches Gas, das sich zu einer farblosen Flüssigkeit verdichten und zu farblosen Kristallen verfestigen läßt (Daten s. Tabelle). M. ist praktisch unlöslich in Wasser (bei 20 °C ca. 3 ml/100 ml), löst sich jedoch gut in Ethanol, Diethylether und den meisten anderen org. Solventien. M. bildet mit Luft in einem bestimmten Konzentrationsbereich explosive Gemische: bei einem Volumen-Verhältnis Methan : Luft von 1 : 10 (entsprechend Methan : Sauerstoff 1 : 2) ist die Detonation am heftigsten, während bei weniger als 5,5 % M. keine Explosion mehr erfolgt und oberhalb 14 % M. nur eine geräuschlose Verbrennung stattfindet, wobei das M. eine blaße, schwachleuchtende Flamme erzeugt.

M. kommt in der Natur vor allem im *Erdgas* vor, in dem es stets einen Hauptbestandteil darstellt; vor allem das amerikanische Erdgas besteht zu ca. 85 % aus M. Im *Sumpfgas*, das aus morastigen Böden entweicht, sind hohe Anteile an M. enthalten, weil es durch anaerobe Gärung aus cellulosehaltigen Materialien (Pflanzen) entsteht. Ebenfalls durch anaerobe Gärung entsteht in Klärwerken M., welches in manchen Städten zu Heizzwecken genutzt wird (*Biogas*). Das in Kohleflözen eingeschlossene M. ist Bestandteil im gefürchteten *Grubengas* („*schlagende Wetter*").

Technisch wird M. in so großen Mengen in den Kokereigasen und bei der Erdölraffination freigesetzt, daß sich eine gezielte technische Synthese erübrigt. Teilweise wird das so anfallende M. (zusammen mit anderen Gasen) einfach abgefackelt, zum größten Teil aber als Heiz- oder Stadtgas zur Wärmeerzeugung nutzbar gemacht.

Im Labor kann M. hergestellt werden durch Umsetzung von ↑ Aluminiumcarbid mit Wasser oder durch Schmelzen von ↑ Natriumacetat mit ↑ Natriumhydroxid (s. Schema).

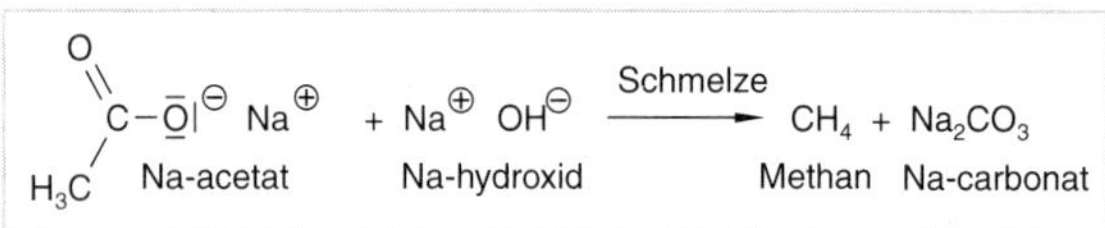

Laborherstellung von Methan

M. ist der einfachste *Kohlenwasserstoff*, ein sp^3-hybridisiertes C-Atom valenzmäßig abgesättigt durch Bindung an vier Wasserstoffatome. Das Molekül ist tetraedrisch gebaut: die vier H-Atome bilden die Ecken eines Tetraeders, in dessen Mitte sich das C-Atom befindet, wie es sich durch Formel- bzw. Modelldarstellungen symbolisieren läßt (s. Abbildung).

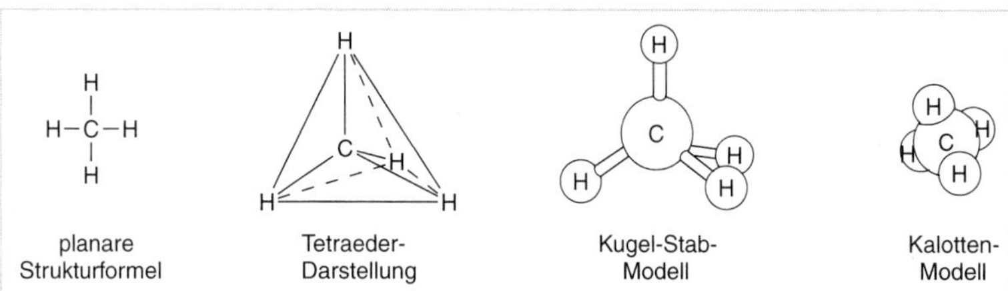

Formel- bzw. Modelldarstellungen des Methan-Moleküls

Die H-Atome lassen sich durch weitere C-Atome und durch Atome und Atomgruppen der meisten anderen Elemente ersetzen und man gelangt so zu der riesigen Fülle organischer, d. h. ↑Kohlenstoff enthaltender, Verbindungen.

$$CH_4 + 2\,O_2 \longrightarrow CO_2 + 2\,H_2O$$

Verbrennung von Methan

Die Verbrennung des M. führt in stark exothermer Reaktion zu ↑Kohlenstoffdioxid und Wasser, die Grundlage der Verwendung des M. als Heizgas (s. Gleichung).

$$C + 2\,H_2 \rightleftharpoons CH_4$$
$$CO + 3\,H_2 \rightleftharpoons CH_4 + H_2O$$

Methan-Bildung bei der Kohlevergasung

M. bildet sich auch bei der Synthesegas-Erzeugung durch *Kohlevergasung* (s. Gleichungen). Nach der zweiten Gleichung (Pfeil nach links) wird technisch ↑Wasserstoff hergestellt (Reduktion des Wassers durch Methan), eine Reaktion die als „*Dampfspaltung*" von Kohlenwasserstoffen bezeichnet wird.

$$CH_4 + NH_3 \xrightarrow{[Kat]} HCN + 3\,H_2$$

Gewinnung von Cyanwasserstoff aus Methan

M. dient auch als Ausgangsstoff für die Synthese wichtiger Basisprodukte, so z. B. zur Herstellung von ↑Cyanwasserstoff durch Umsetzung mit ↑Ammoniak (s. Gleichung) und zur Herstellung der Chlormethane (s. unter ↑Chlor).

M. bildet den Hauptbestandteil der Atmosphäre der sonnenferneren Planeten (Jupiter, Saturn, Uran, Neptun).

CH_4 $M_R = 16{,}04$ C 74,87 % H 25,13 %					
t_{Smp} −182 °C	t_{Sdp} −161 °C	d	η		
C_p 35,7 J/(K · mol)	$\Delta_S H$	$\Delta_V H$ 8,5 kJ/mol	$\Delta_B H$ −74,8 kJ/mol	S^o 188,6 J/(K · mol)	Q_C −890,7 kJ/mol
t_{krit} −83 °C	P_{krit} 4,6 MPa	d_{krit} 0,162 g/cm³	t_{trip}		
MAK	R-Satz 12	S-Satz 9-16-33			

Methanal ⟶ Formaldehyd

Methanol

Methanol Methylalkohol

Eine farblose, leichtbewegliche, leichtentzündliche Flüssigkeit mit schwachem alkoholischem Geruch. M. ist mit Wasser und den meisten org. Solventien unbegrenzt mischbar. Es verbrennt mit nichtleuchtender bläulicher Flamme.

M. wurde ursprünglich durch „*trockene Destillation*" von Holz gewonnen: Holz wird unter Luftausschluß trocken erhitzt, wobei neben brennbaren Gasen (↑Wasserstoff, ↑Kohlenstoffmonoxid, ↑Ethylen) eine teerartige Flüssigkeit übergeht. Als Rückstand hinterbleibt *Holzkohle*. Aus dem Destillat wird das M. erhalten und es stammt vor allem aus den Methoxygruppen von ↑Lignin. Auf diese Gewinnungsmethode ist die alte Bezeichnung „*Holzgeist*" für M. zurückzuführen.

M. wird heute technisch praktisch ausschließlich aus Synthesegas bei erhöhter Temperatur unter Druck an Zinkoxid/Chrom(III)oxid-Kontakten hergestellt (s. Gleichung).

$$CO + 2\,H_2 \xrightarrow[\text{ca.350 °C, ca.200 bar}]{[ZnO/Cr_2O_3]} H_3C{-}OH$$

Heutige technische Gewinnung von Methanol

Es existieren viele Verfahrens-Varianten, die sich hinsichtlich Temperatur, Druck und teils auch Katalysator unterscheiden. Vor allem ist ein „*Niederdruck-Verfahren*" zu nennen, das bei 250 °C und 50 bar mit einem Katalysator aus Cu-Zn-Al-Oxiden arbeitet.

M. bildet u. a. folgende Azeotrope:

Azeotrop-Komponenten	Zusammensetzung (Gew.-%)	Siedepunkt (°C)
M./Methylacetat	18,7/81,3	54,0
M./Nitromethan	92,0/8,0	64,5
M./Toluol	72,4/27,6	63,7

M. ist der einfachste Alkohol (ein H-Atom im ↑ Methan durch eine OH-Gruppe substituiert) und besitzt ein hervorragendes Lösevermögen, worin es dem ↑ Ethanol überlegen ist, vor allem was die Lösbarkeit anorganischer Verbindungen betrifft.

Deshalb findet M. ausgedehnte Verwendung als Lösungs-, Extraktions- und Reinigungsmittel in Labor und Technik. Wesentlich bedeutsamer ist M. jedoch als C1-Baustein in der Synthese organischer Basisprodukte, vor allem von ↑ Formaldehyd, der verschiedensten technisch wichtigen Methylester (↑ Methylacrylsäuremethylester, Dimethylester der ↑ Terephthalsäure, ↑ Essigsäuremethylester) und von ↑ Methylamin (s. Gleichung).

$$H_3C{-}OH + NH_3 \xrightarrow[\text{[Kat]}]{\sim 400\ °C,\ 100\ bar} H_3C{-}NH_2 + H_2O$$

Technische Herstellung von Methylamin aus Methanol

Während die genannten Verwendungen den klassischen Einsatz des M. wiedergeben, verspricht M. in Zukunft auf weiteren Gebieten Bedeutung zu erlangen. Es ist dies einmal der Kraftstoff-Sektor: M. kann als Rein-Komponente ohne wesentliche konstruktive Änderungen an den herkömmlichen Kraftfahrzeugen als Vergaser-Kraftstoff eingesetzt werden. Wegen seiner bei 100 liegenden Octanzahl (s. unter ↑ n-Heptan) kann M. auf jeden Fall als Zumischung zu den üblichen Benzinen zur Erhöhung der Klopffestigkeit anstelle von Bleitetraethyl dienen. Noch geeigneter als Antiklopfmittel ist wegen seiner Wasserschwerlöslichkeit der *Methyl-tert.-butylether* (*MTBE*), der aus M. und iso-Buten darstellbar ist (s. Schema).

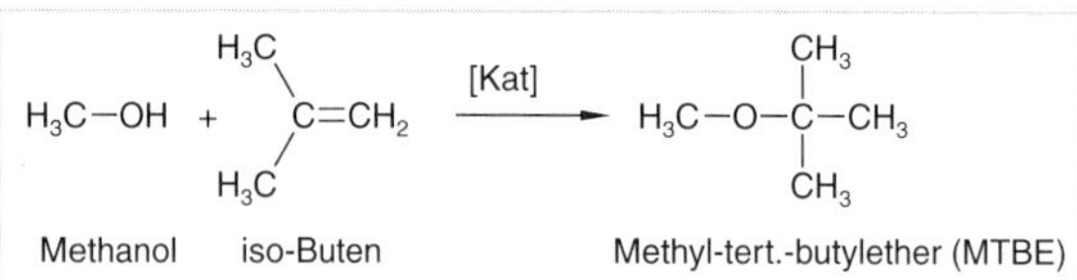

Herstellung von MTBE aus Methanol

Die Octanzahl des MTBE, eine farblose Flüssigkeit vom Sdp. 55 °C, Löslichkeit in Wasser 5 g/100 ml, liegt bei 135, so daß MTBE heute der wichtigste Treibstoffzusatz ist, der zugleich auch Sauerstoffträger ist. Es sind ferner Verfahren entwickelt worden, um M. als Ausgangsprodukt zur Herstellung höherer Alkane, Alkene, Aromaten und Alkohole zu nutzen (s. Schema für Alkan-Bildung).

$$n \cdot H_3C{-}OH \longrightarrow H_3C{-}(CH_2)_n{-}CH_3 + n \cdot H_2O$$

Gewinnung höherer Alkane aus Methanol

$$CH_4 + H_2O \rightleftharpoons CO + 3H_2$$
$$CO + 2H_2 \longrightarrow H_3C{-}OH$$

Methanol-Bildung ausgehend von Methan

Dadurch werden die in den Raffinerien und auf den Ölfeldern anfallenden großen und teilweise nutzlos abgefackelten Mengen an ↑ Methan über die gezeigten Umsetzungen als Rohstoffquelle nutzbar (s. Gleichungen für Methanol-Bildung).

M. könnte ferner Eignung erweisen als Kohlenstoffquelle bei der fermentativen Proteingewinnung, also bei der Herstellung von sog. *Single Cell Protein* (*SCP*). Unter SCP versteht man die gesamte Zellmasse von speziell gezüchteten Mikroorganismen (Bakterien, Pilze, Algen), die sich durch besonderen Proteinreichtum auszeichnet und die auf Nahrungsmittel oder Futtermittelzusatz verarbeitet werden soll.

► M. ist eine sehr giftig wirkende Flüssigkeit, die bei Aufnahme durch die Haut, die Atemwege oder den Verdauungstrakt je nach Dosis zu Kopfschmerzen, Schwindel, Sehstörungen bis zur (bleibenden) Erblindung, Kollaps, Atemstillstand und Tod führen kann. Es sind tödliche Vergiftungen durch Verschlucken von 30 ml M. bekannt geworden.

CH_4O $M_R = 32{,}04$ C 37,48 % H 12,58 % O 49,93 %

t_{Smp}	t_{Sdp}	d	η		
−98 °C	64,5 °C	0,787 g/cm³	0,597 mPa · s		
C_p	$\Delta_S H$	$\Delta_V H$	$\Delta_B H$	S^o	Q_C
79,5 J/(K · mol)	2,2 kJ/mol	35,2 kJ/mol	−238,4 kJ/mol	127,2 J/(K · mol)	−725,7 kJ/mol
t_{krit}	P_{krit}	d_{krit}	t_{trip}		
239 °C	8,08 MPa				
MAK	R-Satz	S-Satz			
260 mg/m³	11-23/24/25-39/23/24/25	7-16-36/37-45			

Methansulfonsäure

Methanesulfonic acid

Liegt je nach Umgebungstemperatur als farblose Masse oder als farblose Flüssigkeit vor, die sich sowohl in Wasser als auch in Ethanol und Diethylether gut löst. In Hexan und Benzol ist M. unlöslich. M. ist eine starke Säure, die aber nicht oxidierend wirkt.

M. wird technisch hergestellt durch Einwirkung von ↑ Schwefeltrioxid auf ↑ Methan oder durch Oxidation von ↑ Methanthiol z. B. durch ↑ Salpetersäure (s. Schema).

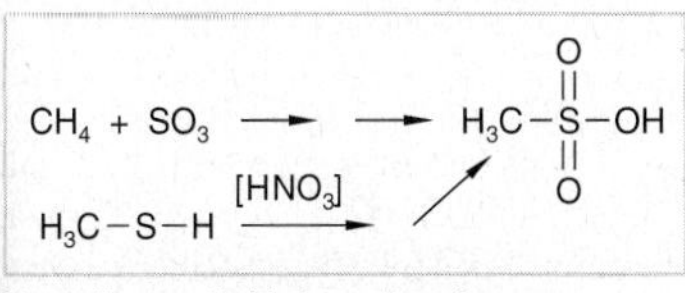

Herstellrouten für Methansulfonsäure

M. kann als Lösungsmittel dienen (es wird selbst von heißen Alkalihydroxid-Lösungen nicht hydrolysiert), wird aber technisch und präparativ hauptsächlich als saurer Katalysator in Veresterungs-, Alkylierungs- und Polymerisations-Reaktionen verwendet. Die Methansulfonyl-Gruppe (*Mesyl-Gruppe*) ist eine gute Abgangsgruppe, was z. B. in nucleophilen Substitutionen am Aromaten präparativ genutzt wird.

Einige *Methansulfonsäureester* (Allyl-, Ethyl-, Methylester) stehen unter dem Verdacht der cancerogenen Wirkung.

CH_4O_3S	$M_R = 99{,}11$	C 12,50 %	H 4,20 %	O 49,94 %	S 33,36 %

t_{Smp}	t_{Sdp}	d	η
20 °C	167 °C (13 hPa)	1,48 g/cm³	

Methansulfonylchlorid

Methanesulfonyl chloride Mesylchlorid

Bildet eine farblose bis gelbliche, an der Luft rauchende, stark tränenreizende, ätzende Flüssigkeit, die als Säurechlorid mit Wasser rascher Hydrolyse unterliegt.

M. wird hergestellt durch Umsetzung von ↑ Methansulfonsäure mit ↑ Thionylchlorid (s. Gleichung).

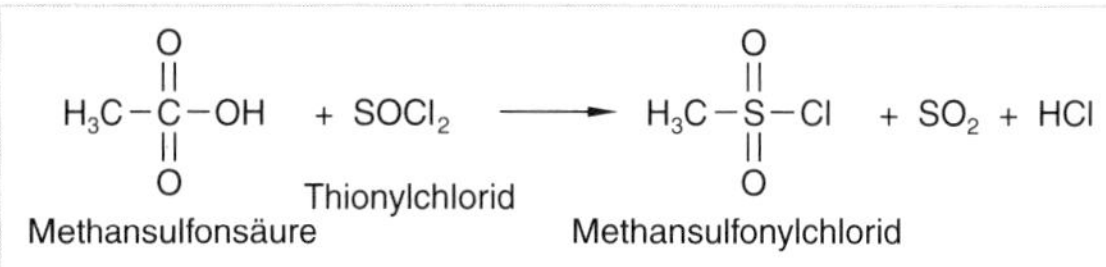

Synthese von Methansulfonylchlorid

M. dient präparativ als Reagenz zur Einführung der Mesylgruppe (s. unter ↑ Methansulfonsäure) und zur Herstellung von Säureanhydriden.

CH_3ClO_2S	$M_R = 114{,}55$	C 10,49 %	H 2,64 %	Cl 30,95 %	O 27,93 %	S 27,99 %

t_{Smp}	t_{Sdp}	d	η
	161 °C	1,48 g/cm³	

Methanthiol

Methanethiol Methylmercaptan

Bildet ein farbloses, äußerst übel faulig und stechend riechendes, brennbares Gas, das sich zu ca. 2,3 g/100 ml in Wasser und auch gut in Ethanol oder Diethylether löst. Die wässerige Lösung reagiert leicht sauer und in alkalischer Lösung erfolgt Salzbildung (vgl. ↑ Schwefelwasserstoff), wobei die Quecksilbersalze schwer löslich sind und ausfallen. Daher rührt die Bezeichnung „*Mercaptane*" für die *Alkanthiole* (mercurium captans = Quecksilber fangend). M. ist als Flüssiggas in Druckflaschen im Handel.

Die technische Synthese von M. erfolgt aus ↑ Methanol und ↑ Schwefelwasserstoff bei ca. 400 °C an einem wolfram-aktivierten Aluminiumoxid-Kontakt (s. Gleichung).

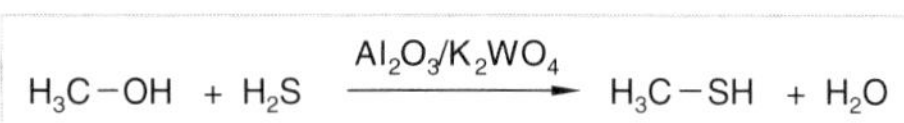

Technische Synthese von Methanthiol

Eine Labordarstellung kann durch Umsetzung von ↑ Methylbromid mit Natriumhydrogensulfid (s. unter ↑ Natriumsulfid) erfolgen (s. Gleichung).

$$H_3C-Br + Na^{\oplus}SH^{\ominus} \longrightarrow H_3C-SH + Na^{\oplus}Br^{\ominus}$$

Labordarstellung von Methanthiol

M. wird als Baustein in einigen wichtigen technischen Synthesen verwendet, so bei der Herstellung von ↑ Methionin und ↑ Dimethylsulfoxid.

► M. bewirkt in höheren Konzentrationen eine Lähmung des Zentralnervensystems. Da die Geruchsschwelle für M. beim Menschen allerdings bereits bei ca. 0,002 ppm liegt, kommen Vergiftungen praktisch nicht vor.

CH_4S $M_R = 48{,}11$ C 24,97 % H 8,38 % S 66,65 %

t_{Smp}	t_{Sdp}	d	η
−121 °C	6 °C	0,89 g/cm³ (0 °C)	

C_p	$\Delta_S H$	$\Delta_V H$	$\Delta_B H$	S^o	Q_C
89,0 J/(K · mol) (fl.)		24,6 kJ/mol	−22,8 kJ/mol	163,2 J/(K · mol) (fl.)	−1521 kJ/mol

MAK	R-Satz	S-Satz
1 mg/m³	12-20-50/53	16-25-60-61

D,L-Methionin

Methionine 2-Amino-4-(methylthio)-buttersäure

Kristallisiert aus verdünnt-ethanolischer Lösung in Form farbloser Blättchen, die sich bei 20 °C zu etwa 3 g, bei 100 °C zu 17 g in 100 ml Wasser lösen. M. löst sich auch in verdünnten Säuren und Laugen. In org. Solventien ist M. praktisch unlöslich. Der pH-Wert einer 1 %igen wässerigen Lösung beträgt 5,6-6,1. Der pK_S1 liegt bei 2,28, der pK_S2 bei 9,21, der isoelektrische Punkt bei 5,74.

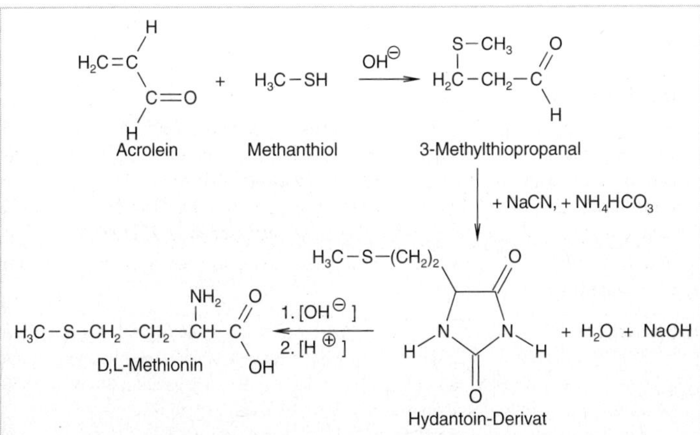

Von Acrolein ausgehende technische Synthese von Methionin

M. ist eine essentielle Aminosäure, die also vom menschlichen Organismus nicht synthetisiert werden kann und deshalb mit der Nahrung aufgenommen werden muß. M. findet sich am reichlichsten im Hühnerei und in den Milchproteinen. Da M. in großen Mengen als Zusatz zum Tierfutter und zur Supplementierung von Protein-Konzentraten verwendet wird, wird es synthetisch hergestellt, wozu eine vom ↑ Acrolein ausgehende Synthese ausgearbeitet wurde (s. Schema).

Sowohl die D- als auch die L-Form werden vom Organismus verarbeitet, so daß das bei der Synthese erhaltene Racemat voll verwertbar ist.

Das 1923 entdeckte M. stellt einen Methylthioether dar und fungiert physiologisch als Methylgruppen-Überträger, wozu es mittels ↑ Adenosintriphosphat in ↑ S-Adenosylmethionin überführt wird, welches dann sog. „*aktives Methyl*“ darstellt. M. ist neben ↑ Cystein der Schwefel-Lieferant in den Proteinen. Der als „*Sonnenlichtgeschmack*“ der Milch bezeichnete Aromafehler der Milch beruht auf der durch Sonnenlicht hervorgerufenen fotooxidativen Umwandlung von M. in *3-Methylthiopropanal* (*Methional*). Auch durch ↑ Kupfer wird die Methional-Bildung katalysiert.

N-Formyl-methionin spielt eine wichtige Rolle in der bakteriellen Proteinsynthese.

$C_5H_{11}NO_2S$ $M_R = 149{,}21$ C 40,25 % H 7,43 % N 9,39 % O 21,44 % S 21,49 %

$t_{Zersetzung}$	t_{Sdp}	d	η
281 °C (Z)		1,34 g/cm³	

C_p	$\Delta_S H$	$\Delta_{Sub} H$	$\Delta_B H$	S^o	Q_C
290 J/(K · mol)		125 kJ/mol (S)	−577,5 kJ/mol	231,5 J/(K · mol)	−3564 kJ/mol

Methotrexat

Methotrexate 4-Amino-4-desoxy-10-methylfolsäure

Bildet ein gelboranges kristallines Pulver, das in Wasser und den meisten org. Solventien unlöslich ist. Löslich ist M. dagegen aufgrund seiner Amino- und Carboxylfunktionen sowohl in saurem als auch in alkalischem Medium, wobei in alkalischer Lösung allerdings Zersetzung erfolgt. H. muß vor Licht und Luft geschützt aufbewahrt werden.

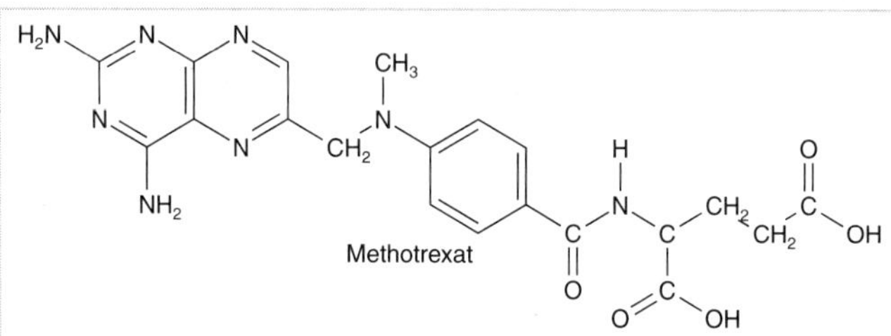

Struktur von Methotrexat

M. ist ein synthetisches Derivat der ↑ Folsäure (s. Abbildung) und wirkt pharmakologisch als *Folsäure-Antagonist*. Es wird als *Cytostatikum* bei akuten Leukämien und verschiedenen Karzinomen eingesetzt und dient ferner als Immunsuppressivum bei Autoimmunerkrankungen. In der Brustkrebsbehandlung wird M. zusammen mit ↑ Cyclophosphamid und ↑ Fluoruracil angewandt (*CMF-Therapie*).

$C_{20}H_{22}N_8O_5$ $M_R = 454{,}45$ C 52,86 % H 4,88 % N 24,66 % O 17,60 %

$t_{Zersetzung}$	t_{Sdp}	d	η
180 °C (Z)			

4-Methoxyphenol

4-Methoxyphenol Hydrochinonmonomethylether

Bildet farblose plättchenförmige Kristalle von charakteristischem penetrantem Geruch, die sich in Wasser kaum, in den üblichen org. Solventien dagegen gut lösen.

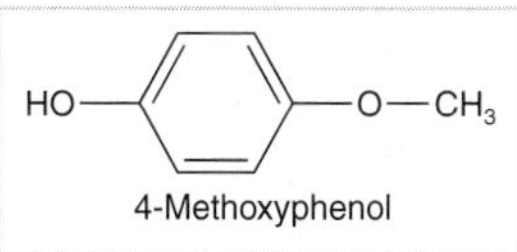

Struktur von 4-Methoxyphenol

M. wird synthetisch gewonnen durch Methylierung von ↑ Hydrochinon (s. Abbildung).

M. wurde als Pheromon einer in den USA heimischen Schmetterlingsart aufgefunden. M. besitzt reduzierende Eigenschaften (reduziert z. B. Fehling-Lösung) und wirkt daher als Antioxidans in technischen Produkten, dient hauptsächlich aber als Synthesebaustein, u. a. zur Herstellung pharmazeutischer Wirkstoffe.

$C_7H_8O_2$ $M_R = 124{,}13$ C 67,72 % H 6,50 % O 25,78 %

t_{Smp}	t_{Sdp}	d	η
56 °C	243 °C		

Methylamin

Methylamine

Unter Normalbedingungen ein farbloses, brennbares, intensiv fischartig riechendes Gas, das sich zu einer farblosen Flüssigkeit kondensieren läßt, die an der Luft raucht. M. löst sich sehr gut in Wasser (bei 12 °C über 1000 Liter M. pro Liter Wasser) und löst sich in vielen org. Solventien. M. ist eine stärkere Base als ↑ Ammoniak und besitzt den pK_S-Wert 10,66. Es kommt in den Handel in Ampullen unter Druck oder als 40 %ige wässerige Lösung. Das Gas ist um den Faktor 1,07 schwerer als Luft.

M. kommt in der Heringslake, in Urin und in manchen Pflanzen vor. Es wird technisch hergestellt durch Umsetzung von Methanol mit Ammoniak (s. unter ↑ Methanol). Zur Laborsynthese eignet sich der Hofmannsche Säureamidabbau von ↑ Acetamid (s. Gleichung).

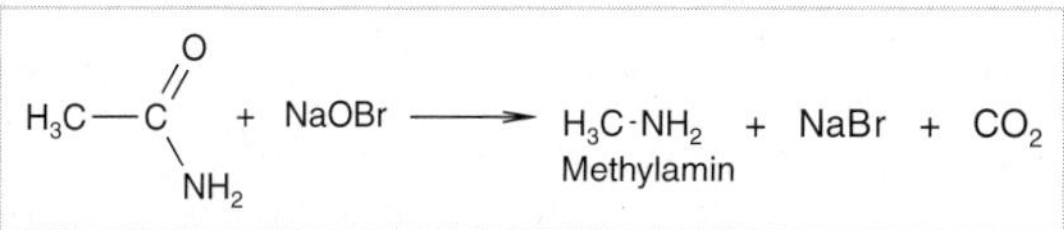

Methylamin-Synthese durch Hofmannschen Säureamidabbau

M. dient in der präparativen Chemie allgemein zur Einführung der Methylaminogruppe, wobei mengenmäßig die Synthese von ↑ N-Methylpyrrolidon an erster Stelle steht.

CH_5N $M_R = 31{,}06$ C 38,67 % H 16,23 % N 45,10 %

t_{Smp}	t_{Sdp}	d	η
−93,5 °C	−6,4 °C		

C_p	$\Delta_S H$	$\Delta_V H$	$\Delta_B H$	S^o	Q_C
101,8 J/(K · mol) (fl.)	6,13 kJ/mol	25,8 kJ/mol	−47,3 kJ/mol (fl.)	150,2 J/(K · mol) (fl.)	−1060 kJ/mol

MAK	R-Satz	S-Satz
12 mg/m³	12-20-37/38-41	16-26-39

Methylbromid

Methyl bromide   Brommethan

Stellt ein farbloses Gas dar, das der Mensch erst in höheren Konzentrationen durch einen süßlich chloroformartigen Geruch wahrnimmt. Es löst sich nur wenig in Wasser (ca. 2 g/100 ml), dagegen gut in Ethanol, Diethylether und Chloroform. M. ist nicht entzündlich in der Luft, aber brennbar in reinem ↑ Sauerstoff.

M. kommt in der Atmosphäre vor, da es ein Stoffwechselprodukt von Mikroorganismen ist. M. wird technisch hergestellt durch Einwirkung von ↑ Bromwasserstoffsäure auf ↑ Methanol (s. Gleichung).

$$H_3C{-}OH + HBr \longrightarrow H_3C{-}Br + H_2O$$

Herstellung von Methylbromid

M. ist ein wichtiges Ausgangsprodukt, das in die verschiedensten Derivate wie Alkane (nach Wurtz), Alkene, Amine, Ether, Sulfide, ↑ Methanthiol, ↑ Acetonitril umgewandelt wird, wobei das Bromatom meist nucleophil gegen den jeweiligen Substituenten ausgetauscht wird. Ferner wird es zum Grignard-Reagenz (s. unter ↑ Magnesium) sowie in Friedel-Crafts-Alkylierungen umgesetzt.

Direkte Verwendung als solches findet M. als Fungizid, Insektizid und Nematizid (gegen Fadenwürmer) im Gartenbau und der Bevorratung von Lebensmitteln (zulässige Höchstmenge in pflanzlichen Lebensmitteln ist 0,1 ppm).

► M. übt starke Reizwirkung auf Haut und Schleimhäute aus. Es wird durch die Haut aufgenommen und bewirkt Schäden am Zentralnervensystem. Die Lunge wird bis zum Ödem gereizt. Es besteht Verdacht auf cancerogene Wirkung.

CH_3Br $M_R = 94{,}94$ C 12,65 % H 3,19 % Br 84,16 %

t_{Smp}	t_{Sdp}	d	η
−94 °C	4 °C	1,73 g/cm³ (0 °C)	

C_p	$\Delta_S H$	$\Delta_V H$	$\Delta_B H$	S^o	Q_C
114,6 J/(K · mol) (fl.)		23,9 kJ/mol	−34,3 kJ/mol	155,1 J/(K · mol) (fl.)	

MAK	R-Satz	S-Satz
5 mg/m³	23/25-36/37/38-40-48/20-50-59	15-27-36/39-38-45-59-61

Methylchlorid

Methyl chloride Chlormethan

Bildet ein farbloses, brennbares Gas von leicht süßlichem Geruch, das sich in Wasser kaum, gut dagegen in den üblichen org. Solventien löst.

M. ist ein Stoffwechselprodukt mariner Mikroorganismen und wird infolgedessen in gewaltigen Mengen in die Atmosphäre freigesetzt. Die technische Herstellung erfolgt durch Hydrochlorierung von ↑ Methanol in der Gasphase bei ca. 350 °C und 3-6 bar (s. Gleichung).

$$H_3C-OH + HCl \xrightleftharpoons{Al_2O_3} H_3C-Cl + H_2O$$

Technische Herstellung von Methylchlorid

M. dient vor allem als Reaktionskomponente in der Herstellung von Methylethern von Phenolen, Alkoholen und der ↑ Cellulose (s. unter ↑ Cellulosemethylether) sowie zur Herstellung der ↑ Silicone.

► M. ist giftig. Es verursacht Schäden am Zentralnervensystem, an Leber, Nieren und Herz. Es wirkt betäubend. Höhere Konzentrationen können rasch tödlich sein. Es besteht Verdacht auf cancerogene Wirkung. Besonders gefährlich ist, daß von der Substanz nur eine geringe Geruchswarnung ausgeht.

CH_3Cl $M_R = 50{,}59$ C 23,79 % H 5,99 % Cl 70,22

t_{Smp}	t_{Sdp}	d	η
−98 °C	−24 °C	1,0 g/cm³ (-24 °C)	

C_p	$\Delta_S H$	$\Delta_V H$	$\Delta_B H$	S^o	Q_C
80,8 J/(K · mol) (fl.)	6,43 kJ/mol	21,5 kJ/mol	−83,7 kJ/mol	234,4 J/(K · mol)	−764 kJ/mol

MAK	R-Satz	S-Satz
105 mg/m³	12-40-48/20	9-16-33

Methylenblau

Methylene blue

Ein dunkelgrünes, geruchloses, kristallines Pulver, das sich zu 4 g in 100 ml Wasser löst, in Ethanol weniger löslich, in Diethylether praktisch unlöslich ist. Die wässerigen Lösungen des M. sind intensiv blau.

M. ist der wichtigste Farbstoff aus der Substanzklasse der *Phenothiazine*, wird technisch aus 4-Aminodimethylanilin, Dimethylanilin und ↑ Natriumthiosulfat durch Oxidation mit ↑ Chrom(VI)oxid hergestellt und kommt meist als Chlorid in den Handel. Durch Reduktionsmittel werden die blauen Lösungen reversibel entfärbt, weil M. sich leicht zur farblosen Leuko-Verbindung reduzieren läßt (s. Schema).

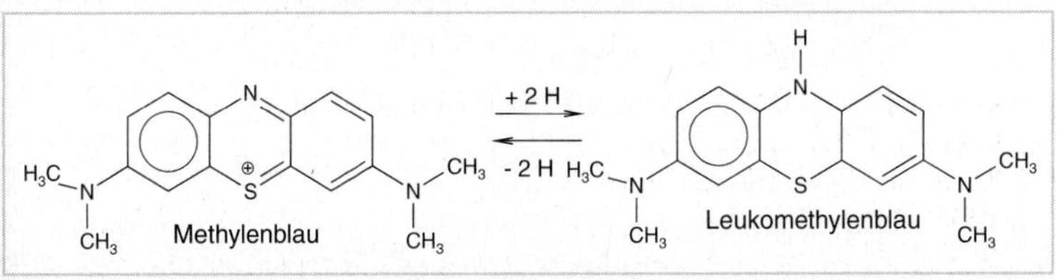

Reduktion von Methylenblau zur farblosen Leukoverbindung

Bei pH 7 beträgt das Normalpotential für diesen Vorgang $E^{\ominus} = 0{,}01$ V. M. ist also ein Redox-Indikator und wird auch als solcher verwendet (Iodometrie). Es dient ferner als Mikroskopier-Farbstoff zu Zellkern- und Bakterienfärbungen. Auch zu technischen Färbungen (z. B. Papier) und zur Farbgebung in den verschiedensten Flüssigformulierungen (z. B. Kosmetika) wird M. benutzt. Der *Tashiro-Indikator* für Säure-Base-Titrationen, der von violett (sauer) über grau nach grün (alkalisch) umschlägt, besteht aus 0,1 %iger M.-Lösung und 0,03 %iger methanolischer Lösung von ↑ Methylrot.

Therapeutisch wird M. in Form einer 0,2 %igen Lösung i. v. verabreicht bei Methämoglobinämie (ab 30-40 % Methämoglobin, s. unter ↑ Hämoglobin).

$C_{16}H_{18}ClN_3S$ $M_R = 319{,}85$ C 60,08 % H 5,67 % Cl 11,08 % N 13,14 % S 10,03 %

Methylenchlorid → Dichlormethan

Methyliodid

Methyl iodide Iodmethan

Eine farblose, schwere, leichtflüchtige Flüssigkeit, die sich unter Lichteinwirkung bald braun verfärbt. M. ist kaum löslich in Wasser, jedoch mischbar mit Ethanol oder Diethylether.

Zur Synthese von M. nutzt man die Umsetzung von *Phosphortriiodid* mit ↑ Methanol, wobei das Phosphortriiodid intermediär aus ↑ Iod und rotem ↑ Phosphor erzeugt wird (s. Gleichungen).

$$3/2\ J_2 + P_{(rot)} \longrightarrow PJ_3$$
$$PJ_3 + 3\ H_3C\text{-}OH \longrightarrow 3\ H_3C\text{-}J + H_3PO_4$$

Synthese von Methyliodid aus Iod, Phosphor und Methanol

Die Reaktion von Phosphortriiodid mit Methanol (wie generell die Synthesen von Alkylhalogeniden aus anorganischen Säurehalogeniden und den betreffenden Alkoholen) verläuft möglicherweise über eine intermediäre Esterstufe, aus der der Säurerest vom Halogenid-Ion durch nucleophile Substitution verdrängt wird (s. Schema).

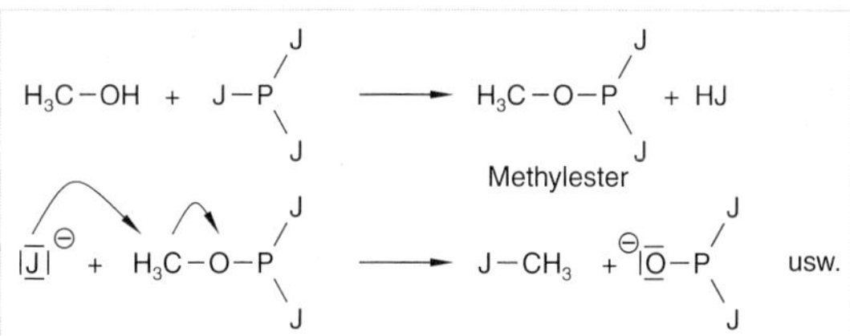

Mechanismus der Methyliodid-Bildung

M. bildet u. a. folgende Azeotrope:

Azeotrop-Komponenten	Zusammensetzung (Gew.-%)	Siedepunkt (°C)
M./Isopropanol	98,2/1,8	42,4
M./Methanol	95,5/4,5	37,8

M. dient in der präparativen Chemie als vielverwendetes *Methylierungsmittel*, da das Iodatom sehr leicht nucleophil substituierbar ist (s. allgemeines Schema).

$$R-Y-H + H_3C-J \longrightarrow R-Y-CH_3 + HJ \quad \text{(Y z.B. N, O, S)}$$

Allgemein-Schema für S_N-Reaktionen mit Methyliodid

Besonders zu erwähnen ist die *Kolbe-Synthese* von ↑ Acetonitril aus M. und Cyanid-Ionen.

► M. ist eine giftige Substanz, die im Tierversuch stark krebserregend wirkt und wie alle Methylierungsmittel mit großer Vorsicht zu handhaben ist. M. stets kühl und dunkel aufbewahren.

CH_3I	$M_R = 141{,}95$	C 8,46 %	H 2,13 %	I 89,41 %	
t_{Smp} −66 °C	t_{Sdp} 42,5 °C	d 2,28 g/cm³	η 0,500 mPa · s		
C_p 82,8 J/(K · mol)	$\Delta_S H$	$\Delta_V H$ 28,4 kJ/mol	$\Delta_B H$ −13,6 kJ/mol	S^o	Q_C −808,6 kJ/mol
MAK 2 mg/m³	R-Satz 21-23/25-37/38-40	S-Satz 36/37-38-45			

Methylorange

Methyl orange Helianthin, Orange III

Bildet ein gelb-orangefarbenes kristallines Pulver, von dem sich 2 g in 1 Liter Wasser bei 20 °C lösen und das in Ethanol praktisch unlöslich ist. Die neutrale wässerige Lösung ist gelb. Bei Zugabe von Mineralsäure schlägt die Farbe (im pH-Bereich 4,4-3,1) deutlich von gelb nach rot um.

M. ist ein einfacher und in der Praxis vielverwendeter *Azofarbstoff*, an dem beispielhaft Synthese und Funktion dieser wichtigen Farbstoffklasse aufgezeigt werden kann. Er wird hergestellt durch Azokupplung zwischen diazotierter ↑ Sulfanilsäure und *N,N-Dimethylanilin* (s. Schema).

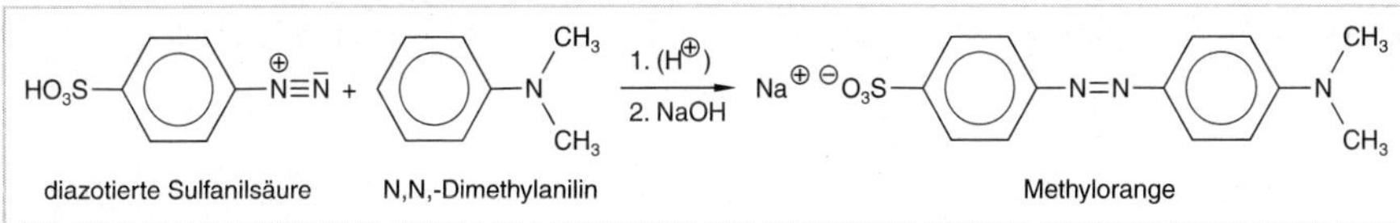

Synthese von Methylorange

Die Reaktion ist eine *elektrophile Substitution* am Aromaten. Eine *Diazo-Komponente* als elektrophiles Agens greift an einem Aromaten, der die *Kupplungskomponente* darstellt, unter Substitution eines H-Atoms an. Die Diazokomponente wird dabei in situ aus dem betreffenden aromatischen Amin (hier Sulfanilsäure) durch Umsetzung mit ↑ Salpetriger Säure in saurem Medium erzeugt (s. allgemeines Schema).

$$NaNO_2 + HCl \longrightarrow HNO_2 + NaCl$$

$$HNO_2 + H^{\oplus} \longrightarrow {}^{\oplus}N=O + H_2O$$

$$Ar-NH_2 + {}^{\oplus}N=O \longrightarrow Ar-\overset{\oplus}{N}H_2-N=O \xrightarrow{-H^{\oplus}} Ar-NH-N=O$$

$$Ar-NH-N=O \rightleftharpoons Ar-N=N-OH$$

$$Ar-N=N-OH + H^{\oplus} \longrightarrow Ar-N=N-\overset{\oplus}{O}(H)-H \xrightarrow{-H_2O} Ar-\overset{\oplus}{N}\equiv N$$

Mechanismus der Diazogruppen-Bildung

Die dann erfolgende elektrophile Substitution wird allgemein als *Azokupplung* bezeichnet und verläuft nach dem üblichen Schema, indem die Diazogruppe über ihr positives endständiges N-Atom am Aromaten angreift (s. Schema).

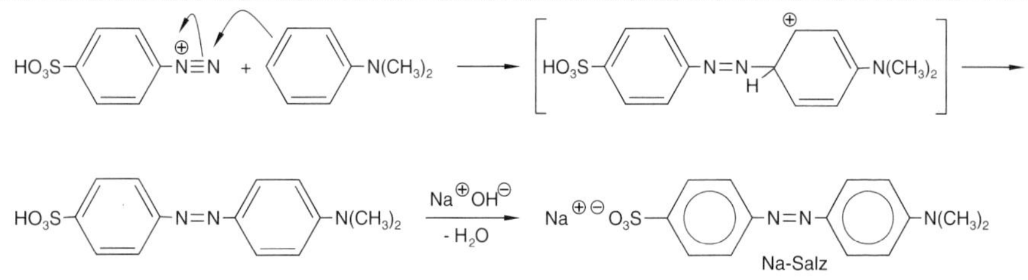

Mechanismus der Azokupplung

Aus dem Mechanismus ergibt sich, daß elektronenziehende Substituenten in der Diazokomponente (Nitro-, Sulfonylgruppen usw.) und elektronenspendende Substituenten in der Kupplungskomponente (Amino- und Hydroxygruppen) die Azokupplung begünstigen.

Azokupplungen mit basischem Substituenten (Aminogruppen) in der Kupplungskomponente werden in schwach saurem, mit sauren Substituenten (OH-Gruppen) in schwach alkalischem Medium durchgeführt

Nach dem genannten Schema ist wegen der großen Variationsbreite der Ausgangskomponenten eine unübersehbare Vielzahl teils hervorragender und wichtiger Diazoverbindungen, vor allem als Farbstoffe, hergestellt worden. Die Farbvertiefung des M. im sauren Medium beruht auf der Protonierung an der Diazogruppe (s. Schema).

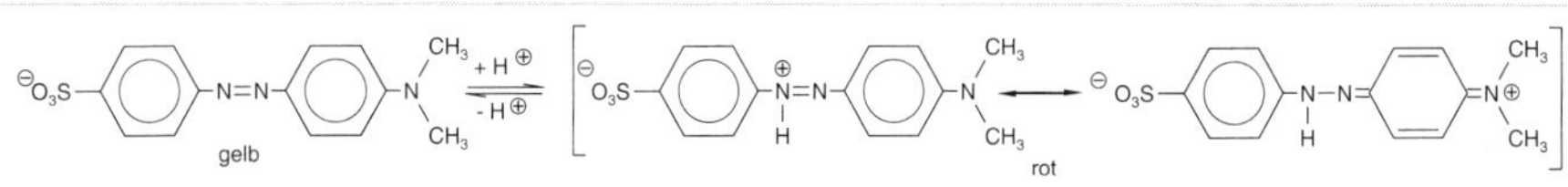

Protonierung der Diazogruppe als Ursache der Farbvertiefung

Aufgrund dieses Farbwechsels dient M. als pH-Indikator z. B. bei Titrationen starker Säuren mit starken Basen. Hierfür wird eine 0,1 %ige wässerige Lösung von M. verwendet.

$C_{14}H_{14}N_3NaO_3S$	$M_R = 327{,}33$	C 51,37 %	H 4,31 %	N 12,84 %	Na 7,02 %	O 14,66 %	S 9,80 %

N-Methylpyrrolidon

N-Methylpyrrolidone

Bildet eine farblose, leicht bewegliche hygroskopische Flüssigkeit, die mit Wasser und den üblichen org. Solventien beliebig mischbar ist. M. ist auch in der Wärme beständig gegen Säuren und Laugen.

M. wird technisch hergestellt durch Umsetzung von γ-Butyrolacton (s. unter ↑ 1,4-Butandiol) mit ↑ Methylamin (s. Gleichung).

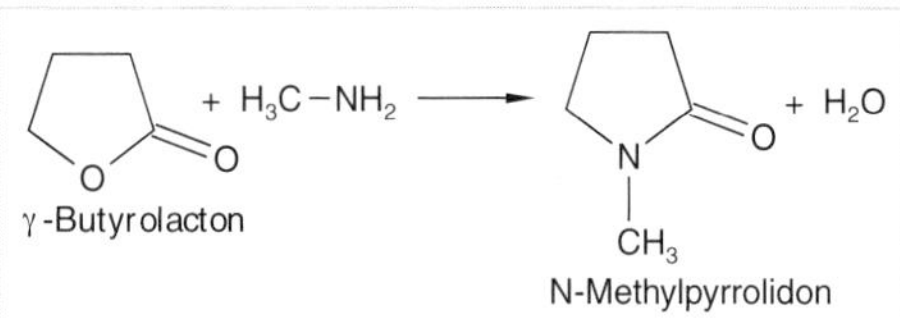

Technische Synthese von N-Methylpyrrolidon

Es ist ein technisch wichtiges Lösungsmittel mit sehr gutem Lösungsvermögen auch für viele natürliche und synthetische Polymerstoffe, was in Lacken, Abbeizmitteln, Pigmentdispersionen usw. genutzt wird. M. dient ferner als Reaktionsmedium für zahlreiche organische Synthesen. Wichtig ist auch die Verwendung von M. für die Extraktiv-Destillation zur Gewinnung bestimmter Komponenten (z. B. ↑ 1,3-Butadien, Aromaten) aus Erdölfraktionen (s. hierzu unter ↑ 1,3-Butadien).

► M. übt auf die Augen und die Haut Reizwirkung aus.

C_5H_9NO $M_R = 99{,}13$ C 60,58 % H 9,15 % N 14,13 % O 16,14 %

t_{Smp}	t_{Sdp}	d	η		
−24 °C	202 °C	1,03 g/cm³			
C_p	$\Delta_S H$	$\Delta_V H$	$\Delta_B H$	S^o	Q_C
412,4 J/(K · mol)		54,9 kJ/mol	−265,7 kJ/mol		−2988 kJ/mol
MAK	R-Satz	S-Satz			
80 mg/m³	36/38	41			

Methylrot

Methyl red

Bildet ein violettes glänzendes kristallines Pulver, das in Wasser praktisch unlöslich, in Ethanol dagegen löslich ist.

Der Azofarbstoff M. wird hergestellt durch Kupplung von diazotierter ↑ Anthranilsäure mit Dimethylanilin (s. Schema).

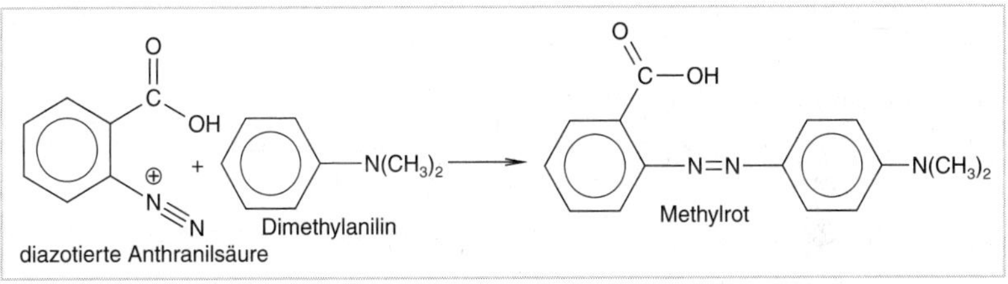

Synthese von Methylrot

Wässerige Lösungen von M. sind unterhalb pH 4,4 rot, oberhalb pH 6,2 gelb, weshalb M. als pH-Indikator benutzt wird, vor allem bei der Titration von ↑ Ammoniak und schwachen organischen Basen. Für schwache Säuren ist. M. ungeeignet. Es wird eine 0,1 %ige ethanolische Lösung des Farbstoffs verwendet. M. ist zusammen mit ↑ Methylenblau Komponente vom Tashiro-Indikator.

$C_{15}H_{15}N_3O_2$ $M_R = 269{,}29$ C 66,90 % H 5,61 % N 15,60 % O 11,88 %

Methyltrioxorhenium

Methyltrioxorhenium MTO

Das durch Sublimation von Verunreinigungen leicht abzutrennende M. bildet farblose nadelförmige Kristalle von charakteristisch metallischem Geruch. M. löst sich sowohl in Wasser (5 g/100 ml) als auch in den üblichen org. Solventien (in polaren besser als in unpolaren) unzersetzt. Auf der Haut verursacht M. eine hartnäckige Gelbfärbung, die erst nach Tagen allmählich verschwindet.

M. wurde erstmals 1979 hergestellt. Erst in jüngster Zeit wurde eine Synthese ausgearbeitet, die von ↑ Rhenium als Metall ausgeht und zunächst zum *Perrheniumsäurechlorid* führt, das durch Umsetzung mit *Tetramethylzinn* M. liefert (s. Schema).

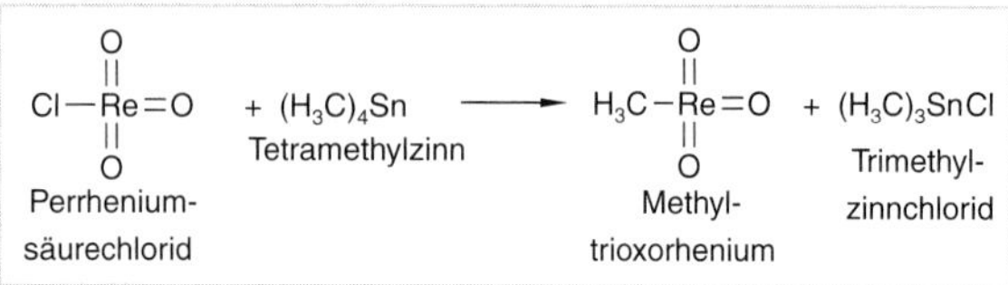

Synthese von MTO

Seit 1993 ist M. kommerziell erhältlich. Mit Verbindungen mit freien Elektronenpaaren (z. B. polare Solventien) bildet M. in Lösung leicht oktaedrische oder trigonal-bipyramidale Komplexe, die teilweise isolierbar sind. Erhitzt man M. in wässeriger Lösung, bildet sich allmählich ein goldfarbenes polymeres M.

M. hat technische und präparative Bedeutung gefunden, da es in der Lage ist, wichtige organische Reaktionen zu katalysieren. Hier sind zu nennen die Olefin-Metathese, die Carbonyl-Olefinierung nach Wittig sowie verschiedene Oxidations-Reaktionen. Die Olefin-Metathese verläuft nach dem allgemeinen Schema (näheres s. unter ↑ Ethylen)

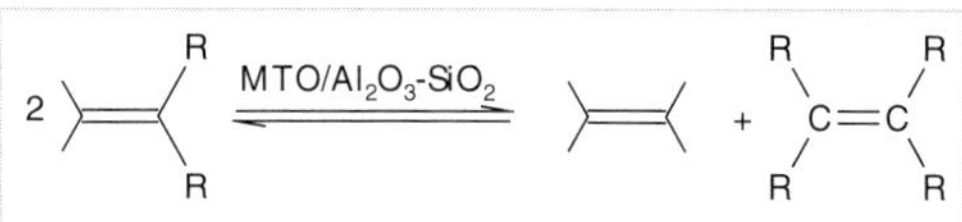

Allgemeines Schema der Olefin-Metathese

Die *Tebbe-Krups-Variante* der Wittig-Reaktion (s. unter ↑ Triphenylphosphan) wird durch M. katalysiert (s. Schema).

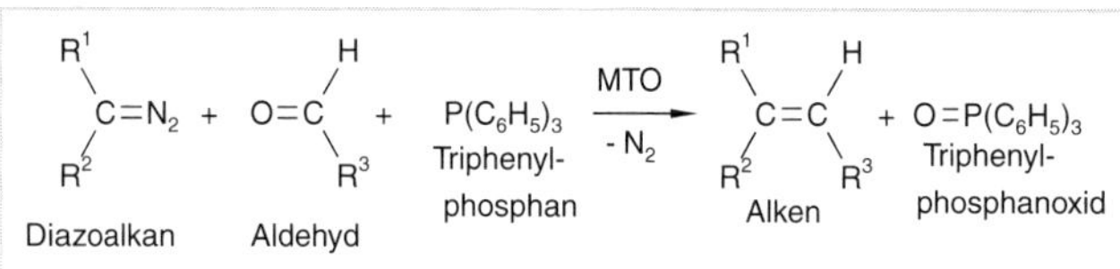

Tebbe-Krups-Variante der Wittig-Reaktion

CH_3ReO_3 $M_R = 249{,}24$ C 4,82 % H 1,21 % Re 74,71 % O 19,26 %

Mevalonsäure

Mevalonic acid 3,5-Dihydroxy-3-methylvaleriansäure

Bildet ein farbloses Öl, das sich sowohl in Wasser als auch in polaren org. Solventien gut löst.

Die M. besitzt sowohl im Pflanzen- als auch im Tierreich große Bedeutung als Zwischenstufe in dem vom ↑ Coenzym A ausgehenden Aufbau der Isoprenoide, also auch der Steroide, im menschlichen Organismus auch insbesondere von ↑ Cholesterin (zum Biosyntheseweg s. unter ↑ Isopren).

Die optisch aktive M. kommt natürlich in der (−)-R-Form vor und bildet in Lösung ein Gleichgewicht mit ihrem δ-Lacton R-Mevalolacton (s. Schema).

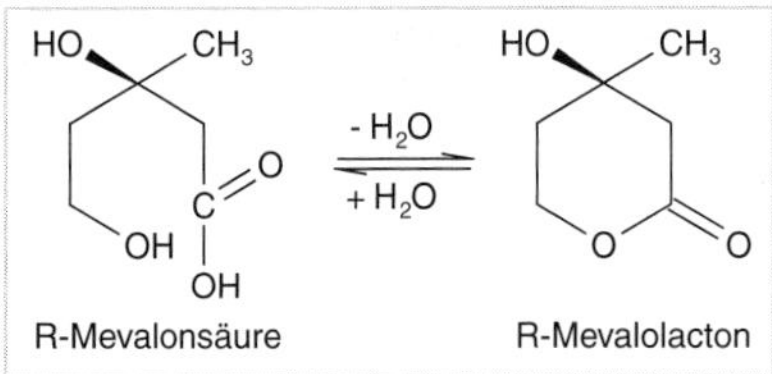

Mevalonsäure im Gleichgewicht mit Mevalolacton

R-Mevolacton bildet farblose, gut wasserlösliche Kristalle vom Schmp. 110 °C und findet sich glycosidisch gebunden in vielen Pflanzen.

Auf der Blockade eines am Aufbau der M. beteiligten Enzyms beruht ein Therapieansatz zur Behandlung von *Hypercholesterinämie*.

$C_6H_{12}O_4$ $M_R = 148{,}16$ C 48,64 % H 8,16 % O 43,20 %

Milchsäure

Lactic acid 2-Hydroxypropansäure

Die M. weist in ihrem mittleren C-Atom ein Asymmetrie-Zentrum auf und kommt deshalb in einer D- und einer L-Form sowie als Racemat in der D,L-Form vor. In allen drei Formen ist die M. bei Raumtemperatur eine wasserklare, sirupöse, geruchlose, angenehm sauer schmeckende Flüssigkeit. Die D- und L-M. schmelzen bei 25 °C, die D,L-M. bei 18 °C. Die handelsübliche Form ist meist die D,L-M. in einer 90 %igen Lösung. Die M. ist stark hygroskopisch und bildet unterhalb des Schmelzpunktes farblose, zerfließliche Kristalle. Alle Formen der M. sind gut löslich in Wasser und Ethanol.

Die M. ist in der Natur weit verbreitet. Sie findet sich in den meisten Früchten (z. B. Äpfel, Trauben, Tomaten, Gurken) und in vielen Organen und Körperflüssigkeiten (Blut, Milch, Muskeln) der tierischen Lebewesen. Die Synthese der M. kann z. B. (wie allgemein bei *α-Hydroxycarbonsäuren*) über das Cyanhydrin des nächstniederen Aldehyds und dessen Hydrolyse erfolgen (s. Schema).

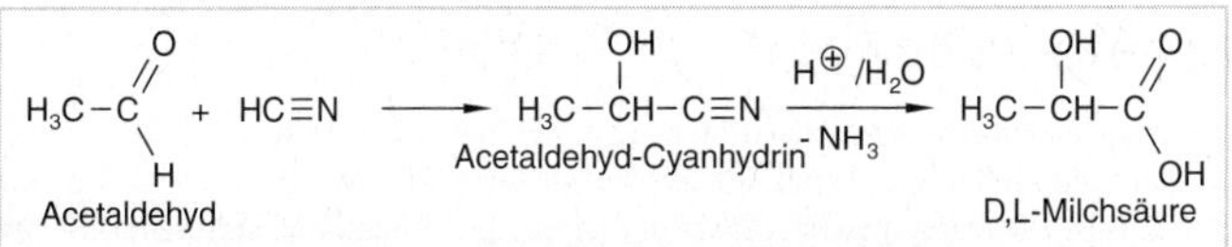

Synthese von D,L-Milchsäure

Technisch wird M. durch Gärung hexosen-haltiger Rohstoffe durch Milchsäure-Bakterien hergestellt (*Milchsäure-Gärung*). Meist geht man von Kartoffelstärke aus, die zunächst mittels Diastase zur ↑ Maltose verzuckert wird und dann (bei ca. 40 °C) durch Lactobacillus delbrückii zur M. abgebaut wird. Dieser Gärprozeß (unter Gärung versteht man allgemein biochemische Abbaufolgen ohne Mitwirkung von Sauerstoff) verläuft identisch mit der alkoholischen Gärung (s. unter ↑ Ethanol) bis zur ↑ Brenztraubensäure. Während aus dieser bei der alkoholischen Gärung ↑ Acetaldehyd und ↑ Kohlenstoffdioxid entsteht, wird sie hier zur M. hydriert (s. Gleichung).

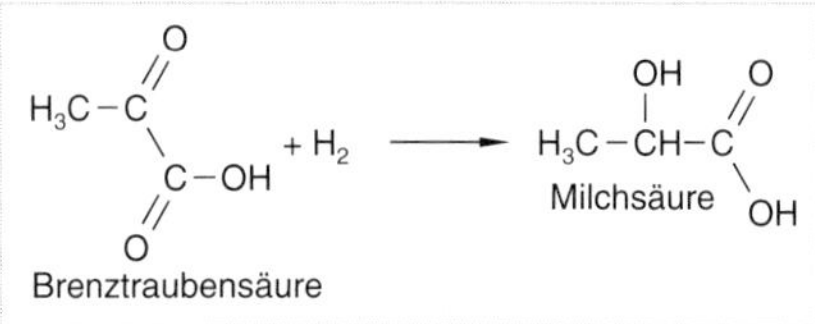

Bildung der Milchsäure bei der Milchsäure-Gärung

Da das Bakterium seine Tätigkeit im sauren Medium einstellt (bereits bei 1 % M.-Gehalt) wird die M. direkt als *Calciumlactat* ausgefällt und am Ende mit ↑ Schwefelsäure wieder freigesetzt (s. Gleichung).

$$\text{Ca-Lactat} + H_2SO_4 \longrightarrow CaSO_4 + \text{Milchsäure}$$

Freisetzung von Milchsäure aus Calciumlactat

Auch im arbeitenden Muskel läuft (unter Sauerstoffmangel) die Milchsäure-Gärung ab, um den Energiebedarf zu decken. Das im Muskel als Reservekohlenhydrat gespeicherte ↑ Glykogen wird durch die *Phosphorylase* zunächst zum „*Cori-Ester*" (*Glucose-1-phosphat*) abgebaut, der dann analog zur alkoholischen Gärung in Brenztraubensäure überführt wird, die schließlich mittels NADH (s. unter ↑ Nicotinsäureamid-adenin-dinucleotid) die M. ergibt, womit insgesamt ein Energiegewinn verbunden ist. Mit der verstärkten Milchsäure-Bildung wird u. a. der „*Muskelkater*" nach ungewohnten körperlichen Anstrengungen in Verbindung gebracht. Da im Muskel ausschließlich die L(+)-M. gebildet wird, nennt man diese auch „*Fleischmilchsäure*", während racemische D,L-M. als „*Gärungsmilchsäure*" bezeichnet wird. Das „Sauerwerden" der Milch beruht auf der Vergärung der ↑ Lactose zur M., wobei das ↑ Casein ausflockt.

α-Hydroxycarbonsäuren, so auch die M., zeigen in ihrem chemischen Verhalten einige Besonderheiten. Beim Einengen der M. aus ihren Lösungen durch Erhitzen wird unter Wasserabspaltung ein Dimeres gebildet (*Lactylmilchsäure*), das bei weiterem Erhitzen unter nochmaliger Wasserabgabe zum *Lactid* cyclisiert (s. Schema).

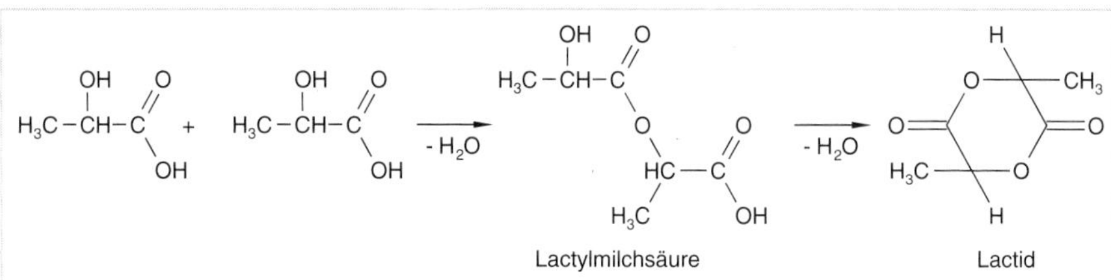

Dimerisierung und Cyclisierung der Milchsäure zum Lactid

Derartige cyclische Doppelester aus α-Hydroxycarbonsäuren bezeichnet man allgemein als *Lactide*. Lactid läßt sich anionisch z. B. mit Kaliummethylat in ↑ Tetrahydrofuran einer Ringöffnungs-Polymerisation zum *Polylactid* unterwerfen. Polylactid ist für medizinische Anwendungen, z. B. Implantate, Nahtmaterial usw. interessant. Mit Säuren erfolgt Spaltung der M. in ↑ Acetaldehyd und ↑ Ameisensäure (s. Gleichung), wobei mit konzentrierter Schwefelsäure auch noch die Ameisensäure zu ↑ Kohlenstoffmonoxid dehydratisiert wird. *β-Hydroxycarbonsäuren* hingegen dehydratisieren mit Säuren zu α,β-ungesättigten Carbonsäuren.

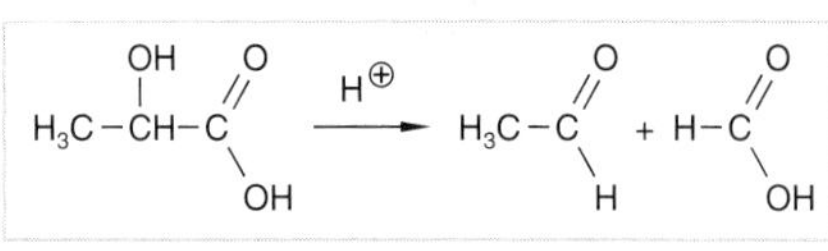

Saure Spaltung der Milchsäure

Die M. ist mit einem pK_S von 3,79 stärker sauer als die ↑Essigsäure. Die Ester der M. werden wie ihre Salze als *Lactate* bezeichnet. Der *Milchsäureethylester*, *Ethyllactat*, ist 100 % biologisch abbaubar, als Lebensmittelzusatzstoff zugelassen und gewinnt zunehmendes Interesse als technisches Lösungsmittel.

Die M. findet vielfältig Verwendung in der Medizin, Pharmazie, Kosmetik, Lebensmittel-Herstellung, Getränkeindustrie (Säuerungsmittel, Konservierung), sowie in verschiedenen technischen Bereichen (Gerberei, Färberei). Die M. besitzt als Lebensmittelzusatzstoff die Nummer *E 270*, *Natriumlactat E 325*, *Kaliumlactat E 326*, *Calciumlactat E 327*.

$C_3H_6O_3$ $M_R = 90{,}08$ C 40,00 % H 6,71 % O 53,28 %

t_{Smp}	t_{Sdp}	d	η
s. oben	119 °C (16 mbar)		

C_p	$\Delta_S H$	$\Delta_V H$	$\Delta_B H$	S^o	Q_C
			−694 kJ/mol		−1362 kJ/mol

Molybdän

Molybdenum Mo

Mo ist ein stahlgraues metallisches chemisches Element (im geschmolzenen Zustand silberweiß), das in reinster Form dehnbar, infolge geringer Gehalte an ↑Wasserstoff meist jedoch hart und spröde ist. Wegen Passivierung (dünne festhaftende Oxidschicht) ist das Metall an Luft, gegen Wasser, Säuren und Laugen sehr beständig. Lediglich von oxidierenden Säuren (konz. ↑Salpetersäure, heiße konz. ↑Schwefelsäure) und von Alkalischmelzen wird es rasch angegriffen.

Mo ist ein recht seltenes Schwermetall mit einem Gewichts-Anteil am Aufbau der Erdrinde von ca. 0,0001 % (1 ppm). Die wichtigsten Vorkommen des Mo finden sich als Molybdänsulfid in Form des Minerals *Molybdänglanz* (*Molybdänit*) vor allem in Nordamerika.

$$MoS_2 \xrightarrow{\Delta,\ O_2} MoO_3 + SO_2$$

$$MoO_3 + 3\,H_2 \longrightarrow Mo + 3\,H_2O$$

Reindarstellung von Mo

Zur Herstellung von metalischem Mo wird der Molybdänit durch Erhitzen an der Luft in das Oxid überführt („*Rösten*"), welches nach Reinigung reduziert wird, indem man es im Wasserstoffstrom erhitzt (s. Gleichungen).

Mo bildet zusammen mit ↑Chrom und ↑Wolfram die VI. Nebengruppe des PSE und besitzt mit seiner Stellung in der zweiten Übergangsreihe die Elektronenkonfiguration $1s^2\ 2s^2\ 2p^6\ 3s^2\ 3p^6\ 3d^{10}\ 4s^2\ 4p^6\ 4d^5\ 5s^1$, Grundterm $^7S_3$.

Mo kann in seinen Verbindungen wie das leichtere homologe Chrom zwar in den Oxidationsstufen +2 bis +6 auftreten, jedoch ist im Unterschied zum Chrom beim Mo die Stufe +6 bei weitem die beständigste und wichtigste. Die Oxidationsstufe +4 weist das Mo z. B. in dem technisch wichtigen ↑Molybdän(IV)sulfid auf. Eine Mo(II)- und Mo(III)-Ionen-Chemie in wässeriger Lösung (analog zum Chrom) gibt es nicht. Die Oxidationsstufen +2 und +3 betätigt das Mo nur in meist oktaedrisch gebauten Carbonyl-, Cyano- oder Chlorokomplexen. Entsprechende Aquokomplexe sind nicht existent. Die Chemie des Mo in wässeriger Lösung spielt sich mit den Molybdaten(VI) ab, ist recht kompliziert und noch nicht in allen Einzelheiten geklärt. (Nähere Ausführungen s. auch unter ↑Ammoniumheptamolybdat). Die folgenden Normalpotentiale weisen für M. einen unedlen Charakter aus, der im alkalischen Medium wesentlich ausgeprägter als im sauren ist:

pH 0: $Mo \rightarrow Mo^{3+}$ $E^\ominus = -0{,}20$ V ; $Mo \rightarrow MoO_3$ $E^\ominus = 0{,}0$ V

pH 14: $Mo \rightarrow MoO_4^{\ 2-}$ $E^\ominus = -0{,}91$ V

Weiteres zur Chemie des Mo s. unter den einzelnen Verbindungen.

Ein großes und wichtiges Einsatzfeld findet Mo als Legierungsbestandteil in Stahl. Gehalte von 0,15-1 % Mo im Stahl verbessern dessen Eigenschaften in vielerlei Hinsicht, so die Hitzebeständigkeit, Korrosionsfestigkeit und die Härte. Auch in Nichteisenlegierungen, z. B. mit ↑Nickel, bedingt Mo in Anteilen bis zu 30 % hervorragende Eigenschaften, vor allem bezüglich des Korrosionsverhaltens. Aber auch das reine Mo-Metall findet vielfältige technische Verwendung insbesondere dort, wo es auf Hochtemperatur-Festigkeit ankommt (Lampenindustrie, Widerstandsdrähte, Elektroden, Ofenteile) und zudem Korrosionsfestigkeit verlangt wird (Ventile, Reaktionsgefäße, Glühschiffchen usw.).

$$MoO_3 + H \longrightarrow MoO_2(OH)$$

Molybdänblau-Bildung durch Reduktion von Molybdat

Zum analytischen Nachweis von Mo in Form des Molybdat(VI) kann die Bildung von *Molybdänblau* herangezogen werden: eine saure Molybdat-Lösung wird mit einem Reduktionsmittel behandelt (z. B. Sn(II)-salze oder Schwefelige Säure). Dabei entsteht eine tiefblaue Färbung durch Molybdänblau, eine kolloidale Lösung von Mo-Mischoxiden des vier- bis sechswertigen Mo, deren Zusammensetzung und insbesondere deren Farbentstehung jedoch noch nicht exakt geklärt sind (s. Gleichung). Zum Nachweis kann ferner die Bildung von Heteropolysäuren verwendet werden (s. unter ↑Molybdatophosphorsäure).

Mo ist ein wichtiges Spurenelement für Pflanze und Tier. In der Pflanze hat Mo Einfluß auf die Assimilationsfähigkeit. Mo besitzt keine akute Giftigkeit.

Mo Z = 42 A_R = 95,94 Isotope: 92, 94, 95, 96, 97, 98, 100; 88-91, 93, 99, 101-105 (künstlich)

t_{Smp}	t_{Sdp}	d	MV	α	λ
2624 °C	4705 °C	10,22 g/cm³	9,39 cm³/mol	5,43 10⁻⁶/K	142 W/mK
C_p	$\Delta_S H$	$\Delta_V H$	S^o	ϱ	
23,9 J/(K · mol)	39,1 kJ/mol	582 kJ/mol	28,6 J/(K · mol)	52 nΩ · m	
MAK	R-Satz	S-Satz			
15 mg/m³					

Molybdatophosphorsäure

Phosphomolybdic acid   Phosphormolybdänsäure

Ein leuchtend gelbes kristallines Pulver, das sich sehr gut in Wasser löst (über 250 g in 100 ml) und auch gut löslich ist in Ethanol und Diethylether. Die wässerige Lösung reagiert stark sauer.

M. ist das wohl bekannteste Beispiel einer *Heteropolysäure*. Sie entsteht, wenn man eine siedende verdünnte Lösung von ↑Phosphorsäure portionsweise mit der entsprechenden Menge ↑Molybdän(VI)oxid versetzt und ca. zwei Stunden unter Rückfluß kocht. Die Isolierung der M. aus dem Reaktionsgemisch kann durch Ausfällen als Etherat mit Diethylether erfolgen (s. summarische Gleichung).

$$H_3PO_4 + 12\,MoO_3 \longrightarrow \underset{\text{Molybdatophosphorsäure}}{H_3[P(Mo_{12}O_{40})]}$$

Summarische Gleichung für die Bildung der Molybdatophosphorsäure

Die M. ist eine starke Säure und bildet mit praktisch allen Metallkationen teils leicht-, teils unlösliche Salze. Schwerlöslich ist z. B. das Ammonium-Salz, das beim Phosphatnachweis mit ↑Ammoniumheptamolybdat gebildet wird.

$[P(Mo_{12}O_{40})]^{3-} \triangleq [P(O\text{-}Mo_3O_9)_4]^{3-}$

Phosphomolybdat-Anion

Der Bau des M.-Anions ist bildlich kaum übersichtlich darzustellen und sei deshalb kurz verbal beschrieben. Jedes der zwölf Mo-Atome ist oktaedrisch mit sechs O-Atomen verknüpft. Diese zwölf MoO_6-Oktaeder sind so mit dem zentralen P-Atom verbunden, daß jedes O-Atom des Phosphat-Ions eine Gruppe von drei MoO_6-Oktaedern bindet (s. Formel).

Innerhalb der Dreiergruppen sind die Oktaeder über gemeinsame Kanten miteinander verbunden, die Dreiergruppen sind untereinander über gemeinsame Ecken verknüpft. Insgesamt bilden die O-Atome dabei in etwa eine hexagonal dichteste Kugelpackung. Die Zahl der bekannten Heteropolysäuren ist außerordentlich groß, was sich dadurch erklärt, daß anstelle von P ebenso B, Si, As, Te, Ti, Zr stehen kann, während die Rolle des Mo auch von ↑ Wolfram oder ↑ Vanadium übernommen werden kann.

Die M. und ihre Salze finden vielfältige Anwendung in der analytischen Chemie zum Nachweis und zur Bestimmung zahlreicher Metall-Kationen und als Reagenz für organische Verbindungen wie ↑ Alkaloide, ↑ Carotine, ↑ Harnsäure, ↑ Coffein, ↑ Kreatinin und ↑ Ascorbinsäure.

$H_3Mo_{12}O_{40}P$ $M_R = 1825{,}24$ H 0,17 % Mo 63,07 % O 35,06 % P 1,70 %

Molybdän(VI)oxid

Molybdenum trioxide

Bildet ein weißes kristallines Pulver, das in Wasser und Säuren praktisch unlöslich ist, sich dagegen in Alkalilaugen unter Molybdatbildung auflöst. M. sublimiert oberhalb 700 °C. Beim Erhitzen zeigt M. eine reversible Gelbfärbbung.

M. wird technisch durch Rösten von ↑ Molybdän(VI)sulfid hergestellt und anschließend durch Sublimation gereinigt. Es bildet sich auch beim Erhitzen von ↑ Molybdän über 500 °C an der Luft. Im Labor kann es erhalten werden durch Zugabe siedender konzentrierter ↑ Salpetersäure zu einer siedenden Lösung von ↑ Ammoniummolybdat (s. Gleichungen). Bei der letztgenannten Reaktion setzt sich beim Abkühlen ein körniger Niederschlag ab, der nach Abtrennung mehrere Stunden bei 150 °C getrocknet werden muß.

$$MoS_3 \xrightarrow{\Delta,\, O_2} MoO_3 + SO_2$$
$$Mo \xrightarrow{\Delta,\, O_2} MoO_3$$
$$(NH_4)_2MoO_4 + 2\,HNO_3 \longrightarrow MoO_3 \cdot H_2O + 2\,NH_4NO_3$$

Darstellungsmethoden für Molybdän(VI)oxid

M. bildet ein kompliziertes Schichtgitter mit verzerrt-oktaederischer Koordination der Mo-Atome durch die O-Atome. Mit M. beschichtetes ↑ Aluminiumoxid dient in der Erdölchemie u. a. als Crack-Katalysator. Präparativ verwendet man M. hauptsächlich zur Herstellung von Molybdaten. Zur pH-Abhängigkeit der Molybdat-Bildung s. unter ↑ Ammoniumheptamolybdat.

MoO_3 $M_R = 143{,}95$ Mo 66,65 % O 33,35 %

t_{Smp}	t_{Sdp}	d	η
802 °C	1155 °C	4,50 g/cm³	

C_p	$\Delta_S H$	$\Delta_V H$	$\Delta_B H$	S^o	Q_C
75 J/(K · mol)	48,9 kJ/mol	138 kJ/mol	−745 kJ/mol	77,7 J/(K · mol)	

MAK	R-Satz	S-Satz
15 mg/m³	36/37-48/20/22	22-25

Molybdän(IV)sulfid

Molybdenum disulfide

Bildet ein bleigraues bis schwarzes glänzendes Pulver mit einer fettartigen weichen, an Graphit erinnernden Konsistenz. Es ist unlöslich in Wasser und verdünnten Säuren.

M. kommt in der Natur als *Molybdänit* vor, welches die wichtigste Quelle für ↑ Molybdän und seine Verbindungen ist. Synthetisch wird M. durch Erhitzen von ↑ Molybdän(VI)oxid oder von Molybdaten im Schwefelwasserstoff-Strom hergestellt.

Der fettige Angriff des M. beruht auf der leichten Spaltbarkeit bzw. Verschiebbarkeit der Kristallebenen, die sich aus der Schichtstruktur des M. ergibt: jede Schicht von Mo-Atomen ist sandwich-artig zwischen zwei S-Atomschichten eingelagert (s. Abbildung).

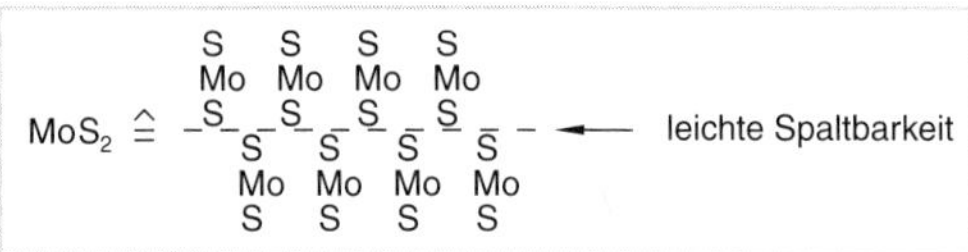

Schichtenaufbau von Molybdän(IV)sulfid

Zwischen den sich so ergebenden S-Doppelschichten herrschen nur schwache Van-der-Waals-Kräfte, die die leichte Spaltbarkeit bedingen.

M. wird deshalb als hochwertiges, hochtemperaturbeständiges (verwendbar zwischen −185 °C und +350 °C) technisches *Trocken-Schmiermittel* und als Gleitmittel-Additiv verwendet.

MoS_2 $M_R = 160{,}08$ Mo 59,94 % S 40,06 %

t_{Smp}	t_{Sdp}	d	η
1750 °C		4,8 g/cm³	

C_p	$\Delta_S H$	$\Delta_V H$	$\Delta_B H$	S^o	Q_C
63,6 J/(K · mol)			−276 kJ/mol	62,6 J/(K · mol)	

MAK	R-Satz	S-Satz
15 mg/m³		

Morin

Morin 3,5,7,2′,4′-Pentahydroxyflavon

Bildet gelbe nadelförmige Kristalle, die in Wasser nur sehr wenig löslich sind (25 mg/100 ml). Löst sich gut in Ethanol, aber kaum in Diethylether oder Essigsäure. M. löst sich gut mit kräftig gelber Farbe in Alkalien, wobei jedoch allmählich Molekülspaltung und besonders an der Luft Dunkelfärbung eintritt.

M. findet sich als färbender Bestandteil in gewissen Baumsorten (Färbermaulbeerbaum, Gelbholz). Es wird synthetisch hergestellt.

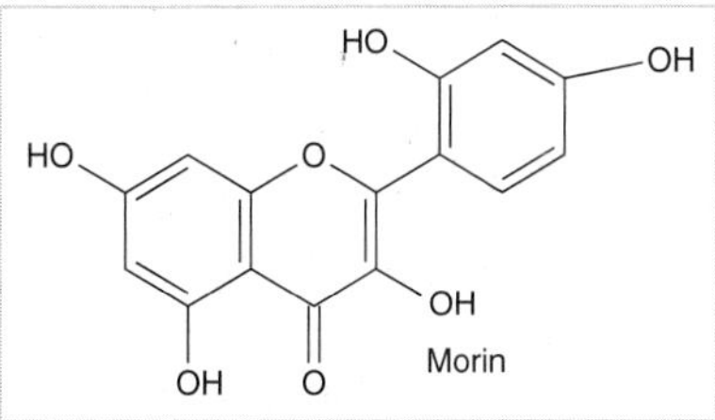

Struktur von Morin

M. wird in der Analytik als Nachweis- und Bestimmungsreagenz vor allem für Al, Be, Sn und Zr verwendet. In der qualitativen Analytik ist insbesondere der Al-Nachweis durch charakteristische grüne Fluoreszenz mit M. verwertbar (s. unter ↑ Aluminium).

$C_{15}H_{10}O_7$ $M_R = 302{,}23$ C 59,61 % H 3,33 % O 37,06 %

$t_{Zersetzung}$	t_{Sdp}	d	η
285 °C (Z)			

Morphin

Morphine Morphium

Kristallisiert aus Methanol in farblos glänzenden Nadeln. M. löst sich in kaltem Wasser nur zu 0,02 g/100 ml, in siedendem Wasser zu 0,2 g/100ml, in Ethanol und besonders in Methanol ist die Löslichkeit höher (1 g/100 ml siedendes Ethanol, 10 g/100 ml siedendes Methanol). Die gesättigte wässerige Lösung zeigt einen pH-Wert von 8,5. M. verfärbt sich dunkel bei Lagerung unter Lichtzutritt.

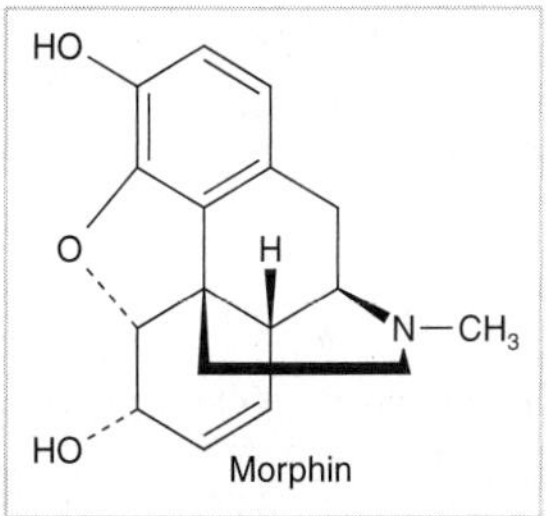

Struktur von Morphin

M. ist das Hauptalkaloid des Opiums. *Rohopium* ist der an der Luft schnell trocknende Milchsaft, der aus den mit einem Messer angeschnittenen Kapselwänden der *Schlafmohnblüten* herausfließt. Das *Opium* bildet ein braunes Pulver und enthält u. a. ca. 30 ↑ Alkaloide. Die Alkaloide machen bis zu 30 % des Opiums aus. Allein das M. liegt in Anteilen zwischen 9-14 % des Rohopiums vor und wird durch Extraktion daraus isoliert. Das natürlich vorkommende Isomere des optisch aktiven M. ist die (−)-Form.

M. ist ein sehr starkes Analgetikum. Eine schmerzstillende Wirkung tritt beim Erwachsenen bereits durch Gabe von 10 mg ein. M. übt darüber hinaus eine starke psychische Wirkung aus (Euphorie) und dämpft das Atemzentrum sowie den Magen-Darm-Trakt. Die physiologische Wirkung entfaltet M. dabei durch Anbindung an spezifische *Morphin-Rezeptoren*, die man vor allem im Zentralnervensystem nachgewiesen hat.

M. wird therapeutisch bei starken Schmerzzuständen und bei Infarktpatienten angewandt. Auf der euphorisierenden psychischen Wirkung des M. beruht die Gefahr der Suchtentstehung, weshalb der Umgang mit M. dem Betäubungsmittel-Gesetz unterliegt.

Unter der großen Zahl der natürlichen Morphinalkaloide ist vor allem das ↑ Codein zu nennen. Ein synthetisches Derivat von M. ist das ↑ Heroin.

$C_{17}H_{19}NO_3$ $M_R = 285{,}34$ C 71,56 % H 6,71 % N 4,91 % O 16,82 %

Morpholin

Morpholine 1,4-Oxazinan, Tetrahydro-1,4-oxazin

Eine wasserklare, leichtbewegliche, hygroskopische, typisch aminartig (fischartig) riechende Flüssigkeit, die sich mit Wasser und den meisten org. Solventien mischt.

M. kann hergestellt werden durch Dehydratisierung von ↑Diethanolamin mit konz. ↑Schwefelsäure (s. Schema).

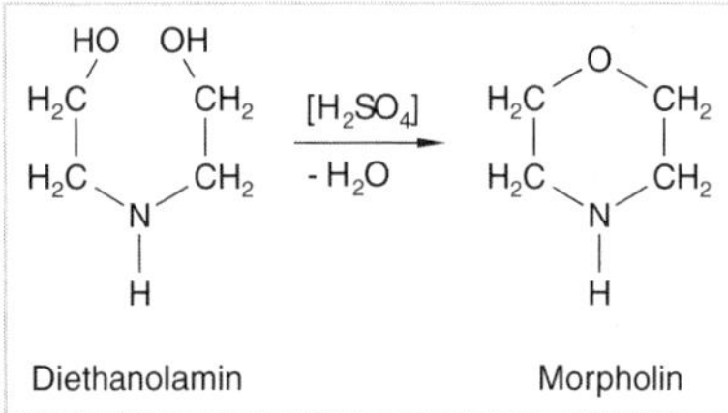

Darstellung von Morpholin aus Diethanolamin

M. ist eine basisch wirkende Verbindung mit pKs = 8,33 und zeigt auch ansonsten die typischen Reaktionen eines sekundären Amins. (z. B. Alkylierung, Acylierung). M. wird als Lösungs- und Extraktionsmittel eingesetzt und findet auch präparative Verwendungen. So dient es als Hilfsmittel in der *Willgerodt-Kindler-Reaktion*, in der ein Arylalkylketon in die Carbonsäure mit gleicher C-Atomzahl umgewandelt wird. Hierzu wird das Keton mit ↑Schwefel und dem M. umgesetzt. Die Carbonylgruppe wird reduziert, die endständige Methylgruppe zur Carboxylgruppe oxidiert, eine Reaktion, die über eine anfängliche Enamin-Bildung zum Thioamid führt, welches dann verseift wird. In der ursprünglichen Willgerodt-Reaktion wurde wässerige Polysulfid-Lösung statt Schwefel und Amin verwendet (s. Schema).

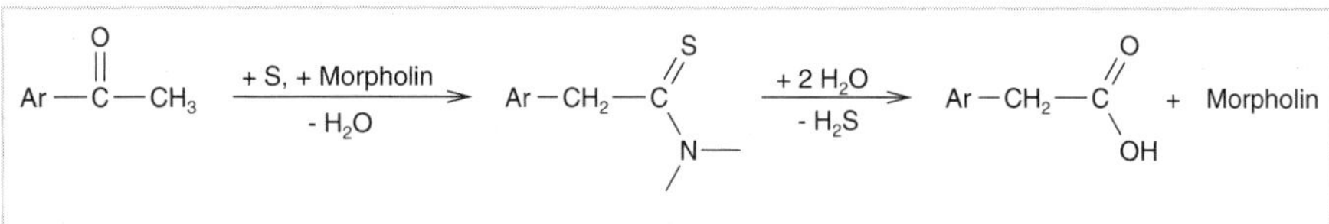

Willgerodt-Kindler-Reaktion

► M. wirkt reizend und ätzend auf Augen, Haut und Schleimhäute und wird auch über die Haut aufgenommen.

C_4H_9NO $M_R = 87{,}12$ C 55,15 % H 10,41 % N 16,08 % O 18,36 %

t_{Smp}	t_{Sdp}	d	η
−8 °C	128 °C	1,00 g/cm³	

C_p	$\Delta_S H$	$\Delta_V H$	$\Delta_B H$	S^o	Q_C
164,8 J/(K · mol)			−186,7 kJ/mol		−2674 kJ/mol

MAK	R-Satz	S-Satz
70 mg/m³	10-20/21/22-34	23-36-45

Murexid

Murexide   Ammoniumpurpurat

Bildet ein violettrotes kristallines Pulver mit grün-metallischem Glanz. Löst sich nur wenig in Wasser, wobei die wässerige Lösung sich tiefviolett färbt. M. ist praktisch unlöslich in Ethanol und Diethylether. In alkalischer Lösung ist M. tiefblau.

M. bildet sich bei der Umsetzung von ↑ Alloxan mit ↑ Ammoniak (s. Schema). M. bildet sich auch beim Harnsäure-Nachweis (s. unter ↑ Harnsäure).

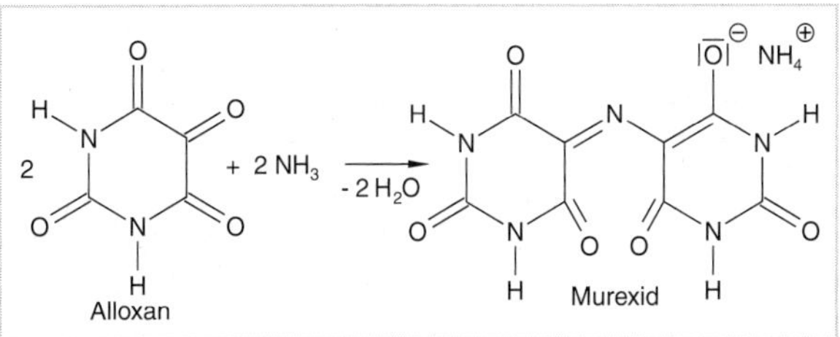

Bildung von Murexid aus Alloxan

M. wird als Indikator in komplexometrischen Titrationen verwendet (näheres hierzu s. unter ↑ Eriochromschwarz T).

$C_8H_8N_6O_6$	$M_R = 284{,}19$	C 33,81 %	H 2,84 %	N 29,57 %	O 33,78 %

Muscarin

Muscarine

Bildet als Chlorid extrem hygroskopische Kristallnadeln, die sich in Wasser und Ethanol sehr gut lösen, in Diethylether und Aceton dagegen nur sehr wenig.

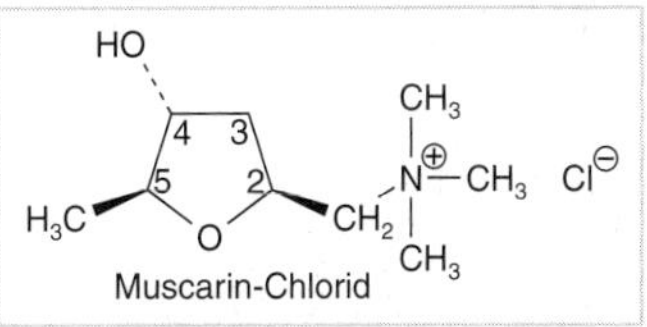

Struktur von Muscarin-Chlorid

Das in seinem Molekül drei asymmetrische C-Atome aufweisende M. kommt natürlich in der (2S,4R,5S)-Form vor, und zwar ist es Bestandteil des Fliegenpilzes (Amanita muscaria) und anderer Pilze.

M. ist hochgiftig und für die Giftwirkung des Fliegenpilzes verantwortlich (die halluzinogene Wirkung des Fliegenpilzes beruht auf dem Gehalt an ↑ Ibotensäure). 100 g *Fliegenpilz* enthalten ca. 16 mg M., 0,05 mg M. bewirken bereits Lähmung des Froschherzes.

M. bindet an den postganglionären parasympathischen muscarinischen Acetylcholin-Rezeptoren an und bewirkt damit Dauerdepolarisation, d. h. Dauererregung der parasympathisch gesteuerten Zielorgane. ↑ Atropin hat die entgegengesetzte Wirkung von M., da es an den muscarinischen Rezeptoren anbindet und kompetitiv hemmt (näheres hierzu s. unter ↑ Acetylcholin).

Vergiftungssymptome von M. sind Schweißausbrüche, Speichelfluß, Durchfall, Erbrechen, Kreislaufkollaps. Die M.-Ausscheidung erfolgt über die Nieren.

$C_9H_{20}ClNO_2$	$M_R = 209{,}72$	C 51,54 %	H 9,61 %	Cl 16,90 %	N 6,68 %	O 15,16 %

t_{Smp}	t_{Sdp}	d	η
180 °C			

Muscon

Muscone 3-Methylcyclopentadecanon

Bildet ein farbloses Öl, das in Wasser kaum löslich ist, aber mischbar ist mit Ethanol.

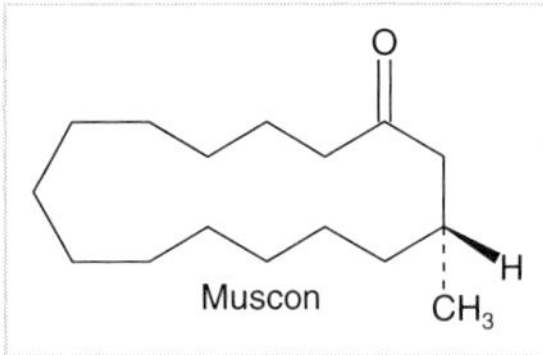

Struktur von (−)-Muscon

M. ist das riechende Prinzip des natürlichen *Moschus*. Moschus ist der Inhalt des Moschusbeutels, eine ca. 5 cm lange Drüse am Bauch des männlichen Moschustieres. Das Moschusstier ist eine vor allem in den Gebirgswäldern des Himalaya lebende geweihlose Hirschart. Der Moschus trocknet schnell und bildet dann ein schwarzes körniges Pulver, in dem das M. zu etwa 1 % vorkommt. Die physiologische Aufgabe des Moschus ist die Anlockung des weiblichen Tieres.

Der natürliche Moschus wird wegen des hohen Preises und des Tierschutzes nur noch in sehr teuren Parfüms verwendet. M. wird synthetisch hergestellt und wie ↑Ambrettolid oder Exaltolid in der Parfümerie zur Erzeugung von *Moschusnoten* verwendet.

$C_{16}H_{30}O$ $M_R = 238{,}41$ C 80,61 % H 12,68 % O 6,71 %

t_{Smp}	t_{Sdp}	d	η
	328 °C	0,92 g/cm³	

Myristinsäure

Myristic acid Tetradecansäure

Bildet farblose Blättchen, die in Wasser unlöslich, aber löslich in niederen Alkoholen, Diethylether, Chloroform oder Petrolether sind.

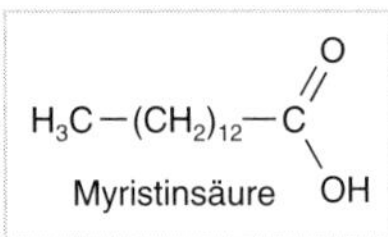

Struktur der Myristinsäure

M. findet sich in der Natur in den Glyceriden fast aller tierischer und pflanzlicher Fette, teils zu beträchtlichen Anteilen, z. B. in der Muskatnußbutter zu 70–80 %, im Kokosfett und Palmkernfett zu 20 %, im Milchfett bis 12 %.

Salze und Ester der M. werden als *Myristate* bezeichnet. Die M. und vor allem ihre Ester, insbesondere der Isopropylester (*Isopropylmyristat*) werden in kosmetischen Präparaten verwendet, bei denen eine gute Hautdurchdringung wichtig ist, also Hautöle, Hautcremes, Lippenstifte, Gleitmittel, Rasiercremes, Seifen usw.

$C_{14}H_{28}O_2$ $M_R = 228{,}38$ C 73,63 % H 12,36 % O 14,01 %

t_{Smp}	t_{Sdp}	d	η
58,5 °C	250 °C (130 hPa)		

Naphthacen

Naphthacene Tetracen

Bildet orangefarbene blättchenförmige Kristalle. Ist nur wenig löslich in den üblichen Solventien, wobei die Lösungen im Tageslicht schwache grüne Fluoreszenz zeigen.

N. findet sich im Steinkohlenteer und ist vielfach als Verunreinigung im ↑ Anthracen enthalten, dem es so eine gelbliche Färbung verleiht. Für N. ist eine Reihe von Synthesen ausgearbeitet, z. B. aus ↑ Tetrahydronaphthalin und ↑ Phthalsäureanhydrid (s. Schema).

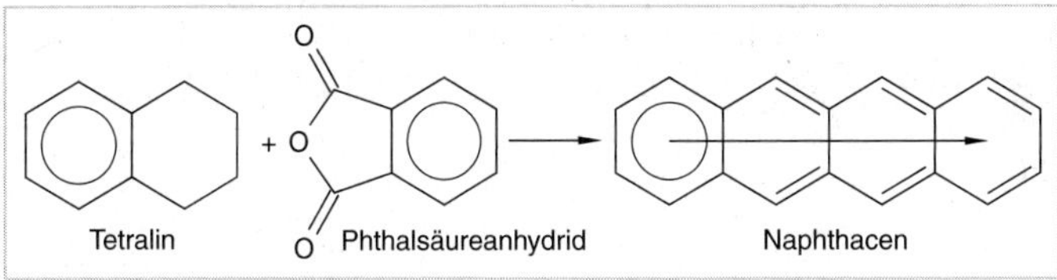

Naphthacen-Bildung

N. ist also ein Benzologes von ↑ Anthracen und läßt sich analog zu diesem am besten durch die angegebene Formel wiedergeben. Diese linear annellierten aromatischen Kohlenwasserstoffe bezeichnet man allgemein als „*Acene*“ Ihre Farbe vertieft sich mit zunehmendem Kondensationsgrad und ihre Luftbeständigkeit nimmt ab, wie sich in den beiden auf das N. folgenden Homologen *Pentacen* und *Hexacen* zeigt (s. Abbildung).

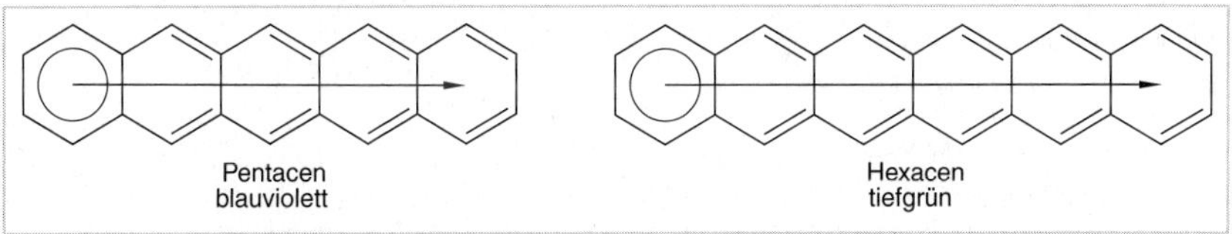

Homologe von Naphthacen: Pentacen und Hexacen

Beide Substanzen sind sehr licht- und luftempfindlich. Das N.-Gerüst liegt den Antibiotika aus der Tetracyclin-Reihe zugrunde (s. unter ↑ Tetracyclin)

$C_{18}H_{12}$	$M_R = 228{,}28$	C 94,70 %	H 5,30 %
t_{Smp} 357 °C	t_{Sdp}	d 1,35 g/cm³	η

Naphthalin

Naphthalene

Bildet farblose, meist blättchenförmige Kristalle mit eigenartigem Geruch (der typische „Mottenkugel-Geruch“ stammt vom N.). N. ist unlöslich in Wasser, löst sich jedoch gut in den meisten org. Solventien.

N. ist sublimierbar und wasserdampfflüchtig. Im geschmolzenen Zustand ist N. ein gutes Lösungsmittel, so z. B. auch für Schwefel. N. verbrennt mit leuchtender und stark rußender Flamme.

Die Hauptquelle für die technische Gewinnung des N. ist der Steinkohlenteer, in dem das N. zu 5-10 % enthalten ist. Bei der fraktionierten Destillation des Teers geht das N. in der Mittelölfraktion zwischen 200-250 °C über. In dieser Fraktion hat das N. einen Anteil von ca. 40 % und es wird durch erneute Destillation daraus isoliert.

N. ist ein bicyclischer Aromat, für dessen formelmäßige Darstellung es die im Schema dargestellten Möglichkeiten gibt, aus denen die völlige Gleichwertigkeit der beiden Sechsringe und die Delokalisierung der π-Elektronen hervorgeht. Die Bezifferung der Positionen im N. erfolgt wie in der rechten Formel angegeben.

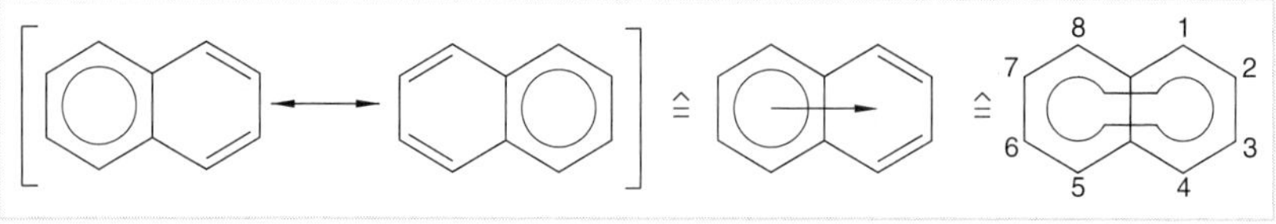

Formeldarstellungen für Naphthalin

Durch katalytische Hydrierung läßt sich N. in ↑ Tetrahydronaphthalin und schließlich in *Decalin* überführen (s. Schema). Zur Birch-Reduktion s. unter ↑ Tetrahydronaphthalin. Beide Hydrierungsprodukte sind wichtige technische Lösungsmittel. Die Oxidation von N. liefert u. a. ↑ Phthalsäure und ↑ 1,4-Naphthochinon.

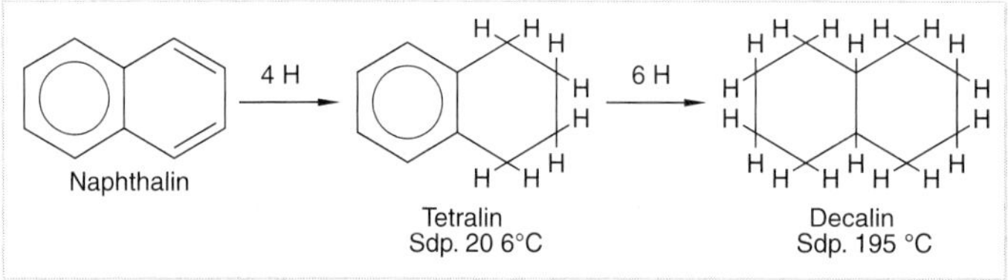

Hydrierungsprodukte von Naphthalin

Elektrophile Substitutionen erfolgen bevorzugt in 1-Stellung, die Sulfonierung bei hoher Temperatur in 2-Stellung. Der Ort der Zweitsubstitution ist abhängig vom Erstsubstituenten und den Reaktionsbedingungen. Weiteres s. unter den einzelnen Verbindungen.

N. selbst wird zur Herstellung von Ruß („*Lampenruß*") verwendet. Die Verwendung zur Mottenbekämpfung ist zugunsten vor allem von *1,4-Dichlorbenzol* zurückgegangen. Die weitaus größte Bedeutung jedoch kommt dem N. als Ausgangsprodukt zur Herstellung der verschiedensten N.-Derivate zu (Sulfonsäuren, Hydroxy-, Nitro-, Amino-Derivate, Hydrier- und Oxidationsprodukte usw.), die selbst wiederum wichtige Zwischenprodukte darstellen.

N. ist der einfachste Vertreter der unter der Bezeichnung *Polycyclische Aromatische Kohlenwasserstoffe*, abgekürzt *PAK*, zusammengefaßten Verbindungen, zu denen u. a. gehören ↑ Acenaphthen, Acenaphthylen, ↑ Fluoren, ↑ Phenanthren, ↑ Anthracen ↑ Benzpyren. PAK entstehen bei allen unvollständigen Verbrennungen organischer Materialien und gelangen in Atmosphäre, Böden und Gewässer. Für die PAK-Gehalte von Gewässern und Böden sind in gesetzlichen Richtlinien und Technischen Regeln Grenzwerte festgelegt worden (in der EG gilt z. B. für Trinkwasser ein Gehalt von 0,2 µg/Liter als max. Grenzwert).

► N. wirkt bei Inhalation und Hautkontakt lokal reizend (bis zur Ekzembildung). Orale Aufnahme führt zu hämolytischen Erscheinungen.

$C_{10}H_8$ $M_R = 128{,}16$ C 93,71 % H 6,29 %

t_{Smp}	t_{Sdp}	d	η		
80,2 °C	218 °C	1,16 g/cm³			
C_p	$\Delta_S H$	$\Delta_{Sub} H$	$\Delta_B H$	S^o	Q_C
165,6 J/(K · mol)	18,8 kJ/mol	72,3 kJ/mol (S)	87,2 kJ/mol	167,4 J/(K · mol)	−5150 kJ/mol
t_{krit}	P_{krit}	d_{krit}	t_{trip}		
475 °C	4,05 MPa				
MAK	R-Satz	S-Satz			
50 mg/m³	10-12				

1-Naphthalinsulfonsäure

1-Naphthalenesulfonic acid

Fällt aus wässeriger Lösung als Dihydrat in Form farbloser, in Wasser und Ethanol gut löslicher, in Diethylether wenig löslicher Kristalle an.

N. wird bei der Sulfonierung von ↑Naphthalin bei niedrigen Temperaturen (bis 80 °C) erhalten (s. Schema).

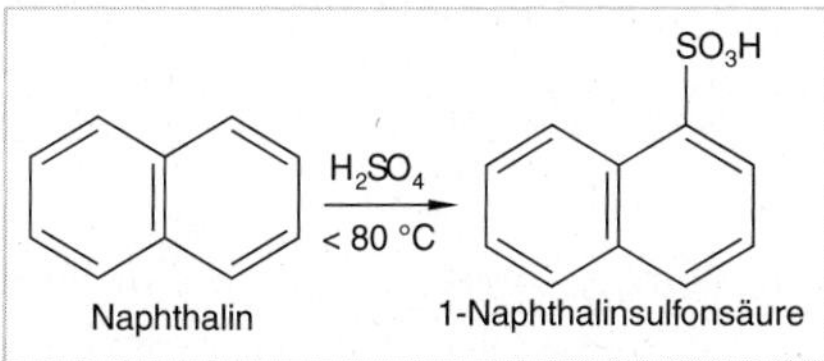

Herstellung von 1-Naphthalinsulfonsäure

N. lagert sich beim Erhitzen in die ↑2-Naphthalinsulfonsäure um. Die weitere Sulfonierung der N. liefert 1,5- und *1,6-Naphthalindisulfonsäure*. N. wird hauptsächlich zur Herstellung von ↑1-Naphthol verwendet.

$C_{10}H_8O_3S$	$M_R = 208{,}23$	C 57,68 %	H 3,87 %	O 23,05 %	S 15,40 %

t_{Smp}	t_{Sdp}	d	η
90 °C			

2-Naphthalinsulfonsäure

2-Naphthalenesulfonic acid

Bildet als Monohydrat farblose, sehr hygroskopische, in Wasser und Ethanol leicht lösliche Kristalle.

N. wird hergestellt durch Sulfonierung von ↑Naphthalin bei Temperaturen oberhalb 160 °C (s. Schema).

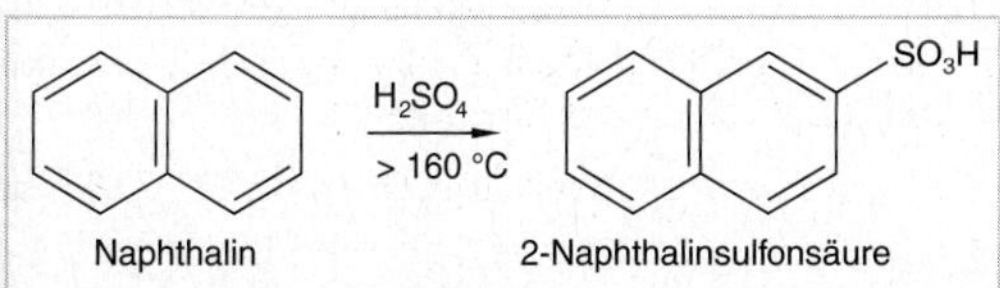

Herstellung von 2-Naphthalinsulfonsäure

Die weitere Sulfonierung führt zu 2,6- und *2,7-Naphthalindisulfonsäure*. N. dient zur Herstellung von ↑ 2-Naphthol und anderen Derivaten.

$C_{10}H_8O_3S$	$M_R = 208{,}23$	C 57,68 %	H 3,87 %	O 23,05 %	S 15,40 %

t_{Smp}	t_{Sdp}	d	η
91 °C			

Naphthalsäure

Naphthalic acid 1,8-Naphthalindicarbonsäure

Bildet farblose Kristalle, die in Wasser praktisch unlöslich, in heißem Ethanol gut, in Diethylether nur wenig löslich sind.

N. wird hergestellt durch Chromsäure-Oxidation von ↑ Acenaphthen. Beim Erhitzen über 180 °C bildet N. das *Naphthalsäureanhydrid* (s. Schema).

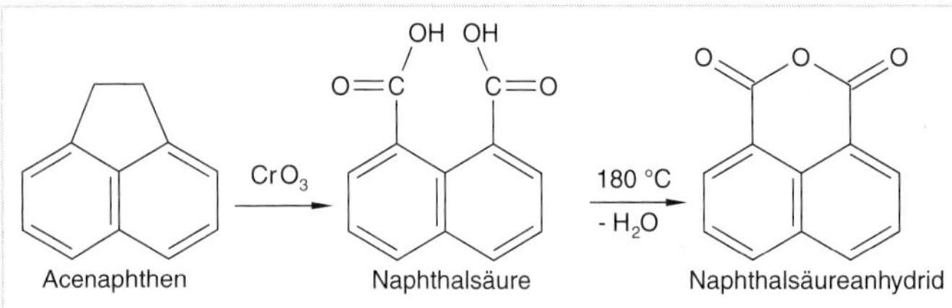

Herstellung von Naphthalsäure aus Acenaphthen

N. wird ebenso wie das Anhydrid als Ausgangsprodukt in Farbstoffsynthesen verwendet.

$C_{12}H_8O_4$	$M_R = 216{,}18$	C 66,67 %	H 3,73 %	O 29,60 %

t_{Smp}	t_{Sdp}	d	η
270 °C			

1,4-Naphthochinon

1,4-Naphthoquinone, α-Naphthochinon

Bildet gelbe, nadelförmige Kristalle von benzochinon-artigem Geruch, die sich in Wasser kaum lösen, aber gut löslich sind in org. Solventien. Das Produkt sublimiert leicht schon unter 100 °C und ist wasserdampfflüchtig. In wässerig-alkalischem Medium löst sich N. mit rotbrauner Farbe.

Eine Synthese von N. kann durch Oxidation von ↑ Naphthalin oder besser von *4-Amino-1-naphthol* mit Chromsäure erfolgen und ist so Zwischenprodukt der Synthese von ↑ Phthalsäureanhydrid (s. Schema).

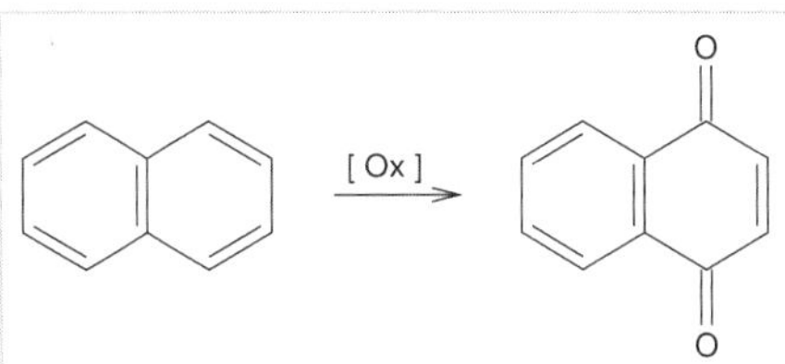

Gewinnung von 1,4-Naphthochinon

N. selbst wird technisch eingesetzt als Polymerisationshilfsmittel sowie als Antioxidans (Stabilisator für technische Öle). Bedeutung besitzt es aber auch als Zwischenprodukt zur Synthese u. a. von Farbstoffen, Algiziden und Fungiziden.

Das N.-System ist Bestandteil vieler Naturstoffe. Hier sind vor allem zu nennen die *K-Vitamine* (*Koagulations-Vitamine*). Diese sind Derivate von *2-Methyl-1,4-naphthochinon* (s. unten). *Vitamin* K_1 besitzt in 3-Stellung einen Phytyl-Rest (s. unter ↑Chlorophyll) und wird auch als *Phyllochinon* oder *Phytomenadion* bezeichnet (s. Abbildung).

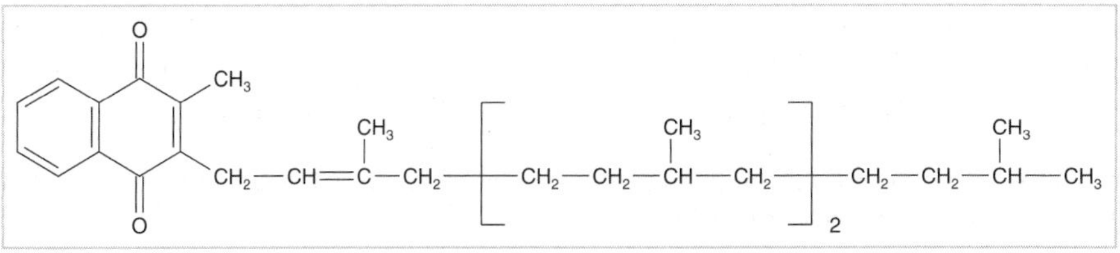

Vitamin K_1

Vitamin K_2 trägt in 3-Stellung eine Kette aus 7 Isoprenresten und wird auch als *Menachinon-7* bezeichnet (s. Abbildung).

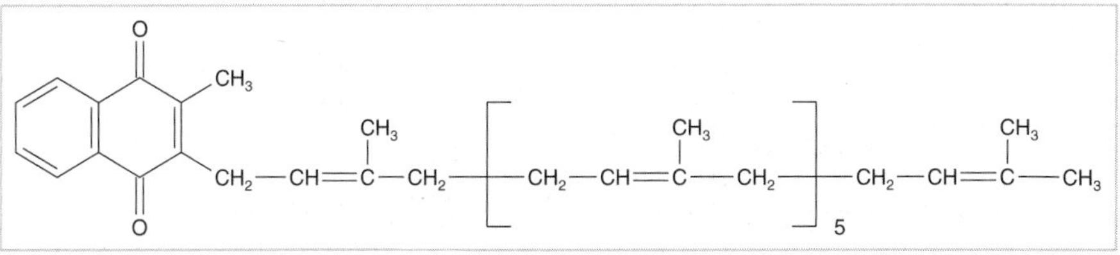

Vitamin K_2

Vitamin K_1 kommt in grünen Pflanzen vor, Vitamin K_2 wird primär von Darmbakterien erzeugt. Sie zählen zu den fettlöslichen Vitaminen. *Vitamin-K-Mangel* führt zu Störungen der Blutgerinnung (die K-Vitamine sind u. a. entscheidend an der Prothrombin-Bildung beteiligt), kommt jedoch kaum vor, da von der Darmflora ausreichend Vitamin K_2 produziert wird.

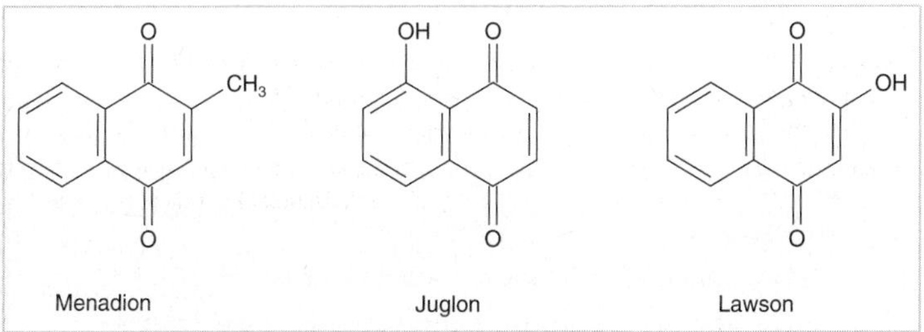

1,4-Naphthochinon-Derivate

Das synthetisch gewonnene 2-Methyl-1,4-naphthochinon, auch als *Menadion* bezeichnet, besitzt ebenfalls Vitamin-K-Wirkung. Das *5-Hydroxy-1,4-naphthochinon*, auch als *Juglon* bekannt, findet sich in den *Schalen der Walnüsse*, und zwar hauptsächlich als farbloses *Hydrojuglon*, das an der Luft zum Chinon oxidiert wird und damit braune Hautflecken erzeugt. Der aus dem tropischen *Henna-Strauch* isolierbare gelbe Farbstoff

Lawson ist das *2-Hydroxy-1,4-naphthochinon*. Es färbt Wolle und Seide orange an und wird zur Rotfärbung der Haare verwendet (s. Abbildung).

$C_{10}H_6O_2$ $M_R = 158{,}16$ C 75,94 % H 3,82 % O 20,23 %					
t_{Smp} 126 °C	t_{Sdp}	d 1,42 g/cm³	η		
C_p	$\Delta_S H$	$\Delta_V H$	$\Delta_B H$	S^o	Q_C −4604 kJ/mol
MAK	R-Satz 25-26-36/37/38-43-50	S-Satz 26-36/37-45-61			

1-Naphthol

1-Naphthol

Bildet farblose prismatische Kristalle von phenolartigem Geruch. N. ist kaum löslich in Wasser, jedoch gut löslich in Alkalilaugen und den meisten org. Solventien. N. ist sublimierbar und wasserdampfflüchtig. Mit ↑ Eisen(III)chlorid ergibt N. eine violette Färbung. N. färbt sich unter Lichteinwirkung dunkel.

N. wird hergestellt durch Zusammenschmelzen von ↑ 1-Naphthalinsulfonsäure mit ↑ Natriumhydroxid (s. Schema). In guter Ausbeute und reiner Form ist es auch hydrolytisch aus ↑ 1-Naphthylamin und verdünnter ↑ Schwefelsäure bei 180 °C und unter Druck zugänglich.

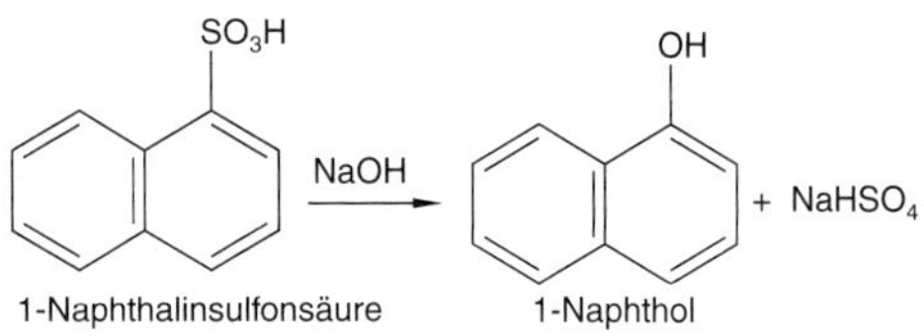

Herstellung von 1-Naphthol

Die Hydroxylgruppe ist etwas reaktionsfähiger als die von ↑ Phenol und ist leichter zu verethern und verestern. Die Hydroxylgruppe aktiviert wie beim ↑ Benzol das Molekül für elektrophile Substitutionen, wobei sie den Zweitsubstituenten in die 2- und 4-Stellung dirigiert, wie z. B. bei den für Fartoffsynthesen wichtigen Azokupplungen.

N. dient praktisch ausschließlich als Synthesebaustein zur Herstellung zahlreicher technisch genutzter Verbindungen (Farbstoffe, andere Ausgangsprodukte, Duftstoffe, Antiseptika, Antioxidantien, Öladditive).

► N. wirkt stark hautreizend (Haut schält sich). Orale Aufnahme führt zu hämolytischer Anämie.

$C_{10}H_8O$ $M_R = 144{,}16$ C 83,31 % H 5,59 % O 11,10 %			
t_{Smp} 96 °C	t_{Sdp} 288 °C	d 1,22 g/cm³	η

C_p	$\Delta_S H$	$\Delta_{Sub} H$	$\Delta_B H$	S^o	Q_C
285 J/(K · mol)	23,2 kJ/mol	91,2 kJ/mol (S)	−122 kJ/mol		−4951 kJ/mol

MAK	R-Satz	S-Satz
	21/22-37/38-41	22-26-37/39

2-Naphthol

2-Naphthol

Bildet farblose, glänzende Kristalle von schwach phenolischem Gruch. Ist in kaltem Wasser praktisch unlöslich, in siedendem Wasser löslich zu 1,2 g/100 ml. N. löst sich gut in den meisten org. Solventien und in Alkalilaugen, es ist sublimierbar und wasserdampfflüchtig. N. ergibt mit ↑Eisen(III)chlorid eine grüne Färbung. Verfärbt sich unter Lichteinwirkung.

N. wird analog zum ↑1-Naphthol durch Alkalischmelze aus ↑2-Naphthalinsulfonsäure hergestellt (s. Schema).

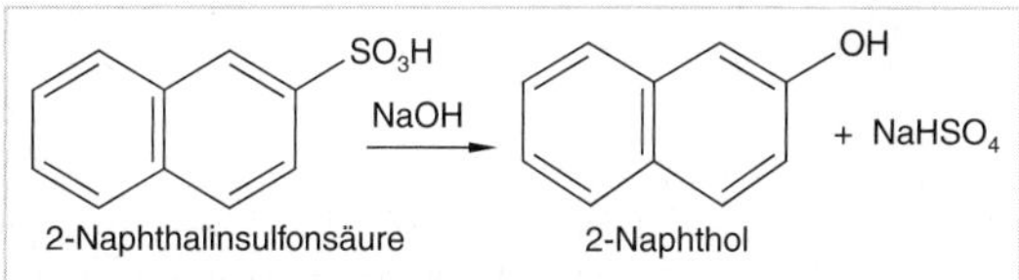

Herstellung von 2-Naphthol

Die Hydroxylgruppe dirigiert Zweitsubstituenten in Substitutionsreaktionen vorwiegend in 1-Stellung.

N. dient hauptsächlich als Synthesebaustein, so z. B. für Antioxidantien, die in der Kautschuk-Industrie benötigt werden, für Farbstoffe, Insektizide und Antiseptika.

► Zur Toxikologie vgl. 1-Naphthol.

$C_{10}H_8O$ $M_R = 144{,}16$ C 83,31 % H 5,59 % O 11,10 %

t_{Smp}	t_{Sdp}	d	η
121 °C	285 °C	1,22 g/cm³	

C_p	$\Delta_S H$	$\Delta_{Sub} H$	$\Delta_B H$	S^o	Q_C
172,8 J/(K · mol)	18,8 kJ/mol	87,4 kJ/mol (S)	−124,1 kJ/mol	179 J/(K · mol)	−4954 kJ/mol

MAK	R-Satz	S-Satz
	20/22-50	24/25-61

1-Naphthylamin

1-Naphthylamine

Bildet in reinem Zustand farblose, nadelförmige Kristalle von unangenehmem penetrantem Geruch, die sich in Wasser kaum, gut dagegen in Ethanol und Diethylether lösen. N. sublimiert und ist wasserdampfflüchtig. Färbt sich bei Lagerung unter Lichtzutritt allmählich rot.

N. wird hergestellt durch Reduktion von aus ↑Naphthalin durch Nitrierung erhaltenem *1-Nitronaphthalin* (s. Schema).

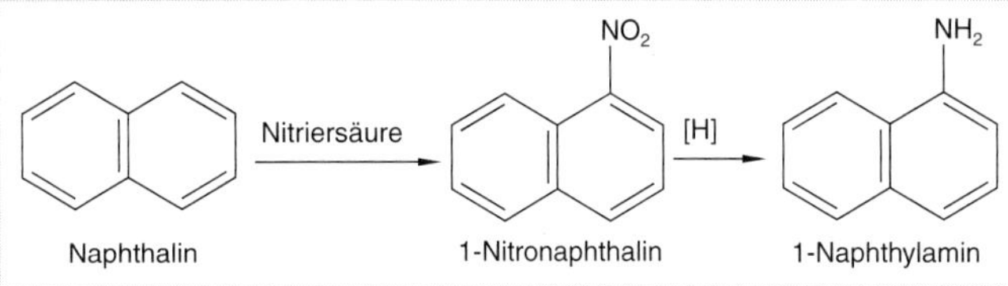

Herstellung von 1-Naphthylamin

Aus einer N.-Lösung fällt bei Zugabe ↑ Eisen(III)chlorid ein blauer Niederschlag, der sich bald purpurrot färbt.

N. dient hauptsächlich als Azo- (nach Diazotierung) und als Kupplungs-Komponente in Farbstoff-Synthesen. Analytisch wichtig ist der bekannte *Nitrit-Nachweis* mit *„Lunges Reagenz"*, der als Tüpfelreaktion ausgeführt wird, indem man jeweils 1 Tropfen nitrithaltige Lösung, Eisessig, Sulfanilsäure-Lösung (1 %ig) und 1-Naphthylamin-Lösung (0,3 %ig in Essigsäure) miteinander vermischt, wobei eine intensive Rotfärbung auftritt. Die Farbe stammt von dem Azofarbstoff, der sich nach dem gezeigten Schema bildet (s. auch unter ↑ Methylorange).

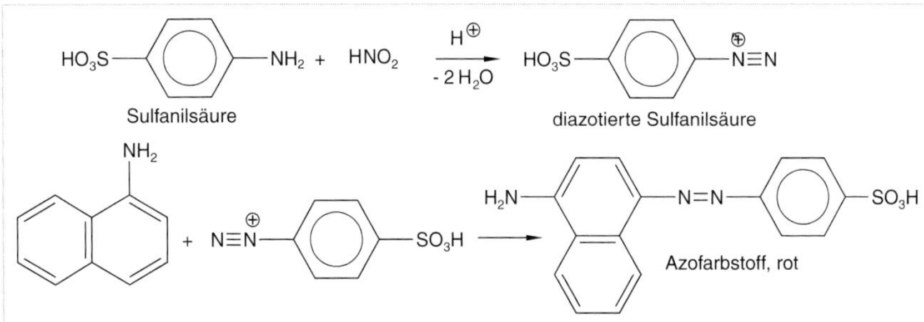

Nitrit-Nachweis mit Lunges Reagenz

► N. ist gesundheitsschädlich. Einatmen von Staub oder Dampf vermeiden.

$C_{10}H_9N$ $M_R = 143{,}18$ C 83,88 % H 6,34 % N 9,78 %

t_{Smp}	t_{Sdp}	d	η		
50 °C	301 °C	1,13 g/cm³			
C_p	$\Delta_S H$	$\Delta_{Sub} H$	$\Delta_B H$	S^o	Q_C
		90,0 kJ/mol (S)	92,5 kJ/mol		−5286 kJ/mol
MAK	R-Satz	S-Satz			
1 mg/m³	22-51/53	24-61			

2-Naphthylamin

2-Naphthylamine

Bildet farblose bis rötliche Kristalle, die sich in heißem Wasser, in Ethanol und Diethylether gut lösen. Ergibt mit ↑ Eisen(III)chlorid keine Färbung.

N. hat man früher in großen Mengen durch Substitution der Hydroxylgruppe von ↑2-Napththol hergestellt (s. Schema) und zur Synthese von Azofarbstoffen verwendet.

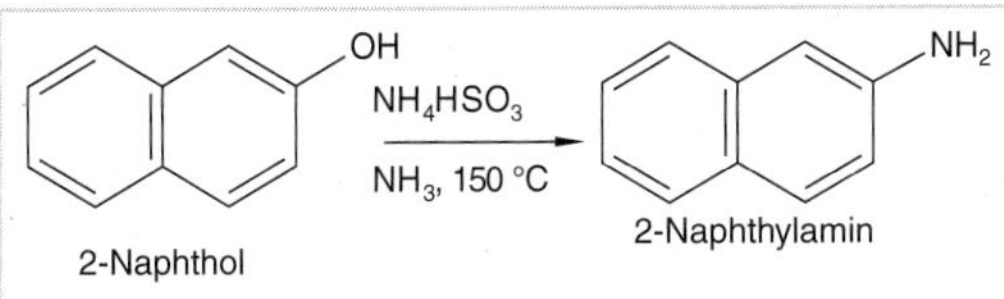

Herstellung von 2-Naphthylamin

Da N. kaum eine akute Giftigkeit besitzt, hat man lange nicht seine krebserregende Wirkung erkannt und Arbeiter in Produktionsstätten für N. waren jahrelang einem intensiven Kontakt mit N. ausgesetzt (Inhalation, Hautkontakt). Schließlich erkannte man eine hohe Rate an Blasenkrebs bei den Arbeitern. In Tierversuchen fand man bei Hunden ebenfalls Blasentumore, nicht dagegen bei Ratten! Seit dem wird N. praktisch nicht mehr hergestellt. In den Synthesen ist es durch die ungefährliche *2-Naphthylamino-1-sulfonsäure* ersetzt.

$C_{10}H_9N$ $M_R = 143{,}18$ C 83,88 % H 6,34 % N 9,78 %

t_{Smp}	t_{Sdp}	d	η
113 °C	306 °C	1,21 g/cm³	

C_p	$\Delta_S H$	$\Delta_{Sub} H$	$\Delta_B H$	S^o	Q_C
125,9 J/(K · mol)		73,9 kJ/mol (S)	79,9 kJ/mol		−5301 kJ/mol

MAK	R-Satz	S-Satz
	45-22-51/53	53-45-61

Natrium

Sodium Na

Ein an frischen Schnittflächen silberweiß glänzendes, weiches, leichtes metallisches chemisches Element, das an feuchter Luft rasch mattgrau anläuft und sich bald mit einer Hydroxidschicht überzieht. Mit Wasser reagiert Na sehr stürmisch unter Wasserstoff-Entwicklung und exotherm, wobei sich der ↑Wasserstoff bei lokaler Überhitzung entzünden kann. Weniger heftig, aber dennoch rasch reagiert Na auch mit ↑Ethanol und ↑Methanol unter Wasserstoff-Entwicklung und Bildung des entsprechenden Alkoholats (s. unter ↑Natriumethanolat) (s. Gleichungen). In flüssigem ↑Ammoniak löst sich Na mit tiefblauer Farbe.

$$2\,Na + 2\,H_2O \longrightarrow H_2 + 2\,Na^{\oplus}OH^{\ominus}$$

$$2\,Na + H_3C{-}CH_2{-}OH \longrightarrow H_2 + 2\,H_3C{-}CH_2{-}\overline{\underline{O}}|^{\ominus}\ {}^{\oplus}Na$$

Reaktionen von Natrium mit Wasser und Ethanol

Na kommt wegen seines unedlen (elektropositiven) Charakters nicht elementar in der Natur vor sondern findet sich ausschließlich in Form seiner Salze, und zwar vor allem als Steinsalz (↑Natriumchlorid), Chilesalpeter (↑Natriumnitrat), Soda (↑Natriumcarbonat) und Glaubersalz (↑Natriumsulfat) sowie in vielen Silicaten und nicht zuletzt in riesigen Mengen als Natriumchlorid im Meerwasser. Die Angaben über den Anteil am Aufbau der Erdrinde schwanken zwischen 2,2 und 2,8 Gew.-%, jedenfalls gehört Na zu den sieben häufigsten Elementen der Erdrinde. Meerwasser enthält im Durchschnitt 3,0 % Natriumchlorid.

Die Herstellung von Na-Metall geschieht heute ausschließlich durch Elektrolyse von geschmolzenem Natriumchlorid. Die Schmelztemperatur des Natriumchlorids von ca. 800 °C wird durch Zusatz von ↑Calciumchlorid herabgesetzt, so daß die Elektrolyse bei 600 °C durchgeführt werden kann (s. Gleichungen). Die Anode ist aus Graphit, Kathode und Diaphragma-Gewebesieb bestehen aus Edelstahl.

$$2\,Na^{\oplus} + 2\,e^- \longrightarrow 2\,Na \quad \text{Kathode}$$
$$2\,Cl^{\ominus} \longrightarrow Cl_2 + 2\,e^- \quad \text{Anode}$$
$$2\,Na^{\oplus} + 2\,Cl^{\ominus} \longrightarrow 2\,Na + Cl_2$$

Gewinnung von Natrium durch Schmelzflußelektrolyse von Natriumchlorid

Na gehört zur Gruppe der Alkalimetalle und steht in der zweiten Achterperiode des PSE, womit sich seine Elektronen-Konfiguration ergibt: $1s^2\ 2s^2\ 2p^6\ 3s^1$, Grundterm $^2S_{1/2}$.

Wie bei allen Alkalimetallen wird das einzige Valenzelektron sehr leicht abgegeben unter Ausbildung der Elektronenhülle des nächstniederen Edelgases, hier also von ↑Neon, worauf die große chemische Reaktivität in Form des hohen Reduktionsvermögens beruht (s. Normalpotential).

$$Na \longrightarrow Na^{\oplus} + e^- \qquad E_0 = -2{,}714\ V$$

Normalpotential von Natrium

So reagiert Na direkt (teils erst bei erhöhter Temperatur) mit ↑Wasserstoff, den Halogenen, mit ↑Schwefel, ↑Phosphor, reduziert die meisten Oxide und Hydroxide zur Elementstufe, ergibt mit Ammoniak Na-Amid und verbrennt beim Erwärmen an feuchter Luft unter Aussendung intensiv gelben Lichtes zu ↑Natriumperoxid. Weiteres zur Chemie des Na s. unter den einzelnen Na-Verbindungen.

Metallisches Na wurde in der Vergangenheit größtenteils zur Herstellung von *Bleitetraethyl* (Antiklopfmittel in Kfz-Treibstoffen) benötigt. Heute dient es vorwiegend zur Gewinnung anderer Na-Verbindungen (Oxide, Hydrid, Amid, Azid, Alkoholate), zu Reduktionszwecken in Organik und Anorganik, in der Metallurgie (Reduktion, Reinigung) und zu verschiedenen technischen Zwecken (Fotozellen, Na-Dampflampen, Speziallegierungen wie z. B. ↑Natriumamalgam).

Der qualitativ-analytische Nachweis des Na in seinen Verbindungen wird vor allem über die intensiv gelbe Färbung geführt, die Na der nichtleuchtenden Bunsenflamme verleiht. Da Na praktisch allgegenwärtig ist, muß zu einem eindeutigen Nachweis die Färbung intensiv und langanhaltend sein. Bei Betrachtung durch ein Spektroskop ist die singuläre intensive gelbe Linie bei 589 nm charakteristisch. Ein eindeutiger Na-Nachweis durch eine einfache Fällungs- oder Farbreaktion, der ohne sorgfältigen Ausschluß zahlreicher störender Kationen gelingt, existiert nicht. So stören beim Nachweis als *Natriumhexahydroxyantimonat* Ammonium-, Lithium-, alle Erdalkali- und fast alle Schwermetall-Kationen durch Niederschlags-Bildung (s. Gleichung).

$$Na^{\oplus} + [Sb(OH)_6]^{\ominus} \longrightarrow \underset{\text{weiß}}{Na[Sb(OH)_6]}$$

Fällung von Natriumhexahydroxyantimonat

Na-Ionen spielen in der Pflanzen-Physiologie kaum eine Rolle, in tierischen Organismen sind sie jedoch von großer Bedeutung. Sie sind in einer Konzentration von ca. 140 mmol/l in der außerzellulären Flüssigkeit und im Blutplasma enthalten (Gegenionen sind vor allem Chloridionen, aber auch Hydrogencarbonat-Ionen) und sind hier für die Aufrechterhaltung der osmotischen Verhältnisse entscheidend. Grundsätzlich verschieden vom extrazellulären Raum ist der Elektrolytgehalt im intrazellulären Raum. Hier sind die Na-Ionen vollständig durch einen äquivalenten Gehalt an Kalium-Ionen ersetzt. Gleichzeitig sind als Anionen vor allem

Hydrogenphosphat-, Sulfat- und proteinische Anionen präsent und keine Chlorid-Ionen. Dieser grundlegende Unterschied findet sich interessanterweise in gleicher Form angefangen bei den einfachsten Lebewesen bis zu den höchstentwickelten Warmblütlern und ist demzufolge von grundlegender Bedeutung für die Lebensvorgänge überhaupt. Die Elektrolyt-Konzentrationen werden durch hormonelle Regelkreise in engen Grenzen konstant gehalten. Die Reizleitung der Nerven und die Erregungsübertragung im Muskel beruht auf den Membranpotentialen, die von den Elektrolyt-Konzentrationsunterschieden zwischen intra- und extrazellulären Medien der Nerven- und Muskelzellen aufgebaut werden (s. hierzu unter ↑ Acetylcholin).

Der Mensch hat einen täglichen Bedarf von ca. 1 g Na-Ionen und scheidet die gleiche Menge wieder aus. Zu starke Zufuhr von Na-Ionen ist u. a. ursächlich für Bluthochdruck. Direkt toxisch sind Na-Ionen nur in solchen Mengen, in denen sie die osmotischen Verhältnisse stören. So wirkt durchschnittlich eine Aufnahme von etwa 170 g Natriumchlorid bei einem Erwachsenen tödlich.

Elementares Na wurde erstmals 1807 von Davy durch Elektrolyse von geschmolzenem Natriumhydroxid hergestellt.

► Na muß unter Petroleum oder anderen inerten Flüssigkeiten aufbewahrt werden. Na wirkt stark ätzend auf alle Gewebe. Es reagiert mit vielen Materialien heftig unter Entwicklung von brennbarem Wasserstoff.

Na Z = 11 A_R = 22,989768 Isotope: 23; 20-22, 24-26 (künstlich)

t_{Smp}	t_{Sdp}	d	MV	α	λ
97,8 °C	883 °C	0,971 g/cm³	23,68 cm³/mol	70,6 10^{-6}/K	141 W/mK

C_p	$\Delta_S H$	$\Delta_V H$	S^o	ϱ
28,15 J/(K · mol)	2,60 kJ/mol	99,2 kJ/mol	51,46 J/(K · mol)	42 nΩ · m

t_{krit}	P_{krit}	d_{krit}	t_{trip}
2230 °C	25,3 MPa	0,21 g/cm³	

MAK	R-Satz	S-Satz
	14/15-34	8-43-45

Natriumacetat

Sodium acetate

Fällt aus wässeriger Lösung als Trihydrat in Form farblos durchscheinender, säulenförmiger Kristalle an, die in Wasser bei 20 °C zu 125 g/100 ml, bei 100 °C zu 170 g/100 ml löslich sind. In Ethanol beträgt die Löslichkeit bei 20 °C etwa 5 g/100 ml. Das Salz dissoziiert in wässeriger Lösung vollständig und zeigt 0,1molar den pH 8,9. N. kristallisiert auch mit einem Mol ↑ Essigsäure und wird dann als *Natriumdiacetat* bezeichnet.

Das Trihydrat gewinnt man durch Neutralisation von ↑ Essigsäure mit ↑ Natriumcarbonat und Eindampfen der erhaltenen Lösung (s. Gleichung).

$$2\ H_3C{-}COOH + Na_2CO_3 \longrightarrow 2\ H_3C{-}COO^{\ominus}\ Na^{\oplus} + H_2O + CO_2$$

Herstellung von Natriumacetat

Es schmilzt bei 58 °C. im eigenen Kristallwasser und liegt bei 123 °C als wasserfreies Salz vor, das ein weißes, hygroskopisches, ebenfalls gut wasserlösliches kristallines Pulver darstellt. Das wasserfreie N. zersetzt sich bei ca. 500 °C u. a. zu ↑ Aceton.

N. wird hauptsächlich als präparatives und analytisches Hilfsmittel verwendet, so in wasserfreier Form als wasserentziehendes Agens bei organischen Synthesen, zum Abstumpfen von Säuren und allgemein zur Bindung von Protonen und als Bestandteil von Puffer-Systemen. Aufgrund seiner hohen Schmelzenthalpie (20,25 kJ/mol) dient N.-Trihydrat als Füllung in Wärmespeichern. Mit der Nummer *E 262* ist N. als Säureregulator in Lebensmitteln zugelassen.

$C_2H_3NaO_2$ $M_R = 82{,}04$ (wasserfrei) C 29,28 % H 3,69 % Na 28,02 % O 39,01 %

t_{Smp}	t_{Sdp}	d	η
324 °C		1,53 g/cm³	

C_p	$\Delta_S H$	$\Delta_V H$	$\Delta_B H$	S^o	Q_C
81,5 J/(K · mol)			−710,4 kJ/mol	123,1 J/(K · mol)	

Natriumamalgam

Sodium amalgam

%Na	Zusammensetzung
5,4	$NaHg_2$
20	Na_2Hg

Zwei mögliche Natriumamalgame

Konsistenz und Schmelzpunkt der N. hängen vom Na-Gehalt ab. Der Na-Gehalt kann bis 20 % betragen. Unterhalb ca. 1 % Na sind die N. flüssig, zwischen 1,0-ca. 2 % halbfest und ab 2 % fest. Das N. mit 5,4 % Na besitzt mit 360 °C den höchsten Schmelzpunkt. Die N. reagieren mit Wasser heftig unter Wasserstoffentwicklung, jedoch weniger heftig als metallisches Natrium.

Die N. werden hergestellt, indem man kleine Stückchen ↑ Natrium portionsweise in ↑ Quecksilber einträgt. Die Amalgambildung (Auflösung des Na im Hg) erfolgt heftig unter Flammenerscheinung.

N. wird vor allem in der Organik als Reduktionsmittel verwendet (s. auch ↑ Amalgame).

► Hautkontakt mit N. vermeiden. Von Feuchtigkeit fernhalten.

Natriumamid

Sodium amide

Bildet eine weiße pulvrig-kristalline Masse, die mit Wasser detonationsartig reagiert. N. zersetzt sich oberhalb 500 °C wieder in ↑ Natrium und ↑ Ammoniak.

$$Na + NH_3 \xrightarrow{300\,°C} NaNH_2 + \tfrac{1}{2}\,H_2$$

Herstellung von Natriumamid

Man kann N. darstellen durch Erhitzen von reinem Natrium in einem trockenen Strom von Ammoniak auf ca. 300 °C (s. Gleichung).

N. ist eine hochreaktive Verbindung, da es die sehr stark basischen *Amid-Ionen* enthält, die den meisten Verbindungen ihre beweglichen Protonen entziehen (s. Gleichungen).

$$NH_2^{\ominus} + H_2O \longrightarrow NH_3 + OH^{\ominus}$$
$$NH_2^{\ominus} + R{-}OH \longrightarrow NH_3 + R{-}\overline{\underline{O}}|^{\ominus}$$

Reaktionen des Amid-Ions

N. wird deshalb präparativ als starke Base verwendet. Als starkes Nucleophil dient das Amid-Ion auch zur Einführung der Aminogruppe, z. B. in der *Tschitschibabin-Synthese* der Aminopyridine. Außerdem ist N. Ausgangsprodukt zur Herstellung von ↑ Natriumazid.

► Reagiert äußerst heftig mit Wasser. Bei Lagerung unter Luftzutritt tritt allmählich Gelbfärbung ein. Derartig gelb verfärbte Produkte sind hochexplosiv und dürfen nicht mehr präparativ verwendet werden. Sie sollten umgehend durch Abreaktion mit Wasser im Freien zerstört werden.

H_2NNa $M_R = 39{,}01$ H 5,17 % N 35,90 % Na 58,93 %

t_{Smp} 210 °C	t_{Sdp} 400 °C	d 1,39 g/cm³	η		
C_p 66,2 J/(K · mol)	$\Delta_S H$	$\Delta_V H$	$\Delta_B H$ −113,8 kJ/mol	S^o 76,9 J/(K · mol)	Q_C
MAK	R-Satz 14/15-19-34	S-Satz 8-23-36/37			

Natriumazid

Sodium azide

Stellt ein farbloses kristallines Pulver dar, das in Wasser sehr gut, in Ethanol kaum löslich ist. N. ist unlöslich in Diethylether. Die wässerige Lösung reagiert alkalisch.

N. wird in guter Ausbeute erhalten, wenn man ↑ Natriumamid bei ca. 190 °C mit Distickstoffoxid (s. unter ↑ Stickstoffoxide) umsetzt (s. Gleichungen).

$$NaNH_2 + N_2O \longrightarrow NaN_3 + H_2O$$
$$NaNH_2 + H_2O \longrightarrow NaOH + NH_3$$
$$2\,NaNH_2 + N_2O \longrightarrow NaN_3 + NaOH + NH_3$$

Herstellung von Natriumazid

N. ist das Na-Salz der *Stickstoffwasserstoffsäure*, deren Salze als *Azide* bezeichnet werden. Es ist rein salzartig aufgebaut und enthält im Kristallgitter die *Azid-Ionen*, die mesomeriestabilisiert sind (s. Abbildung).

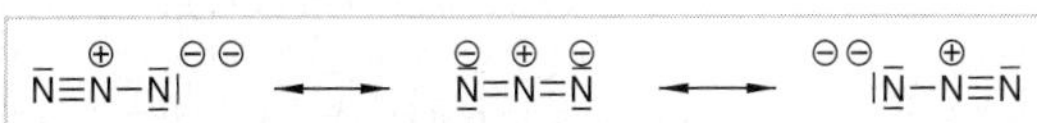

Mesomerie-Stabilisierung des Azid-Ions

$$2\,NaN_3 \xrightarrow{300\ °C} 2\,Na + 3\,N_2$$

Thermischer Zerfall von Natriumazid

Das Azid-Ion ist linear und symmetrisch mit einheitlichen N-N-Abständen, die zwischen denen der Doppel- und Dreifachbindungen liegen. In Verbindungen mit kovalentem Bindungsanteil, wie in den Schwermetallaziden (z. B. Bleiazid und Silberazid) oder in der freien Säure, fehlt die Mesomeriestabilisierung zum großen Teil, weshalb diese extrem schlag- und temperaturempfindlich sind und leicht heftig explodieren. N. kann man ohne weiteres schmelzen und es zerfällt erst oberhalb 300 °C kontrollierbar in ↑ Natrium und ↑ Stickstoff (s. Gleichung).

Auf dieser Zersetzung beruht eine Möglichkeit zur Reindarstellung von Natrium und Stickstoff. Diese Reaktion liegt auch der Funktion des *Airbag* der Kraftfahrzeuge zugrunde. Die Chemie des Airbag läuft mit dem Dreikomponentensystem N., ↑ Kaliumnitrat und ↑ Siliciumdioxid ab. Bei einem Crash wird das N. elektronisch gezündet, wobei es gemäß vorstehender Gleichung explosionsartig zerfällt und der entwickelte

Stickstoff innerhalb von ca. 40 Millisekunden einen Polyamidsack aufbläst. Das dabei entstehende Natrium reagiert mit dem anwesenden Kaliumnitrat ab unter Bildung von ↑ Natriumoxid und Kaliumoxid und weiterem Stickstoff (s. Gleichung).

$$10\,Na + 2\,KNO_3 \longrightarrow K_2O + Na_2O + N_2$$

Chemische Reaktion im Airbag

Die beiden Alkalioxide werden schließlich vom Siliciumdioxid zu unbedenklichem Silicat gebunden (s. Gleichung).

$$K_2O + Na_2O + SiO_2 \longrightarrow \text{(Na, K) Silikate}$$

Abfangreaktion im Airbag

N. dient als Ausgangsprodukt zur Herstellung anderer Metallazide, z. B. von *Bleiazid* (s. Gleichung) indem man Lösungen von N. und ↑ Blei(II)nitrat zusammengibt, wobei das in Wasser schwer lösliche Bleiazid in Form farbloser Kristallnadeln ausfällt (Wasserlöslichkeit 20 mg/100 ml).

$$2\,NaN_3 + Pb(NO_3)_2 \longrightarrow Pb(N_3)_2 + 2\,NaNO_3$$

Bildung von Bleiazid

$$J_2 + 2\,N_3^{\ominus} \xrightarrow{[S^{2-}]} 2\,J^{\ominus} + 3\,N_2$$

Iod-Azid-Reaktion

Bleiazid, dessen Detonationspunkt bei 350 °C liegt, ist ein wichtiger *Initialzünder* in der Spreng- und Schießtechnik. N. dient auch zur Herstellung von organischen Aziden, z. B. Tosylazid (s. unter ↑ p-Toluolsulfonsäurechlorid). N. wird auch in der „*Iodazid-Reaktion*" verwendet, die zum Nachweis von Sulfid-Ionen und divalentem organisch gebundenem Schwefel (Mercaptane, Thioether, Disulfide, Thione, S-Heterocyclen) dient und auf der Reduktion von ↑ Iod zu Iodid durch das Azid-Ion unter Stickstoff-Entwicklung beruht (s. Gleichung).

Diese Reduktion, die normalerweise äußerst langsam abläuft, wird durch die genannten S-Verbindungen stark beschleunigt. Zum Nachweis wird 1 ml 0,1n Iodlösung mit Stärke blau angefärbt, mit 1 ml 10 %ige wässerige N.-Lösung versetzt und dann die Probelösung zugegeben. Nach kurzer Zeit tritt Entfärbung und Gasentwicklung ein.

Durch Umsetzung von Carbonsäurechloriden mit N. erhält man die *Säureazide*.

► N. ist nicht explosiv. Es ist aber wie die Stickstoffwasserstoffsäure und alle Azide eine sehr giftige Substanz. Das Azid-Ion hat vor allem einen stark blutdrucksenkenden Effekt. Schon die Inhalation oder die orale Aufnahme kleiner Mengen (z. B. 1,5 ml 10 %ige Lösung) hat starke Vergiftungserscheinungen zur Folge. Das Azid-Ion blockiert die Cytochrom-C-oxidase der Atmungskette (s. unter ↑ Adenosin-5′-triphosphat).

N_3Na $M_R = 65{,}02$ N 64,64 % Na 35,36 %

$t_{Zersetzung}$ > 300 °C (Z)	t_{Sdp}	d 1,85 g/cm³	η		
C_p 80 J/(K · mol)	$\Delta_S H$	$\Delta_V H$	$\Delta_B H$ −21,3 kJ/mol	S^o 70,5 J/(K · mol)	Q_C
MAK 0,2 mg/m³	R-Satz 28-32-50/53	S-Satz 28-45-60-61			

Natriumbismutat

Sodium bismuthate

Bildet in reiner Form feine gelbe Kristallnadeln, die in kaltem Wasser unlöslich sind und von heißem Wasser zersetzt werden unter Bildung von ↑Bismut(III)oxid, ↑Natriumhydroxid und ↑Sauerstoff. Durch Säuren erfolgt ebenfalls Zersetzung, mit ↑Salzsäure unter Entwicklung von ↑Chlor, mit Sauerstoffsäuren unter Sauerstoffentwicklung.

N. fällt als braungelber Niederschlag aus, wenn man ↑Brom in der Siedehitze zu einer Aufschlämmung von Bismut(III)oxid in konzentrierter Natronlauge gibt (s. Gleichung).

$$Bi_2O_3 + 6\,NaOH + 2\,Br_2 \longrightarrow 2\,NaBiO_3 + 4\,NaBr + 3\,H_2O$$

Bildung von Natriumbismutat aus Bismut(III)oxid

$$Bi^{5+} + 2\,e^- \longrightarrow Bi^{3+}$$

Elektronenaufnahme von Bi(V) zu Bi(III)

N. wird nie in 100 %iger Reinheit erhalten und weist auch stets einen Wassergehalt von ca. 3–5 Mol pro Formeleinheit auf. Im N. liegt das Bi-Atom in der Oxidationsstufe +5 vor, demzufolge N. zu den stärksten Oxidationsmitteln gehört. Das Potential für den Vorgang der Elektronenaufnahme von Bi(V) zu Bi(III) wird mit etwa +2,0 V angenommen (s. Gleichung).

Die Struktur von N, vor allem wie die Bi(V)-Spezies vorliegt, ist noch nicht bekannt. Die Abbildung zeigt einige mögliche Summenformel-Darstellungen.

$$(NaBiO_3)_{aq} \;\hat{=}\; NaBiO_3 \cdot 3\,H_2O \cdot aq \;\hat{=}\; Na[Bi(OH)_6] \cdot aq$$

Mögliche Summenformel-Darstellungen für Natriumbismutat

N. oxidiert in salpetersaurer Lösung Mn(II) zu Mn(VII) und kann so zur Bestimmung von ↑Mangan in ↑Eisen und Stahl dienen.

► N. zersetzt sich bei der Lagerung allmählich. Stets gut verschlossen aufbewahren.

$BiNaO_3$ $M_R = 279{,}97$ Bi 74,64 % Na 8,21 % O 17,14 %

Natriumboranat

Sodium borohydride Natriumborhydrid

Bildet ein weißes kristallines Pulver, das sich in Wasser, Dimethylformamid und Diglyme löst, dagegen unlöslich ist in Diethylether. Mit Wasser erfolgt Zersetzung, die im Alkalischen oberhalb pH 9 nur langsam, in saurer Lösung, z. B. mit ↑Salzsäure, dagegen rasch erfolgt und ↑Diboran und ↑Wasserstoff liefert. In trockener Luft ist N. bis oberhalb 400 °C stabil.

Die Labordarstellung von N. kann durch Umsetzung von ↑Borsäuretrimethylester mit ↑Natriumhydrid bei etwa 250 °C erfolgen (s. Gleichung). So wird es auch technisch hergestellt, was als *Schlesinger-Verfahren* bekannt ist.

$$B(OCH_3)_3 + 4\,NaH \xrightarrow{\Delta} NaBH_4 + 3\,NaOCH_3$$

Labordarstellung von Natriumboranat

$$BH_4^{\ominus} + H^{\oplus} \longrightarrow {}^1/_2\,(BH_3)_2 + H_2$$

Reaktion von Natriumboranat mit Brönsted-Säuren

N. ist rein salzartig aufgebaut und kristallisiert im Natriumchlorid-Gitter, wobei diskrete Boranat-Anionen jeweils von 6 Natriumionen koordiniert sind. Aus dem Aufbau aus Boranat-Anionen erklärt sich das Reaktionsverhalten gegen Brönsted- und Lewis-Säuren (s. Gleichungen).

$$BH_4^{\ominus} + BCl_3 \longrightarrow {}^1/_2\,(BH_3)_2 + [HBCl_3]^{\ominus}$$

Reaktion von Natriumboranat mit Lewis-Säuren

Das ↑ Diboran reagiert, wenn es die Reaktionsbedingungen erlauben, mit N. weiter zu höheren Boranaten (s. Gleichung).

$$NaBH_4 + {}^1/_2\,(BH_3)_2 \longrightarrow NaB_2H_7 \quad \text{usw.}$$

Bildung höherer Boranate aus Natriumboranat und Diboran

N. wird präparativ als selektives Reduktionsmittel genutzt, mit dem z. B. in ↑ Dimethylformamid als Lösungsmittel Aldehyde, Ketone und Carbonsäurechloride in die Alkohole überführt werden. Ferner dient es zur Herstellung von Diboran (s. o.). Technisch wird N. als Bleichmittel für Papier und ↑ Cellulose verwendet sowie zur stromlosen Vernickelung eingesetzt.

BH_4Na $M_R = 37{,}83$ B 28,58 % H 10,66 % Na 60,77 %

$t_{Zersetzung}$	t_{Sdp}	d	η		
> 300 °C (Z)		1,07 g/cm³			
C_p	$\Delta_S H$	$\Delta_V H$	$\Delta_B H$	S^o	Q_C
86,9 J/(K · mol)			−183,3 kJ/mol	101,5 J/(K · mol)	
MAK	R-Satz	S-Satz			
	15-25-34	26-36/37/39-43			

Natriumbromat

Sodium bromate

Bildet farb- und geruchlose Kristallc oder ein kristallines Pulver und löst sich zu 40 g/100 ml in kaltem, zu ca. 100 g/100 ml in kochendem Wasser mit neutraler Reaktion.

N. wird hergestellt analog zum ↑ Kaliumbromat durch Einleiten von ↑ Brom in heiße Natronlauge, wobei N. und ↑ Natriumbromid entstehen (s. Reaktionsgleichungen unter ↑ Kaliumbromat), die dann durch Auskristallisieren des N. voneinander getrennt werden.

$$2\,NaBrO_3 \longrightarrow 2\,NaBr + 3\,O_2$$

Thermische Zersetzung von Natriumbromat

Beim Erhitzen zerfällt N. unter Sauerstoff-Freisetzung (s. Gleichung).

Die Anwendungen von N. sind die gleichen wie für Kaliumbromat.

$BrNaO_3$ $M_R = 150{,}89$ Br 52,95 % N 15,24 % O 31,81 %

$t_{Zersetzung}$	t_{Sdp}	d	η
381 °C (Z)		3,34 g/cm³	

C_p	$\Delta_S H$	$\Delta_V H$	$\Delta_B H$	S^o	Q_C
			−343 kJ/mol	129 J/(K · mol)	

MAK	R-Satz	S-Satz
	8-22-36/37/38	17-26-36

Natriumbromid

Sodium bromide

Bildet farb- und geruchlose Kristalle oder ein kristallines Pulver und löst sich mit neutraler Reaktion sehr gut in Wasser (100 g/100 ml) und ebenfalls sehr gut in Ethanol und Methanol.

N. kann gewonnen werden, indem die bei der Bromat-Herstellung (s. unter ↑Natriumbromat) erhaltene Lösung aus Bromid und Bromat eingedampft und der Bromat-Anteil im Rückstand mit Kohle reduziert wird (s. Gleichung).

$$2\,BrO_3^{\ominus} + 3\,C \longrightarrow 2\,Br^{\ominus} + 3\,CO_2$$

Herstellung von Natriumbromid durch Reduktion von Natriumbromat

N. wird wie ↑Kaliumbromid in der Fotografie verwendet. Als Beruhigungsmittel spielt es keine Rolle mehr.

BrNa $M_R = 102{,}89$ Br 77,66 % Na 22,34 %

t_{Smp}	t_{Sdp}	d	η
747 °C	1390 °C	3,20 g/cm³	

C_p	$\Delta_S H$	$\Delta_V H$	$\Delta_B H$	S^o	Q_C
51,9 J/(K · mol)	26,1 kJ/mol	185 kJ/mol	−361 kJ/mol	86,8 J/(K · mol)	

MAK	R-Satz	S-Satz
	36/37/38	26-36

Natriumcarbonat

Sodium carbonate

Vom N. existieren drei Handelsformen, die sich in ihrem Kristallwasser-Gehalt voneinander unterscheiden (s. Tabelle).

Bezeichnung	Trivialname	Formel
Natriumcarbonat-decahydrat	Kristallsoda	$Na_2CO_3 \cdot 10\,H_2O$
Natriumcarbonat-monohydrat	Kristallcarbonat	$Na_2CO_3 \cdot H_2O$
Natriumcarbonat wasserfrei	calcinierte Soda	Na_2CO_3

Handelsformen von Natriumcarbonat

Das Decahydrat, auch einfach als *Soda* bezeichnet, fällt in Form großer, wasserklarer Kristalle aus wässerigen Lösungen unterhalb 32,5 °C aus. Es löst sich in Wasser sehr gut (bei 20 °C 50 g/100 ml). Die Kristalle verwittern an der Luft rasch. Beim Erwärmen auf 35,4 °C geht das Decahydrat in das Monohydrat über, ein weißes kristallines Pulver, das an der Luft beständig ist und sich in Wasser ebenfalls gut löst. Beim

Erwärmen auf 107 °C wandelt sich das Monohydrat in die wasserfreie Verbindung um, ein dichtes, weißes kristallines Pulver, das hygroskopisch ist und sich in Wasser unter starker Erwärmung sehr gut löst (s. Schema). Alle N.-Formen sind geruchlose Substanzen. Sie lösen sich in Wasser mit stark alkalischer Reaktion (s. Gleichung).

$$Na_2CO_3 \cdot 10\,H_2O \xrightarrow[-9\,H_2O]{35{,}4\ °C} Na_2CO_3 \cdot H_2O \xrightarrow[-H_2O]{107\ °C} Na_2CO_3$$

Stufenweise Dehydratisierung von Natriumcarbonat-Decahydrat

$$CO_3^{2-} + H_2O \rightleftharpoons HCO_3^{\ominus} + OH^{\ominus}$$

Alkalische Reaktion von Carbonat-Lösungen

N. kommt in vielen Lagerstätten in gewaltigen Mengen vor, so vor allem in Form des Minerals *Trona* (einem gemischten Na-Carbonat/ Hydrogencarbonat) in Nordamerika, sowie in den nordamerikanischen und afrikanischen Salzseen. Weltweit wird jedoch die größte Menge an N. synthetisch gewonnen, wobei ausschließlich das *Solvay-Verfahren* zur Anwendung kommt. Das Solvay-Verfahren (von E. Solvay 1860 entwickelt) ist mengenmäßig eines der wichtigsten Verfahren der Groß-Chemie (die jährlich weltweit produzierte Menge an N. beträgt weit über 30 Mio. t, von denen der weitaus größte Teil nach dem Solvay-Verfahren gewonnen wird; lediglich in USA wird der Großteil des N. aus natürlichen Vorkommen verwendet) und dazu ein interessantes Beispiel dafür, wie eine unmittelbar nicht ablaufende Umsetzung über einen Umweg doch erzwungen werden kann (s. Gleichung für die Bruttoreaktion).

$$\underset{\text{Kalk}}{CaCO_3} + \underset{\text{Kochsalz}}{2\,NaCl} \longrightarrow \underset{\text{Calciumchlorid}}{CaCl_2} + \underset{\text{Natriumcarbonat}}{Na_2CO_3}$$

Brutto-Reaktion des Solvay-Verfahrens

Bei ↑ Calciumcarbonat (Kalk) und ↑ Natriumchlorid (Kochsalz) handelt es sich um die billigsten und praktisch unbegrenzt zur Verfügung stehenden Rohstoffe, die allerdings in der angegebenen Weise nicht miteinander reagieren. Die Reaktion läuft ausschließlich in der umgekehrten Richtung ab. Das Solvay-Verfahren ermöglicht die Umsetzung über die Zwischenstufe ↑ Natriumhydrogencarbonat: aus Calciumcarbonat wird durch Erhitzen ↑ Kohlenstoffdioxid freigesetzt. Dieses wird zusammen mit ↑ Ammoniak in eine konzentrierte Kochsalzlösung eingeleitet. Hierbei fällt das relativ schwerlösliche Natriumhydrogencarbonat aus, das abgetrennt werden kann und durch Erhitzen in N. überführbar ist. Das bei der Hydrogencarbonat-Fällung in Lösung verbleibende ↑ Ammoniumchlorid wird mit dem ↑ Calciumoxid (aus dem Calciumcarbonat nach Kohlenstoffdioxid-Abspaltung übrigbleibend) wieder zu Ammoniak umgesetzt. Im Schema sind die Teilreaktionen dargestellt.

$$\begin{aligned}
CaCO_3 &\xrightarrow{\Delta} CaO + CO_2 \\
2\,NaCl + 2\,CO_2 + 2\,NH_3 + 2\,H_2O &\longrightarrow 2\,NaHCO_3\downarrow + 2\,NH_4Cl \\
2\,NaHCO_3 &\xrightarrow{\Delta} Na_2CO_3 + H_2O + CO_2 \\
2\,NH_4Cl + CaO &\longrightarrow 2\,NH_3 + CaCl_2 + H_2O \\
\hline
CaCO_3 + 2\,NaCl &\longrightarrow CaCl_2 + Na_2CO_3
\end{aligned}$$

Teilreaktionen im Solvay-Verfahren

Das Verfahren ist energieaufwendig. Als Nebenprodukt entsteht nur ↑ Calciumchlorid, das allerdings ein Entsorungsproblem darstellt. Im nur noch historisches Interesse besitzenden *Leblanc-Verfahren* wurde

↑ Natriumsulfat mit Kohle zu ↑ Natriumsulfid reduziert und das Natriumsulfid mit ↑ Calciumcarbonat in Soda umgewandelt.

N. ist einer der bedeutendsten Grundstoffe der chemischen Industrie. Großverbraucher von N. sind die Glasindustrie und die Waschmittel-Industrie. In der Glasherstellung dient N. sowohl als Rohstoff als auch als Flußmittel für den Sandaufschluß. Für die Waschmittel-Herstellung wird N. u. a. auf ↑ Natriumphosphate verarbeitet. Überhaupt ist N. Ausgangsprodukt zur Darstellung vieler anderer Na-Verbindungen. In nahezu allen Industriezweigen wird N. für die verschiedensten Zwecke verwendet und sei es nur zur pH-Anhebung. Große Anteile gehen in die Papierherstellung, Metallurgie, Wasseraufbereitung, Textil- und Lederindustrie, Keramik-Industrie, Lebensmittel-Technologie u. v. a.

Zur Verwendung im analytischen Labor als Aufschlußmittel s. unter ↑ Kaliumcarbonat.

CNa_2O_3 $M_R = 106{,}00$ (wasserfrei) C 11,33 % Na 43,38 % 0 45,29 %

t_{Smp} 851 °C	t_{Sdp}	d 2,53 g/cm³	η		
C_p 111 J/(K · mol)	$\Delta_S H$ 0,7 kJ/mol	$\Delta_V H$	$\Delta_B H$ −1131 kJ/mol	S^o 138,8 J/(K · mol)	Q_C
MAK	R-Satz 36	S-Satz 22-26			

Natriumchlorat

Sodium chlorate

Bildet farb- und geruchlose Kristalle, die sich mit neutraler Reaktion sehr gut in Wasser (100 g/100 ml) lösen und in Glycerin ebenfalls gut, in Ethanol allerdings nur wenig löslich sind. Anwesendes ↑ Natriumchlorid verringert die Löslichkeit des N. in Wasser sehr.

N. wird technisch durch Elektrolyse einer wässerigen Kochsalzlösung gewonnen, wobei Kathode und Anode ohne Diaphragmatrennung eng zusammenstehen, so daß anodisch gebildetes ↑ Chlor und kathodisch gebildete Hydroxid-Ionen direkt miteinander zu Hypochlorit-Anionen reagieren können. Diese bilden mit der ebenfalls entstehenden Hypochlorigen Säure Chlorat-Ionen (s. Teilgleichungen im Schema).

$$2\,Cl^{\ominus} \longrightarrow Cl_2 + 2e^- \quad \text{(Anode)}$$
$$2\,H_2O + 2\,e^- \longrightarrow H_2 + 2\,OH^{\ominus} \quad \text{(Kathode)}$$
$$Cl_2 + H_2O \longrightarrow HClO + HCl$$
$$Cl_2 + OH^{\ominus} \longrightarrow ClO^{\ominus} + HCl$$
$$2\,HClO + ClO^{\ominus} \longrightarrow ClO_3^{\ominus} + 2\,HCl$$

Teilreaktionen der elektrolytischen Natriumchlorat-Herstellung

Die letztformulierte Reaktion beruht auf der leichten Abgabe von ↑ Sauerstoff durch die Hypochlorige Säure (s. unter ↑ Natriumhypochlorit), der sofort Hypochlorit zu Chlorit und Chlorit zu Chlorat oxidiert. N. ist das Natriumsalz der Chlorsäure (s. unter ↑ Kaliumchlorat).

Der größte Teil des N. wird technisch für Bleichzwecke in der Papierindustrie verwendet. Präparativ dient N. z. B. zur Gewinnung von ↑ Natriumchlorit und zur Herstellung anderer Chlorate, z. B. ↑ Kaliumchlorat. In Sprengstoffen wird N. weniger genutzt als Kaliumchlorat, da es etwas hygroskopisch ist.

$ClNaO_3$ $M_R = 106{,}44$ Cl 33,31 % Na 21,60 % O 45,09 %

t_{Smp}	t_{Sdp}	d	η		
255 °C		2,49 g/cm³			
C_p	$\Delta_S H$	$\Delta_V H$	$\Delta_B H$	S^o	Q_C
101 J/(K · mol)			−359 kJ/mol	123 J/(K · mol)	
MAK	R-Satz	S-Satz			
	9-22	13-17-46			

Natriumchlorid

Sodium chloride   Kochsalz, Steinsalz

Bildet ein weißes kristallines Pulver oder gut ausgebildete, glasklar durchscheinende kubische Kristalle. N. ist nicht hygroskopisch und verbackt nur bei Verunreinigung mit Calcium- und/oder Magnesiumchlorid. Die Wasserlöslichkeit steigt mit der Temperatur kaum an (bei 20 °C 36 g/100 ml, bei 100 °C 39 g/100 ml). Die wässerige Lösung reagiert neutral. N. ist in Ethanol und Methanol nur sehr wenig löslich, in Aceton praktisch unlöslich.

N. steht in unerschöpflicher Menge zur Verfügung. Es wird hauptsächlich (70 %) aus Lagerstätten (s. unter ↑Natrium) bergmännisch oder durch Aussolung gewonnen und ist als solches schon teils 99 % rein. Zur Gewinnung aus Meerwasser wird dieses in sog. „*Salzgärten*" verdunstet.

N. ist der Prototyp der „salzartigen", also ionisch aufgebauten Verbindungen, weil es einerseits das wichtigste und bekannteste „*Salz*" ist und andererseits die *Ionenbindung* in reiner Form verkörpert und zudem noch einen sehr verbreiteten *Gittertyp* repräsentiert. Die Ionenbindung sei hier nur kurz vereinfacht charakterisiert am Beispiel des N. Ionisch aufgebaute Verbindungen entstehen, wenn Elemente stark unterschiedlicher Elektronegativität (s. unter ↑Fluor) miteinander reagieren, wie es ja bei der Umsetzung von metallischem ↑Natrium mit dem Nichtmetall ↑Chlor gegeben ist. Die Na-Atome geben ihre Außenelektronen an die Chloratome ab (s. Schema).

$$Na \longrightarrow Na^{\oplus} + e^-$$
$$^1/_2\,Cl_2 + e^- \longrightarrow Cl^{\ominus}$$
$$Na + {}^1/_2\,Cl_2 \longrightarrow Na^{\oplus} + Cl^{\ominus}$$

Natriumchlorid-Bildung in Elektronen-Teilgleichungen

Es entstehen diskrete Na-Kationen und Cl-Anionen, die nun durch rein elekrostatische Anziehung zusammengehalten werden und sich dabei möglichst dicht unter Ladungskompensation arrangieren. Die auf diese Weise zustandekommende exakte und starre Anordnung der als „Kugeln" denkbaren Ionen, die sich mit ihren Wirkungsphären berühren, wird als *Ionengitter* bezeichnet. Wie die Anordnung der Ionen zueinander erfolgt, hängt von den Ionenladungen und den Größenverhältnissen ab, und kommt in den verschiedenen Gittertypen zum Ausdruck. N. kristallisiert in einem besonders häufig vorkommenden Gittertyp: sowohl die Na-Ionen als auch die Cl-Ionen bilden jeweils für sich ein kubisch-flächenzentriertes Gitter aus (man kann es auch jeweils als kubisch dichteste Kugelpackung bezeichen). Die beiden Gitter durchdringen sich nun so, daß die Elementarwürfel jeweils hälftig ineinandergestellt sind. Dies hat zur Folge, daß jedes Na-Ion oktaedrisch von 6 Cl-Ionen und jedes Cl-Ion oktaedrisch von 6 Na-Ionen umgeben ist. Die Strukturverhältnisse in Salzen werden von den Struktursubstanzformeln (Niggli-Formeln) zum Ausdruck gebracht, in denen die geschweiften Klammern das Ionengitter symbolisieren sollen und die Indizes die Koordination angeben (s. Niggli-Formel für NaCl).

$$\{NaCl_{6/6}\}_G$$

Niggli-Formel für Natriumchlorid

Es ist hier ein Ausschnitt aus dem NaCl-Gitter gezeigt. Die Zentren der Ionen sind durch Kugeln angedeutet. Man bedenke, daß die Cl^--Ionen erheblich größer sind als die Na^+- Ionen, was in der Zeichnung unberücksichtigt blieb. Die gestrichelten Linien verdeutlichen die oktaedrische Koordination (s. Abbildung).

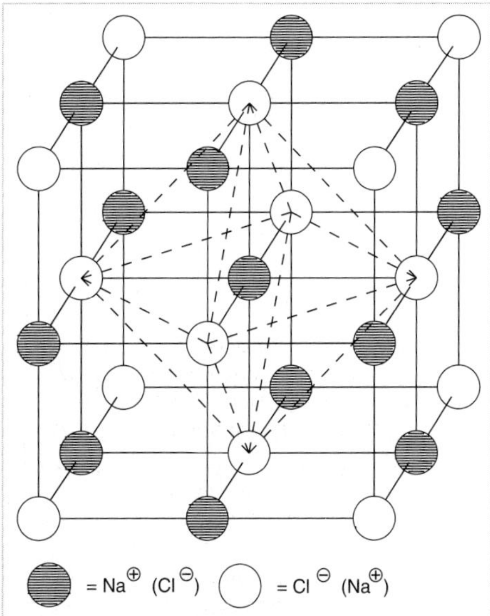

Ausschnitt aus dem Natriumchlorid-Gitter

N. dient hauptsächlich zur Herstellung von ↑Natriumcarbonat (Solvay-Verfahren) und von ↑Natriumhydroxid (als Koppelprodukt der Chlor-Erzeugung durch Chloralkali-Elektrolyse) und stellt damit die Stammsubstanz aller Na-Verbindungen überhaupt dar (*Industriesalz*). N. wird auch in großen Mengen in der Lebensmittel-Zubereitung (*Speisesalz*) verwendet, ferner zum Aussalzen in der chemischen Industrie, zur Regeneration von Ionenaustauschern, als Gerberei-Hilfsmittel, in der Emaille-Herstellung, als Tausalz usw. Eine spezielle Anwendung fnden N.-Einkristalle wegen ihrer guten Durchlässigkeit für Infrarot-Licht in der Optik, z. B. als Fenstermaterial in Infrarot-Spektrometern. Zur physiologischen Bedeutung des N. s. unter ↑Natrium.

ClNa $M_R = 58{,}45$ Cl 60,66 % Na 39,34 %

t_{Smp}	t_{Sdp}	d	η
800 °C	1460 °C	2,16 g/cm³	

C_p	$\Delta_S H$	$\Delta_V H$	$\Delta_B H$	S^o	Q_C
50,5 J/(K · mol)	28,2 kJ/mol	170 kJ/mol	−411 kJ/mol	72,1 J/(K · mol)	

Natriumchlorit

sodium chlorite

$$3\,NaClO_2 \longrightarrow 2\,NaClO_3 + NaCl$$
$$NaClO_2 \longrightarrow NaCl + O_2$$

Thermischer Zerfall von Natriumchlorit

Bildet farblose Kristalle, die etwas hygroskopisch sind aber nicht verbacken und sich in Wasser sehr gut lösen. N. zersetzt sich beim Erwärmen erst bei ca. 200 °C, wobei es ohne explosiv zu sein, teils zu Chlorat und Chlorid disproportioniert, teils einfach ↑Sauerstoff abspaltet (s. Gleichung).

N. wird technisch auf dem Umweg über ↑ Natriumchlorat und ↑ Chlordioxid hergestellt, und zwar wird Natriumchlorat mit konz. ↑ Salzsäure versetzt, wobei letztere Chlorat zu Chlordioxid reduziert (s. Gleichung). Das Chlordioxid wird in eine Mischung aus Natronlauge und ↑ Wasserstoffperoxid geleitet und die entstehende N.-Lösung eingedampft (s. Gleichung).

$$2\,HClO_3 + 2\,HCl \longrightarrow 2\,ClO_2 + Cl_2 + 2\,H_2O$$

Chlordioxid-Bildung aus Natriumchlorat und Salzsäure

$$2\,ClO_2 + 2\,NaOH + H_2O_2 \longrightarrow 2\,NaClO_2 + 2\,H_2O + O_2$$

Natriumchlorit-Bildung aus Chlordioxid und Natronlauge

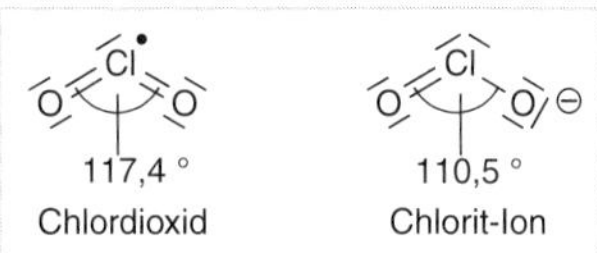

Bau von Chlorit-Ion und Chlordioxid-Molekül

N. ist das Natriumsalz der Chlorigen Säure. Die *Chlorige Säure* selbst ist in reiner Form unbeständig. Das *Chlorit-Ion* ist wie das Chlordioxid-Molekül gewinkelt gebaut (s. Abbildung).

Leitet man in eine N.-Lösung ↑ Chlor, erhält man wiederum Chlordioxid, was zu dessen Laborherstellung dient (s. Gleichung).

$$2\,NaClO_2 + Cl_2 \longrightarrow 2\,ClO_2 + 2\,NaCl$$

Labordarstellung von Chlordioxid

N. wird technisch als Bleichmittel in der Textil- und Papierindustrie, als Oxidationsmittel in chemischen und metallurgischen Prozessen sowie zur Desodorierung und Desinfektion verwendet.

$ClNaO_2$ $M_R = 90{,}44$ Cl 39,20 % N 25,42 % O 35,38 %

Natriumcitrat

Sodium citrate Trinatriumcitrat

Bildet als Dihydrat ein farb- und geruchloses kristallines Pulver von kühlem, salzigem Geschmack, das an der Luft stabil ist und beim Erwärmen ab 150 °C Wasser abgibt. N. ist in Wasser sehr gut löslich (über 70 g/100 ml) und in Ethanol praktisch unlöslich. Die wässerige Lösung reagiert leicht alkalisch.

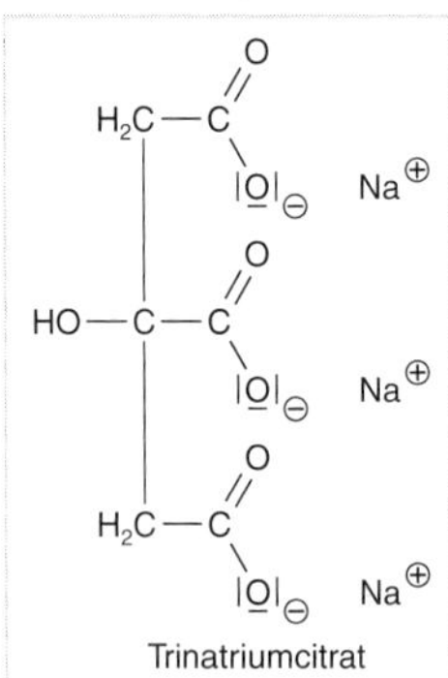

Struktur von Trinatriumcitrat

N. wird als Trinatriumsalz der ↑ Citronensäure (s. Strukturabb.) durch stöchiometrische Umsetzung einer Citronensäure-Lösung mit Natronlauge und Einengung der entstandenen N.-Lösung erhalten.

N. wird in der Medizin als gerinnungshemmender Zusatz zu Transfusionsblut verwendet. Die Wirkung des N. beruht dabei auf der Komplexierung von Calciumionen, ohne die eine Gerinnung nicht erfolgen kann (s. hierzu auch unter ↑ Heparin). Das N. wird hierzu jedoch fast ausschließlich in vitro, z. B. zur Messung der Blutsenkung nach Westergreen, eingesetzt (Blut und 3,8 %ige N.-Lösung werden im Volumenverhältnis 4 : 1 gemischt). N. ist ferner mit der Nummer *E 331* als Säuerungsmittel und Säureregulator als Zusatzstoff für Lebensmittel zugelassen.

$C_6H_5Na_3O_7$	$M_R = 258{,}07$	C 27,92 %	H 1,95 %	Na 26,72 %	O 43,40 %

Natriumcyanat

Sodium cyanate

Bildet farb- und geruchlose nadelförmige Kristalle, die in Wasser gut, in Ethanol wenig und in Diethylether nicht löslich sind.

N. entsteht beim trockenen Erhitzen einer äquimolaren Mischung von ↑ Harnstoff mit ↑ Natriumcarbonat (s. Gleichung).

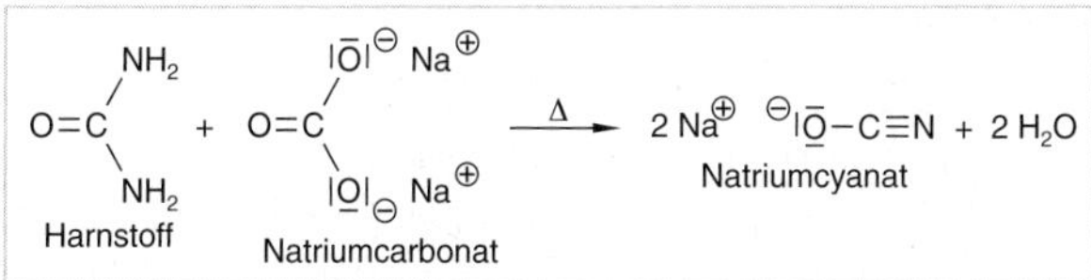

Bildung von Natriumcyanat

Mesomerie-Stabilisierung im Cyanat-Ion

N. ist das Natriumsalz der ↑ Cyansäure. Das *Cyanat-Ion* ist linear gebaut und mesomer stabilisiert, wie die beiden Grenzformeln zeigen (s. Abbildung).

Die beiden Grenzformeln lassen sich „fixieren" in den organischen Derivaten der Cyansäure, den Cyanaten und Isocyanaten (Ester der Cyan- bzw. Isocyansäure, s. unter ↑ Cyansäure und ↑ Phenylisocyanat).

N. findet hauptsächlich präparative Verwendung zur Herstellung von Harnstoff-Derivaten.

CNNaO	$M_R = 65{,}01$	C 18,48 %	N 21,55 %	Na 35,37 %	O 24,61 %

$t_{Zersetzung}$	t_{Sdp}	d	η		
> 200 °C (Z)		1,94 g/cm³			
C_p	$\Delta_S H$	$\Delta_V H$	$\Delta_B H$	S^o	Q_C
			−400 kJ/mol		
MAK	R-Satz	S-Satz			
	22-52/53	24/25-61			

Natriumdichromat

Sodium dichromate

Bildet in Form des handelsüblichen Dihydrats leuchtend orangerote Kristalle, die etwas zerfließlich sind und sich in Wasser sehr gut lösen (bei 20 °C ca. 230 g/100 ml). N. spaltet das Kristallwasser bei längerem Erwärmen auf über 100 °C ab. Die wässerigen Lösungen reagieren sauer (eine 10 %ige Lösung zeigt den pH 3,5).

Zur Herstellung von N. wird der Chromit (s. unter ↑ Chrom) einem alkalisch-oxidierenden Aufschluß unterworfen, wobei *Natriumchromat* erhalten wird (s. Gleichung). Das Natriumchromat wird durch ↑ Schwefelsäure in das N. überführt.

$$4\,FeO \cdot Cr_2O_3 + 8\,Na_2CO_3 + 7\,O_2 \xrightarrow{1000\,°C} 8\,Na_2CrO_4 + 2\,Fe_2O_3 + 8\,CO_2$$

Bildung von Natriumchromat aus Chromeisenstein

$$2\,Na_2CrO_4 + H_2SO_4 \longrightarrow Na_2Cr_2O_7 + Na_2SO_4 + H_2O$$

Umwandlung von Natriumchromat in Natriumdichromat durch Schwefelsäure

Auf diese Weise ist N. die wichtigste Ausgangsverbindung für alle anderen Chrom-Verbindungen. Zu den Eigenschaften des Dichromat-Ions s. unter ↑ Kaliumdichromat.

N. wird in vielen Synthesen vor allem der organischen Chemie als kräftiges Oxidationsmittel verwendet. Es wird wegen des günstigeren Preises und der besseren Löslichkeit dem Kaliumdichromat vielfach vorgezogen.

Die im Labor zur Reinigung hartnäckig verschmutzter oder verharzter Glasgeräte verwendete *Chromschwefelsäure* ist eine meist 5 %ige Lösung von N. in konz. ↑ Schwefelsäure. Das darin gebildete ↑ Chrom(VI)oxid zerstört die Verschmutzungen oxidativ und löst sie damit ab. Verbrauchte Chromschwefelsäure erkennt man an der aufgetretenen grünen Farbe der Cr(III)-Ionen.

► N. ist wie alle Dichromate giftig. Verdacht der Cancerogenität.

$Cr_2Na_2O_7$ $M_R = 261{,}97$ (wasserfrei) Cr 39,70 % Na 17,55 % O 42,75 %

t_{Smp}	t_{Sdp}	d	η
356 °C		2,52 g/cm³	

MAK	R-Satz	S-Satz
0,1 mg/m³	49-46-8-21-25-26-37/38-41-43-50/53	53-45-60-61

Natriumdisulfit → unter Natriumsulfit

Natriumdithionit

Sodium dithionite

Bildet in wasserfreier Form ein an der Luft beständiges weißes bis grauweißes kristallines Pulver von typischem, unangenehmem Geruch (ein ebenfalls bekanntes Dihydrat des N. ist recht luftempfindlich). N. löst sich bei 20 °C zu ca. 27 g/100 ml in Wasser, wobei es allmählich zerfällt. In schwach alkalischer Lösung ist N. am beständigsten. In schwach saurer Lösung erfolgt rascher Zerfall zu Thiosulfat und Pyrosulfit (s. Gleichung), in stark alkalischer Lösung zu Sulfit und Sufid (s. Gleichung).

$$2\,Na_2S_2O_4 \xrightarrow{H^\oplus} Na_2S_2O_3 + Na_2S_2O_5$$

Zerfall von Natriumdithionit in saurer Lösung zu Thiosulfat und Pyrosulfit

$$3\,Na_2S_2O_4 + 6\,NaOH \longrightarrow 5\,Na_2SO_3 + Na_2S + 3\,H_2O$$

Zerfall von Natriumdithionit in alkalischer Lösung zu Sulfit und Sulfid

Da im *Dithionit-Ion* der ↑ Schwefel formal die Oxidationsstufe +3 aufweist, sind *Dithionite* aus Schwefliger Säure (Schwefel in der Ox.-Stufe +4) durch Reduktion zugänglich. Zur technischen Herstellung von N. bedient man sich der Reduktion mit ↑ Zink, wobei man so vorgeht, daß in eine wässerige Aufschlämmung von Zinkstaub gasförmiges ↑ Schwefeldioxid bei ca. 40 °C eingeleitet wird. Die zum N. führenden Reaktionen sind im Schema zusammengefaßt.

$$Zn + 2\,SO_2 \longrightarrow \underset{\text{Zinkdithionit}}{ZnS_2O_4}$$

$$ZnS_2O_4 + 2\,NaOH \longrightarrow Zn(OH)_2 + Na_2S_2O_4$$

$$\underset{\text{(Lösung)}}{Na_2S_2O_4} \xrightarrow{\text{Einengen}} Na_2S_2O_4 \cdot 2\,H_2O$$

$$Na_2S_2O_4 \cdot 2\,H_2O \xrightarrow[-2\,H_2O]{} \underset{\text{Na-dithionit}}{Na_2S_2O_4}$$

Teilprozesse bei der technischen Herstellung von Natriumdithionit

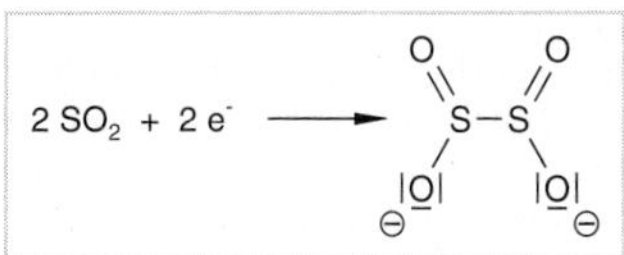

Formale Bildung und Struktur des Dithionit-Ions

Das Dithionit-Ion enthält eine S-S-Bindung (s. Gleichung). Die Dithionite sind kräftige Reduktionsmittel, da sie in Umkehrung der gezeigten Bildungsgleichung leicht wieder zerfallen, wie es für das alkalische Medium formuliert ist (s. Gleichung).

$$S_2O_4^{2-} + 4\,OH^{\ominus} \rightleftharpoons 2\,SO_3^{2-} + 2\,H_2O + 2\,e^- \qquad E_0 = -1{,}12\ V$$

Reduktionswirkung von Dithionit in alkalischem Medium

Aufgrund dessen findet N. ausgedehnte Verwendung als Reduktionsmittel in der Färberei und Druckerei (vgl. Küpenfärbung unter ↑ Indigo).

$Na_2O_4S_2$ $M_R = 174{,}13$ Na 26,41 % O 36,76 % S 36,83 %

C_p	$\Delta_S H$	$\Delta_V H$	$\Delta_B H$	S^o	Q_C
	> 300 kJ/mol (Z)			2,37 J/(K · mol)	

MAK	R-Satz	S-Satz
	7-22-31	7/8-26-28-43

Natriumethanolat

Sodium ethoxide — Natriumethylat, Natriumethoxid

Bildet ein weißes bis gelbliches Pulver, das sehr hygroskopisch ist und sich an der Luft zersetzt. Mit Wasser erfolgt sofort Bildung von ↑ Ethanol und ↑ Natriumhydroxid. In reinem Ethanol löst sich N. ohne Zersetzung.

N. bildet sich bei der Reaktion von metallischem ↑ Natrium mit Ethanol (s. Gleichung). Diese Reaktion läuft beim Zusammengeben der Komponenten moderat ab unter sprudelnder Entwicklung von ↑ Wasserstoff, ein

Prozess der auch zum Absolutieren von Ethanol genutzt wird (das im Ethanol vorhandene Wasser reagiert schneller mit dem Natrium).

$$H_3C-CH_2-OH + Na \longrightarrow H_3C-CH_2-\overline{\underline{O}}|^{\ominus} Na^{\oplus} + {}^1/_2\, H_2$$

Bildung von Natriumethanolat

N. wird vor allem in der Organik präparativ sowohl im Labor- als auch im technischen Maßstab als kräftige Katalysatorbase benutzt, z. B. bei Claisen- und Aldolkondensationen, Alkylierungen und bei Umesterungen.

► Der Staub des N. verursacht starke Verätzungen, wobei vor allem Augen und Atmungsorgane gefährdet sind.

C_2H_5NaO $M_R = 68{,}05$ C 35,30 % H 7,41 % Na 33,78 % O 23,51 %

Natriumfluorid

Sodium fluoride

Bildet farblose kubische Kristalle, die sich in Wasser nur zu ca. 4 g/100 ml lösen, wobei die Löslichkeit mit steigender Temperatur kaum ansteigt und die Lösung infolge Hydrolyse ganz schwach alkalisch reagiert (pH 7,4). In Ethanol ist N. unlöslich.

$$HF + NaOH \longrightarrow NaF + H_2O$$
$$NaF + HF \longrightarrow NaHF_2$$

Bildung von Natriumfluorid und Natriumhydrogendifluorid

N. wird hergestellt durch Neutralisation von 40 %iger ↑ Fluorwasserstoffsäure mit Natronlauge, wobei stöchiometrisch gearbeitet werden muß, da ein verbleibender Rest an ↑ Fluorwasserstoff zur Bildung von *Natriumhydrogendifluorid* führt (s. Gleichungen).

N. kristallisiert im Natriumchlorid-Gitter. N. besitzt insektizide Wirkung und findet sich in entsprechenden Präparaten. Es wird zum Imprägnieren (z. B. von Holz) und Konservieren (z. B. in der Klebstoff-Industrie) verwendet. In der Herstellung von ↑ Aluminium dient N. als Flußmittel. N.-Einkristalle werden wegen ihrer Durchlässigkeit für IR- und UV-Licht in Analysengeräten als optische Filter, Linsen und Prismen eingesetzt.

► N. ist wie alle Fluoride giftig. Der Grenzwert für Fluorid im Trinkwasser beträgt 1,5 mg/l.

FNa $M_R = 41{,}99$ F 45,25 % Na 54,75 %

t_{Smp}	t_{Sdp}	d	η
993 °C	1695 °C	2,79 g/cm³	

C_p	$\Delta_S H$	$\Delta_V H$	$\Delta_B H$	S^o	Q_C
46,9 J/(K · mol)	33,4 kJ/mol	209 kJ/mol	−575 kJ/mol	51 J/(K · mol)	

MAK	R-Satz	S-Satz
2,5 mg/m³	25-32-36/38	22-36-45

Natriumformiat

Sodium formate

Bildet farblose Kristalle oder ein Kristallpulver, leicht nach Ameisensäure riechend und von bitterem Salzgeschmack. N. ist an der Luft zerfließlich und löst sich sehr gut in Wasser (über 70 g/100ml) mit neutraler Reaktion, während es in Ethanol kaum löslich ist.

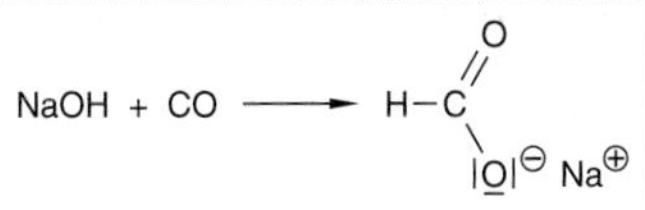
Natriumformiat

Technische Herstellung von Natriumformiat

N. ist das Natriumsalz der ↑ Ameisensäure und wird technisch hergestellt durch Einwirkung von ↑ Kohlenstoffmonoxid auf gepulvertes ↑ Natriumhydroxid bei 6-8 bar und ca. 130 °C (s. Gleichung).

N. dient präparativ zur Herstellung von Ameisensäure und ↑ Oxalsäure. Bei schnellem Erhitzen von N. auf über 400 °C entsteht unter Abspaltung von ↑ Wasserstoff *Natriumoxalat* (s. Gleichung).

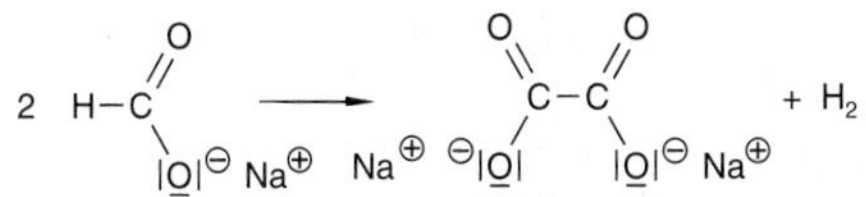
Natriumoxalat

Thermische Bildung von Natriumoxalat aus Natriumformiat

N. ist nicht mehr als Konservierungsstoff in Lebensmitteln zugelassen.

$CHNaO_2$ $M_R = 68{,}01$ C 17,66 % H 1,48 % Na 33,80 % O 47,05 %

t_{Smp}	t_{Sdp}	d	η		
253 °C		1,92 g/cm³			
C_p	$\Delta_S H$	$\Delta_V H$	$\Delta_B H$	S^o	Q_C
69,5 J/(K · mol)	16,7 kJ/mol		−648 kJ/mol	110,6 J/(K · mol)	

Natriumhydrid

Sodium hydride

N. bildet ein farbloses kristallines Pulver, das äußerst feuchtigkeitsempfindlich ist und sich bereits an feuchter Luft entzündet. N. ist unlöslich in organischen Solventien. Löslich ist N. in geschmolzenem ↑ Natriumhydroxid.

$$Na + {}^1/_2\,H_2 \xrightarrow{250\text{-}300\ °C} NaH$$

Elementsynthese von Natriumhydrid

N. wird technisch hergestellt durch Überleiten von reinem ↑ Wasserstoff über geschmolzenes ↑ Natrium (s. Gleichung).

In den Handel kommt es als Dispersion in Paraffinöl oder auch brikettiert mit Natriumhydroxid.

N. ist salzartig aufgebaut und kristallisiert im Natriumchlorid-Gitter. Das Vorliegen echter Hydrid-Ionen erklärt die große Reaktivität, die das N. vor allem als sehr starke Base ausweist, die vor allem deprotonierend wirkt und sich an Lewis-Säuren addiert (s. Gleichungen). Man vergleiche auch die Herstellung von ↑ Natriumboranat.

$$H_2O + NaH \longrightarrow NaOH + H_2$$
$$NH_3 + NaH \longrightarrow NaNH_2 + H_2$$
$$AlBr_3 + 4\,NaH \longrightarrow NaAlH_4 + 3\,NaBr$$

Reaktionen von Natriumhydrid mit Brönsted- und Lewis-Säuren

N. wird deshalb präparativ in der Organik vor allem als Base in Claisen-Kondensationen, Aldol-Additionen, Alkylierungen usw. und in der Anorganik zur Herstellung von Hydriden und Metallen verwendet.

► N. reagiert explosionsartig mit Wasser und sehr heftig mit niederen Alkoholen. Es wirkt stark ätzend auf Haut und Schleimhäute.

HNa $M_R = 24{,}00$ H 4,20 % Na 95,80 %

$t_{Zersetzung}$	t_{Sdp}	d	η		
> 420 °C (Z)		1,39 g/cm³			
C_p	$\Delta_S H$	$\Delta_V H$	$\Delta_B H$	S^o	Q_C
36,4 J/(K · mol)			−56 kJ/mol	40 J/(K · mol)	
MAK	R-Satz	S-Satz			
	15	7/8-24/25-43			

Natriumhydrogencarbonat

Sodium bicarbonate

Stellt ein weißes, geruchloses kristallines Pulver dar, das mit 10 g in 100 ml Wasser (bei 20 °C) wesentlich weniger löslich ist als ↑ Natriumcarbonat. Die wässerige Lösung reagiert nur schwach alkalisch (0,1m Lösung pH 8,3). N. spaltet beim Erwärmen ab 50 °C ↑ Kohlenstoffdioxid ab und ist ab ca. 100 °C in Natriumcarbonat übergegangen. Auch beim Erwärmen wässeriger Lösungen bildet sich Carbonat (eine mit ↑ Phenolphthalein versetzte farblose N.-Lösung färbt sich beim Erwärmen rot).

N. wird hergestellt durch Einleiten von Kohlenstoffdioxid in eine gesättigte Natriumcarbonat-Lösung (s. Gleichung).

$$Na_2CO_3 + CO_2 + H_2O \rightleftharpoons 2\ NaHCO_3$$

Herstellung von Natriumhydrogencarbonat

Wegen der leicht erfolgenden Umkehrung dieser Bildungsreaktion beim Erwärmen (s. o.) ist N. Bestandteil der Backpulver. Es wird ferner in Trockenfeuerlöschern, in der Textilverarbeitung sowie in der Pharmazie gegen Sodbrennen („*Bullrich-Salz*") und in Brausepulvern verwendet. N. ist eine wichtige Zwischenstufe im Solvay-Verfahren zur Herstellung von ↑ Natriumcarbonat.

$CHNaO_3$ $M_R = 84{,}00$ C 14,30 % H 1,20 % Na 27,37 % O 57,14 %

$t_{Zersetzung}$	t_{Sdp}	d	η		
> 270 °C (Z)		2,24 g/cm³			
C_p	$\Delta_S H$	$\Delta_V H$	$\Delta_B H$	S^o	Q_C
88 J/(K · mol)			−951 kJ/mol	102 J/(K · mol)	

Natriumhydrogensulfat

Sodium bisulfate

N. fällt aus wässerigen Lösungen als Monohydrat an und bildet als solches große farblose Kristalle, die sich in Wasser sehr gut lösen mit stark saurer Reaktion (eine 0,1 m Lösung zeigt den pH 1,4).

Durch Ethanol wird N. gespalten in ↑ Natriumsulfat und ↑ Schwefelsäure (s. Gleichung). N. wird hergestellt durch Umsetzung von Natriumsulfat mit Schwefelsäure in Umkehrung der vorgenannten Gleichung.

$$2\ NaHSO_4 \xrightarrow{[EtOH]} Na_2SO_4 + H_2SO_4$$

Umwandlung von Natriumhydrogensulfat mittels Ethanol

N. wird sowohl in der chemischen Industrie als auch in vielen anderen Industriebereichen zum Sauerstellen benutzt. In der Analytik dient N. zum Aufschließen schwerlöslicher Verbindungen.

$HNaO_4S$	M_R = 120,06 (wasserfrei)	H 0,84 %	Na 19,15 %	O 53,30 %	S 26,71 %
$t_{Zersetzung}$ > 300 °C (Z)	t_{Sdp}	d 2,44 g/cm³	η		
C_p	$\Delta_S H$	$\Delta_V H$	$\Delta_B H$ −1105 kJ/mol	S^o 113 J/(K · mol)	Q_C

Natriumhydroxid

Sodium hydroxide

$$NaOH \longrightarrow Na^{\oplus} + OH^{\ominus}$$

Dissoziation von Natriumhydroxid

Kommt in den Handel in Form weißer Schuppen, Perlen oder Plätzchen, die aus der Luft begierig Kohlenstoffdioxid und Wasser anziehen und zerfließen. N. löst sich in Wasser sehr gut (110 g/100 ml bei 20 °C), wobei eine sehr starke Wärmeentwicklung stattfindet. Die wässerigen Lösungen werden als „*Natronlauge*" bezeichnet und reagieren stark alkalisch (eine 0,05 %ige Lösung zeigt den pH 12, eine 0,5 %ige den pH 13 und eine 5 %ige etwa pH 14), weil mit der Auflösung völlige Dissoziation verbunden ist (s. Gleichung).

Dichten und Molaritäten verschiedener Natronlaugen sind in der Tabelle wiedergegeben.

Gehalt (Gew.-%)	1	5	10	15	20	30	40	46
c (mol/l)	0,25	1,317	2,772	4,364	6,094	9,956	14,30	17,10
d (g/cm³)	1,011	1,056	1,111	1,116	1,221	1,330	1,432	1,488

Gehalt, Molarität und Dichte verschiedener NaOH-Lösungen

N. wird technisch ausschließlich durch elektrolytische Zersetzung von Natriumchlorid-Lösungen hergestellt, ein Verfahren das als „Chlor-Alkali-Elektrolyse" bekannt und hier unter ↑ Chlor beschrieben ist. Aus den Elektrolyselaugen wird das N. durch Einengen ausgefällt. Die Herstellung von N. durch „*Kaustifizierung*" von Soda ist nur noch historisch interessant und beruhte auf der Umsetzung von Natriumcarbonat (Soda) mit Calciumhydroxid-Lösung (s. Gleichung), ein Verfahren, dem N. den Namen „*Kaustifizierte Soda*" (kaustifizieren = ätzend machen) verdankt. Für N. existiert auch der Trivialname „*Ätznatron*".

$$Na_2CO_3 + Ca(OH)_2 \longrightarrow 2\ NaOH + CaCO_3$$

Natriumhydroxid-Herstellung durch Kaustifizierung von Soda

N. läßt sich leicht schmelzen und wird aus der Schmelze zu den verschiedenen Handelsformen erstarren gelassen (flache, dünne Scheiben, die zu Schuppen zerbrochen werden, Tropfen, die zu Plätzchen erstarren usw.).

$$2\ NaOH \rightleftharpoons Na_2O + H_2O$$

Ein nur nach links verlaufendes Gleichgewicht

N. läßt sich ab 350 °C sublimieren. Auch bei noch so starkem Erhitzen spaltet N. kein Wasser ab, was zur Oxidbildung führen würde, so daß die hierfür formulierte Reaktion nur nach links verläuft.

N. wird im Laboratorium, in der chemischen Produktion und in der gesamten Technik so weitläufig und vielfältig teils in Substanz, meist jedoch in Lösung als Natronlauge verwendet, daß eine Auflistung willkürlich sein müßte. Es ist die im Labor, in der Industrie und in der Technik wichtigste Base und kommt überall dort zur Anwendung wo es auf Alkalisierung oder Neutralisation ankommt und steht dabei in Konkurrenz zum ↑ Natriumcarbonat.

► N. wirkt stark ätzend. Natronlauge zieht aus der Luft Kohlenstoffdioxid an unter Bildung von Natriumcarbonat. Deshalb müssen Behältnisse stets gut verschlossen sein.

HNaO	$M_R = 40{,}00$	H 2,52 %	Na 57,58 %	O 40,00 %	
t_{Smp} 318 °C	t_{Sdp} 1390 °C	d 2,13 g/cm³	η		
C_p 60 J/(K · mol)	$\Delta_S H$ 6,6 kJ/mol	$\Delta_V H$ 175 kJ/mol	$\Delta_B H$ −426 kJ/mol	S^o 64 J/(K · mol)	Q_C
MAK 2 mg/m³	R-Satz 35	S-Satz 26-37/39-45			

Natriumhypochlorit

Sodium hypochlorite

Läßt sich als Pentahydrat in Form farbloser Kristalle unter guter Kühlung (−40 °C) auskristallisieren, nachdem man eine konzentrierte Natronlauge mit Chlorgas nahezu gesättigt hat. Dieses Pentahydrat ist sehr unbeständig und zerfällt innerhalb einiger Stunden, wobei der Zerfall durch Kohlenstoffdioxid erheblich beschleunigt wird (s. Gleichung).

$$2\,NaOH + Cl_2 + 4\,H_2O \longrightarrow NaOCl \cdot 5\,H_2O + NaCl$$

Bildung von Natriumhypochlorit

Das Pentahydrat löst sich bei 0 °C zu 29 g in 100 ml Wasser. Wesentlich stabiler ist N. in schwach alkalischer wässeriger Lösung, als welche das N. demzufolge ausschließlich angewandt wird, und zwar kommt es als gelbe, nach ↑ Chlor riechende Flüssigkeit mit ca. 13 % wirksamem Chlor in den Handel (s. unten).

Diese Lösungen werden durch Einleiten von Chlor in Natronlauge hergestellt. Da bei der Chloralkali-Elektrolyse (s. unter ↑ Chlor) beide Ausgangsprodukte sogar schon im richtigen Mengenverhältnis entstehen, wird die N.-Herstellung vielfach direkt mit der Chloralkali-Elektrolyse gekoppelt (s. Gleichungen).

$$2\,NaCl + 2\,H_2O \xrightarrow{\text{Elektrolyse}} Cl_2 + 2\,NaOH + H_2$$
$$2\,NaOH + Cl_2 \longrightarrow NaOCl + NaCl + H_2O$$

Kopplung der NaOCl-Herstellung mit der Chlor-Alkali-Elektrolyse

N. ist das Na-Salz der Hypochlorigen Säure, einer sehr schwachen Säure (s. Gleichung). Deshalb bildet sich in den *Hypochlorit-Lösungen* hydrolytisch stets *Hypochlorige Säure* (s. Gleichung).

$$HOCl \rightleftharpoons H^{\oplus} + ClO^{\ominus} \qquad pK_S = 7{,}5$$

Azidität der Hypochlorigen Säure

$$ClO^{\ominus} + H_2O \rightleftharpoons ClOH + OH^{\ominus}$$

Hydrolytische Bildung der Hypochlorigen Säure

$$HOCl \longrightarrow HCl + {}^1/_2\, O_2$$

Zerfall der Hypochlorigen Säure

Die Hypochlorige Säure zerfällt, vor allem unter Lichteinwirkung, leicht unter Sauerstoffabgabe (s. Gleichung). Besonders in saurer Lösung erfolgt dieser Zerfall rasch, wenn die Möglichkeit zur Elektronen-Aufnahme besteht (s. Gleichung), d. h. die Hypochlorige Säure ist in saurer Lösung ein sehr starkes Oxidationsmittel.

$$HOCl + H^{\oplus} + 2\,e^- \longrightarrow Cl^{\ominus} + H_2O \qquad E_0 = +1{,}50\ V$$

Hypochlorige Säure als Oxidationsmittel

Darauf beruht die ausgedehnte Verwendung der N.-Lösungen als Bleich-, Desinfektions- und Desodorierungsmittel in der Textil- und Zellstoff-Industrie und in der Wasserbehandlung. N.-Lösungen bezeichnet man auch als *Chlorbleichlaugen*. Als „*Wirksames Chlor*" versteht man dabei (analog beim Chlorkalk) die Gewichtsmenge Chlor, ausgedrückt in Gewichtsprozent der Menge M, die freigesetzt wird, wenn die Menge M N.-Lösung mit Salzsäure versetzt wird, d. h. also, daß aus 100 g einer N.-Lösung mit 13 % „wirksamem Chlor" 13 g Chlor freigesetzt werden (s. Gleichung).

$$NaOCl + 2\,HCl \longrightarrow NaCl + Cl_2 + H_2O$$

Chlorfreisetzung aus Natriumhypochlorit mit Salzsäure

Diese sog. *Chlorbleiche* wird heute weitgehend ersetzt durch die ECF-Bleiche bzw. TCF-Bleiche (s. unter ↑Chlordioxid bzw. ↑Wasserstoffperoxid).

► N. und seine Lösungen wirken ätzend und stark haut- und schleimhautreizend.

ClNaO $M_R = 74{,}44$ Cl 47,62 % Na 30,88 % O 21,49 %

Natriumhypophosphit

Sodium hypophosphite

Bildet als Monohydrat weiße, geruchlose, zerfließliche Kristalle, die sich in Wasser sehr gut lösen (bei 20 °C 100 g/100 ml). Die wässerigen Lösungen reagieren neutral. Bei stärkerem Erhitzen zersetzt sich N. unter Entwicklung von *Phosphorwasserstoff*, der sich an der Luft spontan entzünden kann.

N. entsteht bei der Umsetzung von weißem ↑Phosphor mit Natronlauge (s. Gleichung).

$$P_4 + 3\,NaOH + 3\,H_2O \longrightarrow PH_3 + 3\,NaH_2PO_2$$

Herstellung von Natriumhypophosphit

N. ist das Na-Salz der ↑Phosphinsäure (Hypophosphorige Säure). Da im Phosphit-Ion das P-Atom die Oxidationszahl +1 aufweist ist es, besonders in alkalischer Lösung, ein sehr starkes Reduktionsmittel (s. Gleichung) und wird als solches verwendet. Vor allem ist es Bestandteil der „*Chemisch-Nickel Bäder*", die zur stromlosen Vernickelung dienen.

$$\overset{+1}{H_2PO_2}{}^{\ominus} + 3\,OH^{\ominus} \longrightarrow \overset{+3}{HPO_3}{}^{2-} + 2\,H_2O + 2\,e^- \qquad E = 1{,}57\ V$$

Phosphit-Ion als Reduktionsmittel

H_2NaO_2P $M_R = 87,97$ H 2,29 % Na 26,13 % O 36,37 % P 35,21 %			
t_{Smp}	t_{Sdp}	d	η
		1,79 g/cm³	

Natriumiodid

Sodium iodide

Bildet farblose, hygroskopische Kristalle, die sich außerordentlich gut sowohl in Wasser (200 g/100 ml) als auch in Ethanol (50 g/100 ml) lösen. Sowohl der Feststoff als auch die Lösung färben sich bei Lagerung an der Luft allmählich bräunlich infolge Iodfreisetzung. Aus wässeriger Lösung fällt N. als Dihydrat an.

$$HJ + NaOH \longrightarrow NaJ + H_2O$$

Herstellung von Natriumiodid

N. wird hergestellt durch Neutralisation von ↑ Iodwasserstoffsäure mit Natronlauge (s. Gleichung).

N. kristallisiert im Natriumchlorid-Gitter.

N. besitzt praktisch die gleichen präparativen, technischen und analytischen Anwendungen wie ↑ Kaliumiodid. Mit dem Iodisotop I 131 markiertes N. wird beim Radioiod-Test zur Schilddrüsen-Funktionsprüfung eingesetzt.

► N. wirkt reizend und ätzend auf Haut und Schleimhäute.

INa $M_R = 149,89$ I 84,66 % Na 15,34 %			
t_{Smp}	t_{Sdp}	d	η
661 °C	1304 °C	3,68 g/cm³	

C_p	$\Delta_S H$	$\Delta_V H$	$\Delta_B H$	S^o	Q_C
52,2 J/(K · mol)	23,6 kJ/mol	160 kJ/mol	−288 kJ/mol	98,3 J/(K · mol)	

Natriumnitrat

Sodium nitrate

Bildet farblos durchscheinende Kristalle oder ein weißes kristallines Pulver, zerfließt an feuchter Luft und löst sich sehr gut in Wasser (ca. 100 g/100 ml bei 20 °C) wobei die Lösung sich abkühlt. Die wässerige Lösung reagiert neutral. Beim Erhitzen zersetzt sich N. ab ca. 380 °C zu ↑ Natriumnitrit, ↑ Natriumperoxid und schließlich ↑ Natriumoxid.

N. kommt in der Natur als Chilesalpeter vor (s. unter ↑ Iod) und wurde früher in großen Mengen zu Düngezwecken importiert. Heute wird es fast ausschließlich durch Neutralisation von ↑ Natriumcarbonat mit ↑ Salpetersäure (aus der Ammoniakoxidation) hergestellt (s. Gleichung).

$$Na_2CO_3 + 2\,HNO_3 \longrightarrow 2\,NaNO_3 + H_2O + CO_2$$

Herstellung von Natriumnitrat

N. wird zur Herstellung von Streichhölzern, Feuerwerkskörpern, Explosivstoffen und teils als Düngemittel verwendet. Für Lebensmittel ist N. mit der Nummer *E 251* zugelassen und dient zum Umfärben von Wurst und Schinken sowie in der Herstellung von Käse und Fischkonserven. Im analytischen Labor dient es zur Durchführung des oxidativen Aufschlußes, bei dem schwerlösliche oxidierbare Verbindungen, z. B. Chromoxide, in Lösung gebracht werden, indem sie mit einer Mischung von ↑ Natriumcarbonat und N. geschmolzen werden und wobei N. als Sauerstoff-Lieferant wirkt (s. auch unter ↑ Kaliumcarbonat).

$NNaO_3$	$M_R = 85{,}01$	N 16,48 %	Na 27,05 %	O 56,47 %	
t_{Smp} 307 °C	$t_{Zersetzung}$ > 380 °C (Z)	d 2,26 g/cm³	η		
C_p 93 J/(K · mol)	$\Delta_S H$ 15,5 kJ/mol	$\Delta_V H$	$\Delta_B H$ −468 kJ/mol	S^o 116 J/(K · mol)	Q_C
MAK	R-Satz 8-34	S-Satz 15-16-36/37/39			

Natriumnitrit

Sodium nitrite

Bildet farblose bis leicht gelbliche hygroskopische Kristalle, die sich bereits bei Raumtemperatur in fester oder gelöster Form allmählich, bei Erwärmen rasch unter Disproportionierung zu Nitrat und Stickstoffmonoxid (s. unter ↑ Stickstoffoxide) zersetzen. N. löst sich sehr gut in Wasser (ca. 70 g/100 ml bei 20 °C). Die wässerige Lösung reagiert alkalisch.

N. wird synthetisch gewonnen durch Einleiten eines 1:1-Gemisches der Gase Stickstoffmonoxid und Stickstoffdioxid in Natronlauge (s. Gleichung) oder durch Erhitzen von ↑ Natriumnitrat mit ↑ Eisen (s. Gleichung).

$$NO + NO_2 + 2\,NaOH \longrightarrow 2\,NaNO_2 + H_2O$$

Herstellung von Natriumnitrit

$$NaNO_3 + Fe \longrightarrow NaNO_2 + FeO$$

Herstellung von Natriumnitrit aus Natriumnitrat

N. ist das Natrium-Salz der Salpetrigen Säure (s. ↑ Salpetrige Säure), die nur in verdünnten wässerigen Lösungen existent ist. Da sie eine schwache Säure ist, wird sie in den wässerigen Lösungen ihrer Salze hydrolytisch freigesetzt (s. Gleichung).

$$NaNO_2 + H_2O \longrightarrow HNO_2 + NaOH$$

Hydrolytische Freisetzung der Salpetrigen Säure aus Natriumnitrit

Wie bereits aus der o. g. Disproportionierung hervorgeht, kann das *Nitrit-Ion* sowohl reduzierend als auch oxidierend wirken (s. Gleichungen).

als Reduktionsmittel: $$NO_2^{\ominus} + H_2O \rightleftharpoons NO_3^{\ominus} + 2\,H^{\oplus} + 2\,e^- \qquad E_0 = +0{,}94\ V$$

als Oxidationsmittel: $$NO_2^{\ominus} + 2\,H^{\oplus} + e^- \rightleftharpoons NO + H_2O \qquad E = +1{,}00\ V$$

Nitrite als Reduktions- und Oxidationsmittel

So reduziert N. in saurer Lösung Mn(VII) zu Mn(II) und Pb(IV) zu Pb(II), wobei die Reduktion des Permanganats zur titrimetrischen Bestimmung von Nitrit dienen kann. Andererseits oxidiert N. in saurer Lösung Iodid zu Iod und Fe(II) zu Fe(III). Interessant ist die Komproportionierung von *Ammoniumnitrit*, die zur Stickstoff-Darstellung dienen kann und bei der freigesetzter ↑ Ammoniak durch Nitrit zu ↑ Stickstoff oxidiert und das Nitrit selbst zum Stickstoff reduziert wird (s. Gleichung).

$$NH_4NO_2 \rightleftharpoons [NH_3 + HNO_2] \longrightarrow N_2 + 2\,H_2O$$

Komproportionierung von Ammoniumnitrit zu Stickstoff

N. ist meist das Ausgangsprodukt bei der Herstellung von Nitroso- und Azoverbindungen (vgl. z. B. ↑ Methylorgange) und ist deshalb von Bedeutung in der präparativen und analytischen Chemie. N. ist mit der Nummer *E 250* zur Pökelung von Fleisch und Wurstwaren zugelassen (*Nitritpökelsalz*). Hierbei dient es einerseits zur *Umrötung* (aus Nitrit wird Stickstoffmonoxid freigesetzt, das mit dem Muskelfarbstoff *Myoglobin* zu Stickoxid-Myoglobin reagiert und dem Fleisch eine auch beim Kochen beständige ansprechend rote Farbe verleiht) und hat andererseits auch einen wichtigen Konservierungseffekt gegen Clostridium botulinum (Erzeuger von *Botulinus-Toxin* = stärkstes bekanntes Gift). Wegen der Möglichkeit der Bildung cancerogener Nitrosamine (s. unter ↑ N-Nitrosodimethylamin) aus Nitrit und körpereigenen Aminen ist der Gehalt an Nitrit und auch an Nitrat in Lebensmitteln gesetzlich begrenzt. *Pökelsalz* enthält 0,4 bis 0,5 % N. In Fleischerzeugnissen sollen nicht mehr als 100 mg N. und in Rohschinken nicht mehr als 250 mg N. pro kg enthalten sein.

► Nitrite sind giftig. Sie bewirken Methämoglobin-Bildung und starken Blutdruckabfall.

$NNaO_2$ $M_R = 69{,}00$ N 20,30 % Na 33,32 % O 46,38 %

t_{Smp} 271 °C	$t_{Zersetzung}$ > 320 °C (Z)	d 2,17 g/cm³	η		
C_p 69 J/(K · mol)	$\Delta_S H$	$\Delta_V H$	$\Delta_B H$ −359 kJ/mol	S^o 121 J/(K · mol)	Q_C
MAK	R-Satz 8-25-50	S-Satz 45-61			

Natriumoxid

Sodium oxide

$$Na_2O + H_2O \longrightarrow 2\,NaOH$$

Reaktion von Natriumoxid mit Wasser

Bildet ein weißes sehr hygroskopisches Pulver, das mit Wasser sehr heftig reagiert (s. Gleichung).

N. kann nicht durch Verbrennen von ↑ Natrium direkt hergestellt werden, weil sich dabei ↑ Natriumperoxid bildet (s. Gleichung), sondern wird erhalten, wenn dieses Peroxid mit Na umgesetzt wird (s. Gleichung). Beim Erhitzen über 400 °C zerfällt N. wieder zu Peroxid und Natrium.

$$2\,Na + O_2 \longrightarrow Na_2O_2$$

Verbrennung von Natrium: Peroxid-Bildung

$$Na_2O_2 + 2\,Na \longrightarrow 2\,Na_2O$$

Bildung von Natriumoxid aus Natriumperoxid

N. kristallisiert im „Antifluorit-Gitter", d. h. gegenüber dem „Fluorit-Gitter" (s. unter ↑ Calciumfluorid) sind Kationen und Anionen vertauscht, die Sauerstoffionen nehmen also die Stelle der Calciumionen, die Na-Ionen die der Fluoridionen ein.

N. wird als Dehydratisierungs- und Kondensationsmittel verwendet.

► Wirkt stark ätzend. Hautkontakt vermeiden. Gut verschlossen aufbewahren.

Na_2O $M_R = 61{,}98$ Na 74,19 % O 25,81 %

t_{Smp} 1132 °C	$t_{Zersetzung}$ > 1950 °C (Z)	d 2,27 g/cm³	η		
C_p 69 J/(K · mol)	$\Delta_S H$ 47,7 kJ/mol	$\Delta_V H$	$\Delta_B H$ −418 kJ/mol	S^o 75 J/(K · mol)	Q_C

Natriumperborat

Sodium perborate

Bildet als Tetrahydrat ein weißes, geruchloses, kristallines Pulver, das kühl und trocken aufbewahrt stabil ist, mit Feuchtigkeit in der Wärme (ab ca. 60 °C) jedoch unter Freisetzung von ↑ Wasserstoffperoxid zerfällt.

N. wird durch Umsetzung von *Natriummetaborat* mit Wasserstoffperoxid hergestellt. Das *Metaborat* wird bei der technischen Synthese aus ↑ Borax und Natronlauge gewonnen (s. Schema).

$$\underset{\text{Borax}}{Na_2B_4O_7} + 2\,NaOH \longrightarrow \underset{\text{Na-metaborat}}{4\,NaBO_2} + H_2O$$

$$NaBO_2 + H_2O_2 + 3\,H_2O \longrightarrow NaBO_2(OH)_2 \cdot 3\,H_2O \;\hat{=}\; NaBO_3 \cdot 4\,H_2O$$

Bildung von Natriumperborat aus Borax über Natriummetaborat

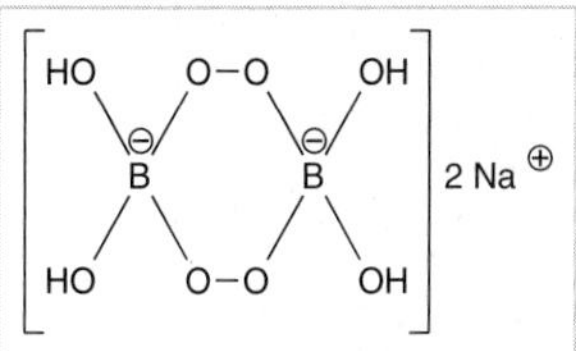

Struktur von Natriumperborat: enthält Peroxobrücken

Die Röntgenstrukturananlyse ergab für N. eine Peroxobrücken aufweisende Struktur (s. Abbildung).

N. war ein wesentlicher Bestandteil unserer *Waschmittel.* In Deutschland enthielten diese etwa 23 % N. Dabei hatte das N. die Funktion eines Bleichmittels. In den alkalischen Waschmitteln zerfiel das N. bei den hier üblichen Waschtemperaturen (60 °C) unter Freisetzung von aktivem ↑ Sauerstoff (s. Schema). Unter „aktivem" Sauerstoff hat man dabei zu verstehen, daß das intermediäre Wasserstoffperoxid direkt an der Faser atomaren Sauerstoff abspaltet, der dabei besonders kräftig oxidierend wirkt und Farbstoffe und andere farbige Wäscheverschmutzungen oxidativ zerstört, d. h. entfärbt, also einen „weißmachenden" Effekt hat.

Heute wird zum gleichen Zweck anstelle von N. überwiegend ↑ Natriumpercarbonat eingesetzt, weil es ein günstigeres Umweltprofil aufweist.

$$Na_2B_2O_4(OH)_4 \xrightarrow{H_2O} 2\,H_2O_2 + 2\,NaH_2BO_3$$

$$H_2O_2 \longrightarrow H_2O + [O]_{aktiv}$$

Hydrolytisch-thermischer Zerfall von Natriumperborat

Das Perborat war in den Waschmitteln meist durch Silicate stabilisiert. Die bekannte Handelsbezeichnung „*Persil*®" ist eine Zusammenfassung von Perborat-Silicat. N. wird auch in speziellen Bleichbädern und in Desinfektionsmitteln eingesetzt.

$BNaO_3$	$M_R = 81{,}80$	B 13,22 %	Na 28,11 %	O 58,68 %
t_{Smp} 65 °C	t_{Sdp}	d 1,73 g/cm³	η	

Natriumpercarbonat

Sodium percarbonate

N. kommt in den Handel als weißes, gut wasserlösliches Pulver. N. ist kein Peroxycarbonat sondern ein *Natriumcarbonat-peroxyhydrat*, das in etwa der in der Formel gezeigten Zusammensetzung entspricht und demzufolge bei der Auflösung in Wasser eine alkalische Wasserstoffperoxid-Lösung erzeugt (s. Abbildung).

$$2\,Na_2CO_3 \cdot 3\,H_2O_2$$

Natriumpercarbonat

N. ist heute technisch bedeutsam, weil es zunehmend in den Waschmitteln das als Bleichkomponente eingesetzte ↑Natriumperborat ersetzt, das als ökologisch problematisch eingestuft wird. Damit N. bereits bei den vielfach angestrebten Waschtemperaturen zwischen 30 und 40 °C aktiven Sauerstoff entwickelt, muß ein Aktivator verwendet werden, heute meist *Tetraacetylethylendiamin* (*TAED*).

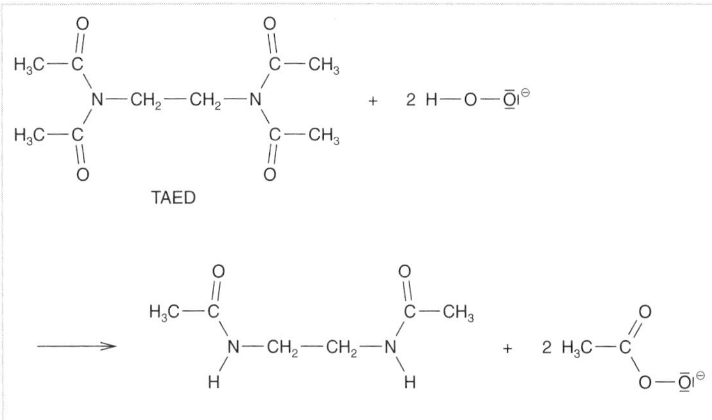

Aktivator-unterstützte Bildung von Peressigsäure

TAED reagiert mit den Perhydroxyl-Ionen zur ↑Peressigsäure, die bereits bei 40 °C in Sauerstoff und Essigsäure zerfällt.

Natriumperoxid

Sodium peroxide

$$H_2O_2 \longrightarrow H_2O + {}^1/_2 O_2$$

Zerfall von Wasserstoffperoxid

Bildet ein gelblich-weißes Pulver oder Granulat, das aus der Luft Wasser und Kohlenstoffdioxid absorbiert. Es wird von Wasser rasch exotherm hydrolytisch zersetzt zu ↑Natriumhydroxid und ↑Wasserstoffperoxid (s. Gleichung), wobei letzteres weiter zerfällt in Wasser und ↑Sauerstoff, wenn nicht intensiv gekühlt wird (s. Gleichung), so daß N. mit Wasser unter Erwärmung und heftigem Sprudeln nach der gezeigten Gesamtgleichung reagiert (s. Gleichung).

$$Na_2O_2 + 2\,H_2O \longrightarrow 2\,NaOH + H_2O_2$$

Hydrolytische Zersetzung von Natriumperoxid

$$Na_2O_2 + H_2O \longrightarrow 2\,NaOH + {}^1/_2\,O_2$$

Gesamtreaktion von Wasser mit Natriumperoxid

$$2\,Na + {}^1/_2\,O_2 \longrightarrow Na_2O$$
$$Na_2O + {}^1/_2\,O_2 \longrightarrow Na_2O_2$$

Herstellung von Natriumperoxid

Bei der Zersetzung mit Säuren bleibt das gebildete Wasserstoffperoxid stabil. Zur Herstellung von N. verbrennt man ↑Natrium zunächst unter Sauerstoffmangel zu ↑Natriumoxid und dann im Sauerstoffüberschuß zu N. (zur Vermeidung zu starker Erwärmung) (s. Gleichungen).

N. kristallisiert im Natriumchlorid-Gitter, wobei O_2^{2-}-Ionen die anionischen Gitterplätze einnehmen.

N. ist ein sehr starkes Oxidationsmittel und kann mit organischen und anderen oxidierbaren Materialien sehr heftig, sogar explosionsartig, reagieren. Es kann im Kontakt mit feuchten cellulosehaltigen Materialien zur Selbstentzündung führen. Es wird technisch vor allem zum Bleichen von Rohstoffen pflanzlicher und tierischer Herkunft verwendet (Wolle, Baumwolle, Federn usw.). Analytisch verwendet man N. als stark oxidierendes Aufschlußmittel für schwerlösliche Sulfide.

► Wirkt stark ätzend unter Erzeugung schlechter heilender Wunden. Gut verschlossen aufbewahren.

Na_2O_2 $M_R = 77{,}99$ Na 58,96 % O 41,04 %

t_{Smp}	$t_{Zersetzung}$	d	η
660 °C	> 750 °C (Z)	2,80 g/cm³	

C_p	$\Delta_S H$	$\Delta_V H$	$\Delta_B H$	S^o	Q_C
89 J/(K · mol)			−513 kJ/mol	95 J/(K · mol)	

MAK	R-Satz	S-Satz
	8-35	8-27-39

Natriumperoxodisulfat

Sodium persulfate Natriumpersulfat

Bildet ein weißes, geruchloses kristallines Pulver, das sich in Wasser bei 20 °C zu 55 g/100 ml löst, also wesentlich besser als das ↑ Kaliumperoxodisulfat.

N. wird technisch hergestellt durch Umsetzung von ↑ Ammoniumperoxodisulfat mit Natronlauge (vgl. auch ↑ Kaliumperoxodisulfat) (s. Gleichung).

$$(NH_4)_2S_2O_8 + 2\,NaOH \longrightarrow Na_2S_2O_8 + 2\,NH_3 + H_2O$$

Herstellung von Natriumperoxodisulfat

Für N. gelten bezüglich Eigenschaften und Anwendung die Ausführungen zum ↑ Kaliumperoxodisulfat sinngemäß.

$Na_2O_8S_2$ $M_R = 238{,}13$ Na 19,31 % O 53,76 % S 26,93 %

Natriumphosphate

Sodium phosphates

Bei der stufenweisen Neutralisation der dreibasigen ↑ Phosphorsäure mit den entsprechenden Mengen an Natronlauge werden die in der Tabelle aufgeführten Natriumphosphate erhalten (s. Tabelle).

Name	Formel	$M_{R\ wasserfrei}$	Hydrate
Natriumdihydrogenphosphat	NaH_2PO_4	119,98	0, 1, 2
Dinatriumhydrogenphosphat	Na_2HPO_4	141,98	0, 2, 7, 12
Trinatriumphosphat	Na_3PO_4	163,94	8, 12

Natriumsalze der Orthophosphorsäure

Das *Natriumdihydrogenphosphat* (Engl.: Sodium phosphate monobasic) bildet in allen Hydraten farblose Kristalle, die sich in Wasser sehr gut lösen mit saurer Reaktion (0,1m Lösung pH 4,5). Es wird erhalten, wenn die Phosphorsäure bis zum pH 4,5 mit Natronlauge neutralisiert wird (s. Gleichung).

$$H_3PO_4 + NaOH \longrightarrow NaH_2PO_4 + H_2O$$

Herstellung von Natriumdihydrogenphosphat

Es wird zur Herstellung von *Dinatriumdiphosphat* verwendet, indem es auf 245 °C erwärmt wird. Das Dinatriumdiphosphat wird auch als „saures *Natriumpyrophosphat*" bezeichnet (pH 1 %ige Lösung = 4,2) und wird als Säureträger im Backpulver verwendet. Bei stärkerem Erhitzen bildet sich das hochmolekulare „*Madrellsches Salz*", ein spiralig gewundenes kettenförmiges *Polyphosphat* (s. Schema).

$$2\,NaH_2PO_4 \xrightarrow[-\,H_2O]{245\,°C} \underset{\substack{\text{Na-diphosphat}\\\text{(saures Na-pyrophosphat)}}}{Na_2H_2P_2O_7} \xrightarrow{>250\,°C} \underset{\text{Madrellsches Salz}}{Na_nH_2P_nO_{3n+1}}$$

Bildung von Madrellschem Salz

Alle Hydrate von *Dinatriumhydrogenphosphat* (Engl.: Sodium phosphate dibasic) bilden farblos-durchscheinende Kristalle, die sich in Wasser gut lösen mit schwach alkalischer Reaktion (pH 1 %ige Lösung ca. 9,0). Es wird erhalten bei der Neutralisation von ↑Phosphorsäure mit Natronlauge (oder Sodalösung) unter Verwendung von ↑Phenolphthalein als Indikator (s. Gleichung).

$$H_3PO_4 + 2\,NaOH \longrightarrow Na_2HPO_4 + 2\,H_2O$$

Herstellung von Dinatriumhydrogenphosphat

Es findet Verwendung in der Lebensmittel-Herstellung und der Tiernahrungs-Erzeugung. Bei der Umsetzung einer Lösung von Dinatriumhydrogenphosphat mit ↑Ammoniumchlorid kann das *Natriumammoniumhydrogenphosphat* als Tetrahydrat in Form gut ausgebildeter, farbloser Kristalle ausgefällt werden (s. Gleichung), das auch einfach als „*Phosphorsalz*" bezeichnet und in der qualitativen Analyse zur Herstellung der „*Phosphorsalzperlen*" verwendet wird.

$$4\,H_2O + Na_2HPO_4 + NH_4Cl \longrightarrow NaNH_4HPO_4 \cdot 4\,H_2O + NaCl$$

Bildung von Natriumammoniumhydrogenphosphat = Phosphorsalz

Dinatriumhydrogenphosphat geht beim Erhitzen über in *Tetranatriumdiphosphat* (s. Gleichung), das auch als „neutrales Natriumpyrophosphat" bezeichnet und in technischen Reinigern verwendet wird.

$$2\,Na_2HPO_4 \xrightarrow{>500\,°C} Na_4P_2O_7 + H_2O$$

Bildung von Tetranatriumdiphosphat

Das *Trinatriumphosphat* (Engl. Sodium phosphate tribasic) kristallisiert aus der wässerigen Lösung bevorzugt als Zwölfhydrat in Form farbloser Kristalle aus und läßt sich durch Erwärmen nicht völlig entwässern. Es löst sich gut in Wasser (bei 20 °C ca. 30 g/100 ml), wobei die wässerige Lösung infolge Hydrolyse stark alkalisch reagiert. (1 %ige wässerige Lösung = pH 11,9, s. Gleichung).

$$Na_3PO_4 + H_2O \longrightarrow Na_2HPO_4 + OH^{\ominus} + Na^{\oplus}$$

Hydrolyse von Trinatriumphosphat

Trinatriumphosphat bildet sich bei der vollständigen Neutralisation der ↑Phosphorsäure mit Natronlauge (s. Gleichung).

$$H_3PO_4 + 3\,NaOH \longrightarrow Na_3PO_4 + 3\,H_2O$$

Herstellung von Trinatriumphosphat

Es wird in der Wasserbehandlung, der Metallreinigung, zur Phosphatierung und in Puffersystemen verwendet.

H_2NaO_4P $M_R = 119{,}98$ (Natriumdihydrogenphosphat wasserfrei) H 1,68 % Na 19,16 % O 53,34 % P 25,82 %

HNa_2O_4P $M_R = 141{,}96$ (Dinatriumhydrogenphosphat wasserfrei) H 0,71 % Na 32,39 % O 45,08 % P 21,82 %

Na_3O_4P $M_R = 163{,}94$ (Trinatriumphosphat wasserfrei) Na 42,07 % O 39,04 % P 18,89 %

Natriumsulfat

Sodium sulfate

Kommt als wasserfreies Produkt sowie als Dekahydrat vor. Das wasserfreie N. bildet ein weißes kristallines Pulver, dessen Löslichkeit in Wasser bei 20 °C 30 g/100ml, bei 33 °C 50g/100ml beträgt, die bei höheren Temperaturen wieder abnimmt, bei 33 °C also ein Maximum durchläuft. Das Dekahydrat fällt unterhalb 32 °C aus den wässerigen Lösungen in Form farblos durchscheinender Kristalle aus, die sich bei 20 °C zu ca. 50g/100ml in Wasser lösen, und an der Luft zu einem weißen kreidigen Pulver verwittern. Beim Lösen des wasserfreien Salzes tritt Erwärmung, beim Lösen des Dekahydrats Abkühlung ein. Die wässerigen Lösungen reagieren neutral. Das Dekahydrat dehydratisiert bei etwa 33 °C zum wasserfreien N. (s. Gleichung).

$$Na_2SO_4 \cdot 10\,H_2O \xrightarrow{33\,°C} Na_2SO_4 + 10\,H_2O$$

Dehydratisierung von Natriumsulfat-Dekahydrat

Das wasserfreie N. kommt u. a. als *Thenardit*, das Dekahydrat als *Glaubersalz* in riesigen, abbauwürdigen Lagern sehr verbreitet vor. Desweiteren entsteht N. bei sehr vielen technischen Synthesen als Nebenprodukt, und wird dabei in großen Mengen isoliert, z. B. bei der Aufarbeitung von Kalisalzen (s. Gleichung), so daß eine technische Synthese des N. sich fast erübrigt. Dennoch existiert ein technisches Syntheseverfahren, das in der Vergangenheit Bedeutung hatte und mit der Herstellung von ↑Chlorwasserstoff verknüpft war (s. Gleichung).

$$9\,H_2O + MgSO_4 \cdot H_2O + 2\,NaCl \longrightarrow NaSO_4 \cdot 10\,H_2O + MgCl_2$$

Entstehung von Natriumsulfat bei der Kalisalz-Aufarbeitung

$$2\,NaCl + H_2SO_4 \xrightarrow{\Delta} Na_2SO_4 + 2\,HCl$$

Anfall von Natriumsulfat bei der früheren Chlorwasserstoff-Herstellung

Ein Großteil des N. wird in Waschmitteln als Streck- und *Stellmittel* (Sammelbegriff für Zusätze, die die verfahrens- und anwendungstechnischen Eigenschaften von Produkten, wie Rieselfähigkeit, Dosierbarkeit usw. verbessern) benutzt. Es wird ferner in der Papier- und Glasindustrie benötigt. Mit heißen, alkalisch eingestellten N.-Lösungen läßt sich das ↑Lignin aus Holz herauslösen, womit die Fasern der ↑Cellulose freigelegt werden. In der Glasherstellung kann es als teilweiser Ersatz für ↑Natriumcarbonat dienen. N.

dient auch als Ausgangsprodukt, z. B. zur Herstellung von ↑ Natriumsulfid. Das wasserfreie N. wird auch als Trockenmittel für organische Lösungsmittel und Flüssigprodukte verwendet.

Na_2O_4S $M_R = 142{,}06$ (wasserfrei) Na 32,37 % O 45,06 % S 22,57 %

t_{Smp}	t_{Sdp}	d	η
884 °C		2,66 g/cm³	

C_p	$\Delta_S H$	$\Delta_V H$	$\Delta_B H$	S^o	Q_C
128 J/(K · mol)	23,8 kJ/mol		−1388 kJ/mol	150 J/(K · mol)	

Natriumsulfid

Sodium sulfide

Fällt als Nonahydrat unterhalb 48 °C aus wässerigen Lösungen in Form farbloser, hygroskopischer Kristalle aus. In den Handel kommt es in Form gelber bis gelbbrauner, nach ↑ Schwefelwasserstoff riechender Schuppen (die Farbe rührt von Eisengehalten her, die als Thiokomplexe vorliegen), die sich in Wasser bei 20 °C zu ca. 16 g/100 ml mit stark alkalischer Reaktion lösen (s. Gleichung).

$$Na_2S + H_2O \rightleftharpoons NaSH + NaOH$$

Alkalische Reaktion von Natriumsulfid durch Hydrolyse

Das dabei in der Lösung sich bildende *Natriumhydrogensulfid* kann in Form farbloser, gut wasserlöslicher hygroskopischer Kristalle gewonnen werden durch Umsetzung von ↑ Natriumethanolat mit ↑ Schwefelwasserstoff in ethanolischer Lösung (s. Gleichung).

$$C_2H_5{-}ONa + H_2S \longrightarrow NaSH + C_2H_5OH$$

Herstellung von Natriumhydrogensulfid

N. wird technisch hergestellt durch Reduktion von ↑ Natriumsulfat mit Kohle (s. Gleichung). In wässeriger Lösung oxidiert sich N. zu ↑ Natriumthiosulfat (s. Gleichung). Ist N. in fester Form feuchter Luft ausgesetzt, entwickelt sich Schwefelwasserstoff (s. Gleichung).

$$Na_2SO_4 + 2\,C \xrightarrow{>730\,°C} Na_2S + 2\,CO_2$$

Herstellung von Natriumsulfid aus Natriumsulfat mit Kohle

$$2\,Na_2S + H_2O + 2\,O_2 \longrightarrow Na_2S_2O_3 + 2\,NaOH$$

Autoxidation von Natriumsulfid in wässeriger Lösung

$$Na_2S + H_2O + CO_2 \longrightarrow Na_2CO_3 + H_2S$$

Zersetzung von Natriumsulfid an feuchter Luft

N. wird technisch verwendet vor allem in der Lederindustrie zur Enthaarung der Häute, in der *Erzflotation* (oberflächliche Überführung der Erze in die leichter flotierbare Sulfidform) und in der Organik zur Reduktion (z. B. von Nitro- zu Aminoverbindungen) sowie zur Schwermetall-Ausfällung.

► N. ist ätzend, entwickelt mit Säuren giftigen Schwefelwasserstoff. Wasserfreies N. ist an der Luft selbstentzündlich.

Na_2S $M_R = 78{,}05$ (wasserfrei) Na 58,91 % S 41,09 %

t_{Smp}	t_{Sdp}	d	η
1180 °C		1,86 g/cm³	

C_p	$\Delta_S H$	$\Delta_V H$	$\Delta_B H$	S^o	Q_C
82,8 J/(K · mol)	19,2 kJ/mol		−366 kJ/mol		

MAK	R-Satz	S-Satz
	31-34-50	26-45-61

Natriumsulfit

Sodium sulfite

Kommt nur noch als wasserfreies Produkt in Form eines feinkristallinen weißen, praktisch geruchlosen, an der Luft recht beständigen Pulvers in den Handel, das sich in Wasser bei 20 °C zu ca. 30 g/100 ml löst. Die wässerige Lösung reagiert alkalisch. Von N. ist auch ein Heptahydrat bekannt, das jedoch sehr luft- und feuchtigkeitsempfindlich, und deshalb nicht mehr im Handel ist.

N. ist das Na-Salz der Schwefligen Säure, die in reiner Form nicht darstellbar ist und nur in verdünnter wässeriger Lösung oder in Form ihrer Salze, der *Sulfite* bzw. *Hydrogensulfite* existiert.

$$H_2O + SO_2 \longrightarrow \underset{\text{Schweflige Säure}}{H_2SO_3}$$

Bildung der Schwefligen Säure

Leitet man ↑ Schwefeldioxid in Wasser ein, so erhält man eine sauer reagierende Lösung. Die saure Reaktion beruht darauf, daß das Schwefeldioxid sich nicht nur rein physikalisch im Wasser löst, sondern ein geringer Anteil auch mit dem Wasser chemisch reagiert und *Schweflige Säure* bildet (s. Gleichung), die wiederum in zwei Stufen dissoziieren kann (s. Schema).

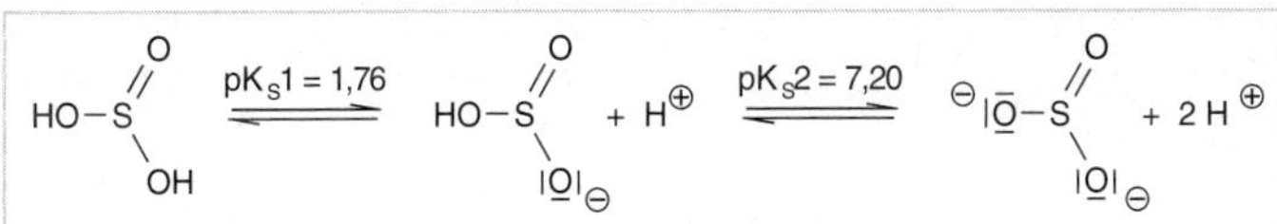

Dissoziation der Schwefligen Säure

Da in den angegebenen pK$_S$-Werten als Konzentration an undissoziierter Schwefliger Säure die Gesamtmenge an gelöstem Schwefeldioxid zugrundegelegt ist, (die tatsächliche Konzentration an Schwefeliger Säure also wesentlich niedriger liegt), muß die Schwefelige Säure in erster Dissoziationsstufe gemäß der MWG-Beziehung (s. Gleichung) als starke Säure betrachtet werden, so daß in wässeriger Lösung keine undissoziierte Schweflige Säure vorliegt. Die Lösungen sind nicht lange haltbar da rasch Oxidation zum Sulfat eintritt.

$$K_S1 = \frac{c\,(H^{\oplus}) \bullet c\,(HSO_3^{\ominus})}{c^*\,(H_2SO_3)} \quad \text{mit } c^*\,(H_2SO_3) = c\,(SO_2 \bullet aq.) + c\,(H_2SO_3)$$

MWG-Beziehung für die erste Dissoziations-Stufe der Schwefligen Säure

Leitet man Schwefeldioxid in alkalische Lösungen ein, so bilden sich je nach Konzentrationsverhältnissen, Temperatur und pH-Wert Hydrogensulfit, Sulfit und *Disulfit* (*Pyrosulfit*), wie es schematisch für die Einleitung von Schwefeldioxid in Natronlauge formuliert ist (s. Gleichungen).

$$(NaOH + H_2O) + SO_2 \longrightarrow NaHSO_3 + H_2O \quad \text{Hydrogensulfit-Bildung}$$
$$NaHSO_3 + NaOH \longrightarrow Na_2SO_3 + H_2O \quad \text{Sulfit-Bildung}$$
$$Na_2SO_3 + SO_2 \longrightarrow Na_2S_2O_5 \quad \text{Pyrosulfit-Bildung}$$

Reaktionen der Hydrogensulfit-, Sulfit- und Pyrosulfit-Bildung

Technisch gewinnt man *Natriumhydrogensulfit* durch Einleiten stöchiometrischer Mengen Schwefeldioxid in Natronlauge, während Natriumsulfit durch Ausfällen aus einer mit Natriumsulfit gesättigten Natronlauge mittels Einleitung von Schwefeldioxid (Übersättigung) hergestellt wird.

Natriumpyrosulfit erhält man technisch durch Ausfällen aus einer mit Natriumhydrogensulfit gesättigten konzentrierten Natronlauge mittels Einleitung von Schwefeldioxid. Natriumpyrosulfit wird auch erhalten beim Eindampfen von Natriumhydrogensulfit-Lösungen.

$$Na_2S_2O_5 + H_2O \rightleftharpoons 2\,NaHSO_3$$

Auflösung von Pyrosulfiten in Wasser ergibt Hydrogensulfit-Lösungen

Umgekehrt erhält man beim Auflösen von Pyrosulfiten in Wasser eine *Hydrogensulfit-Lösung* (s. Gleichung).

Eine solche Hydrogensulfit-Lösung benutzt man in der Organik zur Abtrennung und *Reinigung von Aldehyden*. Diese bilden nämlich sog. *Bisulfit-Additionsverbindungen*, die in Ether unlöslich sind und deshalb aus der etherischen Aldehyd-Lösung ausfallen. Das Addukt kann abfiltriert werden und seine saure Hydrolyse liefert wieder den freien Aldehyd (s. Schema).

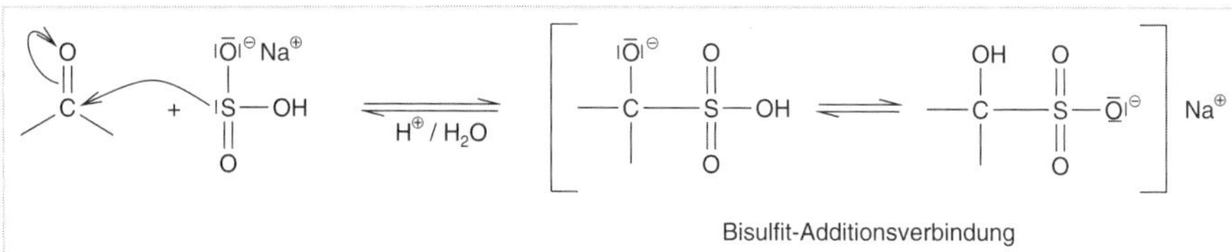

Bildung von Bisulfit-Addititionsverbindungen

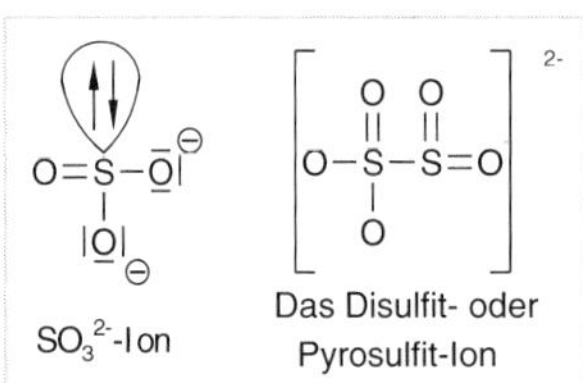

Strukturen von Sulfit- und Pyrosulfit-Ion

Das *Sulfit-Ion* ist pyramidenförmig gebaut. Bezieht man das freie Elektronenpaar am S-Atom mit ein, bildet es einen Tetraeder mit dem S-Atom als Mittelpunkt. Das *Pyrosulfit-Ion* besitzt eine S-S-Bindung, ist also unsymmetrisch gebaut (s. Abbildung).

Natriumdisulfit ist als Feststoff und wässerige Lösung mit den Nummern *E 222* und *E 223* als Antioxidans als Lebensmittelzusatzstoff zugelassen (s. auch ↑ Kaliumdisulfit).

Da das S-Atom im Sulfit-Ion mit der Formalladungszahl +4 einen mittleren Oxidationszustand aufweist, kann es sowohl oxidiert als auch reduziert werden. Am ausgeprägtesten ist die Reduktionswirkung, besonders in alkalischer Lösung (s. Gleichungen).

$$\text{alkalische Lösung:} \quad SO_3^{2-} + 2\,OH^{\ominus} \rightleftharpoons SO_4^{2-} + H_2O + 2\,e^- \quad E_0 = -0{,}93\ V$$
$$\text{saure Lösung:} \quad SO_2 + 2\,H_2O \rightleftharpoons SO_4^{2-} + 4\,H^{\oplus} + 2\,e^- \quad E_0 = +0{,}18\ V$$

Reduktionswirkung von Sulfit in saurer und alkalischer Lösung

$$J_2 + 2\,e^- \longrightarrow 2\,J^\ominus$$
$$Cl_2 + 2\,e^- \longrightarrow 2\,Cl^\ominus$$

Freie Halogene werden durch Sulfit reduziert

So wird in Wasser gelöstes ↑Chlor durch Sulfite zu Chlorid und ↑Iod zu Iodid reduziert (s. Gleichungen). Auf der Reduktion von Iod beruht eine quantitative Bestimmungsmöglichkeit für Sulfite. Permanganate werden zu Mn(II) reduziert, Hg(II)-Verbindungen zu elementarem ↑Quecksilber usw. Gegenüber starken Reduktionsmitteln kann das Sulfit-Ion auch oxidierend wirken, wobei es entweder zu elementarem ↑Schwefel oder zu ↑Schwefelwasserstoff reduziert wird (s. Gleichungen). Zu Schwefelwasserstoff reduziert z. B. aus ↑Zink und ↑Salzsäure freigesetzter ↑Wasserstoff.

$$SO_2 + 4\,H^\oplus + 4\,e^- \longrightarrow S + 2\,H_2O \qquad E_0 = +0{,}45\ V$$
$$SO_2 + 6\,H^\oplus + 6\,e^- \longrightarrow H_2S + 2\,H_2O \qquad E_0 = +0{,}31\ V$$

Sulfite als Oxidationsmittel

Leitet man Schwefelwasserstoff in eine Sulfit-Lösung ein, so bildet sich ein als „*Wackenrodersche Flüssigkeit*“ bezeichnetes, kompliziertes Gemisch von verschiedenen Sulfan-Sulfonsäuren neben Schwefel.

N. wird technisch als Reduktionsmittel verwendet, so als Oxidationsschutz für Entwicklerlösungen (Fotoindustrie) als „*Antichlor*“ in Bleichprozessen (Papier- und Textilindustrie) zur Konservierung und zur Wasserbehandlung. N. dient auch als Ausgangsprodukt zur Herstellung von ↑Natriumthiosulfat. N. ist mit der Nummer *E 221* als Konservierungsmittel für Lebensmittel zugelassen.

Na_2O_3S	$M_R = 126{,}06$	Na 36,48 %	O 38,08 %	S 25,44 %	
t_{Smp} 911 °C	t_{Sdp}	d 2,63 g/cm³	η		
C_p 120 J/(K · mol)	$\Delta_S H$ 25,9 kJ/mol	$\Delta_V H$	$\Delta_B H$ −1101 kJ/mol	S^o 146 J/(K · mol)	Q_C
MAK	R-Satz 37	S-Satz 22-24/25			

Natriumtetrafluoroborat

Sodium tetrafluoroborate

Bildet farblos-durchscheinende prismatische Kristalle, die sich in Wasser sehr gut lösen (ca. 105 g/100 ml), in Ethanol nur wenig löslich sind. Die wässerige Lösung zeigt schwach saure Reaktion. N. ist eine stabile Verbindung, die sich erst bei 384 °C zersetzt.

$$BF_3 + NaF \longrightarrow NaBF_4$$

Bildung von Natriumtetrafluoroborat

N. bildet sich bei der Umsetzung von ↑Natriumfluorid mit ↑Bortrifluorid (s. Gleichung).

$$HBF_4 + H_2O \longrightarrow H_3O^\oplus\ BF_4^\ominus$$

Tetrafluoroborsäure: liegt in Lösung als Oxoniumsalz vor

N. ist das Natriumsalz der *Tetrafluoroborsäure*, die technisch durch Einwirkung von 50 %iger ↑Fluorwasserstoffsäure auf ↑Borsäure erhalten wird, die nur in wässeriger Lösung existent ist und in dieser Form eine stark saure, ätzende und giftige Flüssigkeit darstellt (s. Gleichung), wobei sie allerdings auch als *Oxoniumsalz* vorliegt (s. Gleichung).

$$B(OH)_3 + 4\,HF \longrightarrow HBF_4 + 3\,H_2O$$

Gewinnung von Tetrafluoroborsäure als wässerige Lösung

N. kann also auch durch Neutralisation von Natronlauge mit Tetrafluoroborsäure hergestellt werden (s. Gleichung).

$$NaOH + HBF_4 \longrightarrow NaBF_4 + H_2O$$

Alternative Darstellung von Natriumtetrafluoroborat

N. wird technisch als Flußmittel in der Galvanik verwendet, ferner dient es zur Flammfestausrüstung (z. B. von Holz) und als Oxidablöser in Schweiß- und Löthilfsmitteln.

Das *Tetrafluoroborat-Ion* ist ein geeignetes Anion zur Bildung ionischer Flüssigkeiten. *Ionische Flüssigkeiten* sind Salze, also ausschließlich aus Ionen aufgebaute Verbindungen, die bei Raumtemperatur oder zumindest kurz oberhalb im flüssigen Zustand vorliegen, also kurz flüssige Salze. Zu deren Bildung eignen sich Kombinationen gewisser Kationen und Anionen besonders. Bevorzugte Kationen sind u. a. quartäre Ammonium- oder Phosphonium-Ionen. Neben dem Tetrafluoroborat-Ion geeignete Anionen sind z. B. das *Tetrachloroaluminat-Ion* sowie sogar die einfachen Halogenid-Ionen. Ein besonders einfaches Beispiel ist das Diethanolamin-Hydrochlorid (s. unter ↑ Diethanolamin).

Die ionischen Flüssigkeiten wurden erst gegen Ende der 1980er Jahre aus dem Status der Laborkuriositäten für ganz spezielle (meist elektrochemische) Untersuchungen herausgeführt und besitzen heute große Anwendungsbreite als Reaktionsmedien (*Lösungsmittel-Ersatz*) und vor allem in der Katalyse. Wird ein Stoff in einer ionischen Flüssigkeit gelöst, so sind die gelösten Teilchen ausschließlich von Ionen solvatisiert, ganz im Gegensatz zur Lösung in einem normalen Lösungsmittel oder in Wasser.

Generell kann man ionischen Flüssigkeiten folgende herausragende Eigenschaften zuordnen:

- sie besitzen vor ihrer Zersetzung praktisch keinen Dampfdruck,
- sie sind nicht brennbar,
- hohe thermische Stabilität,
- relativ niedrige Viskosität,
- hohe Ionenleitfähigkeit,
- über sehr weite Temperaturspannen reichende Flüssigphasen.

BF_4Na $M_R = 109{,}79$ B 9,85 % F 69,21 % Na 20,94 %

$t_{Zersetzung}$	t_{Sdp}	d	η
384 °C (Z)		2,47 g/cm³	

Natriumthiosulfat

Sodium thiosulfate

Bildet als Pentahydrat große farblos-durchsichtige, geruchlose, säulenförmige Kristalle, die sich in Wasser bei 20 °C zu ca. 70 g/100 ml mit neutraler Reaktion lösen. Die Kristalle verwittern in trockener, warmer Luft. Wässerige Lösungen sind nur bei völligem Luftabschluß möglichst im Dunkeln monatelang haltbar.

$$Na_2SO_3 + S \xrightarrow{100\ °C} Na_2S_2O_3$$

Technische Herstellung von Natriumthiosulfat

N. wird durch Umsetzung von ↑ Natriumsulfit in Lösung oder Suspension mit ↑ Schwefel bei ca. 100 °C hergestellt (s. Gleichung). Nach Abtrennung von überschüssigem Schwefel kristallisiert N. aus der erkalteten Lösung aus.

$$SO_3 + H_2S \underset{-10\,°C}{\overset{-80\,°C}{\rightleftharpoons}} H_2S_2O_3$$

Bildung und Zerfall der Thioschwefelsäure

N. ist das Na-Salz der *Thioschwefelsäure*, die sich von der ↑Schwefelsäure formal durch Ersatz eines Sauerstoffatoms durch ein Schwefelatom ableitet und die bei tiefen Temperaturen in Diethylether aus ↑Schwefeltrioxid und ↑Schwefelwasserstoff darstellbar ist, aber bereits bei −10 °C wieder in die Ausgangsprodukte zerfällt (s. Gleichung).

Dieser Zerfall tritt auch beim Ansäuern von N.-Lösungen ein, wobei in Gegenwart von Wasser der Schwefelwasserstoff vom Schwefeltrioxid zu Schwefel oxidiert wird, so daß bei Versetzen einer N.-Lösung mit Säure bald Schwefel ausgefällt wird (s. Gleichungen).

$$\begin{array}{rcl} H_2S_2O_3 & \longrightarrow & SO_3 + H_2S \\ SO_3 + H_2S & \longrightarrow & SO_2 + H_2O + S \\ \hline H_2S_2O_3 & \longrightarrow & SO_2 + H_2S + S \end{array}$$

Schwefelausfällung aus Thiosulfat-Lösungen mit Säure

Das *Thiosulfat-Ion* ist wie das Sulfat-Ion tetraedrisch gebaut (s. Abbildung). Das zentrale S-Atom besitzt die Oxidationsstufe +6, das äußere S-Atom jedoch −2. Die formale mittlere Oxidationszahl des Schwefels im Thiosulfat beträgt damit +2. Thiosulfat ist also ein Reduktionsmittel und wird je nach der Stärke des Oxidationsmittels, mit dem es reagiert, zur Stufe des Tetrathionats oder des Sulfats oxidiert (s. Gleichung). Mit dem schwach oxidierenden ↑Iod wird nur die Stufe des Tetrathionats erreicht (s. Gleichung). Diese Umsetzung wird in der Iodometrie (s. unter ↑Iod) ausgenutzt. Mit ↑Chlor erfolgt Oxidation zum Sulfat (s. Gleichung).

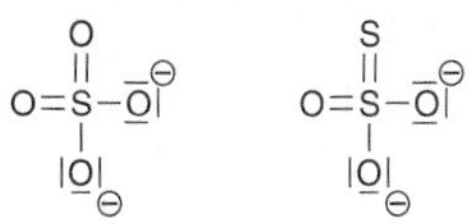

Sulfat-Ion   Thiosulfat-Ion

Strukturen von Sulfat- und Thiosulfat-Ion

$$J_2 + 2\,S_2O_3^{2-} \longrightarrow 2\,J^{\ominus} + S_4O_6^{2-}$$

Oxidation von Thiosulfat mit Iod, die Reaktion der Iodometrie

$$2\,S_2O_3^{2-} \rightleftharpoons S_4O_6^{2-} + 2\,e^- \qquad E_0 = +0{,}17\ V$$

Oxidation von Thiosulfat zu Tetrathionat

$$S_2O_3^{2-} + 4\,Cl_2 + 5\,H_2O \longrightarrow 2\,HSO_4^{\ominus} + 8\,H^{\oplus} + 8\,Cl^{\ominus}$$

Mit Chlor erfolgt Oxidation zum Sulfat

Es ist interessant, daß durch Thiosulfat acht mal soviel ↑Chlor wie ↑Iod (molare Mengen betreffend, s. Gleichung) reduziert wird. N. wird deshalb in großen Mengen als „*Antichlor*" zur Beseitigung überschüssigen Chlors aus Bleichprozessen verwendet. Die bekannteste Anwendung findet N. als „*Fixiersalz*" in der Fotografie. Die Bildentwicklung bis zum Negativ ist unter ↑Hydrochinon kurz skizziert. Anhand des Negativs wird das Positiv hergestellt, indem ein Fotopapier durch das Negativ hindurch belichtet wird. Das so erhaltene „latente Bild" wird erneut entwickelt zu einem Negativ des Negativs, also zum Positiv, in welchem die Hell-Dunkel-Verhältnisse der Realität entsprechen. Die nun noch in der lichtempfindlichen Schicht enthaltenen unveränderten Silberbromid-Anteile müssen, ehe das Bild dem Tageslicht ausgesetzt werden kann, entfernt werden. Dies geschieht durch Behandeln mit einer N.-Lösung, wobei das *Silberbromid* als Silberthiosulfato-Komplex in Lösung geht (s. Gleichung).

$$AgBr + 2\,S_2O_3^{2-} \longrightarrow [Ag(S_2O_3)_2]^{3-} + Br^{\ominus}$$

Herauslösung von Silberbromid bei der Bild-Fixierung

Das Bild wird also in seinen Konturen „fixiert“, was zum Trivialnamen „Fixiersalz“ für N. geführt hat.

$Na_2O_3S_2$ $M_R = 158{,}11$ (wasserfrei) Na 29,08 % O 30,36 % S 40,56 %

Die nachfolgenden Daten beziehen sich auf das Pentahydrat.

t_{Smp}	t_{Sdp}	d	η
48 °C		1,73 g/cm³	

C_p	$\Delta_S H$	$\Delta_V H$	$\Delta_B H$	S^o	Q_C
	23,4 kJ/mol		−2601 kJ/mol	360 J/(K · mol)	

Natronlauge → Natriumhydroxid.

Naturkautschuk

Natural rubber NR

N. kommt heute überwiegend als gelblich weißes, halbdurchscheinendes, geruchloses, gummiartig zähelastisches amorphes Material in Form von etwa zentimeterdicken kreppartigen Matten in den Handel. Er weist die typische Eigenklebrigkeit auf, d. h. zwei aneinandergedrückte Stücke des N. haften je nach Druck mehr oder weniger fest aneinander, was einer echten „Verschweißung“ gleichkommen kann. N. beginnt ab ca. 120 °C sich zu zersetzen. Er verbrennt mit stark rußender Flamme. N. ist unlöslich in Wasser, Alkoholen, Estern, Säuren und Laugen, löslich ist er in chlorierten und aromatischen Kohlenwasserstoffen und in ↑ Schwefelkohlenstoff.

N. wird hauptsächlich aus tropischen Bäumen der Gattung *Hevea brasiliensis* gewonnen, die zu diesem Zweck in riesigen *Kautschuk-Plantagen* vor allem in Malaysia, Indonesien und Indien gezüchtet werden. Beim Anritzen der Stämme sondern diese eine milchartige Flüssigkeit ab (*Latex*), in der der N. in Form kleinster Tröpfchen emulgiert ist (N.-Gehalt ca. 30 %)). Pro Baum und Schnitt werden etwa 50 ml Saft erhalten. Diese Emulsion wird durch Zugabe von ↑ Essigsäure gebrochen, wobei der N. koaguliert und abgetrennt werden kann. Nach aufwendigen Reinigungs- und Verarbeitungsoperationen gelangt der N. schließlich in Form der o. g. Matten in die Weiterverarbeitung.

N. ist zu definieren als cis-1,4-Polyisopren, besteht also aus stark ungesättigten Kettenmolekülen mit seitenständigen Methylgruppen, wobei die kettenbildenden C-Atome an den Doppelbindungen cis-ständig sind (cis-Konfiguration, s. Abbildung).

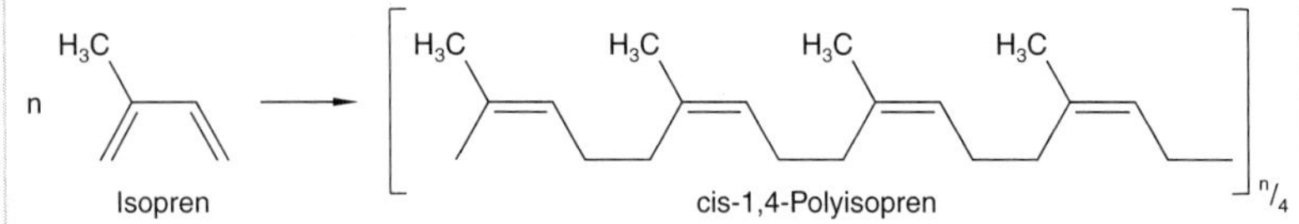

Struktur von Naturkautschuk

In den Pflanzen erfolgt die Biogenese nicht durch Polymerisation (s. unter ↑ Isopren). Die synthetische Darstellung von *cis-1,4-Polyisopren* aus Isopren durch spezifische Katalyse der Polymerisation ist erst in neuester Zeit gelungen und das erhaltene Polymerisat ist in seinen Eigenschaften identisch mit N. Die ebenfalls als Naturprodukte auftretenden *Polyisoprene Guttapercha* und *Balata*, die aus den Milchsäften anderer Baumarten gewonnen werden, weisen trans-Konfiguration auf und unterscheiden sich erheblich vom N. Es sind spröde, hornartige Produkte, die insbesondere nicht wie N. einer Vulkanisation unterworfen werden können (s. Abbildung).

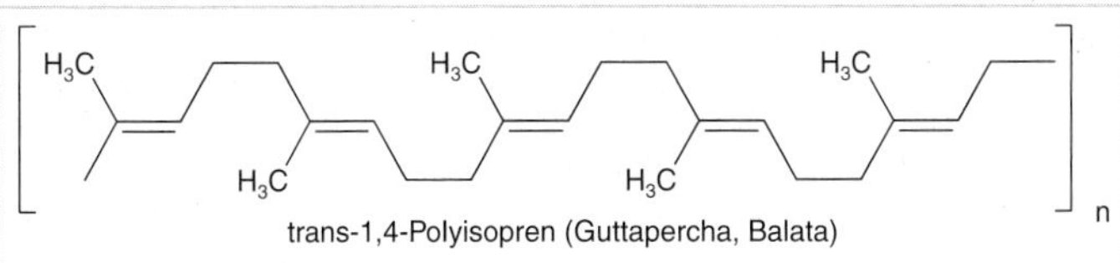

Struktur von Guttapercha und Balata

Die Vulkanisation ist die wichtigste Weiterverarbeitung des N. Obwohl N. schon sehr lange bekannt war und auch für verschiedene Zwecke verwendet wurde, fehlte doch eine großtechnische Verwendungsmöglichkeit, bis um 1840 durch Goodyear und Hancock die Heißvulkanisation erfunden wurde. Hierunter versteht man die Verbrückung der Kettenmoleküle des N. über Schwefelatome, welche sich an die Doppelbindungen anlagern. Die Vulkanisation wird erreicht, indem ↑Schwefel homogen mit dem N. verknetet und diese Mischung dann auf ca. 180 °C erhitzt wird. Durch die Kettenverknüpfung wird ein räumliches Netzwerk geschaffen, das z. B. das in der Abbildung dargestellte Struktursegment aufweisen kann (s. Abbildung).

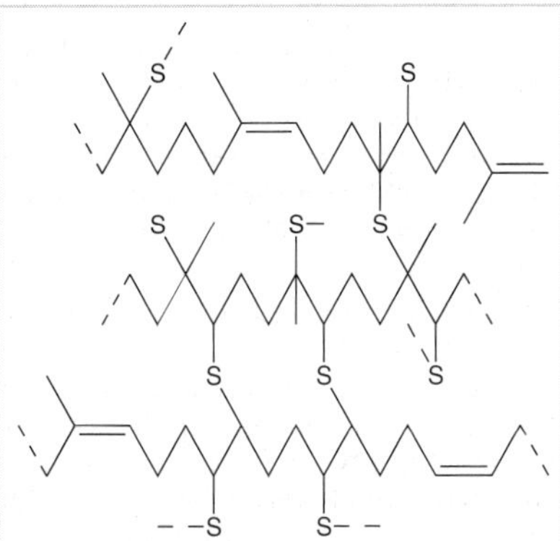

Mögliches Struktursegment aus vulkanisiertem Naturkautschuk

Mit dieser Vernetzung werden die Eigenschaften des ursprünglichen *Kautschuk* drastisch verändert. Es wird ein Material erhalten, das chemisch und thermisch sehr beständig ist und vor allem die bekannte Gummi-Elastizität aufweist.

Mit der Entdeckung der Vulkanisation wurde der Grundstein für die Gummiindustrie gelegt und der N.-Verbrauch stieg rapide. Heute ist die Gummitechnologie hochentwickelt. Ein *Gummi* enthält stets Zuschläge an Weichmachern (z. B. Mineralöle, Stearate), Füllstoffen (vor allem Ruß), Beschleunigern (z. B. ↑Mercaptobenzothiazol u. v. a.) und anderen Hilfsstoffen, z. B. ↑Zinkoxid, die vielfältige Funktionen ausüben. Die Eigenschaften eines Gummis hängen besonders stark vom Vernetzungsgrad ab, also der Gesamtzahl der gebildeteten Schwefelbrücken. Mit ca. 2 % gebundenem Schwefel liegt ein *Weichgummi*, mit bis zu 30 % Schwefel *Hartgummi* vor. *Reifengummis* bestehen meist zum Hauptteil aus SBR und zum Rest aus NR (s. Tabelle). N. besitzt nach wie vor große Bedeutung zur Gummiherstellung, steht jedoch heute hinter einigen synthetischen Kautschuken zurück, was die Produktionsmengen betrifft. Die neben dem N. heute wichtigsten Kautschuke sind (alphabetisch) in der Tabelle aufgeführt.

Abkürzung nach ASTM-D	Bezeichnung
BR	Butadienkautschuk
CR	Chloroprenkautschuk
EPDM	Ethylen-Propylen-Dien-Mischpolymerisat
IR	Isoprenkautschuk (synth. Kautschuk)
NR	Isoprenkautschuk (Naturkautschuk)
SBR	Styrol-Butadien-Kautschuk

Heute wichtige Kautschuke

Heute umfaßt der Begriff *Kautschuke* alle Polymerstoffe, die bei Normaltemperatur amorph sind, eine niedrige Glasübergangstemperatur aufweisen und durch irgendwie geartete Verfahren weitmaschig zu Elastomeren vernetzbar sind. Unter einem *Elastomer* versteht man dementsprechend jedes aus vernetzten Makromolekülen aufgebaute System, das sich unter dem Einfluß bereits schwacher Kräfte bei Raumtemperatur um mindestens das doppelte der ursprünglichen Länge ausdehnen läßt, um nach Beendigung der Krafteinwirkung die ursprüngliche Form schnell wieder einzunehmen. Die Begriffe *Weichgummi* und Elastomer sind synonym.

N. wird außer zu Gummi noch durch polymer-analoge Umsetzungen zu einigen technisch verwendeten Derivaten umgesetzt:

Chlorkautschuk : Herstellung durch Umsetzung von N. mit ↑Chlor. Es erfolgt Chloraddition an die Doppelbindungen, gefolgt von Eliminierungen und Cyclisierungen. Chlorgehalte von 40–60 %. Es handelt sich um farb- und geruchlose Produkte, die als Lackrohstoffe verwendet werden.

Kautschukhydrochlorid: Herstellung durch Umsetzung von N. mit ↑Chlorwasserstoff, der sich an die Doppelbindungen addiert. Die Chlorgehalte liegen zwischen 28–34 %. Es bilden sich farb- und geruchlose Produkte, die zu wasserdichten Folien verarbeitet werden.

Cyclokautschuk: Wird gebildet bei der katalysierten Umsetzung von N. mit Proton- oder Lewis-Säuren, wobei unter Cyclisierung Cyclohexanstrukturen entstehen. Es werden farb- und geruchlose Produkte erhalten, die als Beschichtungs- und Bindemittel Verwendung finden.

Unmodifizierter N. wird in kleinen Mengen zu klebetechnischen Produkten verarbeitet.

Neodym

Neodymium Nd

Ein silberweiß glänzendes metallisches chemisches Element, das an der Luft gelblich anläuft. Es reagiert in der Kälte langsam, beim Erwärmen rasch mit Wasser unter Wasserstoff-Entwicklung.

Nd gehört zu den Lanthaniden-Elementen und kommt demzufolge in den Seltenerd-Mineralien Monazit, Gadolinit usw. vor. Sein Anteil am Aufbau der Erdrinde wird auf 12-24 ppm geschätzt womit es auf Platz 33 der Elementhäufigkeit steht. Das Metall wird durch Schmelzflußelektrolyse aus dem Chlorid hergestellt.

Nd besitzt die Elektronenkonfiguration $1s^2\ 2s^2\ 2p^6\ 3s^2\ 3p^6\ 3d^{10}\ 4s^2\ 4p^6\ 4d^{10}\ 4f^4\ 5s^2\ 5p^6\ 6s^2$, Grundterm $^5I_4$ und betätigt wie alle Lanthaniden bevorzugt die Oxidationsstufe +3, kann jedoch auch in der Stufe +4 vorliegen, in welcher es allerdings ein starkes Oxidationsmittel ist und aus Wasser Sauerstoff freisetzt. Die Nd(IV)-Ionen sind blauviolett.

$$Nd \longrightarrow Nd^{3+} + 3\,e^-$$

Nd(III)-Bildung

Die Angaben für das Normalpotential für die Nd(III)-Bildung (s. Gleichung) schwanken zwischen einem experimentellen Wert von −1,87 V und einem berechneten von −2,44 V.

Die wichtigste Verbindung ist das *Neodym(III)oxid*, ein sehr stabiles, in Wasser unlösliches, in Säuren lösliches, blaues kristallines Pulver, das beim Erhitzen anderer Nd-Salze erhalten wird. Es wird in Farbfernseher-Röhren, in der Laser-Technik und zur Glasfärbung verwendet. Die Neodym-Laser sind Festkörper-Laser. Im *Neodym-YAG-Laser* ist das Laser-Medium ein Yttrium-Aluminium-Granat, $Y_3Al_5O_{12}$, in dessen Gitter ca. 1 % der Yttrium-Ionen durch Nd^{3+}-Ionen ersetzt sind. Wegen seiner hohen Ausgangsleistung gehört er zu den in der Materialbearbeitung am meisten benutzten Lasern (Wellenlänge 1,06 μm, Ausgangsleistung im cw-Betrieb 5 kW).

Nd Z = 60 A_R = 144,24 Isotope: 142, 143, 144, 145, 146, 148, 150; 127–141, 147, 149, 151, 152 (künstlich)

t_{Smp}	t_{Sdp}	d	MV	α	λ
1016 °C	3064 °C	7,01 g/cm³	20,59 cm³/mol	9,6 10^{-6}/K	16,5 W/mK

C_p	$\Delta_S H$	$\Delta_V H$	S^o	ϱ
27,42 J/(K · mol)	7,1 kJ/mol	273 kJ/mol	71,1 J/(K · mol)	610 nΩ · m

Neon

Neon Ne

Ein völlig inertes farb- und geruchloses Gas. Es ist leichter als Luft (Faktor 0,7) und löst sich bei 20 °C zu 10,4 ml in einem Liter Wasser.

Ne ist Bestandteil der atmosphärischen Luft und kommt darin zu 0,00182 Vol.-% vor. Die technische Gewinnung von Ne erfolgt so auch durch Fraktionierung der flüssigen Luft.

Als Edelgas der ersten Achterperiode besitzt Ne die Elektronenkonfiguration $1s^2\ 2s^2\ 2p^6$, Grundterm $^1S_0$. Mit dem wie alle Edelgase einatomig auftretenden Element konnten bisher keinerlei chemische Reaktionen erzielt werden.

Die Hauptanwendung fand Ne in der Beleuchtungstechnik als Füllgas von *Leuchtstoffröhren*, in denen die Ne-Atome zur Aussendung leuchtend roten Lichtes angeregt werden (Lichtreklame). Befindet sich in der Röhre daneben noch Quecksilberdampf, wird ein intensiv blaues Licht emittiert. Ne spielt für diese Anwendung heute keine Rolle mehr.

In den heutigen *Leuchtstofflampen* wird das farbige Licht von Luminophoren erzeugt, die das von angeregtem Quecksilberdampf ausgestrahlte UV-Licht absorbieren und als längerwelliges (im sichtbaren Bereich liegendes) Licht wieder abstrahlen.

Die *Luminophore* stellen sehr feinteilige Farbstoffe dar, in welche Aktivatoren und Sensibilisatoren eingearbeitet sind. Sie werden in sehr dünner Schicht aus einer Haftmittel enthaltenden Suspension auf die Röhrenwandungen aufgebracht. Es sind hier einige Beispiele für heute in Leuchtstofflampen verwendete Luminophore angeführt (s. Tabelle).

Leuchtstoff	Aktivator	Farbe
$Ca_5(PO_4)_3(Cl,F)$	Mn^{2+}, Sb^{3+}	blau, orange
$(Sr,Mg)_3(PO_4)_2$	Sn^{2+}	rot
Y_2O_3	Eu^{2+}	rot
$CaWO_4$	—	blau

In Leuchtstofflampen verwendete Luminophore

Eine wichtige technische Anwendung findet Ne heute im *Helium-Neon-Laser*, dem wohl bekanntesten Laser, der z. B. häufig als Zeigestockersatz benutzt wird. In einem mit He/Ne-Gemisch gefüllten Quarzrohr findet zwischen den Elektroden eine Gasentladung statt, die durch angelegte Spannung beschleunigten Elektronen stoßen mit den Gasatomen zusammen und unter geeigneten Bedingungen wird bei den Neon-Atomen der Inversionszustand erreicht. Es wird u. a. rotes Licht der Wellenlänge 0,63 μm emittiert. Die nur schwache Ausgangsleistung von wenigen Milliwatt reicht für viele optische Anwendungen aus.

Ne Z = 10 A_R = 20,1797 Isotope: 20, 21, 22; 16-19, 23-25 (künstlich)

t_{Smp}	t_{Sdp}	d	MV	α	λ
−248,7 °C	−246,0 °C	0,000888 g/cm³ (0 °C)	22704 cm³/mol		
C_p	$\Delta_S H$	$\Delta_V H$	S^o	ϱ	
20,79 J/(K · mol)	0,32 kJ/mol	1,74 kJ/mol	146,3 J/(K · mol)		
t_{krit}	P_{krit}	d_{krit}	t_{trip}		
−228,6 °C	2,75 MPa	0,483 g/cm³	−248,6 °C		

Neptunium

Neptunium Np

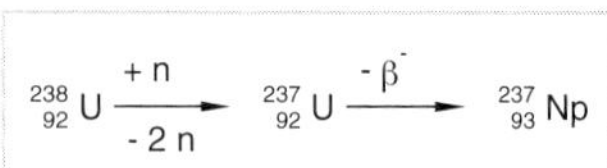

Bildung des stabilsten Np-Isotops aus Uran 238

Ein silbrig-glänzendes metallisches radioaktives chemisches Element. Das Isotop 239 wurde 1940 entdeckt (Halbwertzeit 56 Stunden). Das stabilste Isotop 237 mit einer Halbwertzeit von 2,14 Mill. Jahren ist ein α-Strahler und wurde erstmals 1942 beim Beschuß von Uran 238 mit schnellen Neutronen erhalten (s. Gleichung).

Das Metall läuft an der Luft rasch farbig an und reagiert in der Wärme mit Wasser unter Wasserstoff-Entwicklung. Insgesamt ähnelt es in seinem chemischen Vehalten dem ↑ Uran, dessen rechter Nachbar es im PSE ist.

Aus der Elektronenkonfiguration $1s^2\ 2s^2\ 2p^6\ 3s^2\ 3p^6\ 3d^{10}\ 4s^2\ 4p^6\ 4d^{10}\ 4f^{14}\ 5s^2\ 5p^6\ 5d^{10}\ 5f^4\ 6s^2\ 6p^6\ 6d^1\ 7s^2$, Grundterm $^6L_{11/2}$ erklären sich die möglichen Oxidationsstufen +3, +4, +5, +6, +7, deren Ionen alle tieffarbig sind. Am beständigsten ist die Stufe +5.

Das schwere Metall war das zuerst entdeckte Transuran.

Da Np in Form des Isotops 237 in Uran-Reaktoren entsteht, ist es in Kg-Mengen verfügbar. Es wird durch Neutronenbeschuß in Plutonium 238 überführt, das ein α-Strahler ist (Halbwertzeit 87,7 Jahre) und zur Energieversorgung dient (z. B. in Raumsatelliten).

Np Z = 93 A_R = 237,0482 Isotope: 22-242

t_{Smp}	t_{Sdp}	d	MV	α	λ
639 °C	4079 °C	20,45 g/cm³	11,71 cm³/mol	27,5 10^{-6}/K	6,3 W/mK
C_p	$\Delta_S H$	$\Delta_V H$	S^o	ϱ	
29,62 J/(K · mol)	5,19 kJ/mol	423,4 kJ/mol	50,5 J/(K · mol)		

Neutralrot

Neutral red, Basic red 5   Toluylenrot, Kernechtrot

Bildet ein dunkelgrünes Pulver, das sich in Wasser (3 g/100 ml) und Ethanol (1,4 g/100 ml) mit roter Farbe löst.

N. wird hergestellt durch Kondensation von N,N-Dimethyl-p-nitrosoanilin mit 2,4-Diaminotoluol in salzsaurem Medium (s. Schema).

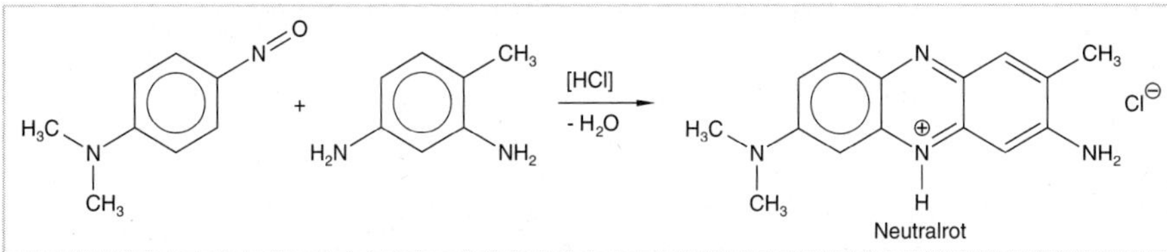

Synthese von Neutralrot

Der pK_S-Wert beträgt 6,7. N. ist in Lösungen unterhalb pH 6,8 rot, oberhalb pH 8,0 gelb und ist deshalb ein den Neutralpunkt gut markierender pH-Indikator. N. wird zu diesem Zweck in 0,1 %iger wässeriger oder verdünnt-ethanolischer Lösung verwendet. Es dient auch als Mikroskopier-Farbstoff

$C_{15}H_{17}ClN_4$ $M_R = 288{,}78$ C 62,39 %   H 5,93 %   Cl 12,28 %   N 19,40 %

Nickel

Nickel   Ni

Ni ist ein silberweißes, sehr zähes und gut dehnbares, an der Luft sehr beständiges metallisches chemisches Element. Von Wasser wird es nicht verändert, mit nichtoxidierenden Säuren reagiert Ni langsam, mit verdünnter Salpetersäure rasch unter Wasserstoff-Entwicklung und Ni(II)-salz-Bildung (s. Normalpotential). Gegen konzentrierte ↑ Salpetersäure ist Ni resistent, weil Passivierung durch Bildung einer Oxidschicht eintritt. Sehr beständig ist Ni auch gegen Alkalien, so daß Alkalihydroxide in Ni-Tiegeln sogar geschmolzen werden können.

$$Ni \longrightarrow Ni^{2+} + 2\,e^- \qquad E_o = -0{,}232\ V$$

Normalpotential von Nickel

Ni findet sich als Sulfid, Arsenid, Antimonid, Oxid und Silicat in vielen Erzen. Die bei weitem größte Bedeutung für die Ni-Gewinnung besitzt der in Kanada vorkommende *Magnetkies*, der im wesentlichen ein Gemisch von Fe-, Cu-, Ni-Sulfid darstellt und daneben Spuren von Edelmetallen (Au, Ag, Pt-Elemente) enthält. Eementares Ni wird zusammen mit ↑ Eisen in Meteoriten gefunden. Der Anteil des Ni an der Erdrinde wird auf ca. 0,01 % geschätzt. Vom Erdkern nimmt man an, daß er aus Fe und Ni besteht. Zur Gewinnung des Ni aus dem Magnetkies wird zunächst das Fe durch Verschlackung mit Silicat/Kohle in der Schmelze abgetrennt, so daß Ni(II)- und Cu(I)-Sulfid im Verhältnis etwa 1:4 übrigbleiben.

$$NiO + CO \longrightarrow Ni + CO_2$$
$$Ni + 4\,CO \xrightarrow{80\ °C} Ni(CO)_4\uparrow$$
$$Ni(CO)_4 \xrightarrow{180\ °C} Ni + 4\,CO$$

Mond-Verfahren zur Herstellung von elementarem Nickel

Dieses als *Kupfer-Nickel-Feinstein* bezeichnete Gemisch wird entweder durch Überführung von ↑ Kupfer(I)sulfid in leichtschmelzendes Doppelsulfid (mittels Natriumsulfid) oder nach dem „*Mond-Verfahren*" aufgetrennt. Das Mond-Verfahren beruht darauf, daß das Ni in flüchtiges und damit gut zu reinigendes *Nickeltetracarbonyl* umgewandelt wird, welches anschließend wieder thermisch zersetzt wird. Hierzu wird der

Feinstein zunächst zum Oxid geröstet, das Nickel(II)oxid (s. unter ↑Nickel(II)hydroxid) dann durch ↑Kohlenstoffmonoxid zum Metall reduziert und dieses dann mit weiterem CO in den Tetracarbonyl-Komplex überführt (s. Gleichungen).

Ni steht in der achten Nebengruppe des PSE und gehört zur Triade der ersten Übergangsreihe

$[Ni(H_2O)_6]^{2+}$	(grün)	oktaedrisch
$[NiCl_4]^{2-}$	(blau)	tetraedrisch
$[Ni(CN)_4]^{2-}$	(orange)	quadratisch

Beispiele für die zahlreichen Ni(II)-Komplexe

(Fe Co Ni) mit der Elektronenkonfiguration $1s^2\ 2s^2\ 2p^6\ 3s^2\ 3p^6\ 3d^8\ 4s^2$, Grundterm $^3F_4$. Aus dieser Konfiguration erklärt sich die in der wässerigen Chemie des Ni allein Bedeutung besitzende Oxidationsstufe +2. Die Ni(II)-Ionen sind recht komplexfreudig und bilden dabei oktaedrische, tetraedrische und quadratisch-planare Koordinationen aus (s. Beispiele in Abbildung). Weiteres zur Ni-Chemie s. unter den einzelnen Verbindungen.

Monel-Metall	70% Ni, 30% Cu
Konstantan	60% Cu, 40% Ni
Neusilber	60% Cu, 20% Ni, 20% Zn

Technisch wichtige Nickel-Legierungen

Die größte Menge des erzeugten Ni wird zu einer Vielzahl technisch bedeutender Legierungen verarbeitet. Legierungspartner sind vor allem Fe, Cr, Cu, Mn und Mo. Das Ni verleiht den Legierungen insbesondere hohe Temperatur- und Korrosionsbeständigkeit. Bekannte und wichtige Ni-Legierungen sind das *Monel-Metall*, *Konstantan* und *Neusilber* (s. auch unter ↑Kupfer).

Ferner wird Ni in großen Mengen zur galvanischen und chemischen Vernickelung verwendet. Aus Ni werden zahlreiche Gebrauchsgegenstände wie Tiegel, Schalen, Labor- und Medizininstrumente, Apparaturen- und Geräteteile, Münzen etc. hergesellt. Feinverteiltes Ni dient als Katalysator in technischen Hydrierungs-Reaktionen. Hierfür dient auch die als „*Raney-Nickel*" bezeichnete Ni-Al-Legierung, die als graues Pulver beim Zusammenschmelzen von Ni- und Al-Pulver im Verhältnis 1:1 erhalten wird. Die Aktivierung erfolgt erst durch Herauslösen des größten Teils des Al mit Natronlauge. In der aktivierten Form ist es nicht lange haltbar und entzündet sich im trockenen Zustand an der Luft. Mit Ni werden technisch sehr wichtige Akkumulatoren hergestellt (s. unter ↑Nickel(II)hydroxid).

Der menschliche Körper enthält Ni, besonders angereichert in den Haaren. Ob es als essentielles Spurenelement anzusehen ist, ist umstritten.

Zum analytischen Nachweis des Ni in den Lösungen seiner Salze können nachstehend beschriebene Reaktionen herangezogen werden.

1. Zugabe von Ammoniak-Lösung: Es fällt zunächst ein hellgrüner Niederschlag von ↑Nickel(II)hydroxid aus, der sich bei weiterer Zugabe unter Blaufärbung zum Hexammin-Komplex auflöst (s. Schema).

$$Ni^{2+} + 2\,OH^{\ominus} \longrightarrow \underset{\text{grün}}{Ni(OH)_2}\downarrow$$

$$Ni(OH)_2 + 6\,NH_3 \longrightarrow \underset{\text{blau}}{[Ni(NH_3)_6]^{2+}}\ 2\,OH^{\ominus}$$

Bildung des blauen Nickelhexammin-Komplexes

2. Zugabe von Ammoniumsulfid-Lösung: Unter gleichzeitiger Luftoxidation zum Ni(III) fällt schwarzes *Nickel(III)sulfid* aus, das in ↑Salzsäure unlöslich ist, von konz. Salpetersäure oder ↑Wasserstoffperoxid zu ↑Schwefel bzw. Sulfat oxidiert wird.

3. Der wichtigste Nachweis ist die Fällung mit ↑Diacetyldioxim.

► Ni und Ni-Verbindungen sind als eindeutig krebserregend eingestuft. Als besonders gefährdend gilt die Einatmung des Staubes von Ni und seinen Verbindungen. Bei häufigem Kontakt mit vernickelten Gegenständen kann *Nickeldermatitis* („*Nickelgrätze*") auftreten.

Ni Z=28 A_R=58,6934 Isotope: 58, 60, 61, 62, 64; 53, 55-57, 59, 63, 65-67 (künstlich)					
t_{Smp}	t_{Sdp}	d	MV	α	λ
1453 °C	2911 °C	8,90 g/cm³	6,59 cm³/mol	13,3 10^{-6}/K	83 W/mK
C_p	$\Delta_S H$	$\Delta_V H$	S^o	ϱ	
26,1 J/(K · mol)	17,5 kJ/mol	369 kJ/mol	29,9 J/(K · mol)	59 nΩ · m	
MAK	R-Satz	S-Satz			
0,5 mg/m³	40-43	22-36			

Nickel(II)chlorid

Nickel chloride

Bildet als Hexahydrat grüne zerfließliche Kristalle, die sich in Wasser sehr gut lösen (bei 20 °C ca. 100 g/100ml) mit saurer Reaktion (pH ca. 4).

Es wird hergestellt durch Auflösung von Ni in verdünnter ↑ Salzsäure unter gelindem Erwärmen (s. Gleichung).

$$6\,H_2O + Ni + 2\,HCl \longrightarrow NiCl_2 \cdot 6\,H_2O + H_2$$

Herstellung von Nickel(II)chlorid

$$trans\text{-}[NiCl_2(H_2O)_4] \cdot 2\,H_2O$$

Struktur von Nickel(II)chlorid-Hexahydrat

$$NiCl_2 + 2\,Cl^{\ominus} \longrightarrow [NiCl_4]^{2-}$$

Bildung des blauen Tetrachloro-Komplexes von Ni(II)

$$NiCl_2 + 6\,NH_3 \longrightarrow [Ni(NH_3)_6]Cl_2$$

Bildung des blauvioletten Ni(II)-hexammin-Komplexes

Die tatsächliche Struktur ist vermutlich ein Tetraaquo-Dichloro-Komplex (s. Abbildung). Mit Chloriden bildet sich der blaue tetraedrische Tetrachloro-Komplex (s. Gleichung) und mit ↑ Ammoniak der blauviolette Hexammin-Komplex (s. Gleichung).

Das wasserfreie Salz wird durch Erhitzen des Hexahydrats im HCl-Strom oder aus den Elementen direkt erhalten, bildet gelbe Kristalle und zieht aus der Luft Wasser und besonders Ammoniak an, weshalb es zur Füllung von *Ammoniak-Gasmasken* verwendet wird.

N. ist wichtig als Bestandteil der galvanischen Ni-Bäder. In Lösung zusammen mit ↑ Natriumhypophosphit kann unter bestimmten Bedingungen eine chemische Vernickelung der verschiedensten, auch nicht leitenden Oberflächen erzielt werden („*Chemisch-Nickel*").

Cl_2Ni M_R=129,61 (wasserfrei) Cl 54,71 % Ni 45,29 %					
t_{Smp}	t_{Sdp}	d	η		
1031 °C		3,55 g/cm³			
C_p	$\Delta_S H$	$\Delta_V H$	$\Delta_B H$	S^o	Q_C
71,7 J/(K · mol)	77,3 kJ/mol		−305 kJ/mol	98 J/(K · mol)	

MAK	R-Satz	S-Satz
0,5 mg/m³	23/24/25	22-24-28

Nickel(II)hydroxid

Nickel hydroxide

Bildet ein grünes kristallines Pulver, das in Wasser unlöslich ist, von Säuren leicht unter Bildung der entsprechenden Salze zersetzt wird. Mit Ammoniak-Lösung erfolgt Auflösung zum blauen Hexamminkomplex.

$$Ni^{2+} + 2\,OH^{\ominus} \longrightarrow Ni(OH)_2$$

Fällung von Nickel(II)hydroxid

N. fällt als zunächst voluminöser grüner Niederschlag aus, wenn Lösungen von Ni(II)salzen mit Natronlauge versetzt werden (s. Gleichung).

Der Niederschlag entwässert beim Stehen zum kristallinen Produkt. Beim Erhitzen von N. über 200 °C bildet sich *Nickel(II)oxid* als grünliches Pulver (s. Gleichung), ein in Wasser unlösliches, mit Säuren sich zersetzendes, thermisch hochbeständiges Produkt (Schmp. 1990 °C). Es läßt sich leicht durch ↑ Wasserstoff reduzieren zu sehr fein verteiltem Ni-Pulver, das ein wichtiger Hydrier-Katalysator ist. Mit Hypochloriten wird N. zum schwarzen *Nickel(III)metahydroxid* oxidiert (s. Gleichung).

$$Ni(OH)_2 \xrightarrow{200\ °C} NiO + H_2O$$

Thermische Bildung von Nickel(II)oxid

$$Ni(OH)_2 \xrightarrow{[Ox]} \underset{\text{schwarz}}{NiO(OH)}$$

Oxidation von Nickel(II)hydroxid

Die Oxidation zum Ni(III)metahydroxid vollzieht sich auch bei der Ladung des Ni-Cd-Akkus. Dieser besteht im zu ladenden Zustand aus einer mit *Cadmium(II)hydroxid* beschichteten Cd-Kathode und einer mit N. beschichteten Ni-Anode, die beide in eine mit Kalilauge gefüllte Zelle eintauchen. Bei der Ladung und Entladung vollziehen sich die dargestellten Elektrodenvorgänge (s. Gleichungen).

Kathode $Cd^{2+} + 2\,e^- \longrightarrow Cd$

Anode $Ni^{2+} \longrightarrow Ni^{3+} + e^-$

Ladung des Ni-Cd-Akkus

Kathode $Cd \longrightarrow Cd^{2+} + 2\,e^-$

Anode $Ni^{3+} + e^- \longrightarrow Ni^{2+}$

Entladung des Ni-Cd-Akkus

Die Ladungs- und Entladungsvorgänge lassen sich zur Gesamtgleichung zusammenfassen (s. Gleichung).

$$Cd + 2\,Ni^{3+} \underset{\text{Ladung}}{\overset{\text{Entladung}}{\rightleftharpoons}} Cd^{2+} + 2\,Ni^{2+}$$

Gesamtgleichung der Elektroden-Vorgänge im Ni-Cd-Akku

Der *Nickel-Cadmium-Akku* (*Jungner-Akku*) liefert dabei eine Spannung von 1,3 V. Er stellt eine Verbesserung vom „*Edison-Akku*“ dar, der mit Fe anstelle von Cd arbeitete und zwar auch 1,3 V Spannung lieferte, jedoch stärker zum Gasen (Wasserstoff-Entwicklung) neigte und keine so hohen Stromdichten erlaubte. Der Ni-Cd-Akku wird technisch sehr viel verwendet.

Ersetzt man im Ni-Cd-Akku die Cadmium-Elektrode durch eine *Wasserstoffspeicher-Elektrode*, so erhält man den *Nickel-Metallhydrid-Akkumulator*.

Durch den Ladevorgang erzeugt man Wasserstoff, der sich sofort in das Kristallgitter der Kathode als Metallhydrid einlagert. Bei der Entladung wird der Wasserstoff an der Anode wieder zu Wasser oxidiert. In vereinfachter Form lassen sich die Vorgänge durch die gezeigten Reaktionsgleichungen wiedergeben (s. Schemata).

$$Ni^{2+} \longrightarrow Ni^{3+} + e^{\ominus}$$
$$Me + H_2O + e^{\ominus} \longrightarrow MeH + OH^{\ominus}$$
$$Ni^{2+} + Me + H_2O \longrightarrow Ni^{3+} + MeH + OH^{\ominus}$$

Ladevorgang beim Nickel-Metallhydrid-Akku

$$MeH + OH^{\ominus} \longrightarrow Me + H_2O + e^{\ominus}$$
$$Ni^{3+} + e^{\ominus} \longrightarrow Ni^{2+}$$
$$Ni^{3+} + MeH + OH^{\ominus} \longrightarrow Ni^{2+} + Me + H_2O$$

Entladevorgang beim Nickel-Metallhydrid-Akku

Die *Ni-MeH-Akkus* liefern ebenfalls eine Spannung von etwa 1,3 V, haben aber eine deutlich höhere Kapazität und erlauben mehr Ladecyclen (bis zu 1500). Das Speichermetall Me ist dabei meist eine Legierung von Nickel mit einer Mischung von Seltenerdmetallen.

H_2NiO_2 $M_R = 92{,}72$ H 2,17 % Ni 63,31 % O 34,52 %

$t_{Zersetzung}$	t_{Sdp}	d	η		
> 200 °C (Z)		4,1 g/cm³			
C_p	$\Delta_S H$	$\Delta_V H$	$\Delta_B H$	S^o	Q_C
			−528 kJ/mol	79 J/(K · mol)	
MAK	R-Satz	S-Satz			
0,5 mg/m³	23/24/25	22-24-28			

Nickel(II)nitrat

Nickel nitrate

Bildet als Hexahydrat grüne, zerfließliche Kristalle, die sich in Wasser sehr leicht lösen (bei 20 °C 250 g/100 ml) mit schwach saurer Reaktion.

N. wird hergestellt durch Lösen von ↑ Nickel in verdünnter ↑ Salpetersäure (s. Gleichung).

$$6\,H_2O + Ni + 2\,HNO_3 \longrightarrow Ni(NO_3)_2 \cdot 6\,H_2O + H_2$$

Herstellung von Nickel(II)nitrat

N. beginnt bereits bei 105 °C, sich zu Ni(II)oxid zu zersetzen. Deshalb dienen N.-Lösungen oder Schmelzen des N. im eigenen Kristallwasser (Schmp. 57 °C) als Tränklösungen zur *Nickel-Katalysator-Herstellung*: das mit N. getränkte Trägermaterial (z. B. Tonerde) wird erhitzt, wobei sich sehr fein verteiltes Nickel(II)oxid bildet, welches hydriert wird und eine äußerst feine Verteilung von Ni-Metall auf dem Träger liefert.

N_2NiO_6 $M_R = 182{,}72$ (wasserfrei) N 15,33 % Ni 32,12 % O 52,54 %

Die nachfolgenden Daten beziehen sich auf das Hexahydrat.

t_{Smp}	t_{Sdp}	d	η		
57 °C		2,05 g/cm³			
C_p	$\Delta_S H$	$\Delta_V H$	$\Delta_B H$	S^o	Q_C
402 J/(K · mol)			−2223 kJ/mol		
MAK	R-Satz	S-Satz			
0,5 mg/m³	23/24/25	22-24-28			

Nickel(II)sulfat

Nickel sulfate

Fällt aus wässerigen Lösungen als Heptahydrat in Form grüner Kristalle an, die sich in 100 ml Wasser bei 20 °C zu ca. 70 g lösen.

N. wird am besten erhalten durch Umsetzung von ↑Nickel(II)hydroxid mit ↑Schwefelsäure (s. Gleichung).

$$Ni(OH)_2 + H_2SO_4 + 5\,H_2O \longrightarrow NiSO_4 \cdot 7\,H_2O$$

Herstellung von Nickel(II)sulfat

Das Heptahydrat (*Nickelvitriol*) enthält das Hexaquo-Ion (grün). Es beginnt ab 100 °C zu dehydratisieren. Bei ca. 280 °C liegt das grünlich-gelbe wasserfreie Salz vor. Dieses zerfällt bei weiterem Erhitzen ab ca. 600 °C in Ni(II)oxid und Schwefeloxide.

N. wird als meistverwendetes Ni-Salz in großen Mengen für galvanische Ni-Bäder sowie zur Herstellung anderer Ni-Verbindungen gebraucht.

NiO_4S M_R = 154,77 (wasserfrei) Ni 37,93 % O 41,35 % S 20,72 %

$t_{Zersetzung}$	t_{Sdp}	d	η		
> 600 °C (Z)		3,68 g/cm³			
C_p	$\Delta_S H$	$\Delta_V H$	$\Delta_B H$	S^o	Q_C
138 J/(K · mol)			−873 kJ/mol	92 J/(K · mol)	
MAK	R-Satz	S-Satz			
0,5 mg/m³	23/24/25	22-24-28			

Nicotin

Nicotine 3-(1-Methyl-2-pyrrolidinyl)pyridin

Eine farblose bis gelbliche ölige hygroskopische Flüssigkeit mit pyridinähnlichem Geruch, die sich in Wasser und den üblichen org. Solventien gut löst. Unterhalb 60 °C ist N. mit Wasser mischbar. N. färbt sich an der Luft und unter Lichteinfluß braun. Wässerige Lösungen reagieren deutlich alkalisch (pH 0,05m Lösung = 10,2). N. bildet Salze mit nahezu allen Säuren.

N. ist das wichtigste der in den grünen Pflanzenteilen der Tabakpflanzen vorkommenden ↑ Alkaloide. Es macht je nach Tabaksorte 2-8 % des Trockengewichtes der *Tabakblätter* aus. Dabei ist das N. salzartig an ↑ Äpfelsäure und ↑ Citronensäure gebunden. Zur technischen Gewinnung des N. werden die Tabakblätter intensiv mit Wasser extrahiert. Der Extrakt wird mit einer Lösung von ↑ Calciumhydroxid (Kalkmilch) versetzt und das freigesetzte N. mit Wasserdampf abdestilliert. Das Destillat wird weiteren Reinigungsschritten unterzogen und schließlich wird nach mehrfacher Destillation reines N. erhalten. N. ist auf diese Weise ein Nebenprodukt der Tabak-Erzeugung.

N. ist ein recht einfach gebauter Vertreter der zu den Abkömmlingen von ↑ Pyridin zählenden Alkaloide. Das Molekül besteht aus einem Pyridinring, der in 3-Stellung mit der 2-Position von *N-Methyltetrahydropyrrol* verknüpft ist. Bei der Oxidation des N. mit ↑ Chrom(VI)oxid wird ↑ Nicotinsäure gebildet (s. Gleichung).

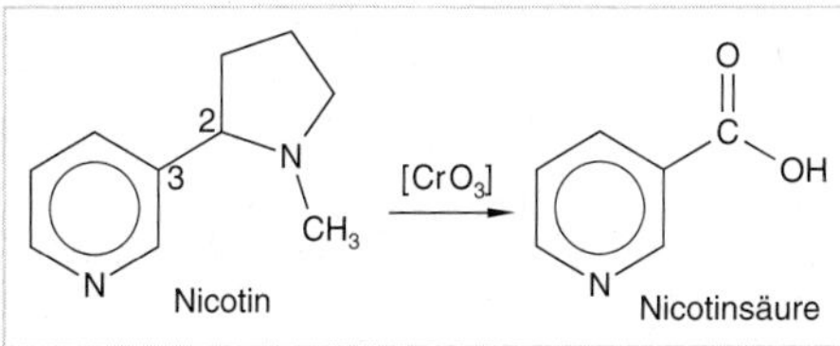

Oxidation von Nicotin zur Nicotinsäure

N. besitzt im C-Atom 2 des Tetrahydropyrrolringes ein Asymmetrie-Zentrum, existiert also als D- und L-Form. Das bei Synthesen erhaltene Racemat läßt sich mittels Tartrat-Bildung in die Enantiomeren trennen. N. besitzt wegen der beiden im Molekül enthaltenen Stickstoffbasen zwei pK_S-Werte, nämlich 6,16 und 10,96.

N. gehört zu den hochgiftigen Alkaloiden. Eine Menge von 40–60 mg N. ist für einen Erwachsenen tödlich. Damit entspricht die Giftigkeit des N. derjenigen von ↑ Cyanwasserstoff, wobei die Vergiftung ebenso rasch verlaufen kann. Bereits bei Inhalation von wenigen mg N. treten Schwindel, Übelkeit, Erbrechen, Leibschmerzen, Puls- und Blutdruckschwankungen auf. Bei größeren Dosen erfolgt sofort Atemlähmung oder Herzstillstand. Eine Zigarette enthält etwa 12 mg N., so daß ein Teeaufguß von 4-6 *Zigaretten* tödlich wirkt. Bei einem Kleinkind treten beim Verschlucken eines Fünftels einer Zigarette schwere Vergiftungserscheinungen auf. Chronische Vergiftungserscheinungen durch N. betreffen vor allem die Blutgefäße und das Herz mit der eindeutig nachgewiesenen Verursachung von Koronarsklerosen und deren Kausalität zu Angina pectoris und Herzinfarkt. Es sei hier wegen des Zusammenhanges nur darauf hingewiesen, daß der *Tabakrauch* neben dem N. eine außerordentlich große Zahl (mehrere Hundert) von Verbindungen enthält, die zu den aliphatischen und aromatischen Säuren, Stickstoffbasen, Sterinen, Nitrilen, O-Heterocyclen, Schwefelverbindungen und ↑ Schwermetallen(Cadmium) zu zählen sind, ferner ↑ Kohlenstoffmonoxid und ↑ Cyanwasserstoff und Spuren radioaktiver Stoffe. Der Zusammenhang von Krebserkrankungen der Lippen, der Zunge, des Kehlkopfes und der Bronchien mit dem Tabakteer gilt als gesichert. Für die akut toxische Wirkung von *Tabak* ist allerdings nur das N. verantwortlich. Dabei zeigt N. sowohl zentrale als auch periphere Wirksamkeit, die in niedrigen Dosen jeweils Erregung, in hohen Dosen Blockade bedeutet. Die periphere Wirkung beruht physiologisch darauf, daß es in niedrigen Dosen wie ↑ Acetylcholin die Ganglien stimuliert (Freisetzung der Catecholamine ↑ Adrenalin und ↑ Noradrenalin aus dem Nebennierenmark) in hohen Dosen die Ganglien blockiert (Unterbindung der Catecholamin-Ausschüttung). Zentral wirkt N. in hohen Dosen tödlich durch Blockade des Atemzentrums.

$C_{10}H_{14}N_2$ $M_R = 162{,}23$ C 74,03 % H 8,70 % N 17,27 %

t_{Smp}	t_{Sdp}	d	η
	124 °C (22 hPa)	1,01 g/cm³	

Nicotinsäure

Nicotinic acid Pyridin-3-carbonsäure

Fällt aus wässerigen Lösungen in Form farbloser, nicht hygroskopischer stabiler Kristalle aus, die sich in Wasser bei 20 °C nur zu ca. 2 g/100 ml, in siedendem Wasser jedoch sehr gut lösen. N. löst sich ferner gut in heißem Ethanol und in alkalischen Medien und ist unlöslich in Diethylether. Der pH-Wert einer gesättigten wässerigen Lösung beträgt 2,7, der pK_S-Wert liegt bei 4,85.

Die N. findet sich in allen lebenden Zellen, besonders angereichert in Leber, Herz, Nieren, Gehirn, im Eidotter, in der Milch und in Nüssen. Sie wird synthetisch erhalten durch Oxidation aus ↑Nicotin oder aus 3-Methylpyridin (β-Picolin, s. ↑Picoline) (s. Gleichung).

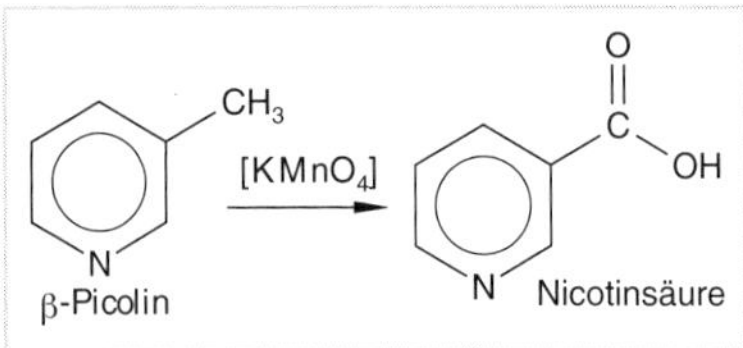

Synthese von Nicotinsäure

N. kann physiologisch als Vorstufe von ↑Nicotinsäureamid gelten, da es im Organismus amidiert und als Nucleotid gespeichert wird. N. wird deshalb in Multivitaminpräparaten und als Futtermittelzusatz verwendet. N. zeigt einen senkenden Effekt auf den Triglycerid- und Cholesterinspiegel des Blutes und wird deshalb pharmakologisch als *Lipidsenker* genutzt. Ebenso wird der *Nicotinylalkohol* verwendet, da dieser im Organismus rasch zu N. oxidiert wird. Technische Verwendung findet N. als Korrosionsinhibitor.

Verschiedene Ester der N. besitzen medizinische Bedeutung als durchblutungsfördernde Präparate.

$C_6H_5NO_2$	$M_R = 123{,}11$	C 58,54 %	H 4,09 %	N 11,38 %	O 25,99 %

t_{Smp}	t_{Sdp}	d	η
236 °C			

Nicotinsäureamid

Nicotinamide, Niacinamide Nicotinamid, Niacinamid

Bildet farblose Kristallnadeln, die sich in Wasser und in Ethanol sehr gut lösen (bei 20 °C 100 g/100 ml Wasser). Wässerige Lösungen reagieren neutral.

N. findet sich sehr verbreitet in Pflanzen und Tieren, besonders in Leber und Muskeln, in Milch und Getreiden. Die Synthese gelingt ausgehend von der ↑Nicotinsäure über das Säurechlorid und dessen Umsetzung mit ↑Ammoniak (s. Schema).

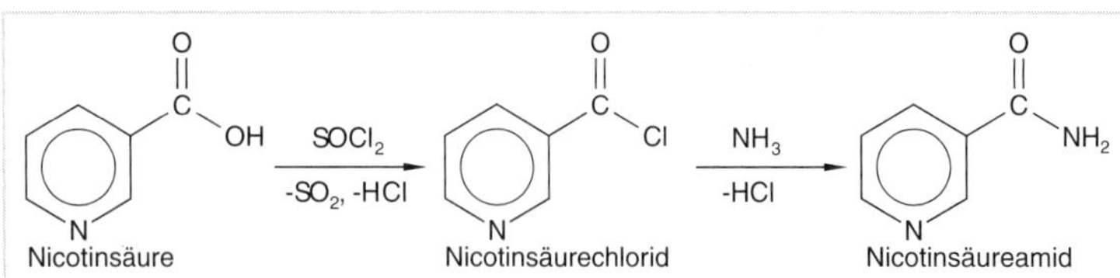

Synthese von Nicotinsäureamid

N. entfaltet im tierischen Körper eine Vitamin-Wirkung (Vitamin B_3), indem es zur Verhinderung der als *Pellagra* bezeichneten Krankheit notwendig ist. Die Pellagra wird auch als *3D-Krankheit* benannt, weil sie sich in Dermatitis, Diarrhoe und Demenz äußert. N. wird sowohl mit der Nahrung zugeführt als auch im Stoffwechsel aus ↑Tryptophan gebildet, so daß ein N-Mangel sehr selten ist und praktisch nur bei tryptophanarmer Ernährung (Mais als Hauptnahrungsmittel) auftritt.

N. besitzt ferner große biochemische Bedeutung als Baustein der wasserstofftransferierenden Coenzyme ↑Nicotinsäureamid-Adenin-Dinucleotid (NAD) und NAD-Phosphat (NADP).

$C_6H_6N_2O$ $M_R = 122{,}12$ C 59,01 % H 4,95 % N 22,94 % O 13,10 %

t_{Smp}	t_{Sdp}	d	η
130 °C			

Nicotinsäureamid-Adenin-Dinucleotid

Nicotinamide-adenine dinucleotide, NAD NAD

Bildet ein sehr hygroskopisches weißes kristallines Pulver, das sich in Wasser sehr gut löst. Da es sich um eine zweibasige Säure handelt, reagiert die wässerige Lösung deutlich sauer (1 %ige Lösung = pH 2).

Apoenzym + Coenzym = Enzym

Zusammensetzung vieler Enzyme

NAD ist ein in allen lebenden Systemen vorkommendes *Coenzym*. Es kann z. B. aus Bäckerhefe isoliert werden (10 kg Hefe liefern 250 mg NAD). Ehe auf Struktur und Funktion von NAD eingegangen wird, sei der Begriff des Coenzyms und des Enzyms allgemein kurz erläutert. Ein *Enzym* ist stets ein hochmolekulares Protein (M_R zwischen 30 000 bis mehrere Millionen, meist sind dabei mehrere Protein-„Monomere" zum Enzym zusammengelagert), das durch die spezifische Struktur und Flexibilität seiner Oberfläche in der Lage ist, ganz spezifische chemische Reaktionen zu katalysieren. Die Benennung eines Enzyms erfolgt (sofern keine Trivialnamen üblich sind, wie z. B. beim ↑Pepsin) nach der Reaktion, die es katalysiert und Anhängen der Endung -ase, z. B. ist *Transaminase* ein Aminogruppen übertragendes Enzym. Vielfach ist es nun so, daß ein Enzym sich zur Bewältigung einer speziellen Aufgabe einer nichtproteinischen Spezies bedient, die es in seiner Oberfläche fixiert. Das Enzym bildet also in diesem Fall ein Addukt aus Protein und proteinfremdem Anteil. Das Protein wird nun als *„Apoenzym"*, der proteinfremde Anteil als „Coenzym" bezeichnet. Apoenzym und Coenzym sind reversibel chemisch voneinander trennbar und keiner der beiden Anteile ist allein zur Katalyse der betreffenden Reaktion in der Lage. Das Molekül, an dem die katalysierte Reaktion vollzogen wird, heißt *„Substrat"*. *Coenzyme* haben ihren Ursprung größtenteils in Vitaminen, womit sich generell die biochemische *Basis der Vitamin-Wirkung* erklärt.

NAD fungiert als Coenzym in *Dehydrogenasen*, also wasserstoffentziehenden (oxidierenden) Enzymen, wobei es in *NADH*, reduziertes Coenzym, übergeht und auf diese Weise ein reversibles Redox-System ausbildet.

Wie bereits aus dem Namen hervorgeht, ist NAD ein *Dinucleotid*. Bildung und Zusammensetzung eines Dinucleotids ist hier im Schema erläutert.

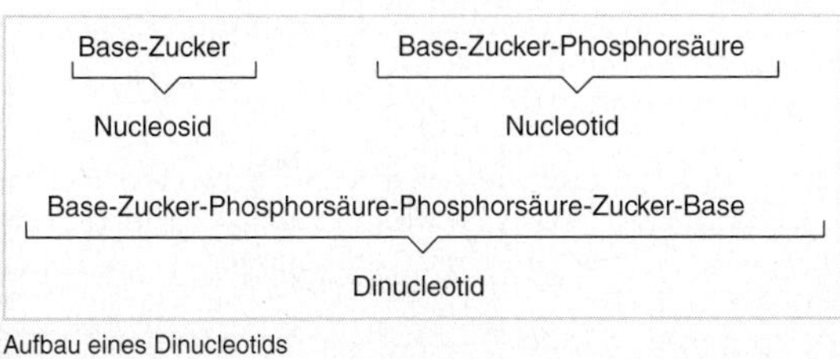

Aufbau eines Dinucleotids

Die Basen des NAD sind ↑ Nicotinsäureamid und ↑ Adenin, die Zuckerkomponente ist ↑ D-Ribose (s. Struktur).

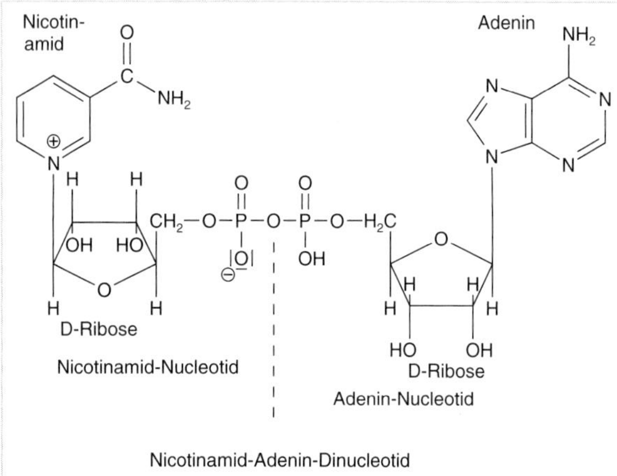

Struktur von Nicotinsäureamid-Adenin-Dinucleotid

Die Reduktion vollzieht sich am Pyridinring; wie es für die Dehydrierung eines primären Alkohols formuliert ist (s. Schema).

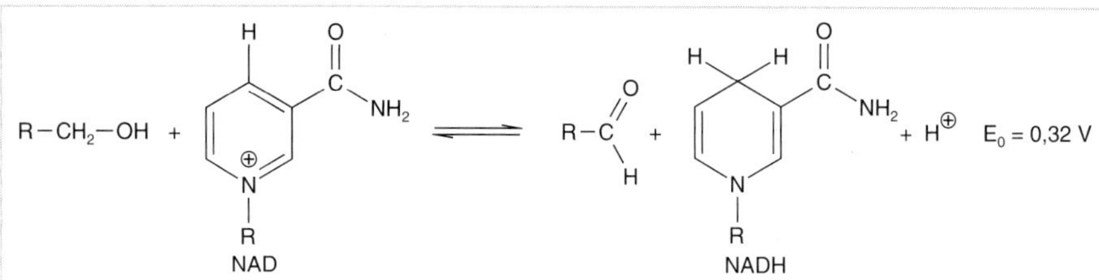

Pyridinring als reaktives Zentrum im NAD

Anstelle des NAD wirkt in manchen Enzymen *NAD-Phosphat* (*NADP*) nach dem gleichen Mechanismus als Coenzym (s. Gleichung). Im NADP ist die 2-ständige OH-Gruppe der Ribose des Adenin-Nucleotids mit einem weiteren Phosphatmolekül verestert.

$$\text{NADP} + 2\,\text{H}^{\oplus} + 2\,\text{e}^{-} \rightleftharpoons \text{NADPH} + \text{H}^{\oplus}$$

Vielfach wirkt NADP anstelle NAD

NAD und NADP sind so Träger entscheidender Redoxprozesse in fundamentalen Stoffwechselabläufen, wie der Fotosynthese (s. unter ↑ Chlorophyll), der akoholischen Gärung (s. unter ↑ Ethanol), der Milchsäure-Gärung (s. unter ↑ Milchsäure) und der Atmungskette (s. unter ↑ Adenosin-5′-triphosphat).

$C_{21}H_{27}N_7O_{14}P_2$ $M_R = 663{,}44$ C 38,02 % H 4,10 % N 14,78 % O 33,76 % P 9,34 %

Ninhydrin

Ninhydrin

Bildet ein blaßgelbes kristallines Pulver, das sich in Wasser gut löst.

N. ist das Hydrat von *Indantrion* (s. Gleichung).

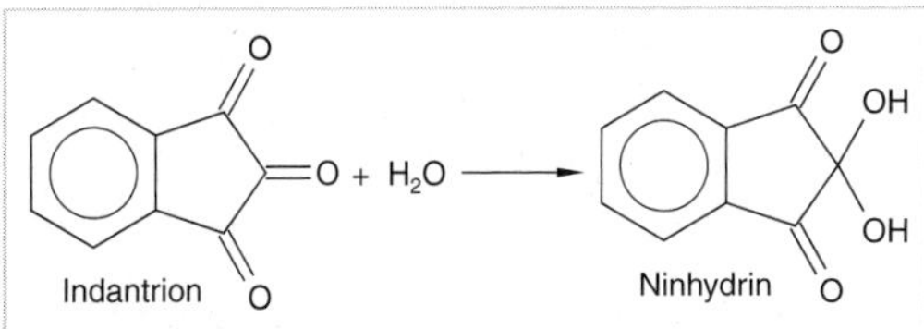

Hydratisierung von Indantrion zum Ninhydrin

N. hat analytische Bedeutung zum Nachweis von Aminosäuren und Peptiden. Gibt man zur Lösung einer Aminosäure eine 1 %ige N.-Lösung, so tritt beim Erwärmen eine Blau- bis Violettfärbung auf. Der Farbbildung liegen folgende Reaktionen zugrunde: Die Aminosäure wird decarboxyliert zum Amin, das Amin erfährt durch N. eine Oxidation zum Aldimin, welches zum Aldehyd und ↑ Ammoniak hydrolysiert (s. Schema).

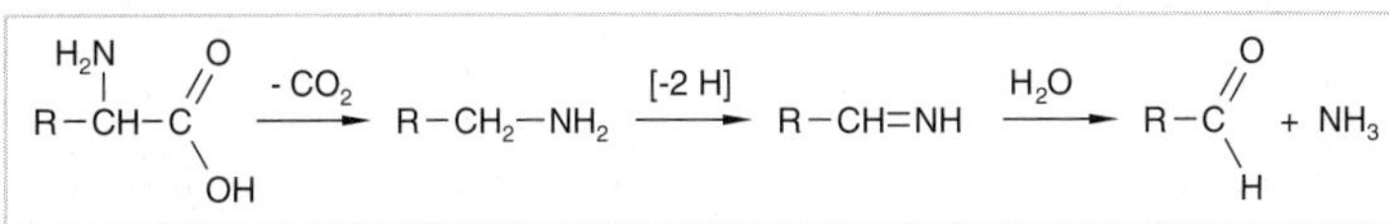

Erste Reaktionsfolge der Ninhydrin-Reaktion

Über den Ammoniak kondensieren nun ein Molekül N. und ein reduziertes N. zum farbigen Endprodukt (s. Schema).

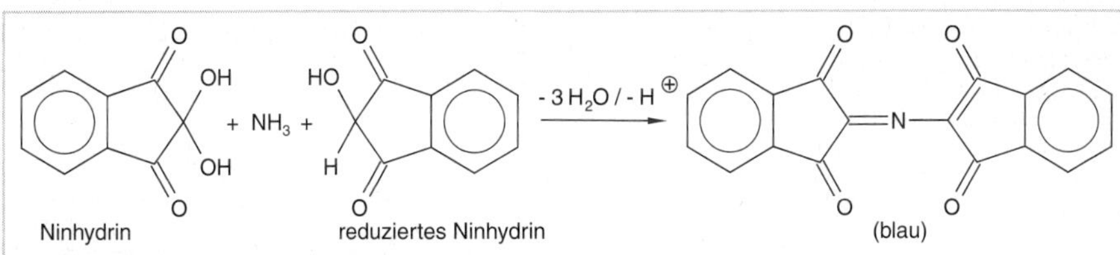

Kondensation zum blauen Farbstoff

N. dient so u. a. zur fotometrischen Bestimmung freier Aminosäuren in Blut und Harn. Ferner wird es zur Sichtbarmachung von Aminosäuren in Dünnschichtchromatogrammen verwendet.

$C_9H_6O_4$	$M_R = 178{,}14$	C 60,68 %	H 3,39 %	O 35,92 %

$t_{Zersetzung}$	t_{Sdp}	d	η
241 °C (Z)			

Niob

Niobium Nb

Ein stahlgrau glänzendes, gut dehn- und schweißbares metallisches chemisches Element. Nb ist chemisch außerordentlich beständig und wird auch von konzentrierten Säuren einschließlich Königswasser bei Raumtemperatur nicht angegriffen (Passivierung). Ein mäßiger Angriff ist erst oberhalb 100 °C festzustellen.

Leicht und schnell löst sich Nb lediglich in einem Gemisch von Fluß- und Salpetersäure. Auch Alkalien greifen, meist allerdings nur schwach, das Metall an.

$[(Fe,Mn)(Nb,Ta)_2O_6]$

Zusammensetzung von Columbit

Nb findet sich stets, wegen der großen chemischen Ähnlichkeit, in der Natur vergesellschaftet mit dem Gruppennachbarn im PSE, dem ↑ Tantal. Ein wichtiges Nb-Vorkommen stellt der *Columbit* dar, ein Mineral der in der Abbildung dargestellten Zusammensetzung, das sich vor allem in Nigeria und Zaire findet und bergmännisch abgebaut wird.

K_2TaF_7 und K_2NbOF_5

Nach dem Columbit-Aufschluß erhaltene Doppelfluoride

Zur Abtrennung des Nb wird das Mineral aufgeschlossen (sauer oder alkalisch). Nach Auslaugen der Schmelze mit Wasser bleiben Nb- und Tantaloxid ungelöst zurück. Beide Oxide werden mit ↑ Fluorwasserstoffsäure in Lösung gebracht und der erhaltenen Lösung wird ↑ Kaliumfluorid zugefügt. Es bilden sich die Tantal- und Niob-Doppelfluoride der angegebenen Zusammensetzung (s. Abbildung), von denen das Tantalsalz erheblich weniger löslich ist und als sehr reine Verbindung abgetrennt werden kann. Die Mutterlauge wird auf Nb verarbeitet, wobei verschiedene Methoden zur Anwendung kommen können (z. B. Hydrolyse zum Niob(V)oxid).

Zur Gewinnung von Nb-Metall wird das *Niob(V)oxid* mit Kohle reduziert, wobei sich vermutlich intermediär *Niobcarbid* bildet (s. Gleichungen).

$$Nb_2O_5 + 7\,C \longrightarrow 2\,NbC + 5\,CO$$
$$5\,NbC + Nb_2O_5 \longrightarrow 7\,Nb + 5\,CO$$

Herstellung von Niob-Metall durch Reduktion von Nb(V)oxid

Nb steht in der 5. Nebengruppe des PSE und besitzt die Elektronenkonfiguration $1s^2\,2s^2\,2p^6\,3s^2\,3p^6\,3d^{10}\,4s^2\,4p^6\,4d^4\,5s^1$, Grundterm $^6D_{1/2}$. Es bildet die Oxidationsstufen +2, +3, +4, und +5 aus, von denen +5 die wichtigste ist. Von Nb gibt es kaum wasserlösliche Verbindungen, so daß eine wässerige Chemie des Nb eigentlich nicht existiert. *Niobpentachlorid*, eine gelbe kristalline Substanz vom Schmp. 210 °C, die durch Umsetzung von Niob(V)oxid mit ↑ Chlor z. B. hergestellt werden kann, hydrolysiert mit Wasser sofort (s. Gleichungen)

$$NbCl_5 + H_2O \longrightarrow NbOCl_3 + 2\,HCl$$
$$NbOCl_3 + H_2O \xrightarrow[-\,HCl]{} [Nb_2O_5] \cdot H_2O$$

Hydrolyse von Niobpentachlorid

Niob(V)oxid, ein weißes kristallines Pulver vom Schmp. 1495 °C, ist in Wasser und allen Säuren, außer Flußsäure, unlöslich. In Alkalischmelzen bildet es lösliche *Niobate* komplizierter Zusammensetzungen.

Nb besitzt hauptsächlich Bedeutung als Legierungsbestandteil im Stahl, wobei es dessen Festigkeit und Korrosionsbeständigkeit wesentlich erhöht. Nb ist auch wichtig in Hochtemperatur-Legierungen und in dauermagnetischen Legierungen.

Nb Z=41 A_R=92,9064 Isotope: 93; 88-92, 94-101 (künstlich)

t_{Smp}	t_{Sdp}	d	MV	α	λ
2467 °C	4740 °C	8,57 g/cm³	10,84 cm³/mol	7,07 10^{-6}/K	52,7 W/mK
C_p	$\Delta_S H$	$\Delta_V H$	S^o	ϱ	
24,6 J/(K · mol)	26,4 kJ/mol	683 kJ/mol	36,4 J/(K · mol)	152 nΩ · m	

Nitrilotriessigsäure

Nitrilotriacetic acid, NTA

Bildet ein farbloses kristallines Pulver, das sich bei 20 °C zu 0,13 g/100 ml löst. Die gesättigte wässerige Lösung zeigt den pH-Wert 2,3. N. ist gut löslich in Ethanol.

N. wird erhalten bei der Umsetzung von ↑ Chloressigsäure mit ↑ Ammoniak im entsprechenden Verhältnis (s. Schema).

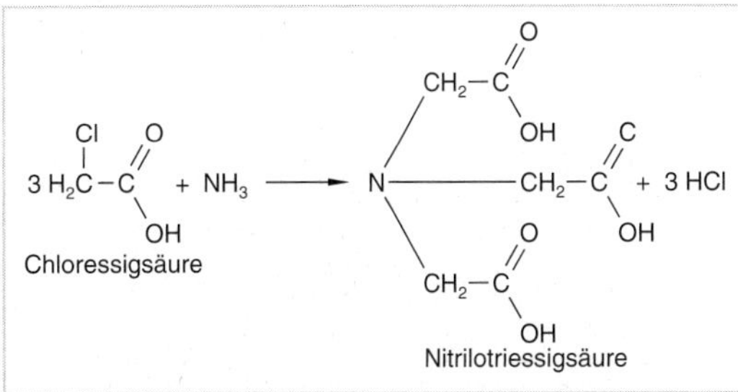

Herstellung von Nitrilotriessigsäure

N. liegt in neutraler Lösung wohl in ionischer Form vor und besitzt vier Koordinationsstellen: 1 N-Atom und 3 O-Atome (s. Abbildung).

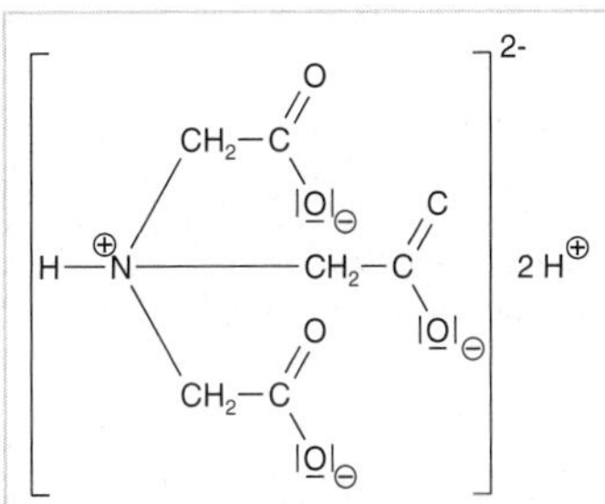

In wässeriger Lösung vorliegende ionische Form

N. besitzt die Fähigkeit zur Bildung stabiler, wasserlöslicher Innerkomplexe mit den Erdalkali-Ionen (bes. des Ca u. Mg) und wird deshalb besonders in Form des Tri-Na-Salzes als Komplexbildner bei Titrationen (s. hierzu unter ↑ Ethylendiaminotetraessigsäure) und in der Wasserenthärtung verwendet. N. kann als Phosphat-Ersatz (Builder) in Waschmitteln dienen und wird als solcher verwendet. Da sie in Abwässern jedoch das Algenwachstum fördert, wird der Einsatz von N. hierfür begrenzt.

$C_6H_9NO_6$ $M_R = 191{,}14$ C 37,70 % H 4,75 % N 7,33 % O 50,22 %

$t_{Zersetzung}$	t_{Sdp}	d	η
241 °C (Z)			

Nitrobenzol

Nitrobenzene

Eine farblose bis schwach gelbliche ölige, bittermandelartig riechende Flüssigkeit, die in Wasser praktisch unlöslich (bei 20 °C 0,2 g/100 ml) und mit Wasserdampf flüchtig ist. N. ist mit den meisten org. Solventien mischbar.

Die Herstellung von N. gelingt in guter Ausbeute durch direkte Nitrierung von ↑ Benzol mit „*Nitriersäure*“, einem Gemisch von konzentrierter ↑ Salpetersäure und ↑ Schwefelsäure. Die Reaktion verläuft nach dem Mechanismus der „Elektrophilen Substitution am Aromaten“, wie er bereits unter ↑ Benzophenon formuliert ist. Das am Aromaten angreifende elektrophile Agens ist das *Nitronium-Ion*, das in einem vorgelagerten Gleichgewicht aus der Salpetersäure mit der Schwefelsäure freigesetzt wird (s. Schema).

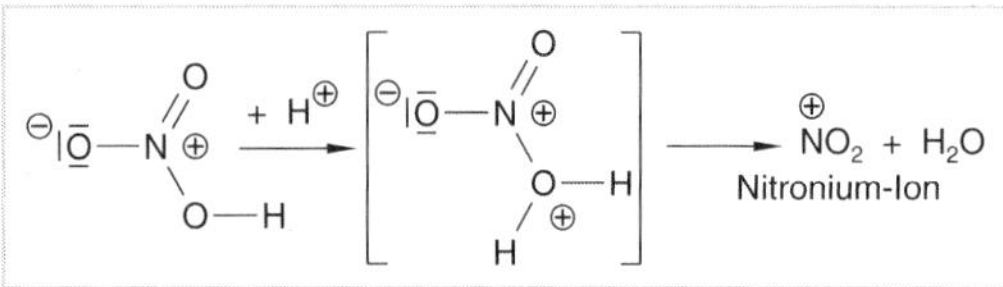

Freisetzung des Nitronium-Ions aus der Salpetersäure

Die Schwefelsäure wirkt hier als Protonenspender, nicht als wasserentziehendes Mittel. Die Nitrierung verläuft dann wie im Schema dargestellt.

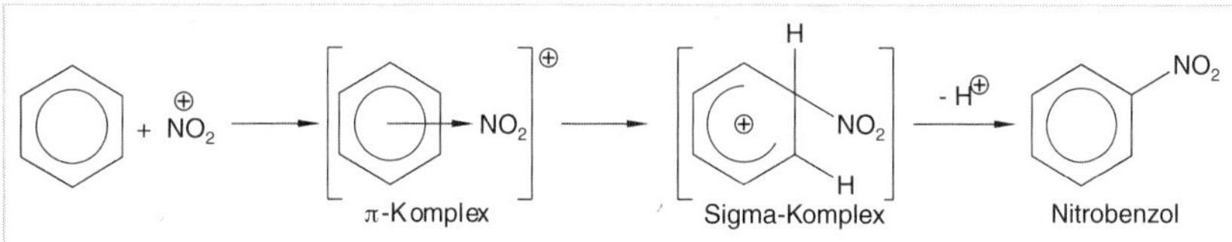

Mechanistischer Ablauf der Kern-Nitrierung

Da die Nitrogruppe durch ihren starken -M- und -I-Effekt die Elektronendichte des aromatischen Ringes herabsetzt, ist der aromatische Ring des N. desaktiviert und eine Zweitsubstitution durch eine weitere Nitrogruppe ist nur unter drastischeren Bedingungen (höhere Temperatur) möglich. Wie die mesomeren Grenzstrukturen nahelegen, weist N. ein beachtliches Dipolmoment auf (s. Schema).

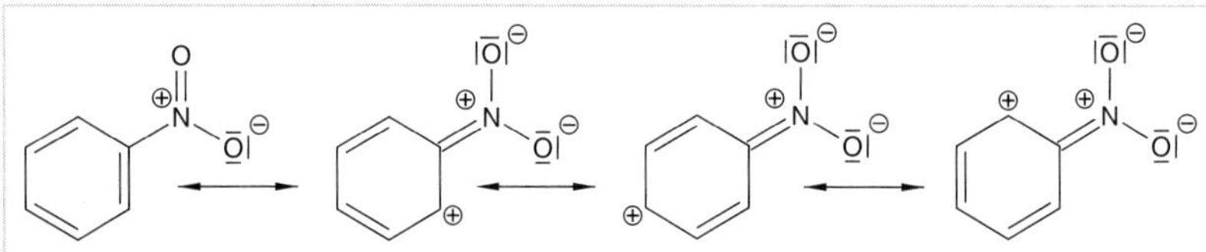

Mesomere Grenzstrukturen des Nitrobenzol-Moleküls

Die mengenmäßig bedeutendste Anwendung findet N. zur Synthese von ↑ Anilin, da die Nitrogruppe mittels ↑ Wasserstoff im sauren Medium leicht zur Aminogruppe reduzierbar ist (s. Schema).

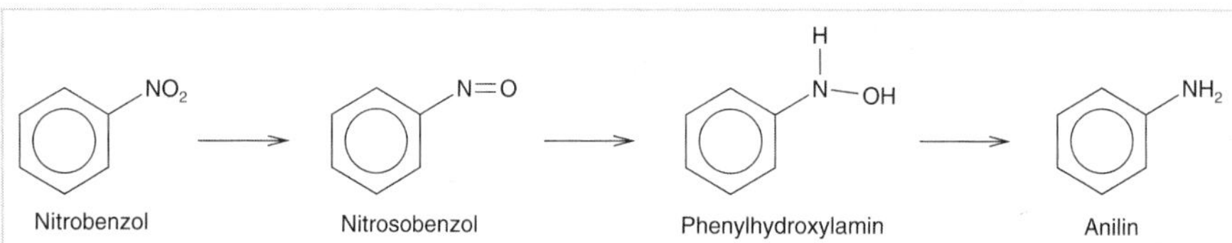

Reduktion von Nitrobenzol zu Anilin

Diese Reduktion verläuft über *Nitrosobenzol* und *Phenylhydroxylamin*. In neutraler Lösung ist das Hydroxylamin gewinnbar.

Die Reduktion mit Zinkstaub in Natronlauge liefert Hydrazobenzol (s. unter ↑ Benzidin) während die Reduktion mit ↑ Natriumamalgam zum ↑ Azobenzol führt.

N. ist ein Synthesebaustein und wird ferner als technisches Lösungsmittel und präparativ als Oxidationsmittel verwendet.

► N. ist eine giftige Flüssigkeit. Eine Aufnahme (Einatmen, Hautresorption oder Verschlucken) bewirkt Kopfschmerz, Übelkeit, Erbrechen, Methämoglobin-Bildung bis zur Cyanose. Jedes Einatmen und Hautkontakt vermeiden.

$C_6H_5NO_2$ $M_R = 123{,}11$ C 58,54 % H 4,09 % N 11,38 % O 25,99 %

t_{Smp}	t_{Sdp}	d	η		
6 °C	210 °C	1,20 g/cm³	2,03 mPa · s		
C_p	$\Delta_S H$	$\Delta_V H$	$\Delta_B H$	S^o	Q_C
181 J/(K · mol)	10,8 kJ/mol	56,1 kJ/mol	12,5 kJ/mol	224,3 J/(K · mol)	−3088 kJ/mol
MAK	R-Satz	S-Satz			
5 mg/m³	23/24/25-40-48/23/24-51/53-62	28-36/37-45-61			

Nitroethan

Nitroethane

Eine farblose ölige, angenehm riechende Flüssigkeit, die sich bei 20 °C. zu ca. 4,5 g/100 ml in Wasser löst und mit den meisten org. Solventien mischbar ist. N. zersetzt sich ab 330 °C., in Mischung mit Luft ist es ab 4 Vol.-% entzündbar. N. löst sich wie alle Nitroalkane in Alkalilaugen (s. unter ↑ Nitromethan).

N. ist darstellbar durch Umsetzung von *Diethylsulfat* mit ↑ Natriumnitrit (s. Schema).

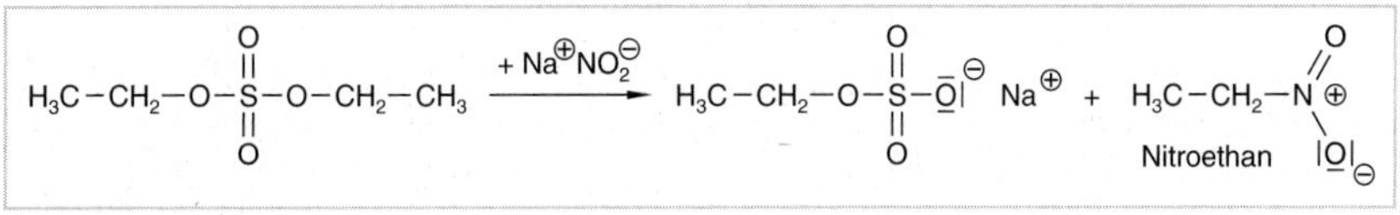

Synthese von Nitroethan

N. bildet u. a. folgendes Azeotrop:

Azeotrop-Komponenten	Zusammensetzung (Gew.-%)	Siedepunkt (°C)
N./Toluol	25,0/75,0	106,2

N. wird als Lösungsmittel (für Cellulose-Derivate und Vinylpolymere) und als Flüssigtreibstoff verwendet. Teils wird es auch präparativ genutzt, z. B. zur Herstellung von Ethylamin durch Reduktion.

► N. ist leichtentzündlich, reizt Haut und Augen.

$C_2H_5NO_2$ $M_R = 75{,}07$ C 32,00 % H 6,71 % N 18,66 % O 42,63 %

t_{Smp}	t_{Sdp}	d	η		
−50 °C	115 °C	1,04 g/cm³			
C_p	$\Delta_S H$	$\Delta_V H$	$\Delta_B H$	S^o	Q_C
134,2 J/(K · mol)	9,8 kJ/mol	41,6 kJ/mol	−144 kJ/mol		−1358 kJ/mol
MAK	R-Satz	S-Satz			
310 mg/m³	10-20/22	9-25-41			

Nitroglycerin

Nitroglycerin Glycerintrinitrat

Bildet eine blaßgelbe ölige Flüssigkeit, die in Wasser praktisch unlöslich, in den meisten org. Solventien jedoch gut löslich ist. N. beginnt ab ca. 50 °C. sich zu zersetzen, entwickelt oberhalb 100 °C. braune nitrose Gase und explodiert etwas oberhalb 200 °C.

N. bildet sich, wenn man ↑Glycerin unter guter Kühlung (Temperatur unterhalb 20 °C.) in Nitriersäure eintropft (s. Schema). Das N. sammelt sich als Öl an der Oberfläche der Reaktionsmischung. Die Strukturformel zeigt, daß der Name N. unzutreffend ist, da es sich nicht um eine Nitroverbindung handelt (in denen eine C-N-.Bindung vorliegt) sondern um ein Tri-Nitrat, also einen dreifachen Salpetersäureester.

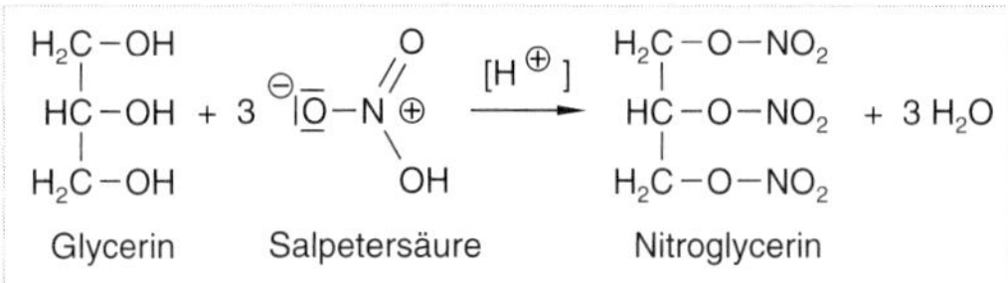

Bildung von Nitroglycerin

N. ist nicht nur gegen zu starke Erwärmung empfindlich, sondern auch noch schlag- und stoßempfindlich, wobei es mit außerordentlicher Heftigkeit explosionsartig zerfällt (s. Gleichung).

$$4\,C_3H_5(ONO_2)_3 \longrightarrow 12\,CO_2 + 10\,H_2O + 6\,N_2 + O_2$$

Explosionsartiger Zerfall von Nitroglycerin

Der enorme Druck der N.-Explosionen beruht auf der sehr großen Volumenzunahme durch die zahlreichen gasförmigen Reaktionsprodukte (des ursprünglich kleinen Flüssigkeitsvolumens). Alfred Nobel entdeckte 1866, daß Kieselgur (s. unter ↑Siliciumdioxid) die dreifache Menge seines Gewichts an N. zu adsorbieren vermag: dieses Adsorbat ist ein Feststoff, der die Explosionsfähigkeit des N. besitzt, jedoch nicht mehr stoßempfindlich ist, gefahrlos transportiert werden kann und unter dem Namen „*Dynamit*“ als Sprengstoff bekannt ist, der nur durch Initialzündung (z. B. mittels Bleiazid) zur Detonation zu bringen ist. Ebenfalls durch Nobel wurde entdeckt, daß N. sich mit ↑Cellulosenitrat gelatinieren läßt und daß dieses Gel (Zusammensetzung 92 % N., 8 % Cellulosenitrat), unter dem Namen „*Sprenggelatine*“ bekannt, einer der stärksten Explosivstoffe überhaupt ist.

► N. bewirkt starke Blutgefäßerweiterung und raschen Blutdruckabfall (medizinische Verwendung). Es ist ferner ein starker Methämoglobinbildner und verursacht bei Exposition Kopfschmerzen, Übelkeit, Erbrechen, Atem- und Herzbeschwerden.

$C_3H_5N_3O_9$ $M_R = 227{,}09$ C 15,87 % H 2,22 % N 18,50 % O 63,41 %

Nitromethan

Nitromethane

Bildet eine farblose, leicht ölige Flüssigkeit mit etwas penetrantem Geruch, die in Wasser nur wenig löslich, mit den meisten org. Solventien mischbar ist.

N. wird am einfachsten hergestellt durch Erwärmen von ↑Chloressigsäure mit einer Lösung von ↑Natriumnitrit (s. Schema). Die intermediäre *Nitroessigsäure* decarboxyliert sofort zum N.

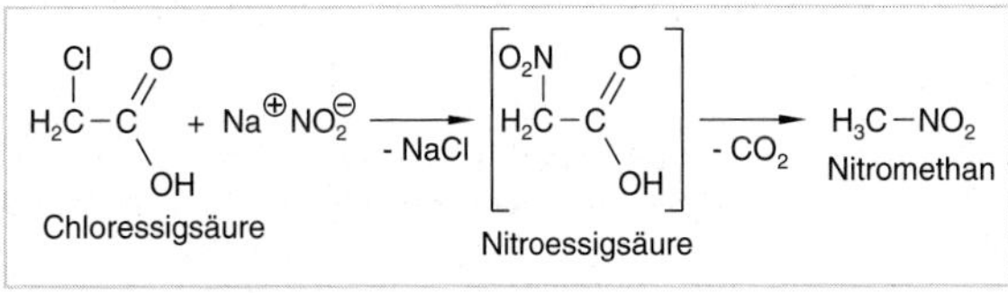

Herstellung von Nitromethan

N. bildet u. a. folgendes Azeotrop:

Azeotrop-Komponenten	Zusammensetzung (Gew.-%)	Siedepunkt (°C)
N./Toluol	55,0/45,0	96,5

N. geht, wie alle Nitroalkane, in Alkalilaugen unter Salzbildung in Lösung, weil die Nitrogruppe durch ihren -I-Effekt eine Acidifizierung eines α-Protons bewirkt (s. Schema). Beim Ansäuern wird N. zurückerhalten.

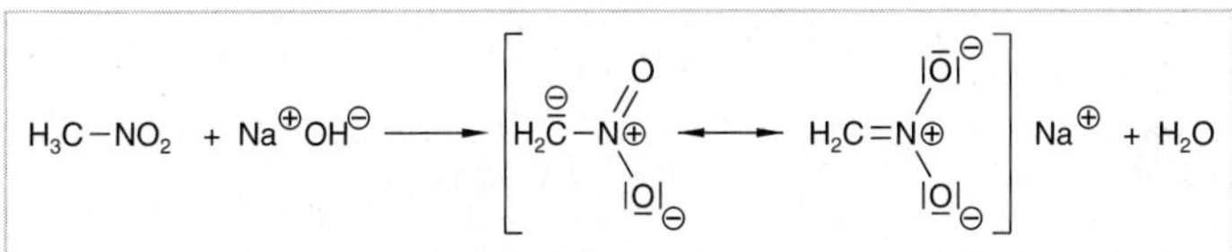

Salzbildung von Nitromethan in alkalischem Medium

Das Anion des N. kann als Base mit Carbonylverbindungen umgesetzt werden, z. B. zur Herstellung von *1-Nitro-2-propanol* aus ↑ Acetaldehyd (s. Schema).

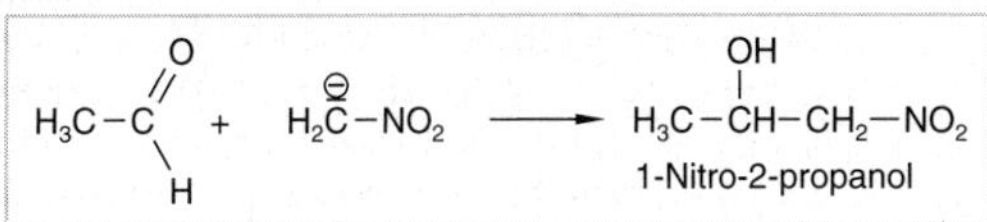

Umsetzung von Nitromethan mit Carbonylverbindungen

N. wird auf diese Weise präparativ verwendet. Wichtiger ist die Anwendung als Lösungsmittel. Es wird auch als Flüssigtreibstoff gebraucht.

► N. ist leichtentzündlich. Es kann auf Schlag detonieren. Es ist haut- und augenreizend.

CH_3NO_2 $M_R = 61{,}04$ C 19,68 % H 4,95 % N 22,95 % O 52,42 %

t_{Smp}	t_{Sdp}	d	η		
−29 °C	101 °C	1,13 g/cm³	0,62 mPa · s		
C_p	$\Delta_S H$	$\Delta_V H$	$\Delta_B H$	S^o	Q_C
106,2 J/(K · mol)	9,7 kJ/mol	34,0 kJ/mol	−113 kJ/mol	171,5 J/(K · mol)	−709,6 kJ/mol
t_{krit}	P_{krit}	d_{krit}	t_{trip}		
315 °C					
MAK	R-Satz	S-Satz			
250 mg/m³	5-10-22	41			

m-Nitrophenol

m-Nitrophenol

Bildet farblose Kristalle, die sich bei 20 °C. zu 1,3 g, bei 90 °C. zu 13 g/100 ml in Wasser lösen. N. ist extrem gut löslich in heißem Ethanol, Aceton, und in Diethylether, ferner ist es löslich in Alkalilaugen und in Säuren. Alkalische Lösungen sind gelb-orange.

N. wird erhalten durch Verkochung von diazotiertem *m-Nitroanilin* (s. Schema).

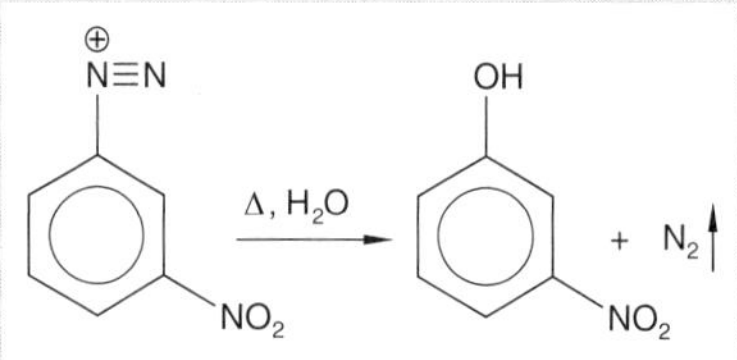

Herstellung von m-Nitrophenol

N. wird als pH-Indikator verwendet (0,3 %ige Lösung in 50 %igem Ethanol): unterhalb pH 6,8 farblos, oberhalb pH 8,6 gelb.

$C_6H_5NO_3$	$M_R = 139,11$	C 51,80 %	H 3,62 %	N 10,07 %	O 34,50 %
t_{Smp} 97 °C	t_{Sdp} 194 °C	d 1,49 g/cm³	η		
C_p	$\Delta_S H$ 19,2 kJ/mol	$\Delta_{Sub} H$ 91,2 kJ/mol (S)	$\Delta_B H$ −200,5 kJ/mol	S^o	Q_C −2875 kJ/mol
MAK	R-Satz 20/21/22-33	S-Satz 28			

o-Nitrophenol

o-Nitrophenol

Bildet hellgelbe Nadeln von aromatischem Geruch, die sich in kaltem Wasser kaum, in siedendem Wasser etwas lösen (1 g/100 ml), gut löslich sind in Ethanol, Diethylether und in Alkalilaugen. Die alkalischen Lösungen sind rot-orange.

N. wird zusammen mit dem p-Isomeren durch Nitrierung von ↑ Phenol hergestellt und von dem p-Isomeren durch Wasserdampf-Destillation abgetrennt (s. Schema).

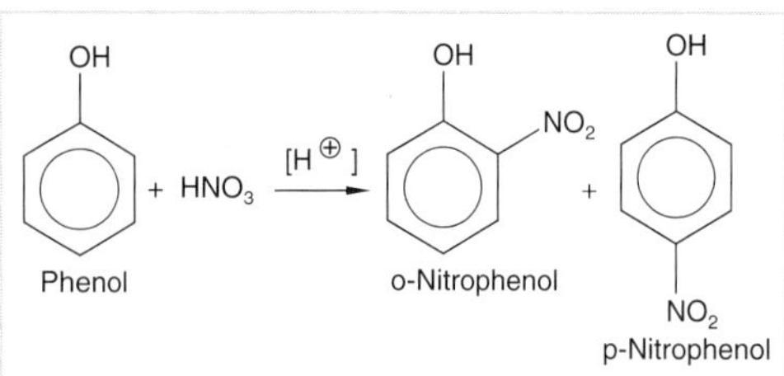

Herstellung von o- und p-Nitrophenol

N. ist eine wichtige Synthese-Zwischenstufe. Es hat ferner pH-Indikator-Eigenschaften: unterhalb pH 5 farblos, oberhalb pH 7 gelb.

$C_6H_5NO_3$ $M_R = 139{,}11$ C 51,80 % H 3,62 % N 10,07 % O 34,50 %

t_{Smp}	t_{Sdp}	d	η		
45 °C	216 °C	1,50 g/cm³			
C_p	$\Delta_S H$	$\Delta_{Sub} H$	$\Delta_B H$	S^o	Q_C
	17,5 kJ/mol	54,8 kJ/mol (S)	−204,6 kJ/mol		−2871 kJ/mol
MAK	R-Satz	S-Satz			
	20/21/22-33	28			

p-Nitrophenol

p-Nitrophenol

Bildet farb- und geruchlose Kristalle, die nicht wasserdampfflüchtig sind, sich in kaltem Wasser wenig, in heißem Wasser gut lösen (bei 90 °C. 29 g/100 ml), ferner sehr gut löslich sind in Ethanol, Aceton, Diethylether und Alkalilaugen. N. kann zusammen mit ↑o-Nitrophenol durch Nitrierung von ↑Phenol hergestellt werden. Eine weitere Möglichkeit, die technisch viel genutzt wird, ist die Umsetzung von *p-Chlornitrobenzol* mit wässerigem Alkali (s. Schema).

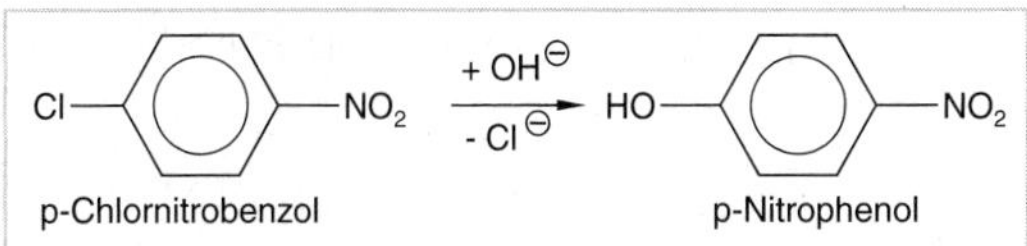

Eine weitere Synthese für p-Nitrophenol

N. ist eine wichtige Synthese-Zwischenstufe. Es hat ferner pH-Indikator-Eigenschaften: unterhalb pH 5,6 farblos, oberhalb pH 7,6 gelb.

$C_6H_5NO_3$ $M_R = 139{,}11$ C 51,80 % H 3,62 % N 10,07 % O 34,50 %

t_{Smp}	$t_{Zersetzung}$	d	η		
115 °C	279 °C (Z)	1,48 g/cm³			
C_p	$\Delta_S H$	$\Delta_{Sub} H$	$\Delta_B H$	S^o	Q_C
144 J/(K · mol)	19,3 kJ/mol	98,8 kJ/mol (S)	−207,1 kJ/mol		−2868 kJ/mol
MAK	R-Satz	S-Satz			
	20/21/22-33	28			

Nitroprussidnatrium

Sodium nitroprusside Natriumpentacyanonitrosylferrat(II)

Kristallisiert aus Wasser als Dihydrat in Form rubinrot-durchscheinender, geruchloser Kristalle, die sich in Wasser sehr gut lösen (ca. 40 g/100 ml), in Ethanol nur wenig löslich sind. Die Kristalle sind luftbeständig, in wässeriger Lösung allerdings erfolgt allmähliche Zersetzung.

$Na_2[Fe(CN)_5NO]$

Nitroprussidnatrium

N. wird hergestellt, indem man ↑ Salpetersäure auf ↑ Kaliumhexacyanoferrat(II) einwirken läßt und anschließend mit ↑ Natriumcarbonat neutralisiert.

Wird im Hexacyanoferrat-Ion ein Cyanid-Ligand durch eine andere Gruppe (z. B. CO, NO, NO_2 , NH_3 usw.) ersetzt, erhält man die *Prussiate*. Im N. liegt das Nitrosyl-Kation NO^+ vor.

N. besitzt medizinische und analytische Bedeutung. Medizinisch wird es als rasch, aber auch nur sehr kurz wirkender *Vasodilator* (bewirkt Blutdruckabfall durch Erschlaffung der Gefäßmuskulatur) verwendet, z. B. bei akutem Bluthochdruck, bei Operationen oder frischem Herzinfarkt. Die Zufuhr muß per Infusion erfolgen. Der Wirkmechanismus ist noch nicht geklärt.

Analytisch dient N. vor allem als Reagenz auf Sulfid-Ionen, mit denen es eine Violettfärbung ergibt, die auf der dargestellten Reaktion beruht (s. Gleichung).

$$[Fe(CN)_5NO]^{2-} + S^{2-} \longrightarrow \underset{\text{violett}}{[Fe(CN)_5NOS]^{4-}}$$

Sulfid-Nachweis mit Nitroprussidnatrium

$C_5FeN_6Na_2O$	$M_R = 261{,}92$ (wasserfrei)	C 22,93 %	Fe 21,32 %	N 32,09 %	Na 17,55 %	O 6,11 %

N-Nitrosodimethylamin

N-Nitrosodimethylamine NDMA

Bildet eine gelbe Flüssigkeit, die sich sehr gut löst in Wasser, Ethanol oder Diethylether.

N. entsteht bei der Einwirkung von Salpetriger Säure (s. unter Salpetrige ↑ Säure) auf Dimethylamin (s. Schema).

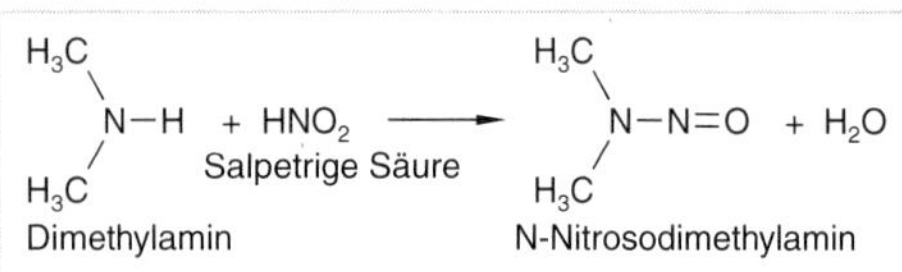

Bildung von N-Nitrosodimethylamin

N. konnte nachgewiesen werden in Tabakrauchkondensaten, in geräuchertem Fleisch, vor allem im Schinken, und in geräuchertem Fisch. Es ist eines der wichtigsten *Nitrosamine*. Als solche bezeichnet man Amine mit N-gebundener Nitrosogruppe, die allgemein bei Einwirkung von Nitrit auf primäre oder sekundäre Amine entstehen können.

Die Nitrosamine haben deshalb große Aufmerksamkeit gefunden, weil man bei fast allen in dieser Hinsicht untersuchten Vertretern dieser Substanzklasse ein eindeutiges cancerogenes Potential festgestellt hat. Das ist besonders bedeutsam, weil Nitrosamine sowohl exogen (z. B. im Tabakrauch) als auch endogen (z. B. im Magen-Darm-Trakt aus aufgenommenem Nitrit und körpereigenen oder aufgenommenen Aminen) entstehen (auch aus Nitrat bildet sich im menschlichen Körper bakteriell Nitrit).

Man vermutet, daß die cancerogene Wirkung der Nitrosamine darauf beruht, daß sie zunächst im Körper diazotiert werden, dann zu Alkylkationen zerfallen, die an der DNS (s. unter ↑ Nucleinsäuren) Alkylierungen bewirken. Die ↑ Ascorbinsäure wirkt als Inhibitor der Nitrosamin-Bildung.

$C_2H_6N_2O$	$M_R = 74{,}08$	C 32,43 %	H 8,16 %	N 37,81 %	O 21,60 %

t_{Smp}	t_{Sdp}	d	η
	151 °C	1,00 g/cm³	

Nitrosylschwefelsäure

Nitrosylsulfuric acid Nitrosylhydrogensulfat

Bildet weiße, teils blättrige, teils säulenförmige Kristalle, die an trockener Luft haltbar sind, an feuchter Luft und besonders rasch durch Wasser zersetzt werden zu ↑Schwefelsäure und Nitrosen Gasen. N. löst sich unzersetzt in konzentrierter Schwefelsäure.

$$SO_2 + HNO_3 \longrightarrow NOHSO_4$$

Herstellung reiner Nitrosylschwefelsäure

N. wird in reiner Form erhalten bei der Einleitung von trockenem ↑Schwefeldioxid in eisgekühlte rauchende ↑Salpetersäure (s. Gleichung) oder in einer Lösung in Schwefelsäure, indem man ↑Natriumnitrit in überschüssige Schwefelsäure einträgt (s. Gleichung).

$$H_2SO_4 + NaNO_2 \longrightarrow NOHSO_4 + NaOH$$

Gewinnung von Nitrosylschwefelsäure in Schwefelsäure-Lösung

N. ist also das *Nitrosyl-Salz* der Schwefelsäure, in welchem das Nitrosyl-Kation vorliegt (s. unter ↑Stickstoffoxide). N. setzt sich in Form der *Bleikammerkristalle* beim Bleikammerverfahren zur Herstellung von Schwefelsäure ab.

N. wird präparativ verwendet vor allem zur Diazotierung, wobei sie die ansonsten erforderliche Nitrosylkation-Erzeugung aus Nitrit (wie es unter ↑Methylorange formuliert ist) erübrigt.

HNO_3S $M_R = 127{,}08$ H 0,79 % N 11,02 % O 62,95 % S 25,23 %

$t_{Zersetzung}$	t_{Sdp}	d	η
73 °C (Z)			

Nobelium

Nobelium No

$$^{244}_{96}Cm \xrightarrow[-4\,n]{^{12}_{6}C} {}^{252}_{102}No$$

Erzeugung von Nobelium-Isotop 252

Künstlich erzeugtes radioaktives metallisches chemisches Element, dessen erstmalige Darstellung 1957 berichtet wurde, sich jedoch nicht reproduzieren ließ. 1958 wurde das Isotop 252 (Halbwertzeit 2,3 Sekunden) durch Beschuß von ↑Curium mit Kohlenstoff-Kernen erhalten (s. Gleichung).

Bis heute sind neun Isotope bekannt (s. unten), von denen das längstlebige Isotop 259 eine Halbwertszeit von 58 Minuten besitzt und ein α-Strahler ist.

No ist das zweitletzte Actinidenelement und besitzt die Elektronenkonfiguration $1s^2\ 2s^2\ 2p^6\ 3s^2\ 3p^6\ 3d^{10}\ 4s^2\ 4p^6\ 4d^{10}\ 4f^{14}\ 5s^2\ 5p^6\ 5d^{10}\ 5f^{13}\ 6s^2\ 6p^6\ 6d^1\ 7s^2$, Grundterm $^1S_0$.

Von der Chemie des No ist noch nicht viel bekannt. Es bildet die Oxidationsstufen +2 und +3 aus, für die folgende Redox-Potentiale gemessen wurden: No/No^{2+} $E^{\ominus} = -2{,}6$ V, No/No^{3+} $E^{\ominus} = -1{,}26$ V, No^{2+}/No^{3+} $E^{\ominus} = +\ 1{,}45$ V.

Von No sind keine hier zu notierenden physikalischen Daten verfügbar.

No $Z = 102$ $A_R = 259{,}1009$ Isotope: 250-259

Nonansäure

Nonansäure ⟶ Pelargonsäure

Noradrenalin

Norepinephrine, Noradrenaline Norepinephrin

Bildet farblose Kristalle, die weder in Wasser noch in Ethanol oder Diethylether löslich sind und an Licht und Luft instabil sind. Gut löslich ist N. in saurem und alkalischem Medium. N. bildet mit Säuren gut kristallisierende und gut wasserlösliche Salze.

N. ist Bestandteil aller tierischen Organismen und ist auch in Pflanzen gefunden worden. In seinen natürlichen Vorkommen findet sich N. nur in der L-Form. Die Biosynthese geht vom ↑ Tyrosin aus, führt über ↑ L-Dopa und ↑ Dopamin zu N. und ↑ Adrenalin (die Vorsilbe „Nor" steht allgemein für N ohne Rest, bezeichnet hier also das Fehlen der Methylgruppe am N-Atom gegenüber dem Adrenalin).

N. kommt in den postganglionären sympatischen Nervenenden vor und im Nebennierenmark. Es dient in den postganglionären sympatischen Synapsen als Neurotransmitter. Es wird, wenn eine körperliche Notfallsituation es erfordert, ebenfalls (unter Vermittlung von ↑ Acetylcholin) aus der Nebennierenrinde in die Blutbahn freigesetzt (wie ↑ Adrenalin) und wirkt dann am Erfolgsorgan. Es hat also auch den Charakter eines Hormons. N. wirkt stärker auf die α- und β_1-Rezeptoren, ↑ Adrenalin dagegen auf alle adrenergen Rezeptoren etwa gleich (s. auch unter ↑ Acetylcholin).

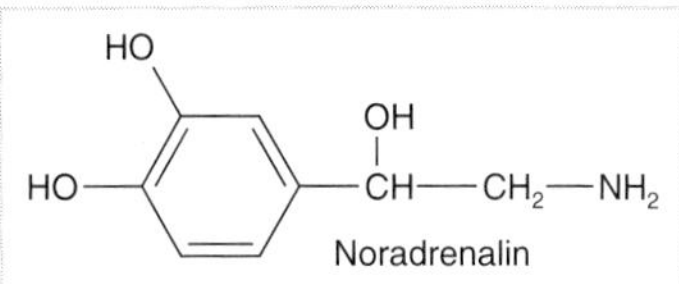

Struktur von Noradrenalin

N. erhöht allgemein durch Vasokonstriktion den Blutdruck und wird therapeutisch als Zusatz zu Lokalanästhetika, bei diffusen Blutungen sowie bei neurogenem Schock angewendet. N. muß injiziert weren, eine orale Applikation ist unwirksam.

$C_8H_{11}NO_3$	$M_R = 169{,}18$	C 56,80 %	H 6,55 %	N 8,28 %	O 28,37 %
$t_{Zersetzung}$ 217 °C (Z)	t_{Sdp}	d	η		

Nucleinsäuren

Nucleic acids

N. sind eine besondere Klasse hochpolymerer organischer Verbindungen, die mit Wasser, besonders in alkalischem Medium hochviskose Lösungen ergeben, in saurem Medium jedoch unlöslich sind bzw. durch Säuren hydrolytisch zersetzt werden. Bei der vollständigen Hydrolyse werden organische Stickstoffbasen, Zuckermoleküle und ↑ Phosphorsäure erhalten.

N. kommen in allen Zellen aller Lebewesen, also der Pflanzen und Tiere vor. Die Bezeichnung N. ist historisch bedingt: Miescher isolierte 1869 aus den Kernen von Eiterzellen eine unbekannte Substanz, die er „Nuclein" nannte. Um 1890 prägte man für die Substanzklasse wegen ihrer sauren Eigenschaften den Namen „Nucleinsäuren". In der Folgezeit wurden die Strukturen der Hydrolyse-Bruchstücke, also der organischen Basen und der Zuckermoleküle identifiziert, während die Struktur und die Funktion der N. rätselhaft blieb. In den Mittelpunkt des Interesses gerieten die N., als 1944 (Avery) erkannt wurde, daß die N. die Träger der Erbanlagen sind. Der molekulare Bau der N. und der damit zusammenhängende Mechanismus der Vererbung wurden dann in den fünfziger Jahren aufgeklärt (Watson, Crick).

Im folgenden wird die Struktur und wegen der fundamentalen biologischen Bedeutung in knapper Form die Funktion der N. skizziert.

Es gibt zwei verschiedene Typen von N.: *Desoxyribonucleinsäure*, abgekürzt *DNS*, und *Ribonucleinsäure*, abgekürzt *RNS*. Sie unterscheiden sich geringfügig in ihren Bausteinen. Bei der Hydrolyse von DNS findet man ↑ Adenin, ↑ Guanin, ↑ Cytosin, ↑ Thymin, Desoxyribose, ↑ Phosphorsäure. Aus RNS erhält man Adenin, Guanin, Cytosin, ↑ Uracil, ↑ D(-)-Ribose, Phosphorsäure

Alle N. sind also insgesamt aus nur acht verschiedenen Bausteinen aufgebaut: 5 heterocyclische Stickstoffbasen, 2 Monosaccharide und Phosphorsäure, wobei in RNS Thymin durch Uracil ersetzt ist und als Zucker Ribose statt Desoxyribose dient.

DNS kommt nur im Zellkern vor, RNS findet sich im Zellkern und im Cytoplasma, besonders in den Ribosomen. Bevor darauf eingegangen wird, wie diese Bausteine zu den hochmolekularen N. zusammengesetzt werden, seien die Strukturen der Bausteine wiedergegeben: Adenin und Guanin besitzen Purin-Grundgerüste, Cytosin, Thymin und Uracil stellen Pyrimidin-Derivate dar, Ribose und Desoxyribose sind furanoide Monosaccharide (s. Abbildungen).

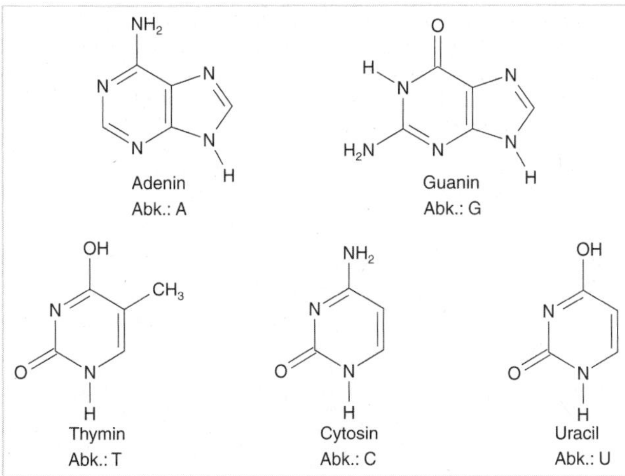

Stickstoff-Basen der Nucleinsäuren

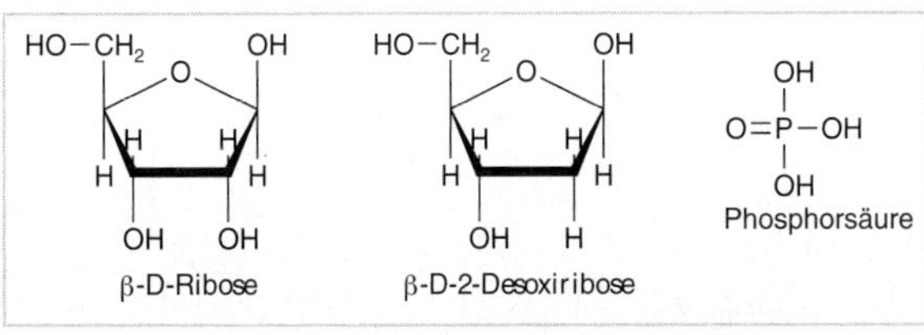

Ribose, Desoxyribose und Phosphorsäure: Bestandteile der Nucleinsäuren

Ein wichtiger experimenteller Befund war (Chargaff, 1950), daß in den Hydrolysaten die molaren Mengen an Adenin und Thymin (bzw. Uracil) sowie Guanin und Cytosin stets identisch sind. Ferner ist das Verhältnis Base : Zucker : Phosphorsäure immer 1 : 1 : 1. Wie sieht nun die Struktur der N. aus. Dazu sollen zunächst die Begriffe „*Nucleosid*" und „*Nucleotid*" erläutert werden. In einem Nucleosid ist ein Zuckermolekül N glycosidisch (das C1 des Zuckers mit einem Basen-N-Atom verbunden) mit einer Base verknüpft. Ist die Base ein Purin-Derivat, erhält der Name des Nucleosids die Endung -osin, im Falle eines Pyrimidins die Endung -idin (s. Abbildung von ↑ Adenosin und *Cytidin*).

Ist in einem Nucleosid die OH-Gruppe am 5′-C-Atom des Zuckers mit Phosphorsäure verestert, so liegt ein Nucleotid vor (s. Abbildung von *Adenosinmonophosphat*).

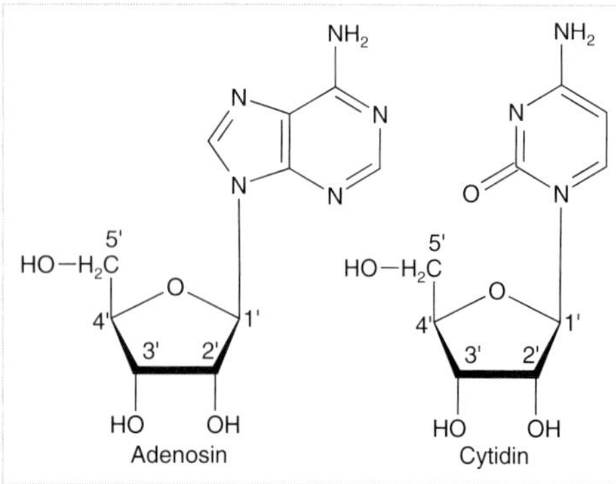

Zwei Nucleoside: Adenosin und Cytidin

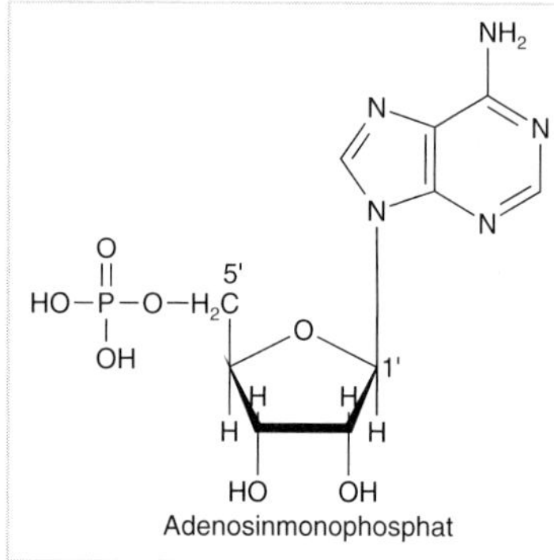

Ein Nucleotid: Adenosinmonophosphat

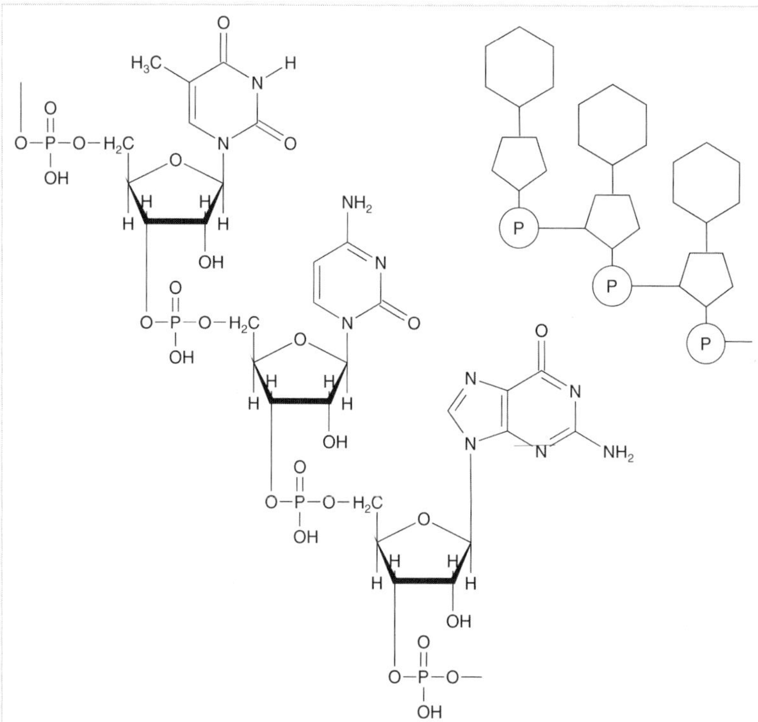

Ausschnitt aus einem DNS-Strang

Derartige Nucleotide sind die eigentlichen Bausteine der N. (erwähnt sei, daß Nucleotide neben dem Vorkommen in N. auch selbst vielfältig synthetische und energetische Aufgaben im Stoffwechsel erfüllen, z. B. ADP, ATP, NAD). Die Nucleotide lagern sich zu langen Ketten zusammen, und zwar so, daß jedes Nucleotid einerseits über die OH-Gruppe seines C3-Atoms (im Zucker) mit einer anderen Phosphat-Gruppe, und andererseits über seine eigene Phosphatgruppe mit dem C3′-OH eines anderen Nucleotids verestert. Dies ist für einen beliebigen Kettenausschnitt dargestellt (s. Abbildung *DNS-Strang*).

Man erhält eine Polyesterkette, in der sich Phosphat- und Zuckermoleküle abwechseln. Die Basenmoleküle bilden die Seitengruppen der Kette. Das besondere der DNS-Struktur ist nun, daß sich in ihr zwei solche Kettenmoleküle zu einem Doppelstrang zusammengelagert haben, wobei sich die seitenständigen Basenmoleküle jedes Stranges durch Wasserstoffbrücken aneinander binden. Ganz wesentlich ist hierbei, daß die H-Brücken nicht zwischen beliebigen Basen möglich sind, sondern sich nur zwischen Adenin/Thymin bzw. Guanin/Cytosin ausbilden können (s. Abbildung).

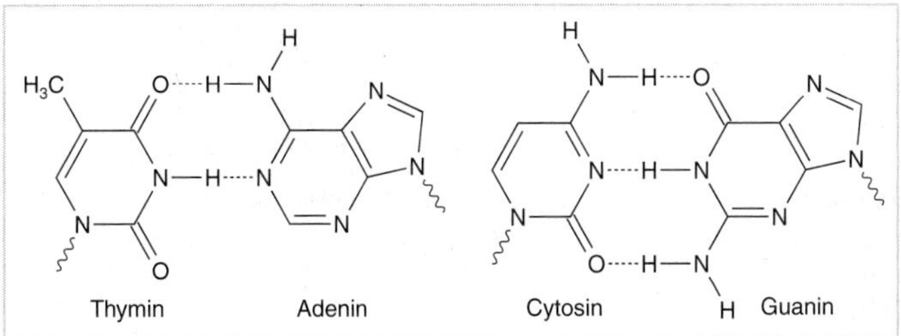

Basen-Paarungen der DNS

Die schematische Darstellung zeigt die Basen-Paarungen und symbolisiert die H-Brückenbindungen durch gestrichelte Linien (s. Abbildung).

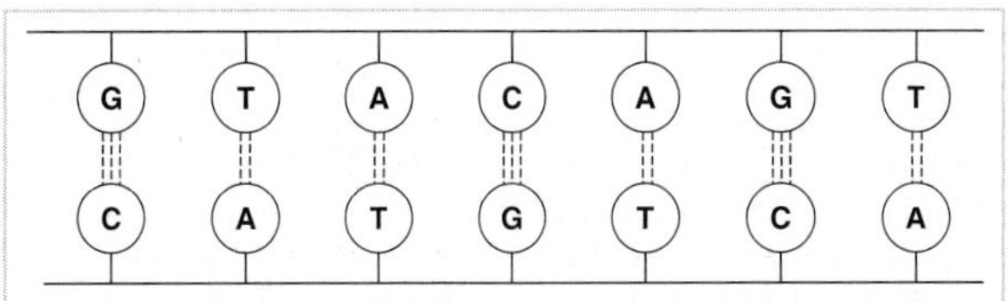

Schematische Darstellung von Basen-Paarung und Doppelstrang-Bildung

RNS bildet in der Regel keine Doppelstränge aus (außer mit sich selbst bei Rückfaltungen).

Der Doppelstrang der DNS liegt nicht als flaches Band vor, sondern bildet als Sekundärstruktur eine *Helix* aus, wodurch das Molekül mit einer Wendeltreppe vergleichbar wird oder mit einer spiralig verdrehten Strickleiter: die Basenpaare bilden die „Stufen", die Polyesterketten aus Zucker-Phosphat die „Holmen". Eine N. ist also ein *Polynucleotid*. Die Molekülmassen variieren in außerordentlich großem Rahmen: für DNS können sie 10 Millionen betragen, in den RNS der Ribosomen nur ca. 20 000.

Jeder Einzelstrang der Doppelhelix besitzt ein 5′- und ein 3′-Kettenende. In den Doppelhelices sind die Ketten gegenläufig verknüpft, wobei sie völlig prallel zueinander verlaufen. Die Basenfolge eines Stranges determiniert die Basenfolge des anderen Stranges, sie sind komplementär. In dieser Form besitzt ein DNS-Molekül die hervorragende Fähigkeit zur *Selbstverdoppelung*: Trennen sich die beiden Stränge reißverschlußartig voneinander, so kann sich an jedem Mutterstrang, bei entsprechendem Nucleotid-Angebot und der Möglichkeit zur Verknüpfung (Anwesenheit von DNS-Polymerase), ein neuer Tochterstrang aufsäumen, das ursprüngliche DNS-Molekül hat sich verdoppelt. Damit ist eine wichtige Voraussetzung für eine Erbsubstanz erfüllt, nämlich die Möglichkeit der identischen Reduplikation, da bei jeder Zellteilung die Erbanlagen an jede Zelle weitergegeben werden müssen.

Die *Gene* (Erbanlagen) sind in den Chromosomen der Zellkerne lokalisiert. Die *Chromosomen* bestehen aus riesigen DNS-Molekülen, die auf komplizierte Weise an Trägerproteine (*Histone* und *Nicht-Histone*)

fixiert sind, stellen also insgesamt ein *Nucleoprotein* dar. Bei einer Zellteilung teilen sich zunächst die Chromosomen, also letzlich die DNS, und jede Tochterzelle erhält einen identischen Chromosomensatz mit identischen Erbinformationen. Damit ist nun zwar verständlich, wie sich die Erbsubstanz vermehrt, es bleibt jedoch die Frage, wie die Umsetzung der in der DNS gespeicherten Erbinformation in äußere Erbmerkmale erfolgt. Denn was heißt Vererbung? Die Ausbildung eines körperlichen Merkmals, z. B. die Haarfarbe, ist das Ergebnis einer meist großen Zahl chemischer Umsetzungen in dem betreffenden Organismus. Alle biochemischen Reaktionen, zumindest was Syntheseleistungen betrifft, werden ermöglicht und gesteuert von Enzymen, also zwar hochmolekularen aber diskreten Proteinen. Man kann vereinfacht sagen, daß sich ein spezielles äußeres Merkmal, also auch der ganze Phänotypus eines Lebewesens, ausbildet, wenn der betreffende Satz an Enzymen vorhanden ist, bzw. geliefert werden kann. Das bedeutet, daß Erbinformation aus einer Vorschrift zur Synthese bestimmter Proteine besteht. Damit ergibt sich folgendes grundlegende Problem: die Erbinformation ist in der DNS gespeichert (s. o.). Die Variabilität eines DNS-Moleküls liegt ausschließlich in der Aufeinanderfolge der Basen längs der DNS-Einzelstränge, so daß die Erbinformation in dieser Basenfolge begründet sein muß. Ein Protein besteht aber aus einer Aufeinanderfolge von Aminosäuren. Es muß also eine Relation zwischen Basenfolgen der DNS und Aminosäuresequenzen der Proteine geben. Ein weiteres Problem stellt sich dar bezüglich der Informationsübermittlung zum Ort der Proteinsynthese. Die Proteine, also die Enzyme, werden ausschließlich an den *Ribosomen* synthetisiert. Die Ribosomen sind annähernd kugelförmige, submikroskopische Partikel, die in großer Zahl an den Membranen des endoplasmatischen Reticulums (lamellenartige Strukturen im Zellinnern) haften. Die DNS mit der Erbinformation (Synthesevorschrift für die Proteine) ist aber in den Chromosomen des Zellkerns fixiert. Die DNS-Information muß also zum Ribosom übermittelt werden. Auf welche Weise diese Aufgaben von der Zelle bewältigt werden, sei kurz umrissen.

Zur Übertragung der DNS-Erbinformation an das Ribosom werden an der DNS RNS-Moleküle synthetisiert: die DNS spaltet sich auf (wie bei der DNS-Verdopplung) und von der Basensequenz eines Stranges wird eine Kopie angefertigt, indem sich an die Basen die zu ihnen komplementären Basen in Form von RNS-Nucleotiden anlagern, die durch RNS-Polymerase verknüpft werden zu einem RNS-Molekül. Ist von dem Abschnitt der DNS, der ein „Gen" (Erbmerkmal) repräsentiert, auf diese Weise in Form der RNS eine Kopie geschaffen worden (Anfang und Ende der RNS-Bildung werden enzymatisch gesteuert), so verläßt diese RNS den Zellkern und wandert zu den Ribosomen. Da sie hierbei wie ein „Bote" die Erbinformation überträgt, wird sie als *Boten-RNS*, oder allgemein üblich als *messenger-RNS = m-RNS* (nach engl. messenger = Bote) bezeichnet. Die Anfertigung der Gen-Kopie in Form der m-RNS wird *Transkription* genannt. Die m-RNS lagert sich an die Ribosomen an und hier erfolgt nun die Proteinsynthese. Die Basensequenz der m-RNS wird in eine Aminosäuresequenz umgeschrieben. Da in der RNS nur vier verschiedene Basen vorkommen, es aber zwanzig verschiedene Aminosäuren zu codieren gilt (soviele Aminosäuren sind am Aufbau von Proteinen beteiligt), muß mindestens ein Basen-„Triplett" für eine Aminosäure codieren (ein Basen-„Dublett" ergäbe nur $4 \times 4 = 16$ Kombinationen). Diese „Lösung" wurde auch von der Natur gefunden: die Aufeinanderfolge von drei Basen in der m-RNS (und damit natürlich auch in der DNS) bedeutet in der „Protein-Sprache" eine bestimmte Aminosäure. Weil mit 4 Basen insgesamt $4 \times 4 \times 4 = 64$ Tripletts möglich sind, codieren mehrere Tripletts für die gleiche Aminosäure (niemals ein Triplett für mehrere Aminosäuren). Welche Tripletts (ein Triplett wird auch als *„Codon"* bezeichnet) für welche Aminosäuren codieren, wird als *„genetischer Code"* bezeichnet und ist heute vollständig aufgeklärt. Tatsächlich codieren 61 Codons für Aminosäuren, drei Codons (UAA, UAG und UGA) beschreiben keine Aminosäure (*Nonsenscodons*) und bewirken Abbruch der Proteinsynthese. Der genetische Code ist für alle Lebewesen gleich.

Wie die Protein-Synthese vor sich geht, sei nur in groben Zügen angedeutet.

Entscheidend beteiligt am schrittweisen Proteinaufbau ist eine weitere Form von RNS-Molekülen, die *Transfer-RNS* mit nur etwa 80 Nucleotid-Einheiten, die in ihrem Bau gewisse Gemeinsamkeiten aufweisen: Das eine Ende besitzt stets die Basenfolge Cytosin-Cytosin-Adenin (CCA), ferner weist jede *t-RNS* an exponierter Stelle ein Basentriplett auf, mit dem sie sich an ein entsprechenes Codon der m-RNS heften kann. Dieses Basentriplett der t-RNS wird auch als *Anticodon* bezeichnet. Die zur Proteinsynthese heranzuziehenden Aminosäuren werden an t-RNS-Moleküle gebunden, wobei für jede Aminosäure eine spezielle t-RNS zur Verfügung steht. Die Knüpfung der Aminosäure an ihre betreffende t-RNS erfolgt stets durch Veresterung mit der C3′-OH-Gruppe der an Adenin gebundenen Ribose des CCA-Endes (s. o.). Woher „weiß" aber nun eine Aminosäure, welches ihre t-RNS ist? Diese Frage betrifft den Scheitelpunkt der *Translation*, der Umwandlung der DNS- in die Proteinsprache. Die Antwort liegt in der enzymatischen Steuerung der Verknüpfung von t-RNS mit der Aminosäure. Für jede Aminosäure existiert in der Zelle ein eigenes Enzym, eine Aminoacyl-RNS-Synthetase, die die Verbindung mit der „richtigen" t-RNS gewährleistet. Man kann sich das so vorstellen, daß das Enzym in seiner Oberfläche Strukturen aufweist, die spezifisch sowohl für diese Aminosäure als auch für die zugehörige t-RNS sind. Nur dieses Paar t-RNS/Aminosäure kann von nur diesem Enzym verknüpft werden. Die mit den Aminosäuren „beladenen" t-RNS heften sich jetzt mit ihrem Anticodon an die komplementären Codons der m-RNS, wobei ebenfalls enzymatisch gesteuert die Aminosäuren in der Reihenfolge der m-RNS-Codons miteinander zum Protein verknüpft werden. Sobald eine Aminosäure an das wachsende Protein gebunden ist, löst sich die betreffende t-RNS von der m-RNS ab und wird weggeschwemmt.

Die Steuerung der Proteinsynthese läßt sich also wie folgt zusammenfassen: von dem ein Gen repräsentierenden DNS-Abschnitt wird in Form einer m-RNS eine Kopie erzeugt, die sich an die Ribosomen anlagert. An die Codons der m-RNS heften sich von einem Ende her die Anticodons der t-RNS, nachdem die t-RNS zuvor enzymatisch mit den für sie spezifischen, dem genetischen Code entsprechenden Aminosäuren verknüpft worden sind. Sowie sich ein Anticodon an ein Codon anlagert, wird die zugehörige Aminosäure sofort an das wachsende Protein gebunden, die Aminosäuren werden also in der durch die Codonfolge der m-RNS vorgegebenen Reihenfolge zur Primärstruktur des Proteins miteinander verbunden.

Die Bausteine der N., die Nucleotide, sind aus chemischer Sicht einfache Moleküle. Was Analyse und Synthese der N. schwierig macht, liegt in den hohen Molekularmassen und der speziellen Aufeinanderfolge der Nucleotide (Sequenz) begründet. Sequenzierung und Synthese von N. hielt man zunächst für nicht durchführbar. Ab etwa 1970 wurden *Sequenzier-Verfahren* entwickelt, die sich entweder chemischer Reaktionen bedienen (Gilbert, 1977) oder die auf enzymatischen Prozessen beruhen (Sanger, 1977). Ein neues sehr leistungsfähiges Verfahren wird als *Taq-cycle-Sequenzierung* bezeichnet und bedient sich der Taq-Polymerase und der PCR (s. unten).

Nachdem Sequenzier-Verfahren entwickelt waren, stieg das Interesse an der Synthese bestimmter DNA-Fragmente rapide. Es wurden chemische Verfahren ausgebaut, die den Aufbau von Oligonucleotiden mit bis zu 80 Nucleotiden erlauben. Es sind vor allem das *Triesterverfahren* und die *Phosphitmethode* zu nennen. Die *Oligonucleotide* können enzymatisch zu langen DNA-Fragmenten verknüpft werden.

Die Möglichkeiten der DNA-Synthese wurden 1987 revolutioniert durch das Auffinden der als *Polymerase-Chain-Reaction* (PCR) bezeichneten Methode, die auf K. B. Mullis (Nobelpreis 1993) zurückgeht. Mit der *PCR-Methode* können Nucleotidsequenzen sehr schnell millionenfach vervielfältigt, kopiert, werden. Das Prinzip sei nur ganz kurz angedeutet. Die zu vervielfältigende DNA wird auf ca. 90 °C erwärmt, wobei der Doppelstrang sich auftrennt (denaturiert). An beiden Einzelsträngen wird dann enzymatisch durch eine *DNA-Polymerase* der komplementäre Strang synthetisiert (nachdem vorher sog. Primer-Moleküle angebunden haben), so daß sich die DNA-Menge verdoppelt hat. Dieser Cyclus wird dann wiederholt. Besonders schnell und automatisierbar gestaltet sich die Methode durch Verwendung der *Taq-Polymerase* (aus dem Bakterium Thermus aquaticus), deren Temperaturoptimum bei 72 °C liegt, die also bei den anzuwendenden hohen Temperaturen nicht selbst denaturiert. Dadurch können ohne Erneuerung der Polymerase ca. 30 Cyclen gefahren werden, d. h. eine Vermehrung der ursprünglichen DNA-Menge um den Faktor 10^7 ist in wenigen Stunden möglich. Damit können auch kleinste DNA-Quantitäten bequem zu gut analysierbaren Mengen vermehrt werden.

Auf der PCR-Methode beruhen heute wichtige Anwendungen der *Gentechnik*, u. a. in der medizinischen Diagnostik, der Kriminalistik (*genetischer Fingerabdruck*) und in der Forschung (z. B. in der Paläontologie).

Die Gesamtheit der Gene (Basensequenzen diskreter DNA-Abschnitte) eines Organismus wird als sein *Genom* bezeichnet. Die meisten *Gene* umfassen etwa 300 bis 3000 Nucleotide. 1995 war erstmals das komplette Genom eines Lebewesens, des Bakteriums Haemophilus influenzae, mit 1,8 Millionen Nucleotiden vollständig sequenziert.

1-Octadecanol

Stearyl alcohol, Stearylalkohol

Ein weißer, meist blättchen- oder granulatförmiger Feststoff, der in Wasser unlöslich ist, sich aber gut löst in org. Solventien wie Ethanol, Diethylether oder Aceton.

Zur Gewinnung von O. geht man vorwiegend von *Palmöl* oder von Rindertalg aus. Aus den Glyceriden werden durch Umesterung zunächst die Methylester hergestellt. Palmöl z. B. enthält 5 % ↑ Stearinsäure und 40 % ↑ Ölsäure, deren Methylester bei der anschließenden Hochdruck-Hydrierung in O. überführt werden. Die *Hochdruck-Hydrierung* wird bei Drucken > 200 bar und Temperaturen > 200 °C in Festbettreaktoren mit Kupferchromit auf Kieselgel als Katalysator ausgeführt. Auf diese Weise werden heute vorwiegend die *Fettalkohole* gewonnen, deren typischer Vertreter O. ist und als welche man generell die geradkettigen primären C_8 – C_{18}-Alkohole bezeichnet.

$$H_3C—(CH_2)_{16}—CH_2—OH$$

Octadecanol, ein typischer Fettalkohol

O. und auch die anderen Fettalkohole werden einerseits direkt verwendet als Komponenten in Cremes und Salbengrundlagen, andererseits durch Umsetzung mit ↑ Schwefelsäure, Schwefeltrioxid oder ↑ Chlorsulfonsäure in *Fettalkoholsulfate* überführt, die eine wichtige Klasse anionischer Tenside bilden (s. unter ↑ Glycerin).

$C_{18}H_{38}O$ $M_R = 270{,}49$ C 79,93 %   H 14,16 %   O 5,91 %

t_{Smp}	t_{Sdp}	d	η
58 °C		0,81 g/cm³	

C_p	$\Delta_S H$	$\Delta_V H$	$\Delta_B H$	S^o	Q_C
705 J/(K · mol)					−11820 kJ/mol

n-Octan

Octane

Eine farblose, leichtentzündliche Flüssigkeit, die in Wasser nicht, in Ethanol nur wenig löslich ist, sich mit Diethylether oder Petrolether aber mischen läßt.

$$H_3C-(CH_2)_6-CH_3$$

n-Octan

O. ist der acyclische unverzweigte Kohlenwasserstoff mit acht C-Atomen. Er findet sich in den entsprechenden Siedefraktionen der Erdöldestillation (Octan-Fraktion, s. unter ↑ Benzin). Es läßt sich mittels ↑ Harnstoff als Einschlußverbindung von seinen verzweigten Isomeren abtrennen. Das reine O. wird vereinzelt als Lösungs- und Extraktionsmittel verwendet. Von O. existieren insgesamt 18 Isomere. Zum Begriff der „Octanzahl" s. unter ↑ n-Heptan.

► O. wirkt reizend auf Haut und Augen. In höheren Dosen narkotisierende Wirkung.

C_8H_{18} $M_R = 114{,}22$ C 84,12 %   H 15,88 %

t_{Smp}	t_{Sdp}	d	η
−56,8 °C	125,3 °C	0,70 g/cm³	0,542 mPa · s

C_p	$\Delta_S H$	$\Delta_V H$	$\Delta_B H$	S^o	Q_C
254 J/(K · mol)	20,6 kJ/mol	34,6 kJ/mol	−250 kJ/mol	361 J/(K · mol)	−5450 kJ/mol

MAK	R-Satz	S-Satz
2350 mg/m³	11-38-50/53-65-67	9-16-29-33-60-61-62

1-Octanol

1-Octanol Caprylalkohol, 1-Nonylalkohol

Eine farblose, angenehm und etwas penetrant riechende Flüssigkeit, die in Wasser unlöslich, aber mischbar mit Ethanol oder Diethylether ist.

O. findet sich als Esterkomponente in verschiedenen pflanzlichen Ölen. So wird O. technisch aus Kokosnußöl gewonnen.

O. bildet u. a. folgendes Azeotrop:

Azeotrop-Komponenten	Zusammensetzung (Gew.-%)	Siedepunkt (°C)
O./Phenol	87,0/13,0	195,4

O wird präparativ verwendet zur Herstellung von Estern und zur Gewinnung von ↑ Octansäure. Direkte Anwendung findet O. als Komponente in Parfüms und kosmetischen Produkten, als Lösungsmittel und als Schaumverhütungsmittel.

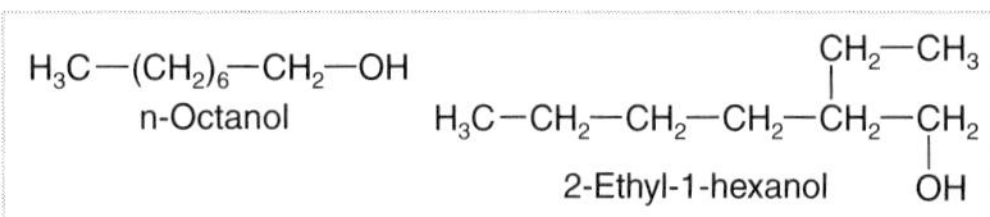

1-Octanol und sein wichtigstes Isomeres

Das wichtigste Isomere von O. ist das *2-Ethyl-1-hexanol* (s. Abbildung), das zur Herstellung von *Dioctylphthalat* dient, einem wichtigen Weichmacher für Kunststoffe (s. unter ↑ Phthalsäure).

$C_8H_{18}O$ $M_R = 130{,}23$ C 73,78 % H 13,43 % O 12,29 %

t_{Smp}	t_{Sdp}	d	η
−17 °C	196 °C	0,827 g/cm³	10,6 mPa · s

C_p	$\Delta_S H$	$\Delta_V H$	$\Delta_B H$	S^o	Q_C
304 J/(K · mol)		71 kJ/mol	−426,6 kJ/mol		−5294 kJ/mol

t_{krit}	P_{krit}	d_{krit}	t_{trip}
379 °C	2,78 MPa		

Octansäure

Caprylic acid, Octanoic acid   Caprylsäure

Eine farblose ölige Flüssigkeit mit ganz schwach ranzigem Geruch, die in Wasser kaum löslich ist (bei 0 °C 0,07 g/100 ml), sich jedoch gut löst in den meisten org. Solventien.

O. findet sich in den Glyceriden der Kuhmilchfette (s. unter ↑ Glycerin) zu 2 %, im Palmkernfett zu 5 % und im Koskosöl zu 8 % und kann daraus nach der Hydrolyse isoliert werden.

Synthetisch zugänglich ist die O. z. B. durch Oxidation von ↑ 1-Octanol (s. Schema).

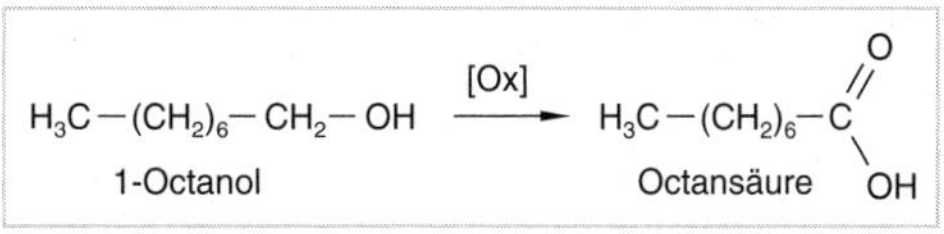

Octansäure-Gewinnung aus 1-Octanol

O. wird auf Duftstoffe (Ester) für die Parfümerie verarbeitet und ist Edukt zur Herstellung technisch genutzter Präparate (Siccative, Antiseptika, Flotations-Hilfsmittel). Die O. besitzt insektizide Eigenschaften und wirkt (z. B. in wässeriger Emulsion) stark toxisch besonders auf *Blattläuse*, was in entsprechenden Präparaten genutzt wird. Salze und Ester der O. werden als *Octanoate* bezeichnet.

$C_8H_{16}O_2$ $M_R = 144{,}21$ C 66,63 %   H 11,18 %   O 22,19 %

t_{Smp}	t_{Sdp}	d	η
17 °C	237 °C	0,91 g/cm³	

C_p	$\Delta_S H$	$\Delta_V H$	$\Delta_B H$	S^o	Q_C
297,9 J/(K · mol)	21,4 kJ/mol	82,9 kJ/mol	−636,9 kJ/mol		−4800 kJ/mol

Ölsäure

Oleic acid   9-Octadecensäure

Ist in reinem Zustand eine farb- und geruchlose, ölige Flüssigkeit, die in Wasser unlöslich, in Ethanol, Diethylether und Chloroform löslich ist. Beim Stehen unter Luftzutritt färbt sich die O. allmählich dunkel und entwickelt einen ranzigen Geruch. Erwärmen auf ca. 100 °C unter Normaldruck bewirkt Zersetzung.

Fett bzw. Öl	durchschnittlicher Anteil an Ölsäure
Schweinefett	45 %
Milchfett	35 %
Palmöl	40 %
Olivenöl	70 %
Erdnußöl	60 %
Sonnenblumenöl	30 %
Sojabohnenöl	24 %
Leinöl	20 %

Tabelle des Ölsäure-Gehaltes wichtiger Fette und Öle

Die O. ist eine der wichtigsten Fettsäuren. Unter den ungesättigten Fettsäuren ist sie die wichtigste. Sie ist in praktisch allen pflanzlichen und tierischen Ölen und Fetten in vielfach sehr hohen Anteilen enthalten, wie es die Tabelle belegt.

Die O. wird technisch aus Fetthydrolysaten, vor allem aus Olivenöl gewonnen. Sie stellt eine einfach ungesättigte Fettsäure dar. Die Lage der Doppelbindung, die cis-Anordnung zeigt, ergibt sich aus den hydrolysierten Spaltprodukten der Ozonolyse: es werden die ↑ Pelargonsäure und die ↑ Azelainsäure erhalten (s. Schema).

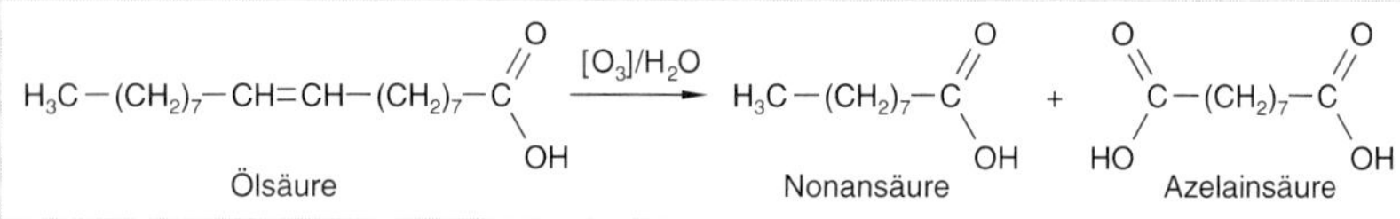

Ozonolyse der Ölsäure

Auf diesem Wege wird übrigens die ↑ Azelainsäure technisch hergestellt. Die O. wird beim Erwärmen unter der katalytischen Wirkung von Selendioxid (s. unter ↑ Selen) oder der ↑ Stickstoffoxide zu einem Gleichgewicht zwischen cis- und trans-Form isomerisiert, das deutlich auf seiten der trans-Form, der *Elaidinsäure*, liegt (s. Schema).

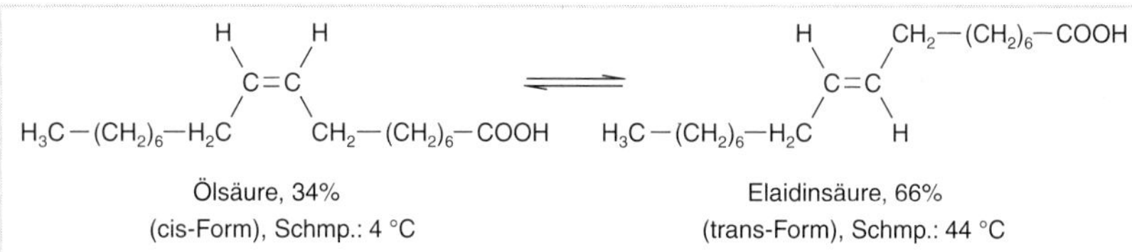

Isomerisierung der Ölsäure

Oleamid, das Amid der O., wird erhalten durch Erhitzen von *Ammoniumoleat*. Es dient als Fließmittel bei der Herstellung von Formteilen aus Polyolefinen (↑ Polyethylen, ↑ Polypropylen) und wird wie andere *Fettsäureamide* auch in vielen technischen Präparationen (Schmiermittel, Rostschutzmittel, Bremsflüssigkeiten) eingesetzt.

Die O. geht bei der Hydrierung (Härtung) in ↑ Stearinsäure über. Die Salze und Ester der O. werden als *Oleate* bezeichnet, zu deren Herstellung die O. dient. Die O. wird ferner als Komponente in Metallpflegemitteln, Schmierstoffen und kosmetischen Präparaten sowie zur Textil-Hydrophobierung verwendet.

$C_{18}H_{34}O_2$ $M_R = 282,45$ C 76,54 % H 12,13 % O 11,33 %

t_{Smp}	t_{Sdp}	d	η
4 °C	286 °C (13 kPa)	0,89 g/cm³	

Oenanthsäure

Heptanoic acid Heptansäure

Bildet eine farblose, unangenehm ranzig riechende ölige Flüssigkeit, die in Wasser wenig löslich (0,2 g/100 ml) ist, gut löslich dagegen in Ethanol oder Diethylether. Das analytisch völlig reine Produkt soll einen angenehmen Geruch aufweisen.

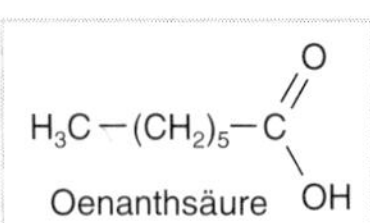

Struktur der Oenanthsäure

O. ist Bestandteil der Fuselöle (s. unter ↑ 1-Pentanol). Synthetisch wird O. gewonnen durch Oxidation von ↑ Heptanal mit Permanganat.

O. selbst wird technisch verwendet als Stabilisator von Schmierölen und Schmierfetten sowie als Hydraulikflüssigkeit. Präparativ dient O. vor allem zur Herstellung des Ethylesters (*Ethyloenanthat*) der in der Parfümerie Bedeutung besitzt zur Herstellung fruchtiger künstlicher Essenzen (Kirsche, Aprikose usw.).

$C_7H_{14}O_2$ $M_R = 130,19$ C 64,58 % H 10,84 % O 24,58 %

t_{Smp}	t_{Sdp}	d	η
−9 °C	223 °C (15 hPa)	0,917 g/cm³	

C_p	$\Delta_S H$	$\Delta_V H$	$\Delta_B H$	S^o	Q_C
267,3 J/(K · mol)		72 kJ/mol	−611,5 kJ/mol		−4147 kJ/mol

Oestradiol

Estradiol Estradiol

Kristallisiert aus 80 %igem Ethanol in Form farbloser an der Luft stabiler Prismen, die in Wasser unlöslich, in Alkalilaugen, Ethanol und den meisten anderen org. Solventien löslich sind.

Während O. ursprünglich aus Harn isoliert wurde, wird es heute entweder vollsynthetisch oder durch Abbaureaktionen an Steroiden, z. B. ↑ Cholesterol, gewonnen.

O. ist das am stärksten wirksame weibliche Follikel-Hormon. Die weiblichen Sexualhormone teilen sich auf in die *Oestrogene* und *Gestagene*, während die männlichen Sexualhormone als *Androgene* bezeichnet werden (s. Einteilungs-Schema).

Hormonklasse		Vertreter
Oestrogene	(weiblich)	Oestradiol, Oestrol, Oestriol
Gestagene	(weiblich)	Progesteron, Gortexon
Androgene	(männlich)	Testosteron

Einteilung der Sexualhormone

Die Begriffe „männliche“ und „weibliche“ *Sexualhormone* beziehen sich auf deren physiologische Wirkung, nicht auf ihr Vorkommen, da beide sowohl im männlichen als auch im weiblichen Organismus auftreten, wenn auch in unterschiedlichen Mengen.

Das O. wird in den Follikeln der Ovarien erzeugt. Die Biosynthese erfolgt aus dem ↑ Testosteron. O. assoziiert mit speziellen Rezeptor-Proteinen im Kern der Zielzellen. Hormon-Rezeptor-Komplexe binden dann an spezifische DNA-Sequenzen (sog. hormone-response-elements), was dann zur entsprechenden Gen-Expression führt. O. ist auf diese Weise vor allem ein Wuchsstoff, der die Ausbildung der weiblichen Sexualorgane und der sekundären weiblichen Geschlechts-Merkmale fördert. Das ↑ Progesteron, das im Gelbkörper der Ovarien („Gelbkörperhormon“) gebildet wird, steuert die Abläufe von weiblichem Sexual-Cyclus und Schwangerschaft.

O. wurde erstmals 1935 in mg-Mengen aus vier Tonnen Schweineovarien isoliert, und erwies sich als erheblich wirksamer als die zuvor (1929) aus Schwangerenharn gewonnenen Derivate *Oestron* und *Oestriol*. Es stellte sich dann heraus, daß O. das eigentliche Hormon ist und Oestron und Oestriol als seine Stoffwechselprodukte zu betrachten sind.

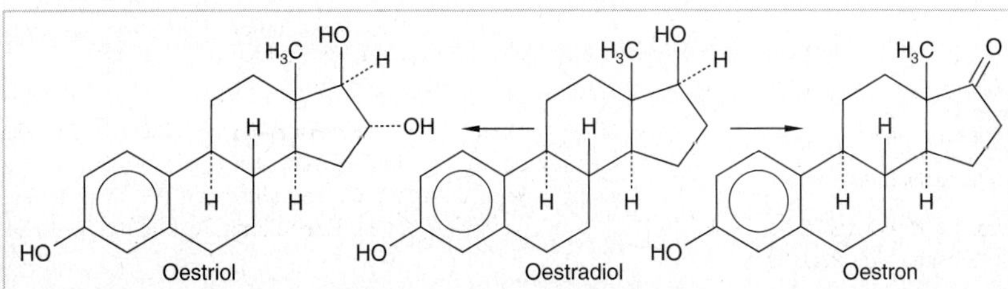

Strukturen von Oestradiol und seinen Abkömmlingen Oestriol und Oestron

Es ist bemerkenswert, daß der A-Ring im O. aromatisch ist und die 3-ständige OH-Gruppe phenolischen Charakter aufweist. Darauf beruht die Salzbildung in alkalischem Medium und eine einfache Möglichkeit zur Abtrennung von anderen Sexualhormonen.

Der Grundkohlenwasserstoff des O. ist das *Oestran*, das *13-Methylgonan* (s. unter ↑Cholesterol).

O. wird therapeutisch u. a. bei klimakterischen Beschwerden eingesetzt. Als *Kontraceptiva* (in der sog. „*Pille*“) werden überwiegend synthetische Abwandlungen von O., z. B. *17α-Ethinyloestradiol*, in Kombination mit Gestagenen verwendet.

Bemerkenswert ist das Vorkommen der *Xenoöstrogene*, synthetische Verbindungen, die strukturell nichts mit den Östrogenen zu tun haben, aber östrogene Wirkungen ausüben. Bekannte Xenoöstrogene sind z. B. Bisphenol A (s. unter ↑Epoxidharze) und *4-Nonylphenol* (ein Rohstoff zur Synthese von Schmiermitteln und technischer Additive).

$C_{18}H_{24}O_2$ $M_R = 272{,}37$ C 79,37 % H 8,88 % O 11,75 %

t_{Smp}	t_{Sdp}	d	η
175 °C			

Oracetblau B

Oracet blue B Solvent blue 19

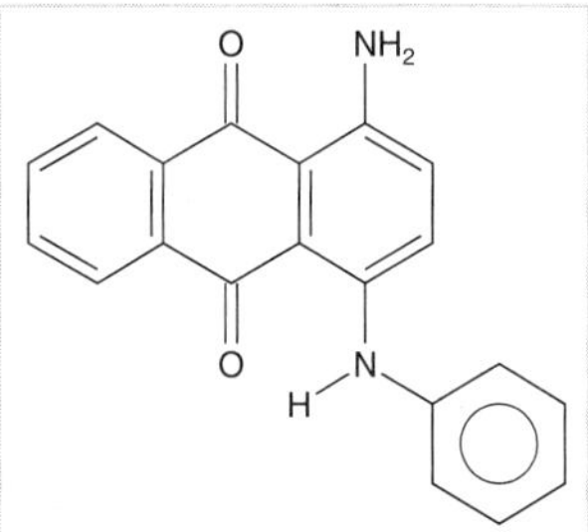

Struktur von Oracetblau B

Bildet ein dunkelblaues kristallines Pulver, das einen leicht rötlichen Schimmer aufweist. O. ist in Wasser nur sehr wenig löslich, gut löslich dagegen z. B. in Ethanol und Petrolether.

O. ist ein Anthrachinon-Farbstoff (s. Abbildung), der z. B. für Säure-Base-Titrationen in nichtwässerigen Lösungsmitteln verwendet wird.

$C_{21}H_{16}N_2O_2$ $M_R = 328{,}37$ C 76,81 % H 4,91 % N 8,53 % O 9,75 %

Orange I

Orange I

Bildet ein rot-braunes kristallines Pulver, das sich in Wasser und Ethanol gut mit orange-roter Farbe löst. In saurem Medium ist O. unlöslich und wird ausgefällt, in alkalischer Lösung oberhalb pH 8,9 sind die Lösungen violett.

O. wird erhalten bei der Azokupplung von diazotierter ↑Sulfanilsäure mit ↑1-Naphthol (s. Schema).

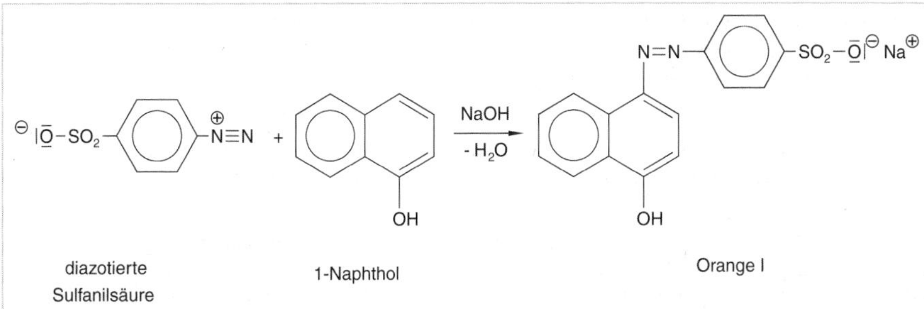

Synthese von Orange I

O. I und ↑ Orange II kamen 1876 als erste saure Azofarbstoffe auf den Markt. Die Sulfonylgruppe hat auf die Farbe keinen Einfluß sondern bewirkt die Wasserlöslichkeit und bedingt die Fähigkeit zum Färben proteinischer Fasern (Wolle, Seide). O. wurde zum Färben allerdings nur vereinzelt verwendet. Es dient noch als pH-Indikator (Farben s.o.) und als Mikroskopierfarbstoff.

$C_{16}H_{11}N_2NaO_4S$ $M_R = 350{,}33$ C 54,86 % H 3,16 % N 8,00 % Na 6,56 % O 18,27 % S 9,15 %

Orange II

Orange II

Kristallisiert aus Wasser als Pentahydrat in Form orangefarbener Nadeln, die sich in Wasser zu 5 g/100 ml bei 20 °C lösen und in Ethanol gut löslich sind. Die wässerigen Lösungen sind im neutralen und schwach alkalischen Bereich orange, zwischen pH 10,2-11,8 schlägt die Farbe nach rot um.

O. entsteht bei der Azokupplung von diazotierter ↑ Sulfanilsäure mit ↑ 2-Naphthol in alkalischer Lösung (s. Schema).

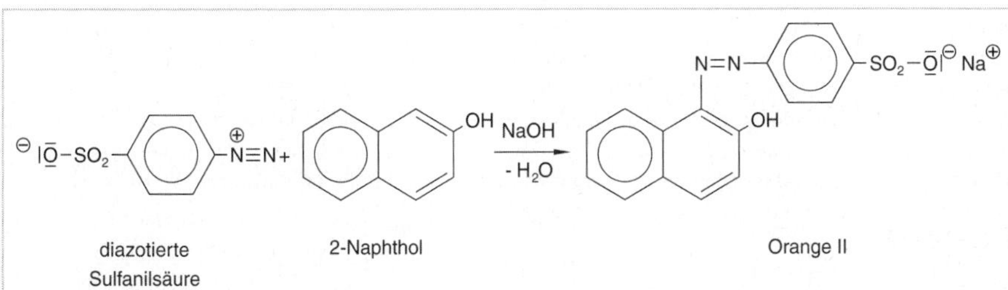

Synthese von Orange II

O. ist ein vielverwendeter Textilfarbstoff (s. unter ↑ Orange I). Es wird auch als pH-Indikator verwendet.

$C_{16}H_{11}N_2NaO_4S$ $M_R = 350{,}33$ C 54,86 % H 3,16 % N 8,00 % Na 6,56 % O 18,27 % S 9,15 %

Orcinol

Orcinol 3,5-Dihydroxytoluol, Orcin

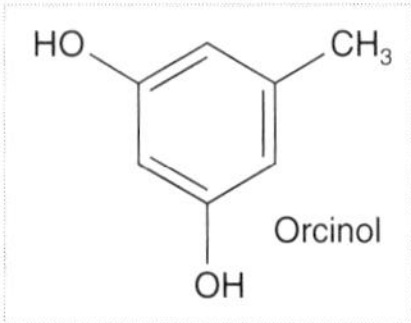

Struktur von Orcinol

Fällt aus wässeriger Lösung als Monohydrat an und bildet farblose Kristalle, die sich an der Luft infolge Oxidation rötlich verfärben. O. löst sich gut in Wasser, Ethanol oder Diethylether.

O. kommt in vielen Flechtenarten vor. Behandelt man O. mit ↑ Wasserstoffperoxid in Gegenwart von ↑ Ammoniak, bildet sich das Phenoxacin-Derivat *Orcein* (s. Abbildung). Orcein ist die Stammverbindung einer Familie von Flechtenfarbstoffen, die früher aus verschiedenen Flechtenarten gewonnen und zum Färben von Seide und Wolle verwendet wurden.

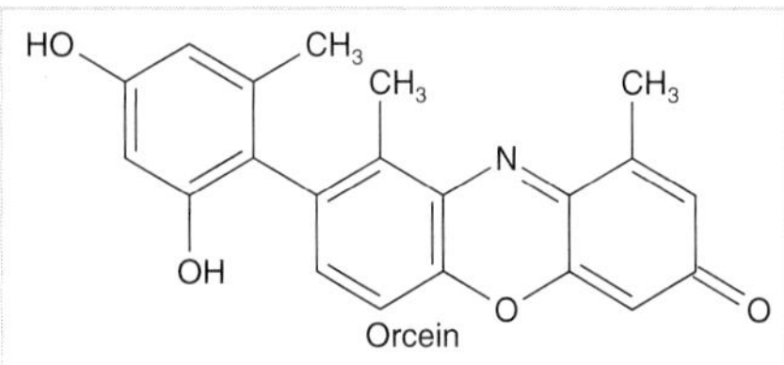

Struktur von Orcein

Orcein ist ein braunrotes Pulver, unlöslich in Wasser, löslich in Ethanol oder Aceton mit roter Farbe, die im alkalischen Medium nach blau umschlägt. O. hat damit ähnliche Eigenschaften wie die chemisch verwandten Farbstoffe des ↑ Lackmus.

Orcein wird heute noch als Mikroskopier-Farbstoff benutzt. Seine Verwendung als Lebensmittel-Farbstoff ist seit 1977 verboten.

O. wird in der Zuckerchemie zum Nachweis u. a. von Pentosen herangezogen.

$C_7H_8O_2$ $M_R = 124{,}14$ C 67,73 % H 6,50 % O 25,78 %

Ornithin

Ornithine 2,5-Diaminopentansäure

Wird aus einem Ethanol/Diethylether-Gemisch als farbloses feinkristallines Pulver erhalten, das sich in Wasser und Ethanol gut löst, in Diethylether kaum löslich ist. O. fällt bei der Herstellung durchweg als Sirup an und kommt deshalb meist als kristallines, gut wasserlösliches Hydrochlorid in den Handel. Die wässerige Lösung von O. reagiert alkalisch.

O. kommt als Aminosäure in den Proteinen nicht vor, jedoch entsteht es bei der Hydrolyse aus ↑ Arginin und ist wichtige Zwischenstufe im *Harnstoff-Cyclus*. Der in der Leber ablaufende Harnstoff-Cyclus dient der Entgiftung des aus Desaminierungen von Aminosäuren und aus dem Pyrimidin-Basen-Abbau stammenden Ammoniak, der als starkes Zellgift wirken würde (s. Schema).

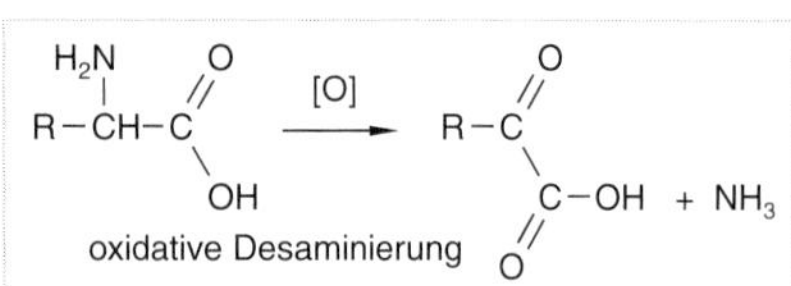

Ammoniak-Freisetzung durch oxidative Desaminierung einer Aminosäure

Der in den Geweben anfallende ↑Ammoniak wird in Form von ↑Glutamin und ↑Alanin im Blut zur Leber transportiert und dort enzymatisch freigesetzt. Der ↑Ammoniak wird dann zunächst durch ↑Kohlenstoffdioxid zur *Carbaminsäure* gebunden, die mittels ATP in *Carbamylphosphat* überführt wird (s. Schema).

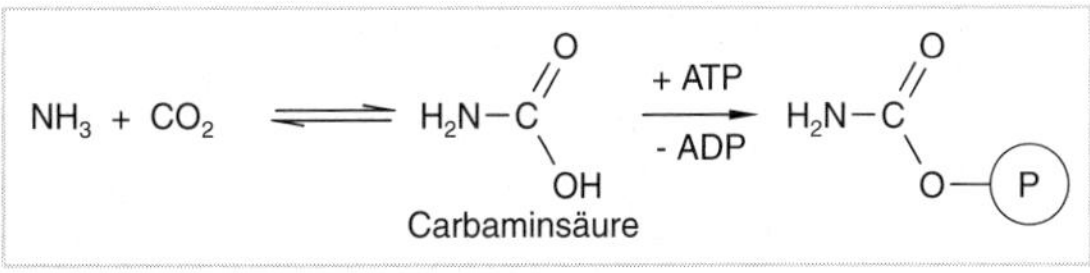

Überführung von Ammoniak in Carbamylphosphat

Das Carbamylphosphat überträgt die Carbamin-Gruppe auf O. zum *Citrullin*.Das Citrullin reagiert mit weiterem Ammoniak zum ↑Arginin, aus dem durch Hydrolyse wieder O. freigesetzt wird und gleichzeitig ↑Harnstoff entsteht. Der mit dem Harn ausgeschiedene Harnstoff ist also als Entgiftungsprodukt des Ammoniaks zu betrachten (s. Schema).

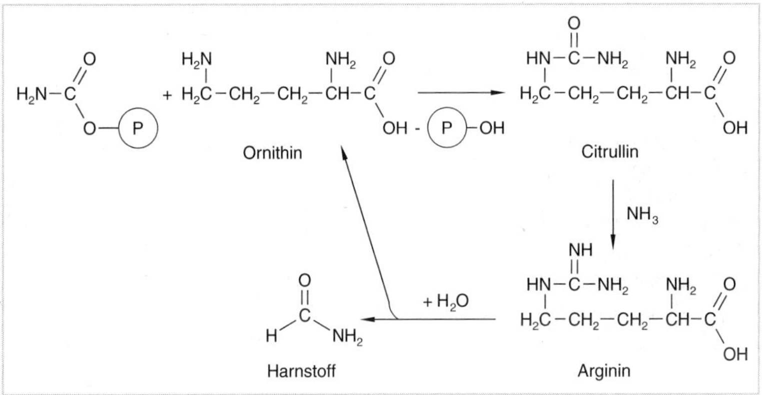

Harnstoff-Cyclus

Im Stoffwechsel der Vögel dient O. zur Entgiftung der ↑Benzoesäure. Fäulnis-Bakterien zersetzen O. durch Decarboxylierung zu *Putrescin* (*1,4-Diaminobutan*, s. Gleichung).

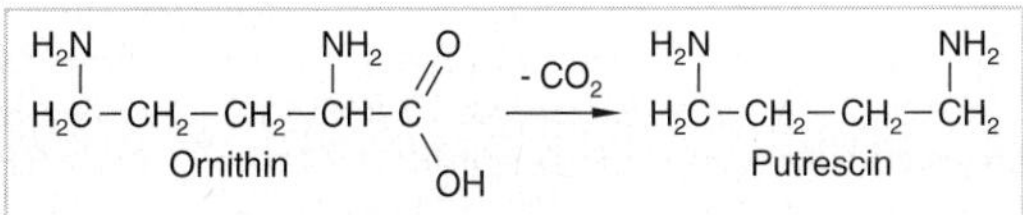

Decarboxylierung von Ornithin zu Putrescin

Im Säugetier-Organismus wird diese Decarboxylierung durch das Enzym Ornithin-Decarboxylase bewirkt. Aus dem Putrescin entsteht das ↑Spermidin.

O. wird medizinisch als Leber-Therapeutikum verwendet.

$C_5H_{12}N_2O_2$ $M_R = 132{,}16$ C 45,44 % H 9,15 % N 21,20 % O 24,21 %

Orotsäure

Orotic acid Uracil-6-carbonsäure, Molkensäure

Bildet farblose Kristalle, die in Wasser und den üblichen org. Solventien praktisch unlöslich sind. Löslich ist O. in alkalischem Medium.

O. wurde erstmals 1904 in Kuhmilch gefunden. Sie kommt im Säugetier-Organismus und auch in Bakterien vor und ist eine Zwischenstufe in der Biosynthese der Pyrimidin-Basen, die die Nucleotide und damit die ↑ Nucleinsäuren aufbauen. Die O. entsteht im Organismus durch Cyclokondensation (enzymatisch gesteuert) zwischen *Carbamoylphosphat* und ↑ Asparaginsäure und anschließende Dehydrierung, an der ↑ Nicotinsäureamid-Adenin-dinucleotid beteiligt ist (s. Schema).

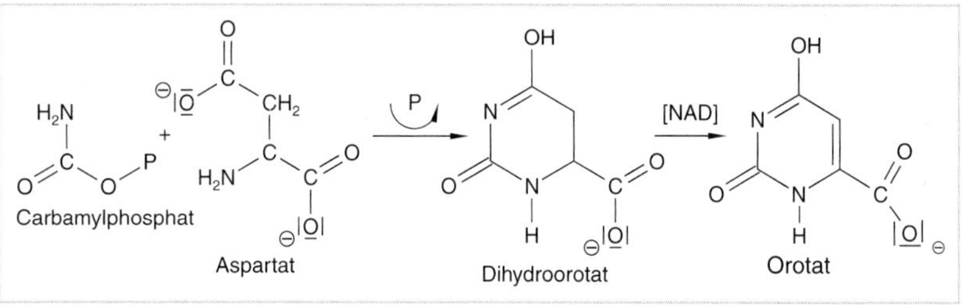

Biosynthese der Orotsäure

Die O. wird enzymatisch in das *Uridinmonophosphat* überführt, von dem ausgehend die einzelnen Pyrimidine gebildet werden.

Eine synthetische Darstellung der O. gelingt durch Kondensation von ↑ Harnstoff mit Oxalessigsäure (s. Schema).

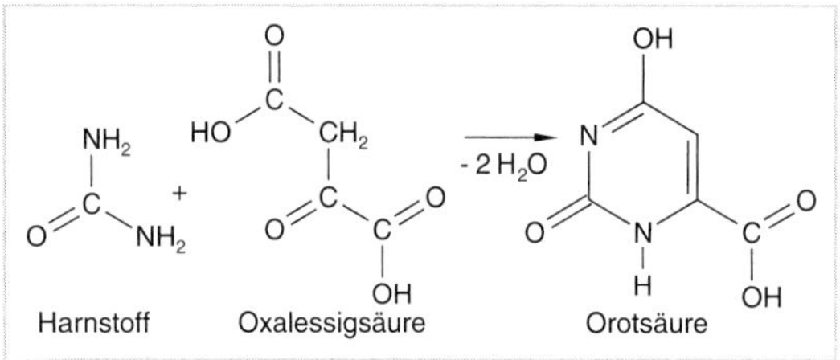

Syntheseroute für Orotsäure

Die O. und ihre Salze (*Orotate*) werden u. a. als Herz- und Lebertherapeutika sowie in Multivitamin-Präparaten verwendet.

$C_5H_4N_2O_4$	$M_R = 156{,}10$	C 38,47 %	H 2,58 %	N 17,95 %	O 41,00 %

t_{Smp}	t_{Sdp}	d	η
345 °C			

Orthoameisensäuretriethylester

Triethyl orthoformate Triethylorthoformiat

Eine farblose, angenehm riechende Flüssigkeit, die in Wasser unlöslich ist und hydrolysiert wird. O. ist beliebig mischbar mit Ethanol und Diethylether.

O. läßt sich formal auffassen als Triethylester der hypothetischen *Orthoameisensäure*, die durch Addition eines Mols Wasser an die Carboxylgruppe der ↑ Ameisensäure entstehen würde, oder als Diethylacetal von ↑ Ameisensäureethylester.

O. wird synthetisch erhalten durch Umsetzung von ↑ Chloroform mit ↑ Natriumethanolat (s. Schema).

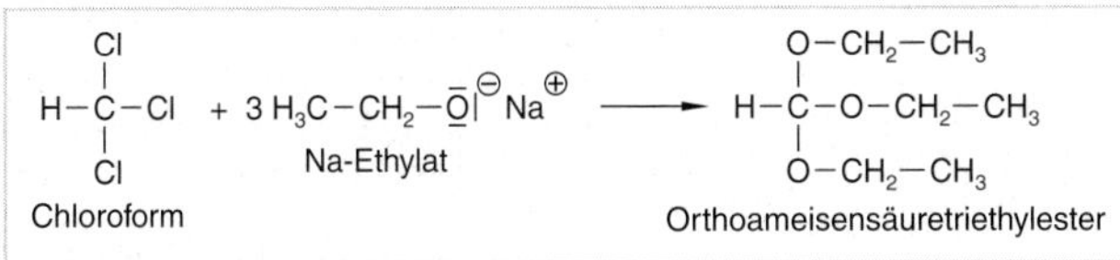

Synthese von Orthoameisensäuretriethylester

O. ist wie alle Acetale gegen Alkalien sehr beständig und wird durch Säuren leicht hydrolysiert (s. Schema).

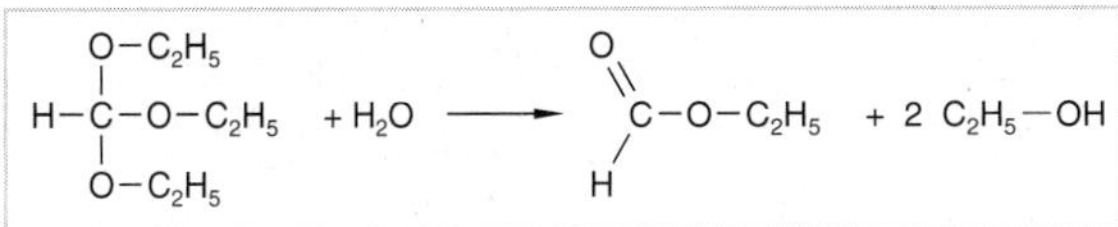

Hydrolyse von Orthoameisensäuretriethylester: erfolgt leicht in saurem Medium

O. dient präparativ zur Überführung von Carbonylverbindungen in ihre *Diethylacetale*, was meist bereits durch einfaches Stehenlassen äquimolarer Mengen bei Raumtemperatur gelingt. Die *Acetalisierung* wird häufig zum vorübergehenden Schutz der Carbonylfunktion angewandt (s. Schema).

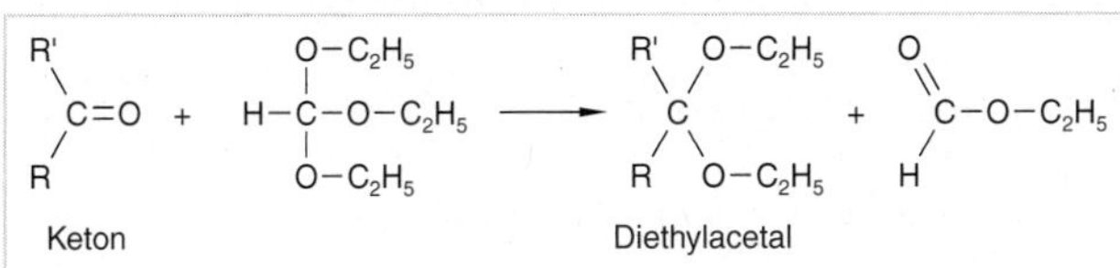

Acetalisierung zum Schutz der Carbonylfunktion

$C_7H_{16}O_3$	$M_R = 148{,}20$	C 56,73 %	H 10,88 %	O 32,39 %	
t_{Smp} −76 °C	t_{Sdp} 146 °C	d 0,89 g/cm³	η		
C_p	$\Delta_S H$	$\Delta_V H$ 49 kJ/mol	$\Delta_B H$ −675,8 kJ/mol	S^o	Q_C −4366 kJ/mol

Orthokieselsäuretetraethylester

Ethyl silicate, Tetraethylorthosilicat, Kieselsäuretetraethylester

Bildet eine farblose, brennbare Flüssigkeit, die in Wasser unlöslich, mit Ethanol aber mischbar ist. Durch Wasser erfolgt langsame Hydrolyse.

O. wird hergestellt durch Umsetzung von sorgfältig getrocknetem ↑ Ethanol mit ↑ Siliciumtetrachlorid (s. Gleichung).

$$SiCl_4 + 4\ H_3C{-}CH_2{-}OH \longrightarrow Si(O\text{-}CH_2\text{-}CH_3)_4 + 4\ HCl$$

Herstellung von Kieselsäuretetraethylester

Auf die gleiche Weise können andere *Kieselsäurealkylester*, so z. B. auch der *Orthokieselsäuretetramethylester*, hergestellt werden. Wird nicht vollständig entwässerter Alkohol verwendet, entstehen in entsprechendem Ausmaß *Dikieselsäureester*.

O. wird vor allem verwendet in der *Steinkonservierung* und *Steinrestaurierung*. Man gibt O. in Risse und Fugen von Gesteinsoberflächen, in denen dann mit Feuchtigkeit Hydrolyse zur Orthokieselsäure (s. unter ↑ Siliciumdioxid) und nachfolgende Polykondensation zu festen Silicaten erfolgt.

$C_8H_{20}O_4Si$ $M_R = 208{,}33$ C 46,12 % H 9,68 % O 30,72 % Si 13,48 %

t_{Smp}	t_{Sdp}	d	η		
−82 °C	166 °C	0,93 g/cm³			
C_p	$\Delta_S H$	$\Delta_V H$	$\Delta_B H$	S^o	Q_C
364 J/(K · mol)	13 kJ/mol			533 J/(K · mol)	
MAK	R-Satz	S-Satz			
	10-20-36/37				

Orthokohlensäureethylester

Tetraethylorthocarbonate, Tetraethylorthocarbonat

Bildet eine farblose, aromatisch riechende Flüssigkeit, die in Wasser unlöslich, aber mischbar mit org. Solventien ist.

O. wird durch Umsetzung von *Chlorpikrin* mit ↑ Natriumethanolat hergestellt (s. Schema).

$$H_3C{-}NO_2 \xrightarrow{Cl_2} Cl_3C{-}NO_2 \xrightarrow[-\,3\ NaCl\ ,\ -\,NaNO_2]{4\ NaOEt} C(O{-}CH_2{-}CH_3)_4$$

Synthese von Orthokohlensäureethylester

Chlorpikrin, ein stark augenreizender Stoff vom Schmp. 112 °C, ist systematisch als *Trichlornitromethan* zu bezeichnen und erhielt seinen Namen von seinem Entdecker (Stenhouse) wegen der Gewinnung aus ↑ Pikrinsäure und ↑ Natriumhypochlorit. Chlorpikrin ist auch zugänglich durch Einwirkung von ↑ Chlor auf ↑ Nitromethan.

O. findet Verwendung als Lösungsmittel.

$C_9H_{20}O_4$ $M_R = 192{,}26$ C 56,23 % H 10,48 % O 33,29 %

t_{Smp}	t_{Sdp}	d	η		
	159 °C	0,92 g/cm³			
C_p	$\Delta_S H$	$\Delta_V H$	$\Delta_B H$	S^o	Q_C
		53 kJ/mol	−914 kJ/mol		−5486 kJ/mol
MAK	R-Satz	S-Satz			
	10				

Orthophenylphenol

o-Phenylphenol o-Phenylphenol

Bildet farblose Kristalle von mildem charakteristischem Geruch, die in Wasser unlöslich, in Ethanol oder Diethylether ebenso wie in alkalischem Medium jedoch löslich sind.

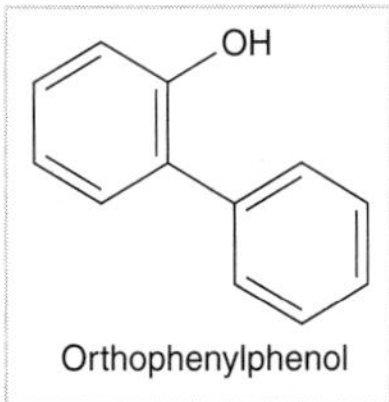

Struktur von Orthophenylphenol

Für O. existiert eine von Dibenzofuran (s. unter ↑ Furan) ausgehende Synthese. Es entsteht auch als Nebenprodukt bei der Synthese von ↑ Phenol durch Hydrolyse von ↑ Chlorbenzol (Raschig-Verfahren).

O. bildet leicht ein als Tetrahydrat anfallendes Natriumsalz, das ebenfalls farblose Kristalle bildet und sich außerordentlich gut in Wasser löst (122 g/100 ml). Die wässerige Lösung reagiert stark alkalisch.

O. ist mit der Nummer *E 231* und das Na-Salz mit der Nummer *E 232* als Konservierungsmittel für Citrusfrüchte zugelassen (vgl. auch ↑ Biphenyl). Das Na-Salz dient auch im kosmetischen Bereich (z. B. in Seifen) als Konservierungs- und Desinfektionsmittel.

$C_{12}H_{10}O$ $M_R = 170{,}21$ C 84,68 % H 5,92 % O 9,40 %

t_{Smp}	t_{Sdp}	d	η
56 °C	282 °C	1,21 g/cm³	

C_p	$\Delta_S H$	$\Delta_{Sub} H$	$\Delta_B H$	S^o	Q_C
227,6 J/(K · mol)	16,2 kJ/mol	82,8 kJ/mol (S)	−88 kJ/mol	261,7 J/(K · mol)	−6063 kJ/mol

Osmium

Osmium Os

Ein bläulich-weiß glänzendes hart-sprödes, nach ↑ Iridium zweitschwerstes metallisches chemisches Element, das von Luft, Wasser und nichtoxidierenden Säuren im kompakten Zustand kaum angegriffen wird. Durch oxidierende Säuren, geschmolzene Alkalien und Halogene erfolgt Zersetzung. In sehr fein verteiltem Zustand wird Os bereits durch die Luft zu ↑ Osmiumtetroxid oxidiert.

Wie alle zu den Platinmetallen gehörenden Elemente trifft man Os in den Platinerzen an, die sich in sekundären Lagerstätten vor allem im Ural, Südafrika und in Kolumbien finden. In den primären Lagerstätten kommen die Platinmetalle in Kupfer- und Nickel-Erzen vor. Die sekundären Ablagerungen enthalten die Pt-Elemente in gediegener Form mit ca. 80 % ↑ Platin und je 1 % der übrigen Vertreter, die in aufwendigen Trennoperationen isoliert werden müssen. Aus den Primär-Vorkommen fallen die Platin-Elemente im Anodenschlamm der elektrolytischen Cu- und Ni-Reinigung an.

Os ist mit einem geschätzten Anteil am Aufbau der Erdrinde von 0,001 ppm ein sehr seltenes Element.

Os führt die Triade der VIII. Nebengruppe in der 3. Übergangsreihe an und besitzt die Elektronenkonfiguration $1s^2\ 2s^2\ 2p^6\ 3s^2\ 3p^6\ 3d^{10}\ 4s^2\ 4p^6\ 4d^{10}\ 4f^{14}\ 5s^2\ 5p^6\ 5d^6\ 6s^2$, Grundterm $^5D_4$.

Os kann alle Oxidationsstufen von +1 bis +8 ausbilden, letztere gemäß der Abgabe von 2 s- und 6 d-Elektronen. Die beständigsten Oxidationsstufen sind +3, +4 und +6. Die Chemie des Os ist durch seine große Tendenz zur Bildung meist oktaedrischer Komplexe mit Halogen-, Amin-, Carbonyl-, Cyano- und Oxo-Liganden geprägt. Eine Kationen-Chemie von Os im wässerigen System wie mit den leichteren Homologen ↑ Eisen und ↑ Rhutenium existiert nicht. In wässerigen Lösungen liegen in den höheren Oxidationsstufen durchweg oktaedrische Oxo- oder Hydroxo-Komplexe vor, gibt es also eine Anionen-Chemie.

Os wurde früher zu Glühwendeln für Glühlampen verarbeitet (wegen seines hohen Schmelzpunktes), ist hierin jedoch vom ↑Wolfram völlig verdrängt. Es wird in Speziallegierungen z. B. mit Ir u. a. in Schreibfeder-Spitzen eingesetzt.

Physiologisch ist Os weder als essentiell noch als direkt toxisch anzusehen.

Os Z = 76 A_R = 190,2 Isotope: 184, 186, 187–190, 192; 181–183, 185, 191, 193–195 (künstlich)

t_{Smp}	t_{Sdp}	d	MV	α	λ
ca. 3040 °C	5500 °C	22,61 g/cm³	8,43 cm³/mol	6,1 10^{-6}/K	87,6 W/mK
C_p	$\Delta_S H$	$\Delta_V H$	S^o	ϱ	
24,7 J/(K · mol)	31,8 kJ/mol	746 kJ/mol	32,6 J/(K · mol)	81 nΩ · m	

Osmiumtetroxid

Osmium tetroxide

Bildet blaßgelbe leichtflüchtige Kristalle von stechendem chlorartigem Geruch, die sich in Wasser ohne Zersetzung etwas lösen (bei 20 °C 7,2 g/100 ml). O. löst sich auch in Ethanol, Diethylether und vor allem extrem gut in Tetrachlorkohlenstoff (über 300 g/100 ml). Es läßt sich deshalb aus wässerigen Lösungen mit Tetrachlorkohlenstoff extrahieren.

$$Os + 2\,O_2 \longrightarrow OsO_4$$

Bildung von Osmiumtetroxid

O. wird durch Verbrennen von ↑Osmium oder durch Oxidation von Os-Salzlösungen mit Salpetersäure erhalten (s. Gleichung).

Im O. bildet das Os-Atom die Oxidationsstufe +8 aus. Das Molekül ist tetraedrisch gebaut. O. geht in starken Alkalilaugen mit tiefroter Farbe in Lösung, wobei zwei Hydroxid-Ionen koordiniert werden und ein *Perosmat-Ion* entsteht (s. Gleichung).

$$OsO_4 + 2\,OH^{\ominus} \longrightarrow [OsO_4(OH)_2]^{2-}$$

Perosmat-Bildung in starker Alkalilauge

$$\underset{\text{Perosmat}}{[OsO_4(OH)_2]^{2-}} \xrightarrow{2\,H} \underset{\text{Osmat (VI)}}{[OsO_2(OH)_4]^{2-}}$$

Osmat(VI)-Bildung durch Reduktion

Durch Reduktion z. B. mit Ethanol entsteht das rosafarbene *Osmat(VI)-Ion*, das auch erhalten wird, wenn Os-Metall der alkalisch-oxidativen Schmelze (Kaliumhydroxid/Kaliumnitrat) ausgesetzt wird (s. Gleichung).

O. dient als Oxidationsmittel und als Oxidations-Katalysator in organisch-chemischen Synthesen. So setzt es sich sehr leicht mit olefinischen Doppelbindungen zu einem Addukt um, das bei der anschließenden Hydrolyse das entsprechende cis-Diol liefert (s. Schema).

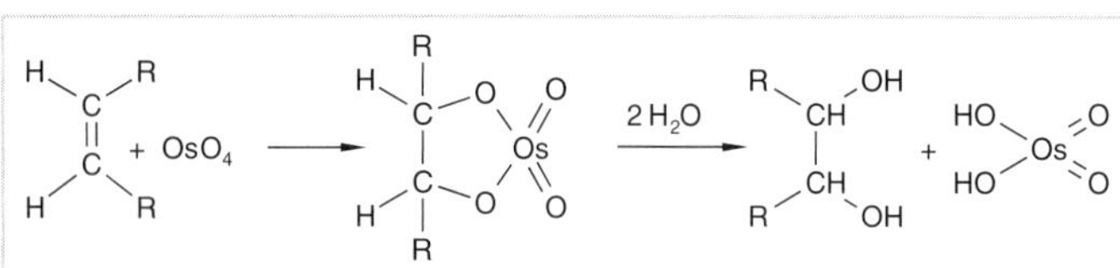

Cis-Diol-Bildung aus Olefinen mit Osmiumtetroxid

Es wird ferner zur Fixierung von Zell- und Gewebeproben für transmissions-mikroskopische Untersuchungen verwendet. Hierzu wird die Probe kurz in eine wässerige Lösung von O. getaucht.

► O. ist eine hochgifte Substanz. Besonders gefährlich sind die Dämpfe für die Augen (O. wird durch organische Materialien zu schwarzen Oxiden reduziert, die schwere Augenentzündungen hervorrufen).

O_4Os $M_R = 254{,}23$ O 25,17 % Os 74,83 %					
t_{Smp} 40 °C	t_{Sdp} 131 °C	d 4,91 g/cm³	η		
C_p 151,5 J/(K · mol)	$\Delta_S H$ 14,3 kJ/mol	$\Delta_V H$ 39,5 kJ/mol	$\Delta_B H$ −394 kJ/mol	S^o 144 J/(K · mol)	Q_C
MAK 0,001 mg/m³	R-Satz 26/27/28-34	S-Satz 7/9-26-45			

Oxalsäure

Oxalic acid Ethandisäure

Fällt aus wässerigen Lösungen als Dihydrat in Form farb- und geruchloser Kristalle an, die sich in Wasser bei 20 °C zu 14 g/100 ml, bei 100 °C zu 50 g/100 ml lösen und auch in Ethanol gut löslich sind. O. löst sich kaum in Diethylether, Petrolether und Chloroform. Die wässerige Lösung reagiert ziemlich stark sauer (pH 0,1m Lösung = 1,3), da die O. gemäß ihrem pK_S1-Wert von 1,27 in erster Stufe stark dissoziiert (s. Gleichung) und damit wesentlich acider ist als die ↑ Ameisensäure. Der pK_S2-Wert beträgt 4,27 und ist vergleichbar mit dem der ↑ Essigsäure (4,76).

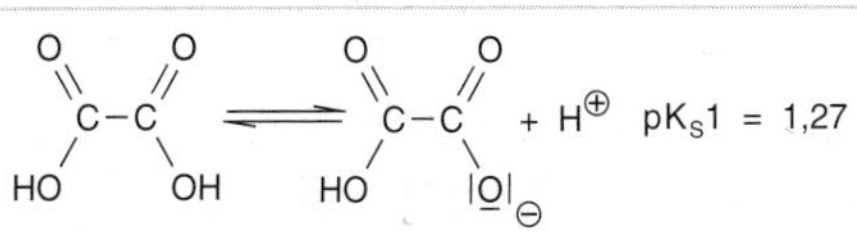

Dissoziation der Oxalsäure in erster Stufe

Die O. ist eine sehr verbreitete Pflanzensäure. Sie findet sich u. a. im Sauerklee, im Rhabarber, im Sauerampfer, in Algen und Flechten, wobei sie als Kalium- oder Calciumsalz vorliegt. O. ist ein Stoffwechselprodukt vieler Schimmelpilze, die Kohlenhydrate unter geeigneten Bedingungen in hohen Ausbeuten in O. überführen. Auch im Stoffwechsel des tierischen Organismus entsteht O., die bei krankhaft vermehrter Bildung in Form des Calciumsalzes zum Auftreten von Blasen- und Nierensteinen führen kann.

Die technische Synthese von O. beruht auf der thermischen Dehydrierung von ↑ Natriumformiat. Die einzelnen Schritte der Totalsynthese beinhalten die Umsetzung von ↑ Kohlenstoffmonoxid mit starker Natronlauge unter Druck zum Natriumformiat, dessen Dehydrierung zum Dinatriumoxalat durch rasches Erhitzen auf 380 °C, die Überführung des Di-Na-Salzes in das Calciumsalz sowie die anschließende Freisetzung der O. mit ↑ Schwefelsäure (s. Schema).

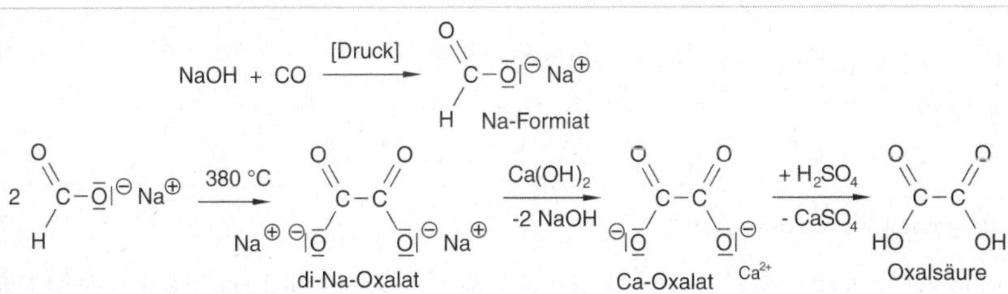

Totalsynthese von Oxalsäure

Dabei fällt das Dihydrat an, das auch durchweg die Handels- und Anwendungsform der O. ist. Das wasserfreie Produkt, das beim Erwärmen des Dihydrats auf 100 °C als hygroskopisches Pulver vom Schmp. 190 °C entsteht, hat keine technische Verwendung.

Die O. beginnt oberhalb 100 °C zu sublimieren und zerfällt beim raschen Erwärmen über den Schmelzpunkt des wasserfreien Salzes hinaus vollständig in ↑ Kohlenstoffdioxid, ↑ Kohlenstoffmonoxid und Wasser (s. Gleichung). Bei der Umsetzung von O. mit ↑ Thionylchlorid oder ↑ Phosphorpentachlorid entsteht *Oxalylchlorid* (s. Gleichung), eine farblose, an der Luft rauchende, stechend riechende Flüssigkeit vom Sdp. 64 °C, die bei der Reaktion mit ↑ Harnstoff die *Parabansäure* ergibt (s. Gleichung). Die Parabansäure geht mit Alkalien in *Oxalursäure* über, während die Reduktion *Hydantoin* liefert (s. Schema).

$$HOOC-COOH \xrightarrow{\Delta} CO_2 + CO + H_2O$$

Thermischer Zerfall der Oxalsäure

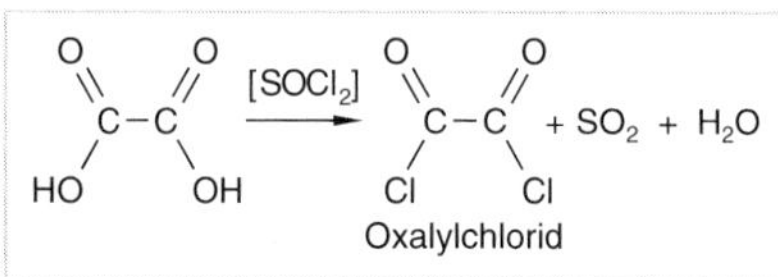

Oxalylchlorid-Bildung mit Thionylchlorid

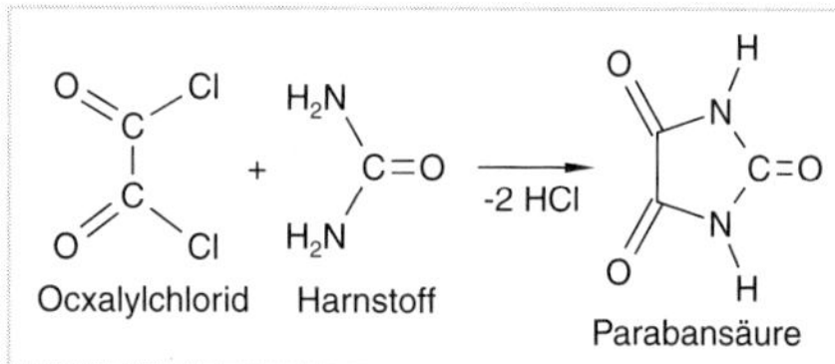

Bildung von Parabansäure aus Oxalylchlorid und Harnstoff

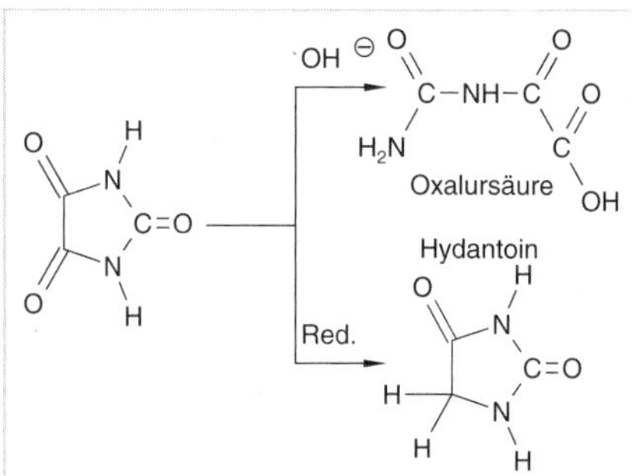

Überführung der Parabansäure in Oxalursäure bzw. Hydantoin

Oxalylchlorid dient in der Organik zur schonenden Überführung empfindlicher Corbonsäuren in ihre Säurechloride, z. B. in der Steroidreihe (s. Schema).

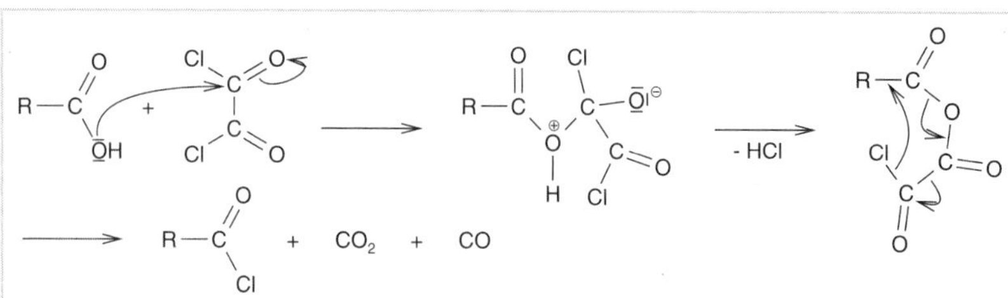

Säurechlorid-Synthese mit Oxalylchlorid

Calciumoxalat ist praktisch unlöslich in Wasser (pK_L-Wert = 8,07) und seine Fällung dient zum qualitativen Nachweis sowohl von Ca als auch von O. *Kaliumoxalat* ist das am besten wasserlösliche O.-Salz.

Natriumoxalat ist nur wenig wasserlöslich und läßt sich in sehr hoher Reinheit darstellen. Da die O. und die *Oxalate* Reduktionsmittel darstellen, und z. B. ↑ Kaliumpermanganat zu Mn(II) reduzieren, dient Natriumoxalat als Urtitersubstanz zur Einstellung von Permanganat-Maßlösungen (s. Gleichung).

$$2\,MnO_4^{\ominus} + 5\,C_2O_4^{2-} + 16\,H^{\oplus} \longrightarrow 2\,Mn^{2+} + 10\,CO_2 + 8\,H_2O$$

Natriumoxalat als Urtitersubstanz für Permanganat-Maßlösungen

O. dient als Beizmittel in der Färberei, zum Bleichen organischer Materialien, als Bestandteil von Metallreinigern, zur Rostentfernung. Zu letzterem Zweck dient vor allem das als „*Kleesalz*" bekannte *Kaliumtetraoxalat*, das sich etwas in Wasser löst mit stark saurer Reaktion (s. Abbildung).

$$K^{\oplus}\,{}^{\ominus}|\underline{\overline{O}}OC{-}COOH \cdot (COOH)_2 \cdot 2\,H_2O$$

K-Tetraoxalat (Kleesalz)

Zusammensetzung von Kaliumtetraoxalat

O. wird auch zur Herstellung von Tinte (O.-Lösung löst Berliner Blau) und zur Salzbildung mit Farbstoffen (z. B. ↑ Malachitgrün) und für andere präparative Zwecke verwendet (Salze, Ester, Kondensationsmittel).

► O. und ihre Salze sind giftig. Die Giftigkeit beruht neben der starken Ätzwirkung wohl vor allem auf einer massiven Störung des Ca-Haushaltes. Als tödliche Dosis für einen Erwachsenen werden ca. 5 g angenommen.

$C_2H_2O_4$ M_R = 90,04 (wasserfrei) C 26,68 % H 2,24 % O 71,08 %

t_{Smp}	t_{Sdp}	d	η
101,5 °C		1,65 g/cm³	

C_p	$\Delta_S H$	$\Delta_{Sub} H$	$\Delta_B H$	S^o	Q_C
106 J/(K · mol)		93,4 kJ/mol (S)	−829 kJ/mol	115,6 J/(K · mol)	−242,9 kJ/mol

MAK	R-Satz	S-Satz
1 mg/m³	21/22	24/25

Oxytocin

Oxytocin Ocytocin

Bildet ein weißes Pulver, das in Wasser löslich ist und sich auch sowohl in 1-Butanol als auch in 2-Butanol löst.

O. wird im Säugetierorganismus im Hypothalamus gebildet, nach axonalem Transport im Hypophysen-Vorderlappen gespeichert und von dort in die Blutbahn abgegeben. O. ist als *Neurosekret* zu bezeichnen, da es in Neuronen des Hypothalamus entsteht und über Neuronen (axonal) transportiert wird.

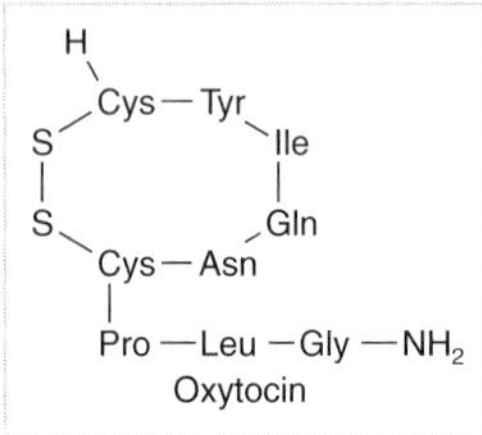

Aufbau von Oxytocin

O. ist ein kleines Peptid mit neun Aminosäuren, das durch Disulfid-Brückenbildung zwischen zwei Molekülen ↑Cystein eine cyclische Struktur aufweist (s. Abbildung).

O. ist ein Hormon und wirkt auf die glatte Muskulatur des Uterus und der Brustdrüsen. Es löst bei der Geburt die Wehen (Uterus-Kontraktionen) aus und bewirkt die Milchejektion der Brustdrüsen. Beim Mann wirkt O. kontraktierend auf die Samenkanäle.

O. ist im Blut nur kurz wirksam, da es innerhalb von Minuten enzymatisch gespalten wird. Es wird klinisch zur *Wehenauslösung* angewandt, wobei es als Nasenspray verabreicht werden kann, da es als kleines Peptid durch Schleimhäute diffundiert.

Strukturaufklärung und Synthese von O. gelangen in den Jahren von 1952-1954 (Tuppy, du Vigneaud).

Das zweite, vom Hypophysenhinterlappen sezernierte Hormon, das *Vasopressin*, ist sehr ähnlich wie O. aufgebaut. Es wirkt physiologisch vor allem als Antidiuretikum, indem es die Rückresorption von Wasser in den Nieren bewirkt.

$C_{43}H_{66}N_{12}O_{12}S_2$ $M_R = 1007{,}20$ C 51,28 % H 6,60 % N 16,69 % O 19,06 % S 6,37 %

Ozon

Ozone

Ist unter Normalbedingungen ein bläuliches Gas von charakteristischem, intensivem Geruch, der bereits in sehr geringen Konzentrationen wahrnehmbar ist (ca. 1 ppm). O. läßt sich zunächst zu einer dunkelblauen Flüssigkeit und schließlich zu schwarzvioletten Kristallen verdichten (Daten s. Tabelle).

Reines O. ist nur bei völliger Abwesenheit von Verunreinigungen zu handhaben, anderenfalls explodiert es mit großer Heftigkeit. Sauerstoff mit 9 Vol.-% O. läßt sich durch elektrische Funken zur Explosion bringen, die mit 30 Vol.-% O. bereits durch leichten Stoß ausgelöst wird.

$$O_2 + O \longrightarrow O_3$$

Bildung von Ozon

O. ist eine Modifikation von ↑Sauerstoff und entsteht durch Reaktion des „normalen“ zweiatomigen Sauerstoffs mit singulären O-Atomen (s. Gleichung).

$$O_2 \xrightarrow{h \cdot \nu} 2\,O$$
$$O_2 + O \longrightarrow O_3$$

Ozonbildung aus Sauerstoff durch Sonnenlicht

O. bildet sich also stets dort, wo Sauerstoff durch Energiezufuhr in O-Atome gespalten wird. Diese Energie kann thermisch, chemisch, elektrochemisch und besonders durch UV-Strahlung zugeführt werden. So enthält die atmosphärische Luft auf Meereshöhe durchschnittlich ca. 0,05 ppm (entspricht 100 Mikrogramm pro Kubikmeter Luft) O., weil durch den UV-Anteil des Sonnenlichtes Sauerstoff in gewissem Ausmaß dissoziiert (s. Gleichungen).

$$2\,O_3 \longrightarrow 3\,O_2$$

Zerfall von Ozon

Da das O. rasch wieder zerfällt (s. Gleichung), ergibt sich nur die äußerst geringe stationäre Konzentration, die sich in Erdnähe hauptsächlich durch Konvektionsströmung aus höheren Luftschichten aufbaut.

Mit zunehmender Höhe steigt auch die O.-Konzentration wegen des größeren UV-Anteils im Sonnenlicht, um in der Stratosphäre in einer Höhe von etwa 25 km ihr Maximum mit bis zu 27 Gew.-% O. zu erreichen, weshalb diese Zone auch als *Ozonschicht* bezeichnet wird. In dieser Schicht findet die für das irdische Leben außerordentlich wichtige UV-Absorption statt. Die Sauerstoff-Moleküle nehmen die Strahlung zwischen 240-300 nm auf unter Bildung des O., welches seinerseits wiederum zur Absorption im Bereich zwischen 260-360 nm befähigt ist. Damit wird ein Großteil der Strahlung dieses Wellenlängenbereiches herausgefiltert und die Einstrahlung auf die Erde verhindert. O. findet sich in Gewitternähe in erhöhter Konzentration (elektrische Entladungen), ferner bildet es sich unter Höhensonnen, beim Schweißen und bei Elektrolysen.

O. wird technisch hergestellt durch stille elektrische Entladungen zwischen Elektroden, an denen etwa 10000 V Wechselspannung anliegen (*Ozon-Generator*), wobei zwischen die Elektroden in den Entladungsraum ein Dielektrikum (z. B. Glas) eingeführt ist, um Glimm- oder Bogenentladungen zu vermeiden.

Das O.-Molekül ist gewinkelt gebaut mit einem Winkel von 116° 49′ und einem Atomabstand von 0,18 nm. Die O-O-Bindungslänge liegt also zwischen der O-O-Einfachbindung und O-O-Doppelbindung (s. Abbildung), was für eine Mesomerie spricht, wie sie im Schema dargestellt ist.

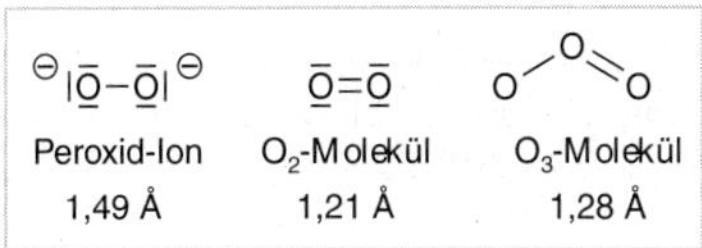

Vergleich von O-O-Bindungslängen

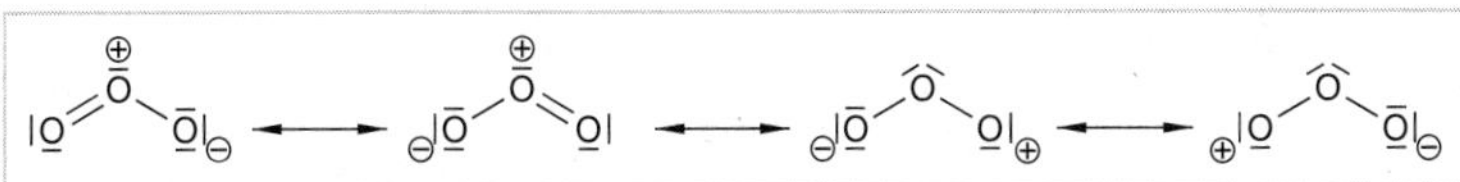

Mögliche Mesomerie-Darstellungen des Ozon-Moleküls

Die Bildung des O. aus Sauerstoff ist insgesamt endotherm, weshalb O. unter starker Energieabgabe zu Sauerstoff zerfällt (s. Gleichungen).

$$\tfrac{1}{2}\,O_2 \rightleftharpoons O \qquad \Delta H = 247\ \text{kJ}$$
$$O_2 + O \rightleftharpoons O_3 \qquad \Delta H = -165\ \text{kJ}$$
$$1\tfrac{1}{2}\,O_2 \rightleftharpoons O_3 \qquad \Delta H = 142\ \text{kJ}$$

Energie-Bilanz der Ozon-Bildung aus Sauerstoff

$$\Delta G = \Delta H - T\Delta S$$

Freie Enthalpie

Zu beachten ist, daß der Zerfall unter Volumenzunahme erfolgt, so daß $\Delta S > 0$ (Zunahme der Entropie) und gemäß der Beziehung für die Freie Enthalpie sich stets $\Delta G < 0$ ergibt, weshalb es sich um eine bei jeder Temperatur freiwillig ablaufende Reaktion handelt.

Die herausragende Eigenschaft des O. ist seine extreme Oxidationskraft, wie das Normalpotential in saurer Lösung sie ausdrückt (s. Gleichung) und die praktisch nur noch vom ↑ Fluor übertroffen wird.

$$O_3 + 2\,H^{\oplus} + 2\,e^- \longrightarrow O_2 + H_2O \qquad E_0 = +2{,}07\ \text{V}$$

Oxidations-Wirkung von Ozon

O. wird zu präparativen Oxidationen in der Organik herangezogen, wobei vor allem die Umsetzung mit Olefinen bei Einhaltung bestimmter Bedingungen definiert verläuft; das O. greift als Elektrophil an der Doppelbindung an unter Bildung des Primärozonids, das zur Carbonylverbindung und einem Zwitterion zerfällt (s. Schema).

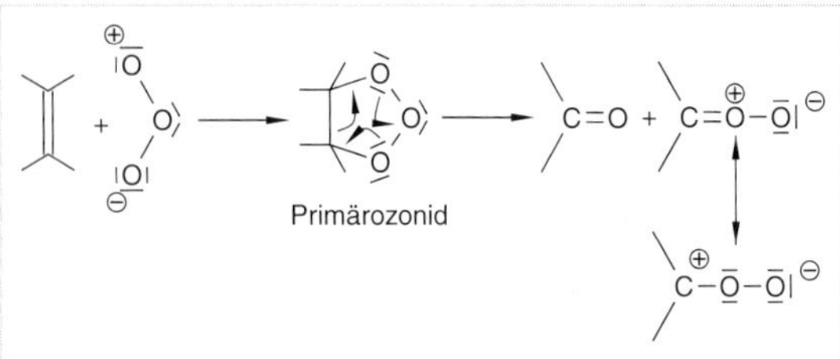

Erste Stufe der Olefin-Ozonisierung

Die Carbonylverbindung reagiert mit dem Zwitterion zum eigentlichen *Ozonid*, welches der Hydrolyse unterworfen wird (s. Schema).

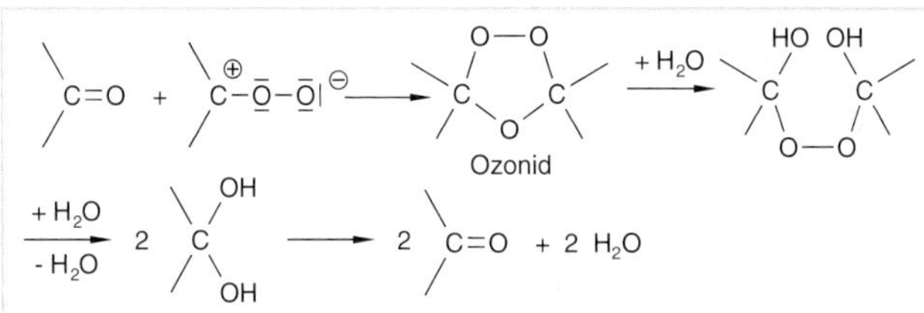

Bildung des Ozonids und dessen Hydrolyse zu Carbonylverbindungen

Das Olefin wird also in zwei Carbonylverbindungen gespalten. Anhand der Identifizierung der Spaltprodukte dient die *Ozonolyse* deshalb auch analytisch zur Bestimmung der Position von Doppelbindungen in unbekannten Verbindungen.

Es sei dazu noch erwähnt, daß eine zunächst entstehende Aldehydgruppe vom hydrolytisch abgespaltenen ↑ Wasserstoffperoxid weiter oxidiert wird zur Carboxylgruppe. So diente seinerzeit die Ozonolyse von ↑ Naturkautschuk, die fast ausschließlich ↑ Lävulinsäure liefert, zu dessen Strukturaufklärung.

O. wird technisch auch für Bleichzwecke verwendet. Es wird ferner zur Wasserentkeimung eingesetzt, weil es sehr schnell und vollständig Bakterien und Viren abtötet und zudem keine Fremdstoffe mit einbringt. Die Nachteile sind hierbei allerdings die geringe Wirkdauer (schneller Zerfall), weshalb meist eine zusätzliche Sicherheitschlorung erforderlich ist, sowie die außerordentliche Toxizität des O.

► O. ist eines der giftigsten Gase, die wir kennen. Bereits 1 ppm in der Atemluft führt zu deutlichen Gesundheitsschäden (Schleimhaut-Reizungen, zentralnervöse Störungen). Der MAK-Wert liegt mit 0,1 ppm noch um das Zehnfache niedriger als beim elementaren ↑ Chlor! Die Vergiftungssymptome sind im akuten Falle die gleichen wie beim ↑ Phosgen (Lungenödem). Bei *Smog* ist auch meist der O.-Gehalt der Luft erhöht, wobei vermutlich ↑ Stickstoffoxide an der Entstehung mitbeteiligt sind. In Deutschland werden Fahrverbote ausgesprochen, wenn der O.-Gehalt in der Luft den Grenzwert von 240 Mikrogramm/m³ erreicht, das entspricht dem MAK-Wert (s. Tabelle).

O_3 $M_R = 48{,}00$			
t_{Smp}	t_{Sdp}	d	η
−192,5 °C	−111,9 °C	0,00214 g/cm³ (0 °C)	

C_p	$\Delta_S H$	$\Delta_V H$ 10,7 kJ/mol	$\Delta_B H$ 142,7 kJ/mol	S^o 238,9 J/(K · mol)	Q_C
t_{krit} −12 °C	P_{krit} 5,53 MPa	d_{krit} 0,537 g/cm³	t_{trip}		
MAK 0,2 mg/m³	R-Satz	S-Satz			

Palladium

Palladium Pd

Stellt ein in kompakter Form silberweiß glänzendes metallisches chemisches Element dar und bildet in feinverteilter Form ein schwarzes Pulver. Pd ist das „unedelste" der Platinmetalle und wird auch in kompakter Form bereits von ↑ Salpetersäure angegriffen. ↑ Schwefelsäure vermag nur feinverteiltes Pd anzugreifen, während das Metall gegen ↑ Salzsäure, auch konzentrierte, bei Abwesenheit von Oxidationsmitteln beständig ist.

Pd ist wie alle Platinmetalle ein sehr seltenes Element und findet sich in den Platinerzen sowie in Spuren in Nickel- und Kupfererzen. Der Anteil am Aufbau der Erdrinde wird auf ca. 0,001 ppm geschätzt. Die technische Gewinnung erfolgt analog zum ↑ Osmium.

Pd steht als Pt-Metall in der 8. Nebengruppe des PSE, und zwar ist es das dritte Glied der in der zweiten Übergangsreihe stehenden Triade mit der Elektronenkonfiguration $1s^2\ 2s^2\ 2p^6\ 3s^2\ 3p^6\ 3d^{10}\ 4s^2\ 4p^6\ 4d^{10}\ 5s^0$, Grundterm $^1S_0$.

Pd bildet die Oxidationsstufen +2 und +4 aus, wobei +2 bei weitem die wichtigste ist und für die im sauren Medium folgendes Normalpotential angegeben wird: $Pd \rightarrow Pd^{2+} + 2\,e^-$ $E^{\ominus} = +0{,}915$ V. Die Pd(II)-Kationen bilden in wässeriger Lösung braunfarbene quadratisch-planare Tetraaquo-Komplexe aus. Beim Erhitzen von Pd auf 400 °C bildet sich *Palladium(II)oxid* als schwarzes, in Wasser und Säuren unlösliches Pulver der Dichte 8,3 g/cm³ (s. Gleichung).

$$Pd + {}^1/_2\,O_2 \longrightarrow PdO$$

Bildung von Palladium(II)oxid

Die wichtigste Pd-Verbindung ist das *Palladium(II)chlorid*, das in Form roter Kristalle vom Schmp. 680 °C bei der Umsetzung von Pd mit ↑ Chlor erhalten wird und aus wässeriger Lösung als Dihydrat in Form eines braunen, in Wasser und Ethanol löslichen Pulvers ausfällt (s. Schema).

$$Pd + Cl_2 \longrightarrow \underset{\text{rot}}{PdCl_2} \xrightarrow{[H_2O]} \underset{\text{braun}}{PdCl_2 \cdot 2\,H_2O}$$

Bildung von Palladium(II)chlorid und Fällung als Dihydrat

Das Palladium(II)chlorid läßt sich in wässeriger Lösung leicht, z. B. bereits durch ↑ Kohlenstoffmonoxid zu schwarzem metallischem Pd reduzieren (s. Schema), worauf seine Verwendung zum Kohlenstoffmonoxid-Nachweis beruht.

$$PdCl_2 + CO + H_2O \longrightarrow Pd + CO_2 + 2\,HCl$$

Reduktion von Palladium(II)chlorid durch Kohlenstoffmonoxid

Palladium(II)chlorid besitzt auch erhebliche Bedeutung als Katalysator im *Wacker-Höchst-Prozeß*. Zusammen mit ↑ Kupfer(II)chlorid in salzsaurer Lösung dient es hierbei zur raschen und quantitativen Oxidation von Olefinen zu Aldehyden bzw. Ketonen durch Luftsauerstoff, z. B. von ↑ Ethylen zu ↑ Acetaldehyd (s. Gleichung). Führt man diese Reaktion in ↑ Essigsäure anstatt Wasser aus, erhält man ↑ Vinylacetat.

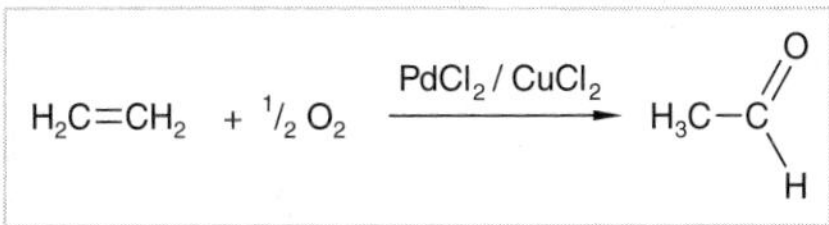

Oxidation von Ethylen zu Acetaldehyd im Wacker-Höchst-Prozeß

Die herausragende Eigenschaft des Pd ist seine Fähigkeit, je nach Verteilungsgrad das mehr als tausendfache seines Volumens an ↑ Wasserstoff zu „lösen". Der Wasserstoff wird hierbei in das Gittergefüge, besonders in Fehlstellen eingelagert, kann durch Erwärmen wieder freigesetzt werden und liegt dabei teils in atomarer, hochreaktiver Form vor, so daß er hervorragend für Hydrierungsreaktionen in der Organik geeignet ist. Zu diesem Zweck wird das Pd durch besondere Verfahren meist auf gepulverte oder gekörnte ↑ Aktivkohle aufgebracht (5–10 % Pd) und dient dann für selektive, glatt verlaufende *Hydrierungen* von olefinischen Doppelbindungen, Nitro- und Carbonylgruppen. Durch ein heißes Pd-Blech diffundiert Wasserstoff praktisch ohne Widerstand, worauf ein Abtrennverfahren für Wasserstoff von übrigen Gasen beruht.

In wichtigen organischen Synthesen dienen Pd-Komplexe als Katalysatoren. Als Beispiele seien genannt die Suzuki-Kupplung (s. unter ↑ Biphenyl) und die Heck-Reaktion (s. unter ↑ Acrylsäureamid).

Pd läßt sich leicht legieren. Mit einem Anteil von 25 % dem ↑ Silber zulegiert, verhindert es völlig dessen Anlaufen in sulfidhaltiger Luft.

► Pd ist nicht essentiell und offenbarte im Tierexperiment keine sonderliche Toxizität.

Pd Z = 46 A_R = 106,42 Isotope: 102, 104, 105, 106, 108, 110;
98–100, 101, 103, 107, 109, 111–115 (künstlich)

t_{Smp}	t_{Sdp}	d	MV	α	λ
1552 °C	2960 °C	12,02 g/cm³	8,85 cm³/mol	11,2 10^{-6}/K	71,8 W/mK
C_p	$\Delta_S H$	$\Delta_V H$	S^o	ϱ	
25,98 J/(K · mol)	17,6 kJ/mol	357,6 kJ/mol	37,8 J/(K · mol)	101 nΩ · m	

Palmitinsäure

Palmitic acid, Hexadecanoic acid n-Hexadecansäure, Cetylsäure

Bildet weiße, fast geruchlose blättchenförmige Kristalle, die in Wasser unlöslich sind, sich in kaltem Ethanol und in Petrolether nur wenig lösen und in heißem Ethanol, in Diethylether und in Chloroform gut löslich sind.

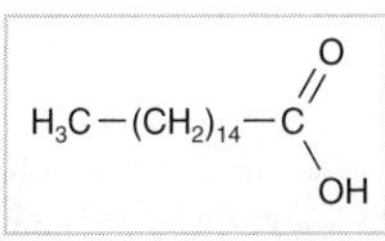

Struktur der Palmitinsäure

Die P. ist eine der wichtigsten Fettsäuren und findet sich in den Glyceriden fast aller Fette und Öle (s. unter ↑ Glycerin). Besonders hoch ist der P.-Gehalt des Palmöls mit 40 %, aus dem die P. auch vorwiegend technisch gewonnen wird (Name!). Rinder- und Schweinefett enthalten ca. 30 %, Milchfett ca. 25 % P. Die Salze und Ester der P. werden als *Palmitate* bezeichnet.

Die Salze der P. finden vor allem als Metallseifen Verwendung z. B. in Schmiermitteln. Sie sind auch wichtige Zuschlagstoffe in der Gummiherstellung, besonders als *Zinkpalmitat*. Die Ester, z. B. *Ethylpalmitat* und *Isopropylpalmitat*, werden in der Kosmetik zur Herstellung von Salben, Cremes und Pflegeölen eingesetzt. Sie dienen hier als Lösungsvermittler und Konsistenzgeber und zeigen gute Hautverträglichkeit. *Methylpalmitat* ist Bezugssubstanz in der Gaschromatographie.

$C_{16}H_{32}O_2$ M_R = 256,42 C 74,94 % H 12,58 % O 12,48

t_{Smp}	t_{Sdp}	d	η
63 °C	215 °C (19,6 hPa)	0,85 g/cm³	

Palytoxin

Palytoxin

Ein farbloser hygroskopischer Feststoff, löslich in Wasser oder Dimethylsulfoxid, etwas löslich in Ethanol, unlöslich in Diethylether oder Chloroform. P. besitzt keinen definierten Schmelzpunkt. Beim Erhitzen auf 300 °C tritt Verkohlung ein.

P. kommt in der Anemonenart *Palythoa toxica* vor (heimisch im Nordpazifik auf Tahiti und Hawai) und wurde erstmals 1971 daraus isoliert. Die Strukturaufklärung des außerordentlich komplex aufgebauten Moleküls (es besitzt 64 Asymmetriezentren, s. Abbildung) gelang in den achtziger Jahren, die Totalsynthese 1989 (Kishi). Bei dieser Synthese leistete u. a. die Suzuki-Kupplung (s. unter ↑ Biphenyl) wertvolle Dienste.

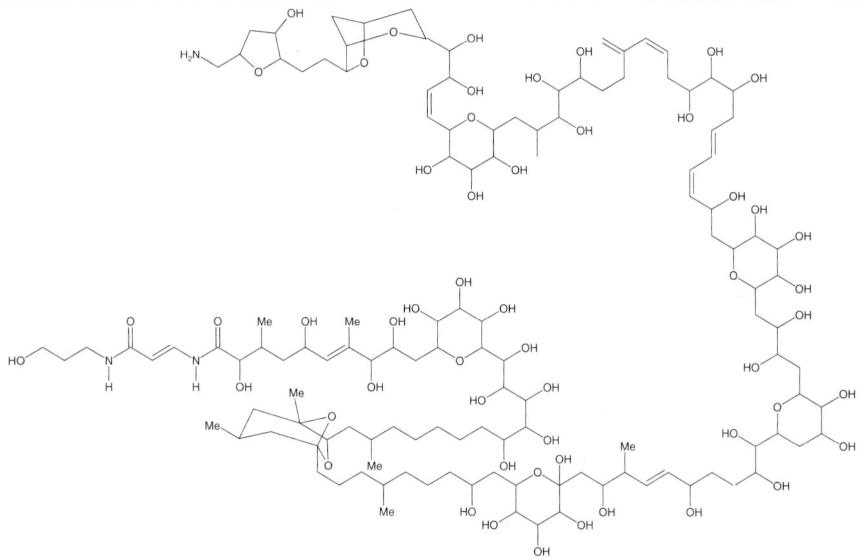

Struktur von Palytoxin

P. ist die giftigste nichtproteinische Substanz, die man heute kennt. Es ist 25 mal giftiger als ↑ Tetrodotoxin (Gift u. a. des japanischen Kugelfisches). Die tödliche Dosis für den Menschen liegt im Mikrogramm-Bereich. Nur einige wenige Naturstoffe auf Peptidbasis sind giftiger als P. (z. B. das *Botulinus-Toxin*, ein Stoffwechsel-Produkt von Bakterien, die sich anaerob auf faulendem Fleisch bilden können).

Die Giftwirkung von P. beruht darauf, daß es die Zellen der glatten Gefäßmuskulatur porös macht, so daß Natriumionen in die Zellen strömen können. Die Folge ist eine Dauerdepolarisation, die wiederum eine Dauerkontraktion der Muskeln bewirkt (s. unter ↑ Acetylcholin). Deshalb wirkt P. u. a. außerordentlich stark blutdrucksteigernd.

P. wird als Modellsubstanz zur Untersuchung von Membranvorgängen verwendet.

$C_{129}H_{223}N_3O_{54}$ $M_R = 2680,18$ C 57,81 % H 8,39 % N 1,57 % O 32,24 %

Pantothensäure

Pantothenic acid

Die P. ist eine gelbliche, ölig-viskose, äußerst hygroskopische Flüssigkeit, die sich in Wasser, Ethanol und Essigester gut löst, während sie in Diethylether oder Chloroform kaum löslich ist. P. ist bei Raumtemperatur, in neutraler wässeriger Lösung und auch im Licht beständig, während sie in saurer oder alkalischer Lösung und in der Wärme zersetzt wird.

Die P. kommt in allen Lebewesen vor, sowohl Pflanzen als auch Tieren, besonders reichlich in Hefen und in der Leber (in Leber bis zu 400 mg/kg), wobei sie sich teils frei, meist jedoch als Baustein des wichtigen ↑Coenzym A findet. Das höchste Vorkommen an P. findet man im *Gelee Royale*, dem von den Bienen zur Aufzucht der Königinnen-Larven erzeugten Nährbrei.

Die Synthese der P. gelingt ausgehend von *Isobutyraldehyd*. Dieser wird mit ↑Formaldehyd in den *2,2-Dimethyl-3-hydroxypropionaldehyd* überführt. Dessen Cyanhydrin liefert nach der Hydrolyse das betreffende Butyrolacton, das auch als *Pantolacton* bezeichnet wird und den inneren Ester der *Pantoinsäure* darstellt, welches dann mit ↑β-Alanin zur P. umgesetzt wird (s. Schema).

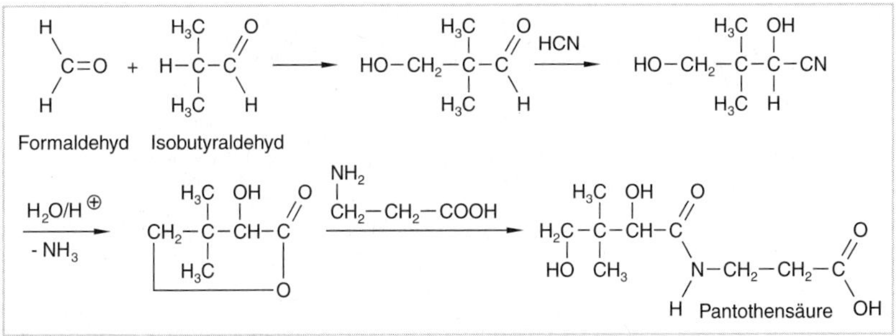

Synthese der Pantothensäure

Das Amid der P. mit *2-Mercaptoethylamin* (auch als *Cysteamin* bezeichnet) ist das *Pantethein*, der Baustein des ↑Coenzym A (s. Abbildungen).

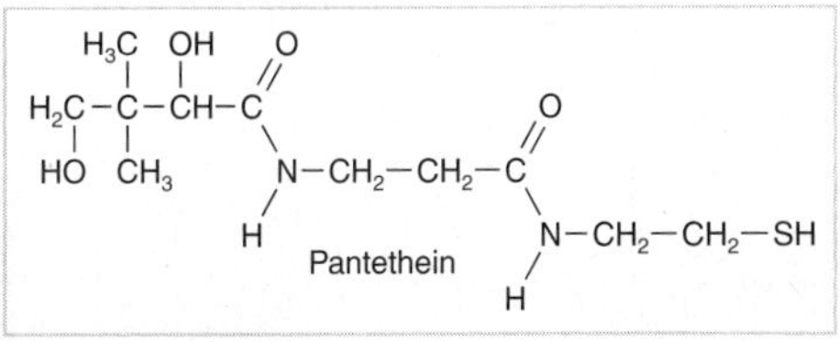

Struktur von Pantethein

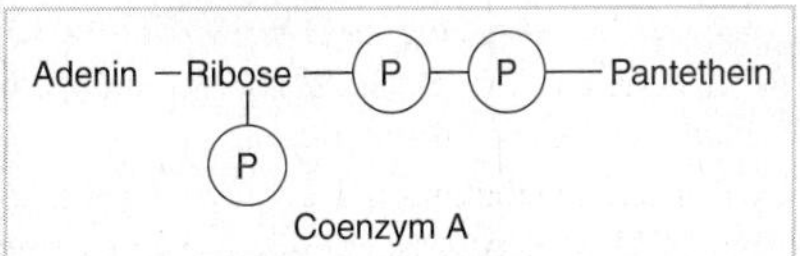

Zusammensetzung von Coenzym A

Ihre wesentliche biochemische Bedeutung entfaltet die P. so auch als Vorstufe zum Aufbau von Coenzym A. Der menschliche Organismus ist selbst nicht zur P.-Synthese befähigt, jedoch wird sie in der Darmflora bakteriell erzeugt bzw. mit der Nahrung ausreichend aufgenommen, so daß Mangelerscheinungen beim Menschen bisher nicht beobachtet wurden. Der tägliche Bedarf für den Menschen wird auf 10 mg geschätzt. Für Tiere ist P. ein wichtiger Wuchsstoff. Bei Küken erzeugt P.-Mangel pellagraähnliche Erscheinungen, bei Ratten Ergrauung des Felles. Man rechnet der P. Vitamincharakter zu und bezeichnet sie zuweilen als *Vitamin* B_5 (nur in der natürlich vorkommenden rechtsdrehenden Form). Das durch Reduktion der Carboxylgruppe der P. zum primären Alkohol formal erhältliche *Panthenol* (gelegentlich auch als *Pantothenol* oder *Pantothenylalkohol* bezeichnet), in seiner D(+)-Form als *Dexpanthenol* bekannt, besitzt medizinische Bedeutung und wird äußerlich bei Entzündungen, Verbrennungen, Schürfwunden usw. zur Förderung der Epithelisierung verwendet (z. B. Handelsbezeichnung *Bepanthen*). Auch in Haarwässern wird es eingesetzt.

$C_9H_{17}NO_5$ $M_R = 219{,}24$ C 49,31 % H 7,82 % N 6,39 % O 36,49 %

Papaverin

Papaverine

Bildet farblose, prismatische Kristalle, die in Wasser kaum und in Petrolether oder Chloroform nur wenig löslich sind. Gut löslich ist P. z. B. in heißem Aceton. P. bildet ein Hydrochlorid (Schmp. 220-225 °C), das sich in Wasser sowie in Ethanol gut löst. Der pK_S-Wert beträgt 8,07.

P. kommt zu ca. 1 % im Opium vor (s. unter ↑ Morphin) und wurde früher aus Mohn gewonnen (erstmals 1848, daher der Name nach lat.: papaver = Mohn).

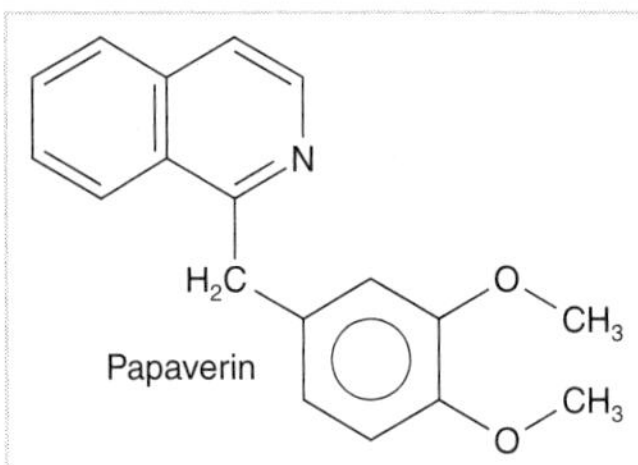

Struktur von Papaverin

Heute wird P. synthetisch hergestellt z. B. ausgehend von ↑ Vanillin. P. ist ein Derivat von *1-Benzylisochinolin* (s. Abbildung, s. auch unter ↑ Chinolin).

P. hat weder analgetische noch hypnotische Wirkung und führt deshalb auch nicht zur Sucht. P. wirkt als Parasympatholytikum (s. unter ↑ Acetylcholin) und zwar nur peripher. Es erschlafft die glatte Muskulatur in Gefäßen, Bronchien und Darm, weshalb es therapeutisch angewendet wird bei Spasmen von Bronchien, des Magen-Darm-Traktes sowie der Harnwege und des Uterus. Ferner findet es Einsatz bei Embolien, peripheren Durchblutungsstörungen und Angina pectoris. Die Verabreichung kann oral, rektal oder parenteral erfolgen. P. wird oft in Kombination z. B. mit Analgetika oder Herz-Kreislauf-Präparaten eingesetzt.

$C_{20}H_{21}NO_4$ $M_R = 339{,}38$ C 70,78 % H 6,24 % N 4,13 % O 18,86 %

t_{Smp}	t_{Sdp}	d	η
147 °C		1,34 g/cm³	

Pelargonsäure

Pelargonic acid Nonansäure

Eine farblose, ölige Flüssigkeit von schwachem eigentümlichem Geruch, die in Wasser unlöslich, in Ethanol, Diethylether und Chloroform löslich ist.

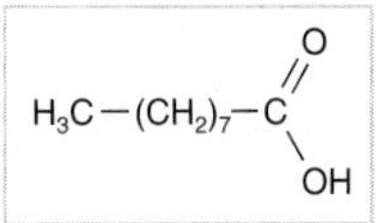
Struktur der Pelargonsäure

Die P. findet sich als Ester im Pelargonien-Öl. Sie ist synthetisch zugänglich z. B. durch Oxidation von ↑ Oelsäure. In ranzigen Fetten bildet sich die P. ebenfalls durch Oxidation der Ölsäure.

Die P. wird zu Estern (*Pelargonate*) verarbeitet, die als Esteröle in Schmiermitteln oder als Duftester in der Parfümerie verwendet werden. Salze der P. haben die als *Hydrotropie* bezeichnete Wirkung, d. h. sie erhöhen die Löslichkeit wasserunlöslicher Stoffe. Die P. besitzt schwach bakterizide Wirkung.

▶ Die P. wirk haut- und schleimhautreizend.

$C_9H_{18}O_2$	$M_R = 158{,}23$	C 68,31 %	H 11,47 %	O 20,22 %

t_{Smp}	t_{Sdp}	d	η
12,5 °C	252 °C	0,91 g/cm³	

Penicilline

Penicillins

Im Jahre 1928 entdeckte A. Fleming, daß gewisse Schimmelpilze (Penicillium notatum) an das sie umgebende Medium einen Stoff abgeben, der das Wachstum von grampositiven *Staphylokokken*, haufenförmig zusammengelagerte Kugelbakterien, verhindert. Eine Isolierung des Stoffes scheiterte. Auf die Arbeit Flemings wurde man erst etwa 10 Jahre später im Zuge der intensivierten Suche nach antibiotisch wirksamen Substanzen wieder aufmerksam. 1939 gelang die Isolierung eines antibiotisch hochaktiven Extraktes.

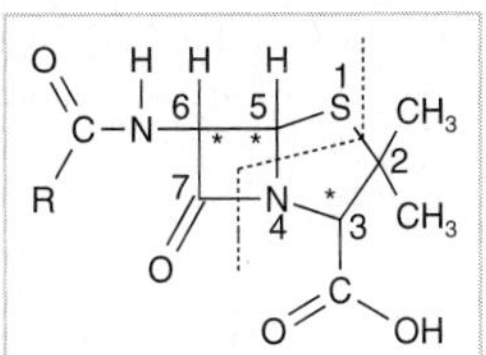
Struktur der Penicilline

Die nun einsetzende außerordentlich forcierte Forschungsarbeit mündete in der Aufklärung der Grundstruktur der wirksamen Substanzen, die man als Penicilline bezeichnete und aus Kulturen verschiedener Schimmelpilzgattungen isolierte. Die erste Totalsynthese eines natürlich vorkommenden P., des Phenoximethylpenicillin, gelang 1957 (Sheehan). Demnach besteht das Grundgerüst der verschiedenen P. aus einem Tetrahydrothiazol-Ring, der mit einem β-Lactam-Ring kondensiert ist und die einzelnen P. unterscheiden sich nur in einem Substituenten. Bei diesem Substituenten handelt es sich um den Rest R einer Carbonsäure, die mit der 6-ständigen Aminogruppe am Grundgerüst amidiert ist (s. Strukturabb.).

Wie die gestrichelte Linie markiert, ist das Grundgerüst ein bicyclisches Dipeptid aus ↑ Cystein und ↑ Valin. Die P. besitzen in den Positionen 3, 5 und 6 asymmetrische C-Atome. Natürlich vorkommend sind vor allem das *Benzylpenicillin* (*Penicillin G*) und Phenoxymethylpenicillin (s. Abbildung).

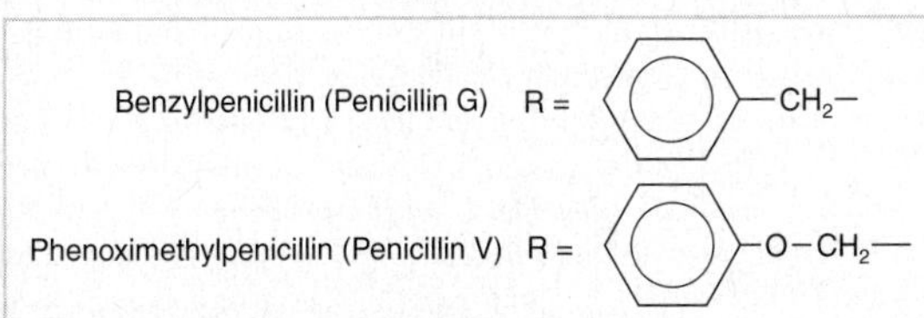

Wichtige natürlich vorkommende Penicilline

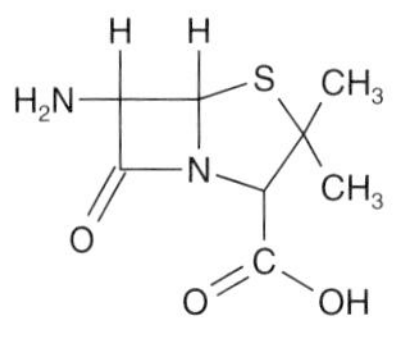

Struktur der 6-Aminopenicillansäure

Präparativ bedeutsam ist die enzymatische Spaltung der Carbonamid-Bindung in Position 6 der natürlichen P., die zur *6-Aminopenicillansäure* führt (s. Abbildung). Diese kann durch Amidierung mit den verschiedensten Carbonsäuren in eine große Palette hochwertiger P. überführt werden.

Die P. besitzen am C-Atom 3 eine freie Carboxylgruppe, die zur Salzbildung befähigt ist. Dadurch werden die als freie Säure praktisch wasserunlöslichen P. sehr gut wasserlöslich. Das oben bereits erwähnte *Phenoximethylpenicillin*, eine farblose, kristalline, sich ab 120 °C zersetzende Substanz, die gegen Säuren relativ beständig ist, löst sich bei 20 °C nur zu 25 mg/100ml in Wasser, während z. B. die Alkalisalze gut wasserlöslich sind. Deshalb werden die P. pharmazeutisch durchweg als Alkali-oder Calciumsalze oder auch vielfach als Salze organischer Stickstoffbasen eingesetzt. Biologisch aktiv ist ausschließlich die rechtsdrehende D-Form.

Bevor auf die Bedeutung und Wirkung der P. als Antibiotika weiter eingegangen wird, seien einige Begriffe näher erläutert. Als *Antibiotika* bezeichnet man Substanzen, die von Lebend-Systemen, also Mikroorganismen oder höheren Pflanzen und Tieren, erzeugt oder die halbsynthetisch unter Abwandlung solcher Produkte gewonnen werden und die auf Mikroorganismen wachstumshemmend oder abtötend wirken.

Als *Mikroorganismen* (die Benennung deutet an, daß sie nur unter dem Mikroskop erkennbar sind) bezeichnet man einzellige Lebewesen (Viren stellen keine „Organismen" dar). Diese Einzeller lassen sich nicht eindeutig dem Reich der Pflanzen (stationär, assimilierend, C-autotroph) oder dem Reich der Tiere (nicht stationär, nicht assimilierend, nicht C-autotroph) zuordnen und bilden ein eigenes Reich, das der „*Protisten*". Die Protisten lassen sich in zwei Klassen einteilen: Höhere Protisten (*Eukarionten*) und Niedere Protisten (*Prokarionten*) (s. Abbildung).

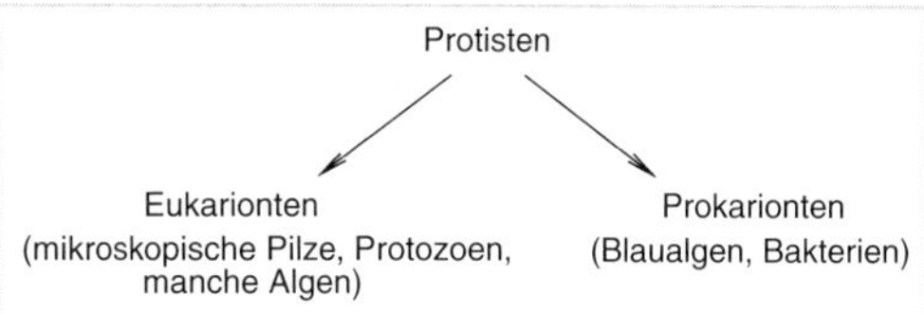

Einteilung der Protisten

Beide unterscheiden sich im Zellaufbau grundsätzlich. Während die Eukarionten einen Zellaufbau ähnlich dem der Pflanzen und höheren Tiere aufweisen, fehlen den prokariontischen Zellen wesentliche Merkmale. Die Zellwand der Prokarionten besitzt einen besonderen Aufbau. Ferner findet sich in Prokarionten kein Zellkern mit eigener Kernmembran. Die DNA, das Kernmaterial, schwimmt ohne Abgrenzung frei im Cytoplasma und wird als Kernäquivalent oder *Nucleoid* bezeichnet. Außerdem fehlen Nucleolus, Mitochondrien, Chloroplasten und mitotischer Apparat.

Die Lebewesen lassen sich also grundsätzlich in Eukarionten und Prokarionten einteilen.

Bakterien zählen zu den Prokarionten. Sie lassen sich z. B. nach ihrer äußeren Zellgestalt und nach der Form ihrer Zellaggregate klassifizieren. Nach einem von Gram (1884) entwickelten Färbeverfahren lassen sich sämtliche *Bakterien* in zwei Gruppen einteilen: die grampositiven und die gramnegativen Bakterien. Das Verfahren war ursprünglich von Gram zur besseren Sichtbarmachung von Bakterien entwickelt worden und erwies erst später seine grundlegende taxonomische Bedeutung. Das *Gram-Färbeverfahren* sei kurz beschrieben: das Präparat wird zunächst ca. 1 Min. mit einer Lösung von Methylviolett oder ↑ Kristallviolett bedeckt. Der Farbstoff wird dann mit Iod-Kaliumiodid-Lösung (*Lugol-Lösung*) weggespült und das Präparat verbleibt noch ca. 1 Min. unter der „Beize" der Lugolschen Lösung. Die Beize wird hiernach abdekantiert und das Präparat wird durch Waschen mit einer Ethanol-Aceton-Mischung entfärbt. Die grampositiven

Bakterien behalten hierbei die blauviolette Innenfärbung, während die gramnegativen völlig entfärbt werden (die Ethanol-Aceton-Mischung spült aus letzteren den Farbstoff wieder heraus). Die gramnegativen Bakterien lassen sich nun noch z. B. durch ↑ Fuchsin oder Safranin zur Kontrastierung rot gegenfärben.

Dieses unterschiedliche Färbeverhalten konnte auf einen grundlegenden Unterschied im Bau der bakteriellen Zellwand zurückgeführt werden, der hier nun grob skizziert ist (s. Abbildung).

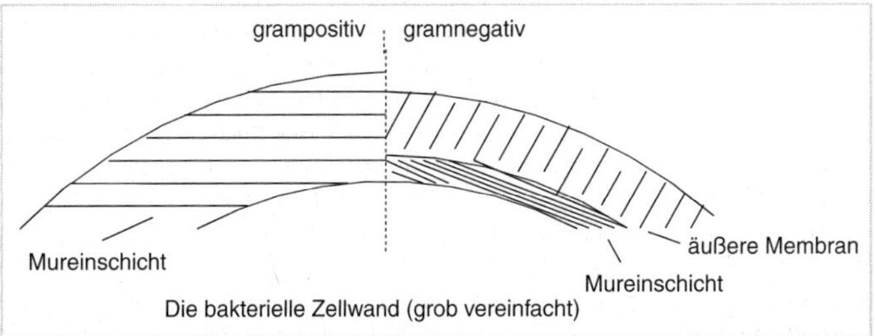

Zellwände grampositiver und -negativer Bakterien

Wie aus der Abbildung ersichtlich ist, besteht die Zellwand der grampositiven Bakterien aus einer *Mureinschicht* (von Lat. murus, die Wand). Das *Murein* ist ein eigenartig aufgebautes Polymer, das sich in der Natur nur in den bakteriellen Zellwänden findet. Es stellt ein peptid-vernetztes Glycan dar. *Glycan* ist ein kettenförmiges Poly-disaccharid, dessen Disaccharid-„Monomer“ ein Aminozucker ist, der sich aus *N-Acetylglucosamin* und *N-Acetylmuraminsäure* aufbaut (*Muraminsäure* ist der 3-0-Ether von ↑ D-Glucosamin mit ↑ Milchsäure). Die Disaccharid-Einheiten sind β-1,4-glycosidisch verknüpft. Die Peptidketten zwischen den Glycan-Molekülen variieren bei den einzelnen Bakterien-Spezies. Es handelt sich dabei um Oligopeptide, die zwei endständige (mit je einer Glycankette verbundene) Tetrapeptidanteile aufweisen und die ihrerseits durch eine kurze Peptidbrücke (die bei den einzelnen Spezies variiert) verbrückt sind (s. Abbildung).

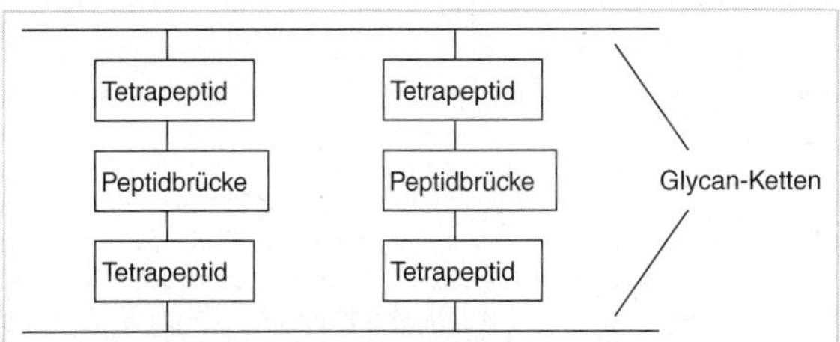

Aufbau des Mureins schematisch dargestellt

Das Murein bildet auf diese Weise ein festes Netzwek und erfüllt die Skelettfunktion in der Bakterien-Zellwand. Die Zellwand der gramnegativen Bakterien ist dünner und mehrschichtig aufgebaut. Sie besitzt nach außen eine Membranschicht aus Proteinen und Lipoproteinen. Darunter befindet sich eine dünne Mureinschicht. Die Unterschiede in der Gramfärbung beruhen darauf, daß die dicke Mureinschicht der grampositiven Bakterien die Ausspülung des Farbstoffs aus dem Zellinnern verhindert.

Die antibiotische Wirkung der P. beruht nun darauf, daß die P. ein Enzym blockieren, welches entscheidend an der Knüpfung der Peptidbrücken zwischen den Glycanketten des Mureins beteiligt ist. Bei diesem Enzym handelt es sich um eine *D-Alanin-transpeptidase*, die auf *D-Alanyl-D-alanin* spezifisch reagiert, welches seinerseits strukturelle Ähnlichkeit mit den P. aufweist.

Das Bakterium ist dadurch nicht in der Lage, die Mureinschicht aufzubauen und stirbt ab. Aus diesem Wirkprinzip geht hervor, daß P. nur auf Bakterien wirken können (eukariontische Zellen besitzen keine D-Alanin-transpeptidase) und daß die P. bakterizid (nicht bakteriostatisch) wirken. Manche Bakterien sind zur Produktion eines Enzyms, der *Penicillinase*, befähigt, welches den β-Lactamring der P. aufspaltet und die P. unwirksam macht (P.-resistente Bakterien). Man konnte jedoch P. herstellen, in denen der β-Lactamring sterisch abgeschirmt ist und die weitgehende Penicillinase-Beständigkeit aufweisen. Durch diese P. kann andererseits die Produktion von Penicillinase in den Erregern induziert werden. Die natürlichen P. sind nur gegen grampositive Bakterien wirksam. Die äußere Membran der gramnegativen Bakterien stellt eine Barriere gegen das Eindringen der P.-Moleküle dar. Es gelang jedoch auch die Synthese von P., die diese Membran passieren können und mithin auf gramnegative Erreger ebenfalls abtötend wirken. Derartige P. werden deshalb als *Breitband-Penicilline* bezeichnet. Bei diesen ist allerdings meist die Penicillinase-Resistenz nicht ausgeprägt. Es werden daher vielfach Kombinationen von penicillinase-stabilen und Breitband-P. angewandt.

Strukturell eng verwandt mit den P. sind die auch antibiotisch wirksamen *Cephalosporine*, in denen der Thiazolidin-(Fünf) Ring der P. durch einen 1,3-Thiazin-(Sechs) Ring ersetzt ist, die also ebenfalls zu den *β-Lactam-Antibiotika* zu zählen sind.

► β-Lactam-Antibiotika können bei entsprechender Disposition ernsthafte Allergien (bis hin zum tödlichen anaphylaktischen Schock) hervorrufen, die auf der Bildung eines Vollantigens durch Umamidierung der β-Lactamgruppe mit einer Aminogruppe eines körpereigenen Proteins beruhen.

$C_{16}H_{17}N_2NaO_4S$	$M_R = 356{,}38$ (Benzylpenicillin Natrium)	C 53,92 %	H 4,81 %	N 7,86 %
		Na 6,45 %	O 17,96 %	S 9,00 %

Pentaerythrit

Pentaerythritol Tetramethylolmethan

Bildet farb- und geruchlose Kristalle, die sich bei 20 °C zu etwa 6 g, bei 100 °C zu 100 g in 100 ml Wasser lösen. P. ist auch löslich in Ethanol, jedoch unlöslich in Aceton, Diethylether und Tetrachlorkohlenstoff.

P. kommt in der Natur nicht vor. Die technische Synthese erfolgt heute noch nach der Umsetzung, bei der P. von Tollens 1891 erstmals erhalten wurde: in erster Stufe eine (dreifache) Mischaldolisierung zwischen ↑ Formaldehyd und ↑ Acetaldehyd und in zweiter Stufe die Reduktion des gebildeten Trimethylolacetaldehyds zum P. durch Formaldehyd (s. Schema). Die Trimethylolacetaldehyd-Zwischenstufe ist intermediär. Die Reduktion stellt eine gekreuzte Cannizaro-Reaktion dar, bei der auch ↑ Ameisensäure entsteht (s. auch unter ↑ Formaldehyd).

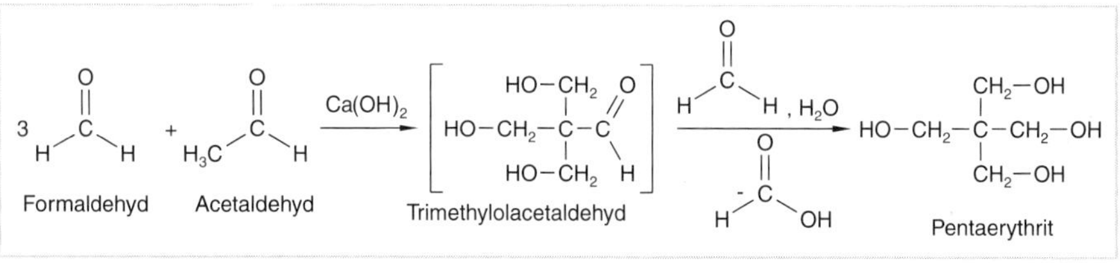

Synthese von Pentaerythrit nach Tollens

Die Hauptverwendung findet P. zur Herstellung der ↑ Alkydharze, die in der Lacktechnik ihr Haupteinsatzgebiet haben. Die vier Hydroxylgruppen pro Molekül erlauben hierbei wie das vielfach verwendete ↑ Glycerin eine Vernetzung bei der Polyesterherstellung.

Weiterhin wird P. durch Nitrierung zum *Pentaerythrittetranitrat* (*Nitropenta*, *PETN*) umgesetzt, das einen hochbrisanten Sprengstoff darstellt, der vor allem in Mischungen mit ↑ Hexogen verwendet wird.

$C_5H_{12}O_4$	$M_R = 136{,}15$	C 44,11 %	H 8,88 %	O 47,01 %
t_{Smp}	t_{Sdp}	d	η	
260 °C				

n-Pentan

n-Pentane

Eine farblose, leichte, leichtentzündliche Flüssigkeit, die in Wasser unlöslich, mit den meisten org. Solventien mischbar ist.

P. kommt im Erdgas sowie im Erdöl vor und findet sich in der niedrigstsiedenden Benzinfraktion der Erdöldestillation, dem Petrolether (s. unter ↑ Benzin).

Vom Pentan gibt es zwei weitere Isomere, das *Isopentan* oder *2-Methylbutan* und das *Neopentan* oder *2,2-Dimethylpropan*, die ebenfalls im Erdgas und Erdöl vorkommen und ähnliche Eigenschaften aufweisen wie P. (s. Abbildungen).

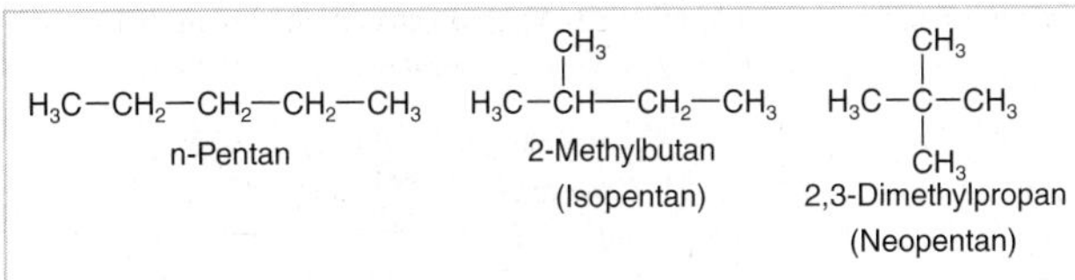

Mögliche Pentan-Isomere

Die Reindarstellung im Labor geschieht z. B. durch Dehydratisierung von 2- oder 3-Pentanol (s. unter ↑ 1-Pentanol) und anschließende katalytische Hydrierung.

P. bildet u. a. folgendes Azeotrop:

Azeotrop-Komponenten	Zusammensetzung (Gew.-%)	Siedepunkt (°C)
P./Wasser	98,6/1,4	34,6

Reines P. dient vereinzelt als indifferentes, unpolares, sehr leicht flüchtiges Lösungs- und Extraktionsmittel. Meist reicht jedoch der Petrolether für diese Zwecke aus.

► P. ist sehr leichtentzündlich und wirkt in höheren Konzentrationen narkotisch.

C_5H_{12}	$M_R = 72{,}15$	C 83,24 %	H 16,76 %		
t_{Smp}	t_{Sdp}	d	η		
−130 °C	36 °C	0,63 g/cm³	0,240 mPa · s		
C_p	$\Delta_S H$	$\Delta_V H$	$\Delta_B H$	S^o	Q_C
168,6 J/(K · mol)	8,4 kJ/mol	25,8 kJ/mol	−173,5 kJ/mol	263,5 J/(K · mol)	−3509 kJ/mol
t_{krit}	P_{krit}	d_{krit}	t_{trip}		
196 °C	3,37 MPa				
MAK	R-Satz	S-Satz			
2950 mg/m³	12-51/53-65-66-67	9-16-29-33-61-62			

1-Pentanol

1-Pentanol n-Amylalkohol

Eine farblose Flüssigkeit von mildem charakteristischem Geruch, die in Wasser kaum löslich ist, sich aber z. B. mit Ethanol oder Diethylether mischen läßt.

P. findet sich zusammen mit anderen Amylalkohol-Isomeren im Fuselöl, welches als Nebenprodukt bei jeder alkoholischen Gärung auftritt. Das *Fuselöl* wird in Anteilen von etwa 0,5 % des erzeugten Rohethanols gebildet (s. unter ↑ Ethanol). Die *Amylalkohole* machen 60-80 % des Fuselöls aus. Das Fuselöl wurde früher durch Fraktionierung auf Amylalkohole verarbeitet.

Heute werden die Amylalkohole technisch durch Hydroformylierung (s. unter ↑ Kohlenstoffmonoxid) von Butenen mit anschließender Hydrierung hergestellt. So erhält man technisch P. nach der im Schema dargestellten Sequenz.

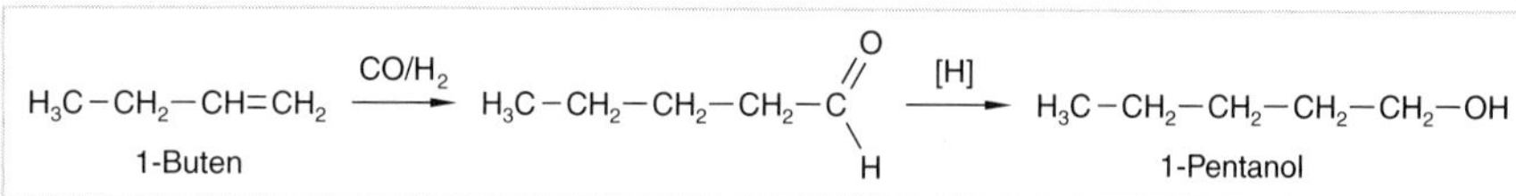

Technische Gewinnung von 1-Pentanol

Es sind insgesamt acht *Pentanole* formulierbar, die auch alle bekannt sind und hier in der Übersicht dargestellt sind (s. Abbildung). Es sind dies neben 1-Pentanol: *2-Pentanol*, *3-Pentanol*, *2-Methyl-1-butanol*, *2-Methyl-2-butanol*, *3-Methyl-2-butanol*, *3-Methyl-1-butanol* und *2,2-Dimethyl-1-propanol*.

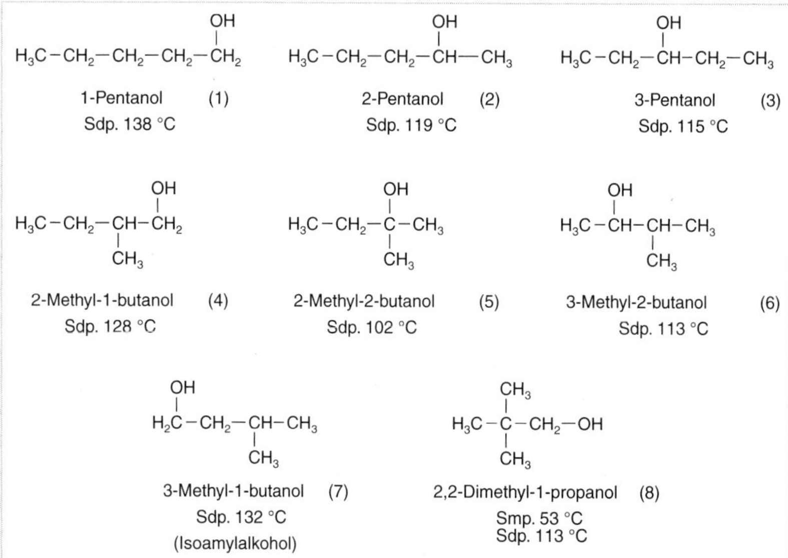

Übersicht: acht isomere Pentanole

Technische Bedeutung besitzen vor allem 1-Pentanol und *2-Methyl-1-butanol* entweder allein oder im Gemisch als Lösungsmittel für Natur- oder Syntheseharze und für Fette und Öle. In Form ihrer Ester werden sie als Riechstoffe in der Parfümerie und als Extraktionsmittel verwendet. Der *Isoamylalkohol* dient in reiner Form oder verestert als Lösungsmittel (s. unter ↑ Isoamylacetat).

Setzt man 2-Pentanol mit ↑ Schwefelsäure unter Erwärmen auf ca. 100 °C um, tritt Eliminierung von Wasser ein unter Bildung von *2-Penten* (auch als *β-Amylen* bezeichnet) als Mischung von cis- und trans-Isomer, eine Flüssigkeit vom Sdp. ca. 36 °C. Diese Eliminierung verläuft als E_1-Reaktion (s. unter ↑ Cyclohexen) (s. Schema).

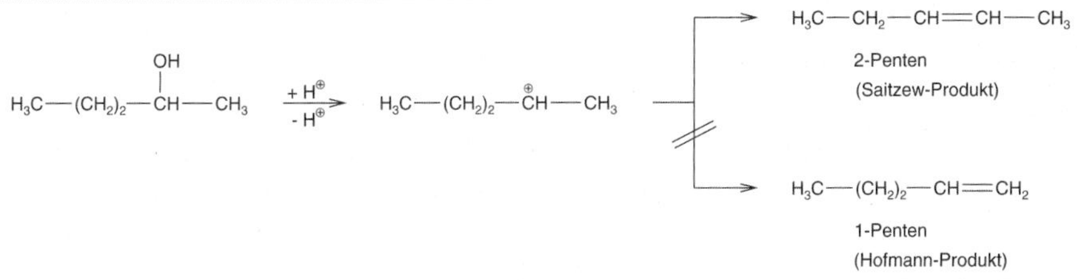

Bildung von 2-Penten aus 2-Pentanol

Wie das Schema zeigt, könnte als *Hofmann-Produkt* auch *1-Penten* entstehen, was bei E_1-Reaktionen aber nicht bevorzugt ist (s. unter ↑ Silber(I)oxid). Bei der über Carbenium-Ionen verlaufenden Eliminierung entsteht meist das *Saitzew-Produkt*.

► Die Amylalkohole üben erhebliche Reizwirkung auf Haut- und Schleimhäute und besonders auf die Augen aus. Die Dämpfe wirken narkotisch.

$C_5H_{12}O$ $M_R = 88{,}15$ C 68,13 % H 13,72 % O 18,15 %

t_{Smp}	t_{Sdp}	d	η		
−80 °C	138 °C	0,815 g/cm³			
C_p	$\Delta_S H$	$\Delta_V H$	$\Delta_B H$	S^o	Q_C
207,5 J/(K · mol)	10,5 kJ/mol	44,4 kJ/mol	−351,6 kJ/mol	259 J/(K · mol)	−3331 kJ/mol
t_{krit}	P_{krit}	d_{krit}	t_{trip}		
315 °C	3,90 MPa				
MAK	R-Satz	S-Satz			
360 mg/m³	10-20	24/25			

Pepsin

Pepsin

Kommt in den Handel in Form weißer oder gelblich-weißer durchscheinender Blättchen oder als farbloses amorphes Pulver von saurem oder salzigem Geschmack. Es löst sich gut in Wasser und ist unlöslich in Ethanol, Diethylether oder Chloroform. P. ist sehr beständig gegen Säuren, während es von alkalischen Lösungen rasch zersetzt wird. Es ist in Lösung bis 70 °C, in trockenem Zustand bis 100 °C beständig.

P. wird technisch gewonnen durch Extraktion der Magenschleimhaut von Schlachttieren mit wässerigem Ethanol. P. ist ein Verdauungsenzym der Wirbeltiere, das aus 327 Aminosäuren bekannter Sequenz aufgebaut ist. Es wird von der Magenschleimhaut mit dem Magensaft abgesondert und ist von grundlegender Bedeutung für den Eiweißstoffwechsel, da es die hydrolytische Spaltung von Peptid-Bindungen bewirkt.

Dabei zerlegt es die mit der Nahrung in den Magen gelangenden Proteine in kleinere Bruchstücke, in Peptide (diese Peptide mit Molmassen zwischen 600-3000 wurden früher als *Peptone* bezeichnet). Es vermag also nicht jede Peptid-Bindung zu spalten, sondern kann eine Proteinkette nur an bestimmten Stellen angreifen und wird deshalb auch als Peptidyl-Peptid-Hydrolase bezeichnet.

Das P. unterscheidet sich von anderen Enzymen durch seinen sehr niedrigen isoelektrischen Punkt von unter 1 und dadurch, daß es erst im sauren Medium (mindestens pH 2) aktiviert wird. Diese Wirkung des P. kann in einem einfachen Versuch leicht gezeigt werden (s. Abbildung).

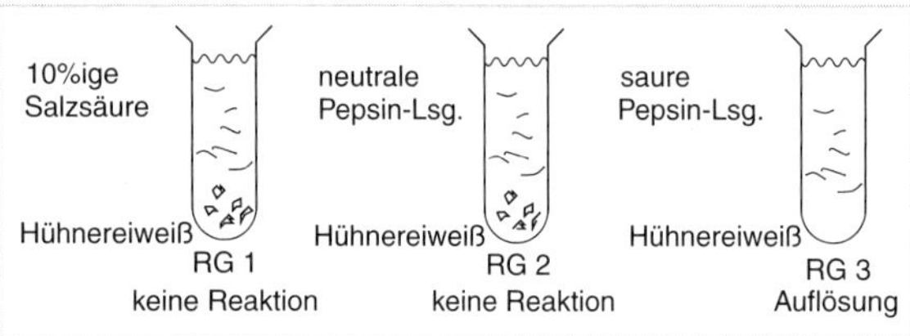

Versuche zur Wirkung von Pepsin

Auf drei Reagenzgläser (RG) wird zerkleinertes gekochtes Hühnerei-Weiß verteilt. Im RG 1 wird das Eiweiß mit 10 ml 10 %iger Salzsäure, im RG 2 mit wässeriger P.-Lösung und im RG 3 mit angesäuerter P.-Lösung versetzt. Die drei RG werden auf 40-50 °C erwärmt (Wasserbad). Nur im RG 3 wird das Eiweiß allmählich aufgelöst, weil es zu löslichen Peptiden hydrolysiert wird.

Die Verhältnisse im Magen (pH 1,8) erlauben also eine Aktivierung des P. Die Aktivierung des P. im sauren Medium beruht auf einer Abspaltung von Inhibitoren aus dem *Pepsinogen*, der inaktiven Vorstufe des P. Die aus dem Magen in den Dünndarm gelangenden Peptide werden dort durch Enzyme des Pankreassaftes (s. unter ↑ Insulin) bis zu den Aminosäuren abgebaut. Es handelt sich um die Enzyme *Trypsin*, *Chymotrypsin* und *Carboxypeptidase* A und B.

P. kann die etwa 3000fache Menge seines Gewichts an frisch denaturiertem Eiweiß bei 50 °C in ca. 3 Stunden hydrolysieren.

Technisch wird P. zur Fällung von ↑ Casein in der Käseherstellung verwendet.

Pepsin $M_R = 34500$

Perchlorsäure

Perchloric acid Überchlorsäure

Die wasserfreie P. ist eine farblose, leichtbewegliche, flüchtige Flüssigkeit, die zu spontanem explosivem Zerfall neigt, weshalb sie als solche weder gehandelt noch angewandt wird. Ihre Handelsform ist eine 60 %ige wässerige Lösung, die eine ölige, farblose Flüssigkeit darstellt. Die P. ist eine der stärksten bekannten Säuren, deren oxidierende Eigenschaften im Vergleich zur Chlorsäure (s. unter ↑ Kaliumchlorat) nur relativ schwach ausgebildet sind. Eine verdünnte wässerige P.-Lösung vermag z. B. Iodid-Ionen nicht zu ↑ Iod zu oxidieren. Es ist die einzige wasserfrei darstellbare Sauerstoffsäure von ↑ Chlor. Ihre Salze sind die *Perchlorate*.

Die P. wird bei Zugabe von konzentrierter ↑ Schwefelsäure zu ↑ Kaliumperchlorat in Freiheit gesetzt und durch vorsichtige Destillation im Vakuum abgetrennt (s. Gleichung).

$$KClO_4 + H_2SO_4 \longrightarrow HClO_4 + KHSO_4$$

Freisetzung von Perchlorsäure aus Kaliumperchlorat

Oder man versetzt Bariumperchlorat mit Schwefelsäure, filtriert vom schwerlöslichen ↑ Bariumsulfat ab und engt das Filtrat ein.

$$Ba(ClO_4)_2 + H_2SO_4 \longrightarrow BaSO_4 + 2\,HClO_4$$

Herstellung von Perchlorsäure aus Bariumperchlorat

Konzentrierte wässerige P.-Lösungen wirken auf organische Materialien, besonders in der Wärme, stark oxidierend, teils unter Explosion.

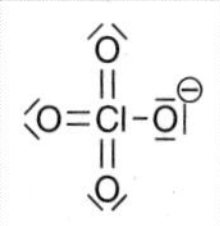

Perchlorat-Ion

Das Perchlorat-Ion ist tetraedrisch gebaut und wird durch die abgebildete Valenzstrichformel wiedergegeben (s. Abbildung). Das Chloratom hat darin die Formalladungszahl +7.

$$K^{\oplus} + ClO_4^{\ominus} \longrightarrow \underset{\text{weiß}}{KClO_4} \downarrow$$

Fällung von Kaliumperchlorat

Die P. wird analytisch zum Nachweis von Kalium-Ionen verwendet, mit denen sie einen Niederschlag von nur wenig löslichem Kaliumperchlorat ergibt, der umgekehrt auch zum Nachweis von P. dient. Der Nachweis ist allerdings nicht sehr empfindlich (s. Gleichung).

Technisch dient die P. in der Metallurgie und Mineralogie als Aufschlußmittel.

► P. darf auf keinen Fall mit Lösungsmitteln wie Ethanol, Diethylether oder Dimethylsulfoxid zusammengegeben werden, weil sich dabei hochexplosive Gemische bilden, die spontan detonieren. Hierin liegt eine große Gefahr und es muß schon bei der Lagerung (z. B. im Laborregal) die Gefahr einer Verwechslung streng ausgeschlossen werden!. P. verursacht auf der Haut schmerzhafte und schwer heilende Wunden.

$ClHO_4$	$M_R = 100{,}47$	Cl 35,29 %	H 1,00 %	O 63,71 %	
t_{Smp} −112 °C	$t_{Zersetzung}$ > 90 °C (Z)	d 1,81 g/cm³	η		
C_p	$\Delta_S H$	$\Delta_V H$	$\Delta_B H$ −46,5 kJ/mol	S^o	Q_C
MAK	R-Satz 5-8-35	S-Satz 23-26-36-45			

Periodsäure

Periodic acid

Das aus wässeriger Lösung kristallisierende Produkt ist die *Orthoperiodsäure*, die farblose, hygroskopische, an der Luft zerfließende Kristalle bildet, die sich ab ca. 100 °C zersetzen.

Zur Gewinnung von P. setzt man *Bariumperiodat* mit konzentrierter ↑ Salpetersäure um. ↑ Bariumnitrat fällt aus, wird abfiltriert und aus der Mutterlauge erhält man beim Einengen Kristalle der Orthoperiodsäure (s. Schema).

$$\underset{\text{Bariumperiodat}}{Ba_3(H_2IO_6)_6} + 6\,HNO_3 \longrightarrow \underset{\text{Orthoperiodsäure}}{2\,H_5IO_6} + 3\,Ba(NO_3)_2$$

Herstellung der Orthoperiodsäure

Die Orthoperiodsäure ist ein *Dihydrat der Periodsäure*, in dem die Wassermoleküle mit dem Iodatom verknüpft sind, so dass das Iodatom oktaedrisch von 6 O-Atomen koordiniert ist und das Molekül als $(HO)_5IO$ zu formulieren ist. (s. Abbildung).

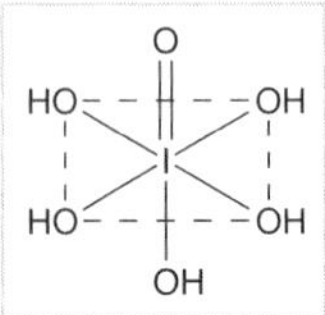

Struktur der Orthoperiodsäure

Beim Entwässern im Vakuum geht die Orthoperiodsäure über eine *Triperiodsäure* schließlich in die Periodsäure HIO_4 über (bildet gelbliche Kristalle), die aber eigentlich eine *Polyperiodsäure* $(HIO_4)_n$ ist. In wässeriger Lösung bildet sich wieder die Orthoperiodsäure zurück. Die Orthoperiodsäure ist in saurer Lösung ein sehr starkes Oxidationsmittel, aber nur eine schwache mehrbasige Säure. Sie findet in der organischen Chemie präparative Verwendung z. B. in der Malaprade-Reaktion (s. unter ↑ Ethylenglykol).

H_5IO_6 $M_R = 227{,}94$ H 2,21 % I 55,67 % O 42,11 %

t_{Smp}	t_{Sdp}	d	η
122 °C			

MAK	R-Satz	S-Satz
	8-34	17-26-36/37/39-45

Peroxybenzoesäure

Perbenzoic acid Perbenzoesäure

Bildet farblose blättchenförmige Kristalle von stechendem Geruch. P. ist praktisch unlöslich in Wasser, löst sich aber gut in den meisten org. Solventien außer Petrolether. Die P. ist im Vakuum leicht zu sublimieren.

P. ist im Labor darstellbar durch Einwirkung von ↑ Natriumethanolat auf ↑ Dibenzoylperoxid in Ethanol, wobei das Na-Salz anfällt (s. Schema).

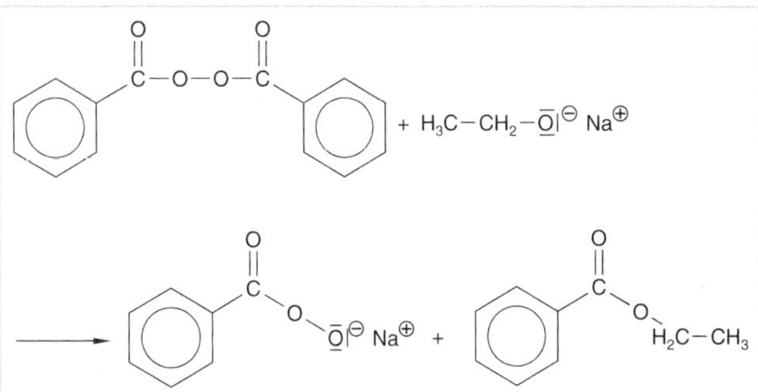

Herstellung der Peroxybenzoesäure

Die P. ist ein kräftiges Oxidationsmittel und wird präparativ wie die ↑ Peroxyessigsäure zur Epoxydierung von Olefinen verwendet, was auch analytisch genutzt wird, nämlich zur Bestimmung der Zahl der Doppelbindungen in einer organischen Verbindung.

Eine weitere wichtige präparative Verwendung allgemein von *Persäuren*, nämlich die *Baeyer-Villiger-Oxidation*, ist hier zu nennen. Sie beinhaltet die Umsetzung einer Carbonylverbindung (offenkettige oder cyclische Ketone, Aldehyde, 1,2-Diketone, α,β-ungesättigte Ketone) mit einer Persäure im sauren Medium. Offenkettige Ketone werden dabei in Ester überführt. Aus cyclischen Ketonen entstehen Lactone, wie es für die Umwandlung von ↑ Cyclohexanon in ϵ-*Caprolacton* im Schema formuliert ist (s. Schema).

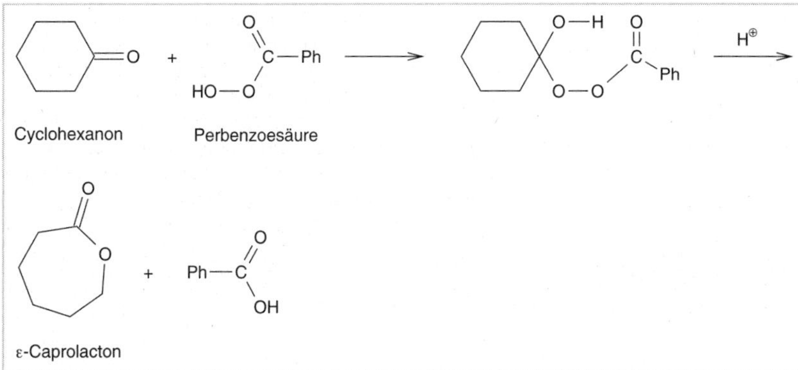

Baeyer-Villiger-Oxidation

Zunächst addiert sich die Persäure an die Carbonylgruppe, woraufhin eine Umlagerung erfolgt. Im Endeffekt der Reaktion schiebt sich ein O-Atom zwischen Carbonylgruppe und benachbartes C-Atom. Aus Diketonen entstehen so Anhydride.

$C_7H_6O_3$ $M_R = 138{,}12$ C 60,87 % H 4,38 % O 34,75 %

t_{Smp}	t_{Sdp}	d	η		
43 °C	ca. 100 °C (20 hPa)				
C_p	$\Delta_S H$	$\Delta_V H$	$\Delta_B H$	S^o	Q_C
			−367 kJ/mol		

Peroxyessigsäure

Peracetic acid Peressigsäure

Die reine P. ist eine farblose, äußerst penetrant stechend riechende Flüssigkeit, die sich mit Wasser, Ethanol oder Diethylether mischt. Sie ist jedoch sehr explosionsgefährlich, so daß sie nicht kommerziell verfügbar ist. Im Handel ist vorwiegend die *Gleichgewichts-Peressigsäure*, die neben P. noch ↑ Essigsäure, ↑ Wasserstoffperoxid, Wasser und ↑ Schwefelsäure enthält (s. unten). In verdünnten wässerigen Lösungen ist P. recht stabil.

Mischt man ↑ Essigsäure mit einer wässerigen Lösung von ↑ Wasserstoffperoxid unter Zufügung von ca. 1 % ↑ Schwefelsäure, so bildet sich in einer Gleichgewichtsreaktion die P. (s. Gleichung).

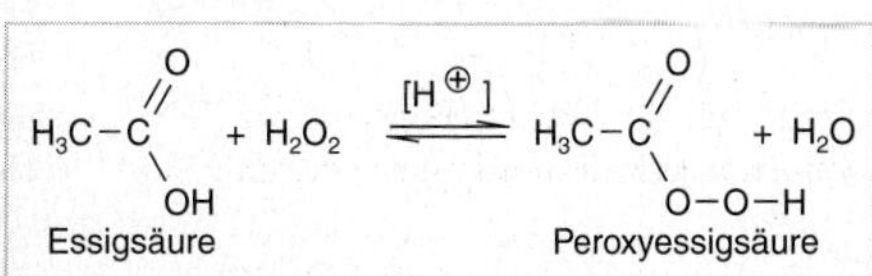

Bildung von Peroxyessigsäure

Die sich einstellende Konzentration an P. hängt vor allem von der Anfangskonzentration des Wasserstoffperoxids ab. Aus dieser Umsetzung gelangt z. B. eine Gleichgewichts-P. in den Handel, die folgende Zusammensetzung hat:

40 Gew.-% Peroxyessigsäure
40 Gew.-% Essigsäure
14 Gew.-% Wasser
5 Gew.-% Wasserstoffperoxid
1 Gew.-% Schwefelsäure

Es ist eine Flüssigkeit, die einen noch penetranteren Geruch als Essigsäure aufweist. Aus dieser Mischung kann, wenn erforderlich, durch bestimmte Destillations-Verfahren unter Vakuum höherkonzentrierte P. in reinem Wasser oder in bestimmten org. Lösungsmitteln gewonnen werden.

Die P. hat in der einen oder anderen Form technische Bedeutung. Präparativ dient sie vor allem zur *Epoxidierung* von Olefinen (*Prilechajew-Reaktion*), was den Zugang zu den entsprechenden Glykolen erlaubt (s. Schema).

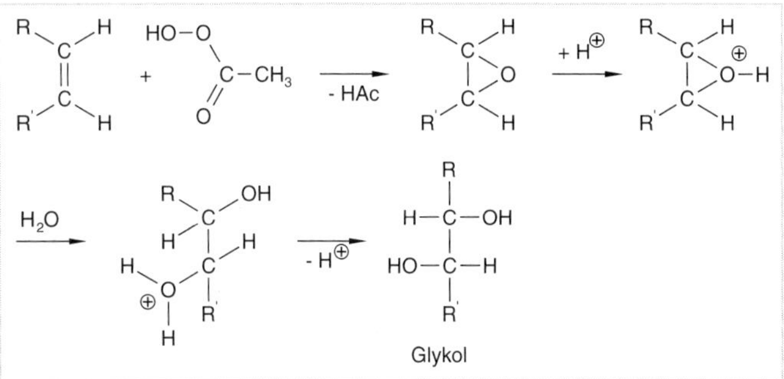

Epoxidierung von Olefinen zur Darstellung vicinaler Diole

Technische Bedeutung haben z. B. folgende Epoxidierungen:

↑ Allylchlorid → Epichlorhydrin
↑ Allylalkohol → Glycid
↑ Propen → ↑ Propylenoxid

Technisch wird die P. zum Bleichen (Papiere, Textilien, Wachse) und zum Desinfizieren benutzt. Die P. besitzt starke mikrobizide Wirkung und wird z. B. in der Anlagen- und Flächendesinfektion in Pharmazie und Lebensmitteltechnologie in Konzentrationen von 0,07 bis 0,1 % angewandt.

► P. wirkt stark reizend auf Augen, Haut und Schleimhäute.

$C_2H_4O_3$ $M_R = 76{,}05$ C 31,59 % H 5,30 % O 63,11 %

t_{Smp} 0,1 °C	t_{Sdp} 105 °C	d 1,23 g/cm³	η		
C_p 82,4 J/(K · mol)	$\Delta_S H$	$\Delta_V H$	$\Delta_B H$	S^o	Q_C
MAK	R-Satz 7-10-20/21/22-35-50	S-Satz 3/7-14-36/37/39-45-61			

Phenanthren

Phenanthrene

Bildet farblose Kristalle, die in Wasser unlöslich, in den meisten org. Solventien jedoch gut löslich sind. Sehr reines P. zeigt sowohl in Substanz als auch in Lösung eine bläuliche Fluoreszenz.

P. kommt in teils beträchtlicher Menge im Steinkohlenteer vor, und zwar findet es sich im Anthracenöl in der zwischen 320-340 °C siedenden Fraktion. Es ist so sehr leicht in praktisch beliebiger Menge zugänglich. Für P. wurden auch Synthesen ausgearbeitet (z. B. die *Pschorr-Synthese*), die jedoch keine praktische Bedeutung haben.

Das P. ist ein Isomeres von ↑ Anthracen, indem die drei Benzol-Kerne angular annelliert sind. Infolge dieser angularen Verknüpfung lassen sich die zwei terminalen Kerne als benzoide Ringe formulieren. Dadurch ergibt sich zwischen den Positionen 9 und 10 eine isolierte Doppelbindung. Bei der Oxidation z. B. mit ↑ Chrom(VI)oxid wird P. folglich in *Phenanthrenchinon* und schließlich in *Diphensäure* überführt (s. Schema).

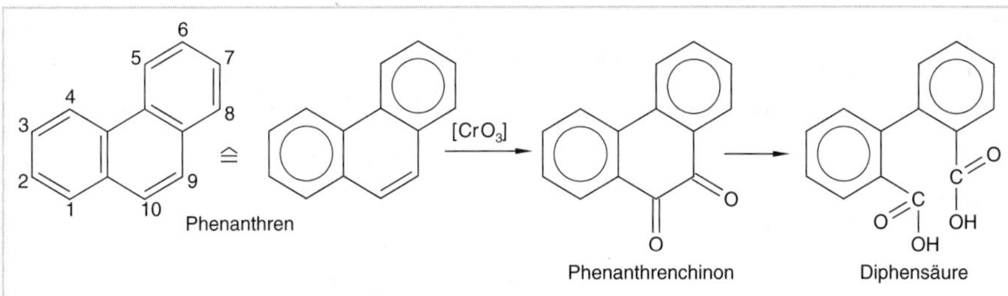

Oxidation von Phenanthren an der isolierten Doppelbindung

Phenanthrenchinon bildet orangegelbe, in Wasser wenig, in Ethanol gut lösliche Kristallnadeln vom Schmp. 207 °C und besitzt 1,2-Diketoncharakter. P. hat bislang keine nennenswerte technische Anwendung gefunden.

Das 9-Aza-Derivat des P. ist *Phenanthridin* und bildet farblose Kristallnadeln vom Schmp. 108 °C. Das 4,5-Diaza-Derivat wird als *Phenanthrolin* bezeichnet, bildet ein arbloses kristallines Pulver vom Schmp. 93 °C und ist kaum löslich in Wasser (ca. 0,3 g in 100 ml), jedoch gut löslich in Ethanol und Aceton (s. Abbildung).

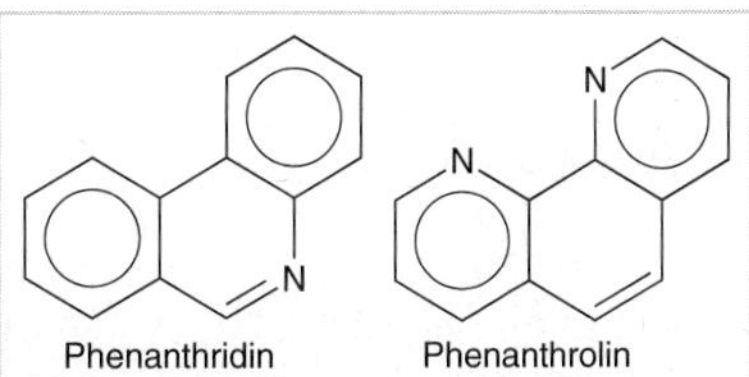

Strukturen von Phenanthridin und Phenanthrolin

Phenanthrolin bildet leicht Komplexe mit Schwermetallionen. Die tiefrote Lösung des Phenanthrolin-Eisen(II)-Komplexes dient unter dem Namen *Ferroin-Lösung* als Redox-Indikator in der Analytik.

$C_{14}H_{10}$	$M_R = 178{,}22$	C 94,34 %	H 5,66 %
t_{Smp}	t_{Sdp}	d	η
101 °C	340 °C	0,98 g/cm³	

C_p	$\Delta_S H$	$\Delta_{Sub} H$	$\Delta_B H$	S^o	Q_C
220,3 J/(K · mol)	18,6 kJ/mol	87,2 kJ/mol (S)	109,8 kJ/mol	215 J/(K · mol)	−7048 kJ/mol

Phenol

Phenol Hydroxybenzol, Carbolsäure

Bildet farblos durchscheinende nadelförmige Kristalle von eigenartigem Geruch, die sich bei 20 °C zu ca. 7 g in 100 ml Wasser lösen und die sehr gut löslich sind in Ethanol, Diethylether und Chloroform. P. verfärbt sich rot bei Exposition an Licht und Luft.

P. kommt im Steinkohlenteer vor und wurde hierin 1834 erstmals von Runge aufgefunden, der ihm wegen der leicht sauren Reaktion der wässerigen Lösung (pH 6,0) den Namen „Carbolsäure" verlieh. Der Begriff *Phenole* kennzeichnet allgemein Benzolaromaten mit einer oder mehreren kerngebundenen Hydroxylgruppen (s. auch ↑ Resorcin, ↑ Hydrochinon, ↑ Pyrogallol, ↑ Phloroglucin).

P. bildet u. a. folgendes Azeotrop:

Azeotrop-Komponenten	Zusammensetzung (Gew.-%)	Siedepunkt (°C)
P./Wasser	9,21/90,79	99,5

Der große Bedarf an P. führte zur Entwicklung technischer Synthesen, die über Benzol-Derivate wie Benzolsulfonsäure, ↑ Chlorbenzol oder ↑ Benzoesäure verlaufen. Die größte Bedeutung besitzt jedoch bei weitem die Synthese nach Hock, die unter ↑ Cumol beschrieben ist und nach der heute über 90 % des P. hergestellt werden.

Der saure Charakter des P., der auf der Mesomerie-Stabilisierung des Phenolat-Anions beruht (s. Schema), bewirkt die Löslichkeit des P. in Alkalilaugen unter Salzbildung ($pK_S = 10,0$).

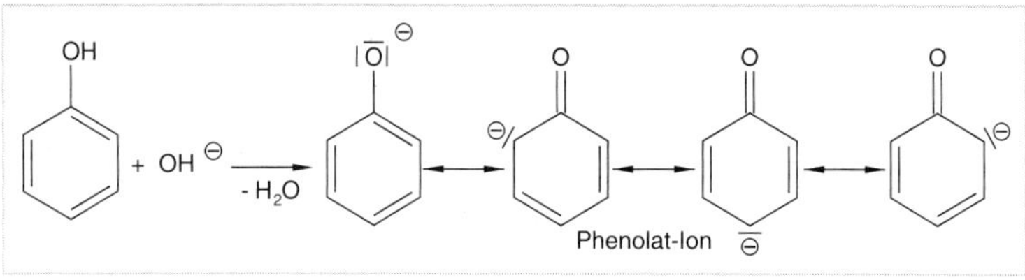

Mesomerie im Phenolat-Ion

Elektrophile Substitutionen verlaufen am P. leicht in o- und p-Position.

Die Salze werden als *Phenolate* bezeichnet. Substituenten mit –I- und –M-Effekten am Benzolkern erhöhen die Acidität. Mit Alkylhalogeniden sind mit dem *Phenolat-Ion* nucleophile Substitutionen durchführbar, die die *Phenolether* liefern. Mit *Allylbromid* erhält man so den *Allylphenylether*, der beim Erhitzen die Claisen-Umlagerung eingeht zum *Allylphenol* (s. Schema).

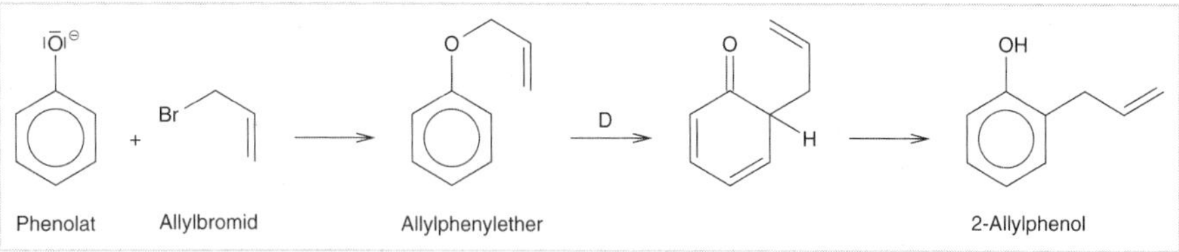

Herstellung von Allylphenylether und dessen Claisen-Umlagerung zum 2-Allylphenol

Die Claisen-Umlagerung ist eine *Oxa-Cope-Umlagerung* (s. Cope-Umlagerung unter ↑ Allylchlorid). Auch die *Allylvinylether* gehen die Claisen-Umlagerung ein.

Mit Säurechloriden und Anhydriden werden mit Phenol basisch katalysiert die entsprechenden *Phenylester* erhalten. Diese Umsetzung, die ja allgemein mit Alkoholen, also auch mit Phenolen machbar ist, wird als *Schotten-Baumann-Reaktion* bezeichnet und im wässerig-alkalischen System ausgeführt (vorausgesetzt, das Säurechlorid ist nicht wasserlöslich). Der Alkohol wird vom Säurechlorid aufgenommen und reagiert in homogener Phase zum Ester, während die freigesetzte Salzsäure an der Phasengrenze abreagiert. Die Schotten-Baumann-Reaktion kann also auch als *Acylierung von Alkoholen* gesehen werden. Sie dient auch zur Äquivalentmassen-Bestimmung von Alkoholen. Arbeitet man in ↑ Pyridin, spricht man von der *Einhorn-Variante*.

P. bildet in wässeriger Lösung mit Eisen(III)-Ionen einen violettfarbenen Komplex. P. ist ein wichtiges Synthese-Ausgangsprodukt. Die Hauptverwendung findet es zur Herstellung der ↑ Phenoplaste. Ein wichtiges Folgeprodukt des P. ist das Bisphenol A (s. unter ↑ Epoxidharze). Natriumphenolat ist Ausgangsprodukt zur Herstellung der ↑ Salicylsäure.

Beim Vermischen mit 8-10 % Wasser verflüssigt sich Phenol und wurde in dieser Form als „*Phenolum liquefactum*" im medizinischen Bereich zu Desinfektionszwecken verwendet, ein Einsatzbereich, der wegen der Toxizität des P. stark zurückgegangen ist.

► P. übt starke Ätzwirkung auf Haut und Schleimhäute aus und führt zu schweren Nekrosen. Es wird auch durch die intakte Haut rasch resorbiert und wirkt dabei wie beim Verschlucken (wobei schwere Verätzungen des Verdauungstraktes auftreten) schnell lähmend auf zentrale Nerven (Atmung). Toxisch wirkt bereits 1 g, als letale Dosis gelten ca. 10 g P.

C_6H_6O $M_R = 94{,}11$ C 76,57 % H 6,43 % O 17,00 %

t_{Smp}	t_{Sdp}	d	η		
43 °C	182 °C	1,06 g/cm³			
C_p	$\Delta_S H$	$\Delta_{Sub} H$	$\Delta_B H$	S^o	Q_C
127 J/(K · mol)	11,5 kJ/mol	65,3 kJ/mol (S)	−165 kJ/mol	144 J/(K · mol)	−3053 kJ/mol
MAK	R-Satz	S-Satz			
19 mg/m³	24/25-34	28-45			

Phenolphthalein

Phenolphthalein

Bildet ein feines, weißes geruchloses kristallines Pulver, das in Wasser unlöslich ist und sich in Ethanol zu ca. 8 g/100 ml bei 20 °C löst. In Alkalilaugen löst sich P. mit tiefroter Farbe.

P. bildet sich bei der Umsetzung von ↑ Phthalsäureanhydrid mit ↑ Phenol im Molverhältnis 1 : 2 in Gegenwart von konzentrierter ↑ Schwefelsäure (s. Schema).

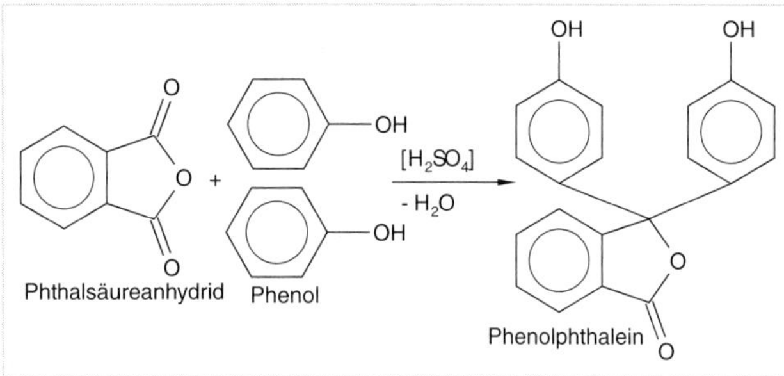

Synthese von Phenolphthalein

Bei pH-Erhöhung einer P.-Lösung bildet sich zunächst das einfache Anion, das schließlich in das tiefrote, mesomeriestabilisierte dichinoide Dianion übergeht (s. Schema). Das Anion ist also ein Triarylmethan-System.

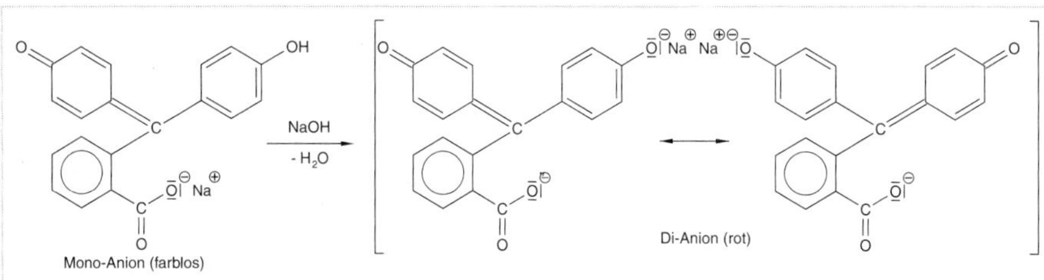

Phenolphthalein in alkalischer Lösung

P. besitzt nach Synthese und Struktur Analogie zum ↑ Fluorescein. P.-Lösungen sind bis pH 8,2 farblos und schlagen im Bereich bis pH 9,8 nach rot um. Bei Säurezugabe tritt wieder Entfärbung ein. Wegen dieses reversiblen Farbwechsels wird P. als pH-Indikator in Titrationen verwendet, bei denen der Äquivalenzpunkt im schwach alkalischen Bereich liegt. Man verwendet hierzu eine 0,1 %ige ethanolische Lösung. Es dient auch zur Herstellung von *Polreagenz-Papier* (mit P. und ↑ Natriumchlorid getränktes Filterpapier, zeigt bei der Elektrolyse an der Kathode Rotfärbung).

$C_{20}H_{14}O_4$ $M_R = 318{,}31$ C 75,46 % H 4,43 % O 20,10 %

t_{Smp}	t_{Sdp}	d	η
260 °C		1,3 g/cm³	

Phenolrot

Phenolsulfonphthalein Phenolsulfonphthalein

Bildet rote luftbeständige Kristalle, die sich zu 76 mg/100 ml in Wasser, zu 285 mg/100 ml in Ethanol lösen. Gut löslich ist P. mit roter Farbe in alkalischem Medium.

P. wird hergestellt durch Kondensation von o-Sulfobenzoesäureanhydrid mit ↑ Phenol (s. Schema).

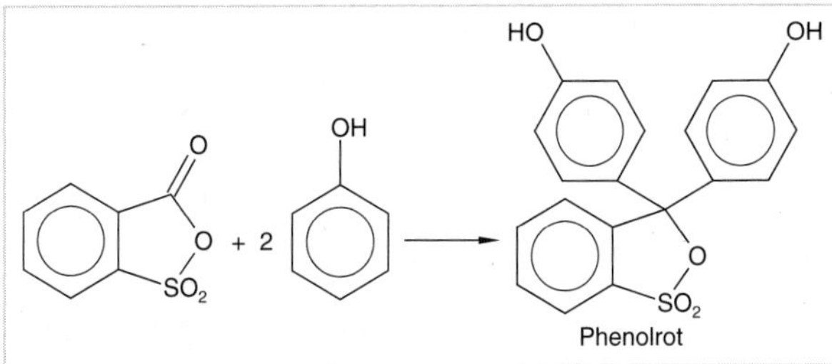

Darstellung von Phenolrot

P. dient in 0,05%iger ethanolischer Lösung als pH-Indikator: unterhalb pH 6,8 zeigt es gelbe Farbe und schlägt oberhalb pH 8,4 nach rot um.

Diagnostisch verwendet man P. zur *Nierenfunktionsprüfung*: die im Harn ausgeschiedene P.-Menge wird 15 Min. nach intravenöser Injektion fotometrisch bestimmt.

P. bildet sich beim Nachweis von ↑ o-Benzoesäuresulfimid (Saccharin) mit o-Phenolsulfonsäure. Das Tetrabromderivat von P. ist der Farbstoff ↑ Bromphenolblau.

$C_{19}H_{14}O_5S$ $M_R = 354{,}38$ C 64,40 %   H 3,98 %   O 22,57 %   S 9,05 %

Phenoplaste

Phenolic resins   Phenolharze, PF

Unter P. versteht man die Kondensationsprodukte von Phenolen mit Aldehyden oder Ketonen. Die bei weitem größte Bedeutung besitzen die Kondensate der Phenole mit ↑ Formaldehyd, der billigsten und reaktivsten Carbonyl-Komponente. Die Eigenschaften der entstehenden Produkte hängen sehr von den Reaktionsbedingungen, vor allem vom pH-Wert und den Konzentrationsverhältnissen ab.

Wird ↑ Phenol mit Formaldehyd in saurer Lösung umgesetzt, so werden die nichthärtbaren „*Novolake*" in Form farbloser bis brauner, alkohollöslicher, schmelzbarer Feststoffe erhalten, vorausgesetzt, daß das Phenol/Formaldehyd-Verhältnis etwa 2 : 1,5 beträgt. Bei höheren Formaldehyd-Anteilen werden wie bei der basischen Katalyse härtbare Harze erhalten.

Bringt man Phenol und Formaldehyd in alkalischer Lösung zur Reaktion, so entstehen die härtbaren Harze, deren Anfangskondensate als „*Resole*" bezeichnet werden. Das Verhältnis Phenol/Formaldehyd soll dabei etwa 1:1,2 betragen.

Die zu den Novolaken und zu den Resolen führenden Reaktionen stellen zunächst elektrophile Substitutionen am Aromaten dar, wobei unter saurer Katalyse der Formaldehyd aktiviert wird (s. Schema). Die Umsetzung bezeichnet man als *Hydroxymethylierung*. Im sauren Medium reagieren die *Benzylalkohole* dann in Friedel-Crafts-Alkylierungen weiter zu Diarylmethanen usw.

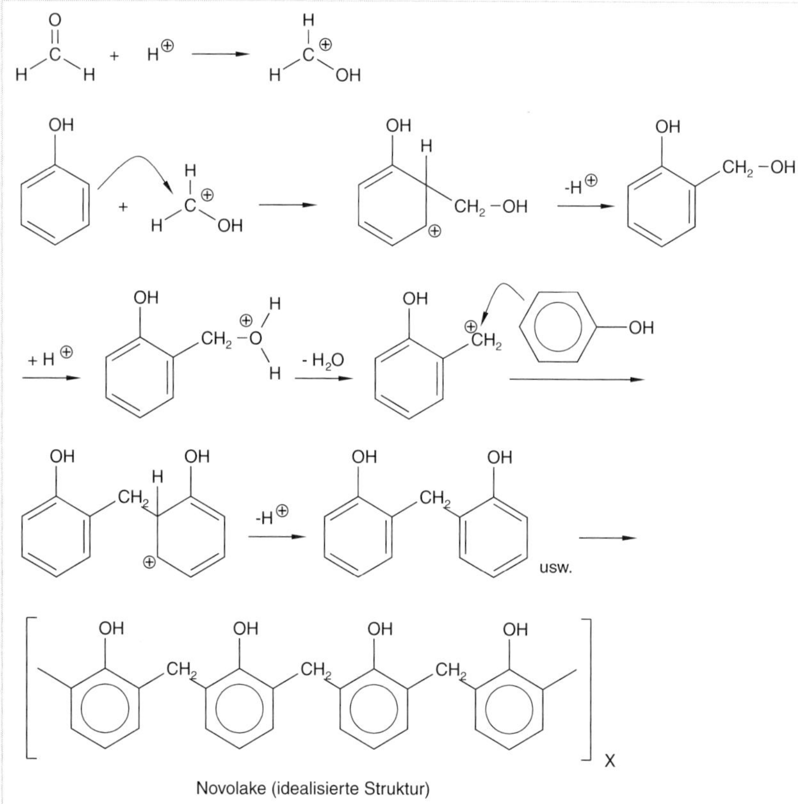

Kondensation von Phenol mit Formaldehyd in saurer Lösung

Bei den Novolaken handelt es sich also um Kettenmoleküle, die über keine Methylolgruppen verfügen (die im Schema angegebene Struktur ist idealisiert, da auch p-Verknüpfungen auftreten). Wegen der fehlenden Methylolgruppen ist keine Eigenvernetzung der Novolake möglich (nicht härtbar), sie sind in Substanz unbegrenzt haltbar. Sie werden z. B. als Lackharze verwendet. Eine Härtung (Vernetzung) ist mit reaktiven Zweitkomponenten in der Hitze möglich (z. B. mit dem Formaldehyd und ↑ Ammoniak abspaltenden ↑ Urotropin), wovon hauptsächlich bei der Herstellung von Preßmassen technisch Gebrauch gemacht wird.

Unter basischer Katalyse, bei der das Phenol aktiviert wird, bilden sich die Methylolphenole (s. Schema).

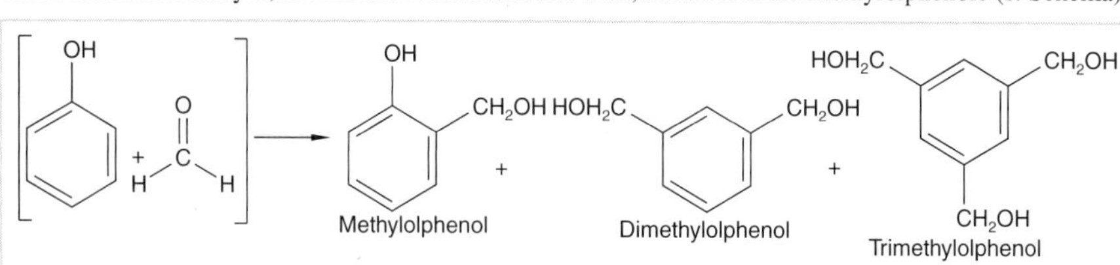

Bildung der Methylolphenole in basischem Medium

Die *Methylolphenole* kondensieren je nach Reaktionsbedingungen weiter unter Kettenbildung oder Teilvernetzung zu den Resolen, in denen noch freie Methylolgruppen vorhanden sind. Die Kondensationen können dabei unter Ausbildung von Ether- oder Methylenbrücken erfolgen.

Jedenfalls stellen die freien Methylolgruppen reaktive Gruppen dar, die auf verschiedenem Wege, durch Säurekatalyse oder thermisch, eine räumliche Molekülvernetzung ermöglichen. Die Resole sind so entweder in reiner Form oder modifiziert mit Füllstoffen auf vielfältige Weise zu einer Vielzahl hochvernetzter, als „*Resite*" bezeichneter Festkörper verarbeitbar. Die Resite sind unlöslich, unschmelzbar und thermisch und chemisch sehr resistent.

Die technische Anwendung von Resolen und Resiten ist sehr vielgestaltig. Obwohl die P. die ersten technisch hergestellten Kunststoffe sind (Baekeland, 1909, nach ihm auch als „*Bakelite*" bezeichnet) und seitdem auf vielen Gebieten von anderen Polymeren verdrängt wurden, besitzen sie noch immer große Bedeutung zur Herstellung von Formmassen (z. B. für Elektroartikel, Autoteile, Griffe), Schichtpress-Stoffen (Isolier- und Trägermaterialien), Bindemitteln und Beschichtungen. Durch Einarbeitung der verschiedensten Zuschlagstoffe, entweder als Füllstoff oder als Reaktionskomponente, wurden auch in neuester Zeit neue technisch interessante Produkte entwickelt. So ergibt die Umsetzung von Resolen mit Kolophonium (s. unter ↑ Abietinsäure) auf Lackharze verarbeitbare naturharzmodifizierte Phenolharze. Werden bei den Vernetzungsreaktionen Phenole mit Sulfonsäure- und Carboxylgruppen mit einkondensiert, erhält man die bekannten *Kationen-Austauscherharze*.

Phenylalanin

Phenylalanine 2-Amino-3-phenylpropansäure

Kristallisiert aus heißen konzentrierten wässerigen Lösungen in farblosen Blättchen, aus verdünnten Lösungen in Form von Nadeln. Die Löslichkeit in Wasser beträgt bei 20 °C ca. 3 g/100 ml, bei 100 °C ca. 10 g/100 ml. In Methanol oder Ethanol ist P. sehr wenig löslich. Die L-Form, wird in der Literatur als „Phe" abgekürzt, schmeckt bitter, während das Racemat (D,L-Form) und die in der Natur selten (z. B. in einigen Mikroorganismen) vorkommende D-Form süßlich schmecken.

P. ist Bestandteil der meisten Proteine pflanzlichen und tierischen Ursprungs. Es ist eine essentielle Aminosäure (kann vom menschlichen Organismus nicht aufgebaut werden), die in den wichtigen Lebensmitteln, wie die Tabelle zeigt, in Gehalten zwischen etwa 100 mg und 2000 mg/100 g vorkommt und die vom Erwachsenen in einer täglichen Menge von etwa 2,2 g benötigt wird.

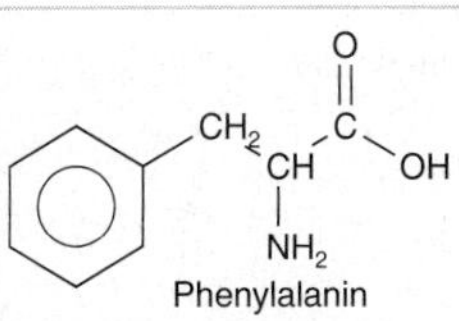

Struktur von Phenylalanin

Lebensmittel	Gehalt [mg/100 g]
Milch	ca. 180
Butter	35
Käse	1 000-20 000
Eier	800
Fleisch	ca. 800
Gelatine	2 000
Fisch	600-700
Brot	300-400
Kartoffeln	ca. 100
Sojabohnen	ca. 2 000
Erdnuss	ca. 1 500

Phenylalanin-Gehalte wichtiger Lebensmittel

P. wird u. a. aus Milcheiweiß gewonnen. Eine Synthese gelingt durch Kondensation von ↑ Benzaldehyd mit Hydantoin in einer Erlenmeyer-Synthese, wie sie unter ↑ Hippursäure beschrieben ist. P. wird in der Pflanze ausgehend von der ↑ Shikimisäure aufgebaut. Der Abbau im Organismus erfolgt über ↑ L-Tyrosin.

Bei Fehlen oder Mangel des Enzyms zur Tyrosin-Bildung wird P. zu *Phenylbrenztraubensäure* abgebaut, die im Harn ausgeschieden wird (*Phenylketonurie*).

P. ist Bestandteil der Infusionslösungen zur parenteralen Ernährung. Präparativ wird P. zur Herstellung des Süßstoffs *L-Aspartyl-L-phenylalaninmethylester*, der unter der Handelsbezeichnung *Aspartam* bekannt ist, benötigt.

$C_9H_{11}NO_2$	$M_R = 165{,}19$	C 65,44 %	H 6,71 %	N 8,48 %	O 19,37 %
$t_{Zersetzung}$ > 310 °C (Z)	t_{Sdp}	d	η		
C_p 203 J/(K · mol)	$\Delta_S H$	$\Delta_{Sub} H$ 154 kJ/mol (S)	$\Delta_B H$	S^o 213,6 J/(K · mol)	Q_C −4646 kJ/mol

o-Phenylendiamin

o-Phenylendiamine 1,2-Diaminobenzol

Bildet ein farbloses bis gelbliches kristallines Pulver, das in Wasser kaum, in Ethanol, Chloroform und Diethylether gut löslich ist und sich an der Luft bald dunkel färbt.

P. wird hergestellt durch Reduktion von o-Nitroanilin, z. B. mit ↑ Natriumsulfid oder mit Zinkstaub in Natronlauge (s. Gleichung).

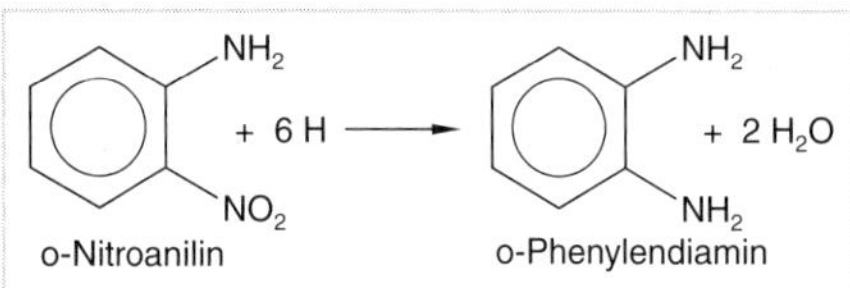

Herstellung von o-Phenylendiamin

P. dient präparativ vor allem zur Heterocyclen-Synthese, da es über die beiden ortho-ständigen Aminogruppen mit verschiedensten Verbindungen zur Cyclokondensation befähigt ist. So bildet es mit o-Benzochinon *Phenazin* (s. Schema).

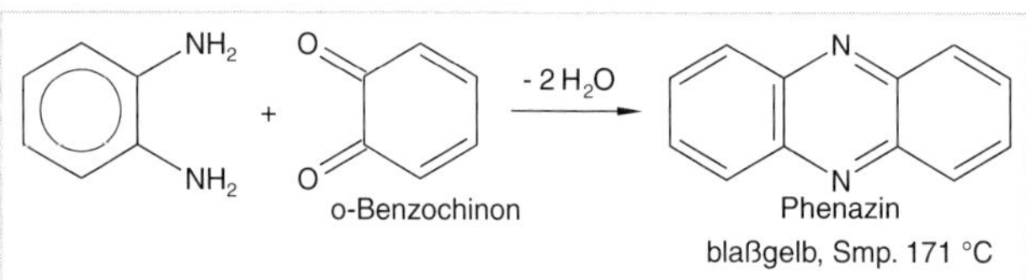

Phenazin-Synthese aus o-Phenylendiamin mit o-Benzochinon

Mit 1,2-Diketoverbindungen werden die entsprechenden *Chinoxalin-Derivate* gebildet (s. Schema).

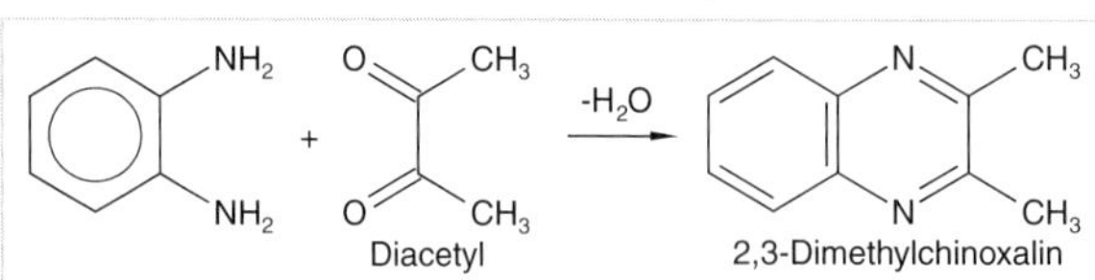

Zugang zu Chinoxalin-Derivaten mit 1,2-Diketoverbindungen

P. ist so Ausgangsprodukt zur Synthese von Insektiziden, Farbstoffen und Fotoentwicklern.

► P. ist ein Blutgift. Die Aufnahme erfolgt auch über die Haut.

$C_6H_8N_2$	$M_R = 108{,}14$	C 66,64 %	H 7,46 %	N 25,90 %
t_{Smp} 103 °C	t_{Sdp} 258 °C	d	η	

p-Phenylendiamin

p-Phenylendiamine 1,4-Diaminobenzol

Bildet farblose bis leicht rötliche Kristalle, die in Wasser kaum, in Ethanol, Diethylether und Chloroform gut löslich sind. P. färbt sich an der Luft rasch dunkel. Mit Oxidationsmitteln, z. B. ↑ Wasserstoffperoxid, tritt Schwarzfärbung ein.

P. wird durch Reduktion von p-Nitroanilin analog zum ↑ o-Phenylendiamin hergestellt (s. Schema).

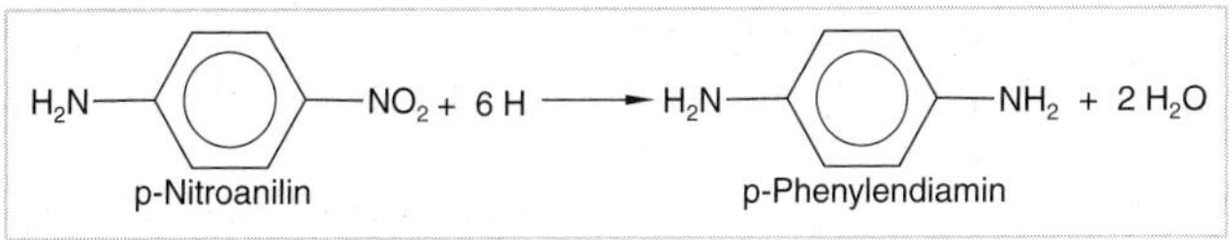

Darstellung von p-Phenylendiamin

P. wird vor allem zur Herstellung von Azofarbstoffen verwendet. Es ist durch Oxidation leicht in ↑ Benzochinon überführbar. Das N,N-Dimethyl-P. besitzt Bedeutung als Entwickler in der Farbfotographie (s. unter ↑ 4-Amino-N,N-dimethylanilin). P. ist darüber hinaus Komponente in der Herstellung der ↑ Polyimide.

$C_6H_8N_2$	$M_R = 108{,}14$	C 66,64 %	H 7,46 %	N 25,90 %
t_{Smp} 145 °C	t_{Sdp} 267 °C	d	η	

Phenylessigsäure

Phenylacetic acid

Bildet weiße blättchenförmige Kristalle von eigenartigem, penetrantem Geruch, die sich in kaltem Wasser wenig, in heißem Wasser gut lösen und auch gut löslich sind in Ethanol und Diethylether.

P. wird durch Hydrolyse von *Benzylcyanid* erhalten. Hierzu wird Benzylcyanid, das seinerseits aus ↑ Benzylchlorid mit ↑ Kaliumcyanid zugänglich ist, mit verdünnter ↑ Schwefelsäure oder ↑ Salzsäure unter Rückfluß erhitzt (s. Schema). Die α-ständigen H-Atome der P. sind durch den Phenylring acidifiziert.

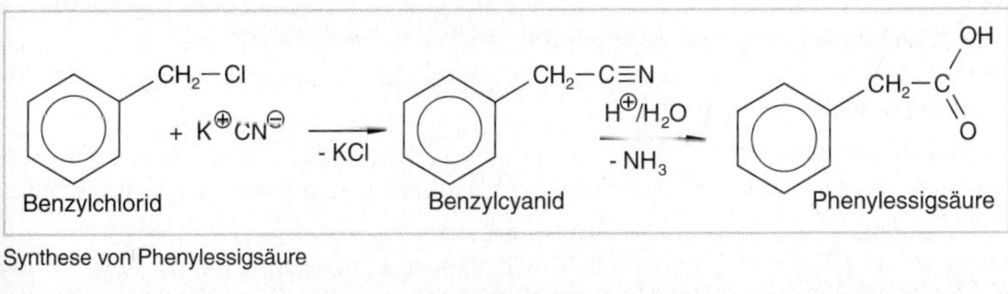

Synthese von Phenylessigsäure

Wird die Hydrolyse des Benzylcyanids in Gegenwart von ↑ Ethanol vorgenommen, erhält man den *Phenylessigsäureethylester*, eine angenehm riechende Flüssigkeit vom Sdp. 226 °C (s. Schema).

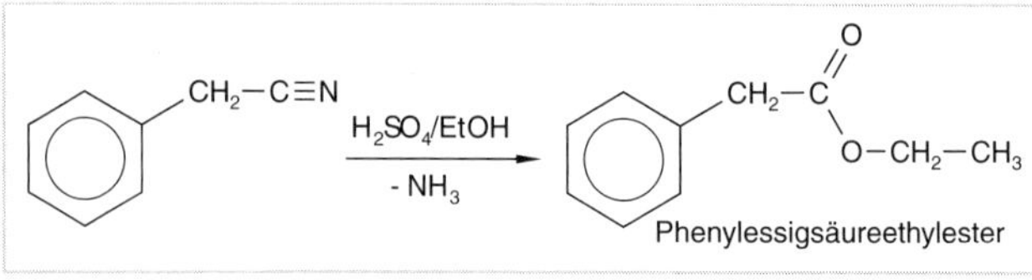

Gewinnung von Phenylessigsäureethylester

Aus diesem ist durch *Bouveault-Blanc-Reduktion* (Na/EtOH) das *2-Phenylethanol* erhältlich, welches den Hauptbestandteil im *Rosenöl* darstellt (s. Schema).

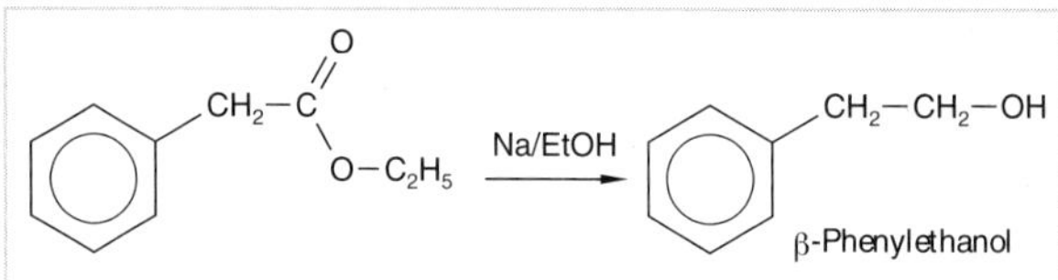

Herstellung von 2-Phenylethanol

2-Phenylethanol und seine Ester sind wichtige Parfümerie-Grundstoffe.

$C_8H_8O_2$	$M_R = 136{,}14$	C 70,57 %	H 5,92 %	O 23,50 %	
t_{Smp} 76 °C	t_{Sdp} 266 °C	d	η		
C_p	$\Delta_S H$	$\Delta_V H$	$\Delta_B H$	S^o	Q_C −3897 kJ/mol

Phenylhydrazin

Phenylhydrazine

Bildet in reinstem Zustand eine farblose ölige Flüssigkeit bzw. farblose Kristalle, die sich an Licht und Luft schnell braun verfärben, so daß das Produkt meist eine braunrote Tönung aufweist. P. ist in Wasser kaum löslich, ebenso in Petrolether, mischbar ist P. mit Ethanol, Diethylether oder Chloroform. P. ist eine schwache Base und löst sich unter Salzbildung in saurem Medium. Mit ↑Salzsäure bildet es ein sehr gut wasserlösliches Hydrochlorid vom Schmp. 243 °C.

P. wird hergestellt durch Reduktion von *Benzoldiazoniumchlorid* (hergestellt durch Diazotierung von ↑Anilin mit ↑Natriumnitrit/Salzsäure) mit einer Lösung von ↑Natriumsulfit und konz. Salzsäure (s. Schema).

Diese Synthese wurde von E. Fischer 1875 entwickelt. P. bildet mit Aldehyden und Ketonen leicht die gut kristallisierenden *Phenylhydrazone* und mit Aldehydzuckern die Osazone (s. hierzu unter ↑Glykolaldehyd).

P. ist ein wichtiger Synthesebaustein in der Herstellung von Farbstoffen und Pharmazeutika.

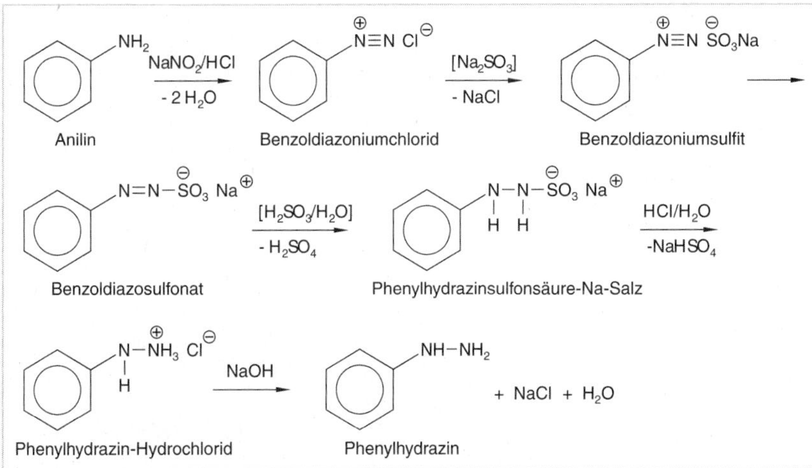

Synthese von Phenylhydrazin nach E. Fischer ausgehend von Anilin

► P. ist ein Blutgift und zerstört die roten Blutkörperchen. Es wirkt, auch in Form der Dämpfe, stark reizend auf Haut, Augen und Atemwege und wird über die Haut resorbiert. P. steht unter dem Verdacht der cancerogenen Wirkung.

$C_6H_8N_2$ $M_R = 108{,}14$ C 66,64 % H 7,46 % N 25,90 %

t_{Smp}	$t_{Zersetzung}$	d	η		
19,6 °C	243 °C (Z)	1,10 g/cm³			
C_p	$\Delta_S H$	$\Delta_V H$	$\Delta_B H$	S^o	Q_C
217,3 J/(K · mol)		62 kJ/mol	141 kJ/mol		−3645 kJ/mol
MAK	R-Satz	S-Satz			
22 mg/m³	23/24/25-36-50	28-45-61			

Phenylisocyanat

Phenyl isocyanate

Eine farblose klare Flüssigkeit, deren Dämpfe eine starke Tränenreiz-Wirkung ausüben. P. löst sich in inerten org. Solventien wie Diethylether, Hexan, Toluol usw. Mit Wasser, Alkoholen oder Aminen erfolgt chemische Reaktion (s. unten).

P. wird hergestellt, indem man ↑ Phosgen in eine heiße Lösung von ↑ Anilin in ↑ Toluol einleitet (s. Schema).

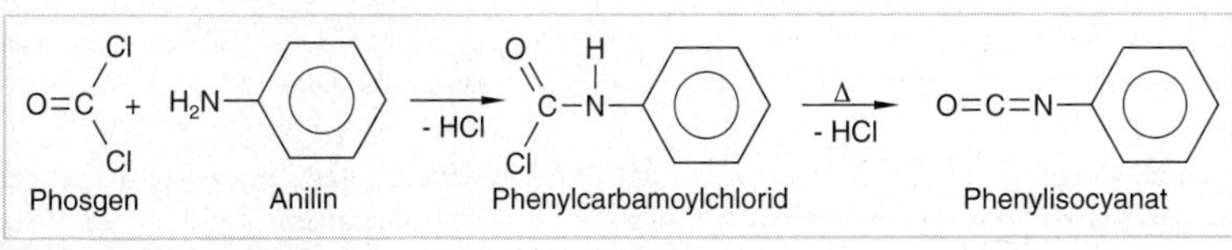

Herstellung von Phenylisocyanat

Einen generellen Zugang zu Isocyanaten bietet der *Curtius-Abbau*. Hierbei wird ein *Carbonsäureazid* (das leicht zugänglich ist z. B. aus dem entsprechenden Säurechlorid durch Umsetzung mit ↑ Natriumazid) zersetzt unter N_2-Abspaltung, wobei das intermediäre *Nitren* umlagert zum *Isocyanat* (s. Schema).

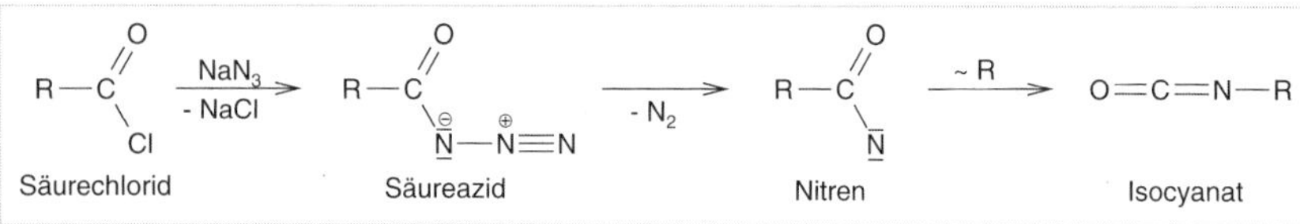

Curtius-Abbau

P. ist ein wichtiger Vertreter der *Isocyanate* (s. unter ↑ Natriumcyanat), die präparativ wertvolle *Heterokumulene* darstellen. Die Isocyanate sind hochreaktiv, da das Kumulen-C-Atom stark elektrophil ist, wie sich an den im Schema dargestellten Reaktionen mit Wasser, Ethanol und Anilin zeigt, die teils heftig verlaufen (s. Schema).

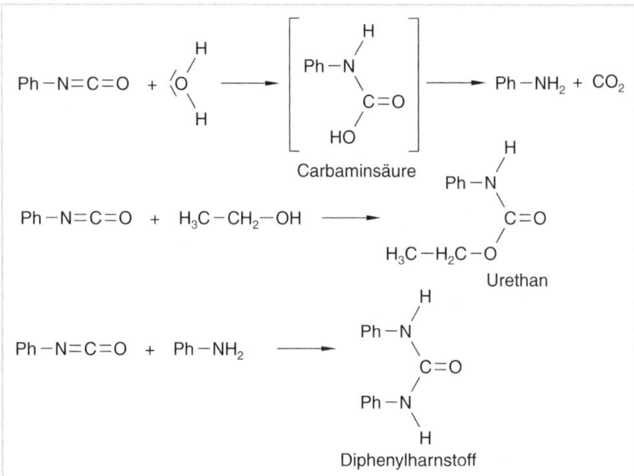

Umsetzungen von Phenylisocyanat mit Wasser, Ethanol und Anilin

Die Reaktion mit Wasser verläuft über die Zwischenstufe der instabilen *Carbaminsäure*. Mit Alkoholen werden allgemein *Urethane* gebildet, während mit Aminen die substituierten Harnstoffe entstehen. In Gegenwart von Basen trimerisieren die Isocyanate leicht und bilden die *Cyanurate*. So reagiert das P. zum *Triphenylcyanurat* (s. Gleichung).

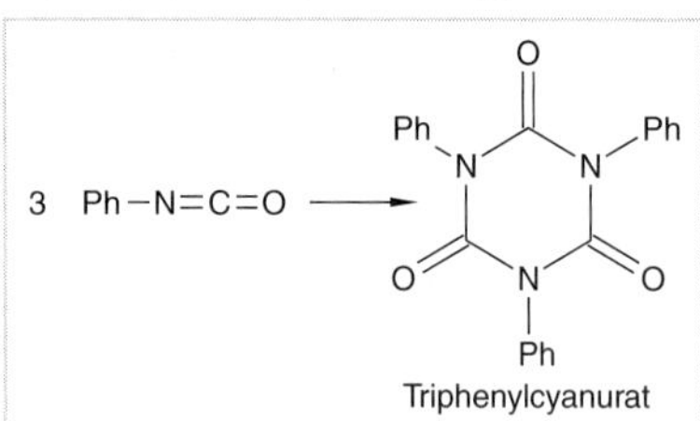

Trimerisierung von Phenylisocyanat zum Triphenylcyanurat

Besonders wichtig ist die Fähigkeit der Isocyanate zu *Cycloadditionen*, z. B. als Dienophil in 4 + 2 – oder als Dipolarophil in 1,3-dipolaren Cycloadditionen, womit zahlreiche heterocyclische Ringsysteme aufgebaut werden können. Zur technischen Bedeutung der Isocyanate s. unter ↑ Polyurethane.

► P. übt wie alle Isocyanate starke Ätzwirkung auf Augen, Haut und Atemwege aus.

C_7H_5NO $M_R = 119{,}12$ C 70,58 % H 4,23 % N 11,76 % O 13,43 %

t_{Smp}	t_{Sdp}	d	η		
−33 °C	165 °C	1,09 g/cm³			
C_p	$\Delta_S H$	$\Delta_V H$	$\Delta_B H$	S^o	Q_C
186,2 J/(K · mol)		46,5 kJ/mol	−61,1 kJ/mol		−3408 kJ/mol
MAK	R-Satz	S-Satz			
0,05 mg/m³	10-22-26-36/37/38-42	23-26-36/37/39-45			

Phenylisothiocyanat

Phenylisothiocyanate Phenylsenföl

Eine farblose, tränenreizende Flüssigkeit, die in Wasser unlöslich, aber mischbar mit den üblichen org. Solventien ist.

P. kann aus ↑ Anilin und ↑ Schwefelkohlenstoff hergestellt werden, indem man beide in heißem alkalischem Ethanol umsetzt. Dabei entsteht zunächst *Diphenylthioharnstoff*, der beim Erhitzen mit konz. ↑ Salzsäure Anilin abspaltet (s. Schema).

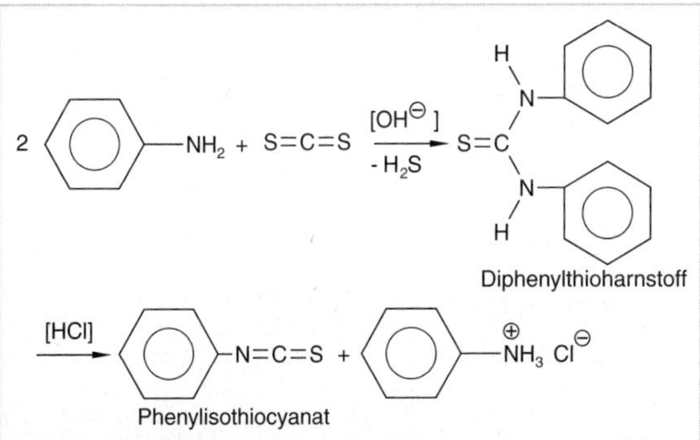

Synthese von Phenylisothiocyanat

Diphenylthioharnstoff (Schmp. 155 °C) wird technisch als Vulkanisationsbeschleuniger verwendet.

P. ist das Schwefelanaloge von ↑ Phenylisocyanat. Es ist viel weniger reaktiv, z. B. kann es ohne Zersetzung mit Wasserdampf destilliert werden, zeigt aber ansonsten die analogen Reaktionen.

P. hat besondere präparative Bedeutung erlangt durch den *Edman-Abbau*, ein 1950 von dem schwedischen Chemiker Edman vorgestelltes Verfahren zum Abbau von Peptiden vom Aminoende her, indem eine Aminosäure nach der anderen von der Kette abgetrennt und identifiziert wird. Der Edman-Abbau verläuft über folgende Stufen:

- das Peptid wird mit P. zum Phenylthioharnstoff-Derivat umgesetzt
- dieses schließt den Ring zum *Phenylthiazolinon* unter Spaltung der nächstliegenden Peptidbindung (mit wasserfreiem ↑ Chlorwasserstoff)
- das Phenylthiazolinon öffnet unter saurer Hydrolyse den Ring und cyclisiert wieder unter Ausbildung eines stabilen Phenylthiohydantoins, welches identifiziert wird.

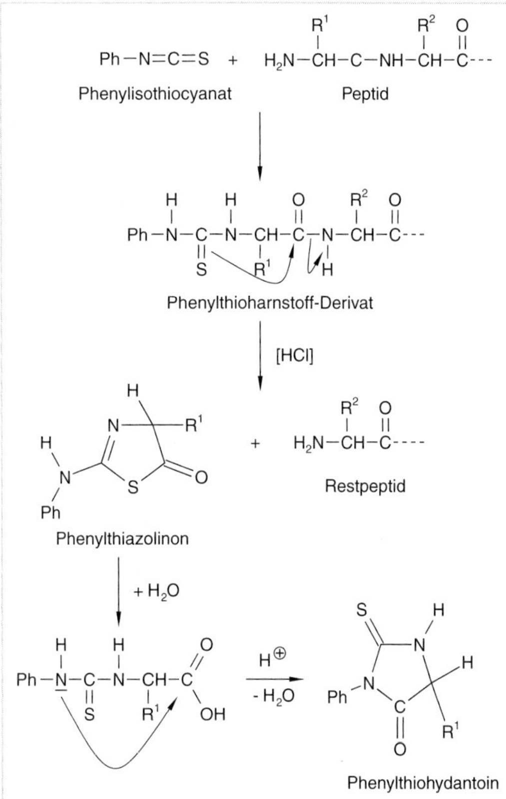

Reaktionsschritte des Edman-Abbaus

Das Restpeptid wird der gleichen Prozedur unterworfen usw. Das Verfahren wurde von Edman auch automatisiert.

C_7H_5NS	$M_R = 135{,}19$	C 62,19 %	H 3,73 %	N 10,36 %	S 23,72 %
t_{Smp} −21 °C	t_{Sdp} 221 °C	d 1,13 g/cm³	η		
C_p 186,2 J/(K · mol)	$\Delta_S H$	$\Delta_V H$	$\Delta_B H$ 212 kJ/mol	S^o	Q_C −4289 kJ/mol

MAK	R-Satz	S-Satz
	25-36/37/38-42/43	26-36/37/39-45

Phloroglucin

Phloroglucinol 1,3,5-Trihydroxybenzol

P. fällt aus wässeriger Lösung als Dihydrat in Form farbloser, in Wasser wenig, in Ethanol und Diethylether gut löslicher Kristalle an, die beim Erwärmen auf 110 °C ihr Kristallwasser vollständig abgeben. P. färbt sich am Licht dunkel.

P. kommt in freier Form in einigen Baumarten (Eukalypus, Akazien) vor, ist jedoch überwiegend ein Baustein in pflanzlichen Flavon-Farbstoffen.

Die Synthese des P. geht meist vom ↑Trinitrotoluol aus, das zur *Trinitrobenzoesäure* oxidiert wird. Letztere wird zur *Triaminobenzoesäure* reduziert, welche schließlich unter Decarboxylierung zu P. hydrolysiert wird (s. Schema).

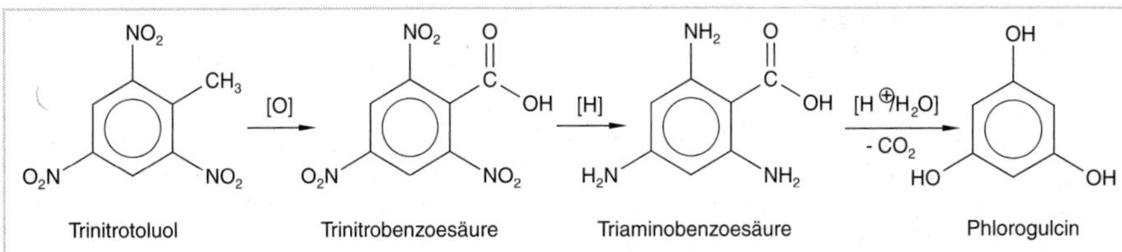

Syntheseroute für Phloroglucin

P. ergibt einerseits die typischen Reaktionen phenolischer Hydroxylgruppen, wie Violettfärbung einer Lösung von ↑Eisen(III)-chlorid oder Acetylierung mit ↑Essigsäureanhydrid, andererseits auch typische Carbonyl-Reaktionen wie eine Oximbildung mit ↑Hydroxylamin, so daß die Formulierung eines tautomeren Gleichgewichts sinnvoll ist (s. Schema).

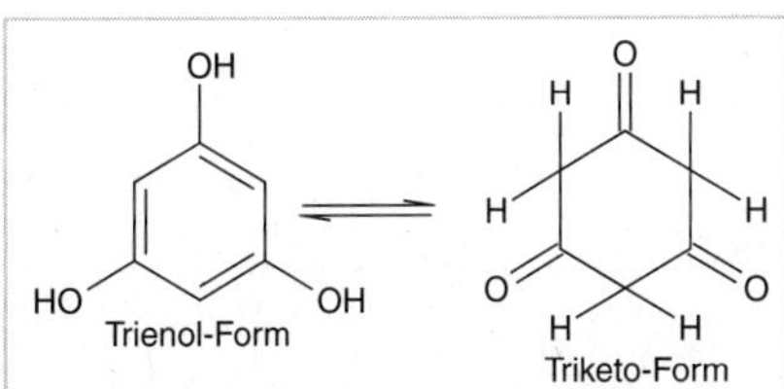

Gleichgewicht zwischen Trienol- und Triketoform

P. wird als Synthesebaustein zur Herstellung von Farbstoffen, Pharmazeutika und Harzen verwendet. P. ergibt mit ↑Lignin in salzsaurer ethanolischer Lösung eine intensiv rote Farbe, die einen sehr empfindlichen *Lignin-Nachweis* erlaubt. Es läßt sich so auf einfache Weise z. B. holzhaltiges (durch den Ligningehalt vergilbendes) billiges Papier von holzfreiem hochwertigem Papier unterscheiden, da letzteres mit P. nur eine gelbliche Färbung erzeugt. Mit Pentosen erzeugt P. in salzsaurer Lösung eine violette Farbe, wozu P. zum *Lignin-Nachweis* im Holz benutzt wird. P. ist ferner in Frischhaltemitteln für Blumen enthalten.

$C_6H_6O_3$ $M_R = 126{,}11$ C 57,14 % H 4,80 % O 38,06 %

t_{Smp}	t_{Sdp}	d	η
218 °C			

C_p	$\Delta_S H$	$\Delta_{Sub} H$	$\Delta_B H$	S^o	Q_C
		128 kJ/mol (S)	−584,6 kJ/mol		−2634 kJ/mol

MAK	R-Satz	S-Satz
		22-24/25

Phosgen

Phosgene Carbonyldichlorid, Kohlensäuredichlorid

Ist unter Normalbedingungen ein farbloses Gas, das einen schon bei sehr niedrigen Konzentrationen (ca. 0,5 ppm) wahrnehmbaren typischen, an faules Heu erinnernden Geruch besitzt. Es läßt sich verdichten zu einer farblosen, leicht beweglichen an der Luft rauchenden Flüssigkeit, die schließlich zu farblosen Kristallen erstarrt (Daten s. Tabelle). P. löst sich in org. Solventien wie Toluol und flüssigen Paraffinen, von Wasser wird es langsam hydrolysiert unter Bildung von ↑ Kohlenstoffdioxid und ↑ Chlorwasserstoff (s. Gleichung).

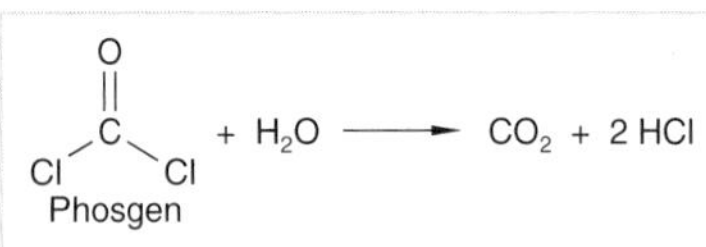

Hydrolyse von Phosgen

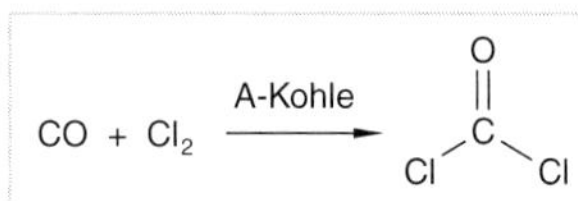

Technische Synthese von Phosgen

Die technische Herstellung des P. erfolgt durch gemeinsames Überleiten von ↑ Kohlenstoffmonoxid und ↑ Chlor über ↑ Aktivkohle, wobei die Aktivkohle als Katalysator dient (s. Gleichung).

P. ist das Dichlorid der Kohlensäure (s. unter ↑ Kohlenstoffdioxid) und entsprechend diesem Säurechlorid-Charakter sind die Chloratome leicht nucleophil stubstituierbar, so daß P. präparative Bedeutung zur Synthese wichtiger Zwischenprodukte besitzt. Mit Alkoholen werden z. B. die *Chlorameisensäureester* (s. ↑ Chlorameisensäurebenzylester) bzw. die *Kohlensäureester* (s. ↑ Diethylcarbonat) gebildet (s. Schema).

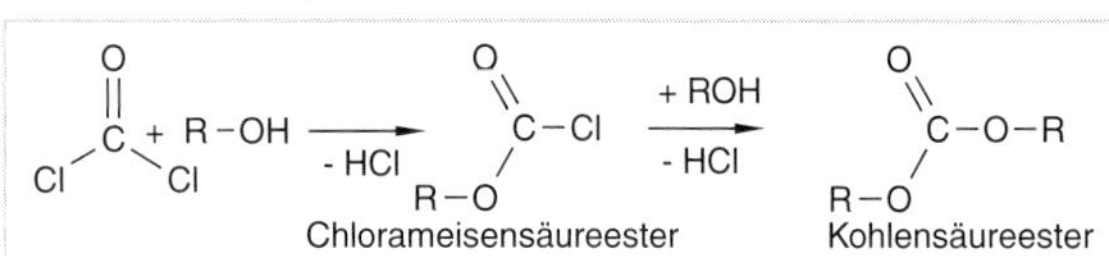

Umsetzung von Phosgen mit Alkoholen

Mit Stickstoffbasen entstehen zunächst *Carbamidsäurechloride*, die selbst wiederum reaktive Synthesebausteine darstellen und z. B. mit Alkoholen die entsprechenden Urethane ergeben (s. Schema).

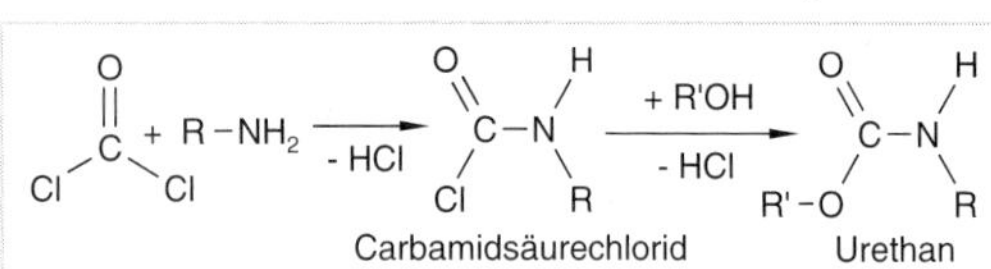

Umsetzung von Phosgen mit Aminen

Präparativ wichtig ist auch die Fähigkeit des P., mit zahlreichen Verbindungen unter cyclisierender *Carbonylinsertion* zu reagieren, z. B. die Bildung der *Parabansäure* mit *Oxalsäurediamid* (s. unter ↑ Oxalsäure) (s. Schema).

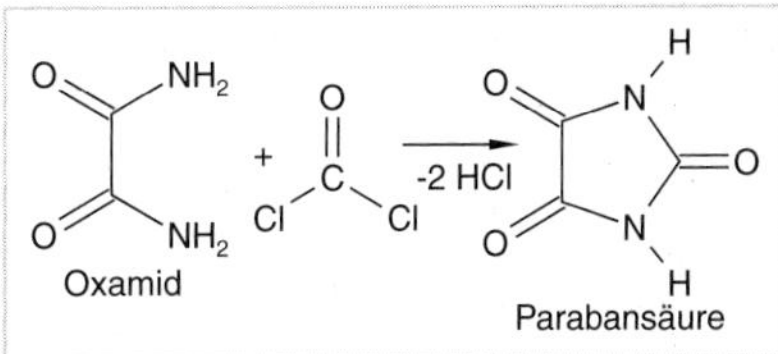

Herstellung der Parabansäure

Mit heterocyclischen Stickstoffbasen werden reaktive Harnstoff-Derivate erhalten, die das P. in solchen Carbonylinsertionen ersetzen können, z. B. das *Carbonyldiimidazol* (s. Schema).

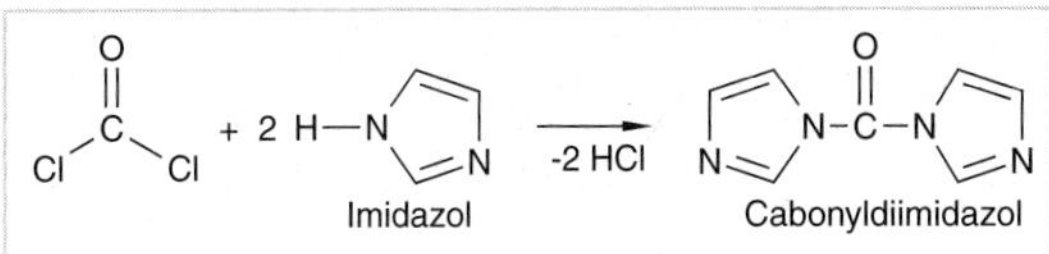

Herstellung von Carbonyldiimidazol

Die mengenmäßig bedeutendste Verwendung findet P. zur Herstellung der *Diisocyanate*, die Ausgangsprodukte zur Polyurethan-Synthese darstellen (s. unter ↑ Polyurethane).

► P. ist ein hochgiftiges Gas, das bereits in Konzentrationen von ca. 50 ppm nach kurzem Einatmen tödlich wirkt und das besonders dadurch gefährlich ist, daß es in den bereits tödlich wirkenden Konzentrationen unbemerkt, also ohne Ätzwirkung, aufgenommen wird. P. wirkt tödlich, weil sich *Lungenödeme* ausbilden, also Blutflüssigkeit in die Lungen eintritt, was nicht wie früher angenommen auf hydrolytisch freigesetzten ↑ Chlorwasserstoff zurückzuführen ist, sondern seine Ursache in Acetylierungsreakionen an Zellbestandteilen hat (wie beim ↑ Keten). P. kann auch bei der Verbrennung von Chlorkohlenwasserstoffen (↑ Tetrachlorkohlenstoff, ↑ Chloroform, ↑ Dichlormethan) entstehen. P. kann noch nach vielen Stunden nach Einatmung durch Ödembildung tödlich wirken. Im Vergiftungsfalle ist völlige Ruhiglagerung sofort unbedingt erforderlich. P. wurde im ersten Weltkrieg als Kampfgas eingesetzt.

CCl_2O $M_R = 98{,}92$ C 12,14 % Cl 71,68 % O 16,17 %

t_{Smp}	t_{Sdp}	d	η
−128 °C	7,6 °C	1,41 g/cm³ (7 °C)	

C_p	$\Delta_S H$	$\Delta_V H$	$\Delta_B H$	S^o	Q_C
101 J/(K · mol) (7 °C)	5,74 kJ/mol	24,4 kJ/mol	−220 kJ/mol	284 J/(K · mol)	−108,6 kJ/mol

MAK	R-Satz	S-Satz
0,082 mg/m³	26-34	9-26-36/37/39-45

Phosphinsäure

Phosphinic acid, Hypophosphorous acid Hypophosphorige Säure, Unterphosphorige Säure

Die wasserfreie P. bildet farblose, blättchenförmige Kristalle, die zerfließlich sind. Im unterkühlten Zustand ist es eine farb- und geruchlose ölige Flüssigkeit. P. löst sich gut in Wasser, Ethanol und sogar in Diethylether. Im Handel ist die P. meist als 50 %ige wässerige Lösung mit der Dichte 1,274 g/cm^3.

Die P. wird technisch hergestellt durch Disproportionierung von weißem ↑ Phosphor, indem man diesen in einer Aufschlämmung von ↑ Calciumhydroxid in Wasser erwärmt und das entstehende *Calciumphosphinat* anschließend mit ↑ Schwefelsäure in die freie Säure überführt (s. Gleichungen). Die P. kann durch Einengen der wässerigen Lösung oder durch Extraktion mit Diethylether isoliert werden.

$$2\ P_4 + 12\ H_2O + 3\ Ca(OH)_2 \longrightarrow 2\ PH_3 + 3\ Ca(H_2PO_2)_2$$

$$Ca(H_2PO_2)_2 + H_2SO_4 \longrightarrow CaSO_4 + 2\ H_3PO_2$$

Technische Herstellung der Phosphinsäure

Zur P. existiert eine tautomere Form, die *Phosphonige Säure*, gemäß dem im Schema gezeigten Gleichgewicht, das jedoch weit auf Seiten der P. liegt (s. Schema). Organo-Derivate der P., in denen die beiden P-gebundenen H-Atome durch Alkyl- oder Arylreste R ersetzt sind, werden als *Phosphinsäuren* bezeichnet (s. Abbildung). Zu Organo-Derivaten s. unter ↑ Phosphonsäure.

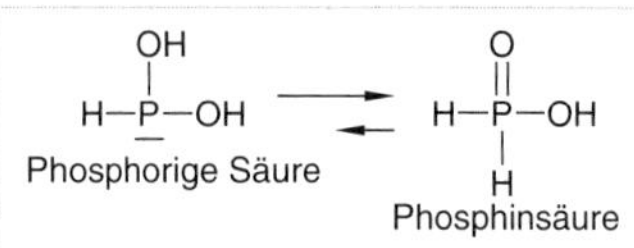

Tautomerie-Gleichgewicht der Phosphinsäure

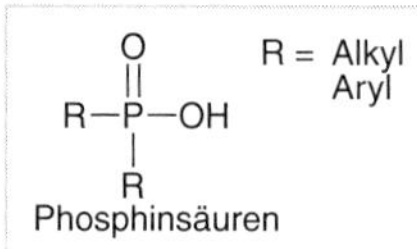

Phosphinsäuren als Organo-Derivate der Phosphinsäure

Die P. ist eine einbasige Säure, die mit dem pK$_S$-Wert von 1,23 als mittelstark einzustufen ist (s. Gleichung).

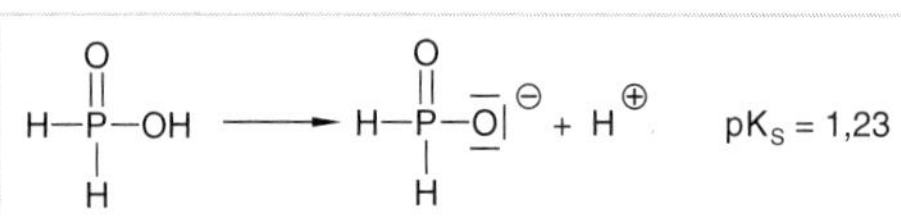

Säurewirkung der Phosphinsäure

Das *Phosphinat-Ion* bildet einen Tetraeder mit dem P-Atom im Zentrum. Die Salze der P., die *Phosphinate*, sind alle gut wasserlöslich. Die P. wirkt als starkes Reduktionsmittel, wobei sie in ↑ Phosphonsäure übergeht (s. Gleichung).

$$H_3PO_2 + H_2O \rightleftharpoons H_3PO_3 + 2\ H^{\oplus} + 2\ e^- \qquad E^0_{(alk.)} = -1{,}57\ V$$

Reduktionswirkung der Phosphinsäure

Diese Reduktionskraft steigt mit dem pH-Wert, so daß im stark alkalischen Medium sogar Protonen des Wassers zu ↑ Wasserstoff reduziert werden (s. unter ↑ Wasser).

Die P. dient in präparativen Anwendungen als bequem dosierbares Reduktionsmittel. Technisch wird sie vor allem in der stromlosen Vernickelung von Metall- und Kunststoff-Oberflächen eingesetzt.

H_3O_2P $M_R = 66{,}00$ H 4,58 % O 48,49 % P 46,93 %

t_{Smp}	$t_{Sublimation}$	d	η
26,5 °C	130 °C (S)	1,49 g/cm³	

C_p	$\Delta_S H$	$\Delta_V H$	$\Delta_B H$	S^o	Q_C
	9,76 kJ/mol		−609 kJ/mol		

MAK	R-Satz	S-Satz
	34	26-36/37/39-45

Phospholipide

Phospholipids

Mit dem Begriff P. faßt man die biochemisch wichtigen Verbindungen zusammen, die folgende Strukturmerkmale gemeinsam haben:

- sie bestehen aus einem Molekül ↑ Glycerin, das über die OH-Gruppen an C1 und C2 mit zwei langkettigen Fettsäuren verestert ist
- die Hydroxylgruppe an C3 ist mit ↑ Phosphorsäure verestert
- die Phosphorsäure selbst ist wiederum verestert mit einer zweiten Komponente, die entweder eine positive Ladung trägt oder hochpolar ist.

Die P. unterscheiden sich in den beiden Fettsäuren sowie in der zweiten Esterkomponente der Phosphorsäure:

- Die Fettsäure an C1 ist sehr häufig die gesättigte ↑ Palmitinsäure
- Die Fettsäure an C2 ist meist mehr oder weniger stark ungesättigt (z. B. die ↑ Oleinsäure)
- die zweite Esterkomponente an der Phosphorsäure sind vor allem ↑ Cholin, ↑ Ethanolamin, ↑ Serin oder ↑ Inosit.

Die Cholin enthaltenden P. bezeichnet man als ↑ Lecithine, die mit Ethanolamin als ↑ Kephaline. Das Gerüst aus Glycerin, den beiden Fettsäuren und der Phosphorsäure bezeichnet man auch als *Phosphatidsäure*, so daß die vorgenannten P.-Typen zu benennen wären als *Phosphatidylcholin* (Lecithine), *Phosphatidylethanolamin* (Kephaline, s. Abbildung), *Phosphatidylserin*, *Phosphatidylinosit*.

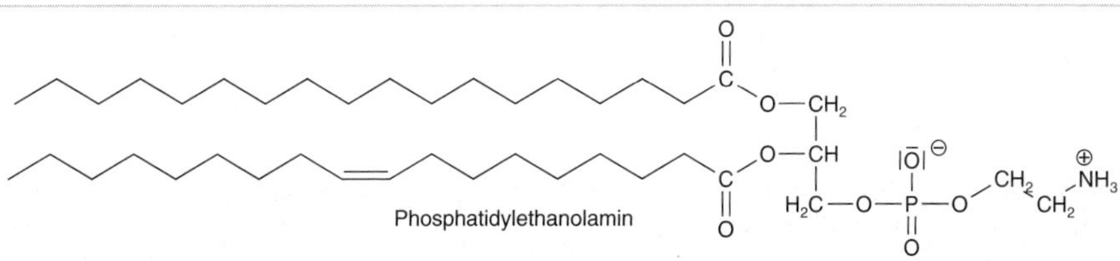

Phosphatidylethanolamin (in nicht stereospezifischer Darstellung). Man beachte, daß das C2 des Glycerins asymmetrisch ist

Die P.-Moleküle bestehen also aus einem langen hydrophoben (unpolaren) Kohlenwasserstoffteil und einem kurzen hydrophilen (polaren) Teil, besitzen also „*Kopf-Schwanz-Struktur*", wie sie für Tenside typisch ist und die in wässerigem Medium zur Ausbildung übergeordneter Strukturen führt (Micellen, Lamellen, Vesikel). Zur Ausbildung solcher *Überstrukturen* werden die P. auch in den biologischen Systemen genutzt, nämlich zum Aufbau der *Zellmembranen*. Die *Membranen* trennen das Zellinnere von der Umgebung ab und erlauben doch den Stoff- und Informationsaustausch mit ihr. Das Gerüst oder die Matrix dieser Membranen wird auf folgende Weise von den P. gebildet: es bauen sich Doppelschichten aus den P. auf, so daß die hydrophoben „Schwänze" nach innen, die hydrophilen „Köpfe" nach außen ragen, wie es schematisch in der Zeichnung dargestellt ist (s. Abbildung).

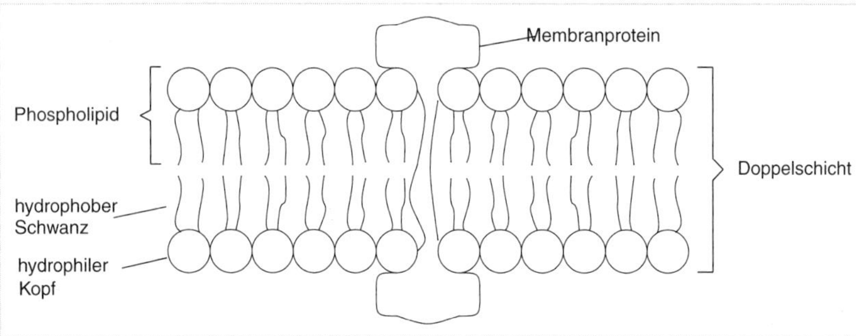

Phospholipid-Doppelschicht der biologischen Membranen

In diese Doppelschicht sind zahlreiche Membranproteine, Lipide und Kohlenhydrate ein- oder angelagert, die sie teils durchragen, teils nur außen oder innen gebunden sind und über die die Wechselwirkung mit der Umgebung erfolgt. Zum Beispiel sind die Rezeptoren, an die die Neurotransmitter anbinden solche Proteine, die u. a. in der Lage sind, Kanäle für Ionen auszubilden (s. hierzu u. ↑ Acetylcholin). In den hydrophoben Zwischenraum der Doppelschichten ist vielfach ↑ Cholesterol eingelagert, das u. a. für eine gewisse Fluidität der Membranen sorgt.

Auch die intrazellulären Kompartimente, z. B. Zellkern, Mitochondrien usw. sind durch solche Membranen vom Cytoplasma getrennt.

Werden die P. aus ihrer biologischen Struktur herausgelöst und mit Wasser verrührt, so bilden sich Vesikel aus, die man seit 1965 als *Liposomen* bezeichnet. Die Liposomen, zu deren Bildung vor allem Phosphatidylcholin geeignet ist, haben inzwischen erhebliche Bedeutung in der Pharmazeutischen Technologie als Wirkstoffträger in Arzneiformulierungen erhalten.

Phosphonsäure

Phosphonic acid Phosphorige Säure

Die reine P. bildet farblose, sehr hygroskopische, leicht zerfließliche Kristalle, die sich in Wasser und Ethanol sehr gut lösen.

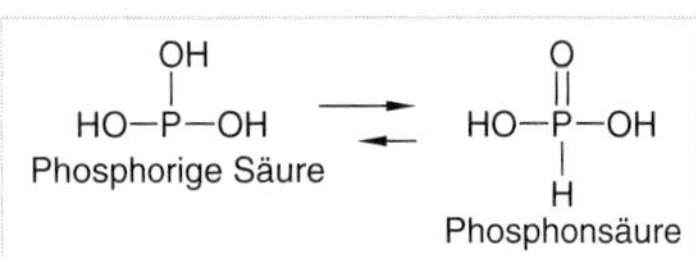

Tautomerie-Gleichgewicht der Phosphonsäure

Die technische Herstellung der P. beruht auf der Hydrolyse von ↑ Phosphor(III)chlorid (s. Gleichung). Wie von der ↑ Phosphinsäure existiert auch von der P. eine tautomere Form gemäß dem dargestellten Gleichgewicht, das jedoch vollständig auf der Seite der P. liegt (s. Schema). Zu Organo-Derivaten s. unten.

$$PCl_3 + 3\,H_2O \longrightarrow H_3PO_3 + 3\,HCl$$

Herstellung der Phosphonsäure

Demzufolge ist die P. eine zweibasige Säure, deren pK_S-Werte 1,29 bzw. 6,74 betragen und die zwei Reihen von Salzen bildet, die *Hydrogenphosphonate* und die *Phosphonate* (früher als *Hydrogenphosphite* und *Phosphite* bezeichnet). Die *Alkaliphosphonate* sind gut wasserlöslich.

Das *Phosphonat-Ion* ist tetraedrisch gebaut mit zentralem P-Atom. Die P. ist, besonders in alkalischer Lösung, ein starkes Reduktionsmittel, da sie leicht zur ↑ Phosphorsäure oxidiert wird (s. Gleichung).

$$H_3PO_3 + H_2O \rightleftharpoons H_3PO_4 + 2\,H^{\oplus} + 2\,e^- \qquad E^0_{(alk.)} = -1{,}12\ V$$

Phosphonsäure als Reduktionsmittel

$$4\,H_3PO_3 \longrightarrow PH_3 + 3\,H_3PO_4$$

Thermische Disproportionierung der Phosphonsäure

Trotzdem sind sowohl die P. als auch ihre Salze an der Luft recht beständig. Beim Erwärmen disproportioniert die P. in Phosphorwasserstoff und ↑ Phosphorsäure (s. Gleichung).

Die P. und ihre Salze dienen technisch und präparativ als Reduktionsmittel (Metallabscheidung) und zur Herstellung ihrer Organo-Derivate.

Diese Organo-Derivate besitzen größere Bedeutung als die P. In ihnen sind alle H-Atome durch Reste R ersetzt, wobei R sowohl für Alkyl- als auch Aryl-Reste steht. Von beiden tautomeren Formen der P. existieren die Ester, also die *Phosphorigsäureester*, auch als *Phosphite* bezeichnet, bzw. die *Phosphonsäureester*. Zum Zwecke der Übersicht sind im gezeigten Schema die anderen O-Säuren des Phosphors mit Organo-Derivaten ebenfalls aufgenommen (s. Schema).

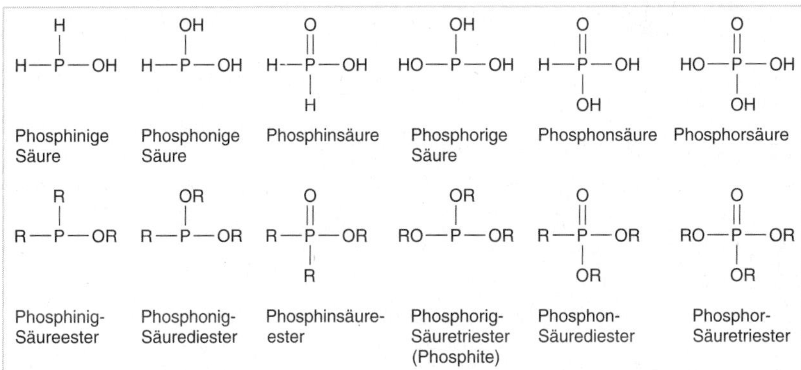

Übersicht: P-O-Säuren mit Organo-Derivaten (alle H durch R = Alkyl oder Aryl ersetzt)

Die Phosphite sind aus ↑ Phosphortrichlorid und Alkoholen im technischen Maßstab zugänglich. Sie lassen sich durch die *Michaelis-Arbuzov-Reaktion* elegant in die präparativ wichtigen *Phosphonsäurediester* überführen (s. Schema).

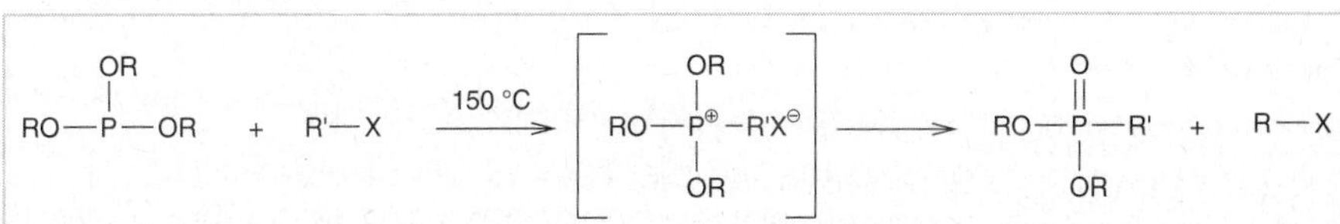

Michaelis-Arbuzov-Reaktion

Die *Alkanphosphonsäurediester* (meist Diethylester) besitzen präparative Bedeutung in der *Horner-Wadsworth-Emmons-Variante* der Wittig-Reaktion (s. unter ↑ Triphenylphosphan). Sie sind nämlich in Carbanionen überführbar (z. B. mit Alkoholat), die an Carbonylgruppen addieren und dann über einen Oxaphosphetanring *Diethylphosphat* abspalten unter Bildung eines Olefins (s. Schema).

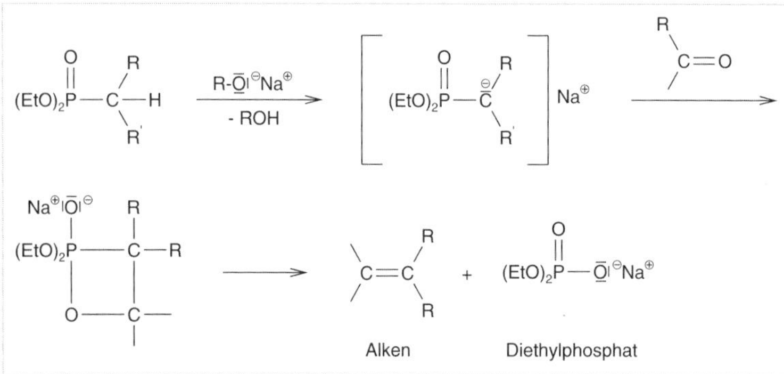

Horner-Wadsworth-Emmons-Reaktion (HWE-Reaktion)

Die Phosphonester sind reaktiver als die Ylide (der Wittig-Reaktion), weshalb die HWE-Reaktion auch als *PO-aktivierte Olefinierung* bezeichnet wird.

H_3O_3P $M_R = 82{,}00$ H 3,69 % O 58,54 % P 37,77 %

t_{Smp}	$t_{Zersetzung}$	d	η
74 °C	250 °C (Z)	1,65 g/cm³	

C_p	$\Delta_S H$	$\Delta_V H$	$\Delta_B H$	S^o	Q_C
	12,8 kJ/mol		−971 kJ/mol		

Phosphor

Phosphorus P

Das chemische Element P kommt in mehreren grundsätzlich voneinander verschiedenen Modifikationen vor. Vier davon, den Weißen, Schwarzen, Roten und Violetten P, kennt man schon lange. Sie differieren in Struktur und Eigenschaften sehr und seien nachfolgend näher charakterisiert.

Weißer Phosphor.

Bei der technischen Herstellung des P. (s. unten) fällt der Weiße P. an. Er stellt eine weiße, durchscheinende, wachsartig weiche Masse dar, die sich in feinverteilter Form an der Luft selbst entzündet und deshalb unter Wasser aufbewahrt werden muß. Weißer P. löst sich sehr gut in ↑ Schwefelkohlenstoff (über 100 g/100 ml), in anderen org. Solventien nur wenig und ist in Wasser völlig unlöslich. Er wurde 1669 vom Alchemisten Henning Brandt entdeckt.

Schwarzer Phosphor.

Bildet ein schwarzes, an Graphit erinnerndes kristallines Pulver, das in Schwefelkohlenstoff und allen anderen Lösungsmitteln völlig unlöslich ist. Schwarzer P. ist sehr stabil und läßt sich nur schwer entzünden. Er ist die bis ca. 550 °C stabilste P.-Modifikation

Roter Phosphor.

Bildet je nach Herstellungsbedingungen ein rotes bis rotviolettes Pulver und steht in seinem Verhalten zwischen dem Weißen und Schwarzen P. Roter P ist unlöslich in org. Solventien und entzündet sich beim Erwärmen auf 260 °C an der Luft. Oberhalb 550 °C ist der rote P die stabilste Modifikation.

Violetter Phosphor.

Ist aus zu Doppelschichten miteinander verbundenen Polymerketten aufgebaut. Er wurde erstmals 1865 von Hittorf aus der Bleischmelze hergestellt.

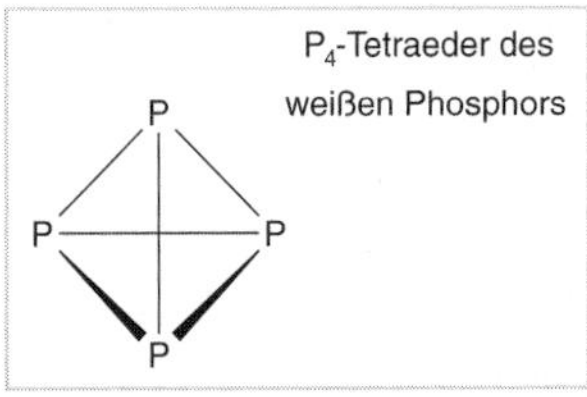

Tetraederstruktur des Weißen Phosphors

Die unterschiedlichen Eigenschaften der P-Modifikationen lassen sich auf die Bindungsverhältnisse in den einzelnen Atomverbänden zurückführen. Der Weiße P besteht im festen, flüssigen und gasförmigen Zustand sowie in Lösung aus diskreten tetraedrisch gebauten P4-Molekülen, in denen jedes P-Atom mit drei anderen verbunden ist. Da jede Tetraederseite ein gleichseitiges Dreieck darstellt, müssen alle Bindungswinkel 60° betragen. Aus diesem kleinen Bindungswinkel ergibt sich eine starke Spannung im P4-Molekül, was wiederum die Reaktivität des Weißen P erklärt (s. Abbildung). Der Weiße P oxidiert sich an der Luft langsam, was mit einer grünlichen Phosphoreszenz einhergeht. Diese Erscheinung gab dem Element seinen Namen.

Der Schwarze P weist eine polymere Struktur auf. Das Kristallgitter ist aus Schichten aufgebaut, die untereinander durch relativ schwache Wechselwirkungen verbunden sind und den schuppigen Charakter erklären. Die Schichten selbst bestehen aus miteinander verknüpften P-Sechsringen, die Sesselkonformation einnehmen und so gewellte Ebenen ausbilden (s. Abbildung).

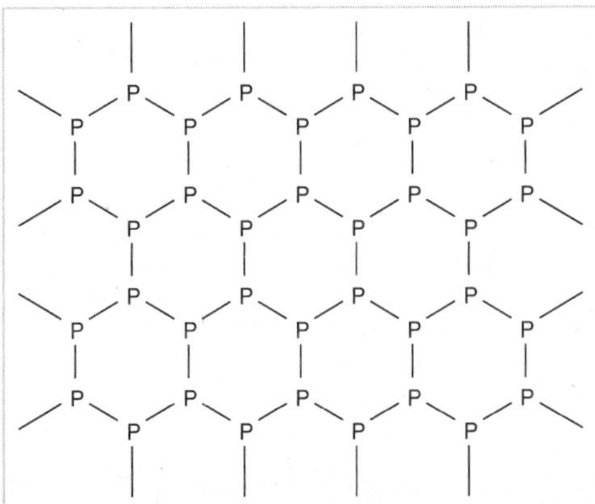

P-Sechsring-Ebenen des Schwarzen Phosphors

Der Rote P nimmt strukturell eine Mittelstellung zwischen Weißem und Schwarzem P ein. Entsprechend seiner Entstehung aus dem Weißen P durch dessen Erwärmung auf ca. 300 °C während mehrerer Tage, bei der die gespannten P4-Tetraeder größtenteils aufgesprengt werden und die freiwerdenden Bindungen sich spontan beliebig zu einem unregelmäßigen Raumnetz willkürlich umgruppieren, ist der Rote P amorph, d. h. er besitzt kein definiertes Kristallgitter. Je nach Herstellungsbedingungen kann die äußere Erscheinungsform des Roten P, und damit auch die innere Struktur, erheblich variieren. Erst wochenlanges Erwärmen auf höhere Temperatur (ca. 450 °C) ermöglicht dem Atomverband die Ausbildung einer kristallinen Schichtstruktur, die jedoch noch nicht im Detail geklärt ist.

Vor wenigen Jahren wurden zwei weitere Modifikationen des P gefunden. Sie stellen feine rotbraune, faserige Pulver dar, die an Luft bis ca. 300 °C stabil sind. Sie sind aufgebaut als lineare bzw. gewundene Kettenpolymere, die sich zu dichten Bündeln zusammenlagern.

$3\,Ca_3(PO_4)_2 \cdot Ca(F,Cl,OH)_2$	Phosphorit
$3\,Ca_3(PO_4)_2 \cdot CaF$	Apatit

Wichtige Phosphat-Mineralien: der Phosphorit und der Apatit

P. kommt wegen seiner Affinität zum ↑ Sauerstoff in der Natur nicht elementar vor, sondern findet sich ausschließlich in Form der Phosphate, vor allem als ↑ Calciumphosphat. Die wichtigsten Phosphat-Mineralien sind der *Phosphorit* und der *Apatit* (s. Formelabbildung).

Daneben finden sich noch Eisen- und Aluminiumphosphate. Die bedeutendsten Vorkommen entfallen auf die USA und Afrika. In Form der ↑ Phosphorsäure ist P auch Bestandteil der pflanzlichen und tierischen Lebewesen und erfüllt fundamentale biochemische Funktionen (s. unten). Der Anteil des P am Aufbau der Erdrinde wird auf 0,12 % geschätzt.

Für die Gewinnung des P besitzt nur Apatit Bedeutung, und zwar besonders der Fluorapatit. (s. unter ↑ Fluor). Der P wird aus dem Apatit durch elektrothermische Reduktion mit Kohle freigesetzt. Dabei wird Quarzsand (Kies) zugesetzt, um das entstehende ↑ Calciumoxid in eine leichtschmelzende Schlacke zu überführen, die aus dem elektrothermischen Reaktor abgelassen werden kann. Das Gemenge aus Apatit, Kohle und Kies wird im elektrischen Lichtbogen (zwischen Kohleelektroden) bei 1300–1400 °C geschmolzen, wobei die im Schema dargestellten Reaktionen ablaufen (s. Schema). Der entstehende Weiße P verdampft und wird in Wasser aufgefangen.

$$3\,Ca_3(PO_4)_2 + 5\,C \longrightarrow 3\,CaO + 5\,CO + 2\,P$$
$$3\,CaO + 3\,SiO_2 \longrightarrow 3\,CaSiO_3$$
$$3\,Ca_3(PO_4)_2 + 3\,SiO_2 + 5\,C \longrightarrow 3\,CaSiO_3 + 5\,CO + 2P$$

Herstellung von Weißem Phosphor durch elektrothermische Reduktion

Die Darstellung des Roten P aus dem Weißen P ist oben bereits angedeutet. Der Schwarze P entsteht aus dem Weißen unter Anwendung hoher Drucke (12000 bar) bei ca. 200 °C. Der Schwarze P hat wegen seiner Reaktionsträgheit keinerlei technische Bedeutung.

P ist ein Element der zweiten Achterperiode des PSE und steht in der 5. Hauptgruppe. Die Elektronenkonfiguration lautet also $1s^2\ 2s^2\ 2p^6\ 3s^2\ 3p^3$, Grundterm $^4S_{3/2}$, und P kann lückenlos alle Oxidationsstufen von −3 bis +5 ausbilden.

Die technisch wichtigste P-Modifikation ist bei weitem der Weiße P, da er zur Herstellung der anderen P-Verbindungen dient. Seine Bedeutung zur Herstellung der wichtigsten P-Verbindung, der ↑ Phosphorsäure, ist allerdings stark zurückgegangen (s. unter ↑ Phosphorsäure). Der Weiße P unterliegt an der Luft der langsamen Oxidation und zeigt dabei Chemilumineszenz (s. unter ↑ di-Phosphorpentoxid).

Der Rote P dient als Bestandteil von Zündholz-Reibflächen (s. unter ↑ Kaliumchlorat) und wird generell in der Pyrotechnik in Rauch- und Feuerwerkskörpern eingesetzt.

P. ist wesentlicher Bestandteil der Lebend-Systeme. Im tierischen Körper ist er als Calciumphosphat am Knochenaufbau beteiligt und als Phosphorsäureester Baustein der an grundlegenden Lebensprozessen beteiligten Moleküle (s. ↑ Nucleinsäuren, ↑ Phospholipide, ↑ Adenosin-5′-triphosphat). Der erwachsene Mensch enthält ca. 700 g P, von denen ca. 600 g auf die Knochen entfallen. Der P. wird in einem sich zwischen Litho- , Hydro- und Biosphäre abspielenden Kreislauf geführt. Besonders Algen vermögen Phosphat sehr schnell aufzunehmen, was zu der bekannten *Eutrophierung* der Gewässer bei Phosphat-Überangebot führt.

Weiteres zur Chemie des P. s. unter den einzelnen Verbindungen.

Da P meist in Form von Phosphorsäure oder ihren Salzen vorliegt, läuft ein analytischer P-Nachweis auf einen Phosphat-Nachweis hinaus. Hierfür am geeignetsten ist die Fällung als Ammoniumsalz der Molybdatophosphorsäure (s. auch ↑ Ammoniumheptamolybdat und ↑ Molybdatophosphorsäure): Eine stark salpetersaure phosphathaltige Lösung wird mit Ammoniumheptamolybdat-Lösung versetzt. Nach einigen Minuten hat sich ein leuchtend gelber Niederschlag gebildet.

► Weißer P ist hochgiftig. Die orale Aufnahme von ca. 50 mg ist tödlich. Der Tod tritt dabei erst nach 5–10 Tagen ein. Die Giftwirkung beruht auf der Störung der Eiweiß- und Kohlenhydrat-Synthese im Körper. Es stellen sich starke Gefäßschäden (innere Blutungen) und hypoglykämische Krämpfe ein. Über diese akute Giftigkeit hinaus wirkt Weißer P. auch chronisch stark toxisch (Arbeiter in Zündholzfabriken zeigten im 19. Jahrhundert starke Gesundheitsschäden). Die Verwendung von Weißem P. wurde deshalb nach 1900 verboten. Roter P ist nicht giftig. Brennender P verursacht auf der Haut schlechtheilende Wunden.

P $Z = 15$ $A_R = 30{,}97376$ Isotope: 31; 28, 29, 30, 32, 33, 34 (künstlich)

t_{Smp} 44 °C	t_{Sdp} 277 °C	d 1,82 g/cm³	MV	α	λ
C_p 23,8 J/(K · mol)	$\Delta_S H$ 0,66 kJ/mol	$\Delta_V H$ 52 kJ/mol	S^o 41,1 J/(K · mol)	ϱ	
MAK	R-Satz 11-16-50	S-Satz 7-43-61			

Phosphor(III)chlorid

Phosphorus trichloride Phosphortrichlorid

Bildet eine farblose, an feuchter Luft stark rauchende Flüssigkeit von stechendem, an Salzsäure erinnerndem Geruch. P. löst sich in Benzol und Schwefelkohlenstoff. Mit Wasser erfolgt heftige hydrolytische Zersetzung (s. unten).

$$P_4 + 6\,Cl_2 \longrightarrow 4\,PCl_3$$

Elementsynthese von Phosphor(III)-chlorid

P. wird durch Umsetzung von Weißem ↑ Phosphor mit ↑ Chlor erhaten (s. Gleichung). Die Reaktion ist exotherm und verläuft leicht sehr heftig. Eine elegante Methode besteht darin, den Weißen Phosphor in P. vorzulegen und Chlor einzuleiten. Infolge der Exothermie destilliert P. über, von dem ein Teil entnommen und ein Teil zurückgeführt wird. Der Phosphor wird nach Maßgabe des Verbrauchs zugegeben.

Die Umsetzung mit Wasser liefert quantitativ ↑ Chlorwasserstoff und ↑ Phosphonsäure (Phosphorige Säure, s. Gleichung).

$$PCl_3 + 3\,H_2O \longrightarrow H_3PO_3 + 3\,HCl$$

Hydrolyse von Phosphor(III)chlorid

P. wird durch Luftoxidation bei ca. 50 °C in ↑ Phosphoroxichlorid überführt und die Umsetzung von P. mit überschüssigem ↑ Chlor liefert ↑ Phosphor(V)chlorid. Außer diesen beiden Verbindungen werden aus P. vor allem die ↑ Phosphonsäure und ihre Ester hergestellt sowie das ↑ Triphenylphosphan. Außerdem dient P. zur Überführung von Carbonsäuren in ihre Säurechloride.

► P. ist stark haut- und schleimhautreizend.

Cl_3P $M_R = 137{,}35$ Cl 77,45 % P 22,55 %

t_{Smp} −92 °C	t_{Sdp} 76 °C	d 1,57 g/cm³	η

C_p	$\Delta_S H$	$\Delta_V H$	$\Delta_B H$	S^o	Q_C
71,6 J/(K · mol) (gas)	4,5 kJ/mol	30,5 kJ/mol	−289 kJ/mol (gas)	311,7 J/(K · mol) (gas)	

MAK	R-Satz	S-Satz
3 mg/m³	14-26/28-35-48/20	7/8-26-36/37/39-45

Phosphor(V)chlorid

Phosphorus pentachloride Phosphorpentachlorid

Bildet eine farblose bis gelbliche, rauchende, zerfließliche kristalline Masse von penetrantem ätzendem Geruch. P. ist löslich in Schwefelkohlenstoff und in Tetrachlorkohlenstoff.

$$PCl_3 + Cl_2 \longrightarrow PCl_5$$

Herstellung von Phosphor(V)chlorid

P. entsteht bei der Umsetzung von ↑Phosphortrichlorid mit ↑Chlor (s. Gleichung).

Das P.-Molekül stellt eine trigonale Bipyramide dar: Das P-Atom befindet sich in der Mitte eines gleichseitigen Dreiecks, an dessen Ecken sowie symmetrisch über und unter dessen Ebene sich die Chloratome befinden (s. Abbildung).

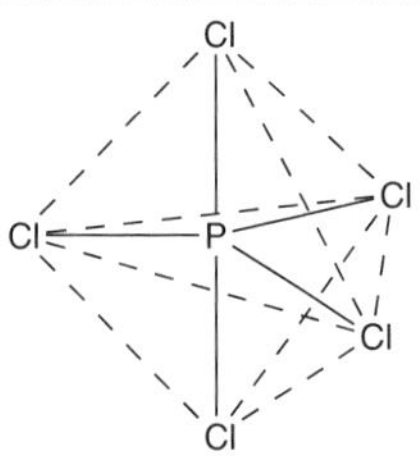

trigonal-bipyramidale Struktur des PCl_5-Moleküls

P-Atom: sp^3d-hybridisiert

In festem Zustand:

$$2\,PCl_5 \longrightarrow [PCl_4]^{\oplus} + [PCl_6]^{\ominus}$$

Trigonal-bipyramidale Struktur des Phosphor(V)chlorid-Moleküls

P. liefert mit Wasser unter hydrolytischer Zersetzung ↑Phosphorsäure und ↑Chlorwasserstoff, wobei die Zwischenstufe ↑Phosphoroxichlorid faßbar ist (s. Gleichungen).

$$PCl_5 + H_2O \longrightarrow OPCl_3 + 2\,HCl$$
$$OPCl_3 + 3\,H_2O \longrightarrow OP(OH)_3 + 3\,HCl$$
$$PCl_5 + 4\,H_2O \longrightarrow OP(OH)_3 + 5\,HCl$$

Umsetzung von Phosphor(V)chlorid mit Wasser

P. dient vor allem als kräftiges Chlorierungsmittel (zwei Chloratome werden besonders leicht abgespalten) in der organischen Chemie, insbesondere zur Herstellung von Säurechloriden. Präparative Verwendung findet P. auch in der Vilsmeier-Reaktion (s. unter ↑4-Dimethylaminobenzaldehyd).

► P. wirkt stark ätzend auf Augen und Schleimhäute.

Cl_5P $M_R = 208{,}24$ Cl 85,13 % P 14,87 %

$t_{Sublimation}$	t_{Sdp}	d	η
164 °C (S)		2,12 g/cm³	

C_p	$\Delta_S H$	$\Delta_V H$	$\Delta_B H$	S^o	Q_C
112 J/(K · mol) (gas)	67,4 kJ/mol (S)		−375 kJ/mol (gas)	364 J/(K · mol) (gas)	

MAK	R-Satz	S-Satz
1 mg/m³	14-22-26-34-48/20	7/8-26-36/37/39-45

Phosphoroxichlorid

Phosphorus oxichloride Phosphorylchlorid

Bildet eine klare, an der Luft stark rauchende Flüssigkeit von stechendem penetrantem Geruch. P. reagiert heftig mit Wasser unter Bildung von ↑ Phosphorsäure und ↑ Chlorwasserstoff (s. Gleichung).

$$POCl_3 + 3\,H_2O \longrightarrow H_3PO_4 + 3\,HCl$$

Hydrolyse von Phosphoroxichlorid

$$2\,PCl_3 + O_2 \xrightarrow{50\,°C} 2\,POCl_3$$

Technische Darstellung von Phosphoroxichlorid

Für P. existieren zahlreiche Synthese-Möglichkeiten. Die heute übliche technische Darstellung beruht auf der Oxidation von ↑ Phosphortrichlorid (s. Gleichung).

P. wird technisch hauptsächlich zur Herstellung von aliphatischen und aromatischen Phosphorsäureestern verwendet (s. Gleichung).

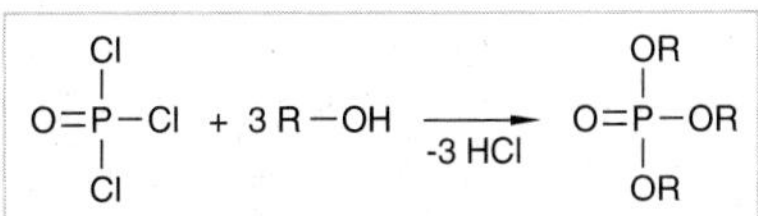

Darstellung von Phosphorsäureestern

Die *Phosphorsäureester* finden vielfältige Verwendung als Weichmacher, Treibstoff- und Schmierölzusätze und als Extraktionsmittel (s. unter ↑ Tributylphosphat und ↑ Phosphorsäure).

Darüber hinaus dient P. präparativ als Chlorierungsmittel (Herstellung von Alkylchloriden und Säurechloriden), sowie als Friedel-Crafts-Katalysator in der Vilsmeier-Reaktion (s. unter ↑ 4-Dimethylaminobenzaldehyd).

► P. ist stark haut- und schleimhautreizend.

Cl_3OP $M_R = 153{,}35$ Cl 69,36 % O 10,43 % P 20,20 %

t_{Smp}	t_{Sdp}	d	η
1,3 °C	108 °C	1,72 g/cm³	

C_p	$\Delta_S H$	$\Delta_V H$	$\Delta_B H$	S^o	Q_C
139 J/(K · mol) (gas)	13 kJ/mol	34,3 kJ/mol	−597 kJ/mol (gas)	222 J/(K · mol) (gas)	

MAK	R-Satz	S-Satz
1 mg/m³	14-22-26-35-48/23	7/8-26-36/37/39-45

Phosphorpentasulfid

Phosphorus pentasulfide

Bildet hellgelbe Kristalle, die in Schwefelkohlenstoff recht gut löslich sind. Von Wasser wird P., besonders in der Wärme, zu ↑ Phosphorsäure und ↑ Schwefelwasserstoff zersetzt, weshalb P. an feuchter Luft stets nach Schwefelwasserstoff riecht.

P. wird technisch gewonnen durch Zusammenschmelzen von Weißem ↑ Phosphor mit ↑ Schwefel bei 300 °C (s. Gleichung). Die Struktur des P. ist genau analog zu der von ↑ di-Phosphorpentoxid und ergibt sich formal dadurch, daß in jede P-P-Bindung des P_4-Tetraeders des Weißen Phosphors ein S-Atom eingefügt und jedes P-Atom zusätzlich an ein S-Atom doppelgebunden wird (s. Abbildung).

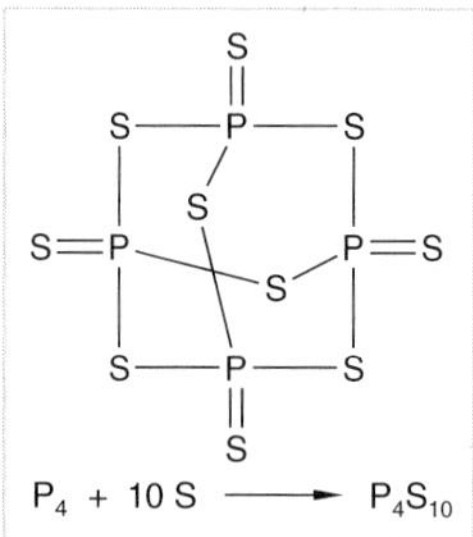

Elementsynthese von Phosphorpentasulfid

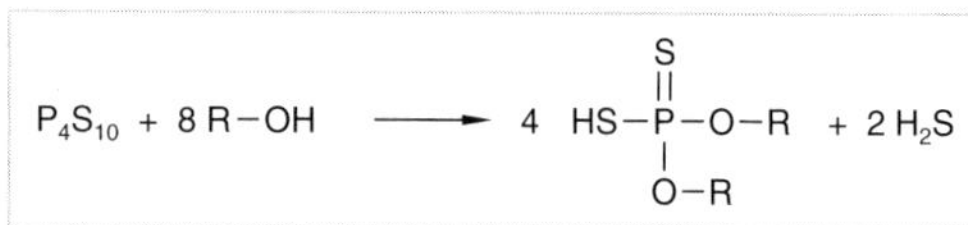

Bildung von Dithiophosphorsäureestern

Mit Alkoholen und Phenolen reagiert P. zu *Dialkyldithiophosphorsäuren* bzw. *Diaryldithiophosphorsäuren* (s. Gleichung).

Diese *Dithiophosphorsäureester* werden u. a. in Hochdruckschmiermitteln verwendet. P. wird präparativ ferner zur Herstellung von Insektiziden genutzt sowie generell zur Einführung von Schwefel in organische Verbindungen. Die gezielte Überführung von Carbonylverbindungen in die entsprechenden *Thiocarbonyle* gelingt effektiv mit dem *Lawesson-Reagenz*, das man leicht durch Umsetzung von P. mit Anisol erhält (s. Schema).

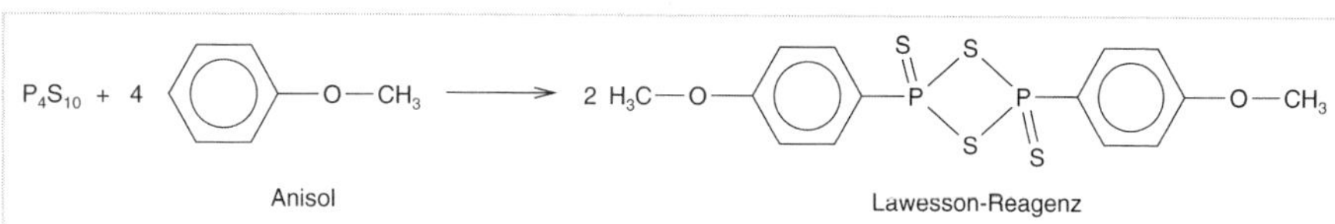

Herstellung von Lawesson-Reagenz

Mit Lawesson-Reagenz (*2,4-Bis-(4-methoxyphenyl)-1,3,2,4-dithiaphophetan-2,4-disulfid*) lassen sich sogar Carbonamide in die *Thioamide* umwandeln.

Eine wichtige Eigenschaft von P. ist seine Entzündbarkeit durch Reibung, wobei es zu ↑ di-Phosphorpentoxid und ↑ Schwefeldioxid verbrennt, was in den Sicherheitszündhölzern genutzt wird.

P_2S_5 $M_R = 222{,}28$ P 27,87 % S 72,13 %

t_{Smp}	t_{Sdp}	d	η		
290 °C	514 °C	2,08 g/cm³			
C_p	$\Delta_S H$	$\Delta_V H$	$\Delta_B H$	S^o	Q_C
296 J/(K · mol)	41 kJ/mol		−309 kJ/mol		

MAK	R-Satz	S-Satz
1 mg/m³	11-20/22-29-50	6

di-Phosphorpentoxid

Phosphorus pentoxide

Bildet ein weißes, äußerst hygroskopisches und zerfließliches kristallines Pulver, das sich mit Wasser in stark exothermer Reaktion zu ↑ Phosphorsäure umsetzt.

P. wird hergestellt durch Verbrennung von Weißem ↑ Phosphor unter Zufuhr von ausreichender Menge getrockneter Luft, eine stark exotherme Reaktion (s. Gleichung). Die den Brennerraum verlassenden Gase werden in Kühlkammern kondensiert. Wird die Verbrennung unter beschränktem Luftzutritt bei niedriger Temperatur geführt, so erhält man *Phosphortrioxid* (s. Gleichung).

$$P_4 + 5\,O_2 \longrightarrow P_4O_{10}$$

Gewinnung von di-Phosphorpentoxid

$$P_4 + 3\,O_2 \longrightarrow P_4O_6$$

Bildung von Phosphortrioxid bei ungenügender Sauerstoffzufuhr

$$P_4O_6 + 2\,O_2 \longrightarrow P_4O_{10}$$

Verbrennung von Phosphortrioxid zu Phosphorpentoxid

$$P_4 \xrightarrow{\text{Luft}} P_4O_6 \xrightarrow{h \cdot \nu} P_4O_{10}$$

Chemolumineszenz des Weißen Phosphors

Phosphortrioxid ist ein weißer, wachsartiger kristalliner Feststoff vom Schmp. 24 °C, der mit kaltem Wasser ↑ Phosphonsäure liefert und beim Erwärmen an der Luft auf ca. 70 °C zu P. verbrennt (s. Gleichung).

Die beiden letztgenannten Reaktionen laufen auch bei der langsamen Luftoxidation des Weißen Phosphors schon bei Raumtemperatur ab, was im Dunkeln als Leuchten zu erkennen ist, da die bei der Oxidation des Phosphortrioxids zum Phosphorpentoxid frei werdende Energie als Strahlung abgegeben wird (Chemolumineszenz) (s. Gleichung).

Die Struktur von Phosphortrioxid ergibt sich dadurch, daß man zwischen jede P-P-Bindung in den P4-Tetraedern des Weißen Phosphors ein Sauerstoff-Atom einschiebt, d. h. die P-P-Bindungen durch P-O-P-Bindungen ersetzt, während die Struktur des Phosphorpentoxids sich von der des Phosphortrioxids dadurch ableitet, daß jedes P-Atom hier zusätzlich ein doppelt gebundenes O-Atom trägt (s. Abbildung).

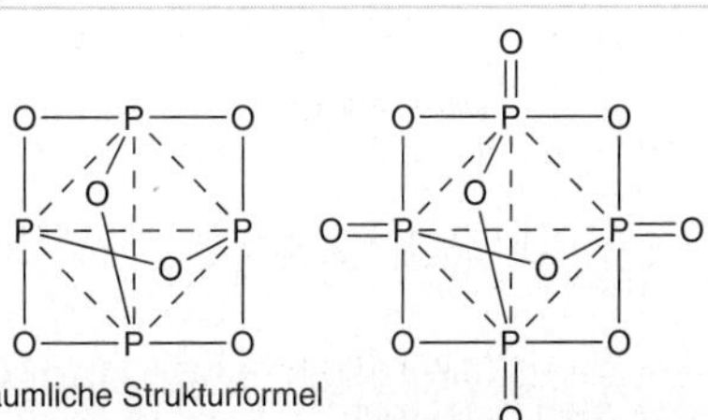

Räumliche Strukturformel des Moleküls P_4O_6

Räumliche Strukturformel des Moleküls P_4O_{10}

Strukturen der Phosphoroxid-Moleküle

Bei der Reaktion des P. mit Wasser entsteht über die Zwischenstufen *Tetraphosphorsäure* und *Diphosphorsäure* schließlich die ↑ Phosphorsäure.

Die herausragende Eigenschaft des P. ist seine Hygroskopizität, die es zu einem der wirksamsten und wichtigsten Trockenmittel macht. Es dient dabei nicht nur zur Bindung freien Wassers aus Feststoffen, Flüssigkeiten und Gasen, sondern entzieht auch chemisch gebundenes Wasser. Zu diesem Zweck wird P. auch in Kondensations- und Polymerisations-Reaktionen eingesetzt.

$O_{10}P_4$ $M_R = 283{,}92$ O 56,36 % P 43,64 %

t_{Smp}	$t_{Sublimation}$	d	η
580 °C (verschl.)	359 °C (S)	2,93 g/cm³	

C_p	$\Delta_S H$	$\Delta_{Sub} H$	$\Delta_B H$	S^o	Q_C
	71,5 kJ/mol	106 kJ/mol (S)	−3010 kJ/mol	229 J/(K · mol)	

MAK	R-Satz	S-Satz
1 mg/m³	35	22-26-45

Phosphorsäure

Phosphoric acid Orthophosphorsäure

Die reine, wasserfreie P. bildet farblose durchsichtige geruchlose Kristalle, die sich in Wasser sehr gut lösen. P. ist auch löslich in Ethanol. In den Handel kommt die P. meist als 85 %ige wässerige Lösung in Form einer klaren sirupösen Flüssigkeit. Der pH-Wert einer 0,1n Lösung beträgt 1,5.

Die P. wird technisch auf zwei verschiedenen Wegen gewonnen.

1. Durch sauren Aufschluß von Apatit mit ↑ Schwefelsäure, wobei die „*Aufschluß-phosphorsäure*“ aus dem Calciumphosphat-Anteil des Apatits freigesetzt wird (s. Gleichung).

$$Ca_3(PO_4)_2 + 3\,H_2SO_4 \longrightarrow 3\,CaSO_4 + 2\,H_3PO_4$$

Gewinnung der Phosphorsäure aus Apatit

2. Durch Verbrennung von Weißem ↑ Phosphor und Einleiten der entstehenden Dämpfe von ↑ di-Phosphorpentoxid in Wasser, wobei die „thermische Phosphorsäure“ erhalten wird (s. Gleichungen).

$$P_4 + 5\,O_2 \longrightarrow P_4O_{10}$$
$$P_4O_{10} + 6\,H_2O \longrightarrow 4\,H_3PO_4$$

Phosphorsäure-Herstellung aus Weißem Phosphor

Wegen des hohen Energiebedarfs für das unter 2. genannte Verfahren (elektrothermische Herstellung des Weißen Phosphors) geht der Anteil der thermischen P. zugunsten der Aufschluß-P. stark zurück.

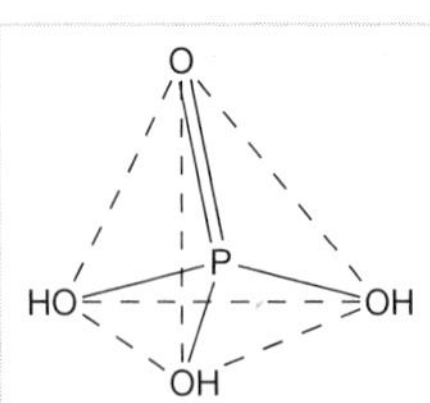

Tetraeder-Struktur des Phosphorsäure-Moleküls

Das P.-Molekül ist tetraedrisch gebaut (P-Atom in Tetraedermitte, O-Atome an Tetraederecken, s. Abbildung).

Die Protonen der P-OH-Gruppen sind acide, so daß die P. eine dreibasige Säure ist (s. Gleichungen). Dementsprechend vermag die P. drei Reihen von Salzen zu bilden (s. unter ↑ Natriumphosphate). Selbst in der ersten Dissoziationsstufe ist die P. eine schwächere Säure als die starken Mineralsäuren (↑ Salzsäure, ↑ Schwefelsäure, ↑ Salpetersäure).

$$H_3PO_4 \longrightarrow H_2PO_4^{\ominus} + H^{\oplus} \qquad pK_S1 = 2{,}2$$
$$H_2PO_4^{\ominus} \longrightarrow HPO_4^{2-} + H^{\oplus} \qquad pK_S2 = 7{,}2$$
$$HPO_4^{2-} \longrightarrow PO_4^{3-} + H^{\oplus} \qquad pK_S3 = 12{,}2$$
$$H_3PO_4 \longrightarrow PO_4^{3-} + 3\,H^{\oplus}$$

Dissoziationsstufen der Phosphorsäure

Die P. ist die wichtigste einer großen Zahl von Sauerstoffsäuren des Phosphors. Deren vielfältige Chemie macht einen Großteil der Phosphorchemie aus und soll hier nur grob angedeutet werden. Es lassen sich folgende Strukturprinzipien festhalten: das P-Atom ist stets vierfach (tetraedrisch) koordiniert; von den vier Liganden ist einer ein doppelt gebundenes O-Atom und mindestens einer eine OH-Gruppe. Die beiden anderen können OH-Gruppen, H-Atome oder P-Atome sein. Nur an O gebundene H-Atome können sauren Charakter besitzen. Daraus ergeben sich folgende einkernige Phosphor-Sauerstoffsäuren: die ↑ Phosphinsäure (Hypophosphorige Säure), die ↑ Phosphonsäure (Phosphorige Säure) und die Phosphorsäure (s. Abbildung).

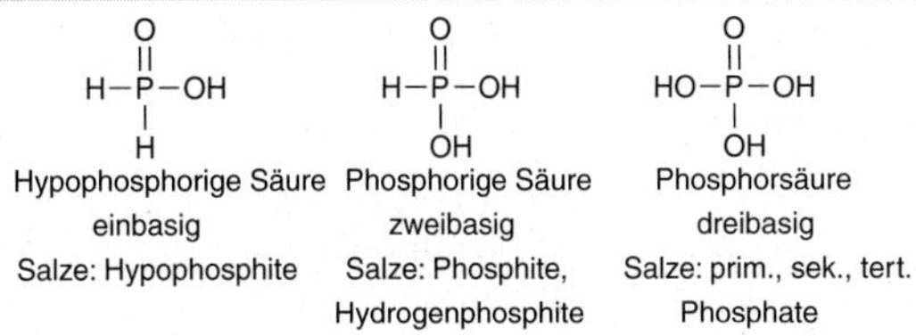

Einkernige Sauerstoffsäuren des Phosphors

Die große Vielfalt kommt nun dadurch zustande, daß diese drei einkernigen Säuren auf verschiedenste Weise oligomere und polymere Produkte bilden können, insbesondere durch Kondensations-Reaktionen. Am wichtigsten sind dabei die Kondensate der Phosphorsäure. Durch Erwärmen von P. über 200 °C erhält man durch Wasserabspaltung kettenförmige *Polyphosphorsäuren*, wie es für den ersten Schritt, die Bildung der *Diphosphorsäure*, im Schema formuliert ist und deren Salze als *Pyrophosphate* bezeichnet werden (s. Schema).

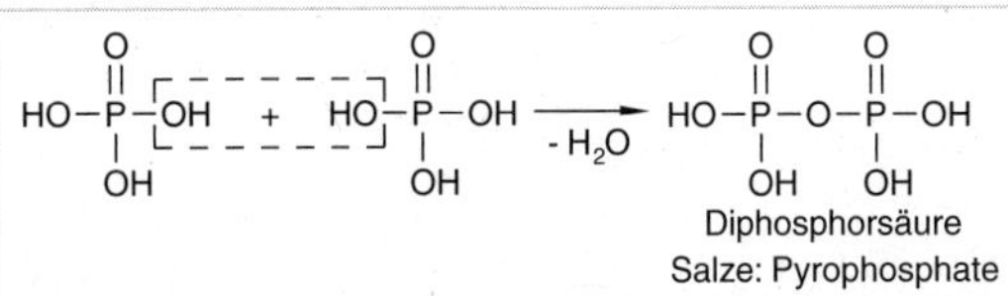

Bildung der Diphosphorsäure durch Kondensation

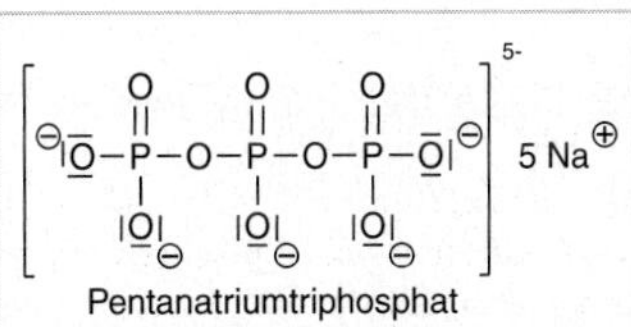

Struktur von Pentanatriumtriphosphat

Weitere Kondensation führt zu *Triphosphorsäure*, *Tetraphosphorsäure* usw. Die Alkalisalze dieser Polyphosphorsäuren besitzen hohes Komplexier- und Emulgiervermögen, wie das früher in Waschmitteln zur Enthärtung verwendete *Pentanatriumtriphosphat* (s. Abbildung). Heute dienen zu letzterem die Zeolithe (s. unter ↑ Siliciumdioxid).

Hochpolymere kettenförmige *Polyphosphate* mit bis zu 10000 P-Atomen in der Kette erhält man beim Erhitzen von primären Orthophosphaten. Dabei werden rein empirisch (ohne Strukturen angeben zu können) verschiedene Produkte, die unter bestimmten Bedingungen erhalten werden, unterschieden, z. B. „*Madrellsches Salz*", „*Grahamsches Salz*", oder „*Kurrollsches Salz*".

Erfolgt die Wasserabspaltung nicht intermolekular zwischen Polyphosphorsäure und Phosphorsäure, sondern intramolekular, so gelangt man zu den cyclischen „*Metaphosphorsäuren*". deren einfachste die *Trimetaphosphorsäure* ist (s. Schema).

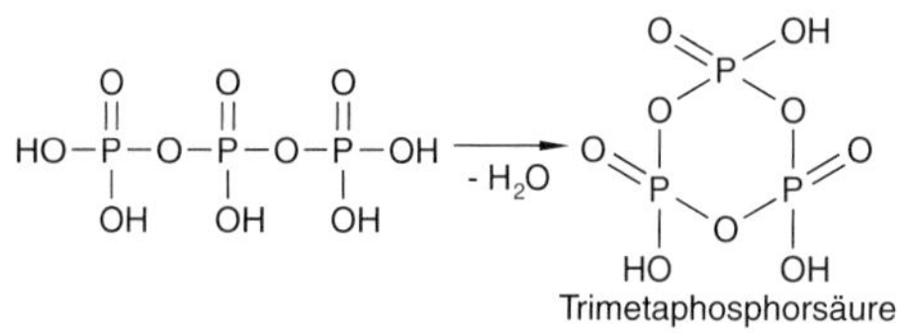

Bildung von Trimetaphosphorsäure durch intramolekulare Kondensation

Nimmt man nun noch die Kombination von P-P- und P-O-P-Verknüpfungen in den Ketten sowie Vernetzungen der Ketten untereinander hinzu, ergibt sich eine praktisch unbegrenzte Zahl möglicher Polyphosphorsäuren bzw. Polyphosphate.

Die P. dient in großem Ausmaß zur Herstellung von Düngemitteln und zur Herstellung von Komponenten von Wasch- und Reinigungsmitteln. Sie ist meist Ausgangsprodukt zur Darstellung von Phosphaten. Die P. selbst ist Bestandteil von Industriereinigern, Mitteln zur Metallbehandlung (Rostentferner) und dient als Stabilisator von Peroxiden. Sie wird auch wegen ihrer relativ milden Acidität und toxikologischen Unbedenklichkeit (natürlich in nicht ätzenden Konzentrationen, max. bis 0,7 g/kg) zum Säuern nichtalkoholischer Getränke verwendet und ist hierzu mit der Nummer *E 338* als Lebensmittelzusatzstoff zugelassen.

Zur biologischen Bedeutung der P. s. unter ↑ Phosphor.

Die Ester der P. (*Phosphorsäureester*) erhält man technisch durch Umsetzung von ↑ Phosphoroxichlorid mit den entsprechenden Alkoholen oder Phenolen, wobei gezielt die Mono-, Di- oder Triester darstellbar sind (s. Abbildung).

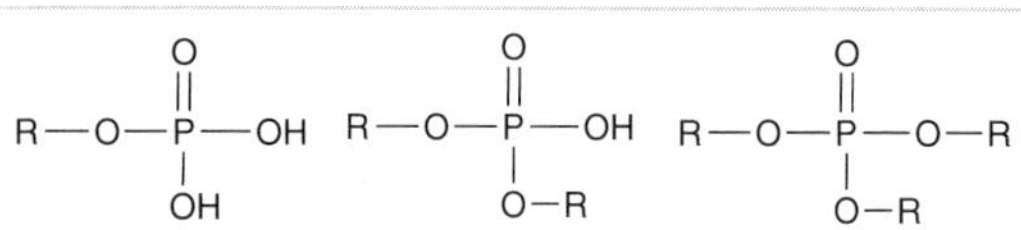

Ester der Phosphorsäure

Sie stellen je nach Resten R mehr oder weniger viskose farblose Flüssigkeiten oder farblose Feststoffe (kristallin oder wachsartig) dar. Die Mono- und Diester sind starke Säuren und bilden mit anorganischen oder organischen Basen Salze. Die Phosphorsäureester besitzen in sehr vielen technischen Bereichen vielfältige Anwendungen (Weichmacher, Entflammungshemmer, Reinigungsmittel, Netzmittel, Entschäumer, Emulgatoren, Extraktionsmittel, Hydraulikflüssigkeiten, Öladditive). Ein technisch wichtiger Vertreter ist ↑ Tributylphosphat. Auch die Thioderivate der Phosphorsäureester besitzen technische Bedeutung (z. B. als Insektizide). Siehe hierzu unter ↑ Phosphorpentasulfid.

Gehalt (Gew.-%)	4	10	20	30	40	50	60
c (mol/l)	0,416	1,075	2,272	3,614	5,118	6,811	8,730
d (g/cm³)	1,020	1,050	1,113	1,180	1,254	1,335	1,426

Gehalt, Molarität und Dichte verschiedener H_3PO_4-Lösungen

► P. wirkt inhöheren Konzentrationen stark ätzend. Heiße konzentrierte Lösungen von P. greifen Porzellan, Glas und Quarzglas stark an.

H_3O_4P	$M_R = 98,00$	H 3,09 %	O 65,31 %	P 31,61 %	
t_{Smp} 42,3 °C	t_{Sdp}	d 1,88 g/cm³	η		
C_p 106 J/(K · mol)	$\Delta_S H$ 10,5 kJ/mol	$\Delta_V H$	$\Delta_B H$ −1281 kJ/mol	S^o 110,5 J/(K · mol)	Q_C
MAK 1 mg/m³	R-Satz 34	S-Satz 26-45			

Phthalocyanine

Phthalocyanine dyes

Bei den P. handelt es sich um eine große Gruppe metallhaltiger organischer Pigmente bzw. Farbstoffe, die in den Tönen blau, grün oder rot verfügbar sind.

Sie enthalten das *Phthalocyanin-Grundgerüst* mit einem zentralen komplex gebundenen Metallatom. Es sei hier exemplarisch das *Kupferphthalocyanin* besprochen, das leuchtend blaue Kristalle bildet, die einen violetten Schimmer aufweisen und sich praktisch nur in 98 %iger ↑ Schwefelsäure lösen. Aus dieser Lösung lassen sie sich durch Verdünnen mit Wasser wieder ausfällen. Es läßt sich bei 580 °C im Vakuum sublimieren. Durch heiße ↑ Salpetersäure erfolgt Abbau zu ↑ Phthalsäureimid.

Die P. entstehen allgemein beim Erhitzen von *Phthalsäuredinitril* mit dem entsprechenden Metallsalz auf ca. 200 °C, so z. B. mit ↑ Kupfer(I)chlorid (s. Schema).

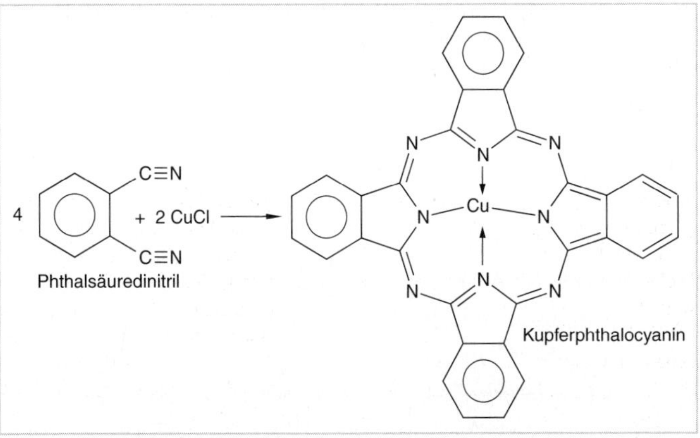

Bildung von Kupferphthalocyanin

Das P.-Grundgerüst entspricht also dem von ↑ Porphin, mit dem Unterschied, daß die vier Methinbrücken durch =N-Gruppierungen ersetzt und die vier Pyrrolringe mit je einem Benzolring kondensiert sind. Das Grundgerüst mit zwei N-gebundenen H-Atomen statt des Metallatoms wird als *Phthalocyanin* bezeichnet. Durch Sulfonierung bzw. Halogenierung der Benzolringe können die P. löslich gemacht bzw. die Farbtöne variiert werden.

Die P. sind heute technisch bedeutende Farbstoffe bzw. Pigmente in der Farbenproduktion (für Papiere, Tapeten, Lacke, Kunstharze) und können auch zur Textilfärbung verwendet werden, indem sie direkt auf der Faser erzeugt werden.

Die P. finden auch präparative Verwendung, da sie in der Lage sind, manche Abbaureaktionen zu katalysieren (z. B. den oxidativen Abbau von halogenierten Aromaten in Abwässern oder die Abspaltung von Schutzgruppen).

Besonderes Interesse beanspruchen wegen ihrer elektrischen Eigenschaften auch die metallorganischen *Phthalocyaninpolymere*, die sich aus den P. gewinnen lassen, z. B. durch axiale Verknüpfung von P.-Molekülen über die Metallatome (Komplex-Bildung).

Kupferphthalocyanin wurde erstmals 1927 hergestellt und seine Struktur 1933 aufgeklärt. Seit 1934 ist es als Farbstoff auf dem Markt (zunächst unter dem Namen *Heliogenblau B*). 1951 entdeckte man die Erzeugbarkeit auf der Textilfaser (Bayer).

$C_{32}H_{16}CuN_8$ $M_R = 576{,}08$ (Kupferphthalocyanin) C 66,72 % H 2,80 % Cu 11,03 % N 19,45 %

Phthalsäure

Phthalic acid 1,2-Benzoldicarbonsäure

Bildet ein weißes, fast geruchloses kristallines Pulver, das in Wasser kaum löslich ist (bei 20 °C ca. 0,6 g/100 ml) und sich in Ethanol bei 20 °C zu 10 g/100 ml löst.

Das früher übliche technische Synthese-Verfahren für P. beinhaltete die Luftoxidation von ↑ Naphthalin an Katalysatoren aus Vanadium(V)oxid (s. unter ↑ Vanadium) (s. Schema).

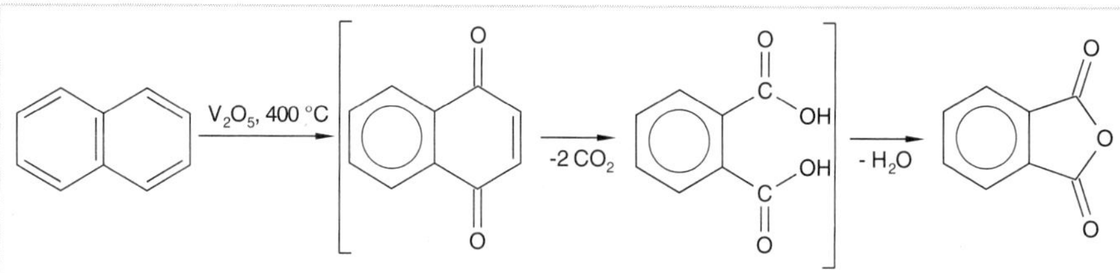

Frühere Synthese der Phthalsäure durch Oxidation von Naphthalin

Die heute wichtigste Methode beruht auf der analogen Oxidation von o-Xylol (s. unter ↑ Xylole), die sich wirtschaftlich günstiger durchführen läßt (s. Schema).

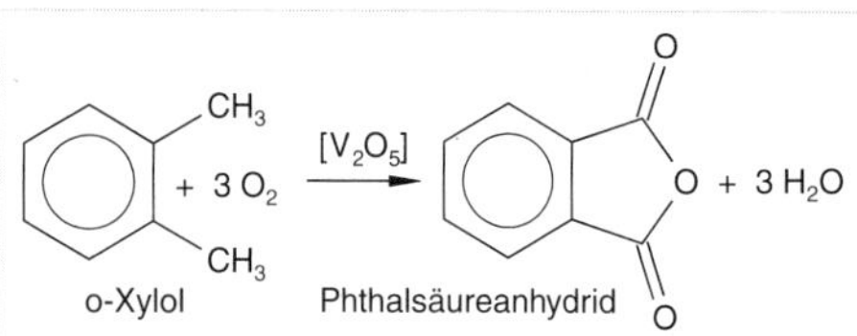

Heutige Route zur Phthalsäure

Nach beiden Verfahren wird zunächst ↑ Phthalsäureanhydrid erhalten, aus dem durch Erhitzen mit Wasser die freie P. entsteht (s. Schema). Die P. spaltet beim Erwärmen auf ca. 200 °C wieder Wasser ab unter Rückbildung von Phthalsäureanhydrid.

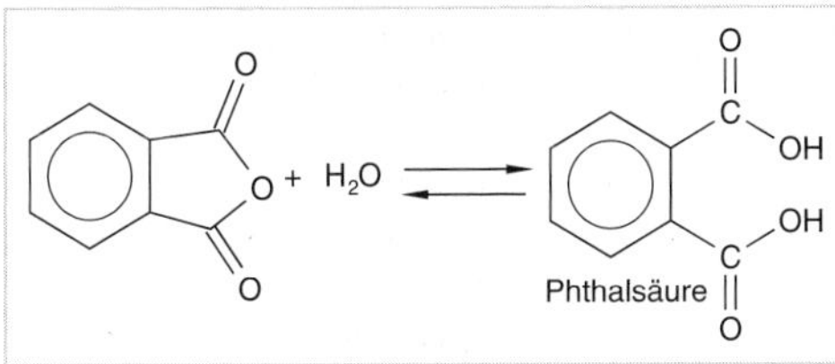

Bildung der Phthalsäure aus ihrem Anhydrid

Ester der P. werden als *Phthalate* bezeichnet und vor allem das *Dioctylphthalat*, das *Dibutylphthalat* und das *Diethylphthalat* werden in großen Mengen als Weichmacher in Thermoplasten, besonders in PVC, verwendet. Die P. ist Reaktionskomponente bei der Bildung der Glyptalharze (s. unter ↑ Alkydharze). Zur Herstellung dieser P.-Derivate wird allerdings meist das reaktionsfreudige Phthalsäureanhydrid eingesetzt.

$C_8H_6O_4$ $M_R = 166{,}13$ C 57,84 % H 3,64 % O 38,52 %

t_{Smp} 208 °C	t_{Sdp}	d 1,59 g/cm³	η		
C_p 202 J/(K · mol)	$\Delta_S H$	$\Delta_V H$	$\Delta_B H$ −782 kJ/mol	S^o 208 J/(K · mol)	Q_C −3223 kJ/mol
MAK	R-Satz	S-Satz 22-24/25			

Phthalsäureanhydrid

Phthalic anhydride

Kommt meist in Form weißer Blättchen in den Handel, bildet bei der leicht erfolgenden Sublimation jedoch weiße Nadeln. Die P. ähnelt im Löslichkeitsverhalten der ↑ Phthalsäure (zur Synthese s. dort).

Mit Alkoholen bildet P. beim Erwärmen unter saurer Katalyse die neutralen *Phthalsäureester* über die Stufe der sauren Ester (s. Schema).

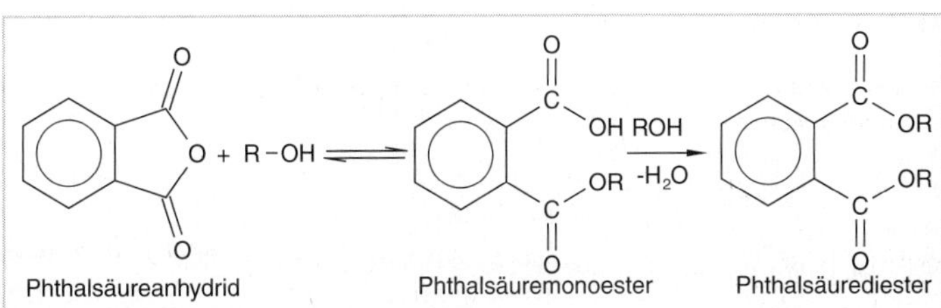

Bildung der Phthalsäureester mit Alkoholen

Die Umsetzung des P. mit ↑ Ammoniak unter Druck liefert ↑ Phthalsäureimid. Zur Herstellung von Alkydharzen mittels P. s. unter ↑ Alkydharze. P. dient ferner als Ausgangsprodukt zur Synthese der Phthalein-Farbstoffe, (z. B. ↑ Phenolphthalein) und zur Herstellung von Derivaten von ↑ Anthrachinon.

$C_8H_4O_3$ $M_R = 148{,}11$ C 64,87 % H 2,72 % O 32,41 %

t_{Smp}	t_{Sdp}	d	η		
131 °C	295 °C	1,53 g/cm³			
C_p	$\Delta_S H$	$\Delta_{Sub} H$	$\Delta_B H$	S^o	Q_C
160 J/(K · mol)		88 kJ/mol (S)	−460,4 kJ/mol	180 J/(K · mol)	−3259 kJ/mol
MAK	R-Satz	S-Satz			
1 mg/m³	22-37/38-41-42/43	23-24/25-26-37/39-46			

Phthalsäureimid

Phthalimide Phthalimid

Bildet ein farbloses kristallines Pulver, das in Wasser kaum löslich ist. In siedendem Ethanol lösen sich 5 g/100 ml. P. ist gut löslich in Alkalilaugen (s. unten).

P. wird hergestellt durch Umsetzung von ↑ Phthalsäureanhydrid mit ↑ Ammoniak unter Druck (s. Schema).

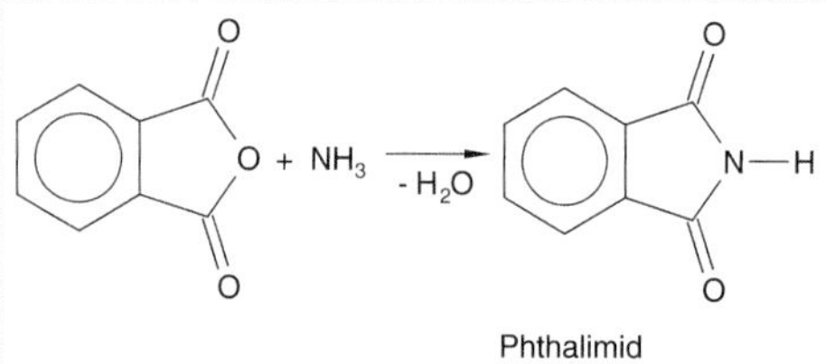

Synthese von Phthalimid

Bei der Auflösung von P. in Alkalilaugen tritt Salzbildung ein, da das N-ständige Proton infolge des Elektronenzuges der beiden benachbarten Carbonylgruppen acidifiziert ist. So wird aus einer Lösung von ↑ Kaliumhydroxid das *Phthalimid-Kalium* erhalten (s. Schema).

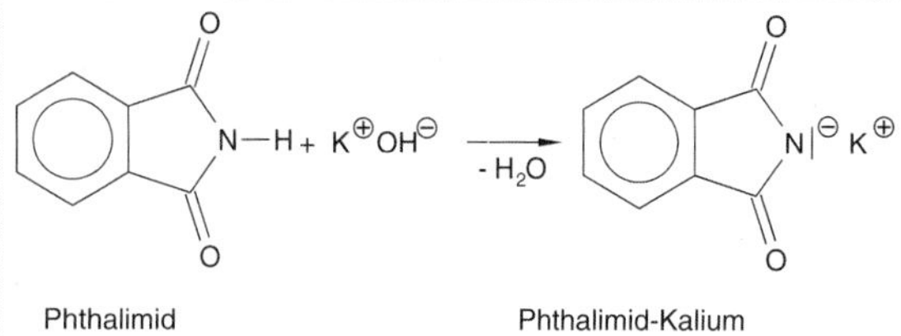

Herstellung von Phthalimid-Kalium

Das Phthalimid-Kalium findet in der „*Gabriel-Synthese*" eine präparative Anwendung zur gezielten Darstellung von primären Aminen: das Phthalimid-Anion reagiert in nucleophiler Substitution mit einem Alkylhalogenid unter Bildung des betreffenden N-Alkylimids. Dieses wird der Hydrazinolyse unterworfen unter Freisetzung des gewünschten Alkylamins (s. Schema).

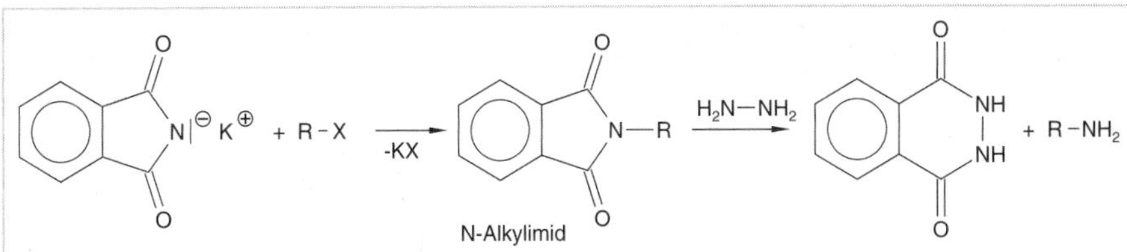

Garbriel-Synthese zur Herstellung primärer Amine

P. ist auch Ausgangsprodukt zur Herstellung der ↑ Anthranilsäure.

$C_8H_5NO_2$	$M_R = 147{,}13$	C 65,31 %	H 3,42 %	N 9,52 %	O 21,75 %

t_{Smp}	t_{Sdp}	d	η
238 °C			

Picoline

Picolines Methylpyridine

Die drei Isomeren *2-Picolin*, *3-Picolin* und *4-Picolin* (s. Abbildung) bilden farblose, eigentümlich riechende, in Wasser und den meisten org. Solventien gut lösliche Flüssigkeiten.

Sie finden sich in der Leicht- und Mittelölfraktion des Steinkohlenteers, aus der sie auch technisch gewonnen und durch fraktionierte Destillationen isoliert werden. In dieser Basenfraktion (Siedebereich 110-170 °C) finden sich auch die di- und tri-methylierten Pyridine, die *Lutidine* und *Collidine*.

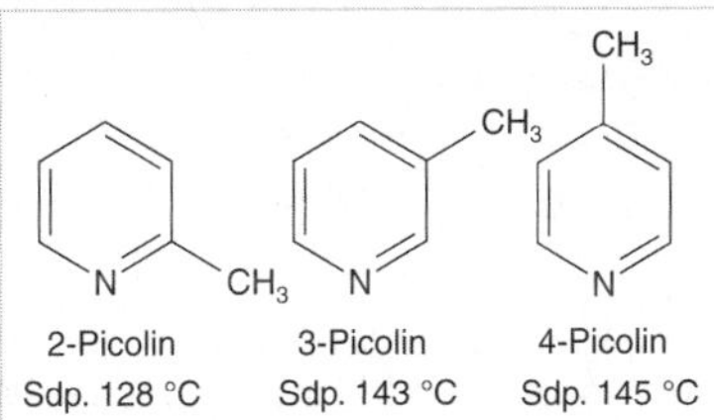

Strukturen der Picoline

Das wichtigste Isomere ist das *2-Picolin*. In ihm sind die Protonen der Methylgruppe acidifiziert, so daß 2-Picolin zur Aldoladdition an Aldehyde, z. B. ↑ Formaldehyd, befähigt ist (s. Schema).

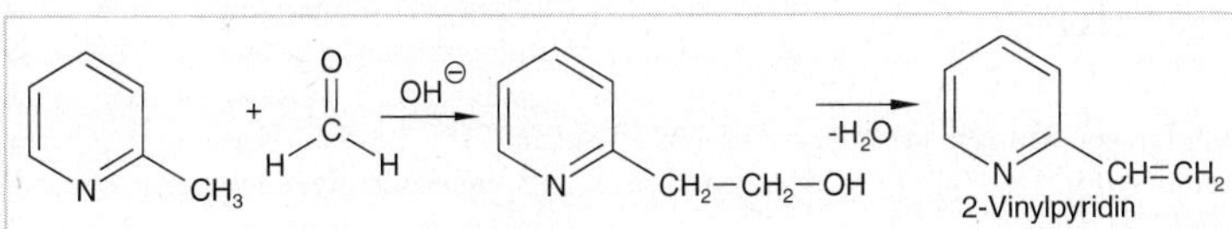

Synthese von *2-Vinylpyridin* aus 2-Picolin mit Formaldehyd

Zur analogen Reaktion ist auch *4-Picolin* befähigt, nicht jedoch *3-Picolin*. Die *Vinylpyridine* lassen sich durch Polymerisation und Copolymerisation in die *Polyvinylpyridine* überführen, die Polybasen darstellen und damit Polyelektrolyt-Charakter aufweisen. Die Pyridin-N-Atome lassen sich quaternisieren, was die *Vinylpyridinium-Polymere* ergibt, die wasserlöslich sind. Die Polyvinylpyridine werden durch ↑ Wasserstoffperoxid in die *Poly(vinylpyridin-N-oxide)* überführt. Polyvinylpyridine werden u. a. als Flockungsmittel und Ionenaustauscher eingesetzt.

Die Picoline liefern bei der Oxidation die entsprechenden *Pyridincarbonsäuren* (s. ↑ Nicotinsäure). 2-Picolin ist Ausgangsprodukt der Ladenburgschen Synthese von ↑ Coniin.

Die Picoline dienen auch als Lösungsmittel.

C_6H_7N $M_R = 93{,}12$ C 77,38 % H 7,58 % N 15,04 %

Pikrinsäure

Picric acid 2,4,6-Trinitrophenol

Die P. fällt beim Umkristallisieren aus Wasser in Form hellgelber, geruchloser Blättchen an. Sie lösen sich in Wasser bei 20 °C zu 1,3 g/100 ml, bei 100 °C zu ca. 6 g/ 100 ml, in Ethanol bei 20 °C zu ca. 8 g/100 ml. P. färbt die Lösungen intensiv gelb. Beim Erwärmen explodiert P. bei etwa 300 °C. Im trockenen Zustand kann eine Detonation schon auf Schlag hin erfolgen (s. unten). Deshalb kommt die P. mit 10-20 % Wasser angefeuchtet in den Handel. Die P. färbt proteinische Materialien, auch die menschliche Haut, leuchtend gelb.

Die Synthese der P. erfolgt am besten vom ↑ Phenol ausgehend über die Zwischenstufe der *Phenol-2,4-disulfonsäure*, deren Nitrierung die P. liefert (s. Schema). Die direkte energische Nitrierung des Phenols führt zu starken Zersetzungsverlusten.

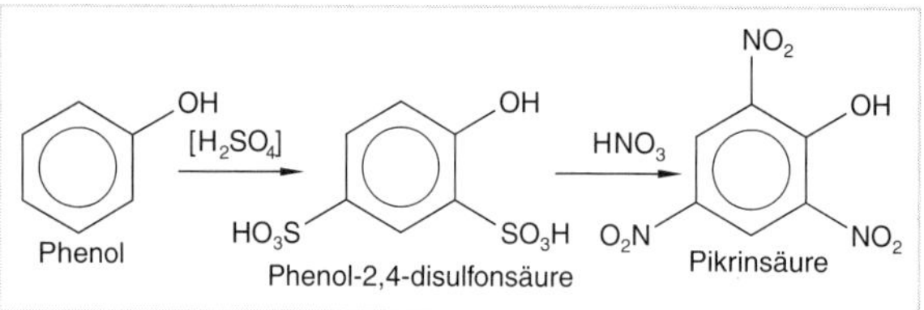

Synthese der Pikrinsäure

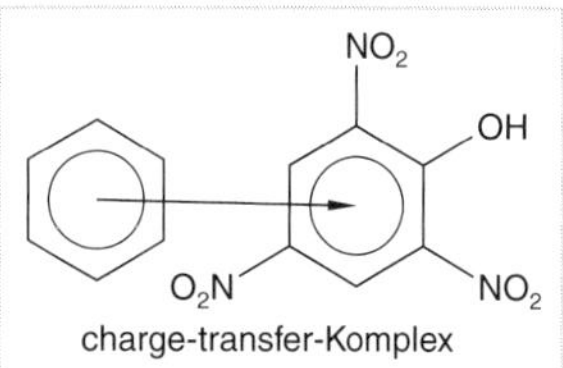

Charge-transfer-Komplex von Pikrinsäure mit Benzol

Die P. ist mit einem pK_S-Wert von 1,02 eine mittelstarke Säure, die mit Basen bereitwillig zu den entsprechenden Salzen, den Pikraten, reagiert. Der Säurecharakter beruht hier auf der stark acidifizierten phenolischen Hydroxylgruppe. Die *Pikrate* organischer Basen stellen durchweg gut kristallisierende Verbindungen dar, weshalb die P. analytisch zu deren Charakterisierung, z. B. über die Schmelzpunkte, herangezogen wird. Interessant ist die Addukt-Bildung der P. mit Aromaten, die zu farbigen, stöchiometrischen Produkten in quantitativer Ausbeute führt. Diese Addukte stellen „charge-transfer"-Komplexe dar (s. unter ↑ Hydrochinon): der Benzolkern der P. ist infolge des starken -M- und -I-Effektes der drei Nitrogruppen elektronenarm und tritt deshalb mit elektronenreicheren π-Systemen in eine Elektronen-Donator-Akzeptor-Beziehung (s. Abbildung).

Von Bedeutung sind auch die *Meisenheimer-Komplexe*, die allgemein als Übergangszustände bei nucleophilen Aromatensubstitutionen auftreten und die im Falle der P. aufgrund ihrer Färbungen ebenfalls analytisch verwertet werden (z. B. zum Alkaloid-Nachweis).

Die P. wurde früher zur Herstellung von Sprengstoffen verwendet, da sie nach Initialzündung explodiert (s. Gleichung).

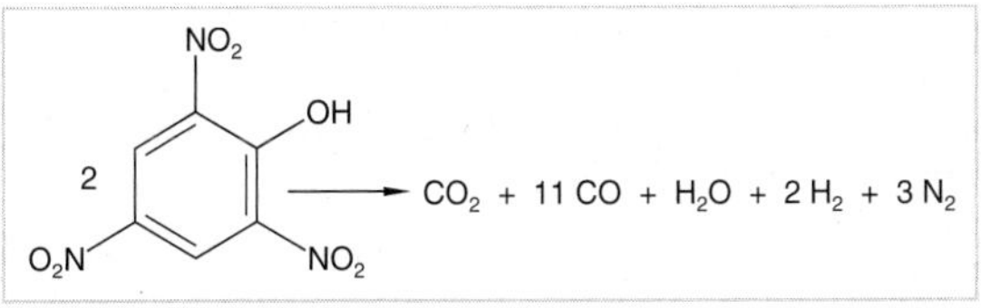

Explosionsartiger Zerfall der Pikrinsäure

Sie dient heute zur Farbstoffsynthese sowie als Mikroskopierfarbstoff, u. a. zur Bindegewebe-Einfärbung. Im klinischen Labor dient die P. zur fotometrischen Bestimmung von ↑Kreatinin (orangeroter Meisenheimer-Komplex). Die Reduktion der P. mit Natriumhydrogensulfid (s. unter ↑Natriumsulfid) liefert die *Pikraminsäure* (*2-Amino-4,6-dinitrophenol*), ein wasserunlöslicher, rote Kristalle bildender Explosivstoff, der als Eiweißreagenz benutzt wird. Wird im P. die Hydroxylgruppe durch die Aminogruppe ersetzt, erhält man *Pikramid* (*2,4,6-Trinitroanilin*), das früher ebenfalls als Sprengstoff benutzt wurde. Der 2,4,6-Trinitrophenyl-Rest wird allgemein als *Pikryl-Rest* bezeichnet.

► Die P. ist giftig. Auf der Haut kann sie zu starken allergischen Erscheinungen führen. Besonders die Salze der P. sind explosiv.

$C_6H_3N_3O_7$ $M_R = 229{,}11$ C 31,46 % H 1,32 % N 18,34 % O 48,88 %

t_{Smp}	$t_{Zersetzung}$	d	η		
122 °C	> 225 °C (Z)	1,69 g/cm³			
C_p	$\Delta_S H$	$\Delta_V H$	$\Delta_B H$	S^o	Q_C
238 J/(K · mol)	17,1 kJ/mol		−218 kJ/mol		−2572 kJ/mol
MAK	R-Satz	S-Satz			
0,1 mg/m³	2-4-23/24/25	28-35-37-45			

Pimelinsäure

Pimelic acid Heptandisäure, 1,5-Pentandicarbonsäure

Bildet farblose Kristalle, die sich bei 20 °C zu ca. 3 g/100 ml in Wasser lösen und in Ethanol und Diethylether gut löslich sind.

P. ist synthetisch zugänglich aus ↑Salicylsäure durch Reduktion mit ↑Natrium oder durch katalytische Hydrierung, was zunächst zur *Cyclohexanon-2-carbonsäure* führt, welche der Säurespaltung (Erhitzen mit Kalilauge) zur P. unterworfen wird (s. Schema).

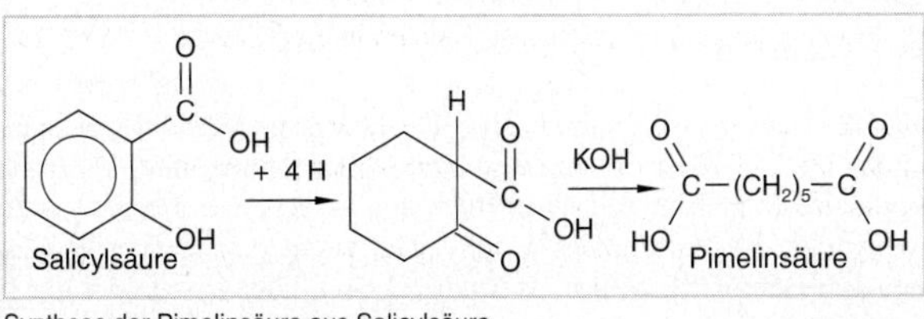

Synthese der Pimelinsäure aus Salicylsäure

Beim Erhitzen ihres Calciumsalzes cyclisiert die P. unter Decarboxylierung zum ↑ Cylohexanon, welches sich ebenfalls bei der Dieckmann-Kondensation ihres Diethylesters bildet (zur Dieckmann-Kondensation s. unter ↑ Cyclopentanon). Die P. hat bislang keine nennenswerte technische Anwendung gefunden. Sie ist die Ausgangsstufe für die Biosynthese von ↑ Biotin.

$C_7H_{12}O_4$ $M_R = 160{,}17$ C 52,49 % H 7,55 % O 39,96 %			
t_{Smp}	t_{Sdp}	d	η
106 °C	212 °C (13 hPa)		

Pinakol

Pinacol 2,3-Dimethyl-2,3-butandiol, Tetramethylethylenglykol

Kristallisiert aus wässeriger Lösung als Hexahydrat in Form farbloser Tafeln oder Blättchen, die sich in kaltem Wasser kaum, in heißem Wasser gut lösen und ebenfalls gut löslich sind in Ethanol oder Diethylether. Das wasserfreie P., erhältlich aus dem Hexahydrat durch azeotrope Destillation mit ↑ Benzol, kristallisiert in farblosen Nadeln.

P. entsteht bei der elektrolytischen Reduktion von ↑ Aceton, wobei zunächst Radikalanionen gebildet werden, die unter Dimerisation rekombinieren (s. Schema). Nach dem gleichen Mechanismus verläuft auch die Reduktion mit *Magnesiumamalgam*.

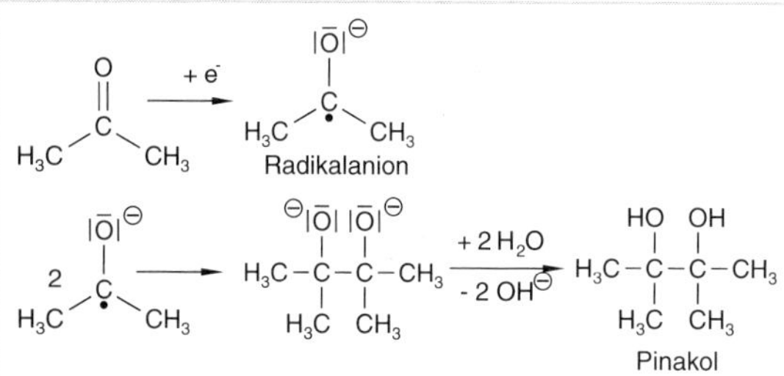

Synthese von Pinakol aus Aceton

Die Dehydratisierung des P. mittels ↑ Aluminiumoxid bei ca. 450 °C liefert in hoher Ausbeute (ca. 80 %) *2,3-Dimethylbutadien* (s. Schema).

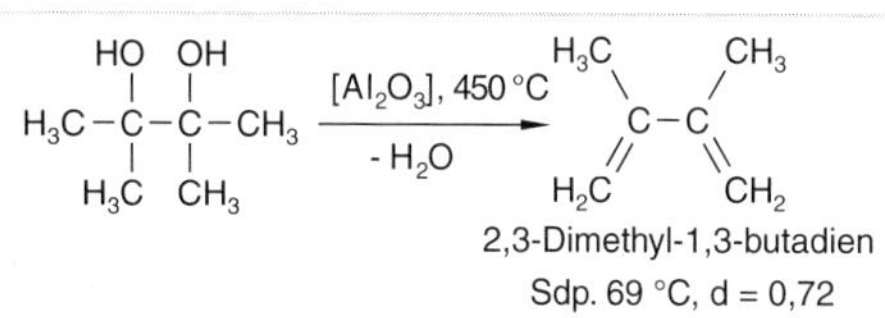

Dehydratisierung von Pinakol zum 2,3-Dimethyl-1,3-butadien

Erhitzt man P. mit ca. 30 %iger ↑ Schwefelsäure, so wird nur ein Mol Wasser abgespalten und gleichzeitig tritt eine Methylgruppen-Umlagerung ein, so daß als Endprodukt *Pinakolon* erhalten wird. Diese als *Pinakol-Pinakolon-Umlagerung* bekannte Reaktion ist hier genauer formuliert (s. Schema). Das im sauren Medium entstehende Oxonium-Ion dehydratisiert zum Carbenium-Ion I. Dieses lagert sich unter Wanderung einer Methylgruppe samt Bindungs-Elektronenpaar (also als Methyl-Anion) zum Carbenium-Ion II um. Letzteres hat die Möglichkeit, sich unter Abspaltung eines Protons zum Pinakolon zu stabilisieren.

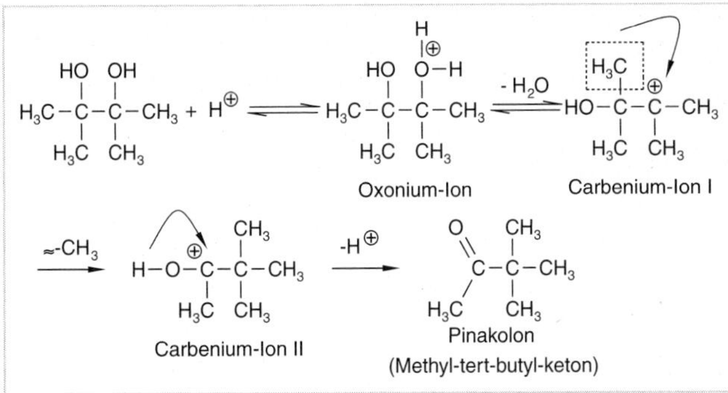

Pinakol-Pinakolon-Umlagerung

Pinakolon (ältere Bezeichnung ist *Pinakolin*) ist eine farblose, campherartig riechende Flüssigkeit vom Sdp. 106 °C, d = 0,72 g/cm³, die in Wasser kaum, in Ethanol, Diethylether und Chloroform gut löslich ist. Die Reduktion von Pinakolon liefert *tert.-Butyl-methylcarbinol*, welches in saurem Medium ebenfalls eine Umlagerung eingeht, die in gewisser Weise als Umkehrung der obengenannten betrachtet werden kann und als *Wagner-Meerwein-Umlagerung* bezeichnet wird (s. Schema). Es entsteht schließlich *Tetramethylethylen*.

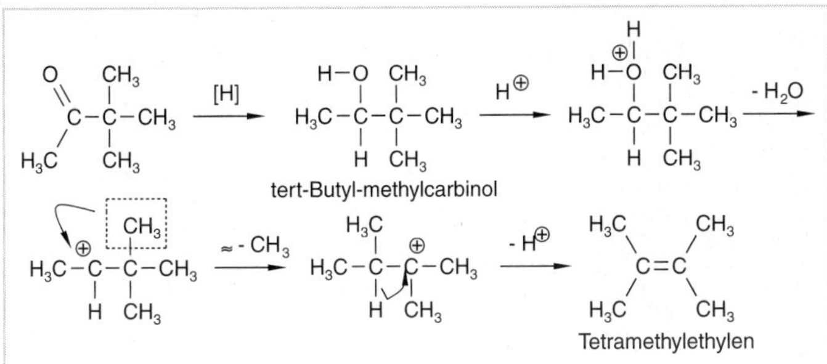

Wagner-Meerwein-Umlagerung

$C_6H_{14}O_2$	M_R = 118,17 (wasserfrei)	C 60,98 %	H 11,94 %	O 27,08 %	
t_{Smp} 38 °C	t_{Sdp} 172 °C	d 0,97 g/cm³	η		
C_p	$\Delta_S H$	$\Delta_V H$ 65,9 kJ/mol	$\Delta_B H$ −606 kJ/mol	S^o	Q_C

Piperazin

Piperazine Hexahydropyrazin, Diethylendiamin

Bildet in wasserfreiem Zustand farblose, hygroskopische blättchenförmige Kristalle und bildet auch ein gut kristallisierendes Hexahydrat. P. löst sich gut in Wasser und Ethanol, ist in Diethylether unlöslich.

Für P. existiert eine Vielzahl von Synthesemethoden, die jedoch alle keine hohen Ausbeuten liefern, z. B. Erhitzen von Ethylendiamin-dihydrochlorid oder die Umsetzung von Dichlorethan mit ↑ Ammoniak. Eine technische Route ist die Anlagerung von ↑ Ethylendiamin an ↑ Ethylenoxid und Dampfphasendehydratisierung des Adduktes (s. Schema).

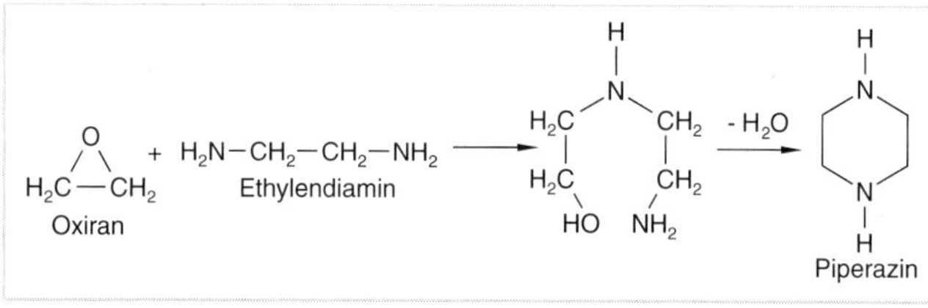

Technische Route zum Piperazin

Dioxopiperazine entstehen aus α-Aminosäuren durch Erhitzen (s. unter ↑ Glycin).

P. ist mit seinen beiden sekundären Aminogruppen eine starke Base mit einem pK_S-Wert von ca. 9,8.

P. selbst (als carbonsaures, z. B. weinsaures Salz) und seine Derivate haben vor allem pharmazeutische Bedeutung als Anthelmintika (Wurmmittel). P. ist ferner Baustein in zahlreichen technischen Synthesen.

Der dem P. zugrundeliegende Aromat, der aus P. durch Dehydrierung hervorgeht (3 Doppelbindungen im Ring) ist das *Pyrazin* (*1,4-Diazin*). Pyrazin besitzt zwar selbst keine Bedeutung, jedoch liegt das Pyrazin-System in vielen geschmack- und aromagebenden Naturstoffen vor. Es ist auch Strukturkomponente im ↑ Pteridin.

$C_4H_{10}N_2$ M_R = 86,14 (wasserfrei) C 55,78 % H 11,70 % N 32,52 %

t_{Smp}	t_{Sdp}	d	η
106 °C	146 °C	1,11 g/cm³	

C_p	$\Delta_S H$	$\Delta_{Sub} H$	$\Delta_B H$	S^o	Q_C
237 J/(K · mol)		73,1 kJ/mol (S)	−41,8 kJ/mol		−2961 kJ/mol

MAK	R-Satz	S-Satz
0,1 mg/m³	34-42/43-52/53	22-26-36/37/39-45-61

Piperidin

Piperidine Hexahydropyridin

P. ist eine farblose Flüssigkeit mit typischem aminartigem Geruch, die mit Wasser, Ethanol, Diethylether unbegrenzt mischbar ist. P. ist als sekundäres Amin eine starke Base mit einem pK_S-Wert von 11,1.

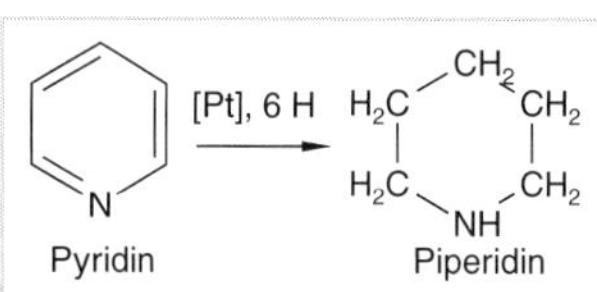

Herstellung von Piperidin aus Pyridin

P. wird synthetisch vor allem durch Hydrierung von ↑ Pyridin am Pt-Kontakt erhalten (s. Gleichung).

P. findet sich in der Natur als Baustein von Alkaloiden, so auch in dem Alkaloid *Piperin*, dem Hauptalkaloid im Schwarzen *Pfeffer*. Das Piperin ist der Träger des scharfen Pfeffergeschmacks. Erhitzt man Piperin mit ethanolischer Kalilauge, wird es in P. und die *Piperinsäure* gespalten (s. Schema). Dieser Reaktion bzw. diesem Vorkommen verdankt P. seinen Namen.

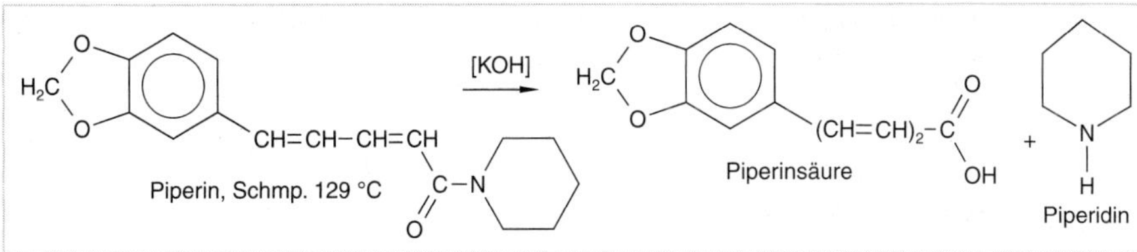

Freisetzung von Piperidin aus dem Pfeffer-Alkaloid Piperin

Die Oxidation der Piperinsäure mit Permanganat liefert den Riechstoff *Piperonal* (s. Schema), auch als *Heliotropin* bekannt, der in einigen etherischen Ölen, u. a. der Veilchen, vorkommt und in Luxusparfüms zur Erzeugung würzig-blumiger Noten verwendet wird. Piperonal wird heute allerdings nach einer von ↑ Brenzcatechin ausgehenden Synthese gewonnen.

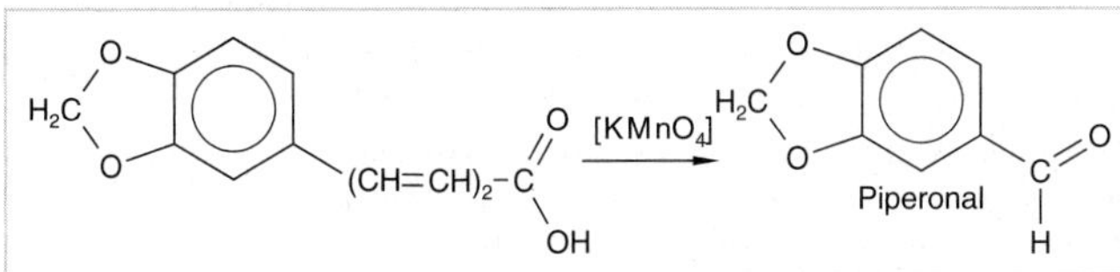

Herstellung von Piperonal durch Oxidation der Piperinsäure

P. geht die üblichen Reaktionen der sekundären Amine ein und läßt sich z. B. N-alkylieren und N-acylieren. Präparativ wird es vielfach als Enamin-Komponente (aus Umsetzung mit Aldehyden) eingesetzt. Derivate des P. besitzen große pharmazeutische Bedeutung, vor allem als Schmerz- und Schlafmittel (s. auch ↑ Thalidomid). Historisch ist interessant, daß Hofmann durch doppelten Hofmann-Abbau (s. unter Silber(I)oxid) von P. dessen Struktur aufgeklärt hat, da er hierbei *Penta-1,3-dien* erhielt.

$C_5H_{11}N$ $M_R = 85{,}15$ C 70,53 % H 13,02 % N 16,45 %

t_{Smp}	t_{Sdp}	d	η
−9 °C	106 °C	0,86 g/cm³	

C_p	$\Delta_S H$	$\Delta_V H$	$\Delta_B H$	S^o	Q_C
180 J/(K · mol)	14,8 kJ/mol	39,3 kJ/mol	−86,4 kJ/mol	210 J/(K · mol)	−3453 kJ/mol

MAK	R-Satz	S-Satz
	11-23/24-34	16-26-27-45

Pivalinsäure

Pivalic acid 2,2-Dimethylpropionsäure, Trimethylessigsäure

Bildet farblose Kristallnadeln, die sich in Wasser bei 20 °C zu 2,5 g/100 ml lösen und in Ethanol und Diethylether gut löslich sind. Die P. ist erwartungsgemäß mit einem pK_S-Wert von 5,0 etwas schwächer sauer als die ↑ Essigsäure.

Sie ist synthetisch zugänglich durch Grignard-Reaktion (s. unter ↑ Magnesium) von tert-Butyl-magnesiumchlorid mit ↑ Kohlenstoffdioxid (s. Schema).

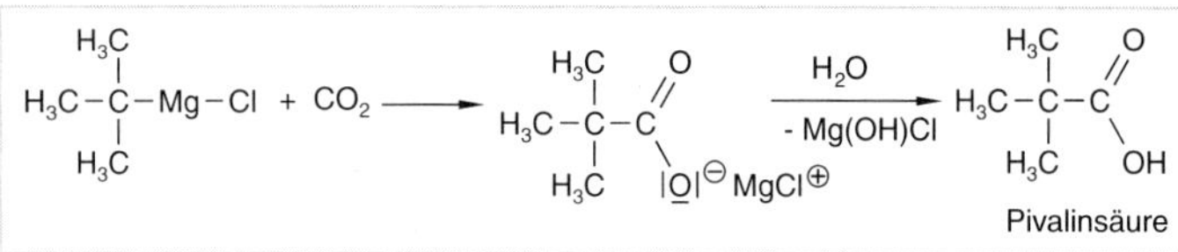

Pivalinsäure-Synthese durch Grignard-Reaktion

Technisch wird die P. durch die *Koch-Haaf-Reaktion* gewonnen, die allgemein die Carbonylierung von Olefinen mit ↑ Kohlenstoffmonoxid in saurer Lösung beinhaltet (s. Schema).

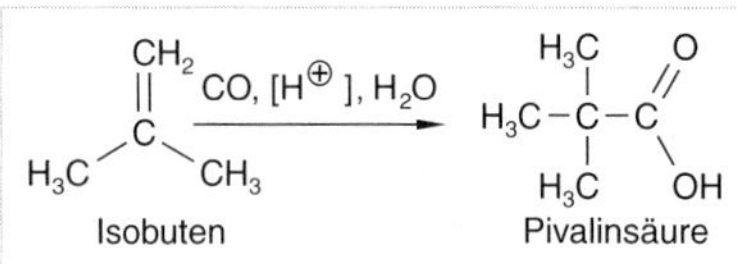

Pivalinsäure-Synthese durch Carbonylierung von Isobuten

P. ist ein Synthese-Baustein, der auch zum Ester, zum Aldehyd usw. umgewandelt wird. Sie ist isomer zur ↑ Valeriansäure. Der Name ist eine Zusammenziehung aus Pinakolin (s. unter ↑ Pinakol) und Valeriansäure (P. wird auch erhalten bei der Oxidation von Pinakolin).

$C_5H_{10}O_2$	$M_R = 102{,}13$	C 58,80 %	H 9,87 %	O 31,33 %	
t_{Smp} 35 °C	t_{Sdp} 164 °C	d 0,91 g/cm³	η		
C_p 192 J/(K · mol)	$\Delta_S H$	$\Delta_{Sub} H$ 73,2 kJ/mol (S)	$\Delta_B H$ −565 kJ/mol	S^o	Q_C −2832 kJ/mol
MAK	R-Satz 22-38	S-Satz 28			

Platin

Platinum Pt

Ein silberglänzendes, dehnbares schweres metallisches chemisches Element. Pt wird weder an der Luft noch in Wasser, noch in Säuren irgendwie verändert. Lediglich heißes Königswasser (s. unter ↑ Salpetersäure) löst Pt allmählich unter Bildung von *Hexachloroplatin(IV)säure*, welche aus wässeriger Lösung als Hexahydrat in Form gelber Kristalle ausfällt (s. Gleichung).

$$Pt + [3\,HCl/HNO_3] \longrightarrow H_2(PtCl_6)$$

Königswasser — Hexachloroplatin-(IV)-Säure

Reaktion von Platin mit Königswasser

Pt wird ferner von Halogenen, geschmolzenen Alkalicyaniden, geschmolzenen Alkalihydroxiden und geschmolzenen Alkalisulfiden unter Komplexbildung aufgelöst.

Pt findet sich zusammen mit den anderen Platin-Elementen in den Pt-Mineralien, wobei das Pt das mit Abstand häufigste Metall ist (s. unter ↑ Osmium). Ferner findet sich Pt wie die übrigen Vertreter der Gruppe in Spuren beigemengt in Cu- und Ni-Erzen, bei deren Aufarbeitung Pt sich im Anodenschlamm der elektrolytischen Metallabscheidung ansammelt. Zur Gewinnung der Pt-Elemente generell s. unter ↑ Kupfer, ↑ Nickel, ↑ Iridium, ↑ Osmium, ↑ Palladium. Pt besitzt so am Aufbau der Erdrinde einen geschätzten Anteil von 0,01 ppm, ist also ein sehr seltenes Element, wenn es auch etwa zehnmal häufiger ist als die anderen Pt-Metalle.

Pt schließt die 8. Nebengruppe des PSE ab (letztes Element der Triade der 3. Übergangsreihe) und besitzt die Elektronenkonfiguration $1s^2\ 2s^2\ 2p^6\ 3s^2\ 3p^6\ 3d^{10}\ 4s^2\ 4p^6\ 4d^{10}\ 4f^{14}\ 5s^2\ 5p^6\ 5d^9\ 6s^1$, Grundterm $^3D_3$. Die bei weitem wichtigsten Oxidationsstufen des Pt sind +2 und +4. Es wird folgendes Normalpotential angegeben: $Pt \rightarrow Pt^{2+} + 2\,e^-$ $E^\ominus = +\,1{,}18$ V.

Erhitzt man Pt in einer Sauerstoffatmosphäre auf über 400 °C, bildet sich schwarzviolettes *Platin(II)oxid*, das ein starkes Oxidationsmittel darstellt und von ↑ Wasserstoff unter Aufglühen zum Metall reduziert wird. Versetzt man eine Pt(II)-Ionen enthaltende Lösung mit Lauge, fällt schwarzes *Platin(II)oxid-Hydrat* aus.

$$PtCl_2 + 2\,HCl \longrightarrow H_2[PtCl_4]$$
$$PtCl_2 + 2\,NaCl \longrightarrow Na_2[PtCl_4]$$

Bildung von Platin-Chlorokomplexen

$$[PtCl_4]^{2-} + Cl_2 \longrightarrow [PtCl_6]^{2-}$$

Bildung von Hexachloroplatinat(VI)

$$PtF_6 + O_2 \longrightarrow O_2^{\oplus}\,[PtF_6]^{\ominus}$$
$$PtF_6 + Xe \longrightarrow Xe^{\oplus}\,[PtF_6]^{\ominus}$$

Platinhexafluorid, ein extremes Oxidationsmittel

Beim Erhitzen der Hexachloroplatin(IV)säure über 200 °C erhält man das braune, wasserunlösliche *Platin(II)chlorid*, das sich in ↑ Salzsäure oder in Lösungen von Alkalihalogeniden unter Komplexbildung auflöst (s. Gleichungen).

Das *Tetrachloroplatinat-Ion* ist quadratisch-planar gebaut. Durch Umsetzung mit ↑ Chlor erhält man daraus das oktaedrische *Hexachloroplatinat(VI)* (s. Gleichung).

Die Chloratome lassen sich beliebig durch alle möglichen Liganden teils oder vollständig substituieren. Die Chemie des Pt in wässeriger Lösung ist auf diese Weise eine Komplex-Chemie quadratisch-planarer Pt(II)- und oktaedrischer Pt(IV)-Komplexe. Die Zahl der bekannten Pt-Komplexe, auch mit organischen Liganden, ist außerordentlich groß und die dabei zu beobachtenden Bindungsverhältnisse und Strukturen sind teilweise sehr kompliziert. Das aus den Elementen darstellbare tiefrote oktaedrische *Platinhexafluorid* ist eines der stärksten bekannten Oxidationsmittel und entreißt sogar dem molekularen ↑ Sauerstoff sowie dem Edelgas ↑ Xenon ein Elektron (s. Gleichungen).

Beim Erhitzen von *Ammoniumhexachloroplatinat* auf schwache Rotglut zersetzt sich dieses unter Bildung von metallischem Pt, welches hierbei in Form einer locker zusammenhängenden grauschwarzen Masse anfällt, die als „*Platinschwamm*“ bezeichnet wird. Die Zugabe eines Reduktionsmittels (z. B. ↑ Zink, ↑ Eisen, ↑ Aluminium, ↑ Formaldehyd usw.) zur wässerigen Lösung des o. g. Ammoniumsalzes führt zur Ausfällung von metallischem Pt als extrem feinteiliges schwarzes Pulver, das sogenannte „*Platinmohr*“ oder „*Platinschwarz*“. Führt man diese Ausfällung in Suspension mit ↑ Asbest oder ↑ Aktivkohle durch, wird das Pt auf den großen Oberflächen dieser Materialien adsorbiert. In diesen feinstverteilten Formen besitzt Pt wie ↑ Palladium die Fähigkeit zur „Lösung“ von ↑ Wasserstoff, weshalb ihnen große Bedeutung als *Hydrierkatalysatoren* zukommt. Da auch Sauerstoff gelöst werden kann, werden sie auch als technisch wichtige Oxidations-Katalysatoren verwendet. Besondere Bedeutung besitzt Pt heute (neben ↑ Palladium und ↑ Rhodium) als Katalysator für die Nachverbrennung der Kfz-Abgase. Eine vollständige Verbrennung von ↑ Benzin, bei der nur ↑ Kohlenstoffdioxid, ↑ Stickstoff und Wasser entstehen sollte, erfordert ein Benzin-Luft-Gemisch im Massenverhältnis 1 : 14,9 (s. Gleichung).

$$C_8H_{16} + 12\,O_2 \longrightarrow 8\,CO_2 + 8\,H_2O$$

Ideale Benzinverbrennung

Dieses Mischungsverhältnis besitzt den *Lambdawert* 1. Die *Kraftstoffverbrennung* in den *Otto-Motoren* erfolgt jedoch nicht nach diesem Optimum und es entstehen neben den vorgenannten Verbrennungsprodukten auch Schadstoffe, die sich in die drei Gruppen ↑ Kohlenstoffmonoxid, Kohlenwasserstoffe und

↑ Stickstoffoxide (*Stickoxide*) aufteilen lassen. Die Aufgabe der katalytischen Nachverbrennung ist nun, auch die je drei Schadstoffe gleichzeitig in die normalen Verbrennungsprodukte zu überführen, weshalb man auch vom „*Dreiwegekatalysator*“ spricht.

Der Katalysator besteht dabei aus einem porösen Keramikkörper, dessen innere Oberfläche durch Aufbringung einer Aluminiumoxid-Schicht vergrößert ist, welche mit dem katalytisch wirksamen Edelmetall beschichtet wird. Ein solcher Katalysator enthält bis zu 3 g Pt-Metall. Die sogenannte *Lambda-Sonde*, die zwischen Motor und Katalysator geschaltet ist, steuert die elektronische Regelung des Kraftstoff-Luft-Gemisches (s. Abbildung).

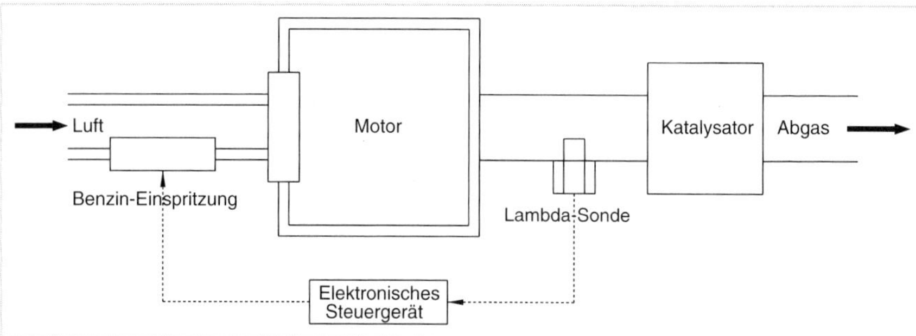

Prinzip-Skizze zur Abgasreinigung mittels Katalysator

Die chemischen Umsetzungen am Katalysator lassen sich in die gezeigten Reaktionsgleichungen fassen.

$$2\,CO + O_2 \longrightarrow 2\,CO_2$$

$$C_3H_8 + 5\,O_2 \longrightarrow 3\,CO_2 + 4\,H_2O \quad \text{(Beispiel)}$$

$$2\,NO + 2\,CO \longrightarrow N_2 + 2\,CO_2$$

Chemische Reaktionen am Katalysator

Das Pt ist infolge seiner chemischen Resistenz in Verbindung mit hohem Schmelzpunkt der Prototyp eines Edelmetalls und findet als solches eine breite Verwendung. Hier ist zunächst die Herstellung von Laborgeräten wie Tiegeln, Schalen, Temperaturfühlern und Elektroden zu nennen. Hochbeanspruchte technische Teile wie Spinndüsen und Heizdrähte werden ebenfalls aus Pt hergestellt, wobei vielfach auch Legierungen des Pt z. B. mit ↑ Iridium oder ↑ Gold zur Anwendung kommen. Weiterhin werden Pt und seine Legierungen in der Medizin sowie in der Schmuckindustrie verwendet.

Pt   Z = 78 A_R = 195,08   Isotope: 190, 191, 194, 195, 196, 198; 173–189, 193, 197, 199, 200, 201 (künstlich)

t_{Smp} 1772 °C	t_{Sdp} 3823 °C	d 21,45 g/cm³	MV 9,10 cm³/mol	α 9,0 10^{-6}/K	λ 71,6 W/mK
C_p 25,85 J/(K · mol)	$\Delta_S H$ 1967 kJ/mol	$\Delta_V H$ 509,8 kJ/mol	S^o 41,6 J/(K · mol)	ϱ 98,1 nΩ · m	
MAK 1 mg/m³	R-Satz	S-Satz			

Plutonium

Plutonium Pu

Silberweiß glänzendes radioaktives metallisches chemisches Element, das sich an der Luft rasch mit dunklen Oxidschichten überzieht und in sechs verschiedenen Modifikationen auftritt. Mit Säuen und auch schon mit heißem Wasser entwickelt es ↑ Wasserstoff.

Pu kommt in der Natur in verschwindend kleinen Mengen in Uranmineralien vor, da es sich aus dem Uran-Isotop 238 durch Neutronen-Einfang bildet (s. Schema). Pu 239 ist heute in beliebigen Mengen verfügbar, da es in den Brennstäben der Kernreaktoren nach dem gezeigten Schema entsteht. Der Weltbestand an Pu dürfte heute mehrere tausend Tonnen betragen.

$$^{238}_{92}\mathrm{U} \xrightarrow{+\,n} {}^{239}_{92}\mathrm{U} \xrightarrow{-\,\beta} {}^{239}_{93}\mathrm{Np} \xrightarrow{-\,\beta} {}^{239}_{94}\mathrm{Pu}$$

Entstehung von Pu 239 in Uranmineralien

Pu gehört zur Gruppe der Actiniden und besitzt die Elektronenkonfiguration $1s^2\ 2s^2\ 2p^6\ 3s^2\ 3p^6\ 3d^{10}\ 4s^2\ 4p^6\ 4d^{10}\ 4f^{14}\ 5s^2\ 5p^6\ 5d^{10}\ 5f^6\ 6s^2\ 6p^6\ 6d^1\ 7s^2$, Grundterm $^7F_0$.

Es ist das schwerste natürlich vorkommende Element und kann in den Oxidationsstufen +3, +4, +5, +6 und +7 auftreten, wobei die Stufe +4 am wichtigsten ist. Die Normalpotentiale im sauren Medium lauten:
$Pu \rightarrow Pu^{2+} + 2\,e^-$ $E^{\ominus} = -1{,}2$ V, $Pu \rightarrow Pu^{3+} + 3\,e^-$ $E^{\ominus} = -2{,}0$ V.

Die Pu-Ionen der verschiedenen Oxidationsstufen sind in wässeriger Lösung farbig (z. B. Pu(III) blau, Pu(IV) rosa oder grünlich). und sind durch Redox-Reaktionen leicht ineinander überführbar.

Das Pu 239 wird in den Uranbrennstäben der Kernreaktoren nach dem gezeigten Schema „erbrütet" und ist von dem dabei entstehenden Kernreaktionsgemisch nach dem *Purex-Verfahren* abtrennbar (das Purex-Verfahren beinhaltet die gezielte Extraktion von Pu in eine organische Phase aus ↑ Tributylphosphat). Das Pu 239 ist durch langsame Neutronen selbst weiter spaltbar und dient zusammen mit U 238 als Kernbrennstoff. Beim Überschreiten der kritischen Masse (10-30 Kg) explodiert Pu 239 mit verheerender Wirkung. Die zweite auf Japan am 8. 8. 1945 über Nagasaki abgeworfene Atombombe war eine *Pu 239-Bombe*.

Pu 239 hat eine Halbwertszeit von 24390 Jahren. Das langlebigste Isotop Pu 244 besitzt eine Halbwertszeit von über 80 Mio Jahren.

► Pu ist außerordentlich giftg. Es wird bei Aufnahme in den Knochen abgelagert. Das Arbeiten mit Pu erfordert extreme Sicherheitsmaßnahmen.

Pu Z = 94 A_R = (244,0642) Isotope: 232-246 (alle radioaktiv)

t_{Smp}	t_{Sdp}	d	MV	α	λ
640 °C	3225 °C	19,84 g/cm³	12,3 cm³/mol	55 10^{-6}/K	6,74 W/mK
C_p	$\Delta_S H$	$\Delta_V H$	S^o	ϱ	
31,97 J/(K · mol)	2,85 kJ/mol	260 kJ/mol	51,46 J/(K · mol)	1414 nΩ · m	

Polonium

Polonium Po

Ein radioaktives metallisches chemisches Element, das von Wasser nicht angegriffen, von Mineralsäuren jedoch unter Wasserstoff-Entwicklung zersetzt wird. Das Metall zeigt infolge seines radioaktiven Zerfalls (s. unten) Eigenerwärmung und sendet Wärmestrahlung aus.

Po kommt als Isotop 210 in äußerst geringen Mengen in der Pechblende vor, und zwar als Zerfallsprodukt von ↑ Radium: 1 g Po 210 findet sich in ca. 25000 t Pechblende.

Po ist das letzte Element der 6. Hauptgruppe des PSE mit der Elektronenkonfiguration $1s^2\,2s^2\,2p^6\,3s^2\,3p^6\,3d^{10}\,4s^2\,4p^6\,4d^{10}\,4f^{14}\,5s^2\,5p^6\,5d^{10}\,6s^2\,6p^4$, Grundterm $^3P_2$, und tritt hauptsächlich in der Oxidationsstufe +4 auf, kann jedoch auch die Stufen +2 und +6 ausbilden. Es gilt folgendes Normalpotential: $Po \rightarrow Po^{2+} + 2\,e^-$, $E^{\ominus} = +\,0{,}65$ V. Po ähnelt in seinem chemischen Verhalten dem ↑Tellur und dem ↑Bismut. Aus Po(II)-Lösungen kann mit ↑Schwefelwasserstoff z. B. sehr schwerlösliches schwarzes *Poloniumsulfid* ausgefällt werden (s. Gleichung).

$$Po^{2+} + S^{2-} \longrightarrow PoS \qquad K_L = 5 \cdot 10^{-29}$$

Fällung von schwarzem Poloniumsulfid

Von den vielen bekannten Isotopen des Po ist 210 das wichtigste, da es am leichtesten zugänglich ist. Mit ihm wurde bisher die Chemie des Po untersucht. Es entsteht in Gramm-Mengen im Kernreaktor durch Bestrahlung von Bi 209 mit Neutronen, besitzt eine Halbwertszeit von 138,4 Tagen und ist ein α-Strahler, wobei es in Pb 206 übergeht (s. Schema).

$$^{209}_{83}Bi \xrightarrow{n} {}^{210}_{84}Po \xrightarrow[138{,}4\ d]{\alpha} {}^{206}_{82}Pb$$

Bildung und Zerfall von Po 210

Das längstlebige Isotop 209 besitzt eine Halbwertzeit von 103 Jahren.

Po wird in Raumschiffen als Wärmequelle benutzt und dient in der Forschung als Quelle für α-Teilchen. Es wurde 1898 von M. Curie entdeckt, die dem Element den Namen nach ihrer polnischen Heimat verlieh.

Po Z = 84 A_R = (208,9824) Isotope: 193-218 (alle radioaktiv)

t_{Smp}	t_{Sdp}	d	MV	α	λ
254 °C	962 °C	9,32 g/cm³	22,4 cm³/mol	23 10^{-6}/K	20 W/mK
C_p	$\Delta_S H$	$\Delta_V H$	S^o	ϱ	
	10 kJ/mol	100,8 kJ/mol			

Polyacyrylsäure

Polyacrylic acid PAS

Die P. bildet als Rohstoff ein feines, geruchloses weißes Pulver, das sich in Wasser gut löst, in org. Solventien jedoch unlöslich ist. Die P. ist viel weniger acide als ihr Monomeres, so daß wässerige Lösungen nur schwach sauer reagieren. Die Viskosität der Lösungen erhöht sich bei der Neutralisation, um am Neutralpunkt ihr Maximum zu haben und im alkalischen Bereich wieder abzunehmen. Die P. ist nicht thermoplastisch. Bei starkem Erhitzen erfolgt intermolekulare Anhydridbildung, also Vernetzung.

Die P. wird meist durch peroxidisch katalysierte Polymerisation von ↑Acrylsäure in wässeriger Lösung hergestellt. Da die Reaktion sehr heftig verlaufen kann (hohe Polymerisationstendenz der Acrylsäure), soll die Monomerkonzentration unter 25 % liegen. Als Katalysator wird meist ↑Kaliumperoxodisulfat oder ↑Wasserstoffperoxid verwendet. Durch Zusatz von Redoxsystemen lassen sich Reaktionsgeschwindigkeit und durchschnittliche Molekularmasse regeln.

P. kann auch durch Hydrolyse von *Polyacrylsäurechlorid* oder ↑Polyacrylsäureamid hergestellt werden (s. Schema).

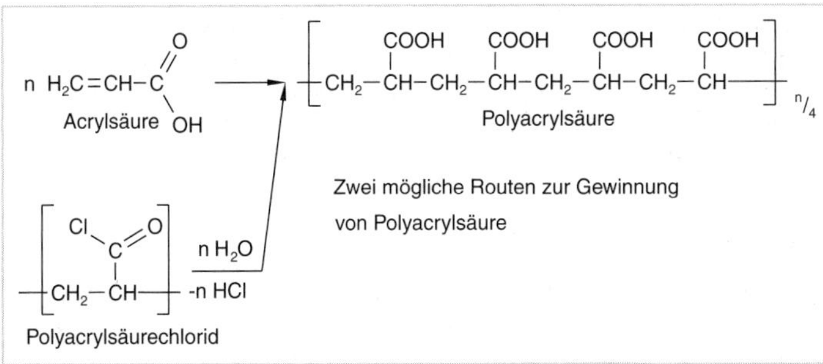

Herstellung der Polyacrylsäure

Die P. kommt vielfach in Form ihres Natrium- oder Ammoniumsalzes zur Anwendung, da die Salze noch besser wasserlöslich sind und viskosere Lösungen ergeben. Die Salze erhält man durch entsprechende Neutralisation der P. oder durch Polymerisation der Lösungen der betreffenden Acrylsäuresalze.

Die Acrylsäure kann auch mit ↑ Methacrylsäuremethylester copolymerisiert werden, wobei ebenfalls wasserlösliche Copolymerisate erhalten werden. Die P. oder ihre Salze werden wegen der Viskosität ihrer Lösungen als Verdickungsmittel in den veschiedensten technischen Bereichen verwendet. Sie dienen auch aus ihren wässerigen Lösungen heraus als Schlichte- und Appreturmittel in der Textilverarbeitung (*Schlichtemittel* verhindern den eine schlechte Verarbeitbarkeit bedingenden borstigen Charakter des Rohgarns, indem sie die sonst abstehenden Fasern und Fäden auf dem Garn verkleben und so ein glattes Garn erzeugen. *Appreturmittel* verleihen den Geweben ein geschlossenes, glattes Aussehen, ergeben einen guten Griff und bewirken erhöhte Formfestigkeit). Die P. wird Anstrichmitteln auf wässeriger Basis zur besseren Pigmentverteilung zugesetzt, in der Abwasserbehandlung dient sie als Flockungsmittel und in der Lederverarbeitung als Gerbstoff.

Im wesentlichen große Ähnlichkeit mit der P. in Herstellung, Eigenschaften und Anwendung besitzt die *Polymethacrylsäure*.

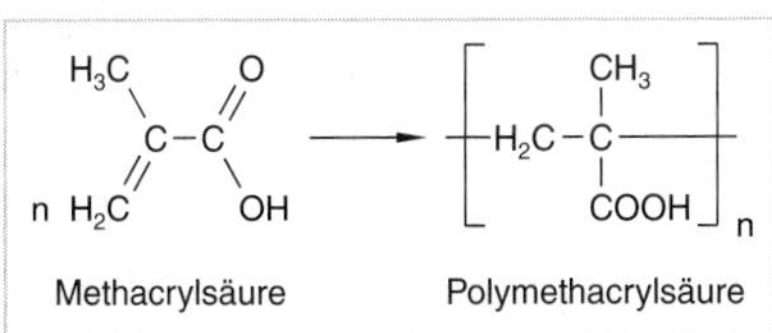

Herstellung der Polymethacrylsäure

P. besitzt eine besonders hohe *Verseifungszahl* (VZ) mit Werten oberhalb 500, die größer ist als die der meisten anderen Polymeren und in Verbindung mit der Wasserlöslichkeit beweisend für P. ist. Unter der VZ versteht man die Anzahl mg KOH, die von 1g der Probe verbraucht wird. Hierzu wird etwa 1 g einer Probe mit 50 ml 0,5n ethanolischer Kalilauge eine Stunde am Rückflußkühler gekocht. Die überschüssige Kalilauge wird anschließend mit 0,5n ↑ Salzsäure gegen ↑ Thymolphthalein bis zur bleibenden Entfärbung zurücktitriert (Vorschrift nach DIN 53401, allgemein anwendbar bei Kunststoffen und Polymeren). Die VZ ist eine wichtige Kenngröße für Polymerprodukte.

Polyacrylsäureamid

Polyacrylic acid amide Polyacrylamid, PAM

Kommt in den Handel als weißes geruchloses Pulver. P. ist löslich in Wasser, unlöslich in org. Solventien. Die wässerigen Lösungen zeigen außerordentlich hohe Viskositäten.

P. läßt sich ganz analog zur ↑Polyacrylsäure leicht herstellen durch radikalische Polymerisation von ↑Acrylsäureamid in wässeriger Lösung (s. Schema).

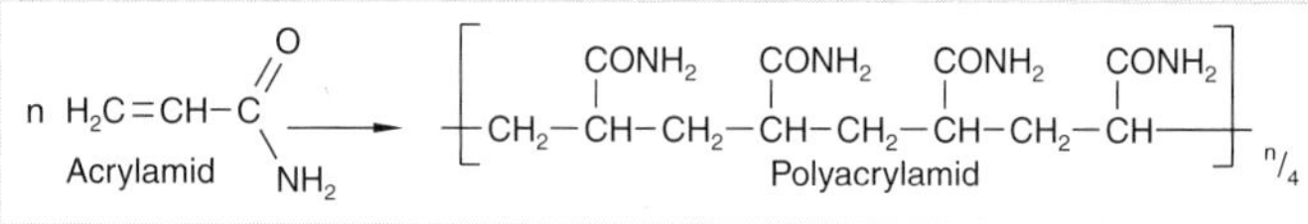

Herstellung von Polyacrylsäureamid

Beim Erwärmen über 140 °C erfolgt Abspaltung von ↑Ammoniak unter inter- und intramolekularer Imidbildung (s. Schema).

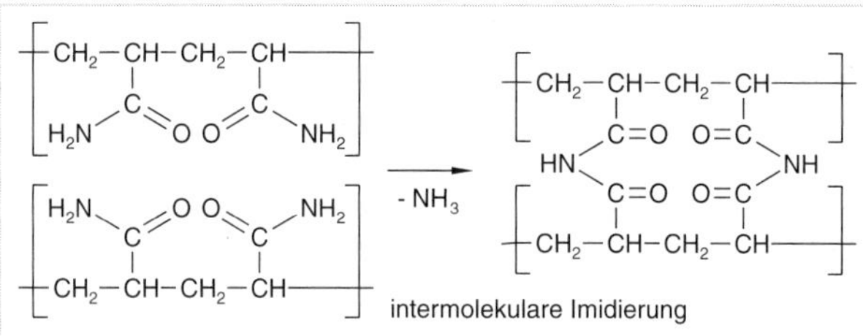

Intermolekulare Imid-Bildung im Polyacrylsäureamid

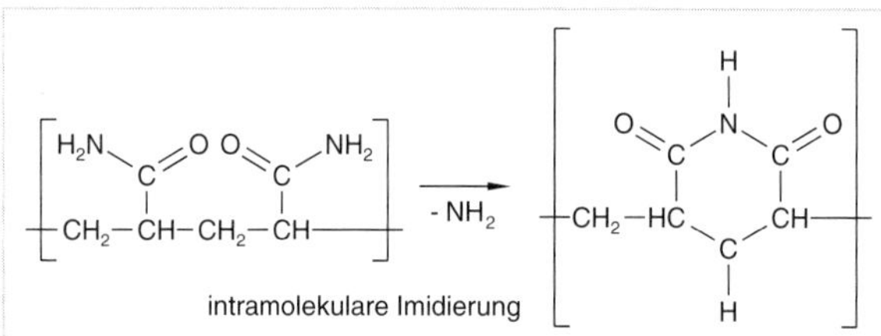

Intramolekulare Imid-Bildung im Polyacrylsäureamid

In stark alkalischem Medium tritt Verseifung zur ↑Polyacrylsäure ein. Acrylsäureamid wird auch zu Copolymeren z. B. mit ↑Acrylsäure verarbeitet. P. wird ähnlich wie die Polyacrylsäure als Verdickungsmittel, Flockungsmittel usw. verwendet. Die Umsetzung des P. mit Formaldehyd liefert Methylolverbindungen, die als Textilhilfsmittel Verwendung finden. Das P. ist aufgrund seiner Carbonamid-Seitengruppen ein interessantes Polymer, das auch als Copolymer polymeranaloge Umsetzungen sowie Vernetzungen erlaubt, die z. B. zu wertvollen Trägermaterialien für die Biotechnologie führen (Enzym-Fixierung).

Eine interessante polymeranaloge Umsetzung am P. ist auch der Hofmann-Säureamidabbau (s. unter ↑Anthranilsäure), der die *Polyvinylamine* liefert (s. Schema).

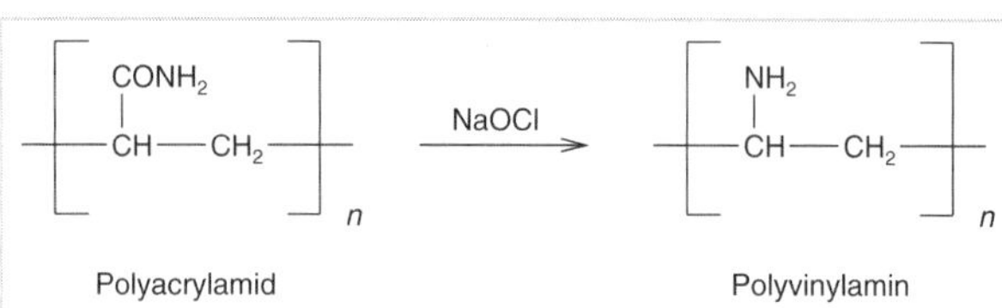

Hofmann-Säureamidabbau mit Polyacrylamid liefert Polyvinylamin

Die Polyvinylamine, die N-Analogen der ↑ Polyvinylalkohole, besitzen als wasserlösliche Polymere mittlerweile auch technisches Interesse u. a. als Hilfsmittel in der Papierproduktion.

Polyacrylsäurenitril

Polyacrylic acid nitrile Polyacrylnitril, PAN

Das reine P. bildet ein farbloses Pulver, das in Wasser und den üblichen org. Solventien unlöslich ist. Löslich ist es lediglich in sehr polaren Lösungsmitteln wie Dimethylformamid.

P. wird durch radikalische Polymerisation von ↑ Acrylsäurenitril hergestellt (s. Schema). Wird die Polymerisation in wässeriger Lösung des Monomeren vorgenommen, so fällt das P. als weißes Pulver aus. Polymerisiert man in einem das Polymere lösenden Solvens, wird eine zur Weiterverarbeitung geeignete Polymerlösung erhalten.

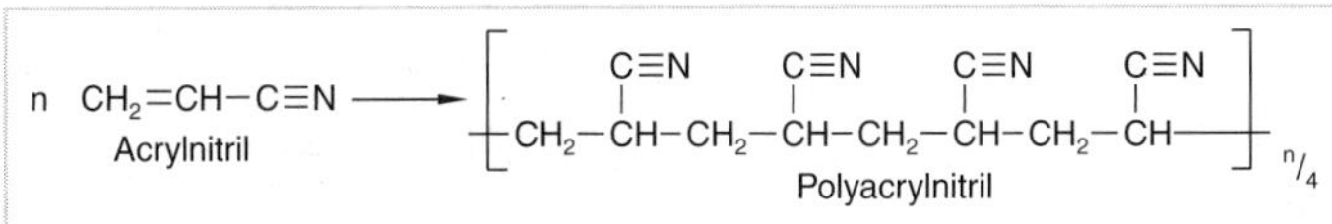

Herstellung von Polyacrylnitril

Das reine P. wird praktisch nur zu Fasern weiterverarbeitet. Da das reine P. nur schlecht färbbar ist, werden etwa 4 % eines sauren, basischen oder weichmachenden Monomeren mit einpolymerisiert, z. B. 2-Vinylpyridin (basisch) (s. unter ↑ Picoline) oder ↑ Acrylsäure (sauer) oder ↑ Vinylacetat (weichmachend). Die P.-Fasern besitzen eine hohe Licht- und Witterungsbeständigkeit. P.-Fasern dürfen nicht auf über 150 °C erwärmt werden (Bügeln!), weil sich dann unter Gelbfärbung intramolekulare Cyclisierungen über die Nitrilgruppen vollziehen (s. Schema).

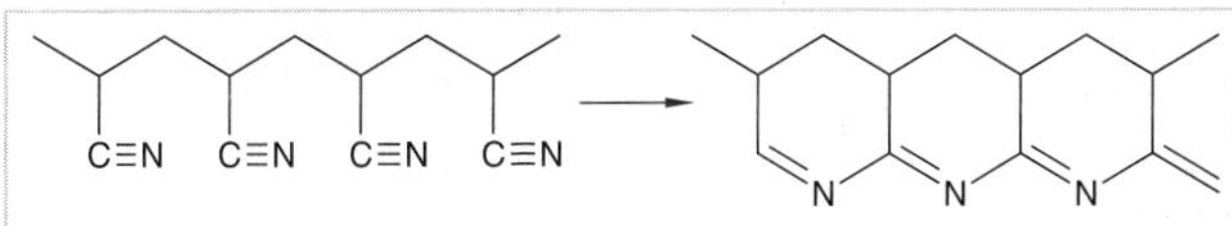

Intramolekulare thermische Cyclisierung von Polyacrylsäurenitril

Acrylsäurenitril findet sich als Komponente in wichtigen Copolymeren, die auf dem Kunststoff-Sektor sowie als Kautschuke große Bedeutung haben (s. unter ↑ 1,3-Butadien). Wichtig ist heute auch die Herstellung von Kohlefasern aus P. (s. unter ↑ Kohlenstoff).

d 1,17 g/cm³	α	t_D 75 °C	λ
ϱ_D	ϵ_r	WA 1 %	

Polyamide

Polyamides PA

P. stellen weiße undurchsichtige, unlösliche, thermisch und chemisch beständige, flexible und doch mechanisch belastbare Feststoffe dar, die als Rohstoffe in Pulver- oder Granulat-Form zur Verarbeitung kommen. Die P. werden von Mineralsäuren zersetzt und zum Teil von konzentrierter ↑ Ameisensäure aufgelöst.

Der Aufbau der P. ist dadurch charakterisiert, daß die Monomerbausteine über Carbonamid-Bindungen miteinander verknüpft sind. Es gibt prinzipiell zwei Aufbaumethoden für P.

Methode 1: Eine Dicarbonsäure wird mit einer Diaminokomponente kondensiert (s. Schema), ein typisches Beispiel für eine *Polykondensation*.

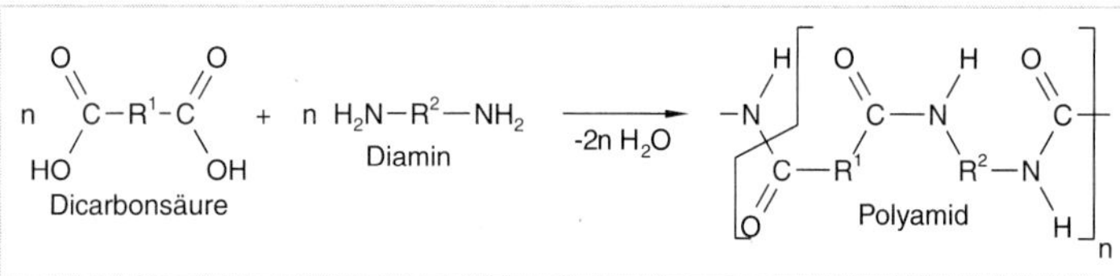

Aufbau von Polyamiden aus Dicarbonsäure und Diamid

Methode 2: Eine Aminocarbonsäure wird kondensiert (Variante A) (s. Schema).

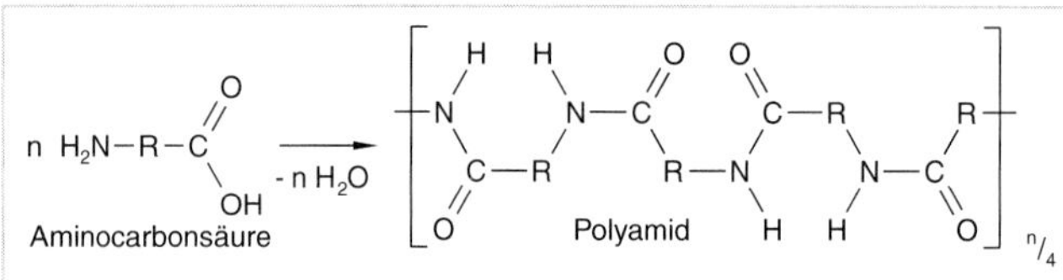

Aufbau von Polyamiden aus Aminocarbonsäuren

Für die Methode 2 gibt es eine weitere Variante B, die von einem Lactam ausgeht, mit welchem eine katalytisch initiierte ringöffnende Polymerisation durchgeführt wird (s. Schema).

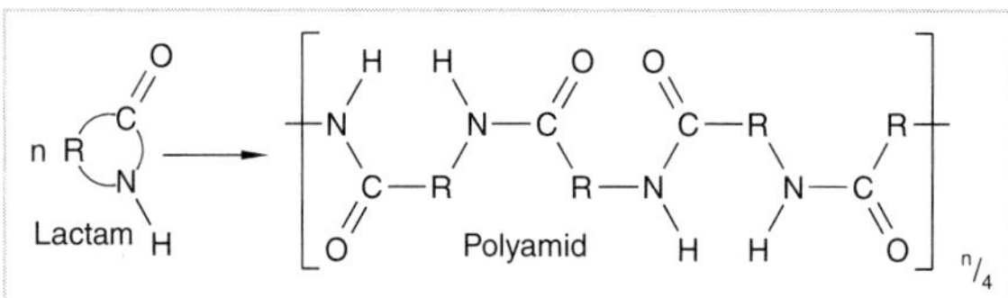

Polyamide durch ringöffnende Polymerisation von Lactamen

Ein wichtiges Beispiel für Methode 1 ist die Herstellung von *6,6-Polyamid* (s. unter ↑ Hexamethylendiamin), und für Methode 2, Variante B, die Herstellung von *6-Polyamid* (s. unter ↑ ϵ-Caprolactam).

Zur Benennung der linearen P. wird die Zahl der C-Atome des Monomeren der Bezeichnung „Polyamid" vorangestellt. Die P. nach Methode 1 erhalten so zwei Ziffern, von denen die erste die Zahl der C-Atome in der Diaminokomponente angibt.

P. bilden Wasserstoffbrücken-Bindungen zwischen den Carbonamid-Gruppen benachbarter Ketten aus, was sich in einer ausgeprägten Kristallisationstendenz der P. niederschlägt und die Zugfestigkeit der P.-Fasern mitbedingt. Diese ist umso größer, je näher die Carbonamid-Funktionen in den Ketten beieinander liegen. Die Molekülmassen der technisch genutzten P. liegen zwischen 15000 und 25000. P. besitzen sehr gute Gleiteigenschaften und werden deshalb im Maschinen- und Gerätebau für Gleit- und Kugellager, Rollen, Räder, Schrauben usw. verwendet. P. werden ferner zu den vielfältigsten Artikeln verarbeitet, die im Fahrzeug- und Möbelbau (Scharniere), in der Elektrotechnik (Spulenkörper, Dübel) im Verpackungswesen (Käseverpackungen) und im Haushalt (Küchengeräte) eingesetzt werden. Spezialprodukte sind z. B. Angelschnüre, Seile, Netze, Borsten usw. Nicht zuletzt ist natürlich die Verspinnung der P. aus der Schmelze zu Fasern zu nennen.

Die Verarbeitung der P. zu Formteilen erfolgt durch Extrudieren oder Spritzgießen.

Polyamide brennen mit bläulicher Flamme unter Abtropfen, wobei Geruch nach verbranntem Horn auftritt und alkalisch reagierende Dämpfe entstehen. Die Verseifungszahl liegt unter 20.

d	α	t_D	λ
1,13 g/cm³	80 10^{-6}/K	100 °C	0,29 W/mK
ϱ_D	ϵ_r	WA	
	7	2,5 – 3,5 %	

Polybenzimidazol

Polybenzimidazole

P. kommt als gelbes bis braunes Pulver oder Halbzeug zur Verarbeitung. Es ist löslich in hochpolaren org. Solventien wie ↑ Dimethylformamid oder ↑ Dimethylsulfoxid.

Es wird in einem Zweistufenprozess hergestellt, indem zunächst *Tetraaminobiphenyl* und *Diphenylisophthalat* in der Schmelze zu einem Präpolymeren kondensiert werden, welches pulverisiert wird und unter Inertgas bei Temperaturen über 300 °C zum P. cyclisiert (s. Schema).

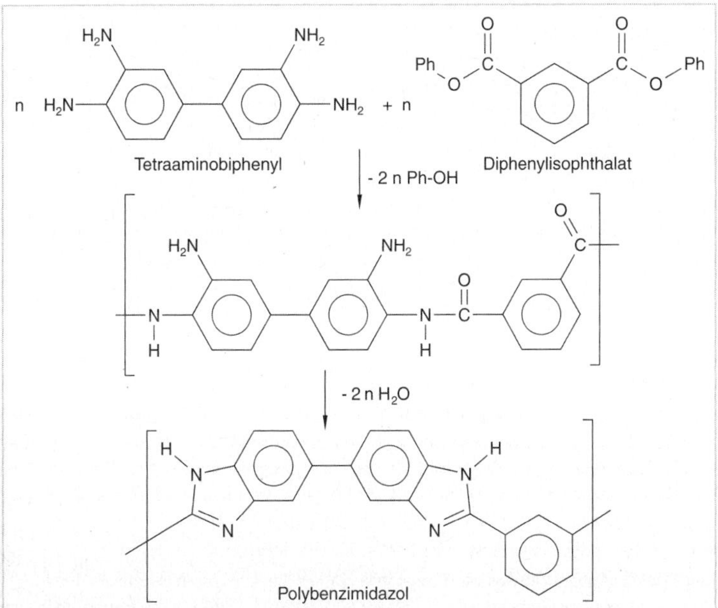

Zweistufenprozess zur Herstellung von Polybenzimidazol

Das herausragende Merkmal von P. ist seine Temperaturstandfestigkeit. Die mechanischen Eigenschaften wie die Zugfestigkeit bleiben im Temperaturbereich von ca. –120 °C bis 400 °C erhalten. Da P. sich aus der Lösung heraus trockenverspinnen läßt, wird es zu Fasern verarbeitet, aus denen z. B. hochtemperaturfeste Schutzkleidung hergestellt wird.

Beschränkend auf den Einsatz von P. wirkt der hohe Preis.

Ganz analog in Herstellung , Eigenschaften und Anwendung zu P. ist das *Polybenzoxazol* (ein N-Atom der heterocyclischen Fünfringe durch ein O-Atom ersetzt) sowie das *Polybenzothiazol* (ein N-Atom durch ein S-Atom ersetzt).

Polybutadien → 1,3-Butadien

Polycarbonat

Polycarbonate PC

P. kommt als farbloses Pulver oder als glasklares Granulat aus der Produktion und zur weiteren thermoplastischen Verarbeitung. P. ist löslich in Methylenchlorid und in Chloroform. P. ist teilweise kristallisationsfähig und die thermischen Eigenschaften hängen vom Kristallinitätsgrad ab. Eine Erweichung und damit Verformbarkeit von Formteilen tritt bei ca. 170 °C ein, während eine Verarbeitung aus der Schmelze erst oberhalb 260 °C möglich ist.

P. ist ein Polyester der Kohlensäure (s. unter ↑ Kohlenstoffdioxid), wobei als „Alkohol-Komponente" praktisch ausschließlich Bisphenol A (s. unter ↑ Epoxidharze) zur Anwendung kommt. Die Herstellung erfolgt durch Einleiten von ↑ Phosgen in eine alkalische Lösung von Bisphenol A, z. B. in Methylenchlorid, wobei unter HCl-Abspaltung Kondensation eintritt (s. Schema).

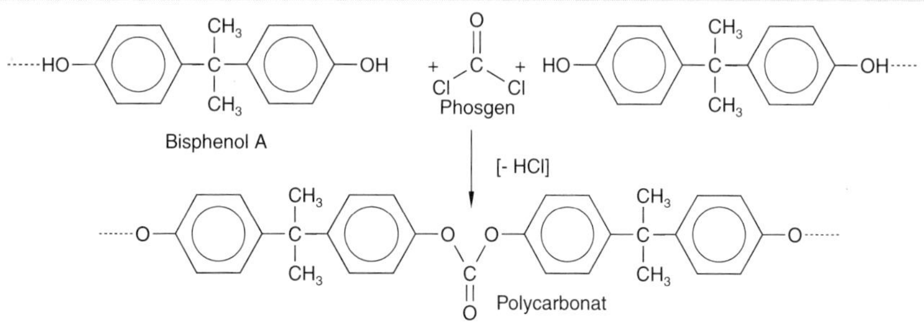

Herstellung von Polycarbonat

Das P. wird anschließend aus der entstandenen viskosen Lösung durch Zugabe von Petrolether ausgefällt und abgetrennt. Die durchschnittlichen Molekularmassen liegen zwischen 30.000-200.000. Die Fertigung von Formteilen aus P. geschieht durch Extrudieren oder Spritzgießen. Folien und Filme werden durch Ausgießen der Lösungen erhalten. Fasern werden ebenfalls aus der Lösung gewonnen. Als Lösungsmittel dient Methylenchlorid.

Reines P. ist glasklar. Es läßt sich durch Pigmente oder Farbstoffe gut einfärben.

P. wurde 1953 auf den Markt gebracht (Makrolon, Bayer AG). Durch die sehr guten thermischen und mechanischen Eigenschaften (Gebrauchstemperatur −150-+135 °C, Festigkeit, Härte, leichte spanabhebende Bearbeitbarkeit) haben Formteile und Geräte aus P. rasch vielfache Verwendung in Technik und Haushalt gefunden (elektrotechnische Teile, Gehäuse, Lampenabdeckungen, Lichtkuppeln, Küchengeräte, medizinische Geräte usw.). Fast alle Datenträger wie CD (Compact Disc) und heute vor allem DVD (Digital Versatile Disc) bestehen aus P., weil es als einziges Polymer alle hohen Anforderungen an das Trägermaterial erfüllt und zudem preiswert ist.

P. läßt sich mit geeigneten Lösungsmitteln (z. B. Chloroform) und mit Reaktionsklebern verkleben.

P. ist nur schwierig zu entzünden (oberhalb 500 °C) und brennt außerhalb der Flamme nicht weiter.

d	α	t_D		λ
1,20 g/cm³	60 – 70 10^{-6}/K	−135 +135 °C	–	0,21 W/mK

ϱ_D	ϵ_r	WA
	3,0	0,2 %

Polychlorierte Biphenyle

Polychlorinated biphenyls PCB

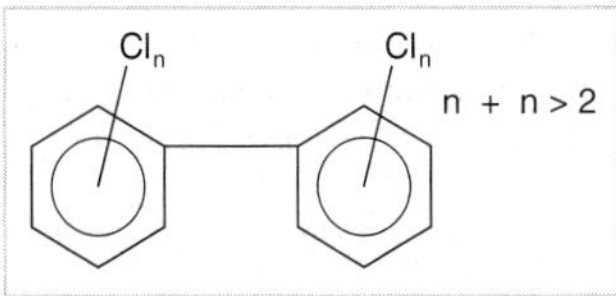

Allgemeine Struktur der polychlorierten Biphenyle

Unter dieser Bezeichnung faßt man eine Klasse von Verbindungen zusammen, die der nebenstehenden allgemeinen Strukturformel (s. Abbildung) genügen und von denen über 200 Isomere möglich sind.

Die in der Praxis verwendeten P. sind durchweg Gemische von Isomeren. Es handelt sich um farblose Flüssigkeiten mit teils (je nach Chlorierungsgrad) hohen Viskositäten, die in Wasser und Polyalkoholen kaum, in den meisten org. Solventien gut löslich sind. Die Dichten liegen zwischen 1,2 und 1,6 g/ml.

Die P. werden hergestellt durch Chlorierung von ↑ Biphenyl mit ↑ Chlor in Gegenwart von ↑ Eisen(III)chlorid als Katalysator (s. Schema).

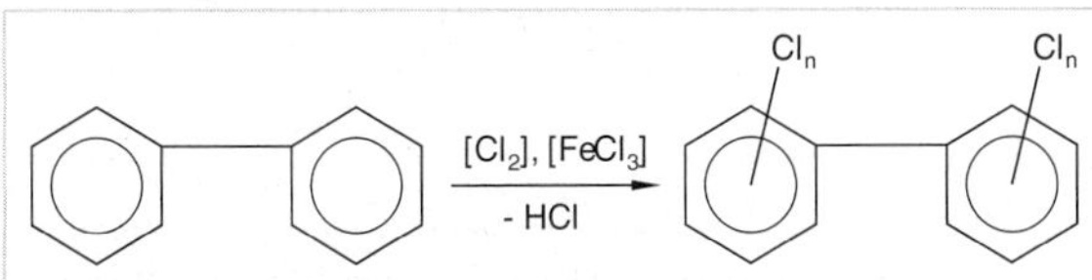

Darstellung von polychlorierten Biphenylen

Wegen ihrer großen chemischen und thermischen Resistenz, guten Lösungseigenschaften und schweren Entflammbarkeit fanden P. breite Verwendung in Transformatoren (Isolierung und Kühlung), in Hydraulik-Geräten (Hydraulik-Flüssigkeit), in Polymersystemen (Weichmacher) und vielen anderen technischen Vorrichtungen und Präparationen. Erst 1983 wurde in der Bundesrepublik die Produktion eingestellt (in USA 1977), nachdem erkannt war, welche großen Gefahren von den P. ausgehen: bei Halbwertzeiten bis zu 100 Jahren (P. werden kaum bakteriell abgebaut) werden die P. von den tierischen Organismen aus der Umwelt inkorporiert, und vor allem im Körperfett gespeichert, wo sie schwere Gesundheitsschäden, u. a. Krebs, zur Folge haben. P. dürfen nur noch in geschlossenen Systemen verwendet werden. P. und P.-belastete Altöle mit mehr als 20 mg P./kg sind Sondermüll und dürfen nur in speziellen Anlagen (oberhalb 1200 °C) verbrannt werden, da sonst hochgiftige Verbrennungsprodukte entstehen (s. unter ↑ 2,3,7,8-Tetrachlordibenzodioxin). Die Analytik der P. geschieht mittels GC, HPLC und vor allem GC/MS-Kopplung.

Bekannte Warenzeichen sind u. a. „*Aroclor*“ und „*Clophen*“.

► Die P. sind akut nur wenig giftig. Die Resorption erfolgt durch die Haut und bewirkt Chlorakne, Leber-, Nerven- und Blutschäden.

PCB $M_R = 257{,}6$–$498{,}7$

Polychloropren

⟶ Chloropren

Polyester

Polyesters

Wegen der Vielfalt der P.-Typen und ihrer breiten Modifizierbarkeit kann eine generelle Charakterisierung der P. nicht gegeben werden. Spezielle P. werden auch gesondert abgehandelt (s. ↑ Alkydharze, ↑ Polycarbonat, ↑ Polyethylenterephthalat). Es sollen deshalb hier nur die Synthese-Möglichkeiten allgemein kurz skizziert werden.

In den P. werden die Monomeren über Esterfunktionen miteinander verbunden. Für die Knüpfung der Esterbindungen kommen folgende Methoden in Frage:

1. Veresterung von Dicarbonsäuren mit Diolen oder Polyolen
2. Umesterungen von Dicarbonsäurediestern mit Diolen oder Polyolen
3. Umsetzung von Dicarbonsäuredichloriden mit Diolen oder Polyolen
4. Polykondensation von Hydroxycarbonsäuren (s. ↑ 4-Hydroxybenzoesäure)
5. Lactonpolymerisation (z. B. Polylactide, s. unter ↑ Milchsäure)

Am wichtigsten ist das unter 1. genannte Verfahren (s. Schema). Die am häufigsten eingesetzten Dicarbonsäuren sind ↑ Phthalsäure, ↑ Terephthalsäure, ↑ Maleinsäure, ↑ Fumarsäure, ↑ Adipinsäure, ↑ Bernsteinsäure. Die bedeutendsten Polyole sind ↑ Ethylenglykol, Propandiole, ↑ 1,4-Butandiol, 1,6-Hexandiol, ↑ Glycerin, ↑ Pentaerythrit.

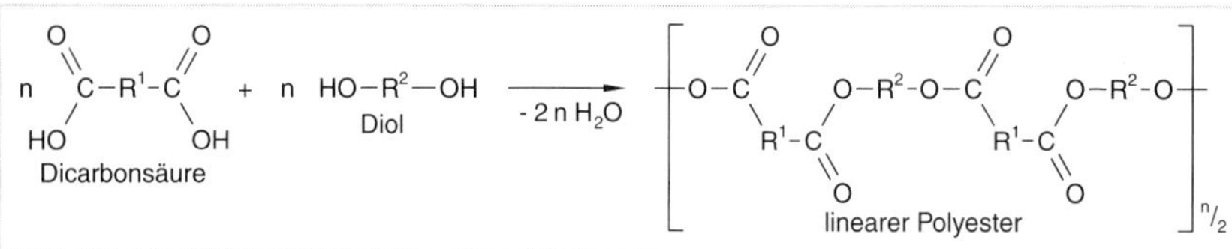

Synthese von Polyestern aus Dicarbonsäure und Diol

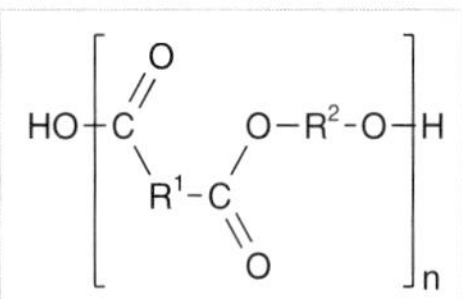

Polyester mit Carboxyl- und Hydroxylende

Werden äquimolare Mengen Dicarbonsäure und Diol eingesetzt, erhält man hochmolekulare lineare P., die ein Hydroxyl- und ein Carboxylende haben (s. Abbildung).

Ist das molare Verhältnis ungleich 1, erhält man niedrigermolekulare P., die bei Überschuß des Diols zwei Hydroxyl-Enden, bei Überschuß der Säure zwei Carboxylenden haben (s. Abbildung).

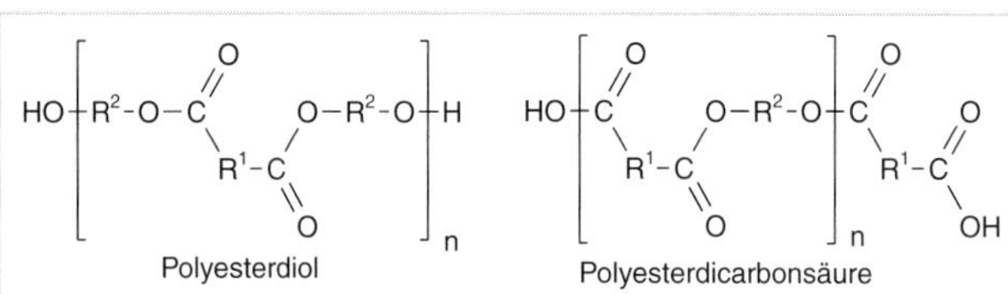

Strukturen von Polyesterdiol und Polyesterdicarbonsäure

Im ersten Falle erhält man also *Polyesterdiole*, im zweiten Falle *Polyesterdicarbonsäuren*. Beide werden als Harze, Weichmacher, Vernetzungskomponenten usw. verwendet. Besonders die Polyesterdiole dienen als Vernetzungskomponenten in den Systemen der ↑ Polyurethane.

Werden bei der P.-Herstellung ungesättigte Dicarbonsäuren mit verarbeitet, kommt man zur wichtigen Gruppe der durch Polymerisation mit ungesättigten Verbindungen (z. B. ↑ Styrol) härtbaren P. Wird zur Veresterung ein mindestens dreiwertiger Alkohol, vorwiegend ↑ Glycerin, eingesetzt, entstehen P., die durch Erhitzen vernetzen (s. unter ↑ Alkydharze).

P. kommen so in den verschiedensten Formen in den Handel:

1. als auspolymerisierte Halbzeuge in Form von Platten, Stäben, Rohren usw.
2. als lösliche Kondensate flüssig oder in Form von Pulver oder Granulat zur weiteren Verarbeitung auf Lacke, Kleber, Fasern usw.
3. als ungesättigte P.-Harze gelöst in polymerisierbaren Flüssigkeiten mit oder ohne Träger- und Füllmaterialien (z. B. Glasfasern), die radikalisch zu festen Massen polymerisiert werden, und als *Spachtel-Massen* oder *Gießharze* verwendet werden.

Die P. verbrennen nach Entzündung mit leuchtender rußender Flamme.

Polyethylen

Polyethylene PE

Die P. fallen bei den verschiedenen Polymerisationsverfahren als milchig-weiße teilkristalline Pulver an, die in allen Lösungsmitteln unlöslich und chemisch sehr beständig sind. Sie werden von Säuren, Laugen, Oxidations- und Reduktionsmitteln, Salzlösungen, Ölen und den üblichen Solventien nicht angegriffen. Eigenschaften wie Kristallinität, Dichte, Härte, thermisches Verhalten, Molekülmasse, Verzweigungsgrad hängen vom Herstellungsverfahren ab.

P. wird durch Polymerisation von ↑ Ethylen hergestellt, wobei verschiedene Verfahren zur Anwendung kommen, die sich vor allem im angewandten Druck sowie in der Katalyse unterscheiden. Man differenziert nach

1. Hochdruckverfahren
2. Mitteldruckverfahren
3. Normaldruckverfahren

Bei *Hochdruckverfahren* wird unter einem Druck von bis zu 2000 bar bei ca. 200 °C mit ↑ Sauerstoff als Initiator polymerisiert (s. Schema).

$$n\ H_2C{=}CH_2 \xrightarrow[{[O_2]}]{\text{ca. 2000 bar, 200 °C}} \left[CH_2-CH_2\right]_n$$

Hochdruckpolymerisation von Ethylen

Die Polymerisation verläuft radikalisch, führt zu Molekülmassen von über 10 000 und liefert verzweigte Kettenmoleküle. Diese Verzweigungen verhindern eine enge Zusammenlagerung der Ketten und ergeben Produkte geringerer Dichte und geringerem Kristallinitätsgrad, weshalb so hergestelltes P. als Low-Density-Polyethylen (*LDPE*) bezeichnet wird. Die Verzweigungen erklären sich durch inter- und intramolekulare Übertragungsreaktionen (s. Schema).

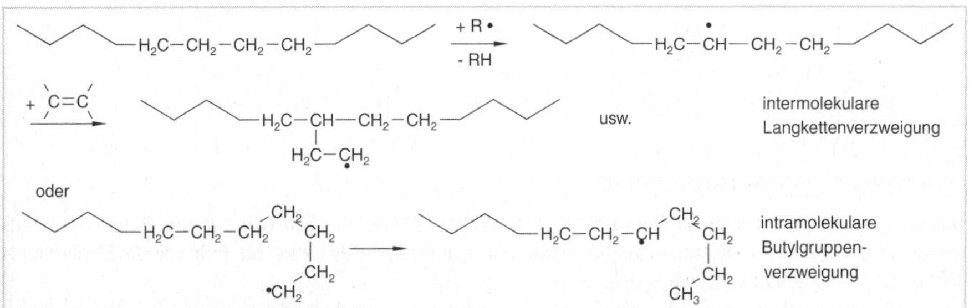

Kettenverzweigungen bei der Ethylen-Hochdruckpolymerisation

Das *Mitteldruckverfahren* arbeitet bei Drucken über 30 bar in aromatischen Kohlenwasserstoffen bei ca. 150 °C an Chrom/Aluminiumkontakten und liefert lineare kristalline P. mit Molekülmassen von 5 000–20 000.

Große technische Bedeutung besitzt das *Normaldruck-Verfahren*, das mittels spezieller metallorganischer Katalysatoren (Triethylaluminium/Titan(IV)chlorid) in Lösung bei Normaldruck und ca. 70 °C geführt werden kann (Ziegler, 1953), und P. von sehr hohen Molekularmassen (10.000–3.000.000) fast ohne Verzweigungen, also von hoher Kristallinität, liefert. Diese P.-Typen besitzen eine deutlich höhere Dichte und werden deshalb als High-Density-Polyethylen (*HDPE*) bezeichnet (s. unter ↑ Aluminiumtriethyl).

Einen Spezialfall stellen die durch kationische Polymerisation mit Lewis-Säuren wie ↑ Aluminiumchlorid in Lösung gewonnenen P. dar, die sehr niedrige Molekularmassen (ca. 400) und starke Verzweigungen aufweisen und wegen ihres Charakters als viskose Flüssigkeiten als Schmieröle verwendet werden.

Die P. werden durch Extrudieren oder Spritzgießen verarbeitet. Sie lassen sich verschweißen. Ein Verkleben ist nur nach spezieller Oberflächenbehandlung möglich.

LDPE schmilzt bei ca. 110 °C. Es wird zu Kabelummantelungen, Verpackungsmaterialien und Folien verarbeitet.

HDPE schmilzt bei ca. 130 °C. Aus ihm werden Rohrleitungen, Eimer, Kisten, Kanister, Tonnen, Tanks, Fässer und zahllose weitere technische Artikel hergestellt.

P. ist leicht zu entzünden und brennt mit leuchtender Flamme unter Aussendung neutraler Dämpfe, wobei der Geruch nach heißem Paraffin auftritt.

d	α	t_D	λ
0,92 g/cm³	140 10^{-6}/K	75 °C	0,35 W/mK

ϱ_D	ϵ_r	WA
	2,3	< 0,1 %

Polyethylenglykol

Poly(ethylene glycol) PEG, PEO, Polyethylenoxid

Je nach den Molekülmassen handelt es sich bei den P. um farblose, viskose hochsiedende Flüssigkeiten oder um farblose wachsartige Produkte. Bis zu einer M_R von etwa 600 sind die Produkte flüssig. Alle P., auch die hochmolekularen sind gut wasserlöslich, aber auch löslich in vielen org. Solventien wie Alkoholen, Ketonen, Estern. Sie sind unlöslich in reinen Alkanen.

Die P. werden hergestellt durch kationische (mit Lewis-Säuren wie ↑ Aluminiumchlorid katalysierte) oder anionische (durch Alkoholate, Hydroxide, Carbonate oder andere Basen initiierte) Polymerisation von ↑ Ethylenoxid (s. Schema).

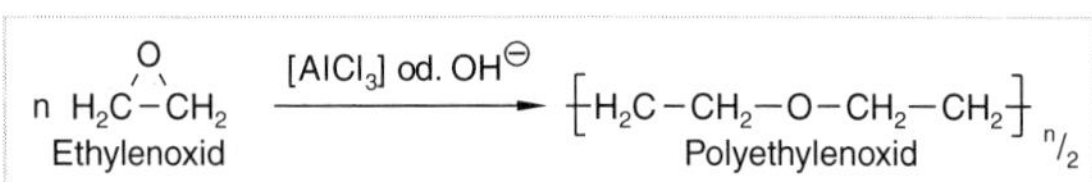

Herstellung von Polyethylenglykol

Da in den technischen Systemen stets Wasser vorhanden ist, werden die Kettenenden durch Hydroxygruppen abgesättigt, wobei also die P. entstehen. Die Molekülmassen werden so im wesentlichen durch den Wassergehalt mitbestimmt. Extrem hohe Molekülmassen (bis zu 3 Millionen) werden durch Katalyse mit hochreinem ↑ Strontiumcarbonat erzielt.

Die höhermolekularen P. werden z. B. als Verdickungsmittel, als Textilhilfsmittel, Weichmacher, Lackzusätze usw. verwendet. Die flüssigen und festen P. setzt man in medizinischen und kosmetischen Präparaten ein. Durch geeignete Mischung von flüssigen und wachsartigen P. erhält man die Grundlage der *PEG-Salben* mit vaselineartiger Konsistenz. Die flüssigen P. werden ferner als Lösungs- und Extraktionsmittel, als Gleitmittel, Wärmeübertragungsmedium, Feuchthaltemittel usw. benutzt.

Zu Produkten mit Tensidcharakter gelangt man, wenn bei der Ethylenoxid-Polymerisation höhere Alkohole anwesend sind (s. Schema).

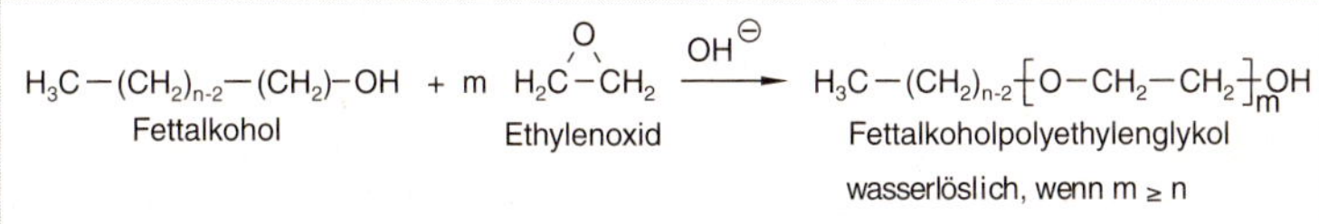

Herstellung der Fettalkoholpolyethylenglykole

Die entstehenden *Fettalkoholpolyethylenglykole* (auch als *Fettalkoholethoxylate*, *FAEO*, bezeichnet) besitzen nämlich ein hydrophiles und ein hydrophobes Ende und werden als nichtionische Tenside verwendet. Nichtionische Tenside zeichnen sich aus durch ihre fettlösende Wirkung schon bei niedrigen Temperaturen (s. unter ↑ Glycerin).

Polyethylenterephthalat

Poly(ethylene terephthalate) PETP

P. kommt als Rohstoff als Pulver oder Granulat zur Weiterverarbeitung. Es fällt bei der Herstellung zunächst als Schmelze an. Läßt man die Schmelze langsam abkühlen, erhält man feinkristallines P., welches nach Zerkleinern ein weiß-undurchsichtiges hartes Granulat bildet. Wird die Schmelze abgeschreckt, fällt P. amorph an und bildet dann nach Zerkleinern ein wenig hartes, aber dennoch zähes transparentes Granulat bzw. ein farbloses Pulver. P. ist verwendbar im Temperaturbereich – 40 . . . + 100 °C, der Schmelzbereich liegt zwischen 240 und 250 °C. P. ist beständig gegen Öle, Fette, Treibstoffe, unpolare und schwach polare Lösungsmittel. P. wird angegriffen von starken Säuren und Laugen, heißem Wasser und stark polaren Lösungsmitteln, wie Aceton sowie von chlorierten Kohlenwasserstoffen, ohne jedoch löslich zu sein.

Zur Herstellung von P. geht man meist von Terephthalsäuredimethylester (s. unter ↑ Terephthalsäure) aus, der in zwei Stufen zum P. umgesetzt wird. Die erste Stufe ist eine Umesterung des Dimethylesters mit ↑ Ethylenglykol (s. Schema).

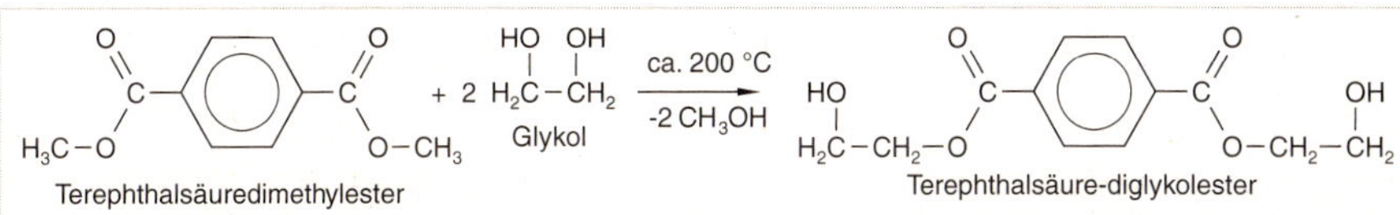

Umesterung von Terephthalsäuredimethylester

Es wird ein Überschuß an Glykol zugesetzt. Das freiwerdende ↑ Methanol destilliert ab. In zweiter Stufe wird der Glykolester bei ca. 290 °C unter vermindertem Druck kondensiert, wobei das freigesetzte Glykol abdampft, und P. als zähflüssige Masse entsteht (s. Abbildung).

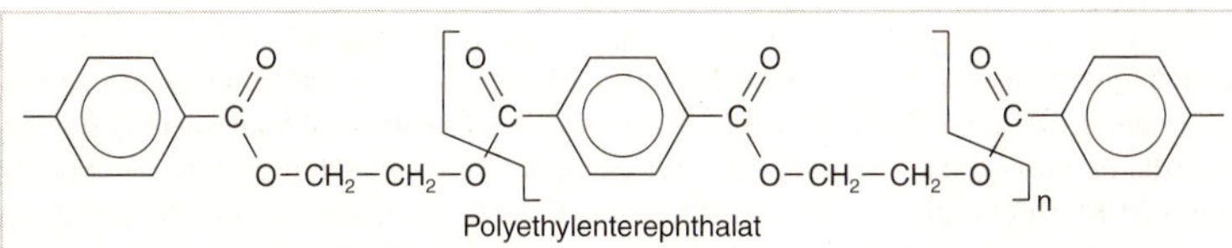

Aufbau von Polyethylenterephthalat

↑ Kohlenstoff) oder Metallpulver werden hochwertige Werkstoffe erhalten, die auch in der Raumfahrt Verwendung finden.

Die Dauergebrauchstemperatur der P. liegt bei etwa 200 °C. P. lassen sich nur schwer entzünden, verbrennen unter geringer Rauchentwicklung und verlöschen außerhalb der Flamme wieder.

d	α	t_D	λ
1,43 g/cm³	63 10^{-6}/K	260 °C	0,35 W/mK
ϱ_D	ϵ_r	WA	
	3,41		

Polyisobutylen

Polyisobutene   Polyisobuten, PIB

M_R	Eigenschaft
ca. 3 000	viskoses Öl
ca. 15 000	weiche, klebrige Masse
ca. 50 000	plastische Masse
100 000-200 000	Gummi

Molare Massen und Eigenschaften von Polyisobutylen

Je nach Molekülmasse handelt es sich bei P. um viskose Öle, klebrige plastische Massen oder gummiartige Produkte (s. Tabelle). Die P. sind löslich in unpolaren org. Solventien, unlöslich in polaren Lösungsmitteln, sehr beständig gegen Säuren, Laugen, Öle und Witterungseinwirkungen, auch gegen ↑ Ozon.

P. wird durch Polymerisation von *Isobuten* hergestellt. Isobuten wird aus der C4-Fraktion der Crackgase isoliert oder durch Dehydratisierung von ↑ iso-Butanol synthetisiert (s. Schema). Es ist ein farbloses Gas vom Siedepunkt −7 °C, unlöslich in Wasser, gut löslich in org. Solventien.

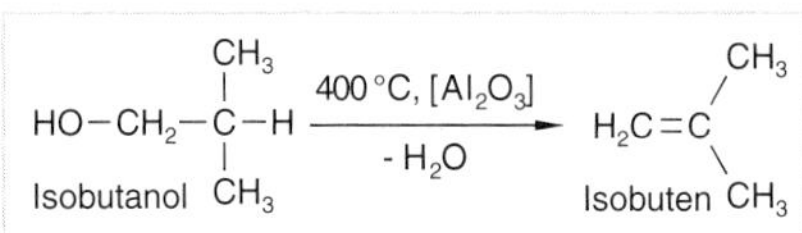

Gewinnung von Isobuten

Die Polymerisation des Isobutens wird kationisch geführt mit ↑ Bortrifluorid als Katalysator bei Temperaturen unterhalb −50 °C (s. Schema).

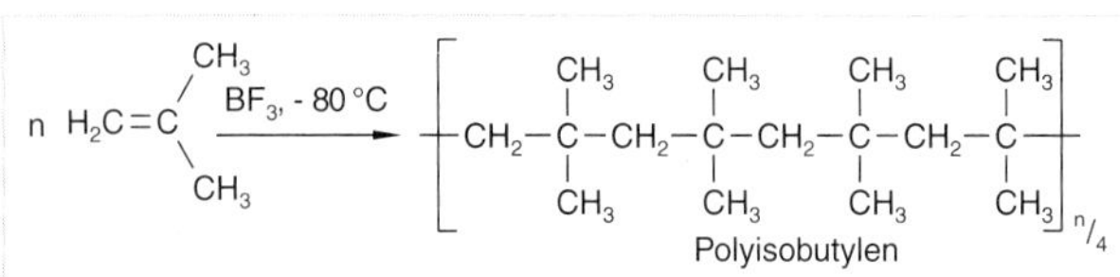

Polymerisation von Isobuten zu Polyisobutylen

Niedermolekulare P.-Typen werden auf Imprägnierungen und Klebstoffe verarbeitet und als Weichmacher benutzt. Höhermolekulare P. werden in Folienform für korrosionsschützende Beschichtungen und Auskleidungen verwendet. Ferner dienen sie zur Kabelisolierung und im Bautenschutz. Die Formbeständigkeit der P. wird durch Zumischen von Füllstoffen wie Ruß, Silicate usw. erhöht.

Da P. keine Doppelbindungen mehr besitzt, ist es durch ↑ Schwefel nicht vernetzbar (vulkanisierbar). Wird Isobuten jedoch mit ↑ Isopren copolymerisiert, so erhält man den „*Butylkautschuk*", der über die darin vorhandenen Doppelbindungen einer Vulkanisation zugänglich ist, die zu hervorragend gasdichten Gummiprodukten führt. Diese besitzen deshalb als *Kraftfahrzeugschläuche* große Bedeutung.

P. läßt sich leicht entzünden und verbrennt mit leuchtender Flamme, wobei Geruch nach verbranntem Gummi auftritt.

d	α	t_D	λ
0,93 g/cm³	120 10^{-6}/K	65 °C	0,2 W/mK

ϱ_D	ϵ_r	WA
	2,3	

Polymethacrylsäuremethylester

Polymethacrylate — Polymethylmethacrylat, PMMA

P. kommt als Rohstoff in Form weißer Pulver oder als glasklar durchscheinendes Granulat zur Weiterverarbeitung. P. ist beständig gegen Säuren, Laugen, Fette, Öle und unpolare Lösungsmittel und ist ferner hervorragend licht- und wetterbeständig. P. löst sich in chlorierten und aromatischen Kohlenwasserstoffen, wird von polaren Lösungsmitteln angegriffen und von konzentrierten Säuren und Laugen zersetzt.

P. wird hergestelt durch radikalische Polymerisation von ↑ Methacrylsäuremethylester (s. Schema).

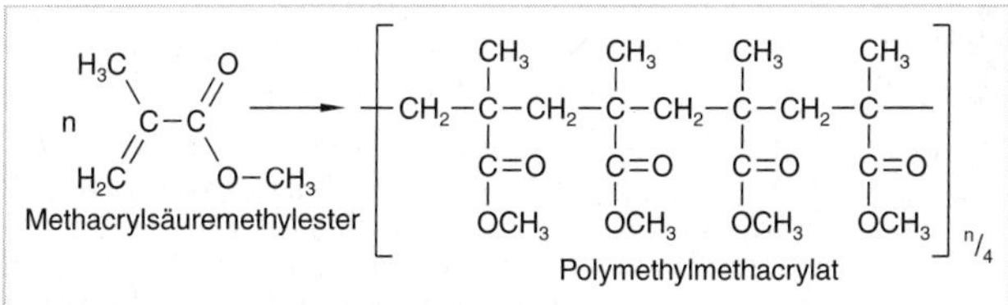

Bildung von Polymethylmethacrylat

P. kann durch Extrusion oder Spritzguß zu Halbzeug (Platten, Stäbe, Rohre, Blöcke, Profile) verarbeitet werden, das sich durch Warmformen, Schweißen, Kleben oder spanabhebende Verfahren zu Endprodukten bearbeiten läßt.

Die Formteile aus P. zeichnen sich durch glasklare Transparenz (mit 92 % ist die Lichtdurchlässigkeit besser als bei Glas), große Härte, große Kratz- und Biegefestigkeit, hohe Formbeständigkeit aus, was dem P. in Verbindung mit der oben bereits genannten chemischen und optischen Resistenz eine außerordentlich breite und vielfältige Anwendbarkeit verleiht. Das Material ist allgemein unter der Bezeichnung *Acrylglas* oder dem Handelsnamen „*Plexiglas*“ bekannt.

Flüssige oder im Monomeren gelöste Vorkondensate sind im Handel, die nach Formgießen radikalisch zu Formteilen auspolymerisiert werden können (*Gießharze*).

Ergänzend sei vermerkt, daß durch Verwendung anderer Ester der ↑ Methacrylsäure als Monomere (z. B. *Methacrylsäurebutylester*) und durch Copolymerisation die Palette der verfügbaren „*Acrylatharze*“ sehr groß ist und mit ihnen weitere Einsatzbereiche erschlossen werden. So gibt es darunter hervorragende Lackharze, die die Basis von Lacken und Anstrichmitteln für die verschiedensten Anwendungen darstellen (*Acrylfarben*).

P. läßt sich durch Erhitzen depolymerisieren. Dabei kann das Monomere (Methacrylsäuremethylester) abdestilliert und aufgefangen werden.

P. verbrennt beim Entzünden mit leuchtend gelber, knisternder Flamme, wobei süßlich-fruchtartige Gerüche auftreten.

d	α	t_D	λ
1,19 g/cm³	90 10^{-6}/K	98 °C	0,19 W/mK

ϱ_D	ϵ_r	*WA*
	3,7	0,35 %

Polyoxymethylen

Poly(oxymethylene) POM

P. kommt als farbloses teilkristallines thermoplatisches Pulver als Rohstoff zur Weiterverarbeitung. P. ist unlöslich in allen Lösungsmitteln und beständig gegen Basen. Durch starke Säuren erfolgt Zersetzung. Unter der Einwirkung von Sonnenlicht tritt Versprödung ein.

P. wird hergestellt durch Polymerisation von hochreinem, wasserfreiem ↑ Formaldehyd (s. Schema).

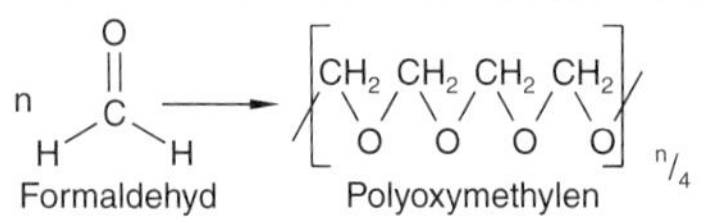

Polymerisation von Formaldehyd zu Polyoxymethylen

P. kann sowohl als *Polyether* als auch als *Polyacetal* betrachtet werden. Das chemische Verhalten (Beständigkeit gegen Basen, Empfindlichkeit gegen Säuren) erweist jedoch den Acetalcharakter.

P. wird durch Extrudieren und Spritzgießen (bei ca. 200 °C) verarbeitet. Die Formteile aus P. zeichnen sich durch Härte, Festigkeit und Formhaltigkeit über einen weiten Temperaturbereich aus (kurzfristig bis ca. 140 °C). P. ist damit ein typischer technischer Werkstoff, der im Maschinen-, Werkzeug- und Gerätebau, in der Elektrotechnik und im Möbelbau Verwendung findet.

Beim Erhitzen über 240 °C erfolgt Depolymerisation unter Freisetzung von Formaldehyd. Nach Entzünden verbrennt P. mit bläulicher Flamme.

d	α	t_D	λ
1,42 g/cm³	90 10^{-6}/K	110 °C	0,31 W/mK

ϱ_D	ϵ_r	*WA*
	3,7	0,8 %

Polypropylen

Polypropylene PP

P. kommt als Rohstoff in Form eines halbtransparenten Pulvers oder Granulats zur Verarbeitung. P. ist beständig gegen Säuren, Laugen, Öle und polare Lösungsmittel. Unbeständig ist P. gegen starke Oxidationsmittel, ferner gegen aromatische und chlorierte Kohlenwasserstoffe, durch die besonders in der Wärme, Quellung eintritt.

P. wird durch Polymerisation von ↑ Propen hergestellt. Dabei ist die erzielte *Taktizität* in der Polymerkette von Einfluß auf das physikalische Verhalten des Polymeren (s. Schema).

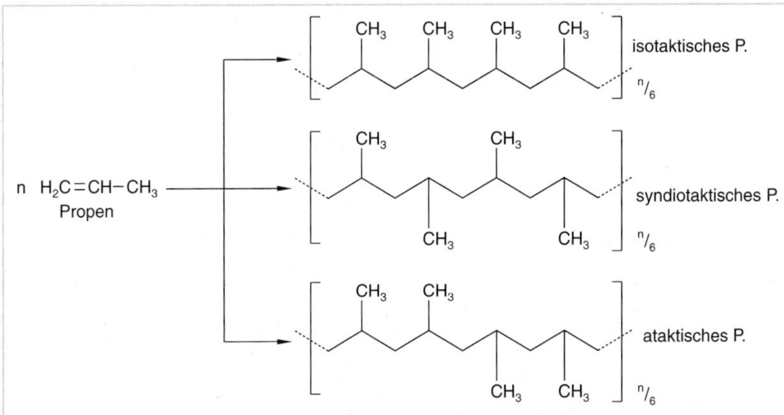

Bildung von Polypropylenen verschiedener Taktizität

Im isotaktischen P. befinden sich die Methylgruppen durchweg auf einer Seite, im syndiotaktischen P. in alternierender Folge auf beiden Seiten und im ataktischen schließlich in unregelmäßiger Abfolge beiderseits der C-Kette.

Technisch am wichtigsten ist das isotaktische P., da mit der *Isotaktizität* die Kristallinität und damit die Temperaturbeständigkeit, die Härte und die Festigkeit wächst. Mit Hilfe von Katalysatoren vom Ziegler/Natta-Typ (s. unter ↑ Polyethylen) läßt sich hochgradig isotaktisches P. herstellen.

Das Urformen von P. kann durch Extrudieren, Spritzgießen oder Hohlkörperblasen erfolgen (bei Temperaturen oberhalb 220 °C).

P. findet sehr vielfältige technische Verwendung ähnlich wie Polyethylen, dem es insgesamt im Verhalten ähnelt, mit dem Unterschied, daß P. härter und etwas temperaturbeständiger ist.

d	α	t_D	λ
0,91 g/cm³	100 – 200 10^{-6}/K	100 °C	0,22 W/mK

ϱ_D	ϵ_r	WA
	2,3	0 %

Polystyrol

Polystyrene PS

Reines P. kommt als Rohstoff in Form eines harten glasklar transparenten Granulats zur Verarbeitung. P. ist beständig gegen Säuren, Laugen, Salze und Detergentien. Es löst sich in aromatischen und chlorierten Kohlenwasserstoffen und wird auch von vielen polaren und unpolaren Lösungsmitteln gelöst bzw. angegriffen. P. vergilbt und versprödet im Sonnenlicht, weshalb es für Außenanwendungen nicht geeignet ist. P. ist bis ca. 80 °C wärmeformbeständig.

P. ist das erste technisch genutzte Polymerisat (seit 1936) und entsteht durch Polymerisation von ↑ Styrol. Die Polymerisation verläuft sehr leicht unter beträchtlicher Wärmeentwicklung und kann thermisch, fotochemisch, radikalisch, kationisch oder anionisch initiiert und in Substanz oder in Lösung durchgeführt werden (s. Schema).

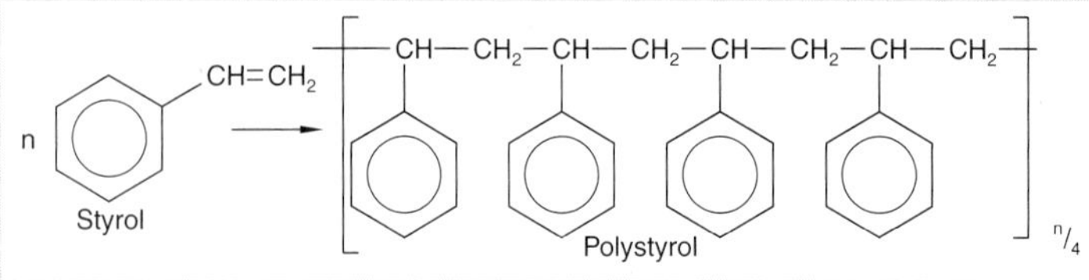

Bildung von Polystyrol

Je nach Verfahren variieren die Taktizität und damit die Kristallinität (und die damit zusammenhängenden Eigenschaften wie Härte, Löslichkeit, Transparenz usw.) sowie die mittlere Molekülmasse.

Die thermische Polymerisation in Substanz liefert die höchsten Molekularmassen (bis zu ca. 300.000), erfordert jedoch auch die längsten Reaktionszeiten, bis zum vollständigen Umsatz mehrere Tage bei ca. 150 °C. Die radikalisch gestartete Polymerisation als einfacher Reagenzglasversuch ist unter ↑ Styrol beschrieben.

Die Polymerisate stellen glasklare, harte Festkörper dar. Die Verarbeitung zu Formteilen läßt sich sehr leicht durchführen über Extrusion, Spritzguß, Blasformen oder Thermoformen.

Wegen der einfachen Herstellung, der guten Verarbeitbarkeit (gute Fließfähigkeit der Schmelzen), die Billigkeit der Ausgangsstoffe und nicht zuletzt der für viele Zwecke ausreichenden Gebrauchseigenschaften ist P. einer der wichtigsten und meistverwendeten Kunststoffe.

Artikel aus P. werden besonders auf dem Verpackungssektor viel verwendet, ferner als Einweggeschirr (Bestecke, Becher, Töpfe, Schalen). Auch Einmalartikel für den Laborbereich wie Petrischalen, Küvetten, Spatel, Rührstäbe etc. werden aus P. gefertigt.

Technisch äußert vielfältig verwendet werden geschäumte P. Zu deren Herstellung werden in die P.-Schmelze unter Druck Treibgase eingepresst und homogen gelöst. Nach der Entspannung der Schmelze treiben die Gase diese zu spezifisch leichten großvolumigen geschlossenporigen Formkörpern auf, die als Isolier- und Dämm-Materialien und im Verpackungswesen große Bedeutung besitzen (z. B. unter dem Handelsnamen „*Styropor*“).

Technisch wichtige Kunststoffe werden durch Copolymerisation von Styrol mit anderen Monomeren gewonnen. Es seien hier nur die bekanntesten kurz genannt:

Styrol – Butadien – Copolymerisat (schlagfestes Polystyrol) (*SB*)

Styrol – Acrylnitril – Copolymerisat (*SAN*)

Acrylnitril – Butadien – Styrol – Terpolymere (*ABS*).

Alle diese Copolymeren liefern harte, schlagzähe, formbeständige Kunststoffe, die quer durch alle Technik-Bereiche verwendet werden.

P. wird beim Erwärmen auf ca. 350 °C depolymerisiert, wobei Styrol abdestilliert und aufgefangen werden kann. P. läßt sich leicht entzündet und verbrennt mit leuchtender, stark rußender Flamme.

d	α	t_D	λ
1,05 g/cm³	70 10^{-6}/K	75 °C	0,18 W/mK

ϱ_D	ϵ_r	WA
	2,5	< 0,1 %

Polytetrafluorethylen

Polytetrafluorethylene PTFE

P. fällt bei der Herstellung als weißes, weitgehend kristallines Pulver an. Es besitzt herausragende Eigenschaften wie eine nahezu einmalige chemische Resistenz (es widersteht allen chemischen Agentien, selbst

Oleum, ↑Ozon oder Königswasser, lediglich durch geschmolzenes ↑Natrium erfolgt oberflächlicher Angriff), völlige Unlöslichkeit und Unquellbarkeit in sämtlichen Lösungsmitteln sowie eine enorme Temperaturbeständigkeit, die eine Dauergebrauchstemperatur von 250 °C erlaubt.

Die technische Synthese des P. ist recht aufwendig. Aus ↑Chloroform und wasserfreiem ↑Fluorwasserstoff wird in Gegenwart von Antimonpentachlorid *Chlordifluormethan* hergestellt, welches bei ca. 700 °C zu Tetrafluorethylen pyrolysiert wird (s. Schema).

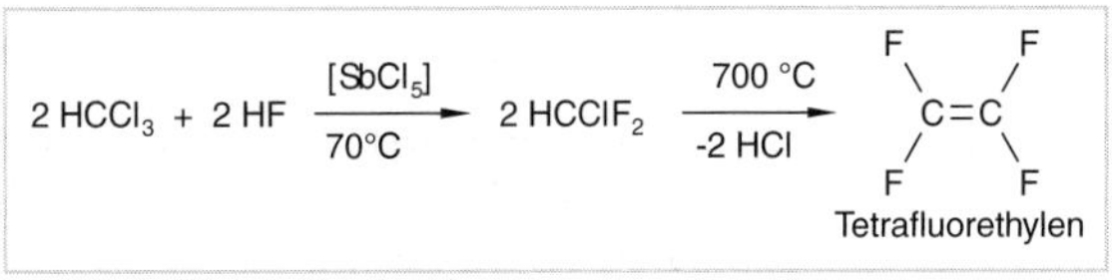

Herstellung von Tetrafluorethylen

Tetrafluorethylen ist ein farbloses Gas vom Sdp. −78 °C, dessen Polymerisation also unter Druck ausgeführt werden muß. Da bei der Polymerisation ferner eine große Reaktionswärme frei wird, wird in Wasser in Emulsion polymerisiert (peroxidisch katalysiert), damit die Wärme leichter abgeführt werden kann (das Monomere explodiert bei höherer Temperatur) (s. Schema).

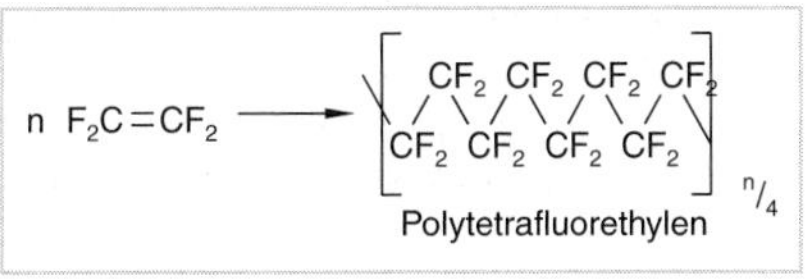

Polymerisation von Tetrafluorethylen zum PTFE

Die Stabilität von PTFE beruht auf der besonders stabilen C-F-Bindung. Da PTFE erst ab ca. 330 °C zu erweichen beginnt ohne jedoch zu schmelzen und bereits oberhalb 400 °C Zersetzung eintritt, kann es nicht thermoplastisch, also durch Spritzgießen oder Extrudieren verarbeitet werden.

Beschichtungen und Imprägnierungen werden mit Dispersionen von PTFE vorgenommen. Die Herstellung von Formteilen oder Halbzeugen geschieht durch Preßsintern bei ca. 380 °C.

PTFE ist im Temperaturbereich von −200 bis +300 °C verwendbar. Es besitzt einen sehr niedrigen Reibungskoeffizienten und zeigt den Effekt der Eigenschmierung, weshalb PTFE zur Herstellung von Beschichtungen, Rohrauskleidungen, Lagern, Gleitringen, Kolbenführungen usw. verwendet wird. Ferner werden zahllose Maschinenteile und Baulemente, bei denen es auf chemische, thermische und mechanische Resistenz ankommt, aus PTFE gefertigt.

PTFE wurde durch Zufall entdeckt und zuerst von der Fa. Du Pont unter dem Namen „*Teflon*“ auf den Markt gebracht.

PTFE ist nicht brennbar.

d	α	t_D	λ
2,20 g/cm³	160 10^{-6}/K	250 °C	0,25 – 0,5 W/mK

ϱ_D	ϵ_r	WA
	2,1	0 %

Polyurethane

Polyurethanes PU

PU-Systeme bilden eine sehr vielgestaltige Gruppe fester und flüssiger Werkstoffe, so daß eine generelle Charakterisierung nicht möglich ist. Es werden hier zunächst einige Grundlagen der PU-Chemie dargestellt.

Die Basis der PU-Chemie bildet die Isocyanat-Gruppe, ein präparativ vielseitiges Heterokumulen-System, dessen Grundreaktivität in den dargestellten Mesomerie-Formulierungen zum Ausdruck kommt (s. Schema).

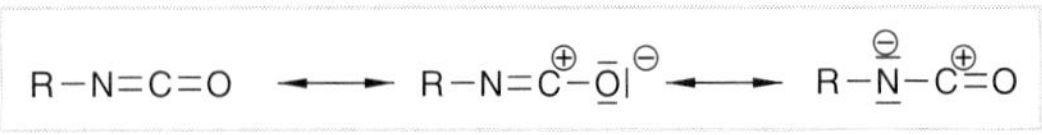

Mesomerie in der Isocyanat-Funktion

R kann ein aliphatischer oder aromatischer Rest sein. Die Isocyanate besitzen also im C-Atom der Kumulen-Funktion ein elektrophiles Zentrum, über das die Isocyanate mit den verschiedensten basischen Substraten bereitwillig reagieren (weiteres s. unter ↑ Phenylisocyanat).

In einem *Diisocyanat* befinden sich zwei Isocyanat-Funktionen im gleichen Molekül. Setzt man ein solches mit einem Diol um, so entstehen lineare Polyadditionsprodukte, wie z. B. bei der Reaktion von *Hexamethylendiisocyanat* mit ↑ 1,4-Butandiol, die technisch durchgeführt wird (s. Schema).

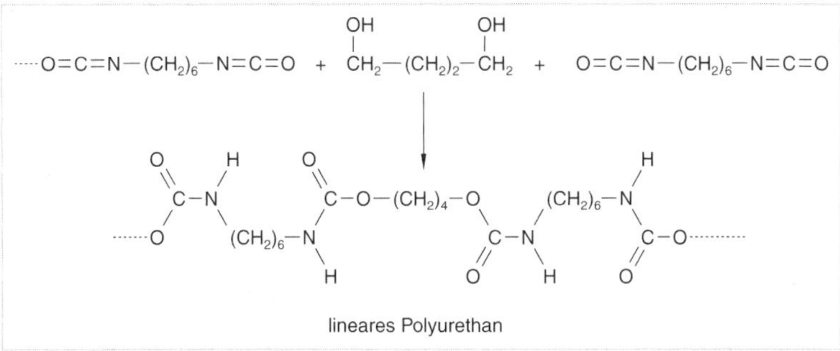

Bildung eines linearen Polyurethans

Die so herstellbaren Makromoleküle besitzen Molekularmassen bis zu 14.000 (bei äquimolarem Umsatz) und können aus der Schmelze zu Fasern versponnen oder durch Spritzgießen bzw. Extrudieren zu Formteilen verarbeitet werden. Die linearen PU-Systeme besitzen Eigenschaften ähnlich wie die ↑ Polyamide und werden z. B. als Ledererersatz verwendet. Technisch bedeutsamer als die linearen PU sind die vernetzten PU, bzw. Systeme, die zu vernetzten PU umgesetzt werden können. Vernetzte PU entstehen, wenn Diisocyanate mit Polyolen reagieren, die mindestens drei Hydroxylgruppen aufweisen. Als Isocyanate werden hierfür sehr häufig die beiden isomeren *Toluylendiisocyanate* verwendet, das *Toluylen-2,6-diisocyanat* und *Toluylen-2,4-diisocyanat*, die als aromatische Isocyanate reaktiver als aliphatische sind und zudem zu lichtbeständigen Produkten führen.

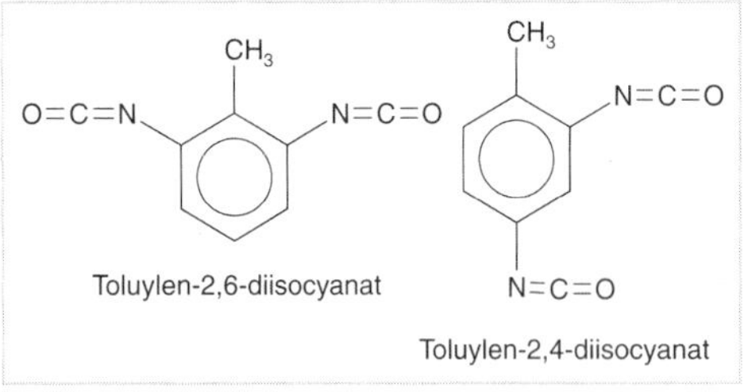

Zur PU-Herstellung meist verwendetete Diisocyanate

Als Polyole dienen häufig höhermolekulare Polyesterpolyole (s. unter ↑Polyester) mit Molekülmassen von 400 bis ca. 3 000. Das vielfältige Erscheinungsbild der vernetzten oder zu vernetzenden PU-Systeme kann hier nur angedeutet werden.

Ein PU-System besteht zunächst stets aus zwei flüssigen Komponenten, der Isocyanat- und der Polyol-Komponente, die infolge der Reaktivität der Isocyanat-Gruppe beim Zusammengeben mehr oder weniger spontan miteinander unter Durchhärtung reagieren.

PU-Systeme stellen also Zweikomponenten-Reaktionsharze dar. Als solche kommen sie z. B. als Gießharze, also als Flüssig-Werkstoffe zur Anwendung. Da verschiedene Isocyanate und eine große Palette von Polyolen einsetzbar sind, die Reaktions-(Abbinde-)-Geschwindigkeiten durch Beschleuniger oder Verzögerer variiert werden können und eine praktisch beliebige Vielfalt an modifizierenden Zuschlagstoffen verfügbar ist, können für die verschiedensten Einsatzgebiete Systeme „nach Maß“ formuliert werden können, so daß eine Aufzählung von Anwendungen kaum möglich ist. Die *PU-Harze* sind hier so vielseitig wie die ↑Epoxidharze. Eine besondere Verarbeitungsform stellen die *PU-Schäume* dar, die entstehen, wenn dem Polyol eine bestimmte Menge Wasser zugemischt wird; die Isocyanate reagieren mit Wasser zu Carbaminsäuren, die spontan decarboxylieren. Das entweichende ↑Kohlenstoffdioxid treibt das härtende PU-Harz auf (s. Schema).

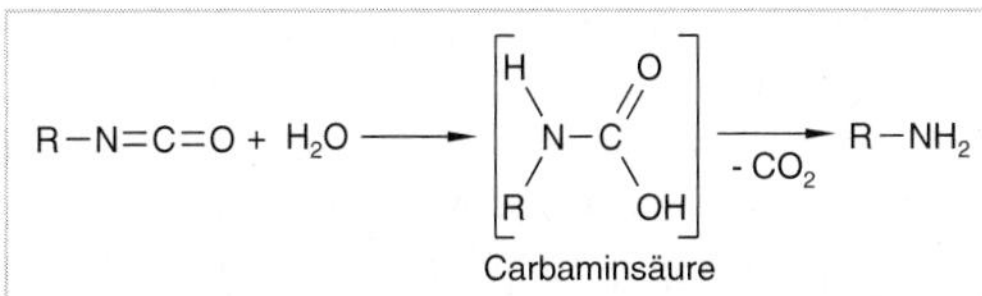

Kohlenstoffdioxid-Entwicklung bei der Herstellung von PU-Schäumen

Eine andere Methode beruht darauf, daß ein Treibgas unter Druck in das härtende PU-Harz eingepresst wird. Nach Entspannung bläht das Treibgas das Harz zu einem geschlossenporigen festen Schaum auf. Das Eigenschaftsspektrum der PU reicht vom typischen Duromer über Elastomere bis zum vulkanisierbaren PU-Kautschuk.

d	α	t_D	λ
1,21 g/cm³	105 – 210 10^{-6}/K	80 °C	0,31 W/mK

ϱ_D	ϵ_r	*WA*
	3,6	

Polyvinylacetat

Poly(vinylacetate) PVAC

Kommt in Form farbloser Perlen, als Pulver oder als Emulsion zur Verarbeitung. P. ist gut löslich in Ketonen, Estern und aromatischen und chlorierten Kohlenwasserstoffen. P. ist wegen seines niedrigen Erweichungsbereiches, der je nach Molekülmasse zwischen 40-50 °C liegt, nicht zur Herstellung von Formteilen geeignet. Es ist ein typisches Bindemittel, das vielfältige Anwendung in der Fabrikation von Klebstoffen, Lacken, Beschichtungen und Imprägnierungen findet. P. ist lichtecht, gut verträglich mit Weichmachern und haftet als Film sehr gut auf den verschiedensten Untergründen.

Die Herstellung von P. erfolgt durch Polymerisation von ↑Vinylacetat (s. Schema).

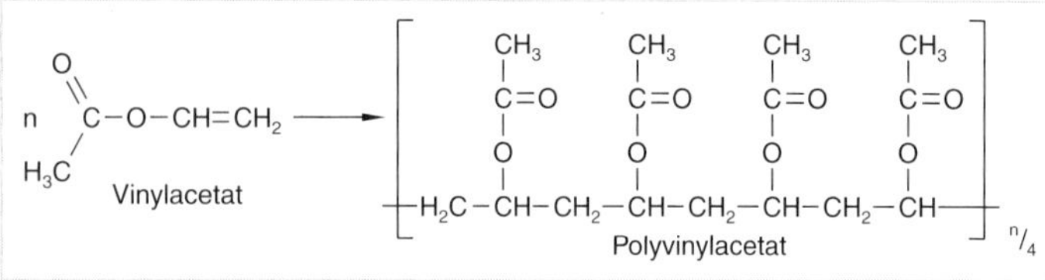

Polymerisation von Vinylacetat

Die Polymerisation des Vinylacetats ist nach allen üblichen *Polymerisationsverfahren* möglich, weshalb diese hier kurz allgemein erläutert seien.

Man unterscheidet vier technische Durchführungsarten der Polymerisation:

1. *Substanzpolymerisation*
2. *Lösungspolymerisation*
3. *Suspensionspolymerisation*
4. *Emulsionspolymerisation*

Substanzpolymerisation

Bei dieser auch als „*Massepolymerisation*" bezeichneten Methode (die früher auch übliche Bezeichnung „*Blockpolymerisation*" wird wegen der möglichen Verwechslung mit der „*Block-Copolymerisation*" nicht mehr verwendet) wird das reine, meist flüssige Monomere (in seltenen Fällen auch in fester oder gasförmiger Phase), ohne Verdünnung durch ein Lösungsmittel, polymerisiert. Das Polymerisat fällt dabei als Block, Platte usw. bzw. in der Kontur des Polymerisationsgefäßes an. Der Vorteil dieses Verfahrens liegt darin, daß hochreine Polymerisate erhalten werden. Die Molekülmassen sind durchweg sehr hoch, weshalb die Formteile goße Festigkeit aufweisen. Dem steht jedoch eine Reihe von Nachteilen gegenüber: die bei Polymerisationen stets auftretende Reaktionswärme kann nur schlecht abgeführt werden, was bei technischen Großansätzen problematisch ist (Explosionsgefahr, Zersetzungen und Verfärbungen wegen Überhitzung, Verzweigungsreaktionen). Ferner sind die Reaktionszeiten sehr lang (mehrere Tage). Die Substanzpolymerisation wird technisch z. B. zur Herstellung von Acrylgläsern (s. unter ↑ Polymethacrylsäuremethylester) angewandt.

Lösungspolymerisation

Das Monomere wird hierbei in einem Lösungsmittel gelöst und dann polymerisiert. Ist auch das Polymere in diesem Lösungsmittel löslich, so wird schließlich eine viskose Lösung des Polymeren erhalten. Ist das Polymere unlöslich, fällt es im Verlauf der Polymerisation als Pulver aus. In diesem Falle spricht man auch von „*Fällungspolymerisation*". Von Vorteil ist hierbei die leichtere Wärmeabführung. Es werden niedrige mittlere molare Massen erreicht (im Vergleich zur Substanzpolymerisation). Nachteilig ist, daß stets Lösungsmittel eingeschlossen wird, das u. U. schwierig zu entfernen ist.

Suspensionspolymerisation

Das Monomere wird in Wasser emulgiert (durch intensives Rühren in Form feinster Tröpfchen im Wasser verteilt). Als Initiator dient ein wasserunlöslicher Radikalbilder (meist ↑ Dibenzoylperoxid), der sich in den Monomertröpfchen löst. Wird nun die Polymerisation durch Temperaturerhöhung ausgelöst, so findet sie in den diskreten Tröpfchen statt, d. h. die Tröpfchen verwandeln sich im Verlauf der Polymerisation in Partikel, aus der Emulsion wird eine Suspension. Um ein Zusammenfließen der Monomertröpfchen in der Emulsion und ein Verklumpen während der Polymerisation zu vermeiden, wird vorher noch ein sogenanntes *Schutzkolloid* zugesetzt. Hierbei handelt es sich um wasserlösliche Polymere (bei der Polymerisation von Vinylacetat wird z. B. ↑ Polyvinylalkohol verwendet), die durch Viskositätserhöhung das Zusammenfließen verhindern. Es können auch anorganische Substanzen (z. B. ↑ tri-Calciumphosphat, ↑ Bariumsulfat) eingerührt werden, die den gleichen Zweck erfüllen. Wenn das Monomere in Wasser und das Polymere im

Monomeren völlig unlöslich ist, fällt das Polymer in Form kleiner Perlen (bis zu 2 mm Durchmesser) an, weshalb man für diesen Fall auch den Begriff „*Perlpolymerisation*" verwendet.

Bei der Suspensionspolymerisation handelt es sich also um eine Substanzpolymerisation in den Monomertröpfchen der Emulsion. Die Polymerisationswärme wird durch das umgebende Wasser abgeführt.

Emulsionspolymerisation

Dieses Polymerisationsverfahren geht ebenfalls von einer Emulsion eines wasserunlöslichen Monomeren in Wasser aus. Die Emulsion wird jedoch durch ein als Emulgator wirkendes Tensid stabilisiert. Zur Initiierung der Reaktion dient ein wasserlöslicher Radikalbilder (z. B. ein Persulfat). Zur Beschreibung des Polymerisationsablaufes muß das System Wasser/Monomeres/Tensid/Initiator etwas näher betrachtet werden.

Das Tensid bildet im Wasser Micellen, indem die Tensidmoleküle sich mit ihren hydrophoben Enden zusammenlagern und die hydrophilen Enden der wässerigen Phase zukehren. Die genaue Struktur dieser Micellen ist nicht bekannt. Man nimmt kugelförmige oder auch stäbchenförmige Gebilde an, deren Ausdehnung etwa 3,5 nm beträgt (s. Abbildung).

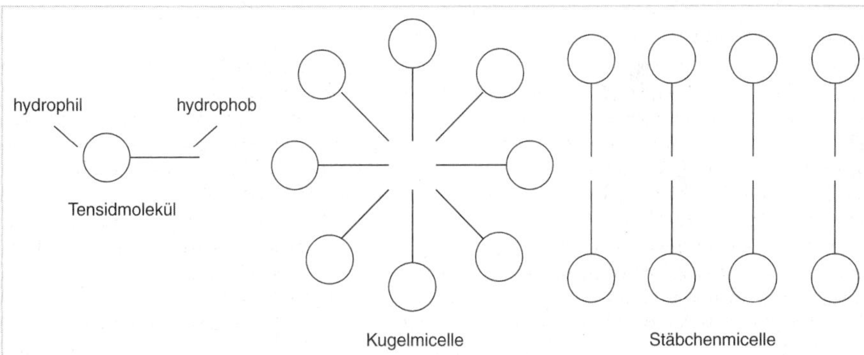

Tensidmoleküle und Micellen-Bildung

Diese Micellen nehmen in ihrem Innern Monomer-Moleküle auf, wobei sich ihr Durchmesser auf ca. 5 nm vergrößert. Ein Teil der Monomeren liegt noch in Form von emulgierten Monomertröpfchen mit einem Durchmesser von ca. 1000 nm vor. Die Polymerisation findet nun in den Micellen statt: ein in der wässerigen Phase schwimmendes Initiator-Radikal trifft auf eine Micelle, in die es wegen des lockeren Verbandes leicht eindringen kann, und löst dort die Polymerisation aus. Wegen der hohen „Monomer-Dichte" in der Micelle bricht die Reaktion nicht ab. Während der Polymerisation wird aus den Monomertröpfchen über die wässerige Phase Monomeres in die Micellen nachgeliefert. Natürlich könnte eine Polymerisation auch in den Monomertröpfchen stattfinden. Deren Zahl ist jedoch millionenfach kleiner als die Zahl der Micellen, so daß die Wahrscheinlichkeit des Auftreffens auf ein Startradikal ganz auf Seiten der Micellen liegt. (Es sei ergänzend angemerkt, daß die Tensid-Konzentration oberhalb der „kritischen Micellkonzentration" liegen muß. Unterhalb dieser bildet ein Tensid keine Micellen, sondern liegt in normaler Lösung in Form von Einzelmolekülen vor).

Im Verlauf der Polymerisation werden also die Micellen immer größer und gehen in *Latexteilchen* über, die reinen Tensid-Micellen werden aufgebraucht und die Monomertröpfchen, die quasi die Vorratsbehälter der für die Polymerisation in den Micellen benötigten Monomeren darstellen, werden immer kleiner und verschwinden schließlich auch. Während der Polymerisation finden sich also die in der Abbildung dargestellten Kompartimente in der Emulsion (s. Abbildung).

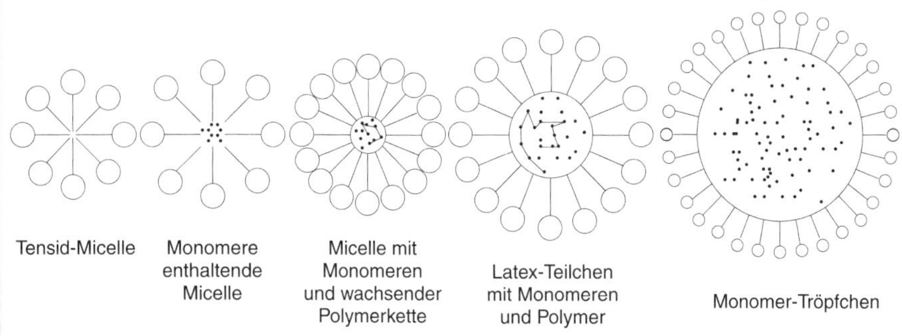

Wahrend einer Emulsionspolymerisation vorliegende Strukturen

Am Ende der Polymerisation ist die ursprüngliche Emulsion übergegangen in eine tensidisch stabilisierte Suspension von Polymerisatteilchen, wobei letztere mit Durchmessern von 50–150 nm erheblich größer als die Micellen, aber noch wesentlich kleiner als die Monomertröpfchen sind. Diese Suspensionen können eingetrocknet werden zu Pulvern die wasserlöslich sind. Darin liegt die große technische Bedeutung der Herstellung von Emulsionspolymerisaten für den Lack- und Klebstoff-Sektor.

P. wird, wie oben bereits angedeutet, in großen Mengen zu Klebstoffen und Anstrichmitteln verarbeitet, wobei es in fester Form (*Schmelzkleber*), in Lösung (*Alleskleber*) oder in Suspension (z. B. *Holzleime*) zur Anwendung kommt. Ein großer Teil des hergestellten P. wird zu ↑ Polyvinylalkohol weiter umgesetzt.

Polyvinylalkohol

Poly(vinyl alcohol) PVAL

Bildet ein weißes Pulver, das in Wasser gut löslich, in fast allen org. Solventien jedoch unlöslich ist. Die zahlreich verfügbaren PVAL-Typen unterscheiden sich hauptsächlich hinsichtlich des Polymerisationsgrades und des Hydrolysegrades. Diese beiden Charakteristika bestimmen im wesentlichen die für die Anwendung so wichtigen Eigenschaften wie Löslichkeit und Auflösungsgeschwindigkeit in Wasser und Viskosität der resultierenden Lösungen. Trockener PVAL ist völlig beständig, in wässeriger Lösung erfolgt jedoch bald bakterieller Abbau, weshalb Lösungen stabilisiert werden müssen. Oberhalb 100 °C vergilbt PVAL allmählich, oberhalb 180 °C tritt Zersetzung ein.

PVAL wird praktisch ausschließlich durch Hydrolyse oder Alkoholyse von ↑ Polyvinylacetat hergestellt (s. Schema).

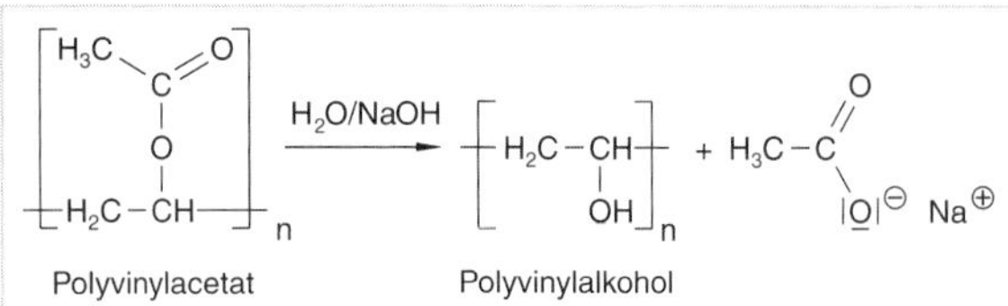

Herstellung von Polyvinylalkohol

Die Hydrolyse kann sauer oder alkalisch katalysiert sein. Technisch am wichtigsten ist die *Methanolyse*, die mit Methanol/Na durchgeführt wird und die eine Umesterung der ↑ Essigsäure darstellt, bei welcher der als Lösungsmittel verwertbare ↑ Essigsäuremethylester als Nebenprodukt entsteht (s. Schema).

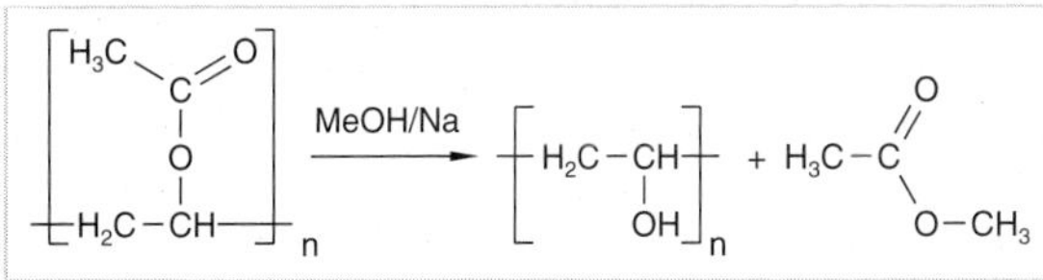

Methanolyse von Polyvinylacetat zum Polyvinylalkohol

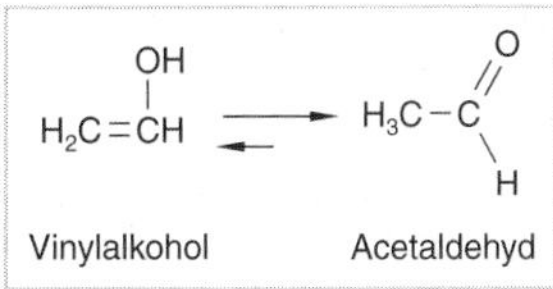

Gleichgewicht zwischen Vinylalkohol und Acetaldehyd

Eine einfache Vorschrift für die labormäßige Herstellung von PVAL kann wie folgt angegeben werden: in einem 500 ml-Erlenmeyerkolben werden 10 g Polyvinylacetat in 200 ml ↑ Methanol gelöst. Bei 40 °C versetzt man diese Lösung unter Rühren mit 2 ml 40 %iger Natronlauge. Innerhalb weniger Minuten fällt der PVAL als weißer Niederschlag aus. Man rührt noch ca. 30 Min. und filtriert ab. Die Reinigung des Produktes vom ↑ Natriumacetat und ↑ Natriumhydroxid kann im Soxhlett-Extraktor mit Methanol erfolgen. Es wird rein weißer, zu ca. 99,5 % hydrolysierter PVAL erhalten, der in Wasser löslich ist (beim Erwärmen). PVAL kann nicht durch Polymerisation direkt hergestellt werden, da das zugrundeliegende Monomere, der *Vinylalkohol*, stets nur in einem praktisch ganz auf Seiten von ↑ Acetaldehyd liegenden Gleichgewicht vorliegt (s. Abbildung).

Je höher die Molekülmasse des PVAL liegt, umso höher ist die Viskosität seiner wässerigen Lösung. Das Auflöseverhalten selbst ist etwas kompliziert und hängt stark vom Hydrolysegrad ab, also davon, wieviel Acetatgruppen aus dem Polyvinylacetat im PVAL verbleiben.

Beim vollhydrolysierten PVAL (98-99 %ige Hydrolyse) fällt die Löslichkeit mit steigender M_R und steigt mit der Temperatur, um erst oberhalb 80 °C 100 % zu betragen. Ab einem Hydrolysegrad von 97 % steigt die Wasserlöslichkeit der PVAL (bei 20 °C) mit abnehmendem Hydrolysegrad kontinuierlich an, um bei 88 % Hydrolysegrad nahezu 100 %ig zu sein. Zwischen 40-60 °C erhöht sich die Löslichkeit der PVAL mit Hydrolysegraden zwischen 97-88 % sprunghaft auf 100 %. PVAL mit Hydrolysegraden unterhalb 88 % bis ca. 80 % lösen sich bereits bei Raumtemperatur nahezu 100 %ig. PVAL mit Hydrolysegrad 78-80 % löst sich bei Raumtemperatur zwar 100 %ig, fällt beim Erwärmen der Lösung auf über 40 °C jedoch wieder aus. Bei Hydrolysegraden um 88 % ist die Löslichkeit und ihre Temperaturabhängigkeit praktisch unabhängig von der Molekülmasse.

Durch Erwärmen auf über 100 °C wird die Löslichkeit von PVAL erniedrigt.

PVAL ist nicht thermoplastisch verarbeitbar. Die meisten Verwendungen des PVAL erfolgen aus der Lösung heraus, wie überhaupt die Wasserlöslichkeit die wichtigste Eigenschaft des PVAL ist. Die wässerigen Lösungen stellen viskose Flüssigkeiten dar, die nach Aufgießen oder Auftragen zu glasklaren, harten, zähen, auf den meisten Untergründen fest haftenden, in org. Solventien unlöslichen Filmen trocknen. In Verbindung mit der Reaktionsfähigkeit der Hydroxylgruppen verleiht dies dem PVAL ein außerordentlich breites Anwendungspektrum und macht ihn zu einem sehr interessanten Polymer. Die Verwendbarkeit des PVAL wird auch durch seine völlige physiologische Unbedenklichkeit begünstigt. Von den zahllosen technischen Anwendungen können hier nur einige stichwortartig genannt werden. Dies sind:

- die Herstellung von wassergelösten Klebstoffen und Leimen
- Bindemittel in Lacken und Anstrichsystemen
- Herstellung von Malfarben, Tuschen, Tinten
- Verdickungsmittel in Lebensmittel-Technologie, Kosmetik und Pharmazie
- wasserlösliche Verpackungsfolien
- durch Wasser abwaschbare Schutzfilme und Schutzbeschichtungen
- ölresistente Schläuche
- Vernetzungskomponente in Reaktionsharzen

- Herstellung lichtempfindlicher Schichten durch Dichromat-Behandlung
- Schutzkolloid (s. unter ↑ Polyvinylacetat)
- Schlichte- und Appreturmittel (s. unter ↑ Polyacrylsäure)
- Herstellung von Fasern
- Herstellung von Acetalen (z. B. Polyvinylbutyral, s. unten)

Die Bedeutung von PVAL auf dem Lack- und Klebstoff-Sektor nimmt mit dem Trend zu lösungsmittelfreien Systemen zu. Die Hydroxylgruppen des PVAL besitzen die Reaktivität derjenigen der aliphatischen Alkohole. Im PVAL liegen also Kohlenstoffketten vor, die in regelmäßiger Abfolge und hoher Dichte mit OH-Gruppen substituiert sind, die der ganzen Fülle an Reaktionsmöglichkeiten der aliphatischen Alkohole zugänglich sind.

Eine typische Reaktion ist die schon lange bekannte Veresterung des PVAL mit ↑ Borsäue oder ↑ Borax, die zu einer Gelierung bzw. Ausfällung führt, wenn man diese Reagenzien einer PVAL-Lösung zusetzt (s. Schema). Ähnliche Veresterungs- und Veretherungsreaktionen sind mit einer großen Anzahl weiterer Reagenzien bekannt.

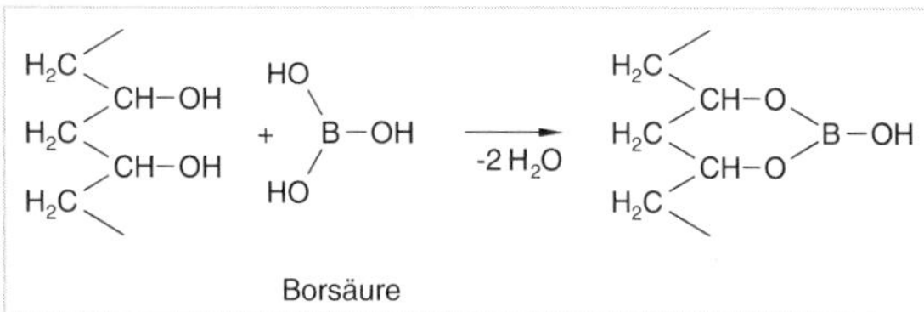

Veresterung von PVAL mit Borsäure

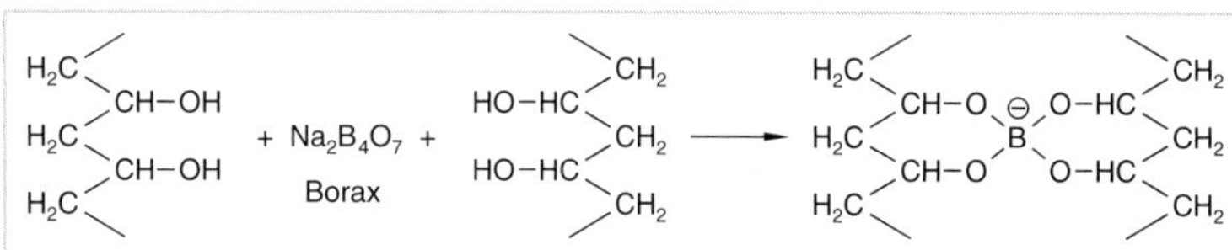

Veresterung von PVAL mit Borax

Die teilverseiften PVAL können als Copolymere des Vinylalkohols mit Vinylacetat betrachtet werden. Wird Vinylacetat mit anderen Monomeren, wie ↑ Acrylsäurenitril oder Acrylsäureestern copolymerisiert, so erhält man bei der anschließenden Verseifung weitere Typen von Copolymeren des Vinylalkohols mit interessanten Eigenschaften (s. Abbildung).

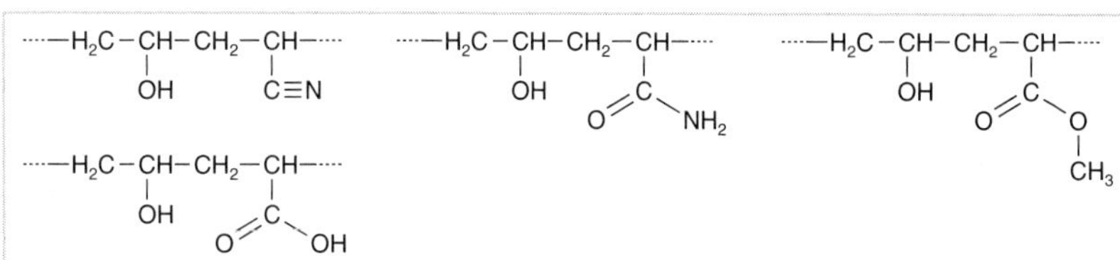

Mögliche Monomerkomponenten in PVAL

Auf eine technisch wichtige polymeranaloge Umsetzung, die Acetalbildung, sei für den Fall des ↑ Butyraldehyd näher eingegangen. Die Acetalbildung findet zwischen benachbarten OH-Gruppen einer Kette, nicht unter Verknüpfung zweier Ketten statt (s. Schema).

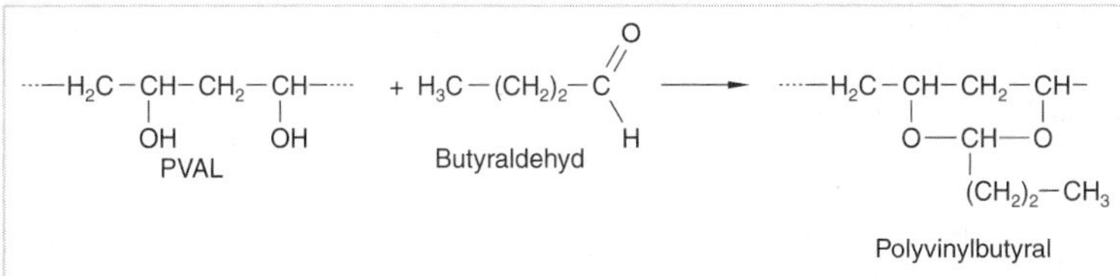

Bildung von Polyvinylbutyral

Polyvinylbutyral wird z. B. zur Herstellung von Sicherheitsglas verwendet: zwei Glasscheiben werden ganzflächig mittels einer Klebschicht aus Polyvinylbutyral miteinander verbunden. Geht die Doppelscheibe zu Bruch, kommt es nicht zu einer Zersplitterung, weil das Glas durch die Klebschicht fixiert ist.

Polyvinylchlorid

Poly(vinyl chloride) PVC

PVC fällt bei der Herstellung als farbloses Pulver an. Es ist in einigen speziellen Lösungsmitteln wie ↑ Cyclohexanon oder ↑ Tetrahydrofuran löslich. Reines PVC ist hart, zäh, licht- und wetterbeständig, inert gegen Säuren, Laugen, Salzlösungen, Fette, Öle, unpolare Lösungsmittel, ↑ Benzin, ↑ Ozon und ↑ Chlor. Polare Lösungsmittel greifen unter Quellung oder Lösung an. PVC läßt sich mit hohen Anteilen an Weichmachern verarbeiten, wodurch die mechanischen Eigenschaften in weitem Rahmen variierbar sind. Man unterscheidet deshalb Hart-PVC ohne Weichmacher und Weich-PVC mit Weichmacher. Der Weichmachergehalt kann bis zu 45 % betragen.

PVC wird durch Polymerisation von ↑ Vinylchlorid hergestellt, wobei praktisch alle üblichen Polymerisationsverfahren (s. unter ↑ Polyvinylacetat) zur Anwendung kommen können, das wichtigste jedoch die Suspensionspolymerisation ist (s. Schema).

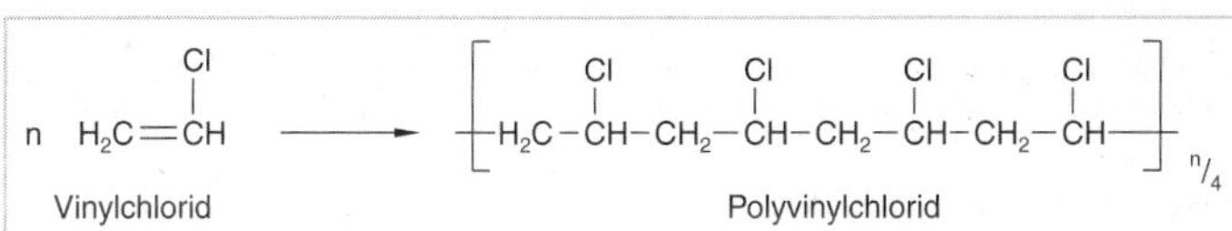

Bildung von Polyvinylchlorid

PVC ist amorph und wird thermoplastisch durch Extrusion, Spritzguß, Kalandrieren usw. geformt. Es kann zu glasklaren oder durch Farb- und Füllstoffe sowie Pigmente beliebig eingefärbten Formteilen verarbeitet werden. PVC ist gut verträglich mit zahlreichen anderen Polymeren (z. B. mit Polyacrylaten oder ABS) und wird in Mischung mit diesen vielfach als *Polyblend* zur Anwendung gebracht. Vinylchlorid wird auch in großem Maßstab copolymerisiert mit anderen Vinylmonomeren wie ↑ Vinylacetat, ↑ Styrol, ↑ Acrylsäurenitril. PVC kommt so auf vielfache Weise zur Verarbeitung. Es ist mengenmäßig einer der wichtigsten thermoplastischen Kunststoffe mit einer sehr vielgestaltigen Verarbeitungs- und Anwendungstechnologie.

d	α	t_D	λ
1,38 g/cm³	80 10^{-6}/K	65 °C	0,17 W/mK
ϱ_D	ϵ_r	WA	
	3,5		

Polyvinylpyrrolidon ⟶ Vinylpyrrolidon

Porphin

Porphine

P. kristallisiert aus einer Chloroform-Methanol-Mischung in Form dunkelroter Blättchen, die in Chloroform etwas löslich sind, sich in Aceton, Methanol oder Diethylether jedoch kaum lösen und in Wasser völlig unlöslich sind. Ab ca. 360 °C beginnt P. sich unter Dunkelfärbung zu zersetzen ohne zu schmelzen.

Das P.-Molekül bildet das Grundgerüst, das u. a. den farbgebenden Komponenten der wichtigen Naturfarbstoffe ↑ Hämoglobin, ↑ Chlorophyll und ↑ Vitamin B_{12} (im Vitamin B_{12} ist das Porphin-Gerüst dadurch leicht abgewandelt, daß die beiden Ringe A und D direkt, also nicht über eine Methin-Brücke, miteinander verbunden sind. Man spricht in diesem Falle auch nicht vom Porphin- sondern vom Corrin-System.) zugrunde liegt. Es besteht aus vier Pyrrolringen (s. unter ↑ Pyrrol), die über Methinbrücken zu einem Ringsystem verknüpft sind. Die tiefe Farbe beruht auf der durchgehenden Konjugation in diesem Makrocyclus, wie sie in der gezeigten Mesomerie-Formulierung zum Ausdruck kommt (s. Abbildung). Die Pyrrol-Ringe werden durch Großbuchstaben, die einzelnen Ringatome durch Ziffern in der angegebenen Weise bezeichnet.

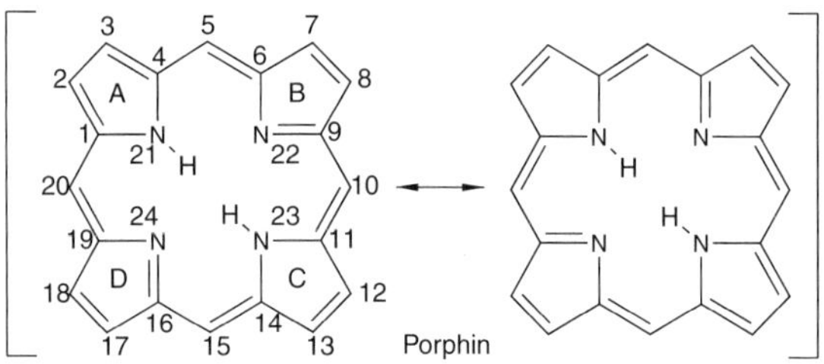

Mesomerie im Porphin-Gerüst

Das P. ist eine hochstabile Verbindung, wie der hohe Zersetzungspunkt zeigt. Das Molekül bildet eine Ebene. NMR-Spektren belegen das Vorhandensein eines Ringstromes. P. bildet sich beim Erhitzen von *Pyrrol-2-aldehyd* mit ↑ Ameisensäure. P.-Derivate, die an den C-Atomen der Pyrrolringe substituiert sind, werden als „*Porphyrine*" bezeichnet.

Es ist bemerkenswert, daß gerade die für die „Atmung" von Pflanzen und Tieren entscheidenden Verbindungen (↑ Chlorophyll und ↑ Hämoglobin) das identische Grundgerüst des P. aufweisen.

$C_{20}H_{14}N_4$ $M_R = 310{,}34$ C 77,40 % H 4,55 % N 18,05 %

Praseodym

Praseodymium Pr

Ein an frischer Schnittfläche silberglänzendes metallisches chemisches Element, das sich an feuchter Luft rasch mit einer gelblichen Oxidhaut überzieht. In verdünnten Mineralsäuren löst sich Pr unter Salzbildung rasch auf.

Pr gehört zur Elementgruppe der Lanthaniden und findet sich wie alle Elemente dieser Gruppe in den Seltenerdmineralien in oxidischer Form (s. unter ↑ Cer). Es wird durch aufwendige Extraktions- oder Ionenaustausch-Verfahren abgetrennt und durch elektrolytische Reduktion von geschmolzenem Praseodym(III)chlorid bei ca. 1000 °C in metallischer Form gewonnen. Der Anteil am Aufbau der Erdrinde wird auf 3-5 ppm geschätzt.

Pr ist das auf Cer folgende Element und besitzt die Elektronenkonfiguration $1s^2\ 2s^2\ 2p^6\ 3s^2\ 3p^6\ 3d^{10}\ 4s^2\ 4p^6\ 4d^{10}\ 4f^3\ 5s^2\ 5p^6\ 5d^0\ 6s^2$, Grundterm $^4I_{9/2}$. Die wichtigste Oxidationsstufe ist wie bei allen Lanthaniden +3. Pr kann auch die Stufe +4 ausbilden. Das experimentell bestimmte Normalpotential liegt zwischen $-1{,}87$ und $-1{,}99$ V (s. Gleichung).

$$Pr \longrightarrow Pr^{3+} + 3\,e^- \qquad E_0 = \text{ca. } 1{,}9\ V$$

Normalpotential von Praseodym

Praseodym(III)chlorid bildet als Heptahydrat grüne Kristalle, die bei 111 °C im eigenen Kristallwasser schmelzen und in Wasser gut löslich sind.

Pr selbst besitzt keine technischen Anwendungen. Pr-Verbindungen werden in verschiedenen Katalysator-Gemischen verwendet und dienen zur Einfärbung von Gläsern.

Pr wurde 1885 durch Auer von Welsbach erstmals isoliert.

Pr Z = 59 A_R = 140,90765 Isotope: 141; 126, 129-140, 142-152 (künstlich)					
t_{Smp} 931 °C	t_{Sdp} 3507 °C	d 6,77 g/cm³	MV 20,8 cm³/mol	α 6,79 10^{-6}/K	λ 12,5 W/mK
C_p 27,48 J/(K · mol)	$\Delta_S H$ 6,89 kJ/mol	$\Delta_V H$ 297 kJ/mol	S^o 73,9 J/(K · mol)	ϱ 650 nΩ · m	

Prionen

Prions Prionproteine, PrP

Als P. bezeichnet man Proteinmoleküle, die in allen Säugetieren vorkommen, und zwar als Oberflächenproteine auf nahezu allen Körperzellen. Sie sind über einen Lipidanker am C-Terminus außen an die Zellmembranen (s. unter ↑ Phospholipide) gebunden und finden sich angereichert vor allem auf Nervenzellen (s. unter ↑ Acetylcholin). Diese normalen zellulären Prionproteine (Abkürzung PrP^c) wurden 1982 von Prusiner (Nobelpreis 1997) erstmals beschrieben und von ihm in Beziehung gebracht zur Auslösung der auch als *Traberkrankheit* bezeichneten Schafsseuche *scrapie*.

Die eigentliche biologische Funktion von PrP^c ist noch nicht bekannt. Man weiß aber heute, daß diese Proteine sich umwandeln können in eine infektiöse Form, als PrP^{sc} (sc von scrapie) bezeichnet, in der sie sich als stäbchenförmige Aggregate im Gehirn von Mensch und Tier ablagern können und dann die als „Transmissible spongiforme Enzephalopathien" (TSEs) zusammengefaßten Krankheitsbilder erzeugen. Aus der Bezeichnung *TSE* geht hervor, daß die Erreger ansteckend sind und schwammartige Degenerationen des Gehirns bewirken.

Die PrP^c bestehen aus ca. 230 Aminosäuren (M_R ca. 30 000). Ihre dreidimensionale Gestalt ist recht gut bekannt. Die PrP^c verschiedener Säugetierarten (z. B. Maus, Hamster, Rind, Schwein, Mensch) zeigen in der Aminosäuresequenz und damit in der dreidimensionalen Struktur große Ähnlichkeit, aber auch typische Unterschiede. Wie und mit welchen Ursachen sich PrP^c in PrP^{sc} umwandeln, ist nicht bekannt. Es steht fest, daß PrP^{sc} in der Aminosäuresequenz mit PrP^c identisch ist und der Unterschied zwischen beiden Formen nur in der Faltstruktur (Tertiär- und Quartärstruktur) liegt. Letztere ist aber noch nicht aufgeklärt, da sich PrP^{sc} nur in Form unlöslicher oligomerer Aggregate isolieren läßt.

Der Name Prion ist abgeleitet von „proteinaceous infectious particle". Mit dieser Namensgebung wird der Tatsache Rechnung getragen, daß Präparationen von PrP^{sc}, die man aus dem Gehirn erkrankter Tiere gewonnen hat, hochinfektiös sind. Die Prionenforschung wurde hochaktuell, als 1986 in Großbritannien die *BSE-Seuche* auftrat (BSE = bovine spongiforme enzephalopathie), eine neue Form der TSE-Erkrankungen. Es stellte sich heraus, daß Ausbruch und Verbreitung der Erkrankungen auf die Verfütterung von Tiermehl an Rinder zurückzuführen ist, und zwar von Tiermehl, das vermutlich von scrapie-infizierten Schafen gewonnen worden war. Es gilt heute nahezu als gesichert, daß die *Nur-Protein-Hypothese* zutreffend ist, die besagt, daß PrP^{sc} seine eigene Vermehrung bewirken kann, ohne daß DNS (s. unter ↑ Nucleinsäuren) beteiligt ist, und zwar katalysiert PrP^{sc} auf bisher unbekannte Weise die Umwandlung von PrP^c in PrP^{sc}. Mäuse, denen das Gen zum Aufbau von PrP^{c} fehlt, erkranken nach Infizierung mit PrP^{sc} nicht, umgekehrt sind Mäuse, die PrP^{c} stark produzieren, besonders anfällig gegen die Erreger.

Seit 1995 tritt in Großbritannien eine neue Variante der *Creutzfeld-Jakob-Krankheit* (nvCJD) auf, die man auf den Verzehr von Fleisch von BSE-infizierten Rindern zurückführt, und die Übertragbarkeit von BSE auf den Menschen gilt als gesichert (bisher 93 Fälle, Durchschnittsalter 29 Jahre). Die herkömmliche CJD tritt weltweit mit einer Häufigkeit von 1 Fall pro Jahr pro 1 Million Einwohner auf (Alter über 60 Jahre), ohne daß ein Kontakt zu PrP^{sc} bestanden hat. Man vermutet daher, daß in sehr seltenen Fällen eine spontane Umwandlung von PrP^{c} in PrP^{sc} erfolgen kann.

Man hat ein Polymerisations-Modell für die PrP^{sc}-Vermehrung entwickelt, mit dem die verschiedenen Inkubationszeiten der Erkrankungen und auch der exponentielle Anstieg der Erreger verständlich gemacht werden können.

Während PrP^{c} von dem eiweißverdauenden Enzym *Proteinase K* restlos abgebaut werden kann, geschieht dies mit PrP^{sc} nur zum Teil. Auf diesem Unterschied beruht derzeit der diagnostische Nachweis von PrP^{sc}-Erkrankungen, der allerdings erst 6 Monate vor Ausbruch von Symptomen erfolgreich ist und nur mit getöteten Tieren durchgeführt werden kann. PrP^{sc} sind thermisch außerordentlich resistent. Sie verlieren ihre Infektiosität erst durch mindestens 30minütiges Erhitzen auf 134 °C.

Procain

Procaine

Bildet in wasserfreiem Zustand farblose, hygroskopische blättchenförmige Kristalle, die in Wasser wenig (ca. 0,5 g/100 ml), in Ethanol, Diethylether oder Chloroform gut löslich sind. Es bildet ein sehr gut wasserlösliches, an der Luft stabiles Hydrochlorid.

P. ist das Diethylamino-Derivat von *p-Aminobenzoesäureethylester* (s. unter ↑4-Aminobenzoesäure, s. Abbildung).

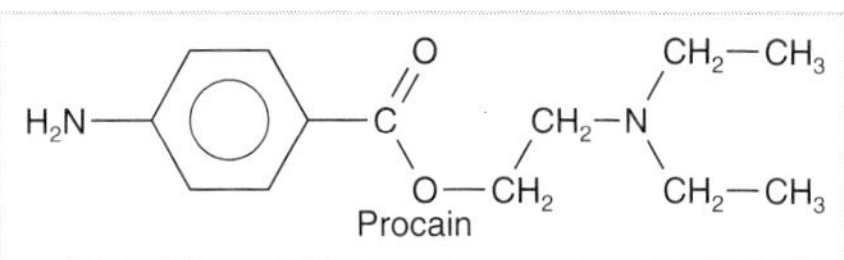

Struktur von Procain

P. gehört zu den am meisten verwendeten *Lokalanästhetika.* Es wird in 0,5-2,0 %igen Lösungen angewendet und entweder in das Gewebe (*Infiltrationsanaesthesie*) oder gezielt an die zu betäubenden Nerven (*Leitungsanaesthesie*) injiziert.

P. wird im Organismus schnell enzymatisch zu dem gefäßerweiternd wirkenden *Diethylaminoethanol* und ↑4-Aminobenzoesäure gespalten.

P. wurde 1904 entwickelt und zunächst unter dem Handelsnamen *Novocain* in die Klinik eingeführt.

$C_{13}H_{20}N_2O_2$ $M_R = 236{,}31$ C 66,07 % H 8,53 % N 11,85 % O 13,54 %

t_{Smp}	t_{Sdp}	d	η
61 °C			

Progesteron

Progesterone Luteohormon

Bildet farblose nadelförmige Kristalle, die in Wasser unlöslich, in Aceton oder Ethanol gut löslich sind.

P. ist das sog. „*Gelbkörperhormon*", das wichtigste der Gestagene (s. unter ↑Oestradiol). In den Ovarien bildet sich nach dem Follikelsprung ein durch ↑Carotine gelb gefärbtes, als Gelbkörper bezeichnetes Gewebe aus, in dem während der zweiten Hälfte des Menstruations-Cyclus das P. produziert und freigesetzt wird (ca. 20 mg pro Tag). Tritt eine Schwangerschaft ein, dann wird P. weiterhin produziert, jedoch hauptsächlich in der Plazenta und bis zu 250 mg pro Tag, da es die Gebärmutterschleimhaut auf die Aufnahme des befruchteten Eies vorbereitet, weshalb es auch als *Schwangerschaftshormon* bezeichnet wird.

Die Biosynthese des P. geht vom ↑Cholesterol aus, indem die Seitengruppe am C-Atom 17 bis zur Acetylgruppe abgebaut und am C-Atom 3 zur Ketogruppe oxidiert wird. Der Grundkohlenwasserstoff des P. ist das *5-β-Pregnan* (s. Abbildung).

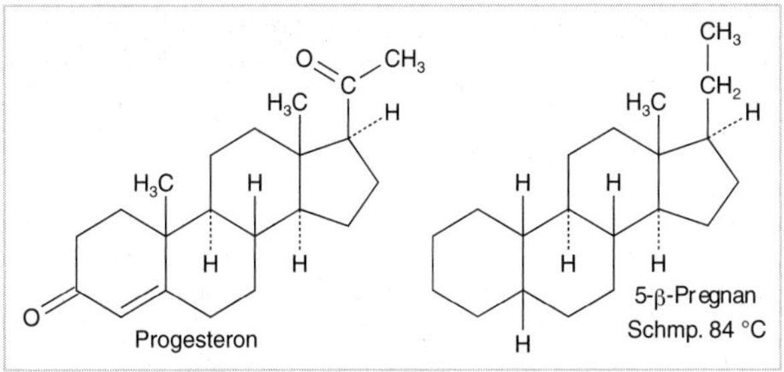

Strukturen von Progesteron und 5-β-Pregnan

P. ist entscheidend an den cyclischen Veränderungen des Uterus beteiligt. Unter dem Einfluß von P. steigt auch die Körpertemperatur, weshalb durch regelmäßige Temperaturmessung der Verlauf des P.-Spiegels und damit der Ovulationstermin bestimmbar ist (*Knaus-Ogino*).

P. wurde erstmals 1934 aus Schweineovarien isoliert (Butenandt et. al.). Die biologische Halbwertszeit des P. beträgt nur etwa 30 Min., da in der Leber rasche Inaktivierung eintritt. Die Ausscheidung erfolgt als Pregnandiol mit dem Harn.

P. wird u. a. synthetisch aus ↑Cholesterol gewonnen und medizinisch gegen Frühgeburten und bei Menstruationsstörungen eingesetzt.

$C_{21}H_{30}O_2$ $M_R = 314{,}45$ C 80,21 % H 9,62 % O 10,18 %

t_{Smp}	t_{Sdp}	d	η
121 °C		1,17 g/cm³	

Prolin

Proline Pyrrolidin-2-carbonsäure

Bildet farblose Kristalle, die sich in Wasser sehr leicht lösen (bei 20 °C 160 g/100 ml) und auch in Ethanol gut löslich sind (65 g/100 ml). P. ist unlöslich in Diethylether, Chloroform oder Isopropanol. Die natürlich vorkommende L-Form zersetzt sich bei 220 °C.

P. ist eine nichtessentielle Aminosäure, die in vielen Proteinen vorkommt. Sie wird biosynthetisch aus ↑Glutaminsäure gebildet. Am höchsten ist der Gehalt an P. im Kollagen (s. unter ↑Gelatine) mit 25 %, weshalb P. aus Gelatine-Hydrolysaten gewonnen werden kann.

P. ist zusammen mit dem ↑ 4-Hydroxyprolin die einzige am Protein-Aufbau beteiligte Aminosäure, bei der die Aminogruppe Teil eines Ringsystems ist, die also einen Heterocyclus darstellt (s. Abbildung).

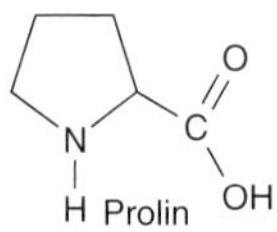

Isoelektrischer Punkt: 6,3

$pK_S1 = 1{,}99$

$pK_S2 = 10{,}60$

Struktur von Prolin

P. wird im Körper mittels des Enzyms Prolinhydroxylase in ↑ 4-Hydroxyprolin überführt, eine Reaktion, die an Vitamin C gebunden ist (s. unter ↑ 4-Hydroxyprolin).

P. besitzt keine direkte technische oder medizinische Anwendung.

$C_5H_9NO_2$	$M_R = 115{,}13$	C 52,16 %	H 7,88 %	N 12,17 %	O 27,79 %
t_{Smp} 220 °C	t_{Sdp}	d	η		
C_p 150,4 J/(K · mol)	$\Delta_S H$	$\Delta_{Sub} H$ 127,4 kJ/mol (S)	$\Delta_B H$ −507,6 kJ/mol	S^o 164 J/(K · mol)	Q_C −2746 kJ/mol

Promethium

Promethium Pm

Ein silberglänzendes radioaktives metallisches chemisches Element.

$$^{147}_{61}\mathrm{Pm} \xrightarrow[2{,}62\ \mathrm{a}]{\beta^-} {}^{147}_{62}\mathrm{Sm}$$

Radioaktiver Zerfall von Pm147

Pm gehört zur Gruppe der Lanthaniden und findet sich in äußerst geringen Mengen in Uranmineralien als Spaltprodukt von Uran 238. Das wichtigste Isotop ist Pm 147, das heute in Kg-Mengen aus der Aufarbeitung von Brennelementen der Kernreaktoren verfügbar ist. Es ist ein β-Strahler mit einer Halbwertszeit von 2,62 Jahren und geht dabei über in ↑ Samarium (s. Gleichung).

Das stabilste Isotop ist Pm 245 mit einer Halbwertszeit von 17,7 Jahren und ist ein α-Strahler.

Zur Gewinnung des Metalls wird das zunächst anfallende Oxid in das Chlorid überführt und dieses mit ↑ Calcium zum Metall reduziert.

Als viertes Lanthaniden-Element besitzt Pm die Elektronenkonfiguration $1s^2\ 2s^2\ 2p^6\ 3s^2\ 3p^6\ 3d^{10}\ 4s^2\ 4p^6\ 4d^{10}\ 4f^5\ 5s^2\ 5p^6\ 5d^0\ 6s^2$, Grundterm $^6H_{5/2}$.Pm bildet ausschließlich die Oxidationsstufe +3 aus, wobei es zwei 6s-Elektronen und ein 4f-Elektron betätigt.

Es ist eine Reihe tieffarbiger Pm(III)-Salze bekannt, z. B. das violette *Promethium(III)chlorid* vom Schmp. 655 °C. Insgesamt ist Pm ein typisches Lanthaniden-Element mit besonderer Ähnlichkeit mit seinen Gruppennachbarn ↑ Neodym und ↑ Samarium. Mit dem angegebenen Normalpotential ist Pm etwa so unedel wie ↑ Magnesium (s. Gleichung).

$$\mathrm{Pm} \longrightarrow \mathrm{Pm}^{3+} + 3\,e^- \qquad E_0 = -2{,}4\ \mathrm{V}$$

Normalpotential für die Pm(III)-Bildung

Pm 147 wird als Quelle von β-Strahlung (z. B. zur Dickenmessung) benutzt und ferner als Energiequelle in Radionuklid-Batterien eingesetzt, die u. a. in der Raumfahrt verwendet werden.

Pm wurde 1945 von Amerikanern erstmals aus den Bruchstücken der Uranspaltung identifiziert.

Pm Z = 61 A_R = 144,9127 Isotope: 132-155

t_{Smp} 1168 °C	t_{Sdp} 2460 °C	d 7,22 g/cm³	MV 20,1 cm³/mol	α 11 10^{-6}/K	λ 17,9 W/mK
C_p	$\Delta_S H$ 12,6 kJ/mol	$\Delta_V H$	S^o	ϱ 500 nΩ · m	

Propan

Propane

In reinem Zustand unter Normalbedingungen ein farb- und geruchloses Gas. P. läßt sich zu einer farblosen Flüssigkeit kondensieren und erstarrt schließlich zu farblosen Kristallen (Daten s. Tabelle). P. ist schwerer als Luft, es löst sich nur wenig in Wasser (in 100 l Wasser unter Normalbedingungen 6,5 l), gut jedoch in org. Solventien wie Ethanol, Diethylether, Chloroform (ca. 10 Liter pro Liter).

P. kommt in der Natur als Bestandteil des Erdgases vor und ist in gelöster Form im Erdöl enthalten, aus dem es bei der Raffination als Gas freigesetzt wird. Ferner entsteht P. bei den verschiedenen Crack-Verfahren der Erdölverarbeitung. P. ist leicht brennbar und verbrennt zu ↑ Kohlenstoffdioxid und Wasser (s. Gleichung).

$$H_3C{-}CH_2{-}CH_3 + 5\,O_2 \longrightarrow 3\,CO_2 + 4\,H_2O$$

Verbrennung von Propan

Deshalb wird P. technisch hauptsächlich als Flüssiggas teils als Treibstoff, teils zur Energieerzeugung in Labor und Haushalt verwendet. Es findet sich auch zusammen mit ↑ n-Butan als Treibgas in Spraydosen. P. besitzt kaum noch präparative Bedeutung, da ↑ Propen, das ehemals aus P. hergestellt wurde, heute ausschließlich durch thermische Spaltung (Thermocracken) gesättigter höherer Kohlenwasserstoffe gewonnen wird.

Der extrem niedrige Schmelzpunkt von P. (man vergleiche ↑ Methan, ↑ Ethan und ↑ n-Butan) konnte kürzlich durch Röntgenstrukturanalyse erklärt werden. Alle Kohlenwasserstoffe bilden im Kristall ausgedehnte Ebenen. Während Ethan und Butan innerhalb der Ebenen Viereck- bzw. Sechseck-Strukturen aufbauen, formieren sich die Propanmoleküle zu Fünfecken, die naturgemäß keine so dichte Aneinanderlagerung erlauben (mit Fünfeckfliesen ist kein Raum zu kacheln).

► In höheren Konzentrationen wirkt P. narkotisch. Die Explosionsgrenzen für P.-Luft-Gemische liegen zwischen 2,1 und 9,5 Vol.-% P. Auf der Haut verdampfendes P. kann wegen der Verdunstungskälte Erfrierungen hervorrufen.

C_3H_8 M_R = 44,09 C 81,71 % H 18,29 %

t_{Smp} −189,7 °C	t_{Sdp} −42 °C	d 0,00197 g/cm³	η		
C_p 73,6 J/(K · mol)	$\Delta_S H$	$\Delta_V H$ 18,7 kJ/mol	$\Delta_B H$ −104,7 kJ/mol	S^o	Q_C −2219 kJ/mol
t_{krit} 96 °C	P_{krit} 4,25 MPa	d_{krit} 0,22 g/cm³	t_{trip}		
MAK 1800 mg/m³	R-Satz 12	S-Satz 9-16			

1-Propanol

n-Propyl alcohol n-Propanol, Propylalkohol

Eine farblose, typisch alkoholisch riechende Flüssigkeit, die sich mit Wasser und den meisten org. Solventien mischen läßt.

P. entsteht als Nebenprodukt bei der alkoholischen Gärung und findet sich deshalb im Fuselöl, in dem es auch 1869 erstmals entdeckt wurde. Früher wurde P. auch technisch aus den Fuselölen gewonnen. Heute wird es durch Oxosynthese hergestellt, also die katalysierte Anlagerung von ↑Kohlenstoffmonoxid und ↑Wasserstoff an ↑Ethylen (s. auch unter ↑Succinaldehyd). Dabei entsteht zunächst ↑Propionaldehyd, der bei höherer Temperatur (ca. 180 °C) erneut Wasserstoff anlagert unter Bildung von P. (s. Schema).

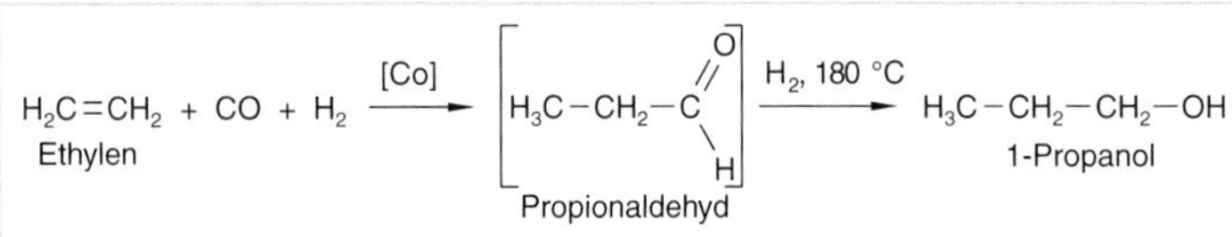

Technische Synthese von 1-Propanol

P. bildet u. a. folgende Azeotrope:

Azeotrop-Komponenten	Zusammensetzung (Gew.-%)	Siedepunkt (°C)
P./Toluol	49,0/41,1	92,6
P./Wasser	71,8/28,2	88,1

P. dient vor allem als Lösungsmittel. Vereinzelt wird es zur äußerlichen Anwendung in medizinischen oder kosmetischen Präparaten ähnlich dem ↑Ethanol eingesetzt. P. wirkt etwa dreimal stärker bakterizid als Ethanol. Präparative Verwendung findet P. hauptsächlich zur Herstellung von Propylestern der verschiedensten Carbonsäuren, z. B. von *Essigsäurepropylester* (*Propylacetat*), eine farblose, birnenartig riechende Flüssigkeit vom Sdp. 102 °C und der Dichte 0,887, die als Lösungsmittel verwendet wird.

► P. übt leichte Reizwirkung auf Augen und Schleimhäute aus. P. ist leichtentzündlich.

C_3H_8O $M_R = 60{,}09$ C 59,96 % H 13,42 % O 26,62 %

t_{Smp}	t_{Sdp}	d	η
−126 °C	97 °C	0,804 g/cm³	2,256 mPa · s

C_p	$\Delta_S H$	$\Delta_V H$	$\Delta_B H$	S^o	Q_C
144,6 J/(K · mol)	5,4 kJ/mol	47,5 kJ/mol	−302,5 kJ/mol	192,8 J/(K · mol)	−2021 kJ/mol

t_{krit}	p_{krit}	d_{krit}	t_{trip}
263 °C	5,17 MPa		

MAK	R-Satz	S-Satz
	11-41-67	7-16-24-26-39

2-Propanol

2-Propanol Isopropanol

Eine wasserklare, leicht ölige Flüssigkeit mit einem Geruch, der an eine Mischung von ↑ Ethanol mit ↑ Aceton erinnert. P. läßt sich beliebig mit Wasser und den meisten org. Solventien mischen. In Salzlösungen ist P. unlöslich, so daß P. sich aus Mischungen mit Wasser aussalzen läßt, z. B. mit ↑ Natriumchlorid oder ↑ Natriumsulfat (Rückgewinnungs-Möglichkeit).

P. entsteht als Nebenprodukt bei der alkoholischen Gärung und wurde früher auf diesem Wege gewonnen. Heute wird P. durch katalysierte Gasphasen-Hydratisierung von ↑ Propen hergestellt, wobei die exotherm und unter Molzahlverringerung verlaufende Addition durch hohe Drucke und niedrige Temperaturen begünstigt wird (Le Chatelier-Prinzip) (s. Schema).

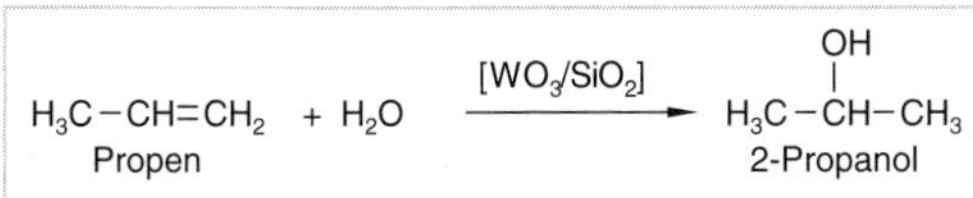

Technische Synthese von 2-Propanol

P. bildet u. a. folgende Azeotrope:

Azeotrop-Komponenten	Zusammensetzung (Gew.-%)	Siedepunkt (°C)
P./2-Butanon	30,0/70,0	77,3
P./Toluol	58,0/42,0	80,6
P./Wasser	87,8/12,2	80,4

P. ist der einfachste sekundäre Alkohol, dessen wichtigste präparative Verwendung in der Herstellung von Isopropylestern liegt, z. B. *Isopropylacetat*, eine farblose Flüssigkeit vom Sdp. 90 °C und der Dichte 0,872, die als Lösungsmittel verwendet wird.

Die Oxidation liefert Aceton:

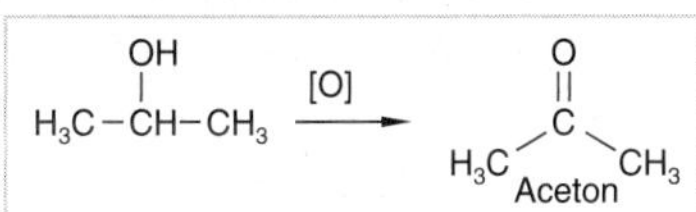

Oxidation von 2-Propanol zu Aceton

Die Aceton-Synthese auf diesem Wege ist in den USA der wichtigste Verwendungszweck des P.

In Deutschland ist die Hauptanwendung des P. der Zusatz zu Kraftstoffen zur Verhinderung von Vergaservereisungen sowie die Verwendung als Lösungs- und Extraktionsmittel. P. ist ein ausgezeichnetes Lösungsmittel für viele Kunst- und Naturharze. Da es auch z. B. Fette und Proteine löst, ist es Bestandteil von Reinigungsmitteln. Ferner wird es in Frostschutz- und Enteisungsmitteln verwendet (z. B. Scheibenwaschanlagen, Türschloßenteiser). In Hygiene- und Kosmetikpräparaten zur äußerlichen Anwendung wird es als Ethanol-Ersatz benutzt (P. übertriff in seinen bakteriziden Eigenschaften das Ethanol um das Doppelte, und ist deshalb Bestandteil von Handdesinfektionsmitteln).

► P. ist leicht entzündlich.

C_3H_8O $M_R = 60{,}09$ C 59,96 % H 13,42 % O 26,62 %

t_{Smp}	t_{Sdp}	d	η
−88 °C	82 °C	0,786 g/cm³	2,86 mPa · s (15 °C)

C_p	$\Delta_S H$	$\Delta_V H$	$\Delta_B H$	S^o	Q_C
161 J/(K · mol)	5,4 kJ/mol	39,8 kJ/mol	−317 kJ/mol	180,6 J/(K · mol)	−2007 kJ/mol

t_{krit}	p_{krit}	d_{krit}	t_{trip}
235 °C	4,76 MPa		

MAK	R-Satz	S-Satz
500 mg/m³	11-36-67	7-16-24/25-26

Propen

Propylene Propylen

Ein farbloses, leichtentzündliches Gas, das sich zu einer farblosen Flüssigkeit verdichten läßt und schließlich zu farblosen Kristallen erstarrt (Daten s. Tabelle). Es ist gut löslich in org. Solventien, nur wenig löslich in Wasser. P. ist 1,5 mal so schwer wie Luft. Die Explosionsgrenzen für Luft-P.-Gemische liegen zwischen 2 und 11 Vol.-% P.

P. wird heute praktisch ausschließlich durch thermische Spaltung der aus der Erdölverarbeitung anfallenden, zwischen 30-200 °C siedenden Kohlenwasserstoffe (s. unter ↑ Benzin) erhalten. Die KW-Gemische werden hierzu durch über 1000 °C heiße senkrecht angeordnete Cr-Ni-Rohröfen geleitet. Dabei finden vorwiegend C-C-Spaltungen statt. Die aus dem Ofen austretenden über 800 °C heißen Reaktionsgase müssen zur Vermeidung von Folgereaktionen sofort abgeschreckt (gequencht) werden, was u. a. durch Einspritzen von Öl geschieht. Es folgen dann aufwendige Trennoperationen, wobei schließlich ↑ Ethylen, Propen sowie C4- und C5-Schnitte erhalten werden.

P. ist heute einer der wichtigsten Grundstoffe der chemischen Großindustrie, dessen wichtigste Folgeprodukte nachstehend genannt sind:

1. ↑ Propylenoxid und Folgeprodukte
2. ↑ Aceton und Folgeprodukte
3. ↑ Acrolein und Folgeprodukte
4. ↑ Acrylsäure u. Acrylate und Polymerisate und Copolymerisate
5. Allylverbindungen
6. ↑ Acrylnitril
7. ↑ Polypropylen

Technisches Interesse besitzt auch die gezielte Dimerisierung von P. mittels Ziegler-Katalysatoren zum *2-Methyl-1-penten*, das durch Crackung in ↑ Isopren überführbar ist (s. Schema).

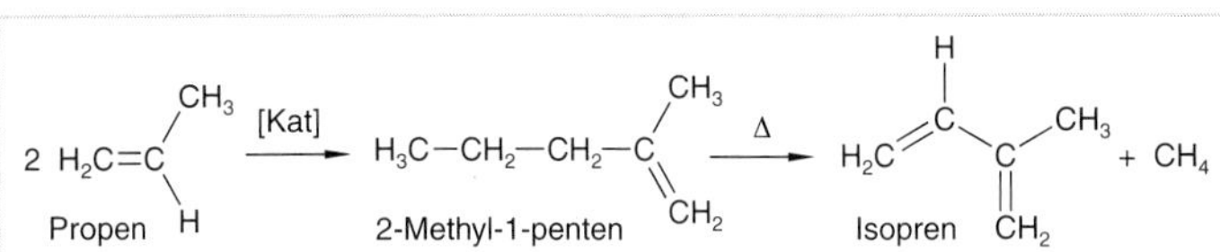

Dimerisierung von Propen und anschließende Crackung zu Isopren

P. hat so zusammen mit ↑ Ethylen das ↑ Acetylen von seiner Stellung als Basisprodukt der organischen Großsynthese verdrängt.

Interesse besitzt auch eine der frühesten technischen Anwendungen der Metathese-Reaktion, der *Philips-Triolefin-Prozeß* (seit 1966). P. wird mit einem Mo-Carbonylkomplex als Katalysator zu *2-Buten* und ↑ Ethylen isomerisiert (s. Schema).

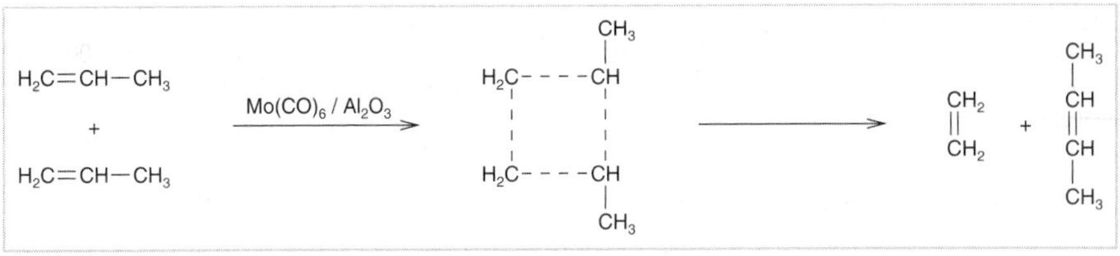

Triolefin-Prozeß

Zur heutigen Bedeutung der Metathese s. unter ↑ Ruthenium.

► P. verursacht in höheren Konzentrationen Bewußtlosigkeit.

C_3H_6 $M_R = 42{,}08$ C 85,63 % H 14,37 %

t_{Smp}	t_{Sdp}	d	η		
−185 °C	−48 °C				
C_p	$\Delta_S H$	$\Delta_V H$	$\Delta_B H$	S^o	Q_C
64,3 J/(K · mol)	9,0 kJ/mol	18,4 kJ/mol	20,4 kJ/mol	195,7 J/(K · mol)	−2057 kJ/mol
t_{krit}	P_{krit}	d_{krit}	t_{trip}		
92 °C	4,60 MPa	0,233 g/cm³			
MAK	R-Satz	S-Satz			
	12	9-16-33			

Propionaldehyd

Propionaldehyde Propanal

P. ist eine farblose, erstickend riechende Flüssigkeit, die sich bei 20 °C zu ca. 20 g in 100ml Wasser löst und mit den meisten org. Solventien mischbar ist.

Die technische Herstellung erfolgt durch Oxosynthese aus ↑ Ethylen (s. unter ↑ Succinaldehyd) bei ca. 100 °C (s. Gleichung).

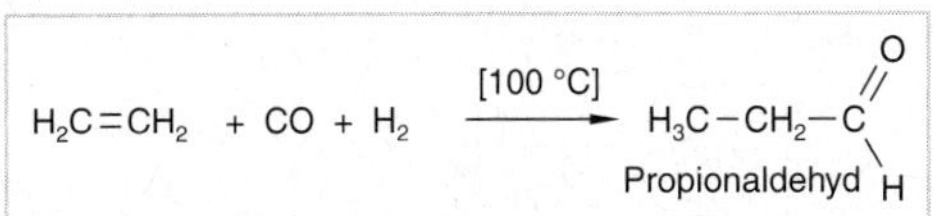

Technische Darstellung von Propionaldehyd durch Oxosynthese

Als Laborsynthese eignet sich die Oxidation von ↑ 1-Propanol entweder mit Dichromat oder durch Überleiten über Kupfer bei höherer Temperatur (s. Gleichung).

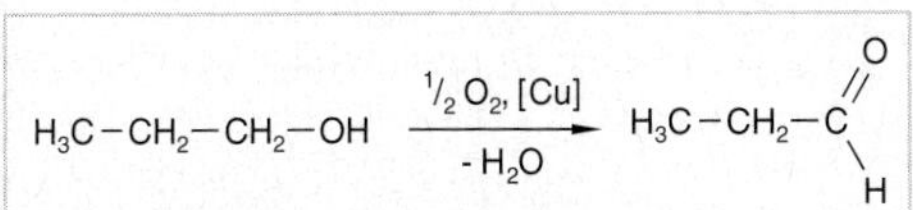

Laborsynthese für Propionaldehyd

Zur Laborsynthese geeignet ist ferner die *Darzens-Claisen-Kondensation* von ↑ Acetaldehyd mit *Chloressigsäureethylester*. Die Umsetzung nach Darzens-Claisen beinhaltet allgemein die Aldoladdition eines α-Chloresters (als Methylenkomponente) an eine Carbonylkomponente zum Chlorhydrin, aus dem unter HCl-Abspaltung ein *Glycidester* entsteht, der bei der Verseifung decarboxyliert und zum Aldehyd umlagert (s. Schema).

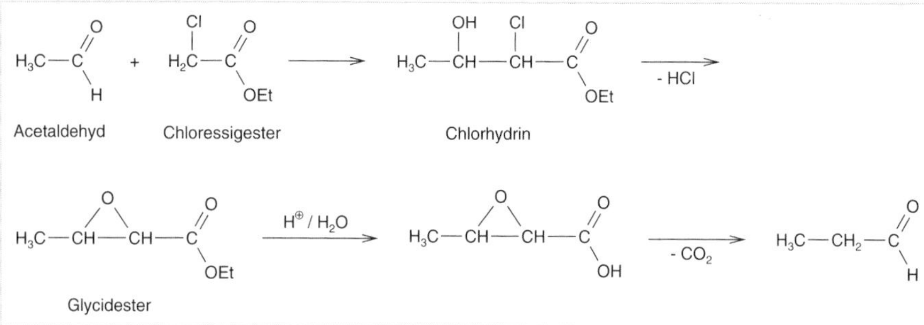

Darzens-Claisen-Kondensation

P. bildet u. a. folgendes Azeotrop:

Azeotrop-Komponenten	Zusammensetzung (Gew.-%)	Siedepunkt (°C)
P./Wasser	98,0/2,0	47,5

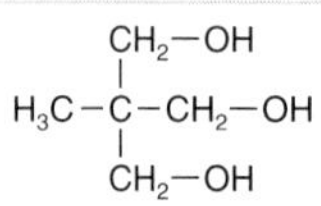

Trimethylolethan

Struktur von Trimethylolethan

P. liefert die typischen Aldehyd-Reaktionen und wird in organischen Synthesen verwendet, z. B. zu Aldol-Reaktionen oder in Wittig-Reaktionen. Die Umsetzung mit ↑ Formaldehyd ergibt z. B. *Trimethylolethan* (s. Abbildung) und ↑ Ameisensäure.

Trimethylolethan kann wie ↑ Glycerin oder ↑ Pentaerythrit auf ↑ Alkydharze verarbeitet werden.

► P. ist stark schleimhautreizend.

C_3H_6O $M_R = 58{,}08$ C 62,04 % H 10,41 % O 27,55 %

t_{Smp}	t_{Sdp}	d	η		
−81 °C	49 °C	0,807 g/cm³	0,41 mPa · s		
C_p	$\Delta_S H$	$\Delta_V H$	$\Delta_B H$	S^o	Q_C
159 J/(K · mol)	8,6 kJ/mol	30,0 kJ/mol	−218 kJ/mol	212 J/(K · mol)	−1816 kJ/mol
t_{krit}	P_{krit}	d_{krit}	t_{trip}		
223 °C					
MAK	R-Satz	S-Satz			
	11-36/37/38	9-16-29			

Propionsäure

Propionic acid Propansäure

Eine wasserklare ölige Flüssigkeit mit unangenehmem buttersäureartig ranzigem Geruch, die mit Wasser, Ethanol, Diethylether oder Chloroform mischbar ist. Die P. ist mit einem pK_S-Wert von 4,87 erwartungsgemäß etwas schwächer sauer als die ↑ Essigsäure.

Die P. kommt in freier und veresterter Form in geringen Mengen in einigen etherischen Ölen vor. Sie entsteht ferner bei thermischen (Destillationen) oder bakteriellen (Gärungen) Abbaureaktionen aus pflanzlichen und tierischen Materialien.

Die P. wird technisch aus ↑ Ethylen, ↑ Kohlenstoffmonoxid und Wasserdampf unter Druck und erhöhter Temperatur in Gegenwart von Ni-Salzen hergestellt (*Hydrocarboxylierung* nach Reppe, s. Schema).

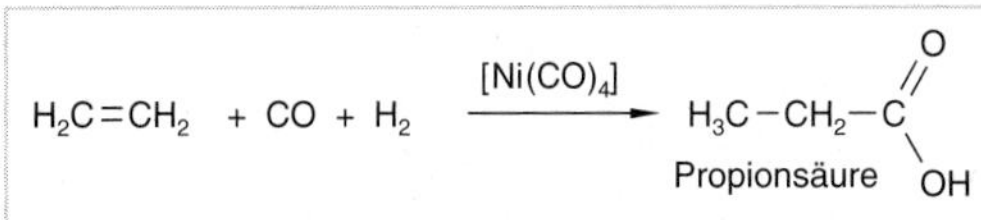

Herstellung von Propionsäure durch Hydrocarboxylierung

Die Laborsynthese gelingt durch Oxidation von ↑ 1-Propanol, bzw. ↑ Propionaldehyd. Die P. läßt sich aus ihren wässerigen Lösungen durch Zugabe von Salzen als Öl abscheiden.

P. bildet u. a. folgende Azeotrope:

Azeotrop-Komponenten	Zusammensetzung (Gew.-%)	Siedepunkt (°C)
P./Wasser	17,7/82,3	99,9
P./Xylol	43,0/57,0	135,4

Die P. wird vorwiegend mit den verschiedensten Alkoholen zu Estern umgesetzt, die als Riechstoffe und Duftkomponenten Verwendung finden. Zu erwähnen ist auch die Veresterung mit ↑ Cellulose zum *Cellulosepropionat*, das ähnliche Verwendung findet wie ↑ Celluloseacetat.

► Die P. übt starke Reizwirkung auf Augen und Schleimhäute aus.

$C_3H_6O_2$ $M_R = 74{,}08$ C 48,64 % H 8,16 % O 43,20 %

t_{Smp}	t_{Sdp}	d	η
−22 °C	141 °C	0,99 g/cm³	1,102 mPa · s

C_p	$\Delta_S H$	$\Delta_V H$	$\Delta_B H$	S^o	Q_C
158,6 J/(K · mol)		55 kJ/mol	−510,8 kJ/mol	191 J/(K · mol)	−1527 kJ/mol

MAK	R-Satz	S-Satz
31 mg/m³	34	23-36-45

Propiophenon

Propiophenone Ethylphenylketon

Bildet eine farblose, ölige Flüssigkeit von etwas penetrant-strengem, aber doch angenehm blumigem Geruch. P. ist in Wasser und in Polyalkoholen wie ↑ Ethylenglykol oder ↑ Glycerin unlöslich, mischbar hingegen mit Methanol, Ethanol oder Diethylether.

P. wird am besten hergestellt durch Friedel-Crafts-Acylierung von ↑ Benzol mit *Propionylchlorid* (eine stechend riechende Flüssigkeit vom Sdp. 80 °C) und wasserfreiem ↑ Aluminiumchlorid als Katalysator (s. Schema).

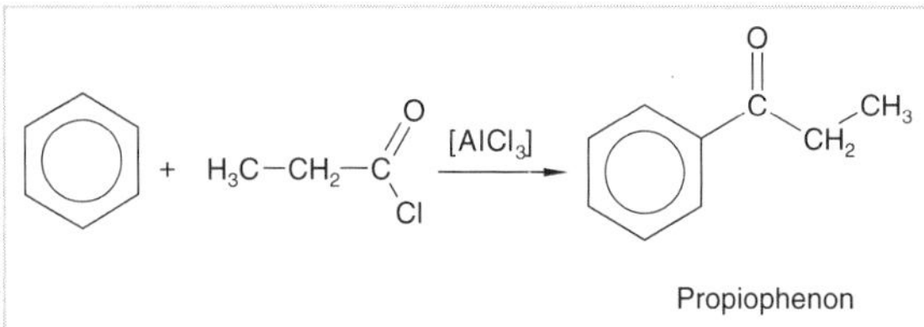

Synthese von Propiophenon durch Friedel-Crafts-Acylierung

P. ist vor allem ein Baustein in zahlreichen Synthesen, so u. a. zur Herstellung von ↑ Ephedrin. Ferner wird P. in der Parfümerie verwendet.

$C_9H_{10}O$ $M_R = 134{,}17$ C 80,56 % H 7,51 % O 11,93 %

t_{Smp}	t_{Sdp}	d	η
21 °C	218 °C	1,01 g/cm³	

C_p	$\Delta_S H$	$\Delta_V H$	$\Delta_B H$	S^o	Q_C
			−167 kJ/mol		−4803 kJ/mol

Propylamin

Propylamine, Aminopropan

Bildet eine farblose, streng aminartig riechende Flüssigkeit, die sich beliebig mit Wasser, Ethanol oder Diethylether mischen läßt. Die wässerige Lösung reagiert stark alkalisch.

Die technische Herstellung von P. erfolgt u. a. durch katalytische Hydrierung von *Propionitril*, eine farblose, angenehm süßlich riechende, etwas wasserlösliche Flüssigkeit vom Sdp. 97 °C, die ihrerseits durch katalytische Hydrierung von ↑ Acrylsäurenitril zugänglich ist (s. Schema).

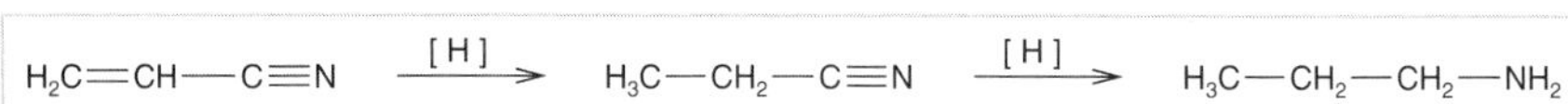

Technische Gewinnung von Propylamin

P. bildet mit Salzsäure ein farbloses zerfließliches Hydrochlorid vom Schmp. 157 °C. Als *primäres Amin* geht P. die für diese Substanzklasse typischen Reaktionen ein, von denen einige wegen ihrer präparativen Bedeutung genannt seien.

Mit Salpetriger Säure (Alkalinitrit in saurer Lösung) verläuft die als *Nitrosierung* bezeichnete Umsetzung über die *N-Nitroso-Verbindung* bis zum Carbenium-Ion, welches dann verschieden weiterreagieren kann (s. Schema).

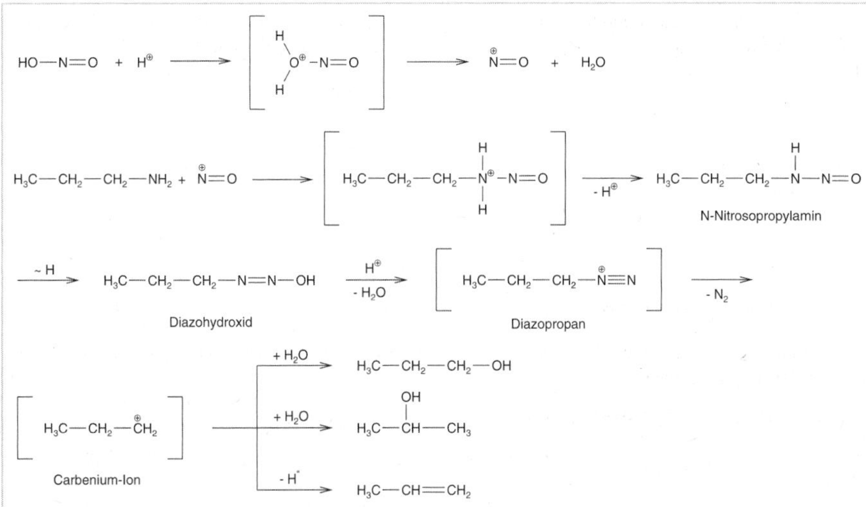

Nitrosierung von Propylamin

Von sekundären Aminen sind die N-Nitrosoderivate isolierbar (s. unter ↑ N-Nitrosodimethylamin). Mit Carbonylverbindungen führt die Reaktion zum *Azomethin* (*Schiffsche Base*) nach dem gezeigten generellen Schema (s. Schema).

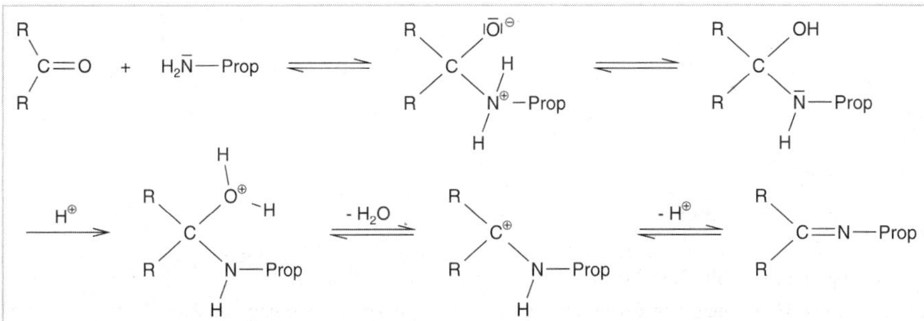

Reaktion primärer Amine mit Carbonylverbindungen (generelles Schema), formuliert für Propylamin

Sekundäre Amine ergeben auf diesem Wege die *Enamine*, weil sich aus dem intermediären *Carbenium-Immonium-Ion* ein H-Atom vom β-C-Atom abspaltet (s. Schema).

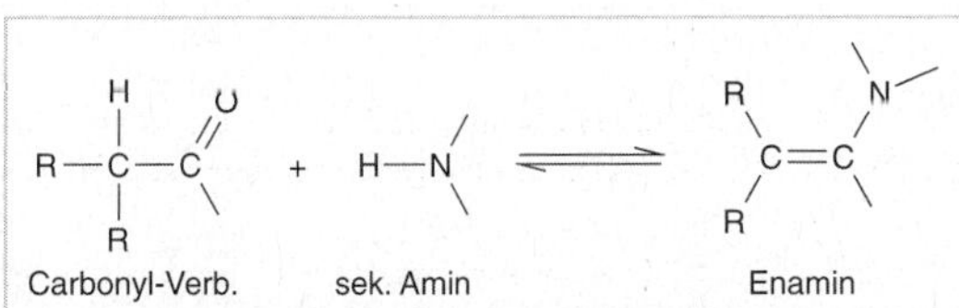

Enamin-Bildung aus Carbonylverbindung und sek. Amin

C_3H_9N	$M_R = 59{,}11$	C 60,96 %	H 15,35 %	N 23,70 %	
t_{Smp} −83 °C	t_{Sdp} 48 °C	d 0,72 g/cm³	η		
C_p 162 J/(K · mol)	$\Delta_S H$ 11 kJ/mol	$\Delta_V H$ 31 kJ/mol	$\Delta_B H$ −101 kJ/mol	S^o 227 J/(K · mol)	Q_C −2365 kJ/mol
MAK 12 mg/m³	R-Satz 11-20/21/22-34	S-Satz 26-36/37/39-45			

Propylencarbonat

Propylene carbonate, 4-Methyl-1,3-dioxolan-2-on

Eine wasserklare, leicht bewegliche fast geruchlose Flüssigkeit, die sich in Wasser, Ethanol oder Diethylether sehr gut löst.

Die Synthese von P. erfolgt durch Umsetzung von ↑ Propylenoxid mit ↑ Kohlenstoffdioxid unter Druck (s. Schema).

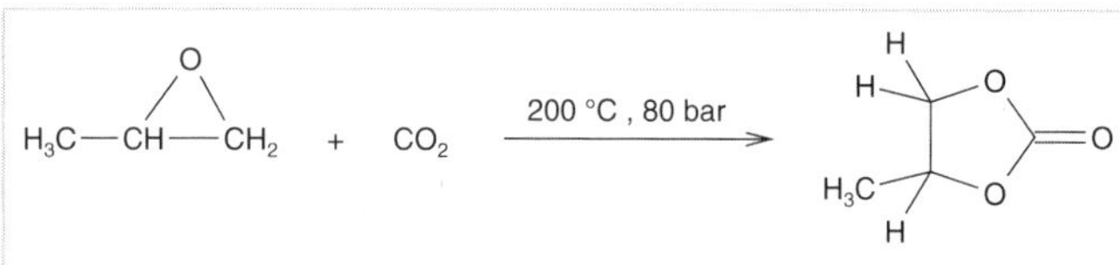

Synthese von Propylencarbonat

P. ist ein cyclischer Diester der ↑ Kohlensäure (s. auch unter ↑ Diethylcarbonat). P. dient ganz überwiegend als sehr vielseitiges Lösungsmittel in vielen Bereichen der Technik, wobei die hohe Dielektrizitätskonstante von 65,1 vielfach mit ausschlaggebend ist. So dient es als *Elektrolyt-Solvens* in Batterien mit hoher Energiedichte. Ferner ist es Lösungsmittel für Farben und Reiniger und wird genutzt als Entfetter, Extraktionsmittel und Bindemittel.

$C_4H_6O_3$	$M_R = 102{,}09$	C 47,06 %	H 5,92 %	O 47,01 %	
t_{Smp} −55 °C	t_{Sdp} 240 °C	d 1,19 g/cm³	η		
C_p 175 J/(K · mol)	$\Delta_S H$ 9,6 kJ/mol	$\Delta_V H$ 55 kJ/mol	$\Delta_B H$ −613 kJ/mol	S^o 218 J/(K · mol)	Q_C −1818 kJ/mol
MAK	R-Satz 36	S-Satz			

Propylenoxid

Propylene oxide 1,2-Epoxypropan, Methyloxiran

Eine farblose, leichtbewegliche, etherartig riechende, flüchtige Flüssigkeit, die sich zu ca. 40 % in Wasser löst, mit Ethanol oder Diethylether mischbar ist. P. ist äußerst leicht entzündlich.

Ausgangsprodukt der technischen P.-Synthese ist das ↑Propen, das nach zwei großtechnisch ausgeübten Verfahren in P. überführbar ist.

1. das Chlorhydrin-Verfahren: Propen wird in erster Stufe mit Chlorwasser (Hypochloriger Säure, s. ↑Natriumhypochlorit) zu einem Gemisch der beiden isomeren *Chlorhydrine* umgesetzt, die in zweiter Stufe mit Alkali dehydrochloriert werden, wobei P. entsteht (s. Schema).

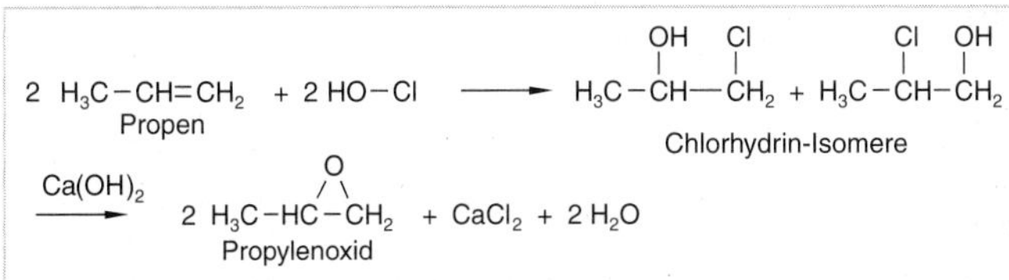

Chlorhydrin-Verfahren zur Synthese von Propylenoxid

2. Epoxidierung von Propen: Propen wird durch eine Peroxycarbonsäure, z. B. ↑Peressigsäure, epoxdiert. Die Persäure wird in einer vorgelagerten Oxidation gewonnen (s. Schema).

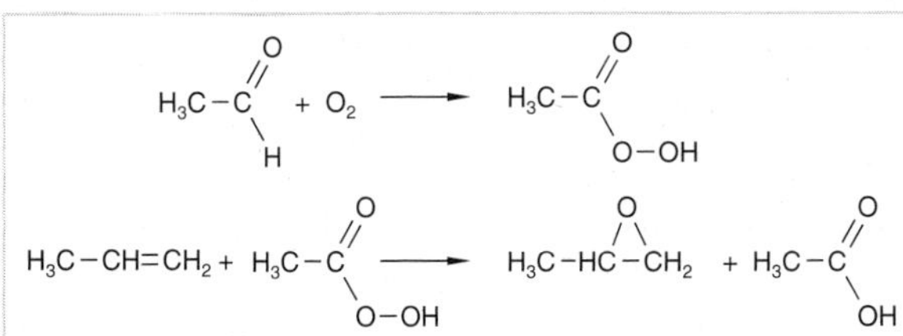

Propylenoxid-Synthese durch Epoxidierung von Propen

Problematisch am erstgenannten Verfahren ist der Zwangsanfall an Chloriden und an chlorierten Nebenprodukten wie *1,2-Dichlorpropan.*

P. ist den gleichen Reaktionen zugänglich wie ↑Ethylenoxid (z. B. Addition von OH- und NH-funktionellen Verbindungen), reagiert jedoch etwas langsamer. Mit Wasser entsteht Propylenglykol (*1,2-Dihydroxoypropan*) (s. Gleichung).

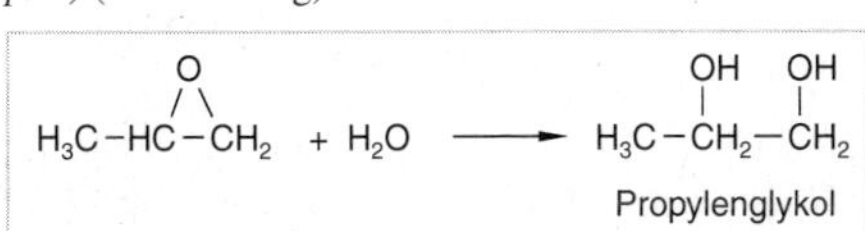

Bildung von Propylenglykol

Propylenglykol ist eine farblose, hygroskopische, ölige Flüssigkeit, Schmp. −59 °C, Sdp 188 °C, $d = 1{,}04\ g/cm^3$, löslich in Wasser, Aceton und Diethylether. Propylenglykol ist im Gegensatz zum ↑Ethylenglykol auch bei innerer Aufnahme nicht giftig. Es wird als Frostschutzmittel, Bremsflüssigkeit, in pharmazeutischen und kosmetischen Präparaten, als Lösungsmittel und zur Herstellung von Alkyd- und Polyesterharzen verwendet. Wird P. mit Propylenglykol umgesetzt, erhält man *Polypropylenglykole*, die bei Molekülmassen von ca. 1000 im Gegensatz zu ↑Polyethylenglykol wasserunlöslich sind. Werden sie weiter mit ↑ Ethylenoxid umgesetzt, so erhält man wieder wasserlösliche Blockcopolymere, die als nichtionische Tenside verwendet werden.

C_3H_6O $M_R = 58{,}08$ C 62,04 % H 10,41 % O 27,55 %

t_{Smp}	t_{Sdp}	d	η
−112 °C	35 °C	0,859 g/cm³	

C_p	$\Delta_S H$	$\Delta_V H$	$\Delta_B H$	S^o	Q_C
122 J/(K · mol)	6,5 kJ/mol	28,3 kJ/mol	−122,6 kJ/mol	196 J/(K · mol)	−1917 kJ/mol

MAK	R-Satz	S-Satz
6 mg/m³	45-12-20/21/22-36/37/38	53-45

Prostaglandine

Prostaglandins PG

Die PG sind farblose, kristalline Substanzen, die in Wasser wenig, in Methanol, Ethanol oder Essigsäureethylester gut löslich sind. Die PG sind stabil, wenn sie lichtgeschützt in der Kälte aufbewahrt werden.

Die PG werden in vielen Geweben des Säugetierorganismus gebildet, und zwar geht ihre Biogenese von der ↑ Arachidonsäure oder auch von der ↑ Eicosapentaensäure aus. Diese hochungesättigten Fettsäuren werden aus den Phospholipiden (s. unter ↑ Phospholipide) der Zellmembranen freigesetzt (s. auch unter ↑ Leukotriene und ↑ Thromboxane).

Die Benennung der einzelnen Spezies erfolgt durch die Buchstaben PGX (X = A bis F) und einen tiefgestellten Zahlenindex, der die Zahl der Doppelbindungen in den Seitenketten angibt, z. B. PGE_2 (s. Abbildung).

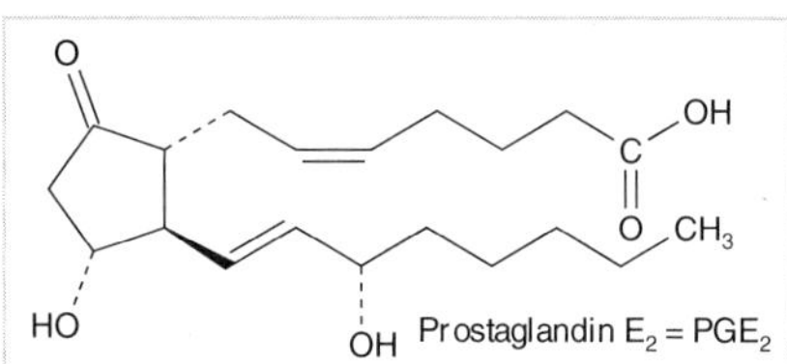

Struktur von Prostaglandin E_2 = PGE_2

Die Zahl der Doppelbindungen hängt davon ab, von welcher Fettsäure die PG-Bildung ausgeht (2 = ↑ Arachidonsäure, 3 = ↑ Eicosapentaensäure). Die PG sind durch einen Cyclopentanring in ihrem Molekülgerüst charakterisiert, der je nach PG-Typ unterschiedliche Oxidationsstufen aufweist.

Die verschiedenen PG haben sehr vielfältige physiologische Wirkungen

- gefäßerweiternde = blutdrucksenkende Wirkung (PGE)
- Hemmung der Magensaftsekretion (PGE)
- Kontraktion der glatten Muskulatur
- Bronchienkonstriktion (PGD, PGF)
- Uteruskontraktion (PGE, PGF)
- Mitwirkung bei Entzündungsvorgängen
- Erhöhung der Sensibilität von Schmerzrezeptoren

Dabei wirken die P., ebenso wie die ↑ Leukotriene und ↑ Thromboxane (mit denen sie auch als *Eicosanoide* zusammengefaßt werden) als typische *Mediatoren*: sie rufen entweder an den Zellen, die sie produzieren oder den Zellen der allernächsten Umgebung durch Anbindung an spezifische Rezeptoren die jeweilige Zellreaktion hervor. Das vielfältige Wirkungsgeschehen der Eicosanoide ist noch nicht vollständig erforscht.

An der Umwandlung der Arachidonsäure in die PG ist das Enzym *Cyclooxygenase* entscheidend beteiligt. Die ↑ Acetylsalicylsäure (bekannt als *Aspirin*) verhindert die PG-Bildung, indem sie die Cyclooxygenase blockiert. Darauf führt man die analgetische, antipyretische und auch die thromboseverhindernde Wirkung des Aspirins zurück.

Die Entdeckungsgeschichte der PG begann in den 30er Jahren, als in der Samenflüssigkeit ein auf die glatte Muskulatur wirkender Stoff isoliert wurde, dessen PG-Struktur in den 60er Jahren aufgeklärt werden konnte. Es folgten Totalsynthese und in den 70er Jahren die Aufklärung der Wirkmechanismen zusammen mit den Leukotrienen und Thromboxanen (Samuelson, Bergström, Vane, Nobelpreis 1982).

$C_{20}H_{32}O_5$ $M_R = 352{,}47$ (PGE_2) C 68,15 % H 9,15 % O 22,70 %

Protactinium

Protactinium Pa

Ein silberglänzendes, dehnbares radioaktives metallisches chemisches Element, das an der Luft rasch unter Oxidbildung anläuft.

Pa findet sich in verschwindend geringen Mengen in Uranmineralien, da es als radioaktives Zerfallsprodukt des Uran 235 entsteht. Es kann aus der Endfraktion der Aufarbeitung der Uranerze im Gramm-Maßstab erhalten werden. Die Darstellung des Metalls kann durch Reduktion von Protactiniumtetrafluorid mit ↑ Barium bei hohen Temperaturen erfolgen.

Pa ist das zweite Element in der Gruppe der Actiniden und besitzt die Elektronenkonfiguration $1s^2\ 2s^2\ 2p^6\ 3s^2\ 3p^6\ 3d^{10}\ 4s^2\ 4p^6\ 4d^{10}\ 4f^{14}\ 5s^2\ 5p^6\ 5d^{10}\ 5f^2\ 6s^2\ 6p^6\ 6d^1\ 7s^2$, Grundterm $^4K_{11/2}$. Es bildet die Oxidationsstufen +5, +4 und +3 aus, wobei +5 die beständigste ist, während die Stufe +3 wegen ihrer Reduktionskraft im wässerigen System nicht bestehen kann. Es wird folgendes Normalpotential angegeben:

$Pa \rightarrow Pa^{3+} + 3\,e^- \quad E^\ominus = -1{,}5$ V.

Chemisch ähnelt Pa in seinem Verhalten im wässerigen System dem ↑ Tantal. Im PSE steht Pa unter dem Lanthanoiden-Element ↑ Praseodym.

Das langlebigste Iotop 231 besitzt die Halbwertzeit 32500 Jahre und geht als α-Strahler in ↑ Actinium 227 über, worauf der 1918 von Hahn verliehene Name (Protoactinium) zurückzuführen ist.

Pa besitzt keinerlei technische Bedeutung. Es ist hochgiftig.

Pa Z = 91 $A_R = 231{,}0388$ Isotope: 231, 234; 216, 222–230, 232, 233, 235–238 (künstlich)

t_{Smp}	t_{Sdp}	d	MV	α	λ
1572 °C	ca. 4200 °C	15,37 g/cm³	15,0 cm³/mol	7,3 10^{-6}/K	ca. 47 W/mK

C_p	$\Delta_S H$	$\Delta_V H$	S^o	ϱ
27,62 J/(K · mol)	12,34 kJ/mol	ca. 480 kJ/mol	51,88 J/(K · mol)	177 nΩ · m

Psilocybin

Psilocybin

Bildet farblose Kristalle, die sich in siedendem Wasser zu 5 g/100 ml lösen. In Ethanol oder Chloroform ist P. nahezu unlöslich.

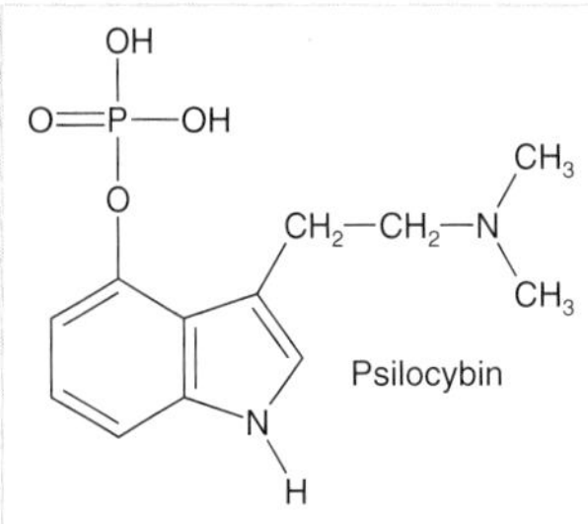

Struktur von Psilocybin

P. ist ein Alkaloid (s. unter ↑ Alkaloide), das 1959 in dem mexikanischen *Zauberpilz* Psilocybe mexicana endeckt und als dessen wichtigste halluzinogene Komponente erkannt wurde. Es besitzt das Grundgerüst von Tryptamin (s. unter ↑ Tryptophan), genauer gesagt vom 4-Hydroxytryptamin, dessen Hydroxygruppe aber mit ↑ Phosphorsäure verestert und dessen primäre Aminogruppe dimethyliert ist (s. Abbildung).

Im Pilz kommt auch das nicht phosphorylierte Derivat, das *Psilocyn* (s. Abbildung) vor, das ebenfalls ein Halluzinogen ist. Beide Pilzkomponenten zeigen etwa 1 % der halluzinogenen Wirksamkeit von ↑ Lysergsäurediethylamid (LSD). Das Psilocyn ist ein Isomeres von *Bufotenin* (s. Abbildung), dem Halluzinogen im Sekret der *Erdkröte*. Das Bufotenin wiederum ist das N,N-Dimethylderivat von ↑ Serotonin.

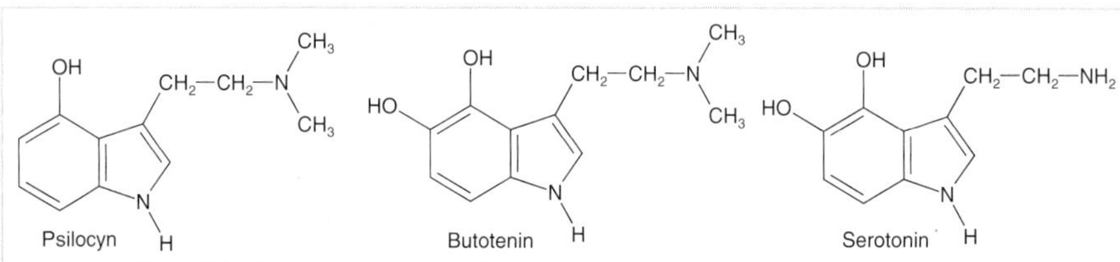

Strukturen von Psilocyn, Bufotenin und Serotonin

Man erkennt am Vergleich, daß offenbar die N,N-Dimethylaminogruppe für die halluzinogene Wirkung verantwortlich ist.

P. wird im Körper zu Psilocyn dephosphoryliert, welches das eigentliche Halluzinogen ist. P. fällt unter das Betäubungsmittel-Gesetz.

$C_{12}H_{17}N_2O_4P$ $M_R = 284{,}25$ C 50,71 % H 6,03 % N 9,86 % O 22,51 % P 10,90 %

Pteridin

Pteridine

Bildet ein gelbes kristallines Pulver, das sich in Wasser bei 20 °C zu 14 g/100 ml löst und in den meisten org. Solventien gut löslich ist.

P. entsteht bei der Umsetzung von *4,5-Diaminopyrimidin* mit ↑ Glyoxal (s. Schema).

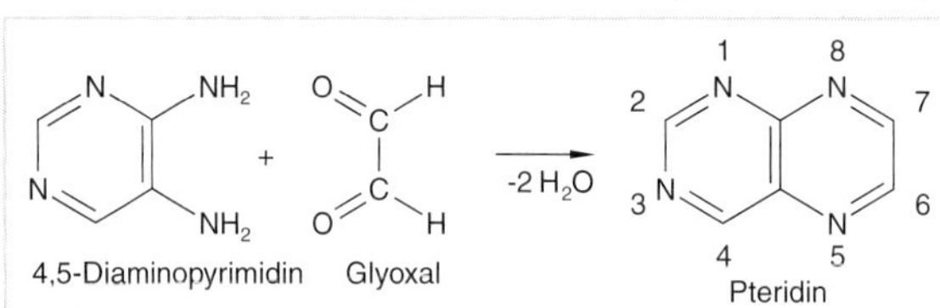

Synthese von Pteridin

P. ist also ein heterocyclisches Grundgerüst, das als *Pyrimidinopyrazin* zu bezeichnen ist. Es besitzt Basencharakter mit dem pK_S-Wert 4,05. Die Verbindungen mit diesem Grundgerüst bilden die Stoffklasse der *Pteridine*. Die in der Natur vorkommenden Pteridine leiten sich vom 2-Amino-4-oxo-3,4-dihydropteridin ab, das auch als *Pterin* (s. Abbildung) bezeichnet wird. Hierzu gehören die in Schmetterlingsflügeln entdeckten Farbstoffe *Xanthopterin* und *Leucopterin*, die durch Oxidation/Reduktion ineinander überführbar sind (s. Schema).

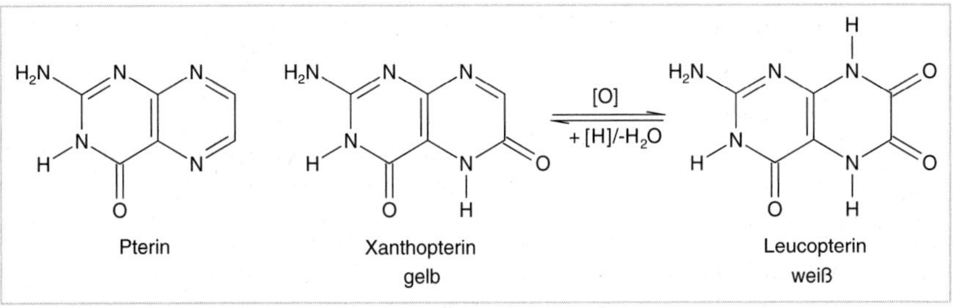

Pterin und natürliche Abkömmlinge

Die Synthesen der Pterine erfolgen letztlich alle nach dem Prinzip der o. g. Synthese: Kondensation eines 4,5-Diaminopyrimidins mit einer 1,2-Dicarbonylverbindung.

Ein wichtiges natürlich vorkommendes Pterin ist auch die ↑ Folsäure.

$C_6H_4N_4$	$M_R = 132{,}12$	C 54,54 %	H 3,05 %	N 42,40 %

t_{Smp}	t_{Sdp}	d	η
138 °C			

Purin

Purine

Bildet ein farbloses kristallines Pulver, das sich in Wasser gut löst, jedoch nur wenig löslich ist in org. Solventien. Die wässerigen Lösungen reagieren neutral. P. ist zur Salzbildung mit Säuren und Basen befähigt.

P. ist die Stammverbindung der *Purine*, die also als Grundgerüst einen mit dem Pyrimidin-Ring (s. Abbildung) annellierten Imidazol-Ring (s. Abbildung) aufweisen. P. selbst wurde bisher in der Natur nur als Ribosid gebunden in einem Pilz aufgefunden. Derivate des P. gehören jedoch zu den wichtigsten biochemischen Verbindungen und finden sich in jeder lebenden Zelle (s. unten).

Die Synthese von P. gelingt durch Umsetzung von 4,5-Diaminopyrimidin mit ↑ Ameisensäure (analog werden die Derivate erhalten) (s. Schema).

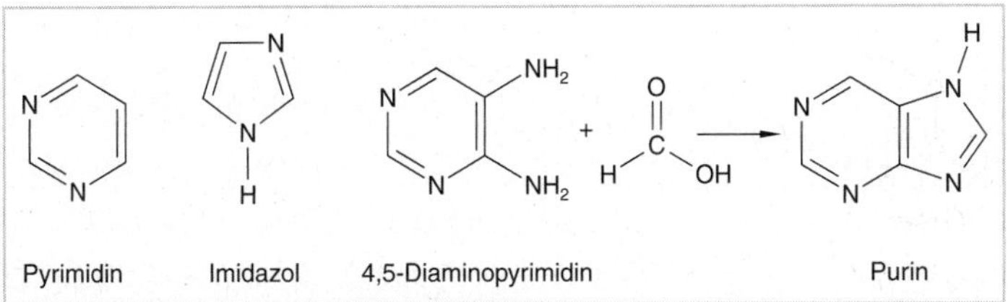

Strukturkomponenten von Purin und seine Synthese

Das P.-Molekül ist ein aromatisches 10 π-Elektronen-System. Sind die beiden Imidazol-N-Atome unsubstituiert, liegt Tautomerie vor (s. Schema).

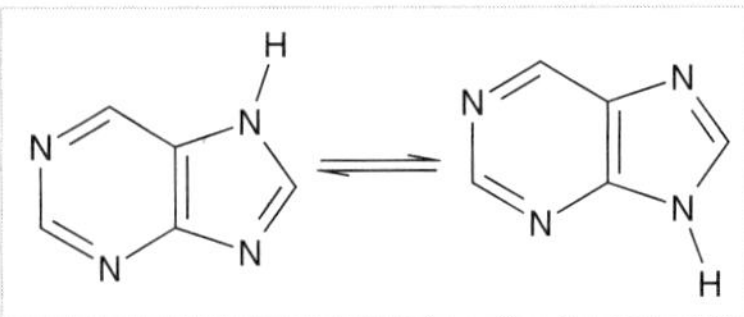

Tautomerie im Puringerüst

Der von E. Fischer (1884) geprägte Name „Purin" ist eine Zusammenziehung von lat. purum = rein und urina = Harn, und weist darauf hin, daß der ↑ Harnsäure das P.-Gerüst zugrundeliegt.

Das P.-Gerüst liegt auch den als Bausteine der ↑ Nucleinsäuren so wichtigen Basen ↑ Guanin und ↑ Adenin zugrunde, es findet sich ferner im ↑ Coffein, im ↑ Kinetin, im ↑ Hypoxanthin und vielen anderen biochemisch wichtigen Substanzen.

$C_5H_4N_4$ $M_R = 120{,}11$ C 50,00 % H 3,36 % N 46,64 %

t_{Smp}	t_{Sdp}	d	η		
217 °C					
C_p	$\Delta_S H$	$\Delta_V H$	$\Delta_B H$	S^o	Q_C
106,9 J/(K · mol)			169,4 kJ/mol		−2708 kJ/mol

Pyran

Pyran

Der Sechsring-Heterocyclus mit einem O-Atom und zwei Doppelbindungen im Ring wird als P. bezeichnet. Es sind zwei Isomere möglich, die als α- und γ-P. benannt werden. Salzbildung mit Säuren liefert die *Pyrylium-Salze* (s. Abbildung).

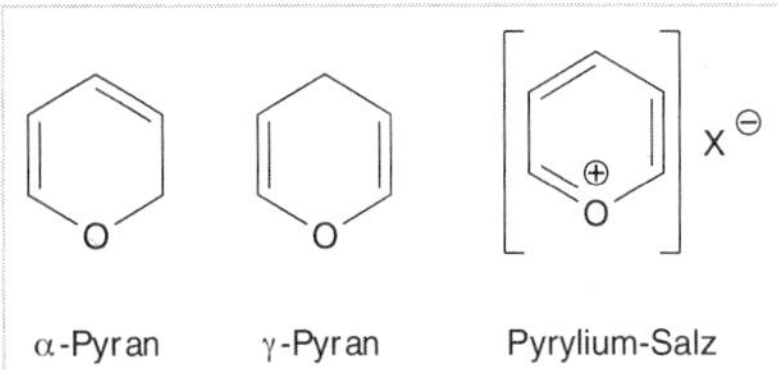

Strukturen der Pyrane und Pyrylium-Salze

α-Pyran ist bislang unbekannt, *γ-Pyran* ist eine farblose, sich an der Luft rasch dunkel färbende Flüssigkeit, die erst 1962 aus ↑ Glutardialdehyd synthetisiert wurde. Aromatisches Verhalten ist, wie aus den Formeln ersichtlich, erst in den Pyryliumsalzen zu erwarten.

In den Keto-Derivaten, als *Pyrone* bezeichnet, kann sich durch Mesomerie ebenfalls teilweise aromatischer Charakter entfalten (s. Schemata).

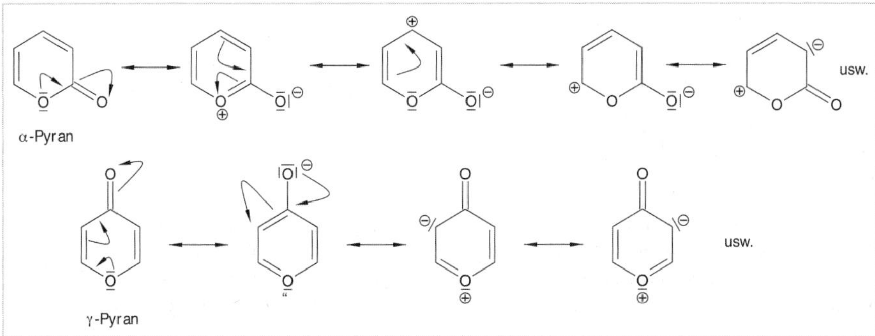

Mesomerie-Möglichkeiten in α- und γ-Pyron

α-Pyron ist ein ungesättigtes Lacton und polymerisiert leicht. *γ-Pyron* besitzt tatsächlich aromatischen Charakter und reagiert in elektrophilen Substitutionen (z. B. Bromierung) in 3-Stellung (s. unter ↑ Dehydracetsäure)

Benzo-Derivate der Pyrone sind im Pflanzenreich verbreitet, z. B. ↑ Cumarin, das das *Benzo-α-pyron* darstellt. Das *Benzo-γ-pyron* wird als *Chromon* bezeichnet; entfernt man die Ketogruppe und sättigt den O-haltigen Sechsring, erhält man *Chroman*, das z. B. im ↑ Tocopherol vorliegt. Das Dibenzoderivat des Pyrans wird als *Xanthen* , das des Pyrons als *Xanthon* bezeichnet (s. z. B. ↑ Fluorescein, ↑ Rhodamin B).

C_5H_6O $M_R = 81{,}09$ C 74,06 % H 7,46 % O 19,73 %

t_{Smp}	t_{Sdp}	d	η
	80 °C		

Pyrazol

Pyrazole 1,2-Diazol

Kristallisiert aus Petrolether in Form von farblosen Nadeln oder Prismen mit pyridinähnlichem Geruch, die sich in Wasser, Ethanol und Diethylether gut lösen. P. ist wie sein Isomeres ↑ Imidazol stärker basisch als ↑ Pyrrol.

Die Synthese von P. gelingt durch Umsetzung von *Malondialdehyd* mit ↑ Hydrazin (s. Schema).

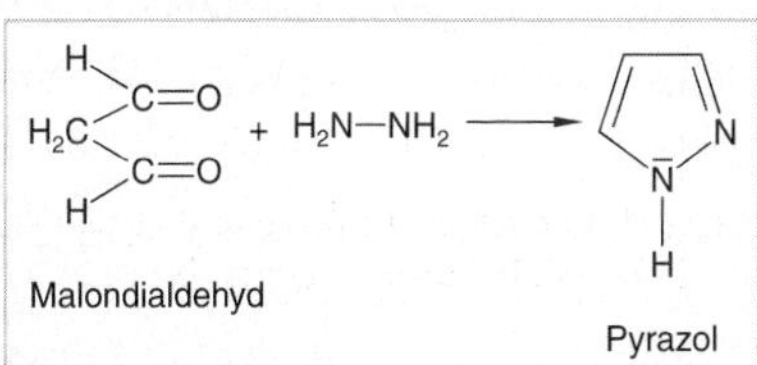

Synthese von Pyrazol

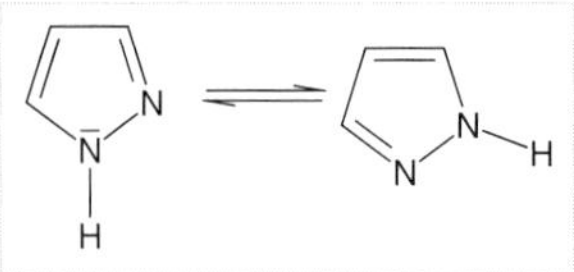

Gleichwertigkeit der tautomeren Formen von Pyrazol

Nach diesem Syntheseprinzip lassen sich auch P.-Derivate herstellen. Die beiden N-Atome sind völlig gleichwertig, so daß keine stellungsisomeren 3- und 5-Derivate existieren (s. Schema).

Die technisch und pharmazeutisch wichtigen P.-Derivate stellen *Pyrazolone* dar, also Ketoderivate des P., z. B. das *1-Phenyl-3-pyrazolidon*, das unter dem Namen „*Phenidon*" als fotografischer Entwickler dient, oder die Pharmazeutika *Phenazon* (*Antipyrin*), *Propyphenazon* und *Phenylbutazon* (s. Abbildung).

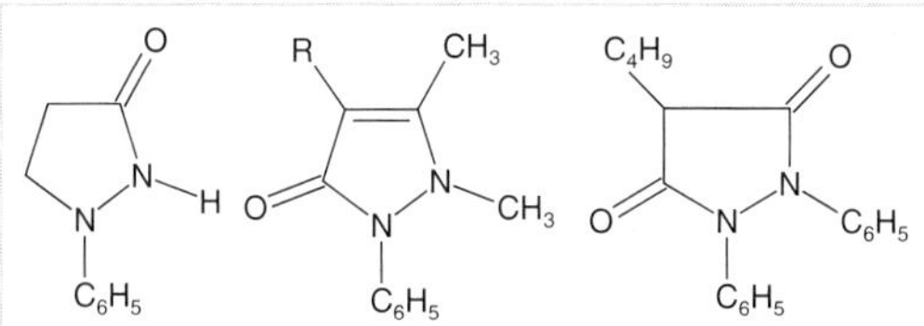

Phenidon R = H: Phenazon Phenylbutazon
R = Isopropyl: Propyphenazon

Strukturen technisch und pharmazeutisch wichtiger Pyrazolone

Phenylbutazon darf nur noch bei bestimmten Rheumaformen und akuten Gichtanfällen als Analgetikum verwendet werden.

$C_3H_4N_2$ $M_R = 68{,}08$ C 52,93 % H 5,92 % N 41,15 %

t_{Smp}	t_{Sdp}	d	η
70 °C	188 °C		

C_p	$\Delta_S H$	$\Delta_{Sub} H$	$\Delta_B H$	S^o	Q_C
81 J/(K · mol)	14,2 kJ/mol	74 kJ/mol (S)	105,4 kJ/mol		−1858 kJ/mol

Pyrethrine

Pyrethrins

Die beiden P., nämlich P. I und P. II, bilden farblose, ölige Flüssigkeiten, die in Wasser praktisch nicht, in Ethanol oder Petrolether gut löslich sind. Sie erleiden an der Luft sehr rasch Oxidation und müssen dunkel und kühl gelagert werden.

Die P. sind die beiden wichtigsten der insgesamt sechs insektiziden Komponenten, die sich aus den getrockneten und pulverisierten Blütenköpfen verschiedener Chrysanthemum-Arten gewinnen lassen, die zusammen als *Pyrethrum* bezeichnet werden. Die P. sind Ester der *Chrysanthemumsäure* bzw. der *Pyrethrinsäure* mit dem *Pyrethrolon* (s. Abbildung). Sie gehören zu den wenigen natürlichen Verbindungen, die einen Cyclopropan-Ring enthalten (s. unter ↑ Cyclopropan).

Die P. besitzen außerordentlich starke insektizide Wirkung, wobei sie als Kontaktgift agieren, schnell in das Insekt eindringen und als Nervengift zunächst erregend, dann lähmend und schließlich tödlich auf das Insekt wirken.

Einschränkend auf die P.-Verwendung wirken sich ihre Unbeständigkeit sowie die aufwendige Herstellung aus. Es wurde deshalb eine große Zahl ähnlich gebauter synthetischer Verbindungen hergestellt mit ähnlichen Wirkungen, die man insgesamt als *Pyrethroide* bezeichnet.

Die P. wurden erstmals 1924 isoliert (Staudinger, Ruzicka). Die Struktur konnte 1956 geklärt werden.

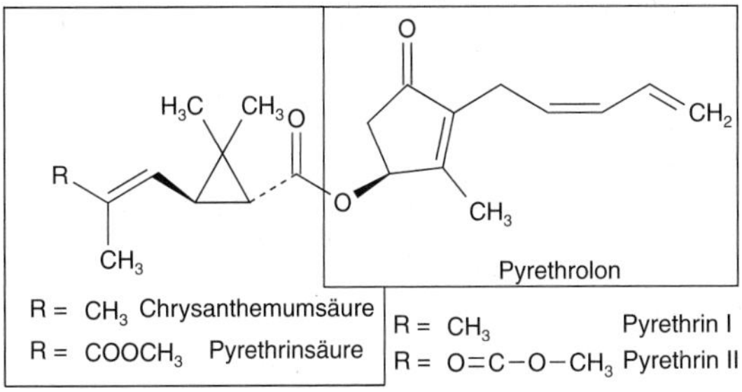

Strukturen der Pyrethrine

► Die P. sind in den gegen Insekten angewandten Mengen für den Menschen unbedenklich. In größeren Konzentrationen bzw. bei besonders sensibilisierten Personen können ernsthafte allergische Symptome auftreten. Bekannt ist z. B. die *Chrysanthemen-Allergie* bei Gärtnern.

$C_{21}H_{28}O_3$ $M_R = 328{,}45$ (P. I) C 76,79 % H 8,59 % O 14,61 %

$C_{22}H_{28}O_5$ $M_R = 372{,}46$ (P.II) C 70.94 % H 7,58 % O 21,48 %

Pyridin

Pyridine

P. ist eine farblose, brennbare Flüssigkeit mit typischem, widerlichem Geruch, die mit Wasser und den meisten org. Solventien unbegrenzt mischbar ist. P. ist eine schwache Base mit pK_S-Wert 5,19. Eine 0,2m Lösung in Wasser zeigt den pH 8,5. Mit Säuren bildet P. kristallisierbare, gut wasserlösliche Salze.

P.-Derivate wurden 1846 im Steinkohlenteer entdeckt. Der Steinkohlenteer, der ca. 0,1 % Pyridinbasen enthält, ist auch heute noch eine wichtige Quelle für P. Daneben werden auch technische Synthesen durchgeführt, z. B. die Umsetzung von ↑ Acetaldehyd mit ↑ Formaldehyd und ↑ Ammoniak in der Gasphase, wobei auch 3-Picolin (s. unter ↑ Picoline) erhalten wird (s. Schema).

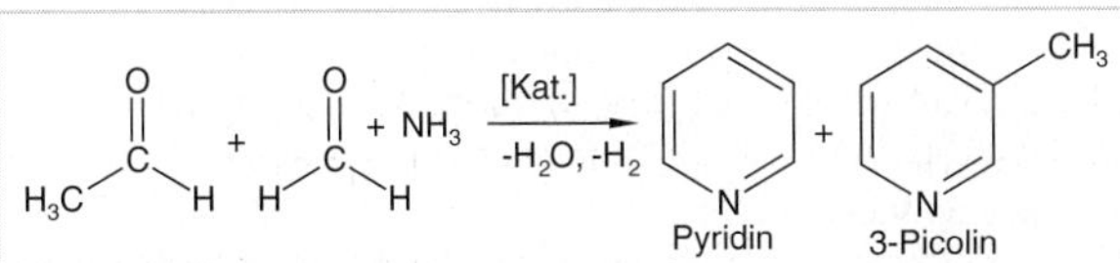

Technische Pyridin-Synthese

P. bildet u. a. folgende Azeotrope:

Azeotrop-Komponenten	Zusammensetzung (Gew.-%)	Siedepunkt (°C)
P./Toluol	22,0/78,0	110,2
P./Wasser	57,0/43,0	92,6

P. ist der Prototyp des *Heteroaromaten*. Die „Doppelbindungen“ im Ring sind völlig delokalisiert, wobei infolge der größeren Elektronegativität des N-Atoms im Ring eine Polarisierung stattfindet, die besonders in den Positionen 2, 4 und 6 einen Elektronenmangel bewirkt, wie es in den Mesomerie-Formeln zum Ausdruck kommt (P. ist ein elktronenarmer Heteroaromat, s. Schema).

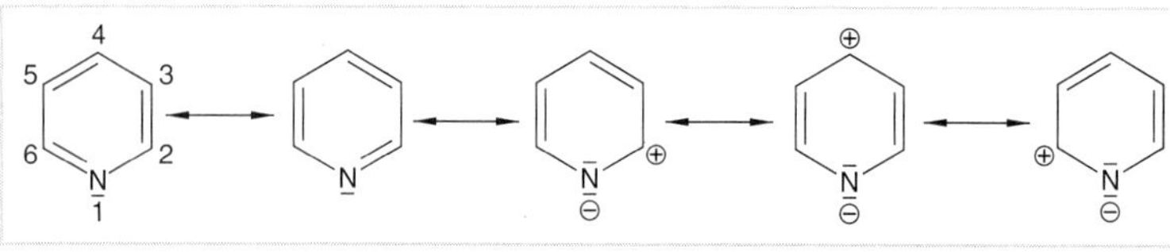

Mesomerie-Grenzformeln für Pyridin: ein elektronenarmer Heteroaromat

Alle Ringatome sind sp^2-hybridisiert, das Molekül ist planar. Das freie Elektronenpaar am N-Atom besetzt ein sp^2-Hybridorbital (s. Abbildung).

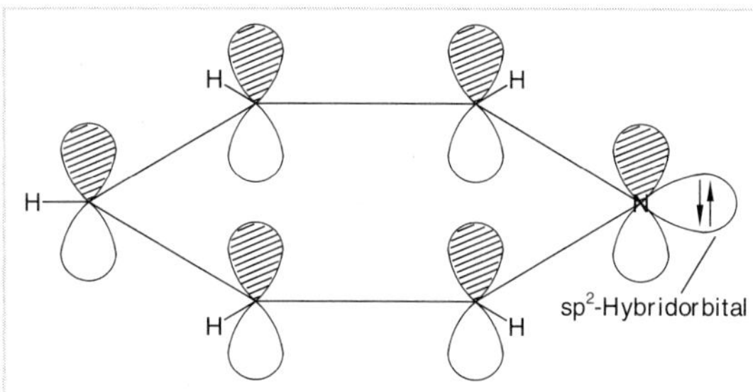

Pyridin in einer Orbital-Darstellung

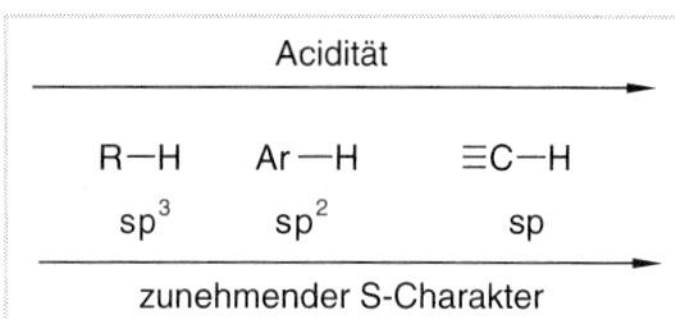

Beziehung zwischen Acidität und s-Charakter

Da das freie Elektronenpaar am N-Atom nicht in die Mesomerie im Ring eingebunden ist, steht es für die Basenwirkung voll zur Verfügung. Daß P. dennoch eine schwächere Base als die alipathischen Amine ist, liegt in dem Hybrid-Charakter des Orbitals begründet, in dem sich das freie Elektronenpaar befindet: Elektronen in p-Orbitalen sind schwächer an den Kern gebunden als Elektronen in s-Orbitalen. Je schwächer Elektronen aber gebunden sind, umso mehr Basencharakter können sie entfalten, und umgekehrt, je fester gebunden, umso mehr Säurecharakter. In den aliphatischen Aminen befindet sich das freie Elektronenpaar am N-Atom in einem sp^3-Hybridorbital, welches mehr p-Charakter aufweist als ein sp^2-Hybridorbital. Die gleichen Überlegungen gelten für die C-H-Acidität (s. Abbildung).

Das N-Atom im P. wirkt auf die Elektronendichte im Ring wie ein stark elektronenziehender Substituent im ↑ Benzol, so daß P. im Substitutionsverhalten Ähnlichkeit mit ↑ Nitrobenzol besitzt: Elektrophile Substitutionen erfolgen nur schwer und in den Positionen 3 und 5, nucleophile Substitutionen erfolgen leicht in den Positionen 2, 4 und 6 (s. Abbildung).

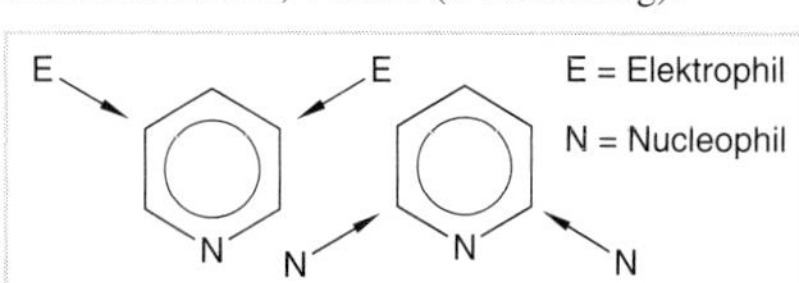

Substitutions-Verhalten von Pyridin

Präparativ wichtig ist die Umsetzung von P. und seinen Derivaten mit Peroxiden (Persäuren, ↑ Wasserstoffperoxid etc.), die zu den Pyridin-N-Oxiden führt (s. Schema).

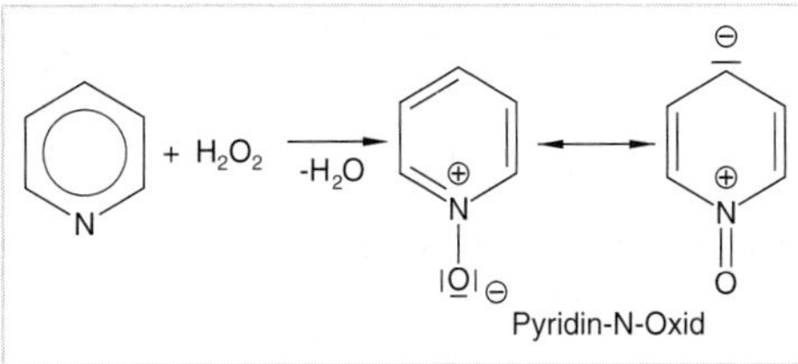

Bildung von Pyridin-N-oxid

Pyridin-N-Oxide sind wichtige Synthese-Bausteine, z. B. ist Pyridin-N-Oxid, wie aus der Mesomerie-Formulierung ersichtlich, der elektrophilen Substitution zugänglich, die mit Nitriersäure z. B. das 4-Nitro-Derivat liefert, welches in *4-Nitropyridin* bzw. *4-Aminopyridin* überführbar ist. Beide Derivate sind anders schwierig darzustellen.

P. wird in der organischen Synthese als Lösungsmittel und als Hilfsbase verwendet. P. löst auch anorganische Verbindungen. P. ist ursprünglicher Bestandteil der „Karl-Fischer-Lösung" zur Wasser-Bestimmung (s. unter ↑ Iod). P. wird zuweilen auch zur Vergällung von ↑ Ethanol verwendet.

Das P.-System ist Bestandteil wichtiger Arzneimittel und Naturstoffe (z. B. im ↑ Pyridoxin und in Alkaloiden wie ↑ Nicotin).

► P. wirkt lähmend auf das Zentralnervensystem. Wiederholte Exposition bewirkt schließlich schwere Nieren- und Leberschäden, so daß P. mit großer Vorsicht zu handhaben ist. Der intensive unangenehme Geruch schon in niedrigster Konzentration verhindert die Gefahr unbemerkter Exposition.

C_5H_5N $M_R = 79{,}10$ C 75,92 % H 6,37 % N 17,71 %

t_{Smp} −42 °C	t_{Sdp} 115 °C	d 0,982 g/cm³	η 0,974 mPa · s		
C_p 193 J/(K · mol)	$\Delta_S H$ 8,27 kJ/mol	$\Delta_V H$ 40,2 kJ/mol	$\Delta_B H$ 100,0 kJ/mol	S^o 178 J/(K · mol)	Q_C −2782 kJ/mol
t_{krit} 347 °C	P_{krit}	d_{krit}	t_{trip}		
MAK 15 mg/m³	R-Satz 11-20/21/22	S-Satz 26-28			

Pyridoxin

Pyridoxine

Bildet farblose Kristalle, die sich in Wasser, Ethanol und Aceton gut lösen. P. ist lichtempfindlich. Es bildet ein Hydrochlorid vom Schmp. 206 °C.

P. kommt in vielen Lebensmitteln vor, wobei als besonders ergiebige Quellen Hefe, Leber, Getreide, Bananen und Nüsse anzusehen sind. P. wird mit seinem oxidierten bzw. aminierten Derivat *Pyridoxal* und *Pyridoxamin* zum *Vitamin* B_6 zusammengefaßt (s. Abbildung).

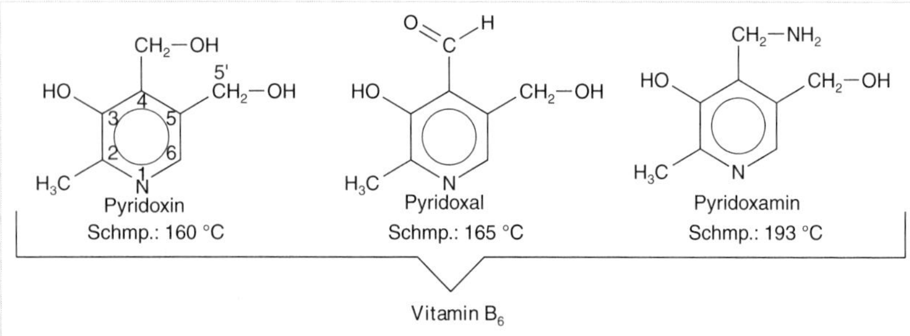

Die drei Komponenten des Vitamin B_6

Diese drei Komponenten werden heute nach verschiedenen Routen synthetisch gewonnen.

P. wird im Körper leicht in Pyridoxal und Pyridoxamin umgewandelt. Die beiden letzteren sind in Form ihrer 5′-Phosphate (gebildet mittels ↑ Adenosintriphosphat) die eigentliche Wirkform, in der sie eine wichtige Funktion im Aminosäure-Stoffwechsel erfüllen. Sie sind als Cofaktoren an Transaminierungen und Decarboxylierungen von Aminosäuren beteiligt.

Die tägliche Bedarfsmenge an Vitamin B_6 beträgt etwa 2 mg, was durch die übliche Ernährung abgedeckt wird. Ein Mangel an Vitamin B_6 erzeugt kein typisches Krankheitsbild sondern eine Reihe sehr verschiedener Symptome, so vor allem Hauterkrankungen sowie nervöse Störungen.

P. wurde 1938 erstmals aus Hefe isoliert, 1939 seine Struktur aufgeklärt. Pyridoxal und Pyridoxamin wurden 1942 in den Hefeextrakten aufgefunden.

Die Vitamin B_6-Verbindungen werden medizinisch verabreicht bei Vitaminmangel, gegen *Reisekrankheit* und *Schwangerschaftserbrechen* (in höheren Dosen verhindert Vitamin B_6 den *Brechreiz*). Außerdem ist Vitamin B_6 Futtermittelzusatz.

Folgen einer Vitamin B_6-Überdosierung sind nicht bekannt.

$C_8H_{12}ClNO_3$ $M_R = 205{,}64$ (Hydrochlorid) C 46,73 % H 5.88 % Cl 17,24 % N 6,81 % O 23,34 %

Pyrimidin

Pyrimidine 1,3-Diazin

Liegt bei Raumtemperatur entweder als farblose Flüssigkeit oder als farblose kristalline Masse von penetrantem Geruch vor, die sich in Wasser, Ethanol und Diethylether gut löst.

P. wird auf einfachem Wege erhalten durch Umsetzung von *Malondialdehyd* mit ↑ Ameisensäureamid bei ca. 200 °C (s. Schema).

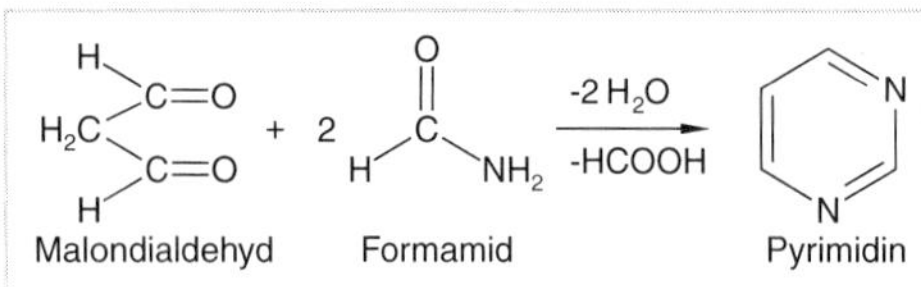

Synthese von Pyrimidin

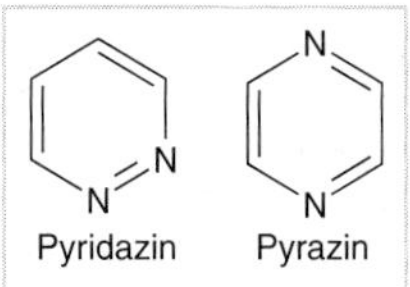

Zum Pyrimidin isomere Diazine

P. ist das wichtigste der *Diazine*, also der Sechsring-Heterocyclen mit zwei N-Atomen im Ring. Die beiden anderen werden als *Pyridazin* bzw. als *Pyrazin* bezeichnet (s. Abbildung).

Alle drei Diazine sind als elektronenarme Heteroaromaten zu betrachten. Pyridazin- und Pyrazin-Derivate finden als Arzneimittel Verwendung. Das Pyrimidin-Gerüst ist Bestandteil vieler wichtiger Biomoleküle und Pharmazeutika. Allen voran sind die Nucleinsäure-Basen ↑ Cytosin, ↑ Uracil und ↑ Thymin zu nennen. Pharmazeutisch wichtig sind die ↑ Barbitursäure und ihre Derivate.

$C_4H_4N_2$ $M_R = 80{,}09$ C 59,99 % H 5,03 % N 34,98 %

t_{Smp}	t_{Sdp}	d	η		
22 °C	124 °C				
C_p	$\Delta_S H$	$\Delta_V H$	$\Delta_B H$	S^o	Q_C
		49,9 kJ/mol	143,2 kJ/mol		−2289 kJ/mol

Pyrogallol

Pyrogallol 1,2,3-Trihydroxybenzol

Ein farb- und geruchloses kristallines Pulver, das sich bei 20 °C in Wasser zu ca. 60 g, in Ethanol zu ca. 77 g und in Diethylether zu ca. 63 g pro 100 ml löst. Das Pulver verfärbt sich an der Luft rasch dunkel.

P. wird auch heute noch nach der Methode hergestellt, wie es 1786 von Scheele erstmals gefunden wurde, nämlich durch Erhitzen von ↑ Gallussäure (Name!) (s. Schema).

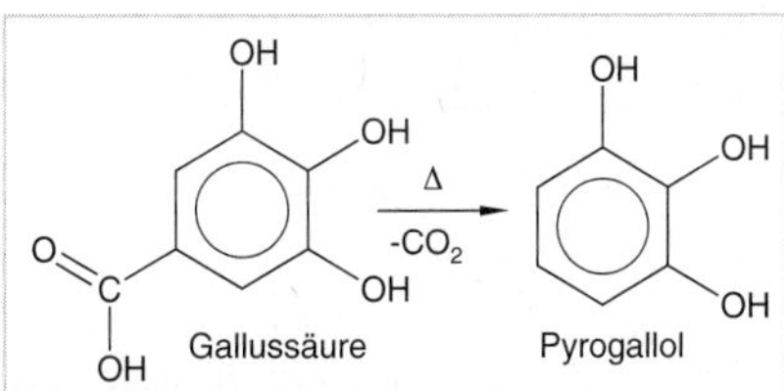

Gewinnung von Pyrogallol

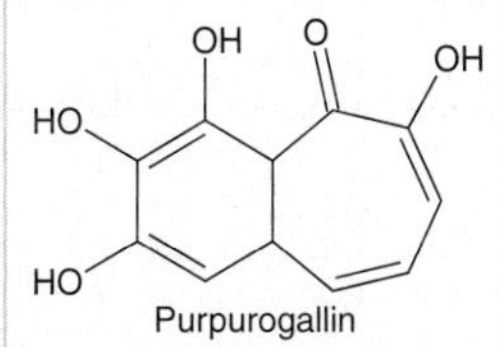

Farbstoff Purpurogallin

P. ergibt mit ↑ Eisen(III)chlorid eine Blaufärbung. Wegen der starken Reduktionswirkung in alkalischer Lösung wird P. als fotografischer Entwickler verwendet. Alkalische Lösungen von P. absorbieren molekularen ↑ Sauerstoff, weshalb sie in der Gasanalyse Anwendung finden. P. scheidet die Edelmetalle Pt, Au, Ag, Hg aus ihren Salzlösungen ab und dient zur Herstellung kolloidaler Metall-Lösungen. Die Oxidation des P. mit Natriumiodat liefert den Farbstoff *Purpurogallin*, der ein Benzotropolon-System aufweist (s. unter ↑ Cycloheptatrien) und in Galläpfeln (s. unter ↑ Gallussäure) vorkommt (s. Abbildung).

► P. wirkt stark blut- und leberschädigend. Die Resorption erfolgt auch durch die Haut. Hautkontakt streng vermeiden.

$C_6H_6O_3$ $M_R = 126{,}11$ C 57,14 % H 4,80 % O 38,06 %

t_{Smp} 134 °C	t_{Sdp} 309 °C	d 1,45 g/cm³	η		
C_p	$\Delta_S H$	$\Delta_{Sub}H$ 117 kJ/mol (S)	$\Delta_B H$ −551 kJ/mol	S^o	Q_C −2667 kJ/mol
MAK	R-Satz 20/21/22-40-52/53	S-Satz 36/37-61			

Pyrrol

Pyrrole Azol

In reinem Zustand eine farblose, chloroform-ähnlich riechende Flüssigkeit, die in Wasser kaum, in org. Solventien wie Ethanol oder Diethylether gut löslich ist. Färbt sich ohne den Ausschluß letzter Spuren ↑ Sauerstoff mit der Zeit dunkel. P. ist in alkalischem Medium unlöslich, mit Säuren erfolgt Zersetzung und Polymerisation.

Die technische P.-Synthese besteht in der Umsetzung von ↑ Furan mit ↑ Ammoniak (s. Schema).

P. entsteht auch beim Erhitzen von Ammoniummucat (s. unter ↑ Schleimsäure). Die Synthese von 2,5-disubstituierten P.-Derivaten gelingt durch Umsetzung von 1,4-Diketonen mit Ammoniak (*Paal-Knorr-Synthese*) (s. Schema).

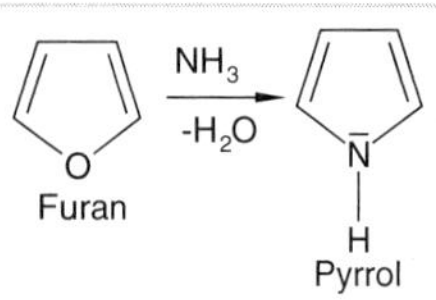

Bildung von Pyrrol aus Furan

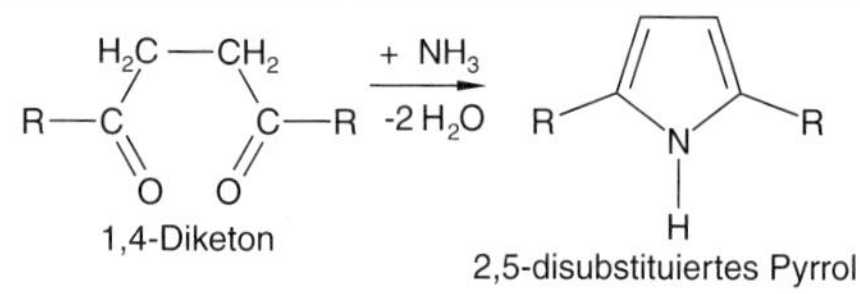

Paal-Knorr-Synthese von Pyrrol-Derivaten

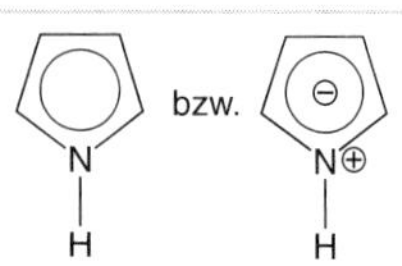

Pyrrol als aromatisches System

Das freie Elektronenpaar des Ring-N-Atoms wird in die Mesomerie im Ring mit einbezogen, wofür sich die mesomeren Grenzformeln darstellen lassen (s. Schema). Dem trägt man durch die gezeigte aromatische Formulierung Rechnung (s. Abbildung).

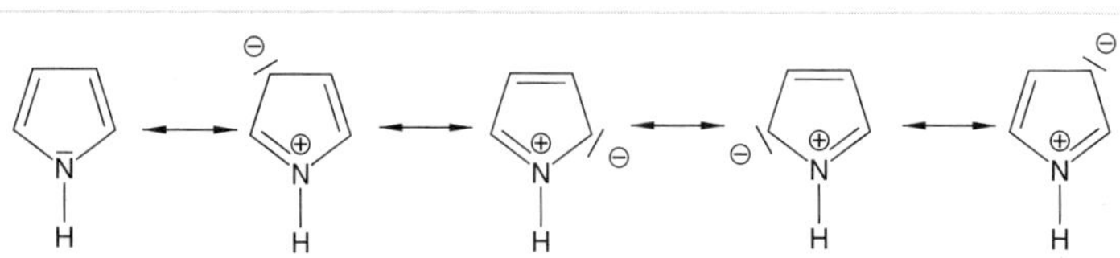

Mesomerie im Pyrrol-Ring

Der P.-Ring besitzt also den Charakter eines elektronenreichen Aromaten. Elektrophile Substitutionen erfolgen also leicht, bevorzugt in 2-Stellung, z. B. die Acetylierung mit ↑ Essigsäureanhydrid, die bereits ohne Friedel-Crafts-Katalysator abläuft und zu *2-Acetylpyrrol* führt (s. Schema).

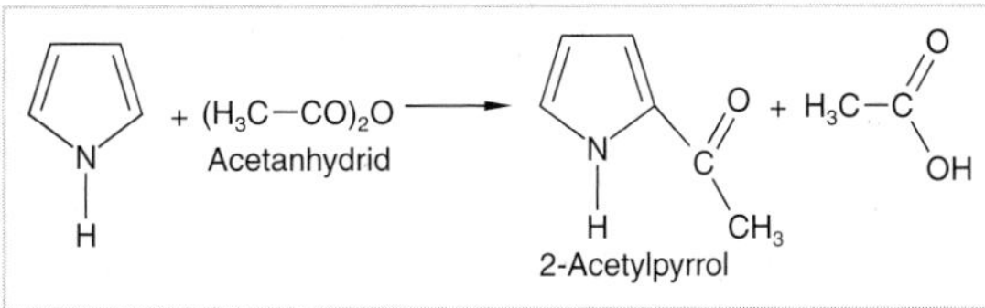

Friedel-Crafts-Acylierung zum 2-Acetylpyrrol

Die Zugabe von Säure zum P. bewirkt Protonierung (bevorzugt in 2-Stellung) zum *Pyrrolium-Kation*, welches dann die Polymerisation einleitet (s. Schema).

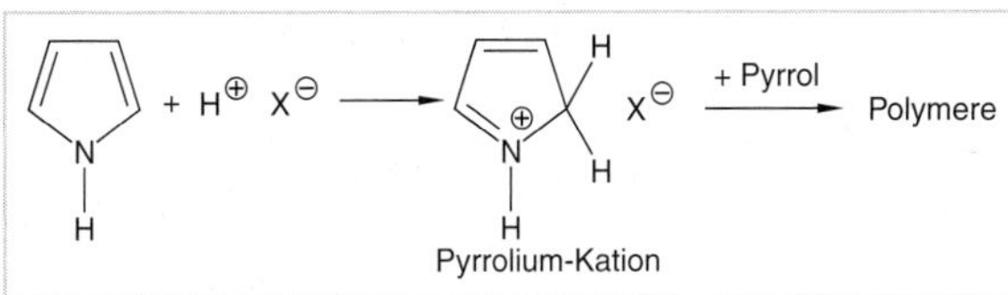

Polymerisation unter Säureeinwirkung

Die katalytische Hydrierung des P. liefert *Tetrahydropyrrol*, auch als *Pyrrolidin* bezeichnet. Dessen 2-Oxo-Derivat, das *2-Pyrrolidon*, wird durch Umsetzung von ↑ γ-Butyrolacton mit ↑ Ammoniak erhalten und dient zur Herstellung von ↑ N-Vinylpyrrolidin-2-on.

Der P.-Ring ist Bestandteil des Porphin-Systems (s. unter ↑ Porphin).

C_4H_5N $M_R = 67{,}09$ C 71,61 % H 7,51 % N 20,88 %

t_{Smp}	t_{Sdp}	d	η
−24 °C	131 °C	0,97 g/cm³	

C_p	$\Delta_S H$	$\Delta_V H$	$\Delta_B H$	S^o	Q_C
127,7 J/(K · mol)	7,9 kJ/mol	45,4 kJ/mol	63 kJ/mol	156,4 J/(K · mol)	−2352 kJ/mol

t_{krit}	P_{krit}	d_{krit}	t_{trip}
367 °C			

Quecksilber

Mercury Hg

Hg ist ein metallisches chemisches Element und stellt bei Raumtemperatur eine silberglänzende, leichtbewegliche schwere Flüssigkeit dar, die von Luft und Wasser auch oberflächlich nicht verändert wird. Hg ist das einzige bei Normaltemperatur flüssige Metall und neben ↑ Brom das einzige flüssige Element. Wegen der hohen Oberflächenspannung des Metalles bilden kleinverteilte Mengen Tropfen- oder Kugelform aus und in engen Röhren zeigt es einen ausgeprägt konvexen Meniskus. Hg verdampft bei Raumtemperatur bereits in merklichen Mengen, der Dampf ist einatomig. Von verdünnter ↑ Schwefelsäure und ↑ Salzsäure wird Hg nicht angegriffen, mit ↑ Salpetersäure erfolgt Oxidation zu ↑ Quecksilber(II)nitrat unter Entwicklung nitroser Gase.

$$HgS + O_2 \longrightarrow Hg + SO_2$$

Abröstung von Zinnober zur Hg-Gewinnung

Hg kommt vor allem als ↑ Quecksilber(II)sulfid (Zinnober) zwar in vielen Lagerstätten vor, jedoch ist es mit einem Anteil von nur 0,5 ppm am Aufbau der Erdrinde ein seltenes Element. Die wichtigsten Lagerstätten finden sich in Europa und zwar vor allem in Spanien (Almaden) und in den Alpen (Idria). Das Metall kommt in den Mineralien teils auch gediegen vor. Die Reingewinnung des Hg aus den Zinnober-Erzen geschieht durch Abrösten, indem das zerkleinerte Erz in direkt beheizten Öfen oder in Retorten unter Luftzutritt erhitzt wird (s. Gleichung). Das dabei abdestillierende Hg wird kondensiert und liegt dann bereits in sehr reiner Form vor (99,99 %).

Hg bildet zusammen mit ↑ Zink und ↑ Cadmium die II. Nebengruppe des PSE, als deren letztes Glied es die folgende Elektronenkonfiguration aufweist: $1s^2\ 2s^2\ 2p^6\ 3s^2\ 3p^6\ 3d^{10}\ 4s^2\ 4p^6\ 4d^{10}\ 4f^{14}\ 5s^2\ 5p^6\ 5d^{10}\ 6s^2$, Grundterm $^1S_0$. Hg verfügt also über ein voll besetztes 5d-Niveau und folglich nur über die beiden 6s-Elektronen als Valenzelektronen. Hg kann also maximal die Oxidationsstufe +2 ausbilden. Als Besonderheit in der Hg-Chemie (im Vergleich mit Zn und Cd) besitzt die Oxidationsstufe +1 eine erhebliche Bedeutung.

$$[Hg{-}Hg]^{2+} \triangleq Hg_2^{2+}$$

Zweiatomiges Hg(I)-Kation

Auch in der Oxidationsstufe +1 betätigt das Hg-Atom beide Valenzelektronen, wobei jedoch eines zur Ausbildung einer kovalenten Bindung zu einem zweiten Hg-Atom verwendet wird, was zur Formierung eines zweiatomigen Kations führt, in welchem beide Hg-Atome die Formalladungszahl +1 besitzen (s. Abbildung).

Zur Diskussion der Bildungsbedingungen für die Oxidationsstufen Hg, Hg(I) und Hg(II) sowie der zugehörigen Gleichgewichte sind die entscheidenden Normalpotentiale zusammengestellt (s. Gleichungen).

$$2\,Hg \rightleftharpoons Hg_2^{2+} + 2\,e^- \qquad E_0 = 0{,}800\ V$$
$$Hg_2^{2+} \rightleftharpoons 2\,Hg^{2+} + 2\,e^- \qquad E_0 = 0{,}910\ V$$
$$Hg \rightleftharpoons Hg^{2+} + 2\,e^- \qquad E_0 = 0{,}850\ V$$

Für die Hg-Chemie wichtige Normal-Potentiale

$$\Delta G° = -n \cdot F \cdot \Delta E_0$$
$$\Delta G° = -R \cdot T \cdot \ln K$$
$$R \cdot T \cdot \ln K = n \cdot F \cdot \Delta E_0$$
$$\ln K = \frac{n \cdot F \cdot \Delta E_0}{R \cdot T}$$

Berechnung der Gleichgewichtskonstante aus der Potential-Differenz

Daraus ersieht man, daß zwischen Hg und Hg(II) Komproportionierung eintritt, da sich für diesen Vorgang die angegebene Potential-Differenz errechnet, d. h. Hg(II)-Ionen oxidieren Hg zu Hg(I), oder anders ausgedrückt, Hg reduziert Hg(II) zu Hg(I) (s. Gleichung).

$$Hg + Hg^{2+} \rightleftharpoons Hg_2^{2+} \qquad \Delta E = 0{,}11\ V$$

Komproportionierung zwischen Hg und Hg(II)

$$K = \frac{c[Hg_2^{2+}]}{c[Hg^{2+}]} \approx 5 \cdot 10^3$$

Gleichgewicht der Komproportionierung

Aus der Potentialdifferenz errechnet sich anhand der dargestellten Beziehungen (s. Berechnung) für die genannte Komproportionierung die angegebene Gleichgewichtskonstante (s. Abbildung), aus der hervorgeht, daß Hg und Hg(II) praktisch nicht nebeneinander vorliegen können.

Anders ist es jedoch, wenn die Hg(II)-Ionen dem Gleichgewicht durch Bildung schwerlöslicher Verbindungen oder durch Komplex-Bildung entzogen werden. In diesem Falle erfolgt Disproportionierung von Hg(I)-Verbindungen, z. B. beim Versetzen mit Sulfid-Ionen (s. Gleichung).

$$Hg_2^{2+} + S^{2-} \longrightarrow [Hg_2S] \longrightarrow Hg + HgS$$

Disproportionierung durch Sulfidbildung

Aus der Gleichgewichtslage der o. g. Komproportionierung folgt, daß Oxidationen von Hg bei einem Überschuß an Hg, sowie Reduktionen von Hg(II) bei überschüssigem Hg stets zu Hg(I) führen. Andererseits führen Oxidationen von Hg mit überschüssigem Oxidationsmittel stets zu Hg(II), denn um gezielt zu Hg(I) zu führen, müßte das Potential des Oxidationsmittels zwischen 0,80 V und 0,85 V liegen (s. obige Potentiale), eine Forderung, die keines der üblichen Oxidationsmittel erfüllt. Ebenso führen Reduktionen von Hg(II) mit überschüssigem Reduktionsmittel stets zu Hg, denn für die gezielte Reduktion zu Hg(I) müßte das Potential des Reduktionsmittels zwischen 0,85 V und 0,91 V liegen (s. obige Potentiale), eine Forderung, die keines der üblichen Reduktionsmittel erfüllt. Weiteres zur Chemie des Hg s. unter den einzelnen Verbindungen.

Hg besitzt viele technische Anwendungen. Am bekanntesten dürfte die Füllung in Thermometern, Barometern und Hydrometern sein. Technisch wichtig ist auch die Fähigkeit des Hg-Dampfes, unter dem Einfluß elektrischer Entladungen zur Aussendung intensiven UV-Lichtes angeregt zu werden, was in den UV-Lampen ausgenutzt wird. Hg dient ferner als Flüssig-Elektrode in technischen Prozessen, so im „Amalgam-Verfahren“ zur elektrolytischen Darstellung von ↑ Natriumhydroxid aus ↑ Natriumchlorid (s. unter ↑ Chlor).

Hg-Legierungen sind unter dem Namen „Amalgame“ bekannt und besitzen medizinische, technische und präparative Bedeutung (s. unter ↑ Amalgame und ↑ Natriumamalgam). Zu erwähnen ist auch die Verwendung von Hg in der Kalomel-Elektrode (s. unter ↑ Quecksilber(I)chlorid) und im Weston-Normalelement (s. unter ↑ Quecksilber(I)sulfat).

Das metallische Hg ist auch die Ausgangsstufe zur Herstellung aller Hg-Verbindungen.

Zum naßchemischen qualitativ-analytischen Nachweis des Hg können u. a. nachgenannte Reaktionen herangezogen werden, die man mit einer Hg-Salzlösung durchführen kann.

$$Hg^{2+} + Cu \longrightarrow Hg + Cu^{2+}$$
$$Hg_2^{2+} + Cu \longrightarrow 2\,Hg + Cu^{2+}$$

Hg-Spiegelbildung auf Kupferflächen

Auf einer reinen Kupferfläche scheidet sich aus Hg(I)- oder Hg(II)-Lösungen ein silberglänzender Hg-Spiegel ab (s. Gleichungen).

Versetzt man eine Hg(I)-Salzlösung mit verdünnter Salzsäure, fällt weißes ↑ Quecksilber(I)chlorid aus. Macht man nun ammoniakalisch, tritt Schwarzfärbung des Niederschlages auf, weil sich durch Diproportionierung gebildetes feinverteiltes Hg darauf abscheidet (s. Gleichungen).

$$Hg_2^{2+} + 2\,Cl^{\ominus} \longrightarrow \underset{\text{weiß}}{Hg_2Cl_2}$$

$$Hg_2Cl_2 + 2\,NH_3 \longrightarrow \underset{\text{schwarz}}{Hg} + HgNH_2Cl + NH_4Cl$$

Hg-Nachweis mit Salzsäure/Ammoniak

$$Hg^{2+} + 2\,J^{\ominus} \longrightarrow \underset{\text{gelb}\longrightarrow\text{rot}}{HgJ_2}$$

$$HgJ_2 + 2\,J^{\oplus} \longrightarrow \underset{\text{gelb}}{[HgJ_4]^{2-}}$$

Hg-Nachweis durch Iodid-Fällung

Beim Versetzen mit Kaliumiodid-Lösung fällt zunächst gelbes *Quecksilber(II)iodid* aus, das sich bald rot färbt (Modifikations-Umwandlung) und sich im KI-Überschuß unter Komplexbildung mit hellgelber Farbe auflöst (s. Gleichungen).

Zum Nachweis von Spuren, der angesichts der Toxizität von Hg große Bedeutung besitzt, dienen physikalische Methoden wie Atomabsorptionsspektroskopie, Neutronenaktivierungsanalyse, Emissionsspektroskopie sowie GC/MS-Kopplung. Prüfröhrchen, die bis zu 0,1 mg/m^3 erfassen, basieren auf Reaktionen mit ↑ Anthranilsäure, Thionalid, ↑ Dithizon usw.

► Hg und seine Verbindungen sind giftig. Chronische Vergiftungen treten bereits bei täglicher Aufnahme von nur ca. 3 mg auf und äußern sich in Kopfschmerzen, Nervosität und Gedächtnisschwäche, die auf Schädigungen des Nervensystems beruhen und die zurückzuführen sind auf die Blockierung schwefelhaltiger Enzyme. Akut giftig sind nur lösliche Hg-Verbindungen. So kann z. B. die Aufnahme von 200 mg ↑ Quecksilber(II)chlorid letal wirken.

Hg Z = 80 A_R = 200,59 Isotope: 196, 198-202, 204					
t_{Smp} −38,9 °C	t_{Sdp} 356,3 °C	d 13,55 g/cm³	MV 14,81 cm³/mol	α 18,1 10⁻⁶/K	λ 8,34 W/mK
C_p 27,98 J/(K · mol)	$\Delta_S H$ 2,3 kJ/mol	$\Delta_V H$ 59,2 kJ/mol	S^o 75,9 J/(K · mol)	ϱ 958 nΩ · m	
t_{krit} 1477 °C	P_{krit} 167 MPa	d_{krit} 5,70 g/cm³	t_{trip}		
MAK 0,1 mg/m³	R-Satz 23-33-50/53	S-Satz 7-45-60-61			

Quecksilber(I)chlorid

Mercurous chloride Kalomel

Bildet ein weißes, geruchloses schweres kristallines Pulver, das in Wasser nur sehr wenig löslich ist (0,2 mg/100 ml bei 20 °C) und auch unlöslich ist in Ethanol und Diethylether. Q. sublimiert beim Erwärmen auf ca. 400 °C. Am Licht färbt sich Q. allmählich dunkel, da es sich (ähnlich wie ↑ Silberchlorid) unter Freisetzung von ↑ Quecksilber zersetzt.

$$Hg_2^{2+} + 2\,Cl^{\ominus} \longrightarrow Hg_2Cl_2$$

Ausfällung von Quecksilber(I)chlorid

Q. fällt beim Versetzen einer Hg(I)-Salzlösung mit ↑ Salzsäure (oder einem löslichen Chlorid) als weißer, käsiger Niederschlag aus und kann abfiltriert werden (s. Gleichung).

Vom Silberchlorid läßt sich diese Fällung durch Zugabe von ↑ Ammoniak unterscheiden, da im Falle des Q. hierbei Schwarzfärbung eintritt (s. unter ↑ Quecksilber), eine Reaktion, die zum analytischen Nachweis von Hg herangezogen wird. Diese Umsetzung hat dem Q. auch den Namen „*Kalomel*" (griech. = schön-schwarz) verliehen.

$Hg/Hg_2Cl_2, Hg_2Cl_2, KCl$

Halbelement Kalomel-Elektrode

Q. wird zur Herstellung der als „*Kalomel-Elektrode*" bekannten *Bezugselektrode* verwendet, die ein sehr konstantes Potential liefert. Sie besteht aus Quecksilber, das mit festem Q. überschichtet ist, welches selbst von einer Kaliumchlorid-Lösung genau definierter Einstellung bedeckt ist. Als Ableitung dient ein in das Hg eintauchender Platin-Draht. In dem so vorliegenden Halbelement (s. Formeldarstellung) ist das Potential für den dargestellten Redox-Vorgang (s. Gleichung) also indirekt abhängig von der Konzentration (Aktivität) der KCl-Lösung (Elektrode 2. Art).

$$2\,Hg + 2\,Cl^{\ominus} \longrightarrow Hg_2Cl_2 + 2\,e^-$$

Potentialbildender Redoxvorgang der Kalomelelektrode

Das der Kalomel-Elektrode somit eigene individuelle Potential zeigt große Konstanz. Bezugselektroden wie die Kalomel-Elektrode verwendet man, um den schwierigen Umgang mit der Standard-Wasserstoff-Elektrode zu vermeiden. Auch in den als *Glaselektroden* ausgebildeten *pH-Einstab-Meßketten* sind vielfach Kalomel-Elektroden verwendet. In einer solchen Einstab-Meßkette sind zwei identische Kalomel-Elektroden untergebracht, die die Potentialdifferenz aufnehmen, die sich zwischen Innen- und Außenwand einer Glasmembran-Kugel einstellt, wenn die Kugel in die zu messende Lösung eingetaucht wird. Die Kugel selbst ist mit einer gepufferten Säurelösung vom pH 1gefüllt. Die eine Kalomel-Elektrode taucht in das Kugel-Innere, die andere steht über eine Fritte mit dem zu messenden Medium in Verbindung. Die sich an der Membrankugel einstellende (formal auf einer Protonen-Diffusion beruhende) Potentialdifferenz ist nur von der Differenz der Protonen-Konzentrationen zwischen innen und außen abhängig und läßt sich meßtechnisch direkt als pH-Wert anzeigen.

Cl_2Hg_2 $M_R = 472{,}09$ Cl 15,02 % Hg 84,98 %

$t_{Sublimation}$ 383 °C (S)	t_{Sdp}	d 7,15 g/cm³	η		
C_p 101,9 J/(K · mol)	$\Delta_S H$	$\Delta_V H$	$\Delta_B H$ −265 kJ/mol	S^o 192,5 J/(K · mol)	Q_C
MAK 0,1 mg/m³	R-Satz 26/27/28-33-50/53	S-Satz 13-28-45-60-61			

Quecksilber(II)chlorid

Mercuric chloride Sublimat

Bildet farblos durchscheinende Kristalle oder ein weißes kristallines Pulver. Q. löst sich in Wasser bei 20 °C zu 55 g/100 ml und ist auch löslich in Ethanol, Methanol, Aceton, Essigester und Essigsäure. Q. besteht sowohl im Kristall als auch im Dampfzustand und in Lösung aus diskreten, kovalenten Molekülen Cl-Hg-Cl. Wässerige Lösungen leiten demzufolge nicht den elektrischen Strom. Q. läßt sich unter vermindertem Druck sublimieren (Schmelz- und Siedepunkt liegen sehr nahe beisammen). Q. wird hergestellt z. B. aus den Elementen (s. Gleichung) oder durch Erhitzen von ↑ Quecksilber(II)sulfat mit ↑ Natriumchlorid, wobei Q. abdestilliert (s. Gleichung), bzw. durch Auflösen von ↑ Quecksilber(II)oxid in ↑ Salzsäure (s. Gleichung).

$$Hg + Cl_2 \longrightarrow HgCl_2$$

Elementsynthese von Quecksilber(II)chlorid

$$HgO + 2\,HCl \longrightarrow HgCl_2 + H_2O$$

Sublimat-Herstellung aus Quecksilber(II)oxid

$$HgSO_4 + 2\,NaCl \longrightarrow HgCl_2\uparrow + Na_2SO_4$$

Sublimat-Gewinnung aus Quecksilber(II)sulfat

$$HgCl_2 + 2\,NH_3 \longrightarrow \underset{\text{schmelzbares Präzipitat}}{Hg(NH_3)_2Cl_2}$$

Schmelzbares Präzipitat aus Sublimat und Ammoniak-Gas

Läßt man auf Q. gasförmigen ↑ Ammoniak einwirken, entsteht das weiße „schmelzbare *Präzipitat*". (s. Gleichung). Versetzt man eine wässerige Q.-Lösung mit Ammoniak, bildet sich das weiße „unschmelzbare Präzipitat" (s. Gleichung), welches beim Kochen das Chlorid der „Millonschen Base" liefert (s. auch „Nesslers Reagenz" unter ↑ Ammoniak) (s. Gleichung).

$$HgCl_2 + 2\,NH_3 \longrightarrow Hg(NH_2)Cl + NH_4Cl$$

Unschmelzbares Präzipitat aus Sublimat und wässerigem Ammoniak

$$2\,Hg(NH_2)Cl \longrightarrow [Hg_2N]Cl + NH_4Cl$$

Chlorid der Millonschen Base aus unschmelzbarem Präzipitat

Im Gemisch mit ↑ Natriumchlorid und durch ↑ Eosin rot eingefärbt war Q. unter der Bezeichnung „*Sublimat-Pastillen*" medizinisch als Desinfizienz im Gebrauch, spielt heute jedoch infolge seiner Toxizität hierfür keine Rolle mehr.

Präparativ wird Q. verwendet zur Herstellung von *Quecksilber-Organoverbindungen*. So erhält man durch Umsetzung von Q. mit Lithiumalkylen (s. ↑ Butyllithium) die entsprechenden *Dialkylquecksilber-Verbindungen*, die eine lineare C-Hg-C-Gruppierung enthalten, deren Bindungen aufgrund der ähnlichen Elektronegativitäten von C und Hg kovalent und gegen Luft und Wasser stabil sind. Quecksilber-organische Verbindungen sind in großer Zahl bekannt und werden in organischen Synthesen z. B. als *Seyferth-Reagenzien* zur Carben-Erzeugung verwendet. Auch die *Oxymercurierung* zur Herstellung von Alkoholen besitzt Bedeutung. Aromatische Hg-Verbindungen dienen wegen ihrer antimykotischen und antibakteriellen Eigenschaften als Hautantiseptika (s. ↑ Mercuridibromfluorescein).

► Q. ist hochgiftig (s. unter ↑ Quecksilber).

Cl_2Hg $M_R = 271{,}52$ Cl 26,12 % Hg 73,88 %

t_{Smp}	t_{Sdp}	d	η
276 °C	302 °C	5,44 g/cm³	

C_p	$\Delta_S H$	$\Delta_V H$	$\Delta_B H$	S^o	Q_C
73,9 J/(K · mol)	19,45 kJ/mol	58,9 kJ/mol	−230 kJ/mol	144,5 J/(K · mol)	

MAK	R-Satz	S-Satz
0,1 mg/m³	26/27/28-33-50/53	13-28-45-60-61

Quecksilber(I)nitrat

Mercurous nitrate

Fällt aus saurer wässeriger Lösung als Dihydrat in Form farbloser Kristalle an. Es löst sich sehr gut in schwach salpetersaurer Lösung. In neutraler Lösung entsteht infolge Hydrolyse ein gelber Niederschlag eines basischen Salzes (s. Gleichung).

$$Hg_2(NO_3)_2 + H_2O \longrightarrow Hg_2(OH)NO_3 + HNO_3$$

Fällung eines basischen Nitrates aus wässeriger Lösung

$$Hg + Hg(NO_3)_2 \longrightarrow Hg_2(NO_3)_2$$

Hg(I)nitrat aus Hg(II)nitrat und Quecksilber

Die Herstellung von Q. gelingt durch Umsetzung von überschüssigem ↑Quecksilber mit verdünnter ↑Salpetersäure in der Kälte oder durch Einwirkung von Quecksilber auf eine Quecksilber(II)nirat-Lösung (s. Gleichung).

Versetzt man eine Q.-Lösung mit Natronlauge, bildet sich Quecksilber und ↑Quecksilber(II)-oxid (s. Schema).

$$Hg_2(NO_3)_2 \xrightarrow[-\,2\,NaNO_3]{+\,2\,NaOH} [Hg_2(OH)_2] \xrightarrow[-\,H_2O]{} Hg_2O \longrightarrow Hg + HgO$$

Umsetzung von Hg(I)nitrat mit Natronlauge

$$[H_2O{-}Hg{-}Hg{-}OH_2]^{2+}$$

Kovalentes Kation im Hg(I)nitrat-Dihydrat

Im Q.-Dihydrat liegt das dargestellte, kovalente Bindungen enthaltende Kation vor (s. Abbildung).

Q. dient zur Herstellung anderer Hg(I)-Salze.

► Q. ist hochgiftig.

$Hg_2N_2O_6$ $M_R = 525{,}19$ Hg 76,39 % N 5,33 % O 18,28 %

t_{Smp}	t_{Sdp}	d	η		
70 °C		4,68 g/cm³			
C_p	$\Delta_S H$	$\Delta_V H$	$\Delta_B H$	S^o	Q_C
			−865,8 kJ/mol		
MAK	R-Satz	S-Satz			
0,1 mg/m³	26/27/28-33-50/53	13-28-45-60-61			

Quecksilber(II)nitrat

Mercuric nitrate

Bildet farblose zerfließliche Kristalle, die sich in schwach salpetersaurem Wasser lösen. Aus neutraler Lösung fallen basische Salze aus.

Q. wird hergestellt durch Einwirkung überschüssiger konzentrierter ↑Salpetersäure auf ↑Quecksilber und Eindampfen der entstehenden Lösung (s. Gleichung).

$$3\,Hg + 8\,HNO_3 \longrightarrow 3\,Hg(NO_3)_2 + 2\,NO + 4\,H_2O$$

Herstellung von Quecksilber(II)nitrat

Gibt man zur wässerigen Q.-Lösung Natronlauge, erhält man gelbes ↑ Quecksilber(II)-oxid (s. Gleichung).

$$Hg(NO_3)_2 + 2\,NaOH \longrightarrow HgO + H_2O + 2\,NaNO_3$$

Fällung von gelbem HgO mit Natronlauge

Mit ↑ Ammoniak fällt als gelblichweißer Niederschlag das Nitrat der Millonschen Base aus (s. Gleichung).

$$2\,Hg(NO_3)_2 + NH_3 \longrightarrow \underset{\text{Nitrat der Millonschen Base}}{[Hg_2N]NO_3} + 3\,HNO_3$$

Fällung des Nitrats der Millonschen Base

► Q. ist hochgiftig. Sehr hygroskopisch, gut verschlossen aufbewahren.

HgN_2O_6 $M_R = 324{,}66$ Hg 61,80 % N 8,63 % O 29,57 %

t_{Smp}	t_{Sdp}	d	η
		4,3 g/cm³	

MAK	R-Satz	S-Satz
0,1 mg/m³	26/27/28-33-50/53	13-28-45-60-61

Quecksilber(II)oxid

Mercuric oxide

Bildet ein geruchloses, schweres kristallines Pulver, das je nach Verteilungsgrad gelbe oder rote Farbe aufweist: die gelben Kristalle weisen Durchmesser von ca. 2 mm, die roten von ca. 10 mm auf. Ein anderer Unterschied besteht zwischen beiden Formen nicht. Q. ist unlöslich in Wasser, mit ↑ Salzsäure oder ↑ Salpetersäure erfolgt Zersetzung unter Bildung der betreffenden Salze. Beim Erhitzen auf ca. 400 °C färbt sich das gelbe Q. rot, das rote Q. fast schwarz infolge Kornvergrößerung.

Das rote Q. bildet sich beim Erhitzen von ↑ Quecksilber auf ca. 350 °C (s. Gleichung), sowie beim Erhitzen von ↑ Quecksilber(I)nitrat auf ca. 350 °C (s. Gleichung).

$$Hg + {}^{1}/_{2}\,O_2 \xrightarrow{350\,°C} HgO$$

Luftoxidation von Quecksilber

$$Hg_2(NO_3)_2 \xrightarrow{350\,°C} 2\,HgO + 2\,NO_2$$

Quecksilberoxid-Bildung aus Quecksilber(I)nitrat

Q. bildet sich auch bei der Zugabe von heißer Alkalilauge zu einer Lösung von Quecksilber(II)nitrat (s. Gleichung). Benutzt man jedoch kalte Lauge, so fällt gelbes Q. aus.

$$Hg^{2+} + 2\,OH^{\ominus} \longrightarrow Hg(OH)_2 \longrightarrow HgO + H_2O$$

Fällung von rotem HgO aus Hg(II)-Lösungen mit heißer Alkalilauge

Behandelt man Q. mit Ammoniaklösung, bildet sich die *Millonsche Base* (s. Gleichung).

$$2\,HgO + NH_3 \longrightarrow \underset{\text{Millonsche Base}}{[Hg_2N]OH} + H_2O$$

Bildung der Millonschen Base aus HgO und Ammoniak

Q. wird als Farbpigment (Schiffsfarben), als Depolarisator in Trockenbatterien, als analytisches Reagenz und als Katalysator in organischen Reaktionen verwendet.

Eine Lösung von Q. in Schwefelsäure ist als *Deniges-Reagenz* bekannt und dient zum *Nachweis tertiärer Alkohole*. Der Alkohol wird durch die Schwefelsäure zum Alken dehydratisiert, welches mit Q. eine gelbe bis rote Fällung erzeugt.

Eine spezielle Anwendung findet Q. in der *Zink-Quecksilberoxid-Batterie*, auch als Mallory-Batterie bekannt. Die Anode besteht aus Zink, die Kathode aus mit Graphit vermischtem Q., als Elektrolyt dient Kalilauge (s. Schema).

$$Zn + 2\,OH^{\ominus} \longrightarrow Zn(OH)_2 + 2\,e^{\ominus} \quad \text{(Anode)}$$

$$HgO + H_2O + 2\,e^{\ominus} \longrightarrow Hg + 2\,OH^{\ominus} \quad \text{(Kathode)}$$

Elektroden-Reaktionen der Mallory-Batterie

Die *Mallory-Batterie* besitzt eine hohe Energiedichte und eine extrem gute Lagerfähigkeit (bis 8 Jahre). Sie ist jedoch sehr teuer und wird in Form der *Knopfzelle* z. B. in Kameras, Uhren, Rechnern und auch in Herzschrittmachern eingesetzt.

HgO $M_R = 216{,}59$ Hg 92,61 % O 7,39 %

$t_{Zersetzung}$ > 450 °C (Z)	t_{Sdp}	d 11,1 g/cm³	η		
C_p 44,1 J/(K · mol)	$\Delta_S H$	$\Delta_V H$	$\Delta_B H$ −90,8 kJ/mol	S^o 70,2 J/(K · mol)	Q_C
MAK 0,1 mg/m³	R-Satz 26/27/28-33-50/53	S-Satz 13-28-45-60-61			

Quecksilber(I)sulfat

Mercurous sulfate

Bildet ein weißes bis gelblich-weißes kristallines Pulver. Am Licht erfolgt allmähliche Graufärbung. Q. löst sich nur wenig in Wasser und zersetzt sich dabei langsam unter Abscheidung gelblicher basischer Salze.

Q. wird erhalten, wenn man eine Lösung von ↑ Quecksilber(I)nitrat mit verdünnter ↑ Schwefelsäure versetzt (s. Gleichung).

$$Hg_2(NO_3)_2 + H_2SO_4 \longrightarrow Hg_2SO_4 + 2\,HNO_3$$

Herstellung von Quecksilber(I)sulfat

$$Hg^{2+} + Cd \rightleftharpoons 2\,Hg + Cd^{2+}$$

Potential-Bildung im Weston-Element

Q. ist Bestandteil des Weston-Normalelements. Dessen Halbelemente sind Quecksilber/gesättigte Q.-Lösung und Cadmium/gesättigte Cadmiumsulfat-Lösung. Das *Weston-Normalelement* besitzt also das Potential, das dem in der Gleichung gezeigten Vorgang zugrunde liegt (s. Gleichung).

Das Weston-Element stellt ein transportables, sich durch große Spannungskonstanz auszeichnendes internationales *Spannungsnormal* dar (20 °C: 1,01830 V).

► Q. ist hochgiftig.

Hg_2O_4S	$M_R = 497{,}24$	Hg 80,68 %	O 12,87 %	S 6,45 %	
$t_{Zersetzung}$	t_{Sdp}	d 7,56 g/cm³	η		
C_p 132 J/(K · mol)	$\Delta_S H$	$\Delta_V H$	$\Delta_B H$ −743 kJ/mol	S^o 200,8 J/(K · mol)	Q_C
MAK 0,1 mg/m³	R-Satz 26/27/28-33-50/53	S-Satz 13-28-45-60-61			

Quecksilber(II)sulfat

Mercuric sulfate

Bildet ein weißes kristallines Pulver. Mit Wasser erfolgt Umwandlung in ein unlösliches gelbes basisches Sulfat. Q. ist löslich in heißer verdünnter Schwefelsäure und in gesättigter Kochsalz-Lösung.

Q. wird erhalten durch Erhitzen von ↑ Quecksilber in konz. ↑ Schwefelsäure, wobei man Q. aus der schwefelsauren Lösung auskristallisieren kann (s. Gleichung).

$$Hg + H_2SO_4 \longrightarrow HgSO_4 + SO_2 + H_2O$$

Gewinnung von Quecksilber (II)sulfat

Q. wurde früher vielfach als Katalysator in der *Kjeldahl-Methode* zur Bestimmung von organisch gebundenem ↑ Stickstoff benutzt. Bei dieser Methode wird der N-Gehalt vor allem von Biomaterialien festgestellt, indem eine Probe mit konz. Schwefelsäure behandelt wird, wobei der Stickstoff (katalysiert z. B. durch Q.) in ↑ Ammoniak überführt und als ↑ Ammoniumsulfat gebunden wird. Anschließend wird mit Wasser verdünnt und dann der Ammoniak mit konz. Natronlauge freigesetzt und destillativ in eine Vorlage mit n-Schwefelsäure übergetrieben. Die Schwefelsäure wird hiernach zurücktitriert.

► Q. ist hochgiftig.

HgO_4S	$M_R = 296{,}65$	Hg 67,62 %	O 21,57 %	S 10,81 %	
$t_{Zersetzung}$	t_{Sdp}	d 6,47 g/cm³	η		
C_p 102,2 J/(K · mol)	$\Delta_S H$	$\Delta_V H$	$\Delta_B H$ −707,5 kJ/mol	S^o 140 J/(K · mol)	Q_C
MAK 0,1 mg/m³	R-Satz 26/27/28-33-50/53	S-Satz 13-28-45-60-61			

Quecksilber(II)sulfid

Mercuric sulfide

Q. bildet in seiner stabileren Modifikation ein leuchtendrotes, schweres kristallines Pulver. Die zweite, weniger stabile Form stellt ein schwarzes Pulver dar. Beide Modifikationen sind in Wasser extrem wenig löslich (s. Gleichung).

$$HgS \rightleftharpoons Hg^{2+} + S^{2-} \qquad K_L = 10^{-54}$$

Löslichkeitsprodukt von Quecksilber(II)sulfid

Auch durch Säuren und Laugen erfolgt kein Angriff. Lediglich Königswasser bewirkt Zersetzung.

Das rote Q. kommt als *Zinnober* in der Natur vor und ist das für die Gewinnung von ↑ Quecksilber wichtigste Mineral.

Beim Einleiten von ↑ Schwefelwasserstoff in Hg-Salzlösungen fällt schwarzes Q. aus. Durch Sublimieren des schwarzen Q. erhält man das rote Q. Q. wird als Farbpigment verwendet.

HgS $M_R = 232{,}66$ Hg 86,22 % S 13,78 %

$t_{Zersetzung}$ 825 °C (Z)	t_{Sdp}	d 8,09 g/cm³	η		
C_p 48,4 J/(K · mol)	$\Delta_S H$	$\Delta_V H$	$\Delta_B H$ −53,3 kJ/mol	S^o 82,4 J/(K · mol)	Q_C
MAK 0,1 mg/m³	R-Satz 26/27/28-33-50/53	S-Satz 13-28-45-60-61			

Quecksilber(II)thiocyanat

Mercuric thiocyanate Quecksilberrhodanid

Kristallisiert in Form farbloser Nadeln oder glänzender Blättchen, die in kaltem Wasser nur wenig (69 mg/100 ml), in heißem Wasser oder in Ethanol besser löslich sind.

Q. ist darstellbar durch Versetzen einer Lösung von ↑ Quecksilber(II)nitrat mit einer äquivalenten Lösung von ↑ Kaliumthiocyanat, wobei Q. ausfällt und abfiltriert werden kann (s. Gleichung).

$$Hg(NO_3)_2 + 2\,KSCN \longrightarrow Hg(SCN)_2 + 2\,KNO_3$$

Darstellung von Quecksilber(II)thiocyanat

Q. ist kovalent aufgebaut und bildet lineare Moleküle. Mit überschüssigem Thiocyanat entsteht ein tetraedrischer Thiocyanato-Komplex (s. Gleichung).

$$Hg(SCN)_2 + 2\,SCN^{\ominus} \longrightarrow [Hg(SCN)_4]^{2-}$$

Bildung eines Tetrathiocyanato-Komplexes

Q. hat die Eigenschaft, sich beim Erhitzen auf ein Vielfaches seines eigenen Volumens aufzublähen, wobei es sich ab 165 °C zu ↑ Quecksilber, ↑ Schwefelkohlenstoff und ↑ Stickstoff zersetzt, was man zur Erzeugung der sog. „*Pharao-Schlangen*“ ausnutzt. Dies ist jedoch wegen der giftigen Dämpfe nicht unbedenklich (zur harmloseren Bildung von Pharao-Schlangen s. unter ↑ Kaliumdichromat).

Q. wird in der Fotografie zur Sensibilisierung der fotografischen Schichten eingesetzt.

$C_2HgN_2S_2$ $M_R = 316{,}76$ C 7,58 % Hg 63,33 % N 8,84 % S 20,25 %

$t_{Zersetzung}$	t_{Sdp}	d	η		
165 °C (Z)		3,71 g/cm³			
C_p	$\Delta_S H$	$\Delta_V H$	$\Delta_B H$	S^o	Q_C
			200,8 kJ/mol		
MAK	R-Satz	S-Satz			
0,1 mg/m³	26/27/28-33-50/53	13-28-45-60-61			

Quercetin

Quercetin 3,3′,4′,5,7-Pentahydroxyflavon

Bildet als Dihydrat gelbe Kristallnadeln, die in Wasser kaum, in heißem Ethanol sowie in alkalischem Medium gut löslich sind.

Das Q. kommt teils frei, teils glycosidisch gebunden im Pflanzenreich sehr verbreitet vor. Es findet sich vor allem in Rinden und Schalen von Bäumen, Früchten und Gemüsen sowie in Blättern und gelben Blüten (Eichen, Kastanien, Zwiebeln, Kamille, Hopfen, Stiefmütterchen, Goldlack). Q. besitzt das Grundgerüst von ↑ Flavon (s. Abbildung).

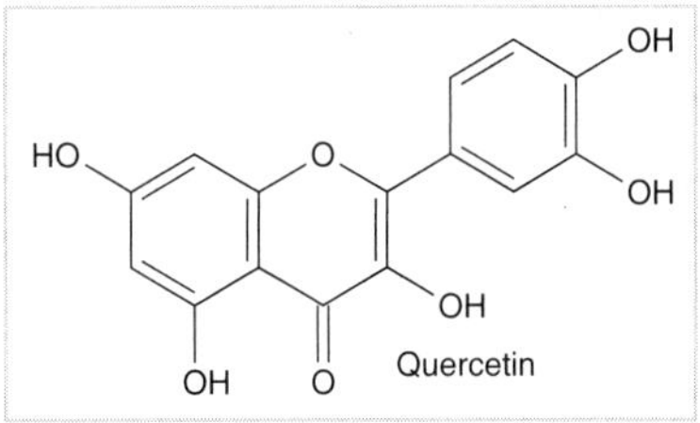

Struktur von Quercetin

Q. wurde früher zum Färben von Wolle und Baumwolle benutzt. Hierzu wurde vor allem die Rinde der *Färbereiche* verwendet, die neben freiem Q. viel *Quercitrin*, das Glycosid des Q. mit ↑ Rhamnose enthält. Das Glycosid des Q. mit der *Rutinose* ist das ↑ Rutin.

Q. dient analytisch als Reagenz auf ↑ Zink und ↑ Zinn. Seine Verwendung als Venenmittel gegen Kapillarbrüchigkeit ist eingestellt worden.

$C_{15}H_{10}O_7$ $M_R = 302{,}24$ C 59,61 % H 3,33 % O 37,06 %

Radium

Radium Ra

Ein silberglänzendes radioaktives metallisches chemisches Element, das an der Luft rasch dunkel anläuft und mit Wasser lebhaft unter Wasserstoff-Entwicklung reagiert.

Ra kommt in verschwindend geringen Mengen in der Pechblende und allen anderen Uran-Mineralien vor, da es ein natürliches Zerfallsprodukt des Uran-Isotops 238 ist. Es wird bei der Aufarbeitung der Uranerze isoliert, indem es zusammen mit ↑ Barium als Sulfat ausgefällt, und dann von diesem durch fraktionierte Kristallisation löslicher Salze abgetrennt wird.

Ra gehört zur Gruppe der Erdalkali-Metalle. Als letztes und auf das Barium folgendes Element der Gruppe besitzt es die Elektronen-Konfiguration $1s^2\ 2s^2\ 2p^6\ 3s^2\ 3p^6\ 3d^{10}\ 4s^2\ 4p^6\ 4d^{10}\ 4f^{14}\ 5s^2\ 5p^6\ 5d^{10}\ 6s^2\ 6p^6\ 7s^2$, Grundterm $^1S_0$, bildet also einzig die Oxidationsstufe + 2 aus und gleicht in seinem chemischen Verhalten sehr dem Barium. Es werden folgende Normalpotentiale angegeben: $Ra \rightarrow Ra^{2+} + 2\ e^-$, $E^\ominus = -2{,}91$ V (sauer) bzw. $-1{,}32$ V (basisch).

Das längstlebige Isotop ist Ra 226 mit der Halbwertszeit 1620 Jahre. Es zerfällt unter Bildung von ↑ Radon und Aussendung von α-Strahlen. 1 Gramm Ra produziert so täglich 0,0001 ml Radon.

Ra wurde früher medizinisch als Strahlenquelle verwendet, ist jedoch heute durch andere künstliche radioaktive Isotope ersetzt (z. B. Co 60). Auch in Leuchtfarben wird es nicht mehr eingesetzt. Durch Neutronenbeschuß wird aus Ra ↑ Actinium hergestellt.

Ra wurde 1898 von P. und M. Curie aus mehreren Tonnen Pechblende in Form von *Radiumbromid* isoliert.

► Ra ist hochgiftig. Es wird wie ↑ Calcium in die Knochen eingebaut und ist stark krebserregend.

Ra Z = 88 A_R = 226,0254 Isotope: 223, 224, 226, 228

t_{Smp}	t_{Sdp}	d	MV	α	λ
700 °C	1140 °C	5,0 g/cm³	45,2 cm³/mol	20,2 10^{-6}/K	18,6 W/mK
C_p	$\Delta_S H$	$\Delta_V H$	S^o	ϱ	
20,8 J/(K · mol)	7,15 kJ/mol	136,7 kJ/mol	176,5 J/(K · mol)		

Radon

Radon Rn

Ein farb- und geruchloses, inertes radioaktives Gas. Es löst sich in Wasser bei 20 °C zu 230 ml/l und ist auch löslich in org. Solventien. Rn läßt sich zu einer schweren farblosen Flüssigkeit verdichten und erstarrt zu blau phosphoreszierenden Kristallen.

$$^{226}_{88}Ra \xrightarrow{-\alpha} {}^{222}_{86}Rn$$

Radon-Bildung aus Radium

Rn findet sich in der Natur in extrem kleinen Mengen, da es ein Zerfallsprodukt von ↑ Radium ist (s. Gleichung).

Es wird zur Reingewinnung aus den Lösungen von Radiumsalzen isoliert.

Rn ist das letzte Glied in der Element-Familie der Edelgase mit der Elektronenkonfiguration $1s^2\ 2s^2\ 2p^6\ 3s^2\ 3p^6\ 3d^{10}\ 4s^2\ 4p^6\ 4d^{10}\ 4f^{14}\ 5s^2\ 5p^6\ 5d^{10}\ 6s^2\ 6p^6$, Grundterm $^1S_0$.

Das stabilste Isotop ist Rn 222 mit der Halbwertszeit 3,8 Tage. Rn ist ein α-Strahler und geht dabei in Polonium-, Blei- und Bismut-Isotope über.

Von Rn sind Fluor-Verbindungen bekannt, z. B. ein *Radondifluorid*. Rn zeigt gegenüber den verschiedensten Oberflächen ein besonders starkes Adsorptionsvermögen. Verwendung findet Rn analytisch in der Emaniermethode der Festkörperchemie zur Detektion von Strukturveränderungen.

► Rn ist wie alle radioaktiven Stoffe hochgiftig und krebserregend.

Rn Z = 86 A_R = 222,0176 Isotope: 222; 200-221, 223-226 (künstlich)

t_{Smp}	t_{Sdp}	d	MV	α	λ
−71 °C	−61,7 °C	0,00973 g/cm³	22818 cm³/mol		0,00364 W/mK
C_p	$\Delta_S H$	$\Delta_V H$	S^o	ϱ	
20,8 J/(K · mol)	2,7 kJ/mol	18,1 kJ/mol	176,2 J/(K · mol)		

Resorcin

Resorcinol 1,3-Dihydroxybenzol

R. bildet farblos-durchscheinende, geruchlose Kristalle oder ein weißes kristallines Pulver, und löst sich in Wasser außerordentlich gut: bei 20 °C 140 g/100 ml, bei 100 °C ca. 3050 g/100 ml. R. löst sich auch gut in Ethanol und Diethylether, jedoch nur wenig in Chloroform oder Benzol. Wässerige Lösungen reagieren schwach sauer (pH ca. 5). Die pK_S-Werte betragen: $pK_S1 = 9,15$, $pK_S2 = 11,32$. R. färbt sich bei Licht- und Luftzutritt allmählich rosa. Wässerige Lösungen färben sich mit Fe(III)-Ionen violett.

Technisch wird R. durch Alkalischmelze von *m-Benzoldisulfonsäure* hergestellt (s. Schema), ein technisch wichtiges Beispiel für eine S_N-Reaktion am Aromaten, die nach einem Additions-Eliminierungs-Mechanismus abläuft.

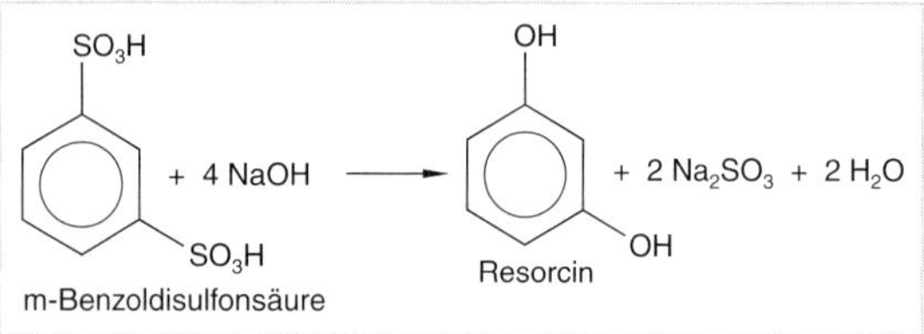

Synthese von Resorcin

R. steht in einem tautomerem Gleichgewicht zwischen der Dihydroxy- und der Diketoform (Keto-Enol-Tautomerie). In letzterer stellt R. das *Cyclohex-1-en-3,5-dion* dar und bildet mit ↑ Hydroxylamin ein Dioxim. Das Gleichgewicht mit der Diketoform ist der Grund für die leicht erfolgende Reduktion zum *1,3-Cyclohexandion* (s. Schema).

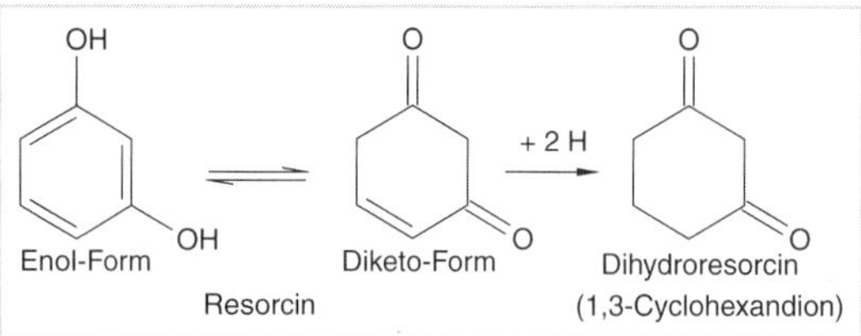

Tautomerie im Resorcin und Reduktion zum Cyclohexandion

R. läßt sich ähnlich wie ↑ Phenol verestern, verethern, nitrieren, halogenieren oder sulfonieren und bildet Salze. R. dient als Ausgangsprodukt zur Synthese von Farbstoffen, z. B. von ↑ Fluorescein oder ↑ Magneson. Es wir ferner zur Herstellung von Phenoplasten (s. ↑ Phenoplaste), synthetischen Gerbstoffen (s. unter ↑ Gallussäure), *3-Aminophenol* (durch Ammonolyse) und *Trinitroresorcin* (*Styphninsäure*) verwendet. Auch ↑ Kronenether werden aus R. hergestellt.

Medizinisch wird R. als Antiseptikum und Keratolytikum in der Dermatologie eingesetzt.

► R. wirkt reizend auf Haut und Schleimhaute. Es wird durch die Haut resorbiert und kann starke Vergiftungen hervorrufen (Methämoglobin-Bildung).

$C_6H_6O_2$ $M_R = 110{,}11$ C 65,45 % H 5,49 % O 29,06 %

t_{Smp}	t_{Sdp}	d	η
111 °C	277 °C	1,27 g/cm³	

C_p	$\Delta_S H$	$\Delta_{Sub} H$	$\Delta_B H$	S^o	Q_C
135,5 J/(K · mol)	20,5 kJ/mol	85 kJ/mol (S)	−370,7 kJ/mol		−2848 kJ/mol

MAK	R-Satz	S-Satz
45 mg/m³	22-36/38	22-26-37

Retinol

Retinol Vitamin A_1

Bildet gelbe, prismenförmige Kristalle, die in Wasser unlöslich, aber charakteristisch grün fluoreszierend in Ethanol, Diethylether sowie in Ölen und Fetten gut löslich sind. R. ist gegen UV-Licht und Sauerstoff wegen der sehr rasch erfolgenden Oxidation empfindlich, was durch Schwermetallspuren noch verstärkt wird. In öliger Lösung dagegen ist R. beständig.

R. kommt nicht in Pflanzen vor. In tierischen Produkten findet sich R. vor allem im Eigelb, in Leber, in Milchprodukten vor allem im Käse, in Fischen und besonders in Fischölen. Das R. kommt dabei in Form von Fettsäureestern vor, die im menschlichen Körper umgeestert und dann in der Leber gespeichert werden.

Die technische Gewinnung erfolgte früher aus Fischöl, heute jedoch synthetisch aus ↑ β-Ionon. In der Darmwand wird 1 Molekül β-Carotin (s. ↑ Carotine) oxidativ enzymatisch in zwei Moleküle *Retinal* (s. unten) gespalten, das zu R. reduziert werden kann, weshalb β-Carotin auch als *Provitamin A* bezeichnet wird.

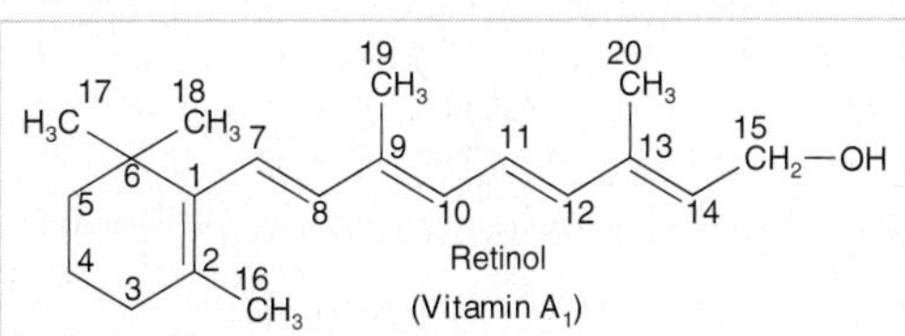

Struktur von Retinol (Vitamin A_1)

R. ist ein primärer ungesättigter Diterpenalkohol (s. unter ↑ Isopren). R. ist für das Wachstum der Epithelien unentbehrlich und übt Epithelschutzfunktionen aus (verhindert Verhornungen). Zudem ist es am *Sehvorgang* beteiligt, und zwar in der Form des 11-cis-Retinal (s. Abbildung): R. wird zunächst zu *11-cis-Retinol* isomerisiert und dann zum *11-cis-Retinal* oxidiert. Dieses verbindet sich mit dem Protein *Opsin* zum Sehpurpur *Rhodopsin* und kann fotochemisch wieder zur trans-Form isomerisieren, ein Vorgang, der eine Lichtempfindung bewirkt (Näheres hierzu s. Lehrbücher der Biochemie). *Vitamin A_2* ist ebenfalls am Sehvorgang beteiligt (s. Abbildung).

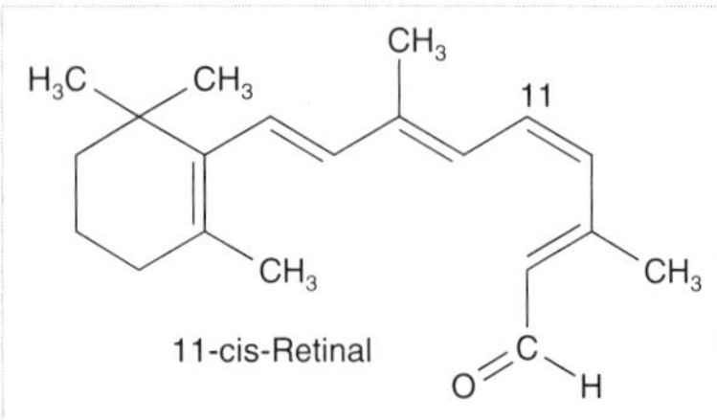

Struktur von 11-cis-Retinal, lichtempfindliche Komponente im *Sehpurpur*

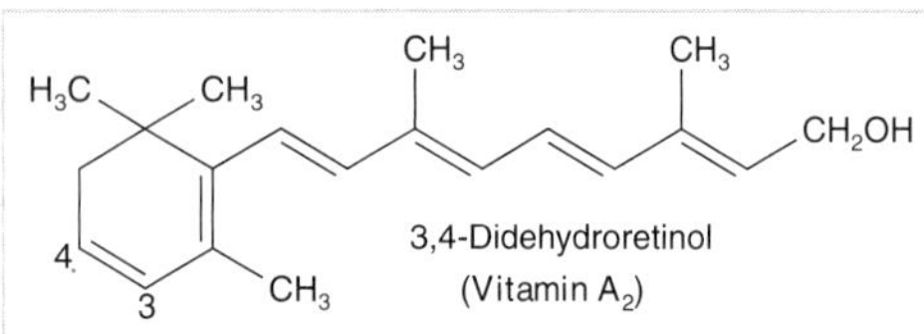

Struktur von 3,4-Didehydroretinol (Vitamin A_2)

Der Tagesbedarf für R. beträgt 1 mg. Mangelerscheinungen von Vitamin A sind Nachtblindheit, Verhornung der Augenbindehaut, Schleimhäuteverhornung und -Austrocknung.

Die Struktur von R. wurd 1931 geklärt (Karrer) und seine Funktion beim Sehprozess 1935 aufgefunden (Wald).

$C_{20}H_{30}O$ $M_R = 286{,}46$ C 83,86 % H 10,56 % O 5,54 %

t_{Smp}	t_{Sdp}	d	η
62 °C	120 °C (0,6 Pa)		

L-Rhamnose

Rhamnose 2-Desoxymannose

Kristallisiert aus wässeriger Lösung als Monohydrat in Form farbloser Kristalle, die sich in Wasser und Ethanol gut lösen und sehr süß schmecken. In den Kristallen liegt die α-Form vor, die sich in Lösung zum Teil in die β-Form umwandelt, d. h. sie zeigt Mutarotation (s. unter ↑ D(+)-Glucose).

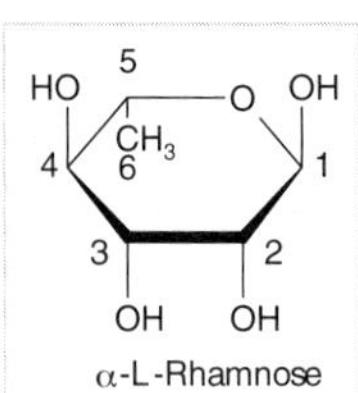

Struktur von α-L-Rhamnose

Die R. kommt in Pflanzen teils frei, zum Großteil aber in Glycosiden gebunden vor, so z. B. im *Quercitrin* (s. unter ↑ Quercetin) und kann daraus mit verdünnter ↑ Schwefelsäure abgespalten werden.

R. ist Bestandteil der *Arabinsäure*, die die Hauptkomponente im Gummi ↑ Arabicum darstellt. Auch in einigen Herzglykosiden ist die R. der Zuckeranteil. Das Disaccharid der R. mit der ↑ Glucose ist die *Rutinose* (*6-O-α-L-Rhamnosyl-D-Glucose*), die im ↑ Rutin mit ↑ Quercetin glycosidisch verknüpft ist. R. ist damit die bekannteste *Methylpentose*.

$C_6H_{12}O_5$ $M_R = 164{,}16$ C 43,90 % H 7,37 % O 48,73 %

t_{Smp}	t_{Sdp}	d	η
82 °C	—		

Rhenium

Rhenium Re

Re ist ein silberglänzendes, schweres, hartes, metallisches chemisches Element, das sich an der Luft nicht verändert, gegen Wasser und nichtoxidierende Säuren sehr beständig ist und lediglich von oxidierenden Säuren und geschmolzenen Akalihydroxiden angegriffen wird. Mit Luftsauerstoff reagiert Re bereits ab ca. 600 °C merklich und bildet ab 1000 °C auch in kompakter Form *Rhenium(VII)oxid*, welches bereits ab 450 °C verdampft.

Re ist ein sehr seltenes Element, dessen Anteil am Aufbau der Erdrinde nur ca. 0,001 ppm beträgt. Dazu kommt. daß es sich in seinen mineralischen Vorkommen nur in sehr geringen Konzentrationen, ca. 0,001 %, vorfindet. Re kommt vor allem als Begleiter von ↑ Molybdän vor, besonders im Molybdänglanz, so daß die Re-Gewinnung mit der Molybdän-Erzeugung verknüpft ist. Die Reindarstellung des Metalls erfolgt durch Reduktion von Perrhenaten mit ↑ Wasserstoff oder durch elektrolytische Abscheidung.

Re ist das letzte Element der VII. Nebengruppe, Mn Tc Re, und besitzt die Elektronenkonfiguration $1s^2\ 2s^2\ 2p^6\ 3s^2\ 3p^6\ 3d^{10}\ 4s^2\ 4p^6\ 4d^{10}\ 4f^{14}\ 5s^2\ 5p^6\ 5d^5\ 6s^2$, Grundterm $^6S_{5/2}$. Re kann die Oxidationsstufen −3 bis +7 betätigen, die weitaus wichtigsten und beständigsten sind jedoch + 4 und vor allem + 7.

Beim Erhitzen von Re-Pulver an der Luft entsteht, wie oben bereits erwähnt, das *Dirheniumheptoxid*, ein gelbes, zerfließliches Pulver, das sich in Wasser gut löst unter Bildung der *Perrheniumsäure*, die eine sehr starke Säure darstellt und sich in Form blaßgelber Kristalle isolieren läßt.

$$2\,Re + 3\,{}^1/_2\,O_2 \longrightarrow \underset{\text{Dirheniumheptoxid, gelb}}{Re_2O_7} \xrightarrow{H_2O} \underset{\text{Perrheniumsäure, farblos}}{2\,HReO_4}$$

Bildung der Perrheniumsäure

Perrhenate lassen sich nur schwer reduzieren und sind deshalb im Gegensatz zu den Permanganaten nur schwache Oxidationsmittel. Eine wässerige Kationenchemie wie vom ↑ Mangan existiert von Re nicht.

Re besitzt nach dem ↑ Wolfram den höchsten Schmelzpunkt aller Metalle und wird deshalb zu Heizwendeln und Lampenglühdrähten verarbeitet. Von Re werden Legierungen mit W, Mo, Pt, Au, Fe, Co, Ni hergestellt, die teils als sog. Superlegierungen im Turbinenbau verwendet werden und die sich durch thermische und chemische Beständigkeit auszeichnen. Das Metall wird auch in Thermoelementen verwendet. Die wichtigste Anwendung finden Re und Rhenium-Verbindungen auf dem Katalysator-Gebiet, so z. B. in den *Reformier-Katalysatoren* zur Herstellung von bleifreiem Benzin (Pt/Re-Bimetall auf Aluminiumoxid). Auch Organo-Rhenium-Verbindungen eignen sich als Katalysatoren, so das ↑ Methyltrioxorhenium.

Das Element wurde 1925 von Noddack und Tacke entdeckt und 1928 erstmals rein hergestellt. Sie gaben ihm den Namen nach ihrer rheinischen Heimat.

► Von Re ist bisher keine toxische Wirkung bekannt.

Re Z = 75 A_R = 186,207 Isotope: 185, 187; 177-184, 186, 188-192 (künstlich)

t_{Smp}	t_{Sdp}	d	MV	α	λ
3180 °C	5590 °C	21,02 g/cm³	8,86 cm³/mol	6,63 10^{-6}/K	71,2 W/mK
C_p	$\Delta_S H$	$\Delta_V H$	S^o	ϱ	
25,31 J/(K · mol)	33,23 kJ/mol	714,8 kJ/mol	36,5 J/(K · mol)	172 nΩ · m	

Rhodamin B

Rhodamine B

Bildet ein rotviolettes kristallines Pulver, das sich in Wasser gut löst mit intensiv bläulich-roter Farbe. Die verdünnten wässerigen Lösungen zeigen starke Fluoreszenz. R. löst sich gut in Ethanol. Die Löslichkeit in Säuren und Laugen ist gering.

R. entsteht bei der Kondensation von 2 Mol 3-N,N-Diethylamino-phenol mit einem Mol ↑ Phthalsäureanhydrid. Hierzu werden die Komponenten in Gegenwart von konzentrierter ↑ Schwefelsäure bei ca. 180 °C verschmolzen (s. Schema).

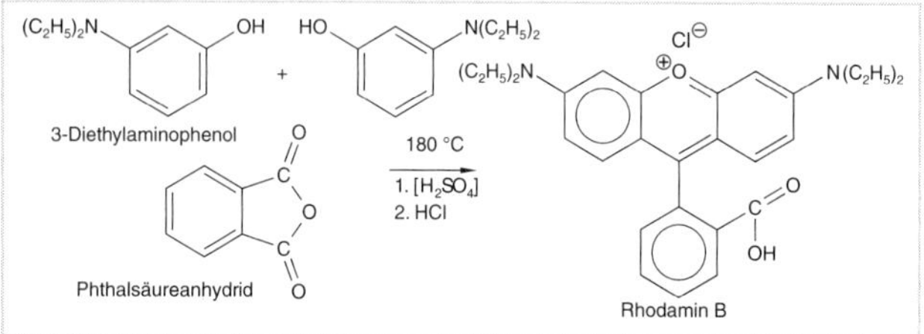

Synthese von Rhodamin B

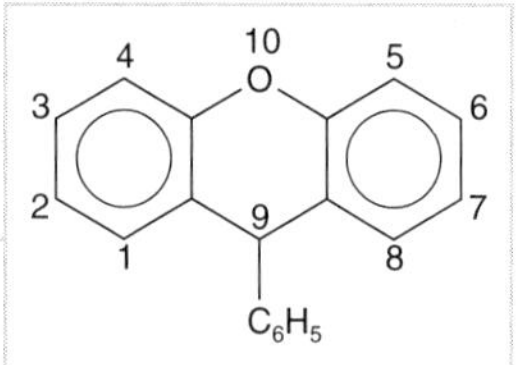

9-Phenylxanthen, Grundgerüst der Xanthen-Farbstoffe

Durch Veresterung der Carboxylgruppe mit Ethanol erhält man den Farbstoff Rhodamin 3 B. Das Grundgerüst der *Rhodamin-Farbstoffe* ist das *Xanthen* (*Dibenzopyran*), und zwar liegt dabei das 9-Phenyl-Derivat zugrunde, wie bei den meisten Xanthen-Farbstoffen (s. Abbildung).

Die *Rhodamine* unterscheiden sich somit von den Triphenylmethanfarbstoffen (z. B. ↑ Phenolphthalein) durch eine Sauerstoffbrücke. In den Positionen 3 und 6 befinden sich die Auxochrome (Hydroxy- oder Aminogruppen).

R. wird zur Erzeugung brillanter Textil- und Papierfärbungen verwendet. Es dient als Mikroskopier-Farbstoff sowie als analytisches Nachweis-Reagenz vor allem für ↑ Antimon: Eine wässerige (rote) R.-Lösung färbt sich bei Zugabe einer salzsauren Sb(V)-Lösung tiefviolett. Das violette Salz aus R. und dem Hexachloroantimonat-Anion läßt sich mit ↑ Toluol ausschütteln (im Gegensatz zum reinen R.).

$C_{28}H_{31}ClN_2O_3$ $M_R = 479{,}02$ C 70,21 % H 6,52 % Cl 7,40 % N 5,85 % O 10,02 %

Rhodium

Rhodium Rh

$$2\,Rh + {}^{3}/_{2}\,O_2 \xrightarrow{600\,°C} Rh_2O_3$$

Oxidation von Rhodium

Ein silberweißes, weiches, dehnbares metallisches chemisches Element, das sich durch außerordentliche chemische Beständigkeit auszeichnet. Es wird unter normalen Bedingungen weder von Luft und Wasser noch von Säuren oder Laugen verändert, auch nicht von Königswasser, wenn es in kompakter Form vorliegt. In dieser Beständigkeit wird Rh unter den Metallen nur vom ↑ Iridium übertroffen. In sehr fein verteilter Form wird Rh von Königswasser angegriffen. Bei Rotglut erfolgt mit ↑ Chlor oder ↑ Brom Reaktion zum betreffenden Trihalogenid, mit Sauerstoff bildet sich ab ca. 600 °C ↑ Rhodium(III)-Oxid (s. Gleichung).

Eine Besonderheit des Rh ist die leichte Bildung von Sulfato-Komplexen, worauf zurückzuführen ist, daß Rh sich in einer Schmelze von ↑ Kaliumhydrogensulfat auflöst. Darauf gründet sich die Abtrennung des Rh von den anderen Pt-Elementen.

Rh ist ein sehr seltenes Element, dessen Anteil am Aufbau der Erdrinde nur auf 0,001 ppm geschätzt wird. Es findet sich zusammen mit den anderen Platin-Metallen in den Platinerzen, aus denen es durch aufwendige Trennverfahren isoliert wird (s. auch ↑ Iridium oder ↑ Platin).

Rh ist ein Element der 8. Nebengruppe des PSE und ist mit seiner Stellung in der mittleren Triade ein Homologes des ↑ Cobalt mit der Elektronenkonfiguration $1s^2\ 2s^2\ 2p^6\ 3s^2\ 3p^6\ 3d^{10}\ 4s^2\ 4p^6\ 4d^8\ 5s^1$, Grundterm $^4F_{9/2}$. Die wichtigste Oxidationsstufe des Rh ist +3 (d6-Besetzung). Es gilt folgendes Normalpotential: $Rh \rightarrow Rh^{3+} + 3\,e^- \quad E^{\ominus} = +0{,}76\ V$.

$$Rh^{3+} + 6\,H_2O \longrightarrow [Rh(H_2O)_6]^{3+}$$

Bildung von Hexaquo-Komplexen der Rh(III)-Kationen

Rh hat mit seinem leichteren Homologen Cobalt die große Bereitschaft zur Bildung von Komplexen gemeinsam. Rh(III)-Ionen bilden in wässeriger Lösung Hexaquokomplexe, in denen das Wasser stufenweise durch andere Liganden ersetzbar ist (s. Gleichung).

Das mit ↑ Chlor gebildete *Rhodium(III)chlorid* reagiert in wässeriger Suspension mit Alkalichloriden zu den betreffenden löslichen Hexachlorokomplexen (s. Gleichung).

$$Rh + {}^3/_2\,Cl_2 \longrightarrow RhCl_3 \xrightarrow{+\,3\,NaCl} Na_3[RhCl_6]$$

Bildung des Rhodium-Hexachlorokomplexes

Diese und viele andere hexakoordinierte Komplexe des Rh(III) zeigen oktaedrische Geometrie. Rh bildet in wässeriger Lösung keine Oxo-Anionen. Viele Verbindungen des Rh zeigen rote Farbe (Name!).

Rh findet Anwendung in Form von Legierungen, in Form von galvanischen Überzügen und in Form von Organokomplex-Verbindungen als Katalysatoren. Von den Legierungen sind vor allem die Pt/Rh-Legierungen von Bedeutung einerseits als Katalysatoren (Abgas-Katalysator, s. ↑ Platin, Ammoniak-Oxidation, s. ↑ Salpetersäure), andererseits für Thermoelemente (Pt/Rh-Pt) sowie für hochbeanspruchte Geräteteile (z. B. Heizwicklungen, Tiegel).

Die galvanotechnische Beschichtung von Metallen (*Rhodinierung*) verleiht den betreffenden Oberflächen extreme Härte, Resistenz und hohen Glanz, was zur Herstellung von Spiegeln und Reflektoren genutzt wird, aber auch für Dekorationszwecke (Brillen, Uhren, Schmuck) begehrt ist.

Eine besondere Bedeutung haben *Organo-Rhodiumkomplexe* seit 1966 erhalten, als Wilkinson feststellte, daß Olefine bei Raumtemperatur und Atmosphärendruck durch molekularen ↑ Wasserstoff hydriert werden, wenn katalytische Mengen von *Chlorotris(triphenylphosphan)rhodium(I)* anwesend sind (*Wilkinson-Katalysator*). Diese Verbindung entsteht bei der Reduktion von Rhodium(III)chlorid in Gegenwart von ↑ Triphenylphosphan in ethanolischer Lösung (s. Schema) und bildet rote Kristalle vom Schmp. 158 °C, die sich in Chloroform oder Benzol lösen. Der Komplex ist quadratisch-planar gebaut.

$$RhCl_3 \cdot 3\,H_2O + 3\,PPh_3 \xrightarrow[-\,2\,Cl^-]{[Red.]} RhCl[P(C_6H_5)_3]_3 + 3\,H_2O$$

Synthese des Wilkinson-Katalysators

Im ersten Schritt des Katalyse-Mechanismus nimmt man an, daß eine oxidative cis-Anlagerung von Wasserstoff an das Rhenium-Atom erfolgt unter Ausbildung eines oktaedrischen Komplexes, der wiederum durch Abspaltung von ↑ Triphenylphosphan in einen trigonal-bipyramidalen Hydridokomplex übergeht, in dem dann der Wasserstoff in der aktivierten Form vorliegt (s. Schema).

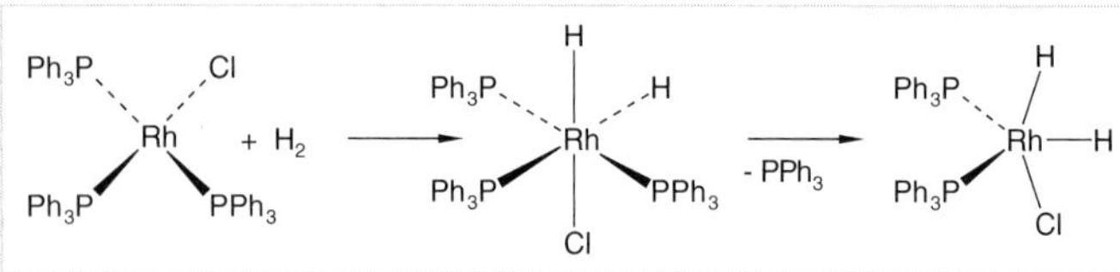

Aktivierung von Wasserstoff im Wilkinson-Katalysator

Von dem Hydridokomplex übernimmt das Alken den Wasserstoff und der Hydridokomplex wird mit molekularem Wasserstoff zurückgebildet (s. summarische Gleichung).

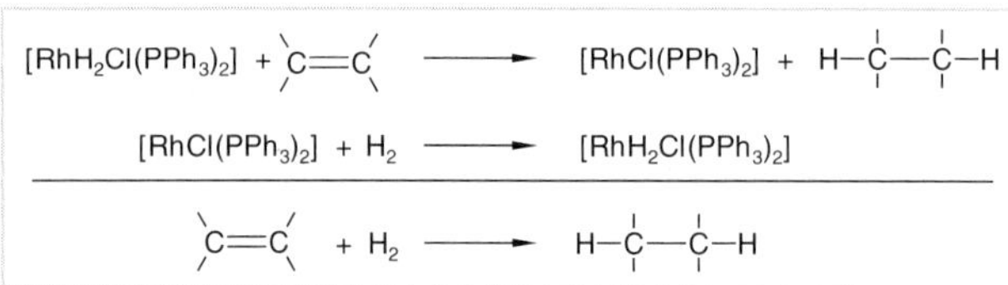

Summarische Gleichung der Katalyse-Funktion

Die Hydrierungen können in homogener Lösung erfolgen. Große synthetische Bedeutung besitzt hier die Tatsache, daß auf diesem Wege auch die *Hydroformylierung* (*Oxosynthese*) möglich ist, indem man mit einem äquimolaren Gemisch von ↑ Kohlenstoffmonoxid und ↑ Wasserstoff hydriert, so daß im Endeffekt ↑ Formaldehyd an die Doppelbindung angelagert wird (Aldehyd-Synthese).

► Von Rh sind keine toxischen Wirkungen bekannt geworden.

Rh Z = 45 A_R = 102,9055 Isotope: 103; 97-102, 104-110 (künstlich)

t_{Smp}	t_{Sdp}	d	MV	α	λ
1960 °C	3690 °C	12,41 g/cm³	8,29 cm³/mol	8,40 10^{-6}/K	150 W/mK

C_p	$\Delta_S H$	$\Delta_V H$	S^o	ϱ
24,98 J/(K · mol)	21,5 kJ/mol	493 kJ/mol	31,5 J/(K · mol)	43 nΩ · m

Riboflavin

Riboflavin Lactoflavin, Vitamin B_2

Kristallisiert in Form feiner, orange-gelber Nadeln, die sich bei 20 °C zu 0,1 g in 100 ml Wasser lösen. R. ist nur sehr wenig löslich in den meisten org. Solventien. In verdünnten Alkalilaugen ist R. gut löslich, wobei jedoch auch Zersetzung eintritt. Die wässerigen Lösungen sind gelb und zeigen eine deutliche grüne Fluoreszenz. Eine gesättigte wässerige Lösung zeigt den pH 6,0, der pK_S-Wert des R. beträgt 10,2. Beim Erhitzen erfolgt ab ca. 240 °C Dunkelfärbung und Zersetzung.

R. findet sich in allen lebenden Zellen des Tier- und Pflanzenreiches, besonders reichlich sind die Vorkommen in Milch, Eiern, Getreiden, Leber, Nieren und Herz.

R. wurde 1933 erstmals isoliert, und zwar lieferten 1000 Liter Molke 70 mg R. Manche Bakterien sind zur Synthese von R. befähigt. Die präparative Darstellung geht von o-Xylol (s. ↑ Xylole), ↑ D-Ribose und ↑ Alloxan aus. R. liegt in den Zellen und Geweben nur selten in freier Form vor, meist existiert es als *Riboflavin-5-phosphat* (*Flavinmononucleotid*, *FMN*) und als *Flavin-Adenin-Dinucleotid* (*FAD*).

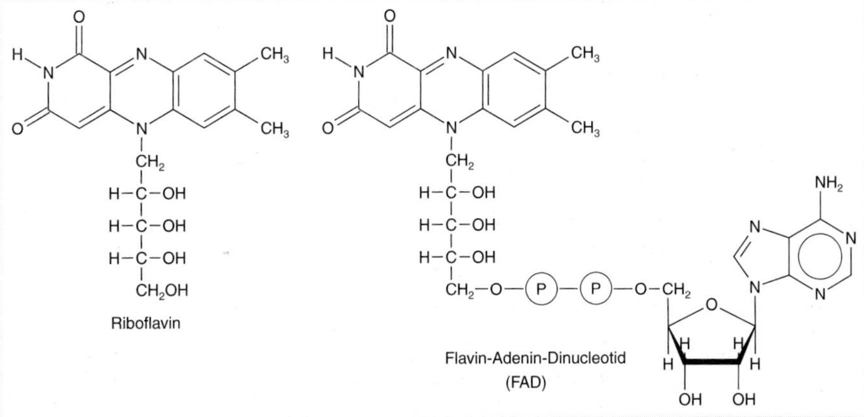

Strukturen von Riboflavin und FAD

FMN wird in der Darmschleimhaut durch Phosphorylierung von R. synthetisiert. FAD entsteht aus FMN und Adenosin-5′-monophosphat (s. ↑ Adenosin-5′-diphosphat).

FMN und FAD fungieren als Coenzyme in Enzymen, die an Wasserstoffübertragungen und wichtigen Redox-Prozessen im Stoffwechselgeschehen beteiligt sind (Atmungskette, Fotosynthese). So dient FMN in dem als *NADH-Dehydrogenase* bezeichneten Enzymkomplex, der die aus dem Citronensäure-Cyclus stammenden Elektronen vom NADH übernimmt und womit die Atmungskette startet, als prosthetische Gruppe, d. h. FMN übernimmt vom NADH die Elektronen (s. auch unter ↑ Adenosin-5′-triphosphat und ↑ Chlorophyll). Ihre Funktion erfüllen diese Coenzyme dadurch, daß das Flavingerüst zum *Dihydroflavin* hydriert bzw. letzteres zum *Flavin* dehydriert wird (zur Coenzym- bzw Cosubstrat-Funktion allgemein s. auch unter ↑ Nicotinsäureamid-Adenin-Dinucleotid). Beide bilden ein reversibles Redox-System (s. Schema).

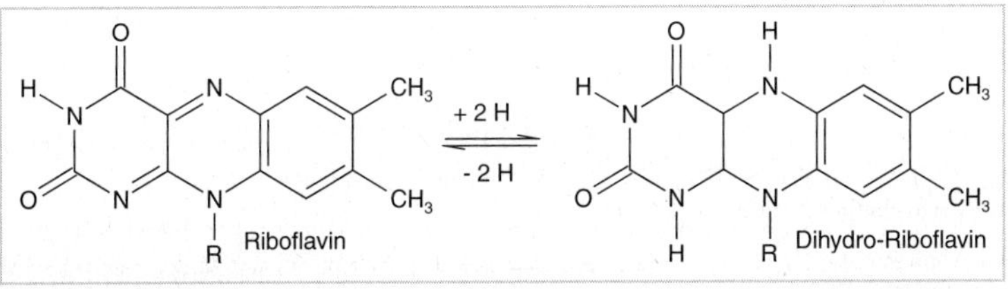

Redoxsystem im Riboflavin

Die tägliche Bedarfsmenge an R. für den Menschen liegt bei etwa 2 mg, die teils mit der Nahrung aufgenommen, teils von Darmbakterien synthetisiert wird, so daß es normalerweise nicht zu Mangelerscheinungen kommt. Lediglich bei langzeitiger Antibiotika-Einnahme oder chronischer Diarrhoe können Defizite auftreten, die sich dann vor allem in dermatologischen Veränderungen äußern (Ekzeme, Entzündungen, vor allem im Gesichtsbereich).

R. ist mit der Nummer *E 101* als Farbstoff in Lebensmitteln zugelassen.

$C_{17}H_{20}N_4O_6$ $M_R = 376{,}36$ C 54,25 % H 5,36 % N 14,89 % O 25,51 %

Ribonucleinsäure → Nucleinsäuren

D(-)-Ribose

D(-)-Ribose

Bildet ein weißes kristallines Pulver, das in Wasser gut, in Ethanol jedoch kaum löslich ist.

Als Bestandteil der Ribonucleinsäuren (RNS) ist R. in jeder lebenden Zelle enthalten. Die R. ist dabei N-glycosidisch mit Purin- bzw. Pyrimidinbasen verknüpft und baut so die Nucleoside und Nucleotide auf (weiteres s. unter ↑Nucleinsäuren). Die R. kann aus Hydrolysaten von Hefe-Nucleinsäuren isoliert werden.

R. ist eine *Aldopentose*, die in der cyclischen Halbacetal-Form vorliegt und folglich als *D-Ribfuranose* zu bezeichnen ist (s. ↑D(+)-Glucose) (s. Abbildung).

In den Desoxiribonucleinsäuren (DNS) ist die R. der RNS durch die *D-2-Desoxiribose* ersetzt (s. unter ↑Nucleinsäuren) (s. Abbildung).

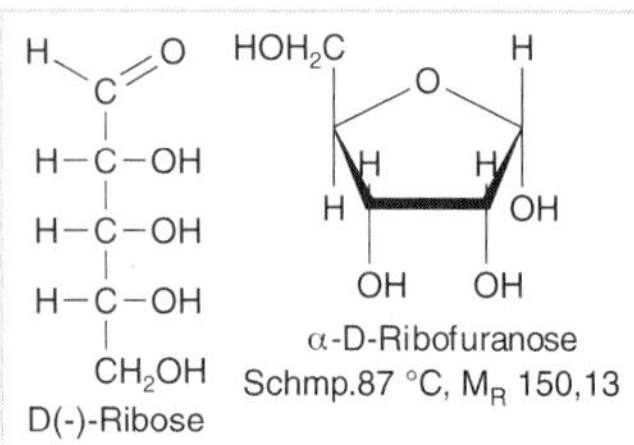

Offenkettige und cyclische Darstellung der D-(-)-Ribose

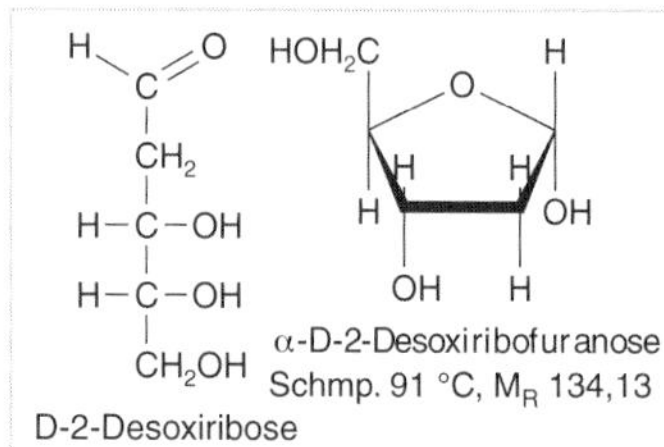

Offenkettige und cyclische Darstellung der D-2-Desoxyribose

Die R. wurde erstmals 1909 aus Hefe-Nucleinsäuren isoliert.

$C_5H_{10}O_5$ $M_R = 150{,}13$ C 40,00 % H 6,71 % O 53,28 %

t_{Smp}	t_{Sdp}	d	η
87 °C			

Ricinolsäure

Ricinoleic acid D-12-Hydroxyölsäure

Bildet eine farblose bis gelbliche ölige Flüssigkeit, die in Wasser unlöslich, aber gut löslich ist in Ethanol, Diethylether oder Aceton. Beim Stehen unter Luftzutritt polymerisiert die R. rasch.

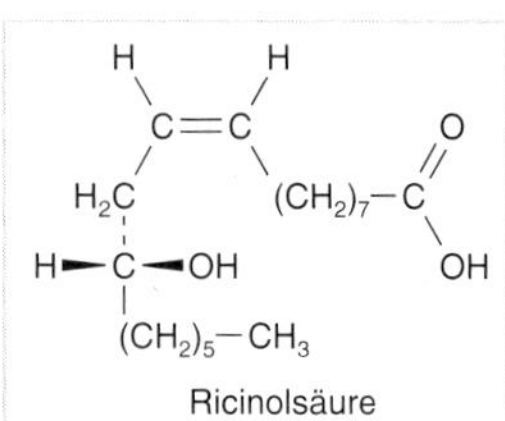

Struktur der Ricinolsäure

Die R. macht bis zu 90 % des Fettsäuregehaltes der Triglyceride des Ricinusöls aus und kann deshalb leicht aus Ricinusöl durch alkalische Verseifung gewonnen werden. Die R. liegt in der cis-Form vor und sie ist optisch aktiv, da die Hydroxylgruppe ein asymmetrisches C-Atom erzeugt (s. Abbildung).

Das Natriumsalz der R., *Natriumricinoleat*, bildet ein hellgelbes, geruchloses, gut wasser- und ethanollösliches Pulver. Die R. wird zu Seifen und Schmiermitteln verarbeitet und wird präparativ genutzt zur Herstellung von ↑Sebacinsäure, ↑Azelainsäure und ↑10-Undecensäure.

Aus *Ricinusöl* wird im Dünndarm die R. freigesetzt, die wegen Schleimhautreizung zu verstärkter Peristaltik anregt. Darauf beruht die bekannte abführende Wirkung von Ricinusöl. Das Ricinusöl wird durch

Kaltpressen der Samen der Ricinusstaude (ein in Tropen und Subtropen heimisches Wolfsmilchgewächs) gewonnen. Hauptausfuhrländer sind Indien und Brasilien.

$C_{18}H_{34}O_3$	$M_R = 298{,}47$	C 72,44 %	H 11,48 %	O 16,08 %

t_{Smp}	t_{Sdp}	d	η
5 °C	245 °C (13 hPa)	0,94 g/cm³	

Rubeanwasserstoffsäure

Rubeanic acid, Dithiooxamide Dithiooxamid

Bildet rote Kristalle oder ein rotes kristallines Pulver, kaum löslich in Wasser, besser löslich in Ethanol, unlöslich in Diethylether.

R. entsteht bei der Umsetzung von Dicyan (s. ↑ Cyanwasserstoff) mit ↑ Schwefelwasserstoff (s. Schema).

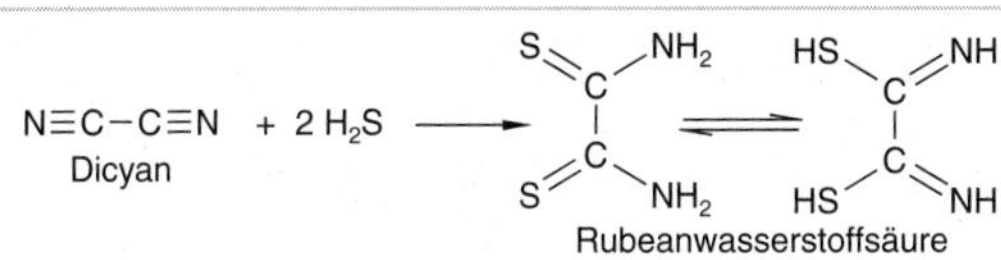

Synthese von Rubeanwasserstoffsäure

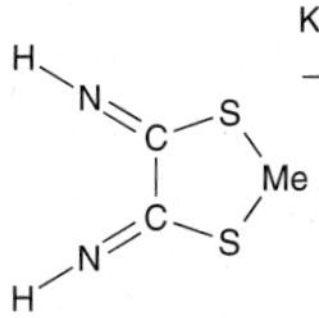

Kation	Farbe des Komplexes
Co^{2+}	braungelb
Ni^{+}	blau
Cu^{2+}	schwarz

Komplexbildung mit Metallkationen

R. reagiert in neutraler oder ammoniakalischer Lösung mit Cu(II)-, Ni(II)- und Co(II)-Ionen zu schwerlöslichen farbigen Komplexen, was zur Abtrennung und zum Nachweis dieser Ionen herangezogen wird. Die Komplexierung erfolgt vermutlich über die S-Atome (s. Abbildung).

Besonders der Cu-Nachweis ist äußerst empfindlich. Als Reagenz benutzt man eine ca. 1 %ige ethanolische R.-Lösung.

$C_2H_4N_2S_2$	$M_R = 120{,}20$	C 19,99 %	H 3,35 %	N 23,31 %	S 53,35 %

$t_{Zersetzung}$	t_{Sdp}	d	η
200 °C (Z)			

C_p	$\Delta_S H$	$\Delta_{Sub} H$	$\Delta_B H$	S^o	Q_C
		105 kJ/mol (S)	−20,8 kJ/mol		−2542 kJ/mol

MAK	R-Satz	S-Satz
	20/21/22	

Rubidium

Rubidium Rb

Ein silberweiß glänzendes weiches, äußerst reaktionsfähiges metallisches chemisches Element, das an der Luft sofort anläuft unter Oxid- und Hydroxid-Bildung. In Sauerstoff beginnt Rb spontan zu brennen, im geschmolzenen Zustand brennt es auch spontan schon an der Luft. Mit Wasser reagiert Rb heftig (auch bei Temperaturen unterhalb −100 °C) unter Entzündung des dabei entwickelten Wasserstoffs.

Rb kommt zwar in der Natur sehr verbreitet vor, findet sich jedoch stets nur in sehr geringen Konzentrationen. Ein eigentliches Mineral des Rb ist nicht bekannt und es ist immer nur zu kleinen Anteilen in Mineralen der anderen Alkalimetalle enthalten, so in den Carnalliten und Lepidolithen. Die Rb-Gewinnung ist deshalb ein Nebeneffekt vor allem der Herstellung von ↑ Lithium. Rb wird dabei zunächst zusammen mit ↑ Kalium und ↑ Caesium über die Alaune durch fraktionierte Kristallisation abgetrennt. Schließlich wird Rb als Salz der ↑ Weinsäure isoliert. Rb hat am Aufbau der Erdrinde einen geschätzten Anteil von 0,003 Gew.-%.

Zur Darstellung des metallischen Rb nutzt man die Reduktion von Rubidiumdichromat mit pulverisiertem ↑ Zirkonium im Hochvakuum bei ca. 1000 °C (s. Gleichung).

$$2\ Rb_2Cr_2O_7 + Zr \xrightarrow{1000\ °C} 4\ Rb + Zr(Cr_2O_7)_2$$

Herstellung von metallischem Rubidium

$$RbN_3 \longrightarrow Rb + {}^3/_2\ N_2$$

Herstellung von hochreinem Rubidium

Hochreines Rb wird durch thermische Zersetzung von *Rubidiumazid* erhalten (s. Gleichung).

Rb gehört zur Gruppe der Alkalimetalle und besitzt die Elektronenkonfiguration $1s^2\ 2s^2\ 2p^6\ 3s^2\ 3p^6\ 3d^{10}\ 4s^2\ 4p^6\ 5s^1$, Grundterm $^2S_{1/2}$.

In seinem chemischen Verhalten gleicht Rb insgesamt sehr dem ↑ Kalium. Das Normalpotential weist Rb als eines der elektropositivsten Elemente aus (s. Gleichung). Elektropositiver sind nur ↑ Caesium und ↑ Lithium mit −3,02 V.

$$Rb \rightleftharpoons Rb^{\oplus} + 1\ e^- \qquad E_0 = -2{,}93\ V$$

Normalpotential von Rb

Technisch wird metallisches Rb als Kathodenbelag in fotoelektrischen Zellen, als Getter-Metall und zur Herstellung von Rb-Verbindungen verwendet.

Zum qualitativ-analytischen Nachweis: aufgrund des sich ähnelnden chemischen Verhaltens von K, Rb und Cs, das sich u. a. in sehr ähnlichen Löslichkeitsprodukten der betreffenden Salze äußert (zurückzuführen auf die wenig verschiedenen lonenradien), existieren keine Fällungsreaktionen, die eine sichere Identifizierung dieser Alkali-Elemente erlauben. Den einfachsten Nachweis für Rb liefert die Spektralanalyse anhand der roten Linie bei 780 nm und der violetten Linie bei 421,5 nm. Die violettrote Flammenfärbung durch Rb ist von der des K und Cs nicht zu unterscheiden.

Das mit einer Häufigkeit von 27,85 % vorkommende natürliche Isotop 87 ist radioaktiv und zerfällt als β-Strahler zu Sr 87 (s. Gleichung).

$$^{87}_{37}Rb \xrightarrow{-\beta} {}^{87}_{38}Sr \qquad T_{1/2} = 4{,}8 \cdot 10^{10}\ Jahre$$

Radioaktiver Zerfall von Rb 87

Dieser Vorgang wird zur geologischen Zeitmessung herangezogen.

► Im physiologischen Verhalten ähnelt Rb dem Kalium.

Rb Z = 37 A_R = 85,4678 Isotope: 85, 87

t_{Smp}	t_{Sdp}	d	MV	α	λ
39,5 °C	688 °C	1,53 g/cm³	55,79 cm³/mol	90 10^{-6}/K	58,2 W/mK

C_p	$\Delta_S H$	$\Delta_V H$	S^o	ϱ
31,06 J/(K · mol)	2,18 kJ/mol	75,7 kJ/mol	76,78 J/(K · mol)	

MAK	R-Satz	S-Satz
	15-17	11

Rubidiumchlorid

Rubidium chloride

Bildet ein weißes kristallines Pulver, das sich in Wasser sehr gut löst (bei 20 °C zu 100g/100 ml), in Ethanol jedoch nahezu unlöslich ist. Die wässerige Lösung reagiert neutral.

$$Rb + H_2O \longrightarrow RbOH + {}^1/_2\, H_2$$

$$RbOH + HCl \longrightarrow RbCl + H_2O$$

Gewinnung von Rubidiumchlorid

R. wird durch Umsetzung von *Rubidiumhydroxid* mit ↑ Salzsäure erhalten. Rubidiumhydroxid, eine weiße, sehr hygroskopische Substanz vom Schmp. 301 °C, wird durch Reaktion von Rb-Metall mit Wasser gewonnen (s. Gleichungen).

R. kristallisiert im Kochsalzgitter (s. unter ↑ Natriumchlorid). R. ist Reagenz zum Perchlorat-Nachweis.

ClRb $M_R = 120{,}94$ Cl 29,32 % Rb 70,68 %

t_{Smp}	t_{Sdp}	d	η
718 °C	1390 °C	2,76 g/cm³	

C_p	$\Delta_S H$	$\Delta_V H$	$\Delta_B H$	S^o	ϱ_C
52,3 J/(K · mol)	23,7 kJ/mol	154,4 kJ/mol	−435 kJ/mol	95,9 J/(K · mol)	

MAK	R-Satz	S-Satz
		22-24/25

Ruthenium

Ruthenium Ru

Ein silberglänzendes, hartes metallisches chemisches Element, das chemisch sehr inert ist und hierin dem ↑ Iridium gleicht. Eine Besonderheit des Ru im Vergleich mit den anderen Pt-Metallen ist jedoch seine Reaktionsfähigkeit gegenüber ↑ Sauerstoff. Während Ru bei Ausschluß von Sauerstoff von keiner Säure, auch nicht von Königswasser, angegriffen wird, reagiert Ru in Gegenwart von Sauerstoff bereits mit ↑ Salzsäure. Von Peroxiden und Alkalien wird Ru an der Luft zu Rhutenaten oxidiert. Mit Sauerstoff selbst oxidiert sich Ru je nach Temperatur zu Ru(IV)- bzw. Ru(VIII)-oxid.

Als zu den Platin-Metallen zählendes Element findet sich Ru zusammen mit den anderen Gruppenvertretern in den Platinerzen, aus denen es durch aufwendige Verfahren abgetrennt wird. Zu Vorkommen und Aufarbeitung der Pt-Erze sei auf das unter ↑ Iridium und ↑ Platin Gesagte verwiesen. Ru ist mit einem Anteil von 0,0004 ppm am Aufbau der Erdrinde das seltenste Pt-Element.

$$[Ru^{2+}(NO^{\oplus})]^{3+}$$

Stabile Ru-Nitrosyl-Spezies

Mit seiner Stellung in der ersten Triade der XIII. Nebengruppe des PSE als Homologes des Eisens ist es auch das leichteste Gruppenmitglied mit der Elektronenkonfiguration $1s^2\ 2s^2\ 2p^6\ 3s^2\ 3p^6\ 3d^{10}\ 4s^2\ 4p^6\ 4d^7\ 5s^1$, Grundterm $^5F_5$. Ru kann die Oxidationsstufen 1-8 betätigen, worin es mit seinem schwereren

Homologen ↑ Osmium übereinstimmt. Die bevorzugten Oxidationsstufen sind + 2, + 3 und +4. Die Chemie des Ru in diesen Oxidationszuständen ist geprägt von der außerordentlichen Komplexbildungstendenz, die zu einer überaus großen Zahl meist oktaederischer Komplexe mit allen denkbaren Liganden führt.

$$Ru^{2+} \longrightarrow Ru^{3+} + e^-$$

Oxidation von Ru(II) zu Ru(III)

Eine besondere Spezialität des Ru(II) ist sein Bestreben, Nitrosylkomplexe zu bilden, die die abgebildete Spezies enthalten (s. Abbildung) und die sehr stabil sind, so daß sie sich stets bilden, wenn Ru(II)-Ionen mit Stickoxiden zusammentreffen. Ru(II) wirkt als schwaches Reduktionsmittel und geht dabei in Ru(III) über (s. Gleichung).

Das *Rutheniumtetroxid* mit der bemerkenswerten Oxidationsstufe + 8 (eine höhere Oxidationsstufe ist von keinem Element bekannt), in der also alle Valenzelektronen des Ru-Atoms betätigt sind, entsteht außer bei der bereits erwähnten Oxidation bei Rotglut auch unter der Einwirkung starker Oxidationsmittel wie ↑ Chlor auf Ru-Spezies in niedrigeren Oxidationszuständen. Es ist ein orangegelbe Kristalle bildender sehr flüchtiger, stechend riechender Feststoff, der aus tetraedrisch koordinierten, kovalente Bindungen enthaltenden Molekülen besteht. Infolge der kovalenten Natur ist es in nicht oxidierbaren organischen Solventien (Rutheniumtetroxid ist ein sehr starkes Oxidationsmittel) wie Tetrachlorkohlenstoff gut löslich.

Gibt man Rutheniumtetroxid in kalte Alkalilauge, bildet sich unter Sauerstoffentwicklung das Perruthenat-Ion, das beim Erwärmen weiter reduziert wird zu Ruthenat (VI) (s. Gleichungen).

$$4\,RuO_4 + 4\,OH^{\ominus} \longrightarrow \underset{\text{grün}}{4\,[RuO_4]^{\ominus}} + 2\,H_2O + O_2$$

$$4\,[RuO_4]^{\ominus} + 4\,OH^{\ominus} \longrightarrow \underset{\text{orangerot}}{4\,[RuO_4]^{2-}} + 2\,H_2O + O_2$$

Reduktion von Rutheniumtetroxid in alkalischer Lösung

Die Chemie der *Ruthenate* und *Perruthenate* ähnelt derjenigen der Manganate und Permanganate.

Ru dient hauptsächlich in kleinen Anteilen als Legierungspartner von ↑ Platin und ↑ Palladium in hochresistenten Legierungen. Ru-Komplexe dienen als Katalysatoren in organischen Reaktionen, so vor allem in der *Metathese-Reaktion*. In ihr werden aus zwei Alkenen zwei neue Alkene gewonnen, also eine Umverknüpfung, besser gesagt eine *Umalkylidenierung* an beiden Doppelbindungen vorgenommen, wie es das Prinzip-Schema wiedergibt.

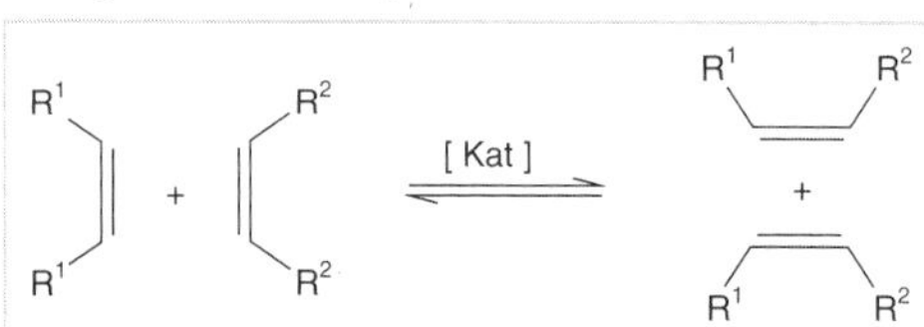

Prinzip-Schema der Metathese

Der genaue Ablauf der Reaktion mit Einbindung des Katalysators wird durch den *Chauvin-Mechanismus* verständlich gemacht (s. Schema).

Als Katalysator wirkt ein *Metallcarben* I, das mit einem Alken zum Vierring II reagiert, der zu einem neuen Alken und einem neuen Carben III zerfällt, woraufhin III mit dem zweiten Alken den Vierring IV bildet, aus dem dann wieder I und ein zweites neues Alken entsteht. Alle Teilschritte sind Gleichgewichtsreaktionen. Die enorme Bandbreite der Reaktion deutet sich an in den Typen, die man unterscheidet:

- *Ringöffnungs-Metathese* (*ROM*),
- *Ringschluß-Metathese* (*RCM*),
- *Kreuz-Metathese* (*CM*),
- *Ringöffnende Metathesepolymerisation* (*ROMP*).

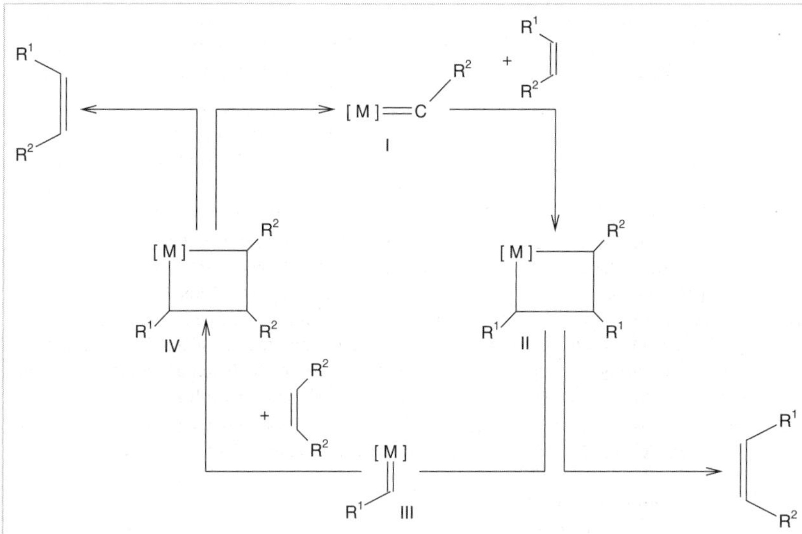

Chauvin-Mechanismus der Metathese-Reaktion

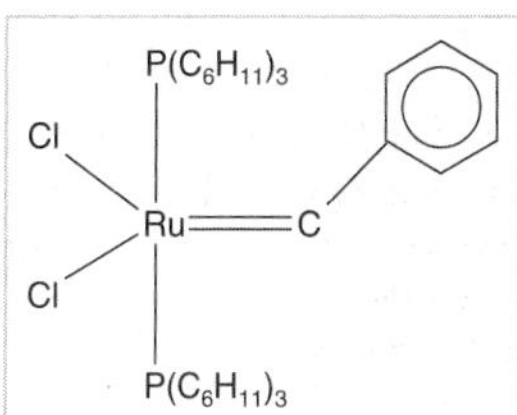

Ein wichtiger Metathese-Katalysator

Durch Metathese werden heute komplizierte Naturstoffe ebenso wie polymere Werkstoffe hergestellt. Erst der von Chauvin 1970 angegebene Mechanismus beflügelte die Entwicklung leistungsfähiger Katalysatoren (ein Beispiel s. Abbildung) vor allem durch Schrock und Grubbs. Für ihre Beiträge zur Metathese-Chemie erhielten Y. Chauvin, R. H. Grubbs und R. R. Schrock 2005 den Nobelpreis für Chemie. Die Metathese selbst ist bekannt seit den 1950er Jahren (s. auch unter ↑ Propen).

Ru wurde erstmals 1844 von dem russischen Chemiker Klaus in reiner Form hergestellt (Name von lat. ruthenia = Rußland).

Ru Z = 44 A_R = 101,07 Isotope: 96, 98, 99, 100, 101, 102, 104; 93-95, 97, 103, 105-108 (künstlich)

t_{Smp}	t_{Sdp}	d	MV	α	λ
2250 °C	4146 °C	12,41 g/cm³	8,14 cm³/mol	9,1 10^{-6}/K	117 W/mK

C_p	$\Delta_S H$	$\Delta_V H$	S^o	ϱ
24,04 J/(K · mol)	24,28 kJ/mol	595,5 kJ/mol	28,54 J/(K · mol)	76 nΩ · m

Rutherfordium ⟶ Element 104

Rutin

Rutin Qercetin-3-rutinosid

Kristallisiert aus Wasser in Form gelber Nadeln als Trihydrat und verfärbt sich am Licht etwas dunkel. R. ist kaum löslich in Wasser (bei 100 °C 0,5 g/100 ml), Ethanol oder Aceton und unlöslich in Diethylether oder Petrolether. Löslich ist es in Formamid sowie in alkalischen Medien.

R. findet sich in vielen Pflanzenarten, so in Forsythien, Lindenblüten, Johanniskraut, in Tees und Stiefmütterchen. Gewonnen werden kann R. aus Buchweizenblättern (Heidekorn), die 1-5 % R. enthalten. R. ist das Glycosid von ↑ Quercetin mit der *Rutinose* (s. Abbildung).

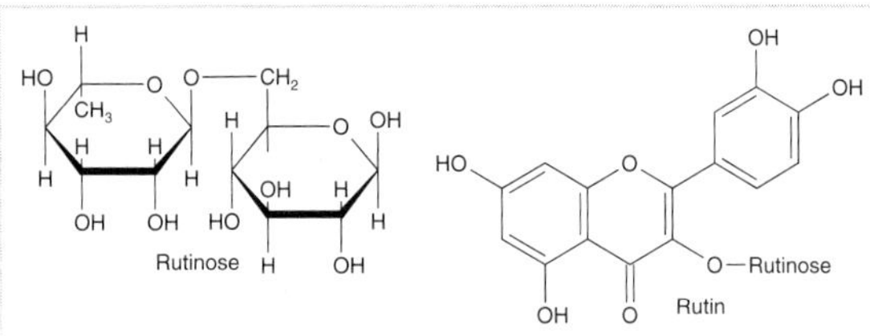

Strukturen von Rutin und Rutinose

R. wird pharmakologisch als Venenmittel verwendet, da es angeblich die Permeabilität der Blutkapillaren verringert und positive Effekte gegen Krampfadern, kapillare Blutungen, Venenschwäche und Ödeme zeigt (es wurde früher als Vitamin P oder *Antipermeabilitätsfaktor* bezeichnet). Die Wirkung gilt aber nicht als gesichert.

$C_{27}H_{30}O_{16}$ $M_R = 610{,}53$ C 53,12 % H 4,95 % O 41,93 %

Saccharose

Sucrose Rohrzucker, Sukrose

Bildet weiße, geruchlose, süßschmeckende, an der Luft beständige Kristalle, die sich in Wasser sehr gut lösen: bei 20 °C ca. 200 g/100 ml, bei 100 °C ca. 500 g/100ml. In Ethanol ist S. nur sehr wenig löslich: ca. 0,6 g/100 ml. In feingepulverter Form ist S. etwas hygroskopisch. Oberhalb 160 °C beginnt S. sich unter Braunfärbung zu zersetzen, wobei der charakteristische Karamelgeruch auftritt (s. unten). Zum Verhalten der S. in schwach saurer Lösung s. unten. Konzentrierte ↑ Schwefelsäure dehydratisiert die S. völlig unter Abscheidung von reinem ↑ Kohlenstoff.

S. kommt in der Natur sehr verbreitet vor. Es ist nämlich das im Pflanzenreich am häufigsten anzutreffende *Disaccharid* und findet sich nahezu in allen Früchten und in den Säften zahlreicher Pflanzen. Besonders hoch ist der Gehalt an S. in der *Zuckerrübe* mit 10–17 % und im *Zuckerrohr* mit 15–20 %, aus denen die S. auch technisch vorwiegend gewonnen wird. Die zerkleinerten Zuckerrüben werden mit Wasser extrahiert, aus dem Extrakt werden die mitextrahierten organischen Säuren (z. B. ↑ Oxalsäure) mittels Kalkwasser als schwerlösliche Calciumsalze ausgefällt und nach weiteren Aufarbeitungsschritten wird die S. im Vakuum auskristallisiert. Aus dem Zuckerrohr gewinnt man die S. aus dem abgepressten Zuckerrohrsaft.

S. ist ein Disaccharid aus ↑ D(+)-Glucose und ↑ D-Fructose. Dabei liegt die D-Glucose als α-D-Glucopyranose, die Fructose hingegen als β-D-Fructofuranose, also als Fünfringzucker vor. Beide sind über ihre halbacetalischen Hydroxylgruppen miteinander verknüpft, d. h. das C-Atom 1 der Glucose ist mit dem C-Atom 2 der Fructose über eine O-Brücke verbunden (s. Abbildung).

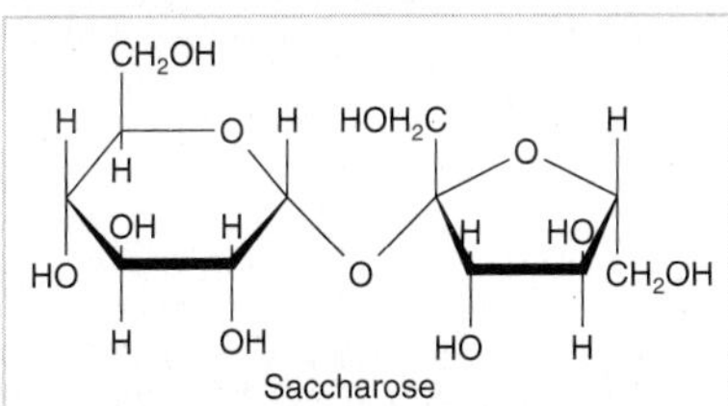

Struktur der Saccharose

Wegen dieser Verknüpfung über die halbacetalischen Hydroxylgruppen, durch die der latente Carbonylcharakter der Monosaccharide blockiert wird, ist S. ein nichtreduzierender Zucker. Eine Besonderheit der S. ist die bereits durch schwache Säuren, z. B. ↑ Citronensäure, rasch erfolgende Spaltung in die beiden Monosaccharide D-Glucopyranose und D-Fructopyranose (die Fructose wandelt sich gleichzeitig von der Furanose- in die Pyranose-Form um) (s. Gleichung).

$$\text{Saccharose} + H_2O \xrightarrow{H^{\oplus}} \text{D-Glucose} + \text{D-Fructose}$$

Sauer-hydrolytische Spaltung der Saccharose

Für eine Hydrolyse der S., also die Herstellung von Invertzucker, kann z. B. folgende Vorschrift angegeben werden: 200 g Rohrzucker werden in 100 ml Wasser gelöst. Die Lösung wird mit 1 g ↑ Citronensäure versetzt und etwa 2 Stunden auf 70–80 °C erwärmt. Es wird eine klare, sirupartige Flüssigkeit erhalten, die beim Erkalten nicht mehr kristallisiert.

Der optische Drehwert einer S.-Lösung liegt bei + 66,5°. Da die Fructose stärker nach links dreht als die D-Glucose nach rechts, ist mit der Hydrolyse der S. eine Umkehrung der optischen Drehung verbunden (−20,5°) weshalb diese Hydrolyse auch als *Rohrzucker-Inversion* und das Hydrolysat, also die Mischung von D-Glucose und D-Fructose als „*Invertzucker*“ bezeichnet wird. „*Kunsthonig*“ wird aus künstlichem Invertzucker hergestellt, *Bienenhonig* enthält natürlichen Invertzucker.

Beim Erwärmen von S. entsteht zunächst eine hellgelbe Schmelze, die bei weiterem Erhitzen schokoladenbraune Farbe annimmt und schließlich schwarzbraun wird. Diese schwarzbraune Schmelze ist wasserlöslich und ergibt noch in großer Verdünnung eine deutliche Färbung, weshalb sie als „*Zuckerkulör*“ zum Färben von Getränken und Lebensmitteln verwendet wird, wozu sie mit der Nummer *E 150* zugelassen ist.

Die S. wird auch einfach als „*Zucker*“ bezeichnet und findet als solcher die vielfältigste Verwendung in der Nahrungszubereitung. Dabei kommt sie in den verschiedensten Verarbeitungsformen zum Einsatz, z. B. als Kristallzucker, Würfelzucker, Puderzucker, Kandiszucker, *Gelierzucker*. Der Gelierzucker enthält ↑ Citronensäure, um beim Kochen die Spaltung der S. zu bewirken (s. oben).

Da die S. im Körper Glucose freisetzt, ist bei Diabetes (s. unter ↑ Insulin) eine reduzierte S.-Zufuhr notwendig. Hierzu ebenso wie zur Verminderung des Kariesrisikos sind *Zuckerersatzstoffe* im Gebrauch, von denen vor allem die Zuckeralkohole ↑ Sorbit und ↑ Xylit sowie *Isomalt* genannt seien, die allerdings auch kalorienhaltig sind. Zur Herstellung von Isomalt (Handelsbezeichnung *Palatinit*) wird zunächst die S. enzymatisch zur *Palatinose* (*Glucopyranosido-(1,6)-D-fructose*) isomerisiert, die dann zu einem Gemisch von *Isomaltit* und *Glucopyranosido-1,6-mannit* hydriert wird, das man als Isomalt bezeichnet.

Bei Übergewicht dienen die *Süßstoffe* als kalorienneutraler Zuckerersatz (s. z. B. unter ↑ Benzoesäuresulfimid).

$C_{12}H_{22}O_{11}$ $M_R = 342{,}30$ C 42,11 % H 6,48 % O 51,41 %

$t_{Zersetzung}$	t_{Sdp}	d	η		
185 °C (Z)		1,59 g/cm³			
C_p	$\Delta_S H$	$\Delta_V H$	$\Delta_B H$	S^o	Q_C
424 J/(K · mol)			−2221 kJ/mol	392,4 J/(K · mol)	−5643 kJ/mol

Salicylaldehyd

Salicylaldehyde o-Hydroxybenzaldehyd

Eine farblose ölige Flüssigkeit mit etwas scharfem, walnußartigem Geruch, die in Wasser kaum löslich ist und sich mit org. Solventien wie Ethanol oder Diethylether mischen läßt. Eine ethanolische S.-Lösung ergibt mit ↑ Eisen(III)-chlorid eine intensiv violettrote Färbung. S. neigt wesentlich weniger zur Autoxidation zur Säure als der ↑ Benzaldehyd.

S. findet sich in der Natur in einigen etherischen Ölen. Die Darstellung gelingt durch *Reimer-Tiemann-Synthese*: ↑ Phenol wird in wässerig-alkalischer Lösung bei 65–70 °C mit ↑ Chloroform umgesetzt. Aus Chloroform bildet sich im alkalischen Medium zunächst *Dichlorcarben*, welches den Aromaten elektrophil vor allem in o-Position angreift. Das entstehende *Dichlormethylphenol* hydrolysiert unter den Reaktionsbedingungen zum Aldehyd (s. Schema).

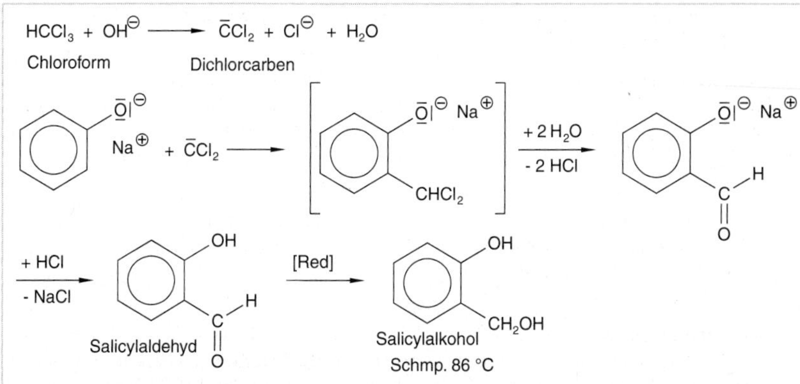

Herstellung von Salicylaldehyd durch Reimer-Tiemann-Reaktion

Bei der Oxidation liefert S. ↑ Salicylsäure, bei der Reduktion *Salicylalkohol* (*Saligenin*). S. wird in geringen Mengen in der Parfümerie verwendet. S. dient zu präparativen Zwecken, z. B. zur Herstellung von ↑ Pimelinsäure oder von ↑ Cumarin. S. bildet mit ↑ Hydroxylamin leicht das *Salicylaldoxim*, das mit Schwermetallionen (u. a. von Cu, Fe, Pb) intensiv farbige Chelate bildet, die zum Nachweis und zur Bestimmung (fotometrisch oder colorimetrisch) dieser Metalle dienen.

► S. wirkt hautreizend.

$C_7H_6O_2$ $M_R = 122{,}12$ C 68,85 % H 4,95 % O 26,20 %

t_{Smp}	t_{Sdp}	d	η		
−7 °C	197 °C	1,17 g/cm³			

C_p	$\Delta_S H$	$\Delta_V H$	$\Delta_B H$	S^o	Q_C
					−3329 kJ/mol

MAK	R-Satz	S-Satz
	20/21/22-36/37/38	26-36/37

Salicylsäure

Salicylic acid 2-Hydroxybenzoesäure

Bildet ein weißes geruchloses kristallines Pulver, das sich bei 20 °C zu ca. 0,2 g, bei 100 °C zu ca. 6 g in 100 ml Wasser löst und sich folglich gut aus Wasser umkristallisieren läßt. S. löst sich gut in Ethanol, Aceton und Diethylether. Mit dem pK_S-Wert 2,98 ist die S. deutlich acider als die ↑ Benzoesäure. Der pH-Wert einer gesättigten wässerigen Lösung beträgt 2,4. Lösungen von S. färben sich bereits mit Spuren von Eisen(III)-Salzen rotviolett.

Die S. wird durch *Kolbe-Schmitt-Synthese* hergestellt, indem ↑ Kohlenstoffdioxid unter 5-6 bar auf pulverförmiges Natriumphenolat einwirkt (s. Schema).

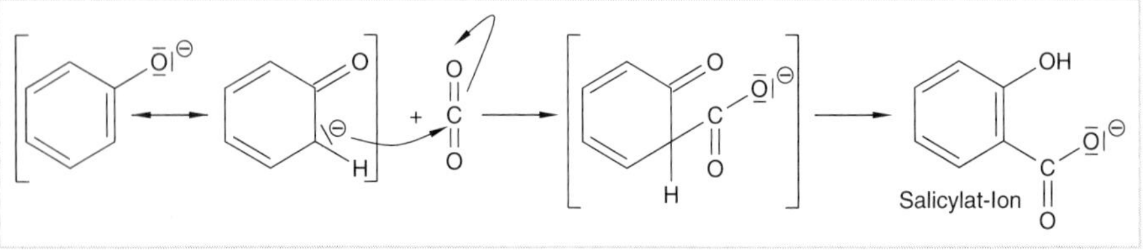

Salicylsäure-Synthese durch Kolbe-Schmitt-Reaktion

Beim anschließenden Ansäuern wird die freie S. in quantitativer Ausbeute in sehr reiner Form erhalten. Die Orthostellung von Hydroxyl- und Carbonylgruppe ermöglicht die zur erhöhten Acidität führende Ausbildung von intramolekularen Wasserstoffbrücken ebenso wie die starke Chelatisierung (Farbreaktion) von Fe(III)-Ionen (s. Abbildung).

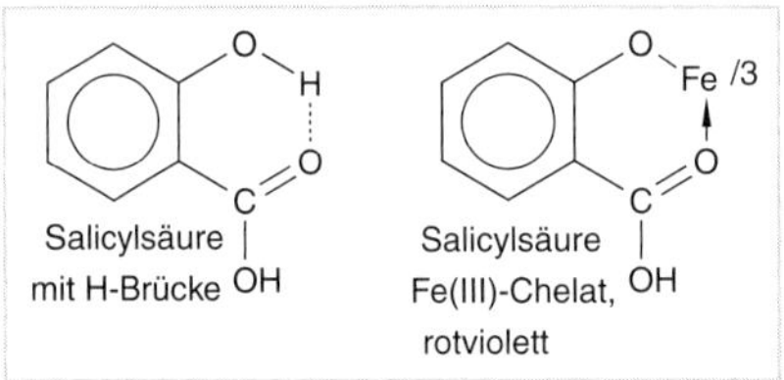

H-Brücken-Bildung und Chelatisierung im Salicylsäure-Molekül

Erhitzen der S. auf 200 °C liefert unter Decarboxylierung ↑ Phenol. Bei 250 °C. entsteht durch intermolekulare Kondensation *Xanthon* (s. Schema).

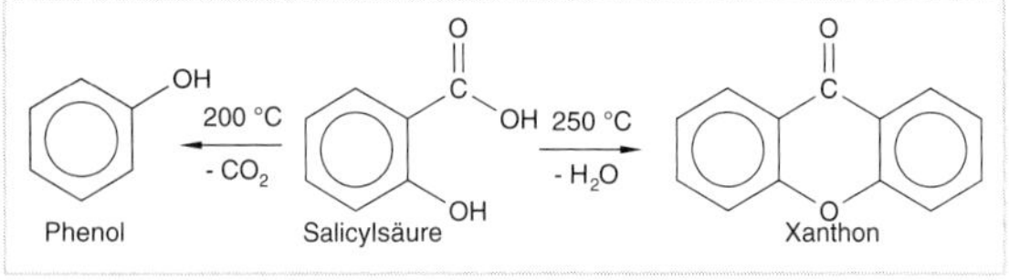

Thermische Umwandlungen der Salicylsäure zu Phenol bzw. Xanthon

Die S. reagiert mit ↑ Methanol in Gegenwart von ↑ Schwefelsäure glatt zum *Salicylsäuremethylester*, einer klaren, intensiv riechenden Flüssigkeit vom Sdp. 224 °C, Schmp. −8 °C, d = 1,18 g/cm^3, die auch als „*Wintergrünol*“ bezeichnet wird und in Wasser unlöslich, in Ethanol gut löslich ist. Bei der Umsetzung dieses Methylesters mit wässerigem ↑ Ammoniak entsteht das *Salicylsäureamid*, ein weißes kristallines Pulver vom Schmp. 140 °C, unlöslich in Wasser, löslich in Ethanol (s. Schema). Die Reaktion von S. mit ↑ Essigsäureanhydrid und konz. Schwefelsäure führt zur ↑ Acetylsalicylsäure.

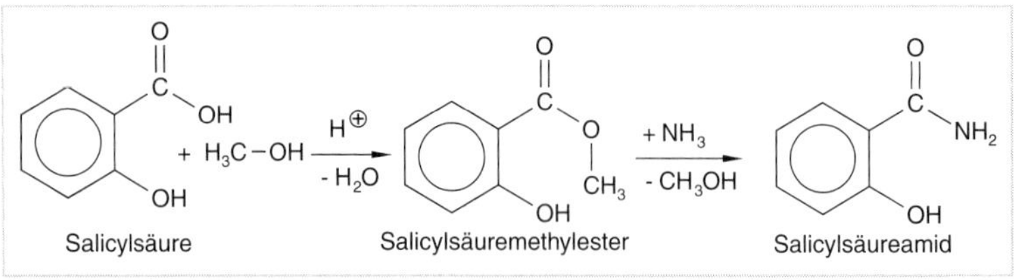

Derivatisierung der Salicylsäure zum Ester und zum Amid

Die S. dient hauptsächlich zur Synthese der vorstehend genannten Derivate, die wie sie selbst pharmazeutische Verwendung als Analgetika und Antipyretika (z. B. zur Rheuma-Behandlung) finden (die Wirkung beruht auf einer Hemmung der Bildung der ↑ Prostaglandine). Der Methylester wird darüber hinaus in der Kosmetik und Parfümerie verwendet. Die S. selbst wird in der Dermatologie auch als *Keratolytikum* eingesetzt: die hornhauterweichende Wirkung wird zur Enfernung von Hühneraugen, Schwielen, Warzen und Hornhaut genutzt. Die S. wird hierzu in Lösung mit einem polymeren Filmbildner (z. B. ↑ Celluloseacetat in ↑ Aceton) in flüssiger Form aufgetragen. Als Na-Salz (*Natriumsalicylat*) dient die S. zur inneren Anwendung bei Rheuma. S. dient ferner als Konservierungsmittel (bakterientoxische Wirkung etwa wie die von ↑ Phenol).

► Die S. übt auf Haut und Schleimhäute Reizwirkung aus.

$C_7H_6O_3$ $M_R = 138{,}12$ C 60,87 % H 4,38 % O 34,75 %

t_{Smp}	t_{Sdp}	d	η		
159 °C	211 °C (26 hPa)	1,44 g/cm³			
C_p	$\Delta_S H$	$\Delta_{Sub} H$	$\Delta_B H$	S^o	Q_C
161 J/(K · mol)	24,6 kJ/mol	96,3 kJ/mol (S)	−592 kJ/mol	172 J/(K · mol)	−3020 kJ/mol
MAK	R-Satz	S-Satz			
	22				

Salpetersäure

Nitric acid

Die reine 100 %ige S. ist eine farblose, an der Luft stark rauchende Flüssigkeit. Da in der Wärme und unter Lichteinwirkung bereits Zerfall in Stickstoffdioxid (s. ↑ Stickstoffoxide) und ↑ Sauerstoff eintritt, ist die Flüssigkeit je nach Zersetzungsgrad durch gelöstes Stickstoffdioxid braun bis tiefrot gefärbt und stößt braune Dämpfe aus (s. Gleichung).

$$2\,HNO_3 \rightleftharpoons 2\,NO_2 + H_2O + {}^1\!/_2\,O_2$$

Zerfall der reinen Salpetersäure

In den Handel gelangt die S. meist als sog. konzentrierte S. mit 65 Gew.-% und ist in dieser Form eine wasserklare ölige, an der Luft kaum rauchende Flüssigkeit der Dichte 1,40 g/ml.

S. bildet u. a. folgendes Azeotrop:

Azeotrop-Komponenten	Zusammensetzung (Gew.-%)	Siedepunkt (°C)
S./Wasser	68,5/31,5	121

Die S. läßt sich in jedem Verhältnis mit Wasser mischen. Die Beziehung zwischen S.-Gehalt und Dichte verschiedener Lösungen zeigt die Tabelle.

Gehalt (Gew.-%)	5	10	20	30	40
c (mol/l)	0,81	1,67	3,54	5,62	7,91
d (g/cm³)	1,03	1,06	1,12	1,18	1,25

Gehalt, Molarität und Dichte verschiedener HNO_3-Lösungen

S. wird heute technisch ausschließlich nach dem *Ostwald-Verfahren* hergestellt. Das Ostwald-Verfahren beinhaltet die Überführung von ↑ Ammoniak in S., ein Prozeß, der in drei Stufen abläuft. In erster Stufe wird Ammonaik mit überschüssigem Luftsauerstoff zu Stickstoffmonoxid (s. unter ↑ Stickstoffoxide) oxidiert, wobei ein Platin/Rhodium-Katalysator in Form sehr feinmaschiger Netze zur Anwendung kommt. Die Reaktionskomponenten durchströmen bei ca. 900 °C mit großer Geschwindigkeit die Katalysatornetze (s. Gleichung).

$$4\,NH_3 + 5\,O_2 \longrightarrow 4\,NO + 6\,H_2O$$

Erste Stufe des Ostwald-Verfahrens: die Ammoniak-Oxidation

Das abgekühlte Stickstoffmonoxid oxidiert sich in zweiter Stufe mit weiterem Luftsauerstoff zum Stickstoffdioxid, das im Gleichgewicht mit Distickstofftetroxid vorliegt (s. Gleichung).

$$2\,NO + O_2 \longrightarrow 2\,NO_2 \rightleftharpoons N_2O_4$$

Zweite Stufe des Ostwald-Verfahrens

$$3\,NO_2 + H_2O \longrightarrow 2\,HNO_3 + NO$$
$$N_2O_4 + H_2O \longrightarrow HNO_3 + HNO_2$$

Dritte Stufe des Ostwald-Verfahrens

$$NH_3 + 2\,O_2 \longrightarrow HNO_3 + H_2O$$

Gesamtgleichung des Ostwald-Verfahrens

Die so entstandenen Nitrosen Gase bilden in dritter Stufe mit Wasser die S., Stickstoffmonoxid und Salpetrige Säure. Die letzteren werden einer erneuten Luftoxidation unterzogen (s. Gleichungen).

Es wird je nach angewandtem Druck eine 45–70 %ige S. erhalten, die für viele Anwendungszwecke ausreichend ist. Für organische Nitrierungen z. B. wird vielfach eine höherkonzentrierte S. benötigt, die durch Eindampfen wegen der Azeotropbildung nicht erhältlich ist. Hochkonzentrierte S. wird deshalb nach folgenden beiden Verfahren hergestellt: die Nitrosen Gase werden in konzentrierter S. gelöst, aus der so entstehenden überazeotropen Säure wird hochkonzentrierte S. abdestilliert (direktes Verfahren), oder in der konzentrierten Säure wird das Wasser mittels konzentrierter ↑ Schwefelsäure gebunden und die hochkonzentrierte S. wird abdestilliert (indirektes Verfahren).

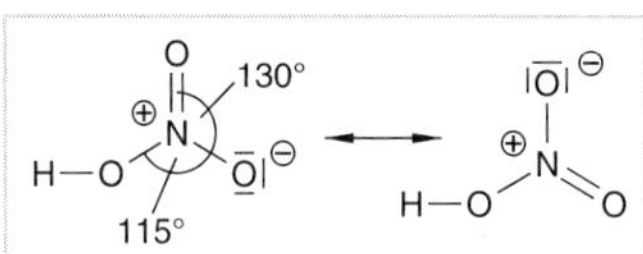

Struktur des Salpetersäure-Moleküls

Das S.-Molekül besitzt in der Gasphase eine planare Atomanordnung, in der nicht alle O-N-O-Winkel identisch sind. Das N-Atom ist im sp^2-hybridisierten Zustand. Ein einfach besetztes p-Orbital am N-Atom steht senkrecht auf der Molekülebene und steht in pπ-pπ-Wechselwirkung mit zwei 0-Atomen (partielle Doppelbindungen), wie es die Mesomerie-Formulierung symbolisiert (s. Abbildung).

Die S. ist eine starke Säure, die in wässeriger Lösung nahezu vollständig dissoziiert (s. Gleichung)

$$HNO_3 \rightleftharpoons H^{\oplus} + NO_3^{\ominus}$$

Dissoziation der Salpetersäure

Das dabei vorliegende *Nitrat-Ion* ist planar-symmetrisch mit O-N-O-Winkeln von 120°. Das p-Orbital am N-Atom kann nun gleichermaßen mit den drei O-Atomen wechselwirken, woraus sich drei gleichlange partielle N-O-Doppelbindungen ergeben (s. Mesomerie-Schema).

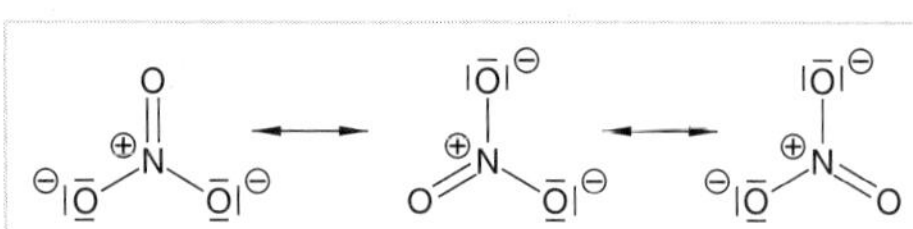

Mesomerie im Nitrat-Ion

Während die S. in verdünnter Lösung kaum oxidierende Eigenschaften aufweist, ist sie in konzentrierter Form ein sehr starkes Oxidationsmittel, das unter den Metallen nur Pt, Rh, Ir und Au nicht anzugreifen vermag, alle anderen Metalle aber (abgesehen von den passivierenden Metallen Al und Fe, s. unter

↑ Aluminium) zu den betreffenden Kationen unter Auflösung oxidiert, wobei sie selbst z. B. zur Stufe des Stickstoffmonoxids reduziert wird (s. Gleichung).

$$HNO_3 + 3\,H^{\oplus} + 3\,e^- \longrightarrow NO + 2\,H_2O$$

Oxidationswirkung der Salpetersäure

Als Reduktionsprodukte können je nach Reduktionsbedingungen und Reaktionspartner jedoch auch Verbindungen in den Oxidationsstufen + 4, + 1, 0, −1 oder −3 auftreten, also Stickstoffdioxid, Distickstoffmonoxid (s. ↑ Stickstoffoxide), ↑ Stickstoff, ↑ Hydroxylamin oder ↑ Ammoniak. Die S. dient so in vielen Laborpräparationen und in technischen Prozessen als Oxidationsmittel. Weil eine 50 %ige S. ↑ Silber zu oxidieren vermag, nicht jedoch ↑ Gold, wurde sie auch als „*Scheidewasser*“ bezeichnet, da sie somit Silber und Gold voneinander zu scheiden gestattete. Ein erheblich gesteigertes Oxidationsvermögen gegenüber Metallen besitzt ein 1: 3-Gemisch von konz. S. mit konz. ↑ Salzsäure. Hierin oxidiert die S. die Salzsäure (s. Gleichung). Es liegt also eine Mischung von S. mit *Nitrosylchlorid* vor. Diese Mischung oxidiert z. B. auch Gold, den „König“ der Metalle, woher sich der Name „*Königswasser*“ für diese Mischung erklärt. Die gesteigerte Oxidationskraft wird auf die Komplexierung der Kationen durch die Chloridionen zurückgeführt.

$$HNO_3 + 3\,HCl \longrightarrow NOCl + Cl_2 + 2\,H_2O$$

Bildung der oxidierenden Spezies im Königswasser

Reine S. leitet den elektrischen Strom, da Eigenionisation erfolgt. Zunächst tritt Protolyse ein und dann Wasserabspaltung (s. Schema und Gesamtgleichung).

$$2\,H{-}O{-}NO_2 \rightleftharpoons H{-}\overset{\oplus}{O}(H){-}NO_2 + NO_3^{\ominus}$$

$$H{-}\overset{\oplus}{O}(H){-}NO_2 \longrightarrow H_2O + \overset{\oplus}{N}O_2$$

Chemismus der Eigenionisierung der Salpetersäure

$$2\,HNO_3 \rightleftharpoons \overset{\oplus}{N}O_2 + NO_3^{\ominus} + H_2O$$

Gesamtgleichung der Eigenionisierung

Die S. gehört zu den 10 meistverwendeten anorganischen Chemieprodukten. Der Hauptanteil dient zur Herstellung von Salzen der S., der *Nitrate*, für Düngezwecke, ein Großteil geht auch in die Pyrotechnik.

In der Organik besitzt die S. Bedeutung zur Synthese von Nitroverbindungen (s. z. B. ↑ Nitrobenzol), wobei meist eine Mischung mit konz. ↑ Schwefelsäure, die sog. *Nitriersäure*, zum Einsatz kommt. Die Wirkung der Schwefelsäure beruht dabei auf der Freisetzung von *Nitrylkationen* aus der S. (s. Gleichung).

$$H{-}O{-}NO_2 + H^{\oplus} \longrightarrow H_2O + \underset{\text{Nitrylkation}}{\overset{\oplus}{N}O_2}$$

Bildung von Nitrylkationen in der Nitriersäure

Wichtig ist auch die Herstellung von Salpetersäureestern (s. unter ↑ Nitroglycerin). Im Labor dient die S. als analytisches Reagenz. Zum Nachweis der S. und ihrer Salze (*Nitrat-Nachweis*) führt man im Reagenzglas z. B. die bekannte „*Ringprobe*“ durch. Hierzu sättigt man die zu prüfende Lösung mit ↑ Eisen(II)sulfat und unterschichtet dann mit konz. Schwefelsäure: bei Anwesenheit von Nitrat entsteht an der Grenzfläche der beiden Flüssigkeiten ein brauner Ring, weil sich das Eisen(II)nitrosyl-Kation bildet (s. Gleichungen).

$$3\,Fe^{2+} + NO_3^- + 4\,H^+ \longrightarrow NO + 3\,Fe^{3+} + 2\,H_2O$$
$$[Fe(H_2O)_6]^{2+} + NO \longrightarrow Fe(H_2O)_5NO]^{2+} + H_2O$$

Nitrat-Nachweis mit der Ringprobe

Zum Nitrat-Nachweis ist ferner (nach Reduktion zu Nitrit) „Lunges Reagenz" (s. ↑ 1-Naphthylamin) geeignet.

► S. wirkt stark ätzend. Die konz. S. verursacht Gelbfärbung (*Xanthoprotein-Reaktion*, beruht auf der Kernnitrierung aromatischer Aminosäuren wie ↑ Tyrosin oder ↑ Phenylalanin) und Ablösung der Haut.

Konzentrierte S. kann mit brennbaren Materialien unter Selbstentzündung reagieren.

HNO_3 $M_R = 63{,}02$ H 1,60 % N 22,23 % O 76,17 %

t_{Smp}	t_{Sdp}	d	η		
−41,6 °C	84,1 °C	1,52 g/cm³	1,770 mPa · s (10 °C)		
C_p	$\Delta_S H$	$\Delta_V H$	$\Delta_B H$	S^o	Q_C
110 J/(K · mol)			−173 kJ/mol	156 J/(K · mol)	
MAK	R-Satz	S-Satz			
5 mg/m³	8-35	23-26-36-45			

Salpetrige Säure

Nitrous acid

Die S. existiert nur in der Gasphase oder in verdünnter wässeriger Lösung. In reiner kondensierter Phase ist sie nicht bekannt. Auch in den wässerigen Lösungen zerfällt sie schnell (s. Gleichung) und in der Gasphase besteht ein Gleichgewicht zwischen Stickstoffmonoxid und Stickstoffdioxid (s. Gleichung).

$$2\,HNO_2 \rightleftharpoons NO_2 + NO + H_2O$$

Gasphasen-Gleichgewicht der Salpetrigen Säure

$$3\,HNO_2 \longrightarrow HNO_3 + 2\,NO + H_2O$$

Zerfall der Salpetrigen Säure in wässeriger Lösung

Die S. ist eine schwache Säure, wie der pK_S-Wert für die Dissoziation ausweist (s. Gleichung).

$$H{-}O{-}N{=}O \rightleftharpoons {}^{\ominus}|\bar{\underline{O}}{-}\bar{N}{=}O + H^{\oplus} \qquad pK_S = 5{,}22$$

Säurewirkung der Salpetrigen Säure

Eine wässerige Lösung von S. ohne Begleitstoffe erhält man durch Umsetzung von *Bariumnitrit* mit ↑ Schwefelsäure und Abfiltrieren vom ausgefallenen ↑ Bariumsulfat (s. Gleichung).

$$Ba(NO_2)_2 + H_2SO_4 \longrightarrow 2\,HNO_2 + BaSO_4$$

Herstellung einer reinen wässerigen Lösung von Salpetriger Säure

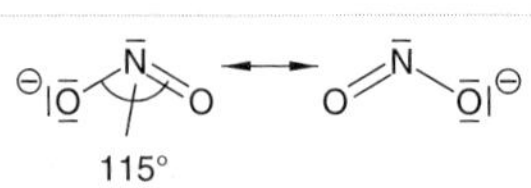

Molekülstruktur und Mesomerie des Nitrit-Ions

Das *Nitrit-Ion* ist gewinkelt gebaut (s. Abbildung).

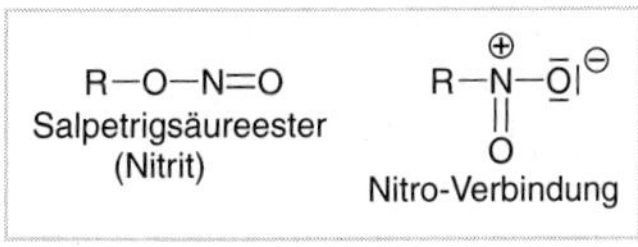

Organo-Derivate der Salpetrigen Säure

Präparative Bedeutung besitzen die Salze der S., die *Nitrite*. Zu deren Verwendung und zur Redox-Chemie des Nitrit-Ions s. unter ↑ Natriumnitrit. Die organischen Derivate lassen sich einteilen in die „Nitrite“ oder *Salpetrigsäureester*, in denen C-O-Verknüpfung vorliegt und in die *Nitroverbindungen*, die durch C-N-Verknüpfung entstehen (s. Abbildung) (s. z. B. ↑ Nitromethan).

HNO_2 $M_R = 47{,}01$ H 2,14 % N 29,79 % O 68,06 %

Salzsäure

Hydrochloric acid Chlorwasserstoffsäure

Als S. bezeichnet man die wässerige Lösung von ↑ Chlorwasserstoff. Die bei 0 °C maximal erreichbare Konzentration liegt bei 45 Gew.- %, bei 15 °C sind es 42 Gew.-%. Die höchstkonzentrierte handelsübliche S. ist ca. 38 %ig und stellt eine an der Luft stark rauchende klare Flüssigkeit dar. Im Handel sind ferner niedriger konzentrierte Säuren, z. B. 32 %ige oder 25 %ige S. Zur Ermittlung der Dichten der verschiedenen Chlorwasserstoff-Lösungen gilt zufällig eine einfache Faustregel: der halbierte Wert des Prozentgehaltes an HCl ergibt die Ziffern rechts vom Komma für die Dichte, z. B. hat die 20 %ige S. die Dichte 1,10, die 32 %ige die Dichte 1,16, die 38 %ige die Dichte 1,19 usw. Den Zusammenhang zwischen Gehalt, Molarität und Dichte verschiedener Lösungen gibt die Tabelle wieder.

Gehalt (Gew.-%)	1	5	10	15	20	26	32	36
c (mol/l)	0,275	1,402	2,87	4,41	6,02	8,05	10,17	11,64
d (g/cm³)	1,005	1,025	1,05	1,075	1,100	1,13	1,16	1,18

Gehalt, Molarität und Dichte verschiedener HCl-Lösungen

S. bildet u. a. folgendes Azeotrop:

Azeotrop-Komponenten	Zusammensetzung (Gew.-%)	Siedepunkt (°C)
S./Wasser	20,2/79,8	108,6

Erhitzt man höherkonzentrierte bzw. niedrigerkonzentrierte S. als der Azeotrop-Zusammensetzung entspricht, so verdampf zunächst mehr HCl bzw Wasser, bis die Azeotrop-Zusammensetzung erreicht ist, die dann schließlich rückstandsfrei abdampft. Reine S. ist auch in hochkonzentrierter Form eine farblose Flüssigkeit. Technische Qualitäten weisen infolge Verunreinigung mit ↑ Eisen(III)chlorid oft eine gelbliche Färbung auf.

Die weitaus größte Menge der verwendeten S. wird erhalten als Zwangsanfall bei der Chlorierung organischer Verbindungen, z. B. bei der Herstellung von ↑ Vinylchlorid. Reine S. wird durch Absorption von Chlorwasserstoff in Wasser hergestellt.

Chlorwasserstoff erweist sich in wässeriger Lösung als starke Säure, d. h. er dissoziiert praktisch vollständig unter Bildung von Proton und Chlorid-Ion (s. Gleichung). Diese Dissoziation ist im wässerigen System natürlich als Protonierung des Wassers zu formulieren (s. Gleichung), so daß eine 1-normale S. (3,6 %ig) den pH-Wert 0 aufweist, eine 0,1-normale den pH-Wert 1 usw.

$$HCl \rightleftharpoons H^{\oplus} + Cl^{\ominus}$$

Dissoziation von Chlorwasserstoff

$$HCl + H_2O \rightleftharpoons H_3O^{\oplus} + Cl^{\ominus}$$

HCl-Dissoziation als Protonierung des Wassers

Die S. wird als billige starke Säure technisch in großem Umfang für Neutralisationen, saure Hydrolysen und Reinigungsprozesse verwendet. Präparativ dient sie zur Herstellung von Metallchloriden. Im Labor wird sie als analytisches Reagenz gebraucht. Technisch bedeutsam ist die stark korrodierende Wirkung der S. auf ↑ Eisen.

Bemerkenswert ist, daß der Magensaft der Säugetiere bei der Verdauung (s. z. B. unter ↑ Pepsin) 0,3–0,4 %ig an S. ist. In höheren Konzentrationen wirkt die S. stark reizend und verätzend auf Haut und Schleimhäute.

S. und ihre Salze, die *Chloride*, weist man klassisch durch Fällung als ↑ Silberchlorid nach (auflösbar in ↑ Ammoniak oder konz. Salzsäure). Prüfröhrchen für S. enthalten ↑ Bromphenolblau. Zur fotometrischen Bestimmung dient das Hg-Salz der Chloranilsäure (s. ↑ Chloranil).

Samarium

Samarium Sm

Ein gelblich glänzendes, hartes metallisches chemisches Element, das an der Luft rasch unter Bildung einer Oxidschicht anläuft. Es reagiert bereits mit Wasser und insbesondere mit Säuren heftig unter Wasserstoff-Entwicklung.

Sm findet sich als Lanthaniden-Element in den Seltenerd-Mineralien, aus denen es in aufwendigen Trennoperationen isoliert wird (s. unter ↑ Cer). Es besitzt am Aufbau der Erdrinde einen geschätzten Anteil von 5-7 ppm.

Sm ist das fünfte Element in der Gruppe der Lanthaniden und besitzt die Elektronenkonfiguration $1s^2\ 2s^2\ 2p^6\ 3s^2\ 3p^6\ 3d^{10}\ 4s^2\ 4p^6\ 4d^{10}\ 4f^6\ 5s^2\ 5p^6\ 5d^0\ 6s^2$, Grundterm $^7F_0$. Die beständigste Oxidationsstufe des Sm beträgt wie bei allen Lanthaniden + 3, diese läßt sich jedoch auch zum Sm(II) reduzieren. Sm(II)-Salze können allerdings in wässeriger Lösung nicht existieren, da sie gemäß dem gezeigten Potential (s. Gleichung) Wasser unter Wasserstoff-Entwicklung reduzieren. Die Sm(II)-lonen sind blutrot.

$$Sm^{2+} \longrightarrow Sm^{3+} + e^- \qquad E_0 = -1{,}55V$$

Potential für die Oxidation von Sm(II) zu Sm(III)

Samarium(II)chlorid bildet eine rotbraune kristalline Masse. Das berechnete Normalpotential für die Sm(III)-Bildung aus dem Element weist Sm wie alle Lanthaniden als sehr unedles Metall aus (s. Gleichung). Die *Sm(III)-Salze* wie das Oxid, das Chlorid oder das Sulfat sind durchweg hellgelbe kristalline Substanzen.

$$Sm \longrightarrow Sm^{3+} + 3\,e^- \qquad E_0 = -2{,}41\ V$$

Normalpotential für die Sm(III)-Bildung aus dem Element

*Samariumoxid*wird in der Kerntechnik verwendet und ist auch Katalysator für die Dehydrierung von ↑ Ethanol. Die Cobalt-Legierung $SmCo_5$ wird als Dauermagnet technisch genutzt. Die natürlich vorkommenden Isotope 147, 148 und 149 sind radioaktiv.

Sm Z = 62 A_R = 150,36 Isotope: 144, 147–150, 152, 154; 133–143, 145, 146, 151, 153, 155–158 (künstlich)

t_{Smp}	t_{Sdp}	d	MV	α	λ
1072 °C	1788 °C	7,52 g/cm³	20,00 cm³/mol	10,4 10^{-6}/K	13,3 W/mK

C_p	$\Delta_S H$	$\Delta_V H$	S^o	ϱ
29,54 J/(K · mol)	8,62 kJ/mol	166,4 kJ/mol	123,9 J/(K · mol)	914 nΩ · m

Sarin

Sarin Methylfluorophosphonsäureisopropylester

Bildet eine farblose bis bräunlichgelbe, nahezu geruchlose Flüssigkeit. S. ist mischbar mit Wasser und wird durch Wasser hydrolysiert, wobei das Fluoratom gegen die Hydroxylgruppe ausgetauscht wird. Die Hydrolyse verläuft besonders rasch in alkalischer Lösung. S. ist auch gut fettlöslich.

S. ist ein chemischer Kampfstoff, der im Zweiten Weltkrieg in Deutschland produziert, aber nicht eingesetzt wurde. S. ist recht einfach herzustellen aus ↑ 2-Propanol und *Methylphosphorsäuredifluorid*. (s. Schema).

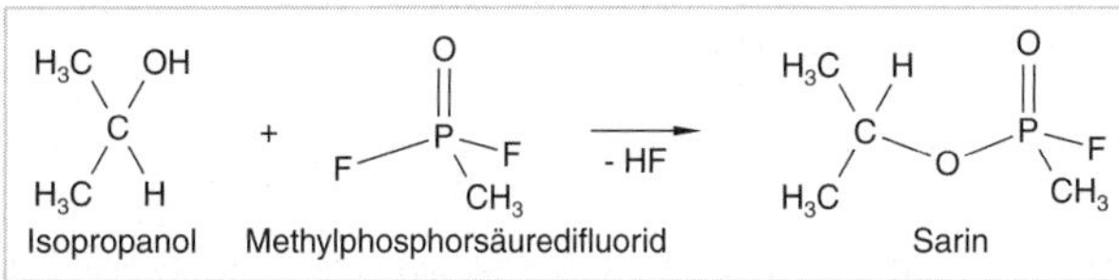

Synthese von Sarin

S. wirkt als starkes Nervengift indem es irreversibel die Acetylcholinesterase (s. unter ↑ Acetylcholin) hemmt und damit das Atemzentrum blockiert. Die letale Dosis für den Menschen wird mit 0,01 mg/kg angegeben, d. h. die Aufnahme von etwa 0,5 mg, die auch durch die Haut erfolgen kann (gute Lipidlöslichkeit), kann einen Menschen töten.

S. hat auch heute noch Bedeutung, da seine Herstellung relativ unauffällig mit einfachen Mitteln in kleinen Staaten erfolgen kann.

$C_4H_{10}FO_2P$ $M_R = 140{,}09$ C 34,29 % H 7,19 % F 13,56 % O 22,84 % P 22,11 %

Sarkosin

Sarcosine N-Methylglycin

Bildet farblose, in Wasser sehr gut, in Ethanol oder Diethylether kaum lösliche Kristalle. Eine 1-molare Lösung zeigt einen pH-Wert von 6–7. S. hat einen süßlichen Geschmack.

S. findet sich in den Proteinen der Säugetiermuskeln, von Erdnüssen sowie Meeresschalentieren. Es ist Bestandteil der Actinomycine (s. ↑ Actinomycin D) sowie der *Cyclosporine* (eine 1972 aufgefundene, sehr umfangreiche Gruppe von cyclischen Peptidantibiotika aus niederen Pilzen).

S. wird technisch hergestellt aus ↑ Formaldehyd, ↑ Methylamin und ↑ Natriumcyanid (s. Schema).

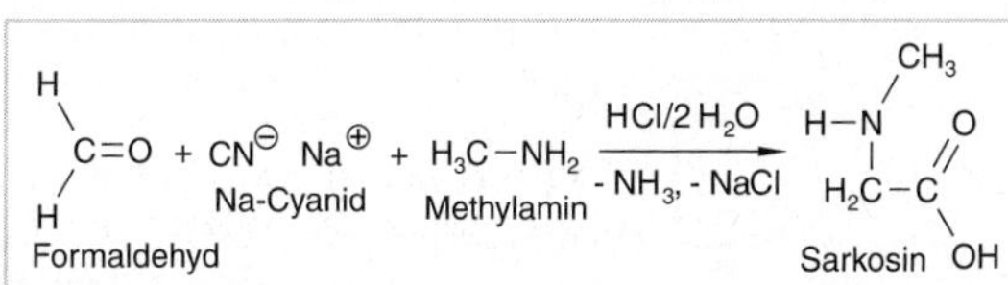

Synthese von Sarkosin

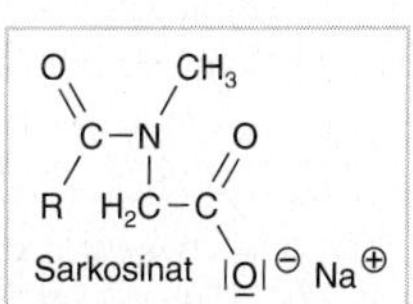

Aufbau der Sarkosinate

Durch Umsetzung von Salzen des S. (z. B. des Na-Salzes) mit den Säurechloriden von Fettsäuren, z. B. der ↑ Laurinsäure, der ↑ Stearinsäure oder der ↑ Ölsäure werden als *Sarkosinate* bezeichnete Tenside erhalten (s. Abbildung), die technisch als Netz- und Dispergiermittel verwendet werden.

S. dient auch als Ausgangsprodukt zur Herstellung von ↑ Kreatin und ist biochemisches Zwischenprodukt des Abbaues von Kreatin und ↑ Cholin.

$C_3H_7NO_2$	$M_R = 89{,}09$	C 40,44 %	H 7,92 %	N 15,72 %	O 35,92 %
$t_{Zersetzung}$ 212 °C (Z)	t_{Sdp}	d	η		
C_p 129 J/(K · mol)	$\Delta_S H$	$\Delta_{Sub} H$ 146 kJ/mol (S)	$\Delta_B H$ −513 kJ/mol	S^o	Q_C −1667 kJ/mol

Sauerstoff

Oxygen O

Ein farb-, geruch- und geschmackloses Gas, das sich zu einer bläulichen Flüssigkeit kondensieren läßt, die schließlich zu hellblauen Kristallen erstarrt (Daten s. Tabelle unten). In 100 l Wasser lösen sich bei 0 °C 4,91 l, bei 20 °C 3,05 und bei 100 °C 1,70 l O. In 100 l Ethanol lösen sich bei 20 °C 14 l O. In org. Solventien löst sich O durchweg besser als in Wasser. In den Handel kommt O in komprimierter Form in blaugestrichenen Stahlflaschen unter einem Druck von 150 bar.

O kommt auf der Erde sowohl elementar als auch gebunden in riesigen Mengen vor. Elementar ist er mit einem Anteil von 23,1 Gew.- % (20,95 Vol.-%) Bestandteil der Atmosphäre, an ↑ Wasserstoff gebunden bildet er 86 Gew.- % der irdischen Gewässer (*Hydrosphäre*) und in Form von Oxiden und Salzen der Oxosäuren ist er zu 47 Gew.- % in der *Lithosphäre* enthalten. Damit ist der O das häufigste chemische Element auf der Erde.

O ist in einen grundlegenden irdischen Stoffkreislauf eingebunden, indem er in Oxidationsprozessen (Atmung, Verbrennung fossiler Rohstoffe) an ↑ Kohlenstoff zum ↑ Kohlenstoffdioxid gebunden wird, aus welchem bei der Assimilation von den Pflanzen wieder Kohlenhydrate aufgebaut werden. Der von den Pflanzen abgegebene O stammt aus dem Wasser (s. unter ↑ Chlorophyll. Die von der irdischen Pflanzenwelt jährlich abgegebene O-Menge wird auf 300.000.000.000 t geschätzt.

O wird technisch ausschließlich durch *Luftverflüssigung* nach dem *Linde-Verfahren* gewonnen. Im Linde-Verfahren wird der *Joule-Thomson-Effekt* ausgenutzt, also die unter Abkühlung vonstatten gehende Entspannung (Volumenvergrößerung) realer Gase. Unter einem Druck von 200 bar stehende Luft wird durch ein Drosselventil auf 20 bar entspannt, wobei Abkühlung um 45 °C eintritt. Die so abgekühlte Luft wird zurückgeführt und dient gleichzeitig zur Vorkühlung der nächsten komprimierten Luftmenge vor ihrer Entspannung. Nach diesem Gegenstrom-Wärmetauscher-Prinzip wird solange verfahren, bis bei 20 bar Verflüssigung der Luft erreicht wird. Flüssige Luft nimmt im offenen Gefäß unter Atmosphärendruck eine Temperatur von −190 °C an und siedet dabei beständig (Gleichgewicht zwischen aufgenommener Umgebungswärme und abgegebener Verdampfungswärme). Die verflüssigte Luft wird zur Gewinnung des reinen O fraktioniert destilliert. Im Labor stellt man sich kleine Mengen O durch elektrolytische *Wasserzerlegung* her (s. Schema).

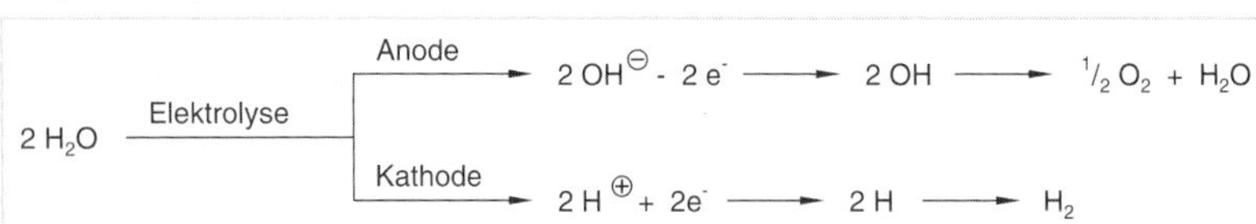

Sauerstoff-Gewinnung durch Elektrolyse von Wasser

$$BaO_2 \xrightarrow{\Delta} BaO + \frac{1}{2} O_2$$

Thermische Zersetzung von Bariumperoxid

Auch die thermische und katalytische Zersetzung von Peroxiden ist eine geeignete Labormethode, z. B. die thermische Zersetzung von ↑ Bariumperoxid (s. Gleichung).

Das gasförmige chemische Element O ist das erste Glied der 6. Hauptgruppe des PSE mit der Elektronenkonfiguration $1s^2\ 2s^2$

$2p^4$, Grundterm $^3P_2$. Dem O-Atom fehlen also zwei Elektronen zur Erreichung der Neon-Schale, folglich tritt O fast nur in der Oxidationsstufe −2 in seinen Verbindungen auf. O ist nach ↑ Fluor das elektronegativste Element, kann also nur in Verbindung mit Fluor elektropositiv wirken. Die Oxidationsstufe −1 betätigt O in den Peroxiden (s. z. B. ↑ Wasserstoffperoxid). Für die Reduktion von O in saurer und alkalischer Lösung gelten die angegebenen Normalpotentiale (s. Gleichungen).

$O_2 + 4\,H^+ + 4\,e^-$	$\longrightarrow 2\,H_2O$	saure Lösung	$E^0 = 1{,}230$ V
$O_2 + 2\,H_2O + 4\,e^-$	$\longrightarrow 4\,OH^-$	alkalische Lösung	$E^0 = 0{,}401$ V

Normalpotentiale für die Sauerstoff-Reduktion

In seiner beständigen Form bildet O zweiatomige Moleküle. Diese Moleküle zeigen Paramagnetismus, müssen also ungepaarte Elektronen enthalten. Tatsächlich erweist sich das O_2-Molekül als ein *Diradikal*, was von großer Bedeutung ist, da hierauf die Aggressivität des O beruht. Die elektronische Struktur als Diradikal ist mit der VB-Methode nicht zu erklären, ergibt sich aber zwanglos aus der MO-Theorie, wenn man die MO's des O_2-Moleküls mit den insgesamt 16 Elektronen auffüllt unter Beachtung der Hundschen Regel (s. Schema).

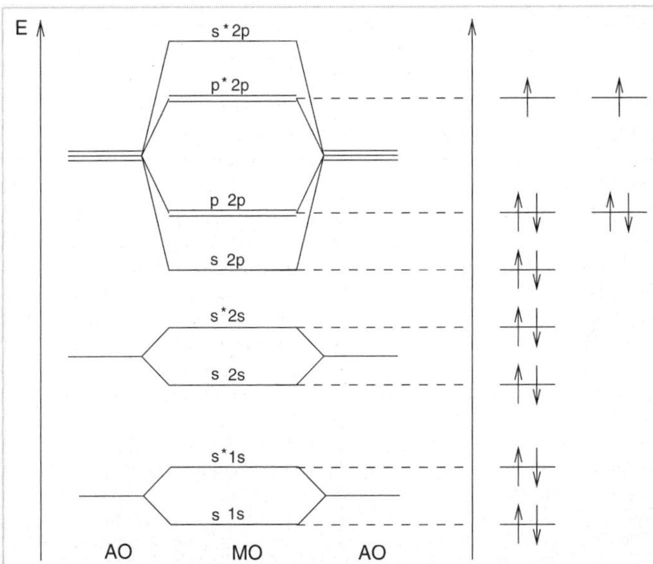

Schema der O_2-MO's und deren Elektronenbesetzung

So reagiert O in organischen Reaktionen meist nach einem radikalischen Mechanismus, vor allem in den *Autoxidationen*, die als Kettenreaktionen ablaufen und zu den Peroxiden führen (s. Schema).

$$R{-}H + \bullet\overline{O}{-}\overline{O}\bullet \longrightarrow R\bullet + H{-}\overline{O}{-}\overline{O}\bullet$$
$$R\bullet + \bullet\overline{O}{-}\overline{O}\bullet \longrightarrow R{-}\overline{O}{-}\overline{O}\bullet$$
$$R{-}\overline{O}{-}\overline{O}\bullet + R{-}H \longrightarrow R{-}\overline{O}{-}\overline{O}{-}H + R\bullet$$

Als Kettenreaktion ablaufende Autoxidationen

Da diese peroxidischen Kettenträger nicht sehr reaktiv sind, werden bevorzugt gelockerte C-H-Bindungen angegriffen (in Nachbarschaft zu O-Funktionen wie in Ethern und Aldehyden, tertiären C-H-Bindungen usw.). Das *Altern von Polymeren* und *Ranzigwerden* von Ölen und Fetten beruht auf solchen Reaktionen. Licht und Schwermetall-Ionen wirken beschleunigend.

$$O_2 \longrightarrow 2\,O$$
$$O_2 + O \longrightarrow O_3$$

Ozon-Bildung aus O_2-Molekülen durch Energiezufuhr

Einzelne O-Atome entstehen aus den O-Molekülen durch Energiezufuhr, reagieren jedoch sofort mit weiteren O-Molekülen zu einer zweiten, dreiatomige Moleküle enthaltenden O-Modifikation, dem ↑ Ozon (s. Gleichungen).

Da Verbindungen mit O zu den wichtigsten Verbindungen aller Elemente zählen, ist ein Großteil der Chemie überhaupt auch eine Chemie des O, die also mit den einzelnen Elementen abgehandelt wird. O. ist ein sehr reaktionsfähiges Gas, das mit sehr vielen Elementen und Verbindungen reagiert. Diese Reaktionen bezeichnet man als *Oxidationen*, wenn sie unter Feuererscheinung ablaufen als *Verbrennungen*. Da der O in der atmosphärischen Luft 1 : 4 mit ↑ Stickstoff verdünnt ist, verlaufen die Reaktionen in reiner O-Atmosphäre bedeutend schneller und heftiger.

Reiner O wird technisch zur Erzeugung heißer *Flammen* verwendet, z. B. die *Knallgasflamme*, die *Acetylenflamme* oder die *Dicyanflamme* (s. Gleichungen).

$H_2 + {}^1/_2\,O_2 \longrightarrow H_2O$	2400 °C	(Knallgasflamme)
$C_2H_2 + {}^5/_2\,O_2 \longrightarrow 2\,CO_2 + H_2O$	3000 °C	(Acetylenverbrennung)
$C_2N_2 + 2\,O_2 \longrightarrow 2\,CO_2 + N_2$	4640 °C	(Dicyanverbrennung)

Erzeugung heißer Flammen mit Sauerstoff

Die heißeste Flamme überhaupt erreicht man durch Verbrennen von Dicyan (s. unter ↑ Cyanwasserstoff) mit ↑ Ozon (s. Gleichung).

$$C_2N_2 + {}^2/_3\,O_3 \longrightarrow 2\,CO + N_2 \qquad 5200\ °C$$

Verbrennung von Dicyan mit Ozon: ergibt die heißeste Flamme

O dient auch als Komponente in Raketen-Treibstoffmischungen. Medizinisch wird reiner O zu Beatmungs- und Therapiezwecken eingesetzt. Präparativ verwendet man O in den verschiedensten Oxidationsprozessen.

Von besonderer Bedeutung ist der Gehalt an gelöstem O in den fließenden und stehenden Gewässern für deren biologische Selbstreinigung. Im Wasser gelöste organische Verunreinigungen werden von stets vorhandenen Bakterien im Zuge ihres Stoffwechsels unter O-Verbrauch abgebaut, oxidiert. Diesen aeroben Stoffwechsel können die Mikroorganismen aber bei O-Mangel (wenn also mehr O verbraucht wird als über die Oberfläche aus der Luft durch Diffusion nachgeliefert werden kann) auf anaerob umstellen, wobei sie dann ↑ Methan (und ↑ Kohlenstoffdioxid) anstatt Wasser (und Kohlenstoffdioxid) produzieren. Ferner können sie dann Sulfat zu ↑ Schwefelwasserstoff reduzieren, was den bekannten fauligen Geruch solcher Wässer verursacht. Ein quantitatives Maß für die Belastung eines Wassers mit organischem ↑ Kohlenstoff ist der *CSB-Wert* (*Chemischer Sauerstoff-Bedarf*). Er gibt an, wieviel mg O pro Liter Wasser verbraucht werden, um alle organischen Verbindungen zu oxidieren. Zu seiner Bestimmung wird ein definiertes Wasservolumen mit einer definierten Menge Dichromat- oder Permanganat-Maßlösung in der Hitze behandelt und anschließend die nicht verbrauchte Maßlösung titrimetrisch oder fotometrisch festgestellt.

Wird der aerobe Abbau gezielt zur Abwasser-Aufbereitung genutzt, so muß der erforderliche O eingeleitet und dispergiert werden, was einen erheblichen Energiebedarf bedeutet. Deshalb wird in der Abwassertechnik bei hochbelasteten Gewässern der anaerobe Abbau angestrebt, der anstelle eines Energie-Bedarfs große Mengen energetisch verwertbaren Biogases erzeugt. Problematisch ist beim anaeroben Abbau allerdings, daß aus dem organisch gebundenen Stickstoff Ammonium-Salze entstehen, die in einer nachgeschalteten Stufe chemisch abgetrennt werden müssen und wofür noch kein optimales Verfahren existiert.

Die Bestimmung von O in Gasmischungen kann durch Absorption des O in einer alkalischen Lösung von ↑Pyrogallol erfolgen. Für Routinemessungen von gelöstem O in Wasser stehen *Sauerstoffmeßgeräte* zur Verfügung, die mit amperometrischen Methoden arbeiten: die elektrochemische Reduktion von O in alkalischer Lösung (nach o. a. Gleichung, $E^{\ominus}$ = 0,401 V), wird amperometrisch ausgewertet, wobei eine membranbedeckte Sonde nach Clark zur Anwendung kommt. Die klassische *Winkler-Methode* nutzte die Oxidation von Mn(II) in alkalischer Lösung zu Mn(III), Oxidation von Iodid zu ↑Iod durch Mn(III) und Titration des ausgeschiedenen Iod mit Thiosulfat-Maßlösung.

Der Mensch nimmt täglich im Durchschnitt ca. 900 g O aus der Luft (Atmung) und über 200 g mit der Nahrung in gebundener Form auf. Der höchste O-Verbrauch vollzieht sich in Leber und Muskeln.

O Z = 8 A_R = 15,9994 Isotope: 16, 17, 18; 13-15, 19, 20 (künstlich)

t_{Smp} −218,4 °C	t_{Sdp} −182,97 °C	d 0,001429 g/cm³	MV 22393 cm³/mol	α	λ 0,0267 W/mK
C_p 29,38 J/(K · mol)	$\Delta_S H$ 0,444 kJ/mol	$\Delta_V H$ 6,82 kJ/mol	S^o 205,15 J/(K · mol)	ϱ	
t_{krit} −118,4 °C	P_{krit} 5,043 MPa	d_{krit} 0,430 g/cm³	t_{trip} −218,8 °C		
MAK	R-Satz 8	S-Satz 17			

Scandium

Scandium Sc

Ein silberweißes, relativ weiches, dehnbares metallisches chemisches Element, das an der Luft beständig ist. Von nichtoxidierenden Säuren wird Sc rasch unter Wasserstoff-Entwicklung in die entsprechenden Sc(III)-Salzlösungen überführt.

Mit einem Anteil am Aufbau der Erdrinde von ca. 0,001 % ist Sc keineswegs ein seltenes Element und z. B. häufiger als ↑Kupfer. Es tritt jedoch überwiegend in nur so geringen Konzentrationen auf, daß es als seltenes Element betrachtet wird. Es findet sich durchweg als Begleiter in den Seltenerd-Mineralien. Lediglich im *Thortveitit*, einem Sc,Y-Silicat, das in Norwegen und auf Madagaskar vorkommt, ist Sc zu ca. 30 %, bezogen auf *Scandiumoxid*, enthalten. Sehr seltene Vorkommen sind die Mineralien *Kolbeckit* (ein *Scandiumphosphat* u. a. im sächsischen Erzgebirge) und der *Bazzit* (ein dem Beryll nahestehendes Mineral, das ca. 15 % Scandiumoxid enthält).

Sc läßt sich relativ leicht von den Begleitelementen abtrennen: es wird zunächst als *Scandiumhydroxid* ausgefällt und anschließend aus sauer, Ammoniumrhodanid-haltiger Lösung mittels ↑Diethylether extrahiert. Das Metall wird dann z. B. durch Schmelzflußelektrolyse des Chlorids hergestellt.

Sc ist das erste Element der III. Nebengruppe des PSE, d. h. mit dem Sc wird der Ausbau der 3d-Schale begonnen und es ist das auf das ↑Calcium folgende Element, besitzt folglich die Elektronenkonfiguration $1s^2$ $2s^2$ $2p^6$ $3s^2$ $3p^6$ $3d^1$ $4s^2$, Grundterm $^2D_{3/2}$. Aus der Elektronenkonfiguration erklärt sich die ausschließliche Betätigung der Oxidationsstufe + 3. Das Normalpotential für die Bildung von Sc(III)-Kationen weist Sc als sehr unedles Metall aus (s. Gleichung).

$$Sc \longrightarrow Sc^{3+} + 3\,e^- \qquad E_0 = -2{,}08\ V$$

Normalpotential für die Sc(III)-Bildung

$$2\,Sc + {}^{3}/_{2}\,O_2 \longrightarrow Sc_2O_3$$

Bildung von Scandiumoxid

Chemisch ähnelt Sc dem ↑ Aluminium. Beim Verbrennen entsteht Scandium(III)oxid (s. Gleichung), ein weißes, durch heiße Säuren zersetzbares Pulver.

Aus Scandium(III)-Salzen fällt mit Alkalien gallertiges weißes Scandium(III)hydroxid, das zum Unterschied vom ↑ Aluminiumhydroxid nicht amphoter ist, von Säuren aber leicht neutralisiert und in die entsprechenden Salze überführt wird (s. Gleichungen).

$$Sc^{3+} + 3\,OH^{\ominus} \longrightarrow Sc(OH)_3$$
$$Sc(OH)_3 + 3\,HCl \longrightarrow ScCl_3 + 3\,H_2O$$

Fällung und Neutralisation von Scandiumhydroxid

Sc und seine Verbindungen haben bislang keine wesentlichen technischen Anwendungen gefunden.

Sc Z = 21 A_R = 44,955910 Isotope: 45; 40-44, 46-51 (künstlich)

t_{Smp}	t_{Sdp}	d	MV	α	λ
1539 °C	2828 °C	2,99 g/cm³	15,04 cm³/mol	10,0 10^{-6}/K	15,8 W/mK
C_p	$\Delta_S H$	$\Delta_V H$	S^o	ϱ	
25,57 J/(K · mol)	14,1 kJ/mol	314,2 kJ/mol	34,64 J/(K · mol)	505 nΩ · m	

Schellack

Shellac

Kommt in gereinigter Form als *Blätterschellack* in den Handel und bildet als solcher braungelbe, harte dünne Blättchen, die sich in Ethanol, 1-Pentanol und Aceton sehr gut, in Kohlenwasserstoffen fast gar nicht lösen. S. ist ebenfalls löslich in alkalischem Medium.

S. ist ein Naturharz tierischen Ursprungs. Es wird aus dem Sekret der weiblichen *Lackschildlaus* gewonnen, die im südasiatischen Raum beheimatet ist. Das Insekt siedelt in großen Kolonien auf Bäumen und Sträuchern, wobei das Sekret in bis zu 8 mm dicken Schichten auf den Ästen der Pflanzen abgesondert wird (es dient zum Schutz der Brut). Die Schichten werden zweimal jährlich abgeerntet als sog. *Stocklack*. Der Stocklack wird in mehreren Arbeitsgängen von Wachsen und Farbstoffen befreit und kann noch mit ↑ Natriumhypochlorit gebleicht oder in Lösung mit ↑ Aktivkohle entfärbt werden.

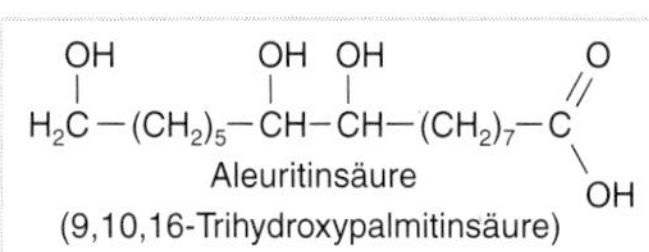

Struktur der Aleuritinsäure

Der schließlich erhaltene S. ist ein Vielkomponenten-Polymerisat, dessen Hydrolysate vor allem aus hydroxylierten Carbonsäuren bestehen. Eine Hauptkomponente ist die *9,10,16-Trihydroxypalmitinsäure*, auch als *Aleuritinsäure* bezeichnet (s. Abbildung).

Die anwendungstechnisch wichtigste Eigenschaft des S. ist die Fähigkeit, zu festhaftenden, harten, glänzenden, UV-beständigen Schichten aus der Lösung heraus aufzutrocknen. S. ist auch gut verträglich mit anderen Harzen und Polymeren.

S. wird deshalb zur Herstellung von Holz- und Papierlacken, Siegellacken, Farben, Polituren, Appreturen und Kitten verarbeitet. Ungebleichter S. gilt als toxikologisch völlig unbedenklich und ist sowohl im Lebensmittel- als auch im Arzneimittel- und Kosmetikbereich zugelassen (Nummer *E 904*), wo er zum Beschichten und Coaten von Tabletten, Kapseln, Dragees, Konfekt und Früchten verwendet wird, sowie zur Herstellung von Nagellacken, Festigern und Klebstoffen. Früher wurden die Schallplatten aus S. hergestellt.

Die Aleuritinsäure, die sich aus S. isolieren läßt, wird präparativ, z. B. zur Herstellung von ↑ Ambrettolid, benutzt

Schleimsäure

Galactaric acid, Mucic acid   Tetrahydroxyadipinsäure, Galactarsäure, Mucinsäure

Ein weißes kristallines Pulver, das in kaltem Wasser und den üblichen org. Solventien kaum löslich ist. In siedendem Wasser löst sie sich zu ca. 1,7 g/100 ml. Gut löslich ist die S. in Alkalilaugen.

Die S. entsteht bei der Oxidation von ↑ D-Galactose mit konz. ↑ Salpetersäure (s. Schema) und zusammen mit Glucarsäure (s. ↑ D(+)-Glucose) bei der analogen Oxidation von ↑ Lactose.

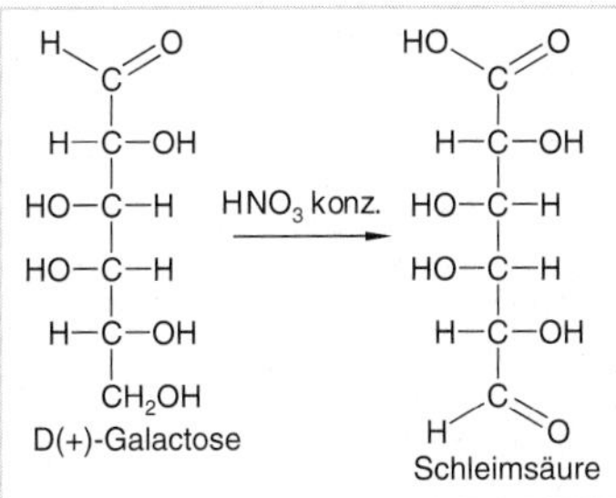

Bildung der Schleimsäure durch Oxidation von Galactose

Wird in Aldosen die Aldehydfunktion zur Carboxylgruppe oxidiert, gelangt man zu den Aldonsäuren (s. z. B. ↑ D-Gluconsäure), wird zusätzlich noch die endständige primäre Alkoholfunktion aufoxidiert, liefert dies die *Aldarsäuren*, hier also die Galactarsäure.

Die S. besitzt eine Symmetrieebene und stellt deshalb eine Meso-Form dar. Die Salze der S. heißen *Mucate*. Aus dem *Ammoniummucat* erhält man durch Destillieren mit ↑ Glycerin ↑ Pyrrol. Die trockene Destillation von S. liefert ↑ Furan-2-carbonsäure, die deshalb auch als Brenzschleimsäure bezeichnet wird.

$C_6H_{10}O_8$ $M_R = 210{,}14$ C 34,29 %   H 4,80 %   O 60,91 %

t_{Smp}	t_{Sdp}	d	η
213 °C			

Schwefel

Sulphur, Sulfur (amerik.)   S

S besitzt unter Normalbedingungen nur eine stabile Modifikation, den α-Schwefel, und bildet darin hellgelbe, geruch- und geschmacklose rhombische Kristalle, die an der Luft völlig beständig und in Wasser gänzlich unlöslich sind. In verschiedenen org. Solventien besitzt S eine geringe Löslichkeit, z. B. in Aceton zu 2,5 %. Sehr gut löst sich S in Schwefelkohlenstoff, nämlich bei 20 °C zu 50 g/100 ml. Beim Erwärmen geht der S eine Reihe von Modifikationsumwandlungen ein. Der α-S besteht aus einem Kristallgitter von S8-Ringen. Bei 95,6 °C wandelt sich α-S in den β-S um, der ebenfalls aus S8-Ringen, jedoch mit anderer Gitterstruktur, besteht. Bei 119 °C schmilzt der S zu einer leichtbeweglichen gelben Flüssigkeit (immer noch S8-Ringe enthaltend), die bei weiterer Temperatursteigerung dunkler und zähflüssiger wird. Bei 160 °C steigt die Viskosität sprunghaft, der S liegt dann als zähe braune Masse, und zwar größtenteils als μ-S vor. Im μ-S sind die S8-Ringe aufgebrochen und haben sich zu hochmolekularen S-Ketten verknüpft. Da immer noch S8-Ringe im Gleichgewicht vorliegen, die sich in μ-S umwandeln können, steigt die Viskosität bei weiterem Erwärmen, um bei 200 °C ihr Maximum aufzuweisen. Ab dann nimmt die Viskosität wieder ab. Bei 400 °C ist die Schmelze wieder dünnflüssig und bei 444,6 °C siedet die Flüssigkeit. Der Dampf besteht wieder aus S8-Ringen, die sich bei weiterer Temperatursteigerung in Bruchstücke und schließlich in

S_2-Moleküle spalten. Die Vorgänge sind im Schema zusammengefaßt. Insgesamt sind die Zusammenhänge sehr komplex und im Detail noch nicht gesichert.

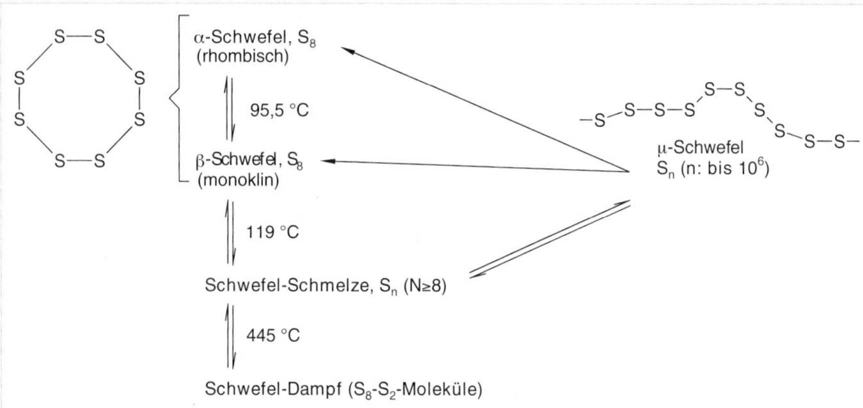

Modifikations-Umwandlungen des Schwefels beim Erwärmen

S kommt in der Natur in riesigen Lagern in elementarer Form vor, so vor allem in Sizilien, Nordamerika und Polen. In gebundender Form findet er sich in den Schwermetallsulfiden (z. B. ↑ Eisen(II)sulfid) und in den Sulfaten (z. B. ↑ Calciumsulfat) und ist so am Aufbau vieler Erze beteiligt. S ist auch wesentlicher Bestandteil der fossilen Brennstoffe Erdgas, Erdöl und Kohle, in denen er teils an ↑ Wasserstoff, teils organisch gebunden vorkommt. S ist auch in wichtigen Biomolekülen enthalten (z. B. in den proteinogenen Aminosäuren ↑ Cystein und ↑ Methionin, im ↑ Coenzym A, in dem Vitamin ↑ Biotin). Der S ist so am Aufbau der Erdrinde mit ca. 0,05 % beteiligt. Aus den elementaren Vorkommen wird S nach dem *Frasch-Verfahren* gewonnen (durch speziell konstruierte Rohre wird überhitzter Wasserdampf in die S-Schichten eingeleitet, der S verflüssigt und mit dem Wasser durch das gleiche Rohr nach oben gepresst). Aus ↑ Schwefelwasserstoff (des Erdgases, der Raffinerie- und Koksofengase) wird S nach dem *Claus-Prozess* erhalten. Eine Claus-Anlage besteht im wesentlichen aus einer Brennkammer und zwei nachgeschalteten Reaktoren, in denen die im Gleichungsschema angegebenen Reaktionen ablaufen (s. Schema).

$$2\,H_2S + O_2 \longrightarrow 2\,S + 2\,H_2O \qquad \text{(Brennkammer)}$$
$$H_2S + {}^3/_2\,O_2 \xrightarrow[\text{Bauxit}]{Co/Mo/Al_2O_3} SO_2 + H_2 \qquad \text{(1. Reaktor)}$$
$$2\,H_2S + SO_2 \longrightarrow 3\,S + 2\,H_2O \qquad \text{(2. Reaktor)}$$

Chemische Vorgänge im Claus-Verfahren

S ist in der 6. Hauptgruppe des PSE der Gruppennachfolger vom ↑ Sauerstoff, besitzt also die Elektronenkonfiguration $1s^2\ 2s^2\ 2p^6\ 3s^2\ 3p^4$, Grundterm $^3P_2$.

S ist ein reaktives chemisches Element und verbindet sich entweder bei Normaltemperatur oder aber bei höheren Temperaturen mit allen anderen Elementen, lediglich außer mit ↑ Iod, ↑ Stickstoff, ↑ Tellur, ↑ Gold, ↑ Platin, ↑ Iridiumund den Edelgasen.

Da ihm zwei Elektronen zur Erreichung der Edelgasschale fehlen, strebt der S wie der Sauerstoff die Oxidationsstufe −2 an, kann aber auch im Gegensatz zum Sauerstoff die Oxidationsstufen +4 und +6 ausbilden. Da der S als Element der 2. Achterperiode über d-Orbitale verfügt, ist eine sp^3d^2-Hybridisierung und Sechserkoordination und ferner die Ausbildung von dπ-pπ-Wechselwirkungen möglich. Insgesamt ist der S ein typisches Nichtmetall mit der Tendenz zur Betätigung kovalenter Bindungen. Lediglich mit den elektropositiven Metallen tritt er in überwiegend ionischer Bindung auf. Weiteres zur Chemie des S. s. unter den einzelnen Verbindungen.

Über 85 % des produzierten S werden zur Herstellung von ↑ Schwefelsäure verbraucht. Einen Großteil des S verbraucht die Gummiindustrie in Form von Vulkanisationshilfsmitteln sowie zur Vulkanisation (s. unter ↑ Naturkautschuk) selbst. Ferner werden große Mengen S zur Fertigung von Feuerwerkskörpern benötigt, sowie zur Synthese von ↑ Schwefelkohlenstoff, Farbstoffen und anderen S-Verbindungen.

Präparativ wird der S in der Organik als *Dehydrierungsmittel* verwendet, wobei er zu ↑ Schwefelswasserstoff reduziert wird. Hierzu wird die zu dehydrierende Verbindung mit dem S auf ca. 250 °C erhitzt. Vor allem läßt sich so eine *Aromatisierung* erzielen, d. h. ein Ausbau eines ungesättigten Ringsystems zum Aromaten oder ein aromatisierender Ringschluß. Diese Reaktion hat historisch zur Strukturaufklärung von Naturstoffen gedient (s. unter ↑ Abietinsäure).

Medizinisch wird S äußerlich in Salbenform gegen Hautkrankheiten verwendet, bei innerlicher Gabe (in Dosen von 2-4 g) wirkt der im Darm durch Reduktion aus S gebildete ↑ Schwefelwasserstoff anregend auf die Peristaltik (Abführmittel).

Zum qualitativen Nachweis von S-Verbindungen werden für die einzelnen Ionen spezifische Reaktionen angewandt, z. B. Sulfid-, Sulfat-, Sulfit- oder Thiosulfat-Nachweis. Organisch gebundenen S weist man nach, indem man die Substanz mit ↑ Natrium aufschließt und die alkalische Aufschlußlösung mit einer Lösung von ↑ Nitroprussidnatrium versetzt. Eine Violettfärbung zeigt S an.

S Z = 16 A_R = 32,064 Isotope: 32, 33, 34, 36; 29-31, 35, 37, 38 (künstlich)

t_{Smp}	t_{Sdp}	d	MV	α	λ
119 °C	444,6 °C	2,07 g/cm³	15,49 cm³/mol	74,3 10^{-6}/K	0,269 W/mK
C_p	$\Delta_S H$	$\Delta_V H$	S^o	ϱ	
22,76 J/(K · mol)	1,72 kJ/mol	9,62 kJ/mol	32,06 J/(K · mol)		

Schwefelchlorid

Sulfur chloride Dischwefeldichlorid

Bildet eine bräunliche bis gelblich rote, rauchende, ölige Flüssigkeit mit penetrantem Geruch, die von Wasser zu einer Vielzahl von Produkten, wie ↑ Schwefel, ↑ Chlorwasserstoff, ↑ Schwefeldioxid, ↑ Schwefelwasserstoff und Thiosulfat zersetzt wird. S. ist löslich in Ethanol, Diethylether oder Tetrachlorkohlenstoff und besitzt großes Lösungsvermögen für Schwefel. S. ist nicht brennbar.

$$2\,S + Cl_2 \xrightarrow{240\,°C} S_2Cl_2$$

Elementsynthese von Schwefelchlorid

S. wird hergestellt durch Einleiten von gasförmigem ↑ Chlor in flüssigen ↑ Schwefel bei ca. 240 °C (s. Gleichung).

Bei dieser Umsetzung entsteht auch *Schwefeldichlorid*, welches durch überschüssigen Schwefel ebenfalls in S. überführt wird (s. Gleichung).

$$S + Cl_2 \longrightarrow SCl_2 \xrightarrow{+S} S_2Cl_2$$

Bildung von Schwefeldichlorid und dessen Reaktion zu Schwefelchlorid

$$S_2Cl_2 + Cl_2 \xrightarrow{\text{Jod}} 2\,SCl_2$$

Gezielte Synthese von Schwefeldichlorid

Schwefeldichlorid wird auch gezielt hergestellt, indem man Chlor in flüssiges S. einleitet und ↑ Iod als Katalysator zufügt (s. Gleichung).

Schwefeldichlorid ist sehr instabil und wird wie S. verwendet. Die Umsetzung mit ↑ Natriumfluorid liefert *Schwefeltetrafluorid*, ein farbloses giftiges Gas, das heftig mit Wasser reagiert und präparativ als Fluoridierungsmittel verwendet wird, indem es z. B. in Carbonylgruppen den Sauerstoff durch zwei Fluoratome ersetzt (s. Gleichungen).

$$3\,SCl_2 + 4\,NaF \longrightarrow S_2Cl_2 + SF_4 + 4\,NaCl$$
$$>C{=}O + SF_4 \longrightarrow >CF_2 + O{=}SF_2$$

Synthese von Schwefeltetrafluorid und dessen Verwendung zur Fluoridierung

S. ist Ausgangsprodukt zur Herstellung von ↑ Thionylchlorid. Die mengenmäßig bedeutendste Anwendung findet es, gelösten Schwefel enthaltend, zur *Kaltvulkanisation* von Kautschuk.

► S. ist stark haut- und schleimhautreizend und giftig.

Cl_2S_2 $M_R = 135{,}03$ Cl 52,51 % S 47,49 %

t_{Smp}	t_{Sdp}	d	η
−80 °C	136 °C	1,678 g/cm³	

C_p	$\Delta_S H$	$\Delta_V H$	$\Delta_B H$	S^o	Q_C
124 J/(K · mol)		36 kJ/mol	−58 kJ/mol	224 J/(K · mol)	

MAK	R-Satz	S-Satz
6 mg/m³	14-20-25-29-35-50	26-36/37/39-45-61

Schwefeldioxid

Sulfur dioxide

Ist unter Normalbedingungen ein farbloses, stechend und erstickend riechendes, nichtbrennbares Gas, das sich zu einer farblosen Flüssigkeit kondensieren läßt und schließlich zu farblosen Kristallen erstarrt (Daten s. Tabelle). S. löst sich bei 20 °C zu ca. 10 % in Wasser, d. h. in 1 Liter Wasser lösen sich 40 Liter S. In org. Solventien wie Ethanol, Methanol, Diethylether oder Chloroform ist S. besser löslich als in Wasser. Die wässerige Lösung von S. reagiert sauer infolge Bildung von Schwefliger Säure (s. unter ↑ Natriumsulfit).

$$S + O_2 \longrightarrow SO_2$$

Verbrennung von Schwefel zu Schwefeldioxid

S. entsteht bei der Verbrennung von ↑ Schwefel und wird technisch auf diese Weise hergestellt (s. Gleichung).

Hierzu wird flüssiger Schwefel in Form feiner Tröpfchen in Brennkammern eingedüst. S. wird auch erhalten durch Abrösten sulfidischer Erze, z. B. von Pyrit (s. Gleichung).

$$2\,FeS_2 + 5^1/_2\,O_2 \xrightarrow{800\,°C} Fe_2O_3 + 4\,SO_2$$

Schwefeldioxid-Entstehung beim Abrösten von Pyrit

S. wird durch weitere technische Prozesse gewonnen: die thermische oder reduktive Spaltung von Metallsulfaten oder von Abfallschwefelsäure. Diese Verfahren haben die Vermeidung von Abfallproblemen als Nebeneffekt.

Ein Großteil des S. wird sofort auf ↑Schwefelsäure weiterverarbeitet. Das reine S. wird aus den Verbrennungs- oder Röstgasen erhalten, indem es entweder in alkalischen Lösungen absorbiert (und anschließend mit Säure wieder ausgetrieben) oder durch Kühlen und Druck kondensiert wird.

S. ist auch ein wesentlicher Bestandteil der Kraftwerksrauchgase und muß mittels „*Rauchgasentschwefelung*" entfernt werden. Diese beinhaltet eine Rauchgaswäsche mit wässerigen Lösungen von ↑Calciumhydroxid oder ↑Calciumcarbonat, bei der *Calciumsulfit* bzw. ↑Calciumsulfat erhalten wird (s. Gleichungen).

$$\left.\begin{array}{l} Ca(OH)_2 + SO_2 \longrightarrow CaSO_3 + H_2O \\ Ca(OH)_2 + SO_2 + {}^1/_2O_2 \longrightarrow CaSO_4 + H_2O \end{array}\right\} \text{Rauchgasentschwefelung}$$

Zur Rauchgasentschwefelung genutzte Reaktionen

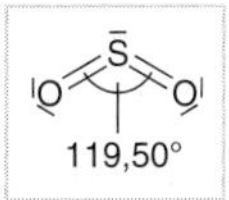

Struktur des Schwefeldioxid-Moleküls

Im S. befindet sich das S-Atom in der Oxidationsstufe +4. Das Molekul ist gewinkelt gebaut (s. Abbildung). Das S-Atom ist sp^2-hybridisiert. Die S-O-Doppelbindungen beruhen auf dπ-pπ-Wechselwirkungen.

Flüssiges S. besitzt hervorragendes Lösungsvermögen und dient als nichtwässeriges Solvens für spezielle Umsetzungen. Die charakteristischste Eigenschaft des S. ist sein Reduktionsvermögen, das es auch in den wässerigen Lösungen zeigt (s. unter ↑Natriumsulfit).

Viele organische Farbstoffe werden reduktiv entfärbt, weshalb S. zum Bleichen organischer Materialien (Stroh, Wolle) verwendet wird. Die desinfizierende Wirkung des S. wird beim „Ausschwefeln" von Fässern und beim Ausräuchern ausgenutzt. S. dient ferner in großem Ausmaß zur Herstellung von weiteren Schwefelverbindungen wie Sulfite, Hydrogensulfite, Thiosulfate usw. Wichtig ist auch die Verwendung von S. in dem technischen Prozess der Sulfoxidation (s. unter ↑Schwefelsäure) sowie der *Sulfochlorierung*. Letztere besteht in der gleichzeitigen Einwirkung von S. und ↑Chlor auf Paraffine vor allem der $C_{12} – C_{20}$-Fraktion. Sie verläuft radikalisch über eine Kettenreaktion nach dem gezeigten Schema.

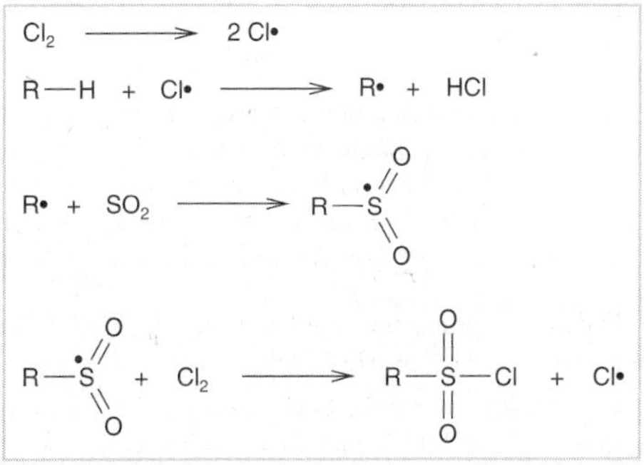

Sulfochlorierung

Es entstehen *Sulfochloride*, die entweder selbst als Gerbstoffe verwendet oder aus denen durch Hydrolyse die *Alkansulfonate* gewonnen werden.

► S. wirkt stark reizend auf Augen und Atemwege.

O_2S $M_R = 64{,}07$ O 49,95 % S 50,05 %

t_{Smp}	t_{Sdp}	d	η		
−72,7 °C	−10 °C	0,002927 g/cm³			
C_p	$\Delta_S H$	$\Delta_V H$	$\Delta_B H$	S^o	Q_C
39,9 J/(K · mol)	7,4 kJ/mol	24,9 kJ/mol	−297 kJ/mol	248 J/(K · mol)	
t_{krit}	P_{krit}	d_{krit}	t_{trip}		
157,5 °C	77,8 MPa	0,524 g/cm³			
MAK	R-Satz	S-Satz			
5 mg/m³	23-34	9-26-36/37/39-45			

Schwefelhexafluorid

Sulfur hexafluoride

Bildet unter Normalbedingungen ein farb- und geruchloses Gas, das sich in Wasser kaum löst, in Ethanol etwas löslich ist. S. ist eine außerordentlich stabile Verbindung, die nucleophil auch durch geschmolzenes Alkalihydroxid nicht anzugreifen ist, nicht brennbar ist und in der z. B. ↑ Natrium ohne jede Reaktion geschmolzen werden kann (s. unten). Thermisch verändert sich S. bis 500 °C nicht. Gleichzeitig ist S. eines der schwersten Gase, die man kennt (etwa 5 mal schwerer als Luft).

$$S + 3\,F_2 \longrightarrow SF_6$$

Elementsynthese von Schwefelhexafluorid

S. wird am einfachsten direkt aus den Elementen hergestellt (s. Gleichung).

Es ist interessant, daß thermodynamisch gesehen S. z. B. mit Wasser in stark exothermer Reaktion zu ↑ Schwefeltrioxid reagieren müßte. Die Inertheit der Verbindung beruht auf einer kinetischen Hemmung, die auf die sterische Abschirmung in der symmetrischen Molekülstruktur zurückzuführen ist. Das Molekül stellt einen Oktaeder (tetragonale Bipyramide) dar.

Die Inertheit in Verbindung mit der hohen Dichte machen S. zu einem idealen *Schutzgas*. Als solches wird es auch vielfach verwendet, z. B. über Metallschmelzen, über Reaktionsgemischen oder in Anlagen. Da S. dem ↑ Sauerstoff selbst in elektrischen Entladungen widersteht, dient es auch als Dielektrikum in Hochspannungsanlagen.

► S. ist auch physiologisch völlig inert.

F_6S $M_R = 146{,}07$ F 78,05 % S 21,95 %

t_{Smp}	$t_{Sublimation}$	d	η		
−51 °C (225 kPa)	−64 °C (S)	0,00616 g/cm³			
C_p	$\Delta_S H$	$\Delta_{Sub} H$	$\Delta_B H$	S^o	Q_C
97 J/(K · mol)	5,02 kJ/mol	22,8 kJ/mol (S)	−1220 kJ/mol	292 J/(K · mol)	

t_{krit}	P_{krit}	d_{krit}	t_{trip}
45,6 °C	3,7 MPa	0,734 g/cm³	

MAK	R-Satz	S-Satz
6000 mg/m³		

Schwefelkohlenstoff

Carbon disulfide Kohlenstoffdisulfid

$$CS_2 + 3\,O_2 \longrightarrow CO_2 + 2\,SO_2$$

Verbrennung von Schwefelkohlenstoff

Bildet eine farblose, leichtbewegliche, stark lichtbrechende, sehr leicht entflammbare Flüssigkeit von üblem, fauligem Geruch (in reinstem Zustand soll S. angenehm aromatisch riechen), die in Wasser unlöslich, in den üblichen org. Solventien löslich ist. S. verbrennt mit blauer Flamme zu ↑ Kohlenstoffdioxid und ↑ Schwefeldioxid (s. Gleichung).

$$CH_4 + 2\,S_2 \xrightarrow{650\,°C} CS_2 + 2\,H_2S$$

Heutige technische Gewinnung von Schwefelkohlenstoff

S. kommt in sehr geringen Mengen im Steinkohlenteer und im Rohpetroleum vor. Früher wurde S. durch Umsetzung von Holzkohle mit ↑ Schwefel bei höherer Temperatur hergestellt. Heute wird ↑ Methan als Kohlenstoffquelle eingesetzt (s. Gleichung).

Der mitgebildete ↑ Schwefelwasserstoff wird in einer Claus-Anlage in Schwefel überführt (s. unter ↑ Schwefel).

S. bildet u. a. folgende Azeotrope:

Azeotrop-Komponenten	Zusammensetzung (Gew.-%)	Siedepunkt (°C)
S./Ethanol	91,0/9,0	42,4
S./Ethylacetat	97,0/3,0	46,1
S./Diethylether	1,0/99,0	34,4
S./Isopropanol	92,0/8,0	44,6
S./Methanol	86,0/14,0	37,7
S./Wasser	98,0/2,0	43,6

S. ist das Thioanaloge von ↑ Kohlenstoffdioxid. Letzteres bildet mit Wasser die ↑ Kohlensäure. Ersetzt man in der Kohlensäure nacheinander die O-Atome durch S, ergibt sich die des Überblicks wegen hier wiedergegebene Systematik (s. Schema).

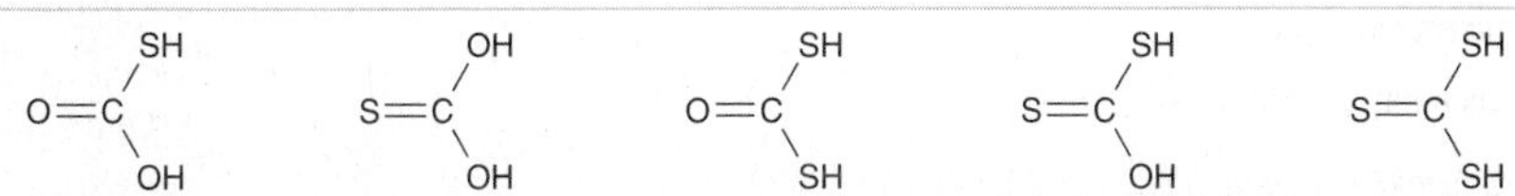

Thiolkohlensäure | Thionkohlensäure | Dithiolkohlensäure | Thiolthionkohlensäure (Xanthogensäure) | Trithiokohlensäure

Thioanaloge der Kohlensäure

In Substanz fassbar ist nur die *Trithiokohlensäure*, ein schweres rotes Öl vom Sdp. 58 °C, das durch Wasser oder Ethanol zersetzt wird (s. auch ↑ Ammoniumthiocyanat). Die *Thiolthionkohlensäure* wird als *Xanthogensäure* bezeichnet und ist als Hydrat des S. anzusehen. Ihre O-Ester sind die *Xanthogensäureester*, deren

Alkalisalze die *Xanthogenate* darstellen und die durch Umsetzung von S. mit Alkalialkoholat erhalten werden (s. Schema).

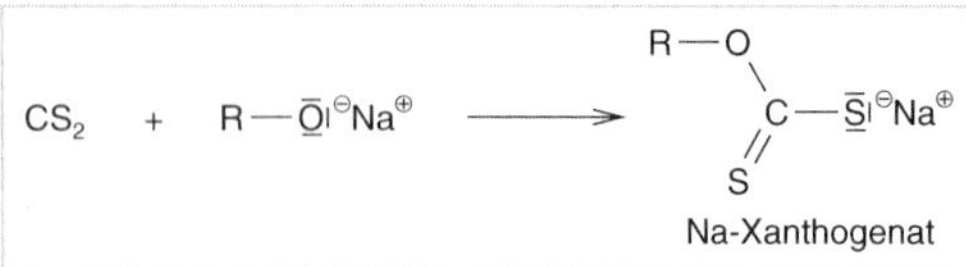

Natriumxanthogenat-Bildung in allgemeiner Form

Über ein Xanthogenat verläuft auch die *Chugaev-Reaktion*, die Herstellung eines Olefins aus einem Alkohol, wobei das Kaliumalkoholat zunächst mit S. zum *Kaliumxanthogenat* und dieses mit ↑ Methyliodid zum *Methylthioester* umgesetzt wird. Letzterer zerfällt beim Erhitzen in Alken, Methylthiol und Kohlenoxidsulfid (s. Schema). Die Chugaev-Reaktion verläuft als cis-Eliminierung.

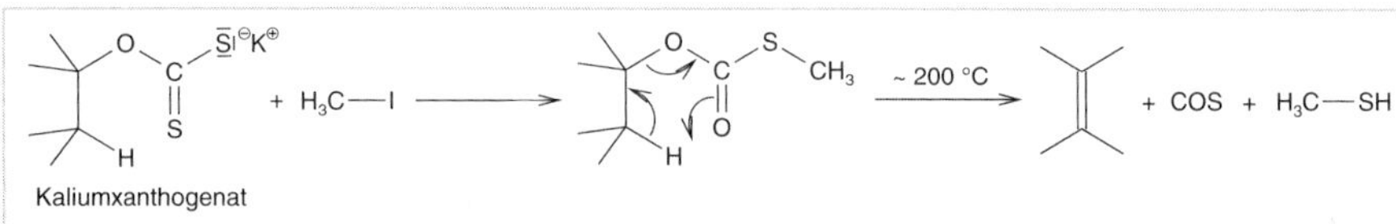

Chugaev-Reaktion

Das Diamid der *Thionkohlensäure* ist der ↑ Thioharnstoff. Das Schwefelananloge von Semicarbazid (s. unter ↑ Harnstoff), das *Thiosemicarbazid*, wird analog zum Semicarbazid aus ↑ Ammoniumthiocyanat und ↑ Hydrazin hergestellt und kondensiert mit Carbonylverbindungen leicht unter Bildung der *Thiosemicarbazone* (s. Schema).

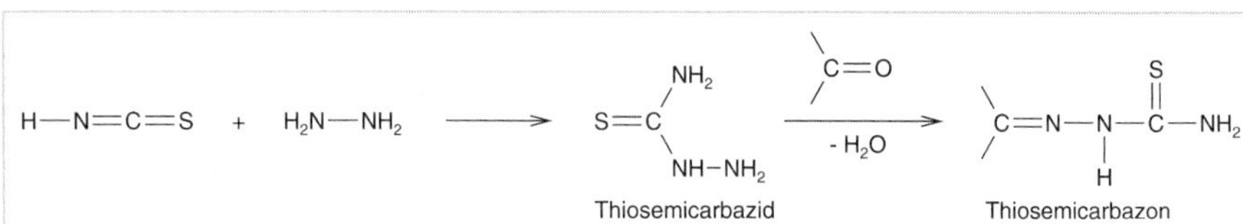

Herstellung von Thiosemicarbazid und Bildung der Thiosemicarbazone

Die Umsetzung von S. mit Ammoniak liefert *Ammoniumdithiocarbamat*, das sich mit dem Natriumsalz der ↑ Chloressigsäure zum *Rhodanin* umsetzen läßt (s. Schema).

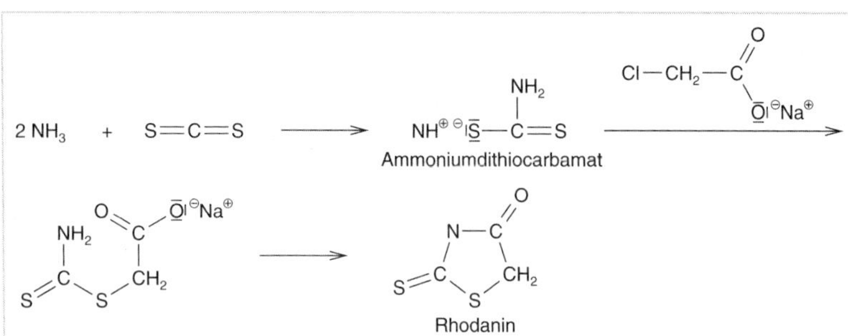

Synthese von Rhodanin

Rhodanin bildet hellgelbe Kristalle vom Schmp. 168 °C und findet als analytisches Reagenz (auf Aldehyde und Nitrosoverbindungen) sowie als Synthese-Baustein Verwendung (z. B. Aminosäure-Synthese analog zur Erlenmeyer-Synthese, s. unter ↑ Hippursäure).

S. besitzt großes Lösungsvermögen für ↑ Phosphor, ↑ Schwefel, die Halogene sowie für die meisten Fette, Harze und Kautschuke. Die technisch wichtigste Verwendung findet S. zur Herstellung von Viskose-Fasern (s. unter ↑ Cellulose), die über Cellulosexanthogenat verläuft (s. oben).

S. dient ferner zur Synthese von ↑ Tetrachlorkohlenstoff, ↑ Thioharnstoff und Rhodaniden (s. unter ↑ Kaliumthiocyanat) sowie als Lösungsmittel.

► S. ist als ein sehr gefährliches Produkt anzusehen. Äußerlich bewirkt es auf der Haut schmerzhafte Entzündungen und Hautveränderungen. Beim Einatmen erweist sich S. als sehr giftig. Halbstündiges Einatmen von S. in einer Konzentration von nur 0,1 % kann letal wirken (Atemlähmung). Die chronische Vergiftung mit S. führt zu schweren irreversiblen Nervenschäden. Beim Arbeiten mit S. ist also große Vorsicht geboten. Die Verbindung ist zudem sehr feuergefährlich.

CS_2 $M_R = 76{,}14$ C 15,77 % S 84,23 %

t_{Smp}	t_{Sdp}	d	η
−111,6 °C	46,3 °C	1,26 g/cm³	0,363 mPa · s

C_p	$\Delta_S H$	$\Delta_V H$	$\Delta_B H$	S^o	Q_C
75,7 J/(K · mol)	4,39 kJ/mol	26,8 kJ/mol	87,8 kJ/mol	151 J/(K · mol)	

MAK	R-Satz	S-Satz
30 mg/m³	11-36/38-48/23-62-63	16-33-36/37-45

Schwefelsäure

Sulfuric acid

Die reine 100 %ige S. ist eine wasserklare, ölige, geruchlose Flüssigkeit. Mit Wasser, mit dem die S. beliebig mischbar ist, werden verschiedene Hydrate gebildet deren Schmelzpunkte wesentlich niedriger als die der reinen Säure liegen. (die Hydratbildungen sind stark exotherme Reaktionen).

S. bildet u. a. folgendes Azeotrop:

Azeotrop-Komponenten	Zusammensetzung (Gew.-%)	Siedepunkt (°C)
S./Wasser	98,3/1,7	338

Destillativ läßt sich wegen der Azeotrop-Lage eine verdünnte S. also nur bis zu 98,3 % aufkonzentrieren. Die 100 %ige S. wird aus dieser „konzentrierten S." deshalb durch Eintragen der berechneten Menge ↑ Schwefeltrioxid erhalten. Die Handelsform der S. ist durchweg die konzentrierte S. Sie ist eine äußerst hygroskopische Flüssigkeit. Lösungen von Schwefeltrioxid in S. werden als „*Oleum*" bezeichnet. Es sind stets Schwefeltrioxid ausstoßende, und deshalb an der Luft stark rauchende ölige Flüssigkeiten. Insgesamt ist das System S./Wasser sehr kompliziert.

Den Zusammenhang zwischen Gehalt, Molarität und Dichte verschiedener S.-Lösungen zeigt die folgende Tabelle.

Gehalt (Gew.-%)	10	20	30	40	50	60	70	80	90	96	100
c (mol/l)	1,09	2,32	3,73	5,31	7,11	9,17	11,50	14,09	16,65	17,97	18,66
d (g/cm³)	1,07	1,14	1,22	1,31	1,40	1,50	1,61	1,73	1,82	1,84	1,83

Gehalt, Molarität und Dichte verschiedener H_2SO_4-Lösungen

S. wird technisch hergestellt durch Oxidation von ↑ Schwefeldioxid zum ↑ Schwefeltrioxid und dessen Umsetzung mit Wasser (s. Gleichung).

$$SO_2 + {}^1/_2\,O_2 \longrightarrow SO_3 \xrightarrow{+H_2O} H_2SO_4$$

Technische Herstellung von Schwefelsäure

Die angewandten Verfahren unterscheiden sich in der Weise, wie die Oxidation des Schwefeldioxids durchgeführt wird. Das bei weitem wichtigste Verfahren ist heute das „*Kontaktverfahren*". In ihm wird die Luftoxidation des Schwefeldioxids bei ca. 420 °C. durch Vanadiumpentoxid (s. ↑ Vanadium) katalysiert. Die Umsetzungen sind hier im Gleichungsschema zusammengefaßt.

$$SO_2 + V_2O_5 \longrightarrow SO_3 + 2\,VO_2$$
$$2\,VO_2 + {}^1/_2\,O_2 \longrightarrow V_2O_5$$
$$SO_2 + {}^1/_2\,O_2 \underset{<600\,°C}{\overset{>400\,°C}{\rightleftharpoons}} SO_3$$

Schwefeltrioxid-Gewinnung im Kontaktverfahren

Im heute kaum noch ausgeübten „*Bleikammerverfahren*" wird die Schwefeldioxid-Oxidation durch ↑ Stickstoffoxide katalysiert (s. Schema). Technisch bedeutsam ist heute auch die Aufarbeitung von Abfallschwefelsäuren (Reinigung, Aufkonzentrierung).

$$SO_2 + 2\,HNO_2 \longrightarrow H_2SO_4 + 2\,NO$$
$$2\,NO + {}^1/_2\,O_2 + H_2O \longrightarrow 2\,HNO_2$$
$$SO_2 + {}^1/_2\,O_2 + H_2O \longrightarrow H_2SO_4$$

Reaktionen im Bleikammerverfahren

S. ist eine zweibasige Säure, deren erste Dissoziation in Wasser vollständig erfolgt, deren zweite immerhin noch einer mittelstarken Säure entspricht (s. Gleichungen).

$$H_2SO_4 \rightleftharpoons H^{\oplus} + HSO_4^{\ominus}$$
$$HSO_4^{\ominus} \rightleftharpoons H^{\oplus} + SO_4^{2-} \qquad pK_S = 2$$

Säurewirkung der Schwefelsäure

Sie bildet also zwei Reihen von Salzen, die *Sulfate* und die *Hydrogensulfate*. Im *Sulfat-Ion* ist das S-Atom sp^3-hybridisiert, es ist also tetraedrisch gebaut und in ihm sind alle S-O-Bindungen gleichwertig. Die S. ist in ihren konzentrierten Formen ein starkes Oxidationsmittel, und oxidiert selbst so edle Metalle wie ↑ Kupfer und ↑ Silber (s. Schema).

$$Cu \longrightarrow Cu^{2+} + 2\,e^-$$
$$SO_4^{2-} + 4\,H^{\oplus} + 2\,e^- \longrightarrow SO_2 + 2\,H_2O$$
$$Cu + SO_4^{2-} + 4\,H^{\oplus} \longrightarrow Cu^{2+} + SO_2 + 2\,H_2O$$

Oxidationswirkung der Schwefelsäure

Technisch wichtig sind auch die Kondensations-Reaktionen der S., die z. B. mit Kohlenwasserstoffen zu den *Sulfonsäuren* führen (s. Schema).

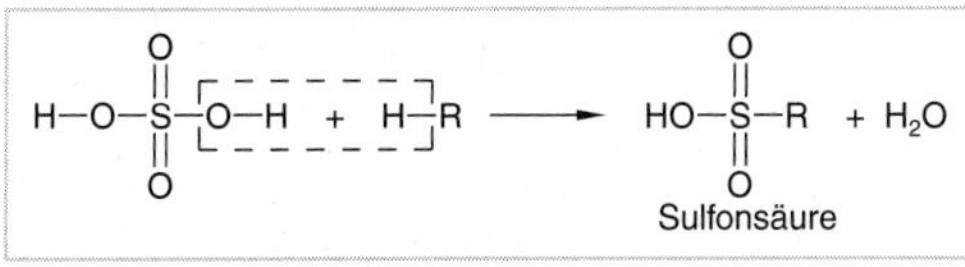

Bildung der Sulfonsäuren durch Kondensation

Die Sulfonsäuren werden vielfach auch durch „*Sulfoxidation*" hergestellt, die in der gemeinsamen Einwirkung von ↑ Schwefeldioxid, ↑ Sauerstoff und Radikalbildnern (UV-Licht, ↑ Ozon, Persäuren) auf Alkane besteht (s. Gleichung). Dabei entstehen über Radikalketten zunächst *Persulfonsäuren*, die dann in Sulfonsäuren übergehen.

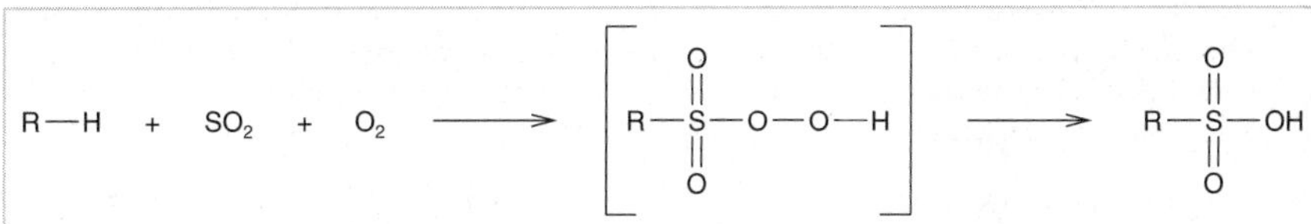

Bildung der Sulfonsäuren durch Sulfoxidation

Durch Sulfoxidation werden u. a. die längerkettigen *n-Alkansulfonate*, die Salze der n-*Alkansulfonsäuren*, hergestellt, die Bedeutung als Detergentien in Waschmitteln besitzen.

Die Kondensationen mit Alkoholen liefern die *Schwefelsäureester* bzw. *Schwefelsäurehalbester* (s. z. B. ↑ Dimethylsulfat).

Die S. ist eines der wichtigsten chemischen Basisprodukte überhaupt. Sie dient als starke Säure, als Oxidationsmittel, aufgrund ihrer wasserentziehenden Wirkung als kräftiges Kondensationsmittel sowie in riesigen Mengen zur Herstellung von anorganischen und organischen Sulfaten und Sulfonsäuren für die Düngemittel-, Waschmittel-, Glas und Farbstoff-Produktion. Mengenmäßig relevant ist z. B. die Verwendung von ca. 30 %iger S. als „*Akku-Säure*" (s. unter ↑ Blei(IV)oxid). S. ist ein im Labor sehr viel gebrauchtes Reagenz.

Zum qualitativen naßchemischen Nachweis des Sulfat-Ions dient die Fällung von ↑ Bariumsulfat mit einer Lösung von ↑ Bariumchlorid.

► Konzentrierte S. verursacht schwerste Hautverätzungen. Konz. S. beim Verdünnen stets zum Wasser geben, nicht umgekehrt.

H_2O_4S $M_R = 98{,}08$ H 2,06 % O 65,25 % S 32,69 %

t_{Smp}	t_{Sdp}	d	η		
10 °C	338 °C (98,3 %)	1,845 g/cm³	25,4 mPa · s		
C_p	$\Delta_S H$	$\Delta_V H$	$\Delta_B H$	S^o	Q_C
139 J/(K · mol)	10,7 kJ/mol		−814 kJ/mol	157 J/(K · mol)	
MAK	R-Satz	S-Satz			
1 mg/m³	35	26-30-45			

Schwefeltrioxid

Sulfur trioxide

Das unter Normalbedingungen stabile α-S. bildet farblose, asbestartige nadelförmige Kristalle, die an der Luft stark rauchen, äußerst hygroskopisch sind und mit Wasser mit explosionsartiger Heftigkeit reagieren. Es existieren zwei weitere metastabile Modifikationen, das β- und das γ-S.

Die technische Herstellung von S. durch Luftoxidation von ↑ Schwefeldioxid ist unter ↑ Schwefelsäure beschrieben.

S. besteht im Gaszustand aus planare gleichseitige Dreiecke bildenden Monomer-Molekülen, in den kondensierten Phasen aus Polymer-Molekülen (s. Abbildung).

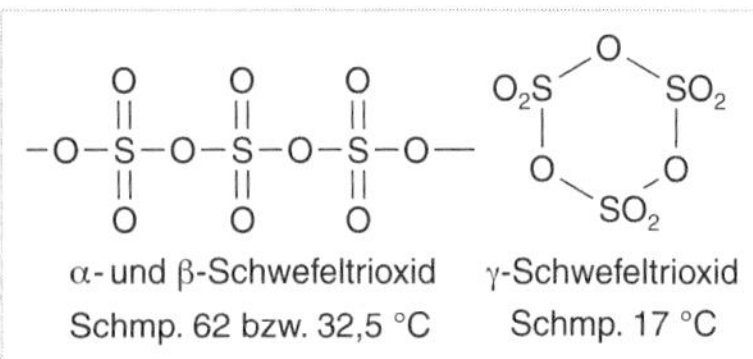

Strukturen von Schwefeltrioxid in den kondensierten Phasen

S. dient hauptsächlich zur Herstellung von ↑ Schwefelsäure, ferner zur Synthese von ↑ Thionylchlorid, ↑ Chlorsulfonsäure und ↑ Fluoroschwefelsäure. In größerem Maßstab wird S. auch verwendet zur Darstellung der *Alkylbenzolsulfonate*, die große Bedeutung als Detergentien in Waschmitteln besitzen. Zu deren Synthese werden zunächst aus längerkettigen Monoelefinen und ↑ Benzol (katalysiert z. B. durch ↑ Aluminiumchlorid) die entsprechenden *Alkylbenzole* gewonnen, die dann mit S. zu den n-*Alkylbenzolsulfonsäuren* und diese mit Natronlauge zu den n-Alkylbenzolsulfonaten umgesetzt werden. Sie sind gut biologisch abbaubar und neigen in den Abwässern nur wenig zur Schaumbildung (s. Schema).

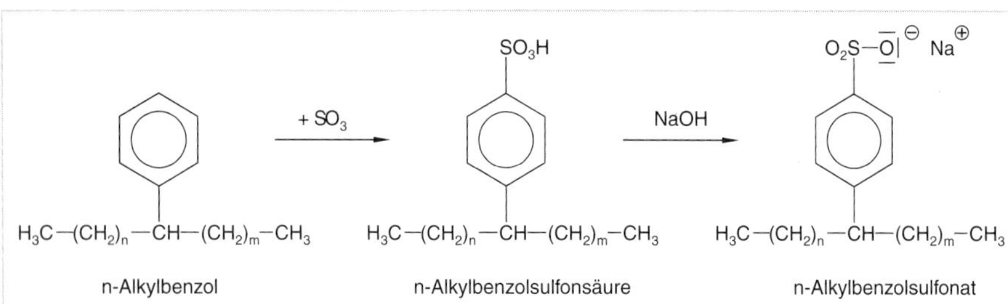

Darstellung der Alkylbenzolsulfonate (n + m = 12-15)

Die Kernsulfonierung mit S. verläuft dabei nach dem Mechanismus einer elektrophilen Substitution am Aromaten durch nucleophilen Angriff des Aromaten am S-Atom.

Die Daten nachfolgender Tabelle gelten für γ-S.

► S. ist stark haut- und schleimhautreizend.

O_3S $M_R = 80{,}07$ O 59,95 % S 40,05 %

t_{Smp}	t_{Sdp}	d	η
16,8 °C	44,8 °C	1,923 g/cm³	

C_p	$\Delta_S H$	$\Delta_V H$	$\Delta_B H$	S^o	Q_C
50,7 J/(K · mol) (gas)	9,5 kJ/mol	41,8 kJ/mol	−396 kJ/mol (gas)	257 J/(K · mol) (gas)	
t_{krit}	P_{krit}	d_{krit}	t_{trip}		
218 °C	8,49 MPa	0,633 g/cm³			

Schwefelwasserstoff

Hydrogen sulfide

Hydrogensulfid, Sulfan

$$H_2S + {}^1/_2\,O_2 \longrightarrow S + H_2O$$

Luftoxidation von Schwefelwasserstoff in wässeriger Lösung

S. ist bei Normalbedingungen ein farbloses, brennbares Gas von üblem, an faule Eier erinnerndem Geruch (der auch vom S. stammt), der noch in einer Konzentration von 0,002 mg/l wahrnehmbar ist. Bei 20 °C lösen sich in 1 Liter Wasser 4,13 g S., was etwa 2,6 Liter S./l, also einer ca. 0,1 molaren Lösung entspricht. In org. Solventien ist S. etwas besser löslich. Die wässerigen Lösungen sind nicht beständig, da durch den stets gelösten ↑ Sauerstoff Oxidation unter Abscheidung von ↑ Schwefel erfolgt, so daß sich S.-Lösungen („*Schwefelwasserstoffwasser*") bald trüben (s. Gleichung). In den Handel kommt S. in rot gestrichenen Gasflaschen mit Linksgewinde. Eine frisch bereitete gesättigte S.-Lösung zeigt den pH-Wert 4,5.

S. kommt in der Natur in beträchtlichen Mengen als Bestandteil der Erdöle und vor allem des Erdgases vor (im norddeutschen Erdgas z. B. zu ca. 22 %) und wird daraus durch Absorptions-Verfahren isoliert und auf Schwefel verarbeitet. (s. Alkazid-Verfahren unter ↑ Alanin). Im *Girbotol-Verfahren* nutzt man die moderate Basizität der *Alkoxyamine* R_2N-O-R zur reversiblen Bindung des S., sodaß er durch Erwärmen wieder aus den Lösungen ausgetrieben werden kann. S. findet sich ferner in Mineralquellen (z. B. in Aachen).

$$S + H_2 \xrightarrow[350\,°C]{Co/Mo\text{-}Oxid} H_2S$$

Technische Elementsynthese von Schwefelwasserstoff

Die technische Herstellung des S. erfolgt fast ausschließlich aus den Elementen bei ca. 350 °C mittels Katalysatoren (s. Gleichung).

$$Fe + S \longrightarrow FeS$$
$$FeS + 2\,HCl \longrightarrow FeCl_2 + H_2S$$

Labormethode zur Schwefelwasserstoff-Herstellung

Im Labor wird S. meist durch Einwirkung von ↑ Salzsäure auf ↑ Eisen(II)sulfid hergestellt, was am einfachsten im Kipp-Apparat geschieht (s. Gleichungen).

S. wirkt in wässeriger Lösung als sehr schwache zweibasige Säure (s. Gleichungen). In gesättigter Lösung ist S. also in erster Stufe nur zu ca. 0,1 % dissoziert.

$$H_2S \rightleftharpoons H^{\oplus} + HS^{\ominus} \qquad pK_S = 7$$
$$HS^{\ominus} \rightleftharpoons H^{\oplus} + S^{2-} \qquad pK_S = 13$$

Säurewirkung von Schwefelwasserstoff

Das S.-Molekül ist im Gaszustand fast rechtwinklig gebaut (HSH-Winkel 92,3°). S. stellt ein mittelstarkes Reduktionsmittel dar, wie das Normalpotential für die Oxidation zu elementarem Schwefel in alkalischer Lösung zeigt (s. Gleichung). In saurer Lösung beträgt das Normalpotential + 0,14 V.

$$S^{2-} \longrightarrow S + 2\,e^- \qquad E_0 = -\,0{,}48\ V$$

Schwefelwasserstoff als Reduktionsmittel in alkalischer Lösung

$$KOH + H_2S \longrightarrow KHS + H_2O$$

$$KHS + KOH \rightleftharpoons K_2S + H_2O$$

Bildung von Kaliumhydrogensulfid und Kaliumsulfid

S. bildet zwei Reihen von Salzen, die *Hydrogensulfide* und die *Sulfide*, z. B. bei der Einleitung in Kalilauge, wobei Kaliumhydrogensulfid und ↑ Kaliumsulfid entstehen (s. Gleichungen).

Nahezu alle Metalle bilden Sulfide, von denen die Erdalkalisulfide alle gut wasserlöslich sind und dabei Hydrolyse erleiden. Die übrigen Metallsulfide zeigt sehr unterschiedliche Löslichkeiten, weshalb S. in der qualitativen Praktikums-Analyse als Fällungsreagenz verwendet werden kann, wobei die pH-Abhängigkeit der Sulfidionen-Konzentration in S.-Lösungen in Verbindung mit den sehr verschiedenen Löslichkeitsprodukten der einzelnen Metallsulfide zur *Gruppenfällung* ausgenutzt wird (*Trennungsgang*). Die Sulfide folgender Metalle werden in saurer Lösung gefällt: As, Sb, Sn, Hg, Pb, Bi, Cu, Cd, während in alkalischer Lösung die Sulfide von Ni, Co, Fe, Mn, Zn gefällt werden.

Technisch dient S. hauptsächlich zur Schwefel-Gewinnung, ferner zur Synthese von ↑ Natriumsulfid, Natriumhydrogensulfid und von organischen Schwefelverbindungen.

► S. ist ein hochgiftiges Gas. Es entspricht in der Toxizität dem ↑ Cyanwasserstoff (Blausäure) und kann ebenso schnell, mitunter schlagartig, tödlich wirken (Atemlähmung). S. ist dabei noch gefährlicher als Blausäure, weil bei einer starken Vergiftung auch mit Spätfolgen zu rechnen ist, wie Lungenödem und andere Erscheinungen, die auf eine vorrübergehende Hirnschwellung zurückzuführen sind. Der intensive Geruch des S. bietet normalerweise ausreichende Warnung und Schutz vor Vergiftungen. Die Geruchsempfindlichkeit verringert sich jedoch sehr stark bei hohen Konzentrationen, so daß es zu tödlichen Vergiftungen kommen kann ohne eine vorherige Geruchswahrnehmung. Subakute Vergiftungen äußern sich in Kopfschmerz, Erbrechen, Husten, Mattigkeit. Die Giftwirkung des S. wird auf die Blockierung schwermetallhaltiger Enzyme zurückgeführt.

H_2S $M_R = 34{,}08$ H 5,91 % S 94,09 %

t_{Smp}	t_{Sdp}	d	η
−85,5 °C	−60,3 °C	0,001539 g/cm³ (0 °C)	

C_p	$\Delta_S H$	$\Delta_V H$	$\Delta_B H$	S^o	Q_C
34,2 J/(K · mol)	2,38 kJ/mol	18,67 kJ/mol	−20,7 kJ/mol	205,5 J/(K · mol)	

t_{krit}	P_{krit}	d_{krit}	t_{trip}
100,4 °C	9,0 MPa	0,349 g/cm³	

MAK	R-Satz	S-Satz
15 mg/m³	12-26-50	9-16-28-36/37-45-61

Seaborgium ⟶ Element 106

Sebacinsäure

Sebacic acid 1,8-Octandicarbonsäure, Decandisäure

Bildet ein farbloses, kristallines Pulver oder farblose blättchenförmige Kristalle und ist in Wasser kaum löslich. Die S. ist gut löslich in Ethanol, Estern und Ketonen, während sie in Diethylether, Kohlenwasserstoffen und chlorierten Kohlenwasserstoffen praktisch unlöslich ist.

S. wird in technischem Maßstab durch alkalisch-hydrolytische Spaltung von Ricinusöl hergestellt (s. Schema). Ricinusöl, das durch Kaltpressen von Ricinussamen erhalten wird, besteht aus Triglyceriden, deren Fettsäureanteil sich zu ca. 90 % aus ↑ Ricinolsäure zusammensetzt.

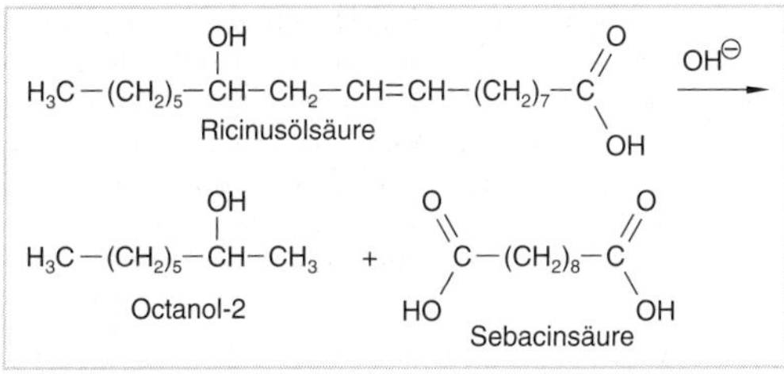

Alkalisch-hydrolytische Spaltung von Ricinolsäure zur Sebacinsäure-Gewinnung

Die S. ist zwar teuer, jedoch weisen die *Sebacinsäureester* hervorragende Eigenschaften als Weichmacher auf, z. B. in Vinylpolymerisaten. S. dient auch zur Herstellung von Alkydharzen (s. ↑ Alkydharze) durch Umsetzung mit ↑ Glycerin oder ↑ Pentaerythrit. Aus diesen Polyestern werden mit Diisocyanaten auch Kautschukprodukte erhalten.

Erhitzt man S. mit Salzen zweiwertiger Kationen (z. B. ↑ Calciumhydroxid) über ihren Schmelzpunkt hinaus, entsteht eine viskose Schmelze, die beim Erstarren ein vernetztes thermoplastisches Polymer als amorphe Masse ergibt. Man bezeichnet die Polymere, die auf diesem Wege allgemein mit Dicarbonsäuren mit mehr als acht C-Atomen (also z. B. auch mit ↑ Azelainsäure) entstehen, als *Halatopolymere*.

$C_{10}H_{18}O_4$ $M_R = 202{,}24$ C 59,39 % H 8,97 % O 31,64 %

Selen

Selenium Se

Das chemische Element Se bildet wie sein Gruppenvorgänger ↑ Schwefel mehrere Modifikationen (allotrope Formen), wobei die Zusammenhänge noch komplizierter als beim Schwefel sind. Es existieren amorphe, kristalline und metallische Formen.

Amorphes Se: entsteht entweder als blauschwarzer, glasiger Feststoff der Dichte 4,28 beim raschen Abkühlen von Se-Schmelzen oder als rotes Pulver der Dichte 4,26 beim Kondensieren von Se-Dampf an kalten Flächen, bzw. bei der Reduktion von Seleniger Säure in wässeriger Lösung. Beide Formen sind löslich in ↑ Schwefelkohlenstoff. Das schwarze, glasige Se erweicht zwischen 50–70 °C zu einer elastischen Masse.

Kristallines Se: Kommt ebenfalls in zwei roten Modifikationen vor, dem α- und β-Se. α-Se bildet sich beim langsamen Eindampfen von Lösungen von Se in Schwefelkohlenstoff, β-Se hinterbleibt bei schnellem Eindampfen. Beide Formen schmelzen unterhalb 200 °C und lösen sich gut in Schwefelkohlenstoff.

Metallisches Se oder graues Se, in das sich die anderen Se-Formen beim Erwärmen auf 80 °C umwandeln, ist die bei Raumtemperatur bis hin zu ihrem Schmp. von 217 °C beständigste Modifikation des Se und bildet graue bis grauschwarze glänzende Kristalle der Dichte 4,81. Es ist unlöslich in Wasser, Ethanol und auch in Schwefelkohlenstoff. Technisch wichtig ist seine, beim Schwefel völlig fehlende, elektrische Leitfähigkeit. Flüssiges Se ist braunrot bis schwarz und siedet bei 685 °C.

Se findet sich in der Natur vorwiegend in Form von Seleniden als Verunreinigung in sulfidischen Erzen, so im Pyrit, im Kupferkies, in der Zinkblende. Vereinzelt kommen reine Se-Mineralien vor, z. B. der *Clausthalit* PbSe. Se beteiligt sich so mit ca. 0,09 ppm am Aufbau der Erdkruste.

Die technische Gewinnung des Se geht heute hauptsächlich von dem Flugstaub aus, der beim Rösten Se-haltiger Sulfiderze entsteht. Mit diesem Flugstaub setzt sich das Selendioxid ab und dieses wird dann auf Se verarbeitet.

Se ist das in der 6. Hauptgruppe des PSE auf Schwefel folgende Element und besitzt die Elektronenkonfiguration $1s^2\ 2s^2\ 2p^6\ 3s^2\ 3p^6\ 3d^{10}\ 4s^2\ 4p^4$, Grundterm $^3P_2$.

Es gibt deshalb viele Parallelen zwischen der Se- und der Schwefel-Chemie, wie sich schon im Aufbau der Elementstufe zeigt, die auch im Falle des Se durch die Bildung achtatomiger Ringe bestimmt ist. Diese können wie beim Schwefel aufsprengen und sich zu langen Ketten zusammenlagern. Keine Entsprechung zum Schwefel hat das metallische Se, das Gitter aus parallel verlaufenden, spiralig gewundenen langen Se-Ketten aufbaut, zwischen denen ein Übergang von p-Elektronen möglich ist, also eine intermolekulare Delokalisierung vorliegt, die der Grund fur den schwach metallischen Charakter und die geringe elektrische Leitfähigkeit ist (s. Abbildung).

$$x\,Se_8 \rightleftharpoons Se_{8x}$$

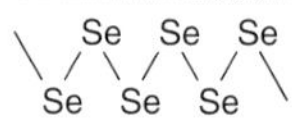

Metallisches Selen, aufgebaut aus Se-Atomketten

$$Se + H_2 \xrightleftharpoons{>400\ °C} H_2Se$$

Elementsynthese von Selenwasserstoff

Se betätigt wie der Schwefel hauptsächlich die Oxidationsstufen −2, +4 und +6. So reagiert Se oberhalb 400 °C mit ↑ Wasserstoff zum *Selenwasserstoff* (Oxidationsstufe −2), einem übelriechenden, hochgiftigen unbeständigen Gas (s. Gleichung), das in Wasser wesentlich saurer reagiert als der ↑ Schwefelwasserstoff und beim Einleiten in Metallsalzlösungen schwerlösliche, farbige *Selenide* ausfällt.

Bei der Verbrennung von Se mit ↑ Sauerstoff entsteht *Selendioxid* (s. Gleichung), zum Unterschied vom gasförmigen ↑ Schwefeldioxid, ein Feststoff, kristallisiert in farblosen Nadeln, sublimiert bei 315 °C und ist aus polymeren Kettenmolekülen aufgebaut (s. Abbildung).

$$Se + O_2 \longrightarrow SeO_2$$

Verbrennung von Se zu Selendioxid

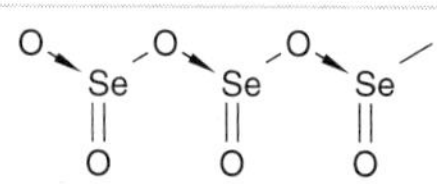

Polymerstruktur von Selendioxid

Selendioxid dient in der Organik als selektives Oxidationsmittel, um Methylengruppen benachbart zu Carbonylfunktionen ebenfalls in Carbonylfunktionen umzuwandeln. Es sind so *α-Oxoaldehyde* und *α,β-Diketone* zugänglich (s. z. B. unter ↑ Diacetyl).

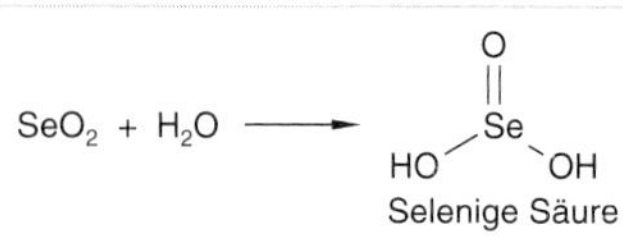

Bildung der Selenigen Säure

Mit Wasser reagiert Selendioxid unter Bildung von Seleniger Säure, die viel beständiger als die Schweflige Säure ist und in Form farbloser, zerfließlicher Kristalle isoliert werden kann (s. Gleichung).

Die Selenige Säure besitzt im Gegensatz zur Schwefligen Säure kaum reduzierende Eigenschaften, d. h. anders als beim Schwefel ist die Tendenz zur Ausbildung der Oxidationsstufe + 6 wenig ausgeprägt, wie das Normalpotential zeigt (s. Gleichung).

$$SeO_3^{2-} + 2\,OH^{\ominus} \rightleftharpoons SeO_4^{2-} + H_2O + 2\,e^- \qquad E_0 = +0{,}05\ V$$

Normalpotential für die Oxidation der Selenigen Säure

Sie ist im Gegenteil, besonders in saurer Lösung, ein wirksames Oxidationsmittel und oxidiert z. B. Sulfit zum Sulfat, wobei rotes Se ausfällt, eine Reaktion, die zum Se-Nachweis herangezogen wird (s. Gleichung).

$$H_2SeO_3 + 4\,H^{\oplus} + 4\,e^- \rightleftharpoons Se + 3\,H_2O \qquad E_0 = +0{,}74\ V$$

Selenige Säure als Oxidationsmittel in saurer Lösung

Die *Selenige Säure* läßt sich nur mit sehr starken Oxidationsmitteln zur *Selensäure* oxidieren, z. B. mit ↑Chlor (s. Schema).

$$H_2SeO_3 + H_2O \longrightarrow H_2SeO_4 + 2\,H^{\oplus} + 2\,e^-$$
$$Cl_2 + 2\,e^- \longrightarrow 2\,Cl^-$$
$$H_2SeO_3 + Cl_2 + H_2O \longrightarrow H_2SeO_4 + 2\,HCl$$

Oxidation der Selenigen Säure mit Chlor

Die Selensäure bildet farblose Kristalle vom Schmp. 60 °C und gleicht in ihrer 95 %igen wässerigen Lösung bezüglich Konsistenz und Säurestärke der ↑Schwefelsäure. Sie ist jedoch ein wesentlich stärkeres Oxidationsmittel (s. Gleichung).

$$SeO_4^{2-} + 4\,H^{\oplus} + 2\,e^- \rightleftharpoons H_2SeO_3 + H_2O \qquad E_0 = +1{,}15\ V$$

Selensäure als Oxidationsmittel

Selenige Säure und Selensäure werden als Reagenzien und als Oxidationsmittel verwendet. Elementares Se wird zur Einfärbung von Gläsern benutzt (rote und rosa Farbtöne). Das metallische Se dient zur Herstellung von Gleichrichtern, Se-Fotozellen und wird generell in der Halbleiter-Technologie eingesetzt. In den *Selenzellen* wird die Tatsache ausgenutzt, daß das metallische Se seinen spezifischen elektrischen Widerstand bei Belichtung auf den hundertsten Teil herabsetzt.

► Se ist ein essentielles Spurenelment und soll optimalerweise in Dosen von 0,1-0,3 ppm mit der Nahrung aufgenommen werden. Darüberhinaus sind jedoch alle Se Verbindungen, insbesondere der Se-Wasserstoff als hochtoxisch anzusehen. Der Se-Wasserstoff besitzt, wie auch die meisten Se-Organika, einen intensiven, üblen, knoblauchartigen Geruch, dessen Wahrnehmung jedoch schon gefährlich ist. Die einmalige kurze Einatmung von Se-Wasserstoff kann schwere, langwierige Lungenschäden zur Folge haben.

Se $Z = 34$ $A_R = 78{,}96$ Isotope: 74, 76, 77, 78, 80, 82; 70-73, 75, 79, 81, 83-85, 87 (künstlich)

t_{Smp} 220 °C	t_{Sdp} 685 °C	d 4,79 g/cm³	MV 16,48 cm³/mol	α 36,9 10^{-6}/K	λ 2,48 W/mK
C_p 25,38 J/(K · mol)	$\Delta_S H$ 5,86 kJ/mol	$\Delta_V H$ 90 kJ/mol	S^o 42,26 J/(K · mol)	ϱ 100 nΩ · m	
MAK 0,1 mg/m³	R-Satz 23/25-33	S-Satz 20/21-28-45			

D,L-Serin

D,L-Serine β-Hydroxyalanin, 2-Amino-3-hydroxypropionsäure

Bildet farblose blättchenförmige süßlich schmeckende Kristalle, die sich in Wasser bei 20 °C zu 5 g/100 ml lösen und in Ethanol und Diethylether unlöslich sind. Die pK_S-Werte betragen 2,21 und 9,15, der isoelektrische Punkt liegt bei 5,68.

S. kommt in der L-Form vor allem im Seidenfibroin vor (ca. 16 %) und kann daraus durch Hydrolyse gewonnen werden. In etwas geringeren Anteilen findet es sich fast in allen Proteinen. Die präparative Darstellung kann nach Strecker ausgehend von ↑ Glykolaldehyd erfolgen (s. Schema).

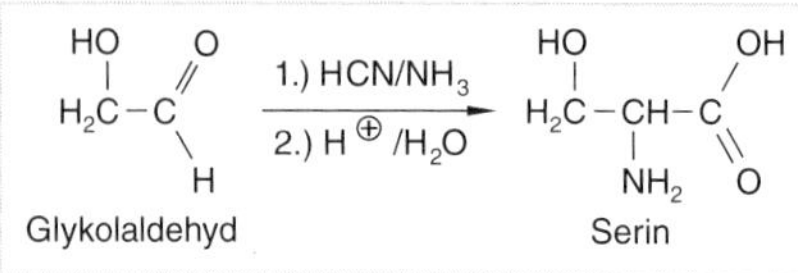

Synthese von D,L-Serin nach Strecker

S. ist eine nicht-essentielle Aminosäure, da sie vom menschlichen Organismus aufgebaut werden kann. Über die 3-Hydroxylgruppe des S. wird z. B. in den Phosphoproteinen die ↑ Phosphorsäure durch Veresterung gebunden (s. unter ↑ Casein). Die eliminierende Desaminierung von S. liefert im Organismus Pyruvat und ↑ Ammoniak. Letzterer wird über den Harnstoff-Cyclus entgiftet (s. unter ↑ Ornithin). Beim Abbau von S. zu ↑ Glycin wird die Hydroxymethylen-Gruppe auf Tetrahydrofolsäure zum aktivierten ↑ Formaldehyd übertragen. Ferner wird S. im Körper zum Phosphatidylserin gebunden, das in ↑ Lecithin umgewandelt wird, aus dem schließlich ↑ Cholin freigesetzt werden kann. Darüber hinaus ist S. biochemische Vorstufe von ↑ Cystein.

$C_3H_7NO_3$ $M_R = 105{,}09$ C 34,29 % H 6,71 % N 13,33 % O 45,67 %

$t_{Zersetzung}$	t_{Sdp}	d	η
> 146 °C (Z)		1,537 g/cm³	

C_p	$\Delta_S H$	$\Delta_V H$	$\Delta_B H$	S^o	Q_C
139 J/(K · mol)			−732,7 kJ/mol	149 J/(K · mol)	−1448 kJ/mol

Serotonin

Serotonin 5-Hydroxytryptamin

Bildet als Hydrochlorid farblose, hygroskopische Kristalle, die in Wasser gut löslich sind. An der Luft färben sich die Kristalle dunkel. Wässerige Lösungen sind im schwach sauren Bereich beständig.

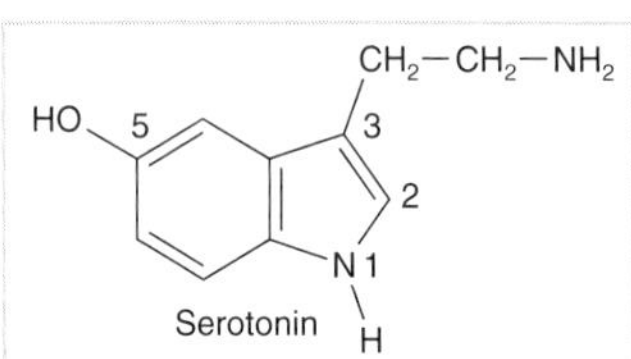

Struktur von Serotonin

S. findet sich verbreitet sowohl in Pflanzen als auch in Tieren. Pflanzlich kommt es vor allem in Bananen und im Ananas vor. Beim Menschen ist S. angereichert zu finden in den Schleimhäuten von Magen und Darm sowie im Gehirn. Gespeichert wird S. in den Thrombozyten (Blutblättchen) und wird bei der Blutgerinnung ins Serum freigesetzt.

Biochemisch wird S. aus ↑ Tryptophan gebildet, indem dieses zunächst hydroxyliert und dann decarboxyliert wird. Der Abbau erfolgt zur *5-Hydroxyindolessigsäure* (wobei eine Monoaminooxidase und eine Aldehyddehydrogenase beteiligt sind), und wird als solches ausgeschieden.

Das biogene Amin S. übt die Funktion eines Gewebshormons aus, das u. a. über besondere Rezeptoren direkt an die Zellen der glatten Muskulatur anbindet und dabei zur Kontraktion von Gefäßen, Bronchien, Darm und Uterus führt. Zum Beispiel wirkt es blutstillend durch Kontraktion der Blutgefäße bei Blutungen.

Außerdem ist S. durch seine Umwandlung in ↑ Melatonin an der biologischen Einstellung des Schlaf-Wach-Rhythmus beteiligt. Durch Einspritzen von S. läßt sich in Versuchstieren Schlaf erzeugen. Umgekehrt läßt sich mit *4-Chlorphenylalanin*, das die S.-Synthese hemmt, Schlaflosigkeit hervorrufen.

Man bringt Störungen im Serotonin-Stoffwechsel im Gehirn ursächlich mit der Entstehung von *Depressionen* in Verbindung, worauf Therapieansätze beruhen.

Das *N,N-Dimethylserotonin* ist das Halluzinogen *Bufotenin* im Sekret der Erdkröte (s. unter ↑ Psilocybin).

$C_{10}H_{12}N_2O$ $M_R = 176{,}22$ C 68,16 % H 6,86 % N 15,90 % O 9,08 %

Shikimisäure

Shikimic acid 3,4,5-Trihydroxy-1-cyclohexencarbonsäure

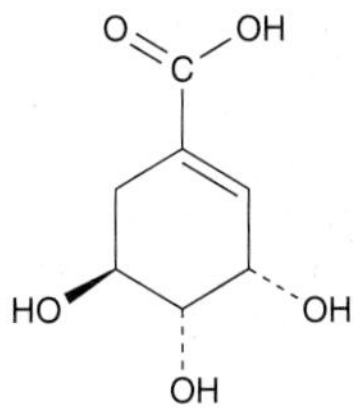

(-)-Shikiminsäure

Struktur der Shikimisäure

Bildet farblose, nadelförmige Kristalle, die sich in Wasser zu 18 g/100ml, in Ethanol zu 2,2 g/100 ml und in Diethylether, Petrolether oder Chloroform nur sehr wenig lösen.

S. findet sich in vielen Pflanzen sowie in Bakterien und Pilzen. Sie spielt darin allgemein eine zentrale Rolle als biosynthetische Vorstufe beim Aufbau der Aminosäuren ↑ Phenylalanin (s. unter ↑ Lignin), ↑ Tyrosin und ↑ Tryptophan und anderen wichtigen aromatischen Verbindungen (u. a. Vitamin K und ↑ Nicotinsäure) sowie der ↑ Gallussäure, die die Tannine aufbaut.

Die S. hat in neuester Zeit unerwartete präparative Bedeutung erlangt als Ausgangsprodukt zur Synthese von *Oseltamivirphosphat*, besser bekannt unter der Handelsbezeichnung *Tamiflu*, dem Wirkstoff gegen die die *Vogelgrippe* hervorrufenden Influenza-Viren (s. Abbildung).

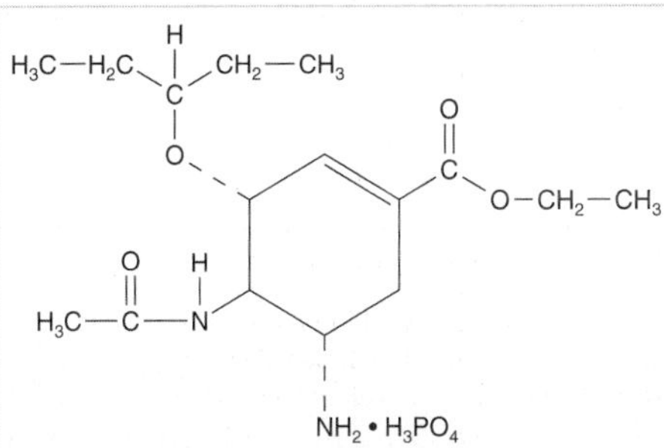

Struktur von Oseltamivirphosphat (Tamiflu)

Einer Schweizer Forschungsgruppe (Hoffmann-La-Roche) gelang die Entwicklung einer von S. ausgehenden 11-stufigen, für die industrielle Produktion geeigneten Synthese. Tamiflu blockiert im Virus die Enzyme (Neuraminidasen), die ihm den Austritt aus der Wirtszelle und damit seine Ausbreitung ermöglichen.

Die S. wurde erstmals 1885 aus der orientalischen Pflanze Illicium religiosum isoliert, die in Japan Shikimi heißt (Name!).

$C_7H_{10}O_5$ $M_R = 174{,}15$ C 48,28 % H 5,79 % O 45,93 %

t_{Smp}	t_{Sdp}	d	η
183 °C			

Silan

Silane Monosilan, Siliciumtetrahydrid

Ein farbloses, unangenehm riechendes Gas, das sich bei Kontakt mit ↑ Sauerstoff mit lautem Knall entzündet, von Wasser (mit Spuren Alkali) zu Kieselsäure (s. unter ↑ Siliciumdioxid) und ↑ Wasserstoff hydrolysiert wird und praktisch unlöslich ist in org. Solventien wie Ethanol, Diethylether oder Chloroform.

Eine allgemeine Darstellungsmethode für S. ist die Umsetzung von Metallsiliciden, z. B. *Magnesiumsilicid*, mit Säuren unter Sauerstoff-Ausschluß, die für die technische Gewinnung von S. genutzt wird (s. Gleichung). Dabei entstehen auch die höheren *Silane* Si_nH_{2n+2} bis zu $n = 15$, deren Grundkörper S. ist und die durch fraktionierte Destillation aufgetrennt werden können. Die Silane werden mit zunehmendem n schnell thermisch instabil, sodaß *Tetrasilan* mit $n = 4$ bei Raumtemperatur bereits rasch zerfällt.

$$Mg_2Si + 4\,H^{\oplus} \longrightarrow 2\,Mg^{2+} + SiH_4$$

Technische Darstellung von Silan aus Magnesiumsilicid

Eine Labormethode ist die Reaktion von ↑ Siliciumtetrachlorid mit ↑ Lithiumhydrid in einer eutektischen Salzschmelze von ↑ Lithiumchlorid und ↑ Kaliumchlorid (s. Gleichung).

$$SiCl_4 + 4\,LiH \xrightarrow{LiCl/KCl} SiH_4 + 4\,LiCl$$

Labormethode zur Herstellung von Silan

Eine weitere Möglichkeit zur Labor-Synthese liegt in der Umsetzung von ↑ Siliciumtetrachlorid mit ↑ Lithiumaluminiumhydrid in etherischer Lösung (s. Gleichung).

$$SiCl_4 + LiAlH_4 \longrightarrow SiH_4 + LiAlCl_4$$

Alternative Labormethode zur Silan-Synthese

$$SiH_4 \longrightarrow Si + 2\,H_2$$

Thermischer Zerfall von Silan in die Elemente

S. ist unter Sauerstoffausschluß thermisch bis ca. 300 °C beständig, darüber erfolgt Zerfall in die Elemente (s. Gleichung).

In nicht zu starken wässerigen Säuren ist S. beständig. Durch Umsetzung von S. mit Halogenen oder Halogenwasserstoffen werden die *Halogensilane* erhalten.

S. ist tetraedrisch gebaut (vgl. ↑ Methan), das Si-Atom trägt die Formalladungszahl + 4, da der Wasserstoff der elektronegativere Partner ist (Polaritätsumkehr beim Übergang von der C-H zur Si-H-Bindung), weshalb bei der Hydrolyse Wasserstoff entsteht.

S. wird technisch verwendet zur Herstellung von Reinstsilicium für die Si-Halbleiter-Technologie.

H_4Si $M_R = 32{,}12$ H 12,55 % Si 87,45 %

t_{Smp}	t_{Sdp}	d	η
−185 °C	−112 °C	0,00144 g/cm³ (0 °C)	

C_p	$\Delta_S H$	$\Delta_V H$	$\Delta_B H$	S^o	Q_C
	0,67 kJ/mol	12,1 kJ/mol	34,3 kJ/mol	204,7 J/(K · mol)	

t_{krit}	P_{krit}	d_{krit}	t_{trip}
−4 °C	4,78 MPa		

Silber

Silver Ag

Ein weißglänzendes, weiches metallisches chemisches Element, als dessen herausragende physikalische Eigenschaften die von allen Metallen höchste elektrische und thermische Leitfähigkeit sowie die außerordentliche Zieh- und Dehnbarkeit zu nennen sind. Ag läßt sich zu durchscheinend-dünnen Folien auswalzen oder zu Drähten ausziehen, die mit 2 km Länge nur 1 g wiegen (*Filigrandraht*). Ag wird von Wasser und an der Luft nicht verändert. Lediglich der in Spuren allgegenwärtige ↑ Schwefelwasserstoff bewirkt infolge Sulfidbildung ein allmähliches Anlaufen mit braunen bis schwarzen Färbungen. In verdünnter ↑ Salpetersäure erfolgt rasche Oxidation unter Überführung in lösliches ↑ Silbernitrat. In konzentrierter Salpeter- oder Schwefelsäure tritt Passivierung ein (Oxidschicht), so daß ein durchgehender Angriff auf das Metall erst in der Hitze erfolgt. Nichtoxidierende Säuren verändern Ag nicht. Gegen Alkalien ist Ag sehr beständig. In Cyanid-Laugen geht Ag komplex in Lösung (s. unten).

Als Edelmetall findet sich Ag in der Natur in gediegener Form und kommt dabei, meist vergesellschaftet mit anderen Edelmetallen (Cu, Au, Pt), gelegentlich in tonnenschweren Stücken vor. Mengenmäßig treten diese Vorkommen jedoch weit hinter dem Gehalt in Erzen zurück, in denen das Ag meist als Sulfid vorliegt. Diese Erze lassen sich unterscheiden in eigentliche *Silbererze* mit Ag-Gehalten von wenigen Prozent und in silberhaltige Erze anderer Metalle mit Ag-Gehalten bis zu höchstens 1 % (vor allem Bleiglanz). Die bedeutendsten Ag-Vorkommen verzeichnet der amerikanische Kontinent (Argentinien, dessen Name von den Ag-Vorkommen herrührt, Mexiko, Kanada). Der Gesamtgehalt der Erdkruste an Ag wird so auf 0,1 ppm geschätzt, ist also etwa 10 mal größer als der von ↑ Gold.

$$2\,Ag^{\oplus} + Zn \longrightarrow 2\,Ag + Zn^{2+}$$

Ausfällung von Silber mit Zink

Aus den Silbererzen wird das Ag hauptsächlich durch *Cyanidlaugerei* isoliert: die feingemahlenen Erze werden unter Luftzutritt mit 0,2 %iger Natriumcyanid-Lösung behandelt, wobei das Ag sowohl aus der Elementstufe als auch aus seinen Verbindungen komplex in Lösung geht (s. Gleichungen). Aus diesen Lösungen wird das Ag durch Einrühren von Zinkpulver ausgefällt und zum *Rohsilber* verpreßt (s. Gleichung).

$$2\,Ag + {}^{1}\!/_{2}\,O_2 + 4\,CN^{\ominus} + H_2O \longrightarrow 2\,[Ag(CN)_2]^{\ominus} + 2\,OH^{\ominus}$$
$$Ag_2S + 4\,CN^{\ominus} \rightleftharpoons 2\,[Ag(CN)_2]^{\ominus} + S^{2-}$$

Komplexierungs-Reaktionen bei der Cyanidlaugerei zur Silbergewinnung

Größere Bedeutung hat die Ag-Gewinnung, die mit der Herstellung anderer Metalle, vor allem von ↑ Blei und ↑ Kupfer, gekoppelt ist, in deren Erzen Ag als Begleiter vorhanden ist. Das wichtigste „Silbererz" ist so heute der Bleiglanz (s. unter ↑ Blei). Aus dem bei der Bleiglanz-Verarbeitung zunächst anfallenden „Werkblei" wird das Ag nach verschiedenen Verfahren, vor allem durch das „*Parkesieren*" angereichert und durch „*Treibarbeit*" (Luftoxidation des Bleis zum ↑ Blei(II)oxid) vom Blei befreit. Die Reinigung des so erhaltenen Rohsilbers erfolgt elektrolytisch ganz analog zur elektrolytischen Kupferraffination. Die Deckung des industriellen Ag-Bedarfs ist heute nicht mehr möglich ohne eine ausgedehnte Rückgewinnung von Altsilber vor allem aus fotografischen Bädern.

Ag ist das in der ersten Nebengruppe des PSE auf das Kupfer folgende Element und besitzt die Elektronenkonfiguration $1s^2\,2s^2\,2p^6\,3s^2\,3p^6\,3d^{10}\,4s^2\,4p^6\,4d^{10}\,5s^1$, Grundterm $^2S_{1/2}$, aus der sich die Tendenz zur Ausbildung der Oxidationsstufe + 1 ersehen läßt (Abgabe des 5s-Elektrons). Dies ist auch, im Gegensatz zum Kupfer, die eindeutig bevorzugte Oxidationsstufe des Ag-Atoms. Die Oxidationszahlen + 2 und + 3 sind zwar auch bekannt, jedoch praktisch kaum von Bedeutung. Die einzige bekannte stabile Ag(II)-Verbindung ist das ↑ Silber(II)fluorid.

Ag ist gemäß dem angegebenen Normalpotential (s. Gleichung) ein edles Metall und wird aus seinen Salzlösungen leicht reduktiv abgeschieden, z. B. durch ammoniakalische Lösung von ↑ Formaldehyd (*Silberspiegel*) oder durch unedlere Metalle, z. B. durch Kupfer (*Anreibeversilberung*) (s. Gleichung).

$2\,Ag^{\oplus} + Cu \longrightarrow Cu^{2+} + 2\,Ag$

Silberabscheidung auf dem unedleren Kupfer

$Ag \rightleftharpoons Ag^{\oplus} + e^{-} \qquad E_0 = 0{,}799\ V$

Normalpotential von Silber

Da das *Ag(I)-Ion* über eine vollbesetzte d-Schale verfügt, ist es diamagnetisch und erzeugt farblose Lösungen. Es ist jedoch stark polarisierend, so daß die Verbindungen mit deformierbaren Anionen (Sulfid, Iodid) hohe kovalente Anteile aufweisen, auf Ladungsübertragungen (charge-transfer) zurückzuführende Farben zeigen und in Wasser sehr schwerlöslich sind. Von den Ag-Verbindungen sind nur das Fluorid, das Nitrat und Perchlorat wasserlöslich. Die Komplexbildungstendenz ist weit weniger ausgeprägt als beim Cu und Au. Das Ag(I)-lon liegt in wässeriger Lösung vermutlich als labiler Diaquo-Komplex vor. Weiteres zur Chemie des Ag s. unter den einzelnen Verbindungen.

Als Reinmetall wird Ag wegen seiner Weichheit nicht verarbeitet. Die üblichen Silberwaren bestehen aus Legierungen des Ag mit Kupfer. Gehalte von bis zu 20 % Kupfer verleihen dem Ag Härte, ohne den Silberglanz zu beeinträchtigen. Die meisten Silbermünzen bestehen aus 90 % Ag und 10 % Cu. Bei den übrigen Silberprodukten liegt der Ag-Gehalt zwischen 80 und 93,5 %, also bei Schmuck, Bestecken, Tafelgeräten etc. Der Ag-Gehalt wird dabei meist in Promille als „*Feingehalt*" angegeben. Das zur Schmuck- und Tafelwaren-Herstellung verwendete *Sterlingsilber* enthält 7,5 % Cu (Feingehalt 925).

Ag wird ferner in großen Mengen zur galvanischen Versilberung, zur Spiegel-Herstellung sowie in Elektronik und Elektrotechnik verwendet. Zur Verwendung in der Fotographie s. unter ↑ Natriumthiosulfat und ↑ Hydrochinon. Ag bindet sich komplex an Proteine (z. B. ↑ Gelatine, ↑ Albumin, ↑ Casein, Pepton). Derartige isolierbare Komplexe werden medizinisch als Antiseptika verwendet (argentum proteinicum, *Protein-Silber*).

Qualitativ-analytisch verwertbare Nachweisreaktionen für Ag s. unter den nachfolgenden Ag-Verbindungen.

► Die meisten Ag-Verbindungen sind lichtempfindlich und deshalb dunkel aufzubewahren (dunkle Flaschen). Die löslichen Ag-Salze wirken ätzend auf der Haut. Ag-Ionen besitzen stark bakterizide Wirkung.

Ag Z = 47 A_R = 107,8682 Isotope: 107, 109; 100-106, 108, 110-117 (künstlich)

t_{Smp}	t_{Sdp}	d	MV	α	λ
961 °C	2160 °C	10,5 g/cm³	10,27 cm³/mol	19,2 10^{-6}/K	429 W/mK
C_p	$\Delta_S H$	$\Delta_V H$	S^o	ϱ	
25,41 J/(K · mol)	11,30 kJ/mol	250,6 kJ/mol	42,68 J/(K · mol)	14,7 nΩ · m	
MAK	R-Satz	S-Satz			
0,1 mg/m³					

Silberbromid

Silver bromide

Bildet ein gelbliches geruchloses kristallines Pulver, das in Wasser und Säuren unlöslich ist. S. färbt sich im Licht rasch dunkel infolge Ag-Abscheidung durch fotolytische Zersetzung.

$Ag^{\oplus} + Br^{\ominus} \longrightarrow AgBr$

Bildung von Silberbromid

S. fällt als gelblicher käsiger Niederschlag aus, wenn man eine Ag-Salzlösung mit Bromid-Ionen versetzt (s. Gleichung).

$$K_L = c\,[Ag^{\oplus}] \cdot c\,[Br^{\ominus}] = 5 \cdot 10^{-13}$$

Löslichkeitsprodukt von Silberbromid

Entsprechend dem kleinen Löslichkeitsprodukt (s. Abbildung) lösen sich in 1 Liter Wasser nur 0,13 mg S.

Es ist also weniger löslich als ↑ Silberchlorid und löst sich zum Unterschied zu letzterem nicht in Ammoniumcarbonat-Lösung auf. Durch Thiosulfat wird aber auch S. leicht komplex in Lösung gebracht (s. Gleichung). Die S.-Fällung dient so zum Bromid-Nachweis und anhand des Lösungsverhaltens auch zur Unterscheidung vom Chlorid.

$$AgBr + 2\,S_2O_3^{2-} \longrightarrow [Ag(S_2O_3)_2]^{3-} + Br^{\ominus}$$

Auflösung von Silberbromid in Thiosulfat-Lösung

S. besitzt große Bedeutung als Bestandteil der lichtempfindlichen Schichten auf Filmen, Fotopapier und Fotoplatten (s. unter ↑ Hydrochinon und ↑ Natriumthiosulfat). Zur Herstellung wird S. in einer Gelatinelösung ausgefällt und aufgetrocknet. Die ↑ Gelatine dient als Bindemittel (s. unter ↑ Ammoniumbromid).

AgBr $M_R = 187{,}77$ Ag 57,45 % Br 42,55 %

t_{Smp}	t_{Sdp}	d	η
430 °C	1533 °C	6,47 g/cm³	

C_p	$\Delta_S H$	$\Delta_V H$	$\Delta_B H$	S^o	Q_C
	8,5 kJ/mol	157 kJ/mol	−100 kJ/mol	107 J/(K · mol)	

Silberchlorid

Silver chloride

$$K_L = c\,[Ag^{\oplus}] \cdot c\,[Cl^{\ominus}] = 1{,}7 \cdot 10^{-10}$$

Löslichkeitsprodukt von Silberchlorid

Bildet ein weißes kristallines Pulver, das in Wasser und verdünnten Säuren praktisch unlöslich ist. Gemäß dem Löslichkeitsprodukt (s. Abbildung) lösen sich in einem Liter Wasser 1,9 mg S. Löslich ist S. in Ammoniaklösung, in Lösungen von Ammoniumsalzen, in konzentrierter Salzsäure, in Thiosulfat-Lösungen sowie in Cyanid-Lösungen jeweils unter Komplex-Bildung (s. Gleichungen).

$$AgCl + 2\,NH_3 \longrightarrow [Ag(NH_3)_2]^{\oplus} + Cl^{\ominus}$$
$$AgCl + HCl \longrightarrow [AgCl_2]^{\ominus} + H^{\oplus}$$
$$AgCl + 2\,S_2O_3^{2-} \longrightarrow [Ag(S_2O_3)_2]^{3-} + Cl^{\ominus}$$
$$AgCl + 2\,CN^{\ominus} \longrightarrow [Ag(CN)_2]^{\ominus} + Cl^{\ominus}$$

Silberchlorid in Lösung bringende Komplexierungs-Reaktionen

$$Ag^{\oplus} + Cl^{\ominus} \longrightarrow AgCl$$

Fällung von Silberchlorid

S. kommt in der Natur als „*Hornsilber*“ vor und fällt als weißer käsiger Niederschlag aus, wenn man eine Chlorid-Ionen enthaltende Lösung mit einer Lösung von ↑ Silbernitrat versetzt (s. Gleichung).

Die S.-Fällung wird in der qualitativen Analyse zum *Chlorid-Nachweis* genutzt. S. ist, gelöst in Kaliumchlorid-Lösung, potential-bildender Bestandteil des Elektrolyten in Silberchlorid-Bezugselektroden.

S. schmilzt zu einer gelben Flüssigkeit, die beim Abkühlen zu einem farblos durchscheinenden Festkörper erstarrt, der für infrarotes Licht völlig durchlässig ist.

► S. färbt sich unter Lichteinwirkung durch Ag-Freisetzung dunkel.

$AgCl$ $M_R = 143{,}34$ Ag 75,26 % Cl 24,74 %					
t_{Smp} 455 °C	t_{Sdp} 1554 °C	d 5,56 g/cm³	η		
C_p 52,9 J/(K · mol)	$\Delta_S H$ 12,3 kJ/mol	$\Delta_V H$ 185 kJ/mol	$\Delta_B H$ −127 kJ/mol	S^o 96,2 J/(K · mol)	Q_C

Silber(II)fluorid

Silver difluoride

Bildet in reinstem Zustand weiße Kristalle, liegt meist jedoch in Form eines grau-schwarzen oder braunen hygroskopischen Pulvers vor, das an der Luft raucht und sich dabei bald in eine schmierige schwarze Masse verwandelt. Von Wasser wird S. schnell zersetzt unter Bildung von Silber(I)fluorid und ↑ Sauerstoff, wobei also das Ag(II)-Ion das Wasser oxidiert (s. Gleichung).

$$2\,AgF_2 + H_2O \longrightarrow 2\,AgF + 2\,HF + {}^1\!/_2\,O_2$$

Oxidation von Wasser durch Silber(II)fluorid

S. entsteht in stark exothermer Reaktion bei der Einwirkung von ↑ Fluor auf feinverteiltes ↑ Silber (s. Gleichung).

$$Ag + F_2 \longrightarrow AgF_2$$

Darstellung von Silber(II)fluorid

S. eignet sich präparativ sehr gut zur Fluorierung vor allem organischer Verbindungen und erspart dabei den Umgang mit gasförmigem Fluor (s. Gleichung).

$$AgF_2 \longrightarrow AgF + {}^1\!/_2\,F_2$$

Fluorfreisetzung aus Silber(II)fluorid

Das *Silber(I)fluorid*, eine gelbliche blättrige, lichtempfindliche Masse, löst sich im Unterschied zu den übrigen Halogeniden extrem gut in Wasser (182 g/100 ml). Es wird aus *Silbercarbonat* und ↑ Fluorwasserstoff hergestellt (s. Gleichung).

$$Ag_2CO_3 + 2\,HF \longrightarrow 2\,AgF + CO_2 + H_2O$$

Darstellung von Silber(I)fluorid

Silber(I)fluorid dient präparativ zum Austausch von Chlor- und Brom-Atomen in Organika gegen Fluor-Atome.

► Silber(II)fluorid ist eine hochgiftige Verbindung.

AgF_2 $M_R = 145{,}87$ Ag 73,95 % F 26,05 %					
t_{Smp} 690 °C	$t_{Zersetzung}$ 700 °C (Z)	d 4,58 g/cm³	η		
C_p	$\Delta_S H$	$\Delta_V H$	$\Delta_B H$ −354 kJ/mol	S^o 141 J/(K · mol)	Q_C
MAK 0,01 mg/m³	R-Satz	S-Satz			

Silberiodid

Silver iodide

$$K_L = c\,[Ag^{\oplus}] \cdot c\,[J^{\ominus}] = 8{,}5 \cdot 10^{-17}$$

Löslichkeitsprodukt von Silberiodid

Ein hellgelbes geruchloses kristallines Pulver, das in Wasser, Säuren und Laugen sehr wenig löslich ist. Gemäß dem Löslichkeitsprodukt (s. Abbildung) lösen sich in einem Liter Wasser nur 0,03 mg S. S. ist auch kaum löslich in Ammoniak-Lösung und in Thiosulfat-Lösung, worin ein wesentlicher analytischer Unterschied zum Chlorid und zum Bromid liegt. Gut löslich ist S. in Iodid- und Cyanid-Lösungen unter Komplexbildung.

$$Ag^{\oplus} + J^{\ominus} \longrightarrow AgJ$$

Fällung von Silberiodid

S. fällt als gelber käsiger Niederschlag aus beim Versetzen einer Silbernitrat-Lösung mit Iodid-Ionen (s. Gleichung).

S. schmilzt zu einer roten Flüssigkeit, die zu einem gelbdurchscheinenden Festkörper erstarrt.

Eine interessante Anwendung fand S. zur Erzeugung von künstlichem Regen. Wegen der eisähnlichen Kristallstruktur des S. wirken S.-Kristalle in unterkühltem Wasserdampf als Kristallisationskeime. Extrem feine Zerstäubungen von S. wurden deshalb zur Regenbildung und zur Verhinderung von Hagelschlag in die Atmosphäre eingebracht.

AgI $M_R = 234{,}80$ Ag 45,95 % I 54,05 %

Bes. Hinweis: S. färbt sich unter Lichteinwirkung durch Ag-Freisetzung dunkel.

t_{Smp}	t_{Sdp}	d	η
558 °C	1506 °C	6,01 g/cm³	

C_p	$\Delta_S H$	$\Delta_V H$	$\Delta_B H$	S^o	Q_C
56,8 J/(K · mol)	9,4 kJ/mol	144 kJ/mol	61,8 kJ/mol	115,5 J/(K · mol)	

Silbernitrat

Silver nitrate

Bildet farblos-durchscheinende, geruchlose, große Kristalle oder ein weißes kristallines Pulver und löst sich sehr gut in Wasser: bei 20 °C 222 g/100 ml, bei 100 °C 910 g /100 ml. In Ethanol lösen sich bei 20 °C ca. 3 g/100 ml. Wässerige Lösungen von S. reagieren fast neutral (pH ca. 6).

S. wird hergestellt durch Oxidation („Auflösen“) von ↑ Silber mit ↑ Salpetersäure und Einengen der erhaltenen S.-Lösung (s. Gleichung).

$$3\,Ag + 4\,HNO_3 \longrightarrow 3\,AgNO_3 + NO + 2\,H_2O$$

Darstellung von Silbernitrat

S. ist die wichtigste Silberverbindung, die zur Herstellung aller anderen Silberpräparate dient. S. ist auch ein im Labor viel gebrauchtes analytisches Reagenz. Technisch wird S. in großen Mengen in der Fotoindustrie zur Herstellung lichtempfindlicher Schichten benötigt und ferner in der Spiegelfabrikation, zur Darstellung von Silberkatalysatoren (z. B. Ethylenoxidation) und zur Herstellung von Keramikfarben verwendet.

Aus Lösungen von S. fällt bei Zugabe von ↑ Kaliumcarbonat das hellgelbe *Silbercarbonat* aus. Aus Silbercarbonat lassen sich durch Zugabe von Carbonsäuren die entsprechenden *Carbonsäuresilbersalze* gewinnen, die in der *Hunsdiecker-Reaktion* eine spezielle präparative Verwendung finden. Setzt man sie mit einem Halogen (↑ Brom oder ↑ Iod) um, decarboxylieren sie beim Erwärmen unter Bildung des um ein C-Atom ärmeren Alkylhalogenids (s. Schema).

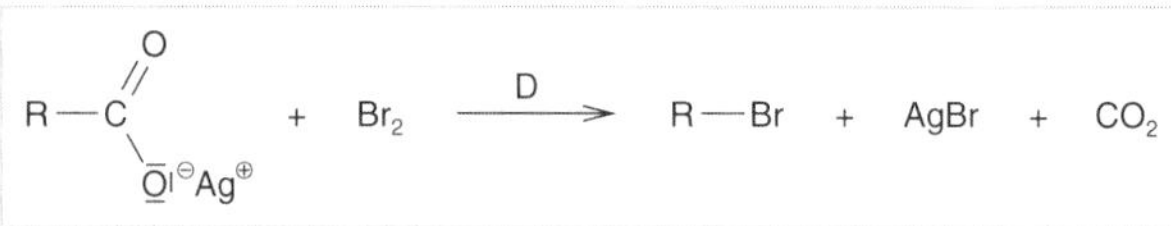

Hunsdiecker-Reaktion

Die Reaktion wird auch als *Silbersalz-Decarboxylierung* bezeichnet und hat Bedeutung zur gezielten Herstellung cyclischer oder offenkettiger *Monohalogenalkane*. Sie verläuft als radikalische Kettenreaktion.

S. wird auch medizinisch genutzt: mit ↑ Kaliumnitrat zu Stäbchen verschmolzen als „*Höllenstein*" zur örtlichen Gewebeätzung und in sehr verdünnter wässeriger Lösung zur Augenspülung bei Neugeborenen.

Eine ammoniakalische Lösung von S. wird als *Tollens-Reagenz* zum Nachweis reduzierender Verbindungen benutzt.

► S. wirkt ätzend, da es bei Lichteinwirkung unter Freisetzung von Salpetersäure zerfällt. Das entstehende Silber erzeugt typische schwarze Flecken.

$AgNO_3$ $M_R = 169{,}89$ Ag 63,50 % N 8,25 % O 28,26 %

t_{Smp}	$t_{Zersetzung}$	d	η		
212 °C	444 °C (Z)	4,35 g/cm³			
C_p	$\Delta_S H$	$\Delta_V H$	$\Delta_B H$	S^o	Q_C
93 J/(K · mol)	11,7 kJ/mol		−124 kJ/mol	140,6 J/(K · mol)	
MAK	R-Satz	S-Satz			
0,01 mg/m³	34-50/53	26-45-60-61			

Silber(I)oxid

Silver oxide

Bildet ein braun-schwarzes, geruchloses, schweres kristallines Pulver, das sich bei 20 °C nur zu 2 mg in 100 ml Wasser löst. In verdünnter ↑ Salpetersäure erfolgt rasche Zersetzung (s. Gleichung). Beim Erhitzen zerfällt S. ab ca. 200 °C in Sauerstoff und metallisches Silber (s. Gleichung). Eine S.-Suspension in Wasser reagiert alkalisch wegen teilweiser Hydroxid-Bildung (s. Gleichung).

$$Ag_2O \longrightarrow 2\,Ag + {}^1/_2\,O_2$$

Thermische Zersetzung von Silberoxid

$$Ag_2O + H_2O \rightleftharpoons 2\,AgOH$$

Alkalische Reaktion von Silberoxid in Wasser

$$Ag_2O + HNO_3 \longrightarrow 2\,AgNO_3 + H_2O$$

Zersetzung von Silberoxid mit Salpetersäure

S. entsteht als braunschwarzer Niederschlag beim Versetzen einer Silbernitrat-Lösung mit Alkalilaugen (s. Gleichung).

$$2\,Ag^{\oplus} + 2\,OH^{\ominus} \longrightarrow 2\,AgOH \rightleftharpoons Ag_2O + H_2O$$

Bildung von Silber(I)oxid

Präparativ wird S. zur Herstellung reiner *Metallhydroxyd-Lösungen* verwendet, indem eine Aufschlämmung von S. in Wasser mit einem löslichen Halogenid versetzt wird. Auch in der Organik dient S. zu diesem Zweck, z. B. beim *Hofmann-Abbau*. Der Hofmann-Abbau beinhaltet die Bildung eines Olefins aus einem Amin. Zunächst wird mit ↑ Methyliodid erschöpfend methyliert (S_N-Reaktion) und dann das quartäre Ammoniumiodid mit Silberhydroxid in das Hydroxid umgewandelt. Erwärmt man nun gelinde, erfolgt Eliminierung des tertiären Amins, wobei im Alkylrest eine terminale Doppelbindung entsteht (s. Schema).

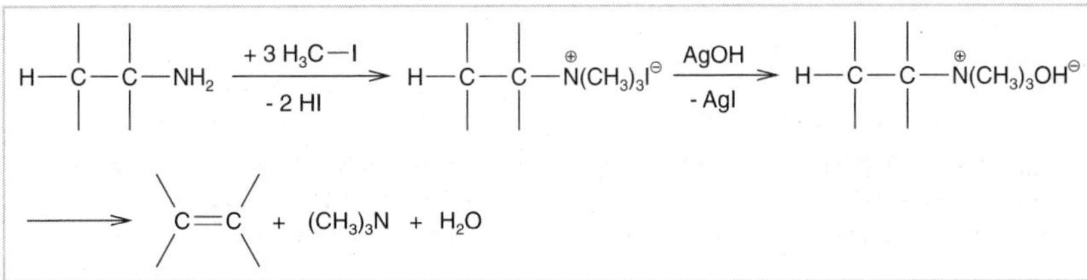

Hofmann-Abbau

Ablösung von Proton und Amin erfolgen synchron, man spricht von *E2-Eliminierung* (*bimolekulare Eliminierung*), das Alken mit terminaler Doppelbindung ist das *Hofmann-Produkt* (s. auch unter ↑ 1-Pentanol).

Technisch wird S. für Glas- und Keramikfärbungen benutzt.

► S. wird durch Licht allmählich zersetzt.

Ag_2O $M_R = 231{,}76$ Ag 93,10 % O 6,90 %

$t_{Zersetzung}$	t_{Sdp}	d	η
250 °C (Z)		7,14 g/cm³	

C_p	$\Delta_S H$	$\Delta_V H$	$\Delta_B H$	S^o	Q_C
66 J/(K · mol)			−31 kJ/mol	121 J/(K · mol)	

Silbersulfid

Silver sulfide

$$K_L = c\,[Ag^{\oplus}]^2 \cdot c\,[S^{2-}] \text{ ca. } 10^{-50}$$

Löslichkeitsprodukt von Silbersulfid

Bildet ein schwarzes, schweres kristallines Pulver, das in Wasser extrem unlöslich ist, wie sich aus dem äußerst niedrigen Löslichkeitsprodukt ergibt (s. Abbildung).

$$2\,Ag^{\oplus} + S^{2-} \longrightarrow Ag_2S$$

Fällung von Silbersulfid

S. kommt in der Natur als *Argentit* vor. Es fällt als schwarzer Niederschlag beim Einleiten von ↑ Schwefelwasserstoff in eine Silbersalz-Lösung aus (s. Gleichung).

$$Ag_2O + H_2S \longrightarrow Ag_2S + H_2O$$

Entstehung der Anlauffarbe auf Silber-Oberflächen

S. bildet sich auf Silber-Oberflächen als schwarze Anlauffarbe aus dem praktisch allgegenwärtigen Schwefelwasserstoff durch Umwandlung der dünnen Oxidschicht (s. Gleichung).

Diese störenden Schwarzfärbungen auf *Silber-Oberflächen* lassen sich mit einer schwefelsauren Lösung von ↑ Thioharnstoff beseitigen. Noch einfacher ist die Reduktion des S. bei Kontakt des Silbergegenstandes mit einer Aluminiumoberfläche in einer warmen Lösung von ↑ Natriumcarbonat oder ↑ Natriumchlorid. S. wird technisch als Keramikfarbe verwendet.

Ag_2S $M_R = 247{,}83$ Ag 87,06 % S 12,94 %

t_{Smp}	t_{Sdp}	d	η		
825 °C		7,33 g/cm³			
C_p	$\Delta_S H$	$\Delta_V H$	$\Delta_B H$	S^o	Q_C
6 J/(K · mol)	7,8 kJ/mol		−33 kJ/mol	144 J/(K · mol)	

Silicium

Silicon Si

Si erhält man je nach Herstellungsverfahren als amorphes braunes Pulver oder in Form grauer, undurchsichtiger, hart-spröder glänzender Kristalle. Beide Formen unterscheiden sich nicht in ihrer Kristallstruktur (Diamantgitter), es handelt sich also nicht um verschiedene Modifikationen, sondern sie differieren lediglich in der Kristallgröße, im Ausmaß von Gitterstörungen und im Gehalt an Fremdstoffen. Amorphes Si ist entsprechend seiner feineren Verteilung reaktionsfähiger als das kristalline. Si ist unlöslich in Wasser und wird auch von Säuren nicht angegriffen (außer von salpetersäurehaltiger Flußsäure). Dieses im Kontrast zum negativen Normalpotential des Si (s. Gleichung) stehende Verhalten ist auf die Bildung einer festhaftenden inerten Schicht von ↑ Siliciumdixoid zurückzuführen. Diese ist auch der Grund für die erst oberhalb 1000 °C einsetzende Verbrennung des Si zu ↑ Siliciumdioxid. Von heißen Laugen wird Si rasch unter Wasserstoffentwicklung angegriffen, weil die Siliciumdioxid-Schicht abgebaut wird (s. Gleichungen).

$$Si + 2\,H_2O \longrightarrow SiO_2 + 4\,H^{\oplus} + 4\,e^- \qquad E_0 = -0{,}86\ V$$

Normalpotential für die Silicium-Oxidation

$$\begin{array}{rcl} Si + 2\,H_2O & \longrightarrow & SiO_2 + 2\,H_2 \\ SiO_2 + 2\,OH^{\ominus} & \longrightarrow & SiO_3^{2-} + H_2O \\ \hline Si + H_2O + 2\,OH^{\ominus} & \longrightarrow & SiO_3^{2-} + 2\,H_2 \end{array}$$

Reaktion von Silicium mit Laugen

Si kommt in der Natur nicht elementar vor. Es ist jedoch das Basiselement der *Lithosphäre*, indem es an ↑ Sauerstoff gebunden das Grundgerüst der Stein- und Bodenmassen der Erdoberfläche liefert. Si ist so mit 27,5 Gew.-% am Aufbau der Erdkruste beteiligt und ist damit nach dem Sauerstoff das zweithäufigste Element auf der Erde. Das Si findet sich dabei stets (abgesehen vom Vorkommen des reinen Quarz, s. unter ↑ Siliciumdioxid) in Form von Salzen von Polymeren der Kieselsäure (Silicate). Auf der Strukturvielfalt dieser Polymeren in Verbindung mit den verschiedensten Einlagerungen und Substitutionen im Kristallgitter beruht die Mannigfaltigkeit der Gesteinswelt. Weiteres zum Aufbau der Silicate s. unter ↑ Siliciumdioxid. Ausgangsprodukt zur Herstellung von elementarem Si ist stets der Quarz, der nach verschiedenen Verfahren reduziert wird. Für die Labor-Darstellung verwendet man ↑ Magnesium oder überschüssiges ↑ Aluminium (s. Gleichungen). Mit Mg erhält man amorphes Si, mit Al kristallines Si (das gebildete Si löst sich im überschüssigen geschmolzenen Al und scheidet sich beim Erkalten kristallin ab. Die Abtrennung des Al vom Si erfolgt durch Umsetzung von Al mit ↑ Salzsäure).

$$\begin{array}{rcl} SiO_2 + 2\,Mg & \longrightarrow & Si + 2\,MgO \\ 3\,SiO_2 + 4\,Al & \longrightarrow & 3\,Si + 2\,Al_2O_3 \end{array}$$

Labor-Darstellung von Silicium

$$SiO_2 + 2\,C \longrightarrow Si + 2\,CO$$

Technische Darstellung von Silicium

Zur technischen Si-Herstellung dient hochreiner Koks als Reduktionsmittel, der mit Quarz im elektrischen Lichtbogen umgesetzt wird (s. Gleichung).

$$3\,HCl + Si \longrightarrow SiHCl_3 + H_2$$

Überführung von Silicium in Trichlorsilan

Da in der Mikroelektronik für die Herstellung der „Chips" höchste Anforderungen an die Reinheit des Si gestellt werden, muß das zunächst anfallende, etwa 98 %ige Roh-Silicium von Begleitstoffen weitgehend befreit werden. Hierzu wird feingepulvertes Si oberhalb 300 °C mit ↑ Chlorwasserstoff umgesetzt und mit ca. 90 %iger Ausbeute in *Trichlorsilan* überführt (s. Gleichung).

Das Trichlorsilan wird destillativ sorgfältig gereinigt und dann in Gegenwart von ↑ Wasserstoff bei hohen Temperaturen thermisch zersetzt (s. Gleichung). Man läßt das Si sich an dünnen Reinst-Si-Stäben abscheiden, wodurch man schließlich Stäbe aus polykristallinem Si erhält, die Durchmesser bis zu 20 cm und Längen bis zu 2 m aufweisen.

$$4\,SiHCl_3 + 2\,H_2 \longrightarrow 3\,Si + SiCl_4 + 8\,HCl$$

Abscheidung von Reinstsilicium durch Reduktion

Das Si hat jetzt Neun-Neuner-Qualitat (99,9999999 %ig), was bedeutet, daß auf 1 Tonne Si 1 mg Verunreinigung kommt! Für die Fertigung der *Chips* werden *Si-Einkristalle* benötigt, die aus dem polykristallinen Si gefertigt werden müssen. Dies gelingt nach dem Tiegelzieh- und dem Zonenschmelz-Verfahren, worauf hier jedoch nicht weiter eingegangen wird. Es werden heute Einkristalle aus Reinst-Si mit Gewichten bis zu 70 Kg hergestellt.

Si ist das in der 4. Hauptgruppe des PSE auf ↑ Kohlenstoff folgende Element mit der Elektronenkonfiguration $1s^2\ 2s^2\ 2p^6\ 3s^2\ 4p^2$, Grundterm $^3P_0$.

Das Si-Atom ist in seinen kovalenten Verbindungen sp^3-hybridisiert, also vierbindig und tetraedrisch koordiniert. Die Unterschiede zur Kohlenstoff-Chemie beruhen hauptsächlich auf folgenden Charakteristika:

1. Wegen größerem Atomradius schwache Si-Si-Bindungen
2. Keine Möglichkeit zur Ausbildung von pπ-pπ-Doppelbindungen des Si
3. Verfügbarkeit von d-Orbitalen beim Si, deshalb Möglichkeit zu pπ-dπ-Wechselwirkungen sowie Ausdehnung der Koordinationszahl über 4 hinaus, z. B. im Siliciumhexafluorid-Ion
4. Geringere Elektronegativität des Si, weshalb in Si-H-Bindungen das H-Atom die negative Partialladung trägt und Si-H-Bindungen hydrolyseempfindlich sind.
5. Extreme Stabilität der Si-0-Bindung

Weiteres zur Si-Chemie s. unter den nachfolgenden Si-Verbindungen.

Si wird technisch in sehr großen Menen erzeugt (insgesamt mehrere Mill. t pro Jahr). Die Verwendungen lassen sich grob in drei Bereiche aufteilen: Si als Legierungsbestandteil, Si als Ausgangsprodukt für andere Si-Verbindungen und Si in der Halbleitertechnik

Si als Legierungsbestandteil: Mengenmäßig am bedeutendsten ist die Verwendung von Si als Legierungsbestandteil, vorweg die Herstellung von *Ferrosilicium*, das in der Stahlproduktion als Antioxidans mit Si-Gehalten bis zu 95 % eingesetzt wird. Große Bedeutung besitzt Si als Legierungspartner von ↑ Aluminium (bis zu 25 % Si), da es die Vergießbarkeit von Al erhöht, was für die Herstellung von Motorblöcken wichtig ist.

Si als Ausgangsprodukt: Einige hunderttausend Tonnen Si werden zur Herstellung von Si-Verbindungen verbraucht, vor allem der Chlorsilane und Organochlorsilane (Müller-Rochow-Synthese, s. unter ↑ Dichlordimethylsilan), die z. B. zur Synthese der Kieselgele (s. unter ↑ Siliciumdioxid und ↑ Silicone dienen. Zu diesem Zweck dient das technische 98-99 %ige Si.

Si in der Halbleitertechnik: Si ist heute der wichtigste Halbleiter der Mikroelektronik (in einem Halbleiter ist der Energieunterschied zwischen Valenzband und Leitungsband gering und kann von „thermischen" Elektronen überwunden werden, woraus sich die bereits bei Raumtemperatur geringe und mit der Temperatur steigende elektrische Leitfähigkeit ergibt, s. auch u. ↑ Germanium). Durch Dotierung mit P- oder As-Atomen bzw. mit B- oder Al-Atomen wird das Si in n-Leiter bzw. p-Leiter überführt (auf die verschiedenen

Dotiertechniken kann hier nicht eingegangen werden), die die Grundlage der Transistoren darstellen. Auf die *Wafer* (dünne Scheiben von dotiertem Reinst-Si) wird eine feine Schicht Siliciumdioxid aufgebracht und dann mittels der Fotoresist-Technik die auf Masken vorhandene Schaltstruktur übertragen. Auf weitere Details dieser hochentwickelten Technologie kann hier nicht eingegangen werden. Es werden so heute auf quadratzentimetergroßen Flächen hunderttausende von Transistorfunktionen untergebracht.

Si Z = 14 A_R = 28,0855 Isotope: 28, 29, 30; 25-27, 31, 32 (künstlich)

t_{Smp}	t_{Sdp}	d	MV	α	λ
1412 °C	3217 °C	2,329 g/cm³	12,06 cm³/mol	4,2 10^{-6}/K	83,7 W/mK
C_p	$\Delta_S H$	$\Delta_V H$	S^o	ϱ	
19,99 J/(K · mol)	50,2 kJ/mol	383 kJ/mol	18,82 J/(K · mol)		

Siliciumcarbid

Silicon carbide

Reinstes S. bildet farblose Kristallplatten, technische Produkte zeigen jedoch infolge von Beimengungen Farbtöne von grün bis blauschwarz.

$$SiO_2 + 3\,C \longrightarrow SiC + 2\,CO$$

Technische Herstellung von Siliciumcarbid

S. wird technisch gewonnen durch Erhitzen eines Gemisches aus reinem Quarzsand und ↑ Kohlenstoff (als Petrolkoks oder Anthrazit) in einem elektrischen Widerstandsofen auf 2200 bis 2400 °C (s. Gleichung). Dieser Prozeß wird als *Acheson-Verfahren* bezeichnet. Die Herstellung ist sehr energieaufwendig (6-12 KWh/kg S.).

Die Struktur des S. entspricht der von Diamant (s. unter ↑ Kohlenstoff), indem in abwechselnder Folge Si- und C-Atome in einem Raumnetz von Tetraedern kovalent verknüpft sind, so daß jedes C- mit 4 Si- und jedes Si- mit 4 C-Atomen verbunden ist. Wie beim Diamant existiert deshalb auch eine α-Form (hexagonal, entsteht oberhalb 2000 °C, also auch beim obigen Acheson-Verfahren) sowie eine β-Form (kubisch, entsteht unterhalb 2000 °C).

S. zählt technisch zu den Hartstoffen. Es besitzt eine dem Diamant nahekommende Härte. Außerdem ist es chemisch und thermisch außerordentlich inert, es wird weder von rauchender ↑ Salpetersäure noch von ↑ Fluorwasserstoffsäure angegriffen und dissoziiert erst weit oberhalb 2000 °C. Es besitzt eine hohe Wärmeleitfähigkeit und große mechanische Festigkeit. Deshalb ist S. trotz seines relativ hohen Preises ein großtechnisches Produkt, von dem weltweit nahezu eine Million Tonnen hergestellt werden.

Unter dem Namen *Carborundum* ist es als Polier- und Schleifmittel bekannt. S. wird ferner zu Keramikmaterialien (*Siliziumcarbidkeramik* z. B. für energiesparende Turbo-Dieselmotoren), feuerfesten Steinen (*Carborundumsteine*) und metallurgischen Erzeugnissen verarbeitet.

C_nSi_n $M_R = (40{,}10)_n$ C 29,96 % Si 70,04 %

$t_{Sublimation}$	t_{Sdp}	d	η		
ca. 2700 °C (S)		3,22 g/cm³			
C_p	$\Delta_S H$	$\Delta_V H$	$\Delta_B H$	S^o	Q_C
26,9 J/(K · mol)			−73 kJ/mol	16,6 J/(K · mol)	
MAK	R-Satz	S-Satz			
4 mg/m³					

Siliciumdioxid

Silicon dioxide Quarz

S. kommt in kristalliner und in amorpher Form vor. Vom kristallinen S. existieren mehrere Kristallarten, von denen als wichtigste zu nennen sind der *Quarz* (d = 2,67 g/cm^3), der *Tridymit* (d = 2,30) und der *Cristobalit* (d = 2,32). Die Erscheinungsformen des S. reichen so vom weißen, weichen staubigen Pulver (Kieselgur) über hartkörnige weiße kristalline Pulver (*Quarzsand*) bis zum prächtig ausgebildeten glasklaren Kristall (Bergkristall). In allen Fällen ist S. ein sehr inertes, in Wasser und Säuren völlig unlösliches Produkt. Fein verteiltes und besonders amorphes S. wird von starken Alkalilaugen vor allem in der Hitze angegriffen unter Bildung von Alkalisilikaten. Schnell und vollständig reagiert S. mit ↑ Fluorwasserstoffsäure zu ↑ Siliciumtetrafluorid.

S. kommt in der Natur überwiegend als *Quarz* auf vielfache Weise in großen Mengen kristallin oder amorph, in Reinstform, mit Einlagerungen oder im Gemenge mit anderen Stoffen vor. In reinster Form findet es sich im *Bergkristall*. In zahlreichen Abarten sind Fremdatome unter Substitution von Si eingebaut, wodurch die Kristalle farbig werden, z. B. *Rauchquarz* (braun), *Citrin* (gelb), *Rosenquarz* (rosa), Morin (schwarz), *Amethyst* (violett). Die violette Farbe des Amethyst beruht z. B. auf dem Ersatz von Si-Atomen durch Fe(IV)-Ionen, die gelbe Farbe des Citrin auf dem Ersatz durch Fe(III)-Ionen. Im Gemenge mit Silicaten ist S. Bestandteil von Gesteinen z. B. Quarz + Feldspat + Glimmer = *Granit*, Quarz + Feldspat + Glimmer + Hornblende = *Gneis* (z. B. *Bahnschotter*)

Kieselgur ist im wesentlichen amorphes S., das sich aus Ablagerungen von Infusorien und Kieselalgen gebildet hat. Die Beschreibung der Struktur des S. sei zum Anlaß genommen, die Strukturprinzipien der *Silicate* allgemein kurz darzustellen.

Das einfachste theoretisch denkbare monomere Molekül aus Si und O mit vierbindigem Si ist die *Kieselsäure*, auch als *Orthokieselsäure* bezeichnet, bzw. das daraus gebildete *Silicat-Ion* (s. Gleichung). Diese monomere Kieselsäure ist jedoch nur in sehr verdünnter wässeriger Lösung existent und in Substanz nicht fassbar, da sie eine große Tendenz zur Kondensation zu oligomeren oder polymeren Kieselsäuren aufweist.

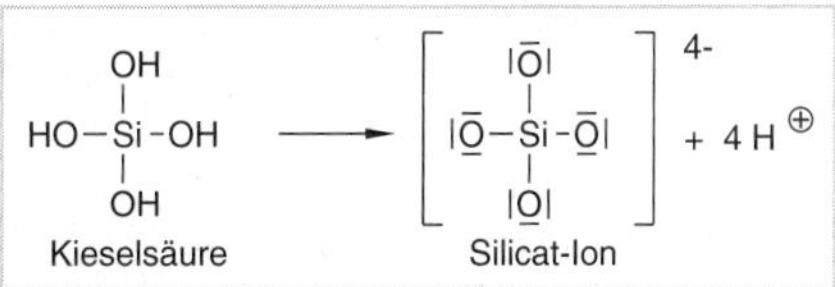

Kieselsäure und das Silicat-Ion

Die beispielsweise bei der Hydrolyse von ↑ Siliciumtetrachlorid zunächst entstehende Kieselsäure reagiert so spontan über Di-, Tri- usw. Kieselsäure zu hochmolekularen Produkten, was schließlich zu einer gallertigen Abscheidung von *Polykieselsäure* führt. Die dabei ablaufenden Vorgänge sind kompliziert und noch nicht restlos geklärt. Die entstehenden Produkte sind abhängig von Konzentration, Temperatur und vor allem vom pH-Wert. Es konnte noch keine einzige definierte Kieselsäure isoliert werden. Die Kondensationen können formal nach dem dargestellten Schema verstanden werden (s. Schema).

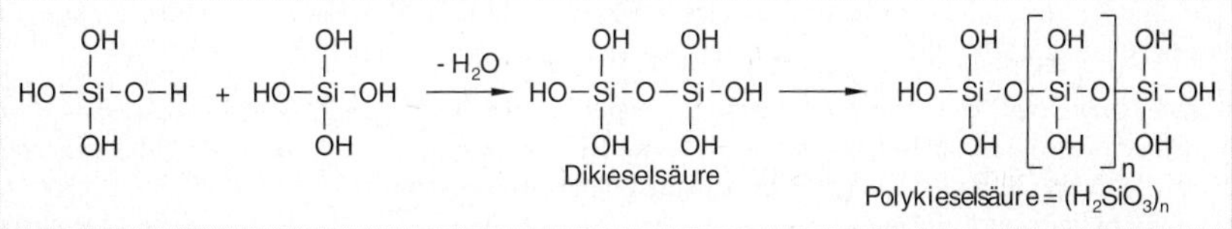

Schematische Darstellung des Aufbaus von Polykieselsäuren

Die so entstehende kettenförmige Polykieselsäure besteht aus Si-O-Tetraedern, die jeweils über eine gemeinsame Ecke (ein O-Atom) miteinander verknüpft sind. Derartige Ketten können sich nun unter weiterer Kondensation zu „Bändern" und die Bänder zu „Blättern" zusammenlagern (s. Abbildung).

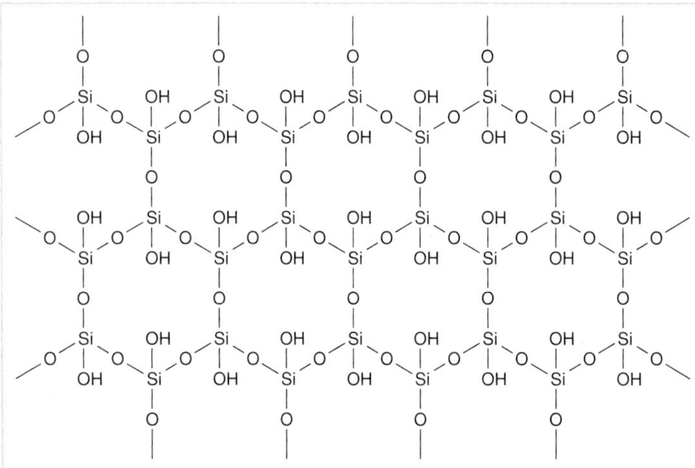

Ausschnitt aus einer Polykieselsäure-Blattstruktur

Aus dieser Darstellung der Blattstruktur wird die tetraedrische Koordination jedes Si-Atoms erkennbar. Außerdem ist ersichtlich, daß jedes Si-Atom noch über eine Hydroxylgruppe verfügt. Über diese Hydroxylgruppen kann eine weitere Kondensation erfolgen, so daß man schließlich zum Raumgitter des S. gelangt, in dem jedes O-Atom eine Brücke zu einem zweiten Si-Atom darstellt. S. besteht also aus einem Raumgitter von Si-O-Tetraedern, die über gemeinsame Ecken (gemeinsame O-Atome) miteinander verbunden sind (jedes O-Atom gehört zu zwei Tetraedern).

Was bezüglich der Nichtfaßbarkeit der Polykieselsäuren gesagt wurde, gilt nicht für ihre Salze, die *Silicate*. Die unübersehbare Fülle der natürlichen Silicate leitet sich von der ganzen Vielfalt der denkbaren Polykieselsäuren ab, also von der Mono-Di-Tri usw. Kieselsäure bis zu den langkettigen Polykieselsäuren, ferner von band- und blattförmigen Kieselsäuren. Die negativen Ladungen der Säureanionen werden dabei von Alkali- und Erdalkali-Kationen kompensiert. Die Kettensilicate weisen vielfach Fasercharakter auf, die Blattsilicate bilden Schichtgitter, in denen die Schichten nur elektrostatisch über die Kationen zusammengehalten werden, was ihre leichte Spaltbarkeit erklärt. Höchst bedeutsam ist nun die über diese Vielfalt hinausgehende enorme Erweiterung der *Silicatchemie* durch den teilweisen Ersatz von Si Atomen durch Al-Atome (*Alumosilikate*). Diese Si-Substitution durch Al ist auch im Raumgitter des S. möglich. Da Al eine Kernladung weniger aufweist als Si, bringt jedes Al-Atom eine zusätzliche negative Ladung in das Silicat ein. Man gelangt auf diese Weise also auch zu Silicaten mit echter kovalenter Raumnetzstruktur. Es seien nun Beispiele fur Silicate der verschiedenen Strukturen genannt.

Monosilikate, *Disilikate*, *Trisilicate*: Kommen in der Natur vereinzelt vor, z. B. *Olivin*, *Granat*, *Thortveitit*. Eine synthetisch gewonnene Mischung von Mono- und Di-Natriumsilicaten in Lösung stellt das bekannte *Natronwasserglas* dar. Schmilzt man feinvermahlenen Quarzsand mit ↑ Natriumcarbonat bei ca. 1300 °C zusammen, so bildet sich *Natriummetasilicat*, das bei der Aufnahme in Wasser in Mono- und Disilicate zerfällt (s. Schema).

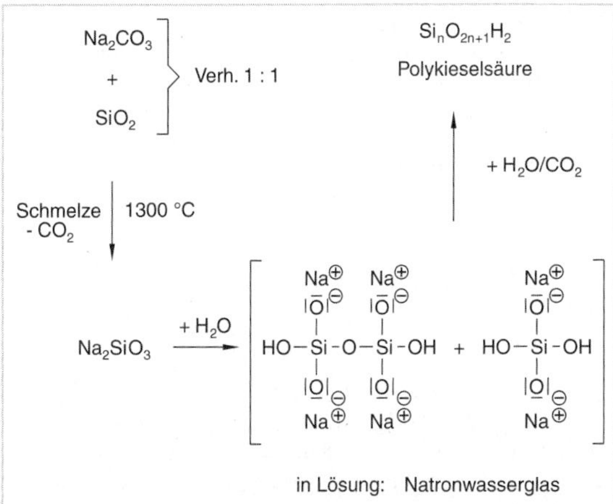

Bildung und Verfestigung von Natronwasserglas

Natronwasserglas kommt als ölig-viskose, stark alkalisch reagierende, wasserklare Flüssigkeit in den Handel, die mit Spuren von Säuren, schon mit dem ↑Kohlenstoffdioxid der Luft, unter Gallertisierung und schließlich Verfestigung infolge Kondensation zu hochpolymeren Kieselsäuren reagiert. Es wird als mineralischer Leim, zur Imprägnierung von Papier, als Flammschutzmittel für Holz und zur Eierkonservierung verwendet.

Ringstruktur-Silicate: Sie entstehen, wenn oligomere Silicate intramolekur über ihre Kettenenden kondensieren. Wichtigstes Beispiel ist der *Beryll*, der das Hauptvorkommen von ↑Beryllium darstellt.

Ketten-Silicate (*Pyroxene*): Beispiele sind *Enstatit*, *Wollastonit*, *Diopsid*, *Spodumen* (s. Abbildung).

$MgSiO_3$	$CaSiO_3$	$CaMg(SiO_3)_2$	$LiAl(SiO_3)_2$

Substanzformeln von Ketten-Silicaten

Bandstruktur-Silicate(*Amphibole*): Beispiele sind *Hornblende*, ↑Asbest, und *Tremolit*

Blattstruktur-Silicate: Zu ihnen zählen die wichtigen *Tone* und *Glimmer* (Quellbarkeit, Spaltbarkeit). Beispiele für Tone sind ↑Talkum, *Kaolinit*, *Montmorillonit*, *Pyrophyllit*. Beispiele für Glimmer sind *Muskovit*, *Margarit*, *Phlogopit*

Raumnetzstruktur-Silicate: Wie oben erwähnt, können im Raumgitter des S. die Si-Atome durch Al ersetzt werden, was in natürlichen Silicaten bis hin zum Si/Al-Verhältnis = 1 realisiert ist. Jedes Al-Atom bedingt eine negative Ladung im Raumgitter, die entsprechend durch ein Kation neutralisiert wird. Als Kationen treten überwiegend Na, K sowie Ca auf, die in den Hohlräumen der Raumgitter eingelagert sind. Man bezeichnet die so aufgebauten Produkte auch als *Gerüst-Silicate* oder *Tectosilicate*. Man hat vor allem zwei Typen natürlicher Gerüstsilicate zu unterscheiden, die *Feldspate* und die *Zeolithe*.

Feldspate bauen über 60 % der festen Erdkruste auf. Wichtige Beispiele sind der *Kalifeldspat* $K[AlSi_3O_8]$ (*Orthoklas*), der *Natronfeldspat* $Na[AlSi_3O_8]$ (*Albit*) sowie der *Kalkfeldspat* $Ca[Al_2Si_2O_8]$ (*Anorthit*). Sie finden sich als Gemengebestandteile im *Granit* und im *Basalt*. Die Feldspate bilden unendliche Raumgitter aus eckenverknüpften $[(AlSi)O_4]$-Tetraedern.

In den Zeolithen verknüpfen sich die $[(AlSi)O_4]$-Tetraeder zu Polyedern, die ihrerseits zu anionischen Raumnetzwerken verbunden sind (s. Abbildung).

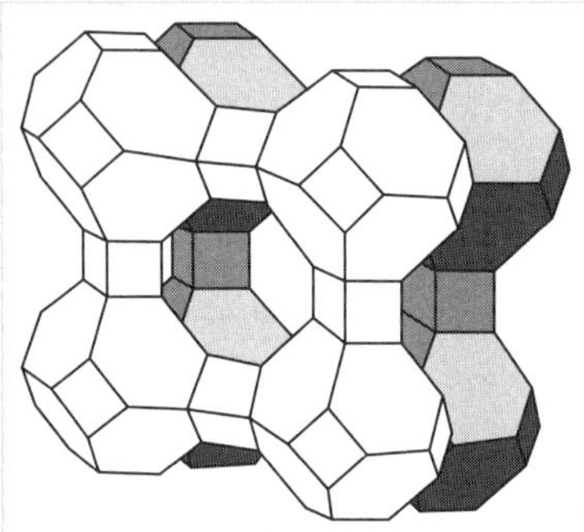

Struktur von Zeolith A

Natürliche Vertreter sind z. B. der *Faujasit*, *Chabasit* und der *Mordenit*. Es gibt über 40 natürlich vorkommende Zeolithe und mittlerweile über 100 synthetische Produkte, deren Si/Al-Verhältnis in weitem Rahmen variiert. Allen ist gemeinsam, daß sie definierte Poren und Kanäle aufweisen, in denen die kationischen Bestandteile leicht austauschbar sind bzw. in denen passende geladene oder ungeladene atomare oder molekulare Spezies reversibel festgehalten werden können. Diese Eigenschaft macht die Zeolithe zu chemisch, analytisch und präparativ sehr wertvollen Hilfsmitteln.

Es können hier nur stichwortartig ihre Verwendungen genannt werden. Es sind dies vor allem der Einsatz als *Ionenaustauscher*, *Molekularsiebe*, Katalysatoren (z. B. durch Beladung mit Pd oder Pt) und *Adsorbentien*.

Den Ionenaustauscher-Eigenschaften verdanken die Zeolithe z. B. ihren Einsatz als *Wasserenthärter* in den Waschmitteln. Als in den 1950er Jahren die elektrischen Waschmaschinen auf den Markt kamen, war die bis dato übliche *Fällungsenthärtung* des Wassers mit Gerüststoffen wie ↑ Natriumcarbonat oder Natriumdiphosphat nicht mehr geeignet. Diese Fällungsenthärter fällten die härtebildenden Ca- und Mg-Ionen als schwerlösliche Verbindungen aus und erhöhten durch pH-Anhebung gleichzeitig die anionische Seifenkonzentration. Man fand nun im Pentanatriumtriphosphat einen *Gerüststoff* (*Builder*), der die Härtebildner durch Komplexbildung in Lösung hielt und zusätzlich mit seiner hohen anionischen Ladung die Tensidwirkung verbesserte. In den 1970er Jahren zeigten sich die ökologischen Folgen des eigentlich humantoxikologisch unbedenklichen enorm gestiegenen Phosphateintrags in die Gewässer: er brachte ein Überangebot an Pflanzennährstoffen und damit eine Überdüngung ein (*Eutrophierung*). Die Algen wucherten, algenabbauende Mikroorganismen nahmen Überhand, die Gewässer verarmten an Sauerstoff und kippten um. In den 1980er Jahren erwiesen sich dann die Zeolithe als Ersatz für die Phosphate. Sie enthärten das Waschwasser ohne schädliche Folgen für Maschine, Mensch und Umwelt. Die technisch verwendeten Zeolithe sind durchweg synthetische Produkte.

An dieser Stelle sollen auch die künstlichen Silicate, die *Gläser*, erwähnt werden. Gläser sind amorphe *Polysilicate*. Das regelmäßige Gitter des Quarzes ist in ihnen dadurch gestört, daß nicht alle O-Atome Brückenbildner sind, also zwei Si-Atome miteinander verknüpfen, sondern nur an ein Si-Atom gebunden sind und deshalb eine negative Ladung tragen. Diese Ladungen werden von Alkali-, Erdalkali- oder Schwermetall-Kationen kompensiert. Ganz allgemein entsteht ein *Glas* immer dann, wenn man basische Oxide und saure Oxide, oder anders ausgedrückt, Oxide großer Kationen mit Oxiden kleiner Kationen (s. Abbildung) zusammenschmilzt und die Schmelze erstarren läßt.

Große Kationen: $Na^{\oplus}$, $K^{\oplus}$, Ca^{2+}, Pb^{2+}, Zn^{2+}

Kleine Kationen: Si^{4+}, Al^{3+}, B^{3+}

Glasbildende Kationen

Bei dieser Erstarrung findet keine Kristallisation statt, es wird keine definierte Gitterstruktur angenommen, sprich ein amorpher, eben der glasige Zustand bleibt erhalten. Die verschiedenen *Glassorten* lassen sich also durch Kombination der abgebildeten Oxide miteinander darstellen (s. Abbildung).

SiO_2, B_2O_3, Al_2O_3, Pb_2O_5, As_2O_5 mit Na_2O, K_2O, MgO, CaO, BaO, PbO, ZnO

Oxid-Kombinationen zur Glasherstellung

Der Hauptanteil der technisch genutzten Gläser ist immer S. Die chemische und thermische Resistenz wird erheblich gesteigert, wenn das S. teilweise durch ↑Boroxid und/oder ↑Aluminiumoxid ersetzt ist (z. B. *Borocilicatglas*).

Die Haupteigenschaft von Glas ist neben der Resistenz und der leichten Verarbeitung die *Durchsichtigkeit*. Warum ist Glas durchsichtig? Aus zwei Gründen: es ist erstens eine farblose Substanz, absorbiert also kein sichtbares Licht und hat zweitens aufgrund seines amorphen Zustands nur zwei reflektierende Flächen, nämlich die beiden Grenzflächen (man müßte besser sagen: es kann so bearbeitet werden, daß es nur zwei reflektierende Flächen hat; Glaspulver z. B. ist nicht durchsichtig).

Oxid	Erzeugter Farbton
Cu_2O	rot
Ag_2O	gelb
Fe_2O_3	grüngelb
Cr_2O_3	grün
FeO	blaugrün
NiO	violett

Zur *Glasfärbung* verwendete Oxide

Mischt man beim Zusammenschmelzen farbige Schwermetalloxide unter, so erhält man die verschieden eingefärbten Gläser (*Oxidfärbung*) (s. Tabelle).

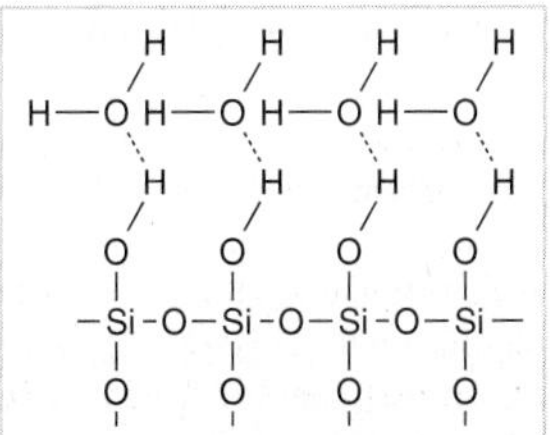

Wasserbindung an Kieselgel

Getrübte Gläser (*Milchglas*) werden durch Einlagerung fester Teilchen mit anderem Brechungsindex als dem des Glases erhalten (z. B. durch ↑Titandioxid). Bei der sogenannten „*Kolloidfärbung*" werden Metallatome eingeschmolzen, z. B. Au (rot), Cu (rot), Ag (gelb) Se (rot). Im Zusammenhang mit den Kieselsäuren sind noch die technisch und präparativ wichtigen *Kieselgele* zu nennen. Werden die bei der Hydrolyse von ↑Siliciumtetrachlorid sich abscheidenden gallertigen Polykieselsäuren entwässert, werden schließlich feine weiße Pulver erhalten, die sich durch eine große Oberfläche auszeichnen und aufgrund ihrer polaren Natur hervorragende Adsorptionsmittel darstellen. Sie bestehen aus willkürlich unregelmäßig räumlich vernetzten Si-O-Tetraedern, die noch Hydroxylgruppen tragen und über diese Hydroxylgruppen z. B. zu Wassermolekülen starke Wasserstoffbrückenbindungen ausbilden, weshalb sie im weitgehend wasserfreien Zustand hohwirksame Trockenmittel darstellen (s. Abbildung).

Technisch werden die Kieselgele jedoch nicht aus Siliciumtetrachlorid hergestellt, sondern z. B. aus Wasserglas durch Umsetzung mit Säuren nach verschiedenen Verfahren. Hochaktives Kieselgel, auch als *Silicagel* bezeichnet, weist einen Wasserdampf-Partialdruck von nur 0,001 Torr auf, entspricht also im Trockenvermögen der konz. ↑Schwefelsäure. Als „*Blaugel*" ist mit ↑Cobalt(II)chlorid imprägniertes Silicagel bekannt, dessen Aktivitätszustand an seiner Färbung erkennbar ist (s. Gleichung). Kieselgel wird aufgrund seines Adsorptionsvermögens in der Chromatographie verwendet.

$$\underset{\text{blau}}{CoCl_2} + 6\,H_2O \longrightarrow \underset{\text{rosa}}{[Co(H_2O)_6]Cl_2}$$

Farbumschlag im Blaugel

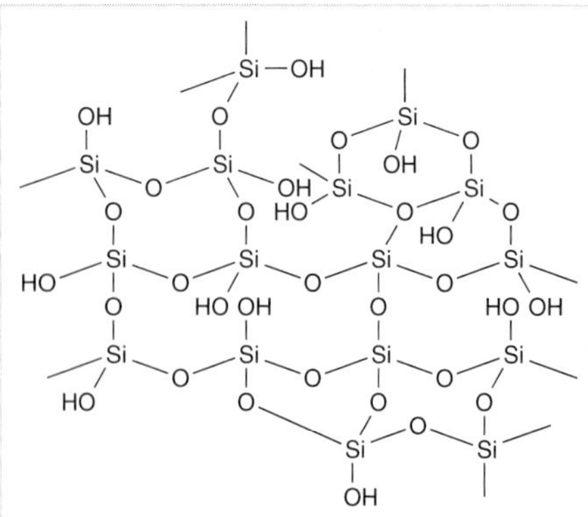

Ausschnitt aus einem Kieselsäuregel

Technisch besonders wichtig ist eine künstliche amorphe Form des S., das „*Quarzglas*“. Schmilzt man S. und kühlt die Schmelze unter Vermeidung der Kristallisation ab, so wird als unterkühlte Schmelze (metastabiler Zustand) das klar durchsichtige Quarzglas erhalten. Quarzglas ist also reines S., es können mithin keine Kationen herausgelöst werden und es ist chemisch sehr wiederstandsfähig. Es besitzt weitere herausragende Eigenschaften:

- Schwerschmelzbarkeit (Schmp. ca. 1700 °C)
- Temperatur-Wechselbeständigkeit. Quarzglas besitzt den von allen bekannten Stoffen kleinsten Temperatur-Ausdehnungskoeffizienten, ist es extrem temperaturwechselbeständig (rotglühendes Quarzglas kann in Eiswasser getaucht werden ohne zu zerspringen)
- Durchlässigkeit für UV-Licht.

Quarzglas wird deshalb in der chemischen Technik in vielen speziellen Apparaturen verwendet (UV-Lampen, Reaktionsrohre, Küvetten usw.).

Eingangs wurden die verschiedenen Kristallformen des S.erwähnt. Während im Christobalit die Si-Atome wie die im Diamant angeordnetsind, bauen die Si-O-Tetraeder im Quarz Spiralen auf. Diese Spiralen können aufgrund des piezoelektrischen Effektes gestaucht oder gedehnt werden, was zur Erzeugung genau justierter Schwingungen genutzt werden kann, z. B. in *Quarzuhren* (zum piezoelektrischen Effekt s. unter ↑ Kaliumnatriumtartrat). Der Quarz besitzt deshalb große Anwendungsbreite in Optik und Elektronik, so daß die Herstellung gut ausgebildeter *Quarz-Kristalle* enormes technisches Interesse besitzt. Man hat im *Hydrothermal-Verfahren* eine zwar aufwendige, aber elegante Methode gefunden. In einem Autoklavenwerden Quarzkörner der Einwirkung von Wasser im überkritischen Zustandausgesetzt (ca. 400 °C, mehrere hundert bar Druck), wobei der Quarz im unteren heißen Autoklaventeil teilweise in Lösung geht, die Lösung gelangt dann in den etwas kälteren oberen Teil, wird übersättigt und an entsprechend platzierten Quarzkristallen scheidet sich der Quarz im gleichen Gitter ab. Es werden so bis zu Kg-schwere Quarzkristalle erhalten. Die Hydrothermal-Technik wird auch für andere Minerale angewendet, z. B. für Rubine und Smaragde.

Die Daten nachfolgender Tabelle beziehen sich auf α-Quarz.

O_2Si $M_R = 60{,}09$ (Formelgewicht) O 53,26 % Si 46,74 %

t_{Smp}	t_{Sdp}	d	η
ca. 1550 °C		2,67 g/cm³	

C_p	$\Delta_S H$	$\Delta_V H$	$\Delta_B H$	S^o	Q_C
44,6 J/(K · mol)	7,7 kJ/mol		−911 kJ/mol	41,6 J/(K · mol)	

Siliciumnitrid

Silicon nitride Trisiliciumtetranitrid

S. ist in sehr reiner Form ein weißes Pulver, in technischen Qualitäten liegt es jedoch in braunen bis schwarzen Tönen vor. Es ist ein chemisch sehr inertes Material. Unter den Säuren wird es nur von ↑Fluorwasserstoffsäure angegriffen. Mit heißen starken Laugen erfolgt Zersetzung unter Bildung von ↑Ammoniak.

$$3\,Si + 2\,N_2 \longrightarrow Si_3N_4$$

Nitridierung von Silicium zum Siliciumnitrid

S. wird technisch durch direkte Nitridierung gewonnen, indem pulverförmiges ↑Silicium in einer Stickstoff-Atmosphäre auf 1100–1400 °C erhitzt wird (s. Gleichung).

S. fällt dabei in den sich etwas in der Dichte unterscheidenden α- und β-S. genannten Formen an.

S. wird ähnlich wie ↑Siliciumcarbid technisch als Hartstoff verwendet und zu keramischen Materialien verarbeitet. Besonders geschätzte Eigenschaften sind die gut Wärmeleitfähigkeit, die Temperaturwechselbeständigkeit und der sehr geringe thermische Ausdehnungskoeffizient, die S. zur Verwendung in Turbinen-, Pumpen- und Motorenbauteilen empfehlen (Lager, Dichtungen, Ventile, Auskleidungen usw.).

Die Herstellung der Formteile erfolgt durch Heißpressung oder drucklose Sinterung.

N_4Si_3 $M_R = 140{,}28$ N 39,94 % Si 60,06 %

$t_{Zersetzung}$	t_{Sdp}	d	η
1900 °C (Z)		3,44 g/cm³	

C_p	$\Delta_S H$	$\Delta_V H$	$\Delta_B H$	S^o	Q_C
99,5 J/(K · mol)			−745 kJ/mol	113 J/(K · mol)	

Siliciumtetrachlorid

Silicon tetrachloride

Bildet eine wasserklare, leichtbewegliche, an der Luft rauchende Flüssigkeit von erstickendem Geruch, die mit Wasser heftig unter Wärmeentwicklung zu Kieselsäure (s. unter ↑Siliciumdioxid) und ↑Chlorwasserstoff reagiert (s. Gleichung). S. ist mischbar mit org. Solventien wie Diethylether, Chloroform oder Petrolether.

$$SiCl_4 + 4\,H_2O \longrightarrow Si(OH)_4 + 4\,HCl$$

Hydrolyse von Siliciumtetrachlorid

Bei der Umsetzung von ↑Silicium mit Chlorwasserstoff oberhalb 300 °C entstehen S. und Trichlorsilan (s. unter ↑Silicium), wobei höhere Temperaturen ersteres begünstigen (s. Gleichung). S. wird auch durch Einwirkung von ↑Chlor auf Silicium erhalten (s. Gleichung).

$$Si + 2\,Cl_2 \longrightarrow SiCl_4$$

Bildung von Siliciumtetrachlorid mit Chlor

$$Si + 4\,HCl \xrightarrow{>300\,°C} SiCl_4 + 2\,H_2$$

Bildung von Siliciumtetrachlorid mit Chlorwasserstoff

Das S.-Molekül ist tetraedrisch gebaut. Die Hydrolyseempfindlichkeit der Si-Cl-Bindung steht im Gegensatz zur Unempfindlichkeit der C-Cl-Bindung, obwohl die Si-Cl-Bindung fester als die C-Cl-Bindung ist. Der Grund liegt darin, daß das Si-Atom über leere d-Orbitale verfügt, über die sich ein Wassermolekül zu einem Addukt an das S.-Molekül anlagern kann (das S.-Molekül als Lewis-Säure), die Voraussetzung für eine Cl-Substitution. Das Addukt stellt einen Übergangszustand dar, der sich unter HCl-Abspaltung stabilisiert (s. Schema).

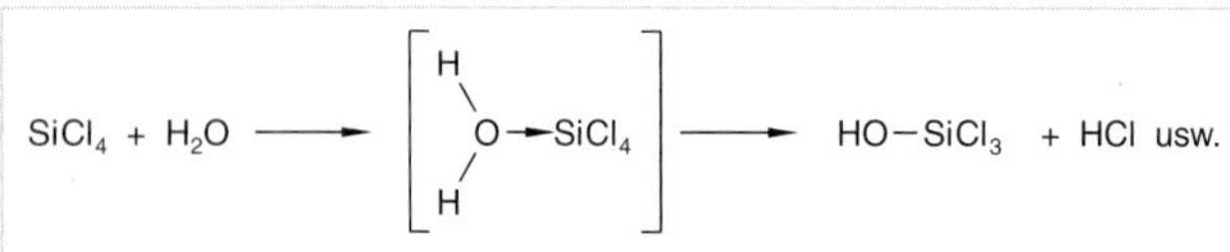

Erklärung der Hydrolysierbarkeit von Siliciumtetrachlorid

S. ist Ausgangsprodukt für die Herstellung von Organo-Silicium-Verbindungen (z. B. ↑Kieselsäuretetraethylester). Es dient ferner zur Darstellung von hochdispersem ↑Siliciumdioxid. Letzteres wird nach einem speziellen Verfahren erhalten: S. wird in brennenden ↑Wasserstoff eingedüst und so in feinster Verteilung von heißem Wasserdampf hydrolysiert, wobei Kondensation zu extrem feinteiligem Siliciumdixoid stattfindet (s. Gleichung).

$$2\,H_2 + O_2 + SiCl_4 \longrightarrow SiO_2 + 4\,HCl$$

Herstellung von hochdispersem Siliciumdioxid

Das so erhaltene Produkt (Handelsbezeichnung *Aerosil*) besitzt ein Litergewicht von nur 40 g. 1 g weist Oberflächen zwischen 50–450 m² auf. Man verwendet diese weißen Feinstpulver sehr vielfältig als Füllmittel in Kautschuken, Pudern, Salben, als Auflockerungsmittel in den verschiedensten pulverförmigen Erzeugnissen und als Mattierungsmittel in Lacken.

► S. wirkt ätzend und Schleimhautreizend.

Cl_4Si $M_R = 169{,}89$ Cl 83,47 % Si 16,53 %

t_{Smp}	t_{Sdp}	d	η
−70 °C	56,7 °C	1,48 g/cm³	

C_p	$\Delta_S H$	$\Delta_V H$	$\Delta_B H$	S^o	Q_C
145 J/(K · mol)	7,7 kJ/mol	28,7 kJ/mol	−577 kJ/mol	240 J/(K · mol)	

MAK	R-Satz	S-Satz
	14-36/37/38	7/8-26

Siliciumtetrafluorid

Silicon tetrafluoride

Ein farbloses Gas von stechendem, dem ↑Chlorwasserstoff ähnelndem Geruch, das an feuchter Luft raucht, Mit Wasser reagiert es zu Kieselsäure (s. unter ↑Siliciumdioxid) und ↑Fluorwasserstoff (s. Gleichung).

$$SiF_4 + 4\,H_2O \longrightarrow Si(OH)_4 + 4\,HF$$

Hydrolyse von Siliciumtetrafluorid

$$SiO_2 + 4\,HF \longrightarrow SiF_4 + 2\,H_2O$$

Bildung von Siliciumtetrafluorid

S. bildet sich bei der Einwirkung von Fluorwasserstoff auf Siliciumdioxid oder allgemein auf Silicate (s. Gleichung).

Zur technischen Herstellung wird der Fluorwasserstoff intermediär mittels konzentrierter ↑ Schwefelsäure aus ↑ Calciumfluorid, das mit Siliciumdioxid vermengt ist, erzeugt, wobei die Schwefelsäure gleichzeitig zur Bindung des entstehenden Wassers dient (s. Schema).

$$2\,CaF_2 + 2\,H_2SO_4 \longrightarrow 2\,CaSO_4 + 4\,HF$$
$$SiO_2 + 4\,HF \longrightarrow SiF_4 + 2\,H_2O$$
$$\overline{2\,CaF_2 + SiO_2 + 2\,H_2SO_4 \longrightarrow 2\,CaSO_4 + SiF_4 + 2\,H_2O}$$

Technische Gewinnung von Siliciumtetrafluorid

Die Si-F-Bindung ist sehr stabil, so daß S. eine recht inerte Verbindung ist. Eine Besonderheit des S. ist, daß es mit Fluorid-Ionen zum *Siliciumhexafluorid* reagiert. So erhält man beim Einleiten von S. in ↑ Fluorwasserstoffsäure eine wässerige Lösung der *Hexafluorokieselsäure* (s. Gleichung). Die Hexafluorokieselsäure, die in reiner Form nicht existiert, ist in wässeriger Lösung beständig und wirkt als starke Säure (s. Gleichung).

$$SiF_4 + 2\,HF \longrightarrow H_2SiF_6$$

Bildung von Hexafluorokieselsäure

$$H_2SiF_6 \rightleftharpoons 2\,H^{\oplus} + SiF_6^{2-}$$

Dissoziation der Hexafluorokieselsäure

Die wässerigen Lösungen besitzen stark desinfizierende Wirkung und werden zur Holzimprägnierung und zur Kesselreinigung im Brauereiwesen verwendet.

Durch Neutralisation mit Laugen werden die entsprechenden Salze, die *Hexafluorosilicate*, erhalten, z. B. fällt bei Zugabe von Natronlauge das *Natriumhexafluorosilicat* aus (s. Gleichung).

$$H_2SiF_6 + 2\,NaOH \longrightarrow \underset{\text{Na-hexafluorosilikat}}{Na_2SiF_6} + 2\,H_2O$$

Darstellung von Natriumhexafluorosilicat

Letzteres ist ein weißes, kristallines, in Wasser wenig lösliches Pulver der Dichte 2,68, das sich bei Rotglut zersetzt. Es wird zur Insektenvertilgung eingesetzt. Die Umsetzung mit ↑ Aluminiumfluorid liefert synthetischen Kryolith (s. unter ↑ Aluminium).

► S. ist schleimhautreizend.

F_4Si $M_R = 104{,}06$ F 73,02 % Si 26,98 %

$t_{Sublimation}$	t_{Sdp}	d	η		
−90 °C (S)		4,69 g/cm³			
C_p	$\Delta_S H$	$\Delta_V H$	$\Delta_B H$	S^o	Q_C
73,6 J/(K · mol)			−1615 kJ/mol	283 J/(K · mol)	

Silicone

Silicones Polyorganosiloxane

Die Bezeichnung S. umfaßt eine außerordentlich große Klasse siliciumorganischer Verbindungen, deren Erscheinungsform vom dünnflüssigen Öl über Pasten und Kautschuke bis zu Duroplasten reicht. Einige Charakteristika sind allen S. gemeinsam: große Temperaturbeständigkeit, große chemische Beständigkeit, relativ weitgehende Unabhängigkeit der Viskosität von der Temperatur sowie wasserabweisender Charakter.

Die Herstellung der S. geht von Organochlorsilanen R_nSiCl_{4-n} mit n = 1,2,3 aus, wobei der Rest R ganz überwiegend eine Methylgruppe ist (s. Abbildung).

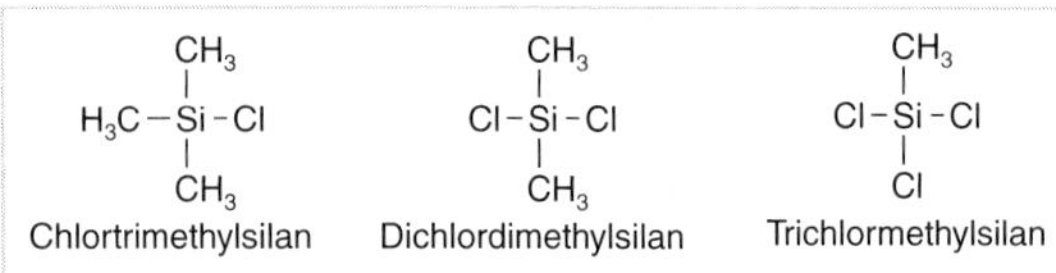

Zur Silicon-Herstellung verwendete Methylchlorsilane

Die Synthese dieser *Methylchlorsilane* gelingt nach Müller-Rochow durch Umsetzung von ↑ Silicium mit ↑ Methylchlorid, und zwar läßt sich die Reaktion so führen, daß das wichtige ↑ Dichlordimethylsilan als Hauptprodukt entsteht. Die Si-Cl-Bindung in diesen Verbindungen ist sehr hydrolyseempfindlich (s. unter ↑ Siliciumtetrachlorid) so daß mit Wasser die entsprechenden *Silanole* entstehen, die leicht unter intermolekularer Kondensation weiterreagieren. Aus *Chlortrimethylsilan* entsteht bei der Hydrolyse spontan das sehr beständige *Hexamethyldisiloxan* (s. Schema).

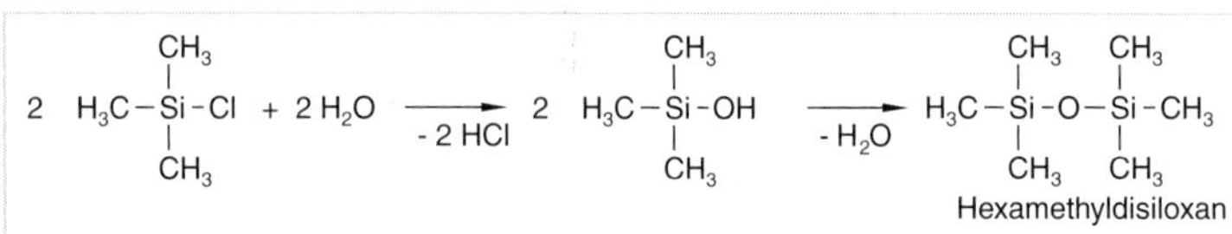

Bildung von Hexamethyldisiloxan

Bei der Hydrolyse von Dichlordimethylsilan entsteht so primär Dimethylsilanol, das sich entsprechend unter intermolekularer Kondensation zu beliebig langen *Polysiloxan-Ketten* oder zu oligomeren cyclischen Produkten zusammenlagern kann (s. Schema).

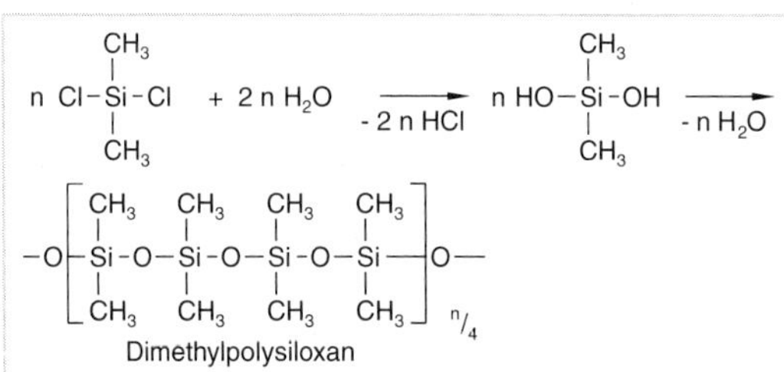

Polykondensation zu Dimethylpolysiloxan

Wird dem Dichlordimethylsilan Chlortrimethylsilan beigemischt, so bildet jedes ankondensierte *Trimethylsilanol* ein Kettenende (s. Abbildung), d. h., je mehr Chlortrimethylsilan zugemischt wird, um so kürzer sind die Ketten des entstehenden Polysiloxans. Enthält das Dichlordimethylsilan hingegen Methyltrichlorsilan, so können Verzweigungen und Vernetzungen stattfinden (s. Abbildung).

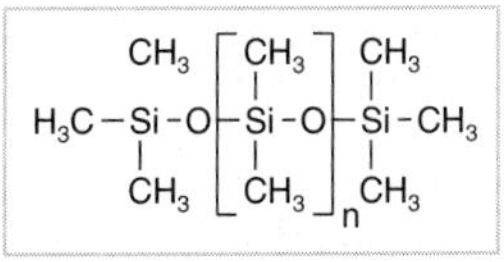

Methylgruppen-abgesättigtes lineares Polysiloxan

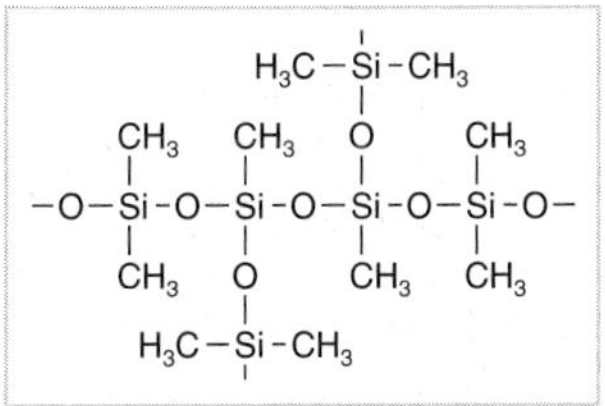

Kettenverzweigtes Polysiloxan aus Methyltrichlorsilan

Es zeigt sich an dieser Stelle, daß Zusammensetzung und Aufbau der Polysiloxane je nach Ausgangsmischung in außerordentlich weitem Rahmen vaiierbar ist. Die technische Synthese der linearen Polysiloxane geht nicht direkt von den Monomeren aus, sondern man setzt hochreine cyclische oder lineare Oligomere ein, die nach verschiedenen Verfahren polymerisiert bzw. polykondensiert werden. *Siliconöle* sind in der Regel lineare Dimethylpolysiloxane mit Trimethylsilylendgruppen. Durch Einarbeiten vor allem hochdisperser Kieselsäuren (s. unter ↑ Siliciumtetrachlorid) werden pastöse Produkte erhalten. *Siliconharze* stellen verzweigte Polysiloxane dar, die bei der Anwendung durch Erhitzen („Einbrennen") auskondensiert und so in den festen hochpolymeren Zustand überführt werden. Sehr groß ist auch das Produktbild der *Siliconkautschuke*. Es gibt z. B. kalt- und heißvulkanisierende, Ein- oder Zweikomponenten-Kautschuke, die hier nicht alle abgehandelt werden können. Zur Verdeutlichung des Prinzips sei nur kurz auf die bekannten kaltvulkanisierenden *Einkomponenten-Kautschuke* eingegangen, die als Dicht- und *Fugenmassen* im Sanitär- und Baubereich verwendet werden. Zu ihrer Herstellung wird ein lineares Polydimethylsiloxan mit Hydroxy-Endgruppen mit *Methyltriacetyloxisilan* umgesetzt. Das dabei entstehende Polysiloxan besitzt vier organofunktionelle Endgruppen und ist bei feuchtigkeits-geschützter Aufbewahrung, z. B. in einer Kartusche, lagerstabil (s. Schema).

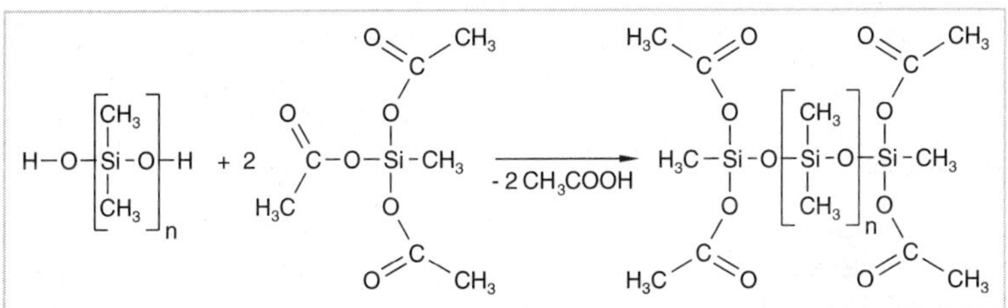

Herstellung von kaltvulkanisierbarem Einkomponenten-Kautschuk (Dichtmasse)

Mit Wasser werden die Acetylgruppen hydrolytisch abgespalten (Essigsäuregeruch!) und die an den Enden dabei entstehenden Silanol-Gruppen kondensieren nun intermolekular unter Kettenvernetzung, es entsteht ein *Silicongummi*. Durch Füllstoffe wird die Viskosität, durch zinnorganische Katalysatoren die Härtungsdauer eingestellt. So vielfältig wie das Eigenschaftsbild der S., so weitgespannt sind auch ihre Anwendungsbereiche, so daß hier auf eine weitere Auflistung der auch zum Großteil allgemein bekannten Anwendungen verzichtet wird. Erwähnt sei nur noch, daß die Produktpalette der S. praktisch beliebig erweitert werden kann, wenn Copolymerisationen und Cokondensationen mit anderen Monomeren mit einbezogen werden. Eine wichtige Neuentwicklung sind hier die *Ormocere* (Organically modified ceramic). Es sind Silicone, die pro Si-Atom nur einen organischen Rest enthalten, und zwar eine polymerisierbare Gruppe, z. B. den Methacrylrest, so daß bei deren Polymerisation ein Netzwerk entsteht, das anorganisches Kondensat und Polymerisat gleichzeitig darstellt. Ormocere dienen heute u. a. als *Amalgam-Ersatz* in Zahnfüllstoffen.

Zu welchen interessanten und nicht vorhersagbaren Phänomenen Variationen im Molekülaufbau generell führen können, wird in dem sogenannten „Hüpfenden Kitt" deutlich. Diesen erhält man bei der Cokondensation von Methylsiloxanen mi ↑ Borsäure. *Hüpfender Kitt* (engl.: *Bouncing Putty*) zeigt ein druckabhängiges physikalisches Verhalten: ohne äußere Einwirkung stellt er eine hochviskose Flüssigkeit dar, bereits durch den beim Kneten ausgeübten Druck der Hände wird er plastisch und zu Fäden ausziehbar. Bei stoßartiger Druckbelastung verhält er sich wie ein hartelastischer Körper, so daß die kittartige Masse beim Fallenlassen auf harte Flächen wie ein Tischtennisball zurückspringt und auf einen Hammerschlag hin wie Glas zerspringt. Dieses Verhalten wird auf das Vorliegen von B-O-Si-Bindungen zurückgeführt.

Sorbinsäure

Sorbic acid 2,4-Hexadiensäure

S. bildet farblose blättchen-oder nadelförmige Kristalle, die sich in Wasser bei 20 °C nur zu 150 mg/100 ml lösen (bei 100 °C zu 4 g/100 ml). Die Löslichkeit steigt infolge Salzbildung mit dem pH-Wert stark an, so daß 100 ml bei pH 8 gesättigte Lösung bereits 26 g S. enthalten. In org. Solventien ist die S. auch nur wenig löslich, am besten in Methanol mit ca. 13 %.

Die S. kommt als Lacton im Saft der Vogelbeeren (Frucht der Eberesche) vor und wurde darin 1859 durch A. W. Hofmann entdeckt. Sie wird technisch synthetisch gewonnen, und zwar durch Umsetzung von ↑ Crotonaldehyd mit ↑ Keten unter der Katalyse von fettsauren Zinksalzen. Eine geeignete Laborsynthese beruht auf der *Knoevenagel-Reaktion*, die allgemein ja eine Aldokondensation (s. unter ↑ Diacetonalkohol) darstellt, in der eine durch zwei ziehende Gruppen besonders aktivierte Methylenkomponente zum Einsatz kommt, wie z. B. die Malonsäure. Es entstehen dabei gekreuzt konjugierte Carbonylverbindungen. Für die S.-Synthese nutzt man die *Knoevenagel-Doebner-Variante* zwischen ↑ Crotonaldehyd und ↑ Malonsäure, bei der sich an die eigentliche Kondensation eine Decarboxylierung anschließt, so daß darin ein genereller Zugang zu ungesättigten Carbonylverbindungen liegt. Als basischer Katalysatordient meist ↑ Piperidin (s. Schema).

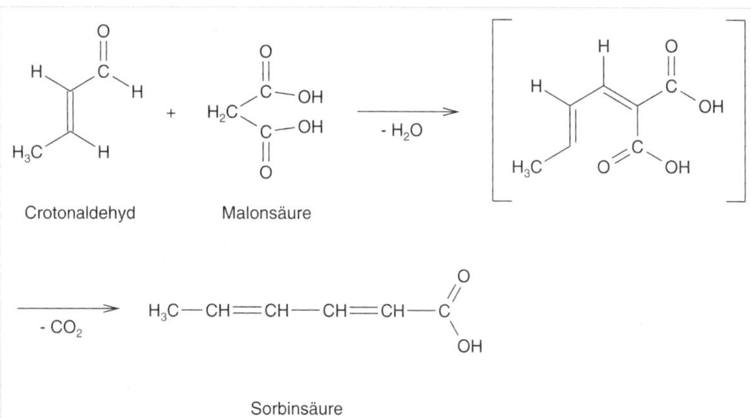

Sorbinsäure-Synthese nach Knoevenagel-Doebner

Die S. entspricht mit ihrem pK_S-Wert von 4,76 in ihrer Säurestärke der ↑ Essigsäure. Sie unterliegt als ungesättigte Carbonsäure leicht der Oxidation, die durch Verunreinigungen, z. B Schwermetallkationen, katalysiert wird. Die sehr reine Säure ist lagerstabil.

Die S. besitzt eine ausgezeichnete antimykotische Wirksamkeit, sie hemmt also das Wachstum von Hefen und Pilzen. In Verbindung mit ihrer völligen physiologischen Unbedenklichkeit ist die S. deshalb das wichtigste *Konservierungsmittel* für vom Schimmelbefall bedrohte Lebensmittel, also Backwaren, Getränke, Obst, Gemüse, Ei-Produkte, Käse, Margarine. Sie wird dabei in Konzentrationen bis 0,3 % angewandt.

In Kombination mit anderen Konservierungsstoffen wird sie auch in Fisch- und Fleisch-Erzeugnissen eingesetzt. Die S. entfaltet zwar auch im sauren Medium ihre höchste Wirkung, ist hierin jedoch nicht so pH-abhängig wie z. B. die ↑ Benzoesäure. Die antimikrobielle Wirkung der S. wird auf die Hemmung wichtiger Dehydrierungsreaktionen zurückgeführt. In höheren Organismen wird die S. genau wie eine Fettsäure durch β-Oxidation abgebaut, was die gänzliche Ungiftigkeit erklärt. Die Verwendung der S. als Polymerisations-Comonomeres oder als Siccativ in der Lackherstellung ist ohne größere Bedeutung geblieben.

Die S. und ihre Salze, die *Sorbate*, sind mit den Nummern *E 200*, *E 202* und *E 203* als Konservierungsmittel in Lebensmitteln zugelassen.

$C_6H_8O_2$ $M_R = 112{,}12$ C 64,27 % H 7,19 % O 28,54 %

t_{Smp}	$t_{Zersetzung}$	d	η		
134 °C	228 °C (Z)				
C_p	$\Delta_S H$	$\Delta_V H$	$\Delta_B H$	S^o	Q_C
					−3123 kJ/mol
MAK	R-Satz	S-Satz			
	20-38				

Sorbit

Sorbitol Glucit

Bildet ein farb- und geruchloses süßschmeckendes feines kristallines Pulver. Es löst sich sehr gut in Wasser (über 80 %). S. ist in der Wärme in Methanol, Ethanol und anderen niederen Alkoholen löslich, in fast allen anderen org. Solventien unlöslich.

Die konzentrierten wässerigen Lösungen sind hochviskose sirupöse Flüssigkeiten und reagieren neutral. Beim Kristallisieren aus wässerig-alkoholischen Lösungen fällt S. als Semihydrat an und schmilzt als solches etwas unter 100 °C, während das wasserfreie Produkt bei 112 °C schmilzt. S. ist in der Kälte gegen Säuren, Laugen und Oxidationsmittel beständig.

S. kommt in der Natur sehr verbreitet ausschließlich im Pflanzenreich vor und findet sich z. B. in Früchten wie Kirschen, Äpfeln, Birnen, nicht jedoch in Weintrauben.

S. ist ein Zuckeralkohol, der durch Reduktion von ↑ D(+)-Glucose entsteht, also ein Hexit. Die technische Herstellung erfolgt mittels katalytischer Hydrierung von Invertzucker (s. unter ↑ Saccharose). Dabei entsteht aus der ↑ Fructose zudem der *Mannit* (s. Schema).

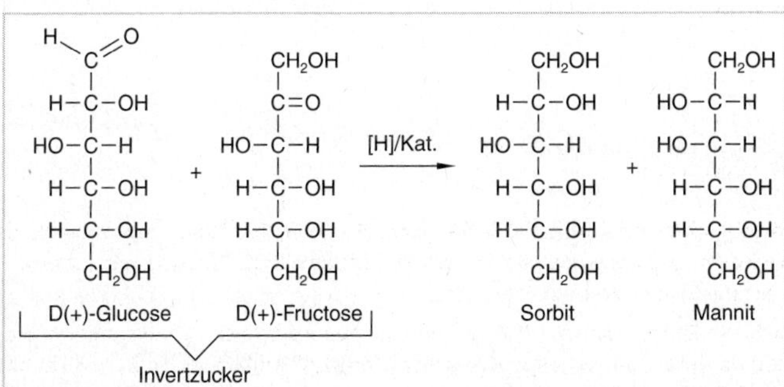

Herstellung von Sorbit aus Invertzucker

Die Trennung von S. und Mannit gelingt mittels wässerigem Ethanol, in dem S. wesentlich besser löslich ist. Mannit kommt in der Natur ebenfalls sehr verbreitet in Pflanzen, besonders in der Manna-Esche (*Manna*) vor und kann synthetisch auch durch Reduktion von *D-Mannose*, dem 2-Epimeren der D(+)-Glucose, gewonnen werden.

S. besitzt etwa 60 % der Süßkraft der ↑ Saccharose und wird im Organismus zum Großteil zu ↑ Kohlenstoffdioxid verbrannt ohne Glucose ins Blut freizusetzen. Der Rest wird unverändert über die Niere ausgeschieden.

Deshalb wird S. als Zuckeraustauschstoff (*Diabetikerzucker*) verwendet, ist jedoch natürlich zum kalorienfreien Süßen nicht geeignet. S. ist mit der Nummer *E 420* als Lebensmittelzusatzstoff zugelassen, Mannit mit der Nummer *E 421*.

S. wird über die Verwendung in der Lebensmittelzubereitung hinaus auch technisch anstelle von ↑ Glycerin oder ↑ Ethylenglykol als Feuchthaltemittel in Form seiner wässerigen Lösung in den verschiedensten Bereichen eingesetzt: Pharmazie, Kosmetik, Leder- und Textilindustrie, Tabakindustrie usw.

Präparativ dient S. als Ausgangsprodukt der technischen Synthese von ↑ Ascorbinsäure. Die Teilveresterung mit Fettsäuren liefert Emulgatoren und Tenside (z. B. *Tween-Marken*). S. wird auch in Alkydharzen (s. ↑ Alkydharze) z. B. anstelle von Glycerin verarbeitet. Im Prinzip ist Mannit, ebenso wie das durch Reduktion von ↑ Galactose erhältliche *Dulcit*, in gleicher Weise verwendbar, jedoch ist S. am billigsten darstellbar und deshalb der am meisten gebrauchte *Hexit*.

$C_6H_{14}O_6$ $M_R = 182{,}17$ C 39,56 % H 7,75 % O 52,70 %

t_{Smp}	t_{Sdp}	d	η
110 °C	295 °C (4,7 hPa)	1,49 g/cm³	

C_p	$\Delta_S H$	$\Delta_V H$	$\Delta_B H$	S^o	Q_C
241 J/(K · mol)	30,2 kJ/mol		−1353 kJ/mol		−3009 kJ/mol

Spermidin

Spermidine N-(3-Aminopropyl)-1,4-butandiamin

Bildet eine farblose, ölige Flüssigkeit, die sich in Wasser, Ethanol oder Diethylether gut löst. Mit ↑ Salzsäure bildet S. ein farbloses Trihydrochlorid vom Schmp. 256 °C.

Das biogene Polyamin S. wurde erstmals in menschlichem Sperma entdeckt, findet sich aber in praktisch allen lebenden Geweben und in allen Bakterien, ebenso wie das aus ihm entstehende *Spermin* (s. Abbildung).

$H_2N-(CH_2)_3-NH-(CH_2)_4-NH_2$

Spermidin

$H_2N-(CH_2)_3-NH-(CH_2)_4-NH-(CH_2)_3-NH_2$

Spermin

Schmp.: 55-60 °C

Strukturen von Spermidin und Spermin

Sowohl S. als auch Spermin liegen im Zellmedium als Polykationen (z. B. über Phosphat-Gruppen an ↑ Nucleinsäuren gebunden) vor und sind essentiell für das Wachstum sowohl gesunder als auch kranker Zellen und Gewebe, indem sie stabilisierende Funktionen gegenüber negativ geladenen Zellbestandteilen ausüben.

Ihre biogenetische Vorstufe ist das 1,4-Diaminobutan (Putrescin, s. unter ↑ Ornithin). Eine bzw. zwei aus ↑ S-Adenosylmethionin durch Decarboxylierung entstehende Propylamino-Gruppen werden hierzu auf das Putrescin übertragen.

$C_7H_{19}N_3$ $M_R = 145{,}25$ C 57,89 % H 13,18 % N 28,93 %

t_{Smp}	t_{Sdp}	d	η
	128 °C (18 hPa)		

Stärke

Starch, Amylum

Die reine S. kommt überwiegend in Form eines feinen weißen Pulvers in den Handel. Das physikalische Verhalten wie z. B. die Löslichkeit, Quellbarkeit, Filmbildungsvermögen, Klebkraft hängt sehr von der Vorbehandlung der S. ab und läßt sich deshalb nicht allgemein charakterisieren. Die native S. ist z. B. in kaltem Waser unlöslich und kaum quellbar, kann jedoch durch thermische Behandlung in wässeriger Aufschlämmung in Kaltwasser quellbar und kolloidal löslich gemacht werden (*Quellstärke*). Diese Abhängigkeit der Eigenschaften des Produktes von seiner Vorgeschichte liegt in der in struktureller Hinsicht heterogenen Zusammensetzung und in dem hochmolekularen Aufbau begründet. In org. Solventien ist S. unlöslich.

Die S. ist neben der ↑ Cellulose der mengenmäßig bedeutendste organische Naturstoff. Sie hat in den Pflanzen als hochmolekulares Kohlenhydrat die Funktion eines Kohlenhydrat-Depots (Reserve-Kohlenhydrat). Die S. wird in den Pflanzen als direktes Folgeprodukt der im Verlauf der Assimilation (s. unter ↑ Chlorophyll) zunächst gebildeten ↑ D(+)-Glucose in den Chloroplasten aufgebaut. Sie wird in der Folge mittels Phosphorylasen wieder zu löslichen Zuckern abgebaut, die in der Pflanze transportiert werden, um in anderen Pflanzenteilen, vor allem Wurzeln, Samen, Mark und Früchten, wieder unter Mitwirkung mehrerer Enzyme synthetisiert und abgelagert zu werden.

Für die technische Gewinnung von S. am wichtigsten sind die Vorkommen der S. in Mais-, Weizen- und Reiskörnern sowie in Kartoffeln. Maiskörner enthalten ca. 60 %, Weizenkörner etwa 55 % S., während Kartoffeln zu etwa 20 % aus S, bestehen. Die S. findet sich in den Pflanzenteilen in Form mikroskopisch kleiner, weißer Granula, die als „*Stärkekörner*" bezeichnet werden und teilweise pflanzenspezifische charakteristische Konturen aufweisen, so daß diese zur Bestimmung der Herkunft einer S. dienen können. Die Isolierung der S. aus den Pflanzenteilen erfolgt auf nassem Wege, indem das zerkleinerte Material mit Wasser behandelt und anhand mehrerer Auswasch-, Dekantier-, Filtrier- und Schleudergänge von Begleitstoffen befreit wird.

S. ist ein Gemisch zweier verschiedener Polymerer, die sich zwar nicht in ihrer chemischen Zusammensetzung, wohl aber in ihrem strukturellen Aufbau deutlich voneinander unterscheiden und als *Amylose* und *Amylopektin* bezeichnet werden. Sowohl Amylose als auch Amylopektin bestehen aus α(1,4)-glucosidisch verknüpften D-Glucose-Molekülen (zu den verschiedenen Verknüpfungsmöglichkeiten der Glucose-Einheiten s. unter ↑ D(+)-Glucose). Die Amylose bildet so unverzweigte Ketten, das Amylopektin hingegen besteht aus verzweigten Ketten (s. Abbildungen). Die Molekularmassen der Amylose-Moleküle liegen etwa zwischen 15.000–250.000 (entsprechend ca. 90–1500 Glucose-Einheiten), die der Amylopektin-Moleküle zwischen 200.000–1.000.000 (entsprechend ca. 1300–6500 Glucose-Einheiten). Die Zahl der Glucose-Einheiten zwischen zwei Verzweigungsstellen im Amylopektin wird mit durchschnittlich etwa 20 angenommen, die Länge der Seitenketten liegt zwischen 20–30 Einheiten. Die Amylose beschreibt mit ihrer α-Verknüpfung spiralförmig gewundene Ketten (Helix), die sich längs ihrer Achsen aneinanderlegen können und so kristalline Bereiche ausbilden. Eine Windung umfaßt 6 Glucose-Einheiten.

Das Amylopektin weist dagegen eine buschartig-verzweigte globuläre Raumerfüllung auf, die eine Kristallisation nicht ermöglicht, weshalb Amylopektin stets amorph ist. Das Verhältnis Amylose zu Amylopektin ist bei den S. der verschiedenen Pflanzen zwar unterschiedlich, bewegt sich im Durchschnitt aber bei etwa 1 : 4.

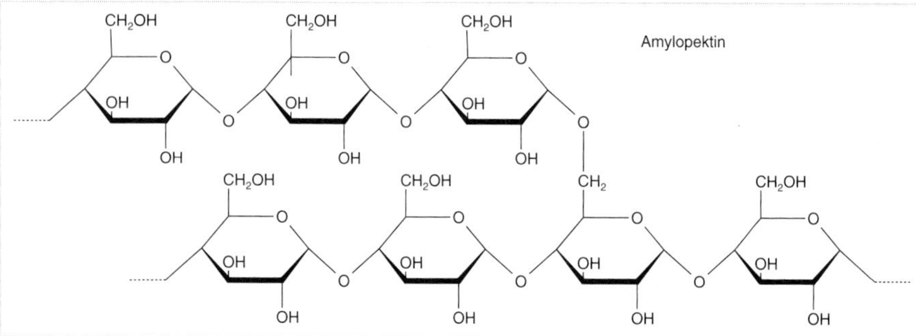

Verzweigte Struktur im Amylopektin

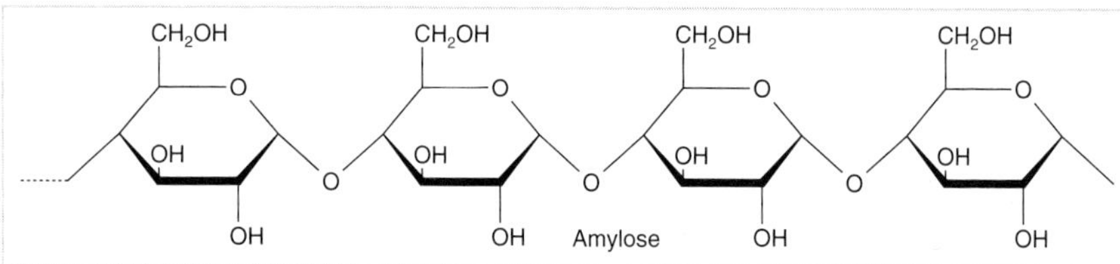

Kettenmolekül der Amylose

Wie aus der Abbildung ersichtlich, erfolgt im Amylopektin die Seitenketten-Anknüpfung, 1,6-α-glucosidisch. Amylose und Amylopektin lassen sich über die wässerige Lösung und gezieltes Ausfällen voneinander trennen.

Die aus Pflanzen isolierten nativen S. werden nach verschiedenen Verfahren zu Produkten umgewandelt, deren Eigenschaften den Anwendungen in den einzelnen technischen Bereichen angepaßt sind. Mengenmäßig am wichtigsten sind die modifizierten S. Bereits erwähnt wurde die Quellstärke. Eine lösliche S. erhält man auch nach Zulkowski: S. wird mit ↑ Glycerin bei ca. 180 °C behandelt, wobei teilweiser thermischer Abbau erfolgt, der zu klar wasserlöslicher S. führt. Durch teilweisen hydrolytischen Abbau der S. mit verdünnten Säuren wird ebenfalls mit geringer Viskosität in Wasser lösliche S. erhalten und man bezeichnet derartig gewonnene Produkte auch als „*Dextrine*“.

Es werden ferner oxidativ abgebaute, vernetzte, veresterte und veretherte S. hergestellt. In der Lebensmittelzubereitung werden sowohl die reinen nativen als auch die modifizierten S. in vielfältiger Weise gebraucht (Backwaren, Pudding- und Soßenpulver, Kindernahrung, Binde- und Verdickungsmittel, Suppen usw.). Große Mengen an nativer und modifizierter S. werden zu Leimprodukten verarbeitet (Papierindustrie). Die Textilverarbeitung verwendet S. als Schlichtemittel und Appretur. Enzymatischer Abbau der S. liefert D(+)-Glucose. Spezielle enzymatisch erzeugte Umwandlungsprodukte der S. sind die ↑ Cyclodextrine.

Zur Verwendung der S. in der Analytik s. unter ↑ Iod.

Die im Lebensmittel-Bereich zugelassenen chemisch modifizierten S. tragen die Nummern *E 1404* bis *E 1450*.

Stearinsäure

Stearic acid n-Octadecansäure

Bildet weiße blättchenförmige geruchlose Kristalle, die in Wasser unlöslich sind. In 100 ml Ethanol lösen sich bei 20 °C ca. 5 g S. Am besten löst sich S. in Chloroform: 50 g/100 ml.

S. ist als Fettsäure am Aufbau der Triglyceride hauptsächlich tierischer Fette beteiligt: Schweinefett 14 %, Rinderfett 20 %, Milchfett 13 %. In den Glyceriden pflanzlicher Fette ist die S. nur zu etwa 2–5 % enthalten.

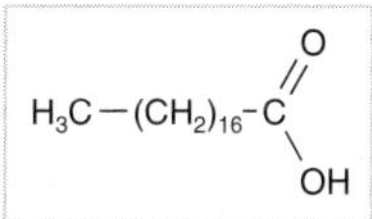

Struktur der Stearinsäure

Synthetisch wird die S. vor allem durch Hydrierung von Baumwollsaatöl oder anderen pflanzlichen Ölen hergestellt, die besonders reich an den ungesättigten C-18-Säuren ↑ Ölsäure und ↑ Linolsäure sind (s. Abbildung).

Die Salze und Ester der S. werden als *Stearate* bezeichnet. Die S. sowie vor allem *Aluminiumstearat*, *Magnesiumstearat* und *Zinkstearat* dienen als Hilfsstoffe in der pharmazeutischen Technologie zur Herstellung von Salben, Pulvern, Tabletten (Schmiermittel, Gleitmittel, Trennmittel, Weichmacher für ↑ Schellack). Metallsalze der höheren Fettsäuren (ab ca. C_{11}) bezeichnet man als *Metallseifen*. *Natriumstearat* ist ein wichtiger Vertreter der *Alkaliseifen*.

Ester der S., so z. B. der *Stearinsäurebutylester* oder *Butylstearat*, eine geruchlose Flüssigkeit vom Schmp. 16 °C, werden als Lösungs-, Gleit- und Schmiermittel u. a. in der Kosmetik verwendet.

Die Umsetzung von S. mit ↑ Ammoniak bei 180 °C liefert *Stearinsäureamid*, ein farbloser, in Wasser unlöslicher Feststoff vom Schmp. 109 °C, der technisch zur Textilhydrophobierung sowie als Lösungsvermittler für Pigment- und Farbstoffe verwendet wird.

Calciumstearat ist die Basis der als Schmier- und Dichtungsfette bekannten *Staufferfette*.

Als *Stearin* bezeichnet man das Gemisch aus S. und ↑ Palmitinsäure, das man aus der Fettspaltung erhält, wenn die flüssige ↑ Ölsäure destillativ abgetrennt wird. Es wird als *Kerzenwachs*, in Hydrophobiermitteln, in der Kosmetik sowie zur Herstellung von Schmierstoffen verwendet.

$C_{18}H_{36}O_2$ $M_R = 284{,}47$ C 76,00 % H 12,76 % O 11,25 %

Stickstoff

Nitrogen N

N ist ein farb- und geruchloses Gas, das sich zu einer farblosen Flüssigkeit kondensieren läßt und schließlich zu einer schneeweißen kristallinen Masse erstarrt (Daten s. Tabelle). Bei 20 °C lösen sich in 100 Liter Wasser 1,6 Liter N (nur halb soviel wie ↑ Sauerstoff), in 100 Liter Ethanol 11,2 Liter N. N kommt in grüngestrichenen Stahlflaschen unter einem Druck von 200 bar in den Handel.

N ist mit einem Gehalt von 75,5 Gew.- % bzw. 78,06 Vol. -% der Hauptbestandteil der atmosphärischen Luft. Große Mengen an N sind auch z. B. in Form der Nitrate am Aufbau der Erdkruste beteiligt. Von großer Bedeutung ist N als elementarer Bestandteil der lebenden Materie (z. B. in Form der Aminosäuren).

$$2\,NaN_3 \longrightarrow 2\,Na + 3\,N_2$$

Labor-Darstellung von Reinst-Stickstoff aus Natriumazid

Die technische Herstellung von N erfolgt durch Luftverflüssigung nach dem Linde-Verfahren (s. unter ↑ Sauerstoff) und anschließende fraktionierte Destillation. Zur labormäßigen Darstellung von Reinst-N nutzt man die thermische Zersetzung von ↑ Natriumazid (s. Gleichung).

N. ist das erste Element der 5. Hauptgruppe des PSE mit der Elektronenkonfiguration $1s^2\,2s^2\,2p^3$, Grundterm $^4S_{3/2}$.

$$6\,Li + N_2 \longrightarrow 2\,Li_3N$$

Reaktion von Luftstickstoff mit Lithium

Er liegt unter Normalbedingungen stets in Form zweiatomiger Moleküle vor, in denen die beiden N-Atome durch eine außerordentlich feste Dreifachbindung zusammengehalten werden, so daß das N-Molekül sogar bei 3000 °C kaum dissoziiert ist. Die Stabilität dieser Dreifachbindung ist die Ursache des inerten Verhaltens des elementaren N, der unter Normalbedingungen nur mit ↑ Lithium, und zwar zum *Lithiumnitrid* reagiert (s. Gleichung).

Ferner geht N unter Normalbedingungen Bindungen mitbestimmten Übergangsmetall-Komplexen ein. Es ist interessant, daß bestimmte im Humusboden (z. B. *Azetobacter*) und z. B. an Leguminosen-Wurzeln lebende Bakterien (*Rhizobien*) zur Umwandlung des atmosphärischen N in lösliche N-Verbindungen befähigt sind (*N-Assimilation*). Die Rhizobien leben dabei in Symbiose mit den *Leguminosen* (Erbsen, Bohnen, Klee), indem sie von der Pflanze aus der Fotosynthese stammende C-Verbindungen aufnehmen und an die Pflanze durch *N-Fixierung* aufgebaute N-Verbindungen abgeben. Die N-Bindung in den Bakterien wird von dem Enzym *Nitrogenase* katalysiert. In der Nitrogenase ist ein Eisen-Molybdän-Cofaktor aktiv, dessen Struktur 1992 aufgeklärt wurde. Bei höheren Temperaturen, unter Druck und besonders bei Anwesenheit von Katalysatoren reagiert N auch mit anderen Elementen oder Verbindungen. Diese Umsetzungen besitzen teilweise große technische Bedeutung, so die Reaktion mit ↑Wasserstoff (s. unter ↑Ammoniak), mit ↑Calciumcarbid (s. unter ↑Calciumcyanamid) oder die Herstellung von ↑Siliciumnitrid und ↑Bornitrid (s. Gleichungen).

$$3\,Si + 2\,N_2 \xrightarrow{\sim 1300\,°C} Si_3N_4 \qquad \text{Siliciumnitrid}$$

$$B_2O_3 + 3\,C + N_2 \xrightarrow{1800\,°C} 2\,BN + 3\,CO \qquad \text{Bornitrid}$$

Synthesen von Siliciumnitrid und Bornitrid

$$N + 3\,e^- \longrightarrow N^{3-}$$

Bildung des Nitrid-Ions

Das N-Atom besitzt nach dem ↑Fluor und dem ↑Sauerstoff die höchste Elektronegativität (s. unter ↑Fluor). Das Bindungsverhalten des N-Atoms ist gemäß seiner Valenzschalen-Besetzung von der Tendenz geprägt, mit drei weiteren Elektronen die Elektronenhülle des Neonatoms zu erreichen. Im Extremfall gelingt dem N-Atom dies im Nitrid-Ion (s. Gleichung), das in einigen Nitriden, z. B. dem Lithiumnitrid vorliegt.

In den weitaus meisten seiner außerordentlich zahlreichen Verbindungen erreicht das N-Atom sein Ziel jedoch durch Ausbildung von drei kovalenten Bindungen über die gemäß der Hundschen Regel mit drei einsamen Elektronen besetzten p-Orbitale, wobei es auch Doppel- und Dreifachbindungen eingeht (s. Abbildung).

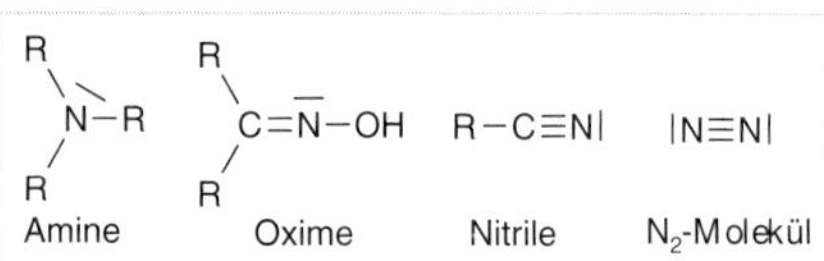

Beispiele für Einfach- und Mehrfachbindungen des N-Atoms

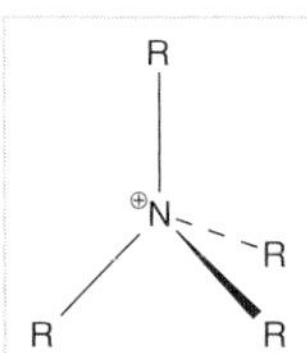

Tetraedrische Koordination im Ammonium-Ion

Dabei bilden die beiden 2s-Elektronen ein an der Bindung nicht beteiligtes freies Elektronenpaar, das dem N-Atom bei Bindung an elektropositive Atome (C, H) Basen- bzw. Donor-Charakter verleiht. Das N-Atom kann auch vierbindig auftreten, besitzt in diesem Falle jedoch eine positive Ladung (*Ammonium-Ion*). Denn zu vier kovalenten Bindungen ist N nur nach Entkoppelung der beiden 2s-Elektronen befähigt. Da die 2p-Orbitale besetzt und d-Orbitale nicht verfügbar sind, muß eines der 2s-Elektronen abgegeben werden. Die so verbleibenden vier einfach besetzten Orbitale lassen sich (mathematisch) zu sp^3-Hybriden konstruieren, mit denen man die in Ammoniumverbindungen vorliegende tetraedrische Koordination verstehen kann (s. Abbildung).

In den einzelnen Verbindungen können dem N formal Oxidationszahlen von −3 bis + 5 zugeordnet werden, was für stöchiometrische Rechnungen zuweilen recht nützlich, jedoch ohne physikalischen Hintergrund ist. Weiteres zur Chemie des N s. unter den einzelnen Verbindungen.

N dient im Labor als Inertgas bei Arbeiten unter Sauerstoffausschluß und in der Gaschromatographie als Trägergas. In Form der verflüssigten Luft wird er als Kühlmittel verwendet. Die präparativen Anwendungen wurden bereits erwähnt.

Die analytische Bestimmung von N-Gehalten in organischen Materialien (z. B. Proteine) erfolgt nach der Kjeldahl-Methode (s. unter ↑ Quecksilber(II)sulfat). Der qualitative Nachweis von organisch gebundenem N gelingt mit der *Lassaigne-Probe*: die Substanz wird mit ↑ Natrium aufgeschlossen, das Filtrat der Aufschlußlösung mit ↑ Eisen(II)sulfat versetzt, filtriert und angesäuert mit ↑ Salzsäure. Enthielt die Substanz N, bildet sich ein Niederschlag von Berliner Blau (s. unter ↑ Kaliumhexacyanoferrat(II)).

► Das Einatmen zu hoher N-Anteile in der Luft führt nach wenigen Atemzügen ohne Vorwarnung zum Tod. Selbst ein Hineinbeugen in mit N gespülte Apparaturen kann hierfür ausreichend sein. Entsprechende Schutzmaßnahmen müssen beachtet werden.

N Z = 7 A_R = 14,00674 Isotope: 14, 15; 12, 13, 16, 17, 18 (künstlich)

t_{Smp}	t_{Sdp}	d	MV	α	λ
−209,86 °C	−195,8 °C	0,001251 g/cm³	22392 cm³/mol		
C_p	$\Delta_S H$	$\Delta_V H$	S^o	ϱ	
29,1 J/(K · mol)	0,72 kJ/mol	5,58 kJ/mol	191,6 J/(K · mol)		
t_{krit}	P_{krit}	d_{krit}	t_{trip}		
−147,1 °C	3,383 MPa	0,311 g/cm³	−210,0 °C		

Stickstoffoxide

Nitrogen oxides Stickoxide

Vom Stickstoff sind die in der Abbildung dargestellten Oxide bekannt. Von diesen sind Distickstoffmonoxid, Stickstoffmonoxid und Stickstoffdioxid am wichtigsten und sollen hier besprochen werden.

N_2O	NO	N_2O_3	NO_2	N_2O_4	N_2O_5	NO_3
Distickstoff-monoxid	Stickstoff-monoxid	Distickstoff-trioxid	Stickstoff-dioxid	Distickstoff-tetroxid	Distickstoff-pentoxid	Stickstoff-peroxid

Stickstoffoxide

Distickstoffmonoxid (*Lachgas*)

Engl.: Nitrous oxide, Dinitrogen monoxide, Laughing gas

Bildet ein farbloses Gas von süßlichem Geruch und Geschmack, das sich zu einer farblosen Flüssigkeit kondensieren läßt und schließlich zu weißen Kristallen erstarrt (Daten s. Tabelle). In einem Liter Wasser lösen sich bei 0 °C 1,3 Liter D. (etwa wie ↑ Kohlenstoffdioxid). Es löst sich gut in Ethanol und Diethylether. D. ist etwa 1,5 mal schwerer als Luft. D. ist unter Normalbedingungen sehr beständig, man kann sagen inert. Es kommt unter Druck flüssig in grauen Stahlflaschen mit Innengewinde in den Handel.

Die Herstellung erfolgt durch thermische Zersetzung von hochreinem ↑ Ammoniumnitrat (bei Anwesenheit von Chloridionen entsteht ↑ Stickstoff), wobei dieses zunächst in ↑ Ammoniak und ↑ Salpetersäure zerfällt, zwischen denen dann Redox-Reaktion eintritt (s. Schema).

$$NH_4NO_3 \longrightarrow NH_3 + HNO_3 \longrightarrow N_2O + 2\,H_2O$$

Thermischer Zerfall von Ammoniumnitrat

Das D.-Molekül ist linear gebaut und resonanzstabilisiert (s. Abbildung). Oberhalb 300 °C zerfällt D. in ↑ Stickstoff und ↑ Sauerstoff (s. Gleichung). Deshalb verbrennen brennbare Stoffe in Gegenwart von D. fast so heftig wie in reinem Sauerstoff.

$$|N{\equiv}\overset{\oplus}{N}{-}\overline{\underline{O}}|^{\ominus} \longleftrightarrow {}^{\ominus}\overline{N}{=}\overset{\oplus}{N}{=}\overline{O}|$$

Resonanz-Stabilisierung im Distickstoffoxid-Molekül

$$N_2O \longrightarrow N_2 + {}^1/_2\,O_2$$

Thermischer Zerfall von Distickstoffoxid

Schon in niedrigen Konzentrationen (ab ca. 20 Vol.-%) eingeatmet wirkt D. recht stark analgetisch, was man seit Mitte des 19. Jahrhunderts zur medizinischen Narkotisierung nutzt. D. löst hierbei auch krampfhafte Lachlust aus und man hat diesen Effekt auf Jahrmärkten zur Volksbelustigung eingesetzt, woher der Name Lachgas stammt. Eine tiefe Narkose ist mit D. kaum zu erreichen, auch z. B. mit 80 % Volumenanteil nicht. Ein Bewußtseinsverlust setzt schnell ein und hört nach Absetzen sofort wieder auf. In der Wirkphase sind starke Halluzinationen üblich, die anschließend als wahr erlebt werden. Für die Geburts-Analgesie setzt man ein Gemisch von 50 % D. mit 50 % Sauerstoff ein.

D. besitzt technische Bedeutung als umweltfreundliches Treibgas und ist zu diesem Zwecke auch für die Lebensmittelaerosole geeignet (z. B. Schlagsahne-Sprühdosen) und mit der Nummer *E 942* hierfür zugelassen.

N_2O $M_R = 44{,}02$ N 63,65 % O 36,35 %

t_{Smp} −209,86 °C	t_{Sdp} −195,8 °C	d 0,001251 g/cm³	MV 22392 cm³/mol	α	λ
C_p 29,1 J/(K · mol)	$\Delta_S H$ 0,72 kJ/mol	$\Delta_V H$ 5,58 kJ/mol	S^o 191,6 J/(K · mol)	ϱ	
t_{krit} −147,1 °C	P_{krit} 3,383 MPa	d_{krit} 0,311 g/cm³	t_{trip} −210,0 °C		

Stickstoffmonoxid

Engl.: Nitric oxide, Nitrogen monoxide

Bildet ein farbloses Gas, das sich zu einer tiefblauen Flüssigkeit kondensieren läßt und schließlich zu blauweißen Kristallen erstarrt (Daten s. Tabelle). S. löst sich nur sehr wenig in Wasser: bei 20 °C nur 46 ml/l. S. ist nur bei Abwesenheit von ↑ Sauerstoff beständig, da es mit diesem sofort zu braunem Stickstoffdioxid (s. unten) reagiert. S. ist nur ganz geringfügig schwerer als Luft.

S. entsteht nur bei sehr hohen Temperaturen und auch dann nur in geringen Ausbeuten aus den Elementen, z. B. im elektrischen Lichtbogen. Technisch wird S. heute ausschließlich durch katalytische Oxidation von ↑ Ammoniak hergestellt, was als Ostwald-Verfahren in großem Maßstab zur Herstellung von ↑ Salpetersäure praktiziert wird. Zur Laborherstellung ist eine große Zahl von Reaktionen geeignet, die letztlich alle die Reduktion von Nitrat oder Nitrit beinhalten, z. B. die Einwirkung von ↑ Kaliumiodid auf ↑ Kaliumnitrit in schwefelsaurer Lösung (s. Gleichung).

$$2\,KNO_2 + 2\,KJ + H_2SO_4 \longrightarrow K_2SO_4 + J_2 + 2\,NO$$

Labor-Darstellung von Stickstoffmonoxid aus Kaliumnitrit und Iodid

Gebräuchlich ist auch die Umsetzung von ↑ Kupfer mit verdünnter ↑ Salpetersäure (s. Gleichung).

$$3\,Cu + 2\,HNO_3 + 6\,H^{\oplus} \longrightarrow 3\,Cu^{2+} + 2\,NO + 4\,H_2O$$

Stickstoffmonoxid aus Kupfer und Salpetersäure

Das S. Molekül besitzt ein ungepaartes Elektron und ist deshalb paramagnetisch. Daß S. trotzdem beständig ist (keine Dimerisierung), ist nach der VB-Methode nicht befriedigend zu erklären, wird jedoch nach der MO-Theorie zwanglos begründet, ebenso wie die zu einer weiteren Stabilisierung führende leichte Bildung des Nitrosylkations, von dem sogar Salze, z. B. die ↑ Nitrosylschwefelsäure, isolierbar sind (s. Abbildung).

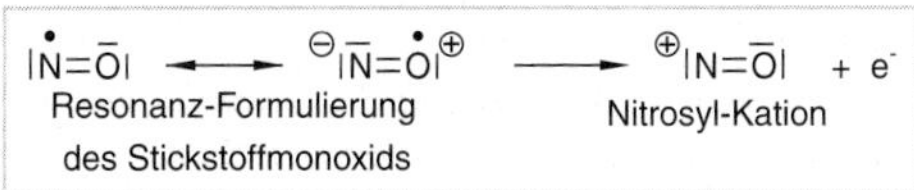

Bildung des Nitrosyl-Kations

Das *Nitrosylkation* ist isoelektronisch mit ↑ Kohlenstoffmonoxid und bildet ebenso leicht Übergangsmetallkomplexe wie dieses. Mit Halogenen entstehen aus S. die hochreaktiven kovalenten *Nitrosylhalogenide*. (s. Gleichung), die z. B. mit Wasser heftig reagieren (s. Gleichung). Das Nitrosylkation ist auch reagierende Spezies in Nitrosierungen und Diazotierungen (s. unter ↑ Propylamin).

$$2\,NO + X_2 \rightleftharpoons 2\,NOX$$

Bildung von Nitrosylhalogeniden mit Hologenen

$$NOX + H_2O \longrightarrow HNO_2 + HX$$

Hydrolyse der Nitrosylhalogenide

Das kleine Molekül S. wurde als wichtiger interzellulärer Botenstoff (Mediator, Lokalhormon, Gewebshormon) erkannt. Man wußte bereits länger, daß Endothelzellen einen Stoff abgeben, der auf die Zellen der glatten Muskulatur wirkt und eine Gefäßerweiterung (Vasodilatation) hervorruft und den man als EDRF (Endothelium-derived-relaxing-factor) bezeichnete. Als EDRF wurde das S. erkannt. S. wird in Endothel- und Nervenzellen (induziert durch Calcium-Ionen, unter Mitwirkung von Sauerstoff und NADPH) aus ↑ Arginin gebildet, indem enzymatisch zunächst *N-Hydroxyarginin* und daraus *Citrullin* entsteht, wobei S. freigesetzt wird (s. Schema).

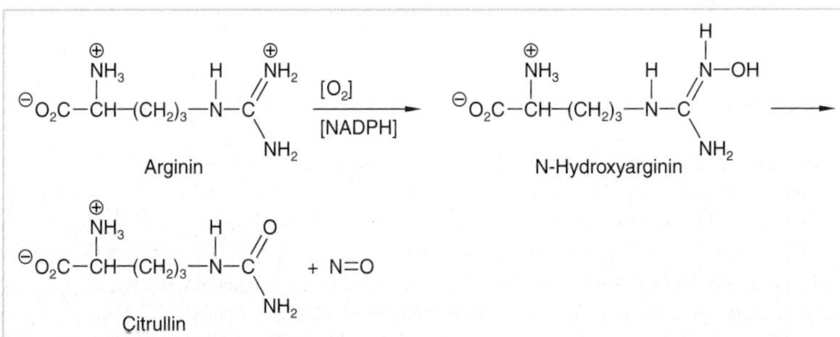

Biochemische Bildung von Stickstoffmonoxid aus Arginin

Das S. kann leicht in benachbarte Gefäßmuskulatur-Zellen diffundieren, aktiviert dort das Enzym *Guanylatcyclase*, welches cyclisches *Guanosylmonophosphat* (*cGMP*) erzeugt, das seinerseits Vasodilatation bewirkt. Damit wurde auch die Wirkungsweise schon lange bekannter Vasodilantien wie ↑ Nitroglycerin und ↑ Nitroprussidnatrium erklärt, die S.-Donatoren sind. Auch die Wirkung des unter der Handelsbezeichnung *Viagra* bekannten Potenzmittels, dessen Wirkstoff das *Sildenafil* ist (s. Abbildung), beruht pharmakologisch auf dem Einfluß von S. (bei sexueller Erregung wird in den Nervenenden S. freigesetzt, das auf dem o. g. Wege die Arteriolen der Schwellkörper im Penis dilatiert). Das Sildenafil inaktiviert die Phosphodiesterase V, die das cGMP abbaut.

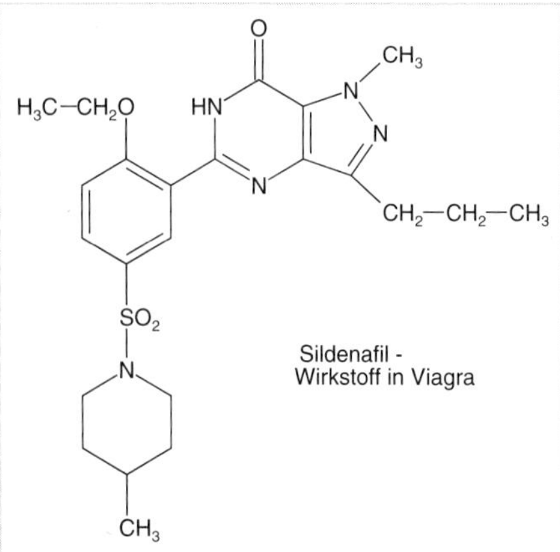

Struktur von Sildenafil, der Wirkstoff im Viagra

S. hat noch zahlreiche andere physiologische Wirkungen. Im Gehirn wirkt es als Neurotransmitter.

S. ist Problemstoff als Bestandteil der *Rauchgase* und wird im Zuge der *Rauchgas-Entstickung* entfernt. Hierzu werden die heißen Rauchgase zusammen mit Ammoniak und Sauerstoff über einen Wolframoxid- und Vanadiumpentoxid-haltigen Katalysator geleitet, wobei die als *Selective Catalytic Reduction* (*SCR-Verfahren*) bezeichnete Umsetzung abläuft (s.Gleichung).

$$2\,NH_3 + 2\,NO + \tfrac{1}{2}\,O_2 \longrightarrow 2\,N_2 + 3\,H_2O$$

SCR-Verfahren zur Rauchgas-Entstickung

NO $M_R = 30{,}01$ N 46,68 % O 53,32 %

t_{Smp}	t_{Sdp}	d	η		
−164 °C	−152 °C	0,00134 g/cm³ (0 °C)			
C_p	$\Delta_S H$	$\Delta_V H$	$\Delta_B H$	S^o	Q_C
29,8 J/(K · mol)	2,3 kJ/mol	13,8 kJ/mol	90,3 kJ/mol	210,7 J/(K · mol)	
t_{krit}	P_{krit}	d_{krit}	t_{trip}		
−93 °C	6,55 MPa	0,52 g/cm³			
MAK	R-Satz	S-Satz			
30 mg/m³					

Stickstoffdioxid

Engl.: Nitrogen dioxide

$$2\,NO_2 \rightleftharpoons N_2O_4$$
braun — farblos

Gleichgewicht im Stickstoffdioxid

Bildet ein rötlich-braunes, schweres Gas, das zu einer braunen Flüssigkeit kondensiert, deren Farbe bei weiterem Abkühlen aufhellt und die schließlich zu farblosen Kristallen erstarrt (Daten s. Tabelle). Diese Farbänderung beruht darauf, daß S. in einem temperaturabhängigen Gleichgewicht mit dem farblosen *Distickstofftetroxid* steht, das im festen Zustand ganz auf der rechten Seite liegt (s. Gleichung). Flüssigkeit und Gas stellen also stets ein Gemisch dar (bei 100 °C z. B. 90 % S.).

Die technische Herstellung erfolgt durch Luftoxidation von Stickstoffmonoxid (s. unter ↑ Salpetersäure). Im Labor wird es durch thermische Zersetzung von ↑ Blei(II)nitrat gewonnen (s. Gleichung).

$$Pb(NO_3)_2 \longrightarrow PbO + 2\,NO_2 + {}^1/_2\,O_2$$

Labor-Darstellung von Stickstoffdioxid

Das S.-Molekül ist gewinkelt gebaut und wie Stickstoffmonoxid ein Radikal, das im Gegensatz zu letzterem jedoch zum nichtradikalischen Dimeren kombiniert (s. Schema).

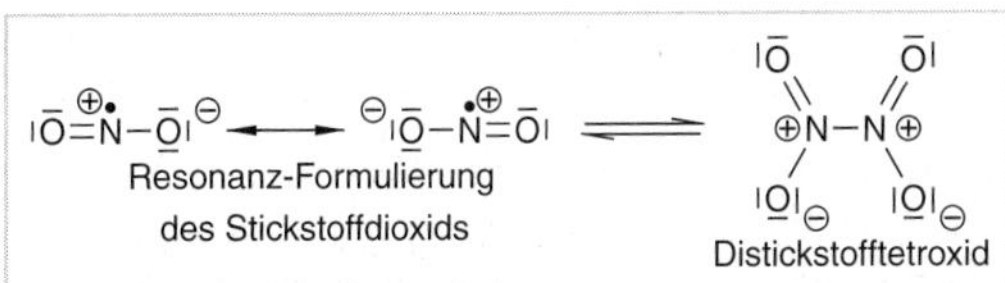

Dimerisierung von Stickstoffdioxid

Während in der Gasphase das Distickstofftetroxid in der angegebenen symmetrischen Struktur vorliegt, gewinnt in der Flüssigphase eine zweite isomere Struktur an Bedeutung, die einem kovalenten *Nitrosylnitrat* entspricht, aus der heraus das reaktive Verhalten gut erklärt werden kann, z. B. die Reaktion mit Wasser zur ↑ Salpetersäure in ionischer Formulierung (s. Schema).

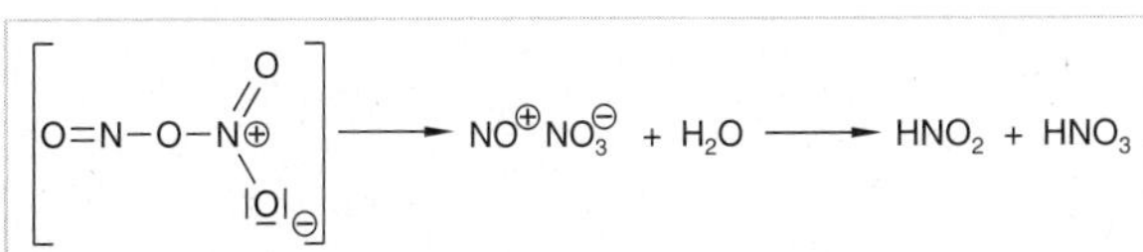

Reaktion von Stickstoffdioxid mit Wasser

S. ist ein starkes Oxidationsmittel mit der Oxidationskraft etwa von ↑ Brom (s. Gleichung).

$$N_2O_4 + 2\,H^{\oplus} + 2\,e^- \rightleftharpoons 2\,HNO_2 \qquad E_0 = +\,1{,}07\ V$$

Oxidationswirkung von Stickstoffdioxid

► Stickstoffdioxid ist hochgiftig und dazu eines der heimtückischsten Gase. Bereits 100 ppm sind bei kurzer Exposition gefährlich. Eine nur schwach oder gar nicht bemerkte Aufnahme in die Lunge kann selbst nach mehreren Tagen durch Ödembildung zum Tode führen. Stickstoffmonoxid und Stickstoffdioxid, die bei der Verbrennung stickstoffhaltiger Materialen entstehen, sind zusammen mit ihren Folgeprodukten wesentliche Verursacher von Umweltproblemen (u. a. Smogbildung).

NO_2 $M_R = 46{,}0$ N 30,45 % O 69,55 %					
t_{Smp} −11,2 °C	t_{Sdp} 21,2 °C	d 1,449 g/cm³ (fl.)	η		
C_p 36,6 J/(K · mol)	$\Delta_S H$ 14,7 kJ/mol	$\Delta_V H$ 38,1 kJ/mol	$\Delta_B H$ 33 kJ/mol	S^o 240 J/(K · mol)	Q_C
t_{krit} 158 °C	P_{krit} 10,1 MPa	d_{krit} 0,56 g/cm³	t_{trip}		
MAK 9 mg/m³	R-Satz 26-34	S-Satz 9-26-28-36/37/39-45			

Stickstoffwasserstoffsäure

Hydrazoic acid

Bildet in wasserfreiem Zustand eine farblose,leichtbewegliche Flüssigkeit von stechendem, unerträglichem Geruch. Durch Erwärmen oder schon durch Stoß oder Schlag erfolgt stark exothermer explosionsartiger Zerfall in die Elemente (s. Gleichung). Die wässerigen Lösungen reagieren schwach sauer.

$$2\,HN_3 \longrightarrow 3\,N_2 + H_2$$

Zerfall der N_3H

Die S. wird gewonnen durch Umsetzung von ↑Natriumazid miteiner verdünnten ↑Schwefelsäure, wobei man die freigesetzte S. abdestilliert. Aus dem Destillat kann durch Wasserbindung mittels ↑Calciumchlorid eine etwa 90%ige S. erhalten werden (s. Gleichung).

$$2\,NaN_3 + H_2SO_4 \longrightarrow 2\,HN_3 + Na_2SO_4$$

Freisetzung von Stickstoffwasserstoffsäure aus Natriumazid

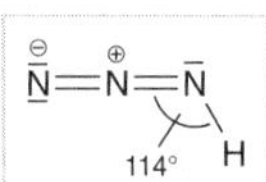

Struktur der N_3H

Die Mesomerie im Azid-Ion ist unter Natriumazid beschrieben.Der Winkel zwischen der linearen N_3-Kette und der N-H-Bindung beträgt 114° (s. Abbildung).

Der pK_S-Wert weist die S. als schwache Säure etwa von der Stärke der ↑Essigsäure aus (s. Gleichung).

$$HN_3 \longrightarrow H^{\oplus} + N_3^{\ominus} \qquad pK_S = 4{,}92$$

Dissoziation der N_3H

Das Azid-Ion zeigt in den Bildungen seiner Salze großeÄhnlichkeit mit dem Chlorid-Ion auf (Löslichkeiten, Komplexbildung), weshalb esauch als *Pseudohalogenid* bezeichnet wird (ebenso wie das Cyanid-Ion, das Cyanat-Ion, das Fulminat-Ion sowie das Rhodanid-Ion). Das *Ammoniumazid* NH_4N_3 ist als nur aus Stickstoff und Wasserstoff bestehendes Salz interessant. Die S. findetorganisch-präparative Verwendung in der *Schmidt-Reaktion*, der Umsetzung eines Ketons oder einer Carbonsäure mit S. Im Falle des Ketonsentsteht ein Carbonsäureamid, im Falle der Säure das um ein C-Atom ärmere Amin. So entsteht aus Propiophenon *Propionanilid* (s. Schema).

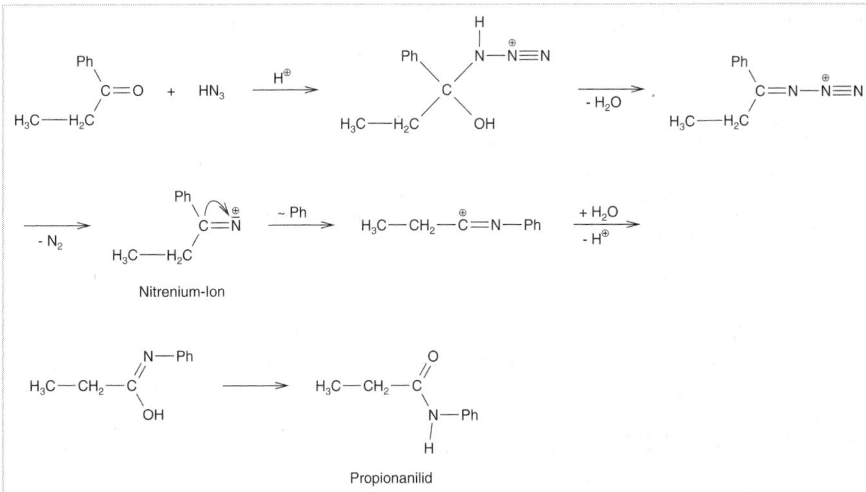

Schmidt-Reaktion mit Propiophenon

Zunächst findet eine übliche Carbonylreaktion statt, dann N_2-Abspaltung und gleichzeitige Umlagerung im intermediären Nitrenium-Ion. Im Falle der Carbonsäure als Ausgangsprodukt entsteht die entsprechende *Carbamidsäure*, die unter CO_2-Abspaltung zum Amin zerfällt. Aus ↑Capronsäure entsteht so *1-Aminopentan*, aus ↑Adipinsäure *1,4-Diaminobutan*.

Die S. ist hochgiftig (s. unter ↑Natriumazid).

HN_3 $M_R = 43{,}03$ H 2,34 % N 97,66 %			
t_{Smp}	t_{Sdp}	d	η
−80 °C	37 °C		

Stilben

Stilbene 1,2-Diphenylethylen

Von S. existieren die beiden deutlich verschiedenen stereoisomeren Formen cis-Stilben und trans-Stilben. *cis-Stilben* ist eine angenehm riechende farblose ölige Flüssigkeit, die sich sehr gut in Ethanol löst. *trans-Stilben* bildet farblose Kristalle, die sich zu ca. 1,1 g/100 ml in Ethanol lösen.

cis-Stilben wird synthetisch erhalten bei der Decarboxylierung von *1-Phenylzimtsäure* (s. Schema).

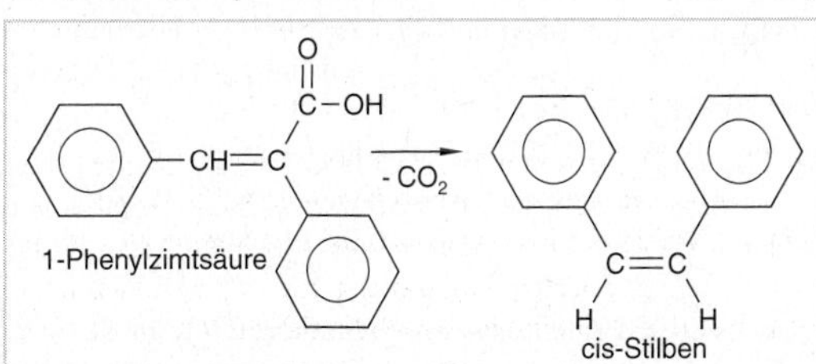

Herstellung von cis-Stilben

trans-Stilben wird z. B. bei der Grignard-Reaktion (s. unter ↑ Magnesium) zwischen ↑ Benzaldehyd und *Benzylmagnesiumbromid* erhalten oder bei der *Clemmensen-Reduktion* (Einwirkung von amalgamiertem ↑ Zink und ↑ Salzsäure) von ↑ Benzoin (s. Schema).

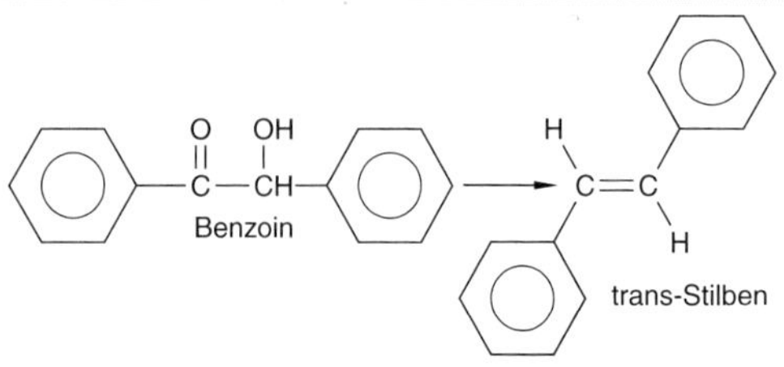

Darstellung von trans-Stilben durch Reduktion von Benzoin

trans-Stilben läßt sich fotochemisch zu cis-Stilben isomerisieren, was zu einem Gleichgewicht zwischen beiden Formen führt, wobei cis-Stilben in Gegenwart von ↑ Sauerstoff zu ↑ Phenanthren dehydrocyclisieren kann.

Das Stilben-Grundgerüst ist Bestandteil von Farbstoffen (*Stilben-Farbstoffe*) und optischen Aufhellern (*Optische Aufheller* transformieren UV-Licht in den sichtbaren Bereich, wobei eine bläuliche Fluoreszenz auftritt, die, da komplementär zu den Gelbtönen, einen Aufhellungseffekt in der Wäsche bewirkt).

Die Daten der nachfolgenden Tabelle gelten für trans-Stilben.

$C_{14}H_{12}$	$M_R = 180{,}25$	C 93,29 %	H 6,71 %		
t_{Smp} 126 °C	t_{Sdp} 307 °C	d 0,97 g/cm³	η		
C_p 251 J/(K · mol)	$\Delta_S H$ 27,4 kJ/mol	$\Delta_{Sub} H$ 100,7 kJ/mol (S)	$\Delta_B H$ 133 kJ/mol	S^o 247 J/(K · mol)	Q_C −7357 kJ/mol

Streptomycin

Streptomycin

Die freie Base ist ein farbloser, stark basisch reagierender, gut wasserlöslicher Feststoff, der allerdings unbeständig ist, so daß die Handels- und Anwendungsform die Salze sind, die S. leicht mit jeweils 3 Äquivalenten Säure, z. B. mit ↑ Salzsäure zum Trihydrochlorid, bildet. Die Salze sind kristalline weiße Pulver, fast geruchlos, mit leicht bitterem Geschmack die sich in Wasser gut, in org. Solventien dagegen kaum lösen.

S. wird in Kulturen des Schimmelpilzes *Streptomyces griseus* gebildet und ist daraus erstmals 1944 (Schatz, Bugie, Waksman, Nobelpreis 1952) isoliert worden. Die Struktur wurde 1947/48 aufgeklärt. S. wird heute biotechnologisch hergestellt.

Es ist ein *Glykosid-Antibiotikum*, ein Trisaccharid, das sich durch schonende saure Hydrolyse in die Komponenten *Streptidin* (das all-trans-Isomere vom ↑ Inosit, in dem zwei Hydroxygruppen durch zwei Reste ↑ Guanidin ersetzt sind) und *Streptobiosamin* spalten läßt (s. Abbildung).

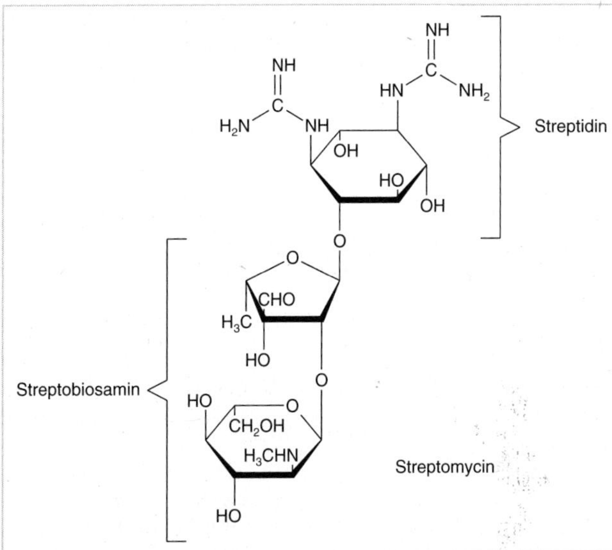

Struktur von Streptomycin

S. wirkt vor allem gegen gramnegative Bakterien (s. unter ↑ Penicillin). Es wirkt bakterizid durch die Hemmung der bakteriellen Proteinbiosynthese. S. ist sehr wirksam gegen Tuberkel-Bazillen. S. kann oral verabreicht werden und ist auch wirksam gegen Darminfektionen (wird von der Darmwand nicht resorbiert). Allerdings treten gegen S. leicht Resistenzen auf.

$C_{21}H_{39}N_7O_{12}$ $M_R = 581{,}58$ (freie Base) C 43,37 % H 6,76 % N 16,86 % O 33,01 %

Strontium

Strontium Sr

Ein silberweiß glänzendes, weiches, dehnbares metallisches chemisches Element, das sich an der Luft rasch oxidiert und dabei gelblich anläuft. Mit Wasser und verdünnten Säuren reagiert Sr stürmisch unter Wasserstoff-Entwicklung, während durch rauchende ↑ Salpetersäure und konz. ↑ Schwefelsäure nur langsamer Angriff erfolgt. Das sehr fein verteilte Metall entzündet sich an der Luft.

In der Natur findet sich Sr hauptsächlich in den Mineralien *Coelestin* (*Strontiumsulfat*) und *Strontianit* (↑ Strontiumcarbonat), die zwar recht verbreitet vorkommen, jedoch nur in relativ wenigen Lagern in abbauwürdigen Mengen. Sr ist häufiger Begleiter von Calcium- und Bariummineralien. Wichtige Lager finden sich in USA und Tunesien. Sr besitzt so am Aufbau der Erdrinde einen Anteil von 0,027 Gew.- %, ist also etwa halb so häufig wie ↑ Barium.

Sr-Metall wird durch Schmelzfluß-Elektrolyse aus ↑ Strontiumchlorid hergestellt.

Sr ist das in der Gruppe der Erdalkali-Metalle auf ↑ Calcium folgende Element mit der Elektronenkonfiguration $1s^2\ 2s^2\ 2p^6\ 3s^2\ 3p^6\ 3d^{10}\ 4s^2\ 4p^6\ 5s^2$, Grundterm $^1S_0$, und gleicht in seinem chemischen Verhalten sehr stark dem Calcium. Das Normalpotential weist Sr als eines der elektropositivsten Elemente aus (s. Gleichung).

$$Sr \longrightarrow Sr^{2+} + 2\,e^- \qquad E_0 = -2{,}89\ V$$

Normalpotential von Strontium

$$SrO + H_2O \longrightarrow Sr(OH)_2$$

Bildung von Strontiumhydroxid

Mit ↑ Wasserstoff reagiert Sr schon bei Raumtemperatur zum *Strontiumhydrid*, mit ↑ Stickstoff oberhalb 300 °C. zum *Strontiumnitrid*. In trockenem ↑ Sauerstoff verbrennt Sr unter Aussendung intensiv roten Lichtes zu *Strontiumoxid*. Strontiumoxid wird technisch durch Thermolyse von ↑ Strontiumcarbonat im Vakuum hergestellt. Es bildet ein grauweißes Pulver, das mit Wasser exotherm zu *Strontiumhydroxid* reagiert (s. Gleichung) und mit Säuren die entsprechenden Sr-Salze ergibt. Es dient so zur Herstellung der anderen Sr-Verbindungen. Es wird auch in der Glas- und Emailleindustrie verwendet.

Sr-Metall hat weder als solches noch als Legierungsbestandteil technische Bedeutung erlangt.

Zum naßchemischen qualitativ-analytischen Nachweis des Sr dient die intensive Rotfärbung, die Sr-Salze der nichtleuchtenden Bunsenbrennerflamme verleihen. Im Spektroskop erscheinen mehrere rote Linien zwischen 687 und 650 nm.

► Sr besitzt bei weitem nicht die Toxizität von ↑ Barium, ist jedoch toxischer als ↑ Calcium. Ein gefährliches Folgeprodukt von Uran-Kernspaltungen ist das radioaktive Isotop Sr 90. Es ist ein β-Strahler mit der Halbwertzeit 19,9 Jahre und wird leicht anstelle von Calcium in die Knochen eingebaut.

Sr Z = 38 A_R = 87,62 Isotope: 84, 86, 87, 88

t_{Smp}	t_{Sdp}	d	MV	α	λ
777 °C	1412 °C	2,54 g/cm³	34,50 cm³/mol	23 10⁻⁶/K	35,3 W/mK
C_p	$\Delta_S H$	$\Delta_V H$	S^o	ϱ	
26,75 J/(K · mol)	7,43 kJ/mol	137,2 kJ/mol	55,7 J/(K · mol)	303 nΩ · m	

Strontiumcarbonat

Strontium carbonate

Bildet ein farb- und geruchloses Pulver, das in Wasser nur zu ca. 0,01 g/100 ml löslich ist. In mit ↑ Kohlenstoffdioxid gesättigtem Wasser beträgt die Löslichkeit etwa das Hundertfache. Mit Mineralsäuren zersetzt sich S. sprudelnd unter Bildung der entsprechenden Salzlösungen.

S. findet sich in der Natur in Form des Minerals *Strontianit* und ist als solches meist Ausgangsprodukt für die übrigen Strontiumverbindungen.

$$SrCO_3 \xrightarrow{\approx 1100\ °C} SrO + CO_2$$

Thermische Zersetzung von Strontiumcarbonat

S. zersetzt sich beim Erhitzen ab ca. 1100 °C (der Atmosphärendruck wird erreicht bei 1289 °C) zu ↑ Kohlenstoffdioxid und Strontiumoxid (s. Gleichung).

S. findet wie andere Strontiumsalze Verwendung in der Pyrotechnik (Bengalische Feuer), ferner in der Glasindustrie (Fernsehbildschirme). Eine wichtige Anwendung hat S. auch als Katalysator in der Herstellung von ↑ Polyethylenglykol zur Erzielung sehr hoher Molekularmassen.

CO_3Sr M_R = 147,64 C 8,14 % O 35,51 % Sr 59,35 %

$t_{Zersetzung}$	t_{Sdp}	d	η
> 100 °C (Z)		3,74 g/cm³	

C_p	$\Delta_S H$	$\Delta_V H$	$\Delta_B H$	S^o	Q_C
84,3 J/(K · mol)			−1220 kJ/mol	97 J/(K · mol)	

Strontiumchlorid

Strontium chloride

Fällt aus wässeriger Lösung als Hexahydrat an und bildet als solches farb- und geruchlose, an der Luft zerfließliche Kristalle, die sich in Wasser sehr gut lösen. Die wässerige Lösung reagiert neutral. S. ist auch löslich in Ethanol. Beim Erwärmen auf 100 °C gibt das Hexahydrat 5 Kristallwasser ab um bei 150 °C völlig zu dehydratisieren.

S. wird hergestellt durch Umsetzung von ↑ Strontiumcarbonat mit ↑ Salzsäure (s. Gleichung).

$$SrCO_3 + 2\,HCl \longrightarrow SrCl_2 + H_2O + CO_2$$

Herstellung von Strontiumchlorid

S. wird in der Pyrotechnik und zur Stahlhärtung (Salzbäder) verwendet.

Cl_2Sr $M_R = 158{,}52$ (wasserfrei) Cl 44,73 % Sr 55,27 %

t_{Smp}	t_{Sdp}	d	η
872 °C	2056 °C	3,09 g/cm³	

C_p	$\Delta_S H$	$\Delta_V H$	$\Delta_B H$	S^o	Q_C
75,6 J/(K · mol)	16,2 kJ/mol	248 kJ/mol	−829 kJ/mol	114,8 J/(K · mol)	

Strontiumnitrat

Strontium nitrate

Bildet ein weißes kristallines Pulver, das sich in Wasser sehr gut mit neutraler Reaktion löst. Es ist unlöslich in Ethanol oder Aceton.

S. wird aus ↑ Strontiumcarbonat durch Umsetzung mit ca. 60 %iger ↑ Salpetersäure hergestellt (s. Gleichung).

$$SrCO_3 + 2\,HNO_3 \longrightarrow Sr(NO_3)_2 + H_2O + CO_2$$

Herstellung von Strontiumnitrat

Aus der eingeengten heißen Lösung fällt das wasserfreie Salz aus. Läßt man aus verdünnter Lösung langsam auskristallisieren, erhält man das Tetrahydrat, das an der Luft verwittert und bei 100 °C vollständig dehydratisiert.

S. ist das in der Pyrotechnik meistverwendete Sr-Salz zur *Rotfeuer-Erzeugung*.

N_2O_6Sr $M_R = 211{,}65$ N 13,24 % O 45,36 % Sr 41,40 %

t_{Smp}	t_{Sdp}	d	η
570 °C		2,93 g/cm³	

C_p	$\Delta_S H$	$\Delta_V H$	$\Delta_B H$	S^o	Q_C
150 J/(K · mol)			−978 kJ/mol	194,6 J/(K · mol)	

MAK	R-Satz	S-Satz
	8-22-38	16-37/39

Strychnin

Strychnine

Bildet als freie Base farblose Kristalle, die sich in Wasser oder Diethylether praktisch nicht lösen, aber sehr gut löslich sind in Chloroform. In Ethanol beträgt die Löslichkeit ca. 0,5 g/100 ml. S. bildet mit Mineralsäuren Salze, die farblose Kristalle oder kristalline Pulver darstellen, die in Wasser jeweils zu 2-3 g/100 ml löslich sind. Bemerkenswert ist an S. der außerordentlich bittere Geschmack, der noch in einer Verdünnung von 1 : 700 000 feststellbar ist. Möglicherweise ist S. der stärkste *Bitterstoff* den wir kennen.

S. ist ein Alkaloid (s. unter ↑Alkaloide), das in den Samenkörnern des Strychninbaumes (*Brechnuß*, Strychnos nux vomica) vorkommt. Der *Strychninbaum* ist ein zu den Enzianpflanzen zählender Strauch, der in Indien, Malaysia, Java und Nordaustralien beheimatet ist. Die grünlichen Blüten tragen rote aprikosengroße Früchte, die die flachen Samenkörner enthalten. Auch in Afrika heimische Strychnosarten weisen S. auf. Dagegen finden sich in Südamerika Strychnosarten, die kein S. sondern Curare (s. unter ↑Tubocurarin) enthalten. S. weist eine komplizierte Struktur aus sieben kondensierten Ringen auf und besitzt u. a. das Indol-Grundgerüst. Zusammen mit S. kommt auch *Brucin*, das Dimethoxy-Derivat des S. vor (s. Abbildung).

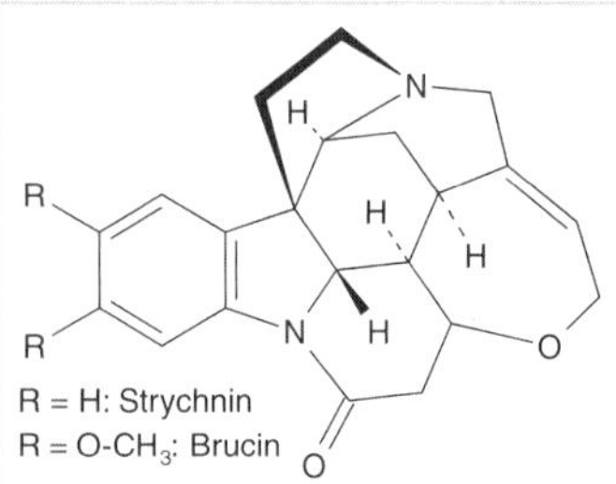

Struktur von Strychnin bzw. seinem Derivat Brucin

Das S. ist hochgiftig. Als tödlich gelten für einen Erwachsenen 0,1-0,3 g. Es wirkt dabei außerordentlich stark erregend auf das Zentralnervensystem, indem es den hemmenden Neurotransmitter ↑Glycin von dessen Rezeptoren sehr selektiv und hochaffin verdrängt (s. unter ↑Acetylcholin). Die Folge sind qualvolle tetanusähnliche Krampfanfälle, die bei vollem Bewußtsein zur Atemlähmung und zum Tod durch Ersticken führen können. Da S. in Mengen, die noch nicht toxisch sind (wenige Milligramm), eine anregende Wirkung (u. a. auf Atmung und Muskulatur) ausübt, ist es zu Dopingzwecken mißbraucht worden. S. wurde und wird von Eingeborenen als *Pfeilgift* verwendet und wurde früher vielfach zur Vertilgung von Nagern (Ratten, Mäuse, Kaninchen) eingesetzt.

S. wird präparativ zur Enantiomerentrennung von Säure-Racematen benutzt.

S. ist eines der ersten ↑Alkaloide, die in reiner Form isoliert wurden, und zwar bereits 1818. Die Struktur konnte 1946 aufgeklärt werden und 1954 gelang R. B. Woodward die 30-stufige Totalsynthese.

$C_{21}H_{22}N_2O_2$ $M_R = 334{,}42$ C 75,42 % H 6,63 % N 8,38 % O 9,57 %

Styrol

Styrene Vinylbenzol

Bildet eine wasserklare, stark lichtbrechende, ölige Flüssigkeit von penetrantem, olefinischem Geruch, die in Wasser unlöslich, mit den meisten org. Solventien jedoch völlig mischbar ist. S. muß dunkel und luftdicht verschlossen aufbewahrt werden um die ansonsten sich allmählich vollziehende Polymerisation bzw. Oxidation zu vermeiden. Das handelsübliche S. ist mit Inhibitoren wie ↑Hydrochinon stabilisiert.

S. findet sich im Steinkohlenteer und tritt in den Pyrolysebenzinen auf, aus denen es auch isoliert wird. Die weitaus größte Menge des S. wird jedoch synthetisch hergestellt, und zwar fast ausschließlich durch katalytische Dehydrierung von Ethylbenzol. Die endotherme Reaktion erfordert hohe Temperaturen (s. Schema) sowie große Mengen überhitzten Wasserdampf. Der Wasserdampf vergast dabei schädliche Rußablagerungen auf dem Katalysator. Neueste Forschungen haben gezeigt, daß die Katalysator-Wirkung auf graphitischen Ablagerungen beruht, die sich auf der Oxidoberfläche bilden. Diese Erkenntnis könnte die Styrol-Herstellung in Zukunft erheblich wirtschaftlicher gestalten,da sich der Wasserdampf erübrigen und die Dehydrierung sogar exotherm ablaufen könnte, nämlich als Oxidehydrierung mit Luftsauerstoff.

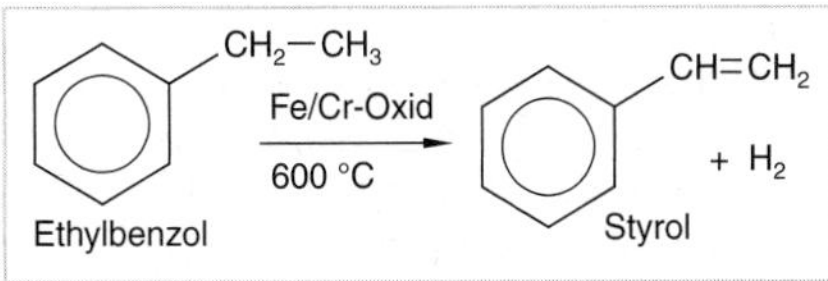

Technische Synthese von Styrol durch Dehydrierung von Ethylbenzol

S. bildet u. a. folgendes Azeotrop:

Azeotrop-Komponenten	Zusammensetzung (Gew.-%)	Siedepunkt (°C)
S./Wasser	59,1/40,9	93,9

Das *Ethylbenzol* wird direkt aus ↑ Benzol und ↑ Ethylen in Gegenwart von ↑ Aluminiumchlorid hergestellt und nahezu ausschließlich zur S.-Synthese verwendet, so daß die Produktionszahlen von Ethylbenzol und S. etwa identisch sind (s. Schema).

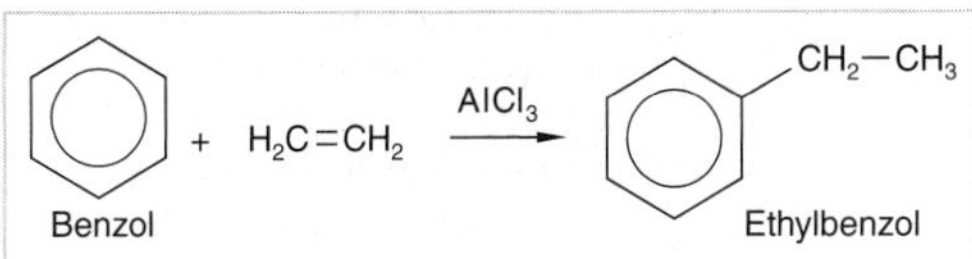

Herstellung von Ethylbenzol

S. ist im Grunde allen für olefinische Doppelbindungen typischen Reaktionen zugänglich, wird technisch jedoch praktisch ausschließlich zur Herstellung von ↑ Polystyrol und Copolymeren verbraucht. Technisch wird dabei hauptsächlich die thermisch ausgelöste Polymerisation angewandt, die jedoch recht langsam verläuft. Wesentlich rascher verläuft die Reaktion mit Perverbindungen, z. B. ↑ Dibenzoylperoxid, (in Konzentrationen von 0,1-0,2 % zugesetzt) die den Prototyp der radikalisch gestarteten Polymerisation darstellt. Sie kann im Laborexperiment einfach durchgeführt werden: in einem weiten Reagenzglas werden 10 ml S. mit 0,02 g Dibenzoylperoxid versetzt und im Wasserbad 2 Stunden auf 90-100 °C erwärmt. Es hat sich ein gelblicher Festkörper gebildet. Farbloses Polymerisat wird nur bei Ausschluß von ↑ Sauerstoff (unter ↑ Stickstoff) erhalten. Es werden weltweit pro Jahr ca. 25 Millionen Tonnen S.hergestellt.

Durch Umsetzung von S. mit ↑ Peroxyessigsäure kann *Styroloxid* (*Phenyloxiran*) erhalten werden, eine farblose, leichtentzündliche, in Wasser kaum, in org. Solventien gut lösliche Flüssigkeit vom Sdp. 194 °C, die als Synthesebaustein genutzt wird.

► S. ist bereits in niedrigen Konzentrationen schleimhautreizend, besitzt jedoch keine ausgesprochen akute oder chronische Toxizität.

C_8H_8 $M_R = 104{,}14$ C 92,26 % H 7,74 %

t_{Smp}	t_{Sdp}	d	η
−30 °C	145 °C	0,91 g/cm³	

C_p	$\Delta_S H$	$\Delta_V H$	$\Delta_B H$	S^o	Q_C
183 J/(K · mol)	10,9 kJ/mol	43,9 kJ/mol	103,4 kJ/mol	240 J/(K · mol)	−4395 kJ/mol

MAK	R-Satz	S-Satz
85 mg/m³	10-20-36/38	23

Succinaldehyd

Succinaldehyde Butandial

Bildet eine farblose, stechend, leicht süßlich riechende ölige Flüssigkeit, die leicht, besonders in der Wärme zu einer glasigen Masse polymerisiert. S. löst sich gut in org. Solventien sowie in Wasser.

S. wird technisch durch *Oxosynthese* hergestellt, also durch katalysierte (Cobaltcarbonyl-Katalysator) Addition von ↑ Kohlenstoffmonoxid und ↑ Wasserstoff (unter Druck und erhöhter Temperatur) an eine olefinische Doppelbindung, hier an das Diacetat von ↑ Acrolein und anschließende Hydrolyse (s. Schema) (s. auch unter ↑ Rhodium).

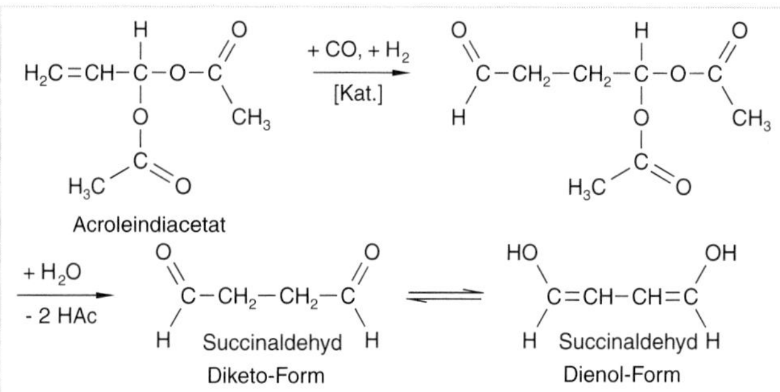

Technische Herstellung von Succinaldehyd durch Oxosynthese

S. existiert in zwei tautomeren Formen (Diketo- und Dienolform). S. dient vor allem als Synthesebaustein, z. B. zur Herstellung von Tropinon (s. unter ↑ Atropin).

$C_4H_6O_2$	$M_R = 86{,}09$	C 55,81 %	H 7,02 %	O 37,17 %

t_{Smp}	$t_{Zersetzung}$	d	η
	170 °C (Z)	1,07 g/cm³	

Succinylcholinchlorid

Succinylcholine chloride Suxamethoniumchlorid

Bildet als Dihydrat farblose, etwas bitter schmeckende Kristalle, die sich in Wasser sehr gut lösen (100 g/100 ml). In Ethanol ist S. nur sehr wenig, in Diethylether gar nicht löslich. Die wässerige Lösung reagiert leicht sauer (pH 3,0-4,5), ist unbeständig und muß unter Kühlung aufbewahrt werden.

S. ist der Diester der ↑ Bernsteinsäure mit ↑ Cholin (s. Abbildung).

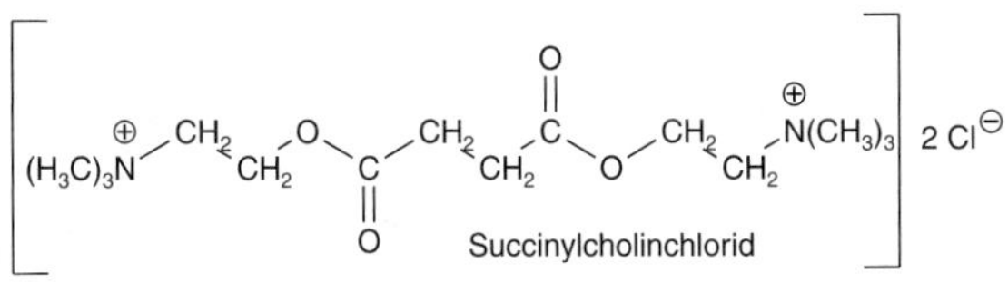

Struktur von Succinylcholinchlorid

S. kann formal als doppeltes ↑ Acetylcholin aufgefaßt werden. So wird es auch (ebenso wie das Bromid und das Iodid) therapeutisch verwendet, nämlich als schnell und kurz wirkendes Muskelrelaxans: es ist das Mittel der Wahl zur Erzeugung einer kurzdauernden Muskelerschlaffung bei der Intubation oder beim Elektroschock oder bei kurzen chirurgischen Eingriffen (Dosis ca. 1 mg/kg). Es wirkt dabei depolarisierend (im Gegensatz z. B. zu ↑ Tubocurarin, das stabilisierend wirkt, näheres s. unter ↑ Acetylcholin).

S. wird im Organismus zu den körpereigenen Substanzen ↑ Bernsteinsäure und ↑ Cholin abgebaut.

$C_{14}H_{30}Cl_2N_2O_4$ $M_R = 361{,}31$ C 46,54 % H 8,37 % Cl 19,62 % N 7,75 % O 17,71 %

Sudan-Farbstoffe

Sudan dyes

Die Bezeichnung „Sudan" ist ein Handelsname der BASF für eine Reihe von Azofarbstoffen, die öl- und fettlöslich, aber wasserunlöslich sind. Die Wasserunlöslichkeit beruht auf dem Fehlen von Sulfonyl- und Carboxylgruppen. Die Farbstoffe enthalten teils eine, teils zwei Azogruppen pro Molekül und umfassen die Farbtöne gelb über rot und braun bis schwarz. Sie werden zur Einfärbung von Produkten auf Öl-, Wachs- oder Paraffinbasis verwendet (↑ Benzine, Dieselöl, Heizöl, Schuhcremes, Kerzen, Wachsbeizen, Öllacke, Kosmetika wie Lippenstifte usw.).

Der unter der Bezeichnung Sudan III bekannte Farbstoff z. B. stellt ein rotbraunes Pulver dar, das in Wasser unlöslich, in Chloroform, Ethanol oder Diethylether löslich ist und durch Azokupplung zwischen diazotiertem Aminoazobenzol und ↑ 2-Naphthol hergestellt wird (s. Schema).

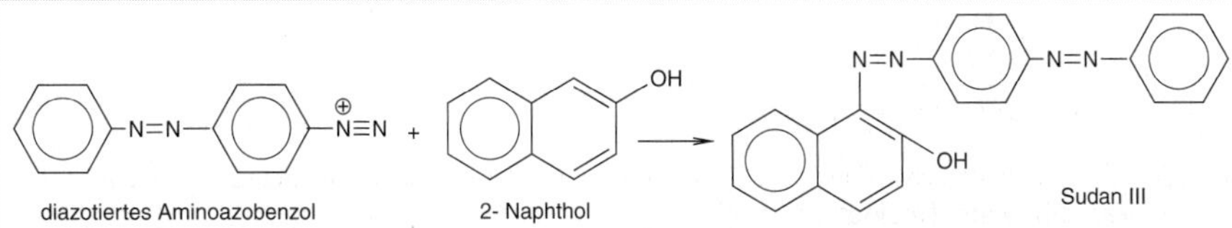

Synthese von Sudan III

Sudan III wird zum Färben technischer Produkte (s. oben) verwendet und dient auch als Mikroskopier-Farbstoff. Die einfachsten Vertreter der S. sind *4-Aminoazobenzol* (*Sudangelb R*) und *4-Dimethylaminoazobenzol* (*Sudangelb GG*, *Buttergelb*), die z. B. zur *Kraftstoff-Einfärbung* und *Heizölfärbung* benutzt werden.

Sulfamidsäure

Sulfamic acid Amidoschwefelsäure, Sulfaminsäure

Bildet ein farb- und geruchloses, nicht hygroskopisches, stabiles, kristallines Pulver, das sich bei 20 °C zu 21 g/100 ml in Wasser löst, in org. Solventien (außer N-haltigen wie Formamid) jedoch nur sehr wenig löslich ist. S. wirkt in wässeriger Lösung als starke einbasige Säure, sie ist das Monamid der ↑ Schwefelsäure. Der pH-Wert einer 1 %igen Lösung beträgt 1,18 (s. Gleichung).

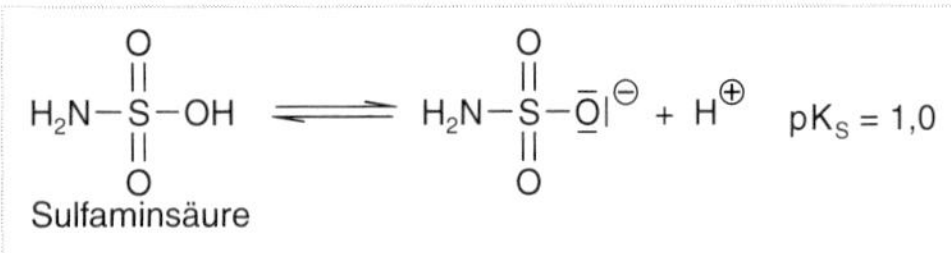

Säurecharakter der Sulfaminsäure

S. ist herstellbar durch Umsetzung von ↑ Chlorsulfonsäure mit ↑ Ammoniak (s. Gleichung).

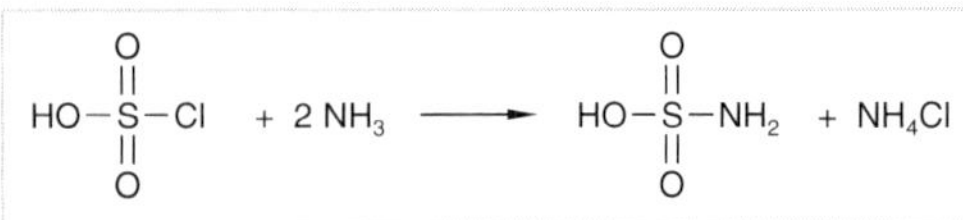

Herstellung der Sulfaminsäure

Analytisch und technisch wichtig ist die Reaktion der S. mit Nitriten, die so schnell und quantitativ verläuft daß sie zur *Nitritbestimmung* und zur *Nitritentfernung* genutzt wird (s. Gleichung).

$$H_2N-SO_2-OH + NO_2^{\ominus} \longrightarrow N_2 + HSO_4^{\ominus} + H_2O$$

Reaktion der Sulfamidsäure mit Nitriten

Die Salze der S. heißen *Sulfamate* oder *Amidosulfate* und werden erhalten bei der Umsetzung der S. mit den entsprechenden Metallen oder ihren Oxiden, Hydroxiden und Carbonaten. Die Sulfamate sind durchweg leicht wasserlöslich, besser als die Nitrate und Sulfate. Besonders gut wasserlöslich ist das *Ammoniumsulfamat* (200 g /100 ml) (s. Gleichung).

$$HO-SO_2-NH_2 + NH_3 \longrightarrow \underset{\text{Ammoniumsulfamat}}{NH_4^{\oplus}\ {}^{\ominus}|\bar{\underline{O}}-SO_2-NH_2}$$

Bildung von Ammoniumsulfamat

Bei längerem Erhitzen einer wässerigen Lösung der S. tritt Hydrolyse zum ↑ Ammoniumhydrogensulfat ein (s. Gleichung).

$$H_2N-SO_2-NH_2 + H_2O \longrightarrow HO-SO_3^{\ominus}\ NH_4^{\oplus}$$

Hydrolyse von Sulfaminsäure zum Ammoniumhydrogensulfat

Das Diamid der Schwefelsäure, als „*Sulfamid*“ bezeichnet, bildet farblose, nicht hygroskopische, sehr beständige Kristalle, die sich in Wasser und org. Solventien gut lösen und bei 91 °C schmelzen. Das Sulfamid ähnelt in seinen chemischen Reaktionen sehr dem ↑ Harnstoff (ähnliche Struktur!) und wird durch Umsetzung von ↑ Schwefeltrioxid mit ↑ Ammoniak erhalten (s. Gleichung). Sulfamid hat bislang keine technische Anwendung gefunden.

$$SO_3 + 2\,NH_3 \longrightarrow \underset{\text{Sulfamid}}{H_2N-SO_2-NH_2} + H_2O$$

Herstellung von Sulfamid

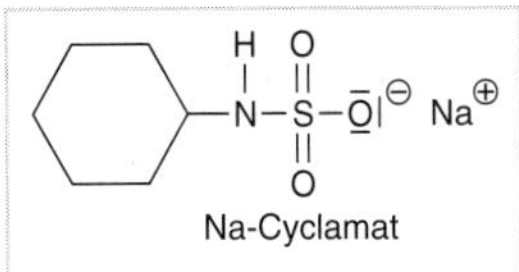

Struktur von Natriumcyclamat

Das Na-Salz der *N-Cyclohexylsulfamidsäure* ist der bekannte Süßstoff *Natriumcyclamat*, der mit der Nummer *E 952* zum Süßen von Lebensmitteln zugelassen ist (s. Abbildung).

S. wird technisch vielfältig und in großen Mengen verwendet, wobei der stark saure Charakter in Verbindung mit leichter Handhabbarkeit und einer nur sehr schwach ausgeprägten Korrosionswirkung im Vordergrund stehen. Hinzu kommt die gute Löslichkeit der Salze, vor allem auch des Calciumsalzes. Eine Hauptverwendung findet es deshalb in Mitteln zur Entfernung von Kalkablagerungen (Kesselstein) und in sauren Oberflächenreinigern.

► S. wirkt wegen ihres sauren Charakters ätzend und hautreizend, besitzt jedoch keine akute Toxizität

H_3NO_3S $M_R = 97{,}10$ H 3,11 % N 14,43 % O 49,43 % S 33,03 %

t_{Smp}	$t_{Zersetzung}$	d	η
205 °C	> 209 °C (Z)	2,06 g/cm³	

MAK	R-Satz	S-Satz
	36/38-52/53	26-28-61

Sulfanilsäure

Sulfanilic acid 4-Aminobenzolsulfonsäure

Bildet ein weißes kristallines Pulver, das in Wasser und org. Solventien nur wenig löslich ist. Auch in Säuren ist S. praktisch unlöslich. Gut löslich ist S. hingegen in alkalischem Medium. Dieses Löslichkeitsverhalten deutet auf das Vorliegen der S. in der Betain-Struktur hin (s. Schema).

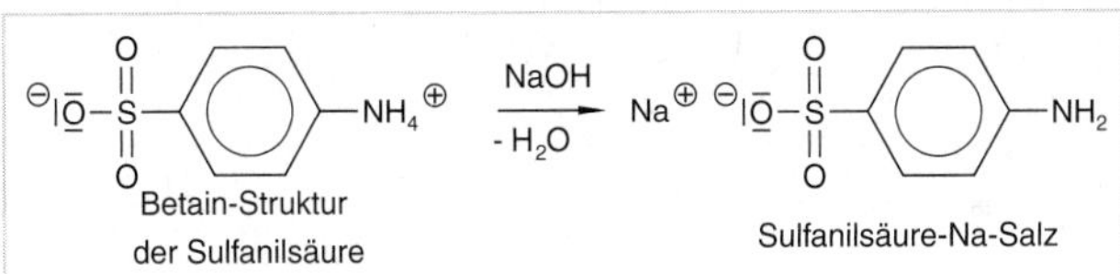

Salzbildung der Sulfanilsäure

S. wird technisch hergestellt durch „Verbacken" von *Anilinhydrogensulfat* oder durch Erhitzen von ↑ Anilin und konz. ↑ Schwefelsäure in einem hochsiedenden Lösungsmittel (s. Schema).

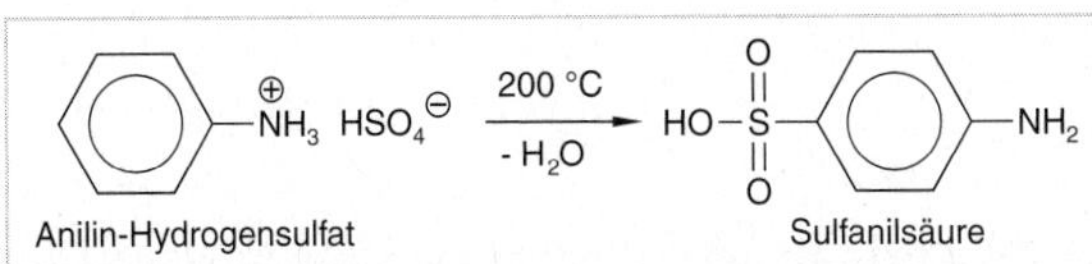

Herstellung der Sulfanilsäure

S. dient hauptsächlich als Azokomponente in der Herstellung von Azofarbstoffen, z. B. ↑ Methylorange. Als solche ist sie auch Bestandteil von „Lunge's Reagenz" zum Nitrit-Nachweis (s. unter ↑ 1-Naphthylamin).

$C_6H_7NO_3S$ $M_R = 173{,}84$ C 41,61 % H 4,07 % N 8,09 % O 27,71 % S 18,51 %

$t_{Zersetzung}$	t_{Sdp}	d	η
288 °C (Z)		1,49 g/cm³	

C_p	$\Delta_S H$	$\Delta_{Sub} H$	$\Delta_B H$	S^o	Q_C
		70 kJ/mol (S)	−612 kJ/mol		−3351 kJ/mol

MAK	R-Satz	S-Satz
	36/38-43	24-37

Sulfanilsäureamid

Sulfanilamide Sulfanilamid, 4-Aminobenzolsulfonsäureamid

Bildet ein farbloses kristallines Pulver, das sich bei 20 °C zu ca. 0,7 g/100 ml in Wasser, zu ca. 3 g/100 ml in Ethanol und zu etwa 20 g/100 ml in Aceton löst. Die gesättigte wässerige Lösung zeigt einen pH-Wert von ca. 6,0.

S. wird technisch hergestellt durch Umsetzung von p-Acetylamino-benzolsulfonsäurechlorid (aus ↑ Acetanilid und ↑ Chlorsulfonsäure zugänglich) mit ↑ Ammoniak zum p-Acetylamino-benzolsulfonsäureamid und dessen anschließende Hydrolyse (In der Literatur wird das kerngebundene N-Atom als N4, das S-gebundene als N1 bezeichnet) (s. Schema).

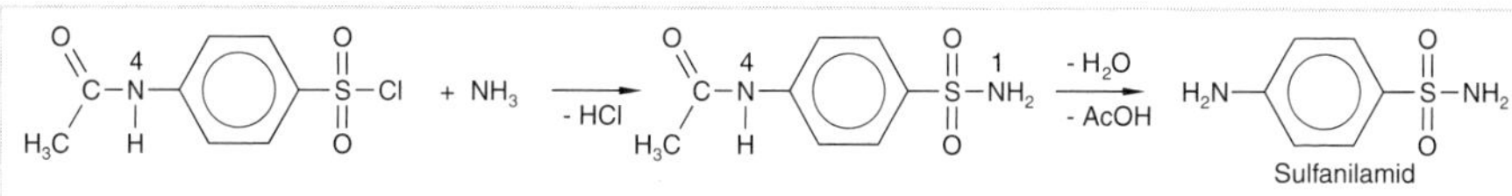

Synthese von Sulfanilsäureamid

S. ist das Grundsystem der als Chemotherapeutika bekannten „*Sulfonamide*". Durch Domagk wurde 1935 die antibakterielle Wirksamkeit des Azofarbstoffes *Sulfachrysoidin* entdeckt. Schon bald erkannte man, daß das im Organismus aus dem Sulfachrysoidin entstehende S. ebenfalls wirksam ist, woraufhin eine intensive Forschung begann, in deren Verlauf tausende von S.-Derivaten hergestellt und geprüft wurden. Von diesen erwiesen sich jedoch nur wenige in therapeutischer und toxikologischer Hinsicht als geeignet, und zwar stellten sich als besonders wirksam die am N1 mit einem Pyrimidinring substituierten Vertreter heraus, wie z. B. das *Sulfisomidin* (s. Abbildung).

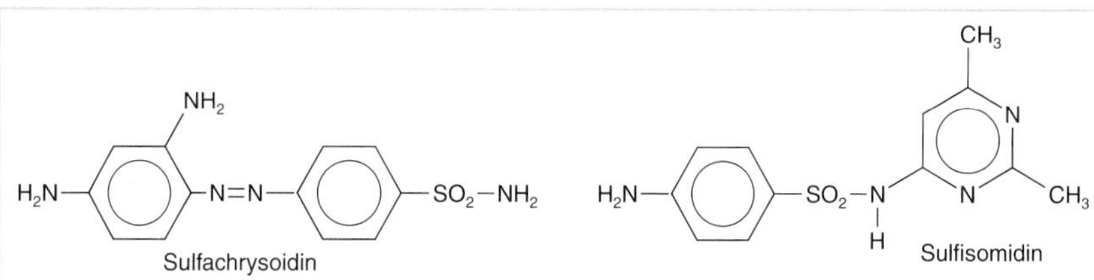

Strukturen von Sulfachrysoidin und Sulfisomidin

Die Sulfonamide (korrekter müßte es *Sulfanilamide* heißen) sind vor allem gegen grampositive, aber auch gegen einige gramnegative Bakterien wirksam (s. unter ↑ Penicillin). Als Wirkungsmechanismus konnte die kompetitive Verdrängung der ↑ 4-Aminobenzoesäure durch die Sulfonamide erkannt werden (das Bakterium kann zwischen beiden nicht unterscheiden). Die 4-Aminobenzoesäure ist ein Wuchsstoff, den das Bakterium zum Aufbau der Dihydrofolsäure (s. unter ↑ Folsäure) benötigt, aus der das Bakterium wiederum u. a. die Purine zwecks Synthese seiner DNS (s. unter ↑ Nucleinsäuren) bildet. Letztlich unterbinden die Sulfonamide also die bakterielle DNS-Synthese. Mit diesem Mechanismus erklärten sich dann auch Wirkungscharakteristika der Sulfonamide, wie vor allem die erforderliche „Stoßtherapie" (Verdrängung der 4-Aminobenzoesäure durch hohe Sulfonamid-Konzentration im Blut), die bakteriostatische und nicht bakterizide Wirkung (das Bakterium wird im Wachstum gehemmt und nicht getötet) sowie die Ungiftigkeit für den Menschen (der menschliche Organismus vermag die Folsäure ohnehin nicht aufzubauen und ist auf die Zufuhr mit der Nahrung angewiesen). Die bakteriostatische Wirkung ist an die Struktur des S. gebunden, die Substitutionen am N1 ändern lediglich die pharmakokinetischen Eigenschaften.

Bis zur Entdeckung der antibakteriellen Wirksamkeit der Sulfonamide hatte man gegen bakterielle Infektionen keinerlei Handhabe und eine Therapie mußte sich auf kreislaufstützende, oberflächendesinfizierende usw. Maßnahmen beschränken, so daß Domagk's Entdeckung (die mit dem Medizin-Nobelpreis ausgezeichnet wurde) einen großen Durchbruch bedeutete.

Mit der Entdeckung der *Antibiotika* (s. unter ↑ Penicillin) wurden die Sulfonamide zwar zurückgedrängt, sie besitzen jedoch wegen der Entwicklung von Langzeitsulfonamiden und Kombinationspräparaten nach wie vor Bedeutung. Anwendung findet vor allem die Kombination mit Diaminopyrimidin-Derivaten (s. unter ↑ Pyrimidin), die die weitere Umwandlung der Dihydrofolsäure (s. oben) zur *Tetrahydrofolsäure* blockieren.

Siehe auch den Hinweis unter ↑ Bilirubin.

$C_6H_8N_2O_2S$ $M_R = 172{,}21$ C 41,85 % H 4,68 % N 16,27 % O 18,58 % S 18,62 %

t_{Smp}	t_{Sdp}	d	η		
167 °C					
C_p	$\Delta_S H$	$\Delta_V H$	$\Delta_B H$	S^o	Q_C
221 J/(K · mol)			−458,3 kJ/mol		−2788 kJ/mol

3-Sulfolen

3-Sulfolene 2,5-Dihydrothiophen-1,1-dioxid

Bildet farblose Kristalle, die sich in Wasser und org. Solventien gut lösen.

S. entsteht bei der Reaktion von ↑ 1,3-Butadien mit ↑ Schwefeldioxid (s. Gleichung).

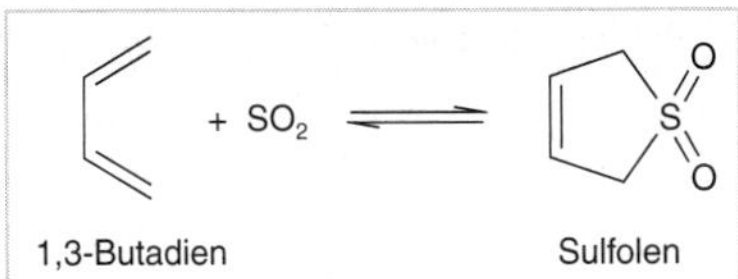

Synthese von Sulfolen

Wie in der Reaktionsgleichung angedeutet, ist die Bildungsreaktion reversibel, d. h. beim Erwärmen auf ca. 125 °C zerfällt S. wieder in die Ausgangsprodukte. Auf diese Weise ist S. Quelle sowohl für 1,3-Butadien als auch für Schwefeldioxid. Auch bietet die Reaktion eine Reinigungsmöglichkeit für 1,3-Butadien. S. dient ferner präparativ als Synthesechemikalie zur Herstellung zahlreicher technischer Produkte, z. B. von Weichmachern für Polymermaterialien, von Insektiziden und Detergentien.

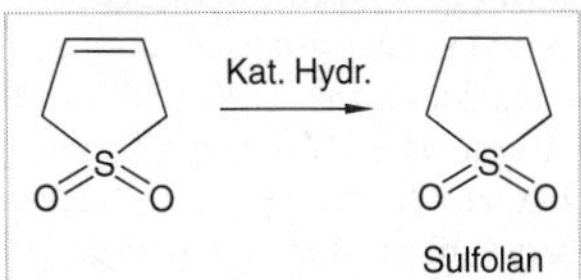

Herstellung von Sulfolan

Die katalytische Hydrierung von S. liefert das technisch genutzte, sehr stabile aprotische Lösungsmittel *Sulfolan* (*Tetrahydrothiophen-1,1-dioxid*) (s. Gleichung).

Sulfolan, Schmp. 27,5 °C, Sdp. 285 °C, mischbar mit Wasser und vielen org. Solventien, wird z. B. zur Extraktiv-Destillation von Aromaten verwendet.

$C_4H_6O_2S$ $M_R = 118{,}16$ C 40,66 % H 5,12 % O 27,08 % S 27,14 %

t_{Smp} 65 °C	t_{Sdp}	d 1,31 g/cm³ (70 °C)	η		
C_p	$\Delta_S H$	$\Delta_{Sub} H$ 62,8 kJ/mol (S)	$\Delta_B H$ −318 kJ/mol	S^o	Q_C
MAK	R-Satz 41	S-Satz 26-37/39			

Sulfurylchlorid

Sulfuryl chloride

Eine wasserklare, leicht bewegliche, an feuchter Luft stark rauchende Flüssigkeit von sehr stechendem, erstickendem Geruch, die sich bei längerem Stehen infolge Zerfall in ↑ Schwefeldioxid und ↑ Chlor gelblich färbt. Während S. von Wasser langsam zu ↑ Schwefelsäure und ↑ Chlorwasserstoff über die Stufe der ↑ Chlorsulfonsäure hydrolysiert wird (s. Schema), löst es sich gut in den meisten org. Solventien.

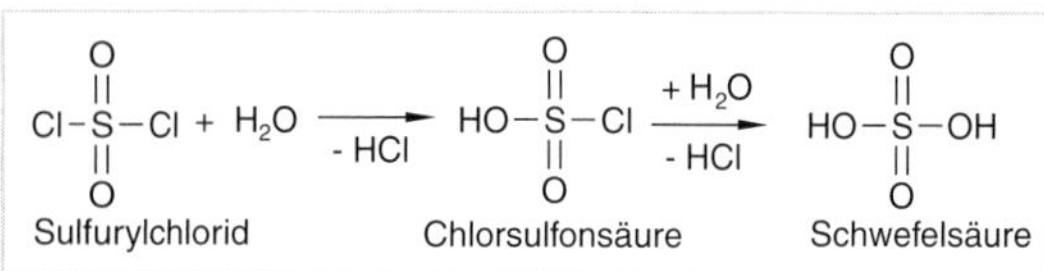

Hydrolyse von Sulfurylchlorid zur Schwefelsäure

$$SO_2 + Cl_2 \xrightarrow{\text{A-Kohle}} SO_2Cl_2$$

Herstellung von Sulfurylchlorid

S. ist das Dichlorid der ↑ Schwefelsäure und bildet sich aus ↑ Schwefeldioxid und ↑ Chlor in Gegenwart von Aktivkohle (s. Gleichung).

S. wird hauptsächlich für Chlorierungen im technischen Maßstab in der organischen Chemie verwendet. Die Chlorierungen verlaufen radikalisch und werden folglich durch Radikalstarter wie ↑ Dibenzoylperoxid initiiert. Sie sind selektiver als die Chlorierungen mit elementarem Chlor. Als Kettenträger vermutet man SO_2Cl-Radikale, sodaß sich der im Schema dargestellte Mechanismus anbietet (s. Schema).

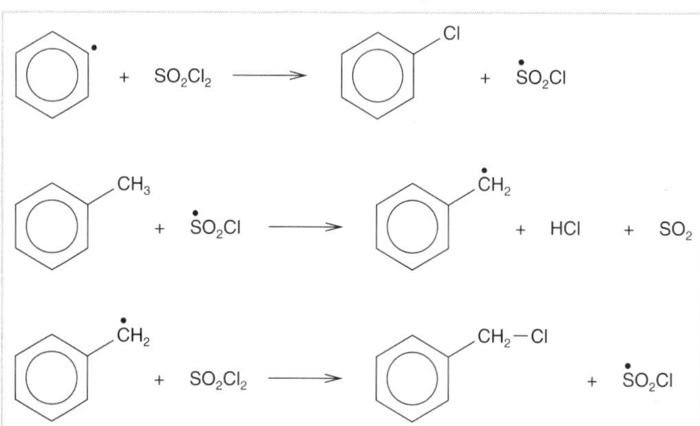

Chlorierung mit Sulfurylchlorid

► S. ist stark ätzend und schleimhautreizend.

Cl_2O_2S $M_R = 134{,}98$ Cl 52,53 % O 23,71 % S 23,76 %

t_{Smp}	t_{Sdp}	d	η		
−54 °C	69 °C	1,67 g/cm³			
C_p	$\Delta_S H$	$\Delta_V H$	$\Delta_B H$	S^o	Q_C
77 J/(K · mol)			−355 kJ/mol	311 J/(K · mol)	
MAK	R-Satz	S-Satz			
	14-34-37	26-45			

Talkum

Talcum, Talc Talk

Die Handels- und Anwendungsform des T. ist ein weißes bis grauweißes feines Pulver. Es fühlt sich weich und fettig an, ist völlig wasserunlöslich und stabil gegen Säuren und Basen.

T. kommt weltweit in vielen Lagerstätten vor, u. a. auch in Bayern und Österreich. Das T. findet sich dabei in Form meist farblos glänzender, schuppiger oder blättriger leicht spaltbarer Aggregate in den Gesteinen, aus denen es vielfach per Hand ausgelesen wird.

$Mg_3(OH)_2[Si_2O_5]_2$

Substanzformel von Talkum

T. ist ein Magnesiumsilicat, und zwar ein Schichtsilikat, dessen Struktur sich von der des Serpentins (s. unter ↑ Asbeste) ableiten läßt, indem eine Magnesiumhydroxid-Schicht nicht nur einseitig (wie im Serpentin) sondern beidseitig mit einer Schicht von Silikat-Tetraedern kondensiert ist. T. ist also ein *Dreischichtsilikat*. Da diese Schichten in sich elektrostatisch abgesättigt sind, ergeben sich zu den Nachbarschichten nur schwache Bindungskräfte, was dazu führt, daß die Schichten leicht gegeneinander verschiebbar sind und was die Weichheit und „Fettigkeit" des T. bedingt.

Wegen seiner geringen Härte (Härte nach Mohs = 1) ist das T. leicht zu verarbeiten, es ist hydrophob, hat gutes Adsorptionsvermögen für organische Stoffe und ist chemisch und physikalisch inert. Wegen dieser Eigenschaften ist T. ein sehr viel und vielfältig verwendetes Produkt. So ist T. vor allem *Füllstoff* in zahlreichen Flüssigformulierungen wie Lacken, Anstrichmitteln und Klebstoffen sowie in festen Werkstoffen wie Papieren, Keramiken, Elastomeren und Thermoplasten.

Wichtige Einsatzfelder hat T. auch in Pharmazie, Kosmetik und Lebensmitteltechnologie. In Pharmazie und Kosmetik findet T. als *Pudergrundlage* Verwendung, wobei es auch zur Adsorption von Wirkstoffen dient, z. B. in adstringierenden Pudern, ferner dient es zur Einstellung der Rieselfähigkeit und als Gleitmittel, Formentrennmittel und Schmiermittel bei der Tablettenherstellung. In der Lebensmittelherstellung wird T. zur Geruchsbindung eingesetzt.

Da es beim häufigen Umgang mit T. zu Erkrankungen ähnlich der Silicose kommen kann, ist ein MAK-Wert von 2 mg/m^3 festgesetzt worden.

Tannin ⟶ Gallussäure

Tantal

Tantalum Ta

Ta erscheint als platinweißes bis stahlgraues, hartzähes und doch äußerst dehnbares, schweres (mehr als doppelt so schwer wie ↑ Eisen) metallisches chemisches Element. Es ist außerordentlich inert und wird von keiner Säure, außer ↑ Fluorwasserstoffsäure, angegriffen, auch nicht von Königswasser. Auch ↑ Chlor und ↑ Brom wirken erst bei höheren Temperaturen ein. Gegen wässerige Alkalien ist Ta ebenfalls beständig, in der Schmelze erfolgt jedoch Angriff. Wird Ta unter Sauerstoffzutritt auf über 300 °C erwärmt, so nimmt es ↑ Sauerstoff auf und wird allmählich spröde und brüchig. Diese chemische Resistenz beruht auf Passivierung durch eine Oxidschicht, denn Ta ist als unedles Metall anzusehen (s. unten).

Ta tritt in der Natur stets zusammen mit seinem Gruppenvorgänger ↑ Niob auf, so daß bezüglich Vorkommen und Gewinnung das zum Niob Gesagte gilt. Insgesamt ist Ta mit einem Anteil von ca. 5 ppm am Aufbau der Erdrinde etwas weniger häufig als Niob. In ihrem chemischen Verhalten ähneln sich Ta und Niob sehr stark, so daß die Trennung der beiden Metalle nur über die fraktionierte Fällung der Doppelfluoride (nach Aufschluß der Mineralien mit ↑ Fluorwasserstoffsäure, s. unter ↑ Niob) oder über die Extraktion mit ↑ Cyclohexanon oder Methylisobutylketon (s. unter ↑ Mesityloxid) gelingt. Eine weitere Methode ist die destillative Abtrennung der Chloride nach dem

Aufschluß mit Chlor. Das Metall wird aus den Halogeniden durch Reduktion mit ↑ Natrium oder durch Schmelzflußelektrolyse hergestellt.

Ta ist das letzte Element der 5. Nebengruppe des PSE und besitzt die Elektronenkonfiguration $1s^2\ 2s^2\ 2p^6\ 3s^2\ 3p^6\ 3d^{10}\ 4s^2\ 4p^6\ 4d^{10}\ 4f^{14}\ 5s^2\ 5p^6\ 5d^3\ 6s^2$, Grundterm $^4F_{3/2}$. Seine maximale Oxidationsstufe ist also + 5, die gleichzeitig die beständigste ist. Weiterhin tritt Ta in den Oxidationsstufen + 4 und + 3 auf, die Stufe + 2 ist nicht verwirklicht.

$$2\ TaCl_5 \xrightarrow[-\ HCl]{H_2O} Ta_2O_5 \cdot aq$$

Hydrolyse von Tantalpentachlorid zum Tantalpentoxid

So fällt bei der Hydrolyse von *Tantalpentachlorid*, das ein weißes kristallines Pulver vom Schmp. 217 °C und der Dichte 3,7 darstellt, das farblose *Tantalpentoxid* als amorphes Hydrat an, das sich zum wasserfreien Produkt dehydratisieren läßt. Es stellt ein inertes, in Säuren unlösliches weißes Pulver dar (s. Gleichung). Mit Alkalien entstehen kompliziert zusammengesetzte Tantalate.

Das Normalpotential für den Übergang Ta → Ta_2O_5 im sauren Medium wird mit –0,81 V angegeben, was Ta als unedles Metall ausweist. Die Inertheit beruht auf einer schützenden Oxidschicht, die sich an der Luft bildet. Metallisches Ta wird wegen seiner Inertheit vor allem im chemischen Apparatebau verwendet. Ferner findet es spezielle Verwendung zur Herstellung von Analysengewichten, in der Chirurgie (Metallfäden, Prothesen), in Batterien und in der Elektrotechnik. Als Legierungskomponente wird Ta dann verwendet, wenn es auf hohe Wärmebeständigkeit und Härte ankommt, z. B. sind Legierungen mit bis zu 10 % ↑ Wolfram bis 2800 °C einsetzbar.

► Dem Ta konnten bislang keinerlei toxische Wirkungen nachgewiesen werden, weshalb es u. a. auch zu chirurgischen Implantaten verwendet werden kann.

Ta Z = 73 A_R = 180,9479 Isotope: 180, 181; 172-179, 182-186 (künstlich)

t_{Smp} 3014 °C	t_{Sdp} 5453 °C	*d* 16,65 g/cm³	*MV* 10,87 cm³/mol	*α* 6,6 10^{-6}/K	*λ* 57,4 W/mK
C_p 25,36 J/(K · mol)	$\Delta_S H$ 31,6 kJ/mol	$\Delta_V H$ 743 kJ/mol	S^o 41,5 J/(K · mol)	*ϱ* 125 nΩ · m	
MAK 5 mg/m³	R-Satz	S-Satz			

Tartrazin

Tartrazine, Acid yellow 23 Säuregelb

Ein orange-gelbes kristallines Pulver, das sich in Wasser gut mit gelber Farbe löst. Die wässerige Lösung wird durch Säuren nicht verändert während durch Alkalien die Farbe sich zum Rot vertieft.

T. wird auf folgendem Wege hergestellt: Oxalessigsäurediethylester wird mit dem Na-Salz von 4-Sulfonylphenylhydrazin in alkalischem Medium unter Cyclisierung kondensiert und das erhaltene 5-Pyrazolinon mit diazotierter ↑ Sulfanilsäure gekuppelt (s. Abbildung).

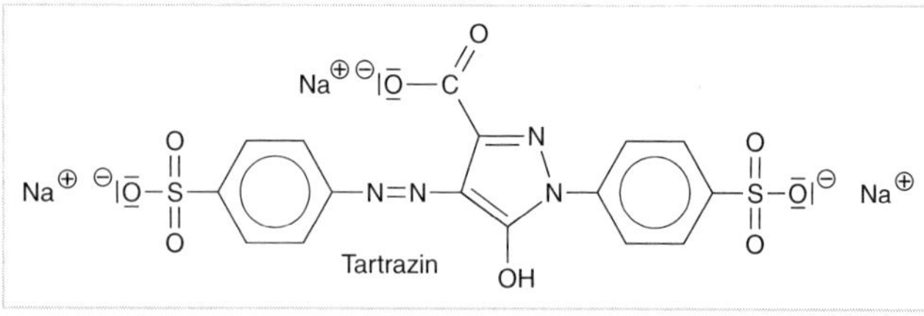

Struktur von Tartrazin

T. wird als gelber Farbstoff für Wolle und Seide benutzt. Es ist ferner mit der Nummer *E 102* als Lebensmittel-Farbstoff zugelassen und dient auch zum Einfärben pharmazeutischer und kosmetischer Präparate. Der besondere Wert des T. liegt dabei in der guten Wasserlöslichkeit und der thermischen Beständigkeit.

Dieser Farbstoff wird derzeit kontrovers diskutiert, da er in vereinzelten Fällen im Verdacht der sensibilisierenden und allergisierenden Wirkung steht.

$C_{16}H_9N_4Na_3O_9S$ $M_R = 534{,}39$ C 35,96 % H 1,70 % N 10,48 % Na 12,91 % O 26,95 % S 12,00 %

Tartronsäure

Tartronic acid Hydroxymalonsäure

Bildet farb- und geruchlose Kristalle. Die T. fällt aus wässeriger Lösung als Semi- oder Monohydrat an und dehydratisiert beim Erwärmen auf 60 °C. Sie löst sich sehr gut in Wasser und Ethanol. In Diethylether löst sich nur das wasserfreie Produkt.

Die T. ist die einfachste *Hydroxydicarbonsäure*. Sie kommt in der Natur nicht vor. Sie ist synthetisch zugänglich durch Umsetzung von Brommalonsäure mit Silberhydroxid oder durch Oxidation von ↑ Malonsäure (s. Schema).

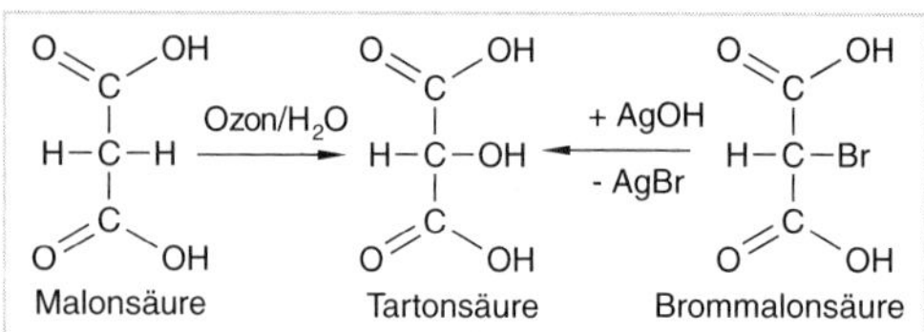

Darstellung der Tartronsäure

Die T. entsteht auch bei der Oxidation von ↑ Glycerin mit ↑ Kaliumpermanganat.

Die T. ist mit $pK_S1 = 2{,}42$ und $pK_S2 = 4{,}54$ eine mittelstarke Säure. Beim Erwärmen sublimiert die T. ab ca. 110 °C und zersetzt sich beim Schmelzpunkt unter Kohlenstoffdioxid-Entwicklung.

Die T. besitzt keine nennenswerte technische oder präparative Verwendung.

$C_3H_4O_5$ $M_R = 120{,}06$ C 30,01 % H 3,36 % O 66,63 %

$t_{Zersetzung}$	$t_{Sublimation}$	d	η		
160 °C (Z)	> 110 °C (S)				
C_p	$\Delta_S H$	$\Delta_{Sub} H$	$\Delta_B H$	S^o	Q_C
		116,4 kJ/mol (S)	−1068,4 kJ/mol		

Taurin

Taurine 2-Aminoethansulfonsäure

Bildet farblose, säulenförmige Kristalle, die sich in Wasser mit neutraler Reaktion gut lösen (ca. 6,5 g/100 ml), aber unlöslich sind in Ethanol oder Diethylether.

T. kommt in allen Säugetieren vor, besonders hoch sind die Konzentrationen im Zentralnervensystem und im Herz. Die Biosynthese geht vom ↑ Cystein aus, indem dieses zunächst enzymatisch zur Cysteinsäure oxidiert und dann von einer spezifischen Decarboxylase zum T. decarboxyliert wird (s. Schema).

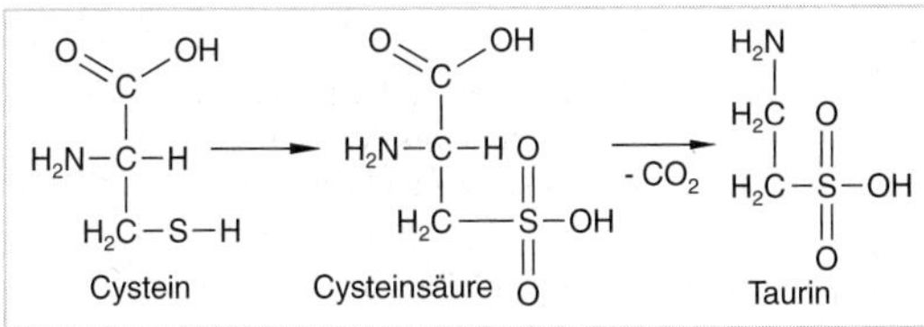

Biosynthese von Taurin

Präparativ ist T. zugänglich durch Umsetzung von ↑ Aziridin mit Schwefliger Säure (s. unter ↑ Schwefeldioxid) (s. Schema). Aus der neutralen Reaktion in Wasser kann man auf das Vorliegen der dargestellten Betain-Form schließen.

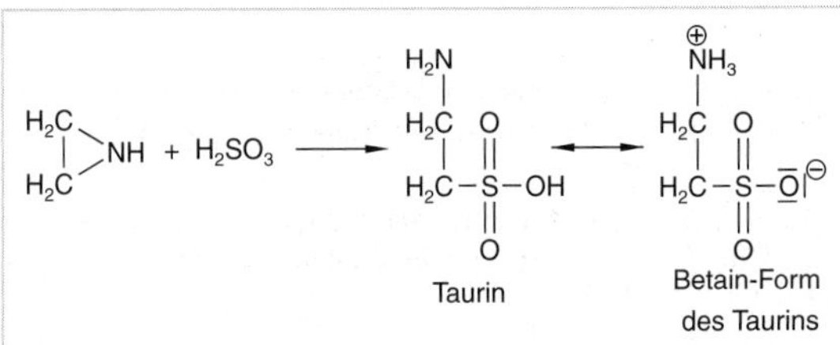

Technische Synthese von Taurin

T. spielt eine wichtige Rolle bei der Entwicklung des Zentralnervensystems. Man vermutet, daß T. zumindest für einige Säugetiere essentiell ist für eine normale Entwicklung des heranwachsenden Organismus, vor allem des Gehirns. Man schreibt T. die Funktion eines inhibierenden Neurotransmitters zu (s. unter ↑ Acetylcholin). In der Galle, auch des Menschen, findet sich T. amidisch verknüpft mit der ↑ Cholsäure als *Taurocholsäure*. Die Taurocholsäure gehört zu den Gallensäuren und wirkt emulgierend auf Blutfette (s. unter ↑ Cholsäure).

Da T. erstmals 1824 aus Ochsengalle gewonnen wurde, nach hydrolytischer Freisetzung mit starker Säure aus der Taurocholsäure, erhielt T. seinen Namen nach lat.: taurus = Stier.

Die Umsetzung von *N-Methyltaurin* mit Fettsäurechloriden, z. B. dem Chlorid der ↑ Ölsäure, liefert Tenside, als *Tauride* bezeichnet, die gut hautverträglich und wenig härteempfindlich sind.

$C_2H_7NO_3S$ $M_R = 125{,}15$ C 19,19 % H 5,64 % N 11,19 % O 38,35 % S 25,62 %

$t_{Zersetzung}$	t_{Sdp}	d	η
> 300 °C (Z)			

C_p	$\Delta_S H$	$\Delta_V H$	$\Delta_B H$	S^o	Q_C
150,5 J/(K · mol)			−774,5 kJ/mol	154 J/(K · mol)	−1615 kJ/mol

Technetium

Technetium Tc

Ein silbergraues, radioaktives metallisches chemisches Element, das an der Luft bald infolge Oxidation anläuft. Tc wird von ↑Salpetersäure und konz. ↑Schwefelsäure oxidiert („aufgelöst"), während es von ↑Salzsäure nicht angegriffen wird.

$$^{96}_{42}\text{Mo} + ^{2}_{1}\text{D} \longrightarrow ^{97}_{43}\text{Tc} + ^{1}_{0}\text{n}$$

Bildung von Tc 97 aus Molybdän

Tc kommt in der Natur nicht vor. Es wurde erstmals 1937 in unwägbaren Mengen nachgewiesen, und zwar durch Perrier und Segre in einer Probe von ↑Molybdän, die mehrere Monate mit Deuteronen bombardiert worden war (s. Gleichung). Es war das erste künstlich hergestellte Element, worauf auch sein Name hindeutet (technisch = künstlich hergestellt). Heute ist es in Kilogramm-Mengen aus den Folgeprodukten der Uran-Spaltung erhältlich. Das Metall selbst wird hergestellt durch Reduktion von Ammoniumpertechnetat mit ↑Wasserstoff.

Tc steht in der 7. Nebengruppe des PSE zwischen dem Mangan und dem Rhenium, und besitzt die Elektronenkonfiguration $1s^2\ 2s^2\ 2p^6\ 3s^2\ 3p^6\ 3d^{10}\ 4s^2\ 4p^6\ 4d^5\ 5s^2$, Grundterm $^6S_{5/2}$.

Die beständigsten Oxidationsstufen sind + 4 und + 7. Das Normalpotential für den Übergang von Tc in die Oxidationsstufe +7 in saurem Medium wird mit + 0,48 V angegeben. Im Sauerstoffstrom verbrennt Tc oberhalb 400 °C zum gelben flüchtigen *Ditechnetiumheptoxid*, das sich in Wasser löst unter Bildung der starken Säure *Pertechnetiumsäure*, die in Form dunkelroter Kristalle isolierbar ist. Die Salze der letzteren, die blaßgelben *Pertechnetate*, sind wesentlich schwächere Oxidationsmittel als die entsprechenden Permanganate.

Insgesamt ähnelt das Tc im chemischen Verhalten mehr dem ↑Rhenium als dem ↑Mangan. Das am besten zugängliche Isotop Tc 99 hat eine Halbwertszeit von 212.000 Jahren und ist ein β-Strahler, wobei es in ↑Ruthenium übergeht.

Tc-Isotope werden als Radiopharmaka verwendet. Weitere Verwendungen hat Tc bisher nicht gefunden.

Tc Z = 43 A_R = 97,9072 Isotope: 92-107

t_{Smp}	t_{Sdp}	d	MV	α	λ
2200 °C	4631 °C	11,5 g/cm³	8,6 cm³/mol	8,06 10^{-6}/K	185 W/mK

C_p	$\Delta_S H$	$\Delta_V H$	S^o	ϱ
24,25 J/(K · mol)	23,8 kJ/mol	593 kJ/mol	33,5 J/(K · mol)	1510 nΩ · m

Tellur

Tellurium Te

Im Gegensatz zur Modifikationsvielfalt der Elemente ↑Schwefel und ↑Selen existiert vom Te nur eine stabile kristalline Form, in der das Te ein silbergrau glänzendes, sprödes aber nicht hartes, (halb)-metallisches chemischs Element darstellt. Eine amorphe Form des Te, die als graubraunes Pulver bei der Reduktion von Te-Salzen aus Lösung anfällt, wandelt sich, bei Raumtemperatur langsam, in der Schmelze sofort in die kristalline um.

$$\text{Te} + \text{O}_2 \longrightarrow \text{TeO}_2$$

Verbrennung von Tellur

Te ist beständig gegen Wasser, ↑Salzsäure, Lösungen von ↑Ammoniak und wird auch von ↑Schwefelkohlenstoff nicht gelöst. Von ↑Salpetersäure, konz. ↑Schwefelsäure und Alkalilaugen bei Luftzutritt wird es unter Oxidation in Lösung gebracht. Te zeigt schwache elektrische und thermische Leitfähigkeit. In der Gasphase ist Te goldgelb und zweiatomig. Beim Erhitzen an der Luft verbrennt es mit blaugrüner Flamme zu *Tellurdioxid* (s. Gleichung).

Te kommt in der Natur als Dioxid, in Form von Telluriden und auch in gediegener Form vor. In einigen Erzen kommt Te in wesentlich mehr angereicherter Menge vor als Selen. Trotzdem ist es weniger häufig mit einem Anteil am Aufbau der Erdkruste von nur etwa 0,002 ppm. Für die Te-Gewinnung haben heute ausschließlich die Anodenschlämme der elektrolytischen Kupferabscheidung Bedeutung, in denen sich das Te zusammen mit ↑Silber und ↑Gold (als Telluride) anreichert (der Anodenschlamm kann bis zu 4 % Te enthalten). Die Te-Isolierung erfolgt über mehrere chemische Trenn- und Reinigungsstufen.

Te ist das in der 6. Hauptgruppe des PSE auf des Selen folgende Element mit der Elektronenkonfiguration $1s^2\ 2s^2\ 2p^6\ 3s^2\ 3p^6\ 3d^{10}\ 4s^2\ 4p^6\ 4d^{10}\ 5s^2\ 5p^4$, Grundterm $^3P_2$, und kann demzufolge in den Oxidationsstufen -2, $+2$, $+4$ und $+6$ auftreten, wobei die Stufe $+4$ die beständigste darstellt.

In seiner kristallinen Form bildet das Te analog zum grauen metallischen Selen lange gewinkelte (spiralig, verdrehte), kovalent aufgebaute Ketten von Te-Atomen, die sich zum Kristallgitter zusammenlagern. Wegen des größeren Atomradius sind Elektronenübergange noch leichter möglich als beim Selen, so daß die elektrische Leitfähigkeit höher ist. Die *Telluride* entsprechen den Sulfiden und Seleniden. Mit Säuren entwickeln sie den gasförmigen (Sdp. −2,3 °C), übelriechenden giftigen *Tellurwasserstoff*, z. B. mit *Zinktellurid* (ein graues, sich beim Zerreiben rot färbendes, bei Feuchtigkeitsausschluß stabiles Pulver vom Schmp. 1238 °C, d = 5,64 g/cm³) (s. Schema).

$$Zn + Te \xrightarrow[24\ h]{800\ °C} \underset{\text{Zinktellurid}}{ZnTe}$$

$$ZnTe + 2\ HCl \longrightarrow ZnCl_2 + \underset{\text{Tellurwasserstoff}}{H_2Te}$$

Bildung von Tellurwasserstoff aus Zinktellurid

Der Tellurwasserstoff ist in wässeriger Lösung eine mittelstarke Säure, die jedoch bei Luftzutritt rasch zerfällt unter Abscheidung von Te (s. Gleichungen).

$$H_2Te \rightleftharpoons HTe^{\ominus} + H^{\oplus} \rightleftharpoons Te^{2-} + 2\ H^{\oplus}$$

$$H_2Te + {}^1/_2\ O_2 \longrightarrow H_2O + Te$$

Dissoziation und Luftoxidation von Tellurwasserstoff

Das *Tellurdioxid*, das beim Verbrennen von Te oder aus Te mit konz. ↑Salpetersäure gebildet wird, ist ein weißes kristallines Pulver, das in Wasser unlöslich ist, jedoch amphoteren Charakter aufweist und sich sowohl mit Basen als auch mit starken Säuren zu löslichen Salzen umsetzt (s. Schema).

$$TeO_2 + 2\ OH^{\ominus} \longrightarrow \underset{\text{Tellurit-Ion}}{TeO_3^{2-}} + H_2O$$

$$TeO_2 + 4\ H^{\oplus} \longrightarrow Te^{4+} + 2\ H_2O$$

Reaktion von Tellurdioxid mit Säuren und Basen

$$TeO_3^{2-} + 3\ H_2O \rightleftharpoons Te(OH)_6^{2-}$$

Hydratisierung der Tellurite

Die den Telluriten zugrundeliegende *Tellurige Säure* ist eine in Substanz noch nicht isolierte schwache Säure. Die *Tellurite* liegen in wässeriger Lösung hydratisiert vor (s. Gleichung).

Durch sehr starke Oxidationsmittel werden Tellurite (und auch elementares Te) zur Stufe der *Tellursäure* oxidiert, z. B. durch ↑Chrom(VI)oxid (s. Gleichung). Sie bildet weiße, in Wasser gut lösliche Kristalle und stellt nur eine sehr schwache Säure dar (s. Gleichung). Wie das Normalpotential ausweist, ist sie jedoch ein starkes Oxidationsmittel (s. Gleichung).

$$Te(OH)_6^{2-} \xrightarrow{[CrO_3]} \underset{\text{Tellursäure}}{Te(OH)_6} \quad \text{(oktaedrisch)}$$

Oxidation der Tellurite zur Tellursäure

$$H_6TeO_6 \rightleftharpoons H_5TeO_6^{\ominus} + H^{\oplus} \qquad K_S = 2 \cdot 10^{-8}$$

Säurewirkung der Tellursäure

$$H_6TeO_6 + 2\,H^{\oplus} + 2\,e^- \rightleftharpoons TeO_2 + 4\,H_2O \qquad E_0 = +\,1{,}02\ V$$

Tellursäure als Oxidationsmittel

$$Te + 2\,Cl_2 \longrightarrow TeCl_4$$

Bildung von Tellurtetrachlorid

Mit ↑ Chlor reagiert Te zum *Tellurtetrachlorid*, das weiße, sehr hygroskopische Kristalle der Dichte 3,0 bildet, die bei 225 °C zu einer gelben Flüssigkeit schmelzen, die sich ihrerseits bei weiterem Erhitzen tiefrot färbt um bei 380 °C ohne Zersetzung zu sieden (s. Gleichung). Mit Wasser erfolgt Hydrolyse zu Tellurdioxid und ↑ Chlorwasserstoff (s. Gleichung).

$$TeCl_4 + 2\,H_2O \longrightarrow TeO_2 + 4\,HCl$$

Hydrolyse von Tellurtetrachlorid

Insgesamt ergeben sich im chemischen Verhalten des Te viele Parallelen besonders zum ↑ Selen, aber auch zum ↑ Schwefel.

Te wird als Legierungskomponente in Stahl (s. unter ↑ Eisen), ↑ Kupfer und ↑ Aluminium verwendet. Die Telluride zahlreicher Metalle weisen technisch interessante Halbleitereigenschaften auf. Besonders *Cadmiumtellurid* besitzt Interesse bezüglich der Konversion von Sonnenenergie. Große Bedeutung haben Telluride (vor allem *Bismuttellurid*) auf dem Gebiet der Thermoelektrizität gewonnen.

► Te und seine Verbindungen besitzen zwar nicht die Toxizität des Selens, sind jedoch auch als sehr giftig einzustufen.

Te Z = 52 A_R = 127,60 Isotope: 120, 122, 123, 124, 125, 126, 128, 130; 114–119, 121, 127, 129, 131–134 (künstlich)

t_{Smp} 449,5 °C	t_{Sdp} 988 °C	d 6,24 g/cm³	MV 20,45 cm³/mol	α 16,75 10^{-6}/K	λ 1,7 W/mK
C_p 25,7 J/(K · mol)	$\Delta_S H$ 17,5 kJ/mol	$\Delta_V H$ 104,6 kJ/mol	S^o 49,5 J/(K · mol)	ϱ	
MAK 0,1 mg/m³	R-Satz	S-Satz			

Terbium

Terbium Tb

Ein silbergraues metallisches chemisches Element, das sich an der Luft rasch mit einer Oxidschicht überzieht. Gemäß dem durch das Normalpotential (s. Gleichung) bedingten elektropositiven (unedlen) Charakter reagiert es mit Wasser wie alle Lanthaniden-Elemente unter Wasserstoff-Entwicklung.

$$Tb \rightleftharpoons Tb^{3+} + 3\,e^- \qquad E_0 = -2{,}39\ V$$

Normalpotential von Terbium

Tb findet sich in der Natur in vorwiegend oxidischer Form in den Seltenerd-Mineralien (Monazitsand, Gadolinit) zusammen mit den anderen Lanthaniden, von denen es in aufwendigen Verfahren abgetrennt wird (s. unter ↑ Cer und ↑ Lanthan). Der Anteil des Tb am Aufbau der Erdrinde wird auf 1 ppm geschätzt.

Tb ist in der Gruppe der Lanthaniden das auf das ↑ Gadolinium folgende Element mit der Elektronenkonfiguration $1s^2\ 2s^2\ 2p^6\ 3s^2\ 3p^6\ 3d^{10}\ 4s^2\ 4p^6\ 4d^{10}\ 4f^9\ 5s^2\ 5p^6\ 5d^0\ 6s^2$, Grundterm $^6H_{15/2}$, und kann neben der bevorzugten Oxidationsstufe + 3 auch die Stufe + 4 ausbilden, z. B. im farblosen Terbium(IV)oxid.

Tb und seine Verbindungen haben bislang keine nennenswerten technischen Anwendungen gefunden.

Tb Z = 65 A_R = 158,9254 Isotope: 159; 144-158, 160-164 (künstlich)					
t_{Smp} 1360 °C	t_{Sdp} 3220 °C	d 8,23 g/cm³	MV 1931 cm³/mol	α 7,0 10^{-6}/K	λ 11,1 W/mK
C_p 28,89 J/(K · mol)	$\Delta_S H$ 10,8 kJ/mol	$\Delta_V H$ 331 kJ/mol	S^o 73,3 J/(K · mol)	ϱ 1130 nΩ · m	

Terephthalsäure

Terephthalic acid 1,4-Benzoldicarbonsäure

Bildet farblose nadelförmige oder prismatische Kristalle, die sich in Wasser und den üblichen org. Solventien wie Ethanol, Diethylether, Aceton oder Chloroform nicht nennenswert lösen. Löslich ist die T. lediglich in hochpolaren org. Solventien wie ↑ Dimethylformamid, ↑ N-Methylpyrrolidon oder ↑ Dimethylsulfoxid. In Alkalilaugen geht die T. unter Salzbildung in Lösung. Die Alkalisalze und das Ammoniumsalz sind wasserlöslich. Die T. sublimiert ab 300 °C ohne zu schmelzen.

Die Synthese von T. erfolgt hauptsächlich durch Hydrolyse von *Terephthalsäuredimethylester*, der farblose, in heißem Methanol lösliche Kristalle vom Schmp. 141 °C bildet. Der Dimethylester wird technisch in großen Mengen durch katalysierte Flüssigphasen-Oxidation von p-Xylol (s. unter ↑ Xylole) mit Luft unter gleichzeitiger Veresterung der intermediären Carboxylfunktionen hergestellt (s. Schema).

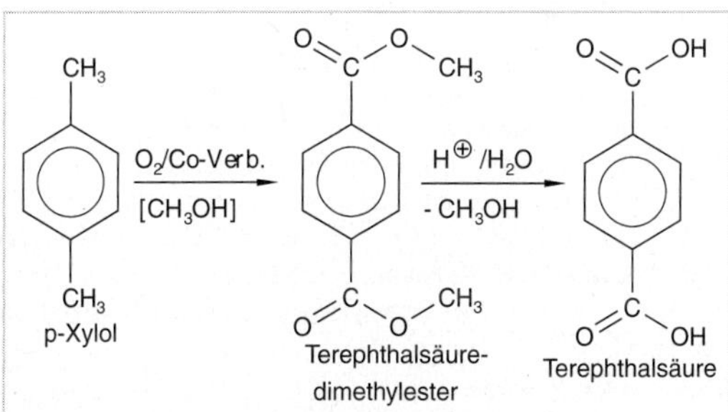

Synthese von Terephthalsäure ausgehend von p-Xylol

Der Dimethylester und nicht die freie Säure ist das technisch wichtige Produkt, weil ersterer Ausgangsprodukt zur Herstellung von ↑ Polyethylenterephthalat ist. Die freie T. ist wegen ihrer Unlöslichkeit und Unschmelzbarkeit hierfür nicht geeignet. Durch katalytische Hydrierung von T. ist *1,4-Dimethylolcyclohexan* vom Schmp. 43 °C (cis) bzw. 70 °C (trans) zugänglich, das als Diolkomponente in Polyestern dient.

$C_8H_6O_4$ $M_R = 166{,}13$ C 57,84 % H 3,64 % O 38,52 %

$t_{Sublimation}$	t_{Sdp}	d	η		
> 400 °C (S)		1,51 g/cm³			
C_p	$\Delta_S H$	$\Delta_V H$	$\Delta_B H$	S^o	Q_C
200 J/(K · mol)	139 kJ/mol (S)		−816,3 kJ/mol		−3189 kJ/mol

Testosteron

Testosterone

Bildet farblose Kristallnadeln oder ein gelblichweißes kristallines Pulver, löst sich praktisch nicht in Wasser, ist aber löslich in org. Solventien wie Ethanol, Diethylether oder Aceton.

T. wird in den *Keimdrüsen* (lat. testes = Hoden, Name!) der männlichen Wirbeltiere gebildet und in die Blutbahn ausgeschüttet (beim Mann ca. 7 mg/Tag). T. ist das wichtigste Androgen. Als *Androgene* bezeichnet man die männlichen Sexualhormone. Alle *Sexualhormone* (s. auch unter ↑ Oestradiol) sind Steroidhormone, denen als Stammkohlenwasserstoff das *Androstan* zugrundeliegt (s. Abbildung). T. ist also als 17β-Hydroxyandrost-4-en-3-on zu bezeichnen (zur Numerierung der C-Atome des Steroidgerüstes und zur α,β-Nomenklatur s. unter ↑ Cholesterol)

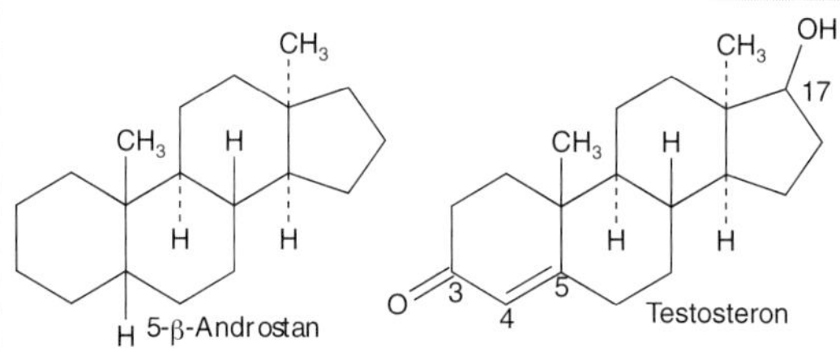

Strukturen von Androstan und Testosteron

Die Biosynthese des T. geht in den Hoden (genauer in den Leydigschen Zwischenzellen) vom ↑ Cholesterol aus und führt über *Pregnenolon* und ↑ Progesteron zum T. Das T. gelangt aus den produzierenden Zellen durch Exocytose ins Blutplasma, wird an Carrier-Proteine (T-bindendes Globulin) gebunden und zu den Erfolgsorganen transportiert.

T. ist für die Bildung, Erhaltung und Funktionsfähigkeit der männlichen Sexualorgane und auch der sekundären Geschlechtsmerkmale erforderlich. Zunächst ist T. schon für die fötale Differenzierung zum männlichen Phänotyp verantwortlich und in der Pubertät und darüber hinaus für Spermatogenese, Libido usw. und auch für die Ausbildung typisch männlicher Stimmungslagen und Verhaltensmuster entscheidend. Zu dieser genitalen Wirkung kommt noch eine anabole Wirkung, die sich u. a. in einem verstärkten Proteinaufbau bemerkbar macht. Durch leichte chemische Abwandlung des T. hat man Steroide gewonnen, die keine genitalen, sondern nur anabole Wirkungen zeigen, was für einige therapeutische Anwendungen wertvoll ist, andererseits aber in der Tierhaltung und im Sport auch mißbraucht wird (sog. *Anabolika*).

Die T.-Freisetzung aus den Hoden ins Blut wird in einem hierarchischen Hormonsystem, das einen Regelkreis aufbaut, gesteuert: im Hypothalamus produziertes *Gonadoliberin* (Gonadotropin-Releasing-Hormon) veranlaßt im Hypophysenvorderlappen die Ausschüttung von *Lutropin* (Zwischenzellen stimulierendes Hormon), das seinerseits dann die T.-Abgabe stimuliert. Die T.-Konzentration im Blut wirkt wiederum zurück auf den Hypothalamus (negative Rückkopplung). Die Achse Hypothalamus – Hypophyse – glanduläre Hormon-Freisetzung mit Rückkopplung ist auch beim ↑ Oestradiol, beim ↑ Cortisol und bei ↑ Thyroxin wirksam (s. Schema unter ↑ Thyroxin).

Die Steroid-Hormone zählen zu den lipophilen Hormonen. Diese vermögen generell in die Zellen ihrer Erfolgsorgane einzudringen, binden an Rezeptoren der Zellkerne und veranlassen dort eine Proteinproduktion, was zur jeweiligen Zellantwort führt. Im Gegensatz dazu wirken die hydrophilen Hormone (zu denen die Peptid- und Proteohormone gehören) durch Anbindung an Rezeptoren an den äußeren Zellmembranen, was im Innern der Zellen die Freisetzung von second-messengern bewirkt, die dann ihrerseits die Zellanwort hervorrufen (s. auch unter ↑ Adenosin-3′,5′-monophosphat). T. wird in der Leber abgebaut. Ein Teil wird in ↑ Oestradiol umgewandelt.

T. wird therapeutisch eingesetzt bei spezifischen Mangelerscheinungen beim Mann, sowie als Oestradiol-Antagonist (u. a. bei der Brustkrebs-Therapie). Wegen der nur kurzfristigen Wirkung von T. selbst werden meist seine Ester, z. B. das Acetat, eingesetzt.

T. wurde erstmals 1935 aus Stierhoden (10 mg aus 100 kg) isoliert und im selben Jahr konnte die Struktur geklärt werden (Butenandt, Ruzicka).

$C_{19}H_{28}O_2$ $M_R = 288{,}43$ C 79,12 % H 9,78 % O 11,09 %

1,1,2,2-Tetrabromethan

Tetrabromoethane

Bildet eine gelbe ölige Flüssigkeit, die starke Lichtbrechung zeigt, in Wasser unlöslich, aber mit den üblichen org. Solventien wie Ethanol, Diethylether oder Chloroform mischbar ist. T. besitzt einen campherartigen Geruch.

T. kann hergestellt werden durch Bromierung von ↑ Acetylen (s. Gleichung).

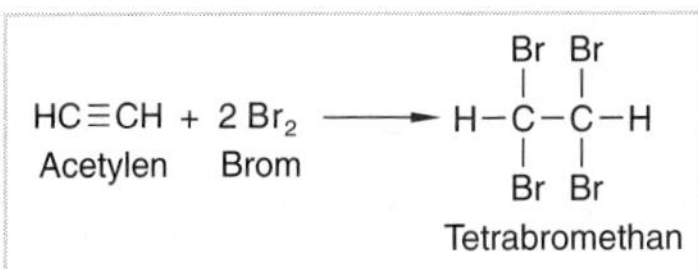

Herstellung von Tetrabromethan

T. findet vor allem als „*Muthmanns Flüssigkeit*" Verwendung als *Schwereflüssigkeit* zur Mineralientrennung.

► T. ist eine giftige Flüssigkeit, deren Dämpfe narkotisierend wirken und die zu Leber- und Nierenschäden führt.

$C_2H_2Br_4$ $M_R = 345{,}65$ C 6,95 % H 0,58 % Br 92,47 %

t_{Smp}	t_{Sdp}	d	η		
−1 °C	243 °C	2,964 g/cm³			
C_p	$\Delta_S H$	$\Delta_V H$	$\Delta_B H$	S^o	Q_C
165,7 J/(K · mol)					

MAK	R-Satz	S-Satz
14 mg/m³	26-36-52/53	26-36/37/39-45-60-61

2,3,7,8-Tetrachlordibenzodioxin

Dioxin Dioxin, TCDD

Bildet farblose, in Wasser unlösliche Kristalle vom Schmp. 320-325 °C. Die Verbindung ist thermisch und chemisch außerordentlich beständig, was auf ihren hochsymmetrischen, aus festen Atombindungen bestehenden Aufbau in Verbindung mit aromatischer Stabilisierung zurückzuführen ist.

T. entsteht vor allem als Nebenprodukt der Herstellung von *2,4,5-Trichlorphenol* (s. Schema).

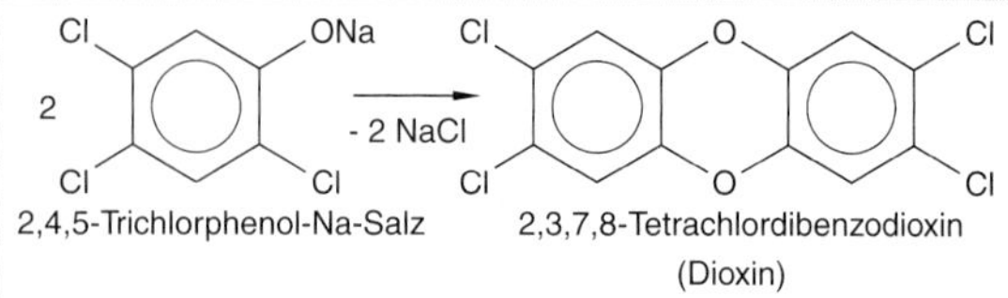

Bildung von Dioxin aus 2,4,5-Trichlorphenol

Als solches wurden bei einem Betriebsunfall in einer chemischen Fabrik (Seveso, 10. Juli 1976) wenige Kilogramm in die Umgebung freigesetzt mit verheerenden Wirkungen. Die Gefahr der Bildung von T. besteht immer, wenn chlorhaltige organische Produkte, besonders natürlich chlorierte Aromaten, oder allgemein organische Materialien in Gegenwart von ↑ Chlor verbrannt werden (s. unter Polychlorierte ↑ Biphenyle). T. und verwandte Verbindungen entstehen so vor allem bei der Müllverbrennung, bei metallurgischen Prozessen, in Verbrennungsmotoren (Autoabgase!) und sogar im Zigarettenrauch. Sie finden keine technische Verwendung und wurden nie gezielt hergestellt.

T. ist die giftigste niedermolekulare Substanz die wir kennen. Giftiger sind nur einige Bakterientoxine. Zum Vergleich: T. ist etwa 10.000 mal giftiger (d. h. die kleinste letale Dosis ist um den Faktor 1/10.000 kleiner) als ↑ Kaliumcyanid und über 1000 mal giftiger als ↑ Strychnin. Es besitzt sogar noch die etwa 500fache Giftigkeit des Pfeilgiftes Curare (s. unter ↑ Tubocurarin). Interessehalber und zum Vergleich sei angemerkt, daß das Tetanus-Toxin noch 10.000 mal giftiger als T. ist (die letale Dosis wird hierfür mit 0,0001 μg/Kg angegeben). T. ist nur ein Vertreter aus der großen Gruppe der polychlorierten *Dibenzodioxine* (*PCDD*), denen die bei Verbrennungsvorgängen ebenfalls entstehenden polychlorierten *Dibenzofurane* (*PCDF*) an die Seite zu stellen sind. T. ist eine teratogene (fruchtschädigende) und krebserregende Substanz. Vergiftungen äußern sich in Appetitlosigkeit, starker Gewichtsabnahme, Chlorakne, Leber- und Gefäßschäden, Magengeschwüren. Es ist erstaunlich, daß eine so hochsymmetrische und stabile Verbindung wie T. so toxisch ist, denn wie zu erwarten und wie durch Untersuchungen bestätigt, wird T. in Organismen nicht verstoffwechselt, also in potentiell toxische Abbauprodukte zerlegt. T. bindet sich auch nicht direkt an DNS (s. unter ↑ Nucleinsäuren). Es gilt heute als gesichert, daß in vielen lebenden Zellen ein spezielles Protein existiert, zu dem T. (und viele strukturell verwandte Polyhalogen-Aromaten sowie kondensierte Aromaten wie ↑ Benzpyren) eine spezifische Affinität aufweist. An dieses Protein, als *Ah-Rezeptor* bezeichnet, bindet sich T., und der so gebildete Komplex bindet an die DNS. Die Folge hiervon ist die Ablesung einer Reihe von Genen, die wiederum zur Proteinsynthese führen, womit die schon früher festgestellte enzyminduzierende Wirkung von T. sich erklärt. Wie diese Enzyme in das Stoffwechselgeschehen eingreifen und die vielfältige und schwerwiegende Toxikologie hervorrufen, ist noch nicht geklärt.

$C_{12}H_4Cl_4O_2$ $M_R = 321,96$ C 44,77 % H 1,25 % Cl 44,04 % O 9,94 %

Tetrachlorethen

Tetrachloroethylene Perchlorethylen

Eine farblose, etherartig riechende, nicht brennbare schwere Flüssigkeit, die in Wasser unlöslich, mit den meisten org. Solventien mischbar ist.

T. wird auch heute noch ausgehend von ↑ Acetylen durch Chlorierung hergestellt, wobei zunächst Tetrachlorethan entsteht (s. Schema).

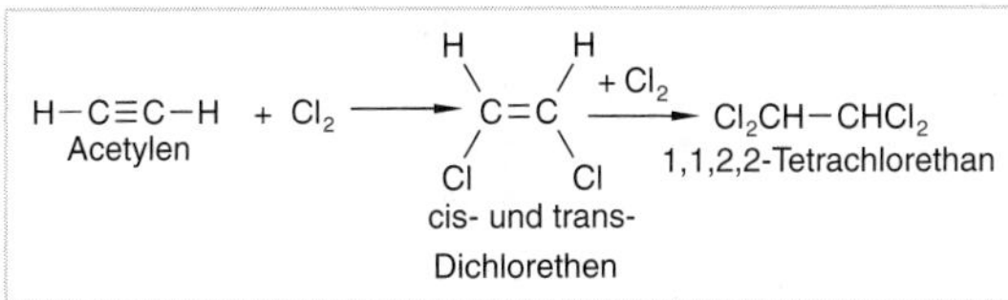

Bildung von Tetrachlorethan aus Acetylen

Das *Tetrachlorethan*, eine farblose Flüssigkeit vom Sdp. 146 °C, ist sehr giftig und dazu feuchtigkeitsempfindlich, so daß es selbst praktisch nicht verwendet wird. Es liefert bei der Dehydrochlorierung *Trichlorethylen*, eine weniger giftige, beständige, farblose Flüssigkeit vom Sdp. 87 °C, die technisch als Lösungs- und Reinigungsmittel verwendet wird. Aus dem Trichlorethylen erhält man bei der erneuten Chlorierung und Dehydrochlorierung das T. (s. Schema).

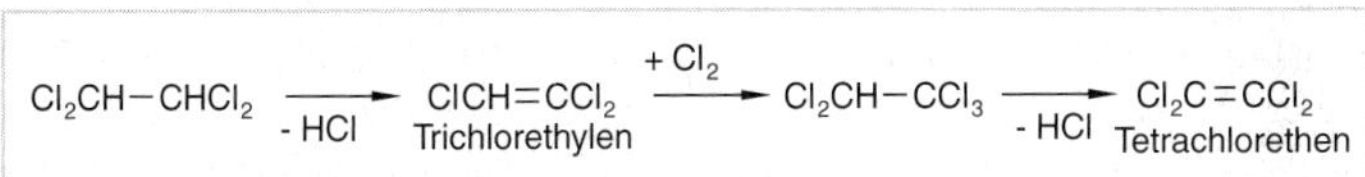

Bildung von Tetrachlorethen aus Tetrachlorethan

T. wird wegen seines hervorragenden Fettlösungsvermögens vor allem in der Textilreinigung benutzt. Darüber hinaus dient es als Lösungs- und Extraktionsmittel für tierische und pflanzliche Öle und Fette. In der Metallverarbeitung wird es als Entfettungsmittel eingesetzt.

► T. wird zwar als nicht so toxisch wie die Chlorethane und Chlormethane eingeschätzt, jedoch gelten auch hier die bei allen halogenierten Kohlenwasserstoffen gebotenen Vorsichtsmaßnahmen. Die chronische Aufnahme führt vor allem zu Leber- und Nierenschäden. Zu beachten ist, daß T. auch aus der Raumluft heraus von fetthaltigen Lebensmitteln aufgenommen wird.

C_2Cl_4 $M_R = 165{,}83$ C 14,49 % Cl 85,51 %

t_{Smp}	t_{Sdp}	d	η		
−23 °C	121 °C	1,624 g/cm³			
C_p	$\Delta_S H$	$\Delta_V H$	$\Delta_B H$	S^o	Q_C
147,2 J/(K · mol)	10,9 kJ/mol	34,7 kJ/mol	−54,4 kJ/mol	240,6 J/(K · mol)	−831 kJ/mol
t_{krit}	P_{krit}	d_{krit}	t_{trip}		
347 °C					
MAK	R-Satz	S-Satz			
345 mg/m³	40-51/53	23-36/37-61			

Tetrachlorkohlenstoff

Carbon tetrachloride, Tetrachloromethane   Tetrachlormethan

Eine wasserklare, schwere, nicht brennbare Flüssigkeit von süßlich-etherartigem charakteristichem Geruch, die in Wasser unlöslich, mit den meisten org. Solventien mischbar ist.

Zur Gewinnung von T. existieren mehrere Varfahren, die zwar alle die direkte Chlorierung beinhalten, sich aber im Ausgangsmaterial unterscheiden. So wird die Chlorierung von ↑Methan, von Gemischen aus ↑Propan und ↑Propen, von ↑Schwefelkohlenstoff und von chlorhaltigen organischen Rückständen praktiziert (s. Schema).

$$\underset{\text{Propen}}{H_3C{-}CH{=}CH_2} + 7\,Cl_2 \longrightarrow CCl_4 + Cl_2C{=}CCl_2 + 6\,HCl$$

$$CS_2 + 3\,Cl_2 \longrightarrow CCl_4 + S_2Cl_2$$

Syntheserouten für Tetrachlormethan

T. bildet u. a. folgende Azeotrope:

Azeotrop-Komponenten	Zusammensetzung (Gew.-%)	Siedepunkt (°C)
T./Ethanol	84,2/15,8	65,0
T./Ethylacetat	57,0/43,0	74,8
T./Methanol	79,4/20,6	55,7
T./Wasser	95,9/4,1	66,8

Zur Methanchlorierung s. unter ↑Chloroform. Die technischen Anwendungen des T. beruhten auf dem hohen Lösungsvermögen und der Unbrennbarkeit. So wurde er vor allem als Lösungs-, Entfettungs- und Extraktionsmittel eingesetzt und ferner als Füllung von Feuerlöschern benutzt. („*Tetra-Löscher*"). Die Verwendung von T. zu diesen Zwecken ist seit 1981 verboten (TRGA 502). T. dient nur noch zu präparativen und analytischen Anwendungen.

► T. wird durch die Haut und über die Atemwege resorbiert und wie alle halogenierten Alkane in den Fettgeweben kumuliert. Er verursacht u. a. schwere Leberschäden und gilt als krebserregend.

CCl_4 $M_R = 153{,}82$ C 7,81 % Cl 92,19 %

t_{Smp} −23 °C	t_{Sdp} 76,7 °C	d 1,59 g/cm³	η		
C_p 131 J/(K · mol)	$\Delta_S H$	$\Delta_V H$ 29,8 kJ/mol	$\Delta_B H$ −128,4 kJ/mol	S^o 214 J/(K · mol)	Q_C −360 kJ/mol
t_{krit} 283 °C	P_{krit}	d_{krit}	t_{trip}		
MAK 65 mg/m³	R-Satz 23/24/25-40-48/23-52/53-59	S-Satz 23-36/37-45-59-61			

Tetracyanoethylen

Tetracyanoethylene

Bildet ein farbloses kristallines Pulver, das nach ↑Cyanwasserstoff (Blausäure) riecht und sich in Wasser und org. Solventien gut löst.

T. kann hergestellt werden durch Erhitzen von *Dibrommalonsäuredinitril* mit Kupferpulver in siedendem ↑Benzol, wobei *Dicyancarben* als Zwischenstufe entsteht, welches dimerisiert (s. Schema).

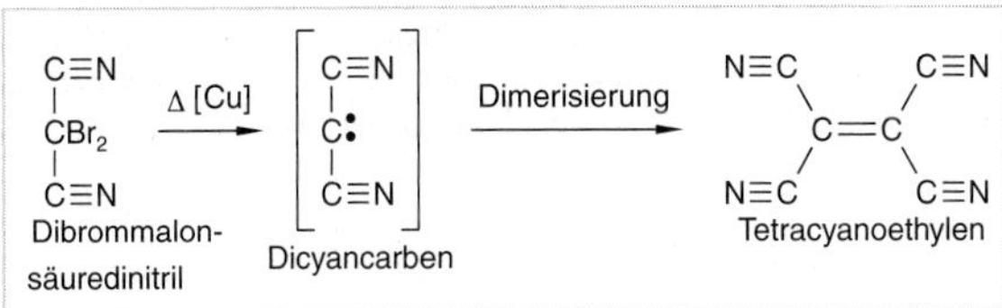

Synthese von Tetracyanoethylen

Durch die vier elektronenziehenden Cyanogruppen ist die Doppelbindung des T. ein starker Elektronenacceptor, der mit Elektronendonatoren sehr leicht π-Komplexe eingeht. So bilden sich bereits mit aromatischen Kohlenwasserstoffen π-Komplexe aus, weshalb die Lösung von T. in ↑Benzol gelb, in Xylol (s. unter ↑Xylole) orange, in ↑Mesitylen rot ist. Man bezeichnet derartige Komplexe auch als *Charge-transfer-Komplexe*.

T. ist auch ein starkes Dienophil (s. unter ↑Maleinsäureanhydrid), das mit konjugierten Dienen bereitwillig Diels-Alder-Reaktion eingeht, z. B. mit *Cyclohexadien* (s. Schema).

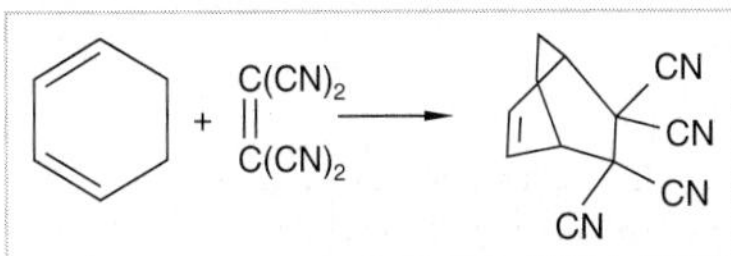

Diels-Alder-Reaktion von Tetracyanoethylen mit Cyclohexadien

Wegen dieser hohen Additionsbereitschaft wird T. sozusagen als Reagenz auf dienoide Verbindungen verwendet. Sein Elektronenmangel macht T. auch zum Oxidationsmittel, das z. B. Iodid zu ↑Iod oxidiert, wobei es ein stabiles Anion-Radikal bildet.

► T. ist eine stark giftige Verbindung.

C_6N_4 $M_R = 128{,}09$ C 56,26 % N 43,74 %

t_{Smp} 200 °C	t_{Sdp} 223 °C	d	η		
C_p	$\Delta_S H$	$\Delta_{Sub} H$ 81,4 kJ/mol (S)	$\Delta_B H$ 607 kJ/mol	S^o	Q_C −2996 kJ/mol
MAK	R-Satz 25	S-Satz 36/37/39-45			

Tetracyclin

Tetracycline

Die Tetracycline sind eine Gruppe von Antibiotika, die von verschiedenen Streptomyceten produziert werden. Sie unterscheiden sich untereinander nur in einigen Substituenten am zugrundeliegenden Naphthacen-Gerüst (s. unter ↑Naphthacen) (s. Abbildung).

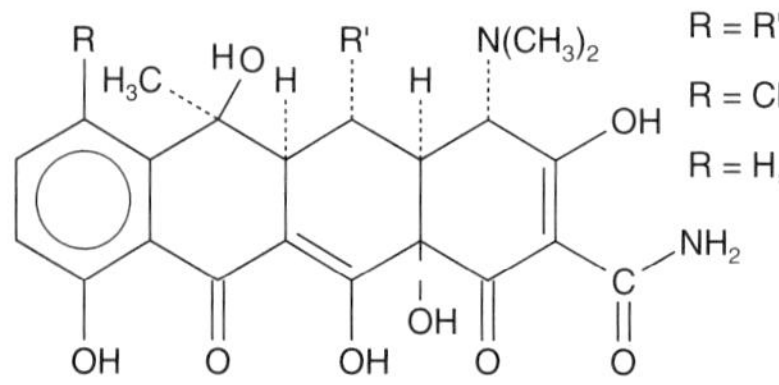

R = R' = H: Tetracyclin
R = Cl, R' = H: 7-Chlortetracyclin
R = H, R' = OH: Oxytetracyclin (5-Hydroxytetracyclin)

Struktur von Tetracyclin und Derivaten

Das Tetracyclin selbst ist als Trihydrat ein gelbes Pulver, das in Wasser wenig (0,17 g/100 ml), in Methanol gut löslich ist und sich ab ca. 170 °C zersetzt. Das *Chlortetracyclin* bildet goldgelbe Kristalle vom Schmp. 168 °C, die in neutralem Wasser und org. Solventien kaum löslich sind. *Oxytetracyclin*, ein gelbes kristallines Pulver, entspricht in seiner Löslichkeit dem Tetracyclin und zersetzt sich ab. ca. 180 °C. Die Hydrochloride der T. sind gut wasserlöslich.

Die T. werden aus Streptomyces-Kulturen isoliert und gegebenenfalls leicht abgewandelt (partialsynthetische T.). Das Chlortetracyclin wurde 1948 als erstes T. endeckt.

Die T. besitzen ein sehr breites Wirkungsspektrum gegen grampositive und gramnegative Bakterien (s. unter ↑ Penicillin) und einige Viren. Die T. wirken dabei bakteriostatisch, indem sie die Proteinsynthese am Bakterien-Ribosom hemmen (s. unter ↑ Nucleinsäuren). Die geringe Toxizität der T. für den Menschen wird auf die wesentlich größere Affinität der T. zu den bakteriellen Ribosomen zurückgeführt.

Therapeutisch wendet man die T. vor allem an, wenn infektiöse Erreger auf Penicilline nicht ansprechen. Während der Schwangerschaft dürfen T. nicht eingenommen werden. Säuglingen und Kindern soll T. wegen der Gefahr von Knochenwachstums-Störungen und irreversibler Zahnverfärbungen nicht verabreicht werden (die Tetracycline komplexieren leicht Calciumionen und werden deshalb in wachsende Knochen und Zähne eingelagert).

$C_{22}H_{24}N_2O_8$ $M_R = 444{,}44$ C 59,45 % H 5,44 % N 6,30 % O 28,80 %

Tetraethylenglykol

Tetraethylene glykol TEG, Tetraglykol

Stellt eine farb- und geruchlose, etwas ölige Flüssigkeit dar, die mit Wasser, Alkoholen und Ketonen, z. B. ↑ Aceton, beliebig mischbar ist, mit Diethylether jedoch nur wenig. T. ist etwas hygroskopisch.

T. fällt als Nebenprodukt der Herstellung von ↑ Ethylenglykol an, kann aber auch durch Umsetzung von Ethylenglykol mit ↑ Ethylenoxid gezielt gewonnen werden.

$$HO-CH_2-CH_2-O-CH_2-CH_2-O-CH_2-CH_2-O-CH_2-CH_2-OH$$

Tetraethylenglykol

Struktur von Tetraethylenglykol

T. findet technisch vielfach direkte Verwendung, indem es als Weichmacher (z. B. in ↑ Nitrocellulose), als Feuchthaltemittel (z. B. in Kork), als Schmiermittel (z. B. für Gummi), als Lösungsmittel (z. B. für Textilfarben), als Extraktionsmittel (z. B. für Aromaten) oder als Wärmeübertragungs-Flüssigkeit genutzt wird. Es wird aber auch als Diol als Komponente zur Synthese von Kunstharzen, z. B. ↑ Polyester, eingesetzt, sowie zur Herstellung von Weichmachern und Emulgatoren. Auch der Dimethylether von T. z. B (als *Tetraglym* bezeichnet) wird als hochsiedendes wasserlösliches Lösungsmittel (Sdp. 275 °C) verwendet.

$C_8H_{18}O_5$ $M_R = 194{,}23$ C 49,43 % H 9,34 % O 41,19 %

Tetrahydrocannabinol

Tetrahydrocannabinol THC

Bildet farblose Kristalle, die in Wasser unlöslich sind, sich aber gut lösen in Methanol, Ethanol und im wässerig-alkalischen Medium.

T. ist der wirksamste psychotrope Bestandteil des Indischen Hanfs (Cannabis sativa) und damit auch von *Marihuana* bzw. von *Haschisch* (als Marihuana bezeichnet man die getrockneten und zerriebenen Blütenblätter des Indischen Hanfs, als Haschisch das aus diesen gewonnene Harz, wobei 1 g Marihuana etwa 0,2 g Haschisch entspricht). T. ist ein Hydrierungsprodukt von *Cannabinol* (ebenfalls im *Hanf* vorkommend), welches ein Dibenzo-α-pyran-Grundgerüst aufweist (s. Abbildung).

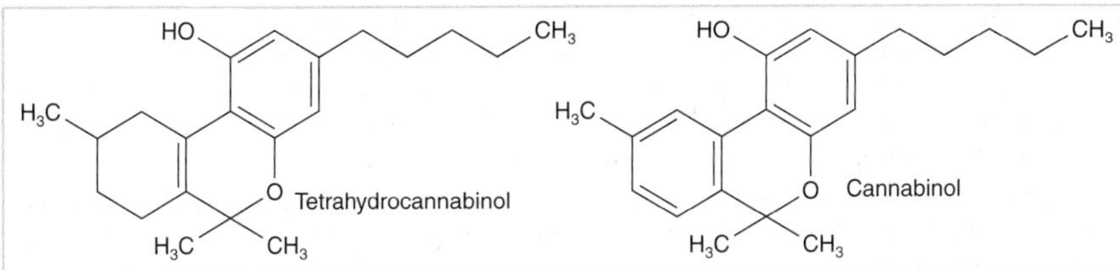

Strukturen von Tetrahydrocannabinol und Cannabinol

T. erzeugt Rauschzustände, die am ehesten mit denen von ↑ Ethanol vergleichbar sind, was auch für die körperlich schädigenden Wirkungen gilt.

T. besitzt cytostatische Eigenschaften und wird deshalb in der Krebsbehandlung eingesetzt. Bedeutung besitzt T. ferner in der Glaukom-Therapie.

$C_{21}H_{30}O_2$ $M_R = 314{,}47$ C 80,21 % H 9,62 % O 10,18 %

Tetrahydrofuran

Tetrahydrofuran THF, Oxolan, Tetramethylenoxid

Eine wasserklare Flüssigkeit von typischem etherartigem, etwas penetrantem Geruch, die sich mit Wasser und den meisten org. Solventien beliebig mischen läßt.

Die technisch wichtigste Syntheseroute ist die cyclisierende Dehydratisierung von ↑ 1,4-Butandiol (s. Schema).

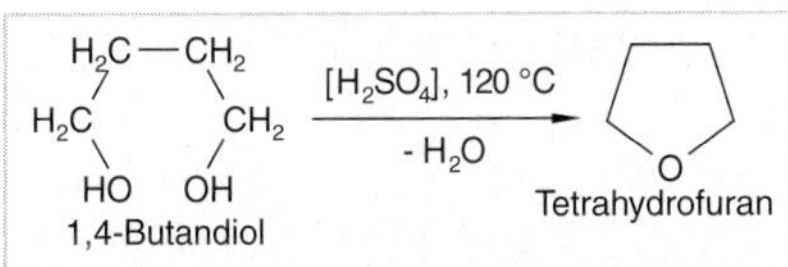

Technische Synthese von Tetrahydrofuran

T. bildet u. a. folgendes Azeotrop:

Azeotrop-Komponenten	Zusammensetzung (Gew.-%)	Siedepunkt (°C)
T/Wasser	94,6/5,4	63,2

T. ist ein technisch wichtiges Lösungsmittel, da es z. B. für hochpolymere Produkte wie PVC und Kautschuke gutes Lösungsvermögen besitzt und auch anorganische Verbindungen wegen seines polaren Charakters zu lösen vermag. So bestehen die *PVC-Spezialkleber* aus in THF und ↑ Cyclohexanon gelöstem PVC. Im Labor dient T., wie ↑ Diethylether, als Reaktionsmedium für Grignard-Reaktionen (s. unter ↑ Magnesium) und für Reduktionen mit ↑ Lithiumaluminiumhydrid.

T. bildet leicht gefährliche Peroxide und wird deshalb z. B. mit ↑ Hydrochinon stabilisiert. Die Destillation von T., die mehrfach zu Explosionen geführt hat, soll nur unter Zusatz von Reduktionsmitteln durchgeführt werden.

► T. ist feuergefährlich und wegen Peroxidbildung beim Erwärmen explosionsfähig. T. ist ferner haut- und schleimhautreizend und wirkt in höheren Konzentrationen eingeatmet narkotisch.

C_4H_8O $M_R = 72{,}10$ C 66,63 % H 11,18 % O 22,19 %

t_{Smp}	t_{Sdp}	d	η		
−108 °C	66 °C	0,889 g/cm³			
C_p	$\Delta_S H$	$\Delta_V H$	$\Delta_B H$	S^o	Q_C
124 J/(K · mol)	8,5 kJ/mol	29,8 kJ/mol		203,8 J/(K · mol)	−2533 kJ/mol
t_{krit}	P_{krit}	d_{krit}	t_{trip}		
267 °C					
MAK	R-Satz	S-Satz			
150 mg/m³	11-19-36/37	16-29-33			

Tetrahydronaphthalin

Tetrahydronaphthalene

Man muß zunächst unterscheiden zwischen *1,2,3,4-Tetrahydronaphthalin* und *1,4,5,8-Tetrahydronaphthalin*. In der Regel ist unter T. das erstgenannte Produkt zu verstehen. Es ist eine farblose Flüssigkeit von naphthalinartigem Geruch, die in Wasser unlöslich, mit den meisten org. Solventien außer Methanol mischbar ist.

Es wird technisch hergestellt durch katalytische Hydrierung von ↑ Naphthalin (s. Schema).

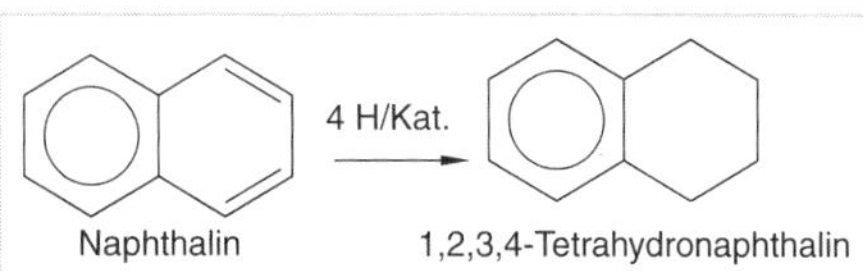

Herstellung von 1,2,3,4-Tetrahydronaphthalin durch katalytische Hydrierung

Es ist auch unter dem Warenzeichen „*Tetralin*“ bekannt. T. dient technisch als Lösungsmittel für Harze, Fette, Öle und Wachse und ist hierin vielfach Ersatz für Terpentin (s. unter ↑ Abietinsäure). Es verleiht Lacken einen gleichmäßigen Verlauf, glatte Oberflächen und Glanz. T. wird z. B. in Bohnerwachsen und Schuhcremes verarbeitet. In Aluminiumbronzen verlangsamt es die Sedimentation. T. vermag manche Gummitypen zu „lösen“ und löst, besonders in der Hitze auch ↑ Schwefel. Bei langem Luftkontakt kann T. Peroxide bilden, die bei der Destillation zu Explosionen führen können.

Zu dem symmetrischen 1,4,5,8-T. führt die *Birch-Reduktion*. Diese beinhaltet generell die Reduktion aromatischer Kohlenwasserstoffe mit ↑ Natrium in flüssigem ↑ Ammoniak und ↑ Diethylether als Solvens, wobei

↑ Ethanol als Protonenspender anwesend ist. Der Aromat nimmt zunächst ein „solvatisiertes" Elektron (s. unter ↑ Ammoniak) auf unter Bildung eines Radikalanions, das dann ein Proton anlagert, wobei ein Radikal entsteht, welches wiederum ein Elektron aufnimmt usw. (s. Schema).

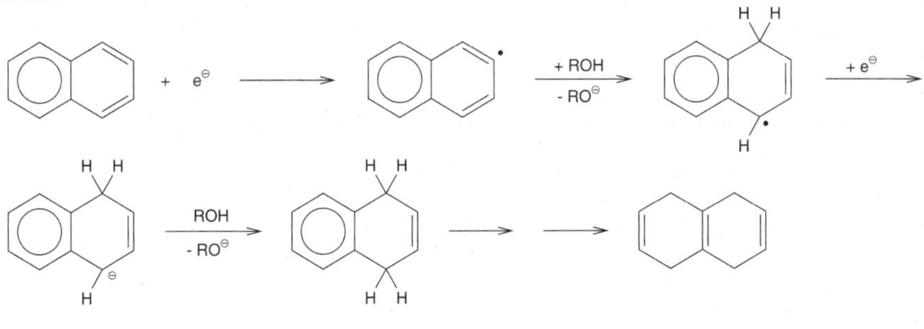

1,4-Dihydro-naphthalin

1,4,5,8-Tetra-hydronaphthalin

Birch-Reduktion von Naphthalin

So entsteht zunächst *1,4-Dihydronaphthalin* (Schmp. 25 °C) und schließlich 1,4,5,8-T. (Schmp. 58 °C). Isolierte Doppelbindungen werden bei der Birch-Reduktion, die präparativ wichtig ist, nicht angegriffen.

Die weiteren Daten beziehen sich auf 1,2,3,4,-T.

► T. wirkt reizend auf Haut und Schleimhäute. In höheren Dosen ist es narkotisierend. Ferner besteht die Gefahr der Methämoglobin-Bildung.

$C_{10}H_{12}$ $M_R = 132{,}20$ C 90,85 % H 9,15 %

t_{Smp} −31 °C	t_{Sdp} 207 °C	d	η		
C_p 217 J/(K · mol)	$\Delta_S H$ 12,4 kJ/mol	$\Delta_V H$ 55,2 kJ/mol	$\Delta_B H$ −28,6 kJ/mol	S^o 251,5 J/(K · mol)	Q_C −5621 kJ/mol
t_{krit} 447 °C	P_{krit} 3,65 MPa	d_{krit}	t_{trip}		
MAK	R-Satz 19-36/38-51/53	S-Satz 26-28-61			

Tetramethylharnstoff

Tetramethyl urea

Eine farblose, angenehm riechende Flüssigkeit, die sich sowohl mit Wasser wie auch mit den üblichen org. Solventien mischen läßt.

T. wird technisch hergestellt durch Umsetzung von ↑ Phosgen mit ↑ Dimethylamin (s. Schema).

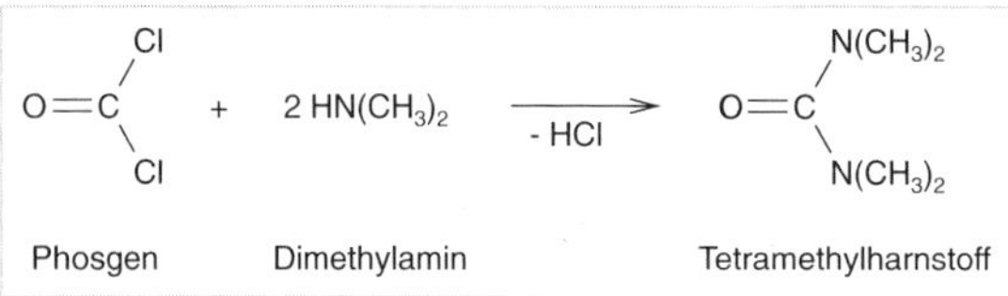

Herstellung von Tetramethylharnstoff

T. ist ein ausgesprochenes *Speziallösungsmittel* der organischen Chemie mit einem sehr hohen Dipolmoment von 3,47 D (in ↑ Benzol). Es wird insbesondere für viele Isomerisierungs- und Kondensations-Reaktionen als Reaktionsmedium genutzt.

$C_5H_{12}N_2O$ $M_R = 116{,}16$ C 51,70 % H 10,41 % N 24,12 % O 13,77 %

t_{Smp} −1 °C	t_{Sdp} 176 °C	d 0,97 g/cm³	η		
C_p 241 J/(K · mol)	$\Delta_S H$ 13,4 kJ/mol	$\Delta_V H$ 57 kJ/mol	$\Delta_B H$ −262 kJ/mol	S^o	Q_C −3420 kJ/mol
MAK	R-Satz 22	S-Satz			

Tetramethylsilan

Tetramethylsilane TMS

Bildet eine farblose, sehr leichte und leicht flüchtige Flüssigkeit, die in Wasser unlöslich, aber mischbar mit den meisten org. Solventien ist. T. ist brennbar.

T. wird hergestellt durch Grignard-Reaktion (s. unter ↑ Magnesium) von ↑ Siliciumtetrachlorid mit Methylmagnesiumchlorid (s. Schema).

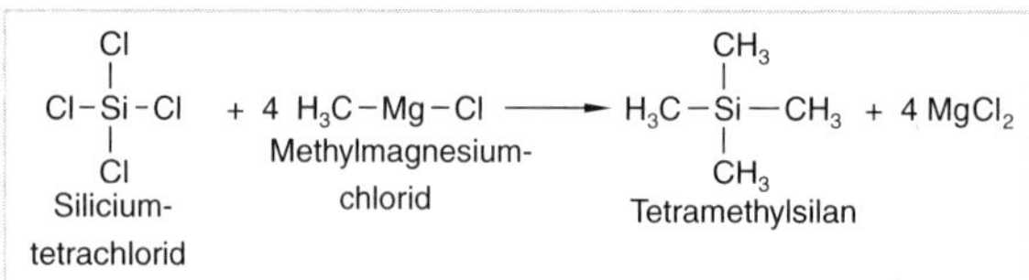

Synthese von Tetramethylsilan

Das an der Luft völlig stabile T. dient in der NMR-Spektroskopie als innerer Standard, indem die chemische Verschiebung ausgehend vom TMS-Signal, dessen Position als Nullpunkt gesetzt wird, gemessen wird.

► Die Dämpfe von T. wirken etwas reizend auf Augen und Atemwege und wirken in höheren Dosen narkotisch.

$C_4H_{12}Si$ $M_R = 88{,}23$ C 54,50 % H 13,71 % Si 31,83 %

t_{Smp} −100 °C	t_{Sdp} 27 °C	d 0,648 g/cm³	η		
C_p 190 J/(K · mol)	$\Delta_S H$	$\Delta_V H$ 24,2 kJ/mol	$\Delta_B H$ −286,6 kJ/mol (gas)	S^o 272 J/(K · mol)	Q_C

MAK	R-Satz	S-Satz
	12	9-16-23-43

Tetranitromethan

Tetranitromethane TNM

Bildet eine farblose bis blaßgelbe Flüssigkeit, die in Wasser unlöslich, aber gut löslich ist in Ethanol oder Diethylether.

T. ist darstellbar durch Umsetzung von ↑Essigsäureanhydrid mit 100 %iger ↑Salpetersäure in der Kälte (s. Schema).

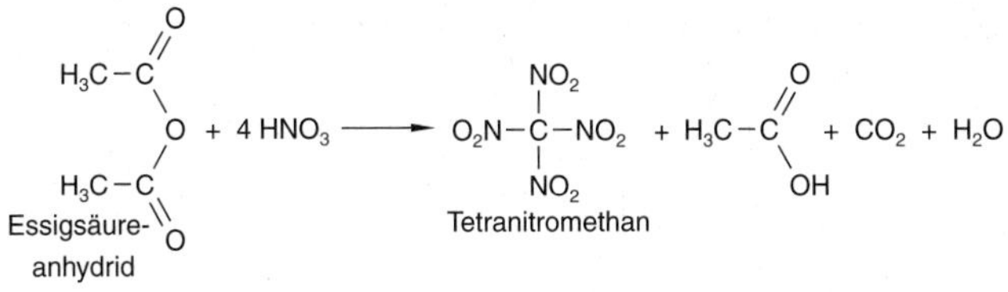

Herstellung von Tetranitromethan

In Gegenwart von Verunreinigungen ist T. hochexplosiv. In reinem Zustand explodiert es jedoch nur mit einem Initialzünder. In Mischungen mit Kohlenwasserstoffen ist T. als Raketen-Treibstoff geeignet.

Das C-Atom des T. ist ein Elektronenmangelzentrum, das mit Elektronendonatoren wie z. B. olefinischen Doppelbindungen intensiv gelbfarbene Charge-transfer-Komplexe bildet, die analytisch zum Doppelbindungsnachweis dienen können. T. greift Metalle wie ↑Eisen und ↑Kupfer oxidativ an.

► T. wirkt äußerst stark reizend und schädigend auf Augen, Haut und Schleimhäute. Es verursacht Blut-, Leber- und Nierenschäden. T. ist als krebserregend eingestuft.

CN_4O_8 $M_R = 196{,}03$ C 6,13 % N 28,58 % O 65,29 %

t_{Smp}	t_{Sdp}	d	η
14 °C	126 °C	1,64 g/cm³	

C_p	$\Delta_S H$	$\Delta_V H$	$\Delta_B H$	S^o	Q_C
		40,7 kJ/mol	38 kJ/mol		−431,8 kJ/mol

Tetrazen

Tetrazene

Bildet gelbliche, leicht flockige Kristalle, die weder in Wasser noch in Ethanol, Diethylether, Tetrachlorkohlenstoff, oder Benzol löslich sind. In siedendem Wasser zersetzt sich T. unter Stickstoffentwicklung.

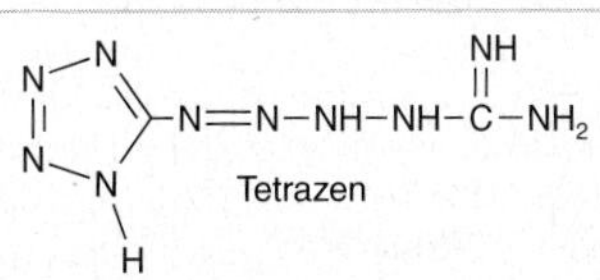

Struktur von Tetrazen

T. entsteht bei der Umsetzung von Aminoguanidin (s. unter ↑Guanidin) mit ↑Natriumnitrit in ↑Essigsäure.

T. ist ein Explosivstoff. Seine Besonderheit liegt darin, daß er andere Explosivstoffe zu sensibilisieren vermag, so daß sie überhaupt erst schlag- oder wärmeempfindlich werden, wie z. B. Bleiazid (s. unter ↑Natriumazid).

T. wird deshalb als Bestandteil von schlag- und wärmeempfindlichen Sprengsätzen verwendet.

$C_2H_6N_{10}$ $M_R = 170{,}16$ C 14,12 % H 3,55 % N 82,31 %

Tetrodotoxin

Tetrodotoxin

Bildet farblose Kristalle, die sich in Wasser, Ethanol oder Diethyleter kaum lösen und in anderen org. Solventien praktisch unlöslich sind. Löslich ist T. in verdünnter Essigsäure. Von starken Säuren oder Laugen wird T. zersetzt.

T. ist die Giftkomponente in den japanischen Kugelfischen und kommt ebenfalls vor in giftigen Salamandern, Fröschen, Schnecken und in australischen Tintenfischen. Dabei wird das T. nicht von den Tieren selbst produziert, sondern es ist das Stoffwechselprodukt eines Bakteriums (Pseudomonas-Art), das vermutlich auf symbiotischem Weg aufgenommen wird.

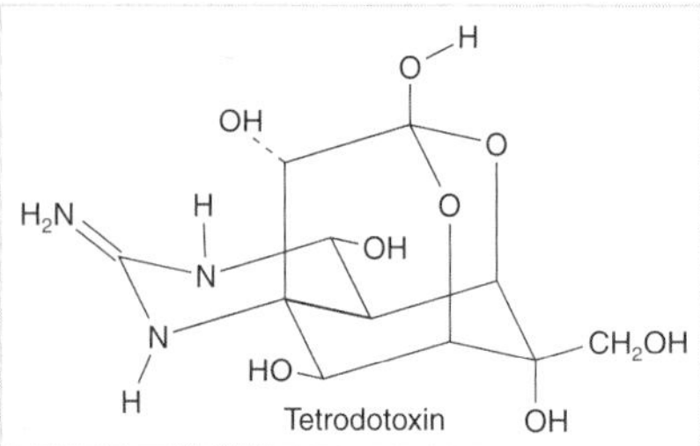

Struktur von Tetrodotoxin

Die Abbildung zeigt die tetracyclische Struktur des T., das auch als Betain vorliegen kann. T. ist außerordentlich giftig. Die tödliche Dosis für den Menschen wird mit ca. 10 µg/Kg angegeben. T. blockiert die Natriumionen-Kanäle der Nervenzellmembranen (s. unter ↑ Acetylcholin) und wirkt tödlich durch Lähmung der Atemmuskulatur. Die in Japan gern gegessenen *Kugelfische* dürfen deshalb nur von den sog. Fugu-Köchen zubereitet werden. Trotzdem kommt es oft zu tödlichen Vergiftungen. Angeblich erzeugt das Gift in untertoxischen Dosen Euphorie.

Die Struktur von T wurde 1964 geklärt, eine Totalsynthese gelang 1972.

$C_{11}H_{17}N_3O_8$ $M_R = 319{,}27$ C 41,38 % H 5,37 % N 13,16 % O 40,09 %

Thalidomid

Thalidomide

Kristallisiert in farblosen Nadeln, die sich in Wasser, Ethanol oder Aceton nur wenig lösen. Völlig unlöslich ist T. in Diethylether und Chloroform, während es in Dioxan oder Dimethylformamid sehr gut löslich ist.

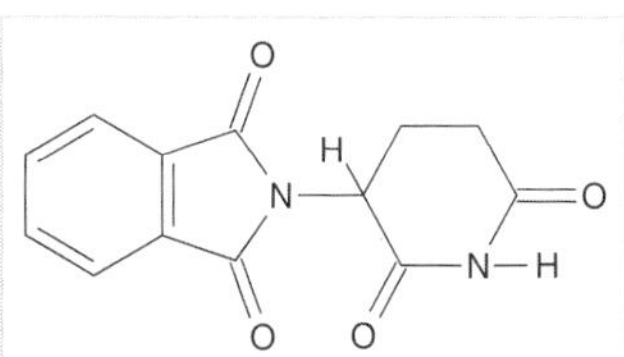

Struktur von Thalidomid

T. ist ein Piperidin-2,6-dion (s. unter ↑ Piperidin), das in 3-Stellung mit ↑ Phthalsäureimid über dessen N-Atom verknüpft ist und am C 3 ein Asymmetriezentrum aufweist (s. Abbildung).

T. kam 1954 als Schlaf- und Beruhigungsmittel auf den Markt in zahlreichen Präparaten, deren bekanntestes das *Contergan* war. 1961 erkannte man die teratogene (fruchtschädigende) Wirkung von T., die zu schweren Mißbildungen der Neugeborenen führte, wenn die Mütter während der Schwangerschaft T. eingenommen hatten. 1962 wurde T. vom Markt genommen. T. wurde als Racemat (s. unter ↑ D,L-Glycerinaldehyd) eingesetzt und man schrieb zunächst nur dem S(-)-Enantiomeren die schädigende Wirkung zu. Es zeigte sich jedoch, daß im Plasma eine rasche Racemisierung erfolgt, wenn das eine oder das andere Isomere verabreicht wird, sodaß eine Wirkungszuordnung nicht möglich ist. Die *Contergan-Katastrophe* hätte also durch Gabe eines reinen Enantiomeren nicht verhindert werden können.

T. galt als das ungefährlichste Schlafmittel, da auch bei sehr starker Überdosierung keine Vergiftungssymptome auftraten. Später erkannte man dann auch, daß bei langandauernder täglicher T.-Einnahme Nervenschädigungen auftreten können.

Durch Zufall entdeckte ein israelischer Arzt eine hohe Wirksamkeit von T. gegen die Folgen der *Lepra-Erkrankung*. 1998 wurde T. in den USA offiziell zur Lepra-Behandlung zugelassen. Man stellte eine hohe immunsuppressive Wirkung von T. fest und T. erfährt gerade eine ausgesprochene Renaissance zur Behandlung vieler Immunkrankheiten bis hin zur Krebsbehandlung.

$C_{13}H_{10}N_2O_4$ $M_R = 258{,}23$ C 60,47 % H 3,90 % N 10,85 % O 24,78 %

Thallium

Thallium Tl

Ein bläulich-weißglänzendes, sehr weiches, zähes, niedrigschmelzendes schweres metallisches chemisches Element, das sich an der Luft mit einer dunklen Schicht von Thallium(I)oxid überzieht. Das Metall hat äußerliche Ähnlichkeit mit dem ↑ Blei. Tl verflüchtigt sich bereits merklich oberhalb 170 °C. Durch ↑ Salpetersäure und ↑ Schwefelsäure wird Tl unter Auflösung zu den entsprechenden Tl(I)-salzen oxidiert, während ↑ Salzsäure wegen der Bildung von schwerlöslichem Thallium(I)chlorid nur oberflächlich anzugreifen vermag. Alkalilaugen greifen Tl nicht an.

Tl ist in der Natur sehr verbreitet, indem es in allerdings stets sehr kleinen Mengen Begleiter vor allem von ↑ Kupfer, ↑ Eisen, ↑ Blei und ↑ Zink ist. Neben diesem Vorkommen als Begleitelement bildet es auch einige eigenständige Mineralien (z. B. der *Crokesit*, ein Cu, Tl, Ag-Selenid), die jedoch so selten sind, daß sie für eine Tl-Gewinnung keine Bedeutung haben. Der Gehalt der Erze an Tl ist einerseits so gering und die technische Verwendung von Tl so unbedeutend, daß die Aufarbeitung zu Tl nur als Nebeneffekt der Gewinnung von Cu, Fe, Zn, usw. in Frage kommt und auch nur dann, wenn das Tl sich bei der Aufarbeitung von Abfallprodukten (z. B. von Flugstaub aus der Erzröstung) zusammen mit technisch wichtigeren Metallen aufkonzentriert. So ist die Tl-Gewinnung vielfach mit der Isolierung von ↑ Cadmium verknüpft, mit dem es meist bis zum Schluß zusammenbleibt. Die Abtrennung des Tl gelingt durch Ausfällen als schwerlösliches Thallium(I)chlorid. Der Gesamtgehalt des Tl am Aufbau der Erdrinde wird auf ca. 1 ppm geschätzt. Tl ist das letzte Element der III. Hauptgruppe des PSE und besitzt die Elektronenkonfiguration $1s^2\ 2s^2\ 2p^6\ 3s^2\ 3p^6\ 3d^{10}\ 4s^2\ 4p^6\ 4d^{10}\ 4f^{14}\ 5s^2\ 5p^6\ 5d^{10}\ 6s^2\ 6p^1$, Grundterm $^2P_{1/2}$, aus der sich die beiden vom Tl betätigten Oxidationsstufen + 1 und +3 erklären, wobei die Stufe + 1 bevorzugt ist. Aus dem Normalpotential ist der unedle Charakter des Tl ersichtlich (s. Gleichung).

$$Tl \rightleftharpoons Tl^{\oplus} + e^- \qquad E_0 = -0{,}34\ V$$

Normalpotential für die Thallium(I)-Bildung

In wässeriger Lösung sind die (farblosen) Tl(I)-lonen sehr beständig. In ihren salzartigen Verbindungen ähneln sie besonders den Kalium-lonen, z. B. bezüglich ihrer Löslichkeit und der Kristallstruktur. So bilden sie ein stark basisches lösliches *Thallium(I)hydroxid*, ein lösliches *Thallium(I)nitrat*, die entsprechenden Phosphate und ein *Thalliumaluminiumalaun*. Darüber hinaus besitzen die Tl(I)-lonen aber auch Ähnlichkeit mit den Ag(I)-lonen, was die Schwerlöslichkeit und Lichtempfindlichkeit der Halogenide betrifft. Diese Ähnlichkeiten beruhen auf den sehr ähnlichen Ionenradien.

$$TlX_3 \longrightarrow TlX + X_2$$

Zerfall der Thallium(III)halogenide

Die Oxidation zur Stufe + 3 gelingt entsprechend dem Potential nur mit starken Oxidationsmitteln wie Chlorwasser (s. Gleichung). Die Tl(III)-halogenide zerfallen leicht (s. Gleichung). Abgesehen von der thermischen Labilität ähneln die Tl(III)-Verbindungen den entsprechenden Al-Verbindungen.

$$Tl^{\oplus} \rightleftharpoons Tl^{3+} + 2\,e^- \qquad E_0 = +\,1{,}25\ V$$

Normalpotential für die Thallium(III)-Bildung

Tl-Metall besitzt wegen seiner schlechten mechanischen Eigenschaften und seiner Oxidations-Empfindlichkeit keinerlei direkte Verwendung. Auch als Legierungselement besitzt Tl keine große Bedeutung. Es amalgamiert leicht mit ↑Quecksilber und das Eutektikum mit 8,7 % Tl besitzt den Schmp. −60 °C, so daß es in Kältethermometern verwendet werden kann.

Die wichtigste Anwendung, die Tl-Verbindungen bisher gefunden haben, ist der Einsatz als Rattengift. Hierfür wird Thallium(I)sulfat im Gemisch mit 97-98 % eines inerten Produktes verwendet. Thallium(I)sulfid ist ein wichtiger Fotohalbleiter.

$$Tl^{\oplus} + Cl^{\ominus} \longrightarrow TlCl$$
$$Tl^{\oplus} + J^{\ominus} \longrightarrow TlJ$$

Chlorid- und Iodid-Fällung mit Tl(I)

Zum naßchemischen qualitativ-analytischen Nachweis dient die Fällung als schwerlösliches, weißes, lichtempfindliches Thallium(I)chlorid bzw. als gelbes Thallium(I)iodid (s. Gleichungen).

Zum Nachweis geeignet sind auch organische Reagenzien wie ↑Dithizon oder ↑Rhodamin B. Sehr empfindlich ist die deutliche grüne Flammenfärbung, die im Spektroskop durch die intensive und scharfe Linie bei 531 nm gut vom ↑Barium zu unterscheiden ist.

► Tl gehört zu den giftigsten Schwermetallen. Charakteristisch ist der schon in geringsten Konzentrationen bewirkte Haarausfall. Als letale Dosis gilt etwa 1 g. Jedoch bereits mg-Mengen bewirken schleichende Vergiftungen, die sich u. a. in Grauem Star und schweren Nervenschädigungen zeigen. Tl wirkt auch teratogen. Der Mechanismus der Giftwirkung ist noch nicht bekannt. Man vermutet Enzymblockaden, u. a. von Thiolgruppen enthaltenden Enzymen.

Tl $Z = 81$ $A_R = 204{,}3833$ Isotope: 203, 205; 191-202, 204, 206-210 (künstlich)

t_{Smp} 304 °C	t_{Sdp} 1471 °C	d 11,85 g/cm³	MV 17,24 cm³/mol	α 28 10^{-6}/K	λ 46,1 W/mK
C_p 26,32 J/(K · mol)	$\Delta_S H$ 4,14 kJ/mol	$\Delta_V H$ 164,1 kJ/mol	S^o 64,2 J/(K · mol)	ϱ 150 nΩ · m	
MAK	R-Satz 26/28-33-51/53	S-Satz 13-28-45-61			

Thiamin

Thiamin Vitamin B_1

Bildet in Form seines Hydrochlorids farblose, blättchenförmige Kristalle von leicht unangenehmem Geruch und bitterem Geschmack, die sich in Wasser sehr gut lösen (100 g/100 ml), in reinem Ethanol jedoch nur wenig (ca. 0,3 g/100 ml), während sie in Diethylether oder Chloroform praktisch unlöslich sind. An der Luft nimmt das Produkt Wasser in äquivalenter Menge auf (Monohydrat). Die wässerige Lösung reagiert leicht sauer.

T. kommt in fast allen pflanzlichen und tierischen Geweben vor, vor allem in Getreideschalen, Kartoffeln und Hefe. Biosynthetisch kann es aber nur von Pflanzen und Mikroorganismen aufgebaut werden. Im tierischen Körper kommt es vor allem in Leber, Niere, Herz und Gehirn vor.

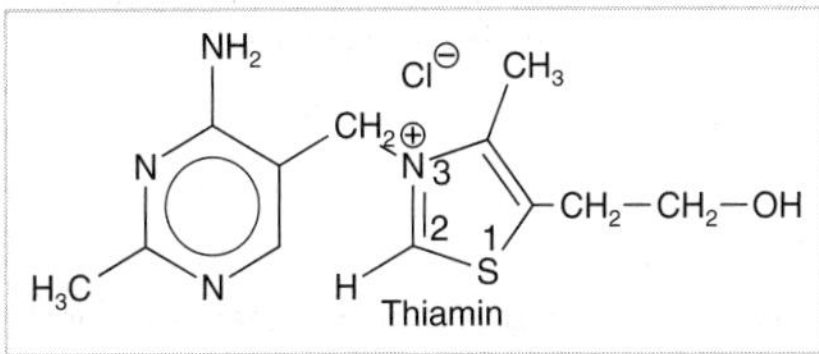

Struktur von Thiamin

Im T. ist ein ↑Pyrimidin über eine Methylenbrücke mit einem Thiazolring verbunden, wobei der Thiazolstickstoff quartär vorliegt mit Chlorid als Gegenion.

T. wird im Organismus phosphoryliert zum *Thiamindiphosphat* (*TPP* , *Thiaminpyrophosphat*), das die eigentliche Wirkform als prosthetische Gruppe an dem Multienzymkomplex darstellt, an den sich T. anbindet.

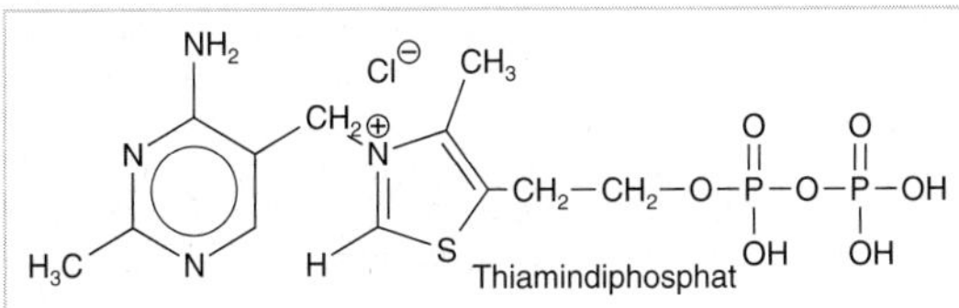

Struktur von Thiamindiphosphat (TPP)

Das C-Atom in Position 2 des Thiazols ist das eigentliche Reaktionszentrum. Das 2-ständige H-Atom wird als Proton abgespalten, wodurch sich am Thiazol eine Ylid-Struktur ausbildet (s. Schema).

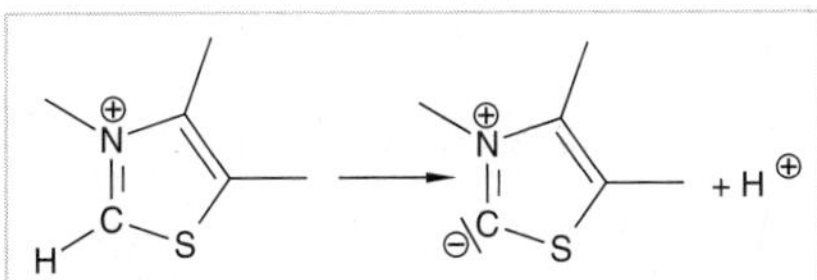

Ylid-Bildung am Thiazolring durch Proton-Abspaltung

An dieses Ylid-C-Atom addieren sich die Ketosäuren Pyruvat (aus dem Kohlenhydratabbau) oder 2-Oxoglutarat (innerhalb des Citronensäurecyclus) und werden hier unter Mitwirkung von ↑Nicotinamidadenindinucleotid (NAD) oxidativ decarboxyliert. Aus Pyruvat entsteht so eine Acetyleinheit, die als Acetylcoenzym A in den Citronensäurecyclus eingespeist wird (s. unter ↑Citronensäure und ↑Coenzym A). Aus 2-Oxoglutarat entsteht innerhalb des Citronensäurecyclus Succinat. An anderen Stellen innerhalb des Kohlenhydratabbaus wirkt TPP an Transketolasen mit (ebenfalls über das C-Atom in Stellung 2 des Thiazols als aktivem Zentrum). T. übt also wichtige Funktionen innerhalb des Kohlenhydratstoffwechsels aus, womit sich erklärt, daß bei vermehrter Kohlenhydrataufnahme der Vitamin B_1-Bedarf steigt. Der Vitamin-B_1-Bedarf für einen Erwachsenen wird mit 1,3 mg/Tag angegeben. Vitamin-B_1-Mangelerscheinungen sind verminderte Leistungsfähigkeit (körperlich und geistig), Appetitlosigkeit und Muskelschwund. Das Krankheitsbild der *Beri-Beri* beruhte zum größten Teil auf dem Mangel an Vitamin B_1.

T. wurde erstmals 1926 isoliert, seine Struktur 1936 aufgeklärt. T. wurde ursprünglich als *Aneurin* (eine Zusammenziehung aus Anti-polyneuritis-Vitamin) bezeichnet.

Die Gewinnung von T. erfolgt auf synthetischem Weg. Es wird als Diphosphat therapeutisch eingesetzt bei Diabetes, Herz- und Lebererkrankungen und Multipler Sklerose.

$C_{12}H_{17}ClN_4OS$ $M_R = 300{,}81$ C 47,91 % H 5,70 % Cl 11,79 % N 18,63 % O 5,32 % S 10,66 %

Thioacetamid

Thioacetamide

Bildet farblose beständige Kristalle mit schwachem mercaptanartigem Geruch. T. ist löslich in Wasser (bei 20 °C 16 g/100 ml) und in Ethanol (bei 20 °C 26 g/100 ml), unlöslich in Diethylether.

Die Synthese von T. gelingt z. B. durch Umsetzung von ↑ Acetonitril mit ↑ Schwefelwasserstoff (s. Gleichung).

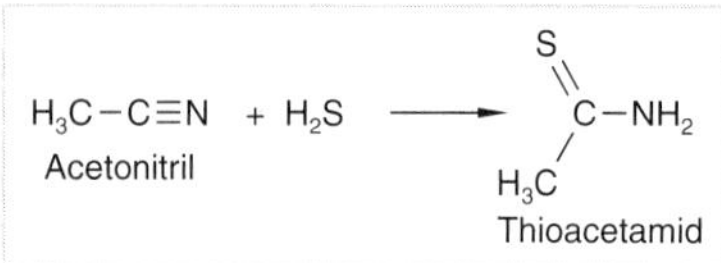

Synthese von Thioacetamid

Während T. in neutraler wässeriger Lösung stabil ist, erfolgt in saurer Lösung Hydrolyse unter Freisetzung von Schwefelwasserstoff (s. Schema).

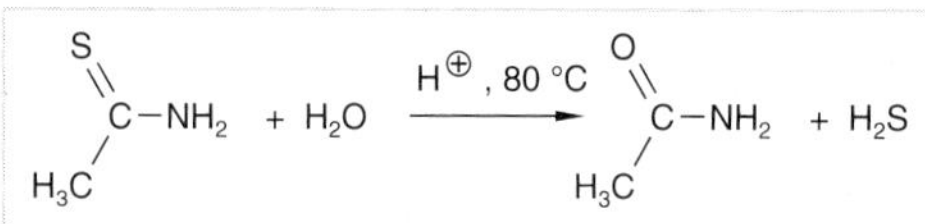

Hydrolytische Freisetzung von Schwefelwasserstoff aus Thioacetamid

Auf diese Weise wird Schwefelwasserstoff viel langsamer freigesetzt als bei der Einleitung von gasförmigem Schwefelwasserstoff. Deswegen und wegen der leichten, angenehmen Handhabung wird T. in der qualitativen Analytik zur Gruppenfällung benutzt. Die Sulfide fallen grobkristalliner an und sind besser zentrifugier- und filtrierbar.

► T. ist giftig. Es verursacht insbesondere Leberschäden.

C_2H_5NS $M_R = 75{,}14$ C 31,97 % H 6,71 % N 18,64 % S 42,68 %

t_{Smp}	t_{Sdp}	d	η
114 °C			

C_p	$\Delta_S H$	$\Delta_V H$	$\Delta_B H$	S^o	Q_C
100,3 J/(K · mol)	83,3 kJ/mol (S)		−70,6 kJ/mol		−2033 kJ/mol

MAK	R-Satz	S-Satz
	45-22-36/38-52/53	53-45-61

Thioglykolsäure

Thioglycolic acid Mercaptoessigsäure

Die reine T. ist eine farblose, ölige Flüssigkeit mit starkem unangenehm mercaptanartigem Geruch, die jedoch nicht lange haltbar ist und der Oxidation unterliegt. Stabil ist bereits eine 70 %ige wässerige Lösung. Die T. ist beliebig mischbar mit Wasser und den meisten org. Solventien.

Die T. wird überwiegend und mit guter Ausbeute durch Umsetzung von ↑ Chloressigsäure mit Natriumhydrogensulfid (s. unter ↑ Natriumsulfid) in wässeriger Lösung hergestellt (s. Gleichung).

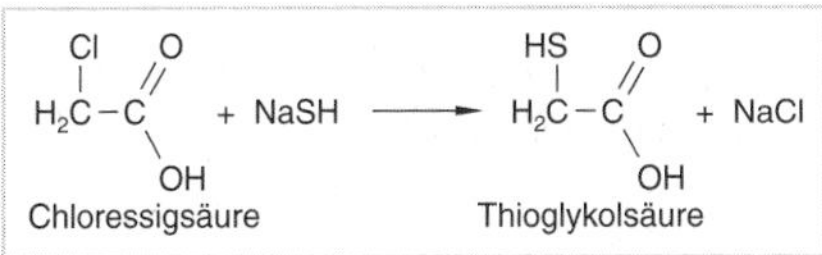

Herstellung von Thioglykolsäure

Aus der Reaktionsmischung wird die T. z. B. mit Diisopropylether extrahiert und destillativ isoliert. Aus dem Etherextrakt kann z. B. das Ammoniumsalz (*Ammoniumthioglykolat*) direkt durch Ausschütteln mit Ammoniaklösung gewonnen werden (s. Gleichung).

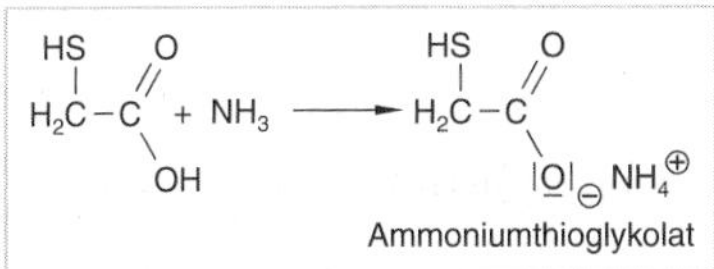

Umsetzung zum Ammoniumthioglykolat

Die T. wird als analytisches Reagenz zum Schwermetall-Nachweis (Fe, Mo, Ag) benutzt. Wichtiger ist jedoch die kosmetische Verwendung des Ammoniumthioglykolats als „Entwickler“ (Reduktionsmittel) bei der Herstellung der *Kalt-Dauerwelle* (s.unter ↑ Cystein). Die Formfestigkeit der Haare wird vor allem durch die Disulfidbrücken zwischen den Cystein-Einheiten des Haar-Keratins bewirkt. Werden diese Disulfid-Brücken reduktiv gespalten zu Thiolgruppen, wird die Haarsubstanz weich und umformbar. Behandelt man die Haare nach der Umformung wieder mit einem Fixiermittel, also einem Oxidationsmittel, so wird das Haar wegen erneuter Knüpfung von Disulfidbrücken in der neuen Form fixiert. Als Entwickler wird heute durchweg Ammoniumthioglykolat, als Fixiermittel ↑ Wasserstoffperoxid verwendet (s. Schema).

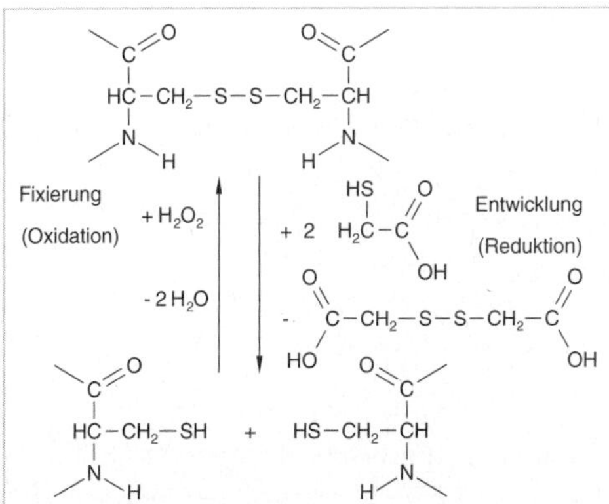

Mechanismus der Kalt-Dauerwelle

Da die beschriebenen Redox-Vorgänge bei niedriger Temperatur (ca. 30 °C) ablaufen, spricht man von der „Kaltwelle", im Gegensatz zur früher praktizierten „Heißwelle", bei der die Disulfid-Brücken hydrolytisch mit alkalischen Lösungen in der Hitze gespalten wurden („Brennschere").

► Die T. kann Hautverätzungen bewirken und zu allergischen Reaktionen führen.

$C_2H_4O_2S$ $M_R = 92{,}12$ C 26,08 % H 4,38 % O 34,74 % S 34,81 %

t_{Smp}	t_{Sdp}	d	η
−16 °C	104 °C (15 hPa)	1,33 g/cm³	

Thioharnstoff

Thiourea Thiocarbamid

Bildet farb- und geruchlose Kristalle, die sich in Wasser bei 20 °C zu 13g/100ml, in Methanol zu 11 g/100 ml und in Ethanol nur zu 3,5 g/100 ml lösen. In Diethylether ist T. nahezu unlöslich. Die wässerige Lösung reagiert neutral. Beim Erwärmen lagert sich T. oberhalb 135 °C in ↑ Ammoniumthiocyanat um.

T. wird heute technisch ausschließlich aus ↑ Calciumcyanamid und ↑ Schwefelwasserstoff hergestellt (s. Gleichung).

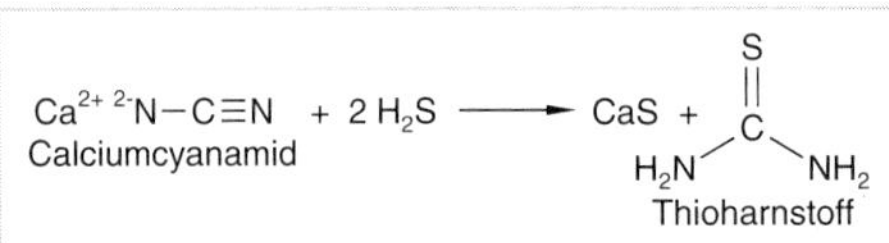

Technische Herstellung von Thioharnstoff

S. ist als das Diamid der Thionkohlensäure anzusehen (s. unter ↑ Schwefelkohlenstoff).

Für das T.-Molekül lassen sich mesomere Grenzstrukturen formulieren, die einen erhöhten nucleophilen Charakter des S-Atoms andeuten, der sich auch tatsächlich in zahlreichen Substitutionsreaktionen zeigt (s. Schema).

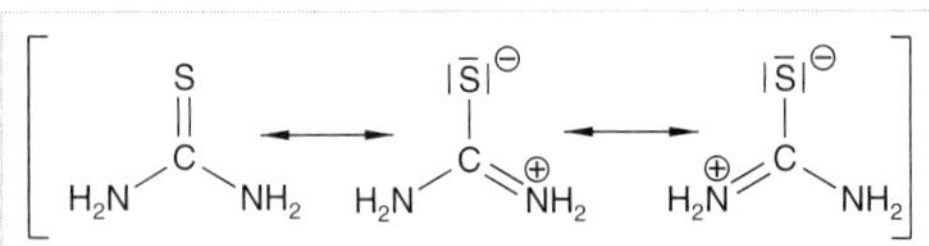

Mesomerie-Grenzstrukturen des Thioharnstoff-Moleküls

So liefert die Umsetzung mit Alkylhalogeniden die betreffenden *S-Alkylisothiuronium-Salze* (s. Schema).

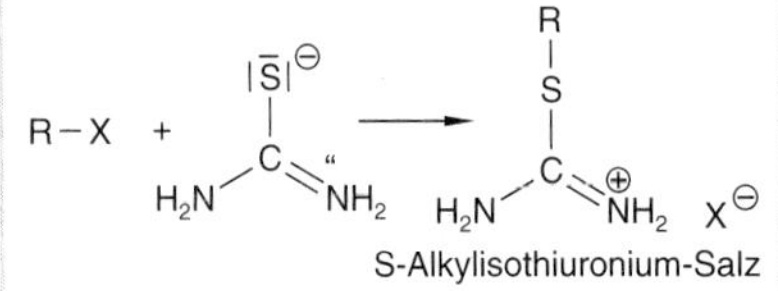

Umsetzung von Thioharnstoff mit Alkylhalogeniden

T. wird präparativ als Ausgangsprodukt benutzt, vor allem für Heterocyclen-Synthesen. Derivate von T. finden als Weichmacher, Vulkanisationsbeschleuniger, Rodenticide, Pharmazeutika und analytische Reagenzien Anwendung. Eine schwefelsaure Lösung von T. ist ein wirksames Silberputzmittel.

► T. ist giftig und wird als krebserregend eingestuft.

CH_4N_2S $M_R = 76{,}12$ C 15,78 % H 5,30 % N 36,80 % S 42,12 %

t_{Smp}	t_{Sdp}	d	η		
> 135 °C (s. o.)		1,40 g/cm³			
C_p	$\Delta_S H$	$\Delta_V H$	$\Delta_B H$	S^o	Q_C
96,9 J/(K · mol)	112 kJ/mol (S)		−89 kJ/mol	115,8 J/(K · mol)	−1478 kJ/mol
MAK	R-Satz	S-Satz			
	22-40-51/53-63	36/37-61			

Thionylchlorid

Thionyl chloride

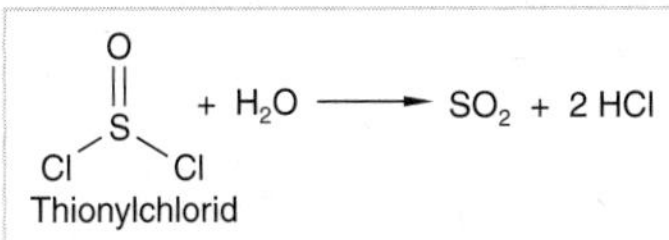

Hydrolyse von Thionylchlorid

Eine wasserklare, stark lichtbrechende, an der Luft rauchende Flüssigkeit von erstickendem, ätzendem Geruch. T. wird durch Wasser sofort heftig hydrolysiert zu ↑ Schwefeldioxid und ↑ Chlorwasserstoff (s. Gleichung).

T. ist mischbar mit inerten org. Solventien wie Chloroform, Tetrachlorkohlenstoff, Benzol usw. Beim Erhitzen über ca. 140 °C erfolgt Zersetzung zu ↑ Schwefeldioxid, ↑ Chlor und ↑ Schwefelchlorid. T, stellt das Dichlorid der Schwefligen Säure dar (s. unter ↑ Natriumsulfit).

T. wird technisch hergestellt durch Aktivkohle-katalysierte Gasphasenreaktion zwischen ↑ Schwefeldioxid (oder ↑ Schwefeltrioxid), ↑ Chlor und Schwefeldichlorid (oder ↑ Schwefelchlorid) (s. Gleichungen).

$$SO_2 + Cl_2 + SCl_2 \longrightarrow 2\,SOCl_2$$

$$SO_3 + 2\,Cl_2 + S_2Cl_2 \longrightarrow 3\,SOCl_2$$

Syntheserouten für Thionylchlorid

Die T.-Reinigung erfolgt durch fraktionierte Destillation. Die Reinigung von (mit der Zeit gelb verfärbtem) T. im Labor gelingt durch Destillation über ↑ Chinolin oder Leinöl. T. ist ein in Technik und Labor wichtiges Chlorierungsmittel zum Austausch alkoholischer und carboxylischer OH-Gruppen gegen Chloratome und auch zur Überführung von Metalloxiden in die Chloride, wobei sich z. B. für die Herstellung der Säurechloride der gezeigte Mechanismus formulieren lässt (s. Schema).

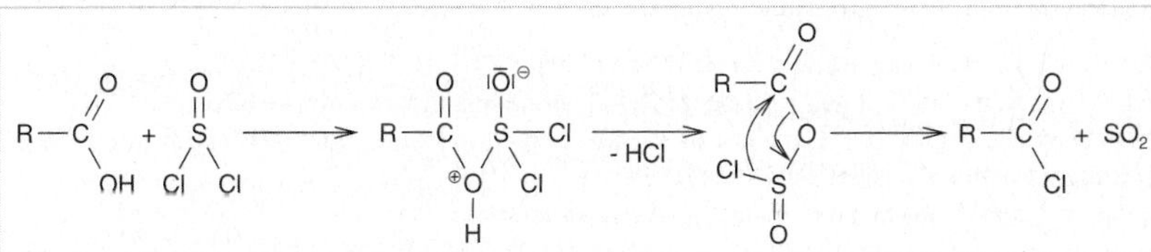

Säurechlorid-Synthese mit Thionylchlorid

► T. wirkt stark haut- und schleimhautreizend und ist in der toxischen Wirkung mit dem ↑ Chlorwasserstoff vergleichbar.

Cl_2OS $M_R = 118{,}98$ Cl 59,60 % O 13,45 % S 26,95 %

t_{Smp} −99,5 °C	t_{Sdp} 75,3 °C	d 1,64 g/cm³	η		
C_p 66,6 J/(K · mol) (gas)	$\Delta_S H$	$\Delta_V H$ 31,7 kJ/mol	$\Delta_B H$ −212 kJ/mol (gas)	S^o 308 J/(K · mol) (gas)	Q_C
MAK	R-Satz 14-20/22-29-35	S-Satz 26-36/37/39-45			

Thiophen

Thiophene

Bildet eine farblose sehr beständige Flüssigkeit mit einem an Benzol erinnernden Geruch. T. ist unlöslich in Wasser und beliebig mischbar mit den meisten org. Solventien.

T. kommt im Stein- und Braunkohlenteer vor und findet sich auch in vielen Erdölen. Im Kokereibenzol ist T. stets enthalten (bis zu ca. 0,5 %), in dem es auch 1882 von V. Meyer entdeckt wurde.

Die technische Synthese von T. erfolgt durch Dehydrierung und Cyclisierung von ↑ n-Butan mit ↑ Schwefel (s. Schema).

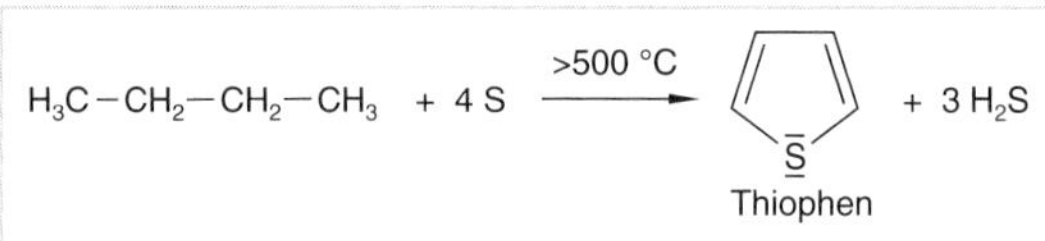

Technische Synthese von Thiophen

T. besitzt analog zum ↑ Pyrrol aromatischen Charakter und entspricht in seiner Reaktivität in elektrophilen Substitutionen einem elektronenreichen Aromaten (s. Mesomerie-Schema), so daß die Nitrierung, Sulfonierung, F.-C.-Acylierung usw. leichter als beim ↑ Benzol erfolgen, und zwar bevorzugt in den Positionen 2 und 5.

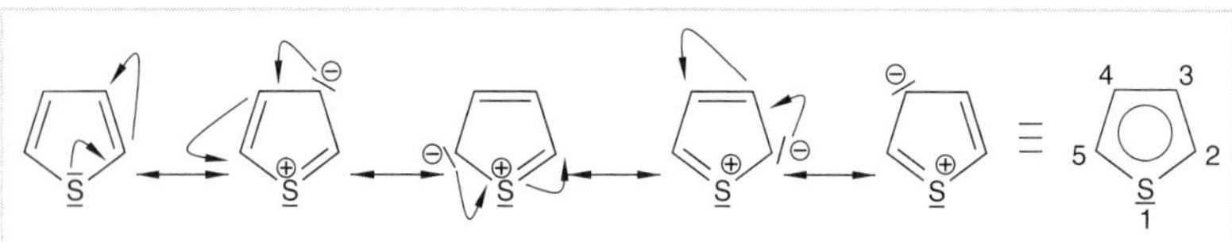

Mesomerie-Grenzformeln des Thiophen-Moleküls

Insgesamt ähnelt T. im chemischen und physikalischen Verhalten sehr dem Benzol. Die katalytische Hydrierung mittels ↑ Palladium liefert in guter Ausbeute *Tetrahydrothiophen*, eine farblose Flüssigkeit, die wegen ihres unangenehmen und intensiven Geruches zur *Gasodorierung* verwendet wird. Das Tetrahydrothiophen-1,1-dioxid (Sulfolan) dient als selektives Lösungsmittel (s. unter ↑ Sulfolen). T. wird vornehmlich zur Synthese von Pharmazeutika verwendet.

Ein empfindlicher Nachweis für T. ist die *Indophenin-Reaktion*: Man erhitzt T. mit ↑ Isatin in konz. ↑ Schwefelsäure: Blaufärbung wegen Indophenin-Bildung.

► T. ähnelt in seiner haut- und schleimhautreizenden Wirkung zwar dem ↑ Benzol, besitzt jedoch nicht dessen starken Blutgiftcharakter.

C_4H_4S $M_R = 84{,}14$ C 57,10 % H 4,79 % S 38,11 %

t_{Smp} −38 °C	t_{Sdp} 84 °C	d 1,06 g/cm³	η		
C_p 122,4 J/(K · mol)	$\Delta_S H$	$\Delta_V H$ 31,5 kJ/mol	$\Delta_B H$ 81 kJ/mol	S^o 181 J/(K · mol)	Q_C −2829 kJ/mol
t_{krit} 306 °C	P_{krit}	d_{krit}	t_{trip}		
MAK	R-Satz 11-20/21/22	S-Satz 16-26-28			

Thorium

Thorium Th

Ein grau-weiß-glänzendes, dehnbares, schweres radioaktives metallisches chemisches Element, das an der Luft infolge Oxidbildung rasch anläuft und sich in feinverteiltem Zustand sogar spontan entzündet. Auch in groben Stücken reagiert Th ab 250 °C mit ↑ Sauerstoff rasch zum Thoriumdioxid, mit ↑ Stickstoff ab ca. 800 °C zum Nitrid. Mit siedendem Wasser entwickelt es ↑ Wasserstoff. Mit verdünnten Säuren reagiert Th allmählich, mit konz. ↑ Salpetersäure tritt völlige Passivierung ein.

Th findet sich in der Natur als Begleiter der Seltenerd-Elemente vor allem im Monazitsand, und zwar in Anteilen von bis zu 12 % (s. unter ↑ Cer und ↑ Lanthan), aus dem es u. a. durch Oxalatfällung von den Lanthaniden-Elementen abgetrennt wird. Das Metall selbst wird dann z. B. durch Reduktion von *Thorium(IV)fluorid* mit ↑ Calcium hergestellt. Der Anteil des Th am Aufbau der Erdkruste wird auf 15 ppm geschätzt, ist also vergleichbar mit dem von ↑ Bor oder ↑ Molybdän.

Th ist das erste zur Gruppe der ↑ Actiniden gehörende Element und besitzt die Elektronen-Konfiguration $1s^2$ $2s^2$ $2p^6$ $3s^2$ $3p^6$ $3d^{10}$ $4s^2$ $4p^6$ $4d^{10}$ $4f^{14}$ $5s^2$ $5p^6$ $5d^{10}$ $5f^0$ $6s^2$ $6p^6$ $6d^2$ $7s^2$, Grundterm $^3F_2$. Seine beständigste Oxidationsstufe ist + 4, existent sind aber auch die Stufen + 3 und + 2. Der unedle Charakter des Th zeigt sich im Normalpotential (s. Gleichung).

$$\text{Th} \longrightarrow \text{Th}^{4+} + 4\,e^- \qquad E_0 = -1{,}90\ \text{V}$$

Normalpotential für die Th(IV)-Bildung

Chemisch gleicht Th insbesondere dem ↑ Hafnium. Die wichtigste Th-Verbindung ist das *Thoriumdioxid*, ein schweres (d = 10,0 g/cm³) weißes, praktisch unschmelzbares (Schmp. 3390 °C!) Pulver, das in Wasser und Alkalilaugen unlöslich, in Säuren nur schwer löslich ist. Es wird als Material für Schmelztiegel verwendet, und erlaubt von allen Tiegelmaterialien die höchsten Schmelztemperaturen. In der Natur findet sich nur das Th-Isotop 232. Es läßt sich durch Neutronenbeschuß über die gezeigte Kette in spaltbares U 233 überführen, so daß aus Th 232 spaltbares Material „erbrütet" wird (*Brutreaktor*) (s. Schema). Die Halbwertzeit des Th 232 beträgt 14 Milliarden Jahre.

$$^{232}_{90}\text{Th} \xrightarrow{+\,n} {}^{233}_{90}\text{Th} \xrightarrow[T_{1/2}\ 22{,}12\ \text{min}]{-\beta^-} {}^{233}_{91}\text{Pa} \xrightarrow[27\ \text{d}]{-\beta^-} {}^{233}_{92}\text{U}$$

Erbrütung von U 233 aus Th 232

Metallisches Th wird in Elektronenröhren und Quecksilber-Lampen verwendet. Als Legierungs-Komponente verleiht Th erhöhte Warmfestigkeit, so daß Legierungen von Th vor allem mit ↑ Kupfer und ↑ Silber in Strahltriebwerken eingesetzt werden.

► Th ist zwar nicht akut chemisch toxisch, wirkt jedoch wegen seiner Radioaktivität stark krebserregend. Die intravenöse Injektion von Thoriumdioxid-Suspensionen als Röntgenkontrastmittel hatte hohe Krebssterberaten der betroffenen Patienten zur Folge.

Th Z = 90 A_R = 232,0381 Isotope: 227, 228, 230, 231, 234; 213–226, 229, 233, 235, 236 (künstlich)

t_{Smp}	t_{Sdp}	d	MV	α	λ
1755 °C	4753 °C	11,72 g/cm³	19,80 cm³/mol	12,5 10^{-6}/K	77 W/mK
C_p	$\Delta_S H$	$\Delta_V H$	S^o	ϱ	
27,35 J/(K · mol)	16,12 kJ/mol	514 kJ/mol	53,4 J/(K · mol)	147 nΩ · m	

Threonin

Threonine 2-Amino-3-hydroxybuttersäure

Bildet ein weißes geruchloses kristallines Pulver, das sich in Wasser gut löst, jedoch in Ethanol, Diethylether oder Chloroform unlöslich ist.

T. ist eine am Aufbau vieler Proteine beteiligte Hydroxyaminosäure. Sie findet sich z. B. im Eialbumin (4 %, s. unter ↑ Albumine), im ↑ Casein (4,9 %) und in der ↑ Gelatine (2,3 %). T. wird in reiner L-Form aus Hydrolysaten von Haferproteinen isoliert. Eine achirale Synthese ist möglich durch Umsetzung von ↑ Crotonsäure mit ↑ Brom/ ↑ Methanol und anschließende Ammonolyse und Hydrolyse (s. Schema).

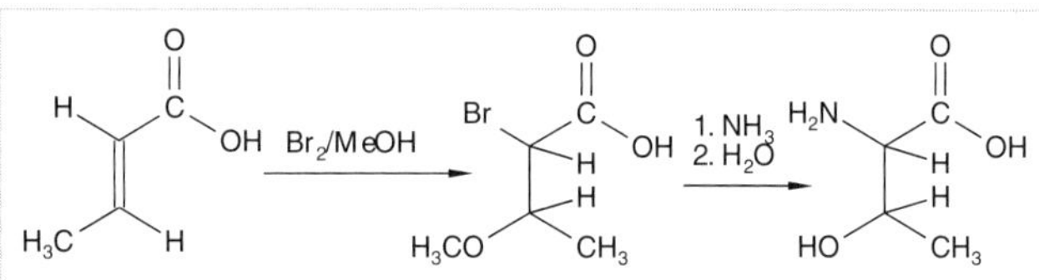

Synthese von Threonin

T. besitzt zwei asymmetrische C-Atome. Für die Zuordnung der optischen Isomeren zur D- oder L-Reihe wird meist das α-C-Atom zugrundegelegt. Natürlich vorkommend ist nur die L-Form (2S,3R-Form) T. ist eine essentielle Aminosäure, d. h. der menschliche Organismus vermag sie nicht aufzubauen und sie muß mit der Nahrung zugeführt werden (T. war die erste als essentiell erkannte Aminosäure). Wie beim ↑ Serin erfolgen auch mit der Hydroxylgruppe des T. die Verknüpfungen (Ester- oder Glycosid-Bindungen) zwischen Protein und proteinfremdem Anteil in den konjugierten Proteinen (z. B. Glucoproteinen). Aus dem T. bildet sich beim Erhitzen von Eiweißen ein Furanon-Derivat, das *Abhexon*, das das typische *Suppenwürze-Aroma* erzeugt. Zunächst erfolgt Dehydratisierung und Deaminierung zur *2-Ketobuttersäure* (s. Schema).

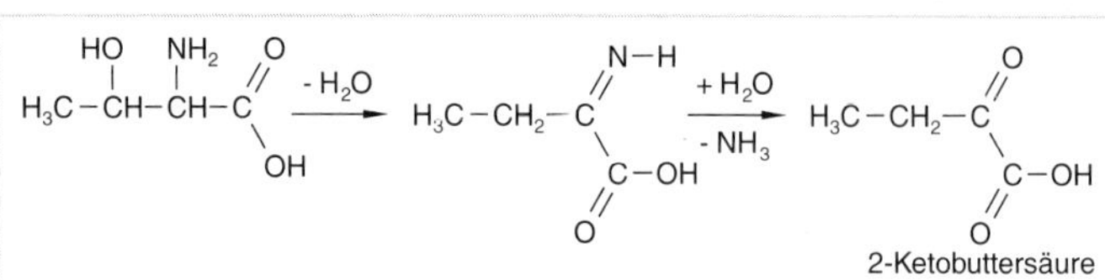

Dehydratisierung und Deaminierung von Threonin zur 2-Ketobuttersäure

Die 2-Ketobuttersäure decarboxyliert z. T. zum ↑ Propionaldehyd. Dieser cyclokondensiert mit der Enolform der Ketobuttersäure zum Abhexon (s. Schema).

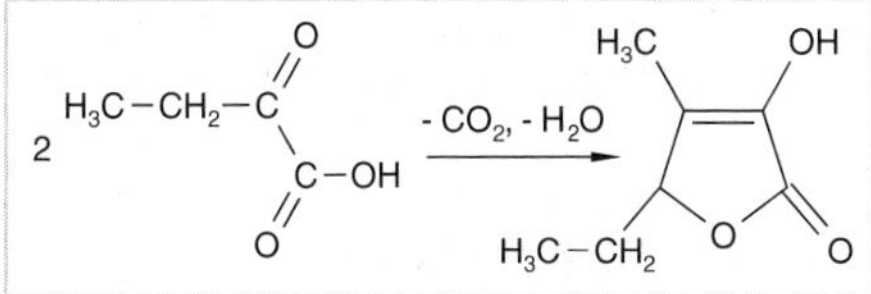

Bildung des Furanon-Derivats Abhexon

Dessen äußerst intensiver Geschmack ist noch in Konzentrationen von etwa 1 ppb wahrnehmbar.

$C_4H_9NO_3$	$M_R = 119{,}12$	C 40,33 %	H 7,62 %	N 11,76 %	O 40,29 %

t_{Smp}	t_{Sdp}	d	η		
253 °C					
C_p	$\Delta_S H$	$\Delta_V H$	$\Delta_B H$	S^o	Q_C
			−776 kJ/mol		−2085 kJ/mol

Thromboxane

Thromboxanes TX

Man kennt zwei T., das sehr instabile TXA_2 sowie das physiologisch daraus entstehende stabile TXB_2, das sich aus Essigester in Form farbloser Blättchen vom Schmp. 95 °C kristallisieren läßt.

Die T. kommen in praktisch allen säugetierischen Geweben vor (wie auch die ↑ Prostaglandine), jedoch ist ihr Vorkommen und ihre Wirkung besonders gut in den Thrombozyten untersucht. Die T. gehören mit den Prostaglandinen und den Leukotrienen (s. unter ↑ Leukotriene) zu den wichtigen Mediatorstoffen, die man vor allem in den Siebziger Jahren entdeckt und untersucht hat (s. unter ↑ Prostaglandine).

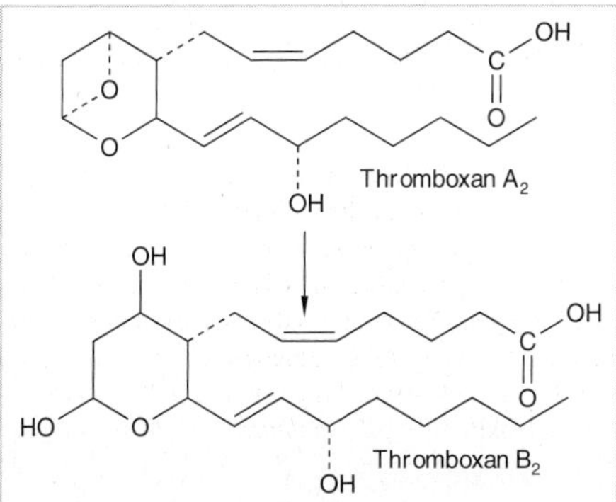

Strukturen von Thromboxan A_2 und B_2

Die T. bilden sich aus dem Prostaglandin H_2, das ja auf dem Cyclooxygenase-Weg aus der ↑ Arachidonsäure (die ihrerseits aus den Phospholipiden freigesetzt wird) entsteht.

Das TXA_2 wirkt fördernd auf die Thrombozyten-Aggregation sowie stark gefäßkonstriktorisch.

C20$H_{32}O_5$	$M_R = 352{,}47$ (TXA_2)	C 68,15 %	H 9,15 %	O 22,70 %

$C_{20}H_{34}O_6$	$M_R = 370{,}49$ (TXB_2)	C 64,84 %	H 9,25 %	O 25,91 %

Thulium

Thulium Tm

Ein silberweiß-glänzendes metallisches chemisches Element, das an feuchter Luft rasch anläuft. Als unedles Element reagiert es mit Säuren lebhaft wie auch beim Erwärmen mit Wasser unter Wasserstoff-Entwicklung zu den entsprechenden Tm(III)salzen, so mit Wasser zu Thulium(III)hydroxid, mit Salzsäure zu Thulium(III)chlorid (s. Gleichungen).

$$Tm + 3\,H_2O \longrightarrow Tm(OH)_3 + {}^3/_2\,H_2$$

$$Tm + 3\,HCl \longrightarrow TmCl_3 + {}^3/_2\,H_2$$

Bildung von Thulium(III)hydroxid und Thulium(III)chlorid

Tm gehört zur Gruppe der Lanthaniden-Elemente und findet sich deshalb in den Seltenerd-Mineralien (s. unter ↑ Cer und ↑ Lanthan), aus denen es in aufwendigen Trennoperationen isoliert wird. Der Anteil des Tm am Aufbau der Erdrinde wird auf höchstens 1 ppm geschätzt.

Tm ist das drittletzte Element der Gruppe und besitzt die Elektronenkonfiguration $1s^2\ 2s^2\ 2p^6\ 3s^2\ 3p^6\ 3d^{10}\ 4s^2\ 4p^6\ 4d^{10}\ 4f^{13}\ 5s2\ 4d^0\ 6s^2$, Grundterm $^2F_{7/2}$. Die beständigste Oxidationsstufe ist + 3. Das Normalpotential für den Übergang $Tm \rightarrow Tm^{3+} + 3\ e^-$ im sauren Medium beträgt −2,32 V.

Die Tm(III)-Salze ergeben gelblich-grüne Lösungen. Insgesamt gleicht Tm im chemischen Verhalten, wie alle Lanthaniden-Elemente, dem ↑ Lanthan. Tm und seine Verbindungen haben bislang keine technischen Anwendungen gefunden.

Tm Z = 69 A_R = 168,93421 Isotope: 169; 147, 148, 150-168, 170-176 (künstlich)

t_{Smp}	t_{Sdp}	d	MV	α	λ
1545 °C	1944 °C	9,32 g/cm³	18,12 cm³/mol	13,3 10^{-6}/K	16,8 W/mK

C_p	$\Delta_S H$	$\Delta_V H$	S^o	ϱ
27 J/(K · mol)	16,84 kJ/mol	190,7 kJ/mol	74 J/(K · mol)	670 nΩ · m

Thymin

Thymine 5-Methyluracil

Kristallisiert in Form farbloser Blättchen, die sich in kaltem Wasser nur wenig (bei 20 °C 0,4 g/100 ml), in heißem Wasser gut lösen und deshalb aus Wasser leicht umzukristallisieren sind. In Ethanol und Diethylether ist T. kaum löslich. In Alkalilaugen löst sich T. unter Salzbildung.

T. ist eine der Pyrimidinbasen, die am Aufbau der ↑ Nucleinsäuren, und zwar der DNS, beteiligt sind (in der RNS ist T. durch ↑ Uracil ersetzt). Der Einbau von T. erfolgt dabei formal so, daß T zunächst durch Glycosid-Bildung mit 2-Desoxy-D-ribose das Nucleosid *Thymidin* aufbaut, aus dem sich durch Veresterung mit ↑ Phosphorsäure das Nucleotid *Thymidinmonophosphat* bildet. Als solches ist T. in jeder lebenden Zelle enthalten. Eine Synthese ist ausgehend von *Crotonsäureethylester* und ↑ Harnstoff möglich (s. Schema). T. liegt in einem Tautomerie-Gleichgewicht vor (s. Schema).

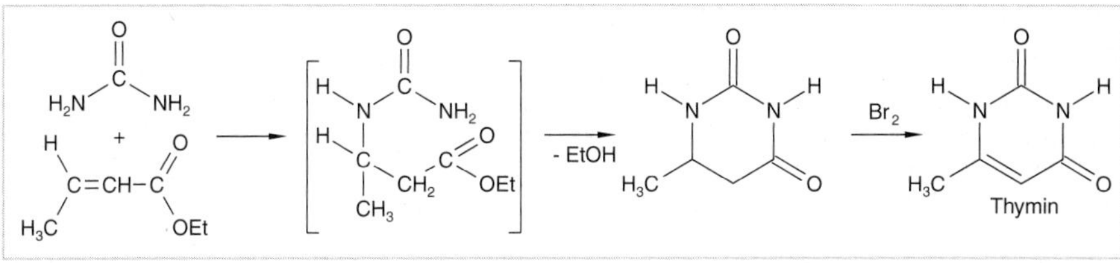

Synthese von Thymin

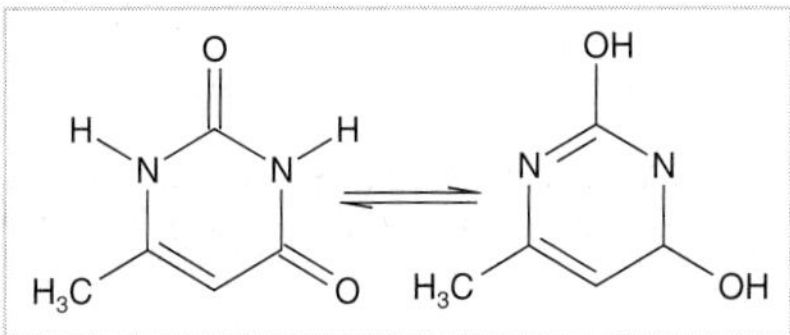

Tautomerie-Gleichgewicht im Thymin

T. vollzieht unter UV-Licht eine wichtige reversible Fotodimerisierung (s. Schema). Dieses Dimere wurde aus UV-bestrahlter DNS isoliert. Man vermutet, daß *DNS-Schädigungen* durch UV-Licht u. a. auf dieser Dimerisierung beruhen. Sie behindert die Replikation und kann auf diese Weise zu Mutationen führen.

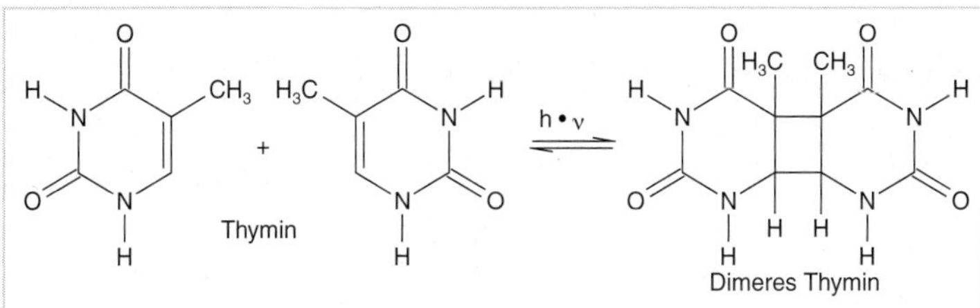

Fotodimerisierung von Thymin

$C_5H_6N_2O_2$ $M_R = 126{,}11$ C 47,62 % H 4,80 % N 22,21 % O 25,37 %

t_{Smp}	t_{Sdp}	d	η
335 °C			

C_p	$\Delta_S H$	$\Delta_{Sub} H$	$\Delta_B H$	S^o	Q_C
150 J/(K · mol)	17,5 kJ/mol	125,7 kJ/mol (S)	−463 kJ/mol		−2362 kJ/mol

Thymol

Thymol 2-Isopropyl-5-methyl-phenol

Bildet farblos-durchsichtige Kristalle mit dem typischen Thymian-Geruch. T. ist in Wasser nur sehr wenig löslich (0,1 g/100 ml bei 20 C), löst sich aber sehr gut in den meisten org. Solventien, z. B. 100 g in 100 ml Ethanol. T. ist wasserdampfflüchtig und bildet leicht stark unterkühle Schmelzen. T. ist hauptsächlich im Thymian- und Ajowaöl (bis zu 60 %), aber auch in anderen etherischen Ölen enthalten. Es wurde früher aus den etherischen Ölen isoliert, wird heute aber ausschließlich synthetisch gewonnen, z. B. aus m-Kresol (s. unter ↑ Kresole) und ↑ Aceton/ ↑ Chlorwasserstoff (s. Schema).

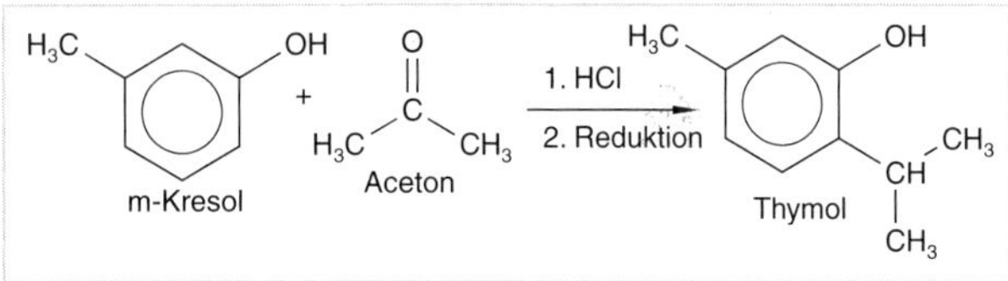

Synthese von Thymol

T. wird medizinisch als Antiseptikum verwendet (z. B. in Mundwässern in Konzentrationen von 1 Promille). Zum gleichen Zweck und zur Erzeugung von Duftnoten wird es in kosmetischen Produkten (z. B. Seifen und Zahnpasten) verarbeitet. Die antiseptische Wirkung von T. ist stärker als die von ↑ Phenol. Präparativ dient T. zur Herstellung von synthetischem ↑ Menthol und von Farbstoffen.

► T. wirkt hautreizend und kann allergische Reaktionen auslösen. Wegen seiner Schwerlöslichkeit besitzt es nicht die schädliche Wirkung von Phenol.

$C_{10}H_{14}O$ $M_R = 150{,}21$ C 79,96 % H 9,39 % O 10,65 %

t_{Smp}	t_{Sdp}	d	η
51 °C	233 °C	0,97 g/cm³	

C_p	$\Delta_S H$	$\Delta_{Sub} H$	$\Delta_B H$	S^o	Q_C
		95,7 kJ/mol (S)	−280 kJ/mol		−5657 kJ/mol

MAK	R-Satz	S-Satz
	22-34-51/53	26-28-36/37/39-45-61

Thymolphthalein

Thymolphthalein

Bildet ein weißes kristallines Pulver, das in Wasser unlöslich ist und sich in Alkalien mit blauer Farbe löst. T. ist löslich in Ethanol und Aceton.

T. wird erhalten durch Erhitzen von ↑ Phthalsäureanhydrid mit ↑ Thymol auf über 100 °C in Gegenwart von ↑ Zinn(IV)chlorid (s. Schema).

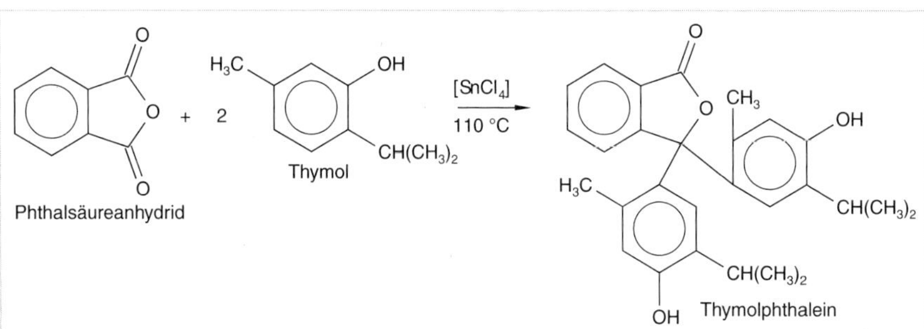

Herstellung von Thymolphthalein

T. wird als pH-Indikator verwendet, da es bis zum pH 9,3 farblos bleibt und im Bereich pH 9,3-10,5 nach blau umschlägt. Als Indikator-Lösung dient dabei eine 0,1 %ige Lösung von T. in 50 %igem Ethanol.

$C_{28}H_{30}O_4$ $M_R = 430{,}52$ C 78,11 % H 7,02 % O 14,86 %

Thyroxin

Thyroxine Tetraiodothyronin, T4

Bildet farblose Kristalle, die in Wasser und den üblichen org. Solventien unlöslich sind. Löslich ist T. in Alkalilaugen unter Salzbildung. Sättigt man eine Lösung von T. in Natronlauge mit ↑ Natriumchlorid, fällt das Na-Salz des T. aus. Bei Anwesenheit von Lauge oder Mineralsäure löst sich T. auch in Ethanol. T. zersetzt sich oberhalb 230 °C.

T. ist ein in der Schilddrüse produziertes Wachstumshormon. Die *Schilddrüse* umschließt als lappenförmiges Gebilde die Luftröhre dicht unterhalb des Schildknorpels. Das Drüsengewebe besteht aus Follikeln, die mit dem sog. Kolloid gefüllt und mit einem Epithel innen ausgekleidet sind. In den Epithelzellen (*Thyreozyten*) erfolgt aus den aus dem Blut aufgenommenen Aminosäuren der Aufbau des Proteins *Thyreoglobulin*, das dann in das Follikellumen überführt und im Kolloid gelagert wird. Die T-Synthese erfolgt im Grenzbereich zwischen Thyreozyten-Membran und Follikellumen. Neben dem T. wird an gleicher Stelle auch das Hormon ↑ Liothyronin (Triiodothyronin, T3) produziert (allerdings nur etwa 10 % der T.-Menge), das sich vom T. nur durch das Fehlen eines Iodatoms unterscheidet und die eigentliche Wirkform von T. darstellt (s. unten). Nach seiner Grundstruktur ist das T.-Molekül ein Diphenylether. Die iodfreie Verbindung (H statt I) ist das *Thyronin*, weshalb T. systematisch als 3,5,3′,5′-Tetraiodothyronin zu bezeichnen wäre (s. Abbildung).

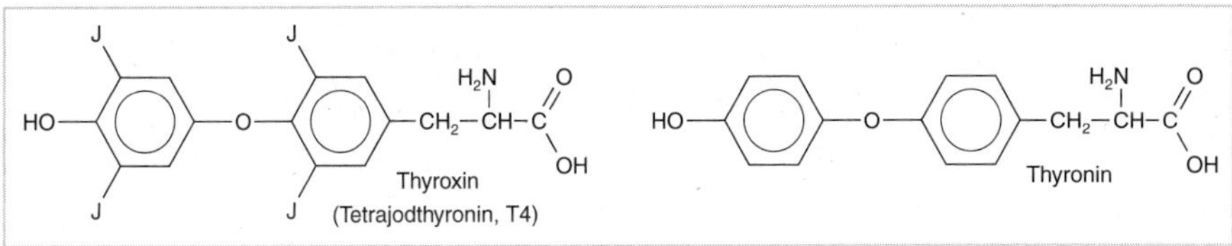

Strukturen von Thyroxin und Thyronin

Die Biosynthese von T. erfolgt mit den aus der Nahrung aufgenommenen Iodid-Ionen. Diese werden in die Thyreozyten eingeschleust und mittels des Enzyms Peroxidase zu ↑ Iod oxidiert. Die Iodatome werden in den 3,5-Positionen der Phenylringe von Tyrosin-Molekülen gebunden (s. unter ↑ Tyrosin), die Bestandteile von Thyreoglobulin sind (ein Thyreoglobulin-Molekül enthält 115 Tyrosyl-Reste). Aus zwei solchen Diiodthyrosin-Resten erfolgt dann am Thyreoglobulin der Aufbau des Diphenylethers T. Das T. bleibt zunächst an Thyreoglobulin gebunden in den Follikeln gespeichert. Bei T.-Bedarf wird das iodierte Thyreoglobulin in die Thyreozyten aufgenommen, das T. proteolytisch abgespalten und in die Blutbahn abgegeben. In den Körpergeweben, besonders in Leber und Niere erfolgt mittels des Enzyms 5′-Deiodase die Abspaltung eines Iod-Atoms aus T. unter Bildung von ↑ Liothyronin (T3, s. oben), welches die Wirkform von T. darstellt. Das T3 gelangt über die Blutbahn in die Zielzellen und bindet an die T3-Rezeptoren der Zellkerne. Diese Hormon-Rezeptor-Komplexe bewirken Genexpression und Enzymsynthesen und damit die vielfältige Einflußnahme auf das Stoffwechselgeschehen, die in einer generellen Beschleunigung bzw. Ingangsetzung oxidativer Abbaureaktionen besteht. Dieser katabole Effekt erstreckt sich sowohl auf Fette wie auch auf Kohlenhydrate und Proteine.

Die Abgabe von T. und T3 in die Blutbahn wird über den *Hypothalamus* und die *Hypophyse* hormonell gesteuert. Nervenzellen des Hypothalamus entlassen ein Steuerhormon (Freisetzungs-Hormon, Thyreotropin-Releasing-Hormon, *TRH*, *Thyroliberin*, ein Tripeptid) das im Hypophysenvorderlappen die Abgabe von

Thyreotropin (Thyroidstimulierendes Hormon, TSH, ein Glycoprotein von M_R ca. 28 000, bindet an Rezeptoren der Thyreozyten an und wirkt über den second-messenger ↑ Adenosin-5′,3′-monophosphat) veranlaßt. TSH seinerseits regt die Schilddrüse zur Produktion von T4 und T3 an. Die von der Hypophyse abgegebene Menge an TSH wird wiederum durch die T4/T3-Konzentration im Blutplasma geregelt: ist letztere unter dem Sollwert, erfolgt verstärkte TSH-Freisetzung, ist sie darüber, wird das TSH gestoppt. Dies entspricht einer negativen *Rückkopplungs-Steuerung*, wie sie für das System Hypothalamus/Hypophyse, das eine Schnittstelle zwischen ZNS und Drüsen darstellt, typisch ist.

Die Verhältnisse faßt das dargestellte Schema in groben Zügen zusammen.

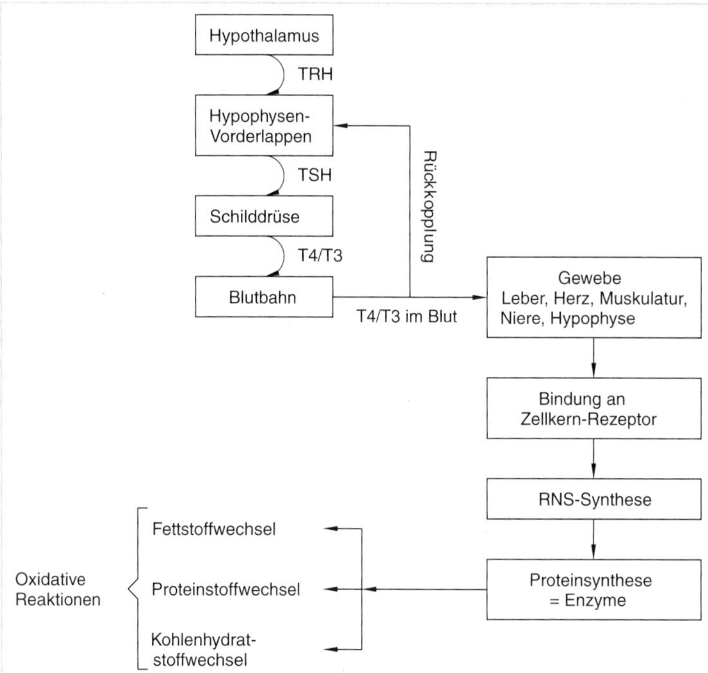

Freisetzung und Wirkung der Schilddrüsen-Hormone

So grundlegend die Wirkung von T4 und T3 auf das Stoffwechselgeschehen ist, so schwerwiegend sind Störungen in der Schilddrüsenfunktion. Eine Schilddrüsen-Überfunktion (*Hyperthyreose*), also ein überhöhtes T.-Angebot, äußert sich in Unruhe, Nervosität, Schlaflosigkeit, Schweißausbrüchen, Durchfällen, allgemein in erhöhtem Grundumsatz. Überfunktionen können viele Ursachen haben, z. B. *Morbus Basedow*. Entsprechend bewirkt eine Unterfunktion (*Hypothyreose*) geistige und körperliche Trägheit, Verstopfung, Haut- und Haarprobleme, Fettleibigkeit, *Kropfbildung* (*Struma*). Eine angeborene Hypothyreose führt unbehandelt (d. h. z. B. ohne Hormon-Substitutionstherapie) zu schweren Schäden in der kindlichen Entwicklung (geistige und körperliche Behinderung, *Kretinismus*, Zwergwuchs). Auch die Ursachen für Hypothyreosen sind sehr vielfältig.

Die biologische Aktivität der L-Form von T. und T3 ist doppelt so groß wie die des Racemats, während die D-Form inaktiv ist. Die Schilddrüse gibt ca. 75 µg T4 pro Tag ab, die Konzentration im Blut beträgt ca. 80 ng/ml.

T. wird in der Therapie sowohl der Schilddrüsen-Unterfunktion als auch der Überfunktion medizinisch eingesetzt, wobei durchweg das Natrium-Salz (*Levothyroxin-Natrium*) zum Einsatz kommt. T. wird auf synthetischem Wege gewonnen. Eine Syntheseroute für die Aminosäure T. beruht z. B. auf der Erlenmeyer-Synthese (s. unter ↑ Hippursäure).

T. wurde erstmals 1915 aus tierischen Schilddrüsen isoliert (Kendall). Strukturaufklärung und erste Synthese gelangen 1926/27 (Harington).

$C_{15}H_{11}I_4NO_4$ $M_R = 776{,}87$ C 23,19 % H 1,43 % I 65,34 % N 1,80 % O 8,24 %

Titan

Titanium Ti

Ein silberweiß glänzendes, an der Luft sehr beständiges, leichtes metallisches chemisches Element, das im reinsten Zustand dehnbar ist, mit Spuren von gelöstem ↑ Sauerstoff oder ↑ Stickstoff jedoch spröder wird. Ti ist bei Raumtemperatur gegen Mineralsäuren beständig, erst in der Hitze erfolgt Oxidation zu den entsprechenden Ti-Salzen. Die Beständigkeit des Metalls beruht wie beim ↑ Chrom auf der Bildung einer sehr dichten dünnen Oxidhaut (Passivierung), die vor weiterem Angriff schützt und verhindert, daß sich das Metall gemäß seinem unedlen Charakter entsprechend dem Normalpotential (s. Gleichung) unter Wasserstoff-Entwicklung vollständig oxidiert. Gegen Alkalilaugen ist Ti ebenfalls beständig.

$$Ti \longrightarrow Ti^{3+} + 3\,e^- \qquad E_0 = 1{,}04\ V$$

Normalpotential für die Ti(III)-Bildung

Ilmenit	$FeTiO_3$
Rutil, Anatas	TiO_2
Perowskit	$CaTiO_3$

Wichtige Titan-Mineralien

Ti ist ein in der Natur sehr verbreitetes Element, es ist in Böden, Gesteinen und Mineralien praktisch allgegenwärtig, da es wegen der ähnlichen lonenradien Al(III)- und Fe(III)-Ionen isomorph vertreten kann. In für die Gewinnung interessanten Anteilen findet sich Ti jedoch nur in wesentlich weniger verbreiteten Mineralien, von denen die wichtigsten sind der *Ilmenit*, der *Rutil* sowie der *Perowskit* (s. Abbildung).

Bedeutende Primär- bzw. Sekundärlager von Ilmenit finden sich in Norwegen, Rußland, USA und Kanada bzw. in Australien, Südafrika, Brasilien. Hauptvorkommen an Rutil besitzt Australien in Küsten- und Dünensanden. Riesige Anatas-Vorkommen (Titandioxid-Gehalt bis 40 %) wurden in Brasilien entdeckt. Ti besitzt so am Aufbau der Erdrinde einen geschätzten Anteil von ca. 0,6 %.

Damit ist Ti häufiger als so verbreitete Elemente wie ↑ Phosphor, ↑ Schwefel oder gar ↑ Kohlenstoff und steht an 9. Stelle der Elementhäufigkeits-Tabelle!

Man stellt das Metall auf folgendem Wege her: ↑ Titandioxid wird mit Koks vermischt und bei 900 °C mit ↑ Chlor umgesetzt, wobei ↑ Titantetrachlorid entsteht (s. Gleichung).

$$2\,TiO_2 + 3\,C + 4\,Cl_2 \longrightarrow 2\,TiCl_4 + 2\,CO + CO_2$$

Bildung von Titantetrachlorid aus Titandioxid

Das Titantetrachlorid wird durch fraktionierte Destillation gereinigt und dann unter Luftausschluß mit ↑ Magnesium reduziert (*Kroll-Verfahren*) (s. Gleichung).

$$TiCl_4 + 2\,Mg \xrightarrow{800\,°C} Ti + 2\,MgCl_2$$

Gewinnung von Titan-Metall aus Titantetrachlorid

Dabei fällt das Ti schwammförmig an. Es wird deshalb anschließend unter Luftausschluß im elektrischen Lichtbogen zum kompakten Metall zusammengeschmolzen. Wegen des aufwendigen Herstellungsverfahrens ist Ti trotz seiner Häufigkeit recht teuer. Hochreines Ti stellt man aus *Titantetraiodid* durch thermische Zersetzung nach dem *van Arkel-de-Boer-Verfahren* her: pulverförmiges Ti wird im Hochvakuum mit wenig ↑ Iod auf ca. 500 °C erwärmt, so daß sich das flüchtige Titantetraiodid bildet. Dieses wird an einem im Reaktionsraum befindlichen, ca. 1200 °C heißen Glühdraht zersetzt, wobei sich das Ti auf dem Glühdraht abscheidet, das freigesetzte Iod reagiert erneut mit Ti usw. Auf dem Glühdraht entsteht schließlich ein Stab aus reinstem Ti. Das van-Arkel-de-Boer-Verfahren wird zur Reinstdarstellung vieler Metalle angewandt. Übrigens beruht auch die Funktion der „Halogen-Lampen" auf diesem Prinzip (s. unter ↑ Xenon).

Ti steht in der ersten Übergangsreihe als erstes Element der 4. Nebengruppe des PSE und besitzt die Elektronenkonfiguration $1s^2\,2s^2\,2p^6\,3s^2\,3p^6\,3d^2\,4s^2$, Grundterm $^3F_2$. Die beständigste Oxidationsstufe des Ti ist +4. In den Oxidationsstufen +3 und +2 ist Ti zwar ebenfalls existent, stellt darin aber Reduktionsmittel dar. Ti(II) reduziert bereits das Wasser, so daß eine wässerige Ti(II)-Chemie nicht existiert.

Wenn das Ti bei Raumtemperatur auch sehr inert ist, so verbindet es sich bei hohen Temperaturen doch mit den meisten Nichtmetallen, so mit ↑ Stickstoff, ↑ Sauerstoff, ↑ Schwefel und vor allem den Halogenen. Die Ti(IV)-Verbindungen sind alle kovalent aufgebaut. Ti^{4+}-Ionen existieren nicht. In der Oxidationsstufe IV gleicht Ti in mancher Hinsicht dem ↑ Zinn.

Die wichtigsten Ti-Verbindungen sind das ↑ Titandioxid und das ↑ Titantetrachlorid.

Eine der auffälligsten und analytisch wichtigsten Reaktionen des Ti in wässeriger Lösung ist die Umsetzung von *Titanoxidsulfat* mit ↑ Wasserstoffperoxid, die zur Bildung des intensiv orangegelben Peroxotitanyl-Ions führt (s. Gleichung).

$$\underset{\text{Titanoxidsulfat}}{TiOSO_4 \cdot H_2O} + H_2O_2 \longrightarrow \underset{\substack{\text{Peroxotitanylsulfat} \\ \text{orangegelb}}}{TiO_2SO_4 \cdot x\,H_2O}$$

Bildung von *Peroxotitanylsulfat*

Diese Reaktion wird deshalb sowohl zum *Peroxid-Nachweis* als auch zum *Titan-Nachweis* genutzt.

Ti ist ein technisch äußerst wichtiges Metall. Die hervorragenden mechanischen, thermischen und chemischen Eigenschaften in Verbindung mit der geringen Dichte verschafften dem Ti Bedeutung in der Luft- und Raumfahrttechnik, im Schiffbau, im Turbinenbau, in der Eisenbahn- und Kfz-Technik und nicht zuletzt im chemischen Apparatebau. Das Ti verbindet in sich fast die Eigenschaften von ↑ Eisen und Stahl mit denen von ↑ Aluminium.

Technisch sehr wichtig sind auch Titan-Legierungen vor allem mit Fe, Al und Cu. Die

Titan-Produktion begann erst nach dem 2. Weltkrieg. Noch 1948 wurden nur 2 Tonnen Ti hergestellt. Heute ist es ca. 1 Million.

► Ti kann als ein ausgesprochen untoxisches Metall bezeichnet werden.

Ti Z = 22 A_R = 47,867 Isotope: 46, 47, 48, 49, 50; 43-45, 51 (künstlich)

t_{Smp}	t_{Sdp}	d	MV	α	λ
1666 °C	3358 °C	4,54 g/cm³	10,55 cm³/mol	8,35 10^{-6}/K	21,9 W/mK
C_p	$\Delta_S H$	$\Delta_V H$	S^o	ϱ	
25,05 J/(K · mol)	14,15 kJ/mol	410 kJ/mol	30,8 J/(K · mol)	390 nΩ · m	

Titandioxid

Titanium dioxide Titanweiß

Ein weißes kristallines Pulver, das in Wasser, ↑ Salzsäure, ↑ Salpetersäure und verdünnter ↑ Schwefelsäure unlöslich ist. Löslich ist T. lediglich in konzentrierter Schwefelsäure, in ↑ Fluorwasserstoffsäure und in geschmolzenen Alkalihydroxiden oder in der Schmelze von ↑ Kaliumhydrogensulfat (Aufschluß). Die Löslichkeit hängt dabei sehr von der Vorbehandlung des T. ab. Längeres Erhitzen erzeugt ein wesentlich schwerer lösliches Produkt. Bei starkem Erhitzen färbt T. sich gelb.

Obwohl T. in der Natur in großen Mengen hauptsächlich als Rutil (ferner noch als Anatas und Brookit) vorkommt (s. unter ↑ Titan), muß das technisch brauchbare Produkt synthetisch gewonnen werden, da die natürlichen Vorkommen störende Färbungen aufweisen (z. B. durch ↑ Eisen). Hierzu werden zwei verschiedene Verfahren betrieben, die wegen der großen technischen Bedeutung des T. zumindest vereinfacht beschrieben seien. Es handelt sich um das Sulfat-Verfahren und das

Chlorid-Verfahren. Beim *Sulfat-Verfahren*, das vom Ilmenit ausgeht, wird der pulverisierte Rohstoff mit konzentrierter ↑ Schwefelsäure aufgeschlossen. Die Aufschlußmischung wird mit Wasser extrahiert, filtriert, das vorhandene Fe(III) mittels Fe-Schrott zu Fe(II) reduziert und letzteres dann beim Eindampfen als ↑ Eisen(II)sulfat ausgefällt. Aus der nach Filtration erhaltenen Lösung, die das Titansulfat enthält, wird das T. nun durch Hydrolyse (Einleiten von Wasserdampf) abgeschieden, filtriert und geglüht. Die bei dieser Hydrolyse anfallende verdünnte Schwefelsäure hat das Verfahren als sogenannte „*Dünnsäure*" mit Entsorgungsproblemen belastet.

$$TiCl_4 + O_2 \longrightarrow TiO_2 + 2\,Cl_2$$

Verbrennung von Titantetrachlorid zu Titandioxid

Beim *Chlorid-Verfahren* wird Rutil wie unter „Titan" beschrieben mit ↑ Chlor zum ↑ Titantetrachlorid umgesetzt. Dieses wird dann in reinem ↑ Sauerstoff zu T. und Chlor verbrannt (s. Gleichung). Das anfallende Chlor wird erneut zur Chlorierung eingesetzt.

$$Na_2TiO_3 \cdot n\,H_2O, \quad Na_2Ti_2O_5 \cdot n\,H_2O$$

Substanzformeln für Titanate

Der Kristallaufbau des T., das *Rutil-Gitter*, ist ein unter den Metalloxiden und -Difluoriden sehr häufig vorkommender Gittertyp: eine hexagonal-dichteste Packung von O-Atomen, in der die halbe Anzahl der Oktaederlücken von Ti-Atomen besetzt ist. Jedes Ti-Atom ist von 6 O-Atomen, jedes O-Atom von drei Ti-Atomen umgeben. Die Ti-O-Oktaeder sind über gemeinsame Kanten zu Ketten, die Ketten untereinander über gemeinsame Ecken zum Raumgitter verknüpft. Das Rutil-Gitter bilden auch die Dioxide von Mo, W, Mn, Sn, Pb, Te. Beim Auflösen von T. in Alkalischmelzen bilden sich *Titanate*, die in hydratisierter Form beim Verdünnen mit Wasser anfallen und denen man die abgebildeten Substanzformeln zuschreibt, deren Strukturen jedoch unbekannt sind (s. Abbildung).

Die beim Auflösen von T. in konz. Schwefelsäure entstehende Titansulfat-Lösung hydrolysiert beim Verdünnen ebenfalls, wobei sich ganz in Abhängigkeit von pH und Konzentration basische Titansulfat-Hydrate mit oktaedrischer Koordination am Ti-Atom bilden, die vermutlich die in der Abbildung angegebenen Substanzformeln aufweisen.

$$[Ti(OH)_3(HSO_4)(H_2O)_2], \quad [Ti(OH)_2(HSO_4)(H_2O)_3]^{\oplus} \quad [Ti(OH)_2(H_2O)_4]^{2+}$$

Substanzformeln für basische Titansulfat-Hydrate

Jedenfalls kommen in wässeriger Lösung keine vierfach positiv geladenen Ti-Kationen vor. Auch „*Titanyl-Kationen*" TiO^{2+} konnten noch nicht nachgewiesen werden.

Technisch wichtig sind einige Erdalkali- und Schwermetalltitanate, die man durch Erhitzen von Mischungen von T. mit dem betreffenden Metalloxid bzw. -carbonat erhält, wie z. B. das als Ferroelektrikum wichtige ↑ Bariumtitanat (s. Gleichung).

$$TiO_2 + BaCO_3 \longrightarrow BaTiO_3 + CO_2$$

Bildung von Bariumtitanat

T. besitzt als *Weißpigment* überragende Bedeutung. Es hat an der Verwendung aller Weißpimente einen Mengenanteil von über 75 %(!), was bedeutet, daß es kaum einen weiß eingefärbten Gegenstand unserer Umgebung gibt, der kein T. enthält. Das Einsatzfeld reicht von den Baustoffen über Lacke, Kunststoffe und Papier bis zur Zahnpasta. Die Hauptvorteile des T. sind dabei: höchste Deckkraft aller Weißpigmente, hohe Beständigkeit, völlige Ungiftigkeit, gutes Preis-Leistungs-Verhältnis. T. ist mit der Nummer *E 171* als Farbstoff für Lebensmittel zugelassen.

► T. ist eine absolut ungiftige Substanz. Versuchstiere zeigten selbst nach jahrelangem Verfüttern oder Inhalieren von Höchstdosen keinerlei Symptome. Bei Arbeitern, die Jahrzehnte lang hohen Kontaminationen ausgesetzt waren, wurde nie irgendeine Vergiftungserscheinung festgestellt.

O_2Ti $M_R = 79{,}90$ O 40,07 % Ti 59,93 %

t_{Smp}	t_{Sdp}	d	η
1855 °C	2900 °C	4,23 g/cm³	

C_p	$\Delta_S H$	$\Delta_V H$	$\Delta_B H$	S^o	Q_C
55,1 J/(K · mol)	67 kJ/mol		−945 kJ/mol	50,3 J/(K · mol)	

Titantetrachlorid

Titanium tetrachloride

Bildet eine wasserklare, an feuchter Luft dicke weiße Nebel bildende. Flüssigkeit von erstickendem, stechendem Geruch. Von Wasser wird T. zu Titandioxidhydraten hydrolisiert, deren Struktur von pH-Wert und Konzentrationsverhältnissen abhängt und im Detail noch nicht geklärt ist (s. Gleichung).

$$TiCl_4 + n \cdot 2\,H_2O \longrightarrow TiO_2 \cdot n\,H_2O + 4\,HCl$$

Hydrolyse von Titantetrachlorid

Die Herstellung von T. erfolgt wie bereits unter ↑Titan beschrieben durch Überleiten von ↑Chlor über ein Gemisch von ↑Titandioxid und Koks in der Hitze (s. Gleichung).

$$TiO_2 + 2\,C + 2\,Cl_2 \xrightarrow{900\,°C} TiCl_4 + 2\,CO$$

Technische Herstellung von Titantetrachlorid

Das T.-Molekül ist tetraedrisch gebaut. Es stellt eine Lewis-Säure dar und bildet Addukte mit Donoren. Mit Alkoholen entstehen die entsprechenden *Titansäureester*, die jedoch nicht monomer sondern in komplizierten oligomeren Strukturen vorliegen (s. Gleichung).

$$TiCl_4 + 4\,ROH \longrightarrow Ti(OR)_4 + 4\,HCl$$

Bildung von Titansäureestern mit Alkoholen

$$Ti^{3+} + 6\,H_2O \longrightarrow [Ti(H_2O)_6]^{3+}$$

Bildung der Hexaquokomplexe von Ti(III)

Zur Verwendung von T. zur Reindarstellung von Titan s. unter ↑Titan. In der Gasphase bei ca. 400 °C reagiert T. mit ↑Wasserstoff zum kristallinen, dunkelvioletten *Titan(III)chlorid*. Das paramagnetische Ti(III)-Kation (d^1-Besetzung) bildet in wässeriger Lösung violettfarbene oktaedrische Hexaquokomplexe (s. Gleichung).

Ti(III)-Salze sind in alkalischer wässeriger Lösung Reduktionsmittel (s. Gleichung). Besonders Titan(III)chlorid wird in dieser Eigenschaft als vielfältiges Reduktionsmittel in organischen Synthesen (vor allem Reduktion von N-O-Verbindungen und in der McMurry-Reduktion, s. unter ↑ Ethylen) und in der Analytik (Titanometrie) sowie zur Textilentfärbung (Reduktion von Azofarbstoffen) benutzt. Es ist ferner Bestandteil von Katalysatoren (Ziegler-Natta-Katalysatoren, Friedel-Crafts-Reaktionen).

$$Ti^{3+} + H_2O \longrightarrow TiO^{2+} + 2\,H^{\oplus} + 1\,e^- \qquad E_0 = -1{,}38\ V$$

Titan(III)-Ionen als Reduktionsmittel in alkalischer Lösung

► T. wirkt stark ätzend und schleimhautreizend. Eine Einatmung von T.-Dämpfen ist gefährlich wegen der in den Atemwegen hydrolytisch freigesetzten ↑ Salzsäure.

Cl_4Ti $M_R = 189{,}73$ Cl 74,76 % Ti 25,24 %

t_{Smp}	t_{Sdp}	d	η		
−24 °C	136,5 °C	1,73 g/cm³			
C_p	$\Delta_S H$	$\Delta_V H$	$\Delta_B H$	S^o	Q_C
145 J/(K · mol)	10 kJ/mol	35,8 kJ/mol	−804 kJ/mol	252 J/(K · mol)	
MAK	R-Satz	S-Satz			
	14-34	7/8-26-36/37/39-45			

α-Tocopherol

Vitamin E, α-Tocopherol Vitamin E

Bildet eine ölige, hellgelbe Flüssigkeit, praktisch unlöslich in Wasser, jedoch gut löslich in Ethanol, Diethylether, Aceton oder Chloroform sowie in Ölen und Fetten. T. ist beständig gegen Wärme, Säuren und Laugen, sofern ↑ Sauerstoff ausgeschlossen ist. An der Luft erfolgt jedoch allmählich Oxidation, die durch Schwermetall-Ionen wie die von ↑ Eisen oder ↑ Silber stark beschleunigt wird. Am Licht erfolgt Dunkelfärbung.

T. kommt sehr verbreitet in Pflanzen vor. Besonders hoch, d. h. in Anteilen von 0,1-0,3 %, ist der Gehalt in den Ölen aus Weizen-, Mais-, Reis-, Soja- und Baumwollsamen und auch in Nüssen und Blattgemüsen. Dabei kommt α-T. mit einer Reihe von Isomeren oder sehr ähnlichen Verbindungen vor, die als β-T. bis ϵ-T. bezeichnet werden, aber weniger wirksam und bedeutend sind. Im tierischen Organismus wird T. vor allem in Leber und Fettgeweben gespeichert.

T. wird heute synthetisch gewonnen als Racemat (T. besitzt 3 Asymmetriezentren), das etwas weniger wirksam als das natürlich vorkommende R,R,R-T. ist, und zwar aus 2,3,5-Trimethylhydrochinon und Isophytol (s. Abbildung).

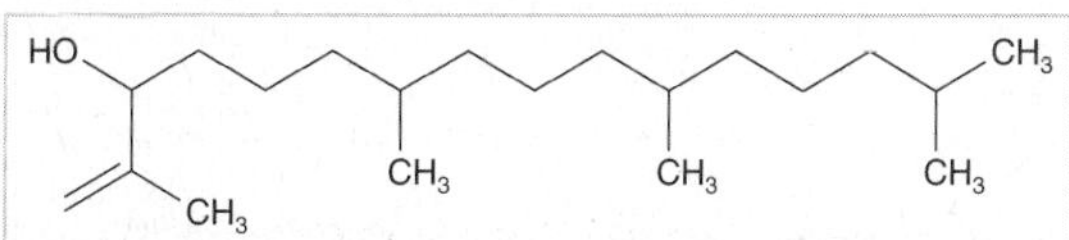

Struktur von Isophytol

Es ist dies ein technisch wichtiges Beispiel für eine Friedel-Crafts-Alkylierung mit einem Alken. Das primäre Substitutionsprodukt cyclokondensiert zum Chroman.

T. ist chemisch zu charakterisieren als ein Chroman (s. unter ↑Pyran), genauer 2,5,7,8-Tetramethylchroman-6-ol, das in 2-Stellung mit einer Kette aus 16 C-Atomen (genauer 4′,8′,12′-Trimethyltridecyl-Rest) substituiert ist (s. Abbildung).

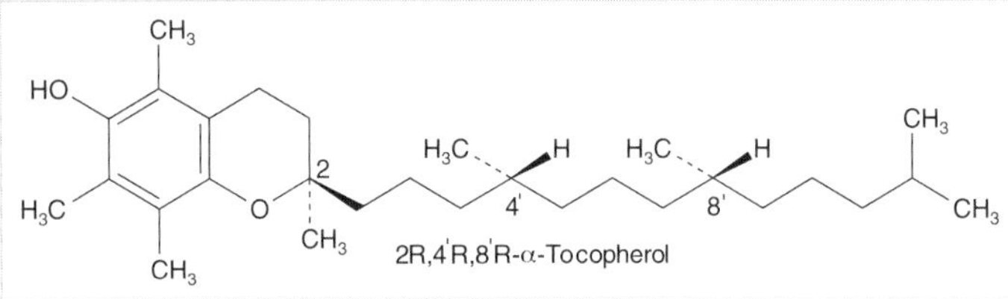

Struktur von 2R,4′R,8′R-α-Tocopherol

Im T. liegt ein Hydrochinon vor, das leicht zum Chinon oxidiert werden kann (s. unter ↑Hydrochinon). Man vermutet darin seine wesentliche biologische Funktion als Vitamin E, indem es vor allem die hochungesättigten Fettsäuren der ↑Phospholipide vor Oxidation schützt, ferner die ↑Carotine. T. bremst auch den Aufbau der ↑Thromboxane aus der ↑Arachidonsäure und wirkt damit entzündungshemmend. Entsprechend ist der Bedarf an Vitamin E bei Verzehr großer Mengen ungesättigter Fettsäuren erhöht. Für einen Erwachsenen wird eine tägliche Aufnahme von 12 mg empfohlen.

T. wird in der Lebensmitteltechnologie und in der Kosmetik als Oxidationsinhibitor eingesetzt, wobei vielfach seine Ester (über die 6-ständige Hydroxylgruppe), vor allem das *Tocopherolacetat*, eingesetzt werden, da diese nicht mehr luft- und lichtempfindlich sind. T. und seine Derivate sind mit den Nummern *E 306* bis *E 309* als Lebensmittel-Zusatzstoffe zugelassen.

$C_{29}H_{50}O_2$ $M_R = 430{,}71$ C 80,87 % H 11,70 % O 7,43 %

Toluol

Toluene Methylbenzol

Eine wasserklare, brennbare Flüssigkeit von benzolartigem Geruch, die in Wasser unlöslich, mit den meisten org. Solventien beliebig mischbar ist.

T., der in der organischen Großchemie nach dem ↑Benzol wichtigste aromatische Stamm-Kohlenwasserstoff, kommt zwar wie Benzol im Erdöl und der Kohle vor, eine direkte Isolierung ist jedoch ebenso wie die Synthese aus einfachen aliphatischen Bausteinen nicht wirtschaftlich. Es wird heute ausschließlich aus Kohle und Erdöl durch deren thermische oder katalytische Umwandlung hergestellt, wobei der Anteil der Kohle in den letzten Jahrzehnten erheblich zugunsten des Erdöls zurückgegangen ist. Die wichtigsten Aromatenquellen sind heute die Reformat- und Pyrolysebenzine, aus denen die Aromaten durch spezielle Trennverfahren isoliert werden (z. B. Extraktiv-Destillation, Flüssig-Flüssig-Extraktion).

Durch die üblichen Aromaten-Substitutionsreaktionen ist T. zu einer Vielzahl wichtiger Synthese-Bausteine umsetzbar (s. Schema).

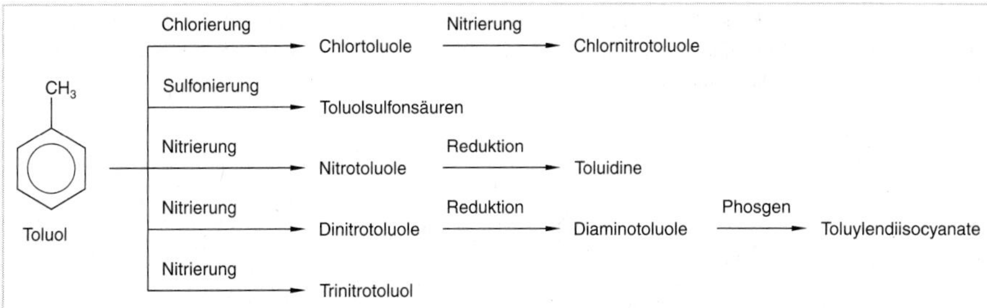

Technisch wichtige Kern-Derivatisierungen von Toluol

Dazu kommen Umwandlungen an der Methyl-Seitengruppe (s. Schema).

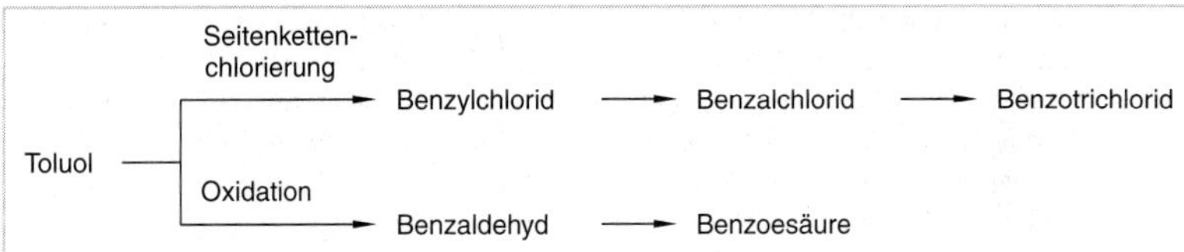

Chlorierung und Oxidation der Methylgruppe im Toluol

T. bildet u. a. folgendes Azeotrop:

Azeotrop-Komponenten	Zusammensetzung (Gew.-%)	Siedepunkt (°C)
T./Wasser	79,8/20,2	85,0

Neben der präparativen Nutzung dient T. in großen Mengen als technisches Lösungsmittel, vielfach im Gemisch mit Estern oder höher alkylierten Homologen (↑ Xylole, Ethylbenzol), sowohl als Reaktionsmedium und Extraktionsmittel als auch in Lacken und anderen Flüssigformulierungen. T. besitzt nicht die typische blutschädigende Wirkung von ↑ Benzol, da es einem gänzlich anderen Metabolismus unterliegt. Während Benzol zu Phenolen und Chinonen oxidiert wird, die starke Blutgifte darstellen, wird T. in der Seitenkette oxidiert zur ↑ Benzoesäure, die an ↑ Glycin gebunden als ↑ Hippursäure ausgeschieden wird (s. Schema).

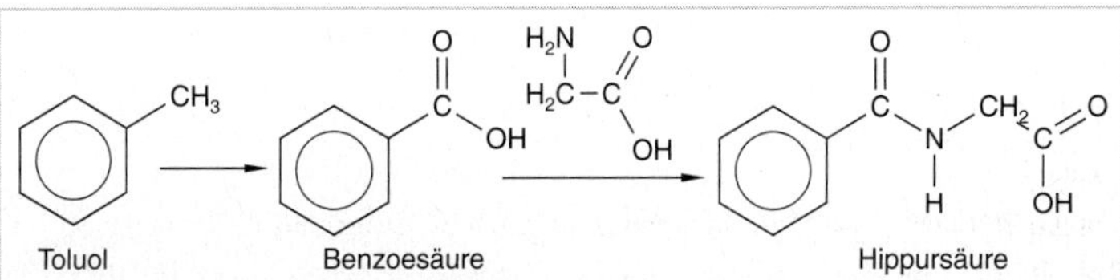

Vereinfachte Darstellung des Toluol-Metabolismus

► Wenn T. auch nicht die Giftwirkung von Benzol aufweist, so ist doch beim Umgang, wie mit allen Lösungsmitteln, Vorsicht geboten. T. wirkt beim Einatmen in höheren Konzentrationen (ab ca. 600 ppm) narkotisch und ist zudem haut- und schleimhautreizend. T. ist sehr leicht entzündlich.

C_7H_8 $M_R = 92{,}13$ C 91,25 % H 8,75 %

t_{Smp}	t_{Sdp}	d	η
−95 °C	111 °C	0,866 g/cm³	0,590 mPa · s

C_p	$\Delta_S H$	$\Delta_V H$	$\Delta_B H$	S^o	Q_C
157 J/(K · mol)	6,63 kJ/mol	132,2 kJ/mol	12,0 kJ/mol	221 J/(K · mol)	−3911 kJ/mol

t_{krit}	P_{krit}	d_{krit}	t_{trip}
318 °C	4,108 MPa		

MAK	R-Satz	S-Satz
190 mg/m³	11-20	16-25-29-33

p-Toluolsulfonsäure

p-Toluenesulfonic acid Toluol-4-sulfonsäure, 4-Methylbenzolfulfonsäure

Bildet als meist handelsübliches Monohydrat farb- und geruchlose Kristalle, die sich in Wasser gut lösen (bei 20 °C 67 g/100 ml) und ebenfalls gut löslich sind in Ethanol und Diethylether. Die wässerige Lösung reagiert stark sauer, da die T. die Säurestärke der ↑ Schwefelsäure besitzt.

Die Herstellung der T. erfolgt durch Sulfonierung von ↑ Toluol mit konz. Schwefelsäure bei ca. 100 °C (s. Schema). Daneben entsteht auch die isomere m-Toluolsulfonsäure. Die Abtrennung der T. gelingt auf einfache Weise durch vorsichtiges Verdünnen mit Wasser, wobei sich die T. abscheidet.

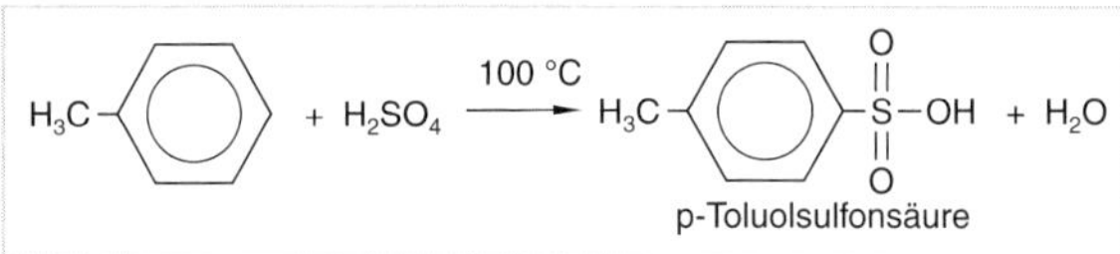

Herstellung von p-Toluolsulfonsäure

Präparativ wird die T. meist als saurer Katalysator in Veresterungen, Dehydratisierungs-Reaktionen, Polymerisationen usw. anstelle der Schwefelsäure verwendet, da sie bei gleicher Säurestärke schonender wirkt und als Feststoff leichter zu handhaben ist.

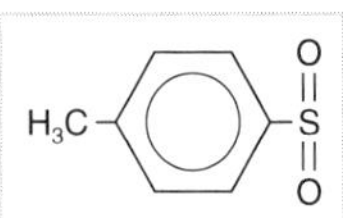

Tosyl-Gruppe

Von der T. leitet sich die „*Tosyl-Gruppe*" ab (s. Abbildung).

► T. ist stark ätzend und hautreizend.

$C_7H_8O_3S$ $M_R = 172{,}20$ C 48,82 % H 4,68 % O 27,87 % S 18,62 %

t_{Smp}	t_{Sdp}	d	η
105 °C	140 °C (26 hPa)		

p-Toluolsulfonsäurechlorid

p-Toluenesulfonyl chloride Tosylchlorid

Bildet farblose, eigentümlich penetrant riechende Kristalle, die in Wasser unlöslich, in Ethanol und Diethylether gut löslich sind.

T. wird technisch hergestellt durch Umsetzung von ↑ Toluol mit ↑ Chlorsulfonsäure, wobei auch das o-Isomere entsteht (s. unter ↑ o-Benzoesäuresulfimid) (s. Schema).

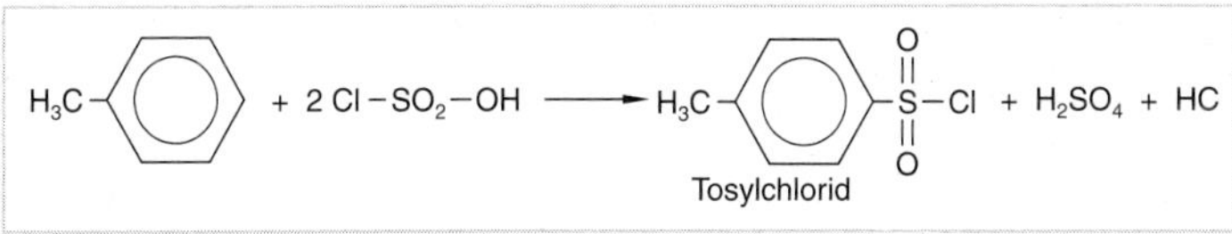

Technische Synthese von Tosylchlorid

Für die Laborherstellung eignet sich besser die Chlorierung der ↑p-Toluolsulfonsäure z. B. mit ↑Phosphor(III)chlorid.

T. läßt sich wie alle *Sulfonsäurechloride* mit Alkoholen verestern und mit Aminen amidieren (analog den Carbonsäurechloriden), wobei jedoch die Reaktivität generell schwach ist, wie man an der nur sehr langsam verlaufenden Hydrolyse (man kann manche Sulfonsäurechloride aus Wasser umkristallisieren) erkennt. Die so darstellbaren *Sulfamide* sind durchweg gut kristallisierende Verbindungen. T. ist so zur Trennung und Unterscheidung von primären, sekundären und tertiären Aminen geeignet (*Hinsberg-Trennung*). Die *Tosylamide* mit primären Aminen sind löslich in Alkalilaugen (das N-ständige H-Atom ist durch die Sulfonylgruppe acidifiziert und zur Salzbildung befähigt), die Amide mit sekundären Aminen sind demzufolge unlöslich in Alkalilaugen, während die tertiären Amine kein Sulfonamid bilden können.

T. dient allgemein zur Einführung der Tosyl-Gruppe (*Tosylierung*). T. ist auch ein wichtiges Ausgangsprodukt. So dient die Umsetzung von T. mit ↑Natriumazid zur Herstellung von *Tosylazid*, das wiederum zur Herstellung präparativ wichtiger Diazo-Verbindungen dient (*Diazogruppen-Übertragung*). Die Reaktion von Cyclopentadienyl-Lithium mit Tosylazid liefert z. B. *Diazocyclopentadien* (s. unter ↑Cyclopentadien). Von T. ausgehend wird auch ↑Chloramin T gewonnen.

Mit ↑Hydrazin bildet sich *Tosylhydrazid*, das mit Carbonylverbindungen die *Tosylhydrazone* liefert. Diese wiederum lassen sich in der *Bamford-Stevens-Reaktion* zur Gewinnung von Olefinen nutzen, indem man sie z. B. in Glykol in Gegenwart von Alkoholat erhitzt (s. Schema).

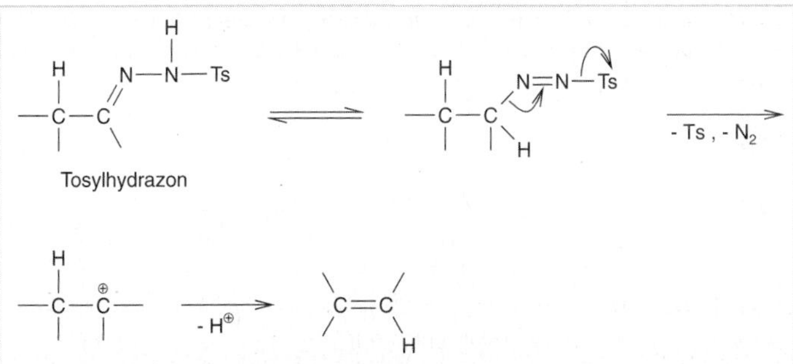

Olefine aus Tosylhydrazonen durch Bamford-Stevens-Reaktion

Ist kein α-ständiger Wasserstoff vorhanden, treten Umlagerungen ein. Wird eine organische Lithiumbase, z. B. ↑Butyllithium, verwendet, bezeichnet man diese Umsetzung als *Shapiro-Reaktion.*

► T. ist stark hautreizend.

$C_7H_7ClO_2S$	M_R = 190,65	C 44,10 %	H 5,92 %	Cl 18,60 %	O 16,78 %	S 16,82 %

t_{Smp}	t_{Sdp}	d	η
70 °C	139 °C (25 hPa)		

Tragant

Gum tragacanth

Kommt in Form von gelblichweißen Blättchen oder als weißes bis gelbliches Pulver in den Handel. Es ist geruch- und geschmacklos. Mit Wasser tritt starke Quellung ein. Bereits eine 2 %ige Konzentration erzeugt eine feste Gallerte. In Ethanol ist T. völlig unlöslich.

T. ist der getrocknete Saft, den einige Tragant-Arten (Astralagus), die zur Familie der Schmetterlingsblütler gehören, vor allem Astralagus gummifer und Astralagus kurdicus, auf ihren Zweigen absondern. Die genannten Arten wachsen vor allem im vorderasiatischen Raum und bilden niedrige, wildwachsende Sträucher. Schneidet oder sticht man den Hauptstamm an, verstärkt sich die Absonderung des Saftes.

T. spaltet sich mit Wasser in zwei Fraktionen auf, eine lösliche, das *Tragacanthin*, und eine unlösliche aber quellbare, das *Bassorin*. Tragacanthin ist eine komplexe Mischung von Polysacchariden, die u. a. aus Galacturonsäure (s. unter ↑ Galactose) und anderen Zuckern bestehen, teils auch ↑ Stärke und ↑ Cellulose darstellen. Das Polysaccharid Bassorin enthält ↑ L-Arabinose, ↑ D-Galactose und ↑ L-Rhamnose.

T. ist ohne Mengenbegrenzung als Lebensmittelzusatzstoff als Geliermittel mit der Nummer *E 413* zugelassen. Es wird sowohl in Lebensmitteln als auch in Arzneimitteln und Kosmetika als Verdickungsmittel (z. B. Speiseeis), Bindemittel und Grundlage für Lotionen, Cremes, Pastillen usw. verwendet.

Die durchschnittliche Molekularmasse von T. beträgt etwa 840 000.

Transactiniden

Transactinides

Die im Periodensystem auf das letzte Actiniden-Element ↑ Lawrencium mit der OZ 103 folgenden Elemente werden als Transactiniden bezeichnet. Da mit den Actiniden das 5f-Niveau aufgefüllt wird, beginnen die Transactiniden mit dem Ausbau des 6d-Niveaus, d. h. die Elemente 104 bis 112 bilden die 6d-Übergangsmetall-Reihe. Für die Nebengruppenzugehörigkeit der einzelnen Transactiniden gilt die einfache Regel OZ = 100 + Nebengruppe, also das Element 104 gehört zur 4. Nebengruppe usw. Mit Namen versehen hat man bis heute die Transactiniden-Elemente 104 bis 109, wobei die chemische Charakterisierung bis zum Element 108 gelungen ist (s. Tabelle).

Vom Element 112 (*Eka-Quecksilber*) konnten von einem deutschen Forscherteam 1996 zwei Atome hergestellt und nachgewiesen werden. Die Entdeckung des Elements 114 (*Eka-Blei*) wurde von einem russischen Forscherteam berichtet, wird aber noch kontrovers diskutiert. Aus Berkeley wurde kürzlich die Entdeckung der Elemente 116 (*Eka-Polonium*) und 118 (*Eka-Radon*) gemeldet, aber noch nicht gesichert.

Die bis dato charakterisierten Transactiniden sind extrem kurzlebige Elemente, die über ihre Zerfallsprodukte nachgewiesen werden (Näheres s. unter den einzelnen Elementen).

Element	Name	Symbol	System-Name
Element 104	Rutherfordium	Rf	Eka-Hafnium
Element 105	Dubnium	Db	Eka-Tantal
Element 106	Seaborgium	Sg	Eka-Wolfram
Element 107	Bohrium	Bh	Eka-Rhenium
Element 108	Hassium	Hs	Eka-Osmium
Element 109	Meitnerium	Mt	Eka-Iridium

Bisher bekannte Transactiniden-Elemente

Tributylphosphat

Tributylphosphate Phosphorsäuretributylester, TBP

Eine farb- und geruchlose Flüssigkeit, die in Wasser nur zu 0,6g/100 ml löslich ist, sich aber mit den üblichen org. Solventien mischen läßt. T. ist hydrolysebeständig.

T. wird technisch gewonnen durch Umsetzung von ↑ Phosphoroxichlorid mit ↑ n-Butanol (s. Schema).

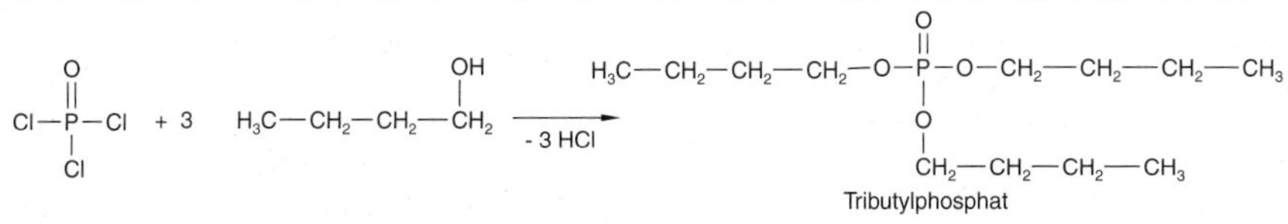

Herstellung von Tributylphosphat

T. besitzt technische Bedeutung vor allem als Weichmacher für Vinylpolymere und Polymere auf Cellulosebasis (z. B. ↑ Nitrocellulose). Wichtig ist auch die Verwendung als Extraktionsmittel (Abtrennung von Seltenerdmetallen, Kernbrennstoff-Aufarbeitung). Zur Extraktion eignet sich T. insbesondere aufgrund seines großen Lösevermögens auch für anorganische Stoffe. So löst sich wasserfreies ↑ Kupfer(II)chlorid zu ca. 26 g/100 ml in T. In dieser Lösung läßt sich z. B. Stickstoffmonoxid (s. unter ↑ Stickstoffoxide) besser absorbieren als in wässerigen Fe(II)-Lösungen.

► T. reizt Haut, Augen und Atemwege.

$C_{12}H_{27}O_4P$ $M_R = 266{,}32$ C 54,12 % H 10,22 % O 24,03 % P 11,63 %

t_{Smp}	$t_{Zersetzung}$	d	η
−80 °C	289 °C (Z)	0,976 g/cm³	

Triethanolamin

Triethanolamine Nitrilotriethanol

Eine farblose, ölige hygroskopische Flüssigkeit mit schwach ammoniak-ähnlichem Geruch, die mit Wasser, Methanol und Aceton mischbar, in Diethylether oder in Kohlenwasserstoffen wie ↑ Pentan aber nur wenig löslich ist. Die wässerige Lösung reagiert alkalisch (pH 0,1n Lösung 10,5).

T. wird hergestellt durch Umsetzung von ↑ Ammoniak mit einem leichten Uberschuß an ↑ Ethylenoxid (s. Schema).

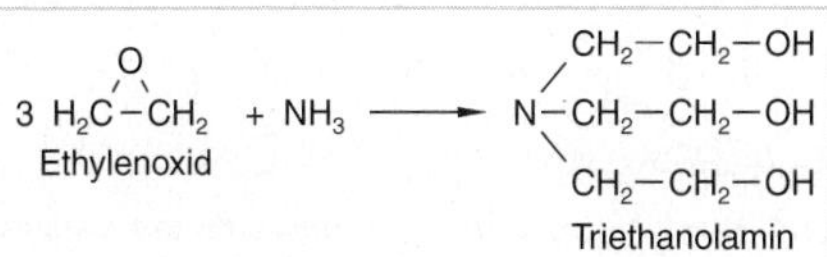

Herstellung von Triethanolamin

Die Reinigung und Abtrennung von mitgebildetem ↑ Ethanolamin und ↑ Diethanolamin kann durch Destillation erfolgen.

T. wird als freie Base zu den verschiedensten technischen Zwecken eingesetzt, so als Zusatz in Galvanik-Bädern, als Polymerisationsbeschleuniger, in der Gerberei, und vor allem auch in der Gasreinigung zum Abfangen von sauren Gasen wie ↑ Kohlenstoffdioxid oder ↑ Schwefelwasserstoff. Die weitaus größte Bedeutung besitzt T. jedoch in Form seiner Salze mit Fettsäuren, z. B. mit ↑ Stearinsäure als *Triethanolstearat*

(s. Abbildung), die hervorragendes Emulgiervermögen besitzten, eine milde Alkalität (pH 8-9) erzeugen, sowohl in Wasser als auch in Ölen und Fetten löslich sind und deshalb als sogenannte „*Neutralseifen*“ dienen, die sowohl ihres Reinigungs- als auch ihres Emulgier-Effektes wegen in kosmetischen und pharmazeutischen Produkten, aber auch in vielen technischen Zubereitungen (Farben, Lacke, Schuhcremes) eingesetzt werden.

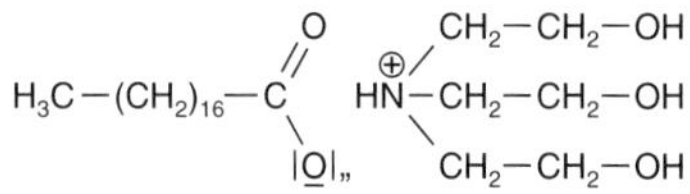

Triethanolstearat ("Neutralseife")

Aufbau von Triethanolstearat als Beispiel für eine Neutralseife

Wichtige öllösliche *Emulgatoren* entstehen auch bei der Veresterung von Fettsäuren mit T., z. B. der *Ölsäuretriethanolaminester* (s. Abbildung).

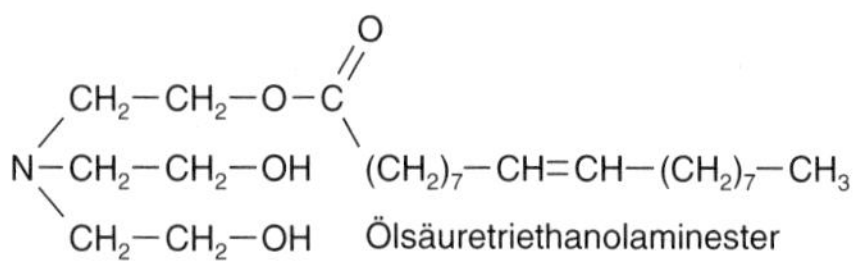

Struktur von Ölsäuretriethanolaminester, ein technischer Emulgator

T. färbt sich unter Licht- und Lufteinwirkung allmählich gelb, weshalb es dunkel und luftdicht verschlossen aufbewahrt werden soll.

► Bei seiner milden Alkalität zeigt. T. praktisch keinerlei Hautreizung.

$C_6H_{15}NO_3$ $M_R = 149{,}19$ C 48,30 % H 10,13 % N 9,39 % O 32,17 %

t_{Smp} 21 °C	t_{Sdp} 360 °C	d 1,12 g/cm³	η		
C_p 389 J/(K · mol)	$\Delta_S H$	$\Delta_V H$ 105,9 kJ/mol	$\Delta_B H$ −664 kJ/mol	S^o	Q_C −3840 kJ/mol
MAK 5 mg/m³	R-Satz 36/37/38	S-Satz 26-36			

Triethylamin

Triethylamine

Eine wasserklare Flüssigkeit mit strengem typisch aminartigem Geruch, die unterhalb 18,7 °C mit Wasser mischbar, oberhalb dieser Temperatur jedoch nur wenig in Wasser löslich ist. T. ist mischbar mit Ethanol, Diethylether und den meisten anderen org. Solventien.

T. wird zusammen mit ↑ Ethylamin und Diethylamin durch Gasphasen-Alkylierung von ↑ Ammoniak mit ↑ Ethanol hergestellt (s. Gleichung).

$$3\ H_3C{-}CH_2{-}OH\ +\ NH_3\ \longrightarrow\ N(CH_2{-}CH_3)_3\ +\ 3\ H_2O$$

Technische Herstellung von Triethylamin aus Ethanol

Ein weitere Route ist die Hydrierung von ↑ Acetaldehyd in Gegenwart von ↑ Ammoniak (s. Schema).

$$3\ H_3C{-}C({=}O){-}H + NH_3 + 6\ H_2 \xrightarrow{[Kat.]} N(CH_2{-}CH_3)_3 + 3\ H_2O$$

Herstellung von Triethylamin aus Acetaldehyd

T. bildet u. a. folgendes Azeotrop:

Azeotrop-Komponenten	Zusammensetzung (Gew.-%)	Siedepunkt (°C)
T./Wasser	90,0/10,0	75,8

Der pK_S-Wert des T. beträgt 10,75. Mit ↑ Chlorwasserstoff bildet T. das in Wasser und Ethanol gut lösliche, in Diethylether unlösliche, *Triethylaminhydrochlorid* (s. Gleichung).

$$N(CH_2{-}CH_3)_3 + HCl \longrightarrow \underset{\text{Triethylamin-hydrochlorid}}{H\overset{\oplus}{N}(CH_2{-}CH_3)_3\ Cl^{\ominus}}$$

Bildung von kristallinem Hydrochlorid mit HCl

Es stellt ein weißes kristallines Pulver vom Schmp. 253 °C dar, das ab 245 °C sublimiert.

T. wird technisch und im Labor als kräftige organische Katalysatorbase verwendet.

► T. ruft auf der Haut schwere Verätzungen hervor. Die Dämpfe wirken stark schleimhautreizend.

$C_6H_{15}N$ $M_R = 101{,}19$ C 71,22 % H 14,94 % N 13,84 %

t_{Smp} −115 °C	t_{Sdp} 89 °C	d 0,728 g/cm³	η		
C_p 216 J/(K · mol)	$\Delta_S H$	$\Delta_V H$ 31 kJ/mol	$\Delta_B H$ −169 kJ/mol	S^o	Q_C −4377 kJ/mol
t_{krit} 262 °C	P_{krit}	d_{krit}	t_{trip}		
MAK 8 mg/m³	R-Satz 11-20/21/22-35	S-Satz 3-16-26-29-36/37/39-45			

Triethylenglykol

Triethylene glycol

Eine farb- und geruchlose ölige Flüssigkeit, die mit Wasser und Ethanol mischbar ist. T. ist kaum löslich in Diethylether, unlöslich in Petrolether.

T. kann gezielt hergestellt werden durch Umsetzung von ↑ Ethylenoxid mit ↑ Ethylenglykol in Gegenwart von ↑ Schwefelsäure, fällt aber auch als Nebenprodukt der Herstellung von Ethylenglykol aus Ethylenoxid an.

$$\underset{\text{Triethylenglykol}}{HO{-}CH_2{-}CH_2{-}O{-}CH_2{-}CH_2{-}O{-}CH_2{-}CH_2{-}OH}$$

Struktur von Triethylenglykol

T. findet praktisch die gleichen technischen und präparativen Anwendungen wie ↑Tetraethylenglykol, was auch für die Mono- und Diether gilt.

$C_6H_{14}O_4$ $M_R = 150{,}17$ C 47,99 % H 9,40 % O 42,62 %

Trifluoressigsäure

Trifluoracetic acid

Eine farblose, an der Luft rauchende Flüssigkeit von stark beißendem Geruch, die mit Wasser, Ethanol, Diethylether, Aceton, Benzol, Hexan und Tetrachlorkohlenstoff mischbar ist. T. dissoziiert in wässeriger Lösung fast völlig und ist mit einem pK_S-Wert von ca. 0,3 die stärkste Monocarbonsäure, die man kennt. T. ist hygroskopisch.

T. bildet u. a. folgendes Azeotrop:

Azeotrop-Komponenten	Zusammensetzung (Gew.-%)	Siedepunkt (°C)
T./Wasser	79,5/20,5	105,0

Hergestellt wird T. auf elektrochemischem Weg durch Fluorierung von ↑Essigsäure in wasserfreiem ↑Fluorwasserstoff als Reaktionsmedium (s. Schema).

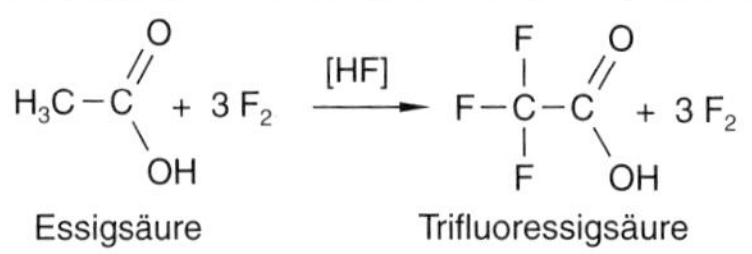

Herstellung von Trifluoressigsäure durch Elektrofluorierung

T. dient als saurer Katalysator in organischen Synthesen (Veresterungen, Kondensationen, Cyclisierungen). Mit ↑Phosphorpentoxid läßt sich T. zum *Trifluoressigsäureanhydrid* umsetzen (s. Schema), eine ebenfalls rauchende, stechend riechende farblose Flüssigkeit, die mit Wasser oder Alkoholen sofort abreagiert zur Säure bzw. den entsprechenden Estern. Das Anhydrid dient deshalb zur Einführung der *Trifluoracetylgruppe*.

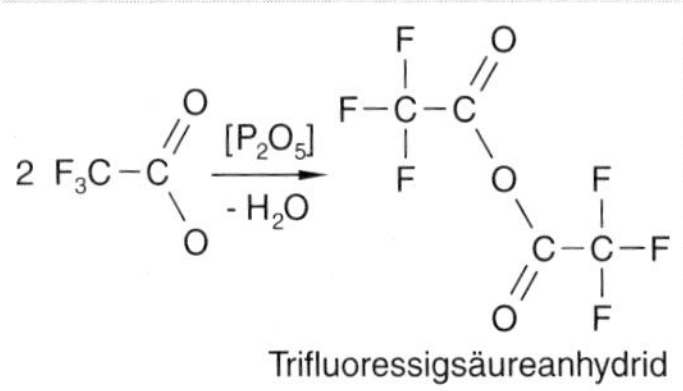

Herstellung von Trifluoressigsäureanhydrid

T. wird in speziellen Umsetzungen auch als nichtwässeriges Lösungsmittel verwendet. Der *Trifluoracetyl-Rest* wird in der Peptidchemie als Schutzgruppe für Aminofunktionen verwendet, da er sich unter schonenden Bedingungen alkalisch leicht abspalten läßt.

► T. wirkt sowohl in reiner als auch in verdünnter Form stark ätzend auf Haut, Schleimhäute und Atemwege.

$C_2HF_3O_2$ $M_R = 114{,}02$ C 21,07 % H 0,88 % F 49,99 % O 28,06 %

t_{Smp} −15 °C	t_{Sdp} 72 °C	d 1,49 g/cm³	η		
C_p	$\Delta_S H$	$\Delta_V H$ 41 kJ/mol	$\Delta_B H$ −1070 kJ/mol	S^o	Q_C −397 kJ/mol
MAK	R-Satz 20-35-52/53	S-Satz 9-26-27-28-45-61			

2,4,6-Trinitrotoluol

2,4,6-Trinitrotoluene TNT

Bildet gelbe nadel- oder säulenförmige Kristalle, die in Wasser kaum löslich sind (bei 20 °C 0,01 g/100 ml), sich aber gut lösen in Aceton, Toluol und in heißem Ethanol. T. läßt sich ohne Zersetzung schmelzen und unter vermindertem Druck (10 mbar, 210 °C) destillieren.

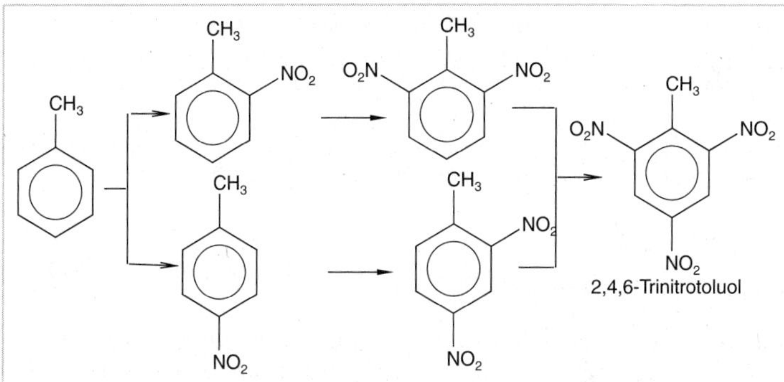

Herstellung von Trinitrotoluol

T. wird hergestellt durch Nitrierung von ↑Toluol, und zwar in drei Stufen über die isomeren Mono- und Dinitroderivate zum Trinitroderivat (s. Schema).

T. ist gegen Erwärmung recht beständig. Hält man T. auf 240 °C, so entzündet es sich erst nach 30 Minuten. Spontane Entzündung tritt erst oberhalb 300 °C ein. Den Charakter eines Sprengstoffes entfaltet T., wenn es durch eine Initialzündung zur Detonation gebracht wird. Als Initialzünder wird meist Bleiazid (s. unter ↑Natriumazid) verwendet.

Wegen seiner einfachen und sicheren Handhabung und der sehr guten sprengstofftechnischen Eigenschaften, z. B. entwickeltes Gasvolumen (unter Normalbed.) 690 l/Kg (715), Detonations-Geschwindigkeit 6900 m/s (7600) (in Klammern zum Vergleich die Werte von ↑Nitroglycerin) ist T. einer der wichtigsten technischen Sprengstoffe.

Präparativ wird T. genutzt z. B. als Ausgangsprodukt zur Herstellung von ↑Phloroglucin.

► T. ist giftig. Es wird auch durch die Haut resorbiert.

$C_7H_5N_3O_6$ $M_R = 227{,}13$ C 37,02 % H 2,22 % N 18,50 % O 42,26 %

t_{Smp} 81 °C	$t_{Zersetzung}$ > 160 °C (Z)	d 1,65 g/cm³	η

C_p	$\Delta_S H$	$\Delta_{Sub} H$	$\Delta_B H$	S^o	Q_C
243 J/(K · mol)		112 kJ/mol (S)	−80 kJ/mol		−3406 kJ/mol

MAK	R-Satz	S-Satz
0,1 mg/m³	2-23/24/25-33-51/53	35-45-61

Triphenylphosphan

Triphenylphosphine

Bildet farb- und geruchlose blättchen- oder prismenförmige Kristalle, die sich in Wasser garnicht, in Ethanol nur wenig lösen. Gut löslich ist T. in Benzol, Diethylether, Chloroform und auch in Essigsäure. T.-Kristalle zeigen *Tribolumineszenz* (Lumineszenz, die bei mechanischer Einwirkung auf die Kristalle auftritt, wie Reiben, Pressen, Zerkleinern usw.).

T. kann hergestellt werden durch Umsetzung von ↑ Phosphortrichlorid mit Phenylmagnesiumbromid oder mit ↑ Chlorbenzol in Gegenwart von ↑ Natrium (*Wurtz-Fittig-Synthese*) (s. Schema).

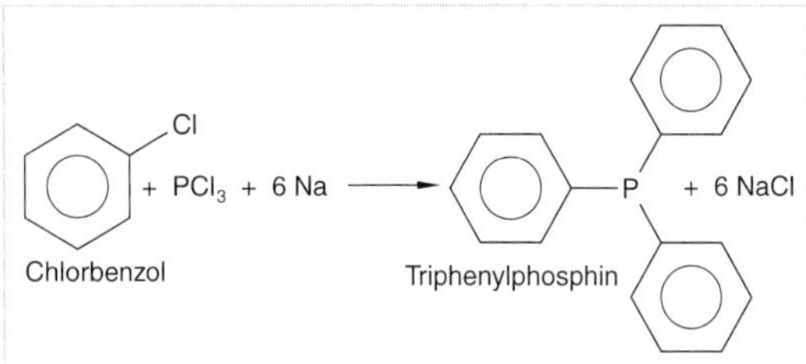

Herstellung von Triphenylphosphan durch Wurtz-Fittig-Synthese

T. ist das in der organischen Chemie am meisten verwendete *Phosphan* (die alte, aber in der Literatur noch viel verwendete Bezeichnung ist *Phosphin*). Es dient in Gegenwart von ↑ Tetrachlormethan zur Überführung von Alkoholen in Alkylchloride bzw. von Carbonsäuren in Carbonsäurechloride (s. Schema).

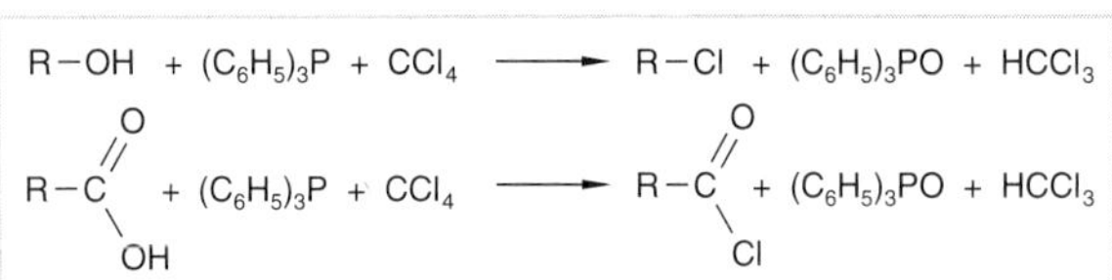

Herstellung von Alkylchloriden und Säurechloriden mittels Triphenylphosphan

Besonders wichtig ist es zur Herstellung der *Phosphor-Ylide* (*Alkylidenphosphorane*): aus T. und einem Alkylbromid bildet sich das entsprechende *Phosphoniumbromid*. Dieses läßt sich mit einer starken Base (z. B. Phenyllithium) in das Ylid überführen. Dies ist am Beispiel von ↑ Methylbromid für die Bildung von *Methylentriphenylphosphoran* formuliet (s. Schema). Ylide werden am besten in der ionischen Form wiedergegeben (s. Mesomerie-Darstellung).

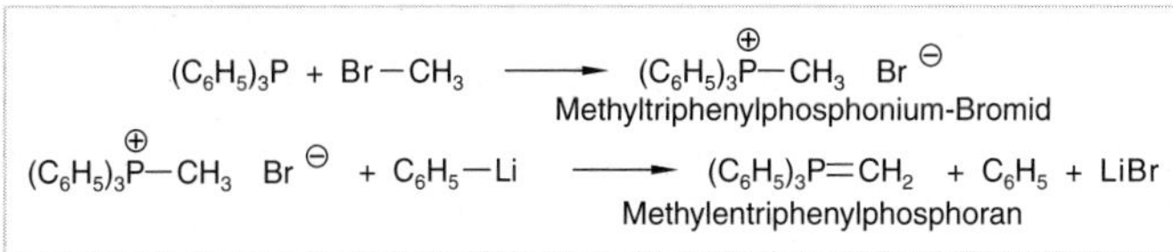

Herstellung von Methylentriphenylphosphoran

Mesomerie in einem Phosphor-Ylid

Diese Phosphor-Ylide (die richtige Bezeichnung ist heute Alkylidenphosphorane, die Bezeichnung Phosphor-Ylide ist aber noch sehr verbreitet) sind präparativ wertvolle Reagenzien. Besonders wichtig sind sie in der als *Wittig-Reaktion* bekannten Synthese, die allgemein dazu verwendet wird, eine Carbonylgruppe in eine C-C-Doppelbindung zu überführen, wie es am Beispiel der Umsetzung von ↑Benzophenon mit Methylentriphenylphosphoran formuliert ist, die schließlich *1,1-Diphenylethylen* liefert (s. Schema).

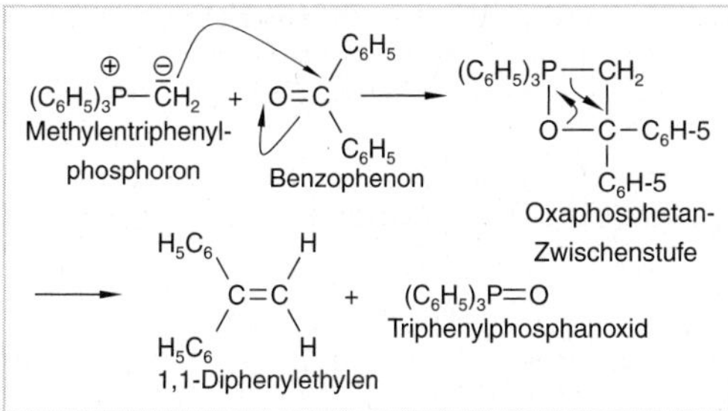

Wittig-Reaktion von Benzophenon zum 1,1-Diphenylethylen

Diese 1949 von G. Wittig (Nobelpreis 1978) aufgefundene Reaktion besitzt große Allgemeinheit und war und ist bedeutsam u. a. in der Synthese wichtiger Naturstoffe (z. B. Vitamin A, s. unter ↑Retinol). Es existieren heute wichtige Varianten, z. B. nach Horner, nach Peterson, nach Tebbe-Grubbs. Die Wittig-Reaktion wird meist als Eintopf-Synthese durchgeführt. Das Phosphoniumsalz und die Base (zur Ablösung des α-Protons und Ylid-Bildung) werden zusammengegeben (in einem geeigneten Solvens, z. B. Diethylether), wobei sich die meist tiefrote Ylid-Lösung bildet, zu der die Carbonylkomponente zugegeben wird. Das bei der Wittig-Reaktion anfallende *Triphenylphosphanoxid* ist ein farbloser, stabiler Feststoff vom Schmp. 157 °C.

T. ist auch Bestandteil des Wilkinson-Katalysators (s. unter ↑Rhodium).

$C_{18}H_{15}P$ $M_R = 262{,}29$ C 82,43 % H 5,76 % P 11,81 %

t_{Smp}	t_{Sdp}	d	η
80 °C	> 360 °C	1,08 g/cm³ (fl.)	

C_p	$\Delta_S H$	$\Delta_{Sub} H$	$\Delta_B H$	S^o	Q_C
312 J/(K · mol)	19,7 kJ/mol	109,2 kJ/mol (S)			

MAK	R-Satz	S-Satz
	43-48/20/22-50/53	26-36/37/39-61

Tryptophan

Tryptophan β-(3-Indolyl)-alanin

Bildet farblose, glänzende, blättchenförmige Kristalle, die sich bei 20 °C zu 1 g/100 ml, bei 100 °C zu 5 g/100 ml in Wasser lösen. T. ist löslich in Alkalilaugen. In org. Solventien ist T. nur sehr wenig löslich.

T. ist als Aminosäure Bestandteil vieler Proteine, kommt allerdings stets nur in geringen Anteilen vor, so z. B. im ↑ Casein zu 1,6 % oder in Eialbumin (s. unter ↑ Albumine) zu 1,2 %. Da es bei der sauren Hydrolyse der Proteine zerstört wird, wurde es erst relativ spät entdeckt, und zwar bei der enzymatischen Caseinhydrolyse (1901). Eine brauchbare Synthese ausgehend von ↑ Indol wurde 1940 (Snyder) bekannt: Indol wird in einer Mannich-Reaktion mit ↑ Formaldehyd und ↑ Dimethylamin zum *Gramin* umgesetzt (Gramin ist ein auch in Gräsern vorkommendes Alkaloid vom Schmp. 138 °C). Das Gramin überführt man mit Acetaminomalonester unter basischer Katalyse in den Skatylacetaminomalonester, welcher unter Decarboxylierung zum D,L-T. hydrolysiert wird (s. Schema).

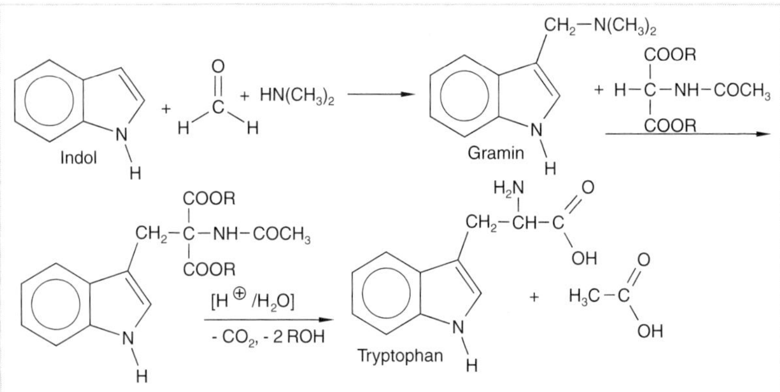

Synthese von Tryptophan (Snyder, 1940)

T. ist eine essentielle Aminosäure, kann also vom menschlichen Organismus nicht synthetisiert werden. Sie muß mit der Nahrung in täglichen Mengen von etwa 1 g zugeführt werden.

Beim biochemischen Abbau entstehen aus dem T. u. a. ↑ L-Kynurenin, Skatol und ↑ Indol, die ausgeschieden werden. Der Fäkalien-Geruch wird hauptsächlich durch *Skatol* erzeugt. Durch biochemische Decarboxylierung bildet sich im Körper ferner das *Tryptamin*, dessen 5-Hydroxyderivat der wichtige Neurotransmitter ↑ Serotonin ist (s. Abbildung).

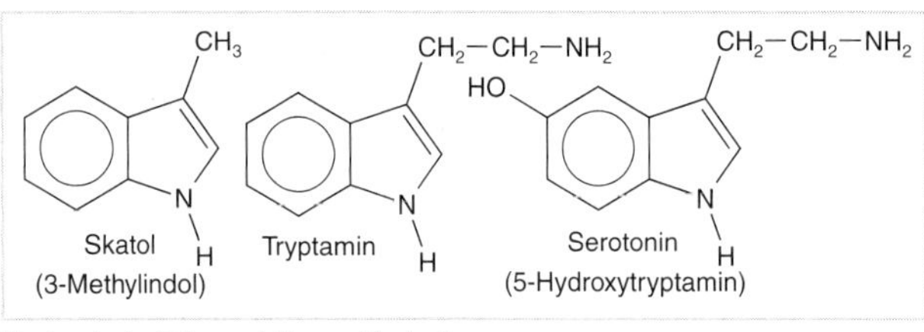

Biochemische Folgeprodukte von Tryptophan

Die Pflanzen synthetisieren aus T. die ↑ 3-Indolylessigsäure.

$C_{11}H_{12}N_2O_2$ $M_R = 204{,}22$ C 64,69 % H 5,92 % N 13,72 % O 15,67 %

$t_{Zersetzung}$	t_{Sdp}	d	η		
> 295 °C (Z)					
C_p	$\Delta_S H$	$\Delta_V H$	$\Delta_B H$	S^o	Q_C
238 J/(K · mol)				251 J/(K · mol)	−5628 kJ/mol

Tubocurarin

Tubocurarine chloride

Die meist gehandelte und angewendete Form ist die des Chlorid-Hydrochlorids, die auch hier beschrieben wird. Als solches bildet T. farblose blättchenförmige Kristalle, deren Wasserlöslichkeit unterschiedlich referiert wird mit Werten von 2,5-5,0 g/100 ml. Es bildet leicht übersättigte Lösungen. In Ethanol löst es sich zu etwa 1,3 g/100 ml. In Diethylether, Aceton oder Chloroform ist T. unlöslich. T. nimmt aus der Luft Wasser bis zum Gehalt eines Pentahydrats auf.

Unter dem Begriff *Curare* faßt man ganz verschiedene *Pfeilgifte* südamerikanischer Indianer zusammen, die man danach bezeichnet, wie sie aufbewahrt werden. Das T. wird aus Chondodendron-Arten gewonnen und in Bambusrohren (bamboo tubes) gelagert. Das *Calebassencurare* z. B., das aus Strychnos-Arten isoliert wird (s. unter ↑ Strychnin) wird in ausgehöhlten Kürbissen aufbewahrt.

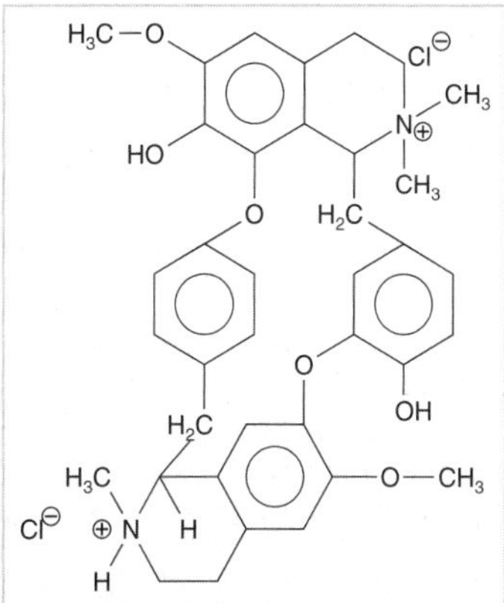

Struktur von d,l-Tubocurarinchlorid-Hydrochlorid

Das T.-Molekül besteht aus zwei Tetrahydroisochinolin-Systemen, die über zwei Benzylbrücken miteinander verknüpft sind. Beide Chinolin-N-Atome sind quaterniert, was für die bekannte muskellähmende Wirkung entscheidend ist (s. Abbildung).

Natürlich vorkommend sind sowohl die d- als auch die l-Form. Die Wirkung von T. beruht darauf, daß es das ↑ Acetylcholin von den postsynaptischen Rezeptoren der neuromuskulären Endplatte kompetitiv verdrängt, ohne depolarisierend zu wirken (stabilisierendes Muskelrelaxans), d. h. es verhindert die Muskelkontraktion und bewirkt Erschlaffung (s. hierzu unter ↑ Acetylcholin).

T. wirkt zunächst auf Augen-, Zungen- und Fingermuskulatur, dann auf die Nacken- und Extremitätenmuskulatur. Danach werden erst die Atemmuskeln betroffen. Die ganglionären Rezeptoren blockiert T. erst in wesentlich höheren Konzentrationen.

T. wird medizinisch verwendet, wenn eine Erschlaffung der quergestreiften Muskulatur erforderlich ist, z. B. bei größeren chirurgischen Eingriffen (Bauch- und Thoraxchirurgie). T. verringert auch die erforderliche Dosis an Narkosemittel. Die Narkose muß zuerst gesetzt werden, damit der Patient nicht eine eventuell eintretende Atemlähmung bewußt erlebt, was äußerst qualvoll wäre, und es muß die Möglichkeit der künstlichen Beatmung bestehen.

Da eine orale Aufnahme wirkungslos ist (es wird schneller ausgeschieden als resorbiert) muß es intravenös verabreicht werden. Eine erforderliche Initialdosis beträgt für einen Erwachsenen 10 mg.

T. wurde erstmals 1946 isoliert. Endgültig geklärt wurde die Struktur 1970.

$C_{37}H_{42}Cl_2N_2O_6$ $M_R = 681{,}66$ C 65,20 % H 6,21 % Cl 10,40 % N 4,11 % O 14,08 %

Tyramin

Tyramine

Bildet farblose Kristalle von leicht süßlichem Geruch, die sich mit alkalischer Reaktion zu ca. 1 g/100 ml in kaltem Wasser und zu etwa 10 g/100 ml in siedendem Ethanol lösen. In Diethylether oder Chloroform ist T. unlöslich.

T. ist ein biogenes Amin, das sich deshalb in vielen pflanzlichen und tierischen Geweben findet. Es entsteht durch enzymatische Decarboxylierung von ↑ Tyrosin und auch bei der Eiweiß-Zersetzung (s. Schema).

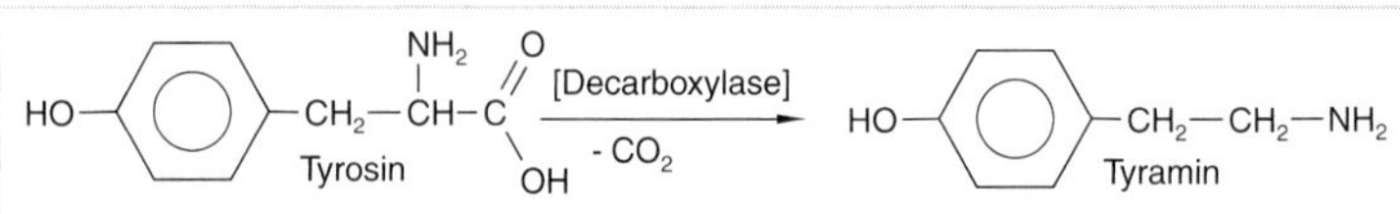

Biochemische Bildung von Tyramin aus Tyrosin

T. kommt vor in Bananen, Erbsen, Kartoffeln sowie in Leber und Blut. Besonders reichlich findet es sich in Käse. T. wirkt physiologisch als indirektes Sympathikomimetikum, d. h. es bewirkt die Freisetzung von ↑ Noradrenalin in den synaptischen Spalt und gleicht damit in seiner Wirkung den Amphetaminen (s. unter ↑ Amphetamin) sowie dem ↑ Ephedrin (s. auch unter ↑ Acetylcholin).

T. wird allerdings nicht therapeutisch genutzt. Es dient als Synthesebaustein in Pharmaka-Synthesen.

$C_8H_{11}NO$ $M_R = 137{,}18$ C 70,04 %   H 8,08 %   N 10,21 %   O 11,66 %

Tyrosin

Tyrosine   p-Hydroxyphenylalanin

Kristallisiert in farblosen, seidenglänzenden Nadeln, die in Wasser, Ethanol, Aceton und Diethylether unlöslich sind. Löslich ist T. in Alkalilaugen.

T. ist als Aminosäure am Aufbau vieler Proteine beteiligt, z. B. ist es im Seidenfibroin zu 12,8 %, im ↑ Casein zu 8,1 % enthalten. Wegen seiner Wasserunlöslichkeit läßt es sich leicht aus Proteinhydrolysaten ausfällen. So wird es auch technisch gewonnen (vor allem aus Seidenabfällen und Casein), so daß eine Synthese kein Interesse besitzt. T. ist eine nichtessentielle Aminosäure. Sie wird vom Organismus aus ↑ Phenylalanin gebildet (s. Schema). T. ist die biochemische Vorstufe von ↑ Thyroxin, ferner von ↑ Dopamin, ↑ Noradrenalin und ↑ Adrenalin.

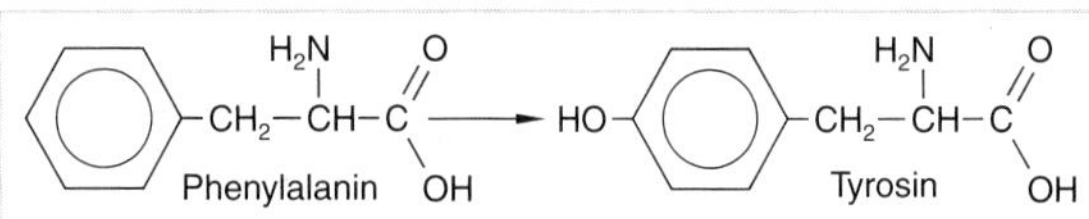

Biochemische Bildung von Tyrosin

T. wurde 1846 von J. v. Liebig bei der Alkalischmelze von Käse (tyros = Käse) entdeckt.

$C_9H_{11}NO_3$ $M_R = 181{,}19$ C 59,66 %   H 6,12 %   N 7,73 %   O 26,49 %

$t_{Zersetzung}$	t_{Sdp}	d	η		
342 °C (Z)		1,46 g/cm³			
C_p	$\Delta_S H$	$\Delta_{Sub} H$	$\Delta_B H$	S^o	Q_C
216 J/(K · mol)		101 kJ/mol (S)	−686 kJ/mol	214 J/(K · mol)	−4428 kJ/mol

Ubichinone

Ubiquinones

Die U. sind farblose bis gelbe Feststoffe, die in Wasser unlöslich, aber gut löslich sind in org. Solventien und in Fetten.

U. kommen in der gesamten belebten Welt vom Einzeller über Pflanzen bis zu den Säugetieren vor. Sie befinden sich in den Membranen der Mitochondrien.

Ihr Struktur ist charakterisiert durch einen Benzochinon-Ring (s. unter ↑ Benzochinon), der in 2-Stellung methyl- und in 5- und 6-Stellung methoxysubstituiert ist. In 3-Stellung befindet sich eine isoprenoide Seitenkette, deren Länge, also Anzahl der Isopren-Einheiten, die Unterschiede zwischen den verschiedenen U. bedingt. Die Zahl n der Isopren-Einheiten (s. Formel) kann 1 bis 12 betragen, ist beim Menschen bevorzugt 10. Die U. stellen ein reversibles Redoxsystem dar (s. Schema).

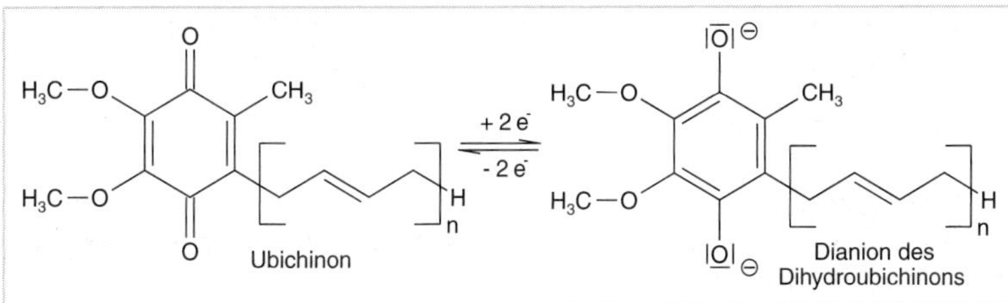

Reversibles Redoxsystem der Ubichinone

Mit dieser Eigenschaft nehmen die U. eine wichtige Funktion in der *Atmungskette* wahr, die ja in den mitochondrialen Membranen abläuft und als deren Endergebnis ↑ Sauerstoff zu Wasser reduziert wird. Die Atmungskette verläuft über mehrere Proteinkomplexe. Zwischen diesen dienen die U. als in der Membran (aufgrund ihrer Lipophilie) bewegliche Vehikel für Elektronen. Diese Elektronen werden dann schließlich noch vom *Cytochrom C* (ein ebenfalls mobiles kleines Häm-Protein) aufgenommen, an die *Cytochrom-C-Oxidase* übertragen, die sie dann letztendlich auf den molekularen Sauerstoff überträgt. Die bei diesem exergonischen Redox-Vorgang „freiwerdende" Energie wird größtenteils zum Aufbau von ↑ Adenosintriphosphat genutzt (genaueres zu diesem Vorgang s. unter ↑ Adenosin-5′-triphosphat).

Wegen ihrer Mitwirkung an diesem enzymatischen Prozeß werden die U. auch als *Coenzyme Qn* bezeichnet (der Index n gibt dann die Anzahl der Isopren-Einheiten in der Seitenkette an). Die U. sind nicht essentiell. Sie werden im Organismus über Farnesyldiphosphat (s. unter ↑ Farnesol) aufgebaut.

Die U. wurden 1956 entdeckt.

$C_{59}H_{90}O_4$ $M_R = 863{,}30$ (Q_{10}) C 82,08 % H 10,50 % O 7,41 %

Umbelliferon

Umbelliferone 7-Hydroxycumarin

Bildet gelbe nadelförmige Kristalle, die sich in siedendem Wasser zu 1 g/100 ml lösen, gut löslich sind in Ethanol, Chloroform und Essigsäure sowie in alkalischen Lösungen. In Diethylether ist es kaum löslich. Die Lösungen zeigen blaue Fluoreszenz. Beim Erwärmen entwickelt U. einen Duft nach ↑ Cumarin.

U. kommt in vielen Pflanzen vor, so u. a. in den Doldengewächsen (Umbelliferae), also z. B. im Koriander, im Steckenkraut (Ferula) oder im Angelica, aber auch in der Rinde von Seidelbast oder in den Wurzeln der Tollkirsche (ein Nachtschattengewächs). Besonders reichlich ist es im Galbanum, ein Harz, das man aus Ferula galbaniflua gewinnt (kommt im Mittelmeerraum und Vorderasien vor), aus dem es auch isoliert wird. Es wird auch synthetisch gewonnen analog zur Synthese von ↑ Cumarin. U. kommt auch in Form seines β-D-Glucopyranosids vor, das als *Skimmin* bezeichnet wird.

Das *6-Hydroxyumbelliferon* (*6,7-Dihydroxycumarin* = *Aesculetin*, s. Abbildung) findet sich als 6-β-D-Glucopyranosid ebenfalls in Pflanzen und trägt als solches den Namen *Aesculin*.

Sowohl U. als auch Aesculetin werden wegen ihrer Fähigkeit zur Absorption von UV-Licht für *Sonnenschutzmittel* verwendet. Sie finden ferner Einsatz als optische Aufheller sowie als *Fluoreszenzindikatioren*. In gleicher Weise wird das Derivat *4-Methylumbelliferon* eingesetzt (s. Abbildung).

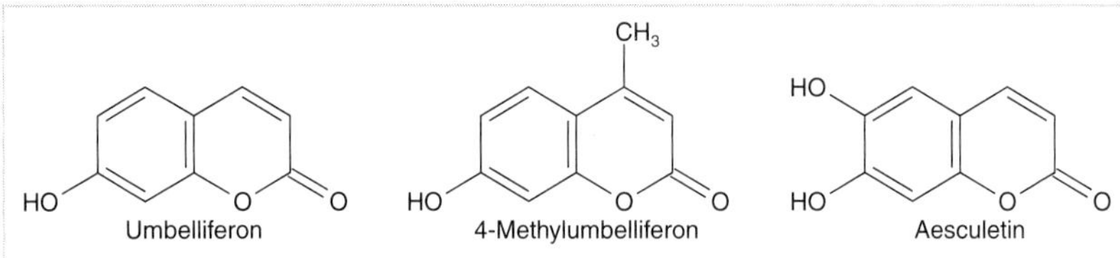

Strukturen von Umbelliferon und Derivaten

$C_9H_6O_3$ M

10-Undecensäure

Undecylenic acid Undecylensäure

Bildet eine farblose ölige Flüssigkeit oder farblose Kristalle von unangenehm schweißartigem Geruch, in Wasser unlöslich, aber gut löslich in Ethanol, Chloroform oder Diethylether.

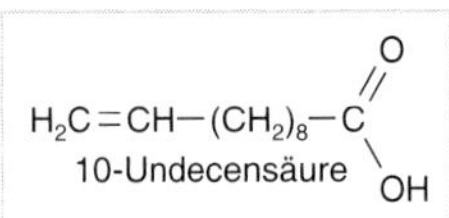

Struktur der 10-Undecensäure

U. kommt im Schweiß vor. Synthetisch wird sie erhalten durch Pyrolyse der ↑ Ricinolsäure.

Die U. besitzt bakterizide und vor allem fungizide (pilztötende) Eigenschaften und ist deshalb ein wichtiges lokales *Antimykotikum* in der Dermatologie, das zur Behandlung von Pilzerkrankungen der Haut und ihrer Anhangsgebilde verwendet wird. Dabei kommt vor allem ihr Zinksalz, das *Zinkundecenat*, zur Anwendung, das durch Auflösung von ↑ Zinkoxid in verdünnter U.-Lösung und Einengen erhalten wird. Zinkundecenat gleicht in seinen physikalischen Eigenschaften und seiner Konsistenz dem Zinkstearat (s. unter ↑ Stearinsäure). Es wird in Form von Salben, Emulsionen oder Sprays aufgebracht.

Eine technische Anwendung hat die U. gefunden durch Umwandlung in *11-Aminoundecansäure*. Diese ergibt durch Polykondensation die unter dem Namen *Rilsan* bekannte hochwertige *11-Polyamid-Faser*.

Die U. wurde erstmals 1877 erhalten. Ihre antimykotische Wirkung wurde 1938 entdeckt.

$C_{11}H_{20}O_2$ $M_R = 184{,}28$ C 71,70 % H 10,94 % O 17,36 %

t_{Smp}	$t_{Zersetzung}$	d	η
24,5 °C	275 °C (Z)	0,91 g/cm³	

Uracil

Uracil 2,4-Dioxopyrimidin

Kristallisiert in Form farbloser Nadeln, die sich in Wasser bei 20 °C nur zu 0,36 g/100 ml lösen. U. ist auch in Ethanol und Diethylether nur sehr wenig löslich. Gut löslich ist U. in heißem Wasser und in alkalischem Medium.

U. ist eine der am Aufbau von Ribonnucleinsäuren beteiligten Stickstoffbasen (s. unter ↑ Nucleinsäuren), wobei es mit der ↑ D-Ribose N-glycosidisch zum Nucleosid *Uridin* verküpft ist und findet sich somit in allen lebenden Zellen.

Die Laborsynthese gelingt durch Erhitzen von ↑ Äpfelsäure mit konz. ↑ Schwefelsäure in Gegenwart von ↑ Harnstoff, wobei aus der Äpfelsäure zunächst *Formylessigsäure* entsteht, die mit dem Harnstoff cyclokondensiert (s. Schema).

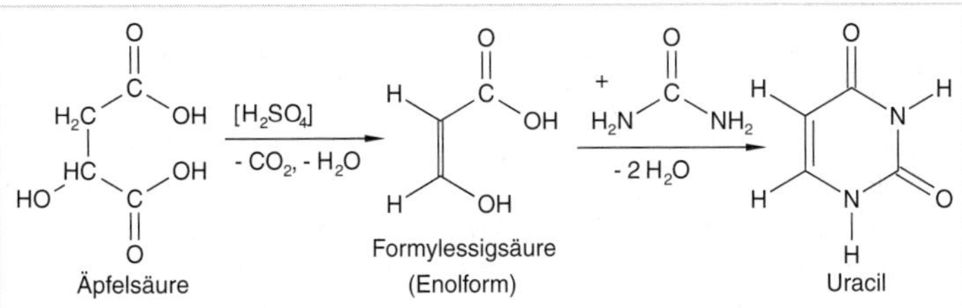

Laborsynthese von Uracil aus Äpfelsäure

Wird in dieser Synthese der Harnstoff durch ↑ Thioharnstoff ersetzt, gelangt man zum *Thiouracil*, dessen 6-Propyl-Derivat (*6-Propylthiouracil*) eine wirksames Thyreostatikum darstellt. *5-Fluoruracil* wird als Cytostatikum in der Tumortherapie verwendet. Es wirkt als Antimetabolit, indem es anstelle von U. in RNS und DNS eingebaut wird und damit den Nucleinsäure-Stoffwechsel der wachsenden Zellen stört.

$C_4H_4N_2O_2$ $M_R = 112{,}09$ C 42,86 % H 3,60 % N 24,99 % O 28,55 %

t_{Smp}	t_{Sdp}	d	η
338 °C			

C_p	$\Delta_S H$	$\Delta_{Sub} H$	$\Delta_B H$	S^o	Q_C
120,5 J/(K · mol)		126,5 kJ/mol (S)	−424 kJ/mol		−1721 kJ/mol

Uran

Uranium U

$$U + 2\,H_2O \longrightarrow UO_2 + 2\,H_2$$

Reaktion von Uran mit Wasser

Ein silberweiß glänzendes, schweres, dehn- und ziehbares, radioaktives metallisches chemisches Element. U. läuft an der Luft bald zunächst geldgelb und schließlich grauschwarz an, da sich eine dünne Oxidschicht ausbildet, die das Metall gegen weitere Veränderung an der Luft schützt. Im feinverteilten Zustand reagiert U bereits allmählich mit kaltem Wasser, schneller in der Wärme (s. Gleichung). Von Mineralsäuren wird U unter Wasserstoffentwicklung oxidierend aufgelöst, wobei je nach Oxidationskraft der Säure U(III)-, U(IV)- oder U(VI)-Salze entstehen. Gegen Alkalien ist U sehr beständig.

Beim Erhitzen an der Luft verbrennt U im feinverteilten Zustand bereits ab ca. 170 °C, das kompakte Metall entzündet sich ab ca. 700 °C wobei es zu einem U(IV,VI)-Mischoxid verbrennt (s. Gleichung).

$$3\,U + 4\,O_2 \longrightarrow U_3O_8 = 2\,UO_3 \cdot UO_2$$

Verbrennung von Uran zu Mischoxiden

Die natürlichen U-Vorkommen sind dadurch geprägt, daß sie zwar weit verbreitet sind, aber stets nur in sehr geringen Konzentrationen auftreten. Die feste Erdkruste weist einen durchschnittlichen Gehalt von 4 ppm U auf, im Meerwasser beträgt der Anteil etwa 0,003 ppm. Der bergmännische Abbau wird nur in solchen Lagern vorgenommen, in denen der U-Gehalt über 0,03 % liegt. Das U findet sich vorwiegend in oxidischer Form als *Uranpechblende* und *Uraninit*, oder in Form von Uranylphosphaten als *Torbernit* und *Antunit*. Die wichtigsten U-Förderländer sind die USA, Kanada und Südafrika. Die zerkleinerten U-Erze werden alkalisch oder sauer aufgeschlossen, aus den Aufschlußlaugen werden die U-Salze (in denen das U in der Oxidationsstufe + VI vorliegt) mittels Ionenaustausch oder Extraktionsverfahren abgetrennt. Aus den so abgetrennten U-Salzlösungen wird das U mit Natronlauge oder ↑ Ammoniak als Diuranat ausgefällt, gewaschen und getrocknet. Schließlich wird ein U-Oxid erhalten, das, wegen seiner gelben Farbe als „*Yellow cake*" bezeichnet, zur Weiterverarbeitung gelangt.

U. ist das dritte Element in der Gruppe der ↑ Actiniden und besitzt die Elektronenkonfiguration $1s^2\,2s^2\,2p^6\,3s^2\,3p^6\,3d^{10}\,4s^2\,4p^6\,4d^{10}\,4f^{14}\,5s^2\,5p^6\,5d^{10}\,5f^2\,6s^2\,6p^6\,6d^1\,7s^2$, Grundterm $^5L_6$. Es kann die Oxidationsstufen +3, +4, +5 und +6 betätigen, die wichtigsten sind +4 und +6.

Erhitzt man *Uranylnitrathexahydrat* auf ca. 400 °C, zersetzt es sich unter Entwicklung nitroser Gase zu *Uran(VI)oxid*, das ein gelboranges bis rotbraunes, in Wasser unlösliches kristallines Pulver der Dichte 7,29 g/cm³ darstellt (s. Gleichung).

$$UO_2(NO_3)_2 \cdot 6\,H_2O \xrightarrow{400\,°C} UO_3 + NO_2 + NO + O_2 + 6\,H_2O$$

Thermische Zersetzung von Uranylnitrat zu Uran(VI)oxid

Es verhält sich amphoter und bildet mit Basen lösliche *Diuranate*, während mit Säuren lösliche *Uranylsalze* entstehen (s. Gleichungen).

$$\begin{array}{l} 2\,UO_3 + 4\,OH^{\ominus} \longrightarrow 2\,UO_4^{2-} + 2\,H_2O \\ 2\,UO_4^{2-} + 2\,H^{\oplus} \longrightarrow U_2O_7^{2-} + H_2O \\ \hline 2\,UO_3 + 2\,OH^{\ominus} \longrightarrow U_2O_7^{2-} + H_2O \end{array}$$

Bildung von Diuranaten aus Uran(VI)oxid in alkalischem Medium

$$UO_3 + H_2O \longrightarrow \underset{\text{Uransäure}}{[UO_2(OH)_2]} \xrightarrow{+2\,HNO_3} UO_2(NO_3)_2 + 2\,H_2O$$

Bildung von Uranylsalzen aus Uran(VI)oxid mit Säuren

$$UO_3 + H_2 \xrightarrow{500\,°C} UO_2 + H_2O$$

Reduktion von Uran(VI)oxid zu Uran(IV)-oxid

Die für die Uran-Technologie wichtigste U(VI)-Verbindung ist das *Uranhexafluorid*. Zu seiner Herstellung wird Uran(VI)-oxid mit ↑ Wasserstoff zu *Uran(IV)oxid* reduziert (s. Gleichung), das ein braunschwarzes, in Wasser und verdünnten Säuren unlösliches Pulver der Dichte 11,0 darstellt.

Das Uran(IV)oxid wird dann in zwei Stufen in Uranhexafluorid überführt, indem zunächst durch Umsetzung mit ↑ Fluorwasserstoff *Urantetrafluorid* gebildet wird (s. Gleichung).

$$UO_2 + 4\,HF \xrightarrow{\text{ca. }600\,°C} UF_4 + 2\,H_2O$$

Herstellung von Urantetrafluorid

$$UF_4 + F_2 \longrightarrow UF_6$$

Bildung von Uranhexafluorid

Urantetrafluorid bildet grüne, in Wasser unlösliche Kristalle vom Schmp. 1100 °C. Es wird mit elementarem ↑ Fluor zum Hexafluorid umgesetzt (s. Gleichung).

$$UF_6 + 2\,H_2O \longrightarrow UO_2F_2 + 4\,HF$$

Reaktion von Uranhexafluorid mit Wasser

Uranhexafluorid bildet farblose, leicht flüchtige Kristalle (Schmp. 65 °C, Subl. bei 56 °C), die mit Wasser heftig reagieren (s. Gleichung) und in chlorierten Kohlenwasserstoffen löslich sind.

U besaß vor der Entdeckung der Kernspaltung (Hahn, Straßmann, 1938) keine nennenswerte technische Anwendung. Wegen der bei der U-Kernspaltung freiwerdenden riesigen Energiemenge wurde die U-Chemie und -Technologie intensiv bearbeitet. Heute dient U weltweit in großen Mengen als „Brennstoff" der „*Kernreaktoren*". Als „Brennstoff" ist dabei aber nur das Isotop U 235 geeignet, das unter den drei natürlich vorkommenden Isotopen nur einen Anteil von 0,718 % besitzt (s. Abbildung).

^{238}U (99,276%) ^{235}U (0,718%) ^{234}U (0,0056%)

Zusammensetzung von natürlichem Uran

$$^{235}_{92}U + n \longrightarrow {}^{236}_{92}U$$

Neutroneneinfang durch U 235

Trifft ein „langsames" Neutron auf einen U 235-Kern, entsteht durch Neutroneneinfang ein U 236-Kern (s. Gleichung).

Dieser zerfällt spontan in zwei verschieden große Kernbruchstücke und in 2 bis 3 Neutronen (s. Gleichungen).

$$^{236}_{92}U \longrightarrow {}^{144}_{56}Ba + {}^{89}_{36}Kr + 3n + h \cdot \nu$$
$$^{236}_{92}U \longrightarrow {}^{143}_{54}Xe + {}^{90}_{38}Sr + 3n + h \cdot \nu$$

Spontaner Zerfall von U 236-Kernen

Gleichzeitig wird eine ungeheure Wärmemenge (Kernbindungsenergie) frei (etwa 16 Milliarden kJ pro kg U 235). Die pro Elementarakt beim Zerfall des U 236 freigesetzten zwei bis drei Neutronen können eine Kern-Kettenreaktion auslösen, wenn bestimmte Bedingungen erfüllt sind. Eine wichtige Bedingung ist die Abbremsung der zunächst hochbeschleunigten Neutronen (ca. 20.000 km/sec.) auf Geschwindigkeiten von etwa 3 km/sec. (diese Geschwindigkeit besitzen etwa Gasmoleküle bei Raumtemperatur, weshalb man von „thermischen" Neutronen spricht), da nur solche Neutronen von den U 235-Kernen aufgenommen werden. Liegt die Geschwindigkeit der Neutronen noch über 70 km/sec., so werden sie von den U 238-Kernen eingefangen (s. Gleichung).

$$^{238}_{92}U + n \longrightarrow {}^{239}_{92}U \longrightarrow {}^{239}_{93}Np + e^-$$

Neutronen-Einfang durch U 238-Kerne

Sie werden damit unwirksam, es findet keine Kettenreaktion statt. Als „Moderator" zur Neutronen-Abbremsung dient in (den bislang häufigsten) Leichtwasser-Reaktoren normales Wasser, das gleichzeitig als Kühlmittel und Wärmeüberträger wirkt (je nachdem, ob es sich um einen Siede- oder Druckwasser-Reaktor handelt, wird direkt Dampf zum Turbinenantrieb erzeugt oder die Reaktorwärme wird von ca. 300 °C heißem Druckwasser auf einen Sekundär-Kreislauf übertragen). Zur Steuerung und Abschaltung des Reaktors dienen Steuerstäbe aus ↑ Borcarbid oder ↑ Bor (die stark neutronenabbremsende Wirkung haben), die nach Bedarf zwischen die Brennelement-Stäbe geführt werden können. Die Brennelement-Stäbe bestehen aus U 235-angereichertem U(IV)-oxid. In dem angereicherten U(IV)oxid ist der Anteil an U 235 von 0,718 % (im Natururan) auf ca. 3 % erhöht. Die Isotopen-Anreicherung erfolgt im Uranhexafluorid (s. o.) durch das Gasdiffusions-Verfahren, das Gaszentrifugen-Verfahren, oder durch das Trenndüsen-Verfahren, hochentwickelte Technologien, auf die hier nicht weiter eingegangen werden kann.

► U und seine Verbindungen sind hochgiftig.

U Z = 92 A_R = 238,0289 Isotope: 234, 235, 238; 226-233, 236, 237, 239, 240 (künstlich)					
t_{Smp} 1132 °C	t_{Sdp} 4129 °C	d 18,95 g/cm³	MV 12,56 cm³/mol	α 12,6 10^{-6}/K	λ 15,8 W/mK
C_p 27,65 J/(K · mol)	$\Delta_S H$ 8,5 kJ/mol	$\Delta_V H$ 464 kJ/mol	S^o 50,3 J/(K · mol)	ϱ 280 nΩ · m	
MAK	R-Satz 26/28-33	S-Satz 20/21-45			

Urethan

Urethan Carbamidsäureethylester, Ethylcarbamat

Bildet farblose Kristalle, die sich extrem gut in Wasser (200 g/100 ml) und in Ethanol (125 g/100 ml) lösen und auch gut löslich sind in Diethylether oder Chloroform. Die wässerige Lösung reagiert neutral.

U. wird hergestellt durch Umsetzung von Chlorameisensäureethylester (s. unter ↑ Phosgen) mit ↑ Ammoniak.

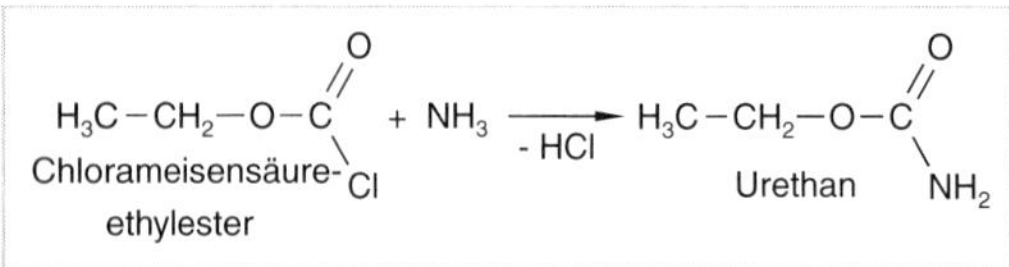

Herstellung von Urethan

Urethane sind also Ester der *Carbamidsäure*, die selbst nicht beständig ist (s. unter ↑ Harnstoff). Die Urethane werden auch als *Carbamate* (ebenso wie die Salze der Carbamidsäure) bezeichnet.

U. kann natürlicher Bestandteil von fermentierten Lebensmitteln und Spirituosen sein. Vor allem in Steinobstdestillaten kann U. teils in beträchtlichen Mengen auftreten, wobei vermutlich u. a. Cyanidgehalte in den verwendeten Obstkernen (s. unter ↑ Benzaldehyd) als Precursoren eine Rolle spielen.

U. wird präparativ als Synthesebaustein sowie in geschmolzener Form als Lösungsmittel verwendet.

► U. ist giftig und gilt als krebserregend.

$C_3H_7NO_2$ M_R = 89,02 C 40,44 % H 7,92 % N 15,72 % O 35,92 %					
t_{Smp} 50 °C	t_{Sdp} 183 °C	d	η		
C_p 156,4 J/(K · mol)	$\Delta_S H$ 16,8 kJ/mol	$\Delta_V H$ 51 kJ/mol	$\Delta_B H$ −517 kJ/mol	S^o	Q_C −1663 kJ/mol
MAK	R-Satz 45	S-Satz 53-45			

Urotropin

Hexamethylenetetramine, Methenamine Hexamethylentetramin

Bildet ein weißes, geruchloses kristallines Pulver, das sich in Wasser sehr gut löst (bei 20 °C ca. 67 g/100 ml), in Ethanol wenig (8 g/100 ml) und in Diethylether praktisch nicht löslich ist (ca. 0,3 g/100 ml). In saurer Lösung zerfällt U. in Umkehrung seiner Bildung in ↑ Ammoniak und ↑ Formaldehyd. Die wässerige Lösung reagiert schwach alkalisch (0,2m Lösung pH 8,4).

U. bildet sich beim Eindampfen von Formaldehydlösung mit konzentrierter Ammoniak-Lösung. Dabei bildet sich über die Zwischenstufen *Aldehydammoniak* und *Formaldimin* das Trimere des letzteren, das *Hexahydro-1,3,5-triazin* (s. Schema). Die Aminofunktionen des Triazins lagern weiteren Formaldehyd an zum dreifach hydroxymethylierten Triazin, das dann mit Ammoniak zur polycyclischen Struktur des U. kondensiert.

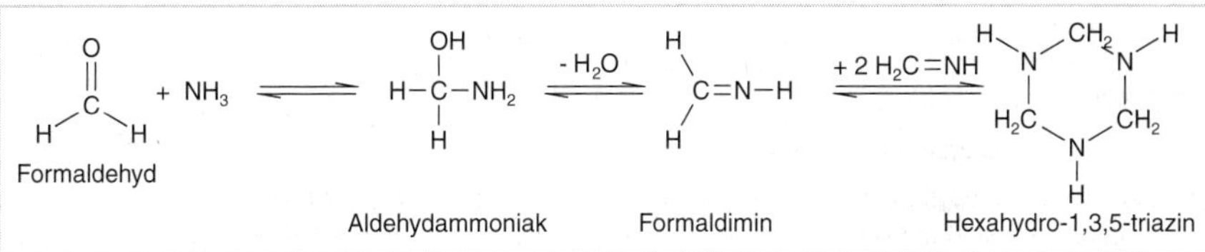

Bildung von Hexahydro-1,3,5-triazin aus Formaldehyd und Ammoniak

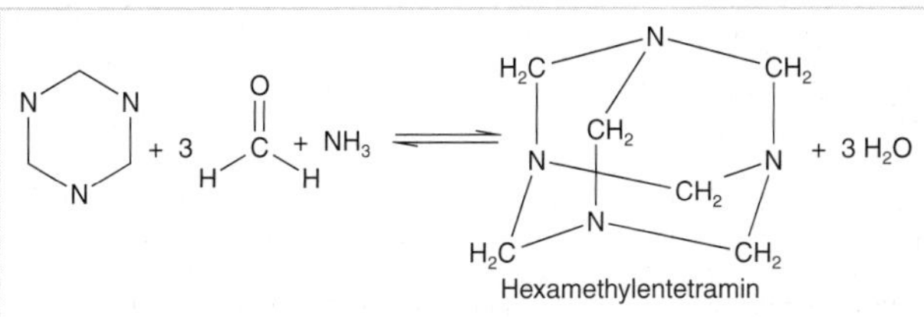

Bildung von Urotropin aus Triazin

Die Struktur des U. läßt sich konstruieren, indem man in einem Tetraeder aus vier N-Atomen in jede N-N-Bindung eine Methylengruppe zwischenschiebt. Das Molekül ist tetracyclisch, jeder Cyclus ist ein Sechsring in der Sesselkonformation (s. unter ↑ Cyclohexan). Man vergleiche die analoge Struktur von ↑ Adamantan. Nitrierung von U. (Umsetzung mit konz. ↑ Salpetersäure) liefert den hochbrisanten Sprengstoff ↑ Hexogen (Trinitrotriazin).

Da U. beim Erwärmen in schwach saurer Lösung unter Freisetzung von Ammoniak zerfällt (s. Gleichung), dient es zur milden homogenen Alkalisierung für Fällungen in der anorganisch-qualitativen Praktikums-Analyse.

$$C_6H_{12}N_4 + 6\,H_2O \rightleftharpoons 6\,HCHO + 4\,NH_3$$

Zerfall von Urotropin in schwach saurer Lösung

Auf der gleichen Freisetzung von Formaldehyd beruht die Verwendung von U. zur Herstellung der ↑ Aminoplaste und ↑ Phenoplaste. U. fällt manche Schwermetall-Ionen, z. B. Bi, als schwerlösliche Komplexsalze aus, die zur analytischen Identifizierung dienen können. Bei allen Anwendungen ist die einfache Handhabung des U. als Feststoff vorteilhaft. In gepresster Form als Tabletten ist U. auch als „*Trockenspiritus*“ im Gebrauch, da U. leicht verbrennt mit rauchloser Flamme.

U. wird ferner in Lösung oder in Pastenform zur medizinischen Hautdesinfektion verwendet (Formaldehyd-Freisetzung bereits durch sauren Schweiß). U. ist auch mit der Nummer *E 239* zur Konservierung bestimmter Käsesorten zugelassen.

$C_6H_{12}N_4$ $M_R = 140{,}19$ C 51,41 % H 8,63 % N 39,97 %

$t_{Sublimation}$	t_{Sdp}	d	η		
> 230 °C (S)					
C_p	$\Delta_S H$	$\Delta_{Sub} H$	$\Delta_B H$	S^o	Q_C
152 J/(K · mol)		76,8 kJ/mol (S)	124,1 kJ/mol	163,4 J/(K · mol)	−4200 kJ/mol
MAK	R-Satz	S-Satz			
	11-42/43	16-22-24-37			

Valeriansäure

Valeric acid, Pentanoic acid   n-Pentansäure

Eine wasserklare Flüssigkeit mit unangenehm ranzigem, buttersäureartigem Geruch, die sich in Wasser nur zu etwa 3 g/100 ml (bei 20 °C) löst, mit Ethanol oder Diethylether beliebig mischbar ist.

Die V. wird technisch durch Oxidation aus ↑ 1-Pentanol hergestellt (s. Gleichung). Eine Laborsynthese kann von ↑ 1-Butylchlorid ausgehen (s. Schema).

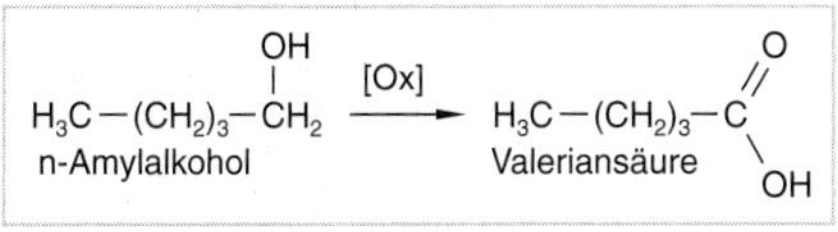

Technische Synthese von Valeriansäure

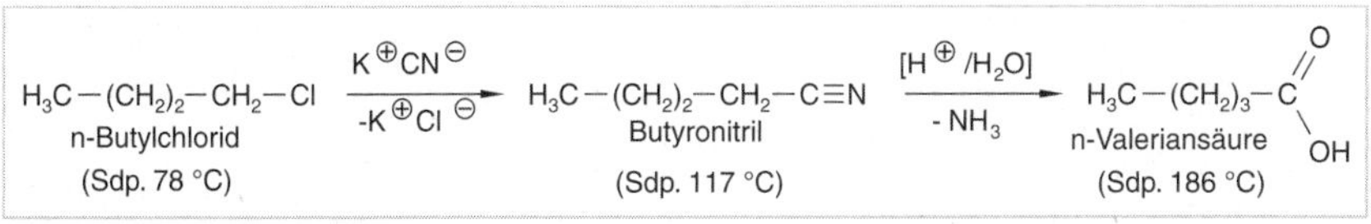

Laborsynthese von Valeriansäure

Die V. ist die erste in der homologen Reihe der Carbonsäuren, die mit Wasser nicht mehr beliebig mischbar ist. Ihr pK_S-Wert beträgt 4,81. Ihre Ester (als *Valerate* bezeichnet) mit Polyolen werden technisch als Schmiermittel verwendet. Ein Isomeres der V., die *3-Methylbuttersäure*, auch als *Isovaleriansäure* bezeichnet, kommt u. a. in der Baldrianwurzel vor. Deren Ester, die *Isovalerate*, werden in der Parfümerie als Duftkomponenten eingesetzt, so vor allem das *Isoamylisovalerat*, eine farblose, intensiv nach Äpfeln riechende Flüssigkeit vom Sdp. 194 °C.

$C_5H_{10}O_2$ $M_R = 102{,}13$ C 58,80 %   H 9,87 %   O 31,33 %

t_{Smp}	t_{Sdp}	d	η		
−34 °C	186 °C	0,94 g/cm³			
C_p	$\Delta_S H$	$\Delta_V H$	$\Delta_B H$	S^o	Q_C
197 J/(K · mol)	14,2 kJ/mol	62,4 kJ/mol	−560 kJ/mol	260 J/(K · mol)	−2838 kJ/mol
MAK	R-Satz	S-Satz			
	34-52/53	26-36-45-61			

Valin

Valine   2-Aminoisovaleriansäure

Die L-Form kristallisiert aus Ethanol/Wasser in farblosen Blättchen, die sich bei 20 °C zu ca. 8,8 g/100 ml in Wasser lösen, in reinem Ethanol, Diethylether oder Aceton unlöslich sind.

V. ist eine Aminosäure, die nahezu in allen Proteinen vertreten ist. Es ist eine essentielle Aminosäure (der menschliche Organismus kann sie nicht synthetisieren), die wegen ihres Vorkommens in allen wichtigen Proteinen stets mit der Nahrung in ausreichender Menge aufgenommen wird, so daß es nicht zu Mangelerscheinungen kommt.

Die Synthese von V. kann nach Strecker aus iso-Butyraldehyd (s. unter ↑ 1-Butanol) mit ↑ Ammoniak und ↑ Cyanwasserstoff und anschließende Hydrolyse erfolgen (s. Schema, s. auch unter ↑ Glycin).

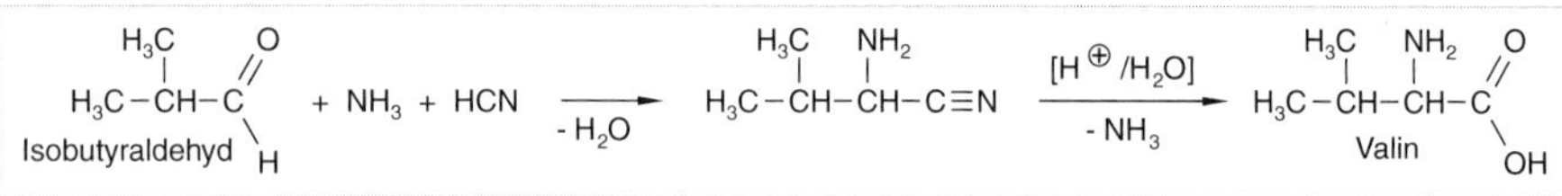

Strecker-Synthese von Valin aus Isobutyraldehyd

V. ist sowohl in der L- als auch in der D-Form Bestandteil wichtiger *Peptid-Antibiotika.* Als Peptid-Antibiotika bezeichnet man Polypeptide, die von Mikroorganismen synthetisiert werden (und aus diesen isoliert werden können), die auf Bakterien, z. T. aber auch auf Säugetiere hochtoxisch wirken. Die Resistenz dieser Polypeptide gegen die peptidabbauenden Enzyme führt man z. T. auf ihren Gehalt an proteinfremden D-Aminosäuren zurück. Hier ist z. B. das *Valinomycin* zu nennen, das von Streptomyces fulvissimus produziert wird, in glänzenden, in Wasser unlöslichen Blättchen vom Schmp. 190 °C kristallisiert und aus einem 36-atomigen Ring besteht. Dieser Ring ist ein Trimeres des Bausteins L-Milchsäure-L-Valin-D-α-Hydroxyisovaleriansäure-D-Valin.

$C_5H_{11}NO_2$ $M_R = 117{,}15$ C 51,26 %   H 9,46 %   N 11,96 %   O 27,31 %

$t_{Zersetzung}$	t_{Sdp}	d	η
ca. 300 °C (Z)			

C_p	$\Delta_S H$	$\Delta_{Sub} H$	$\Delta_B H$	S^o	Q_C
168,5 J/(K · mol)		163 kJ/mol (S)	−629 kJ/mol	179 J/(K · mol)	−2910 kJ/mol

Vanadium

Vanadium V

Ein stahlgrau glänzendes, hartes, aber dennoch gut schmied- und walzbares metallisches chemisches Element, das bei Normaltemperatur weder von Luft noch Wasser verändert wird. Auch nicht-oxidierende Säuren und wässerige Alkalien greifen V. nicht an. Diese Beständigkeit trotz des negativen Normalpotentials (s. Gleichung) beruht auf der Passivierung durch eine dünne Oxidschicht.

$$V \rightleftharpoons V^{2+} + 2\,e^- \qquad E_0 = -1{,}18\ V$$

Normalpotential für die V(II)-Bildung in saurer Lösung

Mit ↑ Salpetersäure, heißer konzentrierter ↑ Schwefelsäure, aber auch mit ↑ Fluorwasserstoffsäure erfolgt rasche Oxidation, wobei V unter Bildung der entsprechenden Salze in Lösung geht.

V gehört zu den häufigsten chemischen Elementen und ist sehr verbreitet. Es gibt sehr viele Mineralien, die V in oxidischer oder sulfidischer Form enthalten (über 60), darunter *Patronit*, *Carnotit*, *Roscoelit*. Wichtige Lager finden sich in Afrika, Peru und USA. Außer den eigentlichen V-Erzen sind ferner die V-Gehalte sehr vieler Eisenerze von Bedeutung, die V zwar nur in geringen Konzentrationen enthalten (0,02-0,7 %), aus denen das V. aber durch gezieltes Ausschlacken angereichert werden kann. Erdöle sind stets V-haltig, was auf den V-Gehalt von Meerestieren und -pflanzen zurückzuführen ist. Ölheizungsrusse weisen deshalb durchweg hohe Mengen an V auf. V besitzt so am Aufbau der Erdkruste einen Anteil von ca. 0,01 Gew.-%. Die V-Gewinnung erfolgt aus den V-Mineralien oder den V-angereicherten Schlacken durch saure oder alkalische Auslaugung und anschließende Ausfällung als *Vanadiumpentoxid*. Das reine Metall erhält man daraus durch Reduktion mit ↑ Calcium (s. Gleichung).

$$V_2O_5 + 5\,Ca \xrightarrow{>900\,°C} 2\,V + 5\,CaO$$

Herstellung von Vanadium-Metall durch Reduktion

V ist das erste Element der 5. Nebengruppe des PSE und damit das dritte der ersten Übergangsreihe, besitzt also die Elektronenkonfiguration $1s^2\,2s^2\,2p^6\,3s^2\,3p^6\,3d^3\,4s^2$, Grundterm $^4F_{3/2}$. Gemäß dieser Elektronenbesetzung kann V in den Oxidationsstufen +2, +3, +4 und +5 auftreten, die alle in Verbindungen realisiert werden und auch in der wässerigen Chemie eine Rolle spielen. Die Chemie des V ist deshalb kompliziert und zusätzlich durch ein ausgeprägtes Komplexbildungsvermögen sehr vielgestaltig, so daß diese hier nur in ganz groben Zügen angedeutet werden kann.

Die wichtigste Ausgangsverbindung der V-Chemie ist das *Divanadiumpentoxid*. In starker Alkalilauge löst es sich unter Bildung von Orthovanadat-Ionen, deren pH-abhängige Kondensation zu Vanadaten unter ↑ Ammonium(meta)vanadat beschrieben ist. In stark saurer Lösung liegen schließlich *Dioxovanadium(V)-Kationen* vor. In der Oxidationsstufe +5 ist V ein mäßig starkes Oxidationsmittel (s. Gleichung).

$$VO_2^{\oplus} + 2\,H^{\oplus} + e^- \longrightarrow VO^{2+} + H_2O \qquad E_0 = +1{,}0\,V$$

Dioxovanadium(V)-Kationen als Oxidationsmittel

$$V_2O_5 + 2\,H \longrightarrow 2\,VO_2 + H_2O$$

Bildung von Vanadium(IV)oxid durch Reduktion

Das *Vanadium(IV)oxid* erhält man aus dem Vanadium(V)oxid durch milde Reduktion (s. Gleichung). Es ist ein blaues kristallines Pulver, das sich in Säuren unter Bildung blauer hydratisierter *Oxovanadium-Ionen* löst (s. Gleichung).

$$VO_2 + 2\,H^{\oplus} + 5\,H_2O \longrightarrow [VO(H_2O)_5]^{2+}$$

Reaktion von Vanadium(IV)oxid mit Säuren

$$V_2O_5 + 4\,H \longrightarrow V_2O_3 + 2\,H_2O$$

Bildung von Vanadium(III)oxid

Durch stärkere Reduktion von Vanadium(V)oxid, z. B. mit ↑ Wasserstoff, bildet sich das schwarze, schwerschmelzbare (Schmp. ca. 2000 °C) *Vanadium(III)oxid* (s. Gleichung). Dieses löst sich in Säuren unter Bildung blauer hydratisierter V(III)-Ionen, die auch bei der Reduktion wässeriger V(IV)-Lösungen entstehen (s. Gleichung). Die V(III)-Kationen hydrolysieren teilweise zu Oxo-Ionen (s. Gleichungen). Die V(III)-Lösungen werden aber bereits durch Luftsauerstoff wieder oxidiert.

$$VO^{2+} + 2\,H^{\oplus} + e^- \longrightarrow V^{3+} + H_2O \qquad E_0 = -0{,}34\,V$$

Reduktion von V(IV) zu V(III)

$$V^{3+} + H_2O \longrightarrow VO^{\oplus} + 2\,H^{\oplus} \quad \text{oder}$$
$$V^{3+} + H_2O \longrightarrow V(OH)^{2+} + H^{\oplus}$$

Hydrolyse der V(III)-Kationen zu Oxo-Ionen

Reduziert man höhere Oxidationsstufen des V z. B. mit ↑ Zink in saurer Lösung, so erhält man luftempfindliche violette Lösungen von V(II)-Ionen (s. Gleichung). Diese V(II)-Lösungen stellen Reduktionsmittel dar (s. Gleichung).

$$VO_2^{\oplus} + 4\,H^{\oplus} + 3\,e^- + 4\,H_2O \longrightarrow [V(H_2O)_6]^{2+}$$

Reduktion von V(V) zu V(II) in saurer Lösung

$$V^{2+} \rightleftharpoons V^{3+} + e^- \qquad E_0 = -\,0{,}25\ V$$

V(II)-Ionen als Reduktionsmittel

Versetzt man saure Vanadat-Lösungen mit ↑ Wasserstoffperoxid, tritt tief rotbraune Färbung auf, die auf der Bildung von *Peroxovanadat-Ionen* beruht, eine Reaktion, die zum *Vanadium-Nachweis* herangezogen wird (s. Gleichung).

$$VO_2^{\oplus} + H_2O_2 \longrightarrow [VO(O_2)_2]^{\ominus} + H_2O$$

Bildung von Peroxovanadat-Ionen

V legiert sich sehr leicht mit vielen Metallen. Die bedeutendste Verwendung findet V zur Herstellung der *Vanadinstähle*, meist zusammen mit ↑ Chrom, die sich durch besondere Korrosionsfestigkeit und Zähigkeit auszeichnen (1,5-2 % V). Wegen des leichten Wechsels der Oxidationsstufen des V dient vor allem Vanadium(V)-oxid als wichtiger Katalysator in Oxidations-Prozessen (so z. B. zur Herstellung von ↑ Schwefeltrioxid, s. unter ↑ Schwefelsäure). *Eisenvanadat* $FeVO_4$ ist ein sehr wirksamer Katalysator für die selektive partielle Oxidation von primären Alkoholen. Vanadium(V)oxid wird auch in der Glasherstellung verarbeitet.

Die Funktion von V als essentielles Spurenelement gilt nicht als gesichert.

► V wirkt peroral nicht ausgesprochen toxisch. Zu chronischen Schäden kann es bei der Produktion von V-Verbindungen vor allen durch Inhalation von Vanadiumpentoxid-Staub kommen, ebenso treten zuweilen akute Vergiftungserscheinungen beim Reinigen von Ölheizungs-Anlagen auf.

V Z = 23 A_R = 50,9415 Isotope: 50, 51; 46-49, 52-54 (künstlich)

t_{Smp} 1902 °C	t_{Sdp} 3406 °C	d 6,11 g/cm³	MV 8,34 cm³/mol	α 8,3 10^{-6}/K	λ 30,7 W/mK
C_p 24,9 J/(K · mol)	$\Delta_S H$ 20,9 kJ/mol	$\Delta_V H$ 451,8 kJ/mol	S^o 28,9 J/(K · mol)	ϱ 248 nΩ · m	
MAK 0,5 mg/m³	R-Satz	S-Satz			

Vanillin

Vanillin 4-Hydroxy-3-methoxy-benzaldehyd

Bildet weiße nadelförmige Kristalle von angenehmem intensivem Vanille-Geruch und -Geschmack. Bei 20 °C löst sich 1 g V. in 100 ml Wasser. In Ethanol und Diethylether ist V. gut löslich, ebenso in Alkalilaugen. Mit einer Lösung von ↑ Eisen(III)-chlorid ergibt V. eine blauviolette Färbung.

V. ist der Geruchs- und Geschmacksträger der Vanille-„Schoten“ (Kapseln), in denen es sich als *Vanillin-β-D-Glucosid* gebunden vorfindet. Es ist ferner in Zuckerrüben und verschiedenen Pflanzenbalsamen enthalten.

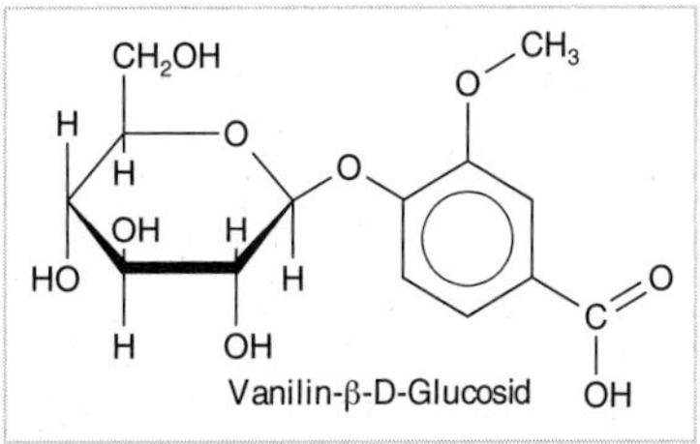

Das in Vanille-Schoten vorkommende Vanillin-β-D-Glucosid

Die technische Synthese erfolgt aus ↑ Guajacol durch Vilsmeier-Reaktion (s. unter ↑ Benzaldehyd).

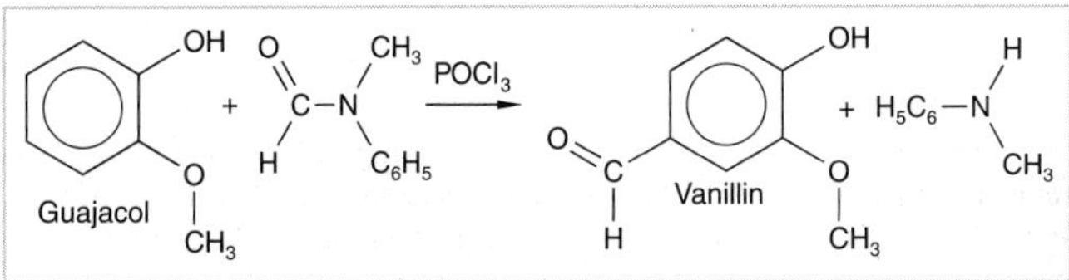

Technische Vilsmeier-Synthese von Vanillin

V. wird auch durch Luftoxidation der in den Sulfitablaugen der Zellstoffgewinnung enthaltenen Calciumligninsulfonate (s. unter ↑ Lignin) in alkalischem Medium gewonnen.

Die natürliche *Vanille* ist die Frucht eines vor allem auf Madagaskar vorkommenden Orchideengewächses. Deren Milchsaft ergibt nach dem Fermentieren das intensiv nach V. duftende Produkt, das aber neben 3-4 % V. noch den *Vanillylalkohol*, Zimtsäureester und andere Aromakomponenten enthält, so daß es ein reicheres Aroma als das reine V. aufweist.

V. wird sehr viel zum Aromatisieren sowohl im Lebensmittelbereich als auch in der Parfümerie verwendet. Dabei dient es nicht nur zur Erzeugung von Vanillegeruch sondern auch zur Abrundung anderer Duftrichtungen. Besonders wird V. für Süßspeisen und Gebäck eingesetzt. Der „*Vanillin-Zucker*" ist eine Mischung von 0,1 g V. mit 8 g ↑ Saccharose, wogegen der *Vanillezucker* eine Mischung von Vanille-Extrakt mit Saccharose darstellt.

V. ist auch Synthesebaustein, z. B. zur Herstellung von ↑ Papaverin.

$C_8H_8O_3$	$M_R = 152{,}14$	C 63,15 %	H 5,30 %	O 31,55 %

t_{Smp}	t_{Sdp}	d	η
81 °C	285 °C	1,06 g/cm³	

Vaseline

Vaseline

V. ist eine farblose bis gelbe, fast geruchlose, halbfeste, sich fettartig anfühlende streichfähige Masse. Die Farbe hängt vom Bleichungsgrad ab und man unterscheidet zwischen einer gelben

Vaseline (*Vaselinum flavum*) und einer weißen Vaseline (*Vaselinum album*). In dünner Schicht ist V. transparent. V. ist wasserabweisend.

V. beruht auf Mineralöl-Basis. Es entstammt den Rückständen der Erdöl-Rektifikation (*Rohvaseline*). Nach Behandlung mit ↑ Schwefelsäure, Bleicherden, ↑ Aktivkohle usw. wird ein auch pharmazeutisch verwendbares Produkt erhalten. Die V. besteht aus festen und flüssigen Kohlenwasserstoff-Komponenten. Die flüssige

Phase, die 70-90 % ausmachen kann, besteht aus unverzweigten und verzweigten Paraffinen sowie Olefinen (Ceten, Heptadecen, Octadecen). Die feste Phase ist teils kristallin (n-Paraffine), teils mikrokristallin (Isoparaffine und Alicyclen). Auf einer ausgewogenen Kombination dieser Komponenten beruhen die gewünschten hohen Gebrauchseigenschaften wie Plastizität und Zügigkeit und auch die Standfestigkeit (keine Entmischung = Ausbluten der Flüssigphase) der V. V. soll zwischen 60 und 65 °C eine klare Schmelze ergeben.

V. wird vor allem in Pharmazie und Kosmetik als *Salbengrundlage* benutzt. Das bekannte *Melkfett* ist V. Auch in zahlreichen technischen Präparationen wird V. verwendet: für Lötfette, Lederfette, Schuhcremes, Rostschutzmittel, Polierpasten, Hydrophobiermittel für Gewebe usw.

V. wurde erstmals von Chesebrough 1871 aus pennsylvanischem Rohöl hergestellt. Der Name V. war ursprünglich ein Warenzeichen, wird aber jetzt als Freiname verwendet.

Vinylacetat

Vinyl acetate Essigsäurevinylester

Eine wasserklare Flüssigkeit von süßlich-etherartigem Geruch, die in Wasser nur sehr wenig (bei 20 °C 2 g/100 ml) löslich ist, sich mit den meisten org. Solventien beliebig mischen läßt.

V. wurde ursprünglich durch Anlagerung von ↑ Essigsäure an ↑ Acetylen hergestellt (s. Gleichung).

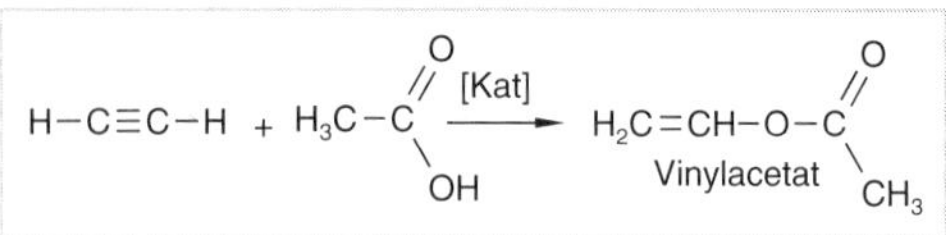

Frühere Gewinnung von Vinylacetat aus Acetylen

V. bildet u. a. folgendes Azeotrop:

Azeotrop-Komponenten	Zusammensetzung (Gew.-%)	Siedepunkt (°C)
V./Wasser	92,7/7,3	66,0

Das heute praktisch ausschließlich betriebene Verfahren beinhaltet die Pd-katalysierte *Acetoxylierung* von ↑ Ethylen in der Gasphase, d. h. Ethylen, ↑ Essigsäure und ↑ Sauerstoff werden bei ca. 200 °C und bis zu 10 bar durch einen Röhrenreaktor mit festem Pd-Katalysator geführt (s. Gleichung).

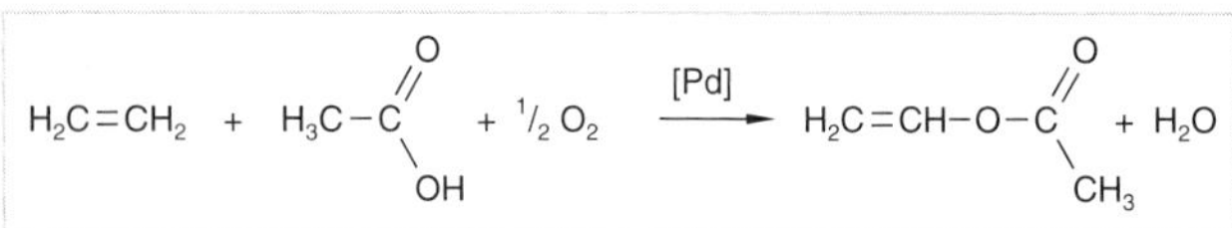

Heutige Gewinnung von Vinylacetat aus Ethylen

Die Bedeutung von V. beruht auf der Polymerisierbarkeit, die das technisch wichtige ↑ Polyvinylacetat liefert.

$C_4H_6O_2$ $M_R = 86{,}09$ C 55,81 % H 7,02 % O 37,17 %

Bes. Hinweis: V. polymerisiert unter Lichteinwirkung und muß entsprechend gelagert werden.

t_{Smp}	t_{Sdp}	d	η
−93 °C	73 °C	0,93 g/cm³	

C_p	$\Delta_S H$	$\Delta_V H$	$\Delta_B H$	S^o	Q_C
170 J/(K · mol)		37,2 kJ/mol	−350,8 kJ/mol		−2085 kJ/mol

MAK	R-Satz	S-Satz
35 mg/m³	11	16-23-29-33

Vinylchlorid

Vinyl chloride Chlorethylen

Bildet bei Normalbedingungen ein farbloses Gas mit schwach süßlichem Geruch, das sich zu einer leichtbeweglichen farblosen Flüssigkeit kondensieren läßt. V. ist nur sehr wenig löslich in Wasser, jedoch beliebig mischbar mit nahezu allen org. Solventien.

Früher wurde V. durch Addition von ↑Chlorwasserstoff an ↑Acetylen hergestellt (s. Gleichung). Heute dient ↑Ethylen als Ausgangsbasis, indem es zunächst durch Chloraddition oder Oxychlorierung zum *1,2-Dichlorethan* umgesetzt wird (s. Gleichungen). Dieses wird dann durch thermische Dehydrochlorierung in V. überführt (s. Gleichung).

$$H{-}C{\equiv}C{-}H + HCl \xrightarrow{[Kat]} \underset{\text{Vinylchlorid}}{H_2C{=}CH{-}Cl}$$

Frühere technische Darstellung von Vinylchlorid

$$H_2C{=}CH_2 + Cl_2 \longrightarrow Cl{-}CH_2{-}CH_2{-}Cl \quad \text{Chloraddition}$$

$$H_2C{=}CH_2 + 2\,HCl + {}^1/_2\,O_2 \longrightarrow Cl{-}CH_2{-}CH_2{-}Cl + H_2O \quad \text{Oxychlorierung}$$

Herstellung von 1,2-Dichlorethan durch Chloraddition und Oxychlorierung

$$Cl{-}CH_2{-}CH_2{-}Cl \longrightarrow H_2C{=}CH{-}Cl + HCl$$

Dehydrochlorierung von 1,2-Dichlorethan zu Vinylchlorid

V. dient nahezu ausschließlich zur Herstellung seiner Homo- und Copolymerisate (s. unter ↑Polyvinylchlorid). Ein kleiner Anteil wird zur Synthese von Vinylidenchlorid verbraucht (s. Schema).

$$H_2C{=}CH{-}Cl + Cl_2 \longrightarrow Cl{-}CH_2{-}CHCl_2 \xrightarrow{-HCl} \underset{\text{Vinylidenchlorid}}{H_2C{=}CCl_2}$$

Herstellung von Vinylidenchlorid

Vinylidenchlorid, eine farblose Flüssigkeit vom Sdp. 32 °C (d = 1,21 g/cm³) mit chloroform-ähnlichem Geruch, unlöslich in Wasser, mischbar mit den meisten org. Solventien, wird zur Copolymerisation mit V. verwendet.

► V. gilt als krebserregend.

C_2H_3Cl $M_R = 62{,}50$ C 38,44 % H 4,84 % Cl 56,73 %

t_{Smp}	t_{Sdp}	d	η
−154 °C	−13,9 °C	0,98 g/cm³ (-20 °C)	

C_p	$\Delta_S H$	$\Delta_V H$	$\Delta_B H$	S^o	Q_C
90 J/(K · mol)	4,9 kJ/mol		29 kJ/mol	118 J/(K · mol)	

MAK	R-Satz	S-Satz
5 mg/m³	45-12	53-45

N-Vinylpyrrolidin-2-on

1-Vinyl-2-pyrrolidone

Eine wasserklare Flüssigkeit, sie sich mit Wasser und den meisten org. Solventien beliebig mischen läßt. Gegen Alkalien ist V. recht beständig, in saurer Lösung erfolgt hingegen rasche Spaltung zu Pyrrolidon und ↑ Acetaldehyd. Beim Stehen vor allem unter Lichtzutritt polymerisiert N. Eine Stabilisierung gelingt mit etwa 0,1 % ↑ Kaliumhydroxid oder ↑ Natriumhydroxid.

Die Synthese von N. gelingt aus 2-Pyrrolidon (dessen Synthese s. unter ↑ 1,4-Butandiol) durch Umsetzung mit ↑ Acetylen in Gegenwart basischer Katalysatoren (s. Schema).

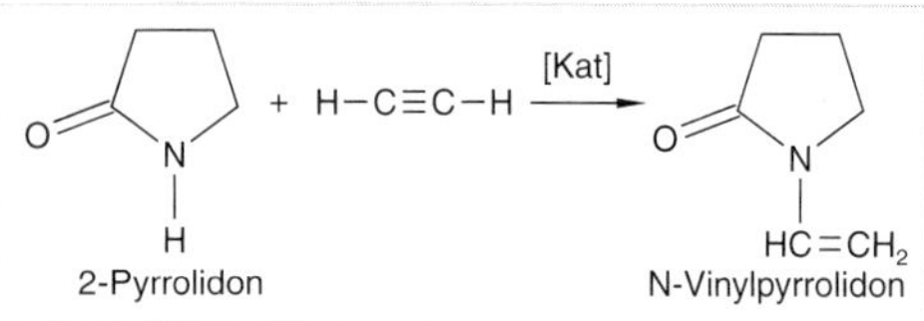

Synthese von N-Vinylpyrrolidon

Die Bedeutung von V. liegt ausschließlich in seiner Polymerisierbarkeit zu den technisch wichtigen Polyvinylpyrrolidonen. Die Polymerisation gelingt auf einfache Weise radikalisch katalysiert mit ↑ Wasserstoffperoxid in wässeriger Lösung.

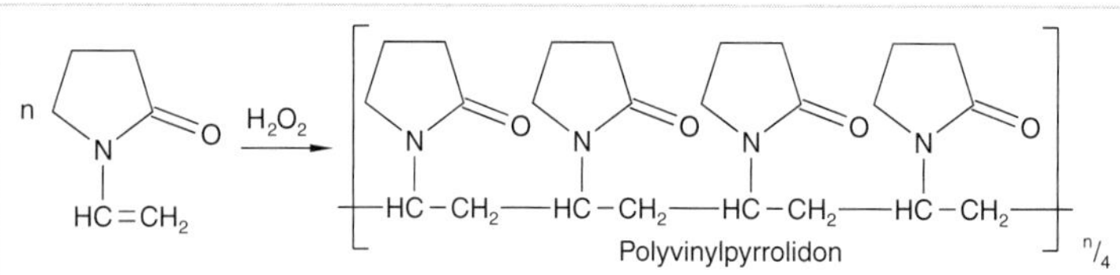

Polymerisation von N-Vinylpyrrolidon

Die kommerziell angebotenen *Polyvinylpyrrolidone* umfassen Molekülmassen von 10 000 bis 700 000 und kommen meist als weiße Pulver in den Handel, deren Erweichungspunkt etwa bei 150 °C. liegt. Polyvinylpyrrolidone besitzen ein praktisch einmaliges Löslichkeitsvermögen, indem sie sowohl in Wasser als auch den meisten org. Solventien löslich sind. Unlöslich sind sie lediglich in Ethern und aliphatischen Kohlenwasserstoffen. Polyvinylpyrrolidon ist auch sehr gut löslich in verdünnten und konzentrierten Mineral- und Carbonsäuren. Darüber hinaus ist es gut verträglich mit anderen wasserlöslichen Bindemitteln, mit vielen Harzen und mit Weichmachern. Aufgrund seines polaren Charakters besitzt dieses Polymer ein hohes Bindevermögen für zahlreiche Substanzen, wie Farbstoffe, Aromaten, Halogene, Tannine usw. Die Addukte sind teils löslich, teils unlöslich.

Wegen seiner ausgeprägten Löslichkeit auch als hochmolekulares Substrat besitzt Polyvinylpyrrolidon vielfältige Anwendungsmöglichkeiten in der Technik (Schutzkolloid, Verdicker) sowie in der Kosmetik (Verdickungs-, Dispergier- und Bindemittel). In Waschmitteln wird es als *Farbübertragungsinhibitor* eingesetzt. In der Waschmaschine vom Textil abgelöste Farbstoffe werden dabei von V. gebunden und können sich nicht auf ein anderes Kleidungsstück aufsetzen. Als Festkörper besitzen Polyvinylpyrrolidone keine technische Bedeutung.

Polyvinylpyrrolidon war der erste praktisch verwendbare Blutplasmaexpander (s. unter ↑ Dextran), ist hierfür jedoch nicht mehr im Einsatz, da es nicht abbaubar ist.

► Polyvinylpyrrolidone sind physiologisch unbedenklich.

C_6H_9NO $M_R = 111{,}16$ C 64,83 % H 8,16 % N 12,60 % O 14,39 %

Vitamin B_{12}

Vitamin B_{12} Cyanocobalamin

Bildet dunkelrote, geruch- und geschmacklose Kristalle, die in wasserfreier Form etwas hygroskopisch, ansonsten an der Luft aber völlig beständig sind. V. löst sich in Wasser bei 20 °C. zu 1,25 g/100 ml, ist auch löslich in niederen Alkoholen, jedoch unlöslich in Aceton und Diethylether. Thermisch ist V. sehr beständig. Ab ca. 220 °C beginnt es sich dunkel zu verfärben ohne zu schmelzen.

V. kann nur von Mikroorganismen synthetisiert werden. Da der tierische Körper das V. zu speichern vermag und es sich in praktisch allen tierischen Geweben, wenn auch in sehr geringen Konzentrationen, vorfindet, stellen tierische Nahrungsmittel eine für die Zufuhr ausreichende V.-Quelle dar. Der gesunde Mensch enthält in seinem Körper bis zu 5 mg V. Der tägliche Bedarf liegt bei etwa 2 μg. Besonders reich an V. sind Leber, Nieren, Austern, Fisch. Die Reinpräparation von V. erfolgt heute ausschließlich aus speziell gezüchteten Bakterienkulturen.

Zur Geschichte des V.: 1926 wurde entdeckt (Minot, Murphy), daß der tägliche Verzehr größerer Mengen roher Leber auf Patienten mit perniciöser Anämie heilend wirkte. Man schloß auf einen „*Antiperniciosa-Faktor*" in der Leber. 1928 konnte man bereits ebenfalls wirksame Leberextrakte herstellen. Aber erst 1948 gelang zwei verschiedenen Forscher-Gruppen gleichzeitig die Ioslierung von V. aus Leber bzw. aus Bakterienkulturen, welches den Antiperniciosa-Faktor verkörperte. Bereits 1929 hatte man festgestellt, daß es bei perniciöser Anämie ebenfalls Erfolge brachte, wenn die Kranken mit Magensaft Gesunder behandelt wurden (Castle). Man vermutete, daß die Magenschleimhaut einen Wirkstoff, den sogenannten „*Intrinsic-Faktor*", produziert, der erst die Resorption eines mit der Nahrung zuzuführenden zweiten Wirkstoffes, „*Extrinsic-Faktor*" genannt, ermöglicht. Als Extrinsic-Faktor erwies sich also das V. Als Intrinsic-Faktor erkannte man ein von den Belegzellen des Magens produziertes Glucoprotein. Erst die Bindung von V. an dieses Glucoprotein ermöglicht die Resorption von V. aus dem Dünndarm.

Sofort nach Isolierung des V. setzten intensive Forschungen zur chemischen Struktur-Aufklärung ein, die schließlich zu der auch durch Röntgenstrukturanalyse (Crowfoot-Hodgkin, 1955) bestätigten Strukturformel führten. Danach ist V. eines der kompliziertesten niedermolekularen Gebilde, die wir kennen (s. Abbildung). Zugrunde liegt ein Corrin-Gerüst (s. unter ↑ Porphin), das als Zentralatom ein Cobalt(III)-Kation enthält. Das Co-Atom ist zudem mit einem N-Atom des 5,6-Dimethylbenzimidazols koordiniert, dessen zweites N-Atom N-glycosidisch an 3-Phospho-D-ribofuranose geknüpft ist. Die Phosphatgruppe des letzteren ist mit 1-Amino-2-propanol verestert, welches seinerseits mit einer am D-Ring des Corrins stehenden ↑ Propionsäure amidiert ist. Die H-Atome des Corrins sind fast alle mit Methyl-, Acetamid- und Propionamid-Gruppen substituiert. Das Co-Kation ist zusätzlich mit einem Anion koordiniert, das im Falle des eigentlichen, handelsüblichen V. eine Cyano-Funktion ist.

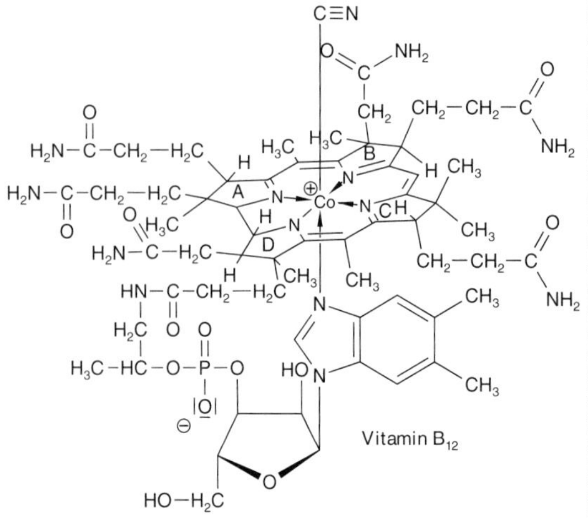

Struktur von Vitamin B_{12}

Das Co(III)-Kation bedingt die intensiv rote Farbe (bei der Reduktion mit ↑Wasserstoff wird Co(III) zu Co(II) reduziert unter Braunfärbung der Substanz, bei der Luftoxidation zu Co(III) tritt wieder die rote Farbe auf). Das Co-Atom ist ohne Zerstörung des ganzen Moleküls nicht herauszulösen.

1974 wurde eine Totalsynthese von V. bekanntgegeben (Woodward, Eschenmoser), die die Struktur bestätigte und eine Hochleistung der synthetischen Chemie darstellt.

Derivate von V. sind als Coenzyme an wichtigen Vorgängen des Stoffwechsels beteiligt, so am Aufbau von Nucleinsäure-Vorstufen (z. B. Thymidin-Synthese, s. unter ↑Thymin). Durch V. wird u. a. die Umwandlung von Homocystein in Methionin aktiviert (s. unter ↑D,L-Methionin und ↑S-Adenosylmethionin). V. ist ein Reifungsfaktor der Erythrocyten. V.-Mangel erzeugt, wie oben bereits dargelegt, *perniciöse Anämie*, die neben vielfältiger Symptomatik (Blutbild, zentralnervöse Störungen, Magen-Darm-Störungen) eine allgemeine Muskelschwäche bewirkt, unbehandelt zum Tode führt und nach dem oben Gesagten auftritt, wenn entweder die Magenschleimhaut keinen Intrinsic-Faktor produziert oder die V.-Zufuhr unzureichend ist. Letzteres kommt wegen des sehr niedrigen Bedarfs und der hohen Speicherkapazität im Organismus allerdings nur bei jahrelanger, streng vegetarischer (alle tierischen Produkte meidender) Ernährungsweise vor. In den Geweben ist das Cyanidion des V. durch einen Desoxyadenosyl-Rest ersetzt.

V. wird bei perniciöser Anämie parenteral verabreicht. In der Tierernährung bewirkt V. eine bessere Ausnutzung pflanzlicher Proteine und ermöglicht Einsparungen an tierischen Proteinen.

► Nebenwirkungen auch hoher Dosen an V. sind nicht bekannt.

$C_{63}H_{88}CoN_{14}O_{14}P$ $M_R = 1355{,}4$ C 55,83 %   H 6,54 %   Co 4,35 %   N 14,47 %   O 16,53 %   P 2,29 %

Wasser

Water, Hydrogen oxide Wasserstoffoxid

Eine farb-, geruch- und geschmacklose, leichtbewegliche Flüssigkeit mit dem von allen bekannten Flüssigkeiten größten Lösungsvermögen. Es ist nicht nur mischbar mit vielen organischen und anorganischen Flüssigkeiten, sondern löst auch zahlreiche Gase zu teils hohen Konzentrationen und vermag vor allem nahezu alle ionisch aufgebauten Feststoffe mehr oder weniger stark zur Dissoziation und damit zur Auflösung zu zwingen. Dieses Lösevermögen ist eine direkte Folge des Dipolcharakters des W.-Moleküls und seiner extem hohen Dielektrizitätskonstante (bei 20 °C = 80,35). Denn dieser Wert verringert die Anziehungskräfte zwischen den ionischen Kristallgitter-Bausteinen gemäß dem Coulombschen Gesetz auf etwa ein Achtzigstel, sodaß dann schon die thermische Bewegung der Moleküle ausreicht, die Ionen herauszulösen. Darüber hinaus ist W. eine hochreaktive Verbindung, die sich mit zahlreichen Substanzen in Oxidations-, Reduktions-, Komplexierungs-, Fällungs- und Hydrolyse-Reaktionen umsetzt. Trotzdem ist das Wasser-Molekül sehr stabil.

W. kommt auf der Erde in freier Form als Gas, als Flüssigkeit und auch als Feststoff in riesigen Mengen vor (übrigens ist es damit die einzige Substanz auf der Erde, die in allen drei Aggregatzuständen vorkommt) und ist so einer der Rohstoffe, die auf der Erde in unbegrenzter Menge zur Verfügung stehen (zum W.-Gehalt in der Luft s. unten). Wie erklärt man sich den *Ursprung des Wassers* auf der Erde? Diese Frage ist noch nicht endgültig beantwortet. Es kann einerseits eine Mitgabe aus der interstellaren Wolke sein, aus der sich unser Sonnensystem gebildet hat (s. hierzu unter ↑ Helium), andererseits wird eine nachträgliche Wasserzufuhr zur Erde durch den Einschlag großer eisbeladener Kometen für möglich gehalten. Eine Synthese von W. erübrigt sich somit und die Reingewinnung von W. läuft stets auf eine Reinigung des vorhandenen W. hinaus. Die hierfür anzuwendenden Verfahren sind abhängig von der Art der vorhandenen Verunreinigungen sowie von den Reinheitsanforderungen, die von dem jeweiligen Verwendungszweck gestellt werden. Es läßt sich unterscheiden in

1. Aufbereitung von Süßwasser
2. Umwandlung von Salzwasser in Süßwasser
3. Gewinnung von Reinstwasser

1. Aufbereitung von Süßwasser

Süßwasser kann als See-, Fluß-, Grund-, Quell- oder Abwasser die verschiedenartigsten Inhaltsstoffe aufweisen: Schwebstoffe, Kolloidale Trübungen, gelöste Salze und Gase, organische Verbindungen, mikrobielle Keime. Je nachdem, wie stark die Belastung ist, und je nachdem, ob Trink- oder industrielles Brauchasser erhalten werden soll, werden folgende Verfahren angewandt:

Sedimentation

Flockung und Filtration (s. unter ↑ Aluminiumsulfat)

Aktivkohle-Behandlung (s. unter ↑ Aktivkohle)

Chlorung (s. unter ↑ Chlor)

Ozonisierung (s. unter ↑ Ozon)

2. Umwandlung von Salzwasser in Süßwasser

Das wichtigste Verfahren zur Entsalzung von Meerwasser (durchschnittlicher Salzgehalt 3,5 Gew.-%) ist die Destillation, die in hintereinandergeschalteten Stufen bei ca. 90 °C durchgeführt wird.

Zunehmende Bedeutung zur Meerwasser-Entsalzung gewinnt die *Umkehr-Osmose* (Reverse Osmose = RO), deren Prinzip kurz skizziert sei. Unter *Osmose* versteht man folgenden Vorgang: zwei wässerige Lösungen I und II seien durch eine semipermeable Membran getrennt. Lösung I enthält den Stoff A in einer Konzentration C = a, Lösung II enthält den Stoff A in der Konzentration C = b. Unter „semipermeabel" ist zu verstehen, daß die Membran, die I und II trennt, für Wassermoleküle durchlässig, für die Moleküle von A aber undurchlässig ist (s. Abbildung).

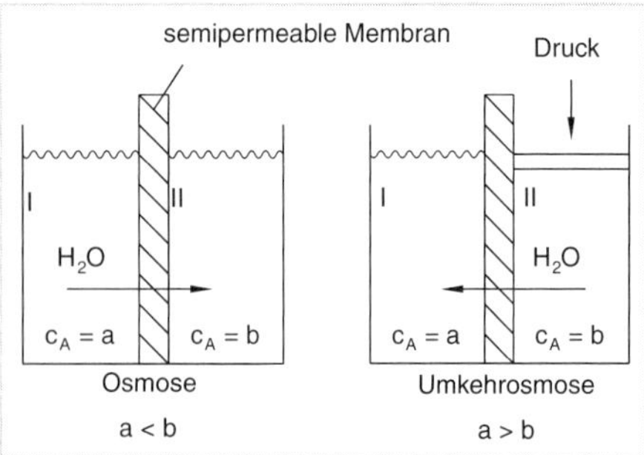

Schematische Darstellung von Osmose und Umkehr-Osmose

Wenn nun z. B. b größer ist als a, tritt Osmose in der Weise ein, daß Wassermoleküle durch die Membran von I nach II übertreten. Das Volumen von II wird vergrößert, die Konzentration von A folglich verkleinert, es ergibt sich also ein gewisser Konzentrations-Ausgleich. Der Vorgang läßt sich sehr schön mit der „Pfefferschen Zelle" demonstrieren und gehorcht dem van't Hoffschen Gesetz. Osmotische Vorgänge sind von fundamentaler biologischer Bedeutung (s. z. B. unter ↑ Natrium). Bei der Umkehr-Osmose wird nun eine konzentrierte Lösung unter einen Druck gesetzt, der den gegengerichteten osmotischen Druck wesentlich übersteigt, so daß reines Wasser durch die Membran in die dünnere Lösung übergeht. Die Umkehr-Osmose zeichnet sich vor der Destillation durch einen etwa nur halb so großen Energiebedarf aus und besitzt auch in der technischen Wasseraufbereitung Bedeutung.

3. Gewinnung von Reinstwasser

Zur Herstellung von Reinstwasser z. B. für Labor- und analytische Zwecke dient entweder die Destillation oder, heute überwiegend praktiziert, die Vollentsalzung durch Ionenaustausch mit Mischbett-Austauscherharzen (äquivalente Gemische von Kationen- und Anionen-Austauscherharzen).

$$2\,H_2 + O_2 \longrightarrow 2\,H_2O$$

Knallgas-Reaktion

W. ist das Verbrennungsprodukt von ↑ Wasserstoff; es entsteht in stark exothermer Reaktion bei der Abfackelung von Wasserstoff und in heftiger Explosion bei der Entzündung eines Gemisches (Molverhältnis 2:1) von Wasserstoff mit ↑ Sauerstoff (*Knallgas*) (s. Gleichung).

Daß diese exotherme Reaktion erst nach einer Zündung „anspringt", liegt an einer kinetischen Hemmung. Die katalytische Wirkung von feinverteiltem ↑ Platin auf die *Knallgasreaktion* wurde erstmals von J. W. Döbereiner mit dem damals berühmten *Döbereiner-Feuerzeug* (1823) demonstriert. Aus Schwefelsäure wurde mit einem Zinkstück Wasserstoff in Freiheit gesetzt und an einer Platinoberfläche vorbeigeleitet, wo er sich entzündete und kontrolliert abbrannte (zur Katalyse s. unter ↑ Ammoniak).

Das W.-Molekül ist gewinkelt gebaut (s. Abbildung), was in Verbindung mit der hohen Elektronegativität des O-Atoms einen starken Dipolcharakter des W.-Moleküls ergibt (Dipolmoment = 1,85 D). Dieser Molekülbau ist in der Sprache der VB-Theorie aus der Elektronenbesetzung des O-Atoms leicht erklärbar (s. Abbildung).

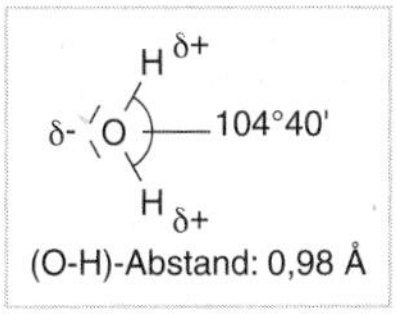

Bindungswinkel im Wasser-Molekül

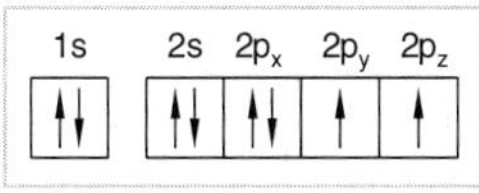

Elektronen-Besetzung im Sauerstoff-Atom

Je ein H-Atom überlappt mit seinem einfach besetzten s-Orbital mit je einem einfach besetzten p-Orbital des O-Atoms (s. Abbildung). Da die beiden p-Orbitale senkrecht aufeinander stehen, sollte der Bindungswinkel eigentlich 90° betragen. Da die beiden H-Atome wegen der großen Elektronegativität des O-Atoms positiviert sind (das bindende Elektronenpaar hält sich näher beim O-Atom auf), stoßen sich beide unter Aufweitung des Bindungswinkels ab. Nimmt man desweiteren eine s-p-Hybridisierung an (eine rein elektrostatische Winkelaufweitung würde nur maximal ca. 97° erreichen), ergibt sich schließlich der beobachtete Bindungswinkel von 104° 40′ (dem mathematischen Konzept der *Hybridisierung* liegt in der VB-Theorie eine Linearkombination von Bahnfunktionen reiner Atom-Orbitale zugrunde, was zur Deutung und Beschreibung der sterischen Bindungserhältnisse in der gesamten Chemie sehr wichtig und hilfreich ist).

Die stark negative Ladung am O-Atom lokalisiert sich in den beiden freien Elektronenpaaren, sodaß sich insgesamt eine tetraedrische Ladungsverteilung im W.-Molekül ergibt, die zur tetraedrischen Koordination der W.-Moleküle in den kondensierten Phasen führt (s. unten).

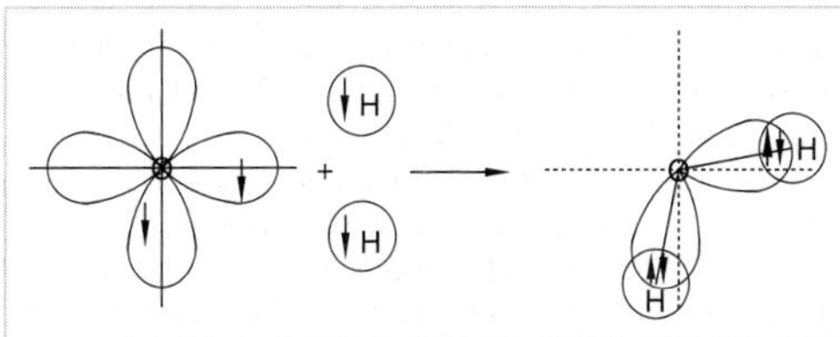

Orbitalbild-Darstellung der Wasserbildung nach der VB-Theorie

$$2\,H_2O \rightleftharpoons H_3O^{\oplus} + OH^{\ominus}$$

Oxonium-Ion

Bildung von Oxonium-Ionen

Das W.-Molekül geht in sehr geringem Ausmaß eine Eigenionisierung ein, die zur Bildung von *Oxonium-Ionen* führt (s. Gleichung). An diese lagern sich wiederum Wassermoleküle an. Diese Oxonium-Wasser Addukte bezeichnet man als *Hydronium-Ionen* (s. Gleichung).

$$H_3O^{\oplus} + 3\,H_2O \longrightarrow [H_3O \cdot 3\,H_2O]^{\oplus} \equiv H_9O_4^{\oplus}$$

Bildung von Hydronium-Ionen

Die Eigenionisierung wird vielfach vereinfacht als reine Dissoziation formuliert, was in den meisten Fällen zur Beschreibung von Reaktionen ausreichend ist (s. Gleichung).

$$H_2O \rightleftharpoons H^{\oplus} + OH^{\ominus}$$

Eigenionisierung als Dissoziation

$$K_W = c\,[H^{\oplus}] \cdot c\,[OH^{\ominus}] = 1 \cdot 10^{-14}$$

Ionenprodukt des Wassers

Aus den gezeigten Beziehungen für das Ionenprodukt des Wassers (s. Gleichung), die Ionen-Konzentrationen in reinem Wasser (s. Gleichung) und der Definition vom *pH-Wert* ergibt sich in neutralem W. ein pH-Wert von 7. Im W. gelöste Säuren und Basen greifen massiv in dieses Gleichgewicht ein. Ist der pH der Lösung kleiner als 7, ist die Lösung sauer, ist er größer als 7 ist sie alkalisch. Die pH-Wert-Messungen erfolgt mit Teststäbchen, die entsprechende Kombinationen von pH-Indikatoren enthalten bzw. genauer mit pH-Metern mittels als Einstabmeßkette ausgebildeten Glaselektroden (s. unter ↑ Quecksilber(I)chlorid).

$$c\,[H^{\oplus}] = c\,[OH^{\ominus}] = 1 \cdot 10^{-7}$$

Ionen-Konzentrationen in reinem Wasser

$$pH = -\log c\,[H^{\oplus}]$$

Definition des pH-Wertes

Für die Bildung der Strukturen des W. in seinen kondensierten Phasen sind die *Wasserstoffbrücken-Bindungen* (*H-Brücken*) ganz entscheidend. Eine H-Brücke ist hier die intermolekulare Wechselwirkung zwischen einem H-Atom des einen und einem freien Elektronenpaar des O-Atoms des anderen W.-Moleküls. Jedes W.-Molekül kann auf diese Weise maximal 4 H-Brücken zu seinen Nachbarmolekülen ausbilden und zwar, wie oben angedeutet, in tetraedrischer Koordination (s. Abbildung).

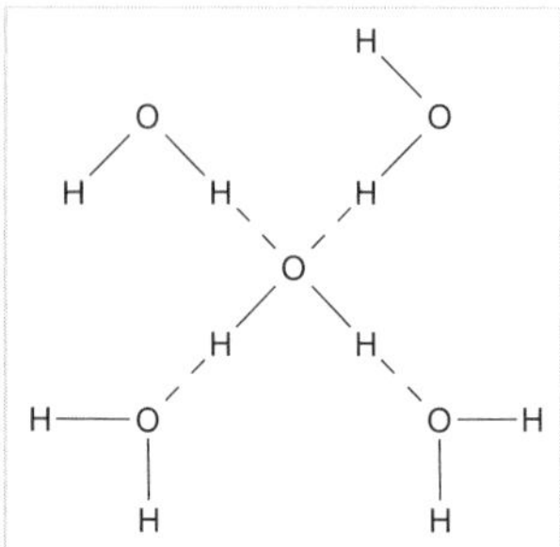

Vier tetraedrisch koordinierte H-Brücken eines zentralen H_2O-Moleküls (z. B. in hexagonalem Eis)

Die Bindungsenergie einer solchen H-Brücke beträgt 12 kJ/mol und ist damit zwar wesentlich schwächer als die chemische OH-Bindung, aber sie dominiert das Verhalten der W.-Moleküle untereinander.

In der *Gasphase des Wassers* konnten *Wasser-Dimere* nachgewiesen und vermessen werden. Die O····H—O-Brücken sind linear. In der Gasphase finden sich u. a. auch hexamere Aggregate, die temperaturabhängig planare Sechsringe oder Käfigstrukturen ausbilden (s. Abbildung).

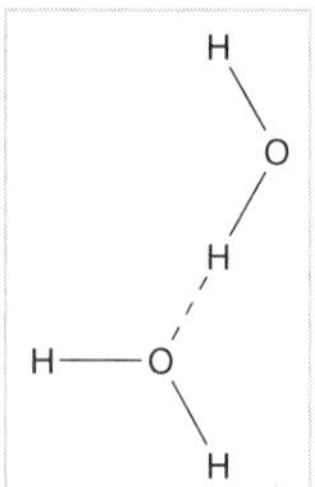

Wasser-Dimer in der Gasphase

Eis zeigt einen ausgeprägten *Polymorphismus*. Es wurden bisher 13 Phasen nachgewiesen, die sich je nach Druck und Temperatur ausbilden. Im normalen Eis liegt eine hexagonale Struktur vor, die dem hexagonalen Diamantgitter analog ist.

In der Flüssigkeit kann man nicht von einer Struktur sprechen, hier herrscht die Dynamik vor. *Flüssiges Wasser* ist ein ständig fluktuierendes Zufallsnetzwerk, in welchem das einzelne W.-Molekül im Mittel 3 bis 4 H-Brücken ausbildet, aber 4 bis 5 nächste Nachbarn hat. Die H-Brücken wechseln sehr schnell, wobei die einzelne Brücke nur eine Lebensdauer von ca. 10^{-12} Sekunden aufweist. Besonders Defekte in der tetraedrischen Nahordnung sorgen für ständige Dynamik. Aus der Dynamik und Thermodynamik dieser *H-Brücken-Fluktuationen* lassen sich die bekannten Anomalien des festen und flüssigen W. zumindest qualitativ erklären. Zu diesen *Anomalien des Wassers* gehören die ungewöhnlich hohe Wärmekapazität, das Dichtemaximum bei 4 °C, mit höherem Druck abnehmende Viskosität, das negative Schmelzvolumen (W. dehnt sich beim Gefrieren um 11 % aus) sowie die *Druckanomalie* (Verflüssigung unter hohem Druck statt Kristallisation, ein Effekt, der u. a. das *Schlittschuhlaufen* ermöglicht). Eine besonders drastische Folge der H-Brücken ist der extrem hohe Siedepunkt des W., der der Reihe der anderen Hydride folgend bei etwa −80 °C liegen müsste.

Während H-Brücken-Bindungen also im W. besonders augenfällig sind, bestimmen sie auch in anderen Verbindungen deren physikalisches Verhalten. H-Brücken-Bindungen sind letztlich elektrostatische Dipol-Dipol-Wechselwirkungen. Nun sind ja sehr viele Moleküle als Dipole anzusehen, ohne daß dies zu nennenswerten Assoziationseffekten führt. Gerade aber bei Verbindungen, in denen Wasserstoff-Atome an elektronegative Elemente (vor allem O, N, F) gebunden sind, treten diese Effekte auf, die sich in größerem Molekülzusammenhalt und damit in höheren Schmelz- und Siedepunkten äußern. Der Grund ist in dem kleinen H-Atom mit seinem einzigen Elektron in der Hülle zu sehen. Wird dieses Elektron bei Bindung an ein elektronegatives Atom durch dessen elektronenanziehende, polarisierende Wirkung vom H-Atom weggezogen, so liegt letzteres praktisch als „nackter" Atomkern mit seiner folglich extrem hohen Ladungsdichte vor. Dies bedingt besonders starke *Dipol-Wechselwirkungen*, wie sie folglich besonders im W., aber auch in den Alkoholen sowie im ↑ Fluorwasserstoff und auch im ↑ Ammoniak vorliegen. In den Alkoholen bewirken die H-Brücken u. a. die drastisch erhöhten Siedepunkte im Vergleich mit den Alkanen (z. B. Ethan −88 °C, Ethanol +78,5 °C). Aber nicht nur in diesen einfachen Verbindungen, sondern auch in den biochemischen Substraten sind H-Brücken von fundamentaler Bedeutung, allen voran zu nennen die ↑ Nucleinsäuren, in denen durch Wirksamwerden von H-Brücken die Doppelstrang-Struktur zustande kommt. Hier sind also die H-Brücken entscheidend an grundlegenden biologischen Prozessen beteiligt.

Zum *Wasser-Nachweis* dient die Rosafärbung von blauem ↑ Cobalt(II)chlorid oder die Blaufärbung von wasserfreiem weißem ↑ Kupfer(II)sulfat. Die quantitative W.-Bestimmung erfolgt mittels Karl-Fischer-Titration (s. unter ↑ Iod).

Da die übliche Chemie großenteils eine Chemie im wässerigen System ist, wird die Chemie des Wassers im wesentlichen zusammen mit der Besprechung der verschiedenen Elemente und Verbindungen abgehandelt.

Es ist jedoch wichtig zu wissen, in welchem Rahmen das W. als Reaktionsmedium genutzt werden kann, ohne selbst chemisch verändert zu werden, d. h. ohne daß die Protonen reduziert werden (Wasserstoff-Entwicklung) bzw. ohne daß das W. oxidiert wird (Sauerstoff-Entwicklung) (s. Gleichungen).

Reaktion I	$H^{\oplus} + e^- \rightleftharpoons \frac{1}{2} H_2$	Reduktion	$E° = 0{,}0$ V
Reaktion II	$H_2O \rightleftharpoons \frac{1}{2} O_2 + 2 H^{\oplus} + 2 e^-$	Oxidation	$E° = 1{,}23$ V

Oxidation und Reduktion von Wasser

$$E = E° + 0{,}06 \log c[H^{\oplus}]$$
$$E = -0{,}06 \cdot pH$$

pH-Abhängigkeit des Wasserstoff-Potentials

Die pH-Abhängigkeit der Potentiale beider Reaktionen läßt sich anhand der Nernstschen Gleichung berechnen. Für Reaktion I ist das Normal-Potential $E^{\ominus}$ (25 °C, $c_{H+} = 1$, H_2-Druck 101,3 kPa) definitionsgemäß (s. unter ↑ Wasserstoff) 0,0 V. Die Potentiale für beliebige pH-Werte liefert die Nernstsche Gleichung (unter Atmosphären-Druck) (s. Gleichung). Bei pH 14 erhält man so für das Wasserstoff-Potential E = −0,84 V.

$$E = E° + 0{,}03 \log c[H^{\oplus}]^2 \cdot p[O_2]^{0{,}5}$$
$$E = 1{,}23 - 0{,}06\ pH + 0{,}015 \log p[O_2]$$

pH-Abhängigkeit der Oxidierbarkeit von Wasser

Reaktion II besitzt das Normal-Potential $E^{\ominus} = 1{,}23$ V. Für beliebige pH-Werte liefert die Nernstsche Gleichung wieder die gezeigten Beziehungen (s. Gleichungen). Für $p(O_2)$ muß an der Luft der Partialdruck von Sauerstoff eingesetzt werden, also etwa 20 kPa. Man erhält: E = 1,22-0,06 pH

Bei pH 14 beträgt das Potential für die Oxidation des W. also nur noch 0,38 V. Erfahrungsgemäß ist bei Redoxreaktionen unter Beteiligung des W. eine Überspannung von ca. 0,6 V wirksam, d. h. das Reduktionspotential wird um ca. 0,6 V nach negativeren Werten, das Oxidationspotential um ca. 0,6 V nach positiveren Werten verschoben (gegenüber dem theoretisch berechneten). Das Phänomen der *Überspannung*, das u. a. auf Diffusions-Vorgängen beruht, ist komplexer Natur und zur näheren Information sei auf Lehrbücher der Physikalischen Chemie verwiesen. Man kann damit das *E-pH-Diagramm* konstruieren, aus dem das Redox-Verhalten des Wassers auf einen Blick ersichtlich ist (s. Abbildung).

W. ist also in alkalischer Lösung leichter oxidierbar, schwerer reduzierbar und in saurer Lösung leichter reduzierbar, schwerer oxidierbar.

Der Wassergehalt der Luft wird als *Luftfeuchtigkeit* bezeichnet. Unter der Absoluten Luftfeuchtigkeit versteht man die Wassermasse pro Luftvolumen und gibt sie an in g/m^3. Die *Sättigungsfeuchte* ist die Feuchte, die von der Luft maximal aufgenommen werden kann und die mit der Temperatur beträchtlich ansteigt (s. Tabelle). Von besonderer praktischer Bedeutung ist vor allem die Relative Feuchte. Sie gibt das prozentuale Verhältnis der tatsächlich in der Luft vorhandenen Feuchte (Absolute Feuchte) zur Sättigungsfeuchte an. Da die *Relative Feuchte* vorwiegend für den hygroskopischen Wasseraustausch verantwortlich ist (Wasseraufnahme aus der Luft und Verdunstung), ist sie die wichtigste Feuchtegröße, die auch gemessen wird (s. Definitionen).

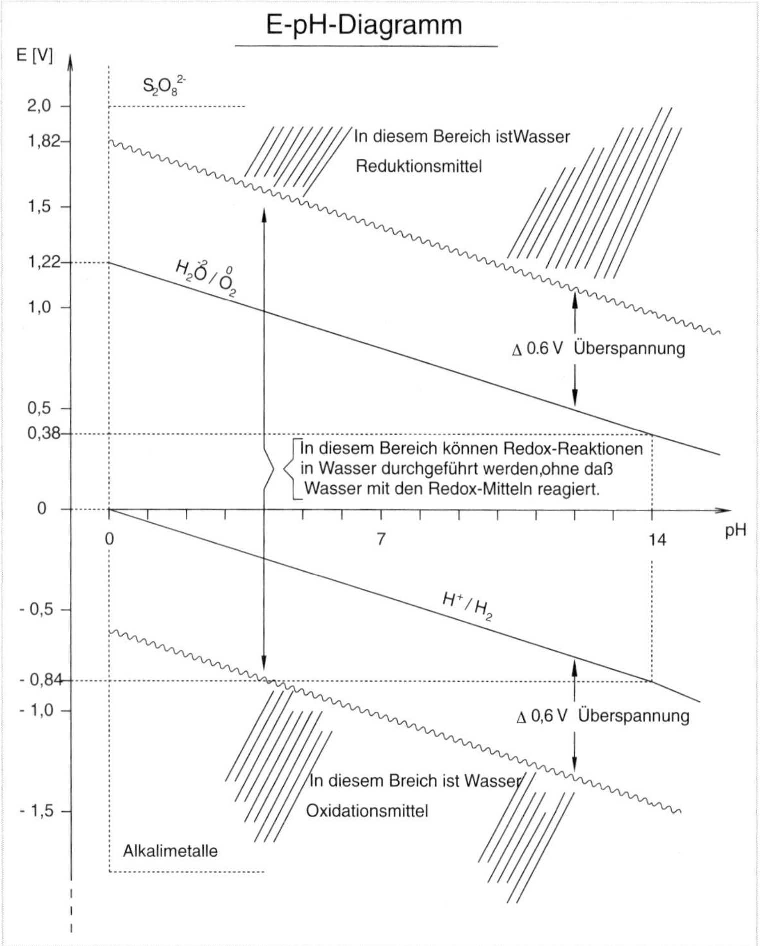

E-pH-Diagramm für Oxidation und Reduktion von Wasser

$$\text{Absolute Feuchte} = \frac{\text{Wassermasse}}{\text{Volumen feuchter Luft}} \quad [g/cm^3]$$

$$\text{Relative Feuchte} = \frac{\text{Absolute Feuchte}}{\text{Sättigungsfeuchte}} \times 100\ \%$$

Definition von Absoluter und Relativer Luftfeuchtigkeit

Temp. (°C)	−20	−10	0	10	15	20	25	30
Wasser (g/m^3)	0,88	2,17	4,8	9,4	12,8	17,3	23	30

Sättigungsfeuchten der Luft bei verschiedenen Temperaturen

Temp. (°C)	0	3,98	10	25	50	65	80	100
d (g/cm^3)	0,9999	1,0000	0,9997	0,9971	0,9881	0,9806	0,9718	0,9584

Dichtetabelle für Wasser

Temp. (°C)	0	10	20	30	40	50	60	70	80	90	100
η (mPa · s)	1,787	1,307	1,002	0,797	0,653	0,547	0,467	0,404	0,355	0,315	0,282

Viskositätstabelle für Wasser

H_2O $M_R = 18{,}02$ H 11,19 % O 88,81 %

t_{Smp}	t_{Sdp}	d	η		
0,00 °C	100,00 °C	1,000 g/cm³	1,002 mPa · s		
C_p	$\Delta_S H$	$\Delta_V H$	$\Delta_B H$	S^o	Q_C
75,28 J/(K · mol)	6,01 kJ/mol	40,89 kJ/mol	−285,8 kJ/mol	69,9 J/(K · mol)	
t_{krit}	P_{krit}	d_{krit}	t_{trip}		
374 °C	22,129 MPa	0,315 g/cm³	0,01 °C		

Wasserstoff

Hydrogen H

Ein farb-, geruch- und geschmackloses Gas, das sich zu einer farblosen, sehr leicht beweglichen Flüssigkeit kondensieren läßt und schließlich zu farblosen Kristallen erstarrt (Daten s. Tabelle). Die Löslichkeit von H in den üblichen Lösungsmitteln ist nur gering, z. B. in Wasser bei O °C 2 l/100 l. Die Löslichkeit des H in Metallen ist sehr unterschiedlich: während sie in ↑ Palladium und ↑ Platin außerordentlich groß ist, beträgt sie im ↑ Wolfram praktisch Null.

H ist im Universum mit Abstand das häufigste Element, da die Fixsterne und Nebel größtenteils aus H bestehen. So wird unsere Sonne zu 57 % aus H aufgebaut (zur Sonnenenergie-Erzeugung aus H s. unter ↑ Helium). Die erdnahe Atmosphäre enthält H nur in verschwindender Menge, während sie in einigen hundert Kilometer Höhe aus reinem H gebildet wird. In gebundender Form ist H auf der Erde sehr verbreitet, vor allem als Bestandteil des Wasser-Moleküls, aber auch der Kohlenwasserstoffe des Erdöls und der Kohle und zahlreicher anderer organischer und anorganischer Verbindungen, so daß sein Anteil am Aufbau der Erdkruste auf etwa 0,9 Gew.-% geschätzt wird und es zu den neun häufigsten Elementen auf der Erde zählt.

$$CH_4 + H_2O \longrightarrow 3\,H_2 + CO$$

Prinzipgleichung für das steam reforming

H ist ein großtechnisches Basisprodukt, das jährlich weltweit in mehreren 100 Mrd. m^3 hergestellt wird. Die wichtigste Quelle für H sind die fossilen Rohstoffe Erdgas, Erdöl und Kohle, wobei das wichtigste Verfahren das sogenannte *steam reforming* ist, die katalytische Dampfspaltung von ↑ Methan (aus Erdgas) und niederen Kohlenwasserstoffen aus der Erdöldestillation nach der gezeigten Prinzipgleichung.

$$3\,C + O_2 + H_2O \longrightarrow H_2 + 3\,CO$$

Kohlevergasung

Der erzeugte H stammt also teils aus dem Wasser, teils aus den Kohlenwasserstoffen. Daneben besitzt die partielle Oxidation von Erdölrückständen und schwerem Heizöl Bedeutung ebenso wie die Kohlevergasung (s. hierzu auch unter ↑ Kohlenstoffmonoxid) (s. Gleichung).

$$Zn + 2\,HCl \longrightarrow ZnCl_2 + H_2$$

Wasserstoff-Gewinnung im Labor aus Zink und Salzsäure

H fällt auch bei vielen technischen Prozessen als Nebenprodukt an, z. B. bei der Chlor-Alkali-Elektrolyse (s. unter ↑ Chlor). Die Labor-Darstellung von H erfolgt meist durch Einwirkung von ↑ Salzsäure auf ↑ Zink oder ↑ Eisen (s. Gleichung).

Bedeutung besitzt auch die elektrolytische Darstellung von W aus Wasser. Die *Wasser-Elektrolyse* führt man mit einer verdünnten Kaliumhydroxid-Lösung (Leitfähigkeit!) bei etwa 2 V (die theoretische Zersetzungsspannung von 1,24 V muß wegen der Überspannung überschritten werden) durch. An der Anode entsteht ↑ Sauerstoff, an der Kathode H (s. Schema).

$$2\,OH^{\ominus} \longrightarrow H_2O + {}^1\!/_2\,O_2 + 2\,e^- \quad \text{Anoden-Vorgang}$$
$$2\,H_2O + 2\,e^- \longrightarrow H_2 + 2\,OH^{\ominus} \quad \text{Kathoden-Vorgang}$$
$$H_2O \longrightarrow H_2 + {}^1\!/_2\,O_2$$

Elektrolyse von Wasser

Dieser Prozeß, der technisch wegen des bislang schlechten Wirkungsgrades noch kaum eine Rolle spielt, könnte bei weiterem Fortschritt der Wasserstoff-Technologie zur Energie-Erzeugung aus dem unerschöpflichen Reservoir große Bedeutung erlangen.

$$H \longrightarrow H^{\oplus} + e^- \quad \text{Oxidation}$$
$$H + e^- \longrightarrow H^{\ominus} \quad \text{Reduktion}$$

Oxidation und Reduktion des H-Atoms

H bildet im elementaren Zustand wie alle Elementgase (außer den Edelgasen) zweiatomige Moleküle. Als leichtestes chemisches Element mit dem einfachst möglichen Atomaufbau aus einem Proton und einem Elektron ist H eine Besonderheit. Es entspricht in seiner Elektronenkonfiguration 1 s^1, Grundterm $^2S_{1/2}$ gleichzeitig einem Halogenatom (1 Elektron fehlt zur Edelgasschale) und einem Alkalimetall (1 Elektron als Valenzelektron). Dies drückt sich auch im chemischen Verhalten aus, indem das H-Atom sein Elektron unter Ausbildung eines Kations, des Protons, abgeben kann oder aber ein weiteres Elektron aufnehmen kann unter Bildung des als Hydrid-Ion bezeichneten Anions je nach Elektronnegativität des Reaktions- oder Bindungspartners (s. Gleichungen).

H bildet mit allen chemischen Elementen, außer mit den Edelgasen, Verbindungen, weshalb H das Element ist, von dem die meisten chemischen Verbindungen bekannt sind. Die Chemie des H wird also großenteils mit der Besprechung der H-Verbindungen der anderen Elemente abgehandelt. Es seien hier deshalb nur noch einige Anmerkungen zugefügt. Das *Proton* kommt wegen seiner extrem hohen Ladungsdichte niemals frei, sondern stets mit Atomen oder Molekülen seiner Umgebung assoziiert vor, z. B. findet es sich im ↑ Wasser zumindest als Oxonium-Ion. Das *Hydrid-Ion* existiert nur in den salzartig aufgebauten Hydriden (z. B. im

↑ Natriumhydrid). In den weitaus meisten Verbindungen ist das H-Atom kovalent gebunden, wobei es in Bindung an die elektronegativsten Atome, also von ↑ Fluor, ↑ Sauerstoff, ↑ Stickstoff, zur Betätigung der äußerst bedeutsamen Wasserstoffbrücken-Bindungen befähigt ist (s. unter ↑ Wasser).

$$\tfrac{1}{2}\,H_{2\,(g)} \rightleftharpoons H^{\oplus}_{(aq)} + e^{-}$$

Elektroden-Reaktion der Normal-Wasserstoff-Elektrode

Die Oxidation des H wurde zur Festlegung einer Skala für die elektrochemischen Potentiale herangezogen: Taucht man einen Platindraht in eine genau 1-normale (exakter: 1-aktive) Säure (also vom pH 0) und umspült diesen Draht mit H-Gas unter einem Druck von 1,013 bar, so wird das sich unter diesen Bedingungen an der Elektrode einstellende Potential für das nebenstehende Gleichgewicht mit 0,000 V festgelegt. Man bezeichnet diese Elektrode deshalb auch als *Standard-Wasserstoff-Elektrode* oder *Normal-Wasserstoff-Elektrode* (s. Gleichung).

Die mengenmäßig bedeutendste Verwendung des H ist die Ammoniak-Synthese nach dem Haber-Bosch-Verfahren (s. unter ↑ Ammoniak), gefolgt vom Einsatz des H in der Erdölaufarbeitung (Hydrocracken, Hydrotreating). Großtechnisch wird H ferner in wichtigen Synthesen auf organischem Gebiet benötigt, z. B. für ↑ Methanol, ↑ Cyclohexan, ↑ Anilin. Weitere Einsatzgebiete sind die Fetthärtung, die Metallurgie und die Schweißtechnik. Im Labor wird H für katalytische Hydrierungen gebraucht. In den Handel kommt H in rot gestrichenen Stahlflaschen (die ein Links-Gewinde aufweisen) unter einem Druck von etwa 200 bar.

Die Bedeutung von H als *Energieträger* ist eng gekoppelt an die Weiterentwicklung der *Brennstoffzellen*. Brennstoffzellen arbeiten als galvanische Elemente. Der Unterschied zu normalen Batterien oder Akkus besteht darin, daß die reagierenden Stoffe (aktive Massen) nicht von vornherein Bestandteil der Zelle sind, sondern von außen zugeführt und kontinuierlich nachgeliefert werden.

Die energieliefernde Reaktion ist stets die elektrochemische Bildung von Wasser, indem an der Anode H-Gas oxidiert und an der Kathode Sauerstoff-Gas reduziert wird (s. die angegebenen Reaktionen für saures und alkalisches Medium).

$$H_2 \longrightarrow 2\,H^{\oplus} + 2\,e^{\ominus} \quad \text{(Anode)}$$

$$\tfrac{1}{2}\,O_2 + 2\,H^{\oplus} + 2\,e^{\ominus} \longrightarrow H_2O \quad \text{(Kathode)}$$

Brennstoffzelle: saures Medium

$$H_2 + 2\,OH^{\ominus} \longrightarrow 2\,H_2O + 2\,e^{\ominus} \quad \text{(Anode)}$$

$$\tfrac{1}{2}\,O_2 + H_2O + 2\,e^{\ominus} \longrightarrow 2\,OH^{\ominus} \quad \text{(Kathode)}$$

Brennstoffzelle: alkalisches Medium

Die Ausführungsformen unterscheiden sich im wesentlichen in der Bereitstellung des H, dem Elektrolyten und in der Betriebstemperatur. Sauerstoff wird meist in Form von Luft zugeführt. Die Elektroden besitzen hohe Porosität und bestehen aus Sinter-Nickel oder gepresster Aktivkohle mit katalytisch wirksamen Belegungen mit Platinmetallen, d. h. sie sind als *Gasdiffusionselektroden* ausgeführt.

Wird die Zelle mit reinem H und reinem Sauerstoff (aus jeweiligen Tanks) betrieben (*Wasserstoff-Sauerstoff-Zelle*), reichen 90 °C Betriebstemperatur aus (als Elektrolyt kann 30 %ige Kalilauge dienen). Man bezeichnet diese Zellen als *Alkaline Fuel Cells = AFC*. In den *SPFC* (*Solid Polymer Fuel Cells*) wird anstelle eines flüssigen Elektrolyten ein festes protonenleitendes Polymer als Elektrolyt benutzt. Anstelle des reinen elektrolytisch hergestellten H versucht man aus Kostengründen H einzusetzen, der aus Steam-Reforming-Prozessen stammt (s. oben), der allerdings CO enthält. Ein Reformer kann auch Bestandteil der Zellenkonstruktion sein (*Hochtemperatur-Zelle*, s. unten).

Der Direkteinsatz von Kohlenwasserstoffen in Brennstoffzellen scheitert bisher noch an der Passivität dieser Stoffe bei vertretbaren Temperaturen (bis 200 °C), obwohl ↑Methanol hier gute Aussichten bietet. Es läßt sich schon bei 300 °C umsetzen, ist gut verfügbar und besitzt ein hohe Energiedichte (6 kWh/kg).

Neue Entwicklungen von Brennstoffzellen betreffen Hochtemperatur-Ausführungen (600–800 °C), arbeiten mit geschmolzenen Carbonaten oder sauerstoffionen-leitenden Oxidkeramiken als Elektrolyten und zielen in den Kraftwerksbereich.

Wasserstoff-Sauerstoff-Zellen liefern theoretisch 1,23 V Spannung, werden in der Praxis aber nur mit ca. 0,8 V Klemmenspannung betrieben. Das *Apollo-Mondprogramm* nutzte solche Zellen zur Energieversorgung.

Spätestens nach Erschöpfung der fossilen Brennstoffe (Erdöl, Erdgas, Kohle) muß die gesamte Energieversorgung auf eine *Wasserstoff-Wirtschaft* umgestellt werden. Das heißt, man muß in der Lage sein, aus Kernenergie oder mittels erneuerbarer Energien aus dem Wasser elektrolytisch Wasserstoff in ausreichender Menge zu erzeugen. Dieser Wasserstoff muß dann die bisherigen Brennstoffe als mobile Energieträger ersetzen, indem er in Brennstoffzellen zur Erzeugung elektrischer Energie dient, die dann z. B. in Elektromotoren weiter in mechanische Energie umgewandelt wird, womit sich die im Schema dargestellte Umwandlungskette ergibt (s. Schema).

Energieumwandlungs-Kette einer Wasserstoff-Wirtschaft

► H ist nicht giftig

H Z = 1 A_R = 1,0079 Isotope: 1, 2 (↑Deuterium), 3 (Tritium)

t_{Smp} −259,14 °C	t_{Sdp} −252,5 °C	d 0,0000899 g/cm³ (0 °C)	MV 22423 cm³/mol	α	λ 0,141 W/mK
C_p 28,84 J/(K · mol)	$\Delta_S H$ 0,12 kJ/mol	$\Delta_V H$ 0,46 kJ/mol	S^o 130,68 J/(K · mol)	ϱ	
t_{krit} −239,9 °C	P_{krit} 1,29 MPa	d_{krit} 0,0314 g/cm³	t_{trip} −259,15 °C		
MAK	R-Satz 12	S-Satz 9-16-33			

Wasserstoffperoxid

Hydrogen peroxide

$$H_2O_2 \longrightarrow H_2O + {}^1/_2\, O_2$$

Zerfall von Wasserstoffperoxid

Bildet in reinem wasserfreiem Zustand eine wasserklare Flüssigkeit, die bei Normaltemperatur und sorgfältigem Ausschluß von Verunreinigungen beständig ist. Sie kann sogar im Vakuum (30 Torr, 70 °C) destilliert werden. Beim Erwärmen und vor allem bei Zutritt katalytisch wirkender Verunreinigungen wie Schwermetallionen kann explosionsartiger Zerfall eintreten (s. Gleichung).

Deshalb wird das 100 %ige W. nicht gehandelt. In wasserverdünnter Form, bereits als 90 %ige Lösung ist W. erheblich weniger brisant und ist bei Raumtemperatur schon nicht mehr durch Initialzündung zur Explosion zu bringen. Die hauptsächliche Handelsform sind 50-70 %ige wässerige Lösungen (Versand in Tankzügen und Kesselwagen) und in Kleingebinden vor allem 30 %ige Lösungen. Die Lösungen sind meist durch Schwermetall-komplexierende Zusätze stabilisiert. Auch eine schwach saure Einstellung vor allem durch ↑ Phosphorsäure wirkt stabilisierend. In alkalischem Medium erfolgt rascher Zerfall. W. ist beliebig mischbar mit Wasser, viele organische Substanzen wirken zersetzend oder werden rasch oxidiert. W. wurde erstmals (in wässeriger Lösung) 1818 durch Thenard hergestellt, als er ↑ Bariumperoxid mit ↑ Schwefelsäure umsetzte, eine Reaktion, die lange der technischen W.-Gewinnung zugrunde lag, dann aber durch das *Elektrolyse-Verfahren* (mit Schwefelsäure) und das *Isopropanol-Verfahren* abgelöst wurde. Beide Verfahren sind hier nur als Schema ohne weitere Beschreibung dargestellt, da auch sie heute keine Bedeutung mehr besitzen (s. Schema).

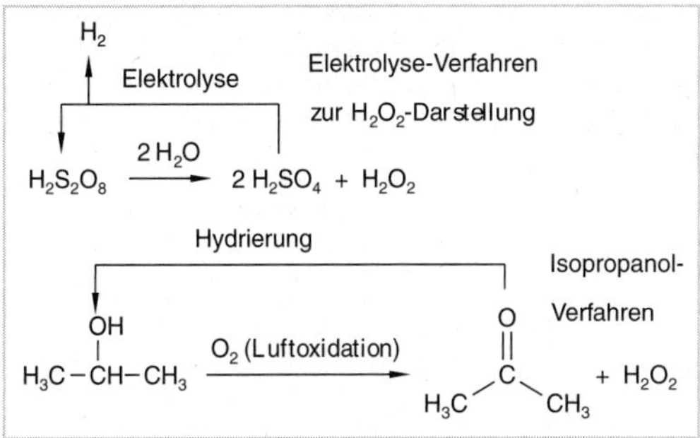

Klassische Verfahren zur Wasserstoffperoxid-Herstellung

Heute dient ausschließlich das *Anthrachinon-Verfahren* zur W.-Gewinnung. Im Prinzip beruht es darauf, daß ein Alkylanthrachinon (in einem speziellen aromatischen Lösungsmittel-Gemisch) in Gegenwart eines Katalysators (meist ↑ Palladium als Suspensions- oder Festbettkontakt) zum Alkylanthrahydrochinon hydriert wird, welches anschließend mit Luft wieder zum Chinon oxidiert wird, wobei W. entsteht (s. Schema). Das Verfahren verläuft in Wirklichkeit etwas komplizierter. Das W. wird aus der organischen Lösung mit Wasser extrahiert und destillativ aufkonzentriert.

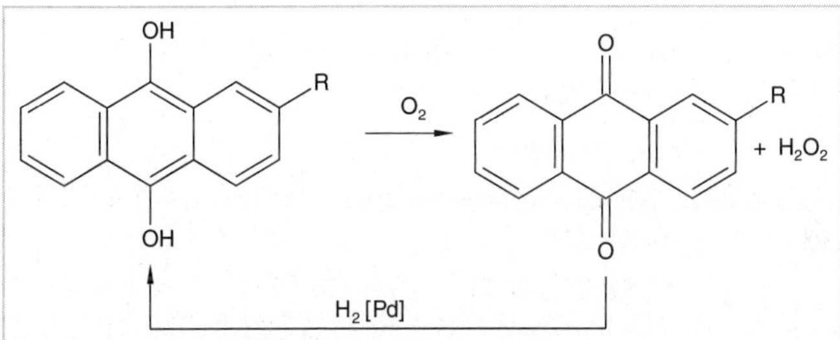

Anthrachinon-Verfahren zur Wasserstoffperoxid-Herstellung

Das W.-Molekül besitzt eine gewinkelte Struktur (s. Abbildung). Im W. sind ebenfalls starke Wasserstoffbrückenbindungen wirksam. W. ist eine etwas stärkere Säure als Wasser, so daß eine 1n-Lösung etwa den pH 6 aufweist (s. Gleichung).

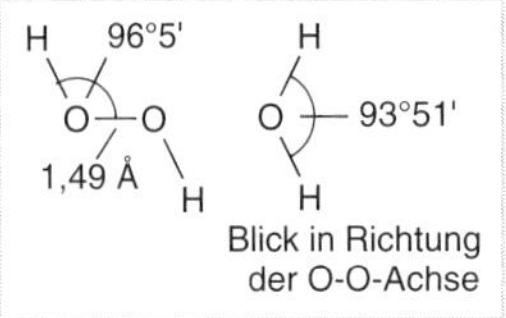

Gewinkelter Bau des Wasserstoffperoxid-Moleküls

$$H_2O_2 \rightleftharpoons HO_2^{\ominus} + H^{\oplus} \qquad K_S = 2{,}4 \cdot 10^{-12}$$

Wasserstoffperoxid als Säure

Die hervorstechende Eigenschaft des W. ist seine Oxidationswirkung besonders in saurer Lösung, worauf seine vielfältige Verwendung in der Analytik, der präparativen Chemie und in der Technik beruht (s. Gleichung).

$$H_2O_2 + 2\,H^{\oplus} + 2\,e^- \longrightarrow 2\,H_2O \qquad E^{\ominus} = +\,1{,}77\ V$$

Wasserstoffperoxid als Oxidationsmittel

Gegenüber sehr starken Oxidationsmitteln kann W. auch als Reduktionsmittel auftreten z. B. gegenüber Permanganat-Ionen, ↑ Chlorkalk und Blei(IV)-Ionen (s. Gleichung).

$$H_2O_2 \longrightarrow 2\,H^{\oplus} + O_2 + 2\,e^- \qquad E^{\ominus} = +\,0{,}68\ V$$

Wasserstoffperoxid als Reduktionsmittel

Die mengenmäßig bedeutendste Verwendung findet W. in der Herstellung von Waschmitteln (s. unter ↑ Natriumperborat). Einen enormen Zuwachs erfuhr und erfährt der Einsatz von W. zum Bleichen von Papier, Zellstoff und Textilien, wobei es die Chlorbleichung (s. unter ↑ Chlor und ↑ Natriumhypochlorit) verdrängt, da der Einsatz von W. keine umweltbelastenden Rückstände hinterläßt. Dabei wird es in Kombination mit Sauerstoff und Ozon verwendet, was dann als *TCF-Bleiche* (*Total-chlorfreie Bleiche*) bezeichnet wird. Ferner wird es vielfach benötigt in präparativen Oxidationen in Labor und Technik sowie zur Herstellung organischer und anorganischer Peroxoverbindungen (z. B. ↑ Peroxyessigsäure, Carosche ↑ Säure). An Umfang gewinnendes Einsatzgebiet ist auch die Abwasserbehandlung (oxidative Zerstörung von Schad- und Geruchsstoffen, wie Cyanide und ↑ Schwefelwasserstoff). Bei letztgenannter Anwendung ist es vorteilhaft, wenn das W. zu Hydroxylradikalen zersetzt wird, wie es entweder durch Einwirkung von UV-Licht oder im *Fenton-Reagenz* (Mischung von W. mit einem Eisen(II)salz) erreicht wird (s. Gleichungen).

$$H_2O_2 \longrightarrow 2\,OH^{\bullet}$$

$$Fe^{2+} + H_2O_2 + H^+ \longrightarrow OH^{\bullet} + H_2O + Fe^{3+} \quad \text{(Fenton-Reagenz)}$$

Bildung von Hydroxylradikalen durch UV-Licht oder im Fenton-Reagenz

Das *Hydroxylradikal* gehört zu den stärksten Oxidationsmitteln ($E^{\ominus} = 2{,}80$ V), durch das auch Schadstoffe wie Phenole, ↑ Benzol und Chloralkane zerstört werden.

Darüberhinaus wird W. in Medizin und Kosmetik verwendet (Antiseptikum, Bleichmittel). Ein empfindlicher analytischer Nachweis für W. ist die Reaktion mit Titanoxidsulfat (s. unter ↑ Titan).

► W. ist in Konzentrationen bis ca. 3 % harmlos. Ab etwa 6 % wirkt es ätzend, wobei besonders die Augen gefährdet sind. Von konzentrierteren Lösungen müssen Verunreinigungen, besonders Metalle, ferngehalten werden. Beim Umgang sind unbedingt Handschuhe und vor allem eine Schutzbrille zu tragen.

H_2O_2 $M_R = 34{,}01$ H 5,93 % O 94,07 %

t_{Smp}	t_{Sdp}	d	η
−0,41 °C	150,2 °C	1,448 g/cm³	1,249 mPa · s

C_p	$\Delta_S H$	$\Delta_V H$	$\Delta_B H$	S^o	Q_C
89,1 J/(K · mol)	12,5 kJ/mol		−187,8 kJ/mol	109,6 J/(K · mol)	

t_{krit}	P_{krit}	d_{krit}	t_{trip}
457 °C	21,1 MPa		

MAK	R-Satz	S-Satz
1,4 mg/m³	8-34	3-28-36/39-45

L(+)-Weinsäure

Tartaric acid Dihydroxybernsteinsäure

Bildet farblos durchscheinende geruchlose Kristalle von stark saurem Geschmack, die an Licht und Luft völlig beständg sind. Die W. löst sich außerordentlich gut in Wasser (bei 20 °C 139 g/100 ml) und ist auch gut löslich in Ethanol und Methanol, jedoch nur wenig löslich in Diethylether. Die W. ist eine starke organische Säure mit $pK_S1 = 2{,}93$ und $pK_S2 = 4{,}23$. Eine 0,1n Lösung zeigt den pH-Wert 2,2. Eine verdünnte wässerige Lösung besitzt einen erfrischenden Geschmack.

Die W. besitzt zwei asymmetrische C-Atome, die beide die gleichen Substituenten tragen. Das ist in stereochemischer Hinsicht ein Sonderfall im Vergleich z. B. mit der ↑Erythrose, die ja nur zwei identische Substituenten an den beiden asymmetrischen C-Atomen aufweist. Es gibt in diesem Fall nämlich nur ein Enantiomerenpaar ((+)- und (−)-Weinsäure), von dem die Fischer-Projektionen dargestellt sind. Darüber hinaus existiert lediglich eine optisch inaktive *Mesoform*. Darin drehen beide C-Atome jedes für sich die Polarisationsebene des Lichtes, jedoch jeweils exakt in entgegengesetzte Richtung, sodaß keine Drehung resultiert.

Die konfigurative Kennzeichnung der Isomeren von Verbindungen wie der W. ist nach der D,L-Nomenklatur nicht eindeutig, weshalb man besser die R,S-Nomenklatur nach Cahn-Ingold-Prelog verwendet (s. unter ↑D,L-Glycerinaldehyd). Demnach ist die (+)-Weinsäure als 2R,3R-(+)-Weinsäure, die (−)-Weinsäure als 2S,3S-(−)-Weinsäure zu bezeichnen, während die *Mesoweinsäure* die R,S- bzw. S,R-Anordnung besitzt.

Das racemische Gemisch der W. wird als *Traubensäure* bezeichnet (s. Abbildung). In der Natur kommt ganz überwiegend die L(+)-W. vor. Mesoweinsäure und Traubensäure finden sich überhaupt nicht, D(−)-W. nur äußerst selten. Die Mesoweinsäure ist darstellbar durch Oxidation von ↑Maleinsäure mit ↑Kaliumpermanganat.

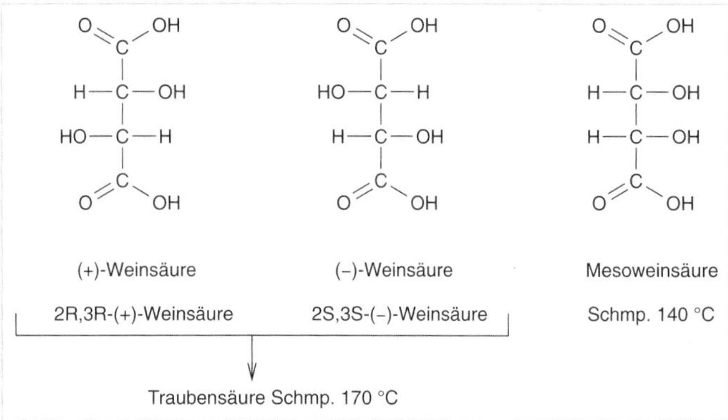

Stereoisomere der Weinsäure

Die W. ist als Fruchtsäure in der Natur sehr verbreitet in vielen Früchten, wobei sie teils frei, teils in Form ihrer Salze, der *Tartrate*, vorliegt. Die technische Gewinnung der W. erfolgt auch heute noch so, wie sie 1768 durch Scheele isoliert wurde: der *Weinstein*, das *Kaliumhydrogentartrat*, wird mit ↑ Calciumhydroxid in *Calciumtartrat* überführt, aus dem die Säure mit ↑ Schwefelsäure wieder freigesetzt wird. Die W. ist so ein Nebenprodukt der Weinerzeugung.

Die W. besitzt ein großes Komplexiervermögen für Schwermetallionen (Cu, Pb, Fe), wie es ja auch z. B. in der „Fehling-Lösung" mit dem Seignette-Salz (↑ Kaliumnatriumtartrat) ausgenutzt wird. Die W. wird in der Lebensmitteltechnologie ähnlich wie die ↑ Citronensäure verwendet und ist hierzu mit der Nummer *E 334* zugelassen.

► Die W. wird kaum resorbiert und nahezu vollständig mit dem Harn wieder ausgeschieden.

$C_4H_6O_6$ $M_R = 150{,}09$ C 32,01 % H 4,03 % O 63,96 %

t_{Smp}	t_{Sdp}	d	η		
170 °C		1,76 g/cm³			
C_p	$\Delta_S H$	$\Delta_V H$	$\Delta_B H$	S^o	Q_C
184,5 J/(K · mol)					−1154 kJ/mol

Wismut ⟶ Bismut

Wolfram

Wolfram, Tungsten W

Ein silberweiß glänzendes, schweres metallisches chemisches Element, das bei Normaltemperatur an der Luft völlig beständig ist und von Wasser und nichtoxidierenden Säuren nicht angegriffen wird. Von konzentrierter ↑ Salpetersäure, ↑ Fluorwasserstoffsäure und Königswasser wird W auch nur oberflächlich bis zu einer dünnen schützenden Oxidschicht oxidiert. Von geschmolzenen Alkalihydroxiden wird W bei Luftzutritt unter Bildung von Wolframaten gelöst. Die Oxidationsbeständigkeit geht in der Hitze rasch verloren, da sich bereits ab etwa 400 °C das ↑ Wolfram(VI)oxid verflüchtigt und keinen Schutz mehr bietet, weshalb W nur unter Inertgas oder in reduzierender Atmosphäre thermisch behandelt werden darf. W besitzt einige hervorragende physikalische Eigenschaften (s. Tabelle).

$$WO_3 + 3\,H_2 \xrightarrow{1200\,°C} W + 3\,H_2O$$

Gewinnung von Wolfram durch Reduktion

W kommt in der Natur nicht elementar vor. Es findet sich fast ausschließlich in Form von Wolframaten, vor allen des Fe, Mn und Ca als *Ferberit*, *Hübnerit* und *Scheelit*. Die weitaus wichtigsten Vorkommen weist China auf (ca. 75 %!), gefolgt vom nordamerikanischen Kontinent. Der Anteil des W am Aufbau der Erdkruste wird auf etwa 1,5 ppm geschätzt. Zur W-Gewinnung werden die Wolframate zunächst durch Druckerhitzen oder Kochen mit starker Natronlauge aufgeschlossen. Die dabei entstehenden *Natriumwolframate* werden mit Wasser extrahiert, aus den Extrakten wird durch Ansäuern unlösliches Wolfram(VI)oxidhydrat ausgefällt und anschließend durch Erwärmen entwässert. Aus dem so erhaltenen Wolfram(VI)oxid setzt man das Metall durch Reduktion mit ↑ Wasserstoff frei, welches dabei als schwarzes Pulver anfällt und nach Formpressung z. B. durch elektrische Widerstandssinterung zum kompakten Metall verdichtet wird (s. Gleichung).

W ist das letzte Element der 6. Nebengruppe des PSE und besitzt die Elektronenkonfiguration $1s^2\ 2s^2\ 2p^6\ 3s^2\ 3p^6\ 3d^{10}\ 4s^2\ 4p^6\ 4d^{10}\ 4f^{14}\ 5s^2\ 5p^6\ 5d^4\ 6s^2$, Grundterm $^5D_0$. W kann die Oxidationsstufen +2, +3, +4, +5 und +6 ausbilden, wobei die Stufe +6 die beständigste und wichtigste ist.

Insgesamt besitzt die Chemie des W große Ähnlichkeit mit der von ↑ Molybdän. Die wässerige Chemie des W ist (analog zum Mo) geprägt von der Kondensationstendenz der Wolframat-Ionen (s. unter ↑ Wolfram(VI)oxid).

W besitzt den von allen Metallen höchsten Schmelzpunkt von 3410 °C und weist ferner eine enorme Härte auf. Diese Eigenschaften gibt W zum Teil an seine Legierungen weiter, so daß W größte technische Bedeutung als Legierungsmetall besitzt, vor allem im Wolframstahl (Schnelldrehstähle). W besitzt deshalb eine besonders umfangreiche Metallurgie (W wird u. a. mit den Metallen Fe, Co, Ni, Mo, Cu, Ag, Re Ta und Nb legiert). Man kann generell sagen, daß W heute das wichtigste der selteneren Schwermetalle ist.

Technisch bedeutsam sind auch die Hartwerkstoffe auf der Basis ↑ Wolframcarbid (z. B. Widia-Metall). Die Glühdrähte und Glühwendeln in *Glühlampen* werden heute ausschließlich aus W gefertigt. Das bei der Glühtemperatur merklich verdampfende W schlägt sich in den normalen Glühbirnen auf der Glaskolbenwand nieder. Damit die Lampe dadurch nicht undurchsichtig wird, muß sie eine gewisse Mindestgröße aufweisen. Dem begegnet man in den *Halogenlampen* durch Befüllung mit einer kleinen Menge ↑ Iod (meist in Form von ↑ Methyliodid). Das bei nahezu 3000 °C verdampfende W kühlt an der Kolbenwandung auf etwa 800 °C ab und bildet hier Wolframiodid, welches zur Glühwendel migriert und hier wiederum zerfällt, wobei sich W wieder niederschlägt, und zwar an den dünnsten, sprich heißesten, Stellen der Glühwendel. Die Glühwendel wird also ständig regeneriert. Als Vorteile ergeben sich eine längere Lebensdauer, kleine Dimensionen, helleres Licht und bessere Lichtausbeute (keine Glastrübung). Wegen seiner Abbrandfestigkeit wird speziell gesintertes W vielfach als Kontaktwerkstoff gebraucht (Unterbrecherkontakte in der Kfz-Technik, Hochspannungsschalter).

► W. kann als ausgesprochen untoxisches Metall bezeichnet werden.

W Z = 74 A_R = 183,85 Isotope: 180, 182, 183, 184, 186; 173-179, 181, 185, 187-189 (künstlich)

t_{Smp}	t_{Sdp}	d	MV	α	λ
3400 °C	5650 °C	19,30 g/cm³	9,53 cm³/mol	4,59 10^{-6}/K	178 W/mK
C_p	$\Delta_S H$	$\Delta_V H$	$S°$	ϱ	
24,3 J/(K · mol)	35,4 kJ/mol	806,8 kJ/mol	32,66 J/(K · mol)	49 nΩ · m	
MAK	R-Satz	S-Satz			
5 mg/m³					

Wolframcarbid

Tungsten carbide Wolframmonocarbid

Bildet graue Kristalle von metallischem Glanz und hoher Härte, die gegen Säuren und Laugen resistent sind.

$$W + C \xrightarrow{1500\,°C} WC$$

$$WO_3 \xrightarrow[3000\,°C]{CH_4} WC$$

Herstellrouten für Wolframcarbid

Zur Herstellung wird sehr reines ↑ Wolfram meist in einer Wasserstoff-Atmosphäre bei ca. 1500 °C mit ↑ Kohlenstoff umgesetzt. Ein sehr feinteiliges W. ergibt die Reaktion von ultrafeinem Wolfram(VI)oxid mit ↑ Methan im Plasma bei 3000 °C (s. Gleichungen).

Im System Wolfram/Kohlenstoff existiert ferner ein *Diwolframcarbid* W_2C, das jedoch weniger Bedeutung besitzt (ein eutektisches Gemisch aus WC und W_2C wird als *Wolframschmelzcarbid* bezeichnet).

W. ist das wichtigste Metallcarbid für die Herstellung der Hartmetalle. Als *Hartmetalle* bezeichnet man generell Werkstoffe, die durch Sinterung oder Pressung eines Hartstoffes (hartes, hochschmelzendes Carbid) mit einem Metall der Eisengruppe (meistens ↑ Cobalt) erhalten werden. So ist das bekannte *Widia-Metall* (Widia = hart wie Diamant) ein Sinterwerkstoff aus W. und Cobalt (W.-Gehalte von 65 bis 96 %), der bei Verpressung der Komponenten bei 1300-1500 °C erhalten wird. Das Metall, hier also Cobalt, besitzt hierbei die Funktion eines Bindemittels, in das sich der Hartstoff einlagert. Hartmetalle werden je nach Korngrößen in Anwendungsgruppen aufgeteilt und haben hierin große technische Bedeutung als Werkstoffe für die Materialbearbeitung.

CW $M_R = 195{,}85$ C 6,14 % W 93,86 %

$t_{Zersetzung}$	t_{Sdp}	d	η		
> 2800 °C (Z)		15,7 g/cm³			
C_p	$\Delta_S H$	$\Delta_V H$	$\Delta_B H$	S^o	Q_C
35,4 J/(K · mol)			−40 kJ/mol	32 J/(K · mol)	
MAK	R-Satz	S-Satz			
5 mg/m³					

Wolfram(VI)oxid

Tungsten trioxide Wolframtrioxid

Bildet ein gelbes, schweres kristallines Pulver, das in Wasser und Säuren sehr schwer löslich ist. Löslich ist es in starken Alkalilaugen. Beim Erhitzen verfärbt sich W. reversibel tieforange.

Die Herstellung von W. ist im Grunde bereits unter ↑ Wolfram (Gewinnung des Metalls) beschrieben. Es entsteht praktisch immer beim Glühen von Wolfram-Verbindungen unter Sauerstoffzutritt.

Das Kristallgitter des W. baut sich auf aus WO_6 -Oktaedern: jeder Oktaeder ist mit 6 weiteren Oktaedern über je ein gemeinsames O-Atom (eine Ecke) zum Raumnetz verbunden.

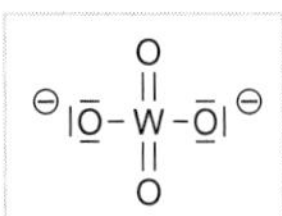

Tetraedrische Wolframat-Ionen

W. löst sich in starker Natronlauge zum Natrium(mono)wolframat, welches die den Chromaten analogen tetraedrischen *Wolframat-Ionen* enthält (s. Abbildung).

Na_xWO_3	$x = 0{,}9 - 0{,}3$

Zusammensetzung der Wolframbronzen

Beim Änsäuern finden nun je nach pH-Wert komplizierte und in ihrem Ablauf noch nicht geklärte Kondensationen zu kompliziert gebauten *Wolframatopolysäuren* statt, wie sie im Prinzip bereits beim ↑ Molybdän beschrieben sind. In stark saurer Lösung (ab ca. pH 1 fällt wieder hydratisiertes W. aus. Reduziert man derart gefälltes Wolfram(VI)oxidhydrat mit ↑ Zinn(II)chlorid oder Zink/Salzsäure, erhält man als *Wolframblau* bezeichnete intensiv blaue Lösungen, deren Farbe auf noch nicht ganz geklärten Mischoxidbildungen beruht. Reduziert man geschmolzenes *Natriumwolframat* z. B. mit ↑ Zink, so entstehen je nach Alkaligehalt prächtige, metallglänzende Oxidfarben, die als Deckfarben geschätzt werden.

Man bezeichnet sie als „*Wolframbronzen*". Die Farben reichen von goldgelb bis violett. Die Zusammensetzungen dieser Bronzen gibt die Formel wieder (s. Abbildung), es bleiben also im Natriumwolframat-Gitter Na-Plätze unbesetzt, woraus sich die Elektronenleitfähigkeit und der Metallglanz ergeben. Je kleiner der Na-Gehalt, um so tiefer ist die Farbe.

O_3W $M_R = 231{,}84$ O 20,70 % W 79,30 %

t_{Smp}	t_{Sdp}	d	η		
1473 °C		7,29 g/cm³			
C_p	$\Delta_S H$	$\Delta_V H$	$\Delta_B H$	S^o	Q_C
73 J/(K · mol)	73,4 kJ/mol		−843 kJ/mol	76 J/(K · mol)	
MAK	R-Satz	S-Satz			
5 mg/m³					

Xenon

Xenon Xe

Ein farb- und geruchloses Gas, das sich zu einer farblosen Flüssigkeit kondensieren läßt und schließlich zu einer farblosen kirstallinen Masse erstarrt (Daten s. Tabelle). Bei 0 °C lösen sich 234 ml Xe in einem Liter Wasser.

Xe ist wie alle Edelgase Bestandteil der atmosphärischen Luft, allerdings nur mit dem äußerst geringen Anteil von 0,00001 Vol.-%, womit Xe eines der seltensten Elemente auf der Erde ist. Die technische Gewinnung erfolgt, wie bei allen Edelgasen, aus der verflüssigten Luft (Ausnahme: ↑ Radon).

Wegen des sehr geringen Gehaltes (für 100 Liter Xe benötigt man über eine Million m^3 Luft) wird für ↑ Krypton und Xe ein besonderes Verfahren angewandt: aus tiefgekühlter, aber noch gasförmiger Luft wird mit einer kleinen Menge flüssiger Luft das Kr und Xe in mehreren Stufen ausgewaschen und so in der flüssigen Luft angereichert. Aus dieser werden beide Edelgase dann fraktioniert. Die Menge der zu verflüssigenden Luft reduziert sich nach diesem Verfahren um ca. 90 %; es ist natürlich nur zur Gewinnung von Kr und Xe geeignet und wird meist mit der Gewinnung von Reinstsauerstoff gekoppelt.

Das Xe-Atom besitzt die Elektronenkonfiguration $1s^2\ 2s^2\ 2p^6\ 3s^2\ 3p^6\ 3d^{10}\ 4s^2\ 4p^6\ 4d^{10}\ 5s^2\ 5p^6$, Grundterm $^1S_0$.

Xe bildet wie alle Edelgase ein einatomiges Gas, im Gegensatz zu den zweiatomige Moleküle bildenden übrigen Elementgasen.

$$O_2 + PtF_6 \longrightarrow [O_2^{\oplus}][PtF_6^{\ominus}]$$

Reaktion von Sauerstoff mit Pt-hexafluorid

Bis 1962 war keine chemische Verbindung eines Edelgases bekannt. Die Beobachtung, daß ↑ Sauerstoff mit Platinhexafluorid eine salzartige Verbindung ergibt (s. Gleichung), führte zu der Überlegung, daß Xe analog reagieren könnte, da Sauerstoff und Xe fast identische Ionisierungsenergien aufweisen. Diese Überlegung bestätigte sich: es wurde ein rotes, kristallines Reaktionsprodukt von Xe mit *Platinhexafluorid* erhalten (N. Bartlett).

In der Folgezeit entwickelte sich die Chemie der *Edelgasverbindungen* sehr rasch. Die Xe-Chemie ist bereits recht umfangreich und kennt besonders Fluoride, Oxofluoride und Oxide, die teils sehr beständig, teils hochexplosiv sind. Die Oxidationsstufen des Xe reichen dabei von +2 bis +8. Einige Verbindungen seien kurz charakterisiert:

Xenondifluorid

$$Xe + F_2 \longrightarrow XeF_2$$

Bildung von Xenondifluorid

Bildet farblose, in Wasser lösliche Kristalle (Schmp. 129 °C) und wird von Wasser langsam hydrolysiert. Das Molekül ist linear gebaut, stellt ein sehr starkes Oxidationsmittel dar und entsteht aus überschüssigem Xe und ↑ Fluor unter Druck (s. Gleichung).

Xenontetrafluorid

$$Xe + 2\,F_2 \xrightarrow{400\ °C,\ 6\ bar} XeF_4$$

Bildung von Xenontetrafluorid

Bildet farblose Kristalle. Wird von Wasser rasch unter Disproportionierung des Xe(IV) zu Xe und Xe(VI) hydrolysiert. Entsteht aus Xe und überschüssigem Fluor im Nickelgefäß (s. Gleichung). Das Molekül ist quadratisch-planar. Es ist ein starkes Fluorierungsmittel. Schmp. 11 °C.

Xenonhexafluorid

$$Xe + 3\,F_2 \xrightarrow{300\,°C,\ 50\,bar} XeF_6$$

Bildung von Xenonhexafluorid

Bildet farblose Kristalle, die extrem hydrolyseempfindlich sind. Bildet sich unter drastischen Bedingungen aus Xe und Fluor (s. Gleichung). Die Struktur des Moleküls ist sehr komplex. Schmp. 50 °C

Xenon(VI)oxid

$$XeO_3 + OH^{\ominus} \longrightarrow XeO_4^{\ominus}$$

Bildung von Xenat-Ionen mit Basen

Bildet farblose, hygroskopische Kristalle, die sich sehr gut in Wasser lösen. Die Lösungen reagieren nur ganz schwach sauer. Sowohl in Lösung als auch im Kristall liegen isolierte Xetrioxid-Moleküle vor. Die Verbindung ist sehr explosiv. Wird erhalten bei der vorsichtigen Hydrolyse von Xenonhexafluorid (s. Gleichung). Die wässerigen Lösungen des Xe(VI)oxid sind stark oxidierend. Das Molekül ist pyramidal gebaut, unter Einbeziehung des freien Elektronenpaares ist es tetraedrisch. Mit Basen erfolgt Xenat-Bildung (s. Gleichung). Diese *Xenat-Ionen* disproportionieren allmählich unter Bildung von Perxenat-Lösungen (s. Gleichung), die sehr kräftige Oxidationsmittel darstellen und aus denen sich stabile, schwerlösliche salzartige *Perxenate* ausfällen lassen.

$$XeF_6 + 3\,H_2O \longrightarrow XeO_3 + 6\,HF$$

Herstellung von Xenon(VI)oxid

$$2\,HXeO_4^{\ominus} + 2\,OH^{\ominus} \longrightarrow XeO_6^{4-} + Xe + O_2 + 2\,H_2O$$

Disproportionierung von Xenat-Ionen

Xenon(VIII)oxid

Aus *Bariumperxenat* und konzentrierter ↑ Schwefelsäure erhält man Xenon(VIII)oxid, ein sehr instabiles, hochexplosives Gas (s. Gleichung). Das Molekül ist tetraedrisch gebaut.

$$XeO_6^{4-} + 4\,H^{\oplus} \longrightarrow [H_4XeO_6] \xrightarrow{-2\,H_2O} XeO_4$$

Bildung von Xenon(VIII)oxid

Xe findet technische Anwendung z. B. in den Xenon-Hochdrucklampen. Einer umfangreicheren technischen Verwendung steht der hohe Preis für Xe entgegen. So könnte eine Mischung von 80 % Xe mit 20 % Sauerstoff als Narkosegas bei Operationen dienen.

Xe Z = 54 A_R = 131,29 Isotope: 124, 126, 128, 129–132, 134, 136; 118–123, 125, 127, 133, 135, 137–144 (künstlich)

t_{Smp} −111,8 °C	t_{Sdp} −108,1 °C	d 0,005897 g/cm³ (0 °C)	MV 22264 cm³/mol	α	λ 0,00569 W/mK
C_p 20,79 J/(K · mol)	$\Delta_S H$ 3,1 kJ/mol	$\Delta_V H$ 12,65 kJ/mol	S^o 169,7 J/(K · mol)	ϱ	
t_{krit} 16,7 °C	P_{krit} 5,88 MPa	d_{krit} 1,105 g/cm³	t_{trip} −112 °C		

Xylit

Xylitol

Bildet weiße, an der Luft beständige geruchlose Kristalle, die sich in Wasser sehr gut lösen (über 60 %), in Ethanol und Methanol nur mäßig löslich sind. X. schmeckt süß und ist in der Süßkraft identisch mit der

↑ Saccharose. X. ist auch thermisch sehr beständig: er kann auf über 200 °C erwärmt werden, ohne daß Zersetzungen oder Verfärbungen eintreten.

X. ist in vielen Früchten und Gemüsen enthalten, wobei der Gehalt bis zu 0,9 % der Trockenmasse der Pflanzen ausmachen kann. Man hat X. in Erdbeeren, Himbeeren, Blumenkohl und verschiedenen Salaten gefunden und Gehalte von etwa 0,3 % festgestellt. X. ist auch Zwischenprodukt im Metabolismus der ↑ D(+)-Glucose und wird auf diese Weise im menschlichen Körper täglich in Mengen bis zu 15 g produziert. X. ist so der in der Natur am meisten verbreitete *Pentit* (fünfwertiger Alkohol).

Die Herstellung von X. gelingt durch Reduktion von α-D-Xylose (s. Schema) (die *Xylose* findet sich in der Natur sehr verbreitet, zwar nicht in freier Form, aber als Polysaccharid vor allem im *Xylan* des Holzes, in Maiskolben, im Stroh usw. und kann durch Hydrolyse daraus gewonnen werden. Xylose ist eine reduzierende Pentose vom Schmp. 144 °C, löst sich sehr gut in Wasser und schmeckt stark süß).

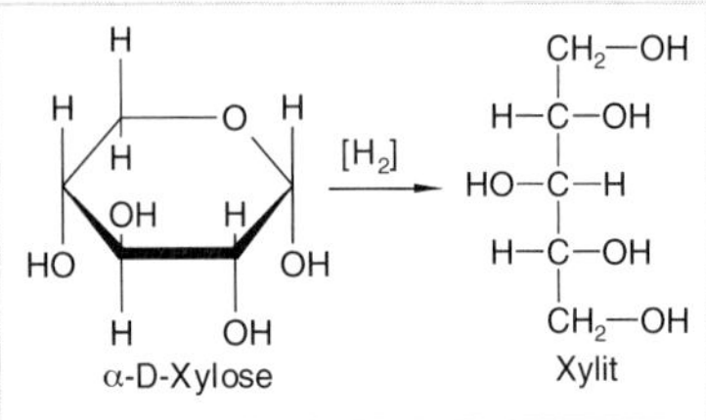

Herstellung von Xylit durch Reduktion der Xylose

X. besitzt als Zucker einige ernährungsphysiologisch wertvolle Eigenschaften. Er wird insulinunabhängig abgebaut und ist deshalb ein echter *Zuckerersatz* in der Diabetiker-Diät. Nachgewiesen ist die kariostatische Wirkung des X., deren Mechanismus noch nicht endgültig geklärt ist. Man weiß jedoch, daß X. eine Hemmwirkung auf das Bakterium Streptococcus ausübt, welches maßgeblich an der Freisetzung von schädlichen Säuren aus Zucker an den Zähnen beteiligt ist.

X. besitzt eine negative Lösungswärme, was einen angenehmen Kühleffekt bei der Auflösung im Mund hervorruft, der z. B. in den „*Eisbonbons*“ ausgenutzt wird.

X. wird aus den genannten Gründen zunehmend in der Nahrungsmittelindustrie verwendet, z. B. in Kaugummi und Süßwaren aller Art. Ferner ist es Zusatz in Pharmazeutika (Tabletten, Säfte) und in Kosmetika (Zahnpasta, Mundwässer). X. ist mit der Nummer *E 967* als Zusatzstoff für alle Lebensmittel, außer in Getränken, zugelassen.

► X. ist physiologisch unbedenklich. In höheren Dosen übt X. eine laxierende (abführende) Wirkung aus.

$C_5H_{12}O_5$ $M_R = 152{,}15$ C 39,47 % H 7,95 % O 52,58 %

Xylole

Xylene Dimethylbenzole

Als X. werden die drei möglichen isomeren Dimethylbenzole bezeichnet. Sie stellen wasserklare, leichtbewegliche, leichtentzündliche Flüssigkeiten dar von toluolartigem Geruch, die in Wasser unlöslich, mit den meisten org. Solventien beliebig mischbar sind. X. verbrennen mit stark rußender Flamme.

Die wichtigste Quelle für die X. war ehemals der Steinkohlenteer, heute sind es die Aromaten-Fraktionen der Reformat- und Pyrolysebenzine. Für die Trennung der isomeren X. sind spezielle Verfahren erforderlich, vor allem die Kristallisation, da ihre Schmelzpunkte weiter auseinanderliegen als die Siedepunkte (s. Abbildung).

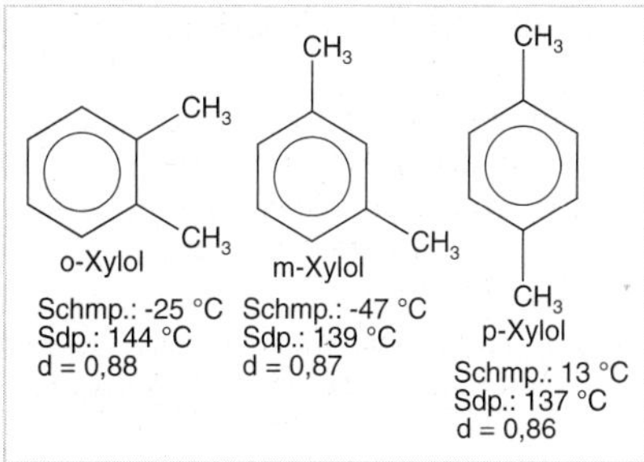

Die drei isomeren Xylole

Die Herstellung von p-Xylol z. B. gelingt in einer Wurtz-Fittig-Synthese aus *1,4-Dibrombenzol* und ↑ Methyliodid mit ↑ Natrium (s. Schema) in ↑ Diethylether.

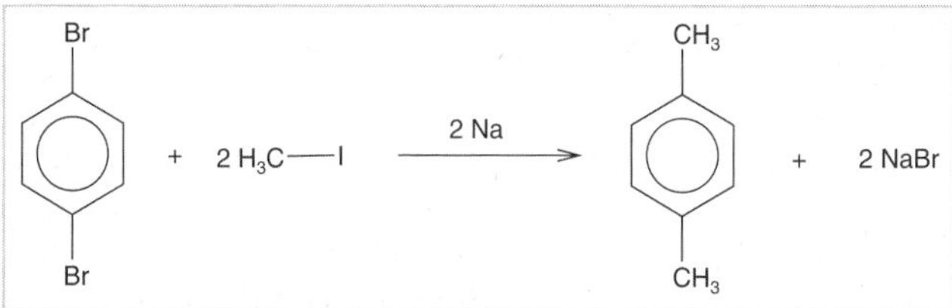

Synthese von p-Xylol durch Wurtz-Fittig-Synthese

Die einzelnen Isomeren dienen teilweise als Ausgangsprodukte zur Herstellung aromatischer Basisprodukte (s. z. B. ↑ Phthalsäure, ↑ Terephthalsäure). Aus *p-Xylol* wird durch Dehydrierung in der Dampfphase das *[2,2]-Paracyclophan* erhalten. Diese bei 285 °C schmelzende Verbindung läßt sich bei 600 °C zu dem hochtemperaturbeständigen thermoplastischen Kunststoff *Poly-p-xylylen* polymerisieren, eine Reaktion, die über das „Monomere" *1,4-Chinondimethan* abläuft (s. Schema).

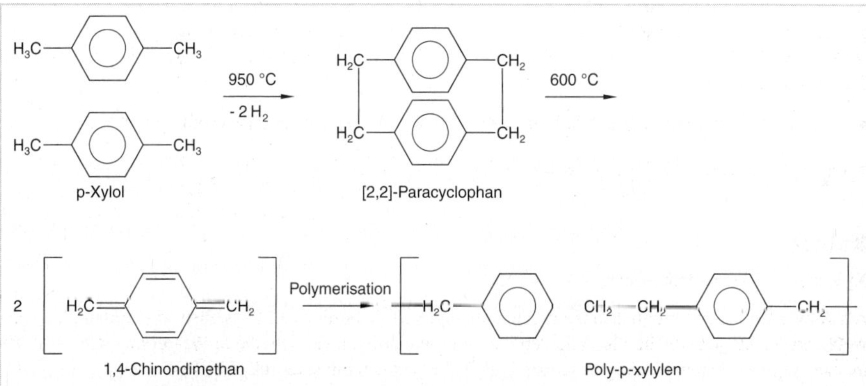

Synthese von Poly-p-xylylen

Das Poly-p-xylylen scheidet sich beim Abkühlen auf geeigneten Oberflächen als dünner Film ab. Dieses Verfahren wird als *Gorham-Prozeß* bezeichnet (Gorham, 1967). Der Prozeß läuft auch mit Derivaten von p-

Xylol ab. Man kommt so zu den allgemein als *Parylene* bezeichneten Polymerisaten. Sie besitzen Molmassen von bis zu 500 000 g/mol und schmelzen oberhalb 400 °C. Sie sind ausgesprochene *Barrierekunststoffe*, die u. a. in der Halbleiter- und Leiterplatten-Fertigung verwendet werden.

Das handelsübliche, als Lösungs- und Extraktionsmitel verwendetete *Xylol* ist ein Gemisch der drei X. Die Daten der nachfolgenden Tabelle gelten für o-Xylol.

► Dämpfe und Flüssigkeit von X. wirken haut- und schleimhautreizend. Das Einatmen bewirkt Hautrötung, führt zu Hitzegefühl Benommenheit, Wahrnehmungsstörungen bis hin zum Koma.

C_8H_{10} $M_R = 106{,}17$ C 90,51 % H 9,49 %

t_{Smp}	t_{Sdp}	d	η		
−25 °C	144 °C	0,88 g/cm³			
C_p	$\Delta_S H$	$\Delta_V H$	$\Delta_B H$	S^o	Q_C
187,5 J/(K · mol)	13,6 kJ/mol	36,2 kJ/mol	−24,4 kJ/mol	246 J/(K · mol)	−4551 kJ/mol
t_{krit}	P_{krit}	d_{krit}	t_{trip}		
357 °C	3,73 MPa				
MAK	R-Satz	S-Satz			
440 mg/m³	10-20/21-38	25			

Ytterbium

Ytterbium Yb

Ein silberglänzendes, weiches, sehr dehnbares metallisches chemisches Element, das an der Luft rasch unter Oxidation anläuft. Yb reagiert rasch mit verdünnten Säuren unter Entwicklung von ↑ Wasserstoff, langsam auch bereits mit Wasser.

$$YbCl_3 + 3\,K \longrightarrow Yp + 3\,KCl$$

Herstellung von elementarem Ytterbium

Yb ist das vorletzte Element in der Gruppe der Lanthaniden und findet sich wie alle Lanthaniden-Elemente in den bekannten Seltenerdmineralien, vor allem im Monazitsand. Der Anteil am Aufbau der Erdkruste wird zwischen 3-8 ppm geschätzt, womit es z. B. häufiger als ↑ Silber ist. Es wird in aufwendigen Trennoperationen von den Begleitelementen abgetrennt, vor allem durch das Amalgamaustausch-Verfahren, und schließlich in metallischer Form durch Reduktion von *Ytterbium(III)chlorid* mit ↑ Kalium erhalten (s. Gleichung).

Die Elektronenkonfiguration lautet $1s^2\ 2s^2\ 2p^6\ 3s^2\ 3p^6\ 3d^{10}\ 4s^2\ 4p^6\ 4d^{10}\ 4f^{14}\ 5s^2\ 5p^6\ 6s^2$, Grundterm $^1S_0$. Aus ihr geht hervor, daß Yb neben der für alle Lanthaniden typischen Oxidationsstufe +3 auch die Stufe +2 auszubilden vermag (voll besetztes f-Niveau). Yb(III)-Ionen sind in wässeriger Lösung farblos, Yb(II)-Ionen bilden grüne Lösungen. Das Normalpotential für den Vorgang $Yb \rightarrow Yb^{3+} + 3\,e^-$ in saurer Lösung wird mit −2,2 V angegeben.

Yb hat keine wesentlichen technischen Anwendungen gefunden.

► Yb besitzt nur eine niedrige akute Toxizität.

Yb Z = 70 A_R = 173,04 Isotope: 168, 170, 171, 172, 173, 174, 176; 152–167, 169, 175, 177, 178 (künstlich)

t_{Smp}	t_{Sdp}	d	MV	α	λ
824 °C	1192 °C	6,97 g/cm³	28,84 cm³/mol	25,0 10⁻⁶/K	38,5 W/mK
C_p	$\Delta_S H$	$\Delta_V H$	S^o	ϱ	
26,74 J/(K · mol)	7,66 kJ/mol	128,8 kJ/mol	59,8 J/(K · mol)	250 nΩ · m	

Yttrium

Yttrium Y

Ein silberweis glänzendes, in kompakter Form an der Luft stabiles, in feinverteilter Form rasch oxidierendes metallisches chemisches Element. Y ist gegen kaltes Wasser beständig, durch heißes Wasser und besonders rasch durch Säuren erfolgt Oxidation zu Y(III)-Salzen unter Entwicklung von ↑ Wasserstoff.

Y findet sich in einigen Mineralien mit hohem Y-Anteil, z. B. im *Gadolinit*, *Thalenit*, *Thortveitit*, in denen Y in silicatischer Form vorliegt, sowie im *Xenotim*, einem Yttriumphosphat. So ist Y keineswegs ein seltenes Element, sein Anteil am Aufbau der Erdkruste wird zwischen 30-70 ppm geschätzt.

Zur Gewinnung des Metalls wird aus den Mineralien, vor allem dem Xenotim, das *Yttriumfluorid* hergestellt, welches mit ↑ Calcium reduziert wird.

$$2\,Y + {}^3/_2\,O_2 \longrightarrow Y_2O_3$$

Bildung von Yttriumoxid

Y steht in der 3. Nebengruppe des PSE und besitzt die Elektronenkonfiguration $1s^2\ 2s^2\ 2p^6\ 3s^2\ 3p^6\ 3d^{10}\ 4s^2\ 4p^6\ 4d^1\ 5s^2$, Grundterm $^2D_{3/2}$. Y bildet ausschließlich die Oxidationsstufe +3 aus. Das Normalpotential für den Vorgang $Y \rightarrow Y^{3+} + 3\,e^-$ in saurem Medium wird mit −2,37 V angegeben. In seinem chemischen Verhalten ähnelt Y seinem Gruppenvorgänger ↑ Scandium und damit auch dem ↑ Aluminium. *Yttriumoxid* entsteht beim Erhitzen von Y an der Luft (s. Gleichung) oder beim Glühen von schwerlöslichem Yttriumoxalat und bildet ein wasserunlösliches, in Säuren lösliches, hochschmelzendes (Schmp. 2410 °C) weißes Pulver.

Yttriumoxid ist Bestandteil im Nernst-Stift und heute vor allem in der Lambda-Sonde der Dreiwegekatalysatoren in der Kfz-Technik (s. unter ↑ Zirkoniumdioxid).

Y wird heute in großtechnischen Mengen hergestellt. Das Interesse an Y stieg sprunghaft, als sich herausstellte, daß mit ↑ Europium aktiviertes *Yttriumvanadat* der für die Farbfernsehtechnik bestgeeignete rote Fluoreszenz-Leuchtstoff ist. Y wird ferner in der Reaktortechnik (Kontrollstäbe), in der Metallurgie u. a. als Legierungspartner, in der Mikrowellentechnik, in Katalysatorsystemen sowie in der Laser-Technik verwendet. Ein *Barium-Yttrium-Cuprat* $Ba_2YCu_3O_7$ ist einer der seit 1986 entwickelten *Hochtemperatur-Supraleiter* (Sprungtemperatur 95 K).

Y Z = 39 A_R = 88,9059 Isotope: 89; 80-88, 90-100 (künstlich)

t_{Smp}	t_{Sdp}	d	MV	α	λ
1526 °C	3334 °C	4,47 g/cm³	19,89 cm³/mol	10,6 10^{-6}/K	17,2 W/mK

C_p	$\Delta_S H$	$\Delta_V H$	S^o	ϱ
26,53 J/(K · mol)	11,4 kJ/mol	363 kJ/mol	44,4 J/(K · mol)	550 nΩ · m

Zimtaldehyd

Cinnamaldehyde   Cinnamaldehyd, 3-Phenyl-2-propenal

Bildet eine gelbliche, ölige Flüssigkeit von angenehmem intensivem Zimtgeruch. Z. ist nur sehr wenig löslich in Wasser, aber beliebig mischbar mit Ethanol und Diethylether. Z. ist empfindlich gegen Licht und Wärme und oxidiert sich an der Luft zu ↑ Zimtsäure.

Z. kommt zu ca. 70 % in den Zimtölen vor, die aus den Stammrinden junger ostasiatischer Lauraceen-Arten gewonnen werden, wobei sich überwiegend das trans-Isomere vorfindet. Synthetisch ist Z. einfach zugänglich durch Aldolreaktion zwischen ↑ Benzaldehyd und ↑ Acetaldehyd (s. Schema).

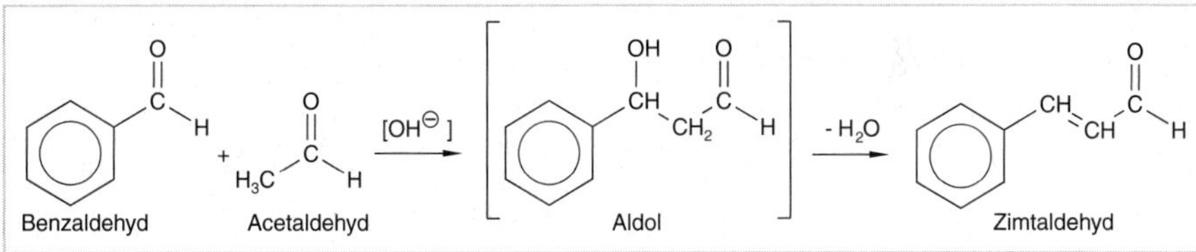

Synthese von Zimtaldehyd durch Aldolreaktion

Z. findet Verwendung in der Parfümerie und in der Kosmetik (z. B. würzige oder orientalische Noten in der Seifenherstellung). Ferner ist es ein Synthese-Baustein, z. B. entsteht bei der Kondensation mit ↑ Phenylessigsäure das *1,4-Diphenyl-butadien-1,3*. Z. ist auch Edukt für ↑ Zimtalkohol.

C_9H_8O $M_R = 132{,}15$ C 81,79 %   H 6,10 %   O 12,11 %

t_{Smp}	t_{Sdp}	d	η
−7,5 °C	2563 °C	1,05 g/cm³	

Zimtalkohol

Cinnamyl alcohol   Cinnamylalkohol

Bildet farblose Kristalle mit intensivem Hyazinthen-Geruch, die in Wasser nur wenig löslich, in Ethanol, Diethylether und den meisten anderen org. Solventien gut löslich sind. Z. ist empfindlich gegen Licht, Luft und Wärme und oxidiert sich an der Luft leicht zum ↑ Zimtaldehyd und schließlich zur ↑ Zimtsäure.

Z. kommt in der Natur in veresterter Form z. B. im Perubalsam, im Styrax (als Zimtsäureester) oder im Cassiaöl (als Essigsäureester = *Cinnamylacetat*) vor.

Synthetisch erhält man Z. durch Reduktion von ↑ Zimtaldehyd mit ↑ Aluminiumisopropylat (Meerwein-Ponndorf-Verley-Reduktion) oder mit ↑ Natriumboranat (s. Schema).

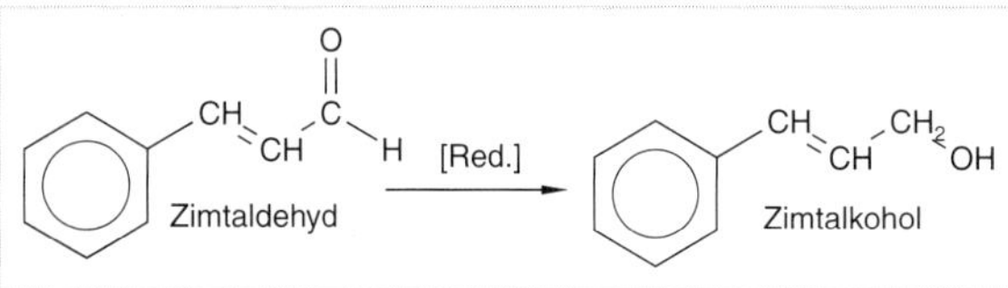

Synthese von Zimtalkohol

Z. wird selbst oder in Form seiner Ester in der Parfümerie zur Erzeugung blumiger Noten sehr geschätzt. Z. ist auch Synthesebaustein.

$C_9H_{10}O$ $M_R = 134{,}17$ C 80,56 % H 7,51 % O 11,92 %

t_{Smp}	t_{Sdp}	d	η
34 °C	258 °C	1,03 g/cm³	

Zimtsäure

Cinnamic acid β-Phenylacrylsäure, 3-Phenylpropensäure

Bildet farb- und geruchlose Kristalle, die in kaltem Wasser praktisch unlöslich sind, sich in heißem Wasser und Ethanol etwas lösen und in Diethylether und Aceton gut löslich sind.

Die Z. findet sich (ausschließlich in der hier beschriebenen trans-Form) teils frei, viel häufiger jedoch verestert in vielen etherischen Ölen, Harzen und Balsamen (Styrax, Peru- und Tolu-Balsam, Benzoeharz, Vanilleextrakt, Hyazinthenöl, Acaroidharz, Erdbeersaft usw.).

Die Herstellung von Z. kann nach der klassischen Synthese von Perkin erfolgen. Die *Perkin-Synthese* beinhaltet eine Aldolkondensation (s. unter ↑ Diacetonalkohol) zwischen einem (meist aromatischen) Aldehyd (hier dem ↑ Benzaldehyd) und einem aliphatischen Carbonsäureanhydrid, wobei als Hilfsbase meist ↑ Pyridin dient oder ein Alkalisalz der Carbonsäure (s. Schema).

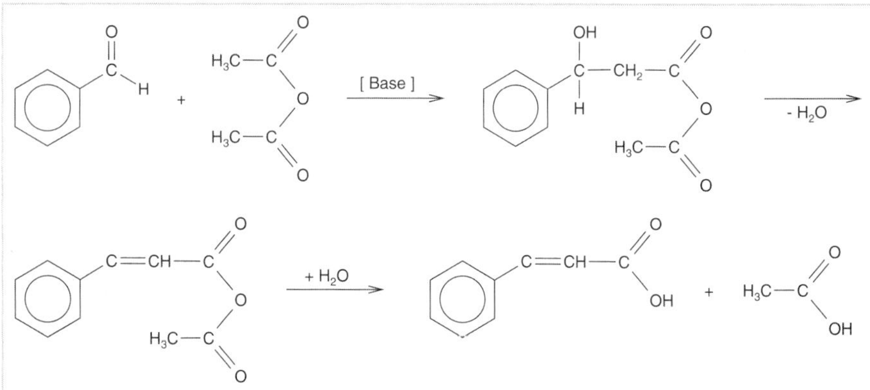

Perkin-Synthese von Zimtsäure

Einen Zugang zur Z. bietet auch die Heck-Reaktion (s. unter ↑ Acrylsäureamid). Eine weitere mögliche Route ist die Oxidation von ↑ Zimtaldehyd.

Beim Erhitzen decarboxyliert die Z. leicht zum ↑ Styrol. Starke Oxidationsmittel spalten die Z. bis zur ↑ Benzoesäure. Die Z. läßt sich nach den üblichen Verfahren verestern. Bei Bestrahlung mit UV-Licht dimerisiert die Z. zur *Truxillsäure* und zur *Truxinsäure*, die beide in mehreren stereoisomeren Formen existieren und die Derivate von ↑ Cyclobutan darstellen (s. Schema).

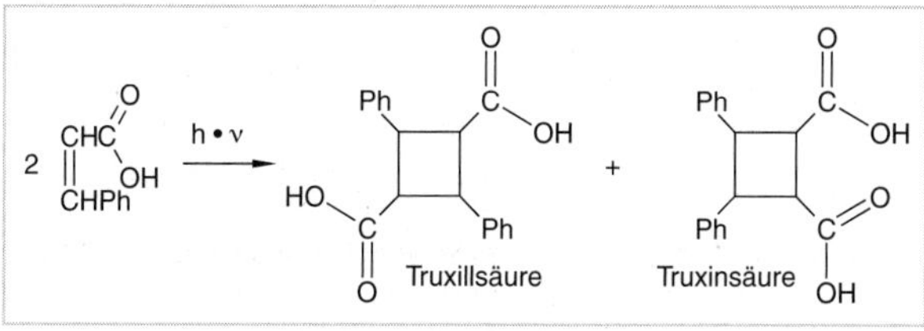

Fotochemische Dimerisierung zur Truxill- und Truxinsäure

Die Z. dient hauptsächlich zur Herstellung ihrer Ester, die als Riechstoffe große Bedeutung haben. Die Z. besitzt antibakterielle und antimykotische Eigenschaften und wird deshalb als Konservierungsmittel verwendet.

► Z. ist ungiftig, kann aber leicht hautreizend wirken.

$C_9H_8O_2$ $M_R = 148{,}15$ C 72,96 % H 5,44 % O 21,60 %

t_{Smp}	t_{Sdp}	d	η		
133 °C	300 °C	1,25 g/cm³			
C_p	$\Delta_S H$	$\Delta_{Sub} H$	$\Delta_B H$	S^o	Q_C
197,5 J/(K · mol)	22,6 kJ/mol	110 kJ/mol (S)	−325 kJ/mol		−4359 kJ/mol
MAK	R-Satz	S-Satz			
	36/37/38	26-36			

Zink

Zinc Zn

Zn ist ein an frischen Oberflächen silberweiß glänzendes, bei Normaltemperatur sprödes metallisches chemisches Element. An der Luft überzieht das Metall sich bald mit einer bläulich-grauen sehr dichten Schicht von Oxid und/oder basischem Carbonat, die vor weiterem Angriff schützt und Zn zu einem gegen Atmosphärilien sehr beständigen Metall macht. Diese Schicht besitzt den gleichen Ausdehnungskoeffizienten wie das Metall, so daß sie auch bei größeren Temperaturwechseln nicht abblättert. Sie macht Zn auch gegen Wasser sehr beständig, besonders wenn es Calcium- oder Magnesiumionen enthält, da diese durch Einlagerung ihrer Carbonate die Schutzschicht verstärken. Von anorganischen und organischen Säuren sowie von Laugen wird Zn rasch unter Wasserstoff-Entwicklung zu Zn(II)-Kationen oxidiert (s. Gleichung).

$$Zn + 2\,H_2O \longrightarrow Zn^{2+} + 2\,OH^{\ominus} + H_2$$

Reaktion von Zink im sauren oder alkalischen Medium

Diese Empfindlichkeit ergibt sich aus dem niedrigen Normalpotential für die Bildung von Zn(II) (s. Gleichung), da sowohl Säuren als auch Laugen die Oxid-Schutzschicht auf dem Metall ablösen (s. Gleichungen).

$$Zn \longrightarrow Zn^{2+} + 2\,e^- \qquad E_0 = -0{,}76\ V$$

Normalpotential für die Zn(II)-Bildung

$$ZnO + 2\,H^{\oplus} \longrightarrow Zn^{2+} + H_2O$$
$$Zn(OH)_2 + 2\,OH^{\ominus} \longrightarrow [Zn(OH)_4]^{2-}$$

Ablösung der Oxid-Schutzschicht durch Säuren oder Laugen

Beim Erwärmen wird Zn im Bereich zwischen 100-150 °C weich und dehnbar und läßt sich zu dünnen Blechen auswalzen. Oberhalb 200 °C versprödet es wieder. Reines Zn kommt in Form von Pulver, Granalien, Blech, Platten oder Stäben in den Handel.

Zn findet sich in der Natur nicht gediegen sondern durchweg als Sulfid oder in oxidischer Form. Es ist so recht verbreitet und kommt in den abbauwürdigen Erzlagern meist zusammen mit ↑Blei, ↑Kupfer oder ↑Cadmium vor. Die wichtigsten Zinkmineralien sind die Zinkblende bzw. Wurtzit (↑Zinksulfid) und der Zinkspat (↑Zinkcarbonat), deren Hauptfundstätten auf dem europäischen (Polen, Belgien, Frankreich) und dem nordamerikanischen (Mexiko, USA, Kanada) Kontinent liegen. Der Anteil des Zn am Aufbau der Erdkruste wird auf ca. 0,02 Gew.-% geschätzt.

Die Herstellung von Zn-Metall geht stets vom ↑Zinkoxid aus. Ist der Rohstoff die Zinkblende, wird das Zinksulfid zunächst durch Rösten in das Oxid überführt (s. Gleichung). Bildet die Rohstoffbasis der Zinkspat, wird das Zinkoxid mittels Brennen aus dem Zinkcarbonat erhalten (s. Gleichung).

$$ZnS + 1\,{}^1/_2\,O_2 \longrightarrow ZnO + SO_2$$

Röstung von Zinksulfid

$$ZnCO_3 \longrightarrow ZnO + CO_2$$

Brennen von Zinkcarbonat

Das Zinkoxid wird entweder auf trockenem oder auf nassem Wege zum Metall umgesetzt. Das trockene Verfahren beinhaltet die Reduktion des Zinkoxids mittels Kohle in sogenannten Muffeln, geschlossene, mit Schamotte feuerfest ausgekleidete Öfen, bei ca. 1100 °C, wobei das Zn abdestilliert und in Vorlagen als Flüssigmetall kondensiert wird.

Das Nasse Verfahren beruht auf der elektrolytischen Zn-Abscheidung aus den Zinksulfat-Lösungen, die durch Auflösung des Zn-Oxids mit ↑Schwefelsäure erhalten werden. Das Zn wird dabei auf Al-Kathoden niedergeschlagen, als Anodenmaterial dient ↑Blei. Der ↑Wasserstoff besitzt zwar ein höheres Normalpotential als das Zn und sollte in der sauren Lösung eher entladen werden als die Zn-Ionen. Daß dies hier nicht der Fall ist, beruht auf der hohen Überspannung des Wasserstoffs am Zn. Die endgültige Reinigung des Zn erfolgt durch fraktionierte Destillation, wobei insbesondere die Abtrennung der Cd-Beimengungen erreicht wird.

Zn bildet zusammen mit ↑Cadmium und ↑Quecksilber die 2. Nebengruppe des PSE und besitzt die Elektronenkonfiguration $1s^2\ 2s^2\ 2p^6\ 3s^2\ 3p^6\ 3d^{10}\ 4s^2$, Grundterm $^1S_0$. Zn besitzt also wie Cd und Hg eine vollbesetzte d-Schale und verfügt nur über die beiden 4s-Elektronen als Valenzelektronen, womit sich die ausschließliche Oxidationsstufe +2 erklärt und die zu einer recht einfachen wässerigen Chemie des Zn führt, zu der unter den nachfolgenden Zn-Verbindungen weiteres gesagt wird.

Seine Korrosionsbeständigkeit, die gute mechanische Bearbeitbarkeit und die Gießfähigkeit haben Zn zu einem wichtigen Gebrauchsmetall gemacht. Es wird sowohl als reines Metall verwendet (Zinkhalbzeug, Verzinkung, Zinkgußartikel) als auch in großen Mengen in wichtigen Legierungen verarbeitet, hier allen voran zu nennen das Messing (s. unter ↑Kupfer). Eine spezielle Verwendung findet metallisches Zn im *Leclanche-Element*, auch als *Trockenbatterie* bezeichnet, wie es den üblichen *Taschenlampen-Batterien* zugrunde liegt. Es besteht aus einem Zinkblechzylinder, der mit einer konzentrierten gelatinierten Lösung von ↑Ammoniumchlorid als Elektrolyt gefüllt ist und als Anode dient. Die Kathode ist ein von ↑Mangan(IV)oxid (Braunstein) umgebener Graphitstab. Die Zn-Ionen reagieren mit dem Elektrolyten zu *Zinkdiamminchlorid* $Zn(NH_3)_2Cl_2$ (s. Gleichungen).

Eine Wasserstoff-Entwicklung, die eine Gegenspannung an der Kathode aufbauen würde, wird durch den als *Depolarisator* wirkenden Braunstein verhindert, da er den Wasserstoff sofort zu Wasser oxidiert, wobei Mn(IV) zu Mn(III) reduziert wird. Eine Weiterentwicklung des Leclanche-Elements ist die *Alkali-Manganzelle*. Sie benutzt ebenfalls Zink und Mangandioxid, verwendet aber als Elektrolyt Kalilauge.

$$Zn \longrightarrow Zn^{2+} + 2\,e^- \quad \text{Anode}$$
$$2\,e^- + 2\,H^{\oplus} \longrightarrow H_2 \quad \text{Kathode}$$

Elektroden-Vorgänge im Leclanche-Element (Taschenlampen-Batterien)

Im Labor dient metallisches Zn zur Wasserstoff-Herstellung und als Reduktionsmittel.

Zum qualitativ-analytischen Zn-Nachweis müssen stets mehrere Reaktionen herangezogen werden, um Störmöglichkeiten vor allem durch Al, Zr, Be, Mg, aber auch viele Schwermetall-Ionen auszuschließen. Geeignet ist die Fällung von amphoterem ↑Zinkhydroxid, die Umsetzung mit Ammoniak-Lösung (Fällung von Hydroxid und Wiederauflösung zum Amin-Komplex, s. auch u. ↑Zinkhydroxid), die Fällung von ↑Zinksulfid, sowie die Farbreaktion mit ↑Dithizon.

► Die Giftigkeit des Zn ist relativ gering. Es ist ein essentielles Spurenelement, da es Bestandteil zahlreicher Enzyme ist. Ein Mangel tritt kaum auf, da es mit der Nahrung ausreichend zugeführt wird (Fleisch, Getreide). Der Tagesbedarf wird mit 15 mg angegeben. Der Körper eines Erwachsenen enthält 2–4 g Zn.

Zn Z = 30 A_R = 65,39 Isotope: 64, 66, 67, 68, 70

t_{Smp}	t_{Sdp}	d	MV	α	λ
419,5 °C	906 °C	7,13 g/cm³	9,17 cm³/mol	25,0 10^{-6}/K	121 W/mK

C_p	$\Delta_S H$	$\Delta_V H$	S^o	ϱ
25,4 J/(K · mol)	7,32 kJ/mol	115,3 kJ/mol	41,6 J/(K · mol)	54,3 nΩ · m

MAK	R-Satz	S-Satz
	15-17	7/8-43

Zinkacetat

Zinc acetate

Fällt aus wässerigen Lösungen als Dihydrat in Form weißer Kristalle aus, die sich in Wasser sehr gut lösen (ca. 40 g/100 ml bei 20 °C) und auch löslich sind in Ethanol. Die wässerige Lösung reagiert schwach sauer.

Z. wird am einfachsten hergestellt durch Umsetzung von ↑Zinkcarbonat mit ↑Essigsäure (s. Gleichung).

$$ZnCO_3 + 2\,CH_3COOH \longrightarrow Zn(CH_3COO)_2 + CO_2 + H_2O$$

Herstellung von Zinkacetat

Z. wird zur Textilbeizung, zur Flammfestausrüstung von Geweben, als Holzschutzmittel und medizinisch als Adstringens verwendet.

$C_4H_6O_4Zn$ M_R = 183,48 (wasserfrei) C 26,18 % H 3,30 % O 34,88 % Zn 35,64 %

t_{Smp}	t_{Sdp}	d	η
		1,84 g/cm³	

Zinkcarbonat

Zinc carbonate

Bildet ein weißes kristallines Pulver, das sich in Wasser nur sehr wenig löst (bei 20 °C ca. 1 mg/100 ml), jedoch von Säuren, Laugen und Ammoniumsalz-Lösungen leicht zersetzt wird.

$$Zn^{2+} + CO_3^{2-} \longrightarrow ZnCO_3$$

Fällung von Zinkcarbonat

Neutrales Z. findet sich in der Natur als *Zinkspat* oder *Galmei*. Z. fällt aus, wenn man unter Kühlung Zn-Salzlösungen mit Hydrogencarbonat-Lösungen versetzt (Kühlung und Vermeidung zu alkalischer Reaktion sind erforderlich, um die Ausfällung basischer Carbonate zu verhindern) (s. Gleichung).

$$ZnCO_3 \xrightarrow{\Delta > 150\ °C} ZnO + CO_2$$

Thermische Zersetzung von Zinkcarbonat

Beim Erhitzen dissoziiert Z. bereits ab 150 °C in ↑ Zinkoxid und ↑ Kohlenstoffdioxid.

Z. dient hauptsächlich zur Herstellung von Zinkoxid und anderen Zn-Verbindungen.

CO_3Zn $M_R = 125{,}38$ C 9,58 % O 38,28 % Zn 52,15 %

$t_{Zersetzung}$	t_{Sdp}	d	η
> 150 °C (Z)		4,44 g/cm³	

C_p	$\Delta_S H$	$\Delta_V H$	$\Delta_B H$	S^o	Q_C
80 J/(K · mol)			−813 kJ/mol	82,4 J/(K · mol)	

Zinkchlorid

Zinc chloride

Das wasserfreie Z. bildet ein weißes körnig-kristallines Pulver, das äußerst hygroskopisch ist und deshalb an der Luft rasch zerfließt. Es ist unter starker Erwärmung extrem gut löslich in Wasser (bei 20 °C über 400 g/100 ml) und löst sich auch gut in org. Solventien wie Alkoholen, Aceton oder Diethylether. Die wässerigen Lösungen reagieren sauer (pH ca. 4,0).

$$Zn + Cl_2 \longrightarrow ZnCl_2$$

Elementsynthese von wasserfreiem Zinkchlorid

Das wasserfreie Z. wird durch Erhitzen von metallischem ↑ Zink im Chlorstrom hergestellt (s. Gleichung).

In konzentrierter wässeriger Lösung bildet sich *Chlorohydroxozinksäure*, womit sich die saure Reaktion dieser Lösungen erklärt. In sehr verdünnten wässerigen Lösungen erfolgt keine Hydrolyse und die Zn-Ionen liegen hier als farblose Hexaquo-Komplexe vor (s. Gleichung).

$$ZnCl_2 + 2\,H_2O \longrightarrow H_2[ZnCl_2(OH)_2]$$

Bildung von Hexaquo-Komplexen in verdünnter wässeriger Lösung

Aus wässerigen Lösungen fällt Z. als Tetrahydrat an. Die Zn-Cl-Bindungen im wasserfreien Z. sind kovalenter Natur. Die stark wasserabspaltende und kondensierende Wirkung des wasserfreien Z. wird in organischen Synthesen ebenso wie bei der Herstellung von ↑ Aktivkohle ausgenutzt. Mischungen von hochkonzentrierter Z.-Lösung mit ↑ Zinkoxid härten zu steinartigen Massen durch und werden als *Zinkoxid-Kitte* bezeichnet (man vergleiche mit dem „Sorelzement", s. unter ↑ Magnesiumoxid). Verwendet man dazu noch ↑ Phosphorsäure, erhält man den sogen. „*Zinkphosphat-Zement*". Diese Kitte finden u. a in der Dentalchemie Verwendung.

Z. wird ferner in Lötwässern und als Holzschutzmittel verwendet (Zn-Ionen sind giftig für Mikroorganismen). Z. wird auch in Lösungs- oder Pastenform medizinisch zur Behandlung infizierter Wunden und Geschwüre verwendet.

Eine Lösung von Z. in Salzsäure ist als *Lukas-Reagenz* bekannt und dient zur Unterscheidung primärer, sekundärer und tertiärer Alkohole über die Geschwindigkeit der Alkylchlorid-Bildung: tertiäre bilden rasch eine zweite Phase des Chlorids, sekundäre langsam, primäre gar nicht.

Cl_2Zn $M_R = 136{,}29$ Cl 52,02 % Zn 47,98 %

t_{Smp}	t_{Sdp}	d	η		
290 °C	732 °C	2,93 g/cm³			
C_p	$\Delta_S H$	$\Delta_V H$	$\Delta_B H$	S^o	Q_C
	10,3 kJ/mol	126 kJ/mol	−415 kJ/mol	111,5 J/(K · mol)	
MAK	R-Satz	S-Satz			
	34-50/53	7/8-28-45-60-61			

Zinkhydroxid

Zinc hydroxide

$$Zn^{2+} + 2\,OH^{\ominus} \longrightarrow Zn(OH)_2$$

Fällung von Zinkhydroxid

Fällt als farbloser amorpher gallertiger Niederschlag aus, wenn man Zinksalzlösungen alkalisch macht (s. Gleichung). Der Niederschlag löst sich sowohl in Säuren als auch im Laugenüberschuß wieder auf, ist also amphoter (s. Gleichungen).

$$Zn(OH)_2 + 2\,H^{\oplus} \longrightarrow Zn^{2+} + 2\,H_2O$$
$$Zn(OH)_2 + 2\,OH^{\ominus} \longrightarrow [Zn(OH)_4]^{2-}$$

Amphoterie von Zinkhydroxid

Mit Ammoniak-Lösung geht Z. wegen Tetramminkomplex-Bildung in Lösung (s. Gleichung). Z. zerfällt bereits ab 39 °C zu Zinkoxid und Wasser (s. Gleichung).

$$Zn(OH)_2 \xrightarrow{\Delta} ZnO + H_2O$$

Thermische Zersetzung von Zinkhydroxid

$$Zn(OH)_2 + 4\,NH_3 \longrightarrow [Zn(NH_3)_4](OH)_2$$

Bildung des Zinktetrammin-Komplexes

H_2O_2Zn $M_R = 99{,}38$ H 2,00 % O 32,20 % Zn 65,80 %

$t_{Zersetzung}$	t_{Sdp}	d	η		
> 39 °C (Z)		3,08 g/cm³			
C_p	$\Delta_S H$	$\Delta_V H$	$\Delta_B H$	S^o	Q_C
72,4 J/(K · mol)			−642 kJ/mol		

Zinkoxid

Zinc oxide

Bildet ein feines weißes geruchloses Pulver, das in Wasser unlöslich ist, von Säuren und Laugen zersetzt wird. Z. färbt sich beim Erhitzen citronengelb, wird beim Abkühlen wieder weiß, zeigt also die Erscheinung der *Thermochromie*.

Die Herstellung von metallischem ↑ Zink aus den Erzen geschieht zwar über die Stufe des Z., jedoch erfolgt die Reingewinnung von Z. wiederum über das Zinkmetall. Die als *Amerikanisches Verfahren* bekannte Route setzt hierzu oxidisches Erz zusammen mit Koks im Drehrohrofen im Luftüberschuß um. Dabei erfolgt zunächst Reduktion zum Zink und dann dessen Verbrennung zum Oxid. Der als *Französisches Verfahren* bezeichnete Weg verbrennt reines Zink in der Dampfphase, wobei ein reineres Produkt erhalten wird. Die labormäßige Herstellung erfolgt durch thermische Zersetzung von ↑ Zinkcarbonat. Z. kommt in der Natur als *Zinkit* (*Rotzinkerz*) vor.

Eine wichtige Verwendung findet Z. in der Gummi-Industrie als Vulkanisationsbeschleuniger (s. unter ↑ Naturkautschuk). Ferner ist Z. ein wichtiges Weißpigment (*Zinkweiß*), das wegen seiner Fähigkeit zur UV-Absorption die Alterungsbeständigkeit z. B. von Lacken erhöht. Zur Herstellung von Zinkoxid-Kitten s. unter ↑ Zinkchlorid. In Kosmetik und Medizin wird Z. wegen seiner austrocknenden und antiseptischen Wirkung in Pudern, Cremes und Salben verarbeitet.

Nach bestimmten Verfahren hergestelltes Z. weist technisch wichtige Lumineszenz-Eigenschaften auf. Durch thermische Zersetzung von *Zinknitrat* erhaltenes Z. (s. Gleichung) lumineszierte unter UV-Anregung orangerot, durch Verbrennung von Zinkdampf gewonnenes Z. zeigt eine sehr intensive grüne *Lumineszenz* von extrem kurzer Nachleuchtdauer. Z. wird deshalb als *Luminophor* in Leuchtstoffröhren verwendet (s. unter ↑ Neon). Das durch Zersetzung von ↑ Zinkcarbonat erhaltene Z. zeigt keine Lumineszenz. Man führt das Lumineszenz-Vermögen des Z. auf einen Zink-Überschuß im Z.-Gitter zurück.

$$Zn(NO_3)_2 \longrightarrow ZnO + 2\,NO_2 + {}^1/_2\,O_2$$

Zersetzung von Zinknitrat zu Zinkoxid

OZn $M_R = 81{,}38$ O 19,66 % Zn 80,34 %

t_{Smp}	t_{Sdp}	d	η
1975 °C		5,66 g/cm³	

C_p	$\Delta_S H$	$\Delta_V H$	$\Delta_B H$	S^o	Q_C
41 J/(K · mol)	54 kJ/mol		−350 kJ/mol	43,6 J/(K · mol)	

Zinksulfat

Zinc sulfate

Handelsüblich sind das Hepta- und das Monohydrat. Das Heptahydrat, auch als Zinkvitriol bezeichnet, bildet weißglänzende, säulenförmige geruchlose Kristalle, die sich in Wasser sehr gut lösen (über 200 g/100 ml bei 20 °C), jedoch unlöslich sind in Ethanol. Die wässerigen Lösungen reagieren sauer (pH ca. 4,5). Das Heptahydrat kristallisiert aus den Lösungen aus, die bei Behandlung zinkhaltiger Materialien mit ↑ Schwefelsäure anfallen (s. Gleichung).

$$ZnO + H_2SO_4 + 6\,H_2O \longrightarrow [Zn(H_2O)_6]SO_4 \cdot H_2O$$

Bildung von Zinksulfat-Heptahydrat

$$ZnSO_4 \longrightarrow ZnO + SO_2 + \tfrac{1}{2} O_2$$

Thermische Zersetzung von Zinksulfat

Es kommt in der Natur als *Goslarit* vor. Das Monohydrat wird durch Entwässern des Heptahydrats (entweder thermisch oder durch Entwässerungsmittel wie Ethanol) erhalten. Das Heptahydrat dehydratisiert bei 280 °C vollständig. Oberhalb 500 °C beginnt das wasserfreie Z. sich zu zersetzen (s. Gleichung).

Z. ist die wichtigste Zn-Verbindung und Ausgangsprodukt zur Herstellung aller anderen Zn-Verbindungen. Medizinisch dient Z. als Adstringens. Z. dient auch als Elektrolyt im Daniell-Element. Dieses galvanische Element besteht aus den beiden Halbelementen Zn/Zn^{2+} (Zinkblech in Zinksulfat-Lösung) und Cu/Cu^{2+} (Kupferblech in Kupfersulfat-Lösung), die durch ein Diaphragma getrennt sind. Gemäß den beiden Einzelpotentialen $Zn \rightarrow Zn^{2+}$ ($E^{\ominus} = -0{,}76$ V) und $Cu \rightarrow Cu^{2+}$ ($E^{\ominus} = +\,0{,}34$ V) liefert das *Daniell-Element* eine Potentialdifferenz von 1,10 V.

O_4SZn $M_R = 161{,}44$ (wasserfrei) O 39,64 % S 19,86 % Zn 40,50 %

$t_{Zersetzung}$	t_{Sdp}	d	η
> 500 °C (Z)		3,55 g/cm³	

C_p	$\Delta_S H$	$\Delta_V H$	$\Delta_B H$	S^o	Q_C
99 J/(K · mol)			−983 kJ/mol	110,5 J/(K · mol)	

MAK	R-Satz	S-Satz
	36/38-50/53	22-25-60-61

Zinksulfid

Zinc sulfide

$$ZnS + 2\,H^{\oplus} \longrightarrow Zn^{2+} + H_2S$$

Zersetzung von Zinksulfid durch Säuren

Bildet ein weißes bis gelbliches kristallines Pulver, das in Wasser äußerst wenig löslich ist, wie es das niedrige Löslichkeitsprodukt ausweist (s. Gleichung). Von verdünnten Säuren wird Z. jedoch leicht zersetzt (s. Gleichung).

$$ZnS \rightleftharpoons Zn^{2+} + S^{2-} \qquad K_L = 10^{-24}$$

Löslichkeitsprodukt von Zinksulfid

$$Zn^{2+} + S^{2-} \longrightarrow ZnS$$

Fällung von Zinksulfid

Z. findet sich in der Natur als *Zinkblende* und als *Wurtzit*. Z. fällt als amorpher weißer Niederschlag aus, wenn einer Zinksalz-Lösung Sulfid-Ionen oder ↑ Schwefelwasserstoff zugeführt werden (s. Gleichung).

$$\{ZnS_{4/4}\}_G$$

Niggli-Formel für Zinksulfid

Der Niederschlag zeigt bei längerem Stehen die Erscheinung des „Alterns" und löst sich dann weniger gut in Säuren. Zinkblende und Wurtzit unterscheiden sich in ihrer Kristallstruktur und repräsentieren beide einen weit verbreiteten Gittertyp. In beiden Gittern ist jedes Kation tetraedrisch von vier Anionen umgeben und umgekehrt, wie es die Niggli-Formel ausdrückt (s. Abbildung).

Sie unterscheiden sich beide in der gegenseitigen Anordnung der Tetraeder zueinander: Betrachtet man die Gitter als Kugelpackungen, so ist das *Zinkblende-Gitter* eine kubisch-dichteste, das *Wurtzit-Gitter* eine hexagonal dichteste Kugelpackung von Sulfid-Ionen, in denen die Hälfte der tetraedrischen Lücken von

Zink-Ionen besetzt ist. So ergibt sich für die Zinkblende eine Schichtfolge 1,2,3, 1,2,3..., für Wurtzit 1,2 1,2...

$$Q = \frac{r_K}{r_A} = 0{,}225 - 0{,}41$$

Zinkblende-Regel

Im Zinkblende-Gitter kristallisieren Verbindungen AB stets dann, wenn die Summe der Außenelektronen von A und B 8 beträgt und das Verhältnis Q der Ionenradien von Kation (r_K) und Anion (r_A) zwischen 0,225 und 0,41 liegt. Dies ist die sog. „*Zinkblende-Regel*“ (s. Gleichung).

Z. zeigt wie ↑ Zinkoxid die Erscheinung der Lumineszenz und wird in Leuchtschirmen verwendet. Als Weißpigment ist Z. zusammen mit ↑ Bariumsulfat Bestandteil der Lithopone (s. unter ↑ Bariumsulfat). Die Tabellendaten beziehen sich auf Wurtzit.

SZn $M_R = 97{,}44$ S 32,90 % Zn 67,10 %

$t_{Sublimation}$	t_{Sdp}	d	η		
1180 °C (S)		4,09 g/cm³			
C_p	$\Delta_S H$	$\Delta_V H$	$\Delta_B H$	S^o	Q_C
46 J/(K · mol)			−192 kJ/mol	68 J/(K · mol)	

Zinn

Tin Sn

Ein sehr stark silberweiß glänzendes metallisches chemisches Element, das unter Normalbedingungen von Luft und Wasser nicht angegriffen wird. Auch gegen verdünnte Säuren und Basen ist Sn beständig. Dagegen erfolgt durch konzentrierte Säuren und Laugen Oxidation unter Wasserstoff-Entwicklung, z. B. wird mit ↑ Salzsäure ↑ Zinn(II)chlorid gebildet, während beim Erhitzen mit Alkalilaugen Lösungen der *Hexahydroxostannate* entstehen (s. Gleichung).

$$Sn + 2\,OH^{\ominus} + 4\,H_2O \longrightarrow [Sn(OH)_6]^{2-} + 2\,H_2$$

Bildung von Hexahydroxostannat aus Zinn und starken Laugen

Sn findet sich verbreitet auf der gesamten Erdoberfläche. Die wichtigsten Vorkommen weist der asiatische Raum auf (Indonesien, Thailand). Das bedeutendste Mineral ist der *Kassiterit* oder *Zinnstein* (s. unter ↑ Zinndioxid). Der Anteil des Sn am Aufbau der Erdrinde wird auf 0,001 % geschätzt. Zur Gewinnung des Metalls wird der Zinnstein durch Rösten zunächst von den Verunreinigungen befreit und dann in Schachtöfen im Gemisch mit Koks reduziert, wobei intermediäres Kohlenstoffmonoxid als reduzierendes Agens auftritt (s. Gleichung).

$$SnO_2 + 2\,CO \xrightarrow{\text{ca. 1200 °C}} Sn + 2\,CO_2$$

Herstellung von elementarem Zinn

Sn steht in der 4. Hauptgruppe zwischen dem ↑ Germanium und dem ↑ Blei, also zwischen einem Nichtmetall (bzw. Halbmetall) und einem typischen Metall und kommt dementsprechend in zwei Modifikationen vor, von denen die eine, das bei Normaltemperatur beständige β-Sn, typisch metallische Eigenschaften aufweist, die andere aber, das bei niedrigeren Temperaturen beständige α-Sn, ein diamantähnliches, kovalentes Gitter aufbaut, also nichtmetallisch ist.

$$\alpha\text{-Sn} \underset{}{\overset{13{,}2\,°C}{\rightleftharpoons}} \beta\text{-Sn}$$

Modifikationsumwandlung von Zinn

Bei niedrigen Temperaturen wandelt sich also das kristalline, metallische β-Sn in das ein lockeres graues Pulver darstellende α-Sn um, ein Vorgang, der zu dem als „*Zinnpest*" gefürchteten Zerfall von Zinngegenständen führt (s. Gleichung).

Sn besitzt die Elektronenkonfiguration $1s^2\,2s^2\,2p^6\,3s^2\,3p^6\,3d^{10}\,4s^2\,4p^6\,4d^{10}\,5s^2\,5p^2$, Grundterm $^3P_0$ und kann die Oxidationsstufen +2 und +4 ausbilden, wobei im Gegensatz zum Blei die Stufe +4 die bevorzugte ist und Sn(II)-Verbindungen Reduktionsmittel darstellen (s. Gleichung).

$$Sn^{2+} \longrightarrow Sn^{4+} + 2\,e^- \qquad E_0 = +\,0{,}154\ V$$

Sn(II) als Reduktionsmittel

Wegen seiner Resistenz wird Sn zum Beschichten von weniger beständigen Metallen verwendet, ein Vorgang, der als *Verzinnung* bekannt ist und in einfacher Weise durch Eintauchen des betreffenden Gegenstandes in geschmolzenes Zinn durchgeführt wird. Vor allem werden auf diesem Wege Eisenbleche behandelt, die dann als „*Weißblech*", oder einfach als „*Blech*" bezeichnet werden (hierfür wird der größte Teil der Sn-Produktion verbraucht). Sehr wichtig sind *Zinn-Legierungen*, die allgemein als *Bronzen* (s. unter ↑ Kupfer), *Britannia-Metall*, *Lager-Metalle* oder *Weichlote* bekannt sind. Britannia-Metall (Sn, Sb, Cu) wird z. B. in Eßbestecken verwendet. Weichlote sind Sn/Pb-Legierungen, die wegen ihrer niedrigen Schmelzpunkte zum Löten verwendet werden (64 % Sn, 36 % Pb: niedrigster Schmelzpunkt mit 181 °C).

Sn läßt sich sehr gut zu dünnen Folien auswalzen, die unter dem Namen „*Stanniol*" bekannt sind.

► Sn kann als ein nur wenig toxisches Metall betrachtet werden, da es praktisch nicht resorbiert wird.

Sn Z = 50 A_R = 118,710 Isotope: 112, 114–120, 122, 124; 108–111, 113, 121, 123, 125–132 (künstlich)

t_{Smp} 231,9 °C	t_{Sdp} 2606 °C	d 7,31 g/cm³	MV 16,24 cm³/mol	α 21,2 10^{-6}/K	λ 66,6 W/mK
C_p 27 J/(K · mol)	$\Delta_S H$ 7,0 kJ/mol	$\Delta_V H$ 295,8 kJ/mol	S^o 51,2 J/(K · mol)	ϱ 110 nΩ · m	
MAK 2 mg/m³	R-Satz	S-Satz			

Zinn(II)chlorid

Tin dichloride

$$Sn + 2\,HCl \longrightarrow SnCl_2 + H_2$$

Bildung von wasserfreiem Zinn(II)chlorid

Bildet in wasserfreiem Zustand weiße, fettig glänzende Kristalle, die sich in Wasser und org. Solventien wie Ethanol, Aceton und Diethylether lösen. Aus wässerigen Lösungen fallt das Dihydrat in Form klarer, nicht zerfließlicher Kristalle an („*Zinnsalz*"). Das wasserfreie Z. wird durch Erhitzen von Sn im trockenen Chlorwasserstoff-Strom erhalten (s. Gleichung).

Verdünnte wässerige Lösungen hydrolysieren unter Abscheidung von basischen Salzen (s. Gleichung). Diese Ausfällungen können z. B. durch Ansäuern mit ↑ Salzsäure verhindert werden. Durch Luftsauerstoff erfolgt in diesen Lösungen leicht Oxidation zu Zinn(IV)chlorid (s. Gleichung).

$$SnCl_2 + H_2O \longrightarrow Sn(OH)Cl + HCl$$

Abscheidung basischer Salze aus Zinn(II)chlorid-Lösungen

$$SnCl_2 + {}^1/_2\, O_2 + 2\, HCl \longrightarrow SnCl_4 + H_2O$$

Luftoxidation von Sn(II)-Lösungen zu Sn(IV)

$$Sn^{2+} + 2\, OH^{\ominus} \longrightarrow Sn(OH)_2$$

Ausfällung von Zinn(II)hydroxid

Versetzt man eine Z.-Lösung mit Alkalilauge, fällt weißes, amphoteres *Zinn(II)hydroxid* aus (s. Gleichung).

Z. ist ein im Labor häufig verwendetes Reduktionsmittel (s. unter ↑ Zinn). Die Hauptverwendung findet Z. in der Galvanik zur elektrolytischen Verzinnung.

Cl_2Sn M_R = 189,61 (wasserfrei)   Cl 37,39 %   Sn 62,61 %

t_{Smp} 247 °C	t_{Sdp} 614 °C	d 3,95 g/cm³	η		
C_p 78 J/(K · mol)	$\Delta_S H$ 14,6 kJ/mol	$\Delta_V H$ 93,7 kJ/mol	$\Delta_B H$ −328 kJ/mol	S^o 134 J/(K · mol)	Q_C
MAK 2 mg/m³	R-Satz 22-34-37	S-Satz 24/25			

Zinn(IV)chlorid

Tin tetrachloride

Bildet wasserfrei eine wasserklare, an der Luft rauchende Flüssigkeit, die mit vielen org. Solventien beliebig mischbar ist. Mit Wasser erfolgt unter starker Erwärmung Hydrolyse zu kolloidalem *Zinndioxid* (s. Gleichung). Beim Stehenlassen von wasserfreiem Z. an der Luft bildet sich das Pentahydrat in Form einer kristallinen Masse („*Zinnbutter*") (s. Gleichung).

$$SnCl_4 + 2\, H_2O \longrightarrow SnO_2 + 4\, HCl$$

Ausfällung von Zinndioxid

$$SnCl_4 + 5\, H_2O \longrightarrow SnCl_4 \bullet 5\, H_2O$$

Ausfällung von Zinn(IV)chlorid-Pentahydrat

$$Sn + 2\, Cl_2 \longrightarrow SnCl_4$$

Element-Synthese von Zinn(IV)chlorid

Z. wird erhalten durch Umsetzung von ↑ Zinn mit ↑ Chlor (s. Gleichung).

$$SnCl_4 + 2\, HCl \longrightarrow H_2[SnCl_6]$$

Ausfällung von Hexachlorozinnsäure

Leitet man in eine konzentrierte wässerige Z.-Lösung ↑ Chlorwasserstoff ein, scheidet sich die *Hexachlorozinnsäure* in Form farbloser Kristalle ab, die durch Anlagerung von 2 Mol Chlorwasserstoff entsteht (s. Gleichung). Deren Ammoniumsalz, das *Diammoniumhexachlorostannat*, dient unter dem Namen „*Pinksalz*" als Beizmittel.

Z. dient hauptsächlich zur Herstellung zinnorganischer Verbindungen. *Zinnorganika* haben mittlerweile größere technische Bedeutung erlangt, vor allem in Form der Dialkylzinn-Derivate und Trialkylzinn-Derivate. Sie werden z. B. aus S. und Alkylhalogeniden mit ↑ Natrium nach Art einer Wurtz-Synthese erhalten und dienen zur Textilhydrophobierung, als Desinfektionsmittel, als Algicide und Molluskizide in Schiffsanstrichen (*Antifouling-Farben*), zur Saatgutbehandlung (Fungizide, Akarizide) usw.

Cl_4Sn M_R = 260,53   Cl 54,43 %   Sn 45,57 %

t_{Smp} −33,3 °C	t_{Sdp} 114 °C	d 2,23 g/cm³	η		
C_p 165,3 J/(K · mol)	$\Delta_S H$ 9,2 kJ/mol	$\Delta_V H$ 33,4 kJ/mol	$\Delta_B H$ −511 kJ/mol	S^o 259 J/(K · mol)	Q_C
MAK 2 mg/m³	R-Satz 34-52/53	S-Satz 7/8-26-45-61			

Zinndioxid

Tin dioxide

Fällt je nach Herstellungsverfahren als amorphes weißes Pulver oder in Form farbloser Kristalle an. Z. in unlöslich in Wasser und in der Kälte auch resistent gegen Säuren und Laugen. Von heißer ↑ Schwefelsäure und in der Hydroxid-Schmelze wird es angegriffen (s. unten).

$$Sn + O_2 \longrightarrow SnO_2$$

Verbrennung von Zinn zu Zinndioxid

Z. kommt in der Natur als Mineral Kassiterit (Zinnstein) vor. Die technische Herstellung von Z. erfolgt durch Verbrennung von ↑ Zinn im Luftstrom (s. Gleichung).

Schmilzt man Z. mit ↑ Natriumhydroxid, so wird es zum *Natriumstannat* aufgeschlossen. Nach Aufnehmen der Schmelze mit wenig Wasser kristallisiert aus der Lösung das *Natriumhexahydroxostannat* in Form farbloser Kristalle aus (s. Schema). Es enthält die oktaedrisch gebauten $[Sn(OH)_6]^{2-}$-Ionen. Natriumhexahydroxostannat ist unter dem Namen *Präpariersalz* in der Färberei bekannt, da mit ihm die Gewebe für die Farbstoffaufnahme präpariert werden. Es dient ferner zur stromlosen galvanischen Verzinnung.

$$\underset{}{SnO_2} \xrightarrow[\text{Schmelzen}]{[NaOH]} \underset{\text{Na-Stannat}}{Na_2[SnO_3]} \xrightarrow{H_2O} \underset{\text{Na-hexahydroxostannat}}{Na_2[Sn(OH)_6]}$$

Überführung von Zinndioxid in Natriumhexahydroxostannat

Säuert man Stannat-Lösungen an, fallen gelatinöse *Zinnoxidhydrate* aus, die beim Stehenlassen langsam, beim Erwärmen schneller, weiter dehydratisieren und dann völlig auch in Säuren unlöslich werden, also einer „Alterung" unterliegen, wie man es von den Kieselsäuren (s. unter ↑ Siliciumdioxid) kennt. Diese Ausfällungen wurden früher als *Zinnsäuren* bezeichnet.

Z. erzeugt in Glasschmelzen eine weiße Trübung, weshalb es zur Herstellung von *Milchglas* verwendet wird. Z. wird aufgrund seiner chemischen und thermischen Resistenz zudem zur Fertigung von weißen Glasuren und Emaillen herangezogen. Durch Aufdampfen von ↑ Zinn(IV)chlorid werden auf Glasoberflächen extrem dünne Schichten von Z. aufgebracht, wodurch der Abriebwiderstand des Glases erhöht wird. Mittels dickerer Schichten von Z. wird das *Isolierglas* erzeugt (die Z.-Schicht reflektiert IR-Strahlen, läßt aber sichtbares Licht ungehindert durch). In diesen Anwendungen werden weltweit jährlich viele tausend Tonnen Z. verarbeitet.

O_2Sn $M_R = 150{,}71$ O 21,23 % Sn 78,77 %

t_{Smp} 1630 °C	$t_{Sublimation}$ > 1800 °C (S)	d 7,02 g/cm³	η		
C_p 52,6 J/(K · mol)	$\Delta_S H$ 48 kJ/mol	$\Delta_{Sub} H$ 314 kJ/mol (S)	$\Delta_B H$ −581 kJ/mol	S^o 52 J/(K · mol)	Q_C

Zirconium

Zirconium Zr

Ein stahlgrau glänzendes dehnbares, relativ weiches metallisches chemisches Element. Es wird in kompakter Form auch bei höheren Temperaturen von Luft, Wasser und auch konzentrierten Säuren und Laugen kaum angegriffen, da es von einer sehr dünnen, dichten Oxidschicht geschützt ist. Zr-Pulver läßt sich leicht entzünden.

Zr findet sich in der Natur hauptsächlich in silicatischer Form als „*Zirkon*“ oder als Dioxid in der „*Zirkonerde*“. Die wichtigsten Fundstätten weisen Australien, Nordamerika und Brasilien auf. Der Anteil am Aufbau der Erdrinde wird auf ca. 0,02 % geschätzt.

$$ZrJ_4 \longrightarrow Zr + 2\,J_2$$

Herstellung von Reinst-Zirconium

Das Metall wird aus den Mineralien gewonnen, indem das darin vorkommende Zirconiumdioxid bzw. *Zirconiumsilikat* in *Zirconiumtetrachlorid* überführt wird, welches dann bei höherer Temperatur unter Schutzgas mit ↑ Magnesium zum Metall reduziert wird (*Kroll-Prozeß*). Die Reindarstellung des Metalls erfolgt dann analog zum ↑ Titan durch thermische Zersetzung von Zirconiumtetraiodid (van Arkel-de Boer-Verfahren) (s. Gleichung).

Zr steht in der 4. Nebengruppe des PSE zwischen dem ↑ Titan und dem ↑ Hafnium und besitzt die Elektronenkonfiguration $1s^2\ 2s^2\ 2p^6\ 3s^2\ 3p^6\ 3d^{10}\ 4s^2\ 4p^6\ 4d^2\ 5s^2$, Grundterm $^3F_2$.

Zr bildet hauptsächlich die Oxidationsstufe +4 aus, ein Vorgang, für den im sauren Medium das Normalpotential mit −1,55 V angegeben wird, was Zr als unedles Element ausweist. Durch Oxidschicht-Bildung erfolgt jedoch Passivierung (s. oben). Zr kann auch die Oxidationsstufen +3, +2 und + 1 ausbilden. Eine wässerige Zr(III)-Chemie existiert nicht, da Zr^{3+}-Kationen Wasser zu ↑ Wasserstoff reduzieren.

Zr gleicht chemisch sehr seinen Gruppennachbarn, besonders dem ↑ Hafnium. Die wichtigste Verbindung ist das ↑ Zirconiumdioxid. Präparative Bedeutung besitzt das *Zirconiumtetrachlorid*, das farblose, hygroskopische Kristalle (Sublimation bei 331 °C) bildet und durch Behandlung von Zirconiumdioxid mit ↑ Chlor und Kohle bei ca. 1500 °C erhalten wird (*Carbochlorierung*). Mit Wasser reagiert Zirconiumtetrachlorid unter Bildung von *Zirconylchlorid* (s. Gleichungen).

$$ZrO_2 + 2\,Cl_2 + 2\,C \xrightarrow{1500\ °C} ZrCl_4 + 2\,CO$$
$$ZrCl_4 + H_2O \longrightarrow ZrOCl_2 + 2\,HCl$$

Bildung von Zirkoniumtetrachlorid und Zirconylchlorid

Zirconiumtetrachlorid wird als Friedel-Crafts-Katalysator und als Ausgangsprodukt zur Herstellung von *Zirconium-Organika* eingesetzt. Ferner ist es Edukt zur Zr-Metall-Gewinnung (s. oben).

Technische Bedeutung besitzt auch das *Zirconiumhydrid* ZrH_2, ein grauschwarzes, gegen Luft und Wasser stabiles Pulver, das aus Zr und ↑ Wasserstoff bei 300 °C entsteht. Es wird aufgrund seiner starken Reduktionswirkung in der Pyrotechnik als Bestandteil von Brand- und Leuchtsätzen verwendet.

Metallisches Zr wird in großen Mengen hergestellt und wegen seiner Korrosionsbeständigkeit vor allem zum Bau chemischer Apparate und Apparateteile sowie in der Reaktortechnik eingesetzt. Ferner dient es als Getter-Metall in Glühlampen, Hochvakuumanlagen und metallurgischen Prozessen.

Zr Z = 40 A_R = 91,224 Isotope: 90, 91, 92, 94, 96; 81-89, 93, 95, 97-99 (künstlich)

t_{Smp}	t_{Sdp}	d	MV	α	λ
1852 °C	4430 °C	6,51 g/cm³	14,02 cm³/mol	5,78 10^{-6}/K	22,7 W/mK

C_p	$\Delta_S H$	$\Delta_V H$	S^o	ϱ
25,20 J/(K · mol)	20,9 kJ/mol	561 kJ/mol	38,9 J/(K · mol)	410 nΩ · m

MAK	R-Satz	S-Satz
5 mg/m³	15-17	7/8-43

Zirconiumdioxid

Zirconium oxid

Bildet ein schweres weißes, geruch- und geschmackloses Pulver, das in Wasser unlöslich und gegen Säuren und Laugen sehr beständig ist. Lediglich von ↑ Fluorwasserstoffsäure wird Z. gelöst. Mit heißer konzentrierter ↑ Schwefelsäure kann Z. aufgeschlossen werden.

Z. kommt in der Natur als Mineral *Baddeleyit* (Zirkonerde) vor. Die technische Gewinnung erfolgt jedoch aus dem Zirkon, $ZrSiO_4$, indem dieser mit Kalk und Koks verschmolzen wird, wobei der ↑ Kohlenstoff das ↑ Siliciumdioxid reduziert und reines Z. erhalten wird. Die präparative Reindarstellung geschieht durch Hydrolyse von Zirconiumtetrachlorid (s. unter ↑ Zirconium), die zunächst *Zirconiumhydroxid-Hydrate* liefert, welche beim Glühen in Z. übergehen.

$$ZrCl_4 \xrightarrow[-HCl]{H_2O} Zr(OH)_4 \cdot H_2O_x \xrightarrow[-H_2O]{\Delta} ZrO_2$$

Synthetische Gewinnung von Zirconiumdioxid

Die bei Normaltemperatur beständige monokline Form des Z. wandelt sich oberhalb 1000 °C in eine dichtere tetragonale, und diese oberhalb 2350 °C in eine noch dichtere kubische Kristallmodifikation um.

Z. wird in großen Mengen hergestellt. Es dient zwar zum Teil als Weißpigment (wie ↑ Titandioxid) in weißem Porzellan, der größere Anteil wird jedoch wegen der enormen chemischen und thermischen Resistenz zur Herstellung feuerfester Geräte und Bauteile in der chemischen Industrie verwendet (Tiegel, Schalen, Auskleidungen, Düsen). Wegen der vorgenannten Modifikationsumwandlung setzt man hierzu die kubische Modifikation ein, die mit einem Zusatz von 10-15 % ↑ Calciumoxid oder ↑ Magnesiumoxid stabilisiert ist. Dieses Z. ist bis 2600 °C einsetzbar.

Der *Nernst-Stift* in den Nernstlampen besteht aus mit 15 % Yttriumoxid (s. unter ↑ Yttrium) stabilisiertem Z. Dieses sendet nach elektrischer Erhitzung auf über 1000 °C blendend weißes Licht aus. Er wird heute noch in IR-Geräten verwendet.

Besondere Bedeutung besitzt in seiner tetragonalen Modifikation durch 3 % Yttriumoxid stabilisiertes Z. heute als Material der *Lambda-Sonde* im geregelten Dreiwegekatalysator (s. unter ↑ Platin). Über die Lambda-Sonde wird das Verhältnis von angesaugtem Kraftstoff und ↑ Sauerstoff optimal eingestellt. Seine Funkton in der Lambda-Sonde kann dieses Z. durch seine besondere Leitfähigkeit für O^{2-}-Ionen bei erhöhter Temperatur wahrnehmen.

O_2Zr $M_R = 123{,}22$ O 25,97 % Zr 74,03 %

t_{Smp}	t_{Sdp}	d	η
ca. 2700 °C	ca. 4300 °C	5,82 g/cm³	

C_p	$\Delta_S H$	$\Delta_V H$	$\Delta_B H$	S^o	Q_C
56 J/(K · mol)	87 kJ/mol	624 kJ/mol	−1097 kJ/mol	50 J/(K · mol)	

Übersichten

Das *Taschenbuch Chemischer Substanzen* enthält viele über reines Stoffwissen hinausgehende Informationen. Den schnellen Zugriff darauf ermöglichen die folgenden tabellarischen Übersichten und Zusammenstellungen.

Ausführlicher dargestellte Zusammenhänge

Thema	Beschrieben unter
Mechanismen und Bedeutung der Neurotransmission	↑ Acetylcholin
Chemismus und Bedeutung der Atmungskette	↑ Adenosin-5′-triphosphat
Wirkung von Katalysatoren	↑ Ammoniak
Bildung der Dreizentrenbindung	↑ Bor
Chemismus und Bedeutung der Fotosynthese	↑ Chlorophyll
Ablauf und Bedeutung des Citronensäure-Cyclus	↑ Citronensäure
Reaktive Zwischenstufen der organischen Chemie	↑ Diazomethan
Hochofenprozess und Stahlerzeugung	↑ Eisen
Begriff der Elektronegativität	↑ Fluor
Bildung und Darstellung cyclischer Saccharid-Strukturen	↑ D(+)-Glucose
Optische Aktivität	↑ Glycerinaldehyd
Aufbau und Funktion von Tensiden	↑ Glycerin
Fusionsprozesse und Entstehung der Elemente in Sternen	↑ Helium
Biochemischer Aufbau der Isoprenoide	↑ Isopren
Übertragung der Erbinformation	↑ Nucleinsäuren
Bakterieller Zellwandaufbau und Wirkung der Penicilline	↑ Penicillin
Technische Ausführungsformen radikalischer Polymerisationen	↑ Polyvinylacetat
Bildung und Strukturen der Silicate	↑ Siliciumdioxid
Bildung und Bedeutung von Wasserstoff-Brückenbindungen	↑ Wasser
Brennstoffzellen	↑ Wasserstoff

Namen- und Schlagwortreaktionen der Organischen Chemie

Name der Reaktion	Bedeutung	Beschrieben unter
Acetessigester-Synthesen	Säuren und Ketone aus Acetessigestern	↑ Acetessigsäureethylester
Acyloin-Kondensation	Acyloine aus Estern	↑ Acetoin
Acyloin-Ringschluß	Cyclische Acyloine aus Diestern	↑ Acetoin
Addition an Doppelbindungen	Reaktion von Alkenen mit Elektrophilen	↑ Cyclohexen
Akabori-Reaktion	Aminoalkohole aus Aminosäuren	↑ Ephedrin
Aldol-Addition	s. Aldol-Reaktion	↑ Diacetonalkohol
Aldol-Kondensation	Aldolisierung mit nachfolgender Eliminierung	↑ Diacetonalkohol
Aldol-Reaktion	C-C-Verknüpfung zw. Carbonyl-Verbindungen	↑ Diacetonalkohol
Allyl-Bromierung	Ersatz allylständiger Protonen durch Brom	↑ N-Bromsuccinimid
Arndt-Eistert-Reaktion	Homologisierung von Carbonsäuren	↑ Diazomethan
Aromatische Substitution	H-Ersatz an Aromaten durch Elektrophile	↑ Nitrobenzol
Azokupplung	S_E-Reaktionen mit Diazonium-Salzen	↑ Methylorange
Baeyer-Villiger-Oxidation	Keton-Ester-Umwandlung mit Persäuren	↑ Peroxybenzoesäure
Bamford-Stevens-Reaktion	Alkene aus Tosylhydrazonen	↑ p-Toluolsulfonsäurechlorid
Bechamp-Reduktion	Reduktion aromatischer Nitroverbindungen mit Eisen	↑ Anilin
Beckmann-Umlagerung	Carbonsäureamide aus Ketonen und Aldehyden	↑ ϵ-Caprolactam
Benzidin-Umlagerung	Umlagerung der Hydrazobenzole zu 4,4′-Diaminobiphenylen	↑ Benzidin
Benzil-Umlagerung	Bildung von α-Hydroxysäuren aus 1,2-Diketonen	↑ Benzilsäure
Benzoin-Kondensation	Dimerisierung aromatischer Aldehyde zu Acyloinen	↑ Benzoin
Birch-Reduktion	Reduktion von Aromaten zu 1,4-Dihydroaromaten	↑ Tetrahydronaphthalin
Blank-Reaktion	Chlormethylierung von Aromaten	↑ Diphenylmethan
Bouveault-Blanc-Reduktion	Primäre Alkohole aus Säureestern	↑ Decansäure
Cannizaro-Reaktion	Disproportionierung von Aldehyden	↑ Formaldehyd

Name der Reaktion	Bedeutung	Beschrieben unter
Cerevitinov-Reaktion	Bestimmung aktiver H-Atome	↑ Magnesium
Chugaev-Reaktion	Olefine aus Alkoholen über Xanthogenate	↑ Schwefelkohlenstoff
Claisen-Kondensation	β-Dicarbonyle bzw. β-Ketonitrile	↑ Acetylaceton
Claisen-Tischtschenko-Reaktion	Synthese von Estern aus Aldehyden	↑ Essigsäureethylester
Claisen-Umlagerung	Oxa-Cope-Umlagerung	↑ Phenol
Clemmensen-Reduktion	Kohlenwasserstoffe aus Carbonylen	↑ Cycloheptan
Cope-Umlagerung	Synchrone [3,3]-Umlagerung	↑ Allylchlorid
Criegee-Oxidation	Oxidative Spaltung von Diolen zu Ketonen	↑ Ethylenglykol
Curtius-Abbau	Isocyanate aus Säureaziden	↑ Phenylisocyanat
Darzens-Claisen-Kondensation	Aldehyde aus α-Halogenestern	↑ Propionaldehyd
Dieckmann-Kondensation	Herstellung cyclischer Ketoester	↑ Cyclopentanon
Diels-Alder-Reaktion	4+2-Cycloaddition	↑ Maleinsäureanhydrid
E_1-Reaktion	Monomolekulare Eliminierung	↑ Cyclohexen, 1-Pentanol
E_2-Reaktion	Bimolekulare Eliminierung	↑ Silber(I)oxid
Edman-Abbau	Sukzessiver Peptid-Abbau	↑ Phenylisothiocyanat
Einhorn-Reaktion	s. Haloform-Reaktion	↑ Iodoform
Einhorn-Variante	s. Schotten-Baumann-Reaktion	↑ Phenol
Erlenmeyer-Synthese	Aminosäuren über Azlactone	↑ Hippursäure
Ester-Kondensation	s. Claisen-Kondensation	↑ Acetylaceton
Ester-Spaltung	Umkehrung der Claisen-Kondensation	↑ Acetylaceton
Finkelstein-Reaktion	Alkylhalogenide durch Halogenaustausch	↑ Ethyliodid
Fischer-Indol-Synthese	Synthese von Indol-Derivaten	↑ Indol
Friedel-Crafts-Acylierung	Aromatische Ketone aus Säurehalogeniden	↑ Benzophenon
Friedel-Crafts-Alkylierung	Alkylierung von Aromaten	↑ Butylhydroxytoluol
Fries-Reaktion	Acylphenole aus Phenylestern	↑ Essigsäurephenylester
Gabriel-Synthese	Primäre Amine mittels Phthalimid	↑ Phthalsäureimid
Gattermann-Adams-Synthese	Aromatische Aldehyde mittels $Zn(CN)_2/HCl$	↑ Cyanwasserstoff
Gattermann-Koch-Synthese	Aromatische Aldehyde mittels CO/HCl	↑ Cyanwasserstoff

Name der Reaktion	Bedeutung	Beschrieben unter
Gattermann-Synthese	Aromatische Aldehyde mittels HCN/HCl	↑ Cyanwasserstoff
Gomberg-Bachmann-Arylierung	Diaryle über Diazoverbindungen	↑ Anilin
Grignard-Reaktion	Synthese von Alkoholen aus Carbonyl-Verbindungen	↑ Magnesium
Haloform-Reaktion	Carbonsäuren aus Methylketonen	↑ Iodoform
Heck-Reaktion	Aromaten-Vinylierung	↑ Acrylsäureamid
Hell-Vollhard-Zelinsky-Reaktion	Herstellung von α-Bromcarbonsäuren	↑ Chloressigsäure
Hinsberg-Trennung	Trennung prim., sek. und tert. Amine	↑ p-Toluolsulfonsäurechlorid
Hock-Phenolsynthese	Herstellung von Phenol aus Cumol	↑ Cumol
Hofmann-Abbau	Olefine aus Aminen	↑ Silber(I)oxid
Hofmann-Säureamidabbau	Amine aus Säureamiden	↑ Anthranilsäure
Horner-Wadsworth-Emmons-Variante	Carbonylolefinierung	↑ Phosphonsäure
Huang-Minlon-Variante	s. Wolff-Kishner-Reduktion	↑ Cyclobutan
Hunsdiecker-Reaktion	Alkylhalogenide aus Carbonsäuren	↑ Silbernitrat
Hydroborierung	Alkohole aus Olefinen	↑ Diboran
Hydroformylierung	Carbonylierung von Olefinen	↑ 1-Butanol
Hydroxymethylierung	Benzylalkohole mit Formaldehyd	↑ Phenoplaste
Keton-Spaltung	Ketone aus β-Oxoestern	↑ Acetessigsäureethylester
Knoevenagel-Doebner-Variante	Herstellung ungesättigter Carbonyl-Verbindungen	↑ Sorbinsäure
Knoevenagel-Reaktion	Bildung gekreuzt-konjugierter Carbonyl-Verbindungen	↑ Sorbinsäure
Koch-Haaf-Reaktion	Herstellung tertiärer Carbonsäuren	↑ Pivalinsäure
Kolbe-Nitril-Synthese	Nitrile aus Alkylhalogeniden	↑ Benzylchlorid
Kolbe-Schmitt-Synthese	Phenolcarboxylierung	↑ Salicylsäure
Kolbe-Synthese	Kohlenwasserstoffe aus Carbonsäuren durch Elektrolyse	↑ Ethan
Leuckart-Wallach-Reaktion	Reduktive Alkylierung von Aminen	↑ Amphetamin
Maillard-Reaktion	Bräunungsreaktion zw. Aminosäuren und Zuckern	↑ Maltose
Malaprade-Reaktion	s. Criegee-Oxidation	↑ Ethylenglykol
Malonester-Synthese	Carbonsäuren aus Malonestern	↑ Malonsäurediethylester

Name der Reaktion	Bedeutung	Beschrieben unter
Mannich-Reaktion	Aminomethylierung C-H-acider Verbindungen	↑ Formaldehyd
McMurry-Reaktion	Alkene aus Carbonylverbindungen	↑ Ethen
Meerwein-Arylierung	Arylierung von Olefinen über Diazoniumsalze	↑ Anilin
Meerwein-Ponndorf-Verley-Reduktion	Herstellung von Alkoholen aus Carbonyl-Verbindungen mit Aluminium-Alkoholat	↑ Aluminiumisopropylat
Metathese-Reaktion	Umalkylidenierung von Alkenen	↑ Ruthenium
Michael-Addition	Addition von C-H-Säuren an vinyloge Carbonyle	↑ Dimedon
Michaelis-Arbusov-Reaktion	Phosphonsäurediester aus Phosphiten	↑ Phosphonsäure
Oppenauer-Oxidation	Oxidation von Alkoholen zu Carbonyl-Verbindungen mittels Aluminium-Alkoholat	↑ Aluminiumisopropylat
Oxosynthese	s. Hydroformylierung	↑ 1-Butanol
Paterno-Büchi-Reaktion	Oxetane aus Olefinen	↑ Ethylen
Perkin-Reaktion	Synthese α,β-ungesättigter Carbonsäuren	↑ Zimtsäure
Peterson-Reaktion	Carbonyl-Olefinierung	↑ Chlortrimethylsilan
Pinakolon-Umlagerung	Aldehyde und Ketone aus 1,2-Diolen	↑ Pinakol
Prilechajev-Reaktion	Epoxidierung von Olefinen	↑ Peressigsäure
Prins-Reaktion	Allylalkohole und 1,3-Dioxane aus Alkenen	↑ Isopren
Radikalische Substitution	H-Austausch gegen Halogene über Radikale	↑ Benzylchlorid
Reformatsky-Synthese	Herstellung von β-Hydroxycarbonsäureestern	↑ β-Hydroxybuttersäure
Robinson-Synthese	Modellreaktion für Alkaloid-Biogenese	↑ Atropin
Rosenmund-Reduktion	Reduktion von Säurechloriden zu Aldehyden	↑ Lithiumaluminiumhydrid
Ruff-Abbau	Stufenweiser Abbau von Aldosen	↑ Arabinose
Sandmeyer-Reaktion	Substitution aromatischer Diazogruppen	↑ Anilin
Säure-Spaltung	Carbonsäuren aus β-Oxoestern	↑ Acetessigsäureethylester
Schiemann-Reaktion	Fluoroaromaten aus aromatischen Aminen	↑ Fluorbenzol

Name der Reaktion	Bedeutung	Beschrieben unter
Schmidt-Reaktion	Amide aus Ketonen mittels N_3H	↑ Stickstoffwasserstoffsäure
Schotten-Baumann-Reaktion	Acylierung von Alkoholen	↑ Phenol
Shapiro-Reaktion	s. Bamford-Stevens-Reaktion	↑ p-Toluolsulfonsäurechlorid
Simmons-Smith-Reaktion	Cyclopropane aus Olefinen	↑ Cyclopropan
Skraup-Synthese	Synthese von Chinolinen	↑ Chinolin
S_N1-Reaktion	Monomolekulare nucleophile Substitution	↑ tert.-Butylalkohol
S_N2-Reaktion	Bimolekulare nucleophile Substitution	↑ Ethylbromid
Strecker-Synthese	Aminosäuren über Aldimine	↑ Glycin
Sulfochlorierung	Einwirkung von SO_2 und Cl_2 auf Kohlenwasserstoffe	↑ Schwefeldioxid
Sulfoxidation	Einwirkung von SO_2 und O_2 auf Kohlenwasserstoffe	↑ Schwefelsäure
Suzuki-Kupplung	Arylverknüpfung	↑ Biphenyl
Tschitschibabin-Synthese	Aminopyridine aus Pyridin und Natriumamid	↑ 2-Aminopyridin
Ullmann-Reaktion	Biaryle aus Arylhalogeniden mittels Kupfer	↑ Biphenyl
Vilsmeier-Synthese	Aromatische Aldehyde aus Formamiden	↑ 4-Dimethylaminobenzaldehyd
Vinylierung	Nucleophile Addition an Alkine	↑ Acetylen
Wagner-Meerwein-Umlagerung	Carbeniumionen-Umlagerung	↑ Pinakol
Willgerodt-Kindler-Reaktion	Carbonsäuren aus Arylalkylketonen	↑ Morpholin
Williamson-Ethersynthese	Ether aus Alkoholaten und Alkylhalogeniden	↑ Cellulosemethylester
Wittig-Reaktion	Carbonylolefinierung	↑ Triphenylphosphan
Wolff-Kishner-Reduktion	Kohlenwasserstoffe aus Aldehyden und Ketonen	↑ Cyclobutan
Wolff-Umlagerung	Ketene aus Acylcarbenen	↑ Diazomethan
Wurtz-Fittig-Synthese	Alkylaromaten aus Aryl- und Alkylhalogeniden	↑ n-Hexan
Wurtz-Synthese	Kohlenwasserstoffe aus Alkylhalogeniden	↑ n-Hexan

Technische Verfahren

Name des Verfahrens	Gegenstand des Verfahrens	Beschrieben unter
Acheson-Verfahren	Herstellung von Graphit	↑ Kohlenstoff
Acheson-Verfahren	Herstellung von Siliciumcarbid	↑ Siliciumcarbid
Alfen-Prozess	Herstellung höherer Olefine	↑ Aluminiumtriethyl
Alfol-Prozess	Herstellung von Fettalkoholen	↑ Aluminiumtriethyl
Alkazid-Verfahren	Abtrennung von H_2S aus technischen Gasen	↑ Alanin
Amalgam-Verfahren	Gold-Isolierung aus Erzen	↑ Gold
Amalgam-Verfahren	Herstellung von NaOH und Chlor	↑ Chlor
Amerikanisches Verfahren	Technische Gewinnung von Zinkoxid	↑ Zinkoxid
Andrussow-Verfahren	Herstellung von Cyanwasserstoff	↑ Cyanwasserstoff
Anthrachinon-Verfahren	Herstellung von Wasserstoffperoxid	↑ Wasserstoffperoxid
BASF-Verfahren	Herstellung von Hydroxylamin	↑ Hydroxylamin
Bayer-Verfahren	Gewinnung von Aluminiumhydroxid	↑ Aluminium
Bessemer-Verfahren	Stahlherstellung	↑ Eisen
Bleikammer-Verfahren	Herstellung von Schwefelsäure	↑ Schwefelsäure
Brinsches Verfahren	Chemische Luftzerlegung	↑ Bariumperoxid
Castner-Verfahren	Herstellung von Graphit	↑ Kohlenstoff
Chlor-Alkali-Elektrolyse	Herstellung von NaOH und Chlor	↑ Chlor
Claus-Prozess	Schwefelgewinnung aus H_2S	↑ Schwefel
Crack-Prozess	Thermische Spaltung von Benzinfraktionen	↑ Ethylen
Deacon-Verfahren	Chlorherstellung aus Chlorwasserstoff	↑ Chlorwasserstoff
Diaphragma-Verfahren	Herstellung von NaOH und Chlor	↑ Chlor
Direkt-Verfahren	Herstellung von Organo-Si-Verbindungen	↑ Dichlordimethylsilan
Edeleanu-Verfahren	Trennung geradkettiger von verzweigten Alkanen	↑ Harnstoff
Eloxal-Verfahren	Anodische Oxidation von Aluminium	↑ Aluminium
Fischer-Tropsch-Verfahren	Gewinnung von Kohlenwasserstoffen aus Kohle	↑ Kohlenstoffmonoxid
Frank-Caro-Verfahren	Herstellung von Calciumcyanamid	↑ Calciumcyanamid

Name des Verfahrens	Gegenstand des Verfahrens	Beschrieben unter
Französisches Verfahren	Technische Gewinnung von Zinkoxid	↑ Zinkoxid
Frasch-Verfahren	Schwefelförderung aus elementaren Vorkommen	↑ Schwefel
Girbotol-Verfahren	Abtrennung von H_2S aus technischen Gasen	↑ Schwefelwasserstoff
Haber-Bosch-Verfahren	Elementsynthese von Ammoniak	↑ Ammoniak
Hall-Herault-Prozess	Elektrolytische Gewinnung von Aluminium	↑ Aluminium
Hargreaves-Verfahren	Gewinnung von HCl aus Kochsalz	↑ Chlorwasserstoff
Herdfrisch-Verfahren	Stahlherstellung	↑ Eisen
Hochdruck-Verfahren	Herstellung von LDPE	↑ Polyethylen
Hochofen-Prozess	Eisen-Gewinnung	↑ Eisen
Hoechst-Knapsack-Verfahren	Herstellung von Acetanhydrid durch Oxidation von Acetaldehyd	↑ Essigsäureanhydrid
Hydrimet-Verfahren	Gewinnung von Metallen aus ihren Oxiden	↑ Calciumhydrid
Hydrothermal-Verfahren	Erzeugung von Quarz-Kristallen	↑ Siliciumdioxid
Isopropanol-Verfahren	Herstellung von Wasserstoffperoxid (historisch)	↑ Wasserstoffperoxid
Iventa-Verfahren	Herstellung von Hydroxylamin	↑ Hydroxylamin
Kohlevergasung	Gewinnung von Kohlenstoffmonoxid aus Kohle	↑ Kohlenstoffmonoxid
Kontakt-Verfahren	Herstellung von Schwefelsäure	↑ Schwefelsäure
Kroll-Verfahren	Herstellung von Titan	↑ Titan
Leblanc-Verfahren	Herstellung von Soda (historisch)	↑ Natriumcarbonat
Linde-Verfahren	Verflüssigung der Luft	↑ Sauerstoff
Membran-Verfahren	Herstellung von NaOH und Chlor	↑ Chlor
Mitteldruck-Verfahren	Herstellung von Polyethylen	↑ Polyethylen
Mond-Verfahren	Nickel-Reingewinnung	↑ Nickel
Narmaldruck-Verfahren	Herstellung von HDPE	↑ Polyethylen
Ostwald-Verfahren	Herstellung von Salpetersäure	↑ Salpetersäure
Philips-Triolefin-Prozess	Gewinnung von Buten aus Propen durch Metathese	↑ Propen
Polzenius-Krauss-Verfahren	Herstellung von Calciumcyanamid	↑ Calciumcyanamid
Raschig-Verfahren	Herstellung von Hydroxylamin	↑ Hydroxylamin

Name des Verfahrens	Gegenstand des Verfahrens	Beschrieben unter
Rauchgasentschwefelung	Entfernung von Schwefeldioxid aus Rauchgasen	↑ Schwefeldioxid
Rauchgasentstickung	Entfernung von Stickoxiden aus Rauchgasen	↑ Stickstoffmonoxid
Schlesinger-Verfahren	Herstellung von Natriumboranat	↑ Natriumboranat
Serpek-Verfahren	Herstellung von Ammoniak (historisch)	↑ Aluminiumnitrid
Siemens-Martin-Verfahren	Stahlherstellung	↑ Eisen
Solvay-Verfahren	Herstellung von Natriumcarbonat	↑ Natriumcarbonat
Steam-Reforming	Herstellung von Wasserstoff aus Erdgas und Erdöl	↑ Wasserstoff
Sulfat-Verfahren	Herstellung von Titandioxid	↑ Titandioxid
Thermit-Verfahren	Oxid-Reduktion mittels Aluminium	↑ Aluminium
Thomas-Verfahren	Stahlherstellung	↑ Eisen
Van-Arkel-de-Boer-Verfahren	Reinstdarstellung von Metallen	↑ Titan
Wacker-Höchst-Verfahren	Luftoxidation von Alkenen zu Carbonyverbindung	↑ Acetaldehyd
Wacker-Verfahren	Herstellung von Acetanhydrid aus Keten	↑ Essigsäureanhydrid
Weldon-Verfahren	Chlorgewinnung aus Mangan(IV)oxid und Salzsäure	↑ Mangan(IV)oxid
Windfrisch-Verfahren	Stahlherstellung	↑ Eisen
Ziegler-Natta-Verfahren	Herstellung von HDPE	↑ Polyethylen
Ziegler-Prozess	Herstellung von Aluminiumtriorganylen	↑ Aluminiumtriethyl

Organische und anorganische Namen-Reagenzien

Name	Bedeutung	Beschrieben unter
Collins Reagenz	Oxidation primärer Alkohole zu Aldehyden	↑ Chrom(VI)oxid
Deniges-Reagenz	Nachweis tertiärer Alkohole	↑ Quecksilber(II)oxid
Ehrlich-Reagenz	Nachweis von Indolen (z. B. Bilirubin)	↑ 4-Dimethylaminobenzaldehyd
Fehling-Lösung	Nachweis reduzierender Zucker	↑ Kaliumnatriumtartrat
Fentons Reagenz	Oxidation von 1,2-Diolen zu Hydroxyaldehyden	↑ Glykolaldehyd
Gilmans Reagenz	Nachweis von Grignard-Verbindungen	↑ Kristallviolett
Girards Reagenz	Abtrennung von Carbonylverbindungen	↑ Betain
Jones-Reagenz	Oxidation sekundärer Alkohole zu Ketonen	↑ Chrom(IV)oxid
Lawesson-Reagenz	Umwandlung von Carbonylen in Thiocarbonyle	↑ Phosphorpentasulfid
Lukas-Reagenz	Unterscheidung primärer, sekundärer und tertiärer Alkohole	↑ Zinkchlorid
Lunges Reagenz	Nitrit-Nachweis	↑ 1-Naphthylamin
Nesslers Reagenz	Nachweis von Ammoniak	↑ Ammoniak
Nylanders Reagenz	Nachweis von Aldehyden und reduzierenden Zuckern	↑ Bismut(III)oxid
Sanger-Reagenz	Abbau von Peptiden	↑ 2,4-Dinitrofluorbenzol
Schiffs Reagenz	Nachweis von Aldehyden	↑ Fuchsin
Schweizers Reagenz	Auflösung von Cellulose	↑ Kupfer(II)hydroxid
Seyferth-Reagenzien	Carben-Erzeugung	↑ Quecksilber(II)chlorid
Tillmanns Reagenz	Quantitative Bestimmung von Ascorbinsäure	↑ 2,6-Dichlorphenolindophenol
Tollens-Reagenz	Nachweis reduzierender Verbindungen	↑ Silbernitrat

Galvanische Zellen (Batterien und Akkus)

Bezeichnung der Zelle	Beschrieben unter
Alkali-Mangan-Zelle	↑ Zink
Bleiakkumulator	↑ Blei(IV)oxid
Brennstoffzelle	↑ Wasserstoff
Daniell-Element	↑ Zinksulfat
Leclanche-Element (Taschenlampen-Batterie	↑ Zink
Lithium-Batterie	↑ Lithium
Lithium-Ionen-Akku	↑ Lithium
Nickel-Cadmium-Akkumulator (Jungner-Akku)	↑ Nickel(II)hydroxid
Nickel-Metallhydrid-Akkumulator	↑ Nickel(II)hydroxid
Weston-Normalelement	↑ Quecksilber(I)sulfat
Zink-Quecksilber-Batterie (Mallory-Batterie)	↑ Quecksilber(II)oxid

Antibiotika

Unter den antibakteriell wirkenden Substanzen unterscheidet man die von Mikroorganismen erzeugten Typen von den synthetisch hergestellten, indem man erstere als *Antibiotika*, die letzteren als *Chemotherapeutika* bezeichnet. In diesem Sinne sind z. B. die Sulfonamide (s. unter ↑ Sulfanilsäureamid) Chemotherapeutika. Eine Therapie mit antibakteriellen Medikamenten hat die Bekämpfung bakterieller Infektionen zum Ziel und zwar stets durch Eliminierung des Bakteriums. Hier differenziert man zwischen zwei Wirkmechanismen: tötet das Präparat das Bakterium direkt ab (z. B. durch Hemmung seines Zellwandaufbaues), liegt eine *bakterizide Wirkung* vor, wird jedoch die Vermehrung des Bakteriums verhindert (z. B. durch Störung seiner DNS-Funktion), ist dies eine *bakteriostatische Wirkung*.

Name des Antibiotikums	Wirkungsweise
Actinomycin D	bakteriostatisch
Chloramphenicol	bakteriostatisch
Erythromycin	bakteriostatisch
Fusidinsäure	bakteriostatisch
Gentamycin	bakterizid
Penicilline, Cephalosporine	bakterizid
Streptomycin	bakterizid
Tetracyclin	bakteriostatisch

Hydrogel-Bildner (Verdickungsmittel)

Bei diesen Produkten handelt es sich um wasserlösliche Polymere, die die Eigenschaft haben, schon in relativ niedrigen Konzentrationen in Wasser hochviskose, gallertige Lösungen zu ergeben, die als kohärente Kolloide zu bezeichnen sind, oder einfach als Gele. Sie lassen sich einteilen in natürliche, halbsynthetische und synthetische Produkte. Die natürlichen Vertreter sind entweder Kohlenhydrate oder Proteine, die halbsynthetischen stellen meist derivatisierte Cellulosen dar, während die synthetischen Typen durchweg C-Ketten-Polymere sind, deren Moleküle hydrophile Seitengruppen tragen. Die Gelbildner finden vielseitigste Anwendung in Medizin, Pharmazie, Lebensmittelherstellung und vielen Bereichen der Technik.

Name des Polymers	Typ
Agar Agar	natürlich, Kohlenhydrat
Alginsäure bzw. Alginate	natürlich, Kohlenhydrat
Carboxymethylcellulose-Na-Salz	halbsynthetisch
Cellulosemethylether	halbsynthetisch
Dextran	natürlich, Kohlenhydrat
Gelatine	natürlich, Protein
Gummi Arabicum	natürlich, Kohlenhydrat
Hyaluronsäure	natürlich, Kohlenhydrat
Hydroxyethylcellulose	halbsynthetisch
Pektin	natürlich, Kohlenhydrat
Polyacrylsäure	synthetisch
Polyacrylsäureamid	synthetisch
Polyvinylalkohol	synthetisch
Polyvinylpyrrolidon	synthetisch
Tragant	natürlich, Kohlenhydrat

Sachwortverzeichnis

B

C

D

E

F

G

H

I

L

N

O

P

Q

R

S

T

U

W

Verzeichnis der englischen Namen der Substanzen

A

B

C

D

E

M

N

O

P

Q

R

S

T

U

V

W

X

Ausgewählte Substanzen nach Substanzklassen geordnet

Alkaloide

Aconitin
Arecolin
Atropin
Bathrachotoxin
Chinin
Cocain
Codein
Coffein
Colchicin
Coniin
Epibatidin
Ergotamin
Galanthamin
Lobelin
Mescalin
Morphin
Muscarin
Nicotin
Papaverin
Psilocybin
Strychnin
Tubocurarin

Alkohole

Allylalkohol
Benzylalkohol
1,4-Butandiol
1-Butanol
(D,L)-2-Butanol
iso-Butanol
Cetylalkohol
Cyclohexanol
Diacetonalkohol
Ethanol
Ethylenglykol
Glycerin
Laurylalkohol
Methanol
1-Octadecanol
1-Octanol
1-Pentanol
Pinakol
1-Propanol
2-Propanol

Aminosäuren

Alanin
β-Alanin
4-Aminobuttersäure
6-Aminocapronsäure
L-Arginin
L-Asparagin
L-Asparaginsäure
Cystein
Cystin
3,5-Diiodtyrosi
L-Dopa
Glutamin
Glycin
4-Hydroxyprolin
L-Isoleucin
Leucin
Lysin
D,L-Methionin
Ornithin
Phenylalanin
Prolin
D,L-Serin
Threonin
Tryptophan
Tyrosin
Valin

Carbonsäuren

Acetessigsäure
Acetondicarbonsäure
Aconitsäure
Acrylsäure
Adipinsäure
Aepfelsäure
Ameisensäure
Anthranilsäure
Arachidonsäure
Azelainsäure
Behensäure
Benzilsäure
Benzoesäure
Bernsteinsäure
n-Buttersäure
Capronsäure
Citronensäure
Crotonsäure
Decansäure
Eicosapentaensäure
Erucasäure
Essigsäure
Fumarsäure
Glutarsäure
Glykolsäure
Glyoxylsäure
Korksäure
Laevulinsäure
Laurinsäure
Linolensäure
Linolsäure
Maleinsäure
Malonsäure
Mandelsäure
Methacrylsäure
Milchsäure
Myristinsäure
Octansäure
Ölsäure
Oenanthsäure
Oxalsäure
Palmitinsäure
Pelargonsäure
Phenylessigsäure
Pivalinsäure
Propionsäure
Salicylsäure
Schleimsäure
Sebacinsäure

Sorbinsäure
Stearinsäure
Tartronsäure
10-Undecensäure
Weinsäure
Zimtsäure

Farbstoffe

Alizarin
Alizarin S
Aluminon
Amaranth
Bromkresolgrün
Bromkresolrot
Bromphenolblau
Bromthymolblau
Carotine
Chinalizarin
Chinolingelb
Chlorophyll
Chromotrop 2B
Curcumin
2,6-Dichlorphenolindophenol
Emodin
Eosin
Eosinscharlach
Eriochromschwarz T
Fluorescein
Fuchsin
Hämoglobin
Hypericin
Indigo
Indigocarmin
Karminsäure
Kongorot
Kresolrot
Kristallviol
Lackmus
Lutein
Lycopin
Malachitgrün
Mercuridibromfluorescein
Methylenblau
Methylorange
Methylrot
Murexid
Neutralrot
Oracetblau B
Orange I
Orange II
Phenolphthalein
Phenolrot
Phthalocyanine
Pikrinsäure
Porphin
Rhodamin B
Sudan-Farbstoffe
Tartrazin
Thymolphthalein

Hormone

Adrenalin
Aldosteron
Cortison
Insulin
Melatonin
Liothyronin
Noradrenalin
Oestradiol
Oxytocin
Progesteron
Testosteron
Thyroxin

Kohlenwasserstoffe

Acenaphthen
Acetylen
Adamantan
Allen
Anthracen
Azulen
Benzol
Benzpyren
Biphenyl
1,3-Butadien
n-Butan
Cumol
Cyclobutan
Cycloheptan
Cycloheptatrien
Cyclohexan
Cyclohexen
Cyclopentadien
Cyclopentan
Cyclopropan
Diphenylmethan
Ethan
Ethylen
Fluoren
n-Heptan
n-Hexan
Inden
Isopren
Mesitylen
Methan
Naphthacen
Naphthalin
n-Octan
n-Pentan
Phenanthren
Propan
Propen
Stilben
Styrol
Tetrahydronaphthalin
Toluol

Saccharide

Arabinose
Cellobiose
Erythrose
Fructose
Galactose
D(+)-Glucose
Inosit
Lactose
Lactulose
Maltose
L-Rhamnose
D(−)-Ribose
Saccharose

Vitamine

L-Ascorbinsäure
Biotin
Cholecalciferol
Pyridoxin
Retinol
Riboflavin
Thiamin
α-Tocopherol
Vitamin B_{12}
Nicotinamid
Folsäure
Panthothensäure

Hinweise auf die besonderen Gefahren (R-Sätze)

R 1 In trockenem Zustand explosionsgefährlich
R 2 Durch Schlag, Reibung, Feuer und andere Zündquellen explosionsgefährlich
R 3 Durch Schlag, Reibung, Feuer und andere Zündquellen besonders explosionsgefährlich
R 4 Bildet hochempfindliche explosionsgefährliche Metallverbindungen
R 5 Beim Erwärmen explosionsfähig
R 6 Mit und ohne Luft explosionsfähig
R 7 Kann Brand verursachen
R 8 Feuergefahr bei Berührung mit brennbaren Stoffen
R 9 Explosionsgefahr bei Mischung mit brennbaren Stoffen
R 10 Entzündlich
R 11 Leichtentzündlich
R 12 Hochentzündlich
R 13 Hochentzündliches Flüssiggas
R 14 Reagiert heftig mit Wasser
R 15 Reagiert mit Wasser unter Bildung leicht entzündlicher Gase
R 16 Explosionsgefährlich in Mischung mit brandfördernden Stoffen
R 17 Selbstentzündlich an der Luft
R 18 Bei Gebrauch Bildung explosionsfähiger/leichtentzündlicher Dampf-Luft-Gemische möglich
R 19 Kann explosionsfähige Peroxide bilden
R 20 Gesundheitschädlich beim Einatmen
R 21 Gesundheitschädlich bei Berührung mit der Haut
R 22 Gesundheitschädlich beim Verschlucken
R 23 Giftig beim Einatmen
R 24 Giftig bei Berührung mit der Haut
R 25 Giftig beim Verschlucken
R 26 Sehr giftig beim Einatmen
R 27 Sehr giftig bei Berührung mit der Haut
R 28 Sehr giftig beim Verschlucken
R 29 Entwickelt bei Berührung mit Wasser giftige Gase
R 30 Kann bei Gebrauch leicht entzündlich werden
R 31 Entwickelt bei Berührung mit Säure giftige Gase
R 32 Entwickelt bei Berührung mit Säure sehr giftige Gase
R 33 Gefahr kumulativer Wirkungen
R 34 Verursacht Verätzungen
R 35 Verursacht schwere Verätzungen
R 36 Reizt die Augen
R 37 Reizt die Atmungsorgane
R 38 Reizt die Haut
R 39 Ernste Gefahr irreversiblen Schadens
R 40 Irreversibler Schaden möglich
R 41 Gefahr ernster Augenschäden
R 42 Sensibilisierung durch Einatmen möglich
R 43 Sensibilisierung durch Hautkontakt möglich
R 44 Explosionsgefahr bei Erhitzen unter Einschluß
R 45 Kann Krebs erzeugen
R 46 Kann vererbbare Schäden verursachen
R 47 Kann Mißbildungen verursachen
R 48 Gefahr ernster Gesungheitsschäden bei längerer Exposition
R 49 Kann Krebs erzeugen beim Einatmen
R 50 Sehr giftig für Wasserorganismen
R 51 Giftig für Wasserorganismen
R 52 Schädlich für Wasserorganismen
R 53 Kann in Gewässern längerfristig schädliche Wirkungen haben
R 54 Giftig für Pflanzen
R 55 Giftig für Tiere
R 56 Giftig für Bodenorganismen
R 57 Giftig für Bienen
R 58 Kann längerfristig schädliche Wirkungen auf die Umwelt haben
R 59 Gefährlich für die Ozonschicht
R 60 Kann die Fortpflanzungsfähigkeit beeinträchtigen
R 61 Kann das Kind im Mutterleib schädigen
R 62 Kann möglicherweise die Fortpflanzungsfähigkeit beeinträchtigen
R 63 Kann das Kind im Mutterleib möglicherweise schädigen
R 64 Kann Säuglinge über die Muttermilch schädigen
R 65 Gesundheitsschädlich: Kann beim Verschlucken Lungenschäden verursachen
R 66 Wiederholter Kontakt kann zu spröder oder rissiger Haut führen
R 67 Dämpfe können Schläfrigkeit und Benommenheit verursachen.

Kombinationen der R-Sätze

R 14/15 Reagiert heftig mit Wasser unter Bildung hochentzündlicher Gase

R 15/29 Reagiert mit Wasser unter Bildung giftiger und hochentzündlicher Gase

R 20/21 Gesundheitsschädlich beim Einatmen und bei Berührung mit der Haut

R 21/22 Gesundheitsschädlich bei Berührung mit der Haut und beim Verschlucken

R 20/22 Gesundheitsschädlich beim Einatmen und Verschlucken

R 20/21/22 Gesundheitsschädlich beim Einatmen, Verschlucken und bei Berührung mit der Haut

R 21/22 Gesundheitsschädlich bei Berührung mit der Haut und beim Verschlucken

R 23/24 Giftig beim Einatmen und bei Berührung mit der Haut

R 23/25 Giftig beim Einatmen und Verschlucken

R 23/24/25 Giftig beim Einatmen, Verschlucken und bei Berührung mit der Haut

R 24/25 Giftig bei Berührung mit der Haut und beim Verschlucken

R 26/27 Sehr giftig beim Einatmen und bei Berührung mit der Haut

R 27/28 Sehr giftig bei Berührung mit der Haut und beim Verschlucken

R 26/28 Sehr giftig beim Einatmen und Verschlucken

R 26/27/28 Sehr giftig beim Einatmen, Verschlucken und bei Berührung mit der Haut

R 36/37 Reizt die Augen und die Atmungsorgane

R 37/38 Reizt die Atmungsorgane und die Haut

R 36/38 Reizt die Augen und die Haut

R 36/37/38 Reizt die Augen, Atmungsorgane und die Haut

R 39/23 Giftig: Ernste Gefahr irreversiblen Schadens durch Einatmen

R 39/24 Giftig: Ernste Gefahr irreversiblen Schadens bei Berührung mit der Haut

R 39/25 Giftig: Ernste Gefahr irreversiblen Schadens durch Verschlucken

R 39/23/24 Giftig: Ernste Gefahr irreversiblen Schadens durch Einatmen und bei Berührung mit der Haut

R 39/23/25 Giftig: Ernste Gefahr irreversiblen Schadens durch Einatmen und durch Verschlucken

R 39/24/25 Giftig: Ernste Gefahr irreversiblen Schadens bei Berührung mit der Haut und durch Verschlucken

R 39/23/24/25 Giftig: Ernste Gefahr irreversiblen Schadens durch Einatmen, Berührung mit der Haut und durch Verschlucken

R 39/26 Sehr giftig: Ernste Gefahr irreversiblen Schadens durch Einatmen

R 39/27 Sehr giftig: Ernste Gefahr irreversiblen Schadens bei Berührung mit der Haut

R 39/28 Sehr giftig: Ernste Gefahr irreversiblen Schadens durch Verschlucken

R 39/26/27 Sehr giftig: Ernste Gefahr irreversiblen Schadens durch Einatmen und bei Berührung mit der Haut

R 39/26/28 Sehr giftig: Ernste Gefahr irreversiblen Schadens durch Einatmen und durch Verschlucken

R 39/27/28 Sehr giftig: Ernste Gefahr irreversiblen Schadens bei Berührung mit der Haut und durch Verschlucken

R 39/26/27/28 Sehr giftig: Ernste Gefahr irreversiblen Schadens durch Einatmen, Berührung mit der Haut und durch Verschlucken

R 40/20 Gesundheitsschädlich: Möglichkeit irreversiblen Schadens durch Einatmen

R 40/21 Gesundheitsschädlich: Möglichkeit irreversiblen Schadens bei Berührung mit der Haut

R 40/22 Gesundheitsschädlich: Möglichkeit irreversiblen Schadens durch Verschlucken

R 40/20/21 Gesundheitsschädlich: Möglichkeit irreversiblen Schadens durch Einatmen und bei Berührung mit der Haut

R 40/20/22 Gesundheitsschädlich: Möglichkeit irreversiblen Schadens durch Einatmen und durch Verschlucken

R 40/21/22 Gesundheitsschädlich: Möglichkeit irreversiblen Schadens bei Berührung mit der Haut und durch Verschlucken

R 40/20/21/22 Gesundheitsschädlich: Möglichkeit irreversiblen Schadens durch Einatmen, Berührung mit der Haut und durch Verschlucken

R 42/43 Sensibilisierung durch Einatmen und Hautkontakt möglich

R 48/20 Gesundheitsschädlich: Gefahr ernster Gesundheitsschäden bei längerer Exposition durch Einatmen

R 48/21 Gesundheitsschädlich: Gefahr ernster Gesundheitsschäden bei längerer Exposition durch Berührung mit der Haut

R 48/22 Gesundheitsschädlich: Gefahr ernster Gesundheitsschäden bei längerer Exposition durch Verschlucken

R 48/20/21 Gesundheitsschädlich: Gefahr ernster Gesundheitsschäden bei längerer Exposition durch Einatmen und durch Berührung mit der Haut

R 48/20/22 Gesundheitsschädlich: Gefahr ernster Gesundheitsschäden bei längerer Exposition durch Einatmen und durch Verschlucken

R 48/21/22 Gesundheitsschädlich: Gefahr ernster Gesundheitsschäden bei längerer Exposition durch Berührung mit der Haut und durch Verschlucken

R 48/20/21/22 Gesundheitsschädlich: Gefahr ernster Gesundheitsschäden bei längerer Exposition durch Einatmen, Berührung mit der Haut und durch Verschlucken

R 48/23 Giftig: Gefahr ernster Gesundheitsschäden bei längerer Exposition durch Einatmen

R 48/24 Giftig: Gefahr ernster Gesundheitsschäden bei längerer Exposition durch Berührung mit der Haut

R 48/25 Giftig: Gefahr ernster Gesundheitsschäden bei längerer Exposition durch Verschlucken

R 48/23/24 Giftig: Gefahr ernster Gesundheitsschäden bei längerer Exposition durch Einatmen und durch Berührung mit der Haut

R 48/23/25 Giftig: Gefahr ernster Gesundheitsschäden bei längerer Exposition durch Einatmen und durch Verschlucken

R 48/24/25 Giftig: Gefahr ernster Gesundheitsschäden bei längerer Exposition durch Berührung mit der Haut und durch Verschlucken

R 48/23/24/25 Giftig: Gefahr ernster Gesundheitsschäden bei längerer Exposition durch Einatmen, Berührung mit der Haut und durch Verschlucken

R 50/53 Sehr giftig für Wasserorganismen, kann in Gewässern längerfristig schädliche Wirkung haben

R 52/53 Schädlich für Wasserorganismen, kann in Gewässern längerfristig schädliche Wirkung haben.

Sicherheitsratschläge (S-Sätze)

S 1 Unter Verschluß aufbewahren
S 2 Darf nicht in die Hände von Kindern gelangen
S 3 Kühl aufbewahren
S 4 Von Wohnplätzen fernhalten
S 5 Unter ... aufbewahren (geeignete Flüssigkeit vom Hersteller anzugeben)
S 6 Unter ... aufbewahren (inertes Gas vom Hersteller anzugeben)
S 7 Behälter dicht geschlossen halten
S 8 Behälter trocken halten
S 9 Behälter an einem gut gelüfteten Ort aufbewahren
S 12 Behälter nicht gasdicht verschließen
S 13 Von Nahrungsmitteln, Getränken und Futtermitteln fernhalten
S 14 Von ... fernhalten (inkompatible Substanzen vom Hersteller anzugeben)
S 15 Vor Hitze schützen
S 16 Von Zündquellen fernhalten – nicht rauchen
S 17 Von brennbaren Stoffen fernhalten
S 18 Behälter mit Vorsicht öffnen und handhaben
S 20 Bei der Arbeit nicht essen und trinken
S 21 Bei der Arbeit nicht rauchen
S 22 Staub nicht einatmen
S 23 Gas/Rauch/Dampf/Aerosol nicht einatmen (geeignete Bezeichnung[en] vom Hersteller anzugeben)
S 24 Berührung mit der Haut vermeiden
S 25 Berührung mit den Augen vermeiden
S 26 Bei Berührung mit den Augen sofort gründlich mit Wasser abspülen und Arzt konsultieren
S 27 Beschmutzte, getränkte Kleidung sofort ausziehen
S 28 Bei Berührung mit der Haut sofort abwaschen mit viel ... (vom Hersteller anzugeben)
S 29 Nicht in die Kanalisiation gelangen lassen
S 30 Niemals Wasser hinzugießen
S 33 Maßnahmen gegen elektrostatische Aufladungen treffen
S 34 Schlag und Reibung vermeiden
S 35 Abfälle und Behälter müssen in gesicherter Weise beseitigt werden
S 36 Bei der Arbeit geeignete Schutzkleidung tragen
S 37 Geeignete Schutzhandschuhe tragen
S 38 Bei unzureichender Belüftung Atemschutzgerät anlegen
S 39 Schutzbrille/Gesichtsschutz tragen
S 40 Fußboden und verunreinigte Gegenstände mit ... reinigen (Material vom Hersteller anzugeben)
S 41 Explosions- und Brandgase nicht einatmen
S 42 Beim Räuchern/Verspühen geeignetes Atemschutzgerät anlegen (geeignete Bezeichnung[en] vom Hersteller anzugeben)
S 43 Zum Löschen ... (vom Hersteller anzugeben) verwenden (wenn Wasser die Gefahr erhöht, anfügen: „Kein Wasser verwenden“)
S 44 Bei Unwohlsein ärztlichen Rat einholen (wenn möglich dieses Etikett vorzeigen)
S 45 Bei Unfall oder Unwohlsein sofort Arzt zuziehen (wenn möglich dieses Etikett vorzeigen)
S 46 Bei Verschlucken sofort ärztlichen Rat einholen und Verpackung oder Etikett vorzeigen
S 47 Nicht bei Temperaturen über ... °C aufbewahren (vom Hersteller anzugeben)
S 48 Feucht halten mit ... (geeignetes Mittel vom Hersteller anzugeben)
S 49 Nur im Originalbehälter aufbewahren
S 50 Nicht mischen mit ... (vom Hersteller anzugeben)
S 51 Nur in gut gelüfteten Bereichen verwenden
S 52 Nicht großflächig für Wohn- und Aufenthaltsräume zu verwenden
S 53 Exposition vermeiden – vor Gebrauch besondere Anweisungen einholen
S 56 Diesen Stoff und seinen Behälter der Problemabfallentsorgung zuführen
S 57 Zur Vermeidung einer Kontamination der Umwelt geeigneten Behälter verwenden
S 59 Information zur Wiederverwendung/Wiederverwertung beim Hersteller/Lieferanten erfragen
S 60 Dieser Stoff und sein Behälter sind als gefährlicher Abfall zu entsorgen
S 61 Freisetzung in die Umwelt vermeiden. Besondere Anweisungen einholen/Sicherheitsdatenblatt zu Rate ziehen
S 62 Bei Verschlucken kein Erbrechen herbeiführe. Sofort ärztlichen Rat einholen und Verpackung oder dieses Etikett vorzeigen
S 63 Bei Unfall durch Einatmen: Verunfallten an die frische Luft bringen und ruhigstellen
S 64 Bei Verschlucken Mund mit Wasser ausspülen (Nur wenn Verunfallter bei Bewußtsein ist)

Kombinationen der S-Sätze

S 1/2 Unter Verschluß und für Kinder unzugänglich aufbewahren

S 3/7 Behälter dicht geschlossen halten und an einem kühlen Ort aufbewahren

S 3/9/14 An einem kühlen, gut gelüfteten Ort, entfernt von ... aufbewahren. (Die Stoffe, deren Kontakt vermieden werden muß, sind vom Hersteller anzugeben.)

S 3/9/14/49 Nur im Originalbehälter an einem kühlen, gut gelüfteten Ort, entfernt von ... aufbewahren. (Die Stoffe, deren Kontakt vermieden werden muß, sind vom Hersteller anzugeben.)

S 3/9/49 Nur im Originalbehälter an einem kühlen, gut gelüfteten Ort aufbewahren

S 3/14 An einem kühlen Ort, entfernt von ... aufbewahren. (Die Stoffe, deren Kontakt vermieden werden muß, sind vom Hersteller anzugeben.)

S 7/8 Behälter trocken und dicht geschlossen halten

S 7/9 Behälter dicht geschlossen an einem gut gelüfteten Ort aufbewahren

S 7/47 Behälter dicht geschlossen und nicht bei Temperaturen über ... °C aufbewahren. (Temperatur ist vom Hersteller anzugeben.)

S 20/21 Bei der Arbeit nicht essen, trinken, rauchen

S 24/25 Berührung mit den Augen und der Haut vermeiden

S 29/56 Nicht in die Kanalisation gelangen lassen, diesen Stoff und seinen Behälter der Problemabfallentsorgung zuführen

S 36/37 Bei der Arbeit geeignete Schutzhandschuhe und Schutzkleidung tragen

S 36/37/39 Bei der Arbeit geeignete Schutzkleidung, Schutzhandschuhe und Schutzbrille / Gesichtsschutz tragen

S 36/39 Bei der Arbeit geeignete Schutzkleidung und Schutzbrille / Gesichtsschutz tragen

S 37/39 Bei der Arbeit geeignete Schutzhandschuhe und Schutzbrille / Gesichtsschutz tragen

S 47/49 Nur im Originalbehälter bei einer Temperatur von nicht über ... °C aufbewahren. (Temperatur ist vom Hersteller anzugeben.)

Notizen

Notizen

Notizen